城市建设标准专题汇编系列

装配式建筑标准汇编

（下册）

本社　编

中国建筑工业出版社

出 版 说 明

工程建设标准是建设领域实行科学管理，强化政府宏观调控的基础和手段。它对规范建设市场各方主体行为，确保建设工程质量和安全，促进建设工程技术进步，提高经济效益和社会效益具有重要的作用。

时隔37年，党中央于2015年底召开了“中央城市工作会议”。会议明确了新时期做好城市工作的指导思想、总体思路、重点任务，提出了做好城市工作的具体部署，为今后一段时期的城市工作指明了方向、绘制了蓝图、提供了依据。为深入贯彻中央城市工作会议精神，做好城市建设工作，我们根据中央城市工作会议的精神和住房城乡建设部近年来的重点工作，推出了《城市建设标准专题汇编系列》，为广大管理和工程技术人员提供技术支持。《城市建设标准专题汇编系列》共13分册，分别为：

1.《城市地下综合管廊标准汇编》
2.《海绵城市标准汇编》
3.《智慧城市标准汇编》
4.《装配式建筑标准汇编》
5.《城市垃圾标准汇编》
6.《养老及无障碍标准汇编》
7.《绿色建筑标准汇编》
8.《建筑节能标准汇编》
9.《高性能混凝土标准汇编》
10.《建筑结构检测维修加固标准汇编》
11.《建筑施工与质量验收标准汇编》
12.《建筑施工现场管理标准汇编》
13.《建筑施工安全标准汇编》

本次汇编根据“科学合理，内容准确，突出专题”的原则，参考住房和城乡建设部发布的“工程建设标准体系”，对工程建设中影响面大、使用面广的标准规范进行筛选整合，汇编成上述《城市建设标准专题汇编系列》。各分册中的标准规范均以“条文＋说明”的形式提供，便于读者对照查阅。

需要指出的是，标准规范处于一个不断更新的动态过程，为使广大读者放心地使用以上规范汇编本，我们将在中国建筑工业出版社网站上及时提供标准规范的制订、修订等信息。详情请点击 www.cabp.com.cn 的“规范大全园地”。我们诚恳地希望广大读者对标准规范的出版发行提供宝贵意见，以便于改进我们的工作。

目　录

（上册）

（下册）

中华人民共和国国家标准

建筑工程施工质量验收统一标准

Unified standard for constructional quality acceptance of building engineering

GB 50300—2013

主编部门：中华人民共和国住房和城乡建设部
批准部门：中华人民共和国住房和城乡建设部
施行日期：2 0 1 4 年 6 月 1 日

中华人民共和国住房和城乡建设部
公　　告

第 193 号

住房城乡建设部关于发布国家标准《建筑工程施工质量验收统一标准》的公告

现批准《建筑工程施工质量验收统一标准》为国家标准，编号为 GB 50300－2013，自 2014 年 6 月 1 日起实施。其中，第 5.0.8、6.0.6 条为强制性条文，必须严格执行。原《建筑工程施工质量验收统一标准》GB 50300－2001 同时废止。

本标准由我部标准定额研究所组织中国建筑工业出版社出版发行。

中华人民共和国住房和城乡建设部

2013 年 11 月 1 日

前　言

本标准是根据原建设部《关于印发〈2007 年工程建设标准制订、修订计划（第一批）〉的通知》（建标［2007］125 号）的要求，由中国建筑科学研究院会同有关单位在原《建筑工程施工质量验收统一标准》GB 50300－2001 的基础上修订而成。

本标准在修订过程中，编制组经广泛调查研究，认真总结实践经验，根据建筑工程领域的发展需要，对原标准进行了补充和完善，并在广泛征求意见的基础上，最后经审查定稿。

本标准共分 6 章和 8 个附录，主要技术内容包括：总则，术语，基本规定，建筑工程质量验收的划分、建筑工程质量验收、建筑工程质量验收的程序和组织等。

本标准修订的主要内容是：

1　增加符合条件时，可适当调整抽样复验、试验数量的规定；

2　增加制定专项验收要求的规定；

3　增加检验批最小抽样数量的规定；

4　增加建筑节能分部工程，增加铝合金结构、地源热泵系统等子分部工程；

5　修改主体结构、建筑装饰装修等分部工程中的分项工程划分；

6　增加计数抽样方案的正常检验一次、二次抽样判定方法；

7　增加工程竣工预验收的规定；

8　增加勘察单位应参加单位工程验收的规定；

9　增加工程质量控制资料缺失时，应进行相应的实体检验或抽样试验的规定；

10　增加检验批验收应具有现场验收检查原始记录的要求。

本标准中以黑体字标志的条文为强制性条文，必须严格执行。

本标准由住房和城乡建设部负责管理和对强制性条文的解释，由中国建筑科学研究院负责具体技术内容的解释。在执行过程中，请各单位注意总结经验，积累资料，并及时将意见和建议反馈给中国建筑科学研究院（地址：北京市朝阳区北三环东路 30 号，邮政编码：100013，电子邮箱：GB 50300@163.com），以便今后修订时参考。

本标准主编单位：中国建筑科学研究院

本标准参编单位：北京市建设工程安全质量监督总站
中国新兴（集团）总公司
北京市建设监理协会
北京城建集团有限责任公司
深圳市建设工程质量监督检验总站
深圳市科源建设集团有限公司
浙江宝业建设集团有限公司
国家建筑工程质量监督检验中心
同济大学建筑设计研究院（集团）有限公司
重庆市建筑科学研究院
金融街控股股份有限公司

本标准主要起草人：邸小坛　陶　里（以下按姓氏笔画排列）
吕　洪　李丛笑　李伟兴
宋　波　汪道金　张元勃
张晋勋　林文修　罗　璇
袁欣平　高新京　葛兴杰

本标准主要审查人：杨嗣信　张昌叙　王　鑫
李明安　张树君　宋义仲
顾海欢　贺贤娟　霍瑞琴
张耀良　孙述璞　肖家远
傅慈英　路　戈　王庆辉
付建华

目　次

Contents

1 总　　则

1.0.1 为了加强建筑工程质量管理，统一建筑工程施工质量的验收，保证工程质量，制定本标准。

1.0.2 本标准适用于建筑工程施工质量的验收，并作为建筑工程各专业验收规范编制的统一准则。

1.0.3 建筑工程施工质量验收，除应符合本标准外，尚应符合国家现行有关标准的规定。

2 术　　语

2.0.1 建筑工程　building engineering

通过对各类房屋建筑及其附属设施的建造和与其配套线路、管道、设备等的安装所形成的工程实体。

2.0.2 检验　inspection

对被检验项目的特征、性能进行量测、检查、试验等，并将结果与标准规定的要求进行比较，以确定项目每项性能是否合格的活动。

2.0.3 进场检验　site inspection

对进入施工现场的建筑材料、构配件、设备及器具，按相关标准的要求进行检验，并对其质量、规格及型号等是否符合要求作出确认的活动。

2.0.4 见证检验　evidential testing

施工单位在工程监理单位或建设单位的见证下，按照有关规定从施工现场随机抽取试样，送至具备相应资质的检测机构进行检验的活动。

2.0.5 复验　repeat test

建筑材料、设备等进入施工现场后，在外观质量检查和质量证明文件核查符合要求的基础上，按照有关规定从施工现场抽取试样送至试验室进行检验的活动。

2.0.6 检验批　inspection lot

按相同的生产条件或按规定的方式汇总起来供抽样检验用的，由一定数量样本组成的检验体。

2.0.7 验收　acceptance

建筑工程质量在施工单位自行检查合格的基础上，由工程质量验收责任方组织，工程建设相关单位参加，对检验批、分项、分部、单位工程及其隐蔽工程的质量进行抽样检验，对技术文件进行审核，并根据设计文件和相关标准以书面形式对工程质量是否达到合格作出确认。

2.0.8 主控项目　dominant item

建筑工程中对安全、节能、环境保护和主要使用功能起决定性作用的检验项目。

2.0.9 一般项目　general item

除主控项目以外的检验项目。

2.0.10 抽样方案　sampling scheme

根据检验项目的特性所确定的抽样数量和方法。

2.0.11 计数检验　inspection by attributes

通过确定抽样样本中不合格的个体数量，对样本总体质量做出判定的检验方法。

2.0.12 计量检验　inspection by variables

以抽样样本的检测数据计算总体均值、特征值或推定值，并以此判断或评估总体质量的检验方法。

2.0.13 错判概率　probability of commission

合格批被判为不合格批的概率，即合格批被拒收的概率，用 α 表示。

2.0.14 漏判概率　probability of omission

不合格批被判为合格批的概率，即不合格批被误收的概率，用 β 表示。

2.0.15 观感质量　quality of appearance

通过观察和必要的测试所反映的工程外在质量和功能状态。

2.0.16 返修　repair

对施工质量不符合标准规定的部位采取的整修等措施。

2.0.17 返工　rework

对施工质量不符合标准规定的部位采取的更换、重新制作、重新施工等措施。

3 基 本 规 定

3.0.1 施工现场应具有健全的质量管理体系、相应的施工技术标准、施工质量检验制度和综合施工质量水平评定考核制度。施工现场质量管理可按本标准附录 A 的要求进行检查记录。

3.0.2 未实行监理的建筑工程，建设单位相关人员应履行本标准涉及的监理职责。

3.0.3 建筑工程的施工质量控制应符合下列规定：

1 建筑工程采用的主要材料、半成品、成品、建筑构配件、器具和设备应进行进场检验。凡涉及安全、节能、环境保护和主要使用功能的重要材料、产品，应按各专业工程施工规范、验收规范和设计文件等规定进行复验，并应经监理工程师检查认可；

2 各施工工序应按施工技术标准进行质量控制，每道施工工序完成后，经施工单位自检符合规定后，才能进行下道工序施工。各专业工种之间的相关工序应进行交接检验，并应记录；

3 对于监理单位提出检查要求的重要工序，应经监理工程师检查认可，才能进行下道工序施工。

3.0.4 符合下列条件之一时，可按相关专业验收规范的规定适当调整抽样复验、试验数量，调整后的抽样复验、试验方案应由施工单位编制，并报监理单位审核确认。

1 同一项目中由相同施工单位施工的多个单位工程，使用同一生产厂家的同品种、同规格、同批次的材料、构配件、设备；

2 同一施工单位在现场加工的成品、半成品、构配件用于同一项目中的多个单位工程；

3 在同一项目中，针对同一抽样对象已有检验成果可以重复利用。

3.0.5 当专业验收规范对工程中的验收项目未作出相应规定时，应由建设单位组织监理、设计、施工等相关单位制定专项验收要求。涉及安全、节能、环境保护等项目的专项验收要求应由建设单位组织专家论证。

3.0.6 建筑工程施工质量应按下列要求进行验收：

1 工程质量验收均应在施工单位自检合格的基础上进行；

2 参加工程施工质量验收的各方人员应具备相应的资格；

3 检验批的质量应按主控项目和一般项目验收；

4 对涉及结构安全、节能、环境保护和主要使用功能的试块、试件及材料，应在进场时或施工中按规定进行见证检验；

5 隐蔽工程在隐蔽前应由施工单位通知监理单位进行验收，并应形成验收文件，验收合格后方可继续施工；

6 对涉及结构安全、节能、环境保护和使用功能的重要分部工程，应在验收前按规定进行抽样检验；

7 工程的观感质量应由验收人员现场检查，并应共同确认。

3.0.7 建筑工程施工质量验收合格应符合下列规定：

1 符合工程勘察、设计文件的要求；

2 符合本标准和相关专业验收规范的规定。

3.0.8 检验批的质量检验，可根据检验项目的特点在下列抽样方案中选取：

1 计量、计数或计量-计数的抽样方案；

2 一次、二次或多次抽样方案；

3 对重要的检验项目，当有简易快速的检验方法时，选用全数检验方案；

4 根据生产连续性和生产控制稳定性情况，采用调整型抽样方案；

5 经实践证明有效的抽样方案。

3.0.9 检验批抽样样本应随机抽取，满足分布均匀、具有代表性的要求，抽样数量应符合有关专业验收规范的规定。当采用计数抽样时，最小抽样数量应符合表 3.0.9 的要求。

表 3.0.9 检验批最小抽样数量

检验批的容量	最小抽样数量	检验批的容量	最小抽样数量
2～15	2	151～280	13
16～25	3	281～500	20
26～90	5	501～1200	32
91～150	8	1201～3200	50

明显不合格的个体可不纳入检验批，但应进行处理，使其满足有关专业验收规范的规定，对处理的情况应予以记录并重新验收。

3.0.10 计量抽样的错判概率 α 和漏判概率 β 可按下列规定采取：

1 主控项目：对应于合格质量水平的 α 和 β 均不宜超过 5%；

2 一般项目：对应于合格质量水平的 α 不宜超过 5%，β 不宜超过 10%。

4 建筑工程质量验收的划分

4.0.1 建筑工程施工质量验收应划分为单位工程、分部工程、分项工程和检验批。

4.0.2 单位工程应按下列原则划分：

1 具备独立施工条件并能形成独立使用功能的建筑物或构筑物为一个单位工程；

2 对于规模较大的单位工程，可将其能形成独立使用功能的部分划分为一个子单位工程。

4.0.3 分部工程应按下列原则划分：

1 可按专业性质、工程部位确定；

2 当分部工程较大或较复杂时，可按材料种类、施工特点、施工程序、专业系统及类别将分部工程划分为若干子分部工程。

4.0.4 分项工程可按主要工种、材料、施工工艺、设备类别进行划分。

4.0.5 检验批可根据施工、质量控制和专业验收的需要，按工程量、楼层、施工段、变形缝进行划分。

4.0.6 建筑工程的分部工程、分项工程划分宜按本标准附录 B 采用。

4.0.7 施工前，应由施工单位制定分项工程和检验批的划分方案，并由监理单位审核。对于附录 B 及相关专业验收规范未涵盖的分项工程和检验批，可由建设单位组织监理、施工等单位协商确定。

4.0.8 室外工程可根据专业类别和工程规模按本标准附录 C 的规定划分子单位工程、分部工程和分项工程。

5 建筑工程质量验收

5.0.1 检验批质量验收合格应符合下列规定：

1 主控项目的质量经抽样检验均应合格；

2 一般项目的质量经抽样检验合格。当采用计数抽样时，合格点率应符合有关专业验收规范的规定，且不得存在严重缺陷。对于计数抽样的一般项目，正常检验一次、二次抽样可按本标准附录 D 判定；

3 具有完整的施工操作依据、质量验收记录。

5.0.2 分项工程质量验收合格应符合下列规定：

1 所含检验批的质量均应验收合格；

2 所含检验批的质量验收记录应完整。

5.0.3 分部工程质量验收合格应符合下列规定：

1 所含分项工程的质量均应验收合格；

2 质量控制资料应完整；

3 有关安全、节能、环境保护和主要使用功能的抽样检验结果应符合相应规定；

4 观感质量应符合要求。

5.0.4 单位工程质量验收合格应符合下列规定：

1 所含分部工程的质量均应验收合格；

2 质量控制资料应完整；

3 所含分部工程中有关安全、节能、环境保护和主要使用功能的检验资料应完整；

4 主要使用功能的抽查结果应符合相关专业验收规范的规定；

5 观感质量应符合要求。

5.0.5 建筑工程施工质量验收记录可按下列规定填写：

1 检验批质量验收记录可按本标准附录E填写，填写时应具有现场验收检查原始记录；

2 分项工程质量验收记录可按本标准附录F填写；

3 分部工程质量验收记录可按本标准附录G填写；

4 单位工程质量竣工验收记录、质量控制资料核查记录、安全和功能检验资料核查及主要功能抽查记录、观感质量检查记录应按本标准附录H填写。

5.0.6 当建筑工程施工质量不符合要求时，应按下列规定进行处理：

1 经返工或返修的检验批，应重新进行验收；

2 经有资质的检测机构检测鉴定能够达到设计要求的检验批，应予以验收；

3 经有资质的检测机构检测鉴定达不到设计要求、但经原设计单位核算认可能够满足安全和使用功能的检验批，可予以验收；

4 经返修或加固处理的分项、分部工程，满足安全及使用功能要求时，可按技术处理方案和协商文件的要求予以验收。

5.0.7 工程质量控制资料应齐全完整。当部分资料缺失时，应委托有资质的检测机构按有关标准进行相应的实体检验或抽样试验。

5.0.8 经返修或加固处理仍不能满足安全或重要使用要求的分部工程及单位工程，严禁验收。

6 建筑工程质量验收的程序和组织

6.0.1 检验批应由专业监理工程师组织施工单位项目专业质量检查员、专业工长等进行验收。

6.0.2 分项工程应由专业监理工程师组织施工单位项目专业技术负责人等进行验收。

6.0.3 分部工程应由总监理工程师组织施工单位项目负责人和项目技术负责人等进行验收。

勘察、设计单位项目负责人和施工单位技术、质量部门负责人应参加地基与基础分部工程的验收。

设计单位项目负责人和施工单位技术、质量部门负责人应参加主体结构、节能分部工程的验收。

6.0.4 单位工程中的分包工程完工后，分包单位应对所承包的工程项目进行自检，并应按本标准规定的程序进行验收。验收时，总包单位应派人参加。分包单位应将所分包工程的质量控制资料整理完整，并移交给总包单位。

6.0.5 单位工程完工后，施工单位应组织有关人员进行自检。总监理工程师应组织各专业监理工程师对工程质量进行竣工预验收。存在施工质量问题时，应由施工单位整改。整改完毕后，由施工单位向建设单位提交工程竣工报告，申请工程竣工验收。

6.0.6 建设单位收到工程竣工报告后，应由建设单位项目负责人组织监理、施工、设计、勘察等单位项目负责人进行单位工程验收。

附录A 施工现场质量管理检查记录

表A 施工现场质量管理检查记录

开工日期：

<table>
<tr><td>工程名称</td><td colspan="3"></td><td>施工许可证号</td><td></td></tr>
<tr><td>建设单位</td><td colspan="3"></td><td>项目负责人</td><td></td></tr>
<tr><td>设计单位</td><td colspan="3"></td><td>项目负责人</td><td></td></tr>
<tr><td>监理单位</td><td colspan="3"></td><td>总监理工程师</td><td></td></tr>
<tr><td>施工单位</td><td></td><td>项目负责人</td><td colspan="2"></td><td>项目技术负责人</td></tr>
<tr><td>序号</td><td colspan="3">项　目</td><td colspan="2">主要内容</td></tr>
<tr><td>1</td><td colspan="3">项目部质量管理体系</td><td colspan="2"></td></tr>
<tr><td>2</td><td colspan="3">现场质量责任制</td><td colspan="2"></td></tr>
<tr><td>3</td><td colspan="3">主要专业工种操作岗位证书</td><td colspan="2"></td></tr>
<tr><td>4</td><td colspan="3">分包单位管理制度</td><td colspan="2"></td></tr>
<tr><td>5</td><td colspan="3">图纸会审记录</td><td colspan="2"></td></tr>
<tr><td>6</td><td colspan="3">地质勘察资料</td><td colspan="2"></td></tr>
<tr><td>7</td><td colspan="3">施工技术标准</td><td colspan="2"></td></tr>
<tr><td>8</td><td colspan="3">施工组织设计、施工方案编制及审批</td><td colspan="2"></td></tr>
<tr><td>9</td><td colspan="3">物资采购管理制度</td><td colspan="2"></td></tr>
<tr><td>10</td><td colspan="3">施工设施和机械设备管理制度</td><td colspan="2"></td></tr>
<tr><td>11</td><td colspan="3">计量设备配备</td><td colspan="2"></td></tr>
<tr><td>12</td><td colspan="3">检测试验管理制度</td><td colspan="2"></td></tr>
<tr><td>13</td><td colspan="3">工程质量检查验收制度</td><td colspan="2"></td></tr>
<tr><td>14</td><td colspan="3"></td><td colspan="2"></td></tr>
<tr><td colspan="4">自检结果：

施工单位项目负责人：　　年　月　日</td><td colspan="2">检查结论：

总监理工程师：　　年　月　日</td></tr>
</table>

附录B　建筑工程的分部工程、分项工程划分

表B　建筑工程的分部工程、分项工程划分

序号	分部工程	子分部工程	分项工程
1	地基与基础	地基	素土、灰土地基，砂和砂石地基，土工合成材料地基，粉煤灰地基，强夯地基，注浆地基，预压地基，砂石桩复合地基，高压旋喷注浆地基，水泥土搅拌桩地基，土和灰土挤密桩复合地基，水泥粉煤灰碎石桩复合地基，夯实水泥土桩复合地基
		基础	无筋扩展基础，钢筋混凝土扩展基础，筏形与箱形基础，钢结构基础，钢管混凝土结构基础，型钢混凝土结构基础，钢筋混凝土预制桩基础，泥浆护壁成孔灌注桩基础，干作业成孔桩基础，长螺旋钻孔压灌桩基础，沉管灌注桩基础，钢桩基础，锚杆静压桩基础，岩石锚杆基础，沉井与沉箱基础
		基坑支护	灌注桩排桩围护墙，板桩围护墙，咬合桩围护墙，型钢水泥土搅拌墙，土钉墙，地下连续墙，水泥土重力式挡墙，内支撑，锚杆，与主体结构相结合的基坑支护
		地下水控制	降水与排水，回灌
		土方	土方开挖，土方回填，场地平整
		边坡	喷锚支护，挡土墙，边坡开挖
		地下防水	主体结构防水，细部构造防水，特殊施工法结构防水，排水，注浆
2	主体结构	混凝土结构	模板，钢筋，混凝土，预应力，现浇结构，装配式结构
		砌体结构	砖砌体，混凝土小型空心砌块砌体，石砌体，配筋砌体，填充墙砌体
		钢结构	钢结构焊接，紧固件连接，钢零部件加工，钢构件组装及预拼装，单层钢结构安装，多层及高层钢结构安装，钢管结构安装，预应力钢索和膜结构，压型金属板，防腐涂料涂装，防火涂料涂装
		钢管混凝土结构	构件现场拼装，构件安装，钢管焊接，构件连接，钢管内钢筋骨架，混凝土
		型钢混凝土结构	型钢焊接，紧固件连接，型钢与钢筋连接，型钢构件组装及预拼装，型钢安装，模板，混凝土
		铝合金结构	铝合金焊接，紧固件连接，铝合金零部件加工，铝合金构件组装，铝合金构件预拼装，铝合金框架结构安装，铝合金空间网格结构安装，铝合金面板，铝合金幕墙结构安装，防腐处理
		木结构	方木与原木结构，胶合木结构，轻型木结构，木结构的防护
3	建筑装饰装修	建筑地面	基层铺设，整体面层铺设，板块面层铺设，木、竹面层铺设
		抹灰	一般抹灰，保温层薄抹灰，装饰抹灰，清水砌体勾缝
		外墙防水	外墙砂浆防水，涂膜防水，透气膜防水
		门窗	木门窗安装，金属门窗安装，塑料门窗安装，特种门安装，门窗玻璃安装
		吊顶	整体面层吊顶，板块面层吊顶，格栅吊顶

续表 B

序号	分部工程	子分部工程	分项工程
3	建筑装饰装修	轻质隔墙	板材隔墙，骨架隔墙，活动隔墙，玻璃隔墙
		饰面板	石板安装，陶瓷板安装，木板安装，金属板安装，塑料板安装
		饰面砖	外墙饰面砖粘贴，内墙饰面砖粘贴
		幕墙	玻璃幕墙安装，金属幕墙安装，石材幕墙安装，陶板幕墙安装
		涂饰	水性涂料涂饰，溶剂型涂料涂饰，美术涂饰
		裱糊与软包	裱糊，软包
		细部	橱柜制作与安装，窗帘盒和窗台板制作与安装，门窗套制作与安装，护栏和扶手制作与安装，花饰制作与安装
4	屋面	基层与保护	找坡层和找平层，隔汽层，隔离层，保护层
		保温与隔热	板状材料保温层，纤维材料保温层，喷涂硬泡聚氨酯保温层，现浇泡沫混凝土保温层，种植隔热层，架空隔热层，蓄水隔热层
		防水与密封	卷材防水层，涂膜防水层，复合防水层，接缝密封防水
		瓦面与板面	烧结瓦和混凝土瓦铺装，沥青瓦铺装，金属板铺装，玻璃采光顶铺装
		细部构造	檐口，檐沟和天沟，女儿墙和山墙，水落口，变形缝，伸出屋面管道，屋面出入口，反梁过水孔，设施基座，屋脊，屋顶窗
5	建筑给水排水及供暖	室内给水系统	给水管道及配件安装，给水设备安装，室内消火栓系统安装，消防喷淋系统安装，防腐，绝热，管道冲洗、消毒，试验与调试
		室内排水系统	排水管道及配件安装，雨水管道及配件安装，防腐，试验与调试
		室内热水系统	管道及配件安装，辅助设备安装，防腐，绝热，试验与调试
		卫生器具	卫生器具安装，卫生器具给水配件安装，卫生器具排水管道安装，试验与调试
		室内供暖系统	管道及配件安装，辅助设备安装，散热器安装，低温热水地板辐射供暖系统安装，电加热供暖系统安装，燃气红外辐射供暖系统安装，热风供暖系统安装，热计量及调控装置安装，试验与调试，防腐，绝热
		室外给水管网	给水管道安装，室外消火栓系统安装，试验与调试
		室外排水管网	排水管道安装，排水管沟与井池，试验与调试
		室外供热管网	管道及配件安装，系统水压试验，土建结构，防腐，绝热，试验与调试
		建筑饮用水供应系统	管道及配件安装，水处理设备及控制设施安装，防腐，绝热，试验与调试
		建筑中水系统及雨水利用系统	建筑中水系统、雨水利用系统管道及配件安装，水处理设备及控制设施安装，防腐，绝热，试验与调试
		游泳池及公共浴池水系统	管道及配件系统安装，水处理设备及控制设施安装，防腐，绝热，试验与调试
		水景喷泉系统	管道系统及配件安装，防腐，绝热，试验与调试
		热源及辅助设备	锅炉安装，辅助设备及管道安装，安全附件安装，换热站安装，防腐，绝热，试验与调试
		监测与控制仪表	检测仪器及仪表安装，试验与调试

续表 B

序号	分部工程	子分部工程	分项工程
6	通风与空调	送风系统	风管与配件制作，部件制作，风管系统安装，风机与空气处理设备安装，风管与设备防腐，旋流风口、岗位送风口、织物（布）风管安装，系统调试
		排风系统	风管与配件制作，部件制作，风管系统安装，风机与空气处理设备安装，风管与设备防腐，吸风罩及其他空气处理设备安装，厨房、卫生间排风系统安装，系统调试
		防排烟系统	风管与配件制作，部件制作，风管系统安装，风机与空气处理设备安装，风管与设备防腐，排烟风阀（口）、常闭正压风口、防火风管安装，系统调试
		除尘系统	风管与配件制作，部件制作，风管系统安装，风机与空气处理设备安装，风管与设备防腐，除尘器与排污设备安装，吸尘罩安装，高温风管绝热，系统调试
		舒适性空调系统	风管与配件制作，部件制作，风管系统安装，风机与空气处理设备安装，风管与设备防腐，组合式空调机组安装，消声器、静电除尘器、换热器、紫外线灭菌器等设备安装，风机盘管、变风量与定风量送风装置、射流喷口等末端设备安装，风管与设备绝热，系统调试
		恒温恒湿空调系统	风管与配件制作，部件制作，风管系统安装，风机与空气处理设备安装，风管与设备防腐，组合式空调机组安装，电加热器、加湿器等设备安装，精密空调机组安装，风管与设备绝热，系统调试
		净化空调系统	风管与配件制作，部件制作，风管系统安装，风机与空气处理设备安装，风管与设备防腐，净化空调机组安装，消声器、静电除尘器、换热器、紫外线灭菌器等设备安装，中、高效过滤器及风机过滤器单元等末端设备清洗与安装，洁净度测试，风管与设备绝热，系统调试
		地下人防通风系统	风管与配件制作，部件制作，风管系统安装，风机与空气处理设备安装，风管与设备防腐，过滤吸收器、防爆波活门、防爆超压排气活门等专用设备安装，系统调试
		真空吸尘系统	风管与配件制作，部件制作，风管系统安装，风机与空气处理设备安装，风管与设备防腐，管道安装，快速接口安装，风机与滤尘设备安装，系统压力试验及调试
		冷凝水系统	管道系统及部件安装，水泵及附属设备安装，管道冲洗，管道、设备防腐，板式热交换器，辐射板及辐射供热、供冷地埋管，热泵机组设备安装，管道、设备绝热，系统压力试验及调试
		空调（冷、热）水系统	管道系统及部件安装，水泵及附属设备安装，管道冲洗，管道、设备防腐，冷却塔与水处理设备安装，防冻伴热设备安装，管道、设备绝热，系统压力试验及调试
		冷却水系统	管道系统及部件安装，水泵及附属设备安装，管道冲洗，管道、设备防腐，系统灌水渗漏及排放试验，管道、设备绝热
		土壤源热泵换热系统	管道系统及部件安装，水泵及附属设备安装，管道冲洗，管道、设备防腐，埋地换热系统与管网安装，管道、设备绝热，系统压力试验及调试
		水源热泵换热系统	管道系统及部件安装，水泵及附属设备安装，管道冲洗，管道、设备防腐，地表水源换热管及管网安装，除垢设备安装，管道、设备绝热，系统压力试验及调试
		蓄能系统	管道系统及部件安装，水泵及附属设备安装，管道冲洗，管道、设备防腐，蓄水罐与蓄冰槽、罐安装，管道、设备绝热，系统压力试验及调试

续表B

序号	分部工程	子分部工程	分项工程
6	通风与空调	压缩式制冷（热）设备系统	制冷机组及附属设备安装，管道、设备防腐，制冷剂管道及部件安装，制冷剂灌注，管道、设备绝热，系统压力试验及调试
		吸收式制冷设备系统	制冷机组及附属设备安装，管道、设备防腐，系统真空试验，溴化锂溶液加灌，蒸汽管道系统安装，燃气或燃油设备安装，管道、设备绝热，试验及调试
		多联机（热泵）空调系统	室外机组安装，室内机组安装，制冷剂管路连接及控制开关安装，风管安装，冷凝水管道安装，制冷剂灌注，系统压力试验及调试
		太阳能供暖空调系统	太阳能集热器安装，其他辅助能源、换热设备安装，蓄能水箱、管道及配件安装，防腐，绝热，低温热水地板辐射采暖系统安装，系统压力试验及调试
		设备自控系统	温度、压力与流量传感器安装，执行机构安装调试，防排烟系统功能测试，自动控制及系统智能控制软件调试
7	建筑电气	室外电气	变压器、箱式变电所安装，成套配电柜、控制柜（屏、台）和动力、照明配电箱（盘）及控制柜安装，梯架、支架、托盘和槽盒安装，导管敷设，电缆敷设，管内穿线和槽盒内敷线，电缆头制作、导线连接和线路绝缘测试，普通灯具安装，专用灯具安装，建筑照明通电试运行，接地装置安装
		变配电室	变压器、箱式变电所安装，成套配电柜、控制柜（屏、台）和动力、照明配电箱（盘）安装，母线槽安装，梯架、支架、托盘和槽盒安装，电缆敷设，电缆头制作、导线连接和线路绝缘测试，接地装置安装，接地干线敷设
		供电干线	电气设备试验和试运行，母线槽安装，梯架、支架、托盘和槽盒安装，导管敷设，电缆敷设，管内穿线和槽盒内敷线，电缆头制作、导线连接和线路绝缘测试，接地干线敷设
		电气动力	成套配电柜、控制柜（屏、台）和动力配电箱（盘）安装，电动机、电加热器及电动执行机构检查接线，电气设备试验和试运行，梯架、支架、托盘和槽盒安装，导管敷设，电缆敷设，管内穿线和槽盒内敷线，电缆头制作、导线连接和线路绝缘测试
		电气照明	成套配电柜、控制柜（屏、台）和照明配电箱（盘）安装，梯架、支架、托盘和槽盒安装，导管敷设，管内穿线和槽盒内敷线，塑料护套线直敷布线，钢索配线，电缆头制作、导线连接和线路绝缘测试，普通灯具安装，专用灯具安装，开关、插座、风扇安装，建筑照明通电试运行
		备用和不间断电源	成套配电柜、控制柜（屏、台）和动力、照明配电箱（盘）安装，柴油发电机组安装，不间断电源装置及应急电源装置安装，母线槽安装，导管敷设，电缆敷设，管内穿线和槽盒内敷线，电缆头制作、导线连接和线路绝缘测试，接地装置安装
		防雷及接地	接地装置安装，防雷引下线及接闪器安装，建筑物等电位连接，浪涌保护器安装
8	智能建筑	智能化集成系统	设备安装，软件安装，接口及系统调试，试运行
		信息接入系统	安装场地检查
		用户电话交换系统	线缆敷设，设备安装，软件安装，接口及系统调试，试运行

续表 B

序号	分部工程	子分部工程	分项工程
8	智能建筑	信息网络系统	计算机网络设备安装，计算机网络软件安装，网络安全设备安装，网络安全软件安装，系统调试，试运行
		综合布线系统	梯架、托盘、槽盒和导管安装，线缆敷设，机柜、机架、配线架安装，信息插座安装，链路或信道测试，软件安装，系统调试，试运行
		移动通信室内信号覆盖系统	安装场地检查
		卫星通信系统	安装场地检查
		有线电视及卫星电视接收系统	梯架、托盘、槽盒和导管安装，线缆敷设，设备安装，软件安装，系统调试，试运行
		公共广播系统	梯架、托盘、槽盒和导管安装，线缆敷设，设备安装，软件安装，系统调试，试运行
		会议系统	梯架、托盘、槽盒和导管安装，线缆敷设，设备安装，软件安装，系统调试，试运行
		信息导引及发布系统	梯架、托盘、槽盒和导管安装，线缆敷设，显示设备安装，机房设备安装，软件安装，系统调试，试运行
		时钟系统	梯架、托盘、槽盒和导管安装，线缆敷设，设备安装，软件安装，系统调试，试运行
		信息化应用系统	梯架、托盘、槽盒和导管安装，线缆敷设，设备安装，软件安装，系统调试，试运行
		建筑设备监控系统	梯架、托盘、槽盒和导管安装，线缆敷设，传感器安装，执行器安装，控制器、箱安装，中央管理工作站和操作分站设备安装，软件安装，系统调试，试运行
		火灾自动报警系统	梯架、托盘、槽盒和导管安装，线缆敷设，探测器类设备安装，控制器类设备安装，其他设备安装，软件安装，系统调试，试运行
		安全技术防范系统	梯架、托盘、槽盒和导管安装，线缆敷设，设备安装，软件安装，系统调试，试运行
		应急响应系统	设备安装，软件安装，系统调试，试运行
		机房	供配电系统，防雷与接地系统，空气调节系统，给水排水系统，综合布线系统，监控与安全防范系统，消防系统，室内装饰装修，电磁屏蔽，系统调试，试运行
		防雷与接地	接地装置，接地线，等电位联接，屏蔽设施，电涌保护器，线缆敷设，系统调试，试运行
9	建筑节能	围护系统节能	墙体节能，幕墙节能，门窗节能，屋面节能，地面节能
		供暖空调设备及管网节能	供暖节能，通风与空调设备节能，空调与供暖系统冷热源节能，空调与供暖系统管网节能
		电气动力节能	配电节能，照明节能
		监控系统节能	监测系统节能，控制系统节能
		可再生能源	地源热泵系统节能，太阳能光热系统节能，太阳能光伏节能
10	电梯	电力驱动的曳引式或强制式电梯	设备进场验收，土建交接检验，驱动主机，导轨，门系统，轿厢，对重，安全部件，悬挂装置，随行电缆，补偿装置，电气装置，整机安装验收
		液压电梯	设备进场验收，土建交接检验，液压系统，导轨，门系统，轿厢，对重，安全部件，悬挂装置，随行电缆，电气装置，整机安装验收
		自动扶梯、自动人行道	设备进场验收，土建交接检验，整机安装验收

附录C 室外工程的划分

表C 室外工程的划分

单位工程	子单位工程	分部工程
室外设施	道路	路基、基层、面层、广场与停车场、人行道、人行地道、挡土墙、附属构筑物
	边坡	土石方、挡土墙、支护
附属建筑及室外环境	附属建筑	车棚，围墙，大门，挡土墙
	室外环境	建筑小品，亭台，水景，连廊，花坛，场坪绿化，景观桥

附录D 一般项目正常检验一次、二次抽样判定

D.0.1 对于计数抽样的一般项目，正常检验一次抽样可按表D.0.1-1判定，正常检验二次抽样可按表D.0.1-2判定。抽样方案应在抽样前确定。

D.0.2 样本容量在表D.0.1-1或表D.0.1-2给出的数值之间时，合格判定数可通过插值并四舍五入取整确定。

表D.0.1-1 一般项目正常检验一次抽样判定

样本容量	合格判定数	不合格判定数	样本容量	合格判定数	不合格判定数
5	1	2	32	7	8
8	2	3	50	10	11
13	3	4	80	14	15
20	5	6	125	21	22

表D.0.1-2 一般项目正常检验二次抽样判定

抽样次数	样本容量	合格判定数	不合格判定数	抽样次数	样本容量	合格判定数	不合格判定数
(1)	3	0	2	(1)	20	3	6
(2)	6	1	2	(2)	40	9	10
(1)	5	0	3	(1)	32	5	9
(2)	10	3	4	(2)	64	12	13
(1)	8	1	3	(1)	50	7	11
(2)	16	4	5	(2)	100	18	19
(1)	13	2	5	(1)	80	11	16
(2)	26	6	7	(2)	160	26	27

注：(1)和(2)表示抽样次数，(2)对应的样本容量为两次抽样的累计数量。

附录E 检验批质量验收记录

表E ________检验批质量验收记录

编号：____

<table>
<tr><td colspan="2">单位(子单位)工程名称</td><td></td><td>分部(子分部)工程名称</td><td></td><td>分项工程名称</td><td></td></tr>
<tr><td colspan="2">施工单位</td><td></td><td>项目负责人</td><td></td><td>检验批容量</td><td></td></tr>
<tr><td colspan="2">分包单位</td><td></td><td>分包单位项目负责人</td><td></td><td>检验批部位</td><td></td></tr>
<tr><td colspan="2">施工依据</td><td colspan="2"></td><td>验收依据</td><td colspan="2"></td></tr>
<tr><td colspan="2">验收项目</td><td>设计要求及规范规定</td><td>最小/实际抽样数量</td><td colspan="2">检查记录</td><td>检查结果</td></tr>
<tr><td rowspan="10">主控项目</td><td>1</td><td></td><td></td><td colspan="2"></td><td></td></tr>
<tr><td>2</td><td></td><td></td><td colspan="2"></td><td></td></tr>
<tr><td>3</td><td></td><td></td><td colspan="2"></td><td></td></tr>
<tr><td>4</td><td></td><td></td><td colspan="2"></td><td></td></tr>
<tr><td>5</td><td></td><td></td><td colspan="2"></td><td></td></tr>
<tr><td>6</td><td></td><td></td><td colspan="2"></td><td></td></tr>
<tr><td>7</td><td></td><td></td><td colspan="2"></td><td></td></tr>
<tr><td>8</td><td></td><td></td><td colspan="2"></td><td></td></tr>
<tr><td>9</td><td></td><td></td><td colspan="2"></td><td></td></tr>
<tr><td>10</td><td></td><td></td><td colspan="2"></td><td></td></tr>
<tr><td rowspan="5">一般项目</td><td>1</td><td></td><td></td><td colspan="2"></td><td></td></tr>
<tr><td>2</td><td></td><td></td><td colspan="2"></td><td></td></tr>
<tr><td>3</td><td></td><td></td><td colspan="2"></td><td></td></tr>
<tr><td>4</td><td></td><td></td><td colspan="2"></td><td></td></tr>
<tr><td>5</td><td></td><td></td><td colspan="2"></td><td></td></tr>
<tr><td colspan="2">施工单位检查结果</td><td colspan="5">专业工长：
项目专业质量检查员：
年 月 日</td></tr>
<tr><td colspan="2">监理单位验收结论</td><td colspan="5">专业监理工程师：
年 月 日</td></tr>
</table>

附录F　分项工程质量验收记录

表F ________分项工程质量验收记录

编号：____

单位(子单位)工程名称			分部(子分部)工程名称		
分项工程数量			检验批数量		
施工单位			项目负责人	项目技术负责人	
分包单位			分包单位项目负责人	分包内容	
序号	检验批名称	检验批容量	部位/区段	施工单位检查结果	监理单位验收结论
1					
2					
3					
4					
5					
6					
7					
8					
9					
10					
11					
12					
13					
14					
15					
说明：					
施工单位检查结果	项目专业技术负责人： 年　月　日				
监理单位验收结论	专业监理工程师： 年　月　日				

附录G　分部工程质量验收记录

表G ________分部工程质量验收记录

编号：____

单位(子单位)工程名称			子分部工程数量	分项工程数量	
施工单位			项目负责人	技术(质量)负责人	
分包单位			分包单位负责人	分包内容	
序号	子分部工程名称	分项工程名称	检验批数量	施工单位检查结果	监理单位验收结论
1					
2					
3					
4					
5					
6					
7					
8					
质量控制资料					
安全和功能检验结果					
观感质量检验结果					
综合验收结论					
施工单位 项目负责人： 年　月　日	勘察单位 项目负责人： 年　月　日	设计单位 项目负责人： 年　月　日	监理单位 总监理工程师： 年　月　日		

注：1　地基与基础分部工程的验收应由施工、勘察、设计单位项目负责人和总监理工程师参加并签字；

2　主体结构、节能分部工程的验收应由施工、设计单位项目负责人和总监理工程师参加并签字。

附录H　单位工程质量竣工验收记录

H.0.1　单位工程质量竣工验收应按表H.0.1-1记录，单位工程质量控制资料及主要功能抽查核查应按表H.0.1-2记录，单位工程安全和功能检验资料核查应按表H.0.1-3记录，单位工程观感质量检查应按表H.0.1-4记录。

H.0.2　表H.0.1-1中的验收记录由施工单位填写，

验收结论由监理单位填写。综合验收结论经参加验收各方共同商定，由建设单位填写，应对工程质量是否符合设计文件和相关标准的规定及总体质量水平作出评价。

表 H.0.1-1　单位工程质量竣工验收记录

工程名称		结构类型		层数/建筑面积	
施工单位		技术负责人		开工日期	
项目负责人		项目技术负责人		完工日期	
序号	项　目	验收记录		验收结论	
1	分部工程验收	共　　分部，经查符合设计及标准规定　　分部			
2	质量控制资料核查	共　项，经核查符合规定　　项			
3	安全和使用功能核查及抽查结果	共核查　项，符合规定　项，共抽查　项，符合规定　项，经返工处理符合规定　　项			
4	观感质量验收	共抽查　项，达到“好”和“一般”的　　项，经返修处理符合要求的　　项			
	综合验收结论				
参加验收单位	建设单位	监理单位	施工单位	设计单位	勘察单位
	（公章） 项目负责人： 年　月　日	（公章） 总监理工程师： 年　月　日	（公章） 项目负责人： 年　月　日	（公章） 项目负责人： 年　月　日	（公章） 项目负责人： 年　月　日

注：单位工程验收时，验收签字人员应由相应单位的法人代表书面授权。

表 H.0.1-2　单位工程质量控制资料核查记录

工程名称			施工单位				
序号	项目	资料名称	份数	施工单位		监理单位	
				核查意见	核查人	核查意见	核查人
1	建筑与结构	图纸会审记录、设计变更通知单、工程洽商记录					
2		工程定位测量、放线记录					
3		原材料出厂合格证书及进场检验、试验报告					
4		施工试验报告及见证检测报告					
5		隐蔽工程验收记录					
6		施工记录					
7		地基、基础、主体结构检验及抽样检测资料					
8		分项、分部工程质量验收记录					
9		工程质量事故调查处理资料					
10		新技术论证、备案及施工记录					

续表 H.0.1-2

工程名称			施工单位				
序号	项目	资料名称	份数	施工单位		监理单位	
				核查意见	核查人	核查意见	核查人
1	给水排水与供暖	图纸会审记录、设计变更通知单、工程洽商记录					
2		原材料出厂合格证书及进场检验、试验报告					
3		管道、设备强度试验、严密性试验记录					
4		隐蔽工程验收记录					
5		系统清洗、灌水、通水、通球试验记录					
6		施工记录					
7		分项、分部工程质量验收记录					
8		新技术论证、备案及施工记录					
1	通风与空调	图纸会审记录、设计变更通知单、工程洽商记录					
2		原材料出厂合格证书及进场检验、试验报告					
3		制冷、空调、水管道强度试验、严密性试验记录					
4		隐蔽工程验收记录					
5		制冷设备运行调试记录					
6		通风、空调系统调试记录					
7		施工记录					
8		分项、分部工程质量验收记录					
9		新技术论证、备案及施工记录					
1	建筑电气	图纸会审记录、设计变更通知单、工程洽商记录					
2		原材料出厂合格证书及进场检验、试验报告					
3		设备调试记录					
4		接地、绝缘电阻测试记录					
5		隐蔽工程验收记录					
6		施工记录					
7		分项、分部工程质量验收记录					
8		新技术论证、备案及施工记录					

续表 H.0.1-2

工程名称			施工单位					
序号	项目	资料名称	份数	施工单位		监理单位		
				核查意见	核查人	核查意见	核查人	
1	智能建筑	图纸会审记录、设计变更通知单、工程洽商记录						
2		原材料出厂合格证书及进场检验、试验报告						
3		隐蔽工程验收记录						
4		施工记录						
5		系统功能测定及设备调试记录						
6		系统技术、操作和维护手册						
7		系统管理、操作人员培训记录						
8		系统检测报告						
9		分项、分部工程质量验收记录						
10		新技术论证、备案及施工记录						
1	建筑节能	图纸会审记录、设计变更通知单、工程洽商记录						
2		原材料出厂合格证书及进场检验、试验报告						
3		隐蔽工程验收记录						
4		施工记录						
5		外墙、外窗节能检验报告						
6		设备系统节能检测报告						
7		分项、分部工程质量验收记录						
8		新技术论证、备案及施工记录						
1	电梯	图纸会审记录、设计变更通知单、工程洽商记录						
2		设备出厂合格证书及开箱检验记录						
3		隐蔽工程验收记录						
4		施工记录						
5		接地、绝缘电阻试验记录						
6		负荷试验、安全装置检查记录						
7		分项、分部工程质量验收记录						
8		新技术论证、备案及施工记录						

结论：

施工单位项目负责人：　　　　总监理工程师：

年　月　日　　　　年　月　日

表 H.0.1-3　单位工程安全和功能检验资料核查及主要功能抽查记录

工程名称			施工单位			
序号	项目	安全和功能检查项目	份数	核查意见	抽查结果	核查（抽查）人
1	建筑与结构	地基承载力检验报告				
2		桩基承载力检验报告				
3		混凝土强度试验报告				
4		砂浆强度试验报告				
5		主体结构尺寸、位置抽查记录				
6		建筑物垂直度，标高，全高测量记录				
7		屋面淋水或蓄水试验记录				
8		地下室渗漏水检测记录				
9		有防水要求的地面蓄水试验记录				
10		抽气（风）道检查记录				
11		外窗气密性、水密性、耐风压检测报告				
12		幕墙气密性、水密性、耐风压检测报告				
13		建筑物沉降观测测量记录				
14		节能、保温测试记录				
15		室内环境检测报告				
16		土壤氡气浓度检测报告				
1	给水排水与供暖	给水管道通水试验记录				
2		暖气管道、散热器压力试验记录				
3		卫生器具满水试验记录				
4		消防管道、燃气管道压力试验记录				
5		排水干管通球试验记录				
6		锅炉试运行、安全阀及报警联动测试记录				
1	通风与空调	通风、空调系统试运行记录				
2		风量、温度测试记录				
3		空气能量回收装置测试记录				
4		洁净室洁净度测试记录				
5		制冷机组试运行调试记录				
1	建筑电气	建筑照明通电试运行记录				
2		灯具固定装置及悬吊装置的载荷强度试验记录				
3		绝缘电阻测试记录				
4		剩余电流动作保护器测试记录				
5		应急电源装置应急持续供电记录				
6		接地电阻测试记录				
7		接地故障回路阻抗测试记录				
1	智能建筑	系统试运行记录				
2		系统电源及接地检测报告				
3		系统接地检测报告				

续表 H.0.1-3

工程名称			施工单位			
序号	项目	安全和功能检查项目	份数	核查意见	抽查结果	核查（抽查）人
1	建筑节能	外墙节能构造检查记录或热工性能检验报告				
2	建筑节能	设备系统节能性能检查记录				
1	电梯	运行记录				
2	电梯	安全装置检测报告				
结论： 施工单位项目负责人：　　　　总监理工程师： 年　月　日　　　　年　月　日						

注：抽查项目由验收组协商确定。

表 H.0.1-4　单位工程观感质量检查记录

工程名称			施工单位	
序号	项　目		抽查质量状况	质量评价
1	建筑与结构	主体结构外观	共检查　点，好　点，一般　点，差　点	
2	建筑与结构	室外墙面	共检查　点，好　点，一般　点，差　点	
3	建筑与结构	变形缝、雨水管	共检查　点，好　点，一般　点，差　点	
4	建筑与结构	屋面	共检查　点，好　点，一般　点，差　点	
5	建筑与结构	室内墙面	共检查　点，好　点，一般　点，差　点	
6	建筑与结构	室内顶棚	共检查　点，好　点，一般　点，差　点	
7	建筑与结构	室内地面	共检查　点，好　点，一般　点，差　点	
8	建筑与结构	楼梯、踏步、护栏	共检查　点，好　点，一般　点，差　点	
9	建筑与结构	门窗	共检查　点，好　点，一般　点，差　点	
10	建筑与结构	雨罩、台阶、坡道、散水	共检查　点，好　点，一般　点，差　点	
	建筑与结构			
1	给水排水与供暖	管道接口、坡度、支架	共检查　点，好　点，一般　点，差　点	
2	给水排水与供暖	卫生器具、支架、阀门	共检查　点，好　点，一般　点，差　点	
3	给水排水与供暖	检查口、扫除口、地漏	共检查　点，好　点，一般　点，差　点	
4	给水排水与供暖	散热器、支架	共检查　点，好　点，一般　点，差　点	
	给水排水与供暖			
1	通风与空调	风管、支架	共检查　点，好　点，一般　点，差　点	
2	通风与空调	风口、风阀	共检查　点，好　点，一般　点，差　点	
3	通风与空调	风机、空调设备	共检查　点，好　点，一般　点，差　点	
4	通风与空调	管道、阀门、支架	共检查　点，好　点，一般　点，差　点	
5	通风与空调	水泵、冷却塔	共检查　点，好　点，一般　点，差　点	
6	通风与空调	绝热	共检查　点，好　点，一般　点，差　点	
	通风与空调			
1	建筑电气	配电箱、盘、板、接线盒	共检查　点，好　点，一般　点，差　点	
2	建筑电气	设备器具、开关、插座	共检查　点，好　点，一般　点，差　点	
3	建筑电气	防雷、接地、防火	共检查　点，好　点，一般　点，差　点	
	建筑电气			

续表 H.0.1-4

工程名称			施工单位	
序号	项　目		抽查质量状况	质量评价
1	智能建筑	机房设备安装及布局	共检查　点，好　点，一般　点，差　点	
2	智能建筑	现场设备安装	共检查　点，好　点，一般　点，差　点	
	智能建筑			
1	电梯	运行、平层、开关门	共检查　点，好　点，一般　点，差　点	
2	电梯	层门、信号系统	共检查　点，好　点，一般　点，差　点	
3	电梯	机房	共检查　点，好　点，一般　点，差　点	
	电梯			
	观感质量综合评价			
结论： 施工单位项目负责人：　　　　总监理工程师： 年　月　日　　　　年　月　日				

注：1　对质量评价为差的项目应进行返修；

2　观感质量现场检查原始记录应作为本表附件。

本标准用词说明

1　为了便于在执行本标准条文时区别对待，对要求严格程度不同的用词说明如下：

1）表示很严格，非这样做不可的用词：

正面词采用“必须”，反面词采用“严禁”；

2）表示严格，在正常情况下均应这样做的用词：

正面词采用“应”，反面词采用“不应”或“不得”；

3）表示允许稍有选择，在条件许可时首先应这样做的用词：

正面词采用“宜”，反面词采用“不宜”；

4）表示有选择，在一定条件下可以这样做的用词，采用“可”。

2　条文中指明应按其他有关标准、规范执行的写法为：“应符合……规定”或“应按……执行”。

中华人民共和国国家标准

建筑工程施工质量验收统一标准

GB 50300—2013

条 文 说 明

修 订 说 明

《建筑工程施工质量验收统一标准》GB 50300-2013，经住房和城乡建设部2013年11月1日以第193号公告批准、发布。

本标准是在《建筑工程施工质量验收统一标准》GB 50300-2001的基础上修订而成。上一版的主编单位是中国建筑科学研究院，参加单位是中国建筑业协会工程建设质量监督分会、国家建筑工程质量监督检验中心、北京市建筑工程质量监督总站、北京市城建集团有限责任公司、天津市建筑工程质量监督管理总站、上海市建设工程质量监督总站、深圳市建设工程质量监督检验总站、四川省华西集团总公司、陕西省建筑工程总公司、中国人民解放军工程质量监督总站。主要起草人是吴松勤、高小旺、何星华、白生翔、徐有邻、葛恒岳、刘国琦、王惠明、朱明德、杨南方、李子新、张鸿勋、刘俭。

本标准修订过程中，编制组进行了大量调查研究，鼓励“四新”技术的推广应用，提高检验批抽样检验的理论水平，解决建筑工程施工质量验收中的具体问题，丰富和完善了标准的内容。标准修订时与《建筑地基基础工程施工质量验收规范》GB 50202、《砌体结构工程施工质量验收规范》GB 50203、《建筑节能工程施工质量验收规范》GB 50411等专业验收规范进行了协调沟通。

为便于广大设计、施工、科研、学校等单位有关人员在使用本标准时能正确理解和执行条文规定，《建筑工程施工质量验收统一标准》编制组按章、条顺序编制了本标准的条文说明，对条文规定的目的、依据以及在执行中应注意的有关事项进行了说明。但是，本条文说明不具备与标准正文同等的法律效力，仅供使用者作为理解和把握标准规定的参考。

目　次

1 总　　则

1.0.1 本条是编制统一标准和建筑工程施工质量验收规范系列标准的宗旨和原则，以统一建筑工程施工质量的验收方法、程序和原则，达到确保工程质量的目的。本标准适用于施工质量的验收，设计和使用中的质量问题不属于本标准的范畴。

1.0.2 本标准主要包括两部分内容，第一部分规定了建筑工程各专业验收规范编制的统一准则。为了统一建筑工程各专业验收规范的编制，对检验批、分项工程、分部工程、单位工程的划分、质量指标的设置和要求、验收的程序与组织都提出了原则的要求，以指导和协调本系列标准各专业验收规范的编制。

第二部分规定了单位工程的验收，从单位工程的划分和组成，质量指标的设置到验收程序都做了具体规定。

1.0.3 建筑工程施工质量验收的有关标准还包括各专业验收规范、专业技术规程、施工技术标准、试验方法标准、检测技术标准、施工质量评价标准等。

2 术　　语

本章中给出的17个术语，是本标准有关章节中所引用的。除本标准使用外，还可作为建筑工程各专业验收规范引用的依据。

在编写本章术语时，参考了《质量管理体系 基础和术语》GB/T 19000－2008、《建筑结构设计术语和符号标准》GB/T 50083－97、《统计学词汇及符号 第1部分：一般统计术语与用于概率的术语》GB/T 3358.1－2009、《统计学词汇及符号 第2部分：应用统计》GB/T 3358.2－2009等国家标准中的相关术语。

本标准的术语是从本标准的角度赋予其含义的，主要是说明本术语所指的工程内容的含义。

3 基 本 规 定

3.0.1 建筑工程施工单位应建立必要的质量责任制度，应推行生产控制和合格控制的全过程质量控制，应有健全的生产控制和合格控制的质量管理体系。不仅包括原材料控制、工艺流程控制、施工操作控制、每道工序质量检查、相关工序间的交接检验以及专业工种之间等中间交接环节的质量管理和控制要求，还应包括满足施工图设计和功能要求的抽样检验制度等。施工单位还应通过内部的审核与管理者的评审，找出质量管理体系中存在的问题和薄弱环节，并制定改进的措施和跟踪检查落实等措施，使质量管理体系不断健全和完善，是使施工单位不断提高建筑工程施工质量的基本保证。

同时施工单位应重视综合质量控制水平，从施工技术、管理制度、工程质量控制等方面制定综合质量控制水平指标，以提高企业整体管理、技术水平和经济效益。

3.0.2 根据《建设工程监理范围和规模标准规定》（建设部令第86号），对国家重点建设工程、大中型公用事业工程等必须实行监理。对于该规定包含范围以外的工程，也可由建设单位完成相应的施工质量控制及验收工作。

3.0.3 本条规定了建筑工程施工质量控制的主要方面：

1 用于建筑工程的主要材料、半成品、成品、建筑构配件、器具和设备的进场检验和重要建筑材料、产品的复验。为把握重点环节，要求对涉及安全、节能、环境保护和主要使用功能的重要材料、产品进行复检，体现了以人为本、节能、环保的理念和原则。

2 为保障工程整体质量，应控制每道工序的质量。目前各专业的施工技术规范正在编制，并陆续实施，施工单位可按照执行。考虑到企业标准的控制指标应严格于行业和国家标准指标，鼓励有能力的施工单位编制企业标准，并按照企业标准的要求控制每道工序的施工质量。施工单位完成每道工序后，除了自检、专职质量检查员检查外，还应进行工序交接检查，上道工序应满足下道工序的施工条件和要求；同样相关专业工序之间也应进行交接检验，使各工序之间和各相关专业工程之间形成有机的整体。

3 工序是建筑工程施工的基本组成部分，一个检验批可能由一道或多道工序组成。根据目前的验收要求，监理单位对工程质量控制到检验批，对工序的质量一般由施工单位通过自检予以控制，但为保证工程质量，对监理单位有要求的重要工序，应经监理工程师检查认可，才能进行下道工序施工。

3.0.4 本条规定了可适当调整抽样复验、试验数量的条件和要求。

1 相同施工单位在同一项目中施工的多个单位工程，使用的材料、构配件、设备等往往属于同一批次，如果按每一个单位工程分别进行复验、试验势必会造成重复，且必要性不大，因此规定可适当调整抽样复检、试验数量，具体要求可根据相关专业验收规范的规定执行。

2 施工现场加工的成品、半成品、构配件等符合条件时，可适当调整抽样复验、试验数量。但对施工安装后的工程质量应按分部工程的要求进行检测试验，不能减少抽样数量，如结构实体混凝土强度检测、钢筋保护层厚度检测等。

3 在实际工程中，同一专业内或不同专业之间对同一对象有重复检验的情况，并需分别填写验收资料。例如混凝土结构隐蔽工程检验批和钢筋工程检验批，装饰装修工程和节能工程中对门窗的气密性试验等。因此本条规定可避免对同一对象的重复检验，可重复利用检验成果。

调整抽样复验、试验数量或重复利用已有检验成果应有具体的实施方案，实施方案应符合各专业验收规范的规定，并事先报监理单位认可。施工或监理单位认为必要时，也可不调整抽样复验、试验数量或不重复利用已有检验成果。

3.0.5 为适应建筑工程行业的发展，鼓励“四新”技术的推广应用，保证建筑工程验收的顺利进行，本条规定对国家、行业、地方标准没有具体验收要求的分项工程及检验批，可由建设单位组织制定专项验收要求，专项验收要求应符合设计意图，包括分项工程及检验批的划分、抽样方案、验收方法、判定指标等内容，监理、设计、施工等单位可参与制定。为保证工程质量，重要的专项验收要求应在实施前组织专家论证。

3.0.6 本条规定了建筑工程施工质量验收的基本要求：

1 工程质量验收的前提条件为施工单位自检合格，验收时施工单位对自检中发现的问题已完成整改。

2 参加工程施工质量验收的各方人员资格包括岗位、专业和技术职称等要求，具体要求应符合国家、行业和地方有关法律、法规及标准、规范的规定，尚无规定时可由参加验收的单位协商确定。

3 主控项目和一般项目的划分应符合各专业验收规范的规定。

4 见证检验的项目、内容、程序、抽样数量等应符合国家、行业和地方有关规范的规定。

5 考虑到隐蔽工程在隐蔽后难以检验，因此隐蔽工程在隐蔽前应进行验收，验收合格后方可继续施工。

6 本标准修订适当扩大抽样检验的范围，不仅包括涉及结构安全和使用功能的分部工程，还包括涉及节能、环境保护等的分部工程，具体内容可由各专业验收规范确定，抽样检验和实体检验结果应符合有关专业验收规范的规定。

7 观感质量可通过观察和简单的测试确定，观感质量的综合评价结果应由验收各方共同确认并达成一致。对影响观感及使用功能或质量评价为差的项目应进行返修。

3.0.7 本条明确给出了建筑工程施工质量验收合格的条件。需要指出的是，本标准及各专业验收规范提出的合格要求是对施工质量的最低要求，允许建设、设计等单位提出高于本标准及相关专业验收规范的验收要求。

3.0.8 对检验批的抽样方案可根据检验项目的特点进行选择。计量、计数检验可分为全数检验和抽样检验两类。对于重要且易于检查的项目，可采用简易快速的非破损检验方法时，宜选用全数检验。

本条在计量、计数抽样时引入了概率统计学的方法，提高抽样检验的理论水平，作为可采用的抽样方案之一。鉴于目前各专业验收规范在确定抽样数量时仍普遍采用基于经验的方法，本标准仍允许采用“经实践证明有效的抽样方案”。

3.0.9 本条规定了检验批的抽样要求。目前对施工质量的检验大多没有具体的抽样方案，样本选取的随意性较大，有时不能代表母体的质量情况。因此本条规定随机抽样应满足样本分布均匀、抽样具有代表性等要求。

对抽样数量的规定依据国家标准《计数抽样检验程序 第1部分：按接收质量限（AQL）检索的逐批检验抽样计划》GB/T 2828.1－2012，给出了检验批验收时的最小抽样数量，其目的是要保证验收检验具有一定的抽样量，并符合统计学原理，使抽样更具代表性。最小抽样数量有时不是最佳的抽样数量，因此本条规定抽样数量尚应符合有关专业验收规范的规定。表3.0.9适用于计数抽样的检验批，对计量-计数混合抽样的检验批可参考使用。

检验批中明显不合格的个体主要可通过肉眼观察或简单的测试确定，这些个体的检验指标往往与其他个体存在较大差异，纳入检验批后会增大验收结果的离散性，影响整体质量水平的统计。同时，也为了避免对明显不合格个体的人为忽略情况，本条规定对明显不合格的个体可不纳入检验批，但必须进行处理，使其符合规定。

3.0.10 关于合格质量水平的错判概率α，是指合格批被判为不合格的概率，即合格批被拒收的概率；漏判概率β为不合格批被判为合格批的概率，即不合格批被误收的概率。抽样检验必然存在这两类风险，通过抽样检验的方法使检验批100%合格是不合理的也是不可能的，在抽样检验中，两类风险一向控制范围是：$\alpha=1\%\sim5\%$；$\beta=5\%\sim10\%$。对于主控项目，其α、β均不宜超过5%；对于一般项目，α不宜超过5%，β不宜超过10%。

4 建筑工程质量验收的划分

4.0.1 验收时，将建筑工程划分为单位工程、分部工程、分项工程和检验批的方式已被采纳和接受，在建筑工程验收过程中应用情况良好，本次修订继续执行该划分方法。

4.0.2 单位工程应具有独立的施工条件和能形成独立的使用功能。在施工前可由建设、监理、施工单位商议确定，并据此收集整理施工技术资料和进行验收。

4.0.3 分部工程是单位工程的组成部分，一个单位工程往往由多个分部工程组成。

当分部工程量较大且较复杂时，为便于验收，可将其中相同部分的工程或能形成独立专业体系的工程划分成若干个子分部工程。

本次修订，增加了建筑节能分部工程。

4.0.4 分项工程是分部工程的组成部分，由一个或若干个检验批组成。

4.0.5 多层及高层建筑的分项工程可按楼层或施工段来划分检验批，单层建筑的分项工程可按变形缝等划分检验批；地基基础的分项工程一般划分为一个检验批，有地下层的基础工程可按不同地下层划分检验批；屋面工程的分项工程可按不同楼层屋面划分为不同的检验批；其他分部工程中的分项工程，一般按楼层划分检验批；对于工程量较少的分项工程可划为一个检验批。安装工程一般按一个设计系统或设备组别划分为一个检验批。室外工程一般划分为一个检验批。散水、台阶、明沟等含在地面检验批中。

按检验批验收有助于及时发现和处理施工中出现的质量问题，确保工程质量，也符合施工实际需要。

地基基础中的土方工程、基坑支护工程及混凝土结构工程中的模板工程，虽不构成建筑工程实体，但因其是建筑工程施工中不可缺少的重要环节和必要条件，其质量关系到建筑工程的质量和施工安全，因此将其列入施工验收的内容。

4.0.6 本次修订对分部工程、分项工程的设置进行了适当调整。

4.0.7 随着建筑工程领域的技术进步和建筑功能要求的提升，会出现一些新的验收项目，并需要有专门的分项工程和检验批与之相对应。对于本标准附录B及相关专业验收规范未涵盖的分项工程、检验批，可由建设单位组织监理、施工等单位在施工前根据工程具体情况协商确定，并据此整理施工技术资料和进行验收。

4.0.8 给出了室外工程的子单位工程、分部工程、分项工程的划分方法。

5 建筑工程质量验收

5.0.1 检验批是施工过程中条件相同并有一定数量的材料、构配件或安装项目，由于其质量水平基本均匀一致，因此可以作为检验的基本单元，并按批验收。

检验批是工程验收的最小单位，是分项工程、分部工程、单位工程质量验收的基础。检验批验收包括资料检查、主控项目和一般项目检验。

质量控制资料反映了检验批从原材料到最终验收的各施工工序的操作依据、检查情况以及保证质量所必需的管理制度等。对其完整性的检查，实际是对过程控制的确认，是检验批合格的前提。

检验批的合格与否主要取决于对主控项目和一般项目的检验结果。主控项目是对检验批的基本质量起决定性影响的检验项目，须从严要求，因此要求主控项目必须全部符合有关专业验收规范的规定，这意味着主控项目不允许有不符合要求的检验结果。对于一般项目，虽然允许存在一定数量的不合格点，但某些不合格点的指标与合格要求偏差较大或存在严重缺陷时，仍将影响使用功能或观感质量，对这些部位应进行维修处理。

为了使检验批的质量满足安全和功能的基本要求，保证建筑工程质量，各专业验收规范应对各检验批的主控项目、一般项目的合格质量给予明确的规定。

依据《计数抽样检验程序 第1部分：按接收质量限（AQL）检索的逐批检验抽样计划》GB/T 2828.1-2012给出了计数抽样正常检验一次抽样、二次抽样结果的判定方法。具体的抽样方案应按有关专业验收规范执行。如有关规范无明确规定时，可采用一次抽样方案，也可由建设、设计、监理、施工等单位根据检验对象的特征协商采用二次抽样方案。

举例说明表D.0.1-1和表D.0.1-2的使用方法：对于一般项目正常检验一次抽样，假设样本容量为20，在20个试样中如果有5个或5个以下试样被判为不合格时，该检验批可判定为合格；当20个试样中有6个或6个以上试样被判为不合格时，则该检验批可判定为不合格。对于一般项目正常检验二次抽样，假设样本容量为20，当20个试样中有3个或3个以下试样被判为不合格时，该检验批可判定为合格；当有6个或6个以上试样被判为不合格时，该检验批可判定为不合格；当有4或5个试样被判为不合格时，应进行第二次抽样，样本容量也为20个，两次抽样的样本容量为40，当两次不合格试样之和为9或小于9时，该检验批可判定为合格，当两次不合格试样之和为10或大于10时，该检验批可判定为不合格。

表D.0.1-1和表D.0.1-2给出的样本容量不连续，对合格判定数有时需要进行取整处理。例如样本容量为15，按表D.0.1-1插值得出的合格判定数为3.571，取整可得合格判定数为4，不合格判定数为5。

5.0.2 分项工程的验收是以检验批为基础进行的。一般情况下，检验批和分项工程两者具有相同或相近的性质，只是批量的大小不同而已。分项工程质量合格的条件是构成分项工程的各检验批验收资料齐全完整，且各检验批均已验收合格。

5.0.3 分部工程的验收是以所含各分项工程验收为基础进行的。首先，组成分部工程的各分项工程已验收合格且相应的质量控制资料齐全、完整。此外，由于各分项工程的性质不尽相同，因此作为分部工程不能简单地组合而加以验收，尚须进行以下两类检查项目：

1 涉及安全、节能、环境保护和主要使用功能的地基与基础、主体结构和设备安装等分部工程应进行有关的见证检验或抽样检验。

2 以观察、触摸或简单量测的方式进行观感质量验收，并结合验收人的主观判断，检查结果并不给出“合格”或“不合格”的结论，而是综合给出“好”、“一般”、“差”的质量评价结果。对于“差”的检查点应进行返修处理。

5.0.4 单位工程质量验收也称质量竣工验收，是建筑工程投入使用前的最后一次验收，也是最重要的一次验收。验收合格的条件有以下五个方面：

1 构成单位工程的各分部工程应验收合格。

2 有关的质量控制资料应完整。

3 涉及安全、节能、环境保护和主要使用功能的分部工程检验资料应复查合格，这些检验资料与质量控制资料同等重要。资料复查要全面检查其完整性，不得有漏检缺项，其次复核分部工程验收时要补充进行的见证抽样检验报告，这体现了对安全和主要使用功能等的重视。

4 对主要使用功能应进行抽查。这是对建筑工程和设备安装工程质量的综合检验，也是用户最为关心的内容，体现了本标准完善手段、过程控制的原则，也将减少工程投入使用后的质量投诉和纠纷。因此，在分项、分部工程验收合格的基础上，竣工验收时再作全面检查。抽查项目是在检查资料文件的基础上由参加验收的各方人员商定，并用计量、计数的方法抽样检验，检验结果应符合有关专业验收规范的规定。

5 观感质量应通过验收。观感质量检查须由参加验收的各方人员共同进行，最后共同协商确定是否通过验收。

5.0.5 检验批验收时，应进行现场检查并填写现场验收检查原始记录。该原始记录应由专业监理工程师和施工单位专业质量检查员、专业工长共同签署，并在单位工程竣工验收前存档备查，保证该记录的可追溯性。现场验收检查原始记录的格式可由施工、监理等单位确定，包括检查项目、检查位置、检查结果等内容。

检验批质量验收记录应根据现场验收检查原始记录按附录E的格式填写，并由专业监理工程师和施工单位专业质量检查员、专业工长在检验批质量验收记录上签字，完成检验批的验收。

附录E和附录F及附录G分别规定了检验批、分项工程、分部工程验收记录的填写要求，为各专业验收规范提供了表格的基本格式，具体内容应由各专业验收规范规定。

附录H规定了单位工程质量验收记录的填写要求。单位工程观感质量检查记录中的质量评价结果填写“好”、“一般”或“差”，可由各方协商确定，也可按以下原则确定：项目检查点中有1处或多于1处“差”可评价为“差”，有60%及以上的检查点“好”可评价为“好”，其余情况可评价为“一般”。

5.0.6 一般情况下，不合格现象在检验批验收时就应发现并及时处理，但实际工程中不能完全避免不合格情况的出现，本条给出了当质量不符合要求时的处理办法：

1 检验批验收时，对于主控项目不能满足验收规范规定或一般项目超过偏差限值的样本数量不符合验收规定时，应及时进行处理。其中，对于严重的缺陷应重新施工，一般的缺陷可通过返修、更换予以解决，允许施工单位在采取相应的措施后重新验收。如能够符合相应的专业验收规范要求，应认为该检验批合格。

2 当个别检验批发现问题，难以确定能否验收时，应请具有资质的法定检测机构进行检测鉴定。当鉴定结果认为能够达到设计要求时，该检验批应可以通过验收。这种情况通常出现在某检验批的材料试块强度不满足设计要求时。

3 如经检测鉴定达不到设计要求，但经原设计单位核算、鉴定，仍可满足相关设计规范和使用功能要求时，该检验批可予以验收。这主要是因为一般情况下，标准、规范的规定是满足安全和功能的最低要求，而设计往往在此基础上留有一些余量。在一定范围内，会出现不满足设计要求而符合相应规范要求的情况，两者并不矛盾。

4 经法定检测机构检测鉴定后认为达不到规范的相应要求，即不能满足最低限度的安全储备和使用功能时，则必须进行加固或处理，使之能满足安全使用的基本要求。这样可能会造成一些永久性的影响，如增大结构外形尺寸，影响一些次要的使用功能。但为了避免建筑物的整体或局部拆除，避免社会财富更大的损失，在不影响安全和主要使用功能条件下，可按技术处理方案和协商文件进行验收，责任方应按法律法规承担相应的经济责任和接受处罚。需要特别注意的是，这种方法不能作为降低质量要求、变相通过验收的一种出路。

5.0.7 工程施工时应确保质量控制资料齐全完整，但实际工程中偶尔会遇到因遗漏检验或资料丢失而导致部分施工验收资料不全的情况，使工程无法正常验收。对此可有针对性地进行工程质量检验，采取实体检测或抽样试验的方法确定工程质量状况。上述工作应由有资质的检测机构完成，出具的检验报告可用于施工质量验收。

5.0.8 分部工程及单位工程经返修或加固处理后仍不能满足安全或重要的使用功能时，表明工程质量存在严重的缺陷。重要的使用功能不满足要求时，将导致建筑物无法正常使用，安全不满足要求时，将危及人身健康或财产安全，严重时会给社会带来巨大的安全隐患，因此对这类工程严禁通过验收，更不得擅自投入使用，需要专门研究处置方案。

6 建筑工程质量验收的程序和组织

6.0.1 检验批验收是建筑工程施工质量验收的最基本层次，是单位工程质量验收的基础，所有检验批均应由专业监理工程师组织验收。验收前，施工单位应完成自检，对存在的问题自行整改处理，然后申请专业监理工程师组织验收。

6.0.2 分项工程由若干个检验批组成，也是单位工程质量验收的基础。验收时在专业监理工程师组织下，可由施工单位项目技术负责人对所有检验批验收记录进行汇总，核查无误后报专业监理工程师审查，确认符合要求后，由项目专业技术负责人在分项工程质量验收记录中签字，然后由专业监理工程师签字通过验收。

在分项工程验收中，如果对检验批验收结论有怀疑或异议时，应进行相应的现场检查核实。

6.0.3 本条给出了分部工程验收组织的基本规定。就房屋建筑工程而言，在所包含的十个分部工程中，参加验收的人员可有以下三种情况：

1 除地基基础、主体结构和建筑节能三个分部工程外，其他七个分部工程的验收组织相同，即由总监理工程师组织，施工单位项目负责人和项目技术负责人等参加。

2 由于地基与基础分部工程情况复杂，专业性强，且关系到整个工程的安全，为保证质量，严格把关，规定勘察、设计单位项目负责人应参加验收，并要求施工单位技术、质量部门负责人也应参加验收。

3 由于主体结构直接影响使用安全，建筑节能是基本国策，直接关系到国家资源战略、可持续发展等，故这两个分部工程，规定设计单位项目负责人应参加验收，并要求施工单位技术、质量部门负责人也应参加验收。

参加验收的人员，除指定的人员必须参加验收外，允许其他相关人员共同参加验收。

由于各施工单位的机构和岗位设置不同，施工单位技术、质量负责人允许是两位人员，也可以是一位人员。

勘察、设计单位项目负责人应为勘察、设计单位负责本工程项目的专业负责人，不应由与本项目无关或不了解本项目情况的其他人员、非专业人员代替。

6.0.4 《建设工程承包合同》的双方主体是建设单位和总承包单位，总承包单位应按照承包合同的权利义务对建设单位负责。总承包单位可以根据需要将建设工程的一部分依法分包给其他具有相应资质的单位，分包单位对总承包单位负责，亦应对建设单位负责。总承包单位就分包单位完成的项目向建设单位承担连带责任。因此，分包单位对承建的项目进行验收时，总承包单位应参加，检验合格后，分包单位应将工程的有关资料整理完整后移交给总承包单位，建设单位组织单位工程质量验收时，分包单位负责人应参加验收。

6.0.5 单位工程完成后，施工单位应首先依据验收规范、设计图纸等组织有关人员进行自检，对检查发现的问题进行必要的整改。监理单位应根据本标准和《建设工程监理规范》GB/T 50319的要求对工程进行竣工预验收。符合规定后由施工单位向建设单位提交工程竣工报告和完整的质量控制资料，申请建设单位组织竣工验收。

工程竣工预验收由总监理工程师组织，各专业监理工程师参加，施工单位由项目经理、项目技术负责人等参加，其他各单位人员可不参加。工程预验收除参加人员与竣工验收不同外，其方法、程序、要求等均应与工程竣工验收相同。竣工预验收的表格格式可参照工程竣工验收的表格格式。

6.0.6 单位工程竣工验收是依据国家有关法律、法规及规范、标准的规定，全面考核建设工作成果，检查工程质量是否符合设计文件和合同约定的各项要求。竣工验收通过后，工程将投入使用，发挥其投资效应，也将与使用者的人身健康或财产安全密切相关。因此工程建设的参与单位应对竣工验收给予足够的重视。

单位工程质量验收应由建设单位项目负责人组织，由于勘察、设计、施工、监理单位都是责任主体，因此各单位项目负责人应参加验收，考虑到施工单位对工程负有直接生产责任，而施工项目部不是法人单位，故施工单位的技术、质量负责人也应参加验收。

在一个单位工程中，对满足生产要求或具备使用条件，施工单位已自行检验，监理单位已预验收的子单位工程，建设单位可组织进行验收。由几个施工单位负责施工的单位工程，当其中的子单位工程已按设计要求完成，并经自行检验，也可按规定的程序组织正式验收，办理交工手续。在整个单位工程验收时，已验收的子单位工程验收资料应作为单位工程验收的附件。

中华人民共和国国家标准

住宅装饰装修工程施工规范

Code for construction of decoration of housings

GB 50327—2001

主编部门：中华人民共和国建设部
批准部门：中华人民共和国建设部
施行日期：2 0 0 2 年 5 月 1 日

关于发布国家标准《住宅装饰装修工程施工规范的通知》

建标［2001］266号

根据我部《关于印发“二〇〇〇至二〇〇一年度工程建设国家标准制订、修订计划”的通知》（建标［2001］87号）的要求，由我部会同有关部门共同编制的《住宅装饰装修工程施工规范》，经有关部门会审，批准为国家标准，编号为GB 50327—2001，自2002年5月1日起施行。其中，3.1.3、3.1.7、3.2.2、4.1.1、4.3.4、4.3.6、4.3.7、10.1.6为强制性条文，必须严格执行。

本规范由建设部负责管理和对强制性条文的解释，中国建筑装饰协会负责具体技术内容的解释，建设部标准定额所组织中国建筑工业出版发行。

中华人民共和国建设部

2001年12月9日

前　言

本规范是根据中华人民共和国建设部建标标［2000］36号文《关于同意编制〈住宅装饰装修施工规范〉的函》的要求，由中国建筑装饰协会会同有关科研、设计、施工单位和地方装饰协会共同编制的。

本规范根据建设部下达任务的要求，结合我国住宅装饰装修的特点，在章节安排上基本涵盖了住宅内部装饰装修工程施工的全过程。同时，针对目前政府主管部门和消费者普遍关心的问题，强调了房屋结构安全、防火和室内环境污染控制，列入了施工管理的有关内容。

本规范突出了施工过程的控制。对装饰装修材料提出了原则性的要求。对工程验收标准因有相应规范规定，一般不再在本规范中表述。

本规范在编制过程中参照了部分国家现行法律、法规、管理规定和技术规范，充分考虑了与相关规范的协调，有些关键条目作了直接引用。

由于全国范围内住宅装饰装修的工艺差异较大，因此本规范的技术要求定位在全行业的平均水平上。

本规范共分十六章，依次为：总则、术语、基本规定、防火安全、室内环境污染控制、防水工程、抹灰工程、吊顶工程、轻质隔墙工程、门窗工程、细部工程、墙面铺装工程、涂饰工程、地面铺装工程、卫生器具及管道安装工程、电气安装工程。

本规范具体解释工作由中国建筑装饰协会负责。地址：北京市海淀区车公庄西路甲19号华通大厦，邮编：100044。为进一步完善本规范，请各单位在使用中注意总结经验，并将建议或意见寄给中国建筑装饰协会，以供今后修订时参考。

本规范主编单位：中国建筑装饰协会

本规范参编单位：中国建筑科学研究院、中国建筑设计研究院、河南省建筑装饰协会、武汉建筑装饰协会、深圳市装饰行业协会、上海市家庭装饰行业协会、北京东易日盛装饰工程有限公司、北京龙发装饰工程有限公司、北京阔达建筑装饰工程有限责任公司、北京庄典装饰工程有限公司、北京元洲装饰工程有限责任公司、北京艺海雅苑装饰设计有限公司、苏州贝特装饰设计工程有限公司、深圳市嘉音家居装修工程有限公司、深圳市居众家庭装饰工程有限公司、郑州市康利达装饰工程有限公司、武汉天立家庭装饰工程有限公司、哈尔滨麻雀艺术设计有限公司、上海百姓家庭装潢有限公司、上海荣欣家庭装潢有限公司、上海进念室内设计装饰有限公司、上海聚通装潢材料有限公司。

主要起草人员：张京跃　黄　白　房　箴　田万良
王本明　鲁心源　侯茂盛　张树君
李引擎　安　静　顾国华　钟晓春
熊　翔　杨东洲　郭　伟　何文祥
陈　辉　张　丽　刘　炜　李泰岩
王　显　庄　燕　尤东明　谢　威
刘海宁　薛景霞　关有为　冯雪冬
高志萍　窦麒贵　吕伟民　黄　振
濮铁生

目　次

1 总　　则

1.0.1 为住宅装饰装修工程施工规范，保证工程质量，保障人身健康和财产安全，保护环境，维护公共利益，制定本规范。

1.0.2 本规范适用于住宅建筑内部的装饰装修工程施工。

1.0.3 住宅装饰装修工程施工除应执行本规范外，尚应符合国家现行有关标准、规范的规定。

2 术　　语

2.0.1 住宅装饰装修 Interior decoration of housings

为了保护住宅建筑的主体结构，完善住宅的使用功能，采用装饰装修材料或饰物，对住宅内部表面和使用空间环境所进行的处理和美化过程。

2.0.2 室内环境污染 indoor environmental pollution

指室内空气中混入有害人体健康的氡、甲醛、苯、氨、总挥发性有机物等气体的现象。

2.0.3 基体 primary structure

建筑物的主体结构和围护结构。

2.0.4 基层 basic course

直接承受装饰装修施工的表面层。

3 基本规定

3.1 施工基本要求

3.1.1 施工前应进行设计交底工作，并应对施工现场进行核查，了解物业管理的有关规定。

3.1.2 各工序、各分项工程应自检、互检及交接检。

3.1.3 施工中，严禁损坏房屋原有绝热设施；严禁损坏受力钢筋；严禁超荷载集中堆放物品；严禁在预制混凝土空心楼板上打孔安装埋件。

3.1.4 施工中，严禁擅自改动建筑主体、承重结构或改变房间主要使用功能；严禁擅自拆改燃气、暖气、通讯等配套设施。

3.1.5 管道、设备工程的安装及调试应在装饰装修工程施工前完成，必须同步进行的应在饰面层施工前完成。装饰装修工程不得影响管道、设备的使用和维修。涉及燃气管道的装饰装修工程必须符合有关安全管理的规定。

3.1.6 施工人员应遵守有关施工安全、劳动保护、防火、防毒的法律、法规。

3.1.7 施工现场用电应符合下列规定：

1 施工现场用电应从户表以后设立临时施工用电系统。

2 安装、维修或拆除临时施工用电系统，应由电工完成。

3 临时施工供电开关箱中应装设漏电保护器。进入开关箱的电源线不得用插销连接。

4 临时用电线路应避开易燃、易爆物品堆放地。

5 暂停施工时应切断电源。

3.1.8 施工现场用水应符合下列规定：

1 不得在未做防水的地面蓄水。

2 临时用水管不得有破损、滴漏。

3 暂停施工时应切断水源。

3.1.9 文明施工和现场环境应符合下列要求：

1 施工人员应衣着整齐。

2 施工人员应服从物业管理或治安保卫人员的监督、管理。

3 应控制粉尘、污染物、噪声、震动等对相邻居民、居民区和城市环境的污染及危害。

4 施工堆料不得占用楼道内的公共空间，封堵紧急出口。

5 室外堆料应遵守物业管理规定，避开公共通道、绿化地、化粪池等市政公用设施。

6 工程垃圾宜密封包装，并放在指定垃圾堆放地。

7 不得堵塞、破坏上下水管道、垃圾道等公共设施，不得损坏楼内各种公共标识。

8 工程验收前应将施工现场清理干净。

3.2 材料、设备基本要求

3.2.1 住宅装饰装修工程所用材料的品种、规格、性能应符合设计的要求及国家现行有关标准的规定。

3.2.2 严禁使用国家明令淘汰的材料。

3.2.3 住宅装饰装修所用的材料应按设计要求进行防火、防腐和防蛀处理。

3.2.4 施工单位应对进场主要材料的品种、规格、性能进行验收。主要材料应有产品合格证书，有特殊要求的应有相应的性能检测报告和中文说明书。

3.2.5 现场配制的材料应按设计要求或产品说明书制作。

3.2.6 应配备满足施工要求的配套机具设备及检测仪器。

3.2.7 住宅装饰装修工程应积极使用新材料、新技术、新工艺、新设备。

3.3 成品保护

3.3.1 施工过程中材料运输应符合下列规定：

1 材料运输使用电梯时，应对电梯采取保护措施。

2 材料搬运时要避免损坏楼道内顶、墙、扶手、楼道窗户及楼道门。

3.3.2 施工过程中应采取下列成品保护措施：

1 各工种在施工中不得污染、损坏其它工种的半成品、成品。

2 材料表面保护膜应在工程竣工时撤除。

3 对邮箱、消防、供电、电视、报警、网络等公共设施应采取保护措施。

4 防火安全

4.1 一般规定

4.1.1 施工单位必须制定施工防火安全制度，施工人员必须严格遵守。

4.1.2 住宅装饰装修材料的燃烧性能等级要求，应符合现行国家标准《建筑内部装修设计防火规范》(GB 50222) 的规定。

4.2 材料的防火处理

4.2.1 对装饰织物进行阻燃处理时，应使其被阻燃剂浸透，阻燃剂的干含量应符合产品说明书的要求。

4.2.2 对木质装饰装修材料进行防火涂料涂布前应对其表面进行清洁。涂布至少分两次进行，且第二次涂布应在第一次涂布的涂层表干后进行，涂布量应不小于 $500g/m^2$。

4.3 施工现场防火

4.3.1 易燃物品应相对集中放置在安全区域并应有明显标识。施工现场不得大量积存可燃材料。

4.3.2 易燃易爆材料的施工，应避免敲打、碰撞、摩擦等可能出现火花的操作。配套使用的照明灯、电动机、电气开关、应有安全防爆装置。

4.3.3 使用油漆等挥发性材料时，应随时封闭其容器。擦拭后的棉纱等物品应集中存放且远离热源。

4.3.4 施工现场动用电气焊等明火时，必须清除周围及焊渣滴落区的可燃物质，并设专人监督。

4.3.5 施工现场必须配备灭火器、砂箱或其他灭火工具。

4.3.6 严禁在施工现场吸烟。

4.3.7 严禁在运行中的管道、装有易燃易爆的容器和受力构件上进行焊接和切割。

4.4 电气防火

4.4.1 照明、电热器等设备的高温部位靠近非 A 级材料、或导线穿越 B_2 级以下装修材料时，应采用岩棉、瓷管或玻璃棉等 A 级材料隔热。当照明灯具或镇流器嵌入可燃装饰装修材料中时，应采取隔热措施予以分隔。

4.4.2 配电箱的壳体和底板宜采用 A 级材料制作。配电箱不得安装在 B_2 级以下（含 B_2 级）的装修材料上。开关、插座应安装在 B_1 级以上的材料上。

4.4.3 卤钨灯灯管附近的导线应采用耐热绝缘材料制成的护套，不得直接使用具有延燃性绝缘的导线。

4.4.4 明敷塑料导线应穿管或加线槽板保护，吊顶内的导线应穿金属管或 B_1 级 PVC 管保护，导线不得裸露。

4.5 消防设施的保护

4.5.1 住宅装饰装修不得遮挡消防设施、疏散指示标志及安全出口，并且不应妨碍消防设施和疏散通道的正常使用。不得擅自改动防火门。

4.5.2 消火栓门四周的装饰装修材料颜色应与消火栓门的颜色有明显区别。

4.5.3 住宅内部火灾报警系统的穿线管，自动喷淋灭火系统的水管线应用独立的吊管架固定。不得借用装饰装修用的吊杆和放置在吊顶上固定。

4.5.4 当装饰装修重新分割了住宅房间的平面布局时，应根据有关设计规范针对新的平面调整火灾自动报警探测器与自动灭火喷头的布置。

4.5.5 喷淋管线、报警器线路、接线箱及相关器件宜暗装处理。

5 室内环境污染控制

5.0.1 本规范中控制的室内环境污染物为：氡(^{222}Rn)、甲醛、氨、苯和总挥发性有机物（TVOC)。

5.0.2 住宅装饰装修室内环境污染控制除应符合本规范外，尚应符合《民用建筑工程室内环境污染控制规范》(GB 50325—2001) 等国家现行标准的规定。设计、施工应选用低毒性、低污染的装饰装修材料。

5.0.3 对室内环境污染控制有要求的，可按有关规定对 5.0.1 条的内容全部或部分进行检测，其污染物浓度限值应符合表 5.0.3 的要求。

表 5.0.3 住宅装饰装修后室内环境污染物浓度限值

室内环境污染物	浓度限值
氡 (Bq/m^3)	≤200
甲醛 (mg/m^3)	≤0.08
苯 (mg/m^3)	≤0.09
氨 (mg/m^3)	≤0.20
总挥发性有机物 TVOC (Bq/m^3)	≤0.50

6 防水工程

6.1 一般规定

6.1.1 本章适用于卫生间、厨房、阳台的防水工程施工。

6.1.2 防水施工宜采用涂膜防水。

6.1.3 防水施工人员应具备相应的岗位证书。

6.1.4 防水工程应在地面、墙面隐蔽工程完毕并经检查验收后进行。其施工方法应符合国家现行标准、规范的有关规定。

6.1.5 施工时应设置安全照明，并保持通风。

6.1.6 施工环境温度应符合防水材料的技术要求，并宜在5℃以上。

6.1.7 防水工程应做两次蓄水试验。

6.2 主要材料质量要求

6.2.1 防水材料的性能应符合国家现行有关标准的规定，并应有产品合格证书。

6.3 施 工 要 点

6.3.1 基层表面应平整，不得有松动、空鼓、起沙、开裂等缺陷，含水率应符合防水材料的施工要求。

6.3.2 地漏、套管、卫生洁具根部、阴阳角等部位，应先做防水附加层。

6.3.3 防水层应从地面延伸到墙面，高出地面100mm；浴室墙面的防水层不得低于1800mm。

6.3.4 防水砂浆施工应符合下列规定：

1 防水砂浆的配合比应符合设计或产品的要求，防水层应与基层结合牢固，表面应平整，不得有空鼓、裂缝和麻面起砂，阴阳角应做成圆弧形。

2 保护层水泥砂浆的厚度、强度应符合设计要求。

6.3.5 涂膜防水施工应符合下列规定：

1 涂膜涂刷应均匀一致，不得漏刷。总厚度应符合产品技术性能要求。

2 玻纤布的接槎应顺流水方向搭接，搭接宽度应不小于100mm。两层以上玻纤布的防水施工，上、下搭接应错开幅宽的1/2。

7 抹 灰 工 程

7.1 一 般 规 定

7.1.1 本章适用于住宅内部抹灰工程施工。

7.1.2 顶棚抹灰层与基层之间及各抹灰层之间必须粘结牢固，无脱层、空鼓。

7.1.3 不同材料基体交接处表面的抹灰应采取防止开裂的加强措施。

7.1.4 室内墙面、柱面和门洞口的阳角做法应符合设计要求。设计无要求时，应采用1：2水泥砂浆做暗护角，其高度不应低于2m，每侧宽度不应小于50mm。

7.1.5 水泥砂浆抹灰层应在抹灰24h后进行养护。抹灰层在凝结前，应防止快干、水冲、撞击和震动。

7.1.6 冬期施工，抹灰时的作业面温度不宜低于5℃；抹灰层初凝前不得受冻。

7.2 主要材料质量要求

7.2.1 抹灰用的水泥宜为硅酸盐水泥、普通硅酸盐水泥，其强度等级不应小于32.5。

7.2.2 不同品种不同标号的水泥不得混合使用。

7.2.3 水泥应有产品合格证书。

7.2.4 抹灰用砂子宜选用中砂，砂子使用前应过筛，不得含有杂物。

7.2.5 抹灰用石灰膏的熟化期不应少于15d。罩面用磨细石灰粉的熟化期不应少于3d。

7.3 施 工 要 点

7.3.1 基层处理应符合下列规定：

1 砖砌体，应清除表面杂物、尘土，抹灰前应洒水湿润。

2 混凝土，表面应凿毛或在表面洒水润湿后涂刷1：1水泥砂浆（加适量胶粘剂）。

3 加气混凝土，应在湿润后边刷界面剂，边抹强度不大于M5的水泥混合砂浆。

7.3.2 抹灰层的平均总厚度应符合设计要求。

7.3.3 大面积抹灰前应设置标筋。抹灰应分层进行，每遍厚度宜为5～7mm。抹石灰砂浆和水泥混合砂浆每遍厚度宜为7～9mm。当抹灰总厚度超出35mm时，应采取加强措施。

7.3.4 用水泥砂浆和水泥混合砂浆抹灰时，应待前一抹灰层凝结后方可抹后一层；用石灰砂浆抹灰时，应待前一抹灰层七八成干后方可抹后一层。

7.3.5 底层的抹灰层强度不得低于面层的抹灰层强度。

7.3.6 水泥砂浆拌好后，应在初凝前用完，凡结硬砂浆不得继续使用。

8 吊 顶 工 程

8.1 一 般 规 定

8.1.1 本章适用于明龙骨和暗龙骨吊顶工程的施工。

8.1.2 吊杆、龙骨的安装间距、连接方式应符合设计要求。后置埋件、金属吊杆、龙骨应进行防腐处理。木吊杆、木龙骨、造型木板和木饰面板应进行防腐、防火、防蛀处理。

8.1.3 吊顶材料在运输、搬运、安装、存放时应采取相应措施，防止受潮、变形及损坏板材的表面和边角。

8.1.4 重型灯具、电扇及其他重型设备严禁安装在吊顶龙骨上。

8.1.5 吊顶内填充的吸音、保温材料的品种和铺设厚度应符合设计要求，并应有防散落措施。

8.1.6 饰面板上的灯具、烟感器、喷淋头、风口蓖子等设备的位置应合理、美观，与饰面板交接处应严密。

8.1.7 吊顶与墙面、窗帘盒的交接应符合设计要求。

8.1.8 搁置式轻质饰面板，应按设计要求设置压卡装置。

8.1.9 胶粘剂的类型应按所用饰面板的品种配套选用。

8.2 主要材料质量要求

8.2.1 吊顶工程所用材料的品种、规格和颜色应符合设计要求。饰面板、金属龙骨应有产品合格证书。木吊杆、木龙骨的含水率应符合国家现行标准的有关规定。

8.2.2 饰面板表面应平整，边缘应整齐、颜色应一致。穿孔板的孔距应排列整齐；胶合板、木质纤维板、大芯板不应脱胶、变色。

8.2.3 防火涂料应有产品合格证书及使用说明书。

8.3 施工要点

8.3.1 龙骨的安装应符合下列要求：

1 应根据吊顶的设计标高在四周墙上弹线。弹线应清晰、位置应准确。

2 主龙骨吊点间距、起拱高度应符合设计要求。当设计无要求时，吊点间距应小于1.2m，应按房间短向跨度的1‰～3‰起拱。主龙骨安装后应及时校正其位置标高。

3 吊杆应通直，距主龙骨端部距离不得超过300mm。当吊杆与设备相遇时，应调整吊点构造或增设吊杆。

4 次龙骨应紧贴主龙骨安装。固定板材的次龙骨间距不得大于600mm，在潮湿地区和场所，间距宜为300～400mm。用沉头自攻钉安装饰面板时，接缝处次龙骨宽度不得小于40mm。

5 暗龙骨系列横撑龙骨应用连接件将其两端连接在通长次龙骨上。明龙骨系列的横撑龙骨与通长龙骨搭接处的间隙不得大于1mm。

6 边龙骨应按设计要求弹线，固定在四周墙上。

7 全面校正主、次龙的位置及平整度，连接件应错位安装。

8.3.2 安装饰面板前应完成吊顶内管道和设备的调试和验收。

8.3.3 饰面板安装前应按规格、颜色等进行分类选配。

8.3.4 暗龙骨饰面板（包括纸面石膏板、纤维水泥加压板、胶合板、金属方块板、金属条形板、塑料条形板、石膏板、钙塑板、矿棉板和格栅等）的安装应符合下列规定：

1 以轻钢龙骨、铝合金龙骨为骨架，采用钉固法安装时应使用沉头自攻钉固定。

2 以木龙骨为骨架，采用钉固法安装时应使用木螺钉固定，胶合板可用铁钉固定。

3 金属饰面板采用吊挂连接件、插接件固定时应按产品说明书的规定放置。

4 采用复合粘贴法安装时，胶粘剂未完全固化前板材不得有强烈振动。

8.3.5 纸面石膏板和纤维水泥加压板安装应符合下列规定：

1 板材应在自由状态下进行安装，固定时应从板的中间向板的四周固定。

2 纸面石膏板螺钉与板边距离：纸包边宜为10～15mm，切割边宜为15～20mm；水泥加压板螺钉与板边距离宜为8～15mm。

3 板周边钉距宜为150～170mm，板中钉距不得大于200mm。

4 安装双层石膏板时，上下层板的接缝应错开，不得在同一根龙骨上接缝。

5 螺钉头宜略埋入板面，并不得使纸面破损。钉眼应做防锈处理并用腻子抹平。

6 石膏板的接缝应按设计要求进行板缝处理。

8.3.6 石膏板、钙塑板的安装应符合下列规定：

1 当采用钉固法安装时，螺钉与板边距离不得小于15mm，螺钉间距宜为150～170mm，均匀布置，并应与板面垂直，钉帽应进行防锈处理，并应用与板面颜色相同涂料涂饰或用石膏腻子抹平。

2 当采用粘接法安装时，胶粘剂应涂抹均匀，不得漏涂。

8.3.7 矿棉装饰吸声板安装应符合下列规定：

1 房间内湿度过大时不宜安装。

2 安装前应预先排板，保证花样、图案的整体性。

3 安装时，吸声板上不得放置其他材料，防止板材受压变形。

8.3.8 明龙骨饰面板的安装应符合以下规定：

1 饰面板安装应确保企口的相互咬接及图案花纹的吻合。

2 饰面板与龙骨嵌装时应防止相互挤压过紧或脱挂。

3 采用搁置法安装时应留有板材安装缝，每边缝隙不宜大于1mm。

4 玻璃吊顶龙骨上留置的玻璃搭接宽度应符合设计要求，并应采用软连接。

5 装饰吸声板的安装如采用搁置法安装，应有定位措施。

9 轻质隔墙工程

9.1 一般规定

9.1.1 本章适用于板材隔墙、骨架隔墙和玻璃隔墙等非承重轻质隔墙工程的施工。

9.1.2 轻质隔墙的构造、固定方法应符合设计要求。

9.1.3 轻质隔墙材料在运输和安装时，应轻拿轻放，不得损坏表面和边角。应防止受潮变形。

9.1.4 当轻质隔墙下端用木踢脚覆盖时，饰面板应与地面留有20～30mm缝隙；当用大理石、瓷砖、水磨石等做踢脚板时，饰面板下端应与踢脚板上口齐平，接缝应严密。

9.1.5 板材隔墙、饰面板安装前应按品种、规格、颜色等进行分类选配。

9.1.6 轻质隔墙与顶棚和其他墙体的交接处应采取防开裂措施。

9.1.7 接触砖、石、混凝土的龙骨和埋置的木楔应作防腐处理。

9.1.8 胶粘剂应按饰面板的品种选用。现场配置胶粘剂，其配合比应由试验决定。

9.2 主要材料质量要求

9.2.1 板材隔墙的墙板、骨架隔墙的饰面板和龙骨、玻璃隔墙的玻璃应有产品合格证书。

9.2.2 饰面板表面应平整，边沿应整齐，不应有污垢、裂纹、缺角、翘曲、起皮、色差和图案不完整等缺陷。胶合板不应有脱胶、变色和腐朽。

9.2.3 复合轻质墙板的板面与基层（骨架）粘接必须牢固。

9.3 施工要点

9.3.1 墙位放线应按设计要求，沿地、墙、顶弹出隔墙的中心线和宽度线，宽度线应与隔墙厚度一致。弹线应清晰，位置应准确。

9.3.2 轻钢龙骨的安装应符合下列规定：

1 应按弹线位置固定沿地、沿顶龙骨及边框龙骨，龙骨的边线应与弹线重合。龙骨的端部应安装牢固，龙骨与基体的固定点间距应不大于1m。

2 安装竖向龙骨应垂直，龙骨间距应符合设计要求。潮湿房间和钢板网抹灰墙，龙骨间距不宜大于400mm。

3 安装支撑龙骨时，应先将支撑卡安装在竖向龙骨的开口方向，卡距宜为400～600mm，距龙骨两端的距离宜为20～25mm。

4 安装贯通系列龙骨时，低于3m的隔墙安装一道，3～5m隔墙安装两道。

5 饰面板横向接缝处不在沿地、沿顶龙骨上时，应加横撑龙骨固定。

6 门窗或特殊接点处安装附加龙骨应符合设计要求。

9.3.3 木龙骨的安装应符合下列规定：

1 木龙骨的横截面积及纵、横向间距应符合设计要求。

2 骨架横、竖龙骨宜采用开半榫、加胶、加钉连接。

3 安装饰面板前应对龙骨进行防火处理。

9.3.4 骨架隔墙在安装饰面板前应检查骨架的牢固程度、墙内设备管线及填充材料的安装是否符合设计要求，如有不符合处应采取措施。

9.3.5 纸面石膏板的安装应符合以下规定：

1 石膏板宜竖向铺设，长边接缝应安装在竖龙骨上。

2 龙骨两侧的石膏板及龙骨一侧的双层板的接缝应错开，不得在同一根龙骨上接缝。

3 轻钢龙骨应用自攻螺钉固定，木龙骨应用木螺钉固定。沿石膏板周边钉间距不得大于200mm，板中钉间距不得大于300mm，螺钉与板边距离应为10～15mm。

4 安装石膏板时应从板的中部向板的四边固定。钉头略埋入板内，但不得损坏纸面。钉眼应进行防锈处理。

5 石膏板的接缝应按设计要求进行板缝处理。石膏板与周围墙或柱应留有3mm的槽口，以便进行防开裂处理。

9.3.6 胶合板的安装应符合下列规定：

1 胶合板安装前应对板背面进行防火处理。

2 轻钢龙骨应采用自攻螺钉固定。木龙骨采用圆钉固定时，钉距宜为80～150mm，钉帽应砸扁；采用钉枪固定时，钉距宜为80～100mm。

3 阳角处宜作护角；

4 胶合板用木压条固定时，固定点间距不应大于200mm。

9.3.7 板材隔墙的安装应符合下列规定：

1 墙位放线应清晰，位置应准确。隔墙上下基层应平整，牢固。

2 板材隔墙安装拼接应符合设计和产品构造要求。

3 安装板材隔墙时宜使用简易支架。

4 安装板材隔墙所用的金属件应进行防腐处理。

5 板材隔墙拼接用的芯材应符合防火要求。

6 在板材隔墙上开槽、打孔应用云石机切割或电钻钻孔，不得直接剔凿和用力敲击。

9.3.8 玻璃砖墙的安装应符合下列规定：

1 玻璃砖墙宜以1.5m高为一个施工段，待下部施工段胶结材料达到设计强度后再进行上部施工。

2 当玻璃砖墙面积过大时应增加支撑。玻璃砖墙的骨架应与结构连接牢固。

3 玻璃砖应排列均匀整齐，表面平整，嵌缝的油灰或密封膏应饱满密实。

9.3.9 平板玻璃隔墙的安装应符合下列规定：

1 墙位放线应清晰，位置应准确。隔墙基层应平整、牢固。

2 骨架边框的安装应符合设计和产品组合的要求。

3 压条应与边框紧贴，不得弯棱、凸鼓。

4 安装玻璃前应对骨架、边框的牢固程度进行检查，如有不牢应进行加固。

5 玻璃安装应符合本规范门窗工程的有关规定。

10 门 窗 工 程

10.1 一 般 规 定

10.1.1 本章适用于木门窗、铝合金门窗、塑料门窗安装工程的施工。

10.1.2 门窗安装前应按下列要求进行检查：

1 门窗的品种、规格、开启方向、平整度等应符合国家现行有关标准规定，附件应齐全。

2 门窗洞口应符合设计要求。

10.1.3 门窗的存放、运输应符合下列规定：

1 木门窗应采取措施防止受潮、碰伤、污染与暴晒。

2 塑料门窗贮存的环境温度应小于50℃；与热源的距离不应小于1m。当在环境温度为0℃的环境中存放时，安装前应在室温下放置24h。

3 铝合金、塑料门窗运输时应竖立排放并固定牢靠。樘与樘间应用软质材料隔开，防止相互磨损及压坏玻璃和五金件。

10.1.4 门窗的固定方法应符合设计要求。门窗框、扇在安装过程中，应防止变形和损坏。

10.1.5 门窗安装应采用预留洞口的施工方法，不得采用边安装边砌口或先安装后砌口的施工方法。

10.1.6 推拉门窗扇必须有防脱落措施，扇与框的搭接量应符合设计要求。

10.1.7 建筑外门窗的安装必须牢固，在砖砌体上安装门窗严禁用射钉固定。

10.2 主要材料质量要求

10.2.1 门窗、玻璃、密封胶等应按设计要求选用，并应有产品合格证书。

10.2.2 门窗的外观、外形尺寸、装配质量、力学性能应符合国家现行标准的有关规定，塑料门窗中的竖框、中横框或拼樘料等主要受力杆件中的增强型钢，应在产品说明中注明规格、尺寸。门窗表面不应有影响外观质量的缺陷。

10.2.3 木门窗采用的木材，其含水率应符合国家现行标准的有关规定。

10.2.4 在木门窗的结合处和安装五金配件处，均不得有木节或已填补的木节。

10.2.5 金属门窗选用的零附件及固定件，除不锈钢外均应经防腐蚀处理。

10.2.6 塑料门窗组合窗及连窗门的拼樘应采用与其内腔紧密吻合的增强型钢作为内衬，型钢两端比拼樘料长出10～15mm。外窗的拼樘料截面积尺寸及型钢形状、壁厚，应能使组合窗承受本地区的瞬间风压值。

10.3 施 工 要 点

10.3.1 木门窗的安装应符合下列规定：

1 门窗框与砖石砌体、混凝土或抹灰层接触部位以及固定用木砖等均应进行防腐处理。

2 门窗框安装前应校正方正，加钉必要拉条避免变形。安装门窗框时，每边固定点不得少于两处，其间距不得大于1.2m。

3 门窗框需镶贴脸时，门窗框应凸出墙面，凸出的厚度应等于抹灰层或装饰面层的厚度。

4 木门窗五金配件的安装应符合下列规定：

1）合页距门窗扇上下端宜取立梃高度的1/10，并应避开上、下冒头。

2）五金配件安装应用木螺钉固定。硬木应钻2/3深度的孔，孔径应略小于木螺钉直径。

3）门锁不宜安装在冒头与立梃的结合处。

4）窗拉手距地面宜为1.5～1.6m，门拉手距地面宜为0.9～1.05m。

10.3.2 铝合金门窗的安装应符合下列规定：

1 门窗装入洞口应横平竖直，严禁将门窗框直接埋入墙体。

2 密封条安装时应留有比门窗的装配边长20～30mm的余量，转角处应斜面断开，并用胶粘剂粘贴牢固，避免收缩产生缝隙。

3 门窗框与墙体间缝隙不得用水泥砂浆填塞，应采用弹性材料填嵌饱满，表面应用密封胶密封。

10.3.3 塑料门窗的安装应符合下列规定：

1 门窗安装五金配件时，应钻孔后用自攻螺钉拧入，不得直接锤击钉入。

2 门窗框、副框和扇的安装必须牢固。固定片或膨胀螺栓的数量与位置应正确，连接方式应符合设计要求，固定点应距窗角、中横框、中竖框150～100mm，固定点间距应小于或等于600mm。

3 安装组合窗时应将两窗框与拼樘料卡接，卡接后应用紧固件双向拧紧，其间距应小于或等于600mm，紧固件端头及拼樘料与窗框间的缝隙应用嵌缝膏进行密封处理。拼樘料型钢两端必须与洞口固定牢固。

4 门窗框与墙体间缝隙不得用水泥砂浆填塞，应采用弹性材料填嵌饱满，表面应用密封胶密封。

10.3.4 木门窗玻璃的安装应符合下列规定：

1 玻璃安装前应检查框内尺寸、将裁口内的污垢清除干净。

2 安装长边大于1.5m或短边大于1m的玻璃，应用橡胶垫并用压条和螺钉固定。

3 安装木框、扇玻璃，可用钉子固定，钉距不得大于300mm，且每边不少于两个；用木压条固定时，应先刷底油后安装，并不得将玻璃压得过紧。

4 安装玻璃隔墙时，玻璃在上框面应留有适量缝隙，防止木框变形，损坏玻璃。

5 使用密封膏时，接缝处的表面应清洁、干燥。

10.3.5 铝合金、塑料门窗玻璃的安装应符合下列规定：

1 安装玻璃前，应清出槽口内的杂物。

2 使用密封膏前，接缝处的表面应清洁、干燥。

3 玻璃不得与玻璃槽直接接触，并应在玻璃四边垫上不同厚度的垫块，边框上的垫块应用胶粘剂固定。

4 镀膜玻璃应安装在玻璃的最外层，单面镀膜玻璃应朝向室内。

11 细 部 工 程

11.1 一 般 规 定

11.1.1 本章适用木门窗套、窗帘盒、固定柜橱、护栏、扶手、花饰等细部工程的制作安装施工。

11.1.2 细部工程应在隐蔽工程已完成并经验收后进行。

11.1.3 框架结构的固定柜橱应用榫连接。板式结构的固定柜橱应用专用连接件连接。

11.1.4 细木饰面板安装后，应立即刷一遍底漆。

11.1.5 潮湿部位的固定橱柜、木门套应做防潮处理。

11.1.6 护栏、扶手应采用坚固、耐久材料，并能承受规范允许的水平荷载。

11.1.7 扶手高度不应小于0.90m，护栏高度不应小于1.05m，栏杆间距不应大于0.11m。

11.1.8 湿度较大的房间，不得使用未经防水处理的石膏花饰、纸质花饰等。

11.1.9 花饰安装完毕后，应采取成品保护措施。

11.2 主要材料质量要求

11.2.1 人造木板、胶粘剂的甲醛含量应符合国家现行标准的有关规定，应有产品合格证书。

11.2.2 木材含水率应符合国家现行标准的有关规定。

11.3 施 工 要 点

11.3.1 木门窗套的制作安装应符合下列规定：

1 门窗洞口应方正垂直，预埋木砖应符合设计要求，并应进行防腐处理。

2 根据洞口尺寸、门窗中心线和位置线，用方木制成搁栅骨架并应做防腐处理，横撑位置必须与预埋件位置重合。

3 搁栅骨架应平整牢固，表面刨平。安装搁栅骨架应方正，除预留出板面厚度外，搁栅骨架与木砖间的间隙应垫以木垫，连接牢固。安装洞口搁栅骨架时，一般先上端后两侧，洞口上部骨架应与紧固件连接牢固。

4 与墙体对应的基层板板面应进行防腐处理，基层板安装应牢固。

5 饰面板颜色、花纹应谐调。板面应略大于搁栅骨架，大面应净光，小面应刮直。木纹根部应向下，长度方向需要对接时，花纹应通顺，其接头位置应避开视线平视范围，宜在室内地面2m以上或1.2m以下，接头应留在横撑上。

6 贴脸、线条的品种、颜色、花纹应与饰面板谐调。贴脸接头应成45°角，贴脸与门窗套板面结合应紧密、平整，贴脸或线条盖住抹灰墙面应不小于10mm。

11.3.2 木窗帘盒的制作安装应符合下列规定：

1 窗帘盒宽度应符合设计要求。当设计无要求时，窗帘盒宜伸出窗口两侧200～300mm，窗帘盒中线应对准窗口中线，并使两端伸出窗口长度相同。窗帘盒下沿与窗口上沿应平齐或略低。

2 当采用木龙骨双包夹板工艺制作窗帘盒时，遮挡板外立面不得有明榫、露钉帽，底边应做封边处理。

3 窗帘盒底板可采用后置埋木楔或膨胀螺栓固定，遮挡板与顶棚交接处宜用角线收口。窗帘盒靠墙部分应与墙面紧贴。

4 窗帘轨道安装应平直。窗帘轨固定点必须在底板的龙骨上，连接必须用木螺钉，严禁用圆钉固定。采用电动窗帘轨时，应按产品说明书进行安装调试。

11.3.3 固定橱柜的制作安装应符合下列规定：

1 根据设计要求及地面及顶棚标高，确定橱柜的平面位置和标高。

2 制作木框架时，整体立面应垂直、平面应水平，框架交接处应做榫连接，并应涂刷木工乳胶。

3 侧板、底板、面板应用扁头钉与框架固定牢固，钉帽应做防腐处理。

4 抽屉应采用燕尾榫连接，安装时应配置抽屉滑轨。

5 五金件可先安装就位，油漆之前将其拆除，五金件安装应整齐、牢固。

11.3.4 扶手、护栏的制作安装应符合下列规定：

1 木扶手与弯头的接头要在下部连接牢固。木扶手的宽度或厚度超过 70mm 时，其接头应粘接加强。

2 扶手与垂直杆件连接牢固，紧固件不得外露。

3 整体弯头制作前应做足尺样板，按样板划线。弯头粘结时，温度不宜低于 5℃。弯头下部应与栏杆扁钢结合紧密、牢固。

4 木扶手弯头加工成形应刨光，弯曲应自然，表面应磨光。

5 金属扶手、护栏垂直杆件与预埋件连接应牢固、垂直，如焊接，则表面应打磨抛光。

6 玻璃栏板应使用夹层夹玻璃或安全玻璃。

11.3.5 花饰的制作安装应符合下列规定：

1 装饰线安装的基层必须平整、坚实，装饰线不得随基层起伏。

2 装饰线、件的安装应根据不同基层，采用相应的连接方式。

3 木（竹）质装饰线、件的接口应拼对花纹，拐弯接口应齐整无缝，同一种房间的颜色应一致，封口压边条与装饰线、件应连接紧密牢固。

4 石膏装饰线、件安装的基层应干燥，石膏线与基层连接的水平线和定位线的位置、距离应一致，接缝应 45°角拼接。当使用螺钉固定花件时，应用电钻打孔，螺钉钉头应沉入孔内，螺钉应做防锈处理；当使用胶粘剂固定花件时，应选用短时间固化的胶粘材料。

5 金属类装饰线、件安装前应做防腐处理。基层应干燥、坚实。铆接、焊接或紧固件连接时，紧固件位置应整齐，焊接点应在隐蔽处、焊接表面应无毛刺。刷漆前应去除氧化层。

12 墙面铺装工程

12.1 一 般 规 定

12.1.1 本章适用于石材、墙面砖、木材、织物、壁纸等材料的住宅墙面铺贴安装工程施工。

12.1.2 墙面铺装工程应在墙面隐蔽及抹灰工程、吊顶工程已完成并经验收后进行。当墙体有防水要求时，应对防水工程进行验收。

12.1.3 采用湿作业法铺贴的天然石材应作防碱处理。

12.1.4 在防水层上粘贴饰面砖时，粘结材料应与防水材料的性能相容。

12.1.5 墙面面层应有足够的强度，其表面质量应符合国家现行标准的有关规定。

12.1.6 湿作业施工现场环境温度宜在 5℃以上；裱糊时空气相对湿度不得大于 85%，应防止湿度及温度剧烈变化。

12.2 主要材料质量要求

12.2.1 石材的品种、规格应符合设计要求，天然石材表面不得有隐伤、风化等缺陷。

12.2.2 墙面砖的品种、规格应符合设计要求，并应有产品合格证书。

12.2.3 木材的品种、质量等级应符合设计要求，含水率应符合国家现行标准的有关要求。

12.2.4 织物、壁纸、胶粘剂等应符合设计要求，并应有性能检测报告和产品合格证书。

12.3 施 工 要 点

12.3.1 墙面砖铺贴应符合下列规定：

1 墙面砖铺贴前应进行挑选，并应浸水 2h 以上，晾干表面水分。

2 铺贴前应进行放线定位和排砖，非整砖应排放在次要部位或阴角处。每面墙不宜有两列非整砖，非整砖宽度不宜小于整砖的 1/3。

3 铺贴前应确定水平及竖向标志，垫好底尺，挂线铺贴。墙面砖表面应平整、接缝应平直、缝宽应均匀一致。阴角砖应压向正确，阳角线宜做成 45°角对接。在墙面突出物处，应整砖套割吻合，不得用非整砖拼凑铺贴。

4 结合砂浆宜采用 1：2 水泥砂浆，砂浆厚度宜为 6～10mm。水泥砂浆应满铺在墙砖背面，一面墙不宜一次铺贴到顶，以防塌落。

12.3.2 墙面石材铺装应符合下列规定：

1 墙面砖铺贴前应进行挑选，并应按设计要求进行预拼。

2 强度较低或较薄的石材应在背面粘贴玻璃纤维网布。

3 当采用湿作业法施工时，固定石材的钢筋网应与预埋件连接牢固。每块石材与钢筋网拉接点不得少于 4 个。拉接用金属丝应具有防锈性能。灌注砂浆前应将石材背面及基层湿润，并应用填缝材料临时封闭石材板缝，避免漏浆。灌注砂浆宜用 1∶2.5 水泥砂浆，灌注时应分层进行，每层灌注高度宜为 150～200mm，且不超过板高的 1/3，插捣应密实。待其初凝后方可灌注上层水泥砂浆。

4 当采用粘贴法施工时，基层处理应平整但不应压光。胶粘剂的配合比应符合产品说明书的要求。胶液应均匀、饱满的刷抹在基层和石材背面，石材就位时应准确，并应立即挤紧、找平、找正，进行顶、卡固定。溢出胶液应随时清除。

12.3.3 木装饰装修墙制作安装应符合下列规定：

1 制作安装前应检查基层的垂直度和平整度，有防潮要求的应进行防潮处理。

2 按设计要求弹出标高、竖向控制线、分格线。打孔安装木砖或木楔，深度应不小于 40mm，木砖或木楔应做防腐处理。

3 龙骨间距应符合设计要求。当设计无要求时：横向间距宜为 300mm，竖向间距宜为 400mm。龙骨与木砖或木楔连接应牢固。龙骨、木质基层板应进行防火处理。

4 饰面板安装前应进行选配，颜色、木纹对接应自然谐调。

5 饰面板固定应采用射钉或胶粘接，接缝应在龙骨上，接缝应平整。

6 镶接式木装饰墙可用射钉从凹榫边倾斜射入。安装第一块时必须校对竖向控制线。

7 安装封边收口线条时应用射钉固定，钉的位置应在线条的凹槽处或背视线的一侧。

12.3.4 软包墙面制作安装应符合下列规定：

1 软包墙面所用填充材料、纺织面料和龙骨、木基层板等均应进行防火处理。

2 墙面防潮处理应均匀涂刷一层清油或满铺油纸。不得用沥青油毡做防潮层。

3 木龙骨宜采用凹槽榫工艺预制，可整体或分片安装，与墙体连接应紧密、牢固。

4 填充材料制作尺寸应正确，棱角应方正，应与木基层板粘接紧密。

5 织物面料裁剪时经纬应顺直。安装应紧贴墙面，接缝应严密，花纹应吻合，无波纹起伏、翘边和褶皱，表面应清洁。

6 软包布面与压线条、贴脸线、踢脚板、电气盒等交接处应严密，顺直，无毛边。电气盒盖等开洞处，套割尺寸应准确。

12.3.5 墙面裱糊应符合下列规定：

1 基层表面应平整、不得有粉化、起皮、裂缝和突出物，色泽应一致。有防潮要求的应进行防潮处理。

2 裱糊前应按壁纸、墙布的品种、花色、规格进行选配、拼花、裁切、编号，裱糊时应按编号顺序粘贴。

3 墙面应采用整幅裱糊，先垂直面后水平面，先细部后大面，先保证垂直后对花拼逢，垂直面是先上后下，先长墙面后短墙面，水平面是先高后低。阴角处接缝应搭接，阳角处应包角不得有接缝。

4 聚氯乙烯塑料壁纸裱糊前应先将壁纸用水润湿数分钟，墙面裱糊时应在基层表面涂刷胶粘剂，顶棚裱糊时，基层和壁纸背面均应涂刷胶粘剂。

5 复合壁纸不得浸水，裱糊前应先在壁纸背面涂刷胶粘剂，放置数分钟，裱糊时，基层表面应涂刷胶粘剂。

6 纺织纤维壁纸不宜在水中浸泡，裱糊前宜用湿布清洁背面。

7 带背胶的壁纸裱糊前应在水中浸泡数分钟。裱糊顶棚时应涂刷一层稀释的胶粘剂。

8 金属壁纸裱糊前应浸水 1～2min，阴干 5～8min 后在其背面刷胶。刷胶应使用专用的壁纸粉胶，一边刷胶，一边将刷过胶的部分，向上卷在发泡壁纸卷上。

9 玻璃纤维基材壁纸、无纺墙布无需进行浸润。应选用粘接强度较高的胶粘剂，裱糊前应在基层表面涂胶，墙布背面不涂胶。玻璃纤维墙布裱糊对花时不得横拉斜扯避免变形脱落。

10 开关、插座等突出墙面的电气盒，裱糊前应先卸去盒盖。

13 涂饰工程

13.1 一般规定

13.1.1 本章适用于住宅内部水性涂料、溶剂型涂料和美术涂饰的涂饰工程施工。

13.1.2 涂饰工程应在抹灰、吊顶、细部、地面及电气工程等已完成并验收合格后进行。

13.1.3 涂饰工程应优先采用绿色环保产品。

13.1.4 混凝土或抹灰基层涂刷溶剂型涂料时，含水率不得大于 8%；涂刷水性涂料时，含水率不得大于 10%；木质基层含水率不得大于 12%。

13.1.5 涂料在使用前应搅拌均匀，并应在规定的时间内用完。

13.1.6 施工现场环境温度宜在 5～35℃之间，并应注意通风换气和防尘。

13.2 主要材料质量要求

13.2.1 涂料的品种、颜色应符合设计要求，并应有产品性能检测报告和产品合格证书。

13.2.2 涂饰工程所用腻子的粘结强度应符合国家现

行标准的有关规定。

13.3 施工要点

13.3.1 基层处理应符合下列规定：

1 混凝土及水泥砂浆抹灰基层：应满刮腻子、砂纸打光，表面应平整光滑、线角顺直。

2 纸面石膏板基层：应按设计要求对板缝、钉眼进行处理后，满刮腻子、砂纸打光。

3 清漆木质基层：表面应平整光滑、颜色谐调一致、表面无污染、裂缝、残缺等缺陷。

4 调和漆木质基层：表面应平整、无严重污染。

5 金属基层：表面应进行除锈和防锈处理。

13.3.2 涂饰施工一般方法：

1 滚涂法：将蘸取漆液的毛辊先按 W 方式运动将涂料大致涂在基层上，然后用不蘸取漆液的毛辊紧贴基层上下、左右来回滚动，使漆液在基层上均匀展开，最后用蘸取漆液的毛辊按一定方向满滚一遍。阴角及上下口宜采用排笔刷涂找齐。

2 喷涂法：喷枪压力宜控制在0.4～0.8MPa范围内。喷涂时喷枪与墙面应保持垂直，距离宜在500mm左右，匀速平行移动。两行重叠宽度宜控制在喷涂宽度的1/3。

3 刷涂法：宜按先左后右、先上后下、先难后易、先边后面的顺序进行。

13.3.3 木质基层涂刷清漆：木质基层上的节疤、松脂部位应用虫胶漆封闭，钉眼处应用油性腻子嵌补。在刮腻子、上色前，应涂刷一遍封闭底漆，然后反复对局部进行拼色和修色，每修完一次，刷一遍中层漆，干后打磨，直至色调谐调统一，再做饰面漆。

13.3.4 木质基层涂刷调和漆：先满刷清油一遍，待其干后用油腻子将钉孔、裂缝、残缺处嵌刮平整，干后打磨光滑，再刷中层和面层油漆。

13.3.5 对泛碱、析盐的基层应先用3%的草酸溶液清洗，然后用清水冲刷干净或在基层上满刷一遍耐碱底漆，待其干后刮腻子，再涂刷面层涂料。

13.3.6 浮雕涂饰的中层涂料应颗粒均匀，用专用塑料辊蘸煤油或水均匀滚压，厚薄一致，待完全干燥固化后，才可进行面层涂饰。面层为水性涂料应采用喷涂，溶剂型涂料应采用刷涂。间隔时间宜在4h以上。

13.3.7 涂料、油漆打磨应待涂膜完全干透后进行，打磨应用力均匀，不得磨透露底。

14 地面铺装工程

14.1 一般规定

14.1.1 本章适用于石材（包括人造石材）、地面砖、实木地板、竹地板、实木复合地板、强化复合地板、地毯等材料的地面面层的铺贴安装工程施工。

14.1.2 地面铺装宜在地面隐蔽工程、吊顶工程、墙面抹灰工程完成并验收后进行。

14.1.3 地面面层应有足够的强度，其表面质量应符合国家现行标准、规范的有关规定。

14.1.4 地面铺装图案及固定方法等应符合设计要求。

14.1.5 天然石材在铺装前应采取防护措施，防止出现污损、泛碱等现象。

14.1.6 湿作业施工现场环境温度宜在5℃以上。

14.2 主要材料质量要求

14.2.1 地面铺装材料的品种、规格、颜色等均匀符合设计要求并应有产品合格证书。

14.2.2 地面铺装时所用龙骨、垫木、毛地板等木料的含水率，以及防腐、防蛀、防火处理等均应符合国家现行标准、规范的有关规定。

14.3 施工要点

14.3.1 石材、地面砖铺贴应符合下列规定：

1 石材、地面砖铺贴前应浸水湿润。天然石材铺贴前应进行对色、拼花并试拼、编号。

2 铺贴前应根据设计要求确定结合层砂浆厚度，拉十字线控制其厚度和石材、地面砖表面平整度。

3 结合层砂浆宜采用体积比为1∶3的干硬性水泥砂浆，厚度宜高出实铺厚度2～3mm。铺贴前应在水泥砂浆上刷一道水灰比为1∶2的素水泥浆或干铺水泥1～2mm后洒水。

4 石材、地面砖铺贴时应保持水平就位，用橡皮锤轻击使其与砂浆粘结紧密，同时调整其表面平整度及缝宽。

5 铺贴后应及时清理表面，24h后应用1∶1水泥浆灌缝，选择与地面颜色一致的颜料与白水泥拌和均匀后嵌缝。

14.3.2 竹、实木地板铺装应符合下列规定：

1 基层平整度误差不得大于5mm。

2 铺装前应对基层进行防潮处理，防潮层宜涂刷防水涂料或铺设塑料薄膜。

3 铺装前应对地板进行选配，宜将纹理、颜色接近的地板集中使用于一个房间或部位。

4 木龙骨应与基层连接牢固，固定点间距不得大于600mm。

5 毛地板应与龙骨成30°或45°铺钉，板缝应为2～3mm，相邻板的接缝应错开。

6 在龙骨上直接铺装地板时，主次龙骨的间距应根据地板的长宽模数计算确定，地板接缝应在龙骨的中线上。

7 地板钉长度宜为板厚的2.5倍，钉帽应砸扁。

固定时应从凹榫边30°角倾斜钉入。硬木地板应先钻孔，孔径应略小于地板钉直径。

8 毛地板及地板与墙之间应留有8～10mm的缝隙。

9 地板磨光应先刨后磨，磨削应顺木纹方向，磨削总量应控制在0.3～0.8mm内。

10 单层直铺地板的基层必须平整、无油污。铺贴前应在基层刷一层薄而匀的底胶以提高粘结力。铺贴时基层和地板背面均应刷胶，待不粘手后再进行铺贴。拼板时应用榔头垫木块敲打紧密，板缝不得大于0.3mm。溢出的胶液应及时清理干净。

14.3.3 强化复合地板铺装应符合下列规定：

1 防潮垫层应满铺平整，接缝处不得叠压。

2 安装第一排时应凹槽面靠墙。地板与墙之间应留有8～10mm的缝隙。

3 房间长度或宽度超过8m时，应在适当位置设置伸缩缝。

14.3.4 地毯铺装应符合下列规定：

1 地毯对花拼接应按毯面绒毛和织纹走向的同一方向拼接。

2 当使用张紧器伸展地毯时，用力方向应呈V字形，应由地毯中心向四周展开。

3 当使用倒刺板固定地毯时，应沿房间四周将倒刺板与基层固定牢固。

4 地毯铺装方向，应是毯面绒毛走向的背光方向。

5 满铺地毯，应用扁铲将毯边塞入卡条和墙壁间的间隙中或塞入踢脚下面。

6 裁剪楼梯地毯时，长度应留有一定余量，以便在使用中可挪动常磨损的位置。

15 卫生器具及管道安装工程

15.1 一般规定

15.1.1 本章适用于厨房、卫生间的洗涤、洁身等卫生器具的安装以及分户进水阀后给水管段、户内排水管段的管道施工。

15.1.2 卫生器具、各种阀门等应积极采用节水型器具。

15.1.3 各种卫生设备及管道安装均应符合设计要求及国家现行标准规范的有关规定。

15.2 主要材料质量要求

15.2.1 卫生器具的品种、规格、颜色应符合设计要求并应有产品合格证书。

15.2.2 给排水管材、件应符合设计要求并应有产品合格证书。

15.3 施工要点

15.3.1 各种卫生设备与地面或墙体的连接应用金属固定件安装牢固。金属固定件应进行防腐处理。当墙体为多孔砖墙时，应凿孔填实水泥砂浆后再进行固定件安装。当墙体为轻质隔墙时，应在墙体内设后置埋件，后置埋件应与墙体连接牢固。

15.3.2 各种卫生器具安装的管道连接件应易于拆卸、维修。排水管道连接应采用有橡胶垫片排水栓。卫生器具与金属固定件的连接表面应安置铅质或橡胶垫片。各种卫生陶瓷类器具不得采用水泥砂浆窝嵌。

15.3.3 各种卫生器具与台面、墙面，地面等接触部位均应采用硅酮胶或防水密封条密封。

15.3.4 各种卫生器具安装验收合格后应采取适当的成品保护措施。

15.3.5 管道敷设应横平竖直，管卡位置及管道坡度等均应符合规范要求。各类阀门安装应位置正确且平正，便于使用和维修。

15.3.6 嵌入墙体、地面的管道应进行防腐处理并用水泥砂浆保护，其厚度应符合下列要求：墙内冷水管不小于10mm、热水管不小于15mm，嵌入地面的管道不小于10mm。嵌入墙体、地面或暗敷的管道应作隐蔽工程验收。

15.3.7 冷热水管安装应左热右冷，平行间距应不小于200mm。当冷热水供水系统采用分水器供水时，应采用半柔性管材连接。

15.3.8 各种新型管材的安装应按生产企业提供的产品说明书进行施工。

16 电气安装工程

16.1 一般规定

16.1.1 本章适用于住宅单相入户配电箱户表后的室内电路布线及电器、灯具安装。

16.1.2 电气安装施工人员应持证上岗。

16.1.3 配电箱户表后应根据室内用电设备的不同功率分别配线供电；大功率家电设备应独立配线安装插座。

16.1.4 配线时，相线与零线的颜色应不同；同一住宅相线（L）颜色应统一，零线（N）宜用蓝色，保护线（PE）必须用黄绿双色线。

16.1.5 电路配管、配线施工及电器、灯具安装除遵守本规定外，尚应符合国家现行有关标准规范的规定。

16.1.6 工程竣工时应向业主提供电气工程竣工图。

16.2 主要材料质量要求

16.2.1 电器、电料的规格、型号应符合设计要求及国家现行电器产品标准的有关规定。

16.2.2 电器、电料的包装应完好，材料外观不应有破损，附件、备件应齐全。

16.2.3 塑料电线保护管及接线盒必须是阻燃型产品，外观不应有破损及变形。

16.2.4 金属电线保护管及接线盒外观不应有折扁和裂缝，管内应无毛刺，管口应平整。

16.2.5 通信系统使用的终端盒、接线盒与配电系统的开关、插座，宜选用同一系列产品。

16.3 施 工 要 点

16.3.1 应根据用电设备位置，确定管线走向、标高及开关、插座的位置。

16.3.2 电源线配线时，所用导线截面积应满足用电设备的最大输出功率。

16.3.3 暗线敷设必须配管。当管线长度超过 15m 或有两个直角弯时，应增设拉线盒。

16.3.4 同一回路电线应穿入同一根管内，但管内总根数不应超过 8 根，电线总截面积（包括绝缘外皮）不应超过管内截面积的 40%。

16.3.5 电源线与通讯线不得穿入同一根管内。

16.3.6 电源线及插座与电视线及插座的水平间距不应小于 500mm。

16.3.7 电线与暖气、热水、煤气管之间的平行距离不应小于 300mm，交叉距离不应小于 100mm。

16.3.8 穿入配管导线的接头应设在接线盒内，接头搭接应牢固，绝缘带包缠应均匀紧密。

16.3.9 安装电源插座时，面向插座的左侧应接零线（N），右侧应接相线（L），中间上方应接保护地线（PE）。

16.3.10 当吊灯自重在 3kg 及以上时，应先在顶板上安装后置埋件，然后将灯具固定在后置埋件上。严禁安装在木楔、木砖上。

16.3.11 连接开关、螺口灯具导线时，相线应先接开关，开关引出的相线应接在灯中心的端子上，零线应接在螺纹的端子上。

16.3.12 导线间和导线对地间电阻必须大于 0.5MΩ。

16.3.13 同一室内的电源、电话、电视等插座面板应在同一水平标高上，高差应小于 5mm。

16.3.14 厨房、卫生间应安装防溅插座，开关宜安装在门外开启侧的墙体上。

16.3.15 电源插座底边距地宜为 300mm，平开关板底边距地宜为 1400mm。

附录 A 本规范用词说明

A.0.1 为便于在执行本规范条文时区别对待，对要求严格程度不同的用词，说明如下：

1 表示很严格，非这样做不可的用词：
正面词采用“必须”、“只能”；
反面词采用“严禁”。

2 表示严格，在正常情况下均应这样做的用词：
正面词采用“应”；
反面词采用“不应”或“不得”。

3 表示允许稍有选择，在条件许可时，首先应这样作的用词：
正面词采用“宜”；
反面词采用“不宜”。

表示有选择，在一定条件下可以这样做的，采用“可”。

A.0.2 条文中指定按其他有关标准、规范执行时，写法为“应按……执行”或“应符合……的规定”。

中华人民共和国国家标准

住宅装饰装修工程施工规范

GB 50327—2001

条 文 说 明

目　次

1 总　　则

本章说明的是本规范制定的目的、适用范围以及与相关标准、规范的关系。

2 术　　语

本章对住宅装饰装修、室内环境污染、基体和基层在本规范中的特定内容做出定义。

3 基 本 规 定

3.1.1 本条规定的是施工前的主要准备工作内容。

3.1.2 自检、互检、交接检在施工实践中被证明是保证工程质量行之有效的措施。以规范的形式确定下来，对提高工程质量具有积极意义。各项检查应按工艺标准进行，符合要求并做相应记录后，再进行下一步施工。

3.1.3 本条对危及住宅建筑结构安全的行为做出了严禁的强制性规定。

3.1.4 对涉及主体和承重结构的变动和增加荷载的住宅装饰装修，应由原结构设计单位或相应资质的设计单位核查有关原始资料，对原建筑结构进行必要的核验，按工程建设强制性标准确定设计后施工。目的是为了保证住宅建筑的结构安全、保障人身健康和财产安全，维护公共利益。业主及施工单位均有严格遵守的义务。

3.1.6 施工安全与劳动保护，既是企业对施工人员的要求，也是施工人员的基本权利。

3.1.7 施工现场用电是施工安全的重要内容，也是安全事故的多发领域，因此制定为强制性规定。

3.1.9 从维护人民群众利益的立场出发，本规范通过制定施工现场管理规定，规范施工人员的行为，力图使住宅装饰装修工程施工中的扰民问题得到一定程度的控制。

3.2.1 对住宅装饰装修工程所用材料质量提出了原则性要求。

3.2.4 本条明确了材料进场质量把关的责任由施工单位负责，以减少合同纠纷，保护消费者利益。

3.3.1 提出了在住宅装饰装修过程中对既有建筑和设备的保护要求。

4 防 火 安 全

4.1.1 防火安全首先应从制度建设入手。本条对施工单位和施工人员均提出了要求。

4.1.2 按现行国家标准《建筑材料燃烧性能分级方法》，将内部装饰装修材料的燃烧性能分为四级。本规范依据该分级方法将材料分为A不燃、B1难燃、B2可燃、B3易燃四级，以利于装饰装修材料的检测和规范的实施。

《建筑内部装饰装修设计防火规范》（GB50222—95）对装饰装修材料防火设计提出了相应的要求，它应是本规范的参照点，故提出本条规定。

4.2.1 阻燃处理通常可采用浸渍法、喷雾法、浸轧法。采用浸渍法处理织物时，一般将织物浸渍于阻燃剂中，待浸透后将织物取出，用轧辊轧出或用甩干机甩出多余的水分，铺叠平整，然后晒干、烘干、烫平即可。

4.2.2 防火涂料涂刷木材时应保证其渗入木材内部直至阻燃剂不再被吸收为止。两遍涂布的要求就是为了保证达到此效果。每平方米涂布500g的要求是有关标准规定的。木材表面如有水和油渍，会影响防火涂料的粘结性和耐燃性。

4.3.1 易燃物品对火十分敏感，很小的火星都可以致其起火，为此应集中放置并且在单位空间内尽可能少放可燃物品，以免火灾荷载过大。

4.3.2 施工现场材料堆放比较复杂，并且施工中的碰撞摩擦有可能出现火花。为此当施工现场有易燃、易爆材料时，应避免出现产生火花的操作。

4.3.3 油漆等挥发性材料会产生可爆气体，因此尽可能将其密闭，以免出现爆炸。

4.3.4 电气焊落渣温度很高，足以引燃很多类型的可燃材料。许多火灾表明，在电焊渣滴落区扫除可燃物并设专人监督，是十分有效的防火措施。

4.3.5 良好的施工环境和较高的防火意识是防止火灾发生的基本条件。

4.3.6 事实证明施工现场吸烟是引发火灾的重大隐患，必须严禁。

4.3.7 焊接和切割会在瞬间产生高温，该温度足以引燃引爆各类易燃、易爆的物质。

4.4.1 由照明灯具引发火灾的案例很多。本条没有具体规定高温部位与非A级装饰装修材料之间的距离。因为各种照明灯具在使用时散发出的热量大小、连续工作时间的长短、装饰装修材料的燃烧性能，以及不同防火保护措施的效果，都各不相同，难以做出具体的规定。可由设计人员本着“保障安全、经济合理、美观实用”的原则根据具体情况采取措施。

4.4.2 目前家用电器设备大幅度增加。另外，由于室内装修采用的可燃材料越来越多，增加了电气设备引发火灾的危险性。为防止配电箱产生的火花或高温熔珠引燃周围的可燃物和避免箱体传热引燃墙面装饰装修材料，规定其不应直接安装在低于B_1级的装饰装修材料上。开关、插座常会出现打火现象，故安装也应按此原则。

4.4.3 卤钨灯灯管工作时会产生很高的温度，因此与之相连的导线应有耐高温的防护。

4.4.4 对电线施行槽板和套管保护是为了防止电线破损老化短路而出现的火险。

4.5.1 进行室内装饰装修设计时要保证疏散指示标志和安全出口易于辨认，以免人员在紧急情况下发生疑问和误解。防火门是专用防火产品，其生产、安装均有严格的质量要求。装饰装修时不应损害防火门的任何一项专用功能。如特殊情况需做改动时，必须符合相应国家规范标准的要求。

4.5.2 建筑内部设置的消火栓门一般都设在比较显眼的位置，颜色也比较醒目。但有的单位单纯追求装饰装修效果，把消火栓门罩在木柜里面；还有的单位把消火栓门装饰装修得几乎与墙面一样，不到近处看不出来。这些做法给消火栓的及时取用造成了障碍。为了充分发挥消火栓在火灾扑救中的作用，特制定本条规定。

4.5.3 装饰装修吊顶的吊杆间距密，承载能力小，并且承载能力没有考虑其他负荷。消防水系统或报警系统的管线若用装饰装修的吊杆，第一不安全，第二会影响装饰装修的质量，因此应分开。消防系统的吊杆应按各自的规范要求设置。

4.5.4 房间重新分割装饰装修后，喷头、探头如果不进行调整，难以满足重新分割后的房间平面对喷头、探头布置的规范要求，会造成重大的火灾隐患。因此必须重点提出，引起高度重视。

4.5.5 为了不影响装饰装修效果，喷淋管线、报警线路、器件等首先应尽可能暗装；在不可能暗装时，为减少对装饰装修效果的影响，可以采取一些措施，如明装的标高、位置可按装饰装修要求调整，明装的器件可以按装饰装修要求进行协调处理。

5 室内环境污染控制

5.0.1 本规范列出的室内环境污染的五种主要有害物质是对人身危害最大的，因此必须提出加以严格控制。

5.0.2 《民用建筑工程室内环境污染控制规范》(GB50325—2001）对室内环境污染控制提出了相应的要求，它应是本规范的参照点，故提出本条规定。同时要求设计、施工应选用低毒性、低污染的装饰装修材料。

5.0.3 住宅装饰装修后，业主可以要求对5.0.1条列出的五种污染物质全部或部分进行检测。检测单位应是获政府有关职能部门许可的机构。

6 防 水 工 程

6.1.1 本章所指防水工程为二次施工。一次施工为住宅在结构施工时所做的防水工程。在装饰装修施工中，由于业主要求改换地砖等，在剔凿时难免将防水层破坏，这时必须重新做防水施工。

6.1.2 涂膜类防水指聚氨酯等涂膜防水材料，产品特点是：拉伸强度、断裂伸长率均高于氯丁乳沥青防水材料，施工后干燥快，现在住宅装饰装修中多用此材料。但不排除使用其他类型的防水材料。

6.1.4 因卫生间面积狭小，施工中使用的材料又多有挥发性物质，为预防对施工人员的健康造成损害或引起燃爆，在无自然光照采用人工照明时，应设置安全照明并保持通风。

6.1.5 防水施工环境温度有下限要求，宜在5℃以上。

6.3.1 基层表面如有凹凸不平、松动、空鼓、起沙、开裂等缺陷，将直接影响防水工程质量，因此对上述缺陷应做预先处理。基层含水率过高会引起空鼓，故含水率应小于9%。

基层泛水坡度应符合设计要求。

6.3.2 地漏、套管、卫生洁具根部、阴阳角等是渗漏的多发部位，因此在做大面积防水施工前先应做好局部防水附加层。

7 抹 灰 工 程

7.1.1 本章所指抹灰工程，是在住宅内部墙面，包括混凝土、砖砌体、加气混凝土砌块等墙面涂抹水泥砂浆、水泥混合砂浆、白灰砂浆、聚合物水泥沙浆，以及纸筋灰、石膏灰等。

抹灰工程应在隐蔽工程完毕，并经验收后进行。

7.1.2 针对顶棚抹灰层脱落，造成人员、财物的损失事故，故将本条作为强制性条文提出。施工单位应采取有效措施保证本条的落实。

7.1.3 为了防止不同材质基层的伸缩系数不同而造成抹灰层的通长裂缝，不同材质基层交接处表面应先铺设防裂加强材料，其与各基层的搭接宽度应不小于100mm。

7.1.4 水泥护角的功能主要是增加阳角的硬度和强度，减少使用过程中碰撞损坏。

7.1.5 水泥砂浆抹好后，常温下24h后应喷水养护，以促进水泥强度的增长。

7.1.6 为防止砂浆受冻后停止水化，在层与层之间形成隔离层，故要求施工现场温度下限不低于5℃。

7.3.1 基层处理是抹灰工程的第一道工序，也是影响抹灰质量的关键，目的是增强基体与底层砂浆的粘结，防止空鼓、裂缝和脱落等质量隐患，因此要求基层表面应剔平突出部位，光滑部位剔凿毛，残渣污垢、隔离剂等应清理干净。

洒水润湿基层是为了避免抹灰层过早脱水，影响强度，产生空鼓。住宅内部墙面基层洒水程度应视室内气温与操作环境的实际情况掌握。

7.3.2 抹灰总厚度加大了应力，等于加大抹灰层与基层的剪切力，易产生剥离，故抹灰层的平均总厚度应符合设计要求。

7.3.3 大面积抹灰前设置标筋，是为了控制抹灰厚度及平整度。因一次性抹灰过厚，干缩率加大，易出现空鼓、裂缝、脱落，为有利于基层与抹灰层的结合及面层的压光，防止上述质量问题，故抹灰施工应分层进行。

7.3.5 为避免抹灰层在凝结过程中产生较强的收缩应力，破坏强度较低的基层或抹灰底层，产生空鼓、裂缝、脱落等质量问题，故要求强度高的抹灰层不得覆盖在强度低的抹灰层上。

7.3.6 凡结硬的砂浆，再加水使用，其和易性、保水性差，硬化收缩性大，粘结强度低，故做本条规定。

8 吊顶工程

8.1.1 本章适用于龙骨加饰面板的吊顶工程施工。住宅装饰装修中一般为不上人吊顶，主要指木骨架、罩面板吊顶和轻钢龙骨罩面板吊顶及格栅木吊顶。罩面板主要指纸面石膏板埃特板、胶合板、矿棉吸音板、PVC扣板、铝扣板等。

8.1.2 吊顶必须符合设计要求的主要内容包括：吊杆、龙骨的材质、规格、安装间距、连接方式以及标高、起拱、造型、颜色等。

8.1.4 重型灯具及电风扇、排风扇等有动荷载的物件，均应由独立吊杆固定。

8.3.1 吊杆的位置因关系到吊顶应力分配是否均衡，板面是否平整，故吊杆的位置及垂直度应符合设计和安全的要求。主、次龙骨的间距，可按饰面板的尺寸模数确定。

吊杆、龙骨的连接必须牢固。由于吊杆与龙骨之间松动造成应力集中，会产生较大的挠度变形，出现大面积罩面板不平整。在吊杆和龙骨的间距与水平度、连接位置等全面校正后，再将龙骨的所有吊挂件、连接件拧紧、夹牢。

为避免暗藏灯具与吊顶主龙骨、吊杆位置相撞，可在吊顶前在房间地面上弹线、排序，确定各物件的位置而后吊线施工。

8.3.2 吊顶板内的管线、设备在封顶板之前应作为隐蔽项目，调试验收完，应作记录。

8.3.5 对螺钉与板边距离、钉距、钉头嵌入石膏板内尺寸做出量化要求。钉头埋入板过深将破坏板的承载力。

9 轻质隔墙工程

9.1.1 本章适用于板材隔墙、骨架隔墙及玻璃隔墙的施工。板材隔墙多是加气混凝土条板和增强石膏空心条板。骨架隔墙多是轻钢龙骨。饰面板材种类比较多，如纸面石膏板、GRC板、FC板、埃特板等。玻璃砖有空心和实心两种，本章专指空心玻璃砖。

9.1.2 轻质隔墙安装所需的预埋件、连接件的位置、数量及固定方法，因涉及安全问题，故强调必须符合设计要求。有墙基要求的隔墙，应先按设计要求进行墙基施工。

9.1.6 因不同材质的物理膨胀系数不同，为避免出现通长裂缝，故轻质隔墙与顶棚和其他墙体的交接处应有防裂缝处理。

9.3.1 墙位放线强调按设计要求，为保证隔墙垂直、平整，故要求沿地、顶、墙弹出隔墙的中心线和宽度线，宽度线应与龙骨的边线吻合，弹出＋500mm标高线。

9.3.2 应根据龙骨的不同材质确定沿地、顶、墙龙骨的固定点间距，且固定牢固。

9.3.4 预埋墙内的水暖、电气设备，应按设计要求采取局部加强措施固定牢固。为保证结构安全，墙中铺设管线时，不得切断横、竖向龙骨。

为保证密实，墙体内的填充材料应干燥，填充均匀无下坠，接头无空隙。

9.3.5 依墙面形状铺设饰面板，平面墙宜竖向铺设，曲面墙宜横向铺设。

为避免应力集中，由于物理膨胀系数不一而引起的不安全隐患，龙骨两侧的饰面板及龙骨一侧的内外两层饰面板应错缝排列，接缝不得落在同一根龙骨上。所有饰面板接缝处的固定点必须连接在龙骨上。

为解决石膏板开裂、板接缝不平、墙面不平等通病，安装饰面板时，应从板的中部向板的四边固定，钉头略埋入板内，钉眼应用腻子抹平。

9.3.8 玻璃砖自重较大，且砌筑的接触面较小，故要求以1.5m高度为单位分段施工，待固定后再进行上部分施工。

10 门窗工程

10.1.1 本章适用于木门窗、金属门窗、塑料门窗，以及门窗玻璃的安装。

10.1.2 为保证门窗安装质量，在门窗安装之前，应根据设计和厂方提供的门窗节点图和构造图进行检查，核对类型、规格、开启方向是否符合设计要求，零部件、组合件是否齐全。

门窗安装前应核对洞口位置、尺寸及方正，有问题应提前进行剔凿、找平等处理。

10.1.5 为了保护门窗在施工过程中免受磨损、受力变形，应采用预留洞口的方法，而不得采用边安装边砌口或先安装后砌口的施工方法。

10.1.6 为保证使用安全，特别是防止高层住宅窗扇坠落事故，推拉窗扇必须有防脱落措施，扇与框的搭接量均应符合设计要求。

10.1.7 门窗的固定方法应根据不同材质的墙体确定不同的方法。如混凝土墙洞口应采用射钉或膨胀螺钉。砖墙洞口应采用膨胀螺钉或水泥钉固定，但不得固定在砖缝上。除预埋件之外，砖受冲击之后易碎，因此在砖砌体安装门窗时严禁用射钉固定。

10.3.1 木门窗与砖石砌体、混凝土或抹灰层接触处，是易受潮变形部位，故应进行防腐防潮处理；为保证使用安全，埋入砌体或混凝土中的木砖应进行防腐处理；为使木门窗框安装牢固，开启灵活，关闭严密，木门窗框的固定点数量、位置、固定方法，应符合设计要求。

10.3.3 为达到密闭目的，塑料门窗框与洞口壁的间隙应采用填充材料分层填塞充实。水泥为刚性材料，不能随环境温度的变化而伸缩，产生间隙，因此应用弹性材料填塞。同时，外表面应留5～8mm深槽口以填嵌密封胶。

10.3.5 金属、塑料门窗安装玻璃时，密封压条应与玻璃全部压紧，与型材的接缝处应无明显缝隙，接头缝隙应不大于0.5mm。

11 细部工程

11.1.1 本章适用于木门窗套、窗帘盒、固定橱柜、护栏、扶手、装饰花件等制作安装。

11.1.2 细部工程应在隐蔽工程、管道安装及吊顶工程已完成并经验收，墙面、地面已经找平后施工。

11.1.3 固定橱柜依结构可分为框架式和板式二种，安装施工各不相同，框架结构的固定橱柜应用榫连接。板式结构的固定橱柜应用专用连接件连接，不得胶粘。

11.1.5 为防止橱柜在潮湿环境中变形或腐朽，应在安装固定橱柜的墙面上作防潮层。

11.1.6 护栏、扶手一般是设在楼梯、落地窗、回廊、阳台等边缘部位的安全防护设施，故应采用坚固、耐久材料制作，固定必须牢固，并能承受规范允许的荷载，荷载主要是垂直和水平方向的。

11.1.7 扶手、护栏高度、垂直杆件间净空是根据工程建设强制性标准制定的，目的是防止儿童翻爬、钻卡等意外发生，因此必须严格遵守。

11.2.1 细部工程是比较集中地使用人造板材、胶粘剂及溶剂型涂料的分项子工程，同时也是甲醛、苯等室内主要污染物质的主要来源，因此必须强调所用材料应符合国家现行标准，以达到减少室内环境污染的目的。

11.3.1 木门窗套制作安装的重点是：洞口、骨架、面板、贴脸、线条五部分，强调应按设计要求制作。骨架可分片制作安装，立杆一般为二根，当门窗套较宽时可适当增加；横撑应根据面板厚度确定间距。

11.3.2 木窗帘盒制作安装的重点是：盒宽、龙骨、盒底板、窗帘轨道五部分，应强调安装的牢固性。

11.3.3 固定橱柜制作安装应根据图纸设计进行。框架结构制作完成后应认真校正垂直和水平度，然后进行旁板、顶板、面板等的制作安装。

11.3.5 随着装饰花件品种的增加，合成类装饰线、件在工程中已有较普遍的应用，对其防潮防腐可不要求，但有些以中密度板为基材的合成线、件仍需做防潮防腐处理。

12 墙面铺装工程

12.1.1 本章适用于石材（包括人造石材）、陶瓷、木材、纺织物、壁纸、墙布等材料在住宅内部墙面的铺贴安装。

12.1.2 墙面铺装应在隐蔽、墙面抹灰工程已完成并经验收后进行。当墙体有防水要求时，应对防水工程进行验收。

12.1.3 天然石材采用湿作业法铺贴，面层会出现反白污染，系混凝土外加剂中的碱性物质所致，因此，应进行防碱背涂处理。

12.1.4 因憎水性防水材料使防水材料与粘结材料不相容，故防水层上粘贴饰面砖不应采用憎水性防水材料。

12.1.5 基层表面的强度和稳定性是保证墙面铺装质量的前提，因此要首先根据铺装材料要求处理好基层表面。

12.1.6 为防止砂浆受冻，影响粘结力，故现场湿作业施工环境温度宜在5℃以上；裱糊时空气相对湿度不宜大于85%；裱糊过程中和干燥前，气候条件突然变化会干扰均匀干燥而造成表面不平整，故应防止过堂风及温度变化过大。

12.3.1 为保证墙面砖铺贴的整体效果，分格预排就显得十分重要。宜制定面砖分配详图，按图施工。在制定详图时，不仅要考虑墙面整体的高度与宽度，还应考虑与墙面有关的门窗洞口及管线设备等应尽可能符合面砖的模数。

为加强砂浆的粘结力，可在砂浆中掺入一定量的胶粘剂。

12.3.3 大面积的木装饰墙和软包应特别注意防火要求，所使用的材料应严格进行防火处理。

12.3.4 软包分硬收边和软收边，有边框和无边框等。面料的种类也很多，宜结合设计和面料特性制作安装。

12.3.5 裱糊使用的胶粘剂应按壁纸或墙布的品种选

配，应具备防霉、耐久等性能。如有防火要求则应有耐高温、不起层性能。

13 涂饰工程

13.1.1 本章适用于住宅内部水性涂料、溶剂型涂料和美术涂饰的涂刷工程施工。

13.1.3 涂饰工程因施工面积大，所用材料如不符合有关环保要求的，将严重影响住宅装饰装修后的室内环境质量，故在可能的情况下，应优先使用绿色环保产品。

13.1.4 含水率的控制要求是保证涂料与基层的粘接力以及涂层不出现起皮、空鼓等现象。

13.1.5 各类涂料在使用前均应充分搅拌均匀，才能保障其技术指标的一致稳定。为避免产生色差，应根据涂饰使用量一次调配完成，并在规定时间内用完，否则会降低其技术指标，影响其施涂质量。

13.1.6 涂饰工程对施工环境要求较高，适宜的温度有利于涂料的干燥、成膜。温度过低或过高，均会降低其技术指标。良好的通风，既能加快结膜过程，又对操作人员的健康有益。

13.2.2 内墙腻子的粘结强度、耐老化性及腻子对基层的附着力会直接影响到整个涂层的质量，故制定本规定。厨房、卫生间为潮湿部位，墙面应使用耐水型内墙腻子。

13.3.1 基层直接影响到涂料的附着力、平整度、色调的谐调和使用寿命，因此，对基层必须进行相应的处理，否则会影响涂层的质量。

13.3.3 在刮腻子前涂刷一遍底漆，有三个目的：第一是保证木材含水率的稳定性；第二是以免腻子中的油漆被基层过多的吸收，影响腻子的附着力；第三是因材质所处原木的不同部位，其密度也有差异，密度大者渗透性小，反之，渗透性强。因此上色前刷一遍底漆，控制渗透的均匀性，从而避免颜色不至于因密度大者上色后浅，密度小者上色后深的弊端。

13.3.4 先刷清油的目的：一是保证木材含水率的稳定性；二是增加调和漆与基层的附着力。

13.3.5 因新建住宅的混凝土或抹灰基层有尚未挥发的碱性物质，故在涂饰涂料前，应涂刷抗碱封底漆；因旧住宅墙面已陈旧，故应清除酥松的旧装饰装修层并进行界面处理。

13.3.7 凡未完全干透的涂膜均不能打磨，涂料、油漆也不例外。打磨的技巧应用力均匀，整个膜面都要磨到，不能磨透露底。

14 地面铺装工程

14.1.1 本章适用于石材、地砖、实木地板、竹地板、实木复合地板、强化复合地板、塑料地板、地毯等材料的地面面层的铺装工程施工。

14.1.2 地面面层的铺装所用龙骨、垫木及毛地板等木料的含水率，以及树种、防腐、防蚁、防水处理均应符合有关规定，如《木结构工程施工质量验收规范》。

14.1.3 地面铺装下的隐蔽工程，如电线、电缆等，在地面铺装前应完成并验收。

14.1.4 依施工程序，各类地面面层铺设宜在顶、墙面工程完成后进行。

14.1.5 天然石材采用湿作业法铺贴，面层会出现反白污染，系混凝土外加剂中的碱性物质所致，因此，应进行防碱背涂处理。

14.3.1 石材、地面砖面层铺设后，表面应进行湿润养护，其养护时间应不少于7d。

14.3.2 实木地板有空铺、实铺两种方式，可采用双层面层和单层面层铺设。

空铺时木龙骨与基层连接应牢固，同时应避免损伤基层中的预埋管线；紧固件锚入现浇楼板深度不得超过板厚的2/3；在预制空心楼板上固定时，不得打洞固定。

实铺时应采用防水、防菌的胶。

14.3.3 强化复合地板属于无粘结铺设，地板与地面基层不用胶粘，只铺一层软泡沫塑料，以增加弹性，同时起防潮作用。板与板之间的企口部分用胶粘合，使整个房间地板形成一个整体。

强化复合地板铺设时，相邻条板端头错缝距离应大于300mm。

14.3.4 地毯铺设有固定、活动两种方式。固定式铺设时地毯张拉应适度，固定用金属卡条、压条、专用双面胶带应符合设计要求。

15 卫生器具及管道安装工程

15.1.1 本章规定适用于厨房洗涤盆、卫生间坐便器、净身器、普通浴缸、淋浴房、台盆、立盆等设备的安装。对新型卫浴设备如家用冲浪浴缸、电脑控制的冲洗按摩淋浴器、多功能人体冲洗式坐便器以及各种带有其他辅助功能的卫生设备等应按生产企业规定的技术资料进行安装及验收。各种燃气或电加热设备及管道安装应按照相应的技术规程进行。

管道安装仅限于本套住宅内，给水管由分户水表或阀门后开始（包括集中供热水的小区住宅），排水管由进入户内的接口部位开始。

15.1.2 我国是一个人均水资源相对贫乏的国家，节约用水是一项基本国策。本条的规定体现了本规范贯彻这一基本国策的精神。节水型卫生器具主要是指一次冲洗量≤6L的坐便器、防渗水箱配件、陶瓷芯片龙头、阀门等。提倡使用大小便分档定量冲洗坐便器。

15.1.3 对于一般卫生设备安装，建设部于2000年7月颁布的《卫生设备安装》（99S304）图册内容详尽，安装要求明确，本工程应以此为技术依据。

目前建筑给排水管道工程，各种管材已有国家、行业或地方技术规程，供设计、施工及验收应用，如《建筑排水用硬聚氯乙烯管道工程技术规程》（CJJ/T—29—98）、《建筑给水硬聚氯乙烯管道设计及施工验收规程》（CECS41：92）已作详细规定，本章不再重复。

15.2.2 目前建筑给水、排水用管材管件，硬聚氯乙烯管材、件有国家标准，另有些管材如铝塑复合管（PAP）管材有行业标准，其他管材目前市场上应用的如无规共聚聚丙烯（PP—R）、交联聚乙烯（PE—X）、聚丁烯（PB）等国家标准正在制定或审批过程中，因此这些管材目前主要质量标准按先进国家产品标准制定的企业标准进行控制。设计时应有说明。

15.3.1 本条对卫生器具安装在不同墙体时的安全牢固性提出了具体要求。

15.3.3 各种卫生器具是盛水性的器具，使用时与建筑面层连接部位可能产生渗水、溅水而影响环境，本条是基于这些要求提出的。密封材料要求有可靠防渗性能，又不能有坚实牢固的胶结性，以免更换、维修器具时，损坏表面质量。特别是坐便器底部坐落地坪位置不得采用水泥砂浆等材料窝嵌，而应采用硅酮胶、橡胶垫或油灰等材料。

15.3.6 目前住宅给水普遍采用塑料管材，它具有耐强、耐久、卫生，不产生二次污染，保温节能等优点，但塑料管道是高分子材料，其随温度变化，线膨胀系数较大，当约束管材线膨胀，管道产生内应力，因此嵌装埋设后对管道周边应采用C10水泥砂浆嵌实，以足够的摩擦力抵消其膨胀力且不致对墙面产生影响。本条规定的保护层厚度是工程实践中得出的最小厚度。管道嵌装及暗敷属隐蔽工程，且一旦发生渗漏水形成工程隐患，应进行隐蔽工程验收，合格后方可进行下道工序施工。

15.3.7 目前建设部对聚烯烃类给水管如聚乙烯（HDPE）、聚丁烯（PB）交联聚乙烯（PE—X）以及铝塑复合管等在卫生器具较集中的卫生间使用时，为确保用水可靠性、安全性，提高施工安装功效，要求集中设分水器，以中间无管件的直线管段将分水器出水与用水器具连接的供水形式，本条根据这一要求提出。

15.3.8 随着我国建筑材料工业的发展，新型管材在工程中的应用已越来越广泛。已有相应标准规范规定的从其规定，暂无标准规范规定的应按生产企业提供的产品说明书进行施工。

16 电气安装工程

16.1.1 本条明确了本章适用的范围。

16.1.2 本条对电气安装施工人员的资格提出要求。

16.1.3 本条明确了电源线及其配线的基本原则。

16.1.4 为了保证电器使用时的人身及设备安全，明确了配线的基本规定：相线与零线的颜色应不同，保护地线的绝缘外皮必须是黄绿双色。

16.1.5 本条明确了住宅配电施工时，除执行本规范外，还应执行与本规范有关的国家标准规范规定。

16.1.6 本条对施工电位提出了工程竣工后应向业主提供电气工程竣工图的要求，以便业主今后对电路的维修和改造。

16.2.1 本条明确了配电施工中所用材料应按设计要求选配，同时明确了当设计要求与国家现行的电气产品标准不一致时，应执行国家的标准。

16.2.2 本条明确了配电工程中，材料质量要求的一般规定。

16.2.3 本条明确了配电施工材料、塑料电线保护管及塑料盒的准用条件。

16.2.4 本条明确了配电施工材料、金属电线保护管及金属盒的准用条件。

16.2.5 本条是为了保证装饰效果的谐调性。

16.3.1 本条明确了配电工程的前期准备工作。

16.3.2 本条是为了确保配电系统的安全以及满足用电要求。

16.3.3 本条是为了保证配电系统的安全性和可操作性，防止穿线时导线外皮受损。

16.3.4 本条明确了管内配线施工时，对导线的基本要求。

16.3.5 本条是为了保证通讯线路的安全畅通。

16.3.6 本条是为了保证人身设备安全以及视频效果。

16.3.7 本条明确了导线安装时与其他管线的安全距离。

16.3.8 本条是为了保证导线搭接的可靠性。

16.3.9 本条明确了电源插座接线的具体位置。

16.3.10 本条明确了重型灯具安全吊装的基本原则。

16.3.11 本条明确了开关、灯具的基本连接方法。

16.3.12 本条规定了导线间、导线对地间的安全电阻值。

16.3.13 本条是为了保证装饰装修的美观性。

16.3.14 本条明确了厨房、卫浴间插座、开关安装的一般原则。

16.3.15 本条明确了附墙电器安装的一般高度。

中华人民共和国国家标准

屋面工程技术规范

Technical code for roof engineering

GB 50345—2012

主编部门：山 西 省 住 房 和 城 乡 建 设 厅
批准部门：中华人民共和国住房和城乡建设部
施行日期：2 0 1 2 年 1 0 月 1 日

中华人民共和国住房和城乡建设部
公　　告

第1395号

关于发布国家标准《屋面工程技术规范》的公告

现批准《屋面工程技术规范》为国家标准，编号为GB 50345-2012，自2012年10月1日起实施。其中，第3.0.5、4.5.1、4.5.5、4.5.6、4.5.7、4.8.1、4.9.1、5.1.6条为强制性条文，必须严格执行。原国家标准《屋面工程技术规范》GB 50345-2004同时废止。

本规范由我部标准定额研究所组织中国建筑工业出版社出版发行。

中华人民共和国住房和城乡建设部

2012年5月28日

前　　言

本规范是根据住房和城乡建设部《关于印发〈2009年工程建设标准规范制订、修订计划〉的通知》（建标［2009］88号）的要求，由山西建筑工程（集团）总公司和浙江省长城建设集团股份有限公司会同有关单位，共同对《屋面工程技术规范》GB 50345-2004进行修订后编制完成的。

本规范共分5章和2个附录。主要内容包括：总则、术语、基本规定、屋面工程设计、屋面工程施工等。

本规范中以黑体标志的条文为强制性条文，必须严格执行。

本规范由住房和城乡建设部负责管理和对强制性条文的解释，由山西建筑工程（集团）总公司负责具体技术内容的解释。本规范在执行过程中，请各单位结合工程实践，认真总结经验，注意积累资料，随时将意见和建议反馈给山西建筑工程（集团）总公司（地址：山西省太原市新建路9号，邮政编码：030002，邮箱：4085462@sohu.com），以供今后修订时参考。

本规范主编单位：山西建筑工程（集团）总公司
浙江省长城建设集团股份有限公司

本规范参编单位：北京市建筑工程研究院
浙江工业大学
太原理工大学
中国建筑科学研究院
中国建筑材料科学研究总院
苏州防水研究院
苏州市新型建筑防水工程有限责任公司
中国建筑防水协会
杭州金汤建筑防水有限公司
中国建筑标准设计研究院
北京圣洁防水材料有限公司
上海台安工程实业有限公司
大连细扬防水工程集团有限公司
宁波科德建材有限公司
杜邦中国集团有限公司
欧文斯科宁（中国）投资有限公司
宁波山泉建材有限公司

本规范参加单位：陶氏化学（中国）投资有限公司
达福喜建材贸易（上海）有限公司
中国聚氨酯工业协会异氰酸酯专业委员会

本规范主要起草人：郝玉柱　霍瑞琴　闫永茂
李宏伟　施　炯　朱冬青
王寿华　哈成德　叶林标
项桦太　马芸芳　王　天
高延继　张文华　杨　胜

姜静波　杜红秀　胡　骏
王祖光　尚华胜　陈　平
杜　昕　程雪峰　樊细杨
姚茂国　米　然　王聪慧
叶泉友

本规范主要审查人：李承刚　蔡昭昀　牛光全
杨善勤　李引擎　张道真
于新国　叶琳昌　王　伟

目　次

Contents

1 总　　则

1.0.1 为提高我国屋面工程技术水平，做到保证质量、经济合理、安全适用、环保节能，制定本规范。

1.0.2 本规范适用于房屋建筑屋面工程的设计和施工。

1.0.3 屋面工程的设计和施工，应遵守国家有关环境保护、建筑节能和防火安全等有关规定，并应制定相应的措施。

1.0.4 屋面工程的设计和施工除应符合本规范外，尚应符合国家现行有关标准的规定。

2 术　　语

2.0.1 屋面工程　roof project

由防水、保温、隔热等构造层所组成房屋顶部的设计和施工。

2.0.2 隔汽层　vapor barrier

阻止室内水蒸气渗透到保温层内的构造层。

2.0.3 保温层　thermal insulation layer

减少屋面热交换作用的构造层。

2.0.4 防水层　waterproof layer

能够隔绝水而不使水向建筑物内部渗透的构造层。

2.0.5 隔离层　Isolation layer

消除相邻两种材料之间粘结力、机械咬合力、化学反应等不利影响的构造层。

2.0.6 保护层　protection layer

对防水层或保温层起防护作用的构造层。

2.0.7 隔热层　insulation layer

减少太阳辐射热向室内传递的构造层。

2.0.8 复合防水层　compound waterproof layer

由彼此相容的卷材和涂料组合而成的防水层。

2.0.9 附加层　additional layer

在易渗漏及易破损部位设置的卷材或涂膜加强层。

2.0.10 防水垫层　waterproof cushion

设置在瓦材或金属板材下面，起防水、防潮作用的构造层。

2.0.11 持钉层　nail-supporting layer

能够握裹固定钉的瓦屋面构造层。

2.0.12 平衡含水率　equilibrium water content

在自然环境中，材料孔隙中所含有的水分与空气湿度达到平衡时，这部分水的质量占材料干质量的百分比。

2.0.13 相容性　compatibility

相邻两种材料之间互不产生有害的物理和化学作用的性能。

2.0.14 纤维材料　fiber material

将熔融岩石、矿渣、玻璃等原料经高温熔化，采用离心法或气体喷射法制成的板状或毡状纤维制品。

2.0.15 喷涂硬泡聚氨酯　spraying polyurethane rigid foam

以异氰酸酯、多元醇为主要原料加入发泡剂等添加剂，现场使用专用喷涂设备在基层上连续多遍喷涂发泡聚氨酯后，形成无接缝的硬泡体。

2.0.16 现浇泡沫混凝土　casting foam concrete

用物理方法将发泡剂水溶液制备成泡沫，再将泡沫加入到由水泥、骨料、掺合料、外加剂和水等制成的料浆中，经混合搅拌、现场浇筑、自然养护而成的轻质多孔混凝土。

2.0.17 玻璃采光顶　Glass lighting roof

由玻璃透光面板与支承体系组成的屋顶。

3 基 本 规 定

3.0.1 屋面工程应符合下列基本要求：

1 具有良好的排水功能和阻止水侵入建筑物内的作用；

2 冬季保温减少建筑物的热损失和防止结露；

3 夏季隔热降低建筑物对太阳辐射热的吸收；

4 适应主体结构的受力变形和温差变形；

5 承受风、雪荷载的作用不产生破坏；

6 具有阻止火势蔓延的性能；

7 满足建筑外形美观和使用的要求。

3.0.2 屋面的基本构造层次宜符合表3.0.2的要求。设计人员可根据建筑物的性质、使用功能、气候条件等因素进行组合。

表 3.0.2　屋面的基本构造层次

屋面类型	基本构造层次（自上而下）
卷材、涂膜屋面	保护层、隔离层、防水层、找平层、保温层、找平层、找坡层、结构层
	保护层、保温层、防水层、找平层、找坡层、结构层
	种植隔热层、保护层、耐根穿刺防水层、防水层、找平层、保温层、找平层、找坡层、结构层
	架空隔热层、防水层、找平层、保温层、找平层、找坡层、结构层
	蓄水隔热层、隔离层、防水层、找平层、保温层、找平层、找坡层、结构层
瓦屋面	块瓦、挂瓦条、顺水条、持钉层、防水层或防水垫层、保温层、结构层
	沥青瓦、持钉层、防水层或防水垫层、保温层、结构层

续表 3.0.2

屋面类型	基本构造层次（自上而下）
金属板屋面	压型金属板、防水垫层、保温层、承托网、支承结构
	上层压型金属板、防水垫层、保温层、底层压型金属板、支承结构
	金属面绝热夹芯板、支承结构
玻璃采光顶	玻璃面板、金属框架、支承结构
	玻璃面板、点支承装置、支承结构

注：1 表中结构层包括混凝土基层和木基层；防水层包括卷材和涂膜防水层；保护层包括块体材料、水泥砂浆、细石混凝土保护层；

2 有隔汽要求的屋面，应在保温层与结构层之间设隔汽层。

3.0.3 屋面工程设计应遵照"保证功能、构造合理、防排结合、优选用材、美观耐用"的原则。

3.0.4 屋面工程施工应遵照"按图施工、材料检验、工序检查、过程控制、质量验收"的原则。

3.0.5 屋面防水工程应根据建筑物的类别、重要程度、使用功能要求确定防水等级，并应按相应等级进行防水设防；对防水有特殊要求的建筑屋面，应进行专项防水设计。屋面防水等级和设防要求应符合表3.0.5的规定。

表 3.0.5 屋面防水等级和设防要求

防水等级	建筑类别	设防要求
Ⅰ级	重要建筑和高层建筑	两道防水设防
Ⅱ级	一般建筑	一道防水设防

3.0.6 建筑屋面的传热系数和热惰性指标，均应符合现行国家标准《民用建筑热工设计规范》GB 50176、《公共建筑节能设计标准》GB 50189、现行行业标准《严寒和寒冷地区居住建筑节能设计标准》JGJ 26、《夏热冬暖地区居住建筑节能设计标准》JGJ 75和《夏热冬冷地区居住建筑节能设计标准》JGJ 134的有关规定。

3.0.7 屋面工程所用材料的燃烧性能和耐火极限，应符合现行国家标准《建筑设计防火规范》GB 50016的有关规定。

3.0.8 屋面工程的防雷设计应符合现行国家标准《建筑物防雷设计规范》GB 50057的有关规定。金属板屋面和玻璃采光顶的防雷设计尚应符合下列规定：

1 金属板屋面和玻璃采光顶的防雷体系应和主体结构的防雷体系有可靠的连接；

2 金属板屋面应按现行国家标准《建筑物防雷设计规范》GB 50057的有关规定采取防直击雷、防雷电感应和防雷电波侵入措施；

3 金属板屋面和玻璃采光顶按滚球法计算，且不在建筑物接闪器保护范围之内时，金属板屋面和玻璃采光顶应按现行国家标准《建筑物防雷设计规范》GB 50057的有关规定装设接闪器，并应与建筑物防雷引下线可靠连接。

3.0.9 屋面工程所用防水、保温材料应符合有关环境保护的规定，不得使用国家明令禁止及淘汰的材料。

3.0.10 屋面工程中推广应用的新技术，应通过科技成果鉴定、评估或新产品、新技术鉴定，并应按有关规定实施。

3.0.11 屋面工程应建立管理、维修、保养制度；屋面排水系统应保持畅通，应防止水落口、檐沟、天沟堵塞和积水。

4 屋面工程设计

4.1 一般规定

4.1.1 屋面工程应根据建筑物的建筑造型、使用功能、环境条件，对下列内容进行设计：

1 屋面防水等级和设防要求；

2 屋面构造设计；

3 屋面排水设计；

4 找坡方式和选用的找坡材料；

5 防水层选用的材料、厚度、规格及其主要性能；

6 保温层选用的材料、厚度、燃烧性能及其主要性能；

7 接缝密封防水选用的材料及其主要性能。

4.1.2 屋面防水层设计应采取下列技术措施：

1 卷材防水层易拉裂部位，宜选用空铺、点粘、条粘或机械固定等施工方法；

2 结构易发生较大变形、易渗漏和损坏的部位，应设置卷材或涂膜附加层；

3 在坡度较大和垂直面上粘贴防水卷材时，宜采用机械固定和对固定点进行密封的方法；

4 卷材或涂膜防水层上应设置保护层；

5 在刚性保护层与卷材、涂膜防水层之间应设置隔离层。

4.1.3 屋面工程所使用的防水材料在下列情况下应具有相容性：

1 卷材或涂料与基层处理剂；

2 卷材与胶粘剂或胶粘带；

3 卷材与卷材复合使用；

4 卷材与涂料复合使用；

5 密封材料与接缝基材。

4.1.4 防水材料的选择应符合下列规定：

1 外露使用的防水层，应选用耐紫外线、耐老化、耐候性好的防水材料；

2 上人屋面，应选用耐霉变、拉伸强度高的防水材料；

3 长期处于潮湿环境的屋面，应选用耐腐蚀、耐霉变、耐穿刺、耐长期水浸等性能的防水材料；

4 薄壳、装配式结构、钢结构及大跨度建筑屋面，应选用耐候性好、适应变形能力强的防水材料；

5 倒置式屋面应选用适应变形能力强、接缝密封保证率高的防水材料；

6 坡屋面应选用与基层粘结力强、感温性小的防水材料；

7 屋面接缝密封防水，应选用与基材粘结力强和耐候性好、适应位移能力强的密封材料；

8 基层处理剂、胶粘剂和涂料，应符合现行行业标准《建筑防水涂料有害物质限量》JC 1066 的有关规定。

4.1.5 屋面工程用防水及保温材料标准，应符合本规范附录 A 的要求；屋面工程用防水及保温材料主要性能指标，应符合本规范附录 B 的要求。

4.2 排 水 设 计

4.2.1 屋面排水方式的选择，应根据建筑物屋顶形式、气候条件、使用功能等因素确定。

4.2.2 屋面排水方式可分为有组织排水和无组织排水。有组织排水时，宜采用雨水收集系统。

4.2.3 高层建筑屋面宜采用内排水；多层建筑屋面宜采用有组织外排水；低层建筑及檐高小于 10m 的屋面，可采用无组织排水。多跨及汇水面积较大的屋面宜采用天沟排水，天沟找坡较长时，宜采用中间内排水和两端外排水。

4.2.4 屋面排水系统设计采用的雨水流量、暴雨强度、降雨历时、屋面汇水面积等参数，应符合现行国家标准《建筑给水排水设计规范》GB 50015 的有关规定。

4.2.5 屋面应适当划分排水区域，排水路线应简捷，排水应通畅。

4.2.6 采用重力式排水时，屋面每个汇水面积内，雨水排水立管不宜少于 2 根；水落口和水落管的位置，应根据建筑物的造型要求和屋面汇水情况等因素确定。

4.2.7 高跨屋面为无组织排水时，其低跨屋面受水冲刷的部位应加铺一层卷材，并应设 40mm～50mm 厚、300mm～500mm 宽的 C20 细石混凝土保护层；高跨屋面为有组织排水时，水落管下应加设水簸箕。

4.2.8 暴雨强度较大地区的大型屋面，宜采用虹吸式屋面雨水排水系统。

4.2.9 严寒地区应采用内排水，寒冷地区宜采用内排水。

4.2.10 湿陷性黄土地区宜采用有组织排水，并应将雨雪水直接排至排水管网。

4.2.11 檐沟、天沟的过水断面，应根据屋面汇水面积的雨水流量经计算确定。钢筋混凝土檐沟、天沟净宽不应小于 300mm，分水线处最小深度不应小于 100mm；沟内纵向坡度不应小于 1%，沟底水落差不得超过 200mm；檐沟、天沟排水不得流经变形缝和防火墙。

4.2.12 金属檐沟、天沟的纵向坡度宜为 0.5%。

4.2.13 坡屋面檐口宜采用有组织排水，檐沟和水落斗可采用金属或塑料成品。

4.3 找坡层和找平层设计

4.3.1 混凝土结构层宜采用结构找坡，坡度不应小于 3%；当采用材料找坡时，宜采用质量轻、吸水率低和有一定强度的材料，坡度宜为 2%。

4.3.2 卷材、涂膜的基层宜设找平层。找平层厚度和技术要求应符合表 4.3.2 的规定。

表 4.3.2 找平层厚度和技术要求

找平层分类	适用的基层	厚度 (mm)	技术要求
水泥砂浆	整体现浇混凝土板	15～20	1∶2.5 水泥砂浆
	整体材料保温层	20～25	
细石混凝土	装配式混凝土板	30～35	C20 混凝土，宜加钢筋网片
	板状材料保温层		C20 混凝土

4.3.3 保温层上的找平层应留设分格缝，缝宽宜为 5mm～20mm，纵横缝的间距不宜大于 6m。

4.4 保温层和隔热层设计

4.4.1 保温层应根据屋面所需传热系数或热阻选择轻质、高效的保温材料，保温层及其保温材料应符合表 4.4.1 的规定。

表 4.4.1 保温层及其保温材料

保温层	保 温 材 料
板状材料保温层	聚苯乙烯泡沫塑料，硬质聚氨酯泡沫塑料，膨胀珍珠岩制品，泡沫玻璃制品，加气混凝土砌块，泡沫混凝土砌块
纤维材料保温层	玻璃棉制品，岩棉、矿渣棉制品
整体材料保温层	喷涂硬泡聚氨酯，现浇泡沫混凝土

4.4.2 保温层设计应符合下列规定：

1 保温层宜选用吸水率低、密度和导热系数小，并有一定强度的保温材料；

2 保温层厚度应根据所在地区现行建筑节能设计标准，经计算确定；

3 保温层的含水率，应相当于该材料在当地自然风干状态下的平衡含水率；

4 屋面为停车场等高荷载情况时，应根据计算确定保温材料的强度；

5 纤维材料做保温层时，应采取防止压缩的措施；

6 屋面坡度较大时，保温层应采取防滑措施；

7 封闭式保温层或保温层干燥有困难的卷材屋面，宜采取排汽构造措施。

4.4.3 屋面热桥部位，当内表面温度低于室内空气的露点温度时，均应作保温处理。

4.4.4 当严寒及寒冷地区屋面结构冷凝界面内侧实际具有的蒸汽渗透阻小于所需值，或其他地区室内湿气有可能透过屋面结构层进入保温层时，应设置隔汽层。隔汽层设计应符合下列规定：

1 隔汽层应设置在结构层上、保温层下；

2 隔汽层应选用气密性、水密性好的材料；

3 隔汽层应沿周边墙面向上连续铺设，高出保温层上表面不得小于150mm。

4.4.5 屋面排汽构造设计应符合下列规定：

1 找平层设置的分格缝可兼作排汽道，排汽道的宽度宜为40mm；

2 排汽道应纵横贯通，并应与大气连通的排汽孔相通，排汽孔可设在檐口下或纵横排汽道的交叉处；

3 排汽道纵横间距宜为6m，屋面面积每$36m^2$宜设置一个排汽孔，排汽孔应作防水处理；

4 在保温层下也可铺设带支点的塑料板。

4.4.6 倒置式屋面保温层设计应符合下列规定：

1 倒置式屋面的坡度宜为3%；

2 保温层应采用吸水率低，且长期浸水不变质的保温材料；

3 板状保温材料的下部纵向边缘应设排水凹缝；

4 保温层与防水层所用材料应相容匹配；

5 保温层上面宜采用块体材料或细石混凝土做保护层；

6 檐沟、水落口部位应采用现浇混凝土堵头或砖砌堵头，并应作好保温层排水处理。

4.4.7 屋面隔热层设计应根据地域、气候、屋面形式、建筑环境、使用功能等条件，采取种植、架空和蓄水等隔热措施。

4.4.8 种植隔热层的设计应符合下列规定：

1 种植隔热层的构造层次应包括植被层、种植土层、过滤层和排水层等；

2 种植隔热层所用材料及植物等应与当地气候条件相适应，并应符合环境保护要求；

3 种植隔热层宜根据植物种类及环境布局的需要进行分区布置，分区布置应设挡墙或挡板；

4 排水层材料应根据屋面功能及环境、经济条件等进行选择；过滤层宜采用$200g/m^2$～$400g/m^2$的土工布，过滤层应沿种植土周边向上铺设至种植土高度；

5 种植土四周应设挡墙，挡墙下部应设泄水孔，并应与排水出口连通；

6 种植土应根据种植植物的要求选择综合性能良好的材料；种植土厚度应根据不同种植土和植物种类等确定；

7 种植隔热层的屋面坡度大于20%时，其排水层、种植土应采取防滑措施。

4.4.9 架空隔热层的设计应符合下列规定：

1 架空隔热层宜在屋顶有良好通风的建筑物上采用，不宜在寒冷地区采用；

2 当采用混凝土板架空隔热层时，屋面坡度不宜大于5%；

3 架空隔热制品及其支座的质量应符合国家现行有关材料标准的规定；

4 架空隔热层的高度宜为180mm～300mm，架空板与女儿墙的距离不应小于250mm；

5 当屋面宽度大于10m时，架空隔热层中部应设置通风屋脊；

6 架空隔热层的进风口，宜设置在当地炎热季节最大频率风向的正压区，出风口宜设置在负压区。

4.4.10 蓄水隔热层的设计应符合下列规定：

1 蓄水隔热层不宜在寒冷地区、地震设防地区和振动较大的建筑物上采用；

2 蓄水隔热层的蓄水池应采用强度等级不低于C25、抗渗等级不低于P6的现浇混凝土，蓄水池内宜采用20mm厚防水砂浆抹面；

3 蓄水隔热层的排水坡度不宜大于0.5%；

4 蓄水隔热层应划分为若干蓄水区，每区的边长不宜大于10m，在变形缝的两侧应分成两个互不连通的蓄水区。长度超过40m的蓄水隔热层应分仓设置，分仓隔墙可采用现浇混凝土或砌体；

5 蓄水池应设溢水口、排水管和给水管，排水管应与排水出口连通；

6 蓄水池的蓄水深度宜为150mm～200mm；

7 蓄水池溢水口距分仓墙顶面的高度不得小于100mm；

8 蓄水池应设置人行通道。

4.5 卷材及涂膜防水层设计

4.5.1 卷材、涂膜屋面防水等级和防水做法应符合表4.5.1的规定。

表 4.5.1 卷材、涂膜屋面防水等级和防水做法

防水等级	防 水 做 法
Ⅰ级	卷材防水层和卷材防水层、卷材防水层和涂膜防水层、复合防水层
Ⅱ级	卷材防水层、涂膜防水层、复合防水层

注：在Ⅰ级屋面防水做法中，防水层仅作单层卷材时，应符合有关单层防水卷材屋面技术的规定。

4.5.2 防水卷材的选择应符合下列规定：

1 防水卷材可按合成高分子防水卷材和高聚物改性沥青防水卷材选用，其外观质量和品种、规格应符合国家现行有关材料标准的规定；

2 应根据当地历年最高气温、最低气温、屋面坡度和使用条件等因素，选择耐热度、低温柔性相适应的卷材；

3 应根据地基变形程度、结构形式、当地年温差、日温差和振动等因素，选择拉伸性能相适应的卷材；

4 应根据屋面卷材的暴露程度，选择耐紫外线、耐老化、耐霉烂相适应的卷材；

5 种植隔热屋面的防水层应选择耐根穿刺防水卷材。

4.5.3 防水涂料的选择应符合下列规定：

1 防水涂料可按合成高分子防水涂料、聚合物水泥防水涂料和高聚物改性沥青防水涂料选用，其外观质量和品种、型号应符合国家现行有关材料标准的规定；

2 应根据当地历年最高气温、最低气温、屋面坡度和使用条件等因素，选择耐热性、低温柔性相适应的涂料；

3 应根据地基变形程度、结构形式、当地年温差、日温差和振动等因素，选择拉伸性能相适应的涂料；

4 应根据屋面涂膜的暴露程度，选择耐紫外线、耐老化相适应的涂料；

5 屋面坡度大于25%时，应选择成膜时间较短的涂料。

4.5.4 复合防水层设计应符合下列规定：

1 选用的防水卷材与防水涂料应相容；

2 防水涂膜宜设置在防水卷材的下面；

3 挥发固化型防水涂料不得作为防水卷材粘结材料使用；

4 水乳型或合成高分子类防水涂膜上面，不得采用热熔型防水卷材；

5 水乳型或水泥基类防水涂料，应待涂膜实干后再采用冷粘铺贴卷材。

4.5.5 每道卷材防水层最小厚度应符合表 4.5.5 的规定。

表 4.5.5 每道卷材防水层最小厚度（mm）

防水等级	合成高分子防水卷材	高聚物改性沥青防水卷材		
		聚酯胎、玻纤胎、聚乙烯胎	自粘聚酯胎	自粘无胎
Ⅰ级	1.2	3.0	2.0	1.5
Ⅱ级	1.5	4.0	3.0	2.0

4.5.6 每道涂膜防水层最小厚度应符合表 4.5.6 的规定。

表 4.5.6 每道涂膜防水层最小厚度（mm）

防水等级	合成高分子防水涂膜	聚合物水泥防水涂膜	高聚物改性沥青防水涂膜
Ⅰ级	1.5	1.5	2.0
Ⅱ级	2.0	2.0	3.0

4.5.7 复合防水层最小厚度应符合表 4.5.7 的规定。

表 4.5.7 复合防水层最小厚度（mm）

防水等级	合成高分子防水卷材＋合成高分子防水涂膜	自粘聚合物改性沥青防水卷材（无胎）＋合成高分子防水涂膜	高聚物改性沥青防水卷材＋高聚物改性沥青防水涂膜	聚乙烯丙纶卷材＋聚合物水泥防水胶结材料
Ⅰ级	1.2＋1.5	1.5＋1.5	3.0＋2.0	(0.7＋1.3)×2
Ⅱ级	1.0＋1.0	1.2＋1.0	3.0＋1.2	0.7＋1.3

4.5.8 下列情况不得作为屋面的一道防水设防：

1 混凝土结构层；

2 Ⅰ型喷涂硬泡聚氨酯保温层；

3 装饰瓦及不搭接瓦；

4 隔汽层；

5 细石混凝土层；

6 卷材或涂膜厚度不符合本规范规定的防水层。

4.5.9 附加层设计应符合下列规定：

1 檐沟、天沟与屋面交接处、屋面平面与立面交接处，以及水落口、伸出屋面管道根部等部位，应设置卷材或涂膜附加层；

2 屋面找平层分格缝等部位，宜设置卷材空铺附加层，其空铺宽度不宜小于100mm；

3 附加层最小厚度应符合表 4.5.9 的规定。

表 4.5.9 附加层最小厚度（mm）

附加层材料	最小厚度
合成高分子防水卷材	1.2
高聚物改性沥青防水卷材（聚酯胎）	3.0

续表 4.5.9

附加层材料	最小厚度
合成高分子防水涂料、聚合物水泥防水涂料	1.5
高聚物改性沥青防水涂料	2.0

注：涂膜附加层应夹铺胎体增强材料。

4.5.10 防水卷材接缝应采用搭接缝，卷材搭接宽度应符合表 4.5.10 的规定。

表 4.5.10 卷材搭接宽度（mm）

卷 材 类 别		搭 接 宽 度
合成高分子防水卷材	胶粘剂	80
	胶粘带	50
	单缝焊	60，有效焊接宽度不小于 25
	双缝焊	80，有效焊接宽度 10×2＋空腔宽
高聚物改性沥青防水卷材	胶粘剂	100
	自粘	80

4.5.11 胎体增强材料设计应符合下列规定：

1 胎体增强材料宜采用聚酯无纺布或化纤无纺布；

2 胎体增强材料长边搭接宽度不应小于 50mm，短边搭接宽度不应小于 70mm；

3 上下层胎体增强材料的长边搭接缝应错开，且不得小于幅宽的 1/3；

4 上下层胎体增强材料不得相互垂直铺设。

4.6 接缝密封防水设计

4.6.1 屋面接缝应按密封材料的使用方式，分为位移接缝和非位移接缝。屋面接缝密封防水技术要求应符合表 4.6.1 的规定。

表 4.6.1 屋面接缝密封防水技术要求

接缝种类	密封部位	密封材料
位移接缝	混凝土面层分格接缝	改性石油沥青密封材料、合成高分子密封材料
	块体面层分格缝	改性石油沥青密封材料、合成高分子密封材料
	采光顶玻璃接缝	硅酮耐候密封胶
	采光顶周边接缝	合成高分子密封材料
	采光顶隐框玻璃与金属框接缝	硅酮结构密封胶
	采光顶明框单元板块间接缝	硅酮耐候密封胶
非位移接缝	高聚物改性沥青卷材收头	改性石油沥青密封材料
	合成高分子卷材收头及接缝封边	合成高分子密封材料
	混凝土基层固定件周边接缝	改性石油沥青密封材料、合成高分子密封材料
	混凝土构件间接缝	改性石油沥青密封材料、合成高分子密封材料

4.6.2 接缝密封防水设计应保证密封部位不渗水，并应做到接缝密封防水与主体防水层相匹配。

4.6.3 密封材料的选择应符合下列规定：

1 应根据当地历年最高气温、最低气温、屋面构造特点和使用条件等因素，选择耐热度、低温柔性相适应的密封材料；

2 应根据屋面接缝变形的大小以及接缝的宽度，选择位移能力相适应的密封材料；

3 应根据屋面接缝粘结性要求，选择与基层材料相容的密封材料；

4 应根据屋面接缝的暴露程度，选择耐高低温、耐紫外线、耐老化和耐潮湿等性能相适应的密封材料。

4.6.4 位移接缝密封防水设计应符合下列规定：

1 接缝宽度应按屋面接缝位移量计算确定；

2 接缝的相对位移量不应大于可供选择密封材料的位移能力；

3 密封材料的嵌填深度宜为接缝宽度的 50%～70%；

4 接缝处的密封材料底部应设置背衬材料，背衬材料应大于接缝宽度 20%，嵌入深度应为密封材料的设计厚度；

5 背衬材料应选择与密封材料不粘结或粘结力弱的材料，并应能适应基层的伸缩变形，同时应具有施工时不变形、复原率高和耐久性好等性能。

4.7 保护层和隔离层设计

4.7.1 上人屋面保护层可采用块体材料、细石混凝土等材料，不上人屋面保护层可采用浅色涂料、铝箔、矿物粒料、水泥砂浆等材料。保护层材料的适用范围和技术要求应符合表 4.7.1 的规定。

表 4.7.1 保护层材料的适用范围和技术要求

保护层材料	适用范围	技术要求
浅色涂料	不上人屋面	丙烯酸系反射涂料
铝箔	不上人屋面	0.05mm 厚铝箔反射膜

续表 4.7.1

保护层材料	适用范围	技术要求
矿物粒料	不上人屋面	不透明的矿物粒料
水泥砂浆	不上人屋面	20mm 厚 1：2.5 或 M15 水泥砂浆
块体材料	上人屋面	地砖或 30mm 厚 C20 细石混凝土预制块
细石混凝土	上人屋面	40mm 厚 C20 细石混凝土或 50mm 厚 C20 细石混凝土内配 $\phi4@100$ 双向钢筋网片

4.7.2 采用块体材料做保护层时，宜设分格缝，其纵横间距不宜大于 10m，分格缝宽度宜为 20mm，并应用密封材料嵌填。

4.7.3 采用水泥砂浆做保护层时，表面应抹平压光，并应设表面分格缝，分格面积宜为 $1m^2$。

4.7.4 采用细石混凝土做保护层时，表面应抹平压光，并应设分格缝，其纵横间距不应大于 6m，分格缝宽度宜为 10mm～20mm，并应用密封材料嵌填。

4.7.5 采用淡色涂料做保护层时，应与防水层粘结牢固，厚薄应均匀，不得漏涂。

4.7.6 块体材料、水泥砂浆、细石混凝土保护层与女儿墙或山墙之间，应预留宽度为 30mm 的缝隙，缝内宜填塞聚苯乙烯泡沫塑料，并应用密封材料嵌填。

4.7.7 需经常维护的设施周围和屋面出入口至设施之间的人行道，应铺设块体材料或细石混凝土保护层。

4.7.8 块体材料、水泥砂浆、细石混凝土保护层与卷材、涂膜防水层之间，应设置隔离层。隔离层材料的适用范围和技术要求宜符合表 4.7.8 的规定。

表 4.7.8 隔离层材料的适用范围和技术要求

隔离层材料	适用范围	技术要求
塑料膜	块体材料、水泥砂浆保护层	0.4mm 厚聚乙烯膜或 3mm 厚发泡聚乙烯膜
土工布	块体材料、水泥砂浆保护层	$200g/m^2$ 聚酯无纺布
卷材	块体材料、水泥砂浆保护层	石油沥青卷材一层
低强度等级砂浆	细石混凝土保护层	10mm 厚黏土砂浆，石灰膏：砂：黏土=1：2.4：3.6
		10mm 厚石灰砂浆，石灰膏：砂=1：4
		5mm 厚掺有纤维的石灰砂浆

4.8 瓦屋面设计

4.8.1 瓦屋面防水等级和防水做法应符合表 4.8.1 的规定。

表 4.8.1 瓦屋面防水等级和防水做法

防水等级	防水做法
Ⅰ级	瓦+防水层
Ⅱ级	瓦+防水垫层

注：防水层厚度应符合本规范第 4.5.5 条或第 4.5.6 条Ⅱ级防水的规定。

4.8.2 瓦屋面应根据瓦的类型和基层种类采取相应的构造做法。

4.8.3 瓦屋面与山墙及突出屋面结构的交接处，均应做不小于 250mm 高的泛水处理。

4.8.4 在大风及地震设防地区或屋面坡度大于 100%时，瓦片应采取固定加强措施。

4.8.5 严寒及寒冷地区瓦屋面，檐口部位应采取防止冰雪融化下坠和冰坝形成等措施。

4.8.6 防水垫层宜采用自粘聚合物沥青防水垫层、聚合物改性沥青防水垫层，其最小厚度和搭接宽度应符合表 4.8.6 的规定。

表 4.8.6 防水垫层的最小厚度和搭接宽度（mm）

防水垫层品种	最小厚度	搭接宽度
自粘聚合物沥青防水垫层	1.0	80
聚合物改性沥青防水垫层	2.0	100

4.8.7 在满足屋面荷载的前提下，瓦屋面持钉层厚度应符合下列规定：

1 持钉层为木板时，厚度不应小于 20mm；

2 持钉层为人造板时，厚度不应小于 16mm；

3 持钉层为细石混凝土时，厚度不应小于 35mm。

4.8.8 瓦屋面檐沟、天沟的防水层，可采用防水卷材或防水涂膜，也可采用金属板材。

Ⅰ 烧结瓦、混凝土瓦屋面

4.8.9 烧结瓦、混凝土瓦屋面的坡度不应小于 30%。

4.8.10 采用的木质基层、顺水条、挂瓦条，均应作防腐、防火和防蛀处理；采用的金属顺水条、挂瓦条，均应作防锈蚀处理。

4.8.11 烧结瓦、混凝土瓦应采用干法挂瓦，瓦与屋面基层应固定牢靠。

4.8.12 烧结瓦和混凝土瓦铺装的有关尺寸应符合下列规定：

1 瓦屋面檐口挑出墙面的长度不宜小于300mm；

2 脊瓦在两坡面瓦上的搭盖宽度，每边不应小于 40mm；

3 脊瓦下端距坡面瓦的高度不宜大于 80mm；

4 瓦头伸入檐沟、天沟内的长度宜为 50mm～70mm；

5　金属檐沟、天沟伸入瓦内的宽度不应小于150mm；

6　瓦头挑出檐口的长度宜为50mm～70mm；

7　突出屋面结构的侧面瓦伸入泛水的宽度不应小于50mm。

Ⅱ　沥青瓦屋面

4.8.13　沥青瓦屋面的坡度不应小于20%。

4.8.14　沥青瓦应具有自粘胶带或相互搭接的连锁构造。矿物粒料或片料覆面沥青瓦的厚度不应小于2.6mm，金属箔面沥青瓦的厚度不应小于2mm。

4.8.15　沥青瓦的固定方式应以钉为主、粘结为辅。每张瓦片上不得少于4个固定钉；在大风地区或屋面坡度大于100%时，每张瓦片不得少于6个固定钉。

4.8.16　天沟部位铺设的沥青瓦可采用搭接式、编织式、敞开式。搭接式、编织式铺设时，沥青瓦下应增设不小于1000mm宽的附加层；敞开式铺设时，在防水层或防水垫层上应铺设厚度不小于0.45mm的防锈金属板材，沥青瓦与金属板材应用沥青基胶结材料粘结，其搭接宽度不应小于100mm。

4.8.17　沥青瓦铺装的有关尺寸应符合下列规定：

1　脊瓦在两坡面瓦上的搭盖宽度，每边不应小于150mm；

2　脊瓦与脊瓦的压盖面不应小于脊瓦面积的1/2；

3　沥青瓦挑出檐口的长度宜为10mm～20mm；

4　金属泛水板与沥青瓦的搭盖宽度不应小于100mm；

5　金属泛水板与突出屋面墙体的搭接高度不应小于250mm；

6　金属滴水板伸入沥青瓦下的宽度不应小于80mm。

4.9　金属板屋面设计

4.9.1　金属板屋面防水等级和防水做法应符合表4.9.1的规定。

表4.9.1　金属板屋面防水等级和防水做法

防水等级	防水做法
Ⅰ级	压型金属板+防水垫层
Ⅱ级	压型金属板、金属面绝热夹芯板

注：1　当防水等级为Ⅰ级时，压型铝合金板基板厚度不应小于0.9mm；压型钢板基板厚度不应小于0.6mm；

2　当防水等级为Ⅰ级时，压型金属板应采用360°咬口锁边连接方式；

3　在Ⅰ级屋面防水做法中，仅作压型金属板时，应符合《金属压型板应用技术规范》等相关技术的规定。

4.9.2　金属板屋面可按建筑设计要求，选用镀层钢板、涂层钢板、铝合金板、不锈钢板和钛锌板等金属板材。金属板材及其配套的紧固件、密封材料，其材料的品种、规格和性能等应符合现行国家有关材料标准的规定。

4.9.3　金属板屋面应按围护结构进行设计，并应具有相应的承载力、刚度、稳定性和变形能力。

4.9.4　金属板屋面设计应根据当地风荷载、结构体形、热工性能、屋面坡度等情况，采用相应的压型金属板板型及构造系统。

4.9.5　金属板屋面在保温层的下面宜设置隔汽层，在保温层的上面宜设置防水透汽膜。

4.9.6　金属板屋面的防结露设计，应符合现行国家标准《民用建筑热工设计规范》GB 50176的有关规定。

4.9.7　压型金属板采用咬口锁边连接时，屋面的排水坡度不宜小于5%；压型金属板采用紧固件连接时，屋面的排水坡度不宜小于10%。

4.9.8　金属檐沟、天沟的伸缩缝间距不宜大于30m；内檐沟及内天沟应设置溢流口或溢流系统，沟内宜按0.5%找坡。

4.9.9　金属板的伸缩变形除应满足咬口锁边连接或紧固件连接的要求外，还应满足檩条、檐口及天沟等使用要求，且金属板最大伸缩变形量不应超过100mm。

4.9.10　金属板在主体结构的变形缝处宜断开，变形缝上部应加扣带伸缩的金属盖板。

4.9.11　金属板屋面的下列部位应进行细部构造设计：

1　屋面系统的变形缝；

2　高低跨处泛水；

3　屋面板缝、单元体构造缝；

4　檐沟、天沟、水落口；

5　屋面金属板材收头；

6　洞口、局部凸出体收头；

7　其他复杂的构造部位。

4.9.12　压型金属板采用咬口锁边连接的构造应符合下列规定：

1　在檩条上应设置与压型金属板波形相配套的专用固定支座，并应用自攻螺钉与檩条连接；

2　压型金属板应搁置在固定支座上，两片金属板的侧边应确保在风吸力等因素作用下扣合或咬合连接可靠；

3　在大风地区或高度大于30m的屋面，压型金属板应采用360°咬口锁边连接；

4　大面积屋面和弧状或组合弧状屋面，压型金属板的立边咬合宜采用暗扣直立锁边屋面系统；

5　单坡尺寸过长或环境温差过大的屋面，压型金属板宜采用滑动式支座的360°咬口锁边连接。

4.9.13 压型金属板采用紧固件连接的构造应符合下列规定：

1 铺设高波压型金属板时，在檩条上应设置固定支架，固定支架应采用自攻螺钉与檩条连接，连接件宜每波设置一个；

2 铺设低波压型金属板时，可不设固定支架，应在波峰处采用带防水密封胶垫的自攻螺钉与檩条连接，连接件可每波或隔波设置一个，但每块板不得少于3个；

3 压型金属板的纵向搭接应位于檩条处，搭接端应与檩条有可靠的连接，搭接部位应设置防水密封胶带。压型金属板的纵向最小搭接长度应符合表4.9.13的规定；

表 4.9.13 压型金属板的纵向最小搭接长度（mm）

压型金属板		纵向最小搭接长度
高波压型金属板		350
低波压型金属板	屋面坡度≤10%	250
	屋面坡度>10%	200

4 压型金属板的横向搭接方向宜与主导风向一致，搭接不应小于一个波，搭接部位应设置防水密封胶带。搭接处用连接件紧固时，连接件应采用带防水密封胶垫的自攻螺钉设置在波峰上。

4.9.14 金属面绝热夹芯板采用紧固件连接的构造，应符合下列规定：

1 应采用屋面板压盖和带防水密封胶垫的自攻螺钉，将夹芯板固定在檩条上；

2 夹芯板的纵向搭接应位于檩条处，每块板的支座宽度不应小于50mm，支承处宜采用双檩或檩条一侧加焊通长角钢；

3 夹芯板的纵向搭接应顺流水方向，纵向搭接长度不应小于200mm，搭接部位均应设置防水密封胶带，并应用拉铆钉连接；

4 夹芯板的横向搭接方向宜与主导风向一致，搭接尺寸应按具体板型确定，连接部位均应设置防水密封胶带，并应用拉铆钉连接。

4.9.15 金属板屋面铺装的有关尺寸应符合下列规定：

1 金属板檐口挑出墙面的长度不应小于200mm；

2 金属板伸入檐沟、天沟内的长度不应小于100mm；

3 金属泛水板与突出屋面墙体的搭接高度不应小于250mm；

4 金属泛水板、变形缝盖板与金属板的搭盖宽度不应小于200mm；

5 金属屋脊盖板在两坡面金属板上的搭盖宽度不应小于250mm。

4.9.16 压型金属板和金属面绝热夹芯板的外露自攻螺钉、拉铆钉，均应采用硅酮耐候密封胶密封。

4.9.17 固定支座应选用与支承构件相同材质的金属材料。当选用不同材质金属材料并易产生电化学腐蚀时，固定支座与支承构件之间应采用绝缘垫片或采取其他防腐蚀措施。

4.9.18 采光带设置宜高出金属板屋面250mm。采光带的四周与金属板屋面的交接处，均应作泛水处理。

4.9.19 金属板屋面应按设计要求提供抗风揭试验验证报告。

4.10 玻璃采光顶设计

4.10.1 玻璃采光顶设计应根据建筑物的屋面形式、使用功能和美观要求，选择结构类型、材料和细部构造。

4.10.2 玻璃采光顶的物理性能等级，应根据建筑物的类别、高度、体形、功能以及建筑物所在的地理位置、气候和环境条件进行设计。玻璃采光顶的物理性能分级指标，应符合现行行业标准《建筑玻璃采光顶》JG/T 231的有关规定。

4.10.3 玻璃采光顶所用支承构件、透光面板及其配套的紧固件、连接件、密封材料，其材料的品种、规格和性能等应符合国家现行有关材料标准的规定。

4.10.4 玻璃采光顶应采用支承结构找坡，排水坡度不宜小于5%。

4.10.5 玻璃采光顶的下列部位应进行细部构造设计：

1 高低跨处泛水；

2 采光板板缝、单元体构造缝；

3 天沟、檐沟、水落口；

4 采光顶周边交接部位；

5 洞口、局部凸出体收头；

6 其他复杂的构造部位。

4.10.6 玻璃采光顶的防结露设计，应符合现行国家标准《民用建筑热工设计规范》GB 50176的有关规定；对玻璃采光顶内侧的冷凝水，应采取控制、收集和排除的措施。

4.10.7 玻璃采光顶支承结构选用的金属材料应作防腐处理，铝合金型材应作表面处理；不同金属构件接触面之间应采取隔离措施。

4.10.8 玻璃采光顶的玻璃应符合下列规定：

1 玻璃采光顶应采用安全玻璃，宜采用夹层玻璃或夹层中空玻璃；

2 玻璃原片应根据设计要求选用，且单片玻璃厚度不宜小于6mm；

3 夹层玻璃的玻璃原片厚度不宜小于5mm；

4 上人的玻璃采光顶应采用夹层玻璃；

5　点支承玻璃采光顶应采用钢化夹层玻璃；

6　所有采光顶的玻璃应进行磨边倒角处理。

4.10.9　玻璃采光顶所采用夹层玻璃除应符合现行国家标准《建筑用安全玻璃　第3部分：夹层玻璃》GB 15763.3的有关规定外，尚应符合下列规定：

1　夹层玻璃宜为干法加工合成，夹层玻璃的两片玻璃厚度相差不宜大于2mm；

2　夹层玻璃的胶片宜采用聚乙烯醇缩丁醛胶片，聚乙烯醇缩丁醛胶片的厚度不应小于0.76mm；

3　暴露在空气中的夹层玻璃边缘应进行密封处理。

4.10.10　玻璃采光顶所采用夹层中空玻璃除应符合本规范第4.10.9条和现行国家标准《中空玻璃》GB/T 11944的有关规定外，尚应符合下列规定：

1　中空玻璃气体层的厚度不应小于12mm；

2　中空玻璃宜采用双道密封结构。隐框或半隐框中空玻璃的二道密封应采用硅酮结构密封胶；

3　中空玻璃的夹层面应在中空玻璃的下表面。

4.10.11　采光顶玻璃组装采用镶嵌方式时，应采取防止玻璃整体脱落的措施。玻璃与构件槽口的配合尺寸应符合现行行业标准《建筑玻璃采光顶》JG/T 231的有关规定；玻璃四周应采用密封胶条镶嵌，其性能应符合国家现行标准《硫化橡胶和热塑性橡胶　建筑用预成型密封垫的分类、要求和试验方法》HG/T 3100和《工业用橡胶板》GB/T 5574的有关规定。

4.10.12　采光顶玻璃组装采用胶粘方式时，隐框和半隐框构件的玻璃与金属框之间，应采用与接触材料相容的硅酮结构密封胶粘结，其粘结宽度及厚度应符合强度要求。硅酮结构密封胶应符合现行国家标准《建筑用硅酮结构密封胶》GB 16776的有关规定。

4.10.13　采光顶玻璃采用点支组装方式时，连接件的钢制驳接爪与玻璃之间应设置衬垫材料，衬垫材料的厚度不宜小于1mm，面积不应小于支承装置与玻璃的结合面。

4.10.14　玻璃间的接缝宽度应能满足玻璃和密封胶的变形要求，且不应小于10mm；密封胶的嵌填深度宜为接缝宽度的50%～70%，较深的密封槽口底部应采用聚乙烯发泡材料填塞。玻璃接缝密封宜选用位移能力级别为25级硅酮耐候密封胶，密封胶应符合现行行业标准《幕墙玻璃接缝用密封胶》JC/T 882的有关规定。

4.11　细部构造设计

4.11.1　屋面细部构造应包括檐口、檐沟和天沟、女儿墙和山墙、水落口、变形缝、伸出屋面管道、屋面出入口、反梁过水孔、设施基座、屋脊、屋顶窗等部位。

4.11.2　细部构造设计应做到多道设防、复合用材、连续密封、局部增强，并应满足使用功能、温差变形、施工环境条件和可操作性等要求。

4.11.3　细部构造所用密封材料的选择应符合本规范第4.6.3条的规定。

4.11.4　细部构造中容易形成热桥的部位均应进行保温处理。

4.11.5　檐口、檐沟外侧下端及女儿墙压顶内侧下端等部位均应作滴水处理，滴水槽宽度和深度不宜小于10mm。

Ⅰ　檐　口

4.11.6　卷材防水屋面檐口800mm范围内的卷材应满粘，卷材收头应采用金属压条钉压，并应用密封材料封严。檐口下端应做鹰嘴和滴水槽（图4.11.6）。

4.11.7　涂膜防水屋面檐口的涂膜收头，应用防水涂料多遍涂刷。檐口下端应做鹰嘴和滴水槽（图4.11.7）。

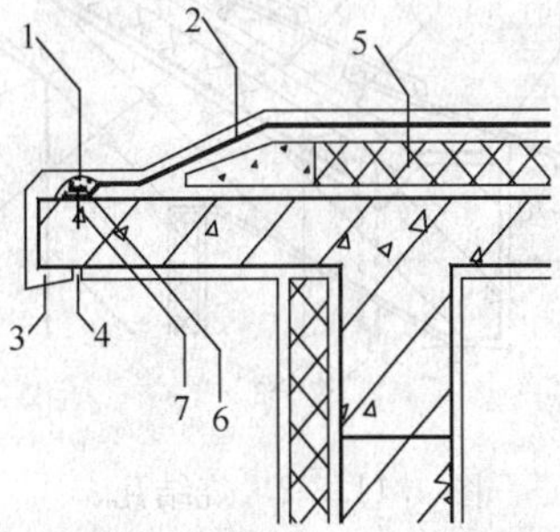
1
2
5
3
4
7
6

图4.11.6　卷材防水屋面檐口

1—密封材料；2—卷材防水层；
3—鹰嘴；4—滴水槽；5—保温层；
6—金属压条；7—水泥钉

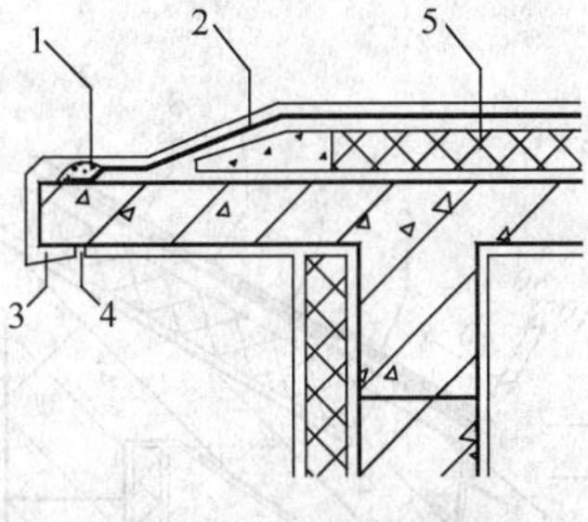
1
2
5
3
4

图4.11.7　涂膜防水屋面檐口

1—涂料多遍涂刷；2—涂膜防水层；
3—鹰嘴；4—滴水槽；5—保温层

4.11.8　烧结瓦、混凝土瓦屋面的瓦头挑出檐口的长度宜为50mm～70mm（图4.11.8-1、图4.11.8-2）。

4.11.9　沥青瓦屋面的瓦头挑出檐口的长度宜为10mm～20mm；金属滴水板应固定在基层上，伸入沥青瓦下宽度不应小于80mm，向下延伸长度不应小于60mm（图4.11.9）。

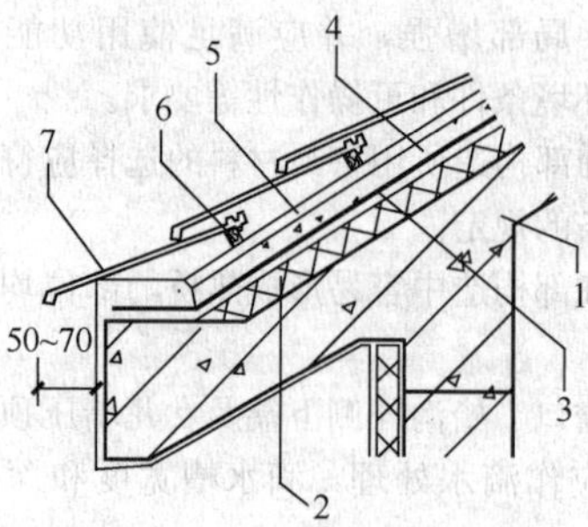
1
2
3
4
5
6
7
50~70

图 4.11.8-1 烧结瓦、混凝土瓦屋面檐口（一）

1—结构层；2—保温层；3—防水层或防水垫层；4—持钉层；5—顺水条；6—挂瓦条；7—烧结瓦或混凝土瓦

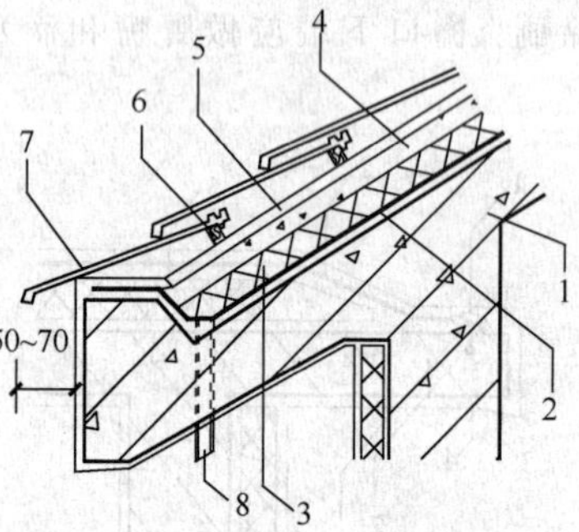
1
2
3
4
5
6
7
8
50~70

图 4.11.8-2 烧结瓦、混凝土瓦屋面檐口（二）

1—结构层；2—防水层或防水垫层；3—保温层；4—持钉层；5—顺水条；6—挂瓦条；7—烧结瓦或混凝土瓦；8—泄水管

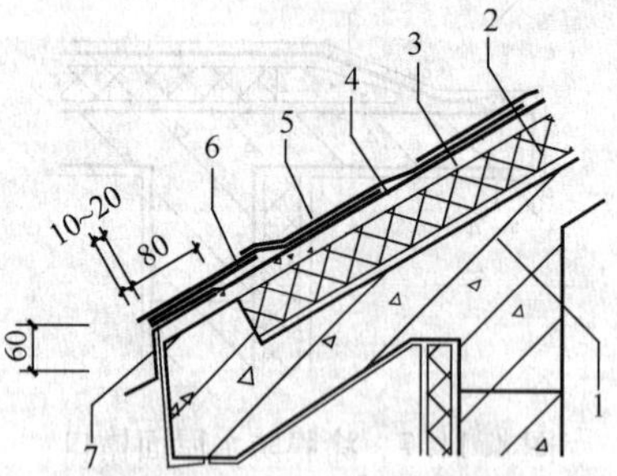
1
2
3
4
5
6
7
10~20
80
60

图 4.11.9 沥青瓦屋面檐口

1—结构层；2—保温层；3—持钉层；4—防水层或防水垫层；5—沥青瓦；6—起始层沥青瓦；7—金属滴水板

4.11.10 金属板屋面檐口挑出墙面的长度不应小于200mm；屋面板与墙板交接处应设置金属封檐板和压条（图 4.11.10）。

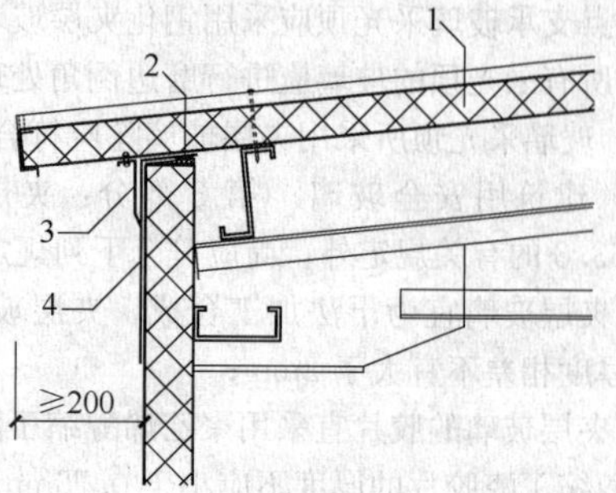
1
2
3
4
≥200

图 4.11.10 金属板屋面檐口

1—金属板；2—通长密封条；3—金属压条；4—金属封檐板

Ⅱ *檐沟和天沟*

4.11.11 卷材或涂膜防水屋面檐沟（图 4.11.11）和天沟的防水构造，应符合下列规定：

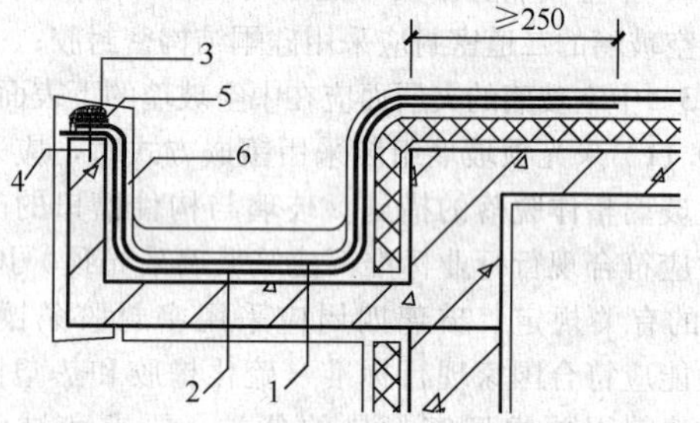
≥250
1
2
3
4
5
6

图 4.11.11 卷材、涂膜防水屋面檐沟

1—防水层；2—附加层；3—密封材料；4—水泥钉；5—金属压条；6—保护层

1 檐沟和天沟的防水层下应增设附加层，附加层伸入屋面的宽度不应小于 250mm；

2 檐沟防水层和附加层应由沟底翻上至外侧顶部，卷材收头应用金属压条钉压，并应用密封材料封严，涂膜收头应用防水涂料多遍涂刷；

3 檐沟外侧下端应做鹰嘴或滴水槽；

4 檐沟外侧高于屋面结构板时，应设置溢水口。

4.11.12 烧结瓦、混凝土瓦屋面檐沟（图 4.11.12）

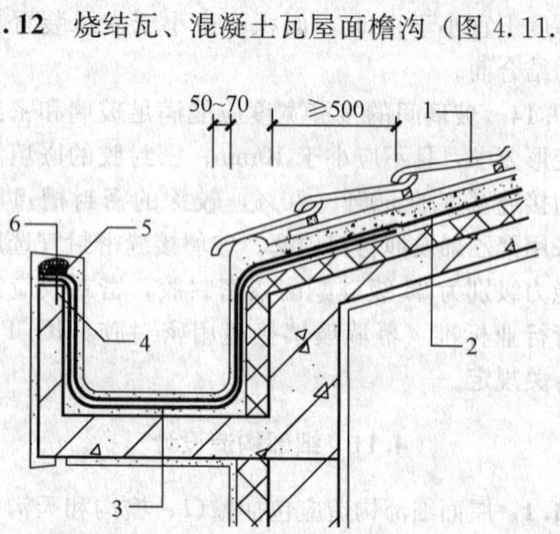
50~70
≥500
1
2
3
4
5
6

图 4.11.12 烧结瓦、混凝土瓦屋面檐沟

1—烧结瓦或混凝土瓦；2—防水层或防水垫层；3—附加层；4—水泥钉；5—金属压条；6—密封材料

和天沟的防水构造，应符合下列规定：

1 檐沟和天沟防水层下应增设附加层，附加层伸入屋面的宽度不应小于500mm；

2 檐沟和天沟防水层伸入瓦内的宽度不应小于150mm，并应与屋面防水层或防水垫层顺流水方向搭接；

3 檐沟防水层和附加层应由沟底翻上至外侧顶部，卷材收头应用金属压条钉压，并应用密封材料封严；涂膜收头应用防水涂料多遍涂刷；

4 烧结瓦、混凝土瓦伸入檐沟、天沟内的长度，宜为50mm～70mm。

4.11.13 沥青瓦屋面檐沟和天沟的防水构造，应符合下列规定：

1 檐沟防水层下应增设附加层，附加层伸入屋面的宽度不应小于500mm；

2 檐沟防水层伸入瓦内的宽度不应小于150mm，并应与屋面防水层或防水垫层顺流水方向搭接；

3 檐沟防水层和附加层应由沟底翻上至外侧顶部，卷材收头应用金属压条钉压，并应用密封材料封严；涂膜收头应用防水涂料多遍涂刷；

4 沥青瓦伸入檐沟内的长度宜为10mm～20mm；

5 天沟采用搭接式或编织式铺设时，沥青瓦下应增设不小于1000mm宽的附加层（图4.11.13）；

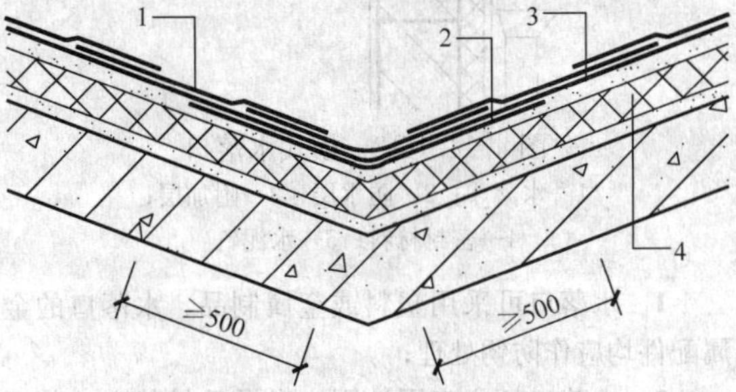
1
2
3
4
≥500
≥500

图4.11.13 沥青瓦屋面天沟

1—沥青瓦；2—附加层；3—防水层或防水垫层；4—保温层

6 天沟采用敞开式铺设时，在防水层或防水垫层上应铺设厚度不小于0.45mm的防锈金属板材，沥青瓦与金属板材应顺流水方向搭接，搭接缝应用沥青基胶结材料粘结，搭接宽度不应小于100mm。

Ⅲ 女儿墙和山墙

4.11.14 女儿墙的防水构造应符合下列规定：

1 女儿墙压顶可采用混凝土或金属制品。压顶向内排水坡度不应小于5%，压顶内侧下端应作滴水处理；

2 女儿墙泛水处的防水层下应增设附加层，附加层在平面和立面的宽度均不应小于250mm；

3 低女儿墙泛水处的防水层可直接铺贴或涂刷至压顶下，卷材收头应用金属压条钉压固定，并应用密封材料封严；涂膜收头应用防水涂料多遍涂刷（图4.11.14-1）；

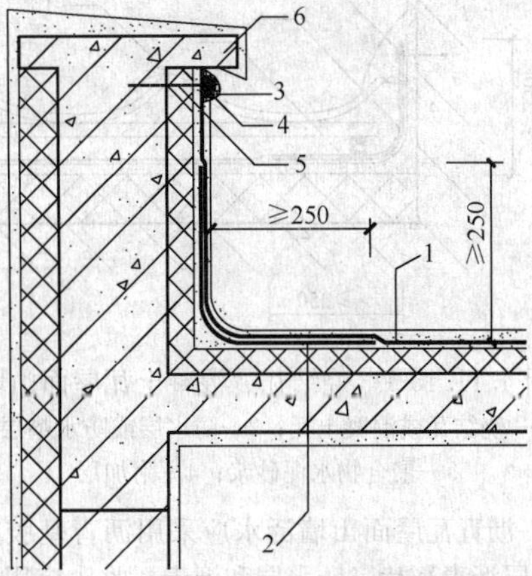
6
3
4
5
≥250
≥250
1
2

图4.11.14-1 低女儿墙

1—防水层；2—附加层；3—密封材料；4—金属压条；5—水泥钉；6—压顶

4 高女儿墙泛水处的防水层泛水高度不应小于250mm，防水层收头应符合本条第3款的规定；泛水上部的墙体应作防水处理（图4.11.14-2）；

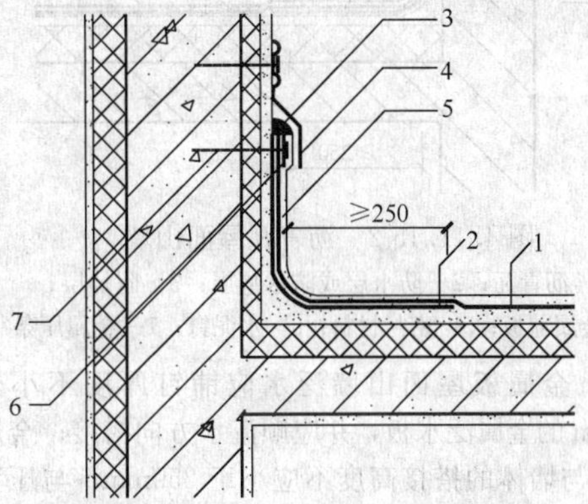
3
4
5
≥250
≥250
2
1
7
6

图4.11.14-2 高女儿墙

1—防水层；2—附加层；3—密封材料；4—金属盖板；5—保护层；6—金属压条；7—水泥钉

5 女儿墙泛水处的防水层表面，宜采用涂刷浅色涂料或浇筑细石混凝土保护。

4.11.15 山墙的防水构造应符合下列规定：

1 山墙压顶可采用混凝土或金属制品。压顶应向内排水，坡度不应小于5%，压顶内侧下端应作滴水处理；

2 山墙泛水处的防水层下应增设附加层，附加层在平面和立面的宽度均不应小于250mm；

3 烧结瓦、混凝土瓦屋面山墙泛水应采用聚合物水泥砂浆抹成，侧面瓦伸入泛水的宽度不应小于50mm（图4.11.15-1）；

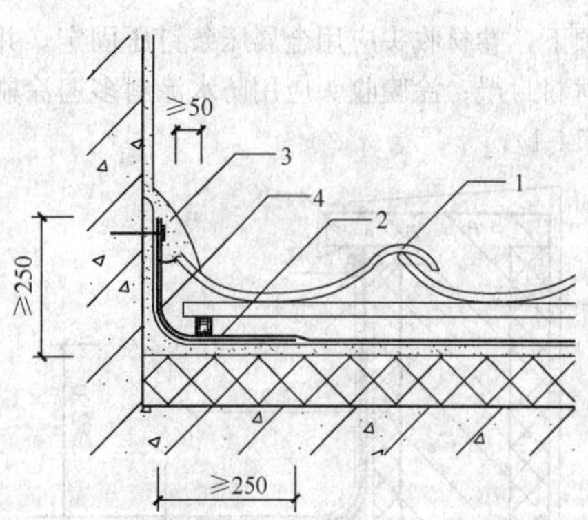
≥50
3
4
1
2
≥250
≥250

图 4.11.15-1　烧结瓦、混凝土瓦屋面山墙

1—烧结瓦或混凝土瓦；2—防水层或防水垫层；
3—聚合物水泥砂浆；4—附加层

4　沥青瓦屋面山墙泛水应采用沥青基胶粘材料满粘一层沥青瓦片，防水层和沥青瓦收头应用金属压条钉压固定，并应用密封材料封严（图 4.11.15-2）；

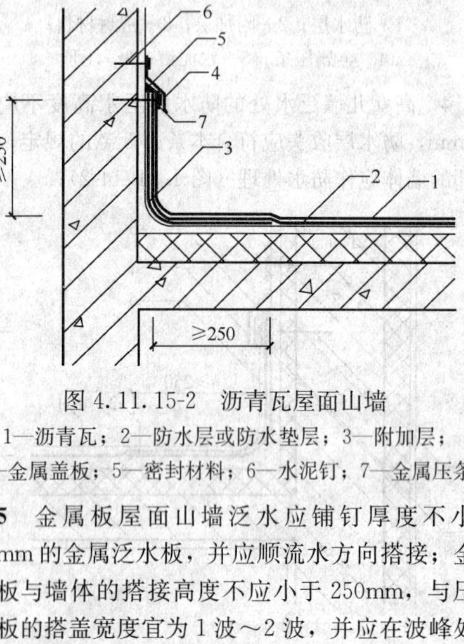
6
5
4
7
3
2
1
≥250
≥250

图 4.11.15-2　沥青瓦屋面山墙

1—沥青瓦；2—防水层或防水垫层；3—附加层；
4—金属盖板；5—密封材料；6—水泥钉；7—金属压条

5　金属板屋面山墙泛水应铺钉厚度不小于 0.45mm 的金属泛水板，并应顺流水方向搭接；金属泛水板与墙体的搭接高度不应小于 250mm，与压型金属板的搭盖宽度宜为 1 波～2 波，并应在波峰处采用拉铆钉连接（图 4.11.15-3）。

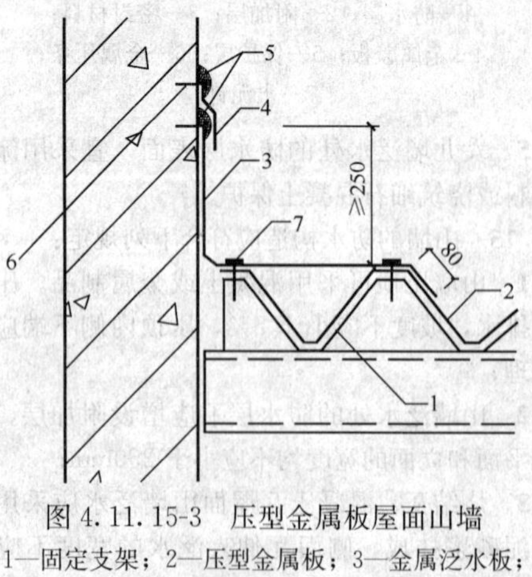
5
4
3
≥250
6
7
80
2
1

图 4.11.15-3　压型金属板屋面山墙

1—固定支架；2—压型金属板；3—金属泛水板；
4—金属盖板；5—密封材料；6—水泥钉；7—拉铆钉

Ⅳ　水 落 口

4.11.16　重力式排水的水落口（图 4.11.16-1、图 4.11.16-2）防水构造应符合下列规定：

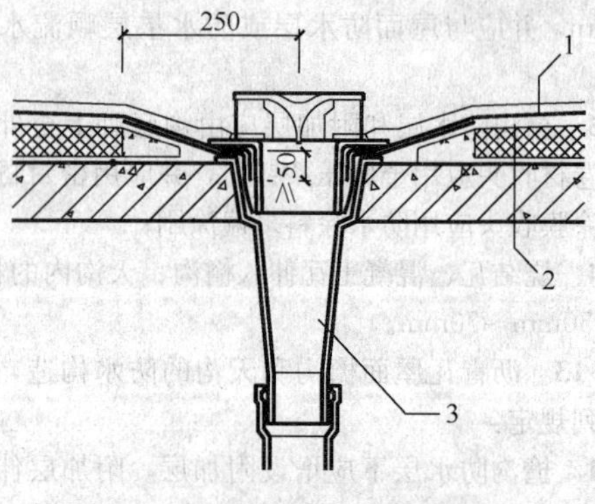
250
1
≥50
2
3

图 4.11.16-1　直式水落口

1—防水层；2—附加层；3—水落斗

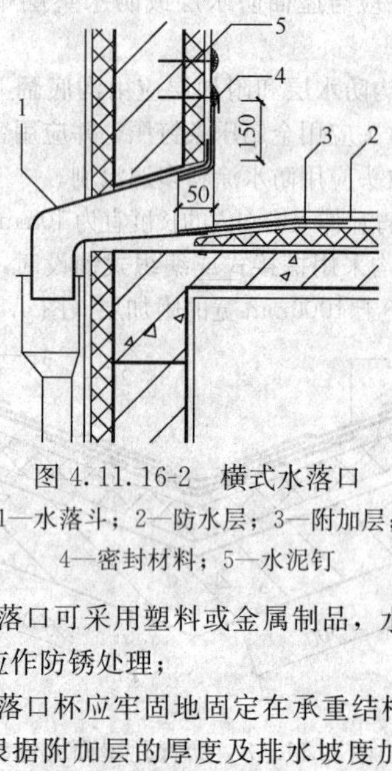
5
4
1
150
3
2
50

图 4.11.16-2　横式水落口

1—水落斗；2—防水层；3—附加层；
4—密封材料；5—水泥钉

1　水落口可采用塑料或金属制品，水落口的金属配件均应作防锈处理；

2　水落口杯应牢固地固定在承重结构上，其埋设标高应根据附加层的厚度及排水坡度加大的尺寸确定；

3　水落口周围直径 500mm 范围内坡度不应小于 5%，防水层下应增设涂膜附加层；

4　防水层和附加层伸入水落口杯内不应小于 50mm，并应粘结牢固。

4.11.17　虹吸式排水的水落口防水构造应进行专项设计。

Ⅴ　变 形 缝

4.11.18　变形缝防水构造应符合下列规定：

1　变形缝泛水处的防水层下应增设附加层，附加层在平面和立面的宽度不应小于 250mm；防水层应铺贴或涂刷至泛水墙的顶部；

2　变形缝内应预填不燃保温材料，上部应采用防水卷材封盖，并放置衬垫材料，再在其上干铺一层卷材；

3 等高变形缝顶部宜加扣混凝土或金属盖板（图 4.11.18-1）；

4 高低跨变形缝在立墙泛水处，应采用有足够变形能力的材料和构造作密封处理（图 4.11.18-2）。

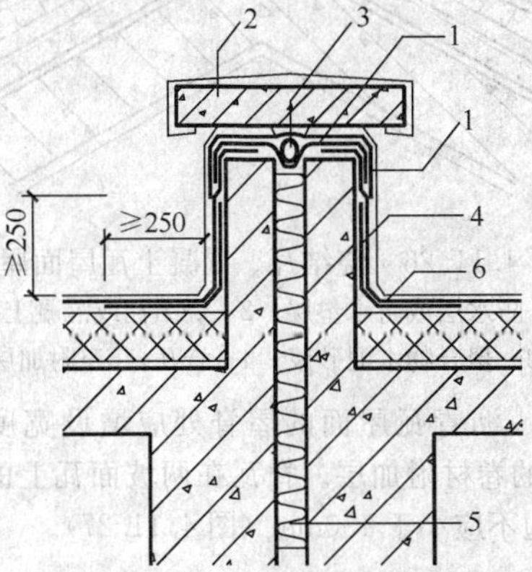

2
3
1
1
≥250
≥250
4
6
5

图 4.11.18-1 等高变形缝

1—卷材封盖；2—混凝土盖板；
3—衬垫材料；4—附加层；
5—不燃保温材料；6—防水层

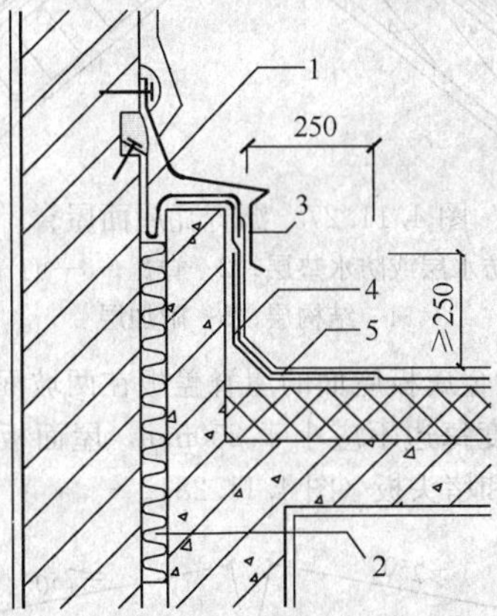

1
250
3
4
5
≥250
2

图 4.11.18-2 高低跨变形缝

1—卷材封盖；2—不燃保温材料；
3—金属盖板；4—附加层；
5—防水层

Ⅵ 伸出屋面管道

4.11.19 伸出屋面管道（图 4.11.19）的防水构造应符合下列规定：

1 管道周围的找平层应抹出高度不小于 30mm 的排水坡；

2 管道泛水处的防水层下应增设附加层，附加层在平面和立面的宽度均不应小于 250mm；

3 管道泛水处的防水层泛水高度不应小于 250mm；

4 卷材收头应用金属箍紧固和密封材料封严，涂膜收头应用防水涂料多遍涂刷。

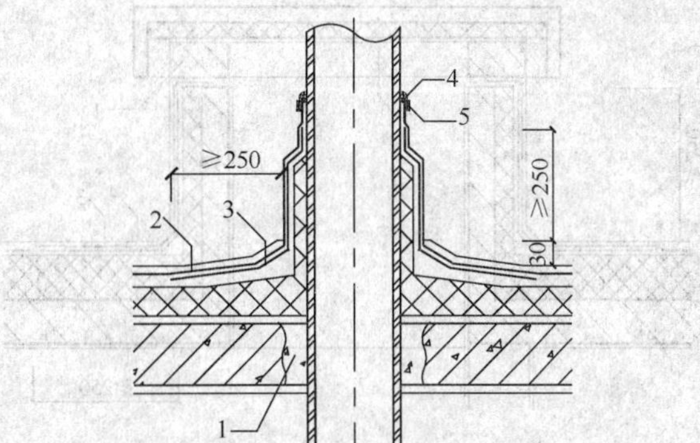

4
5
≥250
≥250
2
3
30
1

图 4.11.19 伸出屋面管道

1—细石混凝土；2—卷材防水层；
3—附加层；4—密封材料；5—金属箍

4.11.20 烧结瓦、混凝土瓦屋面烟囱（图 4.11.20）的防水构造，应符合下列规定：

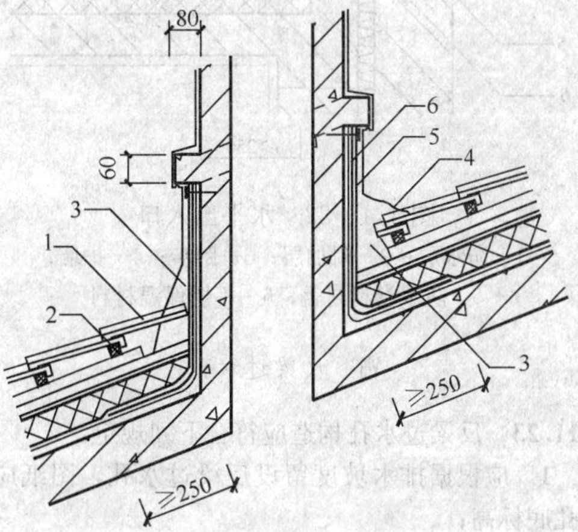

80
60
3
1
2
≥250
6
5
4
3
≥250

图 4.11.20 烧结瓦、混凝土瓦屋面烟囱

1—烧结瓦或混凝土瓦；2—挂瓦条；
3—聚合物水泥砂浆；4—分水线；
5—防水层或防水垫层；6—附加层

1 烟囱泛水处的防水层或防水垫层下应增设附加层，附加层在平面和立面的宽度不应小于 250mm；

2 屋面烟囱泛水应采用聚合物水泥砂浆抹成；

3 烟囱与屋面的交接处，应在迎水面中部抹出分水线，并应高出两侧各 30mm。

Ⅶ 屋面出入口

4.11.21 屋面垂直出入口泛水处应增设附加层，附加层在平面和立面的宽度均不应小于 250mm；防水层收头应在混凝土压顶圈下（图 4.11.21）。

4.11.22 屋面水平出入口泛水处应增设附加层和护墙，附加层在平面上的宽度不应小于 250mm；防水层收头应压在混凝土踏步下（图 4.11.22）。

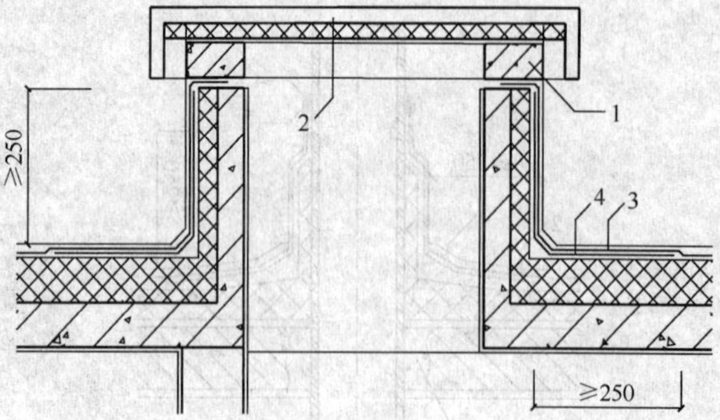
≥250
2
1
4
3
≥250

图 4.11.21　垂直出入口

1—混凝土压顶圈；2—上人孔盖；3—防水层；4—附加层

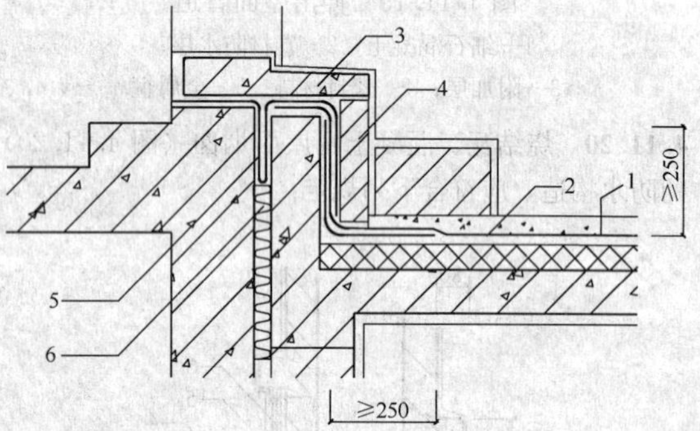
3
4
≥250
2
1
5
6
≥250

图 4.11.22　水平出入口

1—防水层；2—附加层；3—踏步；4—护墙；
5—防水卷材封盖；6—不燃保温材料

Ⅷ　反梁过水孔

4.11.23　反梁过水孔构造应符合下列规定：

1　应根据排水坡度留设反梁过水孔，图纸应注明孔底标高；

2　反梁过水孔宜采用预埋管道，其管径不得小于 75mm；

3　过水孔可采用防水涂料、密封材料防水。预埋管道两端周围与混凝土接触处应留凹槽，并应用密封材料封严。

Ⅸ　设 施 基 座

4.11.24　设施基座与结构层相连时，防水层应包裹设施基座的上部，并应在地脚螺栓周围作密封处理。

4.11.25　在防水层上放置设施时，防水层下应增设卷材附加层，必要时应在其上浇筑细石混凝土，其厚度不应小于 50mm。

Ⅹ　屋　脊

4.11.26　烧结瓦、混凝土瓦屋面的屋脊处应增设宽度不小于 250mm 的卷材附加层。脊瓦下端距坡面瓦的高度不宜大于 80mm，脊瓦在两坡面瓦上的搭盖宽度，每边不应小于 40mm；脊瓦与坡瓦面之间的缝隙应采用聚合物水泥砂浆填实抹平（图 4.11.26）。

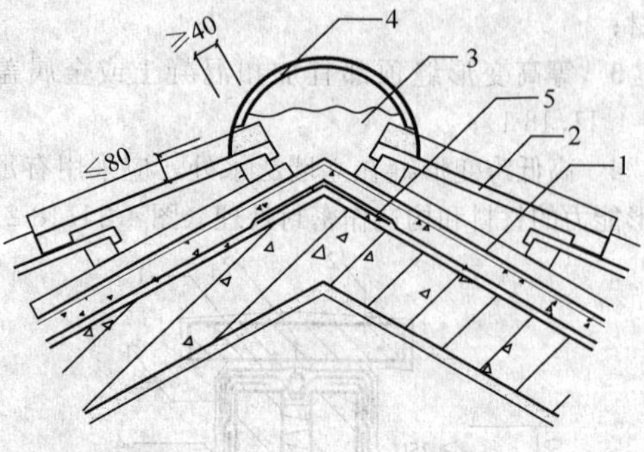
≥40
4
3
5
2
1
≤80

图 4.11.26　烧结瓦、混凝土瓦屋面屋脊

1—防水层或防水垫层；2—烧结瓦或混凝土瓦；
3—聚合物水泥砂浆；4—脊瓦；5—附加层

4.11.27　沥青瓦屋面的屋脊处应增设宽度不小于 250mm 的卷材附加层。脊瓦在两坡面瓦上的搭盖宽度，每边不应小于 150mm（图 4.11.27）。

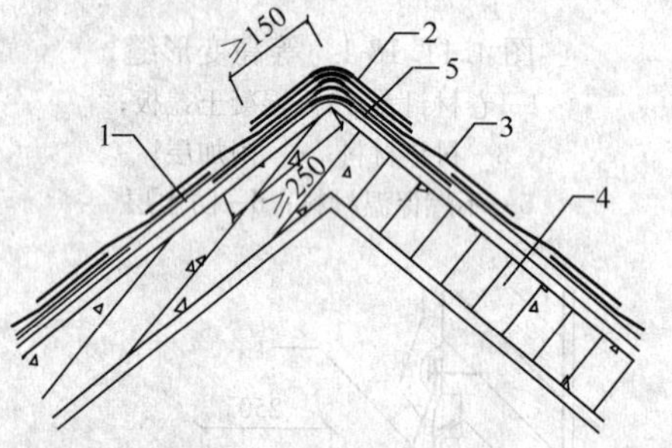
≥150
2
5
1
3
≥250
4

图 4.11.27　沥青瓦屋面屋脊

1—防水层或防水垫层；2—脊瓦；3—沥青瓦；
4—结构层；5—附加层

4.11.28　金属板屋面的屋脊盖板在两坡面金属板上的搭盖宽度每边不应小于 250mm，屋面板端头应设置挡水板和堵头板（图 4.11.28）。

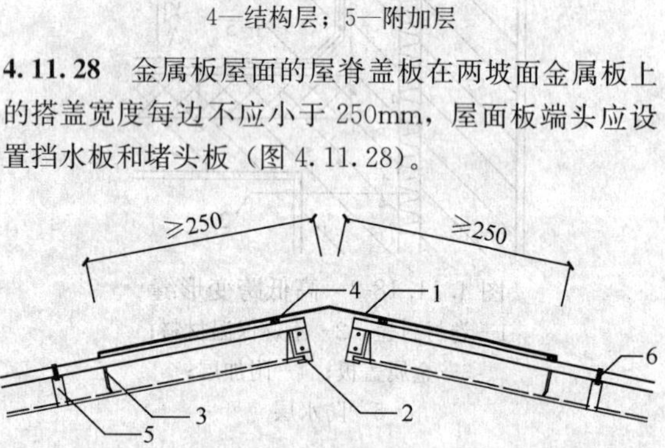
≥250
≥250
4
1
6
3
2
5

图 4.11.28　金属板材屋面屋脊

1—屋脊盖板；2—堵头板；3—挡水板；
4—密封材料；5—固定支架；6—固定螺栓

Ⅺ　屋　顶　窗

4.11.29　烧结瓦、混凝土瓦与屋顶窗交接处，应采用金属排水板、窗框固定铁脚、窗口附加防水卷材、支瓦条等连接（图 4.11.29）。

4.11.30　沥青瓦屋面与屋顶窗交接处应采用金属排水板、窗框固定铁脚、窗口附加防水卷材等与结构层连接（图 4.11.30）。

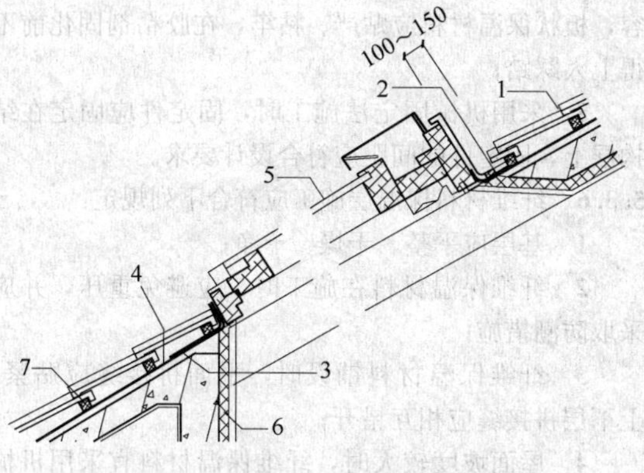
100～150
2
1
5
4
7
3
6

图 4.11.29　烧结瓦、混凝土瓦屋面屋顶窗

1—烧结瓦或混凝土瓦；2—金属排水板；3—窗口附加防水卷材；4—防水层或防水垫层；5—屋顶窗；6—保温层；7—支瓦条

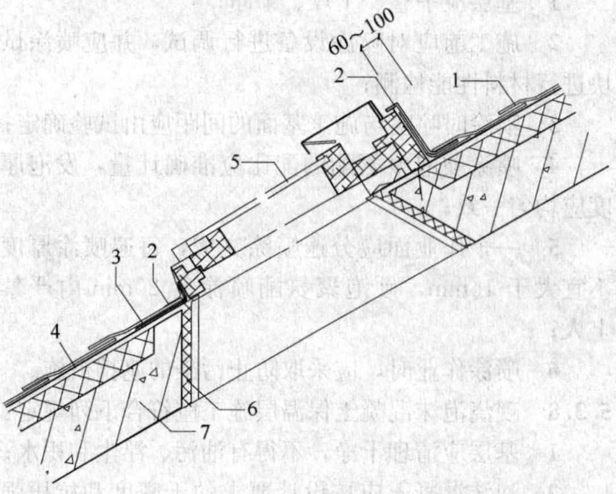
60～100
2
1
5
3
2
4
6
7

图 4.11.30　沥青瓦屋面屋顶窗

1—沥青瓦；2—金属排水板；3—窗口附加防水卷材；4—防水层或防水垫层；5—屋顶窗；6—保温层；7—结构层

5　屋面工程施工

5.1　一 般 规 定

5.1.1　屋面防水工程应由具备相应资质的专业队伍进行施工。作业人员应持证上岗。

5.1.2　屋面工程施工前应通过图纸会审，并应掌握施工图中的细部构造及有关技术要求；施工单位应编制屋面工程的专项施工方案或技术措施，并应进行现场技术安全交底。

5.1.3　屋面工程所采用的防水、保温材料应有产品合格证书和性能检测报告，材料的品种、规格、性能等应符合设计和产品标准的要求。材料进场后，应按规定抽样检验，提出检验报告。工程中严禁使用不合格的材料。

5.1.4　屋面工程施工的每道工序完成后，应经监理或建设单位检查验收，并应在合格后再进行下道工序的施工。当下道工序或相邻工程施工时，应对已完成的部分采取保护措施。

5.1.5　屋面工程施工的防火安全应符合下列规定：

1　可燃类防水、保温材料进场后，应远离火源；露天堆放时，应采用不燃材料完全覆盖；

2　防火隔离带施工应与保温材料施工同步进行；

3　不得直接在可燃类防水、保温材料上进行热熔或热粘法施工；

4　喷涂硬泡聚氨酯作业时，应避开高温环境；施工工艺、工具及服装等应采取防静电措施；

5　施工作业区应配备消防灭火器材；

6　火源、热源等火灾危险源应加强管理；

7　屋面上需要进行焊接、钻孔等施工作业时，周围环境应采取防火安全措施。

5.1.6　屋面工程施工必须符合下列安全规定：

1　严禁在雨天、雪天和五级风及其以上时施工；

2　屋面周边和预留孔洞部位，必须按临边、洞口防护规定设置安全护栏和安全网；

3　屋面坡度大于30%时，应采取防滑措施；

4　施工人员应穿防滑鞋，特殊情况下无可靠安全措施时，操作人员必须系好安全带并扣好保险钩。

5.2　找坡层和找平层施工

5.2.1　装配式钢筋混凝土板的板缝嵌填施工应符合下列规定：

1　嵌填混凝土前板缝内应清理干净，并应保持湿润；

2　当板缝宽度大于40mm或上窄下宽时，板缝内应按设计要求配置钢筋；

3　嵌填细石混凝土的强度等级不应低于C20，填缝高度宜低于板面10mm～20mm，且应振捣密实和浇水养护；

4　板端缝应按设计要求增加防裂的构造措施。

5.2.2　找坡层和找平层的基层的施工应符合下列规定：

1　应清理结构层、保温层上面的松散杂物，凸出基层表面的硬物应剔平扫净；

2　抹找坡层前，宜对基层洒水湿润；

3　突出屋面的管道、支架等根部，应用细石混凝土堵实和固定；

4　对不易与找平层结合的基层应做界面处理。

5.2.3　找坡层和找平层所用材料的质量和配合比应符合设计要求，并应做到计量准确和机械搅拌。

5.2.4　找坡应按屋面排水方向和设计坡度要求进行，找坡层最薄处厚度不宜小于20mm。

5.2.5　找坡材料应分层铺设和适当压实，表面宜平整和粗糙，并应适时浇水养护。

5.2.6　找平层应在水泥初凝前压实抹平，水泥终凝前完成收水后应二次压光，并应及时取出分格条。养护时间不得少于7d。

5.2.7 卷材防水层的基层与突出屋面结构的交接处，以及基层的转角处，找平层均应做成圆弧形，且应整齐平顺。找平层圆弧半径应符合表5.2.7的规定。

表5.2.7 找平层圆弧半径（mm）

卷材种类	圆弧半径
高聚物改性沥青防水卷材	50
合成高分子防水卷材	20

5.2.8 找坡层和找平层的施工环境温度不宜低于5℃。

5.3 保温层和隔热层施工

5.3.1 严寒和寒冷地区屋面热桥部位，应按设计要求采取节能保温等隔断热桥措施。

5.3.2 倒置式屋面保温层施工应符合下列规定：

1 施工完的防水层，应进行淋水或蓄水试验，并应在合格后再进行保温层的铺设；

2 板状保温层的铺设应平稳，拼缝应严密；

3 保护层施工时，应避免损坏保温层和防水层。

5.3.3 隔汽层施工应符合下列规定：

1 隔汽层施工前，基层应进行清理，宜进行找平处理；

2 屋面周边隔汽层应沿墙面向上连续铺设，高出保温层上表面不得小于150mm；

3 采用卷材做隔汽层时，卷材宜空铺，卷材搭接缝应满粘，其搭接宽度不应小于80mm；采用涂膜做隔汽层时，涂料涂刷应均匀，涂层不得有堆积、起泡和露底现象；

4 穿过隔汽层的管道周围应进行密封处理。

5.3.4 屋面排汽构造施工应符合下列规定：

1 排汽道及排汽孔的设置应符合本规范第4.4.5条的有关规定；

2 排汽道应与保温层连通，排汽道内可填入透气性好的材料；

3 施工时，排汽道及排汽孔均不得被堵塞；

4 屋面纵横排汽道的交叉处可埋设金属或塑料排汽管，排汽管宜设置在结构层上，穿过保温层及排汽道的管壁四周应打孔。排汽管应作好防水处理。

5.3.5 板状材料保温层施工应符合下列规定：

1 基层应平整、干燥、干净；

2 相邻板块应错缝拼接，分层铺设的板块上下层接缝应相互错开，板间缝隙应采用同类材料嵌填密实；

3 采用干铺法施工时，板状保温材料应紧靠在基层表面上，并应铺平垫稳；

4 采用粘结法施工时，胶粘剂应与保温材料相容，板状保温材料应贴严、粘牢，在胶粘剂固化前不得上人踩踏；

5 采用机械固定法施工时，固定件应固定在结构层上，固定件的间距应符合设计要求。

5.3.6 纤维材料保温层施工应符合下列规定：

1 基层应平整、干燥、干净；

2 纤维保温材料在施工时，应避免重压，并应采取防潮措施；

3 纤维保温材料铺设时，平面拼接缝应贴紧，上下层拼接缝应相互错开；

4 屋面坡度较大时，纤维保温材料宜采用机械固定法施工；

5 在铺设纤维保温材料时，应做好劳动保护工作。

5.3.7 喷涂硬泡聚氨酯保温层施工应符合下列规定：

1 基层应平整、干燥、干净；

2 施工前应对喷涂设备进行调试，并应喷涂试块进行材料性能检测；

3 喷涂时喷嘴与施工基面的间距应由试验确定；

4 喷涂硬泡聚氨酯的配比应准确计量，发泡厚度应均匀一致；

5 一个作业面应分遍喷涂完成，每遍喷涂厚度不宜大于15mm，硬泡聚氨酯喷涂后20min内严禁上人；

6 喷涂作业时，应采取防止污染的遮挡措施。

5.3.8 现浇泡沫混凝土保温层施工应符合下列规定：

1 基层应清理干净，不得有油污、浮尘和积水；

2 泡沫混凝土应按设计要求的干密度和抗压强度进行配合比设计，拌制时应计量准确，并应搅拌均匀；

3 泡沫混凝土应按设计的厚度设定浇筑面标高线，找坡时宜采取挡板辅助措施；

4 泡沫混凝土的浇筑出料口离基层的高度不宜超过1m，泵送时应采取低压泵送；

5 泡沫混凝土应分层浇筑，一次浇筑厚度不宜超过200mm，终凝后应进行保湿养护，养护时间不得少于7d。

5.3.9 保温材料的贮运、保管应符合下列规定：

1 保温材料应采取防雨、防潮、防火的措施，并应分类存放；

2 板状保温材料搬运时应轻拿轻放；

3 纤维保温材料应在干燥、通风的房屋内贮存，搬运时应轻拿轻放。

5.3.10 进场的保温材料应检验下列项目：

1 板状保温材料：表观密度或干密度、压缩强度或抗压强度、导热系数、燃烧性能；

2 纤维保温材料应检验表观密度、导热系数、燃烧性能。

5.3.11 保温层的施工环境温度应符合下列规定：

1　干铺的保温材料可在负温度下施工；

2　用水泥砂浆粘贴的板状保温材料不宜低于5℃；

3　喷涂硬泡聚氨酯宜为15℃～35℃，空气相对湿度宜小于85%，风速不宜大于三级；

4　现浇泡沫混凝土宜为5℃～35℃。

5.3.12　种植隔热层施工应符合下列规定：

1　种植隔热层挡墙或挡板施工时，留设的泄水孔位置应准确，并不得堵塞；

2　凹凸型排水板宜采用搭接法施工，搭接宽度应根据产品的规格具体确定；网状交织排水板宜采用对接法施工；采用陶粒作排水层时，铺设应平整，厚度应均匀；

3　过滤层土工布铺设应平整、无皱折，搭接宽度不应小于100mm，搭接宜采用粘合或缝合处理；土工布应沿种植土周边向上铺设至种植土高度；

4　种植土层的荷载应符合设计要求；种植土、植物等应在屋面上均匀堆放，且不得损坏防水层。

5.3.13　架空隔热层施工应符合下列规定：

1　架空隔热层施工前，应将屋面清扫干净，并应根据架空隔热制品的尺寸弹出支座中线；

2　在架空隔热制品支座底面，应对卷材、涂膜防水层采取加强措施；

3　铺设架空隔热制品时，应随时清扫屋面防水层上的落灰、杂物等，操作时不得损伤已完工的防水层；

4　架空隔热制品的铺设应平整、稳固，缝隙应勾填密实。

5.3.14　蓄水隔热层施工应符合下列规定：

1　蓄水池的所有孔洞应预留，不得后凿。所设置的溢水管、排水管和给水管等，应在混凝土施工前安装完毕；

2　每个蓄水区的防水混凝土应一次浇筑完毕，不得留置施工缝；

3　蓄水池的防水混凝土施工时，环境气温宜为5℃～35℃，并应避免在冬期和高温期施工；

4　蓄水池的防水混凝土完工后，应及时进行养护，养护时间不得少于14d；蓄水后不得断水；

5　蓄水池的溢水口标高、数量、尺寸应符合设计要求；过水孔应设在分仓墙底部，排水管应与水落管连通。

5.4　卷材防水层施工

5.4.1　卷材防水层基层应坚实、干净、平整，应无孔隙、起砂和裂缝。基层的干燥程度应根据所选防水卷材的特性确定。

5.4.2　卷材防水层铺贴顺序和方向应符合下列规定：

1　卷材防水层施工时，应先进行细部构造处理，然后由屋面最低标高向上铺贴；

2　檐沟、天沟卷材施工时，宜顺檐沟、天沟方向铺贴，搭接缝应顺流水方向；

3　卷材宜平行屋脊铺贴，上下层卷材不得相互垂直铺贴。

5.4.3　立面或大坡面铺贴卷材时，应采用满粘法，并宜减少卷材短边搭接。

5.4.4　采用基层处理剂时，其配制与施工应符合下列规定：

1　基层处理剂应与卷材相容；

2　基层处理剂应配比准确，并应搅拌均匀；

3　喷、涂基层处理剂前，应先对屋面细部进行涂刷；

4　基层处理剂可选用喷涂或涂刷施工工艺，喷、涂应均匀一致，干燥后应及时进行卷材施工。

5.4.5　卷材搭接缝应符合下列规定：

1　平行屋脊的搭接缝应顺流水方向，搭接缝宽度应符合本规范第4.5.10条的规定；

2　同一层相邻两幅卷材短边搭接缝错开不应小于500mm；

3　上下层卷材长边搭接缝应错开，且不应小于幅宽的1/3；

4　叠层铺贴的各层卷材，在天沟与屋面的交接处，应采用叉接法搭接，搭接缝应错开；搭接缝宜留在屋面与天沟侧面，不宜留在沟底。

5.4.6　冷粘法铺贴卷材应符合下列规定：

1　胶粘剂涂刷应均匀，不得露底、堆积；卷材空铺、点粘、条粘时，应按规定的位置及面积涂刷胶粘剂；

2　应根据胶粘剂的性能与施工环境、气温条件等，控制胶粘剂涂刷与卷材铺贴的间隔时间；

3　铺贴卷材时应排除卷材下面的空气，并应辊压粘贴牢固；

4　铺贴的卷材应平整顺直，搭接尺寸应准确，不得扭曲、皱折；搭接部位的接缝应满涂胶粘剂，辊压应粘贴牢固；

5　合成高分子卷材铺好压粘后，应将搭接部位的粘合面清理干净，并应采用与卷材配套的接缝专用胶粘剂，在搭接缝粘合面上应涂刷均匀，不得露底、堆积，应排除缝间的空气，并用辊压粘贴牢固；

6　合成高分子卷材搭接部位采用胶粘带粘结时，粘合面应清理干净，必要时可涂刷与卷材及胶粘带材性相容的基层胶粘剂，撕去胶粘带隔离纸后应及时粘合接缝部位的卷材，并应辊压粘贴牢固；低温施工时，宜采用热风机加热；

7　搭接缝口应用材性相容的密封材料封严。

5.4.7　热粘法铺贴卷材应符合下列规定：

1　熔化热熔型改性沥青胶结料时，宜采用专用导热油炉加热，加热温度不应高于200℃，使用温度不宜低于180℃；

2 粘贴卷材的热熔型改性沥青胶结料厚度宜为1.0mm～1.5mm；

3 采用热熔型改性沥青胶结料铺贴卷材时，应随刮随滚铺，并应展平压实。

5.4.8 热熔法铺贴卷材应符合下列规定：

1 火焰加热器的喷嘴距卷材面的距离应适中，幅宽内加热应均匀，应以卷材表面熔融至光亮黑色为度，不得过分加热卷材；厚度小于3mm的高聚物改性沥青防水卷材，严禁采用热熔法施工；

2 卷材表面沥青热熔后应立即滚铺卷材，滚铺时应排除卷材下面的空气；

3 搭接缝部位宜以溢出热熔的改性沥青胶结料为度，溢出的改性沥青胶结料宽度宜为8mm，并宜均匀顺直；当接缝处的卷材上有矿物粒或片料时，应用火焰烘烤及清除干净后再进行热熔和接缝处理；

4 铺贴卷材时应平整顺直，搭接尺寸应准确，不得扭曲。

5.4.9 自粘法铺贴卷材应符合下列规定：

1 铺粘卷材前，基层表面应均匀涂刷基层处理剂，干燥后应及时铺贴卷材；

2 铺贴卷材时应将自粘胶底面的隔离纸完全撕净；

3 铺贴卷材时应排除卷材下面的空气，并应辊压粘贴牢固；

4 铺贴的卷材应平整顺直，搭接尺寸应准确，不得扭曲、皱折；低温施工时，立面、大坡面及搭接部位宜采用热风机加热，加热后应随即粘贴牢固；

5 搭接缝口应采用材性相容的密封材料封严。

5.4.10 焊接法铺贴卷材应符合下列规定：

1 对热塑性卷材的搭接缝可采用单缝焊或双缝焊，焊接应严密；

2 焊接前，卷材应铺放平整、顺直，搭接尺寸应准确，焊接缝的结合面应清理干净；

3 应先焊长边搭接缝，后焊短边搭接缝；

4 应控制加热温度和时间，焊接缝不得漏焊、跳焊或焊接不牢。

5.4.11 机械固定法铺贴卷材应符合下列规定：

1 固定件应与结构层连接牢固；

2 固定件间距应根据抗风揭试验和当地的使用环境与条件确定，并不宜大于600mm；

3 卷材防水层周边800mm范围内应满粘，卷材收头应采用金属压条钉压固定和密封处理。

5.4.12 防水卷材的贮运、保管应符合下列规定：

1 不同品种、规格的卷材应分别堆放；

2 卷材应贮存在阴凉通风处，应避免雨淋、日晒和受潮，严禁接近火源；

3 卷材应避免与化学介质及有机溶剂等有害物质接触。

5.4.13 进场的防水卷材应检验下列项目：

1 高聚物改性沥青防水卷材的可溶物含量，拉力，最大拉力时延伸率，耐热度，低温柔性，不透水性；

2 合成高分子防水卷材的断裂拉伸强度、扯断伸长率、低温弯折性、不透水性。

5.4.14 胶粘剂和胶粘带的贮运、保管应符合下列规定：

1 不同品种、规格的胶粘剂和胶粘带，应分别用密封桶或纸箱包装；

2 胶粘剂和胶粘带应贮存在阴凉通风的室内，严禁接近火源和热源。

5.4.15 进场的基层处理剂、胶粘剂和胶粘带，应检验下列项目：

1 沥青基防水卷材用基层处理剂的固体含量、耐热性、低温柔性、剥离强度；

2 高分子胶粘剂的剥离强度、浸水168h后的剥离强度保持率；

3 改性沥青胶粘剂的剥离强度；

4 合成橡胶胶粘带的剥离强度、浸水168h后的剥离强度保持率。

5.4.16 卷材防水层的施工环境温度应符合下列规定：

1 热熔法和焊接法不宜低于－10℃；

2 冷粘法和热粘法不宜低于5℃；

3 自粘法不宜低于10℃。

5.5 涂膜防水层施工

5.5.1 涂膜防水层的基层应坚实、平整、干净，应无孔隙、起砂和裂缝。基层的干燥程度应根据所选用的防水涂料特性确定；当采用溶剂型、热熔型和反应固化型防水涂料时，基层应干燥。

5.5.2 基层处理剂的施工应符合本规范第5.4.4条的规定。

5.5.3 双组分或多组分防水涂料应按配合比准确计量，应采用电动机具搅拌均匀，已配制的涂料应及时使用。配料时，可加入适量的缓凝剂或促凝剂调节固化时间，但不得混合已固化的涂料。

5.5.4 涂膜防水层施工应符合下列规定：

1 防水涂料应多遍均匀涂布，涂膜总厚度应符合设计要求；

2 涂膜间夹铺胎体增强材料时，宜边涂布边铺胎体；胎体应铺贴平整，应排除气泡，并应与涂料粘结牢固。在胎体上涂布涂料时，应使涂料浸透胎体，并应覆盖完全，不得有胎体外露现象。最上面的涂膜厚度不应小于1.0mm；

3 涂膜施工应先做好细部处理，再进行大面积涂布；

4 屋面转角及立面的涂膜应薄涂多遍，不得流淌和堆积。

5.5.5 涂膜防水层施工工艺应符合下列规定：

1 水乳型及溶剂型防水涂料宜选用滚涂或喷涂施工；

2 反应固化型防水涂料宜选用刮涂或喷涂施工；

3 热熔型防水涂料宜选用刮涂施工；

4 聚合物水泥防水涂料宜选用刮涂法施工；

5 所有防水涂料用于细部构造时，宜选用刷涂或喷涂施工。

5.5.6 防水涂料和胎体增强材料的贮运、保管，应符合下列规定：

1 防水涂料包装容器应密封，容器表面应标明涂料名称、生产厂家、执行标准号、生产日期和产品有效期，并应分类存放；

2 反应型和水乳型涂料贮运和保管环境温度不宜低于5℃；

3 溶剂型涂料贮运和保管环境温度不宜低于0℃，并不得日晒、碰撞和渗漏；保管环境应干燥、通风，并应远离火源、热源；

4 胎体增强材料贮运、保管环境应干燥、通风，并应远离火源、热源。

5.5.7 进场的防水涂料和胎体增强材料应检验下列项目：

1 高聚物改性沥青防水涂料的固体含量、耐热性、低温柔性、不透水性、断裂伸长率或抗裂性；

2 合成高分子防水涂料和聚合物水泥防水涂料的固体含量、低温柔性、不透水性、拉伸强度、断裂伸长率；

3 胎体增强材料的拉力、延伸率。

5.5.8 涂膜防水层的施工环境温度应符合下列规定：

1 水乳型及反应型涂料宜为5℃～35℃；

2 溶剂型涂料宜为－5℃～35℃；

3 热熔型涂料不宜低于－10℃；

4 聚合物水泥涂料宜为5℃～35℃。

5.6 接缝密封防水施工

5.6.1 密封防水部位的基层应符合下列规定：

1 基层应牢固，表面应平整、密实，不得有裂缝、蜂窝、麻面、起皮和起砂等现象；

2 基层应清洁、干燥，应无油污、无灰尘；

3 嵌入的背衬材料与接缝壁间不得留有空隙；

4 密封防水部位的基层宜涂刷基层处理剂，涂刷应均匀，不得漏涂。

5.6.2 改性沥青密封材料防水施工应符合下列规定：

1 采用冷嵌法施工时，宜分次将密封材料嵌填在缝内，并应防止裹入空气；

2 采用热灌法施工时，应由下向上进行，并宜减少接头；密封材料熬制及浇灌温度，应按不同材料要求严格控制。

5.6.3 合成高分子密封材料防水施工应符合下列规定：

1 单组分密封材料可直接使用；多组分密封材料应根据规定的比例准确计量，并应拌合均匀；每次拌合量、拌合时间和拌合温度，应按所用密封材料的要求严格控制；

2 采用挤出枪嵌填时，应根据接缝的宽度选用口径合适的挤出嘴，应均匀挤出密封材料嵌填，并应由底部逐渐充满整个接缝；

3 密封材料嵌填后，应在密封材料表干前用腻子刀嵌填修整。

5.6.4 密封材料嵌填应密实、连续、饱满，应与基层粘结牢固；表面应平滑，缝边应顺直，不得有气泡、孔洞、开裂、剥离等现象。

5.6.5 对嵌填完毕的密封材料，应避免碰损及污染；固化前不得踩踏。

5.6.6 密封材料的贮运、保管应符合下列规定：

1 运输时应防止日晒、雨淋、撞击、挤压；

2 贮运、保管环境应通风、干燥，防止日光直接照射，并应远离火源、热源；乳胶型密封材料在冬季时应采取防冻措施；

3 密封材料应按类别、规格分别存放。

5.6.7 进场的密封材料应检验下列项目：

1 改性石油沥青密封材料的耐热性、低温柔性、拉伸粘结性、施工度；

2 合成高分子密封材料的拉伸模量、断裂伸长率、定伸粘结性。

5.6.8 接缝密封防水的施工环境温度应符合下列规定：

1 改性沥青密封材料和溶剂型合成高分子密封材料宜为0℃～35℃；

2 乳胶型及反应型合成高分子密封材料宜为5℃～35℃。

5.7 保护层和隔离层施工

5.7.1 施工完的防水层应进行雨后观察、淋水或蓄水试验，并应在合格后再进行保护层和隔离层的施工。

5.7.2 保护层和隔离层施工前，防水层或保温层的表面应平整、干净。

5.7.3 保护层和隔离层施工时，应避免损坏防水层或保温层。

5.7.4 块体材料、水泥砂浆、细石混凝土保护层表面的坡度应符合设计要求，不得有积水现象。

5.7.5 块体材料保护层铺设应符合下列规定：

1 在砂结合层上铺设块体时，砂结合层应平整，块体间应预留10mm的缝隙，缝内应填砂，并应用1∶2水泥砂浆勾缝；

2 在水泥砂浆结合层上铺设块体时，应先在防水层上做隔离层，块体间应预留10mm的缝隙，缝内应用1∶2水泥砂浆勾缝；

3 块体表面应洁净、色泽一致，应无裂纹、掉角和缺楞等缺陷。

5.7.6 水泥砂浆及细石混凝土保护层铺设应符合下列规定：

1 水泥砂浆及细石混凝土保护层铺设前，应在防水层上做隔离层；

2 细石混凝土铺设不宜留施工缝；当施工间隙超过时间规定时，应对接槎进行处理；

3 水泥砂浆及细石混凝土表面应抹平压光，不得有裂纹、脱皮、麻面、起砂等缺陷。

5.7.7 浅色涂料保护层施工应符合下列规定：

1 浅色涂料应与卷材、涂膜相容，材料用量应根据产品说明书的规定使用；

2 浅色涂料应多遍涂刷，当防水层为涂膜时，应在涂膜固化后进行；

3 涂层应与防水层粘结牢固，厚薄应均匀，不得漏涂；

4 涂层表面应平整，不得流淌和堆积。

5.7.8 保护层材料的贮运、保管应符合下列规定：

1 水泥贮运、保管时应采取防尘、防雨、防潮措施；

2 块体材料应按类别、规格分别堆放；

3 浅色涂料贮运、保管环境温度，反应型及水乳型不宜低于5℃，溶剂型不宜低于0℃；

4 溶剂型涂料保管环境应干燥、通风，并应远离火源和热源。

5.7.9 保护层的施工环境温度应符合下列规定：

1 块体材料干铺不宜低于－5℃，湿铺不宜低于5℃；

2 水泥砂浆及细石混凝土宜为5℃～35℃；

3 浅色涂料不宜低于5℃。

5.7.10 隔离层铺设不得有破损和漏铺现象。

5.7.11 干铺塑料膜、土工布、卷材时，其搭接宽度不应小于50mm；铺设应平整，不得有皱折。

5.7.12 低强度等级砂浆铺设时，其表面应平整、压实，不得有起壳和起砂等现象。

5.7.13 隔离层材料的贮运、保管应符合下列规定：

1 塑料膜、土工布、卷材贮运时，应防止日晒、雨淋、重压；

2 塑料膜、土工布、卷材保管时，应保证室内干燥、通风；

3 塑料膜、土工布、卷材保管环境应远离火源、热源。

5.7.14 隔离层的施工环境温度应符合下列规定：

1 干铺塑料膜、土工布、卷材可在负温下施工；

2 铺抹低强度等级砂浆宜为5℃～35℃。

5.8 瓦屋面施工

5.8.1 瓦屋面采用的木质基层、顺水条、挂瓦条的防腐、防火及防蛀处理，以及金属顺水条、挂瓦条的防锈蚀处理，均应符合设计要求。

5.8.2 屋面木基层应铺钉牢固、表面平整；钢筋混凝土基层的表面应平整、干净、干燥。

5.8.3 防水垫层的铺设应符合下列规定：

1 防水垫层可采用空铺、满粘或机械固定；

2 防水垫层在瓦屋面构造层次中的位置应符合设计要求；

3 防水垫层宜自下而上平行屋脊铺设；

4 防水垫层应顺流水方向搭接，搭接宽度应符合本规范第4.8.6条的规定；

5 防水垫层应铺设平整，下道工序施工时，不得损坏已铺设完成的防水垫层。

5.8.4 持钉层的铺设应符合下列规定：

1 屋面无保温层时，木基层或钢筋混凝土基层可视为持钉层；钢筋混凝土基层不平整时，宜用1∶2.5的水泥砂浆进行找平；

2 屋面有保温层时，保温层上应按设计要求做细石混凝土持钉层，内配钢筋网应骑跨屋脊，并应绷直与屋脊和檐口、檐沟部位的预埋锚筋连牢；预埋锚筋穿过防水层或防水垫层时，破损处应进行局部密封处理；

3 水泥砂浆或细石混凝土持钉层可不设分格缝；持钉层与突出屋面结构的交接处应预留30mm宽的缝隙。

Ⅰ 烧结瓦、混凝土瓦屋面

5.8.5 顺水条应顺流水方向固定，间距不宜大于500mm，顺水条应铺钉牢固、平整。钉挂瓦条时应拉通线，挂瓦条的间距应根据瓦片尺寸和屋面坡长经计算确定，挂瓦条应铺钉牢固、平整，上棱应成一直线。

5.8.6 铺设瓦屋面时，瓦片应均匀分散堆放在两坡屋面基层上，严禁集中堆放。铺瓦时，应由两坡从下向上同时对称铺设。

5.8.7 瓦片应铺成整齐的行列，并应彼此紧密搭接，应做到瓦榫落槽、瓦脚挂牢、瓦头排齐，且无翘角和张口现象，檐口应成一直线。

5.8.8 脊瓦搭盖间距应均匀，脊瓦与坡面瓦之间的缝隙应用聚合物水泥砂浆填实抹平，屋脊或斜脊应顺直。沿山墙一行瓦宜用聚合物水泥砂浆做出披水线。

5.8.9 檐口第一根挂瓦条应保证瓦头出檐口50mm～70mm；屋脊两坡最上面的一根挂瓦条，应保证脊瓦在坡面瓦上的搭盖宽度不小于40mm；钉檐口条或封檐板时，均应高出挂瓦条20mm～30mm。

5.8.10 烧结瓦、混凝土瓦屋面完工后，应避免屋面受物体冲击，严禁任意上人或堆放物件。

5.8.11 烧结瓦、混凝土瓦的贮运、保管应符合下列规定：

1 烧结瓦、混凝土瓦运输时应轻拿轻放，不得抛扔、碰撞；

2 进入现场后应堆垛整齐。

5.8.12 进场的烧结瓦、混凝土瓦应检验抗渗性、抗冻性和吸水率等项目。

Ⅱ 沥青瓦屋面

5.8.13 铺设沥青瓦前，应在基层上弹出水平及垂直基准线，并应按线铺设。

5.8.14 檐口部位宜先铺设金属滴水板或双层檐口瓦，并应将其固定在基层上，再铺设防水垫层和起始瓦片。

5.8.15 沥青瓦应自檐口向上铺设，起始层瓦应由瓦片经切除垂片部分后制得，且起始层瓦沿檐口应平行铺设并伸出檐口10mm，再用沥青基胶结材料和基层粘结；第一层瓦应与起始层瓦叠合，但瓦切口应向下指向檐口；第二层瓦应压在第一层瓦上且露出瓦切口，但不得超过切口长度。相邻两层沥青瓦的拼缝及切口应均匀错开。

5.8.16 檐口、屋脊等屋面边沿部位的沥青瓦之间、起始层沥青瓦与基层之间，应采用沥青基胶结材料满粘牢固。

5.8.17 在沥青瓦上钉固定钉时，应将钉垂直钉入持钉层内；固定钉穿入细石混凝土持钉层的深度不应小于20mm，穿入木质持钉层的深度不应小于15mm，固定钉的钉帽不得外露在沥青瓦表面。

5.8.18 每片脊瓦应用两个固定钉固定；脊瓦应顺年最大频率风向搭接，并应搭盖住两坡面沥青瓦每边不小于150mm；脊瓦与脊瓦的压盖面不应小于脊瓦面积的1/2。

5.8.19 沥青瓦屋面与立墙或伸出屋面的烟囱、管道的交接处应做泛水，在其周边与立面250mm的范围内应铺设附加层，然后在其表面用沥青基胶结材料满粘一层沥青瓦片。

5.8.20 铺设沥青瓦屋面的天沟应顺直，瓦片应粘结牢固，搭接缝应密封严密，排水应通畅。

5.8.21 沥青瓦的贮运、保管应符合下列规定：

1 不同类型、规格的产品应分别堆放；

2 贮存温度不应高于45℃，并应平放贮存；

3 应避免雨淋、日晒、受潮，并应注意通风和避免接近火源。

5.8.22 进场的沥青瓦应检验可溶物含量、拉力、耐热度、柔度、不透水性、叠层剥离强度等项目。

5.9 金属板屋面施工

5.9.1 金属板屋面施工应在主体结构和支承结构验收合格后进行。

5.9.2 金属板屋面施工前应根据施工图纸进行深化排板图设计。金属板铺设时，应根据金属板板型技术要求和深化设计排板图进行。

5.9.3 金属板屋面施工测量应与主体结构测量相配合，其误差应及时调整，不得积累；施工过程中应定期对金属板的安装定位基准点进行校核。

5.9.4 金属板屋面的构件及配件应有产品合格证和性能检测报告，其材料的品种、规格、性能等应符合设计要求和产品标准的规定。

5.9.5 金属板的长度应根据屋面排水坡度、板型连接构造、环境温差及吊装运输条件等综合确定。

5.9.6 金属板的横向搭接方向宜顺主导风向；当在多维曲面上雨水可能翻越金属板板肋横流时，金属板的纵向搭接应顺流水方向。

5.9.7 金属板铺设过程中应对金属板采取临时固定措施，当天就位的金属板材应及时连接固定。

5.9.8 金属板安装应平整、顺滑，板面不应有施工残留物；檐口线、屋脊线应顺直，不得有起伏不平现象。

5.9.9 金属板屋面施工完毕，应进行雨后观察、整体或局部淋水试验，檐沟、天沟应进行蓄水试验，并应填写淋水和蓄水试验记录。

5.9.10 金属板屋面完工后，应避免屋面受物体冲击，并不宜对金属面板进行焊接、开孔等作业，严禁任意上人或堆放物件。

5.9.11 金属板应边缘整齐、表面光滑、色泽均匀、外形规则，不得有扭翘、脱膜和锈蚀等缺陷。

5.9.12 金属板的吊运、保管应符合下列规定：

1 金属板应用专用吊具安装，吊装和运输过程中不得损伤金属板材；

2 金属板堆放地点宜选择在安装现场附近，堆放场地应平整坚实且便于排除地面水。

5.9.13 进场的彩色涂层钢板及钢带应检验屈服强度、抗拉强度、断后伸长率、镀层重量、涂层厚度等项目。

5.9.14 金属面绝热夹芯板的贮运、保管应符合下列规定：

1 夹芯板应采取防雨、防潮、防火措施；

2 夹芯板之间应用衬垫隔离，并应分类堆放，应避免受压或机械损伤。

5.9.15 进场的金属面绝热夹芯板应检验剥离性能、抗弯承载力、防火性能等项目。

5.10 玻璃采光顶施工

5.10.1 玻璃采光顶施工应在主体结构验收合格后进行；采光顶的支承构件与主体结构连接的预埋件应按设计要求埋设。

5.10.2 玻璃采光顶的施工测量应与主体结构测量相配合，测量偏差应及时调整，不得积累；施工过程中应定期对采光顶的安装定位基准点进行校核。

5.10.3 玻璃采光顶的支承构件、玻璃组件及附件，其材料的品种、规格、色泽和性能应符合设计要求和技术标准的规定。

5.10.4 玻璃采光顶施工完毕，应进行雨后观察、整体或局部淋水试验，檐沟、天沟应进行蓄水试验，并应填写淋水和蓄水试验记录。

5.10.5 框支承玻璃采光顶的安装施工应符合下列规定：

1 应根据采光顶分格测量，确定采光顶各分格点的空间定位；

2 支承结构应按顺序安装，采光顶框架组件安装就位、调整后应及时紧固；不同金属材料的接触面应采用隔离材料；

3 采光顶的周边封堵收口、屋脊处压边收口、支座处封口处理，均应铺设平整且可靠固定；

4 采光顶天沟、排水槽、通气槽及雨水排出口等细部构造应符合设计要求；

5 装饰压板应顺流水方向设置，表面应平整，接缝应符合设计要求。

5.10.6 点支承玻璃采光顶的安装施工应符合下列规定：

1 应根据采光顶分格测量，确定采光顶各分格点的空间定位；

2 钢桁架及网架结构安装就位、调整后应及时紧固；钢索杆结构的拉索、拉杆预应力施加应符合设计要求；

3 采光顶应采用不锈钢驳接组件装配，爪件安装前应精确定出其安装位置；

4 玻璃宜采用机械吸盘安装，并应采取必要的安全措施；

5 玻璃接缝应采用硅酮耐候密封胶；

6 中空玻璃钻孔周边应采取多道密封措施。

5.10.7 明框玻璃组件组装应符合下列规定：

1 玻璃与构件槽口的配合应符合设计要求和技术标准的规定；

2 玻璃四周密封胶条的材质、型号应符合设计要求，镶嵌应平整、密实，胶条的长度宜大于边框内槽口长度1.5%～2.0%，胶条在转角处应斜面断开，并应用粘结剂粘结牢固；

3 组件中的导气孔及排水孔设置应符合设计要求，组装时应保持孔道通畅；

4 明框玻璃组件应拼装严密，框缝密封应采用硅酮耐候密封胶。

5.10.8 隐框及半隐框玻璃组件组装应符合下列规定：

1 玻璃及框料粘结表面的尘埃、油渍和其他污物，应分别使用带溶剂的擦布和干擦布清除干净，并应在清洁1h内嵌填密封胶；

2 所用的结构粘结材料应采用硅酮结构密封胶，其性能应符合现行国家标准《建筑用硅酮结构密封胶》GB 16776的有关规定；硅酮结构密封胶应在有效期内使用；

3 硅酮结构密封胶应嵌填饱满，并应在温度15℃～30℃、相对湿度50%以上、洁净的室内进行，不得在现场嵌填；

4 硅酮结构密封胶的粘结宽度和厚度应符合设计要求，胶缝表面应平整光滑，不得出现气泡；

5 硅酮结构密封胶固化期间，组件不得长期处于单独受力状态。

5.10.9 玻璃接缝密封胶的施工应符合下列规定：

1 玻璃接缝密封应采用硅酮耐候密封胶，其性能应符合现行行业标准《幕墙玻璃接缝用密封胶》JC/T 882的有关规定，密封胶的级别和模量应符合设计要求；

2 密封胶的嵌填应密实、连续、饱满，胶缝应平整光滑、缝边顺直；

3 玻璃间的接缝宽度和密封胶的嵌填深度应符合设计要求；

4 不宜在夜晚、雨天嵌填密封胶，嵌填温度应符合产品说明书规定，嵌填密封胶的基面应清洁、干燥。

5.10.10 玻璃采光顶材料的贮运、保管应符合下列规定：

1 采光顶部件在搬运时应轻拿轻放，严禁发生互相碰撞；

2 采光玻璃在运输中应采用有足够承载力和刚度的专用货架；部件之间应用衬垫固定，并应相互隔开；

3 采光顶部件应放在专用货架上，存放场地应平整、坚实、通风、干燥，并严禁与酸碱等类的物质接触。

附录A 屋面工程用防水及保温材料标准

A.0.1 屋面工程用防水材料标准应按表A.0.1选用。

表A.0.1 屋面工程用防水材料标准

类 别	标 准 名 称	标准编号
改性沥青防水卷材	1. 弹性体改性沥青防水卷材	GB 18242
	2. 塑性体改性沥青防水卷材	GB 18243
	3. 改性沥青聚乙烯胎防水卷材	GB 18967
	4. 带自粘层的防水卷材	GB/T 23260
	5. 自粘聚合物改性沥青防水卷材	GB 23441
高分子防水卷材	1. 聚氯乙烯防水卷材	GB 12952
	2. 氯化聚乙烯防水卷材	GB 12953
	3. 高分子防水材料 第1部分：片材	GB 18173.1
	4. 氯化聚乙烯-橡胶共混防水卷材	JC/T 684

续表 A.0.1

类 别	标 准 名 称	标准编号
防水涂料	1. 聚氨酯防水涂料	GB/T 19250
	2. 聚合物水泥防水涂料	GB/T 23445
	3. 水乳型沥青防水涂料	JC/T 408
	4. 溶剂型橡胶沥青防水涂料	JC/T 852
	5. 聚合物乳液建筑防水涂料	JC/T 864
密封材料	1. 硅酮建筑密封胶	GB/T 14683
	2. 建筑用硅酮结构密封胶	GB 16776
	3. 建筑防水沥青嵌缝油膏	JC/T 207
	4. 聚氨酯建筑密封胶	JC/T 482
	5. 聚硫建筑密封胶	JC/T 483
	6. 中空玻璃用弹性密封胶	JC/T 486
	7. 混凝土建筑接缝用密封胶	JC/T 881
	8. 幕墙玻璃接缝用密封胶	JC/T 882
	9. 彩色涂层钢板用建筑密封胶	JC/T 884
瓦	1. 玻纤胎沥青瓦	GB/T 20474
	2. 烧结瓦	GB/T 21149
	3. 混凝土瓦	JC/T 746
配套材料	1. 高分子防水卷材胶粘剂	JC/T 863
	2. 丁基橡胶防水密封胶粘带	JC/T 942
	3. 坡屋面用防水材料 聚合物改性沥青防水垫层	JC/T 1067
	4. 坡屋面用防水材料 自粘聚合物沥青防水垫层	JC/T 1068
	5. 沥青防水卷材用基层处理剂	JC/T 1069
	6. 自粘聚合物沥青泛水带	JC/T 1070
	7. 种植屋面用耐根穿刺防水卷材	JC/T 1075

A.0.2 屋面工程用保温材料标准应按表 A.0.2 的规定选用。

表 A.0.2 屋面工程用保温材料标准

类 别	标 准 名 称	标准编号
聚苯乙烯泡沫塑料	1. 绝热用模塑聚苯乙烯泡沫塑料	GB/T 10801.1
	2. 绝热用挤塑聚苯乙烯泡沫塑料（XPS）	GB/T 10801.2
硬质聚氨酯泡沫塑料	1. 建筑绝热用硬质聚氨酯泡沫塑料	GB/T 21558
	2. 喷涂聚氨酯硬泡体保温材料	JC/T 998

续表 A.0.2

类 别	标 准 名 称	标准编号
无机硬质绝热制品	1. 膨胀珍珠岩绝热制品	GB/T 10303
	2. 蒸压加气混凝土砌块	GB/T 11968
	3. 泡沫玻璃绝热制品	JC/T 647
	4. 泡沫混凝土砌块	JC/T 1062
纤维保温材料	1. 建筑绝热用玻璃棉制品	GB/T 17795
	2. 建筑用岩棉、矿渣棉绝热制品	GB/T 19686
金属面绝热夹芯板	1. 建筑用金属面绝热夹芯板	GB/T 23932

附录B 屋面工程用防水及保温材料主要性能指标

B.1 防水材料主要性能指标

B.1.1 高聚物改性沥青防水卷材主要性能指标应符合表 B.1.1 的要求。

表 B.1.1 高聚物改性沥青防水卷材主要性能指标

项 目	指 标				
	聚酯毡胎体	玻纤毡胎体	聚乙烯胎体	自粘聚酯胎体	自粘无胎体
可溶物含量（g/m^2）	3mm 厚≥2100 4mm 厚≥2900		—	2mm 厚≥1300 3mm 厚≥2100	—
拉力（N/50mm）	≥500	纵向≥350	≥200	2mm 厚≥350 3mm 厚≥450	≥150
延伸率（%）	最大拉力时 SBS≥30 APP≥25	—	断裂时≥120	最大拉力时≥30	最大拉力时≥200
耐热度（℃，2h）	SBS 卷材 90，APP 卷材 110，无滑动、流淌、滴落		PEE 卷材 90，无流淌、起泡	70，无滑动、流淌、滴落	70，滑动不超过 2mm
低温柔性（℃）	SBS 卷材−20；APP 卷材−7；PEE 卷材−20			−20	
不透水性 压力（MPa）	≥0.3	≥0.2	≥0.4	≥0.3	≥0.2
不透水性 保持时间（min）	≥30				≥120

注：SBS 卷材为弹性体改性沥青防水卷材；APP 卷材为塑性体改性沥青防水卷材；PEE 卷材为改性沥青聚乙烯胎防水卷材。

B.1.2 合成高分子防水卷材主要性能指标应符合表 B.1.2 的要求。

表 B.1.2 合成高分子防水卷材主要性能指标

项目		指标			
		硫化橡胶类	非硫化橡胶类	树脂类	树脂类（复合片）
断裂拉伸强度（MPa）		≥6	≥3	≥10	≥60 N/10mm
扯断伸长率（%）		≥400	≥200	≥200	≥400
低温弯折（℃）		−30	−20	−25	−20
不透水性	压力（MPa）	≥0.3	≥0.2	≥0.3	≥0.3
	保持时间（min）	≥30			
加热收缩率（%）		＜1.2	＜2.0	≤2.0	≤2.0
热老化保持率（80℃×168h，%）	断裂拉伸强度	≥80		≥85	≥80
	扯断伸长率	≥70		≥80	≥70

B.1.3 基层处理剂、胶粘剂、胶粘带主要性能指标应符合表 B.1.3 的要求。

表 B.1.3 基层处理剂、胶粘剂、胶粘带主要性能指标

项目	指标			
	沥青基防水卷材用基层处理剂	改性沥青胶粘剂	高分子胶粘剂	双面胶粘带
剥离强度（N/10mm）	≥8	≥8	≥15	≥6
浸水 168h 剥离强度保持率（%）	≥8 N/10mm	≥8 N/10mm	70	70
固体含量（%）	水性≥40 溶剂性≥30	—	—	—
耐热性	80℃无流淌	80℃无流淌	—	—
低温柔性	0℃无裂纹	0℃无裂纹	—	—

B.1.4 高聚物改性沥青防水涂料主要性能指标应符合表 B.1.4 的要求。

表 B.1.4 高聚物改性沥青防水涂料主要性能指标

项目		指标	
		水乳型	溶剂型
固体含量（%）		≥45	≥48
耐热性（80℃，5h）		无流淌、起泡、滑动	
低温柔性（℃，2h）		−15，无裂纹	−15，无裂纹
不透水性	压力（MPa）	≥0.1	≥0.2
	保持时间（min）	≥30	≥30
断裂伸长率（%）		≥600	—
抗裂性（mm）		—	基层裂缝 0.3mm，涂膜无裂纹

B.1.5 合成高分子防水涂料（反应型固化）主要性能指标应符合表 B.1.5 的要求。

表 B.1.5 合成高分子防水涂料（反应型固化）主要性能指标

项目		指标	
		Ⅰ类	Ⅱ类
固体含量（%）		单组分≥80；多组分≥92	
拉伸强度（MPa）		单组分，多组分≥1.9	单组分，多组分≥2.45
断裂伸长率（%）		单组分≥550；多组分≥450	单组分，多组分≥450
低温柔性（℃，2h）		单组分−40；多组分−35，无裂纹	
不透水性	压力（MPa）	≥0.3	
	保持时间（min）	≥30	

注：产品按拉伸性能分Ⅰ类和Ⅱ类。

B.1.6 合成高分子防水涂料（挥发固化型）主要性能指标应符合表 B.1.6 的要求。

表 B.1.6 合成高分子防水涂料（挥发固化型）主要性能指标

项目		指标
固体含量（%）		≥65
拉伸强度（MPa）		≥1.5
断裂伸长率（%）		≥300
低温柔性（℃，2h）		−20，无裂纹
不透水性	压力（MPa）	≥0.3
	保持时间（min）	≥30

B.1.7 聚合物水泥防水涂料主要性能指标应符合表B.1.7的要求。

表 B.1.7 聚合物水泥防水涂料主要性能指标

项目		指标
固体含量（%）		≥70
拉伸强度（MPa）		≥1.2
断裂伸长率（%）		≥200
低温柔性（℃，2h）		－10，无裂纹
不透水性	压力（MPa）	≥0.3
	保持时间（min）	≥30

B.1.8 聚合物水泥防水胶结材料主要性能指标应符合表B.1.8的要求。

表 B.1.8 聚合物水泥防水胶结材料主要性能指标

项目		指标
与水泥基层的拉伸粘结强度（MPa）	常温7d	≥0.6
	耐水	≥0.4
	耐冻融	≥0.4
可操作时间（h）		≥2
抗渗性能（MPa，7d）	抗渗性	≥1.0
抗压强度（MPa）		≥9
柔韧性28d	抗压强度/抗折强度	≤3
剪切状态下的粘合性（N/mm，常温）	卷材与卷材	≥2.0
	卷材与基底	≥1.8

B.1.9 胎体增强材料主要性能指标应符合表B.1.9的要求。

表 B.1.9 胎体增强材料主要性能指标

项目		指标	
		聚酯无纺布	化纤无纺布
外观		均匀，无团状，平整无皱折	
拉力（N/50mm）	纵向	≥150	≥45
	横向	≥100	≥35
延伸率（%）	纵向	≥10	≥20
	横向	≥20	≥25

B.1.10 合成高分子密封材料主要性能指标应符合表B.1.10的要求。

表 B.1.10 合成高分子密封材料主要性能指标

项目		指标						
		25LM	25HM	20LM	20HM	12.5E	12.5P	7.5P
拉伸模量（MPa）	23℃ －20℃	≤0.4和≤0.6	＞0.4或＞0.6	≤0.4和≤0.6	＞0.4或＞0.6	—		
定伸粘结性		无破坏					—	
浸水后定伸粘结性		无破坏					—	
热压冷拉后粘结性		无破坏					—	
拉伸压缩后粘结性		—					无破坏	
断裂伸长率（%）		—					≥100	≥20
浸水后断裂伸长率（%）		—					≥100	≥20

注：产品按位移能力分为25、20、12.5、7.5四个级别；25级和20级密封材料按伸拉模量分为低模量（LM）和高模量（HM）两个次级别；12.5级密封材料按弹性恢复率分为弹性（E）和塑性（P）两个次级别。

B.1.11 改性石油沥青密封材料主要性能指标应符合表B.1.11的要求。

表 B.1.11 改性石油沥青密封材料主要性能指标

项目		指标	
		Ⅰ类	Ⅱ类
耐热性	温度（℃）	70	80
	下垂值(mm)	≤4.0	
低温柔性	温度（℃）	－20	－10
	粘结状态	无裂纹和剥离现象	
拉伸粘结性（%）		≥125	
浸水后拉伸粘结性（%）		125	
挥发性（%）		≤2.8	
施工度（mm）		≥22.0	≥20.0

注：产品按耐热度和低温柔性分为Ⅰ类和Ⅱ类。

B.1.12 烧结瓦主要性能指标应符合表B.1.12的要求。

表 B.1.12 烧结瓦主要性能指标

项目	指标	
	有釉类	无釉类
抗弯曲性能（N）	平瓦1200， 波形瓦1600	
抗冻性能（15次冻融循环）	无剥落、掉角、 掉棱及裂纹增加现象	

续表 B.1.12

项　目	指　标	
	有釉类	无釉类
耐急冷急热性（10次急冷急热循环）	无炸裂、剥落及裂纹延长现象	
吸水率（浸水24h,%）	≤10	≤18
抗渗性能（3h）	—	背面无水滴

B.1.13　混凝土瓦主要性能指标应符合表B.1.13的要求。

表 B.1.13　混凝土瓦主要性能指标

项　目	指　标			
	波形瓦		平板瓦	
	覆盖宽度≥300mm	覆盖宽度≤200mm	覆盖宽度≥300mm	覆盖宽度≤200mm
承载力标准值（N）	1200	900	1000	800
抗冻性（25次冻融循环）	外观质量合格，承载力仍不小于标准值			
吸水率（浸水24h,%）	≤10			
抗渗性能（24h）	背面无水滴			

B.1.14　沥青瓦主要性能指标应符合表B.1.14的要求。

表 B.1.14　沥青瓦主要性能指标

项　目		指　标
可溶物含量（g/m^2）		平瓦≥1000；叠瓦≥1800
拉力（N/50mm）	纵向	≥500
	横向	≥400
耐热度（℃）		90，无流淌、滑动、滴落、气泡
柔度（℃）		10，无裂纹
撕裂强度（N）		≥9
不透水性（0.1MPa，30min）		不透水
人工气候老化（720h）	外观	无气泡、渗油、裂纹
	柔度	10℃无裂纹

续表 B.1.14

项　目		指　标
自粘胶耐热度	50℃	发　黏
	70℃	滑动≤2mm
叠层剥离强度（N）		≥20

B.1.15　防水透汽膜主要性能指标应符合表B.1.15的要求。

表 B.1.15　防水透汽膜主要性能指标

项　目		指　标	
		Ⅰ类	Ⅱ类
水蒸气透过量（g/m^2·24h，23℃）		≥1000	
不透水性（mm，2h）		≥1000	
最大拉力（N/50mm）		≥100	≥250
断裂伸长率（%）		≥35	≥10
撕裂性能（N，钉杆法）		≥40	
热老化（80℃，168h）	拉力保持率（%）	≥80	
	断裂伸长率保持率（%）		
	水蒸气透过量保持率（%）		

B.2　保温材料主要性能指标

B.2.1　板状保温材料的主要性能指标应符合表B.2.1的要求。

表 B.2.1　板状保温材料主要性能指标

项　目	指　标						
	聚苯乙烯泡沫塑料		硬质聚氨酯泡沫塑料	泡沫玻璃	憎水型膨胀珍珠岩	加气混凝土	泡沫混凝土
	挤塑	模塑					
表观密度或干密度（kg/m^3）	—	≥20	≥30	≤200	≤350	≤425	≤530
压缩强度（kPa）	≥150	≥100	≥120	—	—	—	—
抗压强度（MPa）	—	—	—	≥0.4	≥0.3	≥1.0	≥0.5
导热系数[W/(m·K)]	≤0.030	≤0.041	≤0.024	≤0.070	≤0.087	≤0.120	≤0.120
尺寸稳定性（70℃,48h,%）	≤2.0	≤3.0	≤2.0	—	—	—	—
水蒸气渗透系数[ng/(Pa·m·s)]	≤3.5	≤4.5	≤6.5	—	—	—	—
吸水率（v/v,%）	≤1.5	≤4.0	≤4.0	≤0.5	—	—	—
燃烧性能	不低于B_2级			A级			

B.2.2 纤维保温材料主要性能指标应符合表 B.2.2 的要求。

表 B.2.2 纤维保温材料主要性能指标

项　目	指　标			
	岩棉、矿渣棉板	岩棉、矿渣棉毡	玻璃棉板	玻璃棉毡
表观密度（kg/m^3）	≥40	≥40	≥24	≥10
导热系数 [W/(m·K)]	≤0.040	≤0.040	≤0.043	≤0.050
燃烧性能	A 级			

B.2.3 喷涂硬泡聚氨酯主要性能指标应符合表 B.2.3 的要求。

表 B.2.3 喷涂硬泡聚氨酯主要性能指标

项　目	指　标
表观密度（kg/m^3）	≥35
导热系数 [W/(m·K)]	≤0.024
压缩强度（kPa）	≥150
尺寸稳定性（70℃，48h，%）	≤1
闭孔率（%）	≥92
水蒸气渗透系数 [ng/(Pa·m·s)]	≤5
吸水率（v/v，%）	≤3
燃烧性能	不低于 B_2 级

B.2.4 现浇泡沫混凝土主要性能指标应符合表 B.2.4 的要求。

表 B.2.4 现浇泡沫混凝土主要性能指标

项　目	指　标
干密度（kg/m^3）	≤600
导热系数 [W/(m·K)]	≤0.14
抗压强度（MPa）	≥0.5
吸水率（%）	≤20%
燃烧性能	A 级

B.2.5 金属面绝热夹芯板主要性能指标应符合表 B.2.5 的要求。

表 B.2.5 金属面绝热夹芯板主要性能指标

项　目	指　标				
	模塑聚苯乙烯夹芯板	挤塑聚苯乙烯夹芯板	硬质聚氨酯夹芯板	岩棉、矿渣棉夹芯板	玻璃棉夹芯板
传热系数 [$W/(m^2·K)$]	≤0.68	≤0.63	≤0.45	≤0.85	≤0.90
粘结强度（MPa）	≥0.10	≥0.10	≥0.10	≥0.06	≥0.03
金属面材厚度	彩色涂层钢板基板≥0.5mm，压型钢板≥0.5mm				
芯材密度（kg/m^3）	≥18		≥38	≥100	≥64
剥离性能	粘结在金属面材上的芯材应均匀分布，并且每个剥离面的粘结面积不应小于 85%				
抗弯承载力	夹芯板挠度为支座间距的 1/200 时，均布荷载不应小于 0.5 kN/m^2				
防火性能	芯材燃烧性能按《建筑材料及制品燃烧性能分级》GB 8624 的有关规定分级。 岩棉、矿渣棉夹芯板，当夹芯板厚度小于或等于 80mm 时，耐火极限应大于或等于 30min；当夹芯板厚度大于 80mm 时，耐火极限应大于或等于 60min				

本规范用词说明

1 为便于在执行本规范条文时区别对待，对要求严格程度不同的用词说明如下：

1）表示很严格，非这样做不可的用词：
正面词采用"必须"，反面词采用"严禁"；

2）表示严格，在正常情况均应这样做的用词：
正面词采用"应"，反面词采用"不应"或"不得"；

3）表示允许稍有选择，在条件许可时首先应这样做的用词：
正面词采用"宜"，反面词采用"不宜"；

4）表示有选择，在一定条件下可以这样做的用词，采用"可"。

2 本规范中指明应按其他有关标准执行的写法为："应符合……的规定"或"应按……执行"。

引用标准名录

1 《建筑给水排水设计规范》GB 50015

2 《建筑设计防火规范》GB 50016

3 《建筑物防雷设计规范》GB 50057

4 《民用建筑热工设计规范》GB 50176

5 《公共建筑节能设计标准》GB 50189

6 《工业用橡胶板》GB/T 5574

7 《建筑材料及制品燃烧性能分级》GB 8624

8 《中空玻璃》GB/T 11944

9 《建筑用安全玻璃 第3部分：夹层玻璃》GB 15763.3

10 《建筑用硅酮结构密封胶》GB 16776

11 《严寒和寒冷地区居住建筑节能设计标准》JGJ 26

12 《夏热冬暖地区居住建筑节能设计标准》JGJ 75

13 《夏热冬冷地区居住建筑节能设计标准》JGJ 134

14 《建筑玻璃采光顶》JG/T 231

15 《幕墙玻璃接缝用密封胶》JC/T 882

16 《建筑防水涂料有害物质限量》JC 1066

17 《硫化橡胶和热塑性橡胶 建筑用预成型密封垫的分类、要求和试验方法》HG/T 3100

中华人民共和国国家标准

屋面工程技术规范

GB 50345—2012

条 文 说 明

修 订 说 明

本规范是在《屋面工程技术规范》GB 50345－2004的基础上修订完成，上一版规范的主编单位是山西建筑工程（集团）总公司，参编单位有北京市建筑工程研究院、中国建筑科学研究院、浙江工业大学、太原理工大学、中国建筑标准设计研究所、四川省建筑科学研究院、中国化学建材公司苏州防水研究设计所、徐州卧牛山新型防水材料有限公司、山东力华防水建材有限公司。主要起草人员是哈成德、王寿华、朱忠厚、严仁良、叶林标、王　天、项桦太、马芸芳、高延继、王宜群、杨　胜、李国干、孙晓东。

本次修订的主要技术内容是：1.“基本规定”首次提出了屋面工程应满足7项基本要求，屋面工程设计与施工是按照屋面的基本构造层次和细部构造进行规定的；2.屋面防水等级分为Ⅰ级和Ⅱ级，设防要求分别为两道防水设防和一道防水设防；屋面防水层包括卷材防水层、涂膜防水层和复合防水层，淘汰了细石混凝土防水层；3.屋面保温层包括板状材料保温层、纤维材料保温层和整体材料保温层，增加了岩棉、矿渣棉和玻璃棉以及泡沫混凝土砌块和现浇泡沫混凝土等不燃烧材料；4.瓦屋面包括烧结瓦、混凝土瓦和沥青瓦，增加了金属板屋面和玻璃采光顶。

为了便于广大设计、施工、科研、学校等单位有关人员正确理解和执行本规范条文内容，规范编制组按章、节、条顺序编制了本规范的条文说明，对条文规定的目的、依据以及执行中需注意的有关事项进行了说明。虽然本条文说明不具备与规范正文同等的法律效力，但建议使用者认真阅读，作为正确理解和把握规范规定的参考。

目　次

1 总　　则

1.0.1 近年来，由于在屋面工程中新型防水保温材料、新型屋面形式及新的施工技术等方面均有较快的发展，同时一些屋面工程专项技术标准也将陆续出台，原规范已不能适应屋面工程技术发展的需要，故必须进行修订。

在本条中明确了这次规范修订的目的，就是要在设计、施工方面提高我国屋面工程的技术水平，同时强调了以下四项要求：

1 保证屋面工程防水层和密封部位不渗漏，保温隔热功能满足设计要求；

2 根据不同的建筑类型、重要程度、使用功能要求、屋面形式以及地区特点等，在确保屋面工程质量的基础上做到经济合理；

3 在屋面工程的设计和施工中，应对屋面工程的防水、保温、隔热做到安全适用；

4 根据环境保护和建筑节能政策，在设计选材、施工作业以及使用过程中均应符合环境保护和建筑节能的要求，防止对周围环境造成污染。

1.0.2 在本条中明确了本规范的适用范围。屋面工程应遵循“材料是基础、设计是前提、施工是关键、管理是保证”的综合治理原则，屋面工程设计与屋面工程施工的内容应从总体上涵盖了所有屋面工程的专项技术标准。

1.0.3 环境保护和建筑节能是我国的一项重大技术政策，关系到我国经济建设可持续发展的战略决策。屋面工程设计和施工应从材料选择、施工方法等方面着手，考虑其对周围环境的影响程度以及建筑节能效果，并应采取针对性措施。

本条中除保留原规范的内容外，还增加了在屋面工程设计和施工中有关防火安全的规定。对屋面工程的设计和施工，必须依据公安部、住房和城乡建设部联合发布的《民用建筑外保温系统及外墙装饰防火暂行规定》的要求，制定有关防火安全的实施细则及规定，采取必要的防火措施，确保屋面在火灾情况下的安全性。

2 术　　语

本规范从屋面工程设计和施工的角度列出了17条术语。术语中包括以下3种情况：

1 在原规范中的一些均为人所熟知的术语，在这次修订时予以删除，如“沥青防水卷材、高聚物改性沥青防水卷材、合成高分子防水卷材”等。

2 对尚未出现在国家标准、行业标准中的术语，在这次修订时予以增加，如“复合防水层、相容性”等。

3 对过去在国家标准或行业标准不统一的术语，在这次修订中予以统一，如“防水垫层、持钉层”等。

3 基 本 规 定

3.0.1 屋面是建筑的外围护结构，在本规范编制时应针对屋面的使用功能及要求，把屋面当做一个系统工程来进行研究，同时考虑了我国的实际情况，建立屋面工程技术内在规律的理论，指导屋面工程的技术发展。对屋面工程的基本要求说明如下：

1 具有良好的排水功能和阻止水侵入建筑物内的作用。

排水是利用水向下流的特性，不使水在防水层上积滞，尽快排除。防水是利用防水材料的致密性、憎水性构成一道封闭的防线，隔绝水的渗透。因此，屋面排水可以减轻防水的压力，屋面防水又为排水提供了充裕的排除时间，防水与排水是相辅相成的。

2 冬季保温减少建筑物的热损失和防止结露。

按我国建筑热工设计分区的设计要求，严寒地区必须满足冬季保温，寒冷地区应满足冬季保温，夏热冬冷地区应适当兼顾冬季保温。屋面应采用轻质、高效、吸水率低、性能稳定的保温材料，提高构造层的热阻；同时，屋面传热系数必须满足本地区建筑节能设计标准的要求，以减少建筑物的热损失。屋面大多数采用外保温构造，造成屋面的内表面大面积结露的可能性不大，结露主要出现在檐口、女儿墙与屋顶的连接处，因此对热桥部位应采取保温措施。

3 夏季隔热降低建筑物对太阳能辐射热的吸收。

按我国建筑热工设计分区的设计要求，夏热冬冷地区必须满足夏季防热要求，夏热冬暖地区必须充分满足夏季防热要求。屋面应利用隔热、遮阳、通风、绿化等方法来降低夏季室内温度，也可采用适当的围护结构减少太阳的辐射传入室内。屋面若采用含有轻质、高效保温材料的复合结构，对达到所需传热系数比较容易，要达到较大的热惰性指标就很困难，因此对屋面结构形式和隔热性能亟待改善。屋面传热系数和热惰性指标必须满足本地区建筑节能设计标准的要求，在保证室内热环境的前提下，使夏季空调能耗得到控制。

4 适应主体结构的受力变形和温差变形。

屋面结构设计一般应考虑自重、雪荷载、风荷载、施工或使用荷载，结构层应保证屋面有足够的承载力和刚度；由于受到地基变形和温差变形的影响，建筑物除应设置变形缝外，屋面构造层必须采取有效措施。有关资料表明，导致防水功能失效的主要症结，是防水工程在结构荷载和变形荷载的作用下引起的变形，当变形受到约束时，就会引起防水主体的开裂。因此，屋面工程一要有抵抗外荷载和变形的能力，二要减少约束、适当变形，采取“抗”与“放”的结合尤为重要。

5 承受风、雪荷载的作用不产生破坏。

虽然屋面工程不作为承重结构使用，但对其力学性能和稳定性仍然提出了要求。国内外屋顶突然坍塌事故，给了我们深刻的教训。屋面系统在正常荷载引起的联合应力作用下，应能保持稳定；对金属屋面、采光顶来讲，承受风、雪荷载必须符合现行国家标准《建筑结构荷载规范》GB 50009 的有关规定，特别是屋面系统应具有足够的力学性能，使其能够抵抗由风力造成压力、吸力和振动，而且应有足够的安全系数。

6 具有阻止火势蔓延的性能。

对屋面系统的防火要求，应依据法律、法规制定有关实施细则。在火灾情况下的安全性，屋面系统所用材料的燃烧性能和耐火极限必须符合现行国家标准《建筑设计防火规范》GB 50016 的有关规定，屋面工程应采取必要的防火构造措施，保证防火安全。

7 满足建筑外形美观和使用要求。

建筑应具有物质和艺术的两重性，既要满足人们的物质需求，又要满足人们的审美要求。现代城市的建筑由于跨度大、功能多、形状复杂、技术要求高，传统的屋面技术已很难适应。随着人们对屋面功能要求的提高及新型建筑材料的发展，屋面工程设计突破了过去千篇一律的屋面形式。通过建筑造型所表达的艺术性，不应刻意表现繁琐、豪华的装饰，而应重视功能适用、结构安全、形式美观。

3.0.2 就我国屋面工程的现状看，屋面大体上可分为卷材防水屋面、涂膜防水屋面、保温屋面、隔热屋面、瓦屋面、金属板屋面、采光顶等种类。在每类屋面中，由于所用材料不同和构造各异，因而形成了各种屋面工程。屋面工程是一个完整的系统，主要应包括屋面基层、保温与隔热层、防水层和保护层。本条是按照屋面的所用材料来进行分类，并列表叙述屋面基本构造层次，有关构造层的定义可见术语内容。本条在执行时，允许设计人员稍有选择，但在条件许可时首先应这样做。

3.0.3 本条规定了屋面工程设计的基本原则：

1 屋面是建筑的外围护结构，主要是起覆盖作用，借以抵抗雨雪，避免日晒等自然界大气变化的影响，同时亦起着保温、隔热和稳定墙身等作用。根据本规范第 3.0.1 条的规定，屋面工程的基本功能不仅为建筑的耐久性和安全性提供保证，而且成为防水、节能、环保、生态及智能建筑技术健康发展的平台，因此，保证功能在屋面工程设计中具有十分重要的意义和作用。

2 根据人们对屋面功能要求的提高及新型建筑材料的发展，屋面工程设计将突破过去千篇一律的屋面形式，对防水、节能、环保、生态等方面提出了更高的要求。由于屋面构造层次较多，除应考虑相关构造层的匹配和相容外，还应研究构造层间的相互支持，方便施工和维修。国内当前屋面工程中设计深度严重不足，特别是构造设计不够合理，造成屋面功能无法得到保证的现状，因此，构造合理是提高屋面工程寿命的重要措施。

3 屋面防水和排水是一个问题的两个方面，考虑防水的同时应考虑排水，应先让水顺利、迅速地排走，不使屋面积水，自然可减轻防水层的压力。屋面工程中对屋面坡度、檐沟、天沟的汇水面积、水落口数量、管径大小等设计，应尽可能使水以较快的速度、簡捷的途径顺畅排除，总之，做好排水是提高防水功能的有效措施，因此，防排结合是屋面防水概念设计的主要内容。

4 由于新型建筑材料的不断涌现，设计人员应该熟悉材料的种类及其性能，并根据屋面使用功能、工程造价、工程技术条件等因素，合理选择使用材料，提供适用、安全、经济、美观的构造方案。选材有以下标准：(1) 根据不同的工程部位选材；(2) 根据主体功能要求选材；(3) 根据工程环境选材；(4) 根据工程标准选材。因此，优选用材是保证屋面工程质量的基本条件。

5 建筑既要满足人们物质需要，又要满足审美要求；它不但体现某个时代的物质文化水平和科学技术水平，而且还反映出这个时代的精神面貌。

3.0.4 本条规定了屋面工程施工的基本原则：

1 施工单位必须按照工程设计图纸和施工技术标准施工，不得擅自修改屋面工程设计，不得偷工减料。在施工过程中发现设计文件和图纸有差错的，施工单位应当及时提出意见和建议，因此，按图施工是保证屋面工程施工质量的前提。

2 施工单位必须按照工程设计要求、施工技术标准和合同约定，对进入施工现场的屋面防水、保温材料进行抽样检验，并提出检验报告。未经检验或检验不合格的材料，不得在工程中使用，因此，材料检验是保证屋面工程施工质量的基础。

3 施工单位必须建立、健全施工质量检验制度，严格工序管理，做好隐蔽工程的质量检查和记录。屋面工程每道工序施工后，均应采取相应的保护措施，因此，工序检查是保证屋面工程施工质量的关键。

4 施工单位应具备相应的资质，并应建立质量管理体系。施工单位应编制屋面工程专项施工方案，并应经过审查批准。施工单位应按有关的施工工艺标准和经审定的施工方案施工，并应对施工全过程实行质量控制，因此，过程控制是保证屋面工程施工质量的措施。

5 屋面工程施工质量验收，应按现行国家标准《屋面工程质量验收规范》GB 50207 的规定执行。施工单位对施工过程中出现质量问题或不能满足安全使用要求的屋面工程，应当负责返修或返工，并应重新进行验收，因此，质量验收是保证屋面工程施工质量的条件。

3.0.5 本条对屋面防水等级和设防要求作了较大的修订。原规范对屋面防水等级分为四级，Ⅰ级为特别重要或对防水有特殊要求的建筑，由于这类建筑极少采用，本次修订作了“对防水有特殊要求的建筑屋面，应进行专项防水设计”的规定；原规范Ⅳ级为非永久性建筑，由于这类建筑防水要求很低，本次修订给予删除，故本条根据建筑物的类别、重要程度、使用功能要求，将屋面防水等级分为Ⅰ级和Ⅱ级，设防要求分别为两道防水设防和一道防水设防。

本规范征求意见稿和送审稿中，都曾明确将屋面防水等级分为Ⅰ级和Ⅱ级，防水层的合理使用年限分别定为20年和10年，设防要求分别为两道防水设防和一道防水设防。关于防水层合理使用年限的确定，主要是根据建设部《关于治理屋面渗漏的若干规定》(1991) 370号文中“……选材要考虑其耐久性能保证10年”的要求，以及考虑我国的经济发展水平、防水材料的质量和建设部《关于提高防水工程质量的若干规定》(1991) 837号中有关精神提出的。考虑近年来新型防水材料的门类齐全、品种繁多，防水技术也由过去的沥青防水卷材叠层做法向多道设防、复合防水、单层防水等形式转变。对于屋面的防水功能，不仅要看防水材料本身的材性，还要看不同防水材料组合后的整体防水效果，这一点从历次的工程调研报告中已得到了证实。由于对防水层的合理使用年限的确定，目前尚缺乏相关的实验数据，根据本规范审查专家建议，取消对防水层合理使用年限的规定。

3.0.6 根据现行国家标准《民用建筑热工设计规范》GB 50176的规定，严寒和寒冷地区居住建筑应进行冬季保温设计，保证内表面不结露；夏热冬冷地区居住建筑应进行冬季保温和夏季防热设计，保证保温、隔热性能符合规定要求；夏热冬暖地区居住建筑应进行夏季防热设计，保证隔热性能符合规定要求。建筑节能设计中的传热系数和热惰性指标，是围护结构热工性能参数。根据建筑物所处城市的气候分区区属不同，公共建筑和居住建筑屋面的传热系数和热惰性指标不应大于表1和表2规定的限值。

表1 公共建筑不同气候区屋面传热系数限值

气候分区	传热系数 k[(W/m²·K)]		
	体型系数≤0.3	0.3<体型系数≤0.4	屋顶透明部分
严寒地区A区	≤0.35	≤0.30	≤2.50
严寒地区B区	≤0.45	≤0.35	≤2.60
寒冷地区	≤0.55	≤0.45	≤2.70
夏热冬冷地区	≤0.70		≤3.00
夏热冬暖地区	≤0.90		≤3.50

表2 居住建筑不同气候区屋面传热系数和热惰性指标限值

气候分区	传热系数 k[(W/m²·K)]		
	≤3层建筑	4~8层建筑	≥9层建筑
严寒地区A区	0.20	0.25	0.25
严寒地区B区	0.25	0.30	0.30
严寒地区C区	0.30	0.40	0.40
寒冷地区A区	0.35	0.45	0.45
寒冷地区B区	0.35	0.45	0.45
夏热冬冷地区	热惰性指标	体型系数≤0.40	体型系数>0.40
	$D>2.5$	≤1.00	≤0.60
	$D\leqslant 2.5$	≤0.80	≤0.50
夏热冬暖地区	$D\geqslant 2.5$	≤1.00	
	—	≤0.50	

3.0.7 屋面工程是建筑围护结构的重要部分，主要功能是防水和保温。尽管屋面结构基层符合现行国家标准《建筑设计防火规范》GB 50016中的有关建筑构件燃烧性能和耐火极限的规定，但是屋面基层上大多是采用易燃或阻燃的防水和保温材料，会在房屋建造和使用过程中可能造成火灾的蔓延。公安部与住房和城乡建设部2009年9月下发了《关于印发〈民用建筑外保温系统及外墙装饰防火暂行规定〉的通知》，通知中对屋顶保温材料的燃烧性能等作了相应规定。据了解，现行国家标准《建筑材料及制品燃烧性能分级》GB 8624、《建筑设计防火规范》GB 50016及《高层民用建筑设计防火规范》GB 50045目前正在修订中，故本条只作原则性规定。

3.0.8 本条是依据现行国家标准《建筑物防雷设计规范》GB 50057和《建筑幕墙》GB/T 21086的有关规定，对屋面工程的防雷设计提出要求。

3.0.9 环境保护是我国的一项重大政策。1989年国家制定了《中华人民共和国环境保护法》，明确提出了保护和改善生活环境与生态环境，防治污染或其他公害，保障人体健康等要求，因此，在进行屋面工程的防水层、保温层设计时，应选择对环境和人身健康无害的防水、保温材料。在进行屋面工程的防水层、保温层施工时，应严格按照要求施工，必要时应采取措施，防止对周围环境造成污染及对人身健康带来危害。

3.0.10 随着科学技术的不断发展，在屋面工程中也不断涌现出许多新型屋面形式和新型防水、保温材料，施工工艺也相应得到较大的发展。本条是依据《建设领域推广应用新技术的规定》（建设部令第109号）和《建设部推广应用新技术管理细则》（建科[2002] 222号）的精神，注重在建筑工程中推广应用新技术和限制、禁止使用落后的技术。对采用性能、质量可靠的防水、保温材料和相应的施工技术等科技成果，必须经过科技成果鉴定、评估或新产品、新技术鉴定，并应制定相应的技术规程。同时还强调新材料、新工艺、新技术、新产品需经屋面工程实践检验，符合有关安全及功能要求的方可推广应用。

3.0.11 排水系统不但交工时要畅通，在使用过程中应经常检查，防止水落口、檐沟、天沟堵塞，以免造成屋面长期积水和大雨时溢水。工程交付使用后，应由使用单位建立维护保养制度，指定专人定期对屋面进行检查、维护。做好屋面的维护保养工作，是延长防水层使用年限的根本保证。据调查，很多屋面由交付使用到发现渗漏期间，从未有人对屋面进行过检查或清理，造成屋面排水口堵塞、长期积水或杂草滋长，有的屋面因上人而造成局部损坏，加速了防水层的老化、开裂、腐烂和渗漏。为此，本条对屋面工程管理、维护、保养提出了原则规定。

4 屋面工程设计

4.1 一般规定

4.1.1 屋面工程设计不仅要考虑建筑造型的新颖、美观，而且要考虑建筑的使用功能、造价、环境、能耗、施工条件等因素，经技术经济分析选择屋面形式、构造和材料。

1 屋面防水等级应根据建筑物的类别、重要程度、使用功能要求确定。不同防水等级的屋面均不得发生渗漏。本规范规定Ⅰ级防水屋面应采用两道防水设防，Ⅱ级防水屋面应采用一道防水设防。

2 国内目前屋面工程中，有的设计深度严重不足，设计者可以不进行认真的选材和任意套用通用节点详图，使得施工方可以任意采用建筑材料，操作也可以随便，监理方认可或不认可均无依据。因此，设计时必须考虑使用功能、环境条件、材料选择、施工技术、综合性价比等因素，对屋面防水、保温构造认真进行处理，重要部位要有大样图。以便施工单位“照图施工”，监理单位“按图检查”，从而避免屋面工程在施工中的随意性。

3 屋面排水系统设计是建筑设计图纸的主要内容，由于近年来屋面形式多样化，常常限制了水落管的合理设置。所以，在建筑初步设计阶段，就应明确屋面排水系统包括排水分区、水落口的分布及排水坡度的设计。施工图设计应明确分水脊线、排水坡起线，排水途径应通畅便捷，水落口应负荷均匀，同时应明确找坡方式和选用的找坡材料。

4 屋面工程使用的材料必须符合国家现行有关标准的规定，严禁使用国家明令禁止使用及淘汰的材料。合理选择屋面工程使用的防水和保温材料，设计文件中应详细注明防水、保温材料的品种、规格、性能等。鉴于目前市场上有许多假冒伪劣材料，很难保证达到国家制定的技术指标，如果设计时不严加控制，就容易被伪劣材料混充，所以在设计时应注明所用材料的技术指标，以便于施工时检测。

4.1.2 本条规定了屋面防水层设计时确保工程质量的技术措施。

1 考虑在防水卷材与基层满粘后，基层变形产生裂缝会影响卷材的正常使用。对于屋面上预计可能产生基层开裂的部位，如板端缝、分格缝、构件交接处、构件断面变化处等部位，宜采用空铺、点粘、条粘或机械固定等施工方法，使卷材不与基层粘结，也就不会出现卷材零延伸断裂现象。

2 对容易发生较大变形或容易遭到较大破坏和老化的部位，如檐口、檐沟、泛水、水落口、伸出屋面管道根部等部位，均应增设附加层，以增强防水层局部抵抗破坏和老化的能力。附加层可选用与防水层相容的卷材或涂膜。

3 大坡面或垂直面上粘贴防水卷材，往往由于卷材本身重力大于粘结力而使防水层发生下滑现象，设计时应采用金属压条钉压固定，并用密封材料封严。这里一般不建议采用提高卷材粘结力的方法，过大粘结力对克服基层变形影响不利。

4 在卷材或涂膜防水层上均应设置保护层，以保护防水层不直接受阳光紫外线照射或酸雨等侵害以及人为的破坏，从而延长防水层的使用寿命。常用的保护层有块体材料、水泥砂浆、细石混凝土、浅色涂料以及铝箔等。

5 由于刚性保护层材料的自身收缩或温度变化影响，直接拉伸防水层，使防水层疲劳开裂而发生渗漏，因此，在刚性保护层与卷材、涂膜防水层之间应做隔离层，以减少两者之间的粘结力、摩擦力，并使保护层的变形不受到约束。

4.1.3 工程实践中，关于相容性的问题是设计人员最为关心但却最容易被忽视的。本次规范修订时对相容性给出了定义，即相邻两种材料之间互不产生有害的物理和化学作用的性能。本条规定在卷材、涂料与基层处理剂、卷材与胶粘剂或胶粘带、卷材与卷材、卷材与涂料复合使用、密封材料与接缝基材等情况下应具有相容性。表3及表4分别列出卷材基层处理剂及胶粘剂的选用和涂膜基层处理剂的选用。

表3 卷材基层处理剂及胶粘剂的选用

卷材	基层处理剂	卷材胶粘剂
高聚物改性沥青卷材	石油沥青冷底子油或橡胶改性沥青冷胶粘剂稀释液	橡胶改性沥青冷胶粘剂或卷材生产厂家指定产品
合成高分子卷材	卷材生产厂家随卷材配套供应产品或指定的产品	

表4 涂膜基层处理剂的选用

涂料	基层处理剂
高聚物改性沥青涂料	石油沥青冷底子油
水乳型涂料	掺0.2%～0.3%乳化剂的水溶液或软水稀释，质量比为1∶0.5～1∶1，切忌用天然水或自来水
溶剂型涂料	直接用相应的溶剂稀释后的涂料薄涂
聚合物水泥涂料	由聚合物乳液与水泥在施工现场随配随用

4.1.4 卷材、涂料、密封材料在各种不同类型的屋面、不同的工作条件、不同的使用环境中，由于气候温差的变化、阳光紫外线的辐射、酸雨的侵蚀、结构的变形、人为的破坏等，都会给防水材料带来一定程度的危害，所以本条规定在进行屋面工程设计时，应根据建筑物的建筑造型、使用功能、环境条件选择与其相适应的防水材料，以确保屋面防水工程的质量。

4.1.5 本规范附录A是有关屋面工程用防水、保温材料标准，这些标准都是现行的国家标准和行业标准。本规范附录B是屋面工程用防水、保温材料的主要性能指标，应该说明的是这些性能指标不一定就是国家和行业产品标准的全部技术要求，而是屋面工程对该种材料的技术要求，只要满足这些技术要求，才可以在屋面工程中使用。

4.2 排水设计

4.2.1 “防排结合”是屋面工程设计的一条基本原则。屋面雨水能迅速排走，减轻了屋面防水层的负担，减少了屋面渗漏的机会。

排水系统的设计，应根据屋顶形式、气候条件、使用功能等因素确定。对于排水方式的选择，一般屋面汇水面积较小，且檐口距地面较近，屋面雨水的落差较小的低层建筑可采用无组织排水。对于屋面汇水面积较大的多跨建筑或高层建筑，因檐口距地面较高，屋面雨水的落差大，当刮大风下大雨时，易使从檐口落下的雨水浸湿到墙面上，故应采用有组织排水。

4.2.2 屋面排水方式可分为有组织排水和无组织排水。有组织排水就是屋面雨水有组织的流经天沟、檐沟、水落口、水落管等，系统地将屋面上的雨水排出。在有组织排水中又可分为内排水和外排水或内外排水相结合的方式，内排水是指屋面雨水通过天沟由设置于建筑物内部的水落管排入地下雨水管网，如高层建筑、多跨及汇水面积较大的屋面等。外排水是指屋面雨水通过檐沟、水落口由设置于建筑物外部的水落管直接排到室外地面上，如一般的多层住宅、中高层住宅等采用。无组织排水就是屋面雨水通过檐口直接排到室外地面，如一般的低层住宅建筑等。一般中、小型的低层建筑物或檐高不大于10m的屋面可采用无组织排水，其他情况下都应采取有组织排水。

在有条件的情况下，提倡收集雨水再利用或直接对雨水进行利用。特别对于水资源缺乏的地区，充分利用雨水进行灌溉等，有利于节能减排，变废为宝，节约资源。

4.2.3 由于高层建筑外排水系统的安装维护比较困难，因此设计内排水系统为宜。多跨厂房因相邻两坡屋面相交，故只能用天沟内排水的方式排出屋面雨水。在进行天沟设计时，尽可能采用天沟外排水的方式，将屋面雨水由天沟两端排出室外。如果天沟的长度较长，为满足沟底纵向坡度及沟底水落差的要求，一般沟底分水线距水落口的距离超过20m时，可采用除两端外排水口外，在天沟中间增设水落口和内排水管。排水口的设置同时也确定了找坡分区的划分，当屋面找坡较长时，可以增设排水口，以减小找坡长度。

4.2.4 在进行屋面排水系统设计时，应符合现行国家标准《建筑给水排水设计规范》GB 50015的有关规定。首先应根据屋面形式及使用功能要求，确定屋面的排水方式及排水坡度，明确是采用有组织排水还是无组织排水。如采用有组织排水设计时，要根据所在地区的气候条件、雨水流量、暴雨强度、降雨历时及排水分区，确定屋面排水走向。通过计算确定屋面檐沟、天沟所需要的宽度和深度。根据屋面汇水面积和当地降雨历时，按照水落管的不同管径核定每根水管的屋面汇水面积以及所需水落管的数量，并根据檐沟、天沟的位置及屋面形状布置水落口及水落管。

4.2.5 本条规定了屋面划分排水区域设计的要求。首先应根据屋面形式、屋面面积、屋面高低层的设置等情况，将屋面划分成若干个排水区域，根据排水区域确定屋面排水线路，排水线路的设置应在确保屋面排水通畅的前提下，做到长度合理。

4.2.6 当采用重力式排水时，每个水落口的汇水面积宜为$150m^2$～$200m^2$，在具体设计时还要结合地区的暴雨强度及当地的有关规定、常规做法来进行调整。屋面每个汇水面积内，雨水排水立管不宜少于2根，是避免一根排水立管发生故障，屋面排水系统不会瘫痪。

4.2.7 对于有高低跨的屋面，当高跨屋面的雨水流到低跨屋面上后，会对低跨屋面造成冲刷，天长日久就会使低跨屋面的防水层破坏，所以在低跨屋面上受高跨屋面排下的雨水直接冲刷的部位，应采取加铺卷材或在水落管下加设水簸箕等措施，对低跨屋面进行保护。

4.2.8 目前在屋面工程中大部分采用重力流排水，但是随着建筑技术的不断发展，一些超大型建筑不断涌现，常规的重力流排水方式就很难满足屋面排水的要求，为了解决这一问题，本规范修订时提出了推广使用虹吸式屋面雨水排水系统的必要性。虹吸排水的原理是利用建筑屋面的高度和雨水所具有的势能，产生虹吸现象，通过雨水管道变径，在该管道处形成负压，屋面雨水在管道内负压的抽吸作用下，以较高的流速迅速排出屋面雨水。

相对于普通重力流排水，虹吸式雨水排水系统的排水管道均按满流有压状态设计，悬吊横管可以无坡度铺设。由于产生虹吸作用时，管道内水流流速很高，相对于同管径的重力流排水量大，故可减少排水立管的数量，同时可减小屋面的雨水负荷，最大限度地满足建筑使用功能要求。

虹吸式屋面雨水排水系统，目前在我国逐渐被采用，如东莞国际会展中心、上海科技馆、浦东国际机场、北京世贸商城等一批大型项目相继建成投入使用后，系统运行良好。为了在我国推广应用这一技术，中国工程建设标准化协会制定了《虹吸式屋面雨水排水系统技术规程》CECS183：2005。故本条规定暴雨强度较大地区的工业厂房、库房、公共建筑等大型屋面，宜采用虹吸式屋面雨水排水系统。

由于虹吸排水系统的设计有一定的技术要求，排水口、排水管等构件如果不按要求设计，将起不到虹吸作用，所以虹吸式屋面雨水排水系统应按专项技术规程进行设计。

4.2.9 冬季时严寒和寒冷地区，外排水系统容易被冰冻，使水落口堵塞或冻裂，而在化冻时水落口的冰尚未完全解冻，造成屋面的溶水无法排出。故本条规定严寒地区应采用内排水，寒冷地区宜采用内排水，以避免水落管受冻。有条件时，外排水系统应对水落管和水落口采取防冻措施，以便屋面上化冻后的冰雪溶水能顺利排出。

4.2.10 湿陷性黄土是一种特殊性质的土，大量分布在我国的山西、陕西、甘肃等地区。这种湿陷性黄土在上覆土的自重压力或上覆土的自重压力与附加压力共同作用下，受水浸湿后，土体结构逐渐被破坏，土颗粒向大孔中移动，从而导致地基湿陷，引起上部建筑的不均匀下沉，使墙体出现裂缝。所以本条规定在湿陷性黄土地区的建筑屋面宜采用有组织排水系统，将屋面雨水直接排至排水管网或排至不影响建筑物地基的区域，避免屋面雨水直接排到室外地面上，沿地面渗入地下而造成地基不均匀下沉，导致建筑物破坏。

4.2.11 根据多年实践经验，檐沟、天沟宽度太窄不仅不利于防水层施工，而且也不利于排水，所以本条规定其净宽度不应小于300mm。檐沟、天沟的深度按沟底的分水线深度来控制，本条规定分水线处的最小深度不应小于100mm，如过小，则当沟中水满时，雨水易由天沟边溢出，导致屋面渗漏。

在本条中还规定了檐沟、天沟沟底的纵向坡度不应小于1%，这是因为如果沟底坡度过小，在施工中很难做到沟底平直顺坡，常常会因沟底凸凹不平或倒坡，造成檐沟、天沟中排水不畅或积水。沟内如果长期积水，沟内的卷材或涂膜防水层易发生霉烂，造成渗漏。

沟底的水落差就是天沟内的分水线到水落口的高差，本条文规定沟底水落差不应大于200mm，这是因为沟底排水坡度为1%，排水线路长20m时，水落差就是200mm。

4.2.12 钢筋混凝土檐沟、天沟的纵向坡度一般都由材料找坡，而金属檐沟、天沟的坡度是由结构找坡的，考虑制作和安装方面的因素，规定金属檐沟、天沟的纵向坡度宜为0.5%。在雨水丰富降雨量较大的地区，金属檐沟、天沟要有足够的盛水量及排水能力，以免雨量较大时雨水溢出。

4.2.13 对于坡屋面的檐口宜采用有组织排水，檐沟和水落斗可采用经过防锈处理的金属成品或塑料成品，这样不仅施工方便，而且有利于保证工程质量。

4.3 找坡层和找平层设计

4.3.1 屋面找坡层的作用主要是为了快速排水和不积水，一般工业厂房和公共建筑只要对顶棚水平度要求不高或建筑功能允许，应首先选择结构找坡，既节省材料、降低成本，又减轻了屋面荷载，因此，本条规定混凝土结构屋面宜采用结构找坡，坡度不应小于3%。

当用材料找坡时，为了减轻屋面荷载和施工方便，可采用质量轻和吸水率低的材料。找坡材料的吸水率宜小于20%，过大的吸水率不利于保温及防水。找坡层应具有一定的承载力，保证在施工及使用荷载的作用下不产生过大变形。找坡层的坡度过大势必会增加荷载和造价，因此本条规定材料找坡坡度宜为2%。

4.3.2 找平层是为防水层设置符合防水材料工艺要求且坚实而平整的基层，找平层应具有一定的厚度和强度。如果整体现浇混凝土板做到随浇随用原浆找平和压光，表面平整度符合要求时，可以不再做找平层。采用水泥砂浆还是细石混凝土作找平层，主要根据基层的刚度。根据调研结果，在装配式混凝土板或板状材料保温层上设水泥砂浆找平层时，找平层易发生开裂现象，故本规范修订时规定装配式混凝土板上应采用细石混凝土找平层。基层刚度较差时，宜在混凝土内加钢筋网片。同时，还规定板状材料保温层上应采用细石混凝土找平层。

4.3.3 由于找平层的自身干缩和温度变化，保温层上的找平层容易变形和开裂，直接影响卷材或涂膜的施工质量，故本条规定保温层上的找平层应留设分格缝，使裂缝集中到分格缝中，减少找平层大面积开裂。分格缝的缝宽宜为5mm～20mm，当采用后切割时可小些，采用预留时可适当大些，缝内可以不嵌填密封材料。由于结构层上设置的找平层与结构同步变形，故找平层可以不设分格缝。

4.4 保温层和隔热层设计

4.4.1 屋面保温层应采用轻质、高效的保温材料，以保证屋面保温性能和使用要求。本次规范修订时，增加了矿物纤维制品和泡沫混凝土等内容，目的是考虑屋面防火安全，着重推广无机保温材料供设计人员选择。为此，本条按其材料把保温层分为三类，即板状材料保温层、纤维材料保温层和整体材料保温层。

纤维材料是指玻璃棉制品和岩棉、矿渣棉制品，具有质量轻、导热系数小、不燃、防蛀、耐腐蚀、化学稳定性好等特点，做成毡状或板状的制品，是较好的绝热材料和不燃材料。

泡沫混凝土是用机械方法将发泡剂水溶液制备成泡沫，再将泡沫加入水泥、集料、掺合料、外加剂和水等组成的料浆中，经混合搅拌、浇筑成型、蒸汽养护或自然养护而成的轻质多孔保温材料。泡沫混凝土制品的密度为300kg/m^3～500kg/m^{3}时，抗压强度为0.3MPa～0.5MPa，导热系数为0.095W/(m·K)～0.010W/(m·K)。因为泡沫混凝土的原料广泛、生产方便、价格便宜，常用砌块或现场浇筑的方法，在建筑工程中得到广泛应用。

4.4.2 本条对屋面保温层设计提出以下要求：

1 无机保温材料按其构造分为纤维材料、粒状材料和多孔材料，如矿物纤维制品、膨胀珍珠岩制品、泡沫玻璃制品、加气混凝土、泡沫混凝土等。有机保温材料主要有泡沫塑料制品，如聚苯乙烯泡沫塑料、硬质聚氨酯泡沫塑料等。屋面结构的总热阻应为各层材料热阻及内、外表面换热阻的总和，其中保温材料的热阻尤为重要。根据国家对节约能源政策的不断提升，目前民用建筑节能标准已提高到50%或65%，为了使屋面结构传热系数满足本地区建筑节能设计标准规定的限值，保温层宜选用吸水率低、密度和导热系数小，并有一定强度的保温材料，其厚度应按现行建筑节能设计标准计算确定。

2 由于保温材料大多数属于多孔结构，干燥时孔隙中的空气导热系数较小，静态空气的导热系数λ为0.02，保温隔热性较好。保温材料受潮后，其孔隙中存在水蒸气和水，而水的导热系数λ为0.5比静态空气大20倍左右，若材料孔隙中的水分受冻成冰，冰的导热系数λ为2.0相当于水的导热系数的4倍，因此保温材料的干湿程度与导热系数关系很大。由于每一个地区的环境湿度不同，定出统一的含水率限值是不可能的，因此本条提出了平衡含水率的问题。

在实际应用中的材料试件含水率，根据当地年平均相对湿度所对应的相对含水率，可通过表5计算确定。

表5 当地年平均相对湿度所对应的相对含水率

当地年均相对湿度	相对含水率
潮湿>75%	45%
中等50%～75%	40%
干燥<50%	35%

相对含水率 $$W=\frac{W_1}{W_2} \quad (1)$$

$$W_1=\frac{m_1-m}{m}\times 100\%$$

$$W_2=\frac{m_2-m}{m}\times 100\%$$

式中：W_1——试件的含水率（%）；

W_2——试件的吸水率（%）；

m_1——试件在取样时的质量（kg）；

m_2——试件在面干潮湿状态的质量（kg）；

m——试件的绝干质量（kg）。

3 本次规范修订时，对板状保温材料的压缩强度作了规定，如将挤塑聚苯板压缩强度规定为150kPa，在正常使用荷载情况下可以满足上人屋面的要求。当屋面为停车场、运动场等情况时，应由设计单位根据实际荷载验算后选用相应压缩强度的保温材料。

4 矿物纤维制品在常见密度范围内，其导热系数基本上不随密度而变，而热阻却与其厚度成正比。考虑纤维材料在长期荷载作用下的压缩蠕变，采取防止压缩的措施可以减少因厚度沉陷而导致的热阻下降。

5 屋面坡度超过25%时，干铺保温层常发生下滑现象，故应采取粘贴或铺钉措施，防止保温层变形和位移。

6 封闭式保温层是指完全被防水材料所封闭，不易蒸发或吸收水分的保温层。吸湿性保温材料如加气混凝土和膨胀珍珠岩制品，不宜用于封闭式保温层。保温层干燥有困难是指吸湿保温材料在雨期施工、材料受潮或泡水的情况下，未能采取有效措施控制保温材料的含水率。由于保温层含水率过高，不但会降低其保温性能，而且在水分汽化时会使卷材防水层产生鼓泡，导致局部渗漏。因此，对于封闭式保温层或保温层干燥有困难的卷材屋面而言，当保温材料在施工使用时的含水率大于正常施工环境的平衡含水率时，采取排汽构造是控制保温材料含水率的有效措施。当卷材屋面保温层干燥有困难时，铺贴卷材宜采用空铺法、点粘法、条粘法。

4.4.3 热桥是指在室内外温差作用下，形成热流密集、内表面温度较低的部位。屋面热桥部位主要在屋顶与外墙的交接处，通常称为结构性热桥。屋面热桥部位应采取保温处理，使该部位内表面温度不低于室内空气的露点温度。

4.4.4 本条对隔汽层设计作出具体的规定：

1 按照现行国家标准《民用建筑热工设计规范》GB 50176 中有关围护结构内部冷凝受潮验算的规定，屋顶冷凝计算界面的位置，应取保温层与外侧密实材料层的交界处。当围护结构材料层的蒸汽渗透阻小于保温材料因冷凝受潮所需的蒸汽渗透阻时，应设置隔汽层。外侧有卷材或涂膜防水层，内侧为钢筋混凝土屋面板的屋顶结构，如经内部冷凝受潮验算不需要设隔汽层时，则应确保屋面板及其接缝的密实性，达到所需的蒸汽渗透阻。

2 隔汽层是一道很弱的防水层，却具有较好的蒸汽渗透阻，大多采用气密性、水密性好的防水卷材或涂料。隔汽层是隔绝室内湿气通过结构层进入保温层的构造层，常年湿度很大的房间，如温水游泳池、公共浴室、厨房操作间、开水房等的屋面应设置隔汽层。

3 隔汽层做法同防水层，隔汽层应沿周边墙面向上连续铺设，高出保温层上表面不得小于150mm，隔汽层收边不需要与保温层上的防水层连接，理由1：隔汽层不是防水层，与防水设防无关联；理由2：隔汽层施工在前，保温层和防水层施工在后，几道工序无法做到同步，防水层与墙面交接处的泛水处理与隔汽层无关联。

4.4.5 屋面排汽构造设计是对封闭式保温层或保温层干燥有困难的卷材屋面采取的技术措施。为了做到排汽道及排汽孔与大气连通，使水汽有排走的出路，同时力求构造简单合理，便于施工，并防止雨水进入保温层，本条对排汽道及排汽孔的设置作出了具体的规定。

4.4.6 本条对倒置式屋面保温层设计提出以下要求：

1 倒置式屋面的坡度宜为3%，主要考虑到坡度太大会造成保温材料下滑，太小不利于屋面的排水。

2 倒置式屋面保温材料容易受雨水浸泡，使导热系数增大，保温性能下降，且易遭水侵蚀破坏，故应选用吸水率低，且长期浸水不变质的保温材料，如挤塑聚苯乙烯泡沫塑料、硬质聚氨酯泡沫塑料和喷涂硬泡聚氨酯等。

3 保温层很轻，若不加保护和埋压，容易被大风吹起，或是被屋面雨水浮起。由于有机保温材料长期暴露在外，受到紫外线照射及臭氧、酸碱离子侵蚀会过早老化，以及人在上面踩踏而破坏，因此保温层上面应设置块体材料或细石混凝土保护层。喷涂硬泡聚氨酯与浅色涂料保护层间应具相容性。

4 为了不造成板状保温材料下面长期积水，在保温层的下部应设置排水通道和泄水孔。

4.4.7 屋面隔热是指在炎热地区防止夏季室外热量通过屋面传入室内的措施。在我国南方一些省份，夏季时间较长、气温较高，随着人们生活的不断改善，对住房的隔热要求也逐渐提高，采取了种植、架空、蓄水等屋面隔热措施。屋面隔热层设计应根据地域、气候、屋面形式、建筑环境、使用功能等条件，经技术经济比较确定。这是因为同样类型的建筑在不同地区采用隔热方式也有很大区别，不能随意套用标准图或其他做法。从发展趋势看，由于绿色环保及美化环境的要求，采用种植隔热方式将胜于架空隔热和蓄水隔热。

4.4.8 本条对种植隔热层的设计提出以下要求：

1 降雨量很少的地区，夏季植物生长依赖人工浇灌，冬季草木植物枯死，故停止浇水灌溉。由于降雨量少，人工浇灌的水也不太多，种植土中的多余水甚少，不会造成植物烂根，所以不必另设排水层。

南方温暖，夏季多雨，冬季不结冰，种植土中含水四季不减。特别大雨之后，积水很多必须排出，以防止烂根，所以在种植土下应设排水层。

冬季寒冷但夏季多雨的地区，下雨时有积聚如泽的现象，排除明水不如用排水层作暗排好，所以在种植土下应设排水层。冬季严寒，虽无雨但存雪，种植土含水量仍旧大，冻结之后降低保温能力，所以在防水层下应加设保温层。

2 不同地区由于气候条件的不同，所选择的种植植物不同，种植土的厚度也就不同，如乔木根深，地被植物根浅，故本条规定所用材料及植物等应与当地气候条件相适应，并应符合环境保护要求。

3 根据调研结果，种植屋面整体布置不便于管理，为便于管理和设计排灌系统，种植植物的种类也宜分区。本次修订时，将原规范中的整体布置取消，改为宜分区布置。

4 排水层的材料的品种较多，为了减轻屋面荷载，应尽量选择塑料、橡胶类凹凸型排水板或网状交织排水板。如年降水量小于蒸发量的地区，宜选用蓄水功能好的排水板。若采用陶粒作排水层时，陶粒的粒径不应小于25mm，堆积密度不宜大于500kg/m^3，铺设厚度宜为100mm～150mm。

过滤层是为防止种植土进入排水层造成流失。过滤层太薄容易损坏，不能阻止种植土流失；过滤层太厚，渗水缓慢，不易排水。过滤层的单位面积质量宜为200g/m²～400g/m²。

5 挡墙泄水孔是为了排泄种植土中过多的水分，泄水孔被堵塞，造成种植土内积水，不但影响植物的生长，而且给防水层的正常使用带来不利。

6 种植隔热层的荷载主要是种植土，虽厚度深有利植物生长，但为了减轻屋面荷载，需要尽量选择综合性能良好的材料，如田园土比较经济；改良土由于掺加了珍珠岩、蛭石等轻质材料，其密度约为田园土的1/2。

7 坡度大于20%的屋面，排水层、种植土等易出现下滑，为防止发生安全事故，应采取防滑措施，也可做成梯田式，利用排水层和覆土层找坡。屋面坡度大于50%时，防滑难度大，故不宜采用种植隔热层。

4.4.9 本条对架空隔热层的设计提出以下要求：

1 我国广东、广西、湖南、湖北、四川等省属夏热冬暖地区，为解决炎热季节室内温度过高的问题，多采用架空隔热层措施；架空隔热层是利用架空层内空气的流动，减少太阳辐射热向室内传递，故宜在屋顶通风良好的建筑物上采用。由于城市建筑密度不断加大，不少城市高层建筑林立，造成风力减弱、空气对流较差，严重影响架空隔热层的隔热效果。

2 根据国内采用混凝土支墩、砌块支墩与混凝土板组合、金属支架与金属板组合等的实际情况，有关架空隔热制品及其支座的质量，应符合有关材料标准的要求。

3 架空隔热层的高度，应根据屋面宽度或坡度大小的变化确定。屋面较宽时，风道中阻力增加，宜采用较高的架空层，或在中部设置通风口，以利于空气流通；屋面坡度较小时，进风口和出风口之间的压差相对较小，为便于风道中空气流通，宜采用较高的架空层，反之可采用较低的架空层。

4.4.10 本条对蓄水隔热层的设计提出以下要求：

1 蓄水隔热层主要在我国南方采用。国外有资料介绍在寒冷地区使用的为密封式，我国目前均为敞开式的，冬季如果不将水排除，则易冻冰而导致胀裂损坏，故不宜在北方寒冷地区使用。

地震地区和振动较大的建筑物上，最好不采用蓄水隔热层。振动易使建筑物产生裂缝，造成屋面渗漏。

2 为保证蓄水池的整体性、坚固性和防水性，强调采用现浇防水混凝土，混凝土强度等级不低于C25，抗渗等级不低于P6，且蓄水池内用20mm厚防水砂浆抹面。

3 蓄水隔热层划分蓄水区和设分仓缝，主要是防止蓄水面积过大引起屋面开裂及损坏防水层。根据使用及有关资料介绍，蓄水深度宜为150mm～200mm，低于此深度隔热效果不理想，高于此深度加重荷载，隔热效果提高并不大，且当水较深时夏季白天水温升高，晚间水温降低放热，反而导致室温增加。蓄水隔热层设置人行通道，对于使用过程中的管理是非常重要的。

4.5 卷材及涂膜防水层设计

4.5.1 本条对卷材及涂膜防水屋面不同的防水等级，提出了相应的防水做法。当防水等级为Ⅰ级时，设防要求为两道防水设防，可采用卷材防水层和卷材防水层、卷材防水层和涂膜防水层、复合防水层的防水做法；当防水等级为Ⅱ级时，设防要求为一道防水设防，可采用卷材防水层、涂膜防水层、复合防水层的防水做法。

4.5.2 本条对防水卷材的选择作出规定：

1 由于各种卷材的耐热度和柔性指标相差甚大，耐热度低的卷材在气温高的南方和坡度大的屋面上使用，就会发生流淌，而柔性差的卷材在北方低温地区使用就会变硬变脆。同时也要考虑使用条件，如防水层设置在保温层下面时，卷材对耐热度和柔性的要求就不那么高，而在高温车间则要选择耐热度高的卷材。

2 若地基变形较大、大跨度和装配式结构或温差大的地区和有振动影响的车间，都会对屋面产生较大的变形而拉裂，因此必须选择延伸率大的卷材。

3 长期受阳光紫外线和热作用时，卷材会加速老化；长期处于水泡或干湿交替及潮湿背阴时，卷材会加快霉烂，卷材选择时一定要注意这方面的性能。

4 种植隔热屋面的防水层应采用耐根穿刺防水卷材，其性能指标应符合现行行业标准《种植屋面用耐根穿刺防水卷材》JC/T 1075的技术要求。

4.5.3 我国地域广阔，历年最高气温、最低气温、年温差、日温差等气候变化幅度大，各类建筑的使用条件、结构形式和变形差异很大，涂膜防水层用于暴露还是埋置的形式也不同。高温地区应选择耐热性高的防水涂料，以防流淌；严寒地区应选择低温柔性好的防水涂料，以免冷脆；对结构变形较大的建筑屋面，应选择延伸大的防水涂料，以适应变形；对暴露式的涂膜防水层，应选用耐紫外线的防水涂料，以提高使用年限。设计人员应综合考虑上述各种因素，选择相适应的防水涂料，保证防水工程的质量。

4.5.4 复合防水层是指彼此相容的卷材和涂料组合而成的防水层。使用过程中除要求两种材料材性相容外，同时要求两种材料不得相互腐蚀，施工过程中不得相互影响。因此本条规定挥发固化型防水涂料不得作为卷材粘结材料使用，否则涂膜防水层成膜质量受到影响；水乳型或合成高分子类防水涂料上面不得采用热熔型防水卷材，否则卷材防水层施工时破坏涂膜防水层；水乳型或水泥基类防水涂料应待涂膜干燥后铺贴卷材，否则涂膜防水层成膜质量差，严重的将成不了柔性防水膜。当两种防水材料不相容或相互腐蚀时，应设置隔离层，具体选择应依据上层防水材料对基层的要求来确定。

4.5.5、**4.5.6** 防水层的使用年限，主要取决于防水材料物理性能、防水层的厚度、环境因素和使用条件四个方面，而防水层厚度是影响防水层使用年限的主要因素之一。本条对卷材防水层及涂膜防水层厚度的规定是以合理工程造价为前提，同时又结合国内外的工程应用的情况和现有防水材料的技术水平综合得出的量化指标。卷材防水层及涂膜防水层的厚度若按本条规定的厚度选择，满足相应防水等级是切实可靠的。

4.5.7 复合防水层是屋面防水工程中积极推广的一种防水技术，本条对防水等级为Ⅰ、Ⅱ级复合防水层最小厚度作出明确规定。需要说明的是：聚乙烯丙纶卷材物理性能除符合《高分子防水材料 第1部分：片材》GB 18173.1中FS2的技术要求外，其生产原料聚乙烯应是原生料，不得使用再生的聚乙烯；粘贴聚乙烯丙纶卷材的聚合物水泥防水胶结材料主要性能指标，应符合本规范附录第B.1.8条的要求。

4.5.8 所谓一道防水设防，是指具有单独防水能力的一道防水层。虽然本规范相关条文已明确了屋面防水等级和设防要求，以及每道防水层的厚度，但防水工程设计与施工人员对屋面的一道防水设防存在不同的理解。为此，本条将一些常见的违规行为作为禁忌条目，比较具体也容易接受，便于掌握屋面防水设计的各项要领。

对于喷涂硬泡聚氨酯保温层，是指国家标准《硬泡聚氨酯保温防水工程技术规范》GB 50404－2007中的Ⅰ型保温层。

4.5.9 附加层一般是设置在屋面易渗漏、防水层易破坏的部位，例如平面与立面结合部位、水落口、伸出屋面管道根部、预埋件等关键部位，防水层基层后期产生裂缝或可预见变形的部位。前者设置涂膜附加层，后者设置卷材空铺附加层。附加层设置得当，能起到事半功倍的作用。

对于屋面防水层基层可预见变形的部位，如分格缝、构件与构件、构件与配件接缝部位，宜设置卷材空铺附加层，以保证基层变形时防水层有足够的变形区间，避免防水层被拉裂或疲劳破坏。附加层的卷材与防水层卷材相同，附加层空铺宽度应根据基层接缝部位变形量和卷材抗变形能力而定。空铺附加层的做法可在附加层的两边条粘、单边粘贴、铺贴隔离纸、涂刷隔离剂等。

为了保证附加层的质量和节约工程造价，本条对附加层厚度作出了明确的规定。

4.5.10 屋面防水卷材接缝是卷材防水层成败的关键，而卷材搭接宽度是接缝质量的保证。本条对高聚物改性沥青防水卷材和合成高分子防水卷材的搭接宽度，统一列出表格，条理明确。表4.5.10卷材搭接宽度，系根据我国现行多数做法及国外资料的数据作出规定的。同时本条规定屋面防水卷材应采用搭接缝，不提倡采用对接法。对接法是指卷材对接铺贴，上加贴一定宽度卷材覆盖条来实现接缝密封防水处理方法，其缺点一是增加接缝量，由一条接缝变为两条接缝；二是覆盖条其中一边接缝形成逆水接茬。

4.5.11 设置胎体增强材料目的，一是增加涂膜防水层的抗拉强度，二是保证胎体增强材料长短边一定的搭接宽度，三是当防水层拉伸变形时避免在胎体增强材料接缝处出现断裂现象。胎体增强材料的主要性能指标，应符合本规范附录第B.1.9条的要求。

4.6 接缝密封防水设计

4.6.1 根据本规范的有关规定，在屋面工程中的一些接缝部位要嵌填密封材料或用密封材料封严。查阅我国现行的技术标准和图集，密封材料在防水工程中有大量设计，几乎到了遇缝就设计密封材料的程度。而在现实工程中，有关密封材料的使用和质量却令人担忧。原因一是密封材料在防水工程中的重要作用不被重视；二是密封材料的使用部位不够合理；三是对密封材料基层处理不符合要求。为此，本条针对密封材料的使用方式，参考日本建筑工程标准规范JASS8防水工程，将屋面接缝分为位移接缝和非位移接缝。对位移接缝应采用两面粘结的构造，非位移接缝可采用三面粘结的构造。

这里，对表4.6.1屋面接缝密封防水技术要求，需说明两点：

1 接缝部位是按本规范有关内容加以整理的，并对原规范作了一些调整，如：装配式钢筋混凝土板的板缝、找平层的分格缝、管道根部与找平层的交接处，水落口杯周围与找平层交接处，一律不再嵌填密封材料。

2 密封材料是按改性石油沥青密封材料、合成高分子密封材料、硅酮耐候密封胶、硅酮结构密封胶来选用的。改性石油沥青密封材料产品价格相对便宜、施工方便，但承受接缝位移只有5%左右，使用寿命较短。国外在建筑用密封胶中，油性嵌缝膏已趋于消失；建筑密封胶产品按位移能力分为四级，承受接缝位移有7.5%、12.5%、20%、25%。弹性密封胶的耐候性好，使用寿命较长，在建筑中大量使用；硅酮结构密封胶是指与建筑接缝基材粘结且能承受结构强度的弹性密封胶，主要用于建筑幕墙。硅酮结构密封胶设计，应根据不同的受力情况进行承载力极限状态验算，确定硅酮结构密封胶的粘结宽度和粘结厚度。

由于密封材料品种繁多、性能各异，设计人员应根据不同用途正确选择密封材料，并按产品标准提出材料的品种、规格和性能等要求。

4.6.2 保证密封部位不渗水，是接缝密封防水设计的基本要求。进行接缝部位的密封防水设计时，应根据建筑接缝位移的特征，选择相应的密封材料和辅助材料，同时还要考虑外部条件和施工可行性。原规范虽对屋面防水等级和设防要求作出了明确的规定，但对接缝密封防水设计没有具体规定。完整的屋面防水工程应包括主体防水层和接缝密封防水，并相辅相成；同时，接缝密封防水应与主体防水层的使用年限相适应。需要指出的是，工程实践中所用密封材料与主体防水层相当多是不匹配的，有些密封材料使用寿命只有2年～3年，从而大大降低了整体防水效果。为此，本条规定接缝密封防水设计应保证密封部位不渗漏，并应做到接缝密封防水与主体防水层相匹配。

4.6.3 屋面接缝密封防水使防水层形成一个连续的整体，能在温差变化及振动、冲击、错动等条件下起到防水作用，这就要求密封材料必须经受得起长期的压缩拉伸、振动疲劳作用，还必须具备一定的弹塑性、粘结性、耐候性和位移能力。本规范所指接缝密封材料是不定型膏状体，因此还要求密封材料必须具备可施工性。

我国地域广阔，气候变化幅度大，历年最高、最低气温差别很大，并且屋面构造特点和使用条件不同，接缝部位的密封材料存在着埋置和外露、水平和竖向之分，接缝部位应根据上述各种因素，选择耐热度、柔性相适应的密封材料，否则会引起密封材料高温流淌或低温龟裂。

接缝位移的特征分为两类，一类是外力引起接缝位移，可以是短期的、恒定不变的；另一类是温度引起接缝周期性拉伸-压缩变化的位移，使密封材料产生疲劳破坏。因此应根据屋面接缝部位的大小和位移的特征，选择位移能力相适应的密封材料。一般情况下，除结构粘结外宜采用低模量密封材料。

4.6.4 屋面位移接缝的接缝宽度，应按屋面接缝位移量计算确定。接缝的相对位移量不应大于可供选择密封材料的位移能力，否则将导致密封防水处理的失败。密封材料的嵌填深度取接缝宽度的50%～70%，是从国外大量资料和国内工程实践中总结出来的，是一个经验值。

背衬材料填塞在接缝底部，主要控制嵌填密封材料的深度，以及预防密封材料与缝的底部粘结，三面粘会造成应力集中，破坏密封防水。因此背衬材料应选择与密封材料不粘或粘结力弱的材料，并应能适应基层的延伸和压缩，具有施工时不变形、复原率高和耐久性好等性能。

4.7 保护层和隔离层设计

4.7.1 保护层的作用是延长卷材或涂膜防水层的使用期限。根据调研情况，本条列出了目前常用的保护层材料，这些材料简单易得，施工方便，经济可靠。对于不上人屋面和上人屋面的要求，所用保护层的材料有所不同，本条列出了保护层材料的适用范围和技术要求。铝箔、矿物粒料，通常是在改性沥青防水卷材生产过程中，直接覆盖在卷材表面作为保护层。覆盖铝箔时要求平整，无皱折，厚度应大于0.05mm；矿物粒料粒度应均匀一致，并紧密粘附于卷材表面。

4.7.2 对于块体材料作保护层，在调研中发现往往因温度升高致使块体膨胀隆起，因此，本条规定分格缝纵横间距不应大于10m，分格缝宽度宜为20mm。

4.7.3 本条规定水泥砂浆表面应抹平压光，可避免水泥砂浆保护层表面出现起砂、起皮现象。水泥砂浆保护层由于自身的干缩和温度变化的影响，往往产生严重龟裂，且裂缝宽度较大，以至造成碎裂、脱落。根据工程实践经验，在水泥砂浆保护层上划分表面分格缝，分格面积宜为1m²，将裂缝均匀分布在分格缝内，避免了大面积的龟裂。

4.7.4 用细石混凝土作保护层时，分格缝设置过密，不但给施工带来困难，而且不易保证质量，分格面积过大又难以达到防裂的效果，根据调研的意见，规定纵横间距不应大于6m，分格缝宽度宜为10mm～20mm。

4.7.5 浅色涂料是指丙烯酸系反射涂料，它主要以丙烯酸酯树脂加工而成，具有良好的粘结性和不透水性；产品化学性质稳定，能长期经受日光照射和气候条件变化的影响，具有优良的耐紫外线、耐老化性和耐久性，可在各类防水材料基面上作耐候、耐紫外线罩面防护。

4.7.6 根据屋面工程的调查发现，刚性保护层与女儿墙未留出空隙的屋面，高温季节会出现因刚性保护层热胀顶推女儿墙，有的还将女儿墙推裂造成渗漏，而在刚性保护层与女儿墙间留出空隙的屋面，均未出现推裂女儿墙事故，故本条规定了块体材料、水泥砂浆、细石混凝土保护层与女儿墙或山墙之间，应预留宽度为30mm的缝隙，缝内宜填塞聚苯乙烯泡沫塑料，并用密封材料嵌填。

4.7.7 屋面上常设有水箱、冷却塔、太阳能热水器等设施，需定期进行维护或修理，为避免在搬运材料、工具及维护作业中，对防水层造成损伤和破坏，故本条规定在经常维护设施周围与出入口之间的人行道应设置块体材料或细石混凝土保护层。

4.7.8 隔离层的作用是找平、隔离。在柔性防水层上设置块体材料、水泥砂浆、细石混凝土等刚性保护层，由于保护层与防水层之间的粘结力和机械咬合力，当刚性保护层膨胀变形时，会对防水层造成损坏，故在保护层与防水层之间应铺设隔离层，同时可防止保护层施工时对防水层的损坏。对于不同的屋面保护层材料，所用的隔离层材料有所不同，本条列出了隔离层材料的适用范围和技术要求。

4.8 瓦屋面设计

4.8.1 本条中所指的瓦屋面，包括烧结瓦屋面、混凝土瓦屋面和沥青瓦屋面。近年来随着建筑设计的多样化，为了满足造型和艺术的要求，对有较大坡度的屋面工程也越来越多地采用了瓦屋面。

本次修订规范时将屋面防水等级划分为Ⅰ、Ⅱ两级，本条规定防水等级为Ⅰ级的瓦屋面，防水做法采用瓦＋防水层；防水等级为Ⅱ级的瓦屋面，防水做法采用瓦＋防水垫层。这就使瓦屋面能在一般建筑和重要建筑的屋面工程中均可以使用，扩大了瓦屋面的使用范围。

4.8.2 在进行瓦屋面设计时，瓦屋面的基层可以用木基层，也可以用混凝土基层，其构造做法应符合以下要求：

1 烧结瓦、混凝土瓦铺设在木基层上时，宜先在基层上铺设防水层或防水垫层，然后钉顺水条、挂瓦条，最后再挂瓦。

2 烧结瓦、混凝土瓦铺设在混凝土基层上时，宜在混凝土表面上先抹水泥砂浆找平层，再在其上铺设防水层或防水垫层，然后钉顺水条、挂瓦条，最后再挂瓦。

3 烧结瓦、混凝土瓦铺设在有保温层的混凝土基层上时，宜先在保温层上铺设防水层或防水垫层，再在其上设细石混凝土持钉层，然后钉顺水条、挂瓦条，最后再挂瓦。

4 沥青瓦铺设在木基层上时，宜先在基层上铺设防水层或防水垫层，然后铺钉沥青瓦。

5 沥青瓦铺设在混凝土基层上时，宜在混凝土表面上先抹水泥砂浆找平层，再在其上铺设防水层或防水垫层，最后再铺钉沥青瓦。

6 沥青瓦铺设在有保温层的混凝土基层上时，宜先在保温层上铺设防水层或防水垫层，再在其上铺设持钉层，最后再铺钉沥青瓦。

4.8.3 瓦屋面与山墙及突出屋面结构的交接处，是屋面防水的薄弱环节。在调研中发现这些部位发生渗漏的情况比较多见，所以对这些部位应作泛水处理，其泛水高度不应小于250mm。

4.8.4 在一些建筑中为满足建筑造型的要求而加大瓦屋面的坡度，当瓦屋面的坡度大于100%时，瓦片容易坠落，尤其是在大风或地震设防地区，屋面受外力的作用，瓦片极易被掀起、抛出，导致屋面损坏。本条规定在大风及地震设防地区或屋面坡度大于100%时，对瓦片应采用固定加强措施。烧结瓦、混凝土瓦屋面，应用镀锌铁丝将全部瓦片与挂瓦条绑扎固定；沥青瓦屋面檐口四周及屋脊部位，每张沥青瓦片应增加固定钉数量，同时上下沥青瓦之间应采用沥青基胶结材料满粘。

4.8.5 严寒及寒冷地区瓦屋面工程的檐口部位，在冬季下雪后会形成冰棱或冰坝，不仅影响了屋面上雪水的排出，而且也容易损坏檐口，因此，设计时应采取防止冰雪融化下坠和冰坝形成的措施，以确保屋面工程正常使用。

4.8.6 防水垫层在瓦屋面中起着重要的作用，因为"瓦"本身还不能算作是一种防水材料，只有瓦和防水垫层组合后才能形成一道防水设防。防水垫层质量的好坏，直接关系到瓦屋面质量的好坏，因此本条对防水垫层所用卷材的品种、最小厚度和搭接宽度作出了规定。

4.8.7 持钉层的厚度应能满足固定钉在受外力作用时的抗拔力要求，同时也考虑到施工人员在屋面上操作时对木基层所产生的荷载作用，所以本条规定持钉层为木板时厚度不应小于20mm。而当持钉层采用人造板时，因其属于有性能分级的结构性人工板材，故其厚度可比普通木板减薄。当持钉层为细石混凝土时，考虑到细石混凝土中骨料的粒径，如混凝土的厚度小于35mm则很难施工，所以规定细石混凝土的厚度不应小于35mm。

4.8.8 本条强调檐沟、天沟设置防水层的重要性，防水层可采用防水卷材、防水涂膜或金属板材。

4.8.9 烧结瓦、混凝土瓦屋面都应有一定坡度，以便迅速排走屋面上的雨水。由于木屋架、钢木屋架的高跨比一般为1/6～1/4，如果按最小高跨比为1/6考虑，则屋面的最小坡度应为33.33%，而原规范中规定平瓦屋面的坡度不应小于20%，这个坡度仅相当于11°18′，坡度太小不仅不利于屋面排水，而且瓦片之间易发生爬水，导致屋面渗漏，所以本条规定烧结瓦、混凝土瓦屋面的坡度不应小于30%。

4.8.10 木基层、木顺水条、木挂瓦条等木质构件，由于在潮湿的环境和一定的温度条件下，木腐菌极易繁殖，木腐菌侵蚀木材，导致木构件腐朽。另外在潮湿闷热的环境中，还会给白蚁、甲壳虫等的生存创造了条件，这些昆虫的习性是喜欢居住在木材中，并将木材内部蛀成蜂窝状洞穴和曲折形穴道，使木基层遭到损害而失去使用功能，所以当瓦屋面使用木基层时，应按现行国家标准《木结构设计规范》GB 50005的规定进行防腐和防蛀处理。另外，木材是易燃材料，易导致火灾，所以本条规定对此类木基层，还必须进行防火处理。

金属顺水条、金属挂瓦条在干湿交替的环境中，铁类金属极易锈蚀，年长日久更易造成严重锈蚀而使金属构件损坏，因此，本条规定当烧结瓦、混凝土瓦屋面采用金属顺水条、挂瓦条时，应事先进行防锈蚀处理，如涂刷防锈漆或进行镀锌处理等。

4.8.11 烧结瓦、混凝土瓦干法挂瓦时，应将顺水条、挂瓦条钉在基层上，顺水条的间距宜为500mm，再在顺水条上固定挂瓦条。块瓦采用在基层上使用泥背的非永久性建筑，本条已取消。

烧结瓦、混凝土瓦的后爪均应挂在挂瓦条上，上下行瓦的左右拼缝应相互错开搭接并落槽密合；瓦背面有挂钩和穿线小孔均为铺筑时固定瓦片用的，一般坡度的瓦屋面檐口两排瓦片，均应用18号铁丝穿在瓦背面的小孔上，并扎穿在挂瓦条上，以防止瓦片脱离时滑下。

4.8.12 根据烧结瓦和混凝土瓦的特性，通过经验总结，本条规定了块瓦铺装时相关部位的搭伸尺寸。烧结瓦、混凝土瓦屋面的檐口如果挑出墙面太少，下大雨时檐口下的墙体易被雨水淋湿，甚至会导致渗漏。按实践经验和美观的要求，檐口挑出墙面的长度以不小于300mm为宜。瓦片挑出檐口的长度如果过短，雨水易流淌到封檐板上，造成爬水，按经验总结瓦片挑出檐口的长度以50mm～70mm为宜。

4.8.13 沥青瓦屋面由于具有重量轻、颜色多样、施工方便、可在木基层或混凝土基层上使用等优点，所以近年来在坡屋面工程中广泛采用。沥青瓦屋面必须具有一定的坡度，如果屋面坡度过小，则不利于屋面雨水排出，而且在沥青瓦片之间还可能发生浸水现象，所以本条规定沥青瓦屋面的坡度不应小于20%。当沥青瓦屋面坡度过大或在大风地区，瓦片易出现下滑或被大风掀起，所以应采取加固措施，以确保沥青瓦屋面的工程质量。

4.8.14 在沥青瓦片上有粘结点、连续或不连续的粘结条，能确保沥青瓦安装在屋面上后垂片能被粘结。沥青瓦的厚度是确保屋面防水质量的关键，根据现行国家标准《玻纤胎沥青瓦》GB/T 20474的规定，矿物粒（片）沥青瓦质量不低于3.4kg/m^2，厚度不小于2.6mm；金属箔面沥青瓦质量不低于2.2kg/m^2，厚度不小于2mm。

4.8.15 沥青瓦为薄而轻的片状材料，瓦片以钉为主、粘结为辅的方法与基层固定。沥青瓦通过钉子钉入持钉层和沥青瓦片之间的相互粘结，成为一个与基层牢固固定的整体。为了使沥青瓦与基层固定牢固，要求在每片沥青瓦片上应钉入4个固定钉。如果屋面坡度过大，为防止沥青瓦片下坠的作用，以及防止大风时将沥青瓦片掀起破坏，所以本条规定在大风地区或屋面坡度超过100%时，每张瓦片上不得少于6个固定钉。

4.8.16 本条规定了沥青瓦屋面天沟的几种铺设形式：

1 搭接式：沿天沟中心线铺设一层宽度不小于1000mm的附加防水垫层，将外边缘固定在天沟两侧，从一侧铺设瓦片跨过天沟中心线不小于300mm，然后用固定钉固定，再将另一侧的瓦片搭过中心线后固定，最后剪修沥青瓦片上的边角，并用沥青基胶结材料固定。

2 编织式：沿天沟中心线铺设一层宽度不小于1000mm的附加防水垫层，将外边缘固定在天沟两侧。在两侧屋面上同时向天沟方向铺设瓦片，至距天沟中心线75mm处再铺设天沟上的瓦片。

3 敞开式：沿天沟中心线的两侧，采用厚度不小于0.45mm的防锈金属板，用金属固定件固定在基层上，沥青瓦片与金属天沟之间用100mm宽的沥青基胶粘材料粘结，瓦片上的固定钉应密封覆盖。

4.8.17 根据沥青瓦的特性，通过经验总结，本条规定了沥青瓦铺装时相关部位的搭伸尺寸。

4.9 金属板屋面设计

4.9.1 近几年，大量公共建筑的涌现使得金属板屋面迅猛发展，大量新材料应用及细部构造和施工工艺的创新，对金属板屋面设计提出了更高的要求。

金属板屋面是由金属面板与支承结构组成，金属板屋面的耐久年限与金属板的材质有密切的关系，按现行国家标准《冷弯薄壁型钢结构技术规范》GB 50018的规定，屋面压型钢板厚度不宜小于0.5mm。参照奥运工程金属板屋面防水工程质量控制技术指导意见中对金属板的技术要求，本条规定当防水等级为Ⅰ级时，压型铝合金板基板厚度不应小于0.9mm；压型钢板基板厚度不应小于0.6mm，同时压型金属板应采用360°咬口锁边连接方式。

尽管金属板屋面所使用的金属板材料具有良好的防腐蚀性，但由于金属板的伸缩变形受板型连接构造、施工安装工艺和冬夏季温差等因素影响，使得金属板屋面渗漏水情况比较普遍。根据本规范规定屋面Ⅰ级防水需两道防水设防的原则，同时考虑金属板屋面有一定的坡度和泄水能力好的特点，本条规定Ⅰ级金属板屋面应采用压型金属板＋防水垫层的防水做法；Ⅱ级金属板屋面应采用紧固件连接或咬口锁边连接的压型金属板以及金属面绝热夹芯板的防水做法。

4.9.2 金属板材可按建筑设计要求选用，目前较常用的面板材料为彩色涂层钢板、镀层钢板、不锈钢板、铝合金板、钛合金板和铜合金板。选用金属面板材料时，产品应符合现行国家或行业标准，也可参照国外同类产品标准的性能、指标及要求。彩色涂层钢板应符合现行《彩色涂层钢板及钢带》GB/T 12754的要求；镀层钢板应符合现行国家标准《连续热镀锌钢板及钢带》GB/T 2518和《连续热镀铝锌合金镀层钢板及钢带》GB/T 14978的要求；不锈钢板应符合现行国家标准《不锈钢冷轧钢板和钢带》GB/T 3280和《不锈钢热轧钢板和钢带》GB/T 4237的要求；铝合金板应符合现行国家标准《铝及铝合金轧制板材》GB/T 3880的要求；钛合金板应符合现行国家标准《钛及钛合金板材》GB/T 3621的要求；铜合金板应符合现行国家标准《铜及铜合金板》GB/T 2040的要求；金属板材配套使用的紧固件应符合现行国家标准《紧固件机械性能》GB/T 3098的要求；防水密封胶带应符合现行行业标准《丁基橡胶防水密封胶粘带》

JC/T 942 的要求；防水密封胶垫宜采用三元乙丙橡胶、氯丁橡胶、硅橡胶，其性能应符合现行行业标准《硫化橡胶和热塑性橡胶　建筑用预成型密封垫的分类、要求和试验方法》HG/T 3100 和国家标准《工业用橡胶板》GB/T 5574 的要求；硅酮耐候密封胶应符合现行国家标准《硅酮建筑密封胶》GB/T 14683 的要求。

4.9.3 金属板屋面是建筑物的外围护结构，主要承受屋面自重、活荷载、风荷载、积灰荷载、雪荷载以及地震作用和温度作用。金属面板与支承结构之间、支承结构与主体结构之间，须有相应的变形能力，以适应主体结构的变形；当主体结构在外荷载作用下产生位移时，一般不应使构件产生过大的内力和不能承受的变形。

4.9.4 压型金属板板型主要包括：有效宽度、展开宽度、板厚、截面惯性矩、截面模量和最大允许檩距等内容，均应由生产厂家负责提供。

压型金属板构造系统可分为单层金属板屋面、单层金属板复合保温屋面、檩条露明型双层金属板复合保温屋面、檩条暗藏型双层金属板复合保温屋面。

1 单层金属板屋面：厚度不应小于 0.6mm 压型金属板；冷弯型钢檩条。

2 单层金属板复合保温屋面：厚度不应小于 0.6mm 压型金属板；玻璃棉毡保温层；隔汽层；热镀锌或不锈钢丝网；冷弯型钢檩条。

3 檩条露明型双层金属板复合保温屋面：厚度不应小于 0.6mm 上层压型金属板；玻璃棉毡保温层；隔汽层；冷弯型钢附加檩条；厚度不应小于 0.5mm 底层压型金属板；冷弯型钢主檩条。

4 檩条暗藏型双层金属板复合保温屋面：厚度不应小于 0.6mm 上层压型金属板；玻璃棉毡保温层；隔汽层；冷弯型钢附加檩条；厚度不应小于 0.5mm 底层压型金属板。

4.9.5 在空气湿度相对较大的环境中，保温层靠向室内一侧应增设隔汽层；在严寒及寒冷地区或室内外温差较大的环境中，隔汽层设置需通过热工计算。防水透汽膜是具有防风和防水透汽功能的膜状材料，包括纺粘聚乙烯和聚丙烯膜；防水透汽膜应铺设在屋面保温层外侧，可将外界水域空气气流阻挡在建筑外部，阻止冷风渗透，同时能将室内的潮气排到室外。防水透汽膜性能应符合本规范附录 B.1.15 的规定，该指标摘自《建筑外墙防水工程技术规程》JGJ/T 235－2011 第 4.2.6 条的规定。

4.9.6 建筑室内表面发生结露会给室内环境带来负面影响，如果长时间的结露则会滋生霉潮，对人体健康造成有害的影响，也是不允许的。室内表面出现结露最直接的原因是内表面温度低于室内空气的露点温度。一般说来，在金属板屋面结构内表面大面积结露的可能性不大，结露往往都出现在热桥的位置附近。当然要彻底杜绝金属板屋面结构内表面结露现象有时也是非常困难的，只是要求在室内空气温、湿度设计条件下不应出现结露。根据国内外有关热工计算资料，室内温度和相对湿度下的露点温度可按表 6 选用。

表 6　室内温度和相对湿度下的露点温度（℃）

室内温度（℃）	室内相对湿度（%）							
	20	30	40	50	60	70	80	90
5	−14.4	−9.9	−6.6	−4.0	−1.8	0	1.9	3.5
10	−10.5	−5.9	−2.5	0.1	2.7	4.8	6.7	8.4
15	−6.7	−2.0	1.7	4.8	7.4	9.7	11.6	13.4
20	−3.0	2.1	6.2	9.4	12.1	14.5	16.5	18.3
25	−0.9	6.6	10.8	14.1	16.9	19.3	21.4	23.3
30	−5.1	11.0	15.3	18.8	21.7	24.1	26.3	28.3
35	9.4	15.5	19.9	23.5	26.5	29.9	31.2	33.2
40	13.7	20.0	24.6	28.2	31.3	33.9	36.1	38.2

本条明确金属板屋面防结露设计应符合现行国家标准《民用建筑热工设计规范》GB 50176 的有关规定。通过有关围护结构内表面以及内部温度的计算和围护结构内部冷凝受潮的验算，才能真正解决防结露问题。

4.9.7 由于金属板屋面的泄水能力较好，原规范规定金属板材屋面坡度宜大于或等于 10%，但在规范的执行中带来不少争议，故本条对屋面坡度取值经综合考虑作了修订。当屋面金属板采用紧固件连接时，屋面坡度不宜小于 10%，维持原规范的规定；当屋面金属板采用咬口锁边连接时，屋面坡度不宜小于 5%。杜绝了因传统采用螺栓固定而造成屋面渗漏。

4.9.8 本条对金属板屋面的檐沟、天沟设计给予规定。考虑到金属板材的热胀冷缩，金属檐沟、天沟的长度不宜太长。如果板材材质为不锈钢板，热胀系数为 17.3×10^{-6}/℃。冬夏最大温差为 60℃，板长为 30m，则伸缩量为 $\Delta L=30\times10^{3}\times60\times17.3\times10^{-6}=31.14$mm。檐沟、天沟的纵向伸缩量控制在 30mm 左右是可行的，本条规定檐沟、天沟的伸缩缝间距不宜大于 30m。

按国家标准《建筑给水排水设计规范》GB 50015－2003 中第 4.9.8 条的规定，建筑屋面雨水排水工程应设置溢流口、溢流堰、溢流管系统等溢流设施。溢流排水不得危害建筑设施和行人安全。由于金属板屋面清理不及时，内檐沟及内天沟落水口堵塞引起的渗漏水比较普遍，而且屋面板与内檐沟及内天沟的细部构造防水难度较大，本条规定内檐沟及内天沟应设置溢流口或溢流系统，沟内宜按 0.5%找坡。

4.9.9 金属板屋面的热胀冷缩主要是在横向和纵向。由于压型金属板是将镀层钢板或铝合金板经辊压冷弯，沿板宽方向形成连续波形截面的成型板，一方面大大提高屋面板的刚度，另一方面波肋的存在允许屋面板在横向有一定的伸缩。由于在工厂轧制的压型金属板受运输条件的限制，一般板长宜在 12m 之内；在施工现场轧制的压型金属板应根据吊装条件尽量采用较长尺寸的板材，以减少板的纵向搭接，防止渗漏。

压型金属板采用紧固件连接时，由于板的纵向伸缩受到紧固件的约束，使得屋面板的钉孔处和螺钉均存在温度应力，故金属板的单坡长度不宜超过 12m。压型金属板采用咬口锁边时，由于固定支座仅限制屋面板在板宽方向和上下方向的移动，屋面板沿板块长度方向可有一定的移动量，使得屋面板不产生温度应力，这样金属板的单坡最小长度可以大大提高。根据本规范第 4.9.15 条第 2 款的规定，由于金属板单坡长度过大，板的伸缩量超过金属板铺装的有关尺寸，会影响檐沟及天沟的使用，故本条提出金属板最大伸缩变形量不宜超过 100mm 的要求。有关压型金属板的单坡最大长度可参见本规范第 5.9.5 条的条文说明。

4.9.10 主体结构考虑到温度变化和混凝土收缩对结构产生不利影响，以及地基不均匀沉降或抗震设防要求，必须设置伸缩缝、沉降缝、防震缝，统称变形缝。金属板屋面外围护结构，应能适应主体结构的变形要求，本条规定金属板在主体结构的变形缝处宜断开，不宜直接跨越主体结构变形缝，变形缝上部应加扣带伸缩的金属盖板。

4.9.11 金属板屋面的细部构造设计比较复杂，不同供应商的金属屋面板构造做法也不尽相同，很难统一标准，一般均应对细部构造进行深化设计。金属板屋面细部构造，是指金属板变形大、应力与变形集中、用材多样、施工条件苛刻、最易出现质量问题和发生渗漏的部位，细部构造是保证金属板屋面整体质量的关键。

4.9.12 本条对压型金属板采用咬口锁边连接的构造设计提出具体要求。

暗扣直立锁边屋面系统固定方式：首先将 T 形铝质固定支座固定在檩条上，再将压型金属板扣在固定支座的梅花头上，最后用电动锁边机将金属板材的搭接边咬合在一起。由于固定方法先进，温度变形自由伸缩，抗风性能好，现场施工方便，保证屋面防水功能，在国内许多大型公共建筑得到推广应用。

金属板屋面由于保温层设在金属板的下面，所以大面积金属屋面板都存在严重的温度变形问题，如不合理释放这部分变形，容易导致金属屋面板局部折屈、隆起和磨损，故本条规定单坡尺寸过长或环境温差过大的建筑屋面，压型金属板宜采用滑动式支座的360°咬口锁边连接。滑动式支座分为座顶或座体两部分，座体开有一长圆孔，座顶卡在长圆孔内，沿长圆孔可以左右滑动。长圆孔的长度可以根据金属板伸缩量的大小由中间向两端逐渐加大。同时还需考虑在静荷载作用下，座顶和座体之间的相对滑动必须克服相互间的摩擦力。

4.9.13 本条是对压型金属板采用紧固件连接的构造设计提出了具体要求。对于压型金属板连接件主要选用自攻螺钉，连接件必须带有较好的防水密封胶垫材料，以防止连接点渗漏。对于压型金属板上下排板的搭接长度，应根据板型和屋面坡度确定；压型金属板的纵向搭接和横向连接部位，均应设置通长防水密封胶带，以防搭接缝渗漏。

4.9.14 金属面绝热夹芯板是将彩色涂层钢板面板及底板与硬质聚氨酯、聚苯乙烯、岩棉、矿渣棉、玻璃棉芯材，通过粘结剂或发泡复合而成的保温复合板材。本条对夹芯板采用紧固件连接的构造作了具体的规定，为了减少屋面的接缝，防止渗漏和提高保温性能，应尽量采用长尺寸的夹芯板。

4.9.15 金属板屋面的檐口、檐沟、天沟、屋脊以及金属泛水板与女儿墙、山墙等交接处，均是屋面渗漏的薄弱部位，本条规定了金属板铺装的最小尺寸要求。

4.9.16 硅酮耐候密封胶是一种多用途、单组分、无污染、中性固化、性能优异的硅酮密封胶，具有良好的粘结性、延伸性、水密性、气密性，固化后形成耐用、高性能及其弹性和耐气候性能。本条规定了压型金属板和金属面绝热夹芯板的自攻螺钉、拉铆钉外露处，均应采用硅酮耐候密封胶密封。

硅酮耐候密封胶在使用前，应进行粘结材料的相容性和粘结性试验，确认合格后才能使用。

4.9.17 当铝合金材料与除不锈钢以外的其他金属材料接触、紧固时，容易产生电化学腐蚀，应在铝合金材料及其他金属材料之间采用橡胶或聚四氟乙烯等隔离材料。

4.9.18 在金属板屋面中，一般采用采光带来弥补大跨度建筑中部的光线不足问题。透光屋面材料常用聚碳酸酯类板，其构造特点及技术数据应参见专业厂家样本，板材性能应满足国家相关规定。

聚碳酸酯类板包括实心板和中空板，适用于各种曲面造型的要求。在实体工程中，若将采光板做成与配套使用的压型金属板相同的板型，采光板与压型金属板的横向连接采用咬合或扣合的方式，两板之间因空隙较小而形成毛细作用；同时由于采光板与金属板的热胀系数差别很大，当接缝密封胶的位移不能满足接缝位移量要求时，即在板缝部位很容易发生渗漏。大量工程实践也证明，若采光顶与金属板采用平面交接，由于变形差异，防水细部构造很难处理，故采光带必须高出屋面一定的距离，将两种不同材料的建筑构造完全分开，并应在采光带的四周与金属板屋面的交接处做好泛水处理。

本条对采光带设置宜高出金属板屋面 250mm 的要求，符合本规范第 4.9.15 条有关泛水板与突出屋面墙体搭接高度不应小于 250mm 的规定。

4.9.19 金属板屋面应按设计要求提供抗风揭试验验证报告。由于金属板屋面抗风揭能力的不足，对建筑的安全性能影响重大，产生破坏造成的损失也非常严重，因此，无论国内和国外对建筑的风荷载安全都很重视。

我国对建筑物的风荷载设计，主要是按现行国家标准《建筑结构荷载规范》GB 50009 的规定。由于现行规范对风荷载的设计要求与国外相比偏低，并且更重要的是只有设计要求，没有相关的标准测试方法对设计要求进行验证，无法确定建筑物的安全性。为此，中国建筑材料科学研究院苏州防水研究院所属的国家建材工业建筑防水材料产品质量监督检验测试中心与国际上屋面系统检测最权威的机构美国 FM 认证公司合作，引进了 FM 成熟的屋面抗风揭测试技术，并于 2010 年 8 月建成了我国首个屋面系统抗风揭实验室，开展金属板屋面系统的抗风揭检测业务。实验室通过了与 FM 认证检测机构的对比试验，测试结果一致可靠，能够有效评价通过设计的屋面系统所能达到的抗风揭能力，保证建筑物的安全。通过该方法，能够检验屋面系统的设计、屋面系统所用的表面材料、基层材料、保温材料、固定件以及整个屋面系统的可靠性和可行性。

4.10 玻璃采光顶设计

4.10.1 玻璃采光顶是指由直接承受屋面荷载和作用的玻璃透光面板与支承体系所组成的围护结构，与水平面的夹角小于 75°的围护结构和装饰性结构。玻璃采光顶作为建筑的外围护结构，其造型是建筑设计的重要内容，设计者不仅要考虑建筑造型的新颖、美观，还要考虑建筑的使用功能、造价、环境、能耗、施工条件等诸多因素，需重点对结构类型、材料和细部构造方面进行设计。

玻璃采光顶的支承结构主要有钢结构、钢索杆结构、铝合金结构等，采光顶的支承形式包括桁架、网架、拱壳、圆穹等；玻璃采光顶应按围护结构设计，主要承受自重以及直接作用于其上的风雪荷载、地震作用、温度作用等，不分担主体结构承受的荷载或地震作用。玻璃采光顶应具有足够的承载能力、刚度和稳定性，能够适应主体结构的变形及承受可能出现的温度作用。同时，玻璃采光顶的构造设计除应满足安全、实用、美观的要求外，尚应便于制作、安装、维修保养和局部更换。

4.10.2 玻璃采光顶的物理性能主要包括承载性能、气密性能、水密性能、热工性能、隔声性能和采光性能。性能要求的高低和建筑物的功能性质、重要性等有关，不同的建筑在很多性能上是有所不同的，玻璃采光顶的物理性能应根据建筑物的类别、高度、体型、功能以及建筑物所在的地理位置、气候和环境条件进行设计。如沿海或经常有台风的地区，要求玻璃采光顶的风压变形性能和雨水渗漏性能高些；风沙较大地区，要求玻璃采光顶的风压变形性能和空气渗透性能高些；寒冷地区和炎热地区，要求采光顶的保温隔热性能良好。下面列出现行国家标准《建筑玻璃采光顶》JG/T 231 中有关玻璃采光顶的承载性能、气密性能、水密性能、热工性能、隔声性能、采光性能等分级指标，供设计人员选用。

1 承载性能：玻璃采光顶承载性能分级指标 S 应符合表 7 的规定。

表 7 承载性能分级

分级代号	1	2	3	4	5	6	7	8	9
分级指标值 S (kPa)	$1.0\leqslant S<1.5$	$1.5\leqslant S<2.0$	$2.0\leqslant S<2.5$	$2.5\leqslant S<3.0$	$3.0\leqslant S<3.5$	$3.5\leqslant S<4.0$	$4.0\leqslant S<4.5$	$4.5\leqslant S<5.0$	$S\geqslant 5.0$

注：1 9 级时需同时标注 S 的实测值；
2 S 值为最不利组合荷载标准值；
3 分级指标值 S 为绝对值。

2 气密性能：玻璃采光顶开启部分，采用压力差为 10Pa 时的开启缝长空气渗透量 q_L 作为分级指标，分级指标应符合表 8 的规定；玻璃采光顶整体（含开启部分）采用压力差为 10Pa 时的单位面积空气渗透量 q_A 作为分级指标，分级指标应符合表 9 的规定。

表 8 玻璃采光顶开启部分气密性能分级

分级代号	1	2	3	4
分级指标值 q_L [$m^3/(m\cdot h)$]	$4.0\geqslant q_L>2.5$	$2.5\geqslant q_L>1.5$	$1.5\geqslant q_L>0.5$	$q_L\leqslant 0.5$

表 9 玻璃采光顶整体气密性能分级

分级代号	1	2	3	4
分级指标值 q_A [$m^3/(m^2\cdot h)$]	$4.0\geqslant q_A>2.0$	$2.0\geqslant q_A>1.2$	$1.2\geqslant q_A>0.5$	$q_A\leqslant 0.5$

3 水密性能：当玻璃采光顶所受风压取正值时，水密性能分级指标 ΔP 应符合表 10 的规定。

表 10 玻璃采光顶水密性能分级

分级代号		3	4	5
分级指标值 ΔP(kPa)	固定部分	$1000\leqslant\Delta P<1500$	$1500\leqslant\Delta P<2000$	$\Delta P\geqslant 2000$
	可开启部分	$500\leqslant\Delta P<700$	$700\leqslant\Delta P<1000$	$\Delta P\geqslant 1000$

注：1 ΔP 为水密性能试验中，严重渗漏压力差的前一级压力差；
2 5 级时需同时标注 ΔP 的实测值。

4 热工性能：玻璃采光顶的传热系数分级指标值应符合表11的规定；遮阳系数分级指标 SC 应符合表12的规定。

表11 玻璃采光顶的传热系数分级

分级代号	1	2	3	4	5
分级指标值 k [W/(m^2·K)]	$k>4.0$	$4.0\geq k>3.0$	$3.0\geq k>2.0$	$2.0\geq k>1.5$	$k\leq1.5$

表12 玻璃采光顶的遮阳系数分级

分级代号	1	2	3	4	5	6
分级指标值 SC	$0.9\geq SC>0.7$	$0.7\geq SC>0.6$	$0.6\geq SC>0.5$	$0.5\geq SC>0.4$	$0.4\geq SC>0.3$	$0.3\geq SC>0.2$

5 隔声性能：玻璃采光顶的空气隔声性能采用空气计权隔声量 R_w 进行分级，其分级指标应符合表13的规定。

表13 玻璃采光顶的空气隔声性能分级

分级代号	2	3	4
分级指标值 R_w (dB)	$30\leq R_w<35$	$35\leq R_w<40$	$R_w\geq40$

注：4级时应同时标注 R_w 的实测值。

6 采光性能：玻璃采光顶的采光性能采用透光折减系数 T_r 作为分级指标，其分级指标应符合表14的规定。

表14 玻璃采光顶采光性能分级

分级代号	1	2	3	4	5
分级指标值 T_r	$0.2\leq T_r<0.3$	$0.3\leq T_r<0.4$	$0.4\leq T_r<0.5$	$0.5\leq T_r<0.6$	$T_r\geq0.6$

注：1 T_r 为透射漫射光照度与漫射光照度之比；

2 5级时需同时标注 T_r 的实测值。

上述玻璃采光顶的性能应由制作和安装单位每三年进行一次型式检验；由于承载性能、气密性能和水密性能是采光顶应具备的基本性能，因此是必要检测项目。有保温、隔声、采光等要求时，可增加相应的检测项目。采光顶的承载性能、水密性能和气密性能检测应按现行国家标准《建筑幕墙气密、水密、抗风压性能检测方法》GB/T 15227进行；采光顶的热工性能、隔声性能和采光性能检测，应分别按现行国家标准《建筑外门窗保温性能分级及检测方法》GB/T 8484、《建筑外门窗空气隔声性能分级及检测方法》GB/T 8485和《建筑外窗采光性能分级及检测方法》GB/T 11976进行。

4.10.3 玻璃采光顶所用材料均应有产品合格证和性能检测报告，材料的品种、规格、性能等应符合国家现行材料标准要求。

1 钢材宜选用碳素结构钢和低合金结构钢、耐候钢等，并按照设计要求做防腐处理。

2 铝合金型材应符合现行国家标准《铝合金建筑型材》GB 5237的规定，铝合金型材表面处理应符合现行行业标准《建筑玻璃采光顶》JG/T 231中的规定。

3 采光顶使用的钢索应采用钢绞线，并应符合现行行业标准《建筑用不锈钢绞线》JG/T 200的规定；钢索压管接头应符合现行行业标准《建筑幕墙用钢索压管接头》JG/T 201的规定。

4 采光顶所用玻璃应符合现行国家标准《建筑用安全玻璃 第2部分：钢化玻璃》GB 15763.2、《建筑用安全玻璃 第3部分：夹层玻璃》GB 15763.3、《半钢化玻璃》GB/T 17841和现行行业标准《建筑玻璃采光顶》JG/T 231的规定。

5 采光顶所用紧固件、连接件除不锈钢外，应进行防腐处理。主要受力紧固件应进行承载力验算。

6 橡胶密封制品宜采用三元乙丙橡胶、氯丁橡胶或硅橡胶，密封胶条应符合现行行业标准《硫化橡胶和热塑性橡胶 建筑用预成型密封垫的分类、要求和试验方法》HG/T 3100和现行国家标准《工业用橡胶板》GB/T 5574的规定。

7 硅酮结构密封胶应符合现行国家标准《建筑用硅酮结构密封胶》GB 16776的规定。

8 玻璃接缝密封胶应符合现行行业标准《幕墙玻璃接缝用密封胶》JC/T 882的规定；中空玻璃用一道密封胶应符合现行行业标准《中空玻璃用丁基热熔密封胶》JC/T 914的规定，二道密封胶应符合现行行业标准《中空玻璃用弹性密封胶》JC/T 486的规定。

4.10.4 玻璃采光顶大多以其特有的倾斜屋面效果，满足建筑使用功能和美观要求。玻璃采光顶应采用结构找坡，由采光顶的支承结构与主体结构结合而形成排水坡度，同时还应考虑保证单片玻璃挠度所产生的积水可以排除，故本条规定玻璃采光顶应采用支承结构找坡，其排水坡度不宜小于5%。

4.10.5 玻璃采光顶的细部构造设计复杂，而且大部分由玻璃采光顶供应商制作安装，不同供应商的构造做法也不尽相同，所以均应进行深化设计。深化设计时，应对本条所列部位进行构造设计。

4.10.6 本条是对玻璃采光顶防结露设计提出的要求。玻璃采光顶内侧结露影响人们的生活和工作，因此玻璃采光顶设计坡度不宜太小，以防止结露水滴落；玻璃采光顶的型材应设置集水槽，并使所有集水槽相互沟通，使玻璃下的结露水汇集，并将结露水汇集排放到室外或室内水落管内。

4.10.7 玻璃采光顶支承结构必须作防腐处理或型材

作表面处理，型材已作表面处理的可不再作防腐处理。

铝合金型材与其他金属材料接触、紧固时，容易产生电化学腐蚀，应在铝合金材料与其他金属材料之间采取隔离措施。

4.10.8～4.10.10 这三条对玻璃采光顶的玻璃提出具体要求。规定玻璃采光顶的玻璃面板应采用安全玻璃，安全玻璃主要包括夹层玻璃和中空夹层玻璃。中空玻璃设计时上层玻璃尚应考虑冰雹等的影响。

夹层玻璃是一种性能良好的安全玻璃，是用聚乙烯醇缩丁醛（PVB）胶片将两块玻璃粘结在一起，当受到外力冲击时，玻璃碎片粘在PVB胶片上，可以避免飞溅伤人。钢化玻璃是将普通玻璃加热后急速冷却形成，当被打破时，玻璃碎片细小而无锐角，不会造成割伤。

4.10.11 采光顶玻璃组装采用镶嵌方式时，玻璃与构件槽口之间应适应在正常工作情况下会发生结构层间位移和玻璃变形，以避免玻璃直接碰到构件槽口造成玻璃破损，因此，明框玻璃组件中，玻璃与槽口的配合尺寸很重要，应符合设计和技术标准的规定。

玻璃四周的密封胶条应采用有弹性、耐老化的密封材料，密封胶条不应有硬化、龟裂现象。《建筑玻璃采光顶》JG/T 231－2007中规定：橡胶制品应符合现行行业标准《硫化橡胶和热塑性橡胶　建筑用预成型密封垫的分类、要求和试验方法》HG/T 3100和现行国家标准《工业用橡胶板》GB/T 5574的规定，宜采用三元乙丙橡胶、氯丁橡胶和硅橡胶。

4.10.12 采光顶玻璃组装采用胶粘方式时，中空玻璃的两层玻璃之间的周边以及隐框和半隐框构件的玻璃与金属框之间，都应采用硅酮结构密封胶粘结。结构胶使用前必须经过胶与相接触材料的相容性试验，确认其粘结可靠才能使用。硅酮结构密封胶的相容性试验应符合现行国家标准《建筑硅酮结构密封胶》GB 16776的有关规定。

4.10.13 采光顶玻璃采用点支式组装方式时，在正常工作情况下会发生结构层间位移和玻璃变形。若连接件与玻璃面板为硬性直接接触，易产生玻璃爆裂的现象，同时直接接触亦易产生摩擦噪声。因此，点支承玻璃采光顶的支承装置除应符合结构受力和建筑美观要求外，还应具有吸收平面变形的能力，在连接件与玻璃之间应设置衬垫材料，这种材料应具备一定的韧性、弹性、硬度和耐久性。

4.10.14 玻璃是不渗透材料，玻璃采光顶防水设防无需采用防水卷材或防水涂料处理，而是集中对玻璃面板之间的装配接缝嵌填弹性密封胶，保证密封不渗漏。由于采光顶渗漏现象时有发生，主要表现在接缝密封层的开裂、脱粘或局部缺陷，而且一处的渗漏治理往往会产生新的漏点，所以在设计时应充分评估采光顶玻璃接缝的变位特征，正确设定接缝构造及选材，控制接缝密封形状和施工质量，才能实现屋面工程无渗漏的目标。

玻璃接缝设计应首先分析引起玻璃面板接缝位移的诸多因素，并计算这些因素产生的位移量值。以温差位移为例：如采光顶面板为18mm厚夹层玻璃，表层为热反射玻璃（热吸收系数H＝0.83，热容常数C＝56），面板长边为2000mm，短边为1500mm，夏季最高环境温度为33℃，冬季最低环境温度为－16℃，在面板边部无约束条件下，面板间接缝的最大温差位移量ΔL可按下式计算：

$$\Delta L = L \cdot \Delta T_{\max} \cdot \alpha \qquad (2)$$

式中：L——长边尺寸（mm）；

α——玻璃热膨胀系数，取9×10^{-6}（/℃）；

$\Delta T_{\max}$——最大温差（℃）。

$\Delta T_{\max}$＝夏季日照下玻璃最高温度（即$H\times C$＋夏季最高环境温度）－冬季最低环境温度＝(0.83×56＋33)－(－16)＝80＋16＝96(℃)

$$\Delta L = 2000\times96\times9\times10^{-6} = 1.73(\text{mm})$$

考虑风荷载变化、雪荷载、地震、自重挠度等引起接缝的位移量为1.20mm（计算略），叠加温差位移后总位移量为2.93mm，考虑误差等其他因素，取安全系数1.1，则接缝最大位移量值为3.22mm。

若设定接缝宽度为6mm，计算位移量为3.22mm，则接缝胶的相对位移量为±27%，在密封胶标准中最高位移能力级别为25级，即位移能力为±25%，所以无胶可选，必须加大接缝宽度。如加宽为8mm，则接缝相对位移量为±20.2%，这样设定可选用位移能力级别为25级密封胶。考虑到接缝形状和变形产生的应力集中，以及密封胶随使用年限的增加可能发生性能变化，为更安全地设定接缝宽度宜加大到10mm。

本条规定玻璃接缝密封胶应符合现行行业标准《幕墙玻璃接缝用密封胶》JC/T 882的规定。还规定接缝深度宜为接缝宽度的50%～70%，是从国外大量资料和国内屋面接缝防水实践中总结出来的，是一个经验值。另外根据德国的经验，缝深为缝宽的1/2～2/3左右，与本条文的规定也基本一致。

4.11 细部构造设计

4.11.1 屋面的檐口、檐沟和天沟、女儿墙和山墙、水落口、变形缝、伸出屋面管道、屋面出入口、反梁过水孔、设施基座、屋脊、屋顶窗等部位，是屋面工程中最容易出现渗漏的薄弱环节。据调查表明，屋面渗漏中70%是由于细部构造的防水处理不当引起的，说明细部构造设防较难，是屋面工程设计的重点。

随着建筑的大型化和复杂化以及屋面功能的增加，除上述常见的细部构造外，在屋面工程中出现新的细部构造形式也是很正常的，因此本规范未规定的新的细部构造应根据其特征进行设计。

本规范在有关细部构造中所示意的节点构造，仅为条文的辅助说明，不能作为设计节点的构造详图。

4.11.2 屋面的节点部位由于构造形状比较复杂，多种材料交接，应力、变形比较集中，受雨水冲刷频繁，所以应局部增强，使其与大面积防水层同步老化。增强处理可采用多道设防、复合用材、连续密封、局部增强。细部构造设计是保证防水层整体质量的关键，同时应满足使用功能、温差变形、施工环境条件和工艺的可操作性等要求。

4.11.3 参见本规范第4.6.3条的条文说明。

4.11.4 屋面的节点部位往往形状比较复杂，设计时可采用不同的保温材料与大面的保温层衔接，形成连续保温层，防止热桥的出现。节点部位保温材料的选择，应充分考虑保温层设置的可能性和施工的可行性。保证热桥部位的内表面温度不低于室内空气的露点温度。

4.11.5 滴水处理的目的是为了阻止檐口、檐沟外侧下端等部位的雨水沿板底流向墙面而产生渗漏或污染墙面；如滴水槽的宽度和深度太小，雨水会由于虹吸现象越过滴水槽，使滴水处理失效，故规定滴水槽的最小尺寸。

4.11.6 檐口部位的卷材防水层收头和滴水是檐口防水处理的关键，空铺、点粘、条粘的卷材在檐口端部800mm范围内应满粘，卷材防水层收头压入找平层的凹槽内，用金属压条钉压牢固并进行密封处理，钉距宜为500 mm～800mm，防止卷材防水层收头翘边或被风揭起。从防水层收头向外的檐口上端、外檐至檐口下部，均应采用聚合物水泥砂浆铺抹，以提高檐口的防水能力。由于檐口做法属于无组织排水，檐口雨水冲刷量大，为防止雨水沿檐口下端流向外墙，檐口下端应同时做鹰嘴和滴水槽。

4.11.7 涂膜防水层与基层粘结较好，在檐口处涂膜防水层收头可以采用涂料多遍涂刷，以提高防水层的耐雨水冲刷能力，防止防水层收头翘边或被风揭起。檐口端部和滴水处理方式参见本规范第4.11.6条的条文说明。

4.11.8、4.11.9 瓦屋面下部的防水层或防水垫层可设在保温层的上面或下面，并应做到檐口的端部。烧结瓦、混凝土瓦屋面的瓦头，挑出檐口的长度宜为50mm～70mm，主要是防止雨水流淌到封檐板上；沥青瓦屋面的瓦头，挑出檐口的长度宜为10mm～20mm，应沿檐口铺设金属滴水板，并伸入沥青瓦下宽度不应小于80mm，主要是有利于排水。

4.11.10 为防止雨水从金属屋面板与外墙的缝隙进入室内，规定金属板材挑出屋面檐口的长度不得小于200mm，并应设置檐口封檐板。

4.11.11 檐沟和天沟是排水最集中的部位，本条规定檐沟、天沟应增铺附加层。当主体防水层为卷材时，附加层宜选用防水涂膜，既适应较复杂的施工，又减少了密封处理的困难，形成优势互补的涂膜与卷材复合；当主体防水层为涂膜时，沟内附加层宜选用同种涂膜，但应设胎体增强材料。檐沟、天沟与屋面交接处，由于构件断面变化和屋面的变形，常在此处发生裂缝，附加层伸入屋面的宽度不应小于250mm。屋面如不设保温层，则屋面与檐沟、天沟的附加层在转角处应空铺，空铺宽度宜为200mm，以防止基层开裂造成防水层的破坏。

檐沟防水层收头应在沟外侧顶部，由于卷材铺贴较厚及转弯不服帖，常因卷材的弹性发生翘边脱落，因此规定卷材防水层收头应采用压条钉压固定，密封材料封严。涂膜防水层收头用涂料多遍涂刷。

从防水层收头向外的檐口上端、外檐至檐口下部，均应采用聚合物水泥砂浆铺抹，以提高檐口的防水能力。为防止沟内雨水沿檐沟外侧下端流向外墙，檐沟下端应做鹰嘴或滴水槽。

当檐沟外侧板高于屋面结构板时，为防止雨水口堵塞造成积水漫上屋面，应在檐沟两端设置溢水口。

檐沟和天沟卷材铺贴应从沟底开始，保证卷材应顺流水方向搭接。当沟底过宽，在沟底出现卷材搭接缝时，搭接缝应用密封材料密封严密，防止搭接缝受雨水浸泡出现翘边现象。

4.11.12 瓦屋面的檐沟和天沟应增设防水附加层，由于檐沟大都为悬挑结构，为增加内檐板上部防水层的抗裂能力，附加层应盖过内檐板，故规定附加层应伸入屋面500mm以上。为使雨水顺坡落入檐沟或天沟，防止爬水现象，本条规定了烧结瓦、混凝土瓦伸入檐沟、天沟的尺寸要求。

4.11.13 本条第1～4款参见本规范第4.11.12条的条文说明。

天沟内沥青瓦铺贴的方式有搭接式、编织式和敞开式三种。采用搭接式或编织式铺贴时，沥青瓦及其配套的防水层或防水垫层铺过天沟，因此只需在天沟内增设1000mm宽的附加层。敞开式铺设时，天沟部位除了铺设1000mm宽附加层及防水层或防水垫层外，应在上部再铺设厚度不小于0.45mm的防锈金属板材，并与沥青瓦顺流水方向搭接，保证天沟防水的可靠性。

4.11.14 女儿墙防水处理的重点是压顶、泛水、防水层收头的处理。

压顶的防水处理不当，雨水会从压顶进入女儿墙的裂缝，顺缝从防水层背后渗入室内，故对压顶的防水做法作出具体规定。

低女儿墙的卷材防水层收头宜直接铺压在压顶下，用压条钉压固定并用密封材料封闭严密。高女儿墙的卷材防水层收头可在离屋面高度250mm处，采用金属压条钉压固定，钉距不宜大于800mm，再用密封材料封严，以保证收头的可靠性；为防止雨水沿高女儿墙的泛水渗入，卷材收头上部应做金属盖板保护。

根据多年实践证实，防水涂料与水泥砂浆抹灰层具有良好的粘结性，所以在女儿墙部位，防水涂料一直涂刷至女儿墙或山墙的压顶下，压顶也应作防水处理，避免女儿墙及其压顶开裂而造成渗漏。

4.11.15 瓦屋面及金属板屋面与突出屋面结构的交接处应作泛水处理。

烧结瓦、混凝土瓦屋面的泛水是最易渗漏的部位，聚合物水泥砂浆具有一定的韧性，用于泛水处理可以防止开裂引起的泛水渗漏。

沥青瓦屋面的泛水部位可增设附加层进行增强处理，收头参照女儿墙的做法。

金属板屋面山墙泛水采用铆钉金属泛水板的形式，金属泛水板之间应顺流水方向搭接；金属泛水板的作用效果和可靠性，取决于泛水板与墙体的搭接宽度和收头做法、泛水板与金属屋面板搭盖宽度和连接做法，本条均作了具体规定。

4.11.16 重力式排水为传统的排水方式，水落口材料包括金属制品和塑料制品两种，其排水设计、施工都有成熟的经验和技术。

水落口应牢固固定在承重结构上，否则水落口产生的松动会使水落口与混凝土交接处的防水设防破坏，产生渗漏现象。

水落口高出天沟及屋面最低处的现象一直较为普遍，究其原因是在埋设水落口或设计规定标高时，未考虑增加的附加层和排水坡度加大的尺寸。因此规定水落口杯必须设在沟底最低处，水落口埋设标高应根据附加层的厚度及排水坡度加大的尺寸确定。

对于水落口处的防水构造，采取多道设防、柔性密封、防排结合的原则处理。在水落口周围 500mm 的排水坡度应不小于5%，坡度过小，施工困难且不易找准；采取防水涂料涂封，涂层厚度为 2mm，相当于屋面涂层的平均厚度，使它具有一定的防水能力，防水层和附加层伸入水落口杯内不应小于 50mm，避免水落口处的渗漏发生。

4.11.17 虹吸式排水方式是近年新出现的排水方式，具有排水速度快、汇水面积大的特点。水落口部位的防水构造和部件都有相应的系统要求，因此设计时应根据相关的要求进行专项设计。

4.11.18 变形缝的防水构造应能保证防水设防具有足够的适应变形而不破坏的能力。变形缝的泛水墙高度规定是为了防止雨水漫过泛水墙，泛水墙的阴角部位应按照泛水做法要求设置附加层。防水层的收头应铺设或涂刷至泛水墙的顶部。

变形缝中应预填不燃保温材料作为卷材的承托，在其上覆盖一层卷材并向缝中凹伸，上放圆形的衬垫材料，再铺设上层的合成高分子卷材附加层，使其形成Ω形覆盖。

等高的变形缝顶部加盖钢筋混凝土或金属盖板加以保护。高低跨变形缝的附加层和防水层在高跨墙上的收头应固定牢固、密封严密；再在上部用固定牢固的金属盖板保护。

4.11.19 为确保屋面工程质量，对伸出屋面的管道应做好防水处理，规定管道周围的找平层应抹出不小于 30mm 的排水坡，并设附加层做增强处理；防水层应铺贴或涂刷至管道上，收头部位距屋面不宜小于 250mm；卷材收头应用金属箍或铁丝紧固，密封材料封严。充分体现多道设防和柔性密封的原则。

4.11.20 伸出屋面烟囱在坡屋面中是常见，另外坡屋面上的排气道也常做成与烟囱相似的形式，由于有突出屋面结构的存在，其阴角处容易产生裂缝，防水施工也相对困难，因此在泛水部位应增设附加层，防水层收头采用金属压条钉压固定。另外为避免烟囱迎水面产生积水现象，应在迎水面中部抹出分水线，向两侧抹出一定的排水坡度，使雨水从两侧排走。

4.11.21 屋面垂直出入口应防止雨水从盖板下倒灌入室内，故规定泛水高度不得小于 250mm，泛水部位变形集中且难以设置保护层，故在防水层施工前应先做附加增强处理，附加层的厚度和尺寸应符合条文规定。防水层的收头于压顶圈下，使收头的防水设防可靠，不会产生翘边、开口等缺陷。

4.11.22 屋面水平出入口的设防重点是泛水和收头，泛水要求与垂直出入口基本相同。防水层应铺设至门洞踏步板下，收头处用密封材料封严，再用水泥砂浆保护。

4.11.23 反梁在现代建筑中越来越多，按照排水设计的要求，大部分反梁中需设置过水孔，使雨水能流向水落口及时排走。反梁过水孔的孔底标高应与两侧的檐沟底面标高一致，由于檐沟有坡度要求，因此每个过水孔的孔底标高都是不同的，施工时应预先根据结构标高、保温层厚度、找坡层厚度等计算出每个过水孔的孔底标高，再进行过水孔管的安设。

结构设计一般不允许在反梁上开设过大的孔洞，因此过水孔宜采用预埋管道的方式，为保证过水孔排水顺畅，规定了过水孔的最小尺寸。由于预埋管道与周边混凝土的线膨胀系数不同，温度变化时管道两端周围与混凝土接触处易产生裂缝，故管道口四周应预留凹槽用密封材料封严。

4.11.24 由于大型建筑和高层建筑日益增多，在屋面上经常设置天线塔架、擦窗机支架、太阳能热水器底座等，这些设施有的搁置在防水层上，有的与屋面结构相连。若与结构相连时，防水层应包裹基座部分，设施基座的预埋地脚螺栓周围必须做密封处理，防止地脚螺栓周围发生渗漏。

4.11.25 搁置在防水层上的设备，有一定的质量和振动，对防水层易造成破损，因此应按常规做卷材附加层，有些质量重、支腿面积小的设备，应该做细石混凝土垫块或衬垫，以免压坏防水层。

4.11.26 烧结瓦或混凝土瓦屋面的脊瓦与坡面瓦之间的缝隙，一般采用聚合物水泥砂浆填实抹平，脊瓦下端距坡面瓦的高度不宜超过 80mm，一是考虑施工操作，二是防止砂浆干缩开裂导致雨水流入而造成渗漏，并根据烧结瓦和混凝土瓦的特性，规定了脊瓦与坡面瓦的搭盖宽度。

4.11.27 本条是根据沥青瓦的特性规定了脊瓦在两坡面瓦上的搭盖宽度，防止搭盖宽度过小，脊瓦易被风掀起。

4.11.28 金属板材屋面的屋脊部位应用金属屋脊盖板，以免盖板下凹；板材端头应设置堵头板，防止施工过程中或渗漏时雨水流入金属板材内部。

4.11.29 烧结瓦或混凝土瓦屋面，屋顶窗的窗料及金属排水板、窗框固定铁脚、窗口防水卷材、支瓦条等配件，可由屋顶窗的生产厂家配套供应，并按照设计要求施工。

4.11.30 沥青瓦屋面，屋顶窗的窗料及金属排水板、窗框固定铁脚、窗口防水卷材等配件，可由屋顶窗的生产厂家配套供应，并按照设计要求施工。

5 屋面工程施工

5.1 一般规定

5.1.1 防水工程施工实际上是对防水材料的一次再加工，必须由防水专业队伍进行施工，才能保证防水工程的质量。防水专业队伍应由经过理论与实际施工操作培训，并经考试合格的人员组成。本条所指的防水专业队伍，应由当地建设行政主管部门对防水施工企业的规模、技术水平、业绩等综合考核后颁发证书，作业人员应由有关主管部门发给上岗证。

实现防水施工专业化，有利于加强管理和落实责任制，有利于推行防水工程质量保证期制度，这是提高屋面防水工程质量的关键。对非防水专业队伍或非防水工施工的，当地质量监督部门应责令其停止施工。

5.1.2 设计图纸作为施工的依据，"照图施工"是施工单位应严格遵守的基本原则，所以在屋面工程施工前，施工单位应组织相关人员认真熟悉设计图纸，掌握屋面工程的构造层次、材料选用、技术要求及质量要求等。在设计单位参与的条件下进行图纸会审，可以解决屋面工程在设计及施工中存在的问题，确保屋面工程的质量及施工的顺利进行。

为了指导施工作业，确保屋面工程的质量，施工单位应根据设计图纸，结合施工的实际情况，编制有针对性的施工方案或技术措施。屋面工程施工方案的内容包括：工程概况、质量目标、施工组织与管理、防水保温材料及其使用、施工操作技术、安全注意事项等。

5.1.3 屋面工程所采用的防水、保温材料，除有产品合格证书和性能检测报告等出厂质量证明文件外，还应有当地建设行政主管部门指定检测单位对该产品本年度抽样检验认证的试验报告，其质量必须符合国家现行产品标准和设计要求。

材料进入现场后，监理单位、施工单位应按规定进行抽样检验，检验应执行见证取样送检制度，并提出检验报告。抽样检验不合格的材料不得用在工程上。

5.1.4 屋面工程是由若干构造层次组成的，如果下面的构造层质量不合格，而被上面的构造层覆盖，就会造成屋面工程的质量隐患。在屋面工程施工中，必须按各道工序分别进行检查验收，不能到工程全部做完后才进行一次性检查验收。每一道工序完成后，应经建设或监理单位检查验收，合格后方可进行下道工序的施工。

对屋面工程的成品保护是一个非常重要的环节。屋面防水工程完工后，有时又要上人进行其他作业，如安装天线、水箱、堆放杂物等，会造成防水层局部破坏而出现渗漏。本条规定当下道工序或相邻工程施工时，应对已完成的部分采取保护措施。

5.1.5 公安部、住房和城乡建设部于 2009 年 9 月 25 日发布了《民用建筑外保温系统及外墙装饰防火暂行规定》，提出了屋面工程施工及使用中的防火规定。在屋面工程中使用的防水、保温材料很多是属于可燃材料，如改性沥青防水卷材、合成高分子防水卷材、改性沥青防水涂料、合成高分子防水涂料以及有机保温材料等。所以施工单位在进行屋面工程施工时，对这些易燃的防水、保温材料的运输、保管应远离火源，露天存放时应用不燃材料完全覆盖，以防引发火灾。在施工作业时，强调在可燃保温材料上不得采用热熔法、热粘法等施工工艺进行施工，以防引燃保温材料而酿成火灾。同时要求屋面工程施工时要加强火源、热源等火灾危险源的管理，并在屋面工程施工作业区配置足够的消防灭火器材，以防一旦着火，能够将火及时扑灭，不致酿成火灾。

5.1.6 施工单位应遵守有关施工安全、劳动保护、防火和防毒的法律法规，建立相应的管理制度，并应配备必要的设备、器具和标识。

本条是针对屋面工程的施工范围和特点，着重进行危险源的识别、风险评价和实施必要的措施。屋面工程施工前，对危险性较大的工程作业，应编制专项施工方案，并进行安全交底。坚持安全第一、预防为主和综合治理的方针，积极防范和遏制建筑施工生产安全事故的发生。

5.2 找坡层和找平层施工

5.2.1 装配式钢筋混凝土板的板缝太窄，细石混凝土不容易嵌填密实，板缝宽度通常大于 20mm 较为合适。细石混凝土填缝高度应低于板面10mm～20mm，以便与上面细石混凝土找平层更好地结合。当板缝较大时，嵌填的细石混凝土类似混凝土板带，要承受自重和屋面荷载的作用，因此当板缝宽度大于40mm或上窄下宽时，应在板缝内加构造配筋。

5.2.2 为了便于铺设隔汽层和防水层，必须在结构层或保温层表面做找平处理。在找坡层、找平层施工前，首先要检查其铺设的基层情况，如屋面板安装是否牢固，有无松动现象；基层局部是否凹凸不平，凹坑较大时应先填补；保温层表面是否平整，厚薄是否均匀；板状保温材料是否铺平垫稳；用保温材料找坡是否准确等。

基层检查并修整后，应进行基层清理，以保证找坡层、找平层与基层能牢固结合。当基层为混凝土时，表面清扫干净后，应充分洒水湿润，但不得积水；当基层为保温层时，基层不宜大量浇水。基层清理完毕后，在铺抹找坡、找平材料前，宜在基层上均匀涂刷素水泥浆一遍，使找坡层、找平层与基层更好地粘结。

5.2.3 目前，屋面找平层主要是采用水泥砂浆、细石混凝土两种。在水泥砂浆中掺加抗裂纤维，可提高找平层的韧性和抗裂能力，有利于提高防水层的整体质量。按本规范第4.3.2条的技术要求，水泥砂浆采用体积比水泥：砂为1：2.5；细石混凝土强度等级为C20；混凝土随浇随抹时，应将原浆表面抹平、压光。找平层、找坡层的施工，应做到所用材料的质量符合设计要求，计量准确和机械搅拌。

5.2.4 按本规范第4.3.1条的规定，当屋面采用材料找坡时，坡度宜为2%，因此基层上应按屋面排水方式，采用水平仪或坡度尺进行拉线控制，以获得合理的排水坡度。本条规定找坡层最薄处厚度不宜小于20mm，是指在找坡起始点1m范围内，由于用轻质材料找坡不太容易成形，可采用1：2.5水泥砂浆完成，由此往外仍采用轻质材料找坡，按2%坡度计算，1m长度的坡高应为20mm。

5.2.5 找坡材料宜采用质量轻、吸水率低和有一定强度的材料，通常是将适量水泥浆与陶粒、焦渣或加气混凝土碎块拌合而成。本条提出了找坡层施工过程中的质量控制，以保证找坡层的质量。

5.2.6 由于一些单位对找平层质量不够重视，致使找平层的表面有酥松、起砂、起皮和裂缝的现象，直接影响防水层和基层的粘结质量并导致防水层开裂。对找平层的质量要求，除排水坡度满足设计要求外，还应通过收水后二次压光等施工工艺，减少收缩开裂，使表面坚固密实、平整；水泥终凝后，应采取浇水、湿润覆盖、喷养护剂或涂刷冷底子油等方法充分养护。

5.2.7 卷材防水层的基层与突出屋面结构的交接处和基层的转角处，是防水层应力集中的部位。找平层圆弧半径的大小应根据卷材种类来定。由于合成高分子防水卷材比高聚物改性沥青防水卷材的柔性好且卷材薄，因此找平层圆弧半径可以减小，即高聚物改性沥青防水卷材为50mm，合成高分子防水卷材为20mm。

5.2.8 找坡层、找平层施工环境温度不宜低于5℃。在负温度下施工，需采取必要的冬施措施。

5.3 保温层和隔热层施工

5.3.1 严寒和寒冷地区的屋面热桥部位，对于屋面总体保温效果影响较大，应按设计要求采取节能保温隔断热桥等措施。当缺少设计要求时，施工单位应提出办理洽商或按施工技术方案进行处理。完工后用热工成像设备进行扫描检查，可以判定其处理措施是否有效。

5.3.2 进行淋水或蓄水试验是为了检验防水层的质量，大面积屋面应进行淋水试验，檐沟、天沟等部位应进行蓄水试验，合格后方能进行上部保温层的施工。

保护层施工时如损坏了保温层和防水层，不但会降低使用功能，而且屋面一旦出现渗漏，很难找到渗漏部位，也不便于及时修复。

5.3.3 本条对隔汽层施工作出了规定：

1 隔汽层施工前，应清理结构层上的松散杂物，凸出基层表面的硬物应剔平扫净。同时基层应作找平处理。

2 隔汽层铺设在保温层之下，可采用一般的防水卷材或涂料，其做法与防水层相同。规定屋面周边隔汽层应沿墙面向上铺设，并高出保温层上表面不得小于150mm。

3 考虑到隔汽层被保温层、找平层等埋压，卷材隔汽层可采用空铺法进行铺设。为了提高卷材搭接部位防水隔汽的可靠性，搭接缝应采用满粘法，搭接宽度不应小于80mm。采用涂膜做隔汽层时，涂刷质量对隔汽效果影响极大，涂料涂刷应均匀，涂层无堆积、起泡和露底现象。

4 若隔汽层出现破损现象，将不能起到隔绝室内水蒸气的作用，严重影响保温层的保温效果，故应对管道穿过隔汽层破损部位进行密封处理。

5.3.4 埋设排汽管是排汽构造的主要形式，穿过保温层的排汽管及排汽道的管壁四周应均匀打孔，以保证排汽的畅通。排汽管周围与防水层交接处应做附加层，排汽管的泛水处及顶部应采取防止雨水进入的措施。

5.3.5 板状材料保温层采用上下层保温板错缝铺设，可以防止单层保温板在拼缝处的热量泄漏，效果更佳。干铺法施工时，应铺平垫稳、拼缝严密，板间缝隙应用同类材料的碎屑嵌填密实；粘结法施工时，板状保温材料应贴严粘牢，在胶粘剂固化前不得上人踩踏。

本条还增加了机械固定法施工，即使用专用螺钉和垫片，将板状保温材料定点钉固在结构上。

5.3.6 纤维材料保温层分为板状和毡状两种。由于纤维保温材料的压缩强度很小，是无法与板状保温材料相提并论的，故本条提出纤维保温材料在施工时应避免重压。板状纤维保温材料多用于金属压型板的上面，常采用螺钉和垫片将保温板与压型板固定，固定点应设在压型板的波峰上。毡状纤维保温材料用于混凝土基层的上面时，常采用塑料钉先与基层粘牢，再放入保温毡，最后将塑料垫片与塑料钉端热熔焊接。毡状纤维保温材料用于金属压型板的下面时，常采用不锈钢丝或铝板制成的承托网，将保温毡兜住并与檩条固定。

还特别提醒：在铺设纤维保温材料时，应重视做好劳动保护工作。纤维保温材料一般都采用塑料膜包装，但搬运和铺设纤维保温材料时，会随意掉落矿物纤维，对人体健康造成危害。施工人员应穿戴头罩、口罩、手套、鞋、帽和工作服，以防矿物纤维刺伤皮肤和眼睛或吸入肺部。

5.3.7 本条对喷涂硬泡聚氨酯保温层施工作出规定：

1 喷涂硬泡聚氨酯保温层的基层表面要求平整，是为了保证保温层厚度均匀且表面达到要求的平整度；基层要求干净、干燥，是为了增强保温层与基层的粘结。

2 喷涂硬泡聚氨酯必须使用专用喷涂设备，并应进行调试，使喷涂试块满足材料性能要求；喷涂时喷枪与施工基面保持一定距离，是为了控制喷涂硬泡聚氨酯保温层的厚度均匀，又不至于使材料飞散；喷涂硬泡聚氨酯保温层施工应多遍喷涂完成，是为了能及时控制、调整喷涂层的厚度，减少收缩影响。一般情况下，聚氨酯发泡、稳定及固化时间约需 15min，故规定施工后 20min 内不能上人，防止损坏保温层。

3 由于喷涂硬泡聚氨酯施工受气候影响较大，若操作不慎会引起材料飞散，污染环境，故施工时应对作业面外易受飞散物污染的部位，如屋面边缘、屋面上的设备等采取遮挡措施。

4 因聚氨酯硬泡体的特点是不耐紫外线，在阳光长期照射下易老化，影响使用寿命，故要求喷涂施工完成后，及时做保护层。

5.3.8 本条对现浇泡沫混凝土保温层施工作出规定：

1 基层质量对于现浇泡沫混凝土质量有很大影响，浇筑前湿润基层可以阻止其从现浇泡沫混凝土中吸收水分，但应防止因积水而产生粘结不良或脱层现象。

2 一般来说泡沫混凝土密度越低，其保温性能越好，但强度越低。泡沫混凝土配合比设计应按干密度和抗压强度来配制，并按绝对体积法来计算所组成各种材料的用量。配合比设计时，应先通过试配确保达到设计所要求的导热系数、干密度及抗压强度等指标。影响泡沫混凝土性能的一个很重要的因素是它的孔结构，细致均匀的孔结构有利于提高泡沫混凝土的性能。按泡沫混凝土生产工艺要求，对水泥、掺合料、外加剂、发泡剂和水必须计量准确；水泥料浆应预先搅拌 2min，不得有团块及大颗粒存在，再将发泡机制成的泡沫与水泥料浆混合搅拌 5min～8min，不得有明显的泡沫飘浮和泥浆块出现。

3 泡沫混凝土浇筑前，应设定浇筑面标高线，以控制浇筑厚度。泡沫混凝土通常是保温层兼找坡层使用，由于坡面浇筑时混凝土向下流淌，容易出现沉降裂缝，故找坡施工时应采取模板辅助措施。

4 泡沫混凝土的浇筑出料口离基层不宜超过 1m，采用泵送方式时，应采取低压泵送。主要是为了防止泡沫混凝土料浆中泡沫破裂，而造成性能指标的降低。

5 泡沫混凝土厚度大于 200mm 时应分层浇筑，否则应按施工缝进行处理。在泡沫混凝土凝结过程中，由于伴随有泌水、沉降、早期体积收缩等现象，有时会产生早期裂缝，所以在泡沫混凝土施工时应尽量降低浇筑速度和减少浇筑厚度，以防止混凝土终凝前出现沉降裂缝。在泡沫混凝土硬化过程中，由于水分蒸发原因产生脱水收缩而引起早期干缩裂缝，预防干裂的措施主要是采用塑料布将外露的全部表面覆盖严密，保持混凝土处于润湿状态。

5.3.9 大部分保温材料强度较低，容易损坏，同时怕雨淋受潮，为保证材料的规格质量，应当做好贮运、保管工作，减少材料的损坏。

5.3.10 本条规定了进场的板状保温材料、纤维保温材料需进行的物理性能检验项目。

5.3.11 用水泥砂浆粘贴板状材料，在气温低于 5℃时不宜施工，但随着新型防冻外加剂的使用，有可靠措施且能够保证质量时，根据工程实际情况也可在 5℃以下时施工。

现场喷涂硬泡聚氨酯施工时，气温过高或过低均会影响其发泡反应，尤其是气温过低时不易发泡。采用喷涂工艺施工，如果喷涂时风速过大则不易操作，故对施工时的风速也相应作出了规定。

5.3.12 本条对种植隔热层施工作出具体规定：

1 种植隔热层挡墙泄水孔是为了排泄种植土中过多的水分而设置的，若留设位置不正确或泄水孔被堵塞，种植土中过多的水分不能排出，不仅会影响使用，而且会对防水层不利；

2 排水层是指能排出渗入种植土中多余水分的构造层，排水层的施工必须与排水管、排水沟、水落口等排水系统连接且不得堵塞，保证排水畅通；

3 过滤层土工布应沿种植土周边向上敷设至种植土高度，以防止种植土的流失而造成排水层堵塞；

4 考虑到种植土和植物的重量较大，如果集中堆放在一起或不均匀堆放，都会使屋面结构的受力情况发生较大的变化，严重时甚至会导致屋面结构破坏事故，种植土层的荷载尤其应严格控制，防止过量超载。

5.3.13 本条对架空隔热层施工作出具体规定：

1 做好施工前的准备工作，以保证施工顺利进行；

2 考虑架空隔热制品支座部位负荷增大，支座底面的卷材、涂膜均属于柔性防水，若不采取加强措施，容易造成支座下的防水层破损，导致屋面渗漏；

3 由于架空隔热层对防水层可起到保护作用，一般屋面防水层上不做保护层，所以在铺设架空隔热制品或清扫屋面上的落灰、杂物时，均不得损伤防水层；

4 考虑到屋面在使用中要上人清扫等情况，架空隔热制品的敷设应做到平整和稳固，板缝应以勾填密实为好，使板块形成一个整体。

5.3.14 本条对蓄水隔热层施工作出具体规定：

1 由于蓄水池的特殊性，孔洞后凿不宜保证质量，故强调所有孔洞应预留；

2 为了保证每个蓄水区混凝土的整体防水性，防水混凝土应一次浇筑完毕，不得留施工缝，避免因接缝处理不好而导致裂缝；

3 蓄水隔热层完工后，应在混凝土终凝时进行养护，养护后方可蓄水，并不可断水，防止混凝土干涸开裂；

4 溢水口的标高、数量、尺寸应符合设计要求，以防止暴雨溢流。

5.4 卷材防水层施工

5.4.1 卷材防水层基层应坚实、干净、平整，无孔隙、起砂和裂缝，基层的干燥程度应视所用防水材料而定。当采用机械固定法铺贴卷材时，对基层的干燥度没有要求。

基层干燥程度的简易检验方法，是将 $1m^2$ 卷材平坦地干铺在找平层上，静置 3h～4h 后掀开检查，找平层覆盖部位与卷材上未见水印，即可铺设隔汽层或防水层。

5.4.2 在历次调查中，节点、附加层和屋面排水比较集中部位出现渗漏现象最多，故应按设计要求和规范规定先行仔细处理，检查无误后再开始铺贴大面卷材，这是保证防水质量的重要措施，也是较好素质施工队伍的一般施工顺序。

檐沟、天沟是雨水集中的部位，而卷材的搭接缝又是防水层的薄弱环节，如果卷材垂直于檐沟、天沟方向铺贴，搭接缝大大增加，搭接方向难以控制，卷材开缝和受水冲刷的概率增大，故规定檐沟、天沟铺贴的卷材宜顺流水方向铺贴，尽量减少搭接缝。

卷材铺贴方向规定宜平行屋脊铺贴，其目的是保证卷材长边接缝顺流水方向；上、下层卷材不得相互垂直铺贴，主要是避免接缝重叠，即重叠部位的上层卷材接缝造成间隙，接缝密封难以保证。

5.4.3 在铺贴立面或大坡面的卷材时，为防止卷材下滑和便于卷材与基层粘贴牢固，规定采取满粘法铺贴，必要时采取金属压条钉压固定，并用密封材料封严。短边搭接过多，对防止卷材下滑不利，因此要求尽量减少短边搭接。

5.4.4 基层处理剂应与防水卷材相容，尽量选择防水卷材生产厂家配套的基层处理剂。在配制基层处理剂时，应根据所用基层处理剂的品种，按有关规定或说明书的配合比要求，准确计量，混合后应搅拌 3min～5min，使其充分均匀。在喷涂或涂刷基层处理剂时应均匀一致，不得漏涂，待基层处理剂干燥后应及时进行卷材防水层的施工。如基层处理剂涂刷后但尚未干燥前遭受雨淋，或是干燥后长期不进行防水层施工，则在防水层施工前必须再涂刷一次基层处理剂。

5.4.5 本条规定同一层相邻两幅卷材短边搭接缝错开不应小于 500mm，是避免短边接缝重叠，接缝质量难以保证，尤其是改性沥青防水卷材比较厚，四层卷材重叠也不美观。

上、下层卷材长边搭接缝应错开，且不小于幅宽的 1/3，目的是避免接缝重叠，消除渗漏隐患。

5.4.6 本条对冷粘法铺贴卷材作出规定：

1 胶粘剂的涂刷质量对保证卷材防水施工质量关系极大，涂刷不均匀，有堆积或漏涂现象，不但影响卷材的粘结力，还会造成材料浪费。空铺法、点粘法、条粘法，应在屋面周边 800mm 宽的部位满粘贴。点粘时每平方米粘结不少于 5 个点，每点面积为 100mm×100mm，条粘时每幅卷材与基层粘结面不少于 2 条，每条宽度不小于 150mm。

2 由于各种胶粘剂的性能及施工环境要求不同，有的可以在涂刷后立即粘贴，有的则需待溶剂挥发一部分后粘贴，间隔时间还和气温、湿度、风力等因素有关，因此，本条提出应控制胶粘剂涂刷与卷材铺贴的间隔时间，否则会直接影响粘结力，降低粘结的可靠性。

3 卷材与基层、卷材与卷材间的粘贴是否牢固，是防水工程中重要的指标之一。铺贴时应将卷材下面空气排净，加适当压力才能粘牢，一旦有空气存在，还会由于温度升高、气体膨胀，致使卷材粘结不良或起鼓。

4 卷材搭接缝的质量，关键在搭接宽度和粘结力。为保证搭接尺寸，一般在基层或已铺卷材上按要求弹出基准线。铺贴时应平整顺直，不扭曲、皱折，搭接缝应涂满胶粘剂，粘贴牢固。

5 卷材铺贴后，考虑到施工的可靠性，要求搭接缝口用宽 10mm 的密封材料封口，提高卷材接缝的密封防水性能。密封材料宜选择卷材生产厂家提供的配套密封材料，或者是与卷材同种材性的密封材料。

5.4.7 本条对热粘法铺贴卷材的施工要点作出规定。采用热熔型改性沥青胶铺贴高聚物改性沥青防水卷材，可起到涂膜与卷材之间优势互补和复合防水的作用，更有利于提高屋面防水工程质量，应当提倡和推广应用。为了防止加热温度过高，导致改性沥青中的高聚物发生裂解而影响质量，故规定采用专用的导热油炉加热熔化改性沥青，要求加热温度不应高于200℃，使用温度不应低于180℃。

铺贴卷材时，要求随刮涂热熔型改性沥青胶随滚铺卷材，展平压实，本条对粘贴卷材的改性沥青胶结料厚度提出了具体的规定。

5.4.8 本条对热熔法铺贴卷材的施工要点作出规定。施工时加热幅宽内必须均匀一致，要求火焰加热器喷嘴距卷材面适当，加热至卷材表面有光亮时方可以粘合，如熔化不够会影响粘结强度，但加温过高全使改性沥青老化变焦，失去粘结力且易把卷材烧穿。铺贴卷材时应将空气排出使其粘贴牢固，滚铺卷材时缝边必须溢出热熔的改性沥青，使搭接缝粘贴严密。

由于有些单位将2mm厚的卷材采用热熔法施工，严重地影响了防水层的质量及其耐久性，故在条文中规定厚度小于3mm的高聚物改性沥青防水卷材，严禁采用热熔法施工。

为确保卷材搭接缝的粘结密封性能，本条规定有铝箔或矿物粒或片料保护层的部位，应先将其清除干净后再进行热熔的接缝处理。

用条粘法铺贴卷材时，为确保条粘部分的卷材与基层粘贴牢固，规定每幅卷材的每条粘贴宽度不应小于150mm。

为保证铺贴的卷材搭接缝平整顺直，搭接尺寸准确和不发生扭曲，应在基层或已铺卷材上按要求弹出基准线，严禁控制搭接缝质量。

5.4.9 本条对自粘法铺贴卷材的施工要点作出规定。首先将自粘胶底面隔离纸撕净，否则不能实现完全粘贴。为了提高自粘卷材与基层粘结性能，基层处理剂干燥后应及时铺贴卷材。为保证接缝粘结性能，搭接部位提倡采用热风机加热，尤其在温度较低时施工，这一措施就更为必要。

采用这种铺贴工艺，考虑到防水层的收缩以及外力使缝口翘边开缝，接缝口要求用密封材料封口，提高卷材接缝的密封防水性能。

在铺贴立面或大坡面卷材时，立面和大坡面处卷材容易下滑，可采用加热方法使自粘卷材与基层粘贴牢固，必要时采取金属压条钉压固定。

5.4.10 焊接法一般适用于热塑性高分子防水卷材的接缝施工。为了使搭接缝焊接牢固和密封，必须将搭接缝的结合面清扫干净，无灰尘、砂粒、污垢，必要时要用溶剂清洗。焊接施焊前，应将卷材铺放平整顺直，搭接缝应按事先弹好的基准线对齐，不得扭曲、皱折。为了保证焊接缝质量和便于施焊操作，应先焊长边搭接缝，后焊短边搭接缝。

5.4.11 目前国内适用机械固定法铺贴的卷材，主要有PVC、TPO、EPDM防水卷材和5mm厚加强高聚物改性沥青防水卷材，要求防水卷材强度高、搭接缝可靠和使用寿命长等特性。机械固定法铺贴卷材，当固定件固定在屋面板上拉拔力不能满足风揭力的要求时，只能将固定件固定在檩条上。固定件采用螺钉加垫片时，应加盖200mm×200mm卷材封盖。固定件采用螺钉加“U”形压条时，应加盖不小于150mm宽卷材封盖。

5.4.12 由于卷材品种繁多、性能差异很大，外观可能完全一样难以辨认，因此要求按不同品种、型号、规格等分别堆放，避免工程中误用后造成质量事故。

卷材具有一定的吸水性，施工时卷材表面要求干燥，避免雨淋和受潮，否则施工后可能出现起鼓和粘结不良现象；卷材不能接近火源，以免变质和引起火灾。

卷材宜直立堆放，由于卷材中空，横向受挤压可能压扁，开卷后不易展开铺平，影响工程质量。

卷材较容易受某些化学介质及溶剂的溶解和腐蚀，故规定不允许与这些有害物质直接接触。

5.4.13 本条规定了进场的高聚物改性沥青防水卷材和合成高分子防水卷材需进行的物理性能检验项目。

5.4.14 胶粘剂和胶粘带品种繁多、性能各异，胶粘剂有溶剂型、水乳型、反应型（单组分、多组分）等类型。一般溶剂型胶粘剂应用铁桶密封包装，避免溶剂挥发变质或腐蚀包装桶；水乳型胶粘剂可用塑料桶密封包装，密封包装是为了运输、贮存时胶粘剂不致外漏，以免污染和侵蚀其他物品。溶剂型胶粘剂受热后容易挥发而引起火灾，故不能接近火源和热源。

5.4.15 本条规定了进场的基层处理剂、胶粘剂和胶粘带需进行的物理性能检验项目。高分子胶粘剂和胶粘带浸水168h后剥离强度保持率是一个重要性能指标，因为诸多高分子胶粘剂及胶粘带浸水后剥离强度会下降，为保证屋面的整体防水性能，规定其浸水168h后剥离强度保持率不应低于70%。

5.4.16 各类防水卷材施工时环境均有所不同，若施工环境温度低于本条规定值，将会影响卷材的粘结效果，尤其是冷粘法或自粘法铺贴的卷材，严重的可能导致开胶或粘结不牢。此外热熔法或热粘法还会造成能源的浪费。

5.5 涂膜防水层施工

5.5.1 涂膜防水层基层应坚实平整、排水坡度应符合设计要求，否则会导致防水层积水；同时防水层施工前基层应干净、无孔隙、起砂和裂缝，保证涂膜防水层与基层有较好粘结强度。

本条对基层的干燥程度作了较为灵活的规定。溶剂型、热熔型和反应固化型防水涂料，涂膜防水层施工时，基层要求干燥，否则会导致防水层成膜后空鼓、起皮现象；水乳型或水泥基类防水涂料对基层的干燥度没有严格要求，但从成膜质量和涂膜防水层与基层粘结强度来考虑，干燥的基层比潮湿基层有利。

5.5.2 基层处理剂应与防水涂料相容。一是选择防水涂料生产厂家配套的基层处理剂；二是采用同种防水涂料稀释而成。

在基层上涂刷基层处理剂的作用，一是堵塞基层毛细孔，使基层的湿气不易渗到防水层中，引起防水层空鼓、起皮现象；二是增强涂膜防水层与基层粘结强度。因此，涂膜防水层一般都要涂刷基层处理剂，而且要求涂刷均匀、覆盖完全。同时要求待基层处理剂干燥后再涂布防水涂料。

5.5.3 采用多组分涂料时，涂料是通过各组分的混合发生化学反应而由液态变成固体，各组分的配料计量不准和搅拌不匀，将会影响混合料的充分化学反应，造成涂料性能指标下降。配成涂料固化的时间比较短，所以要按照在配料固化时间内的施工量来确定配料的多少，已固化的涂料不能再用，也不能与未固化的涂料混合使用，混合后将会降低防水涂膜的质量。若涂料黏度过大或固化过快时，可加入适量的稀释剂或缓凝剂进行调节，涂料固化过慢时，可适当地加入一些促凝剂来调节，但不得影响涂料的质量。

5.5.4 防水涂料涂布时如一次涂成，涂膜层易开裂，一般为涂布三遍或三遍以上为宜，而且须待先涂的涂料干后再涂后一遍涂料，最终达到本规范规定要求厚度。

涂膜防水层涂布时，要求涂刮厚薄均匀、表面平整，否则会影响涂膜层的防水效果和使用年限，也会造成材料不必要的浪费。

涂膜中夹铺胎体增强材料，是为了增加涂膜防水层的抗拉强度，要求边涂布边铺胎体增强材料，而且要刮平排除内部气泡，这样才能保证胎体增强材料充分被涂料浸透并粘结更好。涂布涂料时，胎体增强材料不得有外露现象，外露的胎体增强材料易于老化而失去增强作用，本条规定最上层的涂层应至少涂刮两遍，其厚度不应小于1mm。

节点和需铺附加层部位的施工质量至关重要，应先涂布节点和附加层，检查其质量是否符合设计要求，待检查无误后再进行大面积涂布，这样可保证屋面整体的防水效果。

屋面转角及立面的涂膜若一次涂成，极易产生下滑并出现流淌和堆积现象，造成涂膜厚薄不均，影响防水质量。

5.5.5 不同类型的防水涂料应采用不同的施工工艺，一是提高涂膜施工的工效，二是保证涂膜的均匀性和涂膜质量。水乳型及溶剂型防水涂料宜选用滚涂或喷涂，工效高，涂层均匀；反应固化型防水涂料属厚质防水涂料宜选用刮涂或喷涂，不宜采用滚涂；热熔型防水涂料宜选用刮涂，因为防水涂料冷却后即成膜，不适用滚涂和喷涂；刷涂施工工艺的工效低，只适用于关键部位的涂膜防水层施工。

5.5.6 各类防水涂料的包装容器必须密封，如密封不好，水分或溶剂挥发后，易使涂料表面结皮，另外溶剂挥发时易引起火灾。

包装容器上均应有明显标志，标明涂料名称，尤其多组分涂料，以免把各类涂料搞混，同时要标明生产日期和有效期，使用户能准确把握涂料是否过期失效；另外还要标明生产厂名，使用户一旦发现质量问题，可及时与厂家取得联系；特别要注明材料质量执行的标准号，以便质量检测时核实。

在贮运和保管环境温度低于0℃时，水乳型涂料易冻结失效，溶剂型涂料虽然不会产生冻结，但涂料稠度要增大，施工时也不易涂开，所以分别提出涂料在贮运和保管时的环境温度。由于溶剂型涂料具有一定的燃爆性，所以应严防日晒、渗漏，远离火源、热源，避免碰撞，在库内应设有消防设备。

5.5.7 本条规定了进场的防水涂料和胎体增强材料需进行的物理性能检验项目。

5.5.8 溶剂型涂料在负温下虽不会冻结，但黏度增大会增加施工操作难度，涂布前应采取加温措施保证其可涂性，所以溶剂型涂料的施工环境温度宜在−5℃～35℃；水乳型涂料在低温下将延长固化时间，同时易遭冻结而失去防水作用，温度过高使水蒸发过快，涂膜易产生收缩而出现裂缝，所以水乳型涂料的施工环境温度宜为5℃～35℃。

5.6 接缝密封防水施工

5.6.1 本条适用于位移接缝密封防水部位的基层，非位移接缝密封防水部位的基层应符合本条第1、2款的规定。密封防水部位的基层不密实，会降低密封材料与基层的粘结强度；基层不平整，会使嵌填密封材料不均匀，接缝位移时密封材料局部易拉坏，失去密封防水作用。如果基层不干净、不干燥，会降低密封材料与基层的粘结强度，尤其是溶剂型或反应固化型密封材料，基层必须干燥。由于我国目前无适当的现场测定基层含水率的设备和措施，不能给出定量的规定，只能提出定性的要求。按本规范第4.6.4条的有关规定，背衬材料应比接缝宽度大20%的规定，使用专用压轮嵌入背衬材料后，可以保证接缝密封材料的设计厚度，同时还保证背衬材料与接缝壁间不留有空隙。基层处理剂的主要作用，是使被粘结体的表面受到渗透及浸润，改善密封材料和被粘结体的粘结性，并可以封闭混凝土及水泥砂浆表面，防止从内部渗出碱性物质及水分，因此密封防水部位的基层宜涂刷基层处理剂。

5.6.2 冷嵌法施工的条文内容是参考有关资料，并通过施工实践总结出来的。由于各种密封材料均存在着不同程度的干湿变形，当干湿变形和接缝尺寸均较大时，密封材料宜分次嵌填，否则密封材料表面会出现"U"形。且一次嵌填的密封材料量过多时，材料不易固化，会影响密封材料与基层的粘结力，同时由于残留溶剂的挥发引起内部不密实或产生气泡。热灌法施工应严格按照施工工艺要求进行操作，热熔型改性石油沥青密封材料现场施工时，熬制温度应控制在180℃～200℃，若熬制温度过低，不仅大大降低密封材料的粘结性能，还会使材料变稠，不便施工；若熬制温度过高，则会使密封材料性能变坏。

5.6.3 合成高分子密封材料施工时，单组分密封材料在施工现场可直接使用，多组分密封材料为反应固化型，各个组分配比一定要准确，宜采用机械搅拌，拌合应均匀，否则不能充分反应，降低材料质量。拌合好的密封材料必须在规定的时间内施工完，因此应根据实际情况和有效时间内材料施工用量来确定每次拌合量。不同的材料、生产厂家都规定了不同的拌合时间和拌合温度，这是决定多组分密封材料施工质量好坏的关键因素。合成高分子密封材料的嵌填十分重要，如嵌填不饱满，出现凹陷、漏嵌、孔洞、气泡，都会降低接缝密封防水质量，因此，在施工中应特别注意，出现的问题应在密封材料表干前修整；如果表干前不修整，则表干后不易修整，且容易将固化的密封材料破坏。

5.6.4 密封材料嵌填应密实、连续、饱满，与基层粘结牢固，才能确保密封防水的效果。密封材料嵌填时，不管是用挤出枪还是用腻子刀施工，表面都不会光滑平直，可能还会出现凹陷、漏嵌、孔洞、气泡等现象，对于出现的问题应在密封材料表干前及时修整。

5.6.5 嵌填完毕的密封材料应按要求养护，下一道工序施工时，必须对接缝部位的密封材料采取保护措施，如施工现场清扫或保温隔热层施工时，对已嵌缝的密封材料宜采用卷材或木板条保护，防止污染及碰损。嵌填的密封材料，固化前不得踩踏，因为密封材料嵌缝时构造尺寸和形状都有一定的要求，而未固化的密封材料则不具有一定的弹性，踩踏后密封材料发生塑性变形，导致密封材料构造尺寸不符合设计要求。

5.6.6 密封材料在紫外线、高温和雨水的作用下，会加速其老化和降低产品质量。大部分密封材料是易燃品，因此贮运和保管时应避免日晒、雨淋、远离火源和热源。合成高分子密封材料贮运和保管时，应保证包装密封完好，如包装不严密，挥发固化型密封材料中的溶剂和水分挥发会产生固化，反应固化型密封材料如与空气接触会产生凝胶。保管时应将其分类，不应与其他材料或不同生产日期的同类材料堆放在一起，尤其是多组分密封材料更应该避免混乱堆放。

5.6.7 本条规定了进场的改性沥青密封材料、合成高分子密封材料需进行的物理性能检验项目。

5.6.8 施工时气温低于0℃，密封材料变稠，工人难以施工，同时大大减弱了密封材料与基层的粘结力。在5℃以下施工，乳胶型密封材料易破乳，产生凝胶现象，反应型密封材料难以固化，无法保证密封防水质量。故规定改性沥青密封材料和溶剂型高分子密封材料的施工环境温度宜为0℃～35℃；乳胶型及反应型密封材料施工环境温度宜为5℃～35℃。

5.7 保护层和隔离层施工

5.7.1～5.7.3 这三条按每道工序之间验收的要求，强调对防水层或保温层的检验，可防止防水层被保护层覆盖后，存在未解决的问题；同时做好清理工作和施工维护工作，保证防水层和保温层的表面平整、干净，避免施工作业中人为对防水层和保温层造成损坏。

5.7.4 本条强调保护层施工后的表面坡度，不得因保护层的施工而改变屋面的排水坡度，造成积水现象。

5.7.5 本条对块体材料保护层的铺设作出要求，注意要区分块体间缝隙与分格缝，块体间缝用水泥砂浆勾缝，每10m留设的分格缝应用密封材料嵌缝。

5.7.6 在水泥初凝前完成抹平和压光；水泥终凝后应充分养护，可避免保护层表面出现起砂、起皮现象。由于收缩和温差的影响，水泥砂浆及细石混凝土保护层预先留设分格缝，使裂缝集中于分格缝中，可减少大面积开裂的现象。

5.7.7 当采用浅色涂料做保护层时，涂刷时涂刷的遍数越多，涂层的密度就越高，涂层的厚度越均匀；堆积会造成不必要的浪费，还会影响成膜时间和成膜质量，流淌会使涂膜厚度达不到要求，涂料与防水层粘结是否牢固，其厚度能否达到要求，直接影响到屋面防水层的耐久性；因此，涂料保护层必须与防水层粘结牢固和全面覆盖，厚薄均匀，才能起到对防水层的保护作用。

5.7.8 本条分别对水泥、块体材料和浅色涂料的贮运、保管提出要求。

5.7.9 本条规定了块体材料、水泥砂浆、细石混凝土等的施工环境温度，若在负温下施工，应采取必要的防冻措施。

5.7.10 为了消除保护层与防水层之间的粘结力及机械咬合力，隔离层必须使保温层与防水层完全隔离，对隔离层破损或漏铺部位应及时修复。

5.7.11、5.7.12 对隔离层铺设提出具体质量要求。

5.7.13 本条对隔离层材料的贮运、保管提出要求。

5.7.14 干铺塑料膜、土工布或卷材，可在负温下施工，但要注意材料的低温开卷性，对于沥青基卷材，应选择低温柔性好的卷材。铺抹低强度砂浆施工环境温度不宜低于5℃。

5.8 瓦屋面施工

5.8.1 参见本规范第4.8.10条的条文说明。

5.8.2 瓦屋面的钢筋混凝土基层表面不平整时，应抹水泥砂浆找平层，有利于瓦片铺设。混凝土基层表面应清理干净、保持干燥，以确保瓦屋面的工程质量。

5.8.3 在瓦屋面中铺贴防水垫层时，铺贴方向宜平行于屋脊，并顺流水方向搭接，防止雨水侵入卷材搭接缝而造成渗漏，而且有利于钉压牢固，方便施工操作。

防水垫层的最小厚度和搭接宽度，应符合本规范第4.8.6条的规定。

在瓦屋面施工中常常出现防水垫层铺好后，后续工序施工的操作人员不注意保护已完工的防水垫层，不仅在防水垫层上随意踩踏，还在其上乱放工具、乱堆材料，损坏了防水垫层，造成屋面渗漏。所以本条强调了后续工序施工时不得损坏防水垫层。

5.8.4 本条对屋面有无保温层的不同情况，提出了瓦屋面持钉层的铺设方法。当设计无具体要求时，持钉层施工应按本条执行。

由于考虑建筑节能的需要，瓦屋面的保温层宜设置在结构层与瓦面之间。块瓦屋面传统做法，常把保温材料填充在挂瓦条间格内，这里存在两个问题：一是保温层超过挂瓦条高度时，挂瓦条要加大后才能直接钉在基层上；二是挂瓦条间格内完全填充保温材料后，造成屋面通风效果较差，因此，目前多采用在基层上先做保温层，再做持钉层的方法。

持钉层是烧结瓦、混凝土瓦和沥青瓦的基层，持钉层要做到坚实和平整，厚度应符合本规范第4.8.7条的规定。采用细石混凝土持钉层时，只有将持钉层、保温层和基层有效地连接成一个整体，才能保证瓦屋面铺装和使用的安全，为此，细石混凝土持钉层的厚度不应小于35mm，混凝土强度等级、钢筋网和锚筋的直径和间距应按具体工程设计。基层预埋锚筋应伸出保温层20mm，并与钢筋网采用焊接或绑扎连牢。锚筋应在屋脊和檐口、檐沟部位的结构板内预埋，以确保持钉层的受力合理和施工方便。

5.8.5 顺水条的作用是压紧防水垫层，并使其在瓦片下能留出一定高度的空间，瓦缝中渗下的水可沿顺水条流走，所以顺水条的铺钉方向一定要垂直屋脊方向，间距不宜大于500mm。顺水条铺钉后表面平整，才能保证其上的挂瓦条铺钉平整。由于烧结瓦、混凝土瓦的规格不一、屋面坡度不一，所以必须按瓦片尺寸和屋面坡长计算铺瓦档数，并在屋面上按档数弹出挂瓦条位置线。在铺钉挂瓦条时，一定要铺钉牢固，不得漏钉，以防挂瓦后变形脱落，另外在铺钉挂瓦条时应在屋面上拉通线，并使挂瓦条的上表面在同一斜面上，以确保挂瓦后屋面平整。

5.8.6 在瓦屋面的施工过程中，运到屋面上的烧结瓦、混凝土瓦，应均匀分散地堆放在屋面的两坡，铺瓦应由两坡从下到上对称铺设，是考虑到烧结瓦、混凝土瓦的重量较大，如果集中堆放在一起，或是铺瓦时两坡不对称铺设，都会对屋盖支撑系统产生过大的不对称施工荷载，使屋面结构的受力情况发生较大的变化，严重时甚至会导致屋面结构破坏事故。

5.8.7 在铺挂烧结瓦、混凝土瓦时，瓦片之间应排列整齐，紧密搭接、瓦榫落槽，瓦脚挂牢，做到整体瓦面平整，横平竖直，才能实现外表美观，尤其是不得有张口、翘角现象，否则冷空气或雨水易沿缝口渗入室内造成屋面渗漏。

5.8.8 脊瓦铺设时要做到脊瓦搭盖间距均匀，屋脊或斜脊应成一直线，无起伏现象，以确保美观。脊瓦与坡面瓦之间的缝隙应用聚合物水泥砂浆嵌填，以减少因砂浆干缩而引起的裂缝。沿山墙的一行瓦，由于瓦边裸露，不仅雨雪易由此处渗入，而且刮大风时也易将瓦片掀起，故此部分宜用聚合物水泥砂浆抹出披水线，将瓦片封固。

5.8.9 根据烧结瓦、混凝土瓦屋面多年使用的经验，在调查研究的基础上规定了瓦片铺装时相关部位的构造尺寸。

5.8.10 烧结瓦、混凝土瓦均为脆性材料，在瓦屋面上受到外力冲击或重物堆压时，瓦片极易断裂、破碎，损坏了瓦屋面的整体防水功能，故本条强调了瓦屋面的成品保护，以确保瓦屋面的使用功能。

5.8.11 由于瓦片是脆性材料，易断裂或碰碎，所以在瓦片的装卸运输过程中应轻拿轻放，不得抛扔、碰撞，以避免将瓦片损坏。

5.8.12 本条规定了进场的烧结瓦、混凝土瓦需进行的物理性能检验项目。

5.8.13 在铺设沥青瓦前应根据屋面坡长的具体尺寸，按照沥青瓦的规格及搭盖要求，在屋面基层上弹水平及垂直基准线，然后按线的位置铺设沥青瓦，以确保沥青瓦片之间的搭盖尺寸。

5.8.14 檐口部位施工时，宜先铺设金属滴水板或双层檐口瓦，并将其与基层固定牢固，然后再铺设防水垫层。檐口沥青瓦应满涂沥青胶结材料，以确保粘结牢固，避免翘边、张口。

5.8.15 铺设沥青瓦时，相邻两层沥青瓦拼缝及切口均应错开，上下层不得重合。因为沥青瓦上的切口是用来分开瓦片的缝隙，瓦片被切口分离的部分，是在屋面上铺设后外露的部分，如果切口重合不但易造成屋面渗漏，而且也影响屋面外表美观，失去沥青瓦屋面应有的效果。起始层瓦由瓦片经切除垂片部分后制得，是避免瓦片过于重叠而引起折痕。起始层瓦沿檐口平行铺设并伸出檐口10mm，这是防止檐口爬水现象的举措。露出瓦切口，但不得超过切口长度，是确保沥青瓦铺设质量的关键。

5.8.16 檐口和屋脊部位，易受强风或融雪损坏，发生渗漏现象比较普遍。为确保其防水性能，本条规定屋面周边的檐口和屋脊部位沥青瓦应采用满粘加固措施。

5.8.17 沥青瓦是薄而轻的片状材料，瓦片是以钉为主，以粘为辅的方法与基层固定，所以本条规定了固定钉应垂直钉入持钉层内，同时规定了固定钉钉入不同持钉层的深度，以保证固定钉有足够的握裹力，防止因大风等外力作用导致沥青瓦片脱落损坏。固定钉的钉帽必须压在上一层沥青瓦的下面，不得外露，以防固定钉锈蚀损坏。固定钉的钉帽应钉平，才能使上下两层沥青瓦搭盖平整，粘结严密。

5.8.18 在沥青瓦屋面上铺设脊瓦时，脊瓦应顺年最大频率风向搭接，以避免因逆风吹而张口。脊瓦应盖住两坡面瓦每边不小于150mm，脊瓦与脊瓦的搭盖面积不应小于脊瓦面积的1/2，这样才能使两坡面的沥青瓦通过脊瓦形成一个整体，以确保屋面工程质量。

5.8.19 沥青瓦屋面与立墙或伸出屋面的烟囱、管道的交接处，是屋面防水的薄弱环节，如果处理不好就容易在这些部位出现渗漏，所以本条规定在上述部位的周边与立面250mm范围内，应先铺设附加层，以增强这些部位的防水处理。然后再在其上用沥青胶结材料满涂粘贴一层沥青瓦片，使之与屋面上的沥青瓦片连成一个整体。

5.8.20 沥青瓦屋面的天沟是屋面雨水集中的部位，也是屋面变形较敏感的部位，处理不好就容易造成渗漏，所以施工时不论是采用搭接式、编织式或敞开式铺贴，都要保证天沟顺直，才能排水畅通。天沟部位的沥青瓦应满涂沥青胶粘材料与沟底防水垫层粘结牢固，沥青瓦之间的搭接缝应密封严密，以防止天沟中的水渗入瓦下。

5.8.21 本条对沥青瓦的贮运、保管作了规定。

5.8.22 本条规定了进场的沥青瓦需进行的物理性能检验项目。

5.9 金属板屋面施工

5.9.1 为了保证金属板屋面施工的质量，要求主体结构工程应满足金属板安装的基本条件，特别是主体结构的轴线和标高的尺寸偏差控制，必须达到有关钢结构、混凝土结构和砌体结构工程施工质量验收规范的要求，否则，应采用适当的措施后才能进行金属板安装施工。

5.9.2 金属板屋面排板设计直接影响到金属板的合理使用、安装质量及结构安全等，因此在金属板安装施工前，进行深化排板设计是必不可少的一项细致具体的技术工作。排板设计的主要内容包括：檩条及支座位置，金属板的基准线控制，异形金属板制作，板的规格及排布，连接件固定方式等。本条规定金属板排板图及必要的构造详图，是保证金属板安装质量的重要措施。

金属板安装施工前，技术人员应仔细阅读设计图纸和有关节点构造，按金属板屋面的板型技术要求和深化设计排板图进行安装。

5.9.3 金属板屋面是建筑围护结构，在金属板安装施工前必须对主体结构进行复测。主体结构轴线和标高出现偏差时，金属板的分隔线、檩条、固定支架或支座均应及时调整，并应绘制精确的设计放样详图。

金属板安装施工时，应定期对金属板安装定位基准进行校核，保证安装基准的正确性，避免产生安装误差。

5.9.4 金属板屋面制作和安装所用材料，凡是国家标准规定需进行现场检验的，必须进行有关材料各项性能指标检验，检验合格者方能在工程中使用。

5.9.5 在工厂轧制的金属板，由于受运输条件限制，板长不宜大于12m；在施工现场轧制金属板的长度，应根据屋面排水坡度、板型连接构造、环境温差及吊装运输条件等综合确定，金属板的单坡最大长度宜符合表15的规定。

表15 金属板的单坡最大长度（m）

金属板种类	连接方式	单坡最大长度
压型铝合金板	咬口锁边	50
压型钢板	咬口锁边	75
压型钢板	紧固件固定	面板12
		底板25
夹芯板	紧固件固定	12
泛水板	紧固件固定	6

5.9.6 本条规定金属板相邻两板的搭接方向宜顺主导风向，是指金属板屋面在垂直于屋脊方向的相邻两板的接缝，当采取顺主导风向时，可以减少风力对雨水向室内的渗透。

当在多维曲面上雨水可能翻越金属板板肋横流时，咬合接口应顺流水方向。目前有许多金属板屋面呈多维曲面，虽曲面上的雨水流向是多变的，但都应服从水由高处往低处流动的道理，故咬合接口应顺流水方向。

5.9.7 本条是对金属板铺设过程中的施工安全问题作出的规定。

5.9.8 金属板安装应平整、顺滑，确保屋面排水通畅。对金属板的保护，是金属板安装施工过程中十分重要而易被忽视的问题，施工中对板面的粘附物应及时清理干净，以免凝固后再清理时划伤表面的装饰层。金属板的屋脊、檐口、泛水直线段应顺直，曲线段应顺畅。

5.9.9 金属板施工完毕，应目测金属板的连接和密封处理是否符合设计要求，目测无误后应进行淋水试验或蓄水试验，观察金属板接缝部位以及檐沟、天沟是否有渗漏现象，并应做好文字记录。

5.9.10 加强金属板屋面完工后的成品保护，以保证屋面工程质量。

5.9.11 为了防止因金属板在吊装、运输过程中或保管不当而造成的变形、缺陷等影响工程质量，本条提出有关注意事项，这是金属板安装施工前应做到的准备工作。

5.9.12 本条对金属板的吊运、保管作出了规定。

5.9.13 本条规定了进场的彩色涂层钢板及钢带需进行的物理性能检验项目。

5.9.14 本条对金属面绝热夹芯板的贮运、保管作出了规定。

5.9.15 本条规定了进场的金属面绝热夹芯板需进行的物理性能检验项目。

5.10 玻璃采光顶施工

5.10.1 为了保证玻璃采光顶安装施工的质量，本条要求主体结构工程应满足玻璃采光顶安装的基本条件，特别是主体结构的轴线控制线和标高控制线的尺寸偏差，必须达到有关钢结构、混凝土结构和砌体结构工程质量验收规范的要求，否则，应采用适当的控制措施后才能进行玻璃采光顶的安装施工。

为了保证玻璃采光顶与主体结构连接牢固，玻璃采光顶与主体结构连接的预埋件，在主体结构施工时应按设计要求进行埋设，预埋件位置偏差不应大于20mm。当预埋件位置偏差过大或未设预埋件时，施工单位应制定施工技术方案，经设计单位同意后方可实施。

5.10.2 对玻璃采光顶的施工测量强调两点：

1 玻璃采光顶分格轴线的测量应与主体结构测量相配合；主体结构轴线出现偏差时，玻璃采光顶分格线应根据测量偏差及时进行调整，不得积累。

2 定期对玻璃采光顶安装定位基准进行校核，以保证安装基准的正确性，避免因此产生安装误差。

5.10.3 玻璃采光顶支承构件、玻璃组件及附件，材料品种、规格、色泽和性能，均应在设计文件中明确规定，安装施工前应对进场的材料进行检查和验收，不得使用不合格和过期的材料。

5.10.4 玻璃采光顶的现场淋水试验和天沟、排水槽蓄水试验，是屋面工程质量验收的功能性检验项目，应在玻璃采光顶施工完毕后进行。淋水时间不应小于2h，蓄水时间不应小于24h，观察有无渗漏现象，并应填写淋水或蓄水试验记录。

5.10.5、5.10.6 这两条是对框支承和点支承玻璃采光顶的安装施工提出的基本要求，对分格测量、支承结构安装、框架组件和驳接组件装配、玻璃接缝、节点构造等内容作了具体规定。

5.10.7 明框玻璃组件组装包括单元和配件。单元的加工制作和安装要求，一是玻璃与型材槽口的配合尺寸，应符合设计要求和技术标准的规定；二是玻璃四周密封胶条应镶嵌平整、密实；三是明框玻璃组件中的导气孔及排水孔，是实现等压设计及排水功能的关键，在组装时应特别注意保持孔道通畅，使金属框和玻璃因结露而产生的冷凝水得到控制、收集和排除。

5.10.8 隐框玻璃组件的组装主要考虑玻璃组装采用的胶粘方式和要求。一是硅酮结构密封胶使用前，应进行相容性和剥离粘结性试验；二是应清洁玻璃和金属框表面，不得有尘埃、油和其他污物，清洁后应及时嵌填密封胶；三是硅酮结构胶的粘结宽度和厚度应符合设计要求；四是硅酮结构胶固化期间，不应使胶处于工作状态，以保证其粘结强度。

5.10.9 按现行行业标准《幕墙玻璃接缝用密封胶》JC/T 882规定，密封胶的位移能力分为20级和25级两个级别，同一级别又有高模量（HM）和低模量（LM）之分，选用时必须分清产品级别和模量；产品进场验收时，必须检查产品外包装上级别和模量标记的一致性，不能采用无标记的产品。当玻璃接缝采用二道密封时，则第一道密封宜采用低模量产品，第二道用高模量产品，这样有利于提高接缝密封表面的耐久性。如果选用高强度、高模量新型产品，可显著提高接缝防水密封的安全可靠性和耐久性，目前已出现HM100/50和LM100/50级别的产品，但必须经验证后选用。

夹层玻璃的厚度一般在10mm左右，玻璃接缝密封的深度宜与夹层玻璃的厚度一致。中空玻璃在有保温设计的采光顶中普遍得到使用，中空玻璃的总厚度一般在22mm左右，玻璃接缝密封深度只需满足接缝宽度50%～70%的要求，通常是在接缝处密封胶底部设置背衬材料，其宽度应比接缝宽度大20%，嵌入深度应为密封胶的设计厚度。背衬材料可采用聚乙烯泡沫棒，以预防密封胶与底部粘结，三面粘会造成应力集中并破坏密封防水。

5.10.10 本条对玻璃采光顶材料的贮运、保管作出了规定，主要是依据现行行业标准《建筑玻璃采光顶》JG/T 231的要求提出的。

中华人民共和国国家标准

民用建筑设计通则

Code for design of civil buildings

GB 50352—2005

主编部门：中华人民共和国建设部
批准部门：中华人民共和国建设部
施行日期：2005 年 7 月 1 日

中华人民共和国建设部
公　告

第 327 号

建设部关于发布国家标准《民用建筑设计通则》的公告

现批准《民用建筑设计通则》为国家标准，编号为GB 50352—2005，自 2005 年 7 月 1 日起实施。其中，第 4.2.1、6.6.3（1、4）、6.7.2、6.7.9、6.12.5、6.14.1 条（款）为强制性条文，必须严格执行，原《民用建筑设计通则》JGJ 37—87 同时废止。

本规范由建设部标准定额研究所组织中国建筑工业出版社出版发行。

中华人民共和国建设部
2005 年 5 月 9 日

前　言

本通则是根据建设部建标［2001］87 号文的要求，在《民用建筑设计通则》JGJ 37—87 的基础上修订而成的。修编组在广泛调查研究，认真总结实践经验，参考有关国际标准和国外先进标准，并在广泛征求意见的基础上，修订了本通则。

本通则的主要技术内容是：1. 总则；2. 术语；3. 基本规定；4. 城市规划对建筑的限定；5. 场地设计；6. 建筑物设计；7. 室内环境；8. 建筑设备。

修订的主要技术内容为：设计原则，设计使用年限，建筑气候分区对建筑基本要求，建筑突出物，建筑布局，室内环境；增加了术语，平面布置，建筑幕墙和室内外装修以及建筑设备等内容。

黑体字标志的条文为强制性条文，必须严格执行。

本通则由建设部负责管理和对强制性条文的解释，由中国建筑标准设计研究院负责具体技术内容的解释。

本通则在执行过程中，请各单位注意总结经验，积累资料，随时将有关意见和建议反馈给中国建筑标准设计研究院（北京市西外车公庄大街 19 号，邮政编码 100044），以供今后修订时参考。

本通则主编单位、参编单位和主要起草人：

主编单位：中国建筑设计研究院
　　　　　中国建筑标准设计研究院

参编单位：中国城市规划设计研究院
中国建筑科学研究院
中国建筑西南设计研究院
中国建筑西北设计研究院
中南建筑设计院
北京市建筑设计研究院
上海市建筑设计研究院有限公司
甘肃省建筑设计研究院
清华大学建筑设计研究院
同济大学建筑设计研究院
广东省建筑科学研究院
广州市城市规划勘测设计研究院
重庆大学建筑城规学院
哈尔滨工业大学建筑学院

主要起草人：赵冠谦　崔　恺　张　华　顾　均
张树君　叶茂煦　朱昌廉　李桂文
郑国英　陈华宁　耿长孚　涂英时
章竞屋　李耀培　潘忠诚　袁奇峰
林若慈　赵元超　桂学文　方稚影
丁再励　王　为　孙　兰　杜志杰
张　播　孙　彤

目　次

界线。

1 总　　则

1.0.1　为使民用建筑符合适用、经济、安全、卫生和环保等基本要求，制定本通则，作为各类民用建筑设计必须共同遵守的通用规则。

1.0.2　本通则适用于新建、改建和扩建的民用建筑设计。

1.0.3　民用建筑设计除应执行国家有关工程建设的法律、法规外，尚应符合下列要求：

1　应按可持续发展战略的原则，正确处理人、建筑和环境的相互关系；

2　必须保护生态环境，防止污染和破坏环境；

3　应以人为本，满足人们物质与精神的需求；

4　应贯彻节约用地、节约能源、节约用水和节约原材料的基本国策；

5　应符合当地城市规划的要求，并与周围环境相协调；

6　建筑和环境应综合采取防火、抗震、防洪、防空、抗风雪和雷击等防灾安全措施；

7　方便残疾人、老年人等人群使用，应在室内外环境中提供无障碍设施；

8　在国家或地方公布的各级历史文化名城、历史文化保护区、文物保护单位和风景名胜区的各项建设，应按国家或地方制定的保护规划和有关条例进行。

1.0.4　民用建筑设计除应符合本通则外，尚应符合国家现行的有关标准规范的规定。

2 术　　语

2.0.1　民用建筑　civil building

供人们居住和进行公共活动的建筑的总称。

2.0.2　居住建筑　residential building

供人们居住使用的建筑。

2.0.3　公共建筑　public building

供人们进行各种公共活动的建筑。

2.0.4　无障碍设施　accessibility facilities

方便残疾人、老年人等行动不便或有视力障碍者使用的安全设施。

2.0.5　停车空间　parking space

停放机动车和非机动车的室内、外空间。

2.0.6　建筑基地　construction site

根据用地性质和使用权属确定的建筑工程项目的使用场地。

2.0.7　道路红线　boundary line of roads

规划的城市道路（含居住区级道路）用地的边界线。

2.0.8　用地红线　boundary line of land; property line

各类建筑工程项目用地的使用权属范围的边界线。

2.0.9　建筑控制线　building line

有关法规或详细规划确定的建筑物、构筑物的基底位置不得超出的界线。

2.0.10　建筑密度　building density; building coverage ratio

在一定范围内，建筑物的基底面积总和与占用地面积的比例（%）。

2.0.11　容积率　plot ratio, floor area ratio

在一定范围内，建筑面积总和与用地面积的比值。

2.0.12　绿地率　greening rate

一定地区内，各类绿地总面积占该地区总面积的比例（%）。

2.0.13　日照标准　insolation standards

根据建筑物所处的气候区、城市大小和建筑物的使用性质确定的，在规定的日照标准日（冬至日或大寒日）的有效日照时间范围内，以底层窗台面为计算起点的建筑外窗获得的日照时间。

2.0.14　层高　storey height

建筑物各层之间以楼、地面面层（完成面）计算的垂直距离，屋顶层由该层楼面面层（完成面）至平屋面的结构面层或至坡顶的结构面层与外墙外皮延长线的交点计算的垂直距离。

2.0.15　室内净高　interior net storey height

从楼、地面面层（完成面）至吊顶或楼盖、屋盖底面之间的有效使用空间的垂直距离。

2.0.16　地下室　basement

房间地平面低于室外地平面的高度超过该房间净高的1/2者为地下室。

2.0.17　半地下室　semi-basement

房间地平面低于室外地平面的高度超过该房间净高的1/3，且不超过1/2者为半地下室。

2.0.18　设备层　mechanical floor

建筑物中专为设置暖通、空调、给水排水和配变电等的设备和管道且供人员进入操作用的空间层。

2.0.19　避难层　refuge storey

建筑高度超过100m的高层建筑，为消防安全专门设置的供人们疏散避难的楼层。

2.0.20　架空层　open floor

仅有结构支撑而无外围护结构的开敞空间层。

2.0.21　台阶　step

在室外或室内的地坪或楼层不同标高处设置的供人行走的阶梯。

2.0.22　坡道　ramp

连接不同标高的楼面、地面，供人行或车行的斜坡式交通道。

2.0.23　栏杆　railing

高度在人体胸部至腹部之间，用以保障人身安全或分隔空间用的防护分隔构件。

2.0.24 楼梯 stair

由连续行走的梯级、休息平台和维护安全的栏杆(或栏板)、扶手以及相应的支托结构组成的作为楼层之间垂直交通用的建筑部件。

2.0.25 变形缝 deformation joint

为防止建筑物在外界因素作用下，结构内部产生附加变形和应力，导致建筑物开裂、碰撞甚至破坏而预留的构造缝，包括伸缩缝、沉降缝和抗震缝。

2.0.26 建筑幕墙 building curtain wall

由金属构架与板材组成的，不承担主体结构荷载与作用的建筑外围护结构。

2.0.27 吊顶 suspended ceiling

悬吊在房屋屋顶或楼板结构下的顶棚。

2.0.28 管道井 pipe shaft

建筑物中用于布置竖向设备管线的竖向井道。

2.0.29 烟道 smoke uptake; smoke flue

排除各种烟气的管道。

2.0.30 通风道 air relief shaft

排除室内蒸汽、潮气或污浊空气以及输送新鲜空气的管道。

2.0.31 装修 decoration; finishing

以建筑物主体结构为依托，对建筑内、外空间进行的细部加工和艺术处理。

2.0.32 采光 daylighting

为保证人们生活、工作或生产活动具有适宜的光环境，使建筑物内部使用空间取得的天然光照度满足使用、安全、舒适、美观等要求的技术。

2.0.33 采光系数 daylight factor

在室内给定平面上的一点，由直接或间接地接收来自假定和已知天空亮度分布的天空漫射光而产生的照度与同一时刻该天空半球在室外无遮挡水平面上产生的天空漫射光照度之比。

2.0.34 采光系数标准值 standard value of daylight factor

室内和室外天然光临界照度时的采光系数值。

2.0.35 通风 ventilation

为保证人们生活、工作或生产活动具有适宜的空气环境，采用自然或机械方法，对建筑物内部使用空间进行换气，使空气质量满足卫生、安全、舒适等要求的技术。

2.0.36 噪声 noise

影响人们正常生活、工作、学习、休息，甚至损害身心健康的外界干扰声。

3 基本规定

3.1 民用建筑分类

3.1.1 民用建筑按使用功能可分为居住建筑和公共建筑两大类。

3.1.2 民用建筑按地上层数或高度分类划分应符合下列规定：

1 住宅建筑按层数分类：一层至三层为低层住宅，四层至六层为多层住宅，七层至九层为中高层住宅，十层及十层以上为高层住宅；

2 除住宅建筑之外的民用建筑高度不大于24m者为单层和多层建筑，大于24m者为高层建筑（不包括建筑高度大于24m的单层公共建筑）；

3 建筑高度大于100m的民用建筑为超高层建筑。

注：本条建筑层数和建筑高度计算应符合防火规范的有关规定。

3.1.3 民用建筑等级分类划分应符合有关标准或行业主管部门的规定。

3.2 设计使用年限

3.2.1 民用建筑的设计使用年限应符合表3.2.1的规定。

表 3.2.1 设计使用年限分类

类别	设计使用年限(年)	示 例
1	5	临时性建筑
2	25	易于替换结构构件的建筑
3	50	普通建筑和构筑物
4	100	纪念性建筑和特别重要的建筑

3.3 建筑气候分区对建筑基本要求

3.3.1 建筑气候分区对建筑的基本要求应符合表3.3.1的规定，中国建筑气候区划图见附录A。

表 3.3.1 不同分区对建筑基本要求

分区名称		热工分区名称	气候主要指标	建筑基本要求
Ⅰ	ⅠA ⅠB ⅠC ⅠD	严寒地区	1月平均气温≤−10℃ 7月平均气温≤25℃ 7月平均相对湿度≥50%	1. 建筑物必须满足冬季保温、防寒、防冻等要求 2. ⅠA、ⅠB区应防止冻土、积雪对建筑物的危害 3. ⅠB、ⅠC、ⅠD区的西部，建筑物应防冰雹、防风沙
Ⅱ	ⅡA ⅡB	寒冷地区	1月平均气温−10～0℃ 7月平均气温18～28℃	1. 建筑物应满足冬季保温、防寒、防冻等要求，夏季部分地区应兼顾防热 2. ⅡA区建筑物应防热、防潮、防暴风雨，沿海地带应防盐雾侵蚀

续表 3.3.1

分区名称		热工分区名称	气候主要指标	建筑基本要求
Ⅲ	ⅢA ⅢB ⅢC	夏热冬冷地区	1月平均气温 0～10℃ 7月平均气温 25～30℃	1. 建筑物必须满足夏季防热，遮阳、通风降温要求，冬季应兼顾防寒 2. 建筑物应防雨、防潮、防洪、防雷电 3. ⅢA区应防台风、暴雨袭击及盐雾侵蚀
Ⅳ	ⅣA ⅣB	夏热冬暖地区	1月平均气温 ＞10℃ 7月平均气温 25～29℃	1. 建筑物必须满足夏季防热，遮阳、通风、防雨要求 2. 建筑物应防暴雨、防潮、防洪、防雷电 3. ⅣA区应防台风、暴雨袭击及盐雾侵蚀
Ⅴ	ⅤA ⅤB	温和地区	7月平均气温 18～25℃ 1月平均气温 0～13℃	1. 建筑物应满足防雨和通风要求 2. ⅤA区建筑物应注意防寒，ⅤB区应特别注意防雷电
Ⅵ	ⅥA ⅥB	严寒地区	7月平均气温 ＜18℃ 1月平均气温 0～－22℃	1. 热工应符合严寒和寒冷地区相关要求 2. ⅥA、ⅥB应防冻土对建筑物地基及地下管道的影响，并应特别注意防风沙 3. ⅥC区的东部，建筑物应防雷电
	ⅥC	寒冷地区		
Ⅶ	ⅦA ⅦB ⅦC	严寒地区	7月平均气温 ≥18℃ 1月平均气温 －5～－20℃ 7月平均相对湿度 ＜50％	1. 热工应符合严寒和寒冷地区相关要求 2. 除ⅦD区外，应防冻土对建筑物地基及地下管道的危害 3. ⅦB区建筑物应特别注意积雪的危害 4. ⅦC区建筑物应特别注意防风沙，夏季兼顾防热 5. ⅦD区建筑物应注意夏季防热，吐鲁番盆地应特别注意隔热、降温
	ⅦD	寒冷地区		

3.4 建筑与环境的关系

3.4.1 建筑与环境的关系应符合下列要求：

1 建筑基地应选择在无地质灾害或洪水淹没等危险的安全地段；

2 建筑总体布局应结合当地的自然与地理环境特征，不应破坏自然生态环境；

3 建筑物周围应具有能获得日照、天然采光、自然通风等的卫生条件；

4 建筑物周围环境的空气、土壤、水体等不应构成对人体的危害，确保卫生安全的环境；

5 对建筑物使用过程中产生的垃圾、废气、废水等废弃物应进行处理，并应对噪声、眩光等进行有效的控制，不应引起公害；

6 建筑整体造型与色彩处理应与周围环境协调；

7 建筑基地应做绿化、美化环境设计，完善室外环境设施。

3.5 建筑无障碍设施

3.5.1 居住区道路、公共绿地和公共服务设施应设置无障碍设施，并与城市道路无障碍设施相连接。

3.5.2 设置电梯的民用建筑的公共交通部位应设无障碍设施。

3.5.3 残疾人、老年人专用的建筑物应设置无障碍设施。

3.5.4 居住区及民用建筑无障碍设施的实施范围和设计要求应符合国家现行标准《城市道路和建筑物无障碍设计规范》JGJ 50 的规定。

3.6 停车空间

3.6.1 新建、扩建的居住区应就近设置停车场（库）或将停车库附建在住宅建筑内。机动车和非机动车停车位数量应符合有关规范或当地城市规划行政主管部门的规定。

3.6.2 新建、扩建的公共建筑应按建筑面积或使用人数，并根据当地城市规划行政主管部门的规定，在建筑物内或在同一基地内，或统筹建设的停车场（库）内设置机动车和非机动车停车车位。

3.6.3 机动车停车场（库）产生的噪声和废气应进行处理，不得影响周围环境，其设计应符合有关规范的规定。

3.7 无标定人数的建筑

3.7.1 建筑物除有固定座位等标明使用人数外，对无标定人数的建筑物应按有关设计规范或经调查分析确定合理的使用人数，并以此为基数计算安全出口的宽度。

3.7.2 公共建筑中如为多功能用途，各种场所有可能同时开放并使用同一出口时，在水平方向应按各部分使用人数叠加计算安全疏散出口的宽度，在垂直方向应按楼层使用人数最多一层计算安全疏散出口的宽度。

4 城市规划对建筑的限定

4.1 建筑基地

4.1.1 基地内建筑使用性质应符合城市规划确定的

用地性质。

4.1.2 基地应与道路红线相邻接，否则应设基地道路与道路红线所划定的城市道路相连接。基地内建筑面积小于或等于 3000m² 时，基地道路的宽度不应小于 4m，基地内建筑面积大于 3000m² 且只有一条基地道路与城市道路相连接时，基地道路的宽度不应小于 7m，若有两条以上基地道路与城市道路相连接时，基地道路的宽度不应小于 4m。

4.1.3 基地地面高程应符合下列规定：

1 基地地面高程应按城市规划确定的控制标高设计；

2 基地地面高程应与相邻基地标高协调，不妨碍相邻各方的排水；

3 基地地面最低处高程宜高于相邻城市道路最低高程，否则应有排除地面水的措施。

4.1.4 相邻基地的关系应符合下列规定：

1 建筑物与相邻基地之间应按建筑防火等要求留出空地和道路。当建筑前后各自留有空地或道路，并符合防火规范有关规定时，则相邻基地边界两边的建筑可毗连建造；

2 本基地内建筑物和构筑物均不得影响本基地或其他用地内建筑物的日照标准和采光标准；

3 除城市规划确定的永久性空地外，紧贴基地用地红线建造的建筑物不得向相邻基地方向设洞口、门、外平开窗、阳台、挑檐、空调室外机、废气排出口及排泄雨水。

4.1.5 基地机动车出入口位置应符合下列规定：

1 与大中城市主干道交叉口的距离，自道路红线交叉点量起不应小于 70m；

2 与人行横道线、人行过街天桥、人行地道（包括引道、引桥）的最边缘线不应小于 5m；

3 距地铁出入口、公共交通站台边缘不应小于 15m；

4 距公园、学校、儿童及残疾人使用建筑的出入口不应小于 20m；

5 当基地道路坡度大于 8%时，应设缓冲段与城市道路连接；

6 与立体交叉口的距离或其他特殊情况，应符合当地城市规划行政主管部门的规定。

4.1.6 大型、特大型的文化娱乐、商业服务、体育、交通等人员密集建筑的基地应符合下列规定：

1 基地应至少有一面直接临接城市道路，该城市道路应有足够的宽度，以减少人员疏散时对城市正常交通的影响；

2 基地沿城市道路的长度应按建筑规模或疏散人数确定，并至少不小于基地周长的 1/6；

3 基地应至少有两个或两个以上不同方向通向城市道路的（包括以基地道路连接的）出口；

4 基地或建筑物的主要出入口，不得和快速道路直接连接，也不得直对城市主要干道的交叉口；

5 建筑物主要出入口前应有供人员集散用的空地，其面积和长宽尺寸应根据使用性质和人数确定；

6 绿化和停车场布置不应影响集散空地的使用，并不宜设置围墙、大门等障碍物。

4.2 建筑突出物

4.2.1 建筑物及附属设施不得突出道路红线和用地红线建造，不得突出的建筑突出物为：

——地下建筑物及附属设施，包括结构挡土桩、挡土墙、地下室、地下室底板及其基础、化粪池等；

——地上建筑物及附属设施，包括门廊、连廊、阳台、室外楼梯、台阶、坡道、花池、围墙、平台、散水明沟、地下室进排风口、地下室出入口、集水井、采光井等；

——除基地内连接城市的管线、隧道、天桥等市政公共设施外的其他设施。

4.2.2 经当地城市规划行政主管部门批准，允许突出道路红线的建筑突出物应符合下列规定：

1 在有人行道的路面上空：

1） 2.50m 以上允许突出建筑构件：凸窗、窗扇、窗罩、空调机位，突出的深度不应大于 0.50m；

2） 2.50m 以上允许突出活动遮阳，突出宽度不应大于人行道宽度减 1m，并不应大于 3m；

3） 3m 以上允许突出雨篷、挑檐，突出的深度不应大于 2m；

4） 5m 以上允许突出雨篷、挑檐，突出的深度不宜大于 3m。

2 在无人行道的路面上空：4m 以上允许突出建筑构件：窗罩，空调机位，突出深度不应大于 0.50m。

3 建筑突出物与建筑本身应有牢固的结合。

4 建筑物和建筑突出物均不得向道路上空直接排泄雨水、空调冷凝水及从其他设施排出的废水。

4.2.3 当地城市规划行政主管部门在用地红线范围内另行划定建筑控制线时，建筑物的基底不应超出建筑控制线，突出建筑控制线的建筑突出物和附属设施应符合当地城市规划的要求。

4.2.4 属于公益上有需要而不影响交通及消防安全的建筑物、构筑物，包括公共电话亭、公共交通候车亭、治安岗等公共设施及临时性建筑物和构筑物，经当地城市规划行政主管部门的批准，可突入道路红线建造。

4.2.5 骑楼、过街楼和沿道路红线的悬挑建筑建造不应影响交通及消防的安全；在有顶盖的公共空间下不应设置直接排气的空调机、排气扇等设施或排出有害气体的通风系统。

4.3 建筑高度控制

4.3.1 建筑高度不应危害公共空间安全、卫生和景观，下列地区应实行建筑高度控制：

1 对建筑高度有特别要求的地区，应按城市规划要求控制建筑高度；

2 沿城市道路的建筑物，应根据道路的宽度控制建筑裙楼和主体塔楼的高度；

3 机场、电台、电信、微波通信、气象台、卫星地面站、军事要塞工程等周围的建筑，当其处在各种技术作业控制区范围内时，应按净空要求控制建筑高度；

4 当建筑处在本通则第1章第1.0.3条第8款所指的保护规划区内。

注：建筑高度控制尚应符合当地城市规划行政主管部门和有关专业部门的规定。

4.3.2 建筑高度控制的计算应符合下列规定：

1 第4.3.1条3、4款控制区内建筑高度，应按建筑物室外地面至建筑物和构筑物最高点的高度计算；

2 非第4.3.1条3、4款控制区内建筑高度：平屋顶应按建筑物室外地面至其屋面面层或女儿墙顶点的高度计算；坡屋顶应按建筑物室外地面至屋檐和屋脊的平均高度计算；下列突出物不计入建筑高度内：

1）局部突出屋面的楼梯间、电梯机房、水箱间等辅助用房占屋顶平面面积不超过1/4者；

2）突出屋面的通风道、烟囱、装饰构件、花架、通信设施等；

3）空调冷却塔等设备。

4.4 建筑密度、容积率和绿地率

4.4.1 建筑设计应符合法定规划控制的建筑密度、容积率和绿地率的要求。

4.4.2 当建设单位在建筑设计中为城市提供永久性的建筑开放空间，无条件地为公众使用时，该用地的既定建筑密度和容积率可给予适当提高，且应符合当地城市规划行政主管部门有关规定。

5 场地设计

5.1 建筑布局

5.1.1 民用建筑应根据城市规划条件和任务要求，按照建筑与环境关系的原则，对建筑布局、道路、竖向、绿化及工程管线等进行综合性的场地设计。

5.1.2 建筑布局应符合下列规定

1 建筑间距应符合防火规范要求；

2 建筑间距应满足建筑用房天然采光（本通则第7章7.1节采光）的要求，并应防止视线干扰；

3 有日照要求的建筑应符合本节第5.1.3条建筑日照标准的要求，并应执行当地城市规划行政主管部门制定的相应的建筑间距规定；

4 对有地震等自然灾害地区，建筑布局应符合有关安全标准的规定；

5 建筑布局应使建筑基地内的人流、车流与物流合理分流，防止干扰，并有利于消防、停车和人员集散；

6 建筑布局应根据地域气候特征，防止和抵御寒冷、暑热、疾风、暴雨、积雪和沙尘等灾害侵袭，并应利用自然气流组织好通风，防止不良小气候产生；

7 根据噪声源的位置、方向和强度，应在建筑功能分区、道路布置、建筑朝向、距离以及地形、绿化和建筑物的屏障作用等方面采取综合措施，以防止或减少环境噪声；

8 建筑物与各种污染源的卫生距离，应符合有关卫生标准的规定。

5.1.3 建筑日照标准应符合下列要求：

1 每套住宅至少应有一个居住空间获得日照，该日照标准应符合现行国家标准《城市居住区规划设计规范》GB 50180有关规定；

2 宿舍半数以上的居室，应能获得同住宅居住空间相等的日照标准；

3 托儿所、幼儿园的主要生活用房，应能获得冬至日不小于3h的日照标准；

4 老年人住宅、残疾人住宅的卧室、起居室，医院、疗养院半数以上的病房和疗养室，中小学半数以上的教室应能获得冬至日不小于2h的日照标准。

5.2 道　　路

5.2.1 建筑基地内道路应符合下列规定：

1 基地内应设道路与城市道路相连接，其连接处的车行路面应设限速设施，道路应能通达建筑物的安全出口；

2 沿街建筑应设连通街道和内院的人行通道(可利用楼梯间)，其间距不宜大于80m；

3 道路改变方向时，路边绿化及建筑物不应影响行车有效视距；

4 基地内设地下停车场时，车辆出入口应设有效显示标志；标志设置高度不应影响人、车通行；

5 基地内车流量较大时应设人行道路。

5.2.2 建筑基地道路宽度应符合下列规定：

1 单车道路宽度不应小于4m，双车道路不应小于7m；

2 人行道路宽度不应小于1.50m；

3 利用道路边设停车位时，不应影响有效通行宽度；

4 车行道路改变方向时，应满足车辆最小转弯半径要求；消防车道路应按消防车最小转弯半径要求设置。

5.2.3 道路与建筑物间距应符合下列规定：

1 基地内设有室外消火栓时，车行道路与建筑物的间距应符合防火规范的有关规定；

2 基地内道路边缘至建筑物、构筑物的最小距离应符合现行国家标准《城市居住区规划设计规范》GB 50180 的有关规定；

3 基地内不宜设高架车行道路，当设置高架人行道路与建筑平行时应有保护私密性的视距和防噪声的要求。

5.2.4 建筑基地内地下车库的出入口设置应符合下列要求：

1 地下车库出入口距基地道路的交叉路口或高架路的起坡点不应小于7.50m；

2 地下车库出入口与道路垂直时，出入口与道路红线应保持不小于7.50m安全距离；

3 地下车库出入口与道路平行时，应经不小于7.50m长的缓冲车道汇入基地道路。

5.3 竖　　向

5.3.1 建筑基地地面和道路坡度应符合下列规定：

1 基地地面坡度不应小于0.2%，地面坡度大于8%时宜分成台地，台地连接处应设挡墙或护坡；

2 基地机动车道的纵坡不应小于0.2%，亦不应大于8%，其坡长不应大于200m，在个别路段可不大于11%，其坡长不应大于80m；在多雪严寒地区不应大于5%，其坡长不应大于600m；横坡应为1%～2%；

3 基地非机动车道的纵坡不应小于0.2%，亦不应大于3%，其坡长不应大于50m；在多雪严寒地区不应大于2%，其坡长不应大于100m；横坡应为1%～2%；

4 基地步行道的纵坡不应小于0.2%，亦不应大于8%，多雪严寒地区不应大于4%，横坡应为1%～2%；

5 基地内人流活动的主要地段，应设置无障碍人行道。

注：山地和丘陵地区竖向设计尚应符合有关规范的规定。

5.3.2 建筑基地地面排水应符合下列规定：

1 基地内应有排除地面及路面雨水至城市排水系统的措施，排水方式应根据城市规划的要求确定，有条件的地区应采取雨水回收利用措施；

2 采用车行道排泄地面雨水时，雨水口形式及数量应根据汇水面积、流量、道路纵坡等确定；

3 单侧排水的道路及低洼易积水的地段，应采取排雨水时不影响交通和路面清洁的措施。

5.3.3 建筑物底层出入口处应采取措施防止室外地面雨水回流。

5.4 绿　　化

5.4.1 建筑工程项目应包括绿化工程，其设计应符合下列要求：

1 宜采用包括垂直绿化和屋顶绿化等在内的全方位绿化；绿地面积的指标应符合有关规范或当地城市规划行政主管部门的规定；

2 绿化的配置和布置方式应根据城市气候、土壤和环境功能等条件确定；

3 绿化与建筑物、构筑物、道路和管线之间的距离，应符合有关规范规定；

4 应保护自然生态环境，并应对古树名木采取保护措施；

5 应防止树木根系对地下管线缠绕及对地下建筑防水层的破坏。

5.5 工程管线布置

5.5.1 工程管线宜在地下敷设；在地上架空敷设的工程管线及工程管线在地上设置的设施，必须满足消防车辆通行的要求，不得妨碍普通车辆、行人的正常活动，并应防止对建筑物、景观的不利影响。

5.5.2 与市政管网衔接的工程管线，其平面位置和竖向标高均应采用城市统一的坐标系统和高程系统。

5.5.3 工程管线的敷设不应影响建筑物的安全，并应防止工程管线受腐蚀、沉陷、振动、荷载等影响而损坏。

5.5.4 工程管线应根据其不同特性和要求综合布置。对安全、卫生、防干扰等有影响的工程管线不应共沟或靠近敷设。利用综合管沟敷设的工程管线若互有干扰的应设置在综合管沟的不同沟（室）内。

5.5.5 地下工程管线的走向宜与道路或建筑主体相平行或垂直。工程管线应从建筑物向道路方向由浅至深敷设。工程管线布置应短捷，减少转弯。管线与管线、管线与道路应减少交叉。

5.5.6 与道路平行的工程管线不宜设于车行道下，当确有需要时，可将埋深较大、翻修较少的工程管线布置在车行道下。

5.5.7 工程管线之间的水平、垂直净距及埋深，工程管线与建筑物、构筑物、绿化树种之间的水平净距应符合有关规范的规定。

5.5.8 七度以上地震区、多年冻土区、严寒地区、湿陷性黄土地区及膨胀土地区的室外工程管线，应符合有关规范的规定。

5.5.9 工程管线的检查井井盖宜有锁闭装置。

6 建筑物设计

6.1 平面布置

6.1.1 平面布置应根据建筑的使用性质、功能、工艺要求，合理布局。

6.1.2 平面布置的柱网、开间、进深等定位轴线尺寸，应符合现行国家标准《建筑模数协调统一标准》GBJ 2等有关标准的规定。

6.1.3 根据使用功能，应使大多数房间或重要房间布置在有良好日照、采光、通风和景观的部位。对有私密性要求的房间，应防止视线干扰。

6.1.4 平面布置宜具有一定的灵活性。

6.1.5 地震区的建筑，平面布置宜规整，不宜错层。

6.2 层高和室内净高

6.2.1 建筑层高应结合建筑使用功能、工艺要求和技术经济条件综合确定，并符合专用建筑设计规范的要求。

6.2.2 室内净高应按楼地面完成面至吊顶或楼板或梁底面之间的垂直距离计算；当楼盖、屋盖的下悬构件或管道底面影响有效使用空间者，应按楼地面完成面至下悬构件下缘或管道底面之间的垂直距离计算。

6.2.3 建筑物用房的室内净高应符合专用建筑设计规范的规定；地下室、局部夹层、走道等有人员正常活动的最低处的净高不应小于2m。

6.3 地下室和半地下室

6.3.1 地下室、半地下室应有综合解决其使用功能的措施，合理布置地下停车库、地下人防、各类设备用房等功能空间及各类出入口部；地下空间与城市地铁、地下人行道及地下空间之间应综合开发，相互连接，做到导向明确、流线简捷。

6.3.2 地下室、半地下室作为主要用房使用时，应符合安全、卫生的要求，并应符合下列要求：

1 严禁将幼儿、老年人生活用房设在地下室或半地下室；

2 居住建筑中的居室不应布置在地下室内；当布置在半地下室时，必须对采光、通风、日照、防潮、排水及安全防护采取措施；

3 建筑物内的歌舞、娱乐、放映、游艺场所不应设置在地下二层及二层以下；当设置在地下一层时，地下一层地面与室外出入口地坪的高差不应大于10m。

6.3.3 地下室平面外围护结构应规整，其防水等级及技术要求除应符合现行国家标准《地下工程防水技术规范》GB 50108的规定外，尚应符合下列规定：

1 地下室应在一处或若干处地面较低点设集水坑，并预留排水泵电源和排水管道；

2 地下管道、地下管沟、地下坑井、地漏、窗井等处应有防止涌水、倒灌的措施。

6.3.4 地下室、半地下室的耐火等级、防火分区、安全疏散、防排烟设施、房间内部装修等应符合防火规范的有关规定。

6.4 设备层、避难层和架空层

6.4.1 设备层设置应符合下列规定：

1 设备层的净高应根据设备和管线的安装检修需要确定；

2 当宾馆、住宅等建筑上部有管线较多的房间，下部为大空间房间或转换为其他功能用房而管线需转换时，宜在上下部之间设置设备层；

3 设备层布置应便于市政管线的接入；在防火、防爆和卫生等方面互有影响的设备用房不应相邻布置；

4 设备层应有自然通风或机械通风；当设备层设于地下室又无机械通风装置时，应在地下室外墙设置通风口或通风道，其面积应满足送、排风量的要求；

5 给排水设备的机房应设集水坑并预留排水泵电源和排水管路或接口；配电房应满足线路的敷设；

6 设备用房布置位置及其围护结构，管道穿过隔墙、防火墙和楼板等应符合防火规范的有关规定。

6.4.2 建筑高度超过100m的超高层民用建筑，应设置避难层（间）。

6.4.3 有人员正常活动的架空层及避难层的净高不应低于2m。

6.5 厕所、盥洗室和浴室

6.5.1 厕所、盥洗室、浴室应符合下列规定：

1 建筑物的厕所、盥洗室、浴室不应直接布置在餐厅、食品加工、食品贮存、医药、医疗、变配电等有严格卫生要求或防水、防潮要求用房的上层；除本套住宅外，住宅卫生间不应直接布置在下层的卧室、起居室、厨房和餐厅的上层；

2 卫生设备配置的数量应符合专用建筑设计规范的规定，在公用厕所男女厕位的比例中，应适当加大女厕位比例；

3 卫生用房宜有天然采光和不向邻室对流的自然通风，无直接自然通风和严寒及寒冷地区用房宜设自然通风道；当自然通风不能满足通风换气要求时，应采用机械通风；

4 楼地面、楼地面沟槽、管道穿楼板及楼板接墙面处应严密防水、防渗漏；

5 楼地面、墙面或墙裙的面层应采用不吸水、不吸污、耐腐蚀、易清洗的材料；

6 楼地面应防滑，楼地面标高宜略低于走道标高，并应有坡度坡向地漏或水沟；

7 室内上下水管和浴室顶棚应防冷凝水下滴，浴室热水管应防止烫人；

8 公用男女厕所宜分设前室，或有遮挡措施；

9 公用厕所宜设置独立的清洁间。

6.5.2 厕所和浴室隔间的平面尺寸不应小于表6.5.2的规定。

表 6.5.2 厕所和浴室隔间平面尺寸

类 别	平面尺寸（宽度 m×深度 m）
外开门的厕所隔间	0.90×1.20
内开门的厕所隔间	0.90×1.40
医院患者专用厕所隔间	1.10×1.40
无障碍厕所隔间	1.40×1.80（改建用 1.00×2.00）
外开门淋浴隔间	1.00×1.20
内设更衣凳的淋浴隔间	1.00×（1.00＋0.60）
无障碍专用浴室隔间	盆浴（门扇向外开启）2.00×2.25 淋浴（门扇向外开启）1.50×2.35

6.5.3 卫生设备间距应符合下列规定：

1 洗脸盆或盥洗槽水嘴中心与侧墙面净距不宜小于0.55m；

2 并列洗脸盆或盥洗槽水嘴中心间距不应小于0.70m；

3 单侧并列洗脸盆或盥洗槽外沿至对面墙的净距不应小于1.25m；

4 双侧并列洗脸盆或盥洗槽外沿之间的净距不应小于1.80m；

5 浴盆长边至对面墙面的净距不应小于0.65m；无障碍盆浴间短边净宽度不应小于2m；

6 并列小便器的中心距离不应小于0.65m；

7 单侧厕所隔间至对面墙面的净距：当采用内开门时，不应小于1.10m；当采用外开门时不应小于1.30m；双侧厕所隔间之间的净距：当采用内开门时，不应小于1.10m；当采用外开门时不应小于1.30m；

8 单侧厕所隔间至对面小便器或小便槽外沿的净距：当采用内开门时，不应小于1.10m；当采用外开门时，不应小于1.30m。

6.6 台阶、坡道和栏杆

6.6.1 台阶设置应符合下列规定：

1 公共建筑室内外台阶踏步宽度不宜小于0.30m，踏步高度不宜大于0.15m，并不宜小于0.10m，踏步应防滑。室内台阶踏步数不应少于2级，当高差不足2级时，应按坡道设置；

2 人流密集的场所台阶高度超过0.70m并侧面临空时，应有防护设施。

6.6.2 坡道设置应符合下列规定：

1 室内坡道坡度不宜大于1∶8，室外坡道坡度不宜大于1∶10；

2 室内坡道水平投影长度超过15m时，宜设休息平台，平台宽度应根据使用功能或设备尺寸所需缓冲空间而定；

3 供轮椅使用的坡道不应大于1∶12，困难地段不应大于1∶8；

4 自行车推行坡道每段坡长不宜超过6m，坡度不宜大于1∶5；

5 机动车行坡道应符合国家现行标准《汽车库建筑设计规范》JGJ 100的规定；

6 坡道应采取防滑措施。

6.6.3 阳台、外廊、室内回廊、内天井、上人屋面及室外楼梯等临空处应设置防护栏杆，并应符合下列规定：

1 栏杆应以坚固、耐久的材料制作，并能承受荷载规范规定的水平荷载；

2 临空高度在24m以下时，栏杆高度不应低于1.05m，临空高度在24m及24m以上（包括中高层住宅）时，栏杆高度不应低于1.10m；

注：栏杆高度应从楼地面或屋面至栏杆扶手顶面垂直高度计算，如底部有宽度大于或等于0.22m，且高度低于或等于0.45m的可踏部位，应从可踏部位顶面起计算。

3 栏杆离楼面或屋面0.10m高度内不宜留空；

4 住宅、托儿所、幼儿园、中小学及少年儿童专用活动场所的栏杆必须采用防止少年儿童攀登的构造，当采用垂直杆件做栏杆时，其杆件净距不应大于0.11m；

5 文化娱乐建筑、商业服务建筑、体育建筑、园林景观建筑等允许少年儿童进入活动的场所，当采用垂直杆件做栏杆时，其杆件净距也不应大于0.11m。

6.7 楼 梯

6.7.1 楼梯的数量、位置、宽度和楼梯间形式应满足使用方便和安全疏散的要求。

6.7.2 墙面至扶手中心线或扶手中心线之间的水平距离即楼梯梯段宽度除应符合防火规范的规定外，供日常主要交通用的楼梯的梯段宽度应根据建筑物使用特征，按每股人流为0.55＋（0～0.15）m的人流股数确定，并不应少于两股人流。0～0.15m为人流在行进中人体的摆幅，公共建筑人流众多的场所应取上限值。

6.7.3 梯段改变方向时，扶手转向端处的平台最小宽度不应小于梯段宽度，并不得小于1.20m，当有搬运大型物件需要时应适量加宽。

6.7.4 每个梯段的踏步不应超过18级，亦不应少于3级。

6.7.5 楼梯平台上部及下部过道处的净高不应小于2m，梯段净高不宜小于2.20m。

注：梯段净高为自踏步前缘（包括最低和最高一级踏步前缘线以外0.30m范围内）量至上方突出物下缘间的垂直高度。

6.7.6 楼梯应至少于一侧设扶手，梯段净宽达三股人流时应两侧设扶手，达四股人流时宜加设中间扶手。

6.7.7 室内楼梯扶手高度自踏步前缘线量起不宜小于0.90m。靠楼梯井一侧水平扶手长度超过0.50m时，其高度不应小于1.05m。

6.7.8 踏步应采取防滑措施。

6.7.9 托儿所、幼儿园、中小学及少年儿童专用活动场所的楼梯，梯井净宽大于0.20m时，必须采取防止少年儿童攀滑的措施，楼梯栏杆应采取不易攀登的构造，当采用垂直杆件做栏杆时，其杆件净距不应大于0.11m。

6.7.10 楼梯踏步的高宽比应符合表6.7.10的规定。

表6.7.10 楼梯踏步最小宽度和最大高度（m）

楼梯类别	最小宽度	最大高度
住宅共用楼梯	0.26	0.175
幼儿园、小学校等楼梯	0.26	0.15
电影院、剧场、体育馆、商场、医院、旅馆和大中学校等楼梯	0.28	0.16
其他建筑楼梯	0.26	0.17
专用疏散楼梯	0.25	0.18
服务楼梯、住宅套内楼梯	0.22	0.20

注：无中柱螺旋楼梯和弧形楼梯离内侧扶手中心0.25m处的踏步宽度不应小于0.22m。

6.7.11 供老年人、残疾人使用及其他专用服务楼梯应符合专用建筑设计规范的规定。

6.8 电梯、自动扶梯和自动人行道

6.8.1 电梯设置应符合下列规定：

1 电梯不得计作安全出口；

2 以电梯为主要垂直交通的高层公共建筑和12层及12层以上的高层住宅，每栋楼设置电梯的台数不应少于2台；

3 建筑物每个服务区单侧排列的电梯不宜超过4台，双侧排列的电梯不宜超过2×4台；电梯不应在转角处贴邻布置；

4 电梯候梯厅的深度应符合表6.8.1的规定，并不得小于1.50m；

表6.8.1 候梯厅深度

电梯类别	布置方式	候梯厅深度
住宅电梯	单台	≥B
	多台单侧排列	≥B^*
	多台双侧排列	≥相对电梯B^*之和并<3.50m
公共建筑电梯	单台	≥1.5B
	多台单侧排列	≥1.5B^*，当电梯群为4台时应≥2.40m
	多台双侧排列	≥相对电梯B^*之和并<4.50m
病床电梯	单台	≥1.5B
	多台单侧排列	≥1.5B^*
	多台双侧排列	≥相对电梯B^*之和

注：B为轿厢深度，B^*为电梯群中最大轿厢深度。

5 电梯井道和机房不宜与有安静要求的用房贴邻布置，否则应采取隔振、隔声措施；

6 机房应为专用的房间，其围护结构应保温隔热，室内应有良好通风、防尘，宜有自然采光，不得将机房顶板作水箱底板及在机房内直接穿越水管或蒸汽管；

7 消防电梯的布置应符合防火规范的有关规定。

6.8.2 自动扶梯、自动人行道应符合下列规定：

1 自动扶梯和自动人行道不得计作安全出口；

2 出入口畅通区的宽度不应小于2.50m，畅通区有密集人流穿行时，其宽度应加大；

3 栏板应平整、光滑和无突出物；扶手带顶面距自动扶梯前缘、自动人行道踏板面或胶带面的垂直高度不应小于0.90m；扶手带外边至任何障碍物不应小于0.50m，否则应采取措施防止障碍物引起人员伤害；

4 扶手带中心线与平行墙面或楼板开口边缘间的距离、相邻平行交叉设置时两梯（道）之间扶手带中心线的水平距离不宜小于0.50m，否则应采取措施防止障碍物引起人员伤害；

5 自动扶梯的梯级、自动人行道的踏板或胶带上空，垂直净高不应小于2.30m；

6 自动扶梯的倾斜角不应超过30°，当提升高度不超过6m，额定速度不超过0.50m/s时，倾斜角允许增至35°；倾斜式自动人行道的倾斜角不应超过12°；

7 自动扶梯和层间相通的自动人行道单向设置时，应就近布置相匹配的楼梯；

8 设置自动扶梯或自动人行道所形成的上下层贯通空间，应符合防火规范所规定的有关防火分区等要求。

6.9 墙身和变形缝

6.9.1 墙身材料应因地制宜，采用新型建筑墙体

材料。

6.9.2 外墙应根据地区气候和建筑要求，采取保温、隔热和防潮等措施。

6.9.3 墙身防潮应符合下列要求：

1 砌体墙应在室外地面以上，位于室内地面垫层处设置连续的水平防潮层；室内相邻地面有高差时，应在高差处墙身侧面加设防潮层；

2 湿度大的房间的外墙或内墙内侧应设防潮层；

3 室内墙面有防水、防潮、防污、防碰等要求时，应按使用要求设置墙裙。

注：地震区防潮层应满足墙体抗震整体连接的要求。

6.9.4 建筑物外墙突出物，包括窗台、凸窗、阳台、空调机搁板、雨水管、通风管、装饰线等处宜采取防止攀登入室的措施。

6.9.5 外墙应防止变形裂缝，在洞口、窗户等处采取加固措施。

6.9.6 变形缝设置应符合下列要求：

1 变形缝应按设缝的性质和条件设计，使其在产生位移或变形时不受阻，不被破坏，并不破坏建筑物；

2 变形缝的构造和材料应根据其部位需要分别采取防排水、防火、保温、防老化、防腐蚀、防虫害和防脱落等措施。

6.10 门 窗

6.10.1 门窗产品应符合下列要求：

1 门窗的材料、尺寸、功能和质量等应符合使用要求，并应符合建筑门窗产品标准的规定；

2 门窗的配件应与门窗主体相匹配，并应符合各种材料的技术要求；

3 应推广应用具有节能、密封、隔声、防结露等优良性能的建筑门窗。

注：门窗加工的尺寸，应按门窗洞口设计尺寸扣除墙面装修材料的厚度，按净尺寸加工。

6.10.2 门窗与墙体应连接牢固，且满足抗风压、水密性、气密性的要求，对不同材料的门窗选择相应的密封材料。

6.10.3 窗的设置应符合下列规定：

1 窗扇的开启形式应方便使用，安全和易于维修、清洗；

2 当采用外开窗时应加强牢固窗扇的措施；

3 开向公共走道的窗扇，其底面高度不应低于2m；

4 临空的窗台低于0.80m时，应采取防护措施，防护高度由楼地面起计算不应低于0.80m；

5 防火墙上必须开设窗洞时，应按防火规范设置；

6 天窗应采用防破碎伤人的透光材料；

7 天窗应有防冷凝水产生或引泄冷凝水的措施；

8 天窗应便于开启、关闭、固定、防渗水，并方便清洗。

注：1 住宅窗台低于0.90m时，应采取防护措施；

2 低窗台、凸窗等下部有能上人站立的宽窗台面时，贴窗护栏或固定窗的防护高度应从窗台面起计算。

6.10.4 门的设置应符合下列规定：

1 外门构造应开启方便，坚固耐用；

2 手动开启的大门扇应有制动装置，推拉门应有防脱轨的措施；

3 双面弹簧门应在可视高度部分装透明安全玻璃；

4 旋转门、电动门、卷帘门和大型门的邻近应另设平开疏散门，或在门上设疏散门；

5 开向疏散走道及楼梯间的门扇开足时，不应影响走道及楼梯平台的疏散宽度；

6 全玻璃门应选用安全玻璃或采取防护措施，并应设防撞提示标志；

7 门的开启不应跨越变形缝。

6.11 建筑幕墙

6.11.1 建筑幕墙技术要求应符合下列规定：

1 幕墙所采用的型材、板材、密封材料、金属附件、零配件等均应符合现行的有关标准的规定；

2 幕墙的物理性能：风压变形、雨水渗漏、空气渗透、保温、隔声、耐撞击、平面内变形、防火、防雷、抗震及光学性能等应符合现行的有关标准的规定。

6.11.2 玻璃幕墙应符合下列规定：

1 玻璃幕墙适用于抗震地区和建筑高度应符合有关规范的要求；

2 玻璃幕墙应采用安全玻璃，并应具有抗撞击的性能；

3 玻璃幕墙分隔应与楼板、梁、内隔墙处连接牢固，并满足防火分隔要求；

4 玻璃窗扇开启面积应按幕墙材料规格和通风口要求确定，并确保安全。

6.12 楼 地 面

6.12.1 底层地面的基本构造层宜为面层、垫层和地基；楼层地面的基本构造层宜为面层和楼板。当底层地面或楼面的基本构造不能满足使用或构造要求时，可增设结合层、隔离层、填充层、找平层和保温层等其他构造层。

6.12.2 除有特殊使用要求外，楼地面应满足平整、耐磨、不起尘、防滑、防污染、隔声、易于清洁等要求。

6.12.3 厕浴间、厨房等受水或非腐蚀性液体经常浸湿的楼地面应采用防水、防滑类面层，且应低于相邻楼地面，并设排水坡坡向地漏；厕浴间和有防水要求的建筑地面必须设置防水隔离层；楼层结构必须采用现浇混凝土或整块预制混凝土板，混凝土强度等级不应小于 C20；楼板四周除门洞外，应做混凝土翻边，其高度不应小于 120mm。

经常有水流淌的楼地面应低于相邻楼地面或设门槛等挡水设施，且应有排水措施，其楼地面应采用不吸水、易冲洗、防滑的面层材料，并应设置防水隔离层。

6.12.4 筑于地基土上的地面，应根据需要采取防潮、防基土冻胀、防不均匀沉陷等措施。

6.12.5 存放食品、食料、种子或药物等的房间，其存放物与楼地面直接接触时，严禁采用有毒性的材料作为楼地面，材料的毒性应经有关卫生防疫部门鉴定。存放吸味较强的食物时，应防止采用散发异味的楼地面材料。

6.12.6 受较大荷载或有冲击力作用的楼地面，应根据使用性质及场所选用由板、块材料、混凝土等组成的易于修复的刚性构造，或由粒料、灰土等组成的柔性构造。

6.12.7 木板楼地面应根据使用要求，采取防火、防腐、防潮、防蛀、通风等相应措施。

6.12.8 采暖房间的楼地面，可不采取保温措施，但遇下列情况之一时应采取局部保温措施：

1 架空或悬挑部分楼层地面，直接对室外或临非采暖房间的；

2 严寒地区建筑物周边无采暖管沟时，底层地面在外墙内侧 0.50～1.00m 范围内宜采取保温措施，其传热阻不应小于外墙的传热阻。

6.13 屋面和吊顶

6.13.1 屋面工程应根据建筑物的性质、重要程度、使用功能及防水层合理使用年限，结合工程特点、地区自然条件等，按不同等级进行设防。

6.13.2 屋面排水坡度应根据屋顶结构形式，屋面基层类别，防水构造形式，材料性能及当地气候等条件确定，并应符合表 6.13.2 的规定。

6.13.3 屋面构造应符合下列要求：

1 屋面面层应采用不燃烧体材料，包括屋面突出部分及屋顶加层，但一、二级耐火等级建筑物，其不燃烧体屋面基层上可采用可燃卷材防水层；

2 屋面排水宜优先采用外排水；高层建筑、多跨及集水面积较大的屋面宜采用内排水；屋面水落管的数量、管径应通过验（计）算确定；

3 天沟、檐沟、檐口、水落口、泛水、变形缝和伸出屋面管道等处应采取与工程特点相适应的防水加强构造措施，并应符合有关规范的规定；

4 当屋面坡度较大或同一屋面落差较大时，应采取固定加强和防止屋面滑落的措施；平瓦必须铺置牢固；

表 6.13.2 屋面的排水坡度

屋面类别	屋面排水坡度（%）
卷材防水、刚性防水的平屋面	2～5
平瓦	20～50
波形瓦	10～50
油毡瓦	≥20
网架、悬索结构金属板	≥4
压型钢板	5～35
种植土屋面	1～3

注：1 平屋面采用结构找坡不应小于3%，采用材料找坡宜为2%；
2 卷材屋面的坡度不宜大于 25%，当坡度大于 25%时应采取固定和防止滑落的措施；
3 卷材防水屋面天沟、檐沟纵向坡度不应小于 1%，沟底水落差不得超过 200mm。天沟、檐沟排水不得流经变形缝和防火墙；
4 平瓦必须铺置牢固，地震设防地区或坡度大于50%的屋面，应采取固定加强措施；
5 架空隔热屋面坡度不宜大于5%，种植屋面坡度不宜大于 3%。

5 地震设防区或有强风地区的屋面应采取固定加强措施；

6 设保温层的屋面应通过热工验算，并采取防结露、防蒸汽渗透及施工时防保温层受潮等措施；

7 采用架空隔热层的屋面，架空隔热层的高度应按照屋面的宽度或坡度的大小变化确定，架空层不得堵塞；当屋面宽度大于 10m 时，应设置通风屋脊；屋面基层上宜有适当厚度的保温隔热层；

8 采用钢丝网水泥或钢筋混凝土薄壁构件的屋面板应有抗风化、抗腐蚀的防护措施；刚性防水屋面应有抗裂措施；

9 当无楼梯通达屋面时，应设上屋面的检修人孔或低于 10m 时可设外墙爬梯，并应有安全防护和防止儿童攀爬的措施；

10 闷顶应设通风口和通向闷顶的检修人孔；闷顶内应有防火分隔。

6.13.4 吊顶构造应符合下列要求：

1 吊顶与主体结构吊挂应有安全构造措施；高大厅堂管线较多的吊顶内，应留有检修空间，并根据需要设置检修走道和便于进入吊顶的人孔，且应符合有关防火及安全要求；

2 当吊顶内管线较多，而空间有限不能进入检修时，可采用便于拆卸的装配式吊顶板或在需要部位设置检修手孔；

3 吊顶内敷设有上下水管时应采取防止产生冷凝水措施；

4 潮湿房间的吊顶，应采用防水材料和防结露、滴水的措施；钢筋混凝土顶板宜采用现浇板。

6.14 管道井、烟道、通风道和垃圾管道

6.14.1 管道井、烟道、通风道和垃圾管道应分别独立设置，不得使用同一管道系统，并应用非燃烧体材料制作。

6.14.2 管道井的设置应符合下列规定：

1 管道井的断面尺寸应满足管道安装、检修所需空间的要求；

2 管道井宜在每层靠公共走道的一侧设检修门或可拆卸的壁板；

3 在安全、防火和卫生方面互有影响的管道不应敷设在同一竖井内；

4 管道井壁、检修门及管井开洞部分等应符合防火规范的有关规定。

6.14.3 烟道和通风道的断面、形状、尺寸和内壁应有利于排烟（气）通畅，防止产生阻滞、涡流、窜烟、漏气和倒灌等现象。

6.14.4 烟道和通风道应伸出屋面，伸出高度应有利烟气扩散，并应根据屋面形式、排出口周围遮挡物的高度、距离和积雪深度确定。平屋面伸出高度不得小于0.60m，且不得低于女儿墙的高度。坡屋面伸出高度应符合下列规定：

1 烟道和通风道中心线距屋脊小于1.50m时，应高出屋脊0.60m；

2 烟道和通风道中心线距屋脊1.50～3.00m时，应高于屋脊，且伸出屋面高度不得小于0.60m；

3 烟道和通风道中心线距屋脊大于3m时，其顶部同屋脊的连线同水平线之间的夹角不应大于10°，且伸出屋面高度不得小于0.60m。

6.14.5 民用建筑不宜设置垃圾管道。多层建筑不设垃圾管道时，应根据垃圾收集方式设置相应设施。中高层及高层建筑不设置垃圾管道时，每层应设置封闭的垃圾分类、贮存收集空间，并宜有冲洗排污设施。

6.14.6 如设置垃圾管道时，应符合下列规定：

1 垃圾管道宜靠外墙布置，管道主体应伸出屋面，伸出屋面部分加设顶盖和网栅，并采取防倒灌措施；

2 垃圾出口应有卫生隔离，底部存纳和出运垃圾的方式应与城市垃圾管理方式相适应；

3 垃圾道内壁应光滑、无突出物；

4 垃圾斗应采用不燃烧和耐腐蚀的材料制作，并能自行关闭密合；高层建筑、超高层建筑的垃圾斗应设在垃圾道前室内，该前室应采用丙级防火门。

6.15 室内外装修

6.15.1 室内外装修应符合下列要求：

1 室内外装修严禁破坏建筑物结构的安全性；

2 室内外装修应采用节能、环保型建筑材料；

3 室内外装修工程应根据不同使用要求，采用防火、防污染、防潮、防水和控制有害气体和射线的装修材料和辅料；

4 保护性建筑的内外装修尚应符合有关保护建筑条例的规定。

6.15.2 室内装修应符合下列规定：

1 室内装修不得遮挡消防设施标志、疏散指示标志及安全出口，并不得影响消防设施和疏散通道的正常使用；

2 室内如需要重新装修时，不得随意改变原有设施、设备管线系统。

6.15.3 室外装修应符合下列规定：

1 外墙装修必须与主体结构连接牢靠；

2 外墙外保温材料应与主体结构和外墙饰面连接牢固，并应防开裂、防水、防冻、防腐蚀、防风化和防脱落；

3 外墙装修应防止污染环境的强烈反光。

7 室内环境

7.1 采光

7.1.1 各类建筑应进行采光系数的计算，其采光系数标准值应符合下列规定。

1 居住建筑的采光系数标准值应符合表7.1.1-1的规定。

表 7.1.1-1 居住建筑的采光系数标准值

采光等级	房间名称	侧面采光	
		采光系数最低值 C_{min}（%）	室内天然光临界照度（lx）
Ⅳ	起居室(厅)、卧室、书房、厨房	1	50
Ⅴ	卫生间、过厅、楼梯间、餐厅	0.5	25

2 办公建筑的采光系数标准值应符合表7.1.1-2的规定。

表 7.1.1-2 办公建筑的采光系数标准值

采光等级	房间名称	侧面采光	
		采光系数最低值 C_{min}(%)	室内天然光临界照度（lx）
Ⅱ	设计室、绘图室	3	150
Ⅲ	办公室 视屏工作室、会议室	2	100
Ⅳ	复印室、档案室	1	50
Ⅴ	走道、楼梯间、卫生间	0.5	25

3　学校建筑的采光系数标准值必须符合7.1.1-3的规定。

表 7.1.1-3　学校建筑的采光系数标准值

采光等级	房间名称	侧面采光	
		采光系数最低值 C_{min}(%)	室内天然光临界照度 (lx)
Ⅲ	教室、阶梯教室实验室、报告厅	2	100
Ⅴ	走道、楼梯间、卫生间	0.5	25

4　图书馆建筑的采光系数标准值应符合表7.1.1-4的规定。

表 7.1.1-4　图书馆建筑的采光系数标准值

采光等级	房间名称	侧面采光		顶部采光	
		采光系数最低值 C_{min}(%)	室内天然光临界照度 (lx)	采光系数平均值 C_{av}(%)	室内天然光临界照度 (lx)
Ⅲ	阅览室、开架书库	2	100	—	—
Ⅳ	目录室	1	50	1.5	75
Ⅴ	书库、走道、楼梯间、卫生间	0.5	25	—	—

5　医院建筑的采光系数标准值应符合表7.1.1-5的规定。

表 7.1.1-5　医院建筑的采光系数标准值

采光等级	房间名称	侧面采光		顶部采光	
		采光系数最低值 C_{min}(%)	室内天然光临界照度 (lx)	采光系数平均值 C_{av}(%)	室内天然光临界照度 (lx)
Ⅲ	诊室、药房、治疗室、化验室	2	100	—	—
Ⅳ	候诊室、挂号处、综合大厅病房、医生办公室(护士室)	1	50	1.5	75
Ⅴ	走道、楼梯间、卫生间	0.5	25	—	—

注：表 7.1.1-1 至 7.1.1-5 所列采光系数标准值适用于Ⅲ类光气候区。其他地区的采光系数标准值应乘以相应地区光气候系数。

7.1.2　有效采光面积计算应符合下列规定：

1　侧窗采光口离地面高度在 0.80m 以下的部分不应计入有效采光面积；

2　侧窗采光口上部有效宽度超过 1m 以上的外廊、阳台等外挑遮挡物，其有效采光面积可按采光口面积的 70%计算；

3　平天窗采光时，其有效采光面积可按侧面采光口面积的 2.50 倍计算。

7.2　通　　风

7.2.1　建筑物室内应有与室外空气直接流通的窗口或洞口，否则应设自然通风道或机械通风设施。

7.2.2　采用直接自然通风的空间，其通风开口面积应符合下列规定：

1　生活、工作的房间的通风开口有效面积不应小于该房间地板面积的1/20；

2　厨房的通风开口有效面积不应小于该房间地板面积的1/10，并不得小于 0.60m^2，厨房的炉灶上方应安装排除油烟设备，并设排烟道。

7.2.3　严寒地区居住用房，厨房、卫生间应设自然通风道或通风换气设施。

7.2.4　无外窗的浴室和厕所应设机械通风换气设施，并设通风道。

7.2.5　厨房、卫生间的门的下方应设进风固定百叶，或留有进风缝隙。

7.2.6　自然通风道的位置应设于窗户或进风口相对的一面。

7.3　保　　温

7.3.1　建筑物宜布置在向阳、无日照遮挡、避风地段。

7.3.2　设置供热的建筑物体形应减少外表面积。

7.3.3　严寒地区的建筑物宜采用围护结构外保温技术，并不应设置开敞的楼梯间和外廊，其出入口应设门斗或采取其他防寒措施；寒冷地区的建筑物不宜设置开敞的楼梯间和外廊，其出入口宜设门斗或采取其他防寒措施。

7.3.4　建筑物的外门窗应减少其缝隙长度，并采取密封措施，宜选用节能型外门窗。

7.3.5　严寒和寒冷地区设置集中供暖的建筑物，其建筑热工和采暖设计应符合有关节能设计标准的规定。

7.3.6　夏热冬冷地区、夏热冬暖地区建筑物的建筑节能设计应符合有关节能设计标准的规定。

7.4　防　　热

7.4.1　夏季防热的建筑物应符合下列规定：

1　建筑物的夏季防热应采取绿化环境、组织有效自然通风、外围护结构隔热和设置建筑遮阳等综合措施；

2　建筑群的总体布局、建筑物的平面空间组织、剖面设计和门窗的设置，应有利于组织室内通风；

3　建筑物的东、西向窗户，外墙和屋顶应采取有效的遮阳和隔热措施；

4　建筑物的外围护结构，应进行夏季隔热设计，并应符合有关节能设计标准的规定。

7.4.2　设置空气调节的建筑物应符合下列规定：

1　建筑物的体形应减少外表面积；

2　设置空气调节的房间应相对集中布置；

3　空气调节房间的外部窗户应有良好的密闭性和隔热性；向阳的窗户宜设遮阳设施，并宜采用节能窗；

4　设置非中央空气调节设施的建筑物，应统一设计、安装空调机的室外机位置，并使冷凝水有组织排水；

5　间歇使用的空气调节建筑，其外围护结构内侧和内围护结构宜采用轻质材料；连续使用的空调建筑，其外围结构内侧和内围护结构宜采用重质材料；

6　建筑物外围护结构应符合有关节能设计标准的规定。

7.5　隔　声

7.5.1　民用建筑各类主要用房的室内允许噪声级应符合表 7.5.1 的规定。

表 7.5.1　室内允许噪声级（昼间）

建筑类别	房间名称	允许噪声级（A 声级，dB）			
		特级	一级	二级	三级
住宅	卧室、书房	—	≤40	≤45	≤50
	起居室	—	≤45	≤50	≤50
学校	有特殊安静要求的房间	—	≤40	—	—
	一般教室	—	—	≤50	—
	无特殊安静要求的房间	—	—	—	≤55
医院	病房、医务人员休息室	—	≤40	≤45	≤50
	门诊室	—	≤55	≤55	≤60
	手术室	—	≤45	≤45	≤50
	听力测听室	—	≤25	≤25	≤30
旅馆	客　房	≤35	≤40	≤45	≤55
	会议室	≤40	≤45	≤50	≤50
	多用途大厅	≤40	≤45	≤50	—
	办公室	≤45	≤50	≤55	≤55
	餐厅、宴会厅	≤50	≤55	≤60	—

注：夜间室内允许噪声级的数值比昼间小 10dB（A）。

7.5.2　不同房间围护结构（隔墙、楼板）的空气声隔声标准应符合表 7.5.2 规定。

表 7.5.2　空气声隔声标准

建筑类别	围护结构部位	计权隔声量（dB）			
		特级	一级	二级	三级
住宅	分户墙、楼板	—	≥50	≥45	≥40
学校	隔墙、楼板	—	≥50	≥45	≥40
医院	病房与病房之间	—	≥45	≥40	≥35
	病房与产生噪声房间之间	—	≥50	≥50	≥45
	手术室与病房之间	—	≥50	≥45	≥40
	手术室与产生噪声房间之间	—	≥50	≥50	≥45
	听力测听室围护结构	—	≥50	≥50	≥50
旅馆	客房与客房间隔墙	≥50	≥45	≥40	≥40
	客房与走廊间隔墙（含门）	≥40	≥40	≥35	≥30
	客房外墙（含窗）	≥40	≥35	≥25	≥20

7.5.3　不同房间楼板撞击声隔声标准应符合表 7.5.3 的规定。

表 7.5.3　撞击声隔声标准

建筑类别	楼板部位	计权标准化撞击声压级(dB)			
		特级	一级	二级	三级
住宅	分户层间	—	≤65	≤75	≤75
学校	教室层间	—	≤65	≤65	≤75
医院	病房与病房之间	—	≤65	≤75	≤75
	病房与手术室之间	—	—	≤75	≤75
	听力测听室上部	—	≤65	≤65	≤65
旅馆	客房层间	≤55	≤65	≤75	≤75
	客房与有振动房间之间	≤55	≤55	≤65	≤65

7.5.4　民用建筑的隔声减噪设计应符合下列规定：

1　对于结构整体性较强的民用建筑，应对附着于墙体和楼板的传声源部件采取防止结构声传播的措施；

2　有噪声和振动的设备用房应采取隔声、隔振和吸声的措施，并应对设备和管道采取减振、消声处理；平面布置中，不宜将有噪声和振动的设备用房设在主要用房的直接上层或贴邻布置，当其设在同一楼层时，应分区布置；

3　安静要求较高的房间内设置吊顶时，应将隔墙砌至梁、板底面；采用轻质隔墙时，其隔声性能应符合有关隔声标准的规定。

8　建筑设备

8.1　给水和排水

8.1.1　民用建筑给水排水设计应满足生活和消防等

要求。

8.1.2 生活饮用水的水质，应符合国家现行有关生活饮用水卫生标准的规定。

8.1.3 生活饮用水水池（箱）应与其他用水的水池（箱）分开设置。

8.1.4 建筑物内的生活饮用水水池、水箱的池（箱）体应采用独立结构形式，不得利用建筑物的本体结构作为水池和水箱的壁板、底板及顶板。生活饮用水池（箱）的材质、衬砌材料和内壁涂料不得影响水质。

8.1.5 埋地生活饮用水贮水池周围10m以内，不得有化粪池、污水处理构筑物、渗水井、垃圾堆放点等污染源，周围2m以内不得有污水管和污染物。

8.1.6 建筑给水设计应符合下列规定：

1 宜实行分质供水，优先采用循环或重复利用的给水系统；

2 应采用节水型卫生洁具和水嘴；

3 住宅应分户设置水表计量，公共建筑的不同用户应分设水表计量；

4 建筑物内的生活给水系统及消防供水系统的压力应符合给排水设计规范和防火规范有关规定；

5 条件许可的新建居住区和公共建筑中可设置管道直饮水系统。

8.1.7 建筑排水应遵循雨水与生活排水分流的原则排出，并应遵循国家或地方有关规定确定设置中水系统。

8.1.8 在水资源紧缺地区，应充分开发利用小区和屋面雨水资源，并因地制宜，将雨水经适当处理后采用入渗和贮存等利用方式。

8.1.9 排水管道不得布置在食堂、饮食业的主副食操作烹调备餐部位的上方，也不得穿越生活饮用水池部位的上方。

8.1.10 室内给水排水管道不得布置在遇水会引起燃烧、爆炸的原料、产品和设备的上面。

8.1.11 排水立管不得穿越卧室、病房等对卫生、安静有较高要求的房间，并不宜靠近与卧室相邻的内墙。

8.1.12 给排水管不应穿越配变电房、档案室、电梯机房、通信机房、大中型计算机网络中心、音像库房等遇水会损坏设备和引发事故的房间内。

8.1.13 给排水管穿越地下室外墙或地下构造物的墙壁处，应采取防水措施。

8.1.14 给水泵房、排水泵房不得设置在有安静要求的房间上面、下面和毗邻的房间内；泵房内应设排水设施，地面应设防水层；泵房内应有隔振防噪设置。消防泵房应符合防火规范的有关规定。

8.1.15 卫生洁具、水泵、冷却塔等给排水设备、管材应选用低噪声的产品。

8.2 暖通和空调

8.2.1 民用建筑中暖通空调系统及其冷热源系统的设计应满足安全、卫生和建筑物功能的要求。

8.2.2 室内空气设计参数及其卫生要求应符合现行国家标准《采暖通风与空气调节设计规范》GB 50019及其他相关标准的规定。

8.2.3 采暖设计应符合下列要求：

1 民用建筑采暖系统的热媒宜采用热水；

2 居住建筑采暖系统应有实现热计量的条件；

3 住宅楼集中采暖系统需要专业人员调节、检查、维护的阀门、仪表等装置不应设置在私有套型内；一个私有套型中不应设置其他套型所用的阀门、仪表等装置；

4 采暖系统中的散热器、管道及其连接件应满足系统承压要求。

8.2.4 通风系统应符合下列要求：

1 机械通风系统的进风口应设置在室外空气清新、洁净的位置；

2 废气排放不应设置在有人停留或通行的地带；

3 机械通风系统的管道应选用不燃材料；

4 通风机房不宜与有噪声限制的房间相邻布置；

5 通风机房的隔墙及隔墙上的门应符合防火规范的有关规定。

8.2.5 空气调节系统应符合下列要求：

1 空气调节系统的民用建筑，其层高、吊顶高度应满足空调系统的需要；

2 空气调节系统的风管管道应选用不燃材料；

3 空气调节机房不宜与有噪声限制的房间相邻；

4 空气调节系统的新风采集口应设置在室外空气清新、洁净的位置；

5 空调机房的隔墙及隔墙上的门应符合防火规范的有关规定。

8.2.6 民用建筑中的冷冻机房、水泵房、换热站等的设置应符合下列要求：

1 应预留大型设备的进入口；有条件时，在机房内适当位置预留吊装设施；

2 宜采用压光水泥地面，并应设置冲洗地面的上、下水设施；在设备可能漏水、泄水的位置，设地漏或排水明沟；

3 宜设置修理间、值班室、厕所以及对外通讯和应急照明；

4 设备布置应保证操作方便，并有检修空间；

5 应防止设备振动可能导致的不利影响；

6 有通风换气要求的房间，当室内只设置送风口或只设置排风口时，应能保证关门时室内空气可以流动；既有送风，又有排风的房间，送、排风口的位置应避免气流短路。

8.2.7 居住区集中锅炉房位置应防止燃料运输、噪声、污染物排放等对居住区环境的影响。建筑物、构筑物和场地布置应符合现行国家标准《锅炉房设计规范》GB 50041的有关规定。

8.2.8 为民用建筑服务的燃油、燃气锅炉房（或其他有燃烧过程的设备用房）不宜设置在主体建筑中。需要设置在主体建筑中时，应符合有关规范和当地消防、安全等部门的规定。

8.3 建筑电气

8.3.1 民用建筑物内配变电所，应符合下列要求：

1 配变电所位置的选择，应符合下列要求：

1）宜接近用电负荷中心；

2）应方便进出线；

3）应方便设备吊装运输；

4）不应设在厕所、浴室或其他经常积水场所的正下方，且不宜与上述场所相贴邻；装有可燃油电气设备的变配电室，不应设在人员密集场所的正上方、正下方、贴邻和疏散出口的两旁；

5）当配变电所的正上方、正下方为住宅、客房、办公室等场所时，配变电所应作屏蔽处理。

2 安装可燃油油浸电力变压器总容量不超过1260kVA、单台容量不超过630kVA的变配电室可布置在建筑主体内首层或地下一层靠外墙部位，并应设直接对外的安全出口，变压器室的门应为甲级防火门；外墙开口部位上方，应设置宽度不小于1m不燃烧体的防火挑檐；

3 可燃油油浸电力变压器室的耐火等级应为一级，高压配电室的耐火等级不应低于二级，低压配电室的耐火等级不应低于三级，屋顶承重构件的耐火等级不应低于二级；

4 不带可燃油的高、低压配电装置和非油浸的电力变压器，可设置在同一房间内；

5 高压配电室宜设不能开启的距室外地坪不低于1.80m的自然采光窗，低压配电室可设能开启的不临街的自然采光窗；

6 长度大于7m的配电室应在配电室的两端各设一个出口，长度大于60m时，应增加一个出口；

7 变压器室、配电室的进出口门应向外开启；

8 变压器室、配电室等应设置防雨雪和小动物从采光窗、通风窗、门、电缆沟等进入室内的设施；

9 变配电室的电缆夹层、电缆沟和电缆室应采取防水、排水措施；

10 变配电室不应有与其无关的管道和线路通过；

11 变配电室、控制室、楼层配电室宜做等电位联结；

12 变配电室重地应设与外界联络的通信接口、宜设出入口控制。

8.3.2 配变电所防火门的级别应符合下列要求：

1 设在高层建筑内的配变电所，应采用耐火极限不低于2h的隔墙、耐火极限不低于1.50h的楼板和甲级防火门与其他部位隔开；

2 可燃油油浸变压器室通向配电室或变压器室之间的门应为甲级防火门；

3 配变电所内部相通的门，宜为丙级的防火门；

4 配变电所直接通向室外的门，应为丙级防火门。

8.3.3 柴油发电机房应符合下列要求：

1 柴油发电机房的位置选择及其他要求应符合本通则第8.3.1条的要求；

2 柴油发电机房宜设有发电机间、控制及配电室、储油间、备件贮藏间等；设计时可根据具体情况对上述房间进行合并或增减；

3 发电机间应有两个出入口，其中一个出口的大小应满足运输机组的需要，否则应预留吊装孔；

4 发电机间出入口的门应向外开启；发电机间与控制室或配电室之间的门和观察窗应采取防火措施，门开向发电机间；

5 柴油发电机组宜靠近一级负荷或变配电室设置；

6 柴油发电机房可布置在高层建筑裙房的首层或地下一层，并应符合下列要求：

1）柴油发电机房应采用耐火极限不低于2h或3h的隔墙和1.50h的楼板、甲级防火门与其他部位隔开；

2）柴油发电机房内应设置储油间，其总储存量不应超过8h的需要量，储油间应采用防火墙与发电机间隔开；当必须在防火墙上开门时，应设置能自行关闭的甲级防火门；

3）应设置火灾自动报警系统和自动灭火系统；

4）柴油发电机房设置在地下一层时，至少应有一侧靠外墙，热风和排烟管道应伸出室外。排烟管道的设置应达到环境保护要求；

7 柴油发电机房进风口宜设在正对发电机端或发电机端两侧；

8 柴油发电机房应采取机组消声及机房隔声综合治理措施。

8.3.4 智能化系统机房应符合下列要求：

1 智能化系统的机房主要有：消防控制室、安防监控中心、电信机房、卫星接收及有线电视机房、计算机机房、建筑设备监控机房、有线广播及（厅堂）扩声机房等；

2 智能化系统的机房可单独设置，也可合用设置，并应符合下列要求：

1）消防控制室、安防监控中心的设置应符合有关消防、安防规范；

2）消防控制室、安防监控中心宜设在建筑物的首层或地下一层，且应采用耐火极限不低于2h或3h的隔墙和耐火极限不低于1.50h或2h的楼板与其他部位隔开，并应设直通室外的安全出口；

3）消防控制室与其他控制室合用时，消防设备在室内应占有独立的工作区域，且相互间不会产生干扰；

4）安防监控中心与其他控制室合用时，风险等级应得到主管安防部门的确认；

5）智能化系统的机房宜铺设架空地板、网络地板或地面线槽；宜采用防静电、防尘材料；机房净高不宜小于2.50m；

6）机房室内温度冬天不宜低于18℃，夏天不宜高于27℃；室内湿度冬天宜大于30%，夏天宜小于65%；

7）智能化系统的机房不应设在厕所、浴室或其他经常积水场所的正下方，且不宜与上述场所相贴邻；

3 智能化系统的重要机房应远离强磁场所；

4 智能化系统的设备用房应在初步设计中预留位置及线路敷设通道；

5 智能化系统的重要机房应做好自身的物防、技防；

6 智能化系统应根据系统的风险评估采取防雷措施，应做等电位联结。

8.3.5 电气竖井、智能化系统竖井应符合下列要求：

1 高层建筑电气竖井在利用通道作为检修面积时，竖井的净宽度不宜小于0.80m；

2 高层建筑智能化系统竖井在利用通道作为检修面积时，竖井的净宽度不宜小于0.60m；多层建筑智能化系统竖井在利用通道作为检修面积时，竖井的净宽度不宜小于0.35m；

3 电气竖井、智能化系统竖井内宜预留电源插座，应设应急照明灯，控制开关宜安装在竖井外；

4 智能化系统竖井宜与电气竖井分别设置，其地坪或门槛宜高出本层地坪0.15～0.30m；

5 电气竖井、智能化系统竖井井壁应为耐火极限不低于1h的不燃烧体，检修门应采用不低于丙级的防火门；

6 电气竖井、智能化系统竖井内的环境指标应保证设备正常运行。

8.3.6 线路敷设应符合下列要求：

1 线路敷设应符合现行国家标准《建筑电气工程施工质量验收规范》GB 50303的规定；

2 智能化系统的缆线宜穿金属管或在金属线槽内敷设；

3 暗敷在楼板、墙体、柱内的缆线（有防火要求的缆线除外），其保护管的覆盖层不应小于15mm；

4 楼板的厚度、建筑物的层高应满足强电缆线及智能化系统缆线水平敷设所需的空间，并应与其他专业管线综合。

本通则用词说明

1 为便于在执行本通则条文时区别对待，对要求严格程度不同的用词说明如下：

1）表示很严格，非这样做不可的用词：
正面词采用“必须”；反面词采用“严禁”。

2）表示严格，在正常情况下均应这样做的用词：
正面词采用“应”；反面词采用“不应”或“不得”。

3）表示允许稍有选择，在条件许可时，首先应这样做的用词：
正面词采用“宜”；反面词采用“不宜”。
表示有选择，在一定条件下可以这样做的，采用“可”。

2 通则中指定应按其他有关标准、规范执行时，写法为：“应符合……规定”或“应按……执行”。

目　次

中华人民共和国国家标准

民用建筑设计通则

GB 50352—2005

条文说明

1 总　　则

1.0.1 根据建设部《关于印发二○○○年至二○○一年度工程建设国家标准制订、修订计划》建标［2001］87号文的通知，对《民用建筑设计通则》JGJ 37—87进行修订。《民用建筑设计通则》JGJ 37—87自1987年颁布实施以来，在规范编制、工程设计、标准设计等方面发挥了重大作用。但随着国家经济技术的发展和进步，人民生活水平的提高，21世纪初期对各项民用建筑工程在功能和质量上有更高、更新的要求。原《通则》定位是"各类民用建筑设计必须遵守的共同规则"，在建设部制订《城乡规划、城镇建设、房屋建筑工程建设标准体系》的"建筑设计专业"中本通则处于第二层次——通用标准，根据其通用性和重要性，建设部将其提升为国家标准，作为民用建筑工程使用功能和质量的重要通用标准之一，主要确保建筑物使用中的人民生命财产的安全和身体健康，维护公共利益，并要保护环境，促进社会的可持续发展。本通则是民用建筑设计和民用建筑设计规范编制必须共同执行的通用规则。本着"增"、"留"、"删"、"改"四原则对原《通则》进行修订。

1.0.2 本通则适用于新建、扩建和改建的民用建筑设计。原《通则》只适用于城市，由于国民经济的发展，我国城乡经济和技术水平都有了很大提高，无论是城市还是村镇，对民用建筑工程质量都不能放松，根据防火规范等有关规定适用于新建、扩建和改建的民用建筑工程，本通则作为国家标准也应适用于城乡。乡镇建筑一般规模小、标准低，但所订日照、通风、采光、隔声等标准在乡镇广大地区更容易做到，地方上也可根据本通则内容和具体情况制订地方标准或实施细则。

1.0.3 根据原《通则》中的设计基本原则和现代要求，加以补充和发展。如增加了人、建筑、环境的相互关系，可持续发展的要求；体现以人为本原则等，这些要求无量的指标，但作为设计的重要理念和原则，不可忽视。国家有关的工程建设的法律、法规主要是指《建筑法》、《城市规划法》、《建设工程质量管理条例》、《建设工程勘察设计管理条例》等。

2 术　　语

2.0.10 "用地面积"指详细规划确定的一定范围内的用地面积。

2.0.11 容积率主要反映用地的开发强度，由城市规划确定。通常"建筑面积总和"指地上部分建筑面积总和，"用地面积"指详细规划确定的一定用地范围内的面积；但国内有个别城市，根据当地具体情况，是以地上和地下的建筑面积总和来计算的。地面架空层是否计入总建筑面积，按各地区规划行政主管部门的规定办理。

2.0.12 绿地率中的"地区总面积"为独立开发地区（如城市新区、居住区、工业区等）。绿地率不同于绿化覆盖率，后者包括树冠覆盖的范围和屋面的绿化。地下室（或半地下室）上有覆土层的是否计入绿地面积，各地区有不同的规定，如北京地区覆土层在3.0m以上的可计入绿地面积，重庆地区覆土层在1.20m以上的可计入绿地面积等等。北京地区为了鼓励屋面绿化，规定屋面绿化可以1/4计入绿地面积。因此，应根据各地规划行政主管部门的具体规定来计算绿地面积。

2.0.14 顶层的层高计算有几种情况，当为平屋面时，因屋面有保温隔热层和防水层等，其厚度变化较大，不便确定，故以该层楼面面层（完成面）至屋面结构面层的垂直距离来计算。当为坡顶时，则以坡向低处的结构面层与外墙外皮延长线的交点作为计算点。平屋面有结构找坡时，以坡向最低点计算，详见图2.0.14。

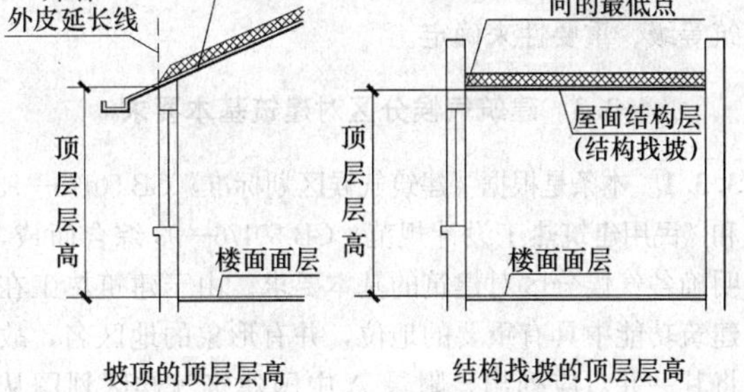

坡顶结构面层
外墙
外皮延长线
顶层层高
楼面面层
坡顶的顶层层高
屋面结构面层坡向的最低点
屋面结构层
(结构找坡)
顶层层高
楼面面层
结构找坡的顶层层高

图2.0.14　层高

2.0.15 室内净高中的有效使用空间是指不影响使用要求的空间净高，有时是算至楼板底面，有时是算至梁的底面，有时是算至屋架下悬构件的下缘，或算至下悬管道的下缘，详见本通则第6.2.2条。

3 基本规定

3.1 民用建筑分类

3.1.1 民用建筑分类因目的不同而有各种分法，如按防火、等级、规模、收费等不同要求有不同的分法。本通则分按使用功能分为居住建筑和公共建筑两大类，其具体分类应符合建筑技术法规或有关标准。

3.1.2 民用建筑按层数或高度分类是按照《住宅设计规范》GB 50096、《建筑设计防火规范》GBJ 16、《高层民用建筑设计防火规范》GB 50045来划分的。超高层建筑是根据1972年国际高层建筑会议确定高度100m以上的建筑物为超高层建筑。注中阐明了本条按层数和建筑高度分类是取决于防火规范规定，故其计算方法按现行的《建筑设计防火规范》GBJ 16与《高层民用建筑设计防火规范》GB 50045执行。

3.1.3 民用建筑等级划分因行业不同而有所不同，在市场经济体制下，不宜在本通则内作统一规定。在专用建筑设计规范中都结合行业主管部门要求来划分。如交通建筑中一般按客运站的大小划为一级至四级，体育场馆按举办运动会的性质划为特级至丙级，档案馆按行政级别划分为特级至乙级，有的只按规模大小划为特大型至小型来提出要求，而无等级之分。因此，本通则不能统一规定等级划分标准，设计时应符合有关标准或行业主管部门的规定。

3.2 设计使用年限

3.2.1 在国务院颁布的《建设工程质量管理条例》第二十一条中规定，设计文件要"注明工程合理使用年限"，现业主已提出这方面的要求，有的地方已作出规定。民用建筑合理使用年限主要指建筑主体结构设计使用年限，根据新修订《建筑结构可靠度设计统一标准》GB 50068—2001中将设计使用年限分为四类，本通则与其相适应，具体的应根据工程项目的建筑等级、重要性来确定。

3.3 建筑气候分区对建筑基本要求

3.3.1 本条是根据《建筑气候区划标准》GB 50178—93和《民用建筑热工设计规范》GB 50176—93综合而成，明确各气候分区对建筑的基本要求。由于建筑热工在建筑功能中具有重要的地位，并有形象的地区名，故将其一并对应列出。附录A中国建筑气候区划图从《建筑气候区划标准》GB 50178—93附图2.1.2摘引。

3.4 建筑与环境的关系

3.4.1 建筑与环境的关系应以"人与自然共生"、"人与社会共生"作为基本出发点，贯彻可持续发展的战略，树立整体观念、生态观念和发展的观念，人—建筑—环境应共生互惠、协调发展。因此，建筑与环境一方面为保证人们的安全、卫生和健康，应选择无灾害危险和对人体无害的环境；另一方面，建筑工程也不应破坏当地生态环境，不应排放三废等造成各种危害而引起公害，并应进一步绿化和美化环境，提高环境设施水平。

3.5 建筑无障碍设施

3.5.1～3.5.4 主要根据已经颁布实施的《城市道路和建筑物无障碍设计规范》JGJ 50—2001规定的无障碍实施范围和设计要求而确定。该规范也是通用标准，规定了无障碍实施范围和设计要求，本通则不再详细引用。

3.6 停车空间

3.6.1～3.6.2 随着国民经济的发展和人民生活水平的提高，家庭拥有轿车越来越多，同时，我国是自行车王国，必须解决机动车和非机动车停车空间问题，否则会造成道路或场地阻塞，存在交通安全的隐患，破坏市容，给人民生活造成不便。因此，在居住区、公共场所应建停车场，或在民用建筑内附建停车库，或统筹建设公用的停车场、停车库。由于全国各地的经济发展水平和生活水平差异很大，各类民用建筑停车位的数量不宜作统一规定，应由当地行政主管部门根据当地的具体条件来制定。停车库设计应符合《汽车库建筑设计规范》JGJ 100—98、《汽车库、修车库、停车场设计防火规范》GB 50067—97等有关规范的规定。

3.7 无标定人数的建筑

3.7.1 建筑物应按防火规范有关规定计算安全疏散楼梯、走道和出口的宽度和数量，以便在火灾等紧急情况下人员迅速安全疏散。有标定人数的建筑物（剧场、体育场馆等），可按标定的使用人数计算；对于无标定人数的建筑物（商场、展览馆等）因所处城市、地段、规模等不同，使用人数有很大的不同，除非有专用设计规范规定外，应经过调查分析，确定合理的使用人数，主要是人员密度，以此为基数，计算出有足够的安全出口。

4 城市规划对建筑的限定

4.1 建筑基地

4.1.1 用地性质反映了城市规划对基地内建筑功能的要求。在实际情况中，一个建设项目往往具有不同的使用功能。同一基地内如果出现不同使用功能的建筑，或者同一建筑由不同的功能部分组成，其主要功能应当与城市规划所确定的用地性质符合。

4.1.2 基地应与道路红线相邻接。由于基地可能的形状与周边状况比较复杂，因此对连接部分的长度未作规定，但其连接部分的最小宽度是维系基地对外交通、疏散、消防以及组织不同功能出入口的要素，应按基地使用性质、基地内总建筑面积和总人数而定。$3000m^2$是小型商场、幼儿园、小户型多层住宅的规模，以此为界规定基地内道路不同要求。

4.1.4 本条系指两个相邻建筑基地边界线的情况。建设单位为了获得用地的最大权益，常常不顾相邻基地建筑物之间的防火间距、消防通路以及通风、采光和日照等需要，而将建筑物紧接边界线建造，因而造成各种有碍安全卫生的后患和民事纠纷。

第1款后半条是指有防火墙分隔的联排式住宅及

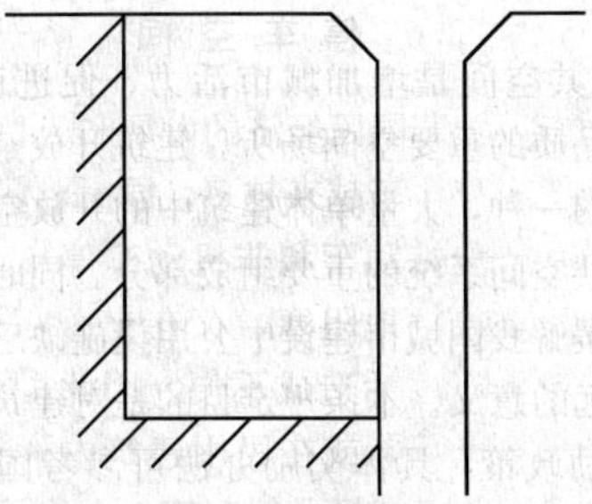

图 4.1.2-1　基地与道路红线相邻接

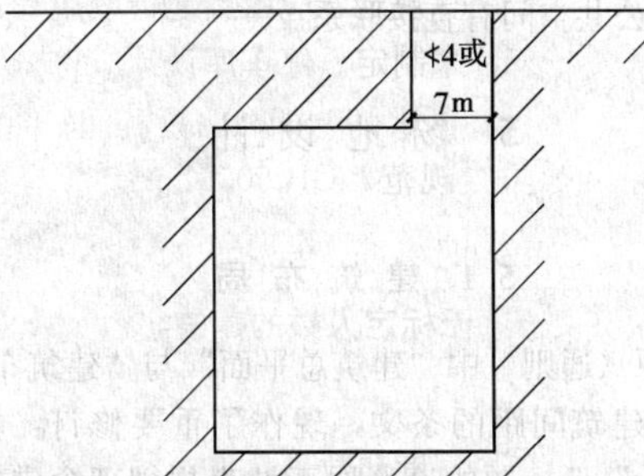
≮4或
7m

图 4.1.2-2　一条基地道路与城市道路相连接

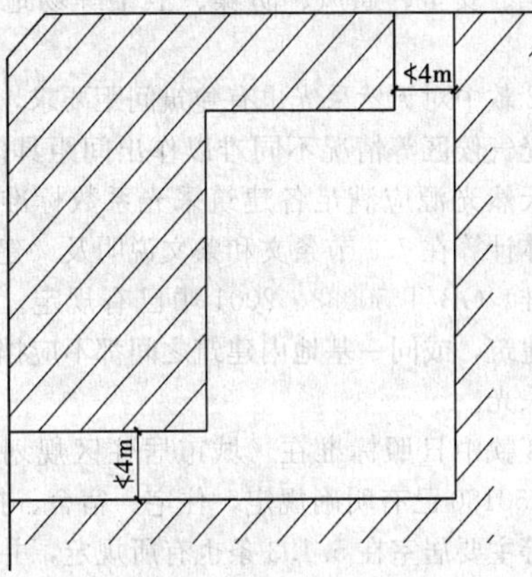
≮4m
≮4m

图 4.1.2-3　两条基地道路与城市道路相连接

商店建筑等，其前后应留有空地或道路。

第 2 款在具体执行时比较复杂，但原则上双方应各留出建筑日照间距的一半，当城市规划已按详细规划控制建筑高度时则可按控制建筑高度的日照间距办理。如某区规定建筑控制高度不超过 18m，则相邻基地边界线两边的建筑应按 18m 建筑高度留出建筑日照间距的一半。至于高层建筑地区，理应由城市总体规划布局上统一解决，不应要求邻地建筑也按高层的日照间距退让。为了保障有日照要求建筑的合法权益，对于体形比较复杂的建筑和高层建筑，有条件的地区可以进行日照分析，在日照分析时应将周围基地已建、在建和拟建建筑的影响考虑在内。

第 3 款的内容在我国民法通则里也有规定。民法通则第 80 条规定：国家所有的土地，可以依法由全民所有制单位使用，也可以依法由集体所有制单位使用，国家保护它的使用收益和权利；使用单位有管理、保护和合理利用的义务。民法通则第 83 条规定：不动产的相邻各方，应当按照有利生产、方便生活、团结互助、公平合理的精神，正确处理截水、排水、通行、通风、采光等方面的相邻关系。给相邻方造成妨碍或损失的，应当停止侵害，排除妨碍，赔偿损失。

4.1.5　本条各款是维护城市交通安全的基本规定。第 1 款是按大中城市的交通条件考虑的。70m 距离的起量点是采用交叉口道路红线的交点而不是交叉口道路平曲线（拐弯）半径的切点，这是因为已定的平曲线半径本身就常常不符合标准。70m 距离是由下列因素确定的：道路拐弯半径占 18～21m；交叉口人行横道宽占 4～10m；人行横道边离停车线宽约 2m；停车、候驶的车辆（或车队）的长度；交叉口设城市公共汽车站规定的距离（一般离交叉口红线交点不小于 50m）。综合以上各因素，基地道路的出入口位置离城市道路交叉口的距离不小于 70m 是合理的。当然上述情况是指交叉口前车行道上行方向一侧。在车行道下行方向的一侧则无停车、候驶的要求，但仍需受其他各因素的制约。距离地铁出入口、公共交通站台原规定偏小，参照有关城市的规定适当加大了距离。

4.1.6　人员密集建筑的基地对人员疏散和城市交通的安全极为重要。由于建筑使用性质、特点和人员密集程度不一，故本条文只作一般规定，专用建筑设计规范和当地城市规划行政主管部门应根据具体情况作进一步规定。图 4.1.6 为基地周长 1/6 沿城市道路的示意图。

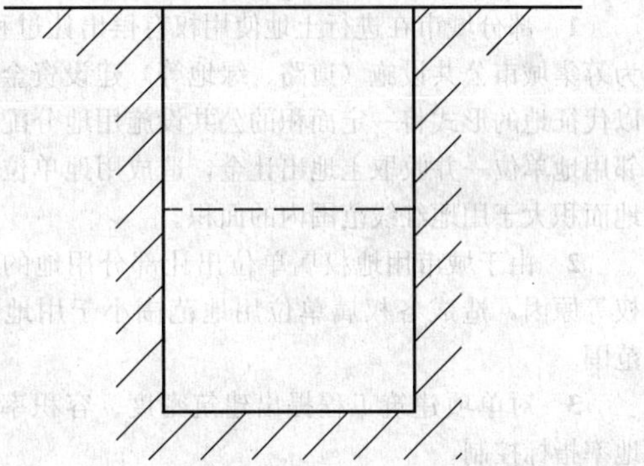

图 4.1.6　基地周长 1/6 沿城市道路

4.2　建筑突出物

4.2.1　不允许突出道路红线和用地红线的建筑突出物

规定建筑的任何突出物均不得突出道路红线和用地红线。因为道路红线以内的地下、地面的空间均为城市公共空间，一旦允许突出，影响人流、车流交通安全、城市空间景观及城市地下管网敷设等。用地红线是各类建筑工程项目用地的使用权属范围的边界线，规定建筑的任何突出物均不得突出用地红线是防止侵犯邻地的权益。

4.2.2 允许突出道路红线的建筑突出物是指临街（道路）的建筑可以在不妨碍城市人流、车流交通安全条件下突出一些建筑突出物。

4.2.3 因城市规划需要，各地城市规划行政主管部门常在用地红线范围之内另行划定建筑控制线，以控制建筑物的基底不超出建筑控制线，但对突出建筑控制线的建筑突出物和附属设施各地因情况不同，要求也不相同，故不宜作统一规定，设计时应符合当地规划的要求。

4.3 建筑高度控制

4.3.2 本条建筑高度计算只对在有建筑高度控制要求的控制区内而言，与3.1.2条计算建筑高度来分类不是一个概念。

4.4 建筑密度、容积率和绿地率

4.4.1 建筑密度、建筑容积率和绿地率是控制用地和环境质量的三项重要指标，在城市规划行政主管部门审定用地规划、实施用地开发建设管理的工作中收到良好效果，具有较强的可操作性。居住区控制指标参照《城市居住区规划设计规范》GB 50180—93（2002年局部修订），其他性质用地由于各地情况差异较大，故不作统一规定，以当地城市规划行政主管部门编制的相关城市规划文件为依据。

三项指标的使用均在一定区域范围内进行，在实际操作中经常出现以下情况：

1 部分城市在进行土地使用权有偿出让过程中，为筹集城市公共设施（道路、绿地等）建设资金，常以代征地的形式将一定面积的公共设施用地分配到相邻用地单位一并收取土地出让金，造成用地单位的征地面积大于用地红线范围内的面积。

2 由于城市用地权属单位出让部分用地的使用权等原因，造成各权属单位用地范围小于用地红线范围。

3 对单项建筑工程提出建筑密度、容积率、绿地率指标控制。

4 对于城市中的某个区域提出平均容积率和绿地率控制指标。

上述情况的出现造成对三项指标定义中的“用地面积”（绿地率定义中为“地区总面积”）产生多种理解，使得计算建筑密度、容积率、绿地率等三项指标的标准不统一。为便于统一管理标准，广泛适应各种情况和保障公平的土地使用权益，本通则所指的建筑密度、容积率、绿地率均为详细规划或相关法规所确定。

4.4.2 公共空间是增加城市活力、促进市民交流、提高城市品质的重要空间场所，建筑开放空间是城市公共空间的一种，大量单体建筑中的开放空间是形成多层次公共空间系统的重要组成部分。同时，建筑开放空间对缓解我国城市建设中公用设施缺乏的形势具有积极深远的意义。本条规定目的是对建筑开放空间的一种鼓励政策，具体奖励办法可参考国外相关条例，并根据当地城市建设和管理的实际情况，依据我国相关法规制定。本条所指的开放空间应与城市街道或相邻的公共空间有直接联系。

5 场地设计

5.1 建筑布局

5.1.1 原《通则》中“建筑总平面”与“建筑布局”章节着重建筑间距的条文，现作了重要修订：本文“场地设计”新标题的诠释原于城市规划理念借入和注册建筑师场地设计知识教育的体系确定。

5.1.2 本条各款重点强调建筑环境应满足防火、采光、日照、安全、通风、防噪、卫生等场地设计的要求。

第2款中对天然采光也有建筑间距要求，由于各地所处光气候区等情况不同难以作出间距具体数据。原则是天然光源应满足各建筑采光系数标准值之规定，具体计算在7.1节条文和条文说明及《建筑采光设计标准》GB/T 50033—2001中已有规定。无论是相邻地建筑，或同一基地内建筑之间都不应挡住建筑用房的采光。

第3款中日照标准在《城市居住区规划设计规范》GB 50180已有明确规定，住宅、宿舍、托儿所、幼儿园等主要居室在5.1.3条也有所规定，并应执行当地城市规划行政主管部门依照日照标准制定的相应建筑间距的规定。

5.1.3 本条对需要日照的建筑制定日照标准：住宅、托幼、中小学教室、病房等居室应符合《城市居住区规划设计规范》GB 50180等有关规范的规定。住宅居住空间是指起居室和卧室。宿舍原《通则》规定较高，现修改成与住宅一致的日照标准。

5.2 道　路

5.2.1 按消防、公共安全等要求对基地内道路的一般规定。

5.2.2 根据原《民用建筑设计通则》JGJ 37—87条文，提示路边设停车位及转弯半径等要求。

5.2.3 提示基地内道路的设置应符合防火规范、城规规范等要求，一些大城市在大型基地内有设高架通路的，为此提示设置高架通路的一般要求。

5.2.4 地下车库也是大型基地规划停车的一种思路，为此提示地下车库设置要求；并应符合现行的行业标准《汽车库建筑设计规范》JGJ 100 的规定。

5.3 竖 向

5.3.1 第1～4款道路坡度的确定系根据《城市用地竖向规划规范》CJJ 83—99及《城市居住区规划设计规范》GB 50180—93（2002年局部修订）有关纵坡和横坡坡度的限制，山区和丘陵地区有特殊要求，也应符合上述规范的要求。第5款无障碍人行道路设计应符合《城市道路和建筑物无障碍设计规范》JGJ 50—2001有关规定。

5.4 绿 化

5.4.1 第1款绿地面积指标在《城市居住区规划设计规范》GB 50180—93（2002年局部修订）等规范中有所规定，各地也有所规定。第4款古树是指树龄100年以上的树木。名木指树种珍贵、稀有或者具有重要历史价值和纪念意义的树木。

5.5 工程管线布置

由于现代民用建筑的设施愈加复杂，民用建筑与工业建筑的区别亦愈加模糊，此次修编将原"管线"一词改为"工程管线"，明确本标准所规定的管线均为与工程设计有关的工程管线。

5.5.1 工程管线的地下敷设有利于环境的美观及空间的合理利用，并使地面上车辆、行人的活动及工程管线自身得以安全保证。

作为应首先考虑的敷设方式在此次修编中增加并首条列出。有些地区由于地质条件差等原因，工程管线不得不在地上架空敷设，设计上要解决工程管线的架空敷设对交通、人员、建筑物及景观带来的安全及其他问题。同样工程管线在地上设置的设施，如：变配电设施、燃气调压设施、室外消火栓等不仅要满足相关专业规范或标准的规定，在总图、建筑专业设计上也要解决这些地上设施可能对交通、人员、建筑物及景观带来的安全及其他问题。

5.5.2 此条亦是新增的原则性条款，以确保工程管线在平面位置和竖向高程系统的一致，避免与市政管网互不衔接的情况。

5.5.3 综合管沟敷设工程管线的方式，对人们日常出行、生活干扰较少，优点明显。为保证综合管沟内的各工程管线正常运行，应将互有干扰的工程管线分设于综合管沟的不同小室内。

5.5.7 此条款的修编除保留原标准中工程管线之间的水平、垂直净距及埋深要符合有关规范规定的说法外，另根据现行的《城市居住区规划设计规范》GB 50180—93的有关条款，增加了工程管线与建筑物、构筑物及绿化树种的水平净距的规定。

5.5.9 工程管线检查井井盖的丢失，造成了许多社会问题，故此次修编特别增加此条，要求井盖宜能锁闭，以防井盖的丢失造成行人伤亡或车辆损毁。

6 建筑物设计

6.1 平面布置

6.1.2 标准化、模数化是现代建筑设计的一条基本原则，针对目前在设计中的随意性和忽视建筑基本原理的倾向，特提出在平面布置中柱网、开间、进深等定位轴线尺寸应符合《建筑模数协调统一标准》GBJ 2的规定。

6.1.4 建筑的使用寿命长达几十年，甚至上百年，在设计时很难预料今后的变化，为了体现可持续发展原则和节约资源，在设计中强调平面布置的灵活性和弹性，为今后的改扩建提供条件。

6.1.5 我国是多震区国家，对地震区建筑平面布置的特殊性提出了要求。

6.2 层高和室内净高

6.2.1 新增条文。鉴于各类性质建筑的层高按使用要求有较大的不同，具体到每个建筑也存在差异性，所以不宜作统一的规定，应结合具体项目的使用功能、工艺要求并符合有关建筑设计规范的规定。

6.2.2 基本保留了原规范第4.1.1条中第一款的内容。本条款对室内净高计算方法作出规定。除一般规定外，对楼板或屋盖的下悬构件（如密肋板、薄壳模楼板、桁架、网架以及通风管道等）影响有效使用空间者，规定应按楼地面至构件下缘（肋底、下弦或管底等）之间的垂直距离计算。

6.2.3 基本保留了原规范第4.1.1条中第二款的内容。建筑物各类用房的室内净高按使用要求有较大的不同，不宜作统一的规定，应符合有关建筑设计规范的规定。地下室、辅助用房、走道等空间带有共同性，规定最低处不应小于2m的净高是考虑到人体站立和通行必要的高度和一定的视距。国内外规范一般按此规定。

6.3 地下室和半地下室

地下室、半地下室已作为重要的使用空间广泛应用于民用建筑，本节根据近年来的工程实践，在原条文的基础上，针对地下空间的使用功能、防水、防火三方面对原条文进行了补充。

6.3.1 本条为新增条文。地下空间往往是综合开发利用，本款强调了各功能之间的协调性。为了提高地下空间的利用率，在可能的情况下，应为各类地下空间的连接提供条件。由于在地下缺乏明确的参照系和人对地下空间的恐惧，特别强调地下空间布置应具有明确的导向性和充分考虑其对人的心理影响。

6.3.2 本条为新增条文。由于地下室、半地下室在防火疏散和自然采光通风方面存在先天不足，结合工程实践，从安全、卫生角度对地下空间的使用进行一些限定是十分必要的。

6.3.3 本条是对原规范第4.6.2条第二款的修订。鉴于新的《地下工程防水技术规范》GB 50108已对地下室、半地下室的防水作了明确具体的规定，在此不再作详细的规定。保留了原条文中的两款，仅对个别文字进行了修改。

6.3.4 本条为新增条文。为了强调地下室、半地下室防火设计的特殊性，特增此条。

6.4 设备层、避难层和架空层

6.4.1 设备层的净高应根据设备和管线敷设高度及安装检修需要来确定，不宜作统一规定。设备层内各种机械设备和管线在运行中产生的热量，或跑、冒、滴、漏等现象会增加室内的温湿度，影响设备正常运转和使用，也不利于操作和维修人员正常工作。因此规定设备层应有自然通风或机械通风。当设于地下室又无机械通风装置时，应在外墙设出风口或通风道，其面积应满足送、排风量计算的要求。

当上部建筑管线转换至下部不同使用功能的房间时，为防止漏、滴和隔声，以及方便检修宜在上下部之间设置设备层。

对高层民用建筑或裙房中设置锅炉房、变压器、柴油发电机房等设备用房，无论对其设置层数、位置、安全出口以及管道穿过隔墙、防火墙和楼板等在防火规范中分别都有规定，本条作原则性提示。

6.4.2 建筑高度超过100m的高层建筑，应设置避难层（间）。而《高层民用建筑防火规范》GB 50045—95中6.1.13条已规定超过100m的公共建筑应设置避难层。北京、上海已建100m以上的高层住宅也已有设置了避难层（间）的。依据为超过100m以上的高层住宅（包括单元式或长廊式），要将人员在尽短的时间里疏散到室外，是件不容易的事情。加拿大有关研究部门提出以下数据，使用一座宽1.10m的楼梯，将高层建筑的人员疏散到室外，所用时间见表1。

表1 不同层数、人数的高层建筑，使用楼梯疏散需要的时间

建筑层数	疏散时间（min）		
	每层240人	每层120人	每层60人
50	131	66	33
40	105	52	26
30	78	39	20
20	51	25	13
10	38	19	9

除18层及18层以下的塔式高层住宅和单元式高层住宅以外的高层民用建筑，每个防火分区的疏散楼梯都不会少于两座，即便是剪刀楼梯的塔式高层建筑，其疏散楼梯也是两个。从表1中数字可以看出，疏散时间可以减少1/2。即使这样，当层数在30层以上的高层住宅时，要将人员在尽短的时间疏散同样是有困难的。故本条规定建筑高度超过100m的超高层民用建筑，均应设置避难层（间）。

6.5 厕所、盥洗室和浴室

6.5.1 本条是对建筑物的公用厕所、盥洗室、浴室及住宅卫生间作出的规定。卫生用房的地面防水层，因施工质量差而发生漏水的现象十分普遍，这些规定对于保证其使用功能和卫生条件是必要的。跃层住宅中允许将卫生间布置在本套内的卧室、起居室（厅）、厨房上层。这类用房在设计上要求满足这些规定，以改变设计上对其处理不善或过于简陋的局面，如加强通风换气防止污气逸散、楼地面严密防水、防渗漏等基本要求。第2款卫生设备的配置因各类建筑使用性质不同，本条不作统一规定，应按单项建筑设计规范的规定执行。公用厕所男女厕位根据女性上厕所时间长的特点，应适当增加女厕的蹲（坐）位数和建筑面积，男蹲（坐、站）位与女蹲（坐）位比例以1：1～2：3为宜，商业区以2：3为宜。第6款在有较高管理水平的情况下，可以不设高差或地漏。

6.5.2 本条规定了厕所和浴室隔间的低限尺寸，关于浴厕隔间的平面尺寸，在各地设计实践和标准设计中，一般厕所隔间为0.9m×1.20(1.40)m，淋浴隔间为1.00(1.10)m×1.20m。根据选用和建立通用产品标准的原则，表6.5.2规定了隔间平面尺寸，考虑了人的使用空间及卫生设备的安装、维护。本条同时增加了医院患者专用厕所隔间和无障碍专用厕所与浴室隔间平面尺寸。表中隔间尺寸以中-中尺寸计（轻质薄板），如采用较厚砌筑材料，尺寸应适当加大。

6.5.3 卫生设备间距规定依据以下几个尺度：供一个人通过的宽度为0.55m；供一个人洗脸左右所需尺寸为0.70m，前后所需尺寸（离盆边）为0.55m；供一个人捧一只洗脸盆将两肘收紧所需尺寸为0.70m；隔间小门为0.60m宽；各款规定依据如下：

1 考虑靠侧墙的洗脸盆旁留有下水管位置或靠墙活动无障碍距离；

2 弯腰洗脸左右尺寸所需；

3 一人弯腰洗脸，一人捧洗脸盆通过所需；

4 二人弯腰洗脸，一人捧洗脸盆通过所需；

7 门内开时两人可同时通过；门外开时，一边开门另一人通过，或两边门同时外开，均留有安全间隙；双侧内开门隔间在4.20m开间中能布置，外开门在3.90m开间中能布置；

8 此外沿指小便器的外边缘或小便槽踏步的外

边缘。内开门时两人可同时通过，均能在 3.60m 开间中布置。

6.6 台阶、坡道和栏杆

6.6.1 “室内台阶步数不应少于 2 级”，从安全考虑应设 2 级以上，但目前在住宅或公共建筑大空间中营造相对独立空间升一级或降一级的情况很常见，应采取一些注意安全的措施。台阶高度超过 0.70m（约 4～5 级，4×0.15＝0.60m）且侧面临空时，人易跌伤，故需采取防护措施。

6.6.3 第 2 款阳台、外廊等临空处栏杆高度应超过人体重心高度，才能避免人体靠近栏杆时因重心外移而坠落。据有关单位 1980 年对我国 14 个省人体测量结果：我国男子平均身高为 1656.03mm，换算成人体直立状态下的重心高度是 994mm，穿鞋子后的重心高度为 994＋20＝1014mm，因此在国标《固定式工业防护栏杆》中规定：“防护栏杆的高度不得低于 1050mm”，故本条规定 24m 以下临空高度（相当于低层、多层建筑的高度）的栏杆高度不应低于 1.05m，超过 24m 临空高度（相当于高层及中高层住宅的高度）的栏杆高度不应低于 1.10m，对于高层建筑，因高空俯视会有恐惧感，所以加高至 1.10m。注中说明当栏杆底部有宽度大于或等于 0.22m，且高度低于或等于 0.45m 的可踏部位，按正常人上踏步情况，人很容易踏上并站立眺望（不是攀登），此时，栏杆高度如从楼地面或屋面起算，则至栏杆扶手顶面高度会低于人的重心高度，很不安全，故应从可踏部位顶面起计算，见图 6.6.3-1。

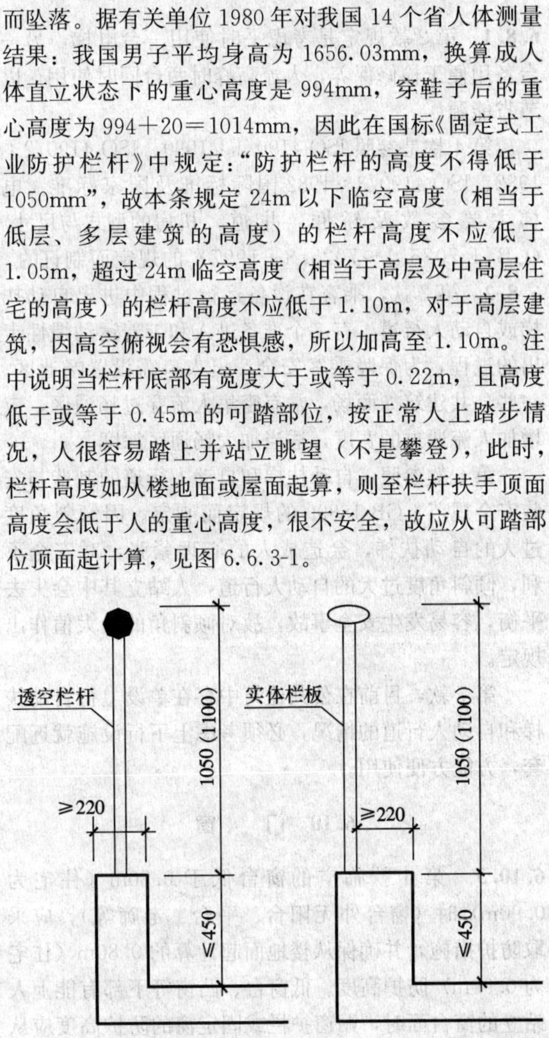
透空栏杆
实体栏板
1050 (1100)
1050 (1100)
≥220
≥220
≤450
≤450

图 6.6.3-1 栏杆高度计算

第 4、5 款为保护少年儿童生命安全，他们专用活动场所的栏杆应采用防止攀登的构造，如不宜做横向花饰、女儿墙防水材料收头的小沿砖等。做垂直栏杆时，杆件间的净距不应大于 0.11m，以防头部带身体穿过而坠落。近几年，在商场等建筑中，有的栏杆垂直杆件间的净距在 0.20m 左右，时有发生儿童坠落事故，因此少年儿童能去活动的场所，单做垂直栏杆时，杆件间的净距也不应大于 0.11m，见图 6.6.3-2。

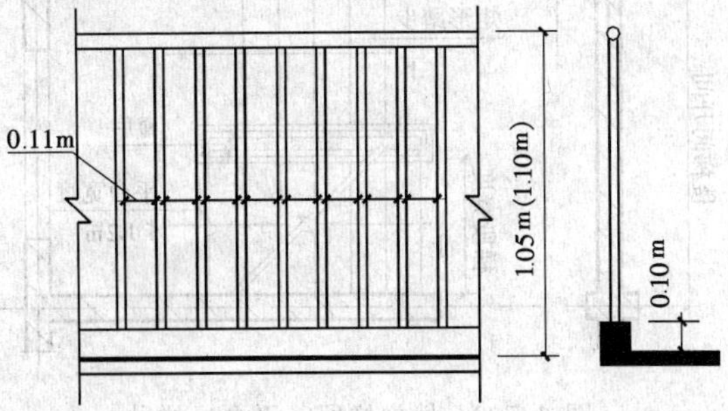
0.11m
1.05m (1.10m)
0.10m

图 6.6.3-2 垂直栏杆

本条也参照了 ISO/DIS 12055《房屋建筑——建筑物的护栏系统和栏杆》标准。

6.7 楼 梯

6.7.2 楼梯梯段宽度在防火规范中是以每股人流为 0.55m 计，并规定按两股人流最小宽度不应小于 1.10m，这对疏散楼梯是适用的，而对平时用作交通的楼梯不完全适用，尤其是人员密集的公共建筑（如商场、剧场、体育馆等）主要楼梯应考虑多股人流通行，使垂直交通不造成拥挤和阻塞现象。此外，人流宽度按 0.55m 计算是最小值，实际上人体在行进中有一定摆幅和相互间空隙，因此本条规定每股人流为 0.55m＋(0～0.15)m，0～0.15m 即为人流众多时的附加值，单人行走楼梯梯段宽度还需要适当加大，见图 6.7.2。

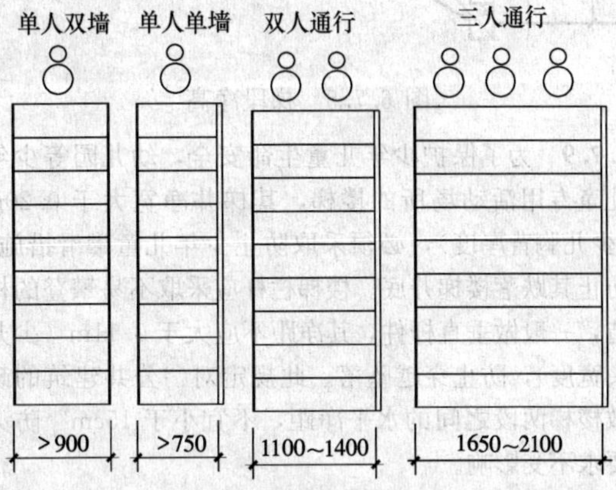
单人双墙
单人单墙
双人通行
三人通行
>900
>750
1100～1400
1650～2100

图 6.7.2 楼梯梯段宽度

6.7.3 梯段改变方向时，扶手转向端处的平台最小宽度不应小于梯段宽度，并不得小于 1.20m，当有搬运大型物件需要时应适量加宽，以保持疏散宽度的一致，并能使家具等大型物件通过，见图 6.7.3。

6.7.5 由于建筑竖向处理和楼梯做法变化，楼梯平台上部及下部净高不一定与各层净高一致，此时其净高不应小于 2m，使人行进时不碰头。梯段净高一般应满足人在楼梯上伸直手臂向上旋升时手指刚触及上

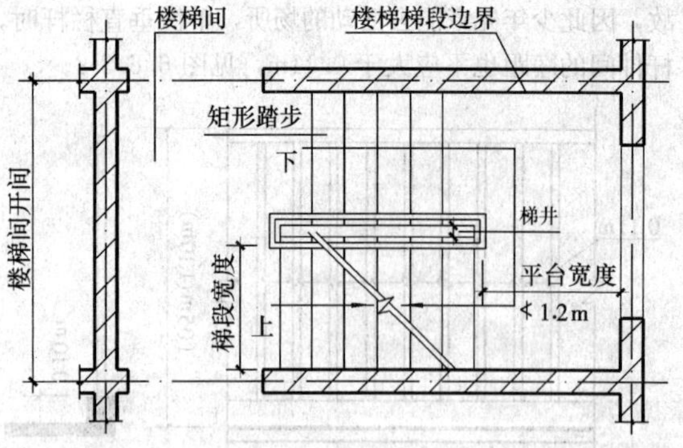
楼梯间
楼梯梯段边界
矩形踏步
下
梯井
楼梯间开间
梯段宽度
平台宽度
上
≮1.2m

图 6.7.3　楼梯梯段、平台、梯井

方突出物下缘一点为限，为保证人在行进时不碰头和产生压抑感，故按常用楼梯坡度，梯段净高宜为 2.20m，见图 6.7.5。

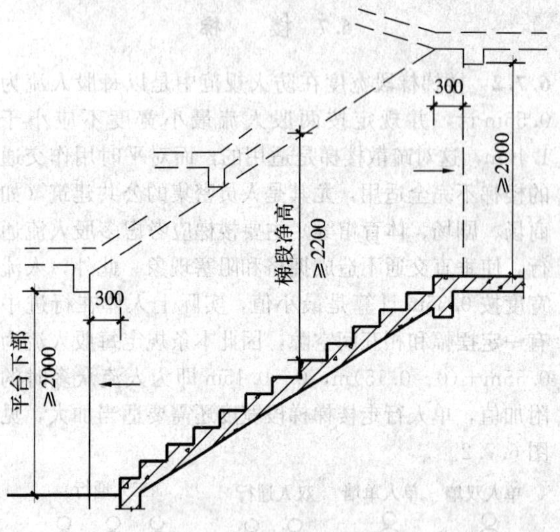
300
≥2000
梯段净高
≥2200
300
平台下部
≥2000

图 6.7.5　梯段净高

6.7.9　为了保护少年儿童生命安全，幼儿园等少年儿童专用活动场所的楼梯，其梯井净宽大于 0.20m（少儿胸背厚度），必须采取防止少年儿童攀滑措施，防止其跌落楼梯井底。楼梯栏杆应采取不易攀登的构造，一般做垂直杆件，其净距不应大于 0.11m（少儿头宽度），防止穿越坠落。此规定对"公共建筑的疏散楼梯两段之间的水平净距，不宜小于 15cm"防火要求不受影响。

6.7.10　楼梯踏步高宽比是根据楼梯坡度要求和不同类型人体自然跨步（步距）要求确定的，符合安全和方便舒适的要求。坡度一般控制在 30°左右，对仅供少数人使用服务楼梯则放宽要求，但不宜超过 45°。步距是按 $2r+g$=水平跨步距离公式，式中 r 为踏步高度，g 为踏步宽度，成人和儿童、男性和女性、青壮年和老年人均有所不同，一般在 560～630mm 范围内，少年儿童在 560mm 左右，成人平均在 600mm 左右。按本条规定的踏步高宽比能反映楼梯坡度和步距，见表 2。

表 2　楼梯坡度及步距（m）

楼梯类别	最小宽度	最大高度	坡度	步距
住宅共用楼梯	0.26	0.175	33.94°	0.61
幼儿园、小学等	0.26	0.15	29.98°	0.56
电影院、商场等	0.28	0.16	29.74°	0.60
其他建筑等	0.26	0.17	33.18°	0.60
专用疏散楼梯等	0.25	0.18	35.75°	0.61
服务楼梯、住宅套内楼梯	0.22	0.20	42.27°	0.62

6.8　电梯、自动扶梯和自动人行道

6.8.1　第 2 款规定是考虑平时使用一台电梯，另一台备用便于检修保养，人流高峰时两台同时使用，以节省能源。

第 4 款是参照 ISO 4190/1：1990、ISO 4190/2：1982、ISO 4190/3：1982 国际标准及国家标准《电梯主要参数及轿厢、井道、机房的型式与尺寸》（GB/T 7025.1～7025.3—1997）的规定而制订的。

6.8.2　第 2 款，乘客在设备运行过程中进出自动扶梯或自动人行道，有一个准备进入和带着运动惯性走出的过程，为保障乘客安全，出入口需设置畅通区。一些公共建筑如商场，常有密集人流穿过畅通区，应增加人流通过的宽度，适当加大畅通区深度。

第 6 款参照《自动扶梯和自动人行道的制造与安装安全规范》GB 16899 的规定而制定。因倾斜角度过大的自动扶梯，会造成人的心理紧张，对安全不利，倾斜角度过大的自动人行道，人站立其中会失去平衡，容易发生安全事故，故对倾斜角的最大值作出规定。

第 7 款，目前在公共建筑中存在单设上行自动扶梯和自动人行道的情况，必须考虑上下行设施就近配套，方能方便使用。

6.10　门　　窗

6.10.3　第 4 款临空的窗台低于 0.80m（住宅为 0.90m）时（窗台外无阳台、平台、走廊等），应采取防护措施，并确保从楼地面起计算的 0.80m（住宅为 0.90m）防护高度。低窗台、凸窗等下部有能上人站立的窗台面时，贴窗护栏或固定窗的防护高度应从窗台面起计算，这是为了保障安全，防止过低的宽窗台面使人容易爬上去而从窗户坠地。

6.10.4　第 3 款双面弹簧门来回开启，如无可透视的玻璃面，容易碰撞人。

第 4 款防火规范规定疏散用的门不应采用侧拉门，严禁采用转门，因此应另设普通平开门作安全疏散出口。电动门和大型门由于机械传动装置失灵时也影响到日常使用和疏散安全，因此应另设普通门，也

可在大门上开设平开门作安全疏散。

第6款设计中尽量减少人体冲击在玻璃上可能造成的伤害，允许使用受冲击后破碎、但不伤人的玻璃，如夹层玻璃和钢化玻璃，并应有防撞击标志。

6.11 建筑幕墙

6.11.1～6.11.2 有关规范是《建筑幕墙》JG 3035、《玻璃幕墙工程技术规范》JGJ 102—2003、《金属与石材幕墙工程技术规范》JGJ 133—2001等。

6.12 楼地面

6.12.1 新增条文。根据《建筑地面设计规范》GB 50037—96中有关条文，本条规定楼（地）面的基本构造层次，而其他层次则按需要设置。

填充层主要是针对楼层地面遇有暗敷管线、排水找坡、保温和隔声等使用要求。同时须指出并非为了暗敷管线而设填充层，相反因设计为了其他目的增设填充层，此时，管线有可能在填充层中暗敷。

6.12.2 本条文是对原规范第4.4.4条第一款增加了隔声和防污染的基本要求。

6.12.3 本条文是对原规范第4.4.4条第二款的修订。根据《建筑地面设计规范》GB 50037—96和《建筑地面工程施工质量验收规范》GB 50209—2002的有关条款明确和强调对厕浴间、厨房等有水或有浸水可能的楼地面应采取防水构造和排水措施的要求。

6.12.4 本条文保留了原规范第4.4.4条第三款的内容。

筑于基土上的地面防潮措施分两种情况：(1) 对由于基土中毛细管水上升的受潮，一般采用混凝土类地面垫层或防潮层；(2) 对南方湿热空气产生的地面结露一般采用加强通风做架空地面，或采用有一定吸湿性和热惰性大的面层材料等措施。

6.12.5 本条文基本保留了原规范第4.4.4条第四款的内容。根据《建筑地面设计规范》GB 50037—96增加了气味的影响，尤其是吸味较强的烟、茶等物品不一定有毒性，但影响到物品的气味和质量，工程中应防止采用散发异味的楼地面材料。

部分建材目前属于发展中的材料，其产品及特性均在不断变化，它们的化合过程也比较复杂，所以在设计裸装状况下的食品或药物可能直接接触楼地面时，材料的毒性须经当地有关卫生防疫部门鉴定。

6.12.6 本条文基本保留了原第五款的内容。

6.12.7 新增条文。本条文是对木板楼地面材料需进行必要的防腐、防蛀等处理和构造要求。

6.12.8 新增条文。根据《建筑地面设计规范》GB 50037—96中第3.0.12条编制。

6.13 屋面和吊顶

6.13.2 本条文是对原规范第4.4.1条的修订。各类屋面采用的屋顶结构形式、屋面基层类别、防水构造措施和材料性能存在较大的差别，所以屋顶的排水坡度应根据上述因素结合当地气候条件综合确定。各类屋面的排水坡度除了要满足大于最小坡度外，同时也尽量不要超过最大排水坡度，并应符合有关规范的规定。

6.13.3 第3款为新增条文。天沟、檐沟、檐口、水落口、泛水、变形缝和伸出屋面管道等处，是当前屋面防水工程渗漏最严重的部位，因此应针对屋面形式和部位的不同，采取相应的加强防水构造措施，并应符合有关规范的规定。

第4款为新增条文。当屋面坡度超过一定坡度或屋面坡度虽未超过一定坡度，但由于屋面面积大，可形成较大高差，均容易发生滑落，故应采取防止滑落措施。

第7款是对原规范第4.4.2条第四款的修订，并与现行有关规范相一致。

6.14 管道井、烟道、通风道和垃圾管道

6.14.2 本条对管道井规定一般设计要求。管道井一般靠每层公共走道一侧布置，如旅馆、办公楼等，但也有在房间内部布置的，如实验室、住宅等。靠公共走道布置时，应尽可能在靠公共走道一侧墙面上设检修洞口，以防止相邻用房之间造成不安全的联通体，同时也便于管理和维修。有关防火要求应符合防火规范的要求。居住建筑、公共建筑竖向管道井应有足够的操作空间。

6.14.4 烟道和通风道伸出屋面高度由多种因素决定，由于各种原因屋面上并非总是处于负压。如果伸出高度过低，容易产生排出气体因受风压而向室内倒灌，特别是顶层用户，因管道高度不足而造成倒灌现象比较普遍，为此，必须规定一个最低高度。

6.14.5 多年来民用建筑中的垃圾管道、垃圾倒灰口、垃圾掏灰口成为污染环境的主要部位。垃圾管道堵塞，倒灰口、掏灰口部位尘土飞扬，有机垃圾腐烂、脏臭、蛆蝇滋生，造成环境卫生恶劣。近年来，随着人民生活水平不断提高，袋装、盒装半成品食品丰富多彩，一些大中城市取消垃圾道，改用袋装垃圾，加之物业管理行业已从居住小区进入办公楼等公共建筑，实践证明收效甚佳。本条规定民用建筑不宜设置垃圾管道，要求低层和多层建筑根据垃圾收集方式设置相应设施，如袋装垃圾在室外设垃圾分类和暂放位置。中高层和高层建筑不设垃圾管道时，必须设置封闭的收集垃圾的空间，以便采取其他的清运方式，避免利用电梯搬运垃圾，造成二次污染，而垃圾间最好有冲洗排污设施，以利清洁。

6.14.6 本条是对设垃圾管道时的规定。垃圾管道中应有排气管伸出屋面，以排除垃圾臭味。考虑垃圾管道和垃圾斗的寿命及卫生安全，必须采用耐腐蚀、防

潮和非燃烧体的材料，垃圾斗和出垃圾门必须关闭严密，避免上层垃圾下落时尘土从门（斗）缝扬出及散发臭味。

6.15 室内外装修

6.15.1 第3款室内外装修工程应采用防火、防污染、防潮、防水、不产生有害气体和射线的装修材料和辅料。应符合现行的国家标准《建筑内部装修设计防火规范》GB 50222、《民用建筑工程室内环境污染控制规范》GB 50325等有关标准的规定。

7 室内环境

7.1 采光

7.1.1 本标准采用采光系数作为采光标准值（见《建筑采光设计标准》GB/T 50033—2001）。采光系数虽是相对值，但当各采光系数标准值确定后，该地区的临界照度也是一个定值，因此，室内的天然光照度就是一个确定值。采用采光系数作为采光的评价指标，是因为它比用窗地面积比作为评价指标能更客观、准确地反映建筑采光的状况，因为采光除窗洞口外，还受诸多因素的影响，窗洞口大，并非一定比窗洞口小的房间采光好；比如一个室内表面为白色的房间比装修前的采光系数就能高出一倍，这说明建筑采光的好坏是由与采光有关的各个因素决定的，在建筑采光设计时应进行采光计算，窗地面积比只能作为在建筑方案设计时对采光进行估算。窗地面积比 A_c/A_d 见表3。

表3 窗地面积比 A_c/A_d

采光等级	侧面采光	顶部采光
	侧 窗	平天窗
Ⅰ	1/2.5	1/6
Ⅱ	1/3.5	1/8.5
Ⅲ	1/5	1/11
Ⅳ	1/7	1/18
Ⅴ	1/12	1/27

注：1 计算条件：(1) Ⅲ类光气候区；(2) 普通玻璃单层铝窗；(3) Ⅰ～Ⅳ级为清洁房间，Ⅴ级为一般污染房间。
2 其他条件下的窗地面积比应乘以相应的系数。

在进行采光计算时，对于以晴天居多的Ⅰ、Ⅱ、Ⅲ类光气候区，北向房间除应考虑GB/T 50033—2001中规定的各种计算参数外，还需要考虑由对面建筑物立面产生的反射光增量系数。侧面采光的北向房间，当室外对面建筑物外立面为浅色时，反射光增量系数 K_r 值可参照表4，并加在GB/50033—2001的5.0.2条侧面采光的计算公式中。

表4 侧面采光北向房间的室外建筑物反射光增量系数 K_r 值

D_d/H_d	1.5	2.0	2.5	3.0	5.0
	1.0	1.2	1.6	1.5	1.0

注：表中 D_d——窗对面遮挡物与窗的距离；H_d——窗对面遮挡物距工作面的平均高度。

7.1.2 第1款保留原条文，将原规定0.50m改为0.80m，因为《建筑采光设计标准》GB/T 50033中将民用建筑采光计算工作面定为距地面0.80m，低于该高度的窗洞口在采光计算时不考虑。

第2款原标准和《建筑采光设计标准》GB/T 50033对本条均作了相应规定，故此条文保持不变。

第3款平天窗采光与侧窗采光相比具有较高的采光效率，按照窗地面积比表1对平天窗和侧窗采光所需的窗地面积比进行比较，可以得出：Ⅰ、Ⅱ、Ⅲ、Ⅳ、Ⅴ采光等级所需的侧窗面积分别为平天窗的2.4、2.4、2.2、2.6、2.3倍。这说明在达到相同采光系数的情况下，所需的平天窗面积比侧窗小，即平天窗的采光效率高，平天窗与侧窗相比较，取2.5倍的有效窗面积比较合适。

7.2 通风

7.2.1 建筑物室内的 CO_2、各种异味、饮食操作的油烟气、建筑材料和装饰材料释放的有毒、有害气体等在室内积聚，形成了空气污染。室内空气污染物主要有甲醛、氨、氡、二氧化碳、二氧化硫、氮氧化物、可吸入颗粒物、总挥发性有机物、细菌、苯等，这些污染导致了人们患上各种慢性病，引起传染病传播，专家称这些慢性病为“建筑物综合症”或“建筑现代病”。这些病的普遍性和它的危害性，已引起世界各国对空气环境健康的关注。这也使得建筑通风成了十分重要的建筑设计原则。

建筑通风主要是通过开设窗口、洞口，或设置垂直向、水平向通风道，使室内污浊空气自然地或者通过机械强制地排出室外，净化室内空气或实现室内空气零污染。我们应通过建筑通风设计贯彻执行国家现行关于室内空气质量的相关标准。

建筑通风另一作用是通风降温。夏季可以通过建筑的合理空间组合、调整门窗洞口位置、利用建筑构件导风等处理手法，使建筑内形成良好的穿堂风，达到降温的目的。

为此，建筑物内各类用房均应有建筑通风。建筑内采用气密窗，或窗户加设密封条时，房间应加设辅助换气设施。

7.2.2 从可持续发展、节约能源的角度以及当今社会人们追求自然的心理需求，建筑通风应推崇和提倡直接的自然通风。人员经常生活、休息、工作活动的空间（如居室、厨房、儿童活动室、中小学生教室、学生公寓宿舍、育婴室、养老院、病房等）应采用直接自然通风。其通风口面积的最低限值是参照了美国、日本及我国台湾省建筑法规中的有关规定。

厨房炉灶上方应安装专用排油烟装置是依据中国人的饮食操作而产生严重的油烟污染所必需的。我国城镇居民住宅厨房均应自行购买并安装专用排油烟装置，并将排油烟装置与垂直或水平排烟道可靠连接。

7.2.3 严寒地区和寒冷地区的建筑冬季均需采暖保温。采暖期内建筑物各用房的外窗、外门都要封闭，而且要封闭整个采暖期，一方面是冬季室内污染相当严重，另一方面又不能开窗换气造成热能大量损失。因此，严寒地区居住用房，严寒和寒冷地区的厨房应设置竖向或水平向自然通风道或通风换气设施（如窗式通风装置等）。

7.2.5 由于空气是流动的，只有科学、合理地组织气流流动，才能达到排污通风的作用。厨房、卫生间的排污、通风目前我国已有了明确的技术规定。而当前对住宅厨卫进风的技术和装置尚无明确规定。厨房、卫生间的门的下方常设有效面积不小于 $0.02m^2$ 的进风固定百叶或留有距地 15mm 高的进风缝是为了组织进风，促进室内空气循环。

7.3 保 温

7.3.2 建筑物围护结构的外表面积越大，其散热面越大。建筑物体形集中紧凑，平面立面凹凸变化少，平整规则有利于减少外表散热面积。为此，《民用建筑节能设计标准（采暖居住建筑部分）》JGJ 26 对采暖建筑的体形系数规定如下：“宜控制在 0.3 及 0.3 以下；若体形系数大于 0.3，则屋顶和外墙应加强保温。”

《夏热冬冷地区居住建筑节能标准》JGJ 134 对夏热冬冷地区采暖空调建筑的体形系数规定如下：“条形建筑物的体形系数不应超过 0.35，点式建筑物的体形系数不应超过 0.40。”从我国采暖地区和夏热冬冷地区的居住建筑设计来看，上述两个规范对建筑设计的约束较大。这样就要求建筑师在执行规范要求下进行建筑创作。

7.3.5 是指《民用建筑节能设计标准（采暖居住建筑部分）》JGJ 26、《公共建筑节能设计标准》GB 50189 等节能设计标准的规定。

7.3.6 是指《夏热冬冷地区居住建筑节能设计标准》JGJ 134、《夏热冬暖地区居住建筑节能设计标准》JGJ 75、《公共建筑节能设计标准》GB 50189 等节能设计标准的规定。

7.4 防 热

7.4.1 建筑物的夏季防热措施应实施综合防治，这里主要指以下几方面：(1) 在建筑物的群体布置中将建筑物的主要用房迎着夏季主导风向布置，以利季风直接通过窗洞口进入室内。(2) 绿化建筑物也是行之有效的防热措施，可以在建筑物的东、西向墙种植可攀爬的植物，通过竖向绿化吸热，减少太阳辐射热传入室内。也可以在建筑物的屋顶上种植绿化，设置棚架廊亭，建水池、喷泉等以降温，调节小气候。(3) 在建筑物的外窗设置活动式外遮阳，包括铝制、木制、金属制的百叶卷帘（浅色），可以有效地减少太阳辐射热进入室内。(4) 建筑隔热主要通过采用轻质保温隔热材料，采用双玻窗、节能墙体，屋顶和地面硬质铺装改为可保持水分的保水性材料铺装等措施提高外墙、外窗、屋顶的隔热性能，满足室内温度的稳定性要求。建筑隔热设计应符合节能设计标准的规定。

7.4.2 本条规定设置空气调节的建筑物一般要求，其中城镇住宅数量和质量近 20 年有了长足的发展，人们对居住空间热环境质量的追求也不断提高。我国南方地区住宅装有空调防热的已达到相当高的数量。夏热冬冷地区居民住宅需要冬天保温、夏天防热，空调的数量也达到较高的水平。我国严寒地区和寒冷地区的居民住宅一直以要求保温为主，但是随着近几年全球气候变暖，造成了这些地区夏季持续出现高温的现象，使得这些地区的居民住宅也部分地安装了空调。综上所述，我国城镇居住建筑装置空调设备成了带有一定普遍性的需求。为此，设计带有家用空调的建筑时，还应考虑如下设计原则：

1 应根据当地热源、冷源等资源情况，用户对设备运行费用的承担能力，设备的稳定性等条件，合理、科学地确定空调方式及设备的选型，尤其要从节能、节资的角度合理比选确定。

2 设有空调的建筑，其建筑的平面和剖面设计应合理处理好设备及其附件和管线所用空间和位置，即要保证系统良好使用，节约设备管线所占空间，又要不影响室内外空间的功能和环境美观。

3 应符合《采暖通风与空气调节设计规范》GB 50019、《夏热冬冷地区居住建筑节能设计标准》JGJ 134、《夏热冬暖地区居住建筑节能设计标准》JGJ 75、《公共建筑节能设计标准》GB 50189等中有关建筑耗热量、耗冷量指标和采暖、空调全年用电量等节能综合指标的限值要求。

4 未设置集中空调的建筑，应统一设计分体机的室外机搁置板，并使其位置有利于空调器夏季排热、冬季吸热，并应使冷凝水有组织排水，避免冷凝水造成不利影响。

7.5 隔 声

7.5.1～7.5.3 该三条文根据国标《民用建筑隔声设计规范》GBJ 118，对几类建筑中主要用房的室内允许噪声级、空气声隔声标准及撞击声隔声标准作了规定。其中，特级——特殊标准；一级——较高标准；二级——一般标准；三级——最低标准。

7.5.4 本条对民用建筑中关键部位的隔声减噪设计作出规定，但在具体设计时尚应按国标《民用建筑隔声设计规范》GBJ 118及单项建筑设计规范中有关规定执行。

8 建筑设备

8.1 给水和排水

8.1.1 本条根据《建筑给水排水设计规范》GB 50015—2003要求提出。满足该条要求也就是使建筑给排水工程达到适用、经济、卫生、安全的基本要求。

8.1.2 为了确保人民生命健康安全，生活饮用水的水质必须符合国家标准，并确保其不受污染。任何为了获取某种利益而可能造成水质污染的做法均应杜绝。

8.1.6 我国水资源并不富有，有些地区严重缺水，所以从可持续发展的战略目标出发，必须采取一切有效措施节约用水。管网压力过大不仅会损坏供水附件，同时也会造成水量的大量浪费，所以必须引起重视。

8.1.7 设置中水系统是节约用水的一个重要措施，世界上许多缺水的国家都在发展中水系统。但由于投资等原因，目前国内还不能全面普及，所以各地应根据当地的条件及有关规定执行。

8.1.8 开发利用雨水资源，在国际上缺水国家已有很好的经验，我国政府也十分重视，如北京市已印发相关文件要求进行雨水资源利用以缓解水资源紧缺状况，减轻城镇排水压力，改善水生态环境。

8.1.9 为了确保饮食卫生，提出该条要求，防止由于管道漏水、结露滴水而造成污染食品和饮用水水质的事故。另外，设在这些部位的管道也较难维护、检修。

8.1.11 减少噪声污染是为了提高人民的生活质量，给人们创造一个良好的生活环境。

8.1.12 为了保证供电安全，避免因管道漏水而影响变配电设备的正常运行。同时，档案室等有严格防水要求的房间，为保存档案和珍贵的资料不被水浸渍，也必须这样做。

8.1.13 为了防止渗漏，影响地下室或地下构筑物的使用。

8.2 暖通和空调

8.2.1 暖通空调系统设计的目的是为民用建筑提供舒适的生活、工作环境。

8.2.2 应根据建筑物的主要功能选取适用的国家标准及其空气参数和新风换气量标准。

8.2.3 民用建筑采暖系统：

第1款若利用蒸汽余热或热源为蒸汽时，应设置（汽-水）换热器或采用蒸汽喷射泵系统，以保证采暖系统的热媒为热水；

第2款集中采暖系统的热计量应以用户可自主调节室温为基础；

第3款应减少住宅私有化后可能产生的物业管理与住户、住户与住户间的纠纷；

第4款避免因压力过大产生漏水等事故。

8.2.5 空气调节系统：

第1款确定层高、吊顶高度位置时，应能满足空调、通风管道高度的要求（风管截面的短边尺寸不宜小于长边尺寸的1/4）。

8.2.6 冷冻机房、水泵房、换热站等：

第1款民用建筑中使用大型设备、不能通过门洞进入时，应在首层外围护结构上预留孔、洞，高度应满足设备下垫木等移动装置所需；需要更换、维修的重型设备上方如果预留吊装设施，高度应满足大型设备吊绳夹角的要求。

第4款设备有阀门、执行机构等的操作面以及需要观测的显示仪表面，应有不小于400mm的间距；高大设备周围宜有不小于700mm的通道。制冷机、锅炉、换热器等，应留有清扫或更换管束的操作面积。

第5款设置在民用建筑中的冷冻机房、水泵房、换热站等设备，宜优先选用转动平稳、噪声低的产品，否则应根据减振原理设置减振台座；在机房内采用消声措施，进出机房的管道亦应采取相应的消声措施。对于高噪声的机电设备宜设置隔声间或隔声罩。

第6款当只设置一个送风口或排风口时，可以利用门上百叶或门缝满足空气流动的要求。

8.2.7 锅炉房的位置，在设计时应配合建筑总图专业：靠近热负荷比较集中的地区，便于燃料贮运、灰渣排出（煤、灰运输道路与人流交通道路分开），有利于减少烟尘和噪声对环境的影响。

8.2.8 锅炉房一般应为地上独立的建筑物。不得不与主体建筑相连或设置在主体建筑的地下、设备层、楼顶时，锅炉（或其他有燃烧过程的设备）台数、容量、运行参数、使用燃料等必须符合当地消防、安全管理部门的规定及建筑设计防火规范、锅炉安全技术监察规程的规定。

8.3 建筑电气

建筑电气包括强电及智能化系统，民用建筑的强电包括：10kV及以下配变电系统、动力系统、照明系统、控制系统、建筑物防雷接地系统、线路敷设等；民用建筑的智能化系统包括：火灾自动报警及消防联动系统、安全防范系统、通信网络系统、信息网络系统、监控与管理系统、综合布线系统、防雷与接地、线路敷设等。

火灾自动报警及消防联动系统：自动和手动报警、防排烟、疏散（包括应急照明和火灾应急广播等）、灭火装置控制等。

安全防范系统：周界防护、电子巡查、视频监控、访客对讲、出入口控制、入侵报警和停车场管理等。

通信网络系统：卫星接收及有线电视、电话等。

信息网络系统：计算机网络、控制网络等。

监控与管理系统：建筑设备监控、表具数据自动抄收及远传、物业管理等。

8.3.1 第12款变配电室等重地应加强自身的安全防范措施。

8.3.2 第3款配变电所内如无可燃性设备，又为一个防火分区，配变电所内部相通的门可为普通门。

8.3.3 第6款2h的隔墙引自《高层民用建筑设计防火规范》GB 50045—95（2001年版）中第4.1.3.1：柴油发电机应采用耐火极限不低于2h的隔墙和1.50h的楼板与其他部位隔开。3h的隔墙引自《建筑设计防火规范》GBJ 16—87（2001年版）第四节民用建筑中设置燃油、燃气锅炉房、油浸电力变压器室和商店的规定第5.4.1条一、……并应采用无门窗洞口的耐火极限不低于3h的隔墙……。

8.3.4 第2款2项2h的隔墙和1.50h的楼板引自《高层民用建筑设计防火规范》GB 50045—95（2001年版）中第4.1.4条。3h的隔墙和2h的楼板引自《建筑设计防火规范》GBJ 16—87（2001年版）第10.3.3条。

第3款机房重地及有特殊要求的设备，应远离强电强磁场所，保证系统正常运行。如果避免不了或达不到技术指标，机房应做屏蔽处理。

第4款工程设计人员应根据建设方书面设计要求，在土建施工过程中，预留智能化系统设备用房、预留信息出入建筑物的通道，预留信息数据进出智能化系统机房的水平及垂直通道。管线进出建筑物处应做防水处理，金属管道应做接地。

第5款机房重地应做好自身的安全防范措施，加强与外界的联系，防止非法者入内。

物防（实体防范）——安全防范的物质载体和实物基础，延长和推迟风险事件发生的主要防范手段（包括各种建筑物、构筑物，各种实体防护屏障、器具、设备、系统等）。

技防（技术防范）——将现代科学技术融入人防和物防之中，使人防和物防在探测、延迟、反应三个基本环节中不断增加科技含量，不断提高探测、延迟、反应的能力和协调功能。它是一种新的安全防范手段，是人防和物防手段的延伸和加强，是人防和物防在技术措施上的补充和强化（包括各种现代电子设备、通信及信息系统网络等）。

第6款智能化系统应采取防直击雷、防感应雷、防雷击电磁脉冲等措施，但应根据系统的风险评估配置防雷设备。

8.3.5 第1、2款电气竖井应上下贯通，位于布线中心，便于管线敷设。竖井的面积应根据各个工程在竖井中安装设备的多少确定；应考虑设备、管线的间距及操作维修距离。电气人员与土建人员协商：竖井开大门，利用公共通道作操作维修空间，减小电气竖井的占有面积。电气竖井、智能化系统竖井的最小尺寸见图8.3.5-1、8.3.5-2、8.3.5-3。

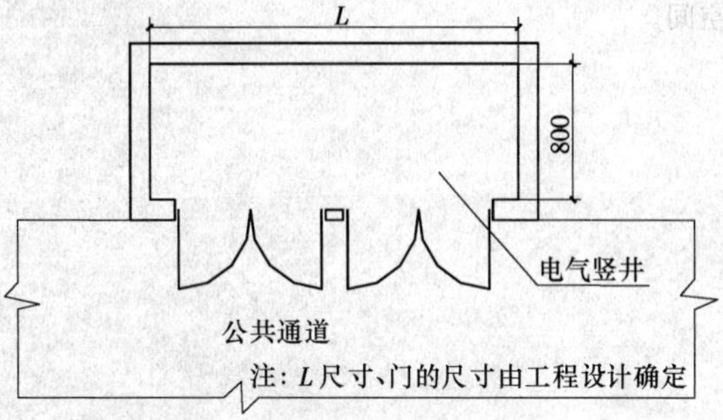
L
800
电气竖井
公共通道
注：L尺寸、门的尺寸由工程设计确定

图8.3.5-1　高层建筑电气竖井最小尺寸

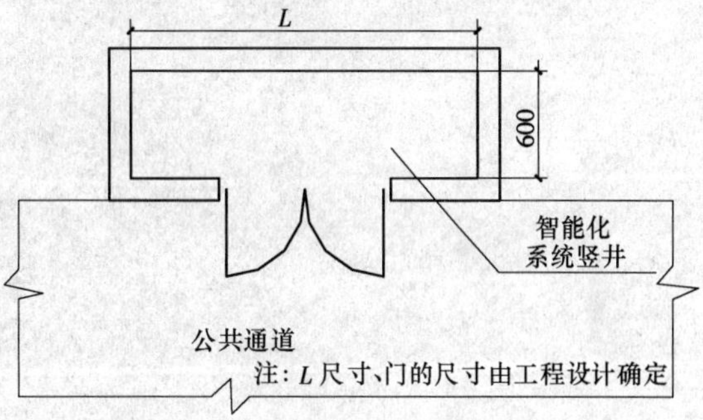
L
600
智能化
系统竖井
公共通道
注：L尺寸、门的尺寸由工程设计确定

图8.3.5-2　高层建筑智能化竖井最小尺寸

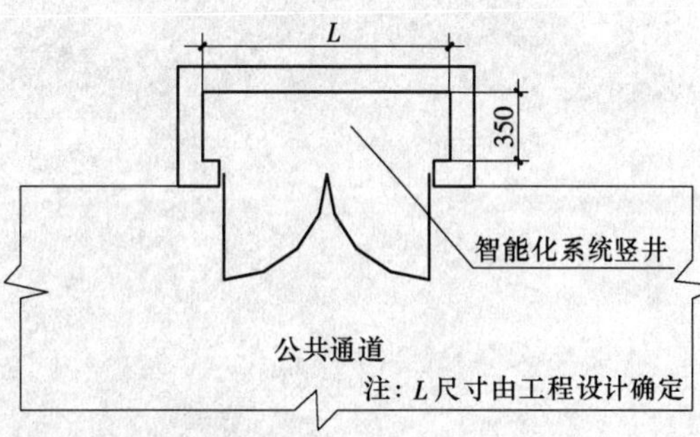
L
350
智能化系统竖井
公共通道
注：L尺寸由工程设计确定

图8.3.5-3　多层建筑智能化竖井最小尺寸

第3款考虑竖井内设备、管线较多及维修人员的方便，要求竖井内安装照明及电源插座。

第4款竖井分别设置是为了减少电磁干扰，系统维护方便、维修方便、施工方便。

8.3.6 第2款智能化系统由于各种原因，施工滞后，系统的支管线以明敷、吊顶内安装居多。缆线穿金属管及金属线槽安装，既加强机械强度又增强抗干扰能力。

第 3 款给出暗敷缆线保护管覆盖层最小尺寸。见图 8.3.6。

第 4 款随着智能化系统的发展，建筑物内智能化系统的设置越来越多，管线敷设也随之增多。以住宅工程为例，预制楼板的使用、智能化系统的增加、用电负荷的提高、热能分户计量的实施等，都给线路敷设带来一定的难度，土建专业应根据具体工程的实际情况，给建筑电气线路及其他专业的管路敷设留出空间。

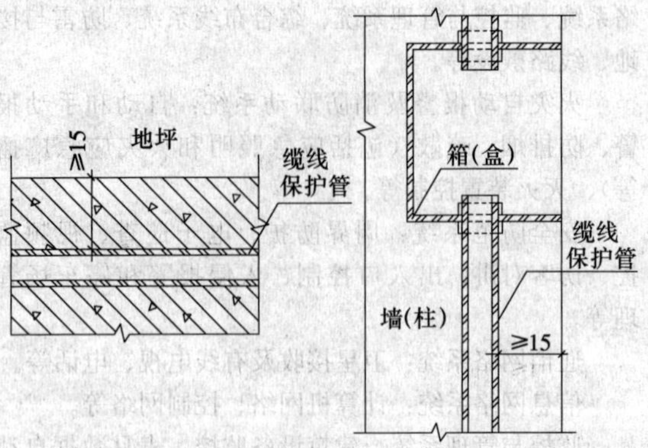

≥15
地坪
缆线
保护管
箱(盒)
缆线
保护管
墙(柱)
≥15

图 8.3.6　暗敷缆线保护管覆盖层最小尺寸

中华人民共和国国家标准

木骨架组合墙体技术规范

Technical code for partitions with timber framework

GB/T 50361—2005

主编部门：中 国 建 材 工 业 协 会
批准部门：中华人民共和国建设部
施行日期：2 0 0 6 年 3 月 1 日

中华人民共和国建设部
公　　告

第 384 号

建设部关于发布国家标准《木骨架组合墙体技术规范》的公告

现批准《木骨架组合墙体技术规范》为国家标准，编号为 GB/T 50361—2005，自 2006 年 3 月 1 日起实施。

本规范由建设部标准定额研究所组织中国计划出版社出版发行。

中华人民共和国建设部
二〇〇五年十一月三十日

前　　言

根据建设部建标［2000］44 号文件要求，标准编制组经过调查研究，参考有关国际标准和国外先进经验，结合我国的具体情况，编制本规范。

本规范的主要技术内容有：1. 总则；2. 术语和符号；3. 基本规定；4. 材料；5. 墙体设计；6. 施工和生产；7. 质量和验收；8. 维护管理。

本规范由建设部负责管理，由国家建筑材料工业局标准定额中心站负责具体技术内容的解释。

本规范在执行过程中，请各单位注意总结经验，积累资料，随时将有关意见和建议反馈给国家建筑材料工业局标准定额中心站（北京市西城区西直门内北顺城街 11 号，邮政编码：100035），以供今后修订时参考。

本规范主编单位、参编单位和主要起草人：

主 编 单 位： 国家建筑材料工业局标准定额中心站
中国建筑西南设计研究院

参 编 单 位： 四川省建筑科学研究院
公安部天津消防研究所

主要起草人： 吴佐民　龙卫国　郝德泉
王永维　杨学兵　冯　雅
倪照鹏　邱培芳　张红娜

目　次

1 总　　则

1.0.1 为使木骨架组合墙体的应用做到技术先进、保证安全适用和人体健康、确保质量，制定本规范。

1.0.2 本规范适用于住宅建筑、办公楼和《建筑设计防火规范》GBJ 16 规定的丁、戊类工业建筑的非承重墙体的设计、施工、验收和维护管理。

1.0.3 按本规范设计时，荷载应按现行国家标准《建筑结构荷载规范》GB 50009 的规定执行。

1.0.4 木骨架组合墙体的应用设计及安装施工，除应符合本规范的规定外，尚应符合国家现行有关标准的规定。

2 术语和符号

2.1 术　　语

2.1.1 规格材　dimension lumber

木材截面的宽度和高度按规定尺寸生产加工的规格化的木材。

2.1.2 板材　plank

宽度为厚度 3 倍或 3 倍以上的矩形锯材。

2.1.3 木骨架　timber studs

墙体中按一定间距布置的非承重的规格材骨架构件。

2.1.4 墙面板　boards

用于墙体表面的墙面板材。

2.1.5 木骨架组合墙体　partitions with timber framework

在由规格材制作的木骨架外部覆盖墙面板，并可在木骨架构件之间的空隙内填充保温隔热及隔声材料而构成的非承重墙体。

2.1.6 直钉连接　vertical nailing

钉子钉入方向垂直于两构件间连接面的钉连接。

2.1.7 斜钉连接　diagonal nailing

钉子钉入方向与两构件间连接面成一定斜角的钉连接。

2.2 符　　号

2.2.1 材料力学性能

E——材料弹性模量；

f——材料强度设计值。

2.2.2 作用和作用效应

S——作用效应组合的设计值；

R——构件截面承载力设计值；

S_E——地震作用效应和其他荷载效应按基本组合的设计值；

q_{EK}——垂直于墙平面的均布水平地震作用标准值；

P_{EK}——平行于墙体平面的集中水平地震作用标准值；

G_K——木骨架组合墙体重力荷载标准值。

2.2.3 几何参数

A——墙面面积。

2.2.4 系数

γ_0——结构构件重要性系数；

γ_{RE}——结构构件承载力抗震调整系数；

β_E——动力放大系数；

α_{max}——水平地震影响系数最大值。

2.2.5 其他

C——根据结构构件正常使用要求规定的变形限值。

3 基本规定

3.1 结构组成

3.1.1 木骨架组合墙体的类型按下列规定采用：

1 根据墙体的功能和用途分为外墙、分户墙和房间隔墙。

2 根据设计要求分为单排木骨架墙体、木骨架加防声横条墙体和双排木骨架墙体(图 3.1.1)。

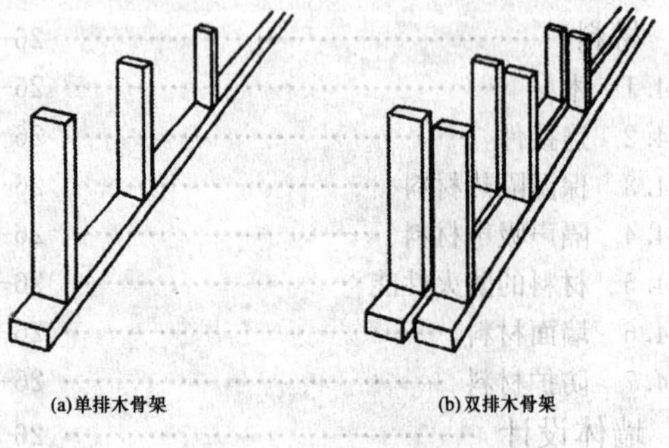

(a)单排木骨架
(b)双排木骨架

图 3.1.1　墙体结构形式

3.1.2 木骨架组合墙体的结构组成有以下几种(图 3.1.2)：

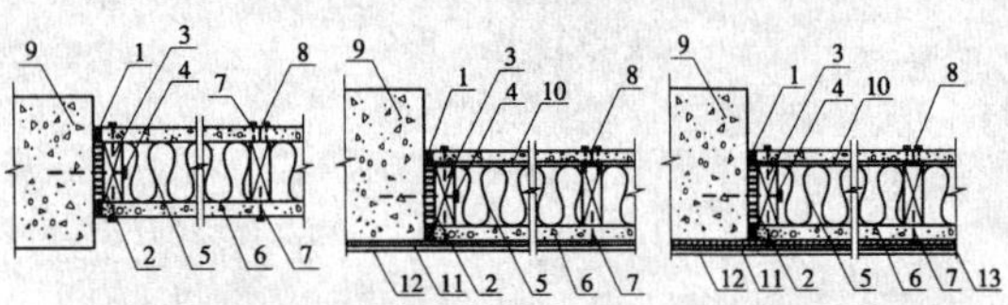

(a)分户墙和房间隔墙（有或无保温层）
(b)外墙（有或无保温层）
(c)外墙（有外保温层）

图 3.1.2　木骨架组合墙体构成示意图

1—密封胶；2—密封条；3—木骨架；4—连接螺栓；5—保温材料；6—墙面板；7—面板固定螺钉；8—墙面板连接缝及密封材料；9—钢筋混凝土主体结构；10—隔汽层；11—防潮层；12—外墙面保护层及装饰层；13—外保温层

1 分户墙和房间隔墙的构造主要由木骨架、墙面材料、密封材料和连接件组成。当按设计要求需要时，也包括保温材料、隔声材料和防护材料。

2 外墙的构造主要由木骨架、外墙面材料、保温材料、隔声材料、内墙面材料、外墙面挡风防潮材料、防护材料、密封材料和连接件组成。

3.1.3 木骨架应采用符合设计要求的规格材制作。同一墙体木骨架的边框和立柱应采用截面尺寸相同的规格材。

3.1.4 木骨架宜竖立布置(图 3.1.4)，木骨架的立柱间距 s_0 宜为 600mm、400mm 或 450mm。木骨架构件的布置应满足下列要求：

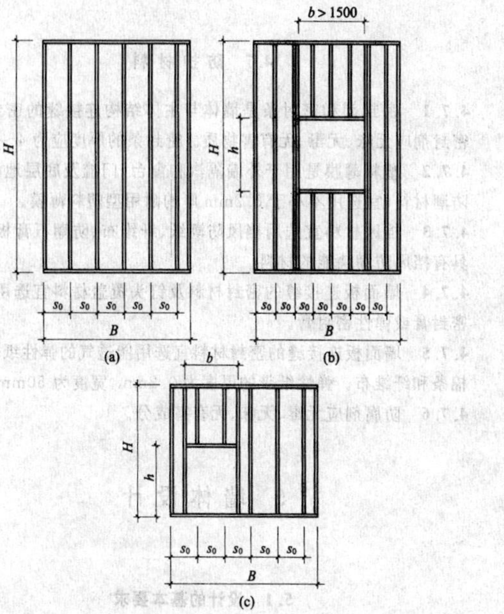

b＞1500
H
h
H
h
b
s0
s0
s0
s0
s0
s0
B
(a)
(b)
(c)

图 3.1.4 木骨架布置示意图

1 按间距 s_0 的尺寸等分墙体；

2 在等分点上布置立柱，木骨架墙体周边均应设置边框；

3 墙体上有洞口时，当洞口边缘不在等分点上时，应在洞口边缘布置立柱；当洞口宽度大于 1.50m 时，洞口两侧均宜设双根立柱。

3.2 设计基本规定

3.2.1 本规范采用以概率理论为基础的极限状态设计法。

3.2.2 木骨架组合墙体的安全等级采用二级，其所有木构件的安全等级亦采用二级。

3.2.3 木骨架组合墙体除自重外，不承受竖向荷载，也无任何支撑功能。木骨架组合墙体用作外墙时，还应承受风荷载，墙面板应具有足够强度将风荷载传递到木骨架。

3.2.4 木骨架组合墙体应具有足够的承载能力、刚度和稳定性，并与结构主体可靠连接。

3.2.5 木骨架组合墙体及其与结构主体的连接，应进行抗震设计。

3.2.6 对于承载能力极限状态，木骨架构件的设计表达式应符合下列要求：

1 非抗震设计时，应按荷载效应的基本组合，采用下列设计表达式：

$$\gamma_0 S \leqslant R \quad (3.2.6\text{-}1)$$

式中 γ_0——结构构件重要性系数，$\gamma_0 \geqslant 1$；

S——承载能力极限状态的荷载效应的设计值，按现行国家标准《建筑结构荷载规范》GB 50009 的规定进行计算；

R——结构构件的承载力设计值。

2 抗震设计时，考虑地震作用效应组合，采用下列设计表达式：

$$S_E \leqslant R/\gamma_{RE} \quad (3.2.6\text{-}2)$$

式中 S_E——地震作用效应和其他荷载效应按基本组合的设计值；

γ_{RE}——结构构件承载力抗震调整系数，一般情况下取 1.0。

3.2.7 对正常使用极限状态，结构构件应按荷载效应的标准组合，采用下列设计表达式：

$$S \leqslant C \quad (3.2.7)$$

式中 S——正常使用极限状态的荷载效应的组合值；

C——根据结构构件正常使用要求规定的变形限值。

3.2.8 木材的设计指标和构件的变形限值，按现行国家标准《木结构设计规范》GB 50005 的规定采用。

3.3 施工基本规定

3.3.1 木骨架组合墙的施工必须保证安全，消防设施应齐全。

3.3.2 施工工地现场必须整洁，应建立清洁、安静的施工环境。施工中产生的废弃物应分类堆放，严禁乱扔、乱放。有害物质应分类封闭包装，并及时处理，严禁造成二次环境污染。

3.3.3 施工中应严格控制噪声、粉尘和废气对周围环境的影响。

3.3.4 施工必须按设计图纸进行，严禁不按设计要求随意施工。

3.3.5 施工所用的各种材料必须具有产品质量合格证书。

3.3.6 施工必须按程序进行，每项施工完成后应进行自检并做好检测记录，自检合格后才能交由下一个工序继续施工。

3.3.7 施工应有工程监理单位负责监督、检查(检测)施工质量。

4 材 料

4.1 木 材

4.1.1 用于木骨架组合墙体的木材，宜优先选用针叶材树种。

4.1.2 当使用规格材制作木骨架时，可采用任何等级的规格材，规格材的材质等级见现行国家标准《木结构设计规范》GB 50005。

当现场利用板材加工木骨架时，其材质等级宜采用Ⅱ级。

4.1.3 木骨架采用规格材制作时，规格材含水率不应大于 20%。当现场采用板材制作木骨架时，板材含水率不应大于 18%。

4.1.4 当使用马尾松、云南松、湿地松、桦木以及新利用树种和速生树种中易遭虫蛀和易腐朽的木材时，木骨架应按设计要求进行防虫、防腐处理。常用的药剂配方及处理方法，可按现行国家标准《木结构工程施工质量验收规范》GB 50206 的规定采用。

4.2 连 接 件

4.2.1 木骨架组合墙体与主体结构的连接应采用连接件进行连接。连接件应符合现行国家标准的有关规定及设计要求。尚无相应标准的连接件应符合设计要求，并应有产品质量出厂合格证书。

4.2.2 当墙体的连接件采用钢材时，宜采用 Q235 钢，其质量应符合现行国家标准《碳素结构钢》GB/T 700 的规定。当采用其他牌号的钢材时，尚应符合有关标准的规定和要求。连接件所用钢材的强度设计值应按现行国家标准《钢结构设计规范》GB 50017 的规定采用。

4.2.3 墙体连接采用的钢材，除不锈钢及耐候钢外，其他钢材应进行表面热浸镀锌处理、无机富锌涂料处理或采取其他有效的防腐、防锈措施。当采用表面热浸镀锌处理时，锌膜厚度应符合现行国家标准《金属覆盖层　钢铁制件热浸镀锌层技术要求及试验方法》GB/T 13912 的规定。

4.2.4 墙体连接件采用的钢材和强度设计值尚应符合下列要求：

1 普通螺栓应符合现行国家标准《六角头螺栓　C级》GB/T 5780 和《六角头螺栓》GB/T 5782 的规定。

2 木螺钉应符合现行国家标准《十字槽沉头木螺钉》GB/T 951 和《开槽沉头木螺钉》GB/T 100 的规定。

3 自钻自攻螺钉应符合现行国家标准《十字槽盘头自钻自攻螺钉》GB/T 15856.1 和《十字槽沉头自钻自攻螺钉》GB/T 15856.2 的规定。

4　墙体其他连接件应符合下列现行国家标准的规定：

《紧固件　螺栓和螺钉通孔》GB/T 5277；

《紧固件机械性能　螺栓、螺钉和螺柱》GB/T 3098.1；

《紧固件机械性能　螺母　粗牙螺纹》GB/T 3098.2；

《紧固件机械性能　螺母　细牙螺纹》GB/T 3098.4；

《紧固件机械性能　自攻螺钉》GB/T 3098.5；

《紧固件机械性能　自钻自攻螺钉》GB/T 3098.11。

4.3　保温隔热材料

4.3.1　木骨架组合墙体保温隔热材料宜采用岩棉、矿棉和玻璃棉。

4.3.2　用岩棉、矿棉、玻璃棉做墙体内部保温隔热材料，宜采用刚性、半刚性成型材料，填充应固定在木骨架上，不得松动，以确保需填充的厚度内被满填，不得采用松散的保温隔热材料松填墙体。

4.3.3　岩棉、矿棉作为墙体保温隔热材料时，物理性能指标应符合现行国家标准《绝热用岩棉、矿渣棉及其制品》GB/T 11835 的规定。

4.3.4　玻璃棉作为墙体保温隔热材料时，物理性能指标应符合现行国家标准《绝热用玻璃棉及其制品》GB/T 13350 的规定。

4.4　隔声吸声材料

4.4.1　木骨架组合墙体隔声吸声材料宜采用岩棉、矿棉、玻璃棉和纸面石膏板，或其他适合的板材。

4.4.2　其他板材作为墙体隔声材料时，单层板的平均隔声量不应小于 22dB。

4.5　材料的防火性能

4.5.1　木骨架组合墙体所采用的各种防火材料应为国家认可检测机构检验合格的产品。

4.5.2　木骨架组合墙体的墙面材料宜采用纸面石膏板，如采用其他材料，其燃烧性能应符合现行国家标准《建筑材料燃烧性能分级方法》GB 8624 关于 A 级材料的要求。四级耐火等级建筑物的墙面材料的燃烧性能可为 B_1 级。

4.5.3　木骨架组合墙体填充材料的燃烧性能应为 A 级。

4.6　墙面材料

4.6.1　分户墙、房间隔墙和外墙内侧的墙面板一般采用纸面石膏板。纸面石膏板应根据墙体的性能要求分为普通型、防火型及防潮型三种。

纸面石膏板的主要技术性能指标应以供货商提供的产品出厂合格证所标注的性能指标为依据，应符合现行国家标准《纸面石膏板》GB/T 9775 的要求，其主要技术性能应符合表 4.6.1 的规定。

表 4.6.1　纸面石膏板产品质量标准

板材厚度(mm)	纵向断裂荷载(N)	横向断裂荷载(N)	遇火物理性能(稳定时间)
9.5	360	140	≥20min 适用于防火型纸面石膏板
12	500	180	
15	650	220	
18	800	270	
21	950	320	
25	1100	370	

4.6.2　外墙外侧墙面材料一般选用防潮型纸面石膏板。防潮型纸面石膏板厚度不应小于 9.5mm。

4.7　防护材料

4.7.1　密封剂和密封条是墙体与主体结构连接缝的密封材料。密封剂应无味、无毒、无有害物质。密封条的厚度应为 4～20mm。

4.7.2　塑料薄膜是用于外墙隔汽和窗台、门槛及底层地面防渗、防潮材料，宜选用不小于 0.2mm 厚的耐用型塑料薄膜。

4.7.3　挡风材料宜选用挡风防潮纸、纤维布、防潮石膏板或其他具有挡风防潮功能的材料。

4.7.4　墙面板连接缝的密封材料及钉头覆盖材料宜选用石膏粉密封膏或弹性密封膏。

4.7.5　墙面板连接缝的密封材料宜选用能透气的弹性纸带、玻璃棉条和纤维布。弹性纸带的厚度为 0.2mm，宽度为 50mm。

4.7.6　防腐剂应无毒、无味、无有害成分。

5　墙体设计

5.1　设计的基本要求

5.1.1　设计木骨架组合墙体时，应满足下列功能要求：

1　用作外墙时：

1)房屋的建筑功能；

2)墙体的承载功能；

3)保温隔热功能；

4)隔声功能；

5)防火功能；

6)防潮功能；

7)防风功能；

8)防雨功能；

9)密封功能。

2　用作分户墙和房间隔墙时：

1)房屋的建筑功能；

2)墙体的承载功能；

3)隔声功能；

4)防火功能；

5)防潮功能；

6)密封功能。

5.1.2　木骨架组合墙体根据保温隔热功能要求分为 4 级，应符合本规范第 5.4 节的规定。

5.1.3　木骨架组合墙体根据隔声功能要求分为 7 级，应符合本规范第 5.5 节的规定。

5.1.4　采用木骨架组合墙体的建筑耐火等级按墙体的耐火极限分为 4 级，应符合本规范第 5.6 节的规定。

5.1.5　分户墙和房间隔墙设计，应符合下列要求：

1　根据本规范第 5.1.3 条、第 5.1.4 条规定的要求，选定墙体的隔声级别和防火级别。

2　根据房屋使用功能要求，确定门窗尺寸和位置。

3　根据本条前两款要求，确定木骨架尺寸和墙体构造，并按现行国家标准《木结构设计规范》GB 50005 对构件强度和刚度进行验算，对规格材尺寸进行调整。

4　设计墙体和主体结构的连接方式及连接构造。

5　根据需要，确定有关防潮、密封等构造措施。

6　特殊部位结构设计。

5.1.6　外墙设计应符合下列要求：

1　根据本规范第 5.1.2 条、第 5.1.3 条和第 5.1.4 条规定的要求，选定外墙保温隔热、隔声和防火级别。

2 根据房屋建筑功能要求，确定门、窗尺寸和位置。

3 根据本条前两款要求，确定木骨架尺寸和墙体构造，并按现行国家标准《建筑结构荷载规范》GB 50009 和《木结构设计规范》GB 50005的要求，对构件强度和刚度进行验算，对规格材尺寸进行调整。

4 进行墙体和主体结构的连接设计。

5 设计防风、防雨、防潮及密封等构造措施。

6 特殊部位结构设计。

5.2 木骨架结构设计

5.2.1 木骨架构件应执行本规范第 3.2 节的规定，并按本规范第 5.1.5 条、第 5.1.6 条的规定进行设计。

5.2.2 垂直于墙平面的均布水平地震作用标准值，可按下式计算：

$$q_{EK}=\beta_E\alpha_{max}G_K/A \quad (5.2.2\text{-}1)$$

式中 q_{EK}——垂直于墙平面的均布水平地震作用标准值，kN/m²；

β_E——动力放大系数，可取 5.0；

α_{max}——水平地震影响系数最大值，应按表 5.2.2 采用；

G_K——木骨架组合墙体重力荷载标准值，kN；

A——墙面面积，m²。

表 5.2.2 水平地震影响系数最大值 α_{max}

抗震设防烈度	6 度	7 度	8 度
α_{max}	0.04	0.08(0.12)	0.16(0.24)

注：7、8 度时括号内数值分别用于设计基本地震加速度为 0.15g 和 0.30g 的地区。

平行于墙体平面的集中水平地震作用标准值，可按下式计算：

$$P_{EK}=\beta_E\alpha_{max}G_K \quad (5.2.2\text{-}2)$$

式中 P_{EK}——平行于墙体平面的集中水平地震作用标准值，kN。

5.2.3 木骨架组合墙体中规格材尺寸见表 5.2.3-1。当采用机械分级的速生树种规格材时，截面尺寸见表 5.2.3-2。

表 5.2.3-1 规格材截面尺寸表

截面尺寸 宽(mm)×高(mm)	40×40	40×65	40×90	40×115	40×140	40×185	40×235	40×285

注：1 表中截面尺寸均为含水率不大于 20%、由工厂加工的干燥木材尺寸。

2 进口规格材截面尺寸与表列规格尺寸相差不超过 2mm 时，可与其相应规格材等同使用，但在计算时，应按进口规格材实际截面进行计算。

3 不得将不同规格系列的规格材在同一建筑中混合使用。

表 5.2.3-2 速生树种结构规格材截面尺寸表

截面尺寸 宽(mm)×高(mm)	45×75	45×90	45×140	45×190	45×240	45×290

注：同表 5.2.3-1 注 1 及注 3。

5.2.4 木骨架设计时，规格材宜选用 V_c 级，经过计算亦可选用其他等级木材。

5.2.5 水平构件尺寸宜与木骨架立柱尺寸一致。

5.2.6 当立柱中心间距为 600mm 和 400mm 时，木骨架宜用宽度为 1200mm 的墙面板覆面；当立柱中心间距为 450mm 时，木骨架宜用宽度为 900mm 的墙面板覆面。

5.2.7 当受力需要时，可采用两根或几根截面尺寸相同的立柱加强洞口两侧。

5.3 连接设计

5.3.1 木骨架组合墙体连接设计包括木骨架构件之间的连接设计和木骨架组合墙体与钢筋混凝土主体结构的连接设计。

5.3.2 木骨架组合墙体为分户墙、房间隔墙和高度不大于 3m 的外墙时，与主体结构的连接应采用墙体上下两边连接的方式；木骨架组合墙体为高度大于 3m 的外墙时，与主体结构的连接应采用墙体周围四边连接的方式。

5.3.3 分户墙及房间隔墙的连接设计一般可不进行计算，当需要计算时，可根据所受荷载按外墙的连接计算规定进行计算。

5.3.4 外墙的连接承载力计算，应计入重力荷载、风荷载和地震荷载作用。

5.3.5 分户墙及房间隔墙的木骨架构件之间的连接应采用直钉连接或斜钉连接，钉直径不应小于 3mm。当木骨架之间采用直钉连接时，每个连接节点不得少于 2 颗钉，钉长应大于 80mm，钉入构件的深度(含钉尖)不得小于 12d(d 为钉直径)；当采用斜钉连接时，每个连接节点不得少于 3 颗钉，钉长应大于 80mm，钉入构件的深度(含钉尖)不得小于 12d(d 为钉直径)，斜钉应与钉入构件成 30°角，从距构件端 1/3 钉长位置钉入(图 5.3.5)。

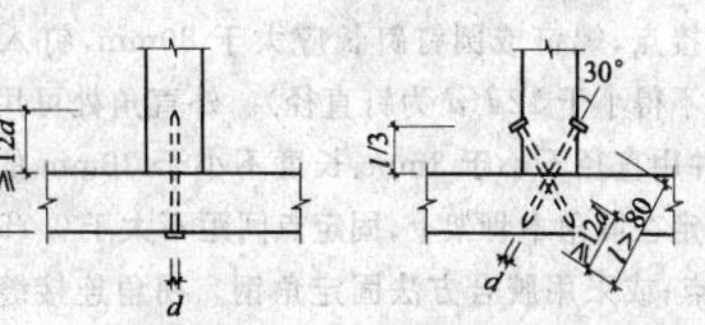

30°
l>80
≥12d
d
1/3
≥12d
l>80
d

(a)直钉连接示意图 (b)斜钉连接示意图

图 5.3.5 房间隔墙木骨架构件之间连接示意图

5.3.6 木骨架组合墙体与主体结构的连接应采用膨胀螺栓连接(方式一)、自钻自攻螺钉连接(方式二)和销钉连接(方式三)(图 5.3.6)。分户墙及房间隔墙与主体结构连接采用的连接件直径不应小于 6mm，连接件锚入主体结构长度不得小于 5d(d 为连接件的直径)，连接点间距不大于 1.2m，每一连接边不少于 4 个连接点。采用销钉连接时，应在混凝土构件上预留孔。连接件应布置在木骨架宽度中心的 1/3 区域内，木骨架上均应预先钻导孔，导孔直径为 0.8d(d 为连接件直径)。

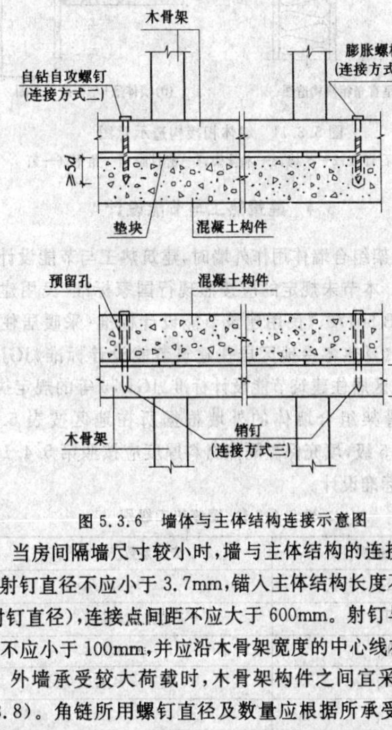

木骨架
自钻自攻螺钉
(连接方式二)
膨胀螺栓
(连接方式一)
≥5d
垫块
混凝土构件
预留孔
混凝土构件
≥5d
木骨架
销钉
(连接方式三)

图 5.3.6 墙体与主体结构连接示意图

5.3.7 当房间隔墙尺寸较小时，墙与主体结构的连接可采用射钉连接。射钉直径不应小于 3.7mm，锚入主体结构长度不得小于 7.5d(d 为射钉直径)，连接点间距不应大于 600mm。射钉与木骨架末端的距离不应小于 100mm，并应沿木骨架宽度的中心线布置。

5.3.8 外墙承受较大荷载时，木骨架构件之间宜采用角链连接(图 5.3.8)。角链所用螺钉直径及数量应根据所承受的内力按现行国家标准《木结构设计规范》GB 50005 的相关公式计算确定，螺钉长度应大于 30mm。角链尺寸应根据所承受的内力按现行国家标准《钢结构设计规范》GB 50017 的相关公式计算确定。

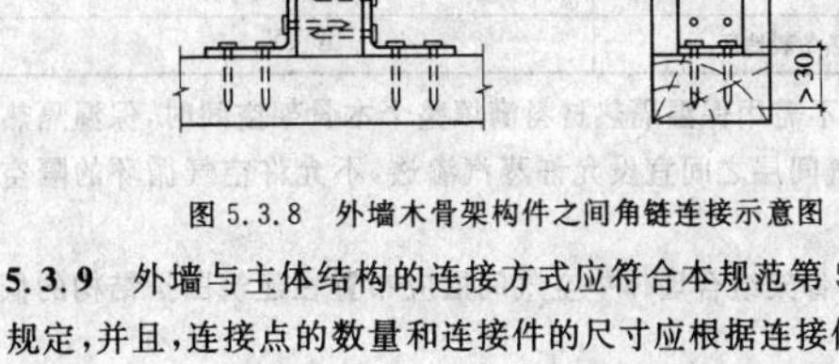

>30

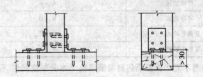

图 5.3.8 外墙木骨架构件之间角链连接示意图

5.3.9 外墙与主体结构的连接方式应符合本规范第 5.3.6 条的规定，并且，连接点的数量和连接件的尺寸应根据连接件所承受的内力按现行国家标准《木结构设计规范》GB 50005 的相关公式计算确定。

5.3.10 连接所用螺栓及钉排列的最小间距应符合现行国家标准《木结构设计规范》GB 50005 的相关规定。

5.3.11 木骨架组合墙体之间相接时，应满足下列构造要求：

1 两墙体呈直角相接时，相接墙体的木骨架应用直径不小于 3mm 的螺钉或圆钉牢固连接，连接点间距不大于 0.75m，且不少于 4 个连接点，螺钉或圆钉钉长应大于 80mm，钉入构件的深度（含钉尖）不得小于 12d（d 为钉直径）。外直角处可用∟50×50 角钢保护，并用直径不小于 3mm、长度不小于 36mm 的螺钉或圆钉将角钢固定在墙角木骨架上，固定点间距不大于 0.75m，且不少于 4 个固定点；或采用胶合方法固定角钢。拐角连接缝应用密封胶封闭［图 5.3.11(a)］。

2 两墙体呈 T 型相接时，相接墙体的木骨架应用直径不小于 3mm 的螺钉或圆钉牢固连接，连接点间距不大于 0.75m，且不少于 4 个连接点，螺钉或圆钉钉长应大于 80mm，钉入构件的深度（含钉尖）不得小于 12d（d 为钉直径）。拐角连接缝应用密封胶封闭［图 5.3.11(b)］。

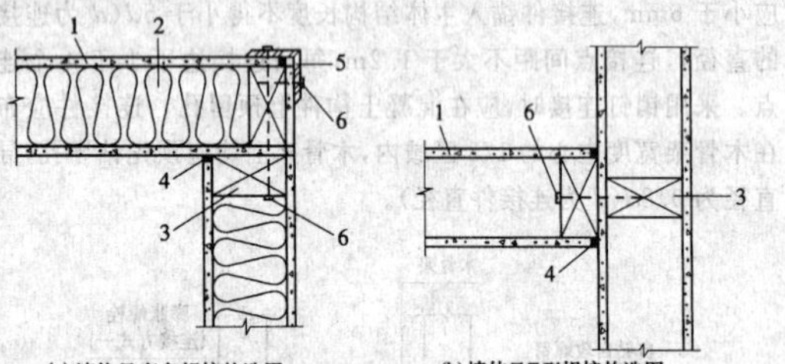
1
2
5
6
4
3
6
1
6
3
4

(a) 墙体呈直角相接构造图　　(b) 墙体呈T型相接构造图

图 5.3.11 墙体相接构造示意图

1—石膏板；2—矿棉；3—木骨架；4—密封胶；5—角钢；6—钉

5.4 建筑热工与节能设计

5.4.1 木骨架组合墙体用作外墙时，建筑热工与节能设计应按本节规定执行。本节未规定的应按照现行国家标准《民用建筑热工设计规范》GB 50176、《民用建筑节能设计标准（采暖居住建筑部分）》JGJ 26、《夏热冬冷地区居住建筑节能设计标准》JGJ 134 和《夏热冬暖地区居住建筑节能设计标准》JGJ 75 等的规定执行。

5.4.2 木骨架组合墙体的外墙根据所在地区按表 5.4.2-1、5.4.2-2分为 5 级，填充保温隔热材料厚度应按照第 5.4.1 条中的相关规范和标准设计。

表 5.4.2-1 墙体热工级别

热工级别	传热系数[W/(m²·K)]
I_t	≤0.4
II_t	≤0.5
III_t	≤0.6
IV_t	≤1.0
V_t	≤1.2

表 5.4.2-2 墙体所处地域的热工级别

所处地域	墙体热工级别
严寒地区	I_t、II_t
寒冷地区	II_t、III_t
夏热冬冷地区	III_t、IV_t
夏热冬暖地区	IV_t、V_t

5.4.3 当不需用保温隔热材料满填整个木骨架空间时，保温隔热材料与空气间层之间宜设允许蒸汽渗透、不允许空气循环的隔空气膜层。

5.4.4 木骨架组合墙体中空气间层应布置在建筑围护结构的低温侧。

5.4.5 在木骨架组合墙体外墙外饰面层宜设防水、透气的挡风防潮纸。

5.4.6 木骨架组合墙体外墙高温侧应设隔汽层，以防止蒸汽渗透，在墙体内部产生凝结，使保温材料或墙体受潮。

5.4.7 穿越墙体的设备管道和固定墙体的金属连接件应采用高效保温隔热材料填实空隙。

5.5 隔声设计

5.5.1 木骨架组合墙体隔声设计应按本节规定执行。本节未规定的应按照现行国家标准《民用建筑隔声设计规范》GBJ 118 的规定执行。

5.5.2 木骨架组合墙体根据隔声要求按表 5.5.2-1 分为 7 级。根据功能要求，应符合表 5.5.2-2 的规定。

表 5.5.2-1 墙体隔声级别

隔声级别	计权隔声量指标(dB)
I_n	≥55
II_n	≥50
III_n	≥45
IV_n	≥40
V_n	≥35
VI_n	≥30
VII_n	≥25

表 5.5.2-2 墙体功能要求的隔声级别

功能要求	隔声级别
特殊要求	I_n
特殊要求的会议室、办公室隔墙	II_n
办公室、教室等隔墙	II_n、III_n
住宅分户墙、旅馆客房与客房隔墙	III_n、IV_n
无特殊安静要求的一般房间隔墙	V_n、VI_n、VII_n

5.5.3 设备管道穿越木骨架组合墙体时，对管道穿越空隙以及墙与墙连接部位的接缝间隙应采用隔声密封胶或密封条，隔声标准应大于 40dB。

5.5.4 在木骨架组合墙体中布置有设备管道时，设备管道应设有防振、隔噪声措施。

5.6 防火设计

5.6.1 木骨架组合墙体可用作 6 层及 6 层以下住宅建筑和办公楼的非承重外墙和房间隔墙，以及房间面积不超过 100m² 的 7～18 层普通住宅和高度为 50m 以下的办公楼的房间隔墙。

5.6.2 木骨架组合墙体的耐火极限不应低于表 5.6.2 的规定。

表 5.6.2 木骨架组合墙体的耐火极限(h)

构件名称	建筑分类			
	一级耐火等级或 7～18 层一、二级耐火等级的普通住宅	二级耐火等级	三级耐火等级	四级耐火等级
非承重外墙	不适用	1.00	1.00	无要求
户与走廊、楼梯间的墙	不适用	不适用	不适用	0.50
分户墙	不适用	不适用	不适用	0.50
房间隔墙	0.50	0.50	0.50	无要求

注：对于一级耐火等级的工业建筑和办公建筑，其房间隔墙的耐火极限不低于 0.75h。

5.6.3 木骨架组合墙体覆面材料的燃烧性能应符合表 5.6.3 的规定。

表 5.6.3 木骨架组合墙体覆面材料的燃烧性能

构件名称	建筑分类			
	一级耐火等级或 7～18 层一、二级耐火等级的普通住宅	二级耐火等级	三级耐火等级	四级耐火等级
外墙覆面材料	纸面石膏板和A级耐火材料	纸面石膏板和A级耐火材料	纸面石膏板和A级耐火材料	可燃材料
房间隔墙覆面材料	纸面石膏板和A级耐火材料	纸面石膏板和A级耐火材料	纸面石膏板或难燃材料	可燃材料

5.6.4 墙体内设管道、电气线路或者管道、电气线路穿过墙体时，应对管道和电气线路进行绝缘保护。管道、电气线路与墙体之间的缝隙应采用防火封堵材料将其填塞密实。

5.6.5 锚固件之间、锚固件与覆面材料边缘之间的距离应达到相关标准的要求。锚固件应具有足够的长度，保证墙面材料在规定受热时间内不至于脱落。

5.7 墙面设计

5.7.1 分户墙和房间隔墙的墙面板采用纸面石膏板时，一般墙体两面采用单层板，当隔声量要求较高时，应采用两面双层板。

5.7.2 当要求墙体防潮、防水、挡风时，墙面板(如卫生间、地下室、外墙体的外墙面等)应选择防潮型纸面石膏板。

5.7.3 当耐火等级要求较高时，墙面板应选择防火型纸面石膏板。

5.7.4 木骨架组合墙体的墙面板应采用螺钉或屋面钉固定在木骨架上，钉直径不得小于 2.5mm，钉入木骨架的深度不得小于 20mm；钉的布置及固定应符合下列规定：

1 当墙体采用双面单层墙面板时，两侧墙面板接缝的位置应错开一个木骨架间距。

2 当墙体采用双层墙面板时，外层墙面板接缝的位置应与内层墙面板接缝的位置错开一个木骨架间距。用于固定内层墙面板的钉距不应大于 600mm。固定外层墙面板的钉距应符合本条第 3 款的规定。

3 外层墙面板边缘钉钉距：在内墙上不得大于 200mm，在外墙上不得大于 150mm；外层墙面板中间钉钉距：在内墙上不得大于 300mm；在外墙上不得大于 200mm。钉头中心距离墙面板边缘：不得小于 15mm。

5.8 防护设计

5.8.1 外墙隔汽层和墙体局部防渗防潮宜选用 0.2mm 厚的耐用型塑料薄膜。

5.8.2 墙体与建筑物四周构件连接缝密封宜选用密封剂和密封条。

5.8.3 墙面板的连接缝密封宜选用石膏粉密封膏或弹性密封膏，然后用弹性纸带、玻璃棉条和纤维布密封。

5.8.4 用于固定石膏板的螺钉头宜用石膏粉密封膏和防锈密封膏覆盖，覆盖面积应大于两倍钉头直径，或采用其他防锈措施。

5.8.5 木骨架组合墙体外墙的边框不允许直接与地面或楼面接触，应采取防潮措施防止墙体受潮。

5.8.6 木骨架组合墙体外墙与建筑四周的间隙应采用密封材料填实，防止空气渗透。

5.9 特殊部位设计

5.9.1 木骨架组合墙体上安装电源插座盒时，插座盒宜采用螺钉固定在木骨架上。墙体有隔声要求时，插座盒与墙面板之间宜采用石膏抹灰进行密封，插座盒周围的石膏覆盖层厚度不小于 10mm；或在插座盒两旁立柱之间填充符合隔声要求的岩棉(图 5.9.1)。

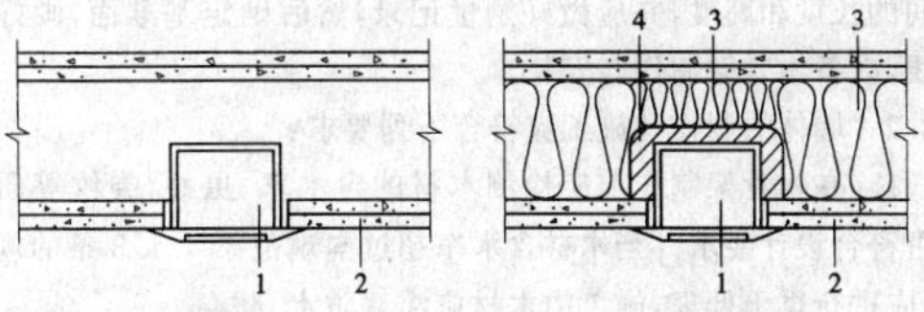

4
3
3
1
2
1
2
(a) 无隔声要求时
(b) 有隔声要求时

图 5.9.1 电源插座盒安装示意图

1—插座盒；2—墙面板；3—岩棉；4—石膏抹灰

5.9.2 隔声要求不大于 50dB 的隔墙允许设备管道穿越。需穿管的墙面板上应预先钻孔，孔洞的直径应比管道直径大 15mm，管道与孔洞之间的间隙应采用密封胶进行密封。管道直径较大或重量较重时，应采用铁件将管道固定在木骨架上。当需在墙内敷设电源线时，应将电源线敷于 PVC 管内，再将 PVC 管敷设在墙内。当 PVC 管需穿越木骨架时，可在木骨架构件宽度方向的中间 1/3 区域内预先钻孔(图5.9.2)。

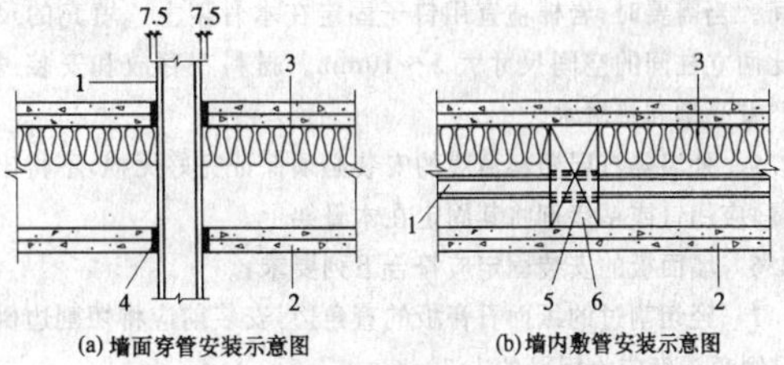

7.5
7.5
1
3
4
2
3
1
5
6
2
(a) 墙面穿管安装示意图
(b) 墙内敷管安装示意图

图 5.9.2 墙面穿管及墙内敷管安装示意图

1—管线；2—墙面板；3—岩棉；4—密封胶；5—留穿线孔；6—木骨架

5.9.3 木骨架组合墙体上悬挂物体时，根据不同悬挂物体重量可采用下列不同方式进行固定，固定点之间的间距应大于 200mm：

1 悬挂重量小于 150N 时，可采用直径不小于 3mm 的膨胀螺钉进行固定[图 5.9.3(a)]。

2 悬挂重量超过 150N 但小于 300N 时，可采用锚固装置加以固定，锚杆直径不小于 6mm[图 5.9.3(b)]。

3 悬挂重量超过 300N 但小于 500N 时，可用直径不小于 6mm 的自攻螺钉将悬挂物固定在木骨架上，自攻螺钉锚入木骨架的深度不得小于 30mm[图 5.9.3(c)]。

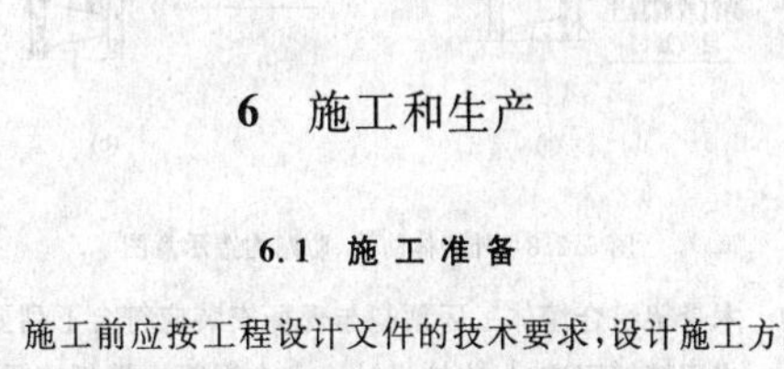

(a)
(b)
(c)

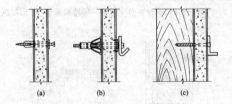

图 5.9.3 墙体上悬挂物体的固定方法示意图

6 施工和生产

6.1 施工准备

6.1.1 施工前应按工程设计文件的技术要求，设计施工方案、施工程序与要求，向施工人员进行技术交底。

6.1.2 施工前应备好符合设计要求的各种材料，所选购的材料必须有产品出厂合格证。

6.2 施工要求

6.2.1 施工作业基面必须清理干净，不得有浮灰和油污；作业基面的平整度、强度和干燥度应符合设计要求；应准确测量作业基面空间的长度和高度，并应做好测量记录，然后确定基准面，画好安装线，以备木骨架制作与安装。

6.2.2 墙体的制作和施工应符合下列要求：

1 在木骨架制作前应检测木材的含水率、虫蛀、裂纹等质量是否符合设计要求。当木材含水率超过本规范第4.1.3条的规定时，应进行烘干处理，施工中木材应注意防水、防潮。

2 木骨架的上、下边框和立柱与墙面板接触的表面应按设计要求的尺寸刨平、刨光。木骨架构件截面尺寸的负偏差不应大于2mm。

3 根据施工条件，木骨架可工厂预制或现场制作组装。

6.2.3 木骨架的安装应符合下列要求：

1 木骨架安装前应按安装线安装好塑料垫，待木骨架安装固定后用密封剂和密封条填严、填满四周连接缝。

2 木骨架安装完成后应按本规范第7.1.3条的规定检测其垂直方向和水平方向的垂直度。两表面应平整、光洁，表面平整度偏差应小于3mm。

6.2.4 当选用岩棉毡时，应按设计要求的厚度将岩棉毡填满立柱之间。当需要时，岩棉毡宜用钉子固定在木骨架上。填充的尺寸应比两立柱间的空间尺寸大5～10mm。材料在存放和安装过程中严禁受潮和接触水。

6.2.5 外墙隔汽层塑料薄膜的安装必须保证完好无损，不得出现破漏，应用钉或粘接剂将其固定在木骨架上。

6.2.6 墙面板的安装固定应符合下列要求：

1 经切割过的纸面石膏板的直角边，安装前应将切割边倒角45°，倒角深度应为板厚的1/3。

2 安装完成后，墙体表面的平整度偏差应小于3mm。纸面石膏板的表面纸层不应破损，螺钉头不应穿入纸层。

3 外墙面板在存放和施工中严禁与水接触或受潮。

6.2.7 墙面板连接缝的密封、钉头覆盖的施工应符合下列要求：

1 墙面板连接缝的密封、钉头的覆盖应用石膏粉密封膏或弹性密封膏填严、填满，并抹平打光。

2 墙体与建筑物四周构件连接缝的密封应用密封剂连续、均匀地填满连接缝并抹平打光。

6.2.8 外墙体局部防渗、防潮保护应符合下列要求：

1 外墙体顶端与建筑物构件之间覆盖一层塑料薄膜，当外墙体施工完毕后，剪去多余的塑料薄膜[图6.2.8(a)]。

2 外墙开窗时，窗台表面应覆盖一层塑料薄膜[图6.2.8(b)]。

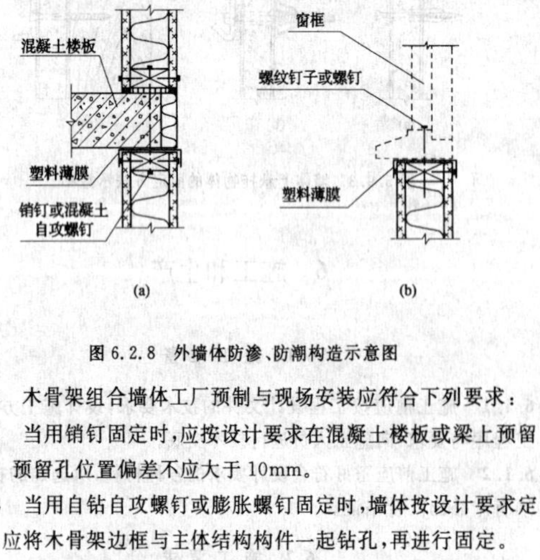
混凝土楼板
塑料薄膜
销钉或混凝土自攻螺钉
(a)
窗框
螺纹钉子或螺钉
塑料薄膜
(b)

图6.2.8 外墙体防渗、防潮构造示意图

6.2.9 木骨架组合墙体工厂预制与现场安装应符合下列要求：

1 当用销钉固定时，应按设计要求在混凝土楼板或梁上预留孔洞。预留孔位置偏差不应大于10mm。

2 当用自钻自攻螺钉或膨胀螺钉固定时，墙体按设计要求定位后，应将木骨架边框与主体结构构件一起钻孔，再进行固定。

3 预制墙体在吊运过程中，应避免碰坏墙体的边角、墙面或震裂墙面板，应保证每面墙体完好无损。

7 质量和验收

7.1 质量要求

7.1.1 木骨架组合墙体墙面应平整，不应有裂纹、裂缝。墙面不平整度不应大于3mm。

7.1.2 木骨架组合墙体墙面板缝密封应完整、严实，不应开裂。

7.1.3 木骨架组合墙体应垂直，竖向垂直偏差不应大于3mm；水平方向偏差不应大于5mm。

7.1.4 木骨架组合墙体所采用材料的性能指标应符合现行国家标准的规定和设计要求。

7.1.5 木骨架组合墙体的连接固定方式、特殊部位的结构形式、局部安装与保护等应符合设计要求。

7.1.6 木骨架组合墙体的性能指标应符合设计要求。

7.2 质量检验

7.2.1 木骨架组合墙体施工应按设计程序分项检查验收并交接，未经检查验收合格者，不得进行后续施工。

7.2.2 木骨架组合墙体墙面平整度的检测应用2m长直尺检测，尺面与墙面间的最大间隙不应大于5mm，每米长度内不应多于1处。

7.2.3 木骨架组合墙体垂直度的检测应用2m长水平仪检测，竖向的最大偏差不应大于5mm，水平方向的最大偏差不应大于3mm。

7.3 工程验收

7.3.1 木骨架组合墙体施工完成后，应按本规范的相关要求组织验收。

7.3.2 木骨架组合墙体工程验收时，应提交下列技术文件，并应归档：

1 工程设计文件、设计变更通知单、工程承包合同。

2 工程施工组织设计文件、施工方案、技术交底记录。

3 主要材料的产品出厂合格证、材性试验或检测报告。

4 木骨架组合墙体施工质量的自检记录和测试报告。

7.3.3 木骨架组合墙体工程验收时，除按本规范规定的程序外，还应遵守现行国家标准《建筑装饰装修工程质量验收规范》GB 50210的有关规定。

8 维护管理

8.1 一般规定

8.1.1 采用木骨架组合墙体的工程竣工验收时，墙体承包商应向业主提供《木骨架组合墙体使用维护说明书》。《木骨架组合墙体使用维护说明书》应包括下列内容：

1 墙体的主要组成材料和基本的组成形式；

2 墙体的主要性能参数；

3 使用注意事项；

4 日常与定期的维护、保养要求；

5 墙面悬挂荷载的注意事项和规定；

6 承包商的保修责任。

8.1.2 墙体交付使用后，业主或物业管理部门应根据《木骨架组合墙体使用维护说明书》的相关要求及注意事项，制定墙体的维修、保养计划及制度。

8.1.3 在墙体交付使用后，业主或物业管理部门根据检查和维修的情况，应对检查结果和维修过程作出详细、准确的记录，并建立检查和维修的技术档案。

8.2 检查与维修

8.2.1 木骨架组合墙体的日常维护和保养应符合下列规定：

1 应避免猛烈地撞击墙体；

2 应避免锐器与墙面接触；

3 应避免纸面石膏板墙面长时间接近超过50℃的高温；

4 墙体应避免水的浸泡；

5 墙体上的悬挂荷载不应超过设计的规定。

8.2.2 木骨架组合墙体的日常检查一般采用以经验判断为主的非破坏性方法，在现场对墙体易损坏部位进行检查。日常检查和维护应符合下列规定：

1 墙体工程竣工使用1年时，应对墙体工程进行一次日常检查，此后，业主或物业管理部门应根据当地气候特点(如雪季、雨季和风季前后)，每5年进行一次日常检查。

2 日常检查的项目应包括：

1)内、外墙墙面不应有变形、开裂和损坏；

2)墙体与主体结构的连接不应松动；

3)墙体面板不应受潮；

4)外墙上门窗边框的密封胶或密封条不应有开裂、脱落、老化等损坏现象；

5)墙体面板的固定螺钉不应松动和脱落。

3 应对本条第2款检查项目中不符合要求的内容，由业主或物业管理部门组织实施一般的维修，主要是封闭裂缝，以及对各种易损零部件进行更换或修复。

8.2.3 当发现木骨架构件有腐蚀和虫害的迹象时，应根据腐蚀的程度、虫害的性质和损坏程度制定处理方案，及时进行补强加固或更换。

本规范用词说明

1 为便于在执行本规范条文时区别对待，对要求严格程度不同的用词说明如下：

1)表示很严格，非这样做不可的用词：
正面词采用"必须"，反面词采用"严禁"。

2)表示严格，在正常情况下均应这样做的用词：
正面词采用"应"，反面词采用"不应"或"不得"。

3)表示允许稍有选择，在条件许可时首先应这样做的用词：
正面词采用"宜"，反面词采用"不宜"；
表示有选择，在一定条件下可以这样做的用词，采用"可"。

2 本规范中指明应按其他有关标准、规范执行的写法为"应符合……的规定"或"应按……执行"。

中华人民共和国国家标准

木骨架组合墙体技术规范

GB/T 50361—2005

条 文 说 明

目　次

1 总　　则

1.0.1　本条主要阐明制定本规范的目的，为了与现行国家标准《木结构设计规范》GB 50005 相协调，并考虑到木骨架组合墙体的特点，规范除了规定应做到技术先进、安全适用和确保质量外，还特别提出应保证人体健康。

1.0.2　本条规定了本技术规范的使用范围。考虑到木骨架组合墙体的燃烧性能只能达到难燃级，所以本条将其使用范围限制在普通住宅建筑和火灾荷载与住宅建筑相当的办公楼。另外，考虑到《建筑设计防火规范》GBJ 16 规定的丁、戊类工业建筑主要用来储存、使用和加工难燃烧或非燃烧物质，其火灾危险性相对较低，所以本条允许其使用木骨架组合墙体作为其非承重外墙和房间隔墙。

1.0.3　木骨架组合墙体的设计应考虑自重、地震荷载和风荷载，一般情况下，墙体用作外墙时，对墙体起控制作用的是风荷载，墙体中的木骨架及其连接必须具有足够的承载能力，能承受风荷载的作用，荷载取值应按现行国家标准《建筑结构荷载规范》GB 50009的规定执行。

1.0.4　与木骨架组合墙体材料的选用以及墙体的设计与施工密切相关的还有下列现行国家标准或行业标准：《木结构设计规范》GB 50005、《建筑抗震设计规范》GB 50011、《民用建筑节能设计标准(采暖居住建筑部分)》JGJ 26、《民用建筑热工设计规范》GB 50176、《外墙内保温板质量检验评定标准》DBJ 01—30、《建筑设计防火规范》GBJ 16、《高层民用建筑设计防火规范》GB 50045、《建筑内部装修设计防火规范》GB 50222、《夏热冬暖地区居住建筑节能设计标准》JGJ 75、《民用建筑隔声设计规范》GBJ 118、《纸面石膏板产品质量标准》GB/T 9775、《绝热用岩棉、矿渣棉及其制品》GB/T 11835、《民用建筑工程室内环境污染控制规范》GB 50325、《建筑材料燃烧性能分级方法》GB 8624 等，其相关的规定也应参照执行。

3 基本规定

3.1 结构组成

3.1.2　木骨架组合墙体的结构组成有以下几种：

1　一般分户墙及房间隔墙的结构组成(图 1、图 2)：

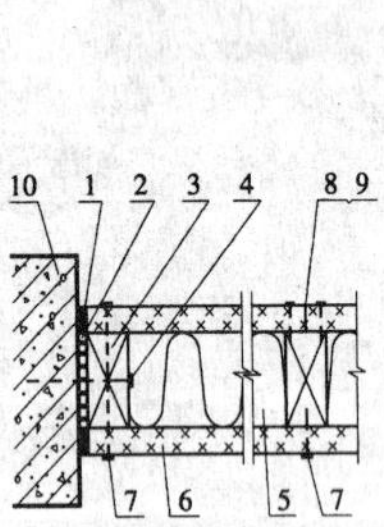

图 1　分户墙及房间隔墙水平剖面图

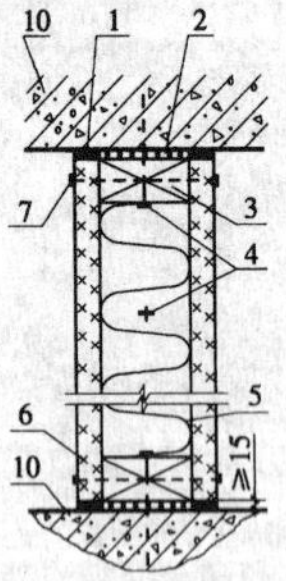
≥15

图 2　分户墙及房间隔墙竖向剖面图

1)密封胶；

2)聚乙烯密封条；

3)木龙骨；

4)混凝土自钻自攻螺钉或螺栓；

5)岩棉毡(密度≥28kg/m³)；

6)墙面板——纸面石膏板；

7)墙面板连接螺钉；

8)墙面板连接缝密封材料——石膏粉密封膏或弹性密封膏；

9)墙面板连接缝密封纸带；

10)建筑物的混凝土柱、楼板。

隔声房间隔墙的结构组成(图 3、图 4)除同图 1、图 2 相同的 1)～10)外，还有：

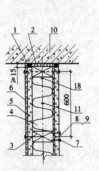

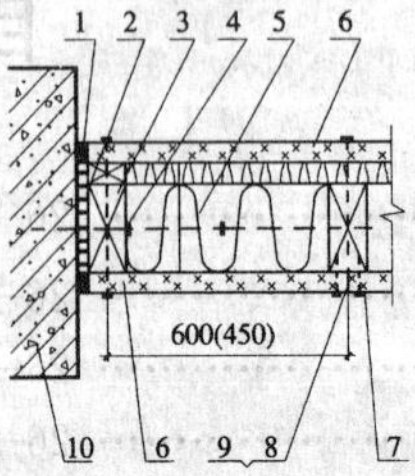
600(450)

图 3　隔声内墙水平剖面图

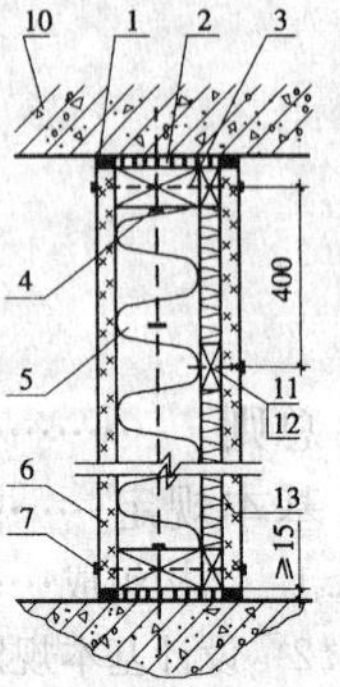
400
≥15

图 4　隔声内墙竖向剖面图

11)防声弹性木条；

12)螺纹钉子或螺钉；

13)岩棉毡(密度≥28kg/m³)。

2　一般外墙体的结构组成(图 5、图 6)：

1)～3)同图 1、图 2；

4)岩棉毡，密度≥40kg/m³；

5)外墙面板——防水型纸面石膏板；

6)外挂装饰板：彩色钢板、铝塑板、彩色聚乙烯板等；

7)～10)同图 1、图 2；

11)销钉 ϕ10×300mm；

12)塑料垫，厚≥10mm；

13)自钻自攻螺钉或螺栓；

14)木骨架定位螺钉；

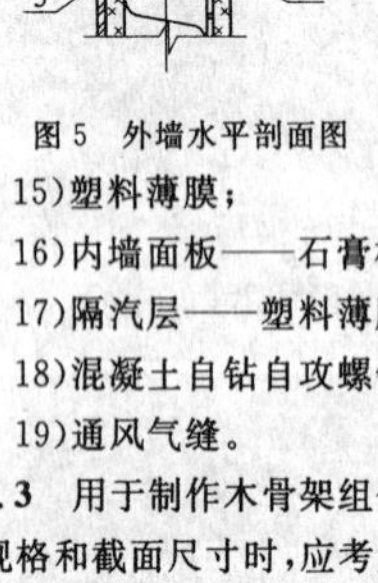
≥15
600

图 5　外墙水平剖面图

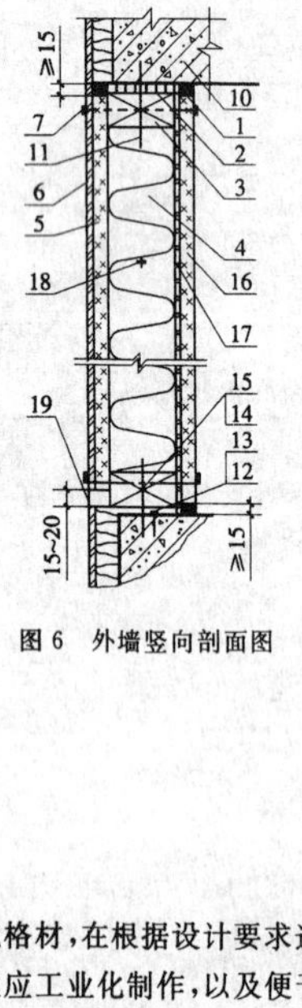
≥15
15~20
≥15

图 6　外墙竖向剖面图

15)塑料薄膜；

16)内墙面板——石膏板；

17)隔汽层——塑料薄膜；

18)混凝土自钻自攻螺钉或螺栓；

19)通风气缝。

3.1.3　用于制作木骨架组合墙体的规格材，在根据设计要求选定其规格和截面尺寸时，应考虑墙体要适应工业化制作，以及便于墙面板的安装，因此，同一块墙体中木骨架边框和中部的骨架构件应采用截面高度相同的规格材。

3.1.4　木骨架竖立布置主要是方便整个墙体的制作和施工。当有特殊要求时，也可采用构件水平布置的木骨架。

由于墙面板采用的板材平面标准尺寸一般为 1200mm×2400mm，因此，木骨架组合墙体中木骨柱的间距允许采用 600mm 或 400mm 两种尺寸；当采用 900mm×2400mm 的纸面石膏板时，立柱的间距应为

450mm。这样，墙面板的连接缝正好能位于木骨柱构件的截面中心位置处，能较好地固定和安装墙面板。为了保证墙面板的固定和安装，当墙体上需要开门窗洞口时，规范规定了木骨架构件在墙体中布置的基本要求。当墙体设计要求必须采用其他尺寸的间距时，应尽量减少尺寸的改变对整个墙体的施工和制作带来的不利影响。

3.2 设计基本规定

3.2.1 本规范的基本设计方法应与现行国家标准《木结构设计规范》GB 50005一致。《木结构设计规范》GB 50005的设计方法采用现行国家标准《建筑结构可靠度设计标准》GB 50068统一规定的“以概率理论为基础的极限状态设计法”，故本规范应采用该方法进行设计。

3.2.2 现行国家标准《木结构设计规范》GB 50005规定，一般建筑物安全等级均定为二级，建筑物中各类结构构件的安全等级，宜与整个结构的安全等级相同，故本规范确定木骨架组合墙体安全等级为二级。建筑物安全等级按一级设计时，木骨架组合墙体的安全等级，亦应定为一级。

3.2.3～3.2.5 木骨架组合墙体虽然是非承重墙体，但应有足够的承载能力。因此，应满足一系列要求——强度、刚度、稳定性、抗震性能等。同时，木骨架组合墙体不管是整块制作后吊装还是现场组装，均应与主体结构有可靠的、正确的连接，才能保证墙体正常、安全地工作。

3.2.6、3.2.7 本条提供木骨架组合墙体承载能力极限状态和正常使用极限状态的基本计算公式，与现行国家标准《木结构设计规范》GB 50005一致。一般情况时，结构重要性系数 $\gamma_0 \geqslant 1$。

3.2.8 木材设计指标和构件的变形限值等，均应执行现行国家标准《木结构设计规范》GB 50005的有关规定。如果现行国家标准《木结构设计规范》GB 50005未予规定，可参照最新版本的《木结构设计手册》的相关内容选用。

4 材 料

4.1 木 材

4.1.1 作为具有一定承载能力的墙体，应优先选用针叶树种，因为针叶树种的树干长直，纹理平顺、材质均匀、木节少、扭纹少、能耐腐朽和虫蛀、易干燥、少开裂和变形，具有较好的力学性能，木质较软而易加工。

4.1.2 国外主要用规格材作为墙体的木骨架，由于是通过设计确定木骨架的尺寸，故本规范不限制使用规格材等级。

国内取材时，相当一段时间还会使用板材在现场加工，此时，明确规定板材的等级宜采用Ⅱ级。

4.1.3 与现行国家标准《木结构设计规范》GB 50005规定的规格材含水率一致，规格材含水率不应大于20%。在我国使用墙体时，考虑到我国的现状，经常会采用未经工厂干燥的板材在现场制作木骨架，为保证质量，故对板材的含水率作了更为严格的规定。

4.1.4 鉴于木骨架的使用环境，我国一些易虫蛀和腐朽的木材在使用时不仅要经过干燥处理，还一定要经过药物处理，否则一旦虫蛀、腐朽发生，又不易检查发现，后果会相当严重。

4.2 连 接 件

4.2.1、4.2.2 木骨架组合墙体构件间的连接以及墙体与主体结构的连接，是整个墙体工程中十分重要的组成部分，墙体连接的可靠性决定了墙体是否能满足使用功能的要求，是否能保证墙体的安全使用。因此，要求连接采用的各种材料应有足够的耐久性和可靠性，能保证墙体的连接符合设计要求。在实际工程中，连接材料的品种和规格很多，以及许多连接件的新产品不断进入建筑市场，因此，木骨架组合墙体所采用的连接件和紧固件应符合现行国家标准及符合设计要求。当所采用的连接材料为新产品时，应按国家标准经过性能和强度的检测，达到设计要求后才能在工程中使用。

4.2.3 木骨架组合墙体用于外墙时，经常受自然环境不利因素的影响，如日晒、雨淋、风沙、水汽等作用的侵蚀。因此，要求连接材料应具备防风雨、防日晒、防锈蚀和防撞击等功能。对连接材料，除不锈钢及耐候钢外，其他钢材应采用有效的防腐、防锈处理，以保证连接材料的耐久性。

4.3 保温隔热材料

4.3.1 岩棉、矿棉和玻璃棉是目前世界上最为普通的建筑保温隔热材料，这些材料具有以下优点：

1 导热系数小，既隔热又防火，保温隔热性能优良；

2 材料有较高的孔隙率和较小的表观密度，一般密度不大于100kg/m³，有利于减轻墙体的自重；

3 具有较低的吸湿性，防潮，热工性能稳定；

4 造价低廉，成型和使用方便；

5 无腐蚀性，对人体健康不造成直接影响。

因此，采用岩棉、矿棉和玻璃棉作为木骨架组合墙体保温隔热材料。

4.3.2 松散保温隔热材料在墙体内部分布不均匀，将直接影响墙体的保温隔热性和隔声效果。采用刚性、半刚性成型保温隔热材料，解决了松散材料松填墙体所造成的墙体内部分布不均匀的问题，保证了空气间层厚度均匀，能充分发挥不同材料的性能，还具有施工方便等优点。

4.3.3、4.3.4 对影响岩棉、矿棉和玻璃棉的质量以及木骨架组合墙体性能的主要物理性能指标作出了规定，同时要求纸面石膏板，岩棉、矿棉和玻璃棉等材料应符合国家相关的产品技术标准。例如，设计时应控制岩棉、矿棉和玻璃棉的热物理性能指标，需符合表1和表2的规定，这样基本能保证墙体的热工节能性能。

表1 岩棉、矿棉的热物理性能指标

产品类别	导热系数[W/(m·K)]，(平均温度20±5℃)	吸湿率
棉	≤0.044	≤5%
板	≤0.044	
毡	≤0.049	

表2 玻璃棉的热物理性能指标

产品类别	导热系数[W/(m·K)]，(平均温度20±5℃)	含水率
棉	≤0.042	≤1%
板	≤0.046	
毡	≤0.043	

4.4 隔声吸声材料

4.4.1 纸面石膏板具有质量轻，并具有一定的保温隔热性，石膏板的导热系数约为0.2W/(m·K)。石膏制品的主要成分是二水石膏，含21%的结晶水，遇火时，结晶水释放产生水蒸气，消耗热能，且水蒸气幕不利于火势蔓延，防火效果较好。

石膏制品为中性，不含对人体有害的成分，因石膏对水蒸气的呼吸性能，可调节室内湿度，使人感觉舒适，是国家倡导发展的绿色建材。而且石膏板加工性能好，材料尺寸稳定，装饰美观，可锯、可钉、可粘结，可做各种理想、美观、高贵、豪华的造型；它不受虫害、鼠害，使用寿命长，具有一定的隔声效果，是理想的木骨架组合墙体墙面板。

石膏板、岩棉、矿棉、玻璃棉材料作为隔声、吸声材料是由它的构造特征和吸声机理所决定的，表3、表4和表5是国内有关研究单位对石膏板、岩棉、矿棉、玻璃棉材料的声学测试指标。

表3 纸面石膏板隔声量指标

板材厚度 (mm)	面密度 (kg/m^2)	隔声量(dB)						
		125Hz	250Hz	500Hz	1000Hz	2000Hz	4000Hz	$\bar{R}$
9.5	9.5	11	17	22	28	27	27	22
12.0	12.0	14	21	26	31	30	30	25
15.0	15.0	16	24	28	33	32	32	27
18.0	18.0	17	23	29	33	34	33	28

表4 岩(矿)棉吸声系数

厚度 (mm)	表观密度 (kg/m^3)	吸声系数						
		100Hz	125Hz	250Hz	500Hz	1000Hz	2000Hz	4000Hz
50	120	0.08	0.11	0.30	0.75	0.91	0.89	0.97
50	150	0.08	0.11	0.33	0.73	0.90	0.80	0.96
75	80	0.21	0.31	0.59	0.87	0.83	0.91	0.97
75	150	0.23	0.31	0.58	0.82	0.81	0.91	0.96
100	80	0.27	0.35	0.64	0.89	0.90	0.96	0.98
100	100	0.33	0.38	0.53	0.77	0.78	0.87	0.95
100	120	0.30	0.38	0.62	0.82	0.81	0.91	0.96

表5 玻璃棉吸声系数

材料名称	板材厚度 (mm)	密度 (kg/m^2)	吸声系数					
			125Hz	250Hz	500Hz	1000Hz	2000Hz	4000Hz
超细玻璃棉	5	20	0.15	0.35	0.85	0.85	0.86	0.86
	7	20	0.22	0.55	0.89	0.81	0.93	0.84
	9	20	0.32	0.80	0.73	0.78	0.86	—
	10	20	0.25	0.60	0.85	0.87	0.87	0.85
	15	20	0.50	0.80	0.85	0.85	0.86	0.80
	5	25	0.15	0.29	0.85	0.83	0.87	—
	7	25	0.23	0.67	0.80	0.77	0.86	—
	9	25	0.32	0.85	0.70	0.80	0.89	—
	9	30	0.28	0.57	0.54	0.70	0.82	—
玻璃棉毡	5～50	30～40	平均0.65				0.8	

在人耳可听的主要频率范围内(常用中心频率从125Hz至4000Hz的6个倍频带所反映出的墙体隔声性能随频率的变化),纸面石膏板、岩棉、矿棉和玻璃棉等材料在宽频带范围内具有吸声系数较高,吸声性能长期稳定、可靠的隔声吸声特性。

4.4.2 为了使设计、施工人员在设计施工中更为方便、简单,鼓励采用新型材料,对其他适合作木骨架组合墙体隔声的板材规定了单层板最低平均隔声量。

4.5 材料的防火性能

4.5.1 本条对与木骨架组合墙体有关的各种材料的质量作出了总体规定,从而保证整个墙体能够达到一定的质量标准。

4.5.2 木骨架组合墙体覆面材料的燃烧性能对整个墙体的燃烧性能有着重要影响。国外比较成熟的此类墙体的覆面材料多数使用纸面石膏板,因此本技术规范推荐使用纸面石膏板。该墙体体系的覆面材料也可以使用其他材料,但其燃烧性能必须符合现行国家标准《建筑材料燃烧性能分级方法》GB 8624关于A级材料的要求,从而保证整个墙体能够达到本规范规定的燃烧性能。《建筑设计防火规范》GBJ 16—87对四级耐火等级建筑物的最高层数和防火分区最大允许建筑面积都作了相关规定,并且其构件的耐火极限要求相对较低,所以本条允许其墙面材料的燃烧性能为B_1级。

4.5.3 为了保证整个墙体体系的防火性能,本技术规范规定其填充材料必须是不燃材料,如岩棉、矿棉。

4.6 墙面材料

4.6.1 纸面石膏板常用的规格有以下几种:

纸面石膏板厚度分为:9.5mm、12mm、15mm、18mm;

纸面石膏板长度分为:1.8m、2.1m、2.4m、2.7m、3.0m、3.3m、3.6m;

纸面石膏板宽度分为:900mm、1200mm。

5 墙体设计

5.1 设计的基本要求

5.1.1 对木骨架组合墙体用作内、外墙时各种功能要求作出规定,设计人员在设计时,应满足这些功能要求。

5.1.2～5.1.4 木骨架组合墙体的功能,除承受荷载外,主要是保温隔热、隔声和防火功能,根据功能的具体要求,分别分为4级、7级和4级,这里是原则的提示,具体要求见后面各节。

5.1.5 对分户墙及房间隔墙的设计步骤,作出明确规定,指导设计人员设计,不致漏项。

5.1.6 对外墙的设计步骤,作出明确规定,指导设计人员设计,不致漏项。

5.2 木骨架结构设计

5.2.1 本条规定的木骨架在静力荷载及风载作用下,设计应遵守的基本原则和步骤,这些规定与现行国家标准《木结构设计规范》GB 50005是一致的。

5.2.2 这是对垂直于墙平面的均匀水平地震作用标准值作出的规定,主要用于外墙,这条基本与现行国家标准《玻璃幕墙工程技术规范》JGJ 102相关规定一致。

5.3 连接设计

5.3.1 木骨架是木骨架组合墙体的主要受力构件,因此木骨架构件之间及木骨架组合墙体与主体结构之间的连接承载能力应满足使用要求。

5.3.2 木骨架布置形式以竖立布置为主,竖立布置的木骨架将所受荷载传递至上、下边框,上、下边框成为主要受力边,因此,墙体与主体结构的连接方式,应以上下边连接方式为主;当外墙高度大于3m时,由于所受风荷载较大,规范规定应采用四边连接方式,即通过侧边木骨架分担部分墙面荷载,以减小上、下边框的受力。

5.3.3 分户墙及房间隔墙一般情况下主要承受重力荷载、地震荷载作用,由于所受荷载较小,通常按构造进行连接设计即可满足要求。

5.3.5 木骨架构件之间的直钉连接通常在墙体预制情况下采用和用于木骨架内部节点;而斜钉连接常用于现场施工连接。

5.3.6 在木骨架上预先钻导孔,是防止连接件钉入木骨架时造成木材开裂。

5.3.11 有关墙体细部构造是参照北欧有关标准的构造规定而确定的。外墙直角的保护也可采用金属、木材、塑料或其他加强材料。

5.4 建筑热工与节能设计

5.4.1 我国已经编制了北方严寒和寒冷地区、夏热冬冷地区和南方夏热冬暖地区的居住建筑节能设计标准,并已先后发布实施。公共建筑节能设计标准也即将颁布。以上节能标准对建筑围护结构建筑热工指标作了明确的规定,因此,木骨架组合墙体作为一种不同形式的建筑围护结构,也应遵守国家有关建筑节能相关标准的规定。

5.4.2 我国幅员辽阔,地形复杂,各地气候差异很大。为了建筑物适应各地不同的气候条件,在进行建筑的节能设计时,应根据建筑物所处城市的建筑气候分区和5.4.1条中相关标准,确定建筑围护结构合理的热工性能参数,为了使设计人员在设计中更为方便、简单,因而把木骨架组合外墙墙体,按表5.4.2-1、5.4.2-2分为5级，供设计人员选择。

5.4.3 木骨架组合墙体的外墙体保温隔热材料不能满填整个木骨架空间时，在墙体内保温隔热材料与空气间层之间，由于受温度梯度分布影响，将产生空气和蒸汽渗透迁移现象，对保温隔热材料这种比较疏散多孔材料的防潮作用和保温隔热性能有较大的影响。空气间层中的空气在保温隔热材料中渗入渗出，直接带走了热量，在渗入渗出的线路上的空气升温降湿和降温升湿，会使某些部位保温隔热材料受潮甚至产生凝结，使材料的热绝缘性降低。因此，在保温隔热材料与空气间层之间应设允许蒸汽渗透，不允许空气渗透的隔空气膜层，能有效地防止空气的渗透，又可让水蒸气渗透扩散，从而保证了墙体内部保温隔热材料不受潮，保持其热绝缘性。

5.4.4 当建筑围护结构内、外表面出现温差时，建筑围护结构内部的湿度将会重新分布，温度较高的部位有较高的水蒸气分压，这个压力梯度会使水蒸气向温度低的方向迁移。同时，在温度较低的区域材料有较大的平衡湿度，在围护结构中将出现平衡湿度的梯度，湿度迁移的方向从低温指向高温，表明液态水将会从低温侧向高温方向迁移，大量的理论和实验研究以及工程实践都表明，这是建筑热工领域中建筑围护结构热湿迁移的基本理论。

在建筑热工工程应用领域，利用在围护结构中出现温度梯度的条件下，湿平衡会使高温方向的水蒸气与低温方向的液态水进行反向迁移，使高温方向的水蒸气重湿度和低温方向的液态水重湿度都有减少的趋势这一原理，在建筑围护结构的低温侧设空气间层，切断了保温材料层与其他材料层的联系，也斩断了液态水的通路。相应空气间层的高温侧所形成的相对湿度较低的空气边界环境，可干燥它所接触的保温材料，所以木骨架组合墙体的外墙体空气间层应布置在建筑围护结构的低温侧。

5.4.5 在木骨架组合墙体外墙的外饰面层宜设防水、透气的挡风防潮纸的主要原因是：

1 因外墙面材料主要为纸面石膏板，设挡风防潮纸可防止外墙表面受雨、雪等侵蚀受潮。

2 由于冬季木骨架组合墙体的外墙在室内温度大于室外气温时，墙体内水蒸气将从室内水蒸气分压高的高温侧向室外水蒸气分压低的低温侧迁移，在木骨架组合墙体外墙的外饰面层设透气的挡风防潮纸来允许渗透，使墙体内水蒸气在保温隔热材料层不产生积累，防止结露，从而保证了墙体内保温隔热材料的热绝缘性。

5.4.6 由于木骨架组合外墙体内填充的是保温隔热材料，为了防止蒸汽渗透在墙体保温隔热材料内部产生凝结，使保温材料或墙体受潮，因此，高温侧应设隔汽层。

5.4.7 木骨架组合外墙是装配式建筑围护结构，为了防止墙体出现施工所产生的间隙、孔洞，防止室外空气渗透，使墙体保温隔热材料内部产生凝结，墙体受潮，影响墙体的保温隔热性能和质量从而增加建筑能耗，本条对之作出了相关的条文规定。

5.5 隔声设计

5.5.1 木骨架组合墙体是轻质围护结构，这些墙体的面密度较小，根据围护结构隔声质量定律，它们的隔声性能较差，难以满足隔声的要求。为了保证建筑的物理环境质量，隔声设计也就显得很重要，因此，本标准必须考虑建筑的隔声设计。

5.5.2 为了在设计过程中比较方便、简单地选择木骨架组合墙体的隔声性能，使条文具有可操作性，根据木骨架组合墙体不同构造形式的隔声性能，将木骨架组合墙体隔声性能按表5.5.2-1分为7级，从25dB至55dB每5dB为一个级差，基本能满足本规范所适用范围的建筑不同围护结构隔声的要求。表6为几种墙体隔声性能和构造措施参考表，设计时按照现行国家标准《民用建筑隔声设计规范》GBJ 118的规定，根据建筑的不同功能要求，选择围护结构的不同隔声级别。

表6 几种墙体隔声性能和构造措施

隔声级别	计权隔声量指标(dB)	构造措施
I_n	≥55	1. M140双面双层板(填充保温材料140mm)； 2. 双排M65墙骨柱(每侧墙骨柱之间填充保温材料65mm)，两排墙骨柱间距25mm，双面双层板
II_n	≥50	M115双面双层板(填充保温材料115mm)
III_n	≥45	M115双面单层板(填充保温材料115mm)
IV_n	≥40	M90双面双层板(填充保温材料90mm)
V_n	≥35	1. M65双面单层板(填充保温材料65mm)； 2. M45双面双层板(填充保温材料45mm)
VI_n	≥30	1. M45双面单层板(填充保温材料45mm)； 2. M45双面双层板
VII_n	≥25	M45双面单层板

注：表中M表示木骨架立柱高度，单位为mm。

5.5.3、5.5.4 设备管道穿越墙体或布置有设备管道、安装电源盒、通风换气等设备开孔时，会使墙体出现施工所产生的间隙、孔洞，设备、管道运行所产生的噪声，将直接影响墙体的隔声性能，为了保证建筑的声环境质量，使墙体的隔声指标真正达到国家设计标准的要求，必须对管道穿越空隙以及墙与墙连接部位的接缝间隙进行建筑隔声处理，对设备管道应设有相应的防振、隔噪声措施。

5.6 防火设计

5.6.1 考虑到木骨架组合墙体很难达到国家现行标准《建筑设计防火规范》GBJ 16规定的不燃烧体，所以本技术规范除了对该墙体的适用范围作了限制外，还对采用该墙体的建筑物层数和高度作了限制。本条的部分内容是依据《高层民用建筑设计防火规范》GB 50045—95中的有关条款制定的。

5.6.2、5.6.3 第5.6.2条只对木骨架组合墙体的耐火极限作出了规定。因为本墙体最多只能做到难燃烧体，所以在表5.6.2和表5.6.3中没有重复。根据《建筑设计防火规范》GBJ 16—87(2001年版)表2.0.1的规定，一、二、三级耐火等级建筑物的非承重外墙和一、二级耐火等级建筑物的房间隔墙都必须是不燃烧体，但鉴于本墙体无法达到不燃烧体标准，所以表5.6.2中对该墙体的燃烧性能适当放松，但严格限制其适用范围，以保证整个建筑物的安全性。同时，表5.6.3还对该类墙体的覆面材料作了更细化的规定。

因为一级耐火等级的工业、办公建筑物对防火的要求相对较高，所以表5.6.2的注将该类建筑物内房间隔墙的耐火极限提高了0.25h，以保证该类建筑物的防火安全。

5.6.4 本条是为了保证整个墙体的防火性能，防止火灾从一个空间穿过管道孔洞或管线传播到其他空间。

5.6.5 本条对石膏板的安装作了详细规定。墙体的防火性能取决于多方面的因素，如石膏板的层数、石膏板的类型、质量和石膏板的安装方法以及填充岩棉的质量和方法等。

5.7 墙面设计

5.7.4 有关墙面板固定的构造要求是研究和吸收北欧相关标准的构造措施后，作出的规定。

5.9 特殊部位设计

5.9.1 电源插座盒与墙面板之间采用石膏抹灰并密封，其目的是为了隔声。

5.9.2 对于隔声要求大于50dB的隔墙，如果在墙板上开孔穿管，所形成的间隙即使采用密封胶密封，墙体隔声也难于满足大于50dB的要求，因此，对于隔声要求大于50dB的隔墙不允许开孔穿过设备管线。

5.9.3 悬挂物固定方式是参照北欧有关标准参数而确定。

6 施工和生产

6.2 施 工 要 求

6.2.6 经切割过的纸面石膏板的直角边，安装前应将切割边倒角并打光，以备密封，如图7所示。

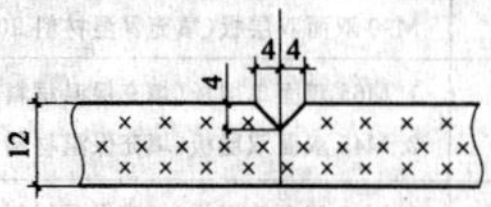
4
4
4
12

图7 纸面石膏板的倒角

外墙面板的下端面与建筑物构件表面间应留有10～20mm的缝隙，以便外墙体通风、水汽出入，防止墙体内部材料受潮变形。

外墙面板在存放和施工中严禁与水接触或受潮，这一点很重要，必须十分注意。

7 质量和验收

7.1 质 量 要 求

7.1.1 木骨架组合墙体的质量要求都作出了明确的数量指标，以便作为工程质量与验收的依据。

7.1.4 木骨架组合墙体的主要性能指标应在工程施工前所做的样品试验测试时提供可靠的检测报告，以备工程验收时参考。故各地区采用木骨架组合墙体时，必须根据当地的气候条件和建筑要求标准，设计适当的墙体厚度，特别是保温隔热层厚度，选择经济合理的设计方案，以满足建筑节能、隔声和防火要求。

7.3 工 程 验 收

7.3.2 本条款列出的应提交的工程验收资料是木骨架组合墙体工程验收时必不可少的。但在实际操作中，墙体的验收可能与整个建筑工程一起进行，其应提交的技术文件、报告、记录等可一起提交，以备建筑工程统一验收时使用。

8 维 护 管 理

8.1 一 般 规 定

8.1.1 为了使木骨架组合墙体在使用过程中能达到和保持设计要求的预定功能，保证墙体的安全使用，要求墙体承包商向业主提供《木骨架组合墙体使用维护说明书》，其目的主要是让业主清楚地了解该墙体的有关性能和指标参数，能做到正确使用和进行一般的维护。

8.2 检查与维修

8.2.2 一般情况下，木骨架组合墙体在工程竣工使用一年后，墙体采用的材料和配件的一些缺陷均有不同程度的暴露，这时，应对木骨架组合墙体进行一次全面检查和维护。此后，业主或物业管理部门应根据当地气候特点，在容易对木骨架组合墙体造成破坏的雪季、雨季和风季前后，每5年进行一次日常检查。日常检查和维护一般由业主或物业管理部门自行组织实施。

中华人民共和国国家标准

住 宅 建 筑 规 范

Residential building code

GB 50368—2005

主编部门：中华人民共和国建设部
批准部门：中华人民共和国建设部
施行日期：2 0 0 6 年 3 月 1 日

中华人民共和国建设部
公　告

第 385 号

建设部关于发布国家标准《住宅建筑规范》的公告

现批准《住宅建筑规范》为国家标准，编号为GB 50368—2005，自2006年3月1日起实施。本规范全部条文为强制性条文，必须严格执行。

本规范由建设部标准定额研究所组织中国建筑工业出版社出版发行。

中华人民共和国建设部

2005年11月30日

前　言

本规范根据建设部建标函［2005］84号（关于印发《2005年工程建设标准规范制订、修订计划（第一批）》的通知）的要求，由中国建筑科学研究院会同有关单位编制而成。

本规范是主要依据现行相关标准，总结近年来我国城镇住宅建设、使用和维护的实践经验和研究成果，参照发达国家通行做法制定的第一部以功能和性能要求为基础的全文强制的标准。

在编制过程中，广泛地征求了有关方面的意见，对主要问题进行了专题论证，对具体内容进行了反复讨论、协调和修改，并经审查定稿。

本规范的主要内容有：总则、术语、基本规定、外部环境、建筑、结构、室内环境、设备、防火与疏散、节能、使用与维护。

本规范由建设部负责管理和解释，由中国建筑科学研究院负责具体技术内容的解释。请各单位在执行过程中，总结实践经验，积累资料，随时将有关意见和建议反馈给中国建筑科学研究院（地址：北京市北三环东路30号；邮政编码：100013；E-mail：buildingcode@vip.sina.com）。

本规范主编单位：中国建筑科学研究院

参　加　单　位：中国建筑设计研究院
中国城市规划设计研究院
建设部标准定额研究所
建设部住宅产业化促进中心
公安部消防局

本规范主要起草人：袁振隆　王有为　童悦仲
林建平　涂英时　陈国义
（以下按姓氏笔画排列）
王玮华　刘文利　孙成群
张　播　李引擎　李娥飞
沈　纹　林海燕　林常青
郎四维　洪泰杓　胡荣国
赵文凯　赵　锂　梁　锋
黄小坤　曾　捷　程志军

目　次

1 总　　则

1.0.1 为贯彻执行国家技术经济政策，推进可持续发展，规范住宅的基本功能和性能要求，依据有关法律、法规，制定本规范。

1.0.2 本规范适用于城镇住宅的建设、使用和维护。

1.0.3 住宅建设应因地制宜、节约资源、保护环境，做到适用、经济、美观，符合节能、节地、节水、节材的要求。

1.0.4 本规范的规定为对住宅的基本要求。当与法律、行政法规的规定抵触时，应按法律、行政法规的规定执行。

1.0.5 住宅的建设、使用和维护，尚应符合经国家批准或备案的有关标准的规定。

2 术　　语

2.0.1 住宅建筑　residential building

供家庭居住使用的建筑（含与其他功能空间处于同一建筑中的住宅部分），简称住宅。

2.0.2 老年人住宅　house for the aged

供以老年人为核心的家庭居住使用的专用住宅。老年人住宅以套为单位，普通住宅楼栋中可设置若干套老年人住宅。

2.0.3 住宅单元　residential building unit

由多套住宅组成的建筑部分，该部分内的住户可通过共用楼梯和安全出口进行疏散。

2.0.4 套　dwelling space

由使用面积、居住空间组成的基本住宅单位。

2.0.5 无障碍通路　barrier-free passage

住宅外部的道路、绿地与公共服务设施等用地内的适合老年人、体弱者、残疾人、轮椅及童车等通行的交通设施。

2.0.6 绿地　green space

居住用地内公共绿地、宅旁绿地、公共服务设施所属绿地和道路绿地（即道路红线内的绿地）等各种形式绿地的总称，包括满足当地植树绿化覆土要求、方便居民出入的地下或半地下建筑的屋顶绿地，不包括其他屋顶、晒台的绿地及垂直绿化。

2.0.7 公共绿地　public green space

满足规定的日照要求、适合于安排游憩活动设施的、供居民共享的集中绿地。

2.0.8 绿地率　greening rate

居住用地内各类绿地面积的总和与用地面积的比率（%）。

2.0.9 入口平台　entrance platform

在台阶或坡道与建筑入口之间的水平地面。

2.0.10 无障碍住房　barrier-free residence

在住宅建筑中，设有乘轮椅者可进入和使用的住宅套房。

2.0.11 轮椅坡道　ramp for wheelchair

坡度、宽度及地面、扶手、高度等方面符合乘轮椅者通行要求的坡道。

2.0.12 地下室　basement

房间地面低于室外地平面的高度超过该房间净高的1/2者。

2.0.13 半地下室　semi-basement

房间地面低于室外地平面的高度超过该房间净高的1/3，且不超过1/2者。

2.0.14 设计使用年限　design working life

设计规定的结构或结构构件不需进行大修即可按其预定目的使用的时期。

2.0.15 作用　action

引起结构或结构构件产生内力和变形效应的原因。

2.0.16 非结构构件　non-structural element

连接于建筑结构的建筑构件、机电部件及其系统。

3 基 本 规 定

3.1 住宅基本要求

3.1.1 住宅建设应符合城市规划要求，保障居民的基本生活条件和环境，经济、合理、有效地使用土地和空间。

3.1.2 住宅选址时应考虑噪声、有害物质、电磁辐射和工程地质灾害、水文地质灾害等的不利影响。

3.1.3 住宅应具有与其居住人口规模相适应的公共服务设施、道路和公共绿地。

3.1.4 住宅应按套型设计，套内空间和设施应能满足安全、舒适、卫生等生活起居的基本要求。

3.1.5 住宅结构在规定的设计使用年限内必须具有足够的可靠性。

3.1.6 住宅应具有防火安全性能。

3.1.7 住宅应具备在紧急事态时人员从建筑中安全撤出的功能。

3.1.8 住宅应满足人体健康所需的通风、日照、自然采光和隔声要求。

3.1.9 住宅建设的选材应避免造成环境污染。

3.1.10 住宅必须进行节能设计，且住宅及其室内设备应能有效利用能源和水资源。

3.1.11 住宅建设应符合无障碍设计原则。

3.1.12 住宅应采取防止外窗玻璃、外墙装饰及其他附属设施等坠落或坠落伤人的措施。

3.2 许 可 原 则

3.2.1 住宅建设必须采用质量合格并符合要求的材

料与设备。

3.2.2 当住宅建设采用不符合工程建设强制性标准的新技术、新工艺、新材料时，必须经相关程序核准。

3.2.3 未经技术鉴定和设计认可，不得拆改结构构件和进行加层改造。

3.3 既有住宅

3.3.1 既有住宅达到设计使用年限或遭遇重大灾害后，需要继续使用时，应委托具有相应资质的机构鉴定，并根据鉴定结论进行处理。

3.3.2 既有住宅进行改造、改建时，应综合考虑节能、防火、抗震的要求。

4 外部环境

4.1 相邻关系

4.1.1 住宅间距，应以满足日照要求为基础，综合考虑采光、通风、消防、防灾、管线埋设、视觉卫生等要求确定。住宅日照标准应符合表4.1.1的规定；对于特定情况还应符合下列规定：

1 老年人住宅不应低于冬至日日照2h的标准；

2 旧区改建的项目内新建住宅日照标准可酌情降低，但不应低于大寒日日照1h的标准。

表4.1.1 住宅建筑日照标准

建筑气候区划	Ⅰ、Ⅱ、Ⅲ、Ⅶ气候区		Ⅳ气候区		Ⅴ、Ⅵ气候区
	大城市	中小城市	大城市	中小城市	
日照标准日	大寒日			冬至日	
日照时数(h)	≥2	≥3		≥1	
有效日照时间带(h)(当地真太阳时)	8～16			9～15	
日照时间计算起点	底层窗台面				

注：底层窗台面是指距室内地坪0.9m高的外墙位置。

4.1.2 住宅至道路边缘的最小距离，应符合表4.1.2的规定。

表4.1.2 住宅至道路边缘最小距离（m）

与住宅距离 \ 路面宽度			<6m	6～9m	>9m
住宅面向道路	无出入口	高层	2	3	5
		多层	2	3	3
	有出入口		2.5	5	—
住宅山墙面向道路		高层	1.5	2	4
		多层	1.5	2	2

注：1 当道路设有人行便道时，其道路边缘指便道边线；

2 表中“—”表示住宅不应向路面宽度大于9m的道路开设出入口。

4.1.3 住宅周边设置的各类管线不应影响住宅的安全，并应防止管线腐蚀、沉陷、振动及受重压。

4.2 公共服务设施

4.2.1 配套公共服务设施（配套公建）应包括：教育、医疗卫生、文化、体育、商业服务、金融邮电、社区服务、市政公用和行政管理等9类设施。

4.2.2 配套公建的项目与规模，必须与居住人口规模相对应，并应与住宅同步规划、同步建设、同期交付。

4.3 道路交通

4.3.1 每个住宅单元至少应有一个出入口可以通达机动车。

4.3.2 道路设置应符合下列规定：

1 双车道道路的路面宽度不应小于6m；宅前路的路面宽度不应小于2.5m；

2 当尽端式道路的长度大于120m时，应在尽端设置不小于12m×12m的回车场地；

3 当主要道路坡度较大时，应设缓冲段与城市道路相接；

4 在抗震设防地区，道路交通应考虑减灾、救灾的要求。

4.3.3 无障碍通路应贯通，并应符合下列规定：

1 坡道的坡度应符合表4.3.3的规定。

表4.3.3 坡道的坡度

高度（m）	1.50	1.00	0.75
坡度	≤1：20	≤1：16	≤1：12

2 人行道在交叉路口、街坊路口、广场入口处应设缘石坡道，其坡面应平整，且不应光滑。坡度应小于1：20，坡宽应大于1.2m。

3 通行轮椅车的坡道宽度不应小于1.5m。

4.3.4 居住用地内应配套设置居民自行车、汽车的停车场地或停车库。

4.4 室外环境

4.4.1 新区的绿地率不应低于30%。

4.4.2 公共绿地总指标不应少于1m^2/人。

4.4.3 人工景观水体的补充水严禁使用自来水。无护栏水体的近岸2m范围内及园桥、汀步附近2m范围内，水深不应大于0.5m。

4.4.4 受噪声影响的住宅周边应采取防噪措施。

4.5 竖向

4.5.1 地面水的排水系统，应根据地形特点设计，地面排水坡度不应小于0.2%。

4.5.2 住宅用地的防护工程设置应符合下列规定：

1 台阶式用地的台阶之间应用护坡或挡土墙连

接，相邻台地间高差大于 1.5m 时，应在挡土墙或坡比值大于 0.5 的护坡顶面加设安全防护设施；

2 土质护坡的坡比值不应大于 0.5；

3 高度大于 2m 的挡土墙和护坡的上缘与住宅间水平距离不应小于 3m，其下缘与住宅间的水平距离不应小于 2m。

5 建 筑

5.1 套 内 空 间

5.1.1 每套住宅应设卧室、起居室（厅）、厨房和卫生间等基本空间。

5.1.2 厨房应设置炉灶、洗涤池、案台、排油烟机等设施或预留位置。

5.1.3 卫生间不应直接布置在下层住户的卧室、起居室（厅）、厨房、餐厅的上层。卫生间地面和局部墙面应有防水构造。

5.1.4 卫生间应设置便器、洗浴器、洗面器等设施或预留位置；布置便器的卫生间的门不应直接开在厨房内。

5.1.5 外窗窗台距楼面、地面的净高低于 0.90m 时，应有防护设施。六层及六层以下住宅的阳台栏杆净高不应低于 1.05m，七层及七层以上住宅的阳台栏杆净高不应低于 1.10m。阳台栏杆应有防护措施。防护栏杆的垂直杆件间净距不应大于 0.11m。

5.1.6 卧室、起居室（厅）的室内净高不应低于 2.40m，局部净高不应低于 2.10m，局部净高的面积不应大于室内使用面积的 1/3。利用坡屋顶内空间作卧室、起居室（厅）时，其 1/2 使用面积的室内净高不应低于 2.10m。

5.1.7 阳台地面构造应有排水措施。

5.2 公 共 部 分

5.2.1 走廊和公共部位通道的净宽不应小于 1.20m，局部净高不应低于 2.00m。

5.2.2 外廊、内天井及上人屋面等临空处栏杆净高，六层及六层以下不应低于 1.05m；七层及七层以上不应低于 1.10m。栏杆应防止攀登，垂直杆件间净距不应大于 0.11m。

5.2.3 楼梯梯段净宽不应小于 1.10m。六层及六层以下住宅，一边设有栏杆的梯段净宽不应小于 1.00m。楼梯踏步宽度不应小于 0.26m，踏步高度不应大于 0.175m。扶手高度不应小于 0.90m。楼梯水平段栏杆长度大于 0.50m 时，其扶手高度不应小于 1.05m。楼梯栏杆垂直杆件间净距不应大于 0.11m。楼梯井净宽大于 0.11m 时，必须采取防止儿童攀滑的措施。

5.2.4 住宅与附建公共用房的出入口应分开布置。住宅的公共出入口位于阳台、外廊及开敞楼梯平台的下部时，应采取防止物体坠落伤人的安全措施。

5.2.5 七层以及七层以上的住宅或住户入口层楼面距室外设计地面的高度超过 16m 以上的住宅必须设置电梯。

5.2.6 住宅建筑中设有管理人员室时，应设管理人员使用的卫生间。

5.3 无 障 碍 要 求

5.3.1 七层及七层以上的住宅，应对下列部位进行无障碍设计：

1 建筑入口；

2 入口平台；

3 候梯厅；

4 公共走道；

5 无障碍住房。

5.3.2 建筑入口及入口平台的无障碍设计应符合下列规定：

1 建筑入口设台阶时，应设轮椅坡道和扶手；

2 坡道的坡度应符合表 5.3.2 的规定；

表 5.3.2 坡道的坡度

高度（m）	1.00	0.75	0.60	0.35
坡度	≤1：16	≤1：12	≤1：10	≤1：8

3 供轮椅通行的门净宽不应小于 0.80m；

4 供轮椅通行的推拉门和平开门，在门把手一侧的墙面，应留有不小于 0.50m 的墙面宽度；

5 供轮椅通行的门扇，应安装视线观察玻璃、横执把手和关门拉手，在门扇的下方应安装高 0.35m 的护门板；

6 门槛高度及门内外地面高差不应大于 15mm，并应以斜坡过渡。

5.3.3 七层及七层以上住宅建筑入口平台宽度不应小于 2.00m。

5.3.4 供轮椅通行的走道和通道净宽不应小于 1.20m。

5.4 地 下 室

5.4.1 住宅的卧室、起居室（厅）、厨房不应布置在地下室。当布置在半地下室时，必须采取采光、通风、日照、防潮、排水及安全防护措施。

5.4.2 住宅地下机动车库应符合下列规定：

1 库内坡道严禁将宽的单车道兼作双车道。

2 库内不应设置修理车位，并不应设置使用或存放易燃、易爆物品的房间。

3 库内车道净高不应低于 2.20m。车位净高不应低于 2.00m。

4 库内直通住宅单元的楼（电）梯间应设门，严禁利用楼（电）梯间进行自然通风。

5.4.3 住宅地下自行车库净高不应低于2.00m。

5.4.4 住宅地下室应采取有效防水措施。

6 结 构

6.1 一般规定

6.1.1 住宅结构的设计使用年限不应少于50年，其安全等级不应低于二级。

6.1.2 抗震设防烈度为6度及以上地区的住宅结构必须进行抗震设计，其抗震设防类别不应低于丙类。

6.1.3 住宅结构设计应取得合格的岩土工程勘察文件。对不利地段，应提出避开要求或采取有效措施；严禁在抗震危险地段建造住宅建筑。

6.1.4 住宅结构应能承受在正常建造和正常使用过程中可能发生的各种作用和环境影响。在结构设计使用年限内，住宅结构和结构构件必须满足安全性、适用性和耐久性要求。

6.1.5 住宅结构不应产生影响结构安全的裂缝。

6.1.6 邻近住宅的永久性边坡的设计使用年限，不应低于受其影响的住宅结构的设计使用年限。

6.2 材 料

6.2.1 住宅结构材料应具有规定的物理、力学性能和耐久性能，并应符合节约资源和保护环境的原则。

6.2.2 住宅结构材料的强度标准值应具有不低于95%的保证率；抗震设防地区的住宅，其结构用钢材应符合抗震性能要求。

6.2.3 住宅结构用混凝土的强度等级不应低于C20。

6.2.4 住宅结构用钢材应具有抗拉强度、屈服强度、伸长率和硫、磷含量的合格保证；对焊接钢结构用钢材，尚应具有碳含量、冷弯试验的合格保证。

6.2.5 住宅结构中承重砌体材料的强度应符合下列规定：

1 烧结普通砖、烧结多孔砖、蒸压灰砂砖、蒸压粉煤灰砖的强度等级不应低于MU10；

2 混凝土砌块的强度等级不应低于MU7.5；

3 砖砌体的砂浆强度等级，抗震设计时不应低于M5；非抗震设计时，对低于五层的住宅不应低于M2.5，对不低于五层的住宅不应低于M5；

4 砌块砌体的砂浆强度等级，抗震设计时不应低于Mb7.5；非抗震设计时不应低于Mb5。

6.2.6 木结构住宅中，承重木材的强度等级不应低于TC11（针叶树种）或TB11（阔叶树种），其设计指标应考虑含水率的不利影响；承重结构用胶的胶合强度不应低于木材顺纹抗剪强度和横纹抗拉强度。

6.3 地基基础

6.3.1 住宅应根据岩土工程勘察文件，综合考虑主体结构类型、地域特点、抗震设防烈度和施工条件等因素，进行地基基础设计。

6.3.2 住宅的地基基础应满足承载力和稳定性要求，地基变形应保证住宅的结构安全和正常使用。

6.3.3 基坑开挖及其支护应保证其自身及其周边环境的安全。

6.3.4 桩基础和经处理后的地基应进行承载力检验。

6.4 上部结构

6.4.1 住宅应避免因局部破坏而导致整个结构丧失承载能力和稳定性。抗震设防地区的住宅不应采用严重不规则的设计方案。

6.4.2 抗震设防地区的住宅，应进行结构、结构构件的抗震验算，并应根据结构材料、结构体系、房屋高度、抗震设防烈度、场地类别等因素，采取可靠的抗震措施。

6.4.3 住宅结构中，刚度和承载力有突变的部位，应采取可靠的加强措施。9度抗震设防的住宅，不得采用错层结构、连体结构和带转换层的结构。

6.4.4 住宅的砌体结构，应采取有效的措施保证其整体性；在抗震设防地区尚应满足抗震性能要求。

6.4.5 底部框架、上部砌体结构住宅中，结构转换层的托墙梁、楼板以及紧邻转换层的竖向结构构件应采取可靠的加强措施；在抗震设防地区，底部框架不应超过2层，并应设置剪力墙。

6.4.6 住宅中的混凝土结构构件，其混凝土保护层厚度和配筋构造应满足受力性能和耐久性要求。

6.4.7 住宅的普通钢结构、轻型钢结构构件及其连接应采取有效的防火、防腐措施。

6.4.8 住宅木结构构件应采取有效的防火、防潮、防腐、防虫措施。

6.4.9 依附于住宅结构的围护结构和非结构构件，应采取与主体结构可靠的连接或锚固措施，并应满足安全性和适用性要求。

7 室内环境

7.1 噪声和隔声

7.1.1 住宅应在平面布置和建筑构造上采取防噪声措施。卧室、起居室在关窗状态下的白天允许噪声级为50dB（A声级），夜间允许噪声级为40dB（A声级）。

7.1.2 楼板的计权标准化撞击声压级不应大于75dB。

应采取构造措施提高楼板的撞击声隔声性能。

7.1.3 空气声计权隔声量，楼板不应小于40dB（分隔住宅和非居住用途空间的楼板不应小于55dB），分户墙不应小于40dB，外窗不应小于30dB，户门不应小于25dB。

应采取构造措施提高楼板、分户墙、外窗、户门的空气声隔声性能。

7.1.4 水、暖、电、气管线穿过楼板和墙体时，孔洞周边应采取密封隔声措施。

7.1.5 电梯不应与卧室、起居室紧邻布置。受条件限制需要紧邻布置时，必须采取有效的隔声和减振措施。

7.1.6 管道井、水泵房、风机房应采取有效的隔声措施，水泵、风机应采取减振措施。

7.2 日照、采光、照明和自然通风

7.2.1 住宅应充分利用外部环境提供的日照条件，每套住宅至少应有一个居住空间能获得冬季日照。

7.2.2 卧室、起居室（厅）、厨房应设置外窗，窗地面积比不应小于1/7。

7.2.3 套内空间应能提供与其使用功能相适应的照度水平。套外的门厅、电梯前厅、走廊、楼梯的地面照度应能满足使用功能要求。

7.2.4 住宅应能自然通风，每套住宅的通风开口面积不应小于地面面积的5%。

7.3 防 潮

7.3.1 住宅的屋面、外墙、外窗应能防止雨水和冰雪融化水侵入室内。

7.3.2 住宅屋面和外墙的内表面在室内温、湿度设计条件下不应出现结露。

7.4 空 气 污 染

7.4.1 住宅室内空气污染物的活度和浓度应符合表7.4.1的规定。

表7.4.1 住宅室内空气污染物限值

污染物名称	活度、浓度限值
氡	≤200Bq/m³
游离甲醛	≤0.08mg/m³
苯	≤0.09mg/m³
氨	≤0.2mg/m³
总挥发性有机化合物（TVOC）	≤0.5mg/m³

8 设 备

8.1 一 般 规 定

8.1.1 住宅应设室内给水排水系统。

8.1.2 严寒地区和寒冷地区的住宅应设采暖设施。

8.1.3 住宅应设照明供电系统。

8.1.4 住宅的给水总立管、雨水立管、消防立管、采暖供回水总立管和电气、电信干线（管），不应布置在套内。公共功能的阀门、电气设备和用于总体调节和检修的部件，应设在共用部位。

8.1.5 住宅的水表、电能表、热量表和燃气表的设置应便于管理。

8.2 给 水 排 水

8.2.1 生活给水系统和生活热水系统的水质、管道直饮水系统的水质和生活杂用水系统的水质均应符合使用要求。

8.2.2 生活给水系统应充分利用城镇给水管网的水压直接供水。

8.2.3 生活饮用水供水设施和管道的设置，应保证二次供水的使用要求。供水管道、阀门和配件应符合耐腐蚀和耐压的要求。

8.2.4 套内分户用水点的给水压力不应小于0.05MPa，入户管的给水压力不应大于0.35MPa。

8.2.5 采用集中热水供应系统的住宅，配水点的水温不应低于45℃。

8.2.6 卫生器具和配件应采用节水型产品，不得使用一次冲水量大于6L的坐便器。

8.2.7 住宅厨房和卫生间的排水立管应分别设置。排水管道不得穿越卧室。

8.2.8 设有淋浴器和洗衣机的部位应设置地漏，其水封深度不得小于50mm。构造内无存水弯的卫生器具与生活排水管道连接时，在排水口以下应设存水弯，其水封深度不得小于50mm。

8.2.9 地下室、半地下室中卫生器具和地漏的排水管，不应与上部排水管连接。

8.2.10 适合建设中水设施和雨水利用设施的住宅，应按照当地的有关规定配套建设中水设施和雨水利用设施。

8.2.11 设有中水系统的住宅，必须采取确保使用、维修和防止误饮误用的安全措施。

8.3 采暖、通风与空调

8.3.1 集中采暖系统应采取分室（户）温度调节措施，并应设置分户（单元）计量装置或预留安装计量装置的位置。

8.3.2 设置集中采暖系统的住宅，室内采暖计算温度不应低于表8.3.2的规定：

表8.3.2 采暖计算温度

空 间 类 别	采暖计算温度
卧室、起居室（厅）和卫生间	18℃
厨 房	15℃
设采暖的楼梯间和走廊	14℃

8.3.3 集中采暖系统应以热水为热媒，并应有可靠的水质保证措施。

8.3.4 采暖系统应没有冻结危险，并应有热膨胀补

偿措施。

8.3.5 除电力充足和供电政策支持外，严寒地区和寒冷地区的住宅内不应采用直接电热采暖。

8.3.6 厨房和无外窗的卫生间应有通风措施，且应预留安装排风机的位置和条件。

8.3.7 当采用竖向通风道时，应采取防止支管回流和竖井泄漏的措施。

8.3.8 当选择水源热泵作为居住区或户用空调（热泵）机组的冷热源时，必须确保水源热泵系统的回灌水不破坏和不污染所使用的水资源。

8.4 燃 气

8.4.1 住宅应使用符合城镇燃气质量标准的可燃气体。

8.4.2 住宅内管道燃气的供气压力不应高于0.2MPa。

8.4.3 住宅内各类用气设备应使用低压燃气，其入口压力必须控制在设备的允许压力波动范围内。

8.4.4 套内的燃气设备应设置在厨房或与厨房相连的阳台内。

8.4.5 住宅的地下室、半地下室内严禁设置液化石油气用气设备、管道和气瓶。十层及十层以上住宅内不得使用瓶装液化石油气。

8.4.6 住宅的地下室、半地下室内设置人工煤气、天然气用气设备时，必须采取安全措施。

8.4.7 住宅内燃气管道不得敷设在卧室、暖气沟、排烟道、垃圾道和电梯井内。

8.4.8 住宅内设置的燃气设备和管道，应满足与电气设备和相邻管道的净距要求。

8.4.9 住宅内各类用气设备排出的烟气必须排至室外。多台设备合用一个烟道时不得相互干扰。厨房燃具排气罩排出的油烟不得与热水器或采暖炉排烟合用一个烟道。

8.5 电 气

8.5.1 电气线路的选材、配线应与住宅的用电负荷相适应，并应符合安全和防火要求。

8.5.2 住宅供配电应采取措施防止因接地故障等引起的火灾。

8.5.3 当应急照明在采用节能自熄开关控制时，必须采取应急时自动点亮的措施。

8.5.4 每套住宅应设置电源总断路器，总断路器应采用可同时断开相线和中性线的开关电器。

8.5.5 住宅套内的电源插座与照明，应分路配电。安装在1.8m及以下的插座均应采用安全型插座。

8.5.6 住宅应根据防雷分类采取相应的防雷措施。

8.5.7 住宅配电系统的接地方式应可靠，并应进行总等电位联结。

8.5.8 防雷接地应与交流工作接地、安全保护接地等共用一组接地装置，接地装置应优先利用住宅建筑的自然接地体，接地装置的接地电阻值必须按接入设备中要求的最小值确定。

9 防火与疏散

9.1 一般规定

9.1.1 住宅建筑的周围环境应为灭火救援提供外部条件。

9.1.2 住宅建筑中相邻套房之间应采取防火分隔措施。

9.1.3 当住宅与其他功能空间处于同一建筑内时，住宅部分与非住宅部分之间应采取防火分隔措施，且住宅部分的安全出口和疏散楼梯应独立设置。

经营、存放和使用火灾危险性为甲、乙类物品的商店、作坊和储藏间，严禁附设在住宅建筑中。

9.1.4 住宅建筑的耐火性能、疏散条件和消防设施的设置应满足防火安全要求。

9.1.5 住宅建筑设备的设置和管线敷设应满足防火安全要求。

9.1.6 住宅建筑的防火与疏散要求应根据建筑层数、建筑面积等因素确定。

注：1 当住宅和其他功能空间处于同一建筑内时，应将住宅部分的层数与其他功能空间的层数叠加计算建筑层数。

2 当建筑中有一层或若干层的层高超过3m时，应对这些层按其高度总和除以3m进行层数折算，余数不足1.5m时，多出部分不计入建筑层数；余数大于或等于1.5m时，多出部分按1层计算。

9.2 耐火等级及其构件耐火极限

9.2.1 住宅建筑的耐火等级应划分为一、二、三、四级，其构件的燃烧性能和耐火极限不应低于表9.2.1的规定。

表9.2.1 住宅建筑构件的燃烧性能和耐火极限（h）

构件名称		耐火等级 一级	二级	三级	四级
墙	防火墙	不燃性 3.00	不燃性 3.00	不燃性 3.00	不燃性 3.00
	非承重外墙、疏散走道两侧的隔墙	不燃性 1.00	不燃性 1.00	不燃性 0.75	难燃性 0.75
	楼梯间的墙、电梯井的墙、住宅单元之间的墙、住宅分户墙、承重墙	不燃性 2.00	不燃性 2.00	不燃性 1.50	难燃性 1.00
	房间隔墙	不燃性 0.75	不燃性 0.50	难燃性 0.50	难燃性 0.25

续表 9.2.1

构件名称	耐火等级			
	一级	二级	三级	四级
柱	不燃性 3.00	不燃性 2.50	不燃性 2.00	难燃性 1.00
梁	不燃性 2.00	不燃性 1.50	不燃性 1.00	难燃性 1.00
楼板	不燃性 1.50	不燃性 1.00	不燃性 0.75	难燃性 0.50
屋顶承重构件	不燃性 1.50	不燃性 1.00	难燃性 0.50	难燃性 0.25
疏散楼梯	不燃性 1.50	不燃性 1.00	不燃性 0.75	难燃性 0.50

注：表中的外墙指除外保温层外的主体构件。

9.2.2 四级耐火等级的住宅建筑最多允许建造层数为3层，三级耐火等级的住宅建筑最多允许建造层数为9层，二级耐火等级的住宅建筑最多允许建造层数为18层。

9.3 防火间距

9.3.1 住宅建筑与相邻建筑、设施之间的防火间距应根据建筑的耐火等级、外墙的防火构造、灭火救援条件及设施的性质等因素确定。

9.3.2 住宅建筑与相邻民用建筑之间的防火间距应符合表9.3.2的要求。当建筑相邻外墙采取必要的防火措施后，其防火间距可适当减少或贴邻。

表 9.3.2 住宅建筑与相邻民用建筑之间的防火间距（m）

建筑类别			10层及10层以上住宅或其他高层民用建筑		10层以下住宅或其他非高层民用建筑		
			高层建筑	裙房	耐火等级		
					一、二级	三级	四级
10层以下住宅	耐火等级	一、二级	9	6	6	7	9
		三级	11	7	7	8	10
		四级	14	9	9	10	12
10层及10层以上住宅			13	9	9	11	14

9.4 防火构造

9.4.1 住宅建筑上下相邻套房开口部位间应设置高度不低于0.8m的窗槛墙或设置耐火极限不低于1.00h的不燃性实体挑檐，其出挑宽度不应小于0.5m，长度不应小于开口宽度。

9.4.2 楼梯间窗口与套房窗口最近边缘之间的水平间距不应小于1.0m。

9.4.3 住宅建筑中竖井的设置应符合下列要求：

1 电梯井应独立设置，井内严禁敷设燃气管道，并不应敷设与电梯无关的电缆、电线等。电梯井井壁上除开设电梯门洞和通气孔洞外，不应开设其他洞口。

2 电缆井、管道井、排烟道、排气道等竖井应分别独立设置，其井壁应采用耐火极限不低于1.00h的不燃性构件。

3 电缆井、管道井应在每层楼板处采用不低于楼板耐火极限的不燃性材料或防火封堵材料封堵；电缆井、管道井与房间、走道等相连通的孔洞，其空隙应采用防火封堵材料封堵。

4 电缆井和管道井设置在防烟楼梯间前室、合用前室时，其井壁上的检查门应采用丙级防火门。

9.4.4 当住宅建筑中的楼梯、电梯直通住宅楼层下部的汽车库时，楼梯、电梯在汽车库出入口部位应采取防火分隔措施。

9.5 安全疏散

9.5.1 住宅建筑应根据建筑的耐火等级、建筑层数、建筑面积、疏散距离等因素设置安全出口，并应符合下列要求：

1 10层以下的住宅建筑，当住宅单元任一层的建筑面积大于650m²，或任一套房的户门至安全出口的距离大于15m时，该住宅单元每层的安全出口不应少于2个。

2 10层及10层以上但不超过18层的住宅建筑，当住宅单元任一层的建筑面积大于650m²，或任一套房的户门至安全出口的距离大于10m时，该住宅单元每层的安全出口不应少于2个。

3 19层及19层以上的住宅建筑，每个住宅单元每层的安全出口不应少于2个。

4 安全出口应分散布置，两个安全出口之间的距离不应小于5m。

5 楼梯间及前室的门应向疏散方向开启；安装有门禁系统的住宅，应保证住宅直通室外的门在任何时候能从内部徒手开启。

9.5.2 每层有2个及2个以上安全出口的住宅单元，套房户门至最近安全出口的距离应根据建筑的耐火等级、楼梯间的形式和疏散方式确定。

9.5.3 住宅建筑的楼梯间形式应根据建筑形式、建筑层数、建筑面积以及套房户门的耐火等级等因素确定。在楼梯间的首层应设置直接对外的出口，或将对外出口设置在距离楼梯间不超过15m处。

9.5.4 住宅建筑楼梯间顶棚、墙面和地面均应采用不燃性材料。

9.6 消防给水与灭火设施

9.6.1 8层及8层以上的住宅建筑应设置室内消防给水设施。

9.6.2 35层及35层以上的住宅建筑应设置自动喷水灭火系统。

9.7 消 防 电 气

9.7.1 10层及10层以上住宅建筑的消防供电不应低于二级负荷要求。

9.7.2 35层及35层以上的住宅建筑应设置火灾自动报警系统。

9.7.3 10层及10层以上住宅建筑的楼梯间、电梯间及其前室应设置应急照明。

9.8 消 防 救 援

9.8.1 10层及10层以上的住宅建筑应设置环形消防车道，或至少沿建筑的一个长边设置消防车道。

9.8.2 供消防车取水的天然水源和消防水池应设置消防车道，并满足消防车的取水要求。

9.8.3 12层及12层以上的住宅应设置消防电梯。

10 节 能

10.1 一 般 规 定

10.1.1 住宅应通过合理选择建筑的体形、朝向和窗墙面积比，增强围护结构的保温、隔热性能，使用能效比高的采暖和空气调节设备和系统，采取室温调控和热量计量措施来降低采暖、空气调节能耗。

10.1.2 节能设计应采用规定性指标，或采用直接计算采暖、空气调节能耗的性能化方法。

10.1.3 住宅围护结构的构造应防止围护结构内部保温材料受潮。

10.1.4 住宅公共部位的照明应采用高效光源、高效灯具和节能控制措施。

10.1.5 住宅内使用的电梯、水泵、风机等设备应采取节电措施。

10.1.6 住宅的设计与建造应与地区气候相适应，充分利用自然通风和太阳能等可再生能源。

10.2 规 定 性 指 标

10.2.1 住宅节能设计的规定性指标主要包括：建筑物体形系数、窗墙面积比、各部分围护结构的传热系数、外窗遮阳系数等。各建筑热工设计分区的具体规定性指标应根据节能目标分别确定。

10.2.2 当采用冷水机组和单元式空气调节机作为集中式空气调节系统的冷源设备时，其性能系数、能效比不应低于表10.2.2-1和表10.2.2-2的规定值。

表10.2.2-1 冷水（热泵）机组制冷性能系数

类型		额定制冷量 (kW)	性能系数 (W/W)
水冷	活塞式/涡旋式	＜528	3.80
		528～1163	4.00
		＞1163	4.20
	螺杆式	＜528	4.10
		528～1163	4.30
		＞1163	4.60
	离心式	＜528	4.40
		528～1163	4.70
		＞1163	5.10
风冷或蒸发冷却	活塞式/涡旋式	≤50	2.40
		＞50	2.60
	螺杆式	≤50	2.60
		＞50	2.80

表10.2.2-2 单元式空气调节机能效比

类型		能效比（W/W）
风冷式	不接风管	2.60
	接风管	2.30
水冷式	不接风管	3.00
	接风管	2.70

10.3 性 能 化 设 计

10.3.1 性能化设计应以采暖、空调能耗指标作为节能控制目标。

10.3.2 各建筑热工设计分区的控制目标限值应根据节能目标分别确定。

10.3.3 性能化设计的控制目标和计算方法应符合下列规定：

1 严寒、寒冷地区的住宅应以建筑物耗热量指标为控制目标。

建筑物耗热量指标的计算应包含围护结构的传热耗热量、空气渗透耗热量和建筑物内部得热量三个部分，计算所得的建筑物耗热量指标不应超过表10.3.3-1的规定。

表10.3.3-1 建筑物耗热量指标（W/m^2）

地名	耗热量指标	地名	耗热量指标
北京市	14.6	张家口	21.1
天津市	14.5	秦皇岛	20.8
河北省		保定	20.5
石家庄	20.3	邯郸	20.3

续表 10.3.3-1

地　名	耗热量指标	地　名	耗热量指标
唐　山	20.8	嫩　江	22.5
承　德	21.0	齐齐哈尔	21.9
丰　宁	21.2	富　锦	22.0
山西省		牡丹江	21.8
太　原	20.8	呼　玛	22.7
大　同	21.1	佳木斯	21.9
长　治	20.8	安　达	22.0
阳　泉	20.5	伊　春	22.4
临　汾	20.4	克　山	22.3
晋　城	20.4	江苏省	
运　城	20.3	徐　州	20.0
内蒙古		连云港	20.0
呼和浩特	21.3	宿　迁	20.0
锡林浩特	22.0	淮　阴	20.0
海拉尔	22.6	盐　城	20.0
通　辽	21.6	山东省	
赤　峰	21.3	济　南	20.2
满洲里	22.4	青　岛	20.2
博克图	22.2	烟　台	20.2
二连浩特	21.9	德　州	20.5
多　伦	21.8	淄　博	20.4
白云鄂博	21.6	兖　州	20.4
辽宁省		潍　坊	20.4
沈　阳	21.2	河南省	
丹　东	20.9	郑　州	20.0
大　连	20.6	安　阳	20.3
阜　新	21.3	濮　阳	20.3
抚　顺	21.4	新　乡	20.1
朝　阳	21.1	洛　阳	20.0
本　溪	21.2	商　丘	20.1
锦　州	21.0	开　封	20.1
鞍　山	21.1	四川省	
葫芦岛	21.0	阿　坝	20.8
吉林省		甘　孜	20.5
长　春	21.7	康　定	20.3
吉　林	21.8	西　藏	
延　吉	21.5	拉　萨	20.2
通　化	21.6	噶　尔	21.2
双　辽	21.6	日喀则	20.4
四　平	21.5	陕西省	
白　城	21.8	西　安	20.2
黑龙江		榆　林	21.0
哈尔滨	21.9	延　安	20.7

续表 10.3.3-1

地　名	耗热量指标	地　名	耗热量指标
宝　鸡	20.1	宁　夏	
甘肃省		银　川	21.0
兰　州	20.8	中　宁	20.8
酒　泉	21.0	固　原	20.9
敦　煌	21.0	石嘴山	21.0
张　掖	21.0	新　疆	
山　丹	21.1	乌鲁木齐	21.8
平　凉	20.6	塔　城	21.4
天　水	20.3	哈　密	21.3
青海省		伊　宁	21.1
西　宁	20.9	喀　什	20.7
玛　多	21.5	富　蕴	22.4
大柴旦	21.4	克拉玛依	21.8
共　和	21.1	吐鲁番	21.1
格尔木	21.1	库　车	20.9
玉　树	20.8	和　田	20.7

2　夏热冬冷地区的住宅应以建筑物采暖和空气调节年耗电量之和为控制目标。

建筑物采暖和空气调节年耗电量应采用动态逐时模拟方法在确定的条件下计算。计算条件应包括：

1）居室室内冬、夏季的计算温度；

2）典型气象年室外气象参数；

3）采暖和空气调节的换气次数；

4）采暖、空气调节设备的能效比；

5）室内得热强度。

计算所得的采暖和空气调节年耗电量之和，不应超过表 10.3.3-2 按采暖度日数 HDD18 列出的采暖年耗电量和按空气调节度日数 CDD26 列出的空气调节年耗电量的限值之和。

表 10.3.3-2　建筑物采暖年耗电量和空气调节年耗电量的限值

HDD18（℃·d）	采暖年耗电量 E_h（kWh/m^2）	CDD26（℃·d）	空气调节年耗电量 E_c（kWh/m^2）
800	10.1	25	13.7
900	13.4	50	15.6
1000	15.6	75	17.4
1100	17.8	100	19.3
1200	20.1	125	21.2
1300	22.3	150	23.0
1400	24.5	175	24.9
1500	26.7	200	26.8
1600	29.0	225	28.6
1700	31.2	250	30.5
1800	33.4	275	32.4

续表 10.3.3-2

HDD18 (℃·d)	采暖年耗电量 E_h（kWh/m²）	CDD26 (℃·d)	空气调节年耗电量 E_c（kWh/m²）
1900	35.7	300	34.2
2000	37.9		
2100	40.1		
2200	42.4		
2300	44.6		
2400	46.8		
2500	49.0		

3 夏热冬暖地区的住宅应以参照建筑的空气调节和采暖年耗电量为控制目标。

参照建筑和所设计住宅的空气调节和采暖年耗电量应采用动态逐时模拟方法在确定的条件下计算。计算条件应包括：

1）居室室内冬、夏季的计算温度；

2）典型气象年室外气象参数；

3）采暖和空气调节的换气次数；

4）采暖、空气调节设备的能效比。

参照建筑应按下列原则确定：

1）参照建筑的建筑形状、大小和朝向均应与所设计住宅完全相同；

2）参照建筑的开窗面积应与所设计住宅相同，但当所设计住宅的窗面积超过规定性指标时，参照建筑的窗面积应减小到符合规定性指标；

3）参照建筑的外墙、屋顶和窗户的各项热工性能参数应符合规定性指标。

11 使用与维护

11.0.1 住宅应满足下列条件，方可交付用户使用：

1 由建设单位组织设计、施工、工程监理等有关单位进行工程竣工验收，确认合格；取得当地规划、消防、人防等有关部门的认可文件或准许使用文件；在当地建设行政主管部门进行备案；

2 小区道路畅通，已具备接通水、电、燃气、暖气的条件。

11.0.2 住宅应推行社会化、专业化的物业管理模式。建设单位应在住宅交付使用时，将完整的物业档案移交给物业管理企业，内容包括：

1 竣工总平面图，单体建筑、结构、设备竣工图，配套设施和地下管网工程竣工图，以及相关的其他竣工验收资料；

2 设施设备的安装、使用和维护保养等技术资料；

3 工程质量保修文件和物业使用说明文件；

4 物业管理所必需的其他资料。

物业管理企业在服务合同终止时，应将物业档案移交给业主委员会。

11.0.3 建设单位应在住宅交付用户使用时提供给用户《住宅使用说明书》和《住宅质量保证书》。

《住宅使用说明书》应当对住宅的结构、性能和各部位（部件）的类型、性能、标准等做出说明，提出使用注意事项。《住宅使用说明书》应附有《住宅品质状况表》，其中应注明是否已进行住宅性能认定，并应包括住宅的外部环境、建筑空间、建筑结构、室内环境、建筑设备、建筑防火和节能措施等基本信息和达标情况。

《住宅质量保证书》应当包括住宅在设计使用年限内和正常使用情况下各部位、部件的保修内容和保修期、用户报修的单位，以及答复和处理的时限等。

11.0.4 用户应正确使用住宅内电气、燃气、给水排水等设施，不得在楼面上堆放影响楼盖安全的重物，严禁未经设计确认和有关部门批准擅自改动承重结构、主要使用功能或建筑外观，不得拆改水、暖、电、燃气、通信等配套设施。

11.0.5 对公共门厅、公共走廊、公共楼梯间、外墙面、屋面等住宅的共用部位，用户不得自行拆改或占用。

11.0.6 住宅和居住区内按照规划建设的公共建筑和共用设施，不得擅自改变其用途。

11.0.7 物业管理企业应对住宅和相关场地进行日常保养、维修和管理；对各种共用设备和设施，应进行日常维护、按计划检修，并及时更新，保证正常运行。

11.0.8 必须保持消防设施完好和消防通道畅通。

中华人民共和国国家标准

住 宅 建 筑 规 范

GB 50368—2005

条 文 说 明

目　次

1 总　　则

1.0.1～1.0.3 阐述制定本规范的目的、适用范围和住宅建设的基本原则。本规范适用于新建住宅的建设、建成之后的使用和维护及既有住宅的使用和维护。本规范重点突出了住宅建筑节能的技术要求。条文规定统筹考虑了维护公众利益、构建和谐社会等方面的要求。

1.0.4 本规范的规定为对住宅建筑的强制性要求。当本规范的规定与法律、行政法规的规定抵触时，应按法律、行政法规的规定执行。

1.0.5 本规范主要依据现行标准制定。本规范条文有些是现行标准的条文，有些是以现行标准条文为基础改写而成的，还有些是根据规范的系统性等需要新增的。本规范未对住宅的建设、使用和维护提出全面的、具体的要求。在住宅的建设、使用和维护过程中，尚应符合相关法律、法规和标准的要求。

3 基 本 规 定

3.1 住宅基本要求

3.1.1～3.1.12 提出了住宅在规划、选址、结构安全、火灾安全、使用安全、室内外环境、建筑节能、节水、无障碍设计等方面的基本要求，体现了以人为本和建设资源节约型、环境友好型社会的政策要求。

3.2 许 可 原 则

3.2.1 《建设工程勘察设计管理条例》（国务院令第293号）第二十七条规定：设计文件中选用的材料、构配件、设备，应当注明其规格、型号、性能等技术指标，其质量要求必须符合国家规定的标准。本条据此对住宅建设采用的材料和设备提出了要求。

3.2.2 依据《建设工程勘察设计管理条例》（国务院令第293号）第二十九条和“三新”核准行政许可，当工程建设采用不符合工程建设强制性标准的新技术、新工艺、新材料时，必须按照《“采用不符合工程建设强制性标准的新技术、新工艺、新材料核准”行政许可实施细则》（建标［2005］124号）的规定进行核准。

3.2.3 当需要对住宅建筑拆改结构构件或加层改造时，应经具有相应资质等级的检测、设计单位鉴定、校核后方可实施，以确保结构安全。

3.3 既 有 住 宅

3.3.1 住宅的设计使用年限一般为50年。当住宅达到设计使用年限并需要继续使用时，应对其进行鉴定，并根据鉴定结论作相应处理。重大灾害（如火灾、风灾、地震等）对住宅的结构安全和使用安全造成严重影响或潜在危害。遭遇重大灾害后的住宅需要继续使用时，也应进行鉴定，并做相应处理。

3.3.2 改造、改建既有住宅时，应结合现行建筑节能、防火、抗震方面的标准规定实施，使既有住宅逐步满足节能、火灾安全和抗震要求。

4 外 部 环 境

4.1 相 邻 关 系

4.1.1 本条根据国家标准《城市居住区规划设计规范》GB 50180—93（2002年版）第5.0.2条制定。

住宅间距不但直接影响居住用地的建筑密度、开发强度和住宅室内外环境质量，更与人均建设用地指标及居民的阳光权益等密切相关，备受大众关注，是居住用地规划与建设中的关键性指标。根据国内外成熟经验，并结合我国实际情况，将住宅建筑日照标准（表4.1.1）作为确定住宅间距的基本指标。相关研究证实，采用此基本指标是可行的。根据我国所处地理位置与气候状况，以及居住区规划实践，除少数地区（如低于北纬25°的地区）由于气候原因，与日照要求相比更侧重于通风和视觉卫生，尚需作补充规定外，大多数地区只要满足本标准要求，其他如通风等要求基本能达到。

由于老年人的生理机能、生活规律及其健康需求决定了其活动范围的局限性和对环境的特殊要求，故规定老年人住宅不应低于冬至日日照2h的标准。执行本条规定时不附带任何条件。

“旧区改建的项目内新建住宅日照标准可酌情降低”，系指在旧区改建时确实难以达到规定的标准时才能这样做，且仅适用于新建住宅本身。同时，为保障居民的切身利益，规定降低后的住宅日照标准不得低于大寒日日照1h。

4.1.2 本条根据国家标准《城市居住区规划设计规范》GB 50180—93（2002年版）第8.0.5条制定。

为维护住宅建筑底层住户的私密性，保障过往行人和车辆的安全（不碰头、不被上部坠落物砸伤等），并利于工程管线的铺设，本条规定了住宅建筑至道路边缘应保持的最小距离。宽度大于9m的道路一般为城市道路，车流量较大，为此不允许住宅面向道路开设出入口。

4.1.3 本条根据国家标准《城市居住区规划设计规范》GB 50180—93（2002年版）第10.0.2条制定。

管线综合规划是住宅建设中必不可少的组成部分。管线综合的目的就是在符合各种管线技术规范的前提下，解决诸管线之间或与建筑物、道路和绿地之间的矛盾，统筹安排好各自的空间，使之各得其所，并为各管线的设计、施工及管理提供良好条件。如果管线受腐蚀、沉陷、振动或受重压，不但使管线本身受到破坏，也将对住宅建筑的安全（如地基基础）和居住生活质量（如供水、供电）造成极不利的影响。为此，应处理好工程管线与建筑物之间、管线与管线之间的合理关系。

4.2 公共服务设施

4.2.1 本条根据国家标准《城市居住区规划设计规范》GB 50180—93（2002年版）第6.0.1条制定。

居住用地配套公建是构成和提高住宅外部环境质量的重要组成部分。本条将原条文中的"文化体育设施"分列为"文化设施"和"体育设施"，目的是体现"开展大众体育，增强人民体质"的政策要求，适应人民群众日益增长的对相关体育设施的迫切需求。

4.2.2 本条根据国家标准《城市居住区规划设计规范》GB 50180—93（2002年版）第6.0.2条制定。

对居住用地配套公建设置规模提出了"必须与人口规模相对应"的要求；考虑到入住者的生活需求，提出了配套公建"应与住宅同步规划、同步建设"的要求。同时，考虑到配套公建项目类别多样，主管和建设单位各异，要求同时投入使用有一定难度，为此，提出"应与住宅同期交付"的要求。配套公建项目与设置方式应结合周边相关的城市设施统筹考虑。

4.3 道路交通

4.3.1 国家标准《城市居住区规划设计规范》GB 50180—93（2002年版）第8.0.1条中规定，小区道路应适于消防车、救护车、商店货车和垃圾车等的通行，即要求做到适于机动车通行，但通行范围不够明确。

随着生活水平提高，老年人口增多，购物方式改变及居住密度增大，在实践中出现了很多诸如机动车能进入小区，但无法到达住宅单元的事例，对急救、消防及运输等造成不便，降低了居住的方便性、安全性，也损害了居住者的权益。为此，提出"每个住宅单元至少应有一个出入口可以通达机动车"的要求。执行本条规定时，为保障居民出入安全，应在住宅单元门前设置相应的缓冲地段，以利于各类车辆的临时停放且不影响居民出入。

4.3.2 本条根据国家标准《城市居住区规划设计规范》GB 50180—93（2002年版）第8章的相关规定制定。

为保证各类车辆的顺利通行，规定了双车道和宅前路路面宽度，对尽端式道路、内外道路衔接和抗震设防地区道路设置提出了相应要求。因居住用地内道路往往也是工程管线埋设的通道，为此，道路设置还应满足管线埋设的要求。当宅前路有兼顾大货车、消防车通行的要求时，路面两边还应设置相应宽度的路肩。

4.3.3 本条根据行业标准《城市道路和建筑物无障碍设计规范》JGJ 50—2001的相关规定制定。

无障碍通路对老年人、残疾人、儿童和体弱者的安全通行极其重要，是住宅功能的外部延伸，故住宅外部无障碍通路应贯通。无障碍坡道、人行道及通行轮椅车的坡道应满足相应要求。

4.3.4 本条根据国家标准《城市居住区规划设计规范》GB 50180—93（2002年版）第8.0.6条制定，增加了自行车停车场地或停车库的要求。

自行车是常用的交通工具，具有轻便、灵活和经济的特点，且数量庞大。为此，本条提出居住用地应配置居民自行车停车场地或停车库的要求。执行本条时，尚应根据各城镇的经济发展水平、居民生活消费水平和居住用地的档次，合理确定机动车停车泊位、自行车停车位及其停车方式。

4.4 室外环境

4.4.1 本条根据国家标准《城市居住区规划设计规范》GB 50180—93（2002年版）第7.0.1条制定。

绿地率既是保证居住用地生态环境的主要指标，也是控制建筑密度的基本要求之一。为此，本条对新区的绿地率提出了要求。

4.4.2 本条根据国家标准《城市居住区规划设计规范》GB 50180—93（2002年版）第7.0.5条制定。

居住用地中的公共绿地总指标，以人均面积表示。本条规定的公共绿地总指标与国家标准《城市居住区规划设计规范》GB 50180—93（2002年版）中的小区级要求基本对应。

4.4.3 我国水资源总体贫乏，且分布不均衡，人均水资源占有量仅列世界第88位。目前，全国年缺水量约400亿立方米，用水形势相当严峻。为贯彻节水政策，杜绝不切实际地大量使用自来水作为人工景观水体补充水的不良行为，本条提出了"人工景观水体的补充水严禁使用自来水"的规定。常见的人工景观水体有人造水景的湖、小溪、瀑布及喷泉等，但属体育活动设施的游泳池不在此列。

为保障游人特别是儿童的安全，本条对无护栏的水体提出了相关要求。

4.4.4 噪声严重影响居民生活和环境质量，是目前备受各方关注的问题之一。对受噪声影响的住宅，应采取防噪措施，包括加强住宅窗户和围护结构的隔声性能，在住宅外部集中设置防噪装置等。

4.5 竖向

4.5.1 本条根据国家标准《城市居住区规划设计规范》GB 50180—93（2002年版）第9.0.4条制定。

居住用地的排水系统如果规划不当，会造成地面积水，既污染环境，又使居民出行困难，还有可能造成地下室渗漏，并危及建筑地基基础的安全。为保证排水畅通，本条对地面排水坡度做出了规定。地面水的排水尚应符合国家标准《民用建筑设计通则》GB 50352—2005的相关规定。

4.5.2 本条根据行业标准《城市用地竖向规划规范》CJJ 83—99第5.0.3条、第9.0.3条制定。

本条提出了住宅用地的防护工程的相应控制指标，以确保建设基地内建筑物、构筑物、人、车以及防护工程自身的安全。

5 建 筑

5.1 套内空间

5.1.1 本条根据国家标准《住宅设计规范》GB 50096—1999（2003年版）第3.1.1条制定。明确要求每套住宅至少应设卧室、起居室（厅）、厨房和卫生间等四个基本空间。具体表现为独立门户，套型界限分明，不允许共用卧室、起居室（厅）、厨房及卫生间。

5.1.2 本条根据国家标准《住宅设计规范》GB 50096—1999（2003年版）第3.3.3条制定。要求厨房应设置相应的设施或预留位置，合理布置厨房空间。对厨房设施的要求各有侧重，如对案台、炉灶侧重于位置和尺寸，对洗涤池侧重于与给排水系统的连接，对排油烟机侧重于位置和通风口。

5.1.3 本条根据国家标准《住宅设计规范》GB 50096—1999（2003年版）第3.4.3条制定，增加了卫生间不应直接布置在下层住户的餐厅上层的要求，增加了局部墙面应有防水构造的要求。在近年房地产开发建设期间，开发单位常常要求设计者进行局部平面调整，此时如果忽视本规定，常会引起住户的不满和投诉。本条要求进一步严格区别套内外的界限。

5.1.4 本条根据国家标准《住宅设计规范》GB 50096—1999（2003年版）第3.4.1条、第3.4.2条制定。要求卫生间应设置相应的设施或预留位置。设置设施或预留位置时，应保证其位置和尺寸准确，并与给排水系统可靠连接。为了保证家庭饮食卫生，要求布置便器的卫生间的门不直接开在厨房内。

5.1.5 本条根据国家标准《住宅设计规范》GB 50096—1999（2003年版）第3.7.2条、第3.7.3条及第3.9.1条制定，集中表述对窗台、阳台栏杆的安全防护要求。

没有邻接阳台或平台的外窗窗台，应有一定高度才能防止坠落事故。我国近期因设置低窗台引起的法律纠纷时有发生。国家标准《住宅设计规范》GB 50096—1999（2003年版）明确规定：“窗台的净高或防护栏杆的高度均应从可踏面起算，保证净高0.90m”。有效的防护高度应保证净高0.90m，距离楼（地）面0.45m以下的台面、横栏杆等容易造成无意识攀登的可踏面，不应计入窗台净高。当窗外有阳台或平台时，可不受此限。

根据人体重心稳定和心理要求，阳台栏杆应随建筑高度增高而增高。本条按住宅层数提出了不同的阳台栏杆净高要求。由于封闭阳台不改变人体重心稳定和心理要求，故封闭阳台栏杆也应满足阳台栏杆净高要求。

阳台栏杆设计应防止儿童攀登。根据人体工程学原理，栏杆的垂直杆件间净距不大于0.11m时，才能防止儿童钻出。

5.1.6 本条根据国家标准《住宅设计规范》GB 50096—1999（2003年版）第3.6.2条、第3.6.3条制定。

本条对住宅室内净高、局部净高提出要求，以满足居住活动的空间需求。根据普通住宅层高为2.80m的要求，不管采用何种楼板结构，卧室、起居室（厅）的室内净高不低于2.40m的要求容易达到。对住宅装修吊顶时，不应忽视此净高要求。局部净高是指梁底处的净高、活动空间上部吊柜的柜底与地面距离等。一间房间中低于2.40m的局部净高的使用面积不应大于该房间使用面积的1/3。

居住者在坡屋顶下活动的心理需求比在一般平屋顶下低。利用坡屋顶内空间作卧室、起居室（厅）时，若净高低于2.10m的使用面积超过该房间使用面积的1/2，将造成居住者活动困难。

5.1.7 本条根据国家标准《住宅设计规范》GB 50096—1999（2003年版）第3.7.5条制定。阳台是用水较多的地方，其排水处理好坏，直接影响居民生活。我国新建住宅中因上部阳台排水不当对下部住户造成干扰的事例时有发生，为此，要求阳台地面构造应有排水措施。

5.2 公共部分

5.2.1 本条根据国家标准《住宅设计规范》GB 50096—1999（2003年版）第4.1.4条、第4.2.2条制定。走廊和公共部位通道的净宽不足或局部净高过低将严重影响人员通行及疏散安全。本条根据人体工程学原理提出了通道净宽和局部净高的最低要求。

5.2.2 本条根据国家标准《住宅设计规范》GB 50096—1999（2003年版）第4.2.1条制定。外廊、内天井及上人屋面等处一般都是交通和疏散通道，人流较为集中，故临空处栏杆高度应能保障安全。本条按住宅层数提出了不同的栏杆净高要求。

5.2.3 本条根据国家标准《住宅设计规范》GB 50096—1999（2003年版）第4.1.2条、第4.1.3条、第4.1.5条制定，集中表述对楼梯的相关要求。楼梯梯段净宽系指墙面至扶手中心之间的水平距离。从安全防护的角度出发，本条提出了减缓楼梯坡度、加强栏杆安全性等要求。住宅楼梯梯段净宽不应小于1.10m的规定与国家标准《民用建筑设计通则》GB 50352－2005对楼梯梯段宽度按人流股数确定的一般规定基本一致。同时，考虑到实际情况，对六层及六层以下住宅中一边设有栏杆的梯段净宽要求放宽为不小于1.00m。

5.2.4 本条根据国家标准《住宅设计规范》GB 50096—1999(2003年版)第4.5.4条、第4.2.3条制定，提出住宅建筑出入口的设置及安全措施要求。

为了解决使用功能完全不同的用房在一起时产生的人流交叉干扰的矛盾，保证防火安全疏散，要求住宅与附建公共用房的出入口分开布置。分别设置出入口将造成建筑面积分摊量增加，这是正常情况，应在工程设计前期全面衡量，不可因此降低安全要求。

为防止阳台、外廊及开敞楼梯平台上坠物伤人，要求对其下部的公共出入口采取防护措施，如设置雨罩等。

5.2.5 本条根据国家标准《住宅设计规范》GB 50096—1999（2003年版）第4.1.6条制定。针对当前房地产开发中追求短期经济利益，牺牲居住者利益的现象，为了维护公众利益，保证居住者基本的居住条件，严格规定了住宅须设电梯的层数、高度要求。顶层为两层一套的跃层住宅时，若顶层住户入口层楼面距该住宅建筑室外设计地面的高度不超过16m，可不设电梯。

5.2.6 根据居住实态调查，随着居住生活模式变化，住宅管理人员和各种服务人员大量增加，若住宅建筑中不设相应的卫生间，将造成公共卫生难题。

5.3 无障碍要求

5.3.1 本条根据行业标准《城市道路和建筑物无障碍设计规范》JGJ 50—2001第5.2.1条制定，列出了七层及七层以上的住宅应进行无障碍设计的部位。该标准对高层、中高层住宅要求进行无障碍设计的部位还包括电梯轿厢。由于该规定对住宅强制执行存在现实问题，本条不予列入。对六层及六层以下设置电梯的住宅，也不列为强制执行无障碍设计的对象。

5.3.2 本条根据行业标准《城市道路和建筑物无障碍设计规范》JGJ 50—2001第7章相关规定制定。该规范规定高层、中高层居住建筑入口设台阶时，必须设轮椅坡道和扶手。本条规定不受住宅层数限制。本条按不同的坡道高度给出了最大坡度限值，并取消了坡道长度要求。

5.3.3 本条根据行业标准《城市道路和建筑物无障碍设计规范》JGJ 50—2001第7.1.3条制定。为避免轮椅使用者与正常人流的交叉干扰，要求七层及七层以上住宅建筑入口平台宽度不小于2.00m。

5.3.4 本条根据行业标准《城市道路和建筑物无障碍设计规范》JGJ 50—2001第7.3.1条制定，给出了供轮椅通行的走道和通道的最小净宽限值。

5.4 地下室

5.4.1 本条根据国家标准《住宅设计规范》GB 50096—1999（2003年版）第4.4.1条制定。住宅建筑中的地下室，由于通风、采光、日照、防潮、排水等条件差，对居住者健康不利，故规定住宅的卧室、起居室（厅）、厨房不应布置在地下室。其他房间如储藏间、卫生间、娱乐室等不受此限。由于半地下室有对外开启的窗户，条件相对较好，若采取采光、通风、日照、防潮、排水及安全防护措施，可布置卧室、起居室（厅）、厨房。

5.4.2 本条根据行业标准《汽车库建筑设计规范》JGJ 100—98的相关规定和住宅地下车库的实际情况制定。

汽车库内的单车道是按一条中心线确定坡度及转弯半径的，如果兼作双车道使用，即使有一定的宽度，汽车在坡道及其转弯处仍然容易发生相撞、刮蹭事故。因此，严禁将宽的单车道兼作双车道。

地下车库在通风、采光方面条件差，而集中存放的汽车由于其油箱储存大量汽油，本身是易燃、易爆因素。而且，地下车库发生火灾时扑救难度大。因此，设计时应排除其他可能产生火灾、爆炸事故的因素，不应将修理车位及使用或存放易燃、易爆物品的房间设置在地下车库内。

多项实例检测结果表明，住宅的地下车库中有害气体超标现象十分严重。如果利用楼（电）梯间为地下车库自然通风，将严重污染住宅室内环境，必须加以限制。

5.4.3 住宅的地下自行车库属于公共活动空间，其净高至少应与公共走廊净高相等，故规定其净高不应低于2.00m。

5.4.4 住宅的地下室包括车库、储藏间等，均应采取有效防水措施。

6 结构

6.1 一般规定

6.1.1 本条根据国家标准《建筑结构可靠度设计统一标准》GB 50068—2001第1.0.5条、第1.0.8条制定。按该标准规定，住宅作为普通房屋，其结构的设计使用年限取为50年，安全等级取为二级。考虑到住宅结构的可靠性与居民的生命财产安全密切相关，且住宅已经成为最为重要的耐用商品之一，故本条规定住宅结构的设计使用年限应取50年或更长时间，其安全等级应取二级或更高。

6.1.2 本条根据国家标准《建筑抗震设计规范》GB 50011—2001第1.0.2条和国家标准《建筑工程抗震

设防分类标准》GB 50223—2004 第 6.0.11 条制定。

抗震设防烈度是按国家规定的权限批准作为一个地区抗震设防依据的地震烈度。抗震设防分类是根据建筑遭遇地震破坏后，可能造成人员伤亡、直接和间接经济损失、社会影响的程度及其在抗震救灾中的作用等因素，对建筑物所作的设防类别划分。

住宅建筑量大面广，抗震设计时，应综合考虑安全性、适用性和经济性要求，在保证安全可靠的前提下，节约结构造价、降低成本。本条将住宅建筑的抗震设防类别定为“不应低于丙类”，与国家标准《建筑工程抗震设防分类标准》GB 50223—2004 第 6.0.11 条的规定基本一致，但措辞更严格，意味着住宅建筑的抗震设防类别不允许划为丁类。

6.1.3 本条主要依据国家标准《岩土工程勘察规范》GB 50021—2001、《建筑地基基础设计规范》GB 50007—2002 和《建筑抗震设计规范》GB 50011—2001 的有关规定制定。

在住宅结构设计和施工之前，必须按基本建设程序进行岩土工程勘察。岩土工程勘察应按工程建设各阶段的要求，正确反映工程地质条件，查明不良地质作用和地质灾害，取得资料完整、评价正确的勘察报告，并依此进行住宅地基基础设计。住宅上部结构的选型和设计应兼顾对地基基础的影响。

住宅应优先选择建造在对结构安全有利的地段。对不利地段，应力求避开；当因客观原因而无法避开时，应仔细分析，并采取保证结构安全的有效措施。禁止在抗震危险地段建造住宅。条文中所指的“不利地段”既包括抗震不利地段，也包括一般意义上的不利地段(如岩溶、滑坡、崩塌、泥石流、地下采空区等)。

6.1.4 本条根据国家标准《建筑结构可靠度设计统一标准》GB 50068—2001 的有关规定制定。

住宅结构在建造和使用过程中可能发生的各种作用的取值、组合原则以及安全性、适用性、耐久性的具体设计要求等，根据不同材料结构的特点，应分别符合现行有关国家标准和行业标准的规定。

住宅结构在设计使用年限内应具有足够的安全性、适用性和耐久性，具体体现在：1）在正常施工和正常使用时，能够承受可能出现的各种作用，如重力、风、地震作用以及非荷载效应（温度效应、结构材料的收缩和徐变、环境侵蚀和腐蚀等），即具有足够的承载能力；2）在正常使用时具有良好的工作性能，满足适用性要求，如可接受的变形、挠度和裂缝等；3）在正常维护条件下具有足够的耐久性能，即在规定的工作环境和预定的使用年限内，结构材料性能的恶化不应导致结构出现不可接受的失效概率；4）在设计规定的偶然事件发生时和发生后，结构能保持必要的整体稳定性，即结构可发生局部损坏或失效但不应导致连续倒塌。

6.1.5 本条是第 6.1.4 条的延伸规定，主要针对当前某些材料结构（如钢筋混凝土结构、砌体结构、钢-混凝土混合结构等）中比较普遍存在的裂缝问题，提出“住宅结构不应产生影响结构安全的裂缝”的要求。钢结构构件在任何情况下均不允许产生裂缝。

对不同材料结构构件，“影响结构安全的裂缝”的表现形态多样，产生原因各异，应根据具体情况进行分析、判断。在设计、施工阶段，均应针对不同材料结构的特点，采取相应的可靠措施，避免产生影响结构安全的裂缝。

6.1.6 本条根据国家标准《建筑边坡工程技术规范》GB 50330—2002 第 3.3.3 条制定，对邻近住宅的永久性边坡的设计使用年限提出要求，以保证相邻住宅的安全使用。所谓“邻近”，应以边坡破坏后是否影响到住宅的安全和正常使用作为判断标准。

6.2 材　　料

6.2.1 结构材料性能直接涉及到结构的可靠性。当前，我国住宅结构采用的主要材料有建筑钢材（包括普通钢结构型材、轻型钢结构型材、板材和钢筋等)、混凝土、砌体材料（砖、砌块、砂浆等)、木材、铝型材和板材、结构粘结材料（如结构胶）等。这些材料的物理、力学性能和耐久性能等，应符合国家现行有关标准的规定，并满足设计要求。住宅建设量大面广，需要消耗大量的建筑材料，建筑材料的生产又消耗大量的能源、资源，同时给环境保护带来巨大压力。因此，住宅结构材料的选择应符合节约资源和保护环境的原则。

6.2.2 本条根据国家标准《建筑结构可靠度设计统一标准》GB 50068—2001第 5.0.3 条和《建筑抗震设计规范》GB 50011—2001第 3.9.2 条制定。

住宅结构设计采用以概率理论为基础的极限状态设计方法。材料强度标准值应以试验数据为基础，采用随机变量的概率模型进行描述，运用参数估计和概率分布的假设检验方法确定。随着经济、技术水平的提高和结构可靠度水平的提高，要求结构材料强度标准值具有不低于 95%的保证率是必需的。

结构用钢材主要指型钢、板材和钢筋。抗震设计的住宅，对结构构件的延性性能有较高要求，以保证结构和结构构件有足够的塑性变形能力和耗能能力。

6.2.3 本条是住宅混凝土结构构件采用混凝土强度的最低要求。住宅用结构混凝土，包括基础、地下室、上部结构的混凝土，均应符合本条规定。

6.2.4 本条根据国家标准《建筑抗震设计规范》GB 50011—2001第 3.9.2 条和《钢结构设计规范》GB 50017—2003第 3.3.3 条制定，提出结构用钢材材质和力学性能的基本要求。

抗拉强度、屈服强度和伸长率，是结构用钢材的三项基本性能。硫、磷是钢材中的杂质，其含量多少对钢材力学性能（如塑性、韧性、疲劳、可焊性等）

有较大影响。碳素结构钢中，碳含量直接影响钢材强度、塑性、韧性和可焊性等；碳含量增加，钢材强度提高，但塑性、韧性、疲劳强度下降，同时恶化可焊性和抗腐蚀性。因此，应根据住宅结构用钢材的特点，要求钢型材、板材、钢筋等产品中硫、磷、碳元素的含量符合有关标准的规定。

冷弯试验值是检验钢材弯曲能力和塑性性能的指标之一，也是衡量钢材质量的一个综合指标。因此，焊接钢结构所采用的钢材以及混凝土结构用钢筋，均应有冷弯试验的合格保证。

6.2.5 本条根据国家标准《建筑抗震设计规范》GB 50011—2001第3.9.2条和《砌体结构设计规范》GB 50003—2001（2002年局部修订）第3.1.1、6.2.1条制定。

砌体结构是住宅中应用最多的结构形式。砌体由多种块体和砂浆砌筑而成。块体和砂浆的种类、强度等级是砌体结构设计的基本依据，也是达到规定的结构可靠度和耐久性的重要保证。根据新型砌体材料的特点和我国近年来工程应用中出现的一些涉及耐久性、安全或正常使用中比较敏感的裂缝等问题，结合我国对新型墙体材料产业政策的要求，本条明确规定了砌体结构应采用的块体、砂浆类别以及相应的强度等级要求。

其他类型的块体材料（如石材等）的强度等级及其砌筑砂浆的要求，应符合国家现行有关标准的规定；对住宅地面以下或防潮层以下及潮湿房屋的砌体，其块体和砂浆的要求，应有所提高，并应符合国家现行有关标准的规定。

6.2.6 本条根据国家标准《木结构设计规范》GB 50005—2003的有关规定制定。

木结构住宅设计时，应根据结构构件的用途、部位、受力状态选择相应的材质等级，所选木材的强度等级不应低于TC11（针叶树种）或TB11（阔叶树种）。对胶合木结构，除了胶合材自身的强度要求外，承重结构用胶的性能尤为重要。结构胶缝主要承受拉力、压力和剪力作用，胶缝的抗拉和抗剪能力是关键。因此，为了保证胶缝的可靠性，使可能的破坏发生在木材上，必须要求结构胶的胶合强度不得低于木材顺纹抗剪强度和横纹抗拉强度。

木材含水率过高时，会产生干缩和开裂，对结构构件的抗剪、抗弯能力造成不利影响，也可引起结构的连接松弛或变形增大，从而降低结构的安全度。因此，制作木结构构件时，应严格控制木材的含水率；当木材含水率超过规定值时，在确定木材的有关设计指标（如各种木材的横纹承压强度和弹性模量、落叶松木材的抗弯强度等）时，应考虑含水率的不利影响，并在结构构造设计中采取针对性措施。

6.3 地基基础

6.3.1 地基基础设计是住宅结构设计中十分重要的一个环节。我国幅员辽阔，各地的岩土工程特性、水文地质条件有很大的差异。因此，住宅地基基础的选型和设计要以岩土工程勘察文件为依据和基础，因地制宜，综合考虑住宅主体结构的特点、地域特点、施工条件以及是否抗震设防地区等因素。

6.3.2 住宅建筑地基基础设计应满足承载力、变形和稳定性要求。

过去，多数工程项目只考虑地基承载力设计，很少考虑变形设计。实际上，地基变形造成建筑物开裂、倾斜的事例屡见不鲜。因此，设计原则应当从承载力控制为主转变到重视变形控制。地基变形计算值，应满足住宅结构安全和正常使用要求。地基变形验算包括进行处理后的地基。

目前，由于抗浮设计考虑不周引起的工程事故也很多，应在承载力设计过程中引起重视。

有关地基基础承载力、变形、稳定性设计的原则应符合国家标准《建筑地基基础设计规范》GB 50007—2002第3.0.4条、第3.0.5条的规定；抗震设防地区的地基抗震承载力应取地基承载力特征值与地基抗震承载力调整系数的乘积，并应符合国家标准《建筑抗震设计规范》GB 50011—2001第4.2.3条的规定。

6.3.3 实践表明，在地基基础工程中，与基坑相关的事故最多。因此，本条从安全角度出发予以强调。"周边环境"包括住宅建筑周围的建筑物、构筑物，道路、桥梁，各种市政设施以及其他公共设施。

6.3.4 桩基础在我国很多地区有广泛应用。桩基础的承载力和桩身完整性是基本要求。无论是预制桩还是现浇混凝土或现浇钢筋混凝土桩，由于在地下施工，成桩后的质量和各项性能是否满足设计要求，必须按照规定的数量和方法进行检验。

地基处理是为提高地基承载力、改善其变形性能或渗透性能而采取的人工处理方法。地基处理后，应根据不同的处理方法，选择恰当的检验方法对地基承载力进行检验。

桩基础、地基处理的设计、施工、承载力检验要求和方法，应符合国家现行标准《建筑地基基础设计规范》GB 50007、《建筑桩基技术规范》JGJ 94、《建筑基桩检测技术规范》JGJ 106、《建筑地基处理技术规范》JGJ 79等的有关规定。

6.4 上部结构

6.4.1 本条对住宅结构体系提出基本概念设计要求。住宅结构的规则性要求和概念设计，应在建筑设计、结构设计的方案阶段得到充分重视，并应在结构施工图设计中体现概念设计要求的实施方法和措施。

抗震设计的住宅，对结构的规则性要求更加严格，不应采用严重不规则的建筑、结构设计方案。所谓严重不规则，对不同结构体系、不同结构材料、不同抗震设防烈度的地区，有不同的侧重点，很难细致地量化，但总体上是指：建筑结构体形复杂、多项实质性的控制指标超过有关规定或某一项指标大大超过规定，从而造成严重的抗震薄弱环节和明显的地震安全隐患，可能导致地震破坏的严重后果。

6.4.2 本条是对抗震设防地区住宅结构设计的总体要求。抗震设计的住宅，应首先确定抗震设防类别（不低于丙类），并根据抗震设防类别和抗震设防烈度确定总体抗震设防标准；其次，应根据抗震设防标准的要求，结合不同结构材料和结构体系的特点以及场地类别，确定适宜的房屋高度或层数限制、地震作用计算方法和结构地震效应分析方法、结构和结构构件的承载力与变形验算方法、与抗震设防目标相对应的抗震措施等。

6.4.3 无论是否抗震设计，住宅结构中刚度和承载力有突变的部位，对突变程度应加以控制，并应根据结构材料和结构体系的特点、抗震设防烈度的高低，采取可靠的加强措施，减少薄弱部位结构破坏的可能性。

错层结构、连体结构（立面有大开洞的结构）、带转换层的结构，由于其结构刚度、质量分布、承载力变化等不均匀，属于竖向布置不规则的结构；错层附近的竖向抗侧力构件、连体结构的连接体及其周边构件、带转换层结构的转换构件（如转换梁、框支柱、楼板）等，在地震作用下受力复杂，容易形成多处应力集中，造成抗震薄弱部位。鉴于此类结构的抗震设计理论和方法尚不完善，并且缺乏相应的工程实践经验，故规定9度抗震设计的住宅不应采用此类结构。

6.4.4 住宅砌体结构应设计为双向受力体系；无论计算模型是刚性方案、刚弹性方案还是弹性方案，均应采取有效的构造措施，保证结构的承载力和各部分的连接性能，从而保证其整体性，避免局部或整体失稳以致破坏、倒塌；抗震设计时，尚应采取措施保证其抗震承载能力和必要的延性性能，从而达到抗震设防目标要求。目前砌体结构以承载力设计为基础，以构造措施保证其变形能力等正常使用极限状态的要求，因此砌体结构的各项构造措施十分重要。

保证砌体结构整体性和抗震性能的主要措施，包括选择合格的砌体材料、合理的砌筑方法和工艺，限制建筑的体量，控制砌体墙（柱）的高宽比，控制承重墙体（抗震墙）的间距，在必要的部位采取加强措施（如在关键部位的灰缝内增设拉结钢筋，设置钢筋混凝土圈梁、构造柱、芯柱或采用配筋砌体等）。

6.4.5 底部框架、上部砌体结构住宅是我国目前经济条件下特有的一种结构形式，通过将上部部分砌体墙在底部变为框架而形成较大的空间，底部一般作为商业用房，上部仍然用作住宅。由于这种结构形式的变化，造成底部框架结构的侧向刚度比上部砌体结构的刚度小，且在结构转换层要通过转换构件（如托墙梁）将上部砌体墙承受的内力转移至下部的框架柱（框支柱），传力途径不直接。过渡层及其以下的框架结构是这种结构的薄弱部位，必需采取措施予以加强。根据理论分析和地震震害经验，这种结构在地震区应谨慎采用，故限制其底部大空间框架结构的层数不应超过2层，并应设置剪力墙。

底部框架-剪力墙、上部砌体结构住宅的设计应符合国家标准《建筑抗震设计规范》GB 50011—2001第7.1节、第7.2节和第7.5节的有关规定。

6.4.6 混凝土结构构件，都应满足基本的混凝土保护层厚度和配筋构造要求，以保证其基本受力性能和耐久性。

混凝土保护层的作用主要是：对受力钢筋提供可靠的锚固，使其在荷载作用下能够与混凝土共同工作，充分发挥强度；使钢筋在混凝土的碱性环境中免受介质的侵蚀，从而确保在规定的设计使用年限内具有相应的耐久性。

混凝土构件的配筋构造是保证混凝土构件承载力、延性以及控制其破坏形态的基本要求。配筋构造通常包括钢筋的种类和性能要求、配筋形式、最小配筋率和最大配筋率、配筋间距、钢筋连接方式和连接区段（位置）、钢筋搭接和锚固长度、弯钩形式等。

6.4.7 钢结构的防火、防腐措施是保证钢结构住宅安全性、耐久性的基本要求。钢材不是可燃材料，但是在高温下其刚度和承载力会明显下降，导致结构失稳或产生过大变形，甚至倒塌。

住宅钢结构中，除不锈钢构件外，其他钢结构构件均应根据设计使用年限、使用功能、使用环境以及维护计划，采取可靠的防腐措施。

6.4.8 在木结构构件表面包覆（涂敷）防火材料，可达到规定的构件燃烧性能和耐火极限要求。此外，木结构住宅应符合防火间距、房屋层数的要求，并采取有效的消防措施。

调查表明，正常使用条件下，木结构的破坏多数是由于腐朽和虫蛀引起的，因此，木结构的防腐、防虫，在结构设计、施工和使用阶段均应当引起高度重视。防止木结构腐朽，应根据使用条件和环境条件在设计上采取防潮、通风等构造措施。

木结构住宅的防火、防腐、防潮、防虫措施，应符合国家标准《木结构设计规范》GB 50005—2003的有关规定。

6.4.9 本条对住宅结构的围护结构和非结构构件提出要求。“围护结构”在不同专业领域的含义不同。本条中围护结构主要指直接面向建筑室外的非承重墙体、各类建筑幕墙（包括采光顶）等，相对于主体结构而言实际上属于“非结构构件”。围护结构和非结构构件的安全性和适用性应满足住宅建筑设计要求，并应符合国家现行有关标准的规定。对非结构构件的耐久性问题，由于材料性质、功能要求及更换的难易程度不同，未给出具体要求，但具体设计上应予以重视。

本条中非结构构件包括持久性的建筑非结构构件和附属机电设施。

长期以来，非结构构件的可靠性设计没有引起设计人员的充分重视。对非结构构件，应根据其重要性、破坏后果的严重性及其对建筑结构的影响程度，采取不同的设计要求和构造措施。对抗震设计的住宅，尚应对非结构构件采取抗震措施或进行必要的抗震计算。对不同功能的非结构构件，应满足相应的承载能力、变形能力（刚度和延性）要求，并应具有适应主体结构变形的能力；与主体结构的连接、锚固应牢固、可靠，要求锚固承载力大于连接件的承载力。

各类建筑幕墙的应用应符合国家现行标准《玻璃幕墙工程技术规范》JGJ 102、《金属与石材幕墙工程技术规范》JGJ 133、《建筑玻璃应用技术规程》JGJ 113等的规定。

7 室 内 环 境

7.1 噪 声 和 隔 声

7.1.1 住宅应给居住者提供一个安静的室内生活环境，但是在现代城市中大部分住宅的外部环境均比较嘈杂，尤其是邻近主要街道的住宅，交通噪声的影响更为严重。因此，应在住宅的平面布置和建筑构造上采取有效的隔声和防噪声措施，例如尽可能使卧室和起居室远离噪声源，邻街的窗户采用隔声性能好的窗户等。

本条提出的卧室、起居室的允许噪声级是一般水平的要求，采取上述措施后不难达到。

7.1.2 楼板的撞击声隔声性能的优劣直接关系到上层居住者的活动对下层居住者的影响程度；撞击声压级越大，对下层居住者的影响就越大。计权标准化撞击声压级 75dB 是一个较低的要求，大致相当于现浇钢筋混凝土楼板的撞击声隔声性能。

为避免上层居住者的活动对下层居住者造成影响，应采取有效的构造措施，降低楼板的计权标准化撞击声压级。例如，在楼板的上表面敷设柔性材料，或采用浮筑楼板等。

7.1.3 空气声计权隔声量是衡量构件空气声隔声性能的指标。楼板、分户墙、户门和外窗的空气声计权隔声量的提高，可有效地衰减上下、左右邻室之间，及走廊、楼梯与室内之间的声音传递，并有效地衰减户外传入户内的声音。

本条规定的具体空气声计权隔声量都是较低的要求。为提高空气声隔声性能，应采取有效的构造措施，如采用更高隔声量的户门和外窗等。

外窗通常是隔声的薄弱环节，尤其是沿街住宅的外窗，应予以足够的重视。高隔声量的外窗对住宅满足本规范第 7.1.1 条的要求至关重要。

7.1.4 各种管线穿过楼板和墙体时，若孔洞周边不密封，声音会通过缝隙传递，大大降低楼板和墙体的隔声性能。对穿线孔洞的周边进行密封，属于施工细节问题，几乎不增加成本，但对提高楼板和墙体的空气声隔声性能很有好处。

7.1.5 电梯运行不可避免地会引起振动，这种振动对相邻房间的影响比较大，因此不应将卧室、起居室紧邻电梯井布置。但在住宅设计时，有时会受平面布局的限制，不得不将卧室、起居室紧邻电梯井布置。在这种情况下，为保证卧室、起居室的安静，应采取一些隔声和减振的技术措施，例如提高电梯井壁的隔声量、在电梯轨道和井壁之间设置减振垫等。

7.1.6 住宅建筑内的水泵房、风机房等都是噪声源、振动源，有时管道井也会成为噪声源。从源头入手是最有效的降低振动和治理噪声的方式。因此，给水泵、风机设置减振装置是降低振动、减弱噪声的有效措施。同时，还应注意水泵房、风机房以及管道井的有效密闭，提高水泵房、风机房和管道井的空气声隔声性能。

7.2 日照、采光、照明和自然通风

7.2.1 日照对居住者的生理和心理健康都非常重要。住宅的日照受地理位置、朝向、外部遮挡等外部条件的限制，常难以达到比较理想的状态。尤其是在冬季，太阳高度角较小，建筑之间的相互遮挡更为严重。

本条规定“每套住宅至少应有一个居住空间能获得冬季日照”，但未提出日照时数要求。

住宅设计时，应注意选择好朝向、建筑平面布置（包括建筑之间的距离、相对位置以及套内空间的平面布置），通过计算，必要时使用日照模拟软件分析计算，创造良好的日照条件。

7.2.2 充足的天然采光有利于居住者的生理和心理健康，同时也有利于降低人工照明能耗。用采光系数评价住宅是否获取了足够的天然采光比较科学，但采光系数需要通过直接测量或复杂的计算才能得到。一般情况下，住宅各房间的采光系数与窗地面积比密切相关，因此本条直接规定了窗地面积比的限值。

7.2.3 住宅套内的各个空间由于使用功能不同，其照度要求各不相同，设计时应区别对待。套外的门厅、电梯前厅、走廊、楼梯等公共空间的地面照度，应满足居住者的通行等需要。

7.2.4 自然通风可以提高居住者的舒适感，有助于健康，同时也有利于缩短夏季空调器的运行时间。住宅能否获取足够的自然通风与通风开口面积的大小密切相关。一般情况下，当通风开口面积与地面面积之

比不小于1/20时，房间可获得较好的自然通风。

实际上，自然通风不仅与通风开口面积的大小有关，还与通风开口之间的相对位置密切相关。在住宅设计时，除了满足最小的通风开口面积与地面面积之比外，还应合理布置通风开口的位置和方向，有效组织与室外空气流通顺畅的自然通风。

7.3 防　　潮

7.3.1 防止渗漏是住宅建筑屋面、外墙、外窗的基本要求。为防止渗漏，在设计、施工、使用阶段均应采取相应措施。

7.3.2 住宅室内表面（屋面和外墙的内表面）长时间的结露会滋生霉菌，对居住者的健康造成有害的影响。

室内表面出现结露最直接的原因是表面温度低于室内空气的露点温度。另外，表面空气的不流通也助长了结露现象的发生。因此，住宅设计时，应核算室内表面可能出现的最低温度是否高于露点温度，并尽量避免通风死角。

但是，要杜绝内表面的结露现象有时非常困难。例如，在我国南方的雨季，空气非常潮湿，空气所含的水蒸气接近饱和，除非紧闭门窗，空气经除湿后再送入室内，否则短时间的结露现象是不可避免的。因此，本条规定在“室内温、湿度设计条件下”（即在正常条件下）不应出现结露。

7.4 空 气 污 染

7.4.1 住宅室内空气中的氡、游离甲醛、苯、氨和总挥发性有机化合物（TVOC）等污染物对人体的健康危害很大，应对其活度、浓度加以控制。

氡的活度与住宅选址有关，其他几种污染物的浓度与建筑材料、装饰装修材料、家具以及住宅的通风条件有关。

8 设　备

8.1 一 般 规 定

8.1.1～8.1.3 给水排水系统、采暖设施及照明供电系统是基本的居住生活条件，并有利于居住者身体健康，改善环境质量。采暖设施主要是指集中采暖系统，也包括单户采暖系统。

8.1.4 为便于给水总立管、雨水立管、消防立管、采暖供回水总立管和电气、电信干线（管）的维修和管理，不影响套内空间的使用，本条规定上述管线不应布置在套内。

实践中，公共功能的管道、阀门、设备或部件设在套内，住户在装修时加以隐蔽，给维修和管理带来不便；在其他住户发生事故需要关闭检修阀门时，因设置阀门的住户无人而无法进入，不能正常维护，这样的事例较多。本条据此规定上述设备和部件应设在公共部位。

给水总立管、雨水立管、消防立管、采暖供回水总立管和电气、电信干线（管）应设置在套外的管井内或公共部位。对于分区供水横干管，也应布置在其服务的住宅套内，而不应布置在与其毫无关系的套内；当采用远传水表或IC水表而将供水立管设在套内时，供检修用的阀门应设在公用部位的横管上，而不应设在套内的立管顶部。公共功能管道其他需经常操作的部件，还包括有线电视设备、电话分线箱和网络设备等。

8.1.5 计量仪表的选择和安装方式，应符合安全可靠、便于计量和减少扰民的原则。计量仪表的设置位置，与仪表的种类有关。住宅的分户水表宜相对集中读数，且宜设置在户外；对设置在户内的水表，宜采用远传水表或IC卡水表等智能化水表。其他计量仪表也宜设置在户外；当设置在户内时，应优先采用可靠的电子计量仪表。无论设置在户外还是户内，计量仪表的设置应便于直接读数、维修和管理。

8.2 给 水 排 水

8.2.1 住宅生活给水系统的水源，无论采用市政管网，还是自备水源井，生食品的洗涤、烹饪，盥洗、淋浴、衣物的洗涤、家具的擦洗用水，其水质应符合国家现行标准《生活饮用水卫生标准》GB 5749、《城市供水水质标准》CJ/T 206的要求。当采用二次供水设施来保证住宅正常供水时，二次供水设施的水质卫生标准应符合现行国家标准《二次供水设施卫生规范》GB 17051的要求。生活热水系统的水质要求与生活给水系统的水质相同。管道直饮水具有改善居民饮用水水质，降低直饮水的成本，避免送桶装水引起的干扰，保障住宅小区安全的优点，在发达地区新建的住宅小区中已被普遍采用。其水质应满足行业标准《饮用净水水质标准》CJ 94的要求。生活杂用水指用于便器冲洗、绿化浇洒、室内车库地面和室外地面冲洗的水，在住宅中一般称为中水，其水质应符合国家现行标准《城市污水再生利用　城市杂用水水质》GB/T 18920、《城市污水再生利用　景观环境用水水质》GB/T 18921和《生活杂用水水质标准》CJ/T 48的相关要求。

8.2.2 为节约能源，减少居民生活饮用水水质污染，住宅建筑底部的住户应充分利用市政管网水压直接供水。当设有管道倒流防止器时，应将管道倒流防止器的水头损失考虑在内。

8.2.3 当市政给水管网的水压、水量不足时，应设置二次供水设施：贮水调节和加压装置。二次供水设施的设置应符合现行国家标准《二次供水设施卫生规范》GB 17051的要求。住宅生活给水管道的设置，应有防水质污染的措施。住宅生活给水管道、阀门及配件所涉及的材料必须达到饮用水卫生标准。供水管道（管材、管件）应符合现行产品标准的要求，其工作压力不得大于产品标准标称的允许工作压力。供水管道应选用耐腐蚀和安装连接方便可靠的管材。管道可采用塑料给水管、塑料和金属复合管、铜管、不锈钢管和球墨铸铁给水管等。阀门和配件的工作压力应大于或等于其所在管段的管道系统的工作压力，材质应耐腐蚀，经久耐用。阀门和配件应根据管径大小和所承受的压力等级及使用温度，采用全铜、全不锈钢、铁壳铜芯和全塑阀门等。

8.2.4 为确保居民正常用水条件，提高使用的舒适性，并节约用水，本条给出了套内分户用水点和入户管的给水压力限值。

国家标准《住宅设计规范》GB 50096—1999（2003年版）第6.1.2条规定：套内分户水表前的给水静水压力不应小于50kPa。但由于国家标准《建筑给水排水设计规范》GB 50015—2003第3.1.14条中已将给水配件所需流出水头改为最低工作压力要求，如洗脸盆由原要求流出水头为0.015MPa改为最低工作压力为0.05MPa，水表前最低工作压力为0.05MPa已满足不了卫生器具的使用要求，故改为对套内分户用水点的给水压力要求。当采用高位水箱或加压水泵和高位水箱供水时，水箱的设置高度应按最高层最不利套内分户用水点的给水压力不小于0.05MPa来考虑；当不能满足要求时，应设置增压给水设备。当采用变频调速给水加压设备时，水泵的供水压力也应按上述要求来考虑。

卫生器具正常使用的最佳水压为0.20～0.30MPa。从节水、噪声控制和使用舒适考虑，当住宅入户管的水压超过0.35MPa时，应设减压或调压设施。

8.2.5 住宅设置热水供应设施，是提高生活水平的重要措施，也是居住者的普遍要求。由于热源状况和技术经济条件不尽相同，可采用多种热水加热方式和供应系统；如采用集中热水供应系统，应保证配水点的最低水温，满足居住者的使用要求。配水点的水温是指打开用水龙头在15s内得到的水温。

8.2.6 住宅采用节水型卫生器具和配件是节水的重要措施。节水型卫生器具和配件包括：总冲洗用水量不大于6L的坐便器系统，两档式便器水箱及配件，陶瓷片密封水龙头、延时水嘴、红外线节水开关、脚踏阀等。住宅内不得使用明令淘汰的螺旋升降式铸铁水龙头、铸铁截止阀、进水阀低于水面的卫生洁具水箱配件、上导向直落式便器水箱配件等。建设部第218号“关于发布《建设部推广应用和限制禁止使用技术》的公告”中规定：对住宅建筑，推广应用节水型坐便器系统（≤6L），禁止使用冲水量大于等于9L的坐便器。本条对此做了更为严格的规定。

8.2.7 为防止卫生间排水管道内的污浊有害气体串至厨房内，对居住者卫生健康造成影响，当厨房与卫生间相邻布置时，不应共用一根排水立管，而应在厨房内和卫生间内分别设立管。

为避免排水管道漏水、噪声或结露产生凝结水影响居住者卫生健康，损坏财产，排水管道（包括排水立管和横管）均不得穿越卧室。排水立管采用普通塑料排水管时，不应布置在靠近与卧室相邻的内墙；当必须靠近与卧室相邻的内墙时，应采用橡胶密封圈柔性接口机制的排水铸铁管、双臂芯层发泡塑料排水管、内螺旋消音塑料排水管等有消声措施的管材。

8.2.8 住宅内除在设淋浴器、洗衣机的部位设置地漏外，卫生间和厨房的地面可不设置地漏。地漏、存水弯的水封深度必须满足一定的要求，这是建筑给水排水设计安全卫生的重要保证。考虑到水封蒸发损失、自虹吸损失以及管道内气压变化等因素，国外规范均规定卫生器具存水弯水封深度为50～100mm。水封深度不得小于50mm，对应于污水、废水、通气的重力流排水管道系统排水时内压波动不致于破坏存水弯水封的要求。在住宅卫生间地面如设置地漏，应采用密闭地漏。洗衣机部位应采用能防止溢流和干涸的专用地漏。

8.2.9 本条的目的是为了确保当室外排水管道满流或发生堵塞时，不造成倒灌，以免污染室内环境，影响住户使用。地下室、半地下室中卫生器具和地漏的排水管低于室外地面，故不应与上部排水管道连接，而应设置集水坑，用污水泵单独排出。

8.2.10 适合建设中水设施的住宅，是指水量较大且集中，就地处理利用并能取得较好的技术经济效益的工程。雨水利用是指针对因建设屋顶、地面铺装等地面硬化导致区域内径流量增加的情况，而采取的对雨水进行就地收集、入渗、储存、利用等措施。

建设中水设施和雨水利用设施的住宅的具体规模应按所在地的有关规定执行，目前国家无统一的要求。例如，北京市“关于加强中水设施建设管理的通告”中规定：建筑面积5万m^2以上，或可回收水量大于150m^3/d的居住区必须建设中水设施”；“关于加强建设工程用地内雨水资源利用的暂行规定”中规定：凡在本市行政区域内，新建、改建、扩建工程（含各类建筑物、广场、停车场、道路、桥梁和其他构筑物等建设工程设施，以下统称为建设工程）均应进行雨水利用工程设计和建设。

地方政府应结合本地区的特点制定符合实际情况的中水设施和雨水利用工程的实施办法。雨水利用工程的设计和建设，应以建设工程硬化后不增加建设区域内雨水径流量和外排水总量为标准。雨水利用设施应因地制宜，采用就地入渗与储存利用等方式。

8.2.11 为确保住宅中水工程的使用、维修，防止误饮、误用，设计时应采取相应的安全措施。这是中水工程设计中应重点考虑的问题，也是中水在住宅中能否成功应用的关键。

8.3 采暖、通风与空调

8.3.1 本条根据国家标准《采暖通风与空气调节设计规范》GB 50019—2003第4.9.1条制定。集中采暖系统节能除应采用合理的系统制式外，还应使房间温度可调节，即应采取分室（户）温度调节措施。按户进行用热量计量和收费是推进建筑节能工作的重要配套措施之一。本条要求设置分户（单元）计量装置；当目前设置有困难时，应预留安装计量装置的位置。

8.3.2 本条根据国家标准《住宅设计规范》GB 50096—1999（2003年版）第6.2.2条制定，适用于所有设置集中采暖系统的住宅。考虑到居住者夜间衣着较少，卫生间采用与卧室相同的标准。

8.3.3 以热水为采暖热媒，在节能、温度均匀、卫生和安全等方面，均较为合理。

"可靠的水质保证措施"非常重要。长期以来，热水采暖系统的水质没有相关规定，系统中管道、阀门、散热器经常出现被腐蚀、结垢或堵塞的现象，造成暖气不热，影响系统正常运行。

8.3.4 本条根据国家标准《采暖通风与空气调节设计规范》GB 50019—2003第4.3.11条、第4.8.17条制定。当采暖系统设在可能冻结的场所，如不采暖的楼梯间时，应采取防冻结措施。对采暖系统的管道，应考虑由于热媒温度变化而引起的膨胀，采取补偿措施。

8.3.5 合理利用能源，提高能源利用效率，是当前的重要政策要求。用高品位的电能直接用于转换为低品位的热能进行采暖，热效率低，运行费用高，是不合适的。严寒、寒冷地区全年有4～6个月采暖期，时间长，采暖能耗高。近些年来由于空调、采暖用电所占比例逐年上升，致使一些省市冬夏季尖峰负荷迅速增长，电网运行困难，电力紧缺。盲目推广电锅炉、电采暖，将进一步劣化电力负荷特性，影响民众日常用电。因此，应严格限制应用直接电热进行集中采暖，但并不限制居住者选择直接电热方式进行分散形式的采暖。

8.3.6 本条根据国家标准《住宅设计规范》GB 50096—1999(2003年版)第6.4.2条、第6.4.3条制定。厨房和卫生间往往是住宅内的污染源，特别是无外窗的卫生间。本条的目的是为了改善厨房、无外窗的卫生间的空气品质。住宅建筑中设有竖向通风道，利用自然通风的作用排出厨房和卫生间的污染气体。但由于竖向通风道自然通风的作用力，主要依靠室内外空气温差形成的热压，以及排风帽处的风压作用，其排风能力受自然条件制约。为了保证室内卫生要求，需要安装机械排气装置，为此应留有安装排气机械的位置和条件。

8.3.7 目前，厨房中排油烟机的排气管的排气方式有两种：一种是通过外墙直接排至室外，可节省空间并不会产生互相串烟，但不同风向时可能倒灌，且对周围环境可能有不同程度的污染；另一种方式是排入竖向通风道，在多台排油烟机同时运转的条件下，产生回流和泄漏的现象时有发生。这两种排出方式，都尚有待改进。从运行安全和环境质量等方面考虑，当采用竖向通风道时，应采取防止支管回流和竖井泄漏的措施。

8.3.8 水源热泵（包括地表水、地下水、封闭水环路式水源热泵）用水作为机组的热源（汇），可以采用河水、湖水、海水、地下水或废水、污水等。当水源热泵机组采用地下水为水源时，应采取可靠的回灌措施，回灌水不得对地下水资源造成破坏和污染。

8.4 燃　气

8.4.1 为了保证燃气稳定燃烧，减少管道和设备的腐蚀，防止漏气引起的人员中毒，住宅用燃气应符合城镇燃气质量标准。国家标准《城镇燃气设计规范》GB 50028—93（2002年版）第2.2节中，对燃气的发热量、组分波动、硫化氢含量及加臭剂等都有详细的规定。

应特别注意的是，不应将用于工业的发生炉煤气或水煤气直接引入住宅内使用。因为这类燃气的一氧化碳含量高达30%以上，一旦漏气，容易引起居住者中毒甚至死亡。

8.4.2 为了保证室内燃气管道的供气安全，应限制燃气管道的最高压力。目前，国内住宅的供气有集中调压低压供气和中压供气按户调压两种方式。两者在投资和安全方面各有优缺点。一般来说，低压供气方式比较安全，中压供气则节省投资。当采用中压进户时，燃气管道的最高压力不得高于0.2MPa。

8.4.3 住宅内使用的各类用气设备应使用低压燃气，以保证安全。住宅内常用的燃气设备有燃气灶、热水器、采暖炉等，这些设备使用的都是5kPa以下的低压燃气。即使管道供气压力为中压，也应经过调压，降至低压后方可接入用气设备。低压燃气设备的额定压力是重要的参数，其值随燃气种类而不同。应根据不同燃气设备的额定压力，将燃气的入口压力控制在相应的允许压力波动范围内。

8.4.4 燃气灶应设置在厨房内，热水器、采暖炉等应设置在厨房或与厨房相连的阳台内。这样便于布置燃气管道，统一考虑用气空间的通风、排烟和其他安全措施，便于使用和管理。

8.4.5 液化石油气是住宅内常用的可燃气体之一。由于它比空气重（约为空气重度的1.5～2倍），且爆炸下限比较低（约为2%以下），因此一旦漏气，就会流向低处，若遇上明火或电火花，会导致爆炸或火灾事故。且由于地下室、半地下室内通风条件差，故不应在其内敷设液化石油气管道，当然更不能使用液化石油气用气设备、气瓶。高层住宅内使用可燃气体作燃料时，应采用管道供气，严禁直接使用瓶装液化石油气。

8.4.6 住宅用人工煤气主要指焦炉煤气，不包括发生炉煤气和水煤气。由于人工煤气、天然气比空气轻，一旦漏气将浮上房间顶部，易排出室外。因此，不同于对液化石油气的要求，在地下室、半地下室内可设置、使用这类燃气设备，但应采取相应的安全措施，以满足现行国家标准《城镇燃气设计规范》GB 50028的要求。

8.4.7 本条根据国家标准《城镇燃气设计规范》GB 50028—93（2002 年版）第 7.2 节的相关规定制定。卧室是居住者休息的房间，若燃气漏气会使人中毒甚至死亡；暖气沟、排烟道、垃圾道、电梯井属于潮湿、高温、有腐蚀性介质及产生电火花的部位，若管道被腐蚀而漏气，易发生爆炸或火灾。因此，严禁在上述位置敷设燃气管道。

8.4.8 为了保证燃气设备、电气设备及其管道的检修条件和使用安全，燃气设备和管道应满足与电气设备和相邻管道的净距要求。该净距应综合考虑施工要求、检修条件及使用安全等因素确定。国家标准《城镇燃气设计规范》GB 50028—93（2002 年版）第 7.2.26 条给出了相关要求。

8.4.9 本条根据国家标准《城镇燃气设计规范》GB 50028—93（2002 年版）第 7.7 节的相关规定制定。为了保证用气设备的稳定燃烧和安全排烟，本条对住宅排烟提出相应要求。烟气必须排至室外，故直排式热水器不应用于住宅内。多台设备合用一个烟道时，不论是竖向还是横向连接，都不允许相互干扰和串烟。烹饪操作时，厨房燃具排气罩排出的烟气中含有油雾，若与热水器或采暖炉排出的高温烟气混合，可能引起火灾或爆炸事故，因此两者不得合用烟道。

8.5 电　气

8.5.1 为保证用电安全，电气线路的选材、配线应与住宅的用电负荷相适应。

8.5.2 为了防止因接地故障等引起的火灾，对住宅供配电应采取相应的安全措施。

8.5.3 出于节能的需要，应急照明可以采用节能自熄开关控制，但必须采取措施，使应急照明在应急状态下可以自动点亮，保证应急照明的使用功能。国家标准《住宅设计规范》GB 50096—1999（2003 年版）第 6.5.3 条规定："住宅的公共部位应设人工照明，除高层住宅的电梯厅和应急照明外，均应采用节能自熄开关。"本条从节能角度对此进行了修改。

8.5.4 为保证安全和便于管理，本条对每套住宅的电源总断路器提出相应要求。

8.5.5 为了避免儿童玩弄插座发生触电危险，安装高度在 1.8m 及以下的插座应采用安全型插座。

8.5.6 住宅建筑应根据其重要性、使用性质、发生雷电事故的可能性和后果，分为第二类防雷建筑物和第三类防雷建筑物。预计雷击次数大于 0.3 次/a 的住宅建筑应划为第二类防雷建筑物。预计雷击次数大于或等于 0.06 次/a，且小于或等于 0.3 次/a 的住宅建筑，应划为第三类防雷建筑物。各类防雷建筑物均应采取防直击雷和防雷电波侵入的措施。

8.5.7 住宅建筑配电系统应采用 TT、TN-C-S 或 TN-S 接地方式，并进行总等电位联结。等电位联结是指为达到等电位目的而实施的导体联结，目的是当发生触电时，减少电击危险。

8.5.8 本条根据国家标准《建筑物电子信息系统防雷技术规范》GB 50343—2004 第 5.2.5 条、第 5.2.6 条制定，对建筑防雷接地装置做了相应规定。

9 防 火 与 疏 散

9.1 一 般 规 定

9.1.1 本条对住宅建筑周围的外部灭火救援条件做了原则规定。住宅建筑周围设置适当的消防水源、扑救场地以及消防车和救援车辆易达道路等灭火救援条件，有利于住宅建筑火灾的控制和救援，保护生命和财产安全。

9.1.2 本条规定了相邻住户之间的防火分隔要求。考虑到住宅建筑的特点，从被动防火措施上，宜将每个住户作为一个防火单元处理，故本条对住户之间的防火分隔要求做了原则规定。

9.1.3 本条规定了住宅与其他建筑功能空间之间的防火分隔和住宅部分安全出口、疏散楼梯的设置要求，并规定了火灾危险性大的场所禁止附设在住宅建筑中。

当住宅与其他功能空间处在同一建筑内时，采取防火分隔措施可使各个不同使用空间具有相对较高的安全度。经营、存放和使用火灾危险性大的物品，容易发生火灾，引起爆炸，故该类场所不应附设在住宅建筑中。

本条中的其他功能空间指商业经营性场所，以及机房、仓储用房等，不包括直接为住户服务的物业管理办公用房和棋牌室、健身房等活动场所。

9.1.4 本条对住宅建筑的耐火性能、疏散条件以及消防设施的设置做了原则性规定。

9.1.5 本条原则规定了各种建筑设备和管线敷设的防火安全要求。

9.1.6 本条规定了确定住宅建筑防火与疏散要求时应考虑的因素。建筑层数应包括住宅部分的层数和其他功能空间的层数。

住宅建筑的高度和面积直接影响到火灾时建筑内

人员疏散的难易程度、外部救援的难易程度以及火灾可能导致财产损失的大小，住宅建筑的防火与疏散要求与建筑高度和面积直接相关联。对不同建筑高度和建筑面积的住宅区别对待，可解决安全性和经济性的矛盾。考虑到与现行相关防火规范的衔接，本规范以层数作为衡量高度的指标，并对层高较大的楼层规定了折算方法。

9.2 耐火等级及其构件耐火极限

9.2.1 本条将住宅建筑的耐火等级划分为四级。经综合考虑各种因素后，对适用于住宅的相关构件耐火等级进行了整合、协调，将构件燃烧性能描述为“不燃性”和“难燃性”，以体现构件的不同性能要求。考虑到目前轻钢结构和木结构等的发展需求，对耐火等级为三级和四级的住宅建筑构件的燃烧性能和耐火极限做了部分调整。

9.2.2 根据住宅建筑的特点，对不同建筑耐火等级要求的住宅的建造层数做了调整，允许四级耐火等级住宅建至3层，三级耐火等级住宅建至9层。考虑到住宅的分隔特点及其火灾特点，本规范强调住宅建筑户与户之间、单元与单元之间的防火分隔要求，不再对防火分区做出规定。

9.3 防火间距

9.3.1 本条规定了确定防火间距时应考虑的主要因素，即应从满足消防扑救需要和防止火势通过“飞火”、“热辐射”和“热对流”等方式向邻近建筑蔓延的要求出发，设置合理的防火间距。在满足防火安全条件的同时，尚应体现节约用地和与现实情况相协调的原则。

9.3.2 本条规定了住宅建筑与相邻民用建筑之间的防火间距要求以及防火间距允许调整的条件。

9.4 防火构造

9.4.1 本条对上下相邻住户间防止火灾竖向蔓延的外墙构造措施做了规定。适当的窗槛墙或防火挑檐是防止火灾发生竖向蔓延的有效措施。

9.4.2 为防止楼梯间受到住户火灾烟气的影响，本条对楼梯间窗口与套房窗口最近边缘之间的水平间距限值做了规定。楼梯间作为人员疏散的途径，保证其免受住户火灾烟气的影响十分重要。

9.4.3 本条对住宅建筑中电梯井、电缆井、管道井等竖井的设置做了规定。

电梯是重要的垂直交通工具，其井道易成为火灾蔓延的通道。为防止火灾通过电梯井蔓延扩大，规定电梯井应独立设置，且在其内不能敷设燃气管道以及敷设与电梯无关的电缆、电线等，同时规定了电梯井井壁上除开设电梯门和底部及顶部的通气孔外，不应开设其他洞口。

各种竖向管井均是火灾蔓延的途径，为了防止火灾蔓延扩大，要求电缆井、管道井、排烟道、排气道等竖井应单独设置，不应混设。为了防止火灾时将管井烧毁，扩大灾情，规定上述管道井壁应为不燃性构件，其耐火极限不低于1.00h。本条未对“垃圾道”做出规定，因为住宅中设置垃圾道不是主流做法，从健康、卫生角度出发，住宅不宜设置垃圾道。

为有效阻止火灾通过管井的竖向蔓延，本条对竖向管道井和电缆井层间封堵及孔洞封堵提出了要求。可靠的层间封堵及孔洞封堵是防止管道井和电缆井成为火灾蔓延通道的有效措施。

同样，为防止火灾竖向蔓延，本条还对住宅建筑中设置在防烟楼梯间前室和合用前室的电缆井和管道井井壁上检查门的耐火等级做了规定。

9.4.4 为防止火灾由汽车库竖向蔓延至住宅，本条对楼梯、电梯直通住宅下部汽车库时的防火分隔做了规定。

9.5 安全疏散

9.5.1 本条规定了设置安全出口应考虑的主要因素。考虑到当前住宅建筑形式趋于多样化，本条不具体界定建筑类型，但对各类住宅安全出口做了规定，总体兼顾了住宅的功能需求和安全需要。

本条根据不同的建筑层数，对安全出口设置数量做出规定，兼顾了安全性和经济性的要求。本条规定表明，在一定条件下，对18层及以下的住宅，每个住宅单元每层可仅设置一个安全出口。

19层及19层以上的住宅建筑，由于建筑层数多，高度大，人员相对较多，一旦发生火灾，烟和火易发生竖向蔓延且蔓延速度快，而人员疏散路径长，疏散困难。故对此类建筑，规定每个单元每层设置不少于两个安全出口，以利于建筑内人员及时逃离火灾场所。

建筑安全疏散出口应分散布置。在同一建筑中，若两个楼梯出口之间距离太近，会导致疏散人流不均而产生局部拥挤，还可能因出口同时被烟堵住，使人员不能脱离危险而造成重大伤亡事故。

若门的开启方向与疏散人流的方向不一致，当遇有紧急情况时，会使出口堵塞，造成人员伤亡事故。疏散用门具有不需要使用钥匙等任何器具即能迅速开启的功能，是火灾状态下对疏散门的基本安全要求。

9.5.2 本条规定了确定户门至最近安全出口的距离时应考虑的因素，其原则是在保证人员疏散安全的条件下，尽可能满足建筑布局和节约投资的需要。

9.5.3 本条规定了确定楼梯间形式时应考虑的因素及首层对外出口的设置要求。建筑发生火灾时，楼梯间作为人员垂直疏散的惟一通道，应确保安全可靠。楼梯间可分为防烟楼梯间、封闭楼梯间和室外楼梯等，具体形式应根据建筑形式、建筑层数、建筑面积以及套房户门的耐火等级等因素确定。

楼梯间在首层设置直通室外的出口，有利于人员在火灾时及时疏散；若没有直通室外的出口，应能保证人员在短时间内通过不会受到火灾威胁的门厅，但不允许设置需经其他房间再到达室外的出口形式。

9.5.4 本条对住宅建筑楼梯间顶棚、墙面和地面材料做了限制性规定。

9.6 消防给水与灭火设施

9.6.1 本条将设置室内消防给水设施的建筑层数界限统一调整为8层。对于建筑层数较高的各类住宅建筑，其火势蔓延较为迅速，扑救难度大，必须设置有效的灭火系统。室内消防给水设施包括消火栓、消防卷盘和干管系统等。水灭火系统具有使用方便、灭火效果好、价格便宜、器材简单等优点，当前采用的主要灭火系统为消火栓给水系统。

9.6.2 自动喷水灭火系统具有良好的控火及灭火效果，已得到许多火灾案例的实践检验。对于建筑层数为35层及35层以上的住宅建筑，由于建筑高度高，人员疏散困难，火灾危险性大，为保证人员生命和财产安全，规定设置自动喷水灭火系统是必要的。

9.7 消防电气

9.7.1 本条对10层及10层以上住宅建筑的消防供电做了规定。高层建筑发生火灾时，主要利用建筑物本身的消防设施进行灭火和疏散人员。合理地确定供电负荷等级，对于保障建筑消防用电设备的供电可靠性非常重要。

9.7.2 火灾自动报警系统由触发器件、火灾报警装置及具有其他辅助功能的装置组成，是为及早发现和通报火灾，并采取有效措施控制和扑灭火灾，而设置在建筑物中或其他场所的一种自动消防设施。在发达国家，火灾自动报警系统的设置已较为普及。考虑到现阶段国内的实际条件，规定35层及35层以上的住宅建筑应设置火灾自动报警系统。

9.7.3 本条对10层及10层以上住宅建筑的楼梯间、电梯间及其前室的应急照明做了规定。为防止人员触电和防止火势通过电气设备、线路扩大，在火灾时需要及时切断起火部位及相关区域的电源。此时若无应急照明，人员在惊慌之中势必产生混乱，不利于人员的安全疏散。

9.8 消防救援

9.8.1 本条对10层及10层以上的住宅建筑周围设置消防车道提出了要求，以保证外部救援的实施。

9.8.2 为保证在发生火灾时消防车能迅速开到附近的天然水源（如江、河、湖、海、水库、沟渠等）和消防水池取水灭火，本条规定了供消防车取水的天然水源和消防水池，均应设有消防车道，并便于取水。

9.8.3 为满足消防队员快速灭火救援的需要，综合考虑消防队员的体能状况和现阶段国内的实际条件，规定12层及12层以上的住宅建筑应设消防电梯。

10 节 能

10.1 一般规定

10.1.1 在住宅建筑能耗中，采暖、空调能耗占有最大比例。降低采暖、空调能耗可以通过提高建筑围护结构的热工性能，提高采暖、空调设备和系统的用能效率来实现。本条列举了住宅建筑中与采暖、空调能耗直接相关的各个因素，指明了住宅设计时应采取的建筑节能措施。

10.1.2 进行住宅节能设计可以采取两种方法：第一种方法是规定性指标法，即对本规范第10.1.1条所列出的所有因素均规定一个明确的指标，设计住宅时不得突破任何一个指标；第二种方法是性能化方法，即不对本规范第10.1.1条所列出的所有因素都规定明确的指标，但对住宅在某种标准条件下采暖、空调能耗的理论计算值规定一个限值，所设计的住宅计算得到的采暖、空调能耗不得突破这个限值。

10.1.3 围护结构的保温、隔热性能的优劣对住宅采暖、空调能耗的影响很大，而围护结构的保温、隔热主要依靠保温材料来实现，因此必须保证保温材料不受潮。

设计住宅的围护结构时，应进行水蒸气渗透和冷凝计算；根据计算结果，判定在正常情况下围护结构内部保温材料的潮湿程度是否在可接受的范围内；必要时，应在保温材料层的表面设置隔汽层。

10.1.4 在住宅建筑能耗中，照明能耗也占有较大的比例，因此要注重照明节能。考虑到住宅建筑的特殊性，套内空间的照明受居住者的控制，不易干预，因此不对套内空间的照明做出规定。住宅公共场所和部位的照明主要受设计和物业管理的控制，因此本条明确要求采用高效光源和灯具并采取节能控制措施。

住宅建筑的公共场所和部位有许多是有天然采光的，例如大部分住宅的楼梯间都有外窗。在天然采光的区域为照明系统配置定时或光电控制设备，可以合理控制照明系统的开关，在保证使用的前提下同时达到节能的目的。

10.1.5 随着经济的发展，住宅的建造水准越来越高，住宅建筑内配置电梯、水泵、风机等机电设备已较为普遍。在提高居住者生活水平的同时，这些机电设备消耗的电能也很大，因此也应该注重这类机电设备的节电问题。

机电设备的节电潜力很大，技术也成熟，例如电梯的智能控制，水泵、风机的变频控制等都是可以采用的节电措施，并且能收到很好的效果。

10.1.6 建筑节能的目的是降低建筑在使用过程中的能耗，其中最主要的是降低采暖、空调和照明能耗。降低采暖、空调能耗有三条技术途径：一是提高建筑围护结构的热工性能；二是提高采暖、空调设备和系统的用能效率；三是利用可再生能源来替代常规能源。利用可再生能源是一种更高层次的“节能”技术途径。

在住宅建筑中，自然通风和太阳能热利用是最直接、最简单的可再生能源利用方式，因此在住宅建设中，提倡结合当地的气候条件，充分利用自然通风和太阳能。

10.2 规定性指标

10.2.1 本规范第 10.1.2 条规定进行住宅节能设计可以采取“规定性指标法”。建筑方面的规定性指标应包括建筑物的体形系数、窗墙面积比、墙体的传热系数、屋顶的传热系数、外窗的传热系数、外窗遮阳系数等。由于规定这些指标的目的是限制最终的采暖、空调能耗，而采暖、空调能耗又与建筑所处的气候密切相关，因此具体的指标值也应根据不同的建筑热工设计分区和最终允许的采暖、空调能耗来确定。各地的建筑节能设计标准都应依据此原则给出具体的指标。

10.2.2 随着建筑业的持续发展，空调应用进一步普及，中国已成为空调设备的制造大国。大部分世界级品牌都已在中国成立合资或独资企业，大大提高了机组的质量水平，产品已广泛应用于各类建筑。国家标准《冷水机组能效限定值及能源效率等级》GB 19577—2004、《单元式空气调节机能效限定值及能源效率等级》GB 19576—2004 等将产品根据能源效率划分为 5 个等级，以配合我国能效标识制度的实施。能效等级的含义：1 等级是企业努力的目标；2 等级代表节能型产品的门槛（按最小寿命周期成本确定）；3、4 等级代表我国的平均水平；5 等级产品是未来淘汰的产品。确定能效等级能够为消费者提供明确的信息，帮助其进行选择，并促进高效产品的生产、应用。

表 10.2.2-1 冷水（热泵）机组制冷性能系数（*COP*）值和表 10.2.2-2 单元式空气调节机能效比（*EER*）值，是根据国家标准《公共建筑节能设计标准》GB 50189—2005 第 5.4.5 条、第 5.4.8 条规定的能效限值。对于采用集中空调系统的居民小区，或者设计阶段已完成户式中央空调系统设计的住宅，其冷源的能效规定取为与公共建筑相同。具体来说，对照“能效限定值及能源效率等级”标准，冷水（热泵）机组取用标准 GB 19577—2004“表 2 能源效率等级指标”中的规定值：活塞/涡旋式采用第 5 级，水冷离心式采用第 3 级，螺杆机则采用第 4 级；单元式空气调节机取用标准 GB 19576—2004“表 2 能源效率等级指标”中的第 4 级。

10.3 性能化设计

10.3.1 本规范第 10.1.2 条规定进行住宅节能设计可以采取“性能化方法”。所谓性能化方法，就是直接对住宅在某种标准条件下的理论上的采暖、空调能耗规定一个限值，作为节能控制目标。

10.3.2 为了维持住宅室内一定的热舒适条件，建筑物的采暖、空调能耗与建筑所处的气候区密切相关，因此具体的采暖、空调能耗限值也应该根据不同的建筑热工设计分区和最终希望达到的节能程度确定。各地的建筑节能设计标准都应依据此原则给出具体的采暖、空调能耗限值。

10.3.3 住宅节能设计的性能化方法是对住宅在某种标准条件的理论上的采暖、空调能耗规定一个限值，所设计的住宅计算得到的采暖、空调能耗不得突破这个限值。采暖、空调能耗与建筑所处的气候密切相关，因此具体的限值应根据具体的气候条件确定。

目前，住宅节能设计的性能化方法的应用主要考虑三种不同的气候条件：第一种是北方严寒和寒冷地区的气候条件，在这种条件下只需要考虑采暖能耗；第二种是中部夏热冬冷地区的气候条件，在这种条件下不仅要考虑采暖能耗，而且也要考虑空调能耗；第三种是南方夏热冬暖地区的气候条件，在这种条件下主要考虑空调能耗。

性能化方法规定的采暖、空调能耗限值，是某种标准条件下的理论计算值。为了保证性能化方法的公正性和惟一性，应详细地规定标准计算条件。本条分别对在三种不同的气候条件下，计算采暖、空调能耗做了具体规定，并给出了采暖、空调能耗限值。这些规定和限值是进行住宅节能性能化设计时必须遵守的。

11 使用与维护

11.0.1 住宅竣工验收合格，取得当地规划、消防、人防等有关部门的认可文件或准许使用文件，并满足地方建设行政主管部门规定的备案要求，才能说明住宅已经按要求建成。在此基础上，住宅具备接通水、电、燃气、暖气等条件后，可交付使用。

11.0.2 物业档案是实行物业管理必不可少的重要资料，是物业管理区域内对所有房屋、设备、管线等进行正确使用、维护、保养和修缮的技术依据，因此必须妥为保管。物业档案的所有者是业主委员会。物业档案最初应由建设单位负责形成和建立，在物业交付使用时由建设单位移交给物业管理企业。每个物业管理企业在服务合同终止时，都应将物业档案移交给业主委员会，并保证其完好。

11.0.3 《住宅使用说明书》是指导用户正确使用住

宅的技术文件，所附《住宅品质状况表》不仅载明住宅是否已进行性能认定，还包括住宅各方面的基本性能情况，体现了对消费者知情权的尊重。

《住宅质量保证书》是建设单位按照政府统一规定提交给用户的住宅保修证书。在规定的保修期内，一旦出现属于保修范围内的质量问题，用户可以按照《住宅质量保证书》的提示获得保修服务。

11.0.4 用户正确使用住宅设备，不擅自改动住宅主体结构等，是保证正常安全居住的基本要求。鉴于住户擅自改动住宅主体结构、拆改配套设施等情况时有发生，本条对此做了严格限制。

11.0.5 不允许自行拆改或占用共用部位，既是为了维护公众居住权益，也是为了保证人员的生命安全。

11.0.6 住宅和居住区内按照规划建设的公共建筑和共用设施，是为广大用户服务的，若改变其用途，将损害公众权益。

11.0.7 对住宅和相关场地进行日常保养、维修和管理，对各种共用设备和设施进行日常维护、检修、更新，是保证物业正常使用所必需的，也是物业管理公司的重要工作内容。

11.0.8 近年来，居住小区消防设施完好率低和消防通道被挤占的情况比较普遍，尤其是小汽车大量进入家庭以来，停车占用消防通道的现象越来越多，一旦发生火灾，将给扑救工作带来巨大困难。本条据此规定必须保持消防设施完好和消防通道畅通。

中华人民共和国国家标准

绿色建筑评价标准

Assessment standard for green building

GB/T 50378—2014

主编部门：中华人民共和国住房和城乡建设部
批准部门：中华人民共和国住房和城乡建设部
施行日期：2 0 1 5 年 1 月 1 日

中华人民共和国住房和城乡建设部
公　　告

第408号

住房城乡建设部关于发布国家标准《绿色建筑评价标准》的公告

现批准《绿色建筑评价标准》为国家标准，编号为GB/T 50378－2014，自2015年1月1日起实施。原《绿色建筑评价标准》GB/T 50378－2006同时废止。

本标准由我部标准定额研究所组织中国建筑工业出版社出版发行。

中华人民共和国住房和城乡建设部

2014年4月15日

前　　言

本标准是根据住房和城乡建设部《关于印发〈2011年工程建设标准规范制订、修订计划〉的通知》（建标［2011］17号）的要求，由中国建筑科学研究院和上海市建筑科学研究院（集团）有限公司会同有关单位在原国家标准《绿色建筑评价标准》GB/T 50378－2006基础上进行修订完成的。

本标准在修订过程中，标准编制组开展了广泛的调查研究，总结了近年来《绿色建筑评价标准》GB/T 50378－2006的实施情况和实践经验，参考了有关国外标准，开展了多项专题研究，广泛征求了有关方面的意见，对具体内容进行了反复讨论、协调和修改，最后经审查定稿。

本标准共分11章，主要技术内容是：总则、术语、基本规定、节地与室外环境、节能与能源利用、节水与水资源利用、节材与材料资源利用、室内环境质量、施工管理、运营管理、提高与创新。

本次修订的主要内容包括：

1. 将标准适用范围由住宅建筑和公共建筑中的办公建筑、商场建筑和旅馆建筑，扩展至各类民用建筑。

2. 将评价分为设计评价和运行评价。

3. 绿色建筑评价指标体系在节地与室外环境、节能与能源利用、节水与水资源利用、节材与材料资源利用、室内环境质量和运营管理六类指标的基础上，增加“施工管理”类评价指标。

4. 调整评价方法。对各类评价指标评分，并在每类评价指标评分项满足最低得分要求的前提下，以总得分确定绿色建筑等级。相应地，将《绿色建筑评价标准》GB/T 50378－2006中的一般项和优选项合并改为评分项。

5. 增设加分项，鼓励绿色建筑技术、管理的提高和创新。

6. 明确多功能的综合性单体建筑的评价方式与等级确定方法。

7. 修改部分评价条文，并对所有评分项和加分项条文赋以评价分值。

本标准由住房和城乡建设部负责管理，由中国建筑科学研究院负责具体技术内容的解释。执行过程中如有意见或建议，请寄送中国建筑科学研究院标准规范处（地址：北京市北三环东路30号；邮政编码：100013）。

本标准主编单位：中国建筑科学研究院
上海市建筑科学研究院（集团）有限公司

本标准参编单位：中国城市科学研究会绿色建筑与节能专业委员会
中国城市规划设计研究院
清华大学
中国建筑工程总公司
中国建筑材料科学研究总院
中国市政工程华北设计研究总院
深圳市建筑科学研究院有限公司
城市建设研究院

住房和城乡建设部科技发展促进中心
同济大学

本标准参加单位：拜耳材料科技（中国）有限公司
长沙大家物联网络科技有限公司
方兴地产（中国）有限公司
圣戈班（中国）投资有限公司
中国建筑金属结构协会建筑钢结构委员会

本标准主要起草人员：林海燕 韩继红 程志军 曾 捷 王有为 王清勤 鹿 勤 林波荣 程大章 杨建荣 于震平 蒋 荃 陈 立 叶 青 徐海云 宋 凌 叶 凌

本标准主要审查人员：吴德绳 刘加平 杨 榕 李 迅 窦以德 郎四维 赵 锂 娄 宇 汪 维 徐永模 毛志兵 方天培

目　次

Contents

1 总　　则

1.0.1 为贯彻国家技术经济政策，节约资源，保护环境，规范绿色建筑的评价，推进可持续发展，制定本标准。

1.0.2 本标准适用于绿色民用建筑的评价。

1.0.3 绿色建筑评价应遵循因地制宜的原则，结合建筑所在地域的气候、环境、资源、经济及文化等特点，对建筑全寿命期内节能、节地、节水、节材、保护环境等性能进行综合评价。

1.0.4 绿色建筑的评价除应符合本标准的规定外，尚应符合国家现行有关标准的规定。

2 术　　语

2.0.1 绿色建筑　green building

在全寿命期内，最大限度地节约资源(节能、节地、节水、节材)、保护环境、减少污染，为人们提供健康、适用和高效的使用空间，与自然和谐共生的建筑。

2.0.2 热岛强度　heat island intensity

城市内一个区域的气温与郊区气温的差别，用二者代表性测点气温的差值表示，是城市热岛效应的表征参数。

2.0.3 年径流总量控制率　annual runoff volume capture ratio

通过自然和人工强化的入渗、滞蓄、调蓄和收集回用，场地内累计一年得到控制的雨水量占全年总降雨量的比例。

2.0.4 可再生能源　renewable energy

风能、太阳能、水能、生物质能、地热能和海洋能等非化石能源的统称。

2.0.5 再生水　reclaimed water

污水经处理后，达到规定水质标准、满足一定使用要求的非饮用水。

2.0.6 非传统水源　non-traditional water source

不同于传统地表水供水和地下水供水的水源，包括再生水、雨水、海水等。

2.0.7 可再利用材料　reusable material

不改变物质形态可直接再利用的，或经过组合、修复后可直接再利用的回收材料。

2.0.8 可再循环材料　recyclable material

通过改变物质形态可实现循环利用的回收材料。

3 基 本 规 定

3.1 一 般 规 定

3.1.1 绿色建筑的评价应以单栋建筑或建筑群为评价对象。评价单栋建筑时，凡涉及系统性、整体性的指标，应基于该栋建筑所属工程项目的总体进行评价。

3.1.2 绿色建筑的评价分为设计评价和运行评价。设计评价应在建筑工程施工图设计文件审查通过后进行，运行评价应在建筑通过竣工验收并投入使用一年后进行。

3.1.3 申请评价方应进行建筑全寿命期技术和经济分析，合理确定建筑规模，选用适当的建筑技术、设备和材料，对规划、设计、施工、运行阶段进行全过程控制，并提交相应分析、测试报告和相关文件。

3.1.4 评价机构应按本标准的有关要求，对申请评价方提交的报告、文件进行审查，出具评价报告，确定等级。对申请运行评价的建筑，尚应进行现场考察。

3.2 评价与等级划分

3.2.1 绿色建筑评价指标体系由节地与室外环境、节能与能源利用、节水与水资源利用、节材与材料资源利用、室内环境质量、施工管理、运营管理7类指标组成。每类指标均包括控制项和评分项。评价指标体系还统一设置加分项。

3.2.2 设计评价时，不对施工管理和运营管理2类指标进行评价，但可预评相关条文。运行评价应包括7类指标。

3.2.3 控制项的评定结果为满足或不满足；评分项和加分项的评定结果为分值。

3.2.4 绿色建筑评价应按总得分确定等级。

3.2.5 评价指标体系7类指标的总分均为100分。7类指标各自的评分项得分 Q_1、Q_2、Q_3、Q_4、Q_5、Q_6、Q_7 按参评建筑该类指标的评分项实际得分值除以适用于该建筑的评分项总分值再乘以100分计算。

3.2.6 加分项的附加得分 Q_8 按本标准第11章的有关规定确定。

3.2.7 绿色建筑评价的总得分按下式进行计算，其中评价指标体系7类指标评分项的权重 w_1～w_7 按表3.2.7取值。

$$\Sigma Q = w_1Q_1 + w_2Q_2 + w_3Q_3 + w_4Q_4 + w_5Q_5 + w_6Q_6 + w_7Q_7 + Q_8 \quad (3.2.7)$$

表3.2.7　绿色建筑各类评价指标的权重

		节地与室外环境 w_1	节能与能源利用 w_2	节水与水资源利用 w_3	节材与材料资源利用 w_4	室内环境质量 w_5	施工管理 w_6	运营管理 w_7
设计评价	居住建筑	0.21	0.24	0.20	0.17	0.18	—	—
	公共建筑	0.16	0.28	0.18	0.19	0.19	—	—

续表 3.2.7

		节地与室外环境 w_1	节能与能源利用 w_2	节水与水资源利用 w_3	节材与材料资源利用 w_4	室内环境质量 w_5	施工管理 w_6	运营管理 w_7
运行评价	居住建筑	0.17	0.19	0.16	0.14	0.14	0.10	0.10
	公共建筑	0.13	0.23	0.14	0.15	0.15	0.10	0.10

注：1 表中"—"表示施工管理和运营管理两类指标不参与设计评价。
2 对于同时具有居住和公共功能的单体建筑，各类评价指标权重取为居住建筑和公共建筑所对应权重的平均值。

3.2.8 绿色建筑分为一星级、二星级、三星级3个等级。3个等级的绿色建筑均应满足本标准所有控制项的要求，且每类指标的评分项得分不应小于40分。当绿色建筑总得分分别达到50分、60分、80分时，绿色建筑等级分别为一星级、二星级、三星级。

3.2.9 对多功能的综合性单体建筑，应按本标准全部评价条文逐条对适用的区域进行评价，确定各评价条文的得分。

4 节地与室外环境

4.1 控制项

4.1.1 项目选址应符合所在地城乡规划，且应符合各类保护区、文物古迹保护的建设控制要求。

4.1.2 场地应无洪涝、滑坡、泥石流等自然灾害的威胁，无危险化学品、易燃易爆危险源的威胁，无电磁辐射、含氡土壤等危害。

4.1.3 场地内不应有排放超标的污染源。

4.1.4 建筑规划布局应满足日照标准，且不得降低周边建筑的日照标准。

4.2 评分项

Ⅰ 土地利用

4.2.1 节约集约利用土地，评价总分值为19分。对居住建筑，根据其人均居住用地指标按表4.2.1-1的规则评分；对公共建筑，根据其容积率按表4.2.1-2的规则评分。

表 4.2.1-1 居住建筑人均居住用地指标评分规则

居住建筑人均居住用地指标 A（m^2）					得分
3层及以下	4～6层	7～12层	13～18层	19层及以上	
$35<A\leqslant41$	$23<A\leqslant26$	$22<A\leqslant24$	$20<A\leqslant22$	$11<A\leqslant13$	15

续表 4.2.1-1

居住建筑人均居住用地指标 A（m^2）					得分
3层及以下	4～6层	7～12层	13～18层	19层及以上	
$A\leqslant35$	$A\leqslant23$	$A\leqslant22$	$A\leqslant20$	$A\leqslant11$	19

表 4.2.1-2 公共建筑容积率评分规则

容积率 R	得 分
$0.5\leqslant R<0.8$	5
$0.8\leqslant R<1.5$	10
$1.5\leqslant R<3.5$	15
$R\geqslant3.5$	19

4.2.2 场地内合理设置绿化用地，评价总分值为9分，并按下列规则评分：

1 居住建筑按下列规则分别评分并累计：

1）住区绿地率：新区建设达到30%，旧区改建达到25%，得2分；

2）住区人均公共绿地面积：按表4.2.2-1的规则评分，最高得7分。

表 4.2.2-1 住区人均公共绿地面积评分规则

住区人均公共绿地面积 A_g		得 分
新区建设	旧区改建	
$1.0m^2\leqslant A_g<1.3m^2$	$0.7m^2\leqslant A_g<0.9m^2$	3
$1.3m^2\leqslant A_g<1.5m^2$	$0.9m^2\leqslant A_g<1.0m^2$	5
$A_g\geqslant1.5m^2$	$A_g\geqslant1.0m^2$	7

2 公共建筑按下列规则分别评分并累计：

1）绿地率：按表4.2.2-2的规则评分，最高得7分；

表 4.2.2-2 公共建筑绿地率评分规则

绿地率 R_g	得 分
$30\%\leqslant R_g<35\%$	2
$35\%\leqslant R_g<40\%$	5
$R_g\geqslant40\%$	7

2）绿地向社会公众开放，得2分。

4.2.3 合理开发利用地下空间，评价总分值为6分，按表4.2.3的规则评分。

表 4.2.3 地下空间开发利用评分规则

建筑类型	地下空间开发利用指标		得分
居住建筑	地下建筑面积与地上建筑面积的比率 R_r	$5\%\leqslant R_r<15\%$	2
		$15\%\leqslant R_r<25\%$	4
		$R_r\geqslant25\%$	6

续表 4.2.3

<table>
<tr><th>建筑类型</th><th colspan="2">地下空间开发利用指标</th><th>得分</th></tr>
<tr><td rowspan="2">公共建筑</td><td rowspan="2">地下建筑面积与总用地面积之比 R_{p1} 地下一层建筑面积与总用地面积的比率 R_{p2}</td><td>$R_{p1} \geqslant 0.5$</td><td>3</td></tr>
<tr><td>$R_{p1} \geqslant 0.7$ 且 $R_{p2} < 70\%$</td><td>6</td></tr>
</table>

Ⅱ 室外环境

4.2.4 建筑及照明设计避免产生光污染，评价总分值为 4 分，并按下列规则分别评分并累计：

1 玻璃幕墙可见光反射比不大于 0.2，得 2 分；

2 室外夜景照明光污染的限制符合现行行业标准《城市夜景照明设计规范》JGJ/T 163 的规定，得 2 分。

4.2.5 场地内环境噪声符合现行国家标准《声环境质量标准》GB 3096 的有关规定，评价分值为 4 分。

4.2.6 场地内风环境有利于室外行走、活动舒适和建筑的自然通风，评价总分值为 6 分，并按下列规则分别评分并累计：

1 在冬季典型风速和风向条件下，按下列规则分别评分并累计：

1）建筑物周围人行区风速小于 5m/s，且室外风速放大系数小于 2，得 2 分；

2）除迎风第一排建筑外，建筑迎风面与背风面表面风压差不大于 5Pa，得 1 分；

2 过渡季、夏季典型风速和风向条件下，按下列规则分别评分并累计：

1）场地内人活动区不出现涡旋或无风区，得 2 分；

2）50%以上可开启外窗室内外表面的风压差大于 0.5Pa，得 1 分。

4.2.7 采取措施降低热岛强度，评价总分值为 4 分，并按下列规则分别评分并累计：

1 红线范围内户外活动场地有乔木、构筑物等遮阴措施的面积达到 10%，得 1 分；达到 20%，得 2 分；

2 超过 70%的道路路面、建筑屋面的太阳辐射反射系数不小于 0.4，得 2 分。

Ⅲ 交通设施与公共服务

4.2.8 场地与公共交通设施具有便捷的联系，评价总分值为 9 分，并按下列规则分别评分并累计：

1 场地出入口到达公共汽车站的步行距离不大于 500m，或到达轨道交通站的步行距离不大于 800m，得 3 分；

2 场地出入口步行距离 800m 范围内设有 2 条及以上线路的公共交通站点（含公共汽车站和轨道交通站），得 3 分；

3 有便捷的人行通道联系公共交通站点，得 3 分。

4.2.9 场地内人行通道采用无障碍设计，评价分值为 3 分。

4.2.10 合理设置停车场所，评价总分值为 6 分，并按下列规则分别评分并累计：

1 自行车停车设施位置合理、方便出入，且有遮阳防雨措施，得 3 分；

2 合理设置机动车停车设施，并采取下列措施中至少 2 项，得 3 分：

1）采用机械式停车库、地下停车库或停车楼等方式节约集约用地；

2）采用错时停车方式向社会开放，提高停车场（库）使用效率；

3）合理设计地面停车位，不挤占步行空间及活动场所。

4.2.11 提供便利的公共服务，评价总分值为 6 分，并按下列规则评分：

1 居住建筑：满足下列要求中 3 项，得 3 分；满足 4 项及以上，得 6 分：

1）场地出入口到达幼儿园的步行距离不大于 300m；

2）场地出入口到达小学的步行距离不大于 500m；

3）场地出入口到达商业服务设施的步行距离不大于 500m；

4）相关设施集中设置并向周边居民开放；

5）场地 1000m 范围内设有 5 种及以上的公共服务设施。

2 公共建筑：满足下列要求中 2 项，得 3 分；满足 3 项及以上，得 6 分：

1）2 种及以上的公共建筑集中设置，或公共建筑兼容 2 种及以上的公共服务功能；

2）配套辅助设施设备共同使用、资源共享；

3）建筑向社会公众提供开放的公共空间；

4）室外活动场地错时向周边居民免费开放。

Ⅳ 场地设计与场地生态

4.2.12 结合现状地形地貌进行场地设计与建筑布局，保护场地内原有的自然水域、湿地和植被，采取表层土利用等生态补偿措施，评价分值为 3 分。

4.2.13 充分利用场地空间合理设置绿色雨水基础设施，对大于 $10hm^2$ 的场地进行雨水专项规划设计，评价总分值为 9 分，并按下列规则分别评分并累计：

1 下凹式绿地、雨水花园等有调蓄雨水功能的绿地和水体的面积之和占绿地面积的比例达到 30%，得 3 分；

2 合理衔接和引导屋面雨水、道路雨水进入地面生态设施，并采取相应的径流污染控制措施，得3分；

3 硬质铺装地面中透水铺装面积的比例达到50%，得3分。

4.2.14 合理规划地表与屋面雨水径流，对场地雨水实施外排总量控制，评价总分值为6分。其场地年径流总量控制率达到55%，得3分；达到70%，得6分。

4.2.15 合理选择绿化方式，科学配置绿化植物，评价总分值为6分，并按下列规则分别评分并累计：

1 种植适应当地气候和土壤条件的植物，采用乔、灌、草结合的复层绿化，种植区域覆土深度和排水能力满足植物生长需求，得3分；

2 居住建筑绿地配植乔木不少于3株/100m²，公共建筑采用垂直绿化、屋顶绿化等方式，得3分。

5 节能与能源利用

5.1 控制项

5.1.1 建筑设计应符合国家现行相关建筑节能设计标准中强制性条文的规定。

5.1.2 不应采用电直接加热设备作为供暖空调系统的供暖热源和空气加湿热源。

5.1.3 冷热源、输配系统和照明等各部分能耗应进行独立分项计量。

5.1.4 各房间或场所的照明功率密度值不应高于现行国家标准《建筑照明设计标准》GB 50034中规定的现行值。

5.2 评分项

Ⅰ 建筑与围护结构

5.2.1 结合场地自然条件，对建筑的体形、朝向、楼距、窗墙比等进行优化设计，评价分值为6分。

5.2.2 外窗、玻璃幕墙的可开启部分能使建筑获得良好的通风，评价总分值为6分，并按下列规则评分：

1 设玻璃幕墙且不设外窗的建筑，其玻璃幕墙透明部分可开启面积比例达到5%，得4分；达到10%，得6分。

2 设外窗且不设玻璃幕墙的建筑，外窗可开启面积比例达到30%，得4分；达到35%，得6分。

3 设玻璃幕墙和外窗的建筑，对其玻璃幕墙透明部分和外窗分别按本条第1款和第2款进行评价，得分取两项得分的平均值。

5.2.3 围护结构热工性能指标优于国家现行相关建筑节能设计标准的规定，评价总分值为10分，并按下列规则评分：

1 围护结构热工性能比国家现行相关建筑节能设计标准规定的提高幅度达到5%，得5分；达到10%，得10分。

2 供暖空调全年计算负荷降低幅度达到5%，得5分；达到10%，得10分。

Ⅱ 供暖、通风与空调

5.2.4 供暖空调系统的冷、热源机组能效均优于现行国家标准《公共建筑节能设计标准》GB 50189的规定以及现行有关国家标准能效限定值的要求，评价分值为6分。对电机驱动的蒸气压缩循环冷水（热泵）机组，直燃型和蒸汽型溴化锂吸收式冷（温）水机组，单元式空气调节机、风管送风式和屋顶式空调机组，多联式空调（热泵）机组，燃煤、燃油和燃气锅炉，其能效指标比现行国家标准《公共建筑节能设计标准》GB 50189规定值的提高或降低幅度满足表5.2.4的要求；对房间空气调节器和家用燃气热水炉，其能效等级满足现行有关国家标准的节能评价值要求。

表5.2.4 冷、热源机组能效指标比现行国家标准《公共建筑节能设计标准》GB 50189的提高或降低幅度

机组类型		能效指标	提高或降低幅度
电机驱动的蒸气压缩循环冷水（热泵）机组		制冷性能系数（COP）	提高6%
溴化锂吸收式冷水机组	直燃型	制冷、供热性能系数（COP）	提高6%
	蒸汽型	单位制冷量蒸汽耗量	降低6%
单元式空气调节机、风管送风式和屋顶式空调机组		能效比（EER）	提高6%
多联式空调（热泵）机组		制冷综合性能系数（IPLV（C））	提高8%
锅炉	燃煤	热效率	提高3个百分点
	燃油燃气	热效率	提高2个百分点

5.2.5 集中供暖系统热水循环泵的耗电输热比和通风空调系统风机的单位风量耗功率符合现行国家标准《公共建筑节能设计标准》GB 50189等的有关规定，且空调冷热水系统循环水泵的耗电输冷（热）比比现

行国家标准《民用建筑供暖通风与空气调节设计规范》GB 50736 规定值低 20%，评价分值为 6 分。

5.2.6 合理选择和优化供暖、通风与空调系统，评价总分值为 10 分，根据系统能耗的降低幅度按表 5.2.6 的规则评分。

表 5.2.6 供暖、通风与空调系统能耗降低幅度评分规则

供暖、通风与空调系统能耗降低幅度 D_e	得分
$5\% \leqslant D_e < 10\%$	3
$10\% \leqslant D_e < 15\%$	7
$D_e \geqslant 15\%$	10

5.2.7 采取措施降低过渡季节供暖、通风与空调系统能耗，评价分值为 6 分。

5.2.8 采取措施降低部分负荷、部分空间使用下的供暖、通风与空调系统能耗，评价总分值为 9 分，并按下列规则分别评分并累计：

1 区分房间的朝向，细分供暖、空调区域，对系统进行分区控制，得 3 分；

2 合理选配空调冷、热源机组台数与容量，制定实施根据负荷变化调节制冷（热）量的控制策略，且空调冷源的部分负荷性能符合现行国家标准《公共建筑节能设计标准》GB 50189 的规定，得 3 分；

3 水系统、风系统采用变频技术，且采取相应的水力平衡措施，得 3 分。

Ⅲ 照明与电气

5.2.9 走廊、楼梯间、门厅、大堂、大空间、地下停车场等场所的照明系统采取分区、定时、感应等节能控制措施，评价分值为 5 分。

5.2.10 照明功率密度值达到现行国家标准《建筑照明设计标准》GB 50034 中规定的目标值，评价总分值为 8 分。主要功能房间满足要求，得 4 分；所有区域均满足要求，得 8 分。

5.2.11 合理选用电梯和自动扶梯，并采取电梯群控、扶梯自动启停等节能控制措施，评价分值为 3 分。

5.2.12 合理选用节能型电气设备，评价总分值为 5 分，并按下列规则分别评分并累计：

1 三相配电变压器满足现行国家标准《三相配电变压器能效限定值及能效等级》GB 20052 的节能评价值要求，得 3 分；

2 水泵、风机等设备，及其他电气装置满足相关现行国家标准的节能评价值要求，得 2 分。

Ⅳ 能量综合利用

5.2.13 排风能量回收系统设计合理并运行可靠，评价分值为 3 分。

5.2.14 合理采用蓄冷蓄热系统，评价分值为 3 分。

5.2.15 合理利用余热废热解决建筑的蒸汽、供暖或生活热水需求，评价分值为 4 分。

5.2.16 根据当地气候和自然资源条件，合理利用可再生能源，评价总分值为 10 分，按表 5.2.16 的规则评分。

表 5.2.16 可再生能源利用评分规则

可再生能源利用类型和指标		得 分
由可再生能源提供的生活用热水比例 R_{hw}	$20\% \leqslant R_{hw} < 30\%$	4
	$30\% \leqslant R_{hw} < 40\%$	5
	$40\% \leqslant R_{hw} < 50\%$	6
	$50\% \leqslant R_{hw} < 60\%$	7
	$60\% \leqslant R_{hw} < 70\%$	8
	$70\% \leqslant R_{hw} < 80\%$	9
	$R_{hw} \geqslant 80\%$	10
由可再生能源提供的空调用冷量和热量比例 R_{ch}	$20\% \leqslant R_{ch} < 30\%$	4
	$30\% \leqslant R_{ch} < 40\%$	5
	$40\% \leqslant R_{ch} < 50\%$	6
	$50\% \leqslant R_{ch} < 60\%$	7
	$60\% \leqslant R_{ch} < 70\%$	8
	$70\% \leqslant R_{ch} < 80\%$	9
	$R_{ch} \geqslant 80\%$	10
由可再生能源提供的电量比例 R_e	$1.0\% \leqslant R_e < 1.5\%$	4
	$1.5\% \leqslant R_e < 2.0\%$	5
	$2.0\% \leqslant R_e < 2.5\%$	6
	$2.5\% \leqslant R_e < 3.0\%$	7
	$3.0\% \leqslant R_e < 3.5\%$	8
	$3.5\% \leqslant R_e < 4.0\%$	9
	$R_e \geqslant 4.0\%$	10

6 节水与水资源利用

6.1 控 制 项

6.1.1 应制定水资源利用方案，统筹利用各种水资源。

6.1.2 给排水系统设置应合理、完善、安全。

6.1.3 应采用节水器具。

6.2 评 分 项

Ⅰ 节 水 系 统

6.2.1 建筑平均日用水量满足现行国家标准《民用建筑节水设计标准》GB 50555 中的节水用水定额的

要求，评价总分值为10分，达到节水用水定额的上限值的要求，得4分；达到上限值与下限值的平均值要求，得7分；达到下限值的要求，得10分。

6.2.2 采取有效措施避免管网漏损，评价总分值为7分，并按下列规则分别评分并累计：

1 选用密闭性能好的阀门、设备，使用耐腐蚀、耐久性能好的管材、管件，得1分；

2 室外埋地管道采取有效措施避免管网漏损，得1分；

3 设计阶段根据水平衡测试的要求安装分级计量水表；运行阶段提供用水量计量情况和管网漏损检测、整改的报告，得5分。

6.2.3 给水系统无超压出流现象，评价总分值为8分。用水点供水压力不大于0.30MPa，得3分；不大于0.20MPa，且不小于用水器具要求的最低工作压力，得8分。

6.2.4 设置用水计量装置，评价总分值为6分，并按下列规则分别评分并累计：

1 按使用用途，对厨房、卫生间、空调系统、游泳池、绿化、景观等用水分别设置用水计量装置，统计用水量，得2分；

2 按付费或管理单元，分别设置用水计量装置，统计用水量，得4分。

6.2.5 公用浴室采取节水措施，评价总分值为4分，并按下列规则分别评分并累计：

1 采用带恒温控制和温度显示功能的冷热水混合淋浴器，得2分；

2 设置用者付费的设施，得2分。

Ⅱ 节水器具与设备

6.2.6 使用较高用水效率等级的卫生器具，评价总分值为10分。用水效率等级达到3级，得5分；达到2级，得10分。

6.2.7 绿化灌溉采用节水灌溉方式，评价总分值为10分，并按下列规则评分：

1 采用节水灌溉系统，得7分；在此基础上设置土壤湿度感应器、雨天关闭装置等节水控制措施，再得3分。

2 种植无需永久灌溉植物，得10分。

6.2.8 空调设备或系统采用节水冷却技术，评价总分值为10分，并按下列规则评分：

1 循环冷却水系统设置水处理措施；采取加大集水盘、设置平衡管或平衡水箱的方式，避免冷却水泵停泵时冷却水溢出，得6分；

2 运行时，冷却塔的蒸发耗水量占冷却水补水量的比例不低于80%，得10分；

3 采用无蒸发耗水量的冷却技术，得10分。

6.2.9 除卫生器具、绿化灌溉和冷却塔外的其他用水采用节水技术或措施，评价总分值为5分。其他用水中采用节水技术或措施的比例达到50%，得3分；达到80%，得5分。

Ⅲ 非传统水源利用

6.2.10 合理使用非传统水源，评价总分值为15分，并按下列规则评分：

1 住宅、办公、商店、旅馆类建筑：根据其按下列公式计算的非传统水源利用率，或者其非传统水源利用措施，按表6.2.10的规则评分。

$$R_u = \frac{W_u}{W_t} \times 100\% \quad (6.2.10\text{-}1)$$

$$W_u = W_R + W_r + W_s + W_o \quad (6.2.10\text{-}2)$$

式中：R_u——非传统水源利用率，%；

W_u——非传统水源设计使用量（设计阶段）或实际使用量（运行阶段），m^3/a；

W_R——再生水设计利用量（设计阶段）或实际利用量（运行阶段），m^3/a；

W_r——雨水设计利用量（设计阶段）或实际利用量（运行阶段），m^3/a；

W_s——海水设计利用量（设计阶段）或实际利用量（运行阶段），m^3/a；

W_o——其他非传统水源利用量（设计阶段）或实际利用量（运行阶段），m^3/a；

W_t——设计用水总量（设计阶段）或实际用水总量（运行阶段），m^3/a。

注：式中设计使用量为年用水量，由平均日用水量和用水时间计算得出。实际使用量应通过统计全年水表计量的情况计算得出。式中用水量计算不包含冷却水补水量和室外景观水体补水量。

表6.2.10 非传统水源利用率评分规则

建筑类型	非传统水源利用率		非传统水源利用措施				得分
	有市政再生水供应	无市政再生水供应	室内冲厕	室外绿化灌溉	道路浇洒	洗车用水	
住宅	8.0%	4.0%	—	●○	●	●	5分
	—	8.0%	—	○	○	○	7分
	30.0%	30.0%	●○	●○	●○	●○	15分
办公	10.0%	—	—	●	●	●	5分
	—	8.0%	—	○	—	—	10分
	50.0%	10.0%	●	●○	●○	●○	15分
商店	3.0%	—	—	●	●	●	2分
	—	2.5%	—	○	—	—	10分
	50.0%	3.0%	●	●○	●○	●○	15分
旅馆	2.0%	—	—	●	●	●	2分
	—	1.0%	—	○	—	—	10分
	12.0%	2.0%	●	●○	●○	●○	15分

注：“●”为有市政再生水供应时的要求；“○”为无市政再生水供应时的要求。

2 其他类型建筑：按下列规则分别评分并累计。

1）绿化灌溉、道路冲洗、洗车用水采用非传统水源的用水量占其总用水量的比例不低于80%，得7分；

2）冲厕采用非传统水源的用水量占其总用水量的比例不低于50%，得8分。

6.2.11 冷却水补水使用非传统水源，评价总分值为8分，根据冷却水补水使用非传统水源的量占总用水量的比例按表6.2.11的规则评分。

表6.2.11 冷却水补水使用非传统水源的评分规则

冷却水补水使用非传统水源的量占总用水量比例 R_{nt}	得分
$10\% \leqslant R_{nt} < 30\%$	4
$30\% \leqslant R_{nt} < 50\%$	6
$R_{nt} \geqslant 50\%$	8

6.2.12 结合雨水利用设施进行景观水体设计，景观水体利用雨水的补水量大于其水体蒸发量的60%，且采用生态水处理技术保障水体水质，评价总分值为7分，并按下列规则分别评分并累计：

1 对进入景观水体的雨水采取控制面源污染的措施，得4分；

2 利用水生动、植物进行水体净化，得3分。

7 节材与材料资源利用

7.1 控制项

7.1.1 不得采用国家和地方禁止和限制使用的建筑材料及制品。

7.1.2 混凝土结构中梁、柱纵向受力普通钢筋应采用不低于400MPa级的热轧带肋钢筋。

7.1.3 建筑造型要素应简约，且无大量装饰性构件。

7.2 评分项

Ⅰ 节材设计

7.2.1 择优选用建筑形体，评价总分值为9分。根据国家标准《建筑抗震设计规范》GB 50011-2010规定的建筑形体规则性评分，建筑形体不规则，得3分；建筑形体规则，得9分。

7.2.2 对地基基础、结构体系、结构构件进行优化设计，达到节材效果，评价分值为5分。

7.2.3 土建工程与装修工程一体化设计，评价总分值为10分，并按下列规则评分：

1 住宅建筑土建与装修一体化设计的户数比例达到30%，得6分；达到100%，得10分。

2 公共建筑公共部位土建与装修一体化设计，得6分；所有部位均土建与装修一体化设计，得10分。

7.2.4 公共建筑中可变换功能的室内空间采用可重复使用的隔断（墙），评价总分值为5分，根据可重复使用隔断（墙）比例按表7.2.4的规则评分。

表7.2.4 可重复使用隔断（墙）比例评分规则

可重复使用隔断（墙）比例 R_{rp}	得分
$30\% \leqslant R_{rp} < 50\%$	3
$50\% \leqslant R_{rp} < 80\%$	4
$R_{rp} \geqslant 80\%$	5

7.2.5 采用工业化生产的预制构件，评价总分值为5分，根据预制构件用量比例按表7.2.5的规则评分。

表7.2.5 预制构件用量比例评分规则

预制构件用量比例 R_{pc}	得分
$15\% \leqslant R_{pc} < 30\%$	3
$30\% \leqslant R_{pc} < 50\%$	4
$R_{pc} \geqslant 50\%$	5

7.2.6 采用整体化定型设计的厨房、卫浴间，评价总分值为6分，并按下列规则分别评分并累计：

1 采用整体化定型设计的厨房，得3分；

2 采用整体化定型设计的卫浴间，得3分。

Ⅱ 材料选用

7.2.7 选用本地生产的建筑材料，评价总分值为10分，根据施工现场500km以内生产的建筑材料重量占建筑材料总重量的比例按表7.2.7的规则评分。

表7.2.7 本地生产的建筑材料评分规则

施工现场500km以内生产的建筑材料重量占建筑材料总重量的比例 R_{lm}	得分
$60\% \leqslant R_{lm} < 70\%$	6
$70\% \leqslant R_{lm} < 90\%$	8
$R_{lm} \geqslant 90\%$	10

7.2.8 现浇混凝土采用预拌混凝土，评价分值为10分。

7.2.9 建筑砂浆采用预拌砂浆，评价总分值为5分。建筑砂浆采用预拌砂浆的比例达到50%，得3分；达到100%，得5分。

7.2.10 合理采用高强建筑结构材料，评价总分值为10分，并按下列规则评分：

1 混凝土结构：

1）根据400MPa级及以上受力普通钢筋的比

例，按表 7.2.10 的规则评分，最高得 10 分。

表 7.2.10 400MPa 级及以上受力普通钢筋评分规则

400MPa 级及以上受力普通钢筋比例 R_{sb}	得分
$30\% \leqslant R_{sb} < 50\%$	4
$50\% \leqslant R_{sb} < 70\%$	6
$70\% \leqslant R_{sb} < 85\%$	8
$R_{sb} \geqslant 85\%$	10

2）混凝土竖向承重结构采用强度等级不小于 C50 混凝土用量占竖向承重结构中混凝土总量的比例达到 50%，得 10 分。

2 钢结构：Q345 及以上高强钢材用量占钢材总量的比例达到 50%，得 8 分；达到 70%，得 10 分。

3 混合结构：对其混凝土结构部分和钢结构部分，分别按本条第 1 款和第 2 款进行评价，得分取两项得分的平均值。

7.2.11 合理采用高耐久性建筑结构材料，评价分值为 5 分。对混凝土结构，其中高耐久性混凝土用量占混凝土总量的比例达到 50%；对钢结构，采用耐候结构钢或耐候型防腐涂料。

7.2.12 采用可再利用材料和可再循环材料，评价总分值为 10 分，并按下列规则评分：

1 住宅建筑中的可再利用材料和可再循环材料用量比例达到 6%，得 8 分；达到 10%，得 10 分。

2 公共建筑中的可再利用材料和可再循环材料用量比例达到 10%，得 8 分；达到 15%，得 10 分。

7.2.13 使用以废弃物为原料生产的建筑材料，评价总分值为 5 分，并按下列规则评分：

1 采用一种以废弃物为原料生产的建筑材料，其占同类建材的用量比例达到 30%，得 3 分；达到 50%，得 5 分。

2 采用两种及以上以废弃物为原料生产的建筑材料，每一种用量比例均达到 30%，得 5 分。

7.2.14 合理采用耐久性好、易维护的装饰装修建筑材料，评价总分值为 5 分，并按下列规则分别评分并累计：

1 合理采用清水混凝土，得 2 分；

2 采用耐久性好、易维护的外立面材料，得 2 分；

3 采用耐久性好、易维护的室内装饰装修材料，得 1 分。

8 室内环境质量

8.1 控 制 项

8.1.1 主要功能房间的室内噪声级应满足现行国家标准《民用建筑隔声设计规范》GB 50118 中的低限要求。

8.1.2 主要功能房间的外墙、隔墙、楼板和门窗的隔声性能应满足现行国家标准《民用建筑隔声设计规范》GB 50118 中的低限要求。

8.1.3 建筑照明数量和质量应符合现行国家标准《建筑照明设计标准》GB 50034 的规定。

8.1.4 采用集中供暖空调系统的建筑，房间内的温度、湿度、新风量等设计参数应符合现行国家标准《民用建筑供暖通风与空气调节设计规范》GB 50736 的规定。

8.1.5 在室内设计温、湿度条件下，建筑围护结构内表面不得结露。

8.1.6 屋顶和东、西外墙隔热性能应满足现行国家标准《民用建筑热工设计规范》GB 50176 的要求。

8.1.7 室内空气中的氨、甲醛、苯、总挥发性有机物、氡等污染物浓度应符合现行国家标准《室内空气质量标准》GB/T 18883 的有关规定。

8.2 评 分 项

Ⅰ 室内声环境

8.2.1 主要功能房间室内噪声级，评价总分值为 6 分。噪声级达到现行国家标准《民用建筑隔声设计规范》GB 50118 中的低限标准限值和高要求标准限值的平均值，得 3 分；达到高要求标准限值，得 6 分。

8.2.2 主要功能房间的隔声性能良好，评价总分值为 9 分，并按下列规则分别评分并累计：

1 构件及相邻房间之间的空气声隔声性能达到现行国家标准《民用建筑隔声设计规范》GB 50118 中的低限标准限值和高要求标准限值的平均值，得 3 分；达到高要求标准限值，得 5 分；

2 楼板的撞击声隔声性能达到现行国家标准《民用建筑隔声设计规范》GB 50118 中的低限标准限值和高要求标准限值的平均值，得 3 分；达到高要求标准限值，得 4 分。

8.2.3 采取减少噪声干扰的措施，评价总分值为 4 分，并按下列规则分别评分并累计：

1 建筑平面、空间布局合理，没有明显的噪声干扰，得 2 分；

2 采用同层排水或其他降低排水噪声的有效措施，使用率不小于 50%，得 2 分。

8.2.4 公共建筑中的多功能厅、接待大厅、大型会议室和其他有声学要求的重要房间进行专项声学设计，满足相应功能要求，评价分值为 3 分。

Ⅱ 室内光环境与视野

8.2.5 建筑主要功能房间具有良好的户外视野，评价分值为 3 分。对居住建筑，其与相邻建筑的直接间距超过 18m；对公共建筑，其主要功能房间能通过外窗看到室外自然景观，无明显视线干扰。

8.2.6 主要功能房间的采光系数满足现行国家标准《建筑采光设计标准》GB 50033 的要求，评价总分值为 8 分，并按下列规则评分：

1 居住建筑：卧室、起居室的窗地面积比达到 1/6，得 6 分；达到 1/5，得 8 分。

2 公共建筑：根据主要功能房间采光系数满足现行国家标准《建筑采光设计标准》GB 50033 要求的面积比例，按表 8.2.6 的规则评分，最高得 8 分。

表 8.2.6 公共建筑主要功能房间采光评分规则

面积比例 R_A	得　分
$60\% \leqslant R_A < 65\%$	4
$65\% \leqslant R_A < 70\%$	5
$70\% \leqslant R_A < 75\%$	6
$75\% \leqslant R_A < 80\%$	7
$R_A \geqslant 80\%$	8

8.2.7 改善建筑室内天然采光效果，评价总分值为 14 分，并按下列规则分别评分并累计：

1 主要功能房间有合理的控制眩光措施，得 6 分；

2 内区采光系数满足采光要求的面积比例达到 60%，得 4 分；

3 根据地下空间平均采光系数不小于 0.5%的面积与首层地下室面积的比例，按表 8.2.7 的规则评分，最高得 4 分。

表 8.2.7 地下空间采光评分规则

面积比例 R_A	得　分
$5\% \leqslant R_A < 10\%$	1
$10\% \leqslant R_A < 15\%$	2
$15\% \leqslant R_A < 20\%$	3
$R_A \geqslant 20\%$	4

Ⅲ 室内热湿环境

8.2.8 采取可调节遮阳措施，降低夏季太阳辐射得热，评价总分值为 12 分。外窗和幕墙透明部分中，有可控遮阳调节措施的面积比例达到 25%，得 6 分；达到 50%，得 12 分。

8.2.9 供暖空调系统末端现场可独立调节，评价总分值为 8 分。供暖、空调末端装置可独立启停的主要功能房间数量比例达到 70%，得 4 分；达到 90%，得 8 分。

Ⅳ 室内空气质量

8.2.10 优化建筑空间、平面布局和构造设计，改善自然通风效果，评价总分值为 13 分，并按下列规则评分：

1 居住建筑：按下列 2 项的规则分别评分并累计：

1）通风开口面积与房间地板面积的比例在夏热冬暖地区达到 10%，在夏热冬冷地区达到 8%，在其他地区达到 5%，得 10 分；

2）设有明卫，得 3 分。

2 公共建筑：根据在过渡季典型工况下主要功能房间平均自然通风换气次数不小于 2 次/h 的面积比例，按表 8.2.10 的规则评分，最高得 13 分。

表 8.2.10 公共建筑过渡季典型工况下主要功能房间自然通风评分规则

面积比例 R_R	得　分
$60\% \leqslant R_R < 65\%$	6
$65\% \leqslant R_R < 70\%$	7
$70\% \leqslant R_R < 75\%$	8
$75\% \leqslant R_R < 80\%$	9
$80\% \leqslant R_R < 85\%$	10
$85\% \leqslant R_R < 90\%$	11
$90\% \leqslant R_R < 95\%$	12
$R_R \geqslant 95\%$	13

8.2.11 气流组织合理，评价总分值为 7 分，并按下列规则分别评分并累计：

1 重要功能区域供暖、通风与空调工况下的气流组织满足热环境设计参数要求，得 4 分；

2 避免卫生间、餐厅、地下车库等区域的空气和污染物串通到其他空间或室外活动场所，得 3 分。

8.2.12 主要功能房间中人员密度较高且随时间变化大的区域设置室内空气质量监控系统，评价总分值为 8 分，并按下列规则分别评分并累计：

1 对室内的二氧化碳浓度进行数据采集、分析，并与通风系统联动，得 5 分；

2 实现室内污染物浓度超标实时报警，并与通风系统联动，得 3 分。

8.2.13 地下车库设置与排风设备联动的一氧化碳浓度监测装置，评价分值为 5 分。

9 施 工 管 理

9.1 控 制 项

9.1.1 应建立绿色建筑项目施工管理体系和组织机构，并落实各级责任人。

9.1.2 施工项目部应制定施工全过程的环境保护计划，并组织实施。

9.1.3 施工项目部应制定施工人员职业健康安全管理计划，并组织实施。

9.1.4 施工前应进行设计文件中绿色建筑重点内容的专项会审。

9.2 评 分 项

Ⅰ 环 境 保 护

9.2.1 采取洒水、覆盖、遮挡等降尘措施，评价分值为6分。

9.2.2 采取有效的降噪措施。在施工场界测量并记录噪声，满足现行国家标准《建筑施工场界环境噪声排放标准》GB 12523的规定，评价分值为6分。

9.2.3 制定并实施施工废弃物减量化、资源化计划，评价总分值为10分，并按下列规则分别评分并累计：

1 制定施工废弃物减量化、资源化计划，得3分；

2 可回收施工废弃物的回收率不小于80%，得3分；

3 根据每10000m²建筑面积的施工固体废弃物排放量，按表9.2.3的规则评分，最高得4分。

表9.2.3 施工固体废弃物排放量评分规则

每10000m²建筑面积施工固体废弃物排放量 SW_c	得 分
$350t < SW_c \leqslant 400t$	1
$300t < SW_c \leqslant 350t$	3
$SW_c \leqslant 300t$	4

Ⅱ 资 源 节 约

9.2.4 制定并实施施工节能和用能方案，监测并记录施工能耗，评价总分值为8分，并按下列规则分别评分并累计：

1 制定并实施施工节能和用能方案，得1分；

2 监测并记录施工区、生活区的能耗，得3分；

3 监测并记录主要建筑材料、设备从供货商提供的货源地到施工现场运输的能耗，得3分；

4 监测并记录建筑施工废弃物从施工现场到废弃物处理/回收中心运输的能耗，得1分。

9.2.5 制定并实施施工节水和用水方案，监测并记录施工水耗，评价总分值为8分，并按下列规则分别评分并累计：

1 制定并实施施工节水和用水方案，得2分；

2 监测并记录施工区、生活区的水耗数据，得4分；

3 监测并记录基坑降水的抽取量、排放量和利用量数据，得2分。

9.2.6 减少预拌混凝土的损耗，评价总分值为6分。损耗率降低至1.5%，得3分；降低至1.0%，得6分。

9.2.7 采取措施降低钢筋损耗，评价总分值为8分，并按下列规则评分：

1 80%以上的钢筋采用专业化生产的成型钢筋，得8分。

2 根据现场加工钢筋损耗率，按表9.2.7的规则评分，最高得8分。

表9.2.7 现场加工钢筋损耗率评分规则

现场加工钢筋损耗率 LR_{sb}	得 分
$3.0\% < LR_{sb} \leqslant 4.0\%$	4
$1.5\% < LR_{sb} \leqslant 3.0\%$	6
$LR_{sb} \leqslant 1.5\%$	8

9.2.8 使用工具式定型模板，增加模板周转次数，评价总分值为10分，根据工具式定型模板使用面积占模板工程总面积的比例按表9.2.8的规则评分。

表9.2.8 工具式定型模板使用率评分规则

工具式定型模板使用面积占模板工程总面积的比例 R_{sf}	得 分
$50\% \leqslant R_{sf} < 70\%$	6
$70\% \leqslant R_{sf} < 85\%$	8
$R_{sf} \geqslant 85\%$	10

Ⅲ 过 程 管 理

9.2.9 实施设计文件中绿色建筑重点内容，评价总分值为4分，并按下列规则分别评分并累计：

1 进行绿色建筑重点内容的专项交底，得2分；

2 施工过程中以施工日志记录绿色建筑重点内容的实施情况，得2分。

9.2.10 严格控制设计文件变更，避免出现降低建筑绿色性能的重大变更，评价分值为4分。

9.2.11 施工过程中采取相关措施保证建筑的耐久性，评价总分值为8分，并按下列规则分别评分并累计：

1 对保证建筑结构耐久性的技术措施进行相应检测并记录，得3分；

2 对有节能、环保要求的设备进行相应检验并记录，得3分；

3 对有节能、环保要求的装修装饰材料进行相应检验并记录，得2分。

9.2.12 实现土建装修一体化施工，评价总分值为14分，并按下列规则分别评分并累计：

1 工程竣工时主要功能空间的使用功能完备，装修到位，得3分；

2 提供装修材料检测报告、机电设备检测报告、性能复试报告，得4分；

3 提供建筑竣工验收证明、建筑质量保修书、使用说明书，得4分；

4 提供业主反馈意见书，得3分。

9.2.13 工程竣工验收前，由建设单位组织有关责任单位，进行机电系统的综合调试和联合试运转，结果符合设计要求，评价分值为8分。

10 运营管理

10.1 控制项

10.1.1 应制定并实施节能、节水、节材、绿化管理制度。

10.1.2 应制定垃圾管理制度，合理规划垃圾物流，对生活废弃物进行分类收集，垃圾容器设置规范。

10.1.3 运行过程中产生的废气、污水等污染物应达标排放。

10.1.4 节能、节水设施应工作正常，且符合设计要求。

10.1.5 供暖、通风、空调、照明等设备的自动监控系统应工作正常，且运行记录完整。

10.2 评分项

Ⅰ 管理制度

10.2.1 物业管理机构获得有关管理体系认证，评价总分值为10分，并按下列规则分别评分并累计：

1 具有ISO 14001环境管理体系认证，得4分；

2 具有ISO 9001质量管理体系认证，得4分；

3 具有现行国家标准《能源管理体系 要求》GB/T 23331的能源管理体系认证，得2分。

10.2.2 节能、节水、节材、绿化的操作规程、应急预案完善，且有效实施，评价总分值为8分，并按下列规则分别评分并累计：

1 相关设施的操作规程在现场明示，操作人员严格遵守规定，得6分；

2 节能、节水设施运行具有完善的应急预案，得2分。

10.2.3 实施能源资源管理激励机制，管理业绩与节约能源资源、提高经济效益挂钩，评价总分值为6分，并按下列规则分别评分并累计：

1 物业管理机构的工作考核体系中包含能源资源管理激励机制，得3分；

2 与租用者的合同中包含节能条款，得1分；

3 采用合同能源管理模式，得2分。

10.2.4 建立绿色教育宣传机制，编制绿色设施使用手册，形成良好的绿色氛围，评价总分值为6分，并按下列规则分别评分并累计：

1 有绿色教育宣传工作记录，得2分；

2 向使用者提供绿色设施使用手册，得2分；

3 相关绿色行为与成效获得公共媒体报道，得2分。

Ⅱ 技术管理

10.2.5 定期检查、调试公共设施设备，并根据运行检测数据进行设备系统的运行优化，评价总分值为10分，并按下列规则分别评分并累计：

1 具有设施设备的检查、调试、运行、标定记录，且记录完整，得7分；

2 制定并实施设备能效改进方案，得3分。

10.2.6 对空调通风系统进行定期检查和清洗，评价总分值为6分，并按下列规则分别评分并累计：

1 制定空调通风设备和风管的检查和清洗计划，得2分；

2 实施第1款中的检查和清洗计划，且记录保存完整，得4分。

10.2.7 非传统水源的水质和用水量记录完整、准确，评价总分值为4分，并按下列规则分别评分并累计：

1 定期进行水质检测，记录完整、准确，得2分；

2 用水量记录完整、准确，得2分。

10.2.8 智能化系统的运行效果满足建筑运行与管理的需要，评价总分值为12分，并按下列规则分别评分并累计：

1 居住建筑的智能化系统满足现行行业标准《居住区智能化系统配置与技术要求》CJ/T 174的基本配置要求，公共建筑的智能化系统满足现行国家标准《智能建筑设计标准》GB/T 50314的基础配置要求，得6分；

2 智能化系统工作正常，符合设计要求，得6分。

10.2.9 应用信息化手段进行物业管理，建筑工程、设施、设备、部品、能耗等档案及记录齐全，评价总分值为10分，并按下列规则分别评分并累计：

1 设置物业管理信息系统，得5分；

2 物业管理信息系统功能完备，得2分；

3 记录数据完整，得3分。

Ⅲ 环境管理

10.2.10 采用无公害病虫害防治技术，规范杀虫剂、除草剂、化肥、农药等化学品的使用，有效避免对土壤和地下水环境的损害，评价总分值为6分，并按下列规则分别评分并累计：

1 建立和实施化学品管理责任制，得2分；

2 病虫害防治用品使用记录完整，得2分；

3 采用生物制剂、仿生制剂等无公害防治技术，得2分。

10.2.11 栽种和移植的树木一次成活率大于90%，植物生长状态良好，评价总分值为6分，并按下列规则分别评分并累计：

1 工作记录完整，得4分；

2 现场观感良好，得2分。

10.2.12 垃圾收集站（点）及垃圾间不污染环境，不散发臭味，评价总分值为6分，并按下列规则分别评分并累计：

1 垃圾站（间）定期冲洗，得2分；

2 垃圾及时清运、处置，得2分；

3 周边无臭味，用户反映良好，得2分。

10.2.13 实行垃圾分类收集和处理，评价总分值为10分，并按下列规则分别评分并累计：

1 垃圾分类收集率达到90%，得4分；

2 可回收垃圾的回收比例达到90%，得2分；

3 对可生物降解垃圾进行单独收集和合理处置，得2分；

4 对有害垃圾进行单独收集和合理处置，得2分。

11 提高与创新

11.1 一般规定

11.1.1 绿色建筑评价时，应按本章规定对加分项进行评价。加分项包括性能提高和创新两部分。

11.1.2 加分项的附加得分为各加分项得分之和。当附加得分大于10分时，应取为10分。

11.2 加分项

Ⅰ 性能提高

11.2.1 围护结构热工性能比国家现行相关建筑节能设计标准的规定高20%，或者供暖空调全年计算负荷降低幅度达到15%，评价分值为2分。

11.2.2 供暖空调系统的冷、热源机组能效均优于现行国家标准《公共建筑节能设计标准》GB 50189的规定以及现行有关国家标准能效节能评价值的要求，评价分值为1分。对电机驱动的蒸气压缩循环冷水（热泵）机组，直燃型和蒸汽型溴化锂吸收式冷（温）水机组，单元式空气调节机、风管送风式和屋顶式空调机组，多联式空调（热泵）机组，燃煤、燃油和燃气锅炉，其能效指标比现行国家标准《公共建筑节能设计标准》GB 50189规定值的提高或降低幅度满足表11.2.2的要求；对房间空气调节器和家用燃气热水炉，其能效等级满足现行有关国家标准规定的1级要求。

表11.2.2 冷、热源机组能效指标比现行国家标准《公共建筑节能设计标准》GB 50189的提高或降低幅度

<table>
<tr><th colspan="2">机组类型</th><th>能效指标</th><th>提高或降低幅度</th></tr>
<tr><td colspan="2">电机驱动的蒸气压缩循环冷水（热泵）机组</td><td>制冷性能系数（COP）</td><td>提高12%</td></tr>
<tr><td rowspan="2">溴化锂吸收式冷水机组</td><td>直燃型</td><td>制冷、供热性能系数（COP）</td><td>提高12%</td></tr>
<tr><td>蒸汽型</td><td>单位制冷量蒸汽耗量</td><td>降低12%</td></tr>
<tr><td colspan="2">单元式空气调节机、风管送风式和屋顶式空调机组</td><td>能效比（EER）</td><td>提高12%</td></tr>
<tr><td colspan="2">多联式空调（热泵）机组</td><td>制冷综合性能系数［IPLV(C)］</td><td>提高16%</td></tr>
<tr><td rowspan="2">锅炉</td><td>燃煤</td><td>热效率</td><td>提高6个百分点</td></tr>
<tr><td>燃油
燃气</td><td>热效率</td><td>提高4个百分点</td></tr>
</table>

11.2.3 采用分布式热电冷联供技术，系统全年能源综合利用率不低于70%，评价分值为1分。

11.2.4 卫生器具的用水效率均达到国家现行有关卫生器具用水效率等级标准规定的1级，评价分值为1分。

11.2.5 采用资源消耗少和环境影响小的建筑结构，评价分值为1分。

11.2.6 对主要功能房间采取有效的空气处理措施，评价分值为1分。

11.2.7 室内空气中的氨、甲醛、苯、总挥发性有机物、氡、可吸入颗粒物等污染物浓度不高于现行国家标准《室内空气质量标准》GB/T 18883规定限值的70%，评价分值为1分。

Ⅱ 创 新

11.2.8 建筑方案充分考虑建筑所在地域的气候、环境、资源，结合场地特征和建筑功能，进行技术经济分析，显著提高能源资源利用效率和建筑性能，评价分值为2分。

11.2.9 合理选用废弃场地进行建设，或充分利用尚可使用的旧建筑，评价分值为1分。

11.2.10 应用建筑信息模型（BIM）技术，评价总分值为2分。在建筑的规划设计、施工建造和运行维护阶段中的一个阶段应用，得1分；在两个或两个以上阶段应用，得 2 分。

11.2.11 进行建筑碳排放计算分析，采取措施降低单位建筑面积碳排放强度，评价分值为 1 分。

11.2.12 采取节约能源资源、保护生态环境、保障安全健康的其他创新，并有明显效益，评价总分值为 2 分。采取一项，得 1 分；采取两项及以上，得 2 分。

本标准用词说明

1 为便于在执行本标准条文时区别对待，对要求严格程度不同的用词说明如下：

1） 表示很严格，非这样做不可的：
正面词采用"必须"，反面词采用"严禁"；

2） 表示严格，在正常情况下均应这样做的：
正面词采用"应"，反面词采用"不应"或"不得"；

3） 表示允许稍有选择，在条件许可时首先应这样做的：
正面词采用"宜"，反面词采用"不宜"；

4） 表示有选择，在一定条件下可以这样做的，采用"可"。

2 条文中指明应按其他有关标准执行的写法为："应符合……的规定"或"应按……执行"。

引用标准名录

1《建筑抗震设计规范》GB 50011－2010

2《建筑采光设计标准》GB 50033

3《建筑照明设计标准》GB 50034

4《民用建筑隔声设计规范》GB 50118

5《民用建筑热工设计规范》GB 50176

6《公共建筑节能设计标准》GB 50189

7《智能建筑设计标准》GB/T 50314

8《民用建筑节水设计标准》GB 50555

9《民用建筑供暖通风与空气调节设计规范》GB 50736

10《声环境质量标准》GB 3096

11《建筑施工场界环境噪声排放标准》GB 12523

12《室内空气质量标准》GB/T 18883

13《三相配电变压器能效限定值及能效等级》GB 20052

14《能源管理体系　要求》GB/T 23331

15《城市夜景照明设计规范》JGJ/T 163

16《居住区智能化系统配置与技术要求》CJ/T 174

中华人民共和国国家标准

绿色建筑评价标准

GB/T 50378—2014

条 文 说 明

修 订 说 明

《绿色建筑评价标准》GB/T 50378－2014，经住房和城乡建设部2014年4月15日以第408号公告批准、发布。

本标准是在国家标准《绿色建筑评价标准》GB/T 50378－2006基础上修订完成的，标准上一版的主编单位是中国建筑科学研究院、上海市建筑科学研究院，参编单位是中国城市规划设计研究院、清华大学、中国建筑工程总公司、中国建筑材料科学研究院、国家给水排水工程技术中心、深圳市建筑科学研究院、城市建设研究院，主要起草人是王有为、韩继红、曾捷、杨建荣、方天培、汪维、王静霞、秦佑国、毛志兵、马眷荣、陈立、叶青、徐文龙、林海燕、郎四维、程志军、安宇、张蓓红、范宏武、王玮华、林波荣、赵平、于震平、郭兴芳、涂英时、刘景立。

为便于广大设计、施工、科研、学校等单位有关人员在使用本标准时能正确理解和执行条文规定，标准修订组按章、节、条顺序编制了本标准的条文说明，对条文规定的目的、依据以及执行中需要注意的有关事项进行了说明。但是，本条文说明不具备与标准正文同等的法律效力，仅供使用者作为理解和把握标准规定的参考。

目　次

1 总　　则

1.0.1 建筑活动消耗大量能源资源，并对环境产生不利影响。我国资源总量和人均资源量都严重不足，同时我国的消费增长速度惊人，在资源再生利用率上也远低于发达国家。而且我国正处于工业化、城镇化加速发展时期，能源资源消耗总量逐年迅速增长。在我国发展绿色建筑，是一项意义重大而十分迫切的任务。借鉴国际先进经验，建立一套适合我国国情的绿色建筑评价体系，制订并实施统一、规范的评价标准，反映建筑领域可持续发展理念，对积极引导绿色建筑发展，具有十分重要的意义。

本标准的前一版本《绿色建筑评价标准》GB/T 50378-2006（以下称本标准2006年版）是总结我国绿色建筑方面的实践经验和研究成果，借鉴国际先进经验制定的第一部多目标、多层次的绿色建筑综合评价标准。该标准明确了绿色建筑的定义、评价指标和评价方法，确立了我国以"四节一环保"为核心内容的绿色建筑发展理念和评价体系。自2006年发布实施以来，已经成为我国各级、各类绿色建筑标准研究和编制的重要基础，有效指导了我国绿色建筑实践工作。截至2012年底，累计评价绿色建筑项目742个，总建筑面积超过7500万m^2。

"十二五"以来，我国绿色建筑快速发展。随着绿色建筑各项工作的逐步推进，绿色建筑的内涵和外延不断丰富，各行业、各类别建筑践行绿色理念的需求不断提出，本标准2006年版已不能完全适应现阶段绿色建筑实践及评价工作的需要。因此，根据住房和城乡建设部的要求，由中国建筑科学研究院、上海市建筑科学研究院（集团）有限公司会同有关单位对其进行了修订。

1.0.2 建筑因使用功能不同，其能源资源消耗和对环境的影响存在较大差异。本标准2006年版编制时，考虑到我国当时建筑业市场情况，侧重于评价总量大的住宅建筑和公共建筑中能源资源消耗较多的办公建筑、商场建筑、旅馆建筑。本次修订，将适用范围扩展至覆盖民用建筑各主要类型，并兼具通用性和可操作性，以适应现阶段绿色建筑实践及评价工作的需要。

1.0.3 我国各地区在气候、环境、资源、经济社会发展水平与民俗文化等方面都存在较大差异；而因地制宜又是绿色建筑建设的基本原则。对绿色建筑的评价，也应综合考量建筑所在地域的气候、环境、资源、经济及文化等条件和特点。建筑物从规划设计到施工，再到运行使用及最终的拆除，构成一个全寿命期。本次修订，基本实现了对建筑全寿命期内各环节和阶段的覆盖。节能、节地、节水、节材和保护环境（四节一环保）是我国绿色建筑发展和评价的核心内容。绿色建筑要求在建筑全寿命期内，最大限度地节能、节地、节水、节材和保护环境，同时满足建筑功能要求。结合建筑功能要求，对建筑的四节一环保性能进行评价时，要综合考虑，统筹兼顾，总体平衡。

1.0.4 符合国家法律法规和相关标准是参与绿色建筑评价的前提条件。本标准重点在于对建筑的四节一环保性能进行评价，并未涵盖通常建筑物所应有的全部功能和性能要求，如结构安全、防火安全等，故参与评价的建筑尚应符合国家现行有关标准的规定。当然，绿色建筑的评价工作也应符合国家现行有关标准的规定。

3 基 本 规 定

3.1 一 般 规 定

3.1.1 建筑单体和建筑群均可以参评绿色建筑。绿色建筑的评价，首先应基于评价对象的性能要求。当需要对某工程项目中的单栋建筑进行评价时，由于有些评价指标是针对该工程项目设定的（如住区的绿地率），或该工程项目中其他建筑也采用了相同的技术方案（如再生水利用），难以仅基于该单栋建筑进行评价，此时，应以该栋建筑所属工程项目的总体为基准进行评价。

3.1.2 本标准2006年版规定绿色建筑的评价应在其投入使用一年后进行，侧重评价建筑的实际性能和运行效果。根据绿色建筑发展的实际需求，结合目前有关管理制度，本次修订将绿色建筑的评价分为设计评价和运行评价，增加了对建筑规划设计的四节一环保性能评价。

考虑大力发展绿色建筑的需要，同时也参考国外开展绿色建筑评价的情况，将绿色建筑评价明确划分为"设计评价"和"运行评价"。设计评价的重点在评价绿色建筑方方面面采取的"绿色措施"和预期效果上，而运行评价则不仅要评价"绿色措施"，而且要评价这些"绿色措施"所产生的实际效果。除此之外，运行评价还关注绿色建筑在施工过程中留下的"绿色足迹"，关注绿色建筑正常运行后的科学管理。简言之，"设计评价"所评的是建筑的设计，"运行评价"所评的是已投入运行的建筑。

3.1.3 申请评价方依据有关管理制度文件确定。本条对申请评价方的相关工作提出要求。绿色建筑注重全寿命期内能源资源节约与环境保护的性能，申请评价方应对建筑全寿命期内各个阶段进行控制，综合考虑性能、安全、耐久、经济、美观等因素，优化建筑技术、设备和材料选用，综合评估建筑规模、建筑技术与投资之间的总体平衡，并按本标准的要求提交相应分析、测试报告和相关文件。

3.1.4 绿色建筑评价机构依据有关管理制度文件确

定。本条对绿色建筑评价机构的相关工作提出要求。绿色建筑评价机构应按照本标准的有关要求审查申请评价方提交的报告、文档，并在评价报告中确定等级。对申请运行评价的建筑，评价机构还应组织现场考察，进一步审核规划设计要求的落实情况以及建筑的实际性能和运行效果。

3.2 评价与等级划分

3.2.1 本次修订增加了"施工管理"类评价指标，实现标准对建筑全寿命期内各环节和阶段的覆盖。本次修订将本标准2006年版中"一般项"和"优选项"改为"评分项"。为鼓励绿色建筑在节约资源、保护环境的技术、管理上的创新和提高，本次修订增设了"加分项"。"加分项"部分条文本可以分别归类到七类指标中，但为了将鼓励性的要求和措施与对绿色建筑的七个方面的基本要求区分开来，本次修订将全部"加分项"条文集中在一起，列成单独一章。

3.2.2 运行评价是最终结果的评价，检验绿色建筑投入实际使用后是否真正达到了四节一环保的效果，应对全部指标进行评价。设计评价的对象是图纸和方案，还未涉及施工和运营，所以不对施工管理和运营管理两类指标进行评价。但是，施工管理和运营管理的部分措施如能得到提前考虑，并在设计评价时预评，将有助于达到这两个阶段节约资源和环境保护的目的。

3.2.3 控制项的评价同本标准2006年版。评分项的评价，依据评价条文的规定确定得分或不得分，得分时根据需要对具体评分子项确定得分值，或根据具体达标程度确定得分值。加分项的评价，依据评价条文的规定确定得分或不得分。

本标准中评分项的赋分有以下几种方式：

1 一条条文评判一类性能或技术指标，且不需要根据达标情况不同赋以不同分值时，赋以一个固定分值，该评分项的得分为0分或固定分值，在条文主干部分表述为"评价总分值为某分"，如第4.2.5条；

2 一条条文评判一类性能或技术指标，需要根据达标情况不同赋以不同分值时，在条文主干部分表述为"评价总分值为某分"，同时在条文主干部分将不同得分值表述为"得某分"的形式，且从低分到高分排列，如第4.2.14条，对场地年径流总量控制率采用这种递进赋分方式；递进的档次特别多或者评分特别复杂的，则采用列表的形式表达，在条文主干部分表述为"按某表的规则评分"，如第4.2.1条；

3 一条条文评判一类性能或技术指标，但需要针对不同建筑类型或特点分别评判时，针对各种类型或特点按款或项分别赋以分值，各款或项得分均等于该条得分，在条文主干部分表述为"按下列规则评分"，如第4.2.11条；

4 一条条文评判多个技术指标，将多个技术指标的评判以款或项的形式表达，并按款或项赋以分值，该条得分为各款或项得分之和，在条文主干部分表述为"按下列规则分别评分并累计"，如第4.2.4条；

5 一条条文评判多个技术指标，其中某技术指标需要根据达标情况不同赋以不同分值时，首先按多个技术指标的评判以款或项的形式表达并按款或项赋以分值，然后考虑达标程度不同对其中部分技术指标采用递进赋分方式。如第4.2.2条，对住区绿地率赋以2分，对住区人均公共绿地面积赋以最高7分，其中住区人均公共绿地面积又按达标程度不同分别赋以3分、5分、7分；对公共建筑绿地率赋以最高7分，对"公共建筑的绿地向社会公众开放"赋以2分，其中公共建筑绿地率又按达标程度不同分别赋以2分、5分、7分。这种赋分方式是上述第2、3、4种方式的组合。

可能还会有少数条文出现其他评分方式组合。

本标准中评分项和加分项条文主干部分给出了该条文的"评价分值"或"评价总分值"，是该条可能得到的最高分值。各评价条文的分值，经广泛征求意见和试评价后综合调整确定。

3.2.4 与本标准2006年版依据各类指标一般项达标的条文数以及优选项达标的条文数确定绿色建筑等级的方式不同，本版标准依据总得分来确定绿色建筑的等级。考虑到各类指标重要性方面的相对差异，计算总得分时引入了权重。同时，为了鼓励绿色建筑技术和管理方面的提升和创新，计算总得分时还计入了加分项的附加得分。

设计评价的总得分为节地与室外环境、节能与能源利用、节水与水资源利用、节材与材料资源利用、室内环境质量五类指标的评分项得分经加权计算后与加分项的附加得分之和；运行评价的总得分为节地与室外环境、节能与能源利用、节水与水资源利用、节材与材料资源利用、室内环境质量、施工管理、运营管理七类指标的评分项得分经加权计算后与加分项的附加得分之和。

3.2.5 本次修订按评价总得分确定绿色建筑的等级。对于具体的参评建筑而言，它们在功能、所处地域的气候、环境、资源等方面客观上存在差异，对不适用的评分项条文不予评定。这样，适用于各参评建筑的评分项的条文数量和总分值可能不一样。对此，计算参评建筑某类指标评分项的实际得分值与适用于参评建筑的评分项总分值的比率，反映参评建筑实际采用的"绿色措施"和（或）效果占理论上可以采用的全部"绿色措施"和（或）效果的相对得分率。

3.2.7 本条对各类指标在绿色建筑评价中的权重作出规定。表3.2.7中给出了设计评价、运行评价时居住建筑、公共建筑的分项指标权重。施工管理和运营管理两类指标不参与设计评价。各类指标的权重经广泛征求意见和试评价后综合调整确定。

3.2.8 控制项是绿色建筑的必要条件。对控制项的要求同本标准 2006 年版。

本标准 2006 年版在确定绿色建筑等级时，对各等级绿色建筑各类指标的最低达标程度均进行了限制。本次修订基本沿用本标准 2006 年版的思路，规定了每类指标的最低得分要求，避免仅按总得分确定等级引起参评的绿色建筑可能存在某一方面性能过低的情况。

在满足全部控制项和每类指标最低得分的前提下，绿色建筑按总得分确定等级。评价得分及最终评价结果可按表 1 记录。

表 1 绿色建筑评价得分与结果汇总表

<table>
<tr><td colspan="2">工程项目名称</td><td colspan="7"></td></tr>
<tr><td colspan="2">申请评价方</td><td colspan="7"></td></tr>
<tr><td colspan="2">评价阶段</td><td colspan="3">□设计评价
□运行评价</td><td>建筑类型</td><td colspan="3">□居住建筑 □公共建筑</td></tr>
<tr><td colspan="2">评价指标</td><td>节地与室外环境</td><td>节能与能源利用</td><td>节水与水资源利用</td><td>节材与材料资源利用</td><td>室内环境质量</td><td>施工管理</td><td>运营管理</td></tr>
<tr><td rowspan="2">控制项</td><td>评定结果</td><td>□满足</td><td>□满足</td><td>□满足</td><td>□满足</td><td>□满足</td><td>□满足</td><td>□满足</td></tr>
<tr><td>说明</td><td></td><td></td><td></td><td></td><td></td><td></td><td></td></tr>
<tr><td rowspan="4">评分项</td><td>权重 w_i</td><td></td><td></td><td></td><td></td><td></td><td></td><td></td></tr>
<tr><td>适用总分</td><td></td><td></td><td></td><td></td><td></td><td></td><td></td></tr>
<tr><td>实际得分</td><td></td><td></td><td></td><td></td><td></td><td></td><td></td></tr>
<tr><td>得分 Q_i</td><td></td><td></td><td></td><td></td><td></td><td></td><td></td></tr>
<tr><td rowspan="2">加分项</td><td>得分 Q_8</td><td colspan="7"></td></tr>
<tr><td>说明</td><td colspan="7"></td></tr>
<tr><td colspan="2">总得分 ΣQ</td><td colspan="7"></td></tr>
<tr><td colspan="2">绿色建筑等级</td><td colspan="7">□一星级 □二星级 □三星级</td></tr>
<tr><td colspan="2">评价结果说明</td><td colspan="7"></td></tr>
<tr><td colspan="2">评价机构</td><td colspan="2"></td><td>评价时间</td><td colspan="4"></td></tr>
</table>

3.2.9 不论建筑功能是否综合，均以各个条/款为基本评判单元。对于某一条文，只要建筑中有相关区域涉及，则该建筑就参评并确定得分。在此后的具体条文及其说明中，有的已说明混合功能建筑的得分取多种功能分别评价结果的平均值；有的则已说明按各种功能用水量的权重，采用加权法调整计算非传统水源利用率的要求；等等。还有一些条文，下设两款分别针对居住建筑和公共建筑的（即本标准第 3.2.3 条条文说明中所指的第 3 种情况），所评价建筑如同时具有居住和公共功能，则需按这两种功能分别评价后再取平均值，标准后文中不再一一说明。最后需要强调的是，建筑整体的等级仍按本标准的规定确定。

4 节地与室外环境

4.1 控 制 项

4.1.1 本条适用于各类民用建筑的设计、运行评价。

本条沿用自本标准 2006 年版控制项第 4.1.1、5.1.1 条，有修改。《城乡规划法》第二条明确："本法所称城乡规划，包括城镇体系规划、城市规划、镇规划、乡规划和村庄规划"；第四十二条规定："城市规划主管部门不得在城乡规划确定的建设用地范围以外作出规划许可"。因此，任何建设项目的选址必须符合所在地城乡规划。

各类保护区是指受到国家法律法规保护、划定有明确的保护范围、制定有相应的保护措施的各类政策区，主要包括：基本农田保护区（《基本农田保护条例》）、风景名胜区（《风景名胜区条例》）、自然保护区（《自然保护区条例》）、历史文化名城名镇名村（《历史文化名城名镇名村保护条例》）、历史文化街区（《城市紫线管理办法》）等。

文物古迹是指人类在历史上创造的具有价值的不可移动的实物遗存，包括地面与地下的古遗址、古建筑、古墓葬、石窟寺、古碑石刻、近代代表性建筑、革命纪念建筑等，主要指文物保护单位、保护建筑和历史建筑。

本条的评价方法为：设计评价查阅项目区位图、

场地地形图以及当地城乡规划、国土、文化、园林、旅游或相关保护区等有关行政管理部门提供的法定规划文件或出具的证明文件；运行评价在设计评价方法之外还应现场核实。

4.1.2 本条适用于各类民用建筑的设计、运行评价。

本条沿用自本标准2006年版控制项第4.1.2、5.1.2条，有修改。本条对绿色建筑的场地安全提出要求。建筑场地与各类危险源的距离应满足相应危险源的安全防护距离等控制要求，对场地中的不利地段或潜在危险源应采取必要的避让、防护或控制、治理等措施，对场地中存在的有毒有害物质应采取有效的治理与防护措施进行无害化处理，确保符合各项安全标准。

场地的防洪设计符合现行国家标准《防洪标准》GB 50201及《城市防洪工程设计规范》GB/T 50805的规定；抗震防灾设计符合现行国家标准《城市抗震防灾规划标准》GB 50413及《建筑抗震设计规范》GB 50011的要求；土壤中氡浓度的控制应符合现行国家标准《民用建筑工程室内环境污染控制规范》GB 50325的规定；电磁辐射符合现行国家标准《电磁辐射防护规定》GB 8702的规定。

本条的评价方法为：设计评价查阅地形图，审核应对措施的合理性及相关检测报告或论证报告；运行评价在设计评价方法之外还应现场核实。

4.1.3 本条适用于各类民用建筑的设计、运行评价。

本条沿用自本标准2006年版控制项第4.1.7、5.1.4条，有修改。建筑场地内不应存在未达标排放或者超标排放的气态、液态或固态的污染源，例如：易产生噪声的运动和营业场所，油烟未达标排放的厨房，煤气或工业废气超标排放的燃煤锅炉房，污染物排放超标的垃圾堆等。若有污染源应积极采取相应的治理措施并达到无超标污染物排放的要求。

本条的评价方法为：设计评价查阅环评报告，审核应对措施的合理性；运行评价在设计评价方法之外还应现场核实。

4.1.4 本条适用于各类民用建筑的设计、运行评价。

本条由本标准2006年版控制项第4.1.4、5.1.3条整合得到，明确了建筑日照的评价要求。

建筑室内的环境质量与日照密切相关，日照直接影响居住者的身心健康和居住生活质量。我国对居住建筑以及幼儿园、医院、疗养院等公共建筑都制定有相应的国家标准或行业标准，对其日照、消防、防灾、视觉卫生等提出了相应的技术要求，直接影响着建筑布局、间距和设计。

如《城市居住区规划设计规范》GB 50180－93（2002年版）中第5.0.2.1规定了住宅的日照标准，同时明确：老年人居住建筑不应低于冬至日日照2小时的标准；在原设计建筑外增加任何设施不应使相邻住宅原有日照标准降低；旧区改建的项目内新建住宅日照标准可酌情降低，但不应低于大寒日日照1小时的标准。

如《托儿所、幼儿园建筑设计规范》JGJ 39－87中规定：托儿所、幼儿园的生活用房应布置在当地最好日照方位，并满足冬至日底层满窗日照不少于3h的要求，温暖地区、炎热地区的生活用房应避免朝西，否则应设遮阳设施；《中小学校设计规范》GB 50099－2011中对建筑物间距的规定是：普通教室冬至日满窗日照不应小于2h。因此，建筑的布局与设计应充分考虑上述技术要求，最大限度地为建筑提供良好的日照条件，满足相应标准对日照的控制要求；若没有相应标准要求，符合城乡规划的要求即为达标。

建筑布局不仅要求本项目所有建筑都满足有关日照标准，还应兼顾周边，减少对相邻的住宅、幼儿园生活用房等有日照标准要求的建筑产生不利的日照遮挡。条文中的“不降低周边建筑的日照标准”是指：(1)对于新建项目的建设，应满足周边建筑有关日照标准的要求。(2)对于改造项目分两种情况：周边建筑改造前满足日照标准的，应保证其改造后仍符合相关日照标准的要求；周边建筑改造前未满足日照标准的，改造后不可再降低其原有的日照水平。

本条的评价方法为：设计评价查阅相关设计文件和日照模拟分析报告；运行评价查阅相关竣工图和日照模拟分析报告，并现场核实。

4.2 评 分 项

Ⅰ 土 地 利 用

4.2.1 本条适用于各类民用建筑的设计、运行评价。本标准所指的居住建筑不包括国家明令禁止建设的别墅类项目。

本条在本标准2006年版控制项第4.1.3条基础上发展而来，并补充了对公共建筑容积率的要求。对居住建筑，人均居住用地指标是控制居住建筑节地的关键性指标，本标准根据国家标准《城市居住区规划设计规范》GB 50180－93（2002年版）第3.0.3条的规定，提出人均居住用地指标；15分或19分是根据居住建筑的节地情况进行赋值的，评价时要进行选择，可得0分、15分或19分。

对公共建筑，因其种类繁多，故在保证其基本功能及室外环境的前提下应按照所在地城乡规划的要求采用合理的容积率。就节地而言，对于容积率不可能高的建设项目，在节地方面得不到太高的评分，但可以通过精心的场地设计，在创造更高的绿地率以及提供更多的开敞空间或公共空间等方面获得更高的评分；而对于容积率较高的建设项目，在节地方面则更容易获得较高的评分。

本条的评价方法为：设计评价查阅相关设计文

件、计算书；运行评价查阅相关竣工图、计算书。

4.2.2 本条适用于各类民用建筑的设计、运行评价。

本条在本标准2006年版控制项第4.1.6条基础上发展而来，并将适用范围扩展至各类民用建筑。本标准所指住区包括不同规模居住用地构成的居住地区。绿地率指建设项目用地范围内各类绿地面积的总和占该项目总用地面积的比率（%）。绿地包括建设项目用地中各类用作绿化的用地。

合理设置绿地可起到改善和美化环境、调节小气候、缓解城市热岛效应等作用。绿地率以及公共绿地的数量则是衡量住区环境质量的重要指标之一。根据现行国家标准《城市居住区规划设计规范》GB 50180的规定，绿地应包括公共绿地、宅旁绿地、公共服务设施所属绿地和道路绿地（道路红线内的绿地），包括满足当地植树绿化覆土要求的地下或半地下建筑的屋顶绿化。需要说明的是，不包括其他屋顶、晒台的人工绿地。

住区的公共绿地是指满足规定的日照要求、适合于安排游憩活动设施的、供居民共享的集中绿地，包括居住区公园、小游园和组团绿地及其他块状、带状绿地。集中绿地应满足的基本要求：宽度不小于8m，面积不小于400m^2，并应有不少于1/3的绿地面积在标准的建筑日照阴影线范围之外。

为保障城市公共空间的品质、提高服务质量，每个城市对城市中不同地段或不同性质的公共设施建设项目，都制定有相应的绿地管理控制要求。本条鼓励公共建筑项目优化建筑布局，提供更多的绿化用地或绿化广场，创造更加宜人的公共空间；鼓励绿地或绿化广场设置休憩、娱乐等设施并定时向社会公众免费开放，以提供更多的公共活动空间。

本条的评价方法为：设计评价查阅相关设计文件、居住建筑平面日照等时线模拟图、计算书；运行评价查阅相关竣工图、居住建筑平面日照等时线模拟图、计算书，并现场核实。

4.2.3 本条适用于各类民用建筑的设计、运行评价。由于地下空间的利用受诸多因素制约，因此未利用地下空间的项目应提供相关说明。经论证，场地区位、地质等条件不适宜开发地下空间的，本条不参评。

本条在本标准2006年版一般项第5.1.11条、优选项第4.1.17条基础上发展而来。开发利用地下空间是城市节约集约用地的重要措施之一。地下空间的开发利用应与地上建筑及其他相关城市空间紧密结合、统一规划，但从雨水渗透及地下水补给，减少径流外排等生态环保要求出发，地下空间也应利用有度、科学合理。

本条的评价方法为：设计评价查阅相关设计文件、计算书；运行评价查阅相关竣工图、计算书，并现场核实。

Ⅱ 室外环境

4.2.4 本条适用于各类民用建筑的设计、运行评价。非玻璃幕墙建筑，第1款直接得2分。

本条在本标准2006年版控制项第5.1.3条基础上发展而来，适用范围扩展至各类民用建筑。建筑物光污染包括建筑反射光（眩光）、夜间的室外夜景照明以及广告照明等造成的光污染。光污染产生的眩光会让人感到不舒服，还会使人降低对灯光信号等重要信息的辨识力，甚至带来道路安全隐患。

光污染控制对策包括降低建筑物表面（玻璃和其他材料、涂料）的可见光反射比，合理选配照明器具，采取防止溢光措施等。现行国家标准《玻璃幕墙光学性能》GB/T 18091－2000将玻璃幕墙的光污染定义为有害光反射，对玻璃幕墙的可见光反射比作了规定，本条对玻璃幕墙可见光反射比较该标准中最低要求适当提高，取为0.2。

室外夜景照明设计应满足《城市夜景照明设计规范》JGJ/T 163－2008第7章关于光污染控制的相关要求，并在室外照明设计图纸中体现。

本条的评价方法为：设计评价查阅相关设计文件、光污染分析专项报告；运行评价查阅相关竣工图、光污染分析专项报告、相关检测报告，并现场核实。

4.2.5 本条适用于各类民用建筑的设计、运行评价。

本条沿用自本标准2006年版一般项第4.1.11、5.1.6条。绿色建筑设计应对场地周边的噪声现状进行检测，并对规划实施后的环境噪声进行预测，必要时采取有效措施改善环境噪声状况，使之符合现行国家标准《声环境质量标准》GB 3096中对于不同声环境功能区噪声标准的规定。当拟建噪声敏感建筑不能避免临近交通干线，或不能远离固定的设备噪声源时，需要采取措施降低噪声干扰。

需要说明的是，噪声监测的现状值仅作为参考，需结合场地环境条件的变化（如道路车流量的增长）进行对应的噪声改变情况预测。

本条的评价方法为：设计评价查阅环境噪声影响测试评估报告、噪声预测分析报告；运行评价查阅环境噪声影响测试评估报告、现场测试报告。

4.2.6 本条适用于各类民用建筑的设计、运行评价。

本条沿用自本标准2006年版一般项第4.1.13、5.1.7条，有修改。

冬季建筑物周围人行区距地1.5m高处风速$V<5$m/s是不影响人们正常室外活动的基本要求。建筑的迎风面与背风面风压差不超过5Pa，可以减少冷风向室内渗透。

夏季、过渡季通风不畅在某些区域形成无风区和涡旋区，将影响室外散热和污染物消散。外窗室内外表面的风压差达到0.5Pa有利于建筑的自然通风。

利用计算流体动力学（CFD）手段通过不同季节

典型风向、风速可对建筑外风环境进行模拟，其中来流风速、风向为对应季节内出现频率最高的风向和平均风速，可通过查阅建筑设计或暖通空调设计手册中所在城市的相关资料得到。

本条的评价方法为：设计评价查阅相关设计文件、风环境模拟计算报告；运行评价查阅相关竣工图、风环境模拟计算报告，必要时可进行现场测试。

4.2.7 本条适用于各类民用建筑的设计、运行评价。

本条在本标准2006年版一般项第4.1.12条基础上发展而来，不仅扩展了适用范围，而且改变了评价指标。户外活动场地包括：步道、庭院、广场、游憩场和停车场。乔木遮阴面积按照成年乔木的树冠正投影面积计算；构筑物遮阴面积按照构筑物正投影面积计算。

本条的评价方法为：设计评价查阅相关设计文件；运行评价查阅相关竣工图、测试报告，并现场核实。

Ⅲ 交通设施与公共服务

4.2.8 本条适用于各类民用建筑的设计、运行评价。

本条沿用自本标准2006年版一般项第4.1.15、5.1.10条，有修改。优先发展公共交通是缓解城市交通拥堵问题的重要措施，因此建筑与公共交通联系的便捷程度很重要。为便于选择公共交通出行，在选址与场地规划中应重视建筑场地与公共交通站点的便捷联系，合理设置出入口。“有便捷的人行通道联系公共交通站点”包括：建筑外的平台直接通过天桥与公交站点相连，建筑的部分空间与地面轨道交通站点出入口直接连通，为减少到达公共交通站点的绕行距离设置了专用的人行通道，地下空间与地铁站点直接相连等。

本条的评价方法为：设计评价查阅相关设计文件；运行评价查阅相关竣工图，并现场核实。

4.2.9 本条适用于各类民用建筑的设计、运行评价。

本条为新增条文。场地内人行通道及场地内外联系的无障碍设计是绿色出行的重要组成部分，是保障各类人群方便、安全出行的基本设施。

本条的评价方法为：设计评价查阅相关设计文件；运行评价查阅相关竣工图，并现场核实。如果建筑场地外已有无障碍人行通道，场地内的无障碍通道必须与之联系才能得分。

4.2.10 本条适用于各类民用建筑的设计、运行评价。

本条为新增条文。本条鼓励使用自行车等绿色环保的交通工具，绿色出行。自行车停车场所应规模适度、布局合理，符合使用者出行习惯。机动车停车应符合所在地控制性详细规划要求，地面停车位应按照国家和地方有关标准适度设置，并科学管理、合理组织交通流线，不应对人行、活动场所产生干扰。

本条的评价方法为：设计评价查阅相关设计文件；运行评价查阅相关竣工图、有关记录，并现场核实。

4.2.11 本条适用于各类民用建筑的设计、运行评价。

本条在本标准2006年版一般项第4.1.9条基础上发展而来，并将适用范围扩展至各类民用建筑。根据《城市居住区规划设计规范》GB 50180－93（2002年版）相关规定，住区配套服务设施（也称配套公建）应包括：教育、医疗卫生、文化体育、商业服务、金融邮电、社区服务、市政公用和行政管理等八类设施。住区配套服务设施便利，可减少机动车出行需求，有利于节约能源、保护环境。设施集中布置、协调互补和社会共享可提高使用效率、节约用地和投资。

公共建筑集中设置，配套的设施设备共享，也是提高服务效率、节约资源的有效方法。兼容2种及以上主要公共服务功能是指主要服务功能在建筑内部混合布局，部分空间共享使用，如建筑中设有共用的会议设施、展览设施、健身设施以及交往空间、休息空间等；配套辅助设施设备是指建筑或建筑群的车库、锅炉房或空调机房、监控室、食堂等可以共用的辅助性设施设备；大学、独立学院和职业技术学院、高等专科学校等专用运动场所科学管理，在非校用时间向社会公众开放；文化、体育设施的室外活动场地错时向社会开放；办公建筑的室外场地在非办公时间向周边居民开放；高等教育学校的图书馆、体育馆等定时免费向社会开放等。公共空间的共享既可增加公众的活动场所，有利陶冶情操、增进社会交往，又可提高各类设施和场地的使用效率，是绿色建筑倡导和鼓励的建设理念。

本条的评价方法为：设计评价查阅相关设计文件；运行评价查阅相关竣工图、有关证明文件，并现场核实。如果参评项目为建筑单体，则“场地出入口”用“建筑主要出入口”替代。

Ⅳ 场地设计与场地生态

4.2.12 本条适用于各类民用建筑的设计、运行评价。

本条为新增条文。建设项目应对场地可利用的自然资源进行勘查，充分利用原有地形地貌，尽量减少土石方工程量，减少开发建设过程对场地及周边环境生态系统的改变，包括原有水体和植被，特别是大型乔木。在建设过程中确需改造场地内的地形、地貌、水体、植被等时，应在工程结束后及时采取生态复原措施，减少对原场地环境的改变和破坏。表层土含有丰富的有机质、矿物质和微量元素，适合植物和微生物的生长，场地表层土的保护和回收利用是土壤资源保护、维持生物多样性的重要方法之一。除此之外，根据场地实际状况，采取其他生态恢复或补偿措施，如对土壤进行生态处理，对污染水体进行净化和循环，对植被进行生态设计以恢复场地原有动植物生存环境等，也可作为得分依据。

本条的评价方法为：设计评价查阅相关设计文件、生态保护和补偿计划；运行评价查阅相关竣工图、生态保护和补偿报告，并现场核实。

4.2.13 本条适用于各类民用建筑的设计、运行评价。

本条在本标准2006年版一般项第4.1.16条、优选项第5.1.14条基础上发展而来。场地开发应遵循低影响开发原则，合理利用场地空间设置绿色雨水基础设施。绿色雨水基础设施有雨水花园、下凹式绿地、屋顶绿化、植被浅沟、雨水截流设施、渗透设施、雨水塘、雨水湿地、景观水体、多功能调蓄设施等。绿色雨水基础设施有别于传统的灰色雨水设施（雨水口、雨水管道等），能够以自然的方式控制城市雨水径流、减少城市洪涝灾害、控制径流污染、保护水环境。

当场地面积超过一定范围时，应进行雨水专项规划设计。雨水专项规划设计是通过建筑、景观、道路和市政等不同专业的协调配合，综合考虑各类因素的影响，对径流减排、污染控制、雨水收集回用进行全面统筹规划设计。通过实施雨水专项规划设计，能避免实际工程中针对某个子系统（雨水利用、径流减排、污染控制等）进行独立设计所带来的诸多资源配置和统筹衔接问题，避免出现“顾此失彼”的现象。具体评价时，场地占地面积大于10hm²的项目，应提供雨水专项规划设计，不大于10hm²的项目可不做雨水专项规划设计，但也应根据场地条件合理采用雨水控制利用措施，编制场地雨水综合利用方案。

利用场地的河流、湖泊、水塘、湿地、低洼地作为雨水调蓄设施，或利用场地内设计景观（如景观绿地和景观水体）来调蓄雨水，可达到有限土地资源多功能开发的目标。能调蓄雨水的景观绿地包括下凹式绿地、雨水花园、树池、干塘等。

屋面雨水和道路雨水是建筑场地产生径流的重要源头，易被污染并形成污染源，故宜合理引导其进入地面生态设施进行调蓄、下渗和利用，并采取相应截污措施，保证雨水在滞蓄和排放过程中有良好的衔接关系，保障自然水体和景观水体的水质、水量安全。地面生态设施是指下凹式绿地、植草沟、树池等，即在地势较低的区域种植植物，通过植物截流、土壤过滤滞留处理小流量径流雨水，达到径流污染控制目的。

雨水下渗也是消减径流和径流污染的重要途径之一。本条“硬质铺装地面”指场地中停车场、道路和室外活动场地等，不包括建筑占地（屋面）、绿地、水面等。通常停车场、道路和室外活动场地等，有一定承载力要求，多采用石材、砖、混凝土、砾石等为铺地材料，透水性能较差，雨水无法入渗，形成大量地面径流，增加城市排水系统的压力。“透水铺装”是指采用如植草砖、透水沥青、透水混凝土、透水地砖等透水铺装系统，既能满足路用及铺地强度和耐久性要求，又能使雨水通过本身与铺装下基层相通的渗水路径直接渗入下部土壤的地面铺装。当透水铺装下为地下室顶板时，若地下室顶板设有疏水板及导水管等可将渗透雨水导入与地下室顶板接壤的实土，或地下室顶板上覆土深度能满足当地园林绿化部门要求时，仍可认定其为透水铺装地面。评价时以场地中硬质铺装地面中透水铺装所占的面积比例为依据。

本条的评价方法为：设计评价查阅地形图、相关设计文件、场地雨水综合利用方案或雨水专项规划设计（场地大于10hm²的应提供雨水专项规划设计，没有提供的本条不得分）、计算书；运行评价查阅地形图、相关竣工图、场地雨水综合利用方案或雨水专项规划设计（场地大于10hm²的应提供雨水专项规划设计，没有提供的本条不得分）、计算书，并现场核实。

4.2.14 本条适用于各类民用建筑的设计、运行评价。

本条在本标准2006年版一般项第4.3.6条基础上发展而来。

场地设计应合理评估和预测场地可能存在的水涝风险，尽量使场地雨水就地消纳或利用，防止径流外排到其他区域形成水涝和污染。径流总量控制同时包括雨水的减排和利用，实施过程中减排和利用的比例需依据场地的实际情况，通过合理的技术经济比较，来确定最优方案。

从区域角度看，雨水的过量收集会导致原有水体的萎缩或影响水系统的良性循环。要使硬化地面恢复到自然地貌的环境水平，最佳的雨水控制量应以雨水排放量接近自然地貌为标准，因此从经济性和维持区域性水环境的良性循环角度出发，径流的控制率也不宜过大而应有合适的量（除非具体项目有特殊的防洪排涝设计要求）。本条设定的年径流总量控制率不宜超过85%。

年径流总量控制率为55%、70%或85%时对应的降雨量（日值）为设计控制雨量，参见下表。设计控制雨量的确定要通过统计学方法获得。统计年限不同时，不同控制率下对应的设计雨量会有差异。考虑气候变化的趋势和周期性，推荐采用30年，特殊情况除外。

表2 年径流总量控制率对应的设计控制雨量

城市	年均降雨量（mm）	年径流总量控制率对应的设计控制雨量（mm）		
		55%	70%	85%
北京	544	11.5	19.0	32.5

续表2

城市	年均降雨量（mm）	年径流总量控制率对应的设计控制雨量（mm）		
		55%	70%	85%
长春	561	7.9	13.3	23.8
长沙	1501	11.3	18.1	31.0
成都	856	9.7	17.1	31.3
重庆	1101	9.6	16.7	31.0
福州	1376	11.8	19.3	33.9
广州	1760	15.1	24.4	43.0
贵阳	1092	10.1	17.0	29.9
哈尔滨	533	7.3	12.2	22.6
海口	1591	16.8	25.1	51.1
杭州	1403	10.4	16.5	28.2
合肥	984	10.5	17.2	30.2
呼和浩特	396	7.3	12.0	21.2
济南	680	13.8	23.4	41.3
昆明	988	9.3	15.0	25.9
拉萨	442	4.9	7.5	11.8
兰州	308	5.2	8.2	14.0
南昌	1609	13.5	21.8	37.4
南京	1053	11.5	18.9	34.2
南宁	1302	13.2	22.0	38.5
上海	1158	11.2	18.5	33.2
沈阳	672	10.5	17.0	29.1
石家庄	509	10.1	17.3	31.2
太原	419	7.6	12.5	22.5
天津	540	12.1	20.8	38.2
乌鲁木齐	282	4.2	6.9	11.8
武汉	1308	14.5	24.0	42.3
西安	543	7.3	11.6	20.0
西宁	386	4.7	7.4	12.2
银川	184	5.2	8.7	15.5
郑州	633	11.0	18.4	32.6

注：1 表中的统计数据年限为1977～2006年。
2 其他城市的设计控制雨量，可参考所列类似城市的数值，或依据当地降雨资料进行统计计算确定。

设计时应根据年径流总量控制率对应的设计控制雨量来确定雨水设施规模和最终方案，有条件时，可通过相关雨水控制利用模型进行设计计算；也可采用简单计算方法，结合项目条件，用设计控制雨量乘以场地综合径流系数、总汇水面积来确定项目雨水设施总规模，再分别计算滞蓄、调蓄和收集回用等措施实现的控制容积，达到设计控制雨量对应的控制规模要求，即达标。

本条的评价方法为：设计评价查阅当地降雨统计资料、相关设计文件、设计控制雨量计算书；运行评价查阅当地降雨统计资料、相关竣工图、设计控制雨量计算书、场地年径流总量控制报告，并现场核实。

4.2.15 本条适用于各类民用建筑的设计、运行评价。

本条由本标准2006年版控制项第4.1.5条、一般项第4.1.14、5.1.8、5.1.9条整合得到。绿化是城市环境建设的重要内容。大面积的草坪不但维护费用昂贵，其生态效益也远远小于灌木、乔木。因此，合理搭配乔木、灌木和草坪，以乔木为主，能够提高绿地的空间利用率、增加绿量，使有限的绿地发挥更大的生态效益和景观效益。鼓励各类公共建筑进行屋顶绿化和墙面垂直绿化，既能增加绿化面积，又可以改善屋顶和墙壁的保温隔热效果，还可有效截留雨水。

植物配置应充分体现本地区植物资源的特点，突出地方特色。合理的植物物种选择和搭配会对绿地植被的生长起到促进作用。种植区域的覆土深度应满足乔、灌木自然生长的需要，满足申报项目所在地有关覆土深度的控制要求。

本条的评价方法为：设计评价查阅相关设计文件、计算书；运行评价查阅相关竣工图、计算书，并现场核实。

5 节能与能源利用

5.1 控 制 项

5.1.1 本条适用于各类民用建筑的设计、运行评价。

本条基本集中了本标准2006年版“节能与能源利用”方面热工、暖通专业的控制项条文。建筑围护结构的热工性能指标、外窗和玻璃幕墙的气密性能指标、供暖锅炉的额定热效率、空调系统的冷热源机组能效比、分户（单元）热计量和分室（户）温度调节等对建筑供暖和空调能耗都有很大的影响。国家和行业的建筑节能设计标准都对这些性能参数提出了明确的要求，有的地方标准的要求比国家标准更高，而且这些要求都是以强制性条文的形式出现的。因此，将本条列为绿色建筑必须满足的控制项。当地方标准要求低于国家标准、行业标准时，应按国家标准、行业标准执行。

本条的评价方法为：设计评价查阅相关设计文件（含设计说明、施工图和计算书）；运行评价查阅相关竣工图、计算书、验收记录，并现场核实。

5.1.2 本条适用于集中空调或供暖的各类民用建筑的设计、运行评价。

本条沿用自本标准2006年版控制项第5.2.3条，有修改。合理利用能源、提高能源利用率、节约能源是我国的基本国策。高品位的电能直接用于转换为低品位的热能进行供暖或空调，热效率低，运行费用高，应限制这种“高质低用”的能源转换利用方式。

本条的评价方法为：设计评价查阅相关设计文件；运行评价查阅相关竣工图，并现场核实。

5.1.3 本条适用于公共建筑的设计、运行评价。

本条沿用自本标准2006年版控制项第5.2.5条、一般项第5.2.15条，适用范围有拓展。建筑能源消耗情况较复杂，主要包括空调系统、照明系统、其他动力系统等。当未分项计量时，不利于统计建筑各类系统设备的能耗分布，难以发现能耗不合理之处。为此，要求采用集中冷热源的建筑，在系统设计（或既有建筑改造设计）时必须考虑使建筑内各能耗环节如冷热源、输配系统、照明、热水能耗等都能实现独立分项计量。这有助于分析建筑各项能耗水平和能耗结构是否合理，发现问题并提出改进措施，从而有效地实施建筑节能。

本条的评价方法为：设计评价查阅相关设计文件；运行评价查阅相关竣工图、分项计量记录，并现场核实。

5.1.4 本条适用于各类民用建筑的设计、运行评价。

本条沿用自本标准2006年版控制项5.2.4条。国家标准《建筑照明设计标准》GB 50034规定了各类房间或场所的照明功率密度值，分为“现行值”和“目标值”。其中，“现行值”是新建建筑必须满足的最低要求，“目标值”要求更高，是努力的方向。本条将现行值列为绿色建筑必须满足的控制项。

本条的评价方法为：设计评价查阅相关设计文件、计算书；运行评价查阅相关竣工图、计算书，并现场核实。

5.2 评 分 项

Ⅰ 建筑与围护结构

5.2.1 本条适用于各类民用建筑的设计、运行评价。

本条沿用自本标准2006年版一般项第4.2.4、5.2.6条，有修改。建筑的体形、朝向、窗墙比、楼距以及楼群的布置都对通风、日照、采光以及遮阳有明显的影响，因而也间接影响建筑的供暖和空调能耗以及建筑室内环境的舒适性，应该给予足够的重视。本条所指优化设计包括体形、朝向、楼距、窗墙比等。

如果建筑的体形简单、朝向接近正南正北，楼间距、窗墙比也满足标准要求，可视为设计合理，本条直接得6分。体形等复杂时，应对体形、朝向、楼距、窗墙比等进行综合性优化设计。对于公共建筑，如果经过优化之后的建筑窗墙比都低于0.5，本条直接得6分。

本条的评价方法为：设计评价查阅相关设计文件、优化设计报告；运行评价查阅相关竣工图、优化设计报告，并现场核实。

5.2.2 本条适用于各类民用建筑的设计、运行评价。有严格的室内温湿度要求、不宜进行自然通风的建筑或房间，本条不参评。当建筑层数大于18层时，18层以上部分不参评。

本条在本标准2006年版一般项第5.2.7条基础上发展而来。窗户的可开启比例对室内的通风有很大的影响。对开推拉窗的可开启面积比例大致为40%～45%，平开窗的可开启面积比例更大。

玻璃幕墙的可开启部分比例对建筑的通风性能有很大的影响，但现行建筑节能标准未对其提出定量指标，而且大量的玻璃幕墙建筑确实存在幕墙可开启部分很小的现象。

玻璃幕墙的开启方式有多种，通风效果各不相同。为简单起见，可将玻璃幕墙活动窗扇的面积认定为可开启面积，而不再计算实际的或当量的可开启面积。

本条的玻璃幕墙系指透明的幕墙，背后有非透明实体墙的纯装饰性玻璃幕墙不在此列。

对于高层和超高层建筑，考虑到高处风力过大以及安全方面的原因，仅评判第18层及其以下各层的外窗和玻璃幕墙。

本条的评价方法为：设计评价查阅相关设计文件、计算书；运行评价查阅相关竣工图、计算书，并现场核实。

5.2.3 本条适用于各类民用建筑的设计、运行评价。

本条为新增条文。围护结构的热工性能指标对建筑冬季供暖和夏季空调的负荷和能耗有很大的影响，国家和行业的建筑节能设计标准都对围护结构的热工性能提出明确的要求。本条对优于国家和行业节能设计标准规定的热工性能指标进行评分。

对于第1款，要求对国家和行业有关建筑节能设计标准中外墙、屋顶、外窗、幕墙等围护结构主要部位的传热系数 K 和遮阳系数 SC 进一步降低。特别地，不同窗墙比情况下，节能标准对于透明围护结构的传热系数和遮阳系数数值要求是不一样的，需要在此基础上具体分析针对性地改善。具体说，要求围护结构的传热系数 K 和遮阳系数 SC 比标准要求的数值均降低5%得5分，均降低10%得10分。对于夏热冬暖地区，应重点比较透明围护结构遮阳系数的降低，围护结构的传热系数不做进一步降低的要求。对于严寒地区，应重点比较不透明围护结构的传热系数的降低，遮阳系数不做进一步降低的要求。对其他情况，要求同时比较传热系数和遮阳系数。有的地方建筑节能设计标准规定的建筑围护结构的热工性能已经比国家或行业标准规定有明显提升，按此设计的建筑在进行第1款的判定时有利于得分。

对于温和地区的建筑，或者室内发热量大的公共建筑（人员、设备和灯光等室内发热量累计超过$50W/m^2$），由于围护结构性能的继续提升不一定最有利于运行能耗的降低，宜按照第2款进行评价。

本条第2款的判定较为复杂，需要经过模拟计算，即需根据供暖空调全年计算负荷降低幅度分档评分，其中参考建筑的设定应该符合国家、行业建筑节能设计标准的规定。计算不仅要考虑建筑本身，而且还必须与供暖空调系统的类型以及设计的运行状态综合考虑，当然也要考虑建筑所处的气候区。应该做如下的比较计算：其他条件不变（包括建筑的外形、内部的功能分区、气象参数、建筑的室内供暖空调设计参数、空调供暖系统形式和设计的运行模式（人员、灯光、设备等）、系统设备的参数取同样的设计值），第一个算例取国家或行业建筑节能设计标准规定的建筑围护结构的热工性能参数，第二个算例取实际设计的建筑围护结构的热工性能参数，然后比较两者的负荷差异。

本条的评价方法为：设计评价查阅相关设计文件、计算分析报告；运行评价查阅相关竣工图、计算分析报告，并现场核实。

Ⅱ 供暖、通风与空调

5.2.4 本条适用于空调或供暖的各类民用建筑的设计、运行评价。对城市市政热源，不对其热源机组能效进行评价。

本条在本标准2006年版一般项第4.2.6条基础上发展而来，适用范围有拓展。国家标准《公共建筑节能设计标准》GB 50189－2005强制性条文第5.4.3、5.4.5、5.4.8、5.4.9条，分别对锅炉额定热效率、电机驱动压缩机的蒸气压缩循环冷水（热泵）机组的性能系数（COP）、名义制冷量大于7100W、采用电机驱动压缩机的单元式空气调节机、风管送风式和屋顶式空气调节机组的能效比（EER）、蒸汽、热水型溴化锂吸收式冷水机组及直燃型溴化锂吸收式冷（温）水机组的性能参数提出了基本要求。本条在此基础上，并结合《公共建筑节能设计标准》GB 50189－2005的最新修订情况，以比其强制性条文规定值提高百分比（锅炉热效率则以百分点）的形式，对包括上述机组在内的供暖空调冷热源机组能源效率（补充了多联式空调（热泵）机组等）提出了更高要求。对于国家标准《公共建筑节能设计标准》GB 50189中未予规定的情况，例如量大面广的住宅或小型公建中采用分体空调器、燃气热水炉等其他设备作为供暖空调冷热源（含热水炉同时作为供暖和生活热水热源的情况），可以《房间空气调节器能效限定值及能效等级》GB 12021.3、《转速可控型房间空气调节器能效限定值及能源效率等级》GB 21455、《家用燃气快速热水器和燃气采暖热水炉能效限定值及能效等级》GB 20665等现行有关国家标准中的节能评价值作为判定本条是否达标的依据。

本条的评价方法为：设计评价查阅相关设计文件；运行评价查阅相关竣工图、主要产品型式检验报告，并现场核实。

5.2.5 本条适用于集中空调或供暖的各类民用建筑的设计、运行评价。

本条沿用自本标准2006年版一般项第4.2.5、5.2.13条，有修改。

1）供暖系统热水循环泵耗电输热比满足现行国家标准《公共建筑节能设计标准》GB 50189的要求。

2）通风空调系统风机的单位风量耗功率满足现行国家标准《公共建筑节能设计标准》GB 50189的要求。

3）空调冷热水系统循环水泵的耗电输冷（热）比需要比《民用建筑供暖通风与空气调节设计规范》GB 50736的规定值低20%以上。耗电输冷（热）比反映了空调水系统中循环水泵的耗电与建筑冷热负荷的关系，对此值进行限制是为了保证水泵的选择在合理的范围，降低水泵能耗。

本条的评价方法为：设计评价查阅相关设计文件、计算书；运行评价查阅相关竣工图、主要产品型式检验报告、计算书，并现场核实。

5.2.6 本条适用于进行供暖、通风或空调的各类民用建筑的设计、运行评价。

本条在本标准2006年版优选项第4.2.10、5.2.16条基础上发展而来。本条主要考虑暖通空调系统的节能贡献率。采用建筑供暖空调系统节能率为评价指标，被评建筑的参照系统与实际空调系统所对应的围护结构要求与第5.2.3条优化后实际情况一致。暖通空调系统节能措施包括合理选择系统形式，提高设备与系统效率，优化系统控制策略等。

对于不同的供暖、通风和空调系统形式，应根据现有国家和行业有关建筑节能设计标准统一设定参考系统的冷热源能效、输配系统和末端方式，计算并统计不同负荷率下的负荷情况，根据暖通空调系统能耗的降低幅度，判断得分。

设计系统和参考系统模拟计算时，包括房间的作息、室内发热量等基本参数的设置应与第5.2.3条的第2款一致。

本条的评价方法为：设计评价查阅相关设计文件、计算分析报告；运行评价查阅相关竣工图、主要产品型式检验报告、计算分析报告，并现场核实。

5.2.7 本条适用于各类民用建筑的设计、运行评价。

本条在本标准2006年版一般项第5.2.11条基础上发展而来。空调系统设计时不仅要考虑到设计工况，而且应考虑全年运行模式。尤其在过渡季，空调系统可以有多种节能措施，例如对于全空气系统，可以采用全新风或增大新风比运行，可以有效地改善空调区内空气的品质，大量节省空气处理所需消耗的能量。但要实现全新风运行，设计时必须认真考虑新风取风口和新风管所需的截面积，妥善安排好排风出路，并应确保室内合理的正压值。此外还有过渡季节改变新风送风温度、优化冷却塔供冷的运行时数、处理负荷及调整供冷温度等节能措施。

本条的评价方法为：设计评价查阅相关设计文件；运行评价查阅相关竣工图、运行记录，并现场核实。

5.2.8 本条适用于各类民用建筑的设计、运行评价。

本条在本标准 2006 年版一般项第 5.2.12 条基础上发展而来。多数空调系统都是按照最不利情况（满负荷）进行系统设计和设备选型的，而建筑在绝大部分时间内是处于部分负荷状况的，或者同一时间仅有一部分空间处于使用状态。针对部分负荷、部分空间使用条件的情况，如何采取有效的措施以节约能源，显得至关重要。系统设计中应考虑合理的系统分区、水泵变频、变风量、变水量等节能措施，保证在建筑物处于部分冷热负荷时和仅部分建筑使用时，能根据实际需要提供恰当的能源供给，同时不降低能源转换效率，并能够指导系统在实际运行中实现节能高效运行。

本条第 1 款主要针对系统划分及其末端控制，空调方式采用分体空调以及多联机的，可认定为满足（但前提是其供暖系统也满足本款要求，或没有供暖系统）。本条第 2 款主要针对系统冷热源，如热源为市政热源可不予考察（但小区锅炉房等仍应考察）；本条第 3 款主要针对系统输配系统，包括供暖、空调、通风等系统，如冷热源和末端一体化而不存在输配系统的，可认定为满足，例如住宅中仅设分体空调以及多联机。

本条的评价方法为：设计评价查阅相关设计文件、计算书；运行评价查阅相关竣工图、计算书、运行记录，并现场核实。

Ⅲ 照明与电气

5.2.9 本条适用于各类民用建筑的设计、运行评价。对于住宅建筑，仅评价其公共部分。

本条在本标准 2006 年版一般项第 4.2.7 条基础上发展而来。在建筑的实际运行过程中，照明系统的分区控制、定时控制、自动感应开关、照度调节等措施对降低照明能耗作用很明显。

照明系统分区需满足自然光利用、功能和作息差异的要求。公共活动区域（门厅、大堂、走廊、楼梯间、地下车库等）以及大空间应采取定时、感应等节能控制措施。

本条的评价方法为：设计评价查阅相关设计文件；运行评价查阅相关竣工图，并现场核实。

5.2.10 本条适用于各类民用建筑的设计、运行评价。对住宅建筑，仅评价其公共部分。

本条沿用自本标准 2006 年版优选项第 5.2.19 条，适用范围有拓展。现行国家标准《建筑照明设计标准》GB 50034 规定了各类房间或场所的照明功率密度值，分为“现行值”和“目标值”，其中“现行值”是新建建筑必须满足的最低要求，“目标值”要求更高，是努力的方向。

本条的评价方法为：设计评价查阅相关设计文件、计算书；运行评价查阅相关竣工图、计算书，并现场核实。

5.2.11 本条适用于各类民用建筑的设计、运行评价。对于仅设有一台电梯的建筑，本条中的节能控制措施不参评。对于不设电梯的建筑，本条不参评。

本条为新增条文。本标准 2006 年版并未对电梯节能作出明确规定。然而，电梯等动力用电也形成了一定比例的能耗，而目前也出现了包括变频调速拖动、能量再生回馈等在内的多种节能技术措施。因此，增加本条作为评分项。

本条的评价方法为：设计评价查阅相关设计文件、人流平衡计算分析报告；运行评价查阅相关竣工图，并现场核实。

5.2.12 本条适用于各类民用建筑的设计、运行评价。

本条为新增条文。2010 年，国家发改委发布《电力需求侧管理办法》（发改运行［2010］2643 号）。虽然其实施主体是电网企业，但也需要建筑业主、用户等方面的积极参与。对照其中要求，本标准其他条文已对高效用电设备，以及变频、热泵、蓄冷蓄热等技术予以了鼓励，本条要求所用配电变压器满足现行国家标准《三相配电变压器能效限定值及能效等级》GB 20052 规定的节能评价值；水泵、风机（及其电机）等功率较大的用电设备满足相应的能效限定值及能源效率等级国家标准所规定的节能评价值。

本条的评价方法为：设计评价查阅相关设计文件；运行评价查阅相关竣工图、主要产品型式检验报告，并现场核实。

Ⅳ 能量综合利用

5.2.13 本条适用于进行供暖、通风或空调的各类民用建筑的设计、运行评价；对无独立新风系统的建筑，新风与排风的温差不超过 15℃或其他不宜设置排风能量回收系统的建筑，本条不参评。

本条沿用自本标准 2006 年版一般项第 4.2.8、5.2.10 条，有修改。参评建筑的排风能量回收满足下列两项之一即可：

1 采用集中空调系统的建筑，利用排风对新风进行预热（预冷）处理，降低新风负荷，且排风热回收装置（全热和显热）的额定热回收效率不低于60%；

2 采用带热回收的新风与排风双向换气装置，且双向换气装置的额定热回收效率不低于55%。

本条的评价方法为：设计评价查阅相关设计文件、计算分析报告；运行评价查阅相关竣工图、主要产品型式检验报告、运行记录、计算分析报告，并现场核实。

5.2.14 本条适用于进行供暖或空调的公共建筑的设计、运行评价。若当地峰谷电价差低于2.5倍或没有峰谷电价的，本条不参评。

本条沿用自本标准2006年版一般项第5.2.9条，有修改。蓄冷蓄热技术虽然从能源转换和利用本身来讲并不节约，但是其对于昼夜电力峰谷差异的调节具有积极的作用，能够满足城市能源结构调整和环境保护的要求。为此，宜根据当地能源政策、峰谷电价、能源紧缺状况和设备系统特点等选择采用。参评建筑的蓄冷蓄热系统满足下列两项之一即可：

1 用于蓄冷的电驱动蓄能设备提供的设计日的冷量达到30%；参考现行国家标准《公共建筑节能设计标准》GB 50189，电加热装置的蓄能设备能保证高峰时段不用电；

2 最大限度地利用谷电，谷电时段蓄冷设备全负荷运行的80%应能全部蓄存并充分利用。

本条的评价方法为：设计评价查阅相关设计文件、计算分析报告；运行评价查阅相关竣工图、主要产品型式检验报告、运行记录、计算分析报告，并现场核实。

5.2.15 本条适用于各类民用建筑的设计、运行评价。若建筑无可用的余热废热源，或建筑无稳定的热需求，本条不参评。

本条沿用自本标准2006年版一般项第5.2.14条，有修改。生活用能系统的能耗在整个建筑总能耗中占有不容忽视的比例，尤其是对于有稳定热需求的公共建筑而言更是如此。用自备锅炉房满足建筑蒸汽或生活热水，不仅可能对环境造成较大污染，而且其能源转换和利用也不符合“高质高用”的原则，不宜采用。鼓励采用热泵、空调余热、其他废热等供应生活热水。在靠近热电厂、高能耗工厂等余热、废热丰富的地域，如果设计方案中很好地实现了回收排水中的热量，以及利用其他余热废热作为预热，可降低能源的消耗，同样也能够提高生活热水系统的用能效率。一般情况下的具体指标可取为：余热或废热提供的能量分别不少于建筑所需蒸汽设计日总量的40%、供暖设计日总量的30%、生活热水设计日总量的60%。

本条的评价方法为：设计评价查阅相关设计文件、计算分析报告；运行评价查阅相关竣工图、计算分析报告，并现场核实。

5.2.16 本条适用于各类民用建筑的设计、运行评价。

本条基于本标准2006年版涉及可再生能源的多条进行了整合完善。由于不同种类可再生能源的度量方法、品位和价格都不同，本条分三类进行评价。如有多种用途可同时得分，但本条累计得分不超过10分。

本条的评价方法为：设计评价查阅相关设计文件、计算分析报告；运行评价查阅相关竣工图、计算分析报告，并现场核实。

6 节水与水资源利用

6.1 控制项

6.1.1 本条适用于各类民用建筑的设计、运行评价。

本条沿用自本标准2006年版控制项第4.3.1、5.3.1条，有修改。在进行绿色建筑设计前，应充分了解项目所在区域的市政给排水条件、水资源状况、气候特点等实际情况，通过全面的分析研究，制定水资源利用方案，提高水资源循环利用率，减少市政供水量和污水排放量。

水资源利用方案包含下列内容：

1 当地政府规定的节水要求、地区水资源状况、气象资料、地质条件及市政设施情况等。

2 项目概况。当项目包含多种建筑类型，如住宅、办公建筑、旅馆、商店、会展建筑等时，可统筹考虑项目内水资源的综合利用。

3 确定节水用水定额、编制水量计算表及水量平衡表。

4 给排水系统设计方案介绍。

5 采用的节水器具、设备和系统的相关说明。

6 非传统水源利用方案。对雨水、再生水及海水等水资源利用的技术经济可行性进行分析和研究，进行水量平衡计算，确定雨水、再生水及海水等水资源的利用方法、规模、处理工艺流程等。

7 景观水体补水严禁采用市政供水和自备地下水井供水，可以采用地表水和非传统水源；取用建筑场地外的地表水时，应事先取得当地政府主管部门的许可；采用雨水和建筑中水作为水源时，水景规模应根据设计可收集利用的雨水或中水量确定。

本条的评价方法为：设计评价查阅水资源利用方案，核查其在相关设计文件（含设计说明、施工图、计算书）中的落实情况；运行评价查阅水资源利用方案、相关竣工图、产品说明书，查阅运行数据报告，并现场核实。

6.1.2 本条适用于各类民用建筑的设计、运行评价。

本条对本标准2006年版节水与水资源利用部分

多条控制项条文进行了整合、完善。合理、完善、安全的给排水系统应符合下列要求：

1 给排水系统的规划设计应符合相关标准的规定，如《建筑给水排水设计规范》GB 50015、《城镇给水排水技术规范》GB 50788、《民用建筑节水设计标准》GB 50555、《建筑中水设计规范》GB 50336 等。

2 给水水压稳定、可靠，各给水系统应保证以足够的水量和水压向所有用户不间断地供应符合要求的水。供水充分利用市政压力，加压系统选用节能高效的设备；给水系统分区合理，每区供水压力不大于0.45MPa；合理采取减压限流的节水措施。

3 根据用水要求的不同，给水水质应达到国家、行业或地方标准的要求。使用非传统水源时，采取用水安全保障措施，且不得对人体健康与周围环境产生不良影响。

4 管材、管道附件及设备等供水设施的选取和运行不应对供水造成二次污染。各类不同水质要求的给水管线应有明显的管道标识。有直饮水供应时，直饮水应采用独立的循环管网供水，并设置水量、水压、水质、设备故障等安全报警装置。使用非传统水源时，应保证非传统水源的使用安全，设置防止误接、误用、误饮的措施。

5 设置完善的污水收集、处理和排放等设施。技术经济分析合理时，可考虑污废水的回收再利用，自行设置完善的污水收集和处理设施。污水处理率和达标排放率必须达到100%。

6 为避免室内重要物资和设备受潮引起的损失，应采取有效措施避免管道、阀门和设备的漏水、渗水或结露。

7 热水供应系统热水用水量较小且用水点分散时，宜采用局部热水供应系统；热水用水量较大、用水点比较集中时，应采用集中热水供应系统，并应设置完善的热水循环系统。设置集中生活热水系统时，应确保冷热水系统压力平衡，或设置混水器、恒温阀、压差控制装置等。

8 应根据当地气候、地形、地貌等特点合理规划雨水入渗、排放或利用，保证排水渠道畅通，减少雨水受污染的概率，且合理利用雨水资源。

本条的评价方法为：设计评价查阅相关设计文件；运行评价查阅相关竣工图、产品说明书、水质检测报告、运行数据报告等，并现场核实。

6.1.3 本条适用于各类民用建筑的设计、运行评价。

本条沿用自本标准2006年版控制项第4.3.3、5.3.4条。本着“节流为先”的原则，用水器具应选用中华人民共和国国家经济贸易委员会2001年第5号公告和2003年第12号公告《当前国家鼓励发展的节水设备（产品）》目录中公布的设备、器材和器具。根据用水场合的不同，合理选用节水水龙头、节水便器、节水淋浴装置等。所有生活用水器具应满足现行标准《节水型生活用水器具》CJ 164及《节水型产品通用技术条件》GB/T 18870的要求。

除特殊功能需求外，均应采用节水型用水器具。对土建工程与装修工程一体化设计项目，在施工图中应对节水器具的选用提出要求；对非一体化设计项目，申报方应提供确保业主采用节水器具的措施、方案或约定。

可选用以下节水器具：

1 节水龙头：加气节水龙头、陶瓷阀芯水龙头、停水自动关闭水龙头等；

2 坐便器：压力流防臭、压力流冲击式6L直排便器、3L/6L两挡节水型虹吸式排水坐便器、6L以下直排式节水型坐便器或感应式节水型坐便器，缺水地区可选用带洗手水龙头的水箱坐便器；

3 节水淋浴器：水温调节器、节水型淋浴喷嘴等；

4 营业性公共浴室淋浴器采用恒温混合阀、脚踏开关等。

本条的评价方法为：设计评价查阅相关设计文件、产品说明书等；运行评价查阅设计说明、相关竣工图、产品说明书或产品节水性能检测报告等，并现场核实。

6.2 评 分 项

Ⅰ 节 水 系 统

6.2.1 本条适用于各类民用建筑的运行评价。

本条为新增条文。计算平均日用水量时，应实事求是地确定用水的使用人数、用水面积等。使用人数在项目使用初期可能不会达到设计人数，如住宅的入住率可能不会很快达到100%，因此对与用水人数相关的用水，如饮用、盥洗、冲厕、餐饮等，应根据用水人数来计算平均日用水量；对使用人数相对固定的建筑，如办公建筑等，按实际人数计算；对浴室、商店、餐厅等流动人口较大且数量无法明确的场所，可按设计人数计算。

对与用水人数无关的用水，如绿化灌溉、地面冲洗、水景补水等，则根据实际水表计量情况进行考核。

根据实际运行一年的水表计量数据和使用人数、用水面积等计算平均日用水量，与节水用水定额进行比较来判定。

本条的评价方法为：运行评价查阅实测用水量计量报告和建筑平均日用水量计算书。

6.2.2 本条适用于各类民用建筑的设计、运行评价。

本条在本标准2006年版控制项第4.3.2、5.3.3条基础上发展而来。管网漏失水量包括：阀门故障漏水量，室内卫生器具漏水量，水池、水箱溢流漏水量，设备漏水量和管网漏水量。为避免漏损，可采取以下措施：

1 给水系统中使用的管材、管件，应符合现行产品标准的要求。

2 选用性能高的阀门、零泄漏阀门等。

3 合理设计供水压力，避免供水压力持续高压或压力骤变。

4 做好室外管道基础处理和覆土，控制管道埋深，加强管道工程施工监督，把好施工质量关。

5 水池、水箱溢流报警和进水阀门自动联动关闭。

6 设计阶段：根据水平衡测试的要求安装分级计量水表，分级计量水表安装率达100%。具体要求为下级水表的设置应覆盖上一级水表的所有出流量，不得出现无计量支路。

7 运行阶段：物业管理机构应按水平衡测试的要求进行运行管理。申报方应提供用水量计量和漏损检测情况报告，也可委托第三方进行水平衡测试。报告包括分级水表设置示意图、用水计量实测记录、管道漏损率计算和原因分析。申报方还应提供整改措施的落实情况报告。

本条的评价方法为：设计评价查阅相关设计文件（含分级水表设置示意图）；运行评价查阅设计说明、相关竣工图（含分级水表设置示意图）、用水量计量和漏损检测及整改情况的报告，并现场核实。

6.2.3 本条适用于各类民用建筑的设计、运行评价。

本条为新增条文。用水器具给水额定流量是为满足使用要求，用水器具给水配件出口在单位时间内流出的规定出水量。流出水头是保证给水配件流出额定流量，在阀前所需的水压。给水配件阀前压力大于流出水头，给水配件在单位时间内的出水量超过额定流量的现象，称超压出流现象，该流量与额定流量的差值，为超压出流量。给水配件超压出流，不但会破坏给水系统中水量的正常分配，对用水工况产生不良的影响，同时因超压出流量未产生使用效益，为无效用水量，即浪费的水量。因它在使用过程中流失，不易被人们察觉和认识，属于"隐形"水量浪费，应引起足够的重视。给水系统设计时应采取措施控制超压出流现象，应合理进行压力分区，并适当地采取减压措施，避免造成浪费。

当选用了恒定出流的用水器具时，该部分管线的工作压力满足相关设计规范的要求即可。当建筑因功能需要，选用特殊水压要求的用水器具时，如大流量淋浴喷头，可根据产品要求采用适当的工作压力，但应选用用水效率高的产品，并在说明中作相应描述。在上述情况下，如其他常规用水器具均能满足本条要求，可以评判其达标。

本条的评价方法为：设计评价查阅相关设计文件（含各层用水点用水压力计算表）；运行评价查阅设计说明、相关竣工图、产品说明书，并现场核实。

6.2.4 本条适用于各类民用建筑的设计、运行评价。

本条在本标准2006年版一般项第5.3.10条基础上发展而来。按使用用途、付费或管理单元情况，对不同用户的用水分别设置用水计量装置，统计用水量，并据此施行计量收费，以实现"用者付费"，达到鼓励行为节水的目的，同时还可统计各种用途的用水量和分析渗漏水量，达到持续改进的目的。各管理单元通常是分别付费，或即使是不分别付费，也可以根据用水计量情况，对不同管理单元进行节水绩效考核，促进行为节水。

对公共建筑中有可能实施用者付费的场所，应设置用者付费的设施，实现行为节水。

本条的评价方法为：设计评价查阅相关设计文件（含水表设置示意图）；运行评价查阅设计说明、相关竣工图（含水表设置示意图）、各类用水的计量记录及统计报告，并现场核实。

6.2.5 本条适用于设有公用浴室的建筑的设计、运行评价。无公用浴室的建筑不参评。

本条为新增条文。通过"用者付费"，鼓励行为节水。本条中"公用浴室"既包括学校、医院、体育场馆等建筑设置的公用浴室，也包含住宅、办公楼、旅馆、商店等为物业管理人员、餐饮服务人员和其他工作人员设置的公用浴室。

本条的评价方法为：设计评价查阅相关设计文件（含相关节水产品的设备材料表）；运行评价查阅设计说明（含相关节水产品的设备材料表）、相关竣工图、产品说明书或产品检测报告，并现场核实。

Ⅱ 节水器具与设备

6.2.6 本条适用于各类民用建筑的设计、运行评价。

本条为新增条文，并与本标准控制项第6.1.3条相呼应。卫生器具除按第6.1.3条要求选用节水器具外，绿色建筑还鼓励选用更高节水性能的节水器具。目前我国已对部分用水器具的用水效率制定了相关标准，如：《水嘴用水效率限定值及用水效率等级》GB 25501-2010、《坐便器用水效率限定值及用水效率等级》GB 25502-2010、《小便器用水效率限定值及用水效率等级》GB 28377-2012、《淋浴器用水效率限定值及用水效率等级》GB 28378-2012、《便器冲洗阀用水效率限定值及用水效率等级》GB 28379-2012，今后还将陆续出台其他用水器具的标准。

在设计文件中要注明对卫生器具的节水要求和相应的参数或标准。当存在不同用水效率等级的卫生器具时，按满足最低等级的要求得分。

卫生器具有用水效率相关标准的应全部采用，方可认定达标。今后当其他用水器具出台了相应标准时，按同样的原则进行要求。

对土建装修一体化设计的项目，在施工图设计中应对节水器具的选用提出要求；对非一体化设计的项目，申报方应提供确保业主采用节水器具的措施、方案或约定。

本条的评价方法为：设计评价查阅相关设计文件、产品说明书（含相关节水器具的性能参数要求）；运行评价查阅相关竣工图纸、设计说明、产品说明书或产品节水性能检测报告，并现场核实。

6.2.7 本条适用于各类民用建筑的设计、运行评价。

本条沿用自本标准 2006 年版一般项第 4.3.8、5.3.8 条，有修改。绿化灌溉应采用喷灌、微灌、渗灌、低压管灌等节水灌溉方式，同时还可采用湿度传感器或根据气候变化的调节控制器。可参照《园林绿地灌溉工程技术规程》CECS 243 中的相关条款进行设计施工。

目前普遍采用的绿化节水灌溉方式是喷灌，其比地面漫灌要省水 30%～50%。采用再生水灌溉时，因水中微生物在空气中极易传播，应避免采用喷灌方式。

微灌包括滴灌、微喷灌、涌流灌和地下渗灌，比地面漫灌省水 50%～70%，比喷灌省水 15%～20%。其中微喷灌射程较近，一般在 5m 以内，喷水量为（200～400）L/h。

无须永久灌溉植物是指适应当地气候，仅依靠自然降雨即可维持良好的生长状态的植物，或在干旱时体内水分丧失，全株呈风干状态而不死亡的植物。无须永久灌溉植物仅在生根时需进行人工灌溉，因而不需设置永久的灌溉系统，但临时灌溉系统应在安装后一年之内移走。

当 90%以上的绿化面积采用了高效节水灌溉方式或节水控制措施时，方可判定本条得 7 分；当 50%以上的绿化面积采用了无须永久灌溉植物，且其余部分绿化采用了节水灌溉方式时，方可判定本条得 10 分。当选用无须永久灌溉植物时，设计文件中应提供植物配置表，并说明是否属无须永久灌溉植物，申报方应提供当地植物名录，说明所选植物的耐旱性能。

本条的评价方法为：设计评价查阅相关设计图纸、设计说明（含相关节水灌溉产品的设备材料表）、景观设计图纸（含苗木表、当地植物名录等）、节水灌溉产品说明书；运行评价查阅相关竣工图纸、设计说明、节水灌溉产品说明书，并进行现场核查，现场核查包括实地检查节水灌溉设施的使用情况、查阅绿化灌溉用水制度和计量报告。

6.2.8 本条适用于各类民用建筑的设计、运行评价。不设置空调设备或系统的项目，本条得 10 分。第 2 款仅适用于运行评价。

本条为新增条文。公共建筑集中空调系统的冷却水补水量很大，甚至可能占据建筑物用水量的 30%～50%，减少冷却水系统不必要的耗水对整个建筑物的节水意义重大。

1 开式循环冷却水系统或闭式冷却塔的喷淋水系统受气候、环境的影响，冷却水水质比闭式系统差，改善冷却水系统水质可以保护制冷机组和提高换热效率。应设置水处理装置和化学加药装置改善水质，减少排污耗水量。

开式冷却塔或闭式冷却塔的喷淋水系统设计不当时，高于集水盘的冷却水管道中部分水量在停泵时有可能溢流排掉。为减少上述水量损失，设计时可采取加大集水盘、设置平衡管或平衡水箱等方式，相对加大冷却塔集水盘浮球阀至溢流口段的容积，避免停泵时的泄水和启泵时的补水浪费。

2 开式冷却水系统或闭式冷却塔的喷淋水系统的实际补水量大于蒸发耗水量的部分，主要由冷却塔飘水、排污和溢水等因素造成，蒸发耗水量所占的比例越高，不必要的耗水量越低，系统也就越节水；

本条文第 2 款从冷却补水节水角度出发，对于减少开式冷却塔和设有喷淋水系统的闭式冷却塔的不必要耗水，提出了定量要求，本款需要满足公式（1）方可得分：

$$\frac{Q_e}{Q_b} \geqslant 80\% \tag{1}$$

式中：Q_e——冷却塔年排出冷凝热所需的理论蒸发耗水量，kg；

Q_b——冷却塔实际年冷却水补水量（系统蒸发耗水量、系统排污量、飘水量等其他耗水量之和），kg。

排出冷凝热所需的理论蒸发耗水量可按公式（2）计算

$$Q_e = \frac{H}{r_0} \tag{2}$$

式中：Q_e——冷却塔年排出冷凝热所需的理论蒸发耗水量，kg；

H——冷却塔年冷凝排热量，kJ；

r_0——水的汽化热，kJ/kg。

集中空调制冷及其自控系统设备的设计和生产应提供条件，满足能够记录、统计空调系统的冷凝排热量的要求，在设计与招标阶段，对空调系统/冷水机组应有安装冷凝热计量设备的设计与招标要求；运行评价可以通过楼宇控制系统实测、记录并统计空调系统/冷水机组全年的冷凝热，据此计算出排出冷凝热所需要的理论蒸发耗水量。

3 本款所指的"无蒸发耗水量的冷却技术"包括采用分体空调、风冷式冷水机组、风冷式多联机、地源热泵、干式运行的闭式冷却塔等。风冷空调系统的冷凝排热以显热方式排到大气，并不直接耗费水资源，采用风冷方式替代水冷方式可以节省水资源消耗。但由于风冷方式制冷机组的 COP 通常较水冷方式的制冷机组低，所以需要综合评价工程所在地的水资源和电力资源情况，有条件时宜优先考虑风冷方式排出空调冷凝热。

本条的评价方法为：设计评价查阅相关设计文件、计算书、产品说明书；运行评价查阅相关竣工图纸、设计说明、产品说明，查阅冷却水系统的运行数据、蒸发量、冷却水补水量的用水计量报告和计算书，并现场核实。

6.2.9 本条适用于各类民用建筑的设计、运行评价。

本条为新增条文。除卫生器具、绿化灌溉和冷却塔以外的其他用水也应采用节水技术和措施，如车库和道路冲洗用的节水高压水枪、节水型专业洗衣机、循环用水洗车台，给水深度处理采用自用水量较少的处理设备和措施，集中空调加湿系统采用用水效率高的设备和措施。按采用了节水技术和措施的用水量占其他用水总用水量的比例进行评分。

本条的评价方法为：设计评价查阅相关设计文件、计算书、产品说明书；运行评价查阅相关竣工图纸、设计说明、产品说明，查阅水表计量报告，并现场核查，现场核查包括实地检查设备的运行情况。

Ⅲ 非传统水源利用

6.2.10 本条适用于各类民用建筑的设计、运行评价。住宅、办公、商店、旅馆类建筑参评第1款，除养老院、幼儿园、医院之外的其他建筑参评第2款。养老院、幼儿园、医院类建筑本条不参评。项目周边无市政再生水利用条件，且建筑可回用水量小于100m^3/d时，本条不参评。

本条对本标准2006年版中涉及非传统水源利用率的多条进行了整合、完善。根据《民用建筑节水设计标准》GB 50555的规定，“建筑可回用水量”指建筑的优质杂排水和杂排水水量，优质杂排水指杂排水中污染程度较低的排水，如沐浴排水、盥洗排水、洗衣排水、空调冷凝水、游泳池排水等；杂排水指民用建筑中除粪便污水外的各种排水，除优质杂排水外还包括冷却排污水、游泳池排污水、厨房排水等。当一个项目中仅部分建筑申报时，“建筑可回用水量”应按整个项目计算。

评分时，既可根据表中的非传统水源利用率来评分，也可根据表中的非传统水源利用措施来评分；按措施评分时，非传统水源利用应具有较好的经济效益和生态效益。

计算设计年用水总量应由平均日用水量计算得出，取值详见《民用建筑节水设计标准》GB 50555－2010。运行阶段的实际用水量应通过统计全年水表计量的情况计算得出。

由于我国各地区气候和资源情况差异较大，有些建筑并没有冷却水补水和室外景观水体补水的需求，为了避免这些差异对评价公平性的影响，本条在规定非传统水源利用率的要求时，扣除了冷却水补水量和室外景观水体补水量。在本标准的第6.2.11条和第6.2.12条中对冷却水补水量和室外景观水体补水量提出了非传统水源利用的要求。

包含住宅、旅馆、办公、商店等不同功能区域的综合性建筑，各功能区域按相应建筑类型参评。评价时可按各自用水量的权重，采用加权法计算非传统水源利用率的要求。

本条中的非传统水源利用措施主要指生活杂用水，包括用于绿化浇灌、道路冲洗、洗车、冲厕等的非饮用水，但不含冷却水补水和水景补水。

第2款中的“非传统水源的用水量占其总用水量的比例”指采用非传统水源的用水量占相应的生活杂用水总用水量的比例。

本条的评价方法为：设计评价查阅相关设计文件、当地相关主管部门的许可、非传统水源利用计算书；运行评价查阅相关竣工图纸、设计说明，查阅用水计量记录、计算书及统计报告、非传统水源水质检测报告，并现场核实。

6.2.11 本条适用于各类民用建筑的设计、运行评价。没有冷却水补水系统的建筑，本条得8分。

本条为新增条文。使用非传统水源替代自来水作为冷却水补水水源时，其水质指标应满足《采暖空调系统水质》GB/T 29044中规定的空调冷却水的水质要求。

全年来看，冷却水用水时段与我国大多数地区的降雨高峰时段基本一致，因此收集雨水处理后用于冷却水补水，从水量平衡上容易达到吻合。雨水的水质要优于生活污废水，处理成本较低、管理相对简单，具有较好的成本效益，值得推广。

条文中冷却水的补水量以年补水量计，设计阶段冷却塔的年补水量可按照《民用建筑节水设计标准》GB 50555执行。

本条的评价方法为：设计评价查阅相关设计文件、冷却水补水量及非传统水源利用的水量平衡计算书；运行评价查阅相关竣工图纸、设计说明、计算书，查阅用水计量记录、计算书及统计报告、非传统水源水质检测报告，并现场核实。

6.2.12 本条适用于各类民用建筑的设计、运行评价。不设景观水体的项目，本条得7分。景观水体的补水没有利用雨水或雨水利用量不满足要求时，本条不得分。

本条为新增条文。《民用建筑节水设计标准》GB 50555－2010中强制性条文第4.1.5条规定“景观用水水源不得采用市政自来水和地下井水”，全文强制的《住宅建筑规范》GB 50368－2005第4.4.3条规定“人工景观水体的补充水严禁使用自来水。”因此设有水景的项目，水体的补水只能使用非传统水源，或在取得当地相关主管部门的许可后，利用临近的河、湖水。有景观水体，但利用临近的河、湖水进行补水的，本条不得分。

自然界的水体（河、湖、塘等）大都是由雨水汇集而成，结合场地的地形地貌汇集雨水，用于景观水体的补水，是节水和保护、修复水生态环境的最佳选择，因此设置本条的目的是鼓励将雨水控制利用和景观水体设计有机地结合起来。景观水体的补水应充分利用场地的雨水资源，不足时再考虑其他非传统水源的使用。

缺水地区和降雨量少的地区应谨慎考虑设置景观水体，景观水体的设计应通过技术经济可行性论证确定规模和具体形式。设计阶段应做好景观水体补水量和水体蒸发量逐月的水量平衡，确保满足本条的定量要求。

本条要求利用雨水提供的补水量大于水体蒸发量的60%，亦即采用除雨水外的其他水源对景观水体补水的量不得大于水体蒸发量的40%，设计时应做好景观水体补水量和水体蒸发量的水量平衡，在雨季和旱季降雨水差异较大时，可以通过水位或水面面积的变化来调节补水量的富余和不足，也可设计旱溪或干塘等来适应降雨量的季节性变化。景观水体的补水管应单独设置水表，不得与绿化用水、道路冲洗用水合用水表。

景观水体的水质应符合国家标准《城市污水再生利用　景观环境用水水质》GB/T 18921－2002的要求。景观水体的水质保障应采用生态水处理技术，合理控制雨水面源污染，确保水质安全。本标准第4.2.13条也对控制雨水面源污染的相关措施提出了要求。

本条的评价方法为：设计评价查阅相关设计文件（含景观设计图纸）、水量平衡计算书；运行评价查阅相关竣工图纸、设计说明、计算书，查阅景观水体补水的用水计量记录及统计报告、景观水体水质检测报告，并现场核实。

7　节材与材料资源利用

7.1　控　制　项

7.1.1　本条适用于各类民用建筑的设计、运行评价。

本条为新增条文。一些建筑材料及制品在使用过程中不断暴露出问题，已被证明不适宜在建筑工程中应用，或者不适宜在某些地区的建筑中使用。绿色建筑中不应采用国家和当地有关主管部门向社会公布禁止和限制使用的建筑材料及制品。

本条的评价方法为：设计评价对照国家和当地有关主管部门向社会公布的限制、禁止使用的建材及制品目录，查阅设计文件，对设计选用的建筑材料进行核查；运行评价对照国家和当地有关主管部门向社会公布的限制、禁止使用的建材及制品目录，查阅工程材料决算材料清单，对实际采用的建筑材料进行核查。

7.1.2　本条适用于混凝土结构的各类民用建筑的设计、运行评价。

本条为新增条文。抗拉屈服强度达到400MPa级及以上的热轧带肋钢筋，具有强度高、综合性能优的特点，用高强钢筋替代目前大量使用的335MPa级热轧带肋钢筋，平均可节约钢材12%以上。高强钢筋作为节材节能环保产品，在建筑工程中大力推广应用，是加快转变经济发展方式的有效途径，是建设资源节约型、环境友好型社会的重要举措，对推动钢铁工业和建筑业结构调整、转型升级具有重大意义。

为了在绿色建筑中推广应用高强钢筋，本条参考国家标准《混凝土结构设计规范》GB 50010－2010第4.2.1条之规定，对混凝土结构中梁、柱纵向受力普通钢筋提出强度等级和品种要求。

本条的评价方法为：设计评价查阅设计文件，对设计选用的梁、柱纵向受力普通钢筋强度等级进行核查；运行评价查阅竣工图纸，对实际选用的梁、柱纵向受力普通钢筋强度等级进行核查。

7.1.3　本条适用于各类民用建筑的设计、运行评价。

本条沿用本标准2006年版控制项第4.4.2、5.4.2条。设置大量的没有功能的纯装饰性构件，不符合绿色建筑节约资源的要求。而通过使用装饰和功能一体化构件，利用功能构件作为建筑造型的语言，可以在满足建筑功能的前提下表达美学效果，并节约资源。对于不具备遮阳、导光、导风、载物、辅助绿化等作用的飘板、格栅、构架和塔、球、曲面等装饰性构件，应对其造价进行控制。

本条的评价方法为：设计评价查阅设计文件，有装饰性构件的应提供其功能说明书和造价计算书；运行评价查阅竣工图和造价计算书，并现场核实。

7.2　评　分　项

Ⅰ　节材设计

7.2.1　本条适用于各类民用建筑的设计、运行评价。

本条为新增条文。形体指建筑平面形状和立面、竖向剖面的变化。绿色建筑设计应重视其平面、立面和竖向剖面的规则性对抗震性能及经济合理性的影响，优先选用规则的形体。

建筑设计应根据抗震概念设计的要求明确建筑形体的规则性，抗震概念设计将建筑形体的规则性分为：规则、不规则、特别不规则、严重不规则。建筑形体的规则性应根据现行国家标准《建筑抗震设计规范》GB 50011－2010的有关规定进行划分。为实现相同的抗震设防目标，形体不规则的建筑，要比形体规则的建筑耗费更多的结构材料。不规则程度越高，对结构材料的消耗量越多，性能要求越高，不利于节材。本条评分的两个档次分别对应抗震概念设计中建筑形体规则性分级的“规则”和“不规则”；对形体“特别不规则”的建筑和“严重不规则”的建筑，本条不得分。

本条的评价方法为：设计评价查阅建筑图、结构施工图、建筑形体规则性判定报告；运行评价查阅竣工图、建筑形体规则性判定报告，并现场核实。

7.2.2 本条适用于各类民用建筑的设计、运行评价。

本条为新增条文。在设计过程中对地基基础、结构体系、结构构件进行优化，能够有效地节约材料用量。结构体系指结构中所有承重构件及其共同工作的方式。结构布置及构件截面设计不同，建筑的材料用量也会有较大的差异。

本条的评价方法为：设计评价查阅建筑图、结构施工图和地基基础方案论证报告、结构体系节材优化设计书和结构构件节材优化设计书；运行评价查阅竣工图、有关报告，并现场核实。

7.2.3 本条适用于各类民用建筑的设计、运行评价。对混合功能建筑，应分别对其住宅建筑部分和公共建筑部分进行评价，本条得分值取两者的平均值。

本条沿用自本标准2006年版一般项第4.4.8、5.4.8条，并作了细化。土建和装修一体化设计，要求对土建设计和装修设计统一协调，在土建设计时考虑装修设计需求，事先进行孔洞预留和装修面层固定件的预埋，避免在装修时对已有建筑构件打凿、穿孔。这样既可减少设计的反复，又可保证结构的安全，减少材料消耗，并降低装修成本。

本条的评价方法为：设计评价查阅土建、装修各专业施工图及其他证明材料；运行评价查阅土建、装修各专业竣工图及其他证明材料。

7.2.4 本条适用于公共建筑的设计、运行评价。

本条沿用自本标准2006年版一般项第5.4.9条，并作了细化。在保证室内工作环境不受影响的前提下，在办公、商店等公共建筑室内空间尽量多地采用可重复使用的灵活隔墙，或采用无隔墙只有矮隔断的大开间敞开式空间，可减少室内空间重新布置时对建筑构件的破坏，节约材料，同时为使用期间构配件的替换和将来建筑拆除后构配件的再利用创造条件。

除走廊、楼梯、电梯井、卫生间、设备机房、公共管井以外的地上室内空间均应视为“可变换功能的室内空间”，有特殊隔声、防护及特殊工艺需求的空间不计入。此外，作为商业、办公用途的地下空间也应视为“可变换功能的室内空间”，其他用途的地下空间可不计入。

“可重复使用的隔断（墙）”在拆除过程中应基本不影响与之相接的其他隔墙，拆卸后可进行再次利用，如大开间敞开式办公空间内的玻璃隔断（墙）、预制隔断（墙）、特殊节点设计的可分段拆除的轻钢龙骨水泥板或石膏板隔断（墙）和木隔断（墙）等。是否具有可拆卸节点，也是认定某隔断（墙）是否属于“可重复使用的隔断（墙）”的一个关键点，例如用砂浆砌筑的砌体隔墙不算可重复使用的隔墙。

本条中“可重复使用隔断（墙）比例”为：实际采用的可重复使用隔断（墙）围合的建筑面积与建筑中可变换功能的室内空间面积的比值。

本条的评价方法为：设计评价查阅建筑、结构施工图及可重复使用隔断（墙）的设计使用比例计算书；运行评价查阅建筑、结构竣工图及可重复使用隔断（墙）的实际使用比例计算书，并现场核实。

7.2.5 本条适用于各类民用建筑的设计、运行评价。

本条为新增条文。本条旨在鼓励采用工业化方式生产的预制构件设计、建造绿色建筑。本条所指“预制构件”包括各种结构构件和非结构构件，如预制梁、预制柱、预制墙板、预制阳台板、预制楼梯、雨棚、栏杆等。在保证安全的前提下，使用工厂化方式生产的预制构件，既能减少材料浪费，又能减少施工对环境的影响，同时可为将来建筑拆除后构件的替换和再利用创造条件。

预制构件用量比例取各类预制构件重量与建筑地上部分重量的比值。

本条的评价方法为：设计评价查阅施工图、工程材料用量概预算清单、计算书；运行评价查阅竣工图、工程材料用量决算清单、计算书。

7.2.6 本条适用于居住建筑及旅馆建筑的设计、运行评价。对旅馆建筑，本条第1款可不参评。

本条为新增条文。本条鼓励采用系列化、多档次的整体化定型设计的厨房、卫浴间。其中整体化定型设计的厨房是指按人体工程学、炊事操作工序、模数协调及管线组合原则，采用整体设计方法而建成的标准化厨房。整体化定型设计的卫浴间是指在有限的空间内实现洗面、沐浴、如厕等多种功能的独立卫生单元。

本条的评价方法为：设计评价查阅建筑设计或装修设计图或有关说明材料；运行评价查阅竣工图、工程材料用量决算表、施工记录。

Ⅱ 材 料 选 用

7.2.7 本条适用于各类民用建筑的运行评价。

本条沿用自本标准2006年版一般项第4.4.3、5.4.3条，并作了细化。建材本地化是减少运输过程资源和能源消耗、降低环境污染的重要手段之一。本条鼓励使用本地生产的建筑材料，提高就地取材制成的建筑产品所占的比例。运输距离指建筑材料的最后一个生产工厂或场地到施工现场的距离。

本条的评价方法为：运行评价核查材料进场记录、本地建筑材料使用比例计算书、有关证明文件。

7.2.8 本条适用于各类民用建筑的设计、运行评价。

本条沿用自本标准2006年版一般项第4.4.4、

5.4.4条。我国大力提倡和推广使用预拌混凝土，其应用技术已较为成熟。与现场搅拌混凝土相比，预拌混凝土产品性能稳定，易于保证工程质量，且采用预拌混凝土能够减少施工现场噪声和粉尘污染，节约能源、资源，减少材料损耗。

预拌混凝土应符合现行国家标准《预拌混凝土》GB/T 14902的规定。

本条的评价方法为：设计评价查阅施工图及说明；运行评价查阅竣工图、预拌混凝土用量清单、有关证明文件。

7.2.9 本条适用于各类民用建筑的设计、运行评价。

本条为新增条文。长期以来，我国建筑施工用砂浆一直采用现场拌制砂浆。现场拌制砂浆由于计量不准确、原材料质量不稳定等原因，施工后经常出现空鼓、龟裂等质量问题，工程返修率高。而且，现场拌制砂浆在生产和使用过程中不可避免地会产生大量材料浪费和损耗，污染环境。

预拌砂浆是根据工程需要配制、由专业化工厂规模化生产的，砂浆的性能品质和均匀性能够得到充分保证，可以很好地满足砂浆保水性、和易性、强度和耐久性需求。

预拌砂浆按照生产工艺可分为湿拌砂浆和干混砂浆；按照用途可分为砌筑砂浆、抹灰砂浆、地面砂浆、防水砂浆、陶瓷砖粘结砂浆、界面砂浆、保温板粘结砂浆、保温板抹面砂浆、聚合物水泥防水砂浆、自流平砂浆、耐磨地坪砂浆和饰面砂浆等。

预拌砂浆与现场拌制砂浆相比，不是简单意义的同质产品替代，而是采用先进工艺的生产线拌制，增加了技术含量，产品性能得到显著增强。预拌砂浆尽管单价比现场拌制砂浆高，但是由于其性能好、质量稳定、减少环境污染、材料浪费和损耗小、施工效率高、工程返修率低，可降低工程的综合造价。

预拌砂浆应符合现行标准《预拌砂浆》GB/T 25181及《预拌砂浆应用技术规程》JGJ/T 223的规定。

本条的评价方法为：设计评价查阅施工图及说明；运行评价查阅竣工图及说明、砂浆用量清单等证明文件。

7.2.10 本条适用于各类民用建筑的设计、运行评价。砌体结构和木结构不参评。

本条沿用自本标准2006年版一般项第4.4.5、5.4.5条，并作了细化，与本标准控制项第7.1.2条相呼应。合理采用高强度结构材料，可减小构件的截面尺寸及材料用量，同时也可减轻结构自重，减小地震作用及地基基础的材料消耗。混凝土结构中的受力普通钢筋，包括梁、柱、墙、板、基础等构件中的纵向受力筋及箍筋。

混合结构指由钢框架或型钢（钢管）混凝土框架与钢筋混凝土筒体所组成的共同承受竖向和水平作用的高层建筑结构。

本条的评价方法为：设计评价查阅结构施工图及计算书；运行评价查阅竣工图、材料决算清单、计算书，并现场核实。

7.2.11 本条适用于混凝土结构、钢结构民用建筑的设计、运行评价。

本条由本标准2006年版一般项第4.4.5、5.4.5条发展而来。本条中“高耐久性混凝土”指满足设计要求下，性能不低于行业标准《混凝土耐久性检验评定标准》JGJ/T 193中抗硫酸盐侵蚀等级KS90，抗氯离子渗透性能、抗碳化性能及早期抗裂性能III级的混凝土。其各项性能的检测与试验方法应符合《普通混凝土长期性能和耐久性能试验方法标准》GB/T 50082的规定。

本条中的耐候结构钢须符合现行国家标准《耐候结构钢》GB/T 4171的要求；耐候型防腐涂料须符合行业标准《建筑用钢结构防腐涂料》JG/T 224-2007中Ⅱ型面漆和长效型底漆的要求。

本条的评价方法为：设计评价查阅建筑及结构施工图、计算书；运行评价查阅建筑及结构竣工图、计算书，并现场核实。

7.2.12 本条适用于各类民用建筑的设计、运行评价。

本条由本标准2006年版一般项第4.4.7、5.4.7条、优选项第4.4.11、5.4.12条整合得到。建筑材料的循环利用是建筑节材与材料资源利用的重要内容。本条的设置旨在整体考量建筑材料的循环利用对于节材与材料资源利用的贡献，评价范围是永久性安装在工程中的建筑材料，不包括电梯等设备。

有的建筑材料可以在不改变材料的物质形态情况下直接进行再利用，或经过简单组合、修复后可直接再利用，如有些材质的门、窗等。有的建筑材料需要通过改变物质形态才能实现循环利用，如难以直接回用的钢筋、玻璃等，可以回炉再生产。有的建筑材料则既可以直接再利用又可以回炉后再循环利用，例如标准尺寸的钢结构型材等。以上各类材料均可纳入本条范畴。

建筑中采用的可再循环建筑材料和可再利用建筑材料，可以减少生产加工新材料带来的资源、能源消耗和环境污染，具有良好的经济、社会和环境效益。

本条的评价方法为：设计评价查阅工程概预算材料清单和相关材料使用比例计算书，核查相关建筑材料的使用情况；运行评价查阅工程决算材料清单、计算书和相应的产品检测报告，核查相关建筑材料的使用情况。

7.2.13 本条适用于各类民用建筑的运行评价。

本条沿用自本标准2006年版一般项第4.4.9、5.4.10条，有修改。本条中的“以废弃物为原料生产的建筑材料”是指在满足安全和使用性能的前提下，使用废弃物等作为原材料生产出的建筑材料，其中废弃物主要包括建筑废弃物、工业废料和生活废弃物。

在满足使用性能的前提下，鼓励利用建筑废弃混凝土，生产再生骨料，制作成混凝土砌块、水泥制品或配制再生混凝土；鼓励利用工业废料、农作物秸秆、建筑垃圾、淤泥为原料制作成水泥、混凝土、墙体材料、保温材料等建筑材料；鼓励以工业副产品石膏制作成石膏制品；鼓励使用生活废弃物经处理后制成的建筑材料。

为保证废弃物使用量达到一定比例，本条要求以废弃物为原料生产的建筑材料重量占同类建筑材料总重量的比例不小于30%。以废弃物为原料生产的建筑材料，应满足相应的国家或行业标准的要求。

本条的评价方法为：运行评价查阅工程决算材料清单、以废弃物为原料生产的建筑材料检测报告和废弃物建材资源综合利用认定证书等证明材料，核查相关建筑材料的使用情况和废弃物掺量。

7.2.14 本条适用于各类民用建筑的运行评价。

本条为新增条文。为了保持建筑物的风格、视觉效果和人居环境，装饰装修材料在一定使用年限后会进行更新替换。如果使用易沾污、难维护及耐久性差的装饰装修材料，则会在一定程度上增加建筑物的维护成本，且施工也会带来有毒有害物质的排放、粉尘及噪声等问题。使用清水混凝土可减少装饰装修材料用量。

本条重点对外立面材料的耐久性提出了要求，详见下表。

表3 外立面材料耐久性要求

分类		耐久性要求
外墙涂料		采用水性氟涂料或耐候性相当的涂料
建筑幕墙	玻璃幕墙	明框、半隐框玻璃幕墙的铝型材表面处理符合《铝及铝合金阳极氧化膜与有机聚合物膜》GB/T 8013.1～8013.3规定的耐候性等级的最高级要求。硅酮结构密封胶耐候性优于标准要求
	石材幕墙	根据当地气候环境条件，合理选用石材含水率和耐冻融指标，并对其表面进行防护处理
	金属板幕墙	采用氟碳制品，或耐久性相当的其他表面处理方式的制品
	人造板幕墙	根据当地气候环境条件，合理选用含水率、耐冻融指标

对建筑室内所采用耐久性好、易维护的装饰装修材料应提供相关材料证明所采用材料的耐久性。

本条的评价方法为：运行评价查阅建筑竣工图纸、材料决算清单、材料检测报告或有关证明材料，并现场核实。

8 室内环境质量

8.1 控 制 项

8.1.1 本条适用于各类民用建筑的设计、运行评价。

本条在本标准2006年版控制项第4.5.3条基础上发展而来。本条所指的噪声控制对象包括室内自身声源和来自室外的噪声。室内噪声源一般为通风空调设备、日用电器等；室外噪声源则包括来自于建筑其他房间的噪声（如电梯噪声、空调设备噪声等）和来自建筑外部的噪声（如周边交通噪声、社会生活噪声、工业噪声等）。本条所指的低限要求，与国家标准《民用建筑隔声设计规范》GB 50118中的低限要求规定对应，如该标准中没有明确室内噪声级的低限要求，即对应该标准规定的室内噪声级的最低要求。

本条的评价方法为：设计评价查阅相关设计文件、环评报告或噪声分析报告；运行评价查阅相关竣工图、室内噪声检测报告。

8.1.2 本条适用于各类民用建筑的设计、运行评价。

本条在本标准2006年版控制项第4.5.3条、一般项第5.5.9条基础上发展而来。外墙、隔墙和门窗的隔声性能指空气声隔声性能；楼板的隔声性能除了空气声隔声性能之外，还包括撞击声隔声性能。本条所指的围护结构构件的隔声性能的低限要求，与国家标准《民用建筑隔声设计规范》GB 50118中的低限要求规定对应，如该标准中没有明确围护结构隔声性能的低限要求，即对应该标准规定的隔声性能的最低要求。

本条的评价方法为：设计评价查阅相关设计文件、构件隔声性能的实验室检验报告；运行评价查阅相关竣工图、构件隔声性能的实验室检验报告，并现场核实。

8.1.3 本条适用于各类民用建筑的设计、运行评价。对住宅建筑的公共部分及土建装修一体化设计的房间应满足本条要求。

本条沿用自本标准2006年版控制项第5.5.6条。室内照明质量是影响室内环境质量的重要因素之一，良好的照明不但有利于提升人们的工作和学习效率，更有利于人们的身心健康，减少各种职业疾病。良好、舒适的照明要求在参考平面上具有适当的照度水平，避免眩光，显色效果良好。各类民用建筑中的室内照度、眩光值、一般显色指数等照明数量和质量指标应满足现行国家标准《建筑照明设计标准》GB 50034的有关规定。

本条的评价方法为：设计评价查阅相关设计文

件、计算分析报告；运行评价查阅相关竣工图、计算分析报告、现场检测报告，并现场核实。

8.1.4 本条适用于集中供暖空调的各类民用建筑的设计、运行评价。

本条对本标准2006年版控制项第5.5.1、5.5.3条进行了整合、完善，并拓展了适用范围。通风以及房间的温度、湿度、新风量是室内热环境的重要指标，应满足现行国家标准《民用建筑供暖通风与空气调节设计规范》GB 50736中的有关规定。

本条的评价方法为：设计评价查阅相关设计文件；运行评价查阅相关竣工图、室内温湿度检测报告、新风机组竣工验收风量检测报告、二氧化碳浓度检测报告，并现场核实。

8.1.5 本条适用于各类民用建筑的设计、运行评价。

本条沿用自本标准2006年版控制项第5.5.2条、一般项第4.5.7条。房间内表面长期或经常结露会引起霉变，污染室内的空气，应加以控制。在南方的梅雨季节，空气的湿度接近饱和，要彻底避免发生结露现象非常困难，不属于本条控制范畴。另外，短时间的结露并不至于引起霉变，所以本条控制“在室内设计温、湿度”这一前提条件下不结露。

本条的评价方法为：设计评价查阅相关设计文件；运行评价查阅相关竣工图，并现场核实。

8.1.6 本条适用于各类民用建筑的设计、运行评价。

本条沿用自本标准2006年版一般项第4.5.8条，有修改。屋顶和东西外墙的隔热性能，对于建筑在夏季时室内热舒适度的改善，以及空调负荷的降低，具有重要意义。因此，除在本标准的第5章相关条文对于围护结构热工性能要求之外，增加对上述围护结构的隔热性能的要求作为控制项。

本条的评价方法为：设计评价查阅围护结构热工设计说明等图纸或文件，以及计算分析报告；运行评价查阅相关竣工文件，并现场核实。

8.1.7 本条适用于各类民用建筑的运行评价。

本条沿用自本标准2006年版控制项第4.5.5、5.5.4条，有修改。国家标准《民用建筑工程室内环境污染控制规范》GB 50325-2010（2013年版）第6.0.4条规定，民用建筑工程验收时必须进行室内环境污染物浓度检测；并对其中氡、甲醛、苯、氨、总挥发性有机物等五类物质污染物的浓度限量进行了规定。本条在此基础上进一步要求建筑运行满一年后，氨、甲醛、苯、总挥发性有机物、氡五类空气污染物浓度应符合现行国家标准《室内空气质量标准》GB/T 18883中的有关规定，详见下表。

表4 室内空气质量标准

污染物	标准值	备注
氨 NH_3	≤0.20mg/m³	1h均值
甲醛 HCHO	≤0.10mg/m³	1h均值
苯 C_6H_6	≤0.11mg/m³	1h均值
总挥发性有机物 TVOC	≤0.60mg/m³	8h均值
氡 ^{222}Rn	≤400Bq/m³	年平均值

本条的评价方法为：运行评价查阅室内污染物检测报告，并现场核实。

8.2 评 分 项

Ⅰ 室内声环境

8.2.1 本条适用于各类民用建筑的设计、运行评价。

本条是在本标准控制项第8.1.1条要求基础上的提升。国家标准《民用建筑隔声设计规范》GB 50118-2010将住宅、办公、商业、医院等建筑主要功能房间的室内允许噪声级分“低限标准”和“高要求标准”两档列出。对于《民用建筑隔声设计规范》GB 50118-2010一些只有唯一室内噪声级要求的建筑（如学校），本条认定该室内噪声级对应数值为低限标准，而高要求标准则在此基础上降低5dB（A）。需要指出，对于不同星级的旅馆建筑，其对应的要求不同，需要一一对应。

本条的评价方法为：设计评价查阅相关设计文件、环评报告或噪声分析报告；运行评价查阅相关竣工图、室内噪声检测报告。

8.2.2 本条适用于各类民用建筑的设计、运行评价。

本条是在本标准控制项第8.1.2条要求基础上的提升。国家标准《民用建筑隔声设计规范》GB 50118-2010将住宅、办公、商业、旅馆、医院等类型建筑的墙体、门窗、楼板的空气声隔声性能以及楼板的撞击声隔声性能分“低限标准”和“高要求标准”两档列出。居住建筑、办公、旅馆、商业、医院等建筑宜满足《民用建筑隔声设计规范》GB 50118-2010中围护结构隔声标准的低限标准要求，但不包括开放式办公空间。对于《民用建筑隔声设计规范》GB 50118-2010只规定了构件的单一空气隔声性能的建筑，本条认定该构件对应的空气隔声性能数值为低限标准限值，而高要求标准限值则在此基础上提高5dB。本条采取同样的方式定义只有单一楼板撞击声隔声性能的建筑类型，并规定高要求标准限值为低限标准限值降低10dB。

对于《民用建筑隔声设计规范》GB 50118-2010没有涉及的类型建筑的围护结构构件隔声性能可对照相似类型建筑的要求评价。

本条的评价方法为：设计评价查阅相关设计文件、构件隔声性能的实验室检验报告；运行评价查阅相关竣工图、构件隔声性能的实验室检验报告，并现场核实。

8.2.3 本条适用于各类民用建筑的设计、运行评价。

本条在本标准2006年版一般项第5.5.10条基础上发展而来。

解决民用建筑内的噪声干扰问题首先应从规划设计、单体建筑内的平面布置考虑。这就要求合理安排建筑平面和空间功能，并在设备系统设计时就考虑其噪声与振动控制措施。变配电房、水泵房等设备用房的位置不应放在住宅或重要房间的正下方或正上方。此外，卫生间排水噪声是影响正常工作生活的主要噪声，因此鼓励采用包括同层排水、旋流弯头等有效措施加以控制或改善。

本条的评价方法为：设计评价查阅相关设计文件；运行评价查阅相关竣工图，并现场核实。

8.2.4 本条适用于各类公共建筑的设计、运行评价。

本条为新增条文。多功能厅、接待大厅、大型会议室、讲堂、音乐厅、教室、餐厅和其他有声学要求的重要功能房间的各项声学设计指标应满足有关标准的要求。

专项声学设计应将声学设计目标在相关设计文件中注明。

本条的评价方法为：设计评价查阅相关设计文件、声学设计专项报告；运行评价查阅声学设计专项报告、检测报告，并现场核实。

Ⅱ 室内光环境与视野

8.2.5 本条适用于各类民用建筑的设计、运行评价。

本条沿用自本标准2006年版一般项第4.5.6条，并进行了拓展。窗户除了有自然通风和天然采光的功能外，还起到沟通内外的作用，良好的视野有助于居住者或使用者心情舒畅，提高效率。

对于居住建筑，主要判断建筑间距。根据国外经验，当两幢住宅楼居住空间的水平视线距离不低于18m时即能基本满足要求。对于公共建筑本条主要评价，在规定的使用区域，主要功能房间都能看到室外自然环境，没有构筑物或周边建筑物造成明显视线干扰。对于公共建筑，非功能空间包括走廊、核心筒、卫生间、电梯间、特殊功能房间，其余的为功能房间。

本条的评价方法为：设计评价查阅相关设计文件；运行评价查阅相关竣工图，并现场核实。

8.2.6 本条适用于各类民用建筑的设计、运行评价。

本条在本标准2006年版控制项第4.5.2条、一般项第5.5.11条基础上发展而来。充足的天然采光有利于居住者的生理和心理健康，同时也有利于降低人工照明能耗。各种光源的视觉试验结果表明，在同样照度的条件下，天然光的辨认能力优于人工光，从而有利于人们工作、生活、保护视力和提高劳动生产率。

本条的评价方法为：设计评价查阅相关设计文件、计算分析报告；运行评价查阅相关竣工图、计算分析报告、检测报告，并现场核实。

8.2.7 本条适用于各类民用建筑的设计、运行评价。

本条沿用自本标准2006年版优选项第5.5.15条，有修改。天然采光不仅有利于照明节能，而且有利于增加室内外的自然信息交流，改善空间卫生环境，调节空间使用者的心情。建筑的地下空间和大进深的地上室内空间，容易出现天然采光不足的情况。通过反光板、棱镜玻璃窗、天窗、下沉庭院等设计手法或采用导光管技术，可以有效改善这些空间的天然采光效果。本条第1款，要求符合现行国家标准《建筑采光设计标准》GB 50033中控制不舒适眩光的相关规定。

第2款的内区，是针对外区而言的。为简化，一般情况下外区定义为距离建筑外围护结构5m范围内的区域。

三款可同时得分。如果参评建筑无内区，第2款直接得4分；如果参评建筑没有地下部分，第3款直接得4分。

本条的评价方法为：设计评价查阅相关设计文件、采光计算报告；运行评价查阅相关竣工图、采光计算报告、天然采光检测报告，并现场核实。

Ⅲ 室内热湿环境

8.2.8 本条适用于各类民用建筑的设计、运行评价。

本条沿用自本标准2006年版一般项第4.5.10条、优选项第5.5.13条，有修改。可调遮阳措施包括活动外遮阳设施、永久设施（中空玻璃夹层智能内遮阳）、固定外遮阳加内部高反射率可调节遮阳等措施。对没有阳光直射的透明围护结构，不计入面积计算。

本条的评价方法为：设计评价查阅相关设计文件、产品说明书、计算书；运行评价查阅相关竣工图、产品说明书、计算书，并现场核实。

8.2.9 本条适用于集中供暖空调的各类民用建筑的设计、运行评价。

本条沿用自本标准2006年版一般项第4.5.9、5.5.8条，有修改。本条文强调室内热舒适的调控性，包括主动式供暖空调末端的可调性及个性化的调节措施，总的目标是尽量地满足用户改善个人热舒适的差异化需求。对于集中供暖空调的住宅，由于本标准第5.1.1条的控制项要求，比较容易达到要求。对于采用供暖空调系统的公共建筑，应根据房间、区域的功能和所采取的系统形式，合理设置可调末端装置。

本条的评价方法为：设计评价查阅相关设计文件、产品说明书；运行评价查阅相关竣工图、产品说明书，并现场核实。

Ⅳ 室内空气质量

8.2.10 本条适用于各类民用建筑的设计、运行评价。

本条在本标准2006年版一般项第4.5.4、5.5.7条基础上发展而来。

第1款主要通过通风开口面积与房间地板面积的比值进行简化判断。此外，卫生间是住宅内部的一个空气污染源，卫生间开设外窗有利于污浊空气的排放。

第2款主要针对不容易实现自然通风的公共建筑（例如大进深内区、由于别的原因不能保证开窗通风面积满足自然通风要求的区域）进行了自然通风优化设计或创新设计，保证建筑在过渡季典型工况下平均自然通风换气次数大于2次/h（按面积计算。对于高大空间，主要考虑3m以下的活动区域）。本款可通过以下两种方式进行判断：

1 在过渡季节典型工况下，自然通风房间可开启外窗净面积不得小于房间地板面积的4%，建筑内区房间若通过邻接房间进行自然通风，其通风开口面积应大于该房间净面积的8%，且不应小于2.3m^2（数据源自美国ASHRAE标准62.1）。

2 对于复杂建筑，必要时需采用多区域网络法进行多房间自然通风量的模拟分析计算。

本条的评价方法为：设计评价查阅相关设计文件、计算书、自然通风模拟分析报告；运行评价查阅相关竣工图、计算书、自然通风模拟分析报告，并现场核实。

8.2.11 本条适用于各类民用建筑的设计、运行评价。

本条为新增条文。

重要功能区域指的是主要功能房间，高大空间（如剧场、体育场馆、博物馆、展览馆等），以及对于气流组织有特殊要求的区域。

本条第1款要求供暖、通风或空调工况下的气流组织应满足功能要求，避免冬季热风无法下降，气流短路或制冷效果不佳，确保主要房间的环境参数（温度、湿度分布，风速，辐射温度等）达标。公共建筑的暖通空调设计图纸应有专门的气流组织设计说明，提供射流公式校核报告，末端风口设计应有充分的依据，必要时应提供相应的模拟分析优化报告。对于住宅，应分析分体空调室内机位置与起居室床的关系是否会造成冷风直接吹到居住者、分体空调室外机设计是否形成气流短路或恶化室外传热等问题；对于土建与装修一体化设计施工的住宅，还应校核室内空调供暖时卧室和起居室室内热环境参数是否达标。设计评价主要审查暖通空调设计图纸，以及必要的气流组织模拟分析或计算报告。运行阶段检查典型房间的抽样实测报告。

第2款要求卫生间、餐厅、地下车库等区域的空气和污染物避免串通到室内别的空间或室外活动场所。住区内尽量将厨房和卫生间设置于建筑单元（或户型）自然通风的负压侧，防止厨房或卫生间的气味因主导风反灌进入室内，而影响室内空气质量。同时，可以对于不同功能房间保证一定压差，避免气味散发量大的空间（比如卫生间、餐厅、地下车库等）的气味或污染物串通到室内别的空间或室外主要活动场所。卫生间、餐厅、地下车库等区域如设置机械排风，应保证负压，还应注意其取风口和排风口的位置，避免短路或污染。运行评价需现场核查或检测。

本条的评价方法为：设计评价查阅相关设计文件、气流组织模拟分析报告；运行评价查阅相关竣工图、气流组织模拟分析报告或检测报告，并现场核实。

8.2.12 本条适用于集中通风空调各类公共建筑的设计、运行评价。住宅建筑不参评。

本条在本标准2006年版一般项第4.5.11条、优选项第5.5.14条基础上发展而来。人员密度较高且随时间变化大的区域，指设计人员密度超过0.25人/m^2，设计总人数超过8人，且人员随时间变化大的区域。

二氧化碳检测技术比较成熟、使用方便，但甲醛、氨、苯、VOC等空气污染物的浓度监测比较复杂，使用不方便，有些简便方法不成熟，受环境条件变化影响大。对二氧化碳，要求检测进、排风设备的工作状态，并与室内空气污染监测系统关联，实现自动通风调节。对甲醛、颗粒物等其他污染物，要求可以超标实时报警。

本条包括对室内的要求二氧化碳浓度监控，即应设置与排风联动的二氧化碳检测装置，当传感器监测到室内CO_2浓度超过一定量值时，进行报警，同时自动启动排风系统。室内CO_2浓度的设定量值可参考国家标准《室内空气中二氧化碳卫生标准》GB/T 17094-1997（2000mg/m^3）等相关标准的规定。

本条的评价方法为：设计评价查阅相关设计文件；运行评价查阅相关竣工图、运行记录，并现场核实。

8.2.13 本条适用于设地下车库的各类民用建筑的设计、运行评价。

本条在本标准2006年版一般项第4.5.11条、优选项第5.5.14条基础上发展而来。地下车库空气流通不好，容易导致有害气体浓度过大，对人体造成伤害。有地下车库的建筑，车库设置与排风设备联动的一氧化碳检测装置，超过一定的量值时需报警，并立刻启动排风系统。所设定的量值可参考国家标准《工作场所有害因素职业接触限值　第1部分：化学有害因素》GBZ 2.1-2007（一氧化碳的短时间接触容许浓度上限为30mg/m^3）等相关标准的规定。

本条的评价方法为：设计评价查阅相关设计文件；运行评价查阅相关竣工图、运行记录，并现场核实。

9 施工管理

9.1 控制项

9.1.1 本条适用于各类民用建筑的运行评价。

项目部成立专门的绿色建筑施工管理组织机构，完善管理体系和制度建设，根据预先设定的绿色建筑施工总目标，进行目标分解、实施和考核活动。比选优化施工方案，制定相应施工计划并严格执行，要求措施、进度和人员落实，实行过程和目标双控。项目经理为绿色施工第一责任人，负责绿色施工的组织实施及目标实现，并指定绿色建筑施工各级管理人员和监督人员。

本条的评价方法为查阅该项目组织机构的相关制度文件，在施工过程中各种主要活动的可证明记录，包括可证明时间、人物、事件的纸质和电子文件、影像资料等。

9.1.2 本条适用于各类民用建筑的运行评价。

建筑施工过程是对工程场地的一个改造过程，不但改变了场地的原始状态，而且对周边环境造成影响，包括水土流失、土壤污染、扬尘、噪声、污水排放、光污染等。为了有效减小施工对环境的影响，应制定施工全过程的环境保护计划，明确施工中各相关方应承担的责任，将环境保护措施落实到具体责任人；实施过程中开展定期检查，保证环境保护目标的实现。

本条的评价方法为查阅环境保护计划书、施工单位 ISO 14001 文件、环境保护实施记录文件（包括责任人签字的检查记录、照片或影像等）、可能有的当地环保局或建委等有关主管部门对环境影响因子如扬尘、噪声、污水排放评价的达标证明。

9.1.3 本条适用于各类民用建筑的运行评价。

建筑施工过程中应加强对施工人员的健康安全保护。建筑施工项目部应编制"职业健康安全管理计划"，并组织落实，保障施工人员的健康与安全。

本条的评价方法为查阅职业健康安全管理计划、施工单位 OHSAS 18000 职业健康与安全体系文件、现场作业危险源清单及其控制计划、现场作业人员个人防护用品配备及发放台账，必要时核实劳动保护用品或器具进货单。

9.1.4 本条适用于各类民用建筑的运行评价；也可在设计评价中进行预审。

施工建设将绿色设计转化成绿色建筑。在这一过程中，参建各方应对设计文件中绿色建筑重点内容正确理解与准确把握。施工前由参建各方进行专业会审时，应对保障绿色建筑性能的重点内容逐一进行。

本条的评价方法为运行评价查阅各专业设计文件专项会审记录。设计评价预审时，查阅各专业设计文件说明。

9.2 评分项

Ⅰ 环境保护

9.2.1 本条适用于各类民用建筑的运行评价。

施工扬尘是最主要的大气污染源之一。施工中应采取降尘措施，降低大气总悬浮颗粒物浓度。施工中的降尘措施包括对易飞扬物质的洒水、覆盖、遮挡，对出入车辆的清洗、封闭，对易产生扬尘施工工艺的降尘措施等。在工地建筑结构脚手架外侧设置密目防尘网或防尘布，具有很好的扬尘控制效果。

本条的评价方法为查阅降尘计算书、降尘措施实施记录。

9.2.2 本条适用于各类民用建筑的运行评价。

施工产生的噪声是影响周边居民生活的主要因素之一，也是居民投诉的主要对象。国家标准《建筑施工场界环境噪声排放标准》GB 12523－2011 对噪声的测量、限值作出了具体的规定，是施工噪声排放管理的依据。为了减低施工噪声排放，应该采取降低噪声和噪声传播的有效措施，包括采用低噪声设备，运用吸声、消声、隔声、隔振等降噪措施，降低施工机械噪声。

本条的评价方法为查阅降噪计划书、场界噪声测量记录。

9.2.3 本条适用于各类民用建筑的运行评价。

目前建筑施工废弃物的数量很大，堆放或填埋均占用大量的土地；对环境产生很大的影响，包括建筑垃圾的淋滤液渗入土层和含水层，破坏土壤环境，污染地下水，有机物质发生分解产生有害气体，污染空气；同时建筑施工废弃物的产出，也意味着资源的浪费。因此减少建筑施工废弃物产出，涉及节地、节能、节材和保护环境这样一个可持续发展的综合性问题。施工废弃物减量化应在材料采购、材料管理、施工管理的全过程实施。施工废弃物应分类收集、集中堆放，尽量回收和再利用。

建筑施工废弃物包括工程施工产生的各类施工废料，有的可回收，有的不可回收，不包括基坑开挖的渣土。

本条的评价方法为查阅建筑施工废弃物减量化资源化计划，建筑施工废弃物回收单据，各类建筑材料进货单，各类工程量结算清单，统计计算的每 $10000m^2$ 建筑施工固体废弃物排放量。

Ⅱ 资源节约

9.2.4 本条适用于各类民用建筑的运行评价。

施工过程中的用能，是建筑全寿命期能耗的组成部分。由于建筑结构、高度、所在地区等的不同，建成每平方米建筑的用能量有显著的差异。施工中应制定节能和用能方案，提出建成每平方米建筑能耗目标值，预算各施工阶段用电负荷，合理配置临时用电设备，尽量避免多台大型设备同时使用。合理安排工序，提高各种机械的使用率和满载率，降低各种设备的单位耗能。做好建筑施工能耗管理，包括现场耗能与运输耗能。为此应该做好能耗监测、记录，用于指导施工过程中的能源节约。竣工时提供施工过程能耗记录和建成每平方米建筑实际能耗值，为施工过程的能耗统计提供基础数据。

记录主要建筑材料运输耗能，是指有记录的建筑材料占所有建筑材料重量的85%以上。

本条的评价方法为查阅施工节能和用能方案，用能监测记录，统计计算的建成每平方米建筑能耗值，有关证明材料。

9.2.5 本条适用于各类民用建筑的运行评价。

施工过程中的用水，是建筑全寿命期水耗的组成部分。由于建筑结构、高度、所在地区等的不同，建成每平方米建筑的用水量有显著的差异。施工中应制定节水和用水方案，提出建成每平方米建筑水耗目标值。为此应该做好水耗监测、记录，用于指导施工过程中的节水。竣工时提供施工过程水耗记录和建成每平方米建筑实际水耗值，为施工过程的水耗统计提供基础数据。

基坑降水抽取的地下水量大，要合理设计基坑开挖，减少基坑水排放。配备地下水存储设备，合理利用抽取的基坑水。记录基坑降水的抽取量、排放量和利用量数据。对于洗刷、降尘、绿化、设备冷却等用水来源，应尽量采用非传统水源。具体包括工程项目中使用的中水、基坑降水、工程使用后收集的沉淀水以及雨水等。

本条的评价方法为查阅施工节水和用水方案，统计计算的用水监测记录，建成每平方米建筑水耗值，有关证明材料。

9.2.6 本条适用于各类民用建筑的运行评价；也可在设计评价中进行预审。对不使用预拌混凝土的项目，本条不参评。

减少混凝土损耗、降低混凝土消耗量是施工中节材的重点内容之一。我国各地方的工程量预算定额，一般规定预拌混凝土的损耗率是1.5%，但在很多工程施工中超过了1.5%，甚至达到了2%～3%，因此有必要对预拌混凝土的损耗率提出要求。本条参考有关定额标准及部分实际工程的调查数据，对损耗率分档评分。

本条的评价方法为运行评价查阅混凝土用量结算清单、预拌混凝土进货单，统计计算的预拌混凝土损耗率。设计评价预审时，查阅减少损耗的措施计划。

9.2.7 本条适用于各类民用建筑的运行评价；也可在设计评价中进行预审。对不使用钢筋的项目，本条得8分。

钢筋是混凝土结构建筑的大宗消耗材料。钢筋浪费是建筑施工中普遍存在的问题，设计、施工不合理都会造成钢筋浪费。我国各地方的工程量预算定额，根据钢筋的规格不同，一般规定的损耗率为2.5%～4.5%。根据对国内施工项目的初步调查，施工中实际钢筋浪费率约为6%。因此有必要对钢筋的损耗率提出要求。

专业化生产是指将钢筋用自动化机械设备按设计图纸要求加工成钢筋半成品，并进行配送的生产方式。钢筋专业化生产不仅可以通过统筹套裁节约钢筋，还可减少现场作业、降低加工成本、提高生产效率、改善施工环境和保证工程质量。

本条参考有关定额及部分实际工程的调查数据，对现场加工钢筋损耗率分档评分。

本条的评价方法为运行评价查阅专业化生产成型钢筋用量结算清单、成型钢筋进货单，统计计算的成型钢筋使用率，现场钢筋加工的钢筋工程量清单、钢筋用量结算清单，钢筋进货单，统计计算的现场加工钢筋损耗率。设计评价预审时，查阅采用专业化加工的建议文件，如条件具备情况、有无加工厂、运输距离等。

9.2.8 本条适用于各类民用建筑的运行评价。对不使用模板的项目，本条得10分。

建筑模板是混凝土结构工程施工的重要工具。我国的木胶合板模板和竹胶合板模板发展迅速，目前与钢模板已成三足鼎立之势。

散装、散拆的木（竹）胶合板模板施工技术落后，模板周转次数少，费工费料，造成资源的大量浪费。同时废模板形成大量的废弃物，对环境造成负面影响。

工具式定型模板，采用模数制设计，可以通过定型单元，包括平面模板、内角、外角模板以及连接件等，在施工现场拼装成多种形式的混凝土模板。它既可以一次拼装，多次重复使用；又可以灵活拼装，随时变化拼装模板的尺寸。定型模板的使用，提高了周转次数，减少了废弃物的产出，是模板工程绿色技术的发展方向。

本条用定型模板使用面积占模板工程总面积的比例进行分档评分。

本条的评价方法为查阅模板工程施工方案，定型模板进货单或租赁合同，模板工程量清单，以统计计算的定型模板使用率。

Ⅲ 过程管理

9.2.9 本条适用于各类民用建筑的运行评价。

施工是把绿色建筑由设计转化为实体的重要过程，为此施工单位应进行专项交底，落实绿色建筑重点内容。

本条的评价方法为查阅施工单位绿色建筑重点内容的交底记录、施工日志。

9.2.10 本条适用于各类民用建筑的运行评价。

绿色建筑设计文件经审查后，在建造过程中往往可能需要进行变更，这样有可能使绿色建筑的相关指标发生变化。本条旨在强调在建造过程中严格执行审批后的设计文件，若在施工过程中出于整体建筑功能要求，对绿色建筑设计文件进行变更，但不显著影响该建筑绿色性能，其变更可按照正常的程序进行。设计变更应存留完整的资料档案，作为最终评审时的依据。

本条的评价方法为查阅各专业设计文件变更文件、洽商记录、会议纪要、施工日志记录。

9.2.11 本条适用于各类民用建筑的运行评价。

建筑使用寿命的延长意味着更好地节约能源资源。建筑结构耐久性指标，决定着建筑的使用年限。施工过程中，应根据绿色建筑设计文件和有关标准的要求，对保障建筑结构耐久性相关措施进行检测。检测结果是竣工验收及绿色建筑评价时的重要依据。

对绿色建筑的装修装饰材料、设备，应按照相应标准进行检测。

本条规定的检测，可采用实施各专业施工、验收规范所进行的检测结果。也就是说，不必专门为绿色建筑实施额外的检测。

本条的评价方法为查阅建筑结构耐久性施工专项方案和检测报告，有关装饰装修材料、设备的进场检验记录和有关的检测报告。

9.2.12 本条适用于住宅建筑的运行评价；也可在设计评价中进行预审。

土建装修一体化设计、施工，对节约能源资源有重要作用。实践中，可由建设单位统一组织建筑主体工程和装修施工，也可由建设单位提供菜单式的装修做法由业主选择，统一进行图纸设计、材料购买和施工。在选材和施工方面尽可能采取工业化制造，具备稳定性、耐久性、环保性和通用性的设备和装修装饰材料，从而在工程竣工验收时室内装修一步到位，避免破坏建筑构件和设施。

本条的评价方法为运行评价查阅主要功能空间竣工验收时的实景照片及说明、装修材料、机电设备检测报告、性能复试报告、建筑竣工验收证明、建筑质量保修书、使用说明书，业主反馈意见书。设计评价预审时，查阅土建装修一体化设计图纸、效果图。

9.2.13 本条适用于各类民用建筑的运行评价；也可在设计评价中进行预审。

随着技术的发展，现代建筑的机电系统越来越复杂。本条强调系统综合调试和联合试运转的目的，就是让建筑机电系统的设计、安装和运行达到设计目标，保证绿色建筑的运行效果。主要内容包括制定完整的机电系统综合调试和联合试运转方案，对通风空调系统、空调水系统、给排水系统、热水系统、电气照明系统、动力系统的综合调试过程以及联合试运转过程。建设单位是机电系统综合调试和联合试运转的组织者，根据工程类别、承包形式，建设单位也可以委托代建公司和施工总承包单位组织机电系统综合调试和联合试运转。

本条的评价方法为运行评价查阅设计文件中机电系统的综合调试和联合试运转方案、技术要点、施工日志、调试运转记录。设计评价预审时，查阅设计方提供的综合调试和联合试运转技术要点文件。

10 运营管理

10.1 控制项

10.1.1 本条适用于各类民用建筑的运行评价。

本条沿用自本标准 2006 年版控制项第 4.6.1、5.6.1 条。物业管理机构应提交节能、节水、节材与绿化管理制度，并说明实施效果。节能管理制度主要包括节能方案、节能管理模式和机制、分户分项计量收费等。节水管理制度主要包括节水方案、分户分类计量收费、节水管理机制等。耗材管理制度主要包括维护和物业耗材管理。绿化管理制度主要包括苗木养护、用水计量和化学药品的使用制度等。

本条的评价方法为查阅物业管理机构节能、节水、节材与绿化管理制度文件、日常管理记录，并现场核查。

10.1.2 本条适用于各类民用建筑的运行评价；也可在设计评价中进行预审。

本条沿用自本标准 2006 年版控制项第 4.6.3、4.6.4、5.6.3 条。建筑运行过程中产生的生活垃圾有家具、电器等大件垃圾，有纸张、塑料、玻璃、金属、布料等可回收利用垃圾；有剩菜剩饭、骨头、菜根菜叶、果皮等厨余垃圾；有含有重金属的电池、废弃灯管、过期药品等有害垃圾；还有装修或维护过程中产生的渣土、砖石和混凝土碎块、金属、竹木材等废料。首先，根据垃圾处理要求等确立分类管理制度和必要的收集设施，并对垃圾的收集、运输等进行整体的合理规划，合理设置小型有机厨余垃圾处理设施。其次，制定包括垃圾管理运行操作手册、管理设施、管理经费、人员配备及机构分工、监督机制、定期的岗位业务培训和突发事件的应急处理系统等内容的垃圾管理制度。最后，垃圾容器应具有密闭性能，其规格和位置应符合国家有关标准的规定，其数量、外观色彩及标志应符合垃圾分类收集的要求，并置于隐蔽、避风处，与周围景观相协调，坚固耐用，不易倾倒，防止垃圾无序倾倒和二次污染。

本条的评价方法为运行评价查阅建筑、环卫等专业的垃圾收集、处理设施的竣工文件，垃圾管理制度文件，垃圾收集、运输等的整体规划，并现场核查。设计评价预审时，查阅垃圾物流规划、垃圾容器设置等文件。

10.1.3 本条适用于各类民用建筑的运行评价。

本条沿用自本标准2006年版控制项第5.6.2条，将适用范围扩展至各类民用建筑，并扩展了污染物的范围。本标准中第4.1.3条虽有类似要求，但更侧重于规划选址、设计等阶段的考虑，本条则主要考察建筑的运行。除了本标准第10.1.2条已作出要求的固体污染物之外，建筑运行过程中还会产生各类废气和污水，可能造成多种有机和无机的化学污染，放射性等物理污染以及病原体等生物污染。此外，还应关注噪声、电磁辐射等物理污染（光污染已在第4.2.4条体现）。为此需要通过合理的技术措施和排放管理手段，杜绝建筑运行过程中相关污染物的不达标排放。相关污染物的排放应符合现行标准《大气污染物综合排放标准》GB 16297、《锅炉大气污染物排放标准》GB 13271、《饮食业油烟排放标准》GB 18483、《污水综合排放标准》GB 8978、《医疗机构水污染物排放标准》GB 18466、《污水排入城镇下水道水质标准》CJ 343、《社会生活环境噪声排放标准》GB 22337、《制冷空调设备和系统 减少卤代制冷剂排放规范》GB/T 26205等的规定。

本条的评价方法为查阅污染物排放管理制度文件，项目运行期排放废气、污水等污染物的排放检测报告，并现场核查。

10.1.4 本条适用于各类民用建筑的运行评价。

本条为新增条文。绿色建筑设置的节能、节水设施，如热能回收设备、地源/水源热泵、太阳能光伏发电设备、太阳能热水设备、遮阳设备、雨水收集处理设备等，均应工作正常，才能使预期的目标得以实现。本标准中第5.2.13、5.2.14、5.2.15、5.2.16、6.2.12条等对相关设施虽有技术要求，但偏重于技术合理性，有必要考察其实际运行情况。

本条的评价方法是查阅节能、节水设施的竣工文件、运行记录，并现场核查设备系统的工作情况。

10.1.5 本条适用于各类民用建筑的运行评价；也可在设计评价中进行预审。

本条在本标准2006年版一般项第5.6.9条基础上发展而来，不仅适用范围扩展至各类民用建筑，而且强化为控制项。供暖、通风、空调、照明系统是建筑物的主要用能设备。本标准中第5.2.7、5.2.8、5.2.9、8.2.9、8.2.12、8.2.13条虽已要求采用自动控制措施进行节能和室内环境保障，但本条主要考察其实际工作正常，及其运行数据。因此，需对绿色建筑的上述系统及主要设备进行有效的监测，对主要运行数据进行实时采集并记录；并对上述设备系统按照设计要求进行自动控制，通过在各种不同运行工况下的自动调节来降低能耗。对于建筑面积2万m^2以下的公共建筑和建筑面积10万m^2以下的住宅区公共设施的监控，可以不设建筑设备自动监控系统，但应设简易有效的控制措施。

本条的评价方法是运行评价查阅设备自控系统竣工文件、运行记录，并现场核查设备及其自控系统的工作情况。设计评价预审时，查阅建筑设备自动监控系统的监控点数。

10.2 评 分 项

Ⅰ 管 理 制 度

10.2.1 本条适用于各类民用建筑的运行评价。

本条在本标准2006年版一般项第4.6.9、5.6.5条基础上发展而来。物业管理机构通过ISO 14001环境管理体系认证，是提高环境管理水平的需要，可达到节约能源，降低消耗，减少环保支出，降低成本的目的，减少由于污染事故或违反法律、法规所造成的环境风险。

物业管理具有完善的管理措施，定期进行物业管理人员的培训。ISO 9001质量管理体系认证可以促进物业管理机构质量管理体系的改进和完善，提高其管理水平和工作质量。

《能源管理体系 要求》GB/T 23331是在组织内建立起完整有效的、形成文件的能源管理体系，注重过程的控制，优化组织的活动、过程及其要素，通过管理措施，不断提高能源管理体系持续改进的有效性，实现能源管理方针和预期的能源消耗或使用目标。

本条的评价方法为查阅相关认证证书和相关的工作文件。

10.2.2 本条适用于各类民用建筑的运行评价。

本条为新增条文，是在本标准控制项第10.1.1、10.1.4条的基础上所提出的更高要求。节能、节水、节材、绿化的操作管理制度是指导操作管理人员工作的指南，应挂在各个操作现场的墙上，促使操作人员严格遵守，以有效保证工作的质量。

可再生能源系统、雨废水回用系统等节能、节水设施的运行维护技术要求高，维护的工作量大，无论是自行运维还是购买专业服务，都需要建立完善的管理制度及应急预案。日常运行中应做好记录。

本条的评价方法为查阅相关管理制度、操作规程、应急预案、操作人员的专业证书、节能节水设施的运行记录，并现场核查。

10.2.3 本条适用于各类民用建筑的运行评价。当被评价项目不存在租用者时，第2款可不参评。

本条在本标准2006年版优选项第5.6.11条基础上发展而来。管理是运行节约能源、资源的重要手段，必须在管理业绩上与节能、节约资源情况挂钩。因此要求物业管理机构在保证建筑的使用性能要求、投诉率低于规定值的前提下，实现其经济效益与建筑用能系统的耗能状况、水资源和各类耗材等的使用情况直接挂钩。采用合同能源管理模式更是节能的有效方式。

本条的评价方法为查阅物业管理机构的工作考核体系文件、业主和租用者以及管理企业之间的合同。

10.2.4 本条适用于各类民用建筑的运行评价。

本条为新增条文。在建筑物长期的运行过程中，用户和物业管理人员的意识与行为，直接影响绿色建筑的目标实现，因此需要坚持倡导绿色理念与绿色生活方式的教育宣传制度，培训各类人员正确使用绿色设施，形成良好的绿色行为与风气。

本条的评价方法为查阅绿色教育宣传的工作记录与报道记录，绿色设施使用手册。

Ⅱ 技 术 管 理

10.2.5 本条适用于各类民用建筑的运行评价。

本条为新增条文，是在本标准控制项第10.1.4、10.1.5条的基础上所提出的更高要求。保持建筑物与居住区的公共设施设备系统运行正常，是绿色建筑实现各项目标的基础。机电设备系统的调试不仅限于新建建筑的试运行和竣工验收，而应是一项持续性、长期性的工作。因此，物业管理机构有责任定期检查、调试设备系统，标定各类检测器的准确度，根据运行数据，或第三方检测的数据，不断提升设备系统的性能，提高建筑物的能效管理水平。

本条的评价方法是查阅相关设备的检查、调试、运行、标定记录，以及能效改进方案等文件。

10.2.6 本条适用于采用集中空调通风系统的各类民用建筑的运行评价。

本条沿用自本标准2006年版一般项第5.6.7条，有修改。随着国民经济的发展和人民生活水平的提高，中央空调与通风系统已成为许多建筑中的一项重要设施。对于使用空调可能会造成疾病转播（如军团菌、非典等）的认识也不断提高，从而深刻意识到了清洗空调系统，不仅可节省系统运行能耗、延长系统的使用寿命，还可保证室内空气品质，降低疾病产生和传播的可能性。空调通风系统清洗的范围应包括系统中的换热器、过滤器，通风管道与风口等，清洗工作符合《空调通风系统清洗规范》GB 19210的要求。

本条的评价方法是查阅物业管理措施、清洗计划和工作记录。

10.2.7 本条适用于设置非传统水源利用设施的各类民用建筑的运行评价；也可在设计评价中进行预审。无非传统水源利用设施的项目不参评。

本条为新增条文，是在本标准控制项第10.1.4条的基础上所提出的更高要求。使用非传统水源的场合，其水质的安全性十分重要。为保证合理使用非传统水源，实现节水目标，必须定期对使用的非传统水源的水质进行检测，并对其水质和用水量进行准确记录。所使用的非传统水源应满足现行国家标准《城市污水再生利用 城市杂用水水质》GB/T 18920的要求。非传统水源的水质检测间隔不应大于1个月，同时，应提供非传统水源的供水量记录。

本条的评价方法为运行评价查阅非传统水源的检测、计量记录。设计评价预审时，查阅非传统水源的水表设计文件。

10.2.8 本条适用于各类民用建筑的运行评价；也可在设计评价中进行预审。

本条沿用自本标准2006年版一般项第4.6.6、5.6.8条。通过智能化技术与绿色建筑其他方面技术的有机结合，可望有效提升建筑综合性能。由于居住建筑/居住区和公共建筑的使用特性与技术需求差别较大，故其智能化系统的技术要求也有所不同；但系统设计上均要求达到基本配置。此外，还对系统工作运行情况也提出了要求。

居住建筑智能化系统应满足《居住区智能化系统配置与技术要求》CJ/T 174的基本配置要求，主要评价内容为居住区安全技术防范系统、住宅信息通信系统、居住区建筑设备监控管理系统、居住区监控中心等。

公共建筑的智能化系统应满足《智能建筑设计标准》GB/T 50314的基础配置要求，主要评价内容为安全技术防范系统、信息通信系统、建筑设备监控管理系统、安（消）防监控中心等。国家标准《智能建筑设计标准》GB/T 50314以系统合成配置的综合技术功效对智能化系统工程标准等级予以了界定，绿色建筑应达到其中的应选配置（即符合建筑基本功能的基础配置）的要求。

本条的评价方法运行评价为查阅智能化系统竣工文件、验收报告及运行记录，并现场核查。设计评价预审时，查阅安全技术防范系统、信息通信系统、建筑设备监控管理系统、监控中心等设计文件。

10.2.9 本条适用于各类民用建筑的运行评价。

本条为新增条文。信息化管理是实现绿色建筑物业管理定量化、精细化的重要手段，对保障建筑的安全、舒适、高效及节能环保的运行效果，提高物业管理水平和效率，具有重要作用。采用信息化手段建立完善的建筑工程及设备、能耗监管、配件档案及维修记录是极为重要的。本条第3款是在本标准控制项第10.1.5条的基础上所提出的更高一级的要求，要求相关的运行记录数据均为智能化系统输出的电子文档。应提供至少1年的用水量、用电量、用气量、用冷热量的数据，作为评价的依据。

本条的评价方法为查阅针对建筑物及设备的配件档案和维修的信息记录，能耗分项计量和监管的数据，并现场核查物业管理信息系统。

Ⅲ 环 境 管 理

10.2.10 本条适用于各类民用建筑的运行评价。

本条沿用自本标准 2006 年版一般项第 4.6.7 条，同时也是在本标准控制项第 10.1.1 条的基础上所提出的更高要求。无公害病虫害防治是降低城市及社区环境污染、维护城市及社区生态平衡的一项重要举措。对于病虫害，应坚持以物理防治、生物防治为主，化学防治为辅，并加强预测预报。因此，一方面提倡采用生物制剂、仿生制剂等无公害防治技术，另一方面规范杀虫剂、除草剂、化肥、农药等化学品的使用，防止环境污染，促进生态可持续发展。

本条的评价方法为查阅化学品管理制度文件病虫害防治用品的进货清单与使用记录，并现场核查。

10.2.11 本条适用于各类民用建筑的运行评价。

本条沿用自本标准 2006 年版一般项第 4.6.8 条。对绿化区做好日常养护，保证新栽种和移植的树木有较高的一次成活率。发现危树、枯死树木应及时处理。

本条的评价方法为查阅绿化管理制度、工作记录，并现场核实和用户调查。

10.2.12 本条适用于各类民用建筑的运行评价；也可在设计评价中进行预审。

本条沿用自本标准 2006 年版一般项第 4.6.5 条，略有修改。重视垃圾收集站点与垃圾间的景观美化及环境卫生问题，用以提升生活环境的品质。垃圾站（间）设冲洗和排水设施，并定期进行冲洗、消杀；存放垃圾能及时清运、并做到垃圾不散落、不污染环境、不散发臭味。本条所指的垃圾站（间），还应包括生物降解垃圾处理房等类似功能间。

本条评价方法为运行评价现场考察必要时开展用户抽样调查。设计评价评审时，查阅垃圾收集站点、垃圾间等冲洗、排水设施设计文件。

10.2.13 本条适用于各类民用建筑的运行评价。

本条由本标准 2006 年版一般项第 4.6.10 条和优选项第 4.6.12 条整合得到，同时也是在本标准控制项第 10.1.2 条的基础上所提出的更高一级的要求。垃圾分类收集就是在源头将垃圾分类投放，并通过分类的清运和回收使之分类处理或重新变成资源，减少垃圾的处理量，减少运输和处理过程中的成本。除要求垃圾分类收集率外，还分别对可回收垃圾、可生物降解垃圾（有机厨余垃圾）提出了明确要求。需要说明的是，对有害垃圾必须单独收集、单独运输、单独处理，这是《环境卫生设施设置标准》CJJ 27－2012 的强制性要求。

本条的评价方法为查阅垃圾管理制度文件、各类垃圾收集和处理的工作记录，并进行现场核查，必要时开展用户抽样调查。

11 提高与创新

11.1 一 般 规 定

11.1.1 绿色建筑全寿命期内各环节和阶段，都有可能在技术、产品选用和管理方式上进行性能提高和创新。为鼓励性能提高和创新，在各环节和阶段采用先进、适用、经济的技术、产品和管理方式，本次修订增设了相应的评价项目。比照“控制项”和“评分项”，本标准中将此类评价项目称为“加分项”。

本次修订增设的加分项内容，有的在属性分类上属于性能提高，如采用高性能的空调设备、建筑材料、节水装置等，鼓励采用高性能的技术、设备或材料；有的在属性分类上属于创新，如建筑信息模型（BIM）、碳排放分析计算、技术集成应用等，鼓励在技术、管理、生产方式等方面的创新。

11.1.2 加分项的评定结果为某得分值或不得分。考虑到与绿色建筑总得分要求的平衡，以及加分项对建筑“四节一环保”性能的贡献，本标准对加分项附加得分作了不大于 10 分的限制。附加得分与加权得分相加后得到绿色建筑总得分，作为确定绿色建筑等级的最终依据。某些加分项是对前面章节中评分项的提高，符合条件时，加分项和相应评分项可都得分。

11.2 加 分 项

Ⅰ 性 能 提 高

11.2.1 本条适用于各类民用建筑的设计、运行评价。

本条是第 5.2.3 条的更高层次要求。围护结构的热工性能提高，对于绿色建筑的节能与能源利用影响较大，而且也对室内环境质量有一定影响。为便于操作，参照国家有关建筑节能设计标准的做法，分别提供了规定性指标和性能化计算两种可供选择的达标方法。

本条的评价方法为：设计评价查阅相关设计文件、计算分析报告；运行评价查阅相关竣工图、计算分析报告，并现场核实。

11.2.2 本条适用于各类民用建筑的设计、运行评价。

本条是第 5.2.4 条的更高层次要求，除指标数值以外的其他说明内容与第 5.2.4 条同。尚需说明的是对于住宅或小型公建中采用分体空调器、燃气热水炉等其他设备作为供暖空调冷热源的情况（包括同时作为供暖和生活热水热源的热水炉），可以《房间空气调节器能效限定值及能效等级》GB 12021.3、《转速可控型房间空气调节器能效限定值及能源效率等级》GB 21455、《家用燃气快速热水器和燃气采暖热水炉能效限定值及能效等级》GB 20665 等现行有关国家标准中的能效等级 1 级作为判定本条是否达标的依据。

本条的评价方法为：设计评价查阅相关设计文件；运行评价查阅相关竣工图、主要产品型式检验报告，并现场核实。

11.2.3 本条适用于各类公共建筑的设计、运行评价。

本条沿用自本标准 2006 年版优选项第 5.2.17 条，有修改。分布式热电冷联供系统为建筑或区域提供电力、供冷、供热（包括供热水）三种需求，实现能源的梯级利用。

在应用分布式热电冷联供技术时，必须进行科学论证，从负荷预测、系统配置、运行模式、经济和环保效益等多方面对方案做可行性分析，严格以热定电，系统设计满足相关标准的要求。

本条的评价方法为：设计评价查阅相关设计文件、计算分析报告（包括负荷预测、系统配置、运行模式、经济和环保效益等方面）；运行评价查阅相关竣工图、主要产品型式检验报告、计算分析报告，并现场核实。

11.2.4 本条适用于各类民用建筑的设计、运行评价。

本条是第 6.2.6 条的更高层次要求。绿色建筑鼓励选用更高节水性能的节水器具。目前我国已对部分用水器具的用水效率制定了相关标准，如：《水嘴用水效率限定值及用水效率等级》GB 25501－2010、《坐便器用水效率限定值及用水效率等级》GB 25502－2010、《小便器用水效率限定值及用水效率等级》GB 28377－2012、《淋浴器用水效率限定值及用水效率等级》GB 28378－2012、《便器冲洗阀用水效率限定值及用水效率等级》GB 28379－2012，今后还将陆续出台其他用水器具的标准。

在设计文件中要注明对卫生器具的节水要求和相应的参数或标准。卫生器具有用水效率相关标准的，应全部采用，方可认定达标。

本条的评价方法为：设计评价查阅相关设计文件、产品说明书；运行评价查阅相关竣工图、产品说明书、产品节水性能检测报告，并现场核实。

11.2.5 本条适用于各类民用建筑的设计、运行评价。

本条沿用自本标准 2006 年版中的两条优选项第 4.4.10 条和第 5.4.11 条。当主体结构采用钢结构、木结构，或预制构件用量比例不小于 60%时，本条可得分。对其他情况，尚需经充分论证后方可得分。

本条的评价方法为：设计评价查阅相关设计文件、计算分析报告；运行评价查阅竣工图、计算分析报告，并现场核实。

11.2.6 本条适用于各类民用建筑的设计、运行评价。

本条为新增条文。主要功能房间主要包括间歇性人员密度较高的空间或区域（如会议室），以及人员经常停留空间或区域（如办公室的等）。空气处理措施包括在空气处理机组中设置中效过滤段、在主要功能房间设置空气净化装置等。

本条的评价方法为：设计评价查阅暖通空调专业设计图纸和文件空气处理措施报告；运行评价查阅暖通空调专业竣工图纸、主要产品型式检验报告、运行记录、室内空气品质检测报告等，并现场检查。

11.2.7 本条适用于各类民用建筑的运行评价。

本条是第 8.1.7 条的更高层次要求。以 TVOC 浓度为例，英国 BREEAM 新版文件的要求不大于 300μg/m³，比我国现行国家标准要求（不大于 600μg/m³）更为严格。甲醛浓度也是如此，多个国家的绿色建筑标准要求均在（50～60）μg/m³ 的水平，也比我国现行国家标准要求（不大于 0.10mg/m³）严格。进一步提高对于室内环境质量指标要求的同时，也适当考虑了我国当前的大气环境条件和装修材料工艺水平，因此，将现行国家标准规定值的 70%作为室内空气品质的更高要求。

本条的评价方法为：运行评价查阅室内污染物检测报告（应依据相关国家标准进行检测），并现场检查。

Ⅱ 创　新

11.2.8 本条适用于各类民用建筑的设计、运行评价。

本条主要目的是为了鼓励设计创新，通过对建筑设计方案的优化，降低建筑建造和运营成本，提高绿色建筑性能水平。例如，建筑设计充分体现我国不同气候区对自然通风、保温隔热等节能特征的不同需求，建筑形体设计等与场地微气候结合紧密，应用自然采光、遮阳等被动式技术优先的理念，设计策略明显有利于降低空调、供暖、照明、生活热水、通风、电梯等的负荷需求、提高室内环境质量、减少建筑用能时间或促进运行阶段的行为节能，等等。

本条的评价方法为：设计评价查阅相关设计文件、分析论证报告；运行评价查阅相关竣工图、分析论证报告，并现场核实。

11.2.9 本条适用于各类民用建筑的设计、运行评价。

本条前半部分沿用自本标准 2006 年版中的优选项第 4.1.18 条和第 5.1.12 条，后半部分沿用自本标准 2006 年版中的一般项第 4.1.10 条和优选项第 5.1.13 条。虽然选用废弃场地、利用旧建筑具体技术存在不同，但同属于项目策划、规划前期均需考虑的问题，而且基本不存在两点内容可同时达标的情况，故进行了条文合并处理。

我国城市可建设用地日趋紧缺，对废弃地进行改造并加以利用是节约集约利用土地的重要途径之一。利用废弃场地进行绿色建筑建设，在技术难度、建设成本方面都需要付出更多努力和代价。因此，对于优先选用废弃地的建设理念和行为进行鼓励。本条所指的废弃场地主要包括裸岩、石砾地、盐碱地、沙荒地、废窑坑、废旧仓库或工厂弃置地等。绿色建筑可优先考虑合理利用废弃场地，采取改造或改良等治理措施，对土壤中是否含有有毒物质进行检测与再利用评估，确保场地利用不存在安全隐患、符合国家相关标准的要求。

本条所指的“尚可使用的旧建筑”系指建筑质量能保证使用安全的旧建筑，或通过少量改造加固后能保证使用安全的旧建筑。虽然目前多数项目为新建，且多为净地交付，项目方很难有权选择利用旧建筑。但仍需对利用“可使用的”旧建筑的行为予以鼓励，防止大拆大建。对于一些从技术经济分析角度不可行、但出于保护文物或体现风貌而留存的历史建筑，由于有相关政策或财政资金支持，因此不在本条中得分。

本条的评价方法为：设计评价查阅相关设计文件、环评报告、旧建筑使用专项报告；运行评价查阅相关竣工图、环评报告、旧建筑使用专项报告、检测报告，并现场核实。

11.2.10 本条适用于各类民用建筑的设计、运行评价。

建筑信息模型（BIM）是建筑业信息化的重要支撑技术。BIM是在CAD技术基础上发展起来的多维模型信息集成技术。BIM是集成了建筑工程项目各种相关信息的工程数据模型，能使设计人员和工程人员能够对各种建筑信息做出正确的应对，实现数据共享并协同工作。

BIM技术支持建筑工程全寿命期的信息管理和利用。在建筑工程建设的各阶段支持基于BIM的数据交换和共享，可以极大地提升建筑工程信息化整体水平，工程建设各阶段、各专业之间的协作配合可以在更高层次上充分利用各自资源，有效地避免由于数据不通畅带来的重复性劳动，大大提高整个工程的质量和效率，并显著降低成本。

本条的评价方法为：设计评价查阅规划设计阶段的BIM技术应用报告；运行评价查阅规划设计、施工建造、运行维护阶段的BIM技术应用报告。

11.2.11 本条适用于各类民用建筑的设计、运行评价。

建筑碳排放计算及其碳足迹分析，不仅有助于帮助绿色建筑项目进一步达到和优化节能、节水、节材等资源节约目标，而且有助于进一步明确建筑对于我国温室气体减排的贡献量。经过多年的研究探索，我国也有了较为成熟的计算方法和一定量的案例实践。在计算分析基础上，再进一步采取相关节能减排措施降低碳排放，做到有的放矢。绿色建筑作为节约资源、保护环境的载体，理应将此作为一项技术措施同步开展。

建筑碳排放计算分析包括建筑固有的碳排放量和标准运行工况下的资源消耗碳排放量。设计阶段的碳排放计算分析报告主要分析建筑的固有碳排放量，运行阶段主要分析在标准运行工况下建筑的资源消耗碳排放量。

本条的评价方法为：设计评价查阅设计阶段的碳排放计算分析报告，以及相应措施；运行评价查阅设计、运行阶段的碳排放计算分析报告，以及相应措施的运行情况。

11.2.12 本条适用于各类民用建筑的设计、运行评价。

本条主要是对前面未提及的其他技术和管理创新予以鼓励。对于不在前面绿色建筑评价指标范围内，但在保护自然资源和生态环境、节能、节材、节水、节地、减少环境污染与智能化系统建设等方面实现良好性能的项目进行引导，通过各类项目对创新项的追求以提高绿色建筑技术水平。

当某项目采取了创新的技术措施，并提供了足够证据表明该技术措施可有效提高环境友好性，提高资源与能源利用效率，实现可持续发展或具有较大的社会效益时，可参与评审。项目的创新点应较大地超过相应指标的要求，或达到合理指标但具备显著降低成本或提高工效等优点。本条未列出所有的创新项内容，只要申请方能够提供足够相关证明，并通过专家组的评审即可认为满足要求。

本条的评价方法为：设计评价时查阅相关设计文件、分析论证报告及相关证明材料；运行评价时查阅相关竣工图、分析论证报告及相关证明材料，并现场核实。

中华人民共和国国家标准

水泥基灌浆材料应用技术规范

Technical code for application of cementitious grout

GB/T 50448—2015

主编部门：中华人民共和国住房和城乡建设部
批准部门：中华人民共和国住房和城乡建设部
施行日期：2 0 1 5 年 1 1 月 1 日

中华人民共和国住房和城乡建设部
公　　告

第 775 号

住房城乡建设部关于发布国家标准《水泥基灌浆材料应用技术规范》的公告

现批准《水泥基灌浆材料应用技术规范》为国家标准，编号为 GB/T 50448－2015，自 2015 年 11 月 1 日起实施。原《水泥基灌浆材料应用技术规范》GB/T 50448－2008 同时废止。

本规范由我部标准定额研究所组织中国建筑工业出版社出版发行。

中华人民共和国住房和城乡建设部

2015 年 3 月 8 日

前　言

根据住房和城乡建设部《关于印发 2012 年工程建设标准规范制定、修订计划的通知》(建标[2012]5 号)，标准编制组经广泛调查研究，认真总结实践经验，依据国家现行有关水泥基灌浆材料的管理规定，参考有关国际标准和国外先进标准，并在广泛征求意见的基础上，修订了《水泥基灌浆材料应用技术规范》GB/T 50448。

本规范的主要技术内容是：1. 总则；2. 术语；3. 基本规定；4. 材料；5. 设计；6. 材料进场；7. 施工；8. 验收。

本规范修订的主要技术内容是：1. 定义了截锥流动度、流锥流动度；2. 按流动性测试方法划分，将流动度分为截锥流动度和流锥流动度；3. 修订了Ⅰ类灌浆材料的试验方法和性能指标，扩大其工程设计适用范围；4. 修订了Ⅳ类灌浆材料对流动度的要求；5. 删除原标准中对钢筋有无锈蚀作用的性能，增加了氯离子含量及其试验方法；6. 增加了预应力灌浆材料性能要求；7. 修订了混凝土柱外粘型钢法加固方式；8. 删除原标准中按环境分类选择预应力灌浆材料的设计要求；9. 增加了预制钢筋混凝土柱或钢柱插入灌浆设计及施工验收要求；10. 增加预应力灌浆材料的施工准备工作。

本规范由住房和城乡建设部负责管理，由中冶建筑研究总院有限公司负责具体技术内容的解释。执行过程中如有意见或建议，请寄送中冶建筑研究总院有限公司（地址：北京市海淀区西土城路 33 号，邮编编码：100088）。

本规范主编单位：中冶建筑研究总院有限公司
　　　　　　　　鲲鹏建设集团有限公司

本规范参编单位：北京纽维逊建筑工程技术有限公司
　　　　　　　　中冶工程材料有限公司
　　　　　　　　交通运输部公路科学研究院
　　　　　　　　长沙有色冶金设计研究院有限公司
　　　　　　　　中冶赛迪工程技术股份有限公司
　　　　　　　　中冶东方工程技术有限公司
　　　　　　　　中煤西安设计工程有限责任公司
　　　　　　　　中冶南方工程技术有限公司
　　　　　　　　内蒙古包钢（集团）有限责任公司
　　　　　　　　中国二十二冶集团有限公司
　　　　　　　　中国成达工程有限公司
　　　　　　　　中国昆仑工程公司
　　　　　　　　中国中材国际工程公司天津分公司
　　　　　　　　中国十七冶集团有限公司
　　　　　　　　上海宝冶工程技术有限公司

湖南省白银新材料有限公司
苏州市兴邦化学建材有限公司

本规范主要起草人员：屈海峰　任恩平　丛福祥
毛晨阳　宋涛文　单云沛
付　智　易文新　李书本
朱丹蒙　王志杰　王万里
何万博　郑昆白　杨诗勇
唐开春　冯绍新　朱广侠
张立华　王成明　毛荣良

本规范主要审查人员：田　培　王栋民　牟宏远
陈旭峰　路新瀛　盛　平
鄢　磊　胡志宏　周永祥

目　次

Contents

1 总　则

1.0.1 为提高水泥基灌浆材料应用水平，做到技术先进、安全适用、经济合理、确保质量，制定本规范。

1.0.2 本规范适用于水泥基灌浆材料的检验，灌浆工程的设计、施工及验收。

1.0.3 水泥基灌浆材料的应用除应符合本规范外，尚应符合国家现行有关标准的规定。

2 术　语

2.0.1 水泥基灌浆材料　cementitious grout

由水泥、骨料、外加剂和矿物掺合料等原材料在专业化工厂按比例计量混合而成，在使用地点按规定比例加水或配套组分拌合，用于螺栓锚固、结构加固、预应力孔道等灌浆的材料。

2.0.2 截锥流动度　truncated cone fluidity

将搅拌好的灌浆材料倒入标准的水泥跳桌截锥试模，提起后，在重力作用下自由流动直至停止，最大扩散直径与其垂直方向的直径的算术平均值。

2.0.3 流锥流动度　flow cone fluidity

灌浆材料浆体自由流出经过校准的标准流锥所用的时间。

2.0.4 充盈度　filling degree

预应力孔道用水泥基灌浆材料浆体填充管道的饱满程度。

2.0.5 二次灌浆　baseplate grouting

在地脚螺栓锚固灌浆完毕后，为了满足紧密接触底板并均匀传递荷载的要求，对设备或钢结构柱脚的底板底面与混凝土基础表面之间的填充性灌浆工艺。

2.0.6 自重法灌浆　self-leveling grouting

水泥基灌浆材料在灌浆过程中，利用其良好的流动性，依靠自身重力自行流动满足灌浆要求的方法。

2.0.7 高位漏斗法灌浆　high-level funnel grouting

水泥基灌浆材料在灌浆过程中，利用高位漏斗提高位能差，满足灌浆要求的方法。

2.0.8 压力法灌浆　pressure grouting

水泥基灌浆材料在灌浆过程中，采用灌浆增压设备，满足灌浆要求的方法。

3 基本规定

3.0.1 水泥基灌浆材料可用于地脚螺栓锚固、设备基础或钢结构柱脚底板的灌浆、混凝土结构加固改造及预应力混凝土结构孔道灌浆、插入式柱脚灌浆等。

3.0.2 水泥基灌浆材料应根据强度要求、设备运行环境、灌浆层厚度、地脚螺栓表面与孔壁的净间距、施工环境等因素选择；生产厂家应提供水泥基灌浆材料的工作环境温度、施工环境温度及相应的性能指标。

3.0.3 用于预应力孔道的灌浆材料应根据预应力孔道截面形状及大小、孔道的长度和高差等因素选择。

3.0.4 水泥基灌浆材料在施工时，应按照产品要求的用水量拌合，不得通过增加用水量提高流动性。

3.0.5 水泥基灌浆材料应用过程中，应避免操作人员吸入粉尘和造成环境污染。

4 材　料

4.1 水泥基灌浆材料

4.1.1 水泥基灌浆材料主要性能应符合表4.1.1的规定。

表4.1.1　水泥基灌浆材料主要性能指标

类别		Ⅰ类	Ⅱ类	Ⅲ类	Ⅳ类
最大骨料粒径 mm		≤4.75			>4.75且≤25
截锥流动度（mm）	初始值	—	≥340	≥290	≥650*
	30min	—	≥310	≥260	≥550*
流锥流动度（s）	初始值	≤35	—	—	—
	30min	≤50	—	—	—
竖向膨胀率（%）	3h	0.1～3.5			
	24h与3h的膨胀值之差	0.02～0.50			
抗压强度（MPa）	1d	≥15	≥20		
	3d	≥30	≥40		
	28d	≥50	≥60		
氯离子含量（%）		<0.1			
泌水率（%）		0			

注：*表示坍落扩展度数值。

4.1.2 用于冬期施工的水泥基灌浆材料性能除应符合本规范表4.1.1的规定外，尚应符合表4.1.2的规定。

表4.1.2　用于冬期施工时的水泥基灌浆材料性能指标

规定温度（℃）	抗压强度比（%）		
	R_{-7}	R_{-7+28}	R_{-7+56}
−5	≥20	≥80	≥90
−10	≥12		

4.1.3 用于高温环境（200℃～500℃）的水泥基灌浆材料性能除应符合本规范表4.1.1的规定外，尚应符合表4.1.3的规定。当环境温度超过80℃时，不得使用硫铝酸盐水泥配成的水泥基灌浆材料。

表4.1.3 用于高温环境的水泥基灌浆材料耐热性能指标

使用环境温度（℃）	抗压强度比（%）	热震性（20次）
200～500	≥100	1）试块表面无脱落； 2）热震后的试件浸水端抗压强度与试件标准养护28d的抗压强度比（%）≥90

4.1.4 用于预应力孔道的水泥基灌浆材料性能应符合表4.1.4的规定。

表4.1.4 用于预应力孔道的水泥基灌浆材料性能指标

序号	项目		指标
1	凝结时间（h）	初凝	≥4
		终凝	≤24
2	流锥流动度（s）	初始	10～18
		30min	12～20
3	泌水率（%）	24h自由泌水率	0
		压力泌水率（%），0.22MPa	≤1
		压力泌水率（%），0.36MPa	≤2
4	24h自由膨胀率（%）		0～3
5	充盈度		合格
6	氯离子含量（%）		≤0.06

4.2 试验方法

4.2.1 实验室温度、湿度应按本规范第A.0.1条的规定进行。

4.2.2 截锥流动度的试验应按本规范第A.0.2条的规定进行。

4.2.3 流锥流动度的试验应按本规范第A.0.3条的规定进行。

4.2.4 坍落扩展度的试验应按本规范第A.0.4条的规定进行。

4.2.5 抗压强度的试验应按本规范第A.0.5条的规定进行。

4.2.6 竖向膨胀率的试验应按本规范第A.0.6条的规定进行。仲裁检验应按本规范第A.0.6条第1、2款的试验方法进行。

4.2.7 氯离子含量的试验应按现行国家标准《混凝土外加剂匀质性试验方法》GB/T 8077的规定进行。

4.2.8 泌水率的试验应按现行国家标准《普通混凝土拌合物性能试验方法标准》GB/T 50080中的有关规定进行。浆体装入试样桶时不得振动或插捣。

4.2.9 用于冬期施工时的水泥基灌浆材料性能的试验应按本规范第A.0.7条的规定进行。

4.2.10 用于高温环境的水泥基灌浆材料性能的试验应按本规范第A.0.8条的规定进行。

4.2.11 凝结时间的试验应按现行国家标准《水泥标准稠度用水量、凝结时间、安定性检验方法》GB/T 1346的规定进行。

4.2.12 24h自由泌水率、24h自由膨胀率、压力泌水率和充盈度的试验应按现行行业标准《铁道后张法预应力混凝土梁管道压浆技术条件》TB/T 3192的规定进行。

5 设 计

5.1 地脚螺栓锚固

5.1.1 地脚螺栓锚固宜根据表5.1.1的规定选择水泥基灌浆材料。

表5.1.1 地脚螺栓锚固用水泥基灌浆材料的选择

螺栓表面与孔壁的净间距（mm）	水泥基灌浆材料类别
15～50	Ⅰ类、Ⅱ类、Ⅲ类、
50～100	Ⅰ类、Ⅱ类、Ⅲ类、Ⅳ类
＞100	Ⅳ类

5.1.2 螺栓锚固埋设深度应满足设计要求，埋设深度不宜小于15倍的螺栓直径。

5.1.3 基础混凝土强度等级不宜低于C20。

5.2 二次灌浆

5.2.1 二次灌浆除应满足设计强度要求外，尚宜根据表5.2.1灌浆层厚度选择水泥基灌浆材料。

表5.2.1 二次灌浆用水泥基灌浆材料的选择

灌浆层厚度（mm）	水泥基灌浆材料类别
5～30	Ⅰ类、Ⅱ类
20～100	Ⅰ类、Ⅱ类
80～200	Ⅰ类、Ⅱ类、Ⅲ类
＞200	Ⅳ类

5.2.2 设备基础混凝土强度等级不宜低于C20。

5.3 混凝土结构改造和加固

5.3.1 混凝土结构改造和加固应按现行国家标准

《混凝土结构加固设计规范》GB 50367 的规定进行计算。

5.3.2 当混凝土柱采用加大截面加固法加固时（图 5.3.2），原混凝土柱与模板的间距 b 不宜小于 60mm，且应采用第Ⅳ类水泥基灌浆材料。

5.3.3 混凝土柱采用外粘型钢法加固（图 5.3.3），当原混凝土柱表面与型钢的间距 b 小于 60mm 时，宜采用第Ⅰ、Ⅱ、Ⅲ类水泥基灌浆材料。

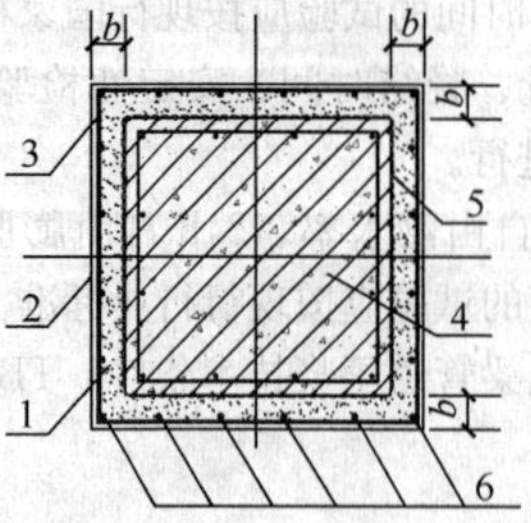

b
b
b
b
1
2
3
4
5
6

图 5.3.2 混凝土柱加大截面法灌浆加固

1—水泥基灌浆材料；2—模板；3—新增箍筋；4—原混凝土柱；5—原混凝土面；6—新增纵向钢筋

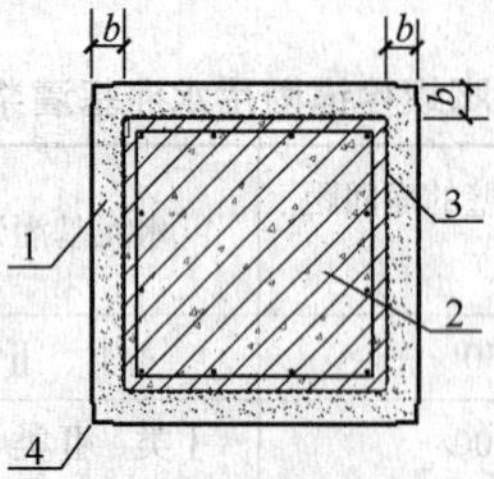

b
b
1
2
3
4

图 5.3.3 混凝土柱外粘型钢法灌浆加固

1—水泥基灌浆材料；2—原混凝土柱；3—原混凝土面；4—外粘型钢

5.3.4 混凝土柱采用干式外包钢加固法加固（图 5.3.4），当角钢与模板的间距 b_1 不小于 30mm，且角钢与原混凝土柱的间距 b_2 不小于 20mm 时，应采用第Ⅳ类水泥基灌浆材料。

5.3.5 混凝土梁采用加大截面法加固（图 5.3.5），当梁侧表面与模板之间的最小间距 b_1 不小于 60mm，或梁的底面与模板之间的最小间距 b_2 不小于 80mm 时，应采用第Ⅳ类水泥基灌浆材料。

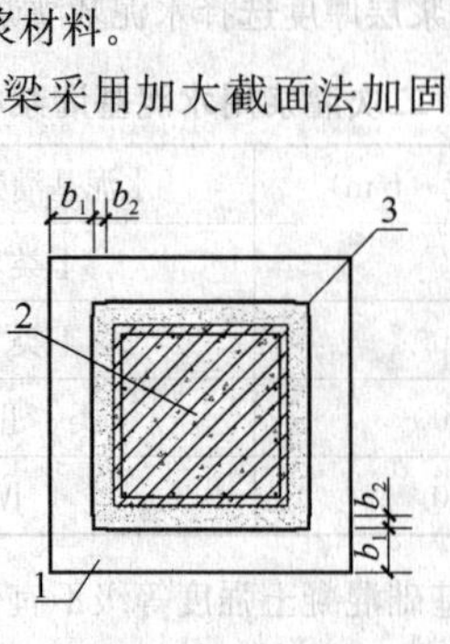

b_1
b_2
1
2
3

图 5.3.4 混凝土柱外包钢法灌浆加固

1—水泥基灌浆材料；2—原混凝土柱；3—外包角钢

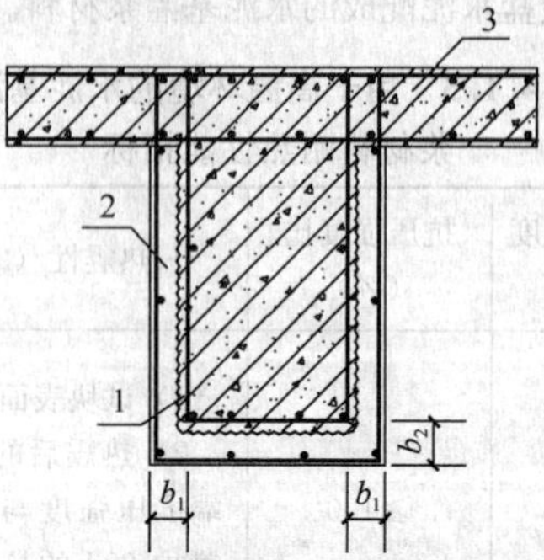

1
2
3
b_1
b_1
b_2

(a) 混凝土梁侧面及底面加大截面法灌浆加固

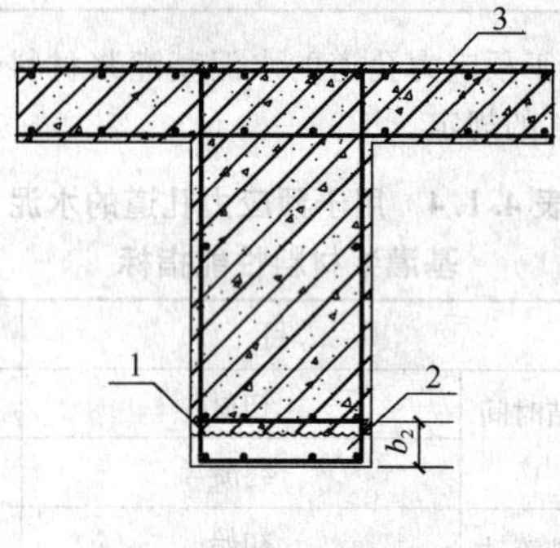

1
2
3
b_2

(b) 混凝土梁底面加大截面法灌浆加固

图 5.3.5 混凝土梁加大截面法灌浆加固

1—原混凝土面；2—水泥基灌浆材料；3—原梁截面

5.3.6 楼板采用叠合层法增加板厚加固（图 5.3.6），当楼板上层加固增加的板厚 b_1 不小于 40mm，或楼板下层加固增加的板厚 b_2 不小于 80mm 时，应采用第Ⅳ类水泥基灌浆材料。

5.3.7 混凝土结构施工中出现的蜂窝、孔洞以及柱子烂根的修补，当灌浆层厚度不小于 60mm 时，应采用第Ⅳ类水泥基灌浆材料。

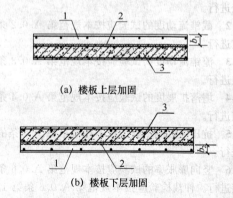

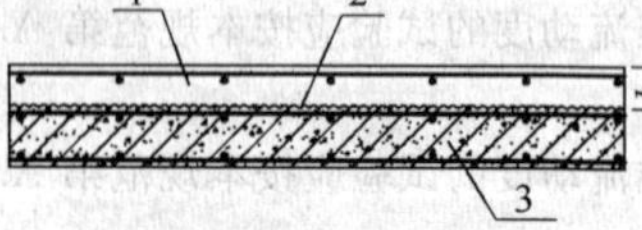

1
2
3
b_1

(a) 楼板上层加固

1
2
3
b_2

(b) 楼板下层加固

图 5.3.6 混凝土板叠合层法增加板厚灌浆加固

1—水泥基灌浆材料；2—原混凝土面；3—原混凝土楼板

5.4 预制钢筋混凝土柱或插入式柱脚灌浆

5.4.1 预制钢筋混凝土柱或插入式柱脚灌浆（图5.4.1），宜根据本规范表5.2.1选择水泥基灌浆材料。

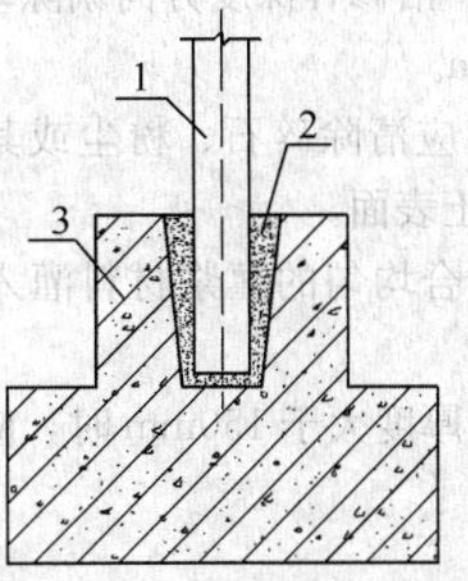

1
2
3

图5.4.1 预制钢筋混凝土柱或插入式柱脚灌浆
1—钢结构柱及混凝土预制柱；
2—水泥基灌浆材料；3—混凝土

5.4.2 H型钢实腹柱，不宜设置柱底板，柱子宜直接插入基础杯口内。当柱子内力较大时，可设置柱底板。

5.4.3 双肢格构柱，应设置柱底板。当底板面积较大时，宜设置排气孔。

6 材料进场

6.1 进场检验

6.1.1 水泥基灌浆材料进场时应复验，合格后方可用于施工。

6.1.2 复验项目应包括水泥基灌浆材料性能和净含量。

6.1.3 水泥基灌浆材料包装净含量应符合下列规定，否则判为不合格品：

1 每袋净质量应为25kg或50kg，且不得少于标识质量的99%；

2 随机抽取40袋25kg包装或20袋50kg包装的产品，总净含量不得少于1000kg；

3 其他包装形式可由供需双方协商确定，但净含量应符合本条第1、2款的规定。

6.1.4 进场的水泥基灌浆材料应查验和收存型式检验报告、使用说明书、出厂检验报告（或产品合格证）等质量证明文件。

6.1.5 出厂检验报告内容应包括：产品名称与型号、检验依据标准、生产日期、用水量、流动度的初始值和30min保留值、竖向膨胀率、1d抗压强度、检验部门印章、检验人员签字（或代号）。当用户需要时，生产厂家应在水泥基灌浆材料发出之日起7d内补发3d抗压强度值、32d内补发28d抗压强度值。

6.2 检验批与取样

6.2.1 水泥基灌浆材料每200t应为一个检验批，不足200t的应按一个检验批计，每一检验批应为一个取样单位。

6.2.2 取样方法应按现行国家标准《水泥取样方法》GB/T 12573执行。取样应有代表性，总量不得少于30kg。

6.2.3 样品应混合均匀，并应用四分法，将每一检验批取样量缩减至试验所需量的2.5倍。

6.2.4 每一检验批取得的试样应充分混合均匀，分为两等份，其中一份应按本规范第4.1节规定的项目进行检验，另一份应密封保存至有效期，以备仲裁检验。

7 施工

7.1 施工准备

7.1.1 施工现场质量管理应有质量管理体系、施工质量控制和质量检验制度。灌浆前应编制施工组织设计或施工技术方案。

7.1.2 灌浆施工前应准备搅拌机具、灌浆设备、模板及养护物品。

7.1.3 模板支护应符合下列规定：

1 应符合现行国家标准《混凝土结构工程施工质量验收规范》GB 50204的规定；

2 二次灌浆时，模板与设备底座四周的水平距离宜为100mm；模板顶部标高不应低于设备底座上表面50mm（图7.1.3）；

3 混凝土结构改造加固时，模板支护应留有足够的灌浆孔及排气孔，灌浆孔的孔径不应小于50mm，间距不应超过1000mm，灌浆孔与排气孔应高于孔洞最高点50mm。

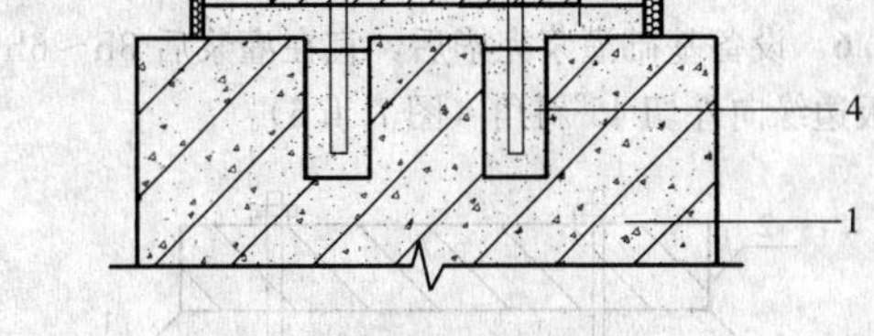

100
2
5
≥50
3
4
1

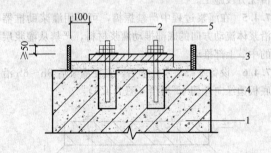

图7.1.3 模板支设示意
1—设备基础；2—设备底座；3—模板；
4—地脚螺栓孔灌浆层；5—二次灌浆层

7.1.4 预应力孔道灌浆前的准备工作应符合现行国家标准《混凝土结构工程施工规范》GB 50666中的有关规定。

7.2 拌　合

7.2.1 水泥基灌浆材料应按产品规定的用水量加水拌合。

7.2.2 水泥基灌浆材料宜采用机械拌合。拌合宜符合厂家的使用说明要求。

7.2.3 拌合地点宜靠近灌浆地点。

7.3 地脚螺栓锚固灌浆

7.3.1 地脚螺栓成孔时，螺栓孔的水平偏差不得大于5mm，垂直度偏差不得大于5°。

7.3.2 螺栓孔壁应粗糙，应将孔内清理干净，不得有浮灰、油污等杂质，灌浆前应用水浸泡8h～12h，清除孔内积水。

7.3.3 当环境温度低于5℃时应采取预热措施，温度应保持在10℃以上。

7.3.4 灌浆前应清除地脚螺栓表面的油污和铁锈。

7.3.5 水泥基灌浆材料灌入螺栓孔内时，可根据需要调整螺栓的位置。灌浆过程中严禁振捣，可适当插捣，灌浆结束后不得再次调整螺栓。

7.3.6 孔内灌浆层上表面宜低于基础混凝土表面50mm。

7.4 二 次 灌 浆

7.4.1 灌浆前，应将与灌浆材料接触的设备底板和混凝土基础表面清理干净，不得有松动的碎石、浮浆、浮灰、油污、蜡质等。

7.4.2 灌浆前24h，基础混凝土表面应充分润湿。灌浆前1h，应清除积水。

7.4.3 二次灌浆时，应从一侧灌浆，直至从另一侧溢出为止，不得从相对两侧同时灌浆。灌浆应连续进行，宜缩短灌浆时间。

7.4.4 轨道基础或灌浆距离较长时，应视实际工程情况分段施工。

7.4.5 在灌浆过程中严禁振捣，可采用灌浆助推器沿浆体流动方向的底部推动灌浆材料，严禁从灌浆层的中、上部推动。

7.4.6 设备基础灌浆完毕后，宜在灌浆后3h～6h沿底板边缘向外切45°斜角（图7.4.6）。

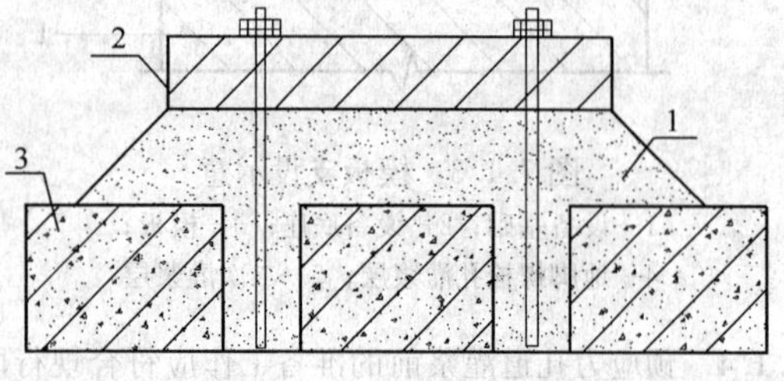
2
1
3

图7.4.6　切边后示意

1—二次灌浆层；2—设备底座；3—混凝土基础

7.5 混凝土结构改造和加固灌浆

7.5.1 水泥基灌浆材料接触的混凝土表面应充分凿毛。

7.5.2 混凝土结构缺陷修补时，应剔除酥松的混凝土并露出钢筋，沿修补深度方向剔除垂直形状，深度不应小于20mm。

7.5.3 灌浆前应清除碎石、粉尘或其他杂物，并应湿润基层混凝土表面。

7.5.4 应将拌合均匀的灌浆材料灌入模板中并适当敲击模板。

7.5.5 灌浆层厚度大于150mm时，应防止产生温度裂缝。

7.6 预应力孔道灌浆

7.6.1 预应力孔道灌浆应符合现行国家标准《混凝土结构工程施工规范》GB 50666的规定。

7.6.2 正式灌浆前宜选择有代表性的孔道进行灌浆试验。

7.6.3 灌浆过程中，不得在水泥基灌浆材料中掺入其他外加剂、掺合料。

7.7 冬期及高温施工

7.7.1 日平均温度低于5℃时，应按冬期施工，并应符合下列规定：

1　灌浆前应采取措施预热基础表面，使其温度保持在10℃以上，并应清除积水；

2　应采用不超过65℃的温水拌合水泥基灌浆材料，浆体的入模温度应在10℃以上；

3　受冻前，水泥基灌浆材料的抗压强度不得低于5MPa。

7.7.2 灌浆部位温度大于35℃时，应按高温环境施工，并应符合下列规定：

1　灌浆前24h应防止灌浆部位受到阳光直射或其他热辐射；

2　应采取降温措施，与水泥基灌浆材料接触的混凝土基础和设备底板的温度不应大于35℃；

3　浆体的入模温度不应大于30℃；

4　灌浆后应及时采取保湿养护措施。

7.8 养　护

7.8.1 灌浆时，日平均温度不应低于5℃，灌浆完毕后裸露部分应及时喷洒养护剂或覆盖塑料薄膜，加盖湿草袋保持湿润。采用塑料薄膜覆盖时，水泥基灌浆材料的裸露表面应覆盖严密，保持塑料薄膜内有凝结水。灌浆料表面不便浇水时，可喷洒养护剂。

7.8.2 灌浆材料应处于湿润状态或喷洒养护剂进行养护，养护时间不得少于7d。

7.8.3 当采用快凝快硬型水泥基灌浆材料时，养护措施应按产品说明书的要求执行。

7.8.4 冬期施工对强度增长无特殊要求时，灌浆完毕后裸露部分应及时覆盖塑料薄膜并加盖保温材料。起始养护温度不应低于5℃。在负温条件养护时不得浇水。

7.8.5 拆模后水泥基灌浆材料表面温度与环境温度之差大于20℃时，应采用保温材料覆盖养护。

7.8.6 环境温度低于水泥基灌浆材料要求的最低施工温度或需要加快强度增长时，可采用人工加热养护方式；养护措施应符合现行行业标准《建筑工程冬期施工规程》JGJ/T 104的有关规定。

8 验 收

8.0.1 工程验收除应符合设计要求及现行国家标准《混凝土结构工程施工质量验收规范》GB 50204的有关规定外，尚应符合下列规定：

1 灌浆施工时，应以每50t为一个留样检验批，不足50t时应按一个检验批计。

2 应以标准养护条件下的抗压强度留样试块的测试数据作为验收数据；同条件养护试件的留置组数应根据实际需要确定。

3 留样试件尺寸及试验方法应按本规范附录A的相关规定执行。

8.0.2 质量验收文件应包括水泥基灌浆材料的产品合格证、出厂检验报告和进场复验报告、施工检验报告、施工技术方案与施工记录等。

附录A 水泥基灌浆材料基本性能试验方法

A.0.1 实验室温度、湿度应符合下列规定：

1 温度应为20℃±2℃，相对湿度应大于50%。

2 养护室的温度应为20℃±1℃，相对湿度应大于90%；养护水的温度应为20℃±1℃。

3 成型时，水泥基灌浆材料和拌合水的温度应与实验室的温度一致。

A.0.2 截锥流动度试验应符合下列规定：

1 应采用行星式水泥胶砂搅拌机搅拌，并应按固定程序搅拌240s。

2 截锥圆模应符合现行国家标准《水泥胶砂流动度测定方法》GB/T 2419的规定；玻璃板尺寸不应小于500mm×500mm，并应放置在水平试验台上。

3 测定截锥流动度时应按下列试验步骤进行：

1）应预先润湿搅拌锅、搅拌叶、玻璃板和截锥圆模内壁；

2）搅拌好的灌浆材料倒满截锥圆模后，浆体应与截锥圆模上口平齐；

3）提起截锥圆模后应让灌浆材料在无扰动条件下自由流动直至停止，用卡尺测量底面最大扩散直径及与其垂直方向的直径，计算平均值作为流动度初始值，测试结果应精确到1mm；

4）应在6min内完成初始值检验；

5）初始值测量完毕后，迅速将玻璃板上的灌浆材料装入搅拌锅内，并应用潮湿的布封盖搅拌锅；

6）初始值测量完毕后30min，应将搅拌锅内灌浆材料重新按搅拌机的固定程序搅拌240s，然后应重新按本条款中第1）、2）、3）项测量流动度值作为30min保留值，并应记录数据。

A.0.3 流锥流动度试验应符合下列规定：

1 流锥流动度测试仪的尺寸应符合现行行业标准《铁道后张法预应力混凝土梁管道压浆技术条件》TB/T 3192的规定。

2 流动锥的校验：1725mL±5mL水流出的时间应为8.0s±0.2s。

3 测定时，应将漏斗调整水平，封闭底口，将搅拌均匀的浆体均匀倾入漏斗内，直至表面触及点测规下端（1725mL±5mL浆体）。开启底口，使浆体自由流出，并应记录浆体全部流出时间（s）。

A.0.4 坍落扩展度试验应符合下列规定：

1 应采用强制式混凝土搅拌机拌合。

2 坍落度筒应符合现行行业标准《混凝土坍落度仪》JG/T 248的规定；底板应平直，尺寸不应小于800mm×800mm。

3 测定坍落扩展度时应按下列试验步骤进行：

1）应预先用水润湿搅拌机、混凝土坍落度筒及底板，不得有明水；

2）将20kg水泥基灌浆材料倒入搅拌机内，搅拌180s；

3）应把坍落度筒放在底板中心，然后用脚踩住两边的脚踏板，坍落度筒在装料时应保持固定的位置；

4）应将搅拌好的水泥基灌浆材料一次性装满坍落度筒，不需插捣，用抹刀刮平，清除筒边底板上的灌浆材料，应垂直提起坍落度筒，提离过程应在5s～10s内完成，从开始装料到提坍落度筒的整个过程应在60s内完成；

5）应用直尺测量灌浆料扩展后的垂直方向上的扩展直径，计算两个所测直径的平均值，即为坍落扩展度初始值，测试结果应精确到1mm，取整后用mm表示并记录数据；

6）应在5min内完成坍落扩展度初始值检验；

7）坍落扩展度初始值测量完毕后，迅速将底板上的灌浆材料装入搅拌机内，并用潮湿的布封盖搅拌机入料口；

8）坍落扩展度初始值测量完毕后 30min，应将搅拌机内灌浆材料重新搅拌 180s，应按本条款第 3）、4）、5）项测量坍落扩展度作为坍落扩展度 30min 保留值，并应记录数据。

A.0.5 抗压强度试验应符合下列规定：

1 水泥基灌浆材料的最大骨料粒径不大于 4.75mm 时，抗压强度标准试件应采用尺寸为 40mm×40mm×160mm 的棱柱体，抗压强度的检验应按现行国家标准《水泥胶砂强度检验方法（ISO 法）》GB/T 17671 中的有关规定执行。应采取非振动成型，按本规范第 A.0.2 条搅拌水泥基灌浆材料，将拌合好的浆体直接灌入试模，浆体应与试模的上边缘平齐。从搅拌开始计时到成型结束，应在 6min 内完成。

2 水泥基灌浆材料的最大骨料粒径大于 4.75mm 且不大于 25mm 时，抗压强度标准试件应采用尺寸 100mm×100mm×100mm 的立方体，抗压强度检验应按现行国家标准《普通混凝土力学性能试验方法标准》GB/T 50081 中的有关规定执行。应按本规范第 A.0.4 条搅拌水泥基灌浆材料，将拌合好的浆体直接灌入试模，适当手工振动，浆体应与试模的上边缘平齐。

A.0.6 竖向膨胀率试验应符合下列规定：

1 架百分表法仪器设备应符合现行国家标准《混凝土外加剂应用技术规范》GB 50119 的有关规定。

2 架百分表法测定竖向膨胀率的试验应按下列步骤进行：

1）根据最大骨料的尺寸，应按本规范第 A.0.2 条或第 A.0.3 条拌合水泥基灌浆材料；

2）应将玻璃板平放在试模中间位置，并轻轻压住玻璃板，拌合料应一次性从一侧倒满试模，至另一侧溢出并高于试模边缘约 2mm，对于Ⅳ类灌浆料，成型过程中可轻微插捣，用湿棉丝覆盖玻璃板两侧的浆体；

3）应把百分表测量头垂直放在玻璃板中央，并应安装牢固；

4）应在 30s 内读取百分表初始读数 h_0；

5）成型过程应在搅拌结束后 3min 内完成；

6）应自加水拌合时起分别于 3h 和 24h 读取百分表的读数 h_t；

7）整个测量过程中应保持棉丝湿润，装置不得受振动，成型养护温度应为 20℃±2℃；

8）竖向膨胀率的计算应符合现行国家标准《混凝土外加剂应用技术规范》GB 50119 的有关规定。

3 非接触式测量法的仪器设备应包括激光发射接收系统及数据采集系统，系统分辨率不应大于 0.01mm，量程不应小于 4mm，并应有计量合格证明。制样应采用 100mm 立方体混凝土用试模，拼装缝应紧密，不得漏水；或采用有效高度为 100mm，上口直径 100mm 的刚性圆锥形试模。

4 非接触式测量法测定竖向膨胀率的试验应按下列步骤进行：

1）根据最大骨料的尺寸，应按本规范第 A.0.2 条或第 A.0.3 条拌合水泥基灌浆材料；

2）应将拌合料一次性倒满试模，浆体与试模上沿平齐，并在浆体表面中间位置放置一个激光反射薄片；

3）应将试模放置在激光测量探头的正下方，并应按仪器的使用要求操作；

4）应在拌和后 5min 内完成操作，并开始测量，记录 3h 和 24h 的读数，当有特殊要求时，应按要求的时间读取读数；

5）测量过程中应采取保湿措施，避免浆体水分蒸发，在测量过程中，不得振动、接触或移动试体和测试仪器；

6）应按式 A.0.5 计算竖向膨胀率：

$$\varepsilon_t = (h_t - h_0 / h) \times 100 \quad \text{(A.0.6)}$$

式中：ε_t——竖向膨胀率，精确至 0.01；

h_0——试件高度的初始读数（mm）；

h_t——试件龄期为 t 时的高度读数（mm）；

h——试体基准高度 100（mm）。

A.0.7 用于冬期施工的水泥基灌浆材料试验应按现行行业标准《混凝土防冻剂》JC 475 中有关养护制度执行，并应符合下列规定：

1 成型方法应按本规范第 A.0.4 条的有关规定进行；

2 抗压强度比应按下列公式计算：

$$R_{-7} = (f_{-7} / f_{28}) \times 100\% \quad \text{(A.0.7-1)}$$

$$R_{-7+28} = (f_{-7+28} / f_{28}) \times 100\% \quad \text{(A.0.7-2)}$$

$$R_{-7+56} = (f_{-7+56} / f_{28}) \times 100\% \quad \text{(A.0.7-3)}$$

式中：f_{28}——标准养护条件养护 28d 受检水泥基灌浆材料抗压强度（MPa）；

f_{-7}——负温养护 7d 受检水泥基灌浆材料抗压强度（MPa）；

f_{-7+28}——负温养护 7d 转标准养护 28d 受检水泥基灌浆材料抗压强度（MPa）；

f_{-7+56}——负温养护 7d 转标准养护 56d 受检水泥基灌浆材料抗压强度（MPa）。

A.0.8 用于高温环境下的水泥基灌浆材料试验应符合下列规定：

1 抗压强度比试验应按下列试验步骤操作：

1）应按本规范第 A.0.4 条制备试件；

2）试件成型后 24h 应脱模，放置标准养护室养护至 28d；

3）应将试件放入 110℃±5℃下的电热干燥箱干燥 24h；

4）试件应按行业标准《致密耐火浇注料　线变化率试验方法》YB/T 5203－1993 的有关规定进行加热，并应在受检规定温度时保温 3h，其受检规定温度应按产品耐热性能指标确定；

5）抗压强度比应按下式计算：

$$R_{t}=f_{t}/f_{28}\times 100\% \quad (A.0.8)$$

式中：R_t——抗压强度比（%）；

f_t——焙烧至受检规定温度的水泥基灌浆材料抗压强度（MPa）；

f_{28}——标准养护条件养护 28d 受检水泥基灌浆材料抗压强度（MPa）。

2　热震性试验应按下列试验步骤操作：

1）应将高温炉升温至规定温度，并应保持恒温 15min；

2）应将试块迅速放入高温炉，距离发热体表面不应少于 30mm，保持加热 10min；

3）应迅速取出试块，沿端部将试块的一半垂直浸入 20℃±2℃的水中 3min；

4）从水中取出试块后应在空气中晾置 5min；

5）应再次将试块放入高温炉中保持加热 10min 然后浸水，并应重复此步骤 20 次，每次应调节水温，并用试块同一端部浸入水中；

6）测定试块浸水端的抗压强度。

本规范用词说明

1　为便于在执行本规范条文时区别对待，对要求严格程度不同的用词说明如下：

1）表示很严格，非这样做不可的用词：
正面词采用“必须”；反面词采用“严禁”。

2）表示严格，在正常情况均应这样做的用词：
正面词采用“应”；反面词采用“不应”或“不得”。

3）表示允许稍有选择，在条件许可时首先这样做的用词：
正面词采用“宜”；反面词采用“不宜”。

4）表示有选择，在一定条件下可以这样做的，采用“可”。

2　条文中指明应按其他有关标准执行的写法为：“应符合……的规定”或“应按……执行”。

引用标准名录

1《普通混凝土拌合物性能试验方法标准》GB/T 50080

2《普通混凝土力学性能试验方法标准》GB/T 50081

3《混凝土外加剂应用技术规范》GB 50119

4《混凝土结构工程施工质量验收规范》GB 50204

5《混凝土结构工程施工规范》GB 50666

6《水泥标准稠度用水量、凝结时间、安定性检验方法》GB/T 1346

7《水泥胶砂流动度测定方法》GB/T 2419

8《混凝土外加剂匀质性试验方法》GB/T 8077

9《水泥取样方法》GB/T 12573

10《水泥胶砂强度检验方法（ISO 法）》GB/T 17671

11《建筑工程冬期施工规程》JGJ /T 104

12《混凝土坍落度仪》JG/T 248

13《混凝土防冻剂》JC 475

14《致密耐火浇注料　线变化率试验方法》YB/T 5203

15《铁道后张法预应力混凝土梁管道压浆技术条件》TB/T 3192

16《混凝土结构加固设计规范》GB 50367

中华人民共和国国家标准

水泥基灌浆材料应用技术规范

GB/T 50448—2015

条 文 说 明

修 订 说 明

《水泥基灌浆材料应用技术规范》GB/T 50448-2015，经住房和城乡建设部2015年3月8日以第775号公告批准、发布。

本规范是在原《水泥基灌浆材料应用技术规范》GB/T 50448-2008的基础上修订而成。上一版的主编单位为中冶集团建筑研究总院，参加单位有中国京冶工程技术有限公司、北京纽维逊建筑工程技术有限公司、中国建筑材料科学研究总院、中冶京诚工程技术有限公司、中冶赛迪工程技术股份有限公司、中国石化工程建设公司、上海宝冶工程技术公司、中国石化洛阳石化工程公司、中国联合工程公司、北京市建筑设计研究院、北京国电华北电力工程有限公司、煤炭工业西安设计研究院、中国第二十二冶金建设公司中心实验室、天津水泥工业设计研究院、巴斯夫建材系统（中国）有限公司、湖南省白银新材料有限公司、黑龙江省火电第三工程公司。主要起草人为王强、邹新、郑旗、邵正明、田培、王立军、薛尚铃、张立华、聂向东、郑昆白、刘武、鄢磊、束伟农、郑洪有、王志杰、高连松、Frans de Peuter（德）、王成明、李洪生。

本规范修订的主要技术内容是：1. 定义了截锥流动度、流锥流动度。2. 按流动性测试方法划分，将流动度分为截锥流动度和流锥流动度。3. 修订了Ⅰ类灌浆材料的试验方法和性能指标，扩大其工程设计适用范围。4. 修订了Ⅳ类灌浆材料对流动度的要求。5. 删除原标准中对钢筋有无锈蚀作用的性能，增加了氯离子含量及其试验方法。6. 增加了预应力灌浆材料性能要求。7. 修订了混凝土柱外粘型钢法加固方式。8. 删除原标准中按环境分类选择预应力灌浆材料的设计要求。9. 增加了预制钢筋混凝土柱或钢柱插入灌浆设计及施工验收要求。10. 增加预应力灌浆材料的施工准备工作。

本规范修订过程中，编制组进行了广泛而深入的调查研究，总结了我国工程建设中水泥基灌浆材料的应用经验和研究成果，同时参考了国外先进技术标准，通过试验取得了水泥基灌浆材料的关键技术参数。

为了便于广大设计、生产、施工、科研、学校等单位有关人员在使用本规范时能正确理解和执行条文规定，《水泥基灌浆材料应用技术规范》编制组按章、节、条顺序编制了本规范的条文说明，对条文规定的目的、依据以及执行中需注意的有关事项进行了说明。但是，本条文说明不具备与规范正文同等的法律效力，仅供使用者作为理解和把握规范规定的参考。

目　次

1 总 则

1.0.1 我国自改革开放以来，冶金、石化和电力系统等从国外引进了轧钢、连铸、大型压缩机和大型发电机等大型、特大型设备。为了提高此类设备的安装精度，加快安装速度和延长设备使用寿命，水泥基灌浆材料得到广泛应用并得以迅速发展。自20世纪90年代初，我国自主研发生产的水泥基灌浆材料在众多大中型企业的设备安装、建筑结构加固改造工程中得到广泛应用。该材料在国内已有近20年的工程应用历史。1997年国家科委将水泥基灌浆材料列为国家科技成果重点推广项目。

国家标准《水泥基灌浆材料应用技术规范》GB/T 50448－2008发布以来，推动了水泥基灌浆材料的生产应用和发展。随着国民经济的发展，各行各业水泥基灌浆材料的应用越来越广泛，需求量越来越大。水泥基灌浆材料目前已广泛应用于冶金、电力、石化、焦炭、化工等行业的设备基础、地脚螺栓、坐浆等，大量替代了传统的细石混凝土，提高了施工效率，且发展势头强劲，受到了广大用户及施工单位的认可及好评。另外，后张预应力技术的广泛应用亦给预应力孔道灌浆带来了新的发展动力。目前国内从事水泥基灌浆材料的生产企业达五百余家，年产量(300～500)万吨。为规范产品质量、正确选型和指导施工，达到技术先进、安全适用、经济合理、确保质量，特修订本规范。

1.0.3 应用水泥基灌浆材料的工程尚应符合国家现行标准《混凝土结构设计规范》GB 50010、《混凝土结构工程施工规范》GB 50666、《混凝土结构工程施工质量验收规范》GB 50204、《建筑工程冬期施工规程》JGJ 104、《混凝土结构加固设计规范》GB 50367等的规定。

2 术 语

2.0.1 水泥基灌浆材料绝大部分用于设备安装灌浆，起到固定地脚螺栓和传递设备荷载的作用，灌浆层与设备底板的实际接触面积非常重要。试验和工程中均发现，有的水泥基灌浆材料与底板的实际接触面积并不高，没有起到很好传递荷载的作用，不利于工程质量。

对于水泥基灌浆材料，有效承载面(effective bearing area)是一个很重要的概念。所谓有效承载面是指设备或钢结构柱脚底板下面灌浆材料实际接触底板并可传递受压荷载的面积与设备或钢结构柱脚的底板总面积之比，以百分数表示。美国标准ASTM C1339－2008“standard test method for flowability and bearing area of chemical-resistant polymer machinery grouts”给出了耐化学腐蚀聚合物机械灌浆料流动性和承载面积的标准试验方法。目前还没有精确测定表面气泡孔穴面积的方法，无法给出相应的技术指标，因此尚不能作为一项标准指标。生产、施工单位可以模拟工程情况，进行模拟试验，以改善产品的灌浆效果，或者选择有效承载面更高的产品用于施工。

水泥基灌浆材料是由水泥、外加剂和矿物掺合料等原材料，经工业化生产的具有合理级分，加水拌合均匀后具有可灌注的流动性、微膨胀、高的早期和后期强度、不泌水等性能的干混料。

用于预应力孔道的灌浆剂是由高效减水剂、复合型膨胀剂和矿物掺合料等多种材料经工业化生产的干混料。它在施工现场按一定比例与水泥、水混合均匀后，充填预应力混凝土结构孔道。用于预应力孔道的灌浆材料由水泥为主要的胶凝材料，辅以高性能减水剂、复合型膨胀剂等多种材料经工业化生产的干混料，在施工现场按一定比例与水混合均匀后，充填预应力混凝土结构孔道。

用于预应力孔道的灌浆材料主要起到以下几个方面的作用：1）保护预应力筋不外露使其免遭或缓遭锈蚀，保证预应力混凝土结构安全，延长桥梁使用寿命；2）使预应力钢筋与混凝土良好结合，保证预应力的有效传递，使预应力钢筋与混凝土共同承受荷载；3）消除预应力混凝土结构在反复荷载作用下，由于应力变化对锚具造成的疲劳破坏，提高结构的耐久性。

2.0.2、2.0.3 根据常规灌浆材料以及应用于预应力结构灌浆材料测量流动性的试验仪器，将流动度分为截锥流动度和流锥流动度。

3 基本规定

3.0.1 根据水泥基灌浆材料主要性能指标（最大骨料粒径、竖向膨胀率，抗压强度等）分析，均可满足插入柱脚灌浆的要求，而且在实际工程中，常采用水泥基灌浆材料进行插入式柱脚灌浆。

3.0.2 由于工程情况各不相同，对灌浆材料的要求也不尽一样，因此必须根据工程具体条件，如施工条件、使用温度、灌浆层厚度、设计强度等级等，选择合适的灌浆材料。生产厂家除提供所必要的水泥基灌浆材料的性能外，应提供材料的使用温度、施工温度范围，供使用单位参考。

3.0.4 在施工时，需按照产品说明书规定的用水量拌合。增加用水量虽能提高流动性，但可能造成强度降低、沉降离析、表面气泡增多等问题，对材料的使用性能有不利影响。

4 材 料

4.1 水泥基灌浆材料

4.1.1 水泥基灌浆材料最重要的三项性能指标是流

动度、竖向膨胀率和抗压强度。本规范表 4.1.1 中性能指标均应按产品要求的最大用水量检验。

1　截锥流动度

本规范按流动度对材料进行分类，以突出该指标的重要性，也便于设计选型。

水泥基灌浆材料区别于其他水泥基材料的典型特征之一是该类材料具有好的流动性，依靠自身重力的作用，能够流进所要灌注的空隙，不需振捣能够密实填充。对于大型设备灌浆，或狭窄间隙灌浆，对流动性的要求更高。因此流动度的大小是该类材料是否具有可使用性的前提，顺利灌浆也是施工操作的第一步。假如流动性不够，浆体不能顺利流满所要填充的空间，如果从另一侧进行补灌，显然会形成窝气，带来工程隐患。

在本次修订中，对Ⅰ类灌浆材料的流动性能测试方法进行了调整，采用流锥流动度方法进行表征，其主要原因有三点：(1) 原标准在制定时，Ⅰ类灌浆材料主要是针对预应力混凝土孔道的灌浆，而随着国内预应力孔道灌浆技术的发展，对预应力孔道的灌浆材料也提出了新的技术要求，原有Ⅰ类灌浆材料的技术指标已经无法满足预应力孔道的灌浆要求，因此本次标准修订，将预应力混凝土孔道的灌浆材料单独作为一类材料进行要求，而原有的Ⅰ类灌浆材料不再作为预应力孔道的灌浆材料进行使用；(2) 随着水泥基灌浆材料技术的发展，国外出现了一种新型低黏度的灌浆材料，这种灌浆材料在获得低黏度性能的同时，还能保持自身的匀质性，做到不沉降、不泌水等，而且这种灌浆材料对用水量不敏感，现场施工时材料的匀质性较好，灌浆速度快，不需要高位漏斗就可以灌入狭小的空间，其作为一类低黏度精确灌浆材料新产品，在国外已经得到了大范围的使用，国外相关产品目前执行的检测标准为美国标准 ASTM C 939《预填骨料混凝土灌浆料流动性试验方法（流锥法）》；(3) 随着我国核电等大型工程的建设，引进了大量国外的设备，而这些进口设备的设计方和厂商通常都会要求使用低黏度灌浆材料，必须采用流锥法对灌浆材料的流动性能进行试验，而目前国内尚无对应的检验方法标准，这就给工程应用带来了诸多不便，也不利于国内灌浆料厂家的产品推广。综合上述三个原因，此次标准修订，将原有Ⅰ类灌浆材料的流动性能测试方法进行了调整，采用流锥流动度方法进行表征，并参考国外厂家的技术指标和国内厂家产品的试验情况，确定了初始和 30min 流锥流动度指标。

水泥基灌浆材料施工时只需加水拌合均匀即可灌注。加大拌合用水量对增加流动性有利，而对强度、竖向膨胀和泌水率等均会产生不利影响。如果产品对拌合用水量非常敏感，水料比增加 1%，就会出现表面大量返泡，甚至泌水离析的情况，有效承载面很低，甚至失去承载作用，施工留样强度远低于材料检验强度。为避免出现上述现象，本规范规定按产品要求的最大用水量，或者说产品能够达到的最大截锥流动度为检验前提；如果施工时不需要大的截锥流动度，可以降低拌合用水量，这样不会对工程造成不良后果。美国标准 ASTM C 1107－2013 也要求按最大用水量检验材料的性能。

工程经验表明，水泥基灌浆材料须具有较好的流动性保持能力，确保拌合料经过一定时间后仍具有一定的截锥流动度，以便顺利灌注。结合国内外施工说明，本规范规定 30min 截锥流动度保留值。对于Ⅳ类水泥基灌浆材料，参照现行国家标准《普通混凝土拌合物性能试验方法标准》GB/T 50080 和对自密实混凝土（砂浆）的相关性能要求，采用坍落扩展度表征流动性。

2　竖向膨胀率

水泥基灌浆材料的另一个重要特性是该类材料具有膨胀性，以能够密实填充所灌注的空间，增大有效承载面，起到有效承载的作用。

根据美国标准 ASTM C 1107－2013 “standard specification for packaged dry, hydraulic-cement grout (nonshrink)”，水泥基灌浆材料的体积变化分为硬化前体积控制、硬化后体积控制和复合体积控制三种类别。参照该分类方法，结合国内的测定方法和对不同类别产品的试验结果，本规范规定以水泥基灌浆材料加水拌合后 3h 的竖向膨胀值为早期膨胀指标，此时浆体处于塑性。随着水化的进行，逐步生成膨胀性水化产物，导致体积膨胀，定义为硬化后膨胀。而同时具有早期膨胀和硬化后膨胀，称为复合膨胀。

采用国内工程中应用的产品，按本规范第 A.0.5 条第 1、2 款所示方法，测得塑性膨胀（图 1）、硬化后膨胀（图 2）、复合型膨胀（图 3）24h 内水泥基灌浆材料膨胀-时间关系曲线；按本规范第 A.0.5 条第 3、4 款所示方法，测得某水泥基灌浆材料 24h 内膨胀-时间关系曲线如图 4 所示。对于具有早期膨胀的水泥基灌浆材料，拌合成型后 10min 就能够显著观测到膨胀，且一直持续到（2～3）h，在 3h 内完成。复合型膨胀的竖向膨胀率在 3h 后仍有显著增长。硬化后膨胀类型，成型初期浆体存在收缩，4h 后开始膨胀。

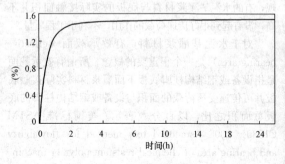

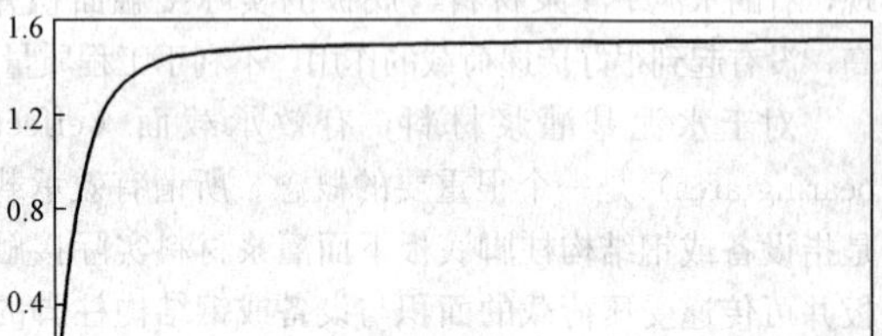
1.6
1.2
0.8
0.4
0
(%)
0
2
4
6
10
14
18
24
时间(h)

图 1　塑性膨胀曲线

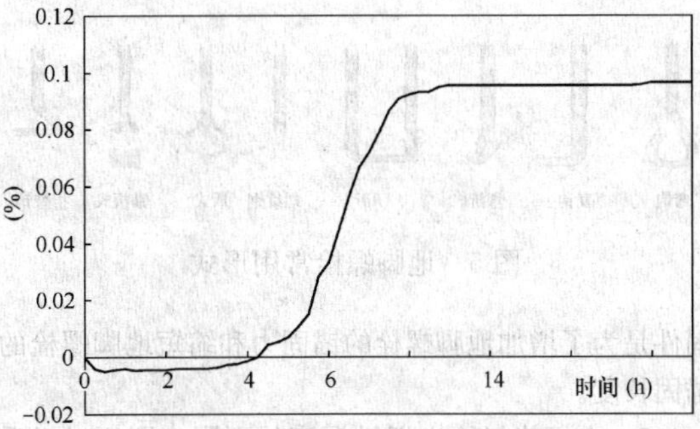

0.12
0.1
0.08
0.06
0.04
0.02
0
-0.02
(%)
0
2
4
6
14
时间 (h)

图 2　硬化后膨胀曲线

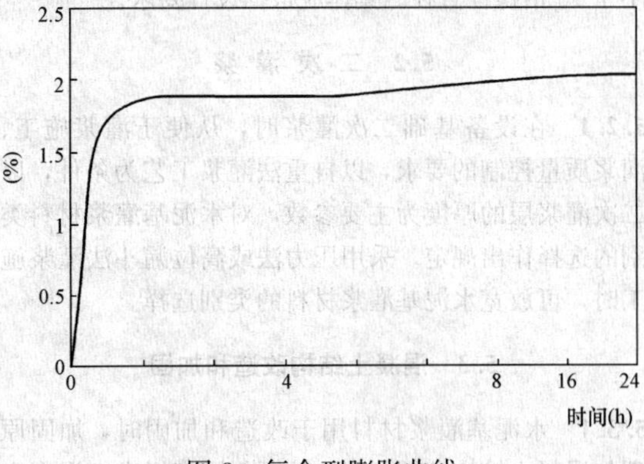

2.5
2
1.5
1
0.5
0
(%)
0
4
8
16
24
时间(h)

图 3　复合型膨胀曲线

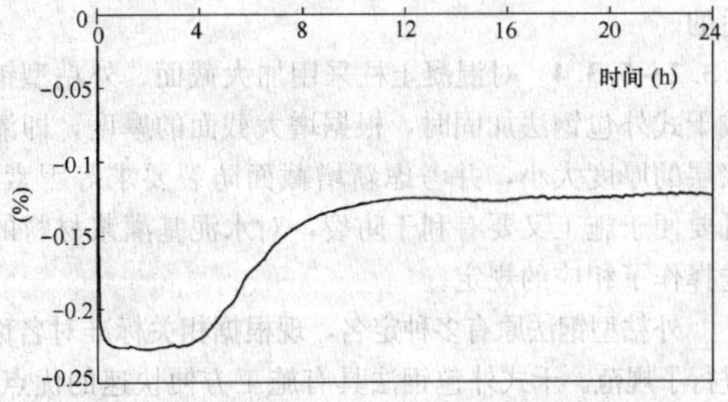

0
4
8
12
16
20
24
时间 (h)
-0.05
-0.1
-0.15
-0.2
-0.25
(%)

图 4　某水泥基灌浆材料膨胀曲线

水泥基灌浆材料拌合后具有很大截锥流动度，如果前期没有膨胀，必然存在收缩，包括塑性收缩和沉降收缩，即使后期的膨胀能够补偿前期的收缩（图3），这种早期浆体的收缩对于灌浆的密实性有负面影响，容易引入空气，降低有效承载面；如果后期的膨胀不能补偿前期的收缩（图4），将直接导致空鼓，灌浆层丧失承载功能。可见早期膨胀是一项重要特性，对克服塑性收缩，使得灌浆层更加密实，增大有效承载面，确保灌浆质量有重要意义。在硬化过程中，仍需要适当的膨胀（图1），以进一步密实填充，并且在硬化的水泥基灌浆材料中产生一定的膨胀应力，有利于补偿后期的收缩。

试验表明，24h 后竖向膨胀率指标基本达到最大值。

美国标准 ASTM C1107－2013 对于水泥基灌浆材料的体积变化控制指标见表1。

表 1　标准 ASTM C1107－2013 的体积变化控制指标

膨胀分类	塑性膨胀（%）	硬化后膨胀（%）	复合型膨胀（%）	测定方法
指标	0～＋4.0	不要求	0～＋4.0	ASTM C 827
	不要求	0～＋0.3	0～＋0.3	ASTM C 1090

考虑到检验方法的差异，结合实际情况，本规范规定以加水拌合后 3h 的竖向膨胀为早期膨胀，3h 到 24h 之间的膨胀为硬化后膨胀，依据试验结果，规定了竖向膨胀率指标。

3　其他性能指标

在对比试验的基础上，本规范规定表 4.1.1 的抗压强度指标。

无论是设备灌浆，或用于混凝土补强加固，灌浆材料都与钢铁材料接触，因此本规范要求测量氯离子含量，氯离子含量指灌浆材料中氯离子与胶凝材料重量比，且小于 0.1%。

对于设备灌浆及混凝土补强加固，均要求无泌水。对比试验证实，如果材料存在泌水，则接触面会出现大量气泡孔穴，或表面水泥浆富集，有效承载面很低，导致承载能力降低，因此规定泌水率为 0。

对于快凝快硬型水泥基灌浆材料，由于早期强度高，甚至 2h 的抗压强度能达到 20MPa，其流动性损失必然大，3h 后竖向膨胀率基本恒定。另外，对于用于冬期施工的水泥基灌浆材料，在负温养护时抗压强度能够快速增长，常温条件测定其流动性损失必然大，抗压强度可能快速增长，3h 后竖向膨胀率可能基本恒定，因此本规范对上述两类水泥基灌浆材料的截锥流动度的保留值、24h 与 3h 的竖向膨胀率之差不作规定，快凝快硬型水泥基灌浆材料的性能指标除 30min 截锥流动度（或坍落扩展度）保留值、24h 与 3h 的膨胀值之差及 24h 内抗压强度值由供需双方协商确定外，其他性能应符合本规范表 4.1.1 的规定。当Ⅳ类水泥基灌浆材料用于混凝土结构改造和加固时，对其 3h 的竖向膨胀率指标不作要求。

对于快凝快硬型水泥的碱度较硅酸盐水泥及普通硅酸盐水泥低，用于结构加固时，应符合现行国家标准《混凝土结构设计规范》GB 50010 中混凝土保护层厚度的规定。

4.1.2　本条参照现行行业标准《混凝土防冻剂》JC 475，在试验基础上确定用于冬期施工的水泥基灌浆材料检验项目及指标。

R_{-7} 表示负温养护 7d 的试件抗压强度值与标准养护 28d 的试件抗压强度值的比值；R_{-7+28}、R_{-7+56} 分别表示负温养护 7d 转标准养护 28d 和负温养护 7d

转标准养护 56d 的试件抗压强度值与标准养护 28d 的试件抗压强度值的比值；施工时最低温度可比规定温度低 5℃。

4.1.3 当应用于冶金、水泥等行业，水泥基灌浆材料要承受高温环境。参照耐火材料试验方法依据现行行业标准《耐热混凝土应用技术规程》YB/T 4252 和行业标准《致密耐火浇注料 线变化率试验方法》YB/T 5203－1993，结合水泥基灌浆材料的具体情况，经试验确定此项目及指标。

试验表明，普通的水泥基灌浆材料，高温烧后抗压强度可能提高。

4.1.4 氯离子对预应力筋有极强的腐蚀破坏作用。由于在恶劣环境条件下预应力结构孔道灌浆及锚具封锚的质量和耐久性要求高，在参考现行国家标准《混凝土结构耐久性设计规范》GB 50476、《混凝土结构工程施工质量验收规范》GB 50204 的基础上，本条对用于预应力孔道灌浆的水泥基灌浆材的氯离子含量作了详细规定。

4.2 试验方法

4.2.4 对于骨料粒径不大于 4.75mm 的水泥基灌浆材料，按现行行业标准《水泥基灌浆材料》JC/T 986，抗压强度试件应采用 40mm×40mm×160mm 的棱柱体，本规范也采用此尺寸试件作为标准试件；当此材料用于结构修补加固时，依据现行国家标准《混凝土结构设计规范》GB 50010 及《混凝土结构工程施工质量验收规范》GB 50204，应以 150mm 立方体作为抗压强度标准试件。水泥基灌浆材料的最大骨料粒径大于 4.75mm 且不大于 25mm 时，抗压强度应采用尺寸 100mm×100mm×100mm 的立方体试件，且按现行国家标准《普通混凝土力学性能试验方法标准》GB/T 50081 的规定进行试验。边长为 100mm 立方体试件与 150mm 立方体标准试件的强度关系，应按现行行业标准《高强混凝土应用技术规程》JGJ/T 281 规定的抗压强度折算系数执行。

5 设 计

5.1 地脚螺栓锚固

5.1.1 工程经验表明，对于螺栓表面与孔壁的净间距为15mm～50mm 的地脚螺栓孔，根据深度的不同，可以采用Ⅰ类、Ⅱ类、Ⅲ类水泥基灌浆材料；50mm～100mm 的地脚螺栓孔，则可以采用Ⅱ类、Ⅲ类、Ⅳ类水泥基灌浆材料；螺栓表面与孔壁的净间距大于 100mm，此种情况对水平流动性要求低，宜选择使用Ⅳ类水泥基灌浆材料。

地脚螺栓的常见形式见图 5，其中又以弯钩、直钩、折弯钩和锚板类较为常见。锚固端异形或增加锚

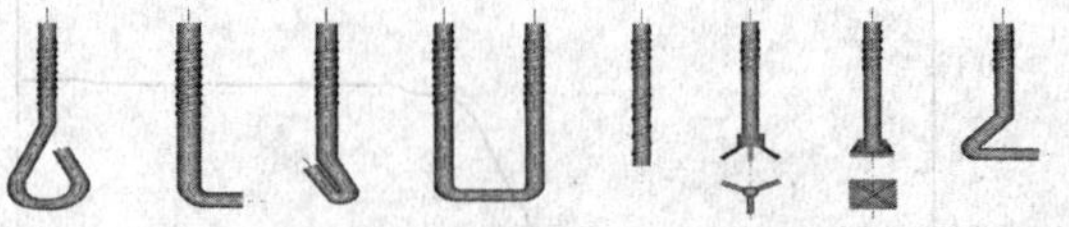
弯钩
直钩
弯折
U形
螺纹钢
爪式
锚板式
折弯钩

图 5 地脚螺栓常用形式

固件是为了增加地脚螺栓的锚固力和缩短地脚螺栓的锚固长度。

5.1.2 本规范仅给出埋设深度的下限，即便对无受力要求的地脚螺栓，从结构构造上其埋设深度也不宜小于 15 倍螺栓直径。具体应根据设计要求。

5.2 二次灌浆

5.2.1 在设备基础二次灌浆时，从便于灌浆施工、灌浆质量控制的要求，以自重法灌浆工艺为条件，以二次灌浆层的厚度为主要参数，对水泥基灌浆材料类别的选择作出规定。采用压力法或高位漏斗法灌浆施工时，可放宽水泥基灌浆材料的类别选择。

5.3 混凝土结构改造和加固

5.3.1 水泥基灌浆材料用于改造和加固时，加固原理与混凝土结构加固相似，按现行国家标准《混凝土结构加固设计规范》GB 50367 的规定进行计算是合适的。

5.3.2～5.3.4 对混凝土柱采用加大截面、外粘型钢或干式外包钢法加固时，根据增大截面的厚度，即灌浆层的厚度大小，并考虑新增截面防裂要求等因素，既要便于施工又要有利于防裂，对水泥基灌浆材料的选择作了相应的规定。

外粘型钢法原有多种定名，现根据相关标准对名称进行了规范。干式外包钢法具有施工方便快速的优点，在实际工程中有一定应用，因此本规范列出了该法。

外粘型钢（旧称湿式外包钢）与干式外包钢（也称无粘结外包型钢）这两种加固方法的区别，在于其承载力计算的假定不同，外粘型钢法考虑增大截面部分与原构件共同作用，其加固后的截面和刚度可按整截面计算，而干式外包钢法不考虑外包钢骨架与原柱的共同作用，两部分所受外力按各自刚度比例分配，钢骨架按现行国家标准《钢结构设计规范》GB 50017 进行设计、计算。

5.3.5 对混凝土梁采用加大截面法补强加固时，无论是梁底增厚或梁侧梁底同时增厚（即梁三面同时增大截面的情况），根据相关的规程、规范的构造要求，增厚截面防裂要求，施工可实施性和以往的工程经验，其梁侧增厚不宜小于 60mm，梁底增厚不宜小于 80mm，采用Ⅳ类水泥基灌浆材料主要是在便于施工的情况下便于防裂。

5.3.6、5.3.7 对混凝土楼板的补强加固，采用加大

截面法（增加板厚）采用水泥基灌浆材料时，主要从便于施工和防止板面裂缝的需要宜采用Ⅳ类水泥基灌浆材料。

5.4 预制钢筋混凝土柱或插入式柱脚灌浆

5.4.1 预制混凝土柱与混凝土基础的连接，通常均采用预制柱插入基础杯口的连接形式，柱与杯口的连接要求及插入杯口的深度，可按现行国家标准《建筑地基基础设计规范》GB 50007 执行。当钢柱直接插入混凝土杯口基础内，用水泥基灌浆材料固定时，即为钢柱插入式柱脚。钢柱插入混凝土基础杯口的最小深度，可按现行国家标准《钢结构设计规范》GB 50017 执行。

5.4.2 H型钢实腹柱，柱脚内力清楚，作用于基础顶面的弯矩和剪力，由柱翼缘板与水泥基灌浆材料之间的抗压传递，柱轴力由水泥基灌浆材料的粘剪力和底部承受。因此，当H型钢实腹柱内力不大时，可不设置柱底板，柱子直接插入基础杯口内。当柱子内力较大时，亦可设置柱底板。

5.4.3 双肢格构柱，柱脚单肢除承受拔力外，基础杯壁还承受撬力，混凝土基础的受力情况十分复杂。因此，双肢格构柱采用插入式连接时，应设置柱底板。当柱脚底板面积较大时，宜设置排气孔，便于柱脚底板下灌浆材料浇灌密实。

6 材料进场

6.1 进场检验

6.1.1～6.1.4 水泥基灌浆材料的质量对于工程质量乃至设备或结构的正常运行，有着直接的重要影响。使用前应对进场的材料进行复验，其中材料性能应委托给经国家计量认证和实验室认可的检验单位检验。

6.1.5 出厂检验报告项目应包括流动度的初始值和30min保留值、竖向膨胀率、1d抗压强度（用于预应力孔道的水泥基灌浆材料为3d抗压强度和3d抗折强度）。这3个项目是水泥基灌浆材料的基本性能，也反映了材料是否具有使用性能。

6.2 检验批与取样

6.2.2、6.2.3 在进行检验前，应根据检验项目，计算所需材料的量。每灌注1L的体积，需要水泥基灌浆材料质量约为：Ⅰ类1.9kg，Ⅱ～Ⅳ类2.3kg。

7 施 工

7.1 施工准备

7.1.3 二次灌浆时，模板与设备周边宜留出100mm的距离。自重法灌浆时，灌浆侧的模板应根据流动距离适当加高，以提高两侧的位能差。

当用于结构加固和改造时，一般从高点灌浆。灌浆孔与排气孔应高于孔洞最高点50mm，让浆体从排气孔中排出。在确认不会窝气的情况下，再灌实灌浆孔和排气孔。

7.2 拌 合

7.2.3 应尽量缩短拌合料的运输距离，缩短料出搅拌机到灌入模板的时间。应采用对料产生振动小的运输方式。

7.3 地脚螺栓锚固灌浆

7.3.1、7.3.2 按现行行业标准《混凝土结构后锚固技术规程》JGJ 145规定，锚孔应符合设计或产品说明书的要求。当无具体要求时，位置允许偏差不得大于5mm，垂直度允许偏差不得大于5°。灌注前应采取清理浮灰、用水浸泡等措施，对提高粘结力有益。

7.4 二次灌浆

7.4.3 为了排除气泡，应采取一侧灌浆，从另一侧溢出的工艺。对于非水平底板，应从低的一侧灌浆，从高点溢出。为此应适当提高灌浆点的模板高度。

连续灌浆，浆体持续流动，灌注距离长，浆体质量均一。间断灌浆可能导致分层，或后浇注的料推动前面的料存在困难，致使灌浆距离缩短。

7.4.4 硬化后，由于温度收缩、干缩等，材料存在一定的体积变形。因此对于轨道等较长距离施工，应每隔一定距离留伸缩缝，根据具体情况分段，每段长不宜超过10m。

7.4.5 在灌浆过程中严禁振捣，必要时可采用灌浆助推器（图6）沿浆体流动方向的底部推动灌浆材料，严禁从灌浆层的中、上部推动。

图6 灌浆助推器

7.4.6 二次灌浆工程中，较常出现的情况是设备边缘外的水泥基灌浆材料产生裂纹。有的裂纹上下贯通，有的向设备边缘发展，一般到设备停止。没有出现裂纹妨碍使用的工程实例，但裂纹影响美观。本规范借鉴工程经验，采取切除自由边的方法，以避免产生裂纹。

7.5 混凝土结构改造和加固灌浆

7.5.2 将修补区域边缘切成垂直形状，深度应不小于水泥基灌浆材料中最大骨料直径的两倍，有益于修补层与原混凝土基面的结合，确保修补后结构的整体性。

7.5.4 在改造和加固灌浆过程中，应适当敲击模板，消除模板表面气泡，且使填充更密实。

7.5.5 结构加固的施工过程控制和施工质量验收，有许多具体的技术要求，在现行国家标准《建筑结构加固工程施工质量验收规范》GB 50550 中有详细规定，本规范不一一列出，详见该规范。

7.6 预应力孔道灌浆

7.6.1～7.6.3 在现行国家标准《混凝土结构工程施工规范》GB 50666 和《混凝土结构工程施工质量验收规范》GB 50204 中对用于预应力孔道灌浆用水泥浆的灌浆工艺和技术要求都有具体规定。

7.7 冬期及高温施工

7.7.1 按现行行业标准《建筑工程冬期施工规程》JGJ/T 104，当室外日平均气温连续 5d 稳定低于 5℃即进入冬期施工。作为灌浆施工，时间短，灌注体积小，要求早强，因此日平均温度低于 5℃时即要求按冬期施工操作。

如果灌浆过程和养护没有采取升温措施，应根据环境条件选择适合负温施工的水泥基灌浆材料。

采取适当的措施，如提高基础混凝土的温度，以及提高浆体入模温度，对强度增长有利。

现行国家标准《混凝土外加剂应用技术规范》GB 50119 规定，高于 65℃的热水不得与水泥直接混合；入模温度严寒地区不得低于 10℃，寒冷地区不得低于 5℃。现行行业标准《高强混凝土应用技术规程》JGJ/T 281 规定，在冬期拌制泵送高强混凝土时，入模温度高于 10℃。由于水泥基灌浆材料抗压强度高，含有外加剂等多种辅助材料，本规范规定拌合水温度不应超过 65℃，并规定浆体入模温度大于 10℃。

依据现行国家标准《混凝土外加剂应用技术规范》GB 50119，当抗压强度达到 5MPa，可以保证严寒环境下（不低于－20℃）水泥基灌浆材料不受冻害。恢复 0℃后强度持续增长。

7.7.2 随着温度的升高，水泥的水化速度快，且表面水分散失量增大，因此水泥基灌浆材料浆体流动度损失加大，可施工时间缩短，不利于施工操作；若养护不及时，导致产生较大的塑性收缩，浆体表面容易产生塑性收缩裂纹。借鉴国外经验，当温度大于 35℃，应采取适当的措施，降低灌浆部位的温度，避免产生不利情况。

7.8 养　护

7.8.1～7.8.3 参照现行国家标准《混凝土结构工程施工质量验收规范》GB 50204 和现行行业标准《建筑工程冬期施工规程》JGJ/T 104 的相关规定编写。

可采用的人工加热养护方式，如蒸汽养护法、暖棚法、电热毯法、碘钨灯法。应采取充分的保水保湿措施，养护温度不得超过 65℃。

环境温度不同，拆模时间和养护时间应不同。现行行业标准《水泥基灌浆材料施工技术规程》YB/T 9261 规定见表 2。

表 2　拆模和养护时间与环境温度的关系

日最低气温（℃）	拆模时间（h）	养护时间（d）
－10～0	96	14
0～5	72	10
5～15	48	7
≥15	24	7

8　验　收

8.0.1、8.0.2 施工验收时应提供标准养护试块抗压强度数据。留样试块尺寸为：对于Ⅰ类、Ⅱ类、Ⅲ类，应采用 40mm×40mm×160mm 的棱柱体，对于Ⅳ类，应采用 100mm×100mm×100mm 的立方体。

附录 A　水泥基灌浆材料基本性能试验方法

A.0.1 说明了实验室成型与养护要满足的条件。

A.0.2～A.0.4 规定了截锥流动度、流锥流动度和坍落扩展度试验所需的仪器要满足的条件和试验步骤。

A.0.5 规定了抗压强度试验所需的仪器要满足的条件和试验步骤。边长为 100mm 立方体抗压强度 $f_{cu,10}$ 应乘以表 3 的换算系数，作为标准抗压强度 $f_{cu,k}$。

表 3　边长为 100mm 立方体抗压强度 $f_{cu,10}$ 与 150mm 立方体抗压强度 $f_{cu,k}$ 的折算系数

100mm 立方体强度 $f_{cu,10}$（MPa）	折算系数	100mm 立方体强度 $f_{cu,10}$（MPa）	折算系数
≤55	0.95	76～85	0.92
56～65	0.94	86～95	0.91
66～75	0.93	>96	0.90

A.0.6 规定了竖向膨胀率试验所需的仪器要满足的条件和试验步骤。当采用架百分表的方法时，覆盖玻璃板两侧浆体的棉丝要保持湿润。

A.0.7、A.0.8 规定了用于冬期施工和高温环境下的水泥基灌浆材料抗压强度比的试验步骤。抗压强度比是指受检试件在一定的养护条件下，在规定的龄期成型，测试的抗压强度与标准养护条件养护 28d 受检水泥基灌浆材料抗压强度的比值，以百分比计。

中华人民共和国国家标准

无障碍设施施工验收及维护规范

Construction acceptance and maintenance
standards of the barrier-free facilities

GB 50642—2011

主编部门：江 苏 省 住 房 和 城 乡 建 设 厅
批准部门：中华人民共和国住房和城乡建设部
施行日期：2 0 1 1 年 6 月 1 日

中华人民共和国住房和城乡建设部
公　　告

第886号
关于发布国家标准《无障碍设施施工验收及维护规范》的公告

现批准《无障碍设施施工验收及维护规范》为国家标准，编号为GB 50642—2011，自2011年6月1日起实施。其中，第3.1.12、3.1.14、3.14.8、3.15.8条为强制性条文，必须严格执行。

本规范由我部标准定额研究所组织中国计划出版社出版发行。

中华人民共和国住房和城乡建设部

二〇一〇年十二月二十四日

前　言

本规范是根据住房和城乡建设部《关于印发〈2008年工程建设标准规范制订、修订计划（第一批）〉的通知》（建标〔2008〕102号）的要求，由南京建工集团有限公司和江苏省金陵建工集团有限公司会同有关单位共同编制完成的。

本规范在编制过程中，编制组进行了广泛的调查研究，分赴我国华南、西南、东北、华东等地区进行考察和调研，并充分地征求全国无障碍建设专家的意见，对主要问题进行了反复论证，最后经审查定稿。

本规范共分4章和7个附录，主要技术内容包括：总则、术语、无障碍设施的施工验收、无障碍设施的维护。

本规范中以黑体字标志的条文为强制性条文，必须严格执行。

本规范由住房和城乡建设部负责管理和对强制性条文的解释，江苏省住房和城乡建设厅负责日常管理，由南京建工集团有限公司和江苏省金陵建工集团有限公司负责具体技术内容的解释。在执行过程中，请各单位结合无障碍城市的建设，认真总结经验，如发现需要修改和补充之处，请将意见和建议寄至南京建工集团有限公司无障碍施工管理组（地址：南京市阅城大道26号，邮政编码：210012），以供今后修订时参考。

本规范主编单位、参编单位、主要起草人和主要审查人：

主 编 单 位：南京建工集团有限公司
江苏省金陵建工集团有限公司

参 编 单 位：江苏中兴建设有限公司
南京市住房和城乡建设委员会
南京市城市管理局
南京市残疾人联合会
上海市政工程设计研究总院
南京市市政设计研究院有限责任公司
上海崇海建设发展有限公司
南京嘉盛建设集团有限公司
南京万科物业管理有限公司
南京市雨花台区建筑安装工程质量监督站
南京市第四建筑工程有限公司

主要起草人：汪志群　周序洋　钱艺柏
鲁开明　吕　斌　张　怡
吴　迪　张卫东　张步宏
张殿齐　杜　军　吴　立
徐　健　王　斌　夏永锋
丁新伟　葛新明　管　平
吴纪宁

主要审查人：周文麟　祝长康　吴松勤
孟小平　孙　蕾　陈育军
王奎宝　陈国本　胡云林
梁晓农　赵建设　曾　虹
郑祥斌　郭　健　邓晓梅

目　次

Contents

1 总 则

1.0.1 为贯彻落实《残疾人保障法》，方便残疾人、老年人等社会特殊群体以及全体社会成员出行和参与社会活动，加强无障碍物质环境的建设，规范无障碍设施施工和维护活动，统一施工阶段的验收要求和使用阶段的维护要求，制定本规范。

1.0.2 本规范适用于新建、改建和扩建的城市道路、建筑物、居住区、公园等场所的无障碍设施的施工验收和维护。

1.0.3 无障碍设施的施工和维护应确保安全和适用。

1.0.4 无障碍设施的施工和交付应与建设工程的施工和交付相结合，同步进行。无障碍设施施工应进行专项的施工策划和验收；无障碍设施应做到定期检查维护，消除隐患，确保其安全和正常使用。

1.0.5 无障碍设施施工验收及维护除应符合本规范的规定外，尚应符合国家现行有关标准的规定。

2 术 语

2.0.1 无障碍设施 barrier-free facilities

为残疾人、老年人等社会特殊群体自主、平等、方便地出行和参与社会活动而设置的进出道路、建筑物、交通工具、公共服务机构的设施以及通信服务等设施。

2.0.2 家庭无障碍 barrier-free transform in residence

为适应残疾人、老年人等社会特殊群体需要，对其住宅设置无障碍设施的活动。

2.0.3 抗滑系数 coefficient of slip-resistance

物体克服最大静摩擦力，开始产生滑动时的切向力与垂直力的比值。

2.0.4 抗滑摆值 british pendulum number

采用摆式摩擦系数测定仪测定的道路表面的抗滑能力的表征值。

2.0.5 盲文标志 braille sign

采用盲文标识，使视力残疾者通过手的触摸，了解所处位置、指示方向的标志。包括盲文地图、盲文铭牌和盲文站牌。

2.0.6 盲文铭牌 braille board

在无障碍设施或附近的固定部位上设置的采用盲文标识告知信息的铭牌。

2.0.7 求助呼叫按钮 emergency button

设置在无障碍厕所、浴室、客房、公寓和居住建筑内，在紧急情况下用于求助呼叫的装置。

2.0.8 护壁(门)板 baseboard

在墙体和门扇下部，为防止轮椅脚踏碰撞设置的挡板。

2.0.9 观察窗 viewing-window

为方便残疾人、老年人等社会特殊群体通行，在视线障碍处(如不透明门、转弯墙)设置的供观察人员动态的窗口。

2.0.10 无障碍设施施工 barrier-free facilities construction

为实现无障碍设施的设计要求，有组织地对无障碍设施进行策划、实施、检验、验收和交付的活动。

2.0.11 无障碍设施维护人 barrier-free facilities maintainer

无障碍设施维护的责任人和承担者，一般指设施的产权所有人或其委托的管理人。

2.0.12 无障碍设施维护 barrier-free facilities maintenance

为保证无障碍设施在正常条件下正常使用，对无障碍设施进行检查、维修和日常养护的活动。无障碍设施的维护分为系统性维护、功能性维护和一般性维护。

2.0.13 无障碍设施的系统性维护 systematic maintenance of barrier-free facilities

对新建、改建和扩建造成的无障碍设施出现的系统性缺损所进行维护的活动。

2.0.14 无障碍设施的功能性维护 functional maintenance of barrier-free facilities

对无障碍设施的局部出现裂缝、变形和破损，松动、脱落和缺失，故障、磨损、褪色和防滑性能下降等功能性缺损所进行维护的活动。

2.0.15 无障碍设施的一般性维护 general maintenance of barrier-free facilities

对无障碍设施被临时占用或被污染等一般性缺损所进行维护的活动。

3 无障碍设施的施工验收

3.1 一 般 规 定

3.1.1 设计单位就审查合格的施工图设计文件向施工单位进行技术交底时，应对该工程项目包含的无障碍设施作出专项的说明。

3.1.2 无障碍设施的施工应由具有相关工程施工资质的单位承担。

3.1.3 实行监理的建设工程项目，项目监理部应对该工程项目包含的无障碍设施编制监理实施细则。

3.1.4 施工单位应按审查合格的施工图设计文件和施工技术标准进行无障碍设施的施工。

3.1.5 单位工程的施工组织设计中应包括无障碍设施施工的内容。

3.1.6 无障碍设施施工现场应在质量管理体系中包含相关内容，制定相关的施工质量控制和检验制度。

3.1.7 无障碍设施施工应建立安全技术交底制度，并对作业人员进行相关的安全技术教育与培训。作业前，施工技术人员应向作业人员进行详尽的安全技术交底。

3.1.8 无障碍设施疏散通道及疏散指示标识、避难空间、具有声光报警功能的报警装置应符合国家现行消防工程施工及验收标准的有关规定。

3.1.9 无障碍设施使用的原材料、半成品及成品的质量标准，应符合设计文件要求及国家现行建筑材料检测标准的有关规定。室内无障碍设施使用的材料应符合国家现行环保标准的要求；并应具备产品合格证书、中文说明书和相关性能的检测报告。进场前应对其品种、规格、型号和外观进行验收。需要复检的，应按设计要求和国家现行有关标准的规定进行取样和检测。必要时应划分单独的检验批进行检验。

3.1.10 缘石坡道、盲道、轮椅坡道、无障碍出入口、无障碍通道、楼梯和台阶、无障碍停车位、轮椅席位等地面面层抗滑性能应符合标准、规范和设计要求。

3.1.11 无障碍设施施工及质量验收应符合下列规定：

1 无障碍设施的施工及质量验收应符合国家现行标准《城镇道路工程施工与质量验收规范》CJJ 1 和《建筑工程施工质量验收统一标准》GB 50300 的有关规定。

2 无障碍设施的施工及质量验收应按设计要求进行；当设计无要求时，应按国家现行工程质量验收标准的有关规定验收；当没有明确的国家现行验收标准要求时，应由设计单位、监理单位和施工单位按照确保无障碍设施的安全和使用功能的原则共同制定验收标准，并按验收标准进行验收。

3 无障碍设施的施工及质量验收应与单位工程的相关分部工程相对应，划分为分项工程和检验批。无障碍设施按本规范附录A进行分项工程划分并与相关分部工程对应。

4 无障碍设施的施工及质量验收应由监理工程师（建设单位项目技术负责人）组织无障碍设施施工单位项目质量负责人等进行。

5 无障碍设施涉及的隐蔽工程在隐蔽前应由施工单位通知监理单位进行验收，并按本规范附录B的格式记录，形成验收文件。

6 检验批的质量验收应按本规范附录D的格式记录。检验批质量验收合格应符合下列规定：

1)主控项目的质量应经抽样检验合格。

2)一般项目的质量应经抽样检验合格；当采用计数检验时，一般项目的合格点率应达到80%及以上，且不合格点的最大偏差不得大于本规范规定允许偏差的1.5倍。

3)具有完整的施工原始资料和质量检查记录。

7 分项工程的质量验收应按本规范附录D的格式记录，分项工程质量验收合格应符合下列规定：

1)分项工程所含检验批均应符合质量合格的规定。

2)分项工程所含检验批的质量验收记录应完整。

8 当无障碍设施施工质量不符合要求时，应按下列规定进行处理：

1)经返工或更换器具、设备的检验批，应重新进行验收。

2)经返修的分项工程，虽然改变外形尺寸但仍能满足安全使用要求，应按技术处理方案和协商文件进行验收。

3)因主体结构、分部工程原因造成的拆除重做或采取其他技术方案处理的，应重新进行验收或按技术方案验收。

9 无障碍通道的地面面层和盲道面层应坚实、平整、抗滑、无倒坡、不积水。其抗滑性能应由施工单位通知监理单位进行验收。面层的抗滑性能采用抗滑系数和抗滑摆值进行控制；抗滑系数和抗滑摆值的检测方法应符合本规范第C.0.2条和第C.0.3条的规定。验收记录应按本规范表C.0.1的格式记录，形成验收文件。

10 无障碍设施地面基层的强度、厚度及构造做法应符合设计要求。其基层的质量验收，与相应地面基层的施工工序同时验收。基层验收合格后，方可进行面层的施工。

11 地面面层施工后应及时进行养护，达到设计要求后，方可正常使用。

3.1.12 安全抓杆预埋件应进行验收。

3.1.13 安全抓杆预埋件验收时，应由施工单位通知监理单位按本规范附录B的格式记录，形成验收文件。

3.1.14 通过返修或加固处理仍不能满足安全和使用要求的无障碍设施分项工程，不得验收。

3.1.15 未经验收或验收不合格的无障碍设施，不得使用。

3.2 缘石坡道

3.2.1 本节适用于整体面层和板块面层缘石坡道的施工验收。

Ⅰ 整体面层验收的主控项目

3.2.2 缘石坡道面层材料抗压强度应符合设计要求。

检验方法：查抗压强度试验报告。

3.2.3 缘石坡道坡度应符合设计要求。

检查数量：每40条查5点。

检验方法：用坡度尺量测检查。

3.2.4 缘石坡道宽度应符合设计要求。

检查数量：每40条查5点。

检验方法：用钢尺量测检查。

3.2.5 缘石坡道下口与缓冲地带地面的高差应符合设计要求。

检查数量：每40条查5点。

检验方法：用钢尺量测检查。

Ⅱ 整体面层验收的一般项目

3.2.6 混凝土面层表面应平整、无裂缝。

检查数量：每40条查5条。

检验方法：观察检查。

3.2.7 沥青混合料面层压实度应符合设计要求。

检查数量：每50条查2点。

检验方法：查试验记录（马歇尔击实试件密度，试验室标准密度）。

3.2.8 沥青混合料面层表面应平整、无裂缝、烂边、掉渣、推挤现象，接茬应平顺，烫边无枯焦现象。

检查数量：每40条查5条。

检验方法：观察检查。

3.2.9 整体面层的允许偏差应符合表3.2.9的规定。

表3.2.9 整体面层允许偏差

项目		允许偏差(mm)	检验频率		检验方法
			范围	点数	
平整度	水泥混凝土	3	每条	2	2m靠尺和塞尺量取最大值
	沥青混凝土	3			
	其他沥青混合料	4			
厚度		±5	每50条	2	钢尺量测
井框与路面高差	水泥混凝土	3	每座	1	十字法，钢板尺和塞尺量取最大值
	沥青混凝土	5			

Ⅲ 板块面层验收的主控项目

3.2.10 板块面层所用的预制砌块、陶瓷类地砖、石板材和块石的品种、质量应符合设计要求。

检验方法：观察检查和检查材质合格证明文件及检验报告。

3.2.11 结合层、块料填缝材料的强度、厚度应符合设计要求。

检验方法：查验收记录、材质合格证明文件及抗压强度试验报告。

3.2.12 缘石坡道坡度应符合设计要求。

检查数量：每40条查5点。

检验方法：用坡度尺量测检查。

3.2.13 缘石坡道宽度应符合设计要求。

检查数量：每40条查5点。

检验方法：用钢尺量测检查。

3.2.14 缘石坡道下口与缓冲地带地面的高差应符合设计要求。

检查数量：每40条查5点。

检验方法：用钢尺量测检查。

3.2.15 缘石坡道面层与基层应结合牢固、无空鼓。

检验方法：用小锤轻击检查。

注：凡单块砖边角有局部空鼓，且每检验批不超过总数5%可不计。

Ⅳ 板块面层验收的一般项目

3.2.16 地砖、石板材外观不应有裂缝、掉角、缺楞和翘曲等缺陷，表面应洁净、图案清晰、色泽一致，周边顺直。

检验方法：观察检查。

3.2.17 块石面层应组砌合理，无十字缝；当设计未要求时，块石面层石料缝隙应相互错开、通缝不超过两块石料。

检验方法：观察检查。

3.2.18 板块面层的允许偏差应符合设计规范的要求和表3.2.18的规定。

表 3.2.18 板块面层允许偏差

项目	允许偏差(mm)				检验频率		检验方法
	预制砌块	陶瓷类地砖	石板材	块石	范围	点数	
平整度	5	2	1	3	每条	2	2m靠尺和塞尺量取最大值
相邻块高差	3	0.5	0.5	2	每条	2	钢板尺和塞尺量取最大值
井框与路面高差	3	3			每座	1	十字法,钢板尺和塞尺量取最大值

3.3 盲 道

3.3.1 本节适用于预制盲道砖(板)盲道和其他型材盲道的施工验收。

3.3.2 盲道在施工前应对设计图纸进行会审,根据现场情况,与其他设计工种协调,不宜出现为避让树木、电线杆、拉线等障碍物而使行进盲道多处转折的现象。

3.3.3 当利用检查井盖上设置的触感条作为行进盲道的一部分时,应衔接顺直、平整。

3.3.4 盲道铺砌和镶贴时,行进盲道砌块与提示盲道砌块不得替代使用或混用。

Ⅰ 预制盲道砖(板)盲道验收的主控项目

3.3.5 预制盲道砖(板)的规格、颜色、强度应符合设计要求。行进盲道触感条和提示盲道触感圆点凸面高度、形状和中心距允许偏差应符合表3.3.5-1、表3.3.5-2的规定。

表 3.3.5-1 行进盲道触感条凸面高度、形状和中心距允许偏差

部位	规定值(mm)	允许偏差(mm)
面宽	25	±1
底宽	35	±1
凸面高度	4	+1
中心距	62~75	±1

表 3.3.5-2 提示盲道触感圆点凸面高度、形状和中心距允许偏差

部位	规定值(mm)	允许偏差(mm)
表面直径	25	±1
底面直径	35	±1
凸面高度	4	+1
圆点中心距	50	±1

检查数量:同一规格、同一颜色、同一强度的预制盲道砖(板)材料,应以 $100m^2$ 为一验收批;不足 $100m^2$ 按一验收批计,每验收批取5块试件进行检查。

检验方法:查材质合格证明文件、出厂检验报告、用钢尺量测检查。

3.3.6 结合层、盲道砖(板)填缝材料的强度、厚度应符合设计要求。

检验方法:查验收记录、材质合格证明文件及抗压强度试验报告。

3.3.7 盲道的宽度,提示盲道和行进盲道设置的部位、走向应符合设计要求。

检查数量:全数检查。

检验方法:观察和用钢尺量测检查。

3.3.8 盲道与障碍物的距离应符合设计要求。

检查数量:全数检查。

检验方法:用钢尺量测检查。

Ⅱ 预制盲道砖(板)盲道验收的一般项目

3.3.9 人行道范围内各类管线、树池及检查井等构筑物,应在人行道面层施工前全部完成。外露的井盖高程应调整至设计高程。

检查数量:全数检查。

检验方法:用水准仪、靠尺量测检查。

3.3.10 盲道砖(板)的铺砌和镶贴应牢固、表面平整,缝线顺直、缝宽均匀、灌缝饱满、无翘边、翘角,不积水。其触感条和触感圆点的凸面应高出相邻地面。

检查数量:全数检查。

检验方法:观察检查。

3.3.11 预制盲道砖(板)外观允许偏差应符合表3.3.11的规定。

表 3.3.11 预制盲道砖(板)外观允许偏差

项目	允许偏差(mm)	检查频率		检验方法
		范围(m)	块数	
边长	2	500	20	钢尺量测
对角线长度	3			钢尺量测
裂缝、表面起皮	不允许出现			观察

3.3.12 预制盲道砖(板)面层允许偏差应符合表3.3.12的规定。

表 3.3.12 预制盲道砖(板)面层允许偏差

项目名称	允许偏差(mm)			检查频率		检验方法
	预制盲道块	石材类盲道板	陶瓷类盲道板	范围(m)	点数	
平整度	3	1	2	20	1	2m靠尺和塞尺量取最大值
相邻块高差	3	0.5	0.5	20	1	钢板尺和塞尺量测
接缝宽度	+3;-2	1	2	50	1	钢尺量测
纵缝顺直	5	—	—	50	1	拉20m线钢尺量测
	—	2	3	50	1	拉5m线钢尺量测
横缝顺直	2	1	1	50	1	按盲道宽度拉线钢尺量测

Ⅲ 橡塑类盲道验收的主控项目

3.3.13 橡塑类盲道应由基层、粘结层和盲道板三部分组成。基层材料宜由混凝土(水泥砂浆)、天然石材、钢质或木质等材料组成。

3.3.14 采用橡胶地板材料制成的盲道板的性能指标应符合现行行业标准《橡塑铺地材料 第1部分 橡胶地板》HG/T 3747.1的有关规定。

检验方法:查材质合格证明文件、出厂检验报告。

3.3.15 采用橡胶地砖材料制成的盲道板的性能指标应符合现行行业标准《橡塑铺地材料 第2部分 橡胶地砖》HG/T 3747.2的有关规定。

检验方法:查材质合格证明文件、出厂检验报告。

3.3.16 聚氯乙烯盲道型材的性能指标应符合现行行业标准《橡塑铺地材料 第3部分 阻燃聚氯乙烯地板》HG/T 3747.3的有关规定。

检验方法:查材质合格证明文件、出厂检验报告。

3.3.17 橡塑类盲道板的厚度应符合设计要求。其最小厚度不应小于30mm,最大厚度不应大于50mm。厚度的允许偏差应为±0.2mm。触感条和触感圆点凸面高度、形状应符合本规范

表 3.3.5-1、表 3.3.5-2 的规定。

检验方法：查出厂检验报告、用游标卡尺量测。

3.3.18 粘合剂的品种、强度、厚度应符合设计和相关规范要求。面层与基层应粘结牢固、不空鼓。

检验方法：查材质合格证明文件、出厂检验报告，小锤轻击检查。

3.3.19 橡塑类盲道的宽度，提示盲道和行进盲道设置的部位、走向应符合设计要求。

检查数量：全数检查。

检验方法：观察检查和用钢尺量测检查。

3.3.20 橡塑类盲道与障碍物的距离应符合设计要求。

检查数量：全数检查。

检验方法：钢尺量测检查。

Ⅳ 橡塑类盲道验收的一般项目

3.3.21 橡塑类盲道板的尺寸应符合设计要求。其允许偏差应符合表 3.3.21 的规定。

表 3.3.21 橡塑类盲道板尺寸允许偏差

规格	长度	宽度	厚度(mm)	耐磨层厚度(mm)
块材	±0.15%	±0.15%	±0.20	±0.15
卷材	不低于名义值	不低于名义值	±0.20	±0.15

3.3.22 橡塑类盲道板外观不应有污染、翘边、缺角及断裂等缺陷。

检验方法：观察检查。

3.3.23 橡胶地板材料和橡胶地砖材料制成的盲道板的外观质量应符合表 3.3.23 的规定。

检验方法：观察检查。

表 3.3.23 橡胶地板材料和橡胶地砖材料制成的盲道板外观质量

缺陷名称	外观质量要求
表面污染、杂质、缺口、裂纹	不允许
表面缺胶	块材：面积小于 $5mm^2$，深度小于 0.2mm 的缺胶不得超过 3 处； 卷材：每平方米面积小于 $5mm^2$，深度小于 0.2mm 的缺胶不得超过 3 处
表面气泡	块材：面积小于 $5mm^2$ 的气泡不得超过 2 处； 卷材：面积小于 $5mm^2$ 的气泡，每平方米不得超过 2 处
色差	单块，单卷不允许有；批次间不允许有明显色差

3.3.24 聚氯乙烯盲道型材的外观质量应符合表 3.3.24 的规定。

检验方法：观察检查。

表 3.3.24 聚氯乙烯盲道型材外观质量

缺陷名称	外观质量要求
气泡、海绵状	表面不允许
褶皱、水纹、疤痕及凹凸不平	不允许
表面污染、杂质	聚氯乙烯块材：不允许； 聚氯乙烯卷材：面积小于 $5mm^2$，深度小于 0.15mm 的缺陷，每平方米不得超过 3 处
色差、表面撒花密度不均	单块不允许有；批次间不允许有明显色差

Ⅴ 不锈钢盲道验收的主控项目

3.3.25 不锈钢盲道应由基层、粘结层和盲道型材三部分组成。基层宜分为混凝土(水泥砂浆)、天然石材、钢质和木质的建筑完成面。

3.3.26 不锈钢盲道型材的物理力学性能应符合不锈钢 06Cr19Ni10 的性能要求。

3.3.27 不锈钢盲道型材的厚度应符合设计要求。厚度的允许偏差应为±0.2mm。触感条和触感圆点凸面高度、形状应符合本规范表 3.3.5-1、表 3.3.5-2 的规定。

检验方法：查出厂检验报告、用游标卡尺量测。

3.3.28 粘合剂的品种、强度、厚度应符合设计要求。面层与基层应粘结牢固、不空鼓。

检验方法：查材质合格证明文件、出厂检验报告，用小锤轻击检查。

3.3.29 不锈钢盲道设置的宽度，提示盲道和行进盲道设置的部位、走向应符合设计要求。

检查数量：全数检查。

检验方法：观察检查和用钢尺量测检查。

3.3.30 不锈钢盲道与障碍物的距离应符合设计要求。

检查数量：全数检查。

检验方法：用钢尺量测检查。

Ⅵ 不锈钢盲道验收的一般项目

3.3.31 不锈钢盲道型材的尺寸应符合设计要求。

3.3.32 不锈钢盲道面层外观不应有污染、翘边、缺角及断裂等缺陷。

检验方法：观察检查。

3.3.33 不锈钢盲道型材的外观质量应符合表 3.3.33 的规定。

检验方法：观察检查。

表 3.3.33 不锈钢盲道型材外观质量

缺陷名称	外观质量要求
表面污染、杂质、缺口、裂纹	不允许
表面凹坑	面积小于 $5mm^2$ 的凹坑每平方米不得超过 2 处

3.4 轮椅坡道

3.4.1 本节适用于整体面层和板块面层轮椅坡道的施工验收。

3.4.2 设置轮椅坡道处应避开雨水井和排水沟。当需要设置雨水井和排水沟时，雨水井和排水沟的雨水箅网眼尺寸应符合设计和相关规范要求，且不应大于 15mm。

3.4.3 轮椅坡道铺面的变形缝应按设计和相关规范要求设置，并应符合下列规定：

1 轮椅坡道的变形缝，应与结构缝相应的位置一致，且应贯通轮椅坡道面的构造层。

2 变形缝的构造做法应符合设计和相关规范要求。缝内应清理干净，以柔性密封材料填嵌后用板封盖。变形缝封盖板应与面层齐平。

3.4.4 轮椅坡道顶端轮椅通行平台与地面的高差不应大于 10mm，并应以斜面过渡。

3.4.5 轮椅坡道临空侧面的安全挡台高度、不同位置的坡道坡度和宽度及不同坡度的高度和水平长度应符合设计要求。

3.4.6 轮椅坡道扶手的施工应符合本规范第 3.9 节的有关规定。

Ⅰ 主控项目

3.4.7 面层材料应符合设计要求。

检验方法：查材质合格证明文件、出厂检验报告。

3.4.8 板块面层与基层应结合牢固、无空鼓。

检验方法：用小锤轻击检查。

3.4.9 坡度应符合设计要求。

检查数量：全数检查。

检验方法：用坡度尺量测检查。

3.4.10 宽度应符合设计要求。

检查数量：全数检查。

检验方法：用钢尺量测检查。

3.4.11 轮椅坡道下口与缓冲地带地面或休息平台的高差应符合设计要求。

检查数量：全数检查。

检验方法：用钢尺量测检查。

3.4.12 安全挡台高度应符合设计要求。

检查数量：全数检查。

检验方法：用钢尺量测检查。

3.4.13 轮椅坡道起点、终点缓冲地带和中间休息平台的长度应符合设计要求。

检查数量：全数检查。

检验方法：用钢尺量测检查。

3.4.14 雨水井和排水沟的雨水箅网眼尺寸应符合设计要求。

检查数量：全数检查。

检验方法：用钢尺量测检查。

Ⅱ 一般项目

3.4.15 轮椅坡道外观不应有裂纹、麻面等缺陷。

检验方法：观察检查。

3.4.16 轮椅坡道地面面层允许偏差应符合本规范表 3.5.15 的规定。轮椅坡道整体面层允许偏差应符合本规范表 3.2.9 的规定。轮椅坡道板块面层允许偏差应符合本规范表 3.2.18 的规定。

3.5 无障碍通道

3.5.1 本节适用于整体面层和板块面层无障碍通道的施工及质量验收。

3.5.2 无障碍通道内盲道的施工应符合本规范第 3.3 节的有关规定。

3.5.3 无障碍通道内扶手的施工应符合本规范第 3.9 节的有关规定。

Ⅰ 主控项目

3.5.4 无障碍通道地面面层材料应符合设计要求。

检验方法：查材质合格证明文件、出厂检验报告。

3.5.5 无障碍通道地面面层与基层应结合牢固、无空鼓。

检验方法：用小锤轻击检查。

3.5.6 无障碍通道的宽度应符合设计要求，无障碍物。

检验方法：观察和用钢尺量测检查。

3.5.7 从墙面伸入无障碍通道凸出物的尺寸和高度应符合设计要求。园林道路的树木凸入无障碍通道内的高度应符合现行行业标准《公园设计规范》CJJ 48—92 第 6.2.7 条的规定。

检查数量：全数检查。

检验方法：观察和用钢尺量测检查。

3.5.8 无障碍通道内雨水井和排水沟的雨水箅网眼尺寸应符合设计要求，且不应大于 15mm。

检查数量：全数检查。

检验方法：用钢尺量测检查。

3.5.9 门扇向无障碍通道内开启时设置的凹室尺寸应符合设计要求。

检查数量：全数检查。

检验方法：用钢尺量测检查。

3.5.10 无障碍通道一侧或尽端与其他地坪有高差时，设置的栏杆或栏板等安全设施应符合设计要求。

检查数量：全数检查。

检验方法：观察和用钢尺量测检查。

3.5.11 无障碍通道内的光照度应符合设计要求。

检查数量：全数检查。

检验方法：查检测报告。

Ⅱ 一般项目

3.5.12 无障碍通道内的雨水箅应安装平整。

检验方法：用钢板尺和塞尺量测检查。

3.5.13 无障碍通道的护壁板的高度应符合设计要求。

检查数量：每条通道和走道查 2 点。

检验方法：用钢尺量测检查。

3.5.14 无障碍通道转角处墙体的倒角或圆弧尺寸应符合设计的要求。

检查数量：每条通道和走道查 2 点。

检验方法：用钢尺量测检查。

3.5.15 无障碍通道地面面层允许偏差应符合表 3.5.15 的规定。坡道整体面层允许偏差应符合本规范表 3.2.9 的规定。坡道板块面层允许偏差应符合本规范表 3.2.18 的规定。

表 3.5.15 无障碍通道地面面层允许偏差

项目		允许偏差（mm）	检验频率		检验方法
			范围	点数	
平整度	水泥砂浆	2	每条	2	2m 靠尺和塞尺量取最大值
	细石混凝土、橡胶弹性面层	3			
	沥青混合料	4			
	水泥花砖	2			
	陶瓷类地砖	2			
	石板材	1			
整体面层厚度		±5	每条	2	钢尺量测或现场钻孔
相邻块高差		0.5	每条	2	钢板尺和塞尺量取最大值

3.5.16 无障碍通道的雨水箅和护墙板允许偏差应符合表3.5.16 的规定。

表 3.5.16 雨水箅和护墙板允许偏差

项目	允许偏差（mm）	检验频率		检验方法
		范围	点数	
地面与雨水箅高差	−3；0	每条	2	钢板尺和塞尺量取最大值
护墙板高度	+3；0	每条	2	钢尺量测

3.6 无障碍停车位

3.6.1 本节适用于室外停车场、建筑物室内停车场中无障碍停车位的施工验收。

3.6.2 通往无障碍停车位的轮椅坡道和无障碍通道应分别符合本规范第 3.4 节和第 3.5 节的规定。

3.6.3 无障碍停车位的停车线、轮椅通道线的标划应符合现行国家标准《道路交通标志和标线》GB 5768 的有关规定。

Ⅰ 主控项目

3.6.4 无障碍停车位设置的位置和数量应符合设计要求。

检验方法：观察检查。

3.6.5 无障碍停车位一侧的轮椅通道宽度应符合设计要求。

检查数量：全数检查。

检验方法：用钢尺量测检查。

3.6.6 无障碍停车位的地面漆画的停车线、轮椅通道线和无障碍标志应符合设计要求。

检查数量：全数检查。

检验方法：观察检查。

Ⅱ 一般项目

3.6.7 无障碍停车位地面面层允许偏差应符合本规范表 3.5.15 的规定。坡道整体面层允许偏差应符合本规范表 3.2.9 的规定。坡道板块面层允许偏差应符合本规范表 3.2.18 的规定。

3.6.8 无障碍停车位地面的坡度应符合设计要求。

检验方法：观察和用坡度尺量测检查。

3.6.9 无障碍停车位地面坡度允许偏差应符合表 3.6.9 的规定。

表 3.6.9 无障碍停车位地面坡度允许偏差

项目	允许偏差	检验频率		检验方法
		范围	点数	
坡度	±0.3%	每条	2	坡度尺量测

3.7 无障碍出入口

3.7.1 本节适用于无障碍出入口的施工验收。

3.7.2 无障碍出入口处设置的提示闪烁灯应符合设计要求。

3.7.3 无障碍出入口处的盲道施工应符合本规范第 3.3 节的有关规定。

3.7.4 无障碍出入口处的坡道施工应符合本规范第 3.4 节的有

关规定。

3.7.5 无障碍出入口处的扶手施工应符合本规范第3.9节的有关规定。

Ⅰ 主控项目

3.7.6 采用无台阶的无障碍出入口室外地面的坡度应符合设计要求。

检查数量：全数检查。

检验方法：用坡度尺量测检查。

3.7.7 无障碍出入口平台的宽度、平台上方设置的雨篷应符合设计要求。

检查数量：全数检查。

检验方法：用钢尺量测检查。

3.7.8 无障碍出入口门厅、过厅设两道门时，门扇同时开启的距离应符合设计要求。

检查数量：全数检查。

检验方法：用钢尺量测检查。

3.7.9 无障碍出入口处的雨水箅网眼尺寸应符合设计要求，且不应大于15mm。

检查数量：全数检查。

检验方法：用钢尺量测检查。

Ⅱ 一般项目

3.7.10 无障碍出入口处地面面层允许偏差应符合本规范表3.5.15的规定。坡道整体面层允许偏差应符合本规范表3.2.9的规定。坡道板块面层允许偏差应符合本规范表3.2.18的规定。

3.8 低位服务设施

3.8.1 本节适用于无障碍低位服务设施，包括问询台、服务台、售票窗口、电话台、安检验证台、行李托运台、借阅台、各种业务台、饮水机等的施工验收。

3.8.2 通往低位服务设施的坡道和无障碍通道应符合本规范第3.4节和第3.5节的规定。

Ⅰ 主控项目

3.8.3 低位服务设施设置的部位和数量应符合设计要求。

检查数量：全数检查。

检验方法：观察检查。

3.8.4 低位服务设施的高度、宽度、深度、电话台和饮水口的高度应符合设计要求。

检查数量：全数检查。

检验方法：观察和用钢尺量测检查。

3.8.5 低位服务设施下方的净空尺寸应符合设计要求。

检查数量：全数检查。

检验方法：用钢尺量测检查。

3.8.6 低位服务设施前的轮椅回转空间尺寸应符合设计要求。

检查数量：全数检查。

检验方法：用钢尺量测检查。

3.8.7 低位服务设施处的开关的选型应符合设计要求。

检查数量：全数检查。

检验方法：查产品合格证明文件。

Ⅱ 一般项目

3.8.8 低位服务设施处地面面层允许偏差应符合本规范表3.5.15的规定。坡道整体面层允许偏差应符合本规范表3.2.9的规定。坡道板块面层允许偏差应符合本规范表3.2.18的规定。

3.9 扶 手

3.9.1 本节适用于人行天桥、人行地道、无障碍通道、无障碍停车位、轮椅坡道、楼梯和台阶的扶手；无障碍电梯和升降平台的扶手；轮椅席位处的扶手的施工验收。

Ⅰ 主控项目

3.9.2 扶手所使用材料的材质、扶手的截面形状、尺寸应符合设计要求。

检验方法：查产品合格证明文件、出厂检验报告和用钢尺量测检查。

3.9.3 扶手的立柱和托架与主体结构的连接应经隐蔽工程验收合格后，方可进行下道工序的施工。扶手的强度及扶手立柱和托架与主体的连接强度应符合设计要求。

检验方法：查隐蔽工程验收记录和用手扳检查；必要时可进行拉拔试验。

3.9.4 扶手设置的部位、安装高度、其内侧与墙面的距离应符合设计要求。

检查数量：全数检查。

检验方法：观察和用钢尺量测检查。

3.9.5 扶手的连贯情况，起点和终点的延伸方向和长度应符合设计要求。

检查数量：全数检查。

检验方法：观察和用钢尺量测检查。

3.9.6 对有安装盲文铭牌要求的扶手，盲文铭牌的数量和安装位置应符合设计要求。

检查数量：全数检查。

检验方法：观察检查。

Ⅱ 一般项目

3.9.7 扶手转角弧度应符合设计要求，接缝应严密，表面应光滑，色泽应一致，不得有裂缝、翘曲及损坏。

检验方法：观察检查。

3.9.8 钢构件扶手表面应做防腐处理，其连接处的焊缝应锉平磨光。

检验方法：观察和手摸检查。

3.9.9 扶手允许偏差应符合表3.9.9的规定。

表3.9.9 扶手允许偏差

项目	允许偏差(mm)	检验频率		检验方法
		范围	点数	
立柱和托架间距	3	每条	2	钢尺量测
立柱垂直度	3	每条	2	1m垂直检测尺量测
扶手直线度	4	每条	1	拉5m线、钢尺量测

3.10 门

3.10.1 本节适用于公共建筑、无障碍厕所和无障碍厕位、无障碍客房和无障碍住房以及家庭无障碍改造中涉及残疾人、老年人等社会特殊群体通行的门的施工验收。

3.10.2 采用玻璃门时，其形式和玻璃的种类应符合设计和规范要求。

3.10.3 门与相邻墙壁的亮度对比应符合设计和规范要求。

Ⅰ 主控项目

3.10.4 门的选型、材质、平开门的开启方向应符合设计要求。

检查数量：全数检查。

检验方法：查产品合格证明文件，观察检查。

3.10.5 门开启后的净宽应符合设计要求。

检查数量：全数检查。

检验方法：用钢尺量测检查。

3.10.6 推拉门、平开门把手一侧的墙面宽度应符合设计要求。

检查数量：全数检查。

检验方法：用钢尺量测检查。

3.10.7 门扇上安装的把手、关门拉手和闭门器应符合设计要求。

检查数量：全数检查。

检验方法：查产品合格证明文件、手扳检查、开闭测试。

3.10.8 平开门门扇上观察窗的尺寸和安装高度应符合设计

要求。

检查数量:全数检查。

检验方法:观察和用钢尺量测检查。

3.10.9 门内外的高差及斜面的处理应符合设计要求。

检查数量:全数检查。

检验方法:观察和用钢尺量测检查。

Ⅱ 一般项目

3.10.10 门表面应洁净、平整、光滑、色泽一致。

检查数量:每10樘抽查2樘。

3.10.11 门允许偏差应符合表3.10.11的规定。

表3.10.11 门允许偏差表

项目			允许偏差(mm)	检验频率		检验方法
				范围	点数	
门框正、侧面垂直度	木门	普通	2	每10樘	2	钢尺量测
		高级	1			
	钢门		3			
	铝合金门		2.5			
门横框水平度			3	每10樘	2	水平尺和塞尺量测
平开门护门板高度			+3;0	每10樘	2	钢尺量测

3.11 无障碍电梯和升降平台

3.11.1 本节适用于无障碍电梯、自动扶梯、升降平台安装工程的施工验收。

3.11.2 通往无障碍电梯和升降平台的盲道、轮椅坡道、无障碍通道、楼梯和台阶应分别符合本规范第3.3节、第3.4节、第3.5节、第3.12节的规定。

3.11.3 无障碍电梯轿厢内和升降平台的扶手应符合本规范第3.9节的规定。

Ⅰ 主控项目

3.11.4 无障碍电梯和升降平台的类型、设置的位置和数量应符合设计要求。

检查数量:全数检查。

检验方法:观察检查,查产品合格证明文件。

3.11.5 候梯厅宽度应符合设计要求。

检查数量:全数检查。

检验方法:用钢尺量测检查。

3.11.6 专用选层按钮选型、按钮高度应符合设计要求。

检查数量:全数检查。

检验方法:观察和用钢尺量测检查。

3.11.7 无障碍电梯门洞净宽度应符合设计要求。

检查数量:全数检查。

检验方法:用钢尺量测检查。

3.11.8 无障碍电梯轿厢内的楼层显示装置和音响报层装置应符合设计要求。

检查数量:全数检查。

检验方法:现场测试。

3.11.9 轿厢的规格及轿厢门开启后的净宽度应符合设计要求。

检查数量:全数检查。

检验方法:查产品合格证明文件,用钢尺量测检查。

3.11.10 门扇关闭的光幕感应和门开闭的时间间隔应符合设计要求。

检查数量:全数检查。

检验方法:现场测试。

3.11.11 镜子或不锈钢镜面的安装应符合设计要求。

检查数量:全数检查。

检验方法:观察和用钢尺量测检查。

3.11.12 升降平台的净宽和净深、挡板的设置应符合设计要求。

检查数量:全数检查。

检验方法:查产品合格证明文件,用钢尺量测检查。

3.11.13 升降平台的呼叫和控制按钮的高度应符合设计要求。

检查数量:全数检查。

检验方法:用钢尺量测检查。

Ⅱ 一般项目

3.11.14 护壁板安装位置和高度应符合设计要求,护壁板高度允许偏差应符合表3.11.14的规定。

表3.11.14 护壁板高度允许偏差

项目	允许偏差(mm)	检验频率		检验方法
		范围	点数	
护壁板高度	+3;0	每个轿厢	3	钢尺量测

3.12 楼梯和台阶

3.12.1 本节适用于整体面层和板块面层的楼梯和台阶的施工验收。

3.12.2 台阶应避开雨水井和排水沟。当需要设置雨水井和排水沟时,雨水井和排水沟的雨水箅网眼尺寸不应大于15mm。

3.12.3 楼梯和台阶面层的变形缝应按设计要求设置,并应符合下列规定:

1 面层的变形缝,应与结构相应缝的位置一致,且应贯通面层的构造层。

2 变形缝的构造做法应符合设计和相关规范要求。缝内应清理干净,以柔性密封材料填嵌后用板封盖。变形缝封盖板应与面层齐平。

3.12.4 楼梯和台阶上盲道的施工应符合本规范第3.3节的有关规定。

3.12.5 楼梯和台阶上扶手的施工应符合本规范第3.9节的有关规定。

Ⅰ 主控项目

3.12.6 楼梯和台阶面层材料应符合设计要求。

检验方法:查材质合格证明文件、出厂检验报告。

3.12.7 楼梯和台阶面层与基层应结合牢固、无空鼓。

检验方法:用小锤轻击检查。

3.12.8 楼梯的净空高度、楼梯和台阶的宽度应符合设计要求。

检查数量:全数检查。

检验方法:用钢尺量测检查。

3.12.9 踏步的宽度和高度应符合设计要求,其允许偏差应符合表3.12.9的规定。

表3.12.9 踏步宽度和高度允许偏差

项目	允许偏差(mm)	检验频率		检验方法
		范围	点数	
踏步高度	−3;0	每梯段	2	钢尺量测
踏步宽度	+2;0	每梯段	2	钢尺量测

3.12.10 安全挡台高度应符合设计要求。

检查数量:全数检查。

检验方法:用钢尺量测检查。

3.12.11 踢面应完整。踏面凸缘的形状和尺寸、踢面和踏面颜色应符合设计要求。

检查数量:全数检查。

检验方法:观察和用钢尺量测检查。

3.12.12 雨水井和排水沟的雨水箅网眼尺寸应符合设计要求,且不应大于15mm。

检查数量:全数检查。

检验方法:观察和钢尺量测检查。

Ⅱ 一般项目

3.12.13 面层外观不应有裂纹、麻面等缺陷。

检验方法:观察检查。

3.12.14 踏面面层应表面平整，板块面层应无翘边、翘角现象。面层质量允许偏差应符合表3.12.14的规定。

表3.12.14 面层质量允许偏差

项目		允许偏差(mm)	检验频率 范围	检验频率 点数	检验方法
平整度	水泥砂浆、水磨石	2	每梯段	2	2m靠尺和塞尺量取最大值
	细石混凝土、橡胶弹性面层	3			
	水泥花砖	3			
	陶瓷类地砖	2			
	石板材	1			
相邻块高差		0.5	每梯段	2	钢板尺和塞尺量取最大值

3.13 轮椅席位

3.13.1 本节适用于公共建筑和居住区中轮椅席位的施工验收。

3.13.2 通往轮椅席位的轮椅坡道和无障碍通道应分别符合本规范第3.4节和第3.5节的规定。

Ⅰ 主控项目

3.13.3 轮椅席位设置的部位和数量应符合设计要求。

检查数量：全数检查。

检验方法：观察检查。

3.13.4 轮椅席位的面积应符合设计要求，且不应小于1.10m×0.8m。

检查数量：全数检查。

检验方法：用钢尺量测检查。

3.13.5 轮椅席位边缘处安装的栏杆或栏板应符合设计要求。

检查数量：全数检查。

检验方法：观察和用钢尺量测检查。

3.13.6 轮椅席位地面涂画的范围线和无障碍标志应符合设计要求。

检查数量：全数检查。

检验方法：观察检查。

Ⅱ 一般项目

3.13.7 陪同者席位的设置应符合设计要求。

检验方法：观察检查。

3.13.8 轮椅席位地面面层允许偏差应符合本规范表3.5.15的规定。

3.14 无障碍厕所和无障碍厕位

3.14.1 本节适用于无障碍厕所、公共厕所内无障碍厕位的施工验收。

3.14.2 通往无障碍厕所和无障碍厕位的轮椅坡道和无障碍通道应分别符合本规范第3.4节和第3.5节的规定。

3.14.3 无障碍厕所和无障碍厕位的门应符合本规范第3.10节的规定。

Ⅰ 主控项目

3.14.4 无障碍厕所和无障碍厕位的面积和平面尺寸应符合设计要求。

检查数量：全数检查。

检验方法：观察和用钢尺量测检查。

3.14.5 无障碍厕位设置的位置和数量应符合设计要求。

检查数量：全数检查。

检验方法：观察检查。

3.14.6 坐便器、小便器、低位小便器、洗手盆、镜子等卫生洁具和配件选用型号、安装高度应符合设计要求。

检查数量：全数检查。

检验方法：查产品合格证明文件和用钢尺量测检查。

3.14.7 安全抓杆选用的材质、形状、截面尺寸、安装位置应符合设计要求。

检查数量：全数检查。

检验方法：查产品合格证明文件，观察和用钢尺量测检查。

3.14.8 厕所和厕位的安全抓杆应安装牢固，支撑力应符合设计要求。

检查数量：全数检查。

检验方法：查产品合格证明文件、隐蔽验收记录、支撑力测试报告。

3.14.9 供轮椅乘用者使用的无障碍厕所和无障碍厕位内轮椅的回转空间应符合设计要求。

检查数量：全数检查。

检验方法：用钢尺量测检查。

3.14.10 求助呼叫按钮的安装部位和高度应符合设计要求。报警信息传输、显示可靠。

检查数量：全数检查。

检验方法：查产品合格证明文件，观察和用钢尺量测检查，现场测试。

3.14.11 洗手盆设置的高度及下方的净空尺寸应符合设计要求。

检查数量：全数检查。

检验方法：用钢尺量测检查。

Ⅱ 一般项目

3.14.12 放物台的材质、平面尺寸、高度应符合设计要求。

检验方法：查产品合格证明文件，用钢尺量测检查。

3.14.13 挂衣钩安装的部位和高度应符合设计要求。挂衣钩的安装应牢固，强度满足悬挂重物的要求。

检验方法：观察和用钢尺量测检查，手扳检查。

3.14.14 安全抓杆安装应横平竖直，转角弧度应符合设计要求，接缝应严密满焊、表面应光滑，色泽应一致，不得有裂缝、翘曲及损坏。

检验方法：观察和手摸检查。

3.14.15 照明开关的选型和安装的高度应符合设计要求。

检查数量：全数检查。

检验方法：查产品合格证明文件，用钢尺量测检查。

3.14.16 灯具的型号和照度应符合设计要求。

检查数量：全数检查。

检验方法：查产品合格证明文件、照度检测报告。

3.14.17 无障碍厕所和无障碍厕位地面面层允许偏差应符合本规范表3.5.15的规定。

3.14.18 放物台、挂衣钩和安全抓杆允许偏差应符合表3.14.18的规定。

表3.14.18 放物台、挂衣钩和安全抓杆允许偏差

项目		允许偏差(mm)	检验频率 范围	检验频率 点数	检验方法
放物台	平面尺寸	±10	每个	2	钢尺量测
	高度	−10;0			
挂衣钩高度		−10;0	每座厕所	2	钢尺量测
安全抓杆的垂直度		2	每4个	2	垂直检测尺量测
安全抓杆的水平度		3	每4个	2	水平尺量测

3.15 无障碍浴室

3.15.1 本节适用于公共浴室内无障碍盆浴间和无障碍淋浴间的施工验收。

3.15.2 通往无障碍浴室的轮椅坡道和无障碍通道应分别符合本规范第3.4节和第3.5节的规定。

3.15.3 无障碍浴室的门应符合本规范第3.10节的规定。

Ⅰ 主控项目

3.15.4 无障碍盆浴间和无障碍淋浴间的面积和平面尺寸应符合

设计的要求。

检查数量：全数检查。

检验方法：用钢尺量测检查。

3.15.5 无障碍浴室内轮椅的回转空间应符合设计要求。

检查数量：全数检查。

检验方法：用钢尺量测检查。

3.15.6 无障碍淋浴间的座椅和安全抓杆配置、安装高度和深度应符合设计要求。

检查数量：全数检查。

检验方法：查产品合格证明文件，用钢尺量测检查。

3.15.7 无障碍盆浴间的浴盆、洗浴坐台和安全抓杆的配置、安装高度和深度应符合设计要求。

检查数量：全数检查。

检验方法：查产品合格证明文件，用钢尺量测检查。

3.15.8 浴室的安全抓杆应安装坚固，支撑力应符合设计要求。

检查数量：全数检查。

检验方法：查产品合格证明文件、隐蔽验收记录、支撑力测试报告。

3.15.9 求助呼叫按钮的安装部位和高度应符合设计要求。报警信息传输、显示可靠。

检查数量：全数检查。

检验方法：查产品合格证明文件，用钢尺量测检查，现场测试。

3.15.10 更衣台、洗手盆和镜子安装的高度、深度；洗手盆下方的净空尺寸应符合设计要求。

检查数量：全数检查。

检验方法：用钢尺量测检查。

Ⅱ 一 般 项 目

3.15.11 浴帘、毛巾架和淋浴器喷头的安装高度符合设计要求。

检验方法：用钢尺量测检查。

3.15.12 安全抓杆安装应横平竖直，转角弧度应符合设计要求，接缝应严密满焊、表面应光滑，色泽应一致，不得有裂缝、翘曲及损坏。

检验方法：观察和手摸检查。

3.15.13 照明开关的选型和安装的高度应符合设计要求。

检查数量：全数检查。

检验方法：查产品合格证明文件，用钢尺量测检查。

3.15.14 灯具的型号和照度应符合设计要求。

检查数量：全数检查。

检验方法：查产品合格证明文件、照度检测报告。

3.15.15 无障碍盆浴间和无障碍淋浴间地面允许偏差应符合本规范表 3.5.15 的规定。

3.15.16 浴帘、毛巾架、淋浴器喷头、更衣台、挂衣钩和安全抓杆允许偏差应符合表 3.15.16 的规定。

表 3.15.16 浴帘、毛巾架、淋浴器喷头、更衣台、挂衣钩和安全抓杆允许偏差

项目		允许偏差（mm）	检验频率		检验方法
			范围	点数	
浴帘、毛巾架、挂衣钩高度		−10；0	每个	1	钢尺量测
淋浴器喷头高度		−15；0	每个	1	钢尺量测
更衣台、洗手盆	平面尺寸	±10	每个	2	钢尺量测
	高度	−10；0			
安全抓杆的垂直度		2	每4个	2	垂直检测尺量测
安全抓杆的水平度		3	每4个	2	水平尺量测

3.16 无障碍住房和无障碍客房

3.16.1 本节适用于无障碍住房和公共建筑的无障碍客房的施工验收。

3.16.2 无障碍住房的吊柜、壁柜、厨房操作台安装预埋件或后置预埋件的数量、规格、位置应符合设计和相关规范要求。必须经隐蔽工程验收合格后，方可进行下道工序的施工。

3.16.3 通往无障碍住房和无障碍客房的轮椅坡道、无障碍通道、无障碍电梯和升降平台、楼梯和台阶应分别符合本规范第 3.4 节、第 3.5 节、第 3.11 节、第 3.12 节的规定。

3.16.4 无障碍住房和无障碍客房的门应符合本规范第 3.10 节的规定。

3.16.5 无障碍住房和无障碍客房的卫生间应符合本规范第 3.14 节的规定。

3.16.6 无障碍住房和无障碍客房的浴室应符合本规范第 3.15 节的规定。

Ⅰ 主 控 项 目

3.16.7 无障碍住房和无障碍客房的套型布置。无障碍客房内的过道、卫生间，无障碍住房卧室、起居室、厨房、卫生间、过道和阳台等基本使用空间的面积应符合设计要求。

检查数量：全数检查。

检验方法：用钢尺量测检查。

3.16.8 无障碍客房设置的位置和数量应符合设计要求。

检查数量：全数检查。

检验方法：观察检查。

3.16.9 无障碍住房和无障碍客房所设置的求助呼叫按钮和报警灯的安装部位和高度应符合设计要求。报警信息显示、传输可靠。

检查数量：全数检查。

检验方法：查产品合格证明文件，用钢尺量测检查，现场测试。

3.16.10 无障碍住房和无障碍客房设置的家具和电器的摆放位置和高度应符合设计要求。

检查数量：全数检查。

检验方法：用钢尺量测检查。

3.16.11 无障碍住房和无障碍客房的地面、墙面及轮椅回转空间应符合设计要求。

检查数量：全数检查。

检验方法：观察和用钢尺量测检查。

3.16.12 无障碍住房的厨房操作台、吊柜、壁柜必须安装牢固。厨房操作台的高度、深度及台下的净空尺寸、厨房吊柜的高度和深度应符合设计要求。

检查数量：全数检查。

检验方法：手扳检查，用钢尺量测检查。

3.16.13 橱柜的高度和深度、挂衣杆的高度应符合设计要求。

检查数量：全数检查。

检验方法：用钢尺量测检查。

3.16.14 无障碍住房的阳台进深应符合设计要求。

检验方法：用钢尺量测检查。

3.16.15 晾晒设施应符合设计要求。

检验方法：观察检查。

3.16.16 开关、插座的选型、位置和安装高度应符合设计要求。

检验方法：查产品合格证明文件，用钢尺量测检查。

3.16.17 无障碍住房设置的通讯设施应符合设计要求。

检验方法：观察检查，现场测试。

Ⅱ 一 般 项 目

3.16.18 无障碍住房和无障碍客房的地面允许偏差应符合本规范表 3.5.15 的规定。

3.16.19 无障碍住房厨房操作台、吊柜、壁柜，表面应平整、洁净、色泽应一致，不得有裂缝、翘曲及损坏。

检验方法：观察检查。

3.16.20 无障碍住房的厨房操作台、吊柜、壁柜的抽屉和柜门应开关灵活，回位正确。

检验方法：观察检查，开启和关闭检查。

3.16.21 无障碍住房的橱柜、厨房操作台、吊柜、壁柜的允许偏差应符合表3.16.21的规定。

表 3.16.21 橱柜、厨房操作台、吊柜、壁柜允许偏差

项　目	允许偏差(mm)	检验方法
外形尺寸	3	钢尺量测
立面垂直度	2	垂直检测尺量测
门与框架的直线度	2	拉通线，钢尺量测

3.17 过街音响信号装置

3.17.1 本节适用于城市道路人行横道口过街音响信号装置的施工验收。

3.17.2 过街音响信号装置的选型、设置和安装应符合现行国家标准《道路交通信号灯》GB 14887和《道路交通信号灯设置与安装规范》GB 14886的有关规定。

Ⅰ 主 控 项 目

3.17.3 装置应安装牢固，立杆与基础有可靠的连接。

检查数量：全数检查。

检验方法：查安装施工记录、隐蔽工程验收记录。

3.17.4 装置设置的位置、高度应符合设计要求。

检查数量：全数检查。

检验方法：观察和用钢尺量测检查。

3.17.5 装置音响的间隔时间、声压级符合设计要求。音响信号装置应具有根据要求开关的功能。

检查数量：全数检查。

检验方法：查产品合格证明文件，现场测试。

Ⅱ 一 般 项 目

3.17.6 过街音响信号装置的立杆应安装垂直。垂直度允许偏差为柱高的1/1000。

检查数量：每4组抽查2根。

检验方法：线锤和直尺量测检查。

3.17.7 信号灯的轴线与过街人行横道的方向应一致，夹角不应大于5°。

检查数量：每4组抽查2根。

检验方法：拉线量测检查。

3.18 无障碍标志和盲文标志

3.18.1 本节适用于国际通用无障碍标志、无障碍设施标志牌、带指示方向的无障碍标志牌和盲文标志牌的施工验收。

Ⅰ 主 控 项 目

3.18.2 无障碍标志和盲文标志的材质应符合设计要求。

检验方法：查产品合格证明文件。

3.18.3 无障碍标志和盲文标志设置的部位、规格和高度应符合设计要求。

检验方法：观察和用钢尺量测检查。

3.18.4 无障碍标志和盲文标志及图形的尺寸和颜色应符合国际通用无障碍标志的要求。

检验方法：观察和用钢尺量测检查。

3.18.5 对有盲文铭牌要求的设施，盲文铭牌设置的部位、规格和高度应符合设计要求。

检验方法：观察和用钢尺量测检查。

3.18.6 盲文铭牌的尺寸和盲文内容应符合设计要求。盲文制作应符合现行国家标准《中国盲文》GB/T 15720的有关要求。

检验方法：用钢尺量测检查，手摸检查。

3.18.7 盲文地图和触摸式发声地图的设置部位、规格和高度应符合设计要求。

检验方法：观察和用钢尺量测检查。

Ⅱ 一 般 项 目

3.18.8 无障碍标志牌和盲文标志牌应安装牢固、平正。

检验方法：观察检查。

3.18.9 盲文铭牌和盲文地图表面应洁净、光滑、无裂纹、无毛刺。

检验方法：观察和手摸检查。

3.18.10 发光标志的照度应符合设计要求。

检验方法：查产品合格证明文件。

4 无障碍设施的维护

4.1 一 般 规 定

4.1.1 本章适用于城市道路、建筑物、居住区、公园等场所无障碍设施的检查和维护。

4.1.2 无障碍设施竣工验收后，应明确无障碍设施维护人。可按本规范表E划分维护范围。

4.1.3 无障碍设施维护人应配备相应的维护人员，组织、实施维护工作。

4.1.4 无障碍设施维护人应建立维护制度。包括计划、检查、维护、验收和技术档案建立等内容。

4.1.5 无障碍设施维护人应根据检查情况，分析原因，制订维护方案。

4.1.6 无障碍设施维护分为系统性维护、功能性维护和一般性维护。维护情况可按本规范附录G表格记录。

4.1.7 人行道盲道和缘石坡道的维护尚应符合现行行业标准《城镇道路养护技术规范》CJJ 36—2006第9.1节～第9.4节的有关规定。

4.1.8 涉及人身安全的无障碍设施的缺损必须采取应急维护措施，及时修复。

4.1.9 无障碍通道地面面层的维修，宜采用与原面层材质、规格相同的材料进行。

4.1.10 无障碍设施的维修施工和验收应符合本规范第3章相对应设施的规定。

4.1.11 在降雪地区，冬季维护的重点为除雪防滑，无障碍设施维护人应组织除雪作业。

4.1.12 无障碍设施维护人应根据维护制度，保存维护人员档案和培训记录、无障碍设施的检查记录、维修计划和维修方案和施工、验收记录。

4.2 无障碍设施的缺损类别和缺损情况

4.2.1 根据无障碍设施缺损所产生的影响以及检查范围的不同，无障碍设施缺损可分为系统性缺损、功能性缺损和一般性缺损。

4.2.2 无障碍设施缺损情况可按表4.2.2进行分类。

表 4.2.2 无障碍设施缺损情况

缺损类别	缺损情况	
系统性缺损	新建、扩建和改建，各单位工程中的缘石坡道、盲道、无障碍出入口、轮椅坡道、无障碍通道、楼梯和台阶、无障碍电梯和升降平台、过街音响信号装置、无障碍标志和盲文标志等无障碍设施出现的缺损，不同单位的工程项目之间无障碍通道接口、行走路线发生改变或出现阻断、永久性的占用，出现区域内无障碍设施总体系统丧失使用功能	
功能性缺损	裂缝、变形和破损	人为或自然的原因造成地基或基层发生变形，出现缘石坡道、盲道、无障碍出入口、轮椅坡道、无障碍通道、楼梯和台阶、无障碍停车位的面层开裂、沉陷和隆起。门扇的裂缝、下垂和翘曲。除地面以外其他设施的破损
	松动、脱落和缺失	裂缝和变形，出现缘石坡道、盲道、无障碍出入口、轮椅坡道、无障碍通道、楼梯和台阶、无障碍电梯和升降平台、无障碍停车位的面层和粘结层或基层的脱离，面层裂缝，块体或板块面层单个块体的松动、脱落和缺失； 盲道触感条和触感圆点和基层的脱离，出现的脱落和缺失； 连接松动，出现门、扶手、安全抓杆、无障碍厕所和无障碍厕位、无障碍浴室、无障碍选层按钮、求助呼叫装置、无障碍住房中设施、低位服务设施、无障碍标志和盲文标志出现脱落和缺失

续表 4.2.2

缺损类别		缺损情况
功能性缺损	故障	照明装置、无障碍电梯和升降平台楼层显示和语音报层装置、无障碍电梯和升降平台门开闭装置、求助呼叫装置、过街音响信号装置、通讯设施、服务设施的设备故障
	磨损	盲道触感条和触感圆点、无障碍选层按钮、盲文铭牌和盲文地图触点的磨损；轮椅席位、无障碍停车位地面标线的磨损
	褪色	盲道、无障碍标志和盲文标志与新建设施颜色出现明显色差；门与相邻设施对比度明显下降。轮椅席位、无障碍停车位地面标线的褪色
	抗滑性能下降	缘石坡道、盲道、无障碍出入口、轮椅坡道、无障碍通道、楼梯和台阶的地面由于使用磨损或污染造成的抗滑性能下降
一般性缺损		涉及通行的缘石坡道、盲道、无障碍出入口、轮椅坡道、无障碍通道、楼梯和台阶，被临时性占用；扶手、门、无障碍电梯和升降平台、低位服务设施、过街音响信号装置、无障碍标志和盲文标志设施表面污染

4.3 无障碍设施的检查

4.3.1 无障碍设施检查的频次应符合表 4.3.1 的规定。检查情况可按本规范附录 F 表格记录。

表 4.3.1 无障碍设施检查频次

检查类别	系统性检查	功能性检查	一般性检查
检查频次	每年 1 次	每季度 1 次	每月 1 次

4.3.2 无障碍设施的检查内容应符合下列规定：

1 系统性检查：检查城市道路、城市绿地、居住区、建筑物、历史文物保护建筑无障碍设施因新建、改建和扩建造成的各单位工程接口之间缘石坡道、盲道、无障碍出入口、轮椅坡道、无障碍通道、楼梯和台阶、无障碍电梯和升降平台、过街音响信号装置、无障碍标志和盲文标志等无障碍设施系统性的破坏状况。

2 功能性检查：检查无障碍设施的局部损坏、缺失等不能满足使用功能的状况。

3 一般性检查：检查无障碍设施被占用和污染的状况。

4.4 无障碍设施的维护

4.4.1 系统性维护应符合下列规定：

1 对新建、改建和扩建的工程项目造成区域内无障碍设施缺损，系统性丧失使用功能的情况，无障碍设施维护人应编制维护方案。维护方案至少应包括下列内容：

1)新建、扩建和改建前，城市道路、建筑物、居住区、公园等场所的无障碍通道与周边通道的连接情况。

2)新建、扩建和改建过程中对原有无障碍设施产生的影响和临时性改造措施。

3)新建、扩建和改建后，城市道路、建筑物、居住区、公园等场所之间的无障碍通道与周边通道的连接的修复，完成后各类设施布置的规划。

2 由于新建、改建和扩建，各单位工程之间无障碍通道接口、行走路线被永久性的占用，应重新规划和设计被占用的设施，保证无障碍设施的正常使用。

4.4.2 功能性维护应符合下列规定：

1 地面的裂缝、变形和破损的维护应符合下列规定：

1)对面层裂缝、变形和破损的维护，所使用的面层材料的材质应与原材质相同，所使用的板块材料的规格、尺寸和颜色宜与原板块材料相同。

2)对整体面层局部轻微裂缝，可采用直接灌浆法处治。对贯穿板厚的中等裂缝，可用扩缝补块的方法处治。对于严重裂缝可用挖补方法全深度补块。整体面层大面积开裂、空鼓的应凿除重做。

3)对板块面层局部出现裂缝的，可采取更换板块材料的方法处治。板块面层大面积开裂、空鼓的应凿除重做。

4)对地基或基层沉陷导致面层沉陷维护，应首先处理地基和基层，地基和基层处理达到设计和相关规范要求并验收合格后，再处理面层。

5)对树木根部的生长造成的隆起，应首先处理基层，基层处理达到设计和相关规范要求并验收合格后，再处理面层。

6)检查井沉陷应重新安装检查井框。

7)维护面层的范围应大于沉陷部位的面积，每边不应小于 300mm 或 1 倍板块材料的宽度。

8)对单块盲道板触感条和触感圆点破损超过 25%的，盲道板有开裂、翘边、破损等，应用更换方法处治。一条盲道整体触感条和触感圆点破损超过 20%的，应重新铺贴。

2 其他设施及组件的裂缝、变形和破损的维护应符合下列规定：

1) 扶手的开裂、变形和破损，应用修补或更换方法处治。

2)安全抓杆的变形，应用更换的方法处治。

3)门扇下垂、变形和破损影响使用的应用更换的方法处治。

4)观察窗玻璃开裂、破损，应用更换的方法处治。

5)门把手、关门拉手和闭合器破损，应用更换的方法处治。

6)无障碍通道的护壁板、门的护门板翘边、破损，应用修补或更换的方法处治。

7)无障碍厕所和无障碍厕位、无障碍浴室中的洁具、配件破损，应用更换的方法处治。

8)求助呼叫按钮装置破损，应用更换的方法处治。

9)放物台、更衣台、洗手盆、浴帘、毛巾架、挂衣钩破损，应用修补或更换的方法处治。

10)过街音响信号装置立杆、信号灯变形和破损，应用更换的方法处治。

11)无障碍电梯和升降平台的无障碍选层按钮破损，应用更换的方法处治。

12)镜子的破损，应用更换的方法处治。

13)盲文地图破损，应用修补或更换的方法处治。

3 松动、脱落和缺失的维护应符合下列规定：

1)面层的局部松动、脱落，应用修补和更换的方法处治。脱落面积超过 20%的，应整体凿除重做。

2)局部盲道板松动、脱落和缺失，应重新固定、补齐。

3)缺失的检查井盖板和雨水箅应补齐。

4)无障碍通道、走道的护墙板和门的护门板松动、缺失，应紧固、补齐。

5)扶手、安全抓杆松动、脱落和缺失，应紧固、补齐。

6)栏杆、栏板松动和缺失，应首先采取可靠的临时围挡措施，然后按原设计修复。

7)门把手、关门拉手和闭合器松动、脱落和缺失，应紧固、补齐。

8)无障碍厕所和无障碍厕位、无障碍浴室中的洁具、配件松动、脱落和缺失，应紧固、补齐。

9)求助呼叫按钮装置松动、脱落和缺失，应紧固、补齐。

10)放物台、更衣台、洗手盆、浴帘、毛巾架、挂衣钩松动、脱落和缺失，应紧固、补齐。

11)过街音响信号装置立杆、信号灯松动，应紧固。

12)厨房的操作台、吊柜、壁柜和卧室、客房的橱柜及其五金配件、挂衣杆松动、脱落和缺失，应用紧固、补齐。

13)无障碍电梯和升降平台的无障碍选层按钮松动、脱落和缺失，应紧固、补齐。

14)无障碍标志和盲文标志松动、脱落和缺失，应紧固、补齐。

4 故障的维护应符合下列规定：

1)求助呼叫装置和报警装置故障，应排除、修复。

2)过街音响信号装置的灯光和音响故障，应排除、修复。

3)居室内设置的通讯设备故障，应排除、修复。

4)服务设施的设备故障，应排除、修复。

5)无障碍电梯和升降平台的运行楼层显示装置和音响报层装置、平层装置、梯门开闭装置故障，应排除、修复。

5 磨损的维护应符合下列规定：

1)盲道触感条和触感圆点因磨损高度不符合设计和相关规范要求，应更换盲道板。

2)无障碍电梯和升降平台的无障碍选层按钮、盲文铭牌和盲文地图的触点因磨损，不能正常使用，应更换。

3)轮椅席位、无障碍停车位地面标线磨损，应重画。

6 褪色的维护应符合下列规定：

1)盲道板明显褪色，应更换。

2)门明显褪色，降低门与墙面的对比度下降，应重新涂装。

3)无障碍标志和盲文标志明显褪色，应更换。

4.4.3 一般性维护应符合下列规定：

1 临时性占用的维护应符合下列规定：

1)涉及通行的缘石坡道、盲道、无障碍出入口、轮椅坡道、无障碍通道、楼梯和台阶被临时性占用。占用的活动设施和物品应移除，占用的固定设施应拆除。

2)无障碍厕所和无障碍厕位、无障碍浴室、无障碍住房、无障碍客房、低位服务设施、轮椅席位、无障碍电梯和升降平台中的轮椅回转空间被临时性占用。占用的活动设施和物品应移除，占用的固定设施应拆除。

2 积水、腐蚀和污染的维护应符合下列规定：

1)涉及通行的地面面层积水，应及时清除。

2)盲道、扶手、安全抓杆、门、无障碍厕所和无障碍厕位、无障碍浴室、无障碍住房、无障碍客房、无障碍电梯和升降平台、过街音响信号装置、无障碍标志和盲文标志及配件的表面和出现腐蚀、锈蚀、油漆脱落，应重新涂装或更换。

3)设施表面污染应清洗达到洁净的标准。

4.4.4 抗滑性能下降的维护应符合下列规定：

1 对地面磨损，造成抗滑性能下降，不能达到设计要求的，应对面层进行处理。

2 设计为干燥地面，出现潮湿或积水情况，造成抗滑性能下降，不能满足安全使用要求的，应对面层进行处理。

3 对污染所造成的抗滑性能下降，不能达到设计要求的，应对面层进行处理。

附录A 无障碍设施分项工程与相关分部(子分部)工程对应表

表A 无障碍设施分项工程划分及与相关分部(子分部)工程对应表

序号	分部工程	子分部	无障碍设施分项工程
1	人行道		缘石坡道
	道路		
2	人行道		盲道
	建筑装饰装修	地面	
	道路		
3	建筑装饰装修	地面、门窗	无障碍出入口
4	面层		轮椅坡道
	建筑装饰装修	地面	
	道路		
5	面层		无障碍通道
	建筑装饰装修	地面	
	道路		
6	面层		楼梯和台阶
	建筑装饰装修	地面	
7	建筑装饰装修	细部	扶手
8	电梯		无障碍电梯与升降平台
9	建筑装饰装修	门窗	门
10	建筑装饰装修	地面	无障碍厕所和无障碍厕位
	建筑电气		
	建筑给水排水及采暖		
	智能建筑		
11	建筑装饰装修	地面	无障碍浴室
	建筑电气		
	建筑给水排水及采暖		
	智能建筑		
12	建筑装饰装修	地面、细部	轮椅席位
13	建筑装饰装修	地面、细部	无障碍住房和无障碍客房
	建筑电气		
	建筑给水排水及采暖		
	智能建筑		
14	广场与停车场		无障碍停车位
	建筑装饰装修		
15	建筑装饰装修		低位服务设施
16	建筑装饰装修	细部	无障碍标志和盲文标志

注：1 表中人行道、面层和广场与停车场三个分部工程应按现行行业标准《城镇道路工程施工与质量验收规范》CJJ 1的有关规定进行验收。

2 道路、建筑装饰装修、电梯、智能建筑、建筑电气和建筑给水排水及采暖六个分部工程应按现行国家标准《建筑工程施工质量验收统一标准》GB 50300的有关规定进行验收。

3 过街音响信号装置应按现行国家标准《道路交通信号灯设置与安装规范》GB 14886的有关规定进行验收。

附录B 无障碍设施隐蔽工程验收记录

表B 无障碍设施隐蔽工程验收记录

工程名称		施工单位	
分项工程名称		项目经理	
隐蔽工程项目		专业技术负责人	
施工标准名称及编号			
施工图名称及编号			
隐蔽工程部位	质量要求	施工单位自查记录	监理（建设）单位验收记录
施工单位自查结论	施工单位项目技术负责人： 年 月 日		
监理（建设）单位验收结论	监理工程师（建设单位项目负责人）： 年 月 日		

附录 C　无障碍设施地面抗滑性能检查记录表及检测方法

C.0.1　无障碍设施地面抗滑性能检查可按表 C.0.1 进行记录。

表 C.0.1　无障碍设施地面抗滑性能检查记录

工程名称			施工单位		
分部工程名称			项目经理		
分项工程名称			专业技术负责人		
施工标准名称及编号					
施工图名称及编号					
检测部位及平、坡面	实测值		允许值		检测结论
	抗滑系数	抗滑摆值	抗滑系数	抗滑摆值	
施工单位自查结论	施工单位项目技术负责人： 年　月　日				
监理（建设）单位验收结论	监理工程师（建设单位项目负责人）： 年　月　日				

C.0.2　无障碍设施面层抗滑系数测定应按下列方法进行：

1　本测定方法适用于无障碍设施地面抗滑的现场测试和地面铺贴块材的实验室测试，进行抗滑处理后的块材也可根据实际情况执行。不适用于被污染的区域。

2　测定区域及样品应符合下列规定：

1）测定区域或样品不应小于 100mm×100mm。每次测定前样品表面应保持清洁。

2）测定样品或区域应分别进行湿态和干态测定，每组测定至少进行 3 个测定样品的测试。

3）现场定测时，同一个地面，同种块材，同种块材加工饰面应进行一组测试。

3　测定使用的仪器和材料应包括：

1）水平拉力计，最小分度应为 0.1N。

2）一个 50N 的重块。

3）聚氨酯耐磨合成橡胶，IRD 硬度应为 90±2。

4）400 号碳化硅耐水砂纸，应符合现行行业标准《涂附磨具耐水砂纸》JB/T 7499—2006 标准要求。

5）软毛刷。

6）P220 号碳化硅砂，应符合现行国家标准《涂附磨具用磨料粒度分析　第 2 部分：粗磨粒 P12～P220 粒度组成的测定》GB/T 9258.2—2008 标准要求。

7）一块 150mm×150mm×5mm 和一块 100mm×100mm×5mm 的浮法玻璃板。

8）蒸馏水。

4　测定应遵循下列步骤：

1）制作滑块：将一块 75mm×75mm×3mm 的聚氨酯耐磨合成橡胶（IRD 硬度为 90±2）粘在一块 200mm×200mm×20mm 的木块中央位置，组成滑块组件，木块侧面中心位置固定一个环首螺钉，用于与拉力计连接。

2）对滑块进行处理：把一张 400 号碳化硅砂纸平铺在工作平台上，沿水平方向拉动滑块组件直至橡胶表面失去光泽，用软毛刷刷去碎屑。

3）校正：将 150mm×150mm×5mm 的玻璃板放在工作平台上，在其表面撒上少量碳化硅砂并滴几滴水，用 100mm×100mm×5mm 的玻璃板为研磨工具，以圆周运动进行研磨至大玻璃板表面完全变成半透明状态。

用清水洗净大玻璃板表面，擦净，在空气中干燥，作为校正板备用。

将准备好的校正板放在一个水平的工作台上，将滑块组件放在糙面上，水平拉力计挂钩挂在滑块组件的环首螺钉上，在滑块组件上面的中心位置放置一个 50N 的重块，固定校正板，使拉力计的拉杆和环首螺钉保持在同一水平线上，立即缓慢拉动拉力计至滑块组件恰好发生移动，记录下此时的拉力值，精确至 0.1N。总共拉动 4 次，每次与上次拉动方向在水平面上呈 90°角。

抗滑系数校正值应按下式计算：

$$C = R_d / nG \tag{C.0.2-1}$$

式中：C——抗滑系数校正值；

R_d——4 次拉力读数之和（N）；

n——拉动次数，应取 4；

G——滑块组件加上 50N 重块的总重力（N）。

如果橡胶面打磨均匀，4 个拉力读数应该基本一致，且校正值应在 0.75±0.05 范围内。在测试 3 个样品之前和之后均应重复校正过程并记录结果。如果前后的校正值不符合 0.75±0.05，应重新测试。

4）测试干态表面：

①将测试表面擦拭干净，必要时用清水洗净并干燥。

②将测试样品放在一个水平的工作工作台上，将滑块组件放在测试面上，水平拉力计挂钩挂在滑块组件的环首螺钉上，在滑块组件上面的中心位置放置一个 50N 的重块，固定测试样品，使拉力计的拉杆和环首螺钉保持在同一条水平线上，3 秒钟内立即缓慢拉动拉力计至滑块组件恰好发生移动，记录下此时的拉力值，精确至 0.1N。一个测试面上要拉动 4 次组件，每次与上次方向在水平面上呈 90°角，每进行一次拉动前就要用 400 号砂纸对耐磨合成橡胶表面进行一次打磨并保持表面平整。记录所有读数。

5）测试湿态表面：

用蒸馏水将测试面和耐磨合成橡胶表面打湿，重复测试干态表面的步骤 2。

5　单个测试面或试验样品的平均抗滑系数计算应按下列公式计算：

1）干态表面测试：

$$C_d = R_d / nG \tag{C.0.2-2}$$

2）湿态表面测试：

$$C_w = R_w / nG \tag{C.0.2-3}$$

式中：C_d——干态表面测试的抗滑系数值；

C_w——湿态表面测试的抗滑系数值；

R_d——干态表面测试 4 次拉力读数之和（N）；

R_w——湿态表面测试 4 次拉力读数之和（N）；

n——拉动次数（4 次）；

G——滑块组件加上 50N 重块的总重力(N)。

以一组试验的平均值作为测定结果，保留两位有效数字。

6 测定报告应包括下列内容：

1)样品名称、尺寸、数量、种类。

2)干态和湿态的单个测试面的抗滑系数和一组试验的平均抗滑系数。

3)判断本标准的极限值时，采用修约值比较法。

C.0.3 无障碍设施面层抗滑摆值(F_B)的测定应按下列方法进行：

1 本测定方法适用于以摆式摩擦系数测定仪(摆式仪)测定无障碍设施面层的抗滑值，用以评定无障碍设施面层的抗滑性能。

2 测定仪具与材料应包括：

1)摆式仪：摆及摆的连接部分总质量应为(1500±30)g，摆动中心至摆的重心距离应为(410±5)mm，测定时摆在面层上滑动长度应为(126±1)mm，摆上橡胶片端部距摆动中心的距离应为508mm，橡胶片对面层的正向静压力应为(22.2±0.5)N。摆式仪结构见示意图 C.0.3。

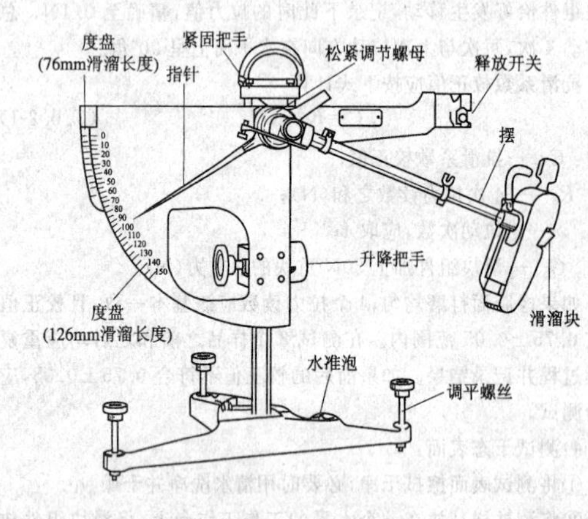
度盘
(76mm滑溜长度)
紧固把手
松紧调节螺母
释放开关
指针
摆
升降把手
度盘
(126mm滑溜长度)
滑溜块
水准泡
调平螺丝

图 C.0.3 摆式仪结构示意图

2)橡胶片：用于测定面层抗滑值时的尺寸应为(6.35±1)mm×(25.4±1)mm×(76.2±1)mm，橡胶片应为(90±1)邵尔应硬度的4S橡胶。当橡胶片使用后，端部在长度方向上磨损超过1.6mm或边缘在宽度方向上磨耗超过 3.2mm，或有油污染时，应更换新橡胶片；新橡胶片应先在干燥路面上测 10 次后再用于测试。橡胶片的有效使用期应为 1 年。

3)标准量尺：长度应为 126mm。

4)洒水壶。

5)橡胶刮板。

6)地面温度计：分度不应大于 1℃。

7)其他：皮尺式钢卷尺、扫帚、粉笔等。

3 测定应遵循下列步骤：

1)进行准备工作，应包括下列内容：

①检查摆式仪的调零灵敏情况，并应定期进行仪器的标定。当用于无障碍设施面层工程检查验收时，仪器应重新标定。

②对测试同一材料的面层，应按随机取样方法，决定测点所在位置。测点应干燥清洁。无灰尘杂物、油污等。

2)进行测试：

①调平仪器：将仪器置于面层测点上，转动底座上的调平螺栓，使水准泡居中。

②调零：

a. 放松上、下两个紧固把手，转动升降把手，使摆升高并能自由摆动，然后旋紧紧固把手。

b. 将摆抬起，使卡环卡在释放开关上，此时摆处于水平释放位置，把指针转至与摆杆平行。

c. 按下释放开关，摆带动指针摆动向另一边，当摆达到另一边最高位置后下落时，用手将摆杆接住，此时指针应指向零。若不指零时，可稍旋紧或放松摆的调节螺母，重复本项操作，直至指针指零。调零允许误差为±1BPN。

③校核滑动长度：

a. 让摆自由悬挂，提起摆头上的举升柄，将底座上垫块置于定位螺丝下面，使摆头上的滑溜块升高，放松紧固把手，转动立柱上升降把手，使摆缓缓下降。当滑块上的橡胶片刚刚接触路面时，即将紧固把手旋紧，使摆头固定。

b. 提起举升柄，取下垫块，使摆向右运动。然后，手提举升柄使摆慢慢向另一边运动，直至橡胶片的边缘刚刚接触面层。在橡胶片的外边摆动方向设置标准量尺，尺的一端正对准该点。再用手提起举升柄，使滑溜块向上抬起，并使摆继续运动至另一边，使橡胶片返回落下再一次接触面层，橡胶片两次同路面接触点的距离应在 126mm(即滑动长度)左右。若滑动长度不符合标准时，则升高或降低仪器底正面的调平螺丝来校正，但需调平水准泡，重复此项校核直至滑动长度符合要求，而后，将摆和指针置于水平释放位置。

校核滑动长度时应以橡胶片长边刚刚接触路面为准，不得借摆力量向前滑动，以免标定的滑动长度过长。

④ 测试：

将摆抬至待释放位置，并使指针和摆杆平行，按下释放开关，使摆在面层上滑过，指针即可指示出面层的摆值。在摆杆回落时，应用左手接住摆，以避免摆在回摆过程中接触面层。第一次值应舍去。

重复以上操作测定 5 次，并读记每次测定的摆值，即 BPN，5 次数值中最大值与最小值的差值不得大于 3BPN。如差数大于 3BPN 时，应检查产生的原因，并再次重复上述各项操作，至符合规定为止。取 5 次测定的平均值作为每个测点面层的抗滑摆值(即摆值 F_B)，取整数，以 BPN 表示。

⑤测试潮湿地面：

若要测试潮湿地面的抗滑摆值，应用喷壶将水浇在待测面层处，5min 后用橡胶刮板刮除多余的水分，然后再进行测试。

⑥对抗滑摆值进行温度修正：

在测点位置上用地面温度计测记面层的温度，精确至 1℃。当路面温度为 T 时测得的值为 F_{BT}，应换算成标准温度 20℃的摆值 F_{B20}。温度修正值见表 C.0.3。

表 C.0.3 温度修正值

温度(℃)	0	5	10	15	20	25	30	35	40
温度修正值(ΔBPN)	−6	−4	−2	−1	0	+2	+3	+5	+7

⑦确定测定结果：

在 3 个不同测点进行测试，取 3 个测点抗滑摆值的平均值作为试验结果，精确至 1BPN。

4 检测报告应包括下列内容：

1)测试日期、测点位置、天气情况、面层温度，并描述面层外观、材质、表面养护情况等。

2)单点抗滑摆值：各点面层抗滑摆值的测定值 F_{BT}、经温度修正后的 F_{B20}。

3)各点抗滑摆值的测定值及 3 次测定值的平均值、标准差、变异系数。

4)精密度与允许差：同一个测点，重复 5 次测定的差值不大于 3BPN。

附录D 无障碍设施分项工程检验批质量验收记录表

D.0.1 缘石坡道分项工程应按表D.0.1进行记录。

表D.0.1 缘石坡道分项工程检验批质量验收记录

工程名称			分项工程名称		验收部位	
施工单位			专业工长		项目经理	
施工执行标准名称及编号						
分包单位			分包项目经理		施工班组长	
主控项目			施工质量验收标准的规定	施工单位检查评定记录	监理(建设)单位验收记录	
1	面层材质		品种、质量、抗压强度应符合设计要求			
2	结合层的施工		应结合牢固、无空鼓			
3	坡度		应符合设计要求			
4	宽度		应符合设计要求			
5	高差		应符合设计要求			
6	板块空鼓		每检验批单块砖边角局部空鼓不超过总数的5%			
一般项目			施工质量验收标准的规定	施工单位检查评定记录	监理(建设)单位验收记录	
1	外观质量		表面应平整、无裂缝、掉角、缺楞和翘曲			
2	面层压实度		应符合设计要求			
3	项目		允许偏差(mm)			
3	平整度	水泥混凝土	3			
3	平整度	沥青混凝土	3			
3	平整度	其他混合料	4			
3	平整度	预制砌块	5			
3	平整度	陶瓷类地砖	2			
3	平整度	石板材	1			
3	平整度	块石	3			
	项目		允许偏差(mm)			
4	相邻块高差	预制砌块	3			
4	相邻块高差	陶瓷类地砖	0.5			
4	相邻块高差	石板材	0.5			
4	相邻块高差	块石	2			
5	井框与路面高差	水泥混凝土	3			
5	井框与路面高差	沥青混凝土	5			
5	井框与路面高差	预制砌块	4			
5	井框与路面高差	陶瓷类地砖				
5	井框与路面高差	石板材	3			
5	井框与路面高差	块石				
6	厚度		±5			
施工单位检查评定结果	项目专业质量检查员：年 月 日					
监理(建设)单位验收结论	监理工程师(建设单位项目专业技术负责人)：年 月 日					

D.0.2 盲道分项工程应按表D.0.2进行记录。

表D.0.2 盲道分项工程检验批质量验收记录

工程名称			分项工程名称		验收部位	
施工单位			专业工长		项目经理	
施工执行标准名称及编号						
分包单位			分包项目经理		施工班组长	
主控项目			施工质量验收标准的规定	施工单位检查评定记录	监理(建设)单位验收记录	
1	盲道材质		规格、颜色、强度应符合设计要求			
2	盲道型材厚度，凸面高度、形状		应符合设计要求			
3	结合层质量		应符合设计要求			
4	宽度、设置部位和走向		应符合设计要求			
5	盲道与障碍物距离		应符合设计要求			
一般项目			施工质量验收标准的规定	施工单位检查评定记录	监理(建设)单位验收记录	
1	外观质量		应牢固、表面平整，缝线顺直、缝宽均匀、灌缝饱满、无翘边、翘角，不积水			
2	型材尺寸		应符合设计要求			
	项目		允许偏差(mm)			
3	平整度	预制盲道块	3			
3	平整度	石材类盲道板	1			
3	平整度	陶瓷类盲道板	2			
4	相邻块高差	预制盲道块	3			
4	相邻块高差	石材类盲道板	0.5			
4	相邻块高差	陶瓷类盲道板	0.5			
	项目		允许偏差(mm)			
5	接缝宽度	预制盲道块	+3；-2			
5	接缝宽度	石材类盲道板	1			
5	接缝宽度	陶瓷类盲道板	2			
6	纵缝顺直	预制盲道块	5			
6	纵缝顺直	石材类盲道板	2			
6	纵缝顺直	陶瓷类盲道板	3			
7	横缝顺直	预制盲道块	2			
7	横缝顺直	石材类盲道板	1			
7	横缝顺直	陶瓷类盲道板	1			
施工单位检查评定结果	项目专业质量检查员：年 月 日					
监理(建设)单位验收结论	监理工程师(建设单位项目专业技术负责人)：年 月 日					

D.0.3 轮椅坡道分项工程应按表 D.0.3 进行记录。

表 D.0.3 轮椅坡道分项工程检验批质量验收记录

工程名称			分项工程名称		验收部位
施工单位			专业工长		项目经理
施工执行标准名称及编号					
分包单位			分包项目经理		施工班组长
主控项目		施工质量验收标准的规定	施工单位检查评定记录		监理(建设)单位验收记录
1	面层材质	应符合设计要求			
2	结合层质量	应结合牢固、无空鼓			
3	坡度	应符合设计要求			
4	宽度	应符合设计要求			
5	高差	应符合设计要求			
6	安全挡台高度	应符合设计要求			
7	缓冲地带和休息平台长度	应符合设计要求			
8	雨水箅网眼尺寸	应符合设计要求			
一般项目		施工质量验收标准的规定	施工单位检查评定记录		监理(建设)单位验收记录
1	外观质量	不应有裂纹、麻面等缺陷			
	项目	允许偏差(mm)			
2 平整度	水泥砂浆	2			
	细石混凝土	3			
	沥青混合料	4			
	水泥花砖	2			
	陶瓷类地砖	2			
	石板材	1			
3	整体面层厚度	±5			
4	相邻块高差	0.5			
施工单位检查评定结果		项目专业质量检查员： 年 月 日			
监理(建设)单位验收结论		监理工程师(建设单位项目专业技术负责人)： 年 月 日			

D.0.4 无障碍通道分项工程应按表 D.0.4 进行记录。

表 D.0.4 无障碍通道分项工程检验批质量验收记录

工程名称			分项工程名称		验收部位
施工单位			专业工长		项目经理
施工执行标准名称及编号					
分包单位			分包项目经理		施工班组长
主控项目		施工质量验收标准的规定	施工单位检查评定记录		监理(建设)单位验收记录
1	面层材质	应符合设计要求			
2	结合层质量	应符合设计要求			
3	宽度	应符合设计要求			
4	突出物尺寸和高度	应符合设计要求			
5	雨水箅网眼尺寸	应符合设计要求			
6	凹室尺寸	应符合设计要求			
7	安全设施设置	应符合设计要求			
一般项目		施工质量验收标准的规定	施工单位检查评定记录		监理(建设)单位验收记录
1	雨水箅	应安装平整			
2	护壁(门)板高度	应符合设计要求			
3	通道转角处墙体的倒角或圆弧尺寸	应符合设计要求			
	项目	允许偏差(mm)			
4 平整度	整体面层 水泥混凝土	3			
	整体面层 沥青混凝土	3			
	整体面层 其他沥青混合料	4			
	板块面层 预制砌块	5			
	板块面层 陶瓷类地砖	2			
	板块面层 石板材	1			
	板块面层 块石	3			

续表 D.0.4

一般项目		施工质量验收标准的规定	施工单位检查评定记录	监理(建设)单位验收记录
	项目	允许偏差(mm)		
4 平整度	坡道面层 水泥砂浆	2		
	坡道面层 细石混凝土、橡胶弹性面层	3		
	坡道面层 沥青混合料	4		
	坡道面层 水泥花砖	2		
	坡道面层 陶瓷类地砖	2		
	坡道面层 石板材	1		
5	地面与雨水箅高差	−3；0		
6	护墙板高度	+3；0		
施工单位检查评定结果		项目专业质量检查员： 年 月 日		
监理(建设)单位验收结论		监理工程师(建设单位项目专业技术负责人)： 年 月 日		

D.0.5 无障碍停车位分项工程应按表 D.0.5 进行记录。

表 D.0.5 无障碍停车位分项工程检验批质量验收记录

工程名称			分项工程名称		验收部位
施工单位			专业工长		项目经理
施工执行标准名称及编号					
分包单位			分包项目经理		施工班组长
主控项目		施工质量验收标准的规定	施工单位检查评定记录		监理(建设)单位验收记录
1	位置和数量	应符合设计要求			
2	一侧通道宽度	应符合设计要求			
3	涂画和标志	应符合设计和相关规范要求			
一般项目		施工质量验收标准的规定	施工单位检查评定记录		监理(建设)单位验收记录
1	地面坡度	应符合设计要求			
	项目	允许偏差(mm)			
2 平整度	整体面层 水泥混凝土	3			
	整体面层 沥青混凝土	3			
	整体面层 其他沥青混合料	4			
	板块面层 预制砌块	5			
	板块面层 陶瓷类地砖	2			
	板块面层 石板材	1			
	板块面层 块石	3			
3	相邻块高差	0.5			
4	地面坡度	±0.3%			
施工单位检查评定结果		项目专业质量检查员： 年 月 日			
监理(建设)单位验收结论		监理工程师(建设单位项目专业技术负责人)： 年 月 日			

D.0.6 无障碍出入口分项工程应按表 D.0.6 进行记录。

表 D.0.6 无障碍出入口分项工程检验批质量验收记录

工程名称			分项工程名称		验收部位
施工单位			专业工长		项目经理
施工执行标准名称及编号					
分包单位			分包项目经理		施工班组长
主控项目		施工质量验收标准的规定	施工单位检查评定记录		监理(建设)单位验收记录
1	出入口外地面坡度	应符合设计要求			
2	平台宽度、雨篷尺寸	应符合设计要求			
3	门扇开启距离	应符合设计要求			
4	雨水箅网眼尺寸	应符合设计要求，且不大于 15mm			
一般项目		施工质量验收标准的规定	施工单位检查评定记录		监理(建设)单位验收记录
1	出入口处地面外观质量	应符合设计要求			
2	项目	允许偏差(mm)			
	平整度 整体面层 水泥混凝土	3			
	平整度 整体面层 沥青混凝土	3			
	平整度 整体面层 其他沥青混合料	4			
	平整度 板块面层 预制砌块	5			
	平整度 板块面层 陶瓷类地砖	2			
	平整度 板块面层 石板材	1			
	平整度 板块面层 块石	3			
	平整度 坡道面层 水泥砂浆	2			
	平整度 坡道面层 细石混凝土、橡胶弹性面层	3			
	平整度 坡道面层 沥青混合料	4			
	平整度 坡道面层 水泥花砖	2			
	平整度 坡道面层 陶瓷类地砖	2			
	平整度 坡道面层 石板材	1			
施工单位检查评定结果		项目专业质量检查员：　　年　月　日			
监理(建设)单位验收结论		监理工程师(建设单位项目专业技术负责人)：　　年　月　日			

D.0.7 低位服务设施分项工程应按表 D.0.7 进行记录。

表 D.0.7 低位服务设施分项工程检验批质量验收记录

工程名称			分项工程名称		验收部位
施工单位			专业工长		项目经理
施工执行标准名称及编号					
分包单位			分包项目经理		施工班组长
主控项目		施工质量验收标准的规定	施工单位检查评定记录		监理(建设)单位验收记录
1	位置和数量	应符合设计要求			
2	设施高度、宽度和进深	应符合设计要求			
3	下方净空尺寸	应符合设计要求			
4	轮椅回转空间	应符合设计要求			
5	灯具和开关	应符合设计要求			
一般项目		施工质量验收标准的规定	施工单位检查评定记录		监理(建设)单位验收记录
	项目	允许偏差(mm)			
1	平整度 水泥砂浆、水磨石	2			
	平整度 细石混凝土、橡胶弹性面层	3			
	平整度 水泥花砖	3			
	平整度 陶瓷类地砖	2			
	平整度 石板材	1			
2	相邻块高差	0.5			
施工单位检查评定结果		项目专业质量检查员：　　年　月　日			
监理(建设)单位验收结论		监理工程师(建设单位项目专业技术负责人)：　　年　月　日			

D.0.8 扶手分项工程应按表 D.0.8 进行记录。

表 D.0.8 扶手分项工程检验批质量验收记录

工程名称			分项工程名称		验收部位
施工单位			专业工长		项目经理
施工执行标准名称及编号					
分包单位			分包项目经理		施工班组长
主控项目		施工质量验收标准的规定	施工单位检查评定记录		监理(建设)单位验收记录
1	材质	应符合设计要求			
2	连接质量	应符合设计要求			
3	扶手截面及安装质量	应符合设计要求			
4	栏杆质量	应符合设计要求			
5	扶手盲文标志	应符合设计要求			
一般项目		施工质量验收标准的规定	施工单位检查评定记录		监理(建设)单位验收记录
1	外观质量	接缝严密，表面光滑，色泽一致，不得有裂缝、翘曲及损坏			
2	钢构件扶手	表面应做防腐处理，其连接处的焊缝应锉平磨光			
3	项目	允许偏差(mm)			
	立柱和托架间距	3			
4	立柱垂直度	3			
5	扶手直线度	4			
施工单位检查评定结果		项目专业质量检查员：　　年　月　日			
监理(建设)单位验收结论		监理工程师(建设单位项目专业技术负责人)：　　年　月　日			

D.0.9 门分项工程应按表 D.0.9 进行记录。

表 D.0.9 门分项工程检验批质量验收记录

工程名称			分项工程名称		验收部位
施工单位			专业工长		项目经理
施工执行标准名称及编号					
分包单位			分包项目经理		施工班组长
主控项目		施工质量验收标准的规定	施工单位检查评定记录		监理(建设)单位验收记录
1	选型、材质、开启方向	应符合设计要求			
2	开启后净宽	应符合设计要求			
3	把手一侧墙面宽度	应符合设计要求			
4	把手、关门拉手和闭合器	应符合设计要求			
5	观察窗	应符合设计要求			
6	门内外高差	应符合设计要求			
一般项目		施工质量验收标准的规定	施工单位检查评定记录		监理(建设)单位验收记录
1	外观质量	应洁净、平整、光滑，色泽一致			
	项目	允许偏差(mm)			
2	门框正、侧面垂直度 木门 普通	2			
	门框正、侧面垂直度 木门 高级	1			
	门框正、侧面垂直度 钢门	3			
	门框正、侧面垂直度 铝合金门	2.5			
3	门横框水平度	3			
4	护门板高度	+3;0			
施工单位检查评定结果		项目专业质量检查员：　　年　月　日			
监理(建设)单位验收结论		监理工程师(建设单位项目专业技术负责人)：　　年　月　日			

D.0.10 无障碍电梯和升降平台分项工程应按表D.0.10进行记录。

表D.0.10 无障碍电梯和升降平台分项工程检验批质量验收记录

工程名称		分项工程名称		验收部位
施工单位		专业工长		项目经理
施工执行标准名称及编号				
分包单位		分包项目经理		施工班组长
主控项目		施工质量验收标准的规定	施工单位检查评定记录	监理（建设）单位验收记录
1	设备类型，设置位置和数量	应符合设计要求		
2	电梯厅宽度	应符合设计要求		
3	专用选层按钮	应符合设计要求		
4	电梯门洞外口宽度	应符合设计要求		
5	运行显示和提示音响信号装置	应符合设计要求		
6	轿厢规格和门净宽度	应符合设计要求		
7	门光幕感应和门全开闭间隔时间	应符合设计要求		
8	轿厢平台与楼层平层和水平间距	应符合设计要求		
9	镜子设置	应符合设计要求		
10	平台尺寸和栏杆	应符合设计要求		
11	平台按钮高度	应符合设计要求		
一般项目		施工质量验收标准的规定	施工单位检查评定记录	监理（建设）单位验收记录
护壁板高度		允许偏差（mm）		
		+3；0		
施工单位检查评定结果		项目专业质量检查员： 年 月 日		
监理（建设）单位验收结论		监理工程师（建设单位项目专业技术负责人）： 年 月 日		

D.0.11 楼梯和台阶分项工程应按表D.0.11进行记录。

表D.0.11 楼梯和台阶分项工程检验批质量验收记录

工程名称			分项工程名称		验收部位
施工单位			专业工长		项目经理
施工执行标准名称及编号					
分包单位			分包项目经理		施工班组长
主控项目			施工质量验收标准的规定	施工单位检查评定记录	监理（建设）单位验收记录
1	面层材质		应符合设计要求		
2	结合层质量		应结合牢固、无空鼓		
3	楼梯的净空高度、楼梯和台阶的宽度		应符合设计要求		
4	安全挡台高度		应符合设计要求		
5	踏面凸缘的形状和尺寸		应符合设计要求		
6	雨水箅网眼尺寸		踏面凸缘的形状和尺寸		
一般项目			施工质量验收标准的规定	施工单位检查评定记录	监理（建设）单位验收记录
1	外观质量		不应有裂纹、麻面等缺陷		
	项目		允许偏差（mm）		
	踏步高度		－3；0		
	踏步宽度		+2；0		
2	平整度	水泥砂浆、水磨石	2		
		细石混凝土、橡胶弹性面层	3		
		水泥花砖	3		
		陶瓷类地砖	2		
		石板材	1		
3	相邻块高差		0.5		
施工单位检查评定结果			项目专业质量检查员： 年 月 日		
监理（建设）单位验收结论			监理工程师（建设单位项目专业技术负责人）： 年 月 日		

D.0.12 轮椅席位分项工程应按表D.0.12进行记录。

表D.0.12 轮椅席位分项工程检验批质量验收记录

工程名称			分项工程名称		验收部位
施工单位			专业工长		项目经理
施工执行标准名称及编号					
分包单位			分包项目经理		施工班组长
主控项目			施工质量验收标准的规定	施工单位检查评定记录	监理（建设）单位验收记录
1	位置和数量		应符合设计要求		
2	面积		应符合设计要求，且不小于1.10m×0.8m		
3	栏杆或栏板		应符合设计要求		
4	涂画和标志		应符合设计要求		
一般项目			施工质量验收标准的规定	施工单位检查评定记录	监理（建设）单位验收记录
1	陪同者席位		应符合设计要求		
	项目		允许偏差（mm）		
2	平整度	水泥砂浆、水磨石	2		
		细石混凝土、橡胶弹性面层	3		
		水泥花砖	3		
		陶瓷类地砖	2		
		石板材	1		
3	相邻块高差		0.5		
施工单位检查评定结果			项目专业质量检查员： 年 月 日		
监理（建设）单位验收结论			监理工程师（建设单位项目专业技术负责人）： 年 月 日		

D.0.13 无障碍厕所和无障碍厕位分项工程应按表D.0.13进行记录。

表D.0.13 无障碍厕所和无障碍厕位分项工程检验批质量验收记录

工程名称			分项工程名称		验收部位
施工单位			专业工长		项目经理
施工执行标准名称及编号					
分包单位			分包项目经理		施工班组长
主控项目			施工质量验收标准的规定	施工单位检查评定记录	监理（建设）单位验收记录
1	面积和平面尺寸		应符合设计要求		
2	位置和数量		应符合设计要求		
3	洁具		应符合设计要求		
4	安全抓杆支撑力		应符合设计要求		
5	安全抓杆选型、安装位置		应符合设计要求		
6	轮椅回转空间		应符合设计要求		
7	求助呼叫系统		应符合设计要求		
8	洗手盆高度及净空尺寸		应符合设计要求		
一般项目			施工质量验收标准的规定	施工单位检查评定记录	监理（建设）单位验收记录
1	放物台材质、尺寸及高度		应符合设计要求		
2	挂衣钩安装部位及高度		应符合设计要求		
3	安全抓杆		应横平竖直，转角弧度应符合设计要求		
4	照明开关选型及安装高度		应符合设计要求		
5	灯具型号及照度		应符合设计要求		
	项目		允许偏差（mm）		
6	放物台	平面尺寸	+10		
		高度	－10；0		
7	挂衣钩高度		－10；0		
8	安全抓杆垂直度		2		
9	安全抓杆水平度		3		
施工单位检查评定结果			项目专业质量检查员： 年 月 日		
监理（建设）单位验收结论			监理工程师（建设单位项目专业技术负责人）： 年 月 日		

D.0.14 无障碍浴室分项工程应按表 D.0.14 进行记录。

表 D.0.14 无障碍浴室分项工程检验批质量验收记录

工程名称		分项工程名称		验收部位	
施工单位		专业工长		项目经理	
施工执行标准名称及编号					
分包单位		分包项目经理		施工班组长	
主控项目		施工质量验收标准的规定	施工单位检查评定记录	监理（建设）单位验收记录	
1	面积和平面尺寸	应符合设计要求			
2	轮椅回转空间	应符合设计要求			
3	无障碍淋浴间座椅和安全抓杆	应符合设计要求			
4	无障碍盆浴间浴盆、洗浴坐台、安全抓杆	应符合设计要求			
5	安全抓杆支撑力	应符合设计要求			
6	求助呼叫系统	应符合设计要求			
7	洗手盆	应符合设计要求			
一般项目		施工质量验收标准的规定	施工单位检查评定记录	监理（建设）单位验收记录	
1	浴帘、毛巾架、淋浴器喷头安装高度	应符合设计要求			
2	安全抓杆	应横平竖直，转角弧度应符合设计要求			
3	照明开关选型及安装高度	应符合设计要求			
4	灯具型号及照度	应符合设计要求			
	项目	允许偏差(mm)			
5	平整度：水泥砂浆、水磨石	2			
	平整度：细石混凝土、橡胶弹性面层	3			
	平整度：水泥花砖	3			
	平整度：陶瓷类地砖	2			
	平整度：石板材	1			
6	相邻块高差	0.5			
7	浴帘、毛巾架、挂衣钩高度	−10;0			
8	淋浴器喷头高度	−15;0			
9	更衣台、洗手盆：平面尺寸	+10			
	更衣台、洗手盆：高度	−10;0			
10	安全抓杆的垂直度	2			
11	安全抓杆的水平度	3			
施工单位检查评定结果		项目专业质量检查员： 年 月 日			
监理（建设）单位验收结论		监理工程师（建设单位项目专业技术负责人）： 年 月 日			

D.0.15 无障碍住房和无障碍客房分项工程应按表 D.0.15 进行记录。

表 D.0.15 无障碍住房和无障碍客房分项工程检验批质量验收记录

工程名称		分项工程名称		验收部位	
施工单位		专业工长		项目经理	
施工执行标准名称及编号					
分包单位		分包项目经理		施工班组长	
主控项目		施工质量验收标准的规定	施工单位检查评定记录	监理（建设）单位验收记录	
1	平面布置和面积	应符合设计要求			
2	无障碍客房位置和数量	应符合设计要求			
3	求助呼叫系统	应符合设计要求			
4	家具和电器	应符合设计要求			
5	地面、墙面和轮椅回转空间	应符合设计要求			
6	操作台、吊柜、壁柜	应符合设计要求			
7	橱柜和挂衣杆	应符合设计要求			
8	阳台进深	应符合设计要求			
9	晾晒设施	应符合设计要求			
10	开关、插座	应符合设计要求			
11	通讯设施	应符合设计要求			
一般项目		施工质量验收标准的规定	施工单位检查评定记录	监理（建设）单位验收记录	
1	抽屉和柜门	应开关灵活，回位正确			
	项目	允许偏差(mm)			
2	地面平整度：水泥砂浆、水磨石	2			
	地面平整度：细石混凝土、橡胶弹性面层	3			
	地面平整度：水泥花砖	3			
	地面平整度：陶瓷类地砖	2			
	地面平整度：石板材	1			
3	台柜：外形尺寸	3			
	台柜：立面垂直度	2			
	台柜：门直线度	2			
施工单位检查评定结果		项目专业质量检查员： 年 月 日			
监理（建设）单位验收结论		监理工程师（建设单位项目专业技术负责人）： 年 月 日			

D.0.16 过街音响信号装置分项工程应按表 D.0.16 进行记录。

表 D.0.16 过街音响信号装置分项工程检验批质量验收记录

工程名称		分项工程名称		验收部位	
施工单位		专业工长		项目经理	
施工执行标准名称及编号					
分包单位		分包项目经理		施工班组长	
主控项目		施工质量验收标准的规定	施工单位检查评定记录	监理（建设）单位验收记录	
1	装置安装	立杆与基础有可靠的连接			
2	位置和高度	应符合设计要求			
3	音响间隔时间和声压级	应符合设计要求			
一般项目		施工质量验收标准的规定	施工单位检查评定记录	监理（建设）单位验收记录	
1	立杆垂直度	不大于柱高的 1/1000			
2	信号灯轴线	轴线与过街人行横道的方向应一致，夹角小于或等于 5°			
施工单位检查评定结果		项目专业质量检查员： 年 月 日			
监理（建设）单位验收结论		监理工程师（建设单位项目专业技术负责人）： 年 月 日			

D.0.17 无障碍标志和盲文标志分项工程应按表 D.0.17 进行记录。

表 D.0.17 无障碍标志和盲文标志分项工程检验批质量验收记录

工程名称		分项工程名称		验收部位	
施工单位		专业工长		项目经理	
施工执行标准名称及编号					
分包单位		分包项目经理		施工班组长	
主控项目		施工质量验收标准的规定	施工单位检查评定记录	监理(建设)单位验收记录	
1	材质	应符合设计要求			
2	标志牌位置、规格和高度	应符合设计要求			
3	图形尺寸和颜色	应符合国际通用无障碍标志的要求			
4	盲文铭牌位置、规格和高度	应符合设计要求			
5	盲文铭牌制作	应符合设计和国际通用无障碍标志的要求			
6	盲文地图位置、规格和高度	应符合设计要求			
一般项目		施工质量验收标准的规定	施工单位检查评定记录	监理(建设)单位验收记录	
1	标志牌安装	应安装牢固、平正			
2	盲文铭牌和地图	表面应洁净、光滑、无裂纹、无毛刺			
3	发光标志	应符合设计要求			
施工单位检查评定结果		项目专业质量检查员： 年 月 日			
监理(建设)单位验收结论		监理工程师(建设单位项目专业技术负责人)： 年 月 日			

附录 E 无障碍设施维护人维护范围

表 E 无障碍设施维护人维护范围

工程类别	无障碍设施维护人	设施类别
道路 城市广场 城市园林	市政设施维护单位、市容管理单位、园林设施维护单位、环卫设施维护单位	缘石坡道
		盲道
		轮椅坡道
		无障碍通道
		无障碍出入口
		扶手
		人行天桥和人行地道的无障碍电梯和升降平台
		楼梯和台阶
		公共厕所
		无障碍标志和盲文标志
	交通设施维护单位	无障碍停车位
		过街音响信号装置
建筑物 住宅区	产权所有人或其委托的物业管理单位	盲道
		轮椅坡道
		无障碍通道
		无障碍停车位
		无障碍出入口
		低位服务设施
		扶手
		门
		无障碍电梯和升降平台
		楼梯和台阶
		轮椅席位
		无障碍厕所和无障碍厕位
		无障碍浴室
		无障碍住房和无障碍客房
		无障碍标志和盲文标志

附录 F 无障碍设施检查记录表

F.0.1 无障碍设施系统性检查按表 F.0.1 进行记录。

表 F.0.1 无障碍设施系统性检查记录表

编号：

单位工程名称		检查范围	
系统性缺损类别		缺损情况	备注
由于新建、扩建和改建，各单位工程包含的缘石坡道、盲道、无障碍出入口、轮椅坡道、无障碍通道、楼梯和台阶、无障碍电梯和升降平台、过街音响信号装置、无障碍标志和盲文标志等无障碍设施出现缺损			
单位工程之间无障碍通道接口、行走路线发生改变或出现阻断、永久性的占用			
无障碍设施系统性评价			

检查人： 检查日期： 年 月 日

F.0.2 无障碍设施功能性检查按表 F.0.2 进行记录。

表 F.0.2 无障碍设施功能性检查记录表

编号：

单位工程名称		检查部位	
功能性缺损类别		缺损情况	备注
裂缝、变形和破损			
松动、脱落和缺失			
故障			
磨损			
褪色			
抗滑性能下降			
单位工程无障碍设施功能性评价			

检查人： 检查日期： 年 月 日

F.0.3 无障碍设施一般性检查应按表F.0.3进行记录。

表F.0.3 无障碍设施一般性检查记录表

编号：

单位工程名称		检查范围	
无障碍设施的位置或部位		占用或者污染情况	备注
单位工程无障碍设施一般性评价			

检查人： 检查日期： 年 月 日

附录G 无障碍设施维护记录表

表G 无障碍设施维护记录表

编号：

单位工程名称		维护部位	
对应检查表单号		维护类型	□系统性 □功能性 □一般性
维护情况	维护人员： 维护日期： 年 月 日		
验收情况	验收人员： 验收日期： 年 月 日		

本规范用词说明

1 为便于在执行本规范条文时区别对待，对要求严格程度不同的用词说明如下：

1)表示很严格，非这样做不可的：

正面词采用“必须”，反面词采用“严禁”；

2)表示严格，在正常情况下均应这样做的：

正面词采用“应”，反面词采用“不应”或“不得”；

3)表示允许稍有选择，在条件许可时首先应这样做的：

正面词采用“宜”，反面词采用“不宜”；

4)表示有选择，在一定条件下可以这样做的，采用“可”。

2 条文中指明应按其他有关标准执行的写法为：“应符合……的规定”或“应按……执行”。

引用标准名录

《建筑工程施工质量验收统一标准》GB 50300

《道路交通信号灯设置与安装规范》GB 14886

《道路交通信号灯》GB 14887

《中国盲文》GB/T 15720

《道路交通标志和标线》GB 5768

《涂附磨具用磨料 粒度分析 第2部分：粗磨粒P12～P220粒度组成的测定》GB/T 9258.2

《城市道路工程施工与质量验收规范》CJJ 1

《城镇道路养护技术规范》CJJ 36

《公园设计规范》CJJ 48

《橡塑铺地材料 第1部分 橡胶地板》HG/T 3747.1

《橡塑铺地材料 第2部分 橡胶地砖》HG/T 3747.2

《橡塑铺地材料 第3部分 阻燃聚氯乙烯地板》HG/T 3747.3

《涂附磨具 耐水砂纸》JB/T 7499

中华人民共和国国家标准

无障碍设施施工验收及维护规范

GB 50642—2011

条 文 说 明

制 定 说 明

《无障碍设施施工验收及维护规范》GB 50642—2011，经住房和城乡建设部2010年12月24日以第886号公告批准发布。

为便于广大建设、设计、监理、施工、科研、学校等单位以及无障碍设施维护单位有关人员在使用本标准时能正确理解和执行条文规定，《无障碍设施施工验收及维护规范》编制组按章、节、条顺序编制了本标准的条文说明，对条文规定的目的、依据以及执行中需注意的有关事项进行了说明。但是，本条文说明不具备与标准正文同等的法律效力，仅供使用者作为理解和把握标准规定的参考。

目　次

1 总 则

1.0.1、1.0.2 我国无障碍设施的建设首先是从无障碍设计规范的提出和制定开始的。20多年来，经过修订和配套，设计规范体系基本上建立起来。在施工和维护方面虽然不少地方出台了相关的管理办法、施工标准图集和技术规程，但一直没有一部全国性的施工验收和维护标准。为此，有必要编制无障碍设施的施工验收阶段的验收规范和使用阶段的检查维护规范。在施工阶段将无障碍设施在建设项目工程中单独作为分项工程或检验批组织质量验收，并在使用阶段将无障碍设施按照一定的期限进行系统性、功能性和一般性检查，根据检查情况进行系统性、功能性和一般性维护。以保证无障碍设施施工质量、安全要求和使用功能，这在全国尚属首创。本规范的制定对加强全国无障碍设施的建设和管理将具有积极的推动作用。

对于新建的项目，各地的管理规定要求无障碍设施与建设项目同步设计、同步施工、同步验收。设计和验收是无障碍建设的两个关键的控制环节。设计图纸通过严格的施工图审查可以达到要求。但新建的项目中仍然存在无障碍设施不规范、不系统的问题，很重要的一个原因是在工程竣工验收时，对无障碍设施的验收没有得到足够的重视，另外也没有专门的施工验收标准作为依据。2008年住房和城乡建设部以"关于印发《2008年工程建设标准规范制定、修订计划（第一批）》的通知"（建标〔2008〕102号）正式下达了制定计划。2008年11月15日，编制工作首次会议将这部规范定名为《无障碍设施施工维护规范》（下称本规范），要求编制内容主要为无障碍设施的施工验收标准和维护标准。2009年8月6日，主编单位在北京召开本规范的专家征求意见座谈会，经征求全国部分无障碍建设专家的意见，将规范改名为《无障碍设施施工验收及维护规范》。由于信息无障碍建设的历史相对比较短，建设方面的经验尚需进一步积累，因此本规范没有涉及。本规范采取以无障碍建设要素分类方式叙述施工和验收的要求。分类系参照现行行业标准《城市道路和建筑物无障碍设计规范》JGJ 50（下文中简称设计规范）以及正在修改的设计规范的初步分类，还参考了《无障碍建设指南》和其他地方规程的分类方式，本规范将部分要素进行了合并，分为17类。基本涵盖了目前无障碍设施建设的内容。对于无障碍设施的维护，本规范按照检查的频次和设施损坏的类别叙述维护要求。

适用对象方面，按照最新的无障碍设施建设"以人为本，全民共享"的理念，强调公共设施应该为全社会成员服务的思想。采用"残疾人、老年人等社会特殊群体"来反映主要适用对象的特征。

适用范围方面，考虑到原设计规范中未包含公园等场所，而这些场所又是人群密集区域，因此根据专家意见和正在修改的设计规范，将适用范围修改为城市道路、建筑物、居住区、公园等场所的无障碍设施的施工验收和维护管理。

1.0.3 本条说明了无障碍设施施工和维护所应该遵循的原则。

1.0.4 各地条例、管理办法对无障碍设施的建设均要求做到"三同时"，即无障碍设施必须与主体工程同步设计、同步实施、同步投入使用，因此本规范对施工和交付阶段提出同步要求。由于无障碍设施在建筑工程中处于从属地位，不少设施在工程交付后或二次装修阶段另行施工，这样极不利于施工过程的控制，设施配套的时间和质量往往都不能满足使用要求。

无障碍设施的设计虽然已经作为城市道路和建筑设计的重要组成部分，但无障碍设施的施工和维护要求体现在城市道路和建筑物施工验收和养护规范的各分部、分项工程中，这样既不利于无障碍设施的系统性建设，还往往使无障碍设施在工程验收中得不到应有的重视。本条旨在通过对设施施工和维护工作的独立性的强调，加强对无障碍设施的施工和维护管理。

1.0.5 本条阐明了本规范与其他标准、规范的关系。属于城市道路和建筑物一般工程施工的质量应按照相关规范验收。属于城市道路一般养护应按照相关技术规范执行。本规范着重规定属于无障碍设施要素特殊要求的施工验收和维护要求。

2 术 语

本章给出的术语，是本规范有关章节中所引用的。术语是从本规范的角度赋予含义的，不一定是术语的定义。同时还分别给出了相应的推荐性英文。为了使用方便，在国家或行业相关规范中已经明确的术语没有列出，例如缘石坡道、盲道、无障碍出入口、无障碍厕所等；检验批、主控项目、一般项目等与验收相关的重要术语已在验收统一标准中明确，本章没有列出。

2.0.3 参照现行行业标准《地面石材防滑性能等级划分及试验方法》JC/T 1050—2007制定。

2.0.4 参照现行行业标准《公路路基路面现场测试规程》JTGE 60—2008和北京地方标准《建筑装饰工程石材应用技术规程》DB11/T 512—2007制定。

2.0.6 "盲文标志"参照《无障碍建设指南》采用。《无障碍建设指南》将盲文标志分为盲文地图、盲文铭牌和盲文站牌三种。现行行业标准《城市道路和建筑物无障碍设计规范》JGJ 50中第7.6.3条称为"盲文说明牌"。本规范采用指南初稿的用词。根据现行国家标准《中国盲文》GB/T 15720，盲字亦称点字，是以六个凸点为基本结构，按一定规则排列，靠触感感受的文字。根据《现代汉语词典》铭牌的定义为："装在机器、仪表、机动车等上面的金属牌子。"可以认为"盲文铭牌"是一个新的组合词。

2.0.7 根据目前设计规范要求，求助呼叫按钮主要设置在无障碍厕所、无障碍厕位、无障碍盆浴间、无障碍淋浴间、无障碍住房和无障碍客房内。厕所或浴室的按钮应设在方便残疾人、老年人等社会特殊人群坐在便器上伸手能操作，或是摔倒在地面上也能操作的位置。卧室内一般设置在床边，方便残疾人、老年人等社会特殊人群躺在床上伸手能够操作的位置。

3 无障碍设施的施工验收

3.1 一般规定

3.1.1 本规范适用于施工阶段，是以符合国家相关法规、规范和标准的设计图纸完成为起点的。本条根据《建设工程质量管理条例》第二十三条："设计单位应当就审查合格的施工图设计文件向施工单位作出详细说明"，对无障碍设计部分提出专门交底的要求。建设单位、设计单位、检测单位、施工图审查单位、政府工程质量监督单位在建设和设计过程中，对于无障碍设施建设和设计所应该承担的职责由相关的管理办法、条例和设计规范规定。

3.1.2 本条是对无障碍设施施工单位的基本资质和能力提出要求。施工企业应按《施工企业资质管理规定》承接相应的工程。

3.1.3 监理实施细则一般结合工程项目的专业特点由专业监理工程师编制。无障碍设施的要素散布在从工程主体、装饰装修到设备安装的各专业中，通常在整个专业工程中所占的份额非常小，极易被忽视。但是如果不进行必要的事前控制和过程监督，在设施完工时，有些问题的整改已不可能或者非常不经济。本条根据现行国家标准《建设工程监理规范》GB 50319—2000，对无障碍设施的监理提出专项监理的要求。

3.1.4 根据对各地调研发现，存在施工单位按照未通过施工图审查的图纸和未通过设计方认可的变更、洽商施工，造成工程竣工时，无障碍设施不符合规范要求的情况。制定本条旨在从施工这个环节上来控制设计变更和洽商对无障碍设施建设的影响，当变更和洽商有悖于规范要求时，施工单位可以依据《建设工程质量管理条例》第二十八条提出意见和建议。

3.1.5 长期以来，施工方案编制的施工方法和技术措施一般是围绕着分部工程进行的。而无障碍设施与各分部工程之间存在着复合性和从属性，在分部工程中往往被忽视。在方案中，施工单位不会对无障碍设施的施工进行专门的阐述，无障碍设施施工的要求也不明晰，从而施工中得不到应有的重视。因此，有必要在施工之前对单位工程的全部无障碍设施的施工进行统一的策划和安排。

3.1.6、3.1.7 这两条规定是为保证施工方案和技术措施能够得到贯彻的条件。安全、技术交底包含了安全生产、技术和质量交底的内容。

3.1.8 本条反映了国家、行业相关规范中无障碍设施消防方面的要求。由于残疾人、老年人等社会特殊人群是弱势群体。因此，消防设施完善更为重要。

3.1.10 随着装修装饰档次的提高，地面大量采用光面材料施工，致使人员滑倒的隐患日益增加，防滑要求成为无障碍设施最重要指标之一。

由于目前国内缺乏对于地面防滑要求的标准，本规范考虑可以从抗滑系数和抗滑摆值两个参数来测定地面的抗滑性能。

参照国家现行标准《地面石材防滑性能等级划分及试验方法》JC/T 1050—2007 和《体育场所开放条件与技术要求　第1部分：游泳场所》GB 19079.1—2003 和《城市道路设计规范》CJJ 37—90、《公路养护技术规范》JTJ 073—96 以及北京地方标准《建筑装饰工程石材应用技术规程》DB11/T 512—2007，根据不同地面环境、坡度和干湿情况本规范分别给出的定量标准参考值如下：缘石坡道、盲道、坡道、无障碍出入口、无障碍通道、楼梯和台阶踏面等涉及通行的面层抗滑性能应符合设计和相关规范要求。其面层的抗滑系数不小于 0.5。面层抗滑指标应符合表1的规定。

表1　面层表面抗滑指标表

抗滑摆值	室外		室内		
	缘石坡道、盲道、无障碍出入口、无障碍通道、楼梯和台阶、无障碍停车位		无障碍出入口、无障碍通道、楼梯和台阶、轮椅席位		
			厕所、浴间、饮水机处等易浸水地面		干燥地面
	坡面	平面	坡面	平面	
F_B(BPN)	$F_B \geqslant 55$	$F_B \geqslant 45$	$F_B \geqslant 55$	$F_B \geqslant 45$	$F_B \geqslant 35$

3.1.11 本条第1款是考虑到无障碍各分项工程验收均纳入到这两项国家标准的分部工程之中而制定的。

第2款为设计和相关规范要求之间的协调原则。当施工单位发现设计和相关规范要求与相关规范抵触时，应及时通过图纸会审、洽商等方式提出意见和建议。

第3款～第8款，无障碍设施的验收思路是：根据工程规模的大小和使用功能，将单位工程中包含的无障碍设施，定位为对应于各分部工程的分项工程。分项工程划分为若干检验验收批，将无障碍设施的基本要求设定为分项工程的主控项目和一般项目。通过对分项工程检验验收批的主控项目和一般项目进行验收，来验收分项工程；分项工程验收后，后续分部工程和单位工程的验收可以根据国家现行验收规范进行。

无障碍设施按照要素分为17个分项工程，主要对应于国家现行标准《城市道路工程施工与质量验收规范》CJJ 1—2008 中面层、人行道和广场与停车场3个分部工程，以及《建筑工程施工质量验收统一标准》GB 50300—2001 中建筑装饰装修、道路、无障碍电梯和升降平台、建筑电气、建筑给水排水及采暖和智能建筑6个分部工程。

例如：某工程是一个综合性的大型医院。无障碍设施至少包含盲道、无障碍出入口、轮椅坡道、无障碍通道、楼梯和台阶、扶手、无障碍电梯和升降平台、门、无障碍厕所和无障碍厕位、无障碍浴室、无障碍停车位、低位服务设施以及无障碍标志和盲文标志13个分项工程。而低位服务设施又应该包括服务台、挂号和交费处、取药处、低位电话、查询台和饮水器等检验批。在施工之前施工单位进行专题策划，编制相应的无障碍设施施工方案，方案中应针对不同工程对分项工程和检验批进行划分。

其中第4款对验收组织者的要求是：实行监理的工程时，由监理工程师组织；未实行监理的工程由建设单位项目技术负责人组织。

第9款～第11款，这三款是对涉及通行地面施工和验收的基本要求。

3.1.12 安全抓杆对残疾人、老年人等社会特殊群体的人身安全有重要意义，因此本条设为强制性条文，必须严格执行。

3.1.14 本条规定不能满足安全和使用要求的无障碍设施不能验收，对已经完工且无法更改的情况，应采取替代方案，以确保通过竣工验收的工程，其包含的无障碍设施满足功能性要求。本条为强制性条文，必须严格执行。

3.1.15 不合格的无障碍设施有时本身是一种障碍，并且可能对使用者造成伤害。

3.2　缘石坡道

3.2.1 本条所指的整体面层是用水泥混凝土、沥青混合料材料整体现浇而成的面层。而板块面层是指用预制砌块、陶瓷类地砖、石板材、块石等板材、块材铺砌而成的面层。缘石坡道变坡分界线应准确放样，其坡度、宽度及坡道下口与缓冲地带地面的高差应符合设计和相关规范要求及表2的规定。

表2　缘石坡道坡度、宽度及高差限值

项目		限值
坡度	三面坡缘石坡道正面及侧面	≤1∶12
	其他形式的缘石坡道	≤1∶20
宽度	三面坡缘石坡道的正面坡道	≥1.2m
	扇面式缘石坡道下口宽度	≥1.5m
	转角处缘石坡道上口宽度	≥2.0m
	其他形式的缘石坡道	≥1.2m
坡道下口与车行道地面的高差 S(mm)		0≤S≤10mm

根据设计规范的要求，单面坡缘石坡道的坡度、宽度及坡道下口与缓冲地带地面的高差如图1所示；其他形式的缘石坡道见设计规范。

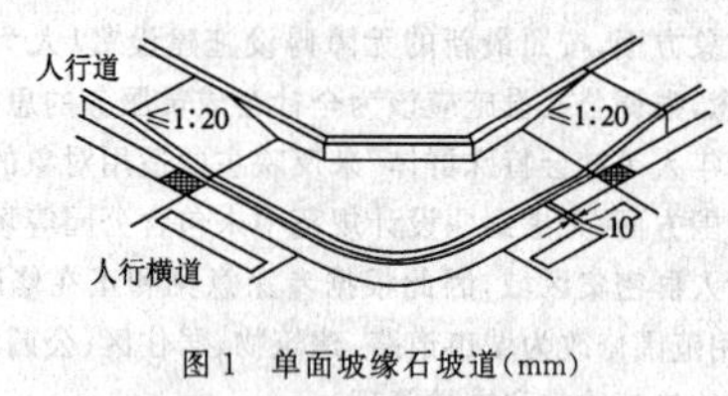
人行道
1:20
1:20
10
人行横道

图1　单面坡缘石坡道(mm)

Ⅱ　整体面层验收的一般项目

3.2.7 压实度指标是参照现行行业标准《城镇道路工程施工与质量验收规范》CJJ 1 给出的，主要适用于和人行道同时铺筑和碾压的全宽式单面缘石坡道。对于宽度不足以采用机械碾压的坡道面层，其压实度应符合设计要求。

3.2.9 平整度指标系由《城镇道路工程施工与质量验收规范》CJJ 1 中对应采用 3m 靠尺量测指标换算而来。井框与路面高差，对于混凝土面层，《城镇道路工程施工与验收规范》CJJ 1 中表 10.8.1 的允许偏差值为≤3mm；对于沥青混合料面层，《城镇道路工程施工与验收规范》CJJ 1 中表 13.4.3 的允许偏差值为≤5mm，给排水验收规范 GB 50268 中的允许偏差值为(−5,0)mm。考虑到有利于包括残疾人、老年人等社会特殊人群的行走，分别采用

≤3mm和(−5,0)mm。

Ⅳ 板块面层验收的一般项目

3.2.18 板块面层的质量验收指标较多，本条列出的是与无障碍设施有关的3项指标。

3.3 盲 道

3.3.1 本节中的预制盲道砖(板)是指预制混凝土盲道砖、石材类盲道板、陶瓷类盲道板，其他型材的盲道板是指常用的聚氯乙烯、不锈钢型材盲道(下同)。盲道采用的材料很多，包括本规范规定的一些，另外还有铜质类、磁面类、复合材料类等，不能一一规定。型材的规格，除盲道板和盲道片外，也有将触感条和触感圆点直接固定于地面装饰完成面之上的。但盲道材料应符合国家和行业现行相关建筑用材料的标准，触感盲条和盲点的规格应符合本规范第3.3.5条的规定。

3.3.2 强调盲道建设的系统性，特别是不同建设单位工程项目之间的衔接部位，易为各自的设计和施工单位所忽视，造成盲道的不通畅。根据调研发现，按照设计要求避免盲道通过检查井，致使盲道多处出现转折或S形弯折，极不利于视力残疾者使用。但我国各种管线、杆线、树池或人行道上的设施建设分属不同部门管理，且在施工程序上也有先后交错。市政工程建设很难为盲道的顺直将各专业统一到同一设计图纸上。因此建设单位、负责路面设计的单位、监理单位和总承包施工单位，应在施工前综合考虑选择设置盲道的位置。

盲道的调整应根据实际要求以及道路状况慎重进行，宜多设提示盲道，严格控制行进盲道的设置。行进盲道的调整应考虑到人行道的人行净宽度、障碍物和检查井分布等情况对视障者安全行进的影响和带来的安全隐患。不少专家倾向于，当人行道宽度较小(如≤3m)和行走净宽度较小(如≤1.5m)，或者在人行道外侧有连续绿化带、立缘石的情况下，可以不设行进盲道。一般在这种情况下，视障者是可以按照原有的行走方式，通过盲杖的协助顺利通行的。

3.3.3 由于人行道上管线井盖难以避让，各地的设计人员对将盲道和井盖结合设计进行了有益的尝试，如设置触感条作为行进盲道的一部分。

Ⅰ 预制盲道砖(板)盲道验收的主控项目

3.3.5 根据设计规范，“盲道的颜色宜为中黄色”。

本条中行进盲道规格如图2所示；提示盲道规格如图3所示。

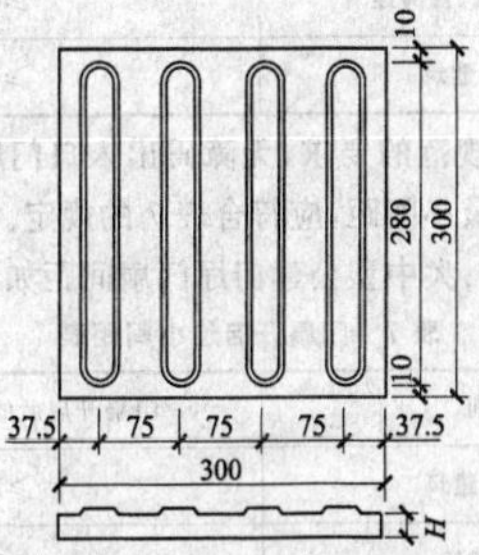

10
280
300
10
37.5
75
75
75
37.5
300
H

图2 行进盲道规格(mm)

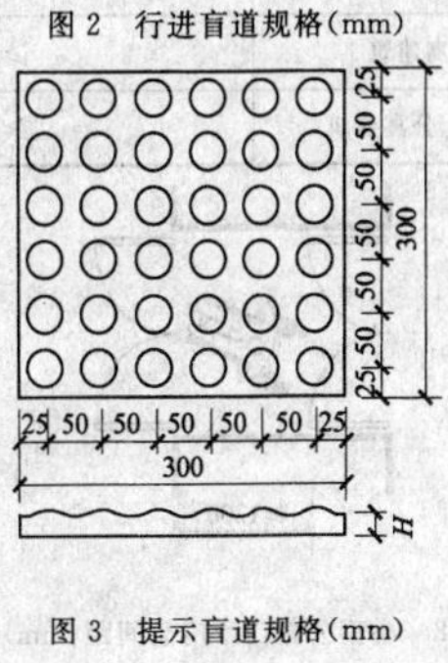

25
50
50
50
50
25
300
25
50
50
50
50
50
25
300
H

图3 提示盲道规格(mm)

3.3.7 根据设计规范要求，行进盲道和提示盲道的宽度宜为0.30m～0.60m；行进盲道的起点、终点及转弯处设置的提示盲道的长度应大于行进盲道的宽度。行进盲道和提示盲道改变走向时的几种布置形式如图4所示。

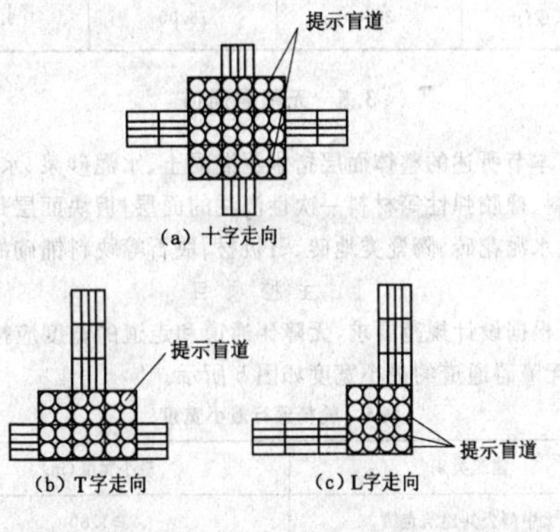

提示盲道
(a) 十字走向
提示盲道
(b) T字走向
提示盲道
(c) L字走向

图4 行进盲道和提示盲道改变走向时的几种布置形式

3.3.8 根据设计规范要求，行进盲道与障碍物的距离应为0.25m～0.50m。

Ⅱ 预制盲道砖(板)盲道验收的一般项目

3.3.12 纵缝顺直分别根据国家现行标准《城镇道路工程施工与质量验收规范》CJJ 1和《建筑地面工程施工质量验收规范》GB 50209对室内外不同的地面面层，采用不同的检验方法。

Ⅲ 橡塑类盲道验收的主控项目

3.3.14 本条适用于以橡胶为主要原料生产的均质和非均质的盲道片。均质盲道片是以天然橡胶或合成橡胶为基础，颜色、组成一致的单层或多层结构硫化而成的；非均质盲道片是以天然橡胶或合成橡胶为基础，由一层耐磨层以及其他组成和(或)设计上不同的、包含骨架层的压实层构成的块料。

3.3.15 本条适用于由橡胶颗粒经处理着色后采用胶粘剂包覆混合，再压制而成的盲道片。

3.3.16 本条适用于以聚氯乙烯为主要原料，加入增塑剂和其他助剂，经挤出工艺生产的软质非发泡阻燃盲道片。

Ⅴ 不锈钢盲道验收的主控项目

3.3.26 在固溶态，不锈钢06Cr19Ni10的塑性、韧性、冷加工性良好，在氧化性酸和大气、水等介质中耐蚀性好，但在敏态或焊接后有晶腐倾向，适于制造深冲成型部件。

3.4 轮椅坡道

3.4.1 本节中整体面层是指细石混凝土、水泥砂浆、橡胶弹性面层和沥青混合料整体浇筑的轮椅坡道面层。板块面层是指水泥花砖、陶瓷类地砖和石板材铺砌的轮椅坡道面层。

3.4.5 根据设计规范要求，轮椅坡道临空侧面的安全挡台高度不小于50mm。

根据设计规范要求，不同位置的坡道，其坡度和宽度应符合表3的规定：

表3 不同位置的坡道坡度和宽度

坡道位置	最大坡度	最小宽度(m)
有台阶的建筑入口	1∶12	≥1.20
只设坡道的建筑入口	1∶20	≥1.50
室内走道	1∶12	≥1.00
室外通道	1∶20	≥1.50

根据设计规范要求，轮椅坡道在不同坡度的情况下，坡道高度和水平长度应符合表4的规定：

表 4　不同坡度高度和水平长度

坡度	1：20	1：16	1：12
最大高度(m)	1.50	1.00	0.75
水平长度(m)	30.00	16.00	9.00

3.5　无障碍通道

3.5.1　本节所述的整体面层指水泥混凝土、水泥砂浆、水磨石、沥青混合料、橡胶弹性等材料一次性浇注的面层；板块面层是指用预制砌块、水泥花砖、陶瓷类地砖、石板材、块石等块料铺砌的面层。

Ⅰ　主控项目

3.5.6　根据设计规范要求，无障碍通道和走道的宽度应按表 5 的规定。无障碍通道的最小宽度如图 5 所示。

表 5　轮椅通行最小宽度

建筑类别	最小宽度(m)
大中型公共建筑走道	≥1.80
中小型公共建筑走道	≥1.50
检票口、结算口轮椅通道	≥0.90
居住建筑走廊	≥1.20
建筑基地人行通道	≥1.50

3.5.7　根据设计规范要求，从墙面伸入走道的突出物不应大于 0.10m，距地面高度应小于 0.60m；园路边缘种植不宜选用硬质叶片的丛生型植物；路面范围内的乔、灌木枝下净空不得低于2.2m；乔木种植点距路缘应大于 0.5m。

3.5.9　根据设计规范要求，门扇向走道内开启时应设凹室，凹室面积不应小于 1.30m×0.90m。通道的凹室如图 6 所示。

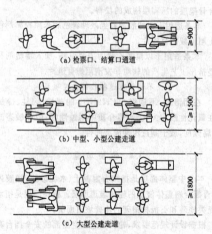

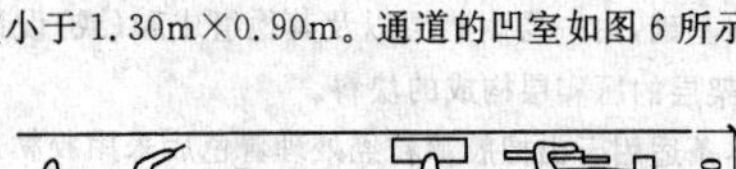
≥900

(a) 检票口、结算口通道

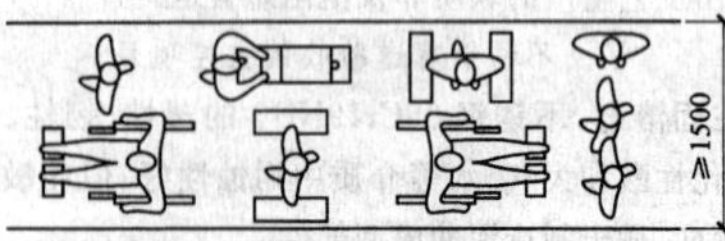
≥1500

(b) 中型、小型公建走道

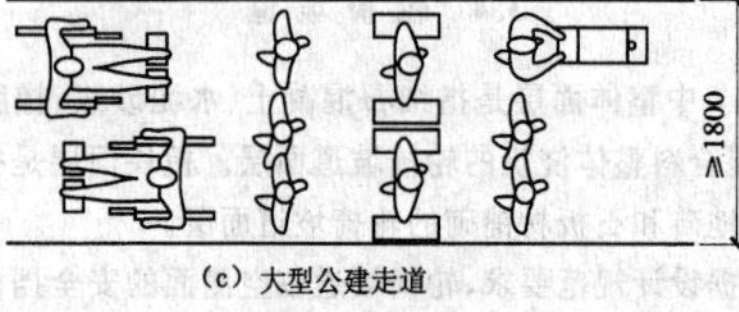
≥1800

(c) 大型公建走道

图 5　无障碍通道最小宽度(mm)

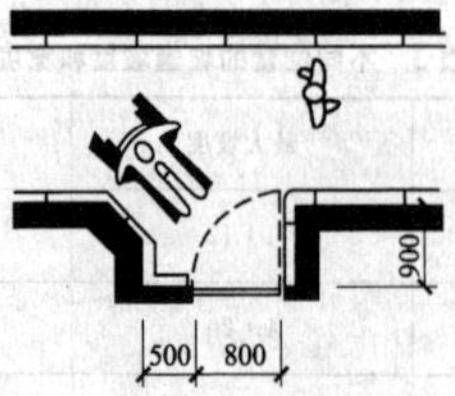
900
500
800

图 6　走道的凹室(mm)

3.5.11　根据设计规范要求，通道内光照度不应小于 120lx。

Ⅱ　一般项目

3.5.13　根据设计规范要求，护墙板高度为 0.35m。

3.6　无障碍停车位

Ⅰ　主控项目

3.6.4　根据设计规范要求，距建筑入口及车库最近的停车位置，应划为无障碍停车车位。

3.6.5　根据设计规范要求，无障碍停车位一侧应设宽度大于或等于 1.20m 的轮椅通道。无障碍停车位及轮椅通道如图 7 所示。

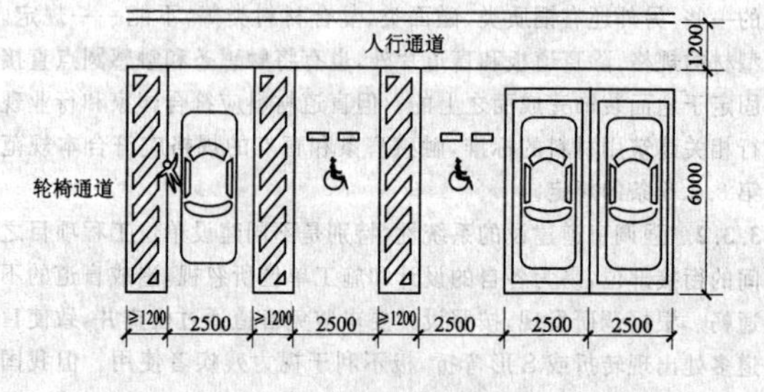
人行通道
1200
轮椅通道
6000
≥1200
2500
≥1200
2500
≥1200
2500
2500
2500

图 7　无障碍停车位及轮椅通道(mm)

3.6.6　根据设计规范要求，无障碍停车位的地面应漆画停车线、轮椅通道线和无障碍标志，在无障碍停车位的尽端宜设无障碍标志牌。

Ⅱ　一般项目

3.6.7　根据设计规范要求，无障碍停车位地面坡度不应大于 1：50。

3.7　无障碍出入口

Ⅰ　主控项目

3.7.7　根据设计规范的要求，无障碍出入口平台宽度应符合表 6 的规定。

表 6　无障碍出入口平台宽度表

建筑类别	无障碍出入口平台最小宽度(m)
大中型公共建筑	≥2.00
小型公共建筑	≥1.50
中高层建筑、公寓建筑	≥2.00
多低层无障碍建筑、公寓建筑	≥1.50
无障碍宿舍建筑	≥1.50

3.7.8　根据设计规范的要求，无障碍出入口门厅、过厅设两道门时，门扇同时开启最小间距，应符合表 7 的规定。小型公建门厅门扇间距如图 8 所示；大中型公建门厅门扇间距如图 9 所示。

表 7　门扇开启最小间距表

建筑类别	门扇开启后的最小间距(m)
大中型公共建筑	≥1.50
小型公共建筑	≥1.20
中、高层建筑、公寓建筑	≥1.50
多、低层无障碍住宅、公寓建筑	≥1.20

≥1200

图 8　小型公建门厅门扇间距(mm)

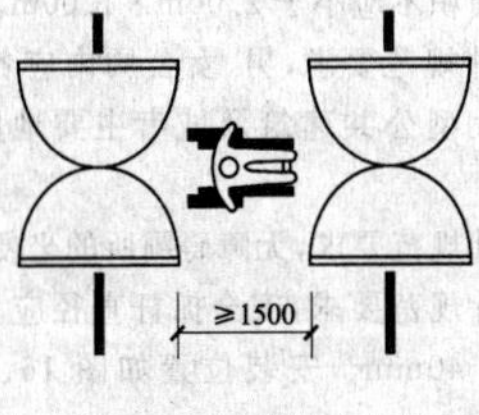
≥1500

图 9　大中型公建门厅门扇间距(mm)

3.8　低位服务设施

Ⅰ　主控项目

3.8.4　根据《无障碍建设指南》要求，服务设施离地面高度宜为0.70m～0.80m，宽度不宜小于1.00m。

3.8.5　根据《无障碍建设指南》要求，服务设施下方净高不应小于0.65m，净深不应小于0.45m。

3.9　扶　　手

Ⅰ　主控项目

3.9.3　扶手对于残疾人、老年人等社会特殊群体的人士上下楼梯、台阶和行走有重要的作用。工程施工中，扶手分项工程可能由专业的队伍来制作和安装，也可能在工程竣工后由其他单位安装。不少地方的扶手强度、刚度不能满足要求，特别是安装不牢固，给使用者带来不便甚至危险。本条旨在强调对二次施工阶段的质量控制。

3.9.4　根据设计规范要求，扶手高度为0.85m；设双层扶手时，上层扶手高度为0.85m；下层扶手高应为0.65m。扶手内侧与墙面的距离应为40mm～50mm。根据设计规范，扶手截面尺寸应符合表8的要求。扶手截面及托件的形状、尺寸如图10所示。

表8　扶手截面尺寸

类　别	截面尺寸(mm)
圆形扶手	35～45(直径)
矩形扶手	35～45(宽度)

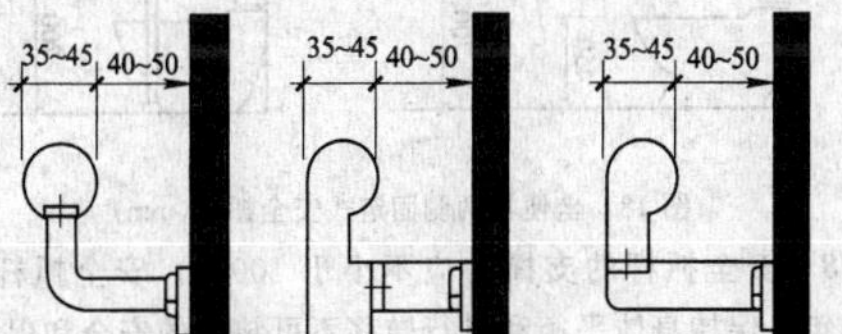
35~45
40~50
35~45
40~50
35~45
40~50

图10　扶手截面及托件(mm)

3.9.5　根据设计规范要求，扶手起点和终点处延伸应大于或等于0.30m，扶手末端应向内拐到墙面，或向下延伸0.10m。

3.9.6　根据设计规范要求，交通建筑、医疗建筑和政府接待部门等公共建筑，在扶手的起点和终点处应设盲文铭牌。

3.10　门

Ⅰ　主控项目

3.10.4　根据设计规范要求，门的选型应符合下列规定：

1　应采用自动门，也可采用推拉门、折叠门或平开门，不应采用力度大的弹簧门。

2　在旋转门一侧应另设包括残疾人、老年人等社会特殊人群使用的门。

3　无障碍厕所和无障碍浴室应采用门外可应急开启的门插销。

4　无障碍厕位门扇向外开启后，入口净宽不应小于0.8m，门扇内侧应设关门拉手。

3.10.5　根据设计规范要求，门的净宽应符合表9的规定。

表9　门的净宽

类　别	净宽(m)
自动门	≥1.00
推拉门、折叠门	≥0.80
平开门	≥0.80
弹簧门(小力度)	≥0.80

3.10.6　根据设计规范要求，推拉门、平开门把手一侧的墙面，应留有不小于0.5m的墙面宽度。如图11所示。

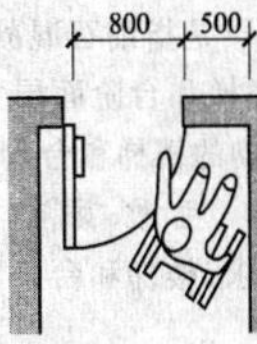
800
500

图11　门把手一侧墙面宽度图(mm)

3.10.9　根据设计规范要求，门槛高度及门内外地面高差不应大于15mm，并应以斜面过渡。

3.11　无障碍电梯和升降平台

Ⅰ　主控项目

3.11.5　根据设计规范要求，无障碍电梯厅宽度不宜小于1.80m。无障碍电梯的候梯厅如图12所示。

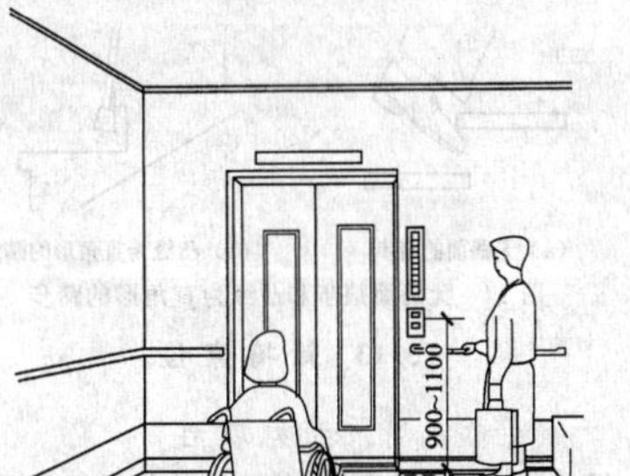
900~1100

图12　无障碍电梯候梯厅(mm)

3.11.6　根据设计规范要求，专用选层按钮高度宜为0.90m～1.10m。轿厢侧面选层按钮应带有盲文。无障碍电梯的轿厢如图13所示。

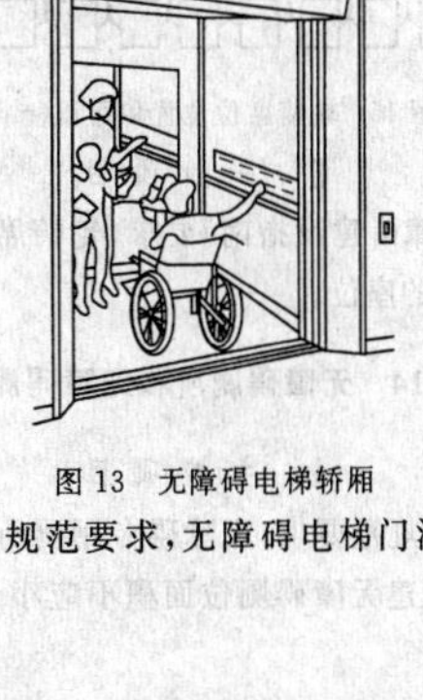
B1 1 2 3 4 5 6 7 R

图13　无障碍电梯轿厢

3.11.7　根据设计规范要求，无障碍电梯门洞净宽度不宜小于0.90m。

3.11.8 根据设计规范要求，无障碍电梯厅和轿厢内应有清晰显示轿厢上、下运行方向和层数位置及无障碍电梯提示音响。

3.11.9 根据设计规范要求，轿厢深度大于或等于1.40m。轿厢宽度大于或等于1.10m。无障碍电梯门开启净宽度大于或等于0.80m。

3.11.10 根据《无障碍建设指南》要求，门扇关闭时应有光幕感应安全措施，门开闭的时间间隔不应小于15s。

3.11.11 根据设计规范要求，轿厢正面高0.90m处至顶部应安装镜子或不锈钢镜面。

3.11.12 根据设计规范要求，升降平台的面积不应小于1.20m×0.90m。

Ⅱ 一般项目

3.11.14 轿厢内壁下部宜设高度不小于350mm的护壁板。

3.12 楼梯和台阶

3.12.1 本节中的整体面层是指细石混凝土、水泥砂浆现浇的面层或水磨石、橡胶弹性的楼梯和台阶面层。板块面层是指水泥花砖、陶瓷类地砖、石板材铺砌的楼梯和台阶的面层。

Ⅰ 主控项目

3.12.9 根据设计规范要求，楼梯和台阶踏步的宽度和高度应符合表10的规定：

表10 楼梯和台阶踏步的宽度和高度

建筑类别	最小宽度(m)	最大高度(m)
公共建筑楼梯	0.28	0.15
住宅、公寓建筑公用楼梯	0.26	0.16
幼儿园、小学校楼梯	0.26	0.14
室外台阶	0.30	0.14

3.12.11 根据设计规范要求，楼梯和台阶的踏步面不应采用无踢面和凸缘为直角形的踏步面。当采用圆形凸缘时，凸缘的突出长度不应大于10mm。如图14所示。

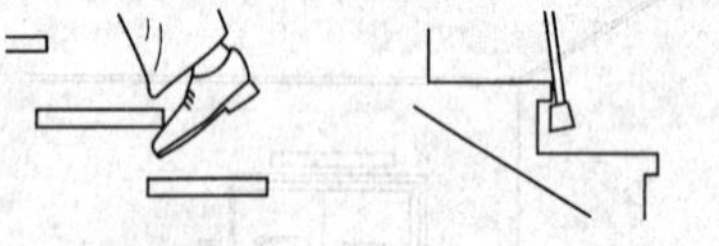

(a) 无踢面的踏步　(b) 凸缘为直角形的踏步

图14 无踢面踏步和凸缘为直角形的踏步

3.13 轮椅席位

Ⅰ 主控项目

3.13.4 根据设计规范的要求，轮椅席位的设置位置和面积如图15所示。

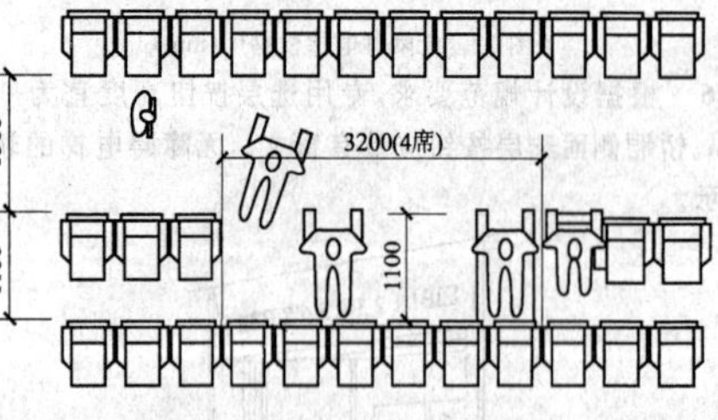

1500
1100
3200(4席)
1100

图15 轮椅席位位置和面积(mm)

Ⅱ 一般项目

3.13.7 根据《无障碍建设指南》要求，轮椅席位旁宜设置不少于1席供陪同者使用的座位。

3.14 无障碍厕所和无障碍厕位

Ⅰ 主控项目

3.14.4 根据设计规范要求，无障碍专用厕所面积应大于或等于2.00m×2.00m；新建无障碍厕位面积不应小于1.80m×1.40m，改建无障碍厕位面积不应小于2.00m×1.00m。

3.14.5 根据设计规范要求，男、女公厕内应各设一个无障碍厕位；政府机关和大型公共建筑及城市主要地段，应设无障碍厕所。

3.14.6 根据设计规范要求，无障碍厕所的坐便器高为0.45m。

3.14.7 根据设计规范要求，安全抓杆直径应为30mm～40mm。其内侧应距墙面40mm。安装位置如图16、图17和图18所示。

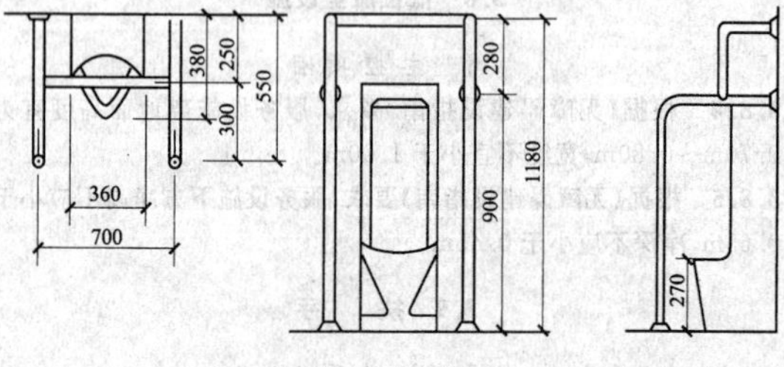

380
250
550
300
360
700
280
1180
900
270

图16 落地式小便器安全抓杆(mm)

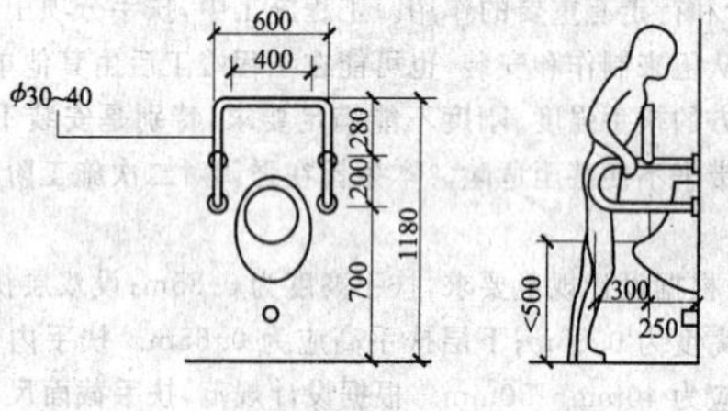

600
400
ϕ30-40
280
200
1180
700
<500
300
250

图17 悬臂式小便器安全抓杆(mm)

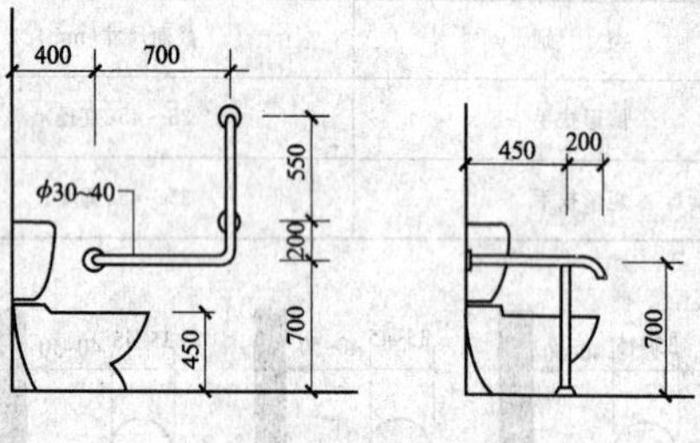

400
700
550
ϕ30~40
200
700
450
450
200
700

图18 坐便器两侧固定式安全抓杆(mm)

3.14.8 安全抓杆的支撑力应不小于100kg。安全抓杆是残疾人、老年人保持身体平衡和进行转移不可缺少的安全和保护措施。支撑力的不足可能对使用者造成伤害或安全事故，故设本条为强制性条文，必须严格执行。

3.14.10 根据设计规范要求，距地面高0.40m～0.50m处应设求助呼叫按钮。

3.14.11 根据设计规范要求，台式洗手盆下方的净空尺寸高、宽、深应不小于0.65m×0.70m×0.45m。

Ⅱ 一般项目

3.14.12 根据设计规范要求，放物台面长、宽、高为0.80m×0.50m×0.60m，台面宜采用木制品或革制品。

3.14.13 根据设计规范要求，挂衣钩高为1.20m。

3.14.15 根据设计规范要求，电器照明开关应选用搬把式，高度应为0.90m～1.10m。

3.15 无障碍浴室

Ⅰ 主控项目

3.15.4 根据设计规范要求，在门扇向外开启时，无障碍淋浴间不

应小于 $3.5m^2$，浴间短边净宽度不应小于 1.50m；无障碍盆浴间不应小于 $4.5m^2$，浴间短边净宽度不应小于 2.00m。

3.15.6 根据设计规范要求，无障碍淋浴间应设高 0.45m 的洗浴座椅。应设高 0.70m 的水平抓杆和高 1.40m 的垂直抓杆。

3.15.7 根据设计规范要求，浴盆一端设深度不应小于 0.40m 的洗浴坐台。浴盆内侧应设高 0.60m 和 0.90m 的水平抓杆，水平抓杆的长度应大于或等于 0.80m。

3.15.8 由于浴室环境湿滑，同时洗浴会导致残疾人、老年人体力下降。因此本条设为强制性条文，要求与 3.14.8 条说明相同。

3.16 无障碍住房和无障碍客房

Ⅰ 主 控 项 目

3.16.7 根据设计规范要求，无障碍住房和无障碍客房的设计要求应符合表 11 的规定。无障碍客房的平面布置如图 19 所示。

表 11 无障碍居室的设计要求

名 称	设 计 要 求
卧室	1. 单人卧室，应大于或等于 $7.00m^2$； 2. 双人卧室，应大于或等于 $10.50m^2$； 3. 兼做起居室的卧室，应大于或等于 $16.00m^2$； 4. 橱柜挂衣杆高度，应小于或等于 1.40m；其深度应小于或等于 0.60m； 5. 应有直接采光和自然通风
起居室(厅)	1. 起居室应大于或等于 $14.00m^2$； 2. 墙面、门洞及家具位置，应符合轮椅通行、停留及回转的使用要求； 3. 橱柜高度，应小于或等于 1.20m；深度应小于或等于 0.40m； 4. 应有良好的朝向和视野

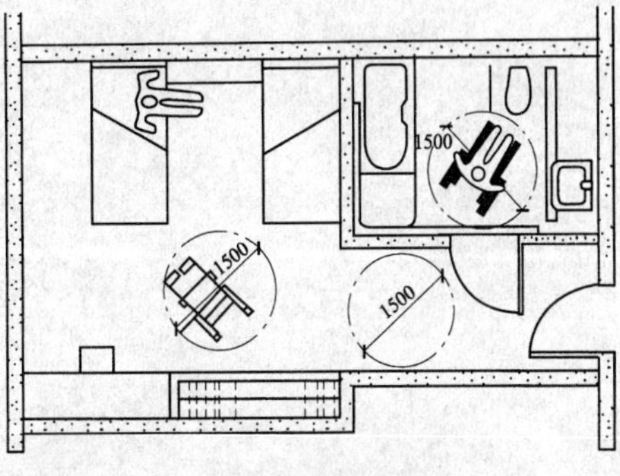

1500
1500
1500

图 19 无障碍客房平面布置图(mm)

根据设计规范要求，无障碍厨房的设计要求应符合表 12 的规定：

表 12 无障碍厨房设计表

部位	设计要求(使用面积)
位置	厨房应布置在门口附近，以方便轮椅进出，要有直接采光和自然通风
面积	1. 一类和二类住宅厨房，应大于或等于 $6.00m^2$； 2. 三类和四类住宅厨房，应大于或等于 $7.00m^2$； 3. 应设冰箱位置和二人就餐位置
宽度	1. 厨房净宽应大于或等于 2.00m； 2. 双排布置设备的厨房通道净宽应大于或等于 1.50m
操作台	1. 高度宜为 0.75m～0.80m； 2. 深度宜为 0.50m～0.55m； 3. 台面下方净宽度应大于或等于 0.60m；高度应大于或等于 0.60m；深度应大于或等于 0.25m； 4. 吊柜柜底高度，应小于或等于 1.20m；深度应小于或等于 0.25m
其他	1. 燃气门及热水器方便轮椅靠近，阀门及观察孔的高度，应小于或等于 1.10m； 2. 应设排烟及拉线式机械排油烟装置； 3. 炉灶应设安全防火、自动灭火及燃气泄漏报警装置

3.16.8 根据设计规范要求，无障碍客房位置应便于到达、疏散和进出方便；餐厅、购物和康乐等设施的公共通道应方便轮椅到达。

3.16.10 本条指的家具是随建筑装修设置的固定家具。电器一般都是活动的，但往往建筑预留给电器的位置，决定了最终电器设置的高度和位置，所以列出，以使各相关单位能在施工前考虑到这种情况。

3.16.12 根据设计规范要求，操作台高度宜为 0.75m～0.80m；深度宜为 0.50m～0.55m。台面下方净宽、高、深应大于或等于 0.60m×0.60m×0.25m。吊柜柜底高度应小于或等于 1.20m；深度应小于或等于 0.25m。

3.16.13 根据设计规范要求，橱柜高度应小于或等于 1.20m，深度应小于或等于 0.40m。挂衣杆高度应小于或等于 1.40m。

3.16.14 根据设计规范要求，阳台深度不应小于 1.50m。

3.16.15 根据设计规范要求，阳台应设可升降的晾晒衣物设施。

3.16.17 电话应设在卧床者伸手可及处。根据设计规范要求，对讲机按钮和通话器高度应为 1.00m。

3.17 过街音响信号装置

Ⅰ 主 控 项 目

3.17.5 根据现行国家标准《道路交通信号灯》第一号修改单 GB 14887—2003/XG1—2006 第 5.28 条要求：盲人过街声响提示装置应能在人行横道信号灯的绿灯时间内发出过街提示声音，声音基本波形为正弦波，音响频率为 700Hz±50Hz，持续时间 0.2s，周期为 1s，白天声压级应不超过 65dB(A 计权)，夜间声压级应不超过 45dB(A 计权)。该标准第 6.27 条要求：用数字存储示波器、频谱分析仪、声级计测量盲人过街声响提示装置的波形、音响频率、周期、声压级，应符合第 5.28 条要求。

根据各地使用过街音响信号装置的经验，临近居住区的装置在夜晚安静的环境中会影响到居民休息，因此制定本条要求装置可以根据情况开启和关闭。

Ⅱ 一 般 项 目

3.17.6 采用现行国家标准《钢结构工程施工质量验收规范》GB 50205—2001 中的第 E.0.1 条单层柱高度≤10m 的允许偏差值。

4 无障碍设施的维护

4.1 一 般 规 定

4.1.1 无障碍设施的维护工作一直是无障碍设施建设的薄弱环节。市政道路和公路的养护技术规范中有一套科学并行之有效的质量评价方法。但无障碍设施总体的样本量较少且分散，评价指标的建立也没有先例，尚需积累相关的数据。目前只能先做定性的要求。

本规范给出的是无障碍设施满足使用的基本要求，各地可以根据自身的气候环境特点再制定相应的地方性规程。

4.1.2 无障碍设施的维护工作随其城市道路、城市绿地、居住区、建筑物和历史文物保护建筑分布在各个单位的管理范围内的，明确维护责任单位的问题一直没有得到很好的解决。除市政养护工作早有规范规定外，道路上占用无障碍设施和建筑物无障碍设施维护等问题，落实责任单位及其维护范围工作一直没有明确的规定。通过广泛调研，本条提出：公共建筑、居住建筑由产权单位来负责无障碍设施的维护。公共设施则由政府管理部门明确的维护单位来负责。鉴于不少产权单位将建筑物委托给有资质的物业管理公司管理（尤其是商务办公用房、居住小区），也规定了物业公司可以作为维护单位。无障碍设施的维护涉及的单位比较多，全国各地对市政道路、公共设施和公共建筑的管理关系不完全统一，对无障碍设施的维护职责和范围由各地方政府制定相应的管理规定和条例更为妥当。

4.1.3　对维护人员配备的要求。有条件的地区可以进一步提出岗位资质的要求。例如土建和设备安装工程师。此类人员如果能够参加相应的无障碍设施维护方面的培训，对维护工作更为有利。

4.1.8　某些设施的缺损（例如路面检查井盖的缺失，栏杆的缺失）直接关系到使用者的人身安全，必须立即采取应急措施和及时维修。

4.1.9　本条要求使用相同的材料，旨在保证维修后面层的质量和观感一致。现实中，特别是对老工程的改造，往往难于采购到与原规格相同的材料，此时应对维修和改造方案整体考虑，避免改造后新旧设施的不协调。

4.1.10　对维修部位完成后的验收，仍然采用本规范第3章对应设施的验收规定。

4.1.11　因为防滑是无障碍设施地面的一项重要指标，因此有必要将除雪防滑的职责落实到设施维护人。对于因没有及时进行除雪作业的设施，而造成冰冻等防滑性能不能满足要求的，甚至危及使用人员安全的，应按本规范第4.1.8条执行。

4.2　无障碍设施的缺损类别和缺损情况

4.2.1　现实中缺损是无障碍设施不能正常使用的重要原因，参照现行行业标准《城镇道路养护技术规范》CJJ 36—2006、《公路养护技术规范》JTJ 073—96 列出缺损情况有利于维护单位对照和识别。

系统性缺损造成整条道路或整栋建筑物的无障碍设施无法使用。例如从某住宅小区去附近医院的缘石坡道或者盲道被施工围挡占用，造成轮椅乘用者无法自行到达医院内部，实际上医院的无障碍设施相对于该轮椅乘用者已经是丧失了功能。

功能性缺损造成某项无障碍设施本身不能正常使用。例如某车站的低位电话损坏，包括有肢体、感知和认知方面障碍的人群不能正常使用低位电话，但仍然能够正常地使用其他无障碍设施。

一般性缺损是指偶尔发生的临时占用情况，以及设施的表面污染。例如某洗手台下放置了水桶而使轮椅乘用者不能正常的使用。又如坡道扶手上面的油污等。

4.2.2　无障碍设施出现的问题很多，不可能一一列举。因为之前没有相关的标准涉及无障碍设施的缺损问题，表4.2.2按第4.2.1条的分类列举了主要问题，使整个检查和维护工作能够更加具有系统性和可操作性。

4.3　无障碍设施的检查

4.3.1　除本条要求的三类检查之外，维护单位还可以根据实际情况增加不定期的巡检。

4.4　无障碍设施的维护

4.4.1　无障碍设施被占用的情况时常发生，施工占用的周期短则数月，长则数年。本条旨在要求施工期间占用无障碍设施的应设计临时性无障碍设施，以保证在施工占用期间无障碍设施的正常使用，方便包括残疾人、老年人等社会特殊群体在内的全体社会成员的出行和活动。

4.4.4　抗滑性能的下降直接影响使用者特别是残疾人、老年人等社会特殊人群的安全，在不能立即修复时，应按本规范第4.1.8条执行。

附录C　无障碍设施地面抗滑性能检查记录表及检测方法

C.0.2　本测定方法参照现行行业标准《地面石材防滑等级划分及试验方法》JC/T 1050—2007。

中华人民共和国国家标准

钢结构焊接规范

Code for welding of steel structures

GB 50661—2011

主编部门：中华人民共和国住房和城乡建设部
批准部门：中华人民共和国住房和城乡建设部
施行日期：２　０　１　２　年　８　月　１　日

中华人民共和国住房和城乡建设部
公　　告

第1212号

关于发布国家标准《钢结构焊接规范》的公告

现批准《钢结构焊接规范》为国家标准，编号为GB 50661-2011，自2012年8月1日起实施。其中，第4.0.1、5.7.1、6.1.1、8.1.8条为强制性条文，必须严格执行。

本规范由我部标准定额研究所组织中国建筑工业出版社出版发行。

中华人民共和国住房和城乡建设部

2011年12月5日

前　　言

本规范根据原建设部《关于印发〈2007年工程建设标准规范制订、修订计划（第二批）〉的通知》（建标［2007］126号）的要求，由中冶建筑研究总院有限公司会同有关单位编制而成。

本规范提出了钢结构焊接连接构造设计、制作、材料、工艺、质量控制、人员等技术要求。同时，为贯彻执行国家技术经济政策，反映钢结构建设领域可持续发展理念，本规范在控制钢结构焊接质量的同时，加强了节能、节材与环境保护等要求。

本规范在编制过程中，总结了近年来我国钢结构焊接的实践经验和研究成果，编制组开展了多项专题研究，充分采纳了已在工程实际中应用的焊接新技术、新工艺、新材料，并借鉴了有关国际标准和国外先进标准，广泛征求了各方面的意见，对具体内容进行了反复讨论和修改，经审查定稿。

本规范的主要内容有：总则，术语和符号，基本规定，材料，焊接连接构造设计，焊接工艺评定，焊接工艺，焊接检验，焊接补强与加固等。

本规范中以黑体字标志的条文为强制性条文，必须严格执行。

本规范由住房和城乡建设部负责管理和对强制性条文的解释，由中冶建筑研究总院有限公司负责具体技术内容的解释。请各单位在本规范执行过程中，总结经验，积累资料，随时将有关意见和建议反馈给中冶建筑研究总院有限公司《钢结构焊接规范》国家标准管理组（地址：北京市海淀区西土城路33号；邮政编码：100088；电子邮箱：jyz3408@263.net），以供今后修订时参考。

本规范主编单位：中冶建筑研究总院有限公司
中国二冶集团有限公司

本规范参编单位：国家钢结构工程技术研究中心
中国京冶工程技术有限公司
中国航空工业规划设计研究院
宝钢钢构有限公司
宝山钢铁股份有限公司
中冶赛迪工程技术股份有限公司
水利部水工金属结构质量检验测试中心
江苏沪宁钢机股份有限公司
浙江东南网架股份有限公司
北京远达国际工程管理咨询有限公司
上海中远川崎重工钢结构有限公司
陕西省建筑科学研究院
中铁山桥集团有限公司
浙江精工钢结构有限公司
北京三杰国际钢结构有限公司

上海宝冶建设有限公司
中建钢构有限公司
中建一局钢结构工程有限公司
北京市市政工程设计研究总院
中国电力科学研究院
北京双圆工程咨询监理有限公司
天津二十冶钢结构制造有限公司
大连重工·起重集团有限公司
武钢集团武汉冶金重工有限公司
武钢集团金属结构有限责任公司

本规范主要起草人员：刘景凤　周文瑛　段　斌　苏　平　侯兆新　马德志　葛家琪　屈朝霞　费新华　马　鹰　江文琳　李翠光　范希贤　董晓辉　刘绪明　张宣关　徐向军　戴为志　尹敏达　王　斌　卢立香　戴立先　何维利　徐德录　刘明学　张爱民　王　晖　胡银华　吴佑明　任文军　贺明玄　曹晓春　王　建　高　良　刘　春

本规范主要审查人员：杨建平　李本端　鲍广鉴　贺贤娟　但泽义　吴素君　张心东　施天敏　尹士安　张玉玲　吴成材

目　次

Contents

1 总 则

1.0.1 为在钢结构焊接中贯彻执行国家的技术经济政策，做到技术先进、经济合理、安全适用、确保质量、节能环保，制定本规范。

1.0.2 本规范适用于工业与民用钢结构工程中承受静荷载或动荷载、钢材厚度不小于3mm的结构焊接。本规范适用的焊接方法包括焊条电弧焊、气体保护电弧焊、药芯焊丝自保护焊、埋弧焊、电渣焊、气电立焊、栓钉焊及其组合。

1.0.3 钢结构焊接必须遵守国家现行安全技术和劳动保护等有关规定。

1.0.4 钢结构焊接除应符合本规范外，尚应符合国家现行有关标准的规定。

2 术语和符号

2.1 术 语

2.1.1 消氢热处理 hydrogen relief heat treatment

对于冷裂纹倾向较大的结构钢，焊接后立即将焊接接头加热至一定温度（250℃～350℃）并保温一段时间，以加速焊接接头中氢的扩散逸出，防止由于扩散氢的积聚而导致延迟裂纹产生的焊后热处理方法。

2.1.2 消应热处理 stress relief heat treatment

焊接后将焊接接头加热到母材 A_{c1} 线以下的一定温度（550℃～650℃）并保温一段时间，以降低焊接残余应力，改善接头组织性能为目的的焊后热处理方法。

2.1.3 过焊孔 weld access hole

在构件焊缝交叉的位置，为保证主要焊缝的连续性，并有利于焊接操作的进行，在相应位置开设的焊缝穿越孔。

2.1.4 免予焊接工艺评定 prequalification of WPS

在满足本规范相应规定的某些特定焊接方法和参数、钢材、接头形式、焊接材料组合的条件下，可以不经焊接工艺评定试验，直接采用本规范规定的焊接工艺。

2.1.5 焊接环境温度 temperature of welding circumstance

施焊时，焊件周围环境的温度。

2.1.6 药芯焊丝自保护焊 flux cored wire selfshield arc welding

不需外加气体或焊剂保护，仅依靠焊丝药芯在高温时反应形成的熔渣和气体保护焊接区进行焊接的方法。

2.1.7 检测 testing

按照规定程序，由确定给定产品的一种或多种特性进行检验、测试处理或提供服务所组成的技术操作。

2.1.8 检查 inspection

对材料、人员、工艺、过程或结果的核查，并确定其相对于特定要求的符合性，或在专业判断的基础上，确定相对于通用要求的符合性。

2.2 符 号

α——焊缝坡口角度；

h——焊缝坡口深度；

b——焊缝坡口根部间隙；

P——焊缝坡口钝边高度；

h_e——焊缝计算厚度；

z——焊缝计算厚度折减值；

h_f——焊脚尺寸；

h_k——加强焊脚尺寸；

L——焊缝的长度；

B——焊缝宽度；

C——焊缝余高；

Δ——对接焊缝错边量；

D（d）——主（支）管直径；

Φ——直径；

Ψ——两面角；

δ——试样厚度；

t——板、壁的厚度；

a——间距；

W——型钢杆件的宽度；

Σ_f——角焊缝名义应力；

T_f——角焊缝名义剪应力；

η——焊缝强度折减系数；

f_f^w——角焊缝的抗剪强度设计值；

$HV10$——试验力为98.07N（10kgf），保持荷载（10～15）s的维氏硬度；

R_{eH}——上屈服强度；

R_{eL}——下屈服强度；

R_m——抗拉强度；

A——断后伸长率；

Z——断面收缩率。

3 基 本 规 定

3.0.1 钢结构工程焊接难度可按表3.0.1分为A、B、C、D四个等级。钢材碳当量（CEV）应采用公式（3.0.1）计算。

$$CEV(\%) = \mathrm{C} + \frac{\mathrm{Mn}}{6} + \frac{\mathrm{Cr}+\mathrm{Mo}+\mathrm{V}}{5} + \frac{\mathrm{Cu}+\mathrm{Ni}}{15}(\%) \quad (3.0.1)$$

注：本公式适用于非调质钢。

表 3.0.1 钢结构工程焊接难度等级

焊接难度等级＼影响因素[a]	板厚 t（mm）	钢材分类[b]	受力状态	钢材碳当量 CEV(%)
A(易)	$t \leqslant 30$	Ⅰ	一般静载拉、压	$CEV \leqslant 0.38$
B(一般)	$30 < t \leqslant 60$	Ⅱ	静载且板厚方向受拉或间接动载	$0.38 < CEV \leqslant 0.45$
C(较难)	$60 < t \leqslant 100$	Ⅲ	直接动载、抗震设防烈度等于7度	$0.45 < CEV \leqslant 0.50$
D(难)	$t > 100$	Ⅳ	直接动载、抗震设防烈度大于等于8度	$CEV > 0.50$

注：a 根据表中影响因素所处最难等级确定整体焊接难度；

b 钢材分类应符合本规范表 4.0.5 的规定。

3.0.2 钢结构焊接工程设计、施工单位应具备与工程结构类型相应的资质。

3.0.3 承担钢结构焊接工程的施工单位应符合下列规定：

1 具有相应的焊接质量管理体系和技术标准；

2 具有相应资格的焊接技术人员、焊接检验人员、无损检测人员、焊工、焊接热处理人员；

3 具有与所承担的焊接工程相适应的焊接设备、检验和试验设备；

4 检验仪器、仪表应经计量检定、校准合格且在有效期内；

5 对承担焊接难度等级为C级和D级的施工单位，应具有焊接工艺试验室。

3.0.4 钢结构焊接工程相关人员的资格应符合下列规定：

1 焊接技术人员应接受过专门的焊接技术培训，且有一年以上焊接生产或施工实践经验；

2 焊接技术负责人除应满足本条1款规定外，还应具有中级以上技术职称。承担焊接难度等级为C级和D级焊接工程的施工单位，其焊接技术负责人应具有高级技术职称；

3 焊接检验人员应接受过专门的技术培训，有一定的焊接实践经验和技术水平，并具有检验人员上岗资格证；

4 无损检测人员必须由专业机构考核合格，其资格证应在有效期内，并按考核合格项目及权限从事无损检测和审核工作。承担焊接难度等级为C级和D级焊接工程的无损检测审核人员应具备现行国家标准《无损检测人员资格鉴定与认证》GB/T 9445 中的3级资格要求；

5 焊工应按所从事钢结构的钢材种类、焊接节点形式、焊接方法、焊接位置等要求进行技术资格考试，并取得相应的资格证书，其施焊范围不得超越资格证书的规定；

6 焊接热处理人员应具备相应的专业技术。用电加热设备加热时，其操作人员应经过专业培训。

3.0.5 钢结构焊接工程相关人员的职责应符合下列规定：

1 焊接技术人员负责组织进行焊接工艺评定，编制焊接工艺方案及技术措施和焊接作业指导书或焊接工艺卡，处理施工过程中的焊接技术问题；

2 焊接检验人员负责对焊接作业进行全过程的检查和控制，出具检查报告；

3 无损检测人员应按设计文件或相应规范规定的探伤方法及标准，对受检部位进行探伤，出具检测报告；

4 焊工应按照焊接工艺文件的要求施焊；

5 焊接热处理人员应按照热处理作业指导书及相应的操作规程进行作业。

3.0.6 钢结构焊接工程相关人员的安全、健康及作业环境应遵守国家现行安全健康相关标准的规定。

4 材　　料

4.0.1 钢结构焊接工程用钢材及焊接材料应符合设计文件的要求，并应具有钢厂和焊接材料厂出具的产品质量证明书或检验报告，其化学成分、力学性能和其他质量要求应符合国家现行有关标准的规定。

4.0.2 钢材及焊接材料的化学成分、力学性能复验应符合国家现行有关工程质量验收标准的规定。

4.0.3 选用的钢材应具备完善的焊接性资料、指导性焊接工艺、热加工和热处理工艺参数、相应钢材的焊接接头性能数据等资料；新材料应经专家论证、评审和焊接工艺评定合格后，方可在工程中采用。

4.0.4 焊接材料应由生产厂提供熔敷金属化学成分、性能鉴定资料及指导性焊接工艺参数。

4.0.5 钢结构焊接工程中常用国内钢材按其标称屈服强度分类应符合表 4.0.5 的规定。

表 4.0.5 常用国内钢材分类

类别号	标称屈服强度	钢材牌号举例	对应标准号
Ⅰ	≤295MPa	Q195、Q215、Q235、Q275	GB/T 700
		20、25、15Mn、20Mn、25Mn	GB/T 699
		Q235q	GB/T 714
		Q235GJ	GB/T 19879
		Q235NH、Q265GNH、Q295NH、Q295GNH	GB/T 4171
		ZG 200-400H、ZG 230-450H、ZG 275-485H	GB/T 7659
		G17Mn5QT、G20Mn5N、G20Mn5QT	CECS 235

续表 4.0.5

类别号	标称屈服强度	钢材牌号举例	对应标准号
Ⅱ	＞295MPa 且≤370MPa	Q345	GB/T 1591
		Q345q、Q370q	GB/T 714
		Q345GJ	GB/T 19879
		Q310GNH、Q355NH、Q355GNH	GB/T 4171
Ⅲ	＞370MPa 且≤420MPa	Q390、Q420	GB/T 1591
		Q390GJ、Q420GJ	GB/T 19879
		Q420q	GB/T 714
		Q415NH	GB/T 4171
Ⅳ	＞420MPa	Q460、Q500、Q550、Q620、Q690	GB/T 1591
		Q460GJ	GB/T 19879
		Q460NH、Q500NH、Q550NH	GB/T 4171

注：国内新钢材和国外钢材按其屈服强度级别归入相应类别。

4.0.6 T形、十字形、角接接头，当其翼缘板厚度不小于40mm时，设计宜采用对厚度方向性能有要求的钢板。钢材的厚度方向性能级别应根据工程的结构类型、节点形式及板厚和受力状态等情况按现行国家标准《厚度方向性能钢板》GB/T 5313的有关规定进行选择。

4.0.7 焊条应符合现行国家标准《碳钢焊条》GB/T 5117、《低合金钢焊条》GB/T 5118的有关规定。

4.0.8 焊丝应符合现行国家标准《熔化焊用钢丝》GB/T 14957、《气体保护电弧焊用碳钢、低合金钢焊丝》GB/T 8110及《碳钢药芯焊丝》GB/T 10045、《低合金钢药芯焊丝》GB/T 17493的有关规定。

4.0.9 埋弧焊用焊丝和焊剂应符合现行国家标准《埋弧焊用碳钢焊丝和焊剂》GB/T 5293、《埋弧焊用低合金钢焊丝和焊剂》GB/T 12470的有关规定。

4.0.10 气体保护焊使用的氩气应符合现行国家标准《氩》GB/T 4842的有关规定，其纯度不应低于99.95%。

4.0.11 气体保护焊使用的二氧化碳应符合现行行业标准《焊接用二氧化碳》HG/T 2537的有关规定。焊接难度为C、D级和特殊钢结构工程中主要构件的重要焊接节点，采用的二氧化碳质量应符合该标准中优等品的要求。

4.0.12 栓钉焊使用的栓钉及焊接瓷环应符合现行国家标准《电弧螺柱焊用圆柱头焊钉》GB/T 10433的有关规定。

5 焊接连接构造设计

5.1 一般规定

5.1.1 钢结构焊接连接构造设计，应符合下列规定：

1 宜减少焊缝的数量和尺寸；

2 焊缝的布置宜对称于构件截面的中性轴；

3 节点区的空间应便于焊接操作和焊后检测；

4 宜采用刚度较小的节点形式，宜避免焊缝密集和双向、三向相交；

5 焊缝位置应避开高应力区；

6 应根据不同焊接工艺方法选用坡口形式和尺寸。

5.1.2 设计施工图、制作详图中标识的焊缝符号应符合现行国家标准《焊缝符号表示法》GB/T 324和《建筑结构制图标准》GB/T 50105的有关规定。

5.1.3 钢结构设计施工图中应明确规定下列焊接技术要求：

1 构件采用钢材的牌号和焊接材料的型号、性能要求及相应的国家现行标准；

2 钢结构构件相交节点的焊接部位、有效焊缝长度、焊脚尺寸、部分焊透焊缝的焊透深度；

3 焊缝质量等级，有无损检测要求时应标明无损检测的方法和检查比例；

4 工厂制作单元及构件拼装节点的允许范围，并根据工程需要提出结构设计应力图。

5.1.4 钢结构制作详图中应标明下列焊接技术要求：

1 对设计施工图中所有焊接技术要求进行详细标注，明确钢结构构件相交节点的焊接部位、焊接方法、有效焊缝长度、焊缝坡口形式、焊脚尺寸、部分焊透焊缝的焊透深度、焊后热处理要求；

2 明确标注焊缝坡口详细尺寸，如有钢衬垫标注钢衬垫尺寸；

3 对于重型、大型钢结构，明确工厂制作单元和工地拼装焊接的位置，标注工厂制作或工地安装焊缝；

4 根据运输条件、安装能力、焊接可操作性和设计允许范围确定构件分段位置和拼接节点，按设计规范有关规定进行焊缝设计并提交原设计单位进行结构安全审核。

5.1.5 焊缝质量等级应根据钢结构的重要性、荷载特性、焊缝形式、工作环境以及应力状态等情况，按下列原则选用：

1 在承受动荷载且需要进行疲劳验算的构件中，凡要求与母材等强连接的焊缝应焊透，其质量等级应符合下列规定：

1）作用力垂直于焊缝长度方向的横向对接焊

缝或T形对接与角接组合焊缝，受拉时应为一级，受压时不应低于二级；

2）作用力平行于焊缝长度方向的纵向对接焊缝不应低于二级；

3）铁路、公路桥的横梁接头板与弦杆角焊缝应为一级，桥面板与弦杆角焊缝、桥面板与U形肋角焊缝（桥面板侧）不应低于二级；

4）重级工作制（A6～A8）和起重量 $Q\geqslant50t$ 的中级工作制（A4、A5）吊车梁的腹板与上翼缘之间以及吊车桁架上弦杆与节点板之间的T形接头焊缝应焊透，焊缝形式宜为对接与角接的组合焊缝，其质量等级不应低于二级。

2　不需要疲劳验算的构件中，凡要求与母材等强的对接焊缝宜焊透，其质量等级受拉时不应低于二级，受压时不宜低于二级。

3　部分焊透的对接焊缝、采用角焊缝或部分焊透的对接与角接组合焊缝的T形接头，以及搭接连接角焊缝，其质量等级应符合下列规定：

1）直接承受动荷载且需要疲劳验算的结构和吊车起重量等于或大于50t的中级工作制吊车梁以及梁柱、牛腿等重要节点不应低于二级；

2）其他结构可为三级。

5.2　焊缝坡口形式和尺寸

5.2.1　焊接位置、接头形式、坡口形式、焊缝类型及管结构节点形式(图5.2.1)代号，应符合表5.2.1-1～表5.2.1-5的规定。

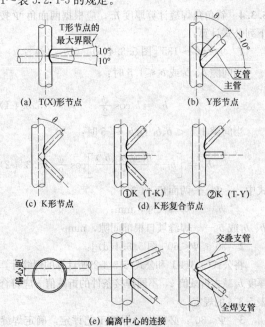

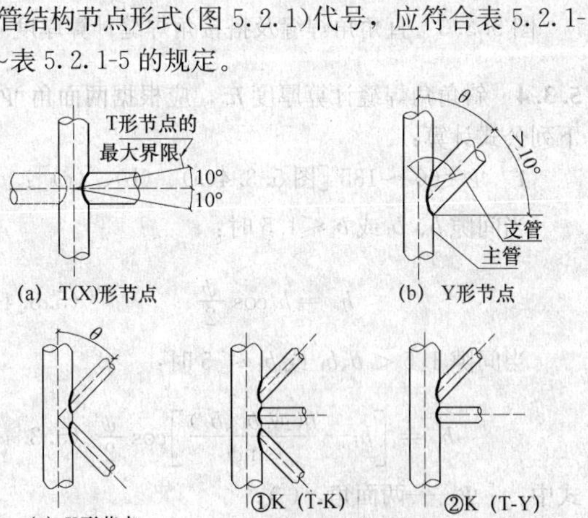

T形节点的
最大界限
10°
10°
(a) T(X)形节点
θ
≥10°
支管
主管
(b) Y形节点
θ
(c) K形节点
①K (T-K)
②K (T-Y)
(d) K形复合节点
偏心距
交叠支管
全焊支管
(e) 偏离中心的连接

图5.2.1　管结构节点形式

表5.2.1-1　焊接位置代号

代　号	焊接位置
F	平焊
H	横焊
V	立焊
O	仰焊

表5.2.1-2　接头形式代号

代　号	接头形式
B	对接接头
T	T形接头
X	十字接头
C	角接接头
F	搭接接头

表5.2.1-3　坡口形式代号

代　号	坡口形式
I	I形坡口
V	V形坡口
X	X形坡口
L	单边V形坡口
K	K形坡口
U[a]	U形坡口
J[a]	单边U形坡口

注：a 当钢板厚度不小于50mm时，可采用U形或J形坡口。

表5.2.1-4　焊缝类型代号

代　号	焊缝类型
B(G)	板(管)对接焊缝
C	角接焊缝
B_C	对接与角接组合焊缝

表5.2.1-5　管结构节点形式代号

代　号	节点形式
T	T形节点
K	K形节点
Y	Y形节点

5.2.2　焊接接头坡口形式、尺寸及标记方法应符合本规范附录A的规定。

5.3　焊缝计算厚度

5.3.1　全焊透的对接焊缝及对接与角接组合焊缝，采用双面焊时，反面应清根后焊接，其焊缝计算厚度 h_e 对于对接焊缝应为焊接部位较薄的板厚，对于对接与角接组合焊缝（图5.3.1），其焊缝计算厚度 h_e 应为坡口根部至焊缝两侧表面（不计余高）的最短距离之和；采用加衬垫单面焊，当坡口形式、尺寸符合本规范表A.0.2～表A.0.4的规定时，其焊缝计算厚度h_e应为坡口根部至焊缝表面（不计余高）的最短距离。

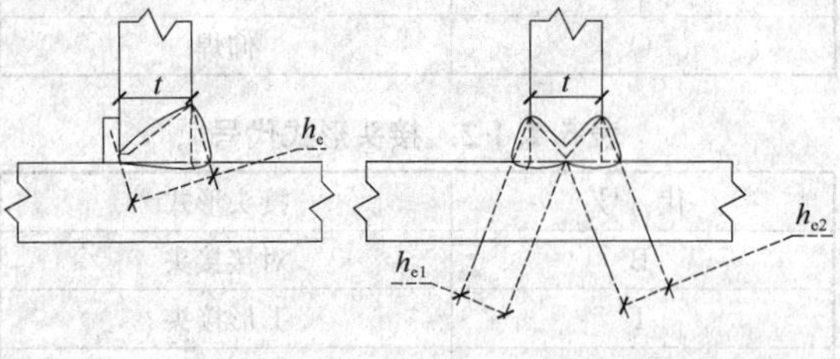
t
h_e
t
h_{e1}
h_{e2}

图5.3.1 全焊透的对接与角接组合焊缝计算厚度h_e

5.3.2 部分焊透对接焊缝及对接与角接组合焊缝，其焊缝计算厚度h_e（图5.3.2）应根据不同的焊接方法、坡口形式及尺寸、焊接位置对坡口深度h进行折减，并应符合表5.3.2的规定。

V形坡口$\alpha \geqslant 60°$及U、J形坡口，当坡口尺寸符合本规范表A.0.5～表A.0.7的规定时，焊缝计算厚度h_e应为坡口深度h。

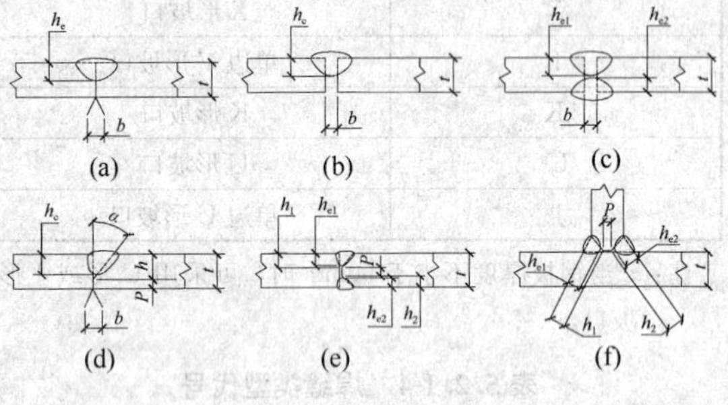
(a)
(b)
(c)
(d)
(e)
(f)

图5.3.2 部分焊透的对接焊缝及对接与角接组合焊缝计算厚度

表5.3.2 部分焊透的对接焊缝及对接与角接组合焊缝计算厚度

图号	坡口形式	焊接方法	t (mm)	α (°)	b (mm)	P (mm)	焊接位置	焊缝计算厚度 h_e (mm)
5.3.2(a)	I形坡口单面焊	焊条电弧焊	3	—	1.0～1.5	—	全部	$t-1$
5.3.2(b)	I形坡口单面焊	焊条电弧焊	$3<t\leqslant 6$	—	$\frac{t}{2}$	—	全部	$\frac{t}{2}$
5.3.2(c)	I形坡口双面焊	焊条电弧焊	$3<t\leqslant 6$	—	$\frac{t}{2}$	—	全部	$\frac{3}{4}t$
5.3.2(d)	单V形坡口	焊条电弧焊	≥6	45	0	3	全部	$h-3$
5.3.2(d)	L形坡口	气体保护焊	≥6	45	0	3	F，H	h
							V，O	$h-3$
5.3.2(d)	L形坡口	埋弧焊	≥12	60	0	6	F	h
							H	$h-3$

续表5.3.2

图号	坡口形式	焊接方法	t (mm)	α (°)	b (mm)	P (mm)	焊接位置	焊缝计算厚度 h_e (mm)
5.3.2(e)、(f)	K形坡口	焊条电弧焊	≥8	45	0	3	全部	h_1+h_2-6
5.3.2(e)、(f)	K形坡口	气体保护焊	≥12	45	0	3	F，H	h_1+h_2
							V，O	h_1+h_2-6
5.3.2(e)、(f)	K形坡口	埋弧焊	≥20	60	0	6	F	h_1+h_2

5.3.3 搭接角焊缝及直角角焊缝计算厚度h_e（图5.3.3）应按下列公式计算（塞焊和槽焊焊缝计算厚度h_e可按角焊缝的计算方法确定）：

1 当间隙$b \leqslant 1.5$时：

$$h_e = 0.7h_f \tag{5.3.3-1}$$

2 当间隙$1.5<b\leqslant 5$时：

$$h_e = 0.7(h_f - b) \tag{5.3.3-2}$$

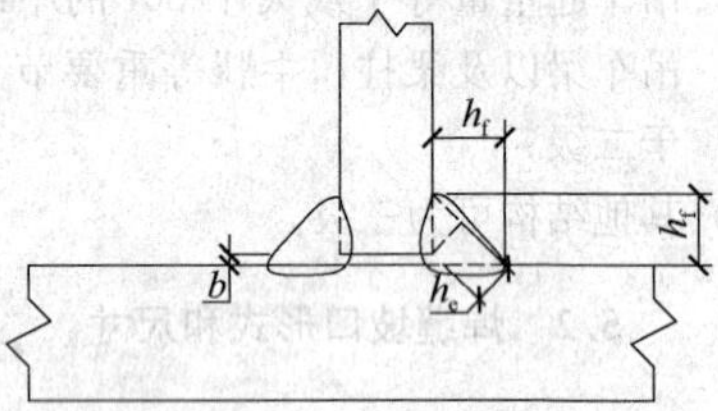
h_f
h_f
b
h_e

图5.3.3 直角角焊缝及搭接角焊缝计算厚度

5.3.4 斜角角焊缝计算厚度h_e，应根据两面角Ψ按下列公式计算：

1 $\Psi=60°\sim135°$[图5.3.4(a)、(b)、(c)]：

当间隙b、b_1或$b_2 \leqslant 1.5$时：

$$h_e = h_f \cos\frac{\psi}{2} \tag{5.3.4-1}$$

当间隙$1.5 < b$、b_1或$b_2 \leqslant 5$时：

$$h_e = \left[h_f - \frac{b(\text{或}\ b_1、b_2)}{\sin\psi}\right]\cos\frac{\psi}{2} \tag{5.3.4-2}$$

式中：Ψ——两面角，(°)；

h_f——焊脚尺寸，mm；

b、b_1或b_2——焊缝坡口根部间隙，mm。

2 $30°\leqslant\Psi<60°$[图5.3.4(d)]：

将公式(5.3.4-1)和公式(5.3.4-2)所计算的焊缝计算厚度h_e减去折减值z，不同焊接条件的折减值z应符合表5.3.4的规定。

3 $\Psi<30°$：必须进行焊接工艺评定，确定焊缝计算厚度。

表 5.3.4　30°≤Ψ<60°时的焊缝计算厚度折减值 z

两面角 Ψ	焊接方法	折减值 z(mm) 焊接位置 V或O	焊接位置 F或H
60°>Ψ≥45°	焊条电弧焊	3	3
	药芯焊丝自保护焊	3	0
	药芯焊丝气体保护焊	3	0
	实心焊丝气体保护焊	3	0
45°>Ψ≥30°	焊条电弧焊	6	6
	药芯焊丝自保护焊	6	3
	药芯焊丝气体保护焊	10	6
	实心焊丝气体保护焊	10	6

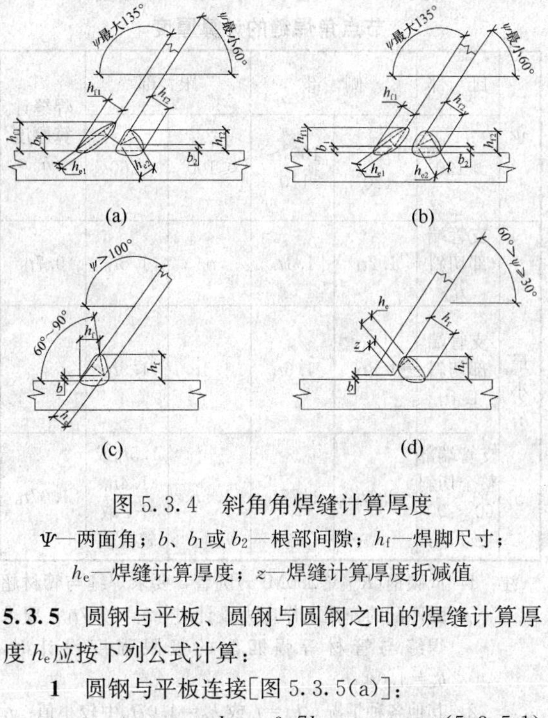

图 5.3.4　斜角角焊缝计算厚度

Ψ—两面角；b、b_1或b_2—根部间隙；h_f—焊脚尺寸；h_e—焊缝计算厚度；z—焊缝计算厚度折减值

5.3.5　圆钢与平板、圆钢与圆钢之间的焊缝计算厚度 h_e应按下列公式计算：

1　圆钢与平板连接[图 5.3.5(a)]：

$$h_e = 0.7h_f \quad (5.3.5\text{-}1)$$

2　圆钢与圆钢连接[图 5.3.5(b)]：

$$h_e = 0.1(\varphi_1 + 2\varphi_2) - a \quad (5.3.5\text{-}2)$$

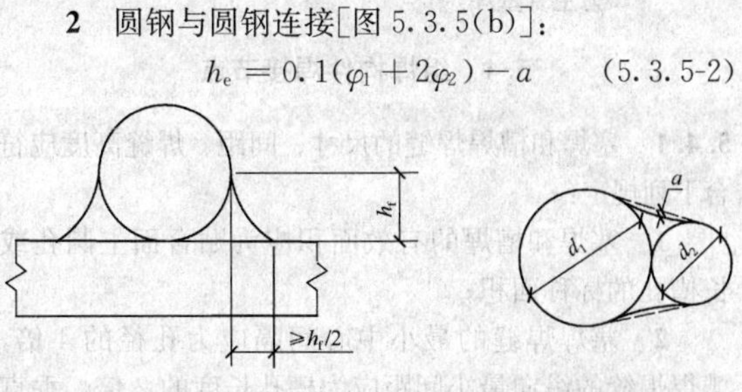

(a) 圆钢与平板　(b) 圆钢与圆钢

图 5.3.5　圆钢与平板、圆钢与圆钢焊缝计算厚度

式中：φ_1——大圆钢直径，mm；

φ_2——小圆钢直径，mm；

a——焊缝表面至两个圆钢公切线的间距，mm。

5.3.6　圆管、矩形管 T、Y、K 形相贯节点的焊缝计算厚度 h_e，应根据局部两面角 Ψ 的大小，按相贯节点趾部、侧部、跟部各区和局部细节计算取值(图 5.3.6-1、图 5.3.6-2)，且应符合下列规定：

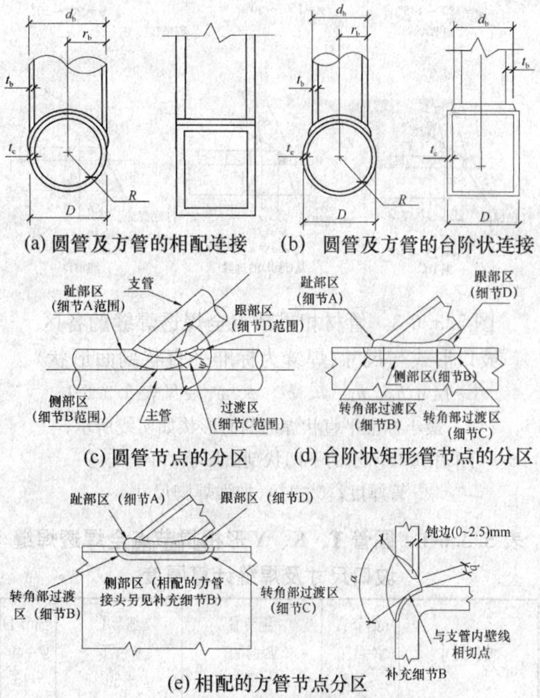

趾部区（细节A范围）
支管
跟部区（细节D范围）
侧部区（细节B范围）
主管
过渡区（细节C范围）
趾部区（细节A）
跟部区（细节D）
侧部区（细节B）
转角部过渡区（细节B）
转角部过渡区（细节C）
趾部区（细节A）
跟部区（细节D）
转角部过渡区（细节B）
侧部区（相配的方管接头另见补充细节B）
转角部过渡区（细节C）
钝边(0~2.5)mm
与支管内壁线相切点
补充细节B

(a) 圆管及方管的相配连接　(b) 圆管及方管的台阶状连接

(c) 圆管节点的分区　(d) 台阶状矩形管节点的分区

(e) 相配的方管节点分区

图 5.3.6-1　圆管、矩形管相贯节点焊缝分区

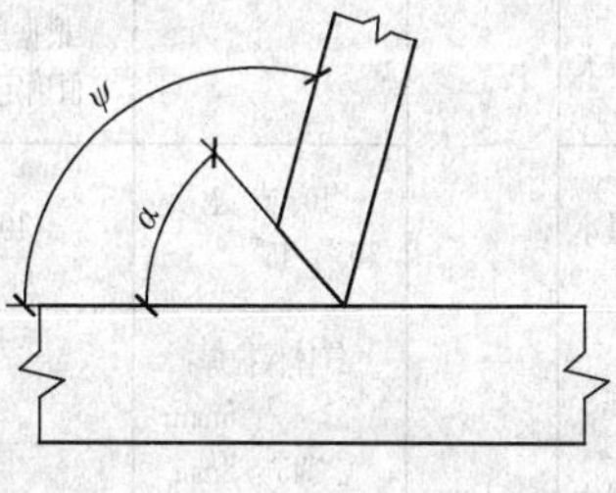

图 5.3.6-2　局部两面角 Ψ 和坡口角度 α

1　管材相贯节点全焊透焊缝各区的形式及尺寸细节应符合图 5.3.6-3 的要求，焊缝坡口尺寸及计算厚度宜符合表 5.3.6-1 的规定；

2　管材台阶状相贯节点部分焊透焊缝各区坡口形式与尺寸细节应符合图 5.3.6-4(a)的要求；矩形管材相配的相贯节点部分焊透焊缝各区坡口形式与尺寸细节应符合图 5.3.6-4(b)的要求。焊缝计算厚度的折减值 z 应符合本规范表 5.3.4 的规定；

3　管材相贯节点各区细节应符合图 5.3.6-5 的要求，角焊缝的焊缝计算厚度 h_e应符合表 5.3.6-2 的规定。

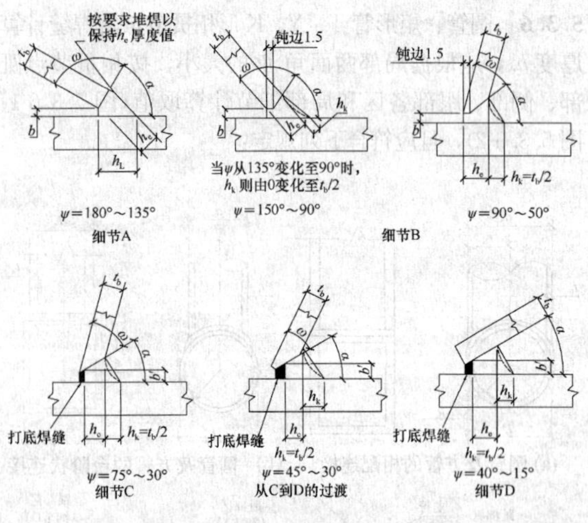
按要求堆焊以保持h_e厚度值
钝边1.5
当ψ从135°变化至90°时，h_k则由0变化至$t_b/2$
ψ=180°～135°
细节A
ψ=150°～90°
细节B
ψ=90°～50°
打底焊缝
ψ=75°～30°
细节C
ψ=45°～30°
从C到D的过渡
ψ=40°～15°
细节D

图 5.3.6-3 管材相贯节点全焊透焊缝的各区坡口形式与尺寸(焊缝为标准平直状剖面形状)

1—尺寸 h_e、h_L、b、b'、ψ、ω、α 见表 5.3.6-1；

2—最小标准平直状焊缝剖面形状如实线所示；

3—可采用虚线所示的下凹状剖面形状；4—支管厚度；5—h_k：加强焊脚尺寸

表 5.3.6-1 圆管 T、K、Y 形相贯节点全焊透焊缝坡口尺寸及焊缝计算厚度

坡口尺寸		细节 A Ψ=180°～135°	细节 B Ψ=150°～50°	细节 C Ψ=75°～30°	细节 D Ψ=40°～15°
坡口角度 α	最大	90°	$\Psi\leqslant$105°：60°	40°；Ψ 较大时 60°	—
	最小	45°	37.5°；Ψ 较小时 1/2Ψ	1/2Ψ	—
支管端部斜削角度 ω	最大	—	90°	根据所需的 α 值确定	—
	最小		10° 或 Ψ＞105°：45°	10°	
根部间隙 b	最大	5mm	气体保护焊：α＞45°：6mm；$\alpha\leqslant$45°：8mm；焊条电弧焊和药芯焊丝自保护焊：6mm	—	—
	最小	1.5mm	1.5mm		
打底焊后坡口底部宽度 b'	最大	—	—	焊条电弧焊和药芯焊丝自保护焊：α=25°～40°：3mm；α=15°～25°：5mm；气体保护焊：α=30°～40°：3mm；α=25°～30°：6mm；α=20°～25°：10mm；α=15°～20°：13mm	
焊缝计算厚度 h_e		$\geqslant t_b$	$\Psi\geqslant$ 90°时，$\geqslant t_b$；Ψ＜90°时，$\geqslant \frac{t_b}{\sin\Psi}$	$\geqslant \frac{t_b}{\sin\Psi}$，最大 $1.75t_b$	$\geqslant 2t_b$
h_L		$\geqslant \frac{t_b}{\sin\Psi}$，最大 $1.75t_b$	—	焊缝可堆焊至满足要求	—

注：坡口角度 α＜30°时应进行工艺评定；由打底焊道保证坡口底部必要的宽度 b'。

表 5.3.6-2 管材 T、Y、K 形相贯节点角焊缝的计算厚度

Ψ	趾 部	侧 部		跟 部		焊缝计算厚度 (h_e)
	＞120°	110°～120°	100°～110°	$\leqslant$100°	＜60°	
最小 h_f	支管端部切斜 t_b	$1.2t_b$	$1.1t_b$	t_b	$1.5t_b$	$0.7t_b$
	支管端部切斜 $1.4t_b$	$1.8t_b$	$1.6t_b$	$1.4t_b$	$1.5t_b$	t_b
	支管端部整个切斜 60°～90° 坡口角	$2.0t_b$	$1.75t_b$	$1.5t_b$	$1.5t_b$ 或 $1.4t_b+z$ 取较大值	$1.07t_b$

注：1 低碳钢($R_{eH}\leqslant$280MPa)圆管，要求焊缝与管材超强匹配的弹性工作应力设计时，$h_e=0.7t_b$；要求焊缝与管材等强匹配的极限强度设计时，$h_e=1.0t_b$；

2 其他各种情况，$h_e=t_c$ 或 $h_e=1.07t_b$ 中较小值；t_c 为主管壁厚。

5.4 组焊构件焊接节点

5.4.1 塞焊和槽焊焊缝的尺寸、间距、焊缝高度应符合下列规定：

1 塞焊和槽焊的有效面积应为贴合面上圆孔或长槽孔的标称面积；

2 塞焊焊缝的最小中心间隔应为孔径的 4 倍，槽焊焊缝的纵向最小间距应为槽孔长度的 2 倍，垂直于槽孔长度方向的两排槽孔的最小间距应为槽孔宽度的 4 倍；

3 塞焊孔的最小直径不得小于开孔板厚度加 8mm，最大直径应为最小直径值加 3mm 和开孔件厚度的 2.25 倍两值中较大者。槽孔长度不应超过开孔件厚度的 10 倍，最小及最大槽宽规定应与塞焊孔的

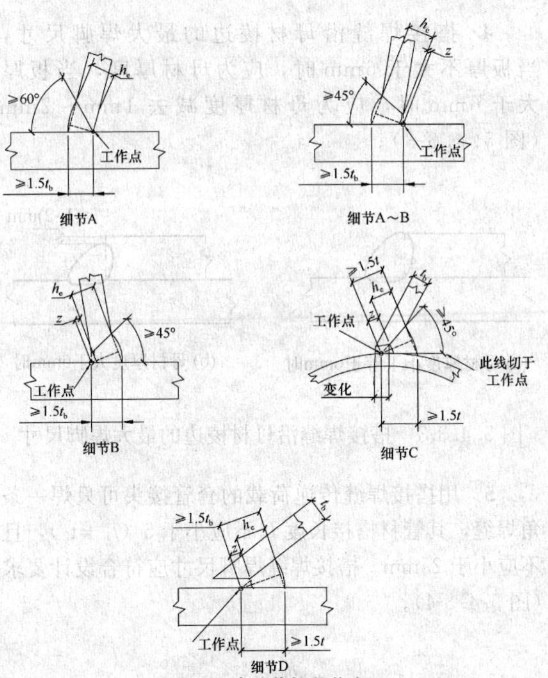
≥60°
h_e
工作点
≥1.5t_b
细节A
h_e
z
≥45°
工作点
≥1.5t_b
细节A～B
h_e
z
≥45°
工作点
≥1.5t_b
细节B
≥1.5t
h_e
t_b
工作点
≥45°
此线切于工作点
变化
≥1.5t
细节C
≥1.5t_b
h_e
t_c
工作点
≥1.5t
细节D

(a) 台阶状相贯节点

图 5.3.6-4　管材相贯节点部分焊透焊缝各区坡口形式与尺寸（一）

1—t 为 t_b、t_c 中较薄截面厚度；2—除过渡区域或跟部区域外，其余部位削斜到边缘；3—根部间隙 0mm～5mm；4—坡口角度 $\alpha<30°$ 时应进行工艺评定；5—焊缝计算厚度 $h_e>t_b$，z 折减尺寸见本规范表 5.3.4；6—方管截面角部过渡区的接头应制作成从一细部圆滑过渡到另一细部，焊接的起点与终点都应在方管的平直部位，转角部位应连续焊接，转角处焊缝应饱满

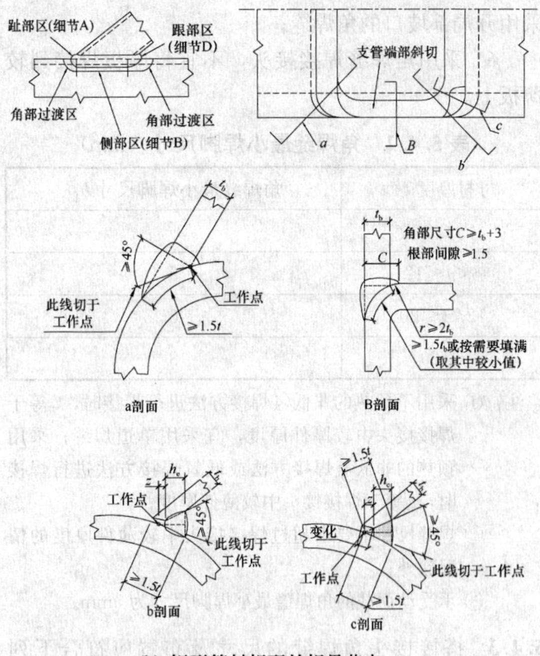
趾部区(细节A)
跟部区(细节D)
角部过渡区
侧部区(细节B)
角部过渡区
支管端部斜切
a
B
b
c
t_b
≥45°
此线切于工作点
工作点
≥1.5t
a剖面
t_b
角部尺寸C≥t_b+3
根部间隙≥1.5
C
r≥2t_b
≥1.5t_b或按需要填满
(取其中较小值)
B剖面
≥1.5t
工作点
此线切于工作点
≥45°
≥1.5t
b剖面
变化
≥45°
工作点
此线切于工作点
≥1.5t
c剖面

(b) 矩形管材相配的相贯节点

图 5.3.6-4　管材相贯节点部分焊透焊缝各区坡口形式与尺寸（二）

1—t 为 t_b、t_c 中较薄截面厚度；2—除过渡区域或跟部区域外，其余部位削斜到边缘；3—根部间隙 0mm～5mm；4—坡口角度 $\alpha<30°$ 时应进行工艺评定；5—焊缝计算厚度 $h_e>t_b$，z 折减尺寸见本规范表 5.3.4；6—方管截面角部过渡区的接头应制作成从一细部圆滑过渡到另一细部，焊接的起点与终点都应在方管的平直部位，转角部位应连续焊接，转角处焊缝应饱满

最小及最大孔径规定相同；

4　塞焊和槽焊的焊缝高度应符合下列规定：

1）当母材厚度不大于 16mm 时，应与母材厚度相同；

2）当母材厚度大于 16mm 时，不应小于母材厚度的一半和 16mm 两值中较大者。

5　塞焊焊缝和槽焊焊缝的尺寸应根据贴合面上承受的剪力计算确定。

5.4.2　角焊缝的尺寸应符合下列规定：

1　角焊缝的最小计算长度应为其焊脚尺寸（h_f）的 8 倍，且不应小于 40mm；焊缝计算长度应为扣除引弧、收弧长度后的焊缝长度；

2　角焊缝的有效面积应为焊缝计算长度与计算厚度（h_e）的乘积。对任何方向的荷载，角焊缝上的应力应视为作用在这一有效面积上；

3　断续角焊缝焊段的最小长度不应小于最小计算长度；

4　角焊缝最小焊脚尺寸宜按表 5.4.2 取值；

5　被焊构件中较薄板厚度不小于 25mm 时，宜

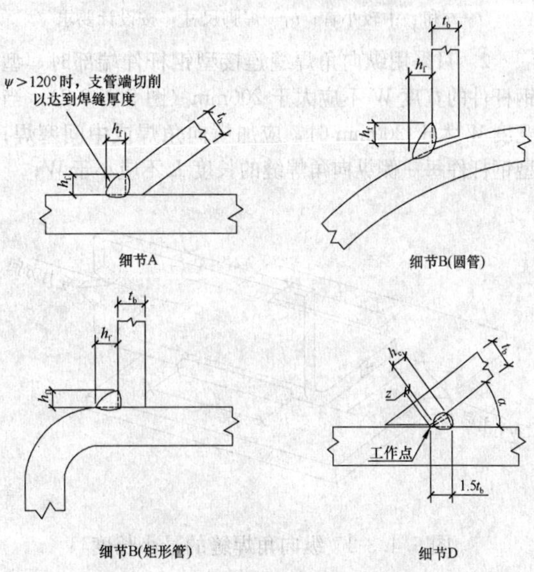
ψ>120°时，支管端切削以达到焊缝厚度
t_b
h_f
h_f
细节A
t_b
h_f
h_f
细节B(圆管)
t_b
h_f
h_f
细节B(矩形管)
h_e
t_b
z
α
工作点
1.5t_b
细节D

图 5.3.6-5　管材相贯节点角焊缝接头各区形状与尺寸

1—t_b 为较薄件厚度；2—h_f 为最小焊脚尺寸

采用开局部坡口的角焊缝；

6 采用角焊缝焊接接头，不宜将厚板焊接到较薄板上。

表 5.4.2 角焊缝最小焊脚尺寸（mm）

母材厚度 t①	角焊缝最小焊脚尺寸 h_f②
$t \leqslant 6$	3③
$6 < t \leqslant 12$	5
$12 < t \leqslant 20$	6
$t > 20$	8

注：① 采用不预热的非低氢焊接方法进行焊接时，t 等于焊接接头中较厚件厚度，宜采用单道焊缝；采用预热的非低氢焊接方法或低氢焊接方法进行焊接时，t 等于焊接接头中较薄件厚度；

② 焊缝尺寸不要求超过焊接接头中较薄件厚度的情况除外；

③ 承受动荷载的角焊缝最小焊脚尺寸为 5mm。

5.4.3 搭接接头角焊缝的尺寸及布置应符合下列规定：

1 传递轴向力的部件，其搭接接头最小搭接长度应为较薄件厚度的 5 倍，且不应小于 25mm（图 5.4.3-1），并应施焊纵向或横向双角焊缝；

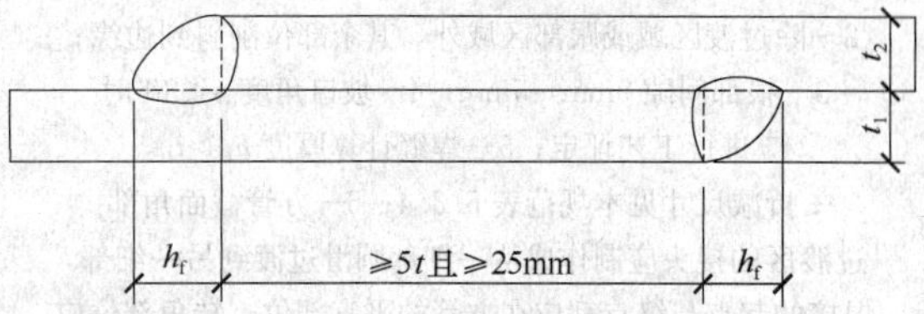

t_2
t_1
h_f
≥5t且≥25mm
h_f

图 5.4.3-1 搭接接头双角焊缝的要求

t—t_1 和 t_2 中较小者；h_f—焊脚尺寸，按设计要求

2 只采用纵向角焊缝连接型钢杆件端部时，型钢杆件的宽度 W 不应大于 200mm（图 5.4.3-2），当宽度 W 大于 200mm 时，应加横向角焊或中间塞焊；型钢杆件每一侧纵向角焊缝的长度 L 不应小于 W；

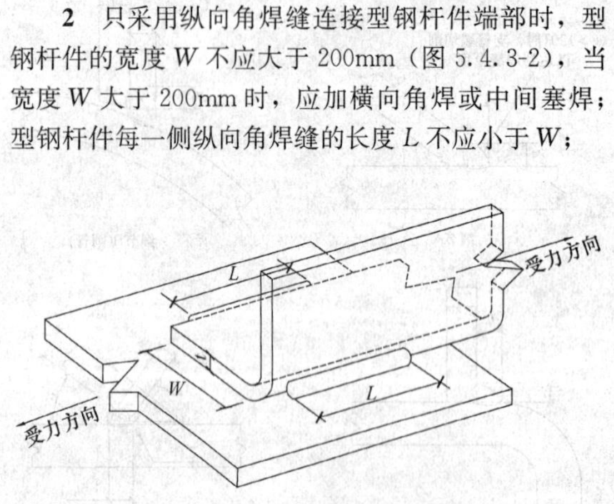

受力方向
L
W
L
受力方向

图 5.4.3-2 纵向角焊缝的最小长度

3 型钢杆件搭接接头采用围焊时，在转角处应连续施焊。杆件端部搭接角焊缝作绕焊时，绕焊长度不应小于焊脚尺寸的 2 倍，并应连续施焊；

4 搭接焊缝沿母材棱边的最大焊脚尺寸，当板厚不大于 6mm 时，应为母材厚度，当板厚大于 6mm 时，应为母材厚度减去 1mm～2mm（图 5.4.3-3）；

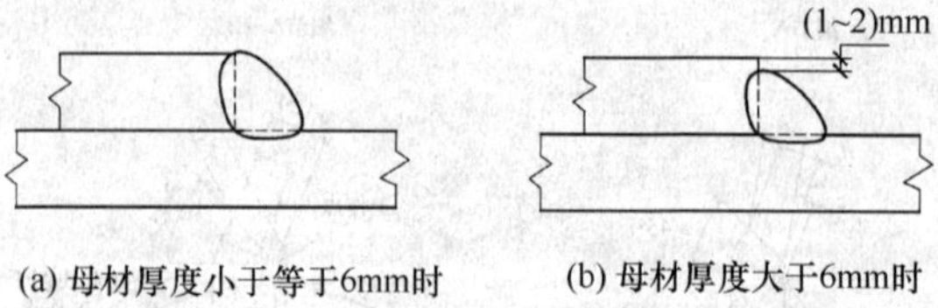

(1~2)mm
(a) 母材厚度小于等于6mm时
(b) 母材厚度大于6mm时

图 5.4.3-3 搭接焊缝沿母材棱边的最大焊脚尺寸

5 用搭接焊缝传递荷载的套管接头可只焊一条角焊缝，其管材搭接长度 L 不应小于 5（$t_1 + t_2$），且不应小于 25mm。搭接焊缝焊脚尺寸应符合设计要求（图 5.4.3-4）。

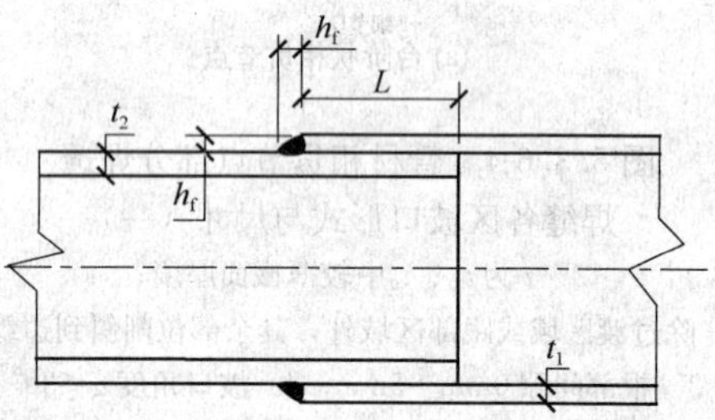

h_f
L
t_2
h_f
t_1

图 5.4.3-4 管材套管连接的搭接焊缝最小长度

5.4.4 不同厚度及宽度的材料对接时，应作平缓过渡，并应符合下列规定：

1 不同厚度的板材或管材对接接头受拉时，其允许厚度差值（$t_1 - t_2$）应符合表 5.4.4 的规定。当厚度差值（$t_1 - t_2$）超过表 5.4.4 的规定时应将焊缝焊成斜坡状，其坡度最大允许值应为 1：2.5，或将较厚板的一面或两面及管材的内壁或外壁在焊前加工成斜坡，其坡度最大允许值应为 1：2.5（图 5.4.4）。

表 5.4.4 不同厚度钢材对接的允许厚度差（mm）

较薄钢材厚度 t_2	$5 \leqslant t_2 \leqslant 9$	$9 < t_2 \leqslant 12$	$t_2 > 12$
允许厚度差 $t_1 - t_2$	2	3	4

2 不同宽度的板材对接时，应根据施工条件采用热切割、机械加工或砂轮打磨的方法使之平缓过渡，其连接处最大允许坡度值应为 1：2.5［图 5.4.4(e)］。

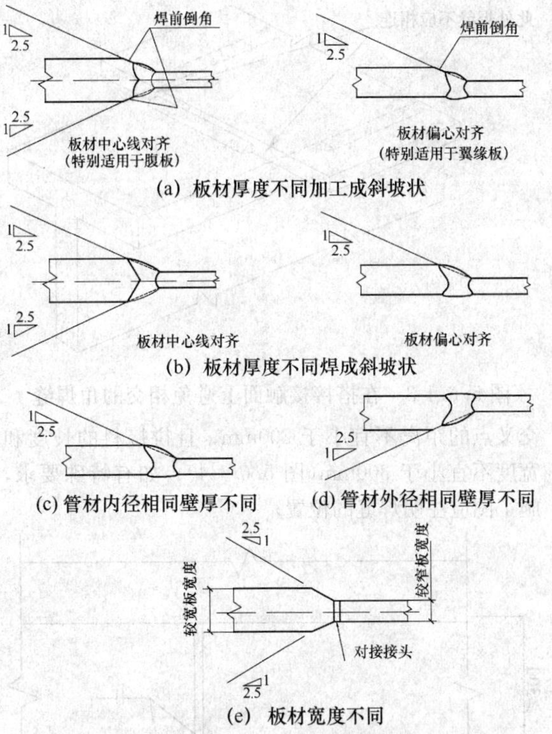

焊前倒角
2.5
板材中心线对齐
（特别适用于腹板）
焊前倒角
板材偏心对齐
（特别适用于翼缘板）
(a) 板材厚度不同加工成斜坡状
板材中心线对齐
板材偏心对齐
(b) 板材厚度不同焊成斜坡状
(c) 管材内径相同壁厚不同
(d) 管材外径相同壁厚不同
较宽板宽度
较窄板宽度
对接接头
(e) 板材宽度不同

图 5.4.4 对接接头部件厚度、宽度不同时的平缓过渡要求

5.5 防止板材产生层状撕裂的节点、选材和工艺措施

5.5.1 在T形、十字形及角接接头设计中，当翼缘板厚度不小于20mm时，应避免或减少使母材板厚方向承受较大的焊接收缩应力，并宜采取下列节点构造设计：

1 在满足焊透深度要求和焊缝致密性条件下，宜采用较小的焊接坡口角度及间隙[图 5.5.1-1(a)]；

2 在角接接头中，宜采用对称坡口或偏向于侧板的坡口[图 5.5.1-1(b)]；

3 宜采用双面坡口对称焊接代替单面坡口非对称焊接[图 5.5.1-1(c)]；

4 在T形或角接接头中，板厚方向承受焊接拉应力的板材端头宜伸出接头焊缝区[图 5.5.1-1(d)]；

5 在T形、十字形接头中，宜采用铸钢或锻钢过渡段，并宜以对接接头取代T形、十字形接头[图 5.5.1-1(e)、图 5.5.1-1(f)]；

6 宜改变厚板接头受力方向，以降低厚度方向的应力(图 5.5.1-2)；

7 承受静荷载的节点，在满足接头强度计算要求的条件下，宜用部分焊透的对接与角接组合焊缝代替全焊透坡口焊缝(图 5.5.1-3)。

5.5.2 焊接结构中母材厚度方向上需承受较大焊接收缩应力时，应选用具有较好厚度方向性能的钢材。

5.5.3 T形接头、十字接头、角接接头宜采用下列

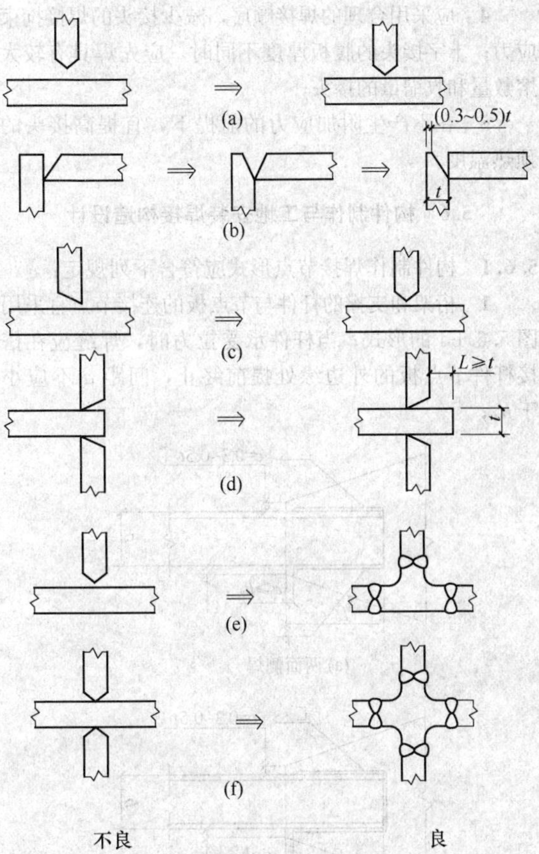

(a)
(0.3~0.5)t
t
(b)
(c)
L≥t
t
(d)
(e)
(f)
不良
良

图 5.5.1-1 T形、十字形、角接接头防止层状撕裂的节点构造设计

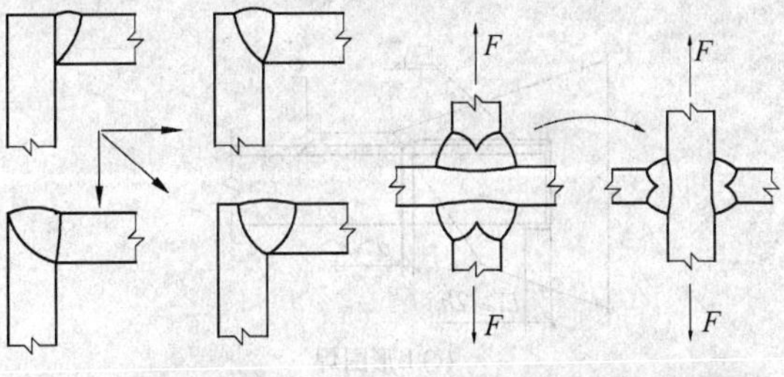

F
F
F
F

图 5.5.1-2 改善厚度方向焊接应力大小的措施

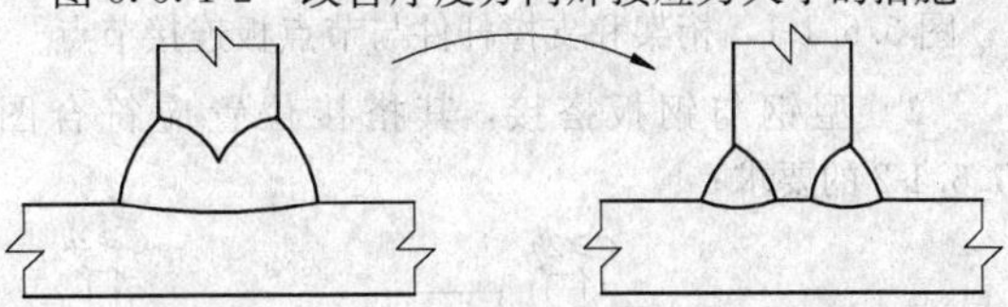

图 5.5.1-3 采用部分焊透对接与角接组合焊缝代替全焊透坡口焊缝

焊接工艺和措施：

1 在满足接头强度要求的条件下，宜选用具有较好熔敷金属塑性性能的焊接材料；应避免使用熔敷金属强度过高的焊接材料；

2 宜采用低氢或超低氢焊接材料和焊接方法进行焊接；

3 可采用塑性较好的焊接材料在坡口内翼缘板表面上先堆焊塑性过渡层；

4 应采用合理的焊接顺序，减少接头的焊接拘束应力；十字接头的腹板厚度不同时，应先焊具有较大熔敷量和收缩量的接头；

5 在不产生附加应力的前提下，宜提高接头的预热温度。

5.6 构件制作与工地安装焊接构造设计

5.6.1 构件制作焊接节点形式应符合下列规定：

1 桁架和支撑的杆件与节点板的连接节点宜采用图 5.6.1-1 的形式；当杆件承受拉力时，焊缝应在搭接杆件节点板的外边缘处提前终止，间距 a 不应小于 h_f；

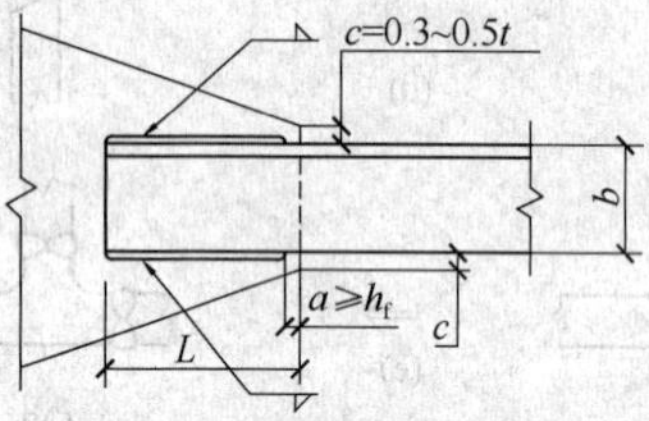

c=0.3~0.5t
b
a≥hf
c
L

(a) 两面侧焊

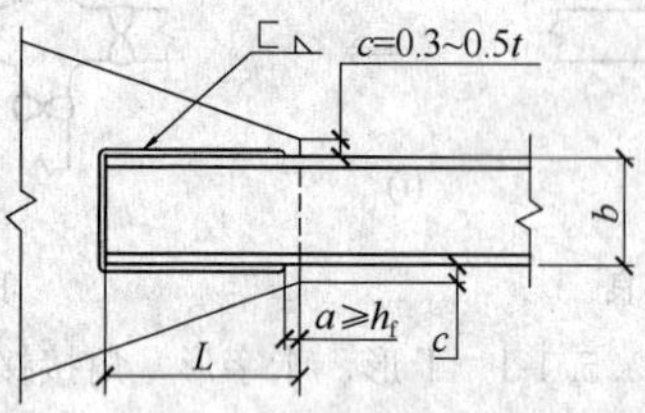

c=0.3~0.5t
b
a≥hf
c
L

(b) 三面围焊

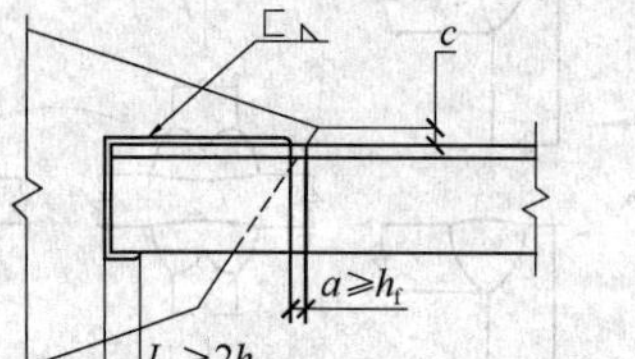

c
a≥hf
L1≥2hf

(c) L形围焊

图 5.6.1-1 桁架和支撑杆件与节点板连接节点

2 型钢与钢板搭接，其搭接位置应符合图 5.6.1-2 的要求；

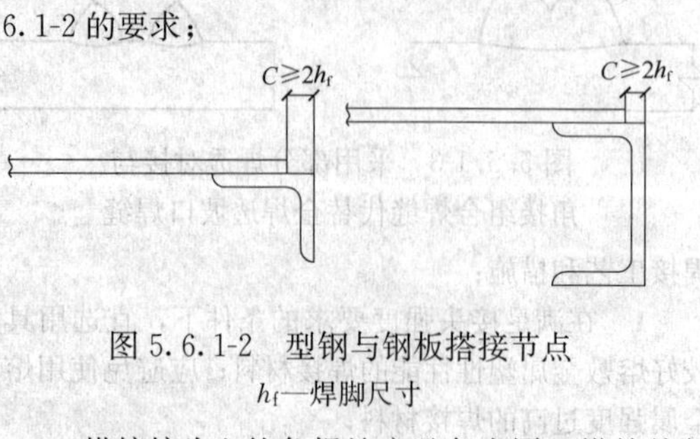

C≥2hf
C≥2hf

图 5.6.1-2 型钢与钢板搭接节点

h_f—焊脚尺寸

3 搭接接头上的角焊缝应避免在同一搭接接触面上相交(图 5.6.1-3)；

4 要求焊缝与母材等强和承受动荷载的对接接头，其纵横两方向的对接焊缝，宜采用 T 形交叉；

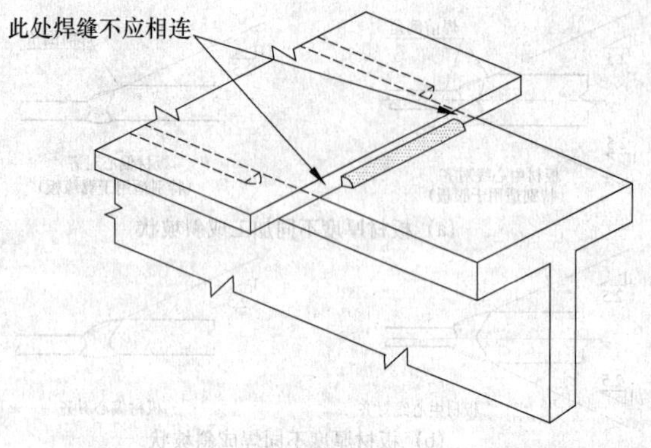

此处焊缝不应相连

图 5.6.1-3 在搭接接触面上避免相交的角焊缝

交叉点的距离不宜小于 200mm，且拼接料的长度和宽度不宜小于 300mm(图 5.6.1-4)；如有特殊要求，施工图应注明焊缝的位置；

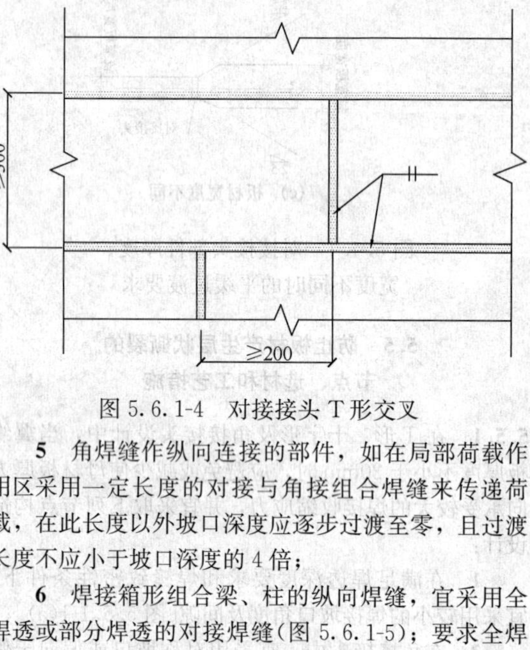

≥300
≥200

图 5.6.1-4 对接接头 T 形交叉

5 角焊缝作纵向连接的部件，如在局部荷载作用区采用一定长度的对接与角接组合焊缝来传递荷载，在此长度以外坡口深度应逐步过渡至零，且过渡长度不应小于坡口深度的 4 倍；

6 焊接箱形组合梁、柱的纵向焊缝，宜采用全焊透或部分焊透的对接焊缝(图 5.6.1-5)；要求全焊透时，应采用衬垫单面焊[图 5.6.1-5(b)]；

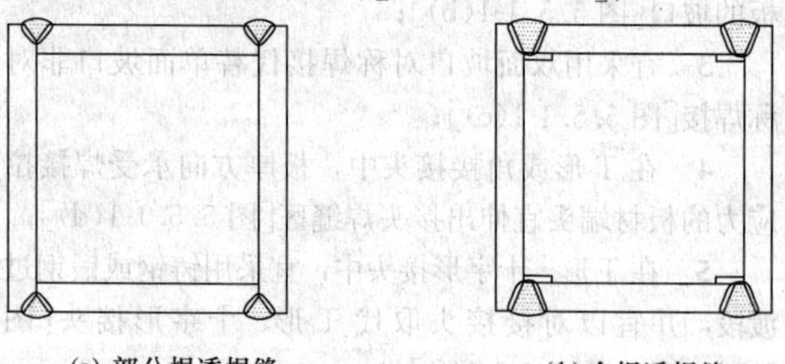

(a) 部分焊透焊缝　　(b) 全焊透焊缝

图 5.6.1-5 箱形组合柱的纵向组装焊缝

7 只承受静荷载的焊接组合 H 形梁、柱的纵向连接焊缝，当腹板厚度大于 25mm 时，宜采用全焊透焊缝或部分焊透焊缝[图 5.6.1-6(b)、(c)]；

8 箱形柱与隔板的焊接，应采用全焊透焊缝[图 5.6.1-7(a)]；对无法进行电弧焊焊接的焊缝，宜采用电渣焊焊接，且焊缝宜对称布置[图 5.6.1-7(b)]；

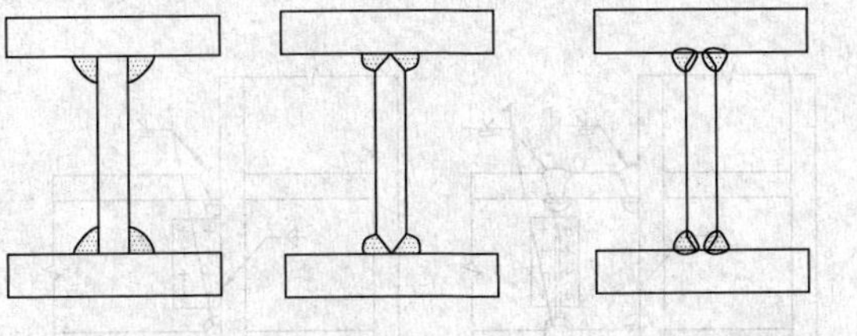

(a) 角焊缝　(b) 全焊透对接与角接组合焊缝　(c) 部分焊透对接与角接组合焊缝

图 5.6.1-6　角焊缝、全焊透及部分焊透对接与角接组合焊缝

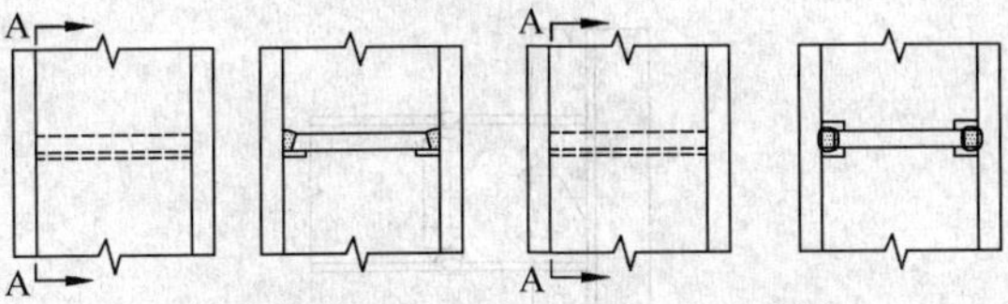
A
A
A
A

(a) 电弧焊　(b) 电渣焊

图 5.6.1-7　箱形柱与隔板的焊接接头形式

9　钢管混凝土组合柱的纵向和横向焊缝，应采用双面或单面全焊透接头形式(高频焊除外)，纵向焊缝焊接接头形式见图 5.6.1-8；

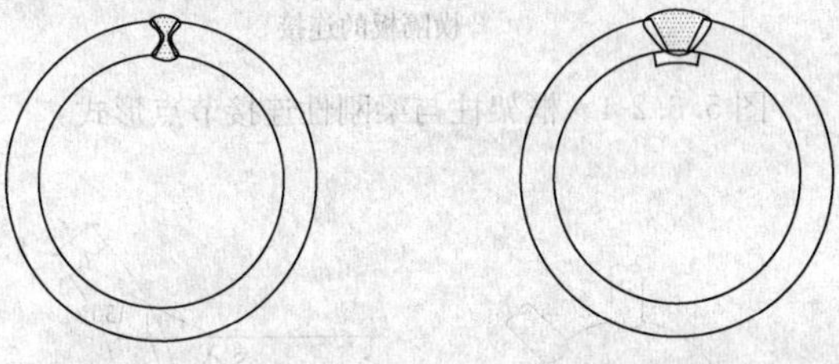

(a) 全焊透双面焊　(b) 全焊透单面焊

图 5.6.1-8　钢管柱纵向焊缝焊接接头形式

10　管-球结构中，对由两个半球焊接而成的空心球，采用不加肋和加肋两种形式时，其构造见图 5.6.1-9。

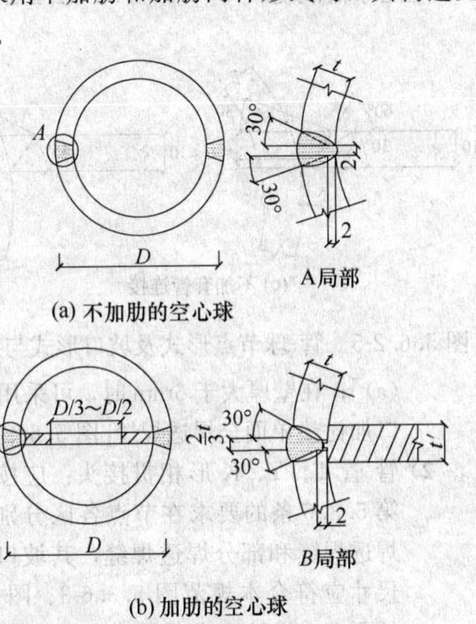
A
30°
30°
t
2
D
A局部
B
D/3～D/2
30°
30°
t
2
D
B局部

(a) 不加肋的空心球

(b) 加肋的空心球

图 5.6.1-9　空心球制作焊接接头形式

5.6.2　工地安装焊接节点形式应符合下列规定：

1　H 形框架柱安装拼接接头宜采用高强度螺栓和焊接组合节点或全焊接节点[图 5.6.2-1(a)、图 5.6.2-1(b)]。采用高强度螺栓和焊接组合节点时，腹板应采用高强度螺栓连接，翼缘板应采用单 V 形坡口加衬垫全焊透焊缝连接[图 5.6.2-1(c)]。采用全焊接节点时，翼缘板应采用单 V 形坡口加衬垫全焊透焊缝，腹板宜采用 K 形坡口双面部分焊透焊缝，反面不应清根；设计要求腹板全焊透时，如腹板厚度不大于 20mm，宜采用单 V 形坡口加衬垫焊接[图 5.6.2-1(d)]，如腹板厚度大于 20mm，宜采用 K 形坡口，应反面清根后焊接[图 5.6.2-1(e)]；

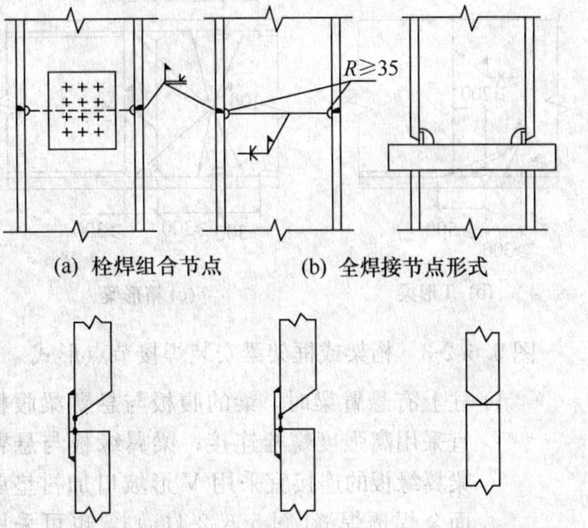
R≥35

(a) 栓焊组合节点　(b) 全焊接节点形式

(c) 翼板焊接坡口　(d) 腹板单 V 形焊接坡口　(e) 腹板K形焊接坡口

图 5.6.2-1　H 形框架柱安装拼接节点及坡口形式

2　钢管及箱形框架柱安装拼接应采用全焊接头，并应根据设计要求采用全焊透焊缝或部分焊透焊缝。全焊透焊缝坡口形式应采用单 V 形坡口加衬垫，见图 5.6.2-2；

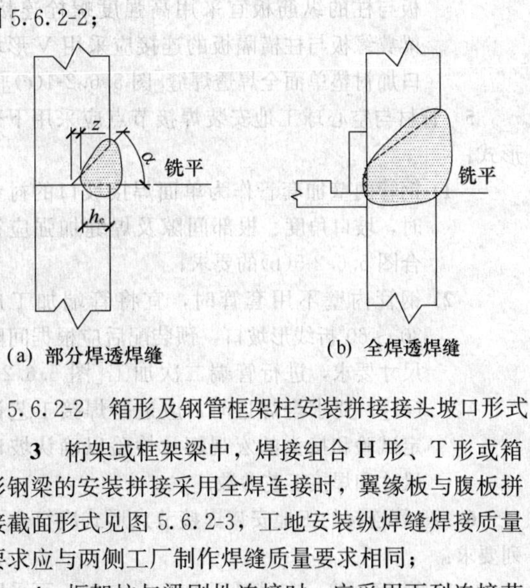
z
α
铣平
h_e
铣平

(a) 部分焊透焊缝　(b) 全焊透焊缝

图 5.6.2-2　箱形及钢管框架柱安装拼接接头坡口形式

3　桁架或框架梁中，焊接组合 H 形、T 形或箱形钢梁的安装拼接采用全焊连接时，翼缘板与腹板拼接截面形式见图 5.6.2-3，工地安装纵焊缝焊接质量要求应与两侧工厂制作焊缝质量要求相同；

4　框架柱与梁刚性连接时，应采用下列连接节点形式：

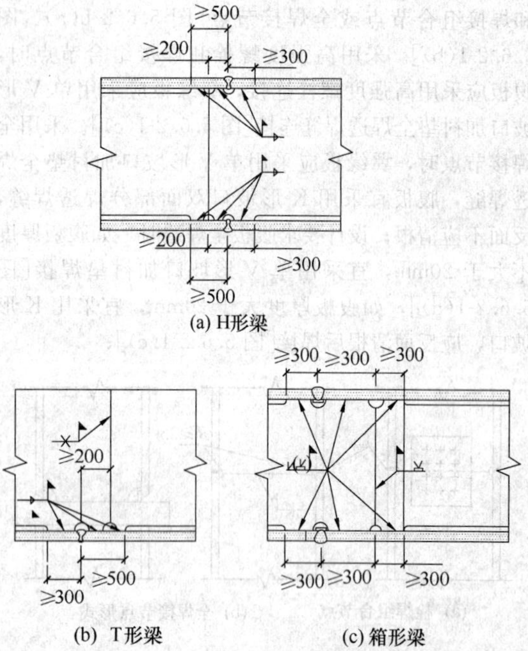
≥500
≥200
≥300
≥200
≥300
≥500
(a) H形梁
≥300 ≥300 ≥300
≥200
≥500
≥300
≥300 ≥300 ≥300
(b) T形梁
(c) 箱形梁

图 5.6.2-3　桁架或框架梁安装焊接节点形式

1）柱上有悬臂梁时，梁的腹板与悬臂梁腹板宜采用高强度螺栓连接；梁翼缘板与悬臂梁翼缘板的连接宜采用V形坡口加衬垫单面全焊透焊缝[图 5.6.2-4(a)]，也可采用双面焊全焊透焊缝；

2）柱上无悬臂梁时，梁的腹板与柱上已焊好的承剪板宜采用高强度螺栓连接，梁翼缘板与柱身的连接应采用单边V形坡口加衬垫单面全焊透焊缝[图 5.6.2-4(b)]；

3）梁与H形柱弱轴方向刚性连接时，梁的腹板与柱的纵筋板宜采用高强度螺栓连接；梁翼缘板与柱横隔板的连接应采用V形坡口加衬垫单面全焊透焊缝[图 5.6.2-4(c)]。

5　管材与空心球工地安装焊接节点应采用下列形式：

1）钢管内壁加套管作为单面焊接坡口的衬垫时，坡口角度、根部间隙及焊缝加强应符合图 5.6.2-5(b)的要求；

2）钢管内壁不用套管时，宜将管端加工成30°～60°折线形坡口，预装配后应根据间隙尺寸要求，进行管端二次加工[图 5.6.2-5(c)]；要求全焊透时，应进行焊接工艺评定试验和接头的宏观切片检验以确认坡口尺寸和焊接工艺参数。

6　管-管连接的工地安装焊接节点形式应符合下列要求：

1）管-管对接：在壁厚不大于6mm时，可采用I形坡口加衬垫单面全焊透焊缝[图 5.6.2-6

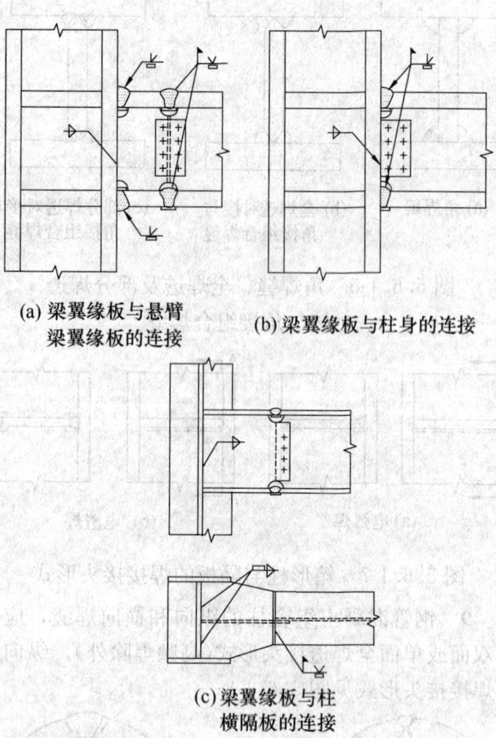
(a) 梁翼缘板与悬臂梁翼缘板的连接
(b) 梁翼缘板与柱身的连接
(c) 梁翼缘板与柱横隔板的连接

图 5.6.2-4　框架柱与梁刚性连接节点形式

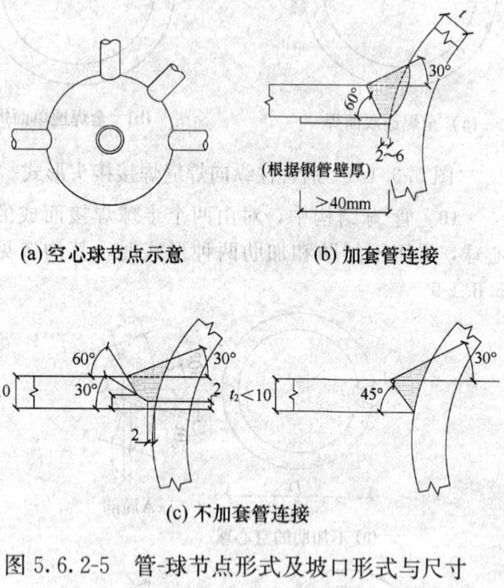
30°
60°
2~6
(根据钢管壁厚)
>40mm
(a) 空心球节点示意
(b) 加套管连接
60°
30°
30°
2
2
t₂≥10
t₂<10
45°
30°
(c) 不加套管连接

图 5.6.2-5　管-球节点形式及坡口形式与尺寸

(a)]；在壁厚大于6mm时，可采用V形坡口加衬垫单面全焊透焊缝[图 5.6.2-6(b)]；

2）管-管T、Y、K形相贯接头：应按本规范第5.3.6条的要求在节点各区分别采用全焊透焊缝和部分焊透焊缝，其坡口形式及尺寸应符合本规范图 5.3.6-3、图 5.3.6-4的要求；设计要求采用角焊缝时，其坡口形式及尺寸应符合本规范图 5.3.6-5的要求。

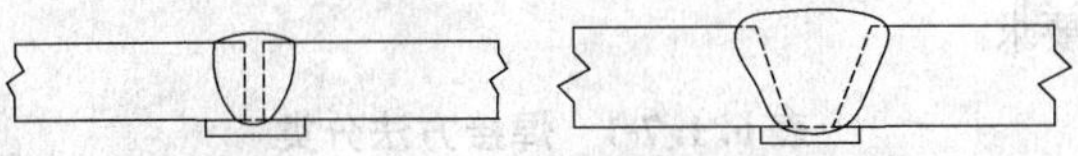

(a) I形坡口对接　　(b) V形坡口对接

图 5.6.2-6　管-管对接连接节点形式

5.7　承受动载与抗震的焊接构造设计

5.7.1　承受动载需经疲劳验算时，严禁使用塞焊、槽焊、电渣焊和气电立焊接头。

5.7.2　承受动载时，塞焊、槽焊、角焊、对接接头应符合下列规定：

1　承受动载不需要进行疲劳验算的构件，采用塞焊、槽焊时，孔或槽的边缘到构件边缘在垂直于应力方向上的间距不应小于此构件厚度的 5 倍，且不应小于孔或槽宽度的 2 倍；构件端部搭接接头的纵向角焊缝长度不应小于两侧焊缝间的垂直间距 a，且在无塞焊、槽焊等其他措施时，间距 a 不应大于较薄件厚度 t 的 16 倍，见图 5.7.2；

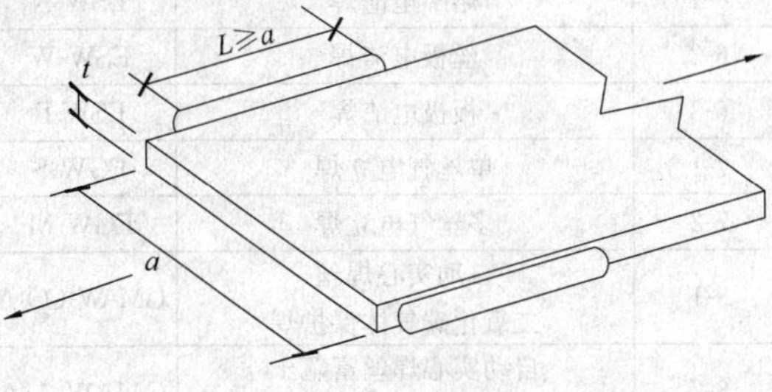

L≥a
t
a

图 5.7.2　承受动载不需进行疲劳验算时构件端部纵向角焊缝长度及间距要求

a—不应大于 $16t$（中间有塞焊焊缝或槽焊焊缝时除外）

2　严禁采用焊脚尺寸小于 5mm 的角焊缝；

3　严禁采用断续坡口焊缝和断续角焊缝；

4　对接与角接组合焊缝和 T 形接头的全焊透坡口焊缝应采用角焊缝加强，加强焊脚尺寸应不小于接头较薄件厚度的 1/2，但最大值不得超过 10mm；

5　承受动载需经疲劳验算的接头，当拉应力与焊缝轴线垂直时，严禁采用部分焊透对接焊缝、背面不清根的无衬垫焊缝；

6　除横焊位置以外，不宜采用 L 形和 J 形坡口；

7　不同板厚的对接接头承受动载时，应按本规范第 5.4.4 条的规定做成平缓过渡。

5.7.3　承受动载构件的组焊节点形式应符合下列规定：

1　有对称横截面的部件组合节点，应以构件轴线对称布置焊缝，当应力分布不对称时应作相应调整；

2　用多个部件组叠成构件时，应沿构件纵向采用连续焊缝连接；

3　承受动载荷需经疲劳验算的桁架，其弦杆和腹杆与节点板的搭接焊缝应采用围焊，杆件焊缝间距不应小于 50mm。节点板连接形式应符合图 5.7.3-1 的要求；

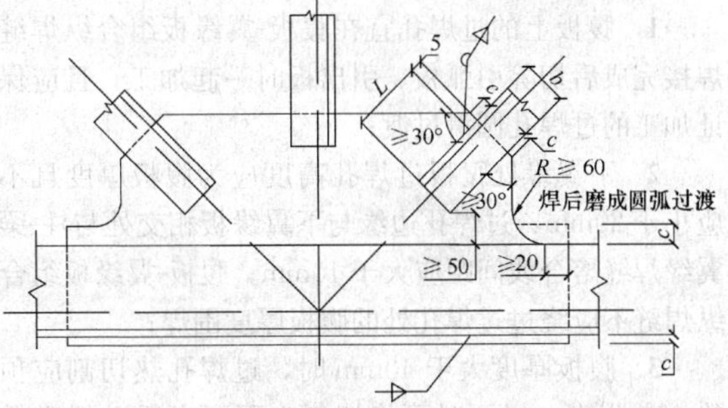

5
L
b
c
≥30°
R≥60
≥30°
焊后磨成圆弧过渡
≥50
≥20
c

图 5.7.3-1　桁架弦杆、腹杆与节点板连接形式

$L>b$；$c\geqslant 2h_f$

4　实腹吊车梁横向加劲板与翼缘板之间的焊缝应避免与吊车梁纵向主焊缝交叉。其焊接节点构造宜采用图 5.7.3-2 的形式。

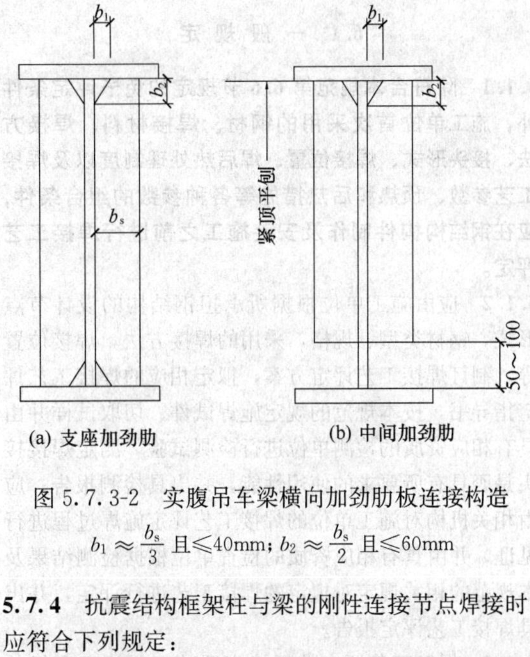

b1
b2
bs
紧顶平刨
50~100

(a) 支座加劲肋　　(b) 中间加劲肋

图 5.7.3-2　实腹吊车梁横向加劲肋板连接构造

$b_1\approx\frac{b_s}{3}$ 且≤40mm；$b_2\approx\frac{b_s}{2}$ 且≤60mm

5.7.4　抗震结构框架柱与梁的刚性连接节点焊接时，应符合下列规定：

1　梁的翼缘板与柱之间的对接与角接组合焊缝的加强焊脚尺寸应不小于翼缘板厚的 1/4，但最大值不得超过 10mm；

2　梁的下翼缘板与柱之间宜采用 L 或 J 形坡口无衬垫单面全焊透焊缝，并应在反面清根后封底焊成平缓过渡形状；采用 L 形坡口加衬垫单面全焊透焊缝时，焊接完成后应去除全部长度的衬垫及引弧板、引出板，打磨清除未熔合或夹渣等缺陷后，再封底焊成平缓过渡形状。

5.7.5　柱连接焊缝引弧板、引出板、衬垫应符合下列规定：

1　引弧板、引出板、衬垫均应去除；

2　去除时应沿柱-梁交接拐角处切割成圆弧过渡，且切割表面不得有大于 1mm 的缺棱；

3 下翼缘衬垫沿长度去除后必须打磨清理接头背面焊缝的焊渣等缺欠，并应焊补至焊缝平缓过渡。

5.7.6 梁柱连接处梁腹板的过焊孔应符合下列规定：

1 腹板上的过焊孔宜在腹板-翼缘板组合纵焊缝焊接完成后切除引弧板、引出板时一起加工，且应保证加工的过焊孔圆滑过渡；

2 下翼缘处腹板过焊孔高度应为腹板厚度且不应小于20mm，过焊孔边缘与下翼缘板相交处与柱-梁翼缘焊缝熔合线间距应大于10mm。腹板-翼缘板组合纵焊缝不应绕过过焊孔处的腹板厚度围焊；

3 腹板厚度大于40mm时，过焊孔热切割应预热65℃以上，必要时可将切割表面磨光后进行磁粉或渗透探伤；

4 不应采用堆焊方法封堵过焊孔。

6 焊接工艺评定

6.1 一般规定

6.1.1 除符合本规范第6.6节规定的免予评定条件外，施工单位首次采用的钢材、焊接材料、焊接方法、接头形式、焊接位置、焊后热处理制度以及焊接工艺参数、预热和后热措施等各种参数的组合条件，应在钢结构构件制作及安装施工之前进行焊接工艺评定。

6.1.2 应由施工单位根据所承担钢结构的设计节点形式，钢材类型、规格，采用的焊接方法，焊接位置等，制订焊接工艺评定方案，拟定相应的焊接工艺评定指导书，按本规范的规定施焊试件、切取试样并由具有相应资质的检测单位进行检测试验，测定焊接接头是否具有所要求的使用性能，并出具检测报告；应由相关机构对施工单位的焊接工艺评定施焊过程进行见证，并由具有相应资质的检查单位根据检测结果及本规范的相关规定对拟定的焊接工艺进行评定，并出具焊接工艺评定报告。

6.1.3 焊接工艺评定的环境应反映工程施工现场的条件。

6.1.4 焊接工艺评定中的焊接热输入、预热、后热制度等施焊参数，应根据被焊材料的焊接性制订。

6.1.5 焊接工艺评定所用设备、仪表的性能应处于正常工作状态，焊接工艺评定所用的钢材、栓钉、焊接材料必须能覆盖实际工程所用材料并应符合相关标准要求，并应具有生产厂出具的质量证明文件。

6.1.6 焊接工艺评定试件应由该工程施工企业中持证的焊接人员施焊。

6.1.7 焊接工艺评定所用的焊接方法、施焊位置分类代号应符合表6.1.7-1、表6.1.7-2及图6.1.7-1～图6.1.7-4的规定，钢材类别应符合本规范表4.0.5的规定，试件接头形式应符合本规范表5.2.1的要求。

表6.1.7-1 焊接方法分类

焊接方法类别号	焊接方法	代号
1	焊条电弧焊	SMAW
2-1	半自动实心焊丝二氧化碳气体保护焊	GMAW-CO_2
2-2	半自动实心焊丝富氩＋二氧化碳气体保护焊	GMAW-Ar
2-3	半自动药芯焊丝二氧化碳气体保护焊	FCAW-G
3	半自动药芯焊丝自保护焊	FCAW-SS
4	非熔化极气体保护焊	GTAW
5-1	单丝自动埋弧焊	SAW-S
5-2	多丝自动埋弧焊	SAW-M
6-1	熔嘴电渣焊	ESW-N
6-2	丝极电渣焊	ESW-W
6-3	板极电渣焊	ESW-P
7-1	单丝气电立焊	EGW-S
7-2	多丝气电立焊	EGW-M
8-1	自动实心焊丝二氧化碳气体保护焊	GMAW-CO_2A
8-2	自动实心焊丝富氩＋二氧化碳气体保护焊	GMAW-ArA
8-3	自动药芯焊丝二氧化碳气体保护焊	FCAW-GA
8-4	自动药芯焊丝自保护焊	FCAW-SA
9-1	非穿透栓钉焊	SW
9-2	穿透栓钉焊	SW-P

表6.1.7-2 施焊位置分类

焊接位置		代号	焊接位置		代号
板材	平	F	管材	水平转动平焊	1G
	横	H		竖立固定横焊	2G
	立	V		水平固定全位置焊	5G
	仰	O		倾斜固定全位置焊	6G
				倾斜固定加挡板全位置焊	6GR

6.1.8 焊接工艺评定结果不合格时，可在原焊件上就不合格项目重新加倍取样进行检验。如还不能达到合格标准，应分析原因，制订新的焊接工艺评定方案，按原步骤重新评定，直到合格为止。

6.1.9 除符合本规范第6.6节规定的免予评定条件外，对于焊接难度等级为A、B、C级的钢结构焊接工程，其焊接工艺评定有效期应为5年；对于焊接难度等级为D级的钢结构焊接工程应按工程项目进行

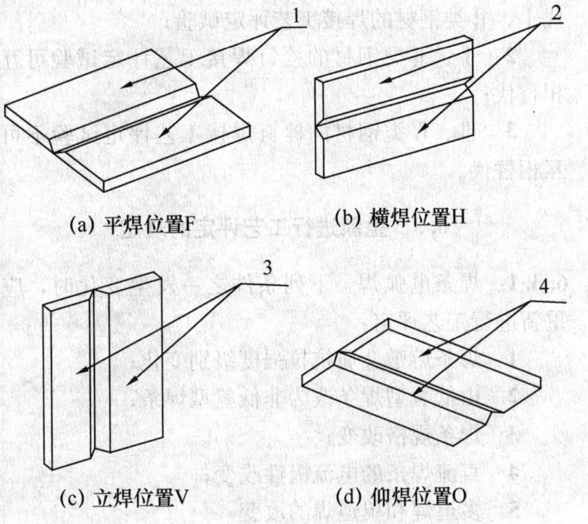
1
2
(a) 平焊位置F
(b) 横焊位置H
3
4
(c) 立焊位置V
(d) 仰焊位置O

图 6.1.7-1　板材对接试件焊接位置
1—板平放，焊缝轴水平；2—板横立，焊缝轴水平；
3—板 90°放置，焊缝轴垂直；4—板平放，焊缝轴水平

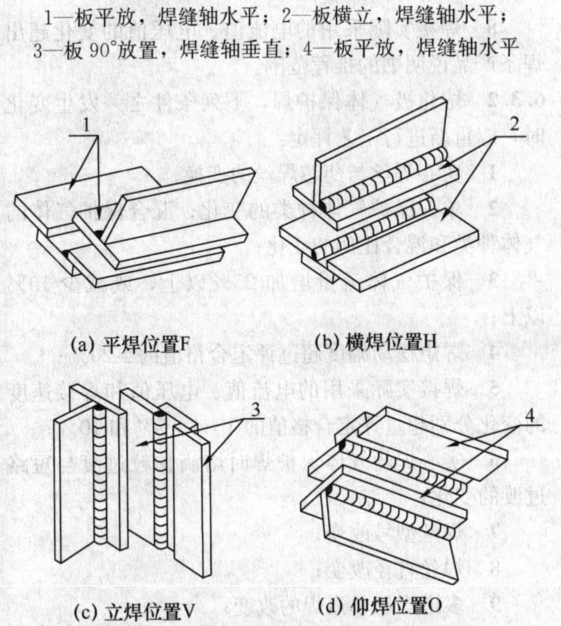
1
2
(a) 平焊位置F
(b) 横焊位置H
3
4
(c) 立焊位置V
(d) 仰焊位置O

图 6.1.7-2　板材角接试件焊接位置
1—板 45°放置，焊缝轴水平；2—板平放，焊缝轴水平；
3　板竖立，焊缝轴垂直；4—板平放，焊缝轴水平

焊接工艺评定。

6.1.10　焊接工艺评定文件包括焊接工艺评定报告、焊接工艺评定指导书、焊接工艺评定记录表、焊接工艺评定检验结果表及检验报告，应报相关单位审查备案。焊接工艺评定文件宜采用本规范附录 B 的格式。

6.2　焊接工艺评定替代规则

6.2.1　不同焊接方法的评定结果不得互相替代。不同焊接方法组合焊接可用相应板厚的单种焊接方法评定结果替代，也可用不同焊接方法组合焊接评定，但弯曲及冲击试样切取位置应包含不同的焊接方法；同

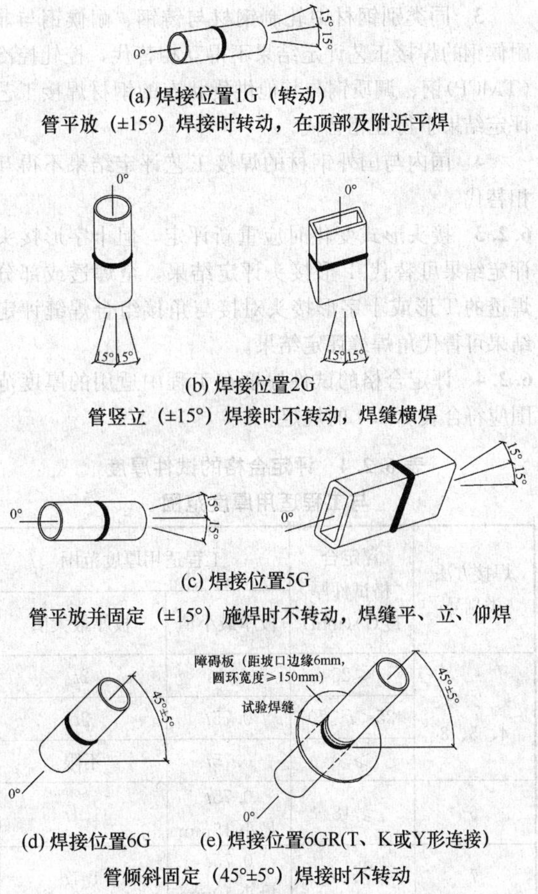
0°
15°
15°
(a) 焊接位置1G（转动）
管平放（±15°）焊接时转动，在顶部及附近平焊
0°
0°
15° 15°
15° 15°
(b) 焊接位置2G
管竖立（±15°）焊接时不转动，焊缝横焊
0°
15°
15°
0°
15°
15°
(c) 焊接位置5G
管平放并固定（±15°）施焊时不转动，焊缝平、立、仰焊
障碍板（距坡口边缘6mm，圆环宽度≥150mm）
试验焊缝
45°±5°
45°±5°
0°
0°
(d) 焊接位置6G
(e) 焊接位置6GR(T、K或Y形连接)
管倾斜固定（45°±5°）焊接时不转动

图 6.1.7-3　管材对接试件焊接位置

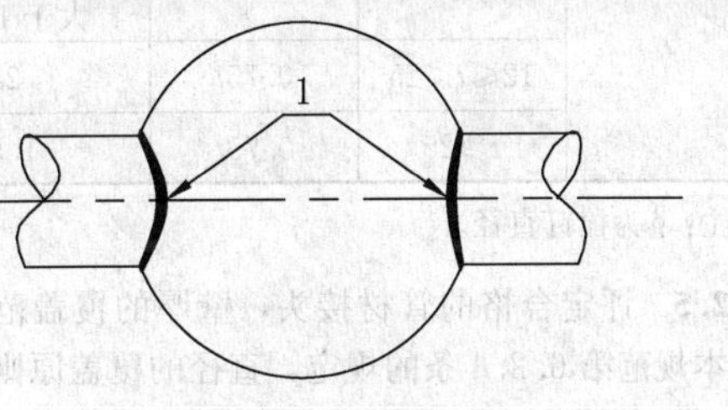
1

图 6.1.7-4　管-球接头试件
1—焊接位置分类按管材对接接头

种牌号钢材中，质量等级高的钢材可替代质量等级低的钢材，质量等级低的钢材不可替代质量等级高的钢材。

6.2.2　除栓钉焊外，不同钢材焊接工艺评定的替代规则应符合下列规定：

1　不同类别钢材的焊接工艺评定结果不得互相替代；

2　Ⅰ、Ⅱ类同类别钢材中当强度和质量等级发生变化时，在相同供货状态下，高级别钢材的焊接工艺评定结果可替代低级别钢材；Ⅲ、Ⅳ类同类别钢材中的焊接工艺评定结果不得相互替代；除Ⅰ、Ⅱ类别钢材外，不同类别的钢材组合焊接时应重新评定，不得用单类钢材的评定结果替代；

3 同类别钢材中轧制钢材与铸钢、耐候钢与非耐候钢的焊接工艺评定结果不得互相替代，控轧控冷(TMCP)钢、调质钢与其他供货状态的钢材焊接工艺评定结果不得互相替代；

4 国内与国外钢材的焊接工艺评定结果不得互相替代。

6.2.3 接头形式变化时应重新评定，但十字形接头评定结果可替代T形接头评定结果，全焊透或部分焊透的T形或十字形接头对接与角接组合焊缝评定结果可替代角焊缝评定结果。

6.2.4 评定合格的试件厚度在工程中适用的厚度范围应符合表6.2.4的规定。

表6.2.4 评定合格的试件厚度与工程适用厚度范围

焊接方法类别号	评定合格试件厚度(t)(mm)	工程适用厚度范围	
		板厚最小值	板厚最大值
1、2、3、4、5、8	≤25	3mm	2t
	25<t≤70	0.75t	2t
	>70	0.75t	不限
6	≥18	0.75t 最小18mm	1.1t
7	≥10	0.75t 最小10mm	1.1t
9	1/3ϕ≤t<12	t	2t，且不大于16mm
	12≤t<25	0.75t	2t
	t≥25	0.75t	1.5t

注：ϕ为栓钉直径。

6.2.5 评定合格的管材接头，壁厚的覆盖范围应符合本规范第6.2.4条的规定，直径的覆盖原则应符合下列规定：

1 外径小于600mm的管材，其直径覆盖范围不应小于工艺评定试验管材的外径；

2 外径不小于600mm的管材，其直径覆盖范围不应小于600mm。

6.2.6 板材对接与外径不小于600mm的相应位置管材对接的焊接工艺评定可互相替代。

6.2.7 除栓钉焊外，横焊位置评定结果可替代平焊位置，平焊位置评定结果不可替代横焊位置。立、仰焊接位置与其他焊接位置之间不可互相替代。

6.2.8 有衬垫与无衬垫的单面焊全焊透接头不可互相替代；有衬垫单面焊全焊透接头和反面清根的双面焊全焊透接头可互相替代；不同材质的衬垫不可互相替代。

6.2.9 当栓钉材质不变时，栓钉焊被焊钢材应符合下列替代规则：

1 Ⅲ、Ⅳ类钢材的栓钉焊接工艺评定试验可替代Ⅰ、Ⅱ类钢材的焊接工艺评定试验；

2 Ⅰ、Ⅱ类钢材的栓钉焊接工艺评定试验可互相替代；

3 Ⅲ、Ⅳ类钢材的栓钉焊接工艺评定试验不可互相替代。

6.3 重新进行工艺评定的规定

6.3.1 焊条电弧焊，下列条件之一发生变化时，应重新进行工艺评定：

1 焊条熔敷金属抗拉强度级别变化；

2 由低氢型焊条改为非低氢型焊条；

3 焊条规格改变；

4 直流焊条的电流极性改变；

5 多道焊和单道焊的改变；

6 清焊根改为不清焊根；

7 立焊方向改变；

8 焊接实际采用的电流值、电压值的变化超出焊条产品说明书的推荐范围。

6.3.2 熔化极气体保护焊，下列条件之一发生变化时，应重新进行工艺评定：

1 实心焊丝与药芯焊丝的变换；

2 单一保护气体种类的变化；混合保护气体的气体种类和混合比例的变化；

3 保护气体流量增加25%以上，或减少10%以上；

4 焊炬摆动幅度超过评定合格值的±20%；

5 焊接实际采用的电流值、电压值和焊接速度的变化分别超过评定合格值的10%、7%和10%；

6 实心焊丝气体保护焊时熔滴颗粒过渡与短路过渡的变化；

7 焊丝型号改变；

8 焊丝直径改变；

9 多道焊和单道焊的改变；

10 清焊根改为不清焊根。

6.3.3 非熔化极气体保护焊，下列条件之一发生变化时，应重新进行工艺评定：

1 保护气体种类改变；

2 保护气体流量增加25%以上，或减少10%以上；

3 添加焊丝或不添加焊丝的改变；冷态送丝和热态送丝的改变；焊丝类型、强度级别型号改变；

4 焊炬摆动幅度超过评定合格值的±20%；

5 焊接实际采用的电流值和焊接速度的变化分别超过评定合格值的25%和50%；

6 焊接电流极性改变。

6.3.4 埋弧焊，下列条件之一发生变化时，应重新进行工艺评定：

1 焊丝规格改变；焊丝与焊剂型号改变；

2 多丝焊与单丝焊的改变；

3 添加与不添加冷丝的改变；

4 焊接电流种类和极性的改变；

5 焊接实际采用的电流值、电压值和焊接速度变化分别超过评定合格值的10%、7%和15%；

6 清焊根改为不清焊根。

6.3.5 电渣焊，下列条件之一发生变化时，应重新进行工艺评定：

1 单丝与多丝的改变；板极与丝极的改变；有、无熔嘴的改变；

2 熔嘴截面积变化大于30%，熔嘴牌号改变；焊丝直径改变；单、多熔嘴的改变；焊剂型号改变；

3 单侧坡口与双侧坡口的改变；

4 焊接电流种类和极性的改变；

5 焊接电源伏安特性为恒压或恒流的改变；

6 焊接实际采用的电流值、电压值、送丝速度、垂直提升速度变化分别超过评定合格值的20%、10%、40%、20%；

7 偏离垂直位置超过10°；

8 成形水冷滑块与挡板的变换；

9 焊剂装入量变化超过30%。

6.3.6 气电立焊，下列条件之一发生变化时，应重新进行工艺评定：

1 焊丝型号和直径的改变；

2 保护气种类或混合比例的改变；

3 保护气流量增加25%以上，或减少10%以上；

4 焊接电流极性改变；

5 焊接实际采用的电流值、送丝速度和电压值的变化分别超过评定合格值的15%、30%和10%；

6 偏离垂直位置变化超过10°；

7 成形水冷滑块与挡板的变换。

6.3.7 栓钉焊，下列条件之一发生变化时，应重新进行工艺评定：

1 栓钉材质改变；

2 栓钉标称直径改变；

3 瓷环材料改变；

4 非穿透焊与穿透焊的改变；

5 穿透焊中被穿透板材厚度、镀层量增加与种类的改变；

6 栓钉焊接位置偏离平焊位置25°以上的变化或平焊、横焊、仰焊位置的改变；

7 栓钉焊接方法改变；

8 预热温度比评定合格的焊接工艺降低20℃或高出50℃以上；

9 焊接实际采用的提升高度、伸出长度、焊接时间、电流值、电压值的变化超过评定合格值的±5%；

10 采用电弧焊时焊接材料改变。

6.4 试件和检验试样的制备

6.4.1 试件制备应符合下列要求：

1 选择试件厚度应符合本规范表6.2.4中规定的评定试件厚度对工程构件厚度的有效适用范围；

2 试件的母材材质、焊接材料、坡口形式、尺寸和焊接必须符合焊接工艺评定指导书的要求；

3 试件的尺寸应满足所制备试样的取样要求。各种接头形式的试件尺寸、试样取样位置应符合图6.4.1-1～图6.4.1-8的要求。

6.4.2 检验试样种类及加工应符合下列规定：

1 检验试样种类和数量应符合表6.4.2的规定。

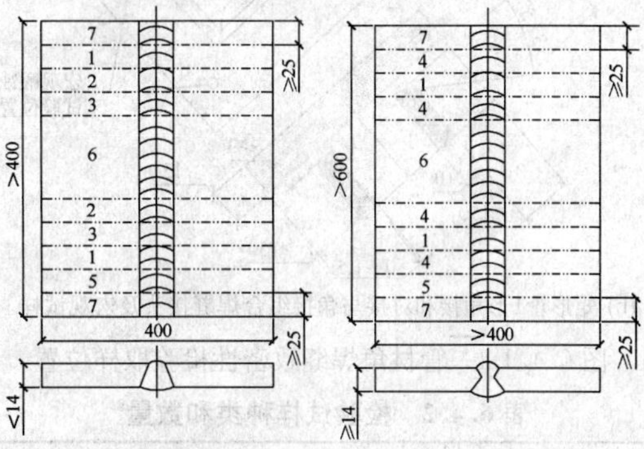

7
1
2
3
6
2
3
1
5
7
≥25
≥400
400
≥25
≤14
7
4
1
4
6
4
3
1
4
5
7
≥25
≥600
≥400
≥25
≥14

(a) 不取侧弯试样时　　(b) 取侧弯试样时

图6.4.1-1 板材对接接头试件及试样取样

1—拉伸试样；2—背弯试样；3—面弯试样；4—侧弯试样；5—冲击试样；6—备用；7—舍弃

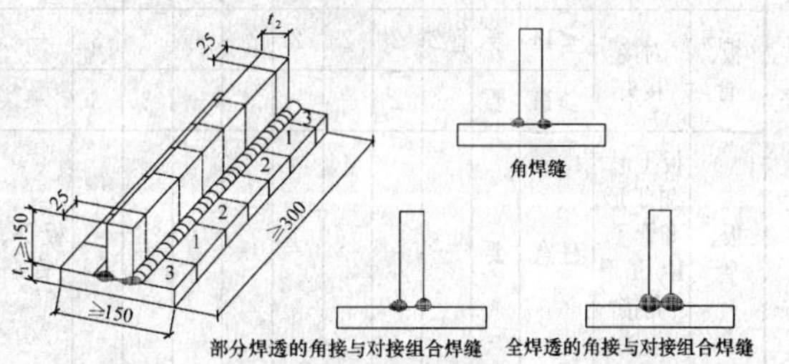

25
t_2
25
≥150
t_1
≥150
≥300
1
2
3
角焊缝
部分焊透的角接与对接组合焊缝
全焊透的角接与对接组合焊缝

图6.4.1-2 板材角焊缝和T形对接与角接组合焊缝接头试件及宏观试样的取样

1—宏观酸蚀试样；2—备用；3—舍弃

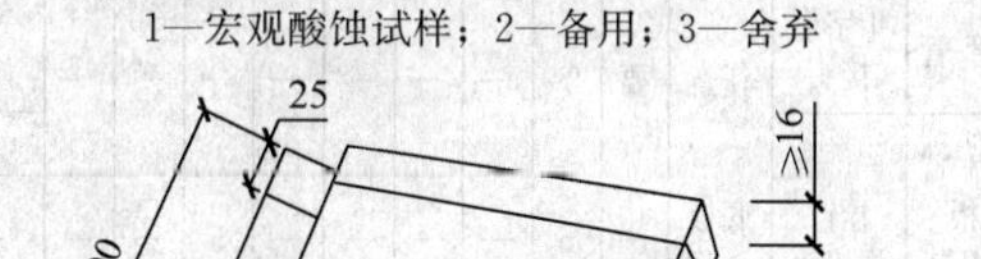

25
≥16
≥200
25
宏观酸蚀面
≥25
50
150
封底焊缝区
要评定的最小角(不小于15°)

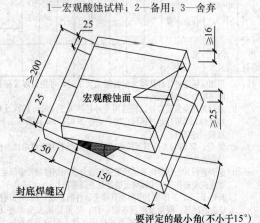

图6.4.1-3 斜T形接头(锐角根部)

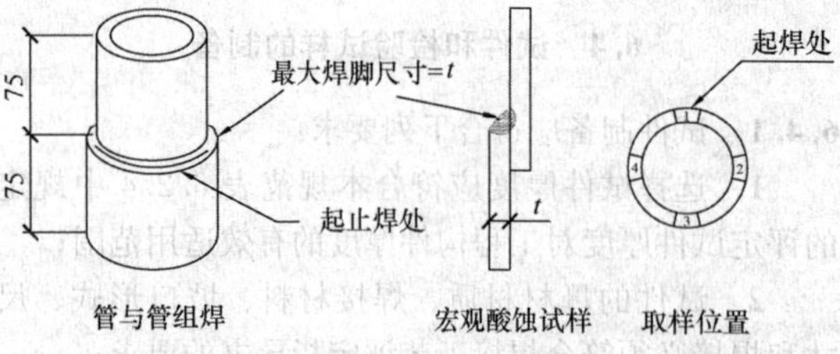
75
75
最大焊脚尺寸=t
起止焊处
起焊处
t
管与管组焊
宏观酸蚀试样
取样位置

(a) 圆管套管接头与宏观试样

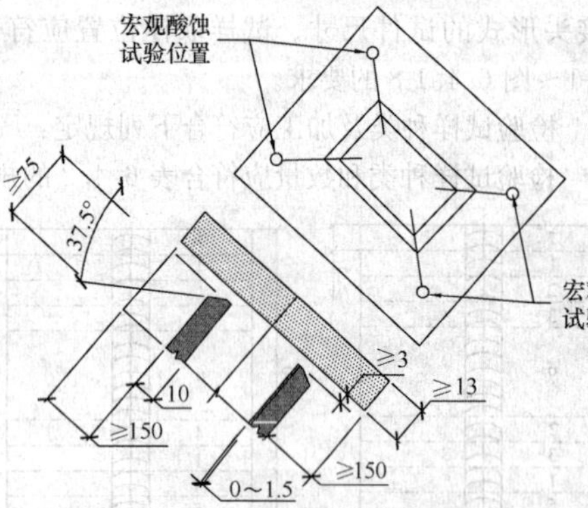
宏观酸蚀
试验位置
≥75
37.5°
宏观酸蚀
试验位置
≥3
10
≥13
≥150
≥150
0～1.5

(b) 矩形管T形角接和对接与角接组合焊缝接头及宏观试样

图 6.4.1-4　管材角焊缝致密性检验取样位置

表 6.4.2　检验试样种类和数量[a]

母材形式	试件形式	试件厚度(mm)	无损探伤	试样数量								
				全断面拉伸	拉伸	面弯	背弯	侧弯	30°弯曲	冲击[d] 焊缝中心	冲击[d] 热影响区	宏观酸蚀及硬度[e,f]
板、管	对接接头	＜14	要	管2[b]	2	2	2	—	—	3	3	—
		≥14	要	—	2	—	—	4	—	3	3	—
板、管	板T形、斜T形和管T、K、Y形角接接头	任意	要	—	—	—	—	—	—	—	—	板2[g]、管4
板	十字形接头	任意	要	—	2	—	—	—	—	3	3	2
管-管	十字形接头	任意	要	2[c]	—	—	—	—	—	—	—	4
管-球	—											2
板-焊钉	栓钉焊接头	底板≥12	—	5	—	—	—	—	5	—	—	—

注：a　当相应标准对母材某项力学性能无要求时，可免做焊接接头的该项力学性能试验；
b　管材对接全截面拉伸试样适用于外径不大于76mm的圆管对接试件，当管径超过该规定时，应按图6.4.1-6或图6.4.1-7截取拉伸试件；
c　管-管、管-球接头全截面拉伸试样适用的管径和壁厚由试验机的能力决定；
d　是否进行冲击试验以及试验条件按设计选用钢材的要求确定；
e　硬度试验根据工程实际情况确定是否需要进行；
f　圆管T、K、Y形和十字形相贯接头试件的宏观酸蚀试样应在接头的趾部、侧面及跟部各取一件；矩形管接头全焊透T、K、Y形接头试件的宏观酸蚀试样应在接头的角部各取一个，详见图6.4.1-4；
g　斜T形接头(锐角根部)按图6.4.1-3进行宏观酸蚀检验。

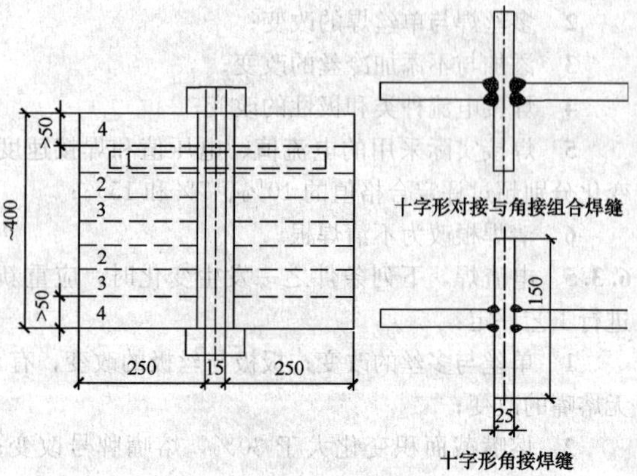
4
>50
2
3
~400
2
3
>50
4
250
15
250
十字形对接与角接组合焊缝
150
25
十字形角接焊缝

图 6.4.1-5　板材十字形角接（斜角接）及对接与角接组合焊缝接头试件及试样取样

1—宏观酸蚀试样；2—拉伸试样、冲击试样（要求时）；3—舍弃

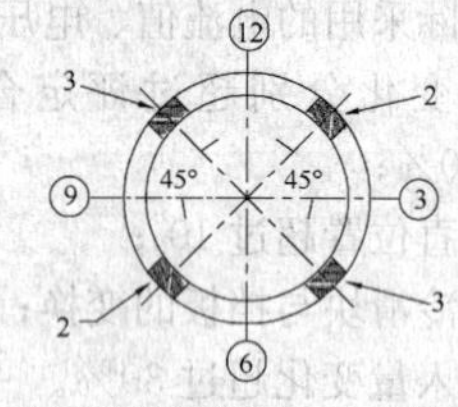

(a) 拉力试验为整管时弯曲试样取样位置

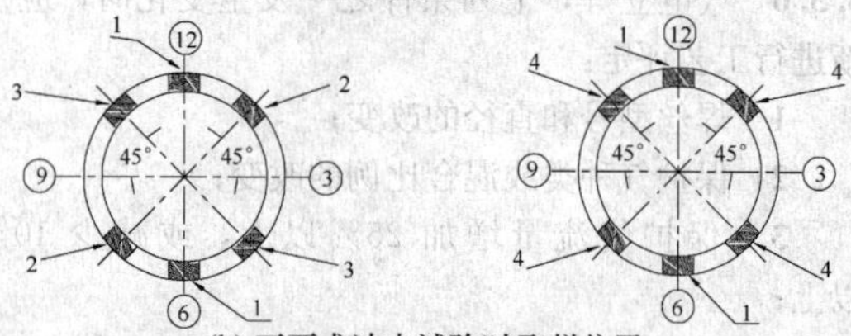

(b) 不要求冲击试验时取样位置

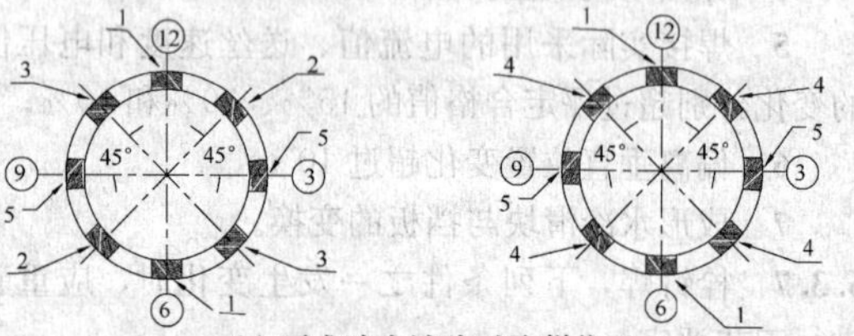

(c) 要求冲击试验时取样位置

图 6.4.1-6　管材对接接头试件、试样及取样位置

③⑥⑨⑫—钟点记号，为水平固定位置焊接时的定位

1—拉伸试样；2—面弯试样；3—背弯试样；4—侧弯试样；5—冲击试样

2　对接接头检验试样的加工应符合下列要求：

1）拉伸试样的加工应符合现行国家标准《焊接接头拉伸试验方法》GB/T 2651的有关规定；根据试验机能力可采用全截面拉伸试样或沿厚度方向分层取样；分层取样时试样厚度应覆盖焊接试件的全厚度；应按试验机的能力和要求加工；

2）弯曲试样的加工应符合现行国家标准《焊接接头弯曲试验方法》GB/T 2653的有关规定；焊缝余高或衬垫应采用机械方法去除至与母材齐平，试样受拉面应保留母材

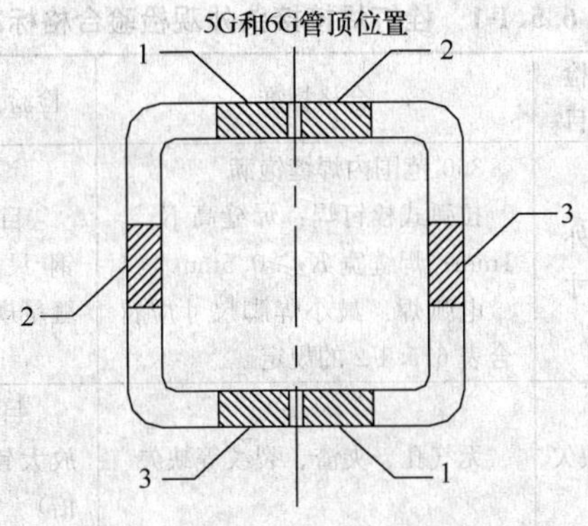
5G和6G管顶位置
1
2
3
2
3
1

图 6.4.1-7　矩形管材对接接头试样取样位置

1—拉伸试样；2—面弯或侧弯试样、冲击试样（要求时）；
3—背弯或侧弯试样、冲击试样（要求时）

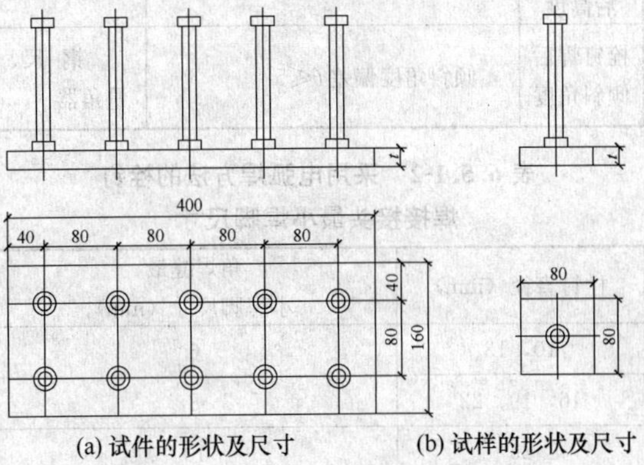
t
400
40
80
80
80
80
40
80
160
80
80
t
(a) 试件的形状及尺寸
(b) 试样的形状及尺寸

图 6.4.1-8　栓钉焊焊接试件及试样

原轧制表面；当板厚大于 40mm 时可分片切取，试样厚度应覆盖焊接试件的全厚度；

3）冲击试样的加工应符合现行国家标准《焊接接头冲击试验方法》GB/T 2650 的有关规定；其取样位置单面焊时应位于焊缝正面，双面焊时应位于后焊面，与母材原表面的距离不应大于 2mm；热影响区冲击试样缺口加工位置应符合图 6.4.2-1 的要求，不同牌号钢材焊接时其接头热影响区冲击试样应取自对冲击性能要求较低的一侧；不同焊接方法组合的焊接接头，冲击试样的取样应能覆盖所有焊接方法焊接的部位（分层取样）；

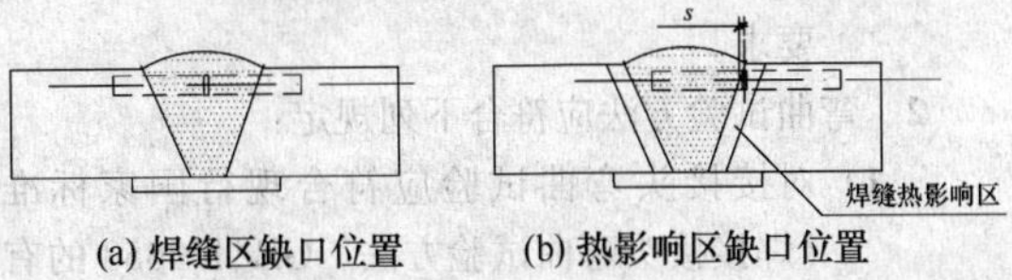
s
焊缝热影响区
(a) 焊缝区缺口位置
(b) 热影响区缺口位置

图 6.4.2-1　对接接头冲击试样缺口加工位置

注：热影响区冲击试样根据不同焊接工艺，缺口轴线至试样轴线与熔合线交点的距离 S＝0.5mm～1mm，并应尽可能使缺口多通过热影响区。

4）宏观酸蚀试样的加工应符合图 6.4.2-2 的要求。每块试样应取一个面进行检验，不得将同一切口的两个侧面作为两个检验面。

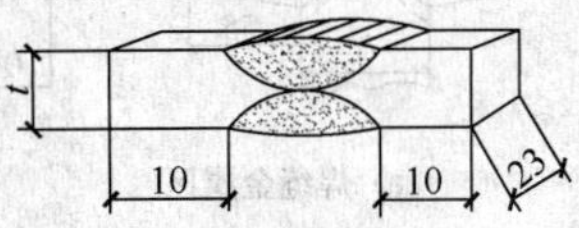
t
10
10
23

图 6.4.2-2　对接接头宏观酸蚀试样

3　T 形角接接头宏观酸蚀试样的加工应符合图 6.4.2-3 的要求。

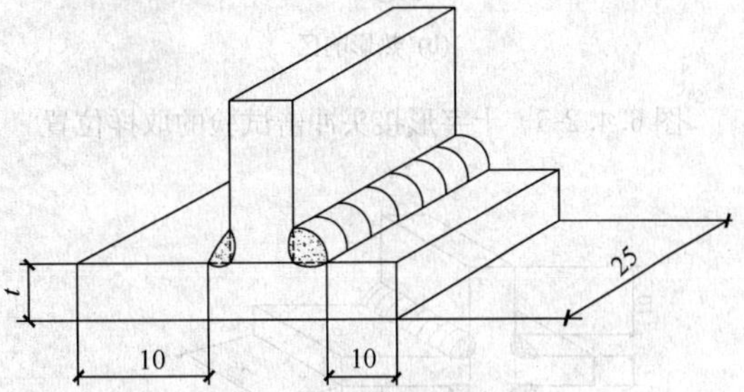
t
25
10
10

图 6.4.2-3　角接接头宏观酸蚀试样

4　十字形接头检验试样的加工应符合下列要求：

1）接头拉伸试样的加工应符合图 6.4.2-4 的要求；

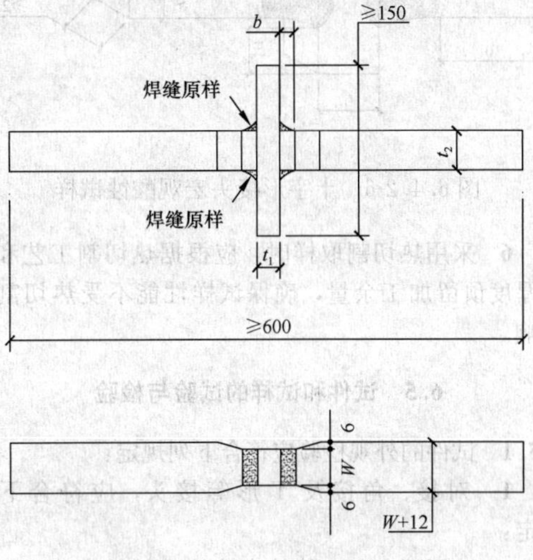
b
≥150
焊缝原样
焊缝原样
t_2
t_1
≥600
6
W
6
W+12

图 6.4.2-4　十字形接头拉伸试样

t_2—试验材料厚度；b—根部间隙；t_2＜36mm 时，W＝35mm，t_2≥36 时，W＝25mm；平行区长度：$t_1+2b+12$mm

2）接头冲击试样的加工应符合图 6.4.2-5 的要求；

3）接头宏观酸蚀试样的加工应符合图 6.4.2-6 的要求，检验面的选取应符合本条第 2 款第 4 项的规定。

5　斜 T 形角接接头、管-球接头、管-管相贯接头的宏观酸蚀试样的加工宜符合图 6.4.2-2 的要求，检验面的选取应符合本条第 2 款第 4 项的规定。

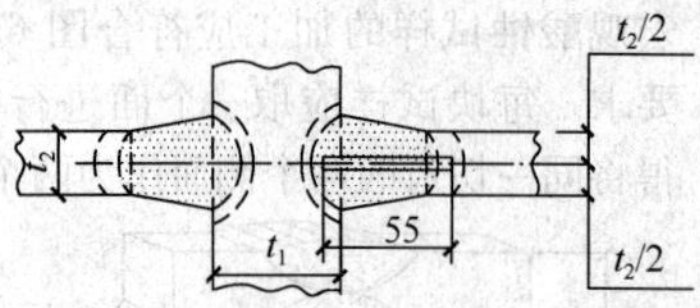

$t_2/2$
t_2
t_1
55
$t_2/2$

(a) 焊缝金属区

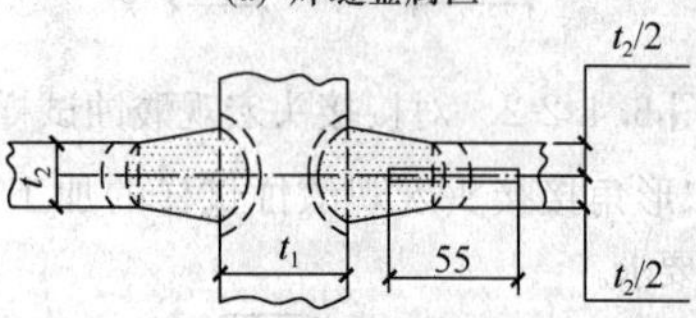

$t_2/2$
t_2
t_1
55
$t_2/2$

(b) 热影响区

图 6.4.2-5　十字形接头冲击试验的取样位置

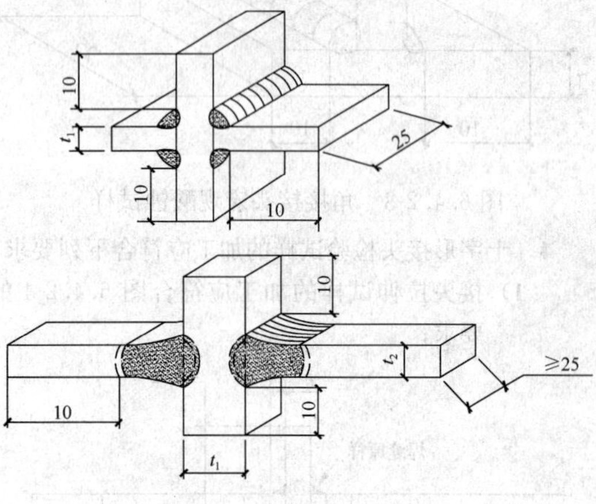

10
t_1
25
10
10
10
t_2
≥25
10
10
t_1

图 6.4.2-6　十字形接头宏观酸蚀试样

6　采用热切割取样时，应根据热切割工艺和试件厚度预留加工余量，确保试样性能不受热切割的影响。

6.5　试件和试样的试验与检验

6.5.1　试件的外观检验应符合下列规定：

1　对接、角接及T形等接头，应符合下列规定：

1）用不小于5倍放大镜检查试件表面，不得有裂纹、未焊满、未熔合、焊瘤、气孔、夹渣等超标缺陷；

2）焊缝咬边总长度不得超过焊缝两侧长度的15%，咬边深度不得超过0.5mm；

3）焊缝外观尺寸应符合本规范第8.2.2条中一级焊缝的要求（需疲劳验算结构的焊缝外观尺寸应符合本规范第8.3.2条的要求）；试件角变形可以冷矫正，可以避开焊缝缺陷位置取样。

2　栓钉焊接接头外观检验应符合表6.5.1-1的要求。当采用电弧焊方法进行栓钉焊接时，其焊缝最小焊脚尺寸还应符合表6.5.1-2的要求。

表 6.5.1-1　栓钉焊接接头外观检验合格标准

外观检验项目	合格标准	检验方法
焊缝外形尺寸	360°范围内焊缝饱满 拉弧式栓钉焊：焊缝高 $K_1 \geqslant$ 1mm；焊缝宽 $K_2 \geqslant 0.5$mm 电弧焊：最小焊脚尺寸应符合表6.5.1-2的规定	目测、钢尺、焊缝量规
焊缝缺欠	无气孔、夹渣、裂纹等缺欠	目测、放大镜（5倍）
焊缝咬边	咬边深度≤0.5mm，且最大长度不得大于1倍的栓钉直径	钢尺、焊缝量规
栓钉焊后高度	高度偏差≤±2mm	钢尺
栓钉焊后倾斜角度	倾斜角度偏差 $\theta \leqslant 5°$	钢尺、量角器

表 6.5.1-2　采用电弧焊方法的栓钉焊接接头最小焊脚尺寸

栓钉直径（mm）	角焊缝最小焊脚尺寸（mm）
10，13	6
16，19，22	8
25	10

6.5.2　试件的无损检测应在外观检验合格后进行，无损检测方法应根据设计要求确定。射线探伤应符合现行国家标准《金属熔化焊焊接接头射线照相》GB/T 3323的有关规定，焊缝质量不低于BⅡ级；超声波探伤应符合现行国家标准《钢焊缝手工超声波探伤方法和探伤结果分级》GB 11345的有关规定，焊缝质量不低于BⅡ级。

6.5.3　试样的力学性能、硬度及宏观酸蚀试验方法应符合下列规定：

1　拉伸试验方法应符合下列规定：

1）对接接头拉伸试验应符合现行国家标准《焊接接头拉伸试验方法》GB/T 2651的有关规定；

2）栓钉焊接头拉伸试验应符合图6.5.3-1的要求。

2　弯曲试验方法应符合下列规定：

1）对接接头弯曲试验应符合现行国家标准《焊接接头弯曲试验方法》GB/T 2653的有关规定，弯心直径为 4δ（δ 为弯曲试样厚度），弯曲角度为180°；面弯、背弯时试样厚度应为试件全厚度（δ＜14mm）；侧弯时试样厚度 $\delta = 10$mm，试件厚度不大于40mm时，试样宽度应为试件的全厚度，试件厚度大于 40mm 时，可按 20mm～40mm 分层取样；

2）栓钉焊接头弯曲试验应符合图 6.5.3-2 的要求。

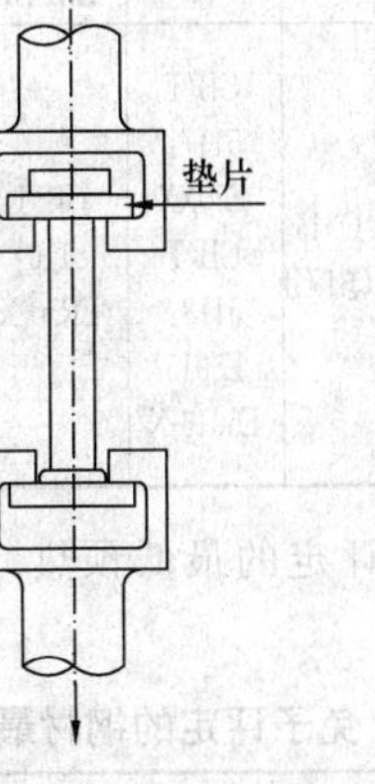

垫片

图 6.5.3-1　栓钉焊接头试样拉伸试验方法

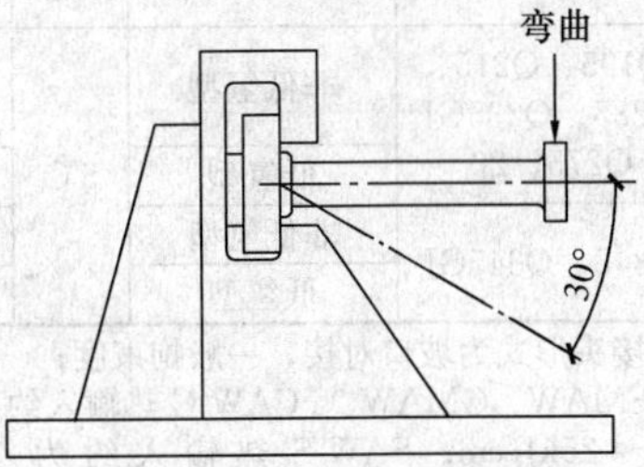

弯曲
30°

图 6.5.3-2　栓钉焊接头试样弯曲试验方法

3　冲击试验应符合现行国家标准《焊接接头冲击试验方法》GB/T 2650 的有关规定。

4　宏观酸蚀试验应符合现行国家标准《钢的低倍组织及缺陷酸蚀检验法》GB 226 的有关规定。

5　硬度试验应符合现行国家标准《焊接接头硬度试验方法》GB/T 2654 的有关规定；采用维氏硬度 HV_{10}，硬度测点分布应符合图 6.5.3-3～图 6.5.3-5 的要求，焊接接头各区域硬度测点为 3 点，其中部分焊透对接与角接组合焊缝在焊缝区和热影响区测点可为 2 点，若热影响区狭窄不能并排分布时，该区域测点可平行于焊缝熔合线排列。

6.5.4　试样检验合格标准应符合下列规定：

1　接头拉伸试验应符合下列规定：

1）接头母材为同钢号时，每个试样的抗拉强度不应小于该母材标准中相应规格规定的下限值；对接接头母材为两种钢号组合时，每个试样的抗拉强度不应小于两种母材标准中相应规格规定下限值的较低者；厚板分片取样时，可取平均值；

2）栓钉焊接头拉伸时，当拉伸试样的抗拉荷载大于或等于栓钉焊接端力学性能规定的

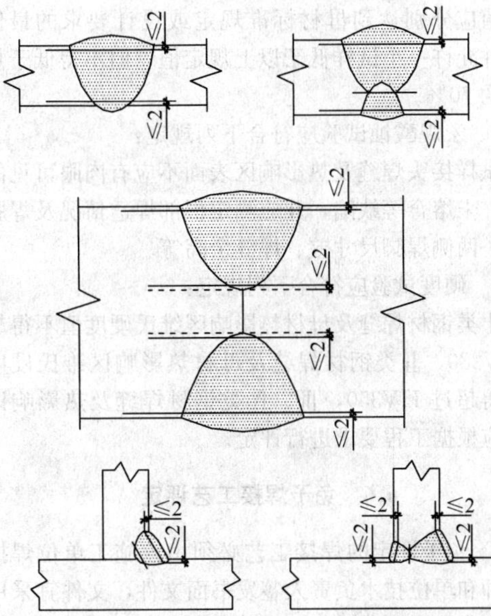

≤2

图 6.5.3-3　硬度试验测点位置

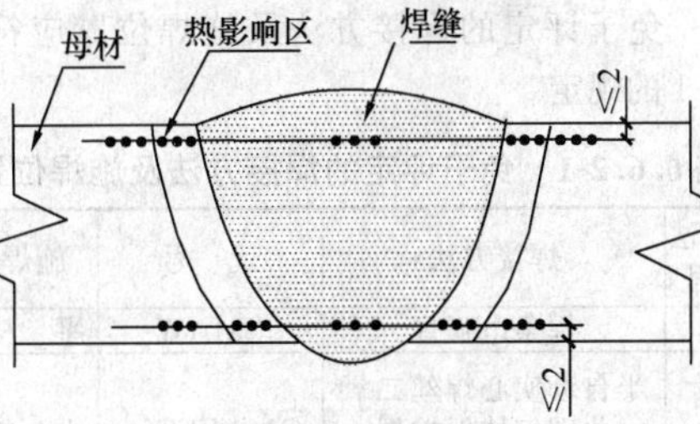

母材
热影响区
焊缝
≤2

图 6.5.3-4　对接焊缝硬度试验测点分布

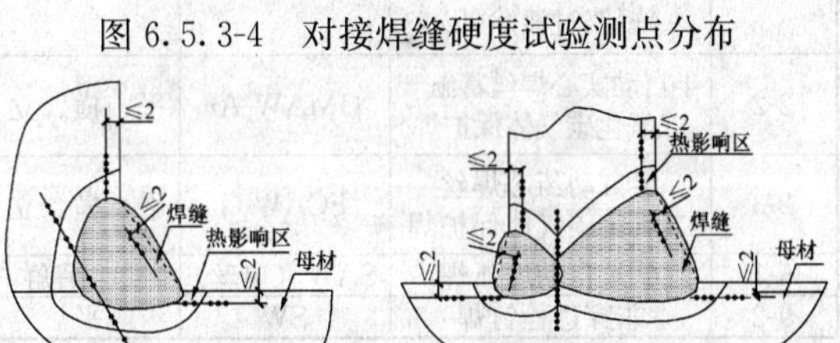

≤2
焊缝
热影响区
母材

图 6.5.3-5　对接与角接组合焊缝硬度试验测点分布

最小抗拉荷载时，则无论断裂发生于何处，均为合格。

2　接头弯曲试验应符合下列规定：

1）对接接头弯曲试验：试样弯至 180°后应符合下列规定：

各试样任何方向裂纹及其他缺欠单个长度不应大于 3mm；

各试样任何方向不大于 3mm 的裂纹及其他缺欠的总长不应大于 7mm；

四个试样各种缺欠总长不应大于 24mm；

2）栓钉焊接头弯曲试验：试样弯曲至 30°后焊接部位无裂纹。

3　冲击试验应符合下列规定：

焊缝中心及热影响区粗晶区各三个试样的冲击功

平均值应分别达到母材标准规定或设计要求的最低值，并允许一个试样低于以上规定值，但不得低于规定值的 70%。

4 宏观酸蚀试验应符合下列规定：

试样接头焊缝及热影响区表面不应有肉眼可见的裂纹、未熔合等缺陷，并应测定根部焊透情况及焊脚尺寸、两侧焊脚尺寸差、焊缝余高等。

5 硬度试验应符合下列规定：

Ⅰ类钢材焊缝及母材热影响区维氏硬度值不得超过 HV280，Ⅱ类钢材焊缝及母材热影响区维氏硬度值不得超过 HV350，Ⅲ、Ⅳ类钢材焊缝及热影响区硬度应根据工程要求进行评定。

6.6 免予焊接工艺评定

6.6.1 免予评定的焊接工艺必须由该施工单位焊接工程师和单位技术负责人签发书面文件，文件宜采用本规范附录 B 的格式。

6.6.2 免予焊接工艺评定的适用范围应符合下列规定：

1 免予评定的焊接方法及施焊位置应符合表 6.6.2-1 的规定。

表 6.6.2-1 免予评定的焊接方法及施焊位置

焊接方法类别号	焊接方法	代　号	施焊位置
1	焊条电弧焊	SMAW	平、横、立
2-1	半自动实心焊丝二氧化碳气体保护焊（短路过渡除外）	$GMAW\text{-}CO_2$	平、横、立
2-2	半自动实心焊丝富氩＋二氧化碳气体保护焊	GMAW-Ar	平、横、立
2-3	半自动药芯焊丝二氧化碳气体保护焊	FCAW-G	平、横、立
5-1	单丝自动埋弧焊	SAW（单丝）	平、平角
9-2	非穿透栓钉焊	SW	平

2 免予评定的母材和焊缝金属组合应符合表 6.6.2-2 的规定，钢材厚度不应大于 40mm，质量等级应为 A、B 级。

表 6.6.2-2 免予评定的母材和匹配的焊缝金属要求

母　材			焊条（丝）和焊剂-焊丝组合分类等级			
钢材类别	母材最小标称屈服强度	钢材牌号	焊条电弧焊 SMAW	实心焊丝气体保护焊 GMAW	药芯焊丝气体保护焊 FCAW-G	埋弧焊 SAW（单丝）
Ⅰ	＜235MPa	Q195 Q215	GB/T 5117：E43XX	GB/T 8110：ER49-X	GB/T 10045：E43XT -X	GB/T 5293：F4AX-H08A
Ⅰ	≥235MPa 且＜300MPa	Q235 Q275 Q235GJ	GB/T 5117：E43XX E50XX	GB/T 8110：ER49-X ER50-X	GB/T 10045：E43XT -X E50XT -X	GB/T 5293：F4AX-H08A GB/T 12470：F48AX-H08MnA

续表 6.6.2-2

母　材			焊条（丝）和焊剂-焊丝组合分类等级			
钢材类别	母材最小标称屈服强度	钢材牌号	焊条电弧焊 SMAW	实心焊丝气体保护焊 GMAW	药芯焊丝气体保护焊 FCAW-G	埋弧焊 SAW（单丝）
Ⅱ	≥300MPa 且≤355MPa	Q345 Q345GJ	GB/T 5117：E50XX GB/T 5118：E5015 E5016-X	GB/T 8110：ER50-X	GB/T 17493：E50XT -X	GB/T 5293：F5AX-H08MnA GB/T 12470：F48AX-H08MnA F48AX-H10Mn2 F48AX-H10Mn2A

3 免予评定的最低预热、道间温度应符合表 6.6.2-3 的规定。

表 6.6.2-3 免予评定的钢材最低预热、道间温度

钢材类别	钢材牌号	设计对焊接材料要求	接头最厚部件的板厚 t（mm）	
			$t \leqslant 20$	$20 < t \leqslant 40$
Ⅰ	Q195、Q215、Q235、Q235GJ Q275、20	非低氢型	5℃	20℃
		低氢型		5℃
Ⅱ	Q345、Q345GJ	非低氢型		40℃
		低氢型		20℃

注：1 接头形式为坡口对接，一般拘束度；
2 SMAW、GMAW、FCAW-G 热输入约为 15kJ/cm～25kJ/cm；SAW-S 热输入约为 15kJ/cm～45kJ/cm；
3 采用低氢型焊材时，熔敷金属扩散氢（甘油法）含量应符合下列规定：
焊条 E4315、E4316 不应大于 8mL/100g；
焊条 E5015、E5016 不应大于 6mL/100g；
药芯焊丝不应大于 6mL/100g。
4 焊接接头板厚不同时，应按最大板厚确定预热温度；焊接接头材质不同时，应按高强度、高碳当量的钢材确定预热温度；
5 环境温度不应低于 0℃。

4 焊缝尺寸应符合设计要求，最小焊脚尺寸应符合本规范表 5.4.2 的规定；最大单道焊焊缝尺寸应符合本规范表 7.10.4 的规定。

5 焊接工艺参数应符合下列规定：

1） 免予评定的焊接工艺参数应符合表 6.6.2-4 的规定；

2） 要求完全焊透的焊缝，单面焊时应加衬垫，双面焊时应清根；

3） 焊条电弧焊焊接时焊道最大宽度不应超过焊条标称直径的 4 倍，实心焊丝气体保护焊、药芯焊丝气体保护焊焊接时焊道最大宽度不应超过 20mm；

4） 导电嘴与工件距离：埋弧自动焊 40mm±10mm；气体保护焊 20mm±7mm；

5） 保护气种类：二氧化碳；富氩气体，混合比例为氩气 80%＋二氧化碳 20%；

6）保护气流量：20L/min～50L/min。

6 免予评定的各类焊接节点构造形式、焊接坡口的形式和尺寸必须符合本规范第5章的要求，并应符合下列规定：

1）斜角角焊缝两面角 $\psi>30°$；

2）管材相贯接头局部两面角 $\psi>30°$。

7 免予评定的结构荷载特性应为静载。

8 焊丝直径不符合表6.6.2-4的规定时，不得免予评定。

9 当焊接工艺参数按表6.6.2-4、表6.6.2-5的规定值变化范围超过本规范第6.3节的规定时，不得免予评定。

表6.6.2-4 各种焊接方法免予评定的焊接工艺参数范围

焊接方法代号	焊条或焊丝型号	焊条或焊丝直径（mm）	电流（A）	电流极性	电压（V）	焊接速度（cm/min）
SMAW	EXX15 EXX16 EXX03	3.2	80～140	EXX15：直流反接	18～26	8～18
		4.0	110～210	EXX16：交、直流	20～27	10～20
		5.0	160～230	EXX03：交流	20～27	10～20
GMAW	ER-XX	1.2	打底180～260 填充220～320 盖面220～280	直流反接	25～38	25～45
FCAW	EXX1T1	1.2	打底160～260 填充220～320 盖面220～280	直流反接	25～38	30～55
SAW	HXXX	3.2 4.0 5.0	400～600 450～700 500～800	直流反接或交流	24～40 24～40 34～40	25～65

注：表中参数为平、横焊位置。立焊电流应比平、横焊减小10%～15%。

表6.6.2-5 拉弧式栓钉焊免予评定的焊接工艺参数范围

焊接方法代号	栓钉直径（mm）	电流（A）	电流极性	焊接时间（s）	提升高度（mm）	伸出长度（mm）
SW	13 16	900～1000 1200～1300	直流正接	0.7 0.8	1～3	3～4 4～5

6.6.3 免予焊接工艺评定的钢材表面及坡口处理、焊接材料储存及烘干、引弧板及引出板、焊后处理、焊接环境、焊工资格等要求应符合本规范的规定。

7 焊接工艺

7.1 母材准备

7.1.1 母材上待焊接的表面和两侧应均匀、光洁，且应无毛刺、裂纹和其他对焊缝质量有不利影响的缺陷。待焊接的表面及距焊缝坡口边缘位置30mm范围内不得有影响正常焊接和焊缝质量的氧化皮、锈蚀、油脂、水等杂质。

7.1.2 焊接接头坡口的加工或缺陷的清除可采用机加工、热切割、碳弧气刨、铲凿或打磨等方法。

7.1.3 采用热切割方法加工的坡口表面质量应符合现行行业标准《热切割 气割质量和尺寸偏差》JB/T 10045.3的有关规定；钢材厚度不大于100mm时，割纹深度不应大于0.2mm；钢材厚度大于100mm时，割纹深度不应大于0.3mm。

7.1.4 割纹深度超过本规范第7.1.3条的规定，以及坡口表面上的缺口和凹槽，应采用机械加工或打磨清除。

7.1.5 母材坡口表面切割缺陷需要进行焊接修补时，应根据本规范规定制订修补焊接工艺，并应记录存档；调质钢及承受动荷载需经疲劳验算的结构，母材坡口表面切割缺陷的修补还应报监理工程师批准后方可进行。

7.1.6 钢材轧制缺欠（图7.1.6）的检测和修复应符合下列要求：

1 焊接坡口边缘上钢材的夹层缺欠长度超过25mm时，应采用无损检测方法检测其深度。当缺欠深度不大于6mm时，应用机械方法清除；当缺欠深度大于6mm且不超过25mm时，应用机械方法清除后焊接修补填满；当缺欠深度大于25mm时，应采用超声波测定其尺寸，如果单个缺欠面积（$a\times d$）或聚集缺欠的总面积不超过被切割钢材总面积（$B\times L$）的4%时为合格，否则不应使用；

2 钢材内部的夹层，其尺寸不超过本条第1款的规定且位置离母材坡口表面距离 b 不小于25mm时不需要修补；距离 b 小于25mm时应进行焊接修补；

3 夹层是裂纹时，裂纹长度 a 和深度 d 均不大于50mm时应进行焊接修补；裂纹深度 d 大于50mm或累计长度超过板宽的20%时不应使用；

4 焊接修补应符合本规范第7.11节的规定。

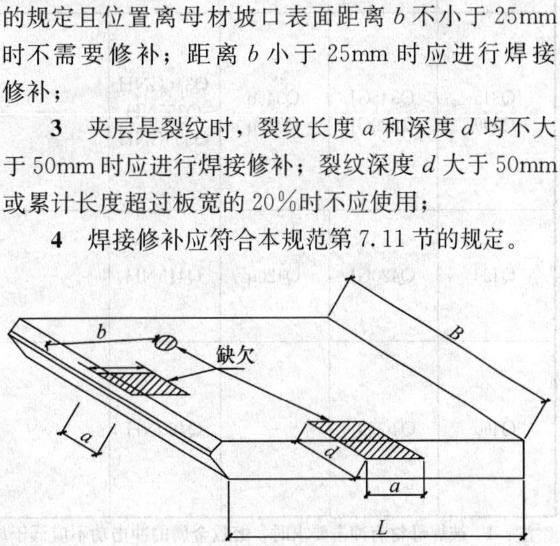

b
缺欠
B
a
d
a
L

图7.1.6 夹层缺欠

7.2 焊接材料要求

7.2.1 焊接材料熔敷金属的力学性能不应低于相应

母材标准的下限值或满足设计文件要求。

7.2.2 焊接材料贮存场所应干燥、通风良好，应由专人保管、烘干、发放和回收，并应有详细记录。

7.2.3 焊条的保存、烘干应符合下列要求：

1 酸性焊条保存时应有防潮措施，受潮的焊条使用前应在 100℃～150℃范围内烘焙 1h～2h；

2 低氢型焊条应符合下列要求：

1）焊条使用前应在 300℃～430℃范围内烘焙 1h～2h，或按厂家提供的焊条使用说明书进行烘干。焊条放入时烘箱的温度不应超过规定最高烘焙温度的一半，烘焙时间以烘箱达到规定最高烘焙温度后开始计算；

2）烘干后的低氢焊条应放置于温度不低于 120℃的保温箱中存放、待用；使用时应置于保温筒中，随用随取；

3）焊条烘干后在大气中放置时间不应超过 4h，用于焊接Ⅲ、Ⅳ类钢材的焊条，烘干后在大气中放置时间不应超过 2h。重新烘干次数不应超过 1 次。

7.2.4 焊剂的烘干应符合下列要求：

1 使用前应按制造厂家推荐的温度进行烘焙，已受潮或结块的焊剂严禁使用；

2 用于焊接Ⅲ、Ⅳ类钢材的焊剂，烘干后在大气中放置时间不应超过 4h。

7.2.5 焊丝和电渣焊的熔化或非熔化导管表面以及栓钉焊接端面应无油污、锈蚀。

7.2.6 栓钉焊瓷环保存时应有防潮措施，受潮的焊接瓷环使用前应在 120℃～150℃范围内烘焙 1h～2h。

7.2.7 常用钢材的焊接材料可按表 7.2.7 的规定选用，屈服强度在 460MPa 以上的钢材，其焊接材料的选用应符合本规范第 7.2.1 条的规定。

表 7.2.7 常用钢材的焊接材料推荐表

母材					焊接材料			
GB/T 700 和 GB/T 1591 标准钢材	GB/T 19879 标准钢材	GB/T 714 标准钢材	GB/T 4171 标准钢材	GB/T 7659 标准钢材	焊条电弧焊 SMAW	实心焊丝气体保护焊 GMAW	药芯焊丝气体保护焊 FCAW	埋弧焊 SAW
Q215	—	—	—	ZG200-400H ZG230-450H	GB/T 5117： E43XX	GB/T 8110： ER49-X	GB/T 10045： E43XTX-X GB/T 17493： E43XTX-X	GB/T 5293： F4XX-H08A
Q235 Q275	Q235GJ	Q235q	Q235NH Q265GNH Q295NH Q295GNH	ZG275-485H	GB/T 5117： E43XX E50XX GB/T 5118： E50XX-X	GB/T 8110： ER49-X ER50-X	GB/T 10045： E43XTX-X E50XTX-X GB/T 17493： E43XTX-X E49XTX-X	GB/T 5293： F4XX-H08A GB/T 12470： F48XX-H08MnA
Q345 Q390	Q345GJ Q390GJ	Q345q Q370q	Q310GNH Q355NH Q355GNH	—	GB/T 5117： E50XX GB/T 5118： E5015、16-X E5515、16-X[a]	GB/T 8110： ER50-X ER55-X	GB/T 10045： E50XTX-X GB/T 17493： E50XTX-X	GB/T 5293： F5XX-H08MnA F5XX-H10Mn2 GB/T 12470： F48XX-H08MnA F48XX-H10Mn2 F48XX-H10Mn2A
Q420	Q420GJ	Q420q	Q415NH	—	GB/T 5118： E5515、16-X E6015、16-X[b]	GB/T 8110 ER55-X ER62-X[b]	GB/T 17493： E55XTX-X	GB/T 12470： F55XX-H10Mn2A F55XX-H08MnMoA
Q460	Q460GJ	—	Q460NH	—	GB/T 5118： E5515、16-X E6015、16-X	GB/T 8110 ER55-X	GB/T 17493： E55XTX-X E60XTX-X	GB/T 12470： F55XX- H08MnMoA F55XX- H08Mn2MoVA

注：1 被焊母材有冲击要求时，熔敷金属的冲击功不应低于母材规定；

2 焊接接头板厚不小于 25mm 时，宜采用低氢型焊接材料；

3 表中 X 对应焊材标准中的相应规定；

a 仅适用于厚度不大于 35mm 的 Q3459 钢及厚度不大于 16mm 的 Q3709 钢；

b 仅适用于厚度不大于 16mm 的 Q4209 钢。

7.3 焊接接头的装配要求

7.3.1 焊接坡口尺寸宜符合本规范附录 A 的规定。组装后坡口尺寸允许偏差应符合表 7.3.1 的规定。

表 7.3.1 坡口尺寸组装允许偏差

序号	项目	背面不清根	背面清根
1	接头钝边	±2mm	—
2	无衬垫接头根部间隙	±2mm	+2mm −3mm
3	带衬垫接头根部间隙	+6mm −2mm	—
4	接头坡口角度	+10° −5°	+10° −5°
5	U形和J形坡口根部半径	+3mm −0mm	—

7.3.2 接头间隙中严禁填塞焊条头、铁块等杂物。

7.3.3 坡口组装间隙偏差超过表 7.3.1 规定但不大于较薄板厚度 2 倍或 20mm 两值中较小值时，可在坡口单侧或两侧堆焊。

7.3.4 对接接头的错边量不应超过本规范表 8.2.2 的规定。当不等厚部件对接接头的错边量超过 3mm 时，较厚部件应按不大于 1∶2.5 坡度平缓过渡。

7.3.5 采用角焊缝及部分焊透焊缝连接的 T 形接头，两部件应密贴，根部间隙不应超过 5mm；当间隙超过 5mm 时，应在待焊板端表面堆焊并修磨平整使其间隙符合要求。

7.3.6 T 形接头的角焊缝连接部件的根部间隙大于 1.5mm 且小于 5mm 时，角焊缝的焊脚尺寸应按根部间隙值予以增加。

7.3.7 对于搭接接头及塞焊、槽焊以及钢衬垫与母材间的连接接头，接触面之间的间隙不应超过 1.5mm。

7.4 定位焊

7.4.1 定位焊必须由持相应资格证书的焊工施焊，所用焊接材料应与正式焊缝的焊接材料相当。

7.4.2 定位焊缝附近的母材表面质量应符合本规范第 7.1 节的规定。

7.4.3 定位焊缝厚度不应小于 3mm，长度不应小于 40mm，其间距宜为 300mm～600mm。

7.4.4 采用钢衬垫的焊接接头，定位焊宜在接头坡口内进行；定位焊焊接时预热温度宜高于正式施焊预热温度 20℃～50℃；定位焊缝与正式焊缝应具有相同的焊接工艺和焊接质量要求；定位焊焊缝存在裂纹、气孔、夹渣等缺陷时，应完全清除。

7.4.5 对于要求疲劳验算的动荷载结构，应根据结构特点和本节要求制定定位焊工艺文件。

7.5 焊接环境

7.5.1 焊条电弧焊和自保护药芯焊丝电弧焊，其焊接作业区最大风速不宜超过 8m/s，气体保护电弧焊不宜超过 2m/s，如果超出上述范围，应采取有效措施以保障焊接电弧区域不受影响。

7.5.2 当焊接作业处于下列情况之一时严禁焊接：

1 焊接作业区的相对湿度大于 90%；

2 焊件表面潮湿或暴露于雨、冰、雪中；

3 焊接作业条件不符合现行国家标准《焊接与切割安全》GB 9448 的有关规定。

7.5.3 焊接环境温度低于 0℃但不低于−10℃时，应采取加热或防护措施，应确保接头焊接处各方向不小于 2 倍板厚且不小于 100mm 范围内的母材温度，不低于 20℃或规定的最低预热温度二者的较高值，且在焊接过程中不应低于这一温度。

7.5.4 焊接环境温度低于−10℃时，必须进行相应焊接环境下的工艺评定试验，并应在评定合格后再进行焊接，如果不符合上述规定，严禁焊接。

7.6 预热和道间温度控制

7.6.1 预热温度和道间温度应根据钢材的化学成分、接头的拘束状态、热输入大小、熔敷金属含氢量水平及所采用的焊接方法等综合因素确定或进行焊接试验。

7.6.2 常用钢材采用中等热输入焊接时，最低预热温度宜符合表 7.6.2 的要求。

表 7.6.2 常用钢材最低预热温度要求（℃）

钢材类别	接头最厚部件的板厚 t（mm）				
	$t\leqslant 20$	$20<t\leqslant 40$	$40<t\leqslant 60$	$60<t\leqslant 80$	$t>80$
Ⅰ[a]	—	—	40	50	80
Ⅱ	—	20	60	80	100
Ⅲ	20	60	80	100	120
Ⅳ[b]	20	80	100	120	150

注：1 焊接热输入约为 15kJ/cm～25kJ/cm，当热输入每增大 5kJ/cm 时，预热温度可比表中温度降低 20℃；

2 当采用非低氢焊接材料或焊接方法焊接时，预热温度应比表中规定的温度提高 20℃；

3 当母材施焊处温度低于 0℃时，应根据焊接作业环境、钢材牌号及板厚的具体情况将表中预热温度适当增加，且应在焊接过程中保持这一最低道间温度；

4 焊接接头板厚不同时，应按接头中较厚板的板厚选择最低预热温度和道间温度；

5 焊接接头材质不同时，应按接头中较高强度、较高碳当量的钢材选择最低预热温度；

6 本表不适用于供货状态为调质处理的钢材；控轧控冷（TMCP）钢最低预热温度可由试验确定；

7 “—”表示焊接环境在 0℃以上时，可不采取预热措施；

a 铸钢除外，Ⅰ类钢材中的铸钢预热温度宜参照Ⅱ类钢材的要求确定；

b 仅限于Ⅳ类钢材中的 Q460、Q460GJ 钢。

7.6.3 电渣焊和气电立焊在环境温度为0℃以上施焊时可不进行预热；但板厚大于60mm时，宜对引弧区域的母材预热且预热温度不应低于50℃。

7.6.4 焊接过程中，最低道间温度不应低于预热温度；静载结构焊接时，最大道间温度不宜超过250℃；需进行疲劳验算的动荷载结构和调质钢焊接时，最大道间温度不宜超过230℃。

7.6.5 预热及道间温度控制应符合下列规定：

1 焊前预热及道间温度的保持宜采用电加热法、火焰加热法，并应采用专用的测温仪器测量；

2 预热的加热区域应在焊缝坡口两侧，宽度应大于焊件施焊处板厚的1.5倍，且不应小于100mm；预热温度宜在焊件受热面的背面测量，测量点应在离电弧经过前的焊接点各方向不小于75mm处；当采用火焰加热器预热时正面测温应在火焰离开后进行。

7.6.6 Ⅲ、Ⅳ类钢材及调质钢的预热温度、道间温度的确定，应符合钢厂提供的指导性参数要求。

7.7 焊后消氢热处理

7.7.1 当要求进行焊后消氢热处理时，应符合下列规定：

1 消氢热处理的加热温度应为250℃～350℃，保温时间应根据工件板厚按每25mm板厚不小于0.5h，且总保温时间不得小于1h确定。达到保温时间后应缓冷至常温；

2 消氢热处理的加热和测温方法应按本规范第7.6.5条的规定执行。

7.8 焊后消应力处理

7.8.1 设计或合同文件对焊后消除应力有要求时，需经疲劳验算的动荷载结构中承受拉应力的对接接头或焊缝密集的节点或构件，宜采用电加热器局部退火和加热炉整体退火等方法进行消除应力处理；如仅为稳定结构尺寸，可采用振动法消除应力。

7.8.2 焊后热处理应符合现行行业标准《碳钢、低合金钢焊接构件焊后热处理方法》JB/T 6046的有关规定。当采用电加热器对焊接构件进行局部消除应力热处理时，尚应符合下列要求：

1 使用配有温度自动控制仪的加热设备，其加热、测温、控温性能应符合使用要求；

2 构件焊缝每侧面加热板（带）的宽度应至少为钢板厚度的3倍，且不应小于200mm；

3 加热板（带）以外构件两侧宜用保温材料适当覆盖。

7.8.3 用锤击法消除中间焊层应力时，应使用圆头手锤或小型振动工具进行，不应对根部焊缝、盖面焊缝或焊缝坡口边缘的母材进行锤击。

7.8.4 用振动法消除应力时，应符合现行行业标准《焊接构件振动时效工艺参数选择及技术要求》JB/T 10375的有关规定。

7.9 引弧板、引出板和衬垫

7.9.1 引弧板、引出板和钢衬垫板的钢材应符合本规范第4章的规定，其强度不应大于被焊钢材强度，且应具有与被焊钢材相近的焊接性。

7.9.2 在焊接接头的端部应设置焊缝引弧板、引出板，应使焊缝在提供的延长段上引弧和终止。焊条电弧焊和气体保护电弧焊焊缝引弧板、引出板长度应大于25mm，埋弧焊引弧板、引出板长度应大于80mm。

7.9.3 引弧板和引出板宜采用火焰切割、碳弧气刨或机械等方法去除，去除时不得伤及母材并将割口处修磨至与焊缝端部平整。严禁使用锤击去除引弧板和引出板。

7.9.4 衬垫材质可采用金属、焊剂、纤维、陶瓷等。

7.9.5 当使用钢衬垫时，应符合下列要求：

1 钢衬垫应与接头母材金属贴合良好，其间隙不应大于1.5mm；

2 钢衬垫在整个焊缝长度内应保持连续；

3 钢衬垫应有足够的厚度以防止烧穿。用于焊条电弧焊、气体保护电弧焊和自保护药芯焊丝电弧焊焊接方法的衬垫板厚度不应小于4mm；用于埋弧焊焊接方法的衬垫板厚度不应小于6mm；用于电渣焊焊接方法的衬垫板厚度不应小于25mm；

4 应保证钢衬垫与焊缝金属熔合良好。

7.10 焊接工艺技术要求

7.10.1 焊接施工前，施工单位应制定焊接工艺文件用于指导焊接施工，工艺文件可依据本规范第6章规定的焊接工艺评定结果进行制定，也可依据本规范第6章对符合免除工艺评定条件的工艺直接制定焊接工艺文件。焊接工艺文件应至少包括下列内容：

1 焊接方法或焊接方法的组合；

2 母材的规格、牌号、厚度及适用范围；

3 填充金属的规格、类别和型号；

4 焊接接头形式、坡口形式、尺寸及其允许偏差；

5 焊接位置；

6 焊接电源的种类和电流极性；

7 清根处理；

8 焊接工艺参数，包括焊接电流、焊接电压、焊接速度、焊层和焊道分布等；

9 预热温度及道间温度范围；

10 焊后消除应力处理工艺；

11 其他必要的规定。

7.10.2 对于焊条电弧焊、实心焊丝气体保护焊、药芯焊丝气体保护焊和埋弧焊（SAW）焊接方法，每一道焊缝的宽深比不应小于1.1。

7.10.3 除用于坡口焊缝的加强角焊缝外，如果满足设计要求，应采用最小角焊缝尺寸，最小角焊缝尺寸应符合本规范表 5.4.2 的规定。

7.10.4 对于焊条电弧焊、半自动实心焊丝气体保护焊、半自动药芯焊丝气体保护焊、药芯焊丝自保护焊和自动埋弧焊焊接方法，其单道焊最大焊缝尺寸宜符合表 7.10.4 的规定。

表 7.10.4 单道焊最大焊缝尺寸

焊道类型	焊接位置	焊缝类型	焊接方法		
			焊条电弧焊	气体保护焊和药芯焊丝自保护焊	单丝埋弧焊
根部焊道最大厚度	平焊	全部	10mm	10mm	—
	横焊		8mm	8mm	
	立焊		12mm	12mm	—
	仰焊		8mm	8mm	
填充焊道最大厚度	全部	全部	5mm	6mm	6mm
单道角焊缝最大焊脚尺寸	平焊	角焊缝	10mm	12mm	12mm
	横焊		8mm	10mm	8mm
	立焊		12mm	12mm	
	仰焊		8mm	8mm	

7.10.5 多层焊时应连续施焊，每一焊道焊接完成后应及时清理焊渣及表面飞溅物，遇有中断施焊的情况，应采取适当的保温措施，必要时应进行后热处理，再次焊接时重新预热温度应高于初始预热温度。

7.10.6 塞焊和槽焊可采用焊条电弧焊、气体保护电弧焊及药芯焊丝自保护焊等焊接方法。平焊时，应分层焊接，每层熔渣冷却凝固后必须清除再重新焊接；立焊和仰焊时，每道焊缝焊完后，应待熔渣冷却并清除再施焊后续焊道。

7.10.7 在调质钢上严禁采用塞焊和槽焊焊缝。

7.11 焊接变形的控制

7.11.1 钢结构焊接时，采用的焊接工艺和焊接顺序应能使最终构件的变形和收缩最小。

7.11.2 根据构件上焊缝的布置，可按下列要求采用合理的焊接顺序控制变形：

1 对接接头、T 形接头和十字接头，在工件放置条件允许或易于翻转的情况下，宜双面对称焊接；有对称截面的构件，宜对称于构件中性轴焊接；有对称连接杆件的节点，宜对称于节点轴线同时对称焊接；

2 非对称双面坡口焊缝，宜先在深坡口面完成部分焊缝焊接，然后完成浅坡口面焊缝焊接，最后完成深坡口面焊缝焊接。特厚板宜增加轮流对称焊接的循环次数；

3 对长焊缝宜采用分段退焊法或多人对称焊接法；

4 宜采用跳焊法，避免工件局部热量集中。

7.11.3 构件装配焊接时，应先焊收缩量较大的接头，后焊收缩量较小的接头，接头应在小的拘束状态下焊接。

7.11.4 对于有较大收缩或角变形的接头，正式焊接前应采用预留焊接收缩裕量或反变形方法控制收缩和变形。

7.11.5 多组件构成的组合构件应采取分部组装焊接，矫正变形后再进行总装焊接。

7.11.6 对于焊缝分布相对于构件的中性轴明显不对称的异形截面的构件，在满足设计要求的条件下，可采用调整填充焊缝熔敷量或补偿加热的方法。

7.12 返修焊

7.12.1 焊缝金属和母材的缺欠超过相应的质量验收标准时，可采用砂轮打磨、碳弧气刨、铲凿或机械加工等方法彻底清除。对焊缝进行返修，应按下列要求进行：

1 返修前，应清洁修复区域的表面；

2 焊瘤、凸起或余高过大，应采用砂轮或碳弧气刨清除过量的焊缝金属；

3 焊缝凹陷或弧坑、焊缝尺寸不足、咬边、未熔合、焊缝气孔或夹渣等应在完全清除缺陷后进行焊补；

4 焊缝或母材的裂纹应采用磁粉、渗透或其他无损检测方法确定裂纹的范围及深度，用砂轮打磨或碳弧气刨清除裂纹及其两端各 50mm 长的完好焊缝或母材，修整表面或磨除气刨渗碳层后，应采用渗透或磁粉探伤方法确定裂纹是否彻底清除，再重新进行焊补；对于拘束度较大的焊接接头的裂纹用碳弧气刨清除前，宜在裂纹两端钻止裂孔；

5 焊接返修的预热温度应比相同条件下正常焊接的预热温度提高 30℃～50℃，并应采用低氢焊接材料和焊接方法进行焊接；

6 返修部位应连续焊接。如中断焊接时，应采取后热、保温措施，防止产生裂纹；厚板返修焊宜采用消氢处理；

7 焊接裂纹的返修，应由焊接技术人员对裂纹产生的原因进行调查和分析，制定专门的返修工艺方案后进行；

8 同一部位两次返修后仍不合格时，应重新制定返修方案，并经业主或监理工程师认可后方可实施。

7.12.2 返修焊的焊缝应按原检测方法和质量标准进行检测验收，填报返修施工记录及返修前后的无损检测报告，作为工程验收及存档资料。

7.13 焊件矫正

7.13.1 焊接变形超标的构件应采用机械方法或局部

加热的方法进行矫正。

7.13.2 采用加热矫正时，调质钢的矫正温度严禁超过其最高回火温度，其他供货状态的钢材的矫正温度不应超过800℃或钢厂推荐温度两者中的较低值。

7.13.3 构件加热矫正后宜采用自然冷却，低合金钢在矫正温度高于650℃时严禁急冷。

7.14 焊缝清根

7.14.1 全焊透焊缝的清根应从反面进行，清根后的凹槽应形成不小于10°的U形坡口。

7.14.2 碳弧气刨清根应符合下列规定：

1 碳弧气刨工的技能应满足清根操作技术要求；

2 刨槽表面应光洁，无夹碳、粘渣等；

3 Ⅲ、Ⅳ类钢材及调质钢在碳弧气刨后，应使用砂轮打磨刨槽表面，去除渗碳淬硬层及残留熔渣。

7.15 临时焊缝

7.15.1 临时焊缝的焊接工艺和质量要求应与正式焊缝相同。临时焊缝清除时应不伤及母材，并应将临时焊缝区域修磨平整。

7.15.2 需经疲劳验算结构中受拉部件或受拉区域严禁设置临时焊缝。

7.15.3 对于Ⅲ、Ⅳ类钢材、板厚大于60mm的Ⅰ、Ⅱ类钢材、需经疲劳验算的结构，临时焊缝清除后，应采用磁粉或渗透探伤方法对母材进行检测，不允许存在裂纹等缺陷。

7.16 引弧和熄弧

7.16.1 不应在焊缝区域外的母材上引弧和熄弧。

7.16.2 母材的电弧擦伤应打磨光滑，承受动载或Ⅲ、Ⅳ类钢材的擦伤处还应进行磁粉或渗透探伤检测，不得存在裂纹等缺陷。

7.17 电渣焊和气电立焊

7.17.1 电渣焊和气电立焊的冷却块或衬垫块以及导管应满足焊接质量要求。

7.17.2 采用熔嘴电渣焊时，应防止熔嘴上的药皮受潮和脱落，受潮的熔嘴应经过120℃约1.5h的烘焙后方可使用，药皮脱落、锈蚀和带有油污的熔嘴不得使用。

7.17.3 电渣焊和气电立焊在引弧和熄弧时可使用钢制或铜制引熄弧块。电渣焊使用的铜制引熄弧块长度不应小于100mm，引弧槽的深度不应小于50mm，引弧槽的截面积应与正式电渣焊接头的截面积一致，可在引弧块的底部加入适当的碎焊丝（ϕ1mm×1mm）便于起弧。

7.17.4 电渣焊用焊丝应控制S、P含量，同时应具有较高的脱氧元素含量。

7.17.5 电渣焊采用Ⅰ形坡口（图7.17.5）时，坡口间隙b与板厚t的关系应符合表7.17.5的规定。

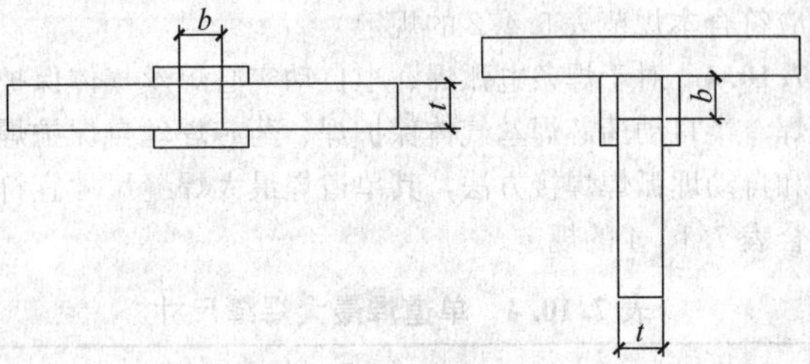

b
t
b
t

图7.17.5 电渣焊Ⅰ形坡口

表7.17.5 电渣焊Ⅰ形坡口间隙与板厚关系

母材厚度t（mm）	坡口间隙b（mm）
$t \leqslant 32$	25
$32 < t \leqslant 45$	28
$t > 45$	30～32

7.17.6 电渣焊焊接过程中，可采用填加焊剂和改变焊接电压的方法，调整渣池深度和宽度。

7.17.7 焊接过程中出现电弧中断或焊缝中间存在缺陷，可钻孔清除已焊焊缝，重新进行焊接。必要时应刨开面板采用其他焊接方法进行局部焊补，返修后应重新按检测要求进行无损检测。

8 焊接检验

8.1 一般规定

8.1.1 焊接检验应按下列要求分为两类：

1 自检，是施工单位在制造、安装过程中，由本单位具有相应资质的检测人员或委托具有相应检验资质的检测机构进行的检验；

2 监检，是业主或其代表委托具有相应检验资质的独立第三方检测机构进行的检验。

8.1.2 焊接检验的一般程序包括焊前检验、焊中检验和焊后检验，并应符合下列规定：

1 焊前检验应至少包括下列内容：

1）按设计文件和相关标准的要求对工程中所用钢材、焊接材料的规格、型号（牌号）、材质、外观及质量证明文件进行确认；

2）焊工合格证及认可范围确认；

3）焊接工艺技术文件及操作规程审查；

4）坡口形式、尺寸及表面质量检查；

5）组对后构件的形状、位置、错边量、角变形、间隙等检查；

6）焊接环境、焊接设备等条件确认；

7）定位焊缝的尺寸及质量认可；

8）焊接材料的烘干、保存及领用情况检查；

9）引弧板、引出板和衬垫板的装配质量检查。

2 焊中检验应至少包括下列内容：

1）实际采用的焊接电流、焊接电压、焊接速度、预热温度、层间温度及后热温度和时间等焊接工艺参数与焊接工艺文件的符合性检查；

2）多层多道焊焊道缺欠的处理情况确认；

3）采用双面焊清根的焊缝，应在清根后进行外观检查及规定的无损检测；

4）多层多道焊中焊层、焊道的布置及焊接顺序等检查。

3 焊后检验应至少包括下列内容：

1）焊缝的外观质量与外形尺寸检查；

2）焊缝的无损检测；

3）焊接工艺规程记录及检验报告审查。

8.1.3 焊接检验前应根据结构所承受的荷载特性、施工详图及技术文件规定的焊缝质量等级要求编制检验和试验计划，由技术负责人批准并报监理工程师备案。检验方案应包括检验批的划分、抽样检验的抽样方法、检验项目、检验方法、检验时机及相应的验收标准等内容。

8.1.4 焊缝检验抽样方法应符合下列规定：

1 焊缝处数的计数方法：工厂制作焊缝长度不大于 1000mm 时，每条焊缝应为 1 处；长度大于 1000mm 时，以 1000mm 为基准，每增加 300mm 焊缝数量应增加 1 处；现场安装焊缝每条焊缝应为 1 处。

2 可按下列方法确定检验批：

1）制作焊缝以同一工区（车间）按 300～600 处的焊缝数量组成检验批；多层框架结构可以每节柱的所有构件组成检验批；

2）安装焊缝以区段组成检验批；多层框架结构以每层（节）的焊缝组成检验批。

3 抽样检验除设计指定焊缝外应采用随机取样方式取样，且取样中应覆盖到该批焊缝中所包含的所有钢材类别、焊接位置和焊接方法。

8.1.5 外观检测应符合下列规定：

1 所有焊缝应冷却到环境温度后方可进行外观检测。

2 外观检测采用目测方式，裂纹的检查应辅以 5 倍放大镜并在合适的光照条件下进行，必要时可采用磁粉探伤或渗透探伤检测，尺寸的测量应用量具、卡规。

3 栓钉焊接接头的焊缝外观质量应符合本规范表 6.5.1-1 或表 6.5.1-2 的要求。外观质量检验合格后进行打弯抽样检查，合格标准：当栓钉弯曲至 30°时，焊缝和热影响区不得有肉眼可见的裂纹，检查数量不应小于栓钉总数的 1%且不少于 10 个。

4 电渣焊、气电立焊接头的焊缝外观成形应光滑，不得有未熔合、裂纹等缺陷；当板厚小于 30mm 时，压痕、咬边深度不应大于 0.5mm；板厚不小于 30mm 时，压痕、咬边深度不应大于 1.0mm。

8.1.6 焊缝无损检测报告签发人员必须持有现行国家标准《无损检测人员资格鉴定与认证》GB/T 9445 规定的 2 级或 2 级以上资格证书。

8.1.7 超声波检测应符合下列规定：

1 对接及角接接头的检验等级应根据质量要求分为 A、B、C 三级，检验的完善程度 A 级最低，B 级一般，C 级最高，应根据结构的材质、焊接方法、使用条件及承受载荷的不同，合理选用检验级别。

2 对接及角接接头检验范围见图 8.1.7，其确定应符合下列规定：

1）A 级检验采用一种角度的探头在焊缝的单面单侧进行检验，只对能扫查到的焊缝截面进行探测，一般不要求作横向缺欠的检验。母材厚度大于 50mm 时，不得采用 A 级检验。

2）B 级检验采用一种角度探头在焊缝的单面双侧进行检验，受几何条件限制时，应在焊缝单面、单侧采用两种角度探头（两角度之差大于 15°）进行检验。母材厚度大于 100mm 时，应采用双面双侧检验，受几何条件限制时，应在焊缝双面单侧，采用两种角度探头（两角度之差大于 15°）进行检验，检验应覆盖整个焊缝截面。条件允许时应作横向缺欠检验。

3）C 级检验至少应采用两种角度探头在焊缝的单面双侧进行检验。同时应作两个扫查方向和两种探头角度的横向缺欠检验。母材厚度大于 100mm 时，应采用双面双侧检验。检查前应将对接焊缝余高磨平，以便探头在焊缝上作平行扫查。焊缝两侧斜探头扫查经过母材部分应采用直探头作检查。当焊缝母材厚度不小于 100mm，或窄间隙焊缝母材厚度不小于 40mm 时，应增加串列式扫查。

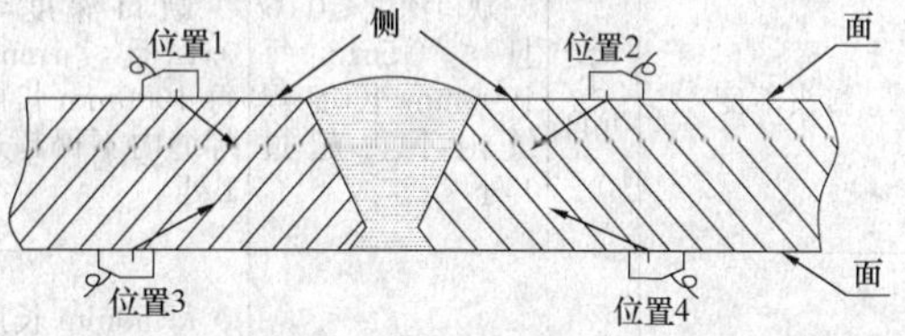
位置1
侧
位置2
面
位置3
位置4
面

图 8.1.7　超声波检测位置

8.1.8 抽样检验应按下列规定进行结果判定：

1 抽样检验的焊缝数不合格率小于 2%时，该批验收合格；

2 抽样检验的焊缝数不合格率大于 5%时，该批验收不合格；

3 除本条第 5 款情况外抽样检验的焊缝数不合格率为 2%～5%时，应加倍抽检，且必须在原不合

格部位两侧的焊缝延长线各增加一处，在所有抽检焊缝中不合格率不大于3%时，该批验收合格，大于3%时，该批验收不合格；

4 批量验收不合格时，应对该批余下的全部焊缝进行检验；

5 检验发现1处裂纹缺陷时，应加倍抽查，在加倍抽检焊缝中未再检查出裂纹缺陷时，该批验收合格；检验发现多于1处裂纹缺陷或加倍抽查又发现裂纹缺陷时，该批验收不合格，应对该批余下焊缝的全数进行检查。

8.1.9 所有检出的不合格焊接部位应按本规范第7.11节的规定予以返修至检查合格。

8.2 承受静荷载结构焊接质量的检验

8.2.1 焊缝外观质量应满足表8.2.1的规定。

表8.2.1 焊缝外观质量要求

检验项目 \ 焊缝质量等级	一级	二级	三级
裂纹	不允许		
未焊满	不允许	≤0.2mm+0.02t且≤1mm，每100mm长度焊缝内未焊满累积长度≤25mm	≤0.2mm+0.04t且≤2mm，每100mm长度焊缝内未焊满累积长度≤25mm
根部收缩	不允许	≤0.2mm+0.02t且≤1mm，长度不限	≤0.2mm+0.04t且≤2mm，长度不限
咬边	不允许	深度≤0.05t且≤0.5mm，连续长度≤100mm，且焊缝两侧咬边总长≤10%焊缝全长	深度≤0.1t且≤1mm，长度不限
电弧擦伤	不允许		允许存在个别电弧擦伤
接头不良	不允许	缺口深度≤0.05t且≤0.5mm，每1000mm长度焊缝内不得超过1处	缺口深度≤0.1t且≤1mm，每1000mm长度焊缝内不得超过1处
表面气孔	不允许		每50mm长度焊缝内允许存在直径<0.4t且≤3mm的气孔2个；孔距应≥6倍孔径
表面夹渣	不允许		深≤0.2t，长≤0.5t且≤20mm

注：t为母材厚度。

8.2.2 焊缝外观尺寸应符合下列规定：

1 对接与角接组合焊缝（图8.2.2），加强角焊缝尺寸h_k不应小于$t/4$且不应大于10mm，其允许偏差应为$h_{k}{}^{+0.4}_{0}$。对于加强焊角尺寸h_k大于8.0mm的角焊缝其局部焊脚尺寸允许低于设计要求值1.0mm，但总长度不得超过焊缝长度的10%；焊接H形梁腹板与翼缘板的焊缝两端在其两倍翼缘板宽度范围内，焊缝的焊脚尺寸不得低于设计要求值；焊缝余高应符合本规范表8.2.4的要求。

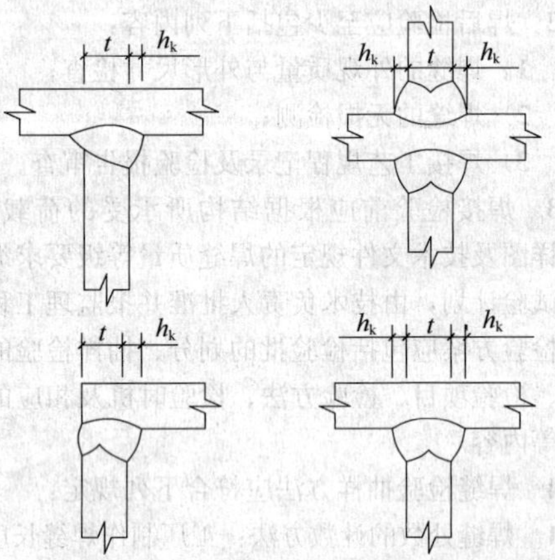

t
h_k
h_k
t
h_k
t
h_k
h_k
t
h_k

图8.2.2 对接与角接组合焊缝

2 对接焊缝与角焊缝余高及错边允许偏差应符合表8.2.2的规定。

表8.2.2 焊缝余高和错边允许偏差（mm）

序号	项目	示意图	允许偏差	
			一、二级	三级
1	对接焊缝余高（C）	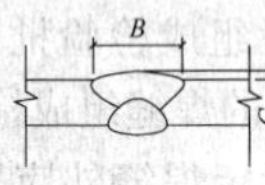	B<20时，C为0～3；B≥20时，C为0～4	B<20时，C为0～3.5；B≥20时，C为0～5
2	对接焊缝错边（Δ）	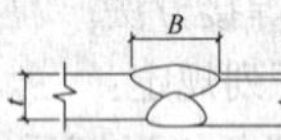	Δ<0.1t且≤2.0	Δ<0.15t且≤3.0
3	角焊缝余高（C）	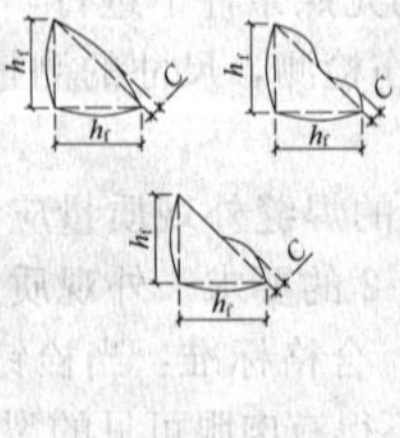	h_f≤6时C为0～1.5；h_f>6时C为0～3.0	

注：t为对接接头较薄件母材厚度。

8.2.3 无损检测的基本要求应符合下列规定：

1 无损检测应在外观检测合格后进行。Ⅲ、Ⅳ

类钢材及焊接难度等级为C、D级时，应以焊接完成24h后无损检测结果作为验收依据；钢材标称屈服强度不小于690MPa或供货状态为调质状态时，应以焊接完成48h后无损检测结果作为验收依据。

2 设计要求全焊透的焊缝，其内部缺欠的检测应符合下列规定：

1) 一级焊缝应进行100%的检测，其合格等级不应低于本规范第8.2.4条中B级检验的Ⅱ级要求；

2) 二级焊缝应进行抽检，抽检比例不应小于20%，其合格等级不应低于本规范第8.2.4条中B级检测的Ⅲ级要求。

3 三级焊缝应根据设计要求进行相关的检测。

8.2.4 超声波检测应符合下列规定：

1 检验灵敏度应符合表8.2.4-1的规定；

表8.2.4-1 距离-波幅曲线

厚度(mm)	判废线(dB)	定量线(dB)	评定线(dB)
3.5～150	$\phi3\times40$	$\phi3\times40$-6	$\phi3\times40$-14

2 缺欠等级评定应符合表8.2.4-2的规定；

表8.2.4-2 超声波检测缺欠等级评定

评定等级	检验等级		
	A	B	C
	板厚 t (mm)		
	3.5～50	3.5～150	3.5～150
Ⅰ	$2t/3$； 最小8mm	$t/3$；最小6mm 最大40 mm	$t/3$；最小6mm 最大40mm
Ⅱ	$3t/4$； 最小8mm	$2t/3$； 最小8mm 最大70mm	$2t/3$；最小8mm 最大50mm
Ⅲ	$<t$； 最小16mm	$3t/4$； 最小12mm 最大90mm	$3t/4$；最小12mm 最大75mm
Ⅳ	超过Ⅲ级者		

3 当检测板厚在3.5mm~8mm范围时，其超声波检测的技术参数应按现行行业标准《钢结构超声波探伤及质量分级法》JG/T 203执行；

4 焊接球节点网架、螺栓球节点网架及圆管T、K、Y节点焊缝的超声波探伤方法及缺陷分级应符合现行行业标准《钢结构超声波探伤及质量分级法》JG/T 203的有关规定；

5 箱形构件隔板电渣焊焊缝无损检测，除应符合本规范第8.2.3条的相关规定外，还应按本规范附录C进行焊缝焊透宽度、焊缝偏移检测；

6 对超声波检测结果有疑义时，可采用射线检测验证；

7 下列情况之一宜在焊前用超声波检测T形、十字形、角接接头坡口处的翼缘板，或在焊后进行翼缘板的层状撕裂检测：

1) 发现钢板有夹层缺欠；

2) 翼缘板、腹板厚度不小于20mm的非厚度方向性能钢板；

3) 腹板厚度大于翼缘板厚度且垂直于该翼缘板厚度方向的工作应力较大。

8 超声波检测设备及工艺要求应符合现行国家标准《钢焊缝手工超声波探伤方法和探伤结果分级》GB/T 11345的有关规定。

8.2.5 射线检测应符合现行国家标准《金属熔化焊焊接接头射线照相》GB/T 3323的有关规定，射线照相的炙量等级不应低于B级的要求，一级焊缝评定合格等级不应低于Ⅱ级的要求，二级焊缝评定合格等级不应低于Ⅲ级的要求。

8.2.6 表面检测应符合下列规定：

1 下列情况之一应进行表面检测：

1) 设计文件要求进行表面检测；

2) 外观检测发现裂纹时，应对该批中同类焊缝进行100%的表面检测；

3) 外观检测怀疑有裂纹缺陷时，应对怀疑的部位进行表面检测；

4) 检测人员认为有必要时。

2 铁磁性材料应采用磁粉检测表面缺欠。不能使用磁粉检测时，应采用渗透检测。

8.2.7 磁粉检测应符合现行行业标准《无损检测 焊缝磁粉检测》JB/T 6061的有关规定，合格标准应符合本规范第8.2.1条、第8.2.2条中外观检测的有关规定。

8.2.8 渗透检测应符合现行行业标准《无损检测 焊缝渗透检测》JB/T 6062的有关规定，合格标准应符合本规范第8.2.1条、第8.2.2条中外观检测的有关规定。

8.3 需疲劳验算结构的焊缝质量检验

8.3.1 焊缝的外观质量应无裂纹、未熔合、夹渣、弧坑未填满及超过表8.3.1规定的缺欠。

表8.3.1 焊缝外观质量要求

检验项目 \ 焊缝质量等级	一级	二级	三级
裂纹	不允许		
未焊满	不允许		≤0.2mm＋0.02t且≤1mm，每100mm长度焊缝内未焊满累积长度≤25mm

续表 8.3.1

检验项目＼焊缝质量等级	一级	二级	三级
根部收缩	不允许	不允许	≤0.2mm＋0.02t 且≤1mm，长度不限
咬边	不允许	深度≤0.05t 且≤0.3mm，连续长度≤100mm，且焊缝两侧咬边总长≤10%焊缝全长	深度≤0.1t 且≤0.5mm，长度不限
电弧擦伤	不允许	不允许	允许存在个别电弧擦伤
接头不良	不允许	不允许	缺口深度≤0.05t 且≤0.5mm，每1000mm长度焊缝内不得超过1处
表面气孔	不允许	不允许	直径小于1.0mm，每米不多于3个，间距不小于20mm
表面夹渣	不允许	不允许	深≤0.2t，长≤0.5t 且≤20mm

注：1　t 为母材厚度；
2　桥面板与弦杆角焊缝、桥面板侧的桥面板与U形肋角焊缝、腹板侧受拉区竖向加劲肋角焊缝的咬边缺陷应满足一级焊缝的质量要求。

8.3.2 焊缝的外观尺寸应符合表8.3.2的规定。

表 8.3.2 焊缝外观尺寸要求（mm）

项目		焊缝种类	允许偏差
焊脚尺寸		主要角焊缝[a]（包括对接与角接组合焊缝）	$h_f{}^{+2.0}_{0}$
焊脚尺寸		其他角焊缝	$h_f{}^{+2.0}_{-1.0}$ [b]
焊缝高低差		角焊缝	任意25mm范围高低差≤2.0mm
余高		对接焊缝	焊缝宽度b≤20mm时≤2.0mm 焊缝宽度b＞20mm时≤3.0mm
余高铲磨后	表面高度	横向对接焊缝	高于母材表面不大于0.5mm 低于母材表面不大于0.3mm
余高铲磨后	表面粗糙度	横向对接焊缝	不大于50μm

注：a　主要角焊缝是指主要杆件的盖板与腹板的连接焊缝；
b　手工焊角焊缝全长的10%允许 $h_f{}^{+3.0}_{-1.0}$。

8.3.3 无损检测应符合下列规定：

1 无损检测应在外观检查合格后进行。Ⅰ、Ⅱ类钢材及焊接难度等级为A、B级时，应以焊接完成24h后检测结果作为验收依据，Ⅲ、Ⅳ类钢材及焊接难度等级为C、D级时，应以焊接完成48h后的检查结果作为验收依据。

2 板厚不大于30mm（不等厚对接时，按较薄板计）的对接焊缝除按本规范第8.3.4条的规定进行超声波检测外，还应采用射线检测抽检其接头数量的10%且不少于一个焊接接头。

3 板厚大于30mm的对接焊缝除按本规范第8.3.4条的规定进行超声波检测外，还应增加接头数量的10%且不少于一个焊接接头，按检验等级为C级、质量等级为不低于一级的超声波检测，检测时焊缝余高应磨平，使用的探头折射角应有一个为45°，探伤范围应为焊缝两端各500mm。焊缝长度大于1500mm时，中部应加探500mm。当发现超标缺欠时应加倍检验。

4 用射线和超声波两种方法检验同一条焊缝，必须达到各自的质量要求，该焊缝方可判定为合格。

8.3.4 超声波检测应符合下列规定：

1 超声波检测设备和工艺要求应符合现行国家标准《钢焊缝手工超声波探伤方法和探伤结果分级》GB/T 11345的有关规定。

2 检测范围和检验等级应符合表8.3.4-1的规定。距离-波幅曲线及缺欠等级评定应符合表8.3.4-2、表8.3.4-3的规定。

表 8.3.4-1 焊缝超声波检测范围和检验等级

焊缝质量级别	探伤部位	探伤比例	板厚t（mm）	检验等级
一、二级横向对接焊缝	全长	100%	10≤t≤46	B
一、二级横向对接焊缝	—	—	46＜t≤80	B（双面双侧）
二级纵向对接焊缝	焊缝两端各1000mm	100%	10≤t≤46	B
二级纵向对接焊缝	—	—	46＜t≤80	B（双面双侧）
二级角焊缝	两端螺栓孔部位并延长500mm，板梁主梁及纵、横梁跨中加探1000mm	100%	10≤t≤46	B（双面单侧）
二级角焊缝	—	—	46＜t≤80	B（双面单侧）

表 8.3.4-2 超声波检测距离-波幅曲线灵敏度

焊缝质量等级	板厚（mm）	判废线	定量线	评定线
对接焊缝一、二级	10≤t≤46	ϕ3×40-6dB	ϕ3×40-14dB	ϕ3×40-20dB
对接焊缝一、二级	46＜t≤80	ϕ3×40-2dB	ϕ3×40-10dB	ϕ3×40-16dB

续表 8.3.4-2

焊缝质量等级		板厚（mm）	判废线	定量线	评定线
全焊透对接与角接组合焊缝一级		$10\leqslant t\leqslant 80$	$\phi3\times40$-4dB	$\phi3\times40$-10dB	$\phi3\times40$-16dB
			$\phi6$	$\phi3$	$\phi2$
角焊缝二级	部分焊透对接与角接组合焊缝	$10\leqslant t\leqslant 80$	$\phi3\times40$-4dB	$\phi3\times40$-10dB	$\phi3\times40$-16dB
	贴角焊缝	$10\leqslant t\leqslant 25$	$\phi1\times2$	$\phi1\times2$-6dB	$\phi1\times2$-12dB
		$25< t\leqslant 80$	$\phi1\times2$+4dB	$\phi1\times2$-4dB	$\phi1\times2$-10dB

注：1 角焊缝超声波检测采用铁路钢桥制造专用柱孔标准试块或与其校准过的其他孔形试块；

2 $\phi6$、$\phi3$、$\phi2$ 表示纵波探伤的平底孔参考反射体尺寸。

表 8.3.4-3 超声波检测缺欠等级评定

焊缝质量等级	板厚 t（mm）	单个缺欠指示长度	多个缺欠的累计指示长度
对接焊缝一级	$10\leqslant t\leqslant 80$	$t/4$，最小可为 8mm	在任意 $9t$，焊缝长度范围不超过 t
对接焊缝二级	$10\leqslant t\leqslant 80$	$t/2$，最小可为 10mm	在任意 $4.5t$，焊缝长度范围不超过 t
全焊透对接与角接组合焊缝一级	$10\leqslant t\leqslant 80$	$t/3$，最小可为 10mm	—
角焊缝二级	$10\leqslant t\leqslant 80$	$t/2$，最小可为 10mm	—

注：1 母材板厚不同时，按较薄板评定；

2 缺欠指示长度小于 8mm 时，按 5mm 计。

8.3.5 射线检测应符合现行国家标准《金属熔化焊焊接接头射线照相》GB/T 3323 的有关规定，射线照相质量等级不应低于 B 级，焊缝内部质量等级不应低于Ⅱ级。

8.3.6 磁粉检测应符合现行行业标准《无损检测 焊缝磁粉检测》JB/T 6061 的有关规定，合格标准应符合本规范第 8.2.1 条、第 8.2.2 条中外观检验的有关规定。

8.3.7 渗透检测应符合现行行业标准《无损检测 焊缝渗透检测》JB/T 6062 的有关规定，合格标准应符合本规范第 8.2.1 条、第 8.2.2 条中外观检测的有关规定。

9 焊接补强与加固

9.0.1 钢结构焊接补强和加固设计应符合现行国家标准《建筑结构加固工程施工质量验收规范》GB 50550 及《建筑抗震设计规范》GB 50011 的有关规定。补强与加固的方案应由设计、施工和业主等各方共同研究确定。

9.0.2 编制补强与加固设计方案时，应具备下列技术资料：

1 原结构的设计计算书和竣工图，当缺少竣工图时，应测绘结构的现状图；

2 原结构的施工技术档案资料及焊接性资料，必要时应在原结构构件上截取试件进行检测试验；

3 原结构或构件的损坏、变形、锈蚀等情况的检测记录及原因分析，并应根据损坏、变形、锈蚀等情况确定构件（或零件）的实际有效截面；

4 待加固结构的实际荷载资料。

9.0.3 钢结构焊接补强或加固设计，应考虑时效对钢材塑性的不利影响，不应考虑时效后钢材屈服强度的提高值。

9.0.4 对于受气相腐蚀介质作用的钢结构构件，应根据所处腐蚀环境按现行国家标准《工业建筑防腐蚀设计规范》GB 50046 进行分类。当腐蚀削弱平均量超过原构件厚度的 25%以及腐蚀削弱平均量虽未超过 25%但剩余厚度小于 5mm 时，应对钢材的强度设计值乘以相应的折减系数。

9.0.5 对于特殊腐蚀环境中钢结构焊接补强和加固问题应作专门研究确定。

9.0.6 钢结构的焊接补强或加固，可按下列两种方式进行：

1 卸载补强或加固：在需补强或加固的位置使结构或构件完全卸载，条件允许时，可将构件拆下进行补强或加固；

2 负荷或部分卸载状态下进行补强或加固：在需补强或加固的位置上未经卸载或仅部分卸载状态下进行结构或构件的补强或加固。

9.0.7 负荷状态下进行补强与加固工作时，应符合下列规定：

1 应卸除作用于待加固结构上的可变荷载和可卸除的永久荷载。

2 应根据加固时的实际荷载（包括必要的施工荷载），对结构、构件和连接进行承载力验算，当待加固结构实际有效截面的名义应力与其所用钢材的强度设计值之间的比值符合下列规定时应进行补强或加固：

1） β 不大于 0.8（对承受静态荷载或间接承受动态荷载的构件）；

2） β 不大于 0.4（对直接承受动态荷载的构件）。

3 轻钢结构中的受拉构件严禁在负荷状态下进行补强和加固。

9.0.8 在负荷状态下进行焊接补强或加固时，可根据具体情况采取下列措施：

1 必要的临时支护；

2 合理的焊接工艺。

9.0.9 负荷状态下焊接补强或加固施工应符合下列要求：

1 对结构最薄弱的部位或构件应先进行补强或加固；

2 加大焊缝厚度时，必须从原焊缝受力较小部位开始施焊。道间温度不应超过200℃，每道焊缝厚度不宜大于3mm；

3 应根据钢材材质，选择相应的焊接材料和焊接方法。应采用合理的焊接顺序和小直径焊材以及小电流、多层多道焊接工艺；

4 焊接补强或加固的施工环境温度不宜低于10℃。

9.0.10 对有缺损的构件应进行承载力评估。当缺损严重，影响结构安全时，应立即采取卸载、加固措施或对损坏构件及时更换；对一般缺损，可按下列方法进行焊接修复或补强：

1 对于裂纹，应查明裂纹的起止点，在起止点分别钻直径为12mm～16mm的止裂孔，彻底清除裂纹后并加工成侧边斜面角大于10°的凹槽，当采用碳弧气刨方法时，应磨掉渗碳层。预热温度宜为100℃～150℃，并应采用低氢焊接方法按全焊透对接焊缝要求进行。对承受动荷载的构件，应将补焊焊缝的表面磨平；

2 对于孔洞，宜将孔边修整后采用加盖板的方法补强；

3 构件的变形影响其承载能力或正常使用时，应根据变形的大小采取矫正、加固或更换构件等措施。

9.0.11 焊接补强与加固应符合下列要求：

1 原有结构的焊缝缺欠，应根据其对结构安全影响的程度，分别采取卸载或负荷状态下补强与加固，具体焊接工艺应按本规范第7.11节的相关规定执行。

2 角焊缝补强宜采用增加原有焊缝长度（包括增加端焊缝）或增加焊缝有效厚度的方法。当负荷状态下采用加大焊缝厚度的方法补强时，被补强焊缝的长度不应小于50mm；加固后的焊缝应力应符合下式要求：

$$\sqrt{\sigma_f^2+\tau_f^2}\leqslant\eta\times f_f^w \qquad (9.0.11)$$

式中：σ_f——角焊缝按有效截面（$h_e\times l_w$）计算垂直于焊缝长度方向的名义应力；

τ_f——角焊缝按有效截面（$h_e\times l_w$）计算沿长度方向的名义剪应力；

η——焊缝强度折减系数，可按表9.0.11采用；

f_f^w——角焊缝的抗剪强度设计值。

表 9.0.11 焊缝强度折减系数 η

被加固焊缝的长度（mm）	≥600	300	200	100	50
η	1.0	0.9	0.8	0.65	0.25

9.0.12 用于补强或加固的零件宜对称布置。加固焊缝宜对称布置，不宜密集、交叉，在高应力区和应力集中处，不宜布置加固焊缝。

9.0.13 用焊接方法补强铆接或普通螺栓接头时，补强焊缝应承担全部计算荷载。

9.0.14 摩擦型高强度螺栓连接的构件用焊接方法加固时，拴接、焊接两种连接形式计算承载力的比值应在1.0～1.5范围内。

附录A 钢结构焊接接头坡口形式、尺寸和标记方法

A.0.1 各种焊接方法及接头坡口形式尺寸代号和标记应符合下列规定：

1 焊接方法及焊透种类代号应符合表A.0.1-1的规定。

表 A.0.1-1 焊接方法及焊透种类代号

代号	焊接方法	焊透种类
MC	焊条电弧焊	完全焊透
MP		部分焊透
GC	气体保护电弧焊 药芯焊丝自保护焊	完全焊透
GP		部分焊透
SC	埋弧焊	完全焊透
SP		部分焊透
SL	电渣焊	完全焊透

2 单、双面焊接及衬垫种类代号应符合表A.0.1-2的规定。

表 A.0.1-2 单、双面焊接及衬垫种类代号

反面衬垫种类		单、双面焊接	
代号	使用材料	代号	单、双焊接面规定
BS	钢衬垫	1	单面焊接
BF	其他材料的衬垫	2	双面焊接

3 坡口各部分尺寸代号应符合表A.0.1-3的规定。

表 A.0.1-3 坡口各部分的尺寸代号

代 号	代表的坡口各部分尺寸
t	接缝部位的板厚（mm）

续表 A.0.1-3

代　号	代表的坡口各部分尺寸
b	坡口根部间隙或部件间隙（mm）
h	坡口深度（mm）
p	坡口钝边（mm）
α	坡口角度（°）

4　焊接接头坡口形式和尺寸的标记应符合下列规定：

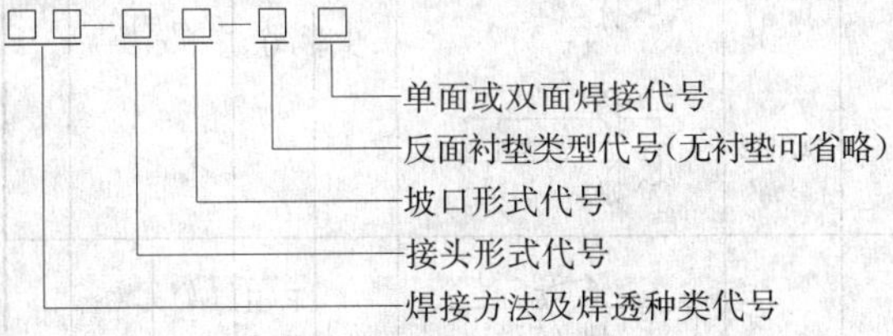

□□-□□-□□
单面或双面焊接代号
反面衬垫类型代号(无衬垫可省略)
坡口形式代号
接头形式代号
焊接方法及焊透种类代号

标记示例：焊条电弧焊、完全焊透、对接、Ⅰ形坡口、背面加钢衬垫的单面焊接接头表示为 MC-BⅠ-B_S1。

A.0.2　焊条电弧焊全焊透坡口形式和尺寸宜符合表 A.0.2 的要求。

A.0.3　气体保护焊、自保护焊全焊透坡口形式和尺寸宜符合表 A.0.3 的要求。

A.0.4　埋弧焊全焊透坡口形式和尺寸宜符合表 A.0.4 要求。

A.0.5　焊条电弧焊部分焊透坡口形式和尺寸宜符合表 A.0.5 的要求。

A.0.6　气体保护焊、自保护焊部分焊透坡口形式和尺寸宜符合表 A.0.6 的要求。

A.0.7　埋弧焊部分焊透坡口形式和尺寸宜符合表 A.0.7 的要求。

表 A.0.2　焊条电弧焊全焊透坡口形式和尺寸

序号	标记	坡口形状示意图	板厚（mm）	焊接位置	坡口尺寸（mm）	备注
1	MC-BI-2	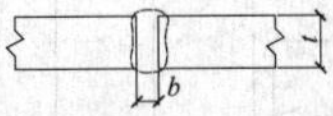	3～6	F H V O	$b=\frac{t}{2}$	清根
	MC-TI-2	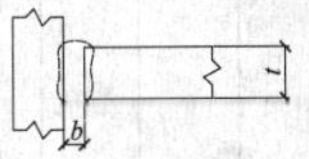				
	MC-CI-2	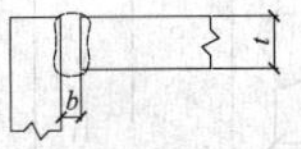				
2	MC-BI-B1	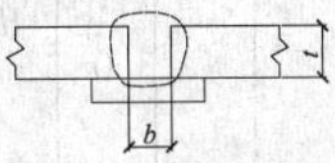	3～6	F H V O	$b=t$	
	MC-CI-B1	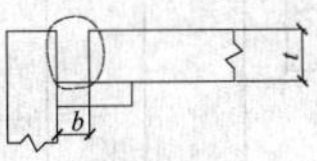				

续表 A.0.2

序号	标记	坡口形状示意图	板厚（mm）	焊接位置	坡口尺寸（mm）	备注
3	MC-BV-2	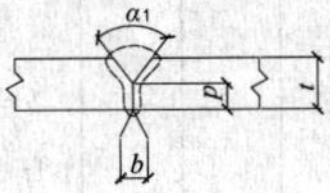	≥6	F H V O	$b=0\sim3$ $p=0\sim3$ $\alpha_1=60°$	清根
	MC-CV-2	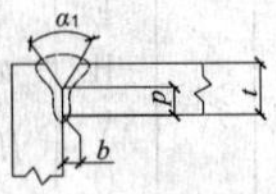				
4	MC-BV-B1	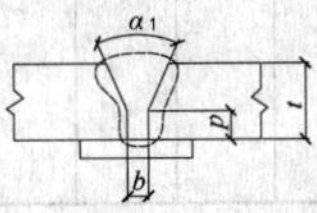	≥6	F，H V，O	b / α_1 6 / 45°	
				F，V O	10 / 30° 13 / 20° $p=0\sim2$	
	MC-CV-B1	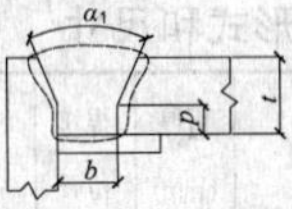	≥12	F，H V，O	b / α_1 6 / 45°	
				F，V O	10 / 30° 13 / 20° $p=0\sim2$	
5	MC-BL-2	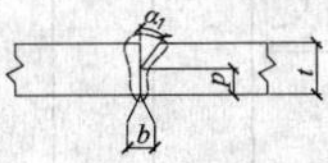	≥6	F H V O	$b=0\sim3$ $p=0\sim3$ $\alpha_1=45°$	清根
	MC-TL-2	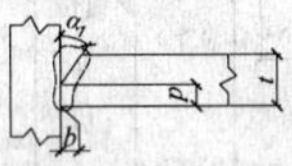				
	MC-CL-2	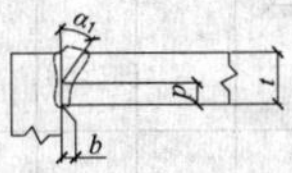				
6	MC-BL-B1	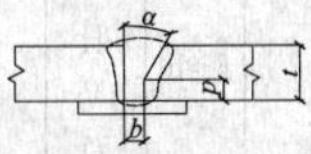	≥6	F H V O	b / α_1	
	MC-TL-B1	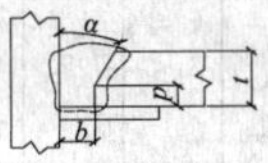		F，H V，O (F，V，O)	6 / 45° (10) / (30°)	
	MC-CL-B1	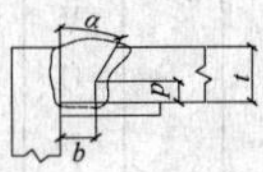		F，H V，O (F，V，O)	$p=0\sim2$	
7	MC-BX-2	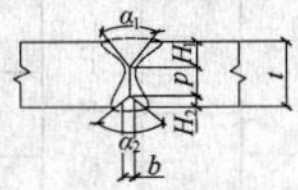	≥16	F H V O	$b=0\sim3$ $H_1=\frac{2}{3}(t-p)$ $p=0\sim3$ $H_2=\frac{1}{3}(t-p)$ $\alpha_1=45°$ $\alpha_2=60°$	清根

续表 A.0.2

序号	标记	坡口形状示意图	板厚(mm)	焊接位置	坡口尺寸(mm)	备注
8	MC-BK-2		≥16	F H V O	$b=0\sim3$ $H_1=\frac{2}{3}(t-p)$ $p=0\sim3$ $H_2=\frac{1}{3}(t-p)$ $\alpha_1=45°$ $\alpha_2=60°$	清根
	MC-TK-2					
	MC-CK-2	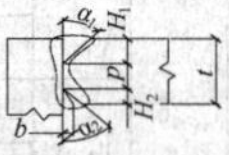				

表 A.0.3 气体保护焊、自保护焊全焊透坡口形式和尺寸

序号	标记	坡口形状示意图	板厚(mm)	焊接位置	坡口尺寸(mm)	备注
1	GC-BI-2	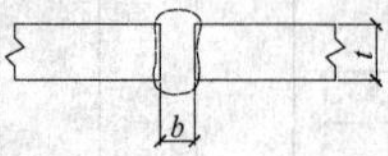	3~8	F H V O	$b=0\sim3$	清根
	GC-TI-2	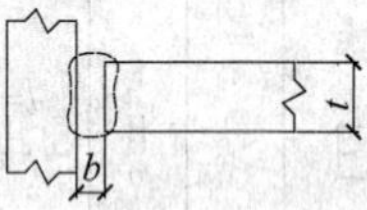				
	GC-CI-2	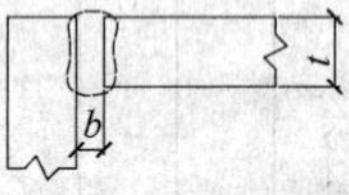				
2	GC-BI-B1	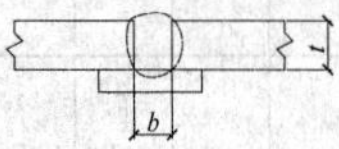	6~10	F H V O	$b=t$	
	GC-CI-B1	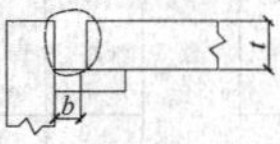				
3	GC-BV-2	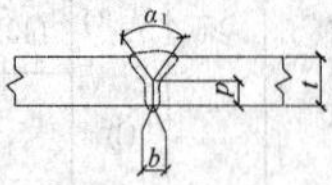	≥6	F H V O	$b=0\sim3$ $p=0\sim3$ $\alpha_1=60°$	清根
	GC-CV-2	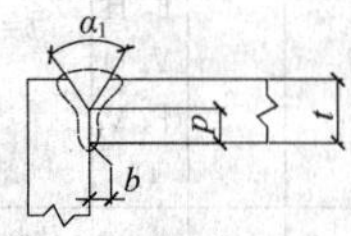				
4	GC-BV-B1	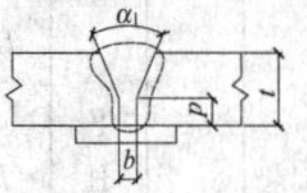	≥6	F V O	b / α_1: 6 / 45° 10 / 30° $p=0\sim2$	
	GC-CV-B1	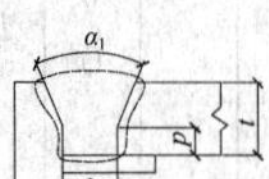	≥12			

续表 A.0.3

序号	标记	坡口形状示意图	板厚(mm)	焊接位置	坡口尺寸(mm)	备注
5	GC-BL-2	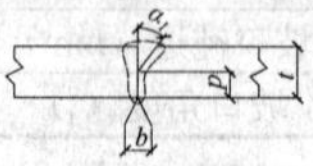	≥6	F H V O	$b=0\sim3$ $p=0\sim3$ $\alpha_1=45°$	清根
	GC-TL-2	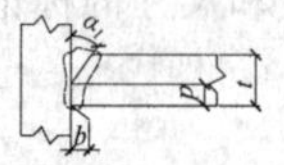				
	GC-CL-2	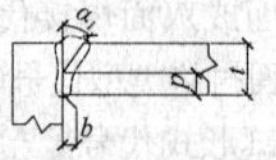				
6	GC-BL-B1	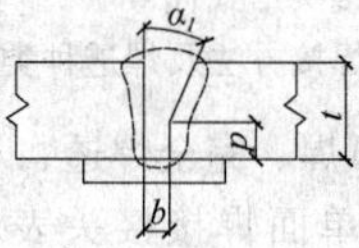	≥6	F, H V, O	b / α_1: 6 / 45° (F): (10) / (30°) $p=0\sim2$	
	GC-TL-B1	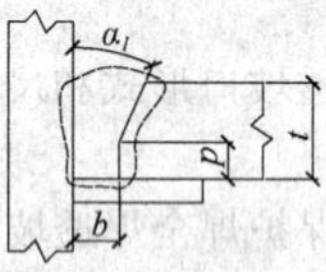				
	GC-CL-B1	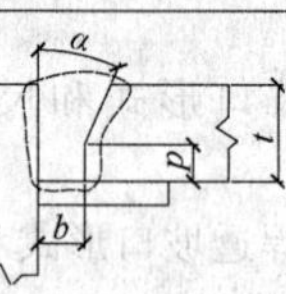				
7	GC-BX-2	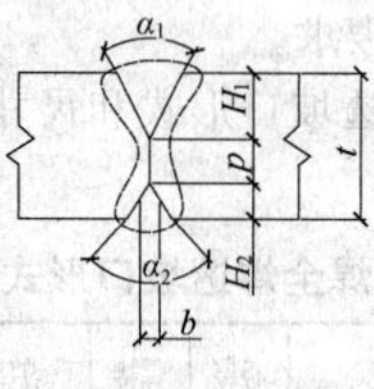	≥16	F H V O	$b=0\sim3$ $H_1=\frac{2}{3}(t-p)$ $p=0\sim3$ $H_2=\frac{1}{3}(t-p)$ $\alpha_1=45°$ $\alpha_2=60°$	清根
8	GC-BK-2	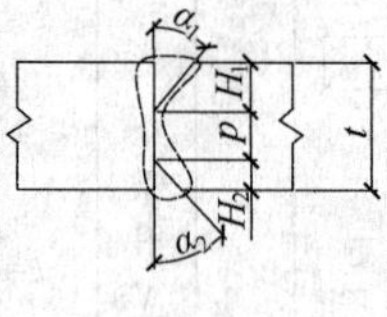	≥16	F H V O	$b=0\sim3$ $H_1=\frac{2}{3}(t-p)$ $p=0\sim3$ $H_2=\frac{1}{3}(t-p)$ $\alpha_1=45°$ $\alpha_2=60°$	清根
	GC-TK-2	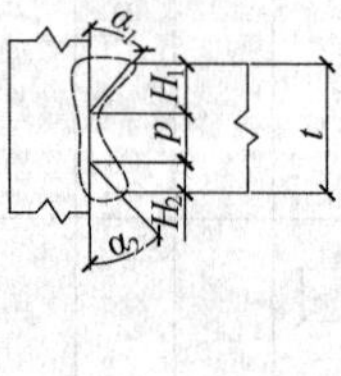				
	GC-CK-2	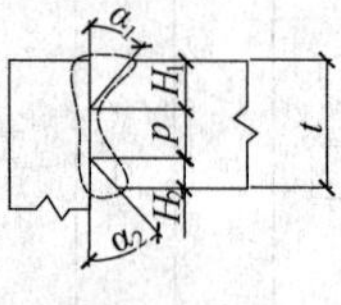				

表 A.0.4 埋弧焊全焊透坡口形式和尺寸

序号	标记	坡口形状示意图	板厚(mm)	焊接位置	坡口尺寸(mm)	备注
1	SC-BI-2	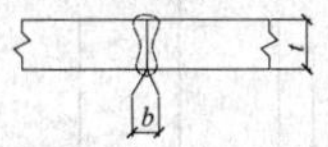	6～12	F	$b=0$	清根
	SC-TI-2	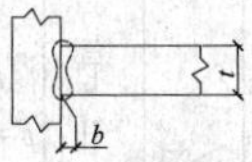	6～10	F		
	SC-CI-2	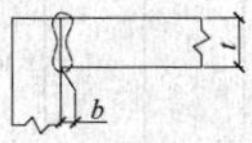				
2	SC-BI-B1	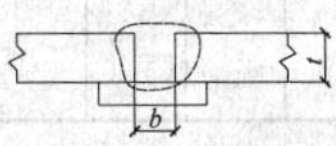	6～10	F	$b=t$	
	SC-CI-B1	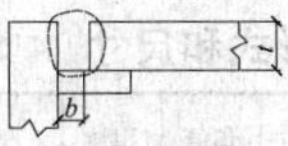				
3	SC-BV-2	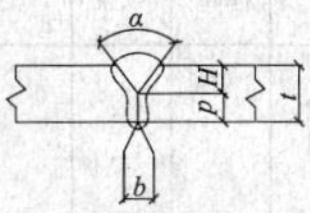	≥12	F	$b=0$ $H_1=t-p$ $p=6$ $\alpha_1=60°$	清根
	SC-CV-2	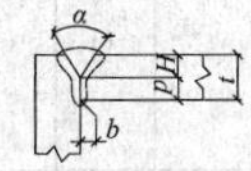	≥10	F	$b=0$ $p=6$ $\alpha_1=60°$	清根
4	SC-BV-B1	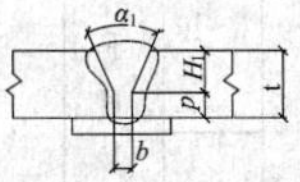	≥10	F	$b=8$ $H_1=t-p$ $p=2$ $\alpha_1=30°$	
	SC-CV-B1	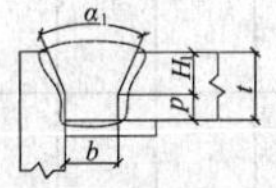				
5	SC-BL-2	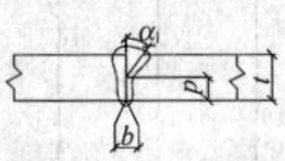	≥12	F	$b=0$ $H_1=t-p$ $p=6$ $\alpha_1=55°$	清根
		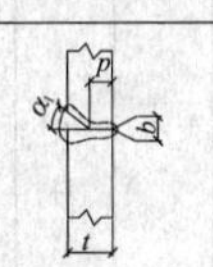	≥10	H		
	SC-TL-2	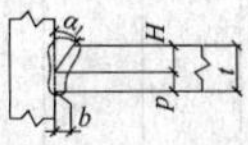	≥8	F	$b=0$ $H_1=t-p$ $p=6$ $\alpha_1=60°$	清根
	SC-CL-2	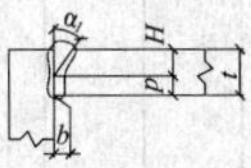	≥8	F	$b=0$ $H_1=t-p$ $p=6$ $\alpha_1=55°$	

续表 A.0.4

序号	标记	坡口形状示意图	板厚(mm)	焊接位置	坡口尺寸(mm)	备注
6	SC-BL-B1	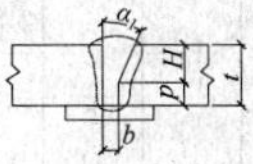	≥10	F	b / α_1: 6 / 45° 10 / 30° $p=2$	
	SC-TL-B1	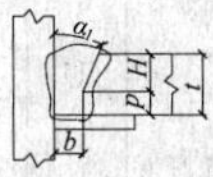				
	SC-CL-B1	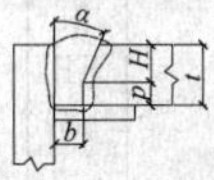				
7	SC-BX-2	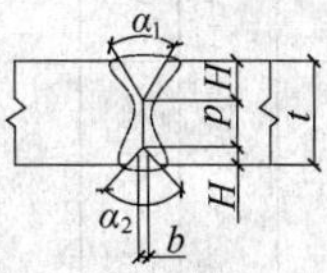	≥20	F	$b=0$ $H_1=\frac{2}{3}(t-p)$ $p=6$ $H_2=\frac{1}{3}(t-p)$ $\alpha_1=45°$ $\alpha_2=60°$	清根
8	SC-BK-2	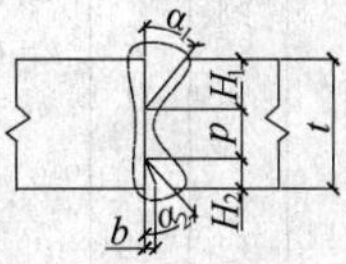	≥20	F	$b=0$ $H_1=\frac{2}{3}(t-p)$ $p=5$ $H_2=\frac{1}{3}(t-p)$ $\alpha_1=45°$ $\alpha_2=60°$	清根
		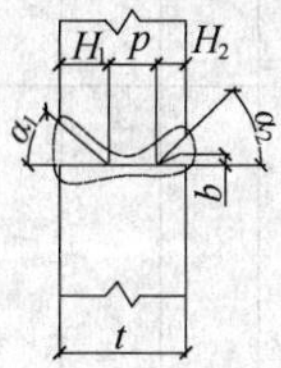	≥12	H		
	SC-TK-2	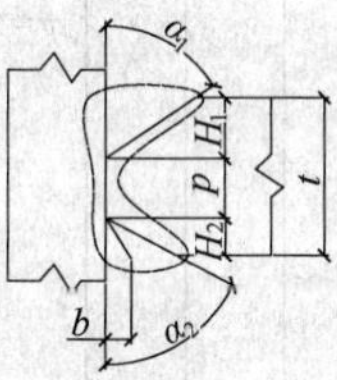	≥20	F	$b=0$ $H_1=\frac{2}{3}(t-p)$ $p=5$ $H_2=\frac{1}{3}(t-p)$ $\alpha_1=45°$ $\alpha_2=60°$	清根
	SC-CK-2	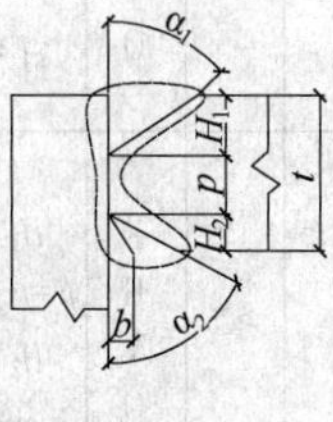	≥20	F	$b=0$ $H_1=\frac{2}{3}(t-p)$ $p=5$ $H_2=\frac{1}{3}(t-p)$ $\alpha_1=45°$ $\alpha_2=60°$	清根

表 A.0.5　焊条电弧焊部分焊透坡口形式和尺寸

序号	标记	坡口形状示意图	板厚(mm)	焊接位置	坡口尺寸(mm)	备注
1	MP-BI-1	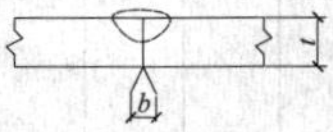	3～6	F H V O	$b=0$	
	MP-CI-1	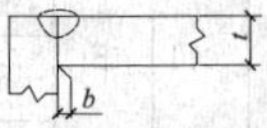				
2	MP-BI-2	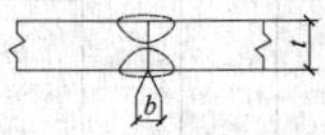	3～6	F H V O	$b=0$	
	MP-CI-2	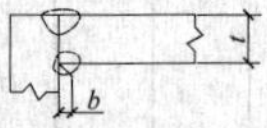	6～10	F H V O	$b=0$	
3	MP-BV-1	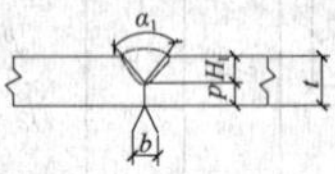	≥6	F H V O	$b=0$ $H_1\geqslant2\sqrt{t}$ $p=t-H_1$ $\alpha_1=60°$	
	MP-BV-2	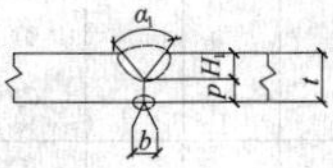				
	MP-CV-1	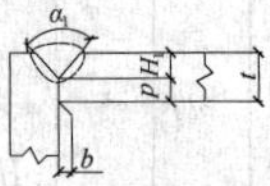				
	MP-CV-2	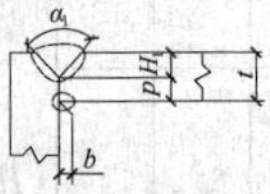				
4	MP-BL-1	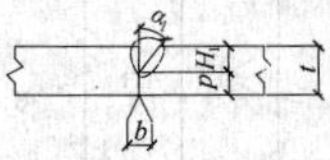	≥6	F H V O	$b=0$ $H_1\geqslant2\sqrt{t}$ $p=t-H_1$ $\alpha_1=45°$	
	MP-BL-2	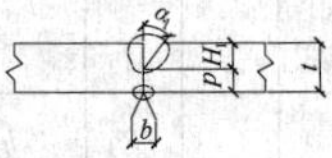				
	MP-CL-1	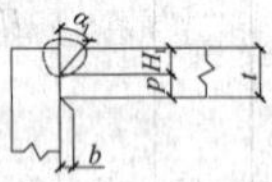				
	MP-CL-2	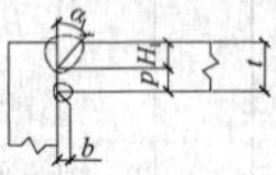				
5	MP-TL-1	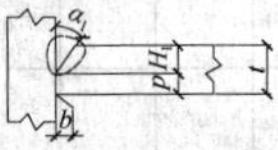	≥10	F H V O	$b=0$ $H_1\geqslant2\sqrt{t}$ $p=t-H_1$ $\alpha_1=45°$	
	MP-TL-2	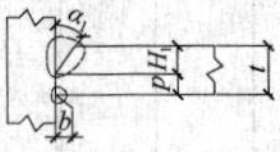				
6	MP-BX-2	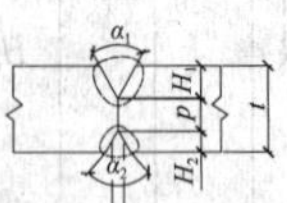	≥25	F H V O	$b=0$ $H_1\geqslant2\sqrt{t}$ $p=t-H_1-H_2$ $H_2\geqslant2\sqrt{t}$ $\alpha_1=60°$ $\alpha_2=60°$	

续表 A.0.5

序号	标记	坡口形状示意图	板厚(mm)	焊接位置	坡口尺寸(mm)	备注
7	MP-BK-2	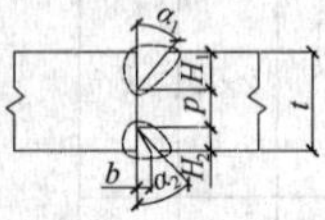	≥25	F H V O	$b=0$ $H_1\geqslant2\sqrt{t}$ $p=t-H_1-H_2$ $H_2\geqslant2\sqrt{t}$ $\alpha_1=45°$ $\alpha_2=45°$	
	MP-TK-2	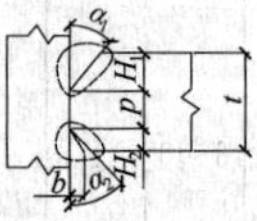				
	MP-CK-2	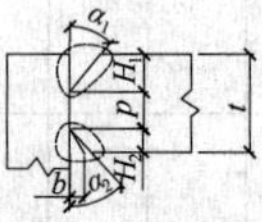				

表 A.0.6　气体保护焊、自保护焊部分焊透坡口形式和尺寸

序号	标记	坡口形状示意图	板厚(mm)	焊接位置	坡口尺寸(mm)	备注
1	GP-BI-1	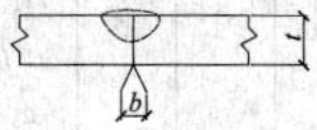	3～10	F H V O	$b=0$	
	GP-CI-1	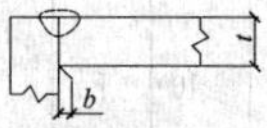				
2	GP-BI-2	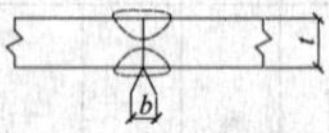	3～10	F H V O	$b=0$	
	GP-CI-2	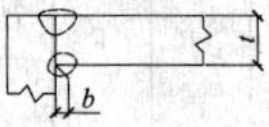	10～12			
3	GP-BV-1	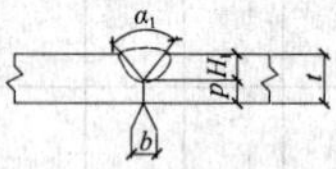	≥6	F H V O	$b=0$ $H_1\geqslant2\sqrt{t}$ $p=t-H_1$ $\alpha_1=60°$	
	GP-BV-2	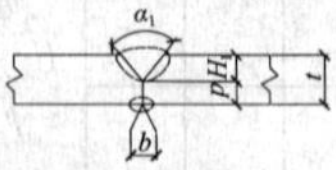				
	GP-CV-1	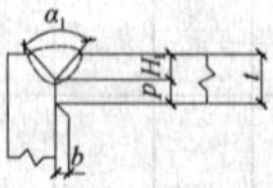				
	GP-CV-2	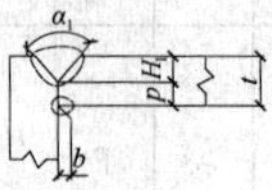				

续表 A.0.6

序号	标记	坡口形状示意图	板厚（mm）	焊接位置	坡口尺寸（mm）	备注
4	GP-BL-1	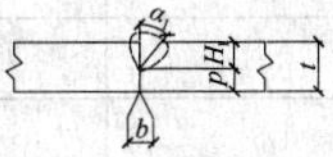	≥6	F H V O	$b=0$ $H_1 \geqslant 2\sqrt{t}$ $p=t-H_1$ $\alpha_1=45^\circ$	
	GP-BL-2	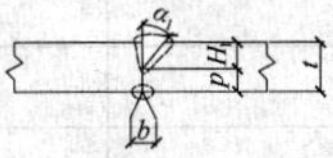				
	GP-CL-1	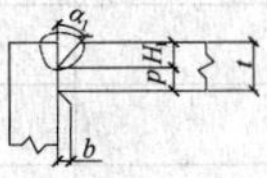	6～24			
	GP-CL-2	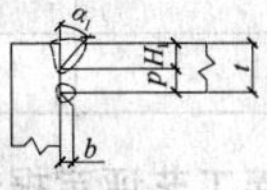				
5	GP-TL-1	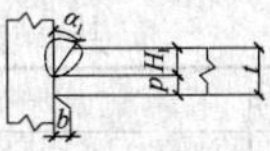	≥10	F H V O	$b=0$ $H_1 \geqslant 2\sqrt{t}$ $p=t-H_1$ $\alpha_1=45^\circ$	
	GP-TL-2	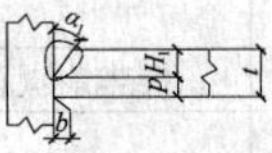				
6	GP-BX-2	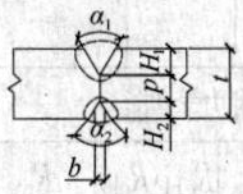	≥25	F H V O	$b=0$ $H_1 \geqslant 2\sqrt{t}$ $p=t-H_1-H_2$ $H_2 \geqslant 2\sqrt{t}$ $\alpha_1=60^\circ$ $\alpha_2=60^\circ$	
7	GP-BK-2	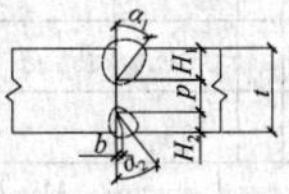	≥25	F H V O	$b=0$ $H_1 \geqslant 2\sqrt{t}$ $p=t-H_1-H_2$ $H_2 \geqslant 2\sqrt{t}$ $\alpha_1=45^\circ$ $\alpha_2=45^\circ$	
	GP-TK-2	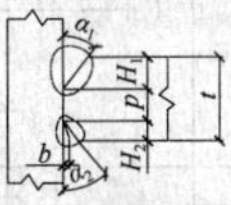				
	GP-CK-2	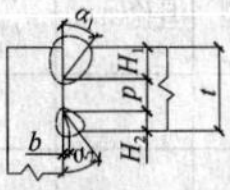				

表 A.0.7 埋弧焊部分焊透坡口形式和尺寸

序号	标记	坡口形状示意图	板厚（mm）	焊接位置	坡口尺寸（mm）	备注
1	SP-BI-1	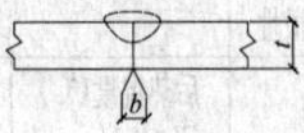	6～12	F	$b=0$	
	SP-CI-1	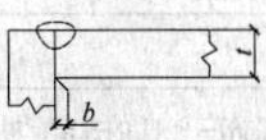				
2	SP-BI-2	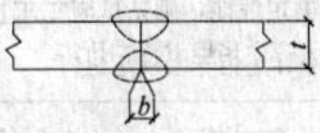	6～20	F	$b=0$	
	SP-CI-2	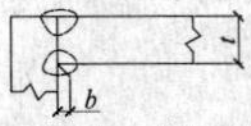				

续表 A.0.7

序号	标记	坡口形状示意图	板厚（mm）	焊接位置	坡口尺寸（mm）	备注
3	SP-BV-1	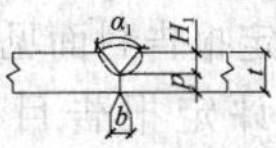	≥14	F	$b=0$ $H_1 \geqslant 2\sqrt{t}$ $p=t-H_1$ $\alpha_1=60^\circ$	
	SP-BV-2	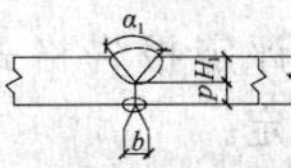				
	SP-CV-1	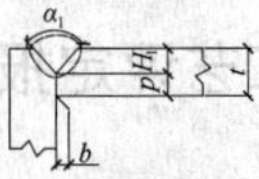				
	SP-CV-2	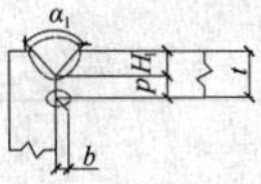				
4	SP-BL-1	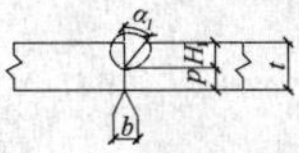	≥14	F H	$b=0$ $H_1 \geqslant 2\sqrt{t}$ $p=t-H_1$ $\alpha_1=60^\circ$	
	SP-BL-2	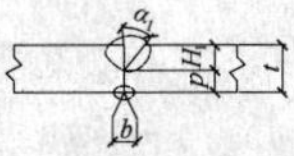				
	SP-CL-1	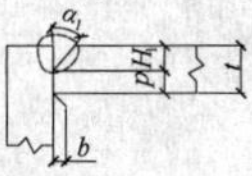				
	SP-CL-2	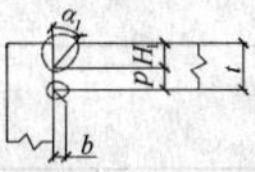				
5	SP-TL-1	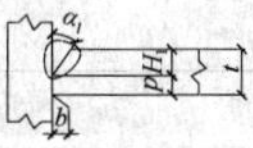	≥14	F H	$b=0$ $H_1 \geqslant 2\sqrt{t}$ $p=t-H_1$ $\alpha_1=60^\circ$	
	SP-TL-2	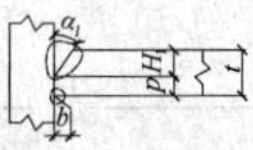				
6	SP-BX-2	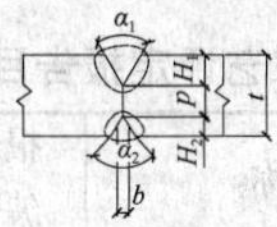	≥25	F	$b=0$ $H_1 \geqslant 2\sqrt{t}$ $p=t-H_1-H_2$ $H_2 \geqslant 2\sqrt{t}$ $\alpha_1=60^\circ$ $\alpha_2=60^\circ$	
7	SP-BK-2	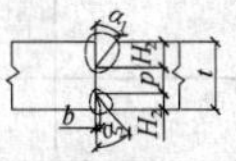	≥25	F H	$b=0$ $H_1 \geqslant 2\sqrt{t}$ $p=t-H_1-H_2$ $H_2 \geqslant 2\sqrt{t}$ $\alpha_1=60^\circ$ $\alpha_2=60^\circ$	
	SP-TK-2	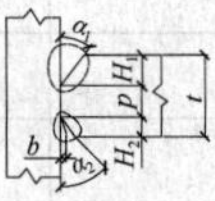				
	SP-CK-2	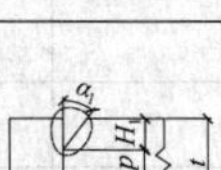				

附录B　钢结构焊接工艺评定报告格式

B.0.1　钢结构焊接工艺评定报告封面见图B.0.1。

B.0.2　钢结构焊接工艺评定报告目录应符合表B.0.2的规定。

B.0.3　钢结构焊接工艺评定报告格式应符合表B.0.3-1～表B.0.3-12的规定。

钢结构焊接工艺评定报告

报告编号：__________

编　　制：____________________

审　　核：____________________

批　　准：____________________

单　　位：____________________

日　　期：______年______月______日

图B.0.1　钢结构焊接工艺评定报告封面

表B.0.2　焊接工艺评定报告目录

序号	报　告　名　称	报告编号	页数
1			
2			
3			
4			
5			
6			
7			
8			
9			
10			

续表B.0.2

序号	报　告　名　称	报告编号	页数
11			
12			
13			
14			
15			
16			
17			
18			
19			
20			

表B.0.3-1　焊接工艺评定报告

共　页　第　页

<table>
<tr><td colspan="2">工程(产品)名称</td><td colspan="5"></td><td colspan="3">评定报告编号</td><td colspan="7"></td></tr>
<tr><td colspan="2">委托单位</td><td colspan="5"></td><td colspan="3">工艺指导书编号</td><td colspan="7"></td></tr>
<tr><td colspan="2">项目负责人</td><td colspan="5"></td><td colspan="3">依据标准</td><td colspan="7">《钢结构焊接规范》GB 50661－2011</td></tr>
<tr><td colspan="2">试样焊接单位</td><td colspan="5"></td><td colspan="3">施焊日期</td><td colspan="7"></td></tr>
<tr><td>焊工</td><td colspan="2"></td><td colspan="3">资格代号</td><td></td><td colspan="3">级别</td><td colspan="7"></td></tr>
<tr><td colspan="2">母材钢号</td><td></td><td colspan="3">板厚或管径×壁厚</td><td></td><td colspan="3">轧制或热处理状态</td><td colspan="2"></td><td colspan="3">生产厂</td><td colspan="2"></td></tr>
<tr><td colspan="17">化学成分(%)和力学性能</td></tr>
<tr><td></td><td>C</td><td>Mn</td><td>Si</td><td>S</td><td>P</td><td>Cr</td><td>Mo</td><td>V</td><td>Cu</td><td>Ni</td><td>B</td><td>$R_{eH}(R_{el})$ (N/mm²)</td><td>R_m (N/mm²)</td><td>A (%)</td><td>Z (%)</td><td>A_{kv} (J)</td></tr>
<tr><td>标准</td><td></td><td></td><td></td><td></td><td></td><td></td><td></td><td></td><td></td><td></td><td></td><td></td><td></td><td></td><td></td><td></td></tr>
<tr><td>合格证</td><td></td><td></td><td></td><td></td><td></td><td></td><td></td><td></td><td></td><td></td><td></td><td></td><td></td><td></td><td></td><td></td></tr>
<tr><td>复验</td><td></td><td></td><td></td><td></td><td></td><td></td><td></td><td></td><td></td><td></td><td></td><td></td><td></td><td></td><td></td><td></td></tr>
<tr><td colspan="2">$C_{eq,IIW}$ (%)</td><td colspan="6">$C+\frac{Mn}{6}+\frac{Cr+Mo+V}{5}+\frac{Cu+Ni}{15}=$</td><td colspan="3">$P_{cm}$ (%)</td><td colspan="6">$C+\frac{Si}{30}+\frac{Mn+Cu+Cr}{20}+\frac{Ni}{60}+\frac{Mo}{15}+\frac{V}{10}+5B=$</td></tr>
<tr><td colspan="2">焊接材料</td><td colspan="3">生产厂</td><td colspan="3">牌号</td><td colspan="2">类型</td><td colspan="2">直径(mm)</td><td colspan="3">烘干制度(℃×h)</td><td colspan="2">备注</td></tr>
<tr><td colspan="2">焊条</td><td colspan="3"></td><td colspan="3"></td><td colspan="2"></td><td colspan="2"></td><td colspan="3"></td><td colspan="2"></td></tr>
<tr><td colspan="2">焊丝</td><td colspan="3"></td><td colspan="3"></td><td colspan="2"></td><td colspan="2"></td><td colspan="3"></td><td colspan="2"></td></tr>
<tr><td colspan="2">焊剂或气体</td><td colspan="3"></td><td colspan="3"></td><td colspan="2"></td><td colspan="2"></td><td colspan="3"></td><td colspan="2"></td></tr>
<tr><td colspan="2">焊接方法</td><td colspan="3"></td><td colspan="3">焊接位置</td><td colspan="2"></td><td colspan="2">接头形式</td><td colspan="5"></td></tr>
<tr><td colspan="2">焊接工艺参数</td><td colspan="6">见焊接工艺评定指导书</td><td colspan="2">清根工艺</td><td colspan="7"></td></tr>
<tr><td colspan="2">焊接设备型号</td><td colspan="6"></td><td colspan="2">电源及极性</td><td colspan="7"></td></tr>
<tr><td colspan="2">预热温度(℃)</td><td colspan="2"></td><td colspan="4">道间温度(℃)</td><td colspan="2"></td><td colspan="3">后热温度(℃)及时间(min)</td><td colspan="4"></td></tr>
<tr><td colspan="2">焊后热处理</td><td colspan="15"></td></tr>
<tr><td colspan="17">评定结论：本评定按《钢结构焊接规范》GB 50661－2011的规定，根据工程情况编制工艺评定指导书、焊接试件、制取并检验试样、测定性能，确认试验记录正确，评定结果为：______。焊接条件及工艺参数适用范围按本评定指导书规定执行</td></tr>
<tr><td colspan="3">评　定</td><td colspan="3"></td><td colspan="3">年　月　日</td><td colspan="8" rowspan="3">评定单位：　　　(签章)
年　月　日</td></tr>
<tr><td colspan="3">审　核</td><td colspan="3"></td><td colspan="3">年　月　日</td></tr>
<tr><td colspan="3">技术负责</td><td colspan="3"></td><td colspan="3">年　月　日</td></tr>
</table>

表 B.0.3-2 焊接工艺评定指导书

共　页　第　页

工程名称			指导书编号			
母材钢号		板厚或管径×壁厚		轧制或热处理状态		生产厂
焊接材料	生产厂	牌　号	型号	类　型	烘干制度(℃×h)	备注
焊　条						
焊　丝						
焊剂或气体						
焊接方法			焊接位置			
焊接设备型号			电源及极性			
预热温度(℃)		道间温度		后热温度(℃)及时间(min)		
焊后热处理						

接头及坡口尺寸图		焊接顺序图	

焊接工艺参数	道次	焊接方法	焊条或焊丝 牌号	焊条或焊丝 φ(mm)	焊剂或保护气	保护气体流量(L/min)	电流(A)	电压(V)	焊接速度(cm/min)	热输入(kJ/cm)	备注

技术措施			
焊前清理		道间清理	
背面清根			
其他：			

编制		日期	年　月　日	审核		日期	年　月　日

表 B.0.3-3 焊接工艺评定记录表

共　页　第　页

工程名称			指导书编号			
焊接方法		焊接位置		设备型号		电源及极性
母材钢号		类别		生产厂		
母材板厚或管径×壁厚				轧制或热处理状态		

接头尺寸及施焊道次顺序	焊接材料					
	焊条	牌号		型号		类型
		生产厂		批号		
		烘干温度(℃)		时间(min)		
	焊丝	牌号		型号		规格(mm)
		生产厂		批　号		
	焊剂或气体	牌号		规格(mm)		
		生产厂				
		烘干温度(℃)		时间(min)		

施焊工艺参数记录

道次	焊接方法	焊条(焊丝)直径(mm)	保护气体流量(L/min)	电流(A)	电压(V)	焊接速度(cm/min)	热输入(kJ/cm)	备注

施焊环境	室内/室外	环境温度(℃)		相对湿度	%		
预热温度(℃)		道间温度(℃)		后热温度(℃)		时间(min)	
后热处理							

技术措施			
焊前清理		道间清理	
背面清根			
其　他			

焊工姓名		资格代号		级别		施焊日期	年　月　日
记录		日期	年　月　日	审核		日期	年　月　日

表 B.0.3-4 焊接工艺评定检验结果

共 页 第 页

非破坏检验				
试验项目	合格标准	评定结果	报告编号	备注
外 观				
X 光				
超声波				
磁 粉				

拉伸试验	报告编号				弯曲试验	报告编号			
试样编号	R_{eH} (R_{eL}) (MPa)	R_m (MPa)	断口位置	评定结果	试样编号	试验类型	弯心直径 D(mm)	弯曲角度	评定结果

冲击试验	报告编号		
试样编号	缺口位置	试验温度(℃)	冲击功 A_{kv}(J)
评定结果:			

宏观金相	报告编号
评定结果:	
硬度试验	报告编号
评定结果:	

其他检验:

检验		日期	年 月 日	审核		日期	年 月 日

表 B.0.3-5 栓钉焊焊接工艺评定报告

共 页 第 页

工程(产品)名称		评定报告编号				
委托单位		工艺指导书编号				
项目负责人		依据标准				
试样焊接单位		施焊日期				
焊 工		资格代号		级 别		
施焊材料	牌号	型号或材质	规 格	热处理或表面状态	烘干制度(℃×h)	备注
焊接材料						
母 材						
穿透焊板材						
焊 钉						
瓷 环						
焊接方法		焊接位置		接头形式		
焊接工艺参数	见焊接工艺评定指导书					
焊接设备型号		电源及极性				

备 注:

评定结论:

本评定按《钢结构焊接规范》GB 50661-2011的规定，根据工程情况编制工艺评定指导书、焊接试件、制取并检验试样、测定性能，确认试验记录正确，评定结果为:________。

焊接条件及工艺参数适用范围应按本评定指导书规定执行

评 定		年 月 日	检测评定单位: (签章) 年 月 日
审 核		年 月 日	
技术负责		年 月 日	

表 B.0.3-6 栓钉焊焊接工艺评定指导书

共 页 第 页

工程名称		指导书编号					
焊接方法		焊接位置					
设备型号		电源及极性					
母材钢号		类别		厚度(mm)		生产厂	

接头及试件形式	施焊材料						
	焊接材料	牌号		型号		规格(mm)	
		生产厂				批号	
	穿透焊钢材	牌号			规格(mm)		
		生产厂			表面镀层		
	焊钉	牌号			规格(mm)		
		生产厂					
	瓷环	牌号			规格(mm)		
		生产厂					
		烘干温度(℃)及时间(min)					

焊接工艺参数	序号	电流(A)	电压(V)	时间(s)	保护气体流量(L/min)	伸出长度(mm)	提升高度(mm)	备注
	1							
	2							
	3							
	4							
	5							
	6							
	7							
	8							
	9							
	10							

技术措施	
	焊前母材清理
	其他:

编制		日期	年 月 日	审核		日期	年 月 日

表 B.0.3-7 栓钉焊焊接工艺评定记录表

共 页 第 页

工程名称		指导书编号					
焊接方法		焊接位置					
设备型号		电源及极性					
母材钢号		类别		厚度(mm)		生产厂	

接头及试件形式	施焊材料						
	焊接材料	牌号		型号		规格(mm)	
		生产厂				批号	
	穿透焊钢材	牌号			规格(mm)		
		生产厂			表面镀层		
	焊钉	牌号			规格(mm)		
		生产厂					
	瓷环	牌号			规格(mm)		
		生产厂					
		烘干温度(℃)及时间(min)					

施焊工艺参数记录

序号	电流(A)	电压(V)	时间(s)	保护气体流量(L/min)	伸出长度(mm)	提升高度(mm)	环境温度(℃)	相对湿度(%)	备注
1									
2									
3									
4									
5									
6									
7									
8									
9									

技术措施	
	焊前母材清理
	其他:

焊工姓名		资格代号		级别		施焊日期	年 月 日
编制		日期	年 月 日	审核		日期	年 月 日

表 B.0.3-8　栓钉焊焊接工艺评定试样检验结果

共　页　第　页

焊缝外观检查						
检验项目	实测值 (mm)				规定值 (mm)	检验结果
	0°	90°	180°	270°		
焊缝高					>1	
焊缝宽					>0.5	
咬边深度					<0.5	
气孔					无	
夹渣					无	

拉伸试验	报告编号			
试样编号	抗拉强度 R_m (MPa)	断口位置	断裂特征	检验结果

弯曲试验	报告编号			
试样编号	试验类型	弯曲角度	检验结果	备注
	锤击	30°		
	锤击	30°		
	锤击	30°		
	锤击	30°		
	锤击	30°		

其他检验：

检验		日期	年　月　日	审核		日期	年　月　日

表 B.0.3-9　免予评定的焊接工艺报告

共　页　第　页

工程(产品)名称		报告编号	
施工单位		工艺编号	
项目负责人		依据标准	《钢结构焊接规范》GB 50661-2011

母材钢号		板厚或管径×壁厚		轧制或热处理状态		生产厂	

化学成分(%)和力学性能																
	C	Mn	Si	S	P	Cr	Mo	V	Cu	Ni	B	R_{eH} (R_{eL}) (N/mm²)	R_m (N/mm²)	A (%)	Z (%)	A_{kv} (J)
标准																
合格证																
复验																

$C_{eq,IIW}$ (%)	$C+\frac{Mn}{6}+\frac{Cr+Mo+V}{5}+\frac{Cu+Ni}{15}=$	P_{cm} (%)	$C+\frac{Si}{30}+\frac{Mn+Cu+Cr}{20}+\frac{Ni}{60}+\frac{Mo}{15}+\frac{V}{10}+5B=$

焊接材料	生产厂	牌号	类型	直径(mm)	烘干制度 (℃×h)	备注
焊条						
焊丝						
焊剂或气体						

焊接方法		焊接位置		接头形式	
焊接工艺参数	见免予评定的焊接工艺	清根工艺			
焊接设备型号		电源及极性			
预热温度(℃)		道间温度(℃)		后热温度(℃)及时间(min)	
焊后热处理					

本报告按《钢结构焊接规范》GB 50661-2011 第 6.6 节关于免予评定的焊接工艺的规定，根据工程情况编制免予评定的焊接工艺报告。焊接条件及工艺参数适用范围按本报告规定执行

编　制		年　月　日	编制单位：　　（签章）
审　核		年　月　日	
技术负责		年　月　日	年　月　日

表 B.0.3-10　免于评定的焊接工艺

共　页　第　页

工程名称			工艺编号			
母材钢号		板厚或管径×壁厚		轧制或热处理状态	生产厂	
焊接材料	生产厂	牌　号	型号	类　型	烘干制度(℃×h)	备注
焊　条						
焊　丝						
焊剂或气体						
焊接方法			焊接位置			
焊接设备型号			电源及极性			
预热温度(℃)		道间温度		后热温度(℃)及时间(min)		
焊后热处理						
接头及坡口尺寸图			焊接顺序图			

焊接工艺参数	道次	焊接方法	焊条或焊丝 牌号	焊条或焊丝 φ(mm)	焊剂或保护气	保护气体流量(L/min)	电流(A)	电压(V)	焊接速度(cm/min)	热输入(kJ/cm)	备注

技术措施			
焊前清理		道间清理	
背面清根			
其他：			

编制		日期	年　月　日	审核		日期	年　月　日

表 B.0.3-11　免于评定的栓钉焊焊接工艺报告

共　页　第　页

工程(产品)名称			报告编号			
施工单位			工艺编号			
项目负责人			依据标准			
施焊材料	牌号	型号或材质	规格	热处理或表面状态	烘干制度(℃×h)	备注
焊接材料						
母　材						
穿透焊板材						
焊　钉						
瓷　环						
焊接方法		焊接位置		接头形式		
焊接工艺参数	见免于评定的栓钉焊焊接工艺(编号：______)					
焊接设备型号		电源及极性				
备　注：						

本报告按《钢结构焊接规范》GB 50661－2011 第 6.6 节关于免予评定的焊接工艺的规定，根据工程情况编制免予评定的栓钉焊焊接工艺。焊接条件及工艺参数适用范围按本报告规定执行

编　制		年　月　日	编制单位：　　(签章)
审　核		年　月　日	
技术负责		年　月　日	年　月　日

表 B.0.3-12 免于评定的栓钉焊焊接工艺

共 页 第 页

工程名称			工艺编号				
焊接方法			焊接位置				
设备型号			电源及极性				
母材钢号		类别	厚度(mm)		生产厂		
接头及试件形式		施焊材料					
		焊接材料	牌号		型号	规格(mm)	
		焊接材料	生产厂			批号	
		穿透焊钢材	牌号		规格(mm)		
		穿透焊钢材	生产厂		表面镀层		
		焊钉	牌号		规格(mm)		
		焊钉	生产厂				
		瓷环	牌号		规格(mm)		
		瓷环	生产厂				
		瓷环	烘干温度(℃)及时间(min)				
焊接工艺参数	序号	电流(A)	电压(V)	时间(s)	伸出长度(mm)	提升高度(mm)	备注
技术措施	焊前母材清理						
技术措施	其他:						
编制		日期	年 月 日	审核		日期	年 月 日

附录C 箱形柱（梁）内隔板电渣焊缝焊透宽度的测量

C.0.1 应采用超声波垂直探伤法以使用的最大声程作为探测范围调整时间轴，在被探工件无缺陷的部位将钢板的第一次底面反射回波调至满幅的 80%高度作为探测灵敏度基准，垂直于焊缝方向从焊缝的终端开始以 100mm 间隔进行扫查，并应对两端各 50mm $+t_1$ 范围进行全面扫查（图 C.0.1）。

C.0.2 焊接前必须在面板外侧标记上焊接预定线，探伤时应以该预定线为基准线。

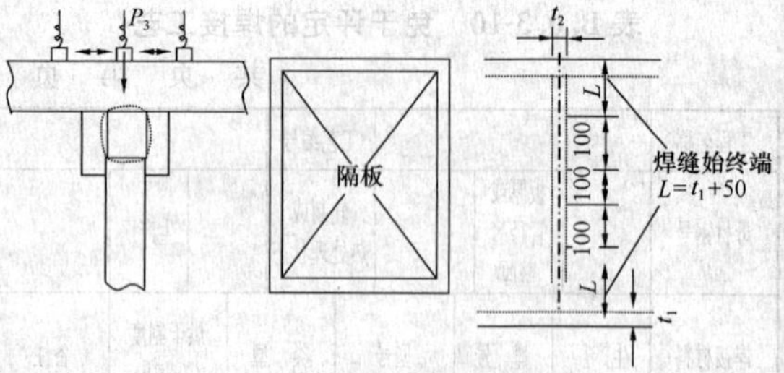

P_3
隔板
t_2
L
100
100
100
L
焊缝始终端
$L=t_1+50$
t_1

图 C.0.1 扫查方法示意

C.0.3 应把探头从焊缝一侧移动至另一侧，底波高度达到 40%时的探头中心位置作为焊透宽度的边界点，两侧边界点间距即为焊透宽度。

C.0.4 缺陷指示长度的测定应符合下列规定：

1 焊透指示宽度不足时，应按本规范第 C.0.3 条规定扫查求出的焊透指示宽度小于隔板尺寸的沿焊缝长度方向的范围作为缺陷指示长度；

2 焊透宽度的边界点错移时，应将焊透宽度边界点向焊接预定线内侧沿焊缝长度方向错位超过 3mm 的范围作为缺陷指示长度；

3 缺陷在焊缝长度方向的位置应以缺陷的起点表示。

本规范用词说明

1 为便于在执行本规范条文时区别对待，对要求严格程度不同的用词说明如下：

1）表示很严格，非这样做不可的用词：
正面词采用“必须”，反面词采用“严禁”；

2）表示严格，在正常情况均应这样做的用词：
正面词采用“应”，反面词采用“不应”或“不得”；

3）表示允许稍有选择，在条件许可时首先应这样做的用词：
正面词采用“宜”，反面词采用“不宜”；

4）表示有选择，在一定条件下可以这样做的，采用“可”。

2 条文中指明应按其他有关标准执行的写法为：“应符合……的规定”或“应按……执行”。

引用标准名录

1 《建筑抗震设计规范》GB 50011

2 《工业建筑防腐蚀设计规范》GB 50046

3 《建筑结构制图标准》GB/T 50105

4 《建筑结构加固工程施工质量验收规范》GB 50550

5 《钢的低倍组织及缺陷酸蚀检验法》GB 226

6 《焊缝符号表示法》GB/T 324

7 《焊接接头冲击试验方法》GB/T 2650

8 《焊接接头拉伸试验方法》GB/T 2651

9 《焊接接头弯曲试验方法》GB/T 2653

10 《焊接接头硬度试验方法》GB/T 2654

11 《金属熔化焊焊接接头射线照相》GB/T 3323

12 《氩》GB/T 4842

13 《碳钢焊条》GB/T 5117

14 《低合金钢焊条》GB/T 5118

15 《埋弧焊用碳钢焊丝和焊剂》GB/T 5293

16 《厚度方向性能钢板》GB/T 5313

17 《气体保护电弧焊用碳钢、低合金钢焊丝》GB/T 8110

18 《无损检测人员资格鉴定与认证》GB/T 9445

19 《焊接与切割安全》GB 9448

20 《碳钢药芯焊丝》GB/T 10045

21 《电弧螺柱焊用圆柱头焊钉》GB/T 10433

22 《钢焊缝手工超声波探伤方法和探伤结果分级》GB 11345

23 《埋弧焊用低合金钢焊丝和焊剂》GB/T 12470

24 《熔化焊用钢丝》GB/T 14957

25 《低合金钢药芯焊丝》GB/T 17493

26 《钢结构超声波探伤及质量分级法》JG/T 203

27 《碳钢、低合金钢焊接构件焊后热处理方法》JB/T 6046

28 《无损检测　焊缝磁粉检测》JB/T 6061

29 《无损检测　焊缝渗透检测》JB/T 6062

30 《热切割　气割质量和尺寸偏差》JB/T 10045.3

31 《焊接构件振动时效工艺参数选择及技术要求》JB/T 10375

32 《焊接用二氧化碳》HG/T 2537

中华人民共和国国家标准

钢结构焊接规范

GB 50661—2011

条 文 说 明

制 定 说 明

《钢结构焊接规范》GB 50661－2011，经住房和城乡建设部 2011 年 12 月 5 日以第 1212 号公告批准、发布。

本规范制订过程中，编制组进行了大量的调查研究，总结了我国钢结构焊接施工领域的实践经验，同时参考了国外先进技术法规、技术标准，通过大量试验与实际应用验证，取得了钢结构焊接施工及质量验收等方面的重要技术参数。

为便于广大设计、施工、科研、学校等单位有关人员在使用本规范时能正确理解和执行条文规定，《钢结构焊接规范》编制组按章、节、条顺序编制了本规范的条文说明，对条文规定的目的、依据以及执行中需注意的有关事项进行了说明（还着重对强制性条文的强制理由作了解释）。但是，本条文说明不具备与标准正文同等的法律效力，仅供使用者作为理解和把握规范规定的参考。

目　次

1 总 则

1.0.1 本规范对钢结构焊接给出的具体规定，是为了保证钢结构工程的焊接质量和施工安全，为焊接工艺提供技术指导，使钢结构焊接质量满足设计文件和相关标准的要求。钢结构焊接，应贯彻节材、节能、环保等技术经济政策。本规范的编制主要根据我国钢结构焊接技术发展现状，充分考虑现行的各行业相关标准，同时借鉴欧、美、日等先进国家的标准规定，适当采用我国钢结构焊接的最新科研成果、施工实践编制而成。

1.0.2 在荷载条件、钢材厚度以及焊接方法等方面规定了本规范的适用范围。

对于一般桁架或网架（壳）结构、多层和高层梁一柱框架结构的工业与民用建筑钢结构、公路桥梁钢结构、电站电力塔架、非压力容器罐体以及各种设备钢构架、工业炉窑罐壳体、照明塔架、通廊、工业管道支架、人行过街天桥或城市钢结构跨线桥等钢结构的焊接可参照本规范规定执行。

对于特殊技术要求领域的钢结构，根据设计要求和专门标准的规定补充特殊规定后，仍可参照本规范执行。

本条所列的焊接方法包括了目前我国钢结构制作、安装中广泛采用的焊接方法。

1.0.3 焊接过程是钢材的热加工过程，焊接过程中产生的火花、热量、飞溅物等往往是建筑工地火灾事故的起因，如果安全措施不当，会对焊工的身体造成伤害。因此，焊接施工必须遵守国家现行安全技术和劳动保护的有关规定。

1.0.4 本规范是有关钢结构制作和安装工程对焊接技术要求的专业性规范，是对钢结构相关规范的补充和深化。因此，在钢结构工程焊接施工中，除应按本规范的规定执行外，还应符合国家现行有关强制性标准的规定。

2 术语和符号

2.1 术 语

国家标准《焊接术语》GB/T 3375 中所确立的相应术语适用于本规范，此外，本规范规定了 8 个特定术语，这些术语是从钢结构焊接的角度赋予其涵义的。

2.2 符 号

本规范给出了 29 个符号，并对每一个符号给出了相应的定义，本规范各章节中均有引用，其中材料力学性能符号，与现行国家标准《金属材料 拉伸试验 第1部分：室温试验方法》GB/T 228.1 相一致，强度符号用英文字母 R、伸长率用英文字母 A、断面收缩率用英文字母 Z 表示。鉴于目前有些相关的产品标准未进行修订，为避免力学性能符号的引用混乱，建议在试验报告中，力学性能名称及其新符号之后，用括号标出旧符号，例如：上屈服强度 R_{eH}（σ_{sU}），下屈服强度 R_{eL}（σ_{sL}），抗拉强度 R_m（σ_b），规定非比例延伸强度 $R_{p0.2}$（$\sigma_{p0.2}$），伸长率 A（δ_5），断面收缩率 $Z(\Psi)$ 等。

3 基 本 规 定

3.0.1 本规范适用的钢材类别、结构类型比较广泛，基本上涵盖了目前钢结构焊接施工的实际需要。为了提高钢结构工程焊接质量，保证结构使用安全，根据影响施工焊接的各种基本因素，将钢结构工程焊接按难易程度区分为易、一般、较难和难四个等级。针对不同情况，施工企业在承担钢结构工程时应具备与焊接难度相适应的技术条件，如施工企业的资质、焊接施工装备能力、施工技术和人员水平能力、焊接工艺技术措施、检验与试验手段、质保体系和技术文件等。

表 3.0.1 中钢材碳当量采用国际焊接学会推荐的公式，研究表明，该公式主要适用于含碳量较高的钢（含碳量≥0.18%），20 世纪 60 年代以后，世界各国为改进钢的性能和焊接性，大力发展了低碳微合金元素的低合金高强钢，对于这类钢，该公式已不适用，为此提出了适用于含碳量较低（0.07%～0.22%）钢的碳当量公式 P_{cm}。

$$P_{cm}(\%)=C+\frac{Si}{30}+\frac{Mn+Cu+Cr}{20}+\frac{Ni}{60}+\frac{Mo}{15}+\frac{V}{10}+5B \qquad (1)$$

但目前国内大部分现行钢材标准主要还是以国际焊接学会 IIW 的碳当量 CEV 作为评价其焊接性优劣的指标，为了与钢材标准规定相一致，本规范仍然沿用国际焊接学会 IIW 的碳当量 CEV 公式，对于含碳量小于 0.18%的情况，可通过试验或采用 P_{cm} 评价钢材焊接性。

板厚的区分，是按照目前国内钢结构的中厚板使用情况，将 $t\leqslant30$mm 定为易焊的结构，将 $t=30$mm～60mm 定为焊接难度一般的结构，将 $t=60$mm～100mm 定为较难焊接的结构，$t>100$mm 定为难焊的结构。

受力状态的区分参照了有关设计规程。

3.0.2、3.0.3 鉴于目前国内钢结构工程承包的实际情况，结合近二十年来的实际施工经验和教训，要求承担钢结构工程制作安装的企业必须具有相应的资质等级、设备条件、焊接技术质量保证体系，并配备具有金属材料、焊接结构、焊接工艺及设备等方面专业知识的焊接技术责任人员，强调对施工企业焊接相关从业人员的资质要求，明确其职责，是非常必要的。

随着大中城市现代化的进程，在钢结构的设计中越来越多的采用一些超高、超大新型钢结构。这些结构中焊接节点设计复杂，接头拘束度较大，一旦发生质量问题，尤其是裂纹，往往对工程的安全、工期和投资造成很大损失。目前，重大工程中经常采用一些进口钢材或新型国产钢材，这样就要求施工单位必须全面了解其冶炼、铸造、轧制上的特点，掌握钢材的焊接性，才能制订出正确的焊接工艺，确保焊接施工质量。此两条规定了对于特殊结构或采用高强度钢材、特厚材料及焊接新工艺的钢结构工程，其制作、安装单位应具备相应的焊接工艺试验室和基本的焊接试验开发技术人员，是非常必要的。

3.0.4 本规范对焊接相关人员的资格作出了明确规定，借以加强对各类人员的管理。

焊接相关人员，包括焊工、焊接技术人员、焊接检验人员、无损检测人员、焊接热处理人员，是焊接实施的直接或间接参与者，是焊接质量控制环节中的重要组成部分，焊接从业人员的专业素质是关系到焊接质量的关键因素。2008年北京奥运会场馆钢结构工程的成功建设和四川彩虹大桥的倒塌，从正反两个方面都说明了加强焊接从业人员管理的重要性。近年来，随着我国钢结构的突飞猛进，焊接从业人员的数量急剧增加，但由于国内没有相应的准入机制和标准，缺乏对相关人员的有效考核和管理致使一些钢结构企业的焊接从业人员管理水平不高，尤其是在焊工资格管理方面部分企业甚至处于混乱状态，在钢结构工程的生产制作、施工安装过程中埋下隐患，对整个工程的质量安全造成不良影响。因此本标准借鉴欧、美、日等发达国家的先进经验，对焊接从业人员的考核要求从焊工、无损检测人员扩充到了其他相关人员。我国现行可供执行的焊接从业人员技术资格考试规程包括锅炉压力容器相关规程中的人员资格考试标准，对从事该行业的焊工、检验员、无损检测人员等进行必需的考试认可，其焊工的考试资格可以作为钢结构焊工的基本考试要求予以认可。另外，现行行业标准《冶金工程建设焊工考试规程》YB/T 9259则是针对钢结构焊接施工的特点，制定了焊工技术资格考试的基本资格考试、定位焊资格考试和建筑钢结构焊工手法操作技能附加考试规程，可以满足钢结构焊工技术资格考试的要求。

3.0.5 本条对焊接相关人员的职责作出了规定，其中焊接检验人员负责对焊接作业进行全过程的检查和控制，出具检查报告。所谓检查报告，是根据若干检测报告的结果，通过对材料、人员、工艺、过程或质量的核查进行综合判断，确定其相对于特定要求的符合性，或在专业判断的基础上，确定相对于通用要求的符合性所出具的书面报告，如焊接工艺评定报告、焊接材料复验报告等。与检查报告不同，检测报告是对某一产品的一种或多种特性进行测试并提供检测结果，如材料力学性能检测报告、无损检测报告等。

出具检测报告、检查报告的检测机构或检查机构均应具有相应检测、检查资质，其中，检测机构应通过国家认证认可监督管理委员会的CMA计量认证（具备国家有关法律、行政法规规定的基本条件和能力，可以向社会出具具有证明作用的数据和结果）或中国合格评定国家认可委员会的试验室认可（符合CNAS-CL01《检测和校准试验室能力能力认可准则》idt ISO/IEC 17025的要求）。

3.0.6 焊接过程是钢材的热加工过程，焊接过程中产生的火花、热量、飞溅物、噪声以及烟尘等都是影响焊接相关人员身心健康和安全的不可忽视的因素，从事焊接生产的相关人员必须遵守国家现行安全健康相关标准的规定，其焊接施工环境中的场地、设备及辅助机具的使用和存放，也必须遵守国家现行相关标准的规定。

4 材 料

4.0.1 合格的钢材及焊接材料是获得良好焊接质量的基本前提，其化学成分和力学性能是影响焊接性的重要指标，因此钢材及焊接材料的质量要求必须符合国家现行相关标准的规定。

本条为强制性条文，必须严格执行。

4.0.2 钢材的化学成分决定了钢材的碳当量数值，化学成分是影响钢材的焊接性和焊接接头安全性的重要因素之一。在工程前期准备阶段，钢结构焊接施工企业就应确切的了解所用钢材的化学成分和力学性能，以作为焊接性试验、焊接工艺评定以及钢结构制作和安装的焊接工艺及措施制订的依据。并应按国家现行有关工程质量验收规范要求对钢材的化学成分和力学性能进行必要的复验。

不论对于国产钢材或国外钢材，除满足本规范免予评定规定的材料外，其焊接施工前，必须按本规范第6章的要求进行焊接工艺评定试验，合格后制订出相应的焊接工艺文件或焊接作业指导书。钢材的碳当量，是作为制订焊接工艺评定方案时所考虑的重要因素，但非唯一因素。

4.0.3 焊接材料的选配原则，根据设计要求，除保证焊接接头强度、塑性不低于钢材标准规定的下限值以外，还应保证焊接接头的冲击韧性不低于母材标准规定的冲击韧性下限值。

4.0.4 新材料是指未列入国家或行业标准的材料，或已列入国家或行业标准，但对钢厂或焊接材料生产厂为首次试制或生产。鉴于目前国内新材料技术开发工作发展迅速，其产品的性能和质量良莠不齐，新材料的使用必须有严格的规定。

4.0.5 钢材可按化学成分、强度、供货状态、碳当量等进行分类。按钢材的化学成分分类，可分为低碳钢、低合金钢和不锈钢等；按钢材的标称屈服强度分类，可分为 235MPa、295MPa、345MPa、370MPa、390MPa、420MPa、460MPa 等级别；按钢材的供货状态分类，可分为热轧钢、正火钢、控轧钢、控轧控冷（TMCP）钢、TMCP＋回火处理钢、淬火＋回火钢、淬火＋自回火钢等。

本规范中，常用国内钢材分类是按钢材的标称屈服强度级别划分的。常用国外钢材大致对应于国内钢材分类见表 1 所示，由于国内外钢材屈服强度标称值与实际值的差别不尽相同，国外钢材难以完全按国内钢材进行分类，所以只能兼顾参照国内钢材的标称和实际屈服强度来大体区分。

表 1　常用国外钢材的分类

类别号	屈服强度（MPa）	国外钢材牌号举例	国外钢材标准
Ⅰ	195～245	SM400（A、B）t≤200mm； SM400C t≤100mm	JIS G 3106－2004
	215～355	SN400（A、B）6mm＜t≤100mm； SN400C 16mm＜t≤100mm	JIS G 3136－2005
	145～185	S185 t≤250mm	EN 10025－2：2004
	175～235 175～235 165～235	S235JR t≤250mm S235J0 t≤250mm S235J2 t≤400mm	EN 10025－2：2004
	195～235	S235 J0W t≤150mm S275 J2W t≤150mm	EN 10025－5：2004
	≥260	S260NC t≤20mm	EN 10149－3：1996
	≥250	ASTM A36/A36M	ASTM A36/A36M－05
	225～295	E295 t≤250mm	EN 10025－2：2004
	205～275 205～275 195～275	S275 JR t≤250mm S275 J0 t≤250mm S275 J2 t≤400mm	EN 10025－2：2004
	205～275	S275 N t≤250mm S275 NL t≤250mm	EN 10025－3：2004
	240～275	S275 M t≤150mm S275 ML t≤150mm	EN 10025－4：2004
Ⅱ	≥290	ASTM A572/A572M Gr42 t≤150mm	ASTM A572/ A572M－06
	≥315	S315NC t≤20mm	EN 10149－3：1996
	≥315	S315MC t≤20mm	EN 10149－2：1996
	275～325	SM490（A、B）t≤200mm； SM490C t≤100mm	JIS G 3106－2004
	325～365	SM490Y（A、B）t≤100mm	JIS G 3106－2004
	295～445	SN490B 6mm＜t≤100mm； SN490C 16mm＜t≤100mm	JIS G 3136－2005
	255～335	E335 t≤250mm	EN 10025－2：2004
	275～355 275～355 265～355 265～355	S355 JR t≤250mm S355J0 t≤250mm S355J2 t≤400mm S355K2 t≤400mm	EN 10025－2：2004
	275～355	S355 N t≤250mm S355 NL t≤250mm	EN 10025－3：2004
	320～355	S355 M t≤150mm S355 ML t≤150mm	EN 10025－4：2004
	345～355	S355 J0WP t≤40mm S355 J2WP t≤40mm	EN 10025－5：2004
	295～355	S355 J0W t≤150mm S355 J2W t≤150mm S355 K2W t≤150mm	EN 10025－5：2004
	≥345	ASTM A572/A572M Gr50 t≤100mm	ASTM A572/ A572M－06
	≥355	S355NC t≤20mm	EN 10149－3：1996
	≥355	S355MC t≤20mm	EN 10149－2：1996
	≥345	ASTM A913/ A913M Gr50	ASTM A913/ A913M－07
	285～360	E360 t≤250mm	EN 10025－2：2004
Ⅲ	325～365	SM520（B、C）　t≤100mm	JIS G 3106－2004
	≥380	ASTM A572/A572M Gr55 t≤50mm	ASTM A572/ A572M－06
	≥415	ASTM A572/A572M Gr60 t≤32mm	ASTM A572/ A572M－06
	≥415	ASTM A913/ A913M Gr60	ASTM A913/ A913M－07
	320～420	S420 N t≤250mm S420 NL t≤250mm	EN 10025－3：2004
	365～420	S420 M t≤150mm S420 ML t≤150mm	EN 10025－4：2004
Ⅳ	420～460	SM570 t≤100mm	JIS G 3106－2004
	≥450	ASTM A572/A572M Gr65 t≤32mm	ASTM A572/ A572M－06
	≥420	S420NC t≤20mm	EN 10149－3：1996
	≥420	S420MC t≤20mm	EN 10149－2：1996
	380～450	S450 J0 t≤150mm	EN 10025－2：2004
	370～460	S460 N t≤200mm S460 NL t≤200mm	EN 10025－3：2004
	385～460	S460 M t≤150mm S460 ML t≤150mm	EN 10025－4：2004
	400～460	S460 Q t≤150mm S460 QL t≤150mm S460 QL1 t≤150mm	EN 10025－6：2004
	≥460	S460MC t≤20mm	EN 10149－2：1996
	≥450	ASTM A913/A913M Gr65	ASTM A913/ A913M－07

4.0.6 T形、十字形、角接节点，当翼缘板较厚时，由于焊接收缩应力较大，且节点拘束度大，而使板材在近缝区或近板厚中心区沿轧制带状组织晶间产生台阶状层状撕裂。这种现象在国内外工程中屡有发生。焊接工艺技术人员虽然针对这一问题研究出一些改善、克服层状撕裂的工艺措施，取得了一定的实践经验（见本规范第5.5.1条），但要从根本上解决问题，必须提高钢材自身的厚度方向即Z向性能。因此，在设计选材阶段就应考虑选用对于有厚度方向性能要求的钢材。

对于有厚度方向性能要求的钢材，在质量等级后面加上厚度方向性能级别（Z15、Z25或Z35），如Q235GJD Z25。有厚度方向性能要求时，其钢材的P、S含量，断面收缩率值的要求见表2。

表2 钢板厚度方向性能级别及其磷、硫含量、断面收缩率值

级别	磷含量（质量分数），≤（%）	含硫量（质量分数），≤（%）	断面收缩率（Ψ_Z,%）	
			三个试样平均值,≥	单个试样值,≥
Z15	≤0.020	0.010	15	10
Z25		0.007	25	15
Z35		0.005	35	25

4.0.7～4.0.9 焊接材料熔敷金属中扩散氢的测定方法应依据现行国家标准《熔敷金属中扩散氢测定方法》GB/T 3965的规定进行。水银置换法只用于焊条电弧焊；甘油置换法和气相色谱法适用于焊条电弧焊、埋弧焊及气体保护焊。当用甘油置换法测定的熔敷金属材料中的扩散氢含量小于2mL/100g时，必须使用气相色谱法测定。钢材分类为Ⅲ、Ⅳ类钢种匹配的焊接材料扩散氢含量指标，由供需双方协商确定，也可以要求供应商提供。埋弧焊时应按现行国家标准并根据钢材的强度级别、质量等级和牌号选择适当焊剂，同时应具有良好的脱渣性等焊接工艺性能。

4.0.11 现行行业标准《焊接用二氧化碳》HG/T 2537规定的焊接用二氧化碳组分含量要求见表3。重要焊接节点的定义参照现行国家标准《钢结构工程施工质量验收规范》GB 50205的规定。

表3 焊接用二氧化碳组分含量的要求

项 目	组分含量（%）		
	优等品	一等品	合格品
二氧化碳含量（不小于）	99.9	99.7	99.5
液态水	不得检出	不得检出	不得检出
油			
水蒸气＋乙醇含量（不大于）	0.005	0.02	0.05
气味	无异味	无异味	无异味

注：表中对以非发酵法所得的二氧化碳、乙醇含量不作规定。

5 焊接连接构造设计

5.1 一般规定

5.1.1 钢结构焊接节点的设计原则，主要应考虑便于焊工操作以得到致密的优质焊缝，尽量减少构件变形、降低焊接收缩应力的数值及其分布不均匀性，尤其是要避免局部应力集中。

现代建筑钢结构类型日趋复杂，施工中会遇到各种焊接位置。目前无论是工厂制作还是工地安装施工中仰焊位置已广泛应用，焊工技术水平也已提高，因此本规范未把仰焊列为应避免的焊接操作位置。

对于截面对称的构件，焊缝布置对称于构件截面中性轴的规定是减少构件整体变形的根本措施。但对于桁架中角钢类非对称型材构件端部与节点板的搭接角焊缝，并不需要把焊缝对称布置，因其对构件变形影响不大，也不能提高其承载力。

为了满足建筑艺术的要求，钢结构形状日益多样化，这往往使节点复杂、焊缝密集甚至于立体交叉，而且板厚大、拘束度大使焊缝不能自由收缩，导致双向、三向焊接应力产生，这种焊接残余应力一般能达到钢材的屈服强度值。这对焊接延迟裂纹以及板材层状撕裂的产生是极重要的影响因素之一。一般在选材上采取控制碳当量，控制焊缝扩散氢含量，工艺上采取预热甚至于消氢热处理，但即使不产生裂纹，施焊后节点区在焊接收缩应力作用下，由于晶格畸变产生的微观应变，将使材料塑性下降，相应强度及硬度增高，使结构在工作荷载作用下产生脆性断裂的可能性增大。因此，要求节点设计时尽可能避免焊缝密集、交叉并使焊缝布置避开高应力区是非常必要的。

此外，为了结构安全而对焊缝几何尺寸要求宁大勿小这种做法是不正确的，不论设计、施工或监理各方都要走出这一概念上的误区。

5.1.2 施工图中应采用统一的标准符号标注，如焊缝计算厚度、焊接坡口形式等焊接有关要求，可以避免在工程实际中因理解偏差而产生质量问题。

5.1.3 本条明确了钢结构设计施工图的具体技术要求：

1 现行国家标准《钢结构设计规范》GB 50017－2003第1.0.5条(强条)规定："在钢结构设计文件中应注明建筑结构的设计使用年限、钢材牌号、连接材料的型号(或钢号)和对钢材所要求的力学性能、化学成分及其他的附加保证项目。此外，还应注明所要求的焊缝形式、焊缝质量等级、端面刨平顶紧部位及对施工的要求。"其中"对施工的要求"指的是什么，在标准中没有明确指出，本规范作为具体的技术规范，需要在具体条文中予以明确。

2 钢结构设计制图分为钢结构设计施工图和

钢结构施工详图两个阶段。钢结构设计施工图应由具有设计资质的设计单位完成，其内容和深度应满足进行钢结构制作详图设计的要求。

3 本条编制依据《钢结构设计制图深度和表示方法》（03G102），同时参照美国《钢结构焊接规范》AWS D1.1 对钢结构设计施工图的焊接技术要求进行规定。

4 由于构件的分段制作或安装焊缝位置对结构的承载性能有重要影响，同时考虑运输、吊装和施工的方便，特别强调应在设计施工图中明确规定工厂制作和现场拼装节点的允许范围，以保证工程焊接质量与结构安全。

5.1.4 本条明确了钢结构制作详图的具体技术要求：

1 钢结构制作详图一般应由具有钢结构专项设计资质的加工制作单位完成，也可由有该项资质的其他单位完成。钢结构制作详图是对钢结构施工图的细化，其内容和深度应满足钢结构制作、安装的要求。

2 本条编制依据《钢结构设计制图深度和表示方法》（03G102），同时参照美国《钢结构焊接规范》AWS D1.1 对钢结构制作详图焊接技术的要求进行规定。

3 本条明确要求制作详图应根据运输条件、安装能力、焊接可操作性和设计允许范围确定构件分段位置和拼接节点，按设计规范有关规定进行焊缝设计并提交设计单位进行安全审核，以便施工企业遵照执行，保证工程焊接质量与结构安全。

5.1.5 焊缝质量等级是焊接技术的重要控制指标，本条参照现行国家标准《钢结构设计规范》GB 50017，并根据钢结构焊接的具体情况作出了相应规定：

1 焊缝质量等级主要与其受力情况有关，受拉焊缝的质量等级要高于受压或受剪的焊缝；受动荷载的焊缝质量等级要高于受静荷载的焊缝。

2 由于本规范涵盖了钢结构桥梁，因此参照现行行业标准《铁路钢桥制造规范》TB 10212 增加了对桥梁相应部位角焊缝质量等级的规定。

3 与现行国家标准《钢结构设计规范》GB 50017 不同，将"重级工作制（A6～A8）和起重量 $Q\geqslant 50t$ 的中级工作制（A4、A5）吊车梁的腹板与上翼缘之间以及吊车桁架上弦杆与节点板之间的 T 形接头焊缝"的质量等级规定纳入本条第 1 款第 4 项，不再单独列款。

4 不需要疲劳验算的构件中，凡要求与母材等强的对接焊缝宜予焊透，与现行国家标准《钢结构设计规范》GB 50017 规定的"应予焊透"有所放松，这也是考虑钢结构行业的实际情况，避免要求过严而造成不必要的浪费。

5 本条第 3 款中，根据钢结构焊接实际情况，在现行国家标准《钢结构设计规范》GB 50017 的基础上，增加了"部分焊透的对接焊缝"及"梁柱、牛腿等重要节点"的内容，第 1 项中的质量等级规定由原来的"焊缝的外观质量标准应符合二级"改为"焊缝的质量等级应符合二级"。

5.2 焊缝坡口形式和尺寸

5.2.1、5.2.2 现行国家标准《气焊、焊条电弧焊、气体保护焊和高能束焊的推荐坡口》GB/T 985.1 和《埋弧焊的推荐坡口》GB/T 985.2 中规定了坡口的通用形式，其中坡口部分尺寸均给出了一个范围，并无确切的组合尺寸；GB/T 985.1 中板厚 40mm 以上、GB/T 985.2 中板厚 60mm 以上均规定采用 U 形坡口，且没有焊接位置规定及坡口尺寸及装配允差规定。总的来说，上述两个国家标准比较适合于可以使用焊接变位器等工装设备及坡口加工、组装要求较高的产品，如机械行业中的焊接加工，对钢结构制作的焊接施工则不尽适合，尤其不适合于钢结构工地安装中各种钢材厚度和焊接位置的需要。目前大型、大跨度、超高层建筑钢结构多由国内进行施工图设计，在本规范中，将坡口形式和尺寸的规定与国际先进国家标准接轨是十分必要的。美国与日本国家标准中全焊透焊缝坡口的规定差异不大，部分焊透焊缝坡口的规定有些差异。美国《钢结构焊接规范》AWS D1.1 中对部分焊透焊缝坡口的最小焊缝尺寸规定值较小，工程中很少应用。日本建筑施工标准规范《钢结构工程》JASS 6（96 年版）所列的日本钢结构协会《焊缝坡口标准》JSSI 03（92 年底版）中，对部分焊透焊缝规定最小坡口深度为 $2\sqrt{t}$（t 为板厚）。实际上日本和美国的焊缝坡口形式标准在国际和国内均已广泛应用。本规范参考了日本标准的分类排列方式，综合选用美、日两国标准的内容，制订了三种常用焊接方法的标准焊缝坡口形式与尺寸。

5.3 焊缝计算厚度

5.3.1～5.3.6 焊缝计算厚度是结构设计中构件焊缝承载应力计算的依据，不论是角焊缝、对接焊缝或角接与对接组合焊缝中的全焊透焊缝或部分焊透焊缝，还是管材 T、K、Y 形相贯接头中的全焊透焊缝、部分焊透焊缝、角焊缝，都存在着焊缝计算厚度的问题。对此，设计者应提出明确要求，以免在焊接施工过程中引起混淆，影响结构安全。参照美国《钢结构焊接规范》AWS D1.1，对于对接焊缝、对接与角接组合焊缝，其部分焊透焊缝计算厚度的折减值在第 5.3.2 条给出了明确规定，见表 5.3.2。如果设计者应用该表中的折减值对焊缝承载应力进行计算，即可允许采用不加衬垫的全焊透坡口形式，反面不清根焊接。施工中不使用碳弧气刨清根，对提高施工效率和保障施工安全有很大好处。国内目前某些由日本企业设计的钢结构工程中采用了这种坡口形式，如北京国贸二期超高层钢结构等工程。

同样参照美国《钢结构焊接规范》AWS D1.1，在第5.3.4条中对斜角焊缝不同两面角（Ψ）时的焊缝计算厚度计算公式及折减值，在第5.3.6条中对管材T、K、Y形相贯接头全焊透、部分焊透及角焊缝的各区焊缝计算厚度或折减值以及相应的坡口尺寸作了明确规定，以供施工图设计时使用。

5.4 组焊构件焊接节点

5.4.1 为防止母材过热，规定了塞焊和槽焊的最小间隔及最大直径。为保证焊缝致密性，规定了最小直径与板厚关系。塞焊和槽焊的焊缝尺寸应按传递剪力计算确定。

5.4.2 为防止因热输入量过小而使母材热影响区冷却速度过快而形成硬化组织，规定了角焊缝最小长度、断续角焊缝最小长度及角焊缝的最小焊脚尺寸。采用低氢焊接方法，由于降低了氢对焊缝的影响，其最小角焊缝尺寸可比采用非低氢焊接方法时小一些。

5.4.3 本条规定参照了美国《钢结构焊接规范》AWS D1.1。

为防止搭接接头角焊缝在荷载作用下张开，规定了搭接接头角焊缝在传递部件受轴向力时，应采用双角焊缝。

为防止搭接接头受轴向力时发生偏转，规定了搭接接头最小搭接长度。

为防止构件因翘曲而使贴合不好，规定了搭接接头纵向角焊缝连接构件端部时的最小焊缝长度，必要时应增加横向角焊或塞焊。

为保证构件受拉力时有效传递荷载，构件受压时保持稳定，规定了断续搭接角焊缝最大纵向间距。

为防止焊接时材料棱边熔塌，规定了搭接焊缝与材料棱边的最小距离。

5.4.4 不同厚度、不同宽度材料对接焊时，为了减小材料因截面及外形突变造成的局部应力集中，提高结构使用安全性，参照美国《钢结构焊接规范》AWS D1.1及日本建筑施工标准《钢结构工程》JASS 6，规定了当焊缝承受的拉应力超过设计容许拉应力的三分之一时，不同厚度及宽度材料对接时的坡度过渡最大允许值为1∶2.5，以减小材料因截面及外形突变造成的局部应力集中，提高结构使用安全性。

5.5 防止板材产生层状撕裂的节点、选材和工艺措施

5.5.1～5.5.3 在T形、十字形及角接接头焊接时，由于焊接收缩应力作用于板厚方向（即垂直于板材纤维的方向）而使板材产生沿轧制带状组织晶间的台阶状层状撕裂。这一现象在国外钢结构焊接工程实践中早已发现，并经过多年试验研究，总结出一系列防止层状撕裂的措施，在本规范第4.0.6条中已规定了对材料厚度方向性能的要求。本条主要从焊接节点形式的优化设计方面提出要求，目的是减小焊缝截面和焊接收缩应力，使焊接收缩力尽可能作用于板材的轧制纤维方向，同时也给出了防止层状撕裂的相应的焊接工艺措施。

需要注意的是目前我国钢结构正处于蓬勃发展的阶段，近年来在重大工程项目中已发生过多起由层状撕裂而引起的工程质量问题，应在设计与材料要求方面给予足够的重视。

5.6 构件制作与工地安装焊接构造设计

5.6.1 本条规定的节点形式中，第1、2、4、6、7、8、9款为生产实践中常用的形式；第3、5款引自美国《钢结构焊接规范》AWS D1.1。其中第5款适用于为传递局部载荷，采用一定长度的全焊透坡口对接与角接组合焊缝的情况，第10款为现行行业标准《空间网格结构技术规程》JGJ 7的规定，目的是为避免焊缝交叉、减小应力集中程度、防止三向应力，以防止焊接裂纹产生，提高结构使用安全性。

5.6.2 本条规定的安装节点形式中，第1、2、4款与国家现行有关标准一致；第3款桁架或框架梁安装焊接节点为国内一些施工企业常用的形式。这种焊接节点已在国内一些大跨度钢结构中得到应用，它不仅可以避免焊缝立体交叉，还可以预留一段纵向焊缝最后施焊，以减小横向焊缝的拘束度。第5款的图5.6.2-5(c)为不加衬套的球—管安装焊接节点形式，管端在现场二次加工调整钢管长度和坡口间隙，以保证单面焊透。这种焊接节点的坡口形式可以避免衬套固定焊接后管长及安装间隙不易调整的缺点，在首都机场四机位大跨度网架工程中已成功应用。

5.7 承受动载与抗震的焊接构造设计

5.7.1 由于塞焊、槽焊、电渣焊和气电立焊焊接热输入大，会在接头区域产生过热的粗大组织，导致焊接接头塑韧性下降而达不到承受动载需经疲劳验算钢结构的焊接质量要求，所以本条为强制性条文。

本条为强制性条文，必须严格执行。

5.7.2 本条对承受动载时焊接节点作出了规定。如承受动载需经疲劳验算时塞焊、槽焊的禁用规定，间接承受动载时塞焊、槽焊孔与板边垂直于应力方向的净距离，角焊缝的最小尺寸，部分焊透焊缝、单边V形和单边U形坡口的禁用规定以及不同板厚、板宽对焊接接头的过渡坡度的规定均引自美国《钢结构焊接规范》AWS D1.1；角接与对接组合焊缝和T形接头坡口焊缝的加强焊角尺寸要求则给出了最小和最大的限制。需要注意的是，对承受与焊缝轴线垂直的动载拉应力的焊缝，禁止采用部分焊透焊缝、无衬垫单面焊、未经评定的非钢衬垫单面焊；不同板厚对接接

头在承受各种动载力（拉、压、剪）时，其接头斜坡过渡不应大于1∶2.5。

5.7.3 本条中第1、2两款引自美国《钢结构焊接规范》AWS D1.1；第3、4两款是根据现行国家标准《钢结构设计规范》GB 50017中有关要求而制订，目的是便于制作施工中注意焊缝的设置，更好的保证构件的制作质量。

5.7.4 本条为抗震结构框架柱与梁的刚性节点焊接要求，引自美国《钢结构焊接规范》AWS D1.1。经历了美国洛杉矶大地震和日本坂神大地震后，国外钢结构专家在对震害后柱-梁节点断裂位置及破坏形式进行了统计并分析其原因，据此对有关规范作了修订，即推荐采用无衬垫单面全焊透焊缝（反面清根后封底焊）或采用陶瓷衬垫单面焊双面成形的焊缝。

5.7.5 本条规定了引弧板、引出板及衬垫板的去除及去除后的处理要求。引弧板、引出板可以用气割工艺割去，但钢衬垫板去除不能采用气割方法，宜采用碳弧气刨方法去除。

6 焊接工艺评定

6.1 一 般 规 定

6.1.1 由于钢结构工程中的焊接节点和焊接接头不可能进行现场实物取样检验，为保证工程焊接质量，必须在构件制作和结构安装施工焊接前进行焊接工艺评定。现行国家标准《钢结构工程施工质量验收规范》GB 50205对此有明确的要求并已将焊接工艺评定报告列入竣工资料必备文件之一。

本规范参照美国《钢结构焊接规范》AWS D1.1，并充分考虑国内钢结构焊接的实际情况，增加了免予焊接工艺评定的相关规定。所谓免予焊接工艺评定就是把符合本规范规定的钢材种类、焊接方法、焊接坡口形式和尺寸、焊接位置、匹配的焊接材料、焊接工艺参数规范化。符合这种规范化焊接工艺规程或焊接作业指导书，施工企业可以不再进行焊接工艺评定试验，而直接使用免予焊接工艺评定的焊接工艺。

本条为强制性条文，必须严格执行。

6.1.2～6.1.10 焊接工艺评定所用的焊接参数，原则上是根据被焊钢材的焊接性试验结果制订，尤其是热输入、预热温度及后热制度。对于焊接性已经被充分了解，有明确的指导性焊接工艺参数，并已在实践中长期使用的国内、外生产的成熟钢种，一般不需要由施工企业进行焊接性试验。对于国内新开发生产的钢种，或者由国外进口未经使用过的钢种，应由钢厂提供焊接性试验评定资料，否则施工企业应进行焊接性试验，以作为制订焊接工艺评定参数的依据。施工企业进行焊接工艺评定还必须根据施工工程的特点和企业自身的设备、人员条件确定具体焊接工艺，如实记录并与实际施工相一致，以保证施工中得以实施。

考虑到目前国内钢结构飞速发展，在一定时期内，钢结构制作、施工企业的变化尤其是人员、设备、工艺条件也比较大，因此，根据国内实际情况，第6.1.9条根据焊接难度等级对焊接工艺评定的有效期作出了规定。

6.2 焊接工艺评定替代规则

6.2.1、6.2.2 同种牌号钢材中，质量等级高，是指钢材具有更高的冲击功要求，其对焊接材料、焊接工艺参数的选择要求更为严格，因此当质量等级高的钢材焊接工艺评定合格后，必然满足质量等级低的钢材的焊接工艺要求。由于本规范中的Ⅰ、Ⅱ类钢材中，其同类别钢材主要合金成分相似，焊接工艺也比较接近，当高强度、高韧性的钢材工艺评定试验合格后，必然也适用于同类的低级别钢材。而Ⅲ、Ⅳ类钢材，其同类别钢材的主要合金成分或交货状态往往差异较大，为了保证钢结构的焊接质量，要求每一种钢材必须单独进行焊接工艺评定。

6.3 重新进行工艺评定的规定

6.3.1～6.3.7 不同的焊接工艺方法中，各种焊接工艺参数对焊接接头质量产生影响的程度不同。为了保证钢结构焊接施工质量，根据大量的试验结果和实践经验并参考国外先进标准的相关规定，本节各条分别规定了不同焊接工艺方法中各种参数的最大允许变化范围。

6.5 试件和试样的试验与检验

6.5.1～6.5.4 本节对试件和试样的试验与检验作出了相应规定，在基本采用现行行业标准《建筑钢结构焊接技术规程》JGJ 81的相应条款的基础上，增加了硬度试验的相应要求，同时根据现行行业标准《建筑钢结构焊接技术规程》JGJ 81的应用情况，去掉了十字接头、T形接头弯曲试验的要求，使规范更加科学、合理，可操作性大大增强。

6.6 免予焊接工艺评定

6.6.1 对于一些特定的焊接方法和参数、钢材、接头形式和焊接材料种类的组合，其焊接工艺已经长期使用，实践证明，按照这些焊接工艺进行焊接所得到的焊接接头性能良好，能够满足钢结构焊接的质量要求。本着经济合理、安全适用的原则，本规范借鉴了美国《钢结构焊接规范》AWS D1.1，并充分考虑到国内实际情况，对免予评定焊接工艺作出了相应规定。当然，采用免予评定的焊接工艺并不免除对钢结构制作、安装企业资质及焊工个人能力的要求，同时有效的焊接质量控制和监督也必不可少。在实际生产中，应严格执行规范规定，通过免予评定焊接工艺文件编制可实际操作的焊接工艺，并经焊接工程师和技术负责人签发后，方可使用。

6.6.2 本条规定了免予评定所适用的焊接方法、母材、焊接材料及焊接工艺，在实际应用中必须严格遵照执行。

7 焊接工艺

7.1 母材准备

7.1.1 接头坡口表面质量是保证焊接质量的重要条件，如果坡口表面不干净，焊接时带入各种杂质及碳、氢等物质，是产生焊接热裂纹和冷裂纹的原因。若坡口面上存在氧化皮或铁锈等杂质，在焊缝中可能还会产生气孔。鉴于坡口表面状况对焊缝质量的影响，本条给出了相应规定，与《美国钢结构规范》AWS D1.1、《加拿大钢结构规范》W59要求相一致。

7.1.3～7.1.5 热切割的坡口表面粗糙度因钢材的厚度不同，割纹深度存在差别，若出现有限深度的缺口或凹槽，可通过打磨或焊接进行修补。

7.1.6 当钢材的切割面上存在钢材的轧制缺陷如夹渣、夹杂物、脱氧产物或气孔等时，其浅的和短的缺陷可以通过打磨清除，而较深和较长的缺陷应采用焊接进行修补，若存在严重的或较难焊接修补的缺陷，该钢材不得使用。

7.2 焊接材料要求

7.2.1 焊接材料对焊接结构的安全性有着极其重要的影响，其熔敷金属化学成分和力学性能及焊接工艺性能应符合国家现行标准的规定，施工企业应采取抽样方法进行验证。

7.2.2 焊接材料的保管规定主要目的是为防止焊接材料锈蚀、受潮和变质，影响其正常使用。

7.2.3 由于低氢型焊条一般用于重要的焊接结构，所以对低氢型焊条的保管要求更为严格。

低氢型焊条焊接前应进行高温烘焙，去除焊条药皮中的结晶水和吸附水，主要是为了防止焊条药皮中的水分在施焊过程中经电弧热分解使焊缝金属中扩散氢含量增加，而扩散氢是焊接延迟裂纹产生的主要因素之一。

调质钢、高强度钢及桥梁结构的焊接接头对氢致延迟裂纹比较敏感，应严格控制其焊接材料中的氢来源。

7.2.4 埋弧焊时，焊剂对焊缝金属具有保护和参与合金化的作用，但焊剂受到油、氧化皮及其他杂质的污染会使焊缝产生气孔并影响焊接工艺性能。对焊剂进行防潮和烘焙处理，是为了降低焊缝金属中的扩散氢含量。需要说明的是，如果焊剂经过严格的防潮和烘焙处理，试验证明熔敷金属的扩散氢含量不大于8mL/100g，可以认为埋弧焊也是一种低氢的焊接方法。

7.2.5 实心焊丝和药芯焊丝的表面油污和锈蚀等杂质会影响焊接操作，同时容易造成气孔和增加焊缝中的含氢量，应禁止使用表面有油污和锈蚀的焊丝。

7.2.6 栓钉焊接瓷环应确保焊缝挤出后的成型，栓钉焊接瓷环受潮后会影响栓钉焊的工艺性能及焊接质量，所以焊前应烘干受潮的焊接瓷环。

7.3 焊接接头的装配要求

7.3.1～7.3.7 焊接接头的坡口及装配精度是保证焊接质量的重要条件，超出公差要求的坡口角度、钝边尺寸、根部间隙会影响焊接施工操作和焊接接头质量，同时也会增大焊接应力，易于产生延迟裂缝。

7.4 定位焊

7.4.1～7.4.5 定位焊缝的焊接质量对整体焊缝质量有直接影响，应从焊前预热、焊材选用、焊工资格及施焊工艺等方面给予充分重视，避免造成正式焊缝中的焊接缺陷。

7.5 焊接环境

7.5.1 实践经验表明：对于焊条电弧焊和自保护药芯焊丝电弧焊，当焊接作业区风速超过8m/s，对于气体保护电弧焊，当焊接作业区风速超过2m/s时，焊接熔渣或气体对熔化的焊缝金属保护环境就会遭到破坏，致使焊缝金属中产生大量的密集气孔。所以实际焊接施工过程中，应避免在上述风速条件下进行施焊，必须进行施焊时应设置防风屏障。

7.5.2～7.5.4 焊接作业环境不符合要求，会对焊接施工造成不利影响。应避免在工件潮湿或雨、雪天气下进行焊接操作，因为水分是氢的来源，而氢是产生焊接延迟裂纹的重要因素之一。

低温会造成钢材脆化，使得焊接过程的冷却速度加快，易于产生淬硬组织，对于碳当量相对较高的钢材焊接是不利的，尤其是对于厚板和接头拘束度大的结构影响更大。本条对低温环境施焊作出了具体规定。

7.6 预热和道间温度控制

7.6.1～7.6.6 对于最低预热温度和道间温度的规定，主要目的是控制焊缝金属和热影响区的冷却速度，降低焊接接头的冷裂倾向。预热温度越高，冷却速度越慢，会有效的降低焊接接头的淬硬倾向和裂纹倾向。

对调质钢而言，不希望较慢的冷却速度，且钢厂也不推荐如此。

本条是根据常用钢材的化学成分、中等结构拘束度、常用的低氢焊接方法和焊接材料以及中等热输入条件给出的可避免焊接接头出现淬硬或裂纹的最低温度。实践经验及试验证明：焊接一般拘束度的接头时，按本条规定的最低预热温度和道间温度，可以防止接头产生裂纹。在实际焊接施工过程中，为获得无裂纹、塑性好的焊接接头，预热温度和道间温度应高于本条规定的最低值。为避免母材过热产生脆化而降低焊接接头的性能，对道间温度的上限也作出了规定。

实际工程结构焊接施工时，应根据母材的化学成分、强度等级、碳当量、接头的拘束状态、热输入大小、焊缝金属含氢量水平及所采用的焊接方法等因素综合判断或进行焊接试验，以确定焊接时的最低预热温度。如果有充分的试验数据证明，选择的预热温度和道间温度能够防止接头焊接时裂纹的产生，可以选择低于表 7.6.2 规定的最低预热温度和道间温度。

为了确保焊接接头预热温度均匀，冷却时具有平滑的冷却梯度，本条对预热的加热范围作出了规定。

电渣焊、气电立焊，热输入较大，焊接速度较慢，一般对焊接预热不作要求。

7.7 焊后消氢热处理

7.7.1 焊缝金属中的扩散氢是延迟裂纹形成的主要影响因素，焊接接头的含氢量越高，裂纹的敏感性越大。焊后消氢热处理的目的就是加速焊接接头中扩散氢的逸出，防止由于扩散氢的积聚而导致延迟裂纹的产生。当然，焊接接头裂纹敏感性还与钢种的化学成分、母材拘束度、预热温度以及冷却条件有关，因此要根据具体情况来确定是否进行焊后消氢热处理。

焊后消氢热处理应在焊后立即进行，处理温度与钢材有关，但一般为 200℃～350℃，本规范规定为 250℃～350℃。温度太低，消氢效果不明显；温度过高，若超出马氏体转变温度则容易在焊接接头中残存马氏体组织。

如果在焊后立即进行消应力热处理，则可不必进行消氢热处理。

7.8 焊后消应力处理

7.8.1～7.8.4 焊后消应力处理目前国内多采用热处理和振动两种方法。消应力热处理目的是为了降低焊接残余应力或保持结构尺寸的稳定性，主要用于承受较大拉应力的厚板对接焊缝、承受疲劳应力的厚板或节点复杂、焊缝密集的重要受力构件；局部消应力热处理通常用于重要焊接接头的应力消减。振动消应力处理虽然能达到消减一定应力的目的，但其效果目前学术界还难以准确界定。如果为了稳定结构尺寸，采用振动消应力方法对构件进行整体处理既方便又经济。

某些调质钢、含钒钢和耐大气腐蚀钢进行消应力热处理后，其显微组织可能发生不良变化，焊缝金属或热影响区的力学性能会产生恶化，甚至产生裂纹，应慎重选择消应力热处理。

此外，还应充分考虑消应力热处理后可能引起的构件变形。

7.9 引弧板、引出板和衬垫

7.9.1～7.9.5 在焊接接头的端部设置引弧板、引出板的目的是：避免因引弧时由于焊接热量不足而引起焊接裂纹，或熄弧时产生焊缝缩孔和裂纹，以影响接头的焊接质量。

引弧板、引出板和衬垫板所用钢材应对焊缝金属性能不产生显著影响，不要求与母材材质相同，但强度等级不应高于母材，焊接性不应比所焊母材差。考虑到承受周期性荷载结构的特殊性，桥梁结构的引弧板、引出板和衬垫板用钢材应为在同一钢材标准条件下不大于被焊母材强度等级的任何钢材。

为确保焊缝的完整性，规定了引弧板、引出板的长度；为防止烧穿，规定了钢衬垫板的厚度。为避免未焊的Ⅰ对接接头形成严重缺口导致焊缝中横向裂缝并延伸和扩展到母材中，要求钢衬垫板在整个焊缝长度内连续或采用熔透焊拼接。

采用铜块和陶瓷作为衬垫主要目的是强制焊缝成形，同时防止烧穿，在大热输入焊接或在狭小的空间结构焊接（如全熔透钢管）中经常使用，但需要注意的是，不得将铜和陶瓷熔入焊缝，以免影响焊缝内部质量。

7.10 焊接工艺技术要求

7.10.1 施工单位用于指导实际焊接操作的焊接工艺文件应根据本规范要求和工艺评定结果进行编制。只有符合本规范要求或经评定合格的焊接工艺方可确保获得满足质量要求的焊缝。如果施工过程中不严格执行焊接工艺文件，将对焊接结构的安全性带来较大隐患，应引起足够关注。

7.10.2 焊道形状是影响焊缝裂纹的重要因素。由于母材的冷却作用，熔融的焊缝金属凝固沿母材金属的边缘开始，并向中部发展直至完成这一过程，最后凝固的液态金属位于通过焊缝中心线的平面内。如果焊缝深度大于其表面宽度，则在焊缝中心凝固之前，焊缝表面可能凝固，此时作用于仍然热的、半液态的焊缝中央或心部的收缩力会导致焊缝中心裂纹并使其扩展而贯穿焊缝纵向全长。

7.10.3 本条规定的最小角焊缝尺寸是基于焊接时应保证足够的热输入，以降低焊缝金属或热影响区产生裂纹的可能性，同时与较薄的连接件（厚度）保持合理的比例。如果最小角焊缝尺寸大于设计尺寸，应按本条规定的最小角焊缝尺寸执行。

7.10.4 本条对于 SMAW、GMAW、FCAW 和

SAW 焊接方法，规定了最大根部焊道厚度、最大填充焊道厚度、最大单道角焊缝尺寸和最大单道焊焊层宽度，主要目的是为了在焊接过程中确保焊接的可操作性和焊缝质量的稳定。实践证明，超出上述限制进行焊接操作，对焊缝的外观质量和内部质量都会产生不利影响。施工单位应按本条规定严格执行。

7.11 焊接变形的控制

7.11.1～7.11.6 焊接变形控制主要目的是保证构件或结构要求的尺寸，但有时对焊接变形控制的同时会造成结构焊接应力和焊接裂纹倾向增大，因此应采取合理的焊接工艺措施、装焊顺序、平衡焊接热输入等方法控制焊接变形，避免采用刚性固定或强制措施控制焊接变形。本条给出的一些方法，是实践经验的总结，可根据实际结构情况合理的采用，对控制构件的焊接变形是十分有效的。

7.12 返修焊

7.12.1、7.12.2 焊缝金属或部分母材的缺欠超过相应的质量验收标准时，施工单位可以选择局部修补或全部重焊。焊接或母材的缺陷修补前应分析缺陷的性质和种类及产生原因。如果不是因焊工操作或执行工艺参数不严格而造成的缺陷，应从工艺方面进行改进，编制新的工艺并经过焊接试验评定合格后进行修补，以确保返修成功。多次对同一部位进行返修，会造成母材的热影响区的热应变脆化，对结构的安全有不利影响。

7.13 焊件矫正

7.13.1～7.13.3 允许局部加热矫正焊接变形，但所采用的加热温度应避免引起钢的性能发生变化。本条规定的最高矫正温度是为了防止材质发生变化。在一定温度之上避免急冷，是为了防止淬硬组织的产生。

7.14 焊缝清根

7.14.1 为保证焊缝的焊透质量，必须进行反面清根。清根不彻底或清根后坡口形式不合理容易造成焊缝未焊透和焊接裂纹的产生。

7.14.2 碳弧气刨作为缺陷清除和反面清根的主要手段，其操作工艺对焊接的质量有相当大的影响。碳弧气刨时应避免夹碳、夹渣等缺陷的产生。

7.15 临时焊缝

7.15.1、7.15.2 临时焊缝焊接时应避免焊接区域的母材性能改变和留存焊接缺陷，因此焊接临时焊缝采用的焊接工艺和质量要求与正式焊缝相同。对于Q420、Q460等级钢材或厚板大于40mm的低合金钢，临时焊缝清除后应采用磁粉或着色方法检测，以确保母材中不残留焊接裂纹或出现淬硬裂纹，对结构的安全产生不利影响。

7.16 引弧和熄弧

7.16.1 在非焊接区域母材上进行引弧和熄弧时，由于焊接引弧热量不足和迅速冷却，可能导致母材的硬化，形成弧坑裂纹和气孔，成为导致结构破坏的潜在裂纹源。施工过程中应避免这种情况的发生。

7.17 电渣焊和气电立焊

7.17.1～7.17.7 电渣焊主要用于箱形构件内横隔板的焊接。电渣焊是利用电阻热对焊丝熔化建立熔池，再利用熔池的电阻热对填充焊丝和接头母材进行熔化而形成焊接接头。调节焊接工艺参数和焊剂填加量以建立合适大小的熔池是确保电渣焊焊缝质量的关键。

电渣焊的焊接热量较大，引弧时为防止引弧块被熔化而造成熔池建立失败，一般采用铜制引熄弧块，且规定其长度不小于100mm。规定引弧槽的截面与接头的截面大致相同，主要考虑到在引弧槽中建立的熔池转换到正式接头时，如果截面积相差较大，将造成正式接头的熔合不良或衬垫板烧穿，导致电渣焊失败。

为避免电渣焊时焊缝产生裂纹和缩孔，应采用脱氧元素含量充分且S、P含量较低的焊丝。

为了使焊缝金属与接头的坡口面完全熔合，必须在积累了足够的热量状态下开始焊接。如果焊接过程因故中断，熔渣或熔池开始凝固，可重新引弧焊接直至焊缝完成，但应对焊缝重新焊接处的上、下两端各150mm范围内进行超声波检测，并对停弧位置进行记录。

8 焊接检验

8.1 一般规定

8.1.1 自检是钢结构焊接质量保证体系中的重要步骤，涉及焊接作业的全过程，包括过程质量控制、检验和产品最终检验。自检人员的资质要求除应满足本规范的相关规定外，其无损检测人员数量的要求尚需满足产品所需检测项目每项不少于两名2级及2级以上人员的规定。监检同自检一样是产品质量保证体系的一部分，但需由具有资质的独立第三方来完成。监检的比例需根据设计要求及结构的重要性确定，对于焊接难度等级为A、B级的结构，监检的主要内容是无损检测，而对于焊接难度等级为C、D级的结构其监检内容还应包括过程中的质量控制和检验，见证检验应由具有资质的独立第三方来完成，但见证检验是业主或政府行为，不在产品质量保证范围内。

8.1.2 本条强调了过程检验的重要性，对过程检验的程序和内容进行了规定。就焊接产品质量控制而言，过程控制比焊后无损检测显得更为重要，特别是对高强钢或特种钢，产品制造过程中工艺参数对产品性能和质量的影响更为直接，产生的不利后果更难于恢复，同时也是用常规无损检测方法无法检测到的。因此正确的过程检验程序和方法是保证产品质量的重要手段。

8.1.3 焊缝在结构中所处的位置不同，承受荷载不同，破坏后产生的危害程度也不同，因此对焊缝质量的要求理应不同。如果一味提高焊缝的质量要求将造成不必要的浪费。本规范参照美国《钢结构焊接规范》AWS D1.1，根据承受荷载不同将焊缝分成动载和静载结构，并提出不同的质量要求。同时要求按设计图及说明文件规定荷载形式和焊缝等级，在检查前按照科学的方法编制检查方案，并由质量工程师批准后实施。设计文件对荷载形式和焊缝等级要求不明确的应依据现行国家标准《钢结构设计规范》GB 50017及本规范的相关规定执行，并须经原设计单位签认。

8.1.4 在现行国家标准《钢结构工程施工质量验收规范》GB 50205中部分探伤的要求是对每条焊缝按规定的百分比进行探伤，且每处不小于200mm。这样规定虽然对保证每条焊缝质量是有利的，但检验工作量大，检验成本高，特别是结构安装焊缝都不长，大部分焊缝为梁一柱连接焊缝，每条焊缝的长度大多在250mm～300mm之间。以概率论为基础的抽样理论表明，制定合理的抽样方案（包括批的构成、采样规定、统计方法），抽样检验的结果完全可以代表该批的质量，这也是与钢结构设计以概率论为基础相一致的。

为了组成抽样检验中的检验批，首先必须知道焊缝个体的数量。一般情况下，作为检验对象的钢结构安装焊缝长度大多较短，通常将一条焊缝作为一个焊缝个体。在工厂制作构件时，箱形钢柱（梁）的纵焊缝、H形钢柱（梁）的腹板一翼板组合焊缝较长，此时可将一条焊缝划分为每300mm为一个检验个体。检验批的构成原则上以同一条件的焊缝个体为对象，一方面要使检验结果具有代表性，另一方面要有利于统计分析缺陷产生的原因，便于质量管理。

取样原则上按随机取样方式，随机取样方法有多种，例如将焊缝个体编号，使用随机数表来规定取样部位等。但要强调的是对同一批次抽查焊缝的取样，一方面要涵盖该批焊缝所涉及的母材类别和焊接位置、焊接方法，以便于客观反映不同难度下的焊缝合格率结果；另一方面自检、监检及见证检验所抽查的对象应尽可能避免重复，只有这样才能达到更有效的控制焊缝质量的目的。

8.1.5 焊接接头在焊接过程中、焊缝冷却过程中及以后相当长的一段时间内均可产生裂纹，但目前钢结构用钢由于生产工艺及技术水平的提高，产生延迟裂纹的几率并不高，同时，在随后的生产制作过程中，还要进行相应的无损检测。为避免由于检测周期过长使工期延误造成不必要的浪费，本规范借鉴欧美等国家先进标准，规定外观检测应在焊缝冷却以后进行。由于裂纹很难用肉眼直接观察到，因此在外观检测中应用放大镜观察，并注意应有充足的光线。

8.1.6 无损检测是技术性较强的专业技术，按照我国各行业无损检测人员资格考核管理的规定，1级人员只能在2级或3级人员的指导下从事检测工作。因此，规定1级人员不能独立签发检测报告。

8.1.7 超声波检测的检验等级分为A、B、C三级，与现行国家标准《钢焊缝手工超声波探伤方法和探伤结果分级》GB/T 11345和现行行业标准《钢结构超声波探伤及质量分级法》JG/T 203基本相同，只是对B级的规定作了局部修改。修改的原因是上述两标准在此规定上对建筑钢结构而言存在缺陷，易增加漏检比例。GB 11345和JG/T 203中规定：B级检验采用一种角度探头在焊缝单面双侧检测。母材厚度大于100mm时，双面双侧检测。条件许可应作横向检测。但在钢结构中存在大量无法进行单面双侧检测的节点，为弥补这一缺陷本规范规定：受几何条件限制时，可在焊缝单面、单侧采用两种角度探头（两角度之差大于15°）进行检验。

8.1.8 本条实际上是引入允许不合格率的概念，事实上，在一批检查个数中要达到100%合格往往是不切实际的，既无必要，也浪费大量资源。本着安全、适度的原则，并根据近几年来钢结构焊缝检验的实际情况及数据统计，规定小于抽样数的2%时为合格，大于5%时为不合格，2%～5%之间时加倍抽检，不仅确保钢结构焊缝的质量安全，也反映了目前我国钢结构焊接施工水平。

本条为强制性条文，必须严格执行。

8.2 承受静荷载结构焊接质量的检验

8.2.1、8.2.2 外观检测包括焊缝外观缺陷检测和焊缝几何尺寸测量两部分。

8.2.3 无损检测必须在外观检测合格后进行。

裂纹可在焊接、焊缝冷却及以后相当长的一段时间内产生。Ⅰ、Ⅱ类钢材产生焊接延迟裂纹的可能性很小，因此规定在焊缝冷却到室温进行外观检测后即可进行无损检测。Ⅲ、Ⅳ类钢材若焊接工艺不当则具有产生焊缝延迟裂纹的可能性，且裂纹延迟时间较长，有些国外规范规定此类钢焊接裂纹的检查应在焊后48h进行。考虑到工厂存放条件、现场安装进度、工序衔接的限制以及随着时间延长，产生延迟裂纹的几率逐渐减小等因素，本规范对Ⅲ、Ⅳ类钢材及焊接难度等级为C、D级的结构，规定以24h后无损检测的结果作为验收的依据。对钢材标称屈服强度大于690MPa（调质状态）的钢材，考虑产生延迟裂纹的可能性更大，故规定以焊后48h的无损检测结果作为验收依据。

内部缺陷的检测一般可用超声波探伤和射线探伤。射线探伤具有直观性、一致性好的优点，但其成本高、操作程序复杂、检测周期长，尤其是钢结构中大多为T形接头和角接头，射线检测的效果差，且射线探伤对裂纹、未熔合等危害性缺陷的检出率低。超声波探伤则正好相反，操作程序简单、快速，对各种接头形式的适应性好，对裂纹、未熔合的检测灵敏度高，因此世界上很多国家对钢结构内部质量的控制采用超声波探伤。本规范原则规定钢结构焊缝内部缺陷的检测宜采用超声波探伤，如有特殊要求，可在设计图纸或订货合同中另行规定。

本规范将二级焊缝的局部检验定为抽样检验。这一方面是基于钢结构焊缝的特殊性；另一方面，目前我国推行全面质量管理已有多年的经验，采用抽样检测是可行的，在某种程度上更有利于提高产品质量。

8.2.4 目前钢结构节点设计大量采用局部熔透对接、角接及纯贴角焊缝的节点形式，除纯贴角焊缝节点形式的焊缝内部质量国内外尚无现行无损检测标准外，对于局部熔透对接及角接焊缝均可采用超声波方法进行检测，因此，应与全熔透焊一样对其焊缝的内部质量提出要求。

本条对承受静荷载结构焊缝的超声波检测灵敏度及评定缺陷的允许长度作了适当调整，放宽了评定尺度。这样做的主要目的：一是区别对待静载结构与动载结构焊缝的质量评定；二是尽量减少因不必要的返修造成的浪费及残余应力。

为此规范主编单位进行了大量的试验研究，对国内外相关标准如：《钢焊缝手工超声波探伤方法和探伤结果分级》GB/T 11345、《承压设备无损检测 第3部分：超声检测》JB/T 4730.3、《船舶钢焊缝超声波检测工艺和质量分级》CB/T 3559、《铁路钢桥制造规范》TB 10212、《公路桥涵施工技术规范》JTG/T F50、《起重机械无损检测 钢焊缝超声检测》JB/T 10559、《钢结构焊接规范》AWS D1.1/D1.1M、《超声波探伤评定验收标准》EN 1712、《焊接接头超声波探伤》EN 1714、《铁素体钢超声波检验方法》JIS Z 3060等以《钢焊缝手工超声波探伤方法和探伤结果分级》GB/T 11345为基础进行了对比试验（其中包括理论计算和模拟试验）。通过对试验结果的分析、比较得出如下结论：

《钢焊缝手工超声波探伤方法和探伤结果分级》GB/T 11345标准的检测灵敏度及缺陷评定等级在参与对比的标准中处于中等偏严的水平。

在参与对比的标准中《超声波探伤评定验收标准》EN 1712检测灵敏度最低。

在参与对比的标准中《钢结构焊接规范》AWS D1.1和《起重机械无损检测 钢焊缝超声检测》JB/T 10559标准在小于20mm范围内允许的单个缺陷长度最大，《超声波探伤评定验收标准》EN 1712在20mm～100mm范围内允许的单个缺陷长度最大。

参照上述对比结果，对《钢焊缝手工超声波探伤方法和探伤结果分级》GB/T 11345标准的检测灵敏度及缺陷评定等级进行了适当的调整，本规范中所采用的检测灵敏度及缺陷评定等级与《钢结构焊接规范》AWS D1.1/D1.1M标准相当。

对于目前在高层钢结构、大跨度桁架结构箱形柱（梁）制造中广泛采用的隔板电渣焊的检验，本规范参照日本标准《铁素体钢超声波检验方法》JIS Z 3060以附录的形式给出了探伤方法。

随着钢结构技术进步，对承受板厚方向荷载的厚板（$\delta \geqslant 40mm$）结构产生层状撕裂的原因认识越来越清晰，对材料的质量要求越来越明确。但近年来一些薄板结构（$\delta \leqslant 40mm$）出现层状撕裂问题，有的还造成严重的经济损失。针对这一现象本规范提出相应的检测要求，以杜绝类似情况的发生。

8.2.5 射线探伤作为钢结构内部缺陷检验的一种补充手段，在特殊情况采用，主要用于对接焊缝的检测，按现行国家标准《金属熔化焊焊接接头射线照相》GB/T 3323的有关规定执行。

8.2.6～8.2.8 表面检测主要是作为外观检查的一种补充手段，其目的主要是为了检查焊接裂纹，检测结果的评定按外观检验的有关要求验收。一般来说，磁粉探伤的灵敏度要比渗透检测高，特别是在钢结构中，要求作磁粉探伤的焊缝大部分为角焊缝，其中立焊缝的表面不规则，清理困难，渗透探伤效果差，且渗透探伤难度较大，费用高。因此，为了提高表面缺陷检出率，规定铁磁性材料制作的工件应尽可能采用磁粉检测方法进行检测。只有在因结构形状的原因（如探伤空间狭小）或材料的原因（如材质为奥氏体不锈钢）不能采用磁粉探伤时，宜采用渗透探伤。

8.3 需疲劳验算结构的焊缝质量检验

8.3.1～8.3.7 承受疲劳荷载结构的焊缝质量检验标准基本采用了现行行业标准《铁路钢桥制造规范》TB 10212及《公路桥涵施工技术规范》JTG/T F50的内容，只是增加了磁粉和渗透探伤作为检测表面缺陷的手段。

9 焊接补强与加固

9.0.1 我国现有的有关钢结构加固的技术标准为行业标准《钢结构检测评定及加固技术规程》YB 9257和中国工程建设标准化协会标准《钢结构加固技术规范》CECS 77，抗震设计规范有现行国家标准《建筑抗震设计规范》GB 50011和《构筑物抗震设计规范》GB 50191。为使原有钢结构焊接补强加固安全可靠、经济合理、施工方便、切合实际，加固方案应由设计、施工、业主三方结合，共同研究决定，以便于实践。

9.0.2 原始资料是加固设计必不可少的，是进行设计计算的重要依据。资料越完整，补强加固就越能做到经济合理、安全可靠。

9.0.3～9.0.5 钢材的时效性能系指随时间的推移，钢材的屈服强度增高塑性降低的现象。在对原结构钢材进行试验时应考虑这一影响。在加固设计时，不应考虑由于时效硬化而提高的屈服强度，仍按原有钢材的强度进行计算。当塑性显著降低，延伸率低于许可值时，其加固计算应按弹性阶段进行，即不应考虑内力重分布。对于有气相腐蚀介质作用的钢构件，当腐蚀较严重时，除应考虑腐蚀对原有截面的削弱外，根据已有资料，还应考虑钢材强度的降低。钢材强度的降低幅度与腐蚀介质的强弱有关，腐蚀介质的强弱程度按现行国家标准《工业建筑防腐蚀设计规范》GB 50046 确定。

9.0.7 在负荷状态下进行加固补强时，除必要的施工荷载和难于移动的固定设备或装置外，其他活动荷载都必须卸除。用圆钢、小角钢制成的轻钢结构因杆件截面较小，焊接加固时易使原有构件因焊接加热而丧失承载能力，所以不宜在负荷状态下采用焊接加固。特别是圆钢拉杆，更严禁在负荷状态下焊接加固。对原有结构构件中的应力限制主要参考原苏联的有关经验和国内的几个工程试验，同时还吸收了国内的钢结构加固工程经验。原苏联于 1987 年在《改建企业钢结构加固计算建议》中认为所有构件（不论承受静力荷载或是动力荷载）都可按内力重分布原则进行计算，仅对加固时原有构件的名义应力 σ^0（即不考虑次应力和残余应力，按弹性阶段计算的应力）与钢材强度设计值 f 的比值 β 限制如下：

$\beta=\dfrac{\sigma^0}{f}\leqslant 0.2$ 特重级动力荷载作用下的结构；

$\beta=\dfrac{\sigma^0}{f}\leqslant 0.4$ 对承受动力荷载，其极限塑性应变值为 0.001 的结构；

$\beta=\dfrac{\sigma^0}{f}\leqslant 0.8$ 对承受静力荷载，其极限塑性应变值为 0.002～0.004 的结构。

国内关于在负荷状态下焊接加固资料都提出了加固时原有构件中的应力极限值可以达到$(0.6\sim0.8)f$。而且在静态荷载下，都可按内力重分布原则进行计算。本章对在负荷状态下采用焊接加固时，规定对承受静态荷载的构件，原有构件中的名义应力不应大于钢材强度设计值的 80%，承受动态荷载时，原有构件中的名义应力不应大于强度设计值的 40%。其理由是：

1 原苏联的资料和我国的一些试验和加固工程实践都证明对承受静态荷载的构件取 $\beta\leqslant0.8$ 是可行的。对承受动态荷载的构件，因本规程不考虑内力重分布，故参考原苏联的经验，适当扩大应用范围，取 $\beta\leqslant0.4$。

2 在工程实际中要完全卸荷或大量卸荷一般都是难以实现的。在钢结构中，钢屋架是长期在高应力状态下工作的，因为大部分屋架所承受的荷载中，永久荷载大都占屋面总荷载的 80%左右，要卸掉这部分荷载（扒掉油毡、拆除大型屋面板）是比较困难的。若应力限制值取强度设计值的 80%，则大多数焊接加固工程都可以在负荷状态下进行。

9.0.8 $\beta\leqslant0.8$ 这一限制值虽然安全可靠，但仍然比较高，而且还须考虑在焊接过程中，焊接产生的高温会使一部分母材的强度和弹性模量在短时间内降低，故在施工过程中仍应根据具体情况采取必要的安全措施，以防万一。

9.0.9 负荷状态下实施焊接补强和加固是一项艰巨而复杂的工作。由于外部环境和条件差，影响因素多，比新建工程的困难更大，必须认真地进行施工组织设计。本条规定的各项要求是施工中应遵循的最基本事项，也是国内外实践经验的总结。按照要求执行，方能做到安全可靠、经济合理。

9.0.10 对有缺损的钢构件承载能力的评估可根据现行行业标准《钢结构检测评定及加固技术规程》YB 9257 进行。关于缺损的修补方法是总结国内外的经验而得到的。其中裂纹的修补是根据原苏联及国内的实践经验，用热加工矫正变形的温度限制值是参照美国《钢结构焊接规范》AWS D1.1 的规定。

9.0.11 焊缝缺陷的修补方法是根据国内实践经验提出的。采用加大焊缝厚度和加长焊缝长度两种方法来加固角焊缝都是行之有效的。国外资料介绍加长角焊缝长度时，对原有焊缝中的应力限值是不超过焊缝的计算强度。但加大角焊缝厚度时，由于焊接时的热影响会使部分焊缝暂时退出工作，从而降低了原有角焊缝的承载能力。所以对在负荷状态下加大角焊缝厚度时，必须对原有角焊缝中的应力加以限制。

我国有关单位的试验资料指出，焊缝加厚时，原有焊缝中的应力应限制在 $0.8f_f^w$ 以内。据原苏联 20 世纪 60 年代通过试验得出的结论是：加厚焊缝时，焊接接头的最大强度损失一般为 10%～20%。

根据近年来国内的试验研究，在负荷状态下加厚焊缝时，由于施焊时的热作用，在温度 $T\geqslant600$℃区域内的焊缝将退出工作，致使焊缝的平均强度降低。经计算分析并简化后引入了原焊缝在加固时的强度降低系数 η，详见现行中国工程建设标准化协会标准《钢结构加固技术规范》CECS 77 的相关规定。本规范引用了这条规定。

9.0.12 对称布置主要是使补强或加固的零件及焊缝受力均匀，新旧杆件易于共同工作。其他要求是为了避免加固焊缝对原有构件产生不利影响。

9.0.13 考虑铆钉或普通螺栓经焊接补强加固后不能

与焊缝共同工作，因此规定全部荷载应由焊缝承受，保证补强安全可靠。

9.0.14 先栓后焊的高强度螺栓摩擦型连接是可以和焊缝共同工作的，日本、美国、挪威等国以及ISO的钢结构设计规范均允许它们共同受力。这种共同工作也为我国的试验研究所证实。虽然我国钢结构设计规范还未纳入这一内容，但考虑在加固这一特定情况下是可以允许的。所以本条作出了可共同工作的原则规定。另外，根据国内的试验研究，加固后两种连接承载力的比例应在1.0～1.5范围内，否则荷载将主要由强的连接承担，弱的连接基本不起作用。

中华人民共和国国家标准

混凝土结构工程施工规范

Code for construction of concrete structures

GB 50666—2011

主编部门：中华人民共和国住房和城乡建设部
批准部门：中华人民共和国住房和城乡建设部
施行日期：２０１２年８月１日

中华人民共和国住房和城乡建设部
公　　告

第 1110 号

关于发布国家标准《混凝土结构工程施工规范》的公告

现批准《混凝土结构工程施工规范》为国家标准，编号为GB 50666－2011，自 2012 年 8 月 1 日起实施。其中，第 4.1.2、5.1.3、5.2.2、6.1.3、6.4.10、7.2.4（2）、7.2.10、7.6.3（1）、7.6.4、8.1.3 条（款）为强制性条文，必须严格执行。

本规范由我部标准定额研究所组织中国建筑工业出版社出版发行。

中华人民共和国住房和城乡建设部

2011 年 7 月 29 日

前　　言

本规范是根据原建设部《关于印发〈2007 年工程建设标准规范制订、修订计划（第一批）〉的通知》（建标［2007］125 号）的要求，由中国建筑科学研究院会同有关单位编制而成。

本规范是混凝土结构工程施工的通用标准，提出了混凝土结构工程施工管理和过程控制的基本要求。本规范在控制施工质量的同时，为贯彻执行国家技术经济政策，反映建筑领域可持续发展理念，加强了节能、节地、节水、节材与环境保护等要求。本规范积极采用了新技术、新工艺、新材料。

本规范在编制过程中，总结了近年来我国混凝土结构工程施工的实践经验和研究成果，借鉴了有关国际和国外先进标准，开展了多项专题研究，广泛地征求了有关方面的意见，对具体内容进行了反复讨论、协调和修改，最后经审查定稿。

本规范共分 11 章、6 个附录。主要内容是：总则，术语，基本规定，模板工程，钢筋工程，预应力工程，混凝土制备与运输，现浇结构工程，装配式结构工程，冬期、高温和雨期施工，环境保护等。

本规范中以黑体字标志的条文为强制性条文，必须严格执行。

本规范由住房和城乡建设部负责管理和对强制性条文的解释，由中国建筑科学研究院负责具体技术内容的解释。请各单位在本规范执行过程中，总结经验，积累资料，并将有关意见和建议寄送中国建筑科学研究院《混凝土结构工程施工规范》管理组（地址：北京市朝阳区北三环东路 30 号，邮政编码：100013，电子邮箱：concode@126.com），以便今后修订时参考。

本规范主编单位：中国建筑科学研究院

本规范参编单位：中国建筑第八工程局有限公司
上海建工集团股份有限公司
中国建筑第二工程局有限公司
中国建筑一局（集团）有限公司
中国中铁建工集团有限公司
浙江省长城建设集团股份有限公司
青建集团股份公司
北京市建设监理协会
中冶建筑研究总院有限公司
黑龙江省寒地建筑科学研究院
东南大学
同济大学
华中科技大学
北京榆构有限公司
瑞安房地产发展有限公司
沛丰建筑工程（上海）有限公司
北京东方建宇混凝土科学

技术研究院
浙江华威建材集团有限公司
西卡中国集团
广州市裕丰控股股份有限公司
柳州欧维姆机械股份有限公司

本规范主要起草人员：袁振隆　程志军　王玉岭　王沧州　王晓锋　王章夫　朱万旭　朱广祥　李小阳　李东彬　李宏伟　李景芳　肖绪文　吴月华　何晓阳　冷发光　张元勃　张同波　林晓辉　赵挺生　赵　勇　姜　波　耿树江　郭正兴　郭景强　龚　剑　蒋勤俭　赖宜政　路来军

本规范主要审查人员：叶可明　杨嗣信　胡德均　钟　波　艾永祥　赵玉章　张良杰　汪道金　张　琨　陈　浩　高俊岳　白生翔　韩素芳　徐有邻　李晨光　尤天直　郑文忠　冯　健　魏建东　丛小密　杨思忠

目 次

Contents

1 总 则

1.0.1 为在混凝土结构工程施工中贯彻国家技术经济政策，保证工程质量，做到技术先进、工艺合理、节约资源、保护环境，制定本规范。

1.0.2 本规范适用于建筑工程混凝土结构的施工，不适用于轻骨料混凝土及特殊混凝土的施工。

1.0.3 本规范为混凝土结构工程施工的基本要求；当设计文件对施工有专门要求时，尚应按设计文件执行。

1.0.4 混凝土结构工程的施工除应符合本规范外，尚应符合国家现行有关标准的规定。

2 术 语

2.0.1 混凝土结构 concrete structure

以混凝土为主制成的结构，包括素混凝土结构、钢筋混凝土结构和预应力混凝土结构，按施工方法可分为现浇混凝土结构和装配式混凝土结构。

2.0.2 现浇混凝土结构 cast-in-situ concrete structure

在现场原位支模并整体浇筑而成的混凝土结构，简称现浇结构。

2.0.3 装配式混凝土结构 precast concrete structure

由预制混凝土构件或部件装配、连接而成的混凝土结构，简称装配式结构。

2.0.4 混凝土拌合物工作性 workability of concrete

混凝土拌合物满足施工操作要求及保证混凝土均匀密实应具备的特性，主要包括流动性、黏聚性和保水性。简称混凝土工作性。

2.0.5 自密实混凝土 self-compacting concrete

无需外力振捣，能够在自重作用下流动并密实的混凝土。

2.0.6 先张法 pre-tensioning

在台座或模板上先张拉预应力筋并用夹具临时锚固，在浇筑混凝土并达到规定强度后，放张预应力筋而建立预应力的施工方法。

2.0.7 后张法 post-tensioning

结构构件混凝土达到规定强度后，张拉预应力筋并用锚具永久锚固而建立预应力的施工方法。

2.0.8 成型钢筋 fabricated steel bar

采用专用设备，按规定尺寸、形状预先加工成型的普通钢筋制品。

2.0.9 施工缝 construction joint

按设计要求或施工需要分段浇筑，先浇筑混凝土达到一定强度后继续浇筑混凝土所形成的接缝。

2.0.10 后浇带 post-cast strip

为适应环境温度变化、混凝土收缩、结构不均匀沉降等因素影响，在梁、板（包括基础底板）、墙等结构中预留的具有一定宽度且经过一定时间后再浇筑的混凝土带。

3 基 本 规 定

3.1 施 工 管 理

3.1.1 承担混凝土结构工程施工的施工单位应具备相应的资质，并应建立相应的质量管理体系、施工质量控制和检验制度。

3.1.2 施工项目部的机构设置和人员组成，应满足混凝土结构工程施工管理的需要。施工操作人员应经过培训，应具备各自岗位需要的基础知识和技能水平。

3.1.3 施工前，应由建设单位组织设计、施工、监理等单位对设计文件进行交底和会审。由施工单位完成的深化设计文件应经原设计单位确认。

3.1.4 施工单位应保证施工资料真实、有效、完整和齐全。施工项目技术负责人应组织施工全过程的资料编制、收集、整理和审核，并应及时存档、备案。

3.1.5 施工单位应根据设计文件和施工组织设计的要求制定具体的施工方案，并应经监理单位审核批准后组织实施。

3.1.6 混凝土结构工程施工前，施工单位应对施工现场可能发生的危害、灾害与突发事件制定应急预案。应急预案应进行交底和培训，必要时应进行演练。

3.2 施 工 技 术

3.2.1 混凝土结构工程施工前，应根据结构类型、特点和施工条件，确定施工工艺，并应做好各项准备工作。

3.2.2 对体形复杂、高度或跨度较大、地基情况复杂及施工环境条件特殊的混凝土结构工程，宜进行施工过程监测，并应及时调整施工控制措施。

3.2.3 混凝土结构工程施工中采用的新技术、新工艺、新材料、新设备，应按有关规定进行评审、备案。施工前应对新的或首次采用的施工工艺进行评价，制定专门的施工方案，并经监理单位核准。

3.2.4 混凝土结构工程施工中采用的专利技术，不应违反本规范的有关规定。

3.2.5 混凝土结构工程施工应采取有效的环境保护措施。

3.3 施工质量与安全

3.3.1 混凝土结构工程各工序的施工，应在前一道工序质量检查合格后进行。

3.3.2 在混凝土结构工程施工过程中，应及时进行自检、互检和交接检，其质量不应低于现行国家标准《混凝土结构工程施工质量验收规范》GB 50204 的有关规定。对检查中发现的质量问题，应按规定程序及时处理。

3.3.3 在混凝土结构工程施工过程中，对隐蔽工程应进行验收，对重要工序和关键部位应加强质量检查或进行测试，并应作出详细记录，同时宜留存图像资料。

3.3.4 混凝土结构工程施工使用的材料、产品和设备，应符合国家现行有关标准、设计文件和施工方案的规定。

3.3.5 材料、半成品和成品进场时，应对其规格、型号、外观和质量证明文件进行检查，并应按现行国家标准《混凝土结构工程施工质量验收规范》GB 50204 等的有关规定进行检验。

3.3.6 材料进场后，应按种类、规格、批次分开储存与堆放，并应标识明晰。储存与堆放条件不应影响材料品质。

3.3.7 混凝土结构工程施工前，施工单位应制定检测和试验计划，并应经监理（建设）单位批准后实施。监理（建设）单位应根据检测和试验计划制定见证计划。

3.3.8 施工中为各种检验目的所制作的试件应具有真实性和代表性，并应符合下列规定：

1 试件均应及时进行唯一性标识；

2 混凝土试件的抽样方法、抽样地点、抽样数量、养护条件、试验龄期应符合现行国家标准《混凝土结构工程施工质量验收规范》GB 50204、《混凝土强度检验评定标准》GB/T 50107 等的有关规定；混凝土试件的制作要求、试验方法应符合现行国家标准《普通混凝土力学性能试验方法标准》GB/T 50081 等的有关规定；

3 钢筋、预应力筋等试件的抽样方法、抽样数量、制作要求和试验方法应符合国家现行有关标准的规定。

3.3.9 施工现场应设置满足需要的平面和高程控制点作为确定结构位置的依据，其精度应符合规划、设计要求和施工需要，并应防止扰动。

3.3.10 混凝土结构工程施工中的安全措施、劳动保护、防火要求等，应符合国家现行有关标准的规定。

4 模板工程

4.1 一般规定

4.1.1 模板工程应编制专项施工方案。滑模、爬模等工具式模板工程及高大模板支架工程的专项施工方案，应进行技术论证。

4.1.2 模板及支架应根据施工过程中的各种工况进行设计，应具有足够的承载力和刚度，并应保证其整体稳固性。

4.1.3 模板及支架应保证工程结构和构件各部分形状、尺寸和位置准确，且应便于钢筋安装和混凝土浇筑、养护。

4.2 材 料

4.2.1 模板及支架材料的技术指标应符合国家现行有关标准的规定。

4.2.2 模板及支架宜选用轻质、高强、耐用的材料。连接件宜选用标准定型产品。

4.2.3 接触混凝土的模板表面应平整，并应具有良好的耐磨性和硬度；清水混凝土模板的面板材料应能保证脱模后所需的饰面效果。

4.2.4 脱模剂应能有效减小混凝土与模板间的吸附力，并应有一定的成膜强度，且不应影响脱模后混凝土表面的后期装饰。

4.3 设 计

4.3.1 模板及支架的形式和构造应根据工程结构形式、荷载大小、地基土类别、施工设备和材料供应等条件确定。

4.3.2 模板及支架设计应包括下列内容：

1 模板及支架的选型及构造设计；

2 模板及支架上的荷载及其效应计算；

3 模板及支架的承载力、刚度验算；

4 模板及支架的抗倾覆验算；

5 绘制模板及支架施工图。

4.3.3 模板及支架的设计应符合下列规定：

1 模板及支架的结构设计宜采用以分项系数表达的极限状态设计方法；

2 模板及支架的结构分析中所采用的计算假定和分析模型，应有理论或试验依据，或经工程验证可行；

3 模板及支架应根据施工过程中各种受力工况进行结构分析，并确定其最不利的作用效应组合；

4 承载力计算应采用荷载基本组合；变形验算可仅采用永久荷载标准值。

4.3.4 模板及支架设计时，应根据实际情况计算不同工况下的各项荷载及其组合。各项荷载的标准值可按本规范附录 A 确定。

4.3.5 模板及支架结构构件应按短暂设计状况进行承载力计算。承载力计算应符合下式要求：

$$\gamma_0 S \leqslant \frac{R}{\gamma_R} \tag{4.3.5}$$

式中：γ_0 ——结构重要性系数，对重要的模板及支架宜取 $\gamma_0 \geqslant 1.0$；对一般的模板及支架应取 $\gamma_0 \geqslant 0.9$；

S——模板及支架按荷载基本组合计算的效应设计值，可按本规范第4.3.6条的规定进行计算；

R——模板及支架结构构件的承载力设计值，应按国家现行有关标准计算；

γ_R——承载力设计值调整系数，应根据模板及支架重复使用情况取用，不应小于1.0。

4.3.6 模板及支架的荷载基本组合的效应设计值，可按下式计算：

$$S = 1.35\alpha \sum_{i \geqslant 1} S_{G_{ik}} + 1.4\psi_{cj} \sum_{j \geqslant 1} S_{Q_{jk}} \quad (4.3.6)$$

式中：$S_{G_{ik}}$——第i个永久荷载标准值产生的效应值；

$S_{Q_{jk}}$——第j个可变荷载标准值产生的效应值；

α——模板及支架的类型系数：对侧面模板，取0.9；对底面模板及支架，取1.0；

ψ_{cj}——第j个可变荷载的组合值系数，宜取$\psi_{cj} \geqslant 0.9$。

4.3.7 模板及支架承载力计算的各项荷载可按表4.3.7确定，并应采用最不利的荷载基本组合进行设计。参与组合的永久荷载应包括模板及支架自重（G_1）、新浇筑混凝土自重（G_2）、钢筋自重（G_3）及新浇筑混凝土对模板的侧压力（G_4）等；参与组合的可变荷载宜包括施工人员及施工设备产生的荷载（Q_1）、混凝土下料产生的水平荷载（Q_2）、泵送混凝土或不均匀堆载等因素产生的附加水平荷载（Q_3）及风荷载（Q_4）等。

表4.3.7 参与模板及支架承载力计算的各项荷载

计算内容		参与荷载项
模板	底面模板的承载力	$G_1+G_2+G_3+Q_1$
	侧面模板的承载力	G_4+Q_2
支架	支架水平杆及节点的承载力	$G_1+G_2+G_3+Q_1$
	立杆的承载力	$G_1+G_2+G_3+Q_1+Q_4$
	支架结构的整体稳定	$G_1+G_2+G_3+Q_1+Q_3$ $G_1+G_2+G_3+Q_1+Q_4$

注：表中的"+"仅表示各项荷载参与组合，而不表示代数相加。

4.3.8 模板及支架的变形验算应符合下列规定：

$$a_{fG} \leqslant a_{f,lim} \quad (4.3.8)$$

式中：a_{fG}——按永久荷载标准值计算的构件变形值；

$a_{f,lim}$——构件变形限值，按本规范第4.3.9条的规定确定。

4.3.9 模板及支架的变形限值应根据结构工程要求确定，并宜符合下列规定：

1 对结构表面外露的模板，其挠度限值宜取为模板构件计算跨度的1/400；

2 对结构表面隐蔽的模板，其挠度限值宜取为模板构件计算跨度的1/250；

3 支架的轴向压缩变形限值或侧向挠度限值，宜取为计算高度或计算跨度的1/1000。

4.3.10 支架的高宽比不宜大于3；当高宽比大于3时，应加强整体稳固性措施。

4.3.11 支架应按混凝土浇筑前和混凝土浇筑时两种工况进行抗倾覆验算。支架的抗倾覆验算应满足下式要求：

$$\gamma_0 M_o \leqslant M_r \quad (4.3.11)$$

式中：M_o——支架的倾覆力矩设计值，按荷载基本组合计算，其中永久荷载的分项系数取1.35，可变荷载的分项系数取1.4；

M_r——支架的抗倾覆力矩设计值，按荷载基本组合计算，其中永久荷载的分项系数取0.9，可变荷载的分项系数取0。

4.3.12 支架结构中钢构件的长细比不应超过表4.3.12规定的容许值。

表4.3.12 支架结构钢构件容许长细比

构件类别	容许长细比
受压构件的支架立柱及桁架	180
受压构件的斜撑、剪刀撑	200
受拉构件的钢杆件	350

4.3.13 多层楼板连续支模时，应分析多层楼板间荷载传递对支架和楼板结构的影响。

4.3.14 支架立柱或竖向模板支承在土层上时，应按现行国家标准《建筑地基基础设计规范》GB 50007的有关规定对土层进行验算；支架立柱或竖向模板支承在混凝土结构构件上时，应按现行国家标准《混凝土结构设计规范》GB 50010的有关规定对混凝土结构构件进行验算。

4.3.15 采用钢管和扣件搭设的支架设计时，应符合下列规定：

1 钢管和扣件搭设的支架宜采用中心传力方式；

2 单根立杆的轴力标准值不宜大于12kN，高大模板支架单根立杆的轴力标准值不宜大于10kN；

3 立杆顶部承受水平杆扣件传递的竖向荷载时，立杆应按不小于50mm的偏心距进行承载力验算，高大模板支架的立杆应按不小于100mm的偏心距进行承载力验算；

4 支承模板的顶部水平杆可按受弯构件进行承载力验算；

5 扣件抗滑移承载力验算可按现行行业标准《建筑施工扣件式钢管脚手架安全技术规范》JGJ 130的有关规定执行。

4.3.16 采用门式、碗扣式、盘扣式或盘销式等钢管架搭设的支架，应采用支架立柱杆端插入可调托座的中心传力方式，其承载力及刚度可按国家现行有关标准的规定进行验算。

4.4 制作与安装

4.4.1 模板应按图加工、制作。通用性强的模板宜制作成定型模板。

4.4.2 模板面板背楞的截面高度宜统一。模板制作与安装时，面板拼缝应严密。有防水要求的墙体，其模板对拉螺栓中部应设止水片，止水片应与对拉螺栓环焊。

4.4.3 与通用钢管支架匹配的专用支架，应按图加工、制作。搁置于支架顶端可调托座上的主梁，可采用木方、木工字梁或截面对称的型钢制作。

4.4.4 支架立柱和竖向模板安装在土层上时，应符合下列规定：

1 应设置具有足够强度和支承面积的垫板；

2 土层应坚实，并应有排水措施；对湿陷性黄土、膨胀土，应有防水措施；对冻胀性土，应有防冻胀措施；

3 对软土地基，必要时可采用堆载预压的方法调整模板面板安装高度。

4.4.5 安装模板时，应进行测量放线，并应采取保证模板位置准确的定位措施。对竖向构件的模板及支架，应根据混凝土一次浇筑高度和浇筑速度，采取竖向模板抗侧移、抗浮和抗倾覆措施。对水平构件的模板及支架，应结合不同的支架和模板面板形式，采取支架间、模板间及模板与支架间的有效拉结措施。对可能承受较大风荷载的模板，应采取防风措施。

4.4.6 对跨度不小于 4m 的梁、板，其模板施工起拱高度宜为梁、板跨度的 1/1000～3/1000。起拱不得减少构件的截面高度。

4.4.7 采用扣件式钢管作模板支架时，支架搭设应符合下列规定：

1 模板支架搭设所采用的钢管、扣件规格，应符合设计要求；立杆纵距、立杆横距、支架步距以及构造要求，应符合专项施工方案的要求。

2 立杆纵距、立杆横距不应大于 1.5m，支架步距不应大于 2.0m；立杆纵向和横向宜设置扫地杆，纵向扫地杆距立杆底部不宜大于 200mm，横向扫地杆宜设置在纵向扫地杆的下方；立杆底部宜设置底座或垫板。

3 立杆接长除顶层步距可采用搭接外，其余各层步距接头应采用对接扣件连接，两个相邻立杆的接头不应设置在同一步距内。

4 立杆步距的上下两端应设置双向水平杆，水平杆与立杆的交错点应采用扣件连接，双向水平杆与立杆的连接扣件之间的距离不应大于 150mm。

5 支架周边应连续设置竖向剪刀撑。支架长度或宽度大于 6m 时，应设置中部纵向或横向的竖向剪刀撑，剪刀撑的间距和单幅剪刀撑的宽度均不宜大于 8m，剪刀撑与水平杆的夹角宜为 45°～60°；支架高度大于 3 倍步距时，支架顶部宜设置一道水平剪刀撑，剪刀撑应延伸至周边。

6 立杆、水平杆、剪刀撑的搭接长度，不应小于 0.8m，且不应少于 2 个扣件连接，扣件盖板边缘至杆端不应小于 100mm。

7 扣件螺栓的拧紧力矩不应小于 40N·m，且不应大于 65N·m。

8 支架立杆搭设的垂直偏差不宜大于 1/200。

4.4.8 采用扣件式钢管作高大模板支架时，支架搭设除应符合本规范第 4.4.7 条的规定外，尚应符合下列规定：

1 宜在支架立杆顶端插入可调托座，可调托座螺杆外径不应小于 36mm，螺杆插入钢管的长度不应小于 150mm，螺杆伸出钢管的长度不应大于 300mm，可调托座伸出顶层水平杆的悬臂长度不应大于 500mm；

2 立杆纵距、横距不应大于 1.2m，支架步距不应大于 1.8m；

3 立杆顶层步距内采用搭接时，搭接长度不应小于 1m，且不应少于 3 个扣件连接；

4 立杆纵向和横向应设置扫地杆，纵向扫地杆距立杆底部不宜大于 200mm；

5 宜设置中部纵向或横向的竖向剪刀撑，剪刀撑的间距不宜大于 5m；沿支架高度方向搭设的水平剪刀撑的间距不宜大于 6m；

6 立杆的搭设垂直偏差不宜大于 1/200，且不宜大于 100mm；

7 应根据周边结构的情况，采取有效的连接措施加强支架整体稳固性。

4.4.9 采用碗扣式、盘扣式或盘销式钢管架作模板支架时，支架搭设应符合下列规定：

1 碗扣架、盘扣架或盘销架的水平杆与立柱的扣接应牢靠，不应滑脱；

2 立杆上的上、下层水平杆间距不应大于 1.8m；

3 插入立杆顶端可调托座伸出顶层水平杆的悬臂长度不应大于 650mm，螺杆插入钢管的长度不应小于 150mm，其直径应满足与钢管内径间隙不大于 6mm 的要求。架体最顶层的水平杆步距应比标准步距缩小一个节点间距；

4 立柱间应设置专用斜杆或扣件钢管斜杆加强模板支架。

4.4.10 采用门式钢管架搭设模板支架时，应符合现行行业标准《建筑施工门式钢管脚手架安全技术规范》JGJ 128 的有关规定。当支架高度较大或荷载较大时，主立杆钢管直径不宜小于 48mm，并应设水平加强杆。

4.4.11 支架的竖向斜撑和水平斜撑应与支架同步搭设，支架应与成型的混凝土结构拉结。钢管支架的竖向斜撑和水平斜撑的搭设，应符合国家现行有关钢管脚手架标准的规定。

4.4.12 对现浇多层、高层混凝土结构，上、下楼层模板支架的立杆宜对准。模板及支架杆件等应分散堆放。

4.4.13 模板安装应保证混凝土结构构件各部分形状、尺寸和相对位置准确，并应防止漏浆。

4.4.14 模板安装应与钢筋安装配合进行，梁柱节点的模板宜在钢筋安装后安装。

4.4.15 模板与混凝土接触面应清理干净并涂刷脱模剂，脱模剂不得污染钢筋和混凝土接槎处。

4.4.16 后浇带的模板及支架应独立设置。

4.4.17 固定在模板上的预埋件、预留孔和预留洞，均不得遗漏，且应安装牢固、位置准确。

4.5 拆除与维护

4.5.1 模板拆除时，可采取先支的后拆、后支的先拆，先拆非承重模板、后拆承重模板的顺序，并应从上而下进行拆除。

4.5.2 底模及支架应在混凝土强度达到设计要求后再拆除；当设计无具体要求时，同条件养护的混凝土立方体试件抗压强度应符合表4.5.2的规定。

表4.5.2 底模拆除时的混凝土强度要求

构件类型	构件跨度（m）	达到设计混凝土强度等级值的百分率（%）
板	≤2	≥50
	>2，≤8	≥75
	>8	≥100
梁、拱、壳	≤8	≥75
	>8	≥100
悬臂结构		≥100

4.5.3 当混凝土强度能保证其表面及棱角不受损伤时，方可拆除侧模。

4.5.4 多个楼层间连续支模的底层支架拆除时间，应根据连续支模的楼层间荷载分配和混凝土强度的增长情况确定。

4.5.5 快拆支架体系的支架立杆间距不应大于2m。拆模时，应保留立杆并顶托支承楼板，拆模时的混凝土强度可按本规范表4.5.2中构件跨度为2m的规定确定。

4.5.6 后张预应力混凝土结构构件，侧模宜在预应力筋张拉前拆除；底模及支架不应在结构构件建立预应力前拆除。

4.5.7 拆下的模板及支架杆件不得抛掷，应分散堆放在指定地点，并应及时清运。

4.5.8 模板拆除后应将其表面清理干净，对变形和损伤部位应进行修复。

4.6 质量检查

4.6.1 模板、支架杆件和连接件的进场检查，应符合下列规定：

1 模板表面应平整；胶合板模板的胶合层不应脱胶翘角；支架杆件应平直，应无严重变形和锈蚀；连接件应无严重变形和锈蚀，并不应有裂纹；

2 模板的规格和尺寸，支架杆件的直径和壁厚，及连接件的质量，应符合设计要求；

3 施工现场组装的模板，其组成部分的外观和尺寸，应符合设计要求；

4 必要时，应对模板、支架杆件和连接件的力学性能进行抽样检查；

5 应在进场时和周转使用前全数检查外观质量。

4.6.2 模板安装后应检查尺寸偏差。固定在模板上的预埋件、预留孔和预留洞，应检查其数量和尺寸。

4.6.3 采用扣件式钢管作模板支架时，质量检查应符合下列规定：

1 梁下支架立杆间距的偏差不宜大于50mm，板下支架立杆间距的偏差不宜大于100mm；水平杆间距的偏差不宜大于50mm。

2 应检查支架顶部承受模板荷载的水平杆与支架立杆连接的扣件数量，采用双扣件构造设置的抗滑移扣件，其上下应顶紧，间隙不应大于2mm。

3 支架顶部承受模板荷载的水平杆与支架立杆连接的扣件拧紧力矩，不应小于40N·m，且不应大于65 N·m；支架每步双向水平杆应与立杆扣接，不得缺失。

4.6.4 采用碗扣式、盘扣式或盘销式钢管架作模板支架时，质量检查应符合下列规定：

1 插入立杆顶端可调托座伸出顶层水平杆的悬臂长度，不应超过650mm；

2 水平杆杆端与立杆连接的碗扣、插接和盘销的连接状况，不应松脱；

3 按规定设置的竖向和水平斜撑。

5 钢筋工程

5.1 一般规定

5.1.1 钢筋工程宜采用专业化生产的成型钢筋。

5.1.2 钢筋连接方式应根据设计要求和施工条件选用。

5.1.3 当需要进行钢筋代换时，应办理设计变更文件。

5.2 材料

5.2.1 钢筋的性能应符合国家现行有关标准的规定。常用钢筋的公称直径、公称截面面积、计算截面面积及理论重量，应符合本规范附录B的规定。

5.2.2 对有抗震设防要求的结构，其纵向受力钢筋的性能应满足设计要求；当设计无具体要求时，对按一、二、三级抗震等级设计的框架和斜撑构件（含梯段）中的纵向受力普通钢筋应采用HRB335E、HRB400E、HRB500E、HRBF335E、HRBF400E或HRBF500E钢筋，其强度和最大力下总伸长率的实测值，应符合下列规定：

1 钢筋的抗拉强度实测值与屈服强度实测值的比值不应小于1.25；

2 钢筋的屈服强度实测值与屈服强度标准值的比值不应大于1.30；

3 钢筋的最大力下总伸长率不应小于9%。

5.2.3 施工过程中应采取防止钢筋混淆、锈蚀或损伤的措施。

5.2.4 施工中发现钢筋脆断、焊接性能不良或力学性能显著不正常等现象时，应停止使用该批钢筋，并应对该批钢筋进行化学成分检验或其他专项检验。

5.3 钢筋加工

5.3.1 钢筋加工前应将表面清理干净。表面有颗粒状、片状老锈或有损伤的钢筋不得使用。

5.3.2 钢筋加工宜在常温状态下进行，加工过程中不应对钢筋进行加热。钢筋应一次弯折到位。

5.3.3 钢筋宜采用机械设备进行调直，也可采用冷拉方法调直。当采用机械设备调直时，调直设备不应具有延伸功能。当采用冷拉方法调直时，HPB300光圆钢筋的冷拉率不宜大于4%；HRB335、HRB400、HRB500、HRBF335、HRBF400、HRBF500及RRB400带肋钢筋的冷拉率，不宜大于1%。钢筋调直过程中不应损伤带肋钢筋的横肋。调直后的钢筋应平直，不应有局部弯折。

5.3.4 钢筋弯折的弯弧内直径应符合下列规定：

1 光圆钢筋，不应小于钢筋直径的2.5倍；

2 335MPa级、400MPa级带肋钢筋，不应小于钢筋直径的4倍；

3 500MPa级带肋钢筋，当直径为28mm以下时不应小于钢筋直径的6倍，当直径为28mm及以上时不应小于钢筋直径的7倍；

4 位于框架结构顶层端节点处的梁上部纵向钢筋和柱外侧纵向钢筋，在节点角部弯折处，当钢筋直径为28mm以下时不宜小于钢筋直径的12倍，当钢筋直径为28mm及以上时不宜小于钢筋直径的16倍；

5 箍筋弯折处尚不应小于纵向受力钢筋直径；箍筋弯折处纵向受力钢筋为搭接钢筋或并筋时，应按钢筋实际排布情况确定箍筋弯弧内直径。

5.3.5 纵向受力钢筋的弯折后平直段长度应符合设计要求及现行国家标准《混凝土结构设计规范》GB 50010的有关规定。光圆钢筋末端作180°弯钩时，弯钩的弯折后平直段长度不应小于钢筋直径的3倍。

5.3.6 箍筋、拉筋的末端应按设计要求作弯钩，并应符合下列规定：

1 对一般结构构件，箍筋弯钩的弯折角度不应小于90°，弯折后平直段长度不应小于箍筋直径的5倍；对有抗震设防要求或设计有专门要求的结构构件，箍筋弯钩的弯折角度不应小于135°，弯折后平直段长度不应小于箍筋直径的10倍和75mm两者之中的较大值；

2 圆形箍筋的搭接长度不应小于其受拉锚固长度，且两末端均应作不小于135°的弯钩，弯折后平直段长度对一般结构构件不应小于箍筋直径的5倍，对有抗震设防要求的结构构件不应小于箍筋直径的10倍和75mm的较大值；

3 拉筋用作梁、柱复合箍筋中单肢箍筋或梁腰筋间拉结筋时，两端弯钩的弯折角度均不应小于135°，弯折后平直段长度应符合本条第1款对箍筋的有关规定；拉筋用作剪力墙、楼板等构件中拉结筋时，两端弯钩可采用一端135°另一端90°，弯折后平直段长度不应小于拉筋直径的5倍。

5.3.7 焊接封闭箍筋宜采用闪光对焊，也可采用气压焊或单面搭接焊，并宜采用专用设备进行焊接。焊接封闭箍筋下料长度和端头加工应按焊接工艺确定。焊接封闭箍筋的焊点设置，应符合下列规定：

1 每个箍筋的焊点数量应为1个，焊点宜位于多边形箍筋中的某边中部，且距箍筋弯折处的位置不宜小于100mm；

2 矩形柱箍筋焊点宜设在柱短边，等边多边形柱箍筋焊点可设在任一边；不等边多边形柱箍筋焊点应位于不同边上；

3 梁箍筋焊点应设置在顶边或底边。

5.3.8 当钢筋采用机械锚固措施时，钢筋锚固端的加工应符合国家现行相关标准的规定。采用钢筋锚固板时，应符合现行行业标准《钢筋锚固板应用技术规程》JGJ 256的有关规定。

5.4 钢筋连接与安装

5.4.1 钢筋接头宜设置在受力较小处；有抗震设防要求的结构中，梁端、柱端箍筋加密区范围内不宜设置钢筋接头，且不应进行钢筋搭接。同一纵向受力钢筋不宜设置两个或两个以上接头。接头末端至钢筋弯起点的距离，不应小于钢筋直径的10倍。

5.4.2 钢筋机械连接施工应符合下列规定：

1 加工钢筋接头的操作人员应经专业培训合格后上岗，钢筋接头的加工应经工艺检验合格后方可进行。

2 机械连接接头的混凝土保护层厚度宜符合现行国家标准《混凝土结构设计规范》GB 50010中受力钢筋的混凝土保护层最小厚度规定，且不得小于

15mm。接头之间的横向净间距不宜小于 25mm。

3 螺纹接头安装后应使用专用扭力扳手校核拧紧扭力矩。挤压接头压痕直径的波动范围应控制在允许波动范围内，并使用专用量规进行检验。

4 机械连接接头的适用范围、工艺要求、套筒材料及质量要求等应符合现行行业标准《钢筋机械连接技术规程》JGJ 107 的有关规定。

5.4.3 钢筋焊接施工应符合下列规定：

1 从事钢筋焊接施工的焊工应持有钢筋焊工考试合格证，并应按照合格证规定的范围上岗操作。

2 在钢筋工程焊接施工前，参与该项工程施焊的焊工应进行现场条件下的焊接工艺试验，经试验合格后，方可进行焊接。焊接过程中，如果钢筋牌号、直径发生变更，应再次进行焊接工艺试验。工艺试验使用的材料、设备、辅料及作业条件均应与实际施工一致。

3 细晶粒热轧钢筋及直径大于 28mm 的普通热轧钢筋，其焊接参数应经试验确定；余热处理钢筋不宜焊接。

4 电渣压力焊只应使用于柱、墙等构件中竖向受力钢筋的连接。

5 钢筋焊接接头的适用范围、工艺要求、焊条及焊剂选择、焊接操作及质量要求等应符合现行行业标准《钢筋焊接及验收规程》JGJ 18 的有关规定。

5.4.4 当纵向受力钢筋采用机械连接接头或焊接接头时，接头的设置应符合下列规定：

1 同一构件内的接头宜分批错开。

2 接头连接区段的长度为 $35d$，且不应小于 500mm，凡接头中点位于该连接区段长度内的接头均应属于同一连接区段；其中 d 为相互连接两根钢筋中较小直径。

3 同一连接区段内，纵向受力钢筋接头面积百分率为该区段内有接头的纵向受力钢筋截面面积与全部纵向受力钢筋截面面积的比值；纵向受力钢筋的接头面积百分率应符合下列规定：

1）受拉接头，不宜大于 50%；受压接头，可不受限制；

2）板、墙、柱中受拉机械连接接头，可根据实际情况放宽；装配式混凝土结构构件连接处受拉接头，可根据实际情况放宽；

3）直接承受动力荷载的结构构件中，不宜采用焊接；当采用机械连接时，不应超过 50%。

5.4.5 当纵向受力钢筋采用绑扎搭接接头时，接头的设置应符合下列规定：

1 同一构件内的接头宜分批错开。各接头的横向净间距 s 不应小于钢筋直径，且不应小于 25mm。

2 接头连接区段的长度为 1.3 倍搭接长度，凡接头中点位于该连接区段长度内的接头均应属于同一连接区段；搭接长度可取相互连接两根钢筋中较小直径计算。纵向受力钢筋的最小搭接长度应符合本规范附录 C 的规定。

3 同一连接区段内，纵向受力钢筋接头面积百分率为该区段内有接头的纵向受力钢筋截面面积与全部纵向受力钢筋截面面积的比值（图 5.4.5）；纵向受压钢筋的接头面积百分率可不受限制；纵向受拉钢筋的接头面积百分率应符合下列规定：

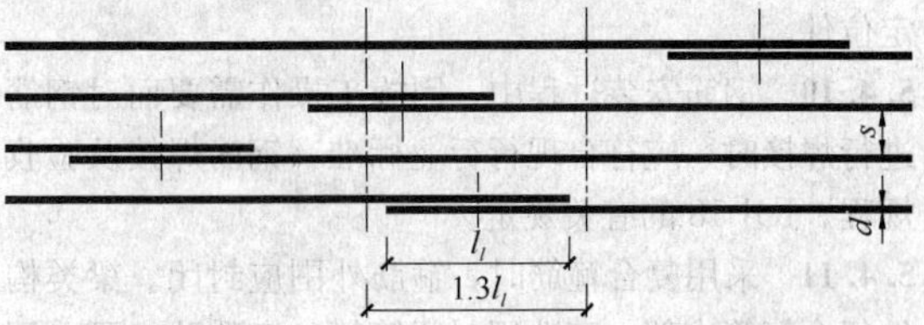
s
d
l_l
$1.3l_l$

图 5.4.5 钢筋绑扎搭接接头连接区段及接头面积百分率

注：图中所示搭接接头同一连接区段内的搭接钢筋为两根，当各钢筋直径相同时，接头面积百分率为 50%。

1）梁类、板类及墙类构件，不宜超过 25%；基础筏板，不宜超过 50%。

2）柱类构件，不宜超过 50%。

3）当工程中确有必要增大接头面积百分率时，对梁类构件，不应大于 50%；对其他构件，可根据实际情况适当放宽。

5.4.6 在梁、柱类构件的纵向受力钢筋搭接长度范围内应按设计要求配置箍筋，并应符合下列规定：

1 箍筋直径不应小于搭接钢筋较大直径的 25%；

2 受拉搭接区段的箍筋间距不应大于搭接钢筋较小直径的 5 倍，且不应大于 100mm；

3 受压搭接区段的箍筋间距不应大于搭接钢筋较小直径的 10 倍，且不应大于 200mm；

4 当柱中纵向受力钢筋直径大于 25mm 时，应在搭接接头两个端面外 100mm 范围内各设置两个箍筋，其间距宜为 50mm。

5.4.7 钢筋绑扎应符合下列规定：

1 钢筋的绑扎搭接接头应在接头中心和两端用铁丝扎牢；

2 墙、柱、梁钢筋骨架中各竖向面钢筋网交叉点应全数绑扎；板上部钢筋网的交叉点应全数绑扎，底部钢筋网除边缘部分外可间隔交错绑扎；

3 梁、柱的箍筋弯钩及焊接封闭箍筋的焊点应沿纵向受力钢筋方向错开设置；

4 构造柱纵向钢筋宜与承重结构同步绑扎；

5 梁及柱中箍筋、墙中水平分布钢筋、板中钢筋距构件边缘的起始距离宜为 50mm。

5.4.8 构件交接处的钢筋位置应符合设计要求。当设计无具体要求时，应保证主要受力构件和构件中主要受力方向的钢筋位置。框架节点处梁纵向受力钢筋宜放在柱纵向钢筋内侧；当主次梁底部标高相同时，次梁下部钢筋应放在主梁下部钢筋之上；剪力墙中水平分布钢筋宜放在外侧，并宜在墙端弯折锚固。

5.4.9 钢筋安装应采用定位件固定钢筋的位置，并宜采用专用定位件。定位件应具有足够的承载力、刚度、稳定性和耐久性。定位件的数量、间距和固定方式，应能保证钢筋的位置偏差符合国家现行有关标准的规定。混凝土框架梁、柱保护层内，不宜采用金属定位件。

5.4.10 钢筋安装过程中，因施工操作需要而对钢筋进行焊接时，应符合现行行业标准《钢筋焊接及验收规程》JGJ 18的有关规定。

5.4.11 采用复合箍筋时，箍筋外围应封闭。梁类构件复合箍筋内部，宜选用封闭箍筋，奇数肢也可采用单肢箍筋；柱类构件复合箍筋内部可部分采用单肢箍筋。

5.4.12 钢筋安装应采取防止钢筋受模板、模具内表面的脱模剂污染的措施。

5.5 质量检查

5.5.1 钢筋进场检查应符合下列规定：

1 应检查钢筋的质量证明文件；

2 应按国家现行有关标准的规定抽样检验屈服强度、抗拉强度、伸长率、弯曲性能及单位长度重量偏差；

3 经产品认证符合要求的钢筋，其检验批量可扩大一倍。在同一工程中，同一厂家、同一牌号、同一规格的钢筋连续三次进场检验均一次检验合格时，其后的检验批量可扩大一倍；

4 钢筋的外观质量；

5 当无法准确判断钢筋品种、牌号时，应增加化学成分、晶粒度等检验项目。

5.5.2 成型钢筋进场时，应检查成型钢筋的质量证明文件、成型钢筋所用材料质量证明文件及检验报告，并应抽样检验成型钢筋的屈服强度、抗拉强度、伸长率和重量偏差。检验批量可由合同约定，同一工程、同一原材料来源、同一组生产设备生产的成型钢筋，检验批量不宜大于30t。

5.5.3 钢筋调直后，应检查力学性能和单位长度重量偏差。但采用无延伸功能的机械设备调直的钢筋，可不进行本条规定的检查。

5.5.4 钢筋加工后，应检查尺寸偏差；钢筋安装后，应检查品种、级别、规格、数量及位置。

5.5.5 钢筋连接施工的质量检查应符合下列规定：

1 钢筋焊接和机械连接施工前均应进行工艺检验。机械连接应检查有效的型式检验报告。

2 钢筋焊接接头和机械连接接头应全数检查外观质量，搭接连接接头应抽检搭接长度。

3 螺纹接头应抽检拧紧扭矩值。

4 钢筋焊接施工中，焊工应及时自检。当发现焊接缺陷及异常现象时，应查找原因，并采取措施及时消除。

5 施工中应检查钢筋接头百分率。

6 应按现行行业标准《钢筋机械连接技术规程》JGJ 107、《钢筋焊接及验收规程》JGJ 18的有关规定抽取钢筋机械连接接头、焊接接头试件作力学性能检验。

6 预应力工程

6.1 一般规定

6.1.1 预应力工程应编制专项施工方案。必要时，施工单位应根据设计文件进行深化设计。

6.1.2 预应力工程施工应根据环境温度采取必要的质量保证措施，并应符合下列规定：

1 当工程所处环境温度低于－15℃时，不宜进行预应力筋张拉；

2 当工程所处环境温度高于35℃或日平均环境温度连续5日低于5℃时，不宜进行灌浆施工；当在环境温度高于35℃或日平均环境温度连续5日低于5℃条件下进行灌浆施工时，应采取专门的质量保证措施。

6.1.3 当预应力筋需要代换时，应进行专门计算，并应经原设计单位确认。

6.2 材料

6.2.1 预应力筋的性能应符合国家现行有关标准的规定。常用预应力筋的公称直径、公称截面面积、计算截面面积及理论重量应符合本规范附录B的规定。

6.2.2 预应力筋用锚具、夹具和连接器的性能，应符合现行国家标准《预应力筋用锚具、夹具和连接器》GB/T 14370的有关规定，其工程应用应符合现行行业标准《预应力筋用锚具、夹具和连接器应用技术规程》JGJ 85的有关规定。

6.2.3 后张预应力成孔管道的性能应符合国家现行有关标准的规定。

6.2.4 预应力筋等材料在运输、存放、加工、安装过程中，应采取防止其损伤、锈蚀或污染的措施，并应符合下列规定：

1 有粘结预应力筋展开后应平顺，不应有弯折，表面不应有裂纹、小刺、机械损伤、氧化铁皮和油污等；

2 预应力筋用锚具、夹具、连接器和锚垫板表面应无污物、锈蚀、机械损伤和裂纹；

3 无粘结预应力筋护套应光滑、无裂纹、无明显褶皱；

4 后张预应力用成孔管道内外表面应清洁，无锈蚀，不应有油污、孔洞和不规则的褶皱，咬口不应有开裂或脱落。

6.3 制作与安装

6.3.1 预应力筋的下料长度应经计算确定，并应采用砂轮锯或切断机等机械方法切断。预应力筋制作或安装时，不应用作接地线，并应避免焊渣或接地电火花的损伤。

6.3.2 无粘结预应力筋在现场搬运和铺设过程中，不应损伤其塑料护套。当出现轻微破损时，应及时采用防水胶带封闭；严重破损的不得使用。

6.3.3 钢绞线挤压锚具应采用配套的挤压机制作，挤压操作的油压最大值应符合使用说明书的规定。采用的摩擦衬套应沿挤压套筒全长均匀分布；挤压完成后，预应力筋外端露出挤压套筒不应少于1mm。

6.3.4 钢绞线压花锚具应采用专用的压花机制作成型，梨形头尺寸和直线锚固段长度不应小于设计值。

6.3.5 钢丝镦头及下料长度偏差应符合下列规定：

1 镦头的头型直径不宜小于钢丝直径的1.5倍，高度不宜小于钢丝直径；

2 镦头不应出现横向裂纹；

3 当钢丝束两端均采用镦头锚具时，同一束中各根钢丝长度的极差不应大于钢丝长度的1/5000，且不应大于5mm。当成组张拉长度不大于10m的钢丝时，同组钢丝长度的极差不得大于2mm。

6.3.6 成孔管道的连接应密封，并应符合下列规定：

1 圆形金属波纹管接长时，可采用大一规格的同波型波纹管作为接头管，接头管长度可取其内径的3倍，且不宜小于200mm，两端旋入长度宜相等，且接头管两端应采用防水胶带密封；

2 塑料波纹管接长时，可采用塑料焊接机热熔焊接或采用专用连接管；

3 钢管连接可采用焊接连接或套筒连接。

6.3.7 预应力筋或成孔管道应按设计规定的形状和位置安装，并应符合下列规定：

1 预应力筋或成孔管道应平顺，并与定位钢筋绑扎牢固。定位钢筋直径不宜小于10mm，间距不宜大于1.2m，板中无粘结预应力筋的定位间距可适当放宽，扁形管道、塑料波纹管或预应力筋曲线曲率较大处的定位间距，宜适当缩小。

2 凡施工时需要预先起拱的构件，预应力筋或成孔管道宜随构件同时起拱。

3 预应力筋或成孔管道控制点竖向位置允许偏差应符合表6.3.7的规定。

表6.3.7 预应力筋或成孔管道控制点竖向位置允许偏差

构件截面高（厚）度 h（mm）	$h\leqslant300$	$300<h\leqslant1500$	$h>1500$
允许偏差（mm）	±5	±10	±15

6.3.8 预应力筋和预应力孔道的间距和保护层厚度，应符合下列规定：

1 先张法预应力筋之间的净间距，不宜小于预应力筋公称直径或等效直径的2.5倍和混凝土粗骨料最大粒径的1.25倍，且对预应力钢丝、三股钢绞线和七股钢绞线分别不应小于15mm、20mm和25mm。当混凝土振捣密实性有可靠保证时，净间距可放宽至粗骨料最大粒径的1.0倍；

2 对后张法预制构件，孔道之间的水平净间距不宜小于50mm，且不宜小于粗骨料最大粒径的1.25倍；孔道至构件边缘的净间距不宜小于30mm，且不宜小于孔道外径的50%；

3 在现浇混凝土梁中，曲线孔道在竖直方向的净间距不应小于孔道外径，水平方向的净间距不宜小于孔道外径的1.5倍，且不应小于粗骨料最大粒径的1.25倍；从孔道外壁至构件边缘的净间距，梁底不宜小于50mm，梁侧不宜小于40mm；裂缝控制等级为三级的梁，从孔道外壁至构件边缘的净间距，梁底不宜小于60mm，梁侧不宜小于50mm；

4 预留孔道的内径宜比预应力束外径及需穿过孔道的连接器外径大6mm～15mm，且孔道的截面积宜为穿入预应力束截面积的3倍～4倍；

5 当有可靠经验并能保证混凝土浇筑质量时，预应力孔道可水平并列贴紧布置，但每一并列束中的孔道数量不应超过2个；

6 板中单根无粘结预应力筋的水平间距不宜大于板厚的6倍，且不宜大于1m；带状束的无粘结预应力筋根数不宜多于5根，束间距不宜大于板厚的12倍，且不宜大于2.4m；

7 梁中集束布置的无粘结预应力筋，束的水平净间距不宜小于50mm，束至构件边缘的净间距不宜小于40mm。

6.3.9 预应力孔道应根据工程特点设置排气孔、泌水孔及灌浆孔，排气孔可兼作泌水孔或灌浆孔，并应符合下列规定：

1 当曲线孔道波峰和波谷的高差大于300mm时，应在孔道波峰设置排气孔，排气孔间距不宜大于30m；

2 当排气孔兼作泌水孔时，其外接管伸出构件顶面高度不宜小于300mm。

6.3.10 锚垫板、局部加强钢筋和连接器应按设计要求的位置和方向安装牢固，并应符合下列规定：

1 锚垫板的承压面应与预应力筋或孔道曲线末端的切线垂直。预应力筋曲线起始点与张拉锚固点之间的直线段最小长度应符合表6.3.10的规定；

2 采用连接器接长预应力筋时，应全面检查连接器的所有零件，并应按产品技术手册要求操作；

3 内埋式固定端锚垫板不应重叠，锚具与锚垫板应贴紧。

表 6.3.10 预应力筋曲线起始点与张拉锚固点之间直线段最小长度

预应力筋张拉力 N(kN)	N≤1500	1500<N≤6000	N>6000
直线段最小长度（mm）	400	500	600

6.3.11 后张法有粘结预应力筋穿入孔道及其防护，应符合下列规定：

1 对采用蒸汽养护的预制构件，预应力筋应在蒸汽养护结束后穿入孔道；

2 预应力筋穿入孔道后至孔道灌浆的时间间隔不宜过长，当环境相对湿度大于60%或处于近海环境时，不宜超过14d；当环境相对湿度不大于60%时，不宜超过28d；

3 当不能满足本条第2款的规定时，宜对预应力筋采取防锈措施。

6.3.12 预应力筋等安装完成后，应做好成品保护工作。

6.3.13 当采用减摩材料降低孔道摩擦阻力时，应符合下列规定：

1 减摩材料不应对预应力筋、成孔管道及混凝土产生不利影响；

2 灌浆前应将减摩材料清除干净。

6.4 张拉和放张

6.4.1 预应力筋张拉前，应进行下列准备工作：

1 计算张拉力和张拉伸长值，根据张拉设备标定结果确定油泵压力表读数；

2 根据工程需要搭设安全可靠的张拉作业平台；

3 清理锚垫板和张拉端预应力筋，检查锚垫板后混凝土的密实性。

6.4.2 预应力筋张拉设备及压力表应定期维护和标定。张拉设备和压力表应配套标定和使用，标定期限不应超过半年。当使用过程中出现反常现象或张拉设备检修后，应重新标定。

注：1 压力表的量程应大于张拉工作压力读值，压力表的精确度等级不应低于1.6级；

2 标定张拉设备用的试验机或测力计的测力示值不确定度，不应大于1.0%；

3 张拉设备标定时，千斤顶活塞的运行方向应与实际张拉工作状态一致。

6.4.3 施加预应力时，混凝土强度应符合设计要求，且同条件养护的混凝土立方体抗压强度，应符合下列规定：

1 不应低于设计混凝土强度等级值的75%；

2 采用消除应力钢丝或钢绞线作为预应力筋的先张法构件，尚不应低于30MPa；

3 不应低于锚具供应商提供的产品技术手册要求的混凝土最低强度要求；

4 后张法预应力梁和板，现浇结构混凝土的龄期分别不宜小于7d和5d。

注：为防止混凝土早期裂缝而施加预应力时，可不受本条的限制，但应满足局部受压承载力的要求。

6.4.4 预应力筋的张拉控制应力应符合设计及专项施工方案的要求。当施工中需要超张拉时，调整后的张拉控制应力 σ_{con} 应符合下列规定：

1 消除应力钢丝、钢绞线：

$$\sigma_{con} \leqslant 0.80 f_{ptk} \quad (6.4.4\text{-}1)$$

2 中强度预应力钢丝：

$$\sigma_{con} \leqslant 0.75 f_{ptk} \quad (6.4.4\text{-}2)$$

3 预应力螺纹钢筋：

$$\sigma_{con} \leqslant 0.90 f_{pyk} \quad (6.4.4\text{-}3)$$

式中：σ_{con} ——预应力筋张拉控制应力；

f_{ptk} ——预应力筋极限强度标准值；

f_{pyk} ——预应力筋屈服强度标准值。

6.4.5 采用应力控制方法张拉时，应校核最大张拉力下预应力筋伸长值。实测伸长值与计算伸长值的偏差应控制在±6%之内，否则应查明原因并采取措施后再张拉。必要时，宜进行现场孔道摩擦系数测定，并可根据实测结果调整张拉控制力。预应力筋张拉伸长值的计算和实测值的确定及孔道摩擦系数的测定，可分别按本规范附录D、附录E的规定执行。

6.4.6 预应力筋的张拉顺序应符合设计要求，并应符合下列规定：

1 应根据结构受力特点、施工方便及操作安全等因素确定张拉顺序；

2 预应力筋宜按均匀、对称的原则张拉；

3 现浇预应力混凝土楼盖，宜先张拉楼板、次梁的预应力筋，后张拉主梁的预应力筋；

4 对预制屋架等平卧叠浇构件，应从上而下逐榀张拉。

6.4.7 后张预应力筋应根据设计和专项施工方案的要求采用一端或两端张拉。采用两端张拉时，宜两端同时张拉，也可一端先张拉锚固，另一端补张拉。当设计无具体要求时，应符合下列规定：

1 有粘结预应力筋长度不大于20m时，可一端张拉，大于20m时，宜两端张拉；预应力筋为直线形时，一端张拉的长度可延长至35m；

2 无粘结预应力筋长度不大于40m时，可一端张拉，大于40m时，宜两端张拉。

6.4.8 后张有粘结预应力筋应整束张拉。对直线形或平行编排的有粘结预应力钢绞线束，当能确保各根钢绞线不受叠压影响时，也可逐根张拉。

6.4.9 预应力筋张拉时，应从零拉力加载至初拉力后，量测伸长值初读数，再以均匀速率加载至张拉控制力。塑料波纹管内的预应力筋，张拉力达到张拉控制力后宜持荷2min～5min。

6.4.10 预应力筋张拉中应避免预应力筋断裂或滑脱。当发生断裂或滑脱时，应符合下列规定：

1 对后张法预应力结构构件，断裂或滑脱的数量严禁超过同一截面预应力筋总根数的3%，且每束钢丝或每根钢绞线不得超过一丝；对多跨双向连续板，其同一截面应按每跨计算；

2 对先张法预应力构件，在浇筑混凝土前发生断裂或滑脱的预应力筋必须更换。

6.4.11 锚固阶段张拉端预应力筋的内缩量应符合设计要求。当设计无具体要求时，应符合表6.4.11的规定。

表6.4.11 张拉端预应力筋的内缩量限值

锚具类别		内缩量限值（mm）
支承式锚具（螺母锚具、镦头锚具等）	螺母缝隙	1
	每块后加垫板的缝隙	1
夹片式锚具	有顶压	5
	无顶压	6～8

6.4.12 先张法预应力筋的放张顺序，应符合下列规定：

1 宜采取缓慢放张工艺进行逐根或整体放张；

2 对轴心受压构件，所有预应力筋宜同时放张；

3 对受弯或偏心受压的构件，应先同时放张预压应力较小区域的预应力筋，再同时放张预压应力较大区域的预应力筋；

4 当不能按本条第1～3款的规定放张时，应分阶段、对称、相互交错放张；

5 放张后，预应力筋的切断顺序，宜从张拉端开始依次切向另一端。

6.4.13 后张法预应力筋张拉锚固后，如遇特殊情况需卸锚时，应采用专门的设备和工具。

6.4.14 预应力筋张拉或放张时，应采取有效的安全防护措施，预应力筋两端正前方不得站人或穿越。

6.4.15 预应力筋张拉时，应对张拉力、压力表读数、张拉伸长值、锚固回缩值及异常情况处理等作出详细记录。

6.5 灌浆及封锚

6.5.1 后张法有粘结预应力筋张拉完毕并经检查合格后，应尽早进行孔道灌浆，孔道内水泥浆应饱满、密实。

6.5.2 后张法预应力筋锚固后的外露多余长度，宜采用机械方法切割，也可采用氧-乙炔焰切割，其外露长度不宜小于预应力筋直径的1.5倍，且不应小于30mm。

6.5.3 孔道灌浆前应进行下列准备工作：

1 应确认孔道、排气兼泌水管及灌浆孔畅通；对预埋管成型孔道，可采用压缩空气清孔；

2 应采用水泥浆、水泥砂浆等材料封闭端部锚具缝隙，也可采用封锚罩封闭外露锚具；

3 采用真空灌浆工艺时，应确认孔道系统的密封性。

6.5.4 配制水泥浆用水泥、水及外加剂除应符合国家现行有关标准的规定外，尚应符合下列规定：

1 宜采用普通硅酸盐水泥或硅酸盐水泥；

2 拌合用水和掺加的外加剂中不应含有对预应力筋或水泥有害的成分；

3 外加剂应与水泥作配合比试验并确定掺量。

6.5.5 灌浆用水泥浆应符合下列规定：

1 采用普通灌浆工艺时，稠度宜控制在12s～20s，采用真空灌浆工艺时，稠度宜控制在18s～25s；

2 水灰比不应大于0.45；

3 3h自由泌水率宜为0，且不应大于1%，泌水应在24h内全部被水泥浆吸收；

4 24h自由膨胀率，采用普通灌浆工艺时不应大于6%；采用真空灌浆工艺时不应大于3%；

5 水泥浆中氯离子含量不应超过水泥重量的0.06%；

6 28d标准养护的边长为70.7mm的立方体水泥浆试块抗压强度不应低于30MPa；

7 稠度、泌水率及自由膨胀率的试验方法应符合现行国家标准《预应力孔道灌浆剂》GB/T 25182的规定。

注：1 一组水泥浆试块由6个试块组成；

2 抗压强度为一组试块的平均值，当一组试块中抗压强度最大值或最小值与平均值相差超过20%时，应取中间4个试块强度的平均值。

6.5.6 灌浆用水泥浆的制备及使用，应符合下列规定：

1 水泥浆宜采用高速搅拌机进行搅拌，搅拌时间不应超过5min；

2 水泥浆使用前应经筛孔尺寸不大于1.2mm×1.2mm的筛网过滤；

3 搅拌后不能在短时间内灌入孔道的水泥浆，应保持缓慢搅动；

4 水泥浆应在初凝前灌入孔道，搅拌后至灌浆完毕的时间不宜超过30min。

6.5.7 灌浆施工应符合下列规定：

1 宜先灌注下层孔道，后灌注上层孔道；

2 灌浆应连续进行，直至排气管排除的浆体稠度与注浆孔处相同且无气泡后，再顺浆体流动方向依次封闭排气孔；全部出浆口封闭后，宜继续加压0.5MPa～0.7MPa，并应稳压1min～2min后封闭灌浆口；

3 当泌水较大时，宜进行二次灌浆和对泌水孔进行重力补浆；

4 因故中途停止灌浆时，应用压力水将未灌注完孔道内已注入的水泥浆冲洗干净。

6.5.8 真空辅助灌浆时，孔道抽真空负压宜稳定保持为0.08MPa～0.10MPa。

6.5.9 孔道灌浆应填写灌浆记录。

6.5.10 外露锚具及预应力筋应按设计要求采取可靠的保护措施。

6.6 质量检查

6.6.1 预应力工程材料进场检查应符合下列规定：

1 应检查规格、外观、尺寸及其质量证明文件；

2 应按现行国家有关标准的规定进行力学性能的抽样检验；

3 经产品认证符合要求的产品，其检验批量可扩大一倍。在同一工程中，同一厂家、同一品种、同一规格的产品连续三次进场检验均一次检验合格时，其后的检验批量可扩大一倍。

6.6.2 预应力筋的制作应进行下列检查：

1 采用镦头锚时的钢丝下料长度；

2 钢丝镦头外观、尺寸及头部裂纹；

3 挤压锚具制作时挤压记录和挤压锚具成型后锚具外预应力筋的长度；

4 钢绞线压花锚具的梨形头尺寸。

6.6.3 预应力筋、预留孔道、锚垫板和锚固区加强钢筋的安装应进行下列检查：

1 预应力筋的外观、品种、级别、规格、数量和位置等；

2 预留孔道的外观、规格、数量、位置、形状以及灌浆孔、排气兼泌水孔等；

3 锚垫板和局部加强钢筋的外观、品种、级别、规格、数量和位置等；

4 预应力筋锚具和连接器的外观、品种、规格、数量和位置等。

6.6.4 预应力筋张拉或放张应进行下列检查：

1 预应力筋张拉或放张时的同条件养护混凝土试块的强度；

2 预应力筋张拉记录；

3 先张法预应力筋张拉后与设计位置的偏差。

6.6.5 灌浆用水泥浆及灌浆应进行下列检查：

1 配合比设计阶段检查稠度、泌水率、自由膨胀率、氯离子含量和试块强度；

2 现场搅拌后检查稠度、泌水率，并根据验收规定检查试块强度；

3 灌浆质量检查灌浆记录。

6.6.6 封锚应进行下列检查：

1 锚具外的预应力筋长度；

2 凸出式封锚端尺寸；

3 封锚的表面质量。

7 混凝土制备与运输

7.1 一般规定

7.1.1 混凝土结构施工宜采用预拌混凝土。

7.1.2 混凝土制备应符合下列规定：

1 预拌混凝土应符合现行国家标准《预拌混凝土》GB 14902的有关规定；

2 现场搅拌混凝土宜采用具有自动计量装置的设备集中搅拌；

3 当不具备本条第1、2款规定的条件时，应采用符合现行国家标准《混凝土搅拌机》GB/T 9142的搅拌机进行搅拌，并应配备计量装置。

7.1.3 混凝土运输应符合下列规定：

1 混凝土宜采用搅拌运输车运输，运输车辆应符合国家现行有关标准的规定；

2 运输过程中应保证混凝土拌合物的均匀性和工作性；

3 应采取保证连续供应的措施，并应满足现场施工的需要。

7.2 原材料

7.2.1 混凝土原材料的主要技术指标应符合本规范附录F和国家现行有关标准的规定。

7.2.2 水泥的选用应符合下列规定：

1 水泥品种与强度等级应根据设计、施工要求，以及工程所处环境条件确定；

2 普通混凝土宜选用通用硅酸盐水泥；有特殊需要时，也可选用其他品种水泥；

3 有抗渗、抗冻融要求的混凝土，宜选用硅酸盐水泥或普通硅酸盐水泥；

4 处于潮湿环境的混凝土结构，当使用碱活性骨料时，宜采用低碱水泥。

7.2.3 粗骨料宜选用粒形良好、质地坚硬的洁净碎石或卵石，并应符合下列规定：

1 粗骨料最大粒径不应超过构件截面最小尺寸的1/4，且不应超过钢筋最小净间距的3/4；对实心混凝土板，粗骨料的最大粒径不宜超过板厚的1/3，且不应超过40mm；

2 粗骨料宜采用连续粒级，也可用单粒级组合成满足要求的连续粒级；

3 含泥量、泥块含量指标应符合本规范附录F的规定。

7.2.4 细骨料宜选用级配良好、质地坚硬、颗粒洁净的天然砂或机制砂，并应符合下列规定：

1 细骨料宜选用Ⅱ区中砂。当选用Ⅰ区砂时，应提高砂率，并应保持足够的胶凝材料用量，同时应满足混凝土的工作性要求；当采用Ⅲ区砂时，宜适当降低砂率；

2 混凝土细骨料中氯离子含量，对钢筋混凝土，按干砂的质量百分率计算不得大于0.06%；对预应力混凝土，按干砂的质量百分率计算不得大于0.02%；

3 含泥量、泥块含量指标应符合本规范附录F的规定；

4 海砂应符合现行行业标准《海砂混凝土应用技术规范》JGJ 206的有关规定。

7.2.5 强度等级为C60及以上的混凝土所用骨料，除应符合本规范第7.2.3和7.2.4条的规定外，尚应符合下列规定：

1 粗骨料压碎指标的控制值应经试验确定；

2 粗骨料最大粒径不宜大于25mm，针片状颗粒含量不应大于8.0%，含泥量不应大于0.5%，泥块含量不应大于0.2%；

3 细骨料细度模数宜控制为2.6～3.0，含泥量不应大于2.0%，泥块含量不应大于0.5%。

7.2.6 有抗渗、抗冻融或其他特殊要求的混凝土，宜选用连续级配的粗骨料，最大粒径不宜大于40mm，含泥量不应大于1.0%，泥块含量不应大于0.5%；所用细骨料含泥量不应大于3.0%，泥块含量不应大于1.0%。

7.2.7 矿物掺合料的选用应根据设计、施工要求，以及工程所处环境条件确定，其掺量应通过试验确定。

7.2.8 外加剂的选用应根据设计、施工要求，混凝土原材料性能以及工程所处环境条件等因素通过试验确定，并应符合下列规定：

1 当使用碱活性骨料时，由外加剂带入的碱含量（以当量氧化钠计）不宜超过1.0kg/m³，混凝土总碱含量尚应符合现行国家标准《混凝土结构设计规范》GB 50010等的有关规定；

2 不同品种外加剂首次复合使用时，应检验混凝土外加剂的相容性。

7.2.9 混凝土拌合及养护用水，应符合现行行业标准《混凝土用水标准》JGJ 63的有关规定。

7.2.10 未经处理的海水严禁用于钢筋混凝土结构和预应力混凝土结构中混凝土的拌制和养护。

7.2.11 原材料进场后，应按种类、批次分开储存与堆放，应标识明晰，并应符合下列规定：

1 散装水泥、矿物掺合料等粉体材料，应采用散装罐分开储存；袋装水泥、矿物掺合料、外加剂等，应按品种、批次分开码垛堆放，并应采取防雨、防潮措施，高温季节应有防晒措施。

2 骨料应按品种、规格分别堆放，不得混入杂物，并应保持洁净和颗粒级配均匀。骨料堆放场地的地面应做硬化处理，并应采取排水、防尘和防雨等措施。

3 液体外加剂应放置于阴凉干燥处，应防止日晒、污染、浸水，使用前应搅拌均匀；有离析、变色等现象时，应经检验合格后再使用。

7.3 混凝土配合比

7.3.1 混凝土配合比设计应经试验确定，并应符合下列规定：

1 应在满足混凝土强度、耐久性和工作性要求的前提下，减少水泥和水的用量；

2 当有抗冻、抗渗、抗氯离子侵蚀和化学腐蚀等耐久性要求时，尚应符合现行国家标准《混凝土结构耐久性设计规范》GB/T 50476的有关规定；

3 应分析环境条件对施工及工程结构的影响；

4 试配所用的原材料应与施工实际使用的原材料一致。

7.3.2 混凝土的配制强度应按下列规定计算：

1 当设计强度等级低于C60时，配制强度应按下式确定：

$$f_{cu,0} \geqslant f_{cu,k} + 1.645\sigma \tag{7.3.2-1}$$

式中：$f_{cu,0}$——混凝土的配制强度（MPa）；

$f_{cu,k}$——混凝土立方体抗压强度标准值（MPa）；

σ——混凝土强度标准差（MPa），应按本规范第7.3.3条确定。

2 当设计强度等级不低于C60时，配制强度应按下式确定：

$$f_{cu,0} \geqslant 1.15 f_{cu,k} \tag{7.3.2-2}$$

7.3.3 混凝土强度标准差应按下列规定计算确定：

1 当具有近期的同品种混凝土的强度资料时，其混凝土强度标准差σ应按下列公式计算：

$$\sigma = \sqrt{\frac{\sum_{i=1}^{n} f_{cu,i}^2 - nm_{f_{cu}}^2}{n-1}} \tag{7.3.3}$$

式中：$f_{cu,i}$——第i组的试件强度（MPa）；

$m_{f_{cu}}$——n组试件的强度平均值（MPa）；

n——试件组数，n值不应小于30。

2 按本条第1款计算混凝土强度标准差时：强度等级不高于C30的混凝土，计算得到的σ大于等于3.0MPa时，应按计算结果取值；计算得到的σ小于3.0MPa时，σ应取3.0MPa。强度等级高于C30且低于C60的混凝土，计算得到的σ大于等于4.0MPa时，应按计算结果取值；计算得到的σ小于4.0MPa时，σ应取4.0MPa。

3 当没有近期的同品种混凝土强度资料时，其混凝土强度标准差σ可按表7.3.3取用。

表 7.3.3 混凝土强度标准差 σ 值（MPa）

混凝土强度等级	≤C20	C25～C45	C50～C55
σ	4.0	5.0	6.0

7.3.4 混凝土的工作性指标应根据结构形式、运输方式和距离、泵送高度、浇筑和振捣方式，以及工程所处环境条件等确定。

7.3.5 混凝土最大水胶比和最小胶凝材料用量，应符合现行行业标准《普通混凝土配合比设计规程》JGJ 55 的有关规定。

7.3.6 当设计文件对混凝土提出耐久性指标时，应进行相关耐久性试验验证。

7.3.7 大体积混凝土的配合比设计，应符合下列规定：

1 在保证混凝土强度及工作性要求的前提下，应控制水泥用量，宜选用中、低水化热水泥，并宜掺加粉煤灰、矿渣粉；

2 温度控制要求较高的大体积混凝土，其胶凝材料用量、品种等宜通过水化热和绝热温升试验确定；

3 宜采用高性能减水剂。

7.3.8 混凝土配合比的试配、调整和确定，应按下列步骤进行：

1 采用工程实际使用的原材料和计算配合比进行试配。每盘混凝土试配量不应小于 20L；

2 进行试拌，并调整砂率和外加剂掺量等使拌合物满足工作性要求，提出试拌配合比；

3 在试拌配合比的基础上，调整胶凝材料用量，提出不少于 3 个配合比进行试配。根据试件的试压强度和耐久性试验结果，选定设计配合比；

4 应对选定的设计配合比进行生产适应性调整，确定施工配合比；

5 对采用搅拌运输车运输的混凝土，当运输时间较长时，试配时应控制混凝土坍落度经时损失值。

7.3.9 施工配合比应经技术负责人批准。在使用过程中，应根据反馈的混凝土动态质量信息对混凝土配合比及时进行调整。

7.3.10 遇有下列情况时，应重新进行配合比设计：

1 当混凝土性能指标有变化或有其他特殊要求时；

2 当原材料品质发生显著改变时；

3 同一配合比的混凝土生产间断三个月以上时。

7.4 混凝土搅拌

7.4.1 当粗、细骨料的实际含水量发生变化时，应及时调整粗、细骨料和拌合用水的用量。

7.4.2 混凝土搅拌时应对原材料用量准确计量，并应符合下列规定：

1 计量设备的精度应符合现行国家标准《混凝土搅拌站（楼）》GB 10171 的有关规定，并应定期校准。使用前设备应归零。

2 原材料的计量应按重量计，水和外加剂溶液可按体积计，其允许偏差应符合表 7.4.2 的规定。

表 7.4.2 混凝土原材料计量允许偏差（%）

原材料品种	水泥	细骨料	粗骨料	水	矿物掺合料	外加剂
每盘计量允许偏差	±2	±3	±3	±1	±2	±1
累计计量允许偏差	±1	±2	±2	±1	±1	±1

注：1 现场搅拌时原材料计量允许偏差应满足每盘计量允许偏差要求；
2 累计计量允许偏差指每一运输车中各盘混凝土的每种材料累计称量的偏差，该项指标仅适用于采用计算机控制计量的搅拌站；
3 骨料含水率应经常测定，雨、雪天施工应增加测定次数。

7.4.3 采用分次投料搅拌方法时，应通过试验确定投料顺序、数量及分段搅拌的时间等工艺参数。矿物掺合料宜与水泥同步投料，液体外加剂宜滞后于水和水泥投料；粉状外加剂宜溶解后再投料。

7.4.4 混凝土应搅拌均匀，宜采用强制式搅拌机搅拌。混凝土搅拌的最短时间可按表 7.4.4 采用，当能保证搅拌均匀时可适当缩短搅拌时间。搅拌强度等级 C60 及以上的混凝土时，搅拌时间应适当延长。

表 7.4.4 混凝土搅拌的最短时间（s）

混凝土坍落度（mm）	搅拌机机型	搅拌机出料量（L）		
		<250	250～500	>500
≤40	强制式	60	90	120
>40，且<100	强制式	60	60	90
≥100	强制式	60		

注：1 混凝土搅拌时间指从全部材料装入搅拌筒中起，到开始卸料时止的时间段；
2 当掺有外加剂与矿物掺合料时，搅拌时间应适当延长；
3 采用自落式搅拌机时，搅拌时间宜延长 30s；
4 当采用其他形式的搅拌设备时，搅拌的最短时间也可按设备说明书的规定或经试验确定。

7.4.5 对首次使用的配合比应进行开盘鉴定，开盘鉴定应包括下列内容：

1 混凝土的原材料与配合比设计所采用原材料的一致性；

2 出机混凝土工作性与配合比设计要求的一致性；

3 混凝土强度；

4 混凝土凝结时间；

5 工程有要求时，尚应包括混凝土耐久性能等。

7.5 混凝土运输

7.5.1 采用混凝土搅拌运输车运输混凝土时，应符合下列规定：

1 接料前，搅拌运输车应排净罐内积水；

2 在运输途中及等候卸料时，应保持搅拌运输车罐体正常转速，不得停转；

3 卸料前，搅拌运输车罐体宜快速旋转搅拌20s以上后再卸料。

7.5.2 采用搅拌运输车运输混凝土时，施工现场车辆出入口处应设置交通安全指挥人员，施工现场道路应顺畅，有条件时宜设置循环车道；危险区域应设置警戒标志；夜间施工时，应有良好的照明。

7.5.3 采用搅拌运输车运输混凝土，当混凝土坍落度损失较大不能满足施工要求时，可在运输车罐内加入适量的与原配合比相同成分的减水剂。减水剂加入量应事先由试验确定，并应作出记录。加入减水剂后，搅拌运输车罐体应快速旋转搅拌均匀，并应达到要求的工作性能后再泵送或浇筑。

7.5.4 当采用机动翻斗车运输混凝土时，道路应通畅，路面应平整、坚实，临时坡道或支架应牢固，铺板接头应平顺。

7.6 质量检查

7.6.1 原材料进场时，供方应对进场材料按材料进场验收所划分的检验批提供相应的质量证明文件，外加剂产品尚应提供使用说明书。当能确认连续进场的材料为同一厂家的同批出厂材料时，可按出厂的检验批提供质量证明文件。

7.6.2 原材料进场时，应对材料外观、规格、等级、生产日期等进行检查，并应对其主要技术指标按本规范第7.6.3条的规定划分检验批进行抽样检验，每个检验批检验不得少于1次。

经产品认证符合要求的水泥、外加剂，其检验批量可扩大一倍。在同一工程中，同一厂家、同一品种、同一规格的水泥、外加剂，连续三次进场检验均一次合格时，其后的检验批量可扩大一倍。

7.6.3 原材料进场质量检查应符合下列规定：

1 应对水泥的强度、安定性及凝结时间进行检验。同一生产厂家、同一等级、同一品种、同一批号且连续进场的水泥，袋装水泥不超过200t应为一批，散装水泥不超过500t应为一批。

2 应对粗骨料的颗粒级配、含泥量、泥块含量、针片状含量指标进行检验，压碎指标可根据工程需要进行检验，应对细骨料颗粒级配、含泥量、泥块含量指标进行检验。当设计文件有要求或结构处于易发生碱骨料反应环境中时，应对骨料进行碱活性检验。抗冻等级F100及以上的混凝土用骨料，应进行坚固性检验。骨料不超过400m³或600t为一检验批。

3 应对矿物掺合料细度（比表面积）、需水量比（流动度比）、活性指数（抗压强度比）、烧失量指标进行检验。粉煤灰、矿渣粉、沸石粉不超过200t应为一检验批，硅灰不超过30t应为一检验批。

4 应按外加剂产品标准规定对其主要匀质性指标和掺外加剂混凝土性能指标进行检验。同一品种外加剂不超过50t应为一检验批。

5 当采用饮用水作为混凝土用水时，可不检验。当采用中水、搅拌站清洗水或施工现场循环水等其他水源时，应对其成分进行检验。

7.6.4 当使用中水泥质量受不利环境影响或水泥出厂超过三个月（快硬硅酸盐水泥超过一个月）时，应进行复验，并应按复验结果使用。

7.6.5 混凝土在生产过程中的质量检查应符合下列规定：

1 生产前应检查混凝土所用原材料的品种、规格是否与施工配合比一致。在生产过程中应检查原材料实际称量误差是否满足要求，每一工作班应至少检查2次；

2 生产前应检查生产设备和控制系统是否正常、计量设备是否归零；

3 混凝土拌合物的工作性检查每100m³不应少于1次，且每一工作班不应少于2次，必要时可增加检查次数；

4 骨料含水率的检验每工作班不应少于1次；当雨雪天气等外界影响导致混凝土骨料含水率变化时，应及时检验。

7.6.6 混凝土应进行抗压强度试验。有抗冻、抗渗等耐久性要求的混凝土，还应进行抗冻性、抗渗性等耐久性指标的试验。其试件留置方法和数量，应按现行国家标准《混凝土结构工程施工质量验收规范》GB 50204的有关规定执行。

7.6.7 采用预拌混凝土时，供方应提供混凝土配合比通知单、混凝土抗压强度报告、混凝土质量合格证和混凝土运输单；当需要其他资料时，供需双方应在合同中明确约定。预拌混凝土质量控制资料的保存期限，应满足工程质量追溯的要求。

7.6.8 混凝土坍落度、维勃稠度的质量检查应符合下列规定：

1 坍落度和维勃稠度的检验方法，应符合现行国家标准《普通混凝土拌合物性能试验方法标准》GB/T 50080的有关规定；

2 坍落度、维勃稠度的允许偏差应符合表7.6.8的规定；

3 预拌混凝土的坍落度检查应在交货地点进行；

4 坍落度大于220mm的混凝土，可根据需要测定其坍落扩展度，扩展度的允许偏差为±30mm。

表 7.6.8 混凝土坍落度、维勃稠度的允许偏差

坍落度（mm）			
设计值（mm）	≤40	50～90	≥100
允许偏差（mm）	±10	±20	±30
维勃稠度（s）			
设计值（s）	≥11	10～6	≤5
允许偏差（s）	±3	±2	±1

7.6.9 掺引气剂或引气型外加剂的混凝土拌合物，应按现行国家标准《普通混凝土拌合物性能试验方法标准》GB/T 50080 的有关规定检验含气量，含气量宜符合表 7.6.9 的规定。

表 7.6.9 混凝土含气量限值

粗骨料最大公称粒径（mm）	混凝土含气量（%）
20	≤5.5
25	≤5.0
40	≤4.5

8 现浇结构工程

8.1 一 般 规 定

8.1.1 混凝土浇筑前应完成下列工作：

1 隐蔽工程验收和技术复核；

2 对操作人员进行技术交底；

3 根据施工方案中的技术要求，检查并确认施工现场具备实施条件；

4 施工单位填报浇筑申请单，并经监理单位签认。

8.1.2 混凝土拌合物入模温度不应低于 5℃，且不应高于 35℃。

8.1.3 混凝土运输、输送、浇筑过程中严禁加水；混凝土运输、输送、浇筑过程中散落的混凝土严禁用于混凝土结构构件的浇筑。

8.1.4 混凝土应布料均衡。应对模板及支架进行观察和维护，发生异常情况应及时进行处理。混凝土浇筑和振捣应采取防止模板、钢筋、钢构、预埋件及其定位件移位的措施。

8.2 混凝土输送

8.2.1 混凝土输送宜采用泵送方式。

8.2.2 混凝土输送泵的选择及布置应符合下列规定：

1 输送泵的选型应根据工程特点、混凝土输送高度和距离、混凝土工作性确定；

2 输送泵的数量应根据混凝土浇筑量和施工条件确定，必要时应设置备用泵；

3 输送泵设置的位置应满足施工要求，场地应平整、坚实，道路应畅通；

4 输送泵的作业范围不得有阻碍物；输送泵设置位置应有防范高空坠物的设施。

8.2.3 混凝土输送泵管与支架的设置应符合下列规定：

1 混凝土输送泵管应根据输送泵的型号、拌合物性能、总输出量、单位输出量、输送距离以及粗骨料粒径等进行选择；

2 混凝土粗骨料最大粒径不大于 25mm 时，可采用内径不小于 125mm 的输送泵管；混凝土粗骨料最大粒径不大于 40mm 时，可采用内径不小于 150mm 的输送泵管；

3 输送泵管安装连接应严密，输送泵管道转向宜平缓；

4 输送泵管应采用支架固定，支架应与结构牢固连接，输送泵管转向处支架应加密；支架应通过计算确定，设置位置的结构应进行验算，必要时应采取加固措施；

5 向上输送混凝土时，地面水平输送泵管的直管和弯管总的折算长度不宜小于竖向输送高度的 20%，且不宜小于 15m；

6 输送泵管倾斜或垂直向下输送混凝土，且高差大于 20m 时，应在倾斜或竖向管下端设置直管或弯管，直管或弯管总的折算长度不宜小于高差的 1.5 倍；

7 输送高度大于 100m 时，混凝土输送泵出料口处的输送泵管位置应设置截止阀；

8 混凝土输送泵管及其支架应经常进行检查和维护。

8.2.4 混凝土输送布料设备的设置应符合下列规定：

1 布料设备的选择应与输送泵相匹配；布料设备的混凝土输送管内径宜与混凝土输送泵管内径相同；

2 布料设备的数量及位置应根据布料设备工作半径、施工作业面大小以及施工要求确定；

3 布料设备应安装牢固，且应采取抗倾覆措施；布料设备安装位置处的结构或专用装置应进行验算，必要时应采取加固措施；

4 应经常对布料设备的弯管壁厚进行检查，磨损较大的弯管应及时更换；

5 布料设备作业范围不得有阻碍物，并应有防范高空坠物的设施。

8.2.5 输送混凝土的管道、容器、溜槽不应吸水、漏浆，并应保证输送通畅。输送混凝土时，应根据工程所处环境条件采取保温、隔热、防雨等措施。

8.2.6 输送泵输送混凝土应符合下列规定：

1 应先进行泵水检查，并应湿润输送泵的料斗、活塞等直接与混凝土接触的部位；泵水检查后，应清除输送泵内积水；

2　输送混凝土前，宜先输送水泥砂浆对输送泵和输送管进行润滑，然后开始输送混凝土；

3　输送混凝土应先慢后快、逐步加速，应在系统运转顺利后再按正常速度输送；

4　输送混凝土过程中，应设置输送泵集料斗网罩，并应保证集料斗有足够的混凝土余量。

8.2.7　吊车配备斗容器输送混凝土应符合下列规定：

1　应根据不同结构类型以及混凝土浇筑方法选择不同的斗容器；

2　斗容器的容量应根据吊车吊运能力确定；

3　运输至施工现场的混凝土宜直接装入斗容器进行输送；

4　斗容器宜在浇筑点直接布料。

8.2.8　升降设备配备小车输送混凝土应符合下列规定：

1　升降设备和小车的配备数量、小车行走路线及卸料点位置应能满足混凝土浇筑需要；

2　运输至施工现场的混凝土宜直接装入小车进行输送，小车宜在靠近升降设备的位置进行装料。

8.3　混凝土浇筑

8.3.1　浇筑混凝土前，应清除模板内或垫层上的杂物。表面干燥的地基、垫层、模板上应洒水湿润；现场环境温度高于35℃时，宜对金属模板进行洒水降温；洒水后不得留有积水。

8.3.2　混凝土浇筑应保证混凝土的均匀性和密实性。混凝土宜一次连续浇筑。

8.3.3　混凝土应分层浇筑，分层厚度应符合本规范第8.4.6条的规定，上层混凝土应在下层混凝土初凝之前浇筑完毕。

8.3.4　混凝土运输、输送入模的过程应保证混凝土连续浇筑，从运输到输送入模的延续时间不宜超过表8.3.4-1的规定，且不应超过表8.3.4-2的规定。掺早强型减水剂、早强剂的混凝土，以及有特殊要求的混凝土，应根据设计及施工要求，通过试验确定允许时间。

表 8.3.4-1　运输到输送入模的延续时间（min）

条　件	气　温	
	≤25℃	＞25℃
不掺外加剂	90	60
掺外加剂	150	120

表 8.3.4-2　运输、输送入模及其间歇总的时间限值（min）

条　件	气　温	
	≤25℃	＞25℃
不掺外加剂	180	150
掺外加剂	240	210

8.3.5　混凝土浇筑的布料点宜接近浇筑位置，应采取减少混凝土下料冲击的措施，并应符合下列规定：

1　宜先浇筑竖向结构构件，后浇筑水平结构构件；

2　浇筑区域结构平面有高差时，宜先浇筑低区部分，再浇筑高区部分。

8.3.6　柱、墙模板内的混凝土浇筑不得发生离析，倾落高度应符合表8.3.6的规定；当不能满足要求时，应加设串筒、溜管、溜槽等装置。

表 8.3.6　柱、墙模板内混凝土浇筑倾落高度限值（m）

条　件	浇筑倾落高度限值
粗骨料粒径大于25mm	≤3
粗骨料粒径小于等于25mm	≤6

注：当有可靠措施能保证混凝土不产生离析时，混凝土倾落高度可不受本表限制。

8.3.7　混凝土浇筑后，在混凝土初凝前和终凝前，宜分别对混凝土裸露表面进行抹面处理。

8.3.8　柱、墙混凝土设计强度等级高于梁、板混凝土设计强度等级时，混凝土浇筑应符合下列规定：

1　柱、墙混凝土设计强度比梁、板混凝土设计强度高一个等级时，柱、墙位置梁、板高度范围内的混凝土经设计单位确认，可采用与梁、板混凝土设计强度等级相同的混凝土进行浇筑；

2　柱、墙混凝土设计强度比梁、板混凝土设计强度高两个等级及以上时，应在交界区域采取分隔措施；分隔位置应在低强度等级的构件中，且距高强度等级构件边缘不应小于500mm；

3　宜先浇筑强度等级高的混凝土，后浇筑强度等级低的混凝土。

8.3.9　泵送混凝土浇筑应符合下列规定：

1　宜根据结构形状及尺寸、混凝土供应、混凝土浇筑设备、场地内外条件等划分每台输送泵的浇筑区域及浇筑顺序；

2　采用输送管浇筑混凝土时，宜由远而近浇筑；采用多根输送管同时浇筑时，其浇筑速度宜保持一致；

3　润滑输送管的水泥砂浆用于湿润结构施工缝时，水泥砂浆应与混凝土浆液成分相同；接浆厚度不应大于30mm，多余水泥砂浆应收集后运出；

4　混凝土泵送浇筑应连续进行；当混凝土不能及时供应时，应采取间歇泵送方式；

5　混凝土浇筑后，应清洗输送泵和输送管。

8.3.10　施工缝或后浇带处浇筑混凝土，应符合下列规定：

1　结合面应为粗糙面，并应清除浮浆、松动石子、软弱混凝土层；

2　结合面处应洒水湿润，但不得有积水；

3 施工缝处已浇筑混凝土的强度不应小于1.2MPa；

4 柱、墙水平施工缝水泥砂浆接浆层厚度不应大于30mm，接浆层水泥砂浆应与混凝土浆液成分相同；

5 后浇带混凝土强度等级及性能应符合设计要求；当设计无具体要求时，后浇带混凝土强度等级宜比两侧混凝土提高一级，并宜采用减少收缩的技术措施。

8.3.11 超长结构混凝土浇筑应符合下列规定：

1 可留设施工缝分仓浇筑，分仓浇筑间隔时间不应少于7d；

2 当留设后浇带时，后浇带封闭时间不得少于14d；

3 超长整体基础中调节沉降的后浇带，混凝土封闭时间应通过监测确定，应在差异沉降稳定后封闭后浇带；

4 后浇带的封闭时间尚应经设计单位确认。

8.3.12 型钢混凝土结构浇筑应符合下列规定：

1 混凝土粗骨料最大粒径不应大于型钢外侧混凝土保护层厚度的1/3，且不宜大于25mm；

2 浇筑应有足够的下料空间，并应使混凝土充盈整个构件各部位；

3 型钢周边混凝土浇筑宜同步上升，混凝土浇筑高差不应大于500mm。

8.3.13 钢管混凝土结构浇筑应符合下列规定：

1 宜采用自密实混凝土浇筑；

2 混凝土应采取减少收缩的技术措施；

3 钢管截面较小时，应在钢管壁适当位置留有足够的排气孔，排气孔孔径不应小于20mm；浇筑混凝土应加强排气孔观察，并应确认浆体流出和浇筑密实后再封堵排气孔；

4 当采用粗骨料粒径不大于25mm的高流态混凝土或粗骨料粒径不大于20mm的自密实混凝土时，混凝土最大倾落高度不宜大于9m；倾落高度大于9m时，宜采用串筒、溜槽、溜管等辅助装置进行浇筑；

5 混凝土从管顶向下浇筑时应符合下列规定：

1）浇筑应有足够的下料空间，并应使混凝土充盈整个钢管；

2）输送管端内径或斗容器下料口内径应小于钢管内径，且每边应留有不小于100mm的间隙；

3）应控制浇筑速度和单次下料量，并应分层浇筑至设计标高；

4）混凝土浇筑完毕后应对管口进行临时封闭。

6 混凝土从管底顶升浇筑时应符合下列规定：

1）应在钢管底部设置进料输送管，进料输送管应设止流阀门，止流阀门可在顶升浇筑的混凝土达到终凝后拆除；

2）应合理选择混凝土顶升浇筑设备；应配备上、下方通信联络工具，并应采取可有效控制混凝土顶升或停止的措施；

3）应控制混凝土顶升速度，并均衡浇筑至设计标高。

8.3.14 自密实混凝土浇筑应符合下列规定：

1 应根据结构部位、结构形状、结构配筋等确定合适的浇筑方案；

2 自密实混凝土粗骨料最大粒径不宜大于20mm；

3 浇筑应能使混凝土充填到钢筋、预埋件、预埋钢构件周边及模板内各部位；

4 自密实混凝土浇筑布料点应结合拌合物特性选择适宜的间距，必要时可通过试验确定混凝土布料点下料间距。

8.3.15 清水混凝土结构浇筑应符合下列规定：

1 应根据结构特点进行构件分区，同一构件分区应采用同批混凝土，并应连续浇筑；

2 同层或同区内混凝土构件所用材料牌号、品种、规格应一致，并应保证结构外观色泽符合要求；

3 竖向构件浇筑时应严格控制分层浇筑的间歇时间。

8.3.16 基础大体积混凝土结构浇筑应符合下列规定：

1 采用多条输送泵管浇筑时，输送泵管间距不宜大于10m，并宜由远及近浇筑；

2 采用汽车布料杆输送浇筑时，应根据布料杆工作半径确定布料点数量，各布料点浇筑速度应保持均衡；

3 宜先浇筑深坑部分再浇筑大面积基础部分；

4 宜采用斜面分层浇筑方法，也可采用全面分层、分块分层浇筑方法，层与层之间混凝土浇筑的间歇时间应能保证混凝土浇筑连续进行；

5 混凝土分层浇筑应采用自然流淌形成斜坡，并应沿高度均匀上升，分层厚度不宜大于500mm；

6 抹面处理应符合本规范第8.3.7条的规定，抹面次数宜适当增加；

7 应有排除积水或混凝土泌水的有效技术措施。

8.3.17 预应力结构混凝土浇筑应符合下列规定：

1 应避免成孔管道破损、移位或连接处脱落，并应避免预应力筋、锚具及锚垫板等移位；

2 预应力锚固区等配筋密集部位应采取保证混凝土浇筑密实的措施；

3 先张法预应力混凝土构件，应在张拉后及时浇筑混凝土。

8.4 混凝土振捣

8.4.1 混凝土振捣应能使模板内各个部位混凝土密实、均匀，不应漏振、欠振、过振。

8.4.2 混凝土振捣应采用插入式振动棒、平板振动器或附着振动器，必要时可采用人工辅助振捣。

8.4.3 振动棒振捣混凝土应符合下列规定：

1 应按分层浇筑厚度分别进行振捣，振动棒的前端应插入前一层混凝土中，插入深度不应小于50mm；

2 振动棒应垂直于混凝土表面并快插慢拔均匀振捣；当混凝土表面无明显塌陷、有水泥浆出现、不再冒气泡时，应结束该部位振捣；

3 振动棒与模板的距离不应大于振动棒作用半径的50%；振捣插点间距不应大于振动棒的作用半径的1.4倍。

8.4.4 平板振动器振捣混凝土应符合下列规定：

1 平板振动器振捣应覆盖振捣平面边角；

2 平板振动器移动间距应覆盖已振实部分混凝土边缘；

3 振捣倾斜表面时，应由低处向高处进行振捣。

8.4.5 附着振动器振捣混凝土应符合下列规定：

1 附着振动器应与模板紧密连接，设置间距应通过试验确定；

2 附着振动器应根据混凝土浇筑高度和浇筑速度，依次从下往上振捣；

3 模板上同时使用多台附着振动器时，应使各振动器的频率一致，并应交错设置在相对面的模板上。

8.4.6 混凝土分层振捣的最大厚度应符合表8.4.6的规定。

表8.4.6 混凝土分层振捣的最大厚度

振捣方法	混凝土分层振捣最大厚度
振动棒	振动棒作用部分长度的1.25倍
平板振动器	200mm
附着振动器	根据设置方式，通过试验确定

8.4.7 特殊部位的混凝土应采取下列加强振捣措施：

1 宽度大于0.3m的预留洞底部区域，应在洞口两侧进行振捣，并应适当延长振捣时间；宽度大于0.8m的洞口底部，应采取特殊的技术措施；

2 后浇带及施工缝边角处应加密振捣点，并应适当延长振捣时间；

3 钢筋密集区域或型钢与钢筋结合区域，应选择小型振动棒辅助振捣、加密振捣点，并应适当延长振捣时间；

4 基础大体积混凝土浇筑流淌形成的坡脚，不得漏振。

8.5 混凝土养护

8.5.1 混凝土浇筑后应及时进行保湿养护，保湿养护可采用洒水、覆盖、喷涂养护剂等方式。养护方式应根据现场条件、环境温湿度、构件特点、技术要求、施工操作等因素确定。

8.5.2 混凝土的养护时间应符合下列规定：

1 采用硅酸盐水泥、普通硅酸盐水泥或矿渣硅酸盐水泥配制的混凝土，不应少于7d；采用其他品种水泥时，养护时间应根据水泥性能确定；

2 采用缓凝型外加剂、大掺量矿物掺合料配制的混凝土，不应少于14d；

3 抗渗混凝土、强度等级C60及以上的混凝土，不应少于14d；

4 后浇带混凝土的养护时间不应少于14d；

5 地下室底层墙、柱和上部结构首层墙、柱，宜适当增加养护时间；

6 大体积混凝土养护时间应根据施工方案确定。

8.5.3 洒水养护应符合下列规定：

1 洒水养护宜在混凝土裸露表面覆盖麻袋或草帘后进行，也可采用直接洒水、蓄水等养护方式；洒水养护应保证混凝土表面处于湿润状态；

2 洒水养护用水应符合本规范第7.2.9条的规定；

3 当日最低温度低于5℃时，不应采用洒水养护。

8.5.4 覆盖养护应符合下列规定：

1 覆盖养护宜在混凝土裸露表面覆盖塑料薄膜、塑料薄膜加麻袋、塑料薄膜加草帘进行；

2 塑料薄膜应紧贴混凝土裸露表面，塑料薄膜内应保持有凝结水；

3 覆盖物应严密，覆盖物的层数应按施工方案确定。

8.5.5 喷涂养护剂养护应符合下列规定：

1 应在混凝土裸露表面喷涂覆盖致密的养护剂进行养护；

2 养护剂应均匀喷涂在结构构件表面，不得漏喷；养护剂应具有可靠的保湿效果，保湿效果可通过试验检验；

3 养护剂使用方法应符合产品说明书的有关要求。

8.5.6 基础大体积混凝土裸露表面应采用覆盖养护方式；当混凝土浇筑体表面以内40mm～100mm位置的温度与环境温度的差值小于25℃时，可结束覆盖养护。覆盖养护结束但尚未达到养护时间要求时，可采用洒水养护方式直至养护结束。

8.5.7 柱、墙混凝土养护方法应符合下列规定：

1 地下室底层和上部结构首层柱、墙混凝土带模养护时间，不应少于3d；带模养护结束后，可采用洒水养护方式继续养护，也可采用覆盖养护或喷涂养护剂养护方式继续养护；

2 其他部位柱、墙混凝土可采用洒水养护，也可采用覆盖养护或喷涂养护剂养护。

8.5.8 混凝土强度达到1.2MPa前，不得在其上踩踏、堆放物料、安装模板及支架。

8.5.9 同条件养护试件的养护条件应与实体结构部位养护条件相同，并应妥善保管。

8.5.10 施工现场应具备混凝土标准试件制作条件，并应设置标准试件养护室或养护箱。标准试件养护应符合国家现行有关标准的规定。

8.6 混凝土施工缝与后浇带

8.6.1 施工缝和后浇带的留设位置应在混凝土浇筑前确定。施工缝和后浇带宜留设在结构受剪力较小且便于施工的位置。受力复杂的结构构件或有防水抗渗要求的结构构件，施工缝留设位置应经设计单位确认。

8.6.2 水平施工缝的留设位置应符合下列规定：

1 柱、墙施工缝可留设在基础、楼层结构顶面，柱施工缝与结构上表面的距离宜为0mm～100mm，墙施工缝与结构上表面的距离宜为0mm～300mm；

2 柱、墙施工缝也可留设在楼层结构底面，施工缝与结构下表面的距离宜为0mm～50mm；当板下有梁托时，可留设在梁托下0mm～20mm；

3 高度较大的柱、墙、梁以及厚度较大的基础，可根据施工需要在其中部留设水平施工缝；当因施工缝留设改变受力状态而需要调整构件配筋时，应经设计单位确认；

4 特殊结构部位留设水平施工缝应经设计单位确认。

8.6.3 竖向施工缝和后浇带的留设位置应符合下列规定：

1 有主次梁的楼板施工缝应留设在次梁跨度中间1/3范围内；

2 单向板施工缝应留设在与跨度方向平行的任何位置；

3 楼梯梯段施工缝宜设置在梯段板跨度端部1/3范围内；

4 墙的施工缝宜设置在门洞口过梁跨中1/3范围内，也可留设在纵横墙交接处；

5 后浇带留设位置应符合设计要求；

6 特殊结构部位留设竖向施工缝应经设计单位确认。

8.6.4 设备基础施工缝留设位置应符合下列规定：

1 水平施工缝应低于地脚螺栓底端，与地脚螺栓底端的距离应大于150mm；当地脚螺栓直径小于30mm时，水平施工缝可留设在深度不小于地脚螺栓埋入混凝土部分总长度的3/4处。

2 竖向施工缝与地脚螺栓中心线的距离不应小于250mm，且不应小于螺栓直径的5倍。

8.6.5 承受动力作用的设备基础施工缝留设位置，应符合下列规定：

1 标高不同的两个水平施工缝，其高低结合处应留设成台阶形，台阶的高宽比不应大于1.0；

2 竖向施工缝或台阶形施工缝的断面处应加插钢筋，插筋数量和规格应由设计确定；

3 施工缝的留设应经设计单位确认。

8.6.6 施工缝、后浇带留设界面，应垂直于结构构件和纵向受力钢筋。结构构件厚度或高度较大时，施工缝或后浇带界面宜采用专用材料封挡。

8.6.7 混凝土浇筑过程中，因特殊原因需临时设置施工缝时，施工缝留设应规整，并宜垂直于构件表面，必要时可采取增加插筋、事后修凿等技术措施。

8.6.8 施工缝和后浇带应采取钢筋防锈或阻锈等保护措施。

8.7 大体积混凝土裂缝控制

8.7.1 大体积混凝土宜采用后期强度作为配合比设计、强度评定及验收的依据。基础混凝土，确定混凝土强度时的龄期可取为60d（56d）或90d；柱、墙混凝土强度等级不低于C80时，确定混凝土强度时的龄期可取为60d（56d）。确定混凝土强度时采用大于28d的龄期时，龄期应经设计单位确认。

8.7.2 大体积混凝土施工配合比设计应符合本规范第7.3.7条的规定，并应加强混凝土养护。

8.7.3 大体积混凝土施工时，应对混凝土进行温度控制，并应符合下列规定：

1 混凝土入模温度不宜大于30℃；混凝土浇筑体最大温升值不宜大于50℃。

2 在覆盖养护或带模养护阶段，混凝土浇筑体表面以内40mm～100mm位置处的温度与混凝土浇筑体表面温度差值不应大于25℃；结束覆盖养护或拆模后，混凝土浇筑体表面以内40mm～100mm位置处的温度与环境温度差值不应大于25℃。

3 混凝土浇筑体内部相邻两测温点的温度差值不应大于25℃。

4 混凝土降温速率不宜大于2.0℃/d；当有可靠经验时，降温速率要求可适当放宽。

8.7.4 基础大体积混凝土测温点设置应符合下列规定：

1 宜选择具有代表性的两个交叉竖向剖面进行测温，竖向剖面交叉位置宜通过基础中部区域。

2 每个竖向剖面的周边及以内部位应设置测温点，两个竖向剖面交叉处应设置测温点；混凝土浇筑体表面测温点应设置在保温覆盖层底部或模板内侧表面，并应与两个剖面上的周边测温点位置及数量对应；环境测温点不应少于2处。

3 每个剖面的周边测温点应设置在混凝土浇筑体表面以内40mm～100mm位置处；每个剖面的测温点宜竖向、横向对齐；每个剖面竖向设置的测温点不应少于3处，间距不应小于0.4m且不宜大于1.0m；每个剖面横向设置的测温点不应少于4处，间距不应小于0.4m且不应大于10m。

4 对基础厚度不大于1.6m，裂缝控制技术措施完善的工程，可不进行测温。

8.7.5 柱、墙、梁大体积混凝土测温点设置应符合下列规定：

1 柱、墙、梁结构实体最小尺寸大于2m，且混凝土强度等级不低于C60时，应进行测温。

2 宜选择沿构件纵向的两个横向剖面进行测温，每个横向剖面的周边及中部区域应设置测温点；混凝土浇筑体表面测温点应设置在模板内侧表面，并应与两个剖面上的周边测温点位置及数量对应；环境测温点不应少于1处。

3 每个横向剖面的周边测温点应设置在混凝土浇筑体表面以内40mm～100mm位置处；每个横向剖面的测温点宜对齐；每个剖面的测温点不应少于2处，间距不应小于0.4m且不宜大于1.0m。

4 可根据第一次测温结果，完善温差控制技术措施，后续施工可不进行测温。

8.7.6 大体积混凝土测温应符合下列规定：

1 宜根据每个测温点被混凝土初次覆盖时的温度确定各测点部位混凝土的入模温度；

2 浇筑体周边表面以内测温点、浇筑体表面测温点、环境测温点的测温，应与混凝土浇筑、养护过程同步进行；

3 应按测温频率要求及时提供测温报告，测温报告应包含各测温点的温度数据、温差数据、代表点位的温度变化曲线、温度变化趋势分析等内容；

4 混凝土浇筑体表面以内40mm～100mm位置的温度与环境温度的差值小于20℃时，可停止测温。

8.7.7 大体积混凝土测温频率应符合下列规定：

1 第一天至第四天，每4h不应少于一次；

2 第五天至第七天，每8h不应少于一次；

3 第七天至测温结束，每12h不应少于一次。

8.8 质量检查

8.8.1 混凝土结构施工质量检查可分为过程控制检查和拆模后的实体质量检查。过程控制检查应在混凝土施工全过程中，按施工段划分和工序安排及时进行；拆模后的实体质量检查应在混凝土表面未作处理和装饰前进行。

8.8.2 混凝土结构施工的质量检查，应符合下列规定：

1 检查的频率、时间、方法和参加检查的人员，应根据质量控制的需要确定。

2 施工单位应对完成施工的部位或成果的质量进行自检，自检应全数检查。

3 混凝土结构施工质量检查应作出记录；返工和修补的构件，应有返工修补前后的记录，并应有图像资料。

4 已经隐蔽的工程内容，可检查隐蔽工程验收记录。

5 需要对混凝土结构的性能进行检验时，应委托有资质的检测机构检测，并应出具检测报告。

8.8.3 混凝土浇筑前应检查混凝土送料单，核对混凝土配合比，确认混凝土强度等级，检查混凝土运输时间，测定混凝土坍落度，必要时还应测定混凝土扩展度。

8.8.4 混凝土结构施工过程中，应进行下列检查：

1 模板：

1）模板及支架位置、尺寸；

2）模板的变形和密封性；

3）模板涂刷脱模剂及必要的表面湿润；

4）模板内杂物清理。

2 钢筋及预埋件：

1）钢筋的规格、数量；

2）钢筋的位置；

3）钢筋的混凝土保护层厚度；

4）预埋件规格、数量、位置及固定。

3 混凝土拌合物：

1）坍落度、入模温度等；

2）大体积混凝土的温度测控。

4 混凝土施工：

1）混凝土输送、浇筑、振捣等；

2）混凝土浇筑时模板的变形、漏浆等；

3）混凝土浇筑时钢筋和预埋件位置；

4）混凝土试件制作；

5）混凝土养护。

8.8.5 混凝土结构拆除模板后应进行下列检查：

1 构件的轴线位置、标高、截面尺寸、表面平整度、垂直度；

2 预埋件的数量、位置；

3 构件的外观缺陷；

4 构件的连接及构造做法；

5 结构的轴线位置、标高、全高垂直度。

8.8.6 混凝土结构拆模后实体质量检查方法与判定，应符合现行国家标准《混凝土结构工程施工质量验收规范》GB 50204等的有关规定。

8.9 混凝土缺陷修整

8.9.1 混凝土结构缺陷可分为尺寸偏差缺陷和外观缺陷。尺寸偏差缺陷和外观缺陷可分为一般缺陷和严重缺陷。混凝土结构尺寸偏差超出规范规定，但尺寸偏差对结构性能和使用功能未构成影响时，应属于一般缺陷；而尺寸偏差对结构性能和使用功能构成影响时，应属于严重缺陷。外观缺陷分类应符合表8.9.1的规定。

表 8.9.1 混凝土结构外观缺陷分类

名称	现象	严重缺陷	一般缺陷
露筋	构件内钢筋未被混凝土包裹而外露	纵向受力钢筋有露筋	其他钢筋有少量露筋
蜂窝	混凝土表面缺少水泥砂浆而形成石子外露	构件主要受力部位有蜂窝	其他部位有少量蜂窝
孔洞	混凝土中孔穴深度和长度均超过保护层厚度	构件主要受力部位有孔洞	其他部位有少量孔洞
夹渣	混凝土中夹有杂物且深度超过保护层厚度	构件主要受力部位有夹渣	其他部位有少量夹渣
疏松	混凝土中局部不密实	构件主要受力部位有疏松	其他部位有少量疏松
裂缝	缝隙从混凝土表面延伸至混凝土内部	构件主要受力部位有影响结构性能或使用功能的裂缝	其他部位有少量不影响结构性能或使用功能的裂缝
连接部位缺陷	构件连接处混凝土有缺陷及连接钢筋、连接件松动	连接部位有影响结构传力性能的缺陷	连接部位有基本不影响结构传力性能的缺陷
外形缺陷	缺棱掉角、棱角不直、翘曲不平、飞边凸肋等	清水混凝土构件有影响使用功能或装饰效果的外形缺陷	其他混凝土构件有不影响使用功能的外形缺陷
外表缺陷	构件表面麻面、掉皮、起砂、沾污等	具有重要装饰效果的清水混凝土构件有外表缺陷	其他混凝土构件有不影响使用功能的外表缺陷

8.9.2 施工过程中发现混凝土结构缺陷时，应认真分析缺陷产生的原因。对严重缺陷施工单位应制定专项修整方案，方案应经论证审批后再实施，不得擅自处理。

8.9.3 混凝土结构外观一般缺陷修整应符合下列规定：

1 露筋、蜂窝、孔洞、夹渣、疏松、外表缺陷，应凿除胶结不牢固部分的混凝土，应清理表面，洒水湿润后应用1：2～1：2.5水泥砂浆抹平；

2 应封闭裂缝；

3 连接部位缺陷、外形缺陷可与面层装饰施工一并处理。

8.9.4 混凝土结构外观严重缺陷修整应符合下列规定：

1 露筋、蜂窝、孔洞、夹渣、疏松、外表缺陷，应凿除胶结不牢固部分的混凝土至密实部位，清理表面，支设模板，洒水湿润，涂抹混凝土界面剂，应采用比原混凝土强度等级高一级的细石混凝土浇筑密实，养护时间不应少于7d。

2 开裂缺陷修整应符合下列规定：

1）民用建筑的地下室、卫生间、屋面等接触水介质的构件，均应注浆封闭处理。民用建筑不接触水介质的构件，可采用注浆封闭、聚合物砂浆粉刷或其他表面封闭材料进行封闭。

2）无腐蚀介质工业建筑的地下室、屋面、卫生间等接触水介质的构件，以及有腐蚀介质的所有构件，均应注浆封闭处理。无腐蚀介质工业建筑不接触水介质的构件，可采用注浆封闭、聚合物砂浆粉刷或其他表面封闭材料进行封闭。

3 清水混凝土的外形和外表严重缺陷，宜在水泥砂浆或细石混凝土修补后用磨光机械磨平。

8.9.5 混凝土结构尺寸偏差一般缺陷，可结合装饰工程进行修整。

8.9.6 混凝土结构尺寸偏差严重缺陷，应会同设计单位共同制定专项修整方案，结构修整后应重新检查验收。

9 装配式结构工程

9.1 一般规定

9.1.1 装配式结构工程应编制专项施工方案。必要时，专业施工单位应根据设计文件进行深化设计。

9.1.2 装配式结构正式施工前，宜选择有代表性的单元或部分进行试制作、试安装。

9.1.3 预制构件的吊运应符合下列规定：

1 应根据预制构件形状、尺寸、重量和作业半径等要求选择吊具和起重设备，所采用的吊具和起重设备及其施工操作，应符合国家现行有关标准及产品应用技术手册的规定；

2 应采取保证起重设备的主钩位置、吊具及构件重心在竖直方向上重合的措施；吊索与构件水平夹角不宜小于60°，不应小于45°；吊运过程应平稳，不应有大幅度摆动，且不应长时间悬停；

3 应设专人指挥，操作人员应位于安全位置。

9.1.4 预制构件经检查合格后，应在构件上设置可靠标识。在装配式结构的施工全过程中，应采取防止预制构件损伤或污染的措施。

9.1.5 装配式结构施工中采用专用定型产品时，专用定型产品及施工操作应符合国家现行有关标准及产品应用技术手册的规定。

9.2 施 工 验 算

9.2.1 装配式混凝土结构施工前，应根据设计要求和施工方案进行必要的施工验算。

9.2.2 预制构件在脱模、吊运、运输、安装等环节的施工验算，应将构件自重标准值乘以脱模吸附系数或动力系数作为等效荷载标准值，并应符合下列规定：

1 脱模吸附系数宜取1.5，也可根据构件和模具表面状况适当增减；复杂情况，脱模吸附系数宜根据试验确定；

2 构件吊运、运输时，动力系数宜取1.5；构件翻转及安装过程中就位、临时固定时，动力系数可取1.2。当有可靠经验时，动力系数可根据实际受力情况和安全要求适当增减。

9.2.3 预制构件的施工验算应符合设计要求。当设计无具体要求时，宜符合下列规定：

1 钢筋混凝土和预应力混凝土构件正截面边缘的混凝土法向压应力，应满足下式的要求：

$$\sigma_{cc} \leqslant 0.8 f'_{ck} \tag{9.2.3-1}$$

式中：σ_{cc}——各施工环节在荷载标准组合作用下产生的构件正截面边缘混凝土法向压应力（MPa），可按毛截面计算；

f'_{ck}——与各施工环节的混凝土立方体抗压强度相应的抗压强度标准值（MPa），按现行国家标准《混凝土结构设计规范》GB 50010-2010表4.1.3-1以线性内插法确定。

2 钢筋混凝土和预应力混凝土构件正截面边缘的混凝土法向拉应力，宜满足下式的要求：

$$\sigma_{ct} \leqslant 1.0 f'_{tk} \tag{9.2.3-2}$$

式中：σ_{ct}——各施工环节在荷载标准组合作用下产生的构件正截面边缘混凝土法向拉应力（MPa），可按毛截面计算；

f'_{tk}——与各施工环节的混凝土立方体抗压强度相应的抗拉强度标准值（MPa），按现行国家标准《混凝土结构设计规范》GB 50010-2010表4.1.3-2以线性内插法确定。

3 预应力混凝土构件的端部正截面边缘的混凝土法向拉应力，可适当放松，但不应大于$1.2f'_{tk}$。

4 施工过程中允许出现裂缝的钢筋混凝土构件，其正截面边缘混凝土法向拉应力限值可适当放松，但开裂截面处受拉钢筋的应力，应满足下式的要求：

$$\sigma_{s} \leqslant 0.7 f_{yk} \tag{9.2.3-3}$$

式中：σ_{s}——各施工环节在荷载标准组合作用下产生的构件受拉钢筋应力，应按开裂截面计算（MPa）；

f_{yk}——受拉钢筋强度标准值（MPa）。

5 叠合式受弯构件尚应符合现行国家标准《混凝土结构设计规范》GB 50010的有关规定。在叠合层施工阶段验算中，作用在叠合板上的施工活荷载标准值可按实际情况计算，且取值不宜小于1.5kN/m^2。

9.2.4 预制构件中的预埋吊件及临时支撑，宜按下式进行计算：

$$K_c S_c \leqslant R_c \tag{9.2.4}$$

式中：K_c——施工安全系数，可按表9.2.4的规定取值；当有可靠经验时，可根据实际情况适当增减；

S_c——施工阶段荷载标准组合作用下的效应值，施工阶段的荷载标准值按本规范附录A及第9.2.3条的有关规定取值；

R_c——按材料强度标准值计算或根据试验确定的预埋吊件、临时支撑、连接件的承载力；对复杂或特殊情况，宜通过试验确定。

表9.2.4 预埋吊件及临时支撑的施工安全系数 K_c

项 目	施工安全系数（K_c）
临时支撑	2
临时支撑的连接件 预制构件中用于连接临时支撑的预埋件	3
普通预埋吊件	4
多用途的预埋吊件	5

注：对采用HPB300钢筋吊环形式的预埋吊件，应符合现行国家标准《混凝土结构设计规范》GB 50010的有关规定。

9.3 构 件 制 作

9.3.1 制作预制构件的场地应平整、坚实，并应采取排水措施。当采用台座生产预制构件时，台座表面应光滑平整，2m长度内表面平整度不应大于2mm，在气温变化较大的地区宜设置伸缩缝。

9.3.2 模具应具有足够的强度、刚度和整体稳定性，并应能满足预制构件预留孔、插筋、预埋吊件及其他预埋件的定位要求。模具设计应满足预制构件质量、生产工艺、模具组装与拆卸、周转次数等要求。跨度较大的预制构件的模具应根据设计要求预设反拱。

9.3.3 混凝土振捣除可采用本规范第8.4.2条规定的方式外，尚可采用振动台等振捣方式。

9.3.4 当采用平卧重叠法制作预制构件时，应在下层构件的混凝土强度达到5.0MPa后，再浇筑上层构件混凝土，上、下层构件之间应采取隔离措施。

9.3.5 预制构件可根据需要选择洒水、覆盖、喷涂养护剂养护，或采用蒸汽养护、电加热养护。采用蒸汽养护时，应合理控制升温、降温速度和最高温度，构件表面宜保持90%～100%的相对湿度。

9.3.6 预制构件的饰面应符合设计要求。带面砖或石材饰面的预制构件宜采用反打成型法制作，也可采用后贴工艺法制作。

9.3.7 带保温材料的预制构件宜采用水平浇筑方式成型。采用夹芯保温的预制构件，宜采用专用连接件连接内外两层混凝土，其数量和位置应符合设计要求。

9.3.8 清水混凝土预制构件的制作应符合下列规定：

1 预制构件的边角宜采用倒角或圆弧角；

2 模具应满足清水表面设计精度要求；

3 应控制原材料质量和混凝土配合比，并应保证每班生产构件的养护温度均匀一致；

4 构件表面应采取针对清水混凝土的保护和防污染措施。出现的质量缺陷应采用专用材料修补，修补后的混凝土外观质量应满足设计要求。

9.3.9 带门窗、预埋管线预制构件的制作，应符合下列规定：

1 门窗框、预埋管线应在浇筑混凝土前预先放置并固定，固定时应采取防止窗破坏及污染窗体表面的保护措施；

2 当采用铝窗框时，应采取避免铝窗框与混凝土直接接触发生电化学腐蚀的措施；

3 应采取控制温度或受力变形对门窗产生的不利影响的措施。

9.3.10 采用现浇混凝土或砂浆连接的预制构件结合面，制作时应按设计要求进行处理。设计无具体要求时，宜进行拉毛或凿毛处理，也可采用露骨料粗糙面。

9.3.11 预制构件脱模起吊时的混凝土强度应根据计算确定，且不宜小于15MPa。后张有粘结预应力混凝土预制构件应在预应力筋张拉并灌浆后起吊，起吊时同条件养护的水泥浆试块抗压强度不宜小于15MPa。

9.4 运输与堆放

9.4.1 预制构件运输与堆放时的支承位置应经计算确定。

9.4.2 预制构件的运输应符合下列规定：

1 预制构件的运输线路应根据道路、桥梁的实际条件确定，场内运输宜设置循环线路；

2 运输车辆应满足构件尺寸和载重要求；

3 装卸构件过程中，应采取保证车体平衡、防止车体倾覆的措施；

4 应采取防止构件移动或倾倒的绑扎固定措施；

5 运输细长构件时应根据需要设置水平支架；

6 构件边角部或绳索接触处的混凝土，宜采用垫衬加以保护。

9.4.3 预制构件的堆放应符合下列规定：

1 场地应平整、坚实，并应采取良好的排水措施；

2 应保证最下层构件垫实，预埋吊件宜向上，标识宜朝向堆垛间的通道；

3 垫木或垫块在构件下的位置宜与脱模、吊装时的起吊位置一致；重叠堆放构件时，每层构件间的垫木或垫块应在同一垂直线上；

4 堆垛层数应根据构件与垫木或垫块的承载力及堆垛的稳定性确定，必要时应设置防止构件倾覆的支架；

5 施工现场堆放的构件，宜按安装顺序分类堆放，堆垛宜布置在吊车工作范围内且不受其他工序施工作业影响的区域；

6 预应力构件的堆放应根据反拱影响采取措施。

9.4.4 墙板类构件应根据施工要求选择堆放和运输方式。外形复杂墙板宜采用插放架或靠放架直立堆放和运输。插放架、靠放架应安全可靠。采用靠放架直立堆放的墙板宜对称靠放、饰面朝外，与竖向的倾斜角不宜大于10°。

9.4.5 吊运平卧制作的混凝土屋架时，应根据屋架跨度、刚度确定吊索绑扎形式及加固措施。屋架堆放时，可将几榀屋架绑扎成整体。

9.5 安装与连接

9.5.1 装配式结构安装现场应根据工期要求以及工程量、机械设备等现场条件，组织立体交叉、均衡有效的安装施工流水作业。

9.5.2 预制构件安装前的准备工作应符合下列规定：

1 应核对已施工完成结构的混凝土强度、外观质量、尺寸偏差等符合设计要求和本规范的有关规定；

2 应核对预制构件混凝土强度及预制构件和配件的型号、规格、数量等符合设计要求；

3 应在已施工完成结构及预制构件上进行测量放线，并应设置安装定位标志；

4 应确认吊装设备及吊具处于安全操作状态；

5 应核实现场环境、天气、道路状况满足吊装施工要求。

9.5.3 安放预制构件时，其搁置长度应满足设计要求。预制构件与其支承构件间宜设置厚度不大于30mm坐浆或垫片。

9.5.4 预制构件安装过程中应根据水准点和轴线校正位置，安装就位后应及时采取临时固定措施。预制构件与吊具的分离应在校准定位及临时固定措施安装完成后进行。临时固定措施的拆除应在装配式结构能达到后续施工承载要求后进行。

9.5.5 采用临时支撑时，应符合下列规定：

1 每个预制构件的临时支撑不宜少于2道；

2 对预制柱、墙板的上部斜撑，其支撑点距离底部的距离不宜小于高度的 2/3，且不应小于高度的 1/2；

3 构件安装就位后，可通过临时支撑对构件的位置和垂直度进行微调。

9.5.6 装配式结构采用现浇混凝土或砂浆连接构件时，除应符合本规范其他章节的有关规定外，尚应符合下列规定：

1 构件连接处现浇混凝土或砂浆的强度及收缩性能应满足设计要求。设计无具体要求时，应符合下列规定：

1）承受内力的连接处应采用混凝土浇筑，混凝土强度等级值不应低于连接处构件混凝土强度设计等级值的较大值；

2）非承受内力的连接处可采用混凝土或砂浆浇筑，其强度等级不应低于 C15 或 M15；

3）混凝土粗骨料最大粒径不宜大于连接处最小尺寸的 1/4。

2 浇筑前，应清除浮浆、松散骨料和污物，并宜洒水湿润。

3 连接节点、水平拼缝应连续浇筑；竖向拼缝可逐层浇筑，每层浇筑高度不宜大于 2m，应采取保证混凝土或砂浆浇筑密实的措施。

4 混凝土或砂浆强度达到设计要求后，方可承受全部设计荷载。

9.5.7 装配式结构采用焊接或螺栓连接构件时，应符合设计要求或国家现行有关钢结构施工标准的规定，并应对外露铁件采取防腐和防火措施。采用焊接连接时，应采取避免损伤已施工完成结构、预制构件及配件的措施。

9.5.8 装配式结构采用后张预应力筋连接构件时，预应力工程施工应符合本规范第 6 章的规定。

9.5.9 装配式结构构件间的钢筋连接可采用焊接、机械连接、搭接及套筒灌浆连接等方式。钢筋锚固及钢筋连接长度应满足设计要求。钢筋连接施工应符合国家现行有关标准的规定。

9.5.10 叠合式受弯构件的后浇混凝土层施工前，应按设计要求检查结合面粗糙度和预制构件的外露钢筋。施工过程中，应控制施工荷载不超过设计取值，并应避免单个预制构件承受较大的集中荷载。

9.5.11 当设计对构件连接处有防水要求时，材料性能及施工应符合设计要求及国家现行有关标准的规定。

9.6 质量检查

9.6.1 制作预制构件的台座或模具在使用前应进行下列检查：

1 外观质量；

2 尺寸偏差。

9.6.2 预制构件制作过程中应进行下列检查：

1 预埋吊件的规格、数量、位置及固定情况；

2 复合墙板夹芯保温层和连接件的规格、数量、位置及固定情况；

3 门窗框和预埋管线的规格、数量、位置及固定情况；

4 本规范第 8.8.3 条规定的检查内容。

9.6.3 预制构件的质量应进行下列检查：

1 预制构件的混凝土强度；

2 预制构件的标识；

3 预制构件的外观质量、尺寸偏差；

4 预制构件上的预埋件、插筋、预留孔洞的规格、位置及数量；

5 结构性能检验应符合现行国家标准《混凝土结构工程施工质量验收规范》GB 50204 的有关规定。

9.6.4 预制构件的起吊、运输应进行下列检查：

1 吊具和起重设备的型号、数量、工作性能；

2 运输线路；

3 运输车辆的型号、数量；

4 预制构件的支座位置、固定措施和保护措施。

9.6.5 预制构件的堆放应进行下列检查：

1 堆放场地；

2 垫木或垫块的位置、数量；

3 预制构件堆垛层数、稳定措施。

9.6.6 预制构件安装前应进行下列检查：

1 已施工完成结构的混凝土强度、外观质量和尺寸偏差；

2 预制构件的混凝土强度，预制构件、连接件及配件的型号、规格和数量；

3 安装定位标识；

4 预制构件与后浇混凝土结合面的粗糙度，预留钢筋的规格、数量和位置；

5 吊具及吊装设备的型号、数量、工作性能。

9.6.7 预制构件安装连接应进行下列检查：

1 预制构件的位置及尺寸偏差；

2 预制构件临时支撑、垫片的规格、位置、数量；

3 连接处现浇混凝土或砂浆的强度、外观质量；

4 连接处钢筋连接及其他连接质量。

10 冬期、高温和雨期施工

10.1 一般规定

10.1.1 根据当地多年气象资料统计，当室外日平均气温连续 5 日稳定低于 5℃时，应采取冬期施工措施；当室外日平均气温连续 5 日稳定高于 5℃时，可解除冬期施工措施。当混凝土未达到受冻临界强度而气温骤降至 0℃以下时，应按冬期施工的要求采取应急防护措施。工程越冬期间，应采取维护保温措施。

10.1.2 当日平均气温达到30℃及以上时，应按高温施工要求采取措施。

10.1.3 雨季和降雨期间，应按雨期施工要求采取措施。

10.1.4 混凝土冬期施工，应按现行行业标准《建筑工程冬期施工规程》JGJ/T 104的有关规定进行热工计算。

10.2 冬期施工

10.2.1 冬期施工混凝土宜采用硅酸盐水泥或普通硅酸盐水泥；采用蒸汽养护时，宜采用矿渣硅酸盐水泥。

10.2.2 用于冬期施工混凝土的粗、细骨料中，不得含有冰、雪冻块及其他易冻裂物质。

10.2.3 冬期施工混凝土用外加剂，应符合现行国家标准《混凝土外加剂应用技术规范》GB 50119的有关规定。采用非加热养护方法时，混凝土中宜掺入引气剂、引气型减水剂或含有引气组分的外加剂，混凝土含气量宜控制为3.0%～5.0%。

10.2.4 冬期施工混凝土配合比，应根据施工期间环境气温、原材料、养护方法、混凝土性能要求等经试验确定，并宜选择较小的水胶比和坍落度。

10.2.5 冬期施工混凝土搅拌前，原材料预热应符合下列规定：

1 宜加热拌合水，当仅加热拌合水不能满足热工计算要求时，可加热骨料；拌合水与骨料的加热温度可通过热工计算确定，加热温度不应超过表10.2.5的规定；

2 水泥、外加剂、矿物掺合料不得直接加热，应置于暖棚内预热。

表10.2.5 拌合水及骨料最高加热温度（℃）

水泥强度等级	拌合水	骨 料
42.5以下	80	60
42.5、42.5R及以上	60	40

10.2.6 冬期施工混凝土搅拌应符合下列规定：

1 液体防冻剂使用前应搅拌均匀，由防冻剂溶液带入的水分应从混凝土拌合水中扣除；

2 蒸汽法加热骨料时，应加大对骨料含水率测试频率，并应将由骨料带入的水分从混凝土拌合水中扣除；

3 混凝土搅拌前应对搅拌机械进行保温或采用蒸汽进行加温，搅拌时间应比常温搅拌时间延长30s～60s；

4 混凝土搅拌时应先投入骨料与拌合水，预拌后再投入胶凝材料与外加剂。胶凝材料、引气剂或含引气组分外加剂不得与60℃以上热水直接接触。

10.2.7 混凝土拌合物的出机温度不宜低于10℃，入模温度不应低于5℃；预拌混凝土或需远距离运输的混凝土，混凝土拌合物的出机温度可根据距离经热工计算确定，但不宜低于15℃。大体积混凝土的入模温度可根据实际情况适当降低。

10.2.8 混凝土运输、输送机具及泵管应采取保温措施。当采用泵送工艺浇筑时，应采用水泥浆或水泥砂浆对泵和泵管进行润滑、预热。混凝土运输、输送与浇筑过程中应进行测温，其温度应满足热工计算的要求。

10.2.9 混凝土浇筑前，应清除地基、模板和钢筋上的冰雪和污垢，并应进行覆盖保温。

10.2.10 混凝土分层浇筑时，分层厚度不应小于400mm。在被上一层混凝土覆盖前，已浇筑层的温度应满足热工计算要求，且不得低于2℃。

10.2.11 采用加热方法养护现浇混凝土时，应根据加热产生的温度应力对结构的影响采取措施，并应合理安排混凝土浇筑顺序与施工缝留置位置。

10.2.12 冬期浇筑的混凝土，其受冻临界强度应符合下列规定：

1 当采用蓄热法、暖棚法、加热法施工时，采用硅酸盐水泥、普通硅酸盐水泥配制的混凝土，不应低于设计混凝土强度等级值的30%；采用矿渣硅酸盐水泥、粉煤灰硅酸盐水泥、火山灰质硅酸盐水泥、复合硅酸盐水泥配制的混凝土时，不应低于设计混凝土强度等级值的40%。

2 当室外最低气温不低于−15℃时，采用综合蓄热法、负温养护法施工的混凝土受冻临界强度不应低于4.0MPa；当室外最低气温不低于−30℃时，采用负温养护法施工的混凝土受冻临界强度不应低于5.0MPa。

3 强度等级等于或高于C50的混凝土，不宜低于设计混凝土强度等级值的30%。

4 有抗渗要求的混凝土，不宜小于设计混凝土强度等级值的50%。

5 有抗冻耐久性要求的混凝土，不宜低于设计混凝土强度等级值的70%。

6 当采用暖棚法施工的混凝土中掺入早强剂时，可按综合蓄热法受冻临界强度取值。

7 当施工需要提高混凝土强度等级时，应按提高后的强度等级确定受冻临界强度。

10.2.13 混凝土结构工程冬期施工养护，应符合下列规定：

1 当室外最低气温不低于−15℃时，对地面以下的工程或表面系数不大于$5m^{-1}$的结构，宜采用蓄热法养护，并应对结构易受冻部位加强保温措施；对表面系数为$5m^{-1}$～$15m^{-1}$的结构，宜采用综合蓄热法养护。采用综合蓄热法养护时，混凝土中应掺加具有减水、引气性能的早强剂或早强型外加剂；

2 对不易保温养护且对强度增长无具体要求的一般混凝土结构，可采用掺防冻剂的负温养护法进行养护；

3 当本条第1、2款不能满足施工要求时，可采用暖棚法、蒸汽加热法、电加热法等方法进行养护，但应采取降低能耗的措施。

10.2.14 混凝土浇筑后，对裸露表面应采取防风、保湿、保温措施，对边、棱角及易受冻部位应加强保温。在混凝土养护和越冬期间，不得直接对负温混凝土表面浇水养护。

10.2.15 模板和保温层的拆除除应符合本规范第4章及设计要求外，尚应符合下列规定：

1 混凝土强度应达到受冻临界强度，且混凝土表面温度不应高于5℃；

2 对墙、板等薄壁结构构件，宜推迟拆模。

10.2.16 混凝土强度未达到受冻临界强度和设计要求时，应继续进行养护。当混凝土表面温度与环境温度之差大于20℃时，拆模后的混凝土表面应立即进行保温覆盖。

10.2.17 混凝土工程冬期施工应加强骨料含水率、防冻剂掺量检查，以及原材料、入模温度、实体温度和强度监测；应依据气温的变化，检查防冻剂掺量是否符合配合比与防冻剂说明书的规定，并应根据需要调整配合比。

10.2.18 混凝土冬期施工期间，应按国家现行有关标准的规定对混凝土拌合水温度、外加剂溶液温度、骨料温度、混凝土出机温度、浇筑温度、入模温度，以及养护期间混凝土内部和大气温度进行测量。

10.2.19 冬期施工混凝土强度试件的留置，除应符合现行国家标准《混凝土结构工程施工质量验收规范》GB 50204的有关规定外，尚应增加不少于2组的同条件养护试件。同条件养护试件应在解冻后进行试验。

10.3 高温施工

10.3.1 高温施工时，露天堆放的粗、细骨料应采取遮阳防晒等措施。必要时，可对粗骨料进行喷雾降温。

10.3.2 高温施工的混凝土配合比设计，除应符合本规范第7.3节的规定外，尚应符合下列规定：

1 应分析原材料温度、环境温度、混凝土运输方式与时间对混凝土初凝时间、坍落度损失等性能指标的影响，根据环境温度、湿度、风力和采取温控措施的实际情况，对混凝土配合比进行调整；

2 宜在近似现场运输条件、时间和预计混凝土浇筑作业最高气温的天气条件下，通过混凝土试拌、试运输的工况试验，确定适合高温天气条件下施工的混凝土配合比；

3 宜降低水泥用量，并可采用矿物掺合料替代部分水泥；宜选用水化热较低的水泥；

4 混凝土坍落度不宜小于70mm。

10.3.3 混凝土的搅拌应符合下列规定：

1 应对搅拌站料斗、储水器、皮带运输机、搅拌楼采取遮阳防晒措施。

2 对原材料进行直接降温时，宜采用对水、粗骨料进行降温的方法。对水直接降温时，可采用冷却装置冷却拌合用水，并应对水管及水箱加设遮阳和隔热设施，也可在水中加碎冰作为拌合用水的一部分。混凝土拌合时掺加的固体冰应确保在搅拌结束前融化，且在拌合用水中应扣除其重量。

3 原材料最高入机温度不宜超过表10.3.3的规定。

表 10.3.3 原材料最高入机温度（℃）

原材料	最高入机温度
水泥	60
骨料	30
水	25
粉煤灰等矿物掺合料	60

4 混凝土拌合物出机温度不宜大于30℃。出机温度可按下式计算：

$$T_0=\frac{0.22(T_gW_g+T_sW_s+T_cW_c+T_mW_m)+T_wW_w+T_gW_{wg}+T_sW_{ws}+0.5T_{ice}W_{ice}-79.6W_{ice}}{0.22(W_g+W_s+W_c+W_m)+W_w+W_{wg}+W_{ws}+W_{ice}} \tag{10.3.3}$$

式中：T_0——混凝土的出机温度（℃）；

T_g、T_s——粗骨料、细骨料的入机温度（℃）；

T_c、T_m——水泥、矿物掺合料的入机温度（℃）；

T_w、T_{ice}——搅拌水、冰的入机温度（℃）；冰的入机温度低于0℃时，T_{ice}应取负值；

W_g、W_s——粗骨料、细骨料干重量（kg）；

W_c、W_m——水泥、矿物掺合料重量（kg）；

W_w、W_{ice}——搅拌水、冰重量（kg），当混凝土不加冰拌合时，$W_{ice}=0$；

W_{wg}、W_{ws}——粗骨料、细骨料中所含水重量（kg）。

5 当需要时，可采取掺加干冰等附加控温措施。

10.3.4 混凝土宜采用白色涂装的混凝土搅拌运输车运输；混凝土输送管应进行遮阳覆盖，并应洒水降温。

10.3.5 混凝土拌合物入模温度应符合本规范第8.1.2条的规定。

10.3.6 混凝土浇筑宜在早间或晚间进行，且应连续浇筑。当混凝土水分蒸发较快时，应在施工作业面采取挡风、遮阳、喷雾等措施。

10.3.7 混凝土浇筑前，施工作业面宜采取遮阳措施，并应对模板、钢筋和施工机具采用洒水等降温措施，但浇筑时模板内不得积水。

10.3.8 混凝土浇筑完成后，应及时进行保湿养护。

侧模拆除前宜采用带模湿润养护。

10.4 雨期施工

10.4.1 雨期施工期间，水泥和矿物掺合料应采取防水和防潮措施，并应对粗骨料、细骨料的含水率进行监测，及时调整混凝土配合比。

10.4.2 雨期施工期间，应选用具有防雨水冲刷性能的模板脱模剂。

10.4.3 雨期施工期间，混凝土搅拌、运输设备和浇筑作业面应采取防雨措施，并应加强施工机械检查维修及接地接零检测工作。

10.4.4 雨期施工期间，除应采用防护措施外，小雨、中雨天气不宜进行混凝土露天浇筑，且不应进行大面积作业的混凝土露天浇筑；大雨、暴雨天气不应进行混凝土露天浇筑。

10.4.5 雨后应检查地基面的沉降，并应对模板及支架进行检查。

10.4.6 雨期施工期间，应采取防止模板内积水的措施。模板内和混凝土浇筑分层面出现积水时，应在排水后再浇筑混凝土。

10.4.7 混凝土浇筑过程中，因雨水冲刷致使水泥浆流失严重的部位，应采取补救措施后再继续施工。

10.4.8 在雨天进行钢筋焊接时，应采取挡雨等安全措施。

10.4.9 混凝土浇筑完毕后，应及时采取覆盖塑料薄膜等防雨措施。

10.4.10 台风来临前，应对尚未浇筑混凝土的模板及支架采取临时加固措施；台风结束后，应检查模板及支架，已验收合格的模板及支架应重新办理验收手续。

11 环境保护

11.1 一般规定

11.1.1 施工项目部应制定施工环境保护计划，落实责任人员，并应组织实施。混凝土结构施工过程的环境保护效果，宜进行自评估。

11.1.2 施工过程中，应采取建筑垃圾减量化措施。施工过程中产生的建筑垃圾，应进行分类、统计和处理。

11.2 环境因素控制

11.2.1 施工过程中，应采取防尘、降尘措施。施工现场的主要道路，宜进行硬化处理或采取其他扬尘控制措施。可能造成扬尘的露天堆储材料，宜采取扬尘控制措施。

11.2.2 施工过程中，应对材料搬运、施工设备和机具作业等采取可靠的降低噪声措施。施工作业在施工场界的噪声级，应符合现行国家标准《建筑施工场界噪声限值》GB 12523 的有关规定。

11.2.3 施工过程中，应采取光污染控制措施。可能产生强光的施工作业，应采取防护和遮挡措施。夜间施工时，应采用低角度灯光照明。

11.2.4 应采取沉淀、隔油等措施处理施工过程中产生的污水，不得直接排放。

11.2.5 宜选用环保型脱模剂。涂刷模板脱模剂时，应防止洒漏。含有污染环境成分的脱模剂，使用后剩余的脱模剂及其包装等不得与普通垃圾混放，并应由厂家或有资质的单位回收处理。

11.2.6 施工过程中，对施工设备和机具维修、运行、存储时的漏油，应采取有效的隔离措施，不得直接污染土壤。漏油应统一收集并进行无害化处理。

11.2.7 混凝土外加剂、养护剂的使用，应满足环境保护和人身健康的要求。

11.2.8 施工中可能接触有害物质的操作人员应采取有效的防护措施。

11.2.9 不可循环使用的建筑垃圾，应集中收集，并应及时清运至有关部门指定的地点。可循环使用的建筑垃圾，应加强回收利用，并应做好记录。

附录 A 作用在模板及支架上的荷载标准值

A.0.1 模板及支架自重（G_1）的标准值应根据模板施工图确定。有梁楼板及无梁楼板的模板及支架自重的标准值，可按表 A.0.1 采用。

表 A.0.1 模板及支架的自重标准值（kN/m^2）

项目名称	木模板	定型组合钢模板
无梁楼板的模板及小楞	0.30	0.50
有梁楼板模板（包含梁的模板）	0.50	0.75
楼板模板及支架（楼层高度为 4m 以下）	0.75	1.10

A.0.2 新浇筑混凝土自重（G_2）的标准值宜根据混凝土实际重力密度 γ_c 确定，普通混凝土 γ_c 可取 $24kN/m^3$。

A.0.3 钢筋自重（G_3）的标准值应根据施工图确定。一般梁板结构，楼板的钢筋自重可取 $1.1kN/m^3$，梁的钢筋自重可取 $1.5kN/m^3$。

A.0.4 采用插入式振动器且浇筑速度不大于 10m/h、混凝土坍落度不大于 180mm 时，新浇筑混凝土对模板的侧压力（G_4）的标准值，可按下列公式分别计算，并应取其中的较小值：

$$F = 0.28\gamma_c t_0 \beta V^{\frac{1}{2}} \qquad (A.0.4\text{-}1)$$

$$F = \gamma_c H \qquad (A.0.4\text{-}2)$$

当浇筑速度大于 10m/h，或混凝土坍落度大于 180mm 时，侧压力（G_4）的标准值可按公式（A.0.4-2）计算。

式中：F——新浇筑混凝土作用于模板的最大侧压力标准值（kN/m^2）；

γ_c——混凝土的重力密度（kN/m^3）；

t_0——新浇混凝土的初凝时间（h），可按实测确定；当缺乏试验资料时可采用 $t_0 = 200/(T + 15)$ 计算，T 为混凝土的温度（℃）；

β——混凝土坍落度影响修正系数：当坍落度大于 50mm 且不大于 90mm 时，β 取 0.85；坍落度大于 90mm 且不大于 130mm 时，β 取 0.9；坍落度大于 130mm 且不大于 180mm 时，β 取 1.0；

V——浇筑速度，取混凝土浇筑高度（厚度）与浇筑时间的比值（m/h）；

H——混凝土侧压力计算位置处至新浇筑混凝土顶面的总高度（m）。

混凝土侧压力的计算分布图形如图 A.0.4 所示，图中 $h = F/\gamma_c$。

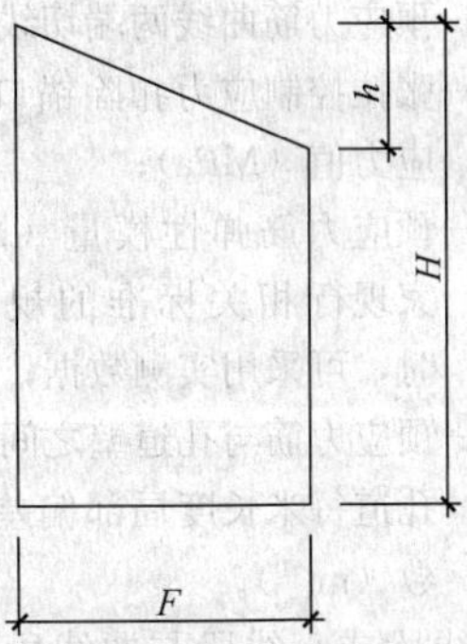
h
H
F

图 A.0.4 混凝土侧压力分布

h—有效压头高度；H—模板内混凝土总高度；F—最大侧压力

A.0.5 施工人员及施工设备产生的荷载（Q_1）的标准值，可按实际情况计算，且不应小于 2.5kN/m²。

A.0.6 混凝土下料产生的水平荷载（Q_2）的标准值可按表 A.0.6 采用，其作用范围可取为新浇筑混凝土侧压力的有效压头高度 h 之内。

表 A.0.6 混凝土下料产生的水平荷载标准值（kN/m²）

下料方式	水平荷载
溜槽、串筒、导管或泵管下料	2
吊车配备斗容器下料或小车直接倾倒	4

A.0.7 泵送混凝土或不均匀堆载等因素产生的附加水平荷载（Q_3）的标准值，可取计算工况下竖向永久荷载标准值的 2%，并应作用在模板支架上端水平方向。

A.0.8 风荷载（Q_4）的标准值，可按现行国家标准《建筑结构荷载规范》GB 50009 的有关规定确定，此时基本风压可按 10 年一遇的风压取值，但基本风压不应小于 0.20kN/m²。

附录 B 常用钢筋的公称直径、公称截面面积、计算截面面积及理论重量

B.0.1 钢筋的计算截面面积及理论重量，应符合表 B.0.1 的规定。

表 B.0.1 钢筋的计算截面面积及理论重量

公称直径（mm）	不同根数钢筋的计算截面面积（mm²）									单根钢筋理论重量（kg/m）
	1	2	3	4	5	6	7	8	9	
6	28.3	57	85	113	142	170	198	226	255	0.222
8	50.3	101	151	201	252	302	352	402	453	0.395
10	78.5	157	236	314	393	471	550	628	707	0.617
12	113.1	226	339	452	565	678	791	904	1017	0.888
14	153.9	308	461	615	769	923	1077	1231	1385	1.21
16	201.1	402	603	804	1005	1206	1407	1608	1809	1.58
18	254.5	509	763	1017	1272	1527	1781	2036	2290	2.00
20	314.2	628	942	1256	1570	1884	2199	2513	2827	2.47
22	380.1	760	1140	1520	1900	2281	2661	3041	3421	2.98
25	490.9	982	1473	1964	2454	2945	3436	3927	4418	3.85
28	615.8	1232	1847	2463	3079	3695	4310	4926	5542	4.83
32	804.2	1609	2413	3217	4021	4826	5630	6434	7238	6.31
36	1017.9	2036	3054	4072	5089	6107	7125	8143	9161	7.99
40	1256.6	2513	3770	5027	6283	7540	8796	10053	11310	9.87
50	1963.5	3928	5892	7856	9820	11784	13748	15712	17676	15.42

B.0.2 钢绞线的公称直径、公称截面面积及理论重量，应符合表 B.0.2 的规定。

表 B.0.2 钢绞线的公称直径、公称截面面积及理论重量

种 类	公称直径（mm）	公称截面面积（mm²）	理论重量（kg/m）
1×3	8.6	37.7	0.296
	10.8	58.9	0.462
	12.9	84.8	0.666
1×7 标准型	9.5	54.8	0.430
	12.7	98.7	0.775
	15.2	140	1.101
	17.8	191	1.500
	21.6	285	2.237

B.0.3 钢丝的公称直径、公称截面面积及理论重量，应符合表B.0.3的规定。

表B.0.3 钢丝的公称直径、公称截面面积及理论重量

公称直径（mm）	公称截面面积（mm^2）	理论重量（kg/m）
5.0	19.63	0.154
7.0	38.48	0.302
9.0	63.62	0.499

附录C 纵向受力钢筋的最小搭接长度

C.0.1 当纵向受拉钢筋的绑扎搭接接头面积百分率不大于25%时，其最小搭接长度应符合表C.0.1的规定。

表C.0.1 纵向受拉钢筋的最小搭接长度

钢筋类型		混凝土强度等级								
		C20	C25	C30	C35	C40	C45	C50	C55	≥C60
光面钢筋	300级	48*d*	41*d*	37*d*	34*d*	31*d*	29*d*	28*d*	—	—
带肋钢筋	335级	46*d*	40*d*	36*d*	33*d*	30*d*	29*d*	27*d*	26*d*	25*d*
	400级	—	48*d*	43*d*	39*d*	36*d*	34*d*	33*d*	31*d*	30*d*
	500级	—	58*d*	52*d*	47*d*	43*d*	41*d*	39*d*	38*d*	36*d*

注：*d*为搭接钢筋直径。两根直径不同钢筋的搭接长度，以较细钢筋的直径计算。

C.0.2 当纵向受拉钢筋搭接接头面积百分率为50%时，其最小搭接长度应按本规范表C.0.1中的数值乘以系数1.15取用；当接头面积百分率为100%时，应按本规范表C.0.1中的数值乘以系数1.35取用；当接头面积百分率为25%～100%的其他中间值时，修正系数可按内插取值。

C.0.3 纵向受拉钢筋的最小搭接长度根据本规范第C.0.1和C.0.2条确定后，可按下列规定进行修正。但在任何情况下，受拉钢筋的搭接长度不应小于300mm：

1 当带肋钢筋的直径大于25mm时，其最小搭接长度应按相应数值乘以系数1.1取用；

2 环氧树脂涂层的带肋钢筋，其最小搭接长度应按相应数值乘以系数1.25取用；

3 当施工过程中受力钢筋易受扰动时，其最小搭接长度应按相应数值乘以系数1.1取用；

4 末端采用弯钩或机械锚固措施的带肋钢筋，其最小搭接长度可按相应数值乘以系数0.6取用；

5 当带肋钢筋的混凝土保护层厚度为搭接钢筋直径的3倍，且配有箍筋时，其最小搭接长度可按相应数值乘以系数0.8取用；当带肋钢筋的混凝土保护层厚度为搭接钢筋直径的5倍，且配有箍筋时，其最小搭接长度可按相应数值乘以系数0.7取用；当带肋钢筋的混凝土保护层厚度大于搭接钢筋直径3倍且小于5倍，且配有箍筋时，修正系数可按内插取值；

6 有抗震要求的受力钢筋的最小搭接长度，一、二级抗震等级应按相应数值乘以系数1.15采用；三级抗震等级应按相应数值乘以系数1.05采用。

注：本条中第4和5款情况同时存在时，可仅选其中之一执行。

C.0.4 纵向受压钢筋绑扎搭接时，其最小搭接长度应根据本规范第C.0.1～C.0.3条的规定确定相应数值后，乘以系数0.7取用。在任何情况下，受压钢筋的搭接长度不应小于200mm。

附录D 预应力筋张拉伸长值计算和量测方法

D.0.1 一端张拉的单段曲线或直线预应力筋，其张拉伸长值可按下式计算：

$$\Delta L_p = \frac{\sigma_{pt}[1 + e^{-(\mu\theta+\kappa l)}]l}{2E_p} \quad (D.0.1)$$

式中：ΔL_p——预应力筋张拉伸长计算值（mm）；

l——预应力筋张拉端至固定端的长度，可近似取预应力筋在纵轴上的投影长度（m）；

θ——预应力筋曲线两端切线的夹角（rad）；

σ_{pt}——张拉控制应力扣除锚口摩擦损失后的应力值（MPa）；

E_p——预应力筋弹性模量（MPa），可按国家现行相关标准的规定取用；必要时，可采用实测数据；

μ——预应力筋与孔道壁之间的摩擦系数；

κ——孔道每米长度局部偏差产生的摩擦系数（m^{-1}）。

D.0.2 多曲线段或直线段与曲线段组成的预应力筋，可根据扣除摩擦损失后的预应力筋有效应力分布，采用分段叠加法计算其张拉伸长值。

D.0.3 预应力筋张拉伸长值可按下列方法确定：

1 实测张拉伸长值可采用量测千斤顶油缸行程的方法确定，也可采用量测外露预应力筋长度的方法确定；当采用量测千斤顶油缸行程的方法时，实测张拉伸长值尚应扣除千斤顶体内的预应力筋张拉伸长值、张拉过程中工具锚和固定端工作锚楔紧引起的预应力筋内缩值；

2 实际张拉伸长值ΔL可按下列公式计算确定：

$$\Delta L = \Delta L_1 + \Delta L_2 \quad (D.0.3\text{-}1)$$

$$\Delta L_2 = \frac{N_0}{N_{con} - N_0}\Delta L_1 \quad (D.0.3\text{-}2)$$

式中：ΔL_1——从初拉力至张拉控制力之间的实测张拉伸长值（mm）；

ΔL_2 ——初拉力下的推算伸长值（mm），计算示意如图 D.0.3；

N_{con} ——张拉控制力（kN）；

N_0——初拉力（kN）。

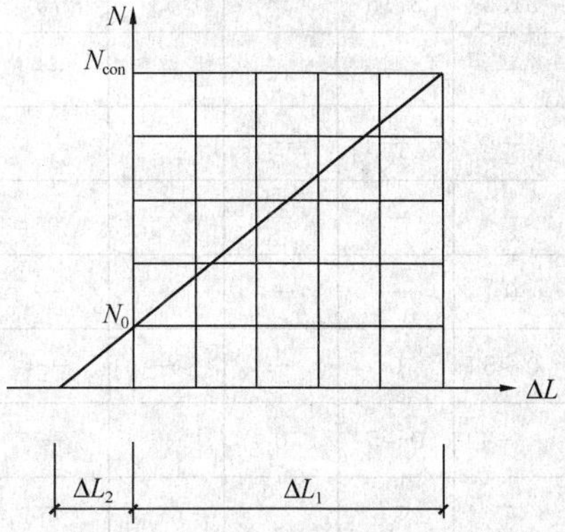

N
N_con
N_0
ΔL
ΔL_2
ΔL_1

图 D.0.3　初拉力下推算伸长值计算示意

附录 E　张拉阶段摩擦预应力损失测试方法

E.0.1　孔道摩擦损失可采用压力差法测试。现场测试的设备安装（图 E.0.1）应符合下列规定：

1　预应力筋末端的切线、工作锚、千斤顶、压力传感器及工具锚应对中；

2　预应力筋两端拉力可用压力传感器或与千斤顶配套的精密压力表测量；

3　预应力筋两端均宜安装千斤顶。当预应力筋的张拉伸长值超出千斤顶最大行程时，张拉端可串联安装两台或多台千斤顶。

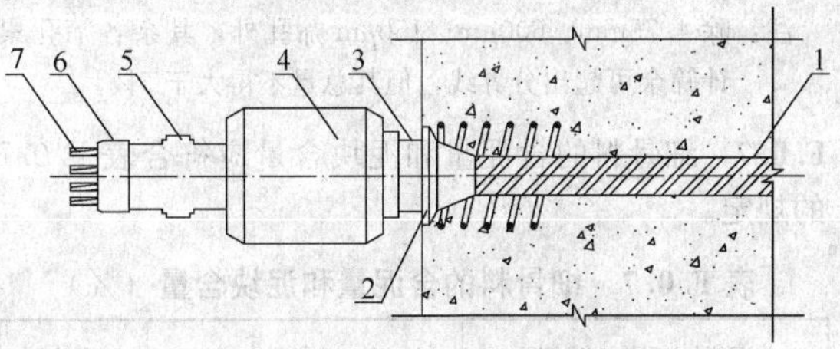

7
6
5
4
3
1
2

图 E.0.1　摩擦损失测试设备安装示意

1—预留孔道；2—锚垫板；3—工作锚（无夹片）；4—千斤顶；5—压力传感器；6—工具锚（有夹片）；7—预应力筋

E.0.2　孔道摩擦损失的现场测试步骤应符合下列规定：

1　预应力筋两端的千斤顶宜同时加载至初张拉力，初张拉力可取 $0.1N_{con}$。

2　固定端千斤顶稳压后，应往张拉端千斤顶供油，并应分级量测张拉力在 $0.5N_{con}$ ～ $1.0N_{con}$ 范围内两端的压力值，分级不宜少于 3 级，每级持荷不宜少于 2min。

E.0.3　孔道摩擦系数可按下列规定计算确定：

1　孔道摩擦系数可取为各级张拉力下相应计算摩擦系数的平均值；

2　各级张拉力下相应计算摩擦系数 μ，可按下式确定：

$$\mu = \frac{-\ln\left(\dfrac{N_2}{N_1}\right) - \kappa l}{\theta} \tag{E.0.3}$$

式中　N_1——张拉端的拉力（N），取为所测得的压力扣除锚口预拉力损失后的力值；

N_2——固定端的拉力（N），取为所测得的压力加上锚口预拉力损失后的力值；

l——两端工具锚之间预应力筋的总长度（m），可近似取预应力筋在纵轴上的投影长度；

θ——预应力筋曲线各段两端切线的夹角之和（rad），当端部区段预应力筋曲线有水平偏转时，尚应计入端部曲线的附加转角。

附录 F　混凝土原材料技术指标

F.0.1　通用硅酸盐水泥化学指标应符合表 F.0.1 的规定。

表 F.0.1　通用硅酸盐水泥化学指标（%）

品种	代号	不溶物（质量分数）	烧失量（质量分数）	三氧化硫（质量分数）	氧化镁（质量分数）	氯离子（质量分数）
硅酸盐水泥	P·Ⅰ	≤0.75	≤3.0			
	P·Ⅱ	≤1.50	≤3.5	≤3.5	≤5.0	
普通硅酸盐水泥	P·O	—	≤5.0			
矿渣硅酸盐水泥	P·S·A	—	—	≤4.0	≤6.0	
	P·S·B	—	—		—	
火山灰质硅酸盐水泥	P·P					≤0.06
粉煤灰硅酸盐水泥	P·F	—	—	≤3.5	≤6.0	
复合硅酸盐水泥	P·C	—	—			

注：1　硅酸盐水泥压蒸试验合格时，其氧化镁的含量（质量分数）可放宽至 6.0%；

2　A 型矿渣硅酸盐水泥（P·S·A）、火山灰质硅酸盐水泥、粉煤灰硅酸盐水泥、复合硅酸盐水泥中氧化镁的含量（质量分数）大于 6.0% 时，应进行水泥压蒸安定性试验并合格；

3　氯离子含量有更低要求时，该指标由供需双方协商确定。

F.0.2　粗骨料的颗粒级配范围应符合表 F.0.2 的规定。

表 F.0.2 粗骨料的颗粒级配范围

级配情况	公称粒级（mm）	累计筛余，按质量（%）											
		方孔筛筛孔边长尺寸（mm）											
		2.36	4.75	9.5	16.0	19.0	26.5	31.5	37.5	53	63	75	90
连续粒级	5～10	95～100	80～100	0～15	0	—	—	—	—	—	—	—	—
	5～16	95～100	85～100	30～60	0～10	0	—	—	—	—	—	—	—
	5～20	95～100	90～100	40～80	—	0～10	0	—	—	—	—	—	—
	5～25	95～100	90～100	—	30～70	—	0～5	0	—	—	—	—	—
	5～31.5	95～100	90～100	70～90	—	15～45	—	0～5	0	—	—	—	—
	5～40	—	95～100	70～90	—	30～65	—	—	0～5	0	—	—	—
单粒级	10～20	—	95～100	85～100	—	0～15	0	—	—	—	—	—	—
	16～31.5	—	95～100	—	85～100	—	—	0～10	0	—	—	—	—
	20～40	—	—	95～100	—	80～100	—	—	0～10	0	—	—	—
	31.5～63	—	—	—	95～100	—	—	75～100	45～75	—	0～10	0	—
	40～80	—	—	—	—	95～100	—	—	70～100	—	30～60	0～10	0

F.0.3 粗骨料中针、片状颗粒含量应符合表 F.0.3 的规定。

表 F.0.3 粗骨料中针、片状颗粒含量（%）

混凝土强度等级	≥C60	C55～C30	≤C25
针片状颗粒含量（按质量计）	≤8	≤15	≤25

F.0.4 粗骨料的含泥量和泥块含量应符合表 F.0.4 的规定。

表 F.0.4 粗骨料的含泥量和泥块含量（%）

混凝土强度等级	≥C60	C55～C30	≤C25
含泥量（按质量计）	≤0.5	≤1.0	≤2.0
泥块含量（按质量计）	≤0.2	≤0.5	≤0.7

F.0.5 粗骨料的压碎指标值应符合表 F.0.5 的规定。

表 F.0.5 粗骨料的压碎指标值（%）

粗骨料种类	岩石品种	混凝土强度等级	压碎指标值
碎石	沉积岩	C60～C40	≤10
		≤C35	≤16
	变质岩或深成的火成岩	C60～C40	≤12
		≤C35	≤20
	喷出的火成岩	C60～C40	≤13
		≤C35	≤30
卵石、碎卵石	—	C60～C40	≤12
		≤C35	≤16

F.0.6 细骨料的分区及级配范围应符合表 F.0.6 的规定。

表 F.0.6 细骨料的分区及级配范围

方孔筛筛孔尺寸	级配区		
	Ⅰ区	Ⅱ区	Ⅲ区
	累计筛余（%）		
9.50mm	0	0	0
4.75mm	10～0	10～0	10～0
2.36mm	35～5	25～0	15～0
1.18mm	65～35	50～10	25～0
600μm	85～71	70～41	40～16
300μm	95～80	92～70	85～55
150μm	100～90	100～90	100～90

注：除 4.75mm、600μm、150μm 筛孔外，其余各筛孔累计筛余可超出分界线，但其总量不得大于 5%。

F.0.7 细骨料的含泥量和泥块含量应符合表 F.0.7 的规定。

表 F.0.7 细骨料的含泥量和泥块含量（%）

混凝土强度等级	≥C60	C55～C30	≤C25
含泥量（按质量计）	≤2.0	≤3.0	≤5.0
泥块含量（按质量计）	≤0.5	≤1.0	≤2.0

F.0.8 粉煤灰应符合表 F.0.8 的规定。

表 F.0.8 粉煤灰技术要求

项目		技术要求		
		Ⅰ级	Ⅱ级	Ⅲ级
细度（45μm 方孔筛筛余）	F类粉煤灰	≤12.0%	≤25.0%	≤45.0%
	C类粉煤灰			

续表 F.0.8

项　目		技术要求		
		Ⅰ级	Ⅱ级	Ⅲ级
需水量比	F类粉煤灰	≤95%	≤105%	≤115%
	C类粉煤灰			
烧失量	F类粉煤灰	≤5.0%	≤8.0%	≤15.0%
	C类粉煤灰			
含水量	F类粉煤灰	≤1.0%		
	C类粉煤灰			
三氧化硫	F类粉煤灰	≤3.0%		
	C类粉煤灰			
游离氧化钙	F类粉煤灰	≤1.0%		
	C类粉煤灰	≤4.0%		
安定性（雷氏夹沸煮后增加距离）(mm)	C类粉煤灰	≤5mm		

F.0.9　矿渣粉应符合表 F.0.9 的规定。

表 F.0.9　矿渣粉技术要求

项　目		技术要求		
		S105	S95	S75
密度（g/cm^3）		≥2.8		
比表面积（m^2/kg）		≥500	≥400	≥300
活性指数	7d	≥95%	≥75%	≥55%
	28d	≥105%	≥95%	≥75%
流动度比		≥95%		
烧失量		≤3.0%		
含水量		≤1.0%		
三氧化硫		≤4.0%		
氯离子		≤0.06%		

F.0.10　硅灰应符合表 F.0.10 的规定。

表 F.0.10　硅灰技术要求

项　目		技术要求
比表面积		≥15000
SiO_2 含量		≥85%
烧失量		≤6%
Cl^- 含量		≤0.02%
需水量比		≤125%
含水率		≤3.0%
活性指数	28d	≥85%

F.0.11　沸石粉应符合表 F.0.11 的规定。

表 F.0.11　沸石粉技术要求

项　目	技术要求		
	Ⅰ级	Ⅱ级	Ⅲ级
吸铵值（mmol/100g）	≥130	≥100	≥90
细度（80μm 方孔水筛筛余）	≤4%	≤10%	≤15%
需水量比	≤125%	≤120%	≤120%
28d 抗压强度比	≥75%	≥70%	≥62%

F.0.12　常用外加剂性能指标应符合表 F.0.12 的规定。

表 F.0.12　常用外加剂性能指标

项目		外加剂品种												
		高性能减水剂			高效减水剂			普通减水剂		引气减水剂	泵送剂	早强剂	缓凝剂	引气剂
		早强型	标准型	缓凝型	标准型	缓凝型	早强型	标准型	缓凝型					
减水率（%）		≥25	≥25	≥25	≥14	≥14	≥8	≥8	≥8	≥10	≥12	—	—	≥6
泌水率（%）		≤50	≤60	≤70	≤90	≤100	≤95	≤100	≤100	≤70	≤70	≤100	≤100	≤70
含气量（%）		≤6.0	≤6.0	≤6.0	≤3.0	≤4.5	≤4.0	≤4.0	≤5.5	≥3.0	≤5.5	—	—	≥3.0
凝结时间之差（min）	初凝	−90～+90	−90～+120	>+90	−90～+120	>+90	−90～+90	−90～+120	>+90	−90～+120	—	−90～+90	>+90	−90～+120
	终凝			—		—			—			—	—	
1h 经时变化量	坍落度（mm）	—	≤80	≤60	—	—	—	—	—	—	≤80	—	—	—
	含气量（%）	—	—	—						−1.5～+1.5	—			−1.5～+1.5
抗压强度比（%）	1d	≥180	≥170	—	≥140	—	≥135	—	—	—	—	≥135	—	—
	3d	≥170	≥160	—	≥130	—	≥130	≥115	—	≥115	—	≥130	—	≥95
	7d	≥145	≥150	≥140	≥125	≥125	≥110	≥115	≥110	≥110	≥115	≥110	≥100	≥95
	28d	≥130	≥140	≥130	≥120	≥120	≥100	≥110	≥110	≥100	≥110	≥100	≥100	≥90
收缩率比（%）	28d	≤110	≤110	≤110	≤135	≤135	≤135	≤135	≤135	≤135	≤135	≤135	≤135	≤135
相对耐久性（200 次）(%)		—	—	—	—	—	—	—	—	≥80	—	—	—	≥80

注：1　除含气量和相对耐久性外，表中所列数据应为掺外加剂混凝土与基准混凝土的差值或比值；
　　2　凝结时间之差性能指标中的“—”号表示提前，“+”号表示延缓；
　　3　相对耐久性(200 次)性能指标中的“≥80”表示将 28d 龄期的受检混凝土试件快速冻融循环 200 次后，动弹性模量保留值≥80%；
　　4　1h 含气量经时变化量指标中的“—”号表示含气量增加，“+”号表示含气量减少；
　　5　其他品种外加剂的相对耐久性指标的测定，由供、需双方协商确定；
　　6　当用户对泵送剂等产品有特殊要求时，需要进行的补充试验项目、试验方法及指标，由供需双方协商决定。

F.0.13 混凝土拌合用水水质应符合表 F.0.13 的规定。

表 F.0.13 混凝土拌合用水水质要求

项 目	预应力混凝土	钢筋混凝土	素混凝土
pH 值	≥5.0	≥4.5	≥4.5
不溶物(mg/L)	≤2000	≤2000	≤5000
可溶物(mg/L)	≤2000	≤5000	≤10000
氯化物(以 Cl^- 计,mg/L)	≤500	≤1000	≤3500
硫酸盐(以 SO_4^{2-} 计,mg/L)	≤600	≤2000	≤2700
碱含量(以当量 Na_2O 计,mg/L)	≤1500	≤1500	≤1500

本规范用词说明

1 为便于在执行本规范条文时区别对待，对要求严格程度不同的用词说明如下：

1) 表示很严格，非这样做不可的用词：
正面词采用"必须"；反面词采用"严禁"；

2) 表示严格，在正常情况下均应这样做的用词：
正面词采用"应"；反面词采用"不应"或"不得"；

3) 表示允许稍有选择，在条件允许时首先这样做的用词：
正面词采用"宜"；反面词采用"不宜"；

4) 表示有选择，在一定条件下可以这样做的用词，采用"可"。

2 本规范中指明应按其他有关标准执行的写法为："应符合……的规定"或"应按……执行"。

引用标准名录

1 《建筑地基基础设计规范》GB 50007

2 《建筑结构荷载规范》GB 50009

3 《混凝土结构设计规范》GB 50010

4 《普通混凝土拌合物性能试验方法标准》GB/T 50080

5 《普通混凝土力学性能试验方法标准》GB/T 50081

6 《混凝土强度检验评定标准》GB/T 50107

7 《混凝土外加剂应用技术规范》GB 50119

8 《混凝土结构工程施工质量验收规范》GB 50204

9 《混凝土结构耐久性设计规范》GB/T 50476

10 《混凝土搅拌机》GB/T 9142

11 《混凝土搅拌站(楼)》GB 10171

12 《建筑施工场界噪声限值》GB 12523

13 《预应力筋用锚具、夹具和连接器》GB/T 14370

14 《预拌混凝土》GB 14902

15 《预应力孔道灌浆剂》GB/T 25182

16 《钢筋焊接及验收规程》JGJ 18

17 《普通混凝土配合比设计规程》JGJ 55

18 《混凝土用水标准》JGJ 63

19 《预应力筋用锚具、夹具和连接器应用技术规程》JGJ 85

20 《建筑工程冬期施工规程》JGJ/T 104

21 《钢筋机械连接技术规程》JGJ 107

22 《建筑施工门式钢管脚手架安全技术规范》JGJ 128

23 《建筑施工扣件式钢管脚手架安全技术规范》JGJ 130

24 《海砂混凝土应用技术规范》JGJ 206

25 《钢筋锚固板应用技术规程》JGJ 256

中华人民共和国国家标准

混凝土结构工程施工规范

GB 50666—2011

条 文 说 明

制 订 说 明

《混凝土结构工程施工规范》GB 50666－2011，经住房和城乡建设部2011年7月29日以第1110号公告批准、发布。

本规范制定过程中，编制组进行了充分的调查研究，总结了近年来我国混凝土结构工程施工的实践经验和研究成果，借鉴了有关国际标准和国外先进标准，开展了多项专题研究，与国家标准《混凝土结构工程施工质量验收规范》GB 50204及其他相关标准进行了协调。

为便于广大施工、监理、质检、设计、科研、学校等单位有关人员在使用本规范时能正确理解和执行条文规定，《混凝土结构工程施工规范》编制组按章、节、条顺序编制了本规范的条文说明，对条文规定的目的、依据以及执行中需注意的有关事项进行了说明，还着重对强制性条文的强制理由作了解释。但是，本条文说明不具备与规范正文同等的法律效力，仅供使用者作为理解和把握规范规定的参考。

目 次

1 总　　则

1.0.1 本规范所给出的混凝土结构工程施工要求，是为了保证工程的施工质量和施工安全，并为施工工艺提供技术指导，使工程质量满足设计文件和相关标准的要求。混凝土结构工程施工，还应贯彻节材、节水、节能、节地和保护环境等技术经济政策。本规范主要依据我国科学技术成果、常用施工工艺和工程实践经验，并参考国际与国外先进标准制定而成。

1.0.2 本规范适用的建筑工程混凝土结构施工包括现场施工及预拌混凝土生产、预制构件生产、钢筋加工等场外施工。轻骨料混凝土系指干表观密度不大于$1950kg/m^3$的混凝土。特殊混凝土系指有特殊性能要求的混凝土，如膨胀、耐酸、耐碱、耐油、耐热、耐磨、防辐射等。"轻骨料混凝土及特殊混凝土的施工"系专指其混凝土分项工程施工；对其他分项工程（如模板、钢筋、预应力等），仍可按本规范的规定执行。轻骨料混凝土和特殊混凝土的配合比设计、拌制、运输、泵送、振捣等有其特殊性，应按国家现行相关标准执行。

1.0.3 本规范总结了近年来我国混凝土结构工程施工的实践经验和研究成果，提出了混凝土结构工程施工管理和过程控制的基本要求。当设计文件对混凝土结构施工有不同于本规范的专门要求时，应遵照设计文件执行。

3 基 本 规 定

3.1 施 工 管 理

3.1.1 与混凝土结构施工相关的企业资质主要有：房屋建筑工程施工总承包企业资质；预拌商品混凝土专业企业资质、混凝土预制构件专业企业资质、预应力工程专业承包企业资质；钢筋作业分包企业资质、混凝土作业分包企业资质、脚手架作业分包企业资质、模板作业分包企业资质等。

施工单位的质量管理体系应覆盖施工全过程，包括材料的采购、验收和储存，施工过程中的质量自检、互检、交接检，隐蔽工程检查和验收，以及涉及安全和功能的项目抽查检验等环节。混凝土结构施工全过程中，应随时记录并处理出现的问题和质量偏差。

3.1.2 施工项目部应确定人员的职责、分工和权限，制定工作制度、考核制度和奖惩制度。施工项目部的机构设置应根据项目的规模、结构复杂程度、专业特点、人员素质等确定。施工操作人员应具备相应的技能，对有从业证书要求的，还应具有相应证书。

3.1.3 对预应力、装配式结构等工程，当原设计文件深度不够，不足以指导施工时，需要施工单位进行深化设计。深化设计文件应经原设计单位认可。对于改建、扩建工程，应经承担该改建、扩建工程的设计单位认可。

3.1.4 施工单位应重视施工资料管理工作，建立施工资料管理制度，将施工资料的形成和积累纳入施工管理的各个环节和有关人员的职责范围。在资料管理过程中应保证施工资料的真实性和有效性。除应建立配套的管理制度，明确责任外，还应根据工程具体情况采取措施，堵塞漏洞，确保施工资料真实、有效。

3.1.6 混凝土结构施工现场应采取必要的安全防护措施，各项设备、设施和安全防护措施应符合相关强制性标准的规定。对可能发生的各种危害和灾害，应制定应急预案。本条中的突发事件主要指天气骤变、停水、断电、道路运输中断、主要设备损坏、模板质量安全事故等。

3.2 施 工 技 术

3.2.1 混凝土结构施工前的准备工作包括：供水、用电、道路、运输、模板及支架、混凝土覆盖与养护、起重设备、泵送设备、振捣设备、施工机具和安全防护设施等。

3.2.2 施工阶段的监测内容可根据设计文件的要求和施工质量控制的需要确定。施工阶段的监测内容一般包括：施工环境监测（如风向、风速、气温、湿度、雨量、气压、太阳辐射等）、结构监测（如结构沉降观测、倾斜测量、楼层水平度测量、控制点标高与水准测量以及构件关键部位或截面的应变、应力监测和温度监测等）。

3.2.3 采用新技术、新工艺、新材料、新设备时，应经过试验和技术鉴定，并应制定可行的技术措施。设计文件中指定使用新技术、新工艺、新材料时，施工单位应依据设计要求进行施工。施工单位欲使用新技术、新工艺、新材料时，应经监理单位核准，并按相关规定办理。本条的"新的施工工艺"系指以前未在任何工程施工中应用的施工工艺，"首次采用的施工工艺"系指施工单位以前未实施过的施工工艺。

3.3 施工质量与安全

3.3.1、3.3.2 在混凝土结构施工过程中，应贯彻执行施工质量控制和检验的制度。每道工序均应及时进行检查，确认符合要求后方可进行下道工序施工。施工企业实行的"过程三检制"是一种有效的企业内部质量控制方法，"过程三检制"是指自检、互检和交接检三种检查方式。对发现的质量问题及时返修、返工，是施工单位进行质量过程控制的必要手段。本规范第4～9章提出了施工质量检查的主要内容，在实际操作中可根据质量控制的需要调整、补充检查内容。

3.3.3 混凝土结构工程的隐蔽工程验收，主要包括钢筋、预埋件等，现行国家标准《混凝土结构工程施工质量验收规范》GB 50204 中对此已有明确规定。本条强调除应对隐蔽工程进行验收外，还应对重要工序和关键部位加强质量检查或进行测试，并要求应有详细记录和宜有必要的图像资料。这些规定主要考虑隐蔽工程、重要工序和关键部位对于混凝土结构的重要性。当隐蔽工程的检查、验收与相应检验批的检查、验收内容相同时，可以合并进行。

3.3.5 施工中使用的原材料、半成品和成品以及施工设备和机具，应符合国家相关标准的要求。为适当减少有关产品的检验工作量，本规范有关章节对符合限定条件的产品进场检验作了适当调整。对来源稳定且连续检验合格，或经产品认证符合要求的产品，进场时可按本规范的有关规定放宽检验。"经产品认证符合要求的产品"系指经产品认证机构认证，认证结论为符合认证要求的产品。产品认证机构应经国家认证认可监督管理部门批准。放宽检验系指扩大检验批量，不是放宽检验指标。

3.3.7、3.3.8 试件留设是混凝土结构施工检测和试验计划的重要内容。混凝土结构施工过程中，确认混凝土强度等级达到要求应采用标准养护的混凝土试件；混凝土结构构件拆模、脱模、吊装、施加预应力及施工期间负荷时的混凝土强度，应采用同条件养护的混凝土试件。当施工阶段混凝土强度指标要求较低，不适宜用同条件养护试件进行强度测试时，可根据经验判断。

3.3.9 混凝土结构施工前，需确定结构位置、标高的控制点和水准点，其精度应符合规划管理和工程施工的需要。用于施工抄平、放线的水准点或控制点的位置，应保持牢固稳定，不下沉，不变形。施工现场应对设置的控制点和水准点进行保护，使其不受扰动，必要时应进行复测以确定其准确度。

4 模板工程

4.1 一般规定

4.1.1 模板工程主要包括模板和支架两部分。模板面板、支承面板的次楞和主楞以及对拉螺栓等组件统称为模板。模板背侧的支承（撑）架和连接件等统称为支架或模板支架。

模板工程专项施工方案一般包括下列内容：模板及支架的类型；模板及支架的材料要求；模板及支架的计算书和施工图；模板及支架安装、拆除相关技术措施；施工安全和应急措施（预案）；文明施工、环境保护等技术要求。

本规范中高大模板支架工程是指搭设高度 8m 及以上；搭设跨度 18m 及以上，施工总荷载 $15kN/m^2$ 及以上；集中线荷载 20kN/m 及以上的模板支架工程。

本条专门提出了对"滑模、爬模等工具式模板工程及高大模板支架工程的专项施工方案应进行技术论证"的要求。模板工程的安全一直是施工现场安全生产管理的重点和难点，根据住房和城乡建设部《危险性较大的分部分项工程安全管理办法》（建质［2009］87 号）的规定，超过一定规模的危险性较大的混凝土模板支架工程为：搭设高度 8m 及以上；搭设跨度 18m 及以上，施工总荷载 $15kN/m^2$ 及以上；集中线荷载 20kN/m 及以上。国外部分相关规范也有区分基本模板工程、特殊模板工程的类似规定。本条文规定高大模板工程和工具式模板工程所指对象按建质［2009］87 号文确定即可。提出"高大模板工程"术语是区别于浇筑一般构件的模板工程，并便于模板工程施工作业人员的简易理解。条文规定的专项施工方案的技术论证包括专家评审。

关于模板工程现有多本专业标准，如行业标准《钢框胶合板模板技术规程》JGJ 96、《液压爬升模板工程技术规程》JGJ 195、《液压滑动模板施工安全技术规程》JGJ 65、《建筑工程大模板技术规程》JGJ74，国家标准《组合钢模板技术规范》GB 50214 等，应遵照执行。

4.1.2 模板及支架是施工过程中的临时结构，应根据结构形式、荷载大小等结合施工过程的安装、使用和拆除等主要工况进行设计，保证其安全可靠，具有足够的承载力和刚度，并保证其整体稳固性。根据现行国家标准《工程结构可靠性设计统一标准》GB 50153 的有关规定，本规范中的"模板及支架的整体稳固性"系指在遭遇不利施工荷载工况时，不因构造不合理或局部支撑杆件缺失造成整体性坍塌。模板及支架设计时应考虑模板及支架自重、新浇筑混凝土自重、钢筋自重、新浇筑混凝土对模板侧面的压力、施工人员及施工设备荷载、混凝土下料产生的水平荷载、泵送混凝土或不均匀堆载等因素产生的附加水平荷载、风荷载等。本条直接影响模板及支架的安全，并与混凝土结构施工质量密切相关，故列为强制性条文，应严格执行。

4.2 材 料

4.2.2 混凝土结构施工用的模板材料，包括钢材、铝材、胶合板、塑料、木材等。目前，国内建筑行业现浇混凝土施工的模板多使用木材作主、次楞，竹（木）胶合板作面板，但木材的大量使用不利于保护国家有限的森林资源，而且周转使用次数少的不耐用的木质模板在施工现场将会造成大量建筑垃圾，应引起重视。为符合"四节一环保"的要求，应提倡"以钢代木"，即提倡采用轻质、高强、耐用的模板材料，如铝合金和增强塑料等。支架材料宜选用钢材或铝合金等轻质高强的可再生材料，不提倡采用木支架。连接件将面板和支架连接为可靠的整体，采用标准定型连接件有利于操作安全、连接可靠和重复使用。

4.2.3 模板脱模剂有油性、水性等种类。为不影响后期的混凝土表面实施粉刷、批腻子及涂料装饰等，宜采用水性的脱模剂。

4.3 设 计

4.3.3 模板及支架中杆件之间的连接考虑了可重复使用和拆卸方便，设计计算分析的计算假定和分析模型不同于永久性的钢结构或薄壁型钢结构，本条要求计算假定和分析模型应有理论或试验依据，或经工程经验验证可行。设计中实际选取的计算假定和分析模型应尽可能与实际结构受力特点一致。模板及支架的承载力计算采用荷载基本组合；变形验算采用永久荷载标准值，即不考虑可变荷载，当所有永久荷载同方向时，即为永久荷载标准值的代数和。

4.3.5 本条对模板及支架的承载力设计提出了基本要求。通过引入结构重要性系数 γ_0，区分了“重要”和“一般”模板及支架的设计要求，其中“重要的模板及支架”包括高大模板支架，跨度较大、承载较大或体型复杂的模板及支架等。另外，还引入承载力设计值调整系数 γ_R 以考虑模板及支架的重复使用情况，其中对周转使用的工具式模板及支架，γ_R 应大于1.0；对新投入使用的非工具式模板与支架，γ_R 可取1.0。

模板及支架结构构件的承载力设计值可按相应材料的结构设计规范采用，如钢模板及钢支架的设计符合现行国家标准《钢结构设计规范》GB 50017 的规定；冷弯薄壁型钢支架的设计符合现行国家标准《冷弯薄壁型钢结构技术规范》GB 50018 的规定；铝合金模板及铝合金支架的设计符合现行国家标准《铝合金结构设计规范》GB 50429 的规定。

4.3.6 基于目前房屋建筑的混凝土楼板厚度以120mm以上为主，其单位面积自重与施工荷载相当，因此，根据现行国家标准《建筑结构荷载规范》GB 50009 相关规定的对由永久荷载效应控制的组合，应取1.35的永久荷载分项系数，为便于施工计算，统一取1.35系数。从理论和设计习惯两个方面考虑，侧面模板设计时模板侧压力永久荷载分项系数取1.2更为合理，本条公式中通过引入模板及支架的类型系数 α 解决此问题，1.35乘以0.9近似等于1.2。

4.3.7 作用在模板及支架上的荷载分为永久荷载和可变荷载。将新浇筑混凝土的侧压力列为永久荷载是基于混凝土浇筑入模后侧压力相对稳定地作用在模板上，直至混凝土逐渐凝固而消失，符合“变化与平均值相比可以忽略不计或变化是单调的并能趋于限值”的永久荷载定义。对于塔吊钩住混凝土料斗等容器下料产生的荷载，美国规范 ACI347 认为可以按料斗的容量、料斗离楼面模板的距离、料斗下料的时间和速度等因素计算作用到模板面上的冲击荷载，考虑对浇筑混凝土地点的混凝土下料与施工人员作业荷载不同时，混凝土下料产生的荷载主要与混凝土侧压力组合，并作用在有效压头范围内。

当支架结构与周边已浇筑混凝土并具有一定强度的结构可靠拉结时，可以不验算整体稳定。对相对独立的支架，在其高度方向上与周边结构无法形成有效拉结的情况下，可分别计算泵送混凝土或不均匀堆载等因素产生的附加水平荷载（Q_3）作用下和风荷载（Q_4）作用下支架的整体稳定性，以保证支架架体的构造合理性，防止突发性的整体坍塌事故。

4.3.8 模板面板的变形量直接影响混凝土构件的尺寸和外观质量。对于梁板等水平构件，其模板面板及面板背侧支撑的变形验算采用施加其上的混凝土、钢筋和模板自重的荷载标准值；对于墙等竖向模板，其模板面板及面板背侧支撑的变形验算采用新浇筑混凝土的侧压力的荷载标准值。

4.3.9 本条中“结构表面外露的模板”可以认为是拆模后不做水泥砂浆粉刷找平的模板，“结构表面隐蔽的模板”是拆模后需要做水泥砂浆粉刷找平的模板。对于模板构件的挠度限值，在控制面板的挠度时应注意面板背部主、次楞的弹性变形对面板挠度的影响，适当提高主楞的挠度限值。

4.3.10 对模板支架高宽比的限定主要为了保证在周边无结构提供有效侧向刚性连接的条件下，防止细高形的支架倾覆整体失稳。整体稳固性措施包括支架体内加强竖向和水平剪刀撑的设置；支架体外设置抛撑、型钢桁架撑、缆风绳等。

4.3.11 混凝土浇筑前，支架在搭设过程中，因为相应的稳固性措施未到位，在风力很大时可能会发生倾覆，倾覆力矩主要由风荷载（Q_4）产生；混凝土浇筑时，支架的倾覆力矩主要由泵送混凝土或不均匀堆载等因素产生的附加水平荷载（Q_3）产生，附加水平荷载（Q_3）以水平力的形式呈线荷载作用在支架顶部外边缘上。抗倾覆力矩主要由钢筋、混凝土和模板自重等永久荷载产生。

4.3.13 在多、高层建筑的混凝土结构工程施工中，已浇筑的楼板可能还未达到设计强度，或者已经达到设计强度，但施工荷载显著超过其设计荷载，因此，必须考虑设置足够层数的支架，以避免相应各层楼板产生过大的应力和挠度。在设置多层支架时，需要确定各层楼板荷载向下传递时的分配情况。验算支架和楼板承载力可采用简化方法分析。当用简化方法分析时，可假定建筑基础为刚性板，模板支架层的立杆为刚性杆，由支架立杆相连的多层楼板的刚度假定为相等，按浇筑混凝土楼面新增荷载和拆除连续支架层的最底层荷载重新分布的两种最不利工况，分析计算连续多层模板支架立杆和混凝土楼面承担的最大荷载效应，决定合理的最少连续支模层数。

4.3.14 支架立柱或竖向模板下的土层承载力设计值，应按现行国家标准《建筑地基基础设计规范》GB 50007 的规定或工程地质报告提供的数据采用。

4.3.15 在扣件钢管模板支架的立杆顶端插入可调托座，模板上的荷载直接传给立杆，为中心传力方式；模板搁置在扣件钢管支架顶部的水平钢管上，其荷载通过水平杆与立杆的直角扣件传至立杆，为偏心传力方式，实际偏心距为 53mm 左右，本条规定的 50mm 为取整数值。中心传力方式有利于立杆的稳定性，因此宜采用中心传力方式。

本条第 2 款规定的单根立杆轴力标准值是基于支架顶部双向水平杆通过直角扣件扣接到立杆形成“双扣件”的传力形式确定的，根据试验，双扣件抗滑力范围在 17kN～20kN 之间，考虑一定安全系数后提出了 10kN、12kN 的要求。工程施工技术人员也可根据工地的钢管管径及壁厚、扣件的规格和质量，进行双扣件抗滑试验制定立杆的单根承载力限值。

4.3.16 门式、碗扣式和盘扣式钢管架的顶端插入可调托座，其传力方式均为中心传力方式，有利于立杆的稳定性，值得推广应用。

4.4 制作与安装

4.4.1 模板可在工厂或施工现场加工、制作。将通用性强的模板制作成定型模板可以有效地节约材料。

4.4.5 模板及支架的安装应与其施工图一致。混凝土竖向构件主要有柱、墙和筒壁等，水平构件主要有梁、楼板等。

4.4.6 对跨度较大的现浇混凝土梁、板，考虑到自重的影响，适度起拱有利于保证构件的形状和尺寸。执行时应注意本条的起拱高度未包括设计起拱值，而只考虑模板本身在荷载下的下垂，故对钢模板可取偏小值，对木模板可取偏大值。当施工措施能够保证模板下垂符合要求，也可不起拱或采用更小的起拱值。

4.4.7 扣件钢管支架因其灵活性好，通用性强，施工单位经过多年工程施工积累已有一定储备量，成为目前我国的主要模板支架形式。本条对采用扣件钢管作模板支架制定了一些基本的量化构造尺寸规定。

4.4.8 采用扣件式钢管搭设高大模板支架的问题一直是模板支架安全监管的重点和难点。支架搭设应强调完整性，扣件式钢管支架的搭设灵活性也带来了随意性，大尺寸梁、板混凝土构件下的扣件钢管模板支架的立杆上每步纵、横向水平钢管设置不全，每隔 2 根或 3 根立杆设置双向水平杆，交叉层上的水平杆单向设置等连接构造不完整是扣件钢管模板支架整体坍塌的主要原因。因此，基于用扣件钢管搭设高大模板支架的多起整体坍塌事故分析和经验教训，特别强调扣件钢管高大模板支架搭设应完整，以及立杆上每步的双向水平杆均应与立杆扣接，应将其作为扣件钢管模板支架安装过程中的检查重点。支架宜设置中部纵向或横向的竖向剪刀撑，剪刀撑的间距不宜大于 5m；沿支架高度方向搭设的水平剪刀撑的间距不宜大于 6m，搭设的高大模板支架应与施工方案一致。

采用满堂支架的高大模板支架时，在支架中间区域设置少量的用塔吊标准节安装的桁架柱，或用加密的钢管立杆、水平杆及斜杆搭设成的塔架等高承载力的临时柱，形成防止突发性模板支架整体坍塌的二道防线，经实践证明是行之有效的。

本条第 1 款规定可调托座螺杆插入钢管的长度不应小于 150mm，螺杆伸出钢管的长度不应大于 300mm，插入立杆顶端可调托座伸出顶层水平杆的悬臂长度不应大于 500mm（图 1）。对非高大模板支架，如支架立杆顶部采用可调托座时，其构造也应符合此规定。

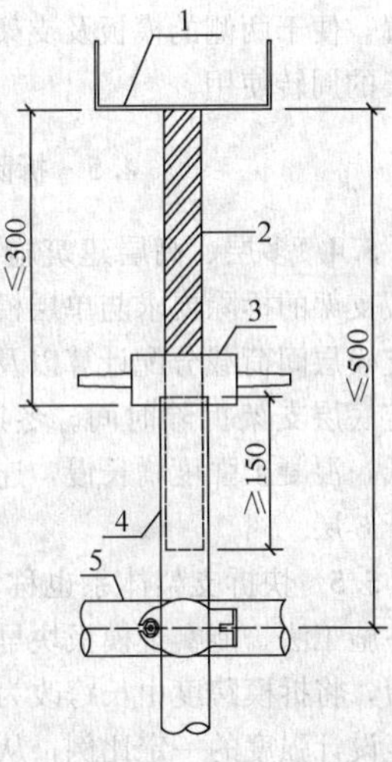
1
2
3
4
5
≤300
≤500
≥150

图 1 扣件式钢管支架顶部的可调托座

1—可调托座；2—螺杆；3—调节螺母；4—扣件式钢管支架立杆；5—扣件式钢管支架水平杆

4.4.9 基于用碗扣架搭设模板支架的整体坍塌事故分析，对采用碗扣和盘扣钢管架搭设模板支架时，限定立柱顶端插入可调托座伸出顶层水平杆的长度（图 2），以及将顶部两层水平杆间的距离比标准步距缩小一个碗扣或盘扣节点间距，更有利于立杆的稳定性。

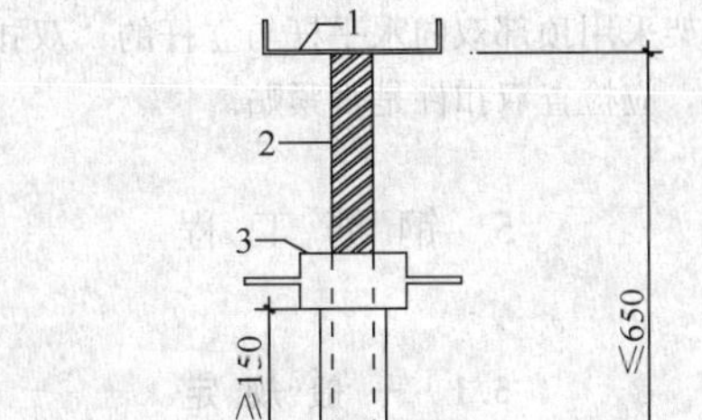
1
2
3
4
5
≤650
≥150

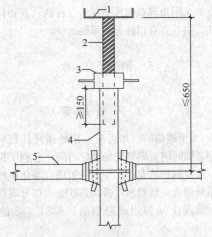

图 2 碗扣式、盘扣式或盘销式钢管支架顶部的可调托座

1—可调托座；2—螺杆；3—调节螺母；4—立杆；5—水平杆

碗扣式钢管架的竖向剪刀撑和水平剪刀撑可采用扣件钢管搭设，一般形成的基本网格为4m～6m；盘扣式钢管架的竖向剪刀撑和水平剪刀撑直接采用斜杆，并要求纵、横向每5跨每层设置斜杆，竖向每4步设置水平层斜杆。

4.4.10 目前施工单位多采用标准型门架，其主立杆直径为42mm；当支架高度较高或荷载较大时，主立杆钢管直径大于48mm的门架性能更好。

4.4.16 后浇带部位的模板及支架通常需保留到设计允许封闭后浇带的时间。该部分模板及支架应独立设置，便于两侧的模板及支架及时拆除，加快模板及支架的周转使用。

4.5 拆除与维护

4.5.4 多层、高层建筑施工中，连续2层或3层模板支架的拆除要求与单层模板支架不同，需根据连续支模层间荷载分配计算以及混凝土强度的增长情况确定底层支架拆除时间。冬期施工高层建筑时，气温低，混凝土强度增长慢，连续模板支架层数一般不少于3层。

4.5.5 快拆支架体系也称为早拆模板体系或保留支柱施工法。能实现模板块早拆的基本原理是因支柱保留，将拆模跨度由长跨改为短跨，所需的拆模强度降至设计强度的一定比例，从而加快了承重模板的周转速度。支柱顶部早拆柱头是其核心部件，它既能维持顶托板支撑住混凝土构件的底面，又能将支架梁连带模板块一起降落。

4.6 质量检查

4.6.3 本条规定了采用扣件钢管架支模时应检查的基本内容和偏差控制值。检查中，钢管支架立杆在全长范围内只允许在顶部进行一次搭接。对梁板模板下钢管支架采用顶部双向水平杆与立杆的“双扣件”扣接方式，应检查双扣件是否紧贴。

5 钢筋工程

5.1 一般规定

5.1.1 成型钢筋的应用可减少钢筋损耗且有利于质量控制，同时缩短钢筋现场存放时间，有利于钢筋的保护。成型钢筋的专业化生产应采用自动化机械设备进行钢筋调直、切割和弯折，其性能应符合现行行业标准《混凝土结构用成型钢筋》JG/T 226的有关规定。

5.1.2 混凝土结构施工的钢筋连接方式由设计确定，且应考虑施工现场的各种条件。如设计要求的连接方式因施工条件需要改变，需办理变更文件。如设计没有规定，可由施工单位根据《混凝土结构设计规范》GB 50010等国家现行相关标准的有关规定和施工现场条件与设计共同商定。

5.1.3 钢筋代换主要包括钢筋品种、级别、规格、数量等的改变，涉及结构安全，故本条予以强制。钢筋代换后应经设计单位确认，并按规定办理相关审查手续。钢筋代换应按国家现行相关标准的有关规定，考虑构件承载力、正常使用（裂缝宽度、挠度控制）及配筋构造等方面的要求，需要时可采用并筋的代换形式。不宜用光圆钢筋代换带肋钢筋。本条为强制性条文，应严格执行。

5.2 材料

5.2.1 与热轧光圆钢筋、热轧带肋钢筋、余热处理钢筋、钢筋焊接网性能及检验相关的国家现行标准有：《钢筋混凝土用钢 第1部分：热轧光圆钢筋》GB 1499.1、《钢筋混凝土用钢 第2部分：热轧带肋钢筋》GB 1499.2、《钢筋混凝土用余热处理钢筋》GB 13014、《钢筋混凝土用钢 第3部分：钢筋焊接网》GB 1499.3。与冷加工钢筋性能及检验相关的国家现行标准有：《冷轧带肋钢筋》GB 13788、《冷轧扭钢筋》JG 190等。冷加工钢筋的应用可参照《冷轧带肋钢筋混凝土结构技术规程》JGJ 95、《冷轧扭钢筋混凝土构件技术规程》JGJ 115、《冷拔低碳钢丝应用技术规程》JGJ 19等国家现行标准的有关规定。

5.2.2 本条提出了针对部分框架、斜撑构件（含梯段）中纵向受力钢筋强度、伸长率的规定，其目的是保证重要结构构件的抗震性能。本条第1款中抗拉强度实测值与屈服强度实测值的比值，工程中习惯称为“强屈比”，第2款中屈服强度实测值与屈服强度标准值的比值，工程中习惯称为“超强比”或“超屈比”，第3款中最大力下总伸长率习惯称为“均匀伸长率”。

牌号带“E”的钢筋是专门为满足本条性能要求生产的钢筋，其表面轧有专用标志。

本条中的框架包括各类混凝土结构中的框架梁、框架柱、框支梁、框支柱及板柱-抗震墙的柱等，其抗震等级应根据国家现行相关标准由设计确定；斜撑构件包括伸臂桁架的斜撑、楼梯的梯段等，相关标准中未对斜撑构件规定抗震等级，当建筑中其他构件需要应用牌号带E钢筋时，则建筑中所有斜撑构件均应满足本条规定。

本条为强制性条文，应严格执行。

5.2.3 本条规定的施工过程包括钢筋运输、存放及作业面施工。

HRB（热轧带肋钢筋）、HRBF（细晶粒钢筋）、RRB（余热处理钢筋）是三种常用带肋钢筋品种的英文缩写，钢筋牌号为该缩写加上代表强度等级的数字。各种钢筋表面的轧制标志各不相同，HRB335、HRB400、HRB500分别为3、4、5，HRBF335、HRBF400、HRBF500分别为C3、C4、

C5，RRB400为K4。对于牌号带“E”的热轧带肋钢筋，轧制标志上也带“E”，如HRB335E为3E、HRBF400E为C4E。钢筋在运输和存放时，不得损坏包装和标志，并应按牌号、规格、炉批分别堆放。钢筋加工后用于施工的过程中，要能够区分不同强度等级和牌号的钢筋，避免混用。

钢筋除防锈外，还应注意焊接、撞击等原因造成的钢筋损伤。后浇带等部位的外露钢筋在混凝土施工前也应避免锈蚀、损伤。

5.2.4 对性能不良的钢筋批，可根据专项检验结果进行处理。

5.3 钢 筋 加 工

5.3.1 钢筋加工前应清理表面的油渍、漆污和铁锈。清除钢筋表面油漆、漆污、铁锈可采用除锈机、风砂枪等机械方法；当钢筋数量较少时，也可采用人工除锈。除锈后的钢筋要尽快使用，长时间未使用的钢筋在使用前同样应按本条规定进行清理。有颗粒状、片状老锈或有损伤的钢筋性能无法保证，不应在工程中使用。对于锈蚀程度较轻的钢筋，也可根据实际情况直接使用。

5.3.2 钢筋弯折可采用专用设备一次弯折到位。对于弯折过度的钢筋，不得回弯。

5.3.3 机械调直有利于保证钢筋质量，控制钢筋强度，是推荐采用的钢筋调直方式。无延伸功能指调直机械设备的牵引力不大于钢筋的屈服力。如采用冷拉调直，应控制调直冷拉率，以免影响钢筋的力学性能。带肋钢筋进行机械调直时，应注意保护钢筋横肋，以避免横肋损伤造成钢筋锚固性能降低。钢筋无局部弯折，一般指钢筋中心线同直线的偏差不应超过全长的1%。

5.3.4 本条统一规定了各种钢筋弯折时的弯弧内直径，并在国家标准《混凝土结构工程施工质量验收规范》GB 50204－2002的基础上根据相关标准规范的规定进行了补充。拉筋弯折处，弯弧内直径除应符合本条第5款对箍筋的规定外，尚应考虑拉筋实际勾住钢筋的具体情况。

5.3.5 本条规定的纵向受力钢筋弯折后平直段长度包括受拉光面钢筋180°弯钩、带肋钢筋在节点内弯折锚固、带肋钢筋弯钩锚固、分批截断钢筋延伸锚固等情况，本规范仅规定了光圆钢筋180°弯钩的弯折后平直段长度，其他构造应符合设计要求及现行国家标准《混凝土结构设计规范》GB 50010的有关规定。

5.3.6 本条规定了箍筋、拉筋末端的弯钩构造要求，适用于焊接封闭箍筋之外的所有箍筋、拉筋；其中拉筋包括梁、柱复合箍筋中单肢箍筋，梁腰筋间拉结筋，剪力墙、楼板钢筋网片拉结筋等。箍筋、拉筋弯钩的弯弧内直径应符合本规范第5.3.4条的规定。有抗震设防要求的结构构件，即设计图纸和相关标准规范中规定具有抗震等级的结构构件，箍筋弯钩可按不小于135°弯折。本条中的设计专门要求指构件受扭、弯剪扭等复合受力状态，也包括全部纵向受力钢筋配筋率大于3%的柱。本条第3款中，拉筋用作单肢箍筋或梁腰筋间拉结筋时，弯钩的弯折后平直段长度按第1款规定确定即可。加工两端135°弯钩拉筋时，可做成一端135°另一端90°，现场安装后再将90°弯钩端弯成满足要求的135°弯钩。

5.3.7 焊接封闭箍筋宜以闪光对焊为主；采用气压焊或单面搭接焊时，应注意最小适用直径。批量加工的焊接封闭箍筋应在专业加工场地采用专用设备完成。对焊点部位的要求主要是考虑便于施焊、有利于结构安全等因素。

5.3.8 钢筋机械锚固包括贴焊钢筋、穿孔塞焊锚板及应用锚固板等形式，钢筋锚固端的加工应符合《混凝土结构设计规范》GB 50010等国家现行相关标准的规定。当采用钢筋锚固板时，钢筋加工及安装等要求均应符合现行行业标准《钢筋锚固板应用技术规程》JGJ 256的有关规定。

5.4 钢筋连接与安装

5.4.1 受力钢筋的连接接头宜设置在受力较小处。梁端、柱端箍筋加密区的范围可按现行国家标准《混凝土结构设计规范》GB 50010的有关规定确定。如需在箍筋加密区内设置接头，应采用性能较好的机械连接和焊接接头。同一纵向受力钢筋在同一受力区段内不宜多次连接，以保证钢筋的承载、传力性能。“同一纵向受力钢筋”指同一结构层、结构跨及原材料供货长度范围内的一根纵向受力钢筋，对于跨度较大梁，接头数量的规定可适当放松。本条还对接头距钢筋弯起点的距离作出了规定。

5.4.2 本条提出了钢筋机械连接施工的基本要求。螺纹接头安装时，可根据安装需要采用管钳、扭力扳手等工具，但安装后应使用专用扭力扳手校核拧紧力矩，安装用扭力扳手和校核用扭力扳手应区分使用，二者的精度、校准要求均有所不同。

5.4.3 本条提出了钢筋焊接施工的基本要求。焊工是焊接施工质量的保证，本条提出了焊工考试合格证、焊接工艺试验等要求。不同品种钢筋的焊接及电渣压力焊的适用条件是焊接施工中较为重要的问题，本规范参考相关规范提出了技术规定。焊接施工还应按相关标准、规定做好劳动保护和安全防护，防止发生火灾、烧伤、触电以及损坏设备等事故。

5.4.4 本条规定了纵向受力钢筋机械连接和焊接的接头位置和接头百分率要求。计算接头连接区段长度时，d为相互连接两根钢筋中较小直径，并按该直径计算连接区段内的接头面积百分率；当同一构件内不同连接钢筋计算的连接区段长度不同时取大值。装配式混凝土结构为由预制构件拼装的整体结构，构件连接处无法做到分批连接，多采用同截面100%连接的形式，施工中应采取措施保证连接的质量。

5.4.5 本条规定了纵向受力钢筋绑扎搭接的最小搭接长度、接头位置和接头百分率要求。计算接头连接区段长度时，搭接长度可取相互连接两根钢筋中较小直径计算，并按该直径计算连接区段内的接头面积百分率；当同一构件内不同连接钢筋计算的连接区段长度不同时取大值。附录C中给出了各种条件下确定受拉钢筋、受压钢筋最小搭接长度的方法。

5.4.6 搭接区域的箍筋对于约束搭接传力区域的混凝土、保证搭接钢筋传力至关重要。根据相关规范的要求，规定了搭接长度范围内的箍筋直径、间距等构造要求。

5.4.7 本条规定了钢筋绑扎的细部构造。墙、柱、梁钢筋骨架中各竖向面钢筋网不包括梁顶、梁底的钢筋网。板底部钢筋网的边缘部分需全部扎牢，中间部分可间隔交错扎牢。箍筋弯钩及焊接封闭箍筋的对焊接接头布置要求是为了保证构件不存在明显薄弱的受力方向。构造柱纵向钢筋与承重结构钢筋同步绑扎，可使构造柱与承重结构可靠连接、上下贯通，避免后植筋施工引起的质量及安全隐患。混凝土浇筑施工时可先浇框架梁、柱等主要受力结构，后浇构造柱混凝土。第5款中50mm的规定系根据工程经验提出，具体适用范围为：梁端第一个箍筋的位置，柱底部第一个箍筋的位置，也包括暗柱及剪力墙边缘构件；楼板边第一根钢筋的位置；墙体底部第一个水平分布钢筋及暗柱箍筋的位置。

5.4.8 本条规定了构件交接处钢筋的位置。对主次梁结构，本条规定底部标高相同时次梁的下部钢筋放到主梁下部钢筋之上，此规定适用于常规结构，对于承受方向向上的反向荷载，或某些有特殊要求的主次梁结构，也可按实际情况选择钢筋布置方式。剪力墙水平分布钢筋为主要受力钢筋，故放在外侧；对于承受平面内弯矩较大的挡土墙等构件，水平分布钢筋也可放在内侧。

5.4.9 钢筋定位件用来固定施工中混凝土构件中的钢筋，并保证钢筋的位置偏差符合现行国家标准《混凝土结构工程施工质量验收规范》GB 50204等的有关规定。确定定位件的数量、间距和固定方式需考虑钢筋在绑扎、混凝土浇筑等施工过程中可能承受的施工荷载。钢筋定位件主要有专用定位件、水泥砂浆或混凝土制成的垫块、金属马凳、梯子筋等。专用定位件多为塑料制成，有利于控制钢筋的混凝土保护层厚度、安装尺寸偏差和构件的外观质量。砂浆或混凝土垫块的强度是定位件承载力、刚度的基本保证。对细长的定位件，还应防止失稳。定位件将留在混凝土构件中，不应降低混凝土结构的耐久性，如砂浆或混凝土垫块的抗渗、抗冻、防腐等性能应与结构混凝土相同或相近。从耐久性角度出发，不应在框架梁、柱混凝土保护层内使用金属定位件。对于精度要求较高的预制构件，应减少砂浆或混凝土垫块的使用。当采用体量较大的定位件时，定位件不能影响结构的受力性能。本条所称定位件有时也称间隔件。

5.4.10 施工中随意进行的定位焊接可能损伤纵向钢筋、箍筋，对结构安全造成不利影响。如因施工操作原因需对钢筋进行焊接，需按现行行业标准《钢筋焊接及验收规程》JGJ 18的有关规定进行施工，焊接质量应满足其要求。施工中不应对不可焊钢筋进行焊接。

5.4.11 由多个封闭箍筋或封闭箍筋、单肢箍筋共同组成的多肢箍即为复合箍筋。复合箍筋的外围应选用一个封闭箍筋。对于偶数肢的梁箍筋，复合箍筋均宜由封闭箍筋组成；对于奇数肢的梁箍筋，复合箍筋宜由若干封闭箍筋和一个拉筋组成；柱箍筋内部可根据施工需要选择使用封闭箍筋和拉筋。单肢箍筋在复合箍筋内部的交错布置，是为了利于构件均匀受力。当采用单肢箍筋时，单肢箍筋的弯钩应符合本规范第5.3.5条的规定。

5.4.12 如钢筋表面受脱模剂污染，会严重影响钢筋的锚固性能和混凝土结构的耐久性。

5.5 质量检查

5.5.1 钢筋的质量证明文件包括产品合格证和出厂检验报告等。

5.5.2 成型钢筋所用钢筋在生产企业进厂时已检验，成型钢筋在工地进场时以检验质量证明文件和材料的检验合格报告为主，并辅助较大批量的屈服强度、抗拉强度、伸长率及重量偏差检验。成型钢筋的质量证明文件为专业加工企业提供的产品合格证、出厂检验报告。

5.5.3 为便于控制钢筋调直后的性能，本条要求对冷拉调直后的钢筋力学性能和单位长度重量偏差进行检验。

5.5.4 本条的规定主要包括钢筋切割、弯折后的尺寸偏差，各种钢筋、钢筋骨架、钢筋网的安装位置偏差等。安装后还应及时检查钢筋的品种、级别、规格、数量。

5.5.5 钢筋连接是钢筋工程施工的重要内容，应在施工过程中重点检查。

6 预应力工程

6.1 一般规定

6.1.1 预应力专项施工方案内容一般包括：施工顺序和工艺流程；预应力施工工艺，包括预应力筋制作、孔道预留、预应力筋安装、预应力筋张拉、孔道灌浆和封锚等；材料采购和检验、机具配备和张拉设备标定；施工进度和劳动力安排、材料供应计划；有关分项工程的配合要求；施工质量要求和质量保证措施；施工安全要求和安全保证措施；施工现场管理机构等。

预应力混凝土工程的施工图深化设计内容一般包括：材料、张拉锚固体系、预应力筋束形定位坐标图、张拉端及固定端构造、张拉控制应力、张拉或放张顺序及工艺、锚具封闭构造、孔道摩擦系数取值等。根据本规范第3.1.3条规定，预应力专业施工单位完成的深化设计文件应经原设计单位确认。

6.1.2 工程经验表明，当工程所处环境温度低于-15℃时，易造成预应力筋张拉阶段的脆性断裂，不宜进行预应力筋张拉；灌浆施工会受环境温度影响，高温下因水分蒸发水泥浆的稠度将迅速提高，而冬期的水泥浆易受冻结冰，从而造成灌浆操作困难，且难以保证质量，因此应尽量避开高温环境下灌浆和冬期灌浆。如果不得已在冬期环境下灌浆施工，应通过采用抗冻水泥浆或对构件采取保温措施等来保证灌浆质量。

6.1.3 预应力筋的品种、级别、规格、数量由设计单位根据相关标准选择，并经结构设计计算确定，任何一项参数的变化都会直接影响预应力混凝土的结构性能。预应力筋代换意味着其品种、级别、规格、数量以及锚固体系的相应变化，将会带来结构性能的变化，包括构件承载能力、抗裂度、挠度以及锚固区承载能力等，因此进行代换时，应按现行国家标准《混凝土结构设计规范》GB 50010等进行专门的计算，并经原设计单位确认。本条为强制性条文，应严格执行。

6.2 材　　料

6.2.1 预应力筋系施加预应力的钢丝、钢绞线和精轧螺纹钢筋等的总称。与预应力筋相关的国家现行标准有：《预应力混凝土用钢绞线》GB/T 5224、《预应力混凝土用钢丝》GB/T 5223、《中强度预应力混凝土用钢丝》YB/T 156、《预应力混凝土用螺纹钢筋》GB/T 20065、《无粘结预应力钢绞线》JG 161等。

6.2.2 与预应力筋用锚具相关的国家现行标准有：《预应力筋用锚具、夹具和连接器》GB/T 14370和《预应力筋用锚具、夹具和连接器应用技术规程》JGJ 85。前者系产品标准，主要是生产厂家生产、质量检验的依据；后者是锚夹具产品工程应用的依据，包括设计选用、进场检验、工程施工等内容。

6.2.3 后张法预应力成孔主要采用塑料波纹管以及金属波纹管。而竖向孔道常采用钢管成孔。与塑料波纹管相关的现行行业标准为《预应力混凝土桥梁用塑料波纹管》JT/T 529。与金属波纹管相关的现行行业标准为《预应力混凝土用金属波纹管》JG 225。

6.2.4 各种工程材料都有其合理的运输和储存要求。预应力筋、预应力筋用锚具、夹具和连接器，以及成孔管道等工程材料基本都是金属材料，因此在运输、存放过程中，应采取防止其损伤、锈蚀或污染的保护措施，并在使用前进行外观检查。此外，塑料波纹管尽管没有锈蚀问题，仍应注意保护其不受外力作用下的变形，避免污染、暴晒。

6.3 制作与安装

6.3.1 计算下料长度时，一般需考虑预应力筋在结构内的长度、锚夹具厚度、张拉操作长度、镦头的预留量、弹性回缩值、张拉伸长值和台座长度等因素。对于需要进行孔道摩擦系数测试的预应力筋，尚需考虑压力传感器等的长度。

高强预应力钢材受高温焊渣或接地电火花损伤后，其材性会受较大影响，而且预应力筋截面也可能受到损伤，易造成张拉时脆断，故应避免。

6.3.2 无粘结预应力筋护套破损，会影响预应力筋的全长封闭性，同时一定程度上也会影响张拉阶段的摩擦损失，故需保护其塑料护套。尤其在地下结构等潮湿环境中采用无粘结预应力筋时，更需要注意其护套要完整。对于轻微破损处可用防水聚乙烯胶带封闭，其中每圈胶带搭接宽度一般大于胶带宽度的1/2，缠绕层数不少于2层，而且缠绕长度超过破损长度30mm。

6.3.3 挤压锚具的性能受到挤压机之挤压模具技术参数的影响，如果不配套使用，尽管其挤压油压及制作后的尺寸参数符合要求，也会出现性能不满足要求的情况。通常的摩擦衬套有异形钢丝簧和内外带螺纹的管状衬套两种，不论采用何种摩擦衬套，均需保证套筒握裹预应力筋区段内摩擦衬套均匀分布，以保证可靠的锚固性能。

6.3.4 压花锚具的性能主要取决于梨形头和直线段长度。一般情况下，对直径为15.2mm和12.7mm的钢绞线，梨形头的长度分别不小于150mm和130mm，梨形头的最大直径分别不小于95mm和80mm，梨形头前的直线锚固段长度分别不小于900mm和700mm。

6.3.5 钢丝束采用镦头锚具时，锚具的效率系数主要取决于镦头的强度，而镦头强度与采用的工艺及钢丝的直径有关。冷镦时由于冷作硬化，镦头的强度提高，但脆性增加，且容易出现裂纹，影响强度发挥，因此需事先确认钢丝的可镦性，以确保镦头质量。另外，钢丝下料长度的控制主要是为保证钢丝的两端均采用镦头锚具时钢丝的受力均匀性。

6.3.6 圆截面金属波纹管的连接采用大一规格的管道连接，其工艺成熟，现场操作方便。扁形金属波纹管无法采用旋入连接工艺，通常也可采用更大规格的扁管套接工艺。塑料波纹管采用热熔焊接工艺或专用连接套管均能保证质量。

6.3.7 管道定位钢筋支托的间距与预应力筋重量和波纹管自身刚度有关。一般曲线预应力筋的关键点（如最高点、最低点和反弯点等位置）需要有定位的支托钢筋，其余位置的定位钢筋可按等间距布置。值得注意的是，一般设计文件中所给出的预应力筋束形为预应力筋中心的位置，确定支托钢筋位置时尚需考虑管道或无粘结应力筋束的半径。管道安装后应采用火烧丝与钢筋支托绑扎牢靠，必要时点焊定位钢筋。梁中铺设多根成束无粘结预应力筋时，尚需注意同一束的各根筋保持平行，防止相互扭绞。

6.3.9 采用普通灌浆工艺时，从一端注入的水泥浆往前流动，并同时将孔道内的空气从另一端排出。当预应力孔道呈起伏状时，易出现水泥浆流过但空气未被往前挤压而滞留于管道内的情况；曲线孔道中的浆体由于重力下沉、水分上浮会出现泌水现象；当空气滞留于管道内时，将出现灌浆缺陷，还可能被泌出的水充满，不利于预应力筋的防腐，波峰与波谷高差越大这种现象越严重。所以，本条规定曲线孔道波峰部位设置排气管兼泌水管，该管不仅可排除空气，还可以将泌水集中排除在孔道外。泌水管常采用钢丝增强塑料管以及壁厚不小于 2mm 的聚乙烯管，有时也可用薄壁钢管，以防止混凝土浇筑过程中出现排气管压扁。

6.3.10 本条是锚具安装工艺及质量控制规定，主要是保证锚具及连接器能够正常工作，不致因安装质量问题出现锚具及预应力筋的非正常受力状态。例如锚垫板的承压面与预应力筋（或孔道）曲线末端的切线不垂直时，会导致锚具和预应力筋受力异常，容易造成预应力筋滑脱或提前断裂。有关参数是根据国外相关资料，并结合我国工程实践经验提出的。

6.3.11 预应力筋的穿束工艺可分为先穿束和后穿束，其中在混凝土浇筑前将预应力筋穿入管道内的工艺方法称为“先穿束”，而待混凝土浇筑完毕再将预应力筋穿入孔道的工艺方法称为“后穿束”。一般情况下，先穿束会占用工期，而且预应力筋穿入孔道后至张拉并灌浆的时间间隔较长，在环境湿度较大的南方地区或雨季容易造成预应力筋的锈蚀，进而影响孔道摩擦，甚至影响预应力筋的力学性能；而后穿束时，预应力筋穿入孔道后至张拉灌浆的时间间隔较短，可有效防止预应力筋锈蚀，同时不占用结构施工工期，有利于加快施工速度，是较好的工艺方法。对一端为埋入端，另一端为张拉端的预应力筋，只能采用先穿束工艺，而两端张拉的预应力筋，最好采用后穿束工艺。本条规定主要考虑预应力筋在施工阶段的防锈，有关时间限制是根据国内外相关标准及我国工程实践经验提出的。

6.3.12 预应力筋、管道、端部锚具、排气管等安装后，仍有大量的后续工程在同一工位或其周边进行，如果不采取合理的措施进行保护，很容易造成已安装工程的破损、移位、损伤、污染等问题，影响后续工程及工程质量。例如，外露预应力筋需采取保护措施，否则容易受混凝土污染；垫板喇叭口和排气管口需封闭，否则养护水或雨水进入孔道，使预应力筋和管道锈蚀，而混凝土还可能由垫板喇叭口进入预应力孔道，影响预应力筋的张拉。

6.3.13 对于超长的预应力筋，孔道摩擦引起的预应力损失比较大，影响预加力效应。采用减摩材料可有效降低孔道摩擦，有利于提高预加力效应。通常的后张有粘结预应力孔道减摩材料可选用石墨粉、复合钙基脂加石墨、工业凡士林加石墨等。减摩材料会降低预应力筋与灌浆料的粘结力，灌浆前必须清除。

6.4 张拉和放张

6.4.1 预应力筋张拉前，根据张拉控制应力和预应力筋面积确定张拉力，然后根据千斤顶标定结果确定油泵压力表读数，同时根据预应力筋曲线线形及摩擦系数计算张拉伸长值；现场检查确认混凝土施工质量，确保张拉阶段不致出现局部承压区破坏等异常情况。

6.4.2 张拉设备由千斤顶、油泵及油管等组成，其输出力需通过油泵中的压力表读数来确定，所以需要使用前进行标定。为消除系统误差影响，要求设备配套标定并配套使用。此外千斤顶的活塞运行方向不同，其内摩擦也有差异，所以规定千斤顶活塞运行方向应与实际张拉工作状态一致。

6.4.3 先张法构件的预应力是靠粘结力传递的，过低的混凝土强度相应的粘结强度也较低，造成预应力传递长度增加，因此本条规定了放张时的混凝土最低强度值。后张法结构中，预应力是靠端部锚具传递的，应保证锚垫板和局部受压加强钢筋选用和布置得当，特别是当采用铸造锚垫板时，应根据锚具供应商提供的产品技术手册相关的技术参数选用与锚具配套的锚垫板和局部加强钢筋，以及确定张拉时要求达到的混凝土强度等技术要求，而这些技术要求需要通过锚固区传力性能检验来确定。另一方面，混凝土结构过早施加预应力，会造成过大的徐变变形，因此有必要控制张拉时混凝土的龄期。但是，当张拉预应力筋是为防止混凝土早期出现的收缩裂缝时，可不受有关混凝土强度限值及龄期的限制。

6.4.4 设计方所给张拉控制力是指千斤顶张拉预应力筋的力值。由于施工现场的情况往往比较复杂，而且可能存在设计未考虑的额外影响因素，可能需要对张拉控制力进行适当调整，以建立设计要求的有效预应力。预应力孔道的实际摩擦系数可能与设计取值存在差异，当摩擦系数实测值与设计计算取值存在一定偏差时，可通过适当调整张拉力来减小偏差。另外，对要求提高构件在施工阶段的抗裂性能而在使用阶段受压区内设置的预应力筋，以及要求部分抵消由于应力松弛、摩擦、分批张拉、预应力筋与张拉台座之间的温差等因素产生的预应力损失的情况，也可以适当调整张拉力。消除应力钢丝和钢绞线质量较稳定，且常用于后张法预应力工程，从充分利用高强度，但同时避免产生过大的松弛损失，并降低施工阶段钢绞线断裂的原则出发限制其应力不应大于 80％的抗拉强度标准值；中强度预应力钢丝主要用于先张法构件，故其限值应力低于钢绞线；而精轧螺纹钢筋从偏于安全考虑限制其张拉控制应力不大于其屈服强度标准值的 90％。

6.4.5 预应力筋张拉时，由于不可避免地受到各种因素的影响，包括千斤顶等设备的标定误差、操作控制偏差、孔道摩擦力变化、预应力筋实际截面积或弹性模量的偏差等，会使得预应力筋的有效预应力与设计值产生差异，从而出现预应力筋实测张拉伸长值与计算值之间的偏差。张拉预应力筋的目的是建立设计希望的预应力，而伸长值校核是为了判断张拉质量是否达到设计规定的要求。如果各项参数都与设计相符，一般情况下张拉力值的偏差在±5％范围内是合理的，考虑到实际工程的测量精度及预应力筋材料参数的偏差等因素，适当放松了对伸长值偏差的限值，将其最大偏差放宽到±6％。必要时，宜进行现场孔道摩擦系数测定，并可根据实测结果调整张拉控制力。

6.4.6 预应力筋的张拉顺序应使混凝土不产生超应力、构件不扭转与侧弯，因此，对称张拉是一个重要原则，对张拉比较敏感的结构构件，若不能对称张拉，也应尽量做到逐步渐进的施加预应力。减少张拉设备的移动次数也是施工中应考虑的因素。

6.4.8 一般情况下，同一束有粘结预应力筋应采取整束张拉，使各根预应力筋建立的应力均匀。只有在能够确保预应力筋张拉没有叠压影响时，才允许采用逐根张拉工艺，如平行编排的直线束、只有平面内弯曲的扁锚束以及弯曲角度较小的平行编排的短束等。

6.4.9 预应力筋在张拉前处于松弛状态，需要施加一定的初拉力将其拉紧，初拉力可取为张拉控制力的 10％～20％。对塑料波纹管成孔管道内的预应力筋，达到张拉控制力后的持荷，对保证预应力筋充分伸长并建立准确的预应力值非常有效。

6.4.10 预应力工程的重要目的是通过配置的预应力筋建立设计希望的准确的预应力值。然而，张拉阶段出现预应力筋的断裂，可能意味着，其材料、加工制作、安装及张拉等一系列环节中出现了问题。同时，由于预应力筋断裂或滑脱对结构构件的受力性能影响极大，因此，规定应严格限制其断裂或滑脱的数量。先张法预应力构件中的预应力筋不允许出现断裂或滑脱，若在浇筑混凝土前出现断裂或滑脱，相应的预应力筋应予以更换。本条虽然设在张拉和放张一节中，但其控制的不仅是张拉质量，同时也是对材料、制作、安装等工序的质量要求，本条为强制性条文，应严格执行。

6.4.11 锚固阶段张拉端预应力筋的内缩量系指预应力筋锚固过程中，由于锚具零件之间和锚具与预应力筋之间的相对移动和局部塑性变形造成的回缩值。对于某些锚具的内缩量可能偏大时，只要设计有专门规定，可按设计规定确定；当设计无专门规定时，则应符合本条的规定，并需要采取必要的工艺措施予以满足。在现行行业标准《预应力筋用锚具、夹具和连接器应用技术规程》JGJ 85 中给出了预应力筋的内缩量测试方法。

6.4.12 本条规定了先张法预应力构件的预应力筋放张原则，主要考虑确保施工阶段先张法构件的受力不出现异常情况。

6.4.13 后张法预应力筋张拉锚固后，处于高应力工作状态，对其简单直接放松张拉力，可能会造成很大的危险，因此规定应采用专门的设备和工具放张。

6.5 灌浆及封锚

6.5.1 张拉后的预应力筋处于高应力状态，对腐蚀很敏感，同时全部拉力由锚具承担，因此应尽早进行灌浆保护预应力筋以提供预应力筋与混凝土之间的粘结。饱满、密实的灌浆是保证预应力筋防腐和提供足够粘结力的重要前提。

6.5.2 锚具外多余预应力筋常采用无齿锯或机械切断机切断，也可采用氧-乙炔焰切割多余预应力筋。当采用氧-乙炔焰切割时，为避免热影响可能波及锚具部位，宜适当加大外露预应力筋的长度或采取对锚具降温等措施。本条规定的外露预应力筋长度要求，主要考虑到锚具正常工作及可能的热影响。

6.5.4 孔道灌浆一般采用素水泥浆。普通硅酸盐水泥、硅酸盐水泥配制的水泥浆泌水率较小，是很好的灌浆材料。水泥浆中掺入外加剂可改善其稠度、泌水率、膨胀率、初凝时间、强度等特性，但预应力筋对应力腐蚀较为敏感，故水泥和外加剂中均不能含有对预应力筋有害的化学成分，特别是氯离子的含量应严格控制。灌浆用水泥质量相关的现行国家标准有《通用硅酸盐水泥》GB 175，所掺外加剂的质量及使用相关的现行国家标准有《混凝土外加剂》GB 8076 和《混凝土外加剂应用技术规范》GB 50119 等。

6.5.5 良好的水泥浆性能是保证灌浆质量的重要前提之一。本条规定的目的是保证水泥浆的稠度满足灌浆施工要求的前提下，尽量降低水泥浆的泌水率、提高灌浆的密实度，并保证通过水泥浆提供预应力筋与混凝土良好的粘结力。稠度是以 1725mL 漏斗中水泥浆的流锥时间（s）表述的。稠度大意味着水泥浆黏稠，其流动性差；稠度小意味着水泥浆稀，其流动性好。合适的稠度指标是顺利施灌的重要前提，采用普通灌浆工艺时，因有空气阻力，灌浆阻力较大，需要较小的稠度，而采用真空灌浆工艺时，由于孔道抽真空处于负压，浆体在孔道内的流动比较容易，因此可以选择较大的稠度指标。本条分普通灌浆和真空灌浆工艺给出不同的稠度控制建议指标12s～20s和18s～25s是根据工程经验提出的。

泌出的水在孔道内没有排除时，会形成灌浆质量缺陷，容易造成高应力下的预应力筋的腐蚀。所以，需要尽量降低水泥浆的泌水率，最好将泌水率降为0。当有水泌出时，应将其排除，故规定泌水应在24h内全部被水泥浆吸收。水泥浆的适度膨胀有利于提高灌浆密实性，提高灌浆饱满度，但过度的膨胀率可能造成孔道破损，反而影响预应力工程质量，故应控制其膨胀率，本规范用自由膨胀率来控制，并考虑普通灌浆工艺和真空灌浆工艺的差异。水泥浆强度高，意味着其密实度高，对预应力筋的防护是有利的。建筑工程中常用的预应力筋束，M30强度的水泥浆可有效提供对预应力筋的防护并提供足够的粘结力。

6.5.6 采用专门的高速搅拌机（一般为1000r/min以上）搅拌水泥浆，一方面提高劳动效率，减轻劳动强度，同时有利于充分搅拌均匀水泥及外加剂等材料，获得良好的水泥浆；如果搅拌时间过长，将降低水泥浆的流动性。水泥浆采用滤网过滤，可清除搅拌中未被充分散开的颗粒，可降低灌浆压力，并提高灌浆质量。当水泥浆中掺有缓凝剂且有可靠工程经验时，水泥浆拌合后至灌入孔道的时间可适当延长。

6.5.7 本条规定了一般性的灌浆操作工艺要求。对因故尚未灌注完成的孔道，应采用压力水冲洗该孔道，并采取措施后再行灌浆。

6.5.8 真空灌浆工艺是为提高孔道灌浆质量开发的新技术，采用该技术必须保证孔道的质量和密封性，并严格按有关技术要求进行操作。

6.5.9 灌浆质量的检测比较困难，详细填写有关灌浆记录，有利于灌浆质量的把握和今后的检查。灌浆记录内容一般包括灌浆日期、水泥品种、强度等级、配合比、灌浆压力、灌浆量、灌浆起始和结束时间，以及灌浆出现的异常情况及处理情况等。

6.5.10 锚具的封闭保护是一项重要的工作。主要是防止锚具及垫板的腐蚀、机械损伤，并保证抗火能力。为保证耐久性，封锚混凝土的保护层厚度大小需随所处环境的严酷程度而定。无粘结预应力筋通常要求全长封闭，不仅需要常规的保护，还需要更为严密的全封闭不透水的保护系统，所以不仅其锚具应认真封闭，预应力筋与锚具的连接处也应确保密封性。

6.6 质量检查

6.6.1 预应力工程材料主要指预应力筋、锚具、夹具和连接器、成孔管道等。进场后需复验的材料性能主要有：预应力筋的强度、锚夹具的锚固效率系数、成孔管道的径向刚度及抗渗性等。原材料进场时，供方应按材料进场验收所划分的检验批，向需方提供有效的质量证明文件。

6.6.2 预应力筋制作主要包括下料、端部锚具制作等内容。钢丝束采用镦头锚具时，需控制下料长度偏差和镦头的质量，因此检查下料长度和镦头的外观、尺寸等。镦头的力学性能通过锚具组装件试验确定，可在锚具等材料检验中确认。

挤压锚具的制作质量，一方面需要依靠组装件的拉力试验确定，而大量的挤压锚制作质量，则需要靠挤压记录和挤压后的外观质量来判断，包括挤压油压、挤压锚表面是否有划痕，是否平直，预应力筋外露长度等。钢绞线压花锚具的质量，主要依赖于其压花后形成的梨形头尺寸，因此检验其梨形头尺寸。

6.6.3 预应力筋、预留孔道、锚垫板和锚固区加强钢筋的安装质量，主要应检查确认预应力筋品种、级别、规格、数量和位置，成孔管道的规格、数量、位置、形状以及灌浆孔、排气兼泌水孔，锚垫板和局部加强钢筋的品种、级别、规格、数量和位置，预应力筋锚具和连接器的品种、规格、数量和位置等。实际上作为原材料的预应力筋、锚具、成孔管道等已经过进场检验，主要是检查与设计的符合性，而管道安装中的排气孔、泌水孔是不能忽略的细节。

6.6.4 预应力筋张拉和放张质量首先与材料、制作以及安装质量相关，在此基础上，需要保证张拉和放张时的同条件养护混凝土试块的强度符合设计要求，锚固阶段预应力筋的内缩量，夹片式锚具锚固后夹片的位置及预应力筋划伤情况等，都是张拉锚固质量相关的重要的因素。而大量后张预应力筋的张拉质量，要根据张拉记录予以判断，包括张拉伸长值、回缩值、张拉过程中预应力筋的断裂或滑脱数量等。

6.6.5 灌浆质量与成孔质量有关，同时依赖于水泥浆的质量和灌浆操作的质量。首先水泥浆的稠度、泌水率、膨胀率等应予控制，其次灌浆施工应严格按操作工艺要求进行，其质量除现场查看外，更多依据灌浆记录，最后还要根据水泥浆试块的强度试验报告确认水泥浆的强度是否满足要求。

6.6.6 封锚是对外露锚具的保护，同样是重要的工程环节。首先锚具外预应力筋长度应符合设计要求，其次封闭的混凝土的尺寸应满足设计要求，以保证足够的保护层厚度，最后还应保证封闭砂浆或混凝土的质量，包括与结构混凝土的结合及封锚材料的密实性等。当然，采用混凝土封闭时，混凝土强度也是重要的质量因素。

7 混凝土制备与运输

7.1 一般规定

7.1.2 根据目前我国大多数混凝土结构工程的实际

情况，混凝土制备可分为预拌混凝土和现场搅拌混凝土两种方式。现场搅拌混凝土宜采用与混凝土搅拌站相同的搅拌设备，按预拌混凝土的技术要求集中搅拌。当没有条件采用预拌混凝土，且施工现场也没有条件采用具有自动计量装置的搅拌设备进行集中搅拌时，可根据现场条件采用搅拌机搅拌。此时使用的搅拌机应符合现行国家标准《混凝土搅拌机》GB/T 9142 的有关要求，并应配备能够满足要求的计量装置。

7.1.3 搅拌运输车的旋转拌合功能能够减少运输途中对混凝土性能造成的影响，故混凝土宜选用搅拌运输车运输。当距离较近或受条件限制时也可采取机动翻斗车等方式运输。

混凝土自搅拌地点至工地卸料地点的运输过程中，拌合物的坍落度可能损失，同时还可能出现混凝土离析，需要采取措施加以防止。当采用翻斗车和其他敞开式工具运输时，由于不具备搅拌运输车的旋转拌合功能，更应采取有效措施预防。

混凝土连续施工是保证混凝土结构整体性和某些重要功能（例如防水功能）的重要条件，故在混凝土制备、运输时应根据混凝土浇筑量大小、现场浇筑速度、运输距离和道路状况等，采取可靠措施保证混凝土能够连续不间断供应。这些措施可能涉及具备充足的生产能力、配备足够的运输工具、选择可靠的运输路线以及制定应急预案等。

7.2 原 材 料

7.2.1 为了方便施工，本规范附录 F 列出了混凝土常用原材料的技术指标。主要有通用硅酸盐水泥技术指标，粗骨料和细骨料的颗粒级配范围，针、片状颗粒含量和压碎指标值，骨料的含泥量和泥块含量，粉煤灰、矿渣粉、硅灰、沸石粉等技术要求，常用外加剂性能指标和混凝土拌合用水水质要求等。考虑到某些材料标准今后可能修订，故使用时应注意与国家现行相关标准对照，以及随着技术发展而对相关指标进行的某些更新。

7.2.2 水泥作为混凝土的主要胶凝材料，其品种和强度等级对混凝土性能和结构的耐久性都很重要。本条给出选择水泥的依据和原则：第 1 款给出选择水泥的基本依据；第 2 款给出选择水泥品种的通用原则；第 3、4 款给出有特殊需要时的选择要求。

现行国家标准《通用硅酸盐水泥》GB 175－2007 规定的通用硅酸盐水泥为硅酸盐水泥、普通硅酸盐水泥、矿渣硅酸盐水泥、火山灰质硅酸盐水泥、粉煤灰硅酸盐水泥和复合硅酸盐水泥。作为混凝土结构工程使用的水泥，通常情况下选用通用硅酸盐水泥较为适宜。有特殊需求时，也可选用其他非硅酸盐类水泥，但不能对混凝土性能和结构功能产生不良影响。

对于有抗渗、抗冻融要求的混凝土，由于可能处于潮湿环境中，故宜选用硅酸盐水泥和普通硅酸盐水泥，并经试验确定适宜掺量的矿物掺合料，这样既可避免由于盲目选择水泥而带来混凝土耐久性的下降，又可防止不同种类的混合材及掺量对混凝土的抗渗性能和抗冻融性能产生不利影响。

本条第 4 款要求控制水泥的碱含量，是为了预防发生混凝土碱骨料反应，提高混凝土的抗腐蚀、侵蚀能力。

7.2.3 本规范中对混凝土结构工程用粗骨料的要求，与国家现行标准《混凝土结构工程施工质量验收规范》GB 50204－2002、《普通混凝土用砂、石质量及检验方法标准》JGJ 52－2006 的相关要求协调一致。

7.2.4 本条第 1～3 款的规定与国家标准《混凝土质量控制标准》GB 50164－2011 和行业标准《普通混凝土用砂、石质量及检验方法标准》JGJ 52－2006 一致。对于海砂，由于其含有大量氯离子及硫酸盐、镁盐等成分，会对钢筋混凝土和预应力混凝土的性能与耐久性产生严重危害，使用时应符合现行行业标准《海砂混凝土应用技术规范》JGJ206 的有关规定。本条第 2 款为强制性条文，应严格执行。

7.2.5 岩石在形成过程中，其内部会产生一定的纹理和缺陷，在受压条件下，会在纹理和缺陷部位形成应力集中效应而产生破坏。研究表明，混凝土强度等级越高，其所用粗骨料粒径应越小，较小的粗骨料，其内部的缺陷在加工过程中会得到很大程度的消除。工程实践和研究证明，强度等级为 C60 及以上的混凝土，其所用粗骨料粒径不宜大于 25mm。

7.2.6 选用级配良好的粗骨料可改善混凝土的均匀性和密实度。骨料的含泥量和泥块含量可对混凝土的抗渗、抗冻融等耐久性能产生明显劣化，故本条提出较一般混凝土更为严格的技术要求。

7.2.7 常用的矿物掺合料主要有粉煤灰、磨细矿渣微粉和硅粉等，不同的矿物掺合料掺入混凝土中，对混凝土的工作性、力学性能和耐久性所产生的作用既有共性，又不完全相同。故选择矿物掺合料的品种、等级和确定掺量时，应依据混凝土所处环境、设计要求、施工工艺要求等因素经试验确定，并应符合相关矿物掺合料应用技术规范以及相关标准的要求。

7.2.8 外加剂是混凝土的重要组分，其掺入量小，但对混凝土的性能改变却有明显影响，混凝土技术的发展与外加剂技术的发展是密不可分的。混凝土外加剂经过半个世纪的发展，其品种已发展到今天的 30～40 种，品种的增加使外加剂应用技术越来越专业化，因此，配制混凝土选用外加剂应根据混凝土性能、施工工艺、结构所处环境等因素综合确定。

本规范碱含量限值的规定与现行国家标准《混凝土外加剂应用技术规范》GB 50119－2003 的要求一致，控制外加剂带入混凝土中的碱含量，是为了预防混凝土发生碱骨料反应。

两种或两种以上外加剂复合使用时，可能会发生某些化学反应，造成相容性不良的现象，从而影响混凝土的工作性，甚至影响混凝土的耐久性能，因此本条规定应事先经过试验对相容性加以确认。

7.2.9 混凝土拌合及养护用水对混凝土品质有重要影响。现行行业标准《混凝土用水标准》JGJ 63 对混凝土拌合及养护用水的各项性能指标提出了具体规定。其中中水来源和成分较为复杂，中水进行化学成分检验，确认符合 JGJ 63 标准的规定时可用作混凝土拌合及养护用水。

7.2.10 海水中含有大量的氯盐、硫酸盐、镁盐等化学物质，掺入混凝土中后，会对钢筋产生锈蚀，对混凝土造成腐蚀，严重影响混凝土结构的安全性和耐久性，因此，严禁直接采用海水拌制和养护钢筋混凝土结构和预应力混凝土结构的混凝土。本条为强制性条文，应严格执行。

7.3 混凝土配合比

7.3.1 本条规定了混凝土配合比设计应遵照的基本原则：

1 配合比设计首先应考虑设计提出的强度等级和耐久性要求，同时要考虑施工条件。在满足混凝土强度、耐久性和施工性能等要求基础上，为节约资源等原因，应采用尽可能低的水泥用量和单位用水量。

2 国家现行标准《混凝土结构耐久性设计规范》GB/T 50476 和《普通混凝土配合比设计规程》JGJ 55 中对冻融环境、氯离子侵蚀环境等条件下的混凝土配合比设计参数均有规定，设计配合比时应符合其要求。

3 冬期、高温等环境下施工混凝土有其特殊性，其配合比设计应按照不同的温度进行设计，有关参数可按现行行业标准《建筑工程冬期施工规程》JGJ/T 104 及本规范第 10 章的有关规定执行。

4 混凝土配合比设计时所用的原材料（如水泥、砂、石、外加剂、水等）应采用施工实际使用的材料，并应符合国家现行相关标准的要求。

7.3.2 本条规定了混凝土配制强度的计算公式。配制强度的计算分两种情况，对于 C60 以下的混凝土，仍然沿用传统的计算公式。对于 C60 及以上的混凝土，按照传统的计算公式已经不能满足要求，本规范进行了简化处理，统一乘一个 1.15 的系数。该系数已在实际工程应用中得到检验。

7.3.3 本条规定了混凝土强度标准差的取值方法。当具有前一个月或前三个月统计资料时，首先应采用统计资料计算标准差，使其具有相对较好的科学性和针对性。只有当无统计资料时才可按照表中规定的数值直接选择。

7.3.4 本条规定了确定混凝土工作性指标应遵照的基本要求。工作性是一项综合技术指标，包括流动性（稠度）、黏聚性和保水性三个主要方面。测定和表示拌合物工作性的方法和指标很多，施工中主要采用坍落仪测定的坍落度及用维勃仪测定的维勃时间作为稠度的主要指标。

7.3.6 混凝土的耐久性指标包括氯离子含量、碱含量、抗渗性、抗冻性等。在确定设计配合比前，应对设计规定的混凝土耐久性能进行试验验证，以保证混凝土质量满足设计规定的性能要求。部分指标也可辅以计算验证。

7.3.8 本条规定了混凝土配合比试配、调整和确定应遵照的基本步骤。

7.3.9 本条规定了混凝土配合比确定后应经过批准，并规定配合比在使用过程中应该结合混凝土质量反馈的信息及时进行动态调整。

应经技术负责人批准，是指对于现场搅拌的混凝土，应由监理（建设）单位现场总监理工程师批准；对于混凝土搅拌站，应由搅拌站的技术或质量负责人等批准。

7.3.10 需要重新进行配合比设计的情况，主要是考虑材料质量、生产条件等状况发生变化，与原配合比设定的条件产生较大差异。本条明确规定了混凝土配合比应在哪些情况下重新进行设计。

7.4 混凝土搅拌

7.4.3 根据投料顺序不同，常用的投料方法有：先拌水泥净浆法、先拌砂浆法、水泥裹砂法和水泥裹砂石法等。

先拌水泥净浆法是指先将水泥和水充分搅拌成均匀的水泥净浆后，再加入砂和石搅拌成混凝土。

先拌砂浆法是指先将水泥、砂和水投入搅拌筒内进行搅拌，成为均匀的水泥砂浆后，再加入石子搅拌成均匀的混凝土。

水泥裹砂法是指先将全部砂子投入搅拌机中，并加入总拌合水量 70%左右的水（包括砂子的含水量），搅拌 10s～15s，再投入水泥搅拌 30s～50s，最后投入全部石子、剩余水及外加剂，再搅拌 50s～70s 后出罐。

水泥裹砂石法是指先将全部的石子、砂和 70%拌合水投入搅拌机，拌合 15s，使骨料湿润，再投入全部水泥搅拌 30s 左右，然后加入 30%拌合水再搅拌 60s 左右即可。

7.4.5 本条规定了开盘鉴定的主要内容。开盘鉴定一般可按照下列要求进行组织：施工现场拌制的混凝土，其开盘鉴定由监理工程师组织，施工单位项目部技术负责人、混凝土专业工长和试验室代表等共同参加。预拌混凝土搅拌站的开盘鉴定，由预拌混凝土搅拌站总工程师组织，搅拌站技术、质量负责人和试验室代表等参加，当有合同约定时应按照合同约定进行。

7.5 混凝土运输

7.5.1 采用混凝土搅拌运输车运输混凝土时，接料前应用水湿润罐体，但应排净积水；运输途中或等候卸料期间，应保持罐体正常运转，一般为（3～5）r/min，以防止混凝土沉淀、离析和改变混凝土的施工性能；临卸料前先进行快速旋转，可使混凝土拌合物更加均匀。

7.5.3 采用混凝土搅拌运输车运输混凝土时，当因道路堵塞或其他意外情况造成坍落度损失过大，在罐内加入适量减水剂以改善其工作性的做法，已经在部分地区实施。根据工程实践检验，当减水剂的加入量受控时，对混凝土的其他性能无明显影响。在对特殊情况下发生的坍落度损失过大的情况采取适宜的处理措施时，杜绝向混凝土内加水的违规行为，本条允许在特殊情况下采取加入适量减水剂的做法，并对其加以规范。要求采取该种做法时，应事先批准、作出记录，减水剂加入量应经试验确定并加以控制，加入后应搅拌均匀。现行国家标准《预拌混凝土》GB/T 14902－2003 中第 7.6.3 条规定：当需要在卸料前掺入外加剂时，外加剂掺入后搅拌运输车应快速进行搅拌，搅拌的时间应由试验确定。

7.5.4 采用机动翻斗车运送混凝土，道路应经事先勘察确认通畅，路面应修筑平坦；在坡道或临时支架上运送混凝土，坡道或临时支架应搭设牢固，脚手板接头应铺设平顺，防止因颠簸、振荡造成混凝土离析或撒落。

7.6 质 量 检 查

7.6.1 原材料进场时，供方应按材料进场验收所划分的检验批，向需方提供有效的质量证明文件，这是证明材料质量合格以及保证材料能够安全使用的基本要求。各种建筑材料均应具有质量证明文件，这一要求已经列入我国法律、法规和各项技术标准。

当能够确认两次以上进场的材料为同一厂家同批生产时，为了在保证材料质量的前提下简化对质量证明文件的核查工作，本条规定也可按照出厂检验批提供质量证明文件。

7.6.2 本条规定的目的，一是通过原材料进场检验，保证材料质量合格，杜绝假冒伪劣和不合格产品用于工程；二是在保证工程材料质量合格的前提下，合理降低检验成本。本条提出了扩大检验批量的条件，主要是从材料质量的一致性和稳定性考虑做出的规定。

7.6.3 本条第 1 款参照国家标准《混凝土结构工程施工质量验收规范》GB 50204—2002 的相关规定。强度、安定性是水泥的重要性能指标，进场时应复验。水泥质量直接影响混凝土结构的质量。本款为强制性条文，应严格执行。

7.6.4 水泥出厂超过三个月（快硬硅酸盐水泥超过一个月），或因存放不当等原因，水泥质量可能产生受潮结块等品质下降，直接影响混凝土结构质量，故本条强制规定此时应进行复验，应严格执行。

本条"应按复验结果使用"的规定，其含义是当复验结果表明水泥品质未下降时可以继续使用；当复验结果表明水泥强度有轻微下降时可在一定条件下使用。当复验结果表明水泥安定性或凝结时间出现不合格时，不得在工程上使用。

7.6.7 本条根据各地施工现场对采用预拌混凝土的管理要求，规定了预拌混凝土生产单位应向工程施工单位提供的主要技术资料。其中混凝土抗压强度报告和混凝土质量合格证应在 32d 内补送，其他资料应在交货时提供。本条所指其他资料应在合同中约定，主要是指当工程结构有要求时，应提供混凝土氯化物和碱总量计算书、砂石碱活性试验报告等。

7.6.8 混凝土拌合物的工作性应以坍落度或维勃稠度表示，坍落度适用于塑性和流动性混凝土拌合物，维勃稠度适用于干硬性混凝土拌合物。其检测方法应按现行国家标准《普通混凝土拌合物性能试验方法标准》GB/T 50080 的规定进行。

混凝土拌合物坍落度可按表 1 分为 5 级，维勃稠度可按表 2 分为 5 级。

表 1　混凝土拌合物按坍落度的分级

等　级	坍落度（mm）
S1	10 ～ 40
S2	50 ～ 90
S3	100 ～ 150
S4	160 ～ 210
S5	≥220

注：坍落度检测结果，在分级评定时，其表达值可取舍至临近的 10mm。

表 2　混凝土拌合物按维勃稠度的分级

等　级	维勃时间(s)
V0	≥31
V1	30 ～ 21
V2	20 ～ 11
V3	10 ～ 6
V4	5 ～ 3

8　现浇结构工程

8.1　一 般 规 定

8.1.1 本条规定了混凝土浇筑前应该完成的主要检查和验收工作。对将被下一工序覆盖而无法事后检查的内容进行隐蔽工程验收，对所浇筑结构的位置、标高、几何尺寸、预留预埋等进行技术复核工作。技术复核工作在某些地区也称为工程预检。

8.1.2 本条规定了混凝土入模温度的上下限值要求。规定混凝土最低入模温度是为了保证在低温施工阶段混凝土具有一定的抗冻能力；规定混凝土入模最高温度是为了控制混凝土最高温度，以利于混凝土裂缝控制。大体积混凝土入模温度尚应符合本规范第8.7.3条的规定。

8.1.3 混凝土运输、输送、浇筑过程中加水会严重影响混凝土质量；运输、输送、浇筑过程中散落的混凝土，不能保证混凝土拌合物的工作性和质量。本条为强制性条文，应严格执行。

8.1.4 混凝土浇筑时要求布料均衡，是为了避免集中堆放或不均匀布料造成模板和支架过大的变形。混凝土浇筑过程中模板内钢筋、预埋件等移动，会产生质量隐患。浇筑过程中需设专人分别对模板和预埋件以及钢筋、预应力筋等进行看护，当模板、预埋件、钢筋位移超过允许偏差时应及时纠正。本条中所指的预埋件是指除钢筋以外按设计要求预埋在混凝土结构中的构件或部件，包括波纹管、锚垫板等。

8.2 混凝土输送

8.2.1 混凝土输送是指对运输至现场的混凝土，采用输送泵、溜槽、吊车配备斗容器、升降设备配备小车等方式送至浇筑点的过程。为提高机械化施工水平，提高生产效率，保证施工质量，应优先选用预拌混凝土泵送方式。

8.2.2 本条对输送泵选择及布置作了规定。

1 常用的混凝土输送泵有汽车泵、拖泵（固定泵）、车载泵三种类型。由于各种输送泵的施工要求和技术参数不同，泵的选型应根据工程需要确定。

2 混凝土输送泵的配备数量，应根据混凝土一次浇筑量和每台泵的输送能力以及现场施工条件经计算确定。混凝土泵配备数量可根据现行行业标准《混凝土泵送施工技术规程》JGJ/T10的相关规定进行计算。对于一次浇筑量较大、浇筑时间较长的工程，为避免输送泵可能遇到的故障而影响混凝土浇筑，应考虑设置备用泵。

3 输送泵设置位置的合理与否直接关系到输送泵管距离的长短、输送泵管弯管的数量，进而影响混凝土输送能力。为了最大限度发挥混凝土输送能力，合理设置输送泵的位置显得尤为重要。

4 输送泵采用汽车泵时，其布料杆作业范围不得有障碍物、高压线等；采用汽车泵、拖泵或车载泵进行泵送施工时，应离开建筑物一定距离，防止高空坠物。在建筑下方固定位置设置拖泵进行混凝土泵送施工时，应在拖泵上方设置安全防护设施。

8.2.3 本条对输送泵管的选择和支架的设置作了规定。

1 混凝土输送泵管应与混凝土输送泵相匹配。通常情况下，汽车泵采用内径150mm的输送泵管；拖泵和车载泵采用内径125mm的输送泵管。在特殊工程需要的情况下，拖泵也可采用内径150mm的输送泵管，此时，可采用相同管径的输送泵输送混凝土，也可采用大小接头转换管径的方法输送混凝土。

2 在通常情况下，内径125mm的输送泵管适用于粗骨料最大粒径不大于25mm的混凝土；内径150mm的输送泵管适用于粗骨料最大粒径不大于40mm的混凝土。有些地区有采用粗骨料最大粒径为31.5mm的混凝土，这种混凝土虽然可以采用125mm的输送泵管进行输送，但对输送泵和输送泵管的损耗较大。

3 输送泵管的弯管采用较大的转弯半径以使输送管道转向平缓，可以大大减少混凝土输送泵的泵口压力，降低混凝土输送难度。如果输送泵管安装接头不严密或不按要求安装接头密封圈，而使输送管道漏气、漏浆，这些因素都是造成堵泵的直接原因，所以在施工现场应严格控制。

4 水平输送泵管和竖向输送泵管都应该采用支架进行固定，支架与输送泵管的连接和支架与结构的连接都应连接牢固。输送泵管、支架严禁直接与脚手架或模架相连接，以防发生安全事故。由于在输送泵管的弯管转向区域受力较大，通常情况弯管转向区域的支架应加密。输送泵管对支架的作用以及支架对结构的作用都应经过验算，必要时对结构进行加固，以确保支架使用安全和对结构无损害。

5 为了控制竖向输送泵管内的混凝土在自重作用下对混凝土泵产生过大的压力，水平输送泵管的直管和弯管总的折算长度与竖向输送高度之比应进行控制，根据以往工程经验，比值按0.2倍的输送高度控制较为合理。水平输送泵的直管和弯管的折算长度可按现行行业标准《混凝土泵送施工技术规程》JGJ/T 10进行计算。

6 输送泵管倾斜或垂直向下输送混凝土时，在高差较大的情况下，由于输送泵管内的混凝土在自重作用下会下落而造成空管，此时极易产生堵管。根据以往工程经验，当高差大于20m时，堵管几率大大增加，所以有必要对输送泵管下端的直管和弯管总的折算长度进行控制。直管和弯管总的折算长度可按现行行业标准《混凝土泵送施工技术规程》JGJ/T 10进行计算。当采用自密实混凝土时，输送泵管下端的直管和弯管总的折算长度与上下高差的倍数关系，可通过试验确定。当输送泵管下端的直管和弯管总的折算长度控制有困难时，可采用在输送泵管下端设置截止阀的方法解决。

7 输送高度较小时，输送泵出口处的输送泵管位置可不设截止阀。输送高度大于100m时，混凝土自重对输送泵的泵口压力将大大增加，为了对混凝土输送过程进行有效控制，要求在输送泵出口处的输送泵管位置设置截止阀。

8 混凝土输送泵管在输送混凝土时，重复承受着非常大的作用力，其输送泵管的磨损以及支架的疲劳损坏经常发生，所以对输送泵管及其支架进行经常检查和维护是非常重要的。

8.2.4 本条对输送布料设备的选择和布置作了规定。

1 布料设备是指安装在输送泵管前端，用于混凝土浇筑的布料机或布料杆。布料设备应根据工程结构特点、施工工艺、布料要求和配管情况等进行选择。布料设备的输送管内径在通常情况下是与混凝土输送泵管内径相一致的，最常用的布料设备输送管采用内径125mm的规格。如果采用内径150mm输送泵管时，可采用150mm～125mm转换接头进行管径转换，或者采用相同管径的混凝土布料设备。

2 布料设备的施工方案是保证混凝土施工质量的关键，合理的施工方案应能使布料设备均衡而迅速地进行混凝土下料浇筑。

3 布料设备在浇筑混凝土时，一般会根据工程特点，安装在结构上或施工设施上。由于布料设备在使用过程中冲击力较大，所以安装位置处的结构或施工设施应进行相应的验算，不满足承载要求时应采取加固措施。

4 布料设备在使用中，弯管处磨损最大，爆管或堵管通常都发生在弯管处。对弯管加强检查、及时更换，是保证安全施工的重要环节。弯管壁厚可使用测厚仪检查。

5 布料设备伸开后作业高度和工作半径都较大，如果作业范围内有障碍物、高压线等，容易导致安全事故发生，所以施工前应勘察现场、编写针对性施工方案。布料设备作业时，应控制出料口位置，必要时应采取高空防护措施，防止出料口混凝土高空坠落。

8.2.5 为了保证混凝土的工作性，提出了输送混凝土的过程根据工程所处环境条件采取相应技术措施的要求。

8.2.6 输送泵使用前要求编制操作规程，操作规程应符合产品说明书要求。本条对输送泵输送混凝土的主要环节作了规定。

1 泵水是为了检查输送泵的性能以及通过湿润输送泵的有关部位来达到适宜输送的条件。

2 用水泥砂浆对输送泵和输送泵管进行湿润是顺利输送混凝土的关键，如果不采取这一技术措施将会造成堵泵或堵管。

3 开始输送混凝土时掌握节奏是顺利进行混凝土输送的重要手段。

4 输送泵集料斗设网罩，是为了过滤混凝土中大粒径石块或泥块；集料斗具有足够混凝土余量，是为了避免吸入空气产生堵泵。

8.2.7 本条对吊车配备斗容器输送混凝土作了规定。应结合起重机起重能力、混凝土浇筑量以及输送周期等因素综合确定斗容器容量大小。运输至现场的混凝土直接装入斗容器进行输送，而不采用相互转运的方式输送混凝土，以及斗容器在浇筑点直接布料，是为了减少混凝土拌合物转运次数，以保证混凝土工作性和质量。在特殊情况下，可采用先集中卸料后小车输送至浇筑点的方式，卸料点地坪应湿润并不得有积水。

8.2.8 本条所指的升降设备包括用于运载人或物料的升降电梯以及用于运载物料的升降井架。采用升降设备配合小车输送混凝土在工程中时有发生，为了保证混凝土浇筑质量，要求编制具有针对性的施工方案。运输后的混凝土若采用先卸料，后进行小车装运的输送方式，装料点应采用硬地坪或铺设钢板形式与地基土隔离，硬地坪或钢板面应湿润并不得有积水。为了减少混凝土拌合物转运次数，通常情况下不宜采用多台小车相互转载的方式输送混凝土。

8.3 混凝土浇筑

8.3.1 在模板工程完工后或在垫层上完成相应工序施工，一般都会留有不同程度的杂物，为了保证混凝土质量，应清除这部分杂物。为了避免干燥的表面吸附混凝土中的水分，而使混凝土特性发生改变，洒水湿润是必需的。金属模板若温度过高，同样会影响混凝土的特性，洒水可以达到降温的目的。现场环境温度是指工程施工现场实测的大气温度。

8.3.2 混凝土浇筑均匀性是为了保证混凝土各部位浇筑后具有相类同的物理和力学性能；混凝土浇筑密实性是为了保证混凝土浇筑后具有相应的强度等级。对于每一块连续区域的混凝土建议采用一次连续浇筑的方法；若混凝土方量过大或因设计施工要求而需留设施工缝或后浇带，则分隔后的每块连续区域应该采用一次连续浇筑的方法。混凝土连续浇筑是为了保证每个混凝土浇筑段成为连续均匀的整体。

8.3.3 混凝土分层厚度的确定应与采用的振捣设备相匹配，以免发生因振捣设备原因而产生漏振或欠振情况；混凝土连续浇筑是相对的，在连续浇筑过程中会因各种原因而产生时间间歇，时间间歇应尽量缩短，最长时间间歇应保证上层混凝土在下层混凝土初凝之前覆盖。为了减少时间间歇，应保证混凝土的供应量。

8.3.4 混凝土连续浇筑的原则是上层混凝土应在下层混凝土初凝之前完成浇筑，但为了更好地控制混凝土质量，混凝土还应该以最少的运载次数和最短的时间完成混凝土运输、输送入模过程，本规范表8.3.4-1的延续时间规定可作为通常情况下的时间控制值，应努力做到。混凝土运输过程中会因交通等原因而产生时间间歇，运输到现场的混凝土也会因为输送等原因而产生时间间歇，在混凝土浇筑过程中也会因为不同部位浇筑及振捣工艺要求而减慢输送产生时间间歇。对各种原因产生的总的时间间歇应进行控制，本规范表8.3.4-2规定了运输、输送入模及其间歇总的时间限值要求。表格中外加剂为常规品种，对于掺早强型减水剂、早强剂的混凝土以及有特殊要求的混凝土，延续时间会更小，应通过试验确定。

8.3.5 减少混凝土下料冲击的主要措施是使混凝土布料点接近浇筑位置，采用串筒、溜管、溜槽等装置也可以减少混凝土下料冲击。在通常情况下可直接采用输送泵管或布料设备进行布料，采用这种集中布料的方式可最大限度减少与钢筋的碰撞；若输送泵管或布料设备的端部通过串筒、溜管、溜槽等辅助装置进行下料时，其下料端的尺寸只需比输送泵管或布料设备的端部尺寸略大即可；大量工程实践证明，串筒、溜管下料端口直径过大或溜槽下料端口过宽，是发生混凝土浇筑离析的主要原因。

对于泵送混凝土或非泵送混凝土，在通常情况下可先浇筑竖向混凝土结构，后浇筑水平向混凝土结构；对于采用压型钢板组合楼板的工程，也可先浇筑水平向混凝土结构，后浇筑竖向混凝土结构；先浇筑低区部分混凝土再浇筑高区部分混凝土，可保证高低相接处的混凝土浇筑密实。

8.3.6 混凝土浇筑倾落高度是指所浇筑结构的高度加上混凝土布料点距本次浇筑结构顶面的距离。混凝土浇筑离析现象的产生，与混凝土下料方式、最大粗骨料粒径以及混凝土倾落高度有最主要的关系。大量工程实践证明，泵送混凝土采用最大粒径不大于25mm的粗骨料，且混凝土最大倾落高度控制在6m以内时，混凝土不会发生离析，这主要是因为混凝土较小的石子粒径减少了与钢筋的冲击。对于粗骨料粒径大于25mm的混凝土其倾落高度仍应严格控制。本条表中倾落高度限值适用于常规情况，对柱、墙底部钢筋极为密集的特殊情况，仍需增加措施防止混凝土离析。

8.3.7 为避免混凝土浇筑后裸露表面产生塑性收缩裂缝，在初凝、终凝前进行抹面处理是非常关键的。每次抹面可采用铁板压光磨平两遍或用木蟹抹平搓毛两遍的工艺方法。对于梁板结构以及易产生裂缝的结构部位应适当增加抹面次数。

8.3.8 本条对结构柱、墙混凝土设计强度等级高于梁、板混凝土设计强度等级时的浇筑作了规定。

1 柱、墙位置梁板高度范围内的混凝土是侧向受限的，相同强度等级的混凝土在侧向受限条件下的强度等级会提高。但由于缺乏试验数据，无法说明这个区域的混凝土强度可以提高两个等级，故本条规定了只可按提高一个强度等级进行考虑。所谓混凝土相差一个等级是指相互之间的强度等级差值为C5，一个等级以上即为C5的整数倍。

2 柱、墙混凝土设计强度比梁、板混凝土设计强度高两个等级及以上时，应在低强度等级的构件中采用分隔措施，分隔位置的两侧采用相应强度等级的混凝土浇筑。

3 在高强度等级混凝土与低强度等级混凝土之间采取分隔措施是为了保证混凝土交界面工整清晰，分隔可采用钢丝网板等措施。对于钢筋混凝土结构工程，分隔位置两侧的混凝土虽然分别浇筑，但应保证在一侧混凝土浇筑后的初凝前，完成另一侧混凝土的覆盖。因此分隔位置不是施工缝，而是临时隔断。

8.3.9 本条对泵送混凝土浇筑作了规定。

1 当需要采用多台混凝土输送泵浇筑混凝土时，应充分考虑各种因素来确定各台输送泵的浇筑区域以及浇筑顺序，从方案上对混凝土浇筑进行质量控制。

2 采用输送泵管浇筑混凝土时，由远而近的浇筑方式应该优先采用，这样的施工方法比较简单，过程中只需适时拆除输送泵管即可。在特殊情况下，也可采用由近而远的浇筑方式，但距离不宜过长，否则容易造成堵管或造成浇筑完成的混凝土表面难以进行抹面收尾工作。各台混凝土输送泵保持浇筑速度基本一致，是为了均衡浇筑，避免产生混凝土冷缝。

3 混凝土泵送前，通常先泵送水泥砂浆，少数浆液可用于湿润开始浇筑区域的结构施工缝，多余浆液应采用集料斗等容器收集后运出，不得用于结构浇筑。水泥砂浆与混凝土浆液同成分是指以该强度等级混凝土配合比为基准，去除石子后拌制的水泥砂浆。由于泵送混凝土粗骨料粒径通常采用不大于25mm的石子，所以要求接浆层厚度不应大于30mm。

4 在混凝土供应不及时的情况下，为了能使混凝土连续浇筑，满足第8.3.4条的规定，采用间歇泵送方式是通常采用的方法。所谓间歇泵送就是指在预计后续混凝土不能及时供应的情况下，通过间歇式泵送，控制性地放慢现场现有混凝土的泵送速度，以达到后续混凝土供应后仍能保持混凝土连续浇筑的过程。

5 通常情况混凝土泵送结束后，可采用在上端管内加入棉球及清水的方法直接从上往下进行清洗输送泵管，输送泵管中的混凝土随清洗过程下落，废弃的混凝土在底部收集处理。为了充分利用输送泵管内的混凝土，可采用水洗泵送的工艺。水洗泵送的工艺是指在最后泵送部分的混凝土后面加入黏性浆液以及足够的清水，通过泵送清水方式将输送泵管内的混凝土泵送至要求高度，然后在结束混凝土泵送后，通过采用在上端输送泵管内加入棉球及清水的方法，从上往下进行清洗输送泵管的整个施工工艺过程。

8.3.10 本条对施工缝或后浇带处浇筑混凝土作了规定。

1 采用粗糙面、清除浮浆、清理疏松石子、清理软弱混凝土层是保证新老混凝土紧密结合的技术措施。如果施工缝或后浇带处由于搁置时间较长，而受建筑废弃物污染，则首先应清理建筑废弃物，并对结构构件进行必要的整修。现浇结构分次浇筑的结合面也是施工缝的一种类型。

2 充分湿润施工缝或后浇带，避免施工缝或后浇带积水是保证新老混凝土充分结合的技术措施。

3 施工缝处已浇筑混凝土的强度低于1.2MPa时，不能保证新老混凝土的紧密结合。

4 过厚的接浆层中若没有粗骨料，将会影响混凝土的强度等级。目前混凝土粗骨料最大粒径一般采用25mm石子，所以接浆层厚度应控制30mm以下。

5 后浇带处的混凝土，由于部位特殊，环境较差，浇筑过程也有可能产生泌水集中，为了确保质量，可采用提高一级强度等级的混凝土进行浇筑。为了使后浇带处的混凝土与两侧的混凝土充分紧密结合，采取减少收缩的技术措施是必要的。减少收缩的技术措施包括混凝土组成材料的选择、配合比设计、浇筑方法以及养护条件等。

8.3.11 本条对超长结构混凝土浇筑作了规定。

1 超长结构是指按规范要求需要设缝或因种种原因无法设缝的结构构件。大量工程实践证明，分仓浇筑超长结构是控制混凝土裂缝的有效技术措施，本条规定了分仓间隔浇筑混凝土的最短时间。

2 对于需要留设后浇带的工程，本条规定了后浇带最短的封闭时间。

3 整体基础中调节沉降的后浇带，典型的是主楼与裙房基础间的沉降后浇带。为了解决相互间的差异沉降以及超长结构裂缝控制问题，通常采用留设后浇带的方法。

4 后浇带的留设一般都会有相应的设计要求，所以后浇带的封闭时间尚应征得设计单位确认。

8.3.12 本条对型钢混凝土结构浇筑作了规定。

1 型钢周边绑扎钢筋后，在型钢和钢筋密集处的各部分，为了保证混凝土充填密实，本款规定了混凝土粗骨料最大粒径。

2 应根据施工图纸以及现场施工实际，仔细分析并确定混凝土下料位置，以确保混凝土有充分的下料位置，并能使混凝土充盈整个构件的各部位。

3 型钢周边混凝土浇筑同步上升，是为了避免混凝土高差过大而产生的侧向力，造成型钢整体位移超过允许偏差。

8.3.13 本条对钢管混凝土结构浇筑作了规定。

1 本规范中所指的钢管是广义的，包括圆形钢管、方形钢管、矩形钢管、异形钢管等。钢管结构一般会采用2层一节或3层一节方式进行安装。由于所浇筑的钢管高度较高，混凝土振捣受到限制，所以以往工程有采用高抛的浇筑方式。高抛浇筑的目的是为了利用混凝土的冲击力来达到自身密实的作用。由于施工技术的发展，自密实混凝土已普遍采用，所以可采用免振的自密实混凝土来解决振捣问题。

2 由于混凝土材料与钢材的特性不同，钢管内浇筑的混凝土由于收缩而与钢管内壁产生间隙难以避免。所以钢管混凝土应采取切实有效的技术措施来控制混凝土收缩，减少管壁与混凝土的间隙。采用聚羧酸类外加剂配制的混凝土其收缩率会大幅减少，在施工中可根据实际情况加以选用。

3 在钢管适当位置留设排气孔是保证混凝土浇筑密实的有效技术措施。混凝土从管顶向下浇筑时，钢管底部通常要求设置排气孔。排气孔的设置是为了防止初始混凝土下料过快而覆盖管径，造成钢管底部空气无法排除而采取的技术措施；其他适当部位排气孔设置应根据工程实际确定。

4 在钢管内一般采用无配筋或少配筋的混凝土，所以浇筑过程中受钢筋碰撞影响而产生混凝土离析的情况基本可以避免。采用聚羧酸类外加剂配制的粗骨料最大粒径相对较小的自密实混凝土或高流态混凝土，其综合效果较好，可以兼顾混凝土收缩、混凝土振捣以及提高混凝土最大倾落高度。与自密实混凝土相比，高流态混凝土一般仍需进行辅助振捣。

5 从管顶向下浇筑混凝土类同于在模板中浇筑混凝土，在参照模板中浇筑混凝土方法的同时，应认真执行本款的技术要求。

6 在具备相应浇筑设备的条件下，从管底顶升浇筑混凝土也是可以采取的施工方法。在钢管底部设置的进料输送管应能与混凝土输送泵管进行可靠的连接。止流阀门是为了在混凝土浇筑后及时关闭，以便拆除混凝土输送泵管。采用这种浇筑方式最重要的是过程控制，顶升或停止操作指令必须迅速正确传达，不得有误，否则极易产生安全事故；采用目前常用的泵送设备以及通信联络方式进行顶升浇筑混凝土时，进行预演加强过程控制是确保安全施工的关键。

8.3.14 本条对自密实混凝土浇筑作了规定。

1 浇筑方案应充分考虑自密实混凝土的特性，应根据结构部位、结构形状、结构配筋等情况选择具有针对性的自密实混凝土配合比和浇筑方案。由于自密实混凝土流动性大，施工方案中应对模板拼缝提出相应要求，模板侧压力计算应充分考虑自密实混凝土的特点。

2 采用粗骨料最大粒径为25mm的石子较难配制真正意义上的自密实混凝土，自密实混凝土采用粗骨料最大粒径不大于20mm的石子进行配制较为理想，所以采用粗骨料最大粒径不大于20mm的石子配制自密实混凝土应该是首选。

3 在钢筋、预埋件、预埋钢构周边及模板内各边角处，为了保证混凝土浇筑密实，必要时可采用小规格振动棒进行适宜的辅助振捣，但不宜多振。

4 自密实混凝土虽然具有很大的流动性，但在浇筑过程中为了更好地保证混凝土质量，控制混凝土流淌距离，选择适宜的布料点并控制间距，是非常有必要的。在缺乏经验的情况下，可通过试验确定混凝土布料点下料间距。

8.3.15 本条对清水混凝土结构浇筑作了规定。

1 构件分区是指对整个工程不同的构件进行划分，而每一个分区包含了某个区域的结构构件。对于结构构件较大的大型工程，应根据视觉特点将大型构件分为不同的分区，同一构件分区应采用同批混凝土，并一次连续浇筑。

2 同层混凝土是指每一相同楼层的混凝土，同区混凝土是指同层混凝土的某一区段。对于某一个单位工程，如果条件允许可考虑采用同一材料牌号、品种、规格的材料；对于较大的单位工程，如果无法完全做到材料牌号、品种、规格一致，同层或同区混凝土应该采用同一材料牌号、品种、规格的材料。

3 混凝土连续浇筑过程中，分层浇筑覆盖的间歇时间应尽可能缩短，以杜绝层间接缝痕迹。

8.3.16 由于柱、墙和梁板大体积混凝土浇筑与一般柱、墙和梁板混凝土浇筑并无本质区别，这一部分大体积混凝土结构浇筑按常规做法施工，本条仅对基础大体积混凝土浇筑作出规定。

1 采用输送泵管浇筑基础大体积混凝土时，输送泵管前端通常不会接布料设备浇筑，而是采用输送泵管直接下料或在输送泵管前段增加弯管进行左右转向浇筑。弯管转向后的水平输送泵管长度一般为3m～4m比较合适，故规定了输送泵管间距不宜大于10m的要求。如果输送泵管前端采用布料设备进行混凝土浇筑时，可根据混凝土输送量的要求将输送泵管间距适当增大。

2 用汽车布料杆浇筑混凝土时，首先应合理确定布料点的位置和数量，汽车布料杆的工作半径应能覆盖这些位置。各布料点的浇筑应均衡，以保证各结构部位的混凝土均衡上升，减少相互之间的高差。

3 先浇筑深坑部分再浇筑大面积基础部分，可保证高差交接部位的混凝土浇筑密实，同时也便于进行平面上的均衡浇筑。

4 基础大体积混凝土浇筑最常采用的方法为斜面分层；如果对混凝土流淌距离有特殊要求的工程，混凝土可采用全面分层或分块分层的浇筑方法。保证各层混凝土连续浇筑的条件下，层与层之间的间歇时间应尽可能缩短，以满足整个混凝土浇筑过程连续。

5 对于分层浇筑的每层混凝土通常采用自然流淌形成斜坡，根据分层厚度要求逐步沿高度均衡上升。不大于500mm分层厚度要求，可用于斜面分层、全面分层、分块分层浇筑方法。

6 参见本规范第8.3.7条说明，由于大体积混凝土易产生表面收缩裂缝，所以抹面次数要求适当增加。

7 混凝土浇筑前，基坑可能因雨水或洒水产生积水，混凝土浇筑过程中也可能产生泌水，为了保证混凝土浇筑质量，可在垫层上设置排水沟和集水井。

8.3.17 本条对预应力结构混凝土浇筑作了规定。具体技术规定也适用于预应力结构的混凝土振捣要求。

1 由于这些部位钢筋、预应力筋、孔道、配件及埋件非常密集，混凝土浇筑及振捣过程易使其位移或脱落，故作本款规定。

2 保证锚固区等配筋密集部位混凝土密实的关键是合理确定浇筑顺序和浇筑方法。施工前应对配筋密集部位进行图纸审核，在混凝土配合比、振捣方法以及浇筑顺序等方面制定相应的技术措施。

3 及时浇筑混凝土有利于控制先张法预应力混凝土构件的预应力损失，满足设计要求。

8.4 混凝土振捣

8.4.1 混凝土漏振、欠振会造成混凝土不密实，从而影响混凝土结构强度等级。混凝土过振容易造成混凝土泌水以及粗骨料下沉，产生不均匀的混凝土结构。对于自密实混凝土应该采用免振的浇筑方法。

8.4.2 对于模板的边角以及钢筋、埋件密集区域应采取适当延长振捣时间、加密振捣点等技术措施，必要时可采用微型振捣棒或人工辅助振捣。接触振动会产生很大的作用力，所以应避免碰撞模板、钢构、预埋件等，以防止产生超出允许范围的位移。本条中所指的预埋件是指除钢筋以外按设计要求预埋在混凝土结构中的构件或部件，用于预应力工程的波纹管也属于预埋件的范围。

8.4.3 振动棒通常用于竖向结构以及厚度较大的水平结构振捣，本条对振动棒振捣混凝土作了规定。

1 混凝土振捣应按层进行，每层混凝土都应进行充分的振捣。振动棒的前端插入前一层混凝土是为了保证两层混凝土间能进行充分的结合，使其成为一个连续的整体。

2 通过观察混凝土振捣过程，判断混凝土每一振捣点的振捣延续时间。

3 混凝土振动棒移动的间距应根据振动棒作用半径而定。对振动棒与模板间的最大距离作出规定，是为了保证模板面振捣密实。采用方格型排列振捣方式时，振捣间距应满足1.4倍振动棒的作用半径要求；采用三角形排列振捣方式时，振捣间距应满足1.7倍振动棒的作用半径要求；综合两种情况，对振捣间距作出1.4倍振动棒的作用半径要求。

8.4.4 平板振动器通常可用于配合振动棒辅助振捣结构表面；对于厚度较小的水平结构或薄壁板式结构可单独采用平板振动器振捣。本条对平板振动器振捣混凝土作了规定。

1 由于平板振动器作用范围相对较小，所以平板振动器移动应覆盖振捣平面各边角。

2 平板振动器移动间距覆盖已振实部分混凝土

的边缘是为了避免产生漏振区域。

3 倾斜表面振捣时，由低向高处进行振捣是为了保证后浇筑部分混凝土的密实。

8.4.5 附着振动器通常在装配式结构工程的预制构件中采用，在特殊现浇结构中也可采用附着振动器。本条对附着振动器振捣混凝土作了规定。

1 附着振动器与模板紧密连接，是为了保证振捣效果。不同的附着振动器其振动作用范围不同，安装在不同类型的模板上其振动作用范围也可能不同，所以通过试验确定其安装间距很有必要。

2 附着振动器依次从下往上进行振捣是为了保证浇筑区域振动器处于工作状态，而非浇筑区域振动器处于非工作状态，随着浇筑高度的增加，从下往上逐步开启振动器。

3 各部位附着振动器的频率要求一致是为了避免振动器开启后模板系统的不规则振动，保证模板的稳定性。相对面模板附着振动器交错设置，是为了充分利用振动器的作用范围均匀振捣混凝土。

8.4.6 混凝土分层振捣最大厚度应与采用的振捣设备相匹配，以免发生因振捣设备原因而产生漏振或欠振情况。由于振动棒种类很多，其作用半径也不尽相同，所以分层振捣最大厚度难以用固定数值表述。大量工程实践证明，采用1.25倍振动棒作用部分长度作为分层振捣最大厚度的控制是合理的。采用平板振动器时，其分层振捣厚度按200mm控制较为合理。

8.4.7 本条对需采用加强振捣措施的部位作了规定。

1 宽度大于0.3m的预留洞底部采用在预留洞两侧进行振捣，是为了尽可能减少预留洞两端振捣点的水平间距，充分利用振动棒作用半径来加强混凝土振捣，以保证预留洞底部混凝土密实。宽度大于0.8m的预留洞底部，应采取特殊技术措施，避免预留洞底部形成空洞或不密实情况产生。特殊技术措施包括在预留洞底部区域的侧向模板位置留设孔洞，浇筑操作人员可在孔洞位置进行辅助浇筑与振捣；在预留洞中间设置用于混凝土下料的临时小柱模板，在临时小柱模板内进行混凝土下料和振捣，临时小柱模板内的混凝土在拆模后进行凿除。

2 后浇带及施工缝边角由于构造原因易产生不密实情况，所以混凝土浇筑过程中加密振捣点、延长振捣时间是必要的。

3 钢筋密集区域或型钢与钢筋结合区域由于构造原因易产生不密实情况，所以混凝土浇筑过程采用小型振动棒辅助振捣、加密振捣点、延长振捣时间是必要的。

4 基础大体积混凝土浇筑由于流淌距离相对较远，坡顶与坡脚距离往往较大，较远位置的坡脚往往容易漏振，故本款作此规定。

8.5 混凝土养护

8.5.1 混凝土早期塑性收缩和干燥收缩较大，易于造成混凝土开裂。混凝土养护是补充水分或降低失水速率，防止混凝土产生裂缝，确保达到混凝土各项力学性能指标的重要措施。在混凝土初凝、终凝抹面处理后，应及时进行养护工作。混凝土终凝后至养护开始的时间间隔应尽可能缩短，以保证混凝土养护所需的湿度以及对混凝土进行温度控制。覆盖养护可采用塑料薄膜、麻袋、草帘等进行覆盖；喷涂养护剂养护是通过养护液在混凝土表面形成致密的薄膜层，以达到混凝土保湿目的。洒水、覆盖、喷涂养护剂等养护方式可单独使用，也可同时使用，采用何种养护方式应根据工程实际情况合理选择。

8.5.2 混凝土养护时间应根据所采用的水泥种类、外加剂类型、混凝土强度等级及结构部位进行确定。粉煤灰或矿渣粉的数量占胶凝材料总量不小于30%的混凝土，以及粉煤灰加矿渣粉的总量占胶凝材料总量不小于40%的混凝土，都可认为是大掺量矿物掺合料混凝土。由于地下室基础底板与地下室底层墙柱以及地下室结构与上部结构首层墙柱施工间隔时间通常都会较长，在这较长的时间内基础底板或地下室结构的收缩基本完成，对于刚度很大的基础底板或地下室结构会对与之相连的墙柱产生很大的约束，从而极易造成结构竖向裂缝产生，对这部分结构增加养护时间是必要的，养护时间可根据工程实际按施工方案确定。对于大体积混凝土尚应根据混凝土相应点温差来控制养护时间，温差符合本规范第8.7.3条规定后方可结束混凝土养护。本条所说的养护时间包含混凝土未拆模时的带模养护时间以及混凝土拆模后的养护时间。

8.5.3 对养护环境温度没有特殊要求的结构构件，可采用洒水养护方式。混凝土洒水养护应根据温度、湿度、风力情况、阳光直射条件等，通过观察不同结构混凝土表面，确定洒水次数，确保混凝土处于饱和湿润状态。当室外日平均气温连续5日稳定低于5℃时应按冬期施工相关要求进行养护；当日最低温度低于5℃时，可能已处在冬期施工期间，为了防止可能产生的冰冻情况而影响混凝土质量，不应采用洒水养护。

8.5.4 本条对覆盖养护作了规定。

1 对养护环境温度有特殊要求或洒水养护有困难的结构构件，可采用覆盖养护方式。对结构构件养护过程有温差要求时，通常采用覆盖养护方式。覆盖养护应及时，应尽量减少混凝土裸露时间，防止水分蒸发。

2 覆盖养护的原理是通过混凝土的自然温升在塑料薄膜内产生凝结水，从而达到湿润养护的目的。在覆盖养护过程中，应经常检查塑料薄膜内的凝结水，确保混凝土裸露表面处于湿润状态。

3 每层覆盖物都应严密，要求覆盖物相互搭接不小于100mm。覆盖物层数的确定应综合考虑环境因素以及混凝土温差控制要求。

8.5.5 本条对喷涂养护剂养护作了规定。

1 对养护环境温度没有特殊要求或洒水养护有困难的结构构件，可采用喷涂养护剂养护方式。对拆模后的墙柱以及楼板裸露表面在持续洒水养护有困难时可采用喷涂养护剂养护方式；对于采用爬升式模板脚手施工的工程，由于模板脚手爬升后无法对下部的结构进行持续洒水养护，可采用喷涂养护剂养护方式。

2 喷涂养护剂养护的原理是通过喷涂养护剂，使混凝土裸露表面形成致密的薄膜层，薄膜层能封住混凝土表面，阻止混凝土表面水分蒸发，达到混凝土养护的目的。养护剂后期应能自行分解挥发，而不影响装修工程施工。养护剂应具有可靠的保湿效果，必要时可通过试验检验养护剂的保湿效果。

3 喷涂方法应符合产品技术要求，严格按照使用说明书要求进行施工。

8.5.6 基础大体积混凝土的前期养护，由于对温差有控制要求，通常不适宜采用洒水养护方式，而应采用覆盖养护方式。覆盖养护层的厚度应根据环境温度、混凝土内部温升以及混凝土温差控制要求确定，通常在施工方案中确定。混凝土温差达到结束覆盖养护条件后，但仍有可能未达到总的养护时间要求，在这种情况下后期养护可采用洒水养护方法，直至混凝土养护结束。

8.5.7 混凝土带模养护在实践中证明是行之有效的，带模养护可以解决混凝土表面过快失水的问题，也可以解决混凝土温差控制问题。根据本规范第 8.5.2 条条文说明所述的原因，地下室底层和上部结构首层柱、墙前期采用带模养护是有益的。在带模养护的条件下混凝土达到一定强度后，可拆除模板进行后期养护。拆模后采用洒水养护方法，工程实践证明养护效果好。洒水养护的水温与混凝土表面的温差如果能控制在25℃以内当然最好，但由于洒水养护的水量一般较小，洒水后水温会很快升高，接近混凝土表面温度，所以采用常温水进行洒水养护也是可行的。

8.5.8 混凝土在未到达一定强度时，踩踏、堆放荷载、安装模板及支架等易于破坏混凝土内部结构，导致混凝土产生裂缝及影响混凝土后期性能。在实际操作中，混凝土是否达到 1.2MPa 要求，可根据经验进行判定。

8.5.9 保证同条件养护试件能与实体结构所处环境相同，是试件准确反映结构实体强度的条件。妥善保管措施应避免试件丢失、混淆、受损。

8.5.10 具备混凝土标准试块制作条件，采用标准试块养护室或养护箱进行标准试块养护，其主要目的是为了保证现场留样的试块得到标准养护。

8.6 混凝土施工缝与后浇带

8.6.1 混凝土施工缝与后浇带留设位置要求在混凝土浇筑之前确定，是为了强调留设位置应事先计划，而不得在混凝土浇筑过程中随意留设。本条同时给出了施工缝和后浇带留设的基本原则。对于受力较复杂的双向板、拱、穹拱、薄壳、斗仓、筒仓、蓄水池等结构构件，其施工缝留设位置应符合设计要求。对有防水抗渗要求的结构构件，施工缝或后浇带的位置容易产生薄弱环节，所以施工缝位置留设同样应符合设计要求。

8.6.2 本条对水平施工缝的留设位置作了规定。

1 楼层结构的类型包括有梁有板的结构、有梁无板的结构、无梁有板的结构。对于有梁无板的结构，施工缝位置是指在梁顶面；对于无梁有板的结构，施工缝位置是指在板顶面。

2 楼层结构的底面是指梁、板、无梁楼盖柱帽的底面。楼层结构的下弯锚固钢筋长度会对施工缝留设的位置产生影响，有时难以满足 0mm～50mm 的要求，施工缝留设的位置通常在下弯锚固钢筋的底部，此时应符合本规范第 8.6.2 条第 4 款要求。

3 对于高度较大的柱、墙、梁（墙梁）及厚度较大的基础底板等不便于一次浇筑或一次浇筑质量难以保证时，可考虑在相应位置设置水平施工缝。施工时应根据分次混凝土浇筑的工况进行施工荷载验算，如需调整构件配筋，其结果应征得设计单位确认。

4 特殊结构部位的施工缝是指第 1～3 款以外的水平施工缝。

8.6.3 本条规定了一般结构构件竖向施工缝和后浇带留设的要求。对于结构构件面积较大、混凝土方量较大的工程等不便于一次浇筑或一次浇筑质量难以保证时，可考虑在相应位置设置竖向施工缝。对于超长结构设置分仓的施工缝、基础底板留设分区的施工缝、核心筒与楼板结构间留设的施工缝、巨型柱与楼板结构间留设的施工缝等情况，由于在技术上有特殊要求，在这些特殊位置留设竖向施工缝，应征得设计单位确认。

8.6.4 设备与设备基础是通过地脚螺栓相互连接的，本条对设备基础水平施工缝和竖向施工缝作出规定，是为了保证地脚螺栓受力性能可靠。

8.6.5 承受动力作用的设备基础不仅要保证地脚螺栓受力性能的可靠，还要保证设备基础施工缝两侧的混凝土受力性能可靠，施工缝的留设应征得设计单位确认。对于竖向施工缝或台阶形施工缝，为了使设备基础施工缝两侧混凝土成为一个可靠的整体，可在施工缝位置处加设插筋，插筋数量、位置、长度等应征得设计单位确认。

8.6.6 为保证结构构件的受力性能和施工质量，对于基础底板、墙板、梁板等厚度或高度较大的结构构件，施工缝或后浇带界面建议采用专用材料封挡。专用材料可采用定制模板、快易收口板、钢板网、钢丝网等。

8.6.7 混凝土浇筑过程中，因暴雨、停电等特殊原因无法继续浇筑混凝土，或不满足本规范表 8.3.4-2 运输、输送入模及其间歇总的时间限值要求，而不得不临时留设施工缝时，施工缝应尽可能规整，留设位置和留设界面应垂直于结构构件表面，当有必要时可在施工缝处留设加强钢筋。如果临时施工缝留设在构件剪力较大处、留设界面不垂直于结构构件时，应在施工缝处采取增加加强钢筋并事后修凿等技术措施，以保证结构构件的受力性能。

8.6.8 施工缝和后浇带往往由于留置时间较长，而在其位置容易受建筑废弃物污染，本条规定要求采取技术措施进行保护。保护内容包括模板、钢筋、埋件位置的正确，还包括施工缝和后浇带位置处已浇筑混凝土的质量；保护方法可采用封闭覆盖等技术措施。如果施工缝和后浇带间隔施工时间可能会使钢筋产生锈蚀情况时，还应对钢筋采取防锈或阻锈措施。

8.7 大体积混凝土裂缝控制

8.7.1 大体积混凝土系指体量较大或预计会因胶凝材料水化引起混凝土内外温差过大而容易导致开裂的混凝土。根据工程施工工期要求，在满足施工期间结构强度发展需要的前提下，对用于基础大体积混凝土和高强度等级混凝土的结构构件，提出了可以采用 60d（56d）或更长龄期的混凝土强度，这样有利于通过提高矿物掺合料用量并降低水泥用量，从而达到降低混凝土水化温升、控制裂缝的目的。现行国家标准《混凝土结构设计规范》GB 50010 的相关规定也提出设计单位可以采用大于 28d 的龄期确定混凝土强度等级，此时设计规定龄期可以作为结构评定和验收的依据。56d 龄期是 28d 龄期的 2 倍，对大体积混凝土，国外工程或外方设计的国内工程采用 56d 龄期较多，而国内设计的项目采用 60d、90d 龄期较多，为了兼顾所以一并列出。

8.7.2 大体积混凝土结构或构件不仅包括厚大的基础底板，还包括厚墙、大柱、宽梁、厚板。大体积混凝土裂缝控制与边界条件、环境条件、原材料、配合比、混凝土过程控制和养护等因素密切相关。大体积混凝土配合比的设计，可以借鉴成功的工程经验，也可以根据相关试验加以确定。大体积混凝土施工裂缝控制是关键，在采用中、低水化热水泥的基础上，通过掺加粉煤灰、矿渣粉和高性能外加剂都可以减少水泥用量，可对裂缝控制起到良好作用。裂缝控制的关键在于减少混凝土收缩，减少收缩的技术措施包括混凝土组成材料的选择、配合比设计、浇筑方法以及养护条件等。近年来，聚羧酸类高效减水剂的发展，不但可以有效减少混凝土水泥用量，其配制的混凝土还可以大幅减少混凝土收缩，这一新技术的采用已经成为混凝土裂缝控制的发展方向，成为工程实践中裂缝控制的有效技术措施。除基础、墙、柱、梁、板大体积混凝土以外的其他结构部位同样可以采用这个方法来进行裂缝控制。

8.7.3 本条对大体积混凝土施工时的温度控制提出了规定。控制温差是解决混凝土裂缝控制的关键，温差控制主要通过混凝土覆盖或带模养护过程进行，温差可通过现场测温数据经计算获得。

1 控制混凝土入模温度，可以降低混凝土内部最高温度，必要时可采取技术措施降低原材料的温度，以达到减小入模温度的目的，入模温度可以通过现场测温获得；控制混凝土最大温升是有效控制温差的关键，减少混凝土内部最大温升主要从配合比上进行控制，最大温升值可以通过现场测温获得；在大体积混凝土浇筑前，为了对最大温升进行控制，可按现行国家标准《大体积混凝土施工规范》GB 50496 进行绝热温升计算，绝热温升即为预估的混凝土最大温升，绝热温升计算值加上预估的入模温度即为预估的混凝土内部最高温度。

2 本条分别按覆盖养护或带模养护、结束覆盖养护或拆模后两个阶段规定了混凝土浇筑体与表面（环境）温度的差值要求。根据本规范第 8.5.6 条的规定，当基础大体积混凝土浇筑体表面以内 40mm～100mm 位置的温度与环境温度的差值小于 25℃时，可结束覆盖养护，柱、墙、梁等大体积混凝土也可参照此规定确定拆模时间。

本条中所说的混凝土浇筑体表面温度是指保温覆盖层或模板与混凝土交界面之间测得的温度，表面温度在覆盖养护或带模养护时用于温差计算；环境温度用来确定结束覆盖养护或拆模的时间，在拆除覆盖养护层或拆除模板后用于温差计算。由于结束覆盖养护或拆模后无法测得混凝土表面温度，故采用在基础表面以内 40mm～100mm 位置设置测温点来代替混凝土表面温度，用于温差计算。

当混凝土浇筑体表面以内 40mm～100mm 位置处的温度与混凝土浇筑体表面温度差值有大于 25℃趋势时，应增加保温覆盖层或在模板外侧加挂保温覆盖层；结束覆盖养护或拆模后，当混凝土浇筑体表面以内 40mm～100mm 位置处的温度与环境温度差值有大于 25℃的趋势时，应重新覆盖或增加外保温措施。

3 测温点布置以及相邻两测温点的位置关系应该符合本规范第 8.7.4 和 8.7.5 条的规定。

4 降温速率可通过现场测温数据经计算获得。

8.7.4 本条对基础大体积混凝土测温点设置提出了规定。

1 由于各个工程基础形状各异，测温点的设置难以统一，选择具有代表性和可比性的测温点进行测温是主要目的。竖向剖面可以是基础的整个剖面，也可以根据对称性选择半个剖面。

2 每个剖面的测温点由浇筑体表面以内 40mm～100mm 位置处的周边测温点和其之外的内部测温点组

成。通常情况下混凝土浇筑体最大温升发生在基础中部区域，选择竖向剖面交叉处进行测温，能够反映中部高温区域混凝土温度变化情况。在覆盖养护或带模养护阶段，覆盖保温层底部或模板内侧的测温点反映的是混凝土浇筑体的表面温度，用于计算混凝土温差。要求表面测温点与两个剖面上的周边测温点位置及数量对应，以便于合理计算混凝土温差。对于基础侧面采用砖等材料作为胎膜，且胎膜后用材料回填而保温有保证时，可与基础底部一样无需进行混凝土表面测温。环境测温点应距基础周边一定距离，并应保证该测温点不受基础温升影响。

3 每个剖面的周边及以内部位测温点上下、左右对齐是为了反映相邻两处测温点温度变化的情况，便于对混凝土温差进行计算；测温点竖向、横向间距不应小于 0.4m 的要求是为了合理反映两点之间的温差。

4 厚度不大于 1.6m 的基础底板，温升很容易根据绝热温升计算进行预估，通常可以根据工程施工经验来采取技术措施进行温差控制。所以裂缝控制技术措施完善的工程可以不进行测温。

8.7.5 柱、墙、梁大体积混凝土浇筑通常可以在第一次混凝土浇筑中进行测温，并根据测温结果完善混凝土裂缝控制施工措施，在这种情况下后续工程可不用继续测温。对于柱、墙大体积混凝土的纵向是指高度方向；对于梁大体积混凝土的纵向是指跨度方向。环境测温点应距浇筑的结构边一定距离，以保证该测温点不受浇筑结构温升影响。

8.7.6 本条对混凝土测温提出了相应的要求，对大体积混凝土测温开始与结束时间作了规定。虽然混凝土裂缝控制要求在相应温差不大于 25℃时可以停止覆盖养护，但考虑到天气变化对温差可能产生的影响，测温还应继续一段时间，故规定温差小于 20℃时，才可停止测温。

8.7.7 本条对大体积混凝土测温频率进行了规定，每次测温都应形成报告。

8.8 质量检查

8.8.1 施工质量检查是指施工单位为控制质量进行的检查，并非工程的验收检查。考虑到施工现场的实际情况，将混凝土结构施工质量检查划分为两类，对应于混凝土施工的两个阶段，即过程控制检查和拆模后的实体质量检查。

过程控制检查包括技术复核（预检）和混凝土施工过程中为控制施工质量而进行的各项检查；拆模后的实体质量检查应及时进行，为了保证检查的真实性，检查时混凝土表面不应进行过处理和装饰。

8.8.2 对混凝土结构的施工质量进行检查，是检验结构质量是否满足设计要求并达到合格要求的手段。为了达到这一目的，施工单位需要在不同阶段进行各种不同内容、不同类别的检查。各种检查随工程不同而有所差异，具体检查内容应根据工程实际作出要求。

1 提出了确定各项检查应当遵守的原则，即各种检查应根据质量控制的需要来确定检查的频率、时间、方法和参加检查的人员。

2 明确规定施工单位对所完成的施工部位或成果应全数进行质量自检，自检要求符合国家现行标准提出的要求。自检不同于验收检查，自检应全数检查，而验收检查可以是抽样检查。

3 要求做出记录和有图像资料，是为了使检查结果必要时可以追溯，以及明确检查责任。对于返工和修补的构件，记录的作用更加重要，要求有返工修补前后的记录。而图像资料能够直观反映质量情况，故对于返工和修补的构件提出此要求。

4 为了减少检查的工作量，对于已经隐蔽、不可直接观察和量测的内容如插筋锚固长度、钢筋保护层厚度、预埋件锚筋长度与焊接等，如果已经进行过隐蔽工程验收且无异常情况，可仅检查隐蔽工程验收记录。

5 混凝土结构或构件的性能检验比较复杂，一般通过检验报告或专门的试验给出，在施工现场通常不进行检查。但有时施工现场出于某种原因，也可能需要对混凝土结构或构件的性能进行检查。当遇到这种情形时，应委托具备相应资质的单位，按照有关标准规定的方法进行，并出具检验报告。

8.8.3 为了保证所浇筑的混凝土符合设计和施工要求，本条规定了浇筑前应进行的质量检查工作，在确认无误后再进行混凝土浇筑。当坍落度大于 220mm 时，还应对扩展度进行检查。对于现场拌制的混凝土，应按相关规范要求检查水泥、砂石、掺合料、外加剂等原材料。

8.8.4 本条对混凝土结构的质量过程控制检查内容提出了要求。检查内容包括这些内容，但不限于这些内容。当有更多检查内容和要求时，可由施工方案给出。

8.8.5 本条对混凝土结构拆模后的检查内容提出了要求。检查内容包括这些内容，但不限于这些内容。当有更多检查内容和要求时，可由施工方案给出。

8.8.6 对混凝土结构质量进行的各种检查，尽管其目的、作用可能不同，但是方法却基本一样。现行国家标准《混凝土结构工程施工质量验收规范》GB 50204 已经对主要检查方法作出了规定，故直接采取该标准的规定即可；当个别检查方法本标准未明确时，可参照其他相关标准执行。当没有相关标准可执行时，可由施工方案确定检查方法，以解决缺少检查方法、检查方法不明确等问题，但施工方案确定的检查方法应报监理单位批准后实施。

8.9 混凝土缺陷修整

8.9.1 本条对混凝土缺陷类型进行了规定。

8.9.2 本条强调分析缺陷产生原因后制定针对性修整方案的管理要求，对严重缺陷的修补方案应报设计单位和监理单位，方案论证及批准后方可实施。混凝土结构缺陷信息、缺陷修整方案的相关资料应及时归档，做到可追溯。

8.9.3 本条明确了混凝土结构外观一般缺陷修整方法。在实际工程中可依据不同的缺陷情况，制定针对性技术方案用于结构修整。连接部位缺陷应该理解为连接有错位，而非指混凝土露筋、蜂窝、孔洞、夹渣、疏松、外表缺陷等情况。

8.9.4 本条明确了混凝土结构外观严重缺陷修整方法。由于目前市场上新材料、新修整方法很多，具体实施中可根据各工程实际加以运用。考虑到严重缺陷可能对结构安全性、耐久性产生影响，因此，其缺陷修整方案应按有关规定审批后方可实施。

8.9.5 对于结构尺寸偏差的一般缺陷，不影响结构安全以及正常使用时，可结合装饰工程进行修整即可。

8.9.6 本条规定了发生有可能影响安全使用的严重缺陷，应采取的管理程序。这种类型的缺陷修整方案，施工单位应会同设计单位共同制定修整方案，在修整后对混凝土结构尺寸进行检查验收，以确保结构使用安全。

9 装配式结构工程

9.1 一 般 规 定

9.1.1 装配式结构工程，应编制专项施工方案，并经监理单位审核批准，为整个施工过程提供指导。根据工程实际情况，装配式结构专项施工方案内容一般包括：预制构件生产、预制构件运输与堆放、现场预制构件的安装与连接、与其他有关分项工程的配合、施工质量要求和质量保证措施、施工过程的安全要求和安全保证措施、施工现场管理机构和质量管理措施等。

装配式混凝土结构深化设计应包括施工过程中脱模、堆放、运输、吊装等各种工况，并应考虑施工顺序及支撑拆除顺序的影响。装配式结构深化设计一般包括：预制构件设计详图、构件模板图、构件配筋图、预埋件设计详图、构件连接构造详图及装配详图、施工工艺要求等。对采用标准预制构件的工程，也可根据有关的标准设计图集进行施工。根据本规范第 3.1.3 条规定，装配式结构专业施工单位完成的深化设计文件应经原设计单位认可。

9.1.2 当施工单位第一次从事某种类型的装配式结构施工或结构形式比较复杂时，为保证预制构件制作、运输、装配等施工过程的可靠，施工前可针对重点过程进行试制作和试安装，发现问题要及时解决，以减少正式施工中可能发生的问题和缺陷。

9.1.3 本条中的“吊运”包括预制构件的起吊、平吊及现场吊装等。预制构件的安全吊运是装配式结构工程施工中最重要的环节之一。“吊具”是起重设备主钩与预制构件之间连接的专用吊装工具。“起重设备”包括起吊、平吊及现场吊装用到的各种门式起重机、汽车起重机、塔式起重机等。尺寸较大的预制构件常采用分配梁或分配桁架作为吊具，此时分配梁、分配桁架要有足够的刚度。吊索要有足够长度满足吊装时水平夹角要求，以保证吊索和各吊点受力均匀。自制、改造、修复和新购置的吊具需按国家现行相关标准的有关规定进行设计验算或试验检验，并经认定合格后方可投入使用。预制构件的吊运尚应参照现行行业标准《建筑施工高处作业安全技术规范》JGJ 80 的有关规定执行。

9.1.4 对预制构件设置可靠标识有利于在施工中发现质量问题并及时进行修补、更换。构件标识要考虑与构件装配图的对应性：如设计要求构件只能以某一特定朝向搬运，则需在构件上作出恰当标识；如有必要时，尚需通过约定标识表示构件在结构中的位置和方向。预制构件的保护范围包括构件自身及其预留预埋配件、建筑部件等。

9.1.5 专用定型产品主要包括预埋吊件、临时支撑系统等，专用定型产品的性能及使用要求均应符合有关国家现行标准及产品应用手册的规定。应用专用定型产品的施工操作，同样应按相关操作规定执行。

9.2 施 工 验 算

9.2.1 施工验算是装配式混凝土结构设计的重要环节，一般考虑构件脱模、翻转、运输、堆放、吊装、临时固定、节点连接以及预应力筋张拉或放张等施工全过程。装配式结构施工验算的主要内容为临时性结构以及预制构件、预埋吊件及预埋件、吊具、临时支撑等，本节仅规定了预制构件、预埋吊件、临时支撑的施工验算，其他施工验算可按国家现行相关标准的有关规定进行。

装配式混凝土结构的施工验算除要考虑自重、预应力和施工荷载外，尚需考虑施工过程中的温差和混凝土收缩等不利影响；对于高空安装的预制结构，构件装配工况和临时支撑系统验算还需考虑风荷载的作用；对于预制构件作为临时施工阶段承托模板或支撑时，也需要进行相应工况的施工验算。

9.2.2 预制构件的施工验算应采用等效荷载标准值进行，等效荷载标准值由预制构件的自重乘以脱模吸附系数或动力系数后得到。脱模时，构件和模板间会产生吸附力，本规范通过引入脱模吸附系数来考虑吸附力。脱模吸附系数与构件和模具表面状况有很大关系，但为简化和统一，基于国内施工经验，本规范将脱模吸附系数取为 1.5，并规定可根据构件和模具表面状况适当增减。复杂情况的脱模吸附系数还需要通过试验来确定。根据不同的施工状态，动力系数取值也不一样，本规范给出了一般情况下的动力系数取值规定。计算时，脱模吸附系数和动力系数是独立考虑的，不进行连乘。

9.2.3 本条规定了钢筋混凝土和预应力混凝土预制构件的施工验算要求。如设计规定的施工验算要求与本条规定不同，可按设计要求执行。通过施工验算可确定各施工环节预制构件需要的混凝土强度，并校核预制构件的截面和配筋参考国内外规范的相关规定，本规范以限制正截面混凝土受压、受拉应力及受拉钢筋应力的形式给出了预制构件施工验算控制指标。

本条的公式（9.2.3-1）～（9.2.3-3）中计算混凝土压应力 σ_{cc}、混凝土拉应力 σ_{ct}、受拉钢筋应力 σ_s 均采用荷载标准组合，其中构件自重取本规范第9.2.2条规定的等效荷载标准值。受拉钢筋应力 σ_s 按开裂截面计算，可按国家标准《混凝土结构设计规范》GB 50010－2010 第7.1.3条规定的正常使用极限状态验算平截面基本假定计算；对于单排配筋的简单情况，也可按该规范第7.1.4条的简化公式计算 σ_s。

本条第4款规定的施工过程中允许出现裂缝的情况，可由设计单位与施工单位根据设计要求共同确定，且只适用于配置纵向受拉钢筋屈服强度不大于500MPa的构件。

9.2.4 预埋吊件是指在混凝土浇筑成型前埋入预制构件内用于吊装连接的金属件，通常为吊钩或吊环形式。临时支撑是指预制构件安放就位后到与其他构件最终连接之前，为保证构件的承载力和稳定性的支撑设施，经常采用的有斜撑、水平撑、牛腿、悬臂托梁以及竖向支架等。预埋吊件和临时支撑均可采用专用定型产品或经设计计算确定。

对于预埋吊件、临时支撑的施工验算，本规范采用安全系数法进行设计，主要考虑几个因素：工程设计普遍采用安全系数法，并已为国外和我国香港、台湾地区的预制结构相关标准所采纳；预埋吊件、临时支撑多由单自由度或超静定次数较少的钢构（配）件组成，安全系数法有利于判断系统的安全度，并与螺栓、螺纹等机械加工设计相比较、协调；缺少采用概率极限状态设计法的相关基础数据；现行国家标准《工程结构可靠性设计统一标准》GB 50153 中规定“当缺乏统计资料时，工程结构设计可根据可靠的工程经验或必要的试验研究进行，也可采用容许应力或单一安全系数等经验方法进行。”

本条的施工安全系数为预埋吊件、临时支撑的承载力标准值或试验值与施工阶段的荷载标准组合作用下的效应值之比。表9.2.4的规定系参考了国内外相关标准的数值并经校准后给出的。施工安全系数的取值需要考虑较多的因素，例如需要考虑构件自重荷载分项系数、钢筋弯折后的应力集中对强度的折减、动力系数、钢丝绳角度影响、临时结构的安全系数、临时支撑的重复使用性等，从数值上可能比永久结构的安全系数大。施工安全系数也可根据具体施工实际情况进行适当增减。另外，对复杂或特殊情况，预埋吊件、临时支撑的承载力则建议通过试验确定。

9.3 构 件 制 作

9.3.1 台座是直接在上面制作预制构件的“地坪”，主要采用混凝土台座、钢台座两种。台座主要用于长线法生产预应力预制构件或不用模具的中小构件。表面平整度可用靠尺和塞尺配合进行量测。

9.3.2 模具是专门用来生产预制构件的各种模板系统，可为固定在构件生产场地的固定模具，也可为方便移动的模具。定型钢模生产的预制构件质量较好，在条件允许的情况下建议尽量采用；对于形状复杂、数量少的构件也可采用木模或其他材料制作。清水混凝土预制构件建议采用精度较高的模具制作。预制构件预留孔设施、插筋、预埋吊件及其他预埋件要可靠地固定在模具上，并避免在浇筑混凝土过程中产生移位。对于跨度较大的预制构件，如设计提出反拱要求，则模具需根据设计要求设置反拱。

9.3.3 预制构件的振捣与现浇结构不同之处就是可采用振动台的方式，振动台多用于中小预制构件和专用模具生产的先张法预应力预制构件。选择振捣机械时还应注意对模具稳定性的影响。

9.3.4 实践中混凝土强度控制可根据当地生产经验的总结，根据不同混凝土强度、不同气温采用时间控制的方式。上、下层构件的隔离措施可采用各种类型的隔离剂，但应注意环保要求。

9.3.6 在带饰面的预制构件制作的反打一次成型系指将面砖先铺放于模板内，然后直接在面砖上浇筑混凝土，用振动器振捣成型的工艺。采用反打一次成型工艺，取消了砂浆层，使混凝土直接与面砖背面凹槽粘结，从而有效提高了二者之间的粘接强度，避免了面砖脱落引发的不安全因素及给修复工作带来的不便，而且可做到饰面平整、光洁，砖缝清晰、平直，整体效果较好。饰面一般为面砖或石材，面砖背面宜带有燕尾槽，石材背面应做涂覆防水处理，并宜采用不锈钢卡件与混凝土进行机械连接。

9.3.7 有保温要求的预制构件保温材料的性能需符合设计要求，主要性能指标为吸水率和热工性能。水平浇筑方式有利于保温材料在预制构件中的定位。如采用竖直浇筑方式成型，保温材料可在浇筑前放置并固定。

采用夹心保温构造时，需要采取可靠连接措施保证保温材料外的两层混凝土可靠连接，专用连接件或钢筋桁架是常用的两种措施。部分有机材料制成的专用连接件热工性能较好，可以完全达到热工“断桥”，而钢筋桁架只能做到部分“断桥”。连接措施的数量和位置需要进行专项设计，专用连接件可根据使用手册的规定直接选用。必要时在构件制作前应进行专项试验，检验连接措施的定位和锚固性能。

9.3.8 清水混凝土预制构件的外观质量要求较高，应采取专项保障措施。

9.3.10 本条规定主要适用需要通过现浇混凝土或砂浆进行连接的预制构件结合面。拉毛或凿毛的具体要求应符合设计文件及相关标准的有关规定。露骨料粗糙面的施工工艺主要有两种：在需要露骨料部位的模板表面涂刷适量的缓凝剂；在混凝土初凝或脱模后，采用高压水枪、人工喷水加手刷等措施冲洗掉未凝结的水泥砂浆。当设计要求预制构件表面不需要进行粗糙处理时，可按设计要求执行。

9.3.11 预制构件脱模起吊时，混凝土应具有足够的强度，并根据本规范第9.2节的有关规定进行施工验算。实践中，预先留设混凝土立方体试件，与预制构件同条件养护，并用该同条件养护试件的强度作为预制构件混凝土强度控制的依据。施工验算应考虑脱模方法（平放竖直起吊、单边起吊、倾斜或旋转后竖直起吊等）和预埋吊件的验算，需要时应进行必要调整。

9.4 运输与堆放

9.4.1 预制构件运输与堆放时，如支承位置设置不当，可能造成构件开裂等缺陷。支承点位置应根据本规范第9.2节的有关规定进行计算、复核。按标准图生产的构件，支承点应按标准图设置。

9.4.2 本条的规定主要是为了运输安全和保护预制构件。道路、桥梁的实际条件包括荷重限值及限高、限宽、转弯半径等，运输线路制定还要考虑交通管理方面的相关规定。构件运输时同样应满足本规范9.4.3条关于堆放的有关规定。

9.4.3 本条规定主要是为了保护堆放中的预制构件。当垫木放置位置与脱模、吊装的起吊位置一致时，可不再单独进行使用验算，否则需根据堆放条件进行验算。堆垛的安全、稳定特别重要，在构件生产企业及施工现场均应特别注意。预应力构件均有一定的反拱，长期堆放时反拱还会随时间增长，堆放时应考虑反拱因素的影响。

9.4.4 插放架、靠放架应安全可靠，满足强度、刚度及稳定性的要求。如受运输路线等因素限制而无法直立运输时，也可平放运输，但需采取保护措施，如在运输车上放置使构件均匀受力的平台等。

9.4.5 屋架属细长薄腹构件，平卧制作方便且省地，但脱模、翻身等吊运过程中产生的侧向弯矩容易导致混凝土开裂，故此作业前需采取加固措施。

9.5 安装与连接

9.5.1 装配式结构的安装施工流水作业很重要，科学的组织有利于质量、安全和工期。预制构件应按设计文件、专项施工方案要求的顺序进行安装与连接。

9.5.2 本条规定了进行现场安装施工的准备工作。已施工完成结构包括现浇混凝土结构和装配式混凝土结构，现浇结构的混凝土强度应符合设计要求，尺寸包括轴线、标高、截面以及预留钢筋、预埋件的位置等。预制构件进场或现场生产后，在装配前应进行构件尺寸检查和资料检查。

在已施工完成结构及预制构件上进行的测量放线应方便安装施工，避免被遮挡而影响定位。预制构件的放线包括构件中心线、水平线、构件安装定位点等。对已施工完成结构，一般根据控制轴线和控制水平线依次放出纵横轴线、柱中心线、墙板两侧边线、节点线、楼板的标高线、楼梯位置及标高线、异形构件位置线及必要的编号，以便于装配施工。

9.5.3 考虑到预制构件与其支承构件不平整，如直接接触或出现集中受力的现象，设置座浆或垫片有利于均匀受力，另外也可以在一定范围内调整构件的高程。垫片一般为铁片或橡胶片，其尺寸按现行国家标准《混凝土结构设计规范》GB 50010的局部受压承载力要求确定。对叠合板、叠合梁等的支座，可不设置坐浆或垫片，其竖向位置可通过临时支撑加以调整。

9.5.4 临时固定措施是装配式结构安装过程承受施工荷载，保证构件定位的有效措施。临时固定措施可以在不影响结构承载力、刚度及稳定性前提下分阶段拆除，对拆除方法、时间及顺序，可事先通过验算制定方案。临时支撑及其连接件、预埋件的设计计算应符合本规范第9.2节的有关规定。

9.5.5 装配式结构工程施工过程中，当预制构件或整个结构自身不能承受施工荷载时，需要通过设置临时支撑来保证施工定位、施工安全及工程质量。临时支撑包括水平构件下方的临时竖向支撑，在水平构件两端支承构件上设置的临时牛腿，竖向构件的临时斜撑（如可调式钢管支撑或型钢支撑）等。

对于预制墙板，临时斜撑一般安放在其背面，且一般不少于2道，对于宽度比较小的墙板也可仅设置1道斜撑。当墙板底没有水平约束时，墙板的每道临时支撑包括上部斜撑和下部支撑，下部支撑可做成水平支撑或斜向支撑。对于预制柱，由于其底部纵向钢筋可以起到水平约束的作用，故一般仅设置上部斜撑。柱子的斜撑也最少要设置2道，且要设置在两个相邻的侧面上，水平投影相互垂直。

临时斜撑与预制构件一般做成铰接，并通过预埋件进行连接。考虑到临时斜撑主要承受的是水平荷载，为充分发挥其作用，对上部的斜撑，其支撑点距离板底的距离不宜小于板高的2/3，且不应小于板高的1/2。

9.5.6 装配式结构连接施工的浇筑用材料主要为混

凝土、砂浆、水泥浆及其他复合成分的灌浆料等，不同材料的强度等级值应按相关标准的规定进行确定。对于混凝土、砂浆，可采用留置同条件试块或其他实体强度检测方法确定强度。连接处可能有不同强度等级的多个预制构件，确定浇筑用材料的强度等级值时按此处不同构件强度设计等级值的较大值即可，如梁柱节点一般柱的强度较高，可按柱的强度确定浇筑用材料的强度。当设计通过设计计算提出专门要求时，浇筑用材料的强度也可采用其他强度。可采用微型振捣棒等措施保证混凝土或砂浆浇筑密实。

9.5.7 本条规定采用焊接或螺栓连接构件时的施工技术要求，可参考国家现行标准《钢结构工程施工质量验收规范》GB 50205、《建筑钢结构焊接技术规程》JGJ 81、《钢结构高强度螺栓连接的设计、施工及验收规程》JGJ 82 的有关规定执行。当采用焊接连接时，可能产生的损伤主要为预制构件、已施工完成结构开裂和橡胶支垫、镀锌铁件等配件损坏。

9.5.8 后张预应力筋连接也是一种预制构件连接形式，其张拉、放张、封锚等均与预应力混凝土结构施工基本相同，可按本规范第 6 章的有关规定执行。

9.5.9 装配式结构构件间钢筋的连接方式主要有焊接、机械连接、搭接及套筒灌浆连接等，其中前三种为常用的连接方式，可按本规范第 5 章及现行行业标准《钢筋焊接及验收规程》JGJ 18、《钢筋机械连接技术规程》JGJ 107 等的有关规定执行。钢筋套筒灌浆连接是用高强、快硬的无收缩砂浆填充在钢筋与专用套筒连接件之间，砂浆凝固硬化后形成钢筋接头的钢筋连接施工方式。套筒灌浆连接的整体性较好，其产品选用、施工操作和验收需遵守相关标准的规定。

9.5.10 结合面粗糙度和外露钢筋是叠合式受弯构件整体受力的保证。施工荷载应满足设计要求，单个预制构件承受较大施工荷载会带来安全和质量隐患。

9.5.11 构件连接处的防水可采用构造防水或其他弹性防水材料或硬性防水砂浆，具体施工和材料性能应符合设计及相关标准的规定。

9.6 质 量 检 查

9.6.1～9.6.7 本节各条根据装配式结构工程施工的特点，提出了预制构件制作、运输与堆放、安装与连接等过程中的质量检查要求。具体如下：

1 模具质量检查主要包括外观和尺寸偏差检查；

2 预制构件制作过程中的质量检查除应符合现浇结构要求外，尚应包括预埋吊件、复合墙板夹心保温层及连接件、门窗框和预埋管线等检查；

3 预制构件的质量检查为构件出厂前（场内生产的预制构件为工序交接前）进行，主要包括混凝土强度、标识、外观质量及尺寸偏差、预埋预留设施质量及结构性能检验情况；根据现行国家标准《混凝土结构工程施工质量验收规范》GB 50204 的相关规定，预制构件的结构性能检验应按批进行，对于部分大型构件或生产较少的构件，当采取加强材料和制作质量检验的措施时，也可不作结构性能检验，具体的结构性能检验要求也可根据工程合同约定；

4 预制构件起吊、运输的质量检查包括吊具和起重设备、运输线路、运输车辆、预制构件的固定保护等检查；

5 预制构件堆放的质量检查包括堆放场地、垫木或垫块、堆垛层数、稳定措施等检查；

6 预制构件安装前的质量检查包括已施工完成结构质量、预制构件质量复核、安装定位标识、结合面检查、吊具及现场吊装设备等检查；

7 预制构件安装连接的质量检查包括预制构件的位置及尺寸偏差、临时固定措施、连接处现浇混凝土或砂浆质量、连接处钢筋连接及锚板等其他连接质量的检查。

10 冬期、高温和雨期施工

10.1 一 般 规 定

10.1.1 冬期施工中的冬期界限划分原则在各个国家的规范中都有规定。多年来，我国和多数国家均以“室外日平均气温连续 5 日稳定低于 5℃”为冬期划分界限，其中“连续 5 日稳定低于 5℃”的说法是依气象部门术语引进的，且气象部门可提供这方面的资料。本规范仍以 5℃ 作为进入或退出冬期施工的界限。

我国的气候属于大陆性季风型气候，在秋末冬初和冬末春初时节，常有寒流突袭，气温骤降 5℃～10℃的现象经常发生，此时会在一两天之内最低气温突然降至 0℃以下，寒流过后气温又恢复正常。因此，为防止短期内的寒流袭击造成新浇筑的混凝土发生冻结损伤，特规定当气温骤降至 0℃以下时，混凝土应按冬期施工要求采取应急防护措施。

10.1.2 高温条件下拌合、浇筑和养护的混凝土比低温度下施工养护的混凝土早期强度高，但 28d 强度和后期强度通常要低。根据美国规范 ACI 305R-99《Hot Weather Concreting》，当混凝土 24h 初始养护温度为 100F（38℃），试块的 28d 抗压强度将比规范规定的温度下养护低 10%～15%。

混凝土高温施工的定义温度，美国是 24℃，日本和澳大利亚是 30℃。我国《铁路混凝土工程施工技术指南》中给出，当日平均气温高于 30℃时，按照暑期规定施工。本规范综合考虑我国气候特点和施工技术水平，高温施工温度定义为日平均气温达到 30℃。

10.1.3 “雨期”并不完全是指气象概念上的雨季，而是指必须采取措施保证混凝土施工质量的下雨时间段。本规范所指雨期，包括雨季和雨天两种情况。

10.2 冬期施工

10.2.1 冬期施工配制混凝土应考虑水泥对混凝土早期强度、抗渗、抗冻等性能的影响。矿渣硅酸盐水泥、火山灰质硅酸盐水泥、粉煤灰硅酸盐水泥和复合硅酸盐水泥中均含有20%～70%不等的混合材料。这些混合材料性质千差万别，质量各不相同，水泥水化速率也不尽相同。因此，为提高混凝土早期强度增长率，以便尽快达到受冻临界强度，冬期施工宜优先选用硅酸盐水泥或普通硅酸盐水泥。使用其他品种硅酸盐水泥时，需通过试验确定混凝土在负温下的强度发展规律、抗渗性能等是否满足工程设计和施工进度的要求。

研究表明，矿渣水泥经过蒸养后的最终强度比标养强度能提高15%左右，具有较好的蒸养适应性，故提出蒸汽养护的情况下宜使用矿渣硅酸盐水泥。

10.2.2 骨料由于含水在负温下冻结形成尺寸不同的冻块，若在没有完全融化时投入搅拌机中，搅拌过程中骨料冻块很难完全融化，将会影响混凝土质量。因此骨料在使用前应事先运至保温棚内存放，或在使用前使用蒸汽管或蒸汽排管等进行加热，融化冻块。

10.2.3 混凝土中掺入引气剂，是提高混凝土结构耐久性的一个重要技术手段，在国内外已形成共识。而在负温混凝土中掺入引气剂，不但可以提高耐久性，同时也可以在混凝土未达到受冻临界强度之前有效抵消拌合水结冰时产生的冻结应力，减少混凝土内部结构损伤。

10.2.4 冬期施工混凝土配合比的确定尤为重要，不同的养护方法、不同的防冻剂、不同的气温都会影响配合比参数的选择。因此，在配合比设计中要依据施工参数、要素进行全面考虑，但和常温要求的原则还是一样，即尽可能降低混凝土的用水量，减小水胶比，在满足施工工艺条件下，减小坍落度，降低混凝土内部的自由水结冰率。

10.2.6 采用热水搅拌混凝土，特别是60℃以上的热水，若水泥直接与热水接触，易造成急凝、速凝或假凝现象；同时，也会对混凝土的工作性造成影响，坍落度损失加大。因此，冬期施工中，当采用热水搅拌混凝土时，应先投入骨料和水或者是2/3的水进行预拌，待水温降低后，再投入胶凝材料与外加剂进行搅拌，搅拌时间应较常温条件下延长30s～60s。

引气剂或含有引气组分的外加剂，也不应与60℃以上热水直接接触，否则易造成气泡内气相压力增大，导致引气效果下降。

10.2.7 混凝土入模温度的控制是为了保证新拌混凝土浇筑后，有一段正温养护期供水泥早期水化，从而保证混凝土尽快达到受冻临界强度，不致引起冻害。混凝土出机温度较高，但经过运输与输送、浇筑之后，入模温度会产生不同程度的降低。冬期施工中，应尽量避免混凝土在运输与输送、浇筑过程中的多次倒运。对于商品混凝土，为防止运输过程中的热量损失，应对运输车进行保温，泵送过程中还需对泵管进行保温，都是为了提高混凝土的入模温度。工程实践表明，混凝土出机温度为10℃时，经过运输与输送热损，入模温度也仅能达到5℃；而对于预拌混凝土，由于运距较远，运输时间较长，热损失加大，故一般会提高出机温度至15℃以上。因此，冬期施工方案中，应根据施工期间的气温条件、运输与浇筑方式、保温材料种类等情况，对混凝土的运输和输送、浇筑等过程进行热工计算，确保混凝土的入模温度满足早期强度增长和防冻的要求。

对于大体积混凝土，为防止混凝土内外温差过大，可以适当降低混凝土的入模温度，但要采取保温防护措施，保证新拌混凝土在入模后，水化热上升期之前不会发生冻害。

10.2.9 地基、模板与钢筋上的冰雪在未清除的情况下进行混凝土浇筑，会对混凝土表观质量以及钢筋粘结力产生严重影响。混凝土直接浇筑于冷钢筋上，容易在混凝土与钢筋之间形成冰膜，导致钢筋粘结力下降。因此，在混凝土浇筑前，应对钢筋及模板进行覆盖保温。

10.2.10 分层浇筑混凝土时，特别是浇筑工作面较大时，会造成新拌混凝土热量损失加速，降低了混凝土的早期蓄热。因此规定分层浇筑时，适当加大分层厚度，分层厚度不应小于400mm；同时，应加快浇筑速度，防止下层混凝土在覆盖前受冻。

10.2.11 混凝土结构加热养护的升温、降温阶段会在内部形成一定的温度应力，为防止温度应力对结构的影响，应在混凝土浇筑前合理安排浇筑顺序或者留置施工缝，预防温度应力造成混凝土开裂。

10.2.12 混凝土受冻临界强度是指冬期浇筑的混凝土在受冻以前不致引起冻害，必须达到的最低强度，是负温混凝土冬期施工中的重要技术指标。在达到此强度之后，混凝土即使受冻也不会对后期强度及性能产生影响。我国冬期施工学术与施工界在近三十年的科学研究与工程实践过程中，按气温条件、混凝土性质等确定出混凝土的受冻临界强度控制值。对条文前5款分别说明如下：

1 采用蓄热法、暖棚法、加热法等方法施工的混凝土，一般不掺入早强剂或防冻剂，即所谓的普通混凝土，其受冻临界强度按原JGJ 104规程中规定的30%和40%采用，经多年实践证明，是安全可靠的。暖棚法、加热法养护的混凝土也存在受冻临界强度，当其没有达到受冻临界强度之前，保温层或暖棚的拆除、电器或蒸汽的停止加热都有可能造成混凝土受冻。因此，将采用这三种方法施工的混凝土归为一类进行受冻临界强度的规定，是考虑到混凝土性质类似，混凝土在达到受冻临界强度后方可拆除保温层，或拆除暖棚，或停止通蒸汽加热，或停止通电加热。同时，也可达到节能、节材的目的，即采用蓄热法、暖棚法、加热法养护的混凝土，在达到受冻临界强度后即可停止保温，或停止加热，从而降低工程造价，减少不必要的能源浪费。

2 采用综合蓄热法、负温养护法施工的混凝土，在混凝土配制中掺入了早强剂或防冻剂，混凝土液相拌合水结冰时的冰晶形态发生畸变，对混凝土产生的冻胀破坏力减弱。根据20世纪80年代的研究以及多年的工程实践结果表明，采用综合蓄热法和负温养护法（防冻剂法）施工的混凝土，其受冻临界强度值按气温界限进行划分是合理的。因此，仍遵循现行行业标准《建筑工程冬期施工规程》JGJ/T 104的有关规定。

3 根据黑龙江省寒地建筑科学研究院以及国内部分大专院校的研究表明，强度等级为C50及C50级以上混凝土的受冻临界强度一般在混凝土设计强度等级值的21%～34%之间。鉴于高强度混凝土多作为结构的主要受力构件，其受冻对结构的安全影响重大，因此，将C50及C50级以上的混凝土受冻临界强度确定为不宜小于30%。

4 负温混凝土可以通过增加水泥用量、降低用水量、掺加外加剂等措施来提高强度，虽然受冻后可保证强度达到设计要求，但由于其内部因冻结会产生大量缺陷，如微裂缝、孔隙等，造成混凝土抗渗性能大量降低。黑龙江省寒地建筑科学研究院科研数据表明，掺早强型防冻剂的C20、C30混凝土强度分别达到10MPa、15MPa后受冻，其抗渗等级可达到P6；掺防冻型防冻剂时，抗渗等级可达到P8。经折算，混凝土受冻前的抗压强度达到设计强度等级值的50%。一般工业与民用建筑的设计抗渗等级多为P6～P8。因此，规定有抗渗要求的混凝土受冻临界强度不宜小于设计混凝土强度等级值的50%，是保证有抗渗要求混凝土工程冬期施工质量和结构耐久性的重要技术要求。

5 对于有抗冻融要求的混凝土结构，例如建筑中的水池、水塔等，使用中将与水直接接触，混凝土中的含水率极易达到饱和临界值，受冻环境较严峻，很容易破坏。冬期施工中，确定合理的受冻临界强度值将直接关系到有抗冻要求混凝土的施工质量是否满足设计年限与耐久性。国际建研联RILEM（39-BH）委员会在《混凝土冬季施工国际建议》中规定："对于有抗冻要求的混凝土，考虑耐久性时不得小于设计强度的30%～50%"；美国ACI306委员会在《混凝土冬季施工建议》中规定："对有抗冻要求的掺引气剂混凝土为设计强度的60%～80%"；俄罗斯国家建筑标准与规范（СНиП3.03.01）中规定："在使用期间遭受冻融的构件，不小于设计强度的70%"；我国行业标准《水工建筑物抗冰冻设计规范》SL 211-2006规定："在受冻期间可能有外来水分时，大体积混凝土和钢筋混凝土均不应低于设计强度等级的85%"。综合分析这类结构的工作条件和特点，并参考国内外有关规范，确定了有抗冻耐久性要求的混凝土，其受冻临界强度值不宜小于设计强度值70%的规定，用以指导此类工程建设，保证工程质量。

10.2.13 冬期施工，应重点加强对混凝土在负温下的养护，考虑到冬期施工养护方法分为加热法和非加热法，种类较多，操作工艺与质量控制措施不尽相同，而对能源的消耗也有所区别，因此，根据气温条件、结构形式、进度计划等因素选择适宜的养护方法，不仅能保证混凝土工程质量，同时也会有效地降低工程造价，提高建设效率。

采用综合蓄热法养护的混凝土，可执行较低的受冻临界强度值；混凝土中掺入适量的减水、引气以及早强剂或早强型外加剂也可有效地提高混凝土的早期强度增长速度；同时，可取消混凝土外部加热措施，减少能源消耗，有利于节能、节材，是目前最为广泛应用的冬期施工方法。

鉴于现代混凝土对耐久性要求越来越高，无机盐类防冻剂中多含有大量碱金属离子，会对混凝土的耐久性产生不利影响，因此，将负温养护法（防冻剂法）应用范围规定为一般混凝土结构工程；对于重要结构工程或部位，仍推荐采用其他养护法进行。

冬期施工加热法养护混凝土主要为蒸汽加热法和电加热法，具体参照现行行业标准《建筑工程冬期施工规程》JGJ/T 104进行操作。鉴于棚暖法、蒸汽法、电热法养护需要消耗大量的能源，不利于节能和环保，故规定当采用蓄热法、综合蓄热法或负温养护法不能满足施工要求时，可采用棚暖法、蒸汽法、电热法，并采取节能降耗措施。

10.2.14 冬期施工中，由于边、棱角等突出部位以及薄壁结构等表面系数较大，散热快，不易进行保温，若管理不善，经常会造成局部混凝土受冻，形成质量缺陷。因此，对结构的边、棱角及易受冻部位采取保温层加倍的措施，可以有效地避免混凝土局部产生受冻，影响工程质量。

10.2.15 拆除模板后，混凝土立即暴露在大气环境中，降温速率过快或者与环境温差较大，会使混凝土产生温度裂缝。对于达到拆模强度而未达到受冻临界强度的混凝土结构，应采取保温材料继续进行养护。

10.2.17 规定了混凝土冬期施工中尤为关键的质量控制与检查项目：骨料含水率、防冻剂掺量以及温度与强度。混凝土防冻剂的掺量会随着气温的降低而增大，为防止混凝土受冻，施工技术人员应及时监测每日的气温，收集未来几日的气象资料，并根据这些气温材料，及时调整防冻剂的掺量或调整混凝土配合比。

10.2.18 规定了冬期施工中，应对原材料、混凝土运输与浇筑、混凝土养护期间的温度进行监测，用以控制混凝土冬期施工的热工参数，便于与热工计算的温度值进行比对，以便出现偏差时进行混凝土养护措施的调整，从而控制混凝土负温施工质量。混凝土冬期施工测温项目和频次可按现行行业标准《建筑工程冬期施工规程》JGJ/T 104 的规定进行。

10.2.19 冬期施工中，对负温混凝土强度的监测不宜采用回弹法。目前较为常用的方法为留置同条件养护试件和采用成熟度法进行推算。本条规定了同条件养护试件的留置数量，用于施工期间监测混凝土受冻临界强度、拆模或拆除支架时强度，确保负温混凝土施工安全与施工质量。

10.3 高温施工

10.3.1 高温施工时，原材料温度对混凝土配合比、混凝土出机温度、入模温度以及混凝土拌合物性能等影响很大，所以应采取必要措施确保原材料降低温度以满足高温施工的要求。

10.3.2 原材料温度、天气、混凝土运输方式与时间等客观条件对混凝土配合比影响很大。在初次使用前，进行实际条件下的工况试运行，以保证高温天气条件下混凝土性能指标的稳定性是必要的。同时，根据环境温度、湿度、风力和采取温控措施实际情况，对混凝土配合比进行调整。

水泥的水化热将使混凝土的温度升高，导致混凝土表面水分的蒸发速度加快，从而使混凝土表面干缩裂缝产生的机会增大，因此，应尽可能采用低水泥用量和水化热小的水泥。

高温天气条件下施工的混凝土坍落度不宜过低，以保证混凝土浇筑工作效率。

10.3.3 混凝土高温天气搅拌首先应对机具设备采取遮阳措施；对混凝土搅拌温度进行估算，达不到规定要求温度时，对原材料采取直接降温措施；采取对原材料进行直接降温时，对水、石子进行降温最方便和有效；混凝土加冰拌合时，冰的重量不宜超过拌合用水量（扣除粗细骨料含水）的 50%，以便于冰的融化。混凝土拌合物出机温度计算公式参考了美国 ACI305R-99 规范，简化了混凝土各类原材料比热容值的影响因素，在现场测量出各原材料的入机温度和每罐使用重量，就可以方便估算出该批混凝土拌合物的出机温度，减少了参数，方便现场使用。

10.3.5 混凝土浇筑入模温度较高时，坍落度损失增加，初凝时间缩短，凝结速率增加，影响混凝土浇筑成型，同时混凝土干缩、塑性、温度裂缝产生的危险增加。

我国行业标准《水工混凝土施工规范》DL/T 5144－2011 规定，高温季节施工时，混凝土浇筑温度不宜大于 28℃；日本和澳大利亚相关规范规定，夏季混凝土的浇筑温度低于 35℃；本条明确在高温施工时，混凝土入模温度仍执行不应高于 35℃的规定，与本规范第 8.1.2 条相一致。

10.3.6 混凝土浇筑应尽可能避开高温时段。同时，应对混凝土可能出现的早期干缩裂缝进行预测，并做好预防措施计划。混凝土水分蒸发速率加大时，产生早期干缩裂缝的风险也随之增加。当水分蒸发速率较快时，应在施工作业面采取挡风、遮阳、喷雾等措施改善作业面环境条件，有利于预防混凝土可能产生的干缩、塑性裂缝。

10.4 雨期施工

10.4.1 现场储存的水泥和掺合料应采用仓库、料棚存放或加盖覆盖物等防水和防潮措施。当粗、细骨料淋雨后含水率变化时，应及时调整混凝土配合比。现场可采取快速干炒法将粗、细骨料炒至饱和面干，测其含水率变化，按含水率变化值计算后相应增加粗、细骨料重量或减少用水量，调整配合比。

10.4.3 混凝土浇筑作业面较广，设备移动量大，雨天施工危险性较大，必须严格进行三级保护，接地接零检查及维修按现行行业标准《施工现场临时用电安全技术规范》JGJ 46 的有关规定执行。当模板及支架的金属构件在相邻建筑物（构筑物）及现场设置的防雷装置接闪器的保护范围以外时，应按 JGJ 46 标准的规定对模板及支架的金属构件安装防雷接地装置。

10.4.4 混凝土浇筑前，应及时了解天气情况，小雨、中雨尽可能不要进行混凝土露天浇筑施工，且不应开始大面积作业面的混凝土露天浇筑施工。当必须施工时，应当采取基槽或模板内排水、砂石材料覆盖、混凝土搅拌和运输设备防雨、浇筑作业面防雨覆盖等措施。

10.4.5 雨后地基土沉降现象相当普遍，特别是回填土、粉砂土、湿陷性黄土等。除对地基土进行压实、地基土面层处理及设置排水设施外，应在模板及支架上设置沉降观测点，雨后及时对模板及支架进行沉降观测和检查，沉降超过标准时，应采取补救措施。

10.4.7 补救措施可采用补充水泥砂浆、铲除表层混凝土、插短钢筋等方法。

10.4.10 临时加固措施包括将支架或模板与已浇筑并有一定强度的竖向构件进行拉结，增加缆风绳、抛撑、剪刀撑等。

11 环境保护

11.1 一般规定

11.1.1 施工环境保护计划一般包括环境因素分析、控制原则、控制措施、组织机构与运行管理、应急准备和响应、检查和纠正措施、文件管理、施工用地保护和生态复原等内容。环境因素控制措施一般包括对扬尘、噪声与振动、光、气、水污染的控制措施，建筑垃圾的减量计划和处理措施，地下各种设施以及文物保护措施等。

对施工环境保护计划的执行情况和实施效果可由现场施工项目部进行自评估，以利于总结经验教训，并进一步改进完善。

11.1.2 对施工过程中产生的建筑垃圾进行分类，区分可循环使用和不可循环使用的材料，可促进资源节约和循环利用。对建筑垃圾进行数量或重量统计，可进一步掌握废弃物产生来源，为制定建筑垃圾减量化和循环利用方案提供基础数据。

11.2 环境因素控制

11.2.1 为做好施工操作人员健康防护，需重点控制作业区扬尘。施工现场的主要道路，由于建筑材料运输等因素，较易引起较大的扬尘量，可采取道路硬化、覆盖、洒水等措施控制扬尘。

11.2.2 在施工中（尤其是在噪声敏感区域施工时），要采取有效措施，降低施工噪声。根据现行国家标准《建筑施工场界噪声限值》GB 12523 的规定，钢筋加工、混凝土拌制、振捣等施工作业在施工场界的允许噪声级：昼间为70dB（A声级），夜间为55dB（A声级）。

11.2.3 电焊作业产生的弧光即使在白昼也会造成光污染。对电焊等可能产生强光的施工作业，需对施工操作人员采取防护措施，采取避免弧光外泄的遮挡措施，并尽量避免在夜间进行电焊作业。

对夜间室外照明应加设灯罩，将透光方向集中在施工范围内。对于离居民区较近的施工地段，夜间施工时可设密目网屏障遮挡光线。

11.2.5 目前使用的脱模剂大多数是矿物油基的反应型脱模剂。这类脱模剂由不可再生资源制备，不可生物降解，并可向空气中释放出具有挥发性的有机物。因此，剩余的脱模剂及其包装等需由厂家或者有资质的单位回收处理，不能与普通垃圾混放。随着环保意识的增强和脱模剂相关产品的创新与发展，也出现了环保型的脱模剂，其成分对环境不会产生污染。对于这类脱模剂，可不要求厂家或者有资质的单位回收处理。

11.2.7 目前市场上还存在着采用污染性较大甚至有毒的原材料生产的外加剂、养护剂，不仅在建筑施工时，而且在建筑使用时都可能危害环境和人身健康。如某些早强剂、防冻剂中含有有毒的重铬酸盐、亚硝酸盐，致使洗刷混凝土搅拌机后排出的水污染周围环境。又如，掺入以尿素为主要成分的防冻剂的混凝土，在混凝土硬化后和建筑物使用中会有氨气逸出，污染环境，危害人身健康。因此要求外加剂、养护剂的使用应满足环保和健康要求。

11.2.9 施工单位应按照相关部门的规定处置建筑垃圾，将不可循环使用的建筑垃圾集中收集，并及时清运至指定地点。

建筑垃圾的回收利用，包括在施工阶段对边角废料在本工程中的直接利用，比如利用短的钢筋头制作楼板钢筋的上铁支撑、地锚拉环等，利用剩余混凝土浇筑构造柱、女儿墙、后浇带预制盖板等小型构件等，还包括在其他工程中的利用，如建筑垃圾中的碎砂石块用于其他工程中作为路基材料、地基处理材料、再生混凝土中的骨料等。

附录A 作用在模板及支架上的荷载标准值

A.0.2 本条提出了混凝土自重标准值的规定，具体规定同原国家标准《混凝土结构工程施工及验收规范》GB 50204－92（以下简称 GB 50204－92 规范）。工程中单位体积混凝土重量有大的变化时，可根据实测单位体积重量进行调整。

A.0.4 本条对混凝土侧压力标准值的计算进行了规定。对于新浇混凝土的侧压力计算，GB 50204－92 规范的公式是基于坍落度为 60mm～90mm 的混凝土，以流体静压力原理为基础，将以往的测试数据规格化为混凝土浇筑温度为 20℃下按最小二乘法进行回归分析推导得到的，并且浇筑速度限定在 6m/h 以下。本规范给出的计算公式以 GB 50204－92 规范的计算公式按坍落度 150mm 左右作为基础，并将东南大学补充的新浇混凝土侧压力测试数据和上海电力建设有限责任公司的测试数据重新进行规格化，修正了 GB 50204－92 规范的公式，并将浇筑速度限定在 10m/h 以下。修正时，针对如今在混凝土中普遍添加外加剂的实际状况，省略了原 β_1 的外加剂影响修正系数，把它统一考虑在计算公式中，用一个坍落度调整系数 β 作修正。GB 50204－92 规范公式在浇筑速度较大时计算值较大，所以本规范修正调整时把公式计算值略降了些，对浇筑速度小的时候影响较小。对浇筑速度限定为在 10m/h 以下，这是对比参考了国外的规范而作出的规定。

施工中，当浇筑小截面柱子等，青建集团股份公司和中国建筑第八工程局有限公司等单位抽样统计，浇筑速度通常在10m/h～20m/h；混凝土墙浇筑速度常在 3m/h～10m/h 左右。对于分层浇筑次数少的柱子模板或浇筑流动度特别大的自密实混凝土模板，可直接采用 $\gamma_c H$ 计算新浇混凝土侧压力。

A.0.5 本条对施工人员及施工设备荷载标准值作出规定。作用在模板与支架上的施工人员及施工设备荷载标准值的取值，GB 50204－92规范中规定：计算模板及支承模板的小楞时均布荷载为 2.5kN/m²，并以 2.5kN 的集中荷载进行校核，取较大弯矩值进行设计；对于直接支架小楞的构件取均布荷载为1.5kN/m²；而当计算支架立柱时为1.0kN/m²。该条文中集中荷载的规定主要沿用了我国20世纪60年代编写的国家标准《钢筋混凝土工程施工及验收规范》GBJ 10－65附录一的普通模板设计计算参考资料的规定，除考虑均布荷载外，还考虑了双轮手推车运输混凝土的轮子压力250kg的集中荷载。GB 50204－92规范还综合考虑了模板支架计算的荷载由上至下传递的分散均摊作用，由于施工过程中不均匀堆载等施工荷载的不确定性，造成施工人员计算荷载的不确定性更大，加之局部荷载作用下荷载的扩散作用缺乏足够的统计数据，在支架立柱设计中存在荷载取值偏小的不安全因素。

由于施工现场中的材料堆放和施工人员荷载具有随意性，且往往材料堆积越多的地方人员越密集，产生的局部荷载不可忽视。东南大学和中国建筑科学研究院合作，在2009年初通过现场模拟楼板浇筑时的施工活荷载分布扩散和传递测试试验，证明了在局部荷载作用的区域内的模板支架立杆承受了约90%的荷载，相邻的立杆承担相当少的荷载，受荷区外的立柱几乎不受影响。综上，本条规定在计算模板、小楞、支承小楞构件和支架立杆时采用相同的荷载取值2.5kN/m²。

A.0.6 当从模板底部开始浇筑竖向混凝土构件时，其混凝土侧压力在原有 $\gamma_c H$ 的基础上，还会因倾倒混凝土加大，故本条参考GB 50204－92规范、美国规范ACI347的相关规定，提出了混凝土下料产生的水平荷载标准值。本条未考虑振捣混凝土的荷载项，主要原因为：GB 50204－92规范中规定了振捣混凝土时产生的荷载，对水平面模板可采用2kN/m²；对竖向面模板可采用4kN/m²，并作用在混凝土有效压头范围内；对于倾倒混凝土在竖向面模板上产生的水平荷载2kN/m²～6kN/m²，也作用在混凝土有效压头范围内。对于振捣混凝土产生的荷载项，国家标准《钢筋混凝土工程施工及验收规范》GBJ 10－65规定为只在没有施工荷载时（如梁的底模板）才有此项荷载，其值为100kg/m²。

A.0.7 本条规定了附加水平荷载项。未预见因素产生的附加水平荷载是新增荷载项，是考虑施工中的泵送混凝土和浇筑斜面混凝土等未预见因素产生的附加水平荷载。美国ACI347规范规定了泵送混凝土和浇筑斜面混凝土等产生的水平荷载取竖向永久荷载的2%，并以线荷载形式作用在模板支架的上边缘水平方向上；或直接以不小于1.5kN/m的线荷载作用在模板支架上边缘的水平方向上进行计算。日本也规定有相应的该荷载项。该荷载项主要用于支架结构的整体稳定验算。

A.0.8 本条规定水平风荷载标准值根据现行国家标准《建筑结构荷载规范》GB 50009的有关规定确定。考虑到模板及支架为临时性结构，确定风荷载标准值时的基本风压可采用较短的重现期，本规范取为10年。基本风压是根据当地气象台站历年来的最大风速记录，按基本风压的标准要求换算得到的，对于不同地区取不同的数值。本条规定了基本风压的最小值0.20kN/m²。对风荷载比较敏感或自重较轻的模板及支架，可取用较长重现期的基本风压进行计算。

附录B 常用钢筋的公称直径、公称截面面积、计算截面面积及理论重量

B.0.1～B.0.3 本节给出了常用钢筋的公称直径、公称截面面积、计算截面面积及理论重量，供工程中使用。其他钢筋的相关参数可按产品标准中的规定取值。

附录C 纵向受力钢筋的最小搭接长度

C.0.1、C.0.2 根据国家标准《混凝土结构设计规范》GB 50010－2010的规定，绑扎搭接受力钢筋的最小搭接长度应根据钢筋及混凝土的强度经计算确定，并根据搭接钢筋接头面积百分率等进行修正。当接头面积百分率为25%～100%的中间值时，修正系数按25%～50%、50%～100%两段分别内插取值。

C.0.3 本条提出了纵向受拉钢筋最小搭接长度的修正方法以及受拉钢筋搭接长度的最低限值。对末端采用机械锚固措施的带肋钢筋，常用的钢筋机械锚固措施为钢筋贴焊、锚固板端焊、锚固板螺纹连接等形式；如末端机械锚固钢筋按本规范规定折减锚固长度，机械锚固措施的配套材料、钢筋加工及现场施工操作应符合现行国家标准《混凝土结构设计规范》GB 50010及相关标准的有关规定。

C.0.4 有些施工工艺，如滑模施工，对混凝土凝固过程中的受力钢筋产生扰动影响，因此，其最小搭接长度应相应增加。本条给出了确定纵向受压钢筋搭接时最小搭接长度的方法以及受压钢筋搭接长度的最低限值。

附录D 预应力筋张拉伸长值计算和量测方法

D.0.1 对目前工程常用的高强低松弛钢丝和钢绞线，其应力比例极限（弹性范围）可达到 $0.8f_{ptk}$ 左右，而规范规定预应力筋张拉控制应力不得大于 $0.8f_{ptk}$，因此，预应力筋张拉伸长值可根据预应力筋应力分布并按虎克定律计算。预应力筋的张拉伸长值可采用积分的方法精确计算。但在工程应用中，常假

定一段预应力筋上的有效预应力为线性分布，从而可以推导得到一端张拉的单段曲线或直线预应力筋张拉伸长值计算简化公式（D.0.1）。工程实例分析表明，按简化公式和积分方法计算得到的结果相差仅为0.5%左右，因此简化公式可满足工程精度要求。值得注意的是，对于大量应用的后张法钢绞线有粘结预应力体系，在张拉端锚口区域存在锚口摩擦损失，因此，在伸长值计算中，应扣除锚口摩擦损失。行业标准《预应力筋用锚具、夹具和连接器应用技术规程》JGJ 85－2010给出了锚口摩擦损失的测试方法，并规定锚口摩擦损失率不应大于6%。

D.0.2 建筑结构工程中的预应力筋一般采用由直线和抛物线组合而成的线形，可根据扣除摩擦损失后的预应力筋有效应力分布，采用分段叠加法计算其张拉伸长值，而摩擦损失可按现行国家标准《混凝土结构设计规范》GB 50010的有关规定进行计算。对于多跨多波段曲线预应力筋，可采用分段分析其摩擦损失。

D.0.3 预应力筋在张拉前处于松弛状态，初始张拉时，千斤顶油缸会有一段空行程，在此段行程内预应力筋的张拉伸长值为零，需要把这段空行程从张拉伸长值的实测值中扣除。为此，预应力筋伸长值需要在建立初拉力后开始测量，并可根据张拉力与伸长值成正比的关系来计算实际张拉伸长值。

张拉伸长值量测方法有两种：其一，量测千斤顶油缸行程，所量测数值包含了千斤顶体内的预应力筋张拉伸长值和张拉过程中工具锚和固定端工作锚楔紧引起的预应力筋内缩值，必要时应将锚具楔紧对预应力筋伸长值的影响扣除；其二，当采用后卡式千斤顶张拉钢绞线时，可采用量测外露预应力筋端头的方法确定张拉伸长值。

附录E 张拉阶段摩擦预应力损失测试方法

E.0.1 张拉阶段摩擦预应力损失可采用应变法、压力差法和张拉伸长值推算法等方法进行测试。压力差法是在主动端和被动端各装一个压力传感器（或千斤顶），通过测出主动端和被动端的力来反演摩擦系数，压力差法设备安装和数据处理相对简便，施工规范采纳的即为此方法。而且压力差实测值也可以为施工中调整张拉控制应力提供参考。由于压力差法的预应力筋两端都要装传感器或千斤顶，因此对于采用埋入式固定端的情况不适用。

E.0.3 在实际工程中，每束预应力筋的摩擦系数κ、μ值是波动的，因此分别选择两束的测试数据解联立方程求出κ、μ是不可行的。工程上最为常用的是采用假定系数法来确定摩擦系数，而且一般先根据直线束测试或直接取设计值来确定κ后，再根据预应力筋几何线形参数及张拉端和锚固端的压力测试结果来计算确定μ。当然，也可按设计值确定μ后，再推算确定κ。另外，如果测试数据量较大，且束形参数有一定差异时，也可采用最小二乘法回归确定孔道摩擦系数。

中华人民共和国国家标准

坡屋面工程技术规范

Technical code for slope roof engineering

GB 50693—2011

主编部门：中华人民共和国住房和城乡建设部
批准部门：中华人民共和国住房和城乡建设部
实施日期：2 0 1 2 年 5 月 1 日

中华人民共和国住房和城乡建设部
公　　告

第1029号

关于发布国家标准《坡屋面工程技术规范》的公告

现批准《坡屋面工程技术规范》为国家标准，编号为GB 50693-2011，自2012年5月1日起实施。其中，第3.2.10、3.2.17、3.3.12、10.2.1条为强制性条文，必须严格执行。

本规范由我部标准定额研究所组织中国建筑工业出版社出版发行。

中华人民共和国住房和城乡建设部

2011年5月12日

前　　言

根据原建设部《关于印发〈2005年工程建设标准规范制订、修订计划（第一批）〉的通知》（建标函[2005]84号）的要求，规范编制组经广泛调查研究，认真总结实践经验，参考有关国际标准和国外先进标准，并在广泛征求意见的基础上，编制本规范。

本规范的主要技术内容是：总则、术语、基本规定、坡屋面工程材料、防水垫层、沥青瓦屋面、块瓦屋面、波形瓦屋面、金属板屋面、防水卷材屋面、装配式轻型坡屋面等。

本规范中以黑体字标志的条文为强制性条文，必须严格执行。

本规范由住房和城乡建设部负责管理和对强制性条文的解释，由中国建筑防水协会负责具体技术内容的解释。执行过程中如有意见或建议，请寄送中国建筑防水协会（地址：北京市海淀区三里河路11号，邮编：100831），以便今后修订时参考。

本规范主编单位：中国建筑防水协会

本规范参编单位：中国建筑材料科学研究总院苏州防水研究院
北京市建筑设计研究院
深圳大学建筑设计研究院
中国砖瓦工业协会
中国绝热节能材料协会
欧文斯科宁（中国）投资有限公司
格雷斯中国有限公司
曼宁家屋面系统（中国）有限公司
永得宁国际贸易（上海）有限公司
巴特勒（上海）有限公司
上海建筑防水材料（集团）公司
嘉泰陶瓷（广州）有限公司
北京圣洁防水材料有限公司
渗耐防水系统（上海）有限公司
北京铭山建筑工程有限公司

本规范主要起草人员：王　天　朱冬青　李承刚　朱志远　孙庆祥　颉朝华　王　兵　张道真　丁红梅　姜　涛　方　虎　张照然　张　浩　葛　兆　尚华胜　杜　昕

本规范主要审查人员：叶林标　方展和　李引擎　王祖光　刘达文　蔡昭昀　羡永彪　霍瑞琴

目　次

Contents

1 总 则

1.0.1 为提高我国坡屋面工程技术水平，确保工程质量，制定本规范。

1.0.2 本规范适用于新建、扩建和改建的工业建筑、民用建筑坡屋面工程的设计、施工和质量验收。

1.0.3 坡屋面工程的设计和施工应遵守国家有关环境保护、建筑节能和安全的规定，并应采取相应措施。

1.0.4 坡屋面工程应积极采用成熟的新材料、新技术、新工艺。

1.0.5 坡屋面工程的设计、施工和质量验收除应符合本规范外，尚应符合国家现行有关标准的规定。

2 术 语

2.0.1 坡屋面 slope roof

坡度大于等于3%的屋面。

2.0.2 屋面板 roof boarding

用于坡屋面承托保温隔热层和防水层的承重板。

2.0.3 防水垫层 underlayment

坡屋面中通常铺设在瓦材或金属板下面的防水材料。

2.0.4 持钉层 lock layer of nail

瓦屋面中能够握裹固定钉的构造层次，如细石混凝土层和屋面板等。

2.0.5 隔汽层 vapour barrier

阻滞水蒸气进入保温隔热材料的构造层次。

2.0.6 正脊 flat ridge

坡屋面屋顶的水平交线形成的屋脊。

2.0.7 斜脊 slope ridge

坡屋面斜面相交凸角的斜交线形成的屋脊。

2.0.8 斜天沟 slope cullis

坡屋面斜面相交凹角的斜交线形成的天沟。

2.0.9 搭接式天沟 lapped cullis

在斜天沟上铺设沥青瓦，两侧瓦片搭接形成的天沟。

2.0.10 编织式天沟 knitted cullis

在斜天沟上铺设沥青瓦，两侧瓦片编织形成的天沟。

2.0.11 敞开式天沟 open cullis

瓦材铺设至天沟边沿，天沟底部采用卷材或金属板构造形成的天沟。

2.0.12 挑檐 overhang

屋面向排水方向挑出外墙或外廊部位的檐口构造。

2.0.13 块瓦 tile

由黏土、混凝土和树脂等材料制成的块状硬质屋面瓦材。

2.0.14 沥青波形瓦 corrugated bitumen sheets

由植物纤维浸渍沥青成型的波形瓦材。

2.0.15 树脂波形瓦 corrugated resin sheets

以合成树脂和纤维增强材料为主要原料制成的波形瓦材。

2.0.16 光伏瓦 photovoltaic tile

太阳能光伏电池与瓦材的复合体。

2.0.17 光伏防水卷材 photovoltaic waterproof sheet

太阳能光伏薄膜电池与防水卷材的复合体。

2.0.18 机械固定件 fastener

用于机械固定保温隔热材料、防水卷材的固定钉、垫片和压条等配件。

2.0.19 金属板屋面 metal plate roof

采用压型金属板或金属面绝热夹芯板的建筑屋面。

2.0.20 装配式轻型坡屋面 assembly-type light sloping roof

以冷弯薄壁型钢屋架或木屋架为承重结构，轻质保温隔热材料、轻质瓦材等装配组成的坡屋面系统。

2.0.21 抗风揭 wind uplift resistance

阻抗由风力产生的对屋面向上荷载的措施。

2.0.22 冰坝 ice dam

在屋面檐口部位结冰形成的挡水冰体。

3 基 本 规 定

3.1 材 料

3.1.1 坡屋面应按构造层次、环境条件和功能要求选择屋面材料。材料应配置合理、安全可靠。

3.1.2 坡屋面工程采用的材料应符合下列规定：

1 材料的品种、规格、性能等应符合国家相关产品标准和设计规定，满足屋面设计使用年限的要求，并应提供产品合格证书和检测报告；

2 设计文件应标明材料的品种、型号、规格及其主要技术性能；

3 坡屋面工程宜采用节能环保型材料；

4 材料进场后，应按规定抽样复验，提出试验报告；

5 坡屋面使用的材料宜贮存在阴凉、干燥、通风处，避免日晒、雨淋和受潮，严禁接近火源；运输应符合相关标准规定。

3.1.3 严禁在坡屋面工程中使用不合格的材料。

3.1.4 坡屋面采用的材料应符合相关建筑防火规范的规定。

3.2 设 计

3.2.1 坡屋面工程设计应遵循“技术可靠、因地制宜、经济适用”的原则。

3.2.2 坡屋面工程设计应包括以下内容：

1 确定屋面防水等级；

2 确定屋面坡度；

3 选择屋面工程材料；

4 防水、排水系统设计；

5 保温、隔热设计和节能措施；

6 通风系统设计。

3.2.3 坡屋面工程设计应根据建筑物的性质、重要程度、地域环境、使用功能要求以及依据屋面防水层设计使用年限，分为一级防水和二级防水，并应符合表3.2.3的规定。

表3.2.3 坡屋面防水等级

项目	坡屋面防水等级	
	一级	二级
防水层设计使用年限	≥20年	≥10年

注：1 大型公共建筑、医院、学校等重要建筑屋面的防水等级为一级，其他为二级；

2 工业建筑屋面的防水等级按使用要求确定。

3.2.4 根据建筑物高度、风力、环境等因素，确定坡屋面类型、坡度和防水垫层，并应符合表3.2.4的规定。

表3.2.4 屋面类型、坡度和防水垫层

坡度与垫层	屋面类型						
	沥青瓦屋面	块瓦屋面	波形瓦屋面	金属板屋面		防水卷材屋面	装配式轻型坡屋面
				压型金属板屋面	夹芯板屋面		
适用坡度（%）	≥20	≥30	≥20	≥5	≥5	≥3	≥20
防水垫层	应选	应选	应选	一级应选 二级宜选	—	—	应选

3.2.5 坡屋面采用沥青瓦、块瓦、波形瓦和一级设防的压型金属板时，应设置防水垫层。

3.2.6 坡屋面防水构造等重要部位应有节点构造详图。

3.2.7 坡屋面的保温隔热层应通过建筑热工设计确定，并应符合相关规定。

3.2.8 保温隔热层铺设在装配式屋面板上时，宜设置隔汽层。

3.2.9 坡屋面应按现行国家标准《建筑结构荷载规范》GB 50009的有关规定进行风荷载计算。沥青瓦屋面、金属板屋面和防水卷材屋面应按设计要求提供抗风揭试验检测报告。

3.2.10 屋面坡度大于100%以及大风和抗震设防烈度为7度以上的地区，应采取加强瓦材固定等防止瓦材下滑的措施。

3.2.11 持钉层的厚度应符合下列规定：

1 持钉层为木板时，厚度不应小于20mm；

2 持钉层为胶合板或定向刨花板时，厚度不应小于11mm；

3 持钉层为结构用胶合板时，厚度不应小于9.5mm；

4 持钉层为细石混凝土时，厚度不应小于35mm。

3.2.12 细石混凝土找平层、持钉层或保护层中的钢筋网应与屋脊、檐口预埋的钢筋连接。

3.2.13 夏热冬冷地区、夏热冬暖地区和温和地区坡屋面的节能措施宜采用通风屋面、热反射屋面、带铝箔的封闭空气间层或屋面种植等，并应符合现行国家标准《民用建筑热工设计规范》GB 50176的相关规定。

3.2.14 屋面坡度大于100%时，宜采用内保温隔热措施。

3.2.15 坡屋面工程设计应符合相关建筑防火设计规范的规定。

3.2.16 冬季最冷月平均气温低于−4℃的地区或檐口结冰严重的地区，檐口部位应增设一层防冰坝返水的自粘或满粘防水垫层。增设的防水垫层应从檐口向上延伸，并超过外墙中心线不少于1000mm。

3.2.17 严寒和寒冷地区的坡屋面檐口部位应采取防冰雪融坠的安全措施。

3.2.18 钢筋混凝土檐沟的纵向坡度不宜小于1%。檐沟内应做防水。

3.2.19 坡屋面的排水设计应符合下列规定：

1 多雨地区的坡屋面应采用有组织排水；

2 少雨地区可采用无组织排水；

3 高低跨屋面的水落管出水口处应采取防冲刷措施。

3.2.20 坡屋面有组织排水方式和水落管的数量，应按现行国家标准《建筑给水排水设计规范》GB 50015的相关规定确定。

3.2.21 坡屋面的种植设计应符合现行行业标准《种植屋面工程技术规程》JGJ 155的有关规定。

3.2.22 屋面设有太阳能热水器、太阳能光伏电池板、避雷装置和电视天线等附属设施时，应符合下列规定：

1 应计算屋面结构承受附属设施的荷载；

2 应计算屋面附属设施的风荷载；

3 附属设施的安装应符合设计要求；

4 附属设施的支撑预埋件与屋面防水层的连接处应采取防水密封措施。

3.2.23 屋面采用光伏瓦和光伏防水卷材的防水构造可按照本规范的相关规定执行。

3.2.24 采光天窗的设计应符合下列规定：

1 采用排水板时，应有防雨措施；

2 采光天窗与屋面连接处应作两道防水设防；

3 应有结露水泻流措施；

4 天窗采用的玻璃应符合相关安全的要求；

5 采光天窗的抗风压性能、水密性、气密性等应符合相关标准的规定。

3.2.25 坡屋面上应设置施工和维修时使用的安全扣环等设施。

3.3 施　　工

3.3.1 坡屋面工程施工前应通过图纸会审，对施工图中的细部构造进行重点审查；施工单位应编制施工方案、技术措施和技术交底。

3.3.2 坡屋面工程应由具有相应资质的专业队伍施工，操作人员应持证上岗。

3.3.3 穿出屋面的管道、设施和预埋件等，应在防水层施工前安装。

3.3.4 防水垫层施工完成后，应及时铺设瓦材或屋面材料。

3.3.5 铺设瓦材时，瓦材应在屋面上均匀分散堆放，自下而上作业。瓦材宜顺工程所在地年最大频率风向铺设。

3.3.6 保温隔热材料施工应符合下列规定：

1 保温隔热材料应按设计要求铺设；

2 板状保温隔热材料铺设应紧贴基层，铺平垫稳，拼缝严密，固定牢固；

3 板状保温隔热材料可镶嵌在顺水条之间；

4 喷涂硬泡聚氨酯保温隔热层的厚度应符合设计要求，并应符合现行国家标准《硬泡聚氨酯保温防水工程技术规范》GB 50404 的有关规定；

5 内保温隔热屋面用保温隔热材料施工应符合设计要求。

3.3.7 坡屋面的种植施工应符合现行行业标准《种植屋面工程技术规程》JGJ 155 的有关规定。

3.3.8 设有采光天窗的屋面施工应符合下列规定：

1 采光天窗与结构框架连接处应采用耐候密封材料封严；

2 结构框架与屋面连接部位的泛水应按顺水方向自下而上铺设。

3.3.9 屋面转角处、屋面与穿出屋面设施的交接处，应设置防水垫层附加层，并加强防水密封措施。

3.3.10 装配式屋面板应采取下列接缝密封措施：

1 混凝土板的对接缝宜采用水泥砂浆或细石混凝土灌填密实；

2 轻型屋面板的对接缝宜采用自粘胶条盖缝。

3.3.11 施工的每道工序完成后，应检查验收并有完整的检查记录，合格后方可进行下道工序的施工。下道工序或相邻工程施工时，应对已完工的部分做好清理和保护。

3.3.12 **坡屋面工程施工应符合下列规定：**

1 屋面周边和预留孔洞部位必须设置安全护栏和安全网或其他防止坠落的防护措施；

2 屋面坡度大于 30%时，应采取防滑措施；

3 施工人员应戴安全帽，系安全带和穿防滑鞋；

4 雨天、雪天和五级风及以上时不得施工；

5 施工现场应设置消防设施，并应加强火源管理。

3.4 工 程 验 收

3.4.1 坡屋面工程施工过程中应对子分部工程和分项工程规定的项目进行验收，并应做好记录。

3.4.2 坡屋面工程的竣工验收应按有关规定执行。

4 坡屋面工程材料

4.1 防 水 垫 层

4.1.1 防水垫层表面应具有防滑性能或采取防滑措施。

4.1.2 防水垫层应采用以下材料：

1 沥青类防水垫层（自粘聚合物沥青防水垫层、聚合物改性沥青防水垫层、波形沥青通风防水垫层等）；

2 高分子类防水垫层（铝箔复合隔热防水垫层、塑料防水垫层、透汽防水垫层和聚乙烯丙纶防水垫层等）；

3 防水卷材和防水涂料。

4.1.3 防水等级为一级设防的沥青瓦屋面、块瓦屋面和波形瓦屋面，主要防水垫层种类和最小厚度应符合表 4.1.3 的规定。

表 4.1.3 一级设防瓦屋面的主要防水垫层种类和最小厚度

防水垫层种类	最小厚度（mm）
自粘聚合物沥青防水垫层	1.0
聚合物改性沥青防水垫层	2.0
波形沥青通风防水垫层	2.2
SBS、APP 改性沥青防水卷材	3.0
自粘聚合物改性沥青防水卷材	1.5
高分子类防水卷材	1.2
高分子类防水涂料	1.5
沥青类防水涂料	2.0
复合防水垫层（聚乙烯丙纶防水垫层＋聚合物水泥防水胶粘材料）	2.0（0.7＋1.3）

4.1.4 自粘聚合物沥青防水垫层应符合现行行业标准《坡屋面用防水材料 自粘聚合物沥青防水垫层》JC/T 1068 的有关规定。

4.1.5 聚合物改性沥青防水垫层应符合现行行业标准《坡屋面用防水材料 聚合物改性沥青防水垫层》JC/T 1067 的有关规定。

4.1.6 波形沥青通风防水垫层的主要性能应符合表 4.1.6 的规定。

表 4.1.6 波形沥青通风防水垫层主要性能

项目		性能要求
标称厚度(mm)		标称值±10%
弯曲强度(跨距 620mm，弯曲位移 1/200)(N/m²)		≥700
撕裂强度(N)		≥150
抗冲击性(跨距 620mm，40kg 沙袋，250mm 落差)		不得穿透试件
抗渗性(100mm 水柱，48h)		无渗漏
沥青含量(%)		≥40
吸水率(%)		≤20
耐候性	冻融后撕裂强度(N)	≥150
	冻融后抗渗性(100mm 水柱，48h)	无渗漏

4.1.7 铝箔复合隔热防水垫层的主要性能应符合表 4.1.7 的规定。

表 4.1.7 铝箔复合隔热防水垫层主要性能

项目		性能要求
单位面积质量 (g/m²)		≥90
断裂拉伸强度 (MPa)		≥20
断裂伸长率 (%)		≥10
不透水性 (0.3MPa，30min)		无渗漏
低温弯折性		−20℃，无裂纹
加热伸缩量 (mm)	延伸	≤2
	收缩	≤4
钉杆撕裂强度 (N)		≥50
热空气老化 (80℃，168h)	断裂拉伸强度保持率 (%)	≥80
	断裂伸长率保持率 (%)	≥70
反射率 (%)		≥80

4.1.8 聚乙烯丙纶防水垫层的厚度和主要性能应符合表 4.1.8-1 的规定。用于粘结聚乙烯丙纶防水垫层的聚合物水泥防水胶粘材料的主要性能应符合表 4.1.8-2 的规定。

表 4.1.8-1 聚乙烯丙纶防水垫层厚度和主要性能指标

项目		性能要求
主体材料厚度 (mm)		≥0.7
断裂拉伸强度 (N/cm)		≥60
断裂伸长率 (%) 常温 (纵/横)		≥300
不透水性 (0.3MPa，30min)		无渗漏
低温弯折性		−20℃，无裂纹
加热伸缩量 (mm)	延伸	≤2
	收缩	≤4
撕裂强度 (N)		≥50
热空气老化 (80℃，168h)	断裂拉伸强度保持率 (%)	≥80
	断裂伸长率保持率 (%)	≥70

表 4.1.8-2 聚合物水泥防水胶粘材料主要性能

项目		性能要求
剪切状态下的粘合性 (N/mm，常温)	卷材与卷材	≥2.0 或卷材断裂
	卷材与基层	≥1.8 或卷材断裂

4.1.9 透汽防水垫层的主要性能应符合表 4.1.9 的规定。

表 4.1.9 透汽防水垫层主要性能

项目		性能要求
单位面积质量 (g/m²)		≥50
拉力 (N/50mm)	瓦屋面	≥260
	金属屋面	≥180
延伸率 (%)		≥5
低温柔度		−25℃，无裂纹
抗渗性	瓦屋面 (1500mm 水柱，2h)	无渗漏
	金属屋面 (1000mm 水柱，2h)	无渗漏
钉杆撕裂强度 (N)	瓦屋面	≥120
	金属屋面	≥35
水蒸气透过量 (g/m²·24h)		≥200

4.1.10 用于防水垫层的防水卷材和防水涂料的主要性能应符合相关标准的规定；采用高分子类防水涂料时，涂膜厚度不应小于 1.5mm；采用沥青类防水涂

料时，涂膜厚度不应小于2.0mm。

4.2 保温隔热材料

4.2.1 坡屋面保温隔热材料可采用硬质聚苯乙烯泡沫塑料保温板、硬质聚氨酯泡沫保温板、喷涂硬泡聚氨酯、岩棉、矿渣棉或玻璃棉等。不宜采用散状保温隔热材料。

4.2.2 保温隔热材料的品种和厚度应满足屋面系统传热系数的要求，并应符合相关建筑热工设计规范的规定。

4.2.3 保温隔热材料的表观密度不应大于250kg/m^3。装配式轻型坡屋面宜采用轻质保温隔热材料，表观密度不宜大于70kg/m^3。

4.2.4 模塑聚苯乙烯泡沫塑料应符合现行国家标准《绝热用模塑聚苯乙烯泡沫塑料》GB/T 10801.1的有关规定；挤塑聚苯乙烯泡沫塑料应符合现行国家标准《绝热用挤塑聚苯乙烯泡沫塑料（XPS）》GB/T 10801.2的有关规定。

4.2.5 硬质聚氨酯泡沫保温板应符合现行国家标准《建筑绝热用硬质聚氨酯泡沫塑料》GB/T 21558的有关规定。

4.2.6 喷涂硬泡聚氨酯保温隔热材料的主要性能应符合现行国家标准《硬泡聚氨酯保温防水工程技术规范》GB 50404的有关规定。

4.2.7 绝热玻璃棉应符合现行国家标准《建筑绝热用玻璃棉制品》GB/T 17795的有关规定。

4.2.8 岩棉、矿渣棉保温隔热材料的主要性能应符合现行国家标准《建筑用岩棉、矿渣棉绝热制品》GB/T 19686的规定。用于机械固定法施工时，应符合表4.2.8的有关规定。

表4.2.8 岩棉、矿渣棉保温隔热材料主要性能

厚度（mm）	压缩强度（压缩比10%，kPa）	点荷载强度（变形5mm，N）	导热系数[W/(m·K)]平均温度（25℃±1℃）	酸度系数
≥50	≥40	≥200	≤0.040	≥1.6
	≥60	≥500		
	≥80	≥700		

热阻R（m^2·K/W）平均温度（25℃±1℃）	尺寸稳定性	质量吸湿率（%）	憎水率（%）	短期吸水量（部分浸入）（kg/m^2）
≥1.25	长度、宽度和厚度的相对变化率均不大于1.0%	≤1	≥98	≤1.0

4.3 沥青瓦

4.3.1 沥青瓦的规格和主要性能应符合现行国家标准《玻纤胎沥青瓦》GB/T 20474的有关规定。

4.3.2 沥青瓦屋面使用的配件产品的规格和技术性能应符合相关标准的规定。

4.4 块瓦

4.4.1 烧结瓦和配件瓦的主要性能应符合现行国家标准《烧结瓦》GB/T 21149的有关规定。

4.4.2 混凝土瓦和配件瓦的主要性能应符合现行行业标准《混凝土瓦》JC/T 746的有关规定。

4.4.3 烧结瓦、混凝土瓦屋面结构中使用的配件的规格和技术性能应符合有关标准的规定。

4.5 波形瓦

4.5.1 沥青波形瓦的主要性能应符合表4.5.1的规定，规格、尺寸应符合有关标准的规定。

表4.5.1 沥青波形瓦主要性能

项目		性能要求
标称厚度（mm）		标称值±10%
弯曲强度（跨距620mm，弯曲位移1/200）（N/m^2）		≥1400
撕裂强度（N）		≥200
抗冲击性（跨距620mm，40kg砂袋，400mm落差）		不得穿透试件
抗渗性（100mm水柱，48h）		无渗漏
沥青含量（%）		≥40
吸水率（%）		≤20
耐候性	冻融后撕裂强度（N）	≥200
	冻融后抗渗性（100mm水柱，48h）	无渗漏

4.5.2 树脂波形瓦的表面应平整，厚度均匀，无裂纹、裂口、破孔、烧焦、气泡、明显麻点、异色点，主要性能应符合有关标准的规定。

4.5.3 波形瓦屋面使用的配件规格和技术性能应符合有关标准的规定。

4.6 金属板

4.6.1 压型金属板材的规格和主要性能应符合表4.6.1的规定。

表4.6.1 压型金属板材的基板规格和主要性能

板材名称	最小公称厚度（mm）	性能要求	
		屈服强度（MPa）	抗拉强度（MPa）
热镀锌钢板	≥0.6	≥250	≥330
镀铝锌钢板	≥0.6	≥350	≥420
铝合金板	≥0.9（AA3004基板）	≥170	≥220

4.6.2 有涂层的金属板，正面涂层不应低于两层，反面涂层应为一层或两层，涂层的主要性能应符合现行国家标准《彩色涂层钢板及钢带》GB/T 12754 的有关规定，涂层的耐久性应符合表 4.6.2 的规定。

表 4.6.2 金属板材涂层耐久性要求

涂层名称	紫外灯老化试验时间（h）		耐中性盐雾试验时间（h）
	UVA-340	UVA-313	
聚酯	600	—	≥480
硅改性聚酯	720	—	≥600
高耐久性聚酯	—	600	≥720
聚偏氟乙烯	—	1000	≥960

4.6.3 压型金属板的主要性能应符合现行国家标准《建筑用压型钢板》GB/T 12755、《铝及铝合金压型板》GB/T 6891 的有关规定，不锈钢压型金属板的主要性能应符合相关标准的有关规定。

4.6.4 金属面绝热夹芯板的主要性能应符合现行国家标准《建筑用金属面绝热夹芯板》GB/T 23932 的有关规定。

4.6.5 金属板材应外形规则、边缘整齐、色泽均匀、表面光洁，不得有扭曲、翘边和锈蚀等缺陷。

4.6.6 与屋面金属板直接连接的附件、配件的材质不得对金属板及其涂层造成腐蚀。

4.7 防 水 卷 材

4.7.1 聚氯乙烯（PVC）防水卷材主要性能应符合现行国家标准《聚氯乙烯防水卷材》GB 12952 的有关规定。采用机械固定法铺设时，应选用具有织物内增强的产品，主要性能应符合表 4.7.1 的规定。

表 4.7.1 聚氯乙烯（PVC）防水卷材主要性能

试验项目		性能要求
最大拉力（N/cm）		≥250
最大拉力时延伸率（%）		≥15
热处理尺寸变化率（%）		≤0.5
低温弯折性		−25℃，无裂纹
不透水性（0.3MPa，2h）		不透水
接缝剥离强度（N/mm）		≥3.0
钉杆撕裂强度（横向）（N）		≥600
人工气候加速老化（2500h）	最大拉力保持率（%）	≥85
	伸长率保持率（%）	≥80
	低温弯折性（−20℃）	无裂纹

4.7.2 三元乙丙橡胶（EPDM）防水卷材主要性能应符合表 4.7.2 的规定。采用机械固定法铺设时，应选用具有织物内增强的产品。

表 4.7.2 三元乙丙橡胶（EPDM）防水卷材主要性能

试验项目		性能要求	
		无增强	内增强
最大拉力（N/10mm）		—	≥200
拉伸强度（MPa）		≥7.5	—
最大拉力时延伸率（%）		—	≥15
断裂延伸率（%）		≥450	—
不透水性（0.3MPa，30min）		无渗漏	
钉杆撕裂强度（横向）（N）		≥200	≥500
低温弯折性		−40℃，无裂纹	
臭氧老化（500pphm，50%，168h）		无裂纹	
热处理尺寸变化率（%）		≤1	
接缝剥离强度（N/mm）		≥2.0 或卷材破坏	
人工气候加速老化（2500h）	拉力（强度）保持率（%）	≥80	
	延伸率保持率（%）	≥70	
	低温弯折性（℃）	−35	

4.7.3 热塑性聚烯烃（TPO）防水卷材采用机械固定法铺设时，应选用具有织物内增强的产品，主要性能应符合表 4.7.3 的规定。

表 4.7.3 热塑性聚烯烃（TPO）防水卷材主要性能

试验项目		性能要求
最大拉力（N/cm）		≥250
最大拉力时延伸率（%）		≥15
热处理尺寸变化率（%）		≤0.5
低温弯折性		−40℃，无裂纹
不透水性（0.3MPa，2h）		不透水
臭氧老化（500pphm，168h）		无裂纹
接缝剥离强度（N/mm）		≥3.0
钉杆撕裂强度（横向）（N）		≥600
人工气候加速老化（2500h）	最大拉力保持率（%）	≥90
	伸长率保持率（%）	≥90
	低温弯折性（℃）	−40，无裂纹

4.7.4 弹性体（SBS）改性沥青防水卷材主要性能应符合现行国家标准《弹性体改性沥青防水卷材》GB 18242 的有关规定。采用机械固定法铺设时，应选用具有玻纤增强聚酯毡胎基的产品。外露卷材的表面应覆有页岩片、粗矿物颗粒等耐候性保护材料。

4.7.5 塑性体（APP）改性沥青防水卷材主要性能应符合现行国家标准《塑性体改性沥青防水卷材》GB 18243 的有关规定。采用机械固定法铺设时，应选用具有玻纤增强聚酯毡胎基的产品。外露卷材的表面应覆有页岩片、粗矿物颗粒等耐候性保护材料。

4.7.6 屋面防水层应采用耐候性防水卷材。选用的防水卷材人工气候老化试验辐照时间不应少于2500h。

4.7.7 三元乙丙橡胶防水卷材搭接胶带主要性能应符合表4.7.7的规定。

表4.7.7 搭接胶带主要性能

试验项目	性能要求
持粘性（min）	≥20
耐热性（80℃，2h）	无流淌、龟裂、变形
低温柔性	−40℃，无裂纹
剪切状态下粘合性（卷材）（N/mm）	≥2.0
剥离强度（卷材）（N/mm）	≥0.5
热处理剥离强度保持率（卷材，80℃，168h）（%）	≥80

4.8 装配式轻型坡屋面材料

4.8.1 装配式轻型坡屋面宜采用工业化生产的轻质构件。

4.8.2 冷弯薄壁型钢应采用热浸镀锌板（卷）直接进行冷弯成型。承重冷弯薄壁型钢采用的热浸镀锌板应符合相关标准规定，镀锌板的双面镀锌层重量不应小于$180g/m^2$。

4.8.3 冷弯薄壁型钢采用的连接件应符合相关标准的规定。

4.8.4 用于装配式轻型坡屋面的承重木结构用材、木结构用胶及配件，应符合现行国家标准《木结构设计规范》GB 50005的有关规定。

4.8.5 新建屋面、平改坡屋面的屋面板宜采用定向刨花板（简称OSB板）、结构胶合板、普通木板及人造复合板等材料；采用波形瓦时，可不设屋面板。

4.8.6 木屋面板材的主要性能应符合现行国家标准《木结构工程施工质量验收规范》GB 50206的有关规定。木屋面板材的规格应符合表4.8.6的规定。

表4.8.6 木屋面板材规格（mm）

屋面板	厚　度
定向刨花板（OSB板）	≥11.0
结构胶合板	≥9.5
普通木板	≥20

4.8.7 新建屋面、平改坡屋面的屋面瓦，宜采用沥青瓦、沥青波形瓦、树脂波形瓦等轻质瓦材。屋面瓦的材质应符合本规范第4.3节、第4.4节和第4.5节的规定和设计的要求。

4.9 泛水材料

4.9.1 坡屋面使用的泛水材料主要包括自粘泛水带、金属泛水板和防水涂料等。

4.9.2 自粘聚合物沥青泛水带应符合现行行业标准《自粘聚合物沥青泛水带》JC/T 1070的有关规定。

4.9.3 自粘丁基胶带泛水应符合现行行业标准《丁基橡胶防水密封胶粘带》JC/T 942的有关规定。

4.9.4 防水涂料应符合相关标准的规定。

4.9.5 外露环境中使用的泛水材料应具有耐候性能。

4.10 机械固定件

4.10.1 机械固定件主要包括固定钉、垫片、套管和压条。

4.10.2 机械固定件应符合下列规定：

1 固定件、配件的规格和技术性能应符合相关标准的规定，并应满足屋面防水层设计使用年限和安全的要求；

2 固定件应具有抗腐蚀涂层；

3 固定件应选用具有抗松脱功能螺纹的螺钉；

4 应按设计要求提供固定件拉拔力性能的检测报告；

5 使用机械固定岩棉等纤维状保温隔热材料时，宜采用带套管的固定件。

4.10.3 机械固定件在高湿、高温、腐蚀等环境下使用时，应符合下列规定：

1 室内保持湿度大于70%时，应采用不锈钢螺钉；

2 在高温、化学腐蚀等环境下使用，应采用不锈钢螺钉。

4.10.4 保温板垫片的边长或直径不应小于70mm。

4.10.5 机械固定件宜作抗松脱测试。

4.10.6 固定钉宜进行现场拉拔试验。

4.11 顺水条和挂瓦条

4.11.1 木质顺水条和挂瓦条应采用等级为Ⅰ级或Ⅱ级的木材，含水率不应大于18%，并应作防腐防蛀处理。

4.11.2 金属材质顺水条、挂瓦条应作防锈处理。

4.11.3 顺水条断面尺寸宜为40mm×20mm；挂瓦条断面尺寸宜为30mm×30mm。

4.12 其他材料

4.12.1 隔汽层采用的材料应具有隔绝水蒸气、耐热老化、抗撕裂和抗拉伸等性能。

4.12.2 接缝密封防水应采用高弹性、低模量、耐老化的密封材料。

4.12.3 坡屋面工程材料的生产企业应提供配件，以及安装说明书或操作规程等文件。

5 防水垫层

5.1 一般规定

5.1.1 应根据坡屋面防水等级、屋面类型、屋面坡度和采用的瓦材或板材等选择防水垫层材料。

5.1.2 有空气间层隔热要求的屋面，应选择隔热防水垫层；瓦屋面采用纤维状材料作保温隔热层或湿度较大时，保温隔热层上宜增设透汽防水垫层。

5.1.3 防水垫层的性能应满足屋面防水层设计使用年限的要求。

5.1.4 防水垫层可空铺、满粘或机械固定。

5.1.5 屋面坡度大于50%，防水垫层宜采用机械固定或满粘法施工；防水垫层的搭接宽度不得小于100mm。

5.1.6 屋面防水等级为一级时，固定钉穿透非自粘防水垫层，钉孔部位应采取密封措施。

5.2 设计要点

5.2.1 防水垫层在瓦屋面构造层次中的位置应符合下列规定：

1 防水垫层铺设在瓦材和屋面板之间（图5.2.1-1）；屋面应为内保温隔热构造。

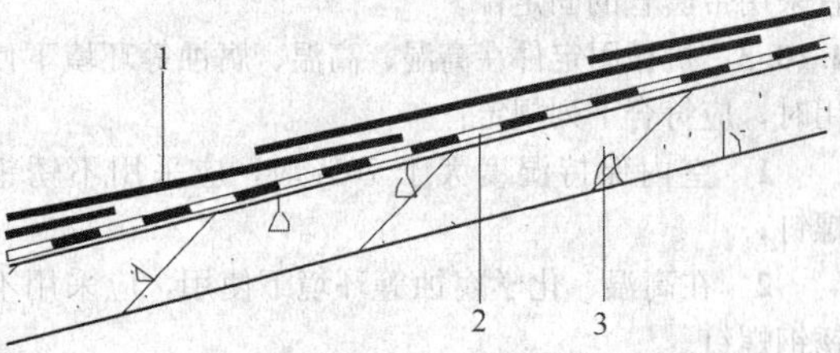
1
2
3

图5.2.1-1 防水垫层位置（1）

1—瓦材；2—防水垫层；3—屋面板

2 防水垫层铺设在持钉层和保温隔热层之间（图5.2.1-2），应在防水垫层上铺设配筋细石混凝土持钉层。

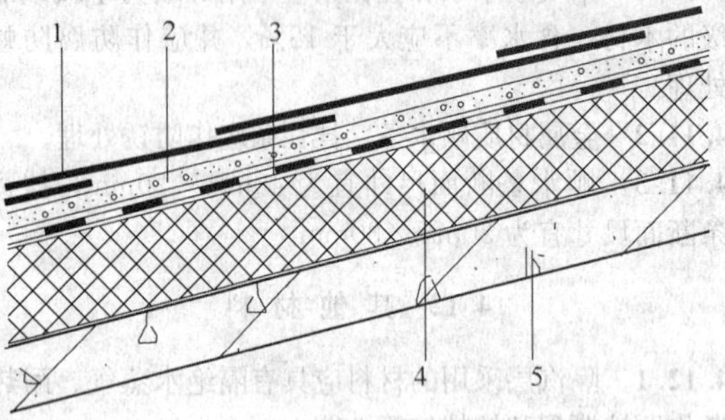
1
2
3
4
5

图5.2.1-2 防水垫层位置（2）

1—瓦材；2—持钉层；3—防水垫层；
4—保温隔热层；5—屋面板

3 防水垫层铺设在保温隔热层和屋面板之间（图5.2.1-3）；瓦材应固定在配筋细石混凝土持钉层上。

4 防水垫层或隔热防水垫层铺设在挂瓦条和顺水条之间（图5.2.1-4），防水垫层宜呈下垂凹形。

5 波形沥青通风防水垫层，应铺设在挂瓦条和保温隔热层之间（图5.2.1-5）。

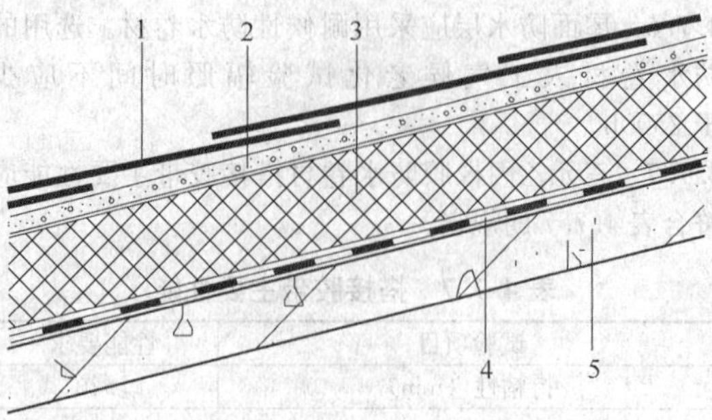
1
2
3
4
5

图5.2.1-3 防水垫层位置（3）

1—瓦材；2—持钉层；3—保温隔热层；
4—防水垫层；5—屋面板

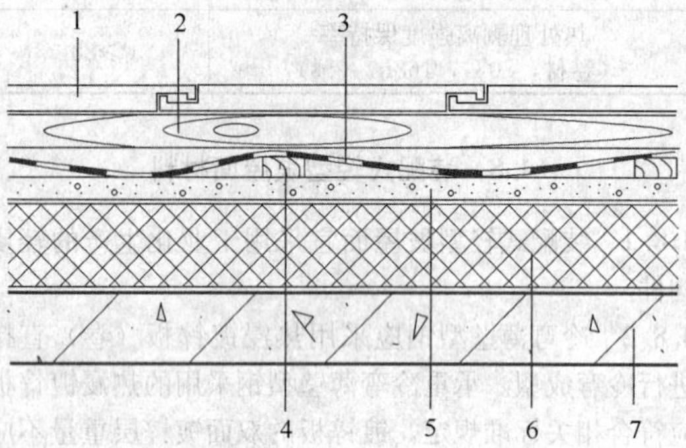
1
2
3
4
5
6
7

图5.2.1-4 防水垫层位置（4）

1—瓦材；2—挂瓦条；3—防水垫层；4—顺水条；
5—持钉层；6—保温隔热层；7—屋面板

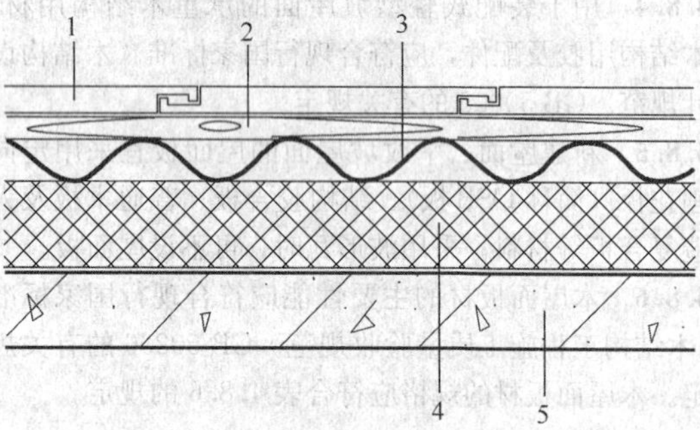
1
2
3
4
5

图5.2.1-5 防水垫层位置（5）

1—瓦材；2—挂瓦条；3—波形沥青通风防水垫层；
4—保温隔热层；5—屋面板

5.2.2 坡屋面细部节点部位的防水垫层应增设附加层，宽度不宜小于500mm。

5.3 细部构造

5.3.1 屋脊部位构造（图5.3.1）应符合下列规定：

1 屋脊部位应增设防水垫层附加层，宽度不应小于500mm；

2 防水垫层应顺流水方向铺设和搭接。

5.3.2 檐口部位构造（图5.3.2）应符合下列规定：

1 檐口部位应增设防水垫层附加层。严寒地区或大风区域，应采用自粘聚合物沥青防水垫层加强，

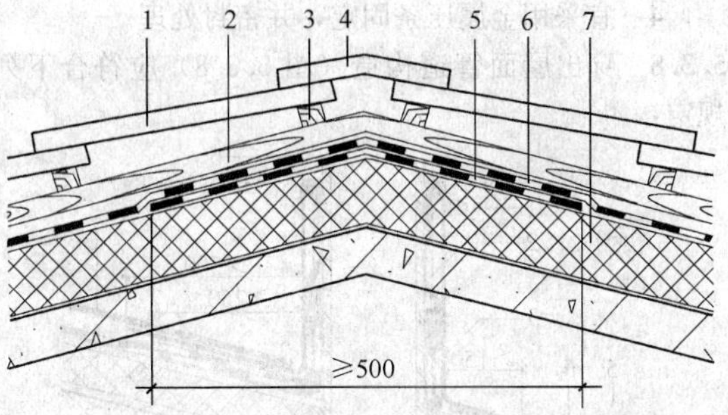
1
2
3
4
5
6
7
≥500

图 5.3.1　屋脊

1—瓦；2—顺水条；3—挂瓦条；4—脊瓦；
5—防水垫层附加层；6—防水垫层；7—保温隔热层

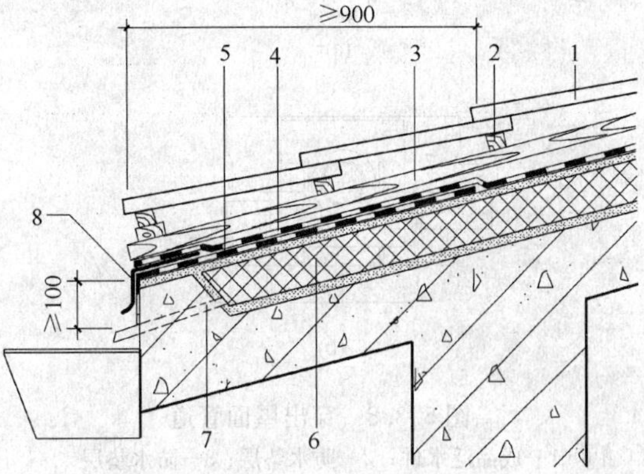
≥900
5
4
3
2
1
8
≥100
7
6

图 5.3.2　檐口

1—瓦；2—挂瓦条；3—顺水条；4—防水垫层；
5—防水垫层附加层；6—保温隔热层；
7—排水管；8—金属泛水板

下翻宽度不应小于 100mm，屋面铺设宽度不应小于 900mm；

2　金属泛水板应铺设在防水垫层的附加层上，并伸入檐口内；

3　在金属泛水板上应铺设防水垫层。

5.3.3　钢筋混凝土檐沟部位构造（图 5.3.3）应符合下列规定：

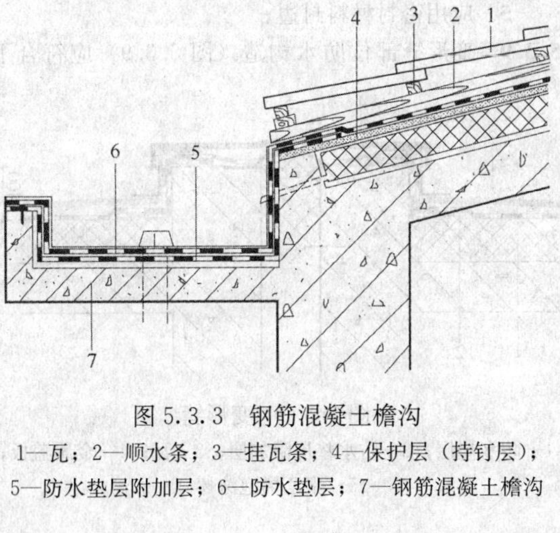
4
3
2
1
6
5
7

图 5.3.3　钢筋混凝土檐沟

1—瓦；2—顺水条；3—挂瓦条；4—保护层（持钉层）；
5—防水垫层附加层；6—防水垫层；7—钢筋混凝土檐沟

1　檐沟部位应增设防水垫层附加层；

2　檐口部位防水垫层的附加层应延展铺设到混凝土檐沟内。

5.3.4　天沟部位构造（图 5.3.4）应符合下列规定：

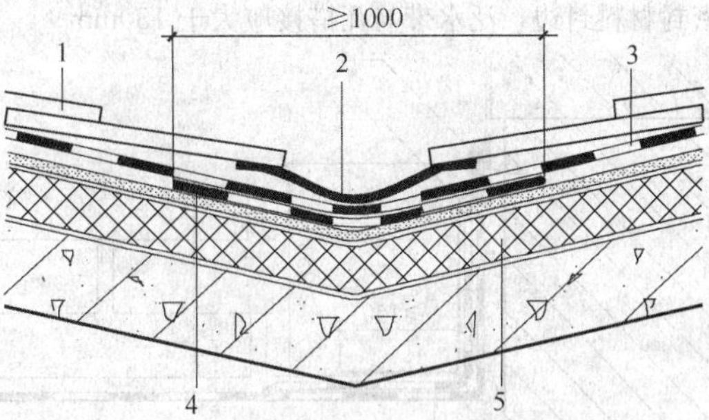
≥1000
1
2
3
4
5

图 5.3.4　天沟

1—瓦；2—成品天沟；3—防水垫层；
4—防水垫层附加层；5—保温隔热层

1　天沟部位应沿天沟中心线增设防水垫层附加层，宽度不应小于 1000mm；

2　铺设防水垫层和瓦材应顺流水方向进行。

5.3.5　立墙部位构造（图 5.3.5）应符合下列规定：

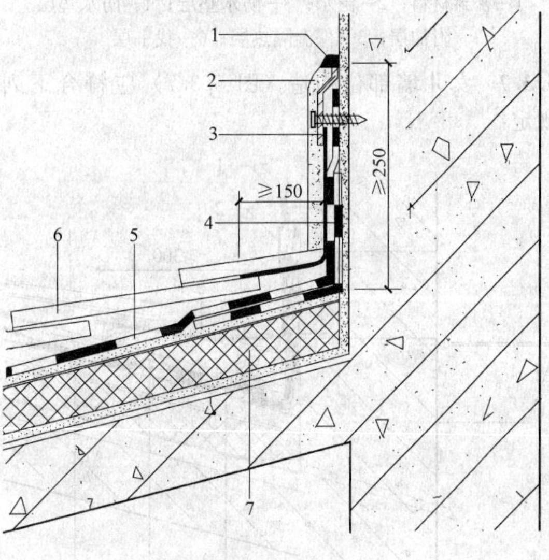
1
2
3
≥250
≥150
4
6
5
7

图 5.3.5　立墙

1—密封材料；2—保护层；3—金属压条；
4—防水垫层附加层；5—防水垫层；
6—瓦；7—保温隔热层

1　阴角部位应增设防水垫层附加层；

2　防水垫层应满粘铺设，沿立墙向上延伸不少于 250mm；

3　金属泛水板或耐候型泛水带覆盖在防水垫层上，泛水带与瓦之间应采用胶粘剂满粘；泛水带与瓦搭接应大于 150mm，并应粘结在下一排瓦的顶部；

4　非外露型泛水的立面防水垫层宜采用钢丝网聚合物水泥砂浆层保护，并用密封材料封边。

5.3.6 山墙部位构造（图5.3.6）应符合下列规定：

1 阴角部位应增设防水垫层附加层；

2 防水垫层应满粘铺设，沿立墙向上延伸不少于250mm；

3 金属泛水板或耐候型泛水带覆盖在瓦上，用密封材料封边，泛水带与瓦搭接应大于150mm。

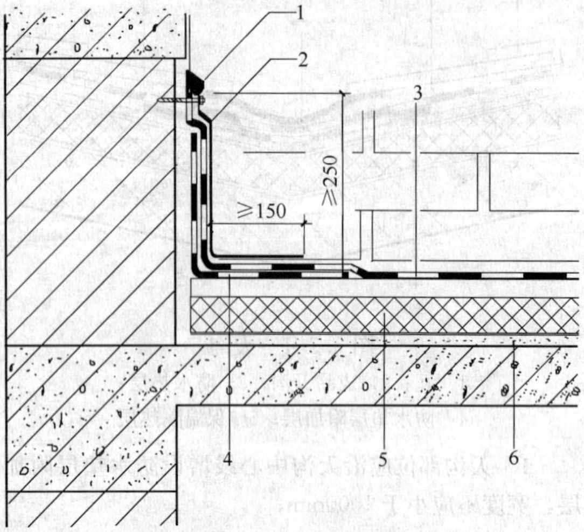
1
2
3
≥250
≥150
4
5
6

图5.3.6 山墙

1—密封材料；2—泛水；3—防水垫层；4—防水垫层附加层；5—保温隔热层；6—找平层

5.3.7 女儿墙部位构造（图5.3.7）应符合下列规定：

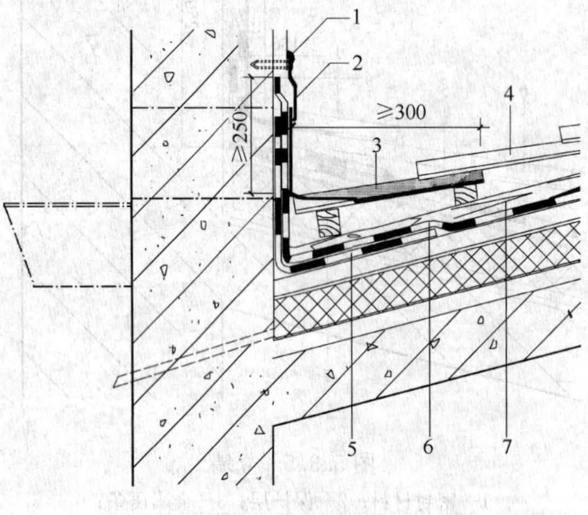
1
2
≥250
≥300
3
4
5
6
7

图5.3.7 女儿墙

1—耐候密封胶；2—金属压条；3—耐候型自粘柔性泛水带；4—瓦；5—防水垫层附加层；6—防水垫层；7—顺水条

1 阴角部位应增设防水垫层附加层；

2 防水垫层应满粘铺设，沿立墙向上延伸不应少于250mm；

3 金属泛水板或耐候型自粘柔性泛水带覆盖在防水垫层或瓦上，泛水带与防水垫层或瓦搭接应大于300mm，并应压入上一排瓦的底部；

4 宜采用金属压条固定，并密封处理。

5.3.8 穿出屋面管道构造（图5.3.8）应符合下列规定：

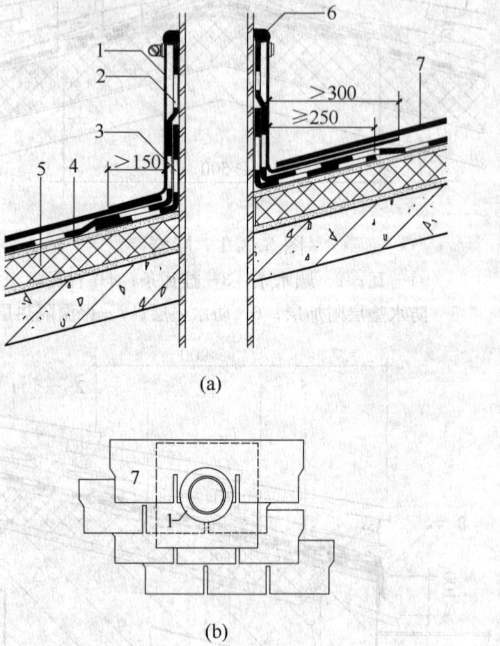
6
1
2
7
≥300
≥250
3
≥150
5
4
(a)
7
1
(b)

图5.3.8 穿出屋面管道

1—成品泛水件；2—防水垫层；3—防水垫层附加层；4—保护层（持钉层）；5—保温隔热层；6—密封材料；7—瓦

1 阴角处应满粘铺设防水垫层附加层，附加层沿立墙和屋面铺设，宽度均不应少于250mm；

2 防水垫层应满粘铺设，沿立墙向上延伸不应少于250mm；

3 金属泛水板、耐候型自粘柔性泛水带覆盖在防水垫层上，上部迎水面泛水带与瓦搭接应大于300mm，并应压入上一排瓦的底部；下部背水面泛水带与瓦搭接应大于150mm；

4 金属泛水板、耐候型自粘柔性泛水带表面可覆盖瓦材或其他装饰材料；

5 应用密封材料封边。

5.3.9 变形缝部位防水构造（图5.3.9）应符合下

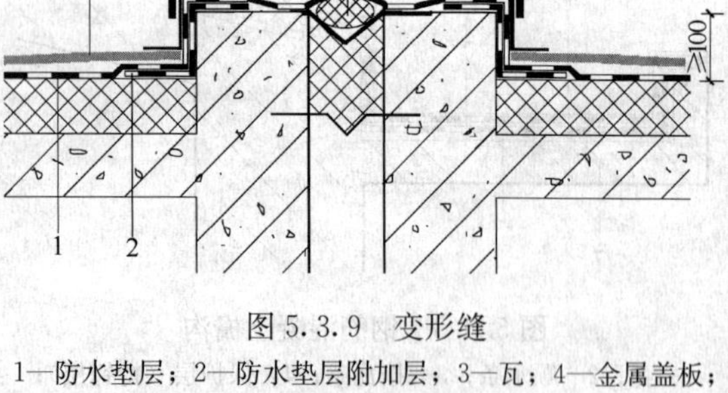
4
5
3
≥100
1
2

图5.3.9 变形缝

1—防水垫层；2—防水垫层附加层；3—瓦；4—金属盖板；5—聚乙烯泡沫棒

列规定：

1 变形缝两侧墙高出防水垫层不应少于100mm；

2 防水垫层应包过变形缝，变形缝上宜覆盖金属盖板。

5.4 施工要点

5.4.1 铺设防水垫层的基层应平整、干净、干燥。

5.4.2 铺设防水垫层，应平行屋脊自下而上铺贴。平行屋脊方向的搭接应顺流水方向，垂直屋脊方向的搭接宜顺年最大频率风向；搭接缝应交错排列。

5.4.3 铺设防水垫层的最小搭接宽度应符合表5.4.3的规定。

表 5.4.3 防水垫层最小搭接宽度

防水垫层	最小搭接宽度
自粘聚合物沥青防水垫层 自粘聚合物改性沥青防水卷材	75mm
聚合物改性沥青防水垫层（满粘） 高分子类防水垫层（满粘） SBS、APP改性沥青防水卷材（满粘）	100mm
聚合物改性沥青防水垫层（空铺） 高分子类防水垫层（空铺）	上下搭接：100mm 左右搭接：300mm
波形沥青通风防水垫层	上下搭接：100mm 左右搭接：至少一个波形且不小于100mm

5.4.4 铝箔复合隔热防水垫层宜设置在顺水条与挂瓦条之间，并在两条顺水条之间形成凹曲。

5.4.5 波形沥青通风防水垫层采用机械固定施工时，固定件应固定在压型钢板波峰或混凝土层上；固定钉与垫片应咬合紧密；固定件的分布应符合设计要求。

5.5 工程验收

主控项目

5.5.1 防水垫层及其配套材料的类型和质量应符合设计要求。

检验方法：观察检查和检查出厂合格证、质量检验报告和进场抽样复验报告。

5.5.2 防水垫层在屋脊、天沟、檐沟、檐口、山墙、立墙和穿出屋面设施等细部做法应符合设计要求。

检验方法：观察检查和尺量检查。

一般项目

5.5.3 防水垫层应铺设平整，铺设顺序正确，搭接宽度不允许负偏差。

检验方法：观察检查和尺量检查。

5.5.4 防水垫层采用满粘施工时，应与基层粘结牢固，搭接缝封口严密，无皱褶、翘边和鼓泡等缺陷。

检验方法：观察检查。

5.5.5 进行下道工序时，不得破坏已施工完成的防水垫层。

检验方法：观察检查。

6 沥青瓦屋面

6.1 一般规定

6.1.1 沥青瓦分为平面沥青瓦（平瓦）和叠合沥青瓦（叠瓦）。

6.1.2 平面沥青瓦适用于防水等级为二级的坡屋面；叠合沥青瓦适用于防水等级为一级和二级的坡屋面。

6.1.3 沥青瓦屋面坡度不应小于20%。

6.1.4 沥青瓦屋面的保温隔热层设置在屋面板之上时，应采用压缩强度不小于150kPa的硬质保温隔热板材。

6.1.5 沥青瓦屋面的屋面板宜为钢筋混凝土屋面板或木屋面板，板面应坚实、平整、干燥、牢固。

6.1.6 铺设沥青瓦应采用固定钉固定，在屋面周边及泛水部位应满粘。

6.1.7 沥青瓦的施工环境温度宜为5℃～35℃。环境温度低于5℃时，应采取加强粘结措施。

6.2 设计要点

6.2.1 沥青瓦屋面的构造设计应符合下列规定：

1 沥青瓦的固定方式以钉为主、粘结为辅；

2 细石混凝土持钉层可兼作找平层或防水垫层的保护层。

6.2.2 沥青瓦屋面应符合下列规定：

1 沥青瓦屋面为外保温隔热构造时，保温隔热层上应铺设防水垫层，且防水垫层上应做35mm厚配筋细石混凝土持钉层。构造层依次宜为沥青瓦、持钉层、防水垫层、保温隔热层、屋面板（图5.2.1-2）；

2 屋面为内保温隔热构造时，构造层依次宜为沥青瓦、防水垫层、屋面板（图5.2.1 1）；

3 防水垫层铺设在保温隔热层之下时，构造层应依次为沥青瓦、持钉层、保温隔热层、防水垫层、屋面板，构造做法应按本规范第5.2.1条中第3款的规定执行（图5.2.1-3）。

6.2.3 木屋面板上铺设沥青瓦，每张瓦片不应少于4个固定钉；细石混凝土基层上铺设沥青瓦，每张瓦片不应少于6个固定钉。

6.2.4 屋面坡度大于100%或处于大风区，沥青瓦固定应采取下列加强措施：

1 每张瓦片应增加固定钉数量；

2 上下沥青瓦之间应采用全自粘粘结或沥青基

胶粘材料（图 6.2.4）加强。

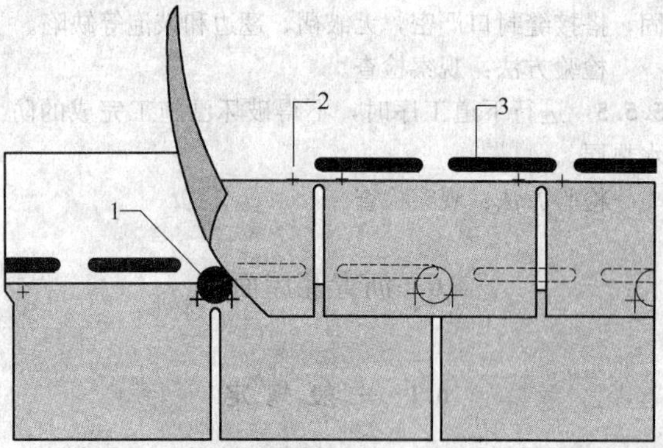
1
2
3

图 6.2.4　沥青基胶粘材料加强做法

1—沥青基胶粘材料；2—固定钉；3—沥青瓦自粘胶条

6.2.5　沥青瓦坡屋面可采用通风屋脊。

6.3　细部构造

6.3.1　屋脊构造应符合下列规定：

1　防水垫层的做法应按本规范第 5.3.1 条的规定执行；

2　屋脊瓦可采用与主瓦相配套的专用脊瓦或采用平面沥青瓦裁制而成；

3　正脊脊瓦外露搭接边宜顺常年风向一侧；

4　每张屋脊瓦片的两侧应各采用一颗固定钉固定，固定钉距离侧边宜为 25mm；

5　外露的固定钉钉帽应采用沥青基胶粘材料涂盖。

6.3.2　搭接式天沟构造（图 6.3.2）应符合下列规定：

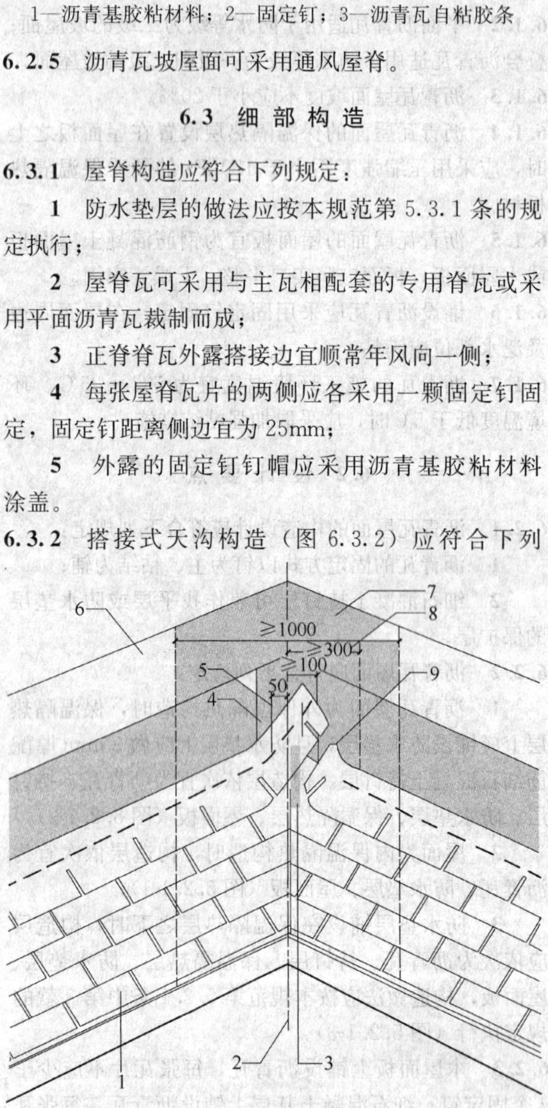
6
7
8
≥1000
≥300
≥100
5
9
4
50
2
3
1

图 6.3.2　搭接式天沟

1—沥青瓦；2—天沟中心线；3—沥青胶粘结；4—防水垫层搭接；5—施工辅助线；6—屋面板；7—防水垫层附加层；8—沥青瓦伸过中心线；9—剪 45°切角

1　沿天沟中心线铺设一层宽度不应小于 1000mm 的防水垫层附加层，将外边缘固定在天沟两侧；且防水垫层铺过中心线不应小于 100mm，相互搭接满粘在附加层上；

2　应从一侧铺设沥青瓦并跨过天沟中心线不小于 300mm，应在天沟两侧距离中心线不小于 150mm 处将沥青瓦用固定钉固定；

3　一侧沥青瓦铺设完后，应在屋面弹出一条平行天沟的中心线和一条距中心线 50mm 的施工辅助线，将另一侧屋面的沥青瓦铺设至施工辅助线处；

4　修剪沥青瓦上部的边角，并用沥青基胶粘材料固定。

6.3.3　编织式天沟构造(图 6.3.3)应符合下列规定：

1　沿天沟中心线铺设一层宽度不小于 1000mm 的防水垫层附加层，将外边缘固定在天沟两侧；防水垫层铺过中心线不应小于 100mm，相互搭接满粘在附加层上；

2　在两个相互衔接的屋面上同时向天沟方向铺设沥青瓦至距天沟中心线 75mm 处，再铺设天沟上的沥青瓦，交叉搭接。搭接的沥青瓦应延伸至相邻屋面 300mm，并在距天沟中心线 150mm 处用固定钉固定。

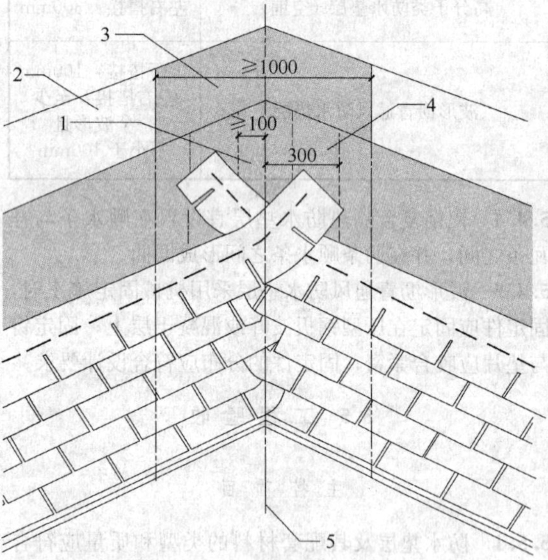
3
2
≥1000
1
≥100
4
300
5

图 6.3.3　编织式天沟

1—防水垫层搭接；2—屋面板；3—防水垫层附加层；4—沥青瓦延伸过中心线；5—天沟中心线

6.3.4　敞开式天沟构造（图 6.3.4）应符合下列规定：

1　防水垫层铺过中心线不应小于 100mm，相互搭接满粘在屋面板上；

2　铺设敞开式天沟部位的泛水材料，应采用不小于 0.45mm 厚的镀锌金属板或性能相近的防锈金属材料，铺设在防水垫层上；

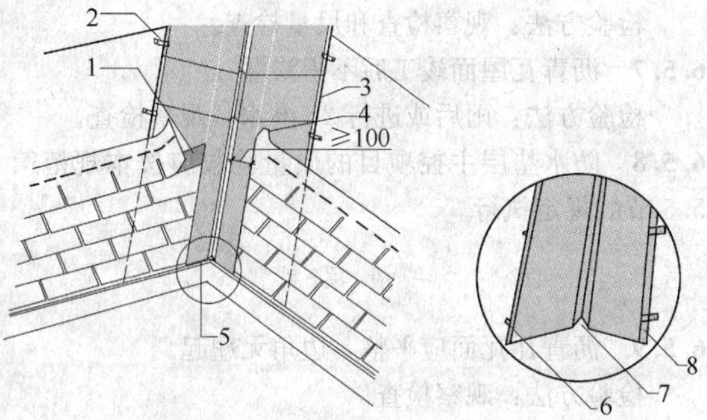
2
1
3
4
≥100
5
8
7
6

图 6.3.4　敞开式天沟

1—沥青胶粘结；2、6—金属天沟固定件；
3—金属泛水板搭接；4—剪 45°切角；
5—金属泛水板；7—V 形褶边引导水流；
8—可滑动卷边固定件

3　沥青瓦与金属泛水用沥青基胶粘材料粘结，搭接宽度不应小于 100mm。沿天沟泛水处的固定钉应密封覆盖。

6.3.5　檐口部位构造应符合下列规定：

1　防水垫层和泛水板的做法应按本规范第 5.3.2 条的规定执行；

2　应将起始瓦覆盖在塑料泛水板或金属泛水板的上方，并在底边满涂沥青基胶粘材料；

3　檐口部位沥青瓦和起始瓦之间，应满涂沥青基胶粘材料。

6.3.6　钢筋混凝土檐沟部位构造应符合下列规定：

1　防水垫层的做法应按本规范第 5.3.3 条的规定执行；

2　铺设沥青瓦初始层，初始层沥青瓦宜采用裁减掉外露部分的平面沥青瓦，自粘胶条部位靠近檐口铺设，初始层沥青瓦应伸出檐口不小于 10mm；

3　从檐口向上铺设沥青瓦，第一道沥青瓦与初始层沥青瓦边缘应对齐。

6.3.7　悬山部位构造（图 6.3.7）应符合下列规定：

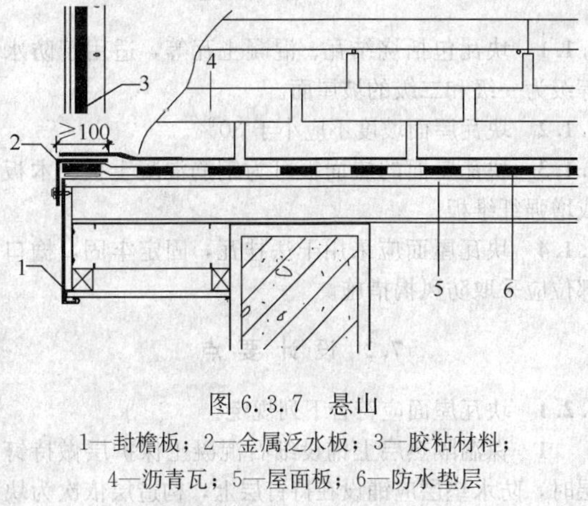
4
3
2
≥100
1
5
6

图 6.3.7　悬山

1—封檐板；2—金属泛水板；3—胶粘材料；
4—沥青瓦；5—屋面板；6—防水垫层

1　防水垫层应铺设至悬山边缘；

2　悬山部位宜采用泛水板，泛水板应固定在防水垫层上，并向屋面伸进不少于 100mm，端部应向下弯曲；

3　沥青瓦应覆盖在泛水板上方，悬山部位的沥青瓦应用沥青基胶粘材料满粘处理。

6.3.8　立墙部位构造应符合下列规定：

1　防水垫层的做法应按本规范第 5.3.5 条的规定执行；

2　沥青瓦应用沥青基胶粘材料满粘。

6.3.9　女儿墙部位构造应符合下列规定：

1　泛水板和防水垫层的做法应按本规范第 5.3.7 条的规定执行；

2　将瓦片翻至立面 150mm 高度，在平面和立面上用沥青基胶粘材料，满粘于下层沥青瓦和立面防水垫层上；

3　立面应铺设外露耐候性改性沥青防水卷材或自粘防水卷材；不具备外露耐候性能的防水卷材应采用钢丝网聚合物水泥砂浆保护层保护。

6.3.10　穿出屋面管道构造应符合下列规定：

1　泛水板和防水垫层的做法应按本规范第 5.3.8 条的规定执行；

2　穿出屋面管道泛水可采用防水卷材或成品泛水件；

3　管道穿过沥青瓦时，应在管道周边 100mm 范围内，用沥青基胶粘材料将沥青瓦满粘；

4　泛水卷材铺设完毕，应在其表面用沥青基胶粘材料满粘一层沥青瓦。

6.3.11　变形缝部位防水做法应按本规范第 5.3.9 条的规定执行。

6.4　施 工 要 点

6.4.1　防水垫层施工应符合本规范第 5.4 节的相关规定。

6.4.2　应在防水垫层铺设完成后进行沥青瓦的铺设。

6.4.3　铺设沥青瓦前应在屋面上弹出水平及垂直基准线，按线铺设。

6.4.4　沥青瓦外露尺寸应符合下列规定：

1　宽度规格为 333mm 的沥青瓦，每张瓦片的外露部分不应大于 143mm；

2　其他沥青瓦应符合制造商规定的外露尺寸要求。

6.4.5　铺设屋面檐沟、斜天沟应保持顺直。

6.4.6　屋脊部位的施工应符合下列规定：

1　应在斜屋脊的屋檐处开始铺设并向上直到正脊；

2　斜屋脊铺设完成后再铺设正脊，从常年主导风向的下风侧开始铺设；

3　应在屋脊处弯折沥青瓦，并将沥青瓦的两侧固定，用沥青基胶粘材料涂盖暴露的钉帽。

6.4.7　固定钉钉入沥青瓦，钉帽应与沥青瓦表面齐平。

6.4.8 固定钉穿入细石混凝土持钉层的深度不应小于20mm；固定钉可穿透木质持钉层。

6.4.9 板状保温隔热材料的施工应符合下列规定：

1 基层应平整、干燥、干净；

2 应紧贴基层铺设，铺平垫稳，固定牢固，拼缝严密；

3 保温板多层铺设时，上下层保温板应错缝铺设；

4 保温隔热层上覆或下衬的保护板及构件等，其品种、规格应符合设计要求和相关标准的规定；

5 保温隔热材料采用机械固定施工时，保温隔热板材的压缩强度和点荷载强度应符合设计要求；

6 机械固定施工时，固定件规格、布置方式和数量应符合设计要求。

6.4.10 喷涂硬泡聚氨酯保温隔热材料的施工应符合下列规定：

1 基层应平整、干燥、干净；

2 喷涂硬泡聚氨酯保温隔热层的厚度应符合设计要求，喷涂应平整；

3 应使用专用喷涂设备施工，施工环境温度宜为15℃～30℃，相对湿度小于85%，不宜在风力大于三级时施工；

4 穿出屋面的管道、设备、预埋件等，应在喷涂硬泡聚氨酯保温隔热层施工前安装完毕，并做密封处理。

6.5 工程验收

主控项目

6.5.1 沥青瓦、保温隔热材料及其配套材料的质量应符合设计要求。

检验方法：观察检查和检查出厂合格证、质量检验报告和进场抽样复验报告。

6.5.2 屋脊、天沟、檐沟、檐口、山墙、立墙和穿出屋面设施的细部构造，应符合设计要求。

检验方法：观察检查和尺量检查。

6.5.3 板状保温隔热材料的厚度应符合设计要求，负偏差不得大于4mm。

检验方法：用钢针插入和尺量检查。

6.5.4 喷涂硬泡聚氨酯保温隔热层的厚度应符合设计要求，负偏差不得大于3mm。

检验方法：用钢针插入和尺量检查。

6.5.5 沥青瓦所用固定钉数量、固定位置、牢固程度应符合产品安装要求，除屋脊部位，钉帽不得外露。屋脊外露钉帽应采用密封胶封严。

检验方法：观察检查和尺量检查。

6.5.6 沥青瓦的搭接尺寸应符合产品安装要求，外露面尺寸应符合本规范第6.4.4条的规定。

检验方法：观察检查和尺量检查。

6.5.7 沥青瓦屋面竣工后不得渗漏。

检验方法：雨后或进行2h淋水，观察检查。

6.5.8 防水垫层主控项目的质量验收应按本规范第5.5节的规定执行。

一般项目

6.5.9 沥青瓦瓦面应平整，边角无翘起。

检验方法：观察检查。

6.5.10 沥青瓦的铺设方法应正确；沥青瓦之间的对缝上下层不得重合。

检验方法：观察检查。

6.5.11 持钉层应平整、干燥，细石混凝土持钉层不得有疏松、开裂、空鼓等现象。持钉层表面平整度误差不应大于5mm。

检验方法：观察检查和用2m靠尺检查。

6.5.12 板状保温隔热材料铺设应紧贴基层，铺平垫稳，固定牢固，拼缝严密。

检验方法：观察检查。

6.5.13 板状保温隔热材料的平整度允许偏差为5mm。

检验方法：用2m靠尺和楔形塞尺检查。

6.5.14 板状保温隔热材料接缝高差的允许偏差为2mm。

检验方法：用直尺和楔形塞尺检查。

6.5.15 喷涂硬泡聚氨酯保温隔热层的平整度允许偏差为5mm。

检验方法：用1m靠尺和楔形塞尺检查。

6.5.16 防水垫层一般项目的质量验收应按本规范第5.5节的规定执行。

7 块瓦屋面

7.1 一般规定

7.1.1 块瓦包括烧结瓦、混凝土瓦等，适用于防水等级为一级和二级的坡屋面。

7.1.2 块瓦屋面坡度不应小于30%。

7.1.3 块瓦屋面的屋面板可为钢筋混凝土板、木板或增强纤维板。

7.1.4 块瓦屋面应采用干法挂瓦，固定牢固，檐口部位应采取防风揭措施。

7.2 设计要点

7.2.1 块瓦屋面应符合下列规定：

1 保温隔热层上铺设细石混凝土保护层做持钉层时，防水垫层应铺设在持钉层上，构造层依次为块瓦、挂瓦条、顺水条、防水垫层、持钉层、保温隔热层、屋面板（图7.2.1-1）。

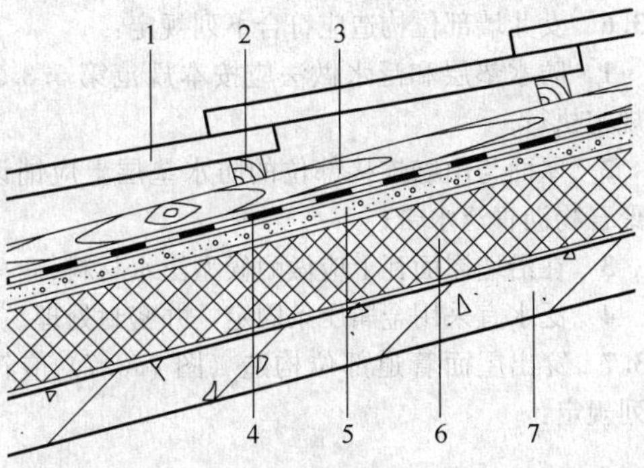
1
2
3
4
5
6
7

图 7.2.1-1　块瓦屋面构造（1）

1—瓦材；2—挂瓦条；3—顺水条；4—防水垫层；
5—持钉层；6—保温隔热层；7—屋面板

2　保温隔热层镶嵌在顺水条之间时，应在保温隔热层上铺设防水垫层，构造层依次为块瓦、挂瓦条、防水垫层或隔热防水垫层、保温隔热层、顺水条、屋面板（图 7.2.1-2）。

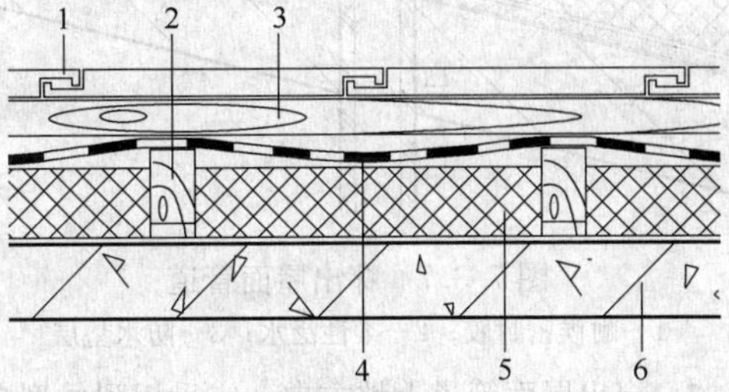
1
2
3
4
5
6

图 7.2.1-2　块瓦屋面构造（2）

1—块瓦；2—顺水条；3—挂瓦条；4—防水垫层或
隔热防水垫层；5—保温隔热层；6—屋面板

3　屋面为内保温隔热构造时，防水垫层应铺设在屋面板上，构造层依次为块瓦、挂瓦条、顺水条、防水垫层、屋面板（图 7.2.1-3）。

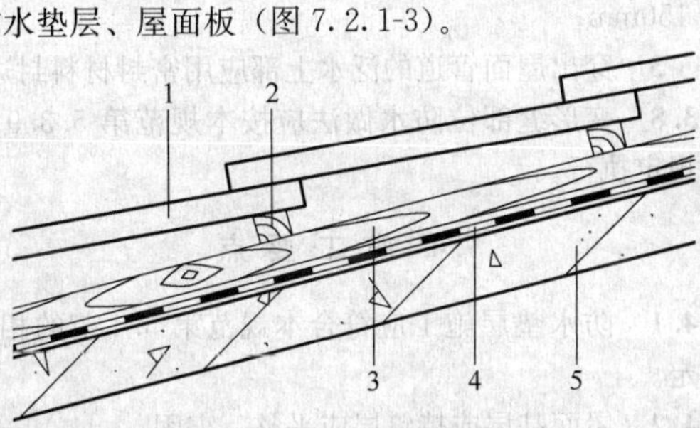
1
2
3
4
5

图 7.2.1-3　块瓦屋面构造（3）

1—块瓦；2—挂瓦条；3—顺水条；4—防水垫层；5—屋面板

4　采用具有挂瓦功能的保温隔热层时，在屋面板上做水泥砂浆找平层，防水垫层应铺设在找平层上，保温板应固定在防水垫层上，构造层依次为块瓦、有挂瓦功能的保温隔热层、防水垫层、找平层（兼作持钉层）、屋面板（图 7.2.1-4）。

5　采用波形沥青通风防水垫层时，通风防水垫层应铺设在挂瓦条和保温隔热层之间，构造层依次为块瓦、挂瓦条、波形沥青通风防水垫层、保温隔热

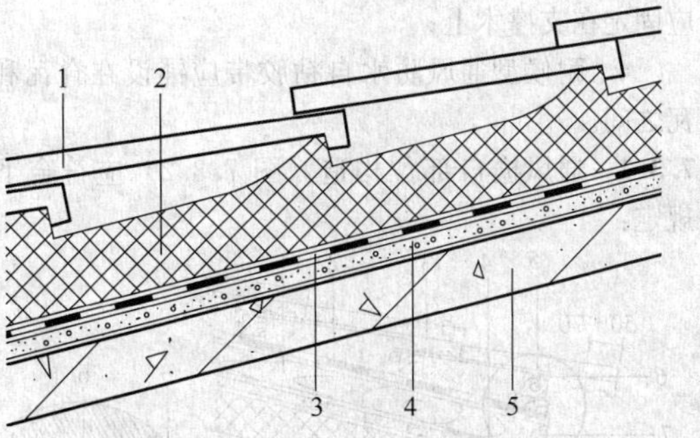
1
2
3
4
5

图 7.2.1-4　块瓦屋面构造（4）

1—块瓦；2—带挂瓦条的保温板；
3—防水垫层；4—找平层；5—屋面板

层、屋面板（图 5.2.1-5）。

7.2.2　通风屋面的檐口部位宜设置隔栅进气口，屋脊部位宜作通风构造设计。

7.2.3　屋面排水系统可采用混凝土檐沟、成品檐沟、成品天沟；斜天沟宜采用混凝土排水沟瓦或金属排水沟。

7.2.4　块瓦屋面挂瓦条、顺水条安装应符合下列规定：

1　木挂瓦条应钉在顺水条上，顺水条用固定钉钉入持钉层内；

2　钢挂瓦条与钢顺水条应焊接连接，钢顺水条用固定钉钉入持钉层内；

3　通风防水垫层可替代顺水条，挂瓦条应固定在通风防水垫层上，固定钉应钉在波峰上。

7.2.5　檐沟宽度应根据屋面集水区面积确定。

7.2.6　屋面坡度大于 100% 或处于大风区时，块瓦固定应采取下列加强措施：

1　檐口部位应有防风揭和防落瓦的安全措施；

2　每片瓦应采用螺钉和金属搭扣固定。

7.3　细 部 构 造

7.3.1　通风屋脊构造（图 7.3.1）应符合下列规定：

1　防水垫层做法应按本规范第 5.3.1 条的规定执行；

2　屋脊瓦应采用与主瓦相配套的配件脊瓦；

3　托木支架和支撑木应固定在屋面板上，脊瓦

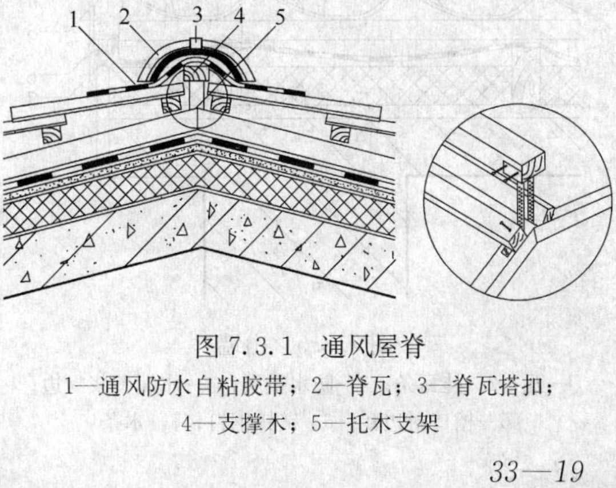
1
2
3
4
5

图 7.3.1　通风屋脊

1—通风防水自粘胶带；2—脊瓦；3—脊瓦搭扣；
4—支撑木；5—托木支架

应固定在支撑木上；

4 耐候型通风防水自粘胶带应铺设在脊瓦和块瓦之间。

7.3.2 通风檐口部位构造（图 7.3.2）应符合下列规定：

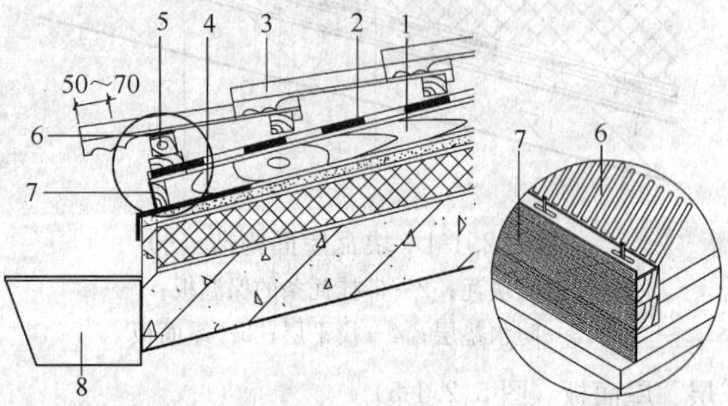

5
4
3
2
1
50～70
6
7
7
6
8

图 7.3.2 通风檐口

1—顺水条；2—防水垫层；3—瓦；4—金属泛水板；5—托瓦木条；6—檐口档箅；7—檐口通风条；8—檐沟

1 泛水板和防水垫层做法应按本规范第 5.3.2 条的规定执行；

2 块瓦挑入檐沟的长度宜为 50mm～70mm；

3 在屋檐最下排的挂瓦条上应设置托瓦木条；

4 通风檐口处宜设置半封闭状的檐口挡箅。

7.3.3 钢筋混凝土檐沟部位构造做法应按本规范第 5.3.3 条的规定执行。

7.3.4 天沟部位构造应符合下列规定：

1 防水垫层的做法应按本规范第 5.3.4 条的规定执行；

2 混凝土屋面天沟采用防水卷材时，防水卷材应由沟底上翻，垂直高度不应小于 150mm；

3 天沟宽度和深度应根据屋面集水区面积确定。

7.3.5 山墙部位构造（图 7.3.5）应符合下列规定：

1 防水垫层做法应按本规范第 5.3.6 条的规定执行；

2 檐口封边瓦宜采用卧浆做法，并用水泥砂浆勾缝处理；

3 檐口封边瓦应用固定钉固定在木条或持钉层上。

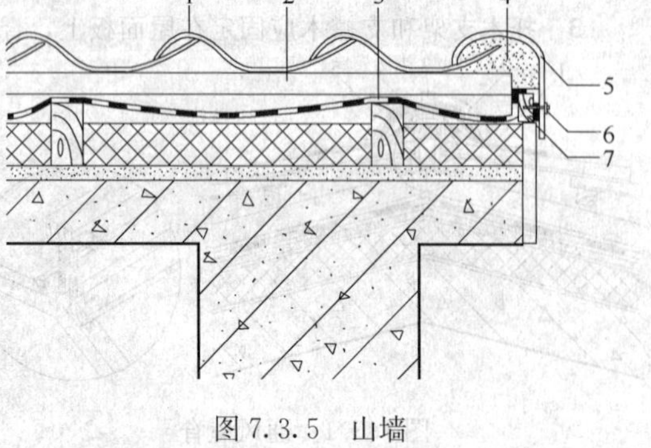

1
2
3
4
5
6
7

图 7.3.5 山墙

1—瓦；2—挂瓦条；3—防水垫层；4—水泥砂浆封边；5—檐口封边瓦；6—镀锌钢钉；7—木条

7.3.6 女儿墙部位构造应符合下列规定：

1 防水垫层和泛水做法应按本规范第 5.3.7 条的规定执行；

2 屋面与山墙连接部位的防水垫层上应铺设自粘聚合物沥青泛水带；

3 在沿墙屋面瓦上应做耐候型泛水材料；

4 泛水宜采用金属压条固定，并密封处理。

7.3.7 穿出屋面管道部位构造（图 7.3.7）应符合下列规定：

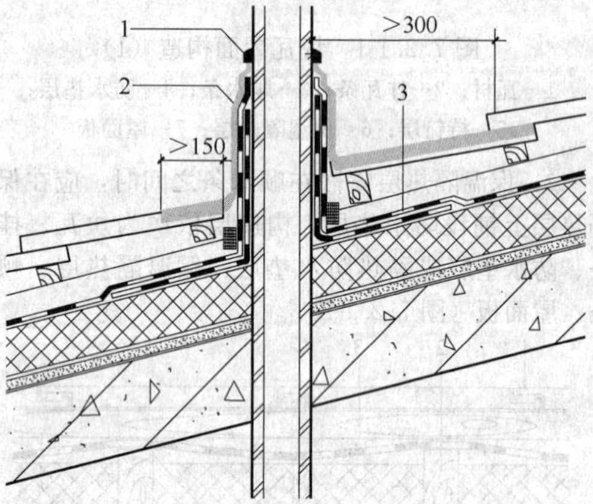

1
2
>300
3
>150

图 7.3.7 穿出屋面管道

1—耐候密封胶；2—柔性泛水；3—防水垫层

1 穿出屋面管道上坡方向：应采用耐候型自粘泛水与屋面瓦搭接，宽度应大于 300mm，并应压入上一排瓦片的底部；

2 穿出屋面管道下坡方向：应采用耐候型自粘泛水与屋面瓦搭接，宽度应大于 150mm，并应粘结在下一排瓦片的上部，与左右面的搭接宽度应大于 150mm；

3 穿出屋面管道的泛水上部应用密封材料封边。

7.3.8 变形缝部位防水做法应按本规范第 5.3.9 条的规定执行。

7.4 施工要点

7.4.1 防水垫层施工应符合本规范第 5.4 节的相关规定。

7.4.2 屋面基层或持钉层应平整、牢固。

7.4.3 顺水条与持钉层连接、挂瓦条与顺水条连接、块瓦与挂瓦条连接应固定牢固。

7.4.4 铺设块瓦应排列整齐，瓦榫落槽，瓦脚挂牢，檐口成线。

7.4.5 正脊、斜脊应顺直，无起伏现象。脊瓦搭盖间距应均匀，脊瓦与块瓦的搭接缝应作泛水处理。

7.4.6 通风屋面屋脊和檐口的施工应符合构造设计的要求。

7.4.7 板状保温隔热材料的施工应按本规范第 6.4.9 条的规定执行；喷涂硬泡聚氨酯保温隔热材料

的施工应按本规范第6.4.10条的规定执行。

7.5 工程验收

主控项目

7.5.1 块瓦、保温隔热材料及其配套材料的质量应符合设计要求。

检验方法：观察检查和检查出厂合格证、质量检验报告和进场抽样复验报告。

7.5.2 屋脊、天沟、檐沟、檐口、山墙、立墙和穿出屋面设施的细部构造，应符合设计要求。

检验方法：观察检查和尺量检查。

7.5.3 板状保温隔热材料的厚度应符合设计要求，负偏差不得大于4mm。

检验方法：用钢针插入和尺量检查。

7.5.4 喷涂硬泡聚氨酯保温隔热层的厚度应符合设计要求，负偏差不得大于3mm。

检验方法：用钢针插入和尺量检查。

7.5.5 主瓦及配件瓦的固定、搭接方式及搭接尺寸应符合产品安装要求。

检验方法：观察检查和尺量检查。

7.5.6 块瓦屋面竣工后不得渗漏。

检验方法：雨后或进行2h淋水，观察检查。

7.5.7 防水垫层主控项目的质量验收应按本规范第5.5节的规定执行。

一般项目

7.5.8 持钉层应平整、干燥，细石混凝土持钉层不得有疏松、开裂、空鼓等现象。表面平整度误差不应大于5mm。

检验方法：观察检查和用2m靠尺检测。

7.5.9 顺水条、挂瓦条应连接牢固。

检验方法：观察检查。

7.5.10 通风屋面的檐口和屋脊应通畅透气。

检验方法：观察检查。

7.5.11 屋面瓦材不得有破损现象。

检验方法：观察检查。

7.5.12 板状保温隔热材料铺设应紧贴基层，铺平垫稳，固定牢固，拼缝严密。

检验方法：观察检查。

7.5.13 板状保温隔热材料平整度的允许偏差为5mm。

检验方法：用2m靠尺和楔形塞尺检查。

7.5.14 板状保温隔热材料接缝高差的允许偏差为2mm。

检验方法：用直尺和楔形塞尺检查。

7.5.15 喷涂硬泡聚氨酯保温隔热层的平整度允许偏差为5mm。

检验方法：用1m靠尺和楔形塞尺检查。

7.5.16 防水垫层一般项目的质量验收应按本规范第5.5节的规定执行。

8 波形瓦屋面

8.1 一般规定

8.1.1 波形瓦包括沥青波形瓦、树脂波形瓦等，适用于防水等级为二级的坡屋面。

8.1.2 波形瓦屋面坡度不应小于20%。

8.1.3 波形瓦屋面承重层为混凝土屋面板和木屋面板时，宜设置外保温隔热层；不设屋面板的屋面，可设置内保温隔热层。

8.2 设计要点

8.2.1 波形瓦屋面应符合下列规定：

1 屋面板上铺设保温隔热层，保温隔热层上做细石混凝土持钉层时，防水垫层应铺设在持钉层上，波形瓦应固定在持钉层上，构造层依次为波形瓦、防水垫层、持钉层、保温隔热层、屋面板（图8.2.1-1）。

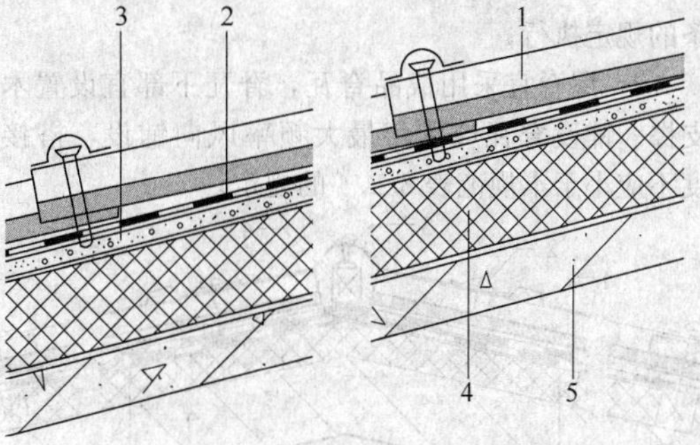

3
2
1
4
5

图8.2.1-1 波形瓦屋面构造（1）

1—波形瓦；2—防水垫层；3—持钉层；4—保温隔热层；5—屋面板

2 采用有屋面板的内保温隔热时，屋面板铺设在木檩条上，防水垫层应铺设在屋面板上，木檩条固定在钢屋架上，角钢固定件长应为100mm～150mm，波形瓦固定在屋面板上，构造层依次为波形瓦、防水垫层、屋面板、木檩条、屋架（图8.2.1-2）。

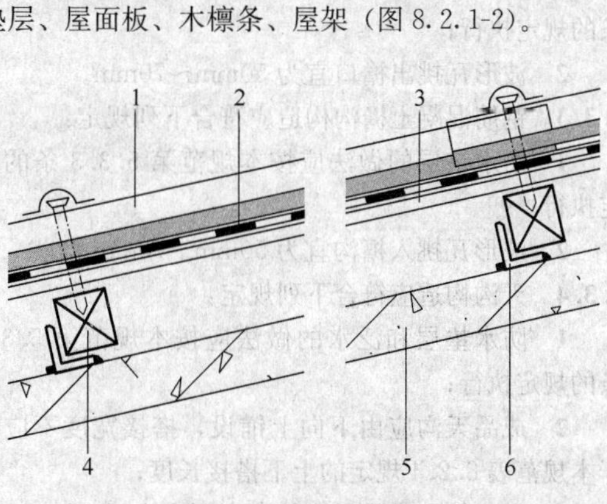

1
2
3
4
5
6

图8.2.1-2 波形瓦屋面构造（2）

1—波形瓦；2—防水垫层；3—屋面板；4—檩条；5—屋架；6—角钢固定件

8.2.2 波形瓦的固定间距应按瓦材规格、尺寸确定。

8.2.3 波形瓦可固定在檩条和屋面板上。

8.2.4 沥青波形瓦和树脂波形瓦的搭接宽（长）度和固定点数量应符合表 8.2.4 的规定。

表 8.2.4 波形瓦搭接宽（长）和固定点数量

屋面坡度（%）	20～30			>30		
类型	上下搭接长度（mm）	水平搭接宽度	固定点数（个/m²）	上下搭接长度（mm）	水平搭接宽度	固定点数（个/m²）
沥青波形瓦	150	至少一个波形且不小于100mm	9	100	至少一个波形且不小于100mm	9～12
树脂波形瓦			10			≥12

8.3 细部构造

8.3.1 屋脊构造（图 8.3.1）应符合下列规定：

1 防水垫层和泛水的做法应按本规范第 5.3.1 条的规定执行；

2 屋脊宜采用成品脊瓦，脊瓦下部宜设置木质支撑。铺设脊瓦应顺年最大频率风向铺设，搭接宽度不应小于本规范表 8.2.4 的规定。

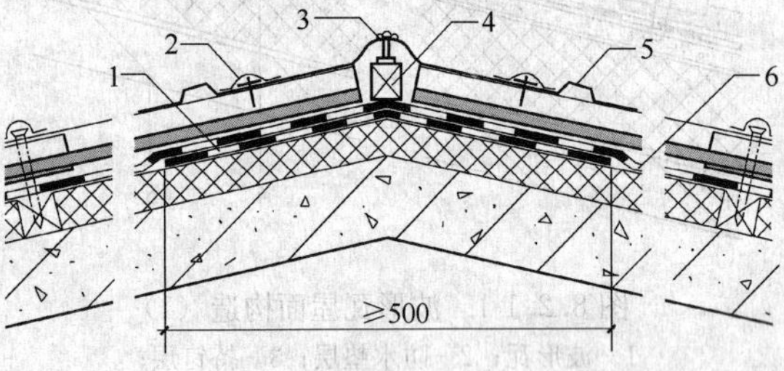

1
2
3
4
5
6
≥500

图 8.3.1 屋脊

1—防水垫层附加层；2—固定钉；3—密封胶；4—支撑木；5—成品脊瓦；6—防水垫层

8.3.2 檐口部位构造应符合下列规定：

1 防水垫层和泛水的做法应按本规范第 5.3.2 条的规定执行；

2 波形瓦挑出檐口宜为 50mm～70mm。

8.3.3 钢筋混凝土檐沟构造应符合下列规定：

1 防水垫层的做法应按本规范第 5.3.3 条的规定执行；

2 波形瓦挑入檐沟宜为 50mm～70mm。

8.3.4 天沟构造应符合下列规定：

1 防水垫层和泛水的做法应按本规范第 5.3.4 条的规定执行；

2 成品天沟应由下向上铺设，搭接宽度不应小于本规范表 8.2.4 规定的上下搭接长度；

3 主瓦伸入成品天沟的宽度不应小于 100mm。

8.3.5 山墙部位构造（图 8.3.5）应符合下列规定：

1 阴角部位应增设防水垫层附加层；

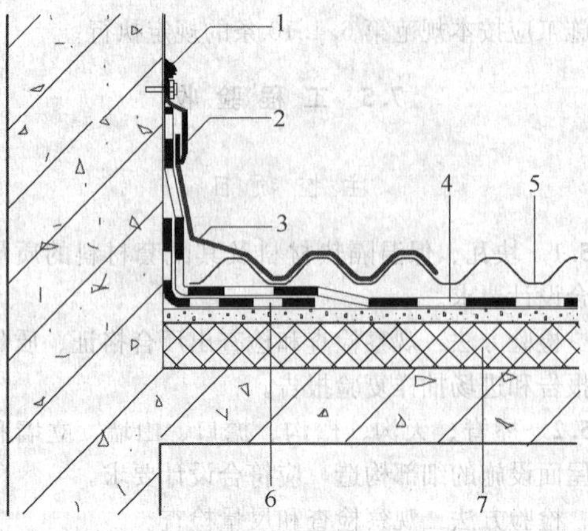

1
2
3
4
5
6
7

图 8.3.5 山墙

1—密封胶；2—金属压条；3—泛水；4—防水垫层；5—波形瓦；6—防水垫层附加层；7—保温隔热层

2 瓦材与墙体连接处应铺设耐候型自粘泛水胶带或金属泛水板，泛水上翻山墙高度不应小于 250mm，水平方向与波形瓦搭接不应少于两个波峰且不小于 150mm；

3 上翻山墙的耐候型自粘泛水胶带顶端应用金属压条固定，并作密封处理。

8.3.6 穿出屋面设施构造（图 8.3.6）应符合下列规定：

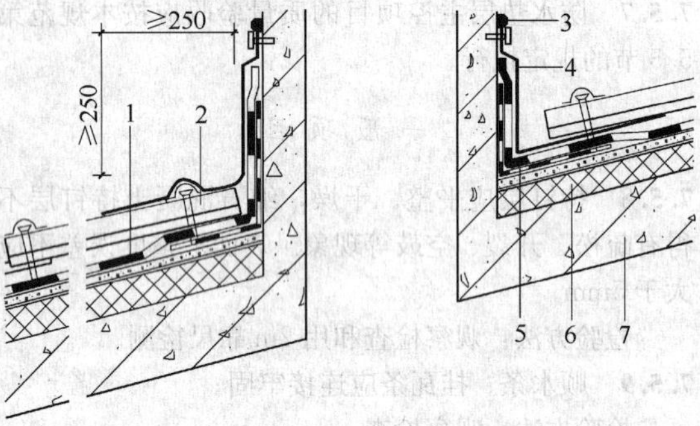

≥250
≥250
1
2
3
4
5
6
7

图 8.3.6 穿出屋面设施

1—防水垫层；2—波形瓦；3—密封材料；4—耐候型自粘泛水胶带；5—防水垫层附加层；6—保温隔热层；7—屋面板

1 瓦材与穿出屋面设施构造连接处应铺设 500mm 宽耐候型自粘泛水胶带，上翻高度不应小于 250mm，与波形瓦搭接宽度不应小于 250mm；

2 上翻泛水顶端应采用密封胶封严并用金属泛水板遮盖。

8.3.7 变形缝部位防水做法应按本规范第 5.3.9 条的规定执行。

8.4 施工要点

8.4.1 防水垫层施工应符合本规范第 5.4 节的相关规定。

8.4.2 带挂瓦条的基层应平整、牢固。

8.4.3 铺设波形瓦应在屋面上弹出水平及垂直基准线，按线铺设。

8.4.4 波形瓦的固定应符合下列规定：

1 瓦钉应沿弹线固定在波峰上；

2 檐口部位的瓦材应增加固定钉数量。

8.4.5 波形瓦与山墙、天沟、天窗、烟囱等节点连接部位，应采用密封材料、耐候型自粘泛水带等进行密封处理。

8.4.6 板状保温隔热材料的施工应按本规范第6.4.9条的规定执行；喷涂硬泡聚氨酯保温隔热材料的施工应按本规范第6.4.10条的规定执行。

8.5 工程验收

主控项目

8.5.1 波形瓦、保温隔热材料及其配套材料的质量应符合设计要求。

检验方法：观察检查和检查出厂合格证、质量检验报告和进场抽样复验报告。

8.5.2 屋脊、天沟、檐沟、檐口、山墙、立墙和穿出屋面设施的细部构造，应符合设计要求。

检验方法：观察检查和尺量检查。

8.5.3 板状保温隔热材料的厚度应符合设计要求，负偏差不得大于4mm。

检验方法：用钢针插入和尺量检查。

8.5.4 喷涂硬泡聚氨酯保温隔热层的厚度应符合设计要求，负偏差不得大于3mm。

检验方法：用钢针插入或尺量检查。

8.5.5 主瓦及配件瓦的固定、搭接方式及搭接尺寸应符合设计要求。

检验方法：观察和尺量检查。

8.5.6 波形瓦屋面竣工后不得渗漏。

检验方法：雨后或进行2h淋水，观察检查。

8.5.7 防水垫层主控项目的质量验收应按本规范第5.5节的规定执行。

一般项目

8.5.8 屋面的檐口线、泛水等应顺直，无起伏现象。

检验方法：观察检查。

8.5.9 持钉层应平整、干燥，细石混凝土持钉层不得有疏松、开裂、空鼓等现象，表面平整度误差不应大于5mm。

检验方法：观察检查和用2m靠尺检测。

8.5.10 固定钉位置应在波形瓦波峰上，固定钉上应有密封帽。

检验方法：观察检查。

8.5.11 板状保温隔热材料铺设应紧贴基层，铺平垫稳，固定牢固，拼缝严密。

检验方法：观察检查。

8.5.12 板状保温材料的平整度允许偏差为5mm。

检验方法：用2m靠尺和楔形塞尺检查。

8.5.13 板状保温隔热材料接缝高差的允许偏差为2mm。

检验方法：用直尺和楔形塞尺检查。

8.5.14 喷涂硬泡聚氨酯保温隔热层的平整度允许偏差为5mm。

检验方法：用1m靠尺和楔形塞尺检查。

8.5.15 防水垫层一般项目的质量验收应按本规范第5.5节的规定执行。

9 金属板屋面

9.1 一般规定

9.1.1 金属板屋面的板材主要包括压型金属板和金属面绝热夹芯板。

9.1.2 金属板屋面坡度不宜小于5%。

9.1.3 压型金属板屋面适用于防水等级为一级和二级的坡屋面。金属面绝热夹芯板屋面适用于防水等级为二级的坡屋面。

9.1.4 防水等级为一级的压型金属板屋面不应采用明钉固定方式，应采用大于180°咬边连接的固定方式；防水等级为二级的压型金属板屋面采用明钉或金属螺钉固定方式时，钉帽应有防水密封措施。

9.1.5 金属面绝热夹芯板的四周接缝均应采用耐候丁基橡胶防水密封胶带密封。

9.1.6 防水等级为一级的压型金属板屋面应采用防水垫层，防水等级为二级的压型金属板屋面宜采用防水垫层。

9.1.7 金属板与屋面承重构件的固定应根据风荷载确定。

9.1.8 金属板屋面吸声材料和隔声材料的施工应符合相关标准的规定。

9.1.9 金属板屋面防水垫层的设计和细部构造可按本规范第5.2节和第5.3节的规定执行。

9.1.10 金属板屋面防水垫层的施工可按本规范第5.4节的规定执行。

9.2 设计要点

9.2.1 金属板屋面应由具有相应资质的设计单位进行设计。

9.2.2 金属板屋面工程设计应根据建筑物性质和功能要求确定防水等级，选用金属板材。

9.2.3 金属板屋面的风荷载设计应按工程所在地区的最大风力、建筑物高度、屋面坡度、基层状况、建筑环境和建筑形式等因素，按照现行国家标准《建筑结构荷载规范》GB 50009的有关规定计算风荷载，并按设计要求提供抗风揭试验检测报告。

9.2.4 压型金属板屋面变形较大时，应进行变形计算，并宜设置屋面板滑动连接构造。

9.2.5 金属板屋面的排水坡度，应根据屋面结构形式和当地气候条件等因素确定。

9.2.6 屋面天沟、檐沟设计应符合下列规定：

1 天沟、檐沟应设置溢流孔；

2 金属天沟、内檐沟下面宜设置保温隔热层；

3 金属天沟、檐沟应有防腐措施；

4 天沟、檐沟与金属屋面板材的连接应采用密封的节点设计。

9.2.7 金属天沟、檐沟应设置伸缩缝，伸缩缝间隔不宜大于30m。

9.2.8 压型金属板屋面的支架宜为钢、铝合金或不锈钢材质，支架与金属屋面板连接处应密封。

9.2.9 有保温隔热要求的压型金属板屋面，保温隔热层应设在金属屋面板的下方。

9.2.10 当室内湿度较大或采用纤维状保温材料时，压型金属板屋面设计应符合下列规定：

1 保温隔热层下面应设置隔汽层；

2 防水等级为一级时，保温隔热层上面应设置透汽防水垫层；

3 防水等级为二级时，保温隔热层上面宜设置透汽防水垫层。

9.2.11 金属面绝热夹芯板屋面设计应符合下列规定：

1 夹芯板顺坡长向搭接，坡度小于10%时，搭接长度不应小于300mm；坡度大于等于10%时，搭接长度不应小于250mm；

2 包边钢板、泛水板搭接长度不应小于60mm，铆钉中距不应大于300mm；

3 夹芯板横向相连应为拼接式或搭接式，连接处应密封；

4 夹芯板纵横向的接缝、外露铆钉钉头，以及细部构造应采用密封材料封严。

9.3 细部构造

9.3.1 压型金属板屋面构造应符合下列规定：

1 金属屋面构造层次（图9.3.1-1）包括：金属屋面板、固定支架、透汽防水垫层、保温隔热层和承托网。

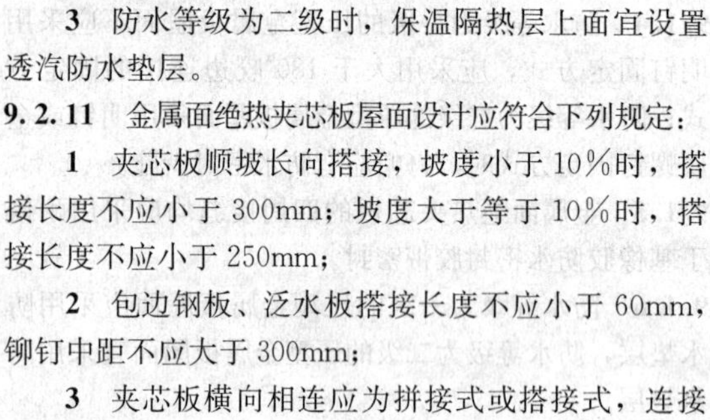

1
2
3
4
5

图9.3.1-1 金属屋面

1—金属屋面板；2—固定支架；3—透汽防水垫层；4—保温隔热层；5—承托网

2 屋脊构造（图9.3.1-2）应符合下列规定：

1） 屋脊部位应采用屋脊盖板，并作防水处理；

2） 屋脊盖板应依据屋面的热胀冷缩设计；

3） 屋脊盖板应设置保温隔热层。

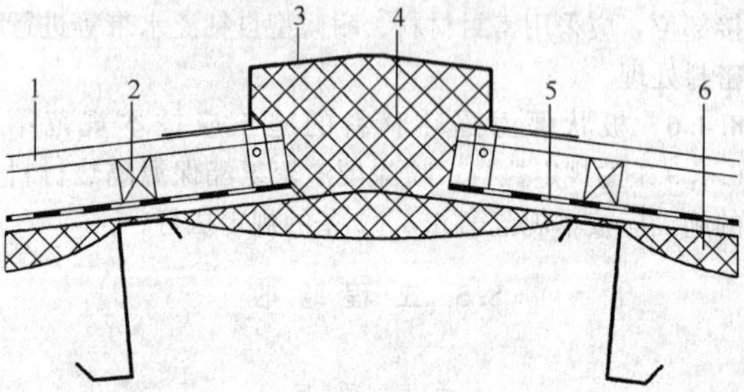

1
2
3
4
5
6

图9.3.1-2 屋脊

1—金属屋面板；2—屋面板连接；3—屋脊盖板；4—填充保温棉；5—防水垫层；6—保温隔热层

3 檐口部位构造（图9.3.1-3）应符合下列规定：

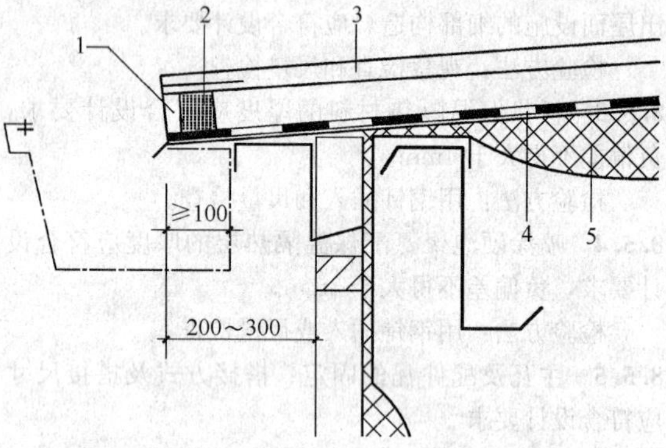

1
2
3
≥100
4
5
200～300

图9.3.1-3 檐口

1—封边板；2—防水堵头；3—金属屋面板；4—防水垫层；5—保温隔热层

1） 屋面金属板的挑檐长度宜为200mm～300mm，或根据设计要求，按工程所在地风荷载计算确定；金属板与檐沟之间应设置防水密封堵头和金属封边板；

2） 屋面金属板挑入檐沟内的长度不宜小于100mm；

3） 墙面宜在相应位置设置檐口堵头；

4） 屋面和墙面保温隔热层应连接。

4 山墙部位构造（图9.3.1-4）应符合下列规定：

1） 山墙部位构造应按建筑物热胀冷缩因素设计；

2） 屋面和墙面的保温隔热层应连接。

5 出屋面山墙部位构造（图9.3.1-5）中，金属板屋面与墙相交处泛水的高度不应小于250mm。

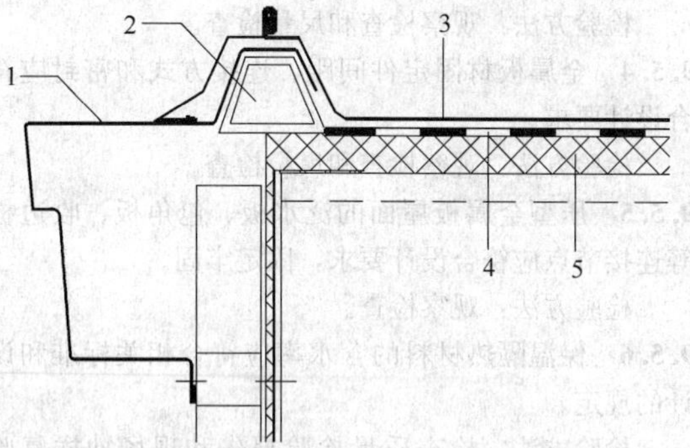

1
2
3
4
5

图 9.3.1-4　山墙

1—山墙饰边；2—温度应力隔离组件；

3—金属屋面板；4—防水垫层；5—保温隔热层

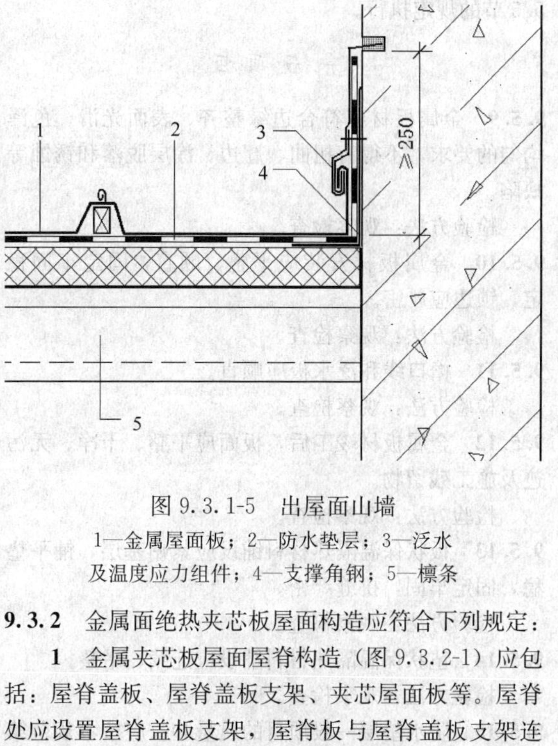

1
2
3
4
5
≥250

图 9.3.1-5　出屋面山墙

1—金属屋面板；2—防水垫层；3—泛水及温度应力组件；4—支撑角钢；5—檩条

9.3.2　金属面绝热夹芯板屋面构造应符合下列规定：

1　金属夹芯板屋面屋脊构造（图 9.3.2-1）应包括：屋脊盖板、屋脊盖板支架、夹芯屋面板等。屋脊处应设置屋脊盖板支架，屋脊板与屋脊盖板支架连接，连接处和固定部位应采用密封胶封严。

2　拼接式屋面板防水扣槽构造（图 9.3.2-2）应包括：防水扣槽、夹芯板翻边、夹芯屋面板和螺钉。

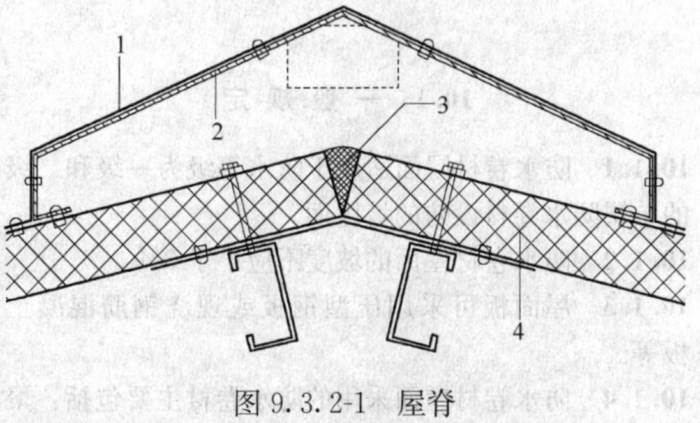

1
2
3
4

图 9.3.2-1　屋脊

1—屋脊盖板；2—屋脊盖板支架；

3—聚苯乙烯泡沫条；4—夹芯屋面板

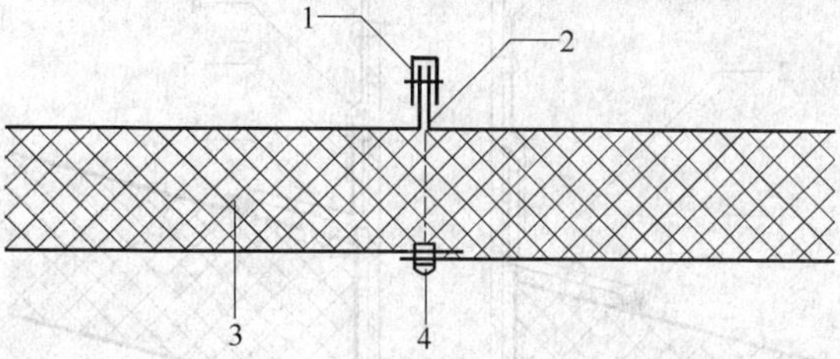

1
2
3
4

图 9.3.2-2　拼接式屋面板防水扣槽

1—防水扣槽；2—夹芯板翻边；

3—夹芯屋面板；4—螺钉

3　檐口宜挑出外墙 150mm～500mm，檐口部位应采用封檐板封堵，固定螺栓的螺帽应采用密封胶封严（图 9.3.2-3）。

4　山墙应采用槽形泛水板封盖，并固定牢固，固定钉处应采用密封胶封严（图 9.3.2-4）。

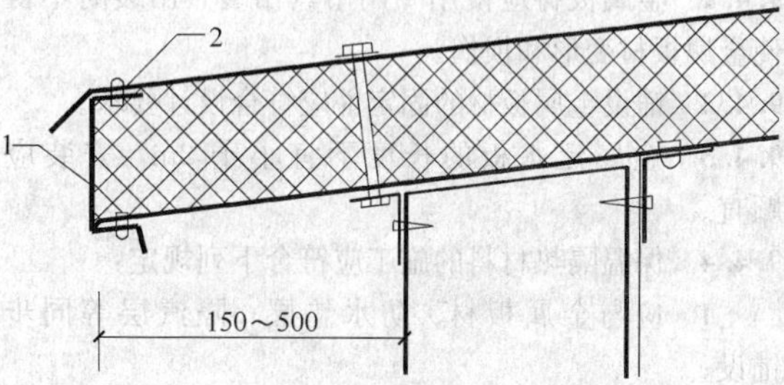

1
2
150～500

图 9.3.2-3　檐口

1—封檐板；2—密封胶

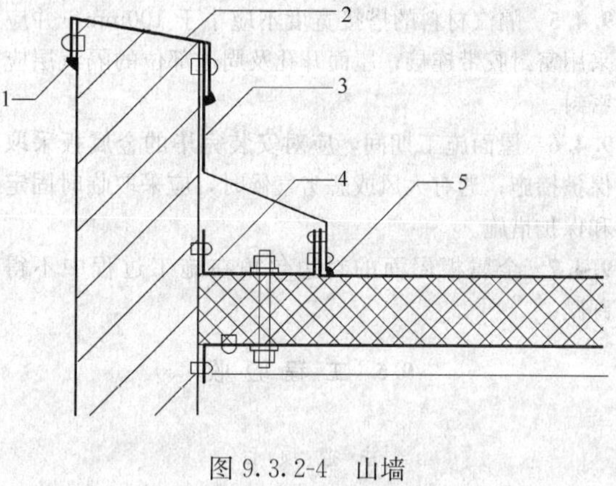

1
2
3
4
5

图 9.3.2-4　山墙

1、5—密封胶；2—槽型泛水板；

3—金属泛水板；4—金属 U 形件

5　采用法兰盘固定屋面排气管，并与屋面板连接，法兰盘上应设置金属泛水板，连接处用密封材料封严（图 9.3.2-5）。

9.3.3　金属屋面板与采光天窗四周连接时，应进行密封处理。

9.3.4　金属板天沟伸入屋面金属板下面的宽度不应小于 100mm。

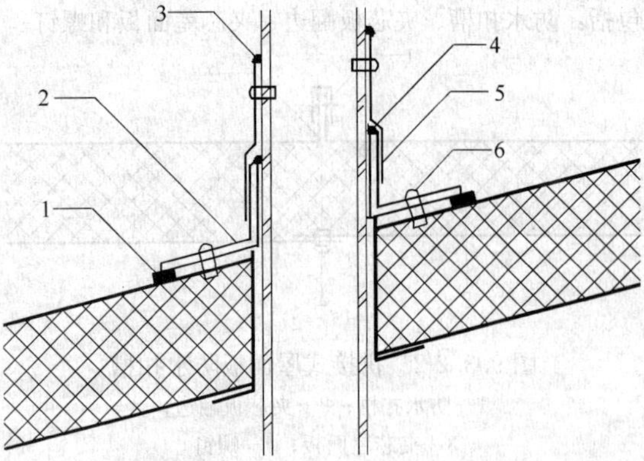
3
2
1
4
5
6

图 9.3.2-5　排气管

1、3—密封胶；2—法兰盘；4—密封胶条；
5—金属泛水板；6—铆钉

9.4 施 工 要 点

9.4.1 金属板材应使用专用吊具吊装，吊装时不得使金属板材变形和损伤。

9.4.2 铺设金属板材的固定件应符合设计要求。

9.4.3 金属泛水板的长度不宜小于 2m，安装应顺直。

9.4.4 保温隔热材料的施工应符合下列规定：

1 应与金属板材、防水垫层、隔汽层等同步铺设；

2 铺设应顺直、平整、紧密；

3 屋脊、檐口、山墙等部位的保温隔热层应与屋面保温隔热层连为一体。

9.4.5 隔汽材料的搭接宽度不应小于 100mm，并应采用密封胶带连接；屋面开孔及周边部位的隔汽层应密封。

9.4.6 屋面施工期间，应对安装完毕的金属板采取保护措施；遇有大风或恶劣气候时，应采取临时固定和保护措施。

9.4.7 金属板屋面的封边包角在施工过程中不得踩踏。

9.5 工 程 验 收

主 控 项 目

9.5.1 金属板材、保温隔热材料、吸声材料、隔声材料及其配套材料的质量应符合设计要求。

检验方法：观察检查和检查出厂合格证、质量检验报告和进场抽样复验报告。

9.5.2 压型金属板材表面的涂层厚度、硬度及延展性等应符合设计要求。

检验方法：漆膜测厚仪和 T 弯检查。

9.5.3 屋脊、天沟、檐沟、檐口、山墙、立墙和穿出屋面设施的细部构造，应符合设计要求。

检验方法：观察检查和尺量检查。

9.5.4 金属板材固定件间距、连接方式和密封应符合设计要求。

检验方法：观察检查和尺量检查。

9.5.5 压型金属板屋面的泛水板、包角板、收边板等连接节点应符合设计要求，固定牢固。

检验方法：观察检查。

9.5.6 保温隔热材料的含水率应符合相关标准和设计的规定。

检验方法：检查质量检验报告和现场抽样复验报告。

9.5.7 金属板屋面竣工后，不得渗漏。

检验方法：雨后或进行 2h 淋水检验，观察检查。

9.5.8 防水垫层主控项目的质量验收应按本规范第 5.5 节的规定执行。

一 般 项 目

9.5.9 金属板材应符合边缘整齐、表面光滑、色泽均匀的要求，不得有扭曲、翘边、涂层脱落和锈蚀等缺陷。

检验方法：观察检查。

9.5.10 金属板材安装应平整、顺直，固定牢固稳定，锁边应严密。

检验方法：观察检查。

9.5.11 檐口线和泛水板应顺直。

检验方法：观察检查。

9.5.12 金属板材竣工后，板面应平整、干净、无污迹及施工残留物。

检验方法：观察检查。

9.5.13 板状保温隔热材料铺设应紧贴基层，铺平垫稳，固定牢固，拼缝严密。

检验方法：观察检查。

9.5.14 毡状保温隔热材料铺设应连续、平整。

检验方法：观察检查。

9.5.15 防水垫层一般项目的质量验收应按本规范第 5.5 节的规定执行。

10 防水卷材屋面

10.1 一 般 规 定

10.1.1 防水卷材屋面适用于防水等级为一级和二级的单层防水卷材设防的坡屋面。

10.1.2 防水卷材屋面的坡度不应小于 3%。

10.1.3 屋面板可采用压型钢板或现浇钢筋混凝土板等。

10.1.4 防水卷材屋面采用的防水卷材主要包括：聚氯乙烯（PVC）防水卷材、三元乙丙橡胶（EPDM）防水卷材、热塑性聚烯烃（TPO）防水卷材、弹性体

(SBS) 改性沥青防水卷材、塑性体（APP）改性沥青防水卷材等。

10.1.5 保温隔热材料可采用硬质岩棉板、硬质矿渣棉板、硬质玻璃棉板、硬质泡沫聚氨酯保温板及硬质泡沫聚苯乙烯保温板等板材，并应符合防火设计规范的相关要求。

10.1.6 保温隔热层应设置在屋面板上。

10.1.7 单层防水卷材和保温隔热材料构成的屋面系统，可采用机械固定法、满粘法或空铺压顶法铺设。

10.1.8 屋面应严格控制明火施工，并采取相应的安全措施。

10.2 设 计 要 点

10.2.1 单层防水卷材的厚度和搭接宽度应符合表10.2.1-1和表10.2.1-2的规定：

表 10.2.1-1 单层防水卷材厚度（mm）

防水卷材名称	一级防水厚度	二级防水厚度
高分子防水卷材	≥1.5	≥1.2
弹性体、塑性体改性沥青防水卷材	≥5	

表 10.2.1-2 单层防水卷材搭接宽度（mm）

防水卷材名称	长边、短边搭接方式				
	满粘法	机械固定法			
		热风焊接		搭接胶带	
		无覆盖机械固定垫片	有覆盖机械固定垫片	无覆盖机械固定垫片	有覆盖机械固定垫片
高分子防水卷材	≥80	≥80 且有效焊缝宽度≥25	≥120 且有效焊缝宽度≥25	≥120 且有效粘结宽度≥75	≥200 且有效粘结宽度≥150
弹性体、塑性体改性沥青防水卷材	≥100	≥80 且有效焊缝宽度≥40	≥120 且有效焊缝宽度≥40	—	

10.2.2 选用的防水卷材性能除应符合相关的材料标准外，还应具有适用于工程所在区域的环境条件、耐紫外线和环保等特性。

10.2.3 机械固定屋面系统的风荷载设计应符合下列规定：

1 按工程所在地区的最大风力、建筑物高度、屋面坡度、基层状况、卷材性能、建筑环境、建筑形式等因素，按照现行国家标准《建筑结构荷载规范》GB 50009 的有关规定进行风荷载计算；

2 应对设计选定的防水卷材、保温隔热材料、隔汽材料和机械固定件等组成的屋面系统进行抗风揭试验，试验结果应满足风荷载设计要求；

3 应根据风荷载设计计算和试验数据，确定屋面檐角区、檐边区、中间区固定件的布置间距。

10.2.4 采用机械固定法时，屋面持钉层的厚度应符合下列规定：

1 压型钢板基板的厚度不宜小于0.75mm，基板最小厚度不得小于0.63mm，当基板厚度在0.63mm～0.75mm时应通过拉拔试验验证钢板强度；

2 钢筋混凝土板的厚度不应小于40mm。

10.2.5 防水卷材的搭接宜采用热风焊接、热熔粘结、胶粘剂及胶粘带等方式。

10.2.6 屋面保温隔热材料设计应符合下列规定：

1 保温隔热材料的厚度应根据建筑设计计算确定；

2 应具有良好的物理性能、尺寸稳定性；

3 防火等级应符合国家的相关规定；

4 屋面设置内檐沟时，内檐沟处不得降低保温隔热效果。

10.2.7 采用机械固定施工方法时，保温隔热材料的主要性能应符合下列规定：

1 在60kPa的压缩强度下，压缩比不得大于10%；

2 在500N的点荷载作用下，变形不得大于5mm；

3 当采用单层岩棉、矿渣棉铺设时，压缩强度不得低于60kPa；多层岩棉、矿渣棉铺设时，每层压缩强度不得低于40kPa，与防水层直接接触的岩棉、矿渣棉，压缩强度不得低于60kPa。

10.2.8 板状保温隔热材料采用机械固定时，固定件数量和位置应符合表10.2.8的规定。

表 10.2.8 保温隔热材料固定件数量和位置

保温隔热材料	每块板机械固定件最少数量		固定位置
挤塑聚苯板(XPS) 模塑聚苯板(EPS) 硬泡聚氨酯板	各边长均≤1.2m	4个	四个角及沿长向中线均匀布置，固定垫片距离板材边缘≤150mm
	任一边长>1.2m	6个	
岩棉、矿渣棉板、玻璃棉板	—	2个	沿长向中线均匀布置

注：其他类型的保温隔热板材机械固定件的布置设计由系统供应商提供。

10.2.9 屋面保温隔热层干燥有困难时，宜采用排汽屋面。

10.2.10 屋面系统构造层次中相邻的不同产品应具有相容性。不相容时，应设置隔离层，隔离层应与相邻的材料相容。

10.2.11 含有增塑剂的高分子防水卷材与泡沫保温材料之间应增设隔离层。

10.3 细部构造

10.3.1 内檐沟构造宜增设附加防水层，防水层应铺设至内檐沟的外沿。

10.3.2 山墙顶部泛水卷材应铺设至外墙边沿（图10.3.2）。

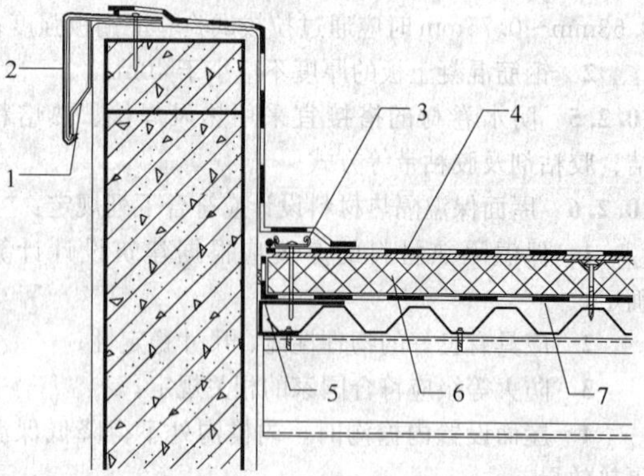

1
2
3
4
5
6
7

图10.3.2 山墙顶
1—钢板连接件；2—复合钢板；3—固定件；4—防水卷材；5—收边加强钢板；6—保温隔热层；7—隔汽层

10.3.3 檐口部位构造（图10.3.3）应符合下列规定：

1 檐口部位应设置外包泛水；

2 外包泛水应包至隔汽层下不应小于50mm。

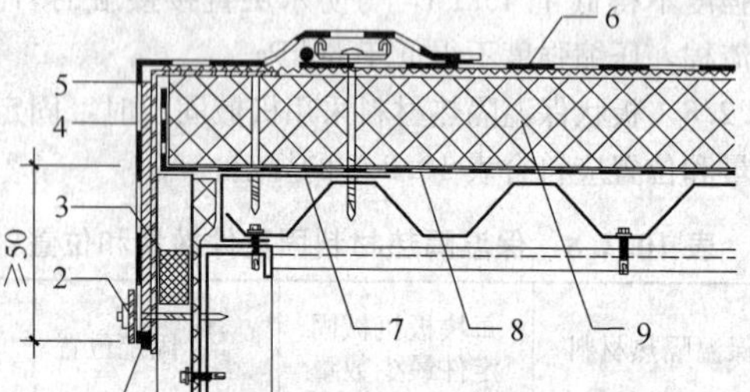

≥50
1
2
3
4
5
6
7
8
9

图10.3.3 檐口
1—外墙填缝；2—收口压条及螺钉；3—泡沫堵头；4—外包泛水；5—钢板封边；6—防水卷材；7—收边加强钢板；8—隔汽层；9—保温隔热层

10.3.4 女儿墙部位构造（图10.3.4）应符合下列规定：

1 女儿墙部位泛水高度不应小于250mm，并采用金属压条收口与密封；

2 女儿墙顶部应采用盖板覆盖。

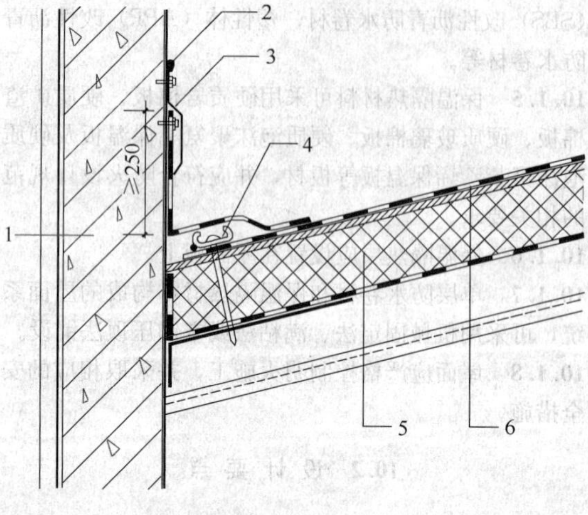

≥250
1
2
3
4
5
6

图10.3.4 女儿墙
1—墙体；2—密封胶；3—收口压条及螺钉；4—金属压条；5—保温隔热层；6—防水卷材

10.3.5 穿出屋面设施构造（图10.3.5-1、图10.3.5-2）应符合下列规定：

1 当穿出屋面设施开口尺寸小于500mm时，泛水应直接与屋面防水卷材焊接或粘结，泛水高度应大于250mm；

2 当穿出屋面设施开口尺寸大于500mm时，穿出屋面设施开口四周的防水卷材应采用金属压条固定，每条金属压条的固定钉不应少于2个，泛水应直接与屋面防水卷材焊接或粘结，泛水高度应大于250mm。

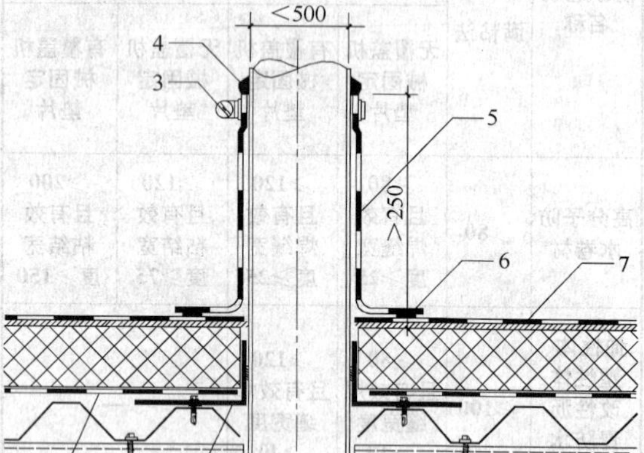

<500
>250
1
2
3
4
5
6
7

图10.3.5-1 穿出屋面管道（1）
1—隔汽层；2—隔汽层连接胶带；3—不锈钢金属箍（密封）；4—密封胶；5—防水卷材；6—热熔焊接；7—保温隔热层

10.3.6 变形缝构造应符合下列规定：

1 变形缝（图10.3.6-1）内应填充泡沫塑料，缝口放置聚乙烯或聚氨酯泡沫棒材，并应设置盖缝防水卷材。

2 当变形缝（图10.3.6-2）两侧为墙体时，墙体应伸出保温隔热层不小于100mm，阴角处抹水泥

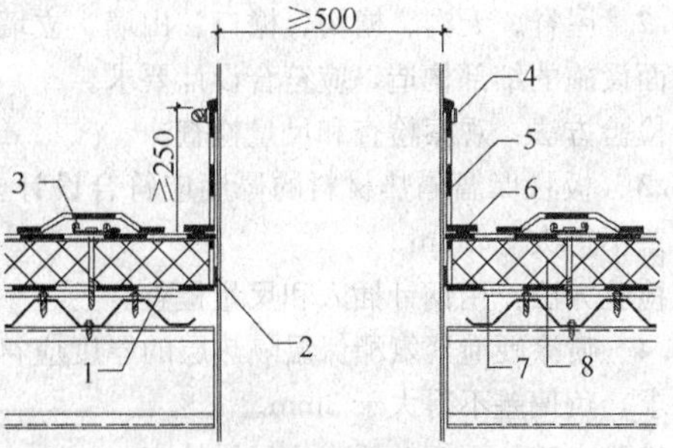
≥500
≥250
3
4
5
6
2
1
7
8

压条布置平面图

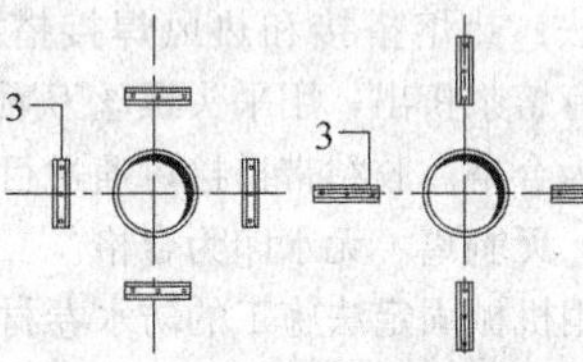
3
3

图 10.3.5-2　穿出屋面管道（2）

1—隔汽层；2—隔汽层连接胶带；3—金属压条；
4—不锈钢金属箍或金属压条（密封）；5—防水卷材；
6—热熔焊接；7—收边加强钢板；8—保温隔热层

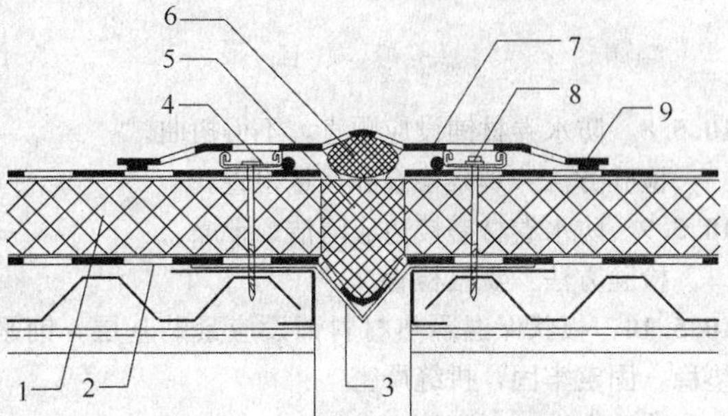
6
5
4
7
8
9
1
2
3

图 10.3.6-1　变形缝（1）

1—保温隔热层；2—隔汽层；3—V 形底板；
4—金属压条；5—发泡聚氨酯；6—聚乙烯或
聚氨酯棒材；7—盖缝防水卷材；8—固定件；
9—热风焊接

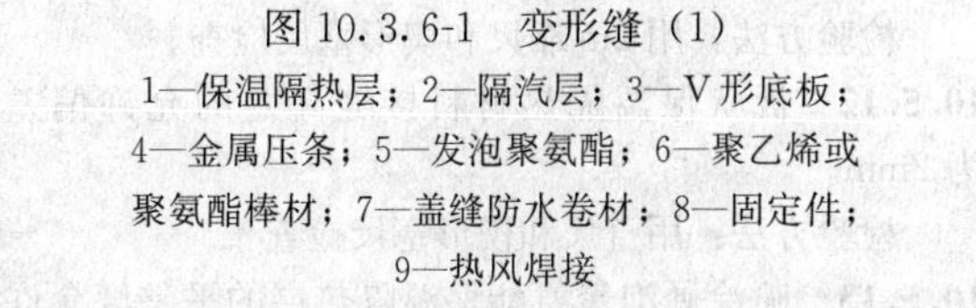
1
2
3
≥250
≥100
4
5

图 10.3.6-2　变形缝（2）

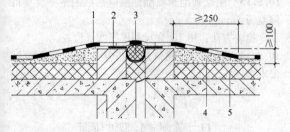

1—防水层；2—U 形金属板；3—聚乙烯或聚氨酯棒材；
4—保护层；5—保温隔热层

砂浆作缓坡，坡长大于 250mm。

10.3.7　水落口卷材覆盖条应与水落口和卷材粘结牢固（图 10.3.7-1、图 10.3.7-2）。

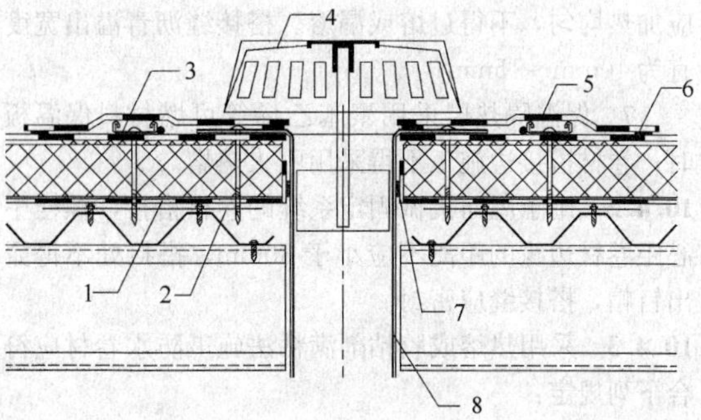
4
3
5
6
1
2
7
8

图 10.3.7-1　水落口（1）

1—隔汽层；2—收边加强钢板；3—金属压条；
4—雨水口挡叶器；5—覆盖条；6—热风焊接；
7—隔汽层连接胶带；8—预制水落口

横向水落口应伸出墙体，覆盖条与卷材和水落口连接处应粘结牢固。

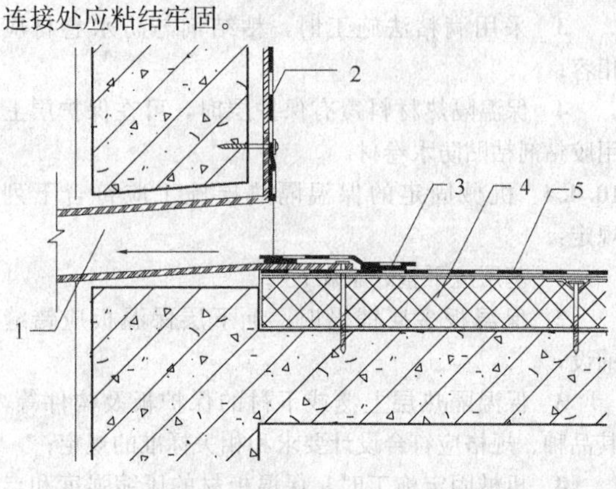
2
3
4
5
1

图 10.3.7-2　水落口（2）

1—水落口；2—胶粘剂；3—焊接接缝；
4—保温隔热层；5—防水卷材

10.4　施工要点

10.4.1　采用机械固定法施工防水卷材应符合下列规定：

1　固定件数量和间距应符合设计要求；螺钉固定件必须固定在压型钢板的波峰上，并应垂直于屋面板，与防水卷材结合紧密；在屋面收边和开口部位，当固定钉不能固定在波峰上时，应增设收边加强钢板，固定钉固定在收边加强钢板上；

2　螺钉穿出钢屋面板的有效长度不得小于 20mm，当底板为混凝土屋面板时，嵌入混凝土屋面板的有效长度不得小于 30mm；

3　铺贴和固定卷材应平整、顺直、松弛，不得褶皱；

4　卷材铺贴和固定的方向宜垂直于屋面压型钢板波峰；坡度大于 25%时，宜垂直屋脊铺贴；

5　高分子防水卷材搭接边采用焊接法施工，接缝不得漏焊或过焊；

6　改性沥青防水卷材搭接边采用热熔法施工，

应加热均匀，不得过熔或漏熔。搭接缝沥青溢出宽度宜为 10mm～15mm；

7 保温隔热层采用聚苯乙烯等可燃材料保温板时，卷材搭接边施工不得采用明火热熔。

10.4.2 用于屋面机械固定系统的卷材搭接，螺栓中心距卷材边缘的距离不应小于 30mm，搭接处不得露出钉帽，搭接缝应密封。

10.4.3 采用热熔或胶粘剂满粘法施工防水卷材应符合下列规定：

1 基层应坚实、平整、干净、干燥。细石混凝土基层不得有疏松、开裂、空鼓等现象，并应涂刷基层处理剂，基层处理剂应与卷材材性相容；

2 不得直接在保温隔热层表面采用明火热熔法和热沥青粘贴沥青基防水卷材；不得直接在保温隔热层材料表面采用胶粘剂粘贴防水卷材；

3 采用满粘法施工时，粘结剂与防水卷材应相容；

4 保温隔热材料覆有保护层时，可在保护层上用胶粘剂粘贴防水卷材。

10.4.4 机械固定的保温隔热层施工应符合下列规定：

1 基层应平整、干燥；

2 保温板多层铺设时，上下层保温板应错缝铺设；

3 保温隔热层上覆或下衬的保护板及构件等，其品种、规格应符合设计要求和相关标准的规定；

4 机械固定施工时，保温板材的压缩强度和点荷载强度应符合设计要求和本规范第 10.2.7 条的规定；

5 固定件规格、布置方式和数量应符合设计要求和本规范表 10.2.8 的规定。

10.4.5 隔离层施工应符合下列规定：

1 保温隔热层与防水层材性不相容时，其间应设隔离层；

2 隔离层搭接宽度不应小于 100mm。

10.4.6 隔汽层施工应符合下列规定：

1 隔汽层可空铺于压型钢板或装配式屋面板上，采用机械固定法施工时应与保温隔热层同时固定；

2 隔汽材料的搭接宽度不应小于 100mm，并应采用密封胶带连接，屋面开孔及周边部位的隔汽层应采用密封措施。

10.5 工程验收

主控项目

10.5.1 防水卷材、保温隔热材料及其配套材料的质量应符合设计要求。

检验方法：观察检查和检查出厂合格证、质量检验报告和进场抽样复验报告。

10.5.2 屋脊、天沟、檐沟、檐口、山墙、立墙和穿出屋面设施的细部构造，应符合设计要求。

检验方法：观察检查和尺量检查。

10.5.3 板状保温隔热材料的厚度应符合设计要求，负偏差不得大于 4mm。

检验方法：用钢针插入和尺量检查。

10.5.4 喷涂硬泡聚氨酯保温隔热层的厚度应符合设计要求，负偏差不得大于 3mm。

检验方法：用钢针插入或尺量检查。

10.5.5 防水卷材搭接缝必须严密。

检验方法：热熔搭接和热风焊接搭接可通过目测。焊缝应有熔浆挤出，用平头螺丝刀顺焊缝边缘挑试，无漏焊为合格。胶粘带搭接可通过目测和淋水试验方法测试，无剥离、无水印为合格。

10.5.6 采用机械固定法施工的防水卷材和保温板固定件的规格、布置方式、位置和数量应符合设计要求。

检验方法：观察检查和尺量检查。

10.5.7 防水卷材屋面竣工后不得渗漏。

检验方法：雨后或进行 2h 淋水，观察检查。

一般项目

10.5.8 防水卷材铺设应顺直，不得扭曲。

检验方法：观察检查和尺量检查。

10.5.9 防水卷材搭接边应清洁、干燥。

检验方法：观察检查。

10.5.10 板状保温隔热材料铺设应紧贴基层，铺平垫稳，固定牢固，拼缝严密。

检验方法：观察检查。

10.5.11 板状保温隔热材料平整度的允许偏差为 5mm。

检验方法：用 2m 靠尺和楔形塞尺检查。

10.5.12 板状保温隔热材料接缝高差的允许偏差为 2mm。

检验方法：用直尺和楔形塞尺检查。

10.5.13 喷涂硬泡聚氨酯保温隔热层的平整度允许偏差为 5mm。

检验方法：用 1m 靠尺和楔形塞尺检查。

10.5.14 隔离层、隔汽层的搭接宽度应符合设计要求。

检验方法：尺量检查。

11 装配式轻型坡屋面

11.1 一 般 规 定

11.1.1 装配式轻型坡屋面适用于防水等级为一级和二级的新建屋面和平改坡屋面。

11.1.2 装配式轻型坡屋面的坡度不应小于 20%。

11.1.3 平改坡屋面应根据既有建筑的进深、承载能力确定承重结构和选择屋面材料。

11.2 设计要点

11.2.1 装配式轻型坡屋面结构构件和连接件的荷载计算应符合现行国家标准《建筑结构荷载规范》GB 50009的有关规定；抗震设计应符合现行国家标准《建筑抗震设计规范》GB 50011的有关规定。

11.2.2 装配式轻型坡屋面采用的瓦材和金属板应满足屋面设计要求，并应符合本规范相关章节的规定。

11.2.3 平改坡屋面的结构设计应符合下列规定：

1 屋架上弦支撑在原屋面板上时，应做结构验算；

2 增加圈梁和卧梁时应与既有建筑墙体连接牢固；

3 屋面宜设檐沟；

4 烟道、排汽道穿出坡屋面不应小于600mm，交接处应作防水密封处理；

5 屋面宜设置上人孔。

11.2.4 装配式轻型坡屋面保温隔热层和通风层设计应符合下列规定：

1 保温隔热层宜做内保温设计；

2 通风口面积不宜小于屋顶投影面积的1/150，通风间层的高度不应小于50mm，屋面通风口处应设置格栅或防护网；

3 穿过顶棚板的设施应进行密封处理。

11.2.5 装配式轻型坡屋面宜在保温隔热层下设置隔汽层。

11.2.6 装配式轻型坡屋面防水垫层应符合本规范第5章的规定。

11.3 细部构造

11.3.1 檐沟部位构造（图11.3.1）应符合下列规定：

1 新建装配式轻型坡屋面宜采用成品轻型檐沟；

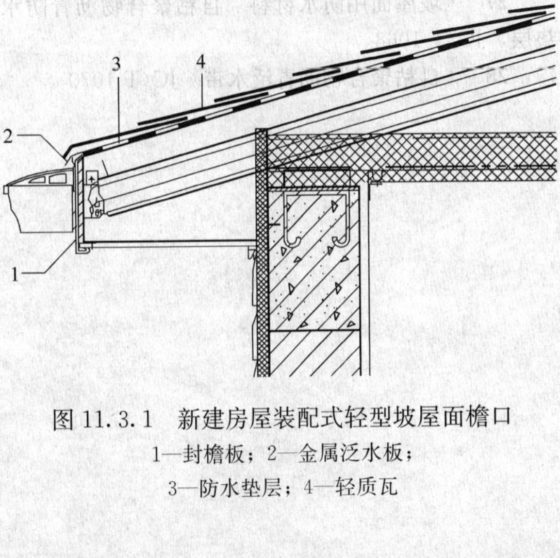

3
4
2
1

图11.3.1 新建房屋装配式轻型坡屋面檐口

1—封檐板；2—金属泛水板；3—防水垫层；4—轻质瓦

2 檐口部位构造应按本规范第6.3.5条的规定执行。

11.3.2 平改坡屋面构造层次宜为瓦材、防水垫层和屋面板（图11.3.2）。防水垫层应铺设在屋面板上，瓦材应铺设在防水垫层上并固定在屋面板上。

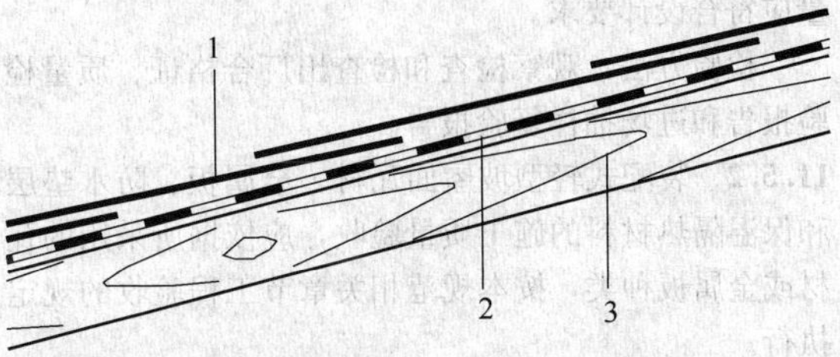

1
2
3

图11.3.2 平改坡屋面构造

1—瓦材；2—防水垫层；3—屋面板

11.3.3 既有屋面新增的钢筋混凝土或钢结构构件的两端，应搁置在原有承重结构位置上。平改坡屋面檐沟可利用既有建筑的檐沟，或新设置檐沟（图11.3.3）。

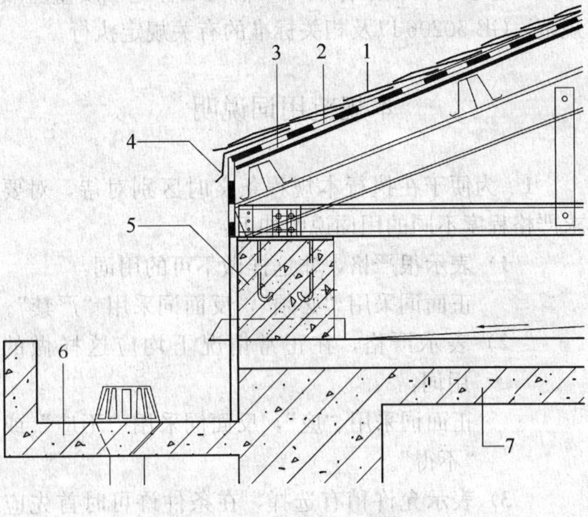

3
2
1
4
5
6
7

图11.3.3 平改坡屋面檐沟

1—轻质瓦；2—防水垫层；3—屋面板；4—金属泛水板；5—现浇钢筋混凝土卧梁；6—原有檐沟；7—原有屋面

11.3.4 装配式轻型坡屋面的山墙宜采用轻质外挂板材封堵。

11.4 施工要点

11.4.1 屋面板铺装宜错缝对接，采用定向刨花板或结构胶合板时，板缝不应小于3mm，不宜大于6.5mm。

11.4.2 平改坡屋面安装屋架和构件不得破坏既有建筑防水层和保温隔热层。

11.4.3 瓦材和金属板材的施工应按本规范第6章、第8章和第9章的规定执行。

11.4.4 防水垫层的施工应按本规范第5.4节的规定执行。

11.4.5 保温隔热材料的施工可按本规范第6.4.9

条、第 6.4.10 条和其他有关规定执行。

11.5 工程验收

11.5.1 装配式轻型坡屋面采用的瓦材、金属板、防水垫层、防水卷材、保温隔热材料及其配套材料的质量应符合设计要求。

检验方法：观察检查和检查出厂合格证、质量检验报告和进场抽样复验报告。

11.5.2 装配式轻型坡屋面瓦材、金属板、防水垫层和保温隔热材料的施工质量验收，应依据所采用的瓦材或金属板种类，按本规范相关章节工程验收的规定执行。

11.5.3 以薄壁型钢为承重结构的装配式轻型坡屋面的结构材料及构件进场验收、构件加工验收和现场安装验收，应符合现行国家标准《钢结构工程施工质量验收规范》GB 50205 的有关规定。

11.5.4 以木构件为承重结构的装配式轻型坡屋面的结构材料及构件进场验收、构件加工验收和现场安装验收，应按现行国家标准《木结构工程施工质量验收规范》GB 50206 以及相关标准的有关规定执行。

本规范用词说明

1 为便于在执行本规程条文时区别对待，对要求严格程度不同的用词说明如下：

1）表示很严格，非这样做不可的用词：
正面词采用“必须”，反面词采用“严禁”。

2）表示严格，在正常情况下均应这样做的用词：
正面词采用“应”，反面词采用“不应”或“不得”。

3）表示允许稍有选择，在条件许可时首先应这样做的用词：
正面词采用“宜”，反面词采用“不宜”；
表示有选择，在一定条件下可以这样做的用词采用“可”。

2 本规范中指定按其他有关标准、规范的规定执行时，写法为“应符合……的规定”或“应按……执行”。

引用标准名录

1 《木结构设计规范》GB 50005

2 《建筑结构荷载规范》GB 50009

3 《建筑抗震设计规范》GB 50011

4 《建筑给水排水设计规范》GB 50015

5 《民用建筑热工设计规范》GB 50176

6 《钢结构工程施工质量验收规范》GB 50205

7 《木结构工程施工质量验收规范》GB 50206

8 《硬泡聚氨酯保温防水工程技术规范》GB 50404

9 《铝及铝合金压型板》GB/T 6891

10 《绝热用模塑聚苯乙烯泡沫塑料》GB/T 10801.1

11 《绝热用挤塑聚苯乙烯泡沫塑料（XPS）》GB/T 10801.2

12 《彩色涂层钢板及钢带》GB/T 12754

13 《建筑用压型钢板》GB/T 12755

14 《聚氯乙烯防水卷材》GB 12952

15 《建筑绝热用玻璃棉制品》GB/T 17795

16 《弹性体改性沥青防水卷材》GB 18242

17 《塑性体改性沥青防水卷材》GB 18243

18 《建筑用岩棉、矿渣棉绝热制品》GB/T 19686

19 《玻纤胎沥青瓦》GB/T 20474

20 《烧结瓦》GB/T 21149

21 《建筑绝热用硬质聚氨酯泡沫塑料》GB/T 21558

22 《建筑用金属面绝热夹芯板》GB/T 23932

23 《种植屋面工程技术规程》JGJ 155

24 《混凝土瓦》JC/T 746

25 《丁基橡胶防水密封胶粘带》JC/T 942

26 《坡屋面用防水材料 聚合物改性沥青防水垫层》JC/T 1067

27 《坡屋面用防水材料 自粘聚合物沥青防水垫层》JC/T 1068

28 《自粘聚合物沥青泛水带》JC/T 1070

中华人民共和国国家标准

坡屋面工程技术规范

GB 50693—2011

条 文 说 明

制 定 说 明

《坡屋面工程技术规范》GB 50693-2011 经住房和城乡建设部 2011 年 5 月 12 日以第 1029 号公告批准、发布。

本规范制定过程中，编制组进行了坡屋面工程技术的相关研究，总结了我国坡屋面工程建设的实践经验，同时参考了国外先进技术法规、技术标准，通过试验取得了坡屋面材料的重要技术参数。

为便于广大设计、施工、科研、学校等单位有关人员在使用本标准时能正确理解和执行条文规定，《坡屋面工程技术规范》编制组按章、节、条顺序编制了本规范的条文说明，对条文规定的目的、依据以及执行中需要注意的有关事项进行了说明。但是，本条文说明不具备与规范正文同等的法律效力，仅供使用者作为理解和把握规范规定的参考。

目　次

1 总　　则

1.0.1 坡屋面使用的屋面材料、保温隔热材料、配件材料种类多种多样，设计复杂，构造变化大，施工难度大。我国有些省市编制了坡屋面构造做法或图集，但目前没有比较全面、统一的坡屋面工程技术规范。本规范是在总结国内坡屋面工程的设计、施工和验收经验的基础上，并参考国内外先进技术而制定的。

1.0.2 本规范的实施将对坡屋面工程的设计、施工提供技术指导，确保坡屋面工程质量。为便于专业性屋面工程质量验收，将质量验收条文附在每章的后面，不再另成文本。

本规范不适用于膜结构、玻璃采光、小青瓦和古建筑琉璃瓦等屋面构造形式。

2 术　　语

2.0.1 本规范所指的坡屋面，是与平屋面相对而言的，坡度低于3%的屋面一般称为平屋面，坡度不小于3%的屋面称为坡屋面。

弧形屋顶的拱顶坡度小于3%，但也属于坡屋面。

2.0.2 一般把平屋面的屋顶承重板称为屋面板，而将坡屋面的承重板称为望板，也有称为斜铺屋面板的，本规范统一称为屋面板。

2.0.3 本规范中的防水垫层是作为辅助防水材料和次防水层，专指用于坡屋面的防水材料，可视为次防水层的构造层次，置于保温层下时可视为隔汽层。防水垫层是传统做法，对于坡屋面防水隔热起到重要作用。同时，防水垫层还可以使瓦材铺设平整、稳定，并起隔离、隔潮、隔热、通风和施工早期保护等作用。

2.0.5 屋面板采用整体现浇钢筋混凝土板，可以阻止水蒸气透过，不必设置隔汽层。内保温隔热屋面，采用纤维状保温隔热材料，需要在保温隔热层下设置隔汽层。当采用装配式屋面板外保温隔热时也需要做隔汽层。

2.0.13 本规范中的块瓦不含小青瓦、琉璃瓦、竹木瓦和石板瓦。

2.0.14 沥青波形瓦除了作为屋面防水材料外，还可以用作防水垫层，作防水垫层时称为波形沥青板通风防水垫层。外露使用的沥青波形瓦应有较好的耐候性。

2.0.20 装配式轻型坡屋面是指屋面采用的屋架、檩条、屋面板、保温隔热层等所有材料都是轻质的，而不是单指保温隔热材料和防水材料是轻质的。

装配式轻型坡屋面适于工厂化生产，可节省人力、加快施工速度，在北美和欧洲是一种较普遍采用的屋顶建造方式。我国在20世纪90年代后，随着现代钢结构体系的迅速发展，装配式轻型坡屋面开始在一般住宅建筑和商业建筑屋面中得到应用。

装配式轻型坡屋面可以应用在传统的新建建筑结构主体上或既有建筑结构主体上，具有防水、保温隔热及发挥建筑造型等作用。相比钢筋混凝土屋面，装配式轻型坡屋面是一种节约能源、节约材料、缩短工期、改善建筑施工环境的新型屋面做法，符合国家节能节材的要求。

2.0.21 屋面风荷载影响因素包括气候、地形、环境、建筑物高度、坡度、粗糙度等，采取的措施主要有机械固定、满粘、压顶等。风揭会造成坡屋面系统破坏，危害建筑安全，影响使用功能，因此必须引起重视。为安全起见，应根据设计要求进行屋面系统的抗风揭试验，验证是否符合屋面风荷载设计要求。

2.0.22 依据发达国家相关建筑规范的规定，在冬季最冷月平均温度等于或低于－4℃或在檐口有可能结冰并形成冰坝返水的区域或部位，应采取防冰坝措施。防冰坝措施可以是在檐口部位增设一道自粘性改性沥青防水垫层，以防止形成冰坝时，汇集在冰坝处的返水倒流进瓦片搭接部位，造成屋面渗漏。

3 基 本 规 定

3.1 材　　料

3.1.1 我国的坡屋面建筑配套材料不齐备，在工程应用中往往东拼西凑，从而影响工程质量。本条强调的配置合理是指防水材料（瓦材、防水卷材）和防水垫层、保温隔热材料、泛水材料、密封材料、固定件及配件等应相互配套，符合设计、施工要求。

在施工中，施工可操作性容易被忽视。工程采用的材料性能很好，但施工操作困难，如在岩棉保温隔热材料上抹砂浆找平层，即便厚度达到30mm，施工瓦材时也会被踩踏龟裂。

3.1.4 随着建筑构造形式，新型材料越来越多，必须重视屋面系统的防火安全。

3.2 设　　计

3.2.3 本规范把坡屋面防水等级分为两级，不再沿用传统的四级分级方法。因为Ⅳ级建筑是临时性的，不必定级，Ⅰ级建筑较少，一般采取特殊防水设计满足使用年限的要求。

坡屋面的防水等级分为两级，较为重要的建筑屋面防水等级为一级，如大型公共建筑、博物馆、医院、学校等的建筑屋面。一般工业民用建筑屋面为二级，可根据业主要求增强防水功能及设计使用年限。

3.2.4 屋面材料品种是按照坡屋面的主要类型分列

的。坡度是根据屋面的构造特点和排水能力确定的。防水垫层的选择是考虑了屋面构造和屋面材料自身的防水能力。本条不适用于装饰性屋面材料。

3.2.5 因为瓦材是不封闭连续铺设的，属搭接构造，依靠物理排水满足防水功能，但会因风雨或毛细等情况引起屋面渗漏，因此必须有辅助防水层，以达到防水效果。

3.2.8 装配式屋面板包括混凝土预制屋面板、压型钢板、木屋面板等。

当屋面为装配式屋面板时，室内水汽会通过屋面板缝隙进入保温隔热层，从而影响保温隔热效果，故宜设置隔汽层，且隔汽层应是连续的、封闭的。

3.2.9 目前，现行国家标准《建筑结构荷载规范》GB 50009中有屋面风荷载设计和计算要求，但没有要求通过抗风揭试验验证设计结果，无法确定其安全性。所以应要求进行抗风揭试验，通过抗风揭试验，来验证设计选用的保温隔热、隔汽、防水材料和机械固定件组成的屋面系统的抗风荷载的能力。目前，沥青瓦屋面、金属板屋面和防水卷材屋面已有相应的抗风揭试验标准。

3.2.10 由于瓦材在此环境下容易脱落，产生安全隐患，必须采取加固措施。块瓦和波形瓦一般用金属件锁固，沥青瓦一般用满粘和增加固定钉的措施。

3.2.14 当屋面坡度大于100%时，保温隔热材料很难固定，易发生滑动而造成安全事故，故宜采用内保温隔热方式。

3.2.16 严寒地区的房屋檐口部位容易产生冰坝积水，冰坝是在屋面檐口形成的阻水冰体，它阻止融化的雪水顺利沿屋面坡度方向流走。滞留的屋面积水倒流，造成屋面渗漏，墙面、吊顶、保温层或其他部位潮湿。

防冰坝部位增设满粘防水垫层可避免冰坝积水返流。

3.2.17 严寒和寒冷地区冬季屋顶积雪较大，当气温升高时，屋顶的冰雪下部融化，大片的冰雪会沿屋顶坡度方向下坠，易造成安全事故。因此应采取相应的安全措施，如在临近檐口的屋面上增设挡雪栅栏或加宽檐沟等措施。

3.2.19、3.2.20 坡屋面有组织排水系统汇水面积可参照表1。

表1 坡屋面汇水面积

汇水面积 (m^2)		坡度(%) 3~30	坡度(%) ≥30	备 注
年降水量	>500	200	100	采用虹吸排水，汇水面积增加$100m^2$
年降水量	≤500	300	200	不宜采用虹吸排水

3.2.23 光伏瓦和光伏防水卷材是国家倡导发展的新型屋面材料。光伏瓦主要指太阳能光伏电池与瓦材的复合体，光伏防水卷材主要指太阳能光伏薄膜电池与防水卷材的复合体，光伏瓦和光伏防水卷材与本规范中的块瓦和防水卷材的形状类似，其细部构造的设计施工可参考本规范第7章和第10章的相关规定。

3.3 施 工

3.3.1 施工前对图纸会审和重点审查是很有必要的，如发现设计有不合理部分可以修改设计或重新设计。通常需要对保温和防水进行细化设计。细化设计亦称二次设计。

3.3.4 由于防水垫层通常不宜长期暴露于阳光下，因此需要尽早铺设屋面面层材料。根据材料的不同，可承受的暴露的时间从一周到一个月不等，应参照防水垫层制造商的产品说明。

3.3.5 瓦材堆垛过高容易产生位移、滑落等安全隐患；对称作业可避免屋面荷载不均和引起轻质屋面结构产生破坏和变形。

3.3.6 内保温隔热材料应符合以下规定：

5 内保温隔热屋面，要求保温隔热材料吸湿率低，防火等级高，承托保温隔热材料的构造复杂，故本规范未提供细部构造说明和示意图。

3.3.12 坡屋面施工时，由于屋面具有一定坡度，易发生施工人员安全事故，所以本条作为强制性条文。

2 当坡度大于30%时，人和物易滑落，故应采取防滑措施。

4 坡屋面工程材料

4.1 防水垫层

4.1.1 坡屋面由于坡度较大，特别是表面潮湿时，存在安全隐患。为了保证施工人员安全，防水垫层表面应有防滑性能，或采用防滑措施。

4.1.2 防水垫层应采用柔性材料，目前主要采用的是沥青类和高分子类防水垫层。本规范所列的防水垫层是目前常见的类型。

此外，现有的具有国家和行业标准的防水卷材和防水涂料，也可以作为防水垫层使用。

4.1.3 表4.1.3中所列的防水垫层具有较高的防水能力和耐用年限，主要用于防水等级为一级设防的瓦屋面，也可用于防水等级为二级设防的瓦屋面。表4.1.3中未列出的防水垫层可用于防水等级为二级设防的瓦屋面。

4.1.4~4.1.10 防水垫层已有国家或行业标准的按标准执行，对没有国家或行业标准的防水垫层，本规范提供了其主要物理性能指标，若以后颁布了相关防水垫层的国家和行业标准，应按相关标准的规定执行。

4.1.6 波形沥青通风防水垫层目前没有相关的国家标准或行业标准，表4.1.6中主要性能依据欧洲标准《波形沥青瓦——产品规格及检测方法》（Corrugated bitumen sheets——Product specification and test methods）EN 534—2006中S类产品的指标。标称厚度是指生产商明示的产品厚度值。用于一级设防的波形沥青通风防水垫层最小厚度应符合本规范表4.1.3的规定。

4.1.8 聚乙烯丙纶防水垫层用于一级设防瓦屋面时，应采用复合做法。复合防水垫层厚度不应小于2.0mm，其中聚乙烯丙纶防水垫层厚度不应小于0.7mm，聚合物水泥胶粘材料厚度不应小于1.3mm。聚乙烯丙纶防水垫层用于二级设防的瓦屋面时，聚乙烯丙纶防水垫层厚度不应小于0.7mm，可采用空铺或满粘做法。

4.2 保温隔热材料

4.2.1 坡屋面采用的保温隔热材料种类很多，标准中仅列出了常用的板状保温隔热材料。由于是坡屋面，散状保温隔热材料会滑动，不能保证厚度的均匀性，故不宜采用。

保温隔热板材也可以选用酚醛泡沫板、聚异氰脲酸酯泡沫板（PIR）等。这些板材是发达国家普遍使用的阻燃性较好的保温隔热材料，目前国内已开始使用此类材料，但没有相关的产品标准。

4.2.2 保温隔热材料的种类、型号、规格繁多，但厚度都必须达到传热系数要求，传热系数应符合《公共建筑节能设计标准》GB 50189等的规定。

4.2.3 大跨度屋面都是轻型结构，为了保证保温隔热效果和满足荷载要求，保温隔热材料的表观密度不宜太高。

岩棉、矿渣棉表观密度较大，本规范规定为不应大于250kg/m³。

对于装配式轻型坡屋面和平改坡屋面，采用内保温时，保温隔热材料不受压，可以采用较低的密度，以降低屋面的荷载。

4.2.4～4.2.8 保温隔热材料的规格和物理性能应按相应的国家标准或行业标准的规定，标准被修订时，应按最新标准执行。

4.4 块 瓦

4.4.3 各种瓦配件的规格是系统配套使用的，应避免混用。配件瓦系指脊瓦、山墙“L”形瓦、檐口瓦等瓦材。

4.5 波 形 瓦

4.5.1 沥青波形瓦目前没有相关的国家标准或行业标准，表4.5.1中主要性能依据欧洲标准《波形沥青瓦——产品规格及检测方法》（Corrugated bitumen sheets——Product specification and test methods）EN 534—2006中R类产品的指标。标称厚度是指生产商明示的产品厚度值。

4.6 金 属 板

4.6.1 压型金属板材的基板包括：热镀锌钢板、镀铝锌钢板、铝合金板、不锈钢板等。选用金属板的材质要考虑当地环境的腐蚀程度及使用者对建筑物的具体要求。本规范编制时，单层压型金属板材没有相应的产品标准，故对常用的板材材质提出了主要性能。

4.7 防 水 卷 材

4.7.1～4.7.6 本章涉及的防水卷材均为单层使用，因此对防水卷材的物理性能指标提出了更高的要求，特别是耐老化性和耐久性，所以将防水卷材人工气候老化试验的辐照时间定为2500h，辐照强度约为5250MJ/m²。采用机械固定的单层防水卷材应选用具有内增强的产品。

4.8 装配式轻型坡屋面材料

4.8.1 装配式轻型坡屋面的特点是工业化程度高，施工速度快，所选择材料应便于工厂化生产，并满足国家节能环保的政策法规。在选择材料的同时，应注意各种材料之间的相容性，防止附属材料对主体钢结构或木结构的腐蚀。

4.8.2 镀锌层重量（双面）不小于180g/m² 的热浸镀锌板可满足一般使用年限屋顶的需要。但在近海海岸建筑、海岛建筑或其他腐蚀性环境中应用时，设计人员应确认构件的防腐性能是否满足要求。

4.8.3 装配式轻型坡屋面冷弯薄壁型钢通常采用的连接件（连接材料）的相关标准如下：

1 普通螺栓的相关标准有《六角头螺栓 C级》GB/T 5780、《紧固件机械性能、螺栓、螺钉和螺柱》GB/T 3098.1等；

2 高强度螺栓的相关标准有《钢结构用高强度大六角头螺栓》GB/T 1228、《钢结构用高强度大六角螺母》GB/T 1229、《钢结构用高强度垫圈》GB/T 1230、《钢结构用高强度大六角头螺栓、大六角螺母、垫圈技术条件》GB/T 1231、《钢结构用扭剪型高强度螺栓连接副》GB/T 3632等；

3 连接薄钢板、其他金属板或其他板材采用的自攻、自钻螺钉相关标准有《十字槽盘头自钻自攻螺钉》GB/T 15856.1、《十字槽沉头自钻自攻螺钉》GB/T 15856.2、《十字槽半沉头自钻自攻螺钉》GB/T 15856.3、《六角法兰面自攻螺钉》GB/T 15856.4、《开槽盘头自攻螺钉》GB/T 5282、《开槽沉头自攻螺钉》GB/T 5283、《开槽半沉头自攻螺钉》GB/T 5284、《六角头自攻螺钉》GB/T 5285等；

4 抽芯铆钉相关标准有以下几种：

《封闭型平圆头抽芯铆钉 11级》GB/T 12615.1；

《封闭型平圆头抽芯铆钉 30级》GB/T 12615.2；

《封闭型平圆头抽芯铆钉 06级》GB/T 12615.3；

《封闭型平圆头抽芯铆钉 51级》GB/T 12615.4；

《封闭型沉头抽芯铆钉 11级》GB/T 12616.1；

《开口型沉头抽芯铆钉 10、11级》GB/T 12617.1；

《开口型沉头抽芯铆钉 30级》GB/T 12617.2；

《开口型沉头抽芯铆钉 12级》GB/T 12617.3；

《开口型沉头抽芯铆钉 51级》GB/T 12617.4；

《开口型平圆头抽芯铆钉 10、11级》GB/T 12618.1；

《开口型平圆头抽芯铆钉 30级》GB/T 12618.2；

《开口型平圆头抽芯铆钉 12级》GB/T 12618.3；

《开口型平圆头抽芯铆钉 51级》GB/T 12618.4；

《开口型平圆头抽芯铆钉 20、21、22级》GB/T 12618.5；

《开口型平圆头抽芯铆钉 40、41级》GB/T 12618.6；

5 射钉相关标准有《射钉》GB/T 18981；

6 锚栓相关标准有《碳素结构钢》GB/T 700、《低合金高强度结构钢》GB/T 1591 规定的Q345等。

4.8.5 结构用定向刨花板规格和性能的相关标准有《定向刨花板》LY/T 1580，定向刨花板宜采用3级以上的板材；结构胶合板的相关标准有《胶合板 第3部分：普通胶合板通用技术条件》GB/T 9846.3。

4.8.6 装配式轻型坡屋面宜采用轻质瓦材，以降低屋面荷载，并增强屋面在地震、强风等灾害性事件下的安全性。

4.9 泛水材料

4.9.2～4.9.4 目前，与泛水材料相关的国家标准和行业标准只有《自粘聚合物沥青泛水带》JC/T 1070。此外，丁基橡胶防水密封胶粘带和一些防水卷材、防水涂料、密封胶等也可作为泛水材料。外露的泛水材料应具有耐候性能。

4.10 机械固定件

4.10.1 机械固定件主要包括固定钉、垫片、套管和压条等，材质有金属和树脂两大类。

4.10.2 机械固定件应符合以下规定：

2 在干燥或低湿度环境下可选用碳钢固定件，但应通过不少于15个周期（每个周期24h）的抗酸雨试验（360h后，表面腐蚀面积不超过15%）或不少于1000h的抗盐雾试验（1000h固定件表面不出现红锈）。

4 在机械固定单层防水卷材屋面系统中，固定件的拉拔力至关重要。因为，在风荷载的作用下，屋面的抗风揭的能力是由屋面防水卷材、保温隔热材料、隔汽材料机械固定件和压型钢板等组成的屋面系统共同承担的，其他屋面材料承担的抗风揭力要通过固定件传递给屋面结构。因此，屋面系统抗风荷载设计计算可以用固定件的拉拔力来表示，但应通过屋面系统抗风揭试验最终验证所选用的防水卷材、保温隔热材料和机械固定件是否满足风荷载设计要求。

5 当采用纤维状保温隔热材料时，采用有套管的固定钉可防止踩踏在固定钉上破坏防水卷材。

4.10.3 金属固定件的防腐性能、树脂固定件的耐候性对使用寿命和安全至关重要，应根据屋面等级采用适合的产品。

不锈钢固定件的成分不同，其使用寿命有很大差异，应谨慎选用。

4.10.5 固定件在长期使用中会产生松脱或螺钉反旋，松脱或螺钉反旋与固定件的螺纹设计和材质相关，因此有必要对固定件进行抗松脱测试。

国外对固定件的抗松脱性能的要求见表2。

表2 机械固定件抗松脱性能

测试内容	测试要求
抗松脱性	钉头旋转500圈，位移不超过$\frac{1}{4}$圈 钉头旋转900圈（测试结束），位移不超过$\frac{1}{2}$圈 钉头垂直运动900圈，垂直位移不应大于1mm，允许钉头稍微倾斜

4.12 其他材料

4.12.1 隔汽材料主要有塑料、沥青、复合铝箔等类型。

4.12.3 大部分瓦材有配件产品，为了保证屋面的完整功能，应当采用其配件。为了正确安装，需要相应的安装说明或操作规程。

5 防水垫层

5.1 一般规定

5.1.2 铝箔隔热防水垫层，具有热反射隔热作用，应使用在有空气间层的通风构造屋面中。

透汽防水垫层具有透汽的作用，在瓦屋面中，宜使用在潮湿环境和纤维状保温隔热材料之上，宜与其他防水垫层同时使用。在金属屋面中，可单独作为防水垫层使用。

5.1.4 防水垫层可采取空铺、满粘和机械固定方式。厚度在 2mm 以下的聚合物改性沥青防水垫层，不可采用明火热融施工。

5.1.5 当屋面坡度大于 50%时，防水垫层宜采用机械固定或满粘，防止重力产生滑动。

5.1.6 对于屋面防水等级为一级的瓦屋面，通常选用自粘防水垫层，由于自粘防水垫层对钉子有握裹力。若固定钉穿透非自粘防水垫层，钉孔部位应采取密封措施。

波形沥青板通风防水垫层，钉孔位于波峰时，可不进行密封处理。

5.2 设计要点

5.2.1 本条列出了防水垫层的常见做法，在设计防水垫层的位置和构造时，应考虑当地气候条件等因素，防水垫层应保证其防水功能。

3 铺设在保温隔热层下的防水垫层可兼作隔汽层。

5.2.2 细部节点部位是屋面防水的重点，需要做防水垫层附加层，通常采用自粘防水垫层以降低施工复杂性，同时保证固定件的密封。

5.3 细部构造

5.3.1～5.3.9 本节列出了屋脊、檐口、檐沟、天沟、立墙、山墙、女儿墙、穿出屋面管道、变形缝等典型细部构造的一般做法，如材料供应商有特殊施工要求，可按照其要求对细部构造的处理作适当调整。

5.3.2 为了避免强风、雨水和冰坝的影响，檐口部位需要使用满粘防水垫层加强，通常采用自粘沥青防水垫层，可同时保证固定件的密封质量。

5.3.7 沥青瓦屋面的泛水一般覆盖在防水垫层上；块瓦屋面的泛水一般覆盖在瓦上。

5.3.9 变形缝的传统作法是承重墙高出屋面 800mm 左右，由于瓦材不能沿墙向上铺设，所以在瓦与墙的交接部位做砂浆或金属泛水，由于瓦的热胀冷缩易使泛水开缝造成渗漏水。

为防止诸多渗漏水隐患，将变形缝墙高缩至 100mm，防水垫层铺过变形缝，使之达到全封闭。同时变形缝上封盖金属盖板，缝中填保温隔热材料，既满足了防水保温要求，又方便了施工。

5.4 施工要点

5.4.1 防水垫层的厚度一般较防水卷材薄，因此需要基层平整、干净、干燥。只有基层质量符合规定，才能保证整个防水垫层达到平整和防水的效果。

5.4.2 由于很多防水垫层是空铺搭接，所以要求防水垫层铺设必须考虑排水及风向的影响。

5.4.3 满粘防水垫层搭接部位密封较好，因此相比机械固定或空铺施工，可以适当降低搭接宽度要求。

对于机械固定或空铺防水垫层，当屋面坡度较小时，需要根据厂家指导，适当增加搭接宽度或采取密封措施。

5.4.4 在挂瓦条和顺水条之间铺设隔热防水垫层，形成的凹曲形状有利于排水，同时利用空气间层和热反射的效果，可起到降低建筑的能耗作用。

有需要时，有时隔热垫层和防水垫层可合而为一。

5.5 工程验收

主控项目

5.5.1 为了保证坡屋面防水的设计使用年限，必须采用与坡屋面防水等级相适应的防水垫层，防水垫层必须符合质量标准和设计要求。

5.5.2 节点部位是防水工程最易渗漏的地方，屋面上有各种节点，均应按照设计要求和本规范的规定进行施工与验收，以确保节点的质量。

一般项目

5.5.3 防水垫层的铺设顺序涉及排水效果，因此必须检查，同时搭接宽度也要满足要求。

5.5.5 防水垫层施工完成后，还有后续其他施工。因此在后续工序中，应注意防水垫层的保护，不得破坏防水垫层，如有损坏应及时修补。

6 沥青瓦屋面

6.1 一般规定

6.1.1 根据《玻纤胎沥青瓦》GB/T 20474 标准，沥青瓦按产品形式分为平面沥青瓦（平瓦）和叠合沥青瓦（叠瓦）两个种类。

6.1.2 沥青瓦主要适用于坡屋面，与一般防水卷材不同，瓦屋面防水原则是构造防水，以排为主，以防为辅。屋面坡度、表面耐候层和泛水节点处理，是影响屋面耐久性与防水性的三大主要原因。

沥青瓦的耐久性与瓦材的厚度有很大关系，单层沥青瓦较薄，常用于防水等级为二级的坡屋面，叠合沥青瓦可适用于防水等级为一级的坡屋面。

6.1.3 沥青瓦屋面的最小坡度是根据相关规范、实践经验确定的，作为沥青瓦搭接垫高较低，同时沥青瓦表面有彩砂，排水不畅，坡度低于 20%时，易积水返灌，故坡度不应小于 20%。

6.1.4 沥青瓦屋面的保温隔热材料用于屋面基层上部时，由于沥青瓦是脆性材料，为防止施工或维护修理时踩踏破坏，规定了最小的压缩强度限值。而钢结构或木结构建筑，其屋面板轻薄，在屋面板上铺设保温隔热材料比较困难，因而可利用屋顶内部结构空间填充玻璃棉等轻质保温隔热材料，作内保温屋面。

6.1.5 因为沥青瓦比较轻薄，是半柔性材料，如基层不平整，则会影响屋面外观的平整度和美观，还会引起沥青瓦的断裂。

木质屋面板在沥青瓦铺装前应确保干燥，以防止屋面板翘曲变形或发霉腐烂，影响屋面的耐久性能。

6.1.6 为满足抗风揭，屋面周边应采用满粘增强，并增加固定钉数量。其次，周边区域由于风的影响容易产生渗水，也需要满粘防漏，满粘可采用沥青胶粘材料或自粘沥青瓦。

6.1.7 环境温度低于5℃时，沥青瓦上的自粘胶条不易自行粘结，需要采取手工涂抹胶粘剂或加热等措施，才能确保其低温下的粘结性能，满足抗风揭要求。

6.2 设计要点

6.2.1 在混凝土屋面上铺设沥青瓦时，一般需要在瓦材下部做细石混凝土持钉层兼做找平层。

细石混凝土持钉层可兼做防水垫层的保护层，以防止防水垫层被钉穿而降低防水性能。在这种情况下，应采用在细石混凝土下铺设防水垫层的做法。

6.2.2 本条列出了常见的沥青瓦屋面构造做法。保温隔热材料置于木屋面板或其他屋面板上方时，可以随屋面板铺设。此外还有在吊顶上方铺设等多种方式。

6.2.3 沥青瓦采用粘和钉相结合的固定方式，每张瓦片不应少于规定的固定钉个数。由于混凝土屋面的持钉性能低于木屋面板，在混凝土屋面上固定沥青瓦需要更多的固定钉。

6.2.4 由于在强风作用下沥青瓦屋面的破坏主要发生于屋面檐口等周边部位或屋脊等突起部位，故需要在这些部位采用沥青胶粘结或增加固定钉数量等加固措施。沥青瓦抗风揭性能试验应参照国家标准《玻纤胎沥青瓦》GB/T 20474中所规定的抗风揭试验方法进行。

6.2.5 沥青瓦用于木质结构或装配式屋面，屋面屋脊采用成品通风脊瓦，可起到降低屋顶温度和湿度的作用。

6.3 细部构造

6.3.2～6.3.4 沥青瓦屋面天沟的铺设方法有三种：搭接式、编织式和敞开式。

天沟是屋面排水的集中部位，为确保其防水性能，规定天沟部位应增铺防水垫层附加层。金属泛水做法应设置适应金属变形的构造，防止金属泛水变形破坏。

6.3.5 檐口部位是屋面排水的部位，易受强风或融雪损坏，发生渗漏现象。为确保其防水性能，规定屋面周边的檐口部位沥青瓦应采用满粘加固措施。

檐口泛水和防水垫层的设置顺序要考虑排水线路，形成层层设防的构造。

6.3.8、6.3.9 立墙或女儿墙与屋面的交接处易发生渗漏现象，应重点采取泛水构造做法。女儿墙或立墙与屋面的交界处须采用防水卷材或金属泛水做附加层，防水卷材或金属泛水应满足材料性能要求并具有相应的耐候性。

6.3.10 穿出屋面管道的泛水有现场加工或采用成品套管两种方法。

6.4 施工要点

6.4.2 檐沟、屋面周边、屋面与立墙及穿出屋面设施节点以及屋面避雷带等处的附加防水构造应在屋面瓦施工前完成，在屋面瓦施工后，这些部位的细部处理将难以完成。目前有许多屋面瓦施工方与防水垫层施工方不是同一单位，易造成屋面施工顺序的颠倒和防水节点施工不良，互相推诿责任。

6.4.3 沥青瓦施工应设置基准线施工，以防止随意安装，降低瓦材防水性能和影响外观。

6.4.4 沥青瓦是依靠瓦材的搭接构造防水，为防止增大外露面积引起搭接渗漏，规定外露部位的宽度非常重要。

对于宽度规格为333mm的沥青瓦，依据《玻纤胎沥青瓦》GB 20474，沥青瓦切口深度＝[沥青瓦宽度(333)－43]/2＝145mm。为了确保沥青瓦切口处搭接不产生渗漏，故要求外露部位不大于143mm。

对于其他宽度规格的沥青瓦应按照沥青瓦制造商规定的外露尺寸要求。

6.4.6 在安装屋脊部位时，由于没有上片沥青瓦覆盖固定钉，故屋脊部位外露的固定钉钉帽应涂盖沥青基胶粘材料，防止暴露锈蚀。

6.4.7 应确保固定钉的贯入深度，以保证固定钉的持钉性能、整体性能和美观性，并不得损伤沥青瓦。

6.4.9 板状保温隔热材料的铺设应符合以下规定：

2 铺设保温隔热材料，对缝严密、固定牢固，防止后续施工导致保温隔热材料滑动。

6.5 工程验收

主控项目

6.5.5 钉帽突出沥青瓦，瓦片互相不贴合，将严重影响持钉效果和自粘胶条的粘结效果，影响沥青瓦的防水性能和抗风性能。钉帽亦不该嵌入沥青瓦，以防止破坏沥青瓦降低固定效果。固定钉应采用薄平型钉帽，不应采用不易贴合的沉头钉或厚钉帽。

除屋脊部位外，沥青瓦屋面的固定钉不得外露。

屋脊部位外露的固定钉应用密封膏封严。

6.5.6 沥青瓦是依靠瓦材的搭接构造防水，瓦材的搭接尺寸应满足设计和生产商的要求，不应过大。拉大外露面宽度，将产生搭接渗漏，严重影响沥青瓦的整体粘结性能和防水性能，造成屋面渗漏和瓦片脱落。

一 般 项 目

6.5.10 沥青瓦应错缝安装，以确保达到防水效果。

6.5.11 持钉层的质量是影响瓦材固定效果和整体外观的重要前道工序，应在验收时予以注意。

7 块 瓦 屋 面

7.1 一 般 规 定

7.1.1 有防水设计（如搭接边设计）的瓦材方可应用在防水等级为一级的屋面。

本规范的块瓦不含各类不防水的装饰瓦及木瓦。

本规范不适用于石板瓦、琉璃瓦、小青瓦屋面等。

7.1.2 考虑到块瓦相互搭接的特性，搭接部位垫高较大，实际减缓了10%的坡度，为了保证瓦材的构造防水性能，所以坡度不应小于30%。

7.1.4 采用干挂铺瓦方式施工方便安全，可避免水泥砂浆卧瓦安装方式的缺陷：产生冷桥、污染瓦片、冬季砂浆收缩拉裂瓦片、粘结不牢引起脱落、不利于通风隔热节能。

檐口部位是受风压较集中的部位，故应在此部位采取加固措施。

7.2 设 计 要 点

7.2.1 本条列出了多种常用的适用于块瓦的坡屋面构造，可以根据设计要求选择。

7.2.2 在檐口和屋脊处安装通风隔热节能设施，可使木质顺水条和挂瓦条干燥并带走保温隔热层中的湿气，增强保温隔热性能。夏季可通过通风构造降低室内温度，节约能源。

7.2.3 为了消除融雪冰坠和檐口排水湿墙的现象，檐口宜设置檐沟，进行有组织排水。为了施工便捷宜采用成品檐沟。

7.2.5 檐沟的宽度可以根据不同地区雨量、屋面坡度和汇水面积确定。

7.2.6 加强措施是指每片瓦应使用带螺纹的钉固定在挂瓦条上，瓦片下部应使用不锈钢扣件固定在挂瓦条上。配件瓦应使用金属扣件固定在支撑木上。

7.3 细 部 构 造

7.3.1 通风屋脊是屋面防水的薄弱环节，构造多种多样，应视瓦材品种采用相应的构造作法，宜使用干铺法施工。

7.3.2 对块瓦的通风檐口挑入檐沟的长度作了规定，主要目的为防止末块瓦返水。檐口挡箅可以防止虫鸟进入。

7.3.5 山墙部位的檐口封边瓦宜采用卧浆做法。

2 水泥砂浆的勾缝表面宜涂刷与瓦片同色的涂料。

7.3.7 穿出屋面的管道，除了使用成品通气管瓦之外，使用耐候性自粘泛水代替传统水泥砂浆抹面，可以确保管根部位的防水效果。

7.4 施 工 要 点

7.4.2 为了保证块瓦屋面的平整度、利于排水和美观等，首先应控制挂瓦条的平整度。混凝土找平层的平整度一般在±5mm，顺水条和挂瓦条尺寸偏差一般在±2mm。

7.4.4 本条主要是为了保证防水效果和屋顶外观美观。

8 波形瓦屋面

8.1 一 般 规 定

8.1.1 根据波形瓦的材质和构造特点，波形瓦宜用于防水等级为二级的坡屋面工程。

8.1.2 波形瓦一般较大，但不可因搭接宽度而降低屋面坡度，所以屋面坡度定为不应小于20%。

8.1.3 波形瓦本身强度较高，单片瓦面积较大，可以不需要屋面板承托，常用于无望板屋面系统，此时屋面作内保温，保温隔热材料宜选用不燃材料，并设置承托保温隔热材料的构造。

8.2 设 计 要 点

8.2.1 本条列出常用波形瓦的坡屋面构造，可以根据设计要求选择。

8.2.4 波形瓦上下搭接宽度和屋面坡度有关，当屋面坡度越缓，在风的作用下雨水倒灌的可能性也越大，故而其搭接宽度越宽。表8.2.4中所示数据均为最小值。波形瓦用于沿海等强风地区应根据当地气候条件进行加固。

屋面坡度越大，瓦材滑动可能性增加，当坡度大于30%时应适当增加固定钉数量。

8.3 细 部 构 造

8.3.4 对于无屋面板承托的波形瓦屋面天沟，应根据情况设置必要的承托构件，以防止天沟下垂变形。

8.4 施 工 要 点

8.4.4 波形瓦固定件穿过波形瓦固定在混凝土板、

木屋面板或挂瓦条等上面，为保证防水，固定件的安装位置应设在波峰处，并均匀布置，必要时还要采取密封措施。

8.5 工程验收

主控项目

8.5.2 各工序间的交接检验应由专职人员检查，有完整的质量记录，经监理或建设单位再次进行检查验收后方可进行下一工序的施工作业。波形瓦屋面细部构造处理是屋面系统成败的关键，屋面细部构造处理应全部进行检查。

一般项目

8.5.9 细石混凝土持钉层施工完毕后应采取覆盖、淋水或洒水等手段充分养护，保证持钉层质量。

9 金属板屋面

9.1 一般规定

9.1.2 依据相关钢结构技术规范的规定，金属板屋面坡度不宜小于5%。但拱形、球冠形屋面顶部的局部坡度可以小于5%。

9.1.3 单层压型金属板材的材质、板型、涂层、连接形式和接缝等因素都可影响屋面使用寿命，根据单层压型金属板材特性的不同，适用于防水等级为一级、二级的坡屋面。

9.1.6 单层压型金属板屋面采用的防水垫层不分级，根据设计选择。

9.2 设计要点

9.2.3 在金属板屋面系统中，风荷载设计至关重要。而抗风揭试验是验证风荷载设计的重要手段。金属屋面的抗风揭试验按相关的规定执行。

9.2.4 压型金属板变形计算公式：

$$\Delta L = \alpha \cdot L \cdot \Delta T$$

式中：ΔL——变形长度；

α——线膨胀系数；

L——板材长度；

ΔT——温差。

铝合金板线膨胀系数约为：23.6×10^{-6}（℃）$^{-1}$；

钢板线膨胀系数约为：12×10^{-6}（℃）$^{-1}$；

聚碳酸酯板线膨胀系数约为：67×10^{-6}（℃）$^{-1}$；

玻璃纤维增强聚酯板线膨胀系数约为：26.8×10^{-6}（℃）$^{-1}$；

安全玻璃线膨胀系数约为：5×10^{-6}（℃）$^{-1}$；

伸缩变形计算温差ΔT可取安装时温度分别与夏天（65℃）和冬天（−15℃）温度差的较大值。

9.2.5 屋面形式繁多，为防止雨雪在金属板屋面上堆积而造成渗水现象及在金属板材搭接处的渗漏现象，不同的排水坡度应采用不同的金属板材连接形式。

9.2.6 天沟设置在建筑物内部时，必须考虑结构安全和保温隔热要求等因素。金属檐沟不作结构起坡，天沟如需要起坡，要视实际设计、制造和安装情况而定。

9.2.8 屋面开口是屋面防水的重要部位。对于一般支撑屋面设备的开口，建议使用屋面支架，但必须考虑支架的原材料与金属屋面板是否会发生电化学反应，以及支架和屋面板之间的密封效果。若是一般管道伸出金属屋面板，则可使用高耐候橡胶密封带进行密封。

9.2.9 纤维状保温材料包括岩棉、矿渣棉和玻璃棉等构成的保温隔热材料。因为纤维状保温材料吸湿性大应设置隔汽层。

9.3 细部构造

9.3.1 本条是金属板屋面在建筑物屋脊部分的构造内容。

2 不同的板型，屋脊盖板的形式是不一样的。在搭接型和扣合型屋面板中，经常使用与板型一致的屋脊板。屋脊板和屋面板的连接必须作好泛水处理；咬口型屋面板使用特制的屋脊盖板，利用板端挡水板作泛水处理。

9.4 施工要点

9.4.1 金属板材施工采用专用吊具吊装，可防止金属板材在吊装中的变形或将金属板面的涂层破坏。

9.4.6 保护措施包括清理安装产生的金属屑，避免金属屑的锈蚀对金属板材的破坏。

10 防水卷材屋面

10.1 一般规定

10.1.1 本章内容适用于单层防水卷材坡屋面。

所谓单层防水卷材，顾名思义是指一层防水卷材。这一层防水卷材的性能必须达到相应防水层设计使用年限的要求。

10.1.2 防水卷材的使用对屋面坡度没有要求，从0°到90°都可以使用防水卷材。由于本规范是针对坡屋面的，屋面坡度小于3%的视为平屋面，故本章规定使用的坡度为3%以上。

10.1.4 本章采用的聚氯乙烯（PVC）防水卷材、三元乙丙橡胶（EPDM）防水卷材、热塑性聚烯烃（TPO）防水卷材、弹性体（SBS）改性沥青防水卷材、塑性体（APP）改性沥青防水卷材等五种防水卷材，是经过工程实践检验质量可靠的防水材料。

10.1.5 保温隔热板材也可选用酚醛泡沫板、聚异氰脲酸酯泡沫板（PIR）等。上述板材是发达国家普遍使用的阻燃性较好的保温隔热材料，目前国内已开始使用此类材料，但还没有相关的产品标准。

10.2 设计要点

10.2.1 单层防水卷材的屋面对防水卷材的材料要求高于平屋面用防水卷材，特别是对其耐候性、机械强度和尺寸稳定性等指标有较高要求。并非所有防水卷材都能单层使用。单层防水卷材应满足使用年限的要求，还应达到表10.2.1-1要求的厚度，不得折减。尤其是改性沥青防水卷材，不管是一级还是二级都要达到5mm的厚度。

单层防水卷材搭接宽度既与搭接处防水质量有关，也与抗风揭有关。采用满粘法施工时，由于防水卷材全面积粘结在基层上，可起到抗风揭作用，此时高分子防水卷材长短边搭接宽度不应小于80mm、改性沥青防水卷材长短边搭接宽度不应小于100mm。

采用机械固定法施工热风焊接防水卷材时，大面积是空铺的，为起到抗风揭作用和确保防水质量，高分子防水卷材长短边搭接宽度不应小于80mm，有效焊缝不应小于25mm；改性沥青防水卷材长短边搭接宽度不应小于80mm，有效焊缝不应小于40mm。当搭接部位需要覆盖机械固定垫片时，搭接宽度应按表10.2.1-2的要求增加搭接宽度。

一般情况下，PVC、TPO等高分子防水卷材既采用热风焊接搭接，也可以采用双面自粘搭接胶带搭接；三元乙丙橡胶（EPDM）防水卷材不能采用热风焊接方式搭接，只能采用双面自粘搭接胶带搭接，搭接宽度应按表10.2.1-2中的规定执行。

10.2.3 在机械固定单层防水卷材屋面系统中，风荷载设计至关重要。而抗风揭试验是验证风荷载设计的重要手段。屋面的抗风揭的能力是由屋面防水卷材、保温隔热材料、隔汽材料机械固定件和压型钢板等组成的屋面系统共同承担的。因此，要考虑整个屋面系统的抗风揭能力，即不仅要考虑选用具有内增强的防水卷材，而且还要考虑选用符合设计强度要求的保温隔热材料、机械固定件和压型钢板等，根据屋面风荷载的分布，设计屋面檐角、边檐及屋面中间区机械固定钉的分布和数量、钉距等；然后，还要通过屋面系统抗风揭试验来验证选用的屋面系统材料是否满足风荷载设计要求。

目前，单层防水卷材屋面系统抗风揭性能试验应参照《聚氯乙烯防水卷材》GB 12952中所规定的抗风揭试验方法执行。抗风揭试验目前有静态法和动态法，国外静态法一般取安全系数为2，动态法一般取安全系数为1.5。抗风揭模拟试验得到的抗风揭结果不应小于风荷载设计值乘以安全系数的积。

10.2.6 屋面保温隔热材料设计应符合下列规定：

4 不是成品的天沟或内檐沟，往往会减薄保温隔热层厚度，削弱了保温隔热层的功能，造成排水沟底部和室内结露现象。

10.2.7 为抵抗风荷载，采用机械固定件将保温隔热层和防水层固定在屋面板上，因此对保温隔热材料的抗压强度、点荷载变形提出了要求。如不能满足抗压强度、点荷载要求，保温隔热层上应增设水泥加压板、石膏板或防火板等增强层。

10.2.8 固定保温隔热材料的固定件数量除了与保温隔热材料的材质有关，也和屋面坡度大小有关，当屋面坡度大于50%时，可适当增加固定件数量。

10.2.9 炎热地区或保温隔热材料湿度大时，宜设计排汽屋面，屋脊部位设排汽孔。对于有特殊要求的建筑可设计通风屋面。

10.2.10 必须重视材料的相容性问题，包括卷材与保温材料、卷材与粘接材料和保温材料与粘接材料等之间的相容性。

10.2.11 含有增塑剂的高分子防水卷材，如聚氯乙烯防水卷材、氯化聚乙烯防水卷材等，与挤塑聚苯乙烯泡沫塑料（XPS）、模塑聚苯乙烯泡沫塑料（EPS）、聚氨酯泡沫保温材料和聚异氰脲酸酯保温材料等泡沫保温材料之间应增设隔离层。隔离层材料一般可采用聚酯无纺布覆盖泡沫保温材料，推荐选用不小于$80g/m^2$的长丝纺粘法聚酯无纺布或不小于$120g/m^2$的短丝针刺法聚酯无纺布，也可选用经防水卷材生产商根据隔离效果确认的隔离层材料。

10.3 细部构造

10.3.6 变形缝处的防水层，伸缩变形较大。

10.4 施工要点

10.4.3 满粘防水卷材很难百分之百粘结在基层上。卷材与基层的满粘施工是为了抗风揭的要求，在工程中不宜理解为卷材百分之百粘结在基层上，但搭接缝应是百分之百粘结的。

2 通常胶粘剂会与合成高分子泡沫保温材料发生反应，因此不能直接粘贴。

3 有些胶粘剂与高分子防水卷材会发生反应，应选用与防水卷材相容的胶粘剂施工。

10.5 工程验收

主控项目

10.5.5 要求焊缝有熔浆挤出，是为了对防水卷材边缘部位的胎基封闭，避免其吸水导致分层剥离。对于焊接的搭接缝采用目测检测；对于胶粘带搭接，可通过淋水后检查，如有粘结不实或有孔隙，则其搭接部位经淋水后会有水印。

11　装配式轻型坡屋面

11.1　一般规定

11.1.1　平改坡屋面因其原有屋面已有防水层，后加的屋面防水层可按二级防水设计。

11.1.2　装配式轻型坡屋面采用的屋面材料以沥青瓦和波形瓦为主，故其坡度不应小于20%。

11.1.3　鉴于原有建筑物的情况多种多样，为了保证平改坡屋面工程的安全，应对原有建筑物的承载能力和结构安全性作审核或验算。

11.2　设计要点

11.2.1　装配式轻型坡屋面结构，必须注意安全。因此，应对结构构件和连接件进行荷载计算，并按抗震要求设计。

11.2.3　既有建筑原已设置的保温隔热材料如符合国家相关建筑节能要求时，平改坡屋面可不增加保温隔热层，如既有建筑保温隔热性能与现行国家建筑节能标准相差很大，可考虑在平改坡的同时增设保温隔热材料。为防止屋面构件的腐蚀，增强屋面的耐久性，平改坡屋面可采取通风设计方法。平改坡屋面宜预留上人孔，上人孔或通风口可结合老虎窗综合设计。

11.2.4　装配式轻型坡屋面保温隔热层设计应符合以下规定：

1　装配式轻型坡屋面的保温隔热形式以在屋面内部铺设玻璃棉等轻质保温隔热材料为主，保温隔热材料可在吊顶上方水平铺设，施工便捷，节省材料。为确保保温隔热材料和屋面板的干燥、防止水汽凝结和增加屋顶隔热性能，宜对屋面板（或屋面面层）和保温隔热材料之间的空腔采取通风措施。通风的方法包括设置通风口、通风器、通风屋脊或开设老虎窗等。通风间层高度不宜小于50mm，否则实际通风效果较差。

11.2.5　为减少冷凝水的可能性和降低室内能耗，要确保室内外的空气气密性，合理设置隔汽层，应注意屋顶各种穿出构件的处理，例如装修和灯饰处，应确保各种孔洞缝隙的密封，以减少不良空气流动和水蒸气扩散。

在装配式轻型坡屋面设计中要确保屋顶保温隔热层和外墙保温隔热层的连续性，防止屋顶和外墙连接处产生冷桥，导致墙面或屋顶水汽冷凝，影响正常使用。

屋顶的隔汽层，一般应放置于保温隔热材料内侧。屋面构造、隔汽层的采用和部位应由设计确定。考虑到在湿热地区夏季空调的广泛使用，部分屋顶采用对外封闭，内部不采用隔汽层的设计方法。屋顶的构造设计，宜因地制宜，考虑建筑的具体情况和当地气候的特点而确定。

在下列情况不宜设置隔汽层：

1　温凉区（ⅣA、ⅣB）或全年月平均温度超过7.0℃，或年降水量超过500mm的湿热地区；

2　已采取其他措施防止屋面出现冷凝水的屋面。

11.3　细部构造

11.3.3　为确保整个屋面系统的结构安全性，所有桁架或屋面梁都应被牢固固定。平改坡屋面增加的卧梁（可根据结构需要采用部分架空梁）均应坐于原结构的承重墙上。而且卧梁应互相连接，从而形成一体以抵抗因风荷载引起的整体倾覆。必要时，还可将部分卧梁通过植筋的方式与原结构联为一体。

平改坡屋面新增的钢筋混凝土承重架空梁，梁的两端均应搁置在原有承重墙的位置上。圈（卧）梁、架空梁两端及屋架支承处须直接立在原屋面结构层上，其余梁底均用20mm厚聚苯乙烯泡沫塑料垫起，不与原屋面直接接触。卧梁的数量应适中，从而在保证整体抗倾覆的前提下使附加荷载均匀有效地传至原结构系统。

11.4　施工要点

11.4.2　既有建筑防水层可作为屋面的第二道防水层，尽量保留。既有建筑防水层和保温层如有渗漏和破损应先修补。

中华人民共和国国家标准

钢结构工程施工规范

Code for construction of steel structures

GB 50755—2012

主编部门：中华人民共和国住房和城乡建设部
批准部门：中华人民共和国住房和城乡建设部
施行日期：2 0 1 2 年 8 月 1 日

中华人民共和国住房和城乡建设部
公　　告

第 1263 号

关于发布国家标准《钢结构工程施工规范》的公告

现批准《钢结构工程施工规范》为国家标准，编号为 GB 50755 - 2012，自 2012 年 8 月 1 日起实施。其中，第 11.2.4、11.2.6 条为强制性条文，必须严格执行。

本规范由我部标准定额研究所组织中国建筑工业出版社出版发行。

中华人民共和国住房和城乡建设部

2012 年 1 月 21 日

前　　言

本规范是根据中华人民共和国住房和城乡建设部《关于印发〈2007 年工程建设标准规范制订、修订计划（第一批）〉的通知》（建标［2007］125 号）的要求，由中国建筑股份有限公司和中建钢构有限公司会同有关单位共同编制而成的。

本规范是钢结构工程施工的通用技术标准，提出了钢结构工程施工和过程控制的基本要求，并作为制订和修订相关专用标准的依据。在编制过程中，编制组进行了广泛的调查研究，总结了我国几十年来的钢结构工程施工实践经验，借鉴了有关国外标准，开展了多项专题研究，并以多种方式广泛征求了有关单位和专家的意见，对主要问题进行了反复讨论、协调和修改，最后经审查定稿。

本规范共分 16 章，主要内容包括：总则、术语和符号、基本规定、施工阶段设计、材料、焊接、紧固件连接、零件及部件加工、构件组装及加工、钢结构预拼装、钢结构安装、压型金属板、涂装、施工测量、施工监测、施工安全和环境保护等。

本规范中以黑体字标志的条文为强制性条文，必须严格执行。

本规范由住房和城乡建设部负责管理和对强制性条文解释，由中国建筑股份有限公司负责具体技术内容的解释。为了提高规范质量，请各单位在执行本规范的过程中，注意总结经验，积累资料，随时将有关的意见和建议反馈给中国建筑股份有限公司（地址：北京市三里河路 15 号中建大厦中国建筑股份有限公司科技部；邮政编码：100037；电子邮箱：gb50755@cscec.com.cn），以供今后修订时参考。

本规范主编单位：中国建筑股份有限公司
中建钢构有限公司

本规范参编单位：中国建筑第三工程局有限公司
上海市机械施工有限公司
浙江东南网架股份有限公司
宝钢钢构有限公司
中冶建筑研究总院有限公司
江苏沪宁钢机股份有限公司
中国建筑东北设计研究院有限公司
上海建工集团股份有限公司
中国建筑第二工程局有限公司
中建工业设备安装有限公司
北京市建筑工程研究院有限责任公司
赫普（中国）有限公司
中建钢构江苏有限公司
中国京冶工程技术有限公司

本规范主要起草人员：毛志兵　张　琨　肖绪文

王　宏　戴立先　陈振明
张晶波　周观根　吴欣之
贺明玄　侯兆新　路克宽
鲍广鉴　费新华　陈晓明
廖功华　庞京辉　孙　哲
方　军　马合生　吴聚龙
秦　杰　吴浩波　崔晓强
刘世民　卞若宁　李小明

本规范主要审查人员：马克俭　陈禄如　汪大绥
贺贤娟　杨嗣信　金虎根
柴　昶　范懋达　郭彦林
王翠坤　束伟农

目　次

Contents

1 总 则

1.0.1 为在钢结构工程施工中贯彻执行国家的技术经济政策，做到安全适用、确保质量、技术先进、经济合理，制定本规范。

1.0.2 本规范适用于工业与民用建筑及构筑物钢结构工程的施工。

1.0.3 钢结构工程应按本规范的规定进行施工，并按现行国家标准《建筑工程施工质量验收统一标准》GB 50300 和《钢结构工程施工质量验收规范》GB 50205 进行质量验收。

1.0.4 钢结构工程的施工，除应符合本规范外，尚应符合国家现行有关标准的规定。

2 术语和符号

2.1 术 语

2.1.1 设计文件 design document

由设计单位完成的设计图纸、设计说明和设计变更文件等技术文件的统称。

2.1.2 设计施工图 design drawing

由设计单位编制的作为工程施工依据的技术图纸。

2.1.3 施工详图 detail drawing for construction

依据钢结构设计施工图和施工工艺技术要求，绘制的用于直接指导钢结构制作和安装的细化技术图纸。

2.1.4 临时支承结构 temporary structure

在施工期间存在的、施工结束后需要拆除的结构。

2.1.5 临时措施 temporary measure

在施工期间为了满足施工需求和保证工程安全而设置的一些必要的构造或临时零部件和杆件，如吊装孔、连接板、辅助构件等。

2.1.6 空间刚度单元 space rigid unit

由构件组成的基本稳定空间体系。

2.1.7 焊接空心球节点 welded hollow spherical node

管直接焊接在球上的节点。

2.1.8 螺栓球节点 bolted spherical node

管与球采用螺栓相连的节点，由螺栓球、高强度螺栓、套筒、紧固螺钉和锥头或封板等零、部件组成。

2.1.9 抗滑移系数 mean slip coefficient

高强度螺栓连接摩擦面滑移时，滑动外力与连接中法向压力的比值。

2.1.10 施工阶段结构分析 structure analysis of construction stage

在钢结构制作、运输和安装过程中，为满足相关功能要求所进行的结构分析和计算。

2.1.11 预变形 preset deformation

为使施工完成后的结构或构件达到设计几何定位的控制目标，预先进行的初始变形设置。

2.1.12 预拼装 test assembling

为检验构件形状和尺寸是否满足质量要求而预先进行的试拼装。

2.1.13 环境温度 ambient temperature

制作或安装时现场的温度。

2.2 符 号

2.2.1 几何参数

b——宽度或板的自由外伸宽度；

d——直径；

f——挠度、弯曲矢高；

h——截面高度；

l——长度、跨度；

m——高强度螺母公称厚度；

n——垫圈个数；

r——半径；

s——高强度垫圈公称厚度；

t——板、壁的厚度；

p——螺纹的螺距；

Δ——接触面间隙、增量；

H——柱高度；

R_a——表面粗糙度参数。

2.2.2 作用及荷载

P——高强度螺栓设计预拉力；

T——高强度螺栓扭矩。

2.2.3 其他

k——系数。

3 基 本 规 定

3.0.1 钢结构工程施工单位应具备相应的钢结构工程施工资质，并应有安全、质量和环境管理体系。

3.0.2 钢结构工程实施前，应有经施工单位技术负责人审批的施工组织设计、与其配套的专项施工方案等技术文件，并按有关规定报送监理工程师或业主代表；重要钢结构工程的施工技术方案和安全应急预案，应组织专家评审。

3.0.3 钢结构工程施工的技术文件和承包合同技术文件，对施工质量的要求不得低于本规范和现行国家标准《钢结构工程施工质量验收规范》GB 50205 的有关规定。

3.0.4 钢结构工程制作和安装应满足设计施工图的要求。施工单位应对设计文件进行工艺性审查；当需要修改设计时，应取得原设计单位同意，并应办理相关设计变更文件。

3.0.5 钢结构工程施工及质量验收时，应使用有效计量器具。各专业施工单位和监理单位应统一计量标准。

3.0.6 钢结构施工用的专用机具和工具，应满足施工要求，且应在合格检定有效期内。

3.0.7 钢结构施工应按下列规定进行质量过程控制：

1 原材料及成品进行进场验收；凡涉及安全、功能的原材料及半成品，按相关规定进行复验，见证取样、送样；

2 各工序按施工工艺要求进行质量控制，实行工序检验；

3 相关各专业工种之间进行交接检验；

4 隐蔽工程在封闭前进行质量验收。

3.0.8 本规范未涉及的新技术、新工艺、新材料和新结构，首次使用时应进行试验，并应根据试验结果确定所必须补充的标准，且应经专家论证。

4 施工阶段设计

4.1 一 般 规 定

4.1.1 本章适用于钢结构工程施工阶段结构分析和验算、结构预变形设计、施工详图设计等内容的施工阶段设计。

4.1.2 进行施工阶段设计时，选用的设计指标应符合设计文件、现行国家标准《钢结构设计规范》GB 50017 等的有关规定。

4.1.3 施工阶段的结构分析和验算时，荷载应符合下列规定：

1 恒荷载应包括结构自重、预应力等，其标准值应按实际计算；

2 施工活荷载应包括施工堆载、操作人员和小型工具重量等，其标准值可按实际计算；

3 风荷载可根据工程所在地和实际施工情况，按不小于 10 年一遇风压取值，风荷载的计算应按现行国家标准《建筑结构荷载规范》GB 50009 的有关规定执行；当施工期间可能出现大于 10 年一遇风压取值时，应制定应急预案；

4 雪荷载的取值和计算应按现行国家标准《建筑结构荷载规范》GB 50009 的有关规定执行；

5 覆冰荷载的取值和计算应按现行国家标准《高耸结构设计规范》GB 50135 的有关规定执行；

6 起重设备和其他设备荷载标准值宜按设备产品说明书取值；

7 温度作用宜按当地气象资料所提供的温差变化计算；结构由日照引起向阳面和背阳面的温差，宜按现行国家标准《高耸结构设计规范》GB 50135 的有关规定执行；

8 本条第 1～7 款未规定的荷载和作用，可根据工程的具体情况确定。

4.2 施工阶段结构分析

4.2.1 当钢结构工程施工方法或施工顺序对结构的内力和变形产生较大影响，或设计文件有特殊要求时，应进行施工阶段结构分析，并应对施工阶段结构的强度、稳定性和刚度进行验算，其验算结果应满足设计要求。

4.2.2 施工阶段结构分析的荷载效应组合和荷载分项系数取值，应符合现行国家标准《建筑结构荷载规范》GB 50009 等的有关规定。

4.2.3 施工阶段分析结构重要性系数不应小于 0.9，重要的临时支承结构其重要性系数不应小于 1.0。

4.2.4 施工阶段的荷载作用、结构分析模型和基本假定应与实际施工状况相符合。施工阶段的结构宜按静力学方法进行弹性分析。

4.2.5 施工阶段的临时支承结构和措施应按施工状况的荷载作用，对构件应进行强度、稳定性和刚度验算，对连接节点应进行强度和稳定验算。当临时支承结构作为设备承载结构时，应进行专项设计；当临时支承结构或措施对结构产生较大影响时，应提交原设计单位确认。

4.2.6 临时支承结构的拆除顺序和步骤应通过分析和计算确定，并应编制专项施工方案，必要时应经专家论证。

4.2.7 对吊装状态的构件或结构单元，宜进行强度、稳定性和变形验算，动力系数宜取 1.1～1.4。

4.2.8 索结构中的索安装和张拉顺序应通过分析和计算确定，并应编制专项施工方案，计算结果应经原设计单位确认。

4.2.9 支承移动式起重设备的地面或楼面，应进行承载力和变形验算。当支承地面处于边坡或临近边坡时，应进行边坡稳定验算。

4.3 结构预变形

4.3.1 当在正常使用或施工阶段因自重及其他荷载作用，发生超过设计文件或国家现行有关标准规定的变形限值，或设计文件对主体结构提出预变形要求时，应在施工期间对结构采取预变形。

4.3.2 结构预变形计算时，荷载应取标准值，荷载效应组合应符合现行国家标准《建筑结构荷载规范》GB 50009 的有关规定。

4.3.3 结构预变形值应结合施工工艺，通过结构分析计算，并应由施工单位与原设计单位共同确定。结构预变形的实施应进行专项工艺设计。

4.4 施工详图设计

4.4.1 钢结构施工详图应根据结构设计文件和有关

技术文件进行编制，并应经原设计单位确认；当需要进行节点设计时，节点设计文件也应经原设计单位确认。

4.4.2 施工详图设计应满足钢结构施工构造、施工工艺、构件运输等有关技术要求。

4.4.3 钢结构施工详图应包括图纸目录、设计总说明、构件布置图、构件详图和安装节点详图等内容；图纸表达应清晰、完整，空间复杂构件和节点的施工详图，宜增加三维图形表示。

4.4.4 构件重量应在钢结构施工详图中计算列出，钢板零部件重量宜按矩形计算，焊缝重量宜以焊接构件重量的1.5%计算。

5 材　料

5.1 一般规定

5.1.1 本章适用于钢结构工程材料的订货、进场验收和复验及存储管理。

5.1.2 钢结构工程所用的材料应符合设计文件和国家现行有关标准的规定，应具有质量合格证明文件，并应经进场检验合格后使用。

5.1.3 施工单位应制定材料的管理制度，并应做到订货、存放、使用规范化。

5.2 钢　材

5.2.1 钢材订货时，其品种、规格、性能等均应符合设计文件和国家现行有关钢材标准的规定，常用钢材产品标准宜按表5.2.1采用。

表 5.2.1 常用钢材产品标准

标准编号	标 准 名 称
GB/T 699	《优质碳素结构钢》
GB/T 700	《碳素结构钢》
GB/T 1591	《低合金高强度结构钢》
GB/T 3077	《合金结构钢》
GB/T 4171	《耐候结构钢》
GB/T 5313	《厚度方向性能钢板》
GB/T 19879	《建筑结构用钢板》
GB/T 247	《钢板和钢带包装、标志及质量证明书的一般规定》
GB/T 708	《冷轧钢板和钢带的尺寸、外形、重量及允许偏差》
GB/T 709	《热轧钢板和钢带的尺寸、外形、重量及允许偏差》
GB 912	《碳素结构钢和低合金结构钢热轧薄钢板和钢带》
GB/T 3274	《碳素结构钢和低合金结构钢热轧厚钢板和钢带》
GB/T 14977	《热轧钢板表面质量的一般要求》
GB/T 17505	《钢及钢产品交货一般技术要求》
GB/T 2101	《型钢验收、包装、标志及质量证明书的一般规定》
GB/T 11263	《热轧H型钢和剖分T型钢》
GB/T 706	《热轧型钢》
GB/T 8162	《结构用无缝钢管》
GB/T 13793	《直缝电焊钢管》
GB/T 17395	《无缝钢管尺寸、外形、重量及允许偏差》
GB/T 6728	《结构用冷弯空心型钢尺寸、外形、重量及允许偏差》
GB/T 12755	《建筑用压型钢板》
GB 8918	《重要用途钢丝绳》
YB 3301	《焊接H型钢》
YB/T 152	《高强度低松弛预应力热镀锌钢绞线》
YB/T 5004	《镀锌钢绞线》
GB/T 5224	《预应力混凝土用钢绞线》
GB/T 17101	《桥梁缆索用热镀锌钢丝》
GB/T 20934	《钢拉杆》

5.2.2 钢材订货合同应对材料牌号、规格尺寸、性能指标、检验要求、尺寸偏差等有明确的约定。定尺钢材应留有复验取样的余量；钢材的交货状态，宜按设计文件对钢材的性能要求与供货厂家商定。

5.2.3 钢材的进场验收，除应符合本规范的规定外，尚应符合现行国家标准《钢结构工程施工质量验收规范》GB 50205的有关规定。对属于下列情况之一的钢材，应进行抽样复验：

1 国外进口钢材；

2 钢材混批；

3 板厚等于或大于40mm，且设计有Z向性能要求的厚板；

4 建筑结构安全等级为一级，大跨度钢结构中主要受力构件所采用的钢材；

5 设计有复验要求的钢材；

6 对质量有疑义的钢材。

5.2.4 钢材复验内容应包括力学性能试验和化学成分分析，其取样、制样及试验方法可按表5.2.4中所列的标准执行。

表 5.2.4 钢材试验标准

标准编号	标 准 名 称
GB/T 2975	《钢及钢产品 力学性能试验取样位置及试样制备》
GB/T 228.1	《金属材料 拉伸试验 第1部分：室温试验方法》
GB/T 229	《金属材料 夏比摆锤冲击试验方法》
GB/T 232	《金属材料 弯曲试验方法》
GB/T 20066	《钢和铁 化学成分测定用试样的取样和制样方法》
GB/T 222	《钢的成品化学成分允许偏差》
GB/T 223	《钢铁及合金化学分析方法》

5.2.5 当设计文件无特殊要求时，钢结构工程中常用牌号钢材的抽样复验检验批宜按下列规定执行：

1 牌号为Q235、Q345且板厚小于40mm的钢材，应按同一生产厂家、同一牌号、同一质量等级的钢材组成检验批，每批重量不应大于150t；同一生产厂家、同一牌号的钢材供货重量超过600t且全部复验合格时，每批的组批重量可扩大至400t；

2 牌号为Q235、Q345且板厚大于或等于40mm的钢材，应按同一生产厂家、同一牌号、同一质量等级的钢材组成检验批，每批重量不应大于60t；同一生产厂家、同一牌号的钢材供货重量超过600t且全部复验合格时，每批的组批重量可扩大至400t；

3 牌号为Q390的钢材，应按同一生产厂家、同一质量等级的钢材组成检验批，每批重量不应大于60t；同一生产厂家的钢材供货重量超过600t且全部复验合格时，每批的组批重量可扩大至300t；

4 牌号为Q235GJ、Q345GJ、Q390GJ的钢板，应按同一生产厂家、同一牌号、同一质量等级的钢材组成检验批，每批重量不应大于60t；同一生产厂家、同一牌号的钢材供货重量超过600t且全部复验合格时，每批的组批重量可扩大至300t；

5 牌号为Q420、Q460、Q420GJ、Q460GJ的钢材，每个检验批应由同一牌号、同一质量等级、同一炉号、同一厚度、同一交货状态的钢材组成，每批重量不应大于60t；

6 有厚度方向要求的钢板，宜附加逐张超声波无损探伤复验。

5.2.6 进口钢材复验的取样、制样及试验方法应按设计文件和合同规定执行。海关商检结果经监理工程师认可后，可作为有效的材料复验结果。

5.3 焊接材料

5.3.1 焊接材料的品种、规格、性能等应符合国家现行有关产品标准和设计要求，常用焊接材料产品标准宜按表5.3.1采用。焊条、焊丝、焊剂、电渣焊熔嘴等焊接材料应与设计选用的钢材相匹配，且应符合现行国家标准《钢结构焊接规范》GB 50661的有关规定。

表 5.3.1 常用焊接材料产品标准

标准编号	标 准 名 称
GB/T 5117	《碳钢焊条》
GB/T 5118	《低合金钢焊条》
GB/T 14957	《熔化焊用钢丝》
GB/T 8110	《气体保护电弧焊用碳钢、低合金钢焊丝》
GB/T 10045	《碳钢药芯焊丝》
GB/T 17493	《低合金钢药芯焊丝》
GB/T 5293	《埋弧焊用碳钢焊丝和焊剂》
GB/T 12470	《埋弧焊用低合金钢焊丝和焊剂》
GB/T 10432.1	《电弧螺柱焊用无头焊钉》
GB/T 10433	《电弧螺柱焊用圆柱头焊钉》

5.3.2 用于重要焊缝的焊接材料，或对质量合格证明文件有疑义的焊接材料，应进行抽样复验，复验时焊丝宜按五个批（相当炉批）取一组试验，焊条宜按三个批（相当炉批）取一组试验。

5.3.3 用于焊接切割的气体应符合现行国家标准《钢结构焊接规范》GB 50661和表5.3.3所列标准的规定。

表 5.3.3 常用焊接切割用气体标准

标准编号	标 准 名 称
GB/T 4842	《氩》
GB/T 6052	《工业液体二氧化碳》
HG/T 2537	《焊接用二氧化碳》
GB 16912	《深度冷冻法生产氧气及相关气体安全技术规程》
GB 6819	《溶解乙炔》
HG/T 3661.1	《焊接切割用燃气 丙烯》
HG/T 3661.2	《焊接切割用燃气 丙烷》
GB/T 13097	《工业用环氧氯丙烷》
HG/T 3728	《焊接用混合气体 氩—二氧化碳》

5.4 紧固件

5.4.1 钢结构连接用的普通螺栓、高强度大六角头螺栓连接副、扭剪型高强度螺栓连接副等紧固件，应符合表5.4.1所列标准的规定。

表 5.4.1 钢结构连接用紧固件标准

标准编号	标 准 名 称
GB/T 5780	《六角头螺栓 C级》
GB/T 5781	《六角头螺栓 全螺纹 C级》
GB/T 5782	《六角头螺栓》
GB/T 5783	《六角头螺栓 全螺纹》
GB/T 1228	《钢结构用高强度大六角头螺栓》
GB/T 1229	《钢结构用高强度大六角螺母》
GB/T 1230	《钢结构用高强度垫圈》
GB/T 1231	《钢结构用高强度大六角头螺栓、大六角螺母、垫圈技术条件》
GB/T 3632	《钢结构用扭剪型高强度螺栓连接副》
GB/T 3098.1	《紧固件机械性能 螺栓、螺钉和螺柱》

5.4.2 高强度大六角头螺栓连接副和扭剪型高强度螺栓连接副，应分别有扭矩系数和紧固轴力（预拉力）的出厂合格检验报告，并随箱带。当高强度螺栓连接副保管时间超过6个月后使用时，应按相关要求重新进行扭矩系数或紧固轴力试验，并应在合格后再使用。

5.4.3 高强度大六角头螺栓连接副和扭剪型高强度螺栓连接副，应分别进行扭矩系数和紧固轴力（预拉力）复验，试验螺栓应从施工现场待安装的螺栓批中随机抽取，每批应抽取8套连接副进行复验。

5.4.4 建筑结构安全等级为一级，跨度为40m及以上的螺栓球节点钢网架结构，其连接高强度螺栓应进行表面硬度试验，8.8级的高强度螺栓其表面硬度应为HRC21～29，10.9级的高强度螺栓其表面硬度应为HRC32～36，且不得有裂纹或损伤。

5.4.5 普通螺栓作为永久性连接螺栓，且设计文件要求或对其质量有疑义时，应进行螺栓实物最小拉力载荷复验，复验时每一规格螺栓应抽查8个。

5.5 钢铸件、锚具和销轴

5.5.1 钢铸件选用的铸件材料应符合表5.5.1中所列标准和设计文件的规定。

表 5.5.1 钢铸件标准

标准编号	标 准 名 称
GB/T 11352	《一般工程用铸造碳钢件》
GB/T 7659	《焊接结构用铸钢件》

5.5.2 预应力钢结构锚具应根据预应力构件的品种、锚固要求和张拉工艺等选用，锚具材料应符合设计文件、国家现行标准《预应力筋用锚具、夹具和连接器》GB/T 14370和《预应力筋用锚具、夹具和连接器应用技术规程》JGJ 85的有关规定。

5.5.3 销轴规格和性能应符合设计文件和现行国家标准《销轴》GB/T 882的有关规定。

5.6 涂 装 材 料

5.6.1 钢结构防腐涂料、稀释剂和固化剂，应按设计文件和国家现行有关产品标准的规定选用，其品种、规格、性能等应符合设计文件及国家现行有关产品标准的要求。

5.6.2 富锌防腐油漆的锌含量应符合设计文件及现行行业标准《富锌底漆》HG/T 3668的有关规定。

5.6.3 钢结构防火涂料的品种和技术性能，应符合设计文件和现行国家标准《钢结构防火涂料》GB 14907等的有关规定。

5.6.4 钢结构防火涂料的施工质量验收应符合现行国家标准《钢结构工程施工质量验收规范》GB 50205的有关规定。

5.7 材 料 存 储

5.7.1 材料存储及成品管理应有专人负责，管理人员应经企业培训上岗。

5.7.2 材料入库前应进行检验，核对材料的品种、规格、批号、质量合格证明文件、中文标志和检验报告等，应检查表面质量、包装等。

5.7.3 检验合格的材料应按品种、规格、批号分类堆放，材料堆放应有标识。

5.7.4 材料入库和发放应有记录。发料和领料时应核对材料的品种、规格和性能。

5.7.5 剩余材料应回收管理。回收入库时，应核对其品种、规格和数量，并应分类保管。

5.7.6 钢材堆放应减少钢材的变形和锈蚀，并应放置垫木或垫块。

5.7.7 焊接材料存储应符合下列规定：

1 焊条、焊丝、焊剂等焊接材料应按品种、规格和批号分别存放在干燥的存储室内；

2 焊条、焊剂及栓钉瓷环在使用前，应按产品说明书的要求进行焙烘。

5.7.8 连接用紧固件应防止锈蚀和碰伤，不得混批存储。

5.7.9 涂装材料应按产品说明书的要求进行存储。

6 焊 接

6.1 一 般 规 定

6.1.1 本章适用于钢结构施工过程中焊条电弧焊接、气体保护电弧焊接、埋弧焊接、电渣焊接和栓钉焊接等施工。

6.1.2 钢结构施工单位应具备现行国家标准《钢结构焊接规范》GB 50661规定的基本条件和人员资质。

6.1.3 焊接用施工图的焊接符号表示方法，应符合现行国家标准《焊缝符号表示法》GB/T 324 和《建筑结构制图标准》GB/T 50105 的有关规定，图中应标明工厂施焊和现场施焊的焊缝部位、类型、坡口形式、焊缝尺寸等内容。

6.1.4 焊缝坡口尺寸应按现行国家标准《钢结构焊接规范》GB 50661 的有关规定执行，坡口尺寸的改变应经工艺评定合格后执行。

6.2 焊接从业人员

6.2.1 焊接技术人员（焊接工程师）应具有相应的资格证书；大型重要的钢结构工程，焊接技术负责人应取得中级及以上技术职称并有五年以上焊接生产或施工实践经验。

6.2.2 焊接质量检验人员应接受过焊接专业的技术培训，并应经岗位培训取得相应的质量检验资格证书。

6.2.3 焊缝无损检测人员应取得国家专业考核机构颁发的等级证书，并应按证书合格项目及权限从事焊缝无损检测工作。

6.2.4 焊工应经考试合格并取得资格证书，应在认可的范围内焊接作业，严禁无证上岗。

6.3 焊 接 工 艺

Ⅰ 焊接工艺评定及方案

6.3.1 施工单位首次采用的钢材、焊接材料、焊接方法、接头形式、焊接位置、焊后热处理等各种参数及参数的组合，应在钢结构制作及安装前进行焊接工艺评定试验。焊接工艺评定试验方法和要求，以及免予工艺评定的限制条件，应符合现行国家标准《钢结构焊接规范》GB 50661 的有关规定。

6.3.2 焊接施工前，施工单位应以合格的焊接工艺评定结果或采用符合免除工艺评定条件为依据，编制焊接工艺文件，并应包括下列内容：

1 焊接方法或焊接方法的组合；

2 母材的规格、牌号、厚度及覆盖范围；

3 填充金属的规格、类别和型号；

4 焊接接头形式、坡口形式、尺寸及其允许偏差；

5 焊接位置；

6 焊接电源的种类和极性；

7 清根处理；

8 焊接工艺参数（焊接电流、焊接电压、焊接速度、焊层和焊道分布）；

9 预热温度及道间温度范围；

10 焊后消除应力处理工艺；

11 其他必要的规定。

Ⅱ 焊接作业条件

6.3.3 焊接时，作业区环境温度、相对湿度和风速等应符合下列规定，当超出本条规定且必须进行焊接时，应编制专项方案：

1 作业环境温度不应低于−10℃；

2 焊接作业区的相对湿度不应大于 90%；

3 当手工电弧焊和自保护药芯焊丝电弧焊时，焊接作业区最大风速不应超过 8m/s；当气体保护电弧焊时，焊接作业区最大风速不应超过 2m/s。

6.3.4 现场高空焊接作业应搭设稳固的操作平台和防护棚。

6.3.5 焊接前，应采用钢丝刷、砂轮等工具清除待焊处表面的氧化皮、铁锈、油污等杂物，焊缝坡口宜按现行国家标准《钢结构焊接规范》GB 50661 的有关规定进行检查。

6.3.6 焊接作业应按工艺评定的焊接工艺参数进行。

6.3.7 当焊接作业环境温度低于 0℃且不低于−10℃时，应采取加热或防护措施，应将焊接接头和焊接表面各方向大于或等于钢板厚度的 2 倍且不小于 100mm 范围内的母材，加热到规定的最低预热温度且不低于 20℃后再施焊。

Ⅲ 定 位 焊

6.3.8 定位焊焊缝的厚度不应小于 3mm，不宜超过设计焊缝厚度的 2/3；长度不宜小于 40mm 和接头中较薄部件厚度的 4 倍；间距宜为 300mm～600mm。

6.3.9 定位焊缝与正式焊缝应具有相同的焊接工艺和焊接质量要求。多道定位焊焊缝的端部应为阶梯状。采用钢衬垫板的焊接接头，定位焊宜在接头坡口内进行。定位焊焊接时预热温度宜高于正式施焊预热温度 20℃～50℃。

Ⅳ 引弧板、引出板和衬垫板

6.3.10 当引弧板、引出板和衬垫板为钢材时，应选用屈服强度不大于被焊钢材标称强度的钢材，且焊接性应相近。

6.3.11 焊接接头的端部应设置焊缝引弧板、引出板。焊条电弧焊和气体保护电弧焊焊缝引出长度应大于 25mm，埋弧焊缝引出长度应大于 80mm。焊接完成并完全冷却后，可采用火焰切割、碳弧气刨或机械等方法除去引弧板、引出板，并应修磨平整，严禁用锤击落。

6.3.12 钢衬垫板应与接头母材密贴连接，其间隙不应大于 1.5mm，并应与焊缝充分熔合。手工电弧焊和气体保护电弧焊时，钢衬垫板厚度不应小于 4mm；埋弧焊接时，钢衬垫板厚度不应小于 6mm；电渣焊时钢衬垫板厚度不应小于 25mm。

Ⅴ 预热和道间温度控制

6.3.13 预热和道间温度控制宜采用电加热、火焰加热和红外线加热等加热方法，并应采用专用的测温仪器测量。预热的加热区域应在焊接坡口两侧，宽度应为焊件施焊处板厚的 1.5 倍以上，且不应小于100mm。温度测量点，当为非封闭空间构件时，宜在焊件受热面的背面离焊接坡口两侧不小于 75mm 处；当为封闭空间构件时，宜在正面离焊接坡口两侧不小于 100mm 处。

6.3.14 焊接接头的预热温度和道间温度，应符合现行国家标准《钢结构焊接规范》GB 50661 的有关规定；当工艺选用的预热温度低于现行国家标准《钢结构焊接规范》GB 50661 的有关规定时，应通过工艺评定试验确定。

Ⅵ 焊接变形的控制

6.3.15 采用的焊接工艺和焊接顺序应使构件的变形和收缩最小，可采用下列控制变形的焊接顺序：

1 对接接头、T 形接头和十字接头，在构件放置条件允许或易于翻转的情况下，宜双面对称焊接；有对称截面的构件，宜对称于构件中性轴焊接；有对称连接杆件的节点，宜对称于节点轴线同时对称焊接；

2 非对称双面坡口焊缝，宜先焊深坡口侧部分焊缝，然后焊满浅坡口侧，最后完成深坡口侧焊缝。特厚板宜增加轮流对称焊接的循环次数；

3 长焊缝宜采用分段退焊法、跳焊法或多人对称焊接法。

6.3.16 构件焊接时，宜采用预留焊接收缩余量或预置反变形方法控制收缩和变形，收缩余量和反变形值宜通过计算或试验确定。

6.3.17 构件装配焊接时，应先焊收缩量较大的接头、后焊收缩量较小的接头，接头应在拘束较小的状态下焊接。

Ⅶ 焊后消除应力处理

6.3.18 设计文件或合同文件对焊后消除应力有要求时，需经疲劳验算的结构中承受拉应力的对接接头或焊缝密集的节点或构件，宜采用电加热器局部退火和加热炉整体退火等方法进行消除应力处理；仅为稳定结构尺寸时，可采用振动法消除应力。

6.3.19 焊后热处理应符合现行行业标准《碳钢、低合金钢焊接构件 焊后热处理方法》JB/T 6046 的有关规定。当采用电加热器对焊接构件进行局部消除应力热处理时，应符合下列规定：

1 使用配有温度自动控制仪的加热设备，其加热、测温、控温性能应符合使用要求；

2 构件焊缝每侧面加热板（带）的宽度应至少为钢板厚度的 3 倍，且不应小于 200mm；

3 加热板（带）以外构件两侧宜用保温材料覆盖。

6.3.20 用锤击法消除中间焊层应力时，应使用圆头手锤或小型振动工具进行，不应对根部焊缝、盖面焊缝或焊缝坡口边缘的母材进行锤击。

6.3.21 采用振动法消除应力时，振动时效工艺参数选择及技术要求，应符合现行行业标准《焊接构件振动时效工艺 参数选择及技术要求》JB/T 10375 的有关规定。

6.4 焊接接头

Ⅰ 全熔透和部分熔透焊接

6.4.1 T 形接头、十字接头、角接接头等要求全熔透的对接和角接组合焊缝，其加强角焊缝的焊脚尺寸不应小于 $t/4$ [图 6.4.1（a）～图 6.4.1（c）]，设计有疲劳验算要求的吊车梁或类似构件的腹板与上翼缘连接焊缝的焊脚尺寸应为 $t/2$，且不应大于 10mm [图 6.4.1（d）]。焊脚尺寸的允许偏差为 0～4mm。

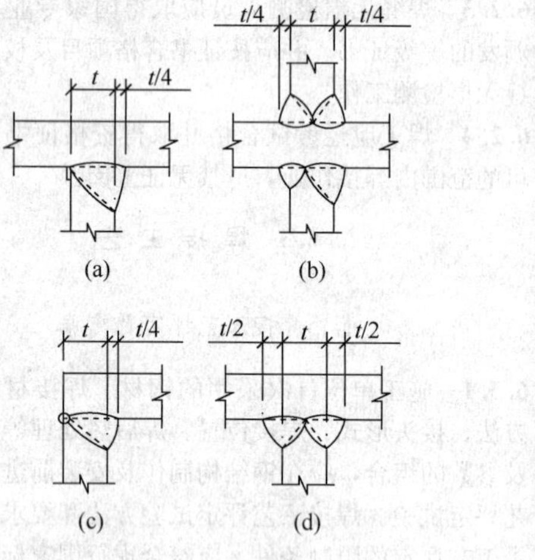
t/4
t
t/4
t
t/4
(a)
(b)
t
t/4
t/2
t
t/2
(c)
(d)

图 6.4.1 焊脚尺寸

6.4.2 全熔透坡口焊缝对接接头的焊缝余高，应符合表 6.4.2 的规定：

表 6.4.2 对接接头的焊缝余高（mm）

设计要求焊缝等级	焊缝宽度	焊缝余高
一、二级焊缝	＜20	0～3
	≥20	0～4
三级焊缝	＜20	0～3.5
	≥20	0～5

6.4.3 全熔透双面坡口焊缝可采用不等厚的坡口深度，较浅坡口深度不应小于接头厚度的 1/4。

6.4.4 部分熔透焊接应保证设计文件要求的有效焊缝厚度。T 形接头和角接接头中部分熔透坡口焊缝与角焊缝构成的组合焊缝，其加强角焊缝的焊脚尺寸应为接头中最薄板厚的 1/4，且不应超过 10mm。

Ⅱ 角焊缝接头

6.4.5 由角焊缝连接的部件应密贴，根部间隙不宜超过 2mm；当接头的根部间隙超过 2mm 时，角焊缝的焊脚尺寸应根据根部间隙值增加，但最大不应超过 5mm。

6.4.6 当角焊缝的端部在构件上时，转角处宜连续包角焊，起弧和熄弧点距焊缝端部宜大于 10.0mm；当角焊缝端部不设置引弧和引出板的连续焊缝，起熄弧点（图 6.4.6）距焊缝端部宜大于 10.0mm，弧坑应填满。

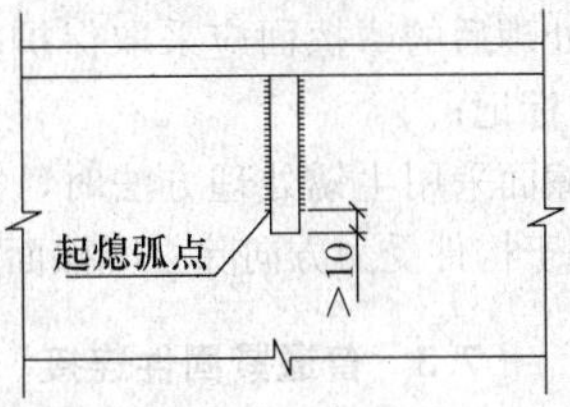

起熄弧点
>10

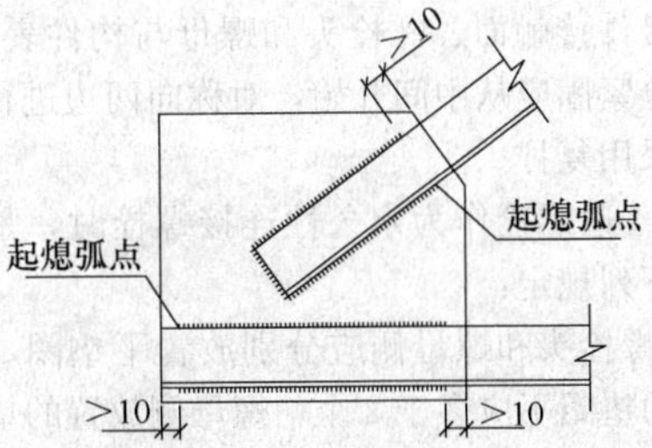

>10
起熄弧点
起熄弧点
>10
>10

图 6.4.6 起熄弧点位置

6.4.7 间断角焊缝每焊段的最小长度不应小于 40mm，焊段之间的最大间距不应超过较薄焊件厚度的 24 倍，且不应大于 300mm。

Ⅲ 塞焊与槽焊

6.4.8 塞焊和槽焊可采用手工电弧焊、气体保护电弧焊及自保护电弧焊等焊接方法。平焊时，应分层熔敷焊接，每层熔渣应冷却凝固并清除后再重新焊接；立焊和仰焊时，每道焊缝焊完后，应待熔渣冷却并清除后再施焊后续焊道。

6.4.9 塞焊和槽焊的两块钢板接触面的装配间隙不得超过 1.5mm。塞焊和槽焊焊接时严禁使用填充板材。

Ⅳ 电渣焊

6.4.10 电渣焊应采用专用的焊接设备，可采用熔化嘴和非熔化嘴方式进行焊接。电渣焊采用的衬垫可使用钢衬垫和水冷铜衬垫。

6.4.11 箱形构件内隔板与面板 T 形接头的电渣焊焊接宜采取对称方式进行焊接。

6.4.12 电渣焊衬垫板与母材的定位焊宜采用连续焊。

Ⅴ 栓钉焊

6.4.13 栓钉应采用专用焊接设备进行施焊。首次栓钉焊接时，应进行焊接工艺评定试验，并应确定焊接工艺参数。

6.4.14 每班焊接作业前，应至少试焊 3 个栓钉，并应检查合格后再正式施焊。

6.4.15 当受条件限制而不能采用专用设备焊接时，栓钉可采用焊条电弧焊和气体保护电弧焊焊接，并应按相应的工艺参数施焊，其焊缝尺寸应通过计算确定。

6.5 焊接质量检验

6.5.1 焊缝的尺寸偏差、外观质量和内部质量，应按现行国家标准《钢结构工程施工质量验收规范》GB 50205 和《钢结构焊接规范》GB 50661 的有关规定进行检验。

6.5.2 栓钉焊接后应进行弯曲试验抽查，栓钉弯曲 30°后焊缝和热影响区不得有肉眼可见裂纹。

6.6 焊接缺陷返修

6.6.1 焊缝金属或母材的缺欠超过相应的质量验收标准时，可采用砂轮打磨、碳弧气刨、铲凿或机械等方法彻底清除。采用焊接修复前，应清洁修复区域的表面。

6.6.2 焊缝缺陷返修应符合下列规定：

1 焊缝焊瘤、凸起或余高过大，应采用砂轮或碳弧气刨清除过量的焊缝金属；

2 焊缝凹陷、弧坑、咬边或焊缝尺寸不足等缺陷应进行补焊；

3 焊缝未熔合、焊缝气孔或夹渣等，在完全清除缺陷后应进行补焊；

4 焊缝或母材上裂纹应采用磁粉、渗透或其他无损检测方法确定裂纹的范围及深度，应用砂轮打磨或碳弧气刨清除裂纹及其两端各 50mm 长的完好焊缝或母材，并应用渗透或磁粉探伤方法确定裂纹完全清除后，再重新进行补焊。对于拘束度较大的焊接接头上裂纹的返修，碳弧气刨清除裂纹前，宜在裂纹两端钻止裂孔后再清除裂纹缺陷。焊接裂纹的返修，应通知焊接工程师对裂纹产生的原因进行调查和分析，应制定专门的返修工艺方案后按工艺要求进行；

5 焊缝缺陷返修的预热温度应高于相同条件下正常焊接的预热温度 30℃～50℃，并应采用低氢焊接方法和焊接材料进行焊接；

6 焊缝返修部位应连续焊成，中断焊接时应采取后热、保温措施；

7 焊缝同一部位的缺陷返修次数不宜超过两次。当超过两次时，返修前应先对焊接工艺进行工艺评定，并应评定合格后再进行后续的返修焊接。返修后的焊接接头区域应增加磁粉或着色检查。

7 紧固件连接

7.1 一 般 规 定

7.1.1 本章适用于钢结构制作和安装中的普通螺栓、扭剪型高强度螺栓、高强度大六角头螺栓、钢网架螺栓球节点用高强度螺栓及拉铆钉、自攻钉、射钉等紧固件连接工程的施工。

7.1.2 构件的紧固件连接节点和拼接接头，应在检验合格后进行紧固施工。

7.1.3 经验收合格的紧固件连接节点与拼接接头，应按设计文件的规定及时进行防腐和防火涂装。接触腐蚀性介质的接头应用防腐腻子等材料封闭。

7.1.4 钢结构制作和安装单位，应按现行国家标准《钢结构工程施工质量验收规范》GB 50205 的有关规定分别进行高强度螺栓连接摩擦面的抗滑移系数试验，其结果应符合设计要求。当高强度螺栓连接节点按承压型连接或张拉型连接进行强度设计时，可不进行摩擦面抗滑移系数的试验。

7.2 连接件加工及摩擦面处理

7.2.1 连接件螺栓孔应按本规范第 8 章的有关规定进行加工，螺栓孔的精度、孔壁表面粗糙度、孔径及孔距的允许偏差等，应符合现行国家标准《钢结构工程施工质量验收规范》GB 50205 的有关规定。

7.2.2 螺栓孔孔距超过本规范第 7.2.1 条规定的允许偏差时，可采用与母材相匹配的焊条补焊，并应经无损检测合格后重新制孔，每组孔中经补焊重新钻孔的数量不得超过该组螺栓数量的 20%。

7.2.3 高强度螺栓摩擦面对因板厚公差、制造偏差或安装偏差等产生的接触面间隙，应按表 7.2.3 规定进行处理。

表 7.2.3 接触面间隙处理

项目	示 意 图	处 理 方 法
1	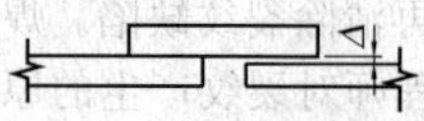	$\Delta<1.0$mm 时不予处理
2	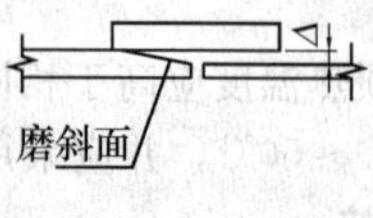磨斜面	$\Delta=(1.0\sim3.0)$mm 时将厚板一侧磨成 1∶10缓坡，使间隙小于 1.0mm
3	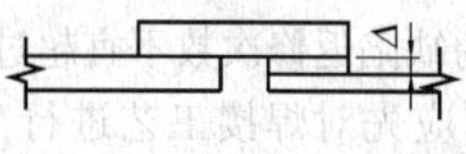	$\Delta>3.0$mm 时加垫板，垫板厚度不小于 3mm，最多不超过三层，垫板材质和摩擦面处理方法应与构件相同

7.2.4 高强度螺栓连接处的摩擦面可根据设计抗滑移系数的要求选择处理工艺，抗滑移系数应符合设计要求。采用手工砂轮打磨时，打磨方向应与受力方向垂直，且打磨范围不应小于螺栓孔径的 4 倍。

7.2.5 经表面处理后的高强度螺栓连接摩擦面，应符合下列规定：

1 连接摩擦面应保持干燥、清洁，不应有飞边、毛刺、焊接飞溅物、焊疤、氧化铁皮、污垢等；

2 经处理后的摩擦面应采取保护措施，不得在摩擦面上作标记；

3 摩擦面采用生锈处理方法时，安装前应以细钢丝刷垂直于构件受力方向除去摩擦面上的浮锈。

7.3 普通紧固件连接

7.3.1 普通螺栓可采用普通扳手紧固，螺栓紧固应使被连接件接触面、螺栓头和螺母与构件表面密贴。普通螺栓紧固应从中间开始，对称向两边进行，大型接头宜采用复拧。

7.3.2 普通螺栓作为永久性连接螺栓时，紧固连接应符合下列规定：

1 螺栓头和螺母侧应分别放置平垫圈，螺栓头侧放置的垫圈不应多于 2 个，螺母侧放置的垫圈不应多于 1 个；

2 承受动力荷载或重要部位的螺栓连接，设计有防松动要求时，应采取有防松动装置的螺母或弹簧垫圈，弹簧垫圈应放置在螺母侧；

3 对工字钢、槽钢等有斜面的螺栓连接，宜采用斜垫圈；

4 同一个连接接头螺栓数量不应少于 2 个；

5 螺栓紧固后外露丝扣不应少于 2 扣，紧固质量检验可采用锤敲检验。

7.3.3 连接薄钢板采用的拉铆钉、自攻钉、射钉等，其规格尺寸应与被连接钢板相匹配，其间距、边距等应符合设计文件的要求。钢拉铆钉和自攻螺钉的钉头部分应靠在较薄的板件一侧。自攻螺钉、钢拉铆钉、射钉等与连接钢板应紧固密贴，外观应排列整齐。

7.3.4 自攻螺钉（非自攻自钻螺钉）连接板上的预制孔径 d_0，可按下列公式计算：

$$d_0=0.7d+0.2t_t \qquad (7.3.4\text{-}1)$$

$$d_0\leqslant0.9d \qquad (7.3.4\text{-}2)$$

式中：d——自攻螺钉的公称直径（mm）；

t_t——连接板的总厚度（mm）。

7.3.5 射钉施工时，穿透深度不应小于 10.0mm。

7.4 高强度螺栓连接

7.4.1 高强度大六角头螺栓连接副应由一个螺栓、一个螺母和两个垫圈组成，扭剪型高强度螺栓连接副应由一个螺栓、一个螺母和一个垫圈组成，使用组合应符合表7.4.1的规定。

表7.4.1 高强度螺栓连接副的使用组合

螺 栓	螺 母	垫 圈
10.9S	10H	（35～45）HRC
8.8S	8H	（35～45）HRC

7.4.2 高强度螺栓长度应以螺栓连接副终拧后外露2扣～3扣丝为标准计算，可按下列公式计算。选用的高强度螺栓公称长度应取修约后的长度，应根据计算出的螺栓长度 l 按修约间隔5mm进行修约。

$$l = l' + \Delta l \quad (7.4.2\text{-}1)$$

$$\Delta l = m + ns + 3p \quad (7.4.2\text{-}2)$$

式中：l'——连接板层总厚度；

Δl——附加长度，或按表7.4.2选取；

m——高强度螺母公称厚度；

n——垫圈个数，扭剪型高强度螺栓为1，高强度大六角头螺栓为2；

s——高强度垫圈公称厚度，当采用大圆孔或槽孔时，高强度垫圈公称厚度按实际厚度取值；

p——螺纹的螺距。

表7.4.2 高强度螺栓附加长度 Δl（mm）

高强度螺栓种类	螺栓规格						
	M12	M16	M20	M22	M24	M27	M30
高强度大六角头螺栓	23	30	35.5	39.5	43	46	50.5
扭剪型高强度螺栓	—	26	31.5	34.5	38	41	45.5

注：本表附加长度 Δl 由标准圆孔垫圈公称厚度计算确定。

7.4.3 高强度螺栓安装时应先使用安装螺栓和冲钉。在每个节点上穿入的安装螺栓和冲钉数量，应根据安装过程所承受的荷载计算确定，并应符合下列规定：

1 不应少于安装孔总数的1/3；

2 安装螺栓不应少于2个；

3 冲钉穿入数量不宜多于安装螺栓数量的30%；

4 不得用高强度螺栓兼做安装螺栓。

7.4.4 高强度螺栓应在构件安装精度调整后进行拧紧。高强度螺栓安装应符合下列规定：

1 扭剪型高强度螺栓安装时，螺母带圆台面的一侧应朝向垫圈有倒角的一侧；

2 大六角头高强度螺栓安装时，螺栓头下垫圈有倒角的一侧应朝向螺栓头，螺母带圆台面的一侧应朝向垫圈有倒角的一侧。

7.4.5 高强度螺栓现场安装时应能自由穿入螺栓孔，不得强行穿入。螺栓不能自由穿入时，可采用铰刀或锉刀修整螺栓孔，不得采用气割扩孔，扩孔数量应征得设计单位同意，修整后或扩孔后的孔径不应超过螺栓直径的1.2倍。

7.4.6 高强度大六角头螺栓连接副施拧可采用扭矩法或转角法，施工时应符合下列规定：

1 施工用的扭矩扳手使用前应进行校正，其扭矩相对误差不得大于±5%；校正用的扭矩扳手，其扭矩相对误差不得大于±3%；

2 施拧时，应在螺母上施加扭矩；

3 施拧应分为初拧和终拧，大型节点应在初拧和终拧间增加复拧。初拧扭矩可取施工终拧扭矩的50%，复拧扭矩应等于初拧扭矩。终拧扭矩应按下式计算：

$$T_c = kP_c d \quad (7.4.6)$$

式中：T_c——施工终拧扭矩（N·m）；

k——高强度螺栓连接副的扭矩系数平均值，取0.110～0.150；

P_c——高强度大六角头螺栓施工预拉力，可按表7.4.6-1选用（kN）；

d——高强度螺栓公称直径（mm）；

表7.4.6-1 高强度大六角头螺栓施工预拉力（kN）

螺栓性能等级	螺栓公称直径（mm）						
	M12	M16	M20	M22	M24	M27	M30
8.8S	50	90	140	165	195	255	310
10.9S	60	110	170	210	250	320	390

4 采用转角法施工时，初拧（复拧）后连接副的终拧转角度应符合表7.4.6-2的要求；

表7.4.6-2 初拧（复拧）后连接副的终拧转角度

螺栓长度 l	螺母转角	连接状态
$l \leqslant 4d$	1/3圈（120°）	连接形式为一层芯板加两层盖板
$4d < l \leqslant 8d$ 或200mm及以下	1/2圈（180°）	
$8d < l \leqslant 12d$ 或200mm以上	2/3圈（240°）	

注：1 d 为螺栓公称直径；

2 螺母的转角为螺母与螺栓杆间的相对转角；

3 当螺栓长度 l 超过螺栓公称直径 d 的12倍时，螺母的终拧角度应由试验确定。

5 初拧或复拧后应对螺母涂画颜色标记。

7.4.7 扭剪型高强度螺栓连接副应采用专用电动扳手施拧，施工时应符合下列规定：

1 施拧应分为初拧和终拧，大型节点宜在初拧和终拧间增加复拧；

2 初拧扭矩值应取本规范公式（7.4.6）中 T_c 计算值的50%，其中 k 应取0.13，也可按表7.4.7选用；复拧扭矩应等于初拧扭矩；

表7.4.7 扭剪型高强度螺栓初拧（复拧）扭矩值（N·m）

螺栓公称直径（mm）	M16	M20	M22	M24	M27	M30
初拧（复拧）扭矩	115	220	300	390	560	760

3 终拧应以拧掉螺栓尾部梅花头为准，少数不能用专用扳手进行终拧的螺栓，可按本规范第7.4.6条规定的方法进行终拧，扭矩系数k应取0.13；

4 初拧或复拧后应对螺母涂画颜色标记。

7.4.8 高强度螺栓连接节点螺栓群初拧、复拧和终拧，应采用合理的施拧顺序。

7.4.9 高强度螺栓和焊接混用的连接节点，当设计文件无规定时，宜按先螺栓紧固后焊接的施工顺序。

7.4.10 高强度螺栓连接副的初拧、复拧、终拧，宜在24h内完成。

7.4.11 高强度大六角头螺栓连接用扭矩法施工紧固时，应进行下列质量检查：

1 应检查终拧颜色标记，并应用0.3kg重小锤敲击螺母对高强度螺栓进行逐个检查；

2 终拧扭矩应按节点数10%抽查，且不应少于10个节点；对每个被抽查节点应按螺栓数10%抽查，且不应少于2个螺栓；

3 检查时应先在螺杆端面和螺母上画一直线，然后将螺母拧松约60°；再用扭矩扳手重新拧紧，使两线重合，测得此时的扭矩应为$0.9T_{ch}$～$1.1T_{ch}$。T_{ch}可按下式计算：

$$T_{ch}=kPd \tag{7.4.11}$$

式中：T_{ch}——检查扭矩（N·m）；

P——高强度螺栓设计预拉力（kN）；

k——扭矩系数。

4 发现有不符合规定时，应再扩大1倍检查；仍有不合格者时，则整个节点的高强度螺栓应重新施拧；

5 扭矩检查宜在螺栓终拧1h以后、24h之前完成，检查用的扭矩扳手，其相对误差不得大于±3%。

7.4.12 高强度大六角头螺栓连接转角法施工紧固，应进行下列质量检查：

1 应检查终拧颜色标记，同时应用约0.3kg重小锤敲击螺母对高强度螺栓进行逐个检查；

2 终拧转角应按节点数抽查10%，且不应少于10个节点；对每个被抽查节点应按螺栓数抽查10%，且不应少于2个螺栓；

3 应在螺杆端面和螺母相对位置画线，然后全部卸松螺母，应再按规定的初拧扭矩和终拧角度重新拧紧螺栓，测量终止线与原终止线画线间的角度，应符合表7.4.6-2的要求，误差在±30°者应为合格；

4 发现有不符合规定时，应再扩大1倍检查；仍有不合格者时，则整个节点的高强度螺栓应重新施拧；

5 转角检查宜在螺栓终拧1h以后、24h之前完成。

7.4.13 扭剪型高强度螺栓终拧检查，应以目测尾部梅花头拧断为合格。不能用专用扳手拧紧的扭剪型高强度螺栓，应按本规范第7.4.11条的规定进行质量检查。

7.4.14 螺栓球节点网架总拼完成后，高强度螺栓与球节点应紧固连接，螺栓拧入螺栓球内的螺纹长度不应小于螺栓直径的1.1倍，连接处不应出现有间隙、松动等未拧紧情况。

8 零件及部件加工

8.1 一 般 规 定

8.1.1 本章适用于钢结构制作中零件及部件的加工。

8.1.2 零件及部件加工前，应熟悉设计文件和施工详图，应做好各道工序的工艺准备；并应结合加工的实际情况，编制加工工艺文件。

8.2 放样和号料

8.2.1 放样和号料应根据施工详图和工艺文件进行，并应按要求预留余量。

8.2.2 放样和样板（样杆）的允许偏差应符合表8.2.2的规定。

表8.2.2 放样和样板（样杆）的允许偏差

项　目	允许偏差
平行线距离和分段尺寸	±0.5mm
样板长度	±0.5mm
样板宽度	±0.5mm
样板对角线差	1.0mm
样杆长度	±1.0mm
样板的角度	±20′

8.2.3 号料的允许偏差应符合表8.2.3的规定。

表8.2.3 号料的允许偏差（mm）

项　目	允许偏差
零件外形尺寸	±1.0
孔距	±0.5

8.2.4 主要零件应根据构件的受力特点和加工状况，按工艺规定的方向进行号料。

8.2.5 号料后，零件和部件应按施工详图和工艺要求进行标识。

8.3 切　割

8.3.1 钢材切割可采用气割、机械切割、等离子切割等方法，选用的切割方法应满足工艺文件的要求。切割后的飞边、毛刺应清理干净。

8.3.2 钢材切割面应无裂纹、夹渣、分层等缺陷和大于1mm的缺棱。

8.3.3 气割前钢材切割区域表面应清理干净。切割时，应根据设备类型、钢材厚度、切割气体等因素选择适合的工艺参数。

8.3.4 气割的允许偏差应符合表8.3.4的规定。

表8.3.4 气割的允许偏差（mm）

项　目	允许偏差
零件宽度、长度	±3.0
切割面平面度	0.05t，且不应大于2.0
割纹深度	0.3
局部缺口深度	1.0

注：t为切割面厚度。

8.3.5 机械剪切的零件厚度不宜大于12.0mm，剪切面应平整。碳素结构钢在环境温度低于－20℃、低合金结构钢在环境温度低于－15℃时，不得进行剪切、冲孔。

8.3.6 机械剪切的允许偏差应符合表8.3.6的规定。

表8.3.6 机械剪切的允许偏差（mm）

项　目	允许偏差（mm）
零件宽度、长度	±3.0
边缘缺棱	1.0
型钢端部垂直度	2.0

8.3.7 钢网架（桁架）用钢管杆件宜用管子车床或数控相贯线切割机下料，下料时应预放加工余量和焊接收缩量，焊接收缩量可由工艺试验确定。钢管杆件加工的允许偏差应符合表8.3.7的规定。

表8.3.7 钢管杆件加工的允许偏差（mm）

项　目	允许偏差
长　度	±1.0
端面对管轴的垂直度	0.005r
管口曲线	1.0

注：r为管半径。

8.4 矫正和成型

8.4.1 矫正可采用机械矫正、加热矫正、加热与机械联合矫正等方法。

8.4.2 碳素结构钢在环境温度低于－16℃、低合金结构钢在环境温度低于－12℃时，不应进行冷矫正和冷弯曲。碳素结构钢和低合金结构钢在加热矫正时，加热温度应为700℃～800℃，最高温度严禁超过900℃，最低温度不得低于600℃。

8.4.3 当零件采用热加工成型时，可根据材料的含碳量，选择不同的加热温度。加热温度应控制在900℃～1000℃，也可控制在1100℃～1300℃；碳素结构钢和低合金结构钢在温度分别下降到700℃和800℃前，应结束加工；低合金结构钢应自然冷却。

8.4.4 热加工成型温度应均匀，同一构件不应反复进行热加工；温度冷却到200℃～400℃时，严禁捶打、弯曲和成型。

8.4.5 工厂冷成型加工钢管，可采用卷制或压制工艺。

8.4.6 矫正后的钢材表面，不应有明显的凹痕或损伤，划痕深度不得大于0.5mm，且不应超过钢材厚度允许负偏差的1/2。

8.4.7 型钢冷矫正和冷弯曲的最小曲率半径和最大弯曲矢高，应符合表8.4.7的规定。

表8.4.7 冷矫正和冷弯曲的最小曲率半径和最大弯曲矢高（mm）

钢材类别	图　例	对应轴	矫正		弯曲	
			r	f	r	f
钢板扁钢	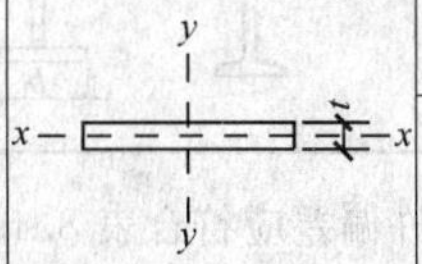	x-x	50t	$\frac{l^2}{400t}$	25t	$\frac{l^2}{200t}$
		y-y（仅对扁钢轴线）	100b	$\frac{l^2}{800b}$	50b	$\frac{l^2}{400b}$
角钢	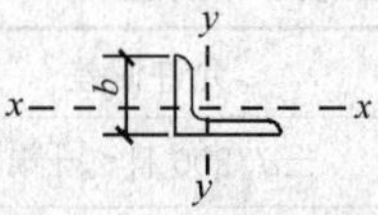	x-x	90b	$\frac{l^2}{720b}$	45b	$\frac{l^2}{360b}$
槽钢	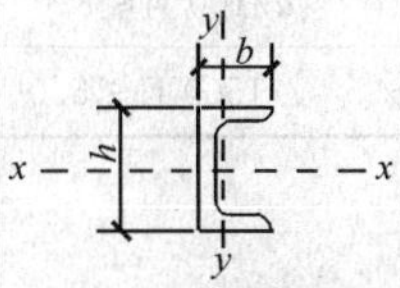	x-x	50h	$\frac{l^2}{400h}$	25h	$\frac{l^2}{200h}$
		y-y	90b	$\frac{l^2}{720b}$	45b	$\frac{l^2}{360b}$
工字钢	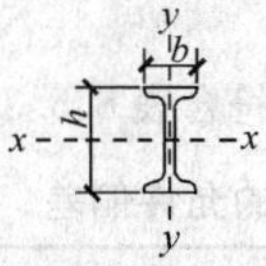	x-x	50h	$\frac{l^2}{400h}$	25h	$\frac{l^2}{200h}$
		y-y	50b	$\frac{l^2}{400b}$	25b	$\frac{l^2}{200b}$

注：r为曲率半径；f为弯曲矢高；l为弯曲弦长；t为板厚；b为宽度；h为高度。

8.4.8 钢材矫正后的允许偏差应符合表8.4.8的规定。

表 8.4.8 钢材矫正后的允许偏差（mm）

项目		允许偏差	图例
钢板的局部平面度	t≤14	1.5	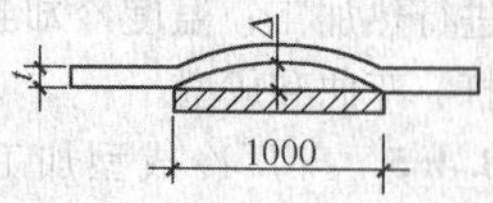1000
	t>14	1.0	
型钢弯曲矢高		l/1000 且不应大于 5.0	
角钢肢的垂直度		b/100 且双肢栓接角钢的角度不得大于 90°	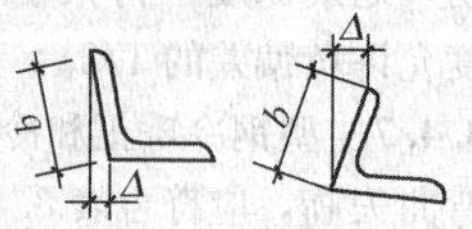
槽钢翼缘对腹板的垂直度		b/80	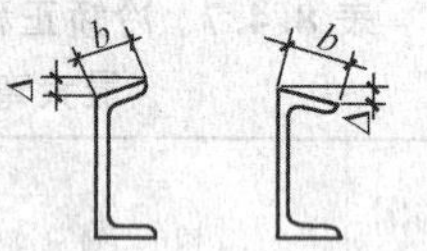
工字钢、H 型钢翼缘对腹板的垂直度		b/100 且不大于 2.0	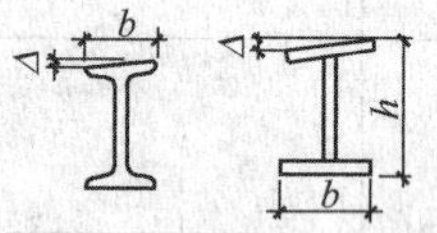

8.4.9 钢管弯曲成型的允许偏差应符合表 8.4.9 的规定。

表 8.4.9 钢管弯曲成型的允许偏差（mm）

项目	允许偏差
直径	±d/200 且≤±5.0
构件长度	±3.0
管口圆度	d/200 且≤5.0
管中间圆度	d/100 且≤8.0
弯曲矢高	l/1500 且≤5.0

注：d 为钢管直径。

8.5 边缘加工

8.5.1 边缘加工可采用气割和机械加工方法，对边缘有特殊要求时宜采用精密切割。

8.5.2 气割或机械剪切的零件，需要进行边缘加工时，其刨削量不应小于 2.0mm。

8.5.3 边缘加工的允许偏差应符合表 8.5.3 的规定。

表 8.5.3 边缘加工的允许偏差

项目	允许偏差
零件宽度、长度	±1.0mm
加工边直线度	l/3000，且不应大于 2.0mm
相邻两边夹角	±6′
加工面垂直度	0.025t，且不应大于 0.5mm
加工面表面粗糙度	Ra≤50μm

8.5.4 焊缝坡口可采用气割、铲削、刨边机加工等方法，焊缝坡口的允许偏差应符合表 8.5.4 的规定。

表 8.5.4 焊缝坡口的允许偏差

项目	允许偏差
坡口角度	±5°
钝边	±1.0mm

8.5.5 零部件采用铣床进行铣削加工边缘时，加工后的允许偏差应符合表 8.5.5 的规定。

表 8.5.5 零部件铣削加工后的允许偏差（mm）

项目	允许偏差
两端铣平时零件长度、宽度	±1.0
铣平面的平面度	0.3
铣平面的垂直度	l/1500

8.6 制 孔

8.6.1 制孔可采用钻孔、冲孔、铣孔、铰孔、镗孔和锪孔等方法，对直径较大或长形孔也可采用气割制孔。

8.6.2 利用钻床进行多层板钻孔时，应采取有效的防止窜动措施。

8.6.3 机械或气割制孔后，应清除孔周边的毛刺、切屑等杂物；孔壁应圆滑，应无裂纹和大于 1.0mm 的缺棱。

8.7 螺栓球和焊接球加工

8.7.1 螺栓球宜热锻成型，加热温度宜为 1150℃～1250℃，终锻温度不得低于 800℃，成型后螺栓球不应有裂纹、褶皱和过烧。

8.7.2 螺栓球加工的允许偏差应符合表 8.7.2 的规定。

表 8.7.2 螺栓球加工的允许偏差（mm）

项目		允许偏差
球直径	d≤120	+2.0 −1.0
	d>120	+3.0 −1.5
球圆度	d≤120	1.5
	120<d≤250	2.5
	d>250	3.0
同一轴线上两铣平面平行度	d≤120	0.2
	d>120	0.3
铣平面距球中心距离		±0.2
相邻两螺栓孔中心线夹角		±30′
两铣平面与螺栓孔轴线垂直度		0.005r

注：r 为螺栓球半径；d 为螺栓球直径。

8.7.3 焊接空心球宜采用钢板热压成半圆球，加热温度宜为 1000℃～1100℃，并应经机械加工坡口后焊成圆球。焊接后的成品球表面应光滑平整，不应有局部凸起或褶皱。

8.7.4 焊接空心球加工的允许偏差应符合表 8.7.4 的规定。

表 8.7.4 焊接空心球加工的允许偏差（mm）

项　目		允许偏差
直　径	$d\leqslant300$	±1.5
	$300<d\leqslant500$	±2.5
	$500<d\leqslant800$	±3.5
	$d>800$	±4
圆　度	$d\leqslant300$	±1.5
	$300<d\leqslant500$	±2.5
	$500<d\leqslant800$	±3.5
	$d>800$	±4
壁厚减薄量	$t\leqslant10$	≤0.18t 且不大于 1.5
	$10<t\leqslant16$	≤0.15t 且不大于 2.0
	$16<t\leqslant22$	≤0.12t 且不大于 2.5
	$22<t\leqslant45$	≤0.11t 且不大于 3.5
	$t>45$	≤0.08t 且不大于 4.0
对口错边量	$t\leqslant20$	≤0.10t 且不大于 1.0
	$20<t\leqslant40$	2.0
	$t>40$	3.0
焊缝余高		0～1.5

注：d 为焊接空心球的外径；t 为焊接空心球的壁厚。

8.8 铸钢节点加工

8.8.1 铸钢节点的铸造工艺和加工质量应符合设计文件和国家现行有关标准的规定。

8.8.2 铸钢节点加工宜包括工艺设计、模型制作、浇注、清理、热处理、打磨（修补）、机械加工和成品检验等工序。

8.8.3 复杂的铸钢节点接头宜设置过渡段。

8.9 索节点加工

8.9.1 索节点可采用铸造、锻造、焊接等方法加工成毛坯，并应经车削、铣削、刨削、钻孔、镗孔等机械加工而成。

8.9.2 索节点的普通螺纹应符合现行国家标准《普通螺纹　基本尺寸》GB/T 196 和《普通螺纹　公差》GB/T 197 中有关 7H/6g 的规定，梯形螺纹应符合现行国家标准《梯形螺纹》GB/T 5796中 8H/7e 的有关规定。

9 构件组装及加工

9.1 一 般 规 定

9.1.1 本章适用于钢结构制作及安装中构件的组装及加工。

9.1.2 构件组装前，组装人员应熟悉施工详图、组装工艺及有关技术文件的要求，检查组装用的零部件的材质、规格、外观、尺寸、数量等均应符合设计要求。

9.1.3 组装焊接处的连接接触面及沿边缘 30mm～50mm 范围内的铁锈、毛刺、污垢等，应在组装前清除干净。

9.1.4 板材、型材的拼接应在构件组装前进行；构件的组装应在部件组装、焊接、校正并经检验合格后进行。

9.1.5 构件组装应根据设计要求、构件形式、连接方式、焊接方法和焊接顺序等确定合理的组装顺序。

9.1.6 构件的隐蔽部位应在焊接和涂装检查合格后封闭；完全封闭的构件内表面可不涂装。

9.1.7 构件应在组装完成并经检验合格后再进行焊接。

9.1.8 焊接完成后的构件应根据设计和工艺文件要求进行端面加工。

9.1.9 构件组装的尺寸偏差，应符合设计文件和现行国家标准《钢结构工程施工质量验收规范》GB 50205 的有关规定。

9.2 部 件 拼 接

9.2.1 焊接 H 型钢的翼缘板拼接缝和腹板拼接缝的间距，不宜小于 200mm。翼缘板拼接长度不应小于 600mm；腹板拼接宽度不应小于 300mm，长度不应小于 600mm。

9.2.2 箱形构件的侧板拼接长度不应小于 600mm，相邻两侧板拼接缝的间距不宜小于 200mm；侧板在宽度方向不宜拼接，当宽度超过 2400mm 确需拼接时，最小拼接宽度不宜小于板宽的 1/4。

9.2.3 设计无特殊要求时，用于次要构件的热轧型钢可采用直口全熔透焊接拼接，其拼接长度不应小于 600mm。

9.2.4 钢管接长时每个节间宜为一个接头，最短接长长度应符合下列规定：

1 当钢管直径 $d\leqslant500$mm 时，不应小于 500mm；

2 当钢管直径 $500\text{mm}<d\leqslant1000$mm，不应小于直径 d；

3 当钢管直径 $d>1000$mm 时，不应小于 1000mm；

4 当钢管采用卷制方式加工成型时，可有若干个接头，但最短接长长度应符合本条第1～3款的要求。

9.2.5 钢管接长时，相邻管节或管段的纵向焊缝应错开，错开的最小距离（沿弧长方向）不应小于钢管壁厚的5倍，且不应小于200mm。

9.2.6 部件拼接焊缝应符合设计文件的要求，当设计无要求时，应采用全熔透等强对接焊缝。

9.3 构件组装

9.3.1 构件组装宜在组装平台、组装支承架或专用设备上进行，组装平台及组装支承架应有足够的强度和刚度，并应便于构件的装卸、定位。在组装平台或组装支承架上宜画出构件的中心线、端面位置线、轮廓线和标高线等基准线。

9.3.2 构件组装可采用地样法、仿形复制装配法、胎模装配法和专用设备装配法等方法；组装时可采用立装、卧装等方式。

9.3.3 构件组装间隙应符合设计和工艺文件要求，当设计和工艺文件无规定时，组装间隙不宜大于2.0mm。

9.3.4 焊接构件组装时应预设焊接收缩量，并应对各部件进行合理的焊接收缩量分配。重要或复杂构件宜通过工艺性试验确定焊接收缩量。

9.3.5 设计要求起拱的构件，应在组装时按规定的起拱值进行起拱，起拱允许偏差为起拱值的0～10%，且不应大于10mm。设计未要求但施工工艺要求起拱的构件，起拱允许偏差不应大于起拱值的±10%，且不应大于±10mm。

9.3.6 桁架结构组装时，杆件轴线交点偏移不应大于3mm。

9.3.7 吊车梁和吊车桁架组装、焊接完成后不应允许下挠。吊车梁的下翼缘和重要受力构件的受拉面不得焊接工装夹具、临时定位板、临时连接板等。

9.3.8 拆除临时工装夹具、临时定位板、临时连接板等，严禁用锤击落，应在距离构件表面3mm～5mm处采用气割切除，对残留的焊疤应打磨平整，且不得损伤母材。

9.3.9 构件端部铣平后顶紧接触面应有75%以上的面积密贴，应用0.3mm的塞尺检查，其塞入面积应小于25%，边缘最大间隙不应大于0.8mm。

9.4 构件端部加工

9.4.1 构件端部加工应在构件组装、焊接完成并经检验合格后进行。构件的端面铣平加工可用端铣床加工。

9.4.2 构件的端部铣平加工应符合下列规定：

1 应根据工艺要求预先确定端部铣削量，铣削量不宜小于5mm；

2 应按设计文件及现行国家标准《钢结构工程施工质量验收规范》GB 50205的有关规定，控制铣平面的平面度和垂直度。

9.5 构件矫正

9.5.1 构件外形矫正宜采取先总体后局部、先主要后次要、先下部后上部的顺序。

9.5.2 构件外形矫正可采用冷矫正和热矫正。当设计有要求时，矫正方法和矫正温度应符合设计文件要求；当设计文件无要求时，矫正方法和矫正温度应符合本规范第8.4节的规定。

10 钢结构预拼装

10.1 一般规定

10.1.1 本章适用于合同要求或设计文件规定的构件预拼装。

10.1.2 预拼装前，单个构件应检查合格；当同一类型构件较多时，可选择一定数量的代表性构件进行预拼装。

10.1.3 构件可采用整体预拼装或累积连续预拼装。当采用累积连续预拼装时，两相邻单元连接的构件应分别参与两个单元的预拼装。

10.1.4 除有特殊规定外，构件预拼装应按设计文件和现行国家标准《钢结构工程施工质量验收规范》GB 50205的有关规定进行验收。预拼装验收时，应避开日照的影响。

10.2 实体预拼装

10.2.1 预拼装场地应平整、坚实；预拼装所用的临时支承架、支承凳或平台应经测量准确定位，并应符合工艺文件要求。重型构件预拼装所用的临时支承结构应进行结构安全验算。

10.2.2 预拼装单元可根据场地条件、起重设备等选择合适的几何形态进行预拼装。

10.2.3 构件应在自由状态下进行预拼装。

10.2.4 构件预拼装应按设计图的控制尺寸定位，对有预起拱、焊接收缩等的预拼装构件，应按预起拱值或收缩量的大小对尺寸定位进行调整。

10.2.5 采用螺栓连接的节点连接件，必要时可在预拼装定位后进行钻孔。

10.2.6 当多层板叠采用高强度螺栓或普通螺栓连接时，宜先使用不少于螺栓孔总数10%的冲钉定位，再采用临时螺栓紧固。临时螺栓在一组孔内不得少于螺栓孔数量的20%，且不应少于2个；预拼装时应使板层密贴。螺栓孔应采用试孔器进行检查，并应符合下列规定：

1 当采用比孔公称直径小1.0mm的试孔器检查

时，每组孔的通过率不应小于85%；

2 当采用比螺栓公称直径大0.3mm的试孔器检查时，通过率应为100%。

10.2.7 预拼装检查合格后，宜在构件上标注中心线、控制基准线等标记，必要时可设置定位器。

10.3 计算机辅助模拟预拼装

10.3.1 构件除可采用实体预拼装外，还可采用计算机辅助模拟预拼装方法，模拟构件或单元的外形尺寸应与实物几何尺寸相同。

10.3.2 当采用计算机辅助模拟预拼装的偏差超过现行国家标准《钢结构工程施工质量验收规范》GB 50205的有关规定时，应按本规范第10.2节的要求进行实体预拼装。

11 钢结构安装

11.1 一般规定

11.1.1 本章适用于单层钢结构、多高层钢结构、大跨度空间结构及高耸钢结构等工程的安装。

11.1.2 钢结构安装现场应设置专门的构件堆场，并应采取防止构件变形及表面污染的保护措施。

11.1.3 安装前，应按构件明细表核对进场的构件，查验产品合格证；工厂预拼装过的构件在现场组装时，应根据预拼装记录进行。

11.1.4 构件吊装前应清除表面上的油污、冰雪、泥沙和灰尘等杂物，并应做好轴线和标高标记。

11.1.5 钢结构安装应根据结构特点按照合理顺序进行，并应形成稳固的空间刚度单元，必要时应增加临时支承结构或临时措施。

11.1.6 钢结构安装校正时应分析温度、日照和焊接变形等因素对结构变形的影响。施工单位和监理单位宜在相同的天气条件和时间段进行测量验收。

11.1.7 钢结构吊装宜在构件上设置专门的吊装耳板或吊装孔。设计文件无特殊要求时，吊装耳板和吊装孔可保留在构件上，需去除耳板时，可采用气割或碳弧气刨方式在离母材3mm～5mm位置切除，严禁采用锤击方式去除。

11.1.8 钢结构安装过程中，制孔、组装、焊接和涂装等工序的施工均应符合本规范第6、8、9、13章的有关规定。

11.1.9 构件在运输、存放和安装过程中损坏的涂层，以及安装连接部位，应按本规范第13章的有关规定补漆。

11.2 起重设备和吊具

11.2.1 钢结构安装宜采用塔式起重机、履带吊、汽车吊等定型产品。选用非定型产品作为起重设备时，应编制专项方案，并应经评审后再组织实施。

11.2.2 起重设备应根据起重设备性能、结构特点、现场环境、作业效率等因素综合确定。

11.2.3 起重设备需要附着或支承在结构上时，应得到设计单位的同意，并应进行结构安全验算。

11.2.4 钢结构吊装作业必须在起重设备的额定起重量范围内进行。

11.2.5 钢结构吊装不宜采用抬吊。当构件重量超过单台起重设备的额定起重量范围时，构件可采用抬吊的方式吊装。采用抬吊方式时，应符合下列规定：

1 起重设备应进行合理的负荷分配，构件重量不得超过两台起重设备额定起重量总和的75%，单台起重设备的负荷量不得超过额定起重量的80%；

2 吊装作业应进行安全验算并采取相应的安全措施，应有经批准的抬吊作业专项方案；

3 吊装操作时应保持两台起重设备升降和移动同步，两台起重设备的吊钩、滑车组均应基本保持垂直状态。

11.2.6 用于吊装的钢丝绳、吊装带、卸扣、吊钩等吊具应经检查合格，并应在其额定许用荷载范围内使用。

11.3 基础、支承面和预埋件

11.3.1 钢结构安装前应对建筑物的定位轴线、基础轴线和标高、地脚螺栓位置等进行检查，并应办理交接验收。当基础工程分批进行交接时，每次交接验收不应少于一个安装单元的柱基基础，并应符合下列规定：

1 基础混凝土强度应达到设计要求；

2 基础周围回填夯实应完毕；

3 基础的轴线标志和标高基准点应准确、齐全。

11.3.2 基础顶面直接作为柱的支承面、基础顶面预埋钢板（或支座）作为柱的支承面时，其支承面、地脚螺栓（锚栓）的允许偏差应符合表11.3.2的规定。

表11.3.2 支承面、地脚螺栓（锚栓）的允许偏差（mm）

项目		允许偏差
支承面	标高	±3.0
	水平度	1/1000
地脚螺栓（锚栓）	螺栓中心偏移	5.0
	螺栓露出长度	+30.0 0
	螺纹长度	+30.0 0
预留孔中心偏移		10.0

11.3.3 钢柱脚采用钢垫板作支承时，应符合下列规定：

1 钢垫板面积应根据混凝土抗压强度、柱脚底板承受的荷载和地脚螺栓（锚栓）的紧固拉力计算确定；

2 垫板应设置在靠近地脚螺栓（锚栓）的柱脚底板加劲板或柱肢下，每根地脚螺栓（锚栓）侧应设1组～2组垫板，每组垫板不得多于5块；

3 垫板与基础面和柱底面的接触应平整、紧密；当采用成对斜垫板时，其叠合长度不应小于垫板长度的2/3；

4 柱底二次浇灌混凝土前垫板间应焊接固定。

11.3.4 锚栓及预埋件安装应符合下列规定：

1 宜采取锚栓定位支架、定位板等辅助固定措施；

2 锚栓和预埋件安装到位后，应可靠固定；当锚栓埋设精度较高时，可采用预留孔洞、二次埋设等工艺；

3 锚栓应采取防止损坏、锈蚀和污染的保护措施；

4 钢柱地脚螺栓紧固后，外露部分应采取防止螺母松动和锈蚀的措施；

5 当锚栓需要施加预应力时，可采用后张拉方法，张拉力应符合设计文件的要求，并应在张拉完成后进行灌浆处理。

11.4 构件安装

11.4.1 钢柱安装应符合下列规定：

1 柱脚安装时，锚栓宜使用导入器或护套；

2 首节钢柱安装后应及时进行垂直度、标高和轴线位置校正，钢柱的垂直度可采用经纬仪或线锤测量；校正合格后钢柱应可靠固定，并应进行柱底二次灌浆，灌浆前应清除柱底板与基础面间杂物；

3 首节以上的钢柱定位轴线应从地面控制轴线直接引上，不得从下层柱的轴线引上；钢柱校正垂直度时，应确定钢梁接头焊接的收缩量，并应预留焊缝收缩变形值；

4 倾斜钢柱可采用三维坐标测量法进行测校，也可采用柱顶投影点结合标高进行测校，校正合格后宜采用刚性支撑固定。

11.4.2 钢梁安装应符合下列规定：

1 钢梁宜采用两点起吊；当单根钢梁长度大于21m，采用两点吊装不能满足构件强度和变形要求时，宜设置3个～4个吊装点吊装或采用平衡梁吊装，吊点位置应通过计算确定；

2 钢梁可采用一机一吊或一机串吊的方式吊装，就位后应立即临时固定连接；

3 钢梁面的标高及两端高差可采用水准仪与标尺进行测量，校正完成后应进行永久性连接。

11.4.3 支撑安装应符合下列规定：

1 交叉支撑宜按从下到上的顺序组合吊装；

2 无特殊规定时，支撑构件的校正宜在相邻结构校正固定后进行；

3 屈曲约束支撑应按设计文件和产品说明书的要求进行安装。

11.4.4 桁架（屋架）安装应在钢柱校正合格后进行，并应符合下列规定：

1 钢桁架（屋架）可采用整榀或分段安装；

2 钢桁架（屋架）应在起扳和吊装过程中防止产生变形；

3 单榀钢桁架（屋架）安装时应采用缆绳或刚性支撑增加侧向临时约束。

11.4.5 钢板剪力墙安装应符合下列规定：

1 钢板剪力墙吊装时应采取防止平面外的变形措施；

2 钢板剪力墙的安装时间和顺序应符合设计文件要求。

11.4.6 关节轴承节点安装应符合下列规定：

1 关节轴承节点应采用专门的工装进行吊装和安装；

2 轴承总成不宜解体安装，就位后应采取临时固定措施；

3 连接销轴与孔装配时应密贴接触，宜采用锥形孔、轴，应采用专用工具顶紧安装；

4 安装完毕后应做好成品保护。

11.4.7 钢铸件或铸钢节点安装应符合下列规定：

1 出厂时应标识清晰的安装基准标记；

2 现场焊接应严格按焊接工艺专项方案施焊和检验。

11.4.8 由多个构件在地面组拼的重型组合构件吊装时，吊点位置和数量应经计算确定。

11.4.9 后安装构件应根据设计文件或吊装工况的要求进行安装，其加工长度宜根据现场实际测量确定；当后安装构件与已完成结构采用焊接连接时，应采取减少焊接变形和焊接残余应力措施。

11.5 单层钢结构

11.5.1 单跨结构宜从跨端一侧向另一侧、中间向两端或两端向中间的顺序进行吊装。多跨结构，宜先吊主跨、后吊副跨；当有多台起重设备共同作业时，也可多跨同时吊装。

11.5.2 单层钢结构在安装过程中，应及时安装临时柱间支撑或稳定缆绳，应在形成空间结构稳定体系后再扩展安装。单层钢结构安装过程中形成的临时空间结构稳定体系应能承受结构自重、风荷载、雪荷载、施工荷载以及吊装过程中冲击荷载的作用。

11.6 多层、高层钢结构

11.6.1 多层及高层钢结构宜划分多个流水作业段进

行安装，流水段宜以每节框架为单位。流水段划分应符合下列规定：

1 流水段内的最重构件应在起重设备的起重能力范围内；

2 起重设备的爬升高度应满足下节流水段内构件的起吊高度；

3 每节流水段内的柱长度应根据工厂加工、运输堆放、现场吊装等因素确定，长度宜取2个～3个楼层高度，分节位置宜在梁顶标高以上1.0m～1.3m处；

4 流水段的划分应与混凝土结构施工相适应；

5 每节流水段可根据结构特点和现场条件在平面上划分流水区进行施工。

11.6.2 流水作业段内的构件吊装宜符合下列规定：

1 吊装可采用整个流水段内先柱后梁、或局部先柱后梁的顺序；单柱不得长时间处于悬臂状态；

2 钢楼板及压型金属板安装应与构件吊装进度同步；

3 特殊流水作业段内的吊装顺序应按安装工艺确定，并应符合设计文件的要求。

11.6.3 多层及高层钢结构安装校正应依据基准柱进行，并应符合下列规定：

1 基准柱应能够控制建筑物的平面尺寸并便于其他柱的校正，宜选择角柱为基准柱；

2 钢柱校正宜采用合适的测量仪器和校正工具；

3 基准柱应校正完毕后，再对其他柱进行校正。

11.6.4 多层及高层钢结构安装时，楼层标高可采用相对标高或设计标高进行控制，并应符合下列规定：

1 当采用设计标高控制时，应以每节柱为单位进行柱标高调整，并应使每节柱的标高符合设计的要求；

2 建筑物总高度的允许偏差和同一层内各节柱的柱顶高度差，应符合现行国家标准《钢结构工程施工质量验收规范》GB 50205的有关规定。

11.6.5 同一流水作业段、同一安装高度的一节柱，当各柱的全部构件安装、校正、连接完毕并验收合格后，应再从地面引放上一节柱的定位轴线。

11.6.6 高层钢结构安装时应分析竖向压缩变形对结构的影响，并应根据结构特点和影响程度采取预调安装标高、设置后连接构件等相应措施。

11.7 大跨度空间钢结构

11.7.1 大跨度空间钢结构可根据结构特点和现场施工条件，采用高空散装法、分条分块吊装法、滑移法、单元或整体提升（顶升）法、整体吊装法、折叠展开式整体提升法、高空悬拼安装法等安装方法。

11.7.2 空间结构吊装单元的划分应根据结构特点、运输方式、起重设备性能、安装场地条件等因素确定。

11.7.3 索（预应力）结构施工应符合下列规定：

1 施工前应对钢索、锚具及零配件的出厂报告、产品质量保证书、检测报告，以及索体长度、直径、品种、规格、色泽、数量等进行验收，并应验收合格后再进行预应力施工；

2 索（预应力）结构施工张拉前，应进行全过程施工阶段结构分析，并应以分析结果为依据确定张拉顺序，编制索（预应力）施工专项方案；

3 索（预应力）结构施工张拉前，应进行钢结构分项验收，验收合格后方可进行预应力张拉施工；

4 索（预应力）张拉应符合分阶段、分级、对称、缓慢匀速、同步加载的原则，并应根据结构和材料特点确定超张拉的要求；

5 索（预应力）结构宜进行索力和结构变形监测，并应形成监测报告。

11.7.4 大跨度空间钢结构施工应分析环境温度变化对结构的影响。

11.8 高耸钢结构

11.8.1 高耸钢结构可采用高空散件（单元）法、整体起扳法和整体提升（顶升）法等安装方法。

11.8.2 高耸钢结构采用整体起扳法安装时，提升吊点的数量和位置应通过计算确定，并应对整体起扳过程中结构不同施工倾斜角度或倾斜状态进行结构安全验算。

11.8.3 高耸钢结构安装的标高和轴线基准点向上传递时，应对风荷载、环境温度和日照等对结构变形的影响进行分析。

12 压型金属板

12.0.1 本章适用于楼层和平台中组合楼板的压型金属板施工，也适用于作为浇筑混凝土永久性模板用途的非组合楼板的压型金属板施工。

12.0.2 压型金属板安装前，应绘制各楼层压型金属板铺设的排板图；图中应包含压型金属板的规格、尺寸和数量，与主体结构的支承构造和连接详图，以及封边挡板等内容。

12.0.3 压型金属板安装前，应在支承结构上标出压型金属板的位置线。铺放时，相邻压型金属板端部的波形槽口应对准。

12.0.4 压型金属板应采用专用吊具装卸和转运，严禁直接采用钢丝绳绑扎吊装。

12.0.5 压型金属板与主体结构（钢梁）的锚固支承长度应符合设计要求，且不应小于50mm；端部锚固可采用点焊、贴角焊或射钉连接，设置位置应符合设计要求。

12.0.6 转运至楼面的压型金属板应当天安装和连接完毕，当有剩余时应固定在钢梁上或转移到地面堆场。

12.0.7 支承压型金属板的钢梁表面应保持清洁，压型金属板与钢梁顶面的间隙应控制在1mm以内。

12.0.8 安装边模封口板时，应与压型金属板波距对齐，偏差不大于3mm。

12.0.9 压型金属板安装应平整、顺直，板面不得有施工残留物和污物。

12.0.10 压型金属板需预留设备孔洞时，应在混凝土浇筑完毕后使用等离子切割或空心钻开孔，不得采用火焰切割。

12.0.11 设计文件要求在施工阶段设置临时支承时，应在混凝土浇筑前设置临时支承，待浇筑的混凝土强度达到规定强度后方可拆除。混凝土浇筑时应避免在压型金属板上集中堆载。

13 涂 装

13.1 一 般 规 定

13.1.1 本章适用于钢结构的油漆类防腐涂装、金属热喷涂防腐、热浸镀锌防腐和防火涂料涂装等工程的施工。

13.1.2 钢结构防腐涂装施工宜在构件组装和预拼装工程检验批的施工质量验收合格后进行。涂装完毕后，宜在构件上标注构件编号；大型构件应标明重量、重心位置和定位标记。

13.1.3 钢结构防火涂料涂装施工应在钢结构安装工程和防腐涂装工程检验批施工质量验收合格后进行。当设计文件规定构件可不进行防腐涂装时，安装验收合格后可直接进行防火涂料涂装施工。

13.1.4 钢结构防腐涂装工程和防火涂装工程的施工工艺和技术应符合本规范、设计文件、涂装产品说明书和国家现行有关产品标准的规定。

13.1.5 防腐涂装施工前，钢材应按本规范和设计文件要求进行表面处理。当设计文件未提出要求时，可根据涂料产品对钢材表面的要求，采用适当的处理方法。

13.1.6 油漆类防腐涂料涂装工程和防火涂料涂装工程，应按现行国家标准《钢结构工程施工质量验收规范》GB 50205的有关规定进行质量验收。

13.1.7 金属热喷涂防腐和热浸镀锌防腐工程，可按现行国家标准《金属和其他无机覆盖层 热喷涂 锌、铝及其合金》GB/T 9793和《热喷涂金属件表面预处理通则》GB/T 11373等有关规定进行质量验收。

13.1.8 构件表面的涂装系统应相互兼容。

13.1.9 涂装施工时，应采取相应的环境保护和劳动保护措施。

13.2 表 面 处 理

13.2.1 构件采用涂料防腐涂装时，表面除锈等级可按设计文件及现行国家标准《涂装前钢材表面锈蚀等级和除锈等级》GB 8923的有关规定，采用机械除锈和手工除锈方法进行处理。

13.2.2 构件的表面粗糙度可根据不同底涂层和除锈等级按表13.2.2进行选择，并应按现行国家标准《涂装前钢材表面粗糙度等级的评定（比较样块法）》GB/T 13288的有关规定执行。

表13.2.2 构件的表面粗糙度

钢材底涂层	除锈等级	表面粗糙度 Ra(μm)
热喷锌/铝	Sa3级	60～100
无机富锌	Sa2½～Sa3级	50～80
环氧富锌	Sa2½级	30～75
不便喷砂的部位	St3级	

13.2.3 经处理的钢材表面不应有焊渣、焊疤、灰尘、油污、水和毛刺等；对于镀锌构件，酸洗除锈后，钢材表面应露出金属色泽，并应无污渍、锈迹和残留酸液。

13.3 油漆防腐涂装

13.3.1 油漆防腐涂装可采用涂刷法、手工滚涂法、空气喷涂法和高压无气喷涂法。

13.3.2 钢结构涂装时的环境温度和相对湿度，除应符合涂料产品说明书的要求外，还应符合下列规定：

1 当产品说明书对涂装环境温度和相对湿度未作规定时，环境温度宜为5℃～38℃，相对湿度不应大于85%，钢材表面温度应高于露点温度3℃，且钢材表面温度不应超过40℃；

2 被施工物体表面不得有凝露；

3 遇雨、雾、雪、强风天气时应停止露天涂装，应避免在强烈阳光照射下施工；

4 涂装后4h内应采取保护措施，避免淋雨和沙尘侵袭；

5 风力超过5级时，室外不宜喷涂作业。

13.3.3 涂料调制应搅拌均匀，应随拌随用，不得随意添加稀释剂。

13.3.4 不同涂层间的施工应有适当的重涂间隔时间，最大及最小重涂间隔时间应符合涂料产品说明书的规定，应超过最小重涂间隔再施工，超过最大重涂间隔时应按涂料说明书的指导进行施工。

13.3.5 表面除锈处理与涂装的间隔时间宜在4h之内，在车间内作业或湿度较低的晴天不应超过12h。

13.3.6 工地焊接部位的焊缝两侧宜留出暂不涂装的区域，应符合表13.3.6的规定，焊缝及焊缝两侧也可涂装不影响焊接质量的防腐涂料。

表 13.3.6 焊缝暂不涂装的区域（mm）

图示	钢板厚度 t	暂不涂装的区域宽度 b
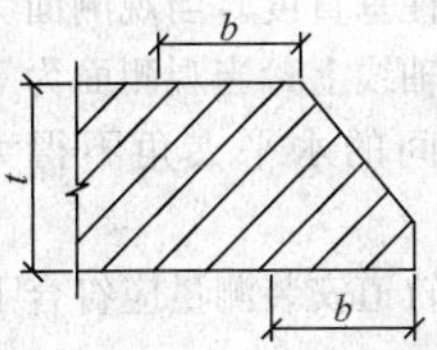b t b	$t<50$	50
	$50\leqslant t\leqslant 90$	70
	$t>90$	100

13.3.7 构件油漆补涂应符合下列规定：

1 表面涂有工厂底漆的构件，因焊接、火焰校正、曝晒和擦伤等造成重新锈蚀或附有白锌盐时，应经表面处理后再按原涂装规定进行补漆；

2 运输、安装过程的涂层碰损、焊接烧伤等，应根据原涂装规定进行补涂。

13.4 金属热喷涂

13.4.1 钢结构金属热喷涂方法可采用气喷涂或电喷涂，并应按现行国家标准《金属和其他无机覆盖层 热喷涂 锌、铝及其合金》GB/T 9793 的有关规定执行。

13.4.2 钢结构表面处理与热喷涂施工的间隔时间，晴天或湿度不大的气候条件下应在 12h 以内，雨天、潮湿、有盐雾的气候条件下不应超过 2h。

13.4.3 金属热喷涂施工应符合下列规定：

1 采用的压缩空气应干燥、洁净；

2 喷枪与表面宜成直角，喷枪的移动速度应均匀，各喷涂层之间的喷枪方向应相互垂直、交叉覆盖；

3 一次喷涂厚度宜为 25μm～80μm，同一层内各喷涂带间应有 1/3 的重叠宽度；

4 当大气温度低于 5℃或钢结构表面温度低于露点 3℃时，应停止热喷涂操作。

13.4.4 金属热喷涂层的封闭剂或首道封闭油漆施工宜采用涂刷方式施工，施工工艺要求应符合本规范第 13.3 节的规定。

13.5 热浸镀锌防腐

13.5.1 构件表面单位面积的热浸镀锌质量应符合设计文件规定的要求。

13.5.2 构件热浸镀锌应符合现行国家标准《金属覆盖层 钢铁制件热浸镀锌层技术要求及试验方法》GB/T 13912 的有关规定，并应采取防止热变形的措施。

13.5.3 热浸镀锌造成构件的弯曲或扭曲变形，应采取延压、滚轧或千斤顶等机械方式进行矫正。矫正时，宜采取垫木方等措施，不得采用加热矫正。

13.6 防火涂装

13.6.1 防火涂料涂装前，钢材表面除锈及防腐涂装应符合设计文件和国家现行有关标准的规定。

13.6.2 基层表面应无油污、灰尘和泥沙等污垢，且防锈层应完整、底漆无漏刷。构件连接处的缝隙应采用防火涂料或其他防火材料填平。

13.6.3 选用的防火涂料应符合设计文件和国家现行有关标准的规定，具有抗冲击能力和粘结强度，不应腐蚀钢材。

13.6.4 防火涂料可按产品说明书要求在现场进行搅拌或调配。当天配置的涂料应在产品说明书规定的时间内用完。

13.6.5 厚涂型防火涂料，属于下列情况之一时，宜在涂层内设置与构件相连的钢丝网或其他相应的措施：

1 承受冲击、振动荷载的钢梁；

2 涂层厚度大于或等于 40mm 的钢梁和桁架；

3 涂料粘结强度小于或等于 0.05MPa 的构件；

4 钢板墙和腹板高度超过 1.5m 的钢梁。

13.6.6 防火涂料施工可采用喷涂、抹涂或滚涂等方法。

13.6.7 防火涂料涂装施工应分层施工，应在上层涂层干燥或固化后，再进行下道涂层施工。

13.6.8 厚涂型防火涂料有下列情况之一时，应重新喷涂或补涂：

1 涂层干燥固化不良，粘结不牢或粉化、脱落；

2 钢结构接头和转角处的涂层有明显凹陷；

3 涂层厚度小于设计规定厚度的 85%；

4 涂层厚度未达到设计规定厚度，且涂层连续长度超过 1m。

13.6.9 薄涂型防火涂料面层涂装施工应符合下列规定：

1 面层应在底层涂装干燥后开始涂装；

2 面层涂装应颜色均匀、一致，接槎应平整。

14 施工测量

14.1 一般规定

14.1.1 本章适用于钢结构工程的平面控制、高程控制及细部测量。

14.1.2 施工测量前，应根据设计施工图和钢结构安装要求，编制测量专项方案。

14.1.3 钢结构安装前应设置施工控制网。

14.2 平面控制网

14.2.1 平面控制网，可根据场区地形条件和建筑物的结构形式，布设十字轴线或矩形控制网，平面布置为异形的建筑可根据建筑物形状布设多边形控制网。

14.2.2 建筑物的轴线控制桩应根据建筑物的平面控制网测定，定位放线可选择直角坐标法、极坐标法、角度（方向）交会法、距离交会法等方法。

14.2.3 建筑物平面控制网，四层以下宜采用外控法，四层及以上宜采用内控法。上部楼层平面控制网，应以建筑物底层控制网为基础，通过仪器竖向垂直接力投测。竖向投测宜以每 50m～80m 设一转点，控制点竖向投测的允许误差应符合表 14.2.3 的规定。

表 14.2.3 控制点竖向投测的允许误差（mm）

项目		测量允许误差
每层		3
总高度 H	$H\leqslant30$m	5
	30m$<H\leqslant60$m	8
	60m$<H\leqslant90$m	13
	90m$<H\leqslant150$m	18
	$H>150$m	20

14.2.4 轴线控制基准点投测至中间施工层后，应进行控制网平差校核。调整后的点位精度应满足边长相对误差达到 1/20000 和相应的测角中误差±10″的要求。设计有特殊要求时应根据限差确定其放样精度。

14.3 高程控制网

14.3.1 首级高程控制网应按闭合环线、附合路线或结点网形布设。高程测量的精度，不宜低于三等水准的精度要求。

14.3.2 钢结构工程高程控制点的水准点，可设置在平面控制网的标桩或外围的固定地物上，也可单独埋设。水准点的个数不应少于 3 个。

14.3.3 建筑物标高的传递宜采用悬挂钢尺测量方法进行，钢尺读数时应进行温度、尺长和拉力修正。标高向上传递时宜从两处分别传递，面积较大或高层结构宜从三处分别传递。当传递的标高误差不超过±3.0mm 时，可取其平均值作为施工楼层的标高基准；超过时，则应重新传递。标高竖向传递投测的测量允许误差应符合表 14.3.3 的规定。

表 14.3.3 标高竖向传递投测的测量允许误差（mm）

项目		测量允许误差
每层		±3
总高度 H	$H\leqslant30$m	±5
	30m$<H\leqslant60$m	±10
	$H>60$m	±12

注：表中误差不包括沉降和压缩引起的变形值。

14.4 单层钢结构施工测量

14.4.1 钢柱安装前，应在柱身四面分别画出中线或安装线，弹线允许误差为 1mm。

14.4.2 竖直钢柱安装时，应在相互垂直的两轴线方向上采用经纬仪，同时校测钢柱垂直度。当观测面为不等截面时，经纬仪应安置在轴线上；当观测面为等截面时，经纬仪中心与轴线间的水平夹角不得大于 15°。

14.4.3 钢结构厂房吊车梁与轨道安装测量应符合下列规定：

1 应根据厂房平面控制网，用平行借线法测定吊车梁的中心线；吊车梁中心线投测允许误差为±3mm，梁面垫板标高允许偏差为±2mm；

2 吊车梁上轨道中心线投测的允许误差为±2mm，中间加密点的间距不得超过柱距的两倍，并应将各点平行引测到牛腿顶部靠近柱的侧面，作为轨道安装的依据；

3 应在柱牛腿面架设水准仪按三等水准精度要求测设轨道安装标高。标高控制点的允许误差为±2mm，轨道跨距允许误差为±2mm，轨道中心线投测允许误差为±2mm，轨道标高点允许误差为±1mm。

14.4.4 钢屋架（桁架）安装后应有垂直度、直线度、标高、挠度（起拱）等实测记录。

14.4.5 复杂构件的定位可由全站仪直接架设在控制点上进行三维坐标测定，也可由水准仪对标高、全站仪对平面坐标进行共同测控。

14.5 多层、高层钢结构施工测量

14.5.1 多层及高层钢结构安装前，应对建筑物的定位轴线、底层柱的轴线、柱底基础标高进行复核，合格后再开始安装。

14.5.2 每节钢柱的控制轴线应从基准控制轴线的转点引测，不得从下层柱的轴线引出。

14.5.3 安装钢梁前，应测量钢梁两端柱的垂直度变化，还应监测邻近各柱因梁连接而产生的垂直度变化；待一区域整体构件安装完成后，应进行结构整体复测。

14.5.4 钢结构安装时，应分析日照、焊接等因素可能引起构件的伸缩或弯曲变形，并应采取相应措施。安装过程中，宜对下列项目进行观测，并应作记录：

1 柱、梁焊缝收缩引起柱身垂直度偏差值；

2 钢柱受日照温差、风力影响的变形；

3 塔吊附着或爬升对结构垂直度的影响。

14.5.5 主体结构整体垂直度的允许偏差为 $H/2500+10$mm（H 为高度），但不应大于 50.0mm；整体平面弯曲允许偏差为 $L/1500$（L 为宽度），且不应大于 25.0mm。

14.5.6 高度在150m以上的建筑钢结构，整体垂直度宜采用GPS或相应方法进行测量复核。

14.6 高耸钢结构施工测量

14.6.1 高耸钢结构的施工控制网宜在地面布设成田字形、圆形或辐射形。

14.6.2 由平面控制点投测到上部直接测定施工轴线点，应采用不同测量法校核，其测量允许误差为4mm。

14.6.3 标高±0.000m以上塔身铅垂度的测设宜使用激光铅垂仪，接收靶在标高100m处收到的激光仪旋转360°划出的激光点轨迹圆直径应小于10mm。

14.6.4 高耸钢结构标高低于100m时，宜在塔身中心点设置铅垂仪；标高为100m～200m时，宜设置四台铅垂仪；标高为200m以上时，宜设置包括塔身中心点在内的五台铅垂仪。铅垂仪的点位应从塔的轴线点上直接测定，并应用不同的测设方法进行校核。

14.6.5 激光铅垂仪投测到接收靶的测量允许误差应符合表14.6.5的要求。有特殊要求的高耸钢结构，其允许误差应由设计和施工单位共同确定。

表 14.6.5 激光铅垂仪投测到接收靶的测量允许误差

塔高（m）	50	100	150	200	250	300	350
高耸结构验收允许偏差（mm）	57	85	110	127	143	165	—
测量允许误差（mm）	10	15	20	25	30	35	40

14.6.6 高耸钢结构施工到100m高度时，宜进行日照变形观测，并绘制出日照变形曲线，列出最小日照变形区间。

14.6.7 高耸钢结构标高的测定，宜用钢尺沿塔身铅垂方向往返测量，并宜对测量结果进行尺长、温度和拉力修正，精度应高于1/10000。

14.6.8 高度在150m以上的高耸钢结构，整体垂直度宜采用GPS进行测量复核。

15 施工监测

15.1 一般规定

15.1.1 本章适用于高层结构、大跨度空间结构、高耸结构等大型重要钢结构工程，按设计要求和合同约定进行的施工监测。

15.1.2 施工监测方法应根据工程监测对象、监测目的、监测频度、监测时长、监测精度要求等具体情况选定。

15.1.3 钢结构施工期间，可对结构变形、结构内力、环境量等内容进行过程监测。钢结构工程具体的监测内容及监测部位可根据不同的工程要求和施工状况选取。

15.1.4 采用的监测仪器和设备应满足数据精度要求，且应保证数据稳定和准确，宜采用灵敏度高、抗腐蚀性好、抗电磁波干扰强、体积小、重量轻的传感器。

15.2 施工监测

15.2.1 施工监测应编制专项施工监测方案。

15.2.2 施工监测点布置应根据现场安装条件和施工交叉作业情况，采取可靠的保护措施。应力传感器应根据设计要求和工况需要布置于结构受力最不利部位或特征部位。变形传感器或测点宜布置于结构变形较大部位。温度传感器宜布置于结构特征断面，宜沿四面和高程均匀分布。

15.2.3 钢结构工程变形监测的等级划分及精度要求，应符合表15.2.3的规定。

15.2.4 变形监测方法可按表15.2.4选用，也可同时采用多种方法进行监测。应力应变宜采用应力计、应变计等传感器进行监测。

表 15.2.3 钢结构工程变形监测的等级划分及精度要求

等级	垂直位移监测		水平位移监测	适用范围
	变形观测点的高程中误差（mm）	相邻变形观测点的高差中误差（mm）	变形观测点的点位中误差（mm）	
一等	0.3	0.1	1.5	变形特别敏感的高层建筑、空间结构、高耸构筑物、工业建筑等
二等	0.5	0.3	3.0	变形比较敏感的高层建筑、空间结构、高耸构筑物、工业建筑等
三等	1.0	0.5	6.0	一般性的高层建筑、空间结构、高耸构筑物、工业建筑等

注：1 变形观测点的高程中误差和点位中误差，指相对于邻近基准的中误差；

2 特定方向的位移中误差，可取表中相应点位中误差的$1/\sqrt{2}$作为限值；

3 垂直位移监测，可根据变形观测点的高程中误差或相邻变形观测点的高差中误差，确定监测精度等级。

表 15.2.4 变形监测方法的选择

类 别	监 测 方 法
水平变形监测	三角形网、极坐标法、交会法、GPS测量、正倒垂线法、视准线法、引张线法、激光准直法、精密测（量）距、伸缩仪法、多点位移法，倾斜仪等

续表 15.2.4

类别	监测方法
垂直变形监测	水准测量、液体静力水准测量、电磁波测距三角高程测量等
三维位移监测	全站仪自动跟踪测量法、卫星实时定位测量法等
主体倾斜	经纬仪投点法、差异沉降法、激光准直法、垂线法、倾斜仪、电垂直梁法等
挠度观测	垂线法、差异沉降法、位移计、挠度计等

15.2.5 监测数据应及时采集和整理，并应按频次要求采集，对漏测、误测或异常数据应及时补测或复测、确认或更正。

15.2.6 应力应变监测周期，宜与变形监测周期同步。

15.2.7 在进行结构变形和结构内力监测时，宜同时进行监测点的温度、风力等环境量监测。

15.2.8 监测数据应及时进行定量和定性分析。监测数据分析可采用图表分析、统计分析、对比分析和建模分析等方法。

15.2.9 需要利用监测结果进行趋势预报时，应给出预报结果的误差范围和适用条件。

16 施工安全和环境保护

16.1 一般规定

16.1.1 本章适用于钢结构工程的施工安全和环境保护。

16.1.2 钢结构施工前，应编制施工安全、环境保护专项方案和安全应急预案。

16.1.3 作业人员应进行安全生产教育和培训。

16.1.4 新上岗的作业人员应经过三级安全教育。变换工种时，作业人员应先进行操作技能及安全操作知识的培训，未经安全生产教育和培训合格的作业人员不得上岗作业。

16.1.5 施工时，应为作业人员提供符合国家现行有关标准规定的合格劳动保护用品，并应培训和监督作业人员正确使用。

16.1.6 对易发生职业病的作业，应对作业人员采取专项保护措施。

16.1.7 当高空作业的各项安全措施经检查不合格时，严禁高空作业。

16.2 登高作业

16.2.1 搭设登高脚手架应符合现行行业标准《建筑施工扣件式钢管脚手架安全技术规范》JGJ 130 和《建筑施工碗扣式钢管脚手架安全技术规范》JGJ 166 的有关规定；当采用其他登高措施时，应进行结构安全计算。

16.2.2 多层及高层钢结构施工应采用人货两用电梯登高，对电梯尚未到达的楼层应搭设合理的安全登高设施。

16.2.3 钢柱吊装松钩时，施工人员宜通过钢挂梯登高，并应采用防坠器进行人身保护。钢挂梯应预先与钢柱可靠连接，并应随柱起吊。

16.3 安全通道

16.3.1 钢结构安装所需的平面安全通道应分层平面连续搭设。

16.3.2 钢结构施工的平面安全通道宽度不宜小于600mm，且两侧应设置安全护栏或防护钢丝绳。

16.3.3 在钢梁或钢桁架上行走的作业人员应佩戴双钩安全带。

16.4 洞口和临边防护

16.4.1 边长或直径为 20cm～40cm 的洞口应采用刚性盖板固定防护；边长或直径为 40cm～150cm 的洞口应架设钢管脚手架、满铺脚手板等；边长或直径在150cm 以上的洞口应张设密目安全网防护并加护栏。

16.4.2 建筑物楼层钢梁吊装完毕后，应及时分区铺设安全网。

16.4.3 楼层周边钢梁吊装完成后，应在每层临边设置防护栏，且防护栏高度不应低于 1.2m。

16.4.4 搭设临边脚手架、操作平台、安全挑网等应可靠固定在结构上。

16.5 施工机械和设备

16.5.1 钢结构施工使用的各类施工机械，应符合现行行业标准《建筑机械使用安全技术规程》JGJ 33 的有关规定。

16.5.2 起重吊装机械应安装限位装置，并应定期检查。

16.5.3 安装和拆除塔式起重机时，应有专项技术方案。

16.5.4 群塔作业应采取防止塔吊相互碰撞措施。

16.5.5 塔吊应有良好的接地装置。

16.5.6 采用非定型产品的吊装机械时，必须进行设计计算，并应进行安全验算。

16.6 吊装区安全

16.6.1 吊装区域应设置安全警戒线，非作业人员严禁入内。

16.6.2 吊装物吊离地面 200mm～300mm 时，应进行全面检查，并应确认无误后再正式起吊。

16.6.3 当风速达到 10m/s 时，宜停止吊装作业；当风速达到 15m/s 时，不得吊装作业。

16.6.4 高空作业使用的小型手持工具和小型零部件应采取防止坠落措施。

16.6.5 施工用电应符合现行行业标准《施工现场临时用电安全技术规范》JGJ 46 的有关规定。

16.6.6 施工现场应有专业人员负责安装、维护和管理用电设备和电线路。

16.6.7 每天吊至楼层或屋面上的构件未安装完时，应采取牢靠的临时固定措施。

16.6.8 压型钢板表面有水、冰、霜或雪时，应及时清除，并应采取相应的防滑保护措施。

16.7 消防安全措施

16.7.1 钢结构施工前，应有相应的消防安全管理制度。

16.7.2 现场施工作业用火应经相关部门批准。

16.7.3 施工现场应设置安全消防设施及安全疏散设施，并应定期进行防火巡查。

16.7.4 气体切割和高空焊接作业时，应清除作业区危险易燃物，并应采取防火措施。

16.7.5 现场油漆涂装和防火涂料施工时，应按产品说明书的要求进行产品存放和防火保护。

16.8 环境保护措施

16.8.1 施工期间应控制噪声，应合理安排施工时间，并应减少对周边环境的影响。

16.8.2 施工区域应保持清洁。

16.8.3 夜间施工灯光应向场内照射；焊接电弧应采取防护措施。

16.8.4 夜间施工应做好申报手续，应按政府相关部门批准的要求施工。

16.8.5 现场油漆涂装和防火涂料施工时，应采取防污染措施。

16.8.6 钢结构安装现场剩下的废料和余料应妥善分类收集，并应统一处理和回收利用，不得随意搁置、堆放。

本规范用词说明

1 为便于在执行本规范条文时区别对待，对要求严格程度不同的用词说明如下：

1） 表示很严格，非这样做不可的用词：
正面词采用“必须”，反面词采用“严禁”；

2） 表示严格，在正常情况下均应这样做的用词：
正面词采用“应”，反面词采用“不应”或“不得”；

3） 表示允许稍有选择，在条件许可时首先这样做的用词：
正面词采用“宜”，反面词采用“不宜”；

4） 表示有选择，在一定条件下可这样做的用词，采用“可”。

2 条文中指明应按其他有关标准执行的写法为：“应符合……规定”或“应按……执行”。

引用标准名录

1《建筑结构荷载规范》GB 50009

2《钢结构设计规范》GB 50017

3《建筑结构制图标准》GB/T 50105

4《高耸结构设计规范》GB 50135

5《钢结构工程施工质量验收规范》GB 50205

6《建筑工程施工质量验收统一标准》GB 50300

7《钢结构焊接规范》GB 50661

8《普通螺纹　基本尺寸》GB/T 196

9《普通螺纹　公差》GB/T 197

10《钢的成品化学成分允许偏差》GB/T 222

11《钢铁及合金化学分析方法》GB/T 223

12《金属材料　拉伸试验　第1部分：室温试验方法》GB/T 228.1

13《金属材料　夏比摆锤冲击试验方法》GB/T 229

14《金属材料　弯曲试验方法》GB/T 232

15《钢板和钢带包装、标志及质量证明书的一般规定》GB/T 247

16《焊缝符号表示法》GB/T 324

17《优质碳素结构钢》GB/T 699

18《碳素结构钢》GB/T 700

19《热轧型钢》GB/T 706

20《冷轧钢板和钢带的尺寸、外形、重量及允许偏差》GB/T 708

21《热轧钢板和钢带的尺寸、外形、重量及允许偏差》GB/T 709

22《销轴》GB/T 882

23《碳素结构钢和低合金结构钢热轧薄钢板和钢带》GB 912

24《钢结构用高强度大六角头螺栓》GB/T 1228

25《钢结构用高强度大六角螺母》GB/T 1229

26《钢结构用高强度垫圈》GB/T 1230

27《钢结构用高强度大六角头螺栓、大六角螺母、垫圈技术条件》GB/T 1231

28《低合金高强度结构钢》GB/T 1591

29《型钢验收、包装、标志及质量证明书的一般规定》GB/T 2101

30《钢及钢产品　力学性能试验取样位置及试样制备》GB/T 2975

31《合金结构钢》GB/T 3077

32《紧固件机械性能　螺栓、螺钉和螺柱》GB/T 3098.1

33 《碳素结构钢和低合金结构钢热轧厚钢板和钢带》GB/T 3274

34 《钢结构用扭剪型高强度螺栓连接副》GB/T 3632

35 《耐候结构钢》GB/T 4171

36 《氩》GB/T 4842

37 《碳钢焊条》GB/T 5117

38 《低合金钢焊条》GB/T 5118

39 《预应力混凝土用钢绞线》GB/T 5224

40 《埋弧焊用碳钢焊丝和焊剂》GB/T 5293

41 《厚度方向性能钢板》GB/T 5313

42 《六角头螺栓　C级》GB/T 5780

43 《六角头螺栓　全螺纹　C级》GB/T 5781

44 《六角头螺栓》GB/T 5782

45 《六角头螺栓　全螺纹》GB/T 5783

46 《梯形螺纹》GB/T 5796

47 《工业液体二氧化碳》GB/T 6052

48 《结构用冷弯空心型钢尺寸、外形、重量及允许偏差》GB/T 6728

49 《溶解乙炔》GB 6819

50 《焊接结构用铸钢件》GB/T 7659

51 《气体保护电弧焊用碳钢、低合金钢焊丝》GB/T 8110

52 《结构用无缝钢管》GB/T 8162

53 《重要用途钢丝绳》GB 8918

54 《涂装前钢材表面锈蚀等级和除锈等级》GB 8923

55 《金属和其他无机覆盖层　热喷涂　锌、铝及其合金》GB/T 9793

56 《碳钢药芯焊丝》GB/T 10045

57 《电弧螺柱焊用无头焊钉》GB/T 10432.1

58 《电弧螺柱焊用圆柱头焊钉》GB/T 10433

59 《热轧H型钢和剖分T型钢》GB/T 11263

60 《一般工程用铸造碳钢件》GB/T 11352

61 《热喷涂金属件表面预处理通则》GB/T 11373

62 《埋弧焊用低合金钢焊丝和焊剂》GB/T 12470

63 《建筑用压型钢板》GB/T 12755

64 《工业用环氧氯丙烷》GB/T 13097

65 《涂装前钢材表面粗糙度等级的评定（比较样块法）》GB/T 13288

66 《直缝电焊钢管》GB/T 13793

67 《金属覆盖层　钢铁制件热浸镀锌层技术要求及试验方法》GB/T 13912

68 《预应力筋用锚具、夹具和连接器》GB/T 14370

69 《钢结构防火涂料》GB 14907

70 《熔化焊用钢丝》GB/T 14957

71 《热轧钢板表面质量的一般要求》GB/T 14977

72 《深度冷冻法生产氧气及相关气体安全技术规程》GB 16912

73 《桥梁缆索用热镀锌钢丝》GB/T 17101

74 《无缝钢管尺寸、外形、重量及允许偏差》GB/T 17395

75 《低合金钢药芯焊丝》GB/T 17493

76 《钢及钢产品交货一般技术要求》GB/T 17505

77 《建筑结构用钢板》GB/T 19879

78 《钢和铁　化学成分测定用试样的取样和制样方法》GB/T 20066

79 《钢拉杆》GB/T 20934

80 《建筑机械使用安全技术规程》JGJ 33

81 《施工现场临时用电安全技术规范》JGJ 46

82 《预应力筋用锚具、夹具和连接器应用技术规程》JGJ 85

83 《建筑施工扣件式钢管脚手架安全技术规范》JGJ 130

84 《建筑施工碗扣式钢管脚手架安全技术规范》JGJ 166

85 《高强度低松弛预应力热镀锌钢绞线》YB/T 152

86 《焊接H型钢》YB 3301

87 《镀锌钢绞线》YB/T 5004

88 《碳钢、低合金钢焊接构件　焊后热处理方法》JB/T 6046

89 《焊接构件振动时效工艺　参数选择及技术要求》JB/T 10375

90 《焊接用二氧化碳》HG/T 2537

91 《焊接切割用燃气　丙烯》HG/T 3661.1

92 《焊接切割用燃气　丙烷》HG/T 3661.2

93 《富锌底漆》HG/T 3668

94 《焊接用混合气体　氩—二氧化碳》HG/T 3728

中华人民共和国国家标准

钢结构工程施工规范

GB 50755—2012

条 文 说 明

制 订 说 明

国家标准《钢结构工程施工规范》GB 50755－2012，经住房和城乡建设部2012年1月21日以第1263号公告批准、发布。

本规范在编制过程中，编制组进行了广泛的调查研究，总结了我国几十年来的钢结构工程施工实践经验，借鉴了有关国际和国外先进标准，开展了多项专题研究，并以多种方式广泛征求了有关单位和专家的意见，对主要问题进行了反复讨论、协调和修改。

为了便于广大设计、施工、科研、学校等单位有关人员在使用规范时正确理解和执行条文规定，编制组按章、节、条顺序编制了本规范的条文说明，对条文规定的目的、依据以及执行中需注意的有关事项进行了说明，还着重对强制性条文的强制性理由作了解释。但是，本条文说明不具备与规范正文同等的法律效力，仅供使用者作为理解和把握规范规定的参考。在使用过程中如果发现条文说明有不妥之处，请将有关的意见和建议反馈给中国建筑股份有限公司或中建钢构有限公司。

目　次

3 基 本 规 定

3.0.1 本条规定了从事钢结构工程施工单位的资质和相关管理要求，以规范市场准入制度。

3.0.2 本条规定在工程施工前完成钢结构施工组织设计、专项施工方案等技术文件的编制和审批，以规范项目施工技术管理。钢结构施工组织设计一般包括编制依据、工程概况、资源配置、进度计划、施工平面布置、主要施工方案、施工质量保证措施、安全保证措施及应急预案、文明施工及环境保护措施、季节施工措施、夜间施工措施等内容，也可以根据工程项目的具体情况对施工组织设计的编制内容进行取舍。

组织专家进行重要钢结构工程施工技术方案和安全应急预案评审的目的，是为广泛征求行业各方意见，以达到方案优化、结构安全的目的；评审可采取召开专家会、征求专家意见等方式。重要钢结构工程一般指：建筑结构的安全等级为一级的钢结构工程；建筑结构的安全等级为二级，且采用新颖的结构形式或施工工艺的大型钢结构工程。

3.0.5 计量器具应检验合格且在有效期内，并按有关规定正确操作和使用。由于不同计量器具有不同的使用要求，同一计量器具在不同使用状况下，测量精度不同，为保证计量的统一性，同一项目的制作单位、安装单位、土建单位和监理单位等统一计量标准。

3.0.7 本条第1款规定的见证，指在取样和送样全过程中均要求有监理工程师或建设单位技术负责人在场见证确认。

4 施工阶段设计

4.1 一 般 规 定

4.1.1 本条规定了钢结构工程施工阶段设计的主要内容，包括施工阶段的结构分析和验算、结构预变形设计、临时支承结构和施工措施的设计、施工详图设计等内容。

4.1.3 第2款中当无特殊情况时，高层钢结构楼面施工活荷载宜取 0.6 kN/m^2～1.2kN/m^2。

4.2 施工阶段结构分析

4.2.1 对结构安装成形过程进行施工阶段分析主要为保证结构安全，或满足规定功能要求，或将施工阶段分析结果作为其他分析和研究的初始状态。在进行施工阶段的结构分析和验算时，验算应力限值一般在设计文件中规定，结构应力大小要求在设计文件规定的限值范围内，以保证结构安全；当设计文件未提供验算应力限值时，限值大小要求由设计单位和施工单位协商确定。

4.2.3 重要的临时支承结构一般包括：当结构强度或稳定达到极限时可能会造成主体结构整体破坏的承重支承架、安全措施或其他施工措施等。

4.2.4 本条规定了施工阶段结构分析模型的结构单元、构件和连接节点与实际情况相符。当施工单位进行施工阶段分析时，结构计算模型一般由原设计单位提供，目的为保持与设计模型在结构属性上的一致性。因施工阶段结构是一个时变结构系统，计算模型要求包括各施工阶段主体结构与临时结构。

4.2.5 当临时支承结构作为设备承载结构时，如滑移轨道、提升牛腿等，其要求有时高于现行有关建筑结构设计标准，本条规定应进行专项设计，其设计指标应按照设备标准的相关要求。

4.2.6 通过分析和计算确定拆撑顺序和步骤，其目的是为了使主体结构变形协调、荷载平稳转移、支承结构的受力不超出预定要求和结构成形相对平稳。为了有效控制临时支承结构的拆除过程，对重要的结构或柔性结构可进行拆除过程的内力和变形监测。实际工程施工时可采用等比或等距的卸载方案，经对比分析后选择最优方案。

4.2.7 吊装状态的构件和结构单元未形成空间刚度单元，极易产生平面外失稳和较大变形，为保证结构安全，需要进行强度、稳定性和变形验算；若验算结果不满足要求，需采取相应的加强措施。

吊装阶段结构的动力系数是在正常施工条件下，在现场实测所得。本条规定了动力系数取值范围，可根据选用起重设备而取不同值。当正常施工条件下且无特殊要求时，吊装阶段结构的动力系数可按下列数值选取：液压千斤顶提升或顶升取 1.1；穿心式液压千斤顶钢绞线提升取 1.2；塔式起重机、拔杆吊装取 1.3；履带式、汽车式起重机吊装取 1.4。

4.2.9 移动式起重设备主要指移动式塔式起重机、履带式起重机、汽车起重机、滑移驱动设备等，设备的支承面主要是指支承地面和楼面。当支承面不满足承载力、变形或稳定的要求时，需进行加强或加固处理。

4.3 结构预变形

4.3.1 本条对主体结构需要设置预变形的情况做了规定。预变形可按下列形式进行分类：根据预变形的对象不同，可分为一维预变形、二维预变形和三维预变形，如一般高层建筑或以单向变形为主的结构可采取一维预变形；以平面转动变形为主的结构可采取二维预变形；在三个方向上都有显著变形的结构可采取三维预变形。根据预变形的实现方式不同，可分为制作预变形和安装预变形，前者在工厂加工制作时就进行预变形，后者是在现场安装时进行的结构预变形。

根据预变形的预期目标不同，可分为部分预变形和完全预变形，前者根据结构理论分析的变形结果进行部分预变形，后者则是进行全部预变形。

4.3.3 结构预变形值通过分析计算确定，可采用正装法、倒拆法等方法计算。实际预变形的取值大小一般由施工单位和设计单位共同协商确定。

正装法是对实际结构的施工过程进行正序分析，即跟踪模拟施工过程，分析结构的内力和变形。正装法计算预变形值的基本思路为：设计位形作为安装的初始位形，按照实际施工顺序对结构进行全过程正序跟踪分析，得到施工成形时的变形，把该变形反号叠加到设计位形上，即为初始位形。类似迭代法，若结构非线性较强，基于该初始位形施工成形的位形将不满足设计要求，需要经过多次正装分析反复设置变形预调值才能得到精确的初始位形和各分步位形。

倒拆法与正装法不同，是对施工过程的逆序分析，主要是分析所拆除的构件对剩余结构变形和内力的影响。倒拆法计算预变形值的基本思路为：根据设计位形，计算最后一施工步所安装的构件对剩余结构变形的影响，根据该变形确定最后一施工步构件的安装位形。如此类推，依次倒退分析各施工步的构件对剩余结构变形的影响，从而确定各构件的安装位形。

体形规则的高层钢结构框架柱的预变形值（仅预留弹性压缩量）可根据工程完工后的钢柱轴向应力计算确定。体形规则的高层钢结构每楼层柱段弹性压缩变形 ΔH，按公式（1）进行计算：

$$\Delta H = H\sigma / E \quad (1)$$

式中：ΔH——每楼层柱段压缩变形；

H——为该楼层层高；

σ——为竖向轴力标准值的应力；

E——为弹性模量。

本条规定的专项工艺设计是指在加工和安装阶段为了达到预变形的目的，编制施工详图、制作工艺和安装方案时所采取的一系列技术措施，如对节点的调整、构件的长度和角度调整、安装坐标定位预设等。结构预变形控制值可根据施工期间的变形监测结果进行修正。

4.4 施工详图设计

4.4.1 钢结构施工详图作为制作、安装和质量验收的主要技术文件，其设计工作主要包括节点构造设计和施工详图绘制两项内容。节点构造设计是以便于钢结构加工制作和安装为原则，对节点构造进行完善，根据结构设计施工图提供的内力进行焊接或螺栓连接节点设计，以确定连接板规格、焊缝尺寸和螺栓数量等内容；施工详图绘制主要包括图纸目录、施工详图设计总说明、构件布置图、构件详图和安装节点详图等内容。钢结构施工详图的深度可参考国家建筑标准设计图集《钢结构设计制图深度和表示方法》03G102 的相关规定，施工详图总说明是钢结构加工制作和现场安装需强调的技术条件和对施工安装的相关要求；构件布置图为构件在结构布置图的编号，包括构件编号原则、构件编号和构件表；构件详图为构件及零部件的大样图以及材料表；安装节点主要表明构件与外部构件的连接形式、连接方法、控制尺寸和有关标高等。

钢结构施工详图设计除符合结构设计施工图外，还要满足其他相关技术文件的要求，主要包括钢结构制作和安装工艺技术要求以及钢筋混凝土工程、幕墙工程、机电工程等与钢结构施工交叉施工的技术要求。

钢结构施工详图需经原设计单位确认，其目的是验证施工详图与结构设计施工图的符合性。当钢结构工程项目较大时，施工详图数量相对较多，为保证施工工期，施工详图一般分批提交设计单位确认。若项目钢结构工程量小且原设计施工图可以直接进行施工时，可以不进行施工详图设计。

4.4.2 本条规定施工详图设计时需重点考虑的施工构造、施工工艺等相关要求，下列列举了一些施工构造及工艺要求。

1 封闭或管截面构件应采取相应的防水或排水构造措施；混凝土浇筑或雨期施工时，水容易从工艺孔进入箱形截面内或直接聚积在构件表面低凹处，应采取措施以防止构件锈蚀、冬季结冰构件胀裂，构造措施要求在结构设计施工图中绘出；

2 钢管混凝土结构柱底板和内隔板应设置混凝土浇筑孔和排气孔，必要时可在柱壁上设置浇筑孔和排气孔；排气孔的大小、数量和位置满足设计文件及相关规定的要求；中国工程建设标准化协会标准《矩形钢管混凝土结构技术规程》CECS 159 规定，内隔板浇筑孔径不应小于 200mm，排气孔孔径宜为 25mm；

3 构件加工和安装过程中，根据工艺要求设置的工艺措施，以保证施工过程装配精度、减少焊接变形等；

4 管桁架支管可根据制作装配要求设置对接接头；

5 铸钢节点应考虑铸造工艺要求；

6 安装用的连接板、吊耳等宜根据安装工艺要求设置，在工厂完成；安装用的吊装耳板要求进行验算，包括计算平面外受力；

7 与索连接的节点，应考虑索张拉工艺的构造要求；

8 桁架等大跨度构件的预起拱以及其他构件的预设尺寸；

9 构件的分段分节。

5 材　料

5.2 钢　材

5.2.6 钢材的海关商检项目与复验项目有些内容可能不一致，本条规定可作为有效的材料复验结果，是经监理工程师认可的全部商检结果或商检结果的部分内容，视商检项目和复验项目的内容一致性而定。

6 焊　接

6.1 一般规定

6.1.4 现行国家标准《气焊、焊条电弧焊、气体保护焊和高能束焊的推荐坡口》GB/T 985.1 和《埋弧焊的推荐坡口》GB/T 985.2 中规定了坡口的通用形式，其中坡口各部分尺寸均给出了一个范围，并无确切的组合尺寸。总的来说，上述两个国家标准比较适合于使用焊接变位器等工装设备及坡口加工、组装精度较高的条件，如机械行业中的焊接加工，对建筑钢结构制作的焊接施工则不太适合，尤其不适合于建筑钢结构工地安装中各种钢材厚度和焊接位置的需要。

目前大跨度空间和超高层建筑等大型钢结构多数已由国内进行施工图设计，现行国家标准《钢结构焊接规范》GB 50661 对坡口形式和尺寸的规定已经与国际上的部分国家应用较成熟的标准进行了接轨，参考了美国和日本等国家的标准规定。因此，本规范规定焊缝坡口尺寸按照现行国家标准《钢结构焊接规范》GB 50661 对坡口形式和尺寸的相关规定由工艺要求确定。

6.2 焊接从业人员

6.2.1 本条对从事钢结构焊接技术和管理的焊接技术人员要求进行了规定，特别是对于负责大型重要钢结构工程的焊接技术人员从技术水平和能力方面提出更多的要求。本条所定义的焊接技术人员（焊接工程师）是指钢结构的制作、安装中进行焊接工艺的设计、施工计划和管理的技术人员。

6.3 焊接工艺

6.3.1 焊接工艺评定是保证焊缝质量的前提之一，通过焊接工艺评定选择最佳的焊接材料、焊接方法、焊接工艺参数、焊后热处理等，以保证焊接接头的力学性能达到设计要求。凡从事钢结构制作或安装的施工单位要求分别对首次采用的钢材、焊接材料、焊接方法、焊后热处理等，进行焊接工艺评定试验，现行国家标准《钢结构焊接规范》GB 50661 对焊接工艺评定试验方法和内容做了详细的规定和说明。

6.3.4 搭设防护棚能起防弧光、防风、防雨、安全保障措施等作用。

6.3.10 衬垫的材料有很多，如钢材、铜块、焊剂、陶瓷等，本条主要是对钢衬垫的用材规定。引弧板、引出板和衬垫板所用钢材应对焊缝金属性能不产生显著影响，不要求与母材材质相同，但强度等级应不高于母材，焊接性不比所焊母材差。

6.3.11 焊接开始和焊接熄弧时由于焊接电弧能量不足、电弧不稳定，容易造成夹渣、未熔合、气孔、弧坑和裂纹等质量缺陷，为确保正式焊缝的焊接质量，在对接、T 接和角接等主要焊缝两端引熄弧区域装配引弧板、引出板，其坡口形式与焊缝坡口相同，目的为将缺陷引至正式焊缝之外。为确保焊缝的完整性，规定了引弧板、引出板的长度。对于少数焊缝位置，由于空间局限不便设置引弧板、引出板时，焊接时要采取改变引熄弧点位置或其他措施保证焊缝质量。

6.3.12 焊缝钢衬垫在整个焊缝长度内连续设置，与母材紧密连接，最大间隙控制在 1.5mm 以内，并与母材采用间断焊焊缝；但在周期性荷载结构中，纵向焊缝的钢衬垫与母材焊接时，沿衬垫长度需要连续施焊。规定钢衬垫的厚度，主要保证衬垫板有足够的厚度以防止熔穿。

6.3.15～6.3.17 焊接变形控制主要目的是保证构件或结构要求的尺寸，但有时焊接变形控制的同时会使焊接应力和焊接裂纹倾向随之增大，应采取合理的工艺措施、装焊顺序、热量平衡等方法来降低或平衡焊接变形，避免刚性固定或强制措施控制变形。本规范给出的一些方法，是实践经验的总结，根据实际结构情况合理的采用，对控制焊接构件的变形是有效的。

6.3.18～6.3.21 目前国内消除焊缝应力主要采用的方法为消除应力热处理和振动消除应力处理两种。消除应力热处理主要用于承受较大拉应力的厚板对接焊缝或承受疲劳应力的厚板或节点复杂、焊缝密集的重要受力构件，主要目的是为了降低焊接残余应力或保持结构尺寸的稳定。局部消除应力热处理通常用于重要焊接接头的应力消除或减少；振动消除应力虽能达到一定的应力消除目的，但消除应力的效果目前学术界还难以准确界定。如果是为了结构尺寸的稳定，采用振动消除应力方法对构件进行整体处理既可操作也经济。

有些钢材，如某些调质钢、含钒钢和耐大气腐蚀钢，进行消除应力热处理后，其显微组织可能发生不良变化，焊缝金属或热影响区的力学性能会产生恶化，或产生裂纹。应慎重选择消除应力热处理。同时，应充分考虑消除应力热处理后可能引起的构件变形。

6.4 焊接接头

6.4.1 对 T 形、十字形、角接接头等要求熔透的对接和角对接组合焊缝，为减少应力集中，同时避免过大的焊脚尺寸，参照国内外相关规范的规定，确定了对静载结构和动载结构的不同焊脚尺寸的要求。

6.4.13 首次指施工单位首次使用新材料、新工艺的栓钉焊接，包括穿透型的焊接。

6.4.14 试焊栓钉目的是为调整焊接参数，对试焊栓钉的检查要求较高，达到完全熔合和四周全部焊满，栓钉弯曲30°检查时热影响区无裂纹。

6.4.15 实际应用中，由于装配顺序、焊接空间要求以及安装空间需要，构件上的局部部位的栓钉无法采用专用栓钉焊设备进行焊接，需要采用焊条电弧焊、气体保护焊进行角焊缝焊接。此时应对栓钉角焊缝的强度进行计算，确保焊缝强度不低于原来全熔透的强度；为确保栓钉焊缝的质量，对焊接部位的母材应进行必要的清理和焊前预热，相关工艺应满足对应方法的工艺要求。

6.6 焊接缺陷返修

6.6.1、6.6.2 焊缝金属或部分母材的缺欠超过相应的质量验收标准时，施工单位可以选择局部修补或全部重焊。焊接或母材的缺陷修补前应分析缺陷的性质和种类及产生原因。如不是因焊工操作或执行工艺参数不严格而造成的缺陷，应从工艺方面进行改进，编制新的工艺并经过焊接试验评定后进行修补，以确保返修成功。多次对同一部位进行返修，会造成母材的热影响区的热应变脆化，对结构的安全有不利影响。

7 紧固件连接

7.1 一般规定

7.1.4 制作方试验的目的是为验证摩擦面处理工艺的正确性，安装方复验的目的是验证摩擦面在安装前的状况是否符合设计要求。现行国家标准《钢结构设计规范》GB 50017，在承压型连接设计方面，取消了对摩擦面抗滑移系数值的要求，只有对摩擦面外观上的要求，因此本条规定对承压型连接和张拉型连接一样，施工单位可以不进行摩擦面抗滑移系数的试验和复验。另外，对钢板原轧制表面不做处理时，一般其接触面间的摩擦系数能达到0.3（Q235）和0.35（Q345），因此在设计采用的摩擦面抗滑移系数为0.3时，由设计方提出也可以不进行摩擦面抗滑移系数的试验和复验。本条同样适用于涂层摩擦面的情况。

7.2 连接件加工及摩擦面处理

7.2.1 对于摩擦型高强度螺栓连接，除采用标准孔外，还可以根据设计要求，采用大圆孔、槽孔（椭圆孔）。当设计荷载不是主要控制因素时，采用大圆孔、槽孔便于安装和调节尺寸。

7.2.3 当摩擦面间有间隙时，有间隙一侧的螺栓紧固力就有一部分以剪力形式通过拼接板传向较厚一侧，结果使有间隙一侧摩擦面间正压力减少，摩擦承载力降低，即有间隙的摩擦面其抗滑移系数降低。因此，本条对因钢板公差、制造偏差或安装偏差等产生的接触面间隙采用的处理方法进行规定，本条中第2种也可以采用加填板的处理方法。

7.2.4 本条规定了高强度螺栓连接处的摩擦面处理方法，是为方便施工单位根据企业自身的条件选择，但不论选用哪种处理方法，凡经加工过的表面，其抗滑移系数值最小值要求达到设计文件规定。常见的处理方法有喷砂（丸）处理、喷砂后生赤锈处理、喷砂后涂无机富锌漆、砂轮打磨手工处理、手工钢丝刷清理处理、设计要求涂层摩擦面等。

7.3 普通紧固件连接

7.3.4 被连接板件上安装自攻螺钉（非自钻自攻螺钉）用的钻孔孔径直接影响连接的强度和柔度。孔径的大小应由螺钉的生产厂家规定。欧洲标准建议曾以表格形式给出了孔径的建议值。本规范以归纳出公式形式，给出的预制孔建议值。

7.4 高强度螺栓连接

7.4.2 本条规定了高强度螺栓长度计算和选用原则，螺栓长度是按外露（2～3）扣螺纹的标准确定，螺栓露出太少或陷入螺母都有可能对螺栓螺纹与螺母螺纹连接的强度有不利的影响，外露过长，除不经济外，还给高强度螺栓施拧时带来困难。

按公式（7.4.2）方法计算所得的螺栓长度规格可能很多，本条规定了采取修约的方法得出高强度螺栓的公称长度，即选用的螺栓采购长度，修约按2舍3入、或7舍8入的原则取5mm的整倍数，并尽量减少螺栓的规格数量。螺纹的螺距可参考下表选用。

表1 螺距取值（mm）

螺栓规格	M12	M16	M20	M22	M24	M27	M30
螺距 p	1.75	2	2.5	2.5	3	3	3.5

7.4.3 本条对高强度螺栓安装采用安装螺栓和冲钉的规定，冲钉主要取定位作用，安装螺栓主要取紧固作用，尽量消除间隙。安装螺栓和冲钉的数量要保证能承受构件的自重和连接校正时外力的作用，规定每个节点安装的最少个数是为了防止连接后构件位置偏移，同时限制冲钉用量。冲钉加工成锥形，中部直径与孔直径相同。

高强度螺栓不得兼做安装螺栓是为了防止螺纹的损伤和连接副表面状态的改变引起扭矩系数的变化。

7.4.4 对于大六角头高强度螺栓连接副，垫圈设置内倒角是为了与螺栓头下的过渡圆弧相配合，因此在安装时垫圈带倒角的一侧必须朝向螺栓头，否则螺栓头就不能很好与垫圈密贴，影响螺栓的受力性能。对于螺母一侧的垫圈，因倒角侧的表面较为平整、光滑，拧紧时扭矩系数较小，且离散率也较小，所以垫圈有倒角一侧朝向螺母。

7.4.5 气割扩孔很不规则，既削弱了构件的有效截面，减少了传力面积，还会给扩孔处钢材造成缺陷，故规定不得气割扩孔。最大扩孔量的限制也是基于构件有效截面和摩擦传力面积的考虑。

7.4.6 用于大六角头高强度螺栓施工终拧值检测，以及校核施工扭矩扳手的标准扳手须经过计量单位的标定，并在有效期内使用，检测与校核用的扳手应为同一把扳手。

7.4.7 扭剪型高强度螺栓以扭断螺栓尾部梅花部分为终拧完成，无终拧扭矩规定，因而初拧的扭矩是参照大六角头高强度螺栓，取扭矩系数的中值 0.13，按公式（7.4.6）中 T_c 的 50%确定的。

7.4.8 高强度螺栓连接副初拧、复拧和终拧原则上应以接头刚度较大的部位向约束较小的方向、螺栓群中央向四周的顺序，是为了使高强度螺栓连接处板层能更好密贴。下面是典型节点的施拧顺利：

1 一般节点从中心向两端，如图 1 所示：

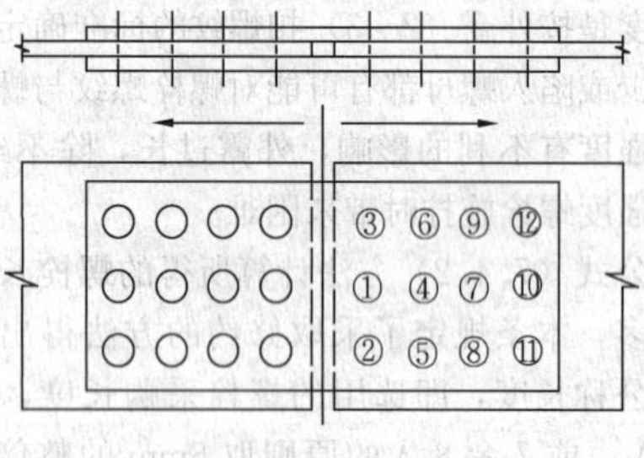
③ ⑥ ⑨ ⑫
① ④ ⑦ ⑩
② ⑤ ⑧ ⑪

图 1 一般节点施拧顺序

2 箱形节点按图 2 中 *A*、*C*、*B*、*D* 顺序；

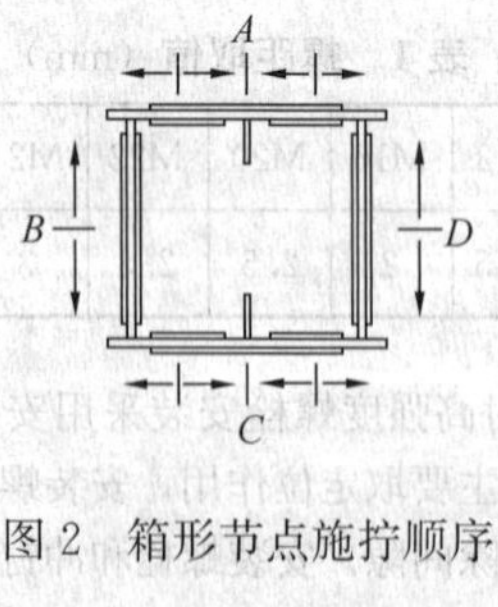
A
B
D
C

图 2 箱形节点施拧顺序

3 工字梁节点螺栓群按图 3 中①～⑥顺序；

4 H 型截面柱对接节点按先翼缘后腹板；

5 两个节点组成的螺栓群按先主要构件节点，后次要构件节点的顺序。

7.4.14 对于螺栓球节点网架，其刚度（挠度）往往比设计值要弱。主要原因是因为螺栓球与钢管连接的

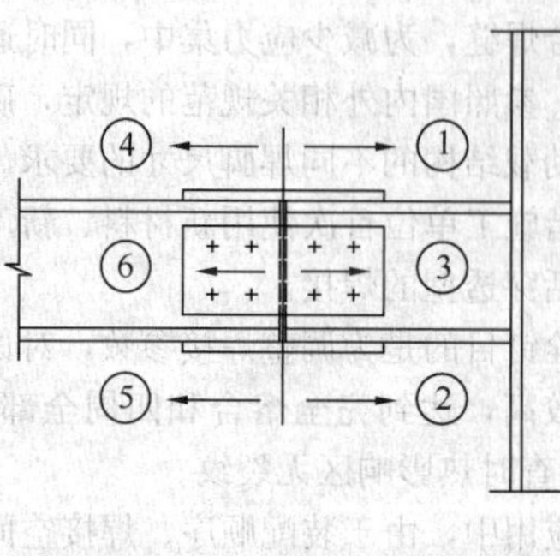
④
①
⑥
③
⑤
②

图 3 工字梁节点施拧顺序

高强度螺栓紧固不到位，出现间隙、松动等情况，当下部支撑系统拆除后，由于连接间隙、松动等原因，挠度明显加大，超过规范规定的限值，本条规定的目的是避免上述情况的发生。

8 零件及部件加工

8.2 放样和号料

8.2.1～8.2.3 放样是根据施工详图用 1∶1 的比例在样台上放出大样，通常按生产需要制作样板或样杆进行号料，并作为切割、加工、弯曲、制孔等检查用。目前国内大多数加工单位已采用数控加工设备，省略了放样和号料工序；但是有些加工和组装工序仍需放样、做样板和号料等工序。样板、样杆一般采用铝板、薄白铁板、纸板、木板、塑料板等材料制作，按精度要求选用不同的材料。

放样和号料时应预留余量，一般包括制作和安装时的焊接收缩余量，构件的弹性压缩量，切割、刨边和铣平等加工余量，及厚钢板展开时的余量等。

8.2.4 本条规定号料方向，主要考虑钢板沿轧制方向和垂直轧制方向力学性能有差异，一般构件主要受力方向与钢板轧制方向一致，弯曲加工方向（如弯折线、卷制轴线）与钢板轧制方向垂直，以防止出现裂纹。

8.2.5 号料后零件和部件应进行标识，包括工程号、零部件编号、加工符号、孔的位置等，便于切割及后续工序工作，避免造成混乱。同时将零部件所用材料的相关信息，如钢种、厚度、炉批号等移植到下料配套表和余料上，以备检查和后用。

8.3 切 割

8.3.1 钢材切割的方法很多，本条中主要列出了气割（又称火焰切割）、机械切割、等离子切割三种，切割时按其厚度、形状、加工工艺、设计要求，选择最适合的方法进行。切割方法可参照表 2 选用。

8.3.3 为保证气割操作顺利和气割面质量，不论采用何种气割方法，切割前要求将钢材切割区域表面清理干净。

表 2 钢材的切割方法

类别	选用设备	适用范围
气割	自动或半自动切割机、多头切割机、数控切割机、仿形切割机、多维切割机	适用于中厚钢板
	手工切割	小零件板及修正下料，或机械操作不便时
机械切割	剪板机、型钢冲剪机	适用板厚＜12mm的零件钢板、压型钢板、冷弯型钢
	砂轮锯	适用于切割厚度＜4mm的薄壁型钢及小型钢管
	锯床	适用于切割各种型钢及梁柱等构件
等离子切割	等离子切割机	适用于较薄钢板（厚度可至20mm～30mm）、钢条及不锈钢

8.3.5、8.3.6 采用剪板机或型钢剪切机切割钢材是速度较快的一种切割方法，但切割质量不是很好。因为在钢材的剪切过程中，一部分是剪切而另一部分为撕断，其切断面边缘产生很大的剪切应力，在剪切面附近连续2mm～3mm范围以内，形成严重的冷作硬化区，使这部分钢材脆性很大。因此，规定对剪切零件的厚度不宜大于12mm，对较厚的钢材或直接受动荷载的钢板不应采用剪切，否则要将冷作硬化区刨除；如剪切边为焊接边，可不作处理。基于这个原因，规定了在低温下进行剪切时碳素结构钢和低合金结构钢剪切和冲孔操作的最低环境温度。

8.4 矫正和成型

8.4.2 对冷矫正和冷弯曲的最低环境温度进行限制，是为了保证钢材在低温情况下受到外力时不致产生冷脆断裂，在低温下钢材受外力而脆断要比冲孔和剪切加工时而断裂更敏感，故环境温度限制较严。

当设备能力受到限制、钢材厚度较厚，处于低温条件下或冷矫正达不到质量要求时，则采用加热矫正，规定加热温度不要超过900℃。因为超过此温度时，会使钢材内部组织发生变化，材质变差，而800℃～900℃属于退火或正火区，是热塑变形的理想温度。当低于600℃后，因为矫正效果不大。且在500℃～550℃也存在热脆性。故当温度降到600℃时，就应停止矫正工作。

8.4.7 冷矫正和冷弯曲的最小曲率半径和最大弯曲矢高的允许值，是根据钢材的特性、工艺的可行性以及成型后外观质量的限制而作出的。

8.5 边缘加工

8.5.2 为消除切割对主体钢材造成的冷作硬化和热影响的不利影响，使加工边缘加工达到设计规范中关于加工边缘应力取值和压杆曲线的有关要求，规定边缘加工的最小刨削量不应小于2.0mm。本条中需要进行边缘加工的有：

1 需刨光顶紧的构件边缘，如：吊车梁等承受动力荷载的构件有直接传递承压力的部位，如支座部位、加劲肋、腹板端部等；受力较大的钢柱底端部位，为使其压力由承压面直接传至底板，以减小连接焊缝的焊脚尺寸；钢柱现场对接连接部位；高层、超高层钢结构核心筒与钢框架梁连接部位的连接板端部；对构件或连接精度要求高的部位。

2 对直接承受动力荷载的构件，剪切切割和手工切割的外边缘。

8.6 制 孔

8.6.1 本条规定了孔的制作方法，钻孔、冲孔为一次制孔（其中，冲孔的板厚应≤12mm）。铣孔、铰孔、镗孔和锪孔方法为二次制孔，即在一次制孔的基础上进行孔的二次加工。也规定了采用气割制孔的方法，实际加工时一般直径在80mm以上的圆孔，钻孔不能实现时可采用气割制孔；另外对于长圆孔或异形孔一般可采用先行钻孔然后再采用气割制孔的方法。对于采用冲孔制孔时，钢板厚度应控制在12mm以内，因为过厚钢板冲孔后孔内壁会出现分层现象。

8.7 螺栓球和焊接球加工

8.7.1 螺栓球是网架杆件互相连接的受力部件，采用热锻成型质量容易得到保证，一般采用现行国家标准《优质碳素结构钢》GB/T 699规定的45号圆钢热锻成型，若用钢锭在采取恰当的工艺并能确保螺栓球的锻制质量时，也可用钢锭热锻而成。

8.8 铸钢节点加工

8.8.3 设置过渡段的目的为提高现场焊接质量，过渡段材质应与相接之构件的材质相同，其长度可取“500和截面尺寸”中的最大值。

8.9 索节点加工

8.9.1 索节点毛坯加工工艺有三种方式：①铸造工艺：包括模型制作、检验、浇注、清理、热处理、打磨、修补、机械加工、检验等工序；②锻造工艺：包括下料、加热、锻压、机械加工、检验等工序；③焊接工艺：包括下料、组装、焊接、机械加工、检验等工序。

9 构件组装及加工

9.1 一般规定

9.1.2 构件组装前，要求对组装人员进行技术交底，交底内容包括施工详图、组装工艺、操作规程等技术文件。组装之前，组装人员应检查组装用的零件、部件的编号、清单及实物，确保实物与图纸相符。

9.1.5 确定组装顺序时，应按组装工艺进行。编制组装工艺时，应考虑设计要求、构件形式、连接方式、焊接方法和焊接顺序等因素。对桁架结构应考虑腹杆与弦杆、腹杆与腹杆之间多次相贯的焊接要求，特别对隐蔽焊缝的焊接要求。

9.2 部件拼接

9.2.4、9.2.5 本条文适用于所有直径的圆钢管和锥形钢管的接长。钢管可分为焊接钢管和无缝钢管，焊接钢管一般有三种成型方式：即卷制成型、压制成型和连续冷弯成型（即高频焊接钢管）。当钢管采用卷制成型时，由于受加工设备（卷板机）加工能力的限制，大多数卷板机的宽度最大为4000mm，即能加工的钢管长度（也称管节或管段）最长为4000mm，因此一个构件一般需要2～5段管节对接接长。所以规定当采用卷制成型时，在一个节间（即两个节点之间）允许有多个接头。

9.3 构件组装

9.3.2 确定构件组装方法时，应根据构件形式、尺寸、数量、组装场地、组装设备等综合考虑。

地样法是用1∶1的比例在组装平台上放出构件实样，然后根据零件在实样上的位置，分别组装后形成构件。这种组装方法适用于批量较小的构件。

仿形复制装配法是先用地样法组装成平面（单片）构件，并将其定位点焊牢固，然后将其翻身，作为复制胎模在其上面装配另一平面（单片）构件，往返两次组装。这种组装方法适用于横断面对称的构件。

胎模装配法是将构件的各个零件用胎模定位在其组装位置上的组装方法。这种组装方法适用于批量大、精度要求高的构件。

专用设备装配法是将构件的各个零件直接放到设备上进行组装的方法。这种组装方法精度高、速度快、效率高、经济性好。

立装是根据构件的特点，选择自上而下或自下而上的组装方法。这种组装方法适用于放置平稳、高度不高的构件。

卧装是将构件放平后进行组装的方法，这种组装方法适用于断面不大、长度较长的细长构件。

9.3.5 设计要求或施工工艺要求起拱的构件，应根据起拱值的大小在施工详图设计或组装工序中考虑。对于起拱值较大的构件，应在施工详图设计中予以考虑。当设计要求起拱时，构件的起拱允许偏差应为正偏差（不允许负偏差）。

10 钢结构预拼装

10.1 一般规定

10.1.1 当前复杂钢结构工程逐渐增多，有很多构件受到运输或吊装等条件的限制，只能分段分体制作或安装，为了检验其制作的整体性和准确性、保证现场安装定位，按合同或设计文件规定要求在出厂前进行工厂内预拼装，或在施工现场进行预拼装。预拼装分构件单体预拼装（如多节柱、分段梁或桁架、分段管结构等）、构件平面整体预拼装及构件立体预拼装。

10.1.2 对于同一类型构件较多时，因制作工艺没有较大的变化、加工质量较为稳定，本条规定可选用一定数量的代表性构件进行预拼装。

10.1.3 整体预拼装是将需进行预拼装范围内的全部构件，按施工详图所示的平面（空间）位置，在工厂或现场进行的预拼装，所有连接部位的接缝，均用临时工装连接板给予固定。累积连续预拼装是指，如果预拼装范围较大，受场地、加工进度等条件的限制将该范围切分成若干个单元，各单元内的构件可分别进行预拼装。

10.1.4 对于特殊钢结构预拼装，若没有相关的验收标准时，施工单位可在构件加工前编制工程的专项验收标准，进行验收。

10.2 实体预拼装

10.2.1 本条规定对重大桁架的支承架需进行验算，小型的构件预拼装胎架可根据施工经验确定。根据预拼装单元的构件类型，预拼装支垫可选用钢平台、支承凳、型钢等形式。

10.2.2 可通过变换坐标系统采用卧拼方式；若有条件，也可按照钢结构安装状态进行定位。

10.2.3 本条规定的自由状态是指在预拼过程中可以用卡具、夹具、点焊、拉紧装置等临时固定，调整各部位尺寸后，在连接部位每组孔用不多于1/3且不少于两个普通螺栓固定，再拆除临时固定，按验收要求进行各部位尺寸的检查。

10.2.7 本条规定标注标记主要为了方便现场安装，并与拼装结果相一致。标记包括上、下定位中心线、标高基准线、交线中心点等；对管、筒体结构、工地焊缝连接处，除应有上设标记外，还可焊接或准备一定数量的卡具、角钢或钢板定位器等，以便现场可按预拼装结果进行安装。

10.3 计算机辅助模拟预拼装

10.3.1 本规范提出计算机辅助模拟预拼装方法，因具有预拼装速度快、精度高、节能环保、经济实用的目的。钢结构组件计算机模拟拼装方法，对制造已完成的构件进行三维测量，用测量数据在计算机中构造构件模型，并进行模拟拼装，检查拼装干涉和分析拼装精度，得到构件连接件加工所需要的信息。构思的模拟预拼装有两种方法，一是按照构件的预拼装图纸要求，将构造的构件模型在计算机中按照图纸要求的理论位置进行预拼装，然后逐个检查构件间的连接关系是否满足产品技术要求，反馈回检查结果和后续作业需要的信息；二是保证构件在自重作用下不发生超过工艺允许的变形的支承条件下，以保证构件间的连接为原则，将构造的构件模型在计算机中进行模拟预拼装，检查构件的拼装位置与理论位置的偏差是否在允许范围内，并反馈回检查结果作为预拼装调整及后续作业的调整信息。当采用计算机辅助模拟预拼装方法时，要求预拼装的所有单个构件均有一定的质量保证；模拟拼装构件或单元外形尺寸均应严格测量，测量时可采用全站仪、计算机和相关软件配合进行。

11 钢结构安装

11.1 一般规定

11.1.2 施工现场设置的构件堆场的基本条件有：满足运输车辆通行要求；场地平整；有电源、水源，排水通畅；堆场的面积满足工程进度需要，若现场不能满足要求时可设置中转场地。

11.1.5 本条规定的合理顺序需考虑到平面运输、结构体系转换、测量校正、精度调整及系统构成等因素。安装阶段的结构稳定性对保证施工安全和安装精度非常重要，构件在安装就位后，应利用其他相邻构件或采用临时措施进行固定。临时支承结构或临时措施应能承受结构自重、施工荷载、风荷载、雪荷载、吊装产生的冲击荷载等荷载的作用，并不至于使结构产生永久变形。

11.1.6 钢结构受温度和日照的影响变形比较明显，但此类变形属于可恢复的变形，要求施工单位和监理单位在大致相同的天气条件和时间段进行测量验收，可避免测量结果不一致。

11.1.7 在构件上设置吊装耳板或吊装孔可降低钢丝绳绑扎难度，提高施工效率，保证施工安全。在不影响主体结构的强度和建筑外观及使用功能的前提下，保留吊装耳板和吊装孔可避免在除去此类措施时对结构母材造成损伤。对于需要覆盖厚型防火涂料、混凝土或装饰材料的部位，在采取防锈措施后不宜对吊装耳板的切割余量进行打磨处理。现场焊接引入、引出板的切除处理也可参照吊装耳板的处理方式。

11.2 起重设备和吊具

11.2.1 非定型产品主要是指采用卷扬机、液压油缸千斤顶、吊装扒杆、龙门吊机等作为吊装起重设备，属于非常规的起重设备。

11.2.4 进行钢结构吊装的起重机械设备，必须在其额定起重量范围内吊装作业，以确保吊装安全。若超出额定起重量进行吊装作业，易导致生产安全事故。

11.2.5 抬吊适用的特殊情况是指：施工现场无法使用较大的起重设备；需要吊装的构件数量较少，采用较大起重设备经济投入明显不合理。当采用双机抬吊作业时，每台起重设备所分配的吊装重量不得超过其额定起重量的80%，并应编制专项作业指导书。在条件许可时，可事先用较轻构件模拟双机抬吊工况进行试吊。

11.2.6 吊装用钢丝绳、吊装带、卸扣、吊钩等吊具，在使用过程中可能存在局部的磨耗、破坏等缺陷，使用时间越长存在缺陷的可能性越大，因此本条规定应对吊具进行全数检查，以保证质量合格要求，防止安全事故发生。并在额定许用荷载的范围内进行作业，以保证吊装安全。

11.3 基础、支承面和预埋件

11.3.3 为了便于调整钢柱的安装标高，一般在基础施工时，先将混凝土浇筑到比设计标高略低40mm～60mm，然后根据柱脚类型和施工条件，在钢柱安装、调整后，采用一次或二次灌筑法将缝隙填实。由于基础未达到设计标高，在安装钢柱时，当采用钢垫板作支承时，钢垫板面积的大小应根据基础混凝土的抗压强度、柱底板的荷载（二次灌筑前）和地脚螺栓的紧固拉力计算确定，取其中较大者；

钢垫板的面积推荐下式进行近似计算：

$$A=\frac{Q_1+Q_2}{C}\varepsilon \tag{2}$$

式中：A——钢垫板面积（cm^2）；

ε——安全系数，一般为1.5～3；

Q_1——二次浇筑前结构重量及施工荷载等（kN）；

Q_2——地脚螺栓紧固力（kN）；

C——基础混凝土强度等级（kN/cm^2）。

11.3.4 考虑到锚栓和预埋件的安装精度容易受到混凝土施工的影响，而钢结构和混凝土的施工允许误差并不一致，所以要求对其采取必要的固定支架、定位板等辅助措施。

11.4 构件安装

11.4.1 首节柱安装时，利用柱底螺母和垫片的方式调节标高，精度可达±1mm，如图4所示。在钢柱校正完成后，因独立悬臂柱易产生偏差，所以要求可靠固定，并用无收缩砂浆灌实柱底。

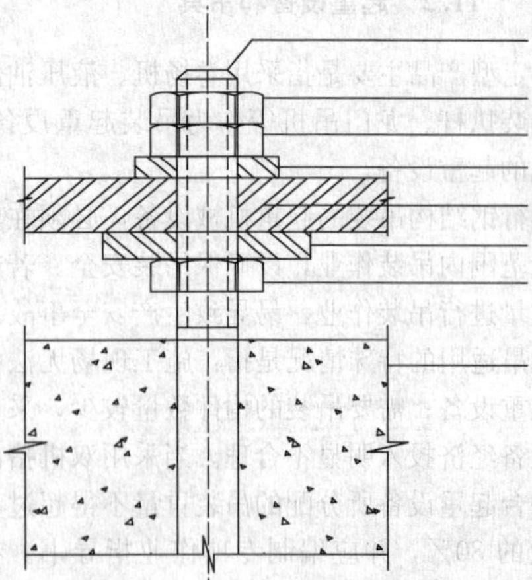

地脚螺栓
止退螺母
紧固螺母
垫片
柱脚底板
调整垫片
调节螺栓
混凝土基础

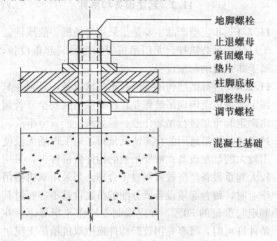

图4　柱脚底板标高精确调整

柱顶的标高误差产生原因主要有以下几方面：钢柱制作误差，吊装后垂直度偏差造成，钢柱焊接产生焊接收缩，钢柱与混凝土结构的压缩变形，基础的沉降等。对于采用现场焊接连接的钢柱，一般通过焊缝的根部间隙调整其标高，若偏差过大，应根据现场实际测量值调整柱在工厂的制作长度。

因钢柱安装后总存在一定的垂直度偏差，对于有顶紧接触面要求的部位就必然会出现在最低的地方是顶紧的，而其他部位呈现楔形的间隙，为保证顶紧面传力可靠，可在间隙部位采用塞不同厚度不锈钢片的方式处理。

11.4.2　钢梁采用一机串吊是指多根钢梁在地面分别绑扎，起吊后分别就位的作业方式，可以加快吊装作业的效率。钢梁吊点位置可参考表3选取。

表3　钢梁吊点位置

钢梁的长度（m）	吊点至梁中心的距离（m）
＞15	2.5
$10<L\leqslant15$	2.0
$5<L\leqslant10$	1.5
≤5	1.0

当单根钢梁长度大于21m时，若采用2点起吊，所需的钢丝绳较长，而且易产生钢梁侧向变形，采用多点吊装可避免此现象。

11.4.3　支撑构件安装后对结构的刚度影响较大，故要求支撑的固定一般在相邻结构固定后，再进行支撑的校正和固定。

11.4.5　钢板墙属于平面构件，易产生平面外变形，所以要求在钢板墙堆放和吊装时采取相应的措施，如增加临时肋板，防止钢板剪力墙的变形。钢板剪力墙主要为抗侧向力构件，其竖向承载力较小，钢板剪力墙开始安装时间应按设计文件的要求进行，当安装顺序有改变时应经设计单位的批准。设计时宜进行施工模拟分析，确定钢板剪力墙的安装及连接固定时间，以保证钢板剪力墙的承载力要求。对钢板剪力墙未安装的楼层，即钢板剪力墙安装以上的楼层，应保证施工期间结构的强度、刚度和稳定满足设计文件要求，必要时应采取相应的加强措施。

11.4.7　钢铸件与普通钢结构构件的焊接一般为不同材质的对接。由于现场焊接条件差，异种材质焊接工艺要求高。本条规定对于铸钢节点，要求在施焊前进行焊接工艺评定试验，并在施焊中严格执行，以保证现场焊接质量。

11.4.8　由多个构件拼装形成的组合构件，具有构件体型大、单体重量重、重心难以确定等特点，施工期间构件有组拼、翻身、吊装、就位等各种姿态，选择合适的吊点位置和数量对组合构件非常重要，一般要求经过计算分析确定，必要时采取加固措施。

11.4.9　后安装构件安装时，结构受荷载变形，构件实际尺寸与设计尺寸有一定的差别，施工时构件加工和安装长度应采用现场实际测量长度。当后安装构件焊接时，一般拘束度较大，采用的焊接工艺应减少焊接收缩对永久结构造成影响。

11.5　单层钢结构

11.5.2　单层钢结构安装过程中，采用临时稳定缆绳和柱间支撑对于保证施工阶段结构稳定非常重要。要求每一施工步骤完成时，结构均具有临时稳定的特征。

11.6　多层、高层钢结构

11.6.1　多高层钢结构由于制作和吊装的需要，须对整个建筑从高度方向划分若干个流水段，并以每节框架为单位。在吊装时，除保证单节框架自身的刚度外，还需保证自升式塔式起重机（特别是内爬式塔式起重机）在爬升过程中的框架稳定。

钢柱分节时既要考虑工厂的加工能力、运输限制条件以及现场塔吊的起重性能等因素，还应综合考虑现场作业的效率以及与其他工序施工的协调，所以钢柱分节一般取2层～3层为一节；在底层柱较重的情况下，也可适当减少钢柱的长度。

为了加快吊装进度，每节流水段（每节框架）内还需在平面上划分流水区。把混凝土筒体和塔式起重机爬升区划分为一个主要流水区；余下部分的区域，划分为次要流水区；当采用两台或两台以上的塔式起重机施工时，按其不同的起重半径划分各自的施工区域。将主要部位（混凝土筒体、塔式起重机爬升区）安排在先行施工的区域，使其早日达到强度，为塔吊爬升创造条件。

11.6.2 高层钢结构在立面上划分多个流水作业段进行吊装，多数节的框架其结构类型基本相同，部分节较为特殊，如根据建筑和结构上的特殊要求，设备层、结构加强层、底层大厅、旋转餐厅层、屋面层等，为此应制定特殊构件吊装顺序。

整个流水段内先柱后梁的吊装顺序，是在标准流水作业段内先安装钢柱，再安装框架梁，然后安装其他构件，按层进行，从下到上，最终形成框架。国内目前多数采用此法，主要原因是：影响构件供应的因素多，构件配套供应有困难；在构件不能按计划供应的情况下尚可继续进行安装，有机动的余地；管理工作相对容易。

局部先柱后梁的吊装顺序是针对标准流水作业段而言，即安装若干根钢柱后立即安装框架梁、次梁和支撑等，由下而上逐间构成空间标准间，并进行校正和固定。然后以此标准间为依靠，按规定方向进行安装，逐步扩大框架，直至该施工层完成。

11.6.4 楼层标高的控制应视建筑要求而定，有的要按设计标高控制，而有的只要求按相对标高控制即可。当采用设计标高控制时，每安装一节柱，就要按设计标高进行调整，无疑是比较麻烦的，有时甚至是很困难的。

1 当按相对标高进行控制时，钢结构总高度的允许偏差是经计算确定的，计算时除应考虑荷载使钢柱产生的压缩变形值和各节钢柱间焊接的收缩余量外，尚应考虑逐节钢柱制作长度的允许偏差值。如无特殊要求，一般都采用相对标高进行控制安装。

2 当按设计标高进行控制时，每节钢柱的柱顶或梁的连接点标高，均以底层的标高基准点进行测量控制，同时也应考虑荷载使钢柱产生的压缩变形值和各节钢柱间焊接的收缩余量值。除设计要求外，一般不采用这种结构高度的控制方法。

不论采用相对标高还是设计标高进行多层、高层钢结构安装，对同一层柱顶标高的差值均应控制在5mm以内，使柱顶高度偏差不致失控。

11.6.6 高层钢结构安装时，随着楼层升高结构承受的荷载将不断增加，这对已安装完成的竖向结构将产生竖向压缩变形，同时也对局部构件（如伸臂桁架杆件）产生附加应力和弯矩。在编制安装方案时，根据设计文件的要求，并结合结构特点以及竖向变形对结构的影响程度，考虑是否需要采取预调整安装标高、设置构件后连接固定等措施。

11.7 大跨度空间钢结构

11.7.1 确定空间结构安装方法要考虑结构的受力特点，使结构完成后产生的残余内力和变形最小，并满足原设计文件的要求。同时考虑现场技术条件，重点使方案确定时能够考虑到现场的各种环境因素，如与其他专业的交叉作业、临时措施实施的可行性、设备吊装的可行性等。

本条列出了几种典型的空间钢结构安装方法：

高空散装法适用于全支架拼装的各种空间网格结构，也可根据结构特点选用少支架的悬挑拼装施工方法；分条或分块安装法适用于分割后结构的刚度和受力状况改变较小的空间网格结构，分条或分块的大小根据设备的起重能力确定；滑移法适用于能设置平行滑轨的各种空间网格结构，尤其适用于跨越施工（待安装的屋盖结构下部不允许搭设支架或行走起重机）或场地狭窄、起重运输不便等情况，当空间网格结构为大面积大柱网或狭长平面时，可采用滑移法施工；整体提升法适用于平板空间网格结构，结构在地面整体拼装完毕后提升至设计标高、就位；整体顶升法适用于支点较少的空间网格结构，结构在地面整体拼装完毕后顶升至设计标高、就位；整体吊装法适用于中小型空间网格结构，吊装时可在高空平移或旋转就位；折叠展开式整体提升法适用于柱面网壳结构，在地面或接近地面的工作平台上折叠起来拼装，然后将折叠的机构用提升设备提升到设计标高，最后在高空补足原先去掉的杆件，使机构变成结构；高空悬拼安装法适用大悬挑空间钢结构，目的为减少临时支承数量。

11.7.3 钢索材料是索（预应力）结构最重要的组成材料，其质量控制尤为关键。索体下料长度是钢索材料最重要的参数，要多方核算确定。索体下料长度应经计算确定。应采用应力下料的方法，考虑施工过程中张拉力及结构变形对索长的影响，同时给定施工时的温度，由索体生产厂家根据具体索体确定温度对索长的修正。索体张拉端调节量需综合考虑结构变形大小、结构施工误差等因素后与索厂共同确定。在给定索体下料图纸时，同时需标出索夹在索体上的安装位置，由厂家在生产时标出。

索（预应力）结构是一种半刚性结构，在整个施工过程中，结构受力和变形要经历几个阶段，因此需要对全过程进行受力仿真计算分析，以确保整个施工过程安全、准确。

索（预应力）结构施工控制的要点是拉索张拉力和结构外形控制。在实际操作中同时达到设计要求难度较大，一般应与设计单位商讨相应的控制标准，使张拉力和结构外形能兼顾达到要求。

对钢索施加预应力可采用液压千斤顶直接张拉；也可采用顶升撑杆、结构局部下沉或抬高、支座位移、横向牵拉或顶推拉索等多种方式对钢索施加预应力。一般情况下，张拉时不将所有拉索一次张拉到位，而采用分批分级进行张拉的方法。根据整个结构特点将预应力张拉力分为若干级，使得相邻构件变形、应力差异较小，对结构受力有利，同时也易于控制最终张拉力。

11.7.4 温度变化对构件有热胀冷缩的影响，结构跨度越大温度影响越敏感，特别是合拢施工需选取适当的时间段，避免次应力的产生。

11.8 高耸钢结构

11.8.1 本条规定了高耸钢结构的三种常用的安装方法。

高空散件（单元）法：利用起重机械将每个安装单元或构件进行逐件吊运并安装，整个结构的安装过程为从下至上流水作业。上部构件或安装单元在安装前，下部所有构件均应根据设计布置和要求安装到位，即保证已安装的下部结构是稳定和安全的。

整体起扳法：先将结构在地面支承架上进行平面卧拼装，拼装完成后采用整体起扳系统（即将结构整体拉起到设计的竖直位置的起重系统），将结构整体起扳就位，并进行固定安装。

整体提升（顶升）法：先将钢桅杆结构在较低位置进行拼装，然后利用整体提升（顶升）系统将结构整体提升（顶升）到设计位置就位且固定安装。

11.8.3 受测量仪器的仰角限制和大气折光的影响，高耸结构的标高和轴线基准点应逐步从地面向上转移。由于高耸结构刚度相对较弱，受环境温度和日照的影响变形较大，转移到高空的测量基准点经常处于动态变化的状态。一般情况下，若此类变形属于可恢复的变形，则可认定高空的测量基准点有效。

12 压型金属板

12.0.4 使用专用吊具装卸及转运而不采用钢丝绳直接绑扎压型金属板是为了避免损坏压型金属板，造成局部变形，吊点应保证压型金属板变形小。

12.0.5 采用焊接连接时应注意选择合适的焊接工艺，边模与梁的焊缝长度 20mm～30mm，焊缝间距根据压型金属板波谷的间距确定，一般控制在 300mm 左右。

12.0.6 本条主要从安全角度出发，防止压型金属板发生高空坠落事故。

12.0.10 尽量避免在压型金属板固定前对其切割及开孔，以免造成混凝土浇筑时楼板变形较大。设备孔洞的开设一般先设置模板，混凝土浇筑并拆模后采用等离子切割或空心钻开孔。若确需开设孔洞，一般要求在波谷平板处开设，不得破坏波肋；如果孔洞较大，切割压型金属板后必须对洞口采取补强措施。

12.0.11 压型金属板的临时支承措施可采取临时支承柱、临时支承梁或者悬吊措施，以防止压型金属板在混凝土浇筑过程变形过大或产生爆模现象。

13 涂 装

13.1 一 般 规 定

13.1.8 规定构件表面防腐油漆的底层漆、中间漆和面层漆之间的搭配相互兼容，以及防腐油漆与防火涂料相互兼容，以保证涂装系统的质量。整个涂装体系的产品尽量来自于同一厂家，以保证涂装质量的可追溯性。

13.2 表 面 处 理

13.2.1 本条规定了构件表面处理的除锈方法，可根据表 4 选用。

表 4 除锈等级和除锈方法

除锈等级	除锈方法	处理手段和清洁度要求		
Sa1	喷射或抛射	喷(抛)棱角砂、铁丸、断丝和混合磨料	轻度除锈	仅除去疏松轧制氧化皮、铁锈和附着物
Sa2	喷射或抛射	喷(抛)棱角砂、铁丸、断丝和混合磨料	彻底除锈	轧制氧化皮、铁锈和附着物几乎全部被除去，至少有 2/3 面积无任何可见残留物
Sa2 1/2	喷射或抛射	喷(抛)棱角砂、铁丸、断丝和混合磨料	非常彻底除锈	轧制氧化皮、铁锈和附着物残留在钢材表面的痕迹已是点状或条状的轻微污痕，至少有 95% 面积无任何可见残留物
Sa3	喷射或抛射	喷(抛)棱角砂、铁丸、断丝和混合磨料	除锈到出白	表面上轧制氧化皮、铁锈和附着物全部除去，具有均匀多点光泽
St2	手工和动力工具	使用铲刀、钢丝刷、机械钢丝刷、砂轮等	无可见油脂污垢，无附着不牢的氧化皮、铁锈和油漆涂层等附着物	
St3	手工和动力工具	使用铲刀、钢丝刷、机械钢丝刷、砂轮等	无可见油脂污垢，无附着不牢的氧化皮、铁锈和油漆涂层等附着物。除锈比 St2 更为彻底，底材显露部分的表面应具有金属光泽	

13.2.2 钢材表面的粗糙度对漆膜的附着力、防腐性能和使用寿命有较大的影响。粗糙度大，表面积也将增大，漆膜与钢材表面的附着力相应增强；但是，当粗糙度太大时，如漆膜用量一定时，则会造成漆膜厚度分布不均匀，特别是在波峰处的漆膜厚度往往低于设计要求，引起早期的锈蚀，另外，还常常在较深的波谷凹坑内截留住气泡，将成为漆膜起泡的根源。粗糙度太小，不利于附着力的提高。所以，本条提出对表面粗糙度的要求。表面粗糙度的大小取决于磨料粒度的大小、形状、材料和喷射速度、喷射压力、作用时间等工艺参数，其中以磨料粒度的大小对粗糙影响较大。

13.3 油漆防腐涂装

13.3.1 通常高压无气喷涂法涂装效果好、效率高，对大面积的涂装及施工条件允许的情况下应采用高压无气喷涂法，可参照《高压无气喷涂典型工艺》JB/T 9188 执行；对于狭长、小面积以及复杂形状构件可采用涂刷法、手工滚涂法、空气喷涂法。

13.4 金属热喷涂

13.4.1 金属热喷涂工艺有火焰喷涂法、电弧喷涂法和等离子喷涂法等。由于环境条件和操作因素所限，目前工程上应用的热喷涂方法仍以火焰喷涂法为主。该方法用氧气和乙炔焰熔化金属丝，由压缩空气吹送至待喷涂结构表面，即为本条的气喷法。气喷法适用于热喷锌涂层，电喷涂法适用于热喷涂铝涂层，等离子喷涂法适用于喷涂耐腐蚀合金涂层。

13.5 热浸镀锌防腐

13.5.2 构件热浸镀锌时，减少热变形的措施有：

1 构件最大尺寸宜一次放入镀锌池；

2 封闭截面构件在两端开孔；

4 在构件角部应设置工艺孔，半径大于40mm；

5 构件的板厚应大于3.2mm。

13.6 防火涂装

13.6.6 薄涂型防火涂料的底涂层（或主涂层）宜采用重力式喷枪喷涂，局部修补和小面积施工时宜用手工抹涂，面层装饰涂料宜涂刷、喷涂或滚涂。厚涂型防火涂料宜采用压送式喷涂机喷涂，喷涂遍数、涂层厚度应根据施工要求确定，且须在前一遍干燥后喷涂。

14 施工测量

14.2 平面控制网

14.2.2 本条规定了四种定位放线的测量方法，选择测量方法应根据仪器配置情况自由选择，以控制网满足施工需要为原则，各种方法的适用范围如下：

1 直角坐标法适用于平面控制点连线平行于坐标轴方向及建筑物轴线方向时，矩形建筑物定位的情况；

2 极坐标法适用于平面控制点的连线不受坐标轴方向的影响（平行或不平行坐标轴），任意形状建筑物定位的情况，以及采用光电测距仪定位的情况；

3 角度（方向）交会法适用于平面控制点距待测点位距离较长、量距困难或不便量距的情况；

4 距离交会法适用于平面控制点距待测点距离不超过所用钢尺的全长且场地量距条件较好的情况。

14.2.3 本条规定的允许误差的依据为现行国家规范《工程测量规范》GB 50026的轴线竖向传递允许偏差的规定，以及现行国家规范《钢结构工程施工质量验收规范》GB 50205施工要求限差的0.4倍。竖向投测转点在50m～80m之间选取时，当设备仪器精度低时取小值，精度高时取大值。

14.3 高程控制网

14.3.3 对于建筑物标高的传递，要对钢尺进行温度、拉力等的校正。引测的允许偏差是参考《工程测量规范》GB 50026－2007第8.3.11条的有关规定。

14.4 单层钢结构施工测量

14.4.5 对于空间异形桁架、复杂空间网格、倾斜钢柱等复杂结构，不能直接简单利用仪器测量的构件，要根据实际的情况设置三维坐标点，利用全站仪进行三维坐标测定。

14.5 多层、高层钢结构施工测量

14.5.2 控制轴线要从最近的基准点进行引测，避免误差累积。

14.5.3 钢柱与钢梁焊接时，由于焊接收缩对钢柱的垂直度影响较大。对有些钢柱一侧没有钢梁焊接连接，要求在焊接前对钢柱的垂直度进行预偏，通过焊接收缩对钢柱的垂直度进行调整，精度会更高，具体预偏的大小，根据结构形式、焊缝收缩量等因素综合确定。每节钢柱一般连接多层钢梁，因主梁刚度较大，钢梁焊接时会导致钢柱变动，并且还可能波及相邻的钢柱变动，因此待一个区域整体构件安装完成后进行整体复测，以保证结构的整体测量精度。

14.5.4 高层钢结构对温度非常敏感，日照、环境温差、焊接等温度变化，以及大型塔吊作业运行，会使构件在安装过程中不断变动外形尺寸，施工中需要采取相应的措施进行调整。首先尽量选择一些环境因素影响不大的时段对钢柱进行测量，但在实际作业过程中不可能完全做到。实际施工时需要根据建筑物的特点，做好一些观测和记录，总结环境因素对结构的影响，测量时根据实际情况进行预偏，保证测量钢柱的垂直度。

14.6 高耸钢结构施工测量

14.6.2 高耸钢结构的特点是塔身截面较小、高度较高，投测时相邻两点的距离较近，需要采取多种方法进行校核。

14.6.6 塔身由于截面较小，日照对结构的垂直度影响较大，应对不同时段的日照对结构的影响进行监测，总结结构的变形规律，对实际施工进行指导。

15 施工监测

15.2 施工监测

15.2.2 规定施工现场对监测点的保护，主要是防止监测点受外界环境的扰动、破坏和覆盖。

15.2.3 钢结构工程变形监测的等级划分及精度要求

参考了现行国家标准《工程测量规范》GB 50026。本规范将等级划分为三个等级，基本与GB 50026规范中四个等级的前三个等级相同。

变形监测的精度等级，是按变形观测点的水平位移点位中误差、垂直位移的高程中误差或相邻变形观测点的高差中误差的大小来划分。它是根据我国变形监测的经验，并参考国外规范有关变形监测的内容确定的。其中，相邻点高差中误差指标，是为了适合一些只要求相对沉降的监测项目而规定的。

变形监测分为三个精度等级，一等适用于高精度变形监测项目，二、三等适用于中等精度变形监测项目。变形监测的精度指标值，是综合了设计和相关施工规范已确定的允许变形量的1/20作为测量精度值，这样在允许范围之内，可确保建（构）筑物安全使用，且每个周期的观测值能反映监测体的变形情况。

15.2.4 本条列出了不同监测类别的变形监测方法。具体应用时，可根据监测项目的特点、精度要求、变形速率以及监测体的安全性等指标，综合选用。

16 施工安全和环境保护

16.1 一 般 规 定

16.1.2 因钢结构施工危险性较高，本条规定编制专门的施工安全方案和安全应急预案，以减少现场安全事故，现场安全主要含人员安全、设备安全和结构安全等。

16.1.3 本条规定的作业人员包括焊接、切割、行车、起重、叉车、电工等与钢结构工程施工有关的特殊工种和岗位。

16.1.5 作业人员的劳动保护用品是指在建筑施工现场，从事建筑施工活动的人员使用的安全帽、安全带以及安全（绝缘）鞋、防护眼镜、防护手套、防尘（毒）口罩等个人劳动保护用品。施工企业应建立完善的劳动保护用品管理制度，包括采购、验收、保管、发放、使用、更换、报废等内容，并遵照中华人民共和国住房和城乡建设部建质［2007］255文件《建筑施工人员个人劳动保护用品使用管理暂行规定》执行。

16.2 登 高 作 业

16.2.3 钢柱安装时应将安全爬梯、安全通道或安全绳在地面上铺设，固定在构件上，减少高空作业，减小安全隐患。钢柱吊装采取登高摘钩的方法时，尽量使用防坠器，对登高作业人员进行保护。安全爬梯的承载必须经过安全计算。

16.3 安 全 通 道

16.3.3 规定采用双钩安全带，目的是使作业人员在跨越钢柱等障碍时，充分利用安全带对施工人员进行保护。

16.4 洞口和临边防护

16.4.3 防护栏一般采用钢丝绳、脚手管等材料制成。

16.5 施工机械和设备

16.5.3 本条规定安装和拆除塔吊要有专项技术方案，特别是高层内爬式塔吊的拆除，在布设塔吊时就要进行考虑。

16.5.6 钢结构安装采用的非定型吊装机械，包括施工单位根据自行施工经验设计的卷扬机、液压油缸千斤顶、吊装扒杆、龙门吊机等，因没有成熟的验收标准，实际施工中必须进行详细的计算以确保使用安全。

中华人民共和国国家标准

木结构工程施工规范

Code for construction of timber structures

GB/T 50772—2012

主编部门：中华人民共和国住房和城乡建设部
批准部门：中华人民共和国住房和城乡建设部
施行日期：2 0 1 2 年 1 2 月 1 日

中华人民共和国住房和城乡建设部
公　　告

第1399号

关于发布国家标准《木结构工程施工规范》的公告

现批准《木结构工程施工规范》为国家标准，编号为GB/T 50772－2012，自2012年12月1日起实施。

本规范由我部标准定额研究所组织中国建筑工业出版社出版发行。

中华人民共和国住房和城乡建设部

2012年5月28日

前　言

本规范是根据原建设部《关于印发〈2006年工程建设标准规范制订、修订计划（第一批）〉的通知》（建标［2006］77号）的要求，由哈尔滨工业大学和黑龙江省建设集团有限公司会同有关单位共同编制完成的。

本规范在编制过程中，编制组经过广泛的调查研究，总结吸收了国内外木结构工程的施工经验，并在广泛征求意见的基础上，结合我国的具体情况进行了编制，最后经审查定稿。

本规范共分11章，主要内容包括：总则、术语、基本规定、木结构工程施工用材、木结构构件制作、构件连接与节点施工、木结构安装、轻型木结构制作与安装、木结构工程防火施工、木结构工程防护施工和木结构工程施工安全。

本规范由住房和城乡建设部负责管理，由哈尔滨工业大学负责具体技术内容的解释。在执行本规范过程中，请各单位结合工程实践，提出意见和建议，并寄送哈尔滨工业大学《木结构工程施工规范》编制组［地址：哈尔滨市南岗区黄河路73号哈尔滨工业大学（二校区）2453信箱，邮编：150090，传真：0451-86283098，电子邮件：e.c.zhu@hit.edu.cn］，以供今后修订时参考。

本规范主编单位：哈尔滨工业大学
黑龙江省建设集团有限公司

本规范参编单位：中国建筑西南设计研究院有限公司
四川省建筑科学研究院
同济大学
重庆大学
中国林业科学研究院
公安部天津消防研究所

本规范参加单位：加拿大木业协会
德胜（苏州）洋楼有限公司
苏州皇家整体住宅系统股份有限公司
上海现代建筑设计（集团）有限公司
山东龙腾实业有限公司
长春市新阳光防腐木业有限公司

本规范主要起草人员：祝恩淳　潘景龙　樊承谋　张　厚　倪　春　王永维　杨学兵　何敏娟　程少安　聂圣哲　倪　竣　邱培芳　张盛东　周淑容　陈松来　蒋明亮　姜铁华　张华君　张成龙　周和俭　高承勇

本规范主要审查人员：刘伟庆　龙卫国　张新培　申世杰　刘　雁　任海清　杨　军　王　力　王公山　丁延生　姚华军

目次

Contents

1 总 则

1.0.1 为使木结构工程施工技术先进，确保工程质量与施工安全，制定本规范。

1.0.2 本规范适用于木结构的制作安装、木结构的防护，以及木结构的防火施工。

1.0.3 木结构工程的施工，除应符合本规范外，尚应符合国家现行有关标准的规定。

2 术 语

2.0.1 原木 log

伐倒并除去树皮、树枝和树梢的树干。

2.0.2 方木 rough sawn timber

直角锯切、截面为矩形或方形的木材。

2.0.3 规格材 dimension lumber

由原木锯解成截面宽度和高度在一定范围内，尺寸系列化的锯材，并经干燥、刨光、定级和标识后的一种木产品。

2.0.4 目测应力分等规格材 visually stress-graded dimension lumber

根据肉眼可见的各种缺陷的严重程度，按规定的标准划分材质等级和强度等级的规格材，简称目测分等规格材。

2.0.5 机械应力分等规格材 machine stress-rated dimension lumber

采用机械应力测定设备对规格材进行非破坏性试验，按测得的弹性模量或其他物理力学指标并按规定的标准划分材质等级和强度等级的规格材，简称机械分等规格材。

2.0.6 层板 lamination

用于制作层板胶合木的木板。按其层板评级分等方法，分为普通层板、目测分等和机械（弹性模量）分等层板。

2.0.7 层板胶合木 glued-laminated timber

以木板层叠胶合而成的木材产品，简称胶合木，也称结构用集成材。按层板种类，分为普通层板胶合木、目测分等和机械分等层板胶合木。

2.0.8 木基结构板材 wood-based structural panel

将原木旋切成单板或将木材切削成木片经胶合热压制成的承重板材，包括结构胶合板和定向木片板，可用于轻型木结构的墙面、楼面和屋面的覆面板。

2.0.9 结构复合木材 structural composite lumber (SCL)

将原木旋切成单板或切削成木片，施胶加压而成的一类木基结构用材，包括旋切板胶合木、平行木片胶合木、层叠木片胶合木及定向木片胶合木等。

2.0.10 工字形木搁栅 wood I-joist

用锯材或结构复合木材作翼缘、定向木片板或结构胶合板作腹板制作的工字形截面受弯构件。

2.0.11 标识 stamp

表明材料、构配件等的产地、生产企业、质量等级、规格、执行标准和认证机构等内容的标记图案。

2.0.12 放样 lofting

根据设计文件要求和相应的标准、规范规定绘制足尺结构构件大样图的过程。

2.0.13 起拱 camber

为减小桁架或梁等受弯构件的视觉挠度，制作时使构件向上拱起。

2.0.14 钉连接 nailed connection

利用圆钉抗弯、抗剪和钉孔孔壁承压传递构件间作用力的一种销连接形式。

2.0.15 齿连接 step joint

在木构件上开凿齿槽并与另一木构件抵承，利用其承压和抗剪能力传递构件间作用力的一种连接形式。

2.0.16 螺栓连接 bolted connection

利用螺栓的抗弯、抗剪能力和螺栓孔孔壁承压传递构件间作用力的一种销连接形式。

2.0.17 齿板 truss plate

用镀锌钢板冲压成多齿的连接件，能传递构件间的拉力和剪力，主要用于由规格材制作的木桁架节点的连接。

2.0.18 指接 finger joint

木材接长的一种连接形式，将两块木板端头用铣刀切削成相互啮合的指形序列，涂胶加压成为长板。

2.0.19 檩条 purlin

支承在桁架上弦上的屋面承重构件。

2.0.20 轻型木结构 light wood frame construction

主要由规格材和木基结构板，并通过钉连接制作的剪力墙与横隔（楼、屋盖）所构成的木结构，多用于1层～3层房屋。

2.0.21 搁栅 joist

一种较小截面尺寸的受弯木构件（包括工字形木搁栅），用于楼盖或顶棚，分别称为楼盖搁栅或顶棚搁栅。

2.0.22 椽条 rafter

屋盖体系中支承屋面板的受弯构件。

2.0.23 墙骨 stud

轻型木结构墙体中的竖向构件，是主要的受压构件，并保证覆面板平面外的稳定和整体性。

2.0.24 覆面板 structural sheathing

轻型木结构中钉合在墙体木构架单侧或双侧及楼盖搁栅或椽条顶面的木基结构板材，又分别称为墙面板、楼面板和屋面板。

2.0.25 木结构的防护 protection of wood structures

为保证木结构在规定的设计使用年限内安全、可靠地满足使用功能要求，采取防腐、防虫蛀、防火和防潮通风等措施予以保护。

2.0.26 防腐剂 preservative

能毒杀木腐菌、昆虫、凿船虫以及其他侵害木材生物的化学药剂。

2.0.27 载药量 retention

木构件经防腐剂加压处理后，能长期保持在木材内部的防腐剂量，按每立方米的千克数计算。

2.0.28 透入度 penetration

木构件经防护剂加压处理后，防腐剂透入木构件的深度或占边材的百分率。

2.0.29 进场验收 on-site acceptance

对进入施工现场的材料、构配件和设备等按相关的标准要求进行检验，以对产品质量合格与否做出认定。

2.0.30 见证检验 evidential testing

在监理单位或建设单位监督下，由施工单位有关人员现场取样，送至具备相应资质的检测机构所进行的检验。

2.0.31 交接检验 handover inspection

施工下一工序的承担方与上一工序完成方经双方检查其已完成工序的施工质量的认定活动。

3 基本规定

3.0.1 木结构工程施工单位应具有建筑工程施工资质，主要专业工种应有操作上岗证。

3.0.2 木结构工程施工分部工程应划分为木结构制作安装和木结构防护（防腐、防火）分项工程。当两个分项工程由两个或两个以上有相应资质的企业进行施工时，应以木结构制作与安装施工企业为主承包企业，并应负责分部工程的施工安排和质量管理。

3.0.3 木结构工程应按设计文件（含施工图、设计变更文字说明等）施工，并应达到现行国家标准《木结构工程施工质量验收规范》GB 50206各项质量标准的规定。设计文件应由有资质的设计单位出具和通过当地施工图审查部门审查。

3.0.4 木结构工程施工前，应由建设单位组织监理、施工和设计单位进行设计文件会审和设计单位作技术交底，结果应记录在案。施工单位应制定完整的施工方案，并应经建设或监理单位审核确认后再进行施工。

3.0.5 木结构工程施工所用材料、构配件的等级应符合设计文件的规定；可使用力学性能、防火、防护性能达到或超过设计文件规定等级的相应材料、构配件替代。作等强（效）换算处理时，应经设计单位复核并签发相应的技术文件认可；不得采用性能低于设计文件规定的材料、构配件替代。

3.0.6 进入施工现场的材料、构配件，应按现行国家标准《木结构工程施工质量验收规范》GB 50206的有关规定做进场验收和见证检验，并应在检验合格后再在工程中应用。施工过程中各种工序交接时尚应进行交接检验，并应由监理单位签发可否继续施工的文件。

3.0.7 木结构工程外观质量应分为A、B、C三级，并应达到下列要求：

1 结构外露、外观要求高、需油漆但显露木纹，应为A级。施工时木构件表面应用砂纸打磨，表面空隙应用木料和不收缩材料封填。

2 结构外露、外观要求不高并需油漆，应为B级。施工时木材表面应刨光，可允许有偶尔的漏刨和细小的缺漏（空隙、缺损），但不应有松软节子和空洞。

3 外观无特殊要求、允许有目测等级规定的缺陷、孔洞，表面无需加工处理，应为C级。

3.0.8 木结构工程中木材的防护方案应按表3.0.8的规定选择。除允许采用表面涂刷工艺进行防护（包含防火）处理外，其他防护处理均应在木构件制作完成后和安装前进行。已作防护处理的木构件不宜再行锯解、刨削等加工。确需作局部加工处理而导致局部未被浸渍药剂的外露木材，应作妥善修补。

表3.0.8 木结构的使用环境

使用分类	使用条件	应用环境	常用构件
C1	户内，且不接触土壤	在室内干燥环境中使用，能避免气候和水分的影响	木梁、木柱等
C2	户内，且不接触土壤	在室内环境中使用，有时受潮湿和水分的影响，但能避免气候的影响	木梁、木柱等
C3	户外，但不接触土壤	在室外环境中使用，暴露在各种气候中，包括淋湿，但不长期浸泡在水中	木梁等
C4A	户外，且接触土壤或浸在淡水中	在室外环境中使用，暴露在各种气候中，且与地面接触或长期浸泡在淡水中	木柱等

3.0.9 进口木材、木产品、构配件以及金属连接件等，应有产地国的产品质量合格证书和产品标识，并应符合合同技术条款的规定。

4 木结构工程施工用材

4.1 原木、方木与板材

4.1.1 进场木材的树种、规格和强度等级应符合设计文件的规定。

4.1.2 木料锯割应符合下列规定：

1 当构件直接采用原木制作时，应将原木剥去树皮，并应砍平木节。原木沿长度应呈平缓锥体，其斜率不应超过0.9%，每1m长度内直径改变不应大于9mm。

2 当构件用方木或板材制作时，应按设计文件规定的尺寸将原木进行锯割，锯割时截面尺寸应按表4.1.2的规定预留干缩量。落叶松、木麻黄等收缩量较大的原木，预留干缩量尚应大于表4.1.2规定的30%。

表4.1.2 方木、板材加工预留干缩量（mm）

方木、板材厚度	预留干缩量
15～25	1
40～60	2
70～90	3
100～120	4
130～140	5
150～160	6
170～180	7
190～200	8

3 东北落叶松、云南松等易开裂树种，锯制成方木时宜采用“破心下料”的方法［图4.1.2（a）］；原木直径较小时，可采用“按侧边破心下料”的方法［图4.1.2（b）］，并应按图4.1.2（c）所示的方法拼接成截面较大的方木。

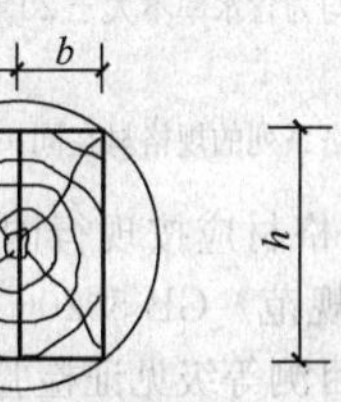
b
2h
(a) 破心下料

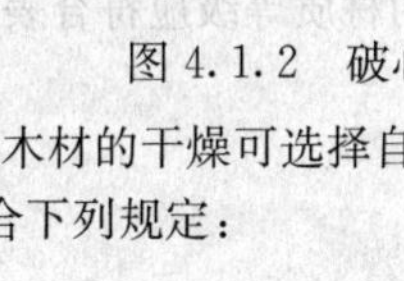
b
b
h
(b) 按侧边破心下料

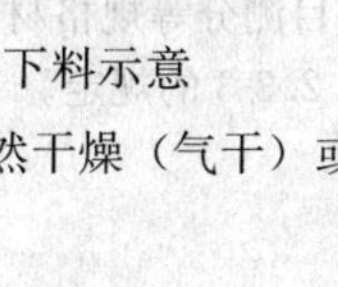
2b
h
(c) 截面拼接方法

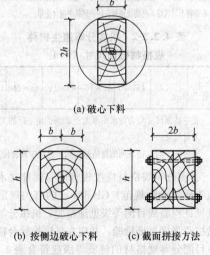

图4.1.2 破心下料示意

4.1.3 木材的干燥可选择自然干燥（气干）或窑干，并应符合下列规定：

1 采用气干法时，应将木材放置在遮阳避雨通风的敞篷内，木料应采用立架或平行或井字积木法进行自然干燥，干燥时间应根据木料截面尺寸、树种及施工季节确定，含水率应符合本规范第4.1.5条的规定。

2 采用窑干法时，应由有资质的木材干燥企业实施完成。

4.1.4 原木、方木与板材应分别按表4.1.4-1～表4.1.4-3的规定划定每根木料的等级；不得采用普通商品材的等级标准替代。

表4.1.4-1 原木材质等级标准

项次	缺陷名称		木材等级 Ⅰa	Ⅱa	Ⅲa
1	腐朽		不允许	不允许	不允许
2	木节	在构件任何150mm长度上沿周长所有木节尺寸的总和，与所测部位原木周长的比值	≤1/4	≤1/3	≤2/5
		每个木节的最大尺寸与所测部位原木周长的比值	≤1/10（连接部位为≤1/12）	≤1/6	≤1/6
3	扭纹	斜率不大于	≤8	≤12	≤15
4	裂缝	在连接的受剪面上	不允许	不允许	不允许
		在连接部位的受剪面附近，其裂缝深度（有对面裂缝时，两者之和）与原木直径的比值	≤1/4	≤1/3	不限
5	髓心		应避开受剪面	不限	不限

注：1 Ⅰa、Ⅱa等材不允许有死节，Ⅲa等材允许有死节（不包括发展中的腐朽节），直径不应大于原木直径的1/5，且每2m内不得多于1个。

2 Ⅰa等材不允许有虫眼，Ⅱa、Ⅲa等材允许有表层的虫眼。

3 木节尺寸按垂直于构件长度方向测量。直径小于10mm的木节不计。

表4.1.4-2 方木材质等级标准

项次	缺陷名称		木材等级 Ⅰa	Ⅱa	Ⅲa
1	腐朽		不允许	不允许	不允许
2	木节	在构件任一面任何150mm长度上所有木节尺寸的总和与所在面宽的比值	≤1/3（普通部位）；≤1/4（连接部位）	≤2/5	≤1/2
3	斜纹	斜率（%）	≤5	≤8	≤12

续表 4.1.4-2

项次	缺陷名称		木材等级		
			Ⅰa	Ⅱa	Ⅲa
4	裂缝	在连接的受剪面上	不允许	不允许	不允许
		在连接部位的受剪面附近，其裂缝深度（有对面裂缝时，用两者之和）与材宽的比值	≤1/4	≤1/3	不限
5	髓心		应避开受剪面	不限	不限

注：1 Ⅰa 等材不允许有死节，Ⅱa、Ⅲa 等材允许有死节（不包括发展中的腐朽节），对于Ⅱa 等材直径不应大于 20mm，且每延米中不得多于 1 个，对于Ⅲa 等材直径不应大于 50mm，每延米中不得多于 2 个。

2 Ⅰa 等材不允许有虫眼，Ⅱa、Ⅲa 等材允许有表层的虫眼。

3 木节尺寸按垂直于构件长度方向测量。木节表现为条状时，在条状的一面不量（图 4.1.4）；直径小于 10mm 的木节不计。

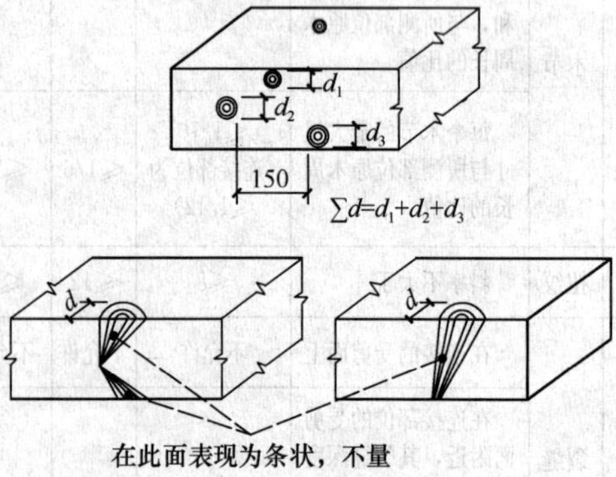

d_1
d_2
d_3
150
$\sum d=d_1+d_2+d_3$
d
在此面表现为条状，不量

图 4.1.4 木节量法

表 4.1.4-3 板材材质等级标准

项次	缺陷名称		木材等级		
			Ⅰa	Ⅱa	Ⅲa
1	腐朽		不允许	不允许	不允许
2	木节	在构件任一面任何 150mm 长度上所有木节尺寸的总和与所在面宽的比值	≤1/4（普通部位）；≤1/5（连接部位）	≤1/3	≤2/5
3	斜纹	斜率（%）	≤5	≤8	≤12
4	裂缝	连接部位的受剪面及其附近	不允许	不允许	不允许
5	髓心		不允许	不允许	不允许

注：Ⅰa 等材不允许有死节，Ⅱa、Ⅲa 等材允许有死节（不包括发展中的腐朽节），对于Ⅱa 等材直径不应大于 20mm，且每延米中不得多于 1 个，对于Ⅲa 等材直径不应大于 50mm，每延米中不得多于 2 个。

4.1.5 制作构件时，原木、方木全截面平均含水率不应大于 25%，板材不应大于 20%，用作拉杆的连接板，其含水率不应大于 18%。

4.1.6 干燥好的木材，应放置在避雨、遮阳且通风良好的场所内，板材应采用纵向平行堆垛法存放，并应采取压重等防止板材翘曲的措施。

4.1.7 从市场直接购置的方木、板材应有树种证明文件，并应按本规范第 4.1.4 条的要求分等验收。

4.1.8 工程中使用的木材，应按现行国家标准《木结构工程施工质量验收规范》GB 50206 的有关规定做木材强度见证检验，强度等级应符合设计文件的规定。

4.2 规格材

4.2.1 进场规格材的树种、等级和规格应符合设计文件的规定。

4.2.2 规格材的截面尺寸应符合表 4.2.2-1 和表 4.2.2-2 的规定。截面尺寸误差不应超过±1.5mm。

表 4.2.2-1 规格材标准截面尺寸（mm）

截面尺寸宽×高	40×40	40×65	40×90	40×115	40×140	40×185	40×235	40×285
截面尺寸宽×高	—	65×65	65×90	65×115	65×140	65×185	65×235	65×285
截面尺寸宽×高	—	—	90×90	90×115	90×140	90×185	90×235	90×285

注：1 表中截面尺寸均为含水率不大于 20%、由工厂加工的干燥木材尺寸；

2 进口规格材截面尺寸与表列规格材尺寸相差不超过 2mm 时，可视为相同规格的规格材，但在设计时，应按进口规格材的实际截面尺寸进行计算；

3 不得将不同规格系列的规格材在同一建筑中混合使用。

表 4.2.2-2 机械分等速生树种规格材截面尺寸（mm）

截面尺寸宽×高	45×75	45×90	45×140	45×190	45×240	45×290

注：1 表中截面尺寸均为含水率不大于 20%、由工厂加工的干燥木材尺寸；

2 不得将不同规格系列的规格材在同一建筑中混合使用。

4.2.3 目测分等规格材应按现行国家标准《木结构工程施工质量验收规范》GB 50206 的有关规定做抗弯强度见证检验或目测等级见证检验，机械分等规格材应做抗弯强度见证检验，并应在见证检验合格后再使用。目测分等规格材的材质等级应符合表 4.2.3-1～表 4.2.3-3 的规定。

表 4.2.3-1 目测分等[1]规格材等级材质标准

<table>
<tr><th rowspan="2">项次</th><th colspan="2" rowspan="2">缺陷名称[2]</th><th colspan="9">材 质 等 级</th></tr>
<tr><th colspan="3">Ⅰc</th><th colspan="3">Ⅱc</th><th colspan="3">Ⅲc</th></tr>
<tr><td>1</td><td colspan="2">振裂和干裂</td><td colspan="6">允许个别长度不超过 600mm，不贯通，如贯通，参见劈裂要求</td><td colspan="3">贯通：长度不超过 600mm
不贯通：900mm 长或不超过 1/4 构件长
干裂无限制；贯通干裂参见劈裂要求</td></tr>
<tr><td>2</td><td colspan="2">漏刨</td><td colspan="6">构件的 10%轻度漏刨[3]</td><td colspan="3">轻度漏刨不超过构件的 5%，包含长达 600mm 的散布漏刨[5]，或重度漏刨[4]</td></tr>
<tr><td>3</td><td colspan="2">劈裂</td><td colspan="6">$b/6$</td><td colspan="3">$1.5b$</td></tr>
<tr><td>4</td><td>斜纹</td><td>斜率（%）</td><td colspan="3">≤8</td><td colspan="3">≤10</td><td colspan="3">≤12</td></tr>
<tr><td>5</td><td colspan="2">钝棱[6]</td><td colspan="6">$h/4$ 和 $b/4$，全长或与其相当，如果在 1/4 长度内，钝棱不超过 $h/2$ 或 $b/3$</td><td colspan="3">$h/3$ 和 $b/3$，全长或与其相当，如果在 1/4 长度内，钝棱不超过 $2h/3$ 或 $b/2$</td></tr>
<tr><td>6</td><td colspan="2">针孔虫眼</td><td colspan="9">每 25mm 的节孔允许 48 个针孔虫眼，以最差材面为准</td></tr>
<tr><td>7</td><td colspan="2">大虫眼</td><td colspan="9">每 25mm 的节孔允许 12 个 6mm 的大虫眼，以最差材面为准</td></tr>
<tr><td>8</td><td colspan="2">腐朽—材心[17]</td><td colspan="6">不允许</td><td colspan="3">当 $h>40$mm 时不允许，否则 $h/3$ 或 $b/3$</td></tr>
<tr><td>9</td><td colspan="2">腐朽—白腐[18]</td><td colspan="6">不允许</td><td colspan="3">1/3 体积</td></tr>
<tr><td>10</td><td colspan="2">腐朽—蜂窝腐[19]</td><td colspan="6">不允许</td><td colspan="3">$b/6$ 坚实[13]</td></tr>
<tr><td>11</td><td colspan="2">腐朽—局部片状腐[20]</td><td colspan="6">不允许</td><td colspan="3">$b/6$[13],[14]</td></tr>
<tr><td>12</td><td colspan="2">腐朽—不健全材</td><td colspan="6">不允许</td><td colspan="3">最大尺寸 $b/12$ 和 50mm 长，或等效的多个小尺寸[13]</td></tr>
<tr><td>13</td><td colspan="2">扭曲、横弯和顺弯[7]</td><td colspan="6">1/2 中度</td><td colspan="3">轻度</td></tr>
<tr><td rowspan="10">14</td><td colspan="2" rowspan="2">木节和节孔[16]（mm）</td><td colspan="2">健全节、卷入节和均布节[8]</td><td rowspan="2">非健全节，松节和节孔[9]</td><td colspan="2">健全节、卷入节和均布节</td><td rowspan="2">非健全节，松节和节孔[10]</td><td colspan="2">任何木节</td><td rowspan="2">节孔[11]</td></tr>
<tr><td>材边</td><td>材心</td><td>材边</td><td>材心</td><td>材边</td><td>材心</td></tr>
<tr><td rowspan="8">截面高度（mm）</td><td>40</td><td>10</td><td>10</td><td>10</td><td>13</td><td>13</td><td>13</td><td>16</td><td>16</td><td>16</td></tr>
<tr><td>65</td><td>13</td><td>13</td><td>13</td><td>19</td><td>19</td><td>19</td><td>22</td><td>22</td><td>22</td></tr>
<tr><td>90</td><td>19</td><td>22</td><td>19</td><td>25</td><td>38</td><td>25</td><td>32</td><td>51</td><td>32</td></tr>
<tr><td>115</td><td>25</td><td>38</td><td>22</td><td>32</td><td>48</td><td>29</td><td>41</td><td>60</td><td>35</td></tr>
<tr><td>140</td><td>29</td><td>48</td><td>25</td><td>38</td><td>57</td><td>32</td><td>48</td><td>73</td><td>38</td></tr>
<tr><td>185</td><td>38</td><td>57</td><td>32</td><td>51</td><td>70</td><td>38</td><td>64</td><td>89</td><td>51</td></tr>
<tr><td>235</td><td>48</td><td>67</td><td>32</td><td>64</td><td>93</td><td>38</td><td>83</td><td>108</td><td>64</td></tr>
<tr><td>285</td><td>57</td><td>76</td><td>32</td><td>76</td><td>95</td><td>38</td><td>95</td><td>121</td><td>76</td></tr>
</table>

续表 4.2.3-1

项次	缺陷名称[2]		材质等级					
			Ⅳ$_c$			Ⅴ$_c$		
1	振裂和干裂		贯通—1/3 构件长 不贯通—全长 3 面振裂—1/6 构件长 干裂无限制 贯通干裂参见劈裂要求			不贯通—全长 贯通和三面振裂 1/3 构件长		
2	漏刨		散布漏刨伴有不超过构件 10% 的重度漏刨[4]			任何面的散布漏刨中，宽面含不超过 10% 的重度漏刨[4]		
3	劈裂		$L/6$			$2b$		
4	斜纹	斜率（%）	≤25			≤25		
5	钝棱[6]		$h/2$ 或 $b/2$，全长或与其相当，如果在 1/4 长度内，钝棱不超过 $7h/8$ 或 $3b/4$			$h/3$ 或 $b/3$，全长或与其相当，如果在 1/4 长度内，钝棱不超过 $h/2$ 或 $3b/4$		
6	针孔虫眼		每 25mm 的节孔允许 48 个针孔虫眼，以最差材面为准					
7	大虫眼		每 25mm 的节孔允许 12 个 6mm 的大虫眼，以最差材面为准					
8	腐朽—材心[17]		1/3 截面[13]			1/3 截面[15]		
9	腐朽—白腐[18]		无限制			无限制		
10	腐朽—蜂窝腐[19]		100%坚实			100%坚实		
11	腐朽—局部片状腐[20]		1/3 截面			1/3 截面		
12	腐朽—不健全材		1/3 截面，深入部分 1/6 长度[15]			1/3 截面，深入部分 1/6 长度[15]		
13	扭曲，横弯和顺弯[7]		中度			1/2 中度		
14	木节和节孔[16]（mm）		任何木节		节孔[12]	任何木节		节孔
			材边	材心				
	截面高度（mm）	40	19	19	19	19	19	19
		65	32	32	32	32	32	32
		90	44	64	44	44	64	38
		115	57	76	48	57	76	44
		140	70	95	51	70	95	51
		185	89	114	64	89	114	64
		235	114	140	76	114	140	76
		285	140	165	89	140	165	89

项次	缺陷名称[2]	材质等级	
		Ⅵ$_c$	Ⅶ$_c$
1	振裂和干裂	表层—不长于 600mm 贯通干裂同劈裂	贯通：600mm 长 不贯通：900mm 长或不超过 1/4 构件长
2	漏刨	构件的 10%轻度漏刨[3]	轻度漏刨不超过构件的 5%，包含长达 600mm 的散布漏刨[5]或重度漏刨[4]

续表 4.2.3-1

项次	缺陷名称[2]		材质等级			
			VI_c		VII_c	
3	劈裂		b		$1.5b$	
4	斜纹	斜率（%）	≤17		≤25	
5	钝棱[6]		$h/4$ 或 $b/4$，全长或与其相当，如果在 1/4 长度内钝棱不超过 $h/2$ 或 $b/3$		$h/3$ 或 $b/3$，全长或与其相当，如果在 1/4 长度内钝棱不超过 $2h/3$ 或 $b/2$，$\leqslant L/4$	
6	针孔虫眼		每 25mm 的节孔允许 48 个针孔虫眼，以最差材面为准			
7	大虫眼		每 25mm 的节孔允许 12 个 6mm 的大虫眼，以最差材面为准			
8	腐朽—材心[17]		不允许		$h/3$ 或 $b/3$	
9	腐朽—白腐[18]		不允许		1/3 体积	
10	腐朽—蜂窝腐[19]		不允许		$b/6$	
11	腐朽—局部片状腐[20]		不允许		$b/6$[14]	
12	腐朽—不健全材		不允许		最大尺寸 $b/12$ 和 50mm 长，或等效的小尺寸[13]	
13	扭曲，横弯和顺弯[7]		1/2 中度		轻度	
14	木节和节孔[16]（mm）		健全节、卷入节和均布节[8]	非健全节、松节和节孔[10]	任何木节	节孔[11]
	截面高度（mm）	40	—	—	—	—
		65	19	16	25	19
		90	32	19	38	25
		115	38	25	51	32
		140	—	—	—	—
		185	—	—	—	—
		235	—	—	—	—
		285	—	—	—	—

注：1 目测分等应包括构件所有材面以及两端。表中，b 为构件宽度，h 为构件厚度，L 为构件长度。

2 除本注解已说明，缺陷定义详见国家标准《锯材缺陷》GB/T 4823。

3 指深度不超过 1.6mm 的一组漏刨、漏刨之间的表面刨光。

4 重度漏刨为宽面上深度为 3.2mm、长度为全长的漏刨。

5 部分或全部漏刨，或全部糙面。

6 离材端全部或部分占据材面的钝棱，当表面要求满足允许漏刨规定，窄面上破坏要求满足允许节孔的规定（长度不超过同一等级最大节孔直径的 2 倍），钝棱的长度可为 300mm，每根构件允许出现一次。含有该缺陷的构件不得超过总数的 5%。

7 顺纹允许值是横弯的 2 倍。

8 卷入节是指被树脂或树皮包围不与周围木材连生的木节，均布节是指在构件任何 150mm 长度上所有木节尺寸的总和必须小于最大木节尺寸的 2 倍。

9 每 1.2m 有一个或数个小节孔，小节孔直径之和与单个节孔直径相等。

10 每 0.9m 有一个或数个小节孔，小节孔直径之和与单个节孔直径相等。

11 每 0.6m 有一个或数个小节孔，小节孔直径之和与单个节孔直径相等。

12 每 0.3m 有一个或数个小节孔，小节孔直径之和与单个节孔直径相等。

13 仅允许厚度为 40mm。

14 构件窄面均有局部片状腐朽时，长度限制为节孔尺寸的 2 倍。

15 钉入边不得破坏。

16 节孔可全部或部分贯通构件。除非特别说明，节孔的测量方法与节子相同。

17 材心腐朽指某些树种沿髓心发展的局部腐朽，用目测鉴定。心材腐朽存在于活树中，在被砍伐的木材中不会发展。

18 白腐指木材中白色或棕色的小壁孔或斑点，由白腐菌引起。白腐存在于活树中，在使用时不会发展。

19 蜂窝腐与白腐相似但囊孔更大。含蜂窝腐的构件较未含蜂窝腐的构件不易腐朽。

20 局部片状腐朽为柏树中槽状或壁孔状的区域。所有引起局部片状腐的木腐菌在树砍伐后不再生长。

表 4.2.3-2　规格材的允许扭曲值（mm）

长度(m)	扭曲程度	宽度(mm)					
		40	65 和 90	115 和 140	185	235	285
1.2	极轻	1.6	3.2	5	6	8	10
	轻度	3	6	10	13	16	19
	中度	5	10	13	19	22	29
	重度	6	13	19	25	32	38
1.8	极轻	2.4	5	8	10	11	14
	轻度	5	10	13	19	22	29
	中度	7	13	19	29	35	41
	重度	10	19	29	38	48	57
2.4	极轻	3.2	5	10	13	16	19
	轻度	6	6	19	25	32	38
	中度	10	19	29	38	48	57
	重度	13	25	38	51	64	76
3.0	极轻	4	8	11	16	19	24
	轻度	8	16	22	32	38	48
	中度	13	22	35	48	60	70
	重度	16	32	48	64	79	95
3.7	极轻	5	10	14	19	24	29
	轻度	10	19	29	38	48	57
	中度	14	29	41	57	70	86
	重度	19	38	57	76	95	114
4.3	极轻	6	11	16	22	27	33
	轻度	11	12	32	44	54	67
	中度	16	32	48	67	83	68
	重度	22	44	67	89	111	133
4.9	极轻	6	13	19	25	32	38
	轻度	13	25	38	51	64	76
	中度	19	38	57	76	95	114
	重度	25	51	76	102	127	152
5.5	极轻	8	14	21	29	37	43
	轻度	14	29	41	57	70	86
	中度	22	41	64	86	108	127
	重度	29	57	86	108	143	171
≥6.1	极轻	8	16	24	32	40	48
	轻度	16	32	48	64	79	95
	中度	25	48	70	95	117	143
	重度	32	64	95	127	159	191

表 4.2.3-3　规格材的允许横弯值（mm）

长度(m)	扭曲程度	宽度（mm）						
		40	65	90	115 和 140	185	235	285
1.2 和 1.8	极轻	3.2	3.2	3.2	3.2	1.6	1.6	1.6
	轻度	6	6	6	5	3.2	1.6	1.6
	中度	10	10	10	6	5	3.2	3.2
	重度	13	13	13	10	6	5	5
2.4	极轻	6	6	5	3.2	3.2	1.6	1.6
	轻度	10	10	10	8	6	5	3.2
	中度	13	13	13	10	10	6	5
	重度	19	19	19	16	13	10	6
3.0	极轻	10	8	6	5	5	3.2	3.2
	轻度	19	16	13	11	10	6	5
	中度	35	25	19	16	13	11	10
	重度	44	32	29	25	22	19	16

续表 4.2.3-3

长度(m)	扭曲程度	宽度（mm）						
		40	65	90	115 和 140	185	235	285
3.7	极轻	13	10	10	8	6	5	5
	轻度	25	19	17	16	13	11	10
	中度	38	29	25	25	21	19	14
	重度	51	38	35	32	29	25	21
4.3	极轻	16	13	11	10	8	6	5
	轻度	32	25	22	19	16	13	10
	中度	51	38	32	29	25	22	19
	重度	70	51	44	38	32	29	25
4.9	极轻	19	16	13	11	10	8	6
	轻度	41	32	25	22	19	16	13
	中度	64	48	38	35	29	25	22
	重度	83	64	51	44	38	32	29
5.5	极轻	25	19	16	13	11	10	8
	轻度	51	35	29	25	22	19	16
	中度	76	52	41	38	32	29	25
	重度	102	70	57	51	44	38	32
6.1	极轻	29	22	19	16	13	11	10
	轻度	57	38	35	32	25	22	19
	中度	86	57	52	48	38	32	29
	重度	114	76	70	64	51	44	38
6.7	极轻	32	25	22	19	16	13	11
	轻度	64	44	41	38	32	25	22
	中度	95	67	62	57	48	38	32
	重度	127	89	83	76	64	51	44
7.3	极轻	38	29	25	22	19	16	13
	轻度	76	51	30	44	38	32	25
	中度	114	76	48	67	57	48	41
	重度	152	102	95	89	76	64	57

4.2.4　进场规格材的含水率不应大于 20%，并应按现行国家标准《木结构工程施工质量验收规范》GB 50206 的有关规定检验。规格材的存储应符合本规范第 4.1.6 条的规定。

4.2.5　截面尺寸方向经剖解的规格材作承重构件使用时，应重新定级。

4.3　层板胶合木

4.3.1　层板胶合木应由有资质的专业加工厂制作。

4.3.2　进场层板胶合木的类别、组坯方式、强度等级、截面尺寸和适用环境，应符合设计文件的规定，并应有产品质量合格证书和产品标识。

4.3.3　进场层板胶合木或胶合木构件应有符合现行国家标准《木结构试验方法标准》GB/T 50329 规定的胶缝完整性检验和层板指接强度检验合格报告。用作受弯构件的层板胶合木应作荷载效应标准组合作用下的抗弯性能见证检验，并应符合现行国家标准《木结构工程施工质量验收规范》GB 50206 的有关规定。

4.3.4　直线形层板胶合木构件的层板厚度不宜大于 45mm，弧形层板胶合木构件的层板厚度不应大于截面最小曲率半径的 1/125。

4.3.5 层板胶合木的构造和外观应符合下列要求：

1 各层板的木纹方向与构件长度方向应一致。层板在长度方向应采用指接，宽度方向可为平接。受拉构件和受弯构件受拉区截面高度的 1/10 范围内的同一层板的指接头间距，不应小于 1.5m，相邻上、下层板的指接头间距不应小于层板厚的 10 倍，同一截面上的指接头数量不应多于叠合层板总数的 1/4；相邻层间的平接头应错开布置（图 4.3.5-1），错开距离不应小于 40mm。层板宽度较大时可在层板底部开槽。

≥40

图 4.3.5-1 平接头布置示意

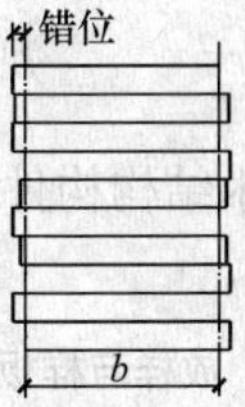
错位
b

图 4.3.5-2 外观 C 级层板错位示意

2 胶缝厚度应均匀，厚度应为 0.1mm～0.3mm，可允许局部有厚度超过 0.3mm 的胶层，但长度不应超过 300mm，且最厚处不应超过 1.0mm。胶缝局部未粘结长度不应超过 150mm，承受剪力较大的区段未粘结长度不应超过 75mm，未粘结区段不应贯通整个构件截面宽度，相邻未粘结区段间的净距不应小于 600mm。

3 胶合木构件截面宽度允许偏差不超过 ±2mm；高度允许偏差不超过 ±0.4mm 乘以叠合的层板数；长度不应超过样板尺寸的 ±3%，并不应超过 ±6.0mm。外观要求为 C 级的构件，截面高、宽和板间错位（图 4.3.5-2）不应超过表 4.3.5 的规定。

4 各层板髓心应在同一侧［图 4.3.5-3（a）］，但当构件处于可能导致木材含水率超过 20% 的气候条件下或室外不能遮雨的情况下，除底层板髓心应向下外，其余各层板髓心均应向上［图 4.3.5-3（b）］。

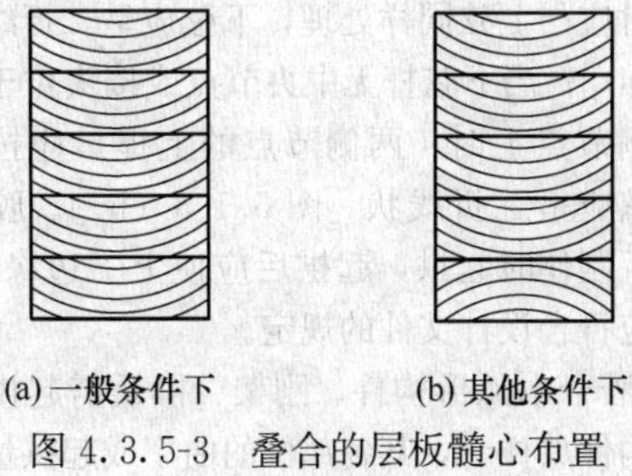

(a) 一般条件下　　(b) 其他条件下

图 4.3.5-3 叠合的层板髓心布置

5 胶合木构件的实际尺寸与产品公称尺寸的绝对偏差不应超过 ±5mm，且相对偏差不应超过 3%。

表 4.3.5 胶合木结构外观 C 级时的构件截面允许偏差（mm）

截面高度或宽度（mm）	截面高度或宽度的允许偏差	错位的最大值
(h 或 b)<100	±2	4
100≤(h 或 b)<300	±3	5
300≤(h 或 b)	±6	6

4.3.6 进场层板胶合木的平均含水率不应大于 15%。

4.3.7 已作防护处理的层板胶合木，应有防止搬运过程中发生磕碰而损坏其保护层的包装。

4.3.8 层板胶合木的存储应符合本规范第 4.1.6 条的规定。

4.4 木基结构板材

4.4.1 轻型木结构的墙体、楼盖和屋盖的覆面板，应采用结构胶合板或定向木片板等木基结构板材，不得用普通的商品胶合板或刨花板替代。

4.4.2 进场结构胶合板与定向木片板应有产品质量合格证书和产品标识，品种、规格和等级应符合设计文件的规定，并应有下列检验合格保证文件：

1 楼面板应有干态及湿态重新干燥条件下的集中静载、冲击荷载与均布荷载作用下的力学性能检验报告，并应符合现行国家标准《木结构工程施工质量验收规范》GB 50206 的有关规定。

2 屋面板应有干态及湿态条件下的集中静载、冲击荷载及干态条件下的均布荷载作用力学性能的检验报告，并应符合现行国家标准《木结构工程施工质量验收规范》GB 50206 的有关规定。

4.4.3 结构胶合板进场验收时尚应检查其表层单板的质量，其缺陷不应超过现行国家标准《木结构覆板用胶合板》GB/T 22349 有关表层单板的规定。

4.4.4 进场结构胶合板与定向木片板应做静曲强度见证检验，并应符合现行国家标准《木结构工程施工质量验收规范》GB 50206 的有关规定后再在工程中使用。

4.4.5 结构胶合板和定向木片板应放置在通风良好的场所，应平卧叠放，顶部应均匀压重。

4.5 结构复合木材及工字形木搁栅

4.5.1 进场结构复合木材和工字形木搁栅的规格应符合设计文件的规定，并应有产品质量合格证书和产品标识。

4.5.2 进场结构复合木材应有符合设计文件规定的侧立或平置抗弯强度检验合格证书。工字形木搁栅尚应做荷载效应标准组合下的结构性能见证检验，并应符合现行国家标准《木结构工程施工质量验收规范》GB 50206 的有关规定。

4.5.3 使用结构复合木材作构件时，不宜在其原有厚度方向作切割、刨削等加工。

4.5.4 工字形木搁栅应垂直放置，腹板应垂直于地面，堆放时两层搁栅间应沿长度方向每隔 2.4m 设置一根（2×4）in. 规格材作垫条。工字形木搁栅需平置时，腹板应平行于地面，不得在其上放置重物。

4.5.5 进场的结构复合木材及其预制构件应存放在遮阳、避雨，且通风良好的有顶场所内，并应按产品说明书的规定堆放。

4.6 木结构用钢材

4.6.1 进场木结构用钢材的品种、规格应符合设计文件的规定，并应具有相应的抗拉强度、伸长率、屈服点，以及碳、硫、磷等化学成分的合格证明。承受动荷载或工作温度低于−30℃的结构，不应采用沸腾钢，且应有相应屈服强度钢材 D 等级冲击韧性指标的合格保证；直径大于 20mm 且用于钢木桁架下弦的圆钢，尚应有冷弯合格的保证。

4.6.2 进场木结构用钢材应做见证检验，性能应符合现行国家标准《碳素结构钢》GB/T 700 的有关规定。

4.7 螺　　栓

4.7.1 螺栓及螺帽的材质等级和规格应符合设计文件的规定，并应具有符合现行国家标准《六角头螺栓》GB/T 5782 和《六角头螺栓　C 级》GB/T 5780 的有关规定的合格保证。

4.7.2 圆钢拉杆端部螺纹应按现行国家标准《普通螺纹　基本牙型》GB/T 192 的有关规定加工，不应采用板牙等工具手工制作。

4.8 剪　　板

4.8.1 剪板应采用热轧钢冲压或可锻铸铁制作，其种类、规格和形状应符合表 4.8.1 的规定。

表 4.8.1　剪板的种类、规格和形状

材料	热轧钢冲压剪板	可锻铸铁（玛钢）
形状	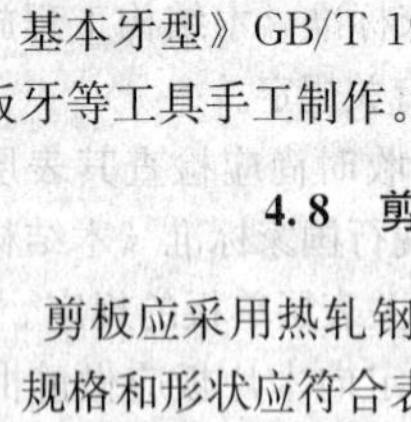	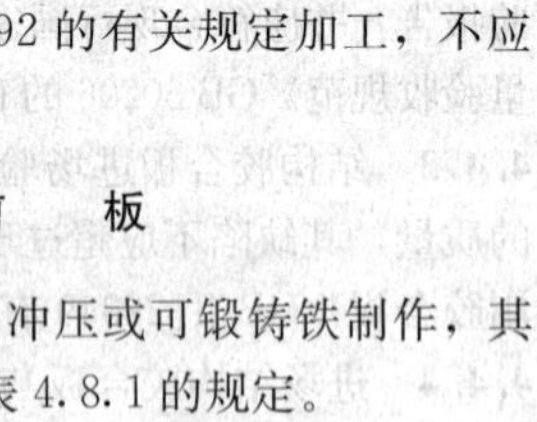
规格	67mm、102mm	67mm、102mm

4.8.2 进场剪板连接件（剪板和紧固件）应配套使用，其规格应符合设计文件的规定。

4.9 圆　　钉

4.9.1 进场圆钉的规格（直径、长度）应符合设计文件的规定，并应符合现行行业标准《一般用途圆钢钉》YB/T 5002 的有关规定。

4.9.2 承重钉连接用圆钉应做抗弯强度见证检验，并应在符合设计规定后再使用。

4.10 其他金属连接件

4.10.1 连接件与紧固件应按设计图要求的材质和规格由专门生产企业加工，板厚不大于 3mm 的连接件，宜采用冲压成形；需要焊接时，焊缝质量不应低于三级。

4.10.2 板厚小于 3mm 的低碳钢连接件均应有镀锌防锈层，其镀锌层重量不应小于 275g/m²。

4.10.3 连接件与紧固件应按现行国家标准《木结构工程施工质量验收规范》GB 50206 的有关规定做进场验收。

5 木结构构件制作

5.1 放样与样板制作

5.1.1 木桁架等组合构件制作前应放样。放样应在平整的工作台面上进行，应以 1∶1 的足尺比例将构件按设计图标注尺寸绘制在台面上，对称构件可仅绘制其一半。工作台应设置在避雨、遮阳的场所内。

5.1.2 除方木、胶合木桁架下弦杆以净截面几何中心线外，其余杆件及原木桁架下弦等各杆均应以毛截面几何中心线与设计图标注中心线一致［图 5.1.2（a）、图 5.1.2（b）］；当桁架上弦杆需要作偏心处理时，上弦杆毛截面几何中心线与设计图标注中心线的距离应为设计偏心距［图 5.1.2（c）］，偏心距 e_1 不宜大于上弦截面高度的 1/6。

5.1.3 除设计文件规定外，桁架应作 l/200 的起拱（l 为跨度），应将上弦脊节点上提 l/200，其他上弦节点中心应落在脊节点和端节点的连线上，且节间水平投影应保持不变；应在保持桁架高度不变的条件下，决定桁架下弦的各节点位置，下弦有中央节点并设接头时应与上弦同样处理，下弦应呈二折线状［图 5.1.3（a）］；当下弦杆无中央节点或接头位于中央节点的两侧节点上时，两侧节点的上提量应按比例确定，下弦应呈三折线状［图 5.1.3（b）］。胶合木梁应在工厂制作时起拱，起拱后应使上下边缘呈弧形，起拱量应符合设计文件的规定。

5.1.4 胶合木弧形构件、刚架、拱及需起拱的胶合木梁等构件放样时，其各部位的曲率或起拱量应按设

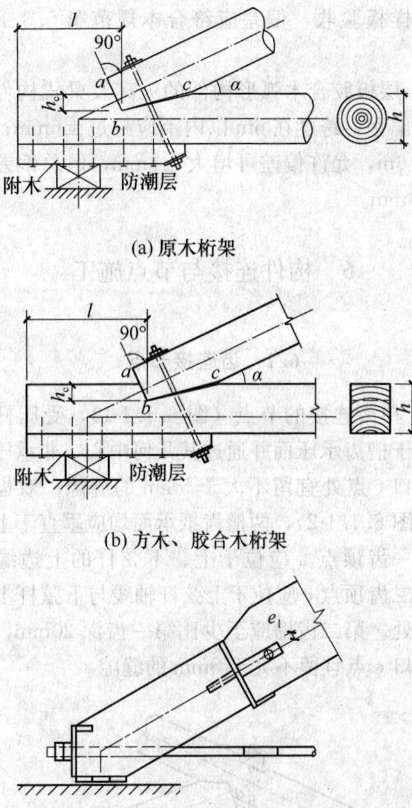
l
90°
a
c
α
h_c
b
h
附木
防潮层
e_1
(a) 原木桁架

(b) 方木、胶合木桁架

(c) 上弦设偏心情况

图 5.1.2　构件截面中心线与设计中心线关系

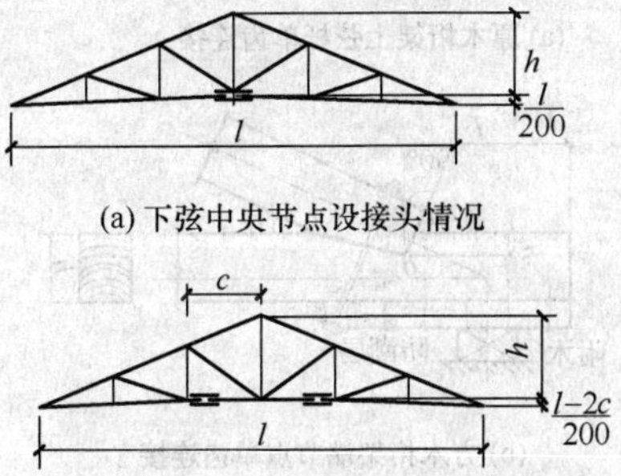
h
l
$\frac{l}{200}$
c
$\frac{l-2c}{200}$
(a) 下弦中央节点设接头情况

(b) 下弦中央节点两侧设接头情况

图 5.1.3　桁架放样起拱示意

计文件的规定确定，但胶合木生产时模具各部位的曲率可由胶合木加工企业自行确定。

5.1.5　放样时除应绘出节点处各杆的槽齿等细部外，尚应绘出构件接头位置与细节，并均应符合本规范第6章的有关规定。除设计文件规定外，原木、方木桁架上弦杆一侧接头不应多于1个。三角形豪式桁架，上弦接头不宜设在脊节点两侧或端节间，应设在其他中间节间的节点附近［图 5.1.5（a）］；梯形豪式桁架，上弦接头宜设在第一节间的第二节点处［图 5.1.5（b）］。方木、原木结构桁架下弦受拉接头不宜多于2个，并应位于下弦节点处。胶合木结构桁架上、下弦不宜设接头。原木三角形豪式桁架的上弦杆，除设计图个别标注外，梢径端应朝向中央节点。

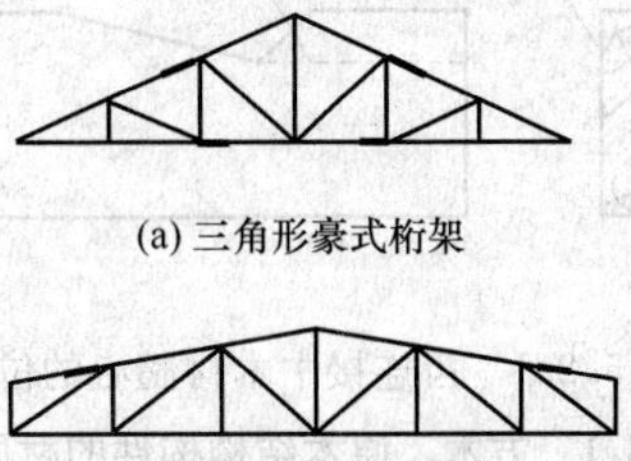
(a) 三角形豪式桁架

(b) 梯形豪式桁架

图 5.1.5　桁架构件接头位置

5.1.6　桁架足尺大样的尺寸应用经计量认证合格的量具度量，大样尺寸与设计尺寸间的偏差不应超过表 5.1.6 的规定。

表 5.1.6　大样尺寸允许偏差

桁架跨度（m）	跨度偏差（mm）	高度偏差（mm）	节点间距偏差（mm）
≤15	±5	±2	±2
＞15	±7	±3	±2

5.1.7　构件样板应用木纹平直不易变形，且含水率不大于10%的板材或胶合板制作。样板与大样尺寸间的偏差不得大于±1mm，使用过程中应防止受潮和破损。

5.1.8　放样和样板应在交接检验合格后再在构件加工时使用。

5.2　选　　材

5.2.1　方木、原木结构应按表 5.2.1 的规定选择原木、方木和板材的目测材质等级。木材含水率应符合本规范第 4.1.5 条的规定，因条件限制使用湿材时，应经设计单位同意。

配料时尚应符合下列规定：

1　受拉构件螺栓连接区段木材及连接板应符合表 4.1.4-1～表 4.1.4-3 中Ⅰa 等材关于连接部位的规定。

2　受弯或压弯构件中木材的节子、虫孔、斜纹等天然缺陷应处于受压或压应力较大一侧；其初始弯曲应处于构件受载变形的反方向。

3　木构件连接区段内的木材不应有腐朽、开裂和斜纹等较严重缺陷。齿连接处木材的髓心不应处于齿连接受剪面的一侧（图 5.2.1）。

4　采用东北落叶松、云南松等易开裂树种的木材制作桁架下弦，应采用"破心下料"或"按侧边破心下料"的木材［图 4.1.2（a）、图 4.1.2（b）］，按侧边破心下料后对拼的木材［图 4.1.2（b）］宜选自同一根木料。

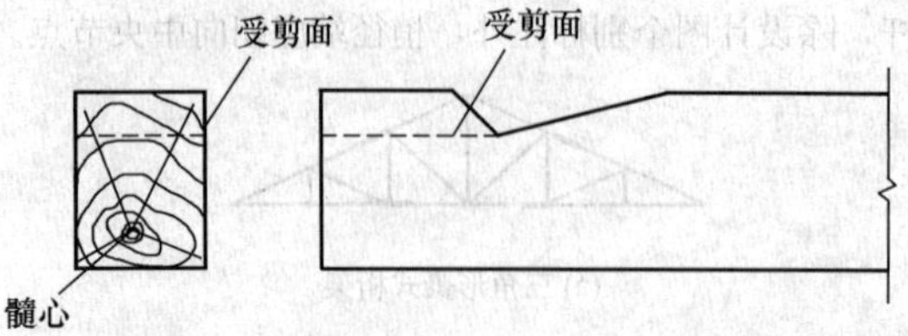
受剪面
受剪面
髓心

图 5.2.1　齿连接中木材髓心的位置

表 5.2.1　方木、原木结构构件的材质等级

主要用途	材质等级
受拉或拉弯构件	Ⅰa
受弯或压弯构件	Ⅱa
受压或次要的受弯构件	Ⅲa

5.2.2　层板胶合木构件所用层板胶合木的类别、强度等级、截面尺寸及使用环境，应按设计文件的规定选用；不得用相同强度等级的异等非对称组坯胶合木替代同等或异等对称组坯胶合木。凡截面作过剖解的层板胶合木，不应用作承重构件。异等非对称组坯胶合木受拉层板的位置应符合设计文件的规定。

5.2.3　防腐处理的木材（含层板胶合木）应按设计文件规定的木结构使用环境选用。

5.3　构 件 制 作

5.3.1　方木、原木结构构件应按已制作的样板和选定的木材加工，并应符合下列规定：

1　方木桁架、柱、梁等构件截面宽度和高度与设计文件的标注尺寸相比，不应小于 3mm 以上；方木檩条、椽条及屋面板等板材不应小于 2mm 以上；原木构件的平均梢径不应小于 5mm 以上，梢径端应位于受力较小的一端。

2　板材构件的倒角高度不应大于板宽的 2%。

3　方木截面的翘曲不应大于构件宽度的 1.5%，其平面上的扭曲，每 1m 长度内不应大于 2mm。

4　受压及压弯构件的单向纵向弯曲，方木不应大于构件全长的 1/500，原木不应大于全长的 1/200。

5　构件的长度与样板相比偏差不应超过±2mm。

6　构件与构件间的连接处加工应符合本规范第 6 章的有关规定。

7　构件外观应符合本规范第 3.0.7 条的规定。

5.3.2　层板胶合木构件应选择符合设计文件规定的类别、组坯方式、强度等级、截面尺寸和使用环境的层板胶合木加工制作。胶合木应仅作长度方向的切割及两端面和必要的槽口加工。加工完成的构件，保存时端部与切口处均应采取密封措施。

5.3.3　单、双坡梁、弧形构件或桁架、拱等组合构件需用层板胶合木制作或胶合木梁式构件需起拱时，应按样板和设计文件规定的层板胶合木类别、强度等级和使用条件，委托有胶合木生产资质的专业加工厂以构件形式加工，其层板胶合木的质量应按本规范第 4.3.3 条～第 4.3.5 条的规定验收，层板胶合木的尺寸应按样板验收，偏差应符合本规范第 5.3.1 条的规定。

5.3.4　层板胶合木弧形构件的矢高及梁式构件起拱的允许偏差，跨度在 6m 以内不应超过±6mm；跨度每增加 6m，允许偏差可增大±3mm，但总偏差不应超过 19mm。

6　构件连接与节点施工

6.1　齿连接节点

6.1.1　单齿连接的节点（图 6.1.1-1），受压杆轴线应垂直于槽齿承压面并通过其几何中心，非承压面交接缝上口 c 点处宜留不大于 5mm 的缝隙；双齿连接节点（图 6.1.1-2），两槽齿抵承面均应垂直于上弦轴线，第一齿顶点 a 应位于上、下弦杆的上边缘交点处，第二齿顶点 c 应位于上弦杆轴线与下弦杆上边缘的交点处。第二齿槽应至少比第一齿深 20mm，非承压面上口 e 点宜留不大于 5mm 的缝隙。

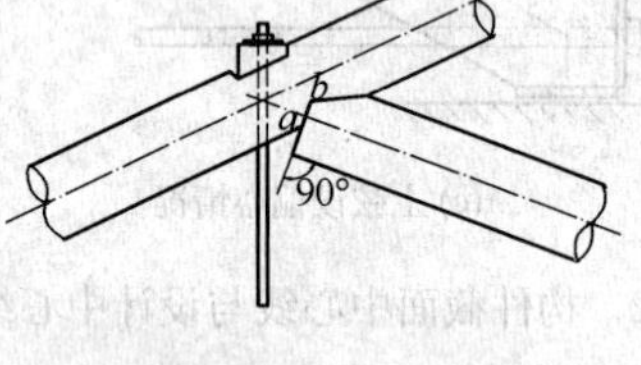
b
a
90°

(a) 原木桁架上弦杆单齿连接

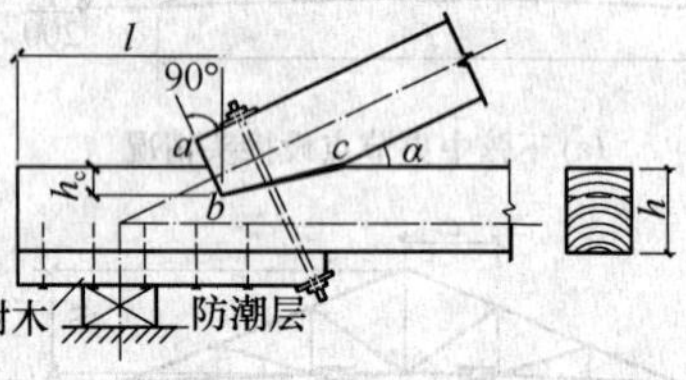
l
90°
a
c
α
b
h_c
h
附木
防潮层

(b) 方木桁架端节点单齿连接

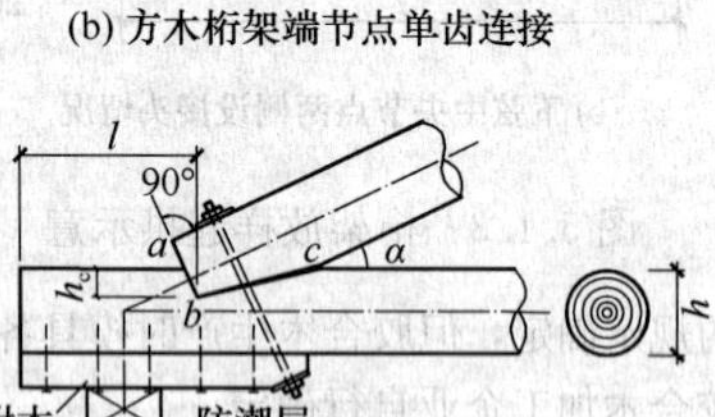
l
90°
a
c
α
b
h_c
h
附木
防潮层

(c) 原木桁架端节点单齿连接

图 6.1.1-1　单齿连接节点

6.1.2　齿连接齿槽深度应符合设计文件的规定，偏差不应超过±2.0mm，受剪面木材不应有裂缝或斜纹；下弦杆为胶合木时，各受剪面上不应有未粘结胶缝。桁架支座节点处的受剪面长度不应小于设计长度 10mm 以上；受剪面宽度，原木不应小于设计宽度 4mm 以上，方木与胶合木不应小于 3mm 以上。承压面应紧密，局部缝隙宽度不应大于 1mm。

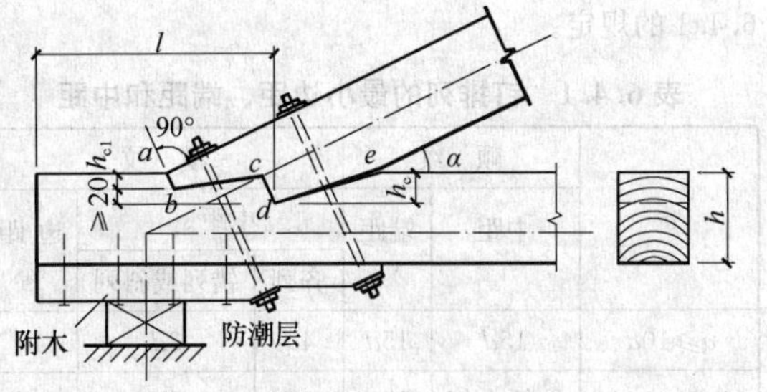

l
90°
a
c
e
α
b
d
≥20
附木
防潮层
h

图 6.1.1-2　双齿连接节点

6.1.3　桁架支座端节点的齿连接，每齿均应设一枚保险螺栓，保险螺栓应垂直于上弦杆轴线（图 6.1.1-1、图 6.1.1-2），且宜位于非承压面的中心，施钻时应在节点组合后一次成孔。腹杆与上、下弦杆的齿连接处，应在截面两侧用扒钉扣牢。在 8 度和 9 度地震烈度区，应用保险螺栓替代扒钉。

6.2　螺栓连接及节点

6.2.1　螺栓的材质、规格及在构件上的布置应符合设计文件的规定，并应符合下列要求：

1　当螺栓承受的剪力方向与木纹方向一致时，其最小边距、端距与间距（图 6.2.1-1）不应小于表 6.2.1 的规定。构件端部呈斜角时，端距应按图 6.2.1-2 中的 C 量取；当螺栓承受剪力的方向垂直于木纹方向时，螺栓的横纹最小边距在受力边不应小于螺栓直径的 4.5 倍，非受力边不应小于螺栓直径的 2.5 倍（图 6.2.1-3）；采用钢板作连接板时，钢板上的端距不应小于螺栓直径的 2 倍，边距不应小于螺栓直径的 1.5 倍。螺栓孔附近木材不应有干裂、斜纹、松节等缺陷。

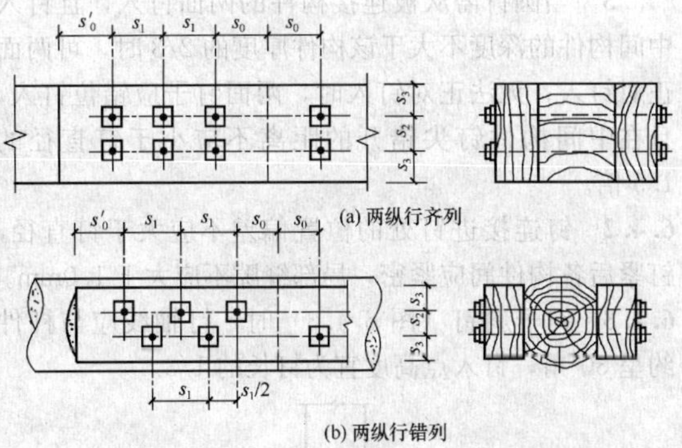

(a) 两纵行齐列
(b) 两纵行错列

图 6.2.1-1　螺栓的排列

表 6.2.1　螺栓排列的最小边距、端距与间距

构造特点	顺纹			横纹	
	端距		中距	边距	中距
	s_0	s_0'	s_1	s_3	s_2
两纵行齐列	$7d$		$7d$	$3d$	$3.5d$
两纵行错列			$10d$		$2.5d$

注：1　d 为螺栓直径。

2　湿材 s_0 应增加 30mm。

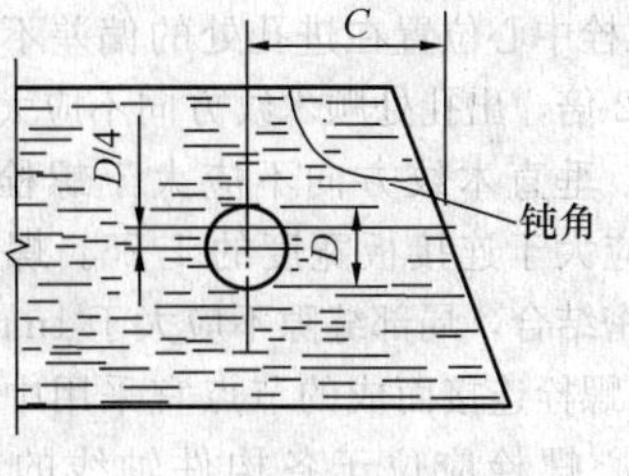

C
D/4
D
钝角

图 6.2.1-2　构件端部斜角时的端距

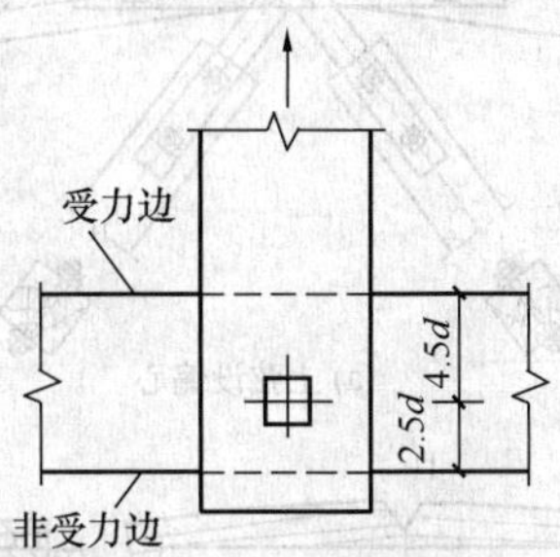

受力边
4.5d
2.5d
非受力边

图 6.2.1-3　横纹螺栓排列的边距

2　采用单排螺栓连接时，各螺栓中心应与构件的轴线一致；当连接上设两排和两排以上螺栓时，其合力作用点应位于构件的轴线上；采用钢板作连接板时，钢板应分条设置（图 6.2.1-4）。

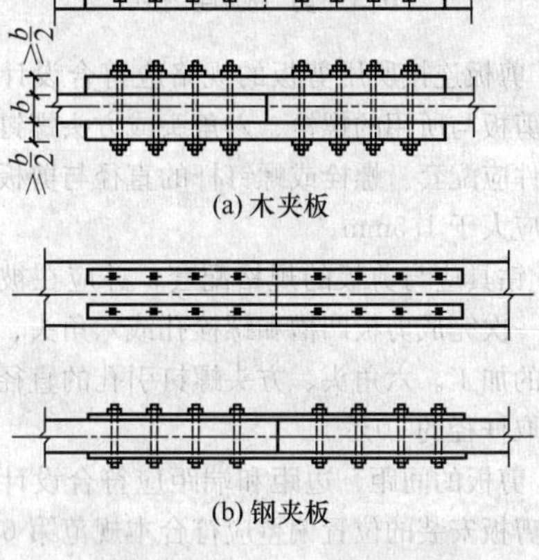

(a) 木夹板
(b) 钢夹板

图 6.2.1-4　螺栓的布置

3　施工现场制作时应将连接件与被连接件一起定位并临时固定，并应根据放样的螺栓孔位置用电钻一次钻通；采用钢连接板时，应用钢钻头一次成孔。除特殊要求外，钻孔时钻杆应垂直于构件表面，螺栓孔孔径可大于螺杆直径，但不应超过 1mm。

4　除设计文件规定外，螺栓垫板的厚度不应小于螺栓直径的 0.3 倍，方形垫板边长或圆垫板直径不应小于螺栓直径的 3.5 倍，拧紧螺帽后螺杆外露长度不应小于螺栓直径的 0.8 倍，螺纹保留在木夹板内的长度不应大于螺栓直径的 1.0 倍。

5　螺栓中心位置在进孔处的偏差不应大于螺栓直径的0.2倍，出孔处顺木纹方向不应大于螺栓直径的1.0倍，垂直木纹方向不应大于螺栓直径的0.5倍，且不应大于连接板宽度的1/25。螺帽拧紧后各构件应紧密结合，局部缝隙不应大于1mm。

6.2.2　用螺栓连接而成的节点宜采用中心螺栓连接方法，中心螺栓应位于各构件轴线的交点上（图6.2.2）。

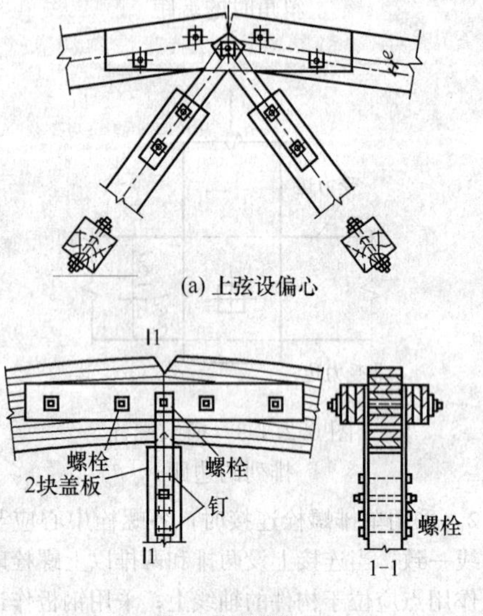

(a) 上弦设偏心
1
螺栓
2块盖板
螺栓
钉
1
螺栓
1-1
(b) 上弦不设偏心

图6.2.2　螺栓连接节点的中心螺栓位置

6.3　剪 板 连 接

6.3.1　剪板连接所用剪板的规格应符合设计文件的规定，剪板与所用的螺栓、六角头或方头螺钉及垫圈等紧固件应配套。螺栓或螺钉杆的直径与剪板螺栓孔之差不应大于1.5mm。

6.3.2　钻具应与剪板的规格配套，并应在被连接木构件上一次完成剪板凹槽和螺栓孔或六角头、方头螺钉引孔的加工。六角头、方头螺钉引孔的直径在有螺纹段可取杆径的70%。

6.3.3　剪板的间距、边距和端距应符合设计文件的规定。剪板安装的位置偏差应符合本规范第6.2.1条第5款的规定。

6.3.4　剪板连接的紧固件（螺栓、六角头或方头螺钉）应定期复拧紧，并应直至木材达到建设地区平衡含水率为止。拧紧的程度应以不致木材局部开裂为限。

6.4　钉 连 接

6.4.1　钉连接所用圆钉的规格、数量和在连接处的排列（图6.4.1）应符合设计文件的规定，并应符合下列规定：

1　钉排列的最小边距、端距和中距不应小于表6.4.1的规定。

表6.4.1　钉排列的最小边距、端距和中距

a	顺纹		横纹		
	中距 s_1	端距 s_0	中距 s_2		边距 s_3
			齐列	错列或斜列	
$a \geqslant 10d$	$15d$	$15d$	$4d$	$3d$	$4d$
$10d > a > 4d$	取插入值	$15d$	$4d$	$3d$	$4d$
$a = 4d$	$25d$	$15d$	$4d$	$3d$	$4d$

注：1　表中d为钉直径；a为构件被钉穿的厚度。

2　当使用的木材为软质阔叶材时，其顺纹中距和端距尚应增大25%。

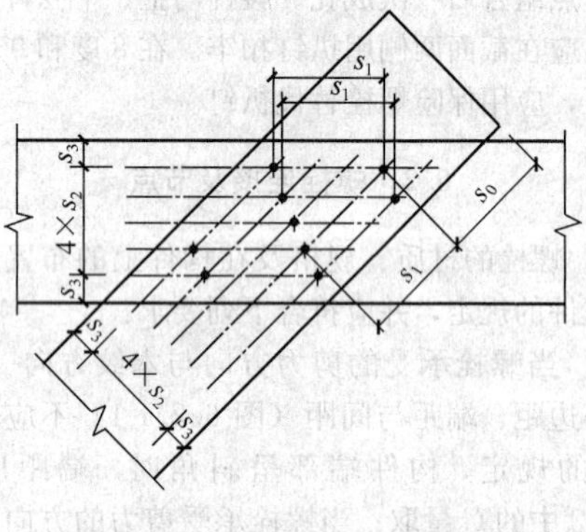

s_1
s_1
s_3
$4\times s_2$
s_3
s_0
s_1
s_3
$4\times s_2$
s_3

图6.4.1　钉连接的斜列布置

2　除特殊要求外，钉应垂直构件表面钉入，并应打入至钉帽与被连接构件表面齐平；当构件木材为易开裂的落叶松、云南松等树种时，均应预钻孔，孔径可取钉直径的0.8倍～0.9倍，孔深不应小于钉入深度的0.6倍。

3　当圆钉需从被连接构件的两面钉入，且钉入中间构件的深度不大于该构件厚度的2/3时，可两面正对钉入；无法正对钉入时，两面钉子应错位钉入，且在中间构件钉尖错开的距离不应小于钉直径的1.5倍。

6.4.2　钉连接进钉处的位置偏差不应大于钉直径，钉紧后各构件间应紧密，局部缝隙不应大于1.0mm。

6.4.3　钉子斜钉（图6.4.3）时，钉轴线应与杆件约呈30°角，钉入点高度宜为钉长的1/3。

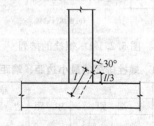

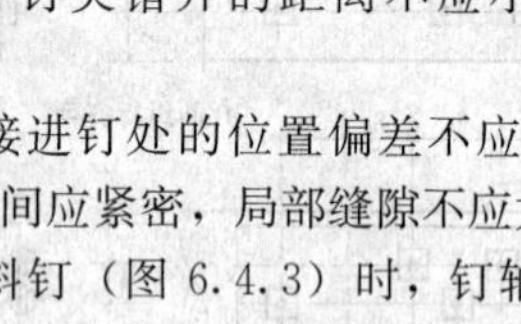

30°
l
$l/3$

图6.4.3　斜钉的形式

6.5　金属节点及连接件连接

6.5.1　非标准金属节点及连接件应按设计文件规定

的材质、规格和经放样后的几何尺寸加工制作，并应符合下列规定：

1　需机械加工的金属节点及连接件或其中的零部件，应委托有资质的机械加工企业制作。铆焊件可现场制作，但不应使用毛料，几何尺寸与样板尺寸的偏差不应超过±1.0mm。

2　金属节点连接件上的各种焊缝长度和焊脚尺寸及焊缝等级应符合设计文件的规定，并应符合下列规定：

1）钢板间直角焊缝的焊脚尺寸（h_f）不应小于 $1.5\sqrt{t}$（较厚板厚度），并不应大于较薄板厚度的1.2倍；板边缘角焊缝的焊脚尺寸不应大于板厚减1mm～2mm；板厚为6mm以下时，不应大于6mm。直角角焊缝的施焊长度不应小于 $8h_f+10$mm，也不应小于50mm；角焊缝的焊脚尺寸 h_f 应按图6.5.1-1的最小尺寸检查。

2）圆钢与钢板间焊缝的焊脚尺寸 h_f 不应小于钢筋直径的0.29倍或3mm，也不应大于钢板厚度的1.2倍；施焊长度不应小于30mm，焊缝截面应符合图6.5.1-2的规定。

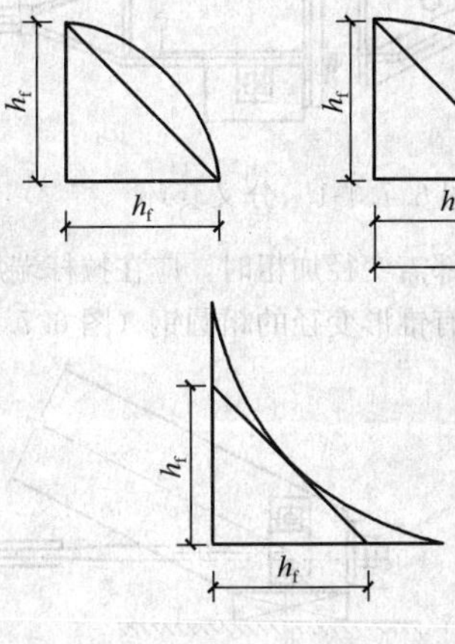

hf
hf
hf
hf
1.5hf
hf
hf

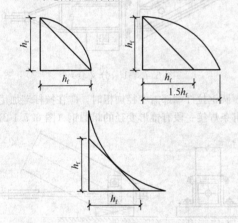

图6.5.1-1　直角角焊缝的焊脚尺寸规定

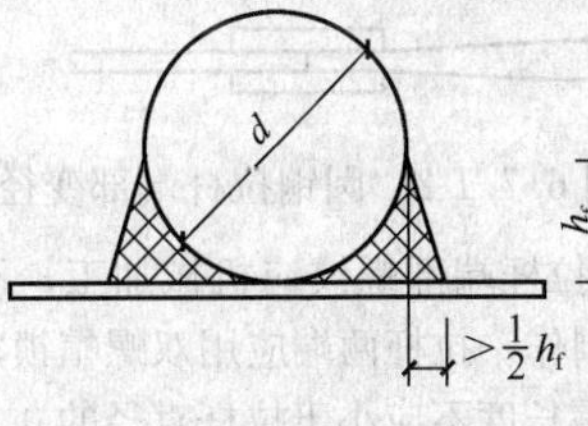

d
hf
> 1/2 hf

图6.5.1-2　圆钢与钢板间的焊缝截面

3）圆钢与绑条间的搭接焊缝宜饱满（与两圆钢公切线平齐），焊缝表面距公切线的距离 a 不应大于较小圆钢直径的0.1倍（图6.5.1-3）。焊缝长度不应小于30mm。

3　金属节点和连接件表面应有防锈涂层，用钢板厚度不足3mm制成的连接件表面应作镀锌处理，镀锌层厚度不应小于275g/m²。

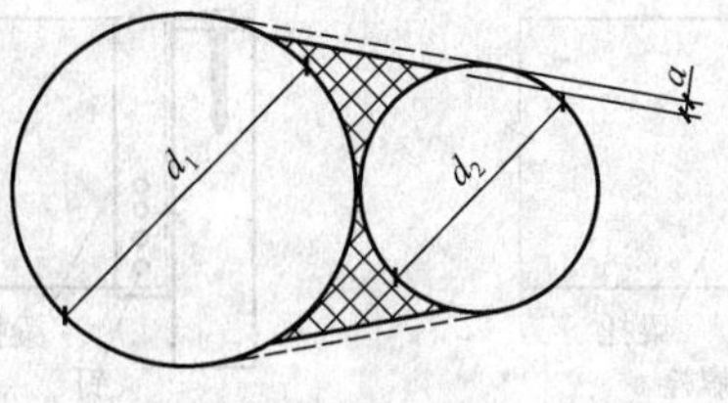

d1
d2
a

图6.5.1-3　圆钢与圆钢间的焊缝截面

6.5.2　金属节点与构件的连接类型和方法应符合设计文件的规定，受压抵承面间应严密，局部间隙不应大于1.0mm。除设计文件规定外，各构件轴线应相交汇于金属节点的合力作用点（图6.5.2）。

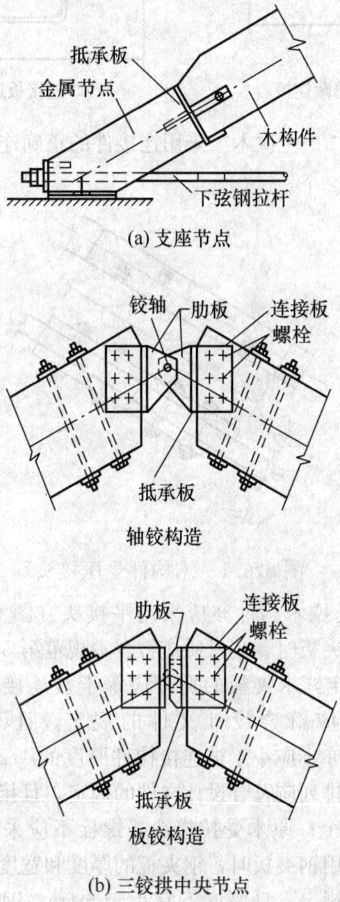

抵承板
金属节点
木构件
下弦钢拉杆
(a) 支座节点
铰轴
肋板
连接板
螺栓
抵承板
轴铰构造
肋板
连接板
螺栓
抵承板
板铰构造
(b) 三铰拱中央节点

图6.5.2　金属节点与构件轴线关系

6.5.3　选择金属连接件在构件上的固定位置和方法时，应防止连接件限制木构件因湿胀干缩和受力变形引起木材横纹受拉而被撕裂。主次木梁采用梁托等连接件时，应正确连接（图6.5.3）。

6.6　木构件接头

6.6.1　受压木构件应采用平接头（图6.6.1），不应采用斜接头。两木构件对顶的抵承面应刨平顶紧，两侧木夹板应用系紧螺栓固定，木夹板厚度不应小于被连接构件厚度的1/2，长度不应小于构件宽度的5倍，系紧螺栓的直径不应小于12mm，接头每侧螺栓

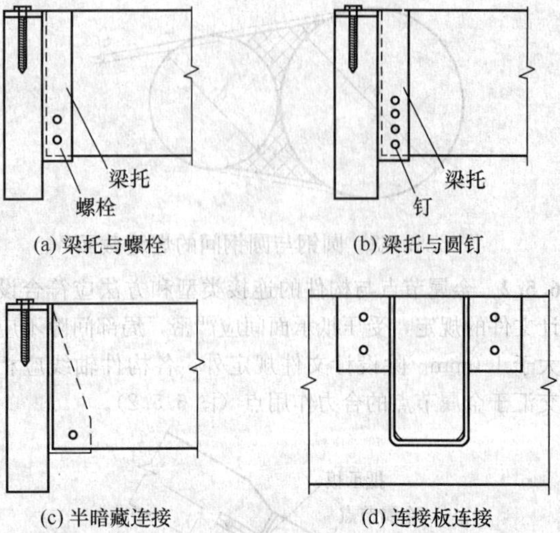
梁托
螺栓
钉
梁托
(a) 梁托与螺栓
(b) 梁托与圆钉
(c) 半暗藏连接
(d) 连接板连接

图 6.5.3 主次木梁采用连接件的正确连接方法

不应少于 2 个。

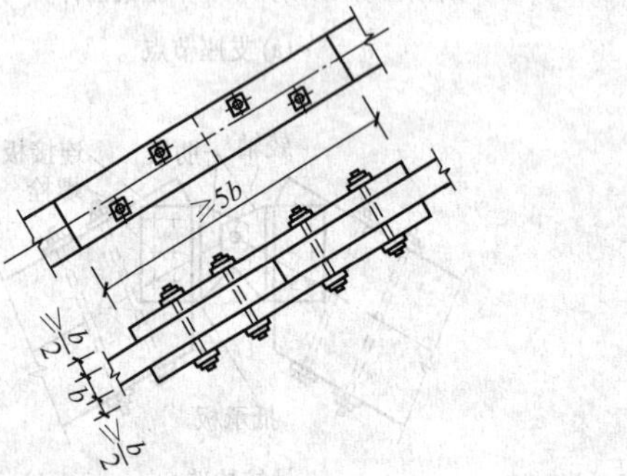
≥5b

图 6.6.1 木构件受压接头

6.6.2 受拉木构件亦应采用平接头（图 6.2.1-4）。当采用木夹板时，其材质应符合本规范第 5.2.1 条第 1 款的规定，木夹板的宽度应等于被连接构件的宽度，厚度应符合设计文件的规定，且不应小于 100mm，亦不应小于被连接构件厚度的 1/2。受力螺栓数量和排列应符合设计文件的规定，且接头每侧不宜少于 6 个；原木受拉接头，螺栓不应采用单行排列。当采用钢夹板时，钢夹板的厚度和宽度应符合设计文件的规定，且厚度不宜小于 6mm。钢夹板的形式、螺栓排列等尚应符合本规范第 6.2.1 条第 2 款的规定。

6.6.3 方木、原木结构受弯构件的接头应设置在连续构件的反弯点附近，可采用斜接头形式（图 6.6.3），夹板及系紧螺栓应符合本规范第 6.6.1 条的规定，竖向系紧螺栓的直径不应小于 12mm。

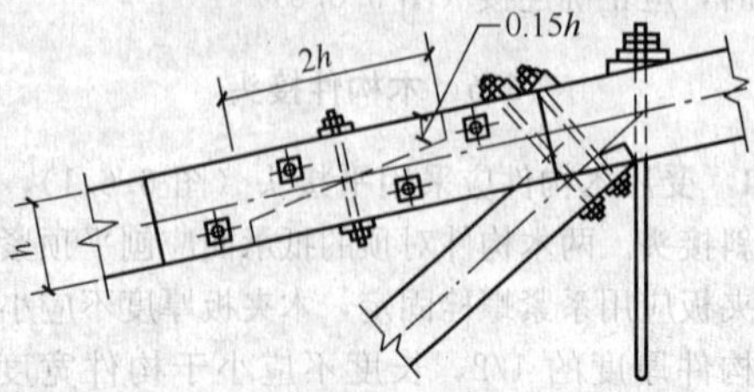
2h
0.15h
h

图 6.6.3 受弯构件反弯点处的斜接头

6.7 圆钢拉杆

6.7.1 圆钢的材质与直径应符合设计文件的规定。圆钢接头应采用双面绑条焊，不应采用搭接焊。每根绑条的直径不应小于圆钢拉杆直径的 0.75 倍，长度不应小于拉杆直径的 8 倍，并应对称布置于拉杆接头。焊缝应符合本规范第 6.5.1 条第 2 款的规定，焊缝质量不应低于三级，使用环境在−30℃以下时，焊缝质量不应低于二级。

钢木（胶合木）桁架单圆钢拉杆端节点处需分两叉时，可采用图 6.7.1-1 所示的套环形式，套环内弯折处应焊横挡，外弯折处上、下侧应焊小钢板。套环、横挡直径应等同于圆钢拉杆，套环与圆钢间焊缝应按双面绑条焊处理。

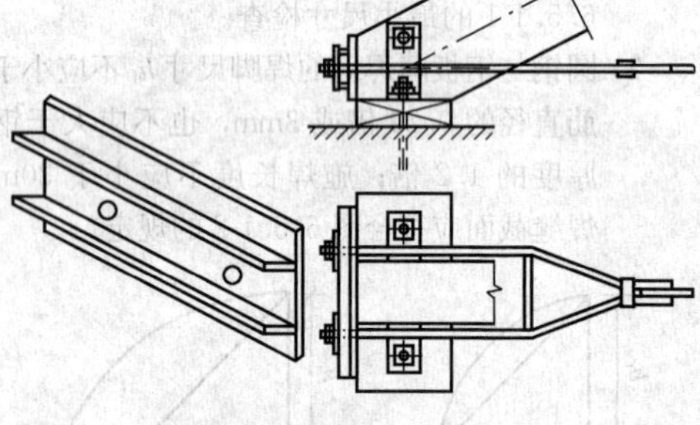

图 6.7.1-1 分叉套环

圆钢拉杆端部需变径加粗时，应在拉杆端加用双面绑条焊接一段有锥形变径的粗圆钢（图 6.7.1-2）。

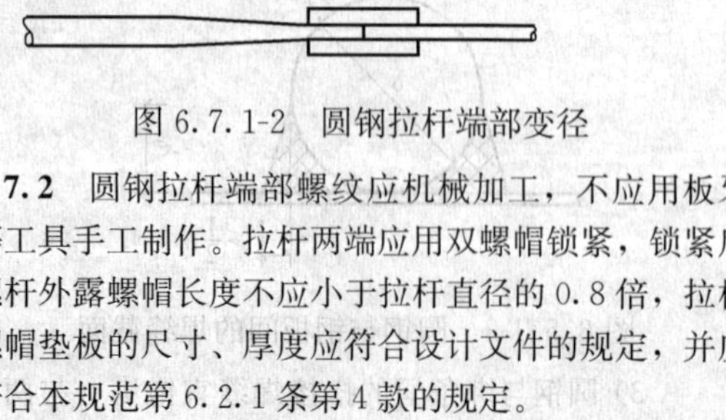

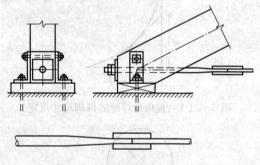

图 6.7.1-2 圆钢拉杆端部变径

6.7.2 圆钢拉杆端部螺纹应机械加工，不应用板牙等工具手工制作。拉杆两端应用双螺帽锁紧，锁紧后螺杆外露螺帽长度不应小于拉杆直径的 0.8 倍，拉杆螺帽垫板的尺寸、厚度应符合设计文件的规定，并应符合本规范第 6.2.1 条第 4 款的规定。

6.7.3 钢木（胶合木）桁架下弦拉杆自由长度超过直径的 250 倍时，应设置直径不小于 10mm 的圆钢吊杆，吊杆与圆钢拉杆宜采用机械连接。

6.7.4 木（胶合木）桁架采用型钢拉杆时，型钢材质和规格、节点构造及连接形式，均应符合设计文件的规定。

7 木结构安装

7.1 木结构拼装

7.1.1 木结构的拼装应制订相应的施工方案，并应经监理单位核定后施工。大跨胶合木拱、刚架等结构可采用现场高空散装拼装。大跨空间木结构可采用高空散装或地面分块、分条、整体拼装后吊装就位。分条、分块拼装或整体吊装时，应根据其不同的边界条件，验算在自重和施工荷载作用下各构件与节点的安全性，构件的工作应力不应超过木材设计强度的1.2倍，超过时应做临时性加固处理。

7.1.2 桁架及拼合柱、拼合梁等结构构件宜地面拼装后整体吊装就位。工厂预制的木结构应在工厂做试拼装，各杆件编号后运至现场应重新拼装，也可拼装后运至现场。

7.1.3 桁架宜采用竖向拼装，必须平卧拼装时，应验算翻转过程中桁架平面外的节点、接头和构件的安全性。翻转时，吊点应设在上弦节点上，吊索与水平线夹角不应小于60°，并应根据翻转时桁架上弦端节点是否离地确定其计算简图。验算时木桁架荷载取值不应小于桁架自重的0.6倍，钢木桁架不应小于桁架自重的0.8倍，并应简化为均布线荷载。

7.1.4 桁架、组合截面柱等构件拼装后的几何尺寸偏差不应超过表7.1.4的规定。

表7.1.4 桁架、组合截面柱等构件拼装后的几何尺寸允许偏差

构件名称	项目		允许偏差(mm)	检查方法
组合截面柱	截面高度		−3	量具测量
	截面宽度		−2	
	长度	≤15m	±10	
		>15m	±15	
桁架	矢高	跨度≤15m	±10	量具测量
		跨度>15m	±15	
	节间距离	—	±5	
	起拱	正误差	+20	
		负误差	−10	
	跨度	≤15m	±10	
		≥15m	±15	

7.2 运输与储存

7.2.1 构件水平运输时，应将构件整齐地堆放在车厢内。工字形、箱形截面梁可分层分隔堆放，但上、下分隔层垫块竖向应对齐，悬臂长度不宜超过构件长度的1/4。

桁架整体水平运输时，宜竖向放置，支承点应设在桁架两端节点支座处，下弦杆的其他位置不得有支承物；应根据桁架的跨度大小设置若干对斜撑，但至少在上弦中央节点处的两侧应设置斜撑，并应与车厢牢固连接。数榀桁架并排竖向放置运输时，还应在上弦节点处用绳索将各桁架彼此系牢。当需采用悬挂式运输时，悬挂点应设在上弦节点处，并应按本规范第7.1.3条的规定，验算桁架各杆件和节点的安全性。

7.2.2 木构件应存放在通风良好的仓库或避雨、通风良好的有顶场所内，应分层分隔堆放，各层垫条厚度应相同，上、下各层垫条应在同一垂线上。

桁架宜竖向站立放置，临时支承点应设在下弦端节点处，并应在上弦节点处设斜支撑防止侧倾。

7.3 木结构吊装

7.3.1 除木柱因需站立，吊装时可仅设一个吊点外，其余构件吊装吊点均不宜少于2个，吊索与水平线夹角不宜小于60°，捆绑吊点处应设垫板。

7.3.2 构件、节点、接头及吊具自身的安全性，应根据吊点位置、吊索夹角和被吊构件的自重等进行验算，木构件的工作应力不应超过木材设计强度的1.2倍。安全性不足时均应做临时加固。

桁架吊装时，除应进行安全性验算外，尚应针对不同形式的桁架作下列相应的临时加固：

1 不论何种形式的桁架，两吊点间均应设横杆（图7.3.2）。

2 钢木桁架或跨度超过15m、下弦杆截面宽度小于150mm或下弦杆接头超过2个的全木桁架，应在靠近下弦处设横杆［图7.3.2（a）］，且对于芬克式钢木桁架，横杆应连续布置［图7.3.2（b）］。

3 梯形、平行弦或下弦杆低于两支座连线的折

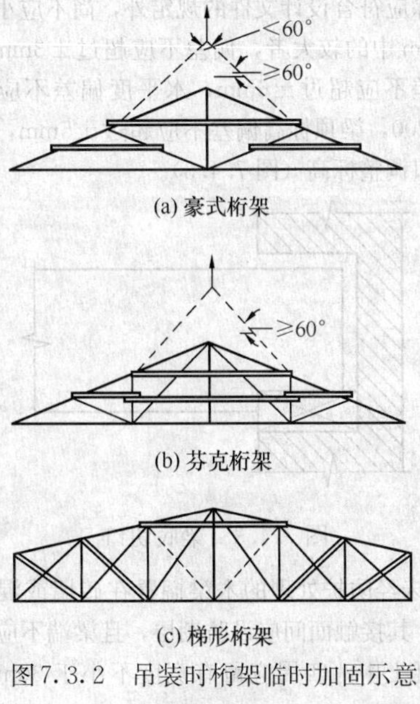
<60°
≥60°
≥60°

(a) 豪式桁架

(b) 芬克桁架

(c) 梯形桁架

图7.3.2 吊装时桁架临时加固示意

线形桁架，两点吊装时，应加设反向的临时斜杆［图7.3.2（c）］。

7.4 木梁、柱安装

7.4.1 木柱应支承在混凝土柱墩或基础上，柱墩顶标高不应低于室外地面标高0.3m，虫害地区不应低于0.45m。木柱与柱墩接触面间应设防潮层，防潮层可选用耐久性满足设计使用年限的防水卷材。柱与柱墩间应用螺栓固定（图7.4.1），连接件应可靠地锚固在柱墩中，连接件上的螺栓孔宜开成竖向的椭圆孔。未经防护处理的木柱不应直接接触或埋入土中。

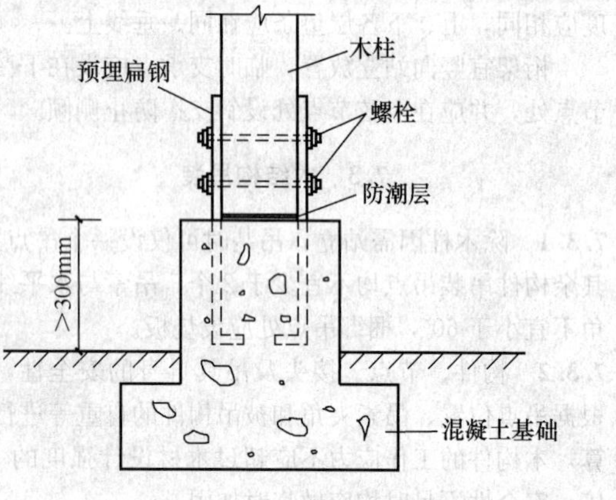
木柱
预埋扁钢
螺栓
防潮层
≥300mm
混凝土基础
图7.4.1 柱的固定示意

7.4.2 木柱安装前应在柱侧面和柱墩顶面上标出中心线，安装时应按中心线对中，柱位偏差不应超过±20mm。安装第一根柱时应至少在两个方向设临时斜撑，后安装的柱纵向应用连梁或柱间支撑与首根柱相连，横向应至少在一侧面设斜撑。柱在两个方向的垂直度偏差不应超过柱高的1/200，且柱顶位置偏差不应大于15mm。

7.4.3 木梁安装位置应符合设计文件的规定，其支承长度除应符合设计文件的规定外，尚不应小于梁宽和120mm中的较大者，偏差不应超过±3mm；梁的间距偏差不应超过±6mm，水平度偏差不应大于跨度的1/200，梁顶标高偏差不应超过±5mm，不应在梁底切口调整标高（图7.4.3）。

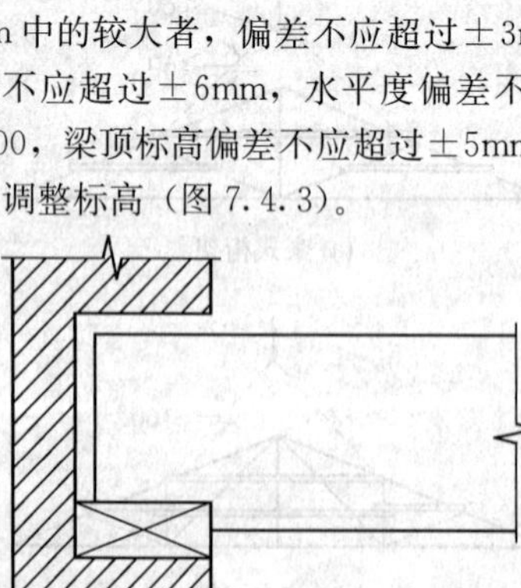
图7.4.3 梁底切口

7.4.4 未经防护处理的木梁搁置在砖墙或混凝土构件上时，其接触面间应设防潮层，且梁端不应埋入墙身或混凝土中，四周应留有宽度不小于30mm的间隙，并应与大气相通（图7.4.4）。

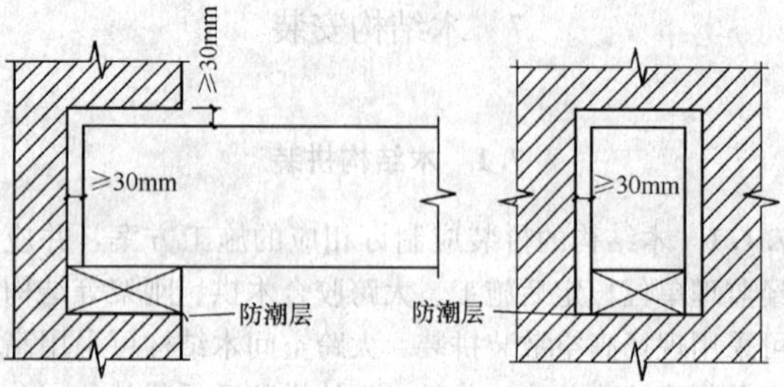
≥30mm
≥30mm
防潮层
≥30mm
防潮层
图7.4.4 木梁伸入墙体时留间隙

7.4.5 木梁支座处的抗侧倾、抗侧移定位板的孔，宜开成椭圆形（图7.4.5）。

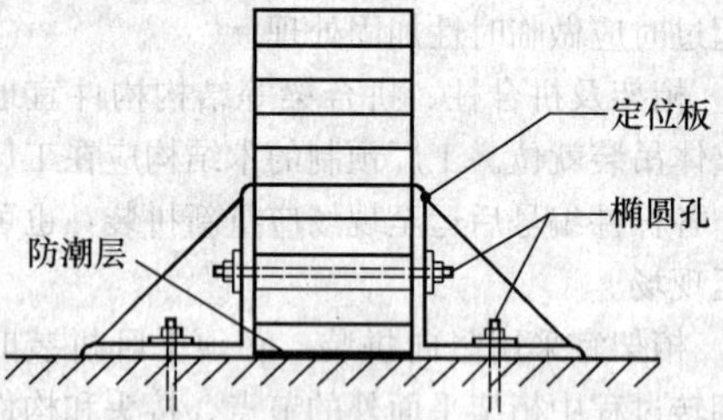
定位板
椭圆孔
防潮层
图7.4.5 支座处的定位板

7.4.6 当异等组坯的层板胶合木用作梁或偏心受压构件时，应按设计文件规定的截面布置方式安装，不得调换构件的受力方向。

7.5 楼盖安装

7.5.1 首层木楼盖搁栅应支承在距室外地面0.6m以上的墙或基础上，楼盖底部应至少留有0.45m的空间，其空间应有良好的通风条件。搁栅的位置、间距及支承长度应符合设计文件的规定，其防潮、通风等处理应符合本规范第7.4.4条的规定，安装间距偏差不应超过±20mm，水平度不应超过搁栅跨度的1/200。

7.5.2 其他楼层楼盖主梁和搁栅的安装位置应符合设计文件的规定。当主梁和搁栅支承在砖墙或混凝土构件上时，应符合本规范第7.4.4条的规定；当搁栅与主梁规定用金属连接件连接时，应符合本规范第6.5.3条的规定。

7.5.3 木楼板应采用符合设计文件规定的厚度的企口板，长度方向的接头应位于搁栅上，相邻板接头应错开至少一个搁栅间距，板在每根搁栅处应用长度为60mm的圆钉从板边斜向钉牢在搁栅上。

7.6 屋盖安装

7.6.1 桁架安装前应先按设计文件规定的位置标出支座中心线。桁架支承在砖墙或混凝土构件上时应设经防护处理的垫木，并应按本规范第7.4.4条的规定设防潮层和通风构造措施。在抗震设防区还应用直径不小于20mm的螺栓与砖墙或混凝土构件锚固。桁架支承在木柱上时，柱顶应设暗榫嵌入桁架下弦，应用U形扁钢锚固并设斜撑与桁架上弦第二节点牵牢（图7.6.1）。

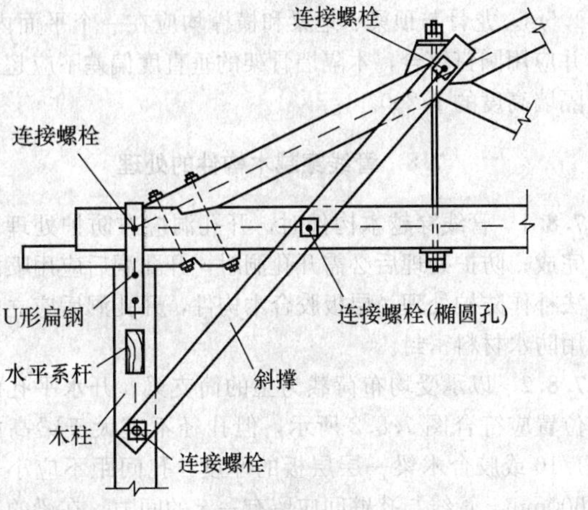

连接螺栓
连接螺栓
U形扁钢
水平系杆
木柱
连接螺栓(椭圆孔)
斜撑
连接螺栓

图 7.6.1　桁架支承在木柱上

7.6.2　第一榀桁架就位后应在桁架上弦各节点处两侧设临时斜撑，当山墙有足够的平面外刚度时，也可用檩条与山墙可靠地拉结。后续安装的桁架应至少在脊节点及其两侧各一节点处架设檩条或设置临时剪刀撑与已安装的桁架连接，应能保证桁架的侧向稳定性。

7.6.3　屋盖的桁架上弦横向水平支撑、垂直支撑与桁架的水平系杆，以及柱间支撑，应按设计文件规定的布置方案安装。除梯形桁架端部的垂直支撑外，其他桁架的横向支撑和垂直支撑均应固定在桁架上、下弦节点处，并应用螺栓固定，固定点距桁架节点中心距离不宜大于 400mm。剪刀撑在两杆相交处的间隙应用等厚度的木垫块填充并用螺栓一并固定。设防烈度 8 度和 8 度以上地区，所用螺栓直径不得小于 14mm。

7.6.4　檩条的布置和固定方法应符合设计文件的规定，安装时宜先安装桁架节点处的檩条，弓曲的檩条应弓背朝向屋脊放置。檩条在山墙支座处的通风、防潮处理，应按本规范第 7.4.4 条的规定施工。在原木桁架上，原木檩条应设檩托，并应用直径不小于 12mm 的螺栓固定［图 7.6.4（a)］；方木檩条竖放在方木或胶合木桁架上时，应设找平垫块［图 7.6.4（b)］。斜放檩条时，可用斜搭接头［图 7.6.4（c)］或用卡板［图 7.6.4（d)］，采用钉连接时，钉长不应小于被固定构件的厚度（高度）的 2 倍。轻型屋面中的檩条或檩条兼作屋盖支撑系统杆件时，檩条在桁架上均应用直径不小于 12mm 螺栓固定［图 7.6.4（e)］；在山墙及内横墙处檩条应由埋件固定［图 7.6.4（f)］或用直径不小于 10mm 的螺栓固定；在设防烈度 8 度及以上地区，檩条应斜放，节点处檩条应固定在山墙及内横墙的卧梁埋件上［图 7.6.4（g)］，支承长度不应小于 120mm，双脊檩应相互拉结。

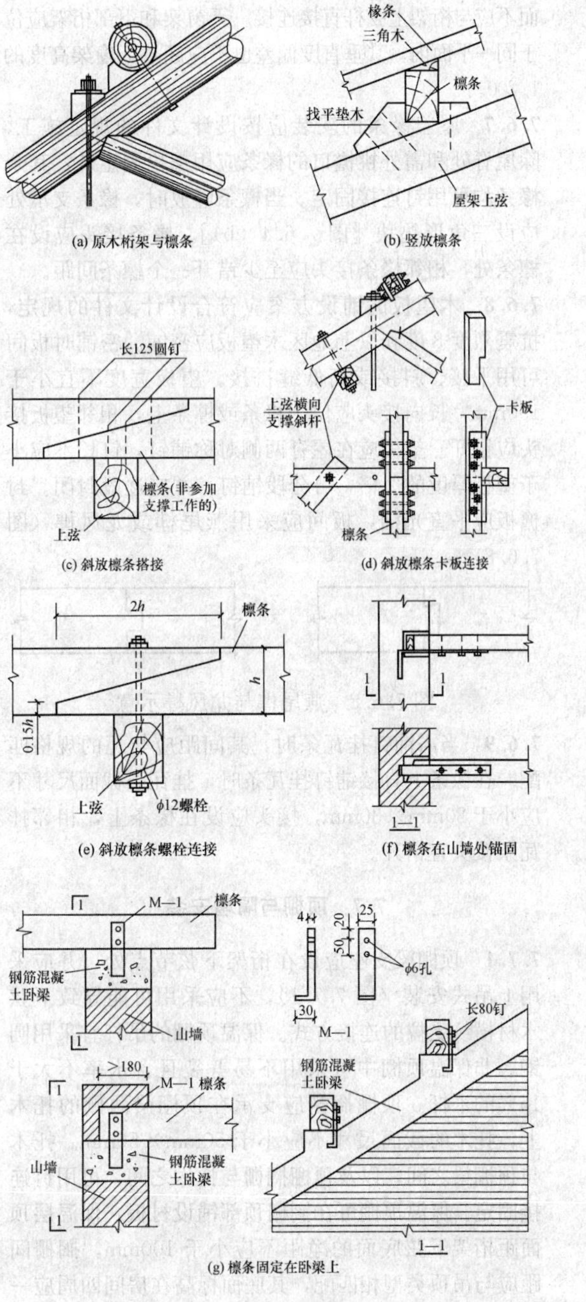

(a) 原木桁架与檩条
椽条
三角木
檩条
找平垫木
屋架上弦
(b) 竖放檩条
长125圆钉
檩条(非参加支撑工作的)
上弦
(c) 斜放檩条搭接
上弦横向支撑斜杆
卡板
檩条
(d) 斜放檩条卡板连接
2h
檩条
h
0.15h
上弦
ϕ12螺栓
(e) 斜放檩条螺栓连接
1—1
(f) 檩条在山墙处锚固
M—1
檩条
钢筋混凝土卧梁
山墙
4
25
20
50
ϕ6孔
30
M—1
长80钉
钢筋混凝土卧梁
>180
M—1 檩条
山墙
钢筋混凝土卧梁
1—1
(g) 檩条固定在卧梁上

图 7.6.4　檩条固定方法示意

7.6.5　通过桁架就位、节点处檩条和各种支撑安装的调整，使桁架的安装偏差不应超过下列规定：

1　支座两中心线距离与桁架跨度的允许偏差为 ±10mm（跨度≤15m）和 ±15mm（跨度>15m）。

2　垂直度允许偏差为桁架高度的 1/200。

3　间距允许偏差为 ±6mm。

4　支座标高允许偏差为 ±10mm。

7.6.6　天窗架的安装应在桁架稳定性有充分保证的前提下进行。其与桁架上弦节点的连接方法和支撑布置应按设计文件的规定施工。天窗架柱下端的两侧木夹板应在桁架上弦杆底设木垫块后，用螺栓彼此相连，而不应与桁架上弦杆直接连接。天窗架和下部桁架应位于同一平面内，其垂直度偏差也不应超过天窗架高度的1/200。

7.6.7 屋盖椽条的安装应按设计文件的规定施工，除屋脊处和需外挑檐口的椽条应用螺栓固定外，其余椽条均可用钉连接固定。当檩条竖放时，椽条支承处应设三角形垫块［图 7.6.4（b）］。椽条接头应设在檩条处，相邻椽条接头应至少错开一个檩条间距。

7.6.8 木望板的铺设方案应符合设计文件的规定，抗震烈度 8 度和以上地区木望板应密铺。密铺时板间可用平接、斜接或高低缝拼接。望板宽度不宜小于 150mm，长向接头应位于椽条或檩条上，相邻望板接头应错开。望板应在屋脊两侧对称铺钉，钉长不应小于望板厚度的 2 倍，可分段铺钉，并应逐段封闭。封檐板应平直光洁，板间应采用燕尾榫或龙凤榫（图 7.6.8）。

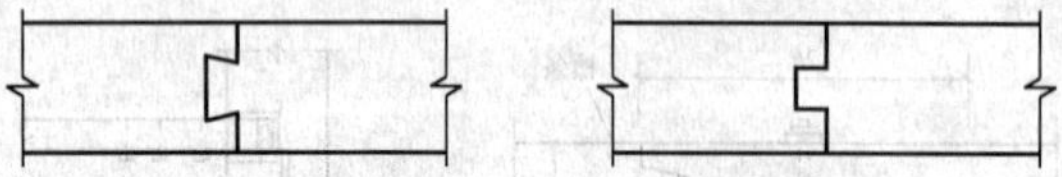

图 7.6.8 燕尾榫与龙凤榫示意

7.6.9 当需铺钉挂瓦条时，其间距应与瓦的规格匹配。在椽条上直接铺钉挂瓦条时，挂瓦条截面尺寸不应小于 20mm×30mm，接头应设在椽条上，相邻挂瓦条接头宜错开。

7.7 顶棚与隔墙安装

7.7.1 顶棚梁支座应设在桁架下弦节点处，并应采用上吊式安装（图 7.7.1），不应采用可能导致下弦木材横纹受拉的连接方式。保温顶棚的吊杆宜采用圆钢，非保温顶棚中可采用不易劈裂且含水率不大于 15% 的木杆。顶棚搁栅应支承在顶棚梁两侧的托木上，托木的截面尺寸不应小于 50mm×50mm。托木与顶棚梁之间，以及顶棚搁栅与托木之间，可用钉连接固定。保温顶棚可在搁栅顶部铺设衬板，保温层顶面距桁架下弦底面的净距不应小于 100mm。搁栅间距应与吊顶类型相匹配，其底面标高在房间四周应一致，偏差不应超过 ±5mm，房间中部应起拱，中央起拱高度不应小于房间短边长度的 1/200，且不宜大于 1/100。

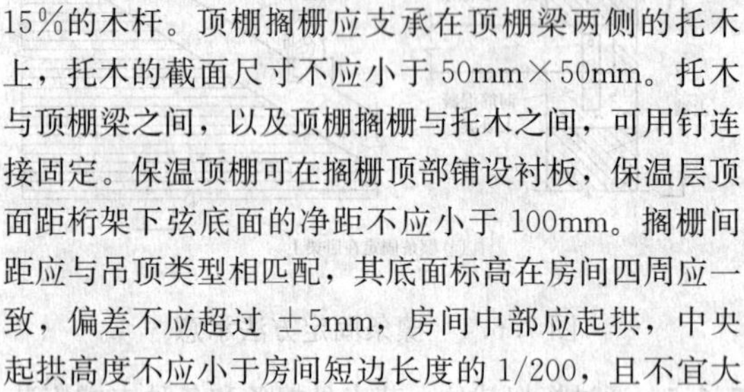
保温层
油毡
衬板
顶棚主梁
顶棚搁栅
托木
天花板
吊杆
≥100
钉子
托木
钉子

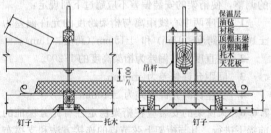

图 7.7.1 保温顶棚构造示意

7.7.2 木隔墙的顶梁、地梁和两端龙骨应用钉连接或通过预埋件牢固地与主体结构构件相连。龙骨间距不宜大于 500mm，截面不宜小于 40mm×65mm。龙骨间应设同截面尺寸的横撑，横撑间距不应大于 1.5m。龙骨与顶梁、地梁和横撑均应在一个平面内，并应用圆钉钉合，木隔墙骨架的垂直度偏差不应超过隔墙高度的 1/200。

7.8 管线穿越木构件的处理

7.8.1 管线穿越木构件时，开孔洞应在防护处理前完成；防护处理后必需开孔洞时，开孔洞后应用喷涂法补作防护处理。层板胶合木构件，开孔洞后应立即用防水材料密封。

7.8.2 以承受均布荷载为主的简支梁，开水平孔的位置应符合图 7.8.2 所示，但孔径不应大于梁高的 1/10 或胶合木梁一层层板的厚度，孔间距不应小于 600mm。管线与孔壁间应留有一定的间隙。在梁的其他区域开孔或孔间距小于 600mm 时，应由设计单位验算同意后再施工。

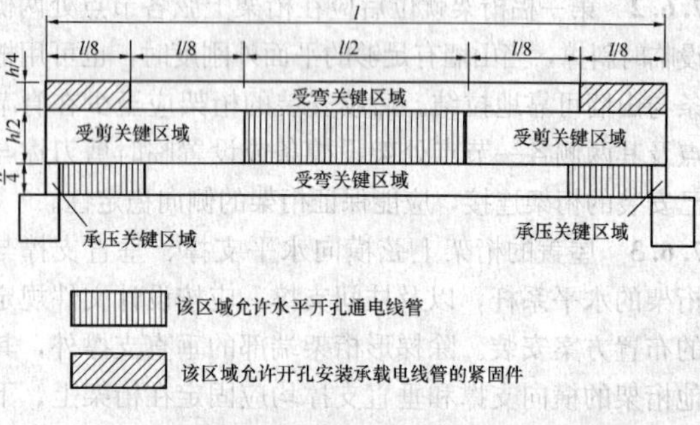
l
l/8
l/8
l/2
l/8
l/8
h/4
h/2
h/4
受弯关键区域
受剪关键区域
受剪关键区域
受弯关键区域
承压关键区域
承压关键区域
该区域允许水平开孔通电线管
该区域允许开孔安装承载电线管的紧固件

图 7.8.2 承受均布荷载的简支梁允许开孔区域

7.8.3 以承受均布荷载为主的简支梁可在距梁支座 1/8 跨度范围内钻直径不大于 25mm 贯通梁截面高度的竖向小孔，但孔边距不应小于孔径的 3 倍。

7.8.4 除设计文件规定外，在梁的跨中部位或受拉杆件上不应开水平孔悬吊重物，可在图 7.8.2 所示的区域内开水平孔悬吊轻质物体。

8 轻型木结构制作与安装

8.1 基础与地梁板

8.1.1 轻型木结构的墙体应支承在混凝土基础或砌体基础顶面的混凝土圈梁上，混凝土基础或圈梁顶面应原浆抹平，倾斜度不应大于 2‰。基础圈梁顶面标高应高于室外地面标高 0.2m 以上，在虫害区应高于 0.45m 以上，并应保证室内外高差不小于 0.3m。无地下室时，首层楼盖也应架空，楼盖底与楼盖下的地面间应留有净空高度不小于 150mm 的空间。在架空空间高度内的内外墙基础上应设通风洞口，通风口总面积不宜小于楼盖面积的 1/150，且不宜设在同一基础墙上，通风口外侧应设百叶窗。

8.1.2 地梁板应采用经加压防腐处理的规格材，其截面尺寸应与墙骨相同。地梁板与混凝土基础或圈梁应采用预埋螺栓、化学锚栓或植筋锚固，螺栓直径不应小于 12mm，间距不应大于 2.0m，埋深不应小于 300mm，螺母下应设直径不小于 50mm 的垫圈。在每根地梁板两端和每片剪力墙端部，均应有螺栓锚固，端距不应大于 300mm，钻孔孔径可大于螺杆直径 1mm～2mm。地梁板与基础顶的接触面间应设防潮层，防潮层可选用厚度不小于 0.2mm 的聚乙烯薄膜，存在的缝隙应用密封材料填满。

8.2 墙体制作与安装

8.2.1 承重墙（剪力墙）所用规格材、覆面板的品种、强度等级及规格，应符合设计文件的规定。墙体木构架的墙骨、底梁板和顶梁板等规格材的宽度应一致。承重墙墙骨规格材的材质等级不应低于 Vc 级。墙骨规格材可采用指接，但不应采用连接板接长。

8.2.2 除设计文件规定外，墙骨间距不应大于 610mm，且其整数倍应与所用墙面板标准规格的长、宽尺寸一致，并应使墙面板的接缝位于墙骨厚度的中线位置。承重墙转角和外墙与内承重墙相交处的墙骨不应少于 2 根规格材（图 8.2.2-1）；楼盖梁支座处墙骨规格材的数量应符合设计文件的规定；门窗洞口宽度大于墙骨间距时，洞口两边墙骨应至少用 2 根规格材，靠洞边的 1 根可用作门窗过梁的支座（图 8.2.2-2）。

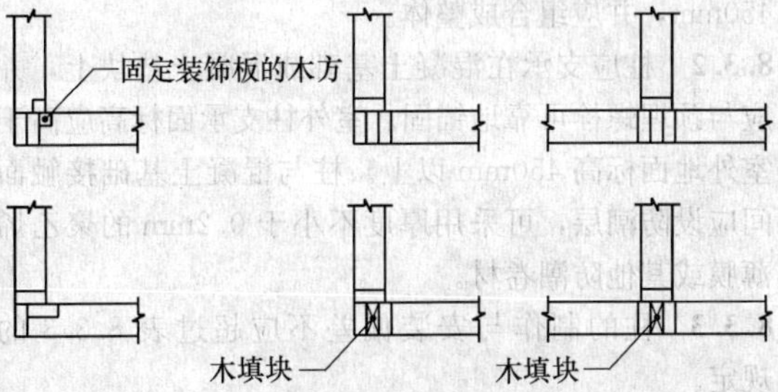
固定装饰板的木方
木填块
木填块

图 8.2.2-1 承重墙转角和相交处墙骨布置

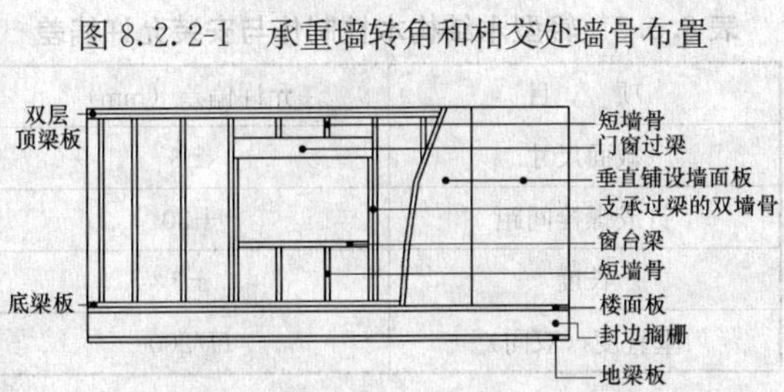
双层
顶梁板
底梁板
短墙骨
门窗过梁
垂直铺设墙面板
支承过梁的双墙骨
窗台梁
短墙骨
楼面板
封边搁栅
地梁板

图 8.2.2-2 首层承重墙木构架示意

8.2.3 底梁板可用 1 根规格材，长度方向可用平接头对接，其接头不应位于墙骨底端。承重墙顶梁板应用 2 根规格材平叠，每根规格材长度方向可用平接头对接，下层接头应位于墙骨中心，上、下层规格材接头应错开至少一个墙骨间距。顶梁板在外墙转角和内外墙交接处应彼此交叉搭接，并应用钉钉牢。当承重墙顶梁板需采用 1 根规格材时，对接接头处应用镀锌薄钢片和钉彼此相连。承重墙门窗洞口过梁（门楣）的材质等级、品种及截面尺寸，应符合设计文件的规定。当过梁标高较高，需切断顶梁板时，过梁两端与顶梁板相接处应用厚度不小于 3mm 的镀锌钢板用钉连接彼此相连。非承重墙顶梁板，可采用 1 根规格材，其长度方向的接头也应位于墙骨顶端中心上。

8.2.4 墙体门窗洞口的实际净尺寸应根据设计文件规定的门窗规格确定。窗洞口的净尺寸宜大于窗框外缘尺寸每边 20mm～25mm；门洞口的净尺寸，其宽度和高度宜分别大于门框外缘尺寸 76mm 和 80mm。

8.2.5 墙体木构架宜分段水平制作或工厂预制，顶梁板应用 2 枚长度为 80mm 的钉子垂直地将其钉牢在每根墙骨的顶端，两层顶梁板间应用长度为 80mm 的钉子按不大于 600mm 的间距彼此钉牢，应用 2 枚长度为 80mm 的钉子从底梁板底垂直钉牢在每根墙骨底端。木构架采用原位垂直制作时，应先将底梁板用长度为 80mm、间距不大于 400mm 的圆钉，通过楼面板钉牢在该层楼盖搁栅或封边（头）搁栅上，应用 4 枚长度为 60mm 的钉子，从墙骨两侧对称斜向与底梁板钉牢，斜钉要求应符合本规范第 6.4.3 条的规定。洞口边缘处由数根规格材构成墙骨时，规格材间应用长度为 80mm 的钉子按不大于 750mm 的间距相互钉牢。

8.2.6 墙体木构架应按设计文件规定的墙体位置垂直地安装在相应楼层的楼面板上，并应按设计文件的规定，安装上、下楼层墙骨间或墙骨与屋盖椽条间的抗风连接件。除设计文件规定外，木构架的底梁板挑出下层墙面的距离不应大于底梁板宽度的1/3；应采用长度为 80mm 的钉子按不大于 400mm 的间距将底梁板通过楼面板与该层楼盖搁栅或封边（头）搁栅钉牢。墙体转角处及内外墙交接处的多根规格材墙骨，应用长度为 80mm 的钉子按不大于 750mm 的间距彼此钉牢。在安装过程中或已安装在楼盖上但尚未铺钉墙面板的木构架，均应设置能防止木构架平面内变形或整体倾倒的必要的临时支撑（图 8.2.6）。

8.2.7 墙面板的种类和厚度应符合设计文件的规定，采用木基结构板，且墙骨间距分别为 400mm 和 600mm 时，墙面板厚度应分别不小于 9mm 和 11mm；采用石膏板，墙面板厚度应分别不小于 9mm 和 12mm。

8.2.8 铺钉墙面板时，宜先铺钉墙体一侧的，外墙应先铺钉室外侧的墙面板。另一侧墙面板应在墙体安装、锚固、楼盖安装、管线铺设、保温隔音材料填充等工序完成后进行铺钉。

8.2.9 墙面板应整张铺钉，并应自底（地）梁板底边缘一直铺钉至顶梁板顶边缘。仅在墙边部和洞口

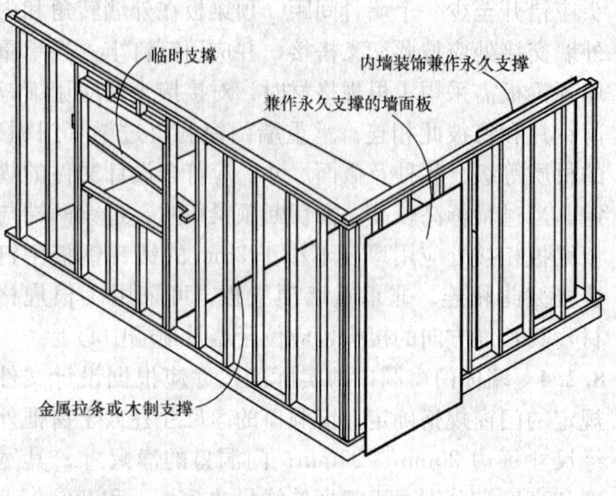
临时支撑
内墙装饰兼作永久支撑
兼作永久支撑的墙面板
金属拉条或木制支撑

图 8.2.6 墙体支撑

处，可使用宽度不小于 300mm 的窄板，但不应多于两片。使用宽度小于 300mm 的板条，水平接缝应位于增设的横挡上。墙面板长向垂直于墙骨铺钉时，竖向接头应位于墙骨中心线上，且两板间应留 3mm 间隙，上、下两板的竖向接头应错位布置。墙面板长向平行于墙骨铺钉时，两板间接缝也应位于墙骨中心线上，并应留 3mm 间隙。墙体两面对应位置的墙面板接缝应错开，并应避免接缝位于同一墙骨上，仅当墙骨规格材截面宽度不小于 65mm 时，墙体两面墙板接缝可位于同一墙骨上，但两面的钉位应错开。

8.2.10 墙面板边缘凡与墙骨或底（地）梁板、顶梁板钉合时，钉间距不应大于 150mm，并应根据所用规格材截面厚度决定是否需要约 30°斜钉；板中部与墙骨间的钉合，钉间距不应大于 300mm。钉的规格应符合表 8.2.10 的规定。

表 8.2.10 墙面板、楼面板钉连接的要求

板厚（mm）	连接件的最小长度(mm)			钉的最大间距（mm）
	普通圆钉或麻花钉	螺纹圆钉或木螺钉	骑马钉（U字钉）	
$t \leqslant 10$	50	45	40	沿板边缘支座 150，沿板跨中支座 300
$10 < t \leqslant 20$	50	45	50	
$t > 20$	60	50	不允许	

注：木螺钉的直径不得小于 3.2mm；骑马钉的直径或厚度不得小于 1.6mm。

8.2.11 采用圆钢螺栓对墙体抗倾覆锚固时，每片墙肢的两端应各设一根圆钢，其直径不应小于 12mm。圆钢应直至房屋顶层墙体顶梁板并可靠锚固，圆钢中部应设正反扣螺纹，并应通过套筒拧紧。

8.2.12 墙体的制作与安装偏差不应超过表 8.2.12 的规定。

表 8.2.12 墙体制作与安装允许偏差

项次	项目		允许偏差（mm）	检查方法
1	墙骨	墙骨间距	±40	钢尺量
2		墙体垂直度	±1/200	直角尺和钢板尺量
3		墙体水平度	±1/150	水平尺量
4		墙体角度偏差	±1/270	直角尺和钢板尺量
5		墙骨长度	±3	钢尺量
6		单根墙骨出平面偏差	±3	钢尺量
7	顶梁板、底梁板	顶梁板、底梁板的平直度	±1/150	水平尺量
8		顶梁板作为弦杆传递荷载时的搭接长度	±12	钢尺量
9	墙面板	规定的钉间距	+30	钢尺量
10		钉头嵌入墙面板表面的最大深度	+3	卡尺量
11		木框架上墙面板之间的最大缝隙	+3	卡尺量

8.3 柱制作与安装

8.3.1 柱所用木材的树种、等级和截面尺寸应符合设计文件的规定。规格材组合柱应用双排圆钉或螺栓紧固，厚度为 40mm 的规格材，钉长不应小于 76mm，顺纹间距不应大于 300mm，并应逐层钉合；螺栓直径不应小于 10mm，顺纹间距不应大于 450mm，并应组合成整体。

8.3.2 柱应支承在混凝土基础或混凝土垫块上，并应与预埋螺栓可靠地锚固。室外柱支承面标高应高于室外地面标高 450mm 以上。柱与混凝土基础接触面间应设防潮层，可采用厚度不小于 0.2mm 的聚乙烯薄膜或其他防潮卷材。

8.3.3 柱的制作与安装偏差不应超过表 8.3.3 的规定。

表 8.3.3 轻型木结构木柱制作与安装允许偏差

项目	允许偏差（mm）
截面尺寸	±3
钉或螺栓间距	+30
长度	±3
垂直度（双向）	$H/200$

注：H 为柱高度。

8.4 楼盖制作与安装

8.4.1 楼盖梁及各种搁栅、横撑或剪刀撑的布置，以及所用规格材的截面尺寸和材质等级，应符合设计文件的规定。

8.4.2 当用数根侧立规格材制作拼合梁时，应符合下列规定：

1 单跨梁各规格材不得有除指接以外的接头。多跨梁的中间跨每根规格材在同一跨度内应最多有一个接头，其距中间支座边缘的距离应（图 8.4.2）按下列公式计算。边跨支座端不得设接头。接头可用对接的平接头，两相临规格材的接头不应设在同一截面处：

$$l'_1 = \frac{l_1}{4} \pm 150\text{mm} \qquad (8.4.2\text{-}1)$$

$$l'_2 = \frac{l_2}{4} \pm 150\text{mm} \qquad (8.4.2\text{-}2)$$

2 可用钉或螺栓将各规格材连接成整体。当规格材厚为 40mm 并采用钉连接时，钉的长度不应小于 90mm，且应双排布置。钉的横纹中距和边距不应小于钉直径的 4 倍，顺纹中距不应大于 450mm，端距应为 100mm～150mm，钉入方式应符合图 8.4.2 所示；采用螺栓连接时，螺栓直径不应小于 12mm，可单排布置在梁高的中心线位置。螺栓的顺纹中距不应大于 1.2m，端距应为 150mm～600mm。

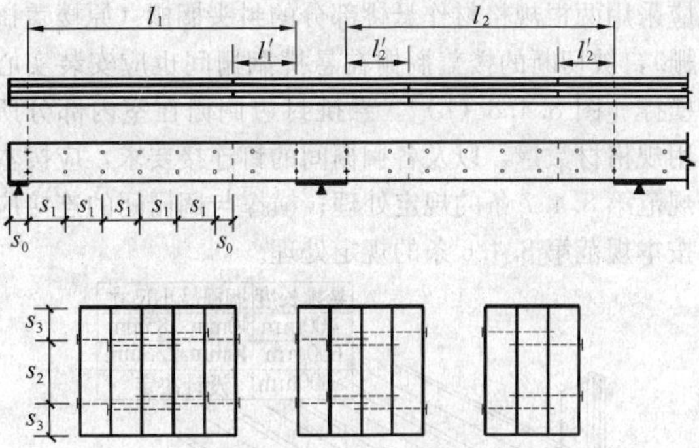

l_1
l_2
l'_1
l'_2
l'_2
s_1
s_0
s_3
s_2
s_3

图 8.4.2 规格材拼合梁

3 规格材拼合梁应支承在木柱或墙体中的墙骨上，其支承长度不得小于 90mm。

8.4.3 除设计文件规定外，搁栅间距不应大于 610mm。搁栅间距的整数倍应与楼面板标准规格的长、宽尺寸一致，并应使楼面板的接缝位于搁栅厚度的中心位置。施工放样时，应在支承搁栅的承重墙的顶梁板或梁上标记出搁栅中心线的位置。

8.4.4 搁栅支承在地梁板或顶梁板上时，其支承长度不应小于 40mm；支承在外墙顶梁板上时，搁栅顶端应距地梁板或顶梁板外边缘为一个封头搁栅的厚度。搁栅应用两枚长度为 80mm 的钉子斜向钉在地梁板或顶梁板上（图 6.4.3）。当首层楼盖的搁栅或木梁必须支承在混凝土构件或砖墙上时，支承处的木材应防腐处理，支承面间应设防潮层，搁栅或木梁两侧及端头与混凝土或砖墙间应留有不小于 20mm 的间隙，且应与大气相通。

当搁栅支承在规格材拼合梁顶时，每根搁栅应用两枚长度为 80mm 的圆钉，斜向钉牢（图 6.4.3）在拼合梁上。两根搭接的搁栅尚应用 4 枚长度为 80mm 的圆钉两侧相互对称地钉牢［图 8.4.4（a）］。当搁栅支承在规格材拼合梁的侧面时，应支承在拼合梁侧面的托木或金属连接件上［图 8.4.4（b）、图 8.4.4（c）］。托木应在支承每根搁栅处用 2 枚长度为 80mm 的圆钉钉牢在拼合梁侧面。当托木截面不小于 40mm ×65mm 时，每根搁栅应用 2 枚长度为 80mm 的圆钉斜向钉入拼合梁；托木截面为 40mm×40mm 时，应至少用 4 枚长度为 80mm 的圆钉斜向钉入拼合梁。金属连接件与拼合梁和搁栅的连接应符合该连接件的使用说明规定。

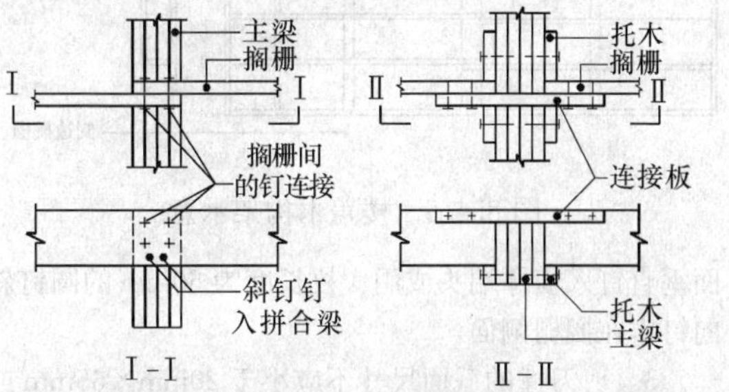

主梁
搁栅
Ⅰ
Ⅰ
搁栅间
的钉连接
斜钉钉
入拼合梁
Ⅰ-Ⅰ
托木
搁栅
Ⅱ
Ⅱ
连接板
托木
主梁
Ⅱ-Ⅱ

(a) 搁栅支承在拼合梁顶　(b) 搁栅连接在拼合梁侧面

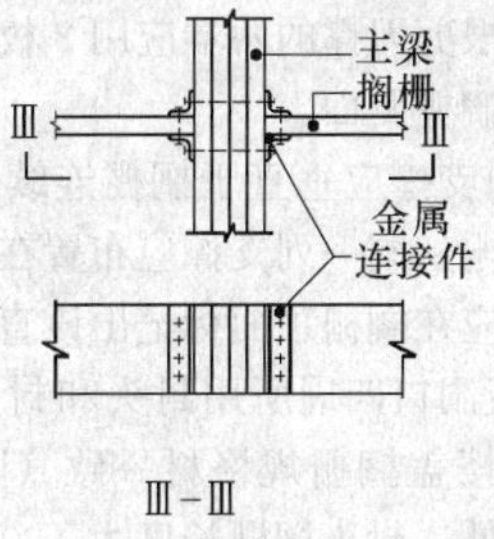

主梁
搁栅
Ⅲ
Ⅲ
金属
连接件
Ⅲ-Ⅲ

(c) 用金属连接件连接

图 8.4.4 搁栅支承在拼合梁上

8.4.5 楼盖的封头搁栅和封边搁栅（图 8.4.5），应设在地梁板或各楼层墙体的顶梁板上，应用间距不大于 150mm、长为 60mm 的圆钉，两侧交错斜向钉牢在地梁板或顶梁板上；封头搁栅尚应贴紧楼盖搁栅顶端，并应用 3 枚长度为 80mm 圆钉平直地与其钉牢。

8.4.6 搁栅间应设置能防止平面外扭曲的木底撑和剪刀撑作侧向支撑，木底撑和剪刀撑宜设在同一平面内（图 8.4.5）。当搁栅底直接铺钉木基结构板或石膏板时，可不设置木底撑。当要求楼盖平面内抗剪刚度较大时，搁栅间的剪刀撑可改用规格材制作的实心横撑（图 8.4.5）。木底撑、剪刀撑和横撑等侧向支撑的间距，以及距搁栅支座的距离，均不应大于 2.1m。侧向支撑安装时应符合下列规定：

1 木底撑截面尺寸不应小于 20mm×65mm，且应通长设置，接头应位于搁栅厚度的中心线处，与每根搁栅相交处应用 2 枚长度为 60mm 的圆钉钉牢。

2 横撑应由厚度不小于 40mm、高度与搁栅一致的规格材制成，应用 2 枚长为 80mm 圆钉从搁栅侧

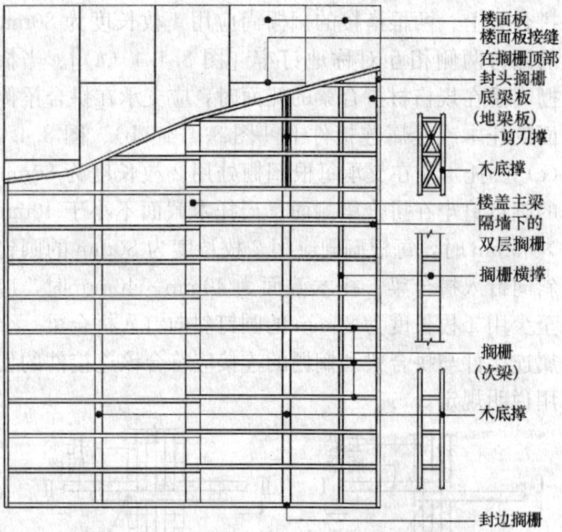

楼面板
楼面板接缝
在搁栅顶部
封头搁栅
底梁板
(地梁板)
剪刀撑
木底撑
楼盖主梁
隔墙下的
双层搁栅
搁栅横撑
搁栅
(次梁)
木底撑
封边搁栅

图 8.4.5　楼盖木构架示意

面垂直钉入横撑端头或用 4 枚长度为 60mm 的圆钉斜向钉牢在搁栅侧面。

3　剪刀撑的截面尺寸不应小于 20mm×65mm 或 40mm×40mm，两端应切割成斜面，且应与搁栅侧面抵紧，每根剪刀撑的两端应用 2 枚长度为 60mm 的圆钉钉牢在搁栅侧面。

4　侧向支撑应垂直于搁栅连续布置，并应直抵两端封边搁栅。同一列支撑应布置在同一直线上。施工放样时，应在搁栅顶面标记出该直线。

8.4.7　楼板洞口四周所用封头和封边搁栅规格材的规格，应与楼盖搁栅规格材一致（图 8.4.7）。除设计文件规定外，封头搁栅长度大于 0.8m 且小于等于 2.0m 时，支承封头搁栅的封边搁栅应用两根规格材；当封头搁栅长度大于 1.2m 且小于等于 3.2m 时，封头搁栅也应用两根规格材制作。更大的洞口则应满足设计文件的规定。施工时应按设计文件洞口位置和尺寸，先固定里侧封边搁栅，再安装外侧封头搁栅和各断尾搁栅，最后钉合里侧封头搁栅和外侧封边搁栅。开洞口处封头搁栅与封边搁栅间的钉连接要求应符合表 8.4.7 的规定。

表 8.4.7　开洞口周边搁栅的钉连接构造要求

连接构件名称	钉连接要求
开洞口处每根封头搁栅端和封边搁栅的连接（垂直钉连接）	5 枚 80mm 长钉 或 3 枚 100mm 长钉
被切断搁栅和洞口封头搁栅（垂直钉连接）	5 枚 80mm 长钉 或 3 枚 100mm 长钉
洞口周边双层封边梁和双层封头搁栅	80mm 长钉 中心距 300mm

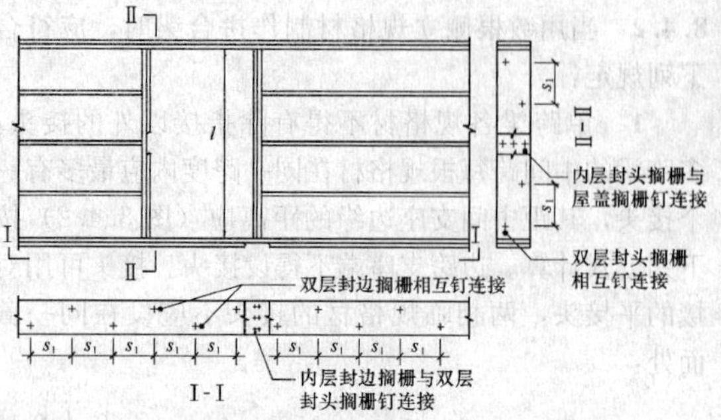

Ⅱ
Ⅰ
Ⅱ-Ⅱ
s_1
内层封头搁栅与屋盖搁栅钉连接
双层封头搁栅相互钉连接
双层封边搁栅相互钉连接
内层封边搁栅与双层封头搁栅钉连接
Ⅰ-Ⅰ

图 8.4.7　楼板开洞构造示意

8.4.8　楼盖局部需挑出承重墙时搁栅应按图 8.4.8 安装。当悬挑端仅承受本层楼盖或屋盖荷载，悬挑搁栅的截面为 40mm×185mm 和 40mm×235mm 时，外挑长度分别不得超过 400mm 或 600mm。当外挑长度超过 600mm 或尚需承受上层楼、屋盖荷载时，应由设计文件规定。沿楼盖搁栅方向的悬挑，在悬挑范围内被切断的原封头搁栅应改为实心横撑［图 8.4.8（a）］；垂直于楼盖搁栅方向的悬挑，悬挑搁栅在室内部分的长度不得小于外挑长度的 6 倍，悬挑搁栅末端应采用两根规格材作悬挑部分的封头搁栅（原楼盖搁栅），被切断的楼盖搁栅在悬挑搁栅间也应安装实心横撑［图 8.4.8（b）］。悬挑封边搁栅在室内部分所用规格材数量，以及各搁栅间的钉连接要求，应按本规范第 8.4.7 条的规定处理；横撑与搁栅间的连接应按本规范第 8.4.6 条的规定处理。

悬挑长度 | 搁栅最小尺寸
400mm | 40mm×185mm
600mm | 40mm×235mm
>600mm | 设计决定
凸窗
悬挑
封头搁栅

(a) 悬挑沿楼盖搁栅

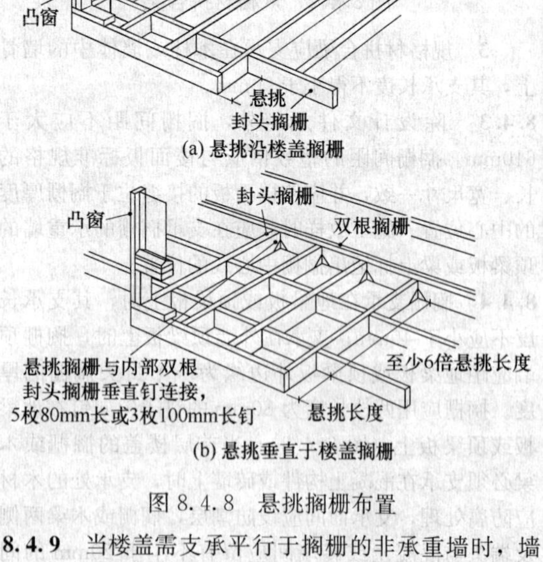

封头搁栅
凸窗
双根搁栅
悬挑搁栅与内部双根
封头搁栅垂直钉连接，
5枚80mm长或3枚100mm长钉
悬挑长度
至少6倍悬挑长度

(b) 悬挑垂直于楼盖搁栅

图 8.4.8　悬挑搁栅布置

8.4.9　当楼盖需支承平行于搁栅的非承重墙时，墙体下应设置搁栅或使墙体落在两根搁栅间的实心横撑上，横撑的截面尺寸不应小于 40mm×90mm，间距不应大于 1.2m，钉连接应符合本规范第 8.4.6 条的规定。当非承重墙垂直于搁栅布置，且距搁栅支座不大于0.9m时，搁栅可不做特殊处理。

8.4.10 采用工字形木搁栅时，应按下列要求施工：

1 应按设计文件的规定布置和安装工字形木搁栅封头、封边搁栅，以及搁栅和梁的各类支撑。

2 工字形木搁栅作梁使用时支承长度不应小于90mm，作搁栅使用时支承长度不应小于45mm。每侧下翼缘宜用两枚长60mm的钉子与顶梁板钉牢，钉位距搁栅端头不应小于38mm。

3 应按设计文件或产品说明书规定，在集中力作用点（含支座）处安装加劲肋。加劲肋应对称布置在搁栅腹板的两侧，一端应顶紧在直接承受集中力作用的搁栅翼缘底面，另一端与翼缘宜留30mm～50mm的间隙，应用结构胶将加劲肋粘贴在搁栅腹板和翼缘上。

4 工字形木搁栅搬运和放置时不应处于平置状态，腹板应平行于地面。必须平置放置时，其上不得有重物。

5 对高宽比较大的工字形木搁栅，在安装就位后但尚未安装平面外或搁栅间支撑前，上翼缘应及时设置横向临时支撑，可采用木条（38mm×38mm）和钉连接（两枚60mm长钉子）逐根拉结，并应连接到相对不动的构件上。

6 未铺钉楼面板前，不得在搁栅上堆放重物。搁栅间未设支撑前，人员不得在其上走动。

8.4.11 楼面板所用木基结构板的种类和规格应符合设计文件的规定。设计文件未作规定时，其厚度不应小于表8.4.11的规定。

表 8.4.11 木基结构板材楼面板的厚度

搁栅最大间距（mm）	木基结构板材(结构胶合板或OSB)的最小厚度(mm)	
	$Q_k \leqslant 2.5\text{kN/m}^2$	$2.5\text{kN/m}^2 < Q_k < 5.0\text{kN/m}^2$
400	15	15
500	15	18
600	18	22

8.4.12 楼面板应覆盖至封头或封边搁栅的外边缘，宜整张（1.22m×2.44m）钉合。设计文件未作规定时，楼面板的长度方向应垂直于楼盖搁栅，板带长度方向的接缝应位于搁栅轴线上，相邻板间应留3mm缝隙；板带间宽度方向的接缝应错开布置（图8.4.12），除企口板外，板带间接缝下的搁栅间应根据设计文件的规定，决定是否设置横撑及横撑截面的大小。铺钉楼面板时，搁栅上宜涂刷弹性胶粘剂（液体钉）。楼面板的排列及钉合要求还应分别符合本规范第8.2.9条和第8.2.10条的规定。铺钉楼面板时，可从楼盖一角开始，板面排列应整齐划一。

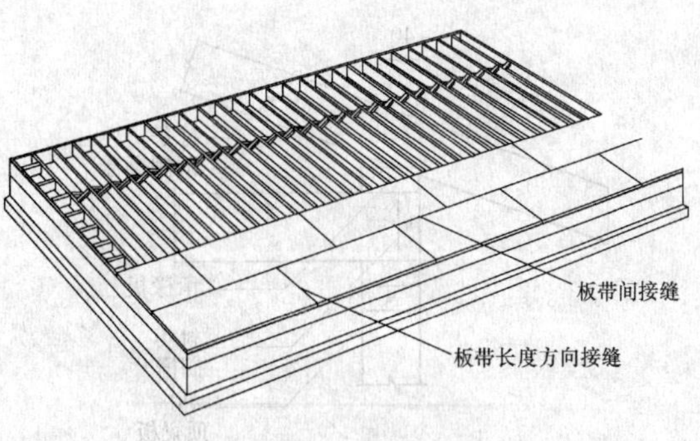
板带间接缝
板带长度方向接缝

图 8.4.12 楼面板安装示意

8.4.13 楼盖制作与安装偏差不应大于表8.4.13的规定。

表 8.4.13 楼盖制作与安装允许偏差

项　目	允许偏差（mm）	备　注
搁栅间距	±40	—
楼盖整体水平度	1/250	以房间短边计
楼盖局部平整度	1/150	以每米长度计
搁栅截面高度	±3	—
搁栅支承长度	−6	—
楼面板钉间距	+30	—
钉头嵌入楼面板深度	+3	—
板缝隙	±1.5	—
任意三根搁栅顶面间的高差	±1.0	—

8.5 椽条-顶棚搁栅型屋盖制作与安装

8.5.1 椽条与顶棚搁栅的布置，所用规格材的材质等级和截面尺寸应符合设计文件的规定。椽条或顶棚搁栅的间距最大不应超过610mm，且其整数倍应与所用屋面板或顶棚覆面板标准规格的长、宽尺寸一致。

8.5.2 坡度小于1∶3的屋面，椽条在外墙檐口处可支承在承椽板上［图8.5.2-1（a）］，亦可支承在墙体的顶梁板上［图8.5.2-1（b）］。椽条应在支承处锯出三角槽口，支承长度不应小于40mm，并应用3枚长度为80mm圆钉斜向（图6.4.3）钉牢在承椽板或顶梁板上。承椽板所用规格材的截面尺寸应等同于墙体顶梁板，并应在每根顶棚搁栅处各用1枚长度为80mm的圆钉分别钉牢在顶棚搁栅和封头搁栅上。椽条在屋脊处应支承在屋脊梁上［图8.5.2-2（a）］，椽条端部应切割成斜面，并应用4枚长度为60mm的圆钉斜向钉牢在屋脊梁上或用3枚长度为80mm的钉子从屋脊梁背面钉入椽条端部。屋脊梁截面尺寸不宜小于40mm×140mm，且截面高度应至少大于椽条一个尺寸等级。屋脊梁均应设间距不大于1.2m的竖向支承杆，杆截面尺寸不应小于40mm×90mm。竖向支

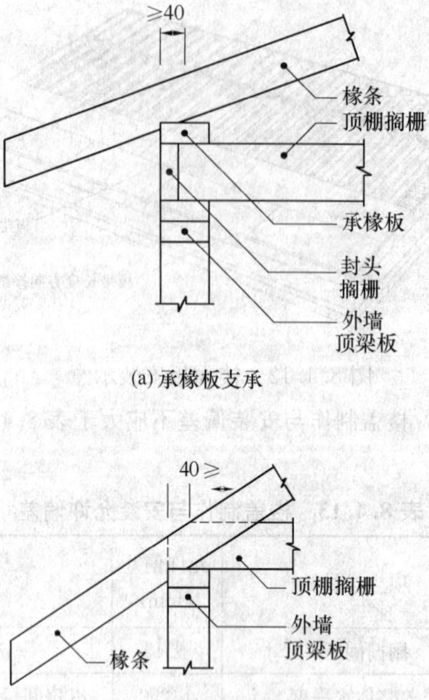
≥40
椽条
顶棚搁栅
承椽板
封头
搁栅
外墙
顶梁板
40≥
顶棚搁栅
外墙
顶梁板
椽条

(a) 承椽板支承

(b) 顶梁板支承

图 8.5.2-1 椽条支承在承椽板或顶梁板上

承杆下端应通过顶棚搁栅顶面支承在承重墙或梁上，其上、下端均应用 2 枚长度 80mm 的圆钉分别与屋脊梁和搁栅相互钉牢。顶棚搁栅可用 2 枚长度为 80mm 的钉子与顶梁板斜向钉牢（图 6.4.3）。当椽条与顶棚搁栅相邻时，应用 3 枚长度为 80mm 的圆钉相互钉牢。

当椽条跨度较大时，除椽条中间支座（屋脊梁）外，两侧可设矮墙［图 8.5.2-2（b）］或对称斜撑［图 8.5.2-2（c）］。矮墙的构造应符合本规范第 8.3 节的规定，但可仅单面铺钉覆面板或仅在部分墙骨间设斜撑。矮墙应支承在顶棚搁栅上，搁栅间应设横撑。矮墙墙骨、底、顶梁板的截面尺寸不应小于 40mm×90mm。对称斜撑的倾角不应小于 45°，截面尺寸不应小于 40mm×90mm，上端应用 3 枚长度为 80mm 的圆钉与椽条侧面钉牢，下端应用 2 枚长度为 80mm 的圆钉斜钉在内墙顶梁板上。

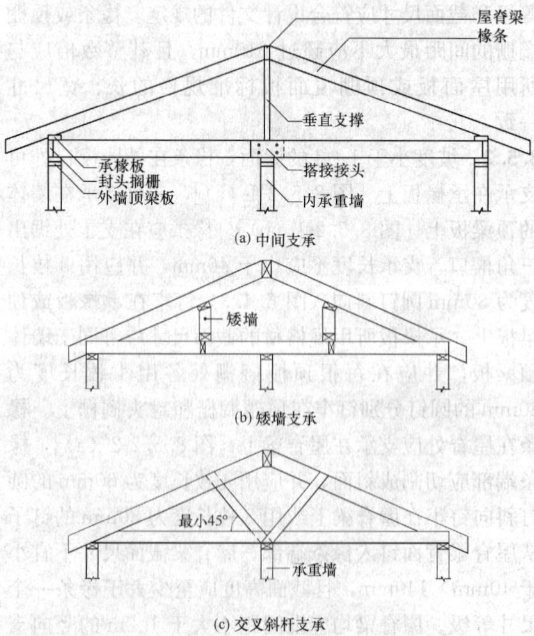
屋脊梁
椽条
垂直支撑
承椽板
封头搁栅
外墙顶梁板
搭接接头
内承重墙
矮墙
最小45°
承重墙

(a) 中间支承

(b) 矮墙支承

(c) 交叉斜杆支承

图 8.5.2-2 椽条中间支承形式

8.5.3 坡度等于和大于 1∶3 的屋面（图 8.5.3），椽条在檐口处应直接支承在外墙的顶梁板上［图 8.5.2-1（b）］，三角槽口支承长度不应小于 40mm，并应用 2 枚长度为 80mm 的圆钉斜向与顶梁板钉合。椽条应贴紧顶棚搁栅，并应用圆钉可靠地连接，用钉规格与数量应符合设计文件的规定。设计文件无明确规定时，不应少于表 8.5.3 的规定。在屋脊处，椽条支承在屋脊板上，其端部应切成斜面，应用 4 枚长度为 60mm 或 3 枚长为 80mm 的圆钉相互钉牢，屋脊板两侧的椽条可错开，但错开距离不应大于椽条厚度。屋脊板厚度不应小于 40mm，高度应大于椽条规格材至少一个尺寸等级。跨度不大的屋盖，可不设屋脊板，两侧椽条应对称地对顶，但应设连接板，每侧应用 4 枚长度为 60mm 的圆钉与椽条钉牢。当椽条的跨度较大时，椽条的中部位置可设椽条连杆（图 8.5.3），连杆的截面尺寸不应小于 40mm×90mm，两端的钉连接应符合设计文件的规定，每端应至少用 3 枚长度为 80mm 的圆钉与椽条钉牢。当椽条连杆的长度超过 2.4m 时，各椽条连杆间应设系杆，截面尺寸不应小于 40mm×90mm，应用两枚长度为 80mm 的圆钉与连杆钉牢。

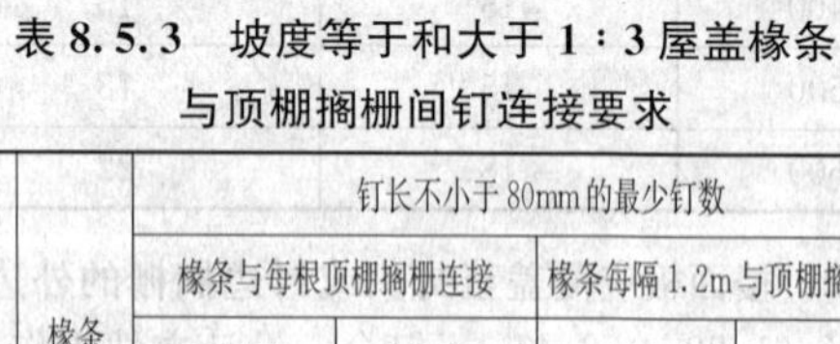
屋脊板
椽条系杆
椽条连杆
椽条
顶棚搁栅

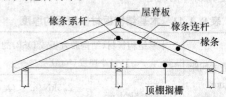

图 8.5.3 坡度等于和大于 1∶3 的屋面

表 8.5.3 坡度等于和大于 1∶3 屋盖椽条与顶棚搁栅间钉连接要求

屋面坡度	椽条间距(mm)	钉长不小于 80mm 的最少钉数											
		椽条与每根顶棚搁栅连接						椽条每隔 1.2m 与顶棚搁栅连接					
		房屋宽度达到 8m			房屋宽度达到 9.8m			房屋宽度达到 8m			房屋宽度达到 9.8m		
		屋面雪荷(kPa)			屋面雪荷(kPa)			屋面雪荷(kPa)			屋面雪荷(kPa)		
		≤1.0	1.5	≥2.0	≤1.0	1.5	≥2.0	≤1.0	1.5	≥2.0	≤1.0	1.5	≥2.0
1∶3	400	4	5	6	5	7	8	11	—	—	—	—	—
	600	6	8	9	8	—	—	11	—	—	—	—	—
1∶2.4	400	4	4	5	5	6	7	7	10	—	9	—	—
	600	5	7	8	7	9	11	7	10	—	—	—	—

续表 8.5.3

屋面坡度	椽条间距(mm)	钉长不小于80mm的最少钉数											
		椽条与每根顶棚搁栅连接						椽条每隔1.2m与顶棚搁栅连接					
		房屋宽度达到8m			房屋宽度达到9.8m			房屋宽度达到8m			房屋宽度达到9.8m		
		屋面雪荷(kPa)			屋面雪荷(kPa)			屋面雪荷(kPa)			屋面雪荷(kPa)		
		≤1.0	1.5	≥2.0	≤1.0	1.5	≥2.0	≤1.0	1.5	≥2.0	≤1.0	1.5	≥2.0
1∶2	400	4	4	4	4	4	5	6	8	9	8	—	—
	600	4	5	6	5	7	8	6	8	9	8	—	—
1∶1.71	400	4	4	4	4	4	4	5	7	8	7	9	11
	600	4	4	5	5	6	7	5	7	8	7	9	11
1∶1.33	400	4	4	4	4	4	4	4	5	6	5	6	7
	600	4	4	4	4	4	5	4	5	6	5	6	7
1∶1	400	4	4	4	4	4	4	4	4	4	4	4	5
	600	4	4	4	4	4	4	4	4	4	4	4	5

8.5.4 顶棚搁栅与墙体顶梁板的固定方法应与楼盖搁栅相同。屋顶设阁楼时，顶棚搁栅间应按楼盖搁栅的要求设置木底撑、剪刀撑或横撑等侧向支撑。坡度等于和大于 1∶3 的屋顶，顶棚搁栅应连续，可用搭接接头拼接，但接头应支承在中间墙体上。搭接接头钉连接的用钉量应在表 8.5.3 规定的基础上增加 1 枚。檐口处椽条间宜设横撑，横撑的截面应与椽条相同，其外侧应与顶梁板或承椽板平齐，应用 2 枚长度为 60mm 的钉子斜向与顶梁板或承椽板钉牢，两端应各用同规格钉子斜向与椽条钉牢。

8.5.5 山墙处应用两根相同尺寸的规格材作椽条，彼此应用长度为 80mm、间距不大于 600mm 圆钉钉合。椽条下山墙墙骨的顶端宜切割成与椽条相吻合的坡角切口、与椽条抵合，并应用 2 枚长度为 80mm 的圆钉钉牢[图 8.5.5(a)]。

当檐口需外挑出山墙时，椽条布置应符合图 8.5.5(b)所示。两根规格材构成的椽条应安装在距离山墙为檐口外挑长度 2 倍的位置。悬挑椽条应支承在山墙顶梁板上，并应用 2 枚长度为 80mm 的钉子斜向钉合，另一端与封头椽条用 2 枚长度为 80mm 的钉子钉合。悬挑椽条与封头椽条的截面尺寸应与其他椽条截面尺寸一致。

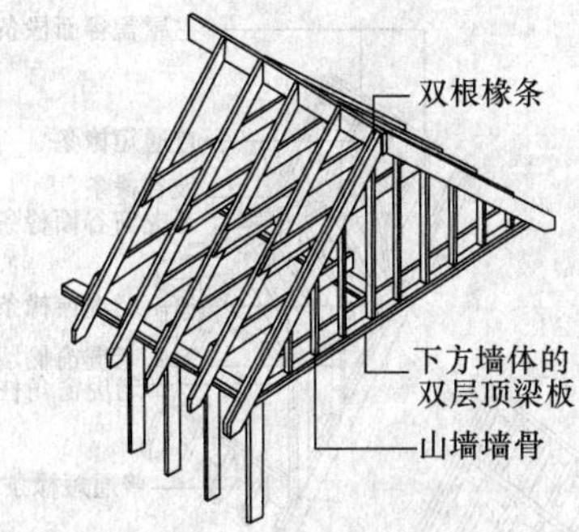
双根椽条
下方墙体的
双层顶梁板
山墙墙骨

(a) 平屋檐

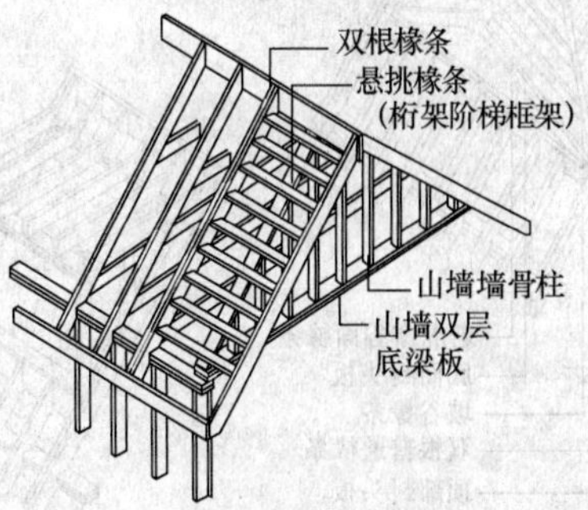
双根椽条
悬挑椽条
(桁架阶梯框架)
山墙墙骨柱
山墙双层
底梁板

(b) 外挑屋檐

图 8.5.5 山墙处椽条的布置

8.5.6 复杂屋盖中的戗椽与谷椽所用规格材截面高度应高于一般椽条截面至少 50mm（图 8.5.6），与其相连的脊面椽条和坡面椽条端头应切割成双向斜坡，并应用 2 枚长度为 80mm 的圆钉斜向钉牢。

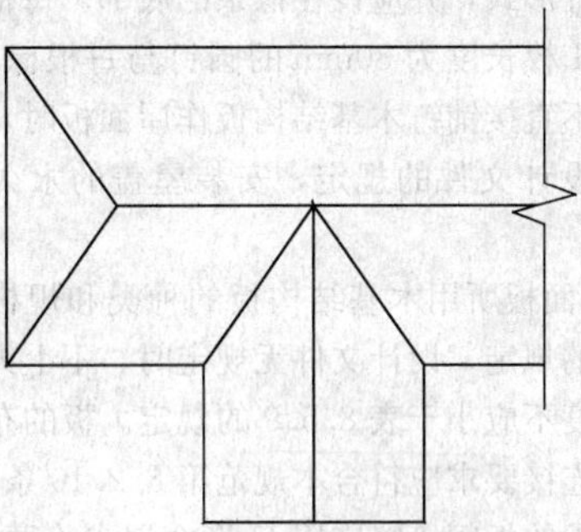

(a) 复杂屋顶平面

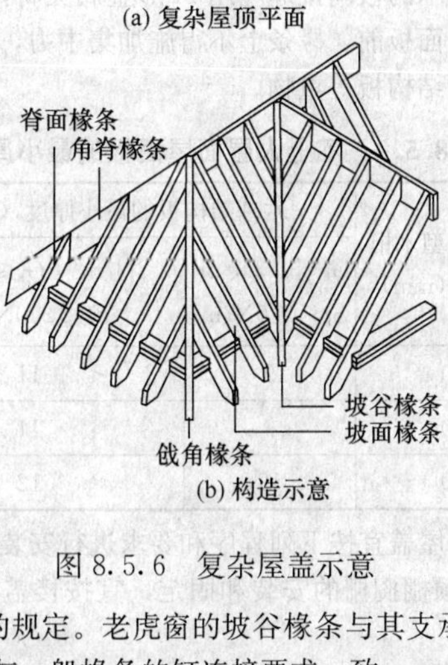
脊面椽条
角脊椽条
坡谷椽条
坡面椽条
戗角椽条

(b) 构造示意

图 8.5.6 复杂屋盖示意

8.5.7 老虎窗应在主体屋面板铺钉完成后安装。支承老虎窗墙骨的封边椽条和封头椽条应用两根规格材制作（图 8.5.7），并应用长度为 80mm 的圆钉按 600mm 的间距彼此钉合。封边椽条与封头椽条以及封头椽条与断尾椽条的钉连接，应符合本规范第 8.4.7 条的规定。老虎窗的坡谷椽条与其支承构件间钉连接应与一般椽条的钉连接要求一致。

8.5.8 屋面椽条安装完毕后，应及时铺钉屋面板，屋面板铺钉不及时时，应设临时支撑。临时支撑可采

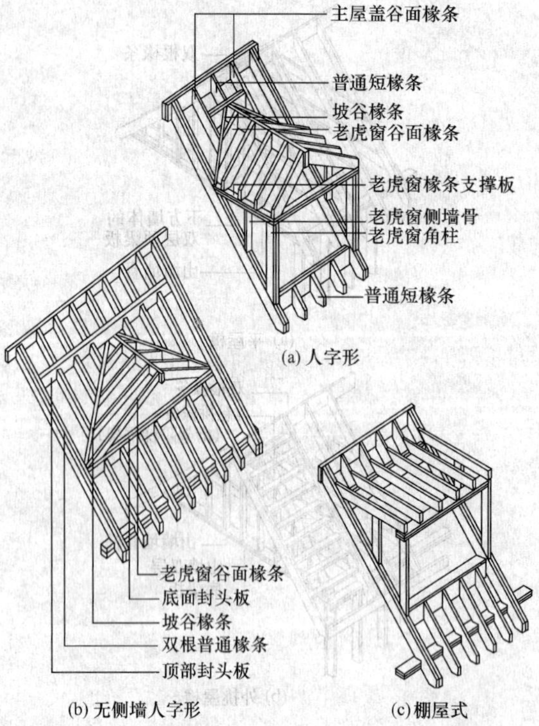
主屋盖谷面椽条
普通短椽条
坡谷椽条
老虎窗谷面椽条
老虎窗椽条支撑板
老虎窗侧墙骨
老虎窗角柱
普通短椽条
(a) 人字形
老虎窗谷面椽条
底面封头板
坡谷椽条
双根普通椽条
顶部封头板
(b) 无侧墙人字形
(c) 棚屋式

图 8.5.7 老虎窗制作与安装

用交叉斜杆形式，并应设在椽条的底部。每根斜杆应至少各用 1 枚长度为 80mm 的圆钉与每根椽条钉牢。椽条顶面不直接铺钉木基结构板作屋面板时，屋盖系统均应按设计文件的规定，安装屋盖的永久性支撑系统。

8.5.9 屋面板所用木基结构板的种类和规格应符合设计文件的规定，设计文件无规定时，不上人屋面屋面板的厚度不应小于表 8.5.9 的规定。板的布置和与椽条的钉连接要求应符合本规范第 8.2.10 条的规定，板下无支承的板间接缝应用 H 形金属夹将两板嵌牢。未铺钉屋面板前，椽条上不得施加集中力，也不得堆放成捆的结构板等重物。

表 8.5.9 不上人屋面屋面板的最小厚度

椽条或轻型木桁架间距（mm）	木基结构板的最小厚度（mm）	
	$G_k \leqslant 0.3\text{N/m}^2$ $S_k \leqslant 2.0\text{N/m}^2$	$0.3\text{N/m}^2 < G_k \leqslant 1.3\text{N/m}^2$ $S_k \leqslant 2.0\text{N/m}^2$
400	9	11
500	9	11
600	12	12

8.5.10 屋盖宜按下列程序和要求进行安装：

1 顶棚搁栅的安装和固定，宜按楼盖施工方法进行。

2 顶棚搁栅顶面宜临时铺钉木基结构板作安装屋盖其他构件的操作平台。

3 宜将屋盖的控制点或线（屋脊梁、屋脊板及其与戗角椽条的交点、竖向支承杆和支承矮墙的位置等）的平面位置标记在操作平台的木基结构板上。

4 宜按设计文件规定的标高和各控制点（线）安装竖向支承杆、屋脊梁、矮墙和屋脊板。屋脊板可用一定数量的椽条支顶架设。对于四坡屋顶，可同时架设戗角椽条、坡谷椽条等。椽条长度宜按设计文件规定并结合其端部各面需要切割的倾角和屋脊梁、板的厚度等因素作适当调整。

5 宜对称于屋脊梁、屋脊板、戗角椽条、坡谷椽条安装普通椽条和坡面椽条，同时宜制作老虎窗洞口。

6 宜安装山墙椽条、封头椽条。

7 宜铺钉屋面板。

8 宜安装老虎窗结构构件，并宜铺钉老虎窗侧墙板和屋面板。

8.5.11 轻型木结构屋盖制作安装的偏差，不应超过表 8.5.11 的规定。

表 8.5.11 轻型木结构屋盖安装允许偏差

项次	项 目		允许偏差（mm）	检查方法
1	椽条、搁栅	顶棚搁栅间距	±40	钢尺量
2		搁栅截面高度	±3	钢尺量
3		任三根椽条间顶面高差	±1	钢尺量
4	屋面板	钉间距	+30	钢尺量
5		钉头嵌入楼/屋面板表面的最大距离	+3	钢尺量
6		屋面板局部平整度（双向）	6/1m	水平尺

8.6 齿板桁架型屋盖制作与安装

8.6.1 齿板桁架应由专业加工厂加工制作，并应有产品质量合格证书和产品标识。桁架应作下列进场验收：

1 桁架所用规格材应与设计文件规定的树种、材质等级和规格一致。

2 齿板应与设计文件规定的规格、类型和尺寸一致。

3 桁架的几何尺寸偏差不应超过表 8.6.1 的规定。

表 8.6.1 齿板桁架制作允许误差

	相同桁架间尺寸差	与设计尺寸间的误差
桁架长度	13mm	19mm
桁架高度	6mm	13mm

注：1 桁架长度指不包括悬挑或外伸部分的桁架总长，用于限定制作误差。
2 桁架高度指不包括悬挑或外伸等上、下弦杆突出部分的全榀桁架最高部位处的高度，为上弦顶面到下弦底面的总高度，用于限定制作误差。

4　齿板的安装位置偏差不应超过图 8.6.1-1 所示的规定。

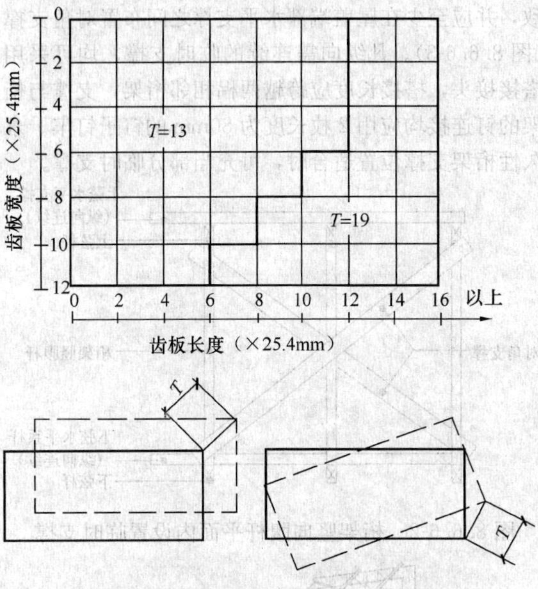
齿板宽度（×25.4mm）
0
2
4
6
8
10
12
T=13
T=19
0
2
4
6
8
10
12
14
16
以上
齿板长度（×25.4mm）
T
T

图 8.6.1-1　齿板位置偏差允许值

5　齿板连接的缺陷面积，当连接处的构件宽度大于 50mm 时，不得超过齿板与该构件接触面积的 20%；当构件宽度小于 50mm 时，不得超过 10%。缺陷面积应为齿板与构件接触面范围内的木材表面缺陷面积与板齿倒伏面积之和。

6　齿板连接处木构件的缝隙不应超过图 8.6.1-2 所示的规定。除设计文件规定外，宽度超过允许值的缝隙，均应用宽度不小于 19mm、厚度与缝隙宽度相当的金属片填实，并应用螺纹钉固定在被填塞的构件上。

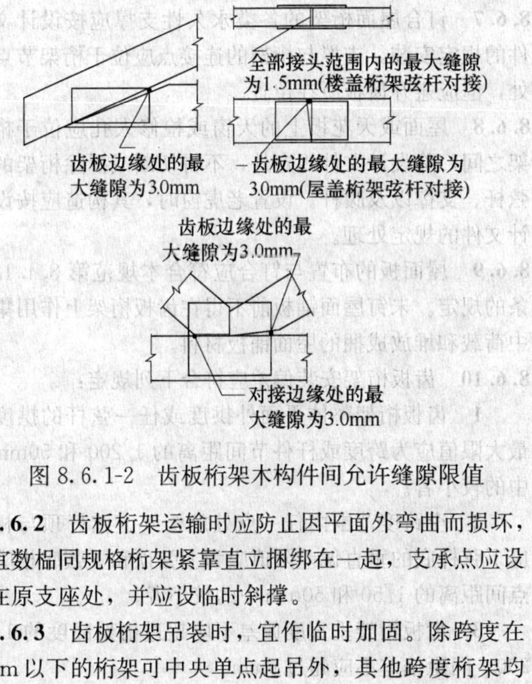
全部接头范围内的最大缝隙为1.5mm(楼盖桁架弦杆对接)
齿板边缘处的最大缝隙为3.0mm
齿板边缘处的最大缝隙为3.0mm(屋盖桁架弦杆对接)
齿板边缘处的最大缝隙为3.0mm
对接边缘处的最大缝隙为3.0mm

图 8.6.1-2　齿板桁架木构件间允许缝隙限值

8.6.2　齿板桁架运输时应防止因平面外弯曲而损坏，宜数榀同规格桁架紧靠直立捆绑在一起，支承点应设在原支座处，并应设临时斜撑。

8.6.3　齿板桁架吊装时，宜作临时加固。除跨度在 6m 以下的桁架可中央单点起吊外，其他跨度桁架均应两点起吊。跨度超过 9m 的桁架宜设分配梁，索夹角 θ 不应大于 60°（图 8.6.3）。桁架两端可系导向绳。

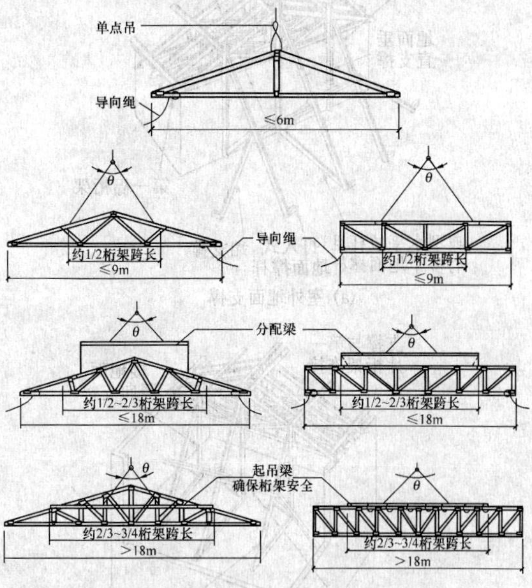
单点吊
导向绳
≤6m
θ
θ
导向绳
约1/2桁架跨长
≤9m
约1/2桁架跨长
≤9m
θ
分配梁
θ
约1/2~2/3桁架跨长
≤18m
约1/2~2/3桁架跨长
≤18m
θ
起吊梁
确保桁架安全
θ
约2/3~3/4桁架跨长
>18m
约2/3~3/4桁架跨长
>18m

图 8.6.3　齿板桁架起吊示意

8.6.4　齿板桁架的间距和支承在墙体顶梁板上的位置应符合设计文件的规定。当采用木基结构板作屋面板时，桁架间距尚应使其整数倍与屋面板标准规格的长、宽尺寸一致。桁架支座处应用 3 枚长度为 80mm 的钉子斜向（图 6.4.3）钉牢在顶梁板上。各桁架支座处桁架间宜设实心横撑（图 8.6.4），横撑截面尺寸应等同桁架下弦杆，并应分别用两枚长度为 80mm 的钉子与下弦侧面和顶梁板垂直或斜向钉牢。

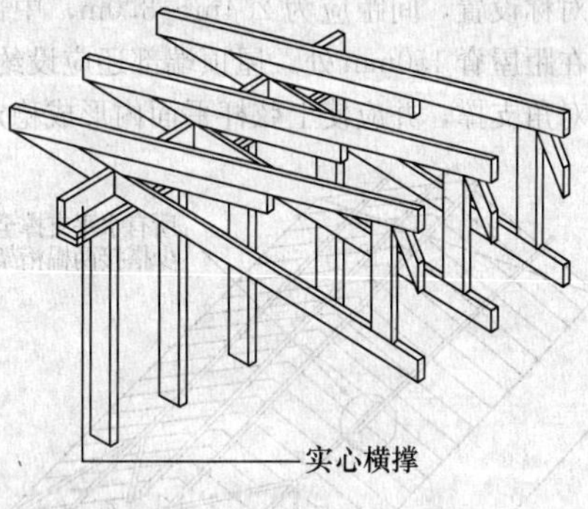
实心横撑

图 8.6.4　桁架间支座处横撑的设置

8.6.5　桁架可逐榀吊装就位，或多榀桁架按间距要求在地面用永久性或临时支撑组合成数榀后一起吊装。吊装就位的桁架，应设临时支撑保证其安全和垂直度。当采用逐榀吊装时，第一榀桁架的临时支撑应有足够的能力防止后续桁架倾覆，支撑杆件的截面不应小于 40mm×90mm，支撑的间距应为 2.4m～3.0m，位置应与被支撑桁架的上弦杆的水平支撑点一致，应用 2 枚长度为 80mm 的钉子与其他支撑杆件钉牢，支撑的另一端应可靠地锚固在地面［图 8.6.5

(a)] 或内侧楼板上[图 8.6.5 (b)]。

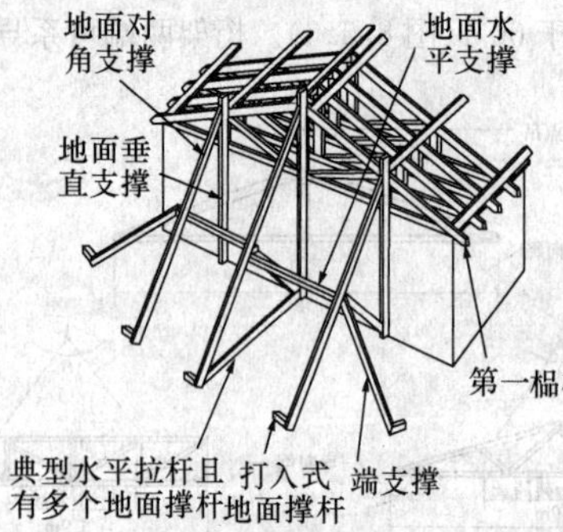
地面对
角支撑
地面水
平支撑
地面垂
直支撑
第一榀桁架
典型水平拉杆且
有多个地面撑杆
打入式
地面撑杆
端支撑

(a) 室外地面支撑

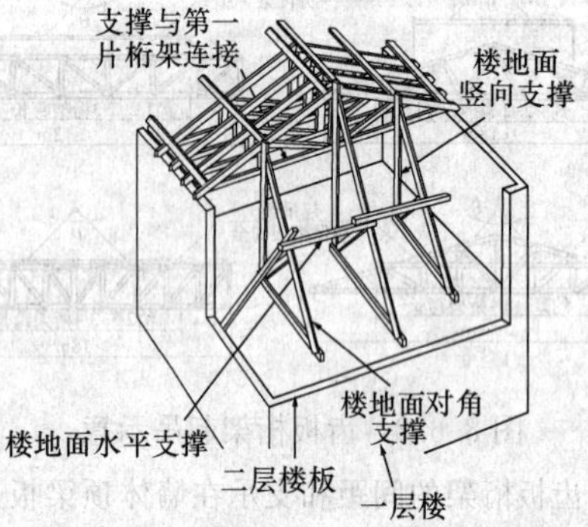
支撑与第一
片桁架连接
楼地面
竖向支撑
楼地面对角
支撑
楼地面水平支撑
二层楼板
一层楼

(b) 室内楼面支撑

图 8.6.5　屋面桁架的临时支撑

8.6.6　桁架的垂直度调整应与桁架间的临时支撑设置同时进行。桁架间临时支撑应设在上弦杆或屋面板平面、下弦杆或天花板平面，以及桁架竖向腹杆所在的平面内。其中，上弦杆平面内支撑沿纵向应连续，宜两坡对称设置，间距应为 2.4m～3.0m，中部一根宜设置在距屋脊 150mm 处，屋顶端部还应设约呈 45°夹角的对角支撑，并应使上弦杆平面内形成稳定的三

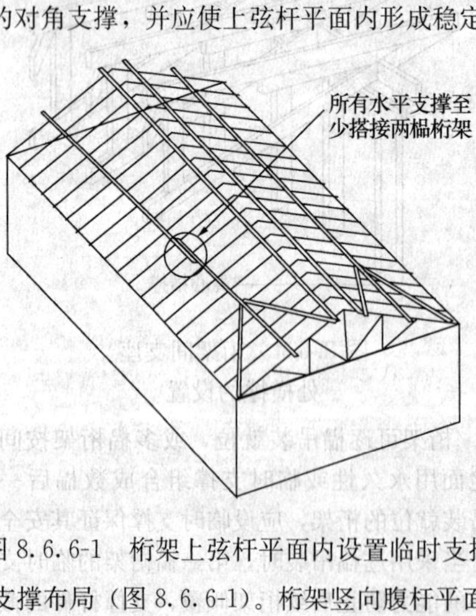
所有水平支撑至
少搭接两榀桁架

图 8.6.6-1　桁架上弦杆平面内设置临时支撑

角形支撑布局（图 8.6.6-1）。桁架竖向腹杆平面内的支撑应为桁架上、下弦杆之间的对角支撑（图 8.6.6-2），间距应为 2.4m～3.0m 布置一对，并应至少在屋盖两端布置。下弦杆平面内应设置通长的纵向连续水平系杆，系杆可设在下弦杆的上顶面并用钉连接固定。下弦杆平面内还应设 45°交角的对角支撑（图 8.6.6-3），位置应与竖向腹杆平面内的对角支撑一致，并应至少在屋盖端部水平支撑之间布置对角支撑（图 8.6.6-3）。凡纵向需连续的临时支撑，均可采用搭接接头，搭接长度应跨越两榀相邻桁架，支撑与桁架的钉连接均应用 2 枚长度为 80mm 的钉子钉牢。永久性桁架支撑位置适合时，可充当部分临时支撑。

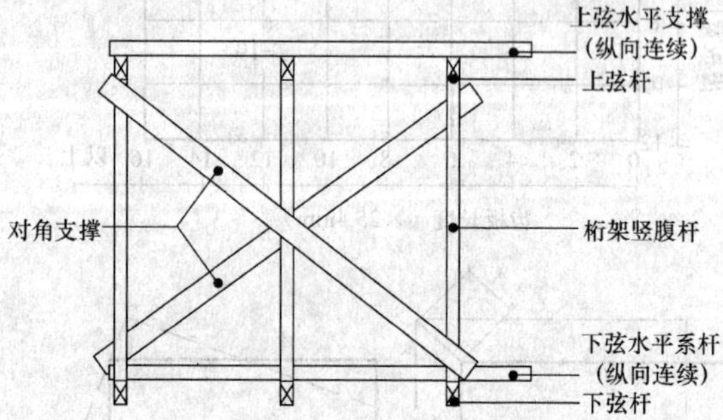
上弦水平支撑
（纵向连续）
上弦杆
对角支撑
桁架竖腹杆
下弦水平系杆
（纵向连续）
下弦杆

图 8.6.6-2　桁架竖向腹杆平面内设置临时支撑

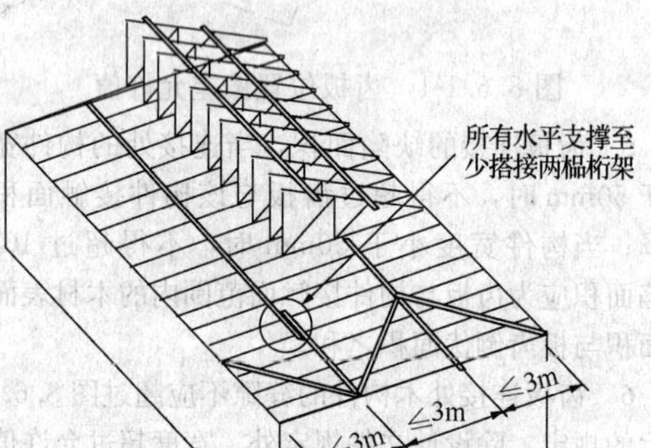
所有水平支撑至
少搭接两榀桁架
≤3m
≤3m
≤3m

图 8.6.6-3　桁架下弦杆平面内设置临时支撑

8.6.7　钉合屋面桁架的各类永久性支撑应按设计文件的规定安装，支撑与桁架的连接点应位于桁架节点处，但应避开齿板所在位置。

8.6.8　屋面或天花板上的天窗或检修人孔应位于桁架之间，除设计文件规定外，不得切断或拆除桁架的弦杆、支撑以及腹杆。设置老虎窗时，其构造应按设计文件的规定处理。

8.6.9　屋面板的布置与钉合应符合本规范第 8.4.12 条的规定。未钉屋面铺板前不得在齿板桁架上作用集中荷载和堆放成捆的屋面铺板材料。

8.6.10　齿板桁架安装偏差应符合下列规定：

1　齿板桁架整体平面外拱度或任一弦杆的拱度最大限值应为跨度或杆件节间距离的 1/200 和 50mm 中的较小者。

2　全跨度范围内任一点处的桁架上弦杆顶与相应下弦杆底的垂直偏差限值应为上弦顶和下弦底相应点间距离的 1/50 和 50mm 中的较小者。

3　齿板桁架垂直度偏差不应超过桁架高度的 1/200，间距偏差不应超过 6mm。

8.6.11 屋面板应按本规范第 8.5.9 条的规定铺钉，安装偏差不应超过本规范第 8.5.11 条的规定。

8.7 管线穿越

8.7.1 管线在轻型木结构的墙体、楼盖与顶棚中穿越，应符合下列规定：

1 承重墙墙骨开孔后的剩余截面高度不应小于原高度的2/3（图 8.7.1-1），非承重墙剩余高度不应小于 40mm，顶梁板和底梁板剩余宽度不应小于 50mm。

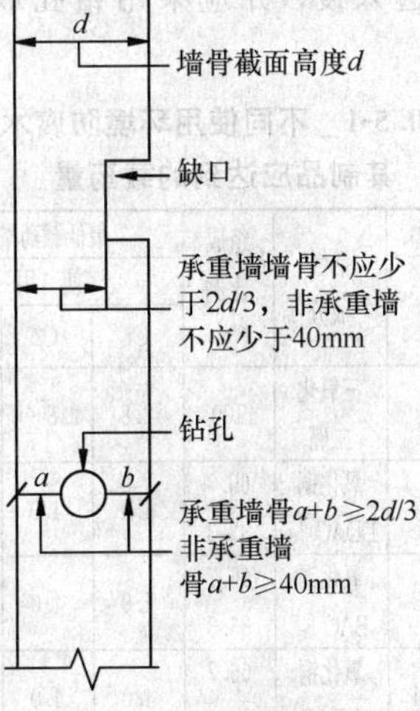

d
墙骨截面高度d
缺口
承重墙墙骨不应少于2d/3，非承重墙不应少于40mm
钻孔
a
b
承重墙骨a+b≥2d/3；
非承重墙骨a+b≥40mm

图 8.7.1-1 墙骨开孔限制

2 楼盖搁栅、顶棚搁栅和椽条等木构件不应在底边或受拉边缘切口。可在其腹部开直径或边长不大于 1/4 截面高度的洞孔，但距上、下边缘的剩余高度均不应小于 50mm（图 8.7.1-2）。楼盖搁栅和不承受拉力的顶棚搁栅支座端上部可开槽口，但槽深不应大于搁栅截面高度的 1/3，槽口的末端距支座边的距离不应大于搁栅截面高度的 1/2，可在距支座 1/3 跨度范围内的搁栅顶部开深度不大于搁栅高度的 1/6 的缺口。

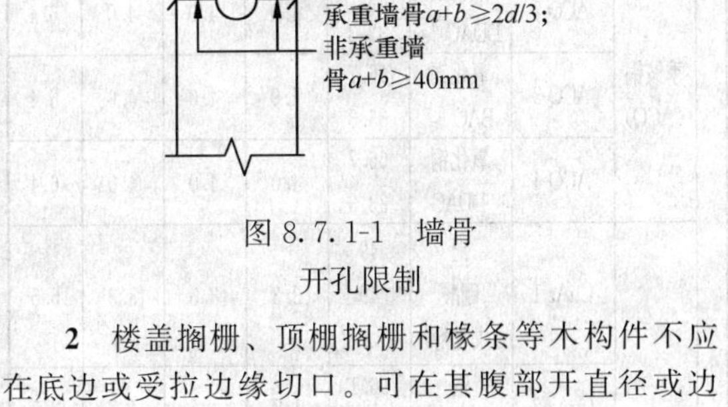

开槽深度不应超过搁栅高度的1/6
洞口直径不应超过搁栅高度的1/4
1/3跨度
1/3跨度
1/3跨度
中间1/3跨度范围内部允许开槽
开槽引起的搁栅高度增加
锯材楼板搁栅
搁栅端部的槽口深度不应超过搁栅高度的1/3
洞口到搁栅上、下边距不小于50mm

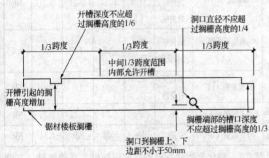

图 8.7.1-2 搁栅开槽口和洞口示意

3 管线穿过木构件孔洞时，管壁与孔洞四壁间应余留不小于 1 mm 的缝隙。水管不宜置于外墙体中。

4 工字形木搁栅开孔或开槽口应根据产品说明书进行。

8.7.2 凡结构承重构件的安装遇建筑设备影响时，应由设计单位出具变更设计，不得擅自处理。

9 木结构工程防火施工

9.0.1 木结构防火工程应按设计文件规定的木构件燃烧性能、耐火极限指标和防火构造要求施工，且应符合现行国家标准《建筑设计防火规范》GB 50016 和《木结构设计规范》GB 50005 的有关规定。防火处理所用的防火材料或阻燃剂不应危及人畜安全，并不应污染环境。

9.0.2 防火材料或阻燃剂应按说明书验收，包装、运输应符合药剂说明书规定，应储存在封闭的仓库内，并应与其他材料隔离。

9.0.3 木构件采用加压浸渍阻燃处理时，应由专业加工企业施工，进场时应有经阻燃处理的相应的标识。验收时应检查构件燃烧性能是否满足设计文件规定的证明文件。

9.0.4 木构件防火涂层施工，可在木结构工程安装完成后进行。防火涂层应符合设计文件的规定，木材含水率不应大于 15%，构件表面应清洁，应无油性物质污染，木构件表面喷涂层应均匀，不应有遗漏，其干厚度应符合设计文件的规定。

9.0.5 防火墙设置和构造应按设计文件的规定施工，砖砌防火墙厚度和烟道、烟囱壁厚度不应小于 240mm，金属烟囱应外包厚度不小于 70mm 的矿棉保护层或耐火极限不低于 1.00h 的防火板覆盖。烟囱与木构件间的净距不应小于 120mm，且应有良好的通风条件。烟囱出楼屋面时，其间隙应用不燃材料封闭。砌体砌筑时砂浆应饱满，清水墙应仔细勾缝。

9.0.6 墙体、楼、屋盖空腔内填充的保温、隔热、吸声等材料的防火性能，不应低于难燃性 B_1 级。

9.0.7 墙体和顶棚采用石膏板（防火或普通石膏板）作覆面板并兼作防火材料时，紧固件（钉子或木螺栓）贯入木构件的深度不应小于表 9.0.7 的规定。

表 9.0.7 兼做防火材料石膏板紧固件贯入木构件的深度（mm）

耐火极限	墙体		顶棚	
	钉	木螺丝	钉	木螺丝
0.75h	20	20	30	30
1.00h	20	20	45	45
1.50h	20	20	60	60

9.0.8 楼盖、楼梯、顶棚以及墙体内最小边长超过 25mm 的空腔，其贯通的竖向高度超过 3m，或贯通

的水平长度超过20m时，均应设置防火隔断。天花板、屋顶空间，以及未占用的阁楼空间所形成的隐蔽空间面积超过300m²，或长边长度超过20m时，均应设置防火隔断，并应分隔成面积不超过300m²且长边长度不超过20m的隐蔽空间。

9.0.9 隐蔽空间内相关部位的防火隔断应采用下列材料：

1 厚度不小于40mm的规格材。

2 厚度不小于20mm且由钉交错钉合的双层木板。

3 厚度不小于12mm的石膏板、结构胶合板或定向木片板。

4 厚度不小于0.4mm的薄钢板。

5 厚度不小于6mm的无机增强水泥板。

9.0.10 电源线敷设的施工应符合下列规定：

1 敷设在墙体或楼盖中的电源线应用穿金属管线或检验合格的阻燃型塑料管。

2 电源线明敷时，可用金属线槽或穿金属管线。

3 矿物绝缘电缆可采用支架或沿墙明敷。

9.0.11 埋设或穿越木构件的各类管道敷设的施工应符合下列规定：

1 管道外壁温度达到120℃及以上时，管道和管道的包覆材料及施工时的胶粘剂等，均应采用检验合格的不燃材料。

2 管道外壁温度在120℃以下时，管道和管道的包覆材料等应采用检验合格的难燃性不低于B_1的材料。

9.0.12 隔墙、隔板、楼板上的孔洞缝隙及管道、电缆穿越处需封堵时，应根据其所在位置构件的面积按要求选择相应的防火封堵材料，并应填塞密实。

9.0.13 木结构房屋室内装饰、电器设备的安装等工程，应符合现行国家标准《建筑内部装修设计防火规范》GB 50222的有关规定。

10 木结构工程防护施工

10.0.1 木结构防护工程应按设计文件规定的防护（防腐、防虫害）要求，并按本规范第3.0.8条规定的不同使用环境和工程所在地的虫害等实际情况，根据下列要求选用化学防腐剂及防腐处理木材：

1 防护用药剂不应危及人畜安全和污染环境。

2 需油漆的木构件宜采用水溶性防护剂或以挥发性的碳氢化合物为溶剂的油溶性防护剂。

3 在建筑物预定的使用期限内，木材防腐和防虫性能应稳定持久。

4 防腐剂不应与金属连接件起化学反应。木材经处理后，不应增加其吸湿性。

10.0.2 防腐剂应按说明书验收，包装、运输应符合药剂说明书的规定，应储存在封闭的仓库内，并应与其他材料隔离。

10.0.3 木材防护处理应采用加压浸渍法施工。药物不易浸入的木材，可采用刻痕处理。C1类环境条件下，也可采用冷热槽浸渍法或常温浸渍法。木材浸渍法防护处理应由有资质的专门企业完成。

10.0.4 木构件应在防护处理前完成制作、预拼装等工序。防腐剂处理完成后的木构件不得不作必要的再加工时，切割面、孔眼及运输吊装过程中的表皮损伤处等，可用喷洒法或涂刷法修补防护层。

10.0.5 不同使用环境下的原木、方木和规格材构件，经化学药剂防腐处理后应达到表10.0.5-1规定的以防腐剂活性成分计的最低载药量和表10.0.5-2规定的药剂透入度，并应采用钻孔取样的方法测定。

表10.0.5-1 不同使用环境防腐木材及其制品应达到的载药量

防腐剂类别	防腐剂名称		活性成分	组成比例（%）	最低载药量（kg/m³）使用环境 C1	C2	C3	C4A
水溶性	硼化合物[1]		三氧化二硼	100	2.8	2.8[2]	NR[3]	NR
	季铵铜（ACQ）	ACQ-2	氧化铜 DDAC[4]	66.7 33.3	4.0	4.0	4.0	6.4
		ACQ-3	氧化铜 BAC[5]	66.7 33.3	4.0	4.0	4.0	6.4
		ACQ-4	氧化铜 DDAC	66.7 33.3	4.0	4.0	4.0	6.4
	铜唑（CuAz）	CuAz-1	铜 硼酸 戊唑醇	49 49 2	3.3	3.3	3.3	6.5
		CuAz-2	铜 戊唑醇	96.1 3.9	1.7	1.7	1.7	3.3
		CuAz-3	铜 丙环唑	96.1 3.9	1.7	1.7	1.7	3.3
		CuAz-4	铜 戊唑醇 丙环唑	96.1 1.95 1.95	1.0	1.0	1.0	2.4
	唑醇啉（PTI）		戊唑醇 丙环唑 吡虫啉	47.6 47.6 4.8	0.21	0.21	0.21	NR
	酸性铬酸铜（ACC）		氧化铜 三氧化铬	31.8 68.2	NR	4.0	4.0	8.0
	柠檬酸铜（CC）		氧化铜 柠檬酸	62.3 37.7	4.0	4.0	4.0	NR
油溶性	8-羟基喹啉铜（Cu8）		铜	100	0.32	0.32	0.32	NR
	环烷酸铜（CuN）		铜	100	NR	NR	0.64	NR

注：1 硼化合物包括硼酸、四硼酸钠、八硼酸钠、五硼酸钠等及其混合物；
2 有白蚁危害时C2环境下硼化合物应为4.5kg/m³；
3 NR为不建议使用；
4 DDAC为二癸基二甲基氯化铵；
5 BAC为十二烷基苄基二甲基氯化铵。

表 10.0.5-2　防护剂透入度检测规定

木材特征	透入深度或边材透入率		钻孔采样数量（个）	试样合格率（%）
	t<125mm	t≥125mm		
易吸收不需要刻痕	63mm 或 85%（C1、C2）、90%（C3、C4A）	63mm 或 85%（C1、C2）、90%（C3、C4A）	20	80
需要刻痕	10mm 或 85%（C1、C2）、90%（C3、C4A）	13mm 或 85%（C1、C2）、90%（C3、C4A）	20	80

注：t 为需处理木材的厚度；是否刻痕根据木材的可处理性、天然耐久性及设计要求确定。

10.0.6　胶合木结构宜在化学药剂处理前胶合，并宜采用油溶性防护剂以防吸水变形。必要时也可先处理后胶合。经化学防腐处理后在不同使用环境下胶合木构件的药剂最低保持量及其透入度，应分别不小于表 10.0.6-1 和表 10.0.6-2 的规定。检测方法应符合本规范第 10.0.5 条的规定。

表 10.0.6-1　胶合木防护药剂最低载药量与检测深度

类别	药剂名称		胶合前处理 最低载药量（kg/m³）使用环境 C1	C2	C3	C4A	检测深度（mm）	胶合后处理 最低载药量（kg/m³）使用环境 C1	C2	C3	C4A	检测深度（mm）
水溶性	硼化合物		2.8	2.8[1]	NR	NR	13～25	NR	NR	NR	NR	—
水溶性	季铵铜（ACQ）	ACQ-2	4.0	4.0	4.0	6.4	13～25	NR	NR	NR	NR	—
水溶性	季铵铜（ACQ）	ACQ-3	4.0	4.0	4.0	6.4	13～25	NR	NR	NR	NR	—
水溶性	季铵铜（ACQ）	ACQ-4	4.0	4.0	4.0	6.4	13～25	NR	NR	NR	NR	—
水溶性	铜唑（CuAz）	CuAz-1	3.3	3.3	3.3	6.5	13～25	NR	NR	NR	NR	—
水溶性	铜唑（CuAz）	CuAz-2	1.7	1.7	1.7	3.3	13～25	NR	NR	NR	NR	—
水溶性	铜唑（CuAz）	CuAz-3	1.7	1.7	1.7	3.3	13～25	NR	NR	NR	NR	—
水溶性	铜唑（CuAz）	CuAz-4	1.0	1.0	1.0	2.4	13～25	NR	NR	NR	NR	—
水溶性	唑醇啉（PTI）		0.21	0.21	0.21	NR	13～25	NR	NR	NR	NR	—
水溶性	酸性铬酸铜（ACC）		NR	4.0	4.0	8.0	13～25	NR	NR	NR	NR	—
水溶性	柠檬酸铜（CC）		4.0	4.0	4.0	NR	13～25	NR	NR	NR	NR	—
油溶性	8-羟基喹啉铜（Cu8）		0.32	0.32	0.32	NR	13～25	0.32	0.32	0.32	NR	0～15
油溶性	环烷酸铜（CuN）		NR	NR	0.64	NR	13～25	0.64	0.64	0.64	NR	0～15

注：1　有白蚁危害时应为 4.5kg/m³。

表 10.0.6-2　胶合前处理的木构件防护药剂透入深度或边材透入率

木材特征	使用环境 C1、C2 或 C3	使用环境 C4A	钻孔采样的数量（个）
易吸收不需要刻痕	75mm 或 90%	75mm 或 90%	20
需要刻痕	25mm	32mm	20

10.0.7　经化学防腐处理后的结构胶合板和结构复合木材，其防护剂的最低保持量及其透入度不应低于表 10.0.7 的规定。

10.0.8　木结构防腐的构造措施应按设计文件的规定进行施工，并应符合下列规定：

1　首层木楼盖应设架空层，支承于基础或墙体上，方木、原木结构楼盖底面距室内地面不应小于 400mm，轻型木结构不应小于 150mm。楼盖的架空空间应设通风口，通风口总面积不应小于楼盖面积的 1/150。

2　木屋盖下设吊顶顶棚形成闷顶时，屋盖系统应设老虎窗或山墙百叶窗，也可设檐口疏钉板条（图 10.0.8-1）。

表 10.0.7　结构胶合板、结构复合木材中防护剂的最低载药量与检测深度（mm）

类别	药剂名称		结构胶合板 最低载药量（kg/m³）使用环境 C1	C2	C3	C4A	检测深度（mm）	结构复合木材 最低载药量（kg/m³）使用环境 C1	C2	C3	C4A	检测深度（mm）
水溶性	硼化合物		2.8	2.8[1]	NR	NR	0～10	NR	NR	NR	NR	—
水溶性	季铵铜（ACQ）	ACQ-2	4.0	4.0	4.0	6.4	0～10	NR	NR	NR	NR	—
水溶性	季铵铜（ACQ）	ACQ-3	4.0	4.0	4.0	6.4	0～10	NR	NR	NR	NR	—
水溶性	季铵铜（ACQ）	ACQ-4	4.0	4.0	4.0	6.4	0～10	NR	NR	NR	NR	—
水溶性	铜唑（CuAz）	CuAz-1	3.3	3.3	3.3	6.5	0～10	NR	NR	NR	NR	—
水溶性	铜唑（CuAz）	CuAz-2	1.7	1.7	1.7	3.3	0～10	NR	NR	NR	NR	—
水溶性	铜唑（CuAz）	CuAz-3	1.7	1.7	1.7	3.3	0～10	NR	NR	NR	NR	—
水溶性	铜唑（CuAz）	CuAz-4	1.0	1.0	1.0	2.4	0～10	NR	NR	NR	NR	—
水溶性	唑醇啉（PTI）		0.21	0.21	0.21	NR	0～10	NR	NR	NR	NR	—
水溶性	酸性铬酸铜（ACC）		NR	4.0	4.0	8.0	0～10	NR	NR	NR	NR	—
水溶性	柠檬酸铜（CC）		4.0	4.0	4.0	NR	0～10	NR	NR	NR	NR	—
油溶性	8-羟基喹啉铜（Cu8）		0.32	0.32	0.32	NR	0～10	0.32	0.32	0.32	NR	0～10
油溶性	环烷酸铜（CuN）		0.64	0.64	0.64	NR	0～10	0.64	0.64	0.64	0.96	0～10

注：1　有白蚁危害时应为 4.5kg/m³。

3　木梁、桁架等支承在混凝土或砌体等构件上时，构件的支承部位不应被封闭，在混凝土或构件周围及端面应至少留宽度为 30mm 的缝隙（图 7.4.4），并应与大气相通。支座处宜设防腐垫木，应至少有防潮层。

4　木柱应支承在柱墩上，柱墩顶面距室内、外地面的高度分别不应小于 300mm，且在接触面间应有卷材防潮层。当柱脚采用金属连接件连接并有雨水侵蚀时，金属连接件不应存水。

5　屋盖系统的内排水天沟应避开桁架端节点设

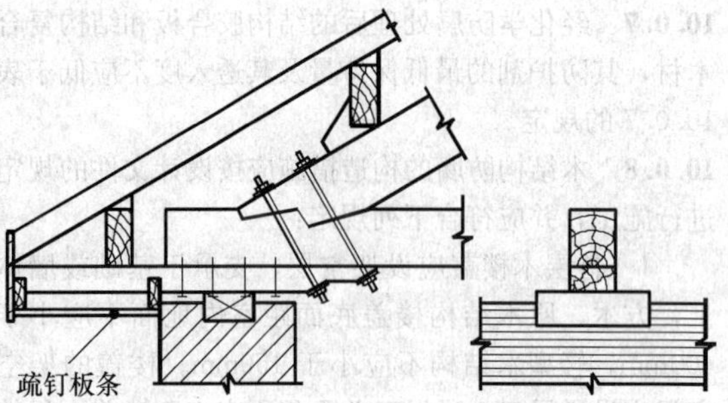

疏钉板条

图 10.0.8-1　木屋盖的通风防潮

置［图 10.0.8-2（a）］或架空设置［图 10.0.8-2（b）］，并应避免天沟渗漏雨水而浸泡桁架端节点。

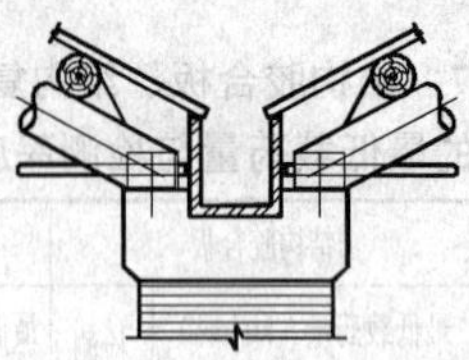

(a) 天沟与桁架支座节点构造－1

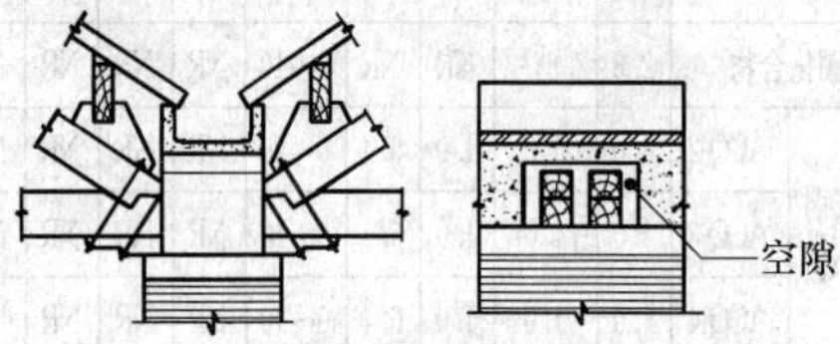

空隙

(b) 天沟与桁架支座节点构造－2

图 10.0.8-2　内排水屋盖桁架支座节点构造示意

10.0.9　轻型木结构外墙的防水和保护，应符合下列规定：

1　外墙木基结构板外表应铺设防水透气膜（呼吸纸），透气膜应连续铺设，膜间搭接长度不应小于100mm，并应用胶粘剂粘结，防水透气膜正、反面的布置应正确。透气膜可用盖帽钉或通过经防腐处理的木条钉在墙骨上。

2　外墙里侧应设防水膜。防水膜可用厚度不小于 0.15mm 的聚乙烯塑料膜。防水膜也应连续铺设，并应与外墙里侧覆面板（木基结构板或石膏板）一起钉牢在墙骨上，防水膜应夹在墙骨与覆面板间。

3　防水透气膜外应设外墙防护板，防护板类别及与外墙木构架的连接方法应符合设计文件的规定，防护板和防水透气膜间应留有不小于 25mm 的间隙，并应保持空气流通。

10.0.10　木结构中外露钢构件及未作镀锌处理的金属连接件，均应按设计文件规定的涂料作防护处理。钢材除锈等级不应低于 St3，涂层应均匀，其干厚度应符合设计文件的规定。

11　木结构工程施工安全

11.0.1　木结构施工现场应按现行国家标准《建设工程施工现场消防安全技术规范》GB 50720 的有关规定配置灭火器和消防器材，并应设专人负责现场消防安全。

11.0.2　木结构工程施工机具应选用国家定型产品，并应具有安全和合格证书。使用过程中可能涉及人身安全的施工机具，均应经当地安全生产行政主管部门的审批后再使用。

11.0.3　固定式电锯、电刨、起重机械等应有安全防护装置和操作规程，并应经专门培训合格，且持有上岗证的人员操作。

11.0.4　施工现场堆放木材、木构件及其他木制品应远离火源，存放地点应在火源的上风向。可燃、易燃和有害药剂的运输、存储和使用应制定安全操作规程，并应按安全操作规程规定的程序操作。

11.0.5　木结构工程施工现场严禁明火操作，当必须现场施焊等操作时，应做好相应的保护并由专人负责，施焊完毕后 30min 内现场应有人员看管。

11.0.6　木结构施工现场的供配电、吊装、高空作业等涉及生产安全的环节，均应制定安全操作规程，并应按安全操作规程规定的程序操作。

本规范用词说明

1　为便于在执行本规范条文时区别对待，对要求严格程度不同的用词说明如下：

1）表示很严格，非这样做不可的用词：
正面词采用“必须”，反面词采用“严禁”；

2）表示严格，在正常情况下均应这样做的用词：
正面词采用“应”，反面词采用“不应”或“不得”；

3）表示允许稍有选择，在条件许可时首先这样做的用词：
正面词采用“宜”，反面词采用“不宜”；

4）表示有选择，在一定条件下可这样做的用词，采用“可”。

2　条文中指明应按其他有关标准执行的写法为：“应符合……规定”或“应按……执行”。

引用标准名录

1　《木结构设计规范》GB 50005

2　《建筑设计防火规范》GB 50016

3　《木结构工程施工质量验收规范》GB 50206

4　《建筑内部装修设计防火规范》GB 50222

5 《木结构试验方法标准》GB/T 50329

6 《建设工程施工现场消防安全技术规范》GB 50720

7 《普通螺纹 基本牙型》GB/T 192

8 《碳素结构钢》GB/T 700

9 《锯材缺陷》GB/T 4823

10 《六角头螺栓　C级》GB/T 5780

11 《六角头螺栓》GB/T 5782

12 《木结构覆板用胶合板》GB/T 22349

13 《一般用途圆钢钉》YB/T 5002

中华人民共和国国家标准

木结构工程施工规范

GB/T 50772—2012

条　文　说　明

制 订 说 明

《木结构工程施工规范》GB/T 50772-2012，经住房和城乡建设部2012年5月28日以第1399号公告批准、发布。

本规范以我国木结构工程的施工实践为基础，并借鉴和吸收了国际先进技术和经验而制订。规范制订的原则是合理区分木结构产品生产与木结构构件制作与安装，突出构件制作安装；采用先进可行施工技术，使施工质量达到现行国家标准《木结构工程施工质量验收规范》GB 50206的要求，并保持与相关的现行国家规范、标准的一致性。

本规范制订过程中，编制组进行了大量调查研究，侧重解决了以下问题：(1) 原国家标准《木结构工程施工及验收规范》GBJ 206-83等设计与施工规范，是基于将木材作为一种原材料而进行现场制作构件的施工方法的经验制订的，而现代木结构的设计与施工，是基于工业化标准化生产的木产品。(2) 我国原有木结构以主要采用方木、原木的屋盖体系为主，而现代木结构广泛采用层板胶合木、结构复合木材、木基结构板材等木产品，结构形式呈多样化，对施工技术水平要求更高。(3) 轻型木结构在我国获得大量应用，但原有《木结构工程施工及验收规范》GBJ 206-83并不包含对应的结构体系。(4) 随材料科学和木结构防护技术的发展，原有木结构防护施工技术需更新。规范编制组针对这些问题对规范进行了认真制订，并与《木结构工程施工质量验收规范》GB 50206、《木结构设计规范》GB 50005等相关国家标准进行了协调，形成本规范。

为便于广大设计、施工、科研、教学等单位有关人员在使用本规范时能正确理解和执行条文规定，《木结构工程施工规范》编制组按章、节、条顺序编制了本规范的条文说明。对条文规定的目的、依据以及执行中需注意的有关事项进行了说明。但是，本条文说明不具备与规范正文同等的法律效力，仅供使用者作为理解和把握规范规定的参考。

目　次

1 总　则

1.0.1　制定本规范的目的是采用先进的木结构施工方法，使工程质量达到《木结构工程施工质量验收规范》GB 50206的要求。

1.0.2　本规范的适用范围为新建木结构工程施工的两个分项工程，即木结构工程的制作安装与木结构工程的防火防护。木结构包括分别由原木、方木和胶合木制作的木结构和主要由规格材和木基结构板材制作的轻型木结构。

1.0.3　明确相关规范的配套使用，其中主要的配套规范为《木结构工程施工质量验收规范》GB 50206和《木结构设计规范》GB 50005。

2 术　语

本规范共给出31个木结构工程施工的主要术语。其中一部分是从建筑结构施工、检验的角度赋予其涵义，而相当部分参照国际上木结构常用的术语而编写。英文术语所指为内容一致，并不一定是两者单词的直译，但尽可能与国际木结构术语保持一致。

3 基本规定

3.0.1　规定木结构工程施工单位应具有资质，针对目前建筑安装工程施工企业的实际情况，强调应有木结构工程施工技术队伍，才能承担木结构工程施工任务。主要工种是指木材定级员、放样、木工和焊接等工种。

3.0.2　木结构工程的防护分项工程可以分包，但其管理、施工质量仍应由木结构工程制作、安装施工单位负责。

3.0.3　本条强调施工应贯彻"照图施工"的原则，设计文件主要是施工图和相关的文字说明。木结构设计文件的出具和审查过程应与钢结构、混凝土结构和砌体结构相同。

3.0.4　施工前的图纸会审、技术交底应解决施工图中尚未表示清晰的一些细节及实际施工的困难，并作出相应的变更，其记录应作为施工内业资料的一部分。

3.0.5　工程施工中时遇材料替换的情况，本条规定材料的代换原则。用等强换算方法使用高等级材料替代低等级材料，有时并不安全，也可能影响使用功能和耐久性，故需设计单位复核同意。

3.0.6　进场验收、见证检验主要是控制木结构工程所用材料、构配件的质量；交接检验主要是控制制作和安装质量。它们是木结构工程施工质量控制的基本环节，是木结构分部工程验收的主要依据。

3.0.7　木材所显露出的纹理，具有自然美，成为雅致的装饰面。本规范将木结构外观参照胶合木结构分为A、B、C级，A级相当于室内装饰要求，B级相当于室外装饰要求，而C级相当于木结构不外露的要求。

3.0.8　木结构使用环境的分类，依据是林业行业标准《防腐木材的使用分类和要求》LY/T 1636－2005，主要为选择正确的木结构防护方法。

3.0.9　从国际市场进口木材和木产品，是发展我国木结构的重要途径。本条所指木材和木产品包括方木、原木、规格材、胶合木、木基结构板材、结构复合木材、工字形木搁栅、齿板桁架以及各类金属连接件等产品。国外大部分木产品和金属连接件，是工业化生产的产品，都有产品标识。产品标识标志产品的生产厂家、树种、强度等级和认证机构名称等。对于产地国具有产品标识的木产品，既要求具有产品质量合格证书，也要求有相应的产品标识。对于产地国本来就没有产品标识的木产品，可只要求产品质量合格证书。

另外，在美欧等国家和地区，木产品的标识是经过严格的质量认证的，等同于产品质量合格证书。这些产品标识一旦经由我国相关认证机构确认，在我国也等同于产品质量合格证书。但我国目前尚没有具有资质的认证机构。

4 木结构工程施工用材

4.1 原木、方木与板材

4.1.1　方木、原木结构设计中，木材的树种决定了木材的强度等级。《木结构设计规范》GB 50005－2003给出了它们的对应关系，如表1、表2所示。已列入我国设计规范的进口树种木材的"识别要点"，详见现行国家标准《木结构设计规范》GB 50005。

表1　针叶树种木材适用的强度等级

强度等级	组别	适用树种
TC17	A	柏木　长叶松　湿地松　粗皮落叶松
	B	东北落叶松　欧洲赤松　欧洲落叶松
TC15	A	铁杉　油杉　太平洋海岸黄柏　花旗松—落叶松　西部铁杉　南方松
	B	鱼鳞云杉　西南云杉　南亚松
TC13	A	油松　新疆落叶松　云南松　马尾松　扭叶松　北美落叶松　海岸松
	B	红皮云杉　丽江云杉　樟子松　红松　西加云杉　俄罗斯红松　欧洲云杉　北美山地云杉　北美短叶松

续表 1

强度等级	组别	适用树种
TC11	A	西北云杉　新疆云杉　北美黄松　云杉—松—冷杉　铁—冷杉　东部铁杉　杉木
	B	冷杉　速生杉木　速生马尾松　新西兰辐射松

表 2　阔叶树种木材适用的强度等级

强度等级	适用树种
TB20	青冈　椆木　门格里斯木　卡普木　沉水稍克隆　绿心木　紫心木　李叶豆　塔特布木
TB17	栎木　达荷玛木　萨佩莱木　苦油树　毛罗藤黄
TB15	锥栗（栲木）　桦木　黄梅兰蒂　梅萨瓦木　水曲柳　红劳罗木
TB13	深红梅兰蒂　浅红梅兰蒂　白梅兰蒂　巴西红厚壳木
TB11	大叶椴　小叶椴

4.1.2　新伐下的树称湿材，其含水率在纤维饱和点（约 30%）以上。自纤维饱和点至大气平衡含水率，木材的体积将随含水率的降低而缩小。木材的纵向干缩率很小，一般约为 0.1%，弦向约为 6%～12%，径向约为 3%～6%。因此，为满足设计要求的构件截面尺寸，湿材下料需要一定的干缩预留量。

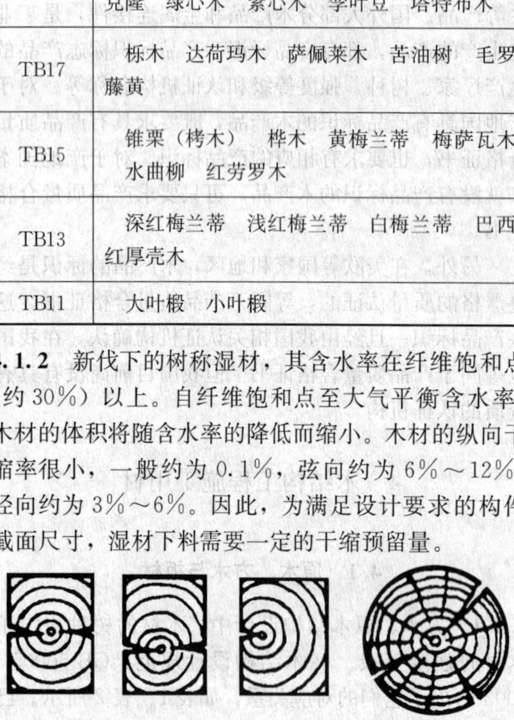

图 1　方木、原木的干裂

由于木材的弦向干缩率较径向约大 1 倍，干燥过程中圆木或方木的中心和周边部位含水率不一致，中心部位水分不易蒸发而含水率高，含髓心的木料，因髓心阻碍外层木材的收缩，易发生开裂，如图 1 所示，特别是对于东北落叶松、云南松等收缩量较大的木材更为严重。“破心下料”使髓心在外，易干燥，缓解了约束因素，木材干缩变形较自由，能显著缓解干裂现象的发生。但“破心下料”要求木材的直径较大，“按侧边破心下料”可有一定的改进。但这些下料方法不能取得完整方木，只能拼合。

4.1.3　自然干燥周期与树种、木材截面尺寸和当地季节有关，表 3 给出了北京地区一些树种从含水率为 60%降至 15%在不同季节需要的时间，供参考。由表可见，采用自然干燥，通常是无法满足现代工程进度要求的。人工干燥需用设备较多，工艺复杂，故应委托专业木材加工厂进行。

表 3　木材自然干燥周期（d）

树种	干燥开始季节	板厚 20mm～40mm			板厚 50mm～60mm		
		最长	最短	平均	最长	最短	平均
红松	晚冬(3月)～初春(4月)	68	41	52	102	90	96
	初夏(6月)	29	9	19	45	38	42
	初秋(8月)	50	36	43	106	64	85
	晚秋(9月)～初冬(11月)	86	22	54	176	168	172
水曲柳	晚冬(3月)～初春(4月)	69	48	59	192	84	138
	初夏(6月)	62	15	39	121	111	116
	初秋(8月)	72	39	56	157	130	144
	晚秋(9月)～初冬(11月)	143	77	110	175	87	131
桦木	晚冬(3月)～初春(4月)	60	45	53	175	85	130
	初夏(6月)	25	20	23	155	65	110
	初秋(8月)	85	46	66	179	120	150
	晚秋(9月)～初冬(11月)	97	95	96	195	161	178

4.1.4　木材的目测分级是根据肉眼可见木材缺陷的严重程度来评定每根木料的等级。对于原木、方木的各项强度设计值，现行木结构设计规范并未考虑这些缺陷的程度不同所带来的影响。事实上，木材缺陷对各力学性能的影响不尽相同，例如，木材缺陷对受拉构件承载力的影响显然要比受压、受剪构件等大。因此，将每块木材做目测分级将有利于构件制作时的选材配料。

4.1.5　木结构采用较干的木材制作，在相当程度上可减小因干缩导致的松弛变形和裂缝的危害，对保证工程质量具有重要作用。较大截面尺寸的木料，其表层和中心部位的含水率在干燥过程中有较大差别。原西南建筑科学研究院对 30 余根截面为 120mm×160mm 的云南松的实测结果表明，木材表层含水率为 16.2%～19.6%时，其全截面平均含水率为 24.7%～27.3%。本条规定的含水率是指全截面平均含水率。

4.1.6　木材是吸湿性材料，具有湿胀干缩的物理性能。本条措施保证木材不过多吸收水分，减小湿胀干缩变形。

4.1.7　现行国家标准《木结构设计规范》GB 50005 按方木、原木的树种规定其强度等级，因此首先要明确木材的树种。我国木结构用方木、原木的材质等级评定标准与市场商品材的等级评定标准不同，因此从市场购买的方木、原木进场时应由工程技术人员按要求重新分等验收。

4.1.8　现行国家标准《建筑工程施工质量验收统一标准》GB 50300 规定，涉及结构安全的材料应按规定进行见证检验。因此进场方木、原木应做强度见证检验，这也是因为正确识别树种并非容易。检验方法应按现行国家标准《木结构工程施工质量验收规范》GB 50206 执行。

4.2 规格材

4.2.1 规格材的强度等物理力学性能指标与其树种、等级和规格有关，因此，进场规格材的等级、规格和树种应与设计文件相符。规格材是一种工业化生产的木产品，不管是国产还是进口的，都应有产品质量合格证书和产品标识，其数种、等级、生产厂家和分级机构可以通过产品标识体现出来。

4.2.2 现行国家标准《木结构设计规范》GB 50005 规定了国产规格材的尺寸系列，采用我国惯用的公制单位(mm 或 m)。我国规定的目测分级规格材的截面尺寸与北美地区不同，主要是由于习惯使用的计量单位不同而产生的，北美地区惯用英制单位。但实际上将北美规格材的公称尺寸用公制、英制间的关系换算后仍有差别。例如规格材公称截面为(2×4)英寸，对应的公制尺寸应为 50.8mm×101.6mm，但实际尺寸为 38mm×89mm。因此(2×4)英寸为习惯用语，或是未经干燥、刨平时的规格材的名义尺寸，规格材公称尺寸与实际截面尺寸的关系，公称截面边长在 6 英寸及以下时，实际尺寸比公称尺寸小 0.5 英寸，边长在 8 英寸及以上时，实际尺寸比公称尺寸小 0.75 英寸。如截面规格为 2×8 英寸的规格材，其实际截面尺寸为(2－0.5)×(8－0.75)英寸＝38mm×184mm。木结构设计规范规定截面尺寸(高、宽)差别在±2mm 以内，可视为同规格的规格材，但不同尺寸系列的规格材不能混用。

4.2.3 北美地区规格材强度设计值的取值，是以足尺试验结果为依据的，并给出了不同树种、不同规格的各目测等级的强度设计值。我国对规格材的研究甚少，尚未给出适合我国树种的各级规格材的强度设计值。因此表 4.2.3-1～表 4.2.3-3 仅为对规格材目测分等时对应等级衡量木材缺陷的标准。规格材抗弯强度见证检验或目测等级见证检验的抽样方法、试验方法及评定标准见现行国家标准《木结构工程施工质量验收规范》GB 50206。

关于规格材的名称术语，我国的原木、方木也采用目测分等，但不区分强度指标。作为木产品，木材目测或机械分等后，是区分强度指标的。因此作为合格产品，规格材应分别称为目测应力分等规格材(visually stress-graded lumber) 或机械应力分等规格材 (machine stress-rated lumber)。目测分等规格材或机械分等规格材，是按其分等方式的一种简称。

北美地区与我国目测分等规格材的材质等级对应关系应符合表 4 的规定。部分国家和地区与我国机械分等规格材的强度等级对应关系应符合表 5 的规定。

表 4 北美地区与我国目测分等规格材的材质等级对应关系

中国规范规格材等级	北美规格材等级
$Ⅰ_c$	Select structural
$Ⅱ_c$	No. 1
$Ⅲ_c$	No. 2
$Ⅳ_c$	No. 3
$Ⅴ_c$	Stud
$Ⅵ_c$	Construction
$Ⅶ_c$	Standard

表 5 部分国家和地区与我国机械分等规格材的强度等级对应关系

中国	M10	M14	M18	M22	M26	M30	M35	M40
北美	—	1200f－1.2E	1450f－1.3E	1650f－1.5E	1800f－1.6E	2100f－1.8E	2400f－2.0E	2850f－2.3E
新西兰	MSG6	MSG8	MSG10	—	MSG12	—	MSG15	—
欧洲（盟）	—	C14	C18	C22	C27	C30	C35	C40

4.2.5 规格材截面剖解后，缺陷所占截面的比例等条件发生改变，其强度也就发生改变，因此原则上不能再作为承重构件使用。如果能重新定级，可以按重新定级的等级使用，但应注意，新等级规格材的截面尺寸必须符合规格材的尺寸系列，方能重新定级。

4.3 层板胶合木

4.3.1 在我国，胶合木一度曾在施工现场制作，这种做法显然不能保证产品质量。现代胶合木对层板及制作工艺都有严格要求，并要求成套的设备，只适宜在工厂制作。本条强调胶合木应由有资质的专业生产厂家制作，旨在保证产品质量。

4.3.2 现行国家标准《胶合木结构技术规范》GB/T 50708 将制作胶合木的层板划分为普通层板、目测分等层板和机械弹性模量分等层板，因而有普通层板胶合木、目测分等层板胶合木和机械弹性模量分等层板胶合木类别之分。按组坯方式不同，后两者又分为同等组合胶合木、对称异等组合和非对称异等组合胶合木。胶合木构件的工作性能与胶合木的类别、组坯方式、强度等级、截面尺寸及设计规定的工作环境直接相关，因此本条规定以上各项应与设计文件相符。本条按《木结构工程施工质量验收规范》GB 50206 的规定，要求进场胶合木或胶合木构件应有产品质量合格证书和产品标识，产品标识应包括生产厂家、胶合木的种类和强度等级等信息。

4.3.3 胶合木构件可在生产厂家直接加工完成，也可以将胶合木作为一种木产品进场，在现场加工成胶合木构件。但不管以哪种方式进场，都应按《木结构工程施工质量验收规范》GB 50206 的规定，要求有胶缝完整性检验和层板指接强度检验合格报告。胶缝完整性要求和层板指接强度要求是胶合木生产过程中控制质量的必要手段，是进场胶合木生产厂家须提供的质量证明文件。当缺乏证明文件时，应在进场验收时由有资质的检测机构完成，并出具报告，并应满足国家标准《结构用集成材》GB/T 26899的相关规定。

现行国家标准《木结构工程施工质量验收规范》GB 50206规定对进场胶合木进行荷载效应标准组合作用下的抗弯性能检验，是对胶合木产品质量合格的验证。要求在检验荷载作用下胶缝不开裂，原有漏胶胶缝不发展，最大挠度不超过规定的限值。检验合格的试验梁可继续作为构件使用，不致浪费。

4.3.4 现行国家标准《木结构设计规范》GB 50005和《胶合木结构技术规范》GB/T 50708都规定直线形层板胶合木构件的层板不大于45mm。弧形构件在制作时需将层板在弧形模子上加压预弯，待胶固结后，撤去压力，达到所需弧度。在这一制作过程中，在层板中会产生残余应力，影响构件的强度。层板越厚和曲率越大，残余应力越大，故需限制弧形构件层板的厚度。《木结构设计规范》GB 50005－2003规定胶合木弧形构件层板的厚度不大于$R/300$，但美国木结构设计规范NDS－2005规定，软木类层板的厚度不大于$R/125$，硬木及南方松层板厚度不大于$R/100$。本条取为$R/125$，并与国家标准《结构用集成材》GB/T 26899的规定一致。

4.3.5 层板胶合木作为产品进场，只能作必要的外观检查，无法对层板质量再行检验。本条规定了外观检查的内容。

4.3.6 制作胶合木构件时，层板的含水率不应大于15%，否则将影响胶合质量，且同一构件中各层板间的含水率差别不应超过5%，以避免层板间过大的收缩变形差而产生过大的内应力（湿度应力），甚至出现裂缝等损伤。

4.3.7 本条规定主要为避免胶合木防护层局部损坏而影响防护效果。通常的做法是胶合木构件出厂时用塑料薄膜包覆，既防磕碰损坏，也防止胶合木受潮或干裂。

4.4 木基结构板材

4.4.1、4.4.2 木基结构板材包括结构胶合板和定向木片板，在轻型木结构中除需承受平面外的弯矩作用，重要的是使木构架能承受平面内的剪力，并具有足够的刚度，构成木构架的抗侧力体系，因此应有可靠的结构性能保证。结构胶合板和定向木片板尽管在外观上与装修和家具制作用胶合板、刨花板有相似之处，但两类板材在制作材料的要求和制作工艺上有很大不同，因此其结构性能有很大不同。例如，结构胶合板单板厚度1.5mm$\leqslant t \leqslant$5.5mm，层数较少；定向木片板则是长度不小于30mm的木片，且面层木片需沿板的长度定向铺设。木基结构板材均需用耐水胶压制而成。另一个重要区别在于，针对在结构中使用的部位（墙体、楼盖、屋盖），木基结构板材需经受不同环境条件下的荷载检验，即干、湿态荷载检验。干态是指木基结构板材未被水浸入过，并在20℃±3℃和65%±5%的相对湿度条件下至少养护2周，达到平衡含水率；湿态是指在板表面连续3天用水喷淋的状态（但又不是浸泡）；湿态重新干燥是指连续3天水喷淋后又被重新干燥至干态状态。

进场批次具有两方面含义。批次是指板材生产厂标识的批次，因此，对于每次进场量较少又多次进场，但又是同生产厂的同批次板材的情况，检验报告可用于全部进场板材；对于一次进场量大的情况，可能会使用不同批次的板材，则应有各相应批次的检验报告。

4.4.3、4.4.4 结构胶合板进场验收时只需检查上、下表面两层单板的缺陷。对于进场时已有第4.4.2条规定的检验合格证书，仅需作板的静曲强度和静曲弹性模量见证检验。取样及检验方法和评定标准见《木结构工程施工质量验收规范》GB 50206。

4.4.5 有过大翘曲变形的板不允许在工程中使用，因此在存放中应采取措施防止产生翘曲变形。

4.5 结构复合木材及工字形木搁栅

4.5.1～4.5.5 结构复合木材是一类重组木材。用数层厚度为2.5mm～6.4mm的单板施胶连续辊轴热压而成的称为旋切板胶合木（LVL，也称单板层集材）；将木材旋切成厚度为2.5mm～6.4mm，长度不小于150倍厚度的木片施胶加压而成的称为平行木片胶合木（PSL）和层叠木片胶合木（LSL），均呈厚板状。使用时可沿木材纤维方向锯割成所需截面宽度的木构件，但在板厚方向不宜再加工。结构复合木材的一重要用途是将其制作成预制构件。例如用LVL作翼缘，OSB作腹板，经开槽胶合后制作工字形木搁栅。

目前国内尚无结构复合木材及其预制构件的产品和相关的技术标准，主要依赖进口。因此，进场验收时应认真检查产地国的产品质量合格证书和产品标识。对于结构复合木材应作平置、侧立抗弯强度见证检验以及工字形木搁栅作荷载效应标准组合下的变形见证检验，其抽样、检验方法及评定标准见《木结构工程施工质量验收规范》GB 50206。由于工字形木搁栅等受弯构件检验时，仅加载至正常使用荷载，不会对合格构件造成损伤，因此检验合格后，试样仍可作工程用材。进口的工字形木搁栅，一般同时具备产品质量合格证书和产品标识，国产的工字形木搁栅，现阶段不一定具有产品标识，但要求有产品质量合格证书。

4.5.3 结构复合木材是按规定的截面尺寸生产的木产品，如果沿厚度方向切割，会破坏产品的内部构造，影响其力学性能。

4.6 木结构用钢材

4.6.1 木结构用钢材宜选择 Q235 或以上屈服强度等级的钢材，不能因为用于木结构就放松对钢材质量的要求。对于承受动荷载或在－30℃以下工作的木结构，不应采用沸腾钢，冲击韧性应符合 Q235 或以上屈服强度等级钢材 D 等级的标准。

4.6.2 钢材见证检验抽样方法及试验方法均应符合《木结构工程施工质量验收规范》GB 50206 的规定。

4.7 螺　栓

4.7.2 圆钢拉杆端部的螺纹在荷载作用下需有抗拉的能力，采用板牙等工具加工的螺纹往往不规范，螺纹深浅不一致造成过大的应力集中，而影响其承载性能。因此强调应采用车床等设备机械加工，以保证螺纹质量。

4.8 剪　板

4.8.1 剪板连接属于键连接形式，在现行国家标准《木结构设计规范》GB 50005 中并未采用，目前也尚未见国产产品，但《胶合木结构技术规范》GB/T 50708 采用了剪板连接。该种连接件在北美属于规格化的标准产品，有直径为 67mm 和 102mm 两种规格。分别采用美国热轧碳素钢 SAE1010 和铸钢 32520 级（ASTM A47 标准）。

4.8.2 剪板连接的承载力取决于其规格和木材的树种，《胶合木结构技术规范》GB/T 50708 规定了剪板连接的承载力，应用时应注意国产树种与剪板产地国树种的差异。

4.9 圆　钉

4.9.2 圆钉抗弯强度见证检验的抽样方法、试验方法和评定标准见现行国家标准《木结构工程施工质量验收规范》GB 50206。

4.10 其他金属连接件

4.10.1 轻型木结构中常用的金属连接件钢板往往较薄，为了增加钢板平面外的刚度，在钢板的一些部位需压出加劲肋。现场制作存在实际困难，又需作防腐处理，因此规定由专业加工厂冲压成形加工。

5 木结构构件制作

5.1 放样与样板制作

5.1.1 放样和制作样板是一种传统的木结构构件制作工艺。尽管现代计算机绘图技术能精确地绘出各构件的细部尺寸，但除非采用数控木工机床方法制作构件，否则将其复制到各个构件上时仍存在丈量等方面的误差。尤其是批量加工制作时工作量大，不易保证尺寸统一，因此，本规范要求木结构施工时应首先放样和制作样板。

5.1.2 明确构件截面中心与设计图标注的中心线的关系，使实物能符合设计时的计算简图和确定结构的外貌尺寸。如三角形豪式原木桁架以两端节点上、下弦杆的毛截面几何中心线交点间的距离为计算跨度，方木桁架则以上弦杆毛截面和下弦杆净截面几何中心线交点间的距离为计算跨度。

5.1.3 方木、原木结构和胶合木结构桁架的制作均应按跨度的 1/200 起拱，以减少视觉上的下垂感。本条规定了脊节点的提高量为起拱高度，在保持桁架高度不变的情况下，钢木桁架下弦提高量取决于下弦节点的位置，木桁架取决于下弦杆接头的位置。桁架高度是指上弦中央节点至两支座连线间的距离。

5.1.4 胶合木构件往往设计成弧形，制作时先按要求的曲率形成弧形模架，再将层板施胶加压，胶固化后即成弧形构件。由于在制作过程中会在层板中产生残余应力，影响胶合木的强度，且胶合木弧形构件在使曲率减小的弯矩作用下产生横纹拉应力，因此应严格控制弧形构件的曲率。考虑制作中卸去压力后构件的曲率会产生回弹（回弹量与树种、层板厚度等因素有关），模架的曲率一般比拟制作的构件的曲率大一些，两者有如下经验关系可供参考：

$$\rho_0 = \rho\left(1-\frac{1}{n}\right) \tag{1}$$

式中，ρ_0 为模架拱面的曲率半径；ρ 为弧形构件下表面的设计曲率半径；n 为层板层数。

胶合木直梁跨度不大时一般不做起拱处理，必须起拱时，其制作工艺与弧形构件相同。

5.1.5 桁架上弦杆不仅有轴向压力，当有节间荷载时尚有弯矩作用，接头应设在轴力和弯矩较小的位置。对于三角形豪式桁架，上弦杆接头不应设在脊节点两侧或端节点间，而应设在其他节间的靠近节点的反弯点处，而梯形豪式桁架上弦端节间往往无轴向压力作用，可视为简支梁，节点附近仅有不大的弯矩作用。为便于起拱，桁架下弦接头放在节点处。

5.1.6 放样使用的量具需经计量认证，满足测量精度(±1mm)的方可使用。长度计量通常采用钢尺和钢板尺，不得使用皮尺。

5.1.7、5.1.8 样板是制作构件的模具，使用过程中应保持不变形和必要的精度，交接验收合格方能使用。

5.2 选　材

5.2.1 现行国家标准《木结构设计规范》GB 50005 对方木、原木结构木材强度取值的规定，仅取决于树种，未考虑允许的缺陷对强度的影响。实际上不同的受力方式对这些缺陷的敏感程度是不同的，表 5.2.1

和相应的本条内容正是考虑了缺陷对不同受力构件的影响程度。影响较大的，选用好的材料，即缺陷少的木材，影响小的，可选用缺陷多一点的木材。

5.2.2 层板胶合木的类别含普通层板胶合木、目测分等层板胶合木和机械弹性模量分等层板胶合木，后两类又分为同等组合胶合木、对称异等组合和非对称异等组合胶合木。应严格按设计文件规定的类别、强度等级、截面尺寸和使用环境定制或购买。由于组坯不同，胶合木的力学性能就不同，因此强度等级相同但组坯不同的胶合木不得相互替换。截面锯解后的胶合木，其各强度指标已不能保证，因此不能再作为结构材使用。

5.3 构件制作

5.3.1 方木、原木结构构件的制作允许偏差来自于现行国家标准《木结构设计规范》GB 50005 和《木结构工程施工质量验收规范》GB 50206 的规定。

5.3.2 层板胶合木作为一种木产品用以制作各类胶合木构件。构件制作一般直接在胶合木生产厂家完成，也可以在现场制作，但所用胶合木的类别（普通层板、目测分等层板或机械弹性模量分等层板）、强度等级、截面尺寸和适用环境都必须符合设计文件的要求。本条规定制作构件时胶合木只应进行长度方向切割及槽口、螺栓孔等加工，目的在于禁止将较大截面的胶合木锯解成较小截面的构件。因为这样处理会影响胶合木的强度，特别是异等组坯的情况，更是如此。

5.3.4 弧形胶合木构件的曲率制作允许偏差和梁的起拱允许偏差，目前尚无统一规定，本条参照 ANSI A190.1 给出了胶合木梁允许偏差。

6 构件连接与节点施工

6.1 齿连接节点

6.1.1～6.1.3 齿连接主要通过构件间的承压面传递压力，又称抵承结合，为此施工时注意传递压力的承压面应紧密相抵，而非承压面的接触可留有一定的缝隙。如图 6.1.1-1 所示的 bc 非承压面，若过于严密，可引起桁架下弦杆因局部横纹承压而受损。

保险螺栓的作用是一旦下弦杆顺纹受剪面出问题，不致使桁架迅速塌落，而可及时抢修。因此，保险螺栓尽管在正常使用过程中几乎不受荷载作用，但为保安全是必须安装的，且其直径应满足设计文件的规定。

6.2 螺栓连接及节点

6.2.1 采用双排螺栓的钢夹板做连接件往往会妨碍木构件的干缩变形，导致木材横纹受拉开裂而丧失抗剪承载力，因此需将钢夹板分割成两条，每条设一排螺栓，但两排螺栓的合力作用点仍应与构件轴线一致。

螺栓连接中力的传递依赖于孔壁的挤压，因此连接件与被连接件上的螺栓孔应同心，否则不仅安装螺栓困难，更不利的是增加了连接滑移量，甚至发生各个击破现象而不能达到设计承载力要求。我国工程实践曾发现，有的屋架投入使用后下弦接头的滑移量最大达到 30mm，原因是下弦和木夹板分别钻孔，装配时孔位不一致，就重新扩孔以装入螺栓，屋架受力后必然产生很大滑移。采用本条规定的一次成孔方法，可有效解决螺栓不同心问题，缺点是当连接件为钢夹板时，所用长钻杆的麻花钻，需特殊加工。

螺栓连接中，螺栓杆不承受轴向力作用，仅在连接破坏时，承受不大的拉力作用，因此垫板尺寸仅需满足构造要求，无需验算木材横纹局压承载力。

6.2.2 中心螺栓连接节点，实际上是一种销连接节点，可防止构件相对转动时导致木材横纹受拉劈裂，如图 2 所示。

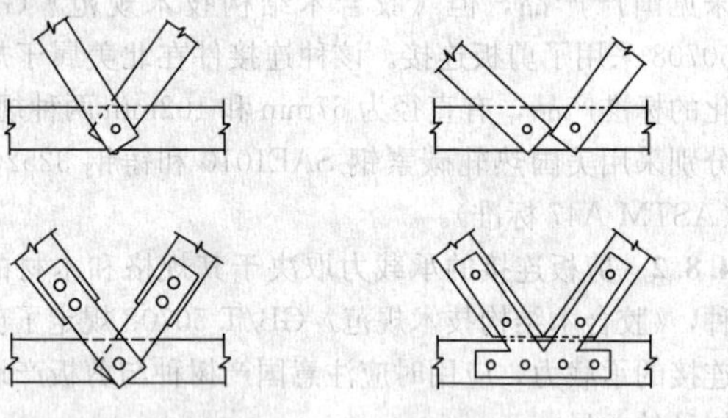

(a) 正确的中心螺栓连接　　(b) 不正确的中心螺栓连接

图 2　不同的连接方式

6.3 剪板连接

6.3.1～6.3.4 剪板连接的工作方式类似螺栓，但木材的承压面在剪板周边与木材的接触面处，紧固件（螺栓或方头螺钉）主要受剪。连接施工时，剪板凹槽和螺栓孔需用专用钻具（图 3）一次成形，保证剪板和紧固件同心。紧固件直径和剪板需配套，

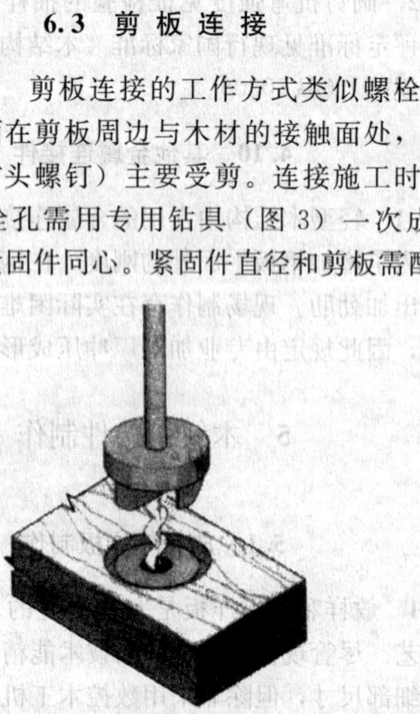

图 3　剪板钻具

否则连接滑移量大，承载力降低。考虑到制作安装过程中木材含水率变化引起紧固件松动，故应复拧紧。

6.4 钉 连 接

6.4.1、**6.4.2** 钉连接中钉子的直径与长度应符合设计文件的规定，施工中不允许使用与设计文件规定的同直径不同长度或同长度不同直径的钉子替代，这是因为钉连接的承载力与钉的直径和长度有关。

硬质阔叶材和落叶松等树种木材，钉钉子时易发生木材劈裂或钉子弯曲，故需设引孔，即预钻孔径为0.8倍～0.9倍钉子直径的孔，施工时亦需将连接件与被连接件临时固定在一起，一并预留孔。

6.5 金属节点及连接件连接

6.5.1 重型木结构或大跨空间木结构采用传统的齿连接、螺栓连接节点往往承载力不足或无法实现计算简图要求，如理想的铰接或一个节点上相交构件过多而存在构造上的困难，因此采用金属节点，木构件与金属节点相连，从而构成平面的或空间的木结构。金属连接件很好地替代了木主梁与木次梁，以及木主梁在支座处的传统连接方法，特别是在胶合木结构中获得了广泛应用。本条文规定了金属节点和连接件的制作要求，其中一些焊缝尺寸的规定是对构造焊缝的要求，受力焊缝的尺寸应满足设计文件的规定。

6.5.2 木构件与金属节点的连接仍应满足齿连接（抵承结合）或螺栓连接的要求。

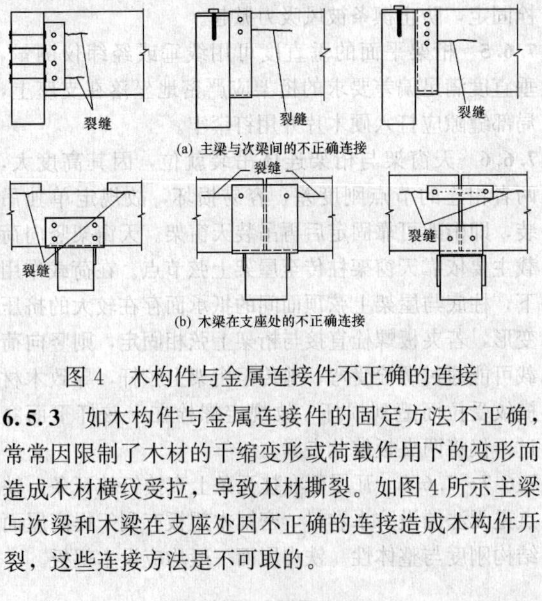

裂缝
裂缝
裂缝
(a) 主梁与次梁间的不正确连接
裂缝
裂缝
裂缝
(b) 木梁在支座处的不正确连接

图4 木构件与金属连接件不正确的连接

6.5.3 如木构件与金属连接件的固定方法不正确，常常因限制了木材的干缩变形或荷载作用下的变形而造成木材横纹受拉，导致木材撕裂。如图4所示主梁与次梁和木梁在支座处因不正确的连接造成木构件开裂，这些连接方法是不可取的。

6.6 木构件接头

6.6.1 木构件受压接头利用两对顶的抵承面传递压力，理论上夹板与螺栓不受力，仅为构造要求。斜接头两侧的抵承面不能有效地传递压力，故不能采用。规定木夹板的厚度和长度，主要为使构件或组合构件（如桁架）在吊装和使用过程中具有足够的平面外强度和刚度。

6.6.2 受拉接头中螺栓与夹板都是受力部件，应满足设计文件的规定。原木受拉接头若采用单排螺栓连接，则原木受剪面与木材中心重合，是不允许的。

6.6.3 受弯构件接头并不可能做到与原木构件等强（承载力与刚度），因此受弯构件接头只能设在反弯点附近，基本不受荷载作用。

6.7 圆 钢 拉 杆

6.7.1 圆钢拉杆搭接接头的焊缝易撕裂，故不应采用。

6.7.2 拉杆螺帽下的垫板尺寸取决于木材的局部承压强度，垫板厚度取决于其抗弯要求，皆由设计计算决定，故应符合设计文件的规定。

6.7.3 钢下弦拉杆自由长度过大，会发生下垂，故设吊杆避免下垂。

7 木结构安装

7.1 木结构拼装

7.1.1 大跨和空间木结构的拼装，应制定相应的拼、吊装施工方案。支座存在水平推力的结构，特别是大跨空间木结构，宜采用高空散装法，但需要较大工程量搭接脚手架。地面分块、分条或整体拼装后再吊装就位时，应进行结构构件与节点的安全性验算。需考虑拼装时的支承情况和吊装时的吊点位置两种情况验算。木材设计强度取值与使用年限有关，拼、吊装时结构所受荷载作用时段短，故取最大工作应力不超过1.2倍的木材设计强度。

7.1.2～7.1.4 桁架采用竖向拼装可避免上弦杆接头各节点在桁架翻转过程中损坏。桁架翻转瞬间支座一般不离地，因此在两吊点情况下对于三角形桁架，翻转时上弦杆可视为平面外的两个单跨悬臂梁。对于梯形或平行弦桁架，计算简图可视为双悬臂梁。钢木桁架下弦杆占桁架自重的比例要比木桁架小，故验算时木桁架的荷载比例略比钢木桁架大。

7.2 运输与储存

7.2.1 桁架等平面构件水平运输时不宜平卧叠放在车辆上，以免在装卸和运输过程中因颠簸使平面外受弯而损坏。实腹梁和空腹梁等构件在运输中悬臂长度不能过长，以免负弯矩过大而受损。

7.2.2 大型或超长构件无法存放在仓库或敞棚内时，也应采取防雨淋措施，如用五彩布、塑料布等遮盖。

7.3 木结构吊装

7.3.1、**7.3.2** 桁架吊装时的安全性验算应以吊点处为支座，作用有绳索产生的竖向和水平支反力。桁架自重及附着在桁架上的临时加固构件的全部荷载简化为上弦节点荷载，或上弦杆自重简化为上弦节点荷载，下弦杆及腹杆简化为下弦节点荷载，其他临时加固构件按实际情况简化为上、下弦节点荷载，两种计算简图，并考虑系统的动力系数。特别需注意桁架发生拉压杆变化的情况，齿连接不能受拉，钢拉杆不能受压，发生这类情况时必须采取临时加固措施，如增设反向的斜腹杆等解决。

绳索的水平夹角小，可以降低起吊高度，但过小的水平夹角会明显增大桁架平面内的水平作用力而导致平面外失稳。因此规定了绳索的水平夹角不小于60°。规定两吊点间用水平杆加固桁架，目的在于缓解这一水平作用的危害。考虑到吊装时下弦杆截面宽度较小的大跨桁架，特别是钢木桁架下弦不能受压，设置连续的水平杆临时加固桁架，防止下弦失稳。

7.4 木梁、柱安装

7.4.1～7.4.5 木腐菌的孢子和菌丝侵蚀到含水率大于20%且空气容积含量为5%～15%时，就会大量繁殖而导致木材腐朽。因此规定柱底距室外地坪的高度并设防潮层和不与土壤接触，一方面是缓解土壤中的木腐菌直接侵蚀，另一方面使柱根部木材能处于干燥状态，不利于木腐菌的繁殖。另据调查，木构件距地面0.45m以后，可大大减缓白蚁的侵蚀。木梁端部支承在砌体或混凝土构件上，要求木梁支座四周设通风槽，目的是使木材能有干燥的环境条件。

7.4.6 异等组坯的层板胶合木梁或偏心受压构件，其正反两个方向的力学性能并不对称，安装时应特别注意受拉区的位置与设计文件相符，避免工程事故。

7.5 楼盖安装

7.5.1～7.5.3 首层楼盖底与室内地坪间至少应留有0.45m净空，且应在四周基础（勒脚）上开设通风洞，使有良好的通风条件，保证楼盖木构件处于干燥状态。

7.6 屋盖安装

7.6.1 大量的现场调查表明，木桁架的腐朽主要发生在支座桁架节点，其原因一是屋面檐口部位漏雨，二是支座节点被砌死在墙体中，不通风，木材含水率高，为木腐菌提供了繁殖的有利条件。因此桁架支座处的防腐处理十分重要。

抗震区木柱与桁架上弦第二节点间设斜撑可增强房屋的侧向刚度，侧向水平荷载在斜撑中产生的轴力应直接传递至屋架上弦节点，斜撑与下弦杆相交处（图7.6.1）的螺栓只起夹紧作用，不应传递轴力，故在斜撑上开椭圆孔。

7.6.2 砌体房屋木屋盖采用硬山搁檩，第一榀桁架可靠近山墙就位，当山墙有足够刚度时，可用檩条作支撑，保持稳定，否则应设斜撑作临时支撑。此时应注意斜撑根部的可靠连接，以免偶然作用下斜撑脱落而导致桁架倾倒。

7.6.3 屋盖支撑体系是保证屋盖系统整体性和空间刚度的重要条件，必须按设计文件安装。一个屋盖系统根据其纵向刚度不同，至少在1个～2个开间内设置由桁架间垂直支撑、上弦间的横向支撑、下弦系杆及梯形或平行弦桁架端竖杆间的垂直支撑构成的空间稳定体系，其他桁架则通过檩条和下弦水平系杆与其相连而构成屋盖的空间结构体系，特别是使屋盖系统在纵向具有足够的刚度，以抵抗风荷载等水平作用力。垂直支撑连接如图5所示。

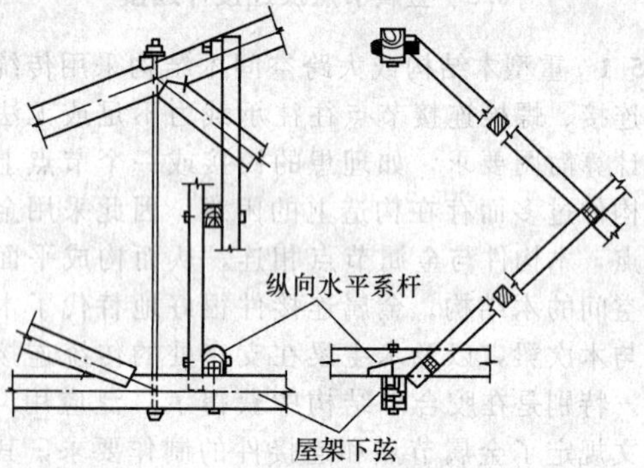
纵向水平系杆
屋架下弦
图5 屋盖桁架垂直水平支撑的连接

7.6.4 本条规定主要针对简支檩条的安装，采用轻型屋面时，由于风吸力可能超过屋面自重，故需用螺栓固定，防止檩条被风吸力掀起。

7.6.5 桁架平面的垂直度可用线垂或经纬仪测量，垂直度满足偏差要求的桁架应严密地坐落在支座上，局部缝隙应打入硬木片并用钉牵牢。

7.6.6 天窗架与桁架连体吊装就位，因其高度大，两者相连的节点刚度差，容易损坏，故规定单独吊装，即桁架可靠固定后再吊装天窗架。天窗架竖向荷载主要依靠天窗架柱传至屋架上弦节点。在荷载作用下，柱底与屋架上弦顶面间的抵承面存在较大的挤压变形，若夹板螺栓直接与桁架上弦相固定，则竖向荷载可能通过螺栓受弯、剪传至桁架上弦杆，导致木材横纹受拉而遭到损坏，故规定螺栓在上弦杆下面穿过，仅将两夹板彼此夹紧。

7.6.7～7.6.9 瓦屋面在挂瓦条上直接钉挂瓦条，缺点是无法铺设防水卷材，密铺木望板有利于提高屋面结构刚度与整体性。铁皮屋面一般均应设木望板。

7.7 顶棚与隔墙安装

7.7.1 顶棚梁应上吊在桁架下弦节点处，以避免下弦成为拉弯杆件。上吊式是为避免桁架下弦木材横纹受拉而撕裂。桁架下弦底表面距顶棚保温层顶至少应留有100mm的间隙，防止下弦埋入保温层，因不通风，受潮腐朽。

7.7.2 顶、地梁和两端龙骨应用直径不小于10mm、间距不大于1.2m的膨胀螺栓固定。

7.8 管线穿越木构件的处理

7.8.1 浸渍法防护处理，药剂只能渗入木材表面下一定深度，不可能全截面均达到一定的药剂量，因此要求开孔应在防护处理前完成，防止损及防护性能。必须在防护处理后开孔的，则应用喷涂法在孔壁周围重作防护处理。

7.8.2 在木梁上切口或开水平孔均减少梁的有效面积并引起应力集中，因此需对其位置和数量加以必要的限制。图7.8.2中的竖线和斜线区的弯曲应力和剪应力在均布荷载作用下，均小于设计应力的50%，是允许开设水平孔的位置，这些孔洞主要是供管网穿越，并非用作悬吊重物。

7.8.3 梁截面上竖向钻洞（孔）同样会减少梁的有效截面并引起应力集中。据分析，竖向孔对承载力的影响约为截面因开孔造成截面损失率的1.5倍，如若梁宽为140mm，孔径为25mm，截面损失率为1/5～1/6，而承载力损失约为1/4。对于均布荷载作用下的简支梁，在距支座1/8跨度范围内，其弯曲应力不会超过设计应力的50%，只要这个梁区段抗剪承载力有一定富余，钻竖向小孔是可以的。

7.8.4 木构件上钻孔悬吊重物等可能引起木材横纹受拉，原则上一律不允许，本规范图7.8.2所示的区域因工作应力低，允许开孔的目的虽是为了管网穿越，但悬吊轻质物体尚可允许，其界限由设计单位验算决定。

8 轻型木结构制作与安装

8.1 基础与地梁板

8.1.1 见本规范第7.5.1～第7.5.3条条文说明。

8.1.2 除采用预埋的方式，按我国轻型木结构的施工经验，可采用化学锚栓，应选用抗拔承载力不低于$\phi 12$的螺栓承载力的化学锚栓。当采用植筋时，钢筋直径不应小于12mm，植筋深度不小于钢筋直径的15倍，且应满足《混凝土结构后锚固技术规程》JGJ 145-2004的要求。

8.2 墙体制作与安装

8.2.1 轻型木结构实际上是由剪力墙和横隔组成的板式结构（盒子房），剪力墙是重要的基本构件，其承载力取决于规格材、覆面板的规格尺寸、品种、间距以及钉连接的性能。因此施工时规格材、覆面板应符合设计文件的规定。要求墙骨、底梁板和顶梁板等规格材的宽度一致，主要是为使墙骨木构架的表面平齐，便于铺钉覆面板。国产与进口规格材的尺寸系列略有不同（4.2.2条），截面尺寸差别不超过2mm的规格材，受力性能无明显差别，故可视为同规格的规格材使用。但不同尺寸系列的规格材不能混用，原因之一是混用会给铺钉覆面板造成困难。墙骨规格材不低于Vc等规定，来自于《木结构设计规范》GB 50005，施工时应予遵守。

8.2.2 覆面板的标准尺寸为2440mm×1220mm，除非经专门设计，墙骨的间距一般有406mm（16in）和610mm（24in）两种，便于两者钉合，使接缝位于墙骨中心。墙骨所用规格材的截面宽度不小于40mm（38mm），主要是考虑钉合墙面板时钉连接的边、端距要求。在接缝处使用截面宽度为38mm的规格材作墙骨，钉的边距稍差，因此钉往往需要斜向钉合。考虑可能的湿胀变形，覆面板在墙骨上的接缝处应留不小于3mm的缝隙。

8.2.3 规定了顶梁板和底梁板的基本构造和制作要求。承重墙的顶梁板还兼作楼盖横隔的边缘构件（受拉弦杆），故需两根叠放。非承重墙可采用1根规格材作顶梁板，但墙骨应相应加长，以便与承重墙等高。

8.2.4 门窗洞口的尺寸应大于所容纳的门框、窗框的外缘尺寸，以便于安装。安装后的间隙宜用聚氨酯发泡剂堵塞，以保持房屋的气密性。

8.2.5、8.2.6 规定墙体木构架最基本的构造、钉合和安装要求。

8.2.7 木基结构板与墙体木构架共同形成剪力墙，其中木基结构板主要承受面内剪力，因此本条规定其厚度和种类符合设计文件的要求，并对其最小厚度作出了规定。所谓的400mm、600mm墙骨间距，实际上是16英寸、24英寸的近似值，实际尺寸是406mm、610mm，是与木基结构板材的标准幅面尺寸1220mm、2440mm匹配的。有关现行国家标准已采用了400mm、600mm的表述方法，本规范的本条也如此表述，以免混乱。但按400mm、600mm实际上是无法布置墙骨的，这一点施工时应予注意。

8.2.8～8.2.10 规定剪力墙覆面板的钉合顺序和钉合方法。作为剪力墙使用的外墙体，其抗侧刚度主要取决于墙面板的接缝多寡和接缝位置，接缝少，刚度大。接缝又应落在墙骨上。轻型木结构住宅层高一般规定为2.4m，因此对于基本尺寸为1.2m×2.4m的覆面板，不论垂直或平行于墙骨铺钉都是恰到好处的。铺钉时需特别注意墙体洞口上、下方墙面板设计图标明的接缝位置。当要求竖向接缝位于洞口上、下方中部的墙骨上时，剪力墙具有连续性，施工时不应将接缝改设在洞口两边的墙骨上。

8.2.11 采用圆钢螺栓整体锚固墙体时，圆钢螺栓下端应与基础锚固，可利用地梁板的锚固螺栓。为此应将地梁板锚固螺栓适当增长螺杆丝扣，通过正反扣套筒螺母与圆钢螺栓相连。

8.2.12 墙体制作与安装偏差的丈量工具，对于几何尺寸可用钢尺测量，垂直度、水平偏差等可用工程质量检测器测量。

8.3 柱制作与安装

8.3.1、8.3.2 柱是重要承重构件，所用木材的树种、等级或截面尺寸等应符合设计文件的规定。该两条还规定了保证柱子达到预期承载性能的制作要求和构造措施。

8.3.3 同 8.2.12 条条文说明。

8.4 楼盖制作与安装

8.4.1 楼盖梁和各种搁栅是楼盖结构中的主要承重构件，需满足承载力和变形要求。因此所用规格材的树种、等级、规格（截面尺寸）和布置等均需满足设计文件的规定。

8.4.2 用数根规格材制作的楼盖梁，当截面上存在规格材对接接头时，该截面的抗弯承载力有较大的削弱，而只在连续梁的反弯点处弯矩为零，因此规格材对接接头只允许设在本条规定的范围内。规格材之间的连接规定是为从构造上保证梁的承载性能达到预期效果。

8.4.4 搁栅支承在楼盖梁上，应使搁栅上的荷载能可靠地传至梁上。但另一方面，搁栅应有防止楼盖梁整体失稳的作用，因此图 8.4.4（a）中，搁栅与梁间需要用圆钉钉牢，图 8.4.4（b）中需要用连接板拉结两侧搁栅。

8.4.5～8.4.8 从构造要求出发，规定了楼盖搁栅布置，楼盖开洞口和楼盖局部悬挑及连接的要求。施工中应特别注意悬挑的长度和悬挑端所受的荷载，在第 8.4.8 条的规定范围外，搁栅最小尺寸和钉连接要求均应遵守设计文件的规定。

8.4.9 因由多根搁栅支承，非承重墙可以垂直于搁栅方向布置，但距搁栅支座的距离不应超过 1.2m，否则应按设计文件的规定处理。当非承重墙平行于搁栅布置时，墙体可能只坐落在楼面板上，因此规定非承重墙下方需设间距不大于 1.2m 的横撑，由两根搁栅来承担墙体。

8.4.10 工字形木搁栅的腹板较薄，有时腹板上还开有洞口。当翼缘上有较大集中力作用时（如支座处），可能造成腹板失稳。因此，应根据设计文件或工字形木搁栅的使用说明规定，确定是否在集中力作用位置设加劲肋。

8.4.11、8.4.12 规定了楼面板的最小宽度和铺钉规则。板与搁栅间涂刷弹性胶粘剂（液体钉）的目的是减少木材干缩后人员走动时楼板可能发出的噪声。第 8.4.11 条中搁栅的间距 400mm、500mm 和 600mm 是英制单位 16 英寸、20 英寸和 24 英寸的近似值，施工时应按实际尺寸 406mm、508mm 和 610mm 执行。

8.4.13 楼盖制作安装偏差可以用钢尺丈量和工程质量检测器检测。

8.5 椽条-顶棚搁栅型屋盖制作与安装

8.5.1 椽条与顶棚搁栅均为屋盖的主要受力构件，所用规格材的树种、等级及截面尺寸应由设计文件规定。

8.5.2 坡度小于 1：3 的屋顶，一般视椽条为斜梁，是受弯构件。椽条在檐口处可直接支承在顶梁板上，也可支承在承椽板上。这主要是因为椽条和顶棚搁栅在此处可以彼此不相钉合，两者的支座可以不在一个高度上。另一方面，在屋脊处椽条需支承在能承受竖向荷载的屋脊梁上，且屋脊梁应有支座。

当房屋跨度较大时，椽条往往需要较大截面尺寸的规格材，可采用本条图 8.5.2-2（b）、图 8.5.2-2（c）所示的增设中间支座的方法，以减少椽条的计算跨度。交叉斜杆支承方案中斜杆的倾角不应小于 45°，否则应在两交叉杆顶部设水平拉杆，以增强斜杆对椽条的支承作用。

8.5.3 坡度等于和大于 1：3 的屋顶，椽条与顶棚搁栅应视为三铰拱体系。椽条在檐口处只能直接支承在顶梁板上，且紧靠在顶棚搁栅处，两者相互钉合，使搁栅能拉牢椽条，起拱拉杆作用。因此施工中应重视椽条与顶棚搁栅间的钉连接质量。在屋脊处，两侧椽条通过屋脊板相互对顶，屋脊板理论上不受荷载作用，无需竖向支座。对采用三铰拱桁架形式的屋盖，尽管能节省材料，但半跨活荷载作用对该结构十分不利，必须严格按设计图的规定施工，不得马虎。图中椽条连杆是为了减小椽条的计算跨度，跨度较小时亦可不设。

8.5.4 顶棚搁栅的安装钉合要求与楼盖搁栅一致，但对坡度大于 1：3 的屋盖，因顶棚搁栅承受拉力，故要求支承在内承重墙或梁上的搁栅搭接的钉连接用钉量要多一些、强一些。

8.5.5～8.5.7 规定了椽条在山墙、戗角、坡谷及老虎窗等位置的构造、安装和钉合要求。

8.5.8、8.5.9 规定了屋面板的铺钉要求。在屋面板铺钉完成前，椽条平面外尚无支撑，承载能力有限，因此规定施工时不得在其上施加集中力和堆放重物。其中椽条的间距 400mm、500mm 和 600mm 也是英制单位 16 英寸、20 英寸和 24 英寸的近似值，施工时应按实际尺寸 406mm、508mm 和 610mm 执行。

8.5.10 为了保证此类屋盖的安装质量，规定了其施工程序和操作要点。其中临时铺钉木基结构板，可以不满铺，可根据屋盖各控制点位置和操作要求铺钉。

8.5.11 轻型木结构屋盖的制作安装偏差可用钢尺

测量。

8.6 齿板桁架型屋盖制作与安装

8.6.1 由于齿板桁架制作时需专门的将齿板压入桁架节点的设备，施工现场制作无法保证质量。因此规定齿板桁架由专业加工厂生产。齿板桁架进场时，除检查其产品质量合格证书和产品标识外，还应按本条规定的内容作进场检验。进口的齿板桁架，一般同时具备产品质量合格证书和产品标识，国产的齿板桁架，现阶段不一定具有产品标识，但要求有产品质量合格证书。

8.6.2、8.6.3 齿板桁架平面外刚度差，连接节点较脆弱。搬运和吊装需特别小心，确保其不受损害。安装就位后需做好临时支撑，防止倾倒。

8.6.4 规定了齿板桁架屋盖一般构造要求，桁架除用规定的圆钉在支座处与墙体顶梁板钉牢外，还应按设计要求用镀锌金属连接件作可靠的锚固，防止屋盖在风荷载作用下掀起破损。

8.6.5、8.6.6 齿板桁架弦杆的截面宽度一般仅为38mm，各节点用齿板连接，其平面外的刚度较差。桁架支座处的支承面窄，站立时稳定性差，因此吊装就位后临时支撑的设置十分重要。条文规定临时支撑应在上、下弦和腹杆三个平面设置，并应设置可靠的斜向支撑，防止施工阶段整体倾倒。

8.6.7 齿板桁架屋盖的支撑系统是保证屋盖整体性的重要构件，需按设计文件的规定施工，不得缺省。

8.6.8 齿板桁架各杆件尺寸都经受力计算确定，切断或移除其杆件会危及结构安全。不允许因安装天窗或设检修口而改变桁架的构件布置。

8.6.9 同8.5.9条条文说明。

8.6.10 齿板桁架的安装偏差可用钢尺量取和工程质量检测器检测。

8.6.11 屋面板铺设钉合规定，同8.5.9条条文说明。

8.7 管线穿越

8.7.1 轻型木结构墙体、楼盖中的夹层空间为室内管线的敷设提供了方便，但构件上开槽口或开孔均减少其有效面积并引起应力集中，因此需对开孔的位置和大小加以必要的限制。本条规定了墙骨、搁栅等各类木构件允许开洞的尺寸和位置。

8.7.2 承重构件涉及结构安全，施工人员不得自行改变结构方案。本条规定受设备等影响必须调整结构方案时，需由设计单位作必要的设计变更，确保安全。

9 木结构工程防火施工

9.0.1 木结构工程的防火措施除遵守必要的外部环境（如防火间距）条件外，应从两方面着手。一是达到规定的木结构构件的燃烧性能耐火极限规定，二是防火的构造措施。本章即从这两方面的施工要求，做了必要的规定。

9.0.2 规定了防火材料、阻燃剂进场验收、运输、保管和存储的要求。

9.0.3、9.0.4 规定了已完成防火处理的木构件进场验收的要求。规定了木构件阻燃处理的基本要求。表面涂刷防火涂料，不能改变木构件的可燃烧性。需要作改善木构件燃烧性能的防火措施，均应采用加压浸渍法施工，而一般的施工现场没有这样的施工条件和设备，故应由专业消防企业来完成。

9.0.5～9.0.12 规定了防火构造措施所用材料和施工的基本要求。

9.0.13 木结构房屋火灾的引发，往往由其他工种施工的防火缺失所致，故房屋装修也应满足相应的防火规范要求。

10 木结构工程防护施工

10.0.1 木结构工程的防护包括防腐和防虫害两个方面，这两个方面的工作由工程所在地的环境条件和虫害情况决定，需单独处理或同时处理。对防护用药剂的基本要求是能起到防护作用又不能危及人畜安全和污染环境。

10.0.2 规定了防护药剂的进场验收、运输、保管和存储的要求。

10.0.3 规定了各种防护处理工艺的适用场合。喷洒法和涂刷法只能使药物附着在木构件表面，易剥落破损，不能持久，只能作为局部修补。常温浸渍法药物只能深入木材表层，保持量小，只能用在C1类条件下，其他环境条件均应采用加压或冷热槽浸渍法处理。除喷洒法、涂刷法外的其他防护处理，受工艺和设备条件的限制，木材防护处理应由专业加工企业完成。

10.0.4 规定了木材防护处理与构件加工制作的先后顺序。防护处理后的构件不宜再行加工，以保持防护效果，使构件满足耐久性要求。

10.0.5～10.0.7 规定了各种适用于木材防腐的药剂和相应的保持量和透入度以及进场验收要求。主要内容为防护剂的透入度及保持量。

10.0.8 除了防护处理，防腐、防潮的构造措施非常重要。本条规定了这些构造要求，主要体现了我国木结构工程的施工经验，要点是保持良好通风，避免雨水渗漏，勿使木构件与混凝土或土壤直接接触。

10.0.9 轻型木结构外墙通常是承重的剪力墙，其保护是保证结构耐久性的措施，本条内容正是基于这一点提出。

11 木结构工程施工安全

11.0.2、11.0.3 木材加工机具易对操作人员造成伤害，故对机具的安全性必须重视，本条规定所用机具应为国家定型产品，具有安全合格证书。强调大型木工机具的操作人员应有上岗证。

11.0.1、11.0.4～11.0.6 木结构工程施工现场失火时有发生，因此规定了木结构工程施工现场必要的防火措施和消防设备。

中华人民共和国国家标准

门式刚架轻型房屋钢结构技术规范

Technical code for steel structure of light-weight building with gabled frames

GB 51022—2015

主编部门：中华人民共和国住房和城乡建设部

批准部门：中华人民共和国住房和城乡建设部

施行日期：2 0 1 6 年 8 月 1 日

中华人民共和国住房和城乡建设部
公　　告

第 991 号

住房城乡建设部关于发布国家标准《门式刚架轻型房屋钢结构技术规范》的公告

现批准《门式刚架轻型房屋钢结构技术规范》为国家标准，编号为 GB 51022－2015，自 2016 年 8 月 1 日起实施。其中，第 14.2.5 条为强制性条文，必须严格执行。

本规范由我部标准定额研究所组织中国建筑工业出版社出版发行。

中华人民共和国住房和城乡建设部

2015 年 12 月 3 日

前　　言

根据住房和城乡建设部《关于印发〈2008 年工程建设标准规范制订、修订计划（第一批）〉的通知》（建标［2008］102 号）的要求，规范编制组经广泛调查研究，认真总结工程实践经验，参考有关国际标准和国外先进标准，在广泛征求意见的基础上，编制了本规范。

本规范的主要技术内容是：1. 总则；2. 术语和符号；3. 基本设计规定；4. 荷载和荷载组合的效应；5. 结构形式和布置；6. 结构计算分析；7. 构件设计；8. 支撑系统设计；9. 檩条与墙梁设计；10. 连接和节点设计；11. 围护系统设计；12. 钢结构防护；13. 制作；14. 运输、安装与验收。

本规范中以黑体字标志的条文为强制性条文，必须严格执行。

本规范由住房和城乡建设部负责管理和对强制性条文的解释，由中国建筑标准设计研究院有限公司负责具体技术内容的解释。执行过程中如有意见和建议，请寄送中国建筑标准设计研究院有限公司（地址：北京市海淀区首体南路 9 号主语国际 2 号楼，邮编 100048）。

本规范主编单位：中国建筑标准设计研究院有限公司

本规范参编单位：浙江大学
同济大学
西安建筑科技大学
清华大学
浙江杭萧钢构股份有限公司
巴特勒（上海）有限公司
美建建筑系统（中国）有限公司
中国建筑科学研究院
中国建筑金属结构协会建筑钢结构委员会
江西省建筑设计研究总院

本规范主要起草人员：郁银泉　蔡益燕　童根树　张其林　陈友泉　刘承宗　王赛宁　苏明周　王　喆　陈绍蕃　沈祖炎　张　伟　吴梓伟　石永久　金新阳　张跃锋　张　航　许秋华　申　林　胡天兵

本规范主要审查人员：汪大绥　顾　强　徐厚军　贺明玄　陈基发　王元清　姜学诗　丁大益　朱　丹　郭　兵　郭海山

目　次

Contents

1 总 则

1.0.1 为规范门式刚架轻型房屋钢结构的设计、制作、安装及验收，做到安全适用、技术先进、经济合理、确保质量，制定本规范。

1.0.2 本规范适用于房屋高度不大于18m，房屋高宽比小于1，承重结构为单跨或多跨实腹门式刚架、具有轻型屋盖、无桥式吊车或有起重量不大于20t的A1～A5工作级别桥式吊车或3t悬挂式起重机的单层钢结构房屋。

本规范不适用于按现行国家标准《工业建筑防腐蚀设计规范》GB 50046规定的对钢结构具有强腐蚀介质作用的房屋。

1.0.3 门式刚架轻型房屋钢结构的设计、制作、安装及验收，除应符合本规范外，尚应符合国家现行有关标准的规定。

2 术语和符号

2.1 术 语

2.1.1 门式刚架轻型房屋 light-weight building with gabled frames

承重结构采用变截面或等截面实腹刚架，围护系统采用轻型钢屋面和轻型外墙的单层房屋。

2.1.2 房屋高度 height of building

自室外地面至屋面的平均高度。当屋面坡度角不大于10°时可取檐口高度。当屋面坡度角大于10°时应取檐口高度和屋脊高度的平均值。单坡房屋当屋面坡度角不大于10°时，可取较低的檐口高度。

2.1.3 夹层 mezzanine

为一侧与刚架柱连接的室内平台，通常沿房屋纵向设置，少数情况沿山墙设置。

2.1.4 摇摆柱 leaning stanchion

上、下端铰接的轴心受压构件。

2.1.5 隅撑 diagonal brace

用于支承斜梁和柱受压翼缘的支撑构件。

2.1.6 抗风柱 end wall column

设置于山墙，用于将山墙风荷载传到屋盖水平支撑的柱子。

2.1.7 孔口 opening

在房屋的外包面（墙面和屋面）上未设置永久性有效封闭装置的部分。

2.1.8 敞开式房屋 opening building

各墙面都至少有80%面积为孔口的房屋。

2.1.9 部分封闭式房屋 partially enclosed building

受外部正风压力的墙面上孔口总面积超过该房屋其余外包面（墙面和屋面）上孔口面积的总和，并超过该墙毛面积的10%，且其余外包面的开孔率不超过20%的房屋。

2.1.10 封闭式房屋 enclosed building

在所封闭的空间中无符合部分封闭式房屋或敞开式房屋定义的那类孔口的房屋。

2.1.11 边缘带 edge strip

确定围护结构构件和面板上风荷载系数时，在外墙和屋面上划分的位于房屋端部和边缘的区域。

2.1.12 端区 end zone

确定主刚架上风荷载系数时，在外墙和屋面上划分的位于房屋端部和边缘的区域。

2.1.13 中间区 middle zone

在外墙和屋面上划分的不属于边缘带和端区的区域。

2.1.14 有效受风面积 effective wind load area

确定风荷载系数时取用的承受风荷载的有效面积。

2.2 符 号

2.2.1 作用和作用效应

F——上翼缘所受的集中荷载；

M_{cr}——楔形变截面梁弹性屈曲临界弯矩；

M_f——两翼缘所承担的弯矩；

M_e——构件有效截面所承担的弯矩；

M_f^N——兼承压力N时两翼缘所能承受的弯矩；

N——轴心拉力或轴心压力设计值；

N_{cr}——欧拉临界力；

N_s——拉力场产生的压力；

N_t——一个高强度螺栓的受拉承载力设计值；

N_{t2}——翼缘内第二排一个螺栓的轴向拉力设计值；

R_d——结构构件承载力的设计值；

S_E——考虑多遇地震作用时，荷载和地震作用效应组合的设计值；

S_{Ehk}——水平地震作用标准值的效应；

S_{Evk}——竖向地震作用标准值的效应；

S_k——雪荷载标准值；

S_0——基本雪压；

S_{Gk}——永久荷载效应标准值；

S_{Qk}——竖向可变荷载效应标准值；

S_{wk}——风荷载效应标准值；

S_{GE}——重力荷载代表值的效应；

V_d——腹板受剪承载力设计值；

V_{max}——檩条的最大剪力；

$V_{x',max}$、$V_{y',max}$——分别为竖向荷载和水平荷载产生的剪力；

V_y——檩条支座反力；

W——1个柱距内檩间支撑承担受力区域的屋面总竖向荷载设计值；

w_k——风荷载标准值；

w_0——基本风压。

2.2.2 材料性能和抗力

E——钢材的弹性模量；

f——钢材的强度设计值；

f_v——钢材的抗剪强度设计值；

f_t——被连接板件钢材抗拉强度设计值；

f_f^w——角焊缝强度设计值；

G——钢材的剪切模量；

R_1——与节点域剪切变形对应的刚度；

R_2——连接的弯曲刚度。

2.2.3 几何参数

A_0、A_1——小端和大端截面的毛截面面积；

A_e——有效截面面积；

A_{e1}——大端的有效截面面积；

A_f——构件翼缘的截面面积；

A_k——隅撑杆的截面面积；

A_{n1}——单杆件的净截面面积；

A_p——檩条的截面面积；

A_{st}——两条斜加劲肋的总截面面积；

d_b——斜梁端部高度或节点域高度；

e_1——梁截面的剪切中心到檩条形心线的距离；

e_w、e_f——分别为螺栓中心至腹板和翼缘板表面的距离；

h_1——梁端翼缘板中心间的距离；

h_b——按屋面基本雪压确定的雪荷载高度；

h_c——腹板受压区宽度；

h_d——积雪堆积高度；

h_0——檩条腹板扣除冷弯半径后的平直段高度；

h_r——高低屋面的高差；

h_{sT0}、h_{sB0}——分别是小端截面上、下翼缘的中面到剪切中心的距离；

h_w——腹板的高度；

h_{w1}、h_{w0}——楔形腹板大端和小端腹板高度；

I_1——被隅撑支撑的翼缘绕弱轴的惯性矩；

I_2——与檩条连接的翼缘绕弱轴的惯性矩；

I_p——檩条截面绕强轴的惯性矩；

$I_{\omega 0}$——小端截面的翘曲惯性矩；

$I_{\omega\eta}$——变截面梁的等效翘曲惯性矩；

i_{x1}——大端截面绕强轴的回转半径；

I_y——变截面梁绕弱轴惯性矩；

i_{y1}——大端截面绕弱轴的回转半径；

I_{yT}、I_{yB}——弯矩最大截面受压翼缘和受拉翼缘绕弱轴的惯性矩；

J、I_y、I_ω——大端截面的自由扭转常数、绕弱轴惯性矩、翘曲惯性矩；

J_0——小端截面自由扭转常数；

J_η——变截面梁等效圣维南扭转常数；

W_e——构件有效截面最大受压纤维的截面模量；

W_{e1}——大端有效截面最大受压纤维的截面模量；

W_{enx}、W_{eny}——对截面主轴 x、y 轴的有效净截面模量或净截面模量；

W_{n1x}——杆件的净截面模量；

W_{x1}——弯矩较大截面受压边缘的截面模量；

γ——变截面梁楔率；

γ_p——腹板区格的楔率；

λ_s——腹板剪切屈曲通用高厚比；

η_i——惯性矩比。

2.2.4 计算系数及其他

k_τ——受剪板件的屈曲系数；

n_p——檩间支撑承担受力区域的檩条数；

β_{mx}、β_{tx}——等效弯矩系数；

$\beta_{x\eta}$——截面不对称系数；

γ_{Eh}——水平地震作用分项系数；

γ_{Ev}——竖向地震作用分项系数；

γ_G——永久或重力荷载分项系数；

γ_0——结构重要性系数；

γ_Q——竖向可变荷载分项系数；

γ_{RE}——承载力抗震调整系数；

γ_w——风荷载分项系数；

γ_x——截面塑性开展系数；

λ_1——按大端截面计算的，考虑计算长度系数的长细比；

$\bar{\lambda}_1$——通用长细比；

λ_p——与板件受弯、受压有关的参数；

λ_s——与板件受剪有关的参数；

λ_{1y}——绕弱轴的长细比；

$\bar{\lambda}_{1y}$——绕弱轴的通用长细比；

λ_b——梁的通用长细比；

μ_r——屋面积雪分布系数；

μ_w——风荷载系数；

μ_z——风压高度变化系数；

ρ——有效宽度系数；

φ_{by}——梁的整体稳定系数；

φ_{min}——腹杆的轴压稳定系数；

φ_s——腹板剪切屈曲稳定系数；

φ_x ——杆件轴心受压稳定系数；

χ_{tap} ——腹板屈曲后抗剪强度的楔率折减系数；

ψ_Q、ψ_w ——分别为可变荷载组合值系数和风荷载组合值系数。

3 基本设计规定

3.1 设计原则

3.1.1 门式刚架轻型房屋钢结构采用以概率理论为基础的极限状态设计方法，以可靠指标度量结构构件的可靠度，采用分项系数的设计表达式进行设计。

3.1.2 门式刚架轻型房屋钢结构的承重构件，应按承载能力极限状态和正常使用极限状态进行设计。

3.1.3 当结构构件按承载能力极限状态设计时，持久设计状况、短暂设计状况应满足下式要求：

$$\gamma_0 S_d \leqslant R_d \tag{3.1.3}$$

式中：γ_0 ——结构重要性系数。对安全等级为一级的结构构件不小于1.1，对安全等级为二级的结构构件不小于1.0，门式刚架钢结构构件安全等级可取二级，对于设计使用年限为25年的结构构件，γ_0不应小于0.95；

S_d ——不考虑地震作用时，荷载组合的效应设计值，应符合本规范第4.5.2条的规定。

R_d ——结构构件承载力设计值。

3.1.4 当抗震设防烈度7度（0.15g）及以上时，应进行地震作用组合的效应验算，地震设计状况应满足下式要求：

$$S_E \leqslant R_d/\gamma_{RE} \tag{3.1.4}$$

式中：S_E ——考虑多遇地震作用时，荷载和地震作用组合的效应设计值，应符合本规范第4.5.4条的规定；

γ_{RE} ——承载力抗震调整系数。

3.1.5 承载力抗震调整系数应按表3.1.5采用。

表3.1.5 承载力抗震调整系数 γ_{RE}

构件或连接	受力状态	γ_{RE}
梁、柱、支撑、螺栓、节点、焊缝	强度	0.85
柱、支撑	稳定	0.90

3.1.6 当结构构件按正常使用极限状态设计时，应根据现行国家标准《建筑结构荷载规范》GB 50009的规定采用荷载的标准组合计算变形，并应满足本规范第3.3节的要求。

3.1.7 结构构件的受拉强度应按净截面计算，受压强度应按有效净截面计算，稳定性应按有效截面计算，变形和各种稳定系数均可按毛截面计算。

3.2 材料选用

3.2.1 钢材选用应符合下列规定：

1 用于承重的冷弯薄壁型钢、热轧型钢和钢板，应采用现行国家标准《碳素结构钢》GB/T 700规定的Q235和《低合金高强度结构钢》GB/T 1591规定的Q345钢材。

2 门式刚架、吊车梁和焊接的檩条、墙梁等构件宜采用Q235B或Q345A及以上等级的钢材。非焊接的檩条和墙梁等构件可采用Q235A钢材。当有根据时，门式刚架、檩条和墙梁可采用其他牌号的钢材制作。

3 用于围护系统的屋面及墙面板材应采用符合现行国家标准《连续热镀锌钢板及钢带》GB/T 2518、《连续热镀铝锌合金镀层钢板及钢带》GB/T 14978和《彩色涂层钢板及钢带》GB/T 12754规定的钢板，采用的压型钢板应符合现行国家标准《建筑用压型钢板》GB/T 12755的规定。

3.2.2 连接件应符合下列规定：

1 普通螺栓应符合现行国家标准《六角头螺栓C级》GB/T 5780和《六角头螺栓》GB/T 5782的规定，其机械性能与尺寸规格应符合现行国家标准《紧固件机械性能 螺栓、螺钉和螺柱》GB/T 3098.1的规定；

2 高强度螺栓应符合现行国家标准《钢结构用高强度大六角头螺栓》GB/T 1228、《钢结构用高强度大六角螺母》GB/T 1229、《钢结构用高强度垫圈》GB/T 1230、《钢结构用高强度大六角头螺栓、大六角螺母、垫圈技术条件》GB/T 1231或《钢结构用扭剪型高强度螺栓连接副》GB/T 3632的规定；

3 连接屋面板和墙面板采用的自攻、自钻螺栓应符合现行国家标准《十字槽盘头自钻自攻螺钉》GB/T 15856.1、《十字槽沉头自钻自攻螺钉》GB/T 15856.2、《十字槽半沉头自钻自攻螺钉》GB/T 15856.3、《六角法兰面自钻自攻螺钉》GB/T 15856.4、《六角凸缘自钻自攻螺钉》GB/T 15856.5或《开槽盘头自攻螺钉》GB/T 5282、《开槽沉头自攻螺钉》GB/T 5283、《开槽半沉头自攻螺钉》GB/T 5284、《六角头自攻螺钉》GB/T 5285的规定；

4 抽芯铆钉应采用现行行业标准《标准件用碳素钢热轧圆钢及盘条》YB/T 4155中规定的BL2或BL3号钢制成，同时应符合现行国家标准《封闭型平圆头抽芯铆钉》GB/T 12615.1～GB/T 12615.4、《封闭型沉头抽芯铆钉》GB/T 12616.1、《开口型沉头抽芯铆钉》GB/T 12617.1～GB/T 12617.5、《开口型平圆头抽芯铆钉》GB/T 12618.1～GB/T 12618.6的规定；

5 射钉应符合现行国家标准《射钉》GB/T 18981 的规定；

6 锚栓钢材可采用符合现行国家标准《碳素结构钢》GB/T 700 规定的 Q235 级钢或符合现行国家标准《低合金高强度结构钢》GB/T 1591 规定的 Q345 级钢。

3.2.3 焊接材料应符合下列规定：

1 手工焊焊条或自动焊焊丝的牌号和性能应与构件钢材性能相适应，当两种强度级别的钢材焊接时，宜选用与强度较低钢材相匹配的焊接材料；

2 焊条的材质和性能应符合现行国家标准《非合金钢及细晶粒钢焊条》GB/T 5117、《热强钢焊条》GB/T 5118 的有关规定；

3 焊丝的材质和性能应符合现行国家标准《熔化焊用钢丝》GB/T 14957、《气体保护电弧焊用碳钢、低合金钢焊丝》GB/T 8110 及《碳钢药芯焊丝》GB/T 10045、《低合金钢药芯焊丝》GB/T 17493 的有关规定；

4 埋弧焊用焊丝和焊剂的材质和性能应符合现行国家标准《埋弧焊用碳钢焊丝和焊剂》GB/T 5293、《埋弧焊用低合金钢焊丝和焊剂》GB/T 12470 的有关规定。

3.2.4 钢材设计指标应符合下列规定：

1 各牌号钢材的设计用强度值，应按表 3.2.4-1 采用。

表 3.2.4-1 设计用钢材强度值（N/mm²）

牌号	钢材厚度或直径（mm）	抗拉、抗压、抗弯强度设计值 f	抗剪强度设计值 f_v	屈服强度最小值 f_y	端面承压强度设计值（刨平顶紧）f_{ce}
Q235	≤6	215	125	235	320
	>6，≤16	215	125		
	>16，≤40	205	120	225	
Q345	≤6	305	175	345	400
	>6，≤16	305	175		
	>16，≤40	295	170	335	
LQ550	≤0.6	455	260	530	
	>0.6，≤0.9	430	250	500	
	>0.9，≤1.2	400	230	460	
	>1.2，≤1.5	360	210	420	

注：本规范将 550 级钢材定名为 LQ550 仅用于屋面及墙面板。

2 焊缝强度设计值应按表 3.2.4-2 采用。

表 3.2.4-2 焊缝强度设计值（N/mm²）

焊接方法和焊条型号	牌号	厚度或直径（mm）	对接焊缝 抗压 f_c^w	对接焊缝 抗拉、抗弯 f_t^w 一、二级焊缝	对接焊缝 抗拉、抗弯 f_t^w 三级焊缝	对接焊缝 抗剪 f_v^w	角焊缝 抗拉、压、剪 f_f^w
自动焊、半自动焊和 E43 型焊条的手工焊	Q235	≤6	215	215	185	125	160
		>6，≤16	215	215	185	125	
		>16，≤40	205	205	175	120	
自动焊、半自动焊和 E50 型焊条的手工焊	Q345	≤6	305	305	260	175	200
		>6，≤16	305	305	265	175	
		>16，≤40	295	295	250	170	

注：1 焊缝质量等级应符合现行国家标准《钢结构工程施工质量验收规范》GB 50205 的规定。其中厚度小于 8mm 的对接焊缝，不宜用超声波探伤确定焊缝质量等级。

2 对接焊缝抗弯受压区强度设计值取 f_c^w，抗弯受拉区强度设计值取 f_t^w。

3 表中厚度系指计算点钢材的厚度，对轴心受力构件系指截面中较厚板件的厚度。

3 螺栓连接的强度设计值应按表 3.2.4-3 采用。

表 3.2.4-3 螺栓连接的强度设计值（N/mm²）

钢材牌号/或性能等级		普通螺栓 C级螺栓 抗拉 f_t^b	普通螺栓 C级螺栓 抗剪 f_v^b	普通螺栓 C级螺栓 承压 f_c^b	普通螺栓 A级、B级螺栓 抗拉 f_t^b	普通螺栓 A级、B级螺栓 抗剪 f_v^b	普通螺栓 A级、B级螺栓 承压 f_c^b	锚栓 抗拉 f_t^a	锚栓 抗剪 f_v^a	承压型连接高强度螺栓 抗拉 f_t^b	承压型连接高强度螺栓 抗剪 f_v^b	承压型连接高强度螺栓 承压 f_c^b
普通螺栓	4.6 级 4.8 级	170	140	—	—	—	—	—	—	—	—	—
	5.6 级	—	—	—	210	190	—	—	—	—	—	—
	8.8 级	—	—	—	400	320	—	—	—	—	—	—
锚栓	Q235	—	—	—	—	—	—	140	80	—	—	—
	Q345	—	—	—	—	—	—	180	105	—	—	—
承压型连接高强度螺栓	8.8 级	—	—	—	—	—	—	—	—	400	250	—
	10.9 级	—	—	—	—	—	—	—	—	500	310	—
构件	Q235	—	—	305	—	—	405	—	—	—	—	470
	Q345	—	—	385	—	—	510	—	—	—	—	590

注：1 A级螺栓用于 $d \leqslant 24$mm 和 $l \leqslant 10d$ 或 $l \leqslant 150$mm（按较小值）的螺栓；B级螺栓用于 $d > 24$mm 和 $l > 10d$ 或 $l > 150$mm（按较小值）的螺栓。d 为公称直径，l 为螺杆公称长度。

2 A、B级螺栓孔的精度和孔壁表面粗糙度，C级螺栓孔的允许偏差和孔壁表面粗糙度，均应符合现行国家标准《钢结构工程施工质量验收规范》GB 50205 的要求。

4 冷弯薄壁型钢采用电阻点焊时，每个焊点的受剪承载力设计值应符合现行国家标准《冷弯薄壁型钢结构技术规范》GB 50018 的规定。当冷弯薄壁型钢构件全截面有效时，可采用现行国家标准《冷弯薄壁型钢结构技术规范》GB 50018 规定的考虑冷弯效应的强度设计值计算构件的强度。经退火、焊接、热镀锌等热处理的构件不予考虑。

5 钢材的物理性能指标应按现行国家标准《钢结构设计规范》GB 50017 的规定采用。

3.2.5 当计算下列结构构件或连接时，本规范第3.2.4条规定的强度设计值应乘以相应的折减系数。当下列几种情况同时存在时，相应的折减系数应连乘。

1 单面连接的角钢：

1) 按轴心受力计算强度和连接时，应乘以系数0.85。

2) 按轴心受压计算稳定性时：

等边角钢应乘以系数 $0.6+0.0015\lambda$，但不大于1.0。

短边相连的不等边角钢应乘以系数 $0.5+0.0025\lambda$，但不大于1.0。

长边相连的不等边角钢应乘以系数0.70。

注：λ 为长细比，对中间无连系的单角钢压杆，应按最小回转半径计算确定。当 $\lambda<20$ 时，取 $\lambda=20$。

2 无垫板的单面对接焊缝应乘以系数0.85。

3 施工条件较差的高空安装焊缝应乘以系数0.90。

4 两构件采用搭接连接或其间填有垫板的连接以及单盖板的不对称连接应乘以系数0.90。

5 平面桁架式檩条端部的主要受压腹杆应乘以系数0.85。

3.2.6 高强度螺栓连接时，钢材摩擦面的抗滑移系数 μ 应按表3.2.6-1的规定采用，涂层连接面的抗滑移系数 μ 应按表3.2.6-2的规定采用。

表 3.2.6-1 钢材摩擦面的抗滑移系数 μ

连接处构件接触面的处理方法		构件钢号	
		Q235	Q345
普通钢结构	抛丸（喷砂）	0.35	0.40
	抛丸（喷砂）后生赤锈	0.45	0.45
	钢丝刷清除浮锈或未经处理的干净轧制面	0.30	0.35
冷弯薄壁型钢结构	抛丸（喷砂）	0.35	0.40
	热轧钢材轧制面清除浮锈	0.30	0.35
	冷轧钢材轧制面清除浮锈	0.25	—

注：1 钢丝刷除锈方向应与受力方向垂直；
2 当连接构件采用不同钢号时，μ 按相应较低的取值；
3 采用其他方法处理时，其处理工艺及抗滑移系数值均需要由试验确定。

表 3.2.6-2 涂层连接面的抗滑移系数 μ

表面处理要求	涂装方法及涂层厚度	涂层类别	抗滑移系数 μ
抛丸除锈，达到 Sa2 $\frac{1}{2}$ 级	喷涂或手工涂刷，50μm～75μm	醇酸铁红	0.15
		聚氨酯富锌	
		环氧富锌	
	喷涂或手工涂刷，50μm～75μm	无机富锌	0.35
		水性无机富锌	
	喷涂，30μm～60μm	锌加（ZINA）	
	喷涂，80μm ～120μm	防滑防锈硅酸锌漆（HES-2）	0.45

注：当设计要求使用其他涂层（热喷铝、镀锌等）时，其钢材表面处理要求、涂层厚度及抗滑移系数均需由试验确定。

3.2.7 单个高强度螺栓的预拉力设计值应按表3.2.7的规定采用。

表 3.2.7 单个高强度螺栓的预拉力设计值 P（kN）

螺栓的性能等级	螺栓公称直径（mm）					
	M16	M20	M22	M24	M27	M30
8.8级	80	125	150	175	230	280
10.9级	100	155	190	225	290	355

3.3 变形规定

3.3.1 在风荷载或多遇地震标准值作用下的单层门式刚架的柱顶位移值，不应大于表3.3.1规定的限值。夹层处柱顶的水平位移限值宜为 $H/250$，H 为夹层处柱高度。

表 3.3.1 刚架柱顶位移限值（mm）

吊车情况	其他情况	柱顶位移限值
无吊车	当采用轻型钢墙板时	$h/60$
	当采用砌体墙时	$h/240$
有桥式吊车	当吊车有驾驶室时	$h/400$
	当吊车由地面操作时	$h/180$

注：表中 h 为刚架柱高度。

3.3.2 门式刚架受弯构件的挠度值，不应大于表 3.3.2 规定的限值。

表 3.3.2 受弯构件的挠度与跨度比限值（mm）

构件类别			构件挠度限值
竖向挠度	门式刚架斜梁	仅支承压型钢板屋面和冷弯型钢檩条	$L/180$
		尚有吊顶	$L/240$
		有悬挂起重机	$L/400$
	夹层	主梁	$L/400$
		次梁	$L/250$
	檩条	仅支承压型钢板屋面	$L/150$
		尚有吊顶	$L/240$
	压型钢板屋面板		$L/150$
水平挠度	墙板		$L/100$
	抗风柱或抗风桁架		$L/250$
	墙梁	仅支承压型钢板墙	$L/100$
		支承砌体墙	$L/180$ 且 $\leqslant$50mm

注：1 表中 L 为跨度；
2 对门式刚架斜梁，L 取全跨；
3 对悬臂梁，按悬伸长度的 2 倍计算受弯构件的跨度。

3.3.3 由柱顶位移和构件挠度产生的屋面坡度改变值，不应大于坡度设计值的 1/3。

3.4 构造要求

3.4.1 钢结构构件的壁厚和板件宽厚比应符合下列规定：

1 用于檩条和墙梁的冷弯薄壁型钢，壁厚不宜小于 1.5mm。用于焊接主刚架构件腹板的钢板，厚度不宜小于 4mm；当有根据时，腹板厚度可取不小于 3mm。

2 构件中受压板件的宽厚比，不应大于现行国家标准《冷弯薄壁型钢结构技术规范》GB 50018 规定的宽厚比限值；主刚架构件受压板件中，工字形截面构件受压翼缘板自由外伸宽度 b 与其厚度 t 之比，不应大于 $15\sqrt{235/f_y}$；工字形截面梁、柱构件腹板的计算高度 h_w 与其厚度 t_w 之比，不应大于 250。当受压板件的局部稳定临界应力低于钢材屈服强度时，应按实际应力验算板件的稳定性，或采用有效宽度计算构件的有效截面，并验算构件的强度和稳定。

3.4.2 构件长细比应符合下列规定：

1 受压构件的长细比，不宜大于表 3.4.2-1 规定的限值。

表 3.4.2-1 受压构件的长细比限值

构件类别	长细比限值
主要构件	180
其他构件及支撑	220

2 受拉构件的长细比，不宜大于表 3.4.2-2 规定的限值。

表 3.4.2-2 受拉构件的长细比限值

构件类别	承受静力荷载或间接承受动力荷载的结构	直接承受动力荷载的结构
桁架杆件	350	250
吊车梁或吊车桁架以下的柱间支撑	300	—
除张紧的圆钢或钢索支撑除外的其他支撑	400	—

注：1 对承受静力荷载的结构，可仅计算受拉构件在竖向平面内的长细比；
2 对直接或间接承受动力荷载的结构，计算单角钢受拉构件的长细比时，应采用角钢的最小回转半径；在计算单角钢交叉受拉杆件平面外长细比时，应采用与角钢肢边平行轴的回转半径；
3 在永久荷载与风荷载组合作用下受压时，其长细比不宜大于 250。

3.4.3 当地震作用组合的效应控制结构设计时，门式刚架轻型房屋钢结构的抗震构造措施应符合下列规定：

1 工字形截面构件受压翼缘板自由外伸宽度 b 与其厚度 t 之比，不应大于 $13\sqrt{235/f_y}$；工字形截面梁、柱构件腹板的计算高度 h_w 与其厚度 t_w 之比，不应大于 160；

2 在檐口或中柱的两侧三个檩距范围内，每道檩条处屋面梁均应布置双侧隅撑；边柱的檐口墙檩处均应双侧设置隅撑；

3 当柱脚刚接时，锚栓的面积不应小于柱子截面面积的 0.15 倍；

4 纵向支撑采用圆钢或钢索时，支撑与柱子腹板的连接应采用不能相对滑动的连接；

5 柱的长细比不应大于 150。

4 荷载和荷载组合的效应

4.1 一般规定

4.1.1 门式刚架轻型房屋钢结构采用的设计荷载应包括永久荷载、竖向可变荷载、风荷载、温度作用和地震作用。

4.1.2 吊挂荷载宜按活荷载考虑。当吊挂荷载位置固定不变时，也可按恒荷载考虑。屋面设备荷载应按实际情况采用。

4.1.3 当采用压型钢板轻型屋面时，屋面按水平投影面积计算的竖向活荷载的标准值应取 0.5kN/m²，对承受荷载水平投影面积大于 60m² 的刚架构件，屋面竖向均布活荷载的标准值可取不小于 0.3kN/m²。

4.1.4 设计屋面板和檩条时，尚应考虑施工及检修集中荷载，其标准值应取 1.0kN 且作用在结构最不利位置上；当施工荷载有可能超过时，应按实际情况采用。

4.2 风 荷 载

4.2.1 门式刚架轻型房屋钢结构计算时，风荷载作用面积应取垂直于风向的最大投影面积，垂直于建筑物表面的单位面积风荷载标准值应按下式计算：

$$w_k = \beta \mu_w \mu_z w_0 \quad (4.2.1)$$

式中：w_k——风荷载标准值（kN/m²）；

w_0——基本风压（kN/m²），按现行国家标准《建筑结构荷载规范》GB 50009 的规定值采用；

μ_z——风压高度变化系数，按现行国家标准《建筑结构荷载规范》GB 50009 的规定采用；当高度小于 10m 时，应按 10m 高度处的数值采用；

μ_w——风荷载系数，考虑内、外风压最大值的组合，按本规范第 4.2.2 条的规定采用；

β——系数，计算主刚架时取 $\beta=1.1$；计算檩条、墙梁、屋面板和墙面板及其连接时，取 $\beta=1.5$。

4.2.2 对于门式刚架轻型房屋，当房屋高度不大于 18m、房屋高宽比小于 1 时，风荷载系数 μ_w 应符合下列规定。

1 主刚架的横向风荷载系数，应按表 4.2.2-1 的规定采用（图 4.2.2-1a、图 4.2.2-1b）；

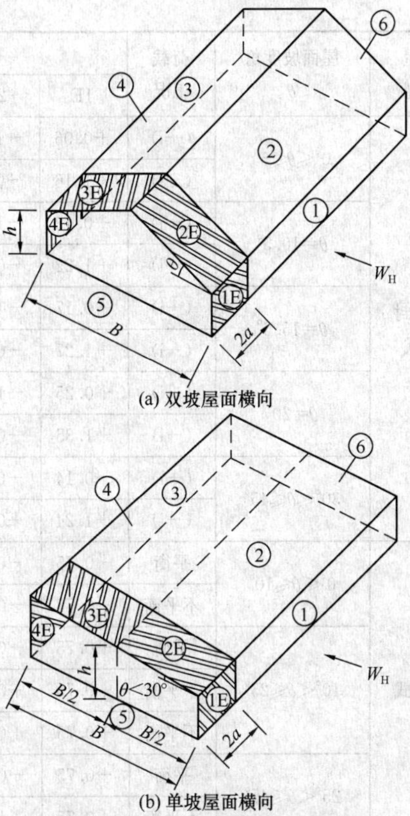

①
②
③
④
⑤
⑥
1E
2E
3E
4E
h
θ
B
2a
W_H
(a) 双坡屋面横向
B/2
θ<30°
(b) 单坡屋面横向

图 4.2.2-1 主刚架的横向风荷载系数分区

θ—屋面坡度角，为屋面与水平的夹角；B—房屋宽度；h—屋顶至室外地面的平均高度；双坡屋面可近似取檐口高度，单坡屋面可取跨中高度；a—计算围护结构构件时的房屋边缘带宽度，取房屋最小水平尺寸的 10% 或 0.4h 之中较小值，但不得小于房屋最小尺寸的 4% 或 1m。图中①、②、③、④、⑤、⑥、1E、2E、3E、4E 为分区编号；W_H 为横风向来风

表 4.2.2-1 主刚架横向风荷载系数

房屋类型	屋面坡度角 θ	荷载工况	端区系数				中间区系数				山墙
			1E	2E	3E	4E	1	2	3	4	5和6
封闭式	0°≤θ≤5°	(+i)	+0.43	−1.25	−0.71	−0.60	+0.22	−0.87	−0.55	−0.47	−0.63
		(−i)	+0.79	−0.89	−0.35	−0.25	+0.58	−0.51	−0.19	−0.11	−0.27
	θ=10.5°	(+i)	+0.49	−1.25	−0.76	−0.67	+0.26	−0.87	−0.58	−0.51	−0.63
		(−i)	+0.85	−0.89	−0.40	−0.31	+0.62	−0.51	−0.22	−0.15	−0.27
	θ=15.6°	(+i)	+0.54	−1.25	−0.81	−0.74	+0.30	−0.87	−0.62	−0.55	−0.63
		(−i)	+0.90	−0.89	−0.45	−0.38	+0.66	−0.51	−0.26	−0.19	−0.27
	θ=20°	(+i)	+0.62	−1.25	−0.87	−0.82	+0.35	−0.87	−0.66	−0.61	−0.63
		(−i)	+0.98	−0.89	−0.51	−0.46	+0.71	−0.51	−0.30	−0.25	−0.27
	30°≤θ≤45°	(+i)	+0.51	+0.09	−0.71	−0.66	+0.38	+0.03	−0.61	−0.55	−0.63
		(−i)	+0.87	+0.45	−0.35	−0.30	+0.74	+0.39	−0.25	−0.19	−0.27

续表 4.2.2-1

房屋类型	屋面坡度角 θ	荷载工况	端区系数				中间区系数				山墙
			1E	2E	3E	4E	1	2	3	4	5和6
部分封闭式	0°≤θ≤5°	(+i)	+0.06	−1.62	−1.08	−0.98	−0.15	−1.24	−0.92	−0.84	−1.00
		(−i)	+1.16	−0.52	+0.02	+0.12	+0.95	−0.14	+0.18	+0.26	+0.10
	θ=10.5°	(+i)	+0.12	−1.62	−1.13	−1.04	−0.11	−1.24	−0.95	−0.88	−1.00
		(−i)	+1.22	−0.52	−0.03	+0.06	+0.99	−0.14	+0.15	+0.22	+0.10
	θ=15.6°	(+i)	+0.17	−1.62	−1.20	−1.11	+0.07	−1.24	−0.99	−0.92	−1.00
		(−i)	+1.27	−0.52	−0.10	−0.01	+1.03	−0.14	+0.11	+0.18	+0.10
	θ=20°	(+i)	+0.25	−1.62	−1.24	−1.19	−0.02	−0.24	−1.03	−0.98	−1.00
		(−i)	+1.35	−0.52	−0.14	−0.09	+1.08	−0.14	+0.07	+0.12	+0.10
	30°≤θ≤45°	(+i)	+0.14	−0.28	−1.08	−1.03	+0.01	−0.34	−0.98	−0.92	−1.00
		(−i)	+1.24	+0.82	+0.02	+0.07	+1.11	+0.76	+0.12	+0.18	+0.10
敞开式	0°≤θ≤10°	平衡	+0.75	−0.50	−0.50	−0.75	+0.75	−0.50	−0.50	−0.75	−0.75
		不平衡	+0.75	−0.20	−0.60	−0.75	+0.75	−0.20	−0.60	−0.75	−0.75
	10°<θ≤25°	平衡	+0.75	−0.50	−0.50	−0.75	+0.75	−0.50	−0.50	−0.75	−0.75
		不平衡	+0.75	+0.50	−0.50	−0.75	+0.75	+0.50	−0.50	−0.75	−0.75
		不平衡	+0.75	+0.15	−0.65	−0.75	+0.75	+0.15	−0.65	−0.75	−0.75
	25°<θ≤45°	平衡	+0.75	−0.50	−0.50	−0.75	+0.75	−0.50	−0.50	−0.75	−0.75
		不平衡	+0.75	+1.40	+0.20	−0.75	+0.75	+1.40	−0.20	−0.75	−0.75

注：1 封闭式和部分封闭式房屋荷载工况中的（+i）表示内压为压力，（−i）表示内压为吸力。敞开式房屋荷载工况中的平衡表示2和3区、2E和3E区风荷载情况相同，不平衡表示不同。
2 表中正号和负号分别表示风力朝向板面和离开板面。
3 未给出的θ值系数可用线性插值。
4 当2区的屋面压力系数为负时，该值适用于2区从屋面边缘算起垂直于檐口方向延伸宽度为房屋最小水平尺寸0.5倍或2.5h的范围，取二者中的较小值。2区的其余面积，直到屋脊线，应采用3区的系数。

2 主刚架的纵向风荷载系数，应按表4.2.2-2的规定采用（图4.2.2-2a、图4.2.2-2b、图4.2.2-2c）；

3 外墙的风荷载系数，应按表4.2.2-3a、表4.2.2-3b的规定采用（图4.2.2-3）；

4 双坡屋面和挑檐的风荷载系数，应按表4.2.2-4a、表4.2.2-4b、表4.2.2-4c、表4.2.2-4d、表4.2.2-4e、表4.2.2-4f、表4.2.2-4g、表4.2.2-4h、表4.2.2-4i的规定采用（图4.2.2-4a、图4.2.2-4b、图4.2.2-4c）；

5 多个双坡屋面和挑檐的风荷载系数，应按表4.2.2-5a、表4.2.2-5b、表4.2.2-5c、表4.2.2-5d的规定采用（图4.2.2-5）；

6 单坡屋面的风荷载系数，应按表4.2.2-6a、表4.2.2-6b、表4.2.2-6c、表4.2.2-6d的规定采用（图4.2.2-6a、图4.2.2-6b）；

7 锯齿形屋面的风荷载系数，应按表4.2.2-7a、表4.2.2-7b的规定采用（图4.2.2-7）。

表4.2.2-2 主刚架纵向风荷载系数（各种坡度角θ）

房屋类型	荷载工况	端区系数				中间区系数				侧墙
		1E	2E	3E	4E	1	2	3	4	5和6
封闭式	(+i)	+0.43	−1.25	−0.71	−0.61	+0.22	−0.87	−0.55	−0.47	−0.63
	(−i)	+0.79	−0.89	−0.35	−0.25	+0.58	−0.51	−0.19	−0.11	−0.27
部分封闭式	(+i)	+0.06	−1.62	−1.08	−0.98	−0.15	−1.24	−0.92	−0.84	−1.00
	(−i)	+1.16	−0.52	+0.02	+0.12	+0.95	−0.14	+0.18	+0.26	+0.10
敞开式	按图4.2.2-2（c）取值									

注：1 敞开式房屋中的0.75风荷载系数适用于房屋表面的任何覆盖面；
2 敞开式屋面在垂直于屋脊的平面上，刚架投影实腹区最大面积应乘以1.3N系数，采用该系数时，应满足下列条件：$0.1 \leqslant \varphi \leqslant 0.3$，$1/6 \leqslant h/B \leqslant 6$，$S/B \leqslant 0.5$。其中，$\varphi$是刚架实腹部分与山墙毛面积的比值；$N$是横向刚架的数量。

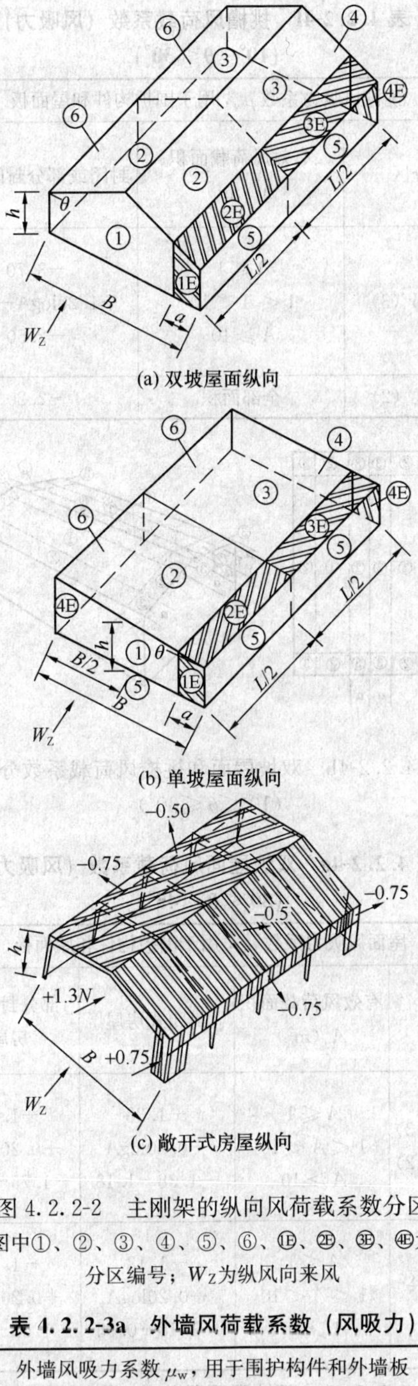

h
θ
B
L/2
a
W_Z
1E
2E
3E
4E
B/2
−0.50
−0.75
−0.5
+1.3N
+0.75

(a) 双坡屋面纵向

(b) 单坡屋面纵向

(c) 敞开式房屋纵向

图 4.2.2-2 主刚架的纵向风荷载系数分区

图中①、②、③、④、⑤、⑥、1E、2E、3E、4E为分区编号；W_Z为纵风向来风

表 4.2.2-3a 外墙风荷载系数（风吸力）

外墙风吸力系数 μ_w，用于围护构件和外墙板			
分区	有效风荷载面积 A（m²）	封闭式房屋	部分封闭式房屋
角部（5）	A≤1 1<A<50 A≥50	−1.58 +0.353logA −1.58−0.98	−1.95 +0.353logA −1.95−1.35
中间区（4）	A≤1 1<A<50 A≥50	−1.28 +0.176logA −1.28−0.98	−1.65 +0.176logA −1.65−1.35

表 4.2.2-3b 外墙风荷载系数（风压力）

外墙风压力系数 μ_w，用于围护构件和外墙板			
分区	有效风荷载面积 A（m²）	封闭式房屋	部分封闭式房屋
各区	A≤1 1<A<50 A≥50	+1.18 −0.176logA +1.18+0.88	+1.55 −0.176logA +1.55+1.25

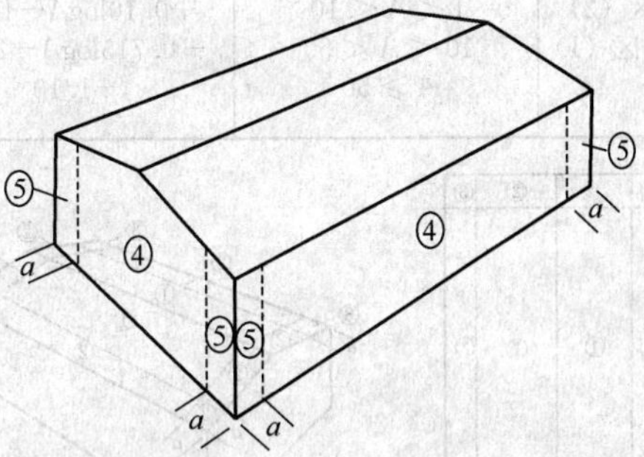

a

图 4.2.2-3 外墙风荷载系数分区

表 4.2.2-4a 双坡屋面风荷载系数（风吸力）（0°≤θ≤10°）

屋面风吸力系数 μ_w，用于围护构件和屋面板			
分区	有效风荷载面积 A（m²）	封闭式房屋	部分封闭式房屋
角部（3）	A≤1 1<A<10 A≥10	−2.98 +1.70logA −2.98−1.28	−3.35 +1.70logA −3.35−1.65
边区（2）	A≤1 1<A<10 A≥10	−1.98 +0.70logA −1.98−1.28	−2.35 +0.70logA −2.35−1.65
中间区（1）	A≤1 1<A<10 A≥10	−1.18 +0.10logA −1.18−1.08	−1.55 +0.10logA −1.55−1.45

表 4.2.2-4b 双坡屋面风荷载系数（风压力）（0°≤θ≤10°）

屋面风压力系数 μ_w，用于围护构件和屋面板			
分区	有效风荷载面积 A（m²）	封闭式房屋	部分封闭式房屋
各区	A≤1 1<A<10 A≥10	+0.48 −0.10logA +0.48+0.38	+0.85 −0.10logA +0.85+0.75

表 4.2.2-4c　挑檐风荷载系数（风吸力）
（$0° \leqslant \theta \leqslant 10°$）

挑檐风吸力系数 μ_w，用于围护构件和屋面板		
分区	有效风荷载面积 A（m^2）	封闭或部分封闭房屋
角部（3）	$A \leqslant 1$ $1 < A < 10$ $A \geqslant 10$	-2.80 $+2.00\log A - 2.80$ -0.80
边区（2） 中间区（1）	$A \leqslant 1$ $1 < A \leqslant 10$ $10 < A < 50$ $A \geqslant 50$	-1.70 $+0.10\log A - 1.70$ $+0.715\log A - 2.32$ -1.10

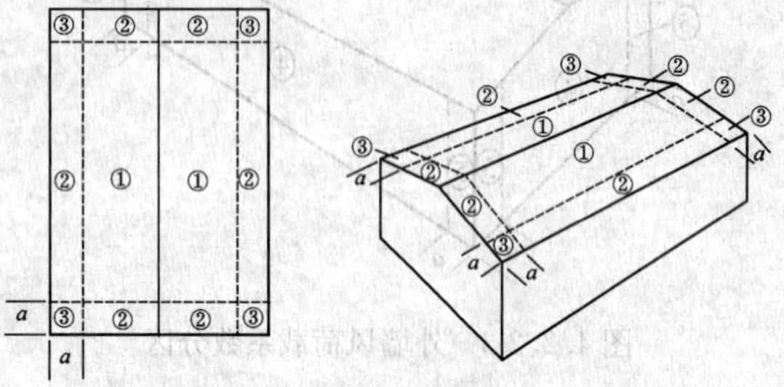

③ ② ② ③
② ① ① ②
③ ② ② ③
a

图 4.2.2-4a　双坡屋面和挑檐风荷载系数分区
（$0° \leqslant \theta \leqslant 10°$）

表 4.2.2-4d　双坡屋面风荷载系数（风吸力）
（$10° \leqslant \theta \leqslant 30°$）

屋面风吸力系数 μ_w，用于围护构件和屋面板			
分区	有效风荷载面积 A（m^2）	封闭式房屋	部分封闭式房屋
角部（3） 边区（2）	$A \leqslant 1$ $1 < A < 10$ $A \geqslant 10$	-2.28 $+0.70\log A$ $-2.28-1.58$	-2.65 $+0.70\log A$ $-2.65-1.95$
中间区（1）	$A \leqslant 1$ $1 < A < 10$ $A \geqslant 10$	-1.08 $+0.10\log A$ $-1.08-0.98$	-1.45 $+0.10\log A$ $-1.45-1.35$

表 4.2.2-4e　双坡屋面风荷载系数（风压力）
（$10° \leqslant \theta \leqslant 30°$）

屋顶风压力系数 μ_w，用于围护构件和屋面板			
分区	有效风荷载面积 A（m^2）	封闭式房屋	部分封闭式房屋
各区	$A \leqslant 1$ $1 < A < 10$ $A \geqslant 10$	$+0.68$ $-0.20\log A$ $+0.68+0.48$	$+1.05$ $-0.20\log A$ $+1.05+0.85$

表 4.2.2-4f　挑檐风荷载系数（风吸力）
（$10° \leqslant \theta \leqslant 30°$）

挑檐风吸力系数 μ_w，用于围护构件和屋面板		
分区	有效风荷载面积 A（m^2）	封闭或部分封闭房屋
角部（3）	$A \leqslant 1$ $1 < A < 10$ $A \geqslant 10$	-3.70 $+1.20\log A - 3.70$ -2.50
边区（2）	全部面积	-2.20

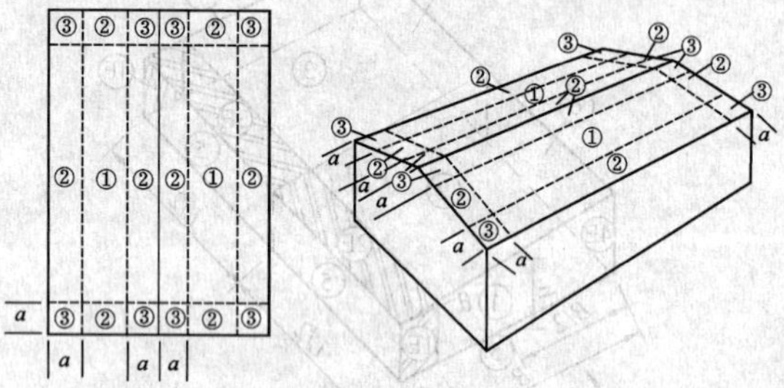

③ ② ③ ③ ② ③
② ① ② ② ① ②
③ ② ③ ③ ② ③
a

图 4.2.2-4b　双坡屋面和挑檐风荷载系数分区
（$10° \leqslant \theta \leqslant 30°$）

表 4.2.2-4g　双坡屋面风荷载系数（风吸力）
（$30° \leqslant \theta \leqslant 45°$）

屋面风吸力系数 μ_w，用于围护构件和屋面板			
分区	有效风荷载面积 A（m^2）	封闭式房屋	部分封闭式房屋
角部（3） 边区（2）	$A \leqslant 1$ $1 < A < 10$ $A \geqslant 10$	-1.38 $+0.20\log A$ $-1.38-1.18$	-1.75 $+0.20\log A$ $-1.75-1.55$
中间区（1）	$A \leqslant 1$ $1 < A < 10$ $A \geqslant 10$	-1.18 $+0.20\log A$ $-1.18-0.98$	-1.55 $+0.20\log A$ $-1.55-1.35$

表 4.2.2-4h　双坡屋面风荷载系数（风压力）
（$30° \leqslant \theta \leqslant 45°$）

屋面风压力系数 μ_w，用于围护构件和屋面板			
分区	有效风荷载面积 A（m^2）	封闭式房屋	部分封闭式房屋
各区	$A \leqslant 1$ $1 < A < 10$ $A \geqslant 10$	$+1.08$ $-0.10\log A$ $+1.08+0.98$	$+1.45$ $-0.10\log A$ $+1.45+1.35$

表 4.2.2-4i　挑檐风荷载系数（风吸力）
（30°≤θ≤45°）

挑檐风吸力系数 μ_w，用于围护构件和屋面板		
分区	有效风荷载面积 A（m²）	封闭或部分封闭房屋
角部（3） 边区（2）	A≤1 1＜A＜10 A≥10	−2.00 ＋0.20logA−2.00 −1.80

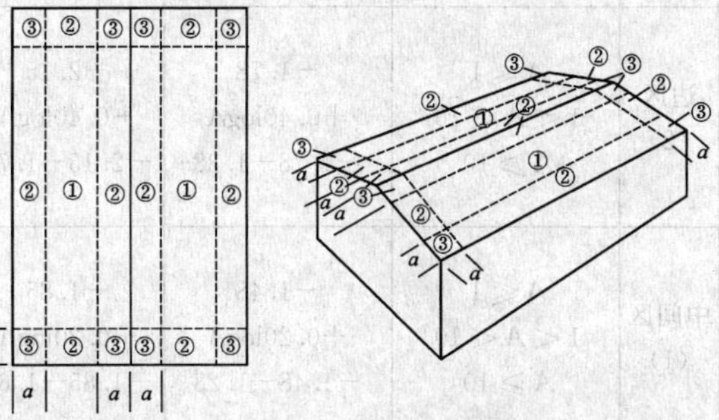

③ ② ③ ③ ② ③
② ① ② ② ① ②
a

图 4.2.2-4c　双坡屋面和挑檐风荷载系数分区
（30°≤θ≤45°）

表 4.2.2-5a　多跨双坡屋面风荷载系数（风吸力）
（10°＜θ≤30°）

屋面风吸力系数 μ_w，用于围护构件和屋面板			
分区	有效风荷载面积 A（m²）	封闭式房屋	部分封闭式房屋
角部（3）	A≤1 1＜A＜10 A≥10	−2.88 ＋1.00logA −2.88−1.88	−3.25 ＋1.00logA −3.25−2.25
边区（2）	A≤1 1＜A＜10 A≥10	−2.38 ＋0.50logA −2.38−1.88	−2.75 ＋0.50logA −2.75−2.25
中间区（1）	A≤1 1＜A＜10 A≥10	−1.78 ＋0.20logA −1.78−1.58	−2.15 ＋0.20logA −2.15−1.95

表 4.2.2-5b　多跨双坡屋面风荷载系数（风压力）
（10°＜θ≤30°）

屋面风压力系数 μ_w，用于围护构件和屋面板			
分区	有效风荷载面积 A（m²）	封闭式房屋	部分封闭式房屋
各区	A≤1 1＜A＜10 A≥10	＋0.78 −0.20logA ＋0.78＋0.58	＋1.15 −0.20logA ＋1.15＋0.95

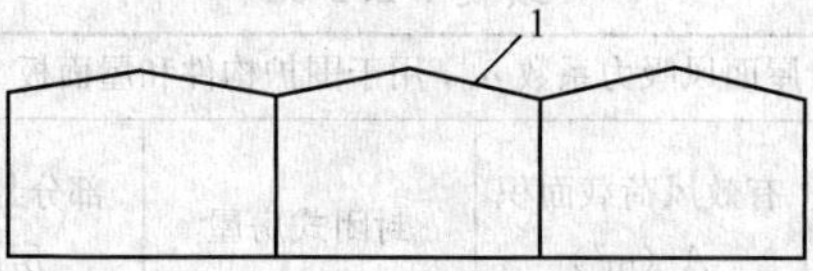

1

图 4.2.2-5　多跨双坡屋面风荷载系数分区
1—每个双坡屋面分区按图 4.2.2-4c 执行

表 4.2.2-5c　多跨双坡屋面风荷载系数（风吸力）
（30°＜θ≤45°）

屋面风吸力系数 μ_w，用于围护构件和屋面板			
分区	有效风荷载面积 A（m²）	封闭式房屋	部分封闭式房屋
角部（3）	A≤1 1＜A＜10 A≥10	−2.78 ＋0.90logA −2.78−1.88	−3.15 ＋0.90logA −3.15−2.25
边区（2）	A≤1 1＜A＜10 A≥10	−2.68 ＋0.80logA −2.68−1.88	−3.05 ＋0.80logA −3.05−2.25
中间区（1）	A≤1 1＜A＜10 A≥10	−2.18 ＋0.90logA −2.18−1.28	−2.55 ＋0.90logA −2.55−1.65

表 4.2.2-5d　多跨双坡屋面风荷载系数（风压力）
（30°＜θ≤45°）

屋面风压力系数 μ_w，用于围护构件和屋面板			
分区	有效风荷载面积 A（m²）	封闭式房屋	部分封闭式房屋
各区	A≤1 1＜A＜10 A≥10	＋1.18 −0.20logA ＋1.18＋0.98	＋1.55 −0.20logA ＋1.55＋1.35

表 4.2.2-6a　单坡屋面风荷载系数（风吸力）
（3°＜θ≤10°）

屋面风吸力系数 μ_w，用于围护构件和屋面板			
分区	有效风荷载面积 A（m²）	封闭式房屋	部分封闭式房屋
高区角部（3′）	A≤1 1＜A＜10 A≥10	−2.78 ＋1.0logA −2.78−1.78	−3.15 ＋1.0logA −3.15−2.15
低区角部（3）	A≤1 1＜A＜10 A≥10	−1.98 ＋0.60logA −1.98−1.38	−2.35 ＋0.60logA −2.35−1.75

续表 4.2.2-6a

屋面风吸力系数 μ_w，用于围护构件和屋面板			
分区	有效风荷载面积 A（m²）	封闭式房屋	部分封闭式 房屋
高区 边区 （2′）	$A\leqslant 1$ $1<A<10$ $A\geqslant 10$	-1.78 $+0.10\log A$ $-1.78-1.68$	-2.15 $+0.10\log A$ $-2.15-2.05$
低区 边区 （2）	$A\leqslant 1$ $1<A<10$ $A\geqslant 10$	-1.48 $+0.10\log A$ $-1.48-1.38$	-1.85 $+0.10\log A$ $-1.85-1.75$
中间区 （1）	全部面积	-1.28	-1.65

表 4.2.2-6b 单坡屋面风荷载系数（风压力）
（$3°<\theta\leqslant 10°$）

屋面风压力系数 μ_w，用于围护构件和屋面板			
分区	有效风荷载面积 A（m²）	封闭式房屋	部分封闭式 房屋
各区	$A\leqslant 1$ $1<A<10$ $A\geqslant 10$	$+0.48$ $-0.10\log A$ $+0.48+0.38$	$+0.85$ $-0.10\log A$ $+0.85+0.75$

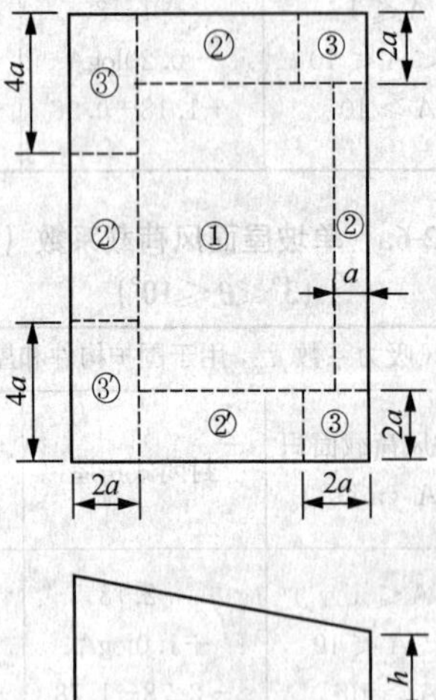

4a
2a
②′
③
③′
②
①
②
a
4a
③′
②′
③
2a
2a
2a
h

图 4.2.2-6a 单坡屋面风荷载系数分区
（$3°<\theta\leqslant 10°$）

表 4.2.2-6c 单坡屋面风荷载系数（风吸力）
（$10°<\theta\leqslant 30°$）

屋面风吸力系数 μ_w，用于围护构件和屋面板			
分区	有效风荷载面积 A（m²）	封闭式房屋	部分封闭式 房屋
高区 角部 （3）	$A\leqslant 1$ $1<A<10$ $A\geqslant 10$	-3.08 $+0.90\log A$ $-3.08-2.18$	-3.45 $+0.90\log A$ $-3.45-2.55$
边区 （2）	$A\leqslant 1$ $1<A<10$ $A\geqslant 10$	-1.78 $+0.40\log A$ $-1.78-1.38$	-2.15 $+0.40\log A$ $-2.15-1.75$
中间区 （1）	$A\leqslant 1$ $1<A<10$ $A\geqslant 10$	-1.48 $+0.20\log A$ $-1.48-1.28$	-1.85 $+0.20\log A$ $-1.85-1.65$

表 4.2.2-6d 单坡屋面风荷载系数（风压力）
（$10°<\theta\leqslant 30°$）

屋面风压力系数 μ_w，用于围护构件和屋面板			
分区	有效风荷载面积 A（m²）	封闭式房屋	部分封闭式 房屋
各区	$A\leqslant 1$ $1<A<10$ $A\geqslant 10$	$+0.58$ $-0.10\log A$ $+0.58+0.48$	$+0.95$ $-0.10\log A$ $+0.95+0.85$

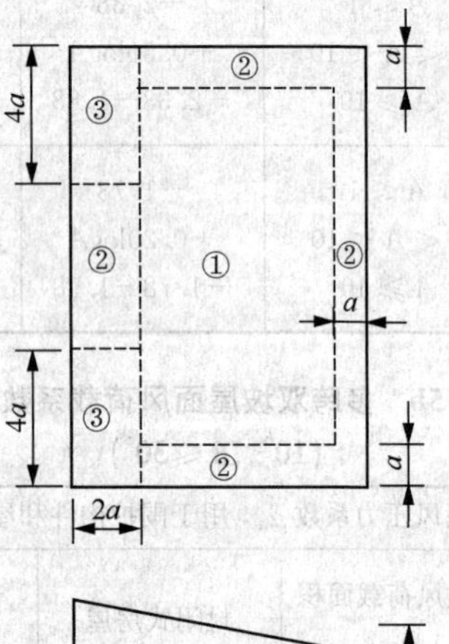

②
a
4a
③
②
①
②
a
4a
③
②
a
2a
h

图 4.2.2-6b 单坡屋面风荷载系数分区
（$10°<\theta\leqslant 30°$）

表 4.2.2-7a 锯齿形屋面风荷载系数（风吸力）

锯齿形屋面风吸力系数 μ_w，用于围护构件和屋面板			
分区	有效风荷载面积 A（m^2）	封闭式房屋	部分封闭式 房屋
第 1 跨 角部 (3)	$A\leqslant1$ $1<A\leqslant10$ $10<A<50$ $A\geqslant50$	-4.28 $+0.40\log A-4.28$ $+2.289\log A$ -6.169 -2.28	-4.65 $+0.40\log A$ -4.65 $+2.289\log$ $A-6.539$ -2.65
第 2、 3、4 跨角部 (3)	$A\leqslant10$ $10<A<50$ $A\geqslant50$	-2.78 $+1.001\log A$ $-3.781-2.08$	-3.15 $+1.001\log A$ $-4.151-2.45$
边区 (2)	$A\leqslant1$ $1<A<50$ $A\geqslant50$	-3.38 $+0.942\log A$ $-3.38-1.78$	-3.75 $+0.942\log A$ $-3.75-2.15$
中间区 (1)	$A\leqslant1$ $1<A<50$ $A\geqslant50$	-2.38 $+0.647\log A$ $-2.38-1.28$	-2.75 $+0.647\log A$ $-2.75-1.65$

表 4.2.2-7b 锯齿形屋面风荷载系数（风压力）

锯齿形屋面风压力系数 μ_w，用于围护构件和屋面板			
分区	有效风荷载面积 A（m^2）	封闭式房屋	部分封闭式 房屋
角部 (3)	$A\leqslant1$ $1<A<10$ $A\geqslant10$	$+0.98$ $-0.10\log A$ $+0.98+0.88$	$+1.35$ $-0.10\log A$ $+1.35+1.25$
边区 (2)	$A\leqslant1$ $1<A<10$ $A\geqslant10$	$+1.28$ $-0.30\log A$ $+1.28+0.98$	$+1.65$ $-0.30\log A$ $+1.65+1.35$
中间区 (1)	$A\leqslant1$ $1<A<50$ $A\geqslant50$	$+0.88$ $-0.177\log A$ $+0.88+0.58$	$+1.25$ $-0.177\log A$ $+1.25+0.95$

4.2.3 门式刚架轻型房屋构件的有效风荷载面积（A）可按下式计算：

$$A = lc \tag{4.2.3}$$

式中：l——所考虑构件的跨度（m）；

c——所考虑构件的受风宽度（m），应大于 $(a+b)/2$ 或 $l/3$；a、b 分别为所考虑构件（墙架柱、墙梁、檩条等）在左、右侧或上、下侧与相邻构件间的距离；无确定宽度的外墙和其他板式构件采用 $c=l/3$。

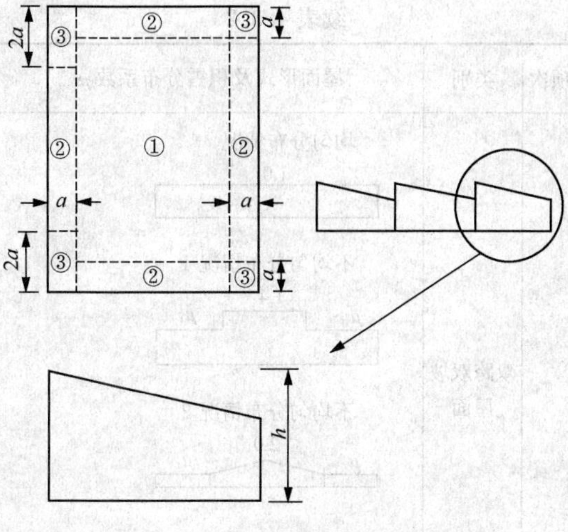

2a
a
③
②
①
h

图 4.2.2-7 锯齿形屋面风荷载系数分区

4.3 屋面雪荷载

4.3.1 门式刚架轻型房屋钢结构屋面水平投影面上的雪荷载标准值，应按下式计算：

$$S_k = \mu_r S_0 \tag{4.3.1}$$

式中：S_k——雪荷载标准值（kN/m^2）；

μ_r——屋面积雪分布系数；

S_0——基本雪压（kN/m^2），按现行国家标准《建筑结构荷载规范》GB 50009 规定的 100 年重现期的雪压采用。

4.3.2 单坡、双坡、多坡房屋的屋面积雪分布系数应按表 4.3.2 采用。

表 4.3.2 屋面积雪分布系数

<table>
<tr><th>项次</th><th>类别</th><th>屋面形式及积雪分布系数 μ_r</th></tr>
<tr><td>1</td><td>单跨单坡屋面</td><td>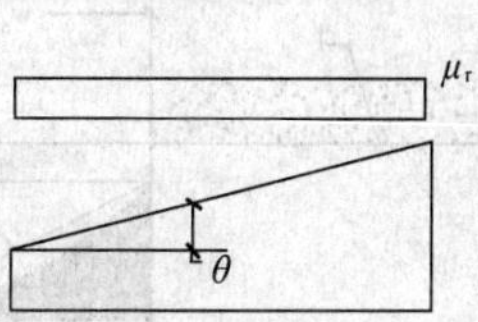

μ_r
θ

<table>
<tr><td>θ</td><td>$\leqslant25°$</td><td>30°</td><td>35°</td><td>40°</td><td>45°</td><td>50°</td><td>55°</td><td>$\geqslant60°$</td></tr>
<tr><td>μ_r</td><td>1.00</td><td>0.85</td><td>0.70</td><td>0.55</td><td>0.40</td><td>0.25</td><td>0.10</td><td>0</td></tr>
</table></td></tr>
<tr><td>2</td><td>单跨双坡屋面</td><td>均匀分布的情况
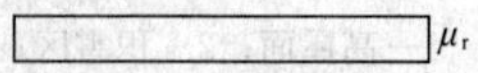

μ_r

不均匀分布的情况
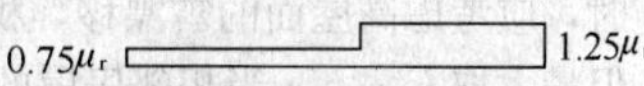

$0.75\mu_r$
$1.25\mu_r$

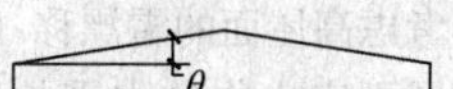

θ

μ_r按第 1 项规定采用</td></tr>
</table>

续表 4.3.2

项次	类别	屋面形式及积雪分布系数 μ_r
3	双跨双坡屋面	均匀分布情况 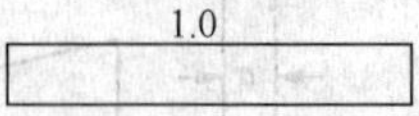 1.0 不均匀分布情况 1 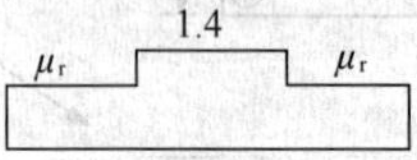 1.4 μ_r μ_r 不均匀分布情况 2 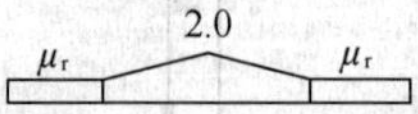 2.0 μ_r μ_r 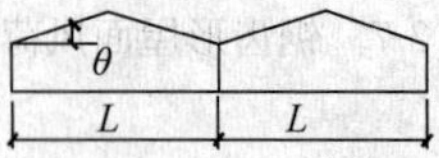 θ L L μ_r按第 1 项规定采用

注：1　对于双跨双坡屋面，当屋面坡度不大于 1/20 时，内屋面可不考虑表中第 3 项规定的不均匀分布的情况，即表中的雪分布系数 1.4 及 2.0 均按 1.0 考虑。

2　多跨屋面的积雪分布系数，可按第 3 项的规定采用。

4.3.3　当高低屋面及相邻房屋屋面高低满足 $(h_r - h_b)/h_b$ 大于 0.2 时，应按下列规定考虑雪堆积和漂移：

1　高低屋面应考虑低跨屋面雪堆积分布（图 4.3.3-1）；

2　当相邻房屋的间距 s 小于 6m 时，应考虑低屋面雪堆积分布（图 4.3.3-2）；

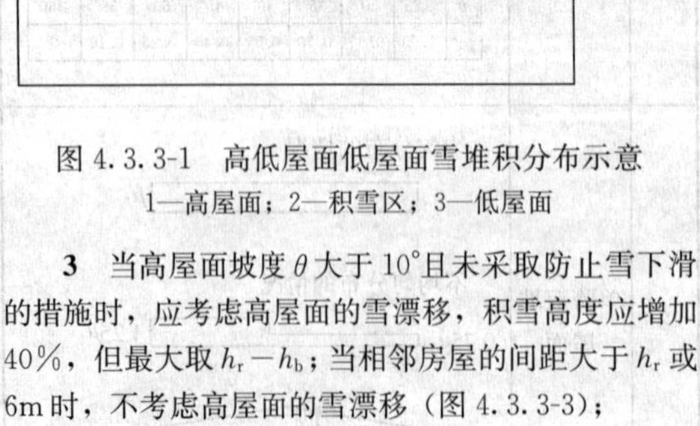
w_{b1}
w_{b2}
w_d
1
2
3
h_d
h_r
h_b

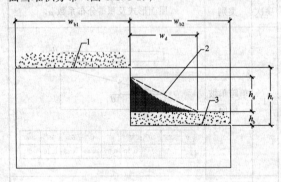

图 4.3.3-1　高低屋面低屋面雪堆积分布示意

1—高屋面；2—积雪区；3—低屋面

3　当高屋面坡度 θ 大于 10°且未采取防止雪下滑的措施时，应考虑高屋面的雪漂移，积雪高度应增加 40%，但最大取 $h_r - h_b$；当相邻房屋的间距大于 h_r 或 6m 时，不考虑高屋面的雪漂移（图 4.3.3-3）；

4　当屋面突出物的水平长度大于 4.5m 时，应考虑屋面雪堆积分布（图 4.3.3-4）；

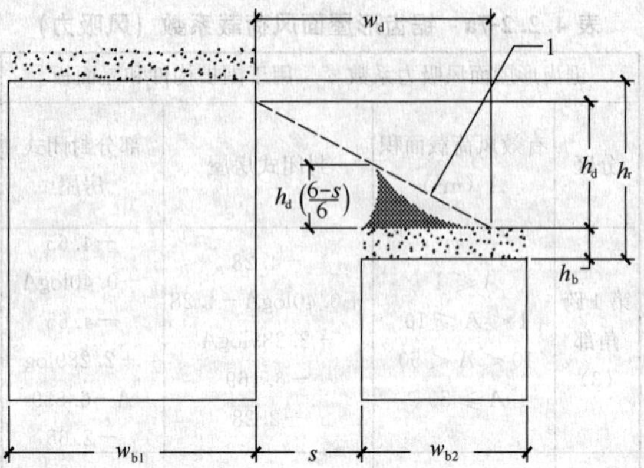
w_d
1
$h_d\left(\frac{6-s}{6}\right)$
h_d
h_r
h_b
w_{b1}
s
w_{b2}

图 4.3.3-2　相邻房屋低屋面雪堆积分布示意

1—积雪区

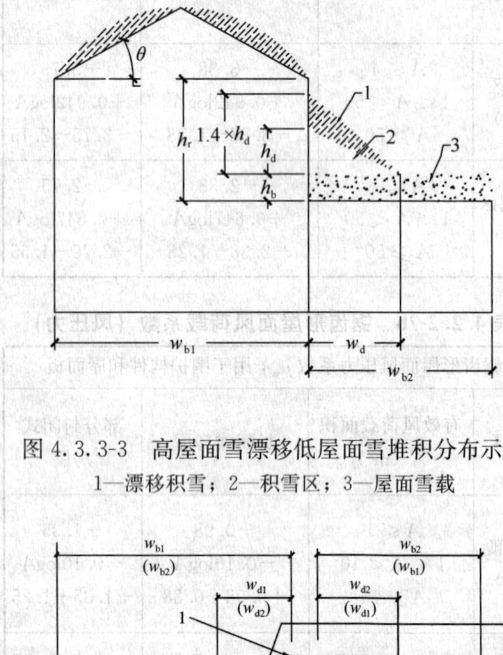
θ
1
2
3
$1.4\times h_d$
h_r
h_d
h_b
w_{b1}
w_d
w_{b2}

图 4.3.3-3　高屋面雪漂移低屋面雪堆积分布示意

1—漂移积雪；2—积雪区；3—屋面雪载

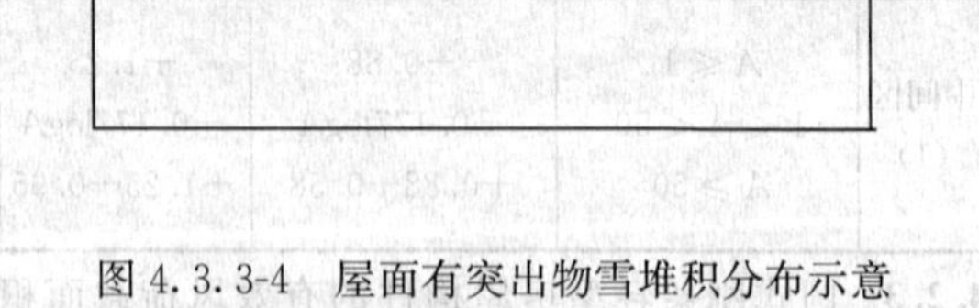
w_{b1}
(w_{b2})
w_{b2}
(w_{b1})
w_{d1}
(w_{d2})
w_{d2}
(w_{d1})
1
2
h_d
h_b
h_r

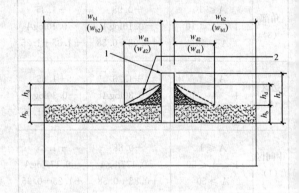

图 4.3.3-4　屋面有突出物雪堆积分布示意

1—屋面突出物；2—积雪区

5　积雪堆积高度 h_d 应按下列公式计算，取两式计算高度的较大值：

$$h_d = 0.416\sqrt[3]{w_{b1}}\sqrt[4]{S_0 + 0.479} - 0.457 \leqslant h_r - h_b \tag{4.3.3-1}$$

$$h_d = 0.208\sqrt[3]{w_{b2}}\sqrt[4]{S_0 + 0.479} - 0.457 \leqslant h_r - h_b \tag{4.3.3-2}$$

式中：h_d ——积雪堆积高度（m）；

h_r ——高低屋面的高差（m）；

h_b ——按屋面基本雪压确定的雪荷载高度（m），$h_b=\frac{100S_0}{\rho}$，ρ 为积雪平均密度（kg/m^3）；

w_{b1}、w_{b2} ——屋面长（宽）度（m），最小取 7.5m。

6 积雪堆积长度 w_d 应按下列规定确定：

$$当 h_d \leqslant h_r - h_b 时，w_d = 4h_d \quad (4.3.3\text{-}3)$$

$$当 h_d > h_r - h_b 时，w_d = 4h_d^2/(h_r - h_b) \leqslant 8(h_r - h_b) \quad (4.3.3\text{-}4)$$

7 堆积雪荷载的最高点荷载值 S_{max} 应按下式计算：

$$S_{max} = h_d \times \rho \quad (4.3.3\text{-}5)$$

4.3.4 各地区积雪的平均密度 ρ 应符合下列规定：

1 东北及新疆北部地区取 180kg/m³；

2 华北及西北地区取 160kg/m³，其中青海取 150kg/m³；

3 淮河、秦岭以南地区一般取 180kg/m³，其中江西、浙江取 230kg/m³。

4.3.5 设计时应按下列规定采用积雪的分布情况：

1 屋面板和檩条按积雪不均匀分布的最不利情况采用；

2 刚架斜梁按全跨积雪的均匀分布、不均匀分布和半跨积雪的均匀分布，按最不利情况采用；

3 刚架柱可按全跨积雪的均匀分布情况采用。

4.4 地震作用

4.4.1 门式刚架轻型房屋钢结构的抗震设防类别和抗震设防标准，应按现行国家标准《建筑工程抗震设防分类标准》GB 50223 的规定采用。

4.4.2 门式刚架轻型房屋钢结构应按下列原则考虑地震作用：

1 一般情况下，按房屋的两个主轴方向分别计算水平地震作用；

2 质量与刚度分布明显不对称的结构，应计算双向水平地震作用并计入扭转的影响；

3 抗震设防烈度为 8 度、9 度时，应计算竖向地震作用，可分别取该结构重力荷载代表值的 10% 和 20%，设计基本地震加速度为 0.30g 时，可取该结构重力荷载代表值的 15%；

4 计算地震作用时尚应考虑墙体对地震作用的影响。

4.5 荷载组合和地震作用组合的效应

4.5.1 荷载组合应符合下列原则：

1 屋面均布活荷载不与雪荷载同时考虑，应取两者中的较大值；

2 积灰荷载与雪荷载或屋面均布活荷载中的较大值同时考虑；

3 施工或检修集中荷载不与屋面材料或檩条自重以外的其他荷载同时考虑；

4 多台吊车的组合应符合现行国家标准《建筑结构荷载规范》GB 50009 的规定；

5 风荷载不与地震作用同时考虑。

4.5.2 持久设计状况和短暂设计状况下，当荷载与荷载效应按线性关系考虑时，荷载基本组合的效应设计值应按下式确定：

$$S_d = \gamma_G S_{Gk} + \psi_Q \gamma_Q S_{Qk} + \psi_w \gamma_w S_{wk} \quad (4.5.2)$$

式中：S_d ——荷载组合的效应设计值；

γ_G ——永久荷载分项系数；

γ_Q ——竖向可变荷载分项系数；

γ_w ——风荷载分项系数；

S_{Gk} ——永久荷载效应标准值；

S_{Qk} ——竖向可变荷载效应标准值；

S_{wk} ——风荷载效应标准值；

ψ_Q、ψ_w ——分别为可变荷载组合值系数和风荷载组合值系数，当永久荷载效应起控制作用时应分别取 0.7 和 0；当可变荷载效应起控制作用时应分别取 1.0 和 0.6 或 0.7 和 1.0。

4.5.3 持久设计状况和短暂设计状况下，荷载基本组合的分项系数应按下列规定采用：

1 永久荷载的分项系数 γ_G：当其效应对结构承载力不利时，对由可变荷载效应控制的组合应取 1.2，对由永久荷载效应控制的组合应取 1.35；当其效应对结构承载力有利时，应取 1.0；

2 竖向可变荷载的分项系数 γ_Q 应取 1.4；

3 风荷载分项系数 γ_w 应取 1.4。

4.5.4 地震设计状况下，当作用与作用效应按线性关系考虑时，荷载与地震作用基本组合效应设计值应按下式确定：

$$S_E = \gamma_G S_{GE} + \gamma_{Eh} S_{Ehk} + \gamma_{Ev} S_{Evk} \quad (4.5.4)$$

式中：S_E ——荷载和地震效应组合的效应设计值；

S_{GE} ——重力荷载代表值的效应；

S_{Ehk} ——水平地震作用标准值的效应；

S_{Evk} ——竖向地震作用标准值的效应；

γ_G ——重力荷载分项系数；

γ_{Eh} ——水平地震作用分项系数；

γ_{Ev} ——竖向地震作用分项系数。

4.5.5 地震设计状况下，荷载和地震作用基本组合的分项系数应按表 4.5.5 采用。当重力荷载效应对结构的承载力有利时，表 4.5.5 中 γ_G 不应大于 1.0。

表 4.5.5　地震设计状况时荷载和作用的分项系数

参与组合的荷载和作用	γ_{G}	γ_{Eh}	γ_{Ev}	说明
重力荷载及水平地震作用	1.2	1.3	—	—
重力荷载及竖向地震作用	1.2	—	1.3	8度、9度抗震设计时考虑
重力荷载、水平地震及竖向地震作用	1.2	1.3	0.5	8度、9度抗震设计时考虑

5　结构形式和布置

5.1　结 构 形 式

5.1.1　在门式刚架轻型房屋钢结构体系中，屋盖宜采用压型钢板屋面板和冷弯薄壁型钢檩条，主刚架可采用变截面实腹刚架，外墙宜采用压型钢板墙面板和冷弯薄壁型钢墙梁。主刚架斜梁下翼缘和刚架柱内翼缘平面外的稳定性，应由隅撑保证。主刚架间的交叉支撑可采用张紧的圆钢、钢索或型钢等。

5.1.2　门式刚架分为单跨（图 5.1.2a）、双跨（图 5.1.2b）、多跨（图 5.1.2c）刚架以及带挑檐的（图 5.1.2d）和带毗屋的（图 5.1.2e）刚架等形式。多跨刚架中间柱与斜梁的连接可采用铰接。多跨刚架宜采用双坡或单坡屋盖（图 5.1.2f），也可采用由多个双坡屋盖组成的多跨刚架形式。

当设置夹层时，夹层可沿纵向设置（图 5.1.2g）或在横向端跨设置（图 5.1.2h）。夹层与柱的连接可采用刚性连接或铰接。

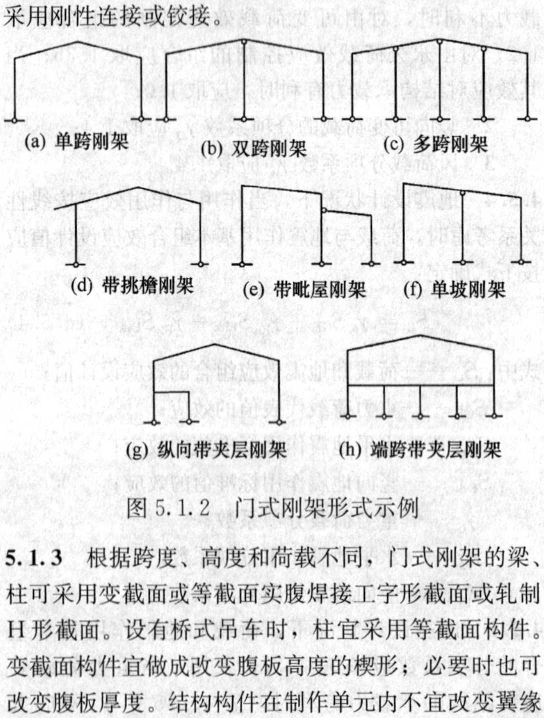

(a) 单跨刚架
(b) 双跨刚架
(c) 多跨刚架
(d) 带挑檐刚架
(e) 带毗屋刚架
(f) 单坡刚架
(g) 纵向带夹层刚架
(h) 端跨带夹层刚架

图 5.1.2　门式刚架形式示例

5.1.3　根据跨度、高度和荷载不同，门式刚架的梁、柱可采用变截面或等截面实腹焊接工字形截面或轧制H形截面。设有桥式吊车时，柱宜采用等截面构件。变截面构件宜做成改变腹板高度的楔形；必要时也可改变腹板厚度。结构构件在制作单元内不宜改变翼缘截面，当必要时，仅可改变翼缘厚度；邻接的制作单元可采用不同的翼缘截面，两单元相邻截面高度宜相等。

5.1.4　门式刚架的柱脚宜按铰接支承设计。当用于工业厂房且有 5t 以上桥式吊车时，可将柱脚设计成刚接。

5.1.5　门式刚架可由多个梁、柱单元构件组成。柱宜为单独的单元构件，斜梁可根据运输条件划分为若干个单元。单元构件本身应采用焊接，单元构件之间宜通过端板采用高强度螺栓连接。

5.2　结 构 布 置

5.2.1　门式刚架轻型房屋钢结构的尺寸应符合下列规定：

1　门式刚架的跨度，应取横向刚架柱轴线间的距离。

2　门式刚架的高度，应取室外地面至柱轴线与斜梁轴线交点的高度。高度应根据使用要求的室内净高确定，有吊车的厂房应根据轨顶标高和吊车净空要求确定。

3　柱的轴线可取通过柱下端（较小端）中心的竖向轴线。斜梁的轴线可取通过变截面梁段最小端中心与斜梁上表面平行的轴线。

4　门式刚架轻型房屋的檐口高度，应取室外地面至房屋外侧檩条上缘的高度。门式刚架轻型房屋的最大高度，应取室外地面至屋盖顶部檩条上缘的高度。门式刚架轻型房屋的宽度，应取房屋侧墙墙梁外皮之间的距离。门式刚架轻型房屋的长度，应取两端山墙墙梁外皮之间的距离。

5.2.2　门式刚架的单跨跨度宜为 12m～48m。当有根据时，可采用更大跨度。当边柱宽度不等时，其外侧应对齐。门式刚架的间距，即柱网轴线在纵向的距离宜为 6m～9m，挑檐长度可根据使用要求确定，宜为 0.5m～1.2m，其上翼缘坡度宜与斜梁坡度相同。

5.2.3　门式刚架轻型房屋的屋面坡度宜取 1/8～1/20，在雨水较多的地区宜取其中的较大值。

5.2.4　门式刚架轻型房屋钢结构的温度区段长度，应符合下列规定：

1　纵向温度区段不宜大于 300m；

2　横向温度区段不宜大于 150m，当横向温度区段大于 150m 时，应考虑温度的影响；

3　当有可靠依据时，温度区段长度可适当加大。

5.2.5　需要设置伸缩缝时，应符合下列规定：

1　在搭接檩条的螺栓连接处宜采用长圆孔，该处屋面板在构造上应允许胀缩或设置双柱；

2　吊车梁与柱的连接处宜采用长圆孔。

5.2.6　在多跨刚架局部抽掉中间柱或边柱处，宜布置托梁或托架。

5.2.7　屋面檩条的布置，应考虑天窗、通风屋脊、采光带、屋面材料、檩条供货规格等因素的影响。屋面压型钢板厚度和檩条间距应按计算确定。

5.2.8 山墙可设置由斜梁、抗风柱、墙梁及其支撑组成的山墙墙架，或采用门式刚架。

5.2.9 房屋的纵向应有明确、可靠的传力体系。当某一柱列纵向刚度和强度较弱时，应通过房屋横向水平支撑，将水平力传递至相邻柱列。

5.3 墙架布置

5.3.1 门式刚架轻型房屋钢结构侧墙墙梁的布置，应考虑设置门窗、挑檐、遮阳和雨篷等构件和围护材料的要求。

5.3.2 门式刚架轻型房屋钢结构的侧墙，当采用压型钢板作围护面时，墙梁宜布置在刚架柱的外侧，其间距应随墙板板型和规格确定，且不应大于计算要求的间距。

5.3.3 门式刚架轻型房屋的外墙，当抗震设防烈度在8度及以下时，宜采用轻型金属墙板或非嵌砌砌体；当抗震设防烈度为9度时，应采用轻型金属墙板或与柱柔性连接的轻质墙板。

6 结构计算分析

6.1 门式刚架的计算

6.1.1 门式刚架应按弹性分析方法计算。

6.1.2 门式刚架不宜考虑应力蒙皮效应，可按平面结构分析内力。

6.1.3 当未设置柱间支撑时，柱脚应设计成刚接，柱应按双向受力进行设计计算。

6.1.4 当采用二阶弹性分析时，应施加假想水平荷载。假想水平荷载应取竖向荷载设计值的0.5%，分别施加在竖向荷载的作用处。假想荷载的方向与风荷载或地震作用的方向相同。

6.2 地震作用分析

6.2.1 计算门式刚架地震作用时，其阻尼比取值应符合下列规定：

1 封闭式房屋可取0.05；

2 敞开式房屋可取0.035；

3 其余房屋应按外墙面积开孔率插值计算。

6.2.2 单跨房屋、多跨等高房屋可采用基底剪力法进行横向刚架的水平地震作用计算，不等高房屋可按振型分解反应谱法计算。

6.2.3 有吊车厂房，在计算地震作用时，应考虑吊车自重，平均分配于两牛腿处。

6.2.4 当采用砌体墙做围护墙体时，砌体墙的质量应沿高度分配到不少于两个质量集中点作为钢柱的附加质量，参与刚架横向的水平地震作用计算。

6.2.5 纵向柱列的地震作用采用基底剪力法计算时，应保证每一集中质量处，均能将按高度和质量大小分配的地震力传递到纵向支撑或纵向框架。

6.2.6 当房屋的纵向长度不大于横向宽度的1.5倍，且纵向和横向均有高低跨，宜按整体空间刚架模型对纵向支撑体系进行计算。

6.2.7 门式刚架可不进行强柱弱梁的验算。在梁柱采用端板连接或梁柱节点处是梁柱下翼缘圆弧过渡时，也可不进行强节点弱杆件的验算。其他情况下，应进行强节点弱杆件计算，计算方法应按现行国家标准《建筑抗震设计规范》GB 50011的规定执行。

6.2.8 门式刚架轻型房屋带夹层时，夹层的纵向抗震设计可单独进行，对内侧柱列的纵向地震作用应乘以增大系数1.2。

6.3 温度作用分析

6.3.1 当房屋总宽度或总长度超出本规范第5.2.4条规定的温度区段最大长度时，应采取释放温度应力的措施或计算温度作用效应。

6.3.2 计算温度作用效应时，基本气温应按现行国家标准《建筑结构荷载规范》GB 50009的规定采用。温度作用效应的分项系数宜采用1.4。

6.3.3 房屋纵向结构采用全螺栓连接时，可对温度作用效应进行折减，折减系数可取0.35。

7 构件设计

7.1 刚架构件计算

7.1.1 板件屈曲后强度利用应符合下列规定：

1 当工字形截面构件腹板受弯及受压板幅利用屈曲后强度时，应按有效宽度计算截面特性。受压区有效宽度应按下式计算：

$$h_e = \rho h_c \tag{7.1.1-1}$$

式中：h_e——腹板受压区有效宽度（mm）

h_c——腹板受压区宽度（mm）；

ρ——有效宽度系数，$\rho > 1.0$时，取1.0。

2 有效宽度系数ρ应按下列公式计算。

$$\rho = \frac{1}{(0.243 + \lambda_p^{1.25})^{0.9}} \tag{7.1.1-2}$$

$$\lambda_p = \frac{h_w / t_w}{28.1\sqrt{k_\sigma}\sqrt{235/f_y}} \tag{7.1.1-3}$$

$$k_\sigma = \frac{16}{\sqrt{(1+\beta)^2 + 0.112(1-\beta)^2} + (1+\beta)} \tag{7.1.1-4}$$

$$\beta = \sigma_2 / \sigma_1 \tag{7.1.1-5}$$

式中：λ_p——与板件受弯、受压有关的参数，当$\sigma_1 < f$时，计算λ_p可用$\gamma_R \sigma_1$代替式（7.1.1-3）中的f_y，γ_R为抗力分项系数，对Q235和Q345钢，γ_R取1.1；

h_w ——腹板的高度（mm），对楔形腹板取板幅平均高度；

t_w ——腹板的厚度（mm）；

k_σ ——杆件在正应力作用下的屈曲系数；

β——截面边缘正应力比值（图 7.1.1），$-1 \leqslant \beta \leqslant 1$；

σ_1、σ_2——分别为板边最大和最小应力，且 $|\sigma_2| \leqslant |\sigma_1|$。

3 腹板有效宽度 h_e 应按下列规则分布（图 7.1.1）：

当截面全部受压，即 $\beta \geqslant 0$ 时

$$h_{e1} = 2h_e/(5-\beta) \quad (7.1.1\text{-}6)$$

$$h_{e2} = h_e - h_{e1} \quad (7.1.1\text{-}7)$$

当截面部分受拉，即 $\beta < 0$ 时

$$h_{e1} = 0.4h_e \quad (7.1.1\text{-}8)$$

$$h_{e2} = 0.6h_e \quad (7.1.1\text{-}9)$$

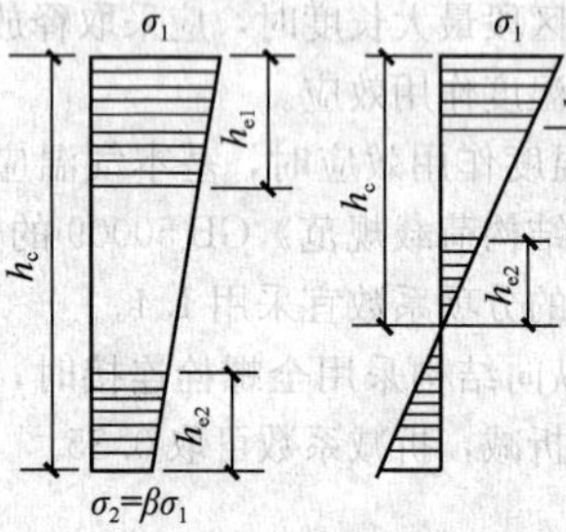

σ1
he1
hc
he2
σ2=βσ1
σ1
he1
hc
he2

(a) $\beta \geqslant 0$　　(b) $\beta < 0$

图 7.1.1　腹板有效宽度的分布

4 工字形截面构件腹板的受剪板幅，考虑屈曲后强度时，应设置横向加劲肋，板幅的长度与板幅范围内的大端截面高度相比不应大于 3。

5 腹板高度变化的区格，考虑屈曲后强度，其受剪承载力设计值应按下列公式计算：

$$V_d = \chi_{tap} \varphi_{ps} h_{w1} t_w f_v \leqslant h_{w0} t_w f_v \quad (7.1.1\text{-}10)$$

$$\varphi_{ps} = \frac{1}{(0.51 + \lambda_s^{3.2})^{1/2.6}} \leqslant 1.0 \quad (7.1.1\text{-}11)$$

$$\chi_{tap} = 1 - 0.35\alpha^{0.2}\gamma_p^{2/3} \quad (7.1.1\text{-}12)$$

$$\gamma_p = \frac{h_{w1}}{h_{w0}} - 1 \quad (7.1.1\text{-}13)$$

$$\alpha = \frac{a}{h_{w1}} \quad (7.1.1\text{-}14)$$

式中：f_v ——钢材抗剪强度设计值（N/mm²）；

h_{w1}、h_{w0} ——楔形腹板大端和小端腹板高度（mm）；

t_w ——腹板的厚度（mm）；

λ_s ——与板件受剪有关的参数，按本条第 6 款的规定采用；

χ_{tap} ——腹板屈曲后抗剪强度的楔率折减系数；

γ_p ——腹板区格的楔率；

α ——区格的长度与高度之比；

a ——加劲肋间距（mm）。

6 参数 λ_s 应按下列公式计算：

$$\lambda_s = \frac{h_{w1}/t_w}{37\sqrt{k_\tau}\sqrt{235/f_y}} \quad (7.1.1\text{-}15)$$

当 $a/h_{w1} < 1$ 时 $k_\tau = 4 + 5.34/(a/h_{w1})^2$　(7.1.1-16)

当 $a/h_{w1} \geqslant 1$ 时 $k_\tau = \eta_s[5.34 + 4/(a/h_{w1})^2]$　(7.1.1-17)

$$\eta_s = 1 - \omega_1\sqrt{\gamma_p} \quad (7.1.1\text{-}18)$$

$$\omega_1 = 0.41 - 0.897\alpha + 0.363\alpha^2 - 0.041\alpha^3 \quad (7.1.1\text{-}19)$$

式中：k_τ ——受剪板件的屈曲系数；当不设横向加劲肋时，取 $k_\tau = 5.34\eta_s$。

7.1.2 刚架构件的强度计算和加劲肋设置应符合下列规定：

1 工字形截面受弯构件在剪力 V 和弯矩 M 共同作用下的强度，应满足下列公式要求：

当 $V \leqslant 0.5V_d$ 时

$$M \leqslant M_e \quad (7.1.2\text{-}1)$$

当 $0.5V_d < V \leqslant V_d$ 时

$$M \leqslant M_f + (M_e - M_f)\left[1 - \left(\frac{V}{0.5V_d} - 1\right)^2\right] \quad (7.1.2\text{-}2)$$

当截面为双轴对称时

$$M_f = A_f(h_w + t_f)f \quad (7.1.2\text{-}3)$$

式中：M_f ——两翼缘所承担的弯矩（N·mm）；

M_e ——构件有效截面所承担的弯矩（N·mm），$M_e = W_e f$；

W_e ——构件有效截面最大受压纤维的截面模量（mm³）；

A_f ——构件翼缘的截面面积（mm²）；

h_w ——计算截面的腹板高度（mm）；

t_f ——计算截面的翼缘厚度（mm）；

V_d ——腹板受剪承载力设计值（N），按本规范式（7.1.1-10）计算。

2 工字形截面压弯构件在剪力 V、弯矩 M 和轴压力 N 共同作用下的强度，应满足下列公式要求：

当 $V \leqslant 0.5V_d$ 时

$$\frac{N}{A_e} + \frac{M}{W_e} \leqslant f \quad (7.1.2\text{-}4)$$

当 $0.5V_d \leqslant V < V_d$ 时

$$M \leqslant M_f^N + (M_e^N - M_f^N)\left[1 - \left(\frac{V}{0.5V_d} - 1\right)^2\right] \quad (7.1.2\text{-}5)$$

$$M_e^N = M_e - NW_e/A_e \quad (7.1.2\text{-}6)$$

当截面为双轴对称时

$$M_f^N = A_f(h_w + t)(f - N/A_e) \quad (7.1.2\text{-}7)$$

式中：A_e ——有效截面面积（mm²）；

M_f^N ——兼承压力 N 时两翼缘所能承受的弯矩（N·mm）。

3 梁腹板应在与中柱连接处、较大集中荷载作用处和翼缘转折处设置横向加劲肋，并符合下列规定：

1）梁腹板利用屈曲后强度时，其中间加劲肋除承受集中荷载和翼缘转折产生的压力外，尚应承受拉力场产生的压力。该压力应按下列公式计算：

$$N_s = V - 0.9\varphi_s h_w t_w f_v \quad (7.1.2\text{-}8)$$

$$\varphi_s = \frac{1}{\sqrt[3]{0.738 + \lambda_s^6}} \quad (7.1.2\text{-}9)$$

式中：N_s——拉力场产生的压力（N）；

V——梁受剪承载力设计值（N）；

φ_s——腹板剪切屈曲稳定系数，$\varphi_s \leqslant 1.0$；

λ_s——腹板剪切屈曲通用高厚比，按本规范式（7.1.1-15）计算；

h_w——腹板的高度（mm）；

t_w——腹板的厚度（mm）。

2）当验算加劲肋稳定性时，其截面应包括每侧 $15t_w\sqrt{235/f_y}$ 宽度范围内的腹板面积，计算长度取 h_w。

4 小端截面应验算轴力、弯矩和剪力共同作用下的强度。

7.1.3 变截面柱在刚架平面内的稳定应按下列公式计算：

$$\frac{N_1}{\eta_t \varphi_x A_{e1}} + \frac{\beta_{mx} M_1}{(1 - N_1/N_{cr}) W_{e1}} \leqslant f \quad (7.1.3\text{-}1)$$

$$N_{cr} = \pi^2 E A_{e1} / \lambda_1^2 \quad (7.1.3\text{-}2)$$

$$\text{当}\ \bar{\lambda}_1 \geqslant 1.2\ \text{时}\ \eta_t = 1 \quad (7.1.3\text{-}3)$$

$$\text{当}\ \bar{\lambda}_1 < 1.2\ \text{时}\ \eta_t = \frac{A_0}{A_1} + \left(1 - \frac{A_0}{A_1}\right) \times \frac{\bar{\lambda}_1^2}{1.44} \quad (7.1.3\text{-}4)$$

$$\lambda_1 = \frac{\mu H}{i_{x1}} \quad (7.1.3\text{-}5)$$

$$\bar{\lambda}_1 = \frac{\lambda_1}{\pi}\sqrt{\frac{E}{f_y}} \quad (7.1.3\text{-}6)$$

式中：N_1——大端的轴向压力设计值（N）；

M_1——大端的弯矩设计值（N·mm）；

A_{e1}——大端的有效截面面积（mm^2）；

W_{e1}——大端有效截面最大受压纤维的截面模量（mm^3）；

φ_x——杆件轴心受压稳定系数，楔形柱按本规范附录 A 规定的计算长度系数由现行国家标准《钢结构设计规范》GB 50017 查得，计算长细比时取大端截面的回转半径；

β_{mx}——等效弯矩系数，有侧移刚架柱的等效弯矩系数 β_{mx} 取 1.0；

N_{cr}——欧拉临界力（N）；

λ_1——按大端截面计算的，考虑计算长度系数的长细比；

$\bar{\lambda}_1$——通用长细比；

i_{x1}——大端截面绕强轴的回转半径（mm）；

μ——柱计算长度系数，按本规范附录 A 计算；

H——柱高（mm）；

A_0、A_1——小端和大端截面的毛截面面积（mm^2）；

E——柱钢材的弹性模量（N/mm^2）；

f_y——柱钢材的屈服强度值（N/mm^2）。

注：当柱的最大弯矩不出现在大端时，M_1 和 W_{e1} 分别取最大弯矩和该弯矩所在截面的有效截面模量。

7.1.4 变截面刚架梁的稳定性应符合下列规定：

1 承受线性变化弯矩的楔形变截面梁段的稳定性，应按下列公式计算：

$$\frac{M_1}{\gamma_x \varphi_b W_{x1}} \leqslant f \quad (7.1.4\text{-}1)$$

$$\varphi_b = \frac{1}{(1 - \lambda_{b0}^{2n} + \lambda_b^{2n})^{1/n}} \quad (7.1.4\text{-}2)$$

$$\lambda_{b0} = \frac{0.55 - 0.25k_\sigma}{(1+\gamma)^{0.2}} \quad (7.1.4\text{-}3)$$

$$n = \frac{1.51}{\lambda_b^{0.1}}\sqrt[3]{\frac{b_1}{h_1}} \quad (7.1.4\text{-}4)$$

$$k_\sigma = k_M \frac{W_{x1}}{W_{x0}} \quad (7.1.4\text{-}5)$$

$$\lambda_b = \sqrt{\frac{\gamma_x W_{x1} f_y}{M_{cr}}} \quad (7.1.4\text{-}6)$$

$$k_M = \frac{M_0}{M_1} \quad (7.1.4\text{-}7)$$

$$\gamma = (h_1 - h_0)/h_0 \quad (7.1.4\text{-}8)$$

式中：φ_b——楔形变截面梁段的整体稳定系数，$\varphi_b \leqslant 1.0$；

k_σ——小端截面压应力除以大端截面压应力得到的比值；

k_M——弯矩比，为较小弯矩除以较大弯矩；

λ_b——梁的通用长细比；

γ_x——截面塑性开展系数，按现行国家标准《钢结构设计规范》GB 50017 的规定取值；

M_{cr}——楔形变截面梁弹性屈曲临界弯矩（N·mm），按本条第 2 款计算；

b_1、h_1——弯矩较大截面的受压翼缘宽度和上、下翼缘中面之间的距离（mm）；

W_{x1}——弯矩较大截面受压边缘的截面模量（mm^3）；

γ——变截面梁楔率；

h_0——小端截面上、下翼缘中面之间的距离（mm）；

M_0——小端弯矩（N·mm）；

M_1 ——大端弯矩（N·mm）。

2 弹性屈曲临界弯矩应按下列公式计算：

$$M_{cr}=C_1\frac{\pi^2EI_y}{L^2}\left[\beta_{x\eta}+\sqrt{\beta_{x\eta}^2+\frac{I_{\omega\eta}}{I_y}\left(1+\frac{GJ_{\eta}L^2}{\pi^2EI_{\omega\eta}}\right)}\right] \quad (7.1.4\text{-}9)$$

$$C_1=0.46k_M^2\eta_i^{0.346}-1.32k_M\eta_i^{0.132}+1.86\eta_i^{0.023} \quad (7.1.4\text{-}10)$$

$$\beta_{x\eta}=0.45(1+\gamma\eta)h_0\frac{I_{yT}-I_{yB}}{I_y} \quad (7.1.4\text{-}11)$$

$$\eta=0.55+0.04(1-k_\sigma)\sqrt[3]{\eta_i} \quad (7.1.4\text{-}12)$$

$$I_{\omega\eta}=I_{\omega0}(1+\gamma\eta)^2 \quad (7.1.4\text{-}13)$$

$$I_{\omega0}=I_{yT}h_{sT0}^2+I_{yB}h_{sB0}^2 \quad (7.1.4\text{-}14)$$

$$J_\eta=J_0+\frac{1}{3}\gamma\eta(h_0-t_f)t_w^3 \quad (7.1.4\text{-}15)$$

$$\eta_i=\frac{I_{yB}}{I_{yT}} \quad (7.1.4\text{-}16)$$

式中：C_1 ——等效弯矩系数，$C_1\leqslant 2.75$；

η_i ——惯性矩比；

I_{yT}、I_{yB} ——弯矩最大截面受压翼缘和受拉翼缘绕弱轴的惯性矩（mm^4）；

$\beta_{x\eta}$ ——截面不对称系数；

I_y ——变截面梁绕弱轴惯性矩（mm^4）；

$I_{\omega\eta}$ ——变截面梁的等效翘曲惯性矩（mm^4）；

$I_{\omega0}$ ——小端截面的翘曲惯性矩（mm^4）；

J_η ——变截面梁等效圣维南扭转常数；

J_0 ——小端截面自由扭转常数；

h_{sT0}、h_{sB0} ——分别是小端截面上、下翼缘的中面到剪切中心的距离（mm）；

t_f ——翼缘厚度（mm）；

t_w ——腹板厚度（mm）；

L ——梁段平面外计算长度（mm）。

7.1.5 变截面柱的平面外稳定应分段按下列公式计算，当不能满足时，应设置侧向支撑或隅撑，并验算每段的平面外稳定。

$$\frac{N_1}{\eta_{ty}\varphi_yA_{e1}f}+\left(\frac{M_1}{\varphi_b\gamma_xW_{e1}f}\right)^{1.3-0.3k_\sigma}\leqslant 1 \quad (7.1.5\text{-}1)$$

$$当\ \bar{\lambda}_{1y}\geqslant 1.3\ 时\ \eta_{ty}=1 \quad (7.1.5\text{-}2)$$

$$当\ \bar{\lambda}_{1y}<1.3\ 时\ \eta_{ty}=\frac{A_0}{A_1}+\left(1-\frac{A_0}{A_1}\right)\times\frac{\bar{\lambda}_{1y}^2}{1.69} \quad (7.1.5\text{-}3)$$

$$\bar{\lambda}_{1y}=\frac{\lambda_{1y}}{\pi}\sqrt{\frac{f_y}{E}} \quad (7.1.5\text{-}4)$$

$$\lambda_{1y}=\frac{L}{i_{y1}} \quad (7.1.5\text{-}5)$$

式中：$\bar{\lambda}_{1y}$ ——绕弱轴的通用长细比；

λ_{1y} ——绕弱轴的长细比；

i_{y1} ——大端截面绕弱轴的回转半径（mm）；

φ_y ——轴心受压构件弯矩作用平面外的稳定系数，以大端为准，按现行国家标准《钢结构设计规范》GB 50017 的规定采用，计算长度取纵向柱间支撑点间的距离；

N_1 ——所计算构件段大端截面的轴压力（N）；

M_1 ——所计算构件段大端截面的弯矩（N·mm）；

φ_b ——稳定系数，按本规范第 7.1.4 条计算。

7.1.6 斜梁和隅撑的设计，应符合下列规定：

1 实腹式刚架斜梁在平面内可按压弯构件计算强度，在平面外应按压弯构件计算稳定。

2 实腹式刚架斜梁的平面外计算长度，应取侧向支承点间的距离；当斜梁两翼缘侧向支承点间的距离不等时，应取最大受压翼缘侧向支承点间的距离。

3 当实腹式刚架斜梁的下翼缘受压时，支承在屋面斜梁上翼缘的檩条，不能单独作为屋面斜梁的侧向支承。

4 屋面斜梁和檩条之间设置的隅撑满足下列条件时，下翼缘受压的屋面斜梁的平面外计算长度可考虑隅撑的作用：

1）在屋面斜梁的两侧均设置隅撑（图 7.1.6）；

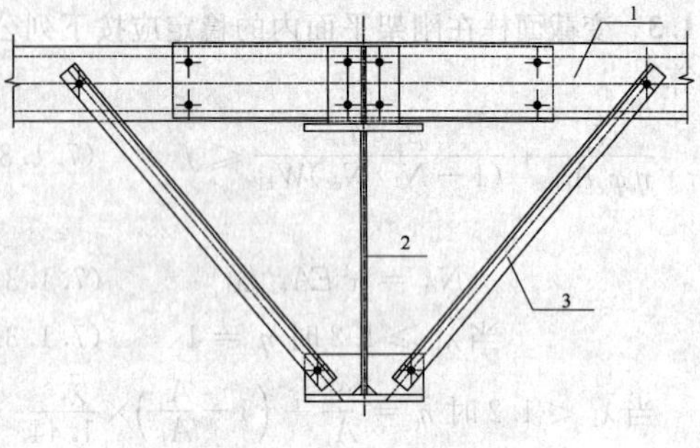

1
2
3

图 7.1.6 屋面斜梁的隅撑

1—檩条；2—钢梁；3—隅撑

2）隅撑的上支承点的位置不低于檩条形心线；

3）符合对隅撑的设计要求。

5 隅撑单面布置时，应考虑隅撑作为檩条的实际支座承受的压力对屋面斜梁下翼缘的水平作用。屋面斜梁的强度和稳定性计算宜考虑其影响。

6 当斜梁上翼缘承受集中荷载处不设横向加劲肋时，除应按现行国家标准《钢结构设计规范》GB 50017 的规定验算腹板上边缘正应力、剪应力和局部压应力共同作用时的折算应力外，尚应满足下列公式要求：

$$F\leqslant 15\alpha_mt_w^2f\sqrt{\frac{t_f}{t_w}}\sqrt{\frac{235}{f_y}} \quad (7.1.6\text{-}1)$$

$$\alpha_m=1.5-M/(W_ef) \quad (7.1.6\text{-}2)$$

式中：F ——上翼缘所受的集中荷载（N）；

t_f、t_w ——分别为斜梁翼缘和腹板的厚度（mm）；

α_m ——参数，$\alpha_m\leqslant 1.0$，在斜梁负弯矩区取 1.0；

M——集中荷载作用处的弯矩（N·mm）；

W_e——有效截面最大受压纤维的截面模量（mm^3）。

7 隅撑支撑梁的稳定系数应按本规范第7.1.4条的规定确定，其中 k_σ 为大、小端应力比，取三倍隅撑间距范围内的梁段的应力比，楔率 γ 取三倍隅撑间距计算；弹性屈曲临界弯矩应按下列公式计算：

$$M_{cr} = \frac{GJ + 2e\sqrt{k_b(EI_y e_1^2 + EI_\omega)}}{2(e_1 - \beta_x)} \tag{7.1.6-3}$$

$$k_b = \frac{1}{l_{kk}}\left[\frac{(1-2\beta)l_p}{2EA_p} + (a+h)\frac{(3-4\beta)}{6EI_p}\beta l_p^2 \tan\alpha + \frac{l_k^2}{\beta l_p EA_k \cos\alpha}\right]^{-1} \tag{7.1.6-4}$$

$$\beta_x = 0.45h\frac{I_1 - I_2}{I_y} \tag{7.1.6-5}$$

式中：J、I_y、I_ω——大端截面的自由扭转常数，绕弱轴惯性矩和翘曲惯性矩（mm^4）；

G——斜梁钢材的剪切模量（N/mm^2）；

E——斜梁钢材的弹性模量（N/mm^2）；

a——檩条截面形心到梁上翼缘中心的距离（mm）；

h——大端截面上、下翼缘中面间的距离（mm）；

α——隅撑和檩条轴线的夹角（°）；

β——隅撑与檩条的连接点离开主梁的距离与檩条跨度的比值；

l_p——檩条的跨度（mm）；

I_p——檩条截面绕强轴的惯性矩（mm^4）；

A_p——檩条的截面面积（mm^2）；

A_k——隅撑杆的截面面积（mm^2）；

l_k——隅撑杆的长度（mm）；

l_{kk}——隅撑的间距（mm）；

e——隅撑下支撑点到檩条形心线的垂直距离（mm）；

e_1——梁截面的剪切中心到檩条形心线的距离（mm）；

I_1——被隅撑支撑的翼缘绕弱轴的惯性矩（mm^4）；

I_2——与檩条连接的翼缘绕弱轴的惯性矩（mm^4）。

7.2 端部刚架的设计

7.2.1 抗风柱下端与基础的连接可铰接也可刚接。在屋面材料能够适应较大变形时，抗风柱柱顶可采用固定连接（图7.2.1），作为屋面斜梁的中间竖向铰支座。

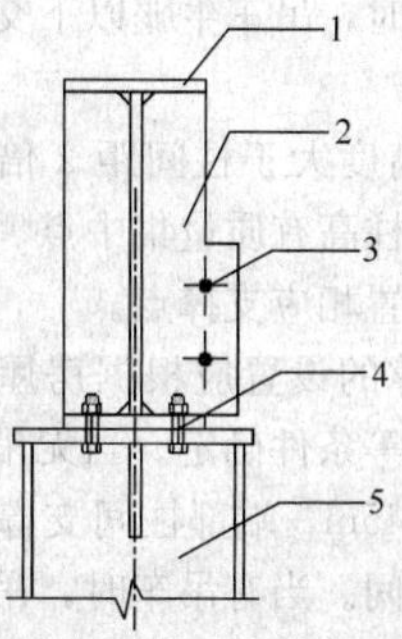

1
2
3
4
5

图7.2.1 抗风柱与端部刚架连接

1—厂房端部屋面梁；2—加劲肋；3—屋面支撑连接孔；4—抗风柱与屋面梁的连接；5—抗风柱

7.2.2 端部刚架的屋面斜梁与檩条之间，除本规范第7.2.3条规定的抗风柱位置外，不宜设置隅撑。

7.2.3 抗风柱处，端开间的两根屋面斜梁之间应设置刚性系杆。屋脊高度小于10m的房屋或基本风压不小于0.55kN/m^2时，屋脊高度小于8m的房屋，可采用隅撑－双檩条体系代替刚性系杆，此时隅撑应采用高强度螺栓与屋面斜梁和檩条连接，与冷弯型钢檩条的连接应增设双面填板增强局部承压强度，连接点不应低于型钢檩条中心线；在隅撑与双檩条的连接点处，沿屋面坡度方向对檩条施加隅撑轴向承载力设计值3%的力，验算双檩条在组合内力作用下的强度和稳定性。

7.2.4 抗风柱作为压弯杆件验算强度和稳定性，可在抗风柱和墙梁之间设置隅撑，平面外弯扭稳定的计算长度，应取不小于两倍隅撑间距。

8 支撑系统设计

8.1 一般规定

8.1.1 每个温度区段、结构单元或分期建设的区段、结构单元应设置独立的支撑系统，与刚架结构一同构成独立的空间稳定体系。施工安装阶段，结构临时支撑的设置尚应符合本规范第14章的相关规定。

8.1.2 柱间支撑与屋盖横向支撑宜设置在同一开间。

8.2 柱间支撑系统

8.2.1 柱间支撑应设在侧墙柱列，当房屋宽度大于60m时，在内柱列宜设置柱间支撑。当有吊车时，每个吊车跨两侧柱列均应设置吊车柱间支撑。

8.2.2 同一柱列不宜混用刚度差异大的支撑形式。在同一柱列设置的柱间支撑共同承担该柱列的水平荷载，水平荷载应按各支撑的刚度进行分配。

8.2.3 柱间支撑采用的形式宜为：门式框架、圆钢或钢索交叉支撑、型钢交叉支撑、方管或圆管人字支撑等。当有吊车时，吊车牛腿以下交叉支撑应选用型钢交叉支撑。

8.2.4 当房屋高度大于柱间距2倍时，柱间支撑宜分层设置。当沿柱高有质量集中点、吊车牛腿或低屋面连接点处应设置相应支撑点。

8.2.5 柱间支撑的设置应根据房屋纵向柱距、受力情况和温度区段等条件确定。当无吊车时，柱间支撑间距宜取30m～45m，端部柱间支撑宜设置在房屋端部第一或第二开间。当有吊车时，吊车牛腿下部支撑宜设置在温度区段中部，当温度区段较长时，宜设置在三分点内，且支撑间距不应大于50m。牛腿上部支撑设置原则与无吊车时的柱间支撑设置相同。

8.2.6 柱间支撑的设计，应按支承于柱脚基础上的竖向悬臂桁架计算；对于圆钢或钢索交叉支撑应按拉杆设计，型钢可按拉杆设计，支撑中的刚性系杆应按压杆设计。

8.3 屋面横向和纵向支撑系统

8.3.1 屋面端部横向支撑应布置在房屋端部和温度区段第一或第二开间，当布置在第二开间时应在房屋端部第一开间抗风柱顶部对应位置布置刚性系杆。

8.3.2 屋面支撑形式可选用圆钢或钢索交叉支撑；当屋面斜梁承受悬挂吊车荷载时，屋面横向支撑应选用型钢交叉支撑。屋面横向交叉支撑节点布置应与抗风柱相对应，并应在屋面梁转折处布置节点。

8.3.3 屋面横向支撑应按支承于柱间支撑柱顶水平桁架设计；圆钢或钢索应按拉杆设计，型钢可按拉杆设计，刚性系杆应按压杆设计。

8.3.4 对设有带驾驶室且起重量大于15t桥式吊车的跨间，应在屋盖边缘设置纵向支撑；在有抽柱的柱列，沿托架长度应设置纵向支撑。

8.4 隅撑设计

8.4.1 当实腹式门式刚架的梁、柱翼缘受压时，应在受压翼缘侧布置隅撑与檩条或墙梁相连接。

8.4.2 隅撑应按轴心受压构件设计。轴力设计值N可按下式计算，当隅撑成对布置时，每根隅撑的计算轴力可取计算值的$\frac{1}{2}$。

$$N = Af/(60\cos\theta) \qquad (8.4.2)$$

式中：A——被支撑翼缘的截面面积（mm^2）；

f——被支撑翼缘钢材的抗压强度设计值（N/mm^2）；

θ——隅撑与檩条轴线的夹角（°）。

8.5 圆钢支撑与刚架连接节点设计

8.5.1 圆钢支撑与刚架连接节点可用连接板连接（图8.5.1）。

8.5.2 当圆钢支撑直接与梁柱腹板连接，应设置垫块或垫板且尺寸B不小于4倍圆钢支撑直径（图8.5.2）。

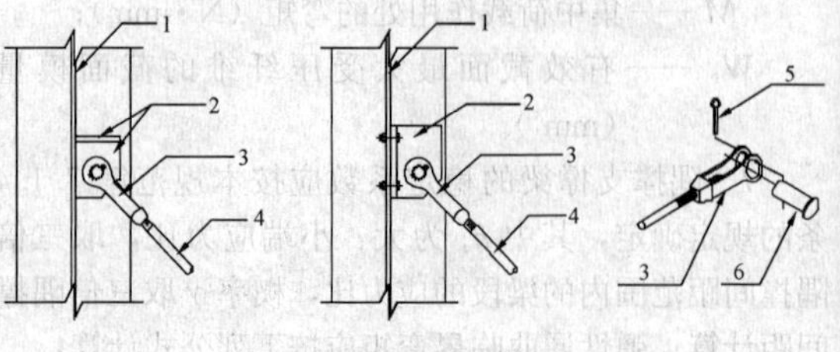

图8.5.1 圆钢支撑与连接板连接

1—腹板；2—连接板；3—U形连接夹；4—圆钢；5—开口销；6—插销

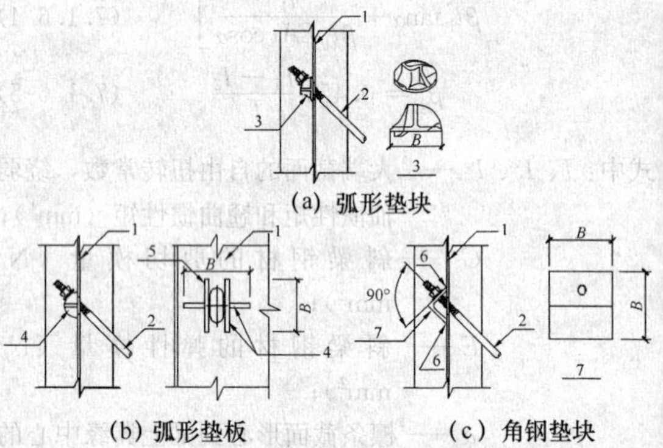

(a) 弧形垫块
(b) 弧形垫板
(c) 角钢垫块

图8.5.2 圆钢支撑与腹板连接

1—腹板；2—圆钢；3—弧形垫块；4—弧形垫板，厚度≥10mm；5—单面焊；6—焊接；7—角钢垫块，厚度≥12mm

9 檩条与墙梁设计

9.1 实腹式檩条设计

9.1.1 檩条宜采用实腹式构件，也可采用桁架式构件；跨度大于9m的简支檩条宜采用桁架式构件。

9.1.2 实腹式檩条宜采用直卷边槽形和斜卷边Z形冷弯薄壁型钢，斜卷边角度宜为60°，也可采用直卷边Z形冷弯薄壁型钢或高频焊接H型钢。

9.1.3 实腹式檩条可设计成单跨简支构件也可设计成连续构件，连续构件可采用嵌套搭接方式组成，计算檩条挠度和内力时应考虑因嵌套搭接方式松动引起刚度的变化。

实腹式檩条也可采用多跨静定梁模式（图9.1.3），跨内檩条的长度l宜为$0.8L$，檩条端头的节点应有刚性连接件夹住构件的腹板，使节点具有抗扭转能力，跨中檩条的整体稳定按节点间檩条或反弯点之间檩条为简支梁模式计算。

9.1.4 实腹式檩条卷边的宽厚比不宜大于13，卷边宽度与翼缘宽度之比不宜小于0.25，不宜大于0.326。

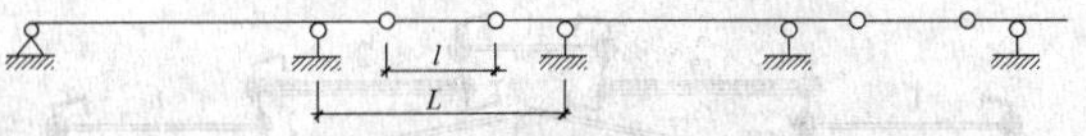
l
L

图 9.1.3　多跨静定梁模式

L—檩条跨度；l—跨内檩条长度

9.1.5　实腹式檩条的计算，应符合下列规定：

1　当屋面能阻止檩条侧向位移和扭转时，实腹式檩条可仅做强度计算，不做整体稳定性计算。强度可按下列公式计算：

$$\frac{M_{x'}}{W_{enx'}} \leqslant f \quad (9.1.5\text{-}1)$$

$$\frac{3V_{y'\max}}{2h_0 t} \leqslant f_v \quad (9.1.5\text{-}2)$$

式中：$M_{x'}$——腹板平面内的弯矩设计值（N·mm）；

$W_{enx'}$——按腹板平面内（图 9.1.5，绕 x'-x' 轴）计算的有效净截面模量（对冷弯薄壁型钢）或净截面模量（对热轧型钢）(mm^3)，冷弯薄壁型钢的有效净截面，应按现行国家标准《冷弯薄壁型钢结构技术规范》GB 50018 的方法计算，其中，翼缘屈曲系数可取 3.0，腹板屈曲系数可取 23.9，卷边屈曲系数可取 0.425；对于双檩条搭接段，可取两檩条有效净截面模量之和并乘以折减系数 0.9；

$V_{y'\max}$——腹板平面内的剪力设计值（N）；

h_0——檩条腹板扣除冷弯半径后的平直段高度（mm）；

t——檩条厚度（mm），当双檩条搭接时，取两檩条厚度之和并乘以折减系数 0.9；

f——钢材的抗拉、抗压和抗弯强度设计值（N/mm^2）；

f_v——钢材的抗剪强度设计值（N/mm^2）。

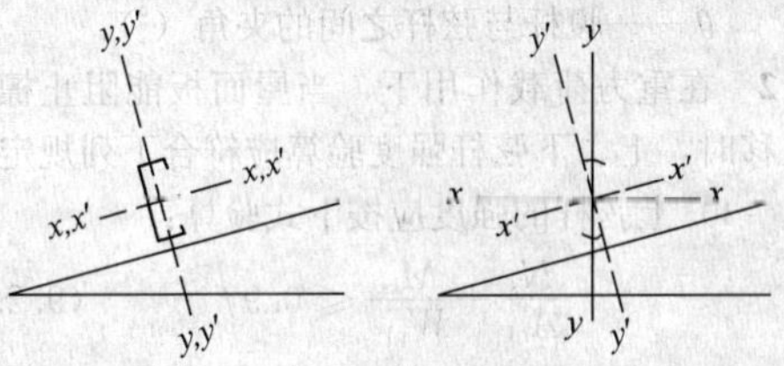
y,y'
x,x'
x,x'
y,y'
y'
y
x'
x
x'
y
y'

图 9.1.5　檩条的计算惯性轴

2　当屋面不能阻止檩条侧向位移和扭转时，应按下式计算檩条的稳定性：

$$\frac{M_x}{\varphi_{by} W_{enx}} + \frac{M_y}{W_{eny}} \leqslant f \quad (9.1.5\text{-}3)$$

式中：M_x、M_y——对截面主轴 x、y 轴的弯矩设计值（N·mm）；

W_{enx}、W_{eny}——对截面主轴 x、y 轴的有效净截面模量（对冷弯薄壁型钢）或净截面模量（对热轧型钢）(mm^3)；

φ_{by}——梁的整体稳定系数，冷弯薄壁型钢构件按现行国家标准《冷弯薄壁型钢结构技术规范》GB 50018，热轧型钢构件按现行国家标准《钢结构设计规范》GB 50017 的规定计算。

3　在风吸力作用下，受压下翼缘的稳定性应按现行国家标准《冷弯薄壁型钢结构技术规范》GB 50018 的规定计算；当受压下翼缘有内衬板约束且能防止檩条截面扭转时，整体稳定性可不做计算。

9.1.6　当檩条腹板高厚比大于 200 时，应设置檩托板连接檩条腹板传力；当腹板高厚比不大于 200 时，也可不设置檩托板，由翼缘支承传力，但应按下列公式计算檩条的局部屈曲承压能力。当不满足下列规定时，对腹板应采取局部加强措施。

1　对于翼缘有卷边的檩条

$$P_n = 4t^2 f(1-0.14\sqrt{R/t})(1+0.35\sqrt{b/t})(1-0.02\sqrt{h_0/t}) \quad (9.1.6\text{-}1)$$

2　对于翼缘无卷边的檩条

$$P_n = 4t^2 f(1-0.4\sqrt{R/t})(1+0.6\sqrt{b/t})(1-0.03\sqrt{h_0/t}) \quad (9.1.6\text{-}2)$$

式中：P_n——檩条的局部屈曲承压能力；

t——檩条的壁厚（mm）；

f——檩条钢材的强度设计值（N/mm^2）；

R——檩条冷弯的内表面半径（mm），可取 $1.5t$；

b——檩条传力的支承长度（mm），不应小于 20mm；

h_0——檩条腹板扣除冷弯半径后的平直段高度（mm）。

3　对于连续檩条在支座处，尚应按下式计算檩条的弯矩和局部承压组合作用。

$$\left(\frac{V_y}{P_n}\right)^2 + \left(\frac{M_x}{M_n}\right)^2 \leqslant 1.0 \quad (9.1.6\text{-}3)$$

式中：V_y——檩条支座反力（N）；

P_n——由式（9.1.6-1）或式（9.1.6-2）得到的檩条局部屈曲承压能力（N），当为双檩条时，取两者之和；

M_x——檩条支座处的弯矩（N·mm）；

M_n——檩条的受弯承载能力（N·mm），当为双檩条时，取两者之和乘以折减系数 0.9。

9.1.7　檩条兼做屋面横向水平支撑压杆和纵向系杆时，檩条长细比不应大于 200。

9.1.8　兼做压杆、纵向系杆的檩条应按压弯构件计算，在本规范式（9.1.5-1）和式（9.1.5-3）中叠加轴向力产生的应力，其压杆稳定系数应按构件平面外方向计算，计算长度应取拉条或撑杆的间距。

9.1.9 吊挂在屋面上的普通集中荷载宜通过螺栓或自攻钉直接作用在檩条的腹板上，也可在檩条之间加设冷弯薄壁型钢作为扁担支承吊挂荷载，冷弯薄壁型钢扁担与檩条间的连接宜采用螺栓或自攻钉连接。

9.1.10 檩条与刚架的连接和檩条与拉条的连接应符合下列规定：

1 屋面檩条与刚架斜梁宜采用普通螺栓连接，檩条每端应设两个螺栓（图9.1.10-1）。檩条连接宜采用檩托板，檩条高度较大时，檩托板处宜设加劲板。嵌套搭接方式的Z形连续檩条，当有可靠依据时，可不设檩托，由Z形檩条翼缘用螺栓连于刚架上。

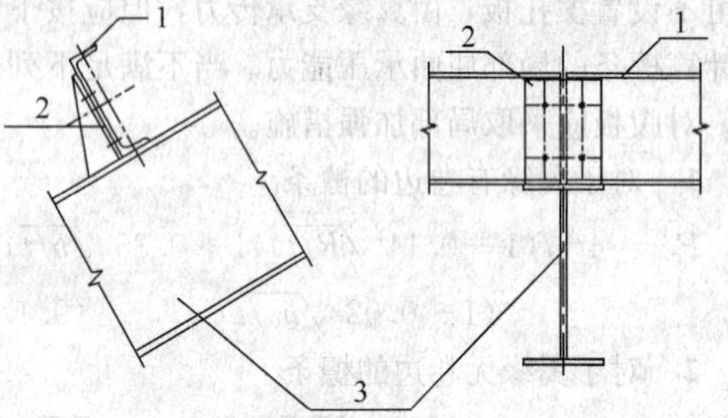
1
2
3

图9.1.10-1 檩条与刚架斜梁连接

1—檩条；2—檩托；3—屋面斜梁

2 连续檩条的搭接长度 $2a$ 不宜小于10%的檩条跨度（图9.1.10-2），嵌套搭接部分的檩条应采用螺栓连接，按连续檩条支座处弯矩验算螺栓连接强度。

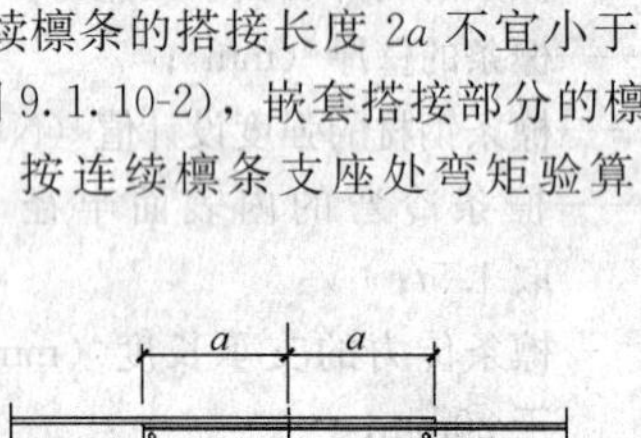
a
1

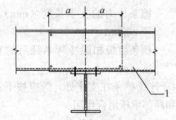

图9.1.10-2 连续檩条的搭接

1—檩条

3 檩条之间的拉条和撑杆应直接连于檩条腹板上，并采用普通螺栓连接（图9.1.10-3a），斜拉条端部宜弯折或设置垫块（图9.1.10-3b、图9.1.10-3c）。

4 屋脊两侧檩条之间可用槽钢、角钢和圆钢相连（图9.1.10-4）。

9.2 桁架式檩条设计

9.2.1 桁架式檩条可采用平面桁架式，平面桁架式檩条应设置拉条体系。

9.2.2 平面桁架式檩条的计算，应符合下列规定：

1 所有节点均应按铰接进行计算，上、下弦杆

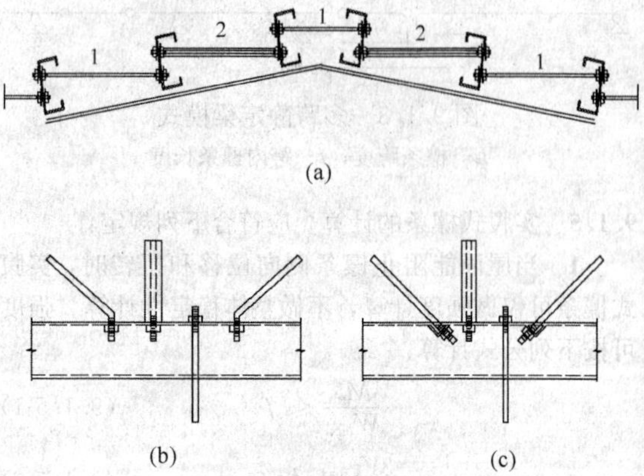
1
2
(a)
(b)
(c)

图9.1.10-3 拉条和撑杆与檩条连接

1—拉条；2—撑杆

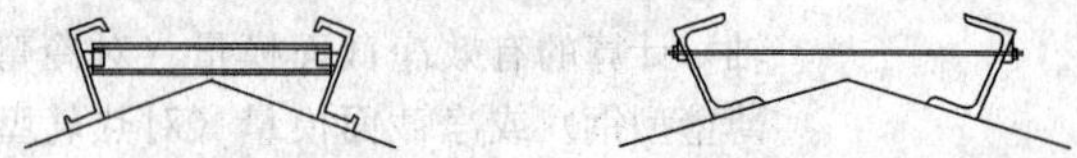

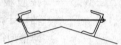

(a) 屋脊檩条用槽钢相连　　(b) 屋脊檩条用圆钢相连

图9.1.10-4 屋脊檩条连接

轴向力应按下式计算：

$$N_s = M_x / h \quad (9.2.2\text{-}1)$$

对上弦杆应计算节间局部弯矩，应按下式计算：

$$M_{1x} = q_x a^2 / 10 \quad (9.2.2\text{-}2)$$

腹杆受轴向压力应按下式计算：

$$N_w = V_{max} / \sin\theta \quad (9.2.2\text{-}3)$$

式中：N_s——檩条上、下弦杆的轴向力（N）；

N_w——腹杆的轴向压力（N）；

M_x、M_{1x}——垂直于屋面板方向的主弯矩和节间次弯矩（N·mm）；

h——檩条上、下弦杆中心的距离（mm）；

q_x——垂直于屋面的荷载（N/mm）；

a——上弦杆节间长度（mm）；

V_{max}——檩条的最大剪力（N）；

θ——腹杆与弦杆之间的夹角（°）。

2 在重力荷载作用下，当屋面板能阻止檩条侧向位移时，上、下弦杆强度验算应符合下列规定：

1） 上弦杆的强度应按下式验算：

$$\frac{N_s}{A_{n1}} + \frac{M_{1x}}{W_{n1x}} \leqslant 0.9f \quad (9.2.2\text{-}4)$$

式中：A_{n1}——杆件的净截面面积（mm^2）；

W_{n1x}——杆件的净截面模量（mm^3）；

f——钢材强度设计值（N/mm^2）。

2） 下弦杆的强度应按下式验算：

$$\frac{N_s}{A_{n1}} \leqslant 0.9f \quad (9.2.2\text{-}5)$$

3） 腹杆应按下列公式验算：

强度

$$\frac{N_w}{A_{n1}} \leqslant 0.9f \quad (9.2.2\text{-}6)$$

稳定

$$\frac{N_{\mathrm{w}}}{\varphi_{\min}A_{\mathrm{n}1}} \leqslant 0.9f \tag{9.2.2-7}$$

式中：$\varphi_{\min}$——腹杆的轴压稳定系数，为（φ_x，φ_y）两者的较小值，计算长度取节点间距离。

3 在重力荷载作用下，当屋面板不能阻止檩条侧向位移时，应按下式计算上弦杆的平面外稳定：

$$\frac{N_{\mathrm{s}}}{\varphi_{\mathrm{y}}A_{\mathrm{n}1}} + \frac{\beta_{\mathrm{tx}}M_{1\mathrm{x}}}{\varphi_{\mathrm{b}}W_{\mathrm{n}1\mathrm{xc}}} \leqslant 0.9f \tag{9.2.2-8}$$

式中：φ_y——上弦杆轴心受压稳定系数，计算长度取侧向支撑点的距离；

φ_b——上弦杆均匀受弯整体稳定系数，计算长度取上弦杆侧向支撑点的距离。上弦杆$I_y \geqslant I_x$时可取$\varphi_b = 1.0$；

β_{tx}——等效弯矩系数，可取0.85；

W_{n1xc}——上弦杆在M_{1x}作用下受压纤维的净截面模量（mm^3）。

4 在风吸力作用下，下弦杆的平面外稳定应按下式计算：

$$\frac{N_{\mathrm{s}}}{\varphi_{\mathrm{y}}A_{\mathrm{n}1}} \leqslant 0.9f \tag{9.2.2-9}$$

式中：φ_y——下弦杆平面外受压稳定系数，计算长度取侧向支撑点的距离。

9.3 拉 条 设 计

9.3.1 实腹式檩条跨度不宜大于12m，当檩条跨度大于4m时，宜在檩条间跨中位置设置拉条或撑杆；当檩条跨度大于6m时，宜在檩条跨度三分点处各设一道拉条或撑杆；当檩条跨度大于9m时，宜在檩条跨度四分点处各设一道拉条或撑杆。斜拉条和刚性撑杆组成的桁架结构体系应分别设在檐口和屋脊处（图9.3.1），当构造能保证屋脊处拉条互相拉结平衡，在屋脊处可不设斜拉条和刚性撑杆。

当单坡长度大于50m，宜在中间增加一道双向斜拉条和刚性撑杆组成的桁架结构体系（图9.3.1）。

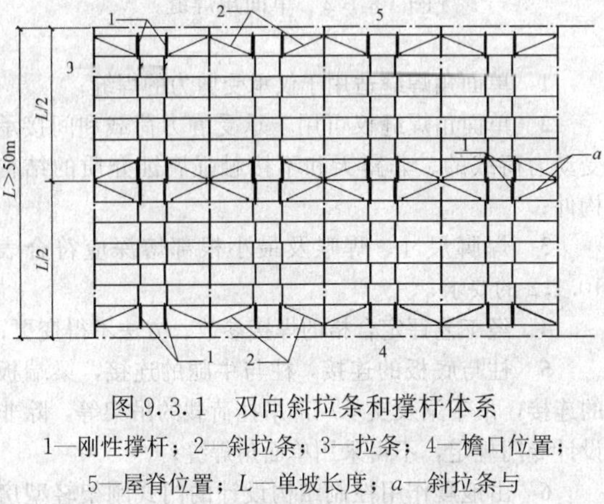

1
2
5
3
L/2
L>50m
a
L/2
1
2
4

图9.3.1 双向斜拉条和撑杆体系

1—刚性撑杆；2—斜拉条；3—拉条；4—檐口位置；5—屋脊位置；L—单坡长度；a—斜拉条与刚性撑杆组成双向斜拉条和刚性撑杆体系

9.3.2 撑杆长细比不应大于220；当采用圆钢做拉条时，圆钢直径不宜小于10mm。圆钢拉条可设在距檩条翼缘1/3腹板高度的范围内。

9.3.3 檩间支撑的形式可采用刚性支撑系统或柔性支撑系统。应根据檩条的整体稳定性设置一层檩间支撑或上、下二层檩间支撑。

9.3.4 屋面对檩条产生倾覆力矩，可采取变化檩条翼缘的朝向使之相互平衡，当不能平衡倾覆力矩时，应通过檩间支撑传递至屋面梁，檩间支撑由拉条和斜拉条共同组成。应根据屋面荷载、坡度计算檩条的倾覆力大小和方向，验算檩间支撑体系的承载力。倾覆力P_L作用在靠近檩条上翼缘的拉条上，以朝向屋脊方向为正，应按下列公式计算：

1 当C形檩条翼缘均朝屋脊同一方向时：

$$P = 0.05W \tag{9.3.4-1}$$

2 简支Z形檩条

当1道檩间支撑：

$$P_{\mathrm{L}} = \left(\frac{0.224b^{1.32}}{n_{\mathrm{p}}^{0.65}d^{0.83}t^{0.50}} - \sin\theta\right)W \tag{9.3.4-2}$$

当2道檩间支撑：

$$P_{\mathrm{L}} = 0.5\left(\frac{0.474b^{1.22}}{n_{\mathrm{p}}^{0.57}d^{0.89}t^{0.33}} - \sin\theta\right)W \tag{9.3.4-3}$$

多于2道檩间支撑：

$$P_{\mathrm{L}} = 0.35\left(\frac{0.474b^{1.22}}{n_{\mathrm{p}}^{0.57}d^{0.89}t^{0.33}} - \sin\theta\right)W \tag{9.3.4-4}$$

3 连续Z形檩条

当1道檩间支撑：

$$P_{\mathrm{L}} = C_{\mathrm{ms}}\left(\frac{0.116b^{1.32}L^{0.18}}{n_{\mathrm{p}}^{0.70}dt^{0.50}} - \sin\theta\right)W \tag{9.3.4-5}$$

当2道檩间支撑：

$$P_{\mathrm{L}} = C_{\mathrm{th}}\left(\frac{0.181b^{1.15}L^{0.25}}{n_{\mathrm{p}}^{0.54}d^{1.11}t^{0.29}} \quad \sin\theta\right)W \tag{9.3.4-6}$$

当多于2道檩间支撑：

$$P_{\mathrm{L}} = 0.7C_{\mathrm{th}}\left(\frac{0.181b^{1.15}L^{0.25}}{n_{\mathrm{p}}^{0.54}d^{1.11}t^{0.29}} - \sin\theta\right)W \tag{9.3.4-7}$$

式中：P——1个柱距内拉条的总内力设计值（N），当有多道拉条时由其平均分担；

P_L——1根拉条的内力设计值（N）；

b——檩条翼缘宽度（mm）；

d——檩条截面高度（mm）；

t——檩条壁厚（mm）；

L——檩条跨度（mm）；

θ——屋面坡度角（°）；

n_p——檩间支撑承担受力区域的檩条数，当 $n_p<4$ 时，n_p 取 4；当 $4\leqslant n_p\leqslant 20$ 时，n_p 取实际值；当 $n_p>20$ 时，n_p 取 20；

C_{ms}——系数，当檩间支撑位于端跨时，C_{ms} 取 1.05；位于其他位置处，C_{ms} 取 0.90；

C_{th}——系数，当檩间支撑位于端跨时，C_{th} 取 0.57；位于其他位置处，C_{th} 取 0.48；

W——1 个柱距内檩间支撑承担受力区域的屋面总竖向荷载设计值（N），向下为正。

9.4 墙梁设计

9.4.1 轻型墙体结构的墙梁宜采用卷边槽形或卷边Z形的冷弯薄壁型钢或高频焊接 H 型钢，兼做窗框的墙梁和门框等构件宜采用卷边槽形冷弯薄壁型钢或组合矩形截面构件。

9.4.2 墙梁可设计成简支或连续构件，两端支承在刚架柱上，墙梁主要承受水平风荷载，宜将腹板置于水平面。当墙板底部端头自承重且墙梁与墙板间有可靠连接时，可不考虑墙面自重引起的弯矩和剪力。当墙梁需承受墙板重量时，应考虑双向弯曲。

9.4.3 当墙梁跨度为 4m～6m 时，宜在跨中设一道拉条；当墙梁跨度大于 6m 时，宜在跨间三分点处各设一道拉条。在最上层墙梁处宜设斜拉条将拉力传至承重柱或墙架柱；当墙板的竖向荷载有可靠途径直接传至地面或托梁时，可不设传递竖向荷载的拉条。

9.4.4 单侧挂墙板的墙梁，应按下列公式计算其强度和稳定：

1 在承受朝向面板的风压时，墙梁的强度可按下列公式验算：

$$\frac{M_{x'}}{W_{enx'}}+\frac{M_{y'}}{W_{eny'}}\leqslant f \quad (9.4.4\text{-}1)$$

$$\frac{3V_{y',max}}{2h_0 t}\leqslant f_v \quad (9.4.4\text{-}2)$$

$$\frac{3V_{x',max}}{4b_0 t}\leqslant f_v \quad (9.4.4\text{-}3)$$

式中：$M_{x'}$、$M_{y'}$——分别为水平荷载和竖向荷载产生的弯矩（N·mm），下标 x' 和 y' 分别表示墙梁的竖向轴和水平轴，当墙板底部端头自承重时，$M_{y'}=0$；

$V_{x',max}$、$V_{y',max}$——分别为竖向荷载和水平荷载产生的剪力（N）；当墙板底部端头自承重时，$V_{x',max}=0$；

$W_{enx'}$、$W_{eny'}$——分别为绕竖向轴 x' 和水平轴 y' 的有效净截面模量（对冷弯薄壁型钢）或净截面模量（对热轧型钢）（mm^3）；

b_0、h_0——分别为墙梁在竖向和水平方向的计算高度（mm），取板件弯折处两圆弧起点之间的距离；

t——墙梁壁厚（mm）。

2 仅外侧设有压型钢板的墙梁在风吸力作用下的稳定性，可按现行国家标准《冷弯薄壁型钢结构技术规范》GB 50018 的规定计算。

9.4.5 双侧挂墙板的墙梁，应按本规范第 9.4.4 条计算朝向面板的风压和风吸力作用下的强度；当有一侧墙板底部端头自承重时，$M_{y'}$ 和 $V_{x',max}$ 均可取 0。

10 连接和节点设计

10.1 焊接

10.1.1 当被连接板件的最小厚度大于 4mm 时，其对接焊缝、角焊缝和部分熔透对接焊缝的强度，应分别按现行国家标准《钢结构设计规范》GB 50017 的规定计算。当最小厚度不大于 4mm 时，正面角焊缝的强度增大系数 β_f 取 1.0。焊接质量等级的要求应按现行国家标准《钢结构工程施工质量验收规范》GB 50205 的规定执行。

10.1.2 当 T 形连接的腹板厚度不大于 8mm，并符合下列规定时，可采用自动或半自动埋弧焊接单面角焊缝（图 10.1.2）。

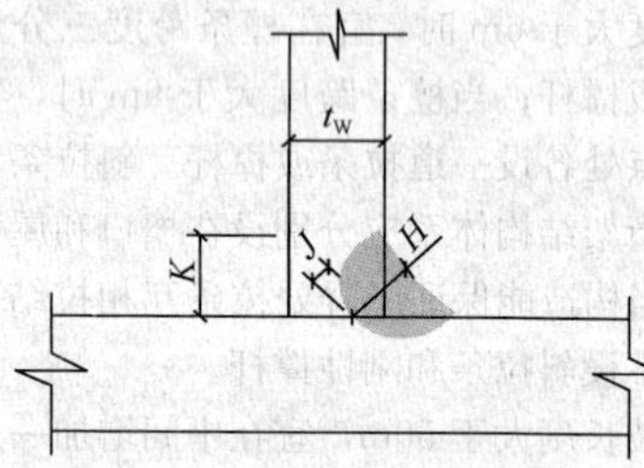

t_w
K
J
H

图 10.1.2 单面角焊缝

1 单面角焊缝适用于仅承受剪力的焊缝；

2 单面角焊缝仅可用于承受静力荷载和间接承受动力荷载的、非露天和不接触强腐蚀介质的结构构件；

3 焊脚尺寸、焊喉及最小根部熔深应符合表 10.1.2 的要求；

4 经工艺评定合格的焊接参数、方法不得变更；

5 柱与底板的连接，柱与牛腿的连接，梁端板的连接，吊车梁及支承局部吊挂荷载的吊架等，除非设计专门规定，不得采用单面角焊缝；

6 由地震作用控制结构设计的门式刚架轻型房屋钢结构构件不得采用单面角焊缝连接。

表 10.1.2 单面角焊缝参数（mm）

腹板厚度 t_w	最小焊脚尺寸 k	有效厚度 H	最小根部熔深 J（焊丝直径1.2～2.0）
3	3.0	2.1	1.0
4	4.0	2.8	1.2
5	5.0	3.5	1.4
6	5.5	3.9	1.6
7	6.0	4.2	1.8
8	6.5	4.6	2.0

10.1.3 刚架构件的翼缘与端板或柱底板的连接，当翼缘厚度大于12mm时宜采用全熔透对接焊缝，并应符合现行国家标准《气焊、焊条电弧焊、气体保护焊和高能束焊的推荐坡口》GB/T 985.1和《埋弧焊的推荐坡口》GB/T 985.2的相关规定；其他情况宜采用等强连接的角焊缝或角对接组合焊缝，并应符合现行国家标准《钢结构焊接规范》GB 50661的相关规定。

10.1.4 牛腿上、下翼缘与柱翼缘的焊接应采用坡口全熔透对接焊缝，焊缝等级为二级；牛腿腹板与柱翼缘板间的焊接应采用双面角焊缝，焊脚尺寸不应小于牛腿腹板厚度的0.7倍。

10.1.5 柱子在牛腿上、下翼缘600mm范围内，腹板与翼缘的连接焊缝应采用双面角焊缝。

10.1.6 当采用喇叭形焊缝时应符合下列规定：

1 喇叭形焊缝可分为单边喇叭形焊缝（图10.1.6-1）和双边喇叭形焊缝（图10.1.6-2）。单边喇叭形焊缝的焊脚尺寸 h_f 不得小于被连接板的厚度。

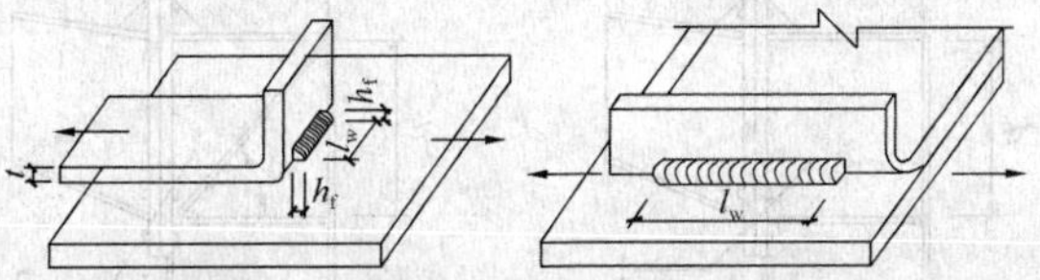
h_f
l_w
t
h_f
l_w

(a) 作用力垂直于焊缝轴线方向 (b) 作用力平行于焊缝轴线方向

图 10.1.6-1 单边喇叭形焊缝

t—被连接板的最小厚度；h_f—焊脚尺寸；l_w—焊缝有效长度

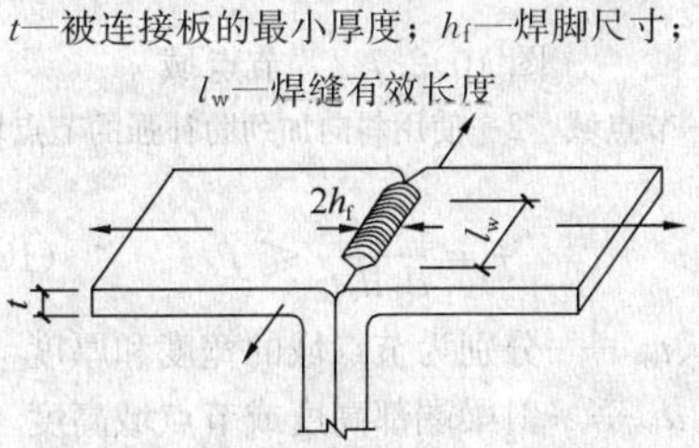
$2h_f$
l_w
t

图 10.1.6-2 双边喇叭形焊缝

t—被连接板的最小厚度；h_f—焊脚尺寸；l_w—焊缝有效长度

2 当连接板件的最小厚度不大于4mm时，喇叭形焊缝连接的强度应按对接焊缝计算，其焊缝的抗剪强度可按下式计算：

$$\tau = \frac{N}{t l_w} \leqslant \beta f_t \qquad (10.1.6\text{-}1)$$

式中：N——轴心拉力或轴心压力设计值（N）；

t——被连接板件的最小厚度（mm）；

l_w——焊缝有效长度（mm），等于焊缝长度扣除2倍焊脚尺寸；

β——强度折减系数；当通过焊缝形心的作用力垂直于焊缝轴线方向时（图10.1.6-1a），$\beta=0.8$；当通过焊缝形心的作用力平行于焊缝轴线方向时（图10.1.6-1b），$\beta=0.7$；

f_t——被连接板件钢材抗拉强度设计值（N/mm^2）。

3 当连接板件的最小厚度大于4mm时，喇叭形焊缝连接的强度应按角焊缝计算。

1) 单边喇叭形焊缝的抗剪强度可按下式计算：

$$\tau = \frac{N}{h_f l_w} \leqslant \beta f_f^w \qquad (10.1.6\text{-}2)$$

2) 双边喇叭形焊缝的抗剪强度可按下式计算：

$$\tau = \frac{N}{2h_f l_w} \leqslant \beta f_f^w \qquad (10.1.6\text{-}3)$$

式中：h_f——焊脚尺寸（mm）；

β——强度折减系数；当通过焊缝形心的作用力垂直于焊缝轴线方向时（图10.1.6-1a），$\beta=0.75$；当通过焊缝形心的作用力平行于焊缝轴线方向时（图10.1.6-1b），$\beta=0.7$；

f_f^w——角焊缝强度设计值（N/mm^2）。

4 在组合构件中，组合件间的喇叭形焊缝可采用断续焊缝。断续焊缝的长度不得小于 $8t$ 和40mm，断续焊缝间的净距不得大于 $15t$（对受压构件）或 $30t$（对受拉构件），t 为焊件的最小厚度。

10.2 节点设计

10.2.1 节点设计应传力简捷，构造合理，具有必要的延性；应便于焊接，避免应力集中和过大的约束应力；应便于加工及安装，容易就位和调整。

10.2.2 刚架构件间的连接，可采用高强度螺栓端板连接。高强度螺栓直径应根据受力确定，可采用M16～M24螺栓。高强度螺栓承压型连接可用于承受静力荷载和间接承受动力荷载的结构；重要结构或承受动力荷载的结构应采用高强度螺栓摩擦型连接；用来耗能的连接接头可采用承压型连接。

10.2.3 门式刚架横梁与立柱连接节点，可采用端板竖放（图10.2.3a）、平放（图10.2.3b）和斜放（图10.2.3c）三种形式。斜梁与刚架柱连接节点的受拉侧，宜采用端板外伸式，与斜梁端板连接的柱的翼缘部位应与端板等厚；斜梁拼接时宜使端板与构件外边缘垂直（图10.2.3d），应采用外伸式连接，并使翼缘内外螺栓群中心与翼缘中心重合或接近。连接节点处的三角形短加劲板长边与短边之比宜大于 1.5∶1.0，不满足时可增加板厚。

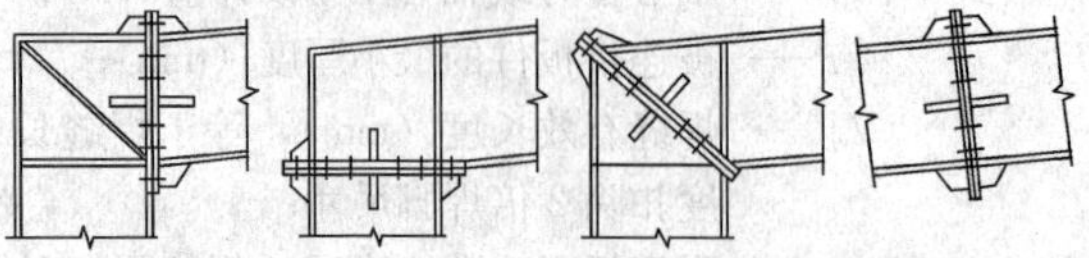

(a) 端板竖放　(b) 端板平放　(c) 端板斜放　(d) 斜梁拼接

图 10.2.3　刚架连接节点

10.2.4　端板螺栓宜成对布置。螺栓中心至翼缘板表面的距离，应满足拧紧螺栓时的施工要求，不宜小于 45mm。螺栓端距不应小于 2 倍螺栓孔径；螺栓中距不应小于 3 倍螺栓孔径。当端板上两对螺栓间最大距离大于 400mm 时，应在端板中间增设一对螺栓。

10.2.5　当端板连接只承受轴向力和弯矩作用或剪力小于其抗滑移承载力时，端板表面可不作摩擦面处理。

10.2.6　端板连接应按所受最大内力和按能够承受不小于较小被连接截面承载力的一半设计，并取两者的大值。

10.2.7　端板连接节点设计应包括连接螺栓设计、端板厚度确定、节点域剪应力验算、端板螺栓处构件腹板强度、端板连接刚度验算，并应符合下列规定：

1　连接螺栓应按现行国家标准《钢结构设计规范》GB 50017 验算螺栓在拉力、剪力或拉剪共同作用下的强度。

2　端板厚度 t 应根据支承条件确定（图 10.2.7-1），各种支承条件端板区格的厚度应分别按下列公式计算：

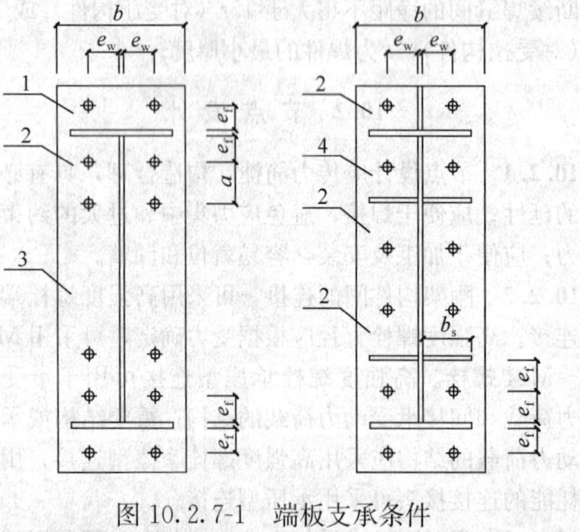

b
e_w e_w
1
2
3
4
a
e_f
b_s

图 10.2.7-1　端板支承条件

1—伸臂；2—两边；3—无肋；4—三边

1）伸臂类区格

$$t \geqslant \sqrt{\frac{6e_f N_t}{bf}} \quad (10.2.7\text{-}1)$$

2）无加劲肋类区格

$$t \geqslant \sqrt{\frac{3e_w N_t}{(0.5a + e_w)f}} \quad (10.2.7\text{-}2)$$

3）两邻边支承类区格

当端板外伸时

$$t \geqslant \sqrt{\frac{6e_f e_w N_t}{[e_w b + 2e_f(e_f + e_w)]f}} \quad (10.2.7\text{-}3)$$

当端板平齐时

$$t \geqslant \sqrt{\frac{12e_f e_w N_t}{[e_w b + 4e_f(e_f + e_w)]f}} \quad (10.2.7\text{-}4)$$

4）三边支承类区格

$$t \geqslant \sqrt{\frac{6e_f e_w N_t}{[e_w(b + 2b_s) + 4e_f^{\ 2}]f}} \quad (10.2.7\text{-}5)$$

式中：N_t——一个高强度螺栓的受拉承载力设计值（N/mm²）；

e_w、e_f——分别为螺栓中心至腹板和翼缘板表面的距离（mm）；

b、b_s——分别为端板和加劲肋板的宽度（mm）；

a——螺栓的间距（mm）；

f——端板钢材的抗拉强度设计值（N/mm²）。

5）端板厚度取各种支承条件计算确定的板厚最大值，但不应小于 16mm 及 0.8 倍的高强度螺栓直径。

3　门式刚架斜梁与柱相交的节点域（图 10.2.7-2a），应按下式验算剪应力，当不满足式（10.2.7-6）要求时，应加厚腹板或设置斜加劲肋（图 10.2.7-2b）。

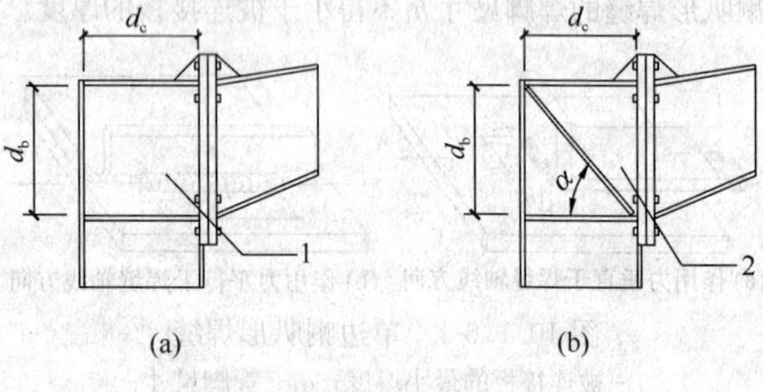

d_c
d_b
α
1
2

(a)　(b)

图 10.2.7-2　节点域

1—节点域；2—使用斜向加劲肋补强的节点域

$$\tau = \frac{M}{d_b d_c t_c} \leqslant f_v \quad (10.2.7\text{-}6)$$

式中：d_c、t_c——分别为节点域的宽度和厚度（mm）；

d_b——斜梁端部高度或节点域高度（mm）；

M——节点承受的弯矩（N·mm），对多跨刚架中间柱处，应取两侧斜梁端弯矩的代数和或柱端弯矩；

f_v——节点域钢材的抗剪强度设计值（N/mm²）。

4　端板螺栓处构件腹板强度应按下列公式计算：

当 $N_{t2} \leqslant 0.4P$ 时　$\frac{0.4P}{e_w t_w} \leqslant f$　(10.2.7-7)

当 $N_{t2} > 0.4P$ 时　$\frac{N_{t2}}{e_w t_w} \leqslant f$　(10.2.7-8)

式中：N_{t2}——翼缘内第二排一个螺栓的轴向拉力设计值（N/mm²）；

P——1个高强度螺栓的预拉力设计值（N）；

e_w——螺栓中心至腹板表面的距离（mm）；

t_w——腹板厚度（mm）；

f——腹板钢材的抗拉强度设计值（N/mm²）。

5　端板连接刚度应按下列规定进行验算：

1）梁柱连接节点刚度应满足下式要求：

$$R \geqslant 25EI_b/l_b \quad (10.2.7\text{-}9)$$

式中：R——刚架梁柱转动刚度（N·mm）；

I_b——刚架横梁跨间的平均截面惯性矩（mm⁴）；

l_b——刚架横梁跨度（mm），中柱为摇摆柱时，取摇摆柱与刚架柱距离的2倍；

E——钢材的弹性模量（N/mm²）。

2）梁柱转动刚度应按下列公式计算：

$$R = \frac{R_1 R_2}{R_1 + R_2} \quad (10.2.7\text{-}10)$$

$$R_1 = G h_1 d_c t_p + E d_b A_{st} \cos^2\alpha \sin\alpha \quad (10.2.7\text{-}11)$$

$$R_2 = \frac{6EI_e h_1^2}{1.1e_f^3} \quad (10.2.7\text{-}12)$$

式中：R_1——与节点域剪切变形对应的刚度（N·mm）；

R_2——连接的弯曲刚度，包括端板弯曲、螺栓拉伸和柱翼缘弯曲所对应的刚度（N·mm）；

h_1——梁端翼缘板中心间的距离（mm）；

t_p——柱节点域腹板厚度（mm）；

I_e——端板惯性矩（mm⁴）；

e_f——端板外伸部分的螺栓中心到其加劲肋外边缘的距离（mm）；

A_{st}——两条斜加劲肋的总截面积（mm²）；

α——斜加劲肋倾角（°）；

G——钢材的剪切模量（N/mm²）。

10.2.8　屋面梁与摇摆柱连接节点应设计成铰接节点，采用端板横放的顶接连接方式（图10.2.8）。

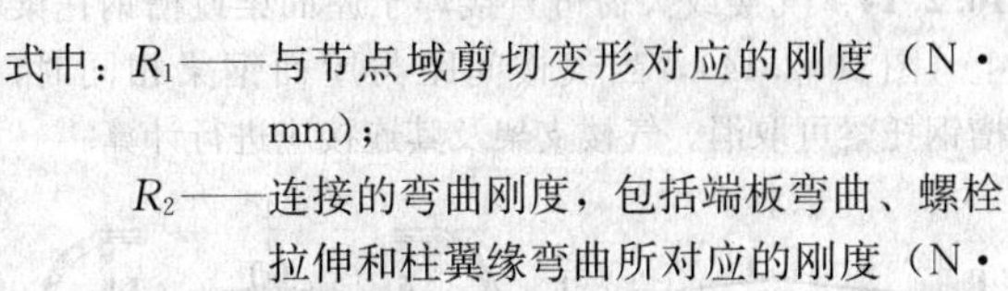

(a)
(b)
(c)

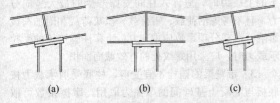

图10.2.8　屋面梁和摇摆柱连接节点

10.2.9　吊车梁承受动力荷载，其构造和连接节点应符合下列规定：

1　焊接吊车梁的翼缘板与腹板的拼接焊缝宜采用加引弧板的熔透对接焊缝，引弧板割去处应予打磨平整。焊接吊车梁的翼缘与腹板的连接焊缝严禁采用单面角焊缝。

2　在焊接吊车梁或吊车桁架中，焊透的T形接头宜采用对接与角接组合焊缝（图10.2.9-1）。

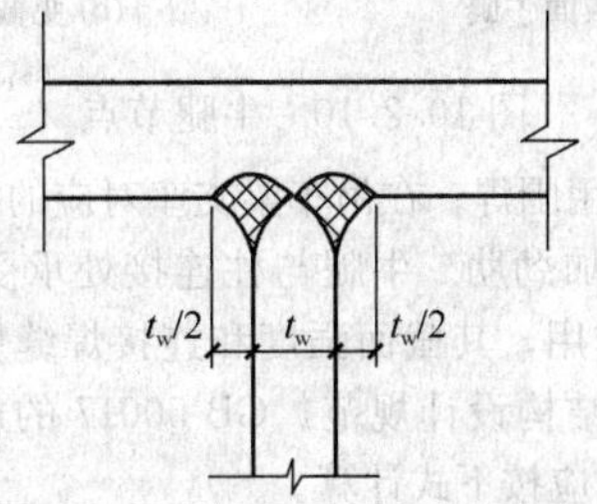

$t_w/2$
t_w
$t_w/2$

图10.2.9-1　焊透的T形连接焊缝

t_w—腹板厚度

3　焊接吊车梁的横向加劲肋不得与受拉翼缘相焊，但可与受压翼缘焊接。横向加劲肋宜在距受拉下翼缘50mm～100mm处断开（图10.2.9-2），其与腹板的连接焊缝不宜在肋下端起落弧。当吊车梁受拉翼缘与支撑相连时，不宜采用焊接。

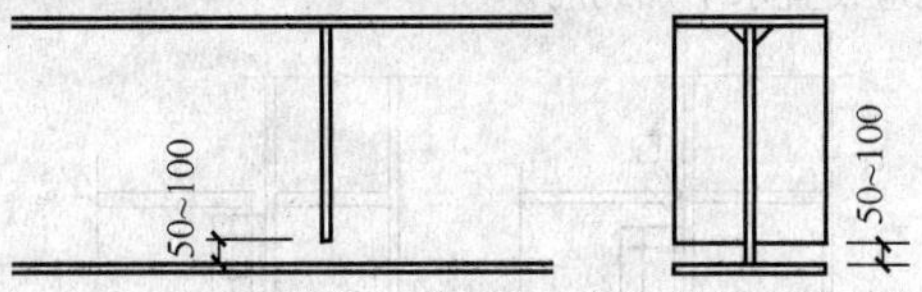

50~100
50~100

图10.2.9-2　横向加劲肋设置

4　吊车梁与制动梁的连接，可采用高强度螺栓摩擦型连接或焊接。吊车梁与刚架上柱的连接处宜设长圆孔（图10.2.9-3a）；吊车梁与牛腿处垫板宜采用焊接连接（图10.2.9-3b）；吊车梁之间应采用高强度螺栓连接。

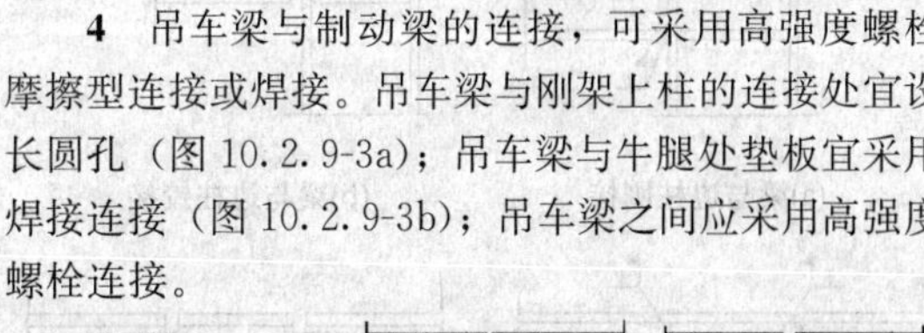

1
2
3
4
5
6
4
5
6

(a) 吊车梁与上柱连接　(b) 吊车梁与牛腿连接

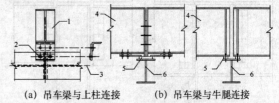

图10.2.9-3　吊车梁连接节点

1—上柱；2—长圆孔；3—吊车梁中心线；4—吊车梁；5—垫板；6—牛腿

10.2.10　用于支承吊车梁的牛腿可做成等截面，也可做成变截面；采用变截面牛腿时，牛腿悬臂端截面高度不应小于根部高度的1/2（图10.2.10）。柱在牛腿上、下翼缘的相应位置处应设置横向加劲肋；在牛腿上翼缘吊车梁支座处应设置垫板，垫板与牛腿上翼

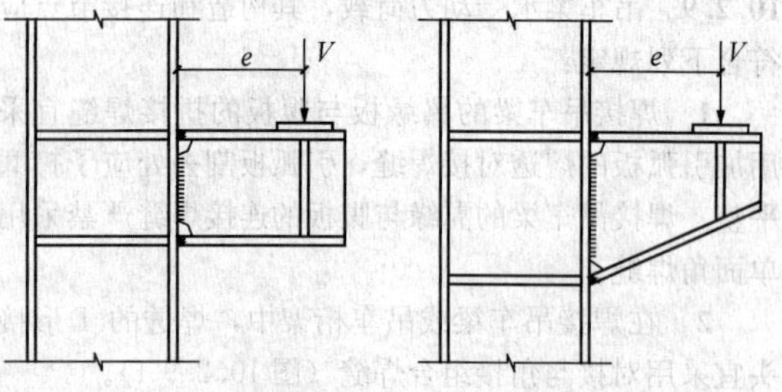
e
V
e
V

(a) 等截面牛腿　　(b) 变截面牛腿

图 10.2.10　牛腿节点

缘连接应采用围焊；在吊车梁支座对应的牛腿腹板处应设置横向加劲肋。牛腿与柱连接处承受剪力 V 和弯矩 M 的作用，其截面强度和连接焊缝应按现行国家标准《钢结构设计规范》GB 50017 的规定进行计算，弯矩 M 应按下式计算。

$$M = Ve \qquad (10.2.10)$$

式中：V——吊车梁传来的剪力（N）；

e——吊车梁中心线离柱面的距离（mm）。

10.2.11　在设有夹层的结构中，夹层梁与柱可采用刚接，也可采用铰接（图 10.2.11）。当采用刚接连接时，夹层梁翼缘与柱翼缘应采用全熔透焊接，腹板采用高强度螺栓与柱连接。柱与夹层梁上、下翼缘对应处应设置水平加劲肋。

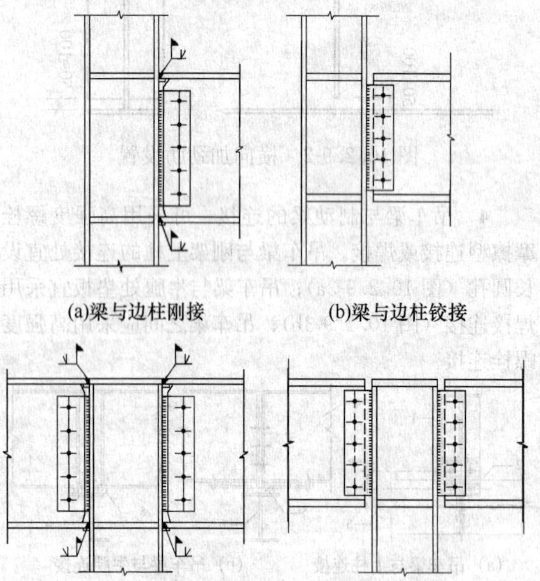

(a)梁与边柱刚接　　(b)梁与边柱铰接

(c)梁与中柱刚接　　(d)梁与中柱铰接

图 10.2.11　夹层梁与柱连接节点

10.2.12　抽柱处托架或托梁宜与柱采用铰接连接（图 10.2.12a）。当托架或托梁挠度较大时，也可采用刚接连接，但柱应考虑由此引起的弯矩影响。屋面梁搁置在托架或托梁上宜采用铰接连接（图 10.2.12b），当采用刚接，则托梁应选择抗扭性能较好的截面。托架或托梁连接尚应考虑屋面梁产生的水平推力。

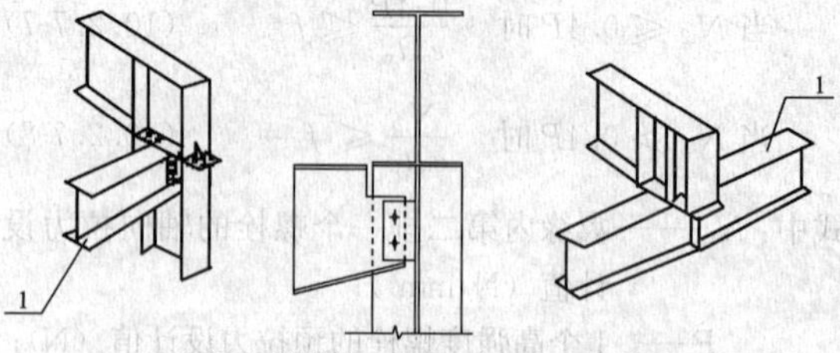
1
1

(a) 托梁与柱连接　　(b) 屋面梁与托梁连接

图 10.2.12　托梁连接节点

1—托梁

10.2.13　女儿墙立柱可直接焊于屋面梁上（图 10.2.13），应按悬臂构件计算其内力，并应对女儿墙立柱与屋面梁连接处的焊缝进行计算。

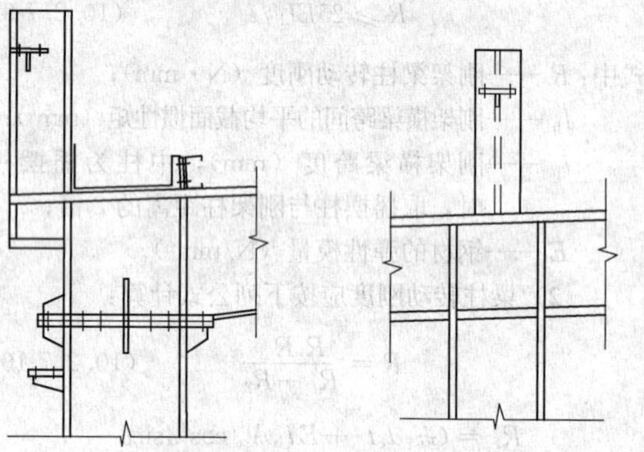

(a) 角部立柱连接　　(b) 中间立柱连接

图 10.2.13　女儿墙连接节点

10.2.14　气楼或天窗可直接焊于屋面梁或槽钢托梁上（图 10.2.14），当气楼间距与屋面钢梁相同时，槽钢托梁可取消。气楼支架及其连接应进行计算。

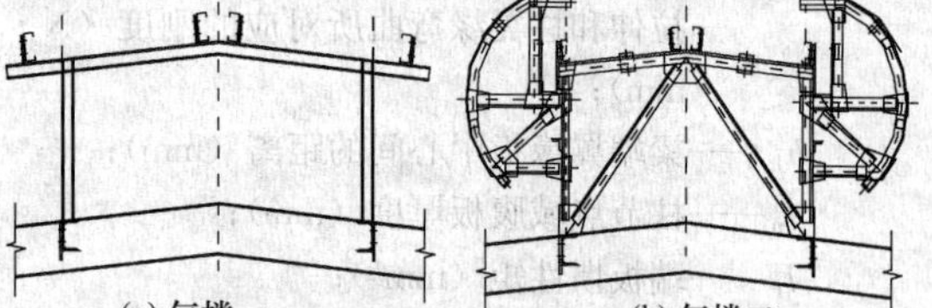

(a) 气楼一　　(b) 气楼二

图 10.2.14　气楼大样

10.2.15　柱脚节点应符合下列规定：

1　门式刚架柱脚宜采用平板式铰接柱脚（图 10.2.15-1）；也可采用刚接柱脚（图 10.2.15-2）。

2　计算带有柱间支撑的柱脚锚栓在风荷载作用下的上拔力时，应计入柱间支撑产生的最大竖向分力，且不考虑活荷载、雪荷载、积灰荷载和附加荷载影响，恒载分项系数应取 1.0。计算柱脚锚栓的受拉承载力时，应采用螺纹处的有效截面面积。

3　带靴梁的锚栓不宜受剪，柱底受剪承载力按底板与混凝土基础间的摩擦力取用，摩擦系数可取 0.4，计算摩擦力时应考虑屋面风吸力产生的上拔力

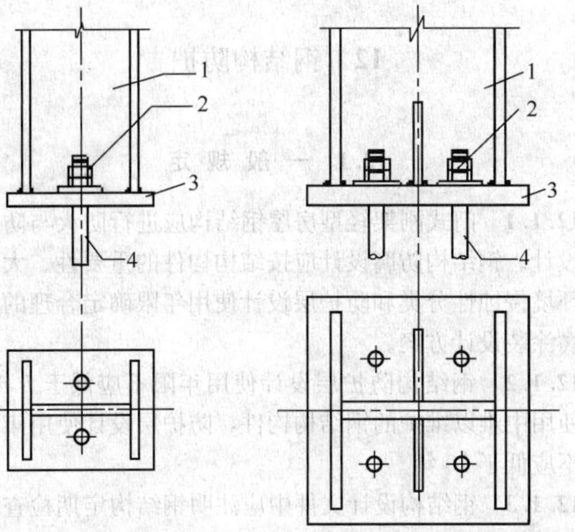
1
2
3
4

(a) 两个锚栓柱脚　　(b) 四个锚栓柱脚

图 10.2.15-1　铰接柱脚

1—柱；2—双螺母及垫板；3—底板；4—锚栓

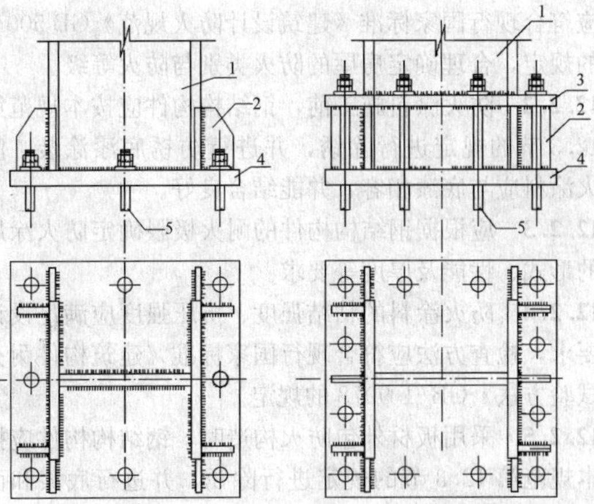
1
2
3
4
5

(a) 带加劲肋　　(b) 带靴梁

图 10.2.15-2　刚接柱脚

1—柱；2—加劲板；3—锚栓支承托座；4—底板；5—锚栓

的影响。当剪力由不带靴梁的锚栓承担时，应将螺母、垫板与底板焊接，柱底的受剪承载力可按 0.6 倍的锚栓受剪承载力取用。当柱底水平剪力大于受剪承载力时，应设置抗剪键。

4　柱脚锚栓应采用 Q235 钢或 Q345 钢制作。锚栓端部应设置弯钩或锚件，且应符合现行国家标准《混凝土结构设计规范》GB 50010 的有关规定。锚栓的最小锚固长度 l_a（投影长度）应符合表 10.2.15 的规定，且不应小于 200mm。锚栓直径 d 不宜小于 24mm，且应采用双螺母。

表 10.2.15　锚栓的最小锚固长度

锚栓钢材	混凝土强度等级					
	C25	C30	C35	C40	C45	≥C50
Q235	$20d$	$18d$	$16d$	$15d$	$14d$	$14d$
Q345	$25d$	$23d$	$21d$	$19d$	$18d$	$17d$

11　围护系统设计

11.1　屋面板和墙面板的设计

11.1.1　屋面及墙面板可选用镀层或涂层钢板、不锈钢板、铝镁锰合金板、钛锌板、铜板等金属板材或其他轻质材料板材。

11.1.2　一般建筑用屋面及墙面彩色镀层压型钢板，其计算和构造应按现行国家标准《冷弯薄壁型钢结构技术规范》GB 50018 的规定执行。

11.1.3　屋面板与檩条的连接方式可分为直立缝锁边连接型、扣合式连接型、螺钉连接型。

11.1.4　屋面及墙面板的材料性能，应符合下列规定：

1　采用彩色镀层压型钢板的屋面及墙面板的基板力学性能应符合现行国家标准《建筑用压型钢板》GB/T 12755 的要求，基板屈服强度不应小于 350N/mm²，对扣合式连接板基板屈服强度不应小于 500N/mm²。

2　采用热镀锌基板的镀锌量不应小于 275g/m²，并应采用涂层；采用镀铝锌基板的镀铝锌量不应小于 150g/m²，并应符合现行国家标准《彩色涂层钢板及钢带》GB/T 12754 及《连续热镀铝锌合金镀层钢板及钢带》GB/T 14978 的要求。

11.1.5　屋面及墙面外板的基板厚度不应小于 0.45mm，屋面及墙面内板的基板厚度不应小于 0.35mm。

11.1.6　当采用直立缝锁边连接或扣合式连接时，屋面板不应作为檩条的侧向支撑；当屋面板采用螺钉连接时，屋面板可作为檩条的侧向支撑。

11.1.7　对房屋内部有自然采光要求时，可在金属板屋面设置点状或带状采光板。当采用带状采光板时，应采取释放温度变形的措施。

11.1.8　金属板材屋面板与相配套的屋面采光板连接时，必须在长度方向和宽度方向上使用有效的密封胶进行密封，连接方式宜和金属板材之间的连接方式一致。

11.1.9　金属屋面以上附件的材质宜优先采用铝合金或不锈钢，与屋面板的连接要有可靠的防水措施。

11.1.10　屋面板沿板长方向的搭接位置宜在屋面檩条上，搭接长度不应小于 150mm，在搭接处应做防水处理；墙面板搭接长度不应小于 120mm。

11.1.11　屋面排水坡度不应小于表 11.1.11 的限值：

表 11.1.11　屋面排水坡度限值

连接方式	屋面排水坡度
直立缝锁边连接板	1/30
扣合式连接板及螺钉连接板	1/20

11.1.12 在风荷载作用下，屋面板及墙面板与檩条之间连接的抗拔承载力应有可靠依据。

11.2 保温与隔热

11.2.1 门式刚架轻型房屋的屋面和墙面其保温隔热在满足节能环保要求的前提下，应选用导热系数较小的保温隔热材料，并应结合防水、防潮与防火要求进行设计。钢结构房屋的隔热应主要采用轻质纤维状保温材料和轻质有机发泡材料，墙面也可采用轻质砌块或加气混凝土板材。

11.2.2 屋面和墙面的保温隔热构造应根据热工计算确定。保温隔热材料应相互匹配。

11.2.3 屋面保温隔热可采用下列方法之一：

1 在压型钢板下设带铝箔防潮层的玻璃纤维毡或矿棉毡卷材；当防潮层未用纤维增强，尚应在底部设置钢丝网或玻璃纤维织物等具有抗拉能力的材料，以承托隔热材料的自重；

2 金属面复合夹芯板；

3 在双层压型钢板中间填充保温材料；

4 在压型钢板上铺设刚性发泡保温材料，外铺热熔柔性防水卷材。

11.2.4 外墙保温隔热可采用下列方法之一：

1 采用与屋面相同的保温隔热做法；

2 外侧采用压型钢板，内侧采用预制板、纸面石膏板或其他纤维板，中间填充保温材料；

3 采用加气混凝土砌块或加气混凝土板，外侧涂装防水涂料；

4 采用多孔砖等轻质砌体。

11.3 屋面排水设计

11.3.1 天沟截面形式可采用矩形或梯形。外天沟可用彩色金属镀层钢板制作，钢板厚度不应小于0.45mm。内天沟宜用不锈钢材料制作，钢板厚度不宜小于1.0mm。采用其他材料时应做可靠防腐处理，普通钢板天沟的钢板厚度不应小于3.0mm。

11.3.2 天沟应符合下列构造要求：

1 房屋的伸缩缝或沉降缝处的天沟应对应设置变形缝。

2 屋面板应延伸入天沟。当采用内天沟时，屋面板与天沟连接应采取密封措施。

3 内天沟应设置溢流口，溢流口顶低于天沟上檐50mm～100mm。当无法设置溢流口时，应适当增加落水管数量。

4 屋面排水采用内排水时，集水盒外应有网罩防止垃圾堵塞落水管。

11.3.3 落水管的截面形式可采用圆形或方形截面，落水管材料可用金属镀层钢板、不锈钢、PVC等材料。集水盒与天沟应密封连接。落水管应与墙面结构或其他构件可靠连接。

12 钢结构防护

12.1 一般规定

12.1.1 门式刚架轻型房屋钢结构应进行防火与防腐设计。钢结构防腐设计应按结构构件的重要性、大气环境侵蚀性分类和防护层设计使用年限确定合理的防腐涂装设计方案。

12.1.2 钢结构防护层设计使用年限不应低于5年；使用中难以维护的钢结构构件，防护层设计使用年限不应低于10年。

12.1.3 钢结构设计文件中应注明钢结构定期检查和维护要求。

12.2 防火设计

12.2.1 钢结构的防火设计、钢结构构件的耐火极限应符合现行国家标准《建筑设计防火规范》GB 50016的规定，合理确定房屋的防火类别与防火等级。

12.2.2 防火涂料施工前，钢结构构件应按本规范第12.3节的规定进行除锈，并进行防锈底漆涂装。防火涂料应与底漆相容，并能结合良好。

12.2.3 应根据钢结构构件的耐火极限确定防火涂层的形式、性能及厚度等要求。

12.2.4 防火涂料的粘结强度、抗压强度应满足设计要求，检查方法应符合现行国家标准《建筑构件耐火试验方法》GB/T 9978的规定。

12.2.5 采用板材外包防火构造时，钢结构构件应按本规范第12.3节的规定进行除锈，并进行底漆和面漆涂装保护；板材外包防火构造的耐火性能，应符合现行国家标准《建筑设计防火规范》GB 50016的有关规定或通过试验确定。

12.2.6 当采用混凝土外包防火构造时，钢结构构件应进行除锈，不应涂装防锈漆；其混凝土外包厚度及构造要求应符合现行国家标准《建筑设计防火规范》GB 50016的有关规定。

12.2.7 对于直接承受振动作用的钢结构构件，采用防火厚型涂层或外包构造时，应采取构造补强措施。

12.3 涂装

12.3.1 设计时应对构件的基材种类、表面除锈等级、涂层结构、涂层厚度、涂装方法、使用状况以及预期耐蚀寿命等综合考虑，提出合理的除锈方法和涂装要求。

12.3.2 钢材表面原始锈蚀等级，除锈方法与等级要求应符合现行国家标准《涂覆涂料前钢材表面处理 表面清洁度的目视测定 第1部分：未涂覆过的钢材表面和全面清除原有涂层后的钢材表面的锈蚀等级和处理等级》GB/T 8923.1的规定。

12.3.3 处于弱腐蚀环境和中等腐蚀环境的承重构件，工厂制作涂装前，其表面应采用喷射或抛射除锈方法，除锈等级不应低于 Sa2；现场采用手工和动力工具除锈方法，除锈等级不应低于 St2。防锈漆的种类与钢材表面除锈等级要匹配，应符合表 12.3.3 的规定。

表 12.3.3 钢材表面最低除锈等级

涂料品种	除锈等级
油性酚醛、醇酸等底漆或防锈漆	St2
高氯化聚乙烯、氯化橡胶、氯磺化聚乙烯、环氧树脂、聚氨酯等底漆或防锈漆	Sa2
无机富锌、有机硅、过氯乙烯等底漆	Sa2½

12.3.4 钢结构除锈和涂装工程应在构件制作质量经检验合格后进行。表面处理后到涂底漆的时间间隔不应超过 4h，处理后的钢材表面不应有焊渣、灰尘、油污、水和毛刺等。

12.3.5 应根据环境侵蚀性分类和钢结构涂装系统的设计使用年限合理选用涂料品种。

12.3.6 当环境腐蚀作用分类为弱腐蚀和中等腐蚀时，室内外钢结构漆膜干膜总厚度分别不宜小于 125μm 和 150μm，位于室外和有特殊要求的部位，宜增加涂层厚度 20μm～40μm，其中室内钢结构底漆厚度不宜小于 50μm，室外钢结构底漆厚度不宜小于 75μm。

12.3.7 涂装应在适宜的温度、湿度和清洁环境中进行。涂装固化温度应符合涂料产品说明书的要求；当产品说明书无要求时，涂装固化温度为 5℃～38℃。施工环境相对湿度大于 85%时不得涂装。漆膜固化时间与环境温度、相对湿度和涂料品种有关，每道涂层涂装后，表面至少在 4h 内不得被雨淋和沾污。

12.3.8 涂层质量及厚度的检查方法应按现行国家标准《漆膜附着力测定法》GB 1720 或《色漆和清漆漆膜的划格试验》GB/T 9286 的规定执行，并应按构件数的 1%抽查，且不应少于 3 件，每件检测 3 处。

12.3.9 涂装完成后，构件的标志、标记和编号应清晰完整。

12.3.10 涂装工程验收应包括在中间检查和竣工验收中。

12.4 钢结构防腐其他要求

12.4.1 宜采用易于涂装和维护的实腹式或闭口构件截面形式，闭口截面应进行封闭；当采用缀合截面的杆件时，型钢间的空隙宽度应满足涂装施工和维护的要求。

12.4.2 对于屋面檩条、墙梁、隅撑、拉条等冷弯薄壁构件，以及压型钢板，宜采用表面热浸镀锌或镀铝锌防腐。

12.4.3 采用热浸镀锌等防护措施的连接件及构件，其防腐蚀要求不应低于主体结构，安装后宜采用与主体结构相同的防腐蚀措施，连接处的缝隙，处于不低于弱腐蚀环境时，应采取封闭措施。

12.4.4 采用镀锌防腐时，室内钢构件表面双面镀锌量不应小于 275g/m^2；室外钢构件表面双面镀锌量不应小于 400g/m^2。

12.4.5 不同金属材料接触的部位，应采取避免接触腐蚀的隔离措施。

13 制 作

13.1 一 般 规 定

13.1.1 钢材抽样复验、焊接材料检查验收、钢结构的制作应按现行国家标准《钢结构工程施工质量验收规范》GB 50205 和《钢结构工程施工规范》GB 50755 的规定执行。

13.1.2 钢结构所采用的钢材、辅材、连接和涂装材料应具有质量证明书，并应符合设计文件和国家现行有关标准的规定。

13.1.3 钢构件在制作前，应根据设计文件、施工详图的要求和制作单位的技术条件编制加工工艺文件，制定合理的工艺流程和建立质量保证体系。

13.2 钢构件加工

13.2.1 材料放样、号料、切割、标注时应根据设计和工艺要求进行。

13.2.2 焊条、焊丝等焊接材料应根据材质、种类、规格分类堆放在干燥的焊材储藏室，保持完好整洁。

13.2.3 焊接 H 型截面构件时，翼缘和腹板以及端板必须校正平直。焊接变形过大的构件，可采用冷作或局部加热方式矫正。

13.2.4 过焊孔宜用锁口机加工，也可采用划线切割，其切割面的平面度、割纹深度及局部缺口深度均应符合现行国家标准《钢结构工程施工质量验收规范》GB 50205 的规定。

13.2.5 较厚钢板上数量较多的相同孔组宜采用钻模的方式制孔，较薄钢板和冷弯薄壁型钢构件宜采用冲孔的方式制孔。冷弯薄壁型钢构件上两孔中心间距不得小于 80mm。

13.2.6 冷弯薄壁型钢的切割面和剪切面应无裂纹、锯齿和大于 5mm 的非设计缺角。冷弯薄壁型钢切割允许偏差应为±2mm。

13.3 构件外形尺寸

13.3.1 钢构件外观要求无明显弯曲变形，翼缘板、端部边缘平直。翼缘表面和腹板表面不应有明显的凹凸面、损伤和划痕，以及焊瘤、油污、泥砂、毛刺等。

13.3.2 单层钢柱外形尺寸的偏差不应大于表 13.3.2 规定的允许偏差。

表 13.3.2　单层钢柱外形尺寸允许偏差

序号	项　目	允许偏差（mm）	图　例
1	柱底面到柱端与斜梁连接的最上一个安装孔的距离（H_2）	$\pm H_2/1500$ ± 5.0	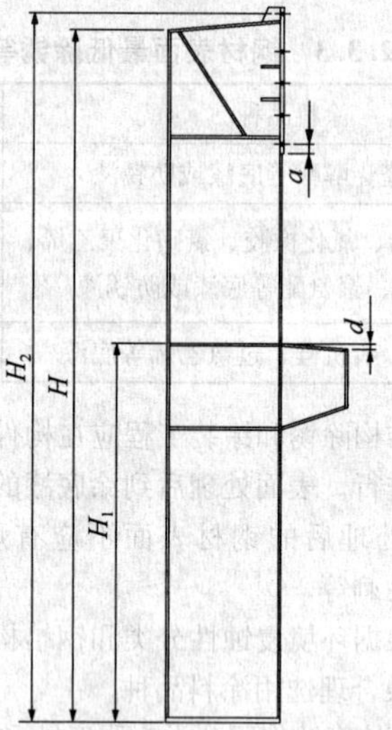a d H_2 H H_1
2	柱底面到牛腿支承面距离（H_1）	$\pm H_1/2000$ ± 4.0	
3	受力托板表面到第一个安装孔的距离（a）	± 1.0	
4	牛腿面的翘曲（d）	2.0	
5	柱身扭转：牛腿处 其他处	3.0 5.0	
6	柱截面的宽度和高度	+3.0 −2.0	
7	柱身弯曲矢高（f）	$H/1000$ 9.0	
8	翼缘板对腹板的垂直度（d）： 连接处 其他处	 1.5 $b/100$ 3.0	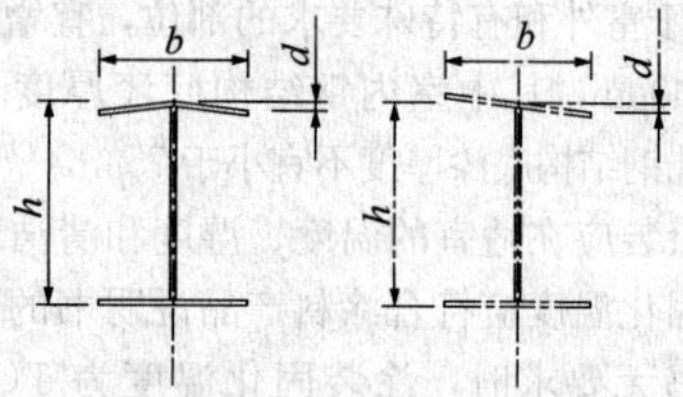b d h b d h
9	柱脚底板平面度	3.0	
10	柱脚螺栓孔中心对柱轴线的距离（a）	2.0	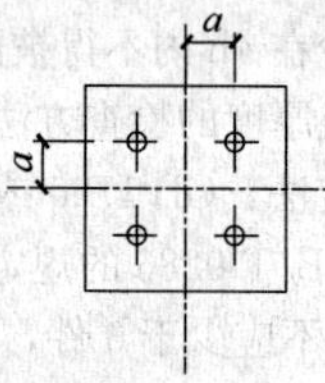a a

13.3.3　焊接实腹梁外形尺寸的偏差不应大于表 13.3.3 规定的允许偏差。

表 13.3.3　焊接实腹梁外形尺寸的允许偏差

序号	项　目	允许偏差（mm）	图　例
1	端板上靠近梁中心线第一个螺栓孔距离（a）	± 1.0	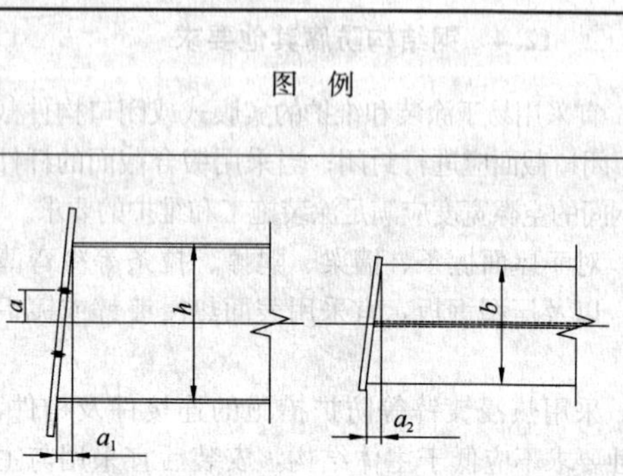a h a_1 b a_2
2	端板与翼缘板倾斜度（a_1，a_2） $h \leqslant 300$；$b \leqslant 200$ $h > 300$；$b > 200$	 ± 1.0 ± 1.5	

续表 13.3.3

序号	项　目	允许偏差（mm）	图　例
3	梁上下翼缘中点偏离梁中心线（a_1，a_2）	±3.0	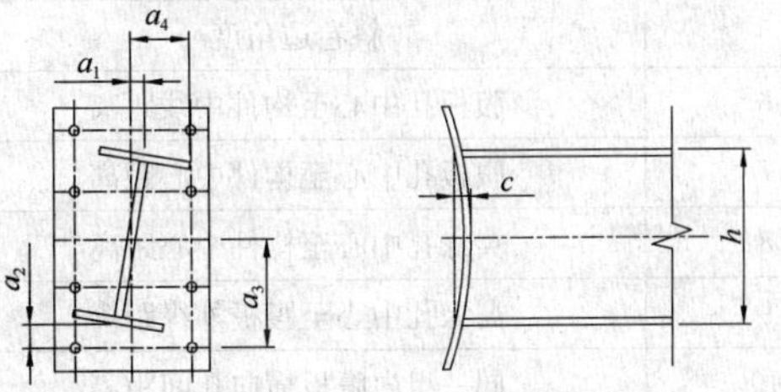a4 a1 c h a2 a3
4	端板外角孔中心到梁中心距离（a_3，a_4）	±1.5	
5	端板内凹弯曲度（c）	$h/300$	
6	翼缘板倾斜度（d） 连接处： 其他处：	 2.0 3.0	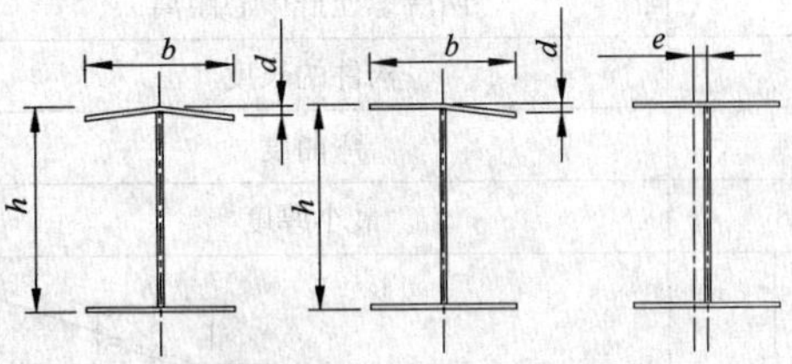b d h b d h e
7	梁截面的宽度和高度	+3.0， −2.0	
8	腹板偏离翼缘中心线（e）	2.0	
9	腹板局部不平直度（f） 且：板厚(mm) 6～10 10～12 ≥14	$h/100$ 5.0 4.0 3.0	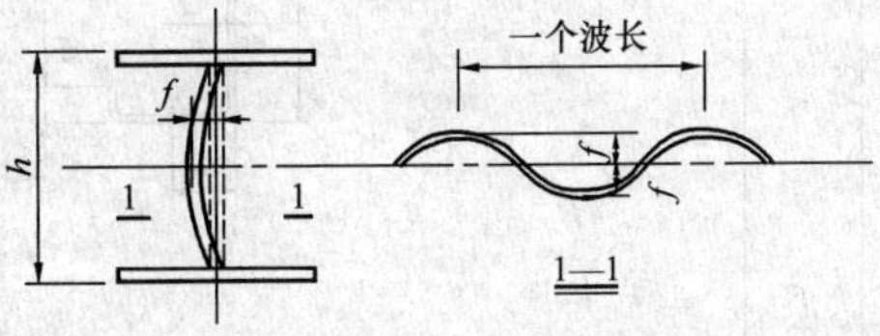f h 1 1 一个波长 f f 1—1
10	侧弯及拱弯（c_1，c_2） L≤9m L>9m	 6.0 9.0	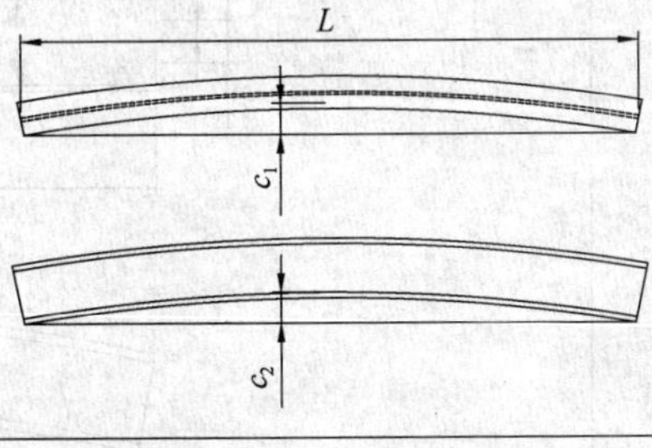L c1 c2
11	梁的长度（L）	±L/2000 ±10.0	
12	扭曲	$h/250$ 10.0	

13.3.4 檩条和墙梁外形尺寸的偏差不应大于表 13.3.4 规定的允许偏差。

表 13.3.4　檩条和墙梁外形尺寸的允许偏差

序号	项目	符号	允许偏差（mm）
1	截面高度	h	±3
2	翼缘宽度	b	+5 −2
3	斜卷边或直角卷边长度	a_1	+6 −3

续表 13.3.4

序号	项目	符号	允许偏差（mm）
4	翼缘不平整	θ_1	±3°
5	斜卷边角度	θ_2	±5°
6	腹板孔中心至构件中线距离	a_2	±1.0
7	腹板孔中心至构件中心距离	a_3	±1.5
8	翼缘孔中心至构件中心距离	a_4	±3
9	翼缘孔中心至腹板外缘距离	a_5	±3
10	同一组内腹板横向孔间距离	s_1	±1.5
11	同一组内腹板纵向孔间距离	s_2	±1.5
12	两端螺栓群中心距离	s_3	±3
13	构件的长度	L	≤9m 时±3，>9m 时±4
14	弯曲度	c	≤L/500
15	最小厚度	t	按所用钢带的现行国家标准执行
16	示意图	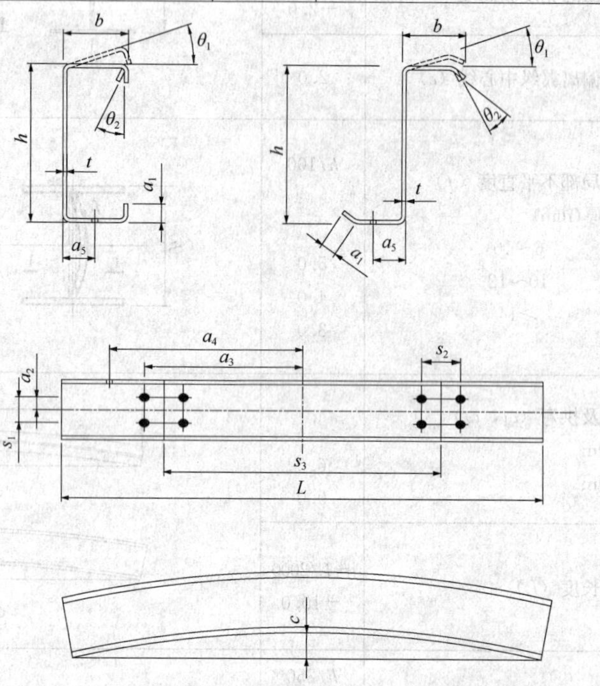b θ1 θ2 h t a1 a5 a4 a3 a2 s1 s2 s3 L c	

13.3.5 压型金属板的偏差不应大于表 13.3.5 规定的允许偏差。

表 13.3.5 压型金属板允许偏差

项目			允许偏差（mm）
波距			±2.0
波高	压型板	h≤70	±1.5
		h>70	±2
覆盖宽度	波纹压型板	h≤70	−3，+9
		h>70	−2，+6
	卷边锁缝压型板	h≤70	−2，+6
		h>70	−3，+9

续表 13.3.5

项目		允许偏差（mm）
板长		−3，+6
板横向剪断偏差		5
板端横向切断变形		10
折弯面夹角	边缘折弯面夹角	±2°
	其他折弯面夹角	±3°
边线及板肋侧弯		≤L/500
板平整区和自由边不平直度（0.1m 长度范围内偏离板边中心线）		2
最小厚度		按所用材料的现行国家标准执行

注：L 为板的长度；h 为板断面高度（mm）。

13.3.6 金属泛水和收边件的几何尺寸偏差不应大于表13.3.6规定的允许偏差。

表 13.3.6 金属泛水和收边件加工允许偏差

检查项目	允许偏差（mm）
长度	±6
横向剪断偏差	5
截面尺寸	±3
角度	±3°
最小厚度	按所用材料的现行国家标准执行

13.4 构 件 焊 缝

13.4.1 钢结构构件的各种连接焊缝，应根据产品加工图样要求的焊缝质量等级选择相应的焊接工艺进行施焊，在产品加工时，同一断面上拼板焊缝间距不宜小于200mm。

13.4.2 焊接作业环境应符合现行国家标准《钢结构焊接规范》GB 50661的有关规定。

13.4.3 焊缝无损探伤应按国家现行标准《焊缝无损检测 超声检测 技术、检测等级和评定》GB/T 11345和《钢结构超声波探伤及质量分级法》JG/T 203的规定进行探伤。焊缝质量等级和探伤比例应符合表13.4.3的规定。

表 13.4.3 焊缝质量等级

焊缝质量等级		一级	二级	三级
内部缺陷超声波探伤	评定等级	Ⅱ	Ⅲ	—
	检验等级	B级	B级	—
	探伤比例	100%	20%	—

注：探伤比例的计数方法：对同一类型的焊缝，工厂制作焊缝按每条焊缝计算百分比；现场安装焊缝按每一接头焊缝累计长度计算百分比；当探伤长度不小于200mm时，不应少于一条焊缝。

13.4.4 经探伤检验不合格的焊缝，除应将不合格部位的焊缝返修外，尚应加倍进行复检；当复检仍不合格时，应将该焊缝进行100%探伤检查。

14 运输、安装与验收

14.1 一 般 规 定

14.1.1 钢结构的运输与安装应按施工组织设计进行，运输与安装程序必须保证结构的稳定性和不导致永久性变形。

14.1.2 钢构件安装前，应对构件的外形尺寸，螺栓孔位置及直径、连接件位置、焊缝、摩擦面处理、防腐涂层等进行详细检查，对构件的变形、缺陷，应在地面进行矫正、修复，合格后方可安装。

14.1.3 钢结构安装过程中，现场进行制孔、焊接、组装、涂装等工序的施工应符合现行国家标准《钢结构工程施工质量验收规范》GB 50205的有关规定。

14.1.4 钢结构构件在运输、存放、吊装过程损坏的涂层，应先补涂底漆，再补涂面漆。

14.1.5 钢构件在吊装前应清除表面上的油污、冰雪、泥沙和灰尘等杂物。

14.2 安装与校正

14.2.1 钢结构安装前应对房屋的定位轴线，基础轴线和标高，地脚螺栓位置进行检查，并应进行基础复测和与基础施工方办理交接验收。

14.2.2 刚架柱脚的锚栓应采用可靠方法定位，房屋的平面尺寸除应测量直角边长外，尚应测量对角线长度。在钢结构安装前，均应校对锚栓的空间位置，确保基础顶面的平面尺寸和标高符合设计要求。

14.2.3 基础顶面直接作为柱的支承面和基础顶面预埋钢板或支座作为柱的支承面时，支承面、地脚螺栓（锚栓）的偏差不应大于表14.2.3规定的允许偏差。

表 14.2.3 支承面、地脚螺栓（锚栓）的允许偏差

项目		允许偏差（mm）
支承面	标高	±3.0
	水平度	$L/1000$
地脚螺栓	螺栓中心偏差	5.0
	螺栓露出长度	+20.0 0
	螺纹长度	+20.0 0
预留孔中心偏差		10.0

注：L 为柱脚底板的最大平面尺寸。

14.2.4 柱基础二次浇筑的预留空间，当柱脚铰接时不宜大于50mm，柱脚刚接时不宜大于100mm。柱脚安装时柱标高精度控制，可采用在底板下的地脚螺栓上加调整螺母的方法进行（图14.2.4）。

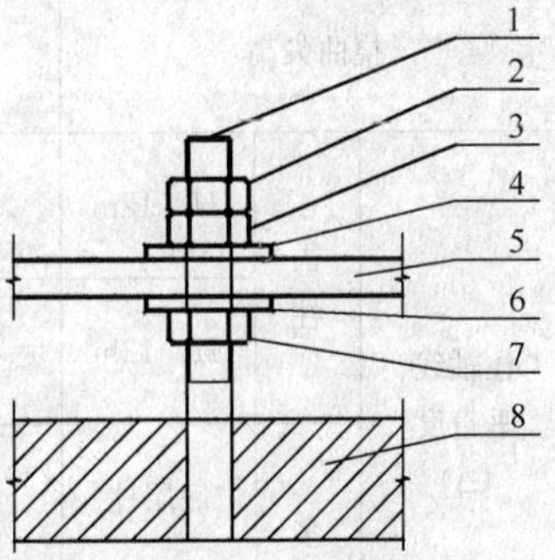

1
2
3
4
5
6
7
8

图 14.2.4 柱脚的安装

1—地脚螺栓；2—止退螺母；3—紧固螺母；4—螺母垫板；5—钢柱底板；6—底部螺母垫板；7—调整螺母；8—钢筋混凝土基础

14.2.5 门式刚架轻型房屋钢结构在安装过程中，应根据设计和施工工况要求，采取措施保证结构整体稳固性。

14.2.6 主构件的安装应符合下列规定：

1 安装顺序宜先从靠近山墙的有柱间支撑的两端刚架开始。在刚架安装完毕后应将其间的檩条、支撑、隅撑等全部装好，并检查其垂直度。以这两榀刚架为起点，向房屋另一端顺序安装。

2 刚架安装宜先立柱子，将在地面组装好的斜梁吊装就位，并与柱连接。

3 钢结构安装在形成空间刚度单元并校正完毕后，应及时对柱底板和基础顶面的空隙采用细石混凝土二次浇筑。

4 对跨度大、侧向刚度小的构件，在安装前要确定构件重心，应选择合理的吊点位置和吊具，对重要的构件和细长构件应进行吊装前的稳定性验算，并根据验算结果进行临时加固，构件安装过程中宜采取必要的牵拉、支撑、临时连接等措施。

5 在安装过程中，应减少高空安装工作量。在起重设备能力允许的条件下，宜在地面组拼成扩大安装单元，对受力大的部位宜进行必要的固定，可增加铁扁担、滑轮组等辅助手段，应避免盲目冒险吊装。

6 对大型构件的吊点应进行安装验算，使各部位产生的内力小于构件的承载力，不至于产生永久变形。

14.2.7 钢结构安装的校正应符合下列规定：

1 钢结构安装的测量和校正，应事前根据工程特点编制测量工艺和校正方案。

2 刚架柱、梁、支撑等主要构件安装就位后，应立即校正。校正后，应立即进行永久性固定。

14.2.8 有可靠依据时，可利用已安装完成的钢结构吊装其他构件和设备。操作前应采取相应的保证措施。

14.2.9 设计要求顶紧的节点，接触面应有70%的面紧贴，用0.3mm厚塞尺检查，可插入的面积之和不得大于顶紧节点总面积的30%，边缘最大间隙不应大于0.8mm。

14.2.10 刚架柱安装的偏差不应大于表14.2.10规定的允许偏差。

表14.2.10 刚架柱安装的允许偏差

序号	项目			允许偏差（mm）	图示
1	柱脚底座中心线对定位轴线的偏移（Δ）			5.0	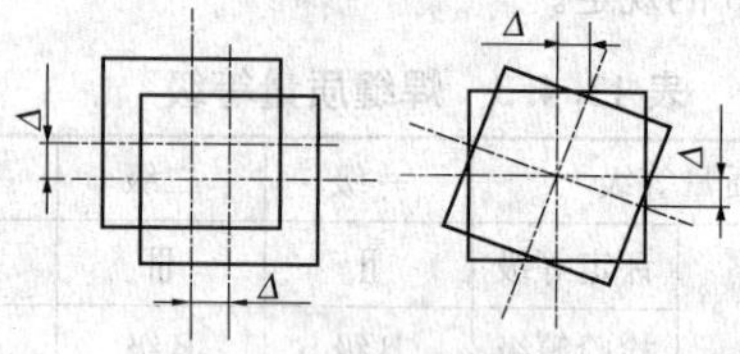Δ Δ Δ Δ
2	柱基准点标高	有吊车梁的柱		+3.0 −5.0	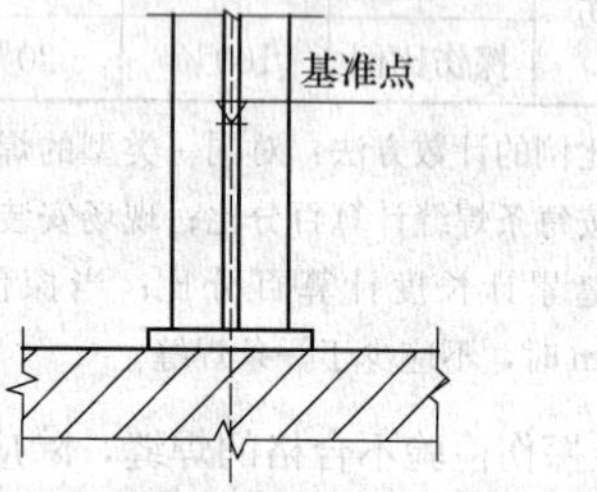基准点
3	柱基准点标高	无吊车梁的柱		+5.0 −8.0	
4	挠曲矢高			H/1000 10.0	
5	柱轴线垂直度（Δ）	单层柱	H≤12m	10.0	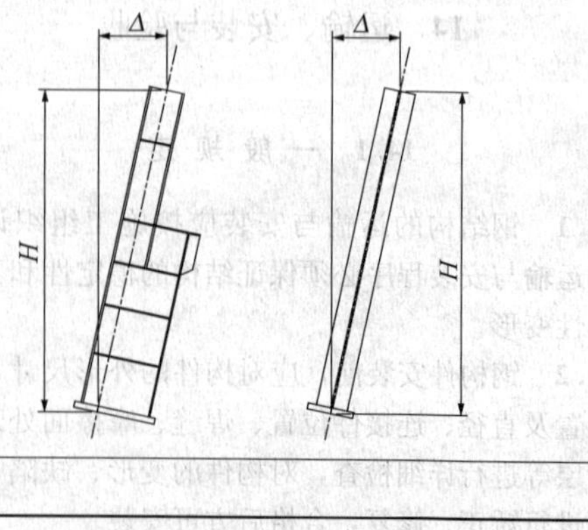Δ H Δ H
6	柱轴线垂直度（Δ）	单层柱	H>12m	H/1000 20.0	
7	柱轴线垂直度（Δ）	多层柱	底层柱	10.0	
8	柱轴线垂直度（Δ）	多层柱	柱全高	20.0	
9	柱顶标高（Δ）			≤±10.0	

14.2.11 刚架斜梁安装的偏差不应大于表 14.2.11 规定的允许偏差。

表 14.2.11 刚架斜梁安装的允许偏差

项目		允许偏差（mm）
梁跨中垂直度		$H/500$
梁翘曲	侧向	$L/1000$
	垂直方向	+10.0，−5.0
相邻梁接头部位	中心错位	3.0
	顶面高差	2.0
相邻梁顶面高差	支承处	1.0
	其他处	$L/500$

注：H 为梁跨中断面高度，L 为相邻梁跨度的最大值。

14.2.12 吊车梁安装的偏差不应大于表 14.2.12 规定的允许偏差。

表 14.2.12 吊车梁安装的允许偏差

序号	项目	允许偏差（mm）	图例
1	梁的跨中垂直度（Δ）	$h/500$	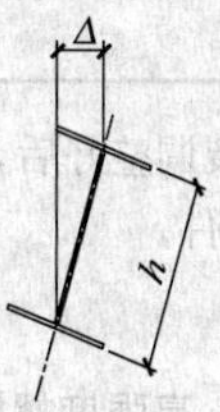Δ h
2	侧向弯曲失高	$L/1500$ 10.0	
3	垂直上拱矢高	10.0	
4	两端支座中心位移（Δ）：安装在钢柱上时，对牛腿中心的偏移	5.0	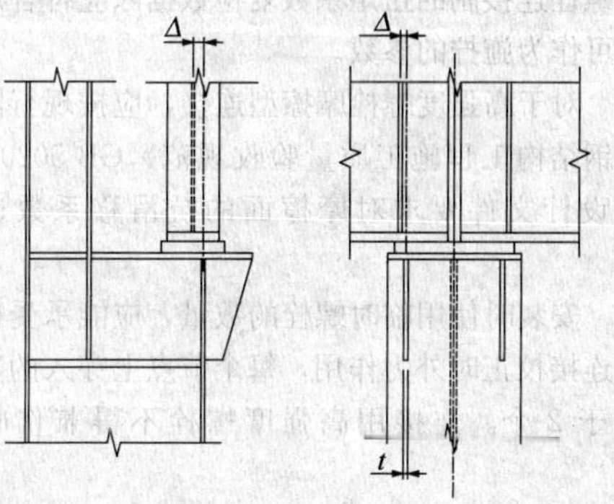Δ Δ t
5	吊车梁支座加劲板中心与柱子承压加劲板中心的偏移（Δ）	$t/2$	
6	同一跨间内同一横截面吊车梁顶面高差（Δ）： 支座处 其他处	 10.0 15.0	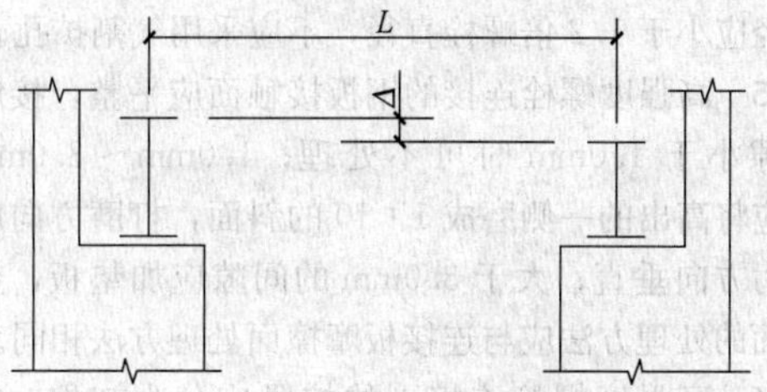L Δ
7	同一跨间任一横截面的吊车梁中心跨距（L）	±10.0	

续表 14.2.12

序号	项 目	允许偏差(mm)	图 例
8	同一列相邻两柱间吊车梁顶面高差（Δ）	L/1500 10.0	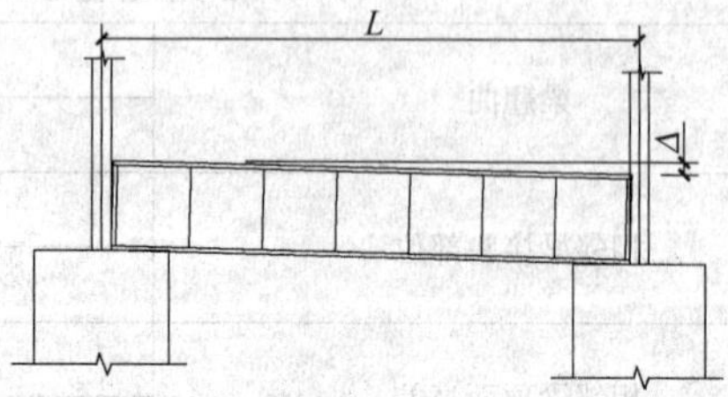
9	相邻两吊车梁接头部位错位（Δ）： 中心错位 顶面高差	 2.0 1.0	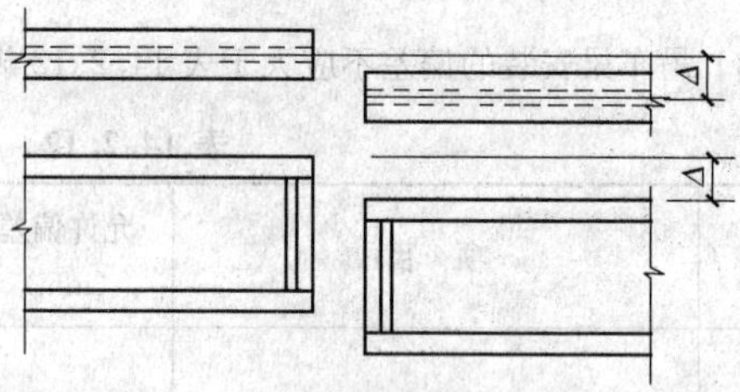

14.2.13 主钢结构安装调整好后，应张紧柱间支撑、屋面支撑等受拉支撑构件。

14.3 高强度螺栓

14.3.1 对进入现场的高强度螺栓连接副应进行复检，复检的数据应符合现行国家标准《钢结构工程施工质量验收规范》GB 50205 的规定，对于大六角头高强度螺栓连接副的扭矩系数复检数据除应符合规定外，尚可作为施拧的参数。

14.3.2 对于高强度螺栓摩擦型连接，应按现行国家标准《钢结构工程施工质量验收规范》GB 50205 的规定和设计文件要求对摩擦面的抗滑移系数进行测试。

14.3.3 安装时使用临时螺栓的数量，应能承受构件自重和连接校正时外力作用，每个节点上穿入的数量不宜少于 2 个。连接用高强度螺栓不得兼作临时螺栓。

14.3.4 高强度螺栓的安装严禁强行敲打入孔，扩孔可采用合适的铰刀及专用扩孔工具进行，修正后的最大孔径应小于 1.2 倍螺栓直径，不应采用气割扩孔。

14.3.5 高强度螺栓连接的钢板接触面应平整，接触面间隙小于 1.0mm 时可不处理；1.0mm～3.0mm 时，应将高出的一侧磨成 1∶10 的斜面，打磨方向应与受力方向垂直；大于 3.0mm 的间隙应加垫板，垫板两面的处理方法应与连接板摩擦面处理方法相同。

14.3.6 高强度螺栓连接副的拧紧应分为初拧、复拧、终拧，宜按由螺栓群节点中心位置顺序向外缘拧紧的方法施拧，初拧、复拧、终拧应在 24h 内完成。

14.3.7 大六角头高强度螺栓施工扭矩的验收，可先在螺杆和螺母的侧面划一直线，然后将螺母拧松约 60°，再用扭矩扳手重新拧紧，使端线重合，此时测得的扭矩应在施工前测得扭矩 ±10% 范围内方为合格。

14.3.8 每个节点扭矩抽检螺栓连接副数应为 10%，且不应少于一个螺栓连接副。抽验不符合要求的，应重新抽样 10% 检查，当仍不合格，欠拧、漏拧的应补拧，超拧的应更换螺栓。扭矩检查应在施工 1h 后，24h 内完成。

14.4 焊接及其他紧固件

14.4.1 安装定位焊接应符合下列规定：

1 现场焊接应由具有焊接合格证的焊工操作，严禁无合格证者施焊；

2 采用的焊接材料型号应与焊件材质相匹配；

3 焊缝厚度不应超过设计焊缝高度的 2/3，且不应大于 8mm；

4 焊缝长度不宜小于 25mm。

14.4.2 普通螺栓连接应符合下列规定：

1 每个螺栓一端不得垫两个以上垫圈，不得用大螺母代替垫圈；

2 螺栓拧紧后，尾部外露螺纹不得少于 2 个螺距；

3 螺栓孔不应采用气割扩孔。

14.4.3 当构件的连接为焊接和高强度螺栓混用的连接方式时，应按先栓接后焊接的顺序施工。

14.4.4 自钻自攻螺钉、拉铆钉、射钉等与连接钢板应紧固密贴，外观排列整齐。其规格尺寸应与被连接钢板相匹配，其间距、边距等应符合设计要求。

14.4.5 射钉、拉铆钉、地脚锚栓应根据制造厂商的相关技术文件和设计要求进行工程质量验收。

14.5 檩条和墙梁的安装

14.5.1 根据安装单元的划分，主构件安装完毕后应立即进行檩条、墙梁等次构件的安装。

14.5.2 除最初安装的两榀刚架外，其余刚架间檩条、墙梁和檐檩等的螺栓均应在校准后再拧紧。

14.5.3 檩条和墙梁安装时，应及时设置撑杆或拉条并拉紧，但不应将檩条和墙梁拉弯。

14.5.4 檩条和墙梁等冷弯薄壁型钢构件吊装时应采取适当措施，防止产生永久变形，并应垫好绳扣与构件的接触部位。

14.5.5 不得利用已安装就位的檩条和墙梁构件起吊其他重物。

14.6 围护系统安装

14.6.1 在安装墙板和屋面板时，墙梁和檩条应保持平直。

14.6.2 隔热材料应平整铺设，两端应固定到结构主体上，采用单面隔汽层时，隔汽层应置于建筑物的内侧。隔汽层的纵向和横向搭接处应粘接或缝合。位于端部的毡材应利用隔汽层反折封闭。当隔汽层材料不能承担隔热材料自重时，应在隔汽层下铺设支承网。

14.6.3 固定式屋面板与檩条连接及墙板与墙梁连接时，螺钉中心距不宜大于300mm。房屋端部与屋面板端头连接，螺钉的间距宜加密。屋面板侧边搭接处钉距可适当放大，墙板侧边搭接处钉距可比屋面板侧边搭接处进一步加大。

14.6.4 在屋面板的纵横方向搭接处，应连续设置密封胶条。檐口处的搭接边除设置胶条外，尚应设置与屋面板剖面形状相同的堵头。

14.6.5 在角部、屋脊、檐口、屋面板孔口或突出物周围，应设置具有良好密封性能和外观的泛水板或包边板。

14.6.6 安装压型钢板屋面时，应采取有效措施将施工荷载分布至较大面积，防止因施工集中荷载造成屋面板局部压屈。

14.6.7 在屋面上施工时，应采用安全绳等安全措施，必要时应采用安全网。

14.6.8 压型钢板铺设要注意常年风向，板肋搭接应与常年风向相背。

14.6.9 每安装5块～6块压型钢板，应检查板两端的平整度，当有误差时，应及时调整。

14.6.10 压型钢板安装的偏差不应大于表14.6.10规定的允许偏差。

表 14.6.10 压型钢板安装的允许偏差

项　目	允许偏差（mm）
在梁上压型钢板相邻列的错位	10.0
檐口处相邻两块压型钢板端部的错位	5.0
压型钢板波纹线对屋脊的垂直度	$L/1000$
墙面板波纹线的垂直度	$H/1000$
墙面包角板的垂直度	$H/1000$
墙面相邻两块压型钢板下端的错位	5.0

注：H 为房屋高度；L 为压型钢板长度。

14.7 验　收

14.7.1 根据现行国家标准《建筑工程施工质量验收统一标准》GB 50300 的规定，钢结构应按分部工程竣工验收，大型钢结构工程可划分成若干个子分部工程进行竣工验收。

14.7.2 钢结构分部工程合格质量标准应符合下列规定：

1 各分项工程质量均应符合合格质量标准；

2 质量控制资料和文件应完整；

3 各项检验应符合现行国家标准《钢结构工程施工质量验收规范》GB 50205 的规定。

14.7.3 钢结构分部工程竣工验收时，应提供下列文件和记录：

1 钢结构工程竣工图纸及相关设计文件；

2 施工现场质量管理检查记录；

3 有关安全及功能的检验和见证检测项目检查记录；

4 有关观感质量检验项目检查记录；

5 分部工程所含各分项工程质量验收记录；

6 分项工程所含各检验批质量验收记录；

7 强制性条文检验项目检查记录及证明文件；

8 隐蔽工程检验项目检查验收记录；

9 原材料、成品质量合格证明文件、中文标志及性能检测报告；

10 不合格项的处理记录及验收记录；

11 重大质量、技术问题实施方案及验收记录；

12 其他有关文件和记录。

14.7.4 钢结构工程质量验收记录应符合下列规定：

1 施工现场质量管理检查记录应按现行国家标准《建筑工程施工质量验收统一标准》GB 50300 的有关规定执行；

2 分项工程验收记录应按现行国家标准《建筑工程施工质量验收统一标准》GB 50300 的有关规定执行；

3 分项工程验收批验收记录应按现行国家标准《钢结构工程施工质量验收规范》GB 50205 的有关规定执行；

4　分部（子分部）工程验收记录应按现行国家标准《建筑工程施工质量验收统一标准》GB 50300的有关规定执行。

附录A　刚架柱的计算长度

A.0.1　小端铰接的变截面门式刚架柱有侧移弹性屈曲临界荷载及计算长度系数可按下列公式计算：

$$N_{cr}=\frac{\pi^2 EI_1}{(\mu H)^2} \quad (A.0.1\text{-}1)$$

$$\mu=2\left(\frac{I_1}{I_0}\right)^{0.145}\sqrt{1+\frac{0.38}{K}} \quad (A.0.1\text{-}2)$$

$$K=\frac{K_z}{6i_{c1}}\left(\frac{I_1}{I_0}\right)^{0.29} \quad (A.0.1\text{-}3)$$

式中：μ——变截面柱换算成以大端截面为准的等截面柱的计算长度系数；

I_0——立柱小端截面的惯性矩（mm^4）；

I_1——立柱大端截面惯性矩（mm^4）；

H——楔形变截面柱的高度（mm）；

K_z——梁对柱子的转动约束（N·mm）；

i_{c1}——柱的线刚度（N·mm），$i_{c1}=EI_1/H$。

A.0.2　确定刚架梁对刚架柱的转动约束，应符合下列规定：

1　在梁的两端都与柱子刚接时，假设梁的变形形式使得反弯点出现在梁的跨中，取出半跨梁，远端铰支，在近端施加弯矩（M），求出近端的转角（θ），应由下式计算转动约束：

$$K_z=\frac{M}{\theta} \quad (A.0.2)$$

2　当刚架梁远端简支，或刚架梁的远端是摇摆柱时，本规范第A.0.3条中的s应为全跨的梁长；

3　刚架梁近端与柱子简支，转动约束应为0。

A.0.3　楔形变截面梁对刚架柱的转动约束，应按刚架梁变截面情况分别按下列公式计算：

1　刚架梁为一段变截面（图A.0.3-1）：

$$K_z=3i_1\left(\frac{I_0}{I_1}\right)^{0.2} \quad (A.0.3\text{-}1)$$

$$i_1=\frac{EI_1}{s} \quad (A.0.3\text{-}2)$$

式中：I_0——变截面梁跨中小端截面的惯性矩（mm^4）；

I_1——变截面梁檐口大端截面的惯性矩（mm^4）；

s——变截面梁的斜长（mm）。

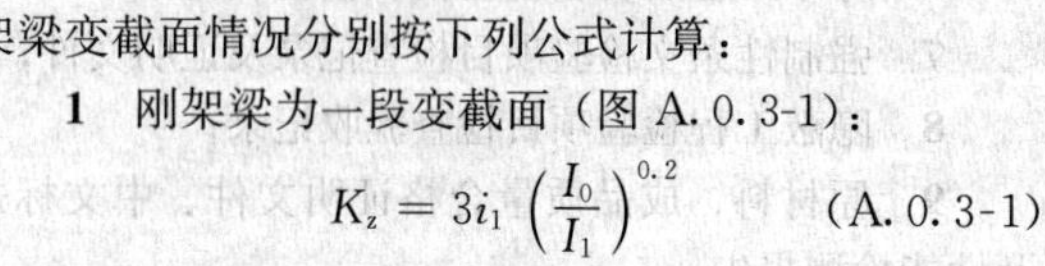
S
I1
I0
H
M
θ
S
I1
I0

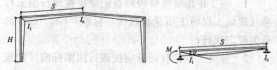

图A.0.3-1　刚架梁为一段变截面及其转动刚度计算模型

2　刚架梁为二段变截面（图A.0.3-2）：

$$\frac{1}{K_z}=\frac{1}{K_{11,1}}+\frac{2s_2}{s}\frac{1}{K_{12,1}}+\left(\frac{s_2}{s}\right)^2\frac{1}{K_{22,1}}+\left(\frac{s_2}{s}\right)^2\frac{1}{K_{22,2}} \quad (A.0.3\text{-}3)$$

$$K_{11,1}=3i_{11}R_1^{0.2} \quad (A.0.3\text{-}4)$$

$$K_{12,1}=6i_{11}R_1^{0.44} \quad (A.0.3\text{-}5)$$

$$K_{22,1}=3i_{11}R_1^{0.712} \quad (A.0.3\text{-}6)$$

$$K_{22,2}=3i_{21}R_2^{0.712} \quad (A.0.3\text{-}7)$$

$$R_1=\frac{I_{10}}{I_{11}} \quad (A.0.3\text{-}8)$$

$$R_2=\frac{I_{20}}{I_{21}} \quad (A.0.3\text{-}9)$$

$$i_{11}=\frac{EI_{11}}{s_1} \quad (A.0.3\text{-}10)$$

$$i_{21}=\frac{EI_{21}}{s_2} \quad (A.0.3\text{-}11)$$

$$s=s_1+s_2 \quad (A.0.3\text{-}12)$$

式中：R_1——与立柱相连的第1变截面梁段，远端截面惯性矩与近端截面惯性矩之比；

R_2——第2变截面梁段，近端截面惯性矩与远端截面惯性矩之比；

s_1——与立柱相连的第1段变截面梁的斜长（mm）；

s_2——第2段变截面梁的斜长（mm）；

s——变截面梁的斜长（mm）；

i_{11}——以大端截面惯性矩计算的线刚度（N·mm）；

i_{21}——以第2段远端截面惯性矩计算的线刚度（N·mm）；

I_{10}、I_{11}、I_{20}、I_{21}——变截面梁惯性矩（mm^4）（图A.0.3-2）。

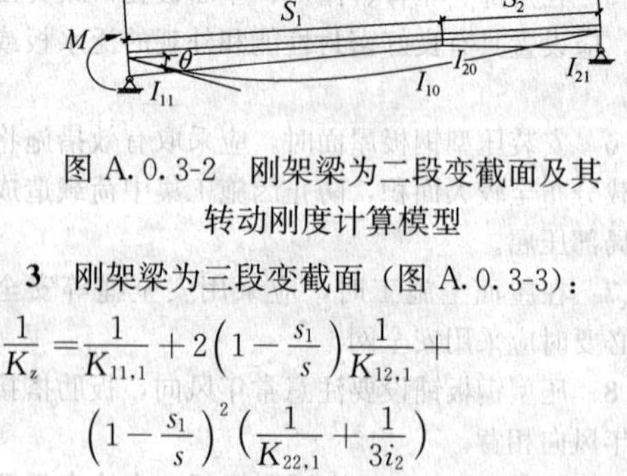
S
S1
S2
I10
I20
I21
I11
H
S
S1
S2
M
θ
I20
I21
I11
I10

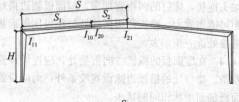

图A.0.3-2　刚架梁为二段变截面及其转动刚度计算模型

3　刚架梁为三段变截面（图A.0.3-3）：

$$\frac{1}{K_z}=\frac{1}{K_{11,1}}+2\left(1-\frac{s_1}{s}\right)\frac{1}{K_{12,1}}+\left(1-\frac{s_1}{s}\right)^2\left(\frac{1}{K_{22,1}}+\frac{1}{3i_2}\right)+\frac{2s_3(s_2+s_3)}{s^2}\frac{1}{6i_2}+\left(\frac{s_3}{s}\right)^2\left(\frac{1}{3i_2}+\frac{1}{K_{22,3}}\right)$$

(A.0.3-13)

$$K_{11,1}=3i_{11}R_1^{0.2} \quad (A.0.3\text{-}14)$$

$$K_{12,1} = 6i_{11}R_1^{0.44} \quad (A.0.3\text{-}15)$$

$$K_{22,1} = 3i_{11}R_1^{0.712} \quad (A.0.3\text{-}16)$$

$$K_{22,3} = 3i_{31}R_3^{0.712} \quad (A.0.3\text{-}17)$$

$$R_1 = \frac{I_{10}}{I_{11}}, R_3 = \frac{I_{30}}{I_{31}} \quad (A.0.3\text{-}18)$$

$$i_{11} = \frac{EI_{11}}{s_1}, i_2 = \frac{EI_2}{s_2}, i_{31} = \frac{EI_{31}}{s_3} \quad (A.0.3\text{-}19)$$

式中：I_{10}、I_{11}、I_2、I_{30}、I_{31}——变截面梁惯性矩（mm^4）（图 A.0.3-3）。

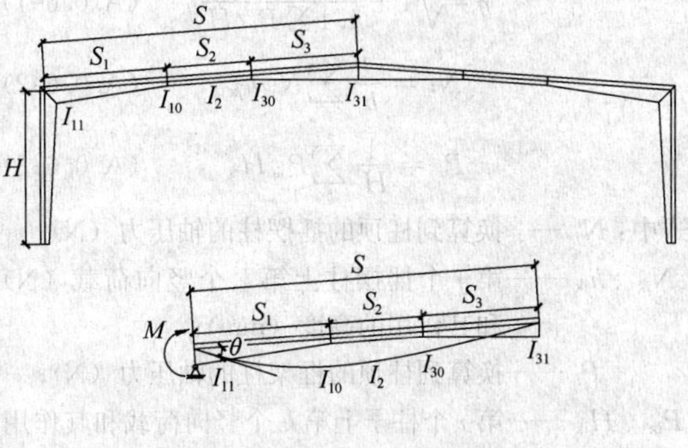
S
S1
S2
S3
I11
I10
I2
I30
I31
H
M
θ

图 A.0.3-3　刚架梁为三段变截面及其转动刚度计算模型

A.0.4　当为阶形柱或两段柱子时，下柱和上柱的计算长度应按下列公式确定：

下柱计算长度系数

$$\mu_1 = \sqrt{\gamma} \cdot \mu_2 \quad (A.0.4\text{-}1)$$

上柱计算长度系数

$$\mu_2 = \sqrt{\frac{6K_1K_2 + 4(K_1 + K_2) + 1.52}{6K_1K_2 + K_1 + K_2}} \quad (A.0.4\text{-}2)$$

$$K_2 = \frac{K_{z2}}{6i_{c2}} \quad (A.0.4\text{-}3)$$

$$K_1 = \frac{K_{z1}}{6i_{c2}} + \frac{b + \sqrt{b^2 - 4ac}}{12a} \quad (A.0.4\text{-}4)$$

$$a = (a_1b_1\gamma - a_2b_2)i_{c2}^2 \quad (A.0.4\text{-}5)$$

$$b = (K_{z0}i_{c1}\gamma b_1 - \gamma c_2a_1 - i_{c1}a_3b_2 + c_1a_2)i_{c1} \quad (A.0.4\text{-}6)$$

$$c = i_{c1}(c_1a_3 - K_{z0}c_2\gamma) \quad (A.0.4\text{-}7)$$

$$a_1 = K_{z0} + i_{c1} \quad (A.0.4\text{-}8)$$

$$a_2 = K_{z0} + 4i_{c1} \quad (A.0.4\text{-}9)$$

$$a_3 = 4K_{z0} + 9.12i_{c1} \quad (A.0.4\text{-}10)$$

$$b_1 = K_{z2} + 4i_{c2} \quad (A.0.4\text{-}11)$$

$$b_2 = K_{z2} + i_{c2} \quad (A.0.4\text{-}12)$$

$$c_1 = K_{z1}K_{z2} + (K_{z1} + K_{z2})i_{c2} \quad (A.0.4\text{-}13)$$

$$c_2 = K_{z1}K_{z2} + 4(K_{z1} + K_{z2})i_{c2} + 9.12i_{c2}^2 \quad (A.0.4\text{-}14)$$

$$\gamma = \frac{N_2H_2}{N_1H_1}\frac{i_{c1}}{i_{c2}} \quad (A.0.4\text{-}15)$$

$$i_{c1} = \frac{EI_{11}}{H_1}\left(\frac{I_{10}}{I_{11}}\right)^{0.29} \quad (A.0.4\text{-}16)$$

$$i_{c2} = \frac{EI_2}{H_2} \quad (A.0.4\text{-}17)$$

式中：　K_{z0}——柱脚对柱子提供的转动约束（N·mm）；柱脚铰支时，$K_{z0} = 0.5i_{c1}$；柱脚固定时，$K_{z0} = 50i_{c1}$；

K_{z1}——中间梁（低跨屋面梁，夹层梁）对柱子提供的转动约束（N·mm），按本规范第 A.0.3 条确定；

K_{z2}——屋面梁对上柱柱顶的转动约束（N·mm），按本规范第 A.0.3 条确定；

i_{c1}——下柱为变截面时，下柱线刚度（N·mm）；

i_{c2}——上柱线刚度（N·mm）；

I_1、I_2、I_{10}、I_{11}——柱子的惯性矩（mm^4）（图 A.0.4）；

N_1、N_2——分别为下柱和上柱的轴力（N）；

H_1、H_2——分别为下柱和上柱的高度（mm）。

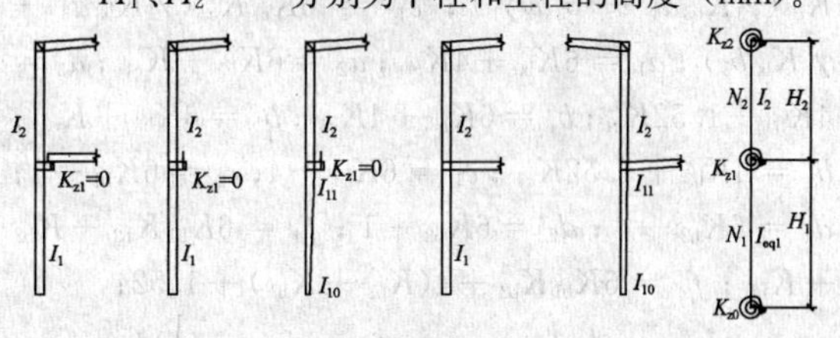
I2
Kz1=0
I1
I11
I10
Kz2
N2
H2
Kz1
N1
Ieq1
H1
Kz0

图 A.0.4　变截面阶形刚架柱的计算模型

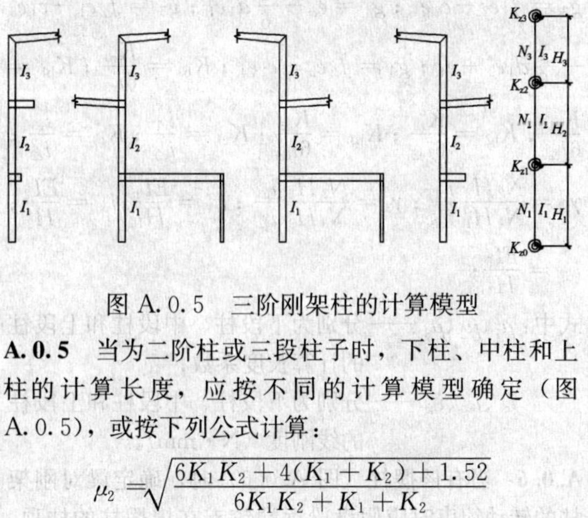
I3
I2
I1
Kz3
N3
H3
Kz2
N1
H2
Kz1
H1
Kz0

图 A.0.5　三阶刚架柱的计算模型

A.0.5　当为二阶柱或三段柱子时，下柱、中柱和上柱的计算长度，应按不同的计算模型确定（图 A.0.5），或按下列公式计算：

$$\mu_2 = \sqrt{\frac{6K_1K_2 + 4(K_1 + K_2) + 1.52}{6K_1K_2 + K_1 + K_2}} \quad (A.0.5\text{-}1)$$

$$\mu_1 = \sqrt{\gamma_1} \cdot \mu_2 \qquad (A.0.5\text{-}2)$$

$$\mu_3 = \sqrt{\gamma_3} \cdot \mu_2 \qquad (A.0.5\text{-}3)$$

中段柱：$K_1 = K_{b1} - \dfrac{\eta}{6}$，$K_2 = K_{b2} - \dfrac{\xi}{6}$

(A.0.5-4)

ξ、η由下列公式给出的三组解中之一确定，且三组解中满足式（A.0.5-7，A.0.5-8，A.0.5-9）的K_1，K_2为唯一有效解。

$$\eta_j = 2\sqrt[3]{r}\cos\left[\frac{\theta + 2(j-2)\pi}{3}\right] - \frac{b}{3a} \quad (j = 1,2,3)$$

(A.0.5-5)

$$\xi_j = \frac{6(e_3\eta + e_4)}{e_1\eta + e_2} \; (j = 1,2,3)$$

(A.0.5-6)

$$K_1 > -\frac{1}{6} \qquad (A.0.5\text{-}7)$$

$$K_2 > -\frac{1}{6} \qquad (A.0.5\text{-}8)$$

$$6K_1K_2 + K_1 + K_2 > 0 \qquad (A.0.5\text{-}9)$$

其中：$r = \sqrt{\dfrac{m^3}{27}}$；$\theta = \arccos\dfrac{-n}{\sqrt{-4m^3/27}}$；$\Delta = \dfrac{n^2}{4} + \dfrac{m^3}{27}$；$m = \dfrac{3ac - b^2}{3a^2}$；$n = \dfrac{2b^3 - 9abc + 27a^2d}{27a^3}$；$a = \gamma_1 a_2 g_4 - a_1 g_1$；$b = \gamma_1 a_2 g_5 + 6\gamma_1 K_{b0} K_{c1} g_4 - a_1 g_2 - 6K_{c1} a_3 g_1$；$c = \gamma_1 a_2 g_6 + 6\gamma_1 K_{b0} K_{c1} g_5 - a_1 g_3 - 6K_{c1} a_3 g_2$；$d = 6K_{c1}(\gamma_1 K_{b0} g_6 - a_3 g_3)$；$e_1 = a_2 b_1 \gamma_1 - a_1 b_2 \gamma_3$；$e_2 = 6K_{c1}(K_{b0}\gamma_1 b_1 - a_3 b_2 \gamma_3)$；$e_3 = K_{c3}(\gamma_3 K_{b3} a_1 - b_3 a_2 \gamma_1)$；$e_4 = 6K_{c1}K_{c3}(\gamma_3 K_{b3} a_3 - \gamma_1 K_{b0} b_3)$；$a_1 = 6K_{b0} + 4K_{c1}$；$a_2 = 6K_{b0} + K_{c1}$；$a_3 = 4K_{b0} + 1.52K_{c1}$；$b_1 = 6K_{b3} + 4K_{c3}$；$b_2 = 6K_{b3} + K_{c3}$；$b_3 = 4K_{b3} + 1.52K_{c3}$；$c_1 = 6K_{b1} + 4$；$c_2 = 6K_{b1} + 1$；$d_1 = 6K_{b2} + 4$；$d_2 = 6K_{b2} + 1$；$f_1 = 6K_{b1}K_{b2} + K_{b2} + K_{b1}$；$f_2 = 6K_{b1}K_{b2} + 4(K_{b2} + K_{b1}) + 1.52$；

$g_1 = e_3 - \dfrac{1}{6}d_2 e_1$；$g_2 = f_1 e_1 - c_2 e_3 - \dfrac{1}{6}d_2 e_2 + e_4$；$g_3 = f_1 e_2 - c_2 e_4$；$g_4 = e_3 - \dfrac{1}{6}d_1 e_1$；$g_5 = f_2 e_1 - c_1 e_3 - \dfrac{1}{6}d_1 e_2 + e_4$；$g_6 = f_2 e_2 - c_1 e_4$；$K_{b0} = \dfrac{K_{z0}}{6i_{c2}}$；$K_{b1} = \dfrac{K_{z1}}{6i_{c2}}$；$K_{b2} = \dfrac{K_{z2}}{6i_{c2}}$；$K_{b3} = \dfrac{K_{z3}}{6i_{c2}}$；$K_{c1} = \dfrac{i_{c1}}{i_{c2}}$；$K_{c3} = \dfrac{i_{c3}}{i_{c2}}$；$\gamma_1 = \dfrac{N_2 H_2}{N_1 H_1}\dfrac{i_{c1}}{i_{c2}}$；$\gamma_3 = \dfrac{N_2 H_2}{N_3 H_3}\dfrac{i_{c3}}{i_{c2}}$；$i_{c1} = \dfrac{EI_1}{H_1}$；$i_{c2} = \dfrac{EI_2}{H_2}$；$i_{c3} = \dfrac{EI_3}{H_3}$；

式中：μ_1、μ_2、μ_3——分别为下段柱、中段柱和上段柱的计算长度系数；

i_{c1}、i_{c2}、i_{c3}——分别为下段柱、中段柱和上段柱的线刚度（N·mm）。

A.0.6 当有摇摆柱（图A.0.6）时，确定梁对刚架柱的转动约束时应假设梁远端铰支在摇摆柱的柱顶，且确定的框架柱的计算长度系数应乘以放大系数η。

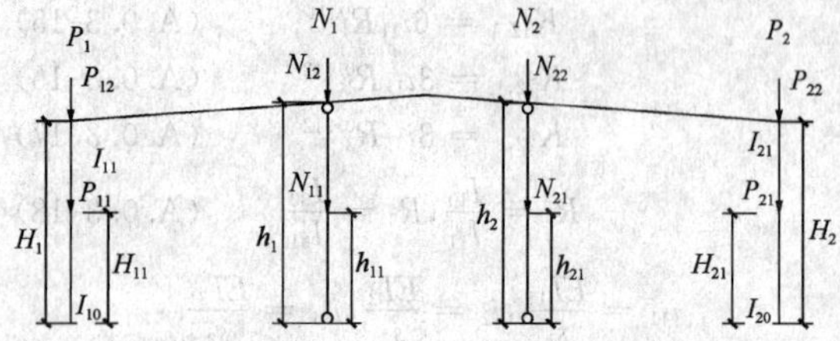

P_1
P_{12}
N_1
N_{12}
N_2
N_{22}
P_2
P_{22}
I_{11}
I_{21}
N_{11}
N_{21}
P_{11}
P_{21}
H_1
H_{11}
h_1
h_{11}
h_2
h_{21}
H_{21}
H_2
I_{10}
I_{20}

图A.0.6 带有摇摆柱的框架

1 放大系数η应按下列公式计算：

$$\eta = \sqrt{1 + \frac{\sum N_j/h_j}{1.1\sum P_i/H_i}} \qquad (A.0.6\text{-}1)$$

$$N_j = \frac{1}{h_j}\sum_k N_{jk} h_{jk} \qquad (A.0.6\text{-}2)$$

$$P_i = \frac{1}{H_i}\sum_k P_{ik} H_{ik} \qquad (A.0.6\text{-}3)$$

式中：N_j——换算到柱顶的摇摆柱的轴压力（N）；

N_{jk}、h_{jk}——第j个摇摆柱上第k个竖向荷载（N）和其作用的高度（mm）；

P_i——换算到柱顶的框架柱的轴压力（N）；

P_{ik}、H_{ik}——第i个柱子上第k个竖向荷载和其作用的高度（mm）；

h_j——第j个摇摆柱高度（mm）；

H_i——第i个刚架柱高度（mm）。

2 当摇摆柱的柱子中间无竖向荷载时，摇摆柱的计算长度系数取1.0；

3 当摇摆柱的柱子中间作用有竖向荷载时，可考虑上、下柱段的相互作用，决定各柱段的计算长度系数。

A.0.7 采用二阶分析时，柱的计算长度应符合下列规定：

1 等截面单段柱的计算长度系数可取1.0；

2 有吊车厂房，二阶或三阶柱各柱段的计算长度系数，应按柱顶无侧移，柱顶铰接的模型确定。有夹层或高低跨，各柱段的计算长度系数可取1.0；

3 柱脚铰接的单段变截面柱子的计算长度系数μ_r应按下列公式计算：

$$\mu_r = \frac{1 + 0.035\gamma}{1 + 0.54\gamma}\sqrt{\frac{I_1}{I_0}} \qquad (A.0.7\text{-}1)$$

$$\gamma = \frac{h_1}{h_0} - 1 \qquad (A.0.7\text{-}2)$$

式中：γ——变截面柱的楔率；

h_0、h_1——分别是小端和大端截面的高度（mm）；

I_0、I_1——分别是小端和大端截面的惯性矩（mm^4）。

A.0.8 单层多跨房屋，当各跨屋面梁的标高无突变（无高低跨）时，可考虑各柱相互支援作用，采用修正的计算长度系数进行刚架柱的平面内稳定计算。修正的计算长度系数应按下列公式计算。当计算值小于1.0时，应取1.0。

$$\mu_j' = \frac{\pi}{h_j}\sqrt{\frac{EI_{cj}\left[1.2\sum(P_i/H_i)+\sum(N_k/h_k)\right]}{P_j \cdot K}} \quad (A.0.8\text{-}1)$$

$$\mu_j' = \frac{\pi}{h_j}\sqrt{\frac{EI_{cj}\left[1.2\sum(P_i/H_i)+\sum(N_k/h_k)\right]}{1.2P_j\sum(P_{crj}/H_j)}} \quad (A.0.8\text{-}2)$$

式中：N_k、h_k——分别为摇摆柱上的轴力（N）和高度（mm）；

K——在檐口高度作用水平力求得的刚架抗侧刚度（N/mm）；

P_{crj}——按传统方法计算的框架柱的临界荷载，其计算长度系数可按式（A.0.1-2）计算。

A.0.9 按本附录确定的刚架柱计算长度系数适用于屋面坡度不大于1/5的情况，超过此值时应考虑横梁轴向力的不利影响。

本规范用词说明

1 为便于在执行本规范条文时区别对待，对于要求严格程度不同的用词说明如下：

1）表示很严格，非这样做不可的：
正面词采用"必须"，反面词采用"严禁"；

2）表示严格，在正常情况下均应这样做的：
正面词采用"应"，反面词采用"不应"或"不得"；

3）表示允许稍有选择，在条件许可时首先应这样做的：
正面词采用"宜"，反面词采用"不宜"；

4）表示有选择，在一定条件下可以这样做的，采用"可"。

2 条文中指明应按其他标准执行的写法为："应符合……的规定"或"应按……执行"。

引用标准名录

1《建筑结构荷载规范》GB 50009
2《混凝土结构设计规范》GB 50010
3《建筑抗震设计规范》GB 50011
4《建筑设计防火规范》GB 50016
5《钢结构设计规范》GB 50017
6《冷弯薄壁型钢结构技术规范》GB 50018
7《工业建筑防腐蚀设计规范》GB 50046
8《钢结构工程施工质量验收规范》GB 50205
9《建筑工程抗震设防分类标准》GB 50223
10《建筑工程施工质量验收统一标准》GB 50300
11《钢结构焊接规范》GB 50661
12《钢结构工程施工规范》GB 50755
13《碳素结构钢》GB/T 700
14《气焊、焊条电弧焊、气体保护焊和高能束焊的推荐坡口》GB/T 985.1
15《埋弧焊的推荐坡口》GB/T 985.2
16《钢结构用高强度大六角头螺栓》GB/T 1228
17《钢结构用高强度大六角螺母》GB/T 1229
18《钢结构用高强度垫圈》GB/T 1230
19《钢结构用高强度大六角头螺栓、大六角螺母、垫圈技术条件》GB/T 1231
20《低合金高强度结构钢》GB/T 1591
21《漆膜附着力测定法》GB 1720
22《连续热镀锌钢板及钢带》GB/T 2518
23《紧固件机械性能　螺栓、螺钉和螺柱》GB/T 3098.1
24《钢结构用扭剪型高强度螺栓连接副》GB/T 3632
25《非合金钢及细晶粒钢焊条》GB/T 5117
26《热强钢焊条》GB/T 5118
27《开槽盘头自攻螺钉》GB/T 5282
28《开槽沉头自攻螺钉》GB/T 5283
29《开槽半沉头自攻螺钉》GB/T 5284
30《六角头自攻螺钉》GB/T 5285
31《埋弧焊用碳钢焊丝和焊剂》GB/T 5293
32《六角头螺栓 C级》GB/T 5780
33《六角头螺栓》GB/T 5782
34《气体保护电弧焊用碳钢、低合金钢焊丝》GB/T 8110
35《涂覆涂料前钢材表面处理　表面清洁度的目视测定　第1部分：未涂覆过的钢材表面和全面清除原有涂层后的钢材表面的锈蚀等级和处理等级》GB/T 8923.1
36《色漆和清漆　漆膜的划格试验》GB/T 9286
37《建筑构件耐火试验方法》GB/T 9978.1～GB/T 9978.9
38《碳钢药芯焊丝》GB/T 10045
39《焊缝无损检测　超声检测　技术、检测等级和评定》GB/T 11345
40《埋弧焊用低合金钢焊丝和焊剂》GB/T 12470
41《封闭型平圆头抽芯铆钉》GB/T 12615.1～GB/T 12615.4
42《封闭型沉头抽芯铆钉》GB/T 12616.1
43《开口型沉头抽芯铆钉》GB/T 12617.1～GB/T 12617.5
44《开口型平圆头抽芯铆钉》GB/T 12618.1～GB/T 12618.6
45《彩色涂层钢板及钢带》GB/T 12754
46《建筑用压型钢板》GB/T 12755
47《熔化焊用钢丝》GB/T 14957
48《连续热镀铝锌合金镀层钢板及钢带》GB/

T 14978

49 《十字槽盘头自钻自攻螺钉》GB/T 15856.1

50 《十字槽沉头自钻自攻螺钉》GB/T 15856.2

51 《十字槽半沉头自钻自攻螺钉》GB/T 15856.3

52 《六角法兰面自钻自攻螺钉》GB/T 15856.4

53 《六角凸缘自钻自攻螺钉》GB/T 15856.5

54 《低合金钢药芯焊丝》GB/T 17493

55 《射钉》GB/T 18981

56 《钢结构超声波探伤及质量分级法》JG/T 203

57 《标准件用碳素钢热轧圆钢及盘条》YB/T 4155

中华人民共和国国家标准

门式刚架轻型房屋钢结构技术规范

GB 51022—2015

条 文 说 明

制订说明

《门式刚架轻型房屋钢结构技术规范》GB 51022－2015，经住房和城乡建设部2015年12月3日以第991号公告批准、发布。

本规范在编制过程中，编制组进行了广泛的调查研究，认真总结了工程实践经验，参考了有关国际标准和国外先进标准，开展了多项专题研究，并以多种方式广泛征求了有关单位和专家的意见，对主要问题进行了反复讨论、协调，最终确定各项技术参数和技术要求。

为了便于广大设计、施工、科研、学校等单位有关人员在使用本规范时正确理解和执行条文规定，《门式刚架轻型房屋钢结构技术规范》编制组按章、节、条顺序编制了本规范的条文说明。对条文规定的目的、依据及执行中需注意的有关事项进行了说明，还着重对强制性条文的强制性理由作了解释。但是，本条文说明不具备与标准正文同等的法律效力，仅供使用者作为理解和把握规范规定的参考。

目　次

1 总　　则

1.0.2 本条明确了本规范的适用范围。房屋高度不大于18m，高宽比小于1，主要是针对本规范的风荷载系数的要求而规定的。本规范的风荷载系数主要是根据美国金属房屋制造商协会（MBMA）低矮房屋的风压系数借鉴而来。MBMA的《金属房屋系统手册2006》中的系数就是对高度不大于18m，高宽比小于1的单层房屋经风洞试验的结果。

悬挂式吊车的起重量通常不大于3t，当有需要并采取可靠技术措施时，起重量允许不大于5t。

考虑到此种结构构件的截面较薄，因此不适用于有强腐蚀介质作用的房屋。强腐蚀介质的划分可参照现行国家标准《工业建筑防腐蚀设计规范》GB 50046的规定。

房屋高度超过18m的类似建筑，构件的强度、稳定性设计可参照本规范。

2 术语和符号

"门式刚架轻型房屋"是房屋高度不大于18m，房屋高宽比小于1，采用变截面或等截面实腹刚架，围护系统采用轻型钢屋面和轻型外墙（有时也采用非嵌砌砌体墙），设置起重量不超过20t的轻中级工作制桥式吊车或悬挂式吊车的钢结构单层房屋。

"摇摆柱"是指上、下端铰接的轴心受压构件，用于刚架的中间支承可有效地减小刚架梁在竖向荷载下的挠度和弯矩，但不能提供侧向刚度，不能用于支承吊车梁。

"隅撑"是用于支承斜梁和柱受压翼缘的支撑构件，应根据设计方案设置。单面设置的隅撑受压时对斜梁产生不利影响，应将该处隅撑截面适当加强。隅撑截面应符合规范的规定。隅撑应采用直径不小于M14的单个螺栓连接。

3 基本设计规定

3.1 设 计 原 则

3.1.4 由于单层门式刚架轻型房屋钢结构的自重较小，设计经验和振动台试验表明，当抗震设防烈度为7度（0.1g）及以下时，一般不需要做抗震验算；当为7度（0.15g）及以上时，横向刚架和纵向框架均需进行抗震验算。当设有夹层或有与门式刚架相连接的附属房屋时，应进行抗震验算。国家标准《建筑抗震设计规范》GB 50011－2010考虑到轻型房屋钢结构的特点，在第9.2.1条中指出：单层的轻型钢结构厂房的抗震设计，应符合专门的规定。

3.1.5 承载力抗震调整系数γ_{RE}对强度破坏取0.85，稳定破坏取0.9，是鉴于门式刚架轻型房屋钢结构构件的延性一般，塑性发展有限。

3.2 材 料 选 用

3.2.1 因Q235A级钢的含碳量不能保证焊接要求，故焊接结构不宜采用，只能用于非焊接结构。

3.2.4 本条推荐LQ550钢板用于屋面板或墙面板，是参考了现行行业标准《低层冷弯薄壁型钢房屋建筑技术规程》JGJ 227的规定给出的。对LQ550级钢材，由于厚度较薄，不会采用端面承压的构造，因此不再给出端面承压的强度设计值。其他级别的钢板，可参照Q235、Q345钢材采用相应的强度设计值。

3.2.5 本规范第3.2.4条规定的强度设计值是结构处于正常工作情况下求得的，对一些工作情况处于不利的结构构件或连接，其强度设计值应乘以相应的折减系数。几种情况同时存在，相应的折减系数应连乘是指有几种情况存在，那么这几种情况的折减系数应连乘。

3.3 变 形 规 定

3.3.1 门式刚架轻型房屋钢结构的使用经验表明，门式刚架平面内的柱顶位移的限值，对设有桥式吊车的房屋应该严格，从而拟定了限值。

研究表明，由于平板柱脚的嵌固性、围护结构的蒙皮效应以及结构空间作用等因素的影响，门式刚架柱顶的实际位移一般小于其计算值。对于铰接柱脚刚架，若按位移限值设计，刚架柱顶实际位移仅为规定值的50%左右。

3.3.2 为减小跨度大于30m的钢斜梁的竖向挠度，建议应起拱。

3.4 构 造 要 求

3.4.1 根据目前国内材料供应情况，檩条壁厚不宜小于1.5mm；根据我国目前制作和安装的一般水平，刚架构件的腹板厚度不宜小于4mm；由技术条件较好的企业制作，当有可靠的质量保证措施时，允许采用3mm。

3.4.2 轻型房屋钢结构受压构件的长细比，可比普通钢结构的规定适当放宽，表3.4.2-1所列数值系参照国外的有关规定和现行国家标准《钢结构设计规范》GB 50017的规定拟定的。

3.4.3 本条是针对轻型房屋钢结构由地震作用组合的效应控制结构设计时，根据轻型钢结构的特点采取的相应抗震构造措施。除本条外，还可采取将构件之间的连接尽量采用螺栓连接；刚性系杆的布置应确保梁或柱截面的受压侧得到可靠的侧向支撑等措施。

4 荷载和荷载组合的效应

4.1 一 般 规 定

4.1.2 吊挂的管道、桥架、屋顶风机等，工程上常称为“吊挂荷载”或“附加荷载”。当其作用的位置和（或）作用时间具有不确定性时，宜按活荷载考虑。当作用位置固定不变，也可按恒荷载考虑。

4.1.3 本条所指活荷载仅指屋面施工及检修时的人员荷载，当屋面均布活荷载的标准值取 0.5kN/m^2 时，可不考虑其最不利布置。

4.2 风 荷 载

4.2.1 本次制定增加了开敞式结构的风荷载系数。本规范未做规定的，设计者应按现行国家标准《建筑结构荷载规范》GB 50009 的规定采用，也可借鉴国外规范。本条风荷载系数采用了 MBMA 手册中规定的风荷载系数，该系数已考虑内、外风压力最大值的组合。按照现行国家标准《建筑结构荷载规范》GB 50009 的规定，对风荷载比较敏感的结构，基本风压应适当提高。门式刚架轻型房屋钢结构属于对风荷载比较敏感的结构，因此，计算主钢架时，β 系数取 1.1 是对基本风压的适当提高；计算檩条、墙梁和屋面板及其连接时取 1.5，是考虑阵风作用的要求。通过 β 系数使本规范的风荷载和现行国家标准《建筑结构荷载规范》GB 50009 的风荷载基本协调一致。

本规范将 μ_w 称为风荷载系数，以示与现行国家标准《建筑结构荷载规范》GB 50009 中风荷载体型系数 μ_s 的区别。

4.2.2 本条是借鉴美国金属房屋制造商协会 MBMA《金属房屋系统手册 2006》拟定的。本条给出了本规范所规定风荷载的适用条件。必须注意，对于本规范未做规定的房屋类型、体型和房屋高度，如采用现行国家标准《建筑结构荷载规范》GB 50009 规定的风荷载体型系数 μ_s 则阵风系数也应配套采用相应的规定值。

由于风可以从任意方向吹来，内部压力系数应根据最不利原则与外部压力系数组合，从而得到风荷载的控制工况，也就是本条给出的风荷载系数。通过“鼓风效应”和“吸风效应”分别与外部压力系数组合得到两种工况：一种为“鼓风效应”（+i）与外部压力系数组合，另一种为“吸风效应”（−i）与外部压力系数组合。结构设计时，两种工况均应考虑，并取用最不利工况下的荷载。这种低矮房屋屋面风吸力较大，这是本规范与现行国家标准《建筑结构荷载规范》GB 50009 最大的不同点，檩条在风吸力作用下有可能产生下翼缘失稳，在设计时应予以注意。

4.2.3 构件风荷载系数是按构件的有效风荷载面积确定的，但结构受力分析需按实际受荷面积计算。

4.3 屋面雪荷载

4.3.1 按照现行国家标准《建筑结构荷载规范》GB 50009 的规定，对雪荷载敏感的结构，应采用 100 年重现期的雪压。门式刚架轻型房屋钢结构屋盖较轻，属于对雪荷载敏感的结构。雪荷载经常是控制荷载，极端雪荷载作用下容易造成结构整体破坏，后果特别严重，基本雪压应适当提高。因此，本条明确了设计门式刚架轻型房屋钢结构时应按 100 年重现期的雪压采用。

4.3.2 本条选择了 3 种典型的屋面形式，按现行国家标准《建筑结构荷载规范》GB 50009 的规定给出了屋面积雪分布系数。其他类型的屋面形式可参照现行国家标准《建筑结构荷载规范》GB 50009 的规定采用。

4.3.3 轻型钢结构房屋自重轻，对雪荷载较为敏感。近几年雪灾调查表明，雪荷载的堆积是造成破坏的主要原因。从实际积雪分布形态看，与美国 MBMA 规定的计算较为接近，实例证明参照美国 MBMA 进行雪荷载设计的结构在雪灾中表现良好，故本次制定主要参考了美国规范对雪荷载设计的相关规定。

为减小雪灾事故，轻型钢结构房屋宜采用单坡或双坡屋面的形式；对高低跨屋面，宜采用较小的屋面坡度；减少女儿墙、屋面突出物等，以减低积雪危害。

4.3.4 本条是按现行国家标准《建筑结构荷载规范》GB50009 的条文说明等相关资料拟定的。

4.3.5 设计时原则上应按表 4.3.2 中给出的积雪分布情况，分别计算荷载效应值，并按最不利的情况确定结构构件的截面，但这样的设计计算工作量较大，根据设计经验允许设计人员按本条规定进行简化设计。

4.4 地 震 作 用

4.4.2 本条是按现行国家标准《建筑抗震设计规范》GB 50011 的规定，结合门式刚架轻型房屋钢结构的特点拟定的。

4.5 荷载组合和地震作用组合的效应

4.5.2、4.5.3 这两条是门式刚架轻型房屋钢结构承载能力极限状态设计时作用组合效应的基本要求，主要根据现行国家标准《工程结构可靠性设计统一标准》GB 50153 以及《建筑结构荷载规范》GB 50009 的有关规定制定。1）规定了持久、短暂设计状况下作用基本组合时的作用效应设计值的计算公式。2）明确了不适用于作用和作用效应呈非线性关系的情况。

持久设计状况和短暂设计状况作用基本组合的效

应，当永久荷载效应起控制作用时，永久荷载分项系数取1.35，此时参与组合的可变作用（如屋面活荷载）应考虑相应的组合值系数；持久设计状况和短暂设计状况的作用基本组合的效应，当可变荷载效应起控制作用（永久荷载分项系数取1.2）的组合，如风荷载作为主要可变荷载、屋面活荷载作为次要可变荷载时，其组合值系数分别取1.0和0.7；持久设计状况和短暂设计状况的作用基本组合的效应，当屋面活荷载作为主要可变荷载、风荷载作为次要可变荷载时，其组合值系数分别取1.0和0.6。

关于不同设计状况的定义以及作用的标准组合、偶然组合的有关规定，可参照现行国家标准《工程结构可靠性设计统一标准》GB 50153。

5 结构形式和布置

5.1 结 构 形 式

5.1.2 实践表明，多跨刚架采用双坡或单坡屋顶有利于屋面排水，在多雨地区宜采用这些形式。

5.2 结 构 布 置

5.2.1 研究表明，按本条规定的刚架构件轴线与按构件实际重心线的计算结果相比，前者偏于安全。

5.2.2 门式刚架的边柱柱宽不等是常见的，例如，当采用山墙墙架时，以及双跨结构中部分刚架的中间柱被抽掉时。

5.2.3 当取屋面坡度小于1/20时，应考虑结构变形后雨水顺利排泄的能力。核算时应考虑安装误差、支座沉降、构件挠度、侧移和起拱等的影响。

6 结构计算分析

6.1 门式刚架的计算

6.1.2 应力蒙皮效应是指通过屋面板的面内刚度，将分摊到屋面的水平力传递到山墙结构的一种效应。应力蒙皮效应可以减小门式刚架梁柱受力，减小梁柱截面，从而节省用钢量。但是，应力蒙皮效应的实现需要满足一定的构造措施：自攻螺钉连接屋面板与檩条；传力途径不要中断，即屋面不得大开口（坡度方向的条形采光带）；屋面与屋面梁之间要增设剪力传递件（剪力传递件是与檩条相同截面的短的C形或Z形钢，安装在屋面梁上，顺坡方向，上翼缘与屋面板采用自攻螺钉连接，下翼缘与屋面梁采用螺栓连接或焊接）；房屋的总长度不大于总跨度的2倍；山墙结构增设柱间支撑以传递应力蒙皮效应传递来的水平力至基础。

在立柱采用箱形柱的情况下，门式刚架宜采用空间模型分析，箱形柱应按照双向压弯构件计算。

6.2 地震作用分析

6.2.7 本条所指的其他情况是全焊接或栓焊混合梁柱连接节点。

6.3 温度作用分析

6.3.1 房屋纵向释放温度应力的措施是采用长圆孔；吊车轨道采用斜切留缝的措施；吊车梁与吊车梁端部连接采用碟形弹簧。

门式刚架轻型房屋钢结构横向无吊车跨可以在屋面梁支承处采用椭圆孔或可以滑动的支座释放温度应力。

门式刚架轻型房屋钢结构横向每一跨均有吊车时，应计算温度应力；设置高低跨可显著降低温度应力。

图1是横向刚架设置温度缝的一个构造，其要点是：①滑动面要采取措施减小摩擦力。采用滚轴或者聚四氟乙烯板（特氟隆板）摩擦系数为0.04，可以最大限度减小摩擦力，可以在轻型钢结构屋面采用（屋面无额外的设备荷载）。采用滚轴时，应验算梁和牛腿腹板的局部承压强度。②起支承作用的一侧钢柱，宜适当加强。

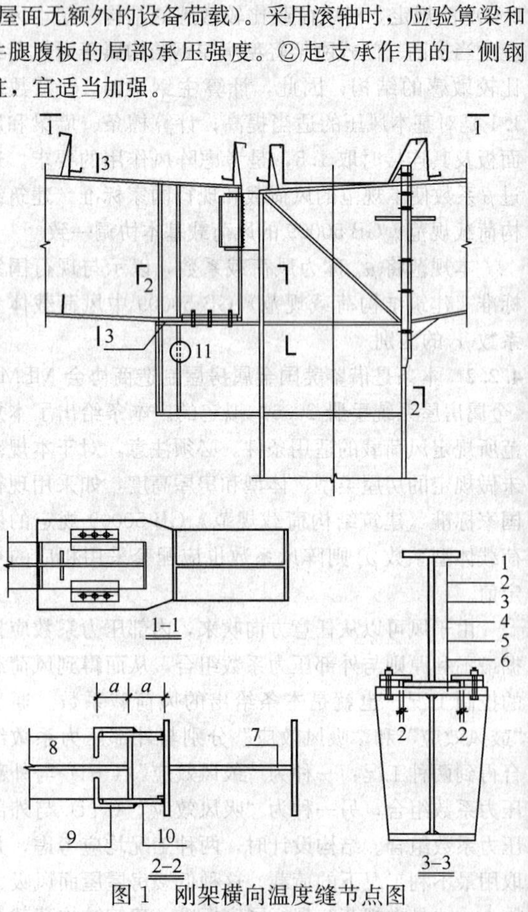
1
1
3
2
3
11
2
1-1
a
a
8
7
9
10
2-2
1
2
3
4
5
6
2
2
3-3

图1 刚架横向温度缝节点图

1—梁下翼缘；2—1mm不锈钢板包裹；3—4mm聚四氟乙烯板；4—聚四氟乙烯专用表面处理剂；5—强力结构胶；6—牛腿上翼缘板；7—钢柱；8—钢梁；9—前挡；10—侧挡板；11—纵向刚性系杆

7 构件设计

7.1 刚架构件计算

7.1.1 本条取消了中国工程建设标准化协会标准《门式刚架轻型房屋钢结构技术规程》CECS102：2002（以下简称 CECS102：2002 规程）中要求腹板高度变化不超过每米 60mm 的限制；剪切屈曲系数和屈曲后强度采用的计算方法是在等截面区格的公式上乘以一个楔率折减系数。

另外受弯时局部屈曲后有效宽度系数 ρ 和考虑屈曲后强度的剪切屈曲稳定系数 φ_{ps}，从 CECS102：2002 规程的三段式改为连续的公式，以简化规范的书写。新的公式与原分段的表达式的对比见图 2、图 3。

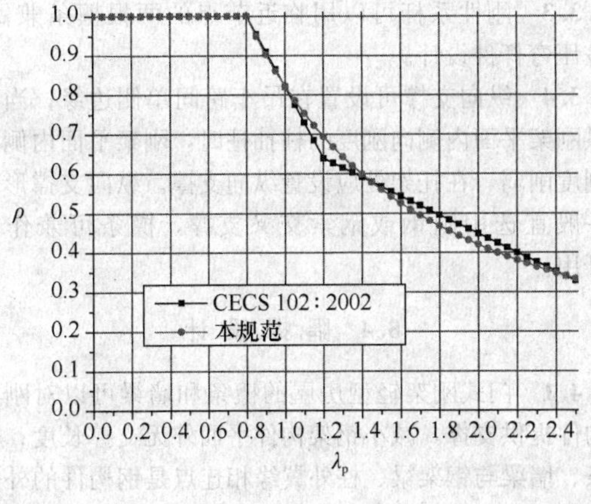

1.0
0.9
0.8
0.7
0.6
ρ
0.5
0.4
0.3
0.2
0.1
0.0
0.0 0.2 0.4 0.6 0.8 1.0 1.2 1.4 1.6 1.8 2.0 2.2 2.4
λp
CECS 102：2002
本规范

图 2

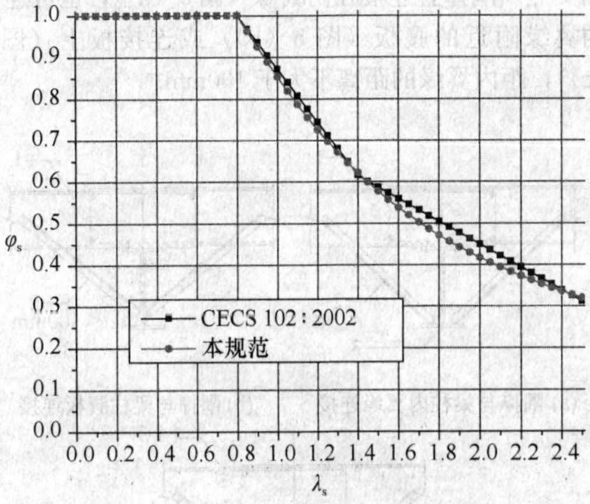

1.0
0.9
0.8
0.7
0.6
φs
0.5
0.4
0.3
0.2
0.1
0.0
0.0 0.2 0.4 0.6 0.8 1.0 1.2 1.4 1.6 1.8 2.0 2.2 2.4
λs
CECS 102：2002
本规范

图 3

7.1.2 这里参照了 CECS102：2002 规程，但是剪切屈曲稳定系数的公式做了连续化处理。

7.1.3 本条将 CECS102：2002 规程的规定修改为轴力和弯矩采用同一个截面，即大端截面，以便能够退化成等截面构件；另外弯矩放大系数从 $\dfrac{1}{1-\varphi N/N_{cr}}$ 的形式修改为 $\dfrac{1}{1-N/N_{cr}}$ 的形式，因为前者使得弯矩放大偏小很多，偏不安全。

7.1.4 本条专门为房屋抽柱而增设的托梁进行稳定性计算而制定的（图 4），也可用于类似情况。屋面梁如果不设隅撑，有明确的侧向支承点，侧向支承点之间的区段稳定性按照本条计算。

变截面梁的稳定性，在弹性阶段失稳时，弯扭失稳的二阶效应只与弯矩大小等有关，因此 k_M 是重要的参数；但是在弹塑性阶段，更重要的是应力比 k_σ，所以就有了 k_σ 这一应力比作为参数。

λ_0 是规定一个起始的长细比，小于这个长细比，稳定系数等于 1。研究表明，热轧构件纯弯时，在通用长细比为 0.4 时稳定系数已经是 1.0。焊接构件的稳定系数低于热轧构件，因此取在 0.3 处作为稳定系数等于 1.0 的终止点。对楔形变截面构件，λ_{b0} 会略微变小。

研究发现，式（7.1.4-2）中的指数与截面高宽比发生关系，这与欧洲钢结构设计规范 EC3 的规定类似，只是更加细致了。EC3 规定，高宽比以 2 为界，小于 2 的稳定系数较高，大于 2 的稳定系数较小。

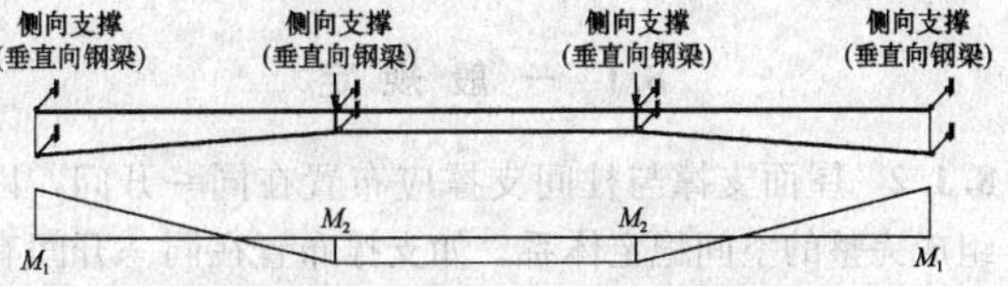

侧向支撑
(垂直向钢梁)
侧向支撑
(垂直向钢梁)
侧向支撑
(垂直向钢梁)
侧向支撑
(垂直向钢梁)
M2
M2
M1
M1

图 4 变截面托梁（抽柱引起）的稳定性计算

7.1.5 本条的确定有如下考虑：

1 轴力项也取自大端，便于退化成等截面的公式。

2 CECS102：2002 规程的等效弯矩系数 β_t 取 1.0 或与平面内欧拉临界荷载发生关系且接近于 1，不合理，因此进行较大修改。

3 压弯杆的平面外稳定，等截面构件的等效弯矩系数 $\beta_{tx}=0.65+0.35\dfrac{M_0}{M_1}$，因为实际框架柱的两端弯矩往往引起双曲率弯曲，$\beta_{tx}$ 将小于 0.65，这样对弯矩的折减很大，在特定的区域会偏于不安全。本条采用的相关公式，弯矩项的指数在 1.0～1.6 之间变化，曲线外凸。相关曲线外凸，等效于考虑弯矩变号对稳定性的有利作用，又避免了特定区域的不安全。

压弯杆的平面外计算长度通常取侧向支承点之间的距离，若各段线刚度差别较大，确定计算长度时可考虑各段间的相互约束。

7.1.6 屋面斜梁的平面外计算长度取两倍檩距，似乎已成了一个默认的选项，有设计人员因此而认为隅撑可以间隔布置，这是不对的。本条特别强调隅撑不能作为梁的固定的侧向支撑，不能充分地给梁提供侧向支撑，而仅仅是弹性支座。根据理论分析，隅撑支撑的梁的计算长度不小于2倍隅撑间距，梁下翼缘面积越大，则隅撑的支撑作用相对越弱，计算长度就越大。

单面隅撑，虽然可能可以作为屋面斜梁的平面外侧向非完全支撑，但是其副作用很严重，如何考虑其副作用，本条第5款特别加以规定。

7.2 端部刚架的设计

7.2.1～7.2.4 抗风柱的上端，以前常采用弹簧板连接，在轻钢房屋中，弹簧板连接的理由已经不存在，应采用直接的能够有效传递竖向荷载和水平力的连接。

端部屋面斜梁，因为只能单面设置隅撑，隅撑对屋面斜梁施加了侧向推力，有潜在的危害，因此特别加以规定。

檩条—隅撑体系，兼作刚性系杆，有一定的经济性，但用在端部开间，因为风荷载较大，有一定问题，因此，本条作了一些限制和更为严格的要求。

8 支撑系统设计

8.1 一 般 规 定

8.1.2 屋面支撑与柱间支撑应布置在同一开间，以组成完整的空间稳定体系。如支撑布置在同一开间有困难时，应布置在相邻开间内，且应设置可靠的传力构件。

8.2 柱间支撑系统

8.2.1 屋面钢斜梁多跨连续时，连续跨内屋面横向支撑可以形成横向水平放置桁架，柱间支撑是水平放置桁架的支座。设置柱间支撑的内柱列的距离一般不宜大于60m。吊车支撑的柱间支撑根据实际需要，也可不延伸至屋面。

8.2.2 在同一温度区段内，门式刚架纵向支撑系统的设置应力求支撑形式统一，不同柱列间的支撑抗侧刚度与其承担的屋面面积相匹配。在同一柱列刚度差异大的支撑形式，不能协同工作，造成支撑内力分配不均衡。引起在支撑开间的相邻开间内纵向杆件产生附加内力。

每个柱列承受柱列两（单）侧临跨中线围成范围内的山墙风荷载或按屋面重力荷载代表值计算的地震作用。

在同一柱列上为单一支撑形式的情况，假定各支撑分得的水平力均相同。

若无法实现不同柱列间的抗侧刚度与其承受的风或地震作用相匹配，应进行空间分析，以确定内力在各列支撑上的分配。

8.2.3 交叉支撑一般选用张紧的圆钢或钢索，当支撑承受吊车等动力荷载时，应选用型钢交叉支撑。

8.2.4 框架柱支撑工作平台、大的工艺荷载、吊车牛腿荷载以及低屋面时，在这些连接点处应对应分层设置支撑点。

8.2.5 下部支撑布置间距过长时，会约束吊车梁因温度变化所产生的伸缩变形，从而在支撑内产生温度附加内力。

8.3 屋面横向和纵向支撑系统

8.3.1 刚性系杆承受抗风柱顶传递来的风荷载，按压杆设计。也可用抗风柱顶临近的两根檩条兼做，按压弯杆件设计。

8.3.2 屋面横向支撑承受端部抗风柱荷载，其作用点应布置交叉撑节点。当屋面梁承受悬挂吊车荷载时，吊车梁位置也应布置交叉撑节点。

8.3.3 刚性系杆可以用临近节点的两根檩条兼做，按压弯杆件设计。

8.3.4 纵向支撑可设置在吊车跨间单侧边缘；当提供刚架平面内侧向刚度的柱抽柱时，刚架平面内侧向刚度削弱，在托架处应设置纵向支撑。纵向支撑形式一般宜选用圆钢或钢索交叉支撑，檩条可兼作撑杆用。

8.4 隅 撑 设 计

8.4.1 门式刚架轻型房屋的檩条和墙梁可以对刚架构件提供支撑，减小钢架构件平面外无支撑长度；檩条、墙梁与钢架梁、柱外翼缘相连点是钢构件的外侧支点，隅撑与钢架梁、柱内翼缘相连点是钢构件的内侧支点。隅撑宜连接在内翼缘（图5（a）），也可连接内翼缘附近的腹板（图5（b））或连接板上（图5（c）），距内翼缘的距离不大于100mm。

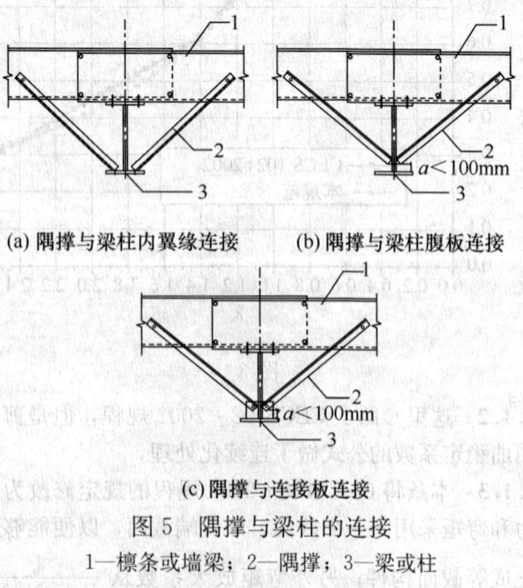
1
2
3
1
2
a<100mm
3
1
2
a<100mm
3

(a) 隅撑与梁柱内翼缘连接 (b) 隅撑与梁柱腹板连接

(c) 隅撑与连接板连接

图5 隅撑与梁柱的连接

1—檩条或墙梁；2—隅撑；3—梁或柱

9 檩条与墙梁设计

9.1 实腹式檩条设计

9.1.2 部分钢结构手册Z形檩条斜卷边角度按45°，偏小，对翼缘的约束不利。在浙江大学等单位所做的连续檩条受力试验中，可观察到斜卷边为45°时的檩条嵌套搭接端头有明显的展平趋势。按有限元理论分析，卷边对翼缘的约束与卷边角度的$\sin^2\theta$成正比，故建议斜卷边角度60°为宜。

9.1.3 计算嵌套搭接方式组成的连续檩条的挠度和内力时，需考虑嵌套搭接松动的影响。浙江大学和杭萧钢构所做的嵌套搭接连续檩条的试验情况是：斜卷边角度为60°，嵌套搭接的内檩条翼缘宽度小于外檩条宽度5mm，嵌套搭接长度为檩条跨度的10%（单边为5%）。试验结果表明，为考虑嵌套搭接的松动影响，计算挠度时，双檩条搭接段可按0.5倍的单檩条刚度拟合；计算内力时，可按均匀连续单檩条计算，但支座处要释放10%的弯矩转移到跨中。钢构企业需根据各自的技术标准，由试验确定檩条因嵌套搭接松动引起的刚度变化。

檩条采用多跨静定梁模式，挠度小、内力小，当跨度较大时，有较好的经济性。如以连续梁模式的反弯点作为多跨静定梁的分段节点，跨中檩条长度约为$0.7L$，考虑到安装施工的方便，建议跨中檩条长度宜为$0.8L$，檩条的稳定性按节点间檩条或反弯点之间檩条为简支梁模式计算，要求檩条端头节点处应有抗扭转能力，宜用槽钢、角钢或冷弯薄壁型钢在两面夹住檩条的腹板，连接点的两侧各布置不少于两个竖向排列的螺栓。

9.1.4 建议卷边的宽厚比（过去习惯称卷边高厚比，对于斜卷边容易引起混乱，故统一改称宽厚比）不宜大于13，根据如下：

①卷边屈曲临界值$\dfrac{0.425\pi^2E}{12(1-\mu^2)}\cdot\left(\dfrac{t}{a}\right)^2=f_y=345$，得$a/t=15$；

②按美国钢铁协会《冷弯型钢设计手册》（AISI Cold-Formed Steel Design Manual）的建议为$a/t\leqslant14$（注：AISI的a值扣除了弯曲段仅按直线段计算，故实际的宽厚比限值还要更大些）；

③ 现行国家标准《冷弯薄壁型钢结构技术规范》GB 50018建议$a/t\leqslant12$，本规范综合考虑取$a/t\leqslant13$。

设计卷边的宽度与翼缘宽度及板件宽厚比密切相关，卷边宽度与翼缘宽度之比不宜小于0.25，是为了保证卷边对翼缘有较充分的约束，使翼缘屈曲系数不小于3.0，此根据AISI设计指南卷边充分加劲条件下的翼缘屈曲系数$k_a=5.25-5a/b\leqslant4.0$；卷边宽度与翼缘宽度之比不宜大于0.326，是为了保证任何情况下卷边不先于翼缘局部屈曲，即翼缘和卷边的弹性临界屈曲应力符合$\dfrac{4.0\pi^2E}{12(1-\mu^2)}\cdot\left(\dfrac{t}{b}\right)^2\leqslant\dfrac{0.425\pi^2E}{12(1-\mu^2)}\cdot\left(\dfrac{t}{a}\right)^2$。为满足这两个条件，可按下式确定卷边宽度：

$$a=15+(b-50)\times0.2 \tag{1}$$

式中：a——卷边宽度（mm）；

b——翼缘宽度（mm）。

常规的檩条规格按照式（1）可得到表1的数值，值得注意的是：当翼缘宽度大于80mm时，所需檩条壁厚超过本规范基本设计规定的最小用材厚度1.5mm。按本条规定檩条设计符合经济合理性。

表1 檩条合适的卷边宽度和最小用材厚度（mm）

b	40	50	60	70	80	90	100
a	13	15	17	19	21	23	25
a/b	0.325	0.300	0.283	0.271	0.262	0.256	0.250
$t_{\min}$	1.5	1.5	1.5	1.5	1.6	1.8	1.9

注：$t_{\min}$为按本规范第3.4节的构造要求及本条规定得到的最小板件厚度。

9.1.5 本条对CECS102：2002规程作了较大修改，说明如下：

1 轻钢结构的屋面坡度通常不大于1/10，且屋面板的蒙皮效应对于檩条有显著的侧向支撑效果，故仅需依据腹板平面内计算其几何特性、荷载、内力等，无需计算垂直于腹板的荷载分量作用，无需对Z形檩条按主惯性矩计算应力和挠度，可大大简化计算。澳大利亚G. J. Hancock教授来华所做的研究报告称："气囊试验表明，檩条在风吸力作用下的变形仅发生在腹板平面内"，支持上述的计算方法；另一方面，主惯性矩虽然比垂直于腹板的惯性矩大，但主轴的截面高度也比腹板平面内的截面高度大，因此这两者计算的抗弯模量相差并不大，按主轴计算的抗弯模量稍小，而风荷载（风荷载垂直于翼缘）作用弯矩按主轴计算也稍小，显然，按腹板平面内计算其几何特性、荷载、内力等是方便的、合理的。对于屋面坡度大于1/10且屋面板蒙皮效应较小者，宜考虑计算侧向荷载作用。

2 国家标准《冷弯薄壁型钢结构技术规范》GB 50018-2002的翼缘屈曲系数是0.98，考虑板组效应后约为1.3（板组效应系数大于1.0），过于保守，根据陈绍蕃教授的"卷边槽钢的局部相关屈曲和畸变屈曲"（2002年第23卷第1期《建筑结构学报》）、浙江大学吴金秋的硕士论文"斜卷边檩条的弹性屈曲分析"及美国AISI设计指南的计算公式，宜取翼缘的屈曲系数为3.0，经过国家标准《冷弯薄壁型钢结构技术规范》GB 50018-2002规定的板组效应（翼缘板组效应系数稍小于1.0）方法修正后，屈曲系数可能会稍有减小，但仍远大于1.3。当翼缘的板组效应系数大于1.0，则说明腹板屈曲能力大于翼缘屈曲能力，腹板设计高度不足，意味在相同用钢量前提下，有效截面几何特性可随腹板高度的增加而增加，构件的承载能力可随之提高；反之，则说明腹板屈曲能力小于翼缘屈曲能力，其设计高度已用足，再仅仅提高截面高度效果不好。

对于嵌套搭接构成的连续檩条，在嵌套搭接段内，具有双檩条强度。根据浙江大学和杭萧钢构所做的试验研究，5根在支座处破坏的双檩条强度承载能力平均值为理论计算值的93.8%，故其承载能力需要0.9系数予以折减，本条采用几何特性值折减为0.9的办法。

3 当有内衬板固定在受压下翼缘时，相当于有密集的小拉条在侧向约束下翼缘，故无需考虑其整体稳定性。

9.1.6 檩托焊在屋面梁上使运输不方便，较容易碰坏，当檩条高厚比不超过200时，可考虑取消檩托，直接在檩条的下翼缘冲孔用螺栓连接，此时檩条由腹板承压传力，需验算腹板的承压屈曲能力（即Web Crippling），本条直接引用《North American Specification for the Design of Cold-Formed Steel Structural Members》2001年版本的计算公式，该计算公式由试验研究得出。

9.1.9 吊挂集中荷载直接作用在檩条的翼缘上有较大的偏心扭矩，檩条易产生畸性变形，故集中荷载宜通过螺栓或自攻钉直接作用在檩条的腹板上传力。镀锌的冷弯薄壁型钢构件，不适合采用焊接施工方式：一是高空焊接质量难以控制；二是焊点防锈困难，故建议采用螺栓或自攻钉连接。

9.1.10 采用连续檩条有很好的经济效益，根据浙江大学和同济大学所做的连续檩条力学试验，连续檩条的刚度随嵌套搭接长度的增加而增加。当嵌套搭接长度趋近10%的檩条跨度时，再增加搭接长度对檩条刚度影响很小；另一方面，嵌套搭接长度取10%（单边为5%）的跨度可满足搭接端头的弯矩值不大于跨中弯矩，由此，跨中截面成为构件验算的控制截面，故规定连续檩条的搭接长度2 a 宜不小于10%的檩条跨度，但需注意，对于端跨的檩条，为满足搭接端头的弯矩不大于跨中弯矩，需要加大搭接长度50%。

檩条之间的拉条和撑杆应设置在檩条的受压部位，由于恒载和活载组合下檩条上部受压，恒载和风载组合下檩条下部受压，需同时考虑这两种工况，故应采用双层拉条体系，当檩条下翼缘连接有内衬板时，该内衬板可代替下层拉条体系的作用，可仅设上层拉条体系；如拉条采用两端分别靠近上、下翼缘的连接方式（图9.1.10-3（a）），则要求屋面板能约束檩条上翼缘的侧向位移。

9.2 桁架式檩条设计

9.2.2 所有的强度和稳定验算考虑节点的偏心影响，设计强度值均乘以折减系数0.9。

9.3 拉条设计

本节规定是针对屋面檩条中的拉条设计。

9.3.1 一般情况下，多道拉条宜均匀间隔布置，如考虑弯矩图按不均匀间隔布置拉条对檩条稳定更为有利，也可按非均匀布置。

如果屋面单坡长度太大时，斜拉条的强度有可能不足以承受檩条倾覆荷载，但其计算较复杂（见本规范第9.3.4条），故建议当屋面单坡长度每超过50m时，增加一道斜拉条体系，此规则与屋面板温度（伸缩缝）区间长度不宜超过50m有对应关系。

9.3.3 檩间支撑的作用是：其一，对檩条侧向支撑提高其稳定承载能力；其二，将屋面荷载对檩条产生的倾覆力传递到屋面梁，如何考虑设置一层檩间支撑或上、下二层檩间支撑，见本规范第9.1.10条条文说明。

9.3.4 本条直接引自美国钢铁协会《冷弯型钢设计手册1996》（AISI Cold-Formed Steel Design Manual 1996）。

9.4 墙梁设计

9.4.1 当墙梁兼做窗框和门框时应采用卷边槽形冷弯薄壁型钢或组合矩形截面构件以使窗、门框洞形成平台面。

9.4.3 当墙板的竖向荷载有可靠途径直接传至地面或托梁时，可不设传递竖向荷载的拉条。墙板可以约束檩条外侧翼缘的侧向位移，故无需验算墙梁外侧翼缘受压时的稳定性；在风吸力作用下，檩条的内侧翼缘受压，如果没有内衬板约束墙梁的内侧翼缘，则需考虑靠近内侧翼缘设置拉条作为其侧向支撑点以提高墙梁的稳定承载能力。

9.4.4 当墙面板是采用自承重方式，即其下端直接支承在矮墙或地面上，则对檩条计算强度和稳定时，令 $M_{y'}=0$ 和 $V_{x',\max}=0$。

10 连接和节点设计

10.1 焊 接

10.1.2 根据同济大学所做的试验研究，T形连接单面焊已列入上海市《轻型钢结构制作及安装验收规程》DGTJ 08-010-2001。本条规定了单面角焊缝的适用范围。

10.1.3 本条规定当翼缘厚度大于12mm时宜采用全

熔透对接焊缝，这是根据国内一些大型钢结构企业的意见而确定的。

10.1.4 考虑牛腿承受吊车的动力荷载，故本条规定牛腿上下翼缘和柱翼缘应采用坡口全熔透对接焊缝连接。

10.1.6 喇叭形焊缝的计算，系参考美国 AISI 规定拟定的。试验表明，当板厚 $t \leqslant 4$mm 时，破坏将出现在钢板而不是焊缝上，故计算公式右侧采用了钢板的强度设计值。

10.2 节 点 设 计

10.2.2 在端板连接中可采用高强度螺栓摩擦型或承压型连接，目前工程上以摩擦型连接居多，但不得用普通螺栓来代替高强度螺栓，因为端板厚度是根据端板屈服线发挥的承载力确定的，只有采用按规范施加预拉力的高强度螺栓，才可能出现上述屈服线。

10.2.3 连接节点一般采用端板平放和竖放的形式，当节点设计时螺栓较多而不能布置时，可采用端板斜放的连接形式，有利于布置螺栓，加长抗弯连接的力臂。近几年的实验与工程破坏事故表明，长、短边长之比小于 1.5∶1.0 的三角形短加劲板不能确保外伸端板强度。

10.2.4 此处螺栓主要受拉而不是受剪，其作用方向与端板垂直。美国金属房屋制造商协会 MBMA 规定螺栓间距不得大于 600mm，本条结合我国情况适当减小。

10.2.5 同济大学进行的系列实验表明：在抗滑移承载力计算时，考虑涂刷防锈漆的干净表面情况，抗滑移系数可取 0.2。具体可根据涂装方法及涂层厚度，按本规范表 3.2.6-2 取值来计算抗滑移承载力。

10.2.7 确定端板厚度时，根据支承条件将端板划分为外伸板区、无加劲肋板区、两相邻边支承板区（其中，端板平齐式连接时将平齐边视为简支边，外伸式连接时才将该边视为固定边）和三边支承板区，然后分别计算各板区在其特定屈服模式下螺栓达极限拉力、板区材料达全截面屈服时的板厚。在此基础上，考虑到限制其塑性发展和保证安全性的需要，将螺栓极限拉力用抗拉承载力设计值代换，将板区材料的屈服强度用强度设计值代换，并取各板区厚度最大值作为所计算端板的厚度。这种端板厚度计算方法，大体上相当于塑性分析和弹性设计时得出的板厚。当允许端板发展部分塑性时，可将所得板厚乘以 0.9。

门式刚架梁柱连接节点的转动刚度如与理想刚接条件相差太大时，如仍按理想刚接计算内力与确定计算长度，将导致结构可靠度不足，成为安全隐患。本条关于节点端板连接刚度的规定参考欧洲钢结构设计规范 EC3，符合本条相关公式的梁柱节点接近于理想刚接。试验表明：节点域设置斜加劲肋可使梁柱连接刚度明显提高，斜加劲肋可作为提高节点刚度的重要措施。

10.2.9 吊车梁腹板宜机械加工开坡口，其坡口角度应按腹板厚度以焊透要求为前提，但宜满足图 10.2.9-1 中规定的焊脚尺寸的要求。

关于焊接吊车梁中间横向加劲肋端部是否与受压翼缘焊接的问题，国外有两种不同的意见：一种认为焊接后几年就出现开裂，故不主张焊接；另一种认为没有什么问题，可以相焊。根据我国的实践经验，若仅顶紧不焊，则当横向加劲肋与腹板焊接后，由于温度收缩而使加劲肋脱离翼缘，顶不紧了，只好再补充焊接，故本条规定横向加劲肋可与受压翼缘相焊，在实际工程应用中也没有发现什么问题。由于吊车梁的疲劳破坏一般是从受拉区开裂开始，故横向加劲肋不得与受拉翼缘相焊，也不应另加零件与受拉翼缘焊接，加劲肋宜在距受拉翼缘不少于 50mm～100mm 处断开。

吊车梁上翼缘与制动梁的连接，重庆大学等单位对此进行了专门研究，通过静力、疲劳试验和理论分析，科学地论证了只要能保证焊接质量和控制焊接变形仅用单面角焊缝连接的可行性，并已在一些工程中应用。吊车梁上翼缘与柱的连接，既要传递水平力，又要防止因构造欠妥使吊车梁在垂直平面内弯曲时形成的端部嵌固作用而产生较大的负弯矩，导致连接件开裂，故宜采用高强度螺栓连接，国内有些设计单位采用板铰连接的方式，效果较好。

10.2.15 在进行柱脚锚栓抗拔计算和设计时，与柱间支撑相连的柱要考虑支撑竖向风荷载的影响。

柱底水平剪力由底板与基础表面之间的摩擦力承受，摩擦系数取 0.4。当剪力超过摩擦力，剪力仅由锚栓承受时，要采取措施。底板和锚栓间的间隙要小，应将螺母，垫板与底板焊接，以防止底板移动。另外，锚栓的混凝土保护层厚度要确保。考虑锚栓部分受剪，柱底承受的水平剪力按 0.6 倍的锚栓受剪承载力取用。

当需要设置抗剪键时，抗剪键可采用钢板、角钢或工字钢等垂直焊于柱底板的底面，并应对其截面和连接焊缝的受剪承载力进行计算。抗剪键不应与基础表面的定位钢板接触。

11 围护系统设计

11.1 屋面板和墙面板的设计

11.1.3 直立缝锁边连接型是指压制时预先将屋面板与板的横向连接处弯折一定的角度，现场再用专用卷边机弯卷一定的角度，并且在板与板之间预涂密封胶，其屋面板与檩条间通过嵌入板缝的连接片连接，有较高的防水性能和释放温度变形的能力。

扣合式连接型是指将叠合后的屋面板通过卡座与

檩条间连接。

螺钉连接型是指将叠合后的屋面板通过螺钉与檩条间连接。

11.2 保温与隔热

11.2.2 屋面和墙面的保温隔热材料在具体施工和构造设计时，应满足热工计算设定的条件，例如，铺设屋面保温棉时，应保证檩条间保温棉的厚度不要受到过多挤压，檩条间保温棉适当下垂是有利于保温的。

11.3 屋面排水设计

11.3.1 屋面雨水排水系统可分为两种：内天沟（图6（a)、图6（b)）系统和外天沟（图6（c)）系统；内天沟材料一般采用304不锈钢制造；寒冷地区优先采用外天沟系统，如采用内天沟系统，内天沟及落水管宜有防冻措施。金属屋面一般采用无纵向坡度天沟。

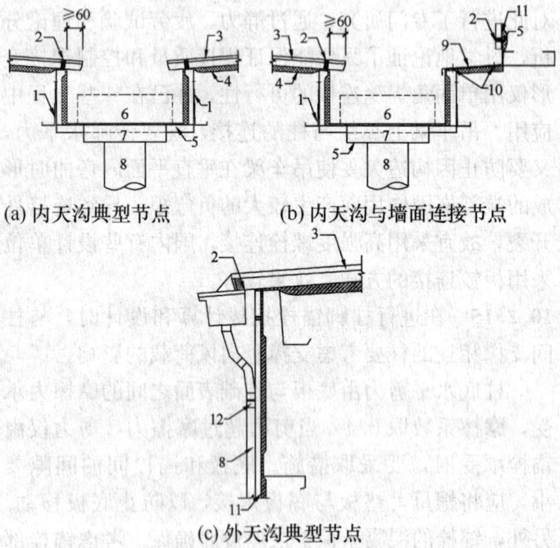

≥60
≥60
(a) 内天沟典型节点
(b) 内天沟与墙面连接节点
(c) 外天沟典型节点

图6 天沟典型节点

1—檩条；2—密封堵头；3—屋面板；4—保湿棉；5—支撑角钢；6—网罩；7—集水盆；8—落水管；9—泛水板；10—密封胶；11—堵面板；12—管箍

11.3.2 雨水从屋面流入天沟时，会在天沟内壁产生冲击和飞溅，仅靠屋面板伸入到内天沟一定长度不能保证达到防水效果，必须在屋面板与天沟之间有密封防水措施。

网罩一般用不锈钢丝等防腐蚀性能良好的材料制造。

12 钢结构防护

12.1 一般规定

12.1.2 防护层设计使用年限指在合理设计、正确施工、正常使用和维护的条件下，轻型钢结构防护层预估的使用年限（即达到第一次大修或维护前的使用年限）。

难以维护的轻型钢结构指不便于检查或维护施工难度大、成本高的情况。如钢结构因为外观或防火需要外包板材等。对使用中难以维护的轻型钢结构，其防护层应提出更高的要求。

目前条件下，为控制投资在可承受的范围内，本条提出最低的要求。一般轻型钢结构防护层设计使用年限采用了ISO 12944中钢结构涂装系统的设计使用年限中期下限的要求。难以维护的轻型钢结构采用了ISO 12944中钢结构涂装系统的设计使用年限中期中限的要求。当条件许可时，设计可提出更高的要求（表2)。

表2 ISO 12944钢结构涂装系统的设计使用年限

等级	耐久年限
短期	2～5年
中期	5～15年
长期	15年以上

12.2 防火设计

12.2.2 一般防火涂料主要功能为防火，防锈功能主要由底漆完成；防锈底漆品种与防火涂料，设计需提出兼容性与附着力要求。

12.2.3 钢结构构件耐火极限宜采用消防机构实际构件耐火试验的数据。当构件形式与试验构件不同时，可按有关标准进行推算。

12.2.5、12.2.6 钢结构构件进行除锈后，可视情况进行涂装保护；外包或板材外贴的厚度及构造要求见现行国家标准《建筑设计防火规范》GB 50016的有关规定或通过试验确定。

12.2.7 本条所提的构造补强措施可采用点焊挂钢丝网片后涂装防火涂料；外包防火板时应加密连接件并采用合适的螺钉。

12.3 涂装

12.3.1 涂装有防火涂料的钢构件，当防火涂料形成完整的密闭面层时，可以不涂装防腐面漆。

12.3.3 研究表明，钢材表面除锈等级是保证钢结构涂装质量最重要的环节，钢结构设计文件应注明钢材表面除锈等级。某些涂料品种，如无机富锌底漆、有机硅、过氯乙烯等底漆，钢材表面除锈等级应达到Sa2½。

12.3.5 不同的涂料品种，在不同环境中，其耐候性、耐久性并不相同。应注意环境的酸碱性，空气湿度，光线（紫外线）等对涂料耐久性的影响。如醇酸涂料，可适应弱酸性介质环境，但不适用偏碱性介质环境；环氧涂料，不适应室外环境等。确定涂料品种时，应结合技术经济比较，合理选用。底漆、中间漆及面漆，应采用相互结合良好的配套涂层。

12.3.6 防锈涂层一般由底漆、中间漆及面漆组成。对于薄浆型涂层，通常采用底漆、中间漆2遍～3遍，面漆2遍～3遍，每遍涂层厚度20μm～40μm为宜，满足涂层总厚度要求。当涂层总厚度要求大于150μm时，其中间漆或面漆可采用厚浆型涂料。

12.4 钢结构防腐其他要求

12.4.2 对双角钢，双槽钢等肢背相靠缀合截面的杆件形式，不利于涂装和检查维护，在不低于中等腐蚀环境中应避免采用。

12.4.3 应采用热浸镀锌连接件、紧固件及构件，对于板材其镀锌量不应小于275g/m^2（双面）；必要时，细薄的紧固件可采用不锈钢制作，不应采用电镀锌紧固件及构件。

当采用热浸镀锌连接件、紧固件及构件需进行防火防腐面层涂装保护时，镀锌面应先涂刷磷化底漆，以保证外涂层与镀锌层良好附着力。

12.4.4 本条所指的钢构件是主要和次要的受力构件。

12.4.5 为避免不同金属材料间引起接触腐蚀，可采用绝缘层隔离措施。

13 制　　作

13.1 一 般 规 定

13.1.2 当对钢材的质量有疑义时，应按国家现行有关标准的规定进行抽样检验。

13.2 钢构件加工

13.2.1 应优先采用数控切割，按设计和工艺要求的尺寸、焊接收缩、加工余量及割缝宽度等尺寸，编制切割程序。厚度不大于6mm薄板宜采用等离子切割，厚度不大于12mm的钢板可采用剪板机剪切，更厚的钢板可采用气割。不大于L90×10的型钢可剪切，更大的型钢宜锯切，也可采用气割。切割允许偏差为±2mm。碳素结构钢在环境温度低于－16℃、低合金高强度结构钢在环境温度低于－12℃时，不得进行剪切。号料时应在零件、部件上标注原材料厂家的炉批号、工程项目的验收批号、构件号、零件号、零件数量以及加工方法符号等。

13.2.2 焊条不得有锈蚀、破损、脏物；焊丝不得有锈蚀、油污；焊条应按焊条产品说明书要求烘干。低氢型焊条烘干温度应为300℃～430℃，保温时间应为1h～2h，烘干后应放置于120℃保温箱中存放、待用，领用时应置于保温筒中，随用随取。烘干后的低氢型焊条在大气中放置时间超过4h应重新烘干，焊条重复烘干次数不应超过2次。受潮的焊条不应使用。气体保护焊用的焊丝盘卷应按焊接工艺规定领用。

13.2.3 焊接H型截面构件时，翼缘和腹板必须校正平直，并用活动胎具卡紧，严格按顺序施焊，减小焊接变形。组装用的平台和胎架应符合构件组装的精度要求，并具有足够的强度和刚度，经检查验收后才能使用。冷矫正可直接在设备上进行，碳素结构钢在环境温度低于－16℃、低合金高强度结构钢在环境温度低于－12℃时，不能进行冷矫正和冷弯曲。当无条件冷矫正时，应首先确定加热位置和加热顺序，宜先矫正刚性大的方向和变形大的部位。

13.3 构件外形尺寸

13.3.2 H型钢断面形状不符合要求的，应采用冷作方法矫正，不适合采用冷作方法矫正的构件，也可采用火攻方法矫正。

13.3.3 表13.3.3中的“腹板局部不平直度（f）”的定义：因腹板鼓曲变形在其纵向符合正弦波规律，因此鼓曲度“f”的定义应是正弦波的单向波幅，即：以腹板中性面为基准线测量鼓曲度，按此定义的鼓曲度符合腹板变形后的力学特征，用做验收标准更为科学。

13.3.5 压型金属板的尺寸偏差通常对安全性没有影响，由于板的面内刚度很小，叠放加卷曲包装、运输和搬运可能会改变板在全自由状态下的宽度。这并不影响板的使用，只需在铺设到位后，保证板的覆盖宽度偏差符合要求即可。由于原材料残余应力或加工工艺的影响，压型板成型后，平整区和自由边可能出现连续波浪形变形，影响外观和搭接处防水。为此，规定局部区域（0.1m范围）最大偏差不大于2mm，相当于局部面外弯曲变形小于1/50。本条文规定的偏差适用于目前广泛使用的冷轧钢板、不锈钢板、镀层钢板、铝板以及铝锰镁板等各种金属板。

13.3.6 金属泛水和收边件对房屋外观影响较大，应保持平直，不允许有褶皱。

14 运输、安装与验收

14.2 安装与校正

14.2.5 门式刚架轻型房屋钢结构在安装过程中，应及时安装屋面水平支撑和柱间支撑。采取措施对于保证施工阶段结构稳定非常重要，临时稳定缆风绳就是临时措施之一。要求每一施工步完成时，结构均具有临时稳定的特征。安装过程中形成的临时空间结构稳定体系应能承受结构自重、风荷载、雪荷载、施工荷载以及吊装过程冲击荷载的作用。

14.3 高强度螺栓

14.3.2 抗滑移系数试件与钢结构连接构件应为同一材质、同一批制作、同一性能等级、同一摩擦面处理工艺，使用同一直径的高强度螺栓。

附录A 刚架柱的计算长度

A.0.1 变截面柱子的平面内稳定计算公式改为以大端截面为准，因此需要以大端截面为准的计算长度系数，式（A.0.1-2）由弹性稳定分析得到。

A.0.2 实际工程梁的变截面方式多样，本条规定如何求梁对柱子的转动约束，这个转动约束用以确定框架柱的计算长度系数。

A.0.4 本条提供了两层柱或两段柱（单阶柱）如何确定上下柱的计算长度系数，采用的是初等代数法，也可以采用有限元方法确定。

A.0.5 本条提供了二阶柱或三段柱（双阶柱）如何确定上中下三段柱子的计算长度系数，采用的是初等代数法，也可以采用有限元方法确定。

A.0.6 本条为摇摆柱中间支承竖向荷载提供了稳定性的计算方法。

A.0.7 二阶分析，柱子的计算长度取1.0。变截面柱子，要换算成大端截面，μ_r 是换算系数。

A.0.8 屋面梁在一个标高上时，框架有侧移失稳是一种整体失稳，存在着柱子与柱子间的相互支援作用，考虑这种相互支援后的计算长度系数计算公式就是式（A.0.8-1）或式（A.0.8-2），求得的计算长度系数如果小于1.0，应取1.0。

中华人民共和国国家标准

工业化建筑评价标准

Standard for assessment of industrialized building

GB/T 51129—2015

主编部门：中华人民共和国住房和城乡建设部
批准部门：中华人民共和国住房和城乡建设部
施行日期：2 0 1 6 年 1 月 1 日

中华人民共和国住房和城乡建设部
公　　告

第 893 号

住房城乡建设部关于发布国家标准《工业化建筑评价标准》的公告

现批准《工业化建筑评价标准》为国家标准，编号为 GB/T 51129－2015，自 2016 年 1 月 1 日起实施。

本标准由我部标准定额研究所组织中国建筑工业出版社出版发行。

中华人民共和国住房和城乡建设部

2015 年 8 月 27 日

前　　言

根据住房和城乡建设部《关于印发〈2013 年工程建设标准规范制订、修订计划〉的通知》（建标［2013］6 号）的要求，标准编制组经过广泛调查研究，认真总结实践经验，参考有关国际标准和国外先进标准，并在广泛征求意见的基础上，编制了本标准。

本标准的主要技术内容是：1. 总则；2. 术语；3. 基本规定；4. 设计阶段评价；5. 建造过程评价；6. 管理与效益评价。

本标准由住房和城乡建设部负责管理，由住房和城乡建设部住宅产业化促进中心负责具体技术内容的解释。执行过程中如有意见或建议，请寄送住房和城乡建设部住宅产业化促进中心（地址：北京市海淀区三里河路 9 号；邮编：100835）。

本标准主编单位：住房和城乡建设部住宅产业化促进中心
中国建筑科学研究院

本标准参编单位：北京市建筑设计研究院有限公司
万科企业股份有限公司
中建城市建设发展有限公司
华阳国际（深圳）设计公司
北方工业大学
博洛尼旗舰装饰装修工程（北京）有限公司
深圳市鹏城建筑集团有限公司
沈阳万融现代建筑产业有限公司
远大住宅工业集团有限公司
上海城建（集团）公司
深圳市花样年地产集团有限公司
中国建筑金属结构协会
杭萧钢构股份有限公司
浙江精工钢结构集团有限公司
北京市住房和城乡建设科技促进中心
深圳市住房和建设局

本标准主要起草人员：叶　明　黄小坤　杨　榕　樊则森　武洁青　杜阳阳　李　然　谭宇昂　龙玉峰　纪颖波　陶　炜　李世钟　张　波　钟志强　段创峰　张　剑　胡育科　张明祥　方鸿强　徐国军　尉家鑫　赵丰东　尹德潜

本标准主要审查人员：毛志兵　童悦仲　顾勇新　李晓明　刘坤伟　刘　刚　朱兆晴　刘　明　杨思忠

目　次

Contents

1 总 则

1.0.1 为规范工业化建筑的评价，推进建筑工业化发展，促进传统建造方式向现代工业化建造方式转变，提高房屋建筑的质量和效率，制定本标准。

1.0.2 本标准适用于民用建筑的工业化程度评价。

1.0.3 工业化建筑的评价应具有科学性、系统性和导向性，有利于促进行业的技术进步和生产方式转变。

1.0.4 工业化建筑的评价除应符合本标准外，尚应符合国家现行有关标准的规定。

2 术 语

2.0.1 工业化建筑 industrialized building

采用以标准化设计、工厂化生产、装配化施工、一体化装修和信息化管理等为主要特征的工业化生产方式建造的建筑。

2.0.2 装配式混凝土结构 precast concrete structure

由预制混凝土构件通过可靠的连接方式装配而成的主体结构，包括全装配混凝土结构、装配整体式混凝土结构等。简称装配式结构。

2.0.3 预制构件 prefabricated component

在工厂或现场预先制作的结构构件。

2.0.4 建筑部品 construction component

工业化生产、现场安装的具有建筑使用功能的建筑产品，通常由多个建筑构件或产品组合而成。

2.0.5 预制率 precast ratio

工业化建筑室外地坪以上的主体结构和围护结构中，预制构件部分的混凝土用量占对应部分混凝土总用量的体积比。

2.0.6 装配率 assembled ratio

工业化建筑中预制构件、建筑部品的数量（或面积）占同类构件或部品总数量（或面积）的比率。

2.0.7 协同设计 collaborative design

工业化建筑设计中通过建筑、结构、设备、装修等专业协同配合，并运用信息化技术手段完成的满足建筑设计、构件生产、安装施工、建筑装修要求的一体化设计。

2.0.8 集成式厨房 integrated kitchen

采用建筑部品并通过技术集成在现场分部或整体装配的厨房。

2.0.9 集成式卫生间 integrated toilet

采用建筑部品并通过技术集成在现场分部或整体装配的卫生间。

3 基本规定

3.1 一般规定

3.1.1 工业化建筑评价应以单体建筑作为评价对象。

3.1.2 申请评价的工程项目应符合标准化设计、工厂化制作、装配化施工、一体化装修、信息化管理的工业化建筑基本特征。

3.1.3 申请评价时，应提交项目申请评价报告、相关评价文件和证明材料。

3.1.4 实施评价时，应按本标准的有关要求，对申请文件进行审查，对工程项目进行现场考察，并应科学、公正地出具评价报告。

3.2 评价方法

3.2.1 工业化建筑可进行设计评价和工程项目评价，并应符合下列规定：

1 参评项目的施工图设计文件通过审查后，可进行设计评价；

2 参评项目满足设计评价要求且通过竣工验收后，可进行工程项目评价。

3.2.2 工业化建筑的评价指标体系应包括设计阶段、建造过程和管理与效益三部分指标。设计评价应依据设计阶段评价指标进行评分，工程项目评价应依据建造过程、管理与效益部分的评价指标进行评分，且每部分指标均应包括基础项、评分项指标。

3.2.3 基础项是工业化建筑评价的基本要求，当参评项目不符合本标准基础项的任一规定时，参评项目不应评价为工业化建筑。

3.2.4 设计阶段、建造过程、管理与效益三部分的评分项总分均为100分，三部分评分项的实际得分值应按本标准的有关规定进行评分和计算。

3.2.5 工业化建筑评价总得分值应按下式计算：

$$Q=a_1Q_1+a_2Q_2+a_3Q_3 \tag{3.2.5}$$

式中：Q——工业化建筑评价的总得分值；

Q_1——设计阶段评价的实际得分值；

Q_2——建造过程评价的实际得分值；

Q_3——管理与效益评价的实际得分值；

a_1——设计阶段实际得分的权重值；

a_2——建造过程实际得分的权重值；

a_3——管理与效益实际得分的权重值。

3.2.6 计算工业化建筑评价的总得分时，设计阶段、建造过程、管理与效益三部分实际得分的权重值应按表3.2.6确定。

表3.2.6 工业化建筑评价各部分实际得分的权重值

阶段	设计阶段，a_1	建造过程，a_2	管理与效益，a_3
权重值	0.50	0.35	0.15

3.2.7 工业化建筑评价结果应划分为A级、AA级、AAA级，并应符合下列规定：

1 设计阶段、建造过程、管理与效益指标的实际得分值均不应低于50分；

2 当总得分值为（60～74）分、（75～89）分、90分以上时，工业化建筑应分别评价为A级、AA级、AAA级。

4 设计阶段评价

4.1 基 础 项

4.1.1 参评项目的预制率不应低于20%，装配率不应低于50%。

4.1.2 参评项目应进行建筑、结构、机电设备、室内装修一体化设计。

4.1.3 参评项目应具备完整的设计文件。

4.2 评 分 项

4.2.1 参评项目应体现标准化设计理念，基本单元、构件、建筑部品应满足重复使用率高、规格少、组合多的要求。标准化设计评分规则应符合表4.2.1的规定。本条评价的最高分值为25分。

表4.2.1 标准化设计评分规则

序号	评价项目	评价指标及要求		评价分值	评价方法
1	模数协调	建筑设计采用统一模数协调尺寸，并符合现行国家标准《建筑模数协调标准》GB/T 50002的有关规定		2	查阅资料
2	建筑单元	居住建筑	在单体住宅建筑中重复使用量最多的三个基本户型的面积之和占总建筑面积的比例不低于70%	4	
		公共建筑	在单体公共建筑中重复使用量最多的三个基本单元的面积之和占总建筑面积的比例不低于60%		
3	平面布局	各功能空间布局合理、规则有序，符合建筑功能和结构抗震安全要求		2	
4	连接节点	连接节点具备标准化设计，符合安全、经济、方便施工等要求		2	
5	预制构件	预制梁、预制柱、预制外承重墙板、内承重墙板、外挂墙板在单体建筑中重复使用量最多的三个规格构件的总个数占同类构件总个数的比例均不低于50%		4	
		预制楼板、预制叠合楼板在单体建筑中重复使用量最多的三个规格构件的总个数占预制楼板总数的比例不低于60%		2	
		预制楼梯在单体建筑中重复使用量最多的一个规格的总个数占楼梯总个数的比例不低于70%		2	
		预制内隔墙板在单体建筑中重复使用量最多的一个规格构件的面积之和占同类型墙板总面积的比例不低于50%		2	
		预制阳台板在单体建筑中重复使用量最多的一个规格构件的总个数占阳台板总数的比例不低于50%		1	
6	建筑部品	外窗在单体建筑中重复使用量最多的三个规格的总个数占外窗总数量的比例不低于60%		2	
		集成式卫生间、整体橱柜、储物间等室内建筑部品在单体建筑中重复使用量最多的三个规格的总个数占同类部品总数量的比例不低于70%，并采用标准化接口、工厂化生产、装配化施工		2	

注：由于居住建筑和公共建筑的功能不同，在公共建筑评价时，若评价项目缺项可视同满足要求得分。

4.2.2 装配式混凝土结构预制率评分规则应符合表 4.2.2-1 的规定，钢结构建筑构件预制率评价应符合表 4.2.2-2 的规定。本条评价的最高分值为 25 分。

表 4.2.2-1 装配式混凝土结构预制率评分规则

序号	评价项目	评价指标	评价分值	评价方法
1	预制承重墙、柱、梁、楼板、外挂墙板、楼梯、凸窗、空调板、阳台、女儿墙	预制率≥60%	25	查阅资料
		40%≤预制率<60%	20	
		30%≤预制率<40%	15	
		20%≤预制率<30%	10	

表 4.2.2-2 钢结构建筑构件预制率评分规则

序号	评价项目		评价指标	评价分值	评价方法
1	外墙板	预制外挂墙板、预制复合墙板	预制率≥80%	10	查阅资料
			65%≤预制率<80%	8	
			50%≤预制率<65%	5	
2	楼板	预制（叠合）楼板	预制率≥80%	8	
			65%≤预制率<80%	6	
			50%≤预制率<65%	4	
3	其他	楼梯、空调板、阳台板	预制率≥80%	7	
			65%≤预制率<80%	5	
			50%≤预制率<65%	3	

4.2.3 参评项目设计的建筑构件、部品的装配率评分规则应符合表 4.2.3 的规定。本条评价的最高分值为 15 分。

表 4.2.3 建筑构件、部品的装配率评分规则

序号	评价项目	评价指标（单位）	评价分值	评价方法
1	非承重内隔墙	装配率（面积比）≥70%	4	查阅资料
		50%≤装配率（面积比）<70%	2	
2	集成式厨房	装配率（数量比）≥70%	3	
		50%≤装配率（数量比）<70%	1	
3	集成式卫生间	装配率（数量比）≥70%	3	查阅资料
		50%≤装配率（数量比）<70%	1	
4	预制管道井	装配率（数量比）≥50%	2	
5	预制排烟道	装配率（数量比）≥50%	2	
6	护　栏	装配率（数量比）≥50%	1	

注：由于居住建筑和公共建筑的功能不同，在公共建筑评价时，若评价项目缺项可视同满足要求得分。

4.2.4 参评项目设计的建筑集成技术评分规则应符合表 4.2.4 的规定。本条评价的最高分值为 10 分。

表 4.2.4 建筑集成技术设计评分规则

序号	评价项目	评价指标及要求	评价分值	评价方法
1	外围护结构集成技术	采用预制结构墙板、保温、外饰面一体化外围护系统，满足结构、保温、防渗、装饰要求	4	查阅资料
		采用预制结构墙板、保温或外饰面一体化外围护系统，满足结构、保温、防渗、装饰要求	2	
2	室内装修集成技术	项目室内装修与建筑结构、机电设备一体化设计，采用管线与结构分离等系统集成技术	3	
3	机电设备集成技术	机电设备管线系统采用集中布置，管线及点位预留、预埋到位	3	

4.2.5 参评项目设计深度应符合工厂化生产、装配化施工的要求，其评分规则应符合表 4.2.5 的规定。本条评价最高分值为 10 分。

表 4.2.5 设计深度评分规则

序号	评价指标及要求	评价分值	评价方法
1	具有完整的构件深化图，主要包括：设计说明、构件统计表、连接节点详图、构件加工详图、构件安装详图、预埋件详图	2	查阅资料
2	构件深化图满足工厂生产、施工装配等相关环节承接工序的技术和安全要求，各种预埋件、连接件设计准确、清晰、合理	1	
3	构件设计与构件生产工艺结合良好，与构件生产工厂建立有协同工作机制	1	
4	项目设计与施工组织紧密结合，与施工企业建立有协同工作机制	1	
5	构件设计合理、规格尺寸优化、便于生产制作，有利于提高工效、降低成本	1	
6	构件连接技术安全可靠、构造合理、施工简便	1	
7	构件设计满足构件运输和吊装能力要求，便于安装施工	1	
8	满足不同施工外架条件的影响以及模板和支撑系统的采用	1	
9	构件设计综合考虑了装配化施工的安装调节和公差配合要求	1	

4.2.6 参评项目设计应符合一体化装修设计要求，其评分规则应符合表4.2.6的规定。本条评价最高分值为10分。

表4.2.6 一体化装修设计评分规则

序号	评价项目	评价指标及要求	评价分值	评价方法
1	设计深度	具有完整的室内装饰装修设计方案，设计深度满足施工要求	4	查阅资料
2	协同设计	装修设计与主体结构、机电设备设计紧密结合，并建立协同工作机制	3	
3	设计方法	装修设计采用标准化、模数化设计；各构件、部品与主体结构之间的尺寸匹配、协调，提前预留、预埋接口，易于装修工程的装配化施工；墙、地面块材铺装基本保证现场无二次加工	3	

4.2.7 参评项目设计过程应采用信息化技术手段进行辅助设计，其评分规则应符合表4.2.7的规定。本条评价的最高分值为5分。

表4.2.7 信息化技术应用设计评分规则

序号	评价项目	评价指标及要求	评价分值	评价方法
1	方案设计	应用信息技术（BIM）进行方案设计，包括项目总体分析、性能分析、方案优化等	2	查阅资料
2	施工图设计	应用信息技术（BIM）进行施工图设计，包括专业协同、管线综合、信息模型制作、施工图信息表达等	2	
3	构件图设计	应用信息技术（BIM）进行构件深化设计，包括连接节点设计、钢筋碰撞检查、构件信息模型，完成构件图信息表达等	1	

5 建造过程评价

5.1 基础项

5.1.1 参评项目应按工业化建造方式编制施工组织设计，并应满足建筑设计、生产运输、装配施工、装饰装修等环节的协调配合与组织管理要求。

5.1.2 参评项目的室内装修工程应与建筑设计、构件制作、主体施工和机电设备安装实现一体化。

5.1.3 参评项目应具备专业化的施工队伍，并应建立员工培训和考核制度。

5.2 工厂化制作评分项

5.2.1 预制构件生产制作及质量控制评分规则应符合表5.2.1的规定。本条评价的最高分值为18分。

表5.2.1 预制构件生产制作及质量控制评分规则

序号	评价指标及要求	评价分值	评价方法
1	构件生产企业具备相应的生产工艺设备和完善的质量管理体系	4	查阅资料
2	构件生产过程具有相应的技术标准、工艺流程和作业指导要求	4	
3	参评项目监理方驻厂监督构件生产过程，有完整的质量验收记录	3	
4	工厂生产构件标注构件编号、制作日期、合格状态、生产单位等信息	3	
5	构件各项性能指标符合设计要求，具有出厂检验报告、进场验收记录	2	
6	构件质量符合国家现行有关标准要求	2	

5.2.2 预制构件堆放与运输管理评分规则应符合表5.2.2的规定。本条评价的最高分值为7分。

表5.2.2 预制构件运输管理评分规则

序号	评价指标及要求	评价分值	评价方法
1	参评项目具备合理运输组织方案，内容包括运输时间、次序、运输线路、固定要求、堆放支垫及成品保护措施，且减少二次倒运和现场堆放	3	查阅资料
2	构件运输和临时存放过程中具有专门的质量安全保证措施，对尺寸较大、形状特殊的大型预制构件的运输和存放措施具体、明确	2	
3	构件运输进场具有交接验收记录	2	

5.3 装配化施工评分项

5.3.1 参评项目采用装配化施工的组织与管理评分规则应符合表5.3.1的规定。本条评价的最高分值为15分。

表5.3.1 装配化施工组织与管理评分规则

序号	评价指标及要求	评价分值	评价方法
1	参评项目具有工程总承包管理模式和专业化的施工队伍	4	
2	参评项目具备完整的施工组织方案，内容包括构件安装工程进度、场地、材料、人员、机械的组织，以及相应的质量、环境、安全管理措施	4	查阅资料
3	参评项目具备完整的装配化施工工法或技术标准	4	
4	参评项目采用机械化施工，减少人力成本，并明显提高效率	3	

5.3.2 参评项目采用装配化施工技术与工艺评分规则应符合表5.3.2的规定。本条评价的最高分值为20分。

表5.3.2 装配化施工技术与工艺评分规则

序号	评价指标及要求	评价分值	评价方法
1	参评项目具备构件安装专项技术方案，内容包括构件成品保护、存放、翻转、起吊、定位、稳固、连接等技术措施和质量、安全控制措施	3	查阅资料
2	构件连接技术施工简便、安全可靠，连接技术系统性强、经济适用，符合国家现行有关标准规定	3	
3	外墙、内墙、顶棚基本实现无抹灰	3	现场观察
4	外墙减少外脚手架施工，室内采用工具式、定型化安全支撑设施	3	查阅资料
5	采用工具式、定型化模板及支撑系统，可重复使用30次以上	2	
6	采用吊车满足100mm以下微动性的要求，有分配梁或分配桁架的吊具	2	现场观察 查阅资料
7	项目所用成型钢筋、钢筋网片、钢筋桁架等由工厂加工制作	2	
8	各机电设备管线预埋到位、采用机械连接方式	2	

5.3.3 参评项目装配化施工质量评分规则应符合表5.3.3的规定。本条评价的最高分值为15分。

表5.3.3 装配化施工质量评分规则

序号	评价指标及要求	评价分值	评价方法
1	全部主控项目和构件连接部位均进行实体抽样检测，检测结果符合设计要求	4	
2	按国家现行有关标准的规定进行了工程质量验收，并且达到国家现行有关装配式结构工程验收标准的合格要求	3	
3	构件、灌浆料强度检测报告、主要材料及配件的质量证明文件、进场验收记录，资料齐全、翔实、可靠	2	查阅资料
4	构件安装施工记录、钢筋连接施工检验记录、钢结构建筑的主体结构连接螺栓或焊接节点检验记录，资料齐全、翔实、可靠	2	
5	后浇混凝土部位、后装封闭构件施工前的隐蔽工程检查验收文件，资料齐全、翔实、可靠	2	
6	装配式结构分项工程质量验收文件，资料齐全、翔实、可靠	2	查阅资料 现场观察

5.4 装修工程评分项

5.4.1 参评项目采用一体化装修技术与施工工艺评分规则应符合表5.4.1的规定。本条评价的最高分值为15分。

表5.4.1 一体化装修技术与施工工艺评分规则

序号	评价指标及要求	评价分值	评价方法
1	具备装修施工组织设计，体现部品的工厂生产与现场施工工序、部品的生产工艺与施工安装工艺的协调配合	4	查阅资料

续表 5.4.1

序号	评价指标及要求	评价分值	评价方法
2	各构件与部品之间、部品与主体结构之间采用装配化施工工艺，各工序偏差控制在设计要求范围内	4	查阅资料 现场观察
3	采用工厂生产的集成式厨房、卫生间，一次安装到位	3	
4	采用内隔墙板系统，与主体结构连接可靠，易于安装拆卸	2	
5	水、暖、电气等设备系统与主体结构的构件生产、装配施工协调配合	2	

5.4.2 参评项目室内装修工程采用有关技术措施的评分规则应符合表 5.4.2 的规定。本条评价的最高分值为 10 分。

表 5.4.2 室内装修工程采用有关技术措施评分规则

序号	评价指标及要求	评价分值	评价方法
1	非承重内隔墙采用装配施工技术，现场无湿作业和二次加工	2	查阅资料 现场观察
2	墙和地面瓷砖、石材等装修材料工厂加工编号，无现场切割	2	
3	各种柜体、内门等木制品和木装饰采用工厂定制，无现场切割	2	
4	各种设备管线，连接部位提前预留接口、孔洞，无现场剔凿	2	
5	采用预拌砂浆、预拌混凝土或其他工业化产品	2	

6 管理与效益评价

6.1 基 础 项

6.1.1 参评项目应建立项目质量终身责任信息档案。

6.1.2 参评项目建造过程应建立节能、节水、节材和建筑废弃物管理制度，并应具有相应的数据记录和节约效果分析。

6.1.3 参评项目设计、建造全过程应采用信息化管理技术，并应实现设计、生产、运输、施工、监理、运营等环节的协同工作。

6.2 信息化管理评分项

6.2.1 参评项目建立系统管理信息平台，并对工程建设全过程实施动态、量化、科学、系统的管理和控制。本条评价分值为 10 分。

6.2.2 参评项目从设计阶段开始建立建筑信息模型，并随项目设计、构件生产及施工建造等环节实施信息共享、有效传递和协同工作。本条评价分值为 5 分。

6.2.3 参评项目参与各方均具有建筑信息化管理人员，并进行信息系统的管理与维护。本条评价分值为 3 分。

6.2.4 参评项目实施各阶段的信息化管理评分规则应符合表 6.2.4 的规定。本条评价的最高分值为 12 分。

表 6.2.4 信息化管理评分规则

序号	评价项目	评价指标及要求	评价分值	评价方法
1	设计阶段	采用基于建筑信息模型技术的设计软件，每个构件有唯一的身份标识，按照相关标准，将设计信息传递给后续环节	4	查阅资料
2	生产阶段	建立构件生产管理系统，建立构件生产信息数据库，用于记录构件生产关键信息，追溯、管理构件的生产质量、生产进度	4	
3	施工阶段	建立构件施工管理系统，将设计阶段信息模型与时间、成本信息关联整合，进行管理；结合构件中的身份识别标识，记录构件吊装、施工关键信息，追溯、管理构件施工质量、施工进度等，实现施工过程精细化管理	4	

6.3 综合效益评分项

6.3.1 参评项目建造成本与同等条件下传统建造方式相比，增加不高于 10%，并具有相应的记录资料和经济分析报告。本条评价分值为10分。

6.3.2 参评项目充分体现对行业技术进步的促进作用。本条评价分值为8分。

6.3.3 参评项目用工制度充分体现建立现代产业工人队伍。本条评价分值为7分。

6.3.4 参评项目在建造过程中充分体现减少能源、资源消耗和环保效益，其评分规则应符合表6.3.4的规定。本条评价的最高分值为25分。

表6.3.4 资源节约与环保效果评分规则

序号	评价项目	评价指标及要求	评价分值	评价方法
1	节能效果	制定并实施施工节能和用能方案，监测并记录施工能耗，与传统方式相比，现场施工能耗指标节约明显	5	查阅资料
2	节水效果	制定并实施施工节水和用水方案，监测并记录施工水耗，与传统方式相比，现场施工节约用水指标达到50%以上	5	
3	节材效果	采用工厂化钢筋加工方法，降低现场加工的钢筋损耗率，采用工厂化加工的钢筋不低于80%，钢筋损耗率不大于2.0% 钢结构建筑采用无模板和无支撑式楼面板施工，采用预制成品楼板或钢筋桁架式组合楼板	5	
		最大限度地采用预制构件，减少预拌混凝土的损耗，混凝土的损耗率不大于1.5%	5	
4	环保效果	施工现场有整洁检查计划、检查记录和专人负责；施工现场有建筑垃圾控制计划和专人负责；施工垃圾减少50%以上；施工噪声不高于现行国家标准《建筑施工场界环境噪声排放标准》GB 12523相关规定	5	

6.3.5 与相同条件下传统生产方式工期相比，参评项目在主体结构与室内装修施工阶段所用总工期减少20%以上。本条评价分值为10分。

6.3.6 参评项目在施工过程中现场人工用量与相同条件下传统生产方式相比应明显减少，其评分规则应符合表6.3.6的规定。本条评价的最高分值为10分。

表6.3.6 现场施工人工用量评分规则

序号	评价指标	评价分值	评价方法
1	单位建筑面积人工用量减少50%以上	10	查阅资料
	单位建筑面积人工用量减少40%～50%	8	
	单位建筑面积人工用量减少20%～40%	5	
	单位建筑面积人工用量减少10%～20%	3	

本标准用词说明

1 为便于在执行本标准条文时区别对待，对要求严格程度不同的用词说明如下：

1）表示很严格，非这样做不可的：
正面词采用“必须”，反面词采用“严禁”；

2）表示严格，在正常情况下均应这样做的：
正面词采用“应”，反面词采用“不应”或“不得”；

3）表示允许稍有选择，在条件许可时首先应这样做的：
正面词采用“宜”，反面词采用“不宜”；

4）表示有选择，在一定条件下可以这样做的，采用“可”。

2 条文中指明应按其他有关标准执行的写法为：“应符合……的规定”或“应按……执行”。

引用标准名录

1 《建筑模数协调标准》GB/T 50002

2 《建筑施工场界环境噪声排放标准》GB 12523

中华人民共和国国家标准

工业化建筑评价标准

GB/T 51129—2015

条 文 说 明

制 订 说 明

《工业化建筑评价标准》GB/T 51129-2015，经住房和城乡建设部2015年8月27日以第893号公告批准、发布。

本标准编制过程中，编制组进行了针对工业化建筑的设计、生产、施工和管理等方面的调研与技术交流、关键技术研究，总结了近年来工业化建筑的实践经验，开展了试评价工作，同时参考了国内相关技术标准。

为便于广大设计、施工、科研、学校等单位有关人员在使用本标准时能正确理解和执行条文规定，《工业化建筑评价标准》编制组按章、节、条顺序编制了本标准的条文说明，对条文规定的目的、依据以及执行中需注意的有关事项进行了说明。但是，本条文说明不具备与标准正文同等的法律效力，仅供使用者作为理解和把握标准规定的参考。

目　次

1 总　　则

1.0.1 当前，我国建筑业仍是一个劳动密集型产业，在房屋建造整个生产活动中，高能耗、高污染、低效率、粗放的传统建造模式在建筑活动中仍较为普遍，工业化水平较低、生产方式落后、高素质建筑工人短缺、房屋建造的质量和效益不高，使得传统的建造方式越来越难以为继。从发达国家走过的道路来看，随着全社会生产力发展水平的不断提高，房屋建设必然走工业化、集约化、产业化的道路。因此，在我国发展建筑工业化，是一项意义重大而十分迫切的任务。总结我国建筑工业化经验，借鉴国际先进经验，建立一套适合我国国情的工业化建筑评价体系，制定并实施统一、规范的评价标准，对于引导促进建筑工业化发展具有十分重要的意义。

1.0.2 本标准适用于采用工业化生产方式建造的各类民用建筑的评价，包括居住建筑和各类公共建筑。虽然当前我国建筑工业化发展是以住宅建筑为重点，但考虑到公共建筑建设总量大并且适宜工业化建造方式的特点，因此本标准的评价范围覆盖民用建筑各主要类型，以适应建筑工业化发展要求。

1.0.3 工业化建筑的评价主要基于评价项目所采用工业化生产方式的程度和水平、质量和效益，避免片面地以预制率或部分采用工业化技术来评定工业化建筑，使项目的评价具有科学性、系统性和导向性。

1.0.4 符合国家现行有关标准是参与工业化建筑评价的前提条件。本标准主要针对建筑的工业化程度、水平和效益的评价，涉及质量、安全、防灾等方面的内容，尚应符合我国现行有关工程建设标准的规定。

2 术　　语

2.0.2 装配式混凝土结构是相对于建筑主体结构为现场浇筑的混凝土结构而言，其全部或部分结构构件是在工厂预制、现场安装，体现了房屋建造的工业化生产方式，实现了建筑生产方式的转变，提高了建筑工程质量和劳动效率，降低了劳动强度，减少了现场建筑垃圾排放。

2.0.4 建筑部品包括建筑屋面、门窗、内隔墙、卫生间、厨房、储柜、外围护结构等类别。

2.0.5 本规范中，预制率仅用于表征装配式混凝土结构中预制结构构件、预制外挂墙板在对应的全部混凝土构件中占比，用体积比表示。钢结构主体结构可以达到全预制，因此不强调预制率的概念。

预制率的计算方法和定义差异较大，为使本标准具有可操作性，参考业内的通用的混凝土用量统计方式，以混凝土的体积比作为预制率的计算依据。考虑到装配式混凝土结构中围护结构的混凝土用量较大，预制率的计算中计入了预制围护结构构件（如混凝土外挂墙板）。

2.0.6 区别于预制率的概念，装配率用于表征建筑构件与部品的工厂化成品用量与现场加工制作产品用量的比率。

3 基 本 规 定

3.1 一 般 规 定

3.1.1 以单体建筑为评价对象，主要基于单体建筑能全面、系统地反应工业化生产方式的全过程，可构成整个建筑活动的工作单元和产品，具有通用性和可操作性。

3.1.2 工业化建筑的基本特征是初步判断项目是否符合申请评价条件的基本要求，了解并掌握工业化建筑的基本特征可避免申请评价项目的不确定性和盲目性。工业化建筑的基本特征主要体现在项目的设计方法、技术手段、工厂生产、施工组织和信息化管理等方面。

3.1.3 工业化建筑的评价涉及房屋建造的全过程，因此要求申请项目评价的单位应提交评价项目申请报告、主要生产环节的设计文件、施工文件、验收文件以及效益评价文件等。工业化建筑的评价分为设计和工程项目两阶段评价，在设计评价阶段由于构件生产与施工尚未进行，难以提供完整的评价文件，因此，可按评价阶段的要求分阶段提供相应的评价文件资料，内容应完整、翔实。

在设计评价阶段提交的申请报告应包括项目概况、参与单位情况、主要设计指标、主要设计方法、项目关键技术等主要内容，以及与本标准第四章设计阶段评价要求相关的指标和要求；在工程项目评价阶段提交的申请报告应包括项目概况、参与单位情况、项目关键技术、工厂制作、施工组织、项目管理模式和综合效益分析等主要内容，以及与本标准第5章、第6章评价要求相关的指标和要求，内容应完整、翔实。

3.2 评 价 方 法

3.2.1 为保证工业化建筑的评价质量和效果，切实发挥评价工作的指导作用，评价工作要求在设计阶段完成后进行设计评价，设计评价的结果是判定评价对象是否具备工业化程度的前提条件，如设计评价结果不满足最低分数要求，表明该评价项目不符合工业化建筑，不能也不必要进行第二阶段工程项目的评价；工程项目评价应在主体结构和装饰装修工程通过竣工验收后再进行工程项目评价；两个阶段的评价结果之和作为项目的总体评价结果。

3.2.3 基础项是工业化建筑评价的基本要求，也是参评项目的必要条件，因此，当参评项目有一条指标不满足本标准基础项规定时，参评项目不应评价为工业化建筑。

4 设计阶段评价

4.1 基 础 项

4.1.1 工业化建筑应最大限度地采用预制构件，过低的预制率不能体现工业化建筑的特点和优势。预制率主要针对主体结构构件和围护结构构件，其中包括：预制外承重墙、内承重墙、柱、梁、楼板、外挂墙板、楼梯、空调板、阳台、女儿墙等构件。由于钢结构的特点，本标准计算预制率时不包括钢结构构件；由于非承重内隔墙板的种类繁多，预制率计算中不包括这类构件。预制率计算方法见本标准第4.2.2条。

参评项目装配率计算方法依据本标准第4.2.3条，当本条评价表中的评价项目的各项装配率均不低于50%时，既为满足50%的装配率要求，如工程项目中无某评价项目可视同满足要求得分。

本条评价方法：查阅项目设计图纸等技术文件进行计算。

4.1.2 参评项目的建筑、结构、机电设备、室内装修实现一体化设计是工业化建筑的主要特点和基本要求。在项目的设计过程中应充分考虑工业化建筑的特点以及项目所在地的技术经济条件，利用信息化技术手段实现各专业间的协同配合，尤其是室内装修设计与建筑结构、机电设备形成系统的有机结合，并能保证生产、施工过程中顺利实现工业化建筑的各种技术要求。

4.1.3 设计文件主要包括技术报告、施工设计图、构件加工设计图、室内装修设计图等。技术报告内容主要包括：项目采用的结构技术体系、主要连接技术与构造措施、一体化设计方法、主要技术经济指标分析等相关资料。

4.2 评 分 项

4.2.1 预制构件和建筑部品的重复使用率是项目标准化程度的重要指标，根据对工程项目初步调查，在同一项目中对相对复杂或规格较多的构件，同一类型的构件一般控制在三个规格左右并占总数量的较大比重，可控制并体现标准化程度。对于规格简单的构件用一个规格构件数量控制。公共建筑的基本单元主要指标准的结构空间。

对于预制构件和建筑部品评价项目，由于居住建筑和公共建筑的类型和功能的不同，在公共建筑评价时如评价项目缺项可视同满足要求得分。

本条评价方法：查阅项目设计图纸等技术文件进行计算。

4.2.2 装配式混凝土结构预制率按评价项目的主体结构和围护结构中所采用的各类型预制构件的混凝土用量与主体结构和围护结构混凝土总用量的体积比进行判定。

预制承重墙包括实心承重墙、夹心保温外承重墙、双面叠合承重墙三种类型。其中，夹心保温外承重墙的保温层、暗柱现浇部分不计入预制率的计算体积；双面叠合承重墙鉴于设计、生产以及施工符合工业化生产的特点，其双面叠合墙体内后浇部分的混凝土可计入预制率的计算体积。

计算方法：预制率以评价项目所采用的预制承重墙、梁、柱、预制（叠合）楼板、预制外挂墙板、楼梯、凸窗、空调板、阳台、女儿墙等预制构件部分的混凝土用量占主体结构和围护结构混凝土总用量的体积比进行判定。

钢结构的梁、柱构件本身即为预制构件，因此不列入本条的评价表。钢结构预制率以项目采用除钢结构构件以外的其他预制构件的应用体积与同类构件的总体积的比率进行判定。

本条评价方法：查阅项目设计图纸等技术文件进行计算。

4.2.3 建筑构件、部品的装配率是以构件或部品的应用面积或数量与相应部位的总面积或总数量之比为来进行判定。内隔墙主要包括：预制轻质混凝土整体墙板、预制混凝土空心条板、加气混凝土条板、轻质材料隔墙板、轻钢龙骨内隔墙等采用装配化施工工艺的内隔墙系统。

集成式厨房、集成式卫生间、排烟道主要适用于居住建筑，而对于公共建筑无此项时可视同满足要求得分。

4.2.4 建筑集成技术是工业化建筑的主要技术特点，有利于技术系统的整合优化，有利于施工建造工法的相互衔接，有利于提高生产效率和建筑性能、质量。我国幅员辽阔，不需要保温设计的建筑，可以考虑以隔热或遮阳要求替换保温要求。

4.2.5 协同工作机制主要是指项目设计方与部品部件厂家、预制构件生产企业、施工单位和装修设计施工单位共同进行研究和制定设计细节，考虑了工厂生产工艺、现场装配化施工、土建装修一体化等相关要求。

4.2.7 BIM技术应用的性能分析包括：场地风环境分析、室内通风环境分析、日照分析、采光分析等。

5 建造过程评价

5.1 基 础 项

5.1.1 工业化建造方式主要指建筑设计、装配施工、室内装修等主要环节采用一体化、信息化的施工技术与组织管理过程，充分体现建筑设计、生产运输、施工装配、装饰装修等主要环节的协同配合。

本条评价方法为：查阅施工组织方案，审核应对措施的合理性及相关环节的协作配合的落实情况及其有效性。

5.1.2 参评项目装修工程与建筑设计、构件制作、主体施工和机电设备安装实现一体化主要是指装修工程与各个阶段的技术衔接、专业协同配合要同步到位。参评项目应尽可能达到成品房工程验收，这是工业化建筑的重要特征和基本要求，主要区别于传统的毛坯房项目，以引导成品住宅的发展。

本条评价方法：查阅相关资料、现场观察。

5.1.3 专业化施工队伍主要指具有成建制的专业化的经营管理公司，有熟练的工程技术管理人员和工人队伍，工人具有统一的用工管理、技术培训制度。区别于一般的劳务市场用工、劳务分包、工程转包关系。

本条评价方法：查阅相关的劳务合同、培训制度，审核工程技术人员、工人名册和持证上岗情况。

5.3 装配化施工评分项

5.3.2 工具式脚手架是指组成脚手架的架体结构和构配件为定型化标准化产品，可多次重复使用，按规定的程序组装和施工，包括附着式升降脚手架、高处作业吊篮和外挂防护架。

工具式模板是指组成模板的模板结构和构配件为定型化标准化产品，可多次重复使用，按规定的程序组装和施工。

5.3.3 对于装配式混凝土结构工程质量验收，主要依据现行行业标准《装配式混凝土结构技术规程》JGJ 1的有关规定。

后浇混凝土、灌浆料等的密实度和强度对预制构件的整体强度有很大影响，应与现场实际强度的实测结果具有相关性，需要提供可靠的现场检测方法。

本条评价方法：查阅资料、现场观察。

5.4 装修工程评分项

5.4.1 工业化建筑在建造过程中应尽量减少前道工序超差给后道工序带来的麻烦，不能依赖前道工序完成后的实际测量尺寸进行后道工序加工，每道工序的误差必须控制在要求范围内。因此，工业化建筑装修工程的管理，需要从设计容许偏差进行科学控制，并在部品生产、施工安装全过程严格控制施工误差，尽量减少现场测量尺寸和现场拆改的现象，保证各工序间的协调配合。

5.4.2 技术措施主要指装修的材料尽可能在工厂定制，减少或不在现场加工制作；装修的材料、部品与主体结构、设施设备之间连接部位提前设计并预留接口、安装方便，尽可能做到现场装配施工。

本条评价方法：查阅资料、现场观察。

6 管理与效益评价

6.1 基础项

6.1.1 按照住房城乡建设部《建筑工程五方责任主体项目负责人质量终身责任追究暂行办法》（建质［2014］124号）规定，建设、勘察、设计、施工、监理单位在工程设计使用年限内，承担相应的质量终身责任。

本条评价方法：查阅工程质量验收文件。

6.1.2 工业化建筑建造过程的节能、节水、节材和垃圾减量化效果与传统的施工建造方式相比优势明显，但同样需要建立必要的管理制度，同时对相应的节约效果数据进行记录和分析比较。

本条评价方法：查阅相关管理制度文件、日常管理记录、效果分析报告，并现场核查。

6.1.3 全过程信息化管理是通过信息数据平台管理系统将设计、生产、施工、物流和运营管理等各环节连接为一体化管理，共享信息和资源，有效地支撑项目的实施与决策系统。

本条评价方法：查阅相关技术、管理文件资料。

6.2 信息化管理评分项

6.2.1 项目管理系统信息平台是项目建设全过程的信息数据、资源协同、组织决策管理系统，是工业化建筑建造过程的重要手段，对提高工程建设各阶段、各专业之间协同配合、效率和质量，以及一体化管理水平具有重要作用。

本条评价方法：查阅相关文档资料、信息数据记录，并现场核查信息管理系统。

6.2.2 建筑信息模型主要指BIM信息模型技术，模型信息要覆盖项目所有专业和主要工序。

本条评价方法：查阅相关文档资料、信息模型系统、数据记录。

6.2.3 本条评价方法：查阅相关文档资料。

6.3 综合效益评分项

6.3.1 综合成本核算是以上年当地造价管理部门给定的数据为基准，并具有完整详细的工业化建筑成本构成文件。

本条评价方法：查阅工程项目预算、经济分析报告。

6.3.2 本条主要体现在：项目所采用的主要建造技术属国内领先技术，对房屋建造水平和质量效益的提升效果明显；该项技术属企业自主研发并具有不少于3项专利技术，或获得省级、国家级相关科技示范工程项目。

本条评价方法：查阅相关资料。

6.3.3 本条主要体现在：各类分部分项工程是否具备专业化队伍；工人岗位是否相对固定，其专业技能是否经过职业技术培训；工人是否具有稳定的劳动关系和保障。

本条评价方法：查阅员工名册、劳务合同和相关资料。

6.3.4 此项评价的每一个子项均应当提供详细的分析报告，其计算依据均为参评项目与当地传统施工方法数据之间的比较。传统项目取值依据当地编制的相关标准和定额核定，并参考市场调研数据。

本条评价方法：查阅工程量清单、进货清单、结算清单和分析报告。

6.3.5 本条评价方法：查阅工程项目施工组织计划和相关资料。主体与装修阶段传统方式正常工期为当地施工平均水平所需要的工期。

6.3.6 传统生产方式一般是指项目现场以现浇方式和人工为主的施工方法。现场人工用量指主体结构±0.000以上土建部分施工操作与管理人员。

根据造价定额和工程项目实际调查测算，采用传统生产方式通常（1～3）万 m^2 工程项目的单位建筑面积人工用量一般在1.8工日；（3～6）万 m^2 工程项目的单位建筑面积人工用量一般在1.6工日，评价时可按以上基数计算。

本条评价方法：查阅用工人员清单、施工组织计划安排。

中华人民共和国行业标准

装配式混凝土结构技术规程

Technical specification for precast concrete structures

JGJ 1－2014

批准部门：中华人民共和国住房和城乡建设部
施行日期：2 0 1 4 年 1 0 月 1 日

中华人民共和国住房和城乡建设部
公　告

第310号

住房城乡建设部关于发布行业标准《装配式混凝土结构技术规程》的公告

现批准《装配式混凝土结构技术规程》为行业标准，编号为JGJ 1-2014，自2014年10月1日起实施。其中，第6.1.3、11.1.4条为强制性条文，必须严格执行，原《装配式大板居住建筑设计和施工规程》JGJ 1-91同时废止。

本规程由我部标准定额研究所组织中国建筑工业出版社出版发行。

中华人民共和国住房和城乡建设部

2014年2月10日

前　言

根据原建设部《关于印发〈二OO二～二OO三年度工程建设城建、建工行业标准制订、修订计划〉的通知》（建标［2003］104号）的要求，规程编制组经广泛调查研究，认真总结实践经验，参考有关国际标准和国外先进标准，并在广泛征求意见的基础上，修订了《装配式大板居住建筑设计和施工规程》JGJ 1-91。

本规程主要技术内容是：总则，术语和符号，基本规定，材料，建筑设计，结构设计基本规定，框架结构设计，剪力墙结构设计，多层剪力墙结构设计，外挂墙板设计，构件制作与运输，结构施工，工程验收。

本规程主要修改内容：1. 扩大了适用范围，适用于居住建筑和公共建筑；2. 加强了装配式结构整体性的设计要求；3. 增加了装配整体式剪力墙结构、装配整体式框架结构和外挂墙板的设计规定；4. 修改了多层装配式剪力墙结构的有关规定；5. 增加了钢筋套筒灌浆连接和浆锚搭接连接的技术要求；6. 补充、修改了接缝承载力的验算要求。

本规程中以黑体字标志的条文为强制性条文，必须严格执行。

本规程由住房和城乡建设部负责管理和对强制性条文的解释，由中国建筑标准设计研究院负责具体技术内容的解释。执行过程中如有意见或建议，请寄送中国建筑标准设计研究院（地址：北京市海淀区首体南路9号主语国际2号楼，邮政编码：100048）。

本规程主编单位：中国建筑标准设计研究院
中国建筑科学研究院

本规程参编单位：北京榆构有限公司
万科企业股份有限公司
同济大学
瑞安房地产发展有限公司
湖北宇辉建设集团有限公司
中国航天建设集团有限公司
哈尔滨工业大学
北京建工集团有限责任公司
润铸建筑工程（上海）有限公司
北京威肯国际建筑体系技术有限公司
中山市快而居住宅工业有限公司
前田（北京）经营咨询有限公司
中国二十二冶集团有限公司
深圳市华阳国际工程设计有限公司
远大住宅工业有限公司
四川华构住宅工业有限公司
南通建筑工程总承包有限公司

本规程主要起草人员：李晓明　黄小坤　蒋勤俭
田春雨　赵　勇　朱　茜
万墨林　薛伟辰　郁银泉
顾泰昌　秦　珩　林晓辉
刘文清　黄　文　姜洪斌
李晨光　赖宜政　姚守信
谷明旺　谭宇昂　蒋航军
洪嘉伟　龙玉峰　李哲龙
窦祖融　董年才　侯键频
张　剑

本规程主要审查人员：徐正忠　柯长华　艾永祥
钱稼茹　吕西林　白生翔
徐有邻　叶　明　刘明全
刘　明　林建平　樊则森
龚　剑　钱冠龙　陶梦兰

目　次

Contents

1 总　　则

1.0.1 为在装配式混凝土结构的设计、施工及验收中，贯彻执行国家的技术经济政策，做到安全适用、技术先进、经济合理、确保质量，制定本规程。

1.0.2 本规程适用于民用建筑非抗震设计及抗震设防烈度为6度至8度抗震设计的装配式混凝土结构的设计、施工及验收。

1.0.3 装配式混凝土结构的设计、施工及验收除应符合本规程外，尚应符合国家现行有关标准的规定。

2 术语和符号

2.1 术　　语

2.1.1 预制混凝土构件　precast concrete component

在工厂或现场预先制作的混凝土构件。简称预制构件。

2.1.2 装配式混凝土结构　precast concrete structure

由预制混凝土构件通过可靠的连接方式装配而成的混凝土结构，包括装配整体式混凝土结构、全装配混凝土结构等。在建筑工程中，简称装配式建筑；在结构工程中，简称装配式结构。

2.1.3 装配整体式混凝土结构　monolithic precast concrete structure

由预制混凝土构件通过可靠的方式进行连接并与现场后浇混凝土、水泥基灌浆料形成整体的装配式混凝土结构。简称装配整体式结构。

2.1.4 装配整体式混凝土框架结构　monolithic precast concrete frame structure

全部或部分框架梁、柱采用预制构件构建成的装配整体式混凝土结构。简称装配整体式框架结构。

2.1.5 装配整体式混凝土剪力墙结构　monolithic precast concrete shear wall structure

全部或部分剪力墙采用预制墙板构建成的装配整体式混凝土结构。简称装配整体式剪力墙结构。

2.1.6 混凝土叠合受弯构件　concrete composite flexural component

预制混凝土梁、板顶部在现场后浇混凝土而形成的整体受弯构件。简称叠合板、叠合梁。

2.1.7 预制外挂墙板　precast concrete facade panel

安装在主体结构上，起围护、装饰作用的非承重预制混凝土外墙板。简称外挂墙板。

2.1.8 预制混凝土夹心保温外墙板　precast concrete sandwich facade panel

中间夹有保温层的预制混凝土外墙板。简称夹心外墙板。

2.1.9 混凝土粗糙面　concrete rough surface

预制构件结合面上的凹凸不平或骨料显露的表面。简称粗糙面。

2.1.10 钢筋套筒灌浆连接　rebar splicing by grout-filled coupling sleeve

在预制混凝土构件内预埋的金属套筒中插入钢筋并灌注水泥基灌浆料而实现的钢筋连接方式。

2.1.11 钢筋浆锚搭接连接　rebar lapping in grout-filled hole

在预制混凝土构件中预留孔道，在孔道中插入需搭接的钢筋，并灌注水泥基灌浆料而实现的钢筋搭接连接方式。

2.2 符　　号

2.2.1 材料性能

f_c——混凝土轴心抗压强度设计值；

f_y、f'_y——普通钢筋的抗拉、抗压强度设计值。

2.2.2 作用和作用效应

F_{Ehk}——施加于外挂墙板重心处的水平地震作用标准值；

G_k——外挂墙板的重力荷载标准值；

N——轴向力设计值；

S——荷载组合的效应设计值；

S_{Eh}——水平地震作用组合的效应设计值；

S_{Ev}——竖向地震作用组合的效应设计值；

S_{Ehk}——水平地震作用效应标准值；

S_{Evk}——竖向地震作用效应标准值；

S_{Gk}——永久荷载效应标准值；

S_{wk}——风荷载效应标准值；

V_{jd}——持久设计状况下接缝剪力设计值；

V_{jdE}——地震设计状况下接缝剪力设计值；

V_{mua}——被连接构件端部按实配钢筋面积计算的斜截面受剪承载力设计值；

V_u——持久设计状况下接缝受剪承载力设计值；

V_{uE}——地震设计状况下接缝受剪承载力设计值；

γ_{Eh}——水平地震作用分项系数；

γ_{Ev}——竖向地震作用分项系数；

γ_G——永久荷载分项系数；

γ_w——风荷载分项系数。

2.2.3 几何参数

B——建筑平面宽度；

L——建筑平面长度。

2.2.4 计算系数及其他

α_{max}——水平地震影响系数最大值；

γ_{RE}——承载力抗震调整系数；

γ_0——结构重要性系数；

Δu——楼层层间最大位移；

η_j——接缝受剪承载力增大系数；

ψ_w——风荷载组合系数。

3 基本规定

3.0.1 在装配式建筑方案设计阶段，应协调建设、设计、制作、施工各方之间的关系，并应加强建筑、结构、设备、装修等专业之间的配合。

3.0.2 装配式建筑设计应遵循少规格、多组合的原则。

3.0.3 装配式结构的设计应符合现行国家标准《混凝土结构设计规范》GB 50010 的基本要求，并应符合下列规定：

1 应采取有效措施加强结构的整体性；

2 装配式结构宜采用高强混凝土、高强钢筋；

3 装配式结构的节点和接缝应受力明确、构造可靠，并应满足承载力、延性和耐久性等要求；

4 应根据连接节点和接缝的构造方式和性能，确定结构的整体计算模型。

3.0.4 抗震设防的装配式结构，应按现行国家标准《建筑工程抗震设防分类标准》GB 50223 确定抗震设防类别及抗震设防标准。

3.0.5 装配式结构中，预制构件的连接部位宜设置在结构受力较小的部位，其尺寸和形状应符合下列规定：

1 应满足建筑使用功能、模数、标准化要求，并应进行优化设计；

2 应根据预制构件的功能和安装部位、加工制作及施工精度等要求，确定合理的公差；

3 应满足制作、运输、堆放、安装及质量控制要求。

3.0.6 预制构件深化设计的深度应满足建筑、结构和机电设备等各专业以及构件制作、运输、安装等各环节的综合要求。

4 材料

4.1 混凝土、钢筋和钢材

4.1.1 混凝土、钢筋和钢材的力学性能指标和耐久性要求等应符合现行国家标准《混凝土结构设计规范》GB 50010 和《钢结构设计规范》GB 50017 的规定。

4.1.2 预制构件的混凝土强度等级不宜低于 C30；预应力混凝土预制构件的混凝土强度等级不宜低于 C40，且不应低于 C30；现浇混凝土的强度等级不应低于 C25。

4.1.3 钢筋的选用应符合现行国家标准《混凝土结构设计规范》GB 50010 的规定。普通钢筋采用套筒灌浆连接和浆锚搭接连接时，钢筋应采用热轧带肋钢筋。

4.1.4 钢筋焊接网应符合现行行业标准《钢筋焊接网混凝土结构技术规程》JGJ 114 的规定。

4.1.5 预制构件的吊环应采用未经冷加工的 HPB300 级钢筋制作。吊装用内埋式螺母或吊杆的材料应符合国家现行相关标准的规定。

4.2 连接材料

4.2.1 钢筋套筒灌浆连接接头采用的套筒应符合现行行业标准《钢筋连接用灌浆套筒》JG/T 398 的规定。

4.2.2 钢筋套筒灌浆连接接头采用的灌浆料应符合现行行业标准《钢筋连接用套筒灌浆料》JG/T 408 的规定。

4.2.3 钢筋浆锚搭接连接接头应采用水泥基灌浆料，灌浆料的性能应满足表 4.2.3 的要求。

4.2.4 钢筋锚固板的材料应符合现行行业标准《钢筋锚固板应用技术规程》JGJ 256 的规定。

表 4.2.3 钢筋浆锚搭接连接接头用灌浆料性能要求

项目		性能指标	试验方法标准
泌水率（%）		0	《普通混凝土拌合物性能试验方法标准》GB/T 50080
流动度（mm）	初始值	≥200	《水泥基灌浆材料应用技术规范》GB/T 50448
	30min 保留值	≥150	
竖向膨胀率（%）	3h	≥0.02	《水泥基灌浆材料应用技术规范》GB/T 50448
	24h 与 3h 的膨胀率之差	0.02～0.5	
抗压强度（MPa）	1d	≥35	《水泥基灌浆材料应用技术规范》GB/T 50448
	3d	≥55	
	28d	≥80	
氯离子含量（%）		≤0.06	《混凝土外加剂匀质性试验方法》GB/T 8077

4.2.5 受力预埋件的锚板及锚筋材料应符合现行国家标准《混凝土结构设计规范》GB 50010 的有关规定。专用预埋件及连接件材料应符合国家现行有关标准的规定。

4.2.6 连接用焊接材料，螺栓、锚栓和铆钉等紧固件的材料应符合国家现行标准《钢结构设计规范》GB 50017、《钢结构焊接规范》GB 50661 和《钢筋焊接及验收规程》JGJ 18 等的规定。

4.2.7 夹心外墙板中内外叶墙板的拉结件应符合下列规定：

1 金属及非金属材料拉结件均应具有规定的承载力、变形和耐久性能，并应经过试验验证；

2 拉结件应满足夹心外墙板的节能设计要求。

4.3 其他材料

4.3.1 外墙板接缝处的密封材料应符合下列规定：

1 密封胶应与混凝土具有相容性，以及规定的抗剪切和伸缩变形能力；密封胶尚应具有防霉、防水、防火、耐候等性能；

2 硅酮、聚氨酯、聚硫建筑密封胶应分别符合国家现行标准《硅酮建筑密封胶》GB/T 14683、《聚氨酯建筑密封胶》JC/T 482、《聚硫建筑密封胶》JC/T 483的规定；

3 夹心外墙板接缝处填充用保温材料的燃烧性能应满足国家标准《建筑材料及制品燃烧性能分级》GB 8624-2012中A级的要求。

4.3.2 夹心外墙板中的保温材料，其导热系数不宜大于0.040W/（m·K），体积比吸水率不宜大于0.3%，燃烧性能不应低于国家标准《建筑材料及制品燃烧性能分级》GB 8624-2012中B_2级的要求。

4.3.3 装配式建筑采用的室内装修材料应符合现行国家标准《民用建筑工程室内环境污染控制规范》GB 50325和《建筑内部装修设计防火规范》GB 50222的有关规定。

5 建筑设计

5.1 一般规定

5.1.1 建筑设计应符合建筑功能和性能要求，并宜采用主体结构、装修和设备管线的装配化集成技术。

5.1.2 建筑设计应符合现行国家标准《建筑模数协调标准》GB 50002的规定。

5.1.3 建筑的围护结构以及楼梯、阳台、隔墙、空调板、管道井等配套构件、室内装修材料宜采用工业化、标准化产品。

5.1.4 建筑的体形系数、窗墙面积比、围护结构的热工性能等应符合节能要求。

5.1.5 建筑防火设计应符合现行国家标准《建筑防火设计规范》GB 50016的有关规定。

5.2 平面设计

5.2.1 建筑宜选用大开间、大进深的平面布置，并应符合本规程第6.1.5条的规定。

5.2.2 承重墙、柱等竖向构件宜上、下连续，并应符合本规程第6.1.6条的规定。

5.2.3 门窗洞口宜上下对齐、成列布置，其平面位置和尺寸应满足结构受力及预制构件设计要求；剪力墙结构中不宜采用转角窗。

5.2.4 厨房和卫生间的平面布置应合理，其平面尺寸宜满足标准化整体橱柜及整体卫浴的要求。

5.3 立面、外墙设计

5.3.1 外墙设计应满足建筑外立面多样化和经济美观的要求。

5.3.2 外墙饰面宜采用耐久、不易污染的材料。采用反打一次成型的外墙饰面材料，其规格尺寸、材质类别、连接构造等应进行工艺试验验证。

5.3.3 预制外墙板的接缝应满足保温、防火、隔声的要求。

5.3.4 预制外墙板的接缝及门窗洞口等防水薄弱部位宜采用材料防水和构造防水相结合的做法，并应符合下列规定：

1 墙板水平接缝宜采用高低缝或企口缝构造；

2 墙板竖缝可采用平口或槽口构造；

3 当板缝空腔需设置导水管排水时，板缝内侧应增设气密条密封构造。

5.3.5 门窗应采用标准化部件，并宜采用缺口、预留副框或预埋件等方法与墙体可靠连接。

5.3.6 空调板宜集中布置，并宜与阳台合并设置。

5.3.7 女儿墙板内侧在要求的泛水高度处应设凹槽、挑檐或其他泛水收头等构造。

5.4 内装修、设备管线设计

5.4.1 室内装修宜减少施工现场的湿作业。

5.4.2 建筑的部件之间、部件与设备之间的连接应采用标准化接口。

5.4.3 设备管线应进行综合设计，减少平面交叉；竖向管线宜集中布置，并应满足维修更换的要求。

5.4.4 预制构件中电气接口及吊挂配件的孔洞、沟槽应根据装修和设备要求预留。

5.4.5 建筑宜采用同层排水设计，并应结合房间净高、楼板跨度、设备管线等因素确定降板方案。

5.4.6 竖向电气管线宜统一设置在预制板内或装饰墙面内。墙板内竖向电气管线布置应保持安全间距。

5.4.7 隔墙内预留有电气设备时，应采取有效措施满足隔声及防火的要求。

5.4.8 设备管线穿过楼板的部位，应采取防水、防火、隔声等措施。

5.4.9 设备管线宜与预制构件上的预埋件可靠连接。

5.4.10 当采用地面辐射供暖时，地面和楼板的设计应符合现行行业标准《地面辐射供暖技术规程》JGJ 142的规定。

6 结构设计基本规定

6.1 一般规定

6.1.1 装配整体式框架结构、装配整体式剪力墙结构、装配整体式框架-现浇剪力墙结构、装配整体式部分框支剪力墙结构的房屋最大适用高度应满足表6.1.1的要求，并应符合下列规定：

1 当结构中竖向构件全部为现浇且楼盖采用叠合梁板时，房屋的最大适用高度可按现行行业标准《高层建筑混凝土结构技术规程》JGJ 3 中的规定采用。

2 装配整体式剪力墙结构和装配整体式部分框支剪力墙结构，在规定的水平力作用下，当预制剪力墙构件底部承担的总剪力大于该层总剪力的 50%时，其最大适用高度应适当降低；当预制剪力墙构件底部承担的总剪力大于该层总剪力的 80%时，最大适用高度应取表 6.1.1 中括号内的数值。

表 6.1.1 装配整体式结构房屋的最大适用高度（m）

结构类型	非抗震设计	抗震设防烈度			
		6 度	7 度	8 度（0.2*g*）	8 度（0.3*g*）
装配整体式框架结构	70	60	50	40	30
装配整体式框架-现浇剪力墙结构	150	130	120	100	80
装配整体式剪力墙结构	140（130）	130（120）	110（100）	90（80）	70（60）
装配整体式部分框支剪力墙结构	120（110）	110（100）	90（80）	70（60）	40（30）

注：房屋高度指室外地面到主要屋面的高度，不包括局部突出屋顶的部分。

6.1.2 高层装配整体式结构的高宽比不宜超过表 6.1.2 的数值。

表 6.1.2 高层装配整体式结构适用的最大高宽比

结构类型	非抗震设计	抗震设防烈度	
		6 度、7 度	8 度
装配整体式框架结构	5	4	3
装配整体式框架-现浇剪力墙结构	6	6	5
装配整体式剪力墙结构	6	6	5

6.1.3 装配整体式结构构件的抗震设计，应根据设防类别、烈度、结构类型和房屋高度采用不同的抗震等级，并应符合相应的计算和构造措施要求。丙类装配整体式结构的抗震等级应按表 6.1.3 确定。

表 6.1.3 丙类装配整体式结构的抗震等级

<table>
<tr><th colspan="2" rowspan="2">结构类型</th><th colspan="8">抗震设防烈度</th></tr>
<tr><th colspan="2">6 度</th><th colspan="3">7 度</th><th colspan="3">8 度</th></tr>
<tr><td rowspan="3">装配整体式框架结构</td><td>高度(m)</td><td>≤24</td><td>＞24</td><td colspan="2">≤24</td><td>＞24</td><td colspan="2">≤24</td><td>＞24</td></tr>
<tr><td>框架</td><td>四</td><td>三</td><td colspan="2">三</td><td>二</td><td colspan="2">二</td><td>一</td></tr>
<tr><td>大跨度框架</td><td colspan="2">三</td><td colspan="3">二</td><td colspan="3">一</td></tr>
<tr><td rowspan="3">装配整体式框架-现浇剪力墙结构</td><td>高度(m)</td><td>≤60</td><td>＞60</td><td>≤24</td><td>＞24 且≤60</td><td>＞60</td><td>≤24</td><td>＞24 且≤60</td><td>＞60</td></tr>
<tr><td>框架</td><td>四</td><td>三</td><td>四</td><td>三</td><td>二</td><td>三</td><td>二</td><td>一</td></tr>
<tr><td>剪力墙</td><td>三</td><td>三</td><td>三</td><td>二</td><td>二</td><td>二</td><td>一</td><td>一</td></tr>
<tr><td rowspan="2">装配整体式剪力墙结构</td><td>高度(m)</td><td>≤70</td><td>＞70</td><td>≤24</td><td>＞24 且≤70</td><td>＞70</td><td>≤24</td><td>＞24 且≤70</td><td>＞70</td></tr>
<tr><td>剪力墙</td><td>四</td><td>三</td><td>四</td><td>三</td><td>二</td><td>三</td><td>二</td><td>一</td></tr>
<tr><td rowspan="4">装配整体式部分框支剪力墙结构</td><td>高度</td><td>≤70</td><td>＞70</td><td>≤24</td><td>＞24 且≤70</td><td>＞70</td><td>≤24</td><td>＞24 且≤70</td><td rowspan="4"></td></tr>
<tr><td>现浇框支框架</td><td>二</td><td>二</td><td>二</td><td>二</td><td>一</td><td>一</td><td>一</td></tr>
<tr><td>底部加强部位剪力墙</td><td>三</td><td>二</td><td>三</td><td>二</td><td>一</td><td>二</td><td>一</td></tr>
<tr><td>其他区域剪力墙</td><td>四</td><td>三</td><td>四</td><td>三</td><td>二</td><td>三</td><td>二</td></tr>
</table>

注：大跨度框架指跨度不小于 18m 的框架。

6.1.4 乙类装配整体式结构应按本地区抗震设防烈度提高一度的要求加强其抗震措施；当本地区抗震设防烈度为 8 度且抗震等级为一级时，应采取比一级更高的抗震措施；当建筑场地为Ⅰ类时，仍可按本地区抗震设防烈度的要求采取抗震构造措施。

6.1.5 装配式结构的平面布置宜符合下列规定：

1 平面形状宜简单、规则、对称，质量、刚度分布宜均匀；不应采用严重不规则的平面布置；

2 平面长度不宜过长（图 6.1.5），长宽比（L/B）宜按表 6.1.5 采用；

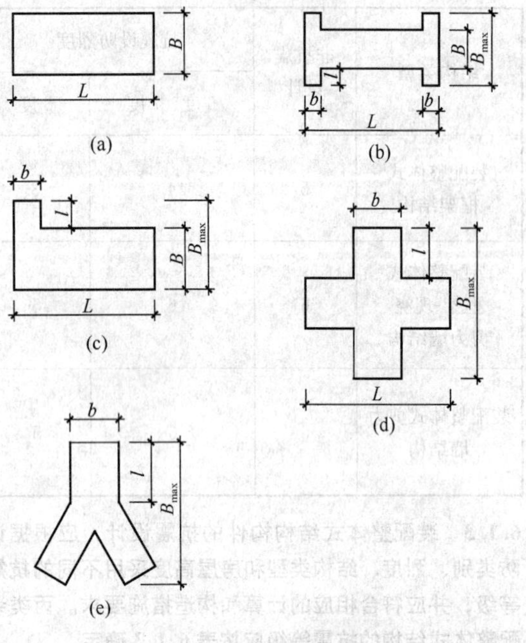
(a)
(b)
(c)
(d)
(e)

图 6.1.5 建筑平面示例

3 平面突出部分的长度 l 不宜过大、宽度 b 不宜过小（图 6.1.5），l/B_{max}、l/b 宜按表 6.1.5 采用；

4 平面不宜采用角部重叠或细腰形平面布置。

表 6.1.5 平面尺寸及突出部位尺寸的比值限值

抗震设防烈度	L/B	l/B_{max}	l/b
6、7 度	≤6.0	≤0.35	≤2.0
8 度	≤5.0	≤0.30	≤1.5

6.1.6 装配式结构竖向布置应连续、均匀，应避免抗侧力结构的侧向刚度和承载力沿竖向突变，并应符合现行国家标准《建筑抗震设计规范》GB 50011 的有关规定。

6.1.7 抗震设计的高层装配整体式结构，当其房屋高度、规则性、结构类型等超过本规程的规定或者抗震设防标准有特殊要求时，可按现行行业标准《高层建筑混凝土结构技术规程》JGJ 3 的有关规定进行结构抗震性能设计。

6.1.8 高层装配整体式结构应符合下列规定：

1 宜设置地下室，地下室宜采用现浇混凝土；

2 剪力墙结构底部加强部位的剪力墙宜采用现浇混凝土；

3 框架结构首层柱宜采用现浇混凝土，顶层宜采用现浇楼盖结构。

6.1.9 带转换层的装配整体式结构应符合下列规定：

1 当采用部分框支剪力墙结构时，底部框支层不宜超过 2 层，且框支层及相邻上一层应采用现浇结构；

2 部分框支剪力墙以外的结构中，转换梁、转换柱宜现浇。

6.1.10 装配式结构构件及节点应进行承载能力极限状态及正常使用极限状态设计，并应符合现行国家标准《混凝土结构设计规范》GB 50010、《建筑抗震设计规范》GB 50011 和《混凝土结构工程施工规范》GB 50666 等的有关规定。

6.1.11 抗震设计时，构件及节点的承载力抗震调整系数 γ_{RE} 应按表 6.1.11 采用；当仅考虑竖向地震作用组合时，承载力抗震调整系数 γ_{RE} 应取 1.0。预埋件锚筋截面计算的承载力抗震调整系数 γ_{RE} 应取为 1.0。

表 6.1.11 构件及节点承载力抗震调整系数 γ_{RE}

结构构件类别	正截面承载力计算					斜截面承载力计算	受冲切承载力计算、接缝受剪承载力计算
		偏心受压柱					
	受弯构件	轴压比小于 0.15	轴压比不小于 0.15	偏心受拉构件	剪力墙	各类构件及框架节点	
γ_{RE}	0.75	0.75	0.8	0.85	0.85	0.85	0.85

6.1.12 预制构件节点及接缝处后浇混凝土强度等级不应低于预制构件的混凝土强度等级；多层剪力墙结构中墙板水平接缝用坐浆材料的强度等级值应大于被连接构件的混凝土强度等级值。

6.1.13 预埋件和连接件等外露金属件应按不同环境类别进行封闭或防腐、防锈、防火处理，并应符合耐久性要求。

6.2 作用及作用组合

6.2.1 装配式结构的作用及作用组合应根据国家现行标准《建筑结构荷载规范》GB 50009、《建筑抗震设计规范》GB 50011、《高层建筑混凝土结构技术规程》JGJ 3 和《混凝土结构工程施工规范》GB 50666 等确定。

6.2.2 预制构件在翻转、运输、吊运、安装等短暂设计状况下的施工验算，应将构件自重标准值乘以动力系数后作为等效静力荷载标准值。构件运输、吊运时，动力系数宜取 1.5；构件翻转及安装过程中就位、临时固定时，动力系数可取 1.2。

6.2.3 预制构件进行脱模验算时，等效静力荷载标准值应取构件自重标准值乘以动力系数后与脱模吸附力之和，且不宜小于构件自重标准值的 1.5 倍。动力系数与脱模吸附力应符合下列规定：

1 动力系数不宜小于1.2；

2 脱模吸附力应根据构件和模具的实际状况取用，且不宜小于1.5kN/m²。

6.3 结构分析

6.3.1 在各种设计状况下，装配整体式结构可采用与现浇混凝土结构相同的方法进行结构分析。当同一层内既有预制又有现浇抗侧力构件时，地震设计状况下宜对现浇抗侧力构件在地震作用下的弯矩和剪力进行适当放大。

6.3.2 装配整体式结构承载能力极限状态及正常使用极限状态的作用效应分析可采用弹性方法。

6.3.3 按弹性方法计算的风荷载或多遇地震标准值作用下的楼层层间最大位移 Δu 与层高 h 之比的限值宜按表6.3.3采用。

表6.3.3 楼层层间最大位移与层高之比的限值

结构类型	$\Delta u/h$ 限值
装配整体式框架结构	1/550
装配整体式框架－现浇剪力墙结构	1/800
装配整体式剪力墙结构、装配整体式部分框支剪力墙结构	1/1000
多层装配式剪力墙结构	1/1200

6.3.4 在结构内力与位移计算时，对现浇楼盖和叠合楼盖，均可假定楼盖在其自身平面内为无限刚性；楼面梁的刚度可计入翼缘作用予以增大；梁刚度增大系数可根据翼缘情况近似取为1.3～2.0。

6.4 预制构件设计

6.4.1 预制构件的设计应符合下列规定：

1 对持久设计状况，应对预制构件进行承载力、变形、裂缝控制验算；

2 对地震设计状况，应对预制构件进行承载力验算；

3 对制作、运输和堆放、安装等短暂设计状况下的预制构件验算，应符合现行国家标准《混凝土结构工程施工规范》GB 50666的有关规定。

6.4.2 当预制构件中钢筋的混凝土保护层厚度大于50mm时，宜对钢筋的混凝土保护层采取有效的构造措施。

6.4.3 预制板式楼梯的梯段板底应配置通长的纵向钢筋。板面宜配置通长的纵向钢筋；当楼梯两端均不能滑动时，板面应配置通长的纵向钢筋。

6.4.4 用于固定连接件的预埋件与预埋吊件、临时支撑用预埋件不宜兼用；当兼用时，应同时满足各种设计工况要求。预制构件中预埋件的验算应符合现行国家标准《混凝土结构设计规范》GB 50010、《钢结构设计规范》GB 50017和《混凝土结构工程施工规范》GB 50666等有关规定。

6.4.5 预制构件中外露预埋件凹入构件表面的深度不宜小于10mm。

6.5 连接设计

6.5.1 装配整体式结构中，接缝的正截面承载力应符合现行国家标准《混凝土结构设计规范》GB 50010的规定。接缝的受剪承载力应符合下列规定：

1 持久设计状况：

$$\gamma_0 V_{jd} \leqslant V_u \qquad (6.5.1\text{-}1)$$

2 地震设计状况：

$$V_{jdE} \leqslant V_{uE}/\gamma_{RE} \qquad (6.5.1\text{-}2)$$

在梁、柱端部箍筋加密区及剪力墙底部加强部位，尚应符合下式要求：

$$\eta_j V_{mua} \leqslant V_{uE} \qquad (6.5.1\text{-}3)$$

式中：γ_0——结构重要性系数，安全等级为一级时不应小于1.1，安全等级为二级时不应小于1.0；

V_{jd}——持久设计状况下接缝剪力设计值；

V_{jdE}——地震设计状况下接缝剪力设计值；

V_u——持久设计状况下梁端、柱端、剪力墙底部接缝受剪承载力设计值；

V_{uE}——地震设计状况下梁端、柱端、剪力墙底部接缝受剪承载力设计值；

V_{mua}——被连接构件端部按实配钢筋面积计算的斜截面受剪承载力设计值；

η_j——接缝受剪承载力增大系数，抗震等级为一、二级取1.2，抗震等级为三、四级取1.1。

6.5.2 装配整体式结构中，节点及接缝处的纵向钢筋连接宜根据接头受力、施工工艺等要求选用机械连接、套筒灌浆连接、浆锚搭接连接、焊接连接、绑扎搭接连接等连接方式，并应符合国家现行有关标准的规定。

6.5.3 纵向钢筋采用套筒灌浆连接时，应符合下列规定：

1 接头应满足行业标准《钢筋机械连接技术规程》JGJ 107－2010中Ⅰ级接头的性能要求，并应符合国家现行有关标准的规定；

2 预制剪力墙中钢筋接头处套筒外侧钢筋的混凝土保护层厚度不应小于15mm，预制柱中钢筋接头处套筒外侧箍筋的混凝土保护层厚度不应小于20mm；

3 套筒之间的净距不应小于25mm。

6.5.4 纵向钢筋采用浆锚搭接连接时，对预留孔成孔工艺、孔道形状和长度、构造要求、灌浆料和被连接钢筋，应进行力学性能以及适用性的试验验证。

直径大于 20mm 的钢筋不宜采用浆锚搭接连接，直接承受动力荷载构件的纵向钢筋不应采用浆锚搭接连接。

6.5.5 预制构件与后浇混凝土、灌浆料、坐浆材料的结合面应设置粗糙面、键槽，并应符合下列规定：

1 预制板与后浇混凝土叠合层之间的结合面应设置粗糙面。

2 预制梁与后浇混凝土叠合层之间的结合面应设置粗糙面；预制梁端面应设置键槽（图 6.5.5）且宜设置粗糙面。键槽的尺寸和数量应按本规程第 7.2.2 条的规定计算确定；键槽的深度 t 不宜小于 30mm，宽度 w 不宜小于深度的 3 倍且不宜大于深度的 10 倍；键槽可贯通截面，当不贯通时槽口距离截面边缘不宜小于 50mm；键槽间距宜等于键槽宽度；键槽端部斜面倾角不宜大于 30°。

3 预制剪力墙的顶部和底部与后浇混凝土的结合面应设置粗糙面；侧面与后浇混凝土的结合面应设置粗糙面，也可设置键槽；键槽深度 t 不宜小于 20mm，宽度 w 不宜小于深度的 3 倍且不宜大于深度的 10 倍，键槽间距宜等于键槽宽度，键槽端部斜面倾角不宜大于 30°。

4 预制柱的底部应设置键槽且宜设置粗糙面，键槽应均匀布置，键槽深度不宜小于 30mm，键槽端部斜面倾角不宜大于 30°。柱顶应设置粗糙面。

5 粗糙面的面积不宜小于结合面的 80%，预制板的粗糙面凹凸深度不应小于 4mm，预制梁端、预制柱端、预制墙端的粗糙面凹凸深度不应小于 6mm。

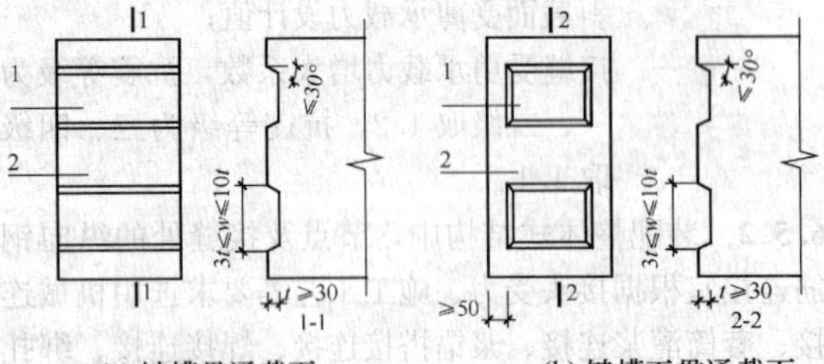
1
2
1-1
2-2
≤30°
3t≤w≤10t
t≥30
≥50

(a) 键槽贯通截面　　(b) 键槽不贯通截面

图 6.5.5　梁端键槽构造示意

1—键槽；2—梁端面

6.5.6 预制构件纵向钢筋宜在后浇混凝土内直线锚固；当直线锚固长度不足时，可采用弯折、机械锚固方式，并应符合现行国家标准《混凝土结构设计规范》GB 50010 和《钢筋锚固板应用技术规程》JGJ 256 的规定。

6.5.7 应对连接件、焊缝、螺栓或铆钉等紧固件在不同设计状况下的承载力进行验算，并应符合现行国家标准《钢结构设计规范》GB 50017 和《钢结构焊接规范》GB 50661 等的规定。

6.5.8 预制楼梯与支承构件之间宜采用简支连接。采用简支连接时，应符合下列规定：

1 预制楼梯宜一端设置固定铰，另一端设置滑动铰，其转动及滑动变形能力应满足结构层间位移的要求，且预制楼梯端部在支承构件上的最小搁置长度应符合表 6.5.8 的规定；

2 预制楼梯设置滑动铰的端部应采取防止滑落的构造措施。

表 6.5.8　预制楼梯在支承构件上的最小搁置长度

抗震设防烈度	6 度	7 度	8 度
最小搁置长度（mm）	75	75	100

6.6　楼 盖 设 计

6.6.1 装配整体式结构的楼盖宜采用叠合楼盖。结构转换层、平面复杂或开洞较大的楼层、作为上部结构嵌固部位的地下室楼层宜采用现浇楼盖。

6.6.2 叠合板应按现行国家标准《混凝土结构设计规范》GB 50010 进行设计，并应符合下列规定：

1 叠合板的预制板厚度不宜小于 60mm，后浇混凝土叠合层厚度不应小于 60mm；

2 当叠合板的预制板采用空心板时，板端空腔应封堵；

3 跨度大于 3m 的叠合板，宜采用桁架钢筋混凝土叠合板；

4 跨度大于 6m 的叠合板，宜采用预应力混凝土预制板；

5 板厚大于 180mm 的叠合板，宜采用混凝土空心板。

6.6.3 叠合板可根据预制板接缝构造、支座构造、长宽比按单向板或双向板设计。当预制板之间采用分离式接缝（图 6.6.3a）时，宜按单向板设计。对长宽比不大于 3 的四边支承叠合板，当其预制板之间采用整体式接缝（图 6.6.3b）或无接缝（图 6.6.3c）时，可按双向板设计。

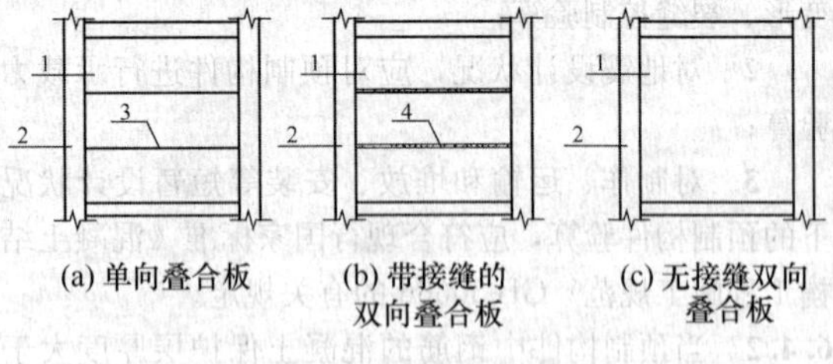
1
2
3
4

(a) 单向叠合板　　(b) 带接缝的双向叠合板　　(c) 无接缝双向叠合板

图 6.6.3　叠合板的预制板布置形式示意

1—预制板；2—梁或墙；3—板侧分离式接缝；4—板侧整体式接缝

6.6.4 叠合板支座处的纵向钢筋应符合下列规定：

1 板端支座处，预制板内的纵向受力钢筋宜从板端伸出并锚入支承梁或墙的后浇混凝土中，锚固长度不应小于 $5d$（d 为纵向受力钢筋直径），且宜伸过支座中心线（图 6.6.4a）；

2 单向叠合板的板侧支座处，当预制板内的板

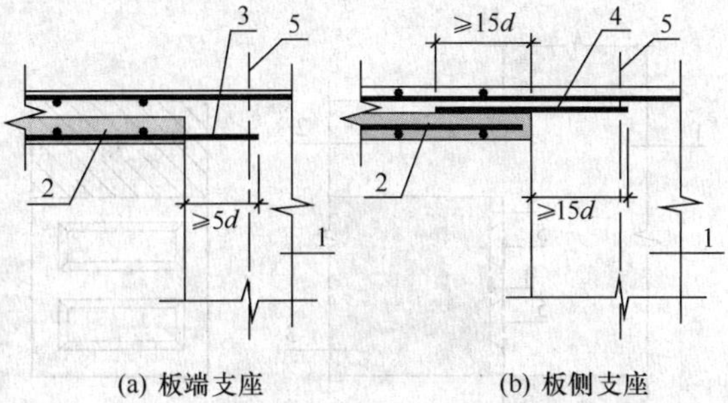

3
5
2
≥5d
1
(a) 板端支座
≥15d
4
5
2
≥15d
1
(b) 板侧支座

图 6.6.4　叠合板端及板侧支座构造示意

1—支承梁或墙；2—预制板；3—纵向受力钢筋；4—附加钢筋；5—支座中心线

底分布钢筋伸入支承梁或墙的后浇混凝土中时，应符合本条第 1 款的要求；当板底分布钢筋不伸入支座时，宜在紧邻预制板顶面的后浇混凝土叠合层中设置附加钢筋，附加钢筋截面面积不宜小于预制板内的同向分布钢筋面积，间距不宜大于 600mm，在板的后浇混凝土叠合层内锚固长度不应小于 $15d$，在支座内锚固长度不应小于 $15d$（d 为附加钢筋直径）且宜伸过支座中心线（图 6.6.4b）。

6.6.5　单向叠合板板侧的分离式接缝宜配置附加钢筋（图 6.6.5），并应符合下列规定：

1　接缝处紧邻预制板顶面宜设置垂直于板缝的附加钢筋，附加钢筋伸入两侧后浇混凝土叠合层的锚固长度不应小于 $15d$（d 为附加钢筋直径）；

2　附加钢筋截面面积不宜小于预制板中该方向钢筋面积，钢筋直径不宜小于 6mm、间距不宜大于 250mm。

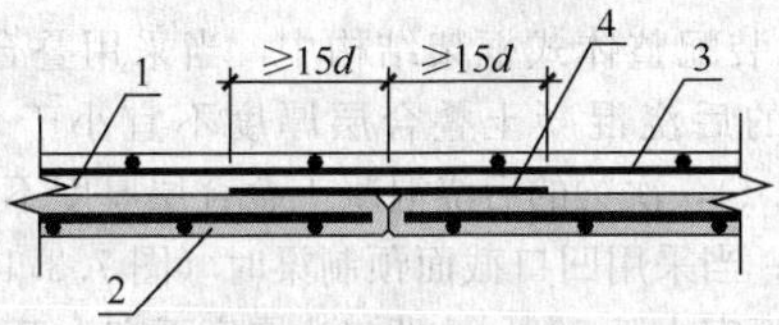

1
≥15d
≥15d
4
3
2

图 6.6.5　单向叠合板板侧分离式拼缝构造示意

1—后浇混凝土叠合层；2—预制板；3—后浇层内钢筋；4—附加钢筋

6.6.6　双向叠合板板侧的整体式接缝宜设置在叠合板的次要受力方向上且宜避开最大弯矩截面。接缝可采用后浇带形式，并应符合下列规定：

1　后浇带宽度不宜小于 200mm；

2　后浇带两侧板底纵向受力钢筋可在后浇带中焊接、搭接连接、弯折锚固；

3　当后浇带两侧板底纵向受力钢筋在后浇带中弯折锚固时（图 6.6.6），应符合下列规定：

1） 叠合板厚度不应小于 $10d$，且不应小于 120mm（d 为弯折钢筋直径的较大值）；

2） 接缝处预制板侧伸出的纵向受力钢筋应在后浇混凝土叠合层内锚固，且锚固长度不应小于 l_a；两侧钢筋在接缝处重叠的长度不应小于 $10d$，钢筋弯折角度不应大于 30°，弯折处沿接缝方向应配置不少于 2 根通长构造钢筋，且直径不应小于该方向预制板内钢筋直径。

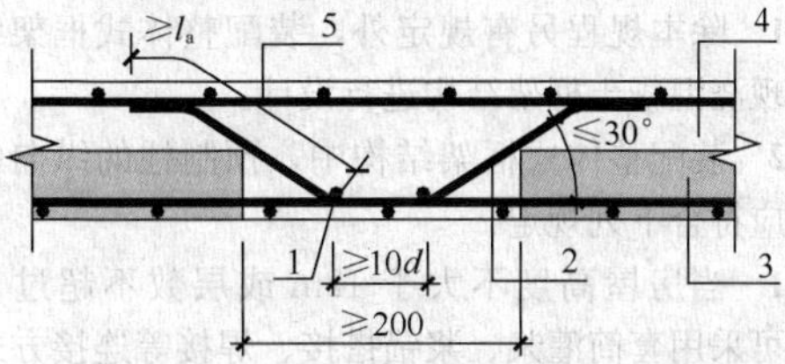

≥l_a
5
4
≤30°
1
≥10d
2
3
≥200

图 6.6.6　双向叠合板整体式接缝构造示意

1—通长构造钢筋；2—纵向受力钢筋；3—预制板；4—后浇混凝土叠合层；5—后浇层内钢筋

6.6.7　桁架钢筋混凝土叠合板应满足下列要求：

1　桁架钢筋应沿主要受力方向布置；

2　桁架钢筋距板边不应大于 300mm，间距不宜大于 600mm；

3　桁架钢筋弦杆钢筋直径不宜小于 8mm，腹杆钢筋直径不应小于 4mm；

4　桁架钢筋弦杆混凝土保护层厚度不应小于 15mm。

6.6.8　当未设置桁架钢筋时，在下列情况下，叠合板的预制板与后浇混凝土叠合层之间应设置抗剪构造钢筋：

1　单向叠合板跨度大于 4.0m 时，距支座 1/4 跨范围内；

2　双向叠合板短向跨度大于 4.0m 时，距四边支座 1/4 短跨范围内；

3　悬挑叠合板；

4　悬挑板的上部纵向受力钢筋在相邻叠合板的后浇混凝土锚固范围内。

6.6.9　叠合板的预制板与后浇混凝土叠合层之间设置的抗剪构造钢筋应符合下列规定：

1　抗剪构造钢筋宜采用马镫形状，间距不宜大于 400mm，钢筋直径 d 不应小于 6mm；

2　马镫钢筋宜伸到叠合板上、下部纵向钢筋处，预埋在预制板内的总长度不应小于 $15d$，水平段长度不应小于 50mm。

6.6.10　阳台板、空调板宜采用叠合构件或预制构件。预制构件应与主体结构可靠连接；叠合构件的负弯矩钢筋应在相邻叠合板的后浇混凝土中可靠锚固，叠合构件中预制板底钢筋的锚固应符合下列规定：

1　当板底为构造配筋时，其钢筋锚固应符合本规程第 6.6.4 条第 1 款的规定；

2　当板底为计算要求配筋时，钢筋应满足受拉钢筋的锚固要求。

7 框架结构设计

7.1 一 般 规 定

7.1.1 除本规程另有规定外，装配整体式框架结构可按现浇混凝土框架结构进行设计。

7.1.2 装配整体式框架结构中，预制柱的纵向钢筋连接应符合下列规定：

1 当房屋高度不大于 12m 或层数不超过 3 层时，可采用套筒灌浆、浆锚搭接、焊接等连接方式；

2 当房屋高度大于 12m 或层数超过 3 层时，宜采用套筒灌浆连接。

7.1.3 装配整体式框架结构中，预制柱水平接缝处不宜出现拉力。

7.2 承载力计算

7.2.1 对一、二、三级抗震等级的装配整体式框架，应进行梁柱节点核心区抗震受剪承载力验算；对四级抗震等级可不进行验算。梁柱节点核心区抗震受剪承载力验算和构造应符合现行国家标准《混凝土结构设计规范》GB 50010 和《建筑抗震设计规范》GB 50011 中的有关规定。

7.2.2 叠合梁端竖向接缝的受剪承载力设计值应按下列公式计算：

1 持久设计状况

$$V_u = 0.07 f_c A_{c1} + 0.10 f_c A_k + 1.65 A_{sd}\sqrt{f_c f_y} \tag{7.2.2-1}$$

2 地震设计状况

$$V_{uE} = 0.04 f_c A_{c1} + 0.06 f_c A_k + 1.65 A_{sd}\sqrt{f_c f_y} \tag{7.2.2-2}$$

式中：A_{c1}——叠合梁端截面后浇混凝土叠合层截面面积；

f_c——预制构件混凝土轴心抗压强度设计值；

f_y——垂直穿过结合面钢筋抗拉强度设计值；

A_k——各键槽的根部截面面积（图 7.2.2）之和，按后浇键槽根部截面和预制键槽根部截面分别计算，并取二者的较小值；

A_{sd}——垂直穿过结合面所有钢筋的面积，包括叠合层内的纵向钢筋。

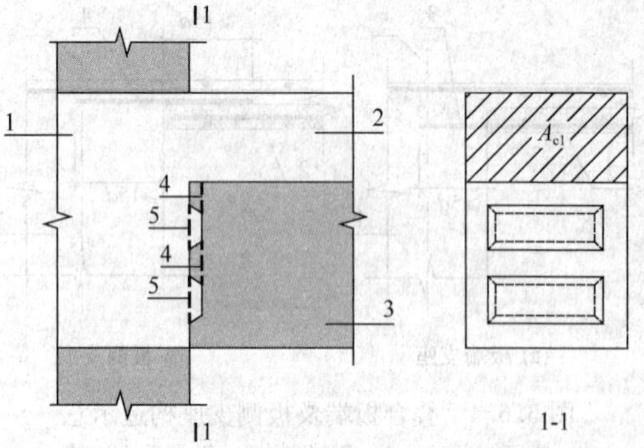
1
1
1
2
4
5
4
5
3
A_{c1}
1-1

图 7.2.2 叠合梁端受剪承载力计算参数示意

1—后浇节点区；2—后浇混凝土叠合层；3—预制梁；4—预制键槽根部截面；5—后浇键槽根部截面

7.2.3 在地震设计状况下，预制柱底水平接缝的受剪承载力设计值应按下列公式计算：

当预制柱受压时：

$$V_{uE} = 0.8N + 1.65 A_{sd}\sqrt{f_c f_y} \tag{7.2.3-1}$$

当预制柱受拉时：

$$V_{uE} = 1.65 A_{sd}\sqrt{f_c f_y\left[1-\left(\frac{N}{A_{sd} f_y}\right)^2\right]} \tag{7.2.3-2}$$

式中：f_c——预制构件混凝土轴心抗压强度设计值；

f_y——垂直穿过结合面钢筋抗拉强度设计值；

N——与剪力设计值 V 相应的垂直于结合面的轴向力设计值，取绝对值进行计算；

A_{sd}——垂直穿过结合面所有钢筋的面积；

V_{uE}——地震设计状况下接缝受剪承载力设计值。

7.2.4 混凝土叠合梁的设计应符合本规程和现行国家标准《混凝土结构设计规范》GB 50010 中的有关规定。

7.3 构 造 设 计

7.3.1 装配整体式框架结构中，当采用叠合梁时，框架梁的后浇混凝土叠合层厚度不宜小于 150mm（图 7.3.1），次梁的后浇混凝土叠合层厚度不宜小于 120mm；当采用凹口截面预制梁时（图 7.3.1b），凹口深度不宜小于 50mm，凹口边厚度不宜小于 60mm。

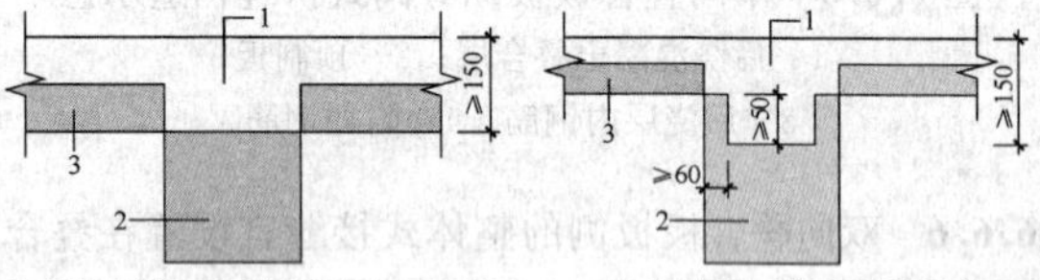
1
≥150
3
2
1
≥150
≥50
3
≥60
2

(a) 矩形截面预制梁 (b) 凹口截面预制梁

图 7.3.1 叠合框架梁截面示意

1—后浇混凝土叠合层；2—预制梁；3—预制板

7.3.2 叠合梁的箍筋配置应符合下列规定：

1 抗震等级为一、二级的叠合框架梁的梁端箍筋加密区宜采用整体封闭箍筋（图 7.3.2a）；

2 采用组合封闭箍筋的形式（图 7.3.2b）时，开口箍筋上方应做成 135°弯钩；非抗震设计时，弯钩端头平直段长度不应小于 $5d$（d 为箍筋直径）；抗震设计时，平直段长度不应小于 $10d$。现场应采用箍筋帽封闭开口箍，箍筋帽末端应做成135°弯钩；非抗震设计时，弯钩端头平直段长度不应小于 $5d$；抗震设计时，平直段长度不应小于 $10d$。

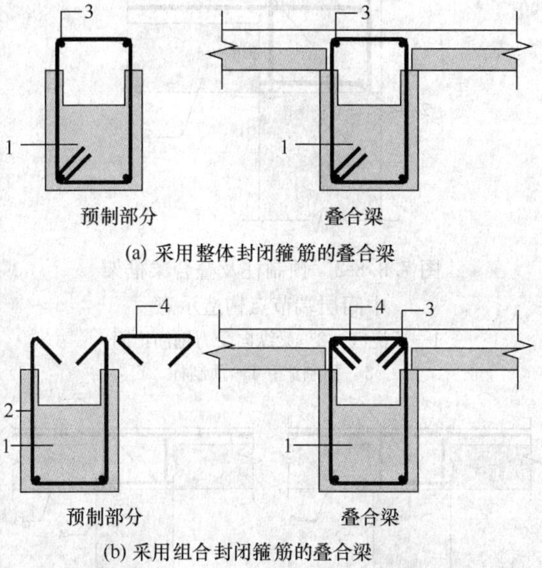

3
1
预制部分
3
1
叠合梁
(a) 采用整体封闭箍筋的叠合梁
4
2
1
预制部分
4
3
1
叠合梁
(b) 采用组合封闭箍筋的叠合梁

图 7.3.2　叠合梁箍筋构造示意

1—预制梁；2—开口箍筋；3—上部纵向钢筋；4—箍筋帽

7.3.3　叠合梁可采用对接连接（图 7.3.3），并应符合下列规定：

1　连接处应设置后浇段，后浇段的长度应满足梁下部纵向钢筋连接作业的空间需求；

2　梁下部纵向钢筋在后浇段内宜采用机械连接、套筒灌浆连接或焊接连接；

3　后浇段内的箍筋应加密，箍筋间距不应大于 $5d$（d 为纵向钢筋直径），且不应大于100mm。

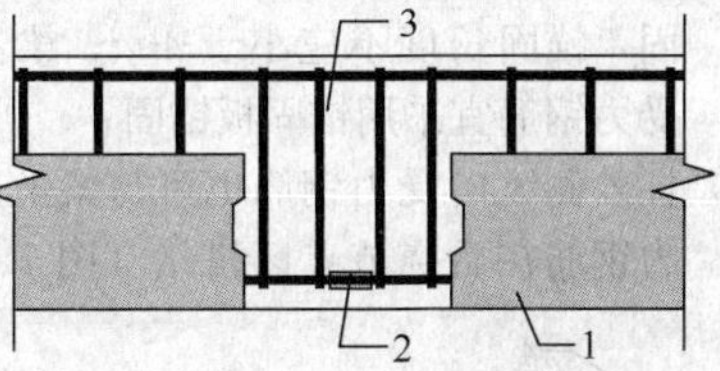

3
2
1

图 7.3.3　叠合梁连接节点示意

1—预制梁；2—钢筋连接接头；3—后浇段

7.3.4　主梁与次梁采用后浇段连接时，应符合下列规定：

1　在端部节点处，次梁下部纵向钢筋伸入主梁后浇段内的长度不应小于 $12d$。次梁上部纵向钢筋应在主梁后浇段内锚固。当采用弯折锚固（图 7.3.4a）或锚固板时，锚固直段长度不应小于 $0.6l_{ab}$；当钢筋应力不大于钢筋强度设计值的50%时，锚固直段长度不应小于 $0.35l_{ab}$；弯折锚固的弯折后直段长度不应小于 $12d$（d 为纵向钢筋直径）。

2　在中间节点处，两侧次梁的下部纵向钢筋伸入主梁后浇段内长度不应小于 $12d$（d 为纵向钢筋直径）；次梁上部纵向钢筋应在现浇层内贯通（图 7.3.4b）。

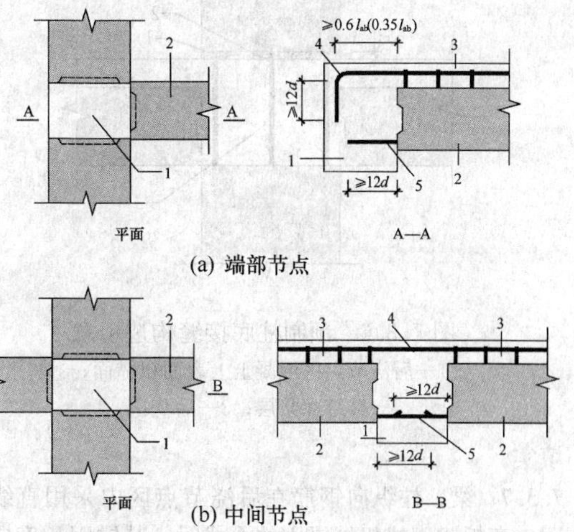

≥0.6l_{ab}(0.35l_{ab})
4
3
2
≥12d
A
A
1
1
5
2
≥12d
平面
A—A
(a) 端部节点
3
4
3
2
B
B
≥12d
1
1
2
5
2
≥12d
平面
B—B
(b) 中间节点

图 7.3.4　主次梁连接节点构造示意

1—主梁后浇段；2—次梁；3—后浇混凝土叠合层；4—次梁上部纵向钢筋；5—次梁下部纵向钢筋

7.3.5　预制柱的设计应符合现行国家标准《混凝土结构设计规范》GB 50010 的要求，并应符合下列规定：

1　柱纵向受力钢筋直径不宜小于20mm；

2　矩形柱截面宽度或圆柱直径不宜小于400mm，且不宜小于同方向梁宽的1.5倍；

3　柱纵向受力钢筋在柱底采用套筒灌浆连接时，柱箍筋加密区长度不应小于纵向受力钢筋连接区域长度与500mm之和；套筒上端第一道箍筋距离套筒顶部不应大于50mm（图 7.3.5）。

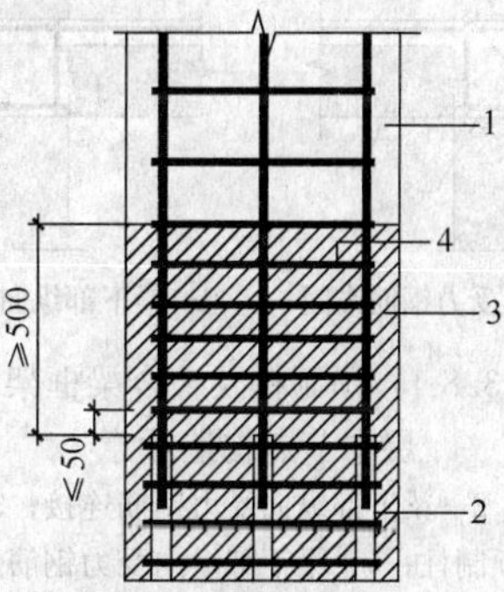

1
4
3
≥500
≤50
2

图 7.3.5　钢筋采用套筒灌浆连接时柱底箍筋加密区域构造示意

1—预制柱；2—套筒灌浆连接接头；3—箍筋加密区（阴影区域）；4—加密区箍筋

7.3.6　采用预制柱及叠合梁的装配整体式框架中，柱底接缝宜设置在楼面标高处（图 7.3.6），并应符合下列规定：

1　后浇节点区混凝土上表面应设置粗糙面；

2　柱纵向受力钢筋应贯穿后浇节点区；

3　柱底接缝厚度宜为20mm，并应采用灌浆料

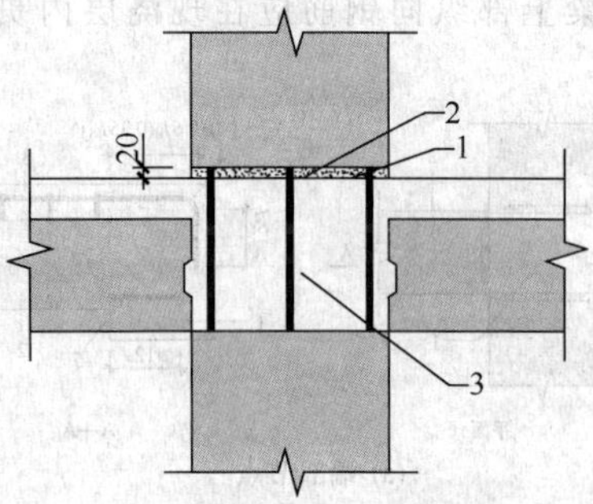
20
2
1
3

图 7.3.6　预制柱底接缝构造示意

1—后浇节点区混凝土上表面粗糙面；
2—接缝灌浆层；3—后浇区

填实。

7.3.7　梁、柱纵向钢筋在后浇节点区内采用直线锚固、弯折锚固或机械锚固的方式时，其锚固长度应符合现行国家标准《混凝土结构设计规范》GB 50010 中的有关规定；当梁、柱纵向钢筋采用锚固板时，应符合现行行业标准《钢筋锚固板应用技术规程》JGJ 256 中的有关规定。

7.3.8　采用预制柱及叠合梁的装配整体式框架节点，梁纵向受力钢筋应伸入后浇节点区内锚固或连接，并应符合下列规定：

1　对框架中间层中节点，节点两侧的梁下部纵向受力钢筋宜锚固在后浇节点区内（图 7.3.8-1a），也可采用机械连接或焊接的方式直接连接（图 7.3.8-1b）；梁的上部纵向受力钢筋应贯穿后浇节点区。

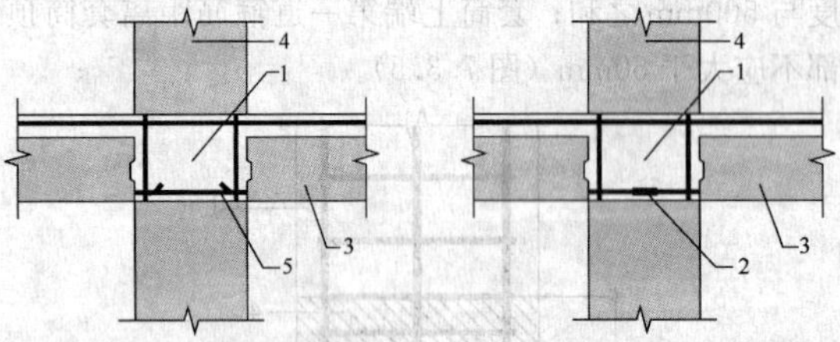
4
1
3
5
4
1
3
2

(a) 梁下部纵向受力钢筋锚固　　(b) 梁下部纵向受力钢筋连接

图 7.3.8-1　预制柱及叠合梁框架中间层中节点构造示意

1—后浇区；2—梁下部纵向受力钢筋连接；3—预制梁；
4—预制柱；5—梁下部纵向受力钢筋锚固

2　对框架中间层端节点，当柱截面尺寸不满足梁纵向受力钢筋的直线锚固要求时，宜采用锚固板锚固（图 7.3.8-2），也可采用 90°弯折锚固。

3　对框架顶层中节点，梁纵向受力钢筋的构造应符合本条第 1 款的规定。柱纵向受力钢筋宜采用直线锚固；当梁截面尺寸不满足直线锚固要求时，宜采用锚固板锚固（图 7.3.8-3）。

4　对框架顶层端节点，梁下部纵向受力钢筋应锚固在后浇节点区内，且宜采用锚固板的锚固方式；梁、柱其他纵向受力钢筋的锚固应符合下列规定：

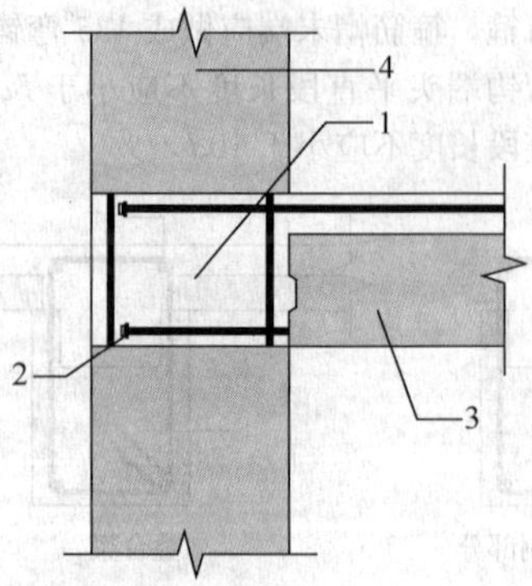
4
1
2
3

图 7.3.8-2　预制柱及叠合梁框架中间层端节点构造示意

1—后浇区；2—梁纵向受力钢筋锚固；
3—预制梁；4—预制柱

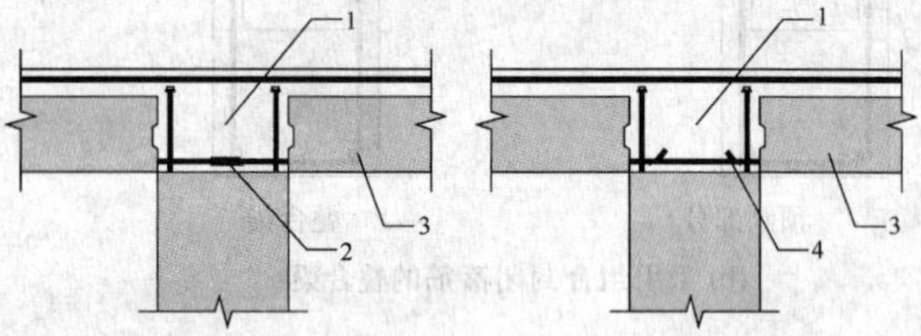
1
3
2
1
3
4

(a) 梁下部纵向受力钢筋连接　　(b) 梁下部纵向受力钢筋锚固

图 7.3.8-3　预制柱及叠合梁框架顶层中节点构造示意

1—后浇区；2—梁下部纵向受力钢筋连接；
3—预制梁；4—梁下部纵向受力钢筋锚固

1） 柱宜伸出屋面并将柱纵向受力钢筋锚固在伸出段内（图 7.3.8-4a），伸出段长度不宜小于 500mm，伸出段内箍筋间距不应大于 5d（d 为柱纵向受力钢筋直径），且不应大于 100mm；柱纵向钢筋宜采用锚固板锚固，锚固长度不应小于 40d；梁上部纵向受力钢筋宜采用锚固板锚固；

2） 柱外侧纵向受力钢筋也可与梁上部纵向受力钢筋在后浇节点区搭接（图 7.3.8-4b），

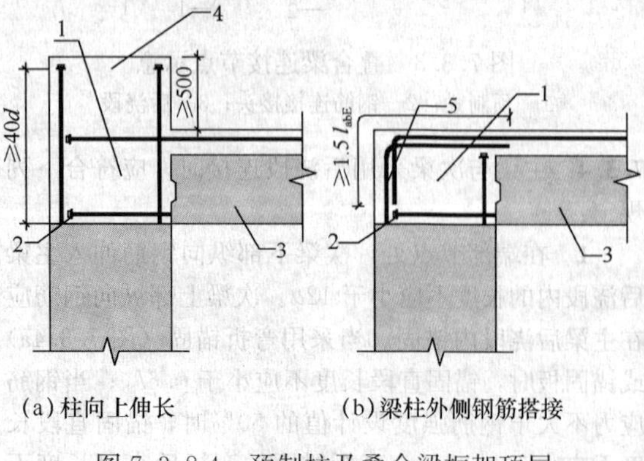
1
4
≥500
≥40d
3
2
5
1
≥1.5 l_{abE}
2
3

(a) 柱向上伸长　　(b) 梁柱外侧钢筋搭接

图 7.3.8-4　预制柱及叠合梁框架顶层端节点构造示意

1—后浇区；2—梁下部纵向受力钢筋锚固；3—预制梁；
4—柱延伸段；5—梁柱外侧钢筋搭接

其构造要求应符合现行国家标准《混凝土结构设计规范》GB 50010 中的规定；柱内侧纵向受力钢筋宜采用锚固板锚固。

7.3.9 采用预制柱及叠合梁的装配整体式框架节点，梁下部纵向受力钢筋也可伸至节点区外的后浇段内连接（图 7.3.9），连接接头与节点区的距离不应小于 $1.5h_0$（h_0 为梁截面有效高度）。

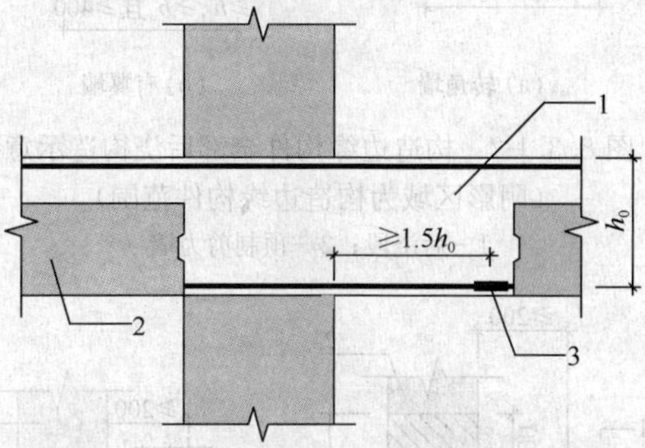

1
2
3
≥1.5h0
h0

图 7.3.9 梁纵向钢筋在节点区外的后浇段内连接示意

1—后浇段；2—预制梁；3—纵向受力钢筋连接

7.3.10 现浇柱与叠合梁组成的框架节点中，梁纵向受力钢筋的连接与锚固应符合本规程第 7.3.7～7.3.9 条的规定。

8 剪力墙结构设计

8.1 一般规定

8.1.1 抗震设计时，对同一层内既有现浇墙肢也有预制墙肢的装配整体式剪力墙结构，现浇墙肢水平地震作用弯矩、剪力宜乘以不小于 1.1 的增大系数。

8.1.2 装配整体式剪力墙结构的布置应满足下列要求：

1 应沿两个方向布置剪力墙；

2 剪力墙的截面宜简单、规则；预制墙的门窗洞口宜上下对齐、成列布置。

8.1.3 抗震设计时，高层装配整体式剪力墙结构不应全部采用短肢剪力墙；抗震设防烈度为 8 度时，不宜采用具有较多短肢剪力墙的剪力墙结构。当采用具有较多短肢剪力墙的剪力墙结构时，应符合下列规定：

1 在规定的水平地震作用下，短肢剪力墙承担的底部倾覆力矩不宜大于结构底部总地震倾覆力矩的 50%；

2 房屋适用高度应比本规程表 6.1.1 规定的装配整体式剪力墙结构的最大适用高度适当降低，抗震设防烈度为 7 度和 8 度时宜分别降低 20m。

注：1 短肢剪力墙是指截面厚度不大于 300mm、各肢截面高度与厚度之比的最大值大于 4 但不大于 8 的剪力墙；

2 具有较多短肢剪力墙的剪力墙结构是指，在规定的水平地震作用下，短肢剪力墙承担的底部倾覆力矩不小于结构底部总地震倾覆力矩的 30%的剪力墙结构。

8.1.4 抗震设防烈度为 8 度时，高层装配整体式剪力墙结构中的电梯井筒宜采用现浇混凝土结构。

8.2 预制剪力墙构造

8.2.1 预制剪力墙宜采用一字形，也可采用 L 形、T 形或 U 形；开洞预制剪力墙洞口宜居中布置，洞口两侧的墙肢宽度不应小于 200mm，洞口上方连梁高度不宜小于 250mm。

8.2.2 预制剪力墙的连梁不宜开洞；当需开洞时，洞口宜预埋套管，洞口上、下截面的有效高度不宜小于梁高的 1/3，且不宜小于 200mm；被洞口削弱的连梁截面应进行承载力验算，洞口处应配置补强纵向钢筋和箍筋，补强纵向钢筋的直径不应小于 12mm。

8.2.3 预制剪力墙开有边长小于 800mm 的洞口且在结构整体计算中不考虑其影响时，应沿洞口周边配置补强钢筋；补强钢筋的直径不应小于 12mm，截面面积不应小于同方向被洞口截断的钢筋面积；该钢筋自孔洞边角算起伸入墙内的长度，非抗震设计时不应小于 l_a，抗震设计时不应小于 l_{aE}（图 8.2.3）。

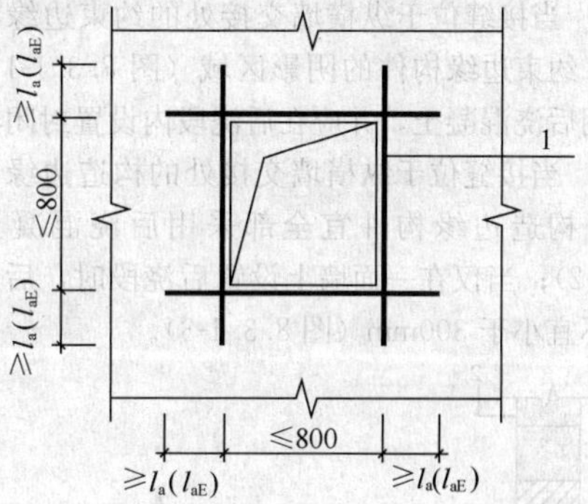

≥la(laE)
≤800
≥la(laE)
1
≤800
≥la(laE)
≥la(laE)

图 8.2.3 预制剪力墙洞口补强钢筋配置示意

1—洞口补强钢筋

8.2.4 当采用套筒灌浆连接时，自套筒底部至套筒顶部并向上延伸 300mm 范围内，预制剪力墙的水平分布筋应加密（图 8.2.4），加密区水平分布筋的最

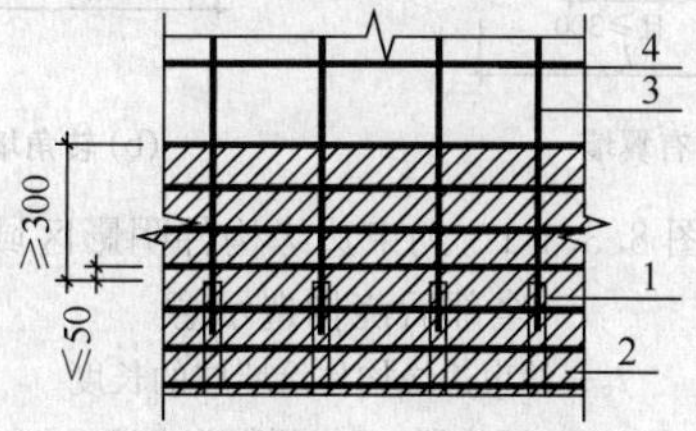

4
3
≥300
1
≤50
2

图 8.2.4 钢筋套筒灌浆连接部位水平分布钢筋的加密构造示意

1—灌浆套筒；2—水平分布钢筋加密区域（阴影区域）；3—竖向钢筋；4—水平分布钢筋

大间距及最小直径应符合表 8.2.4 的规定，套筒上端第一道水平分布钢筋距离套筒顶部不应大于 50mm。

表 8.2.4　加密区水平分布钢筋的要求

抗震等级	最大间距（mm）	最小直径（mm）
一、二级	100	8
三、四级	150	8

8.2.5　端部无边缘构件的预制剪力墙，宜在端部配置 2 根直径不小于 12mm 的竖向构造钢筋；沿该钢筋竖向应配置拉筋，拉筋直径不宜小于 6mm、间距不宜大于 250mm。

8.2.6　当预制外墙采用夹心墙板时，应满足下列要求：

1　外叶墙板厚度不应小于 50mm，且外叶墙板应与内叶墙板可靠连接；

2　夹心外墙板的夹层厚度不宜大于 120mm；

3　当作为承重墙时，内叶墙板应按剪力墙进行设计。

8.3　连 接 设 计

8.3.1　楼层内相邻预制剪力墙之间应采用整体式接缝连接，且应符合下列规定：

1　当接缝位于纵横墙交接处的约束边缘构件区域时，约束边缘构件的阴影区域（图 8.3.1-1）宜全部采用后浇混凝土，并应在后浇段内设置封闭箍筋。

2　当接缝位于纵横墙交接处的构造边缘构件区域时，构造边缘构件宜全部采用后浇混凝土（图 8.3.1-2）；当仅在一面墙上设置后浇段时，后浇段的长度不宜小于 300mm（图 8.3.1-3）。

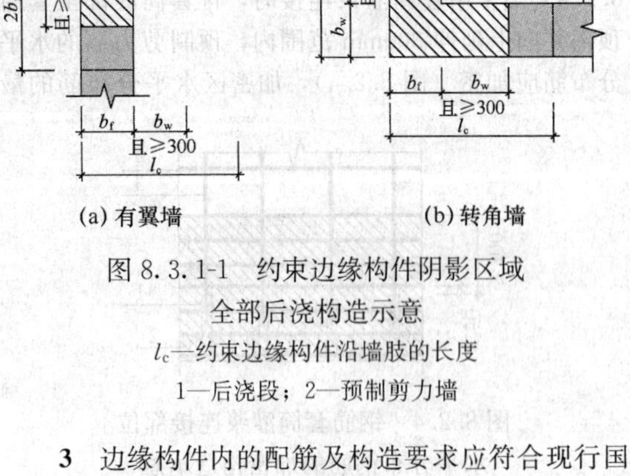
(a) 有翼墙
(b) 转角墙

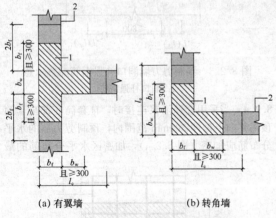

图 8.3.1-1　约束边缘构件阴影区域全部后浇构造示意

l_c—约束边缘构件沿墙肢的长度

1—后浇段；2—预制剪力墙

3　边缘构件内的配筋及构造要求应符合现行国家标准《建筑抗震设计规范》GB 50011 的有关规定；预制剪力墙的水平分布钢筋在后浇段内的锚固、连接应符合现行国家标准《混凝土结构设计规范》GB 50010 的有关规定。

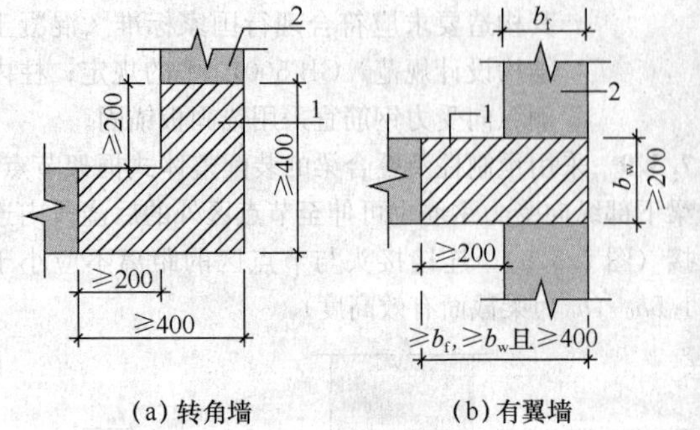
(a) 转角墙
(b) 有翼墙

图 8.3.1-2　构造边缘构件全部后浇构造示意

（阴影区域为构造边缘构件范围）

1—后浇段；2—预制剪力墙

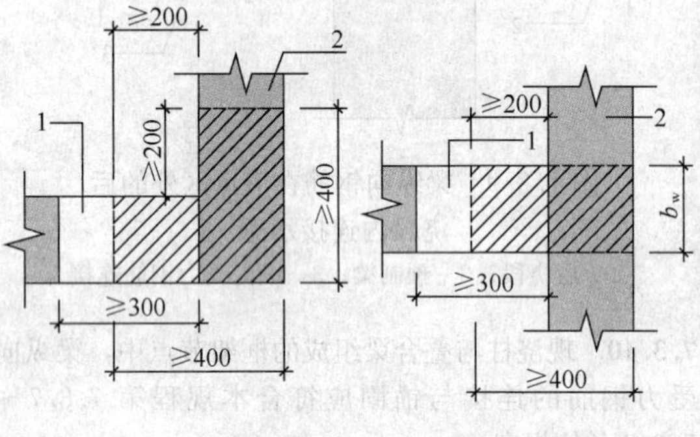
(a) 转角墙
(b) 有翼墙

图 8.3.1-3　构造边缘构件部分后浇构造示意

（阴影区域为构造边缘构件范围）

1—后浇段；2—预制剪力墙

4　非边缘构件位置，相邻预制剪力墙之间应设置后浇段，后浇段的宽度不应小于墙厚且不宜小于 200mm；后浇段内应设置不少于 4 根竖向钢筋，钢筋直径不应小于墙体竖向分布筋直径且不应小于 8mm；两侧墙体的水平分布筋在后浇段内的锚固、连接应符合现行国家标准《混凝土结构设计规范》GB 50010 的有关规定。

8.3.2　屋面以及立面收进的楼层，应在预制剪力墙顶部设置封闭的后浇钢筋混凝土圈梁（图 8.3.2），

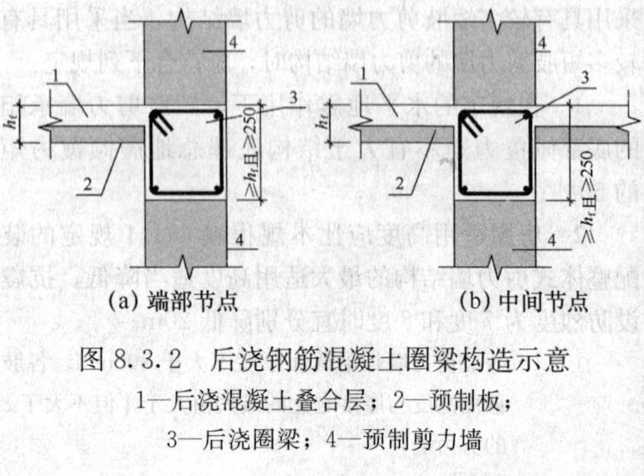
(a) 端部节点
(b) 中间节点

图 8.3.2　后浇钢筋混凝土圈梁构造示意

1—后浇混凝土叠合层；2—预制板；

3—后浇圈梁；4—预制剪力墙

并应符合下列规定：

1 圈梁截面宽度不应小于剪力墙的厚度，截面高度不宜小于楼板厚度及 250mm 的较大值；圈梁应与现浇或者叠合楼、屋盖浇筑成整体。

2 圈梁内配置的纵向钢筋不应少于 4ϕ12，且按全截面计算的配筋率不应小于 0.5%和水平分布筋配筋率的较大值，纵向钢筋竖向间距不应大于 200mm；箍筋间距不应大于 200mm，且直径不应小于 8mm。

8.3.3 各层楼面位置，预制剪力墙顶部无后浇圈梁时，应设置连续的水平后浇带（图 8.3.3）；水平后浇带应符合下列规定：

1 水平后浇带宽度应取剪力墙的厚度，高度不应小于楼板厚度；水平后浇带应与现浇或者叠合楼、屋盖浇筑成整体。

2 水平后浇带内应配置不少于 2 根连续纵向钢筋，其直径不宜小于 12mm。

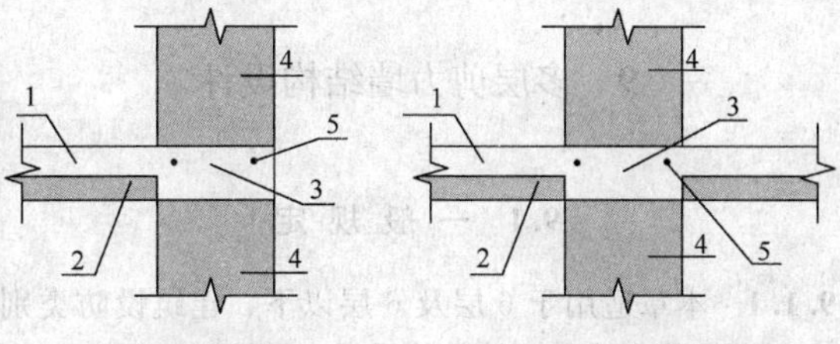
1
2
3
4
5
(a) 端部节点
(b) 中间节点

图 8.3.3 水平后浇带构造示意

1—后浇混凝土叠合层；2—预制板；3—水平后浇带；4—预制墙板；5—纵向钢筋

8.3.4 预制剪力墙底部接缝宜设置在楼面标高处，并应符合下列规定：

1 接缝高度宜为 20mm；

2 接缝宜采用灌浆料填实；

3 接缝处后浇混凝土上表面应设置粗糙面。

8.3.5 上下层预制剪力墙的竖向钢筋，当采用套筒灌浆连接和浆锚搭接连接时，应符合下列规定：

1 边缘构件竖向钢筋应逐根连接。

2 预制剪力墙的竖向分布钢筋，当仅部分连接时（图 8.3.5），被连接的同侧钢筋间距不应大于 600mm，且在剪力墙构件承载力设计和分布钢筋配筋率计算中不得计入不连接的分布钢筋；不连接的竖向

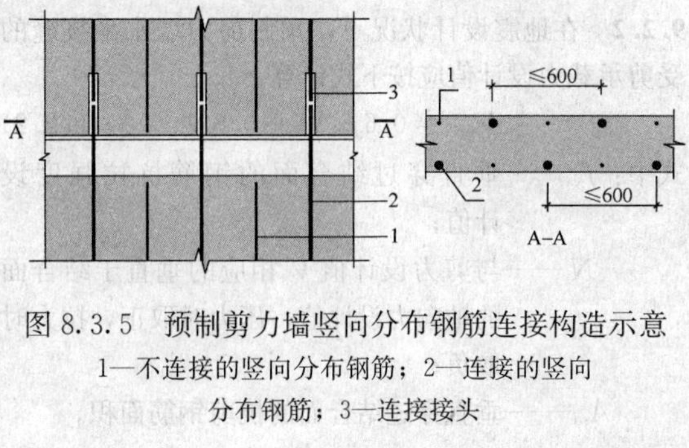
A
A
1
2
3
≤600
≤600
A–A

图 8.3.5 预制剪力墙竖向分布钢筋连接构造示意

1—不连接的竖向分布钢筋；2—连接的竖向分布钢筋；3—连接接头

分布钢筋直径不应小于 6mm。

3 一级抗震等级剪力墙以及二、三级抗震等级底部加强部位，剪力墙的边缘构件竖向钢筋宜采用套筒灌浆连接。

8.3.6 预制剪力墙相邻下层为现浇剪力墙时，预制剪力墙与下层现浇剪力墙中竖向钢筋的连接应符合本规程第 8.3.5 条的规定，下层现浇剪力墙顶面应设置粗糙面。

8.3.7 在地震设计状况下，剪力墙水平接缝的受剪承载力设计值应按下式计算：

$$V_{uE} = 0.6 f_y A_{sd} + 0.8N \quad (8.3.7)$$

式中：f_y ——垂直穿过结合面的钢筋抗拉强度设计值；

N ——与剪力设计值 V 相应的垂直于结合面的轴向力设计值，压力时取正，拉力时取负；

A_{sd} ——垂直穿过结合面的抗剪钢筋面积。

8.3.8 预制剪力墙洞口上方的预制连梁宜与后浇圈梁或水平后浇带形成叠合连梁（图 8.3.8），叠合连梁的配筋及构造要求应符合现行国家标准《混凝土结构设计规范》GB 50010 的有关规定。

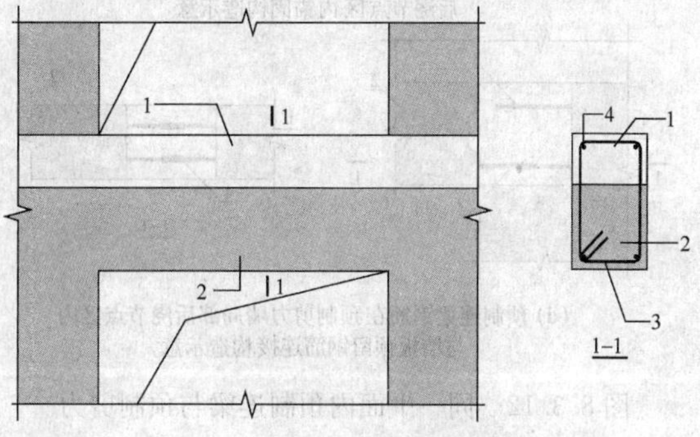
1
1
2
1
1
2
3
4
1–1

图 8.3.8 预制剪力墙叠合连梁构造示意

1—后浇圈梁或后浇带；2—预制连梁；3—箍筋；4—纵向钢筋

8.3.9 楼面梁不宜与预制剪力墙在剪力墙平面外单侧连接；当楼面梁与剪力墙在平面外单侧连接时，宜采用铰接。

8.3.10 预制叠合连梁的预制部分宜与剪力墙整体预制，也可在跨中拼接或在端部与预制剪力墙拼接。

8.3.11 当预制叠合连梁在跨中拼接时，可按本规程第 7.3.3 条的规定进行接缝的构造设计。

8.3.12 当预制叠合连梁端部与预制剪力墙在平面内拼接时，接缝构造应符合下列规定：

1 当墙端边缘构件采用后浇混凝土时，连梁纵向钢筋应在后浇段中可靠锚固（图 8.3.12a）或连接（图 8.3.12b）；

2 当预制剪力墙端部上角预留局部后浇节点区时，连梁的纵向钢筋应在局部后浇节点区内可靠锚固

(图 8.3.12c）或连接（图 8.3.12d)。

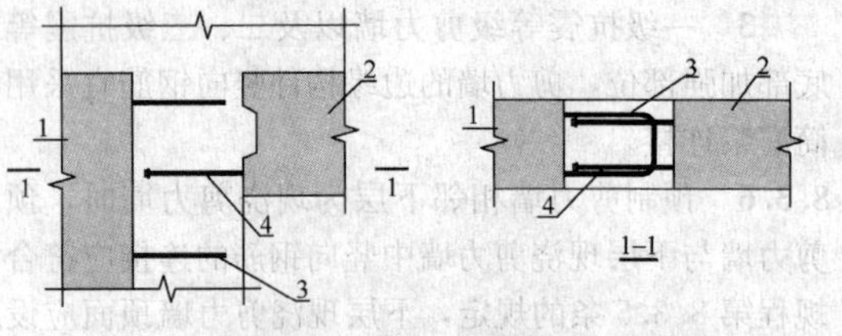
1
2
3
4
1-1

(a)预制连梁钢筋在后浇段内锚固构造示意

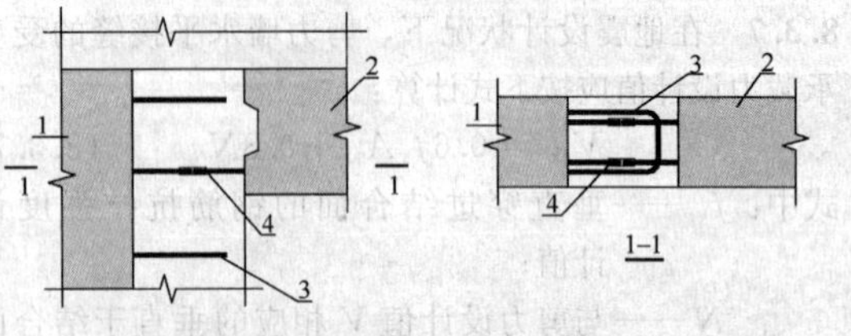
1
2
3
4
1-1

(b)预制连梁钢筋在后浇段内与预制剪力墙预留钢筋连接构造示意

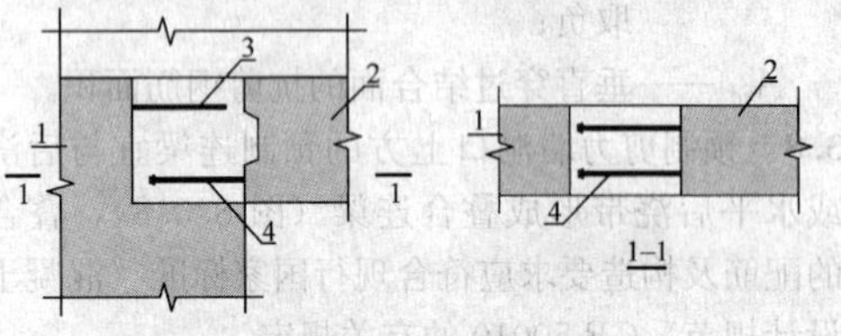
1
2
3
4
1-1

(c)预制连梁钢筋在预制剪力墙局部后浇节点区内锚固构造示意

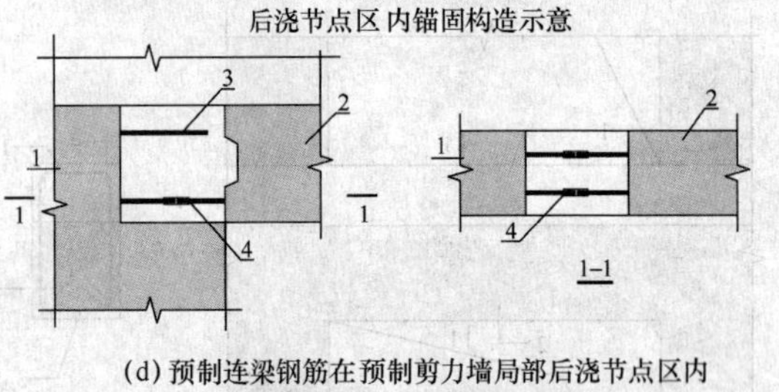
1
2
3
4
1-1

(d)预制连梁钢筋在预制剪力墙局部后浇节点区内与墙板预留钢筋连接构造示意

图 8.3.12　同一平面内预制连梁与预制剪力墙连接构造示意

1—预制剪力墙；2—预制连梁；3—边缘构件箍筋；4—连梁下部纵向受力钢筋锚固或连接

8.3.13　当采用后浇连梁时，宜在预制剪力墙端伸出预留纵向钢筋，并与后浇连梁的纵向钢筋可靠连接（图 8.3.13)。

8.3.14　应按本规程第 7.2.2 条的规定进行叠合连梁

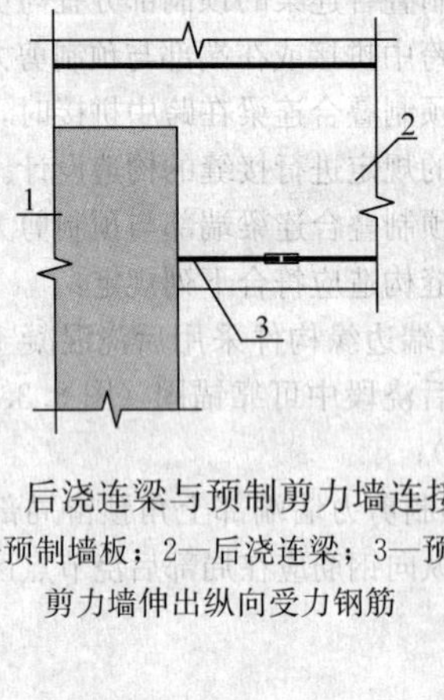
1
2
3

图 8.3.13　后浇连梁与预制剪力墙连接构造示意

1—预制墙板；2—后浇连梁；3—预制剪力墙伸出纵向受力钢筋

端部接缝的受剪承载力计算。

8.3.15　当预制剪力墙洞口下方有墙时，宜将洞口下墙作为单独的连梁进行设计（图 8.3.15)。

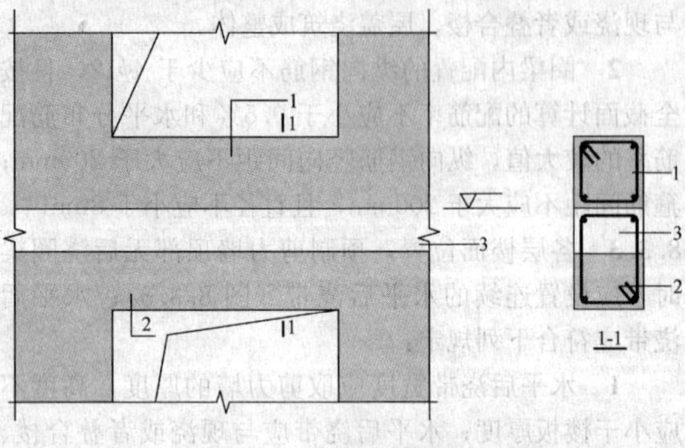
1
2
3
1-1

图 8.3.15　预制剪力墙洞口下墙与叠合连梁的关系示意

1—洞口下墙；2—预制连梁；3—后浇圈梁或水平后浇带

9　多层剪力墙结构设计

9.1　一般规定

9.1.1　本章适用于 6 层及 6 层以下、建筑设防类别为丙类的装配式剪力墙结构设计。

9.1.2　多层装配式剪力墙结构抗震等级应符合下列规定：

1　抗震设防烈度为 8 度时取三级；

2　抗震设防烈度为 6、7 度时取四级。

9.1.3　当房屋高度不大于 10m 且不超过 3 层时，预制剪力墙截面厚度不应小于 120mm；当房屋超过 3 层时，预制剪力墙截面厚度不宜小于 140mm。

9.1.4　当预制剪力墙截面厚度不小于 140mm 时，应配置双排双向分布钢筋网。剪力墙中水平及竖向分布筋的最小配筋率不应小于 0.15%。

9.1.5　除本章规定外，预制剪力墙构件的构造应符合本规程第 8.2 节的规定。

9.2　结构分析和设计

9.2.1　多层装配式剪力墙结构可采用弹性方法进行结构分析，并宜按结构实际情况建立分析模型。

9.2.2　在地震设计状况下，预制剪力墙水平接缝的受剪承载力设计值应按下式计算：

$$V_{uE}=0.6f_yA_{sd}+0.6N \tag{9.2.2}$$

式中：f_y——垂直穿过结合面的钢筋抗拉强度设计值；

N——与剪力设计值 V 相应的垂直于结合面的轴向力设计值，压力时取正，拉力时取负；

A_{sd}——垂直穿过结合面的抗剪钢筋面积。

9.3 连 接 设 计

9.3.1 抗震等级为三级的多层装配式剪力墙结构，在预制剪力墙转角、纵横墙交接部位应设置后浇混凝土暗柱，并应符合下列规定：

1 后浇混凝土暗柱截面高度不宜小于墙厚，且不应小于 250mm，截面宽度可取墙厚（图 9.3.1）；

2 后浇混凝土暗柱内应配置竖向钢筋和箍筋，配筋应满足墙肢截面承载力的要求，并应满足表 9.3.1 的要求；

3 预制剪力墙的水平分布钢筋在后浇混凝土暗柱内的锚固、连接应符合现行国家标准《混凝土结构设计规范》GB 50010 的有关规定。

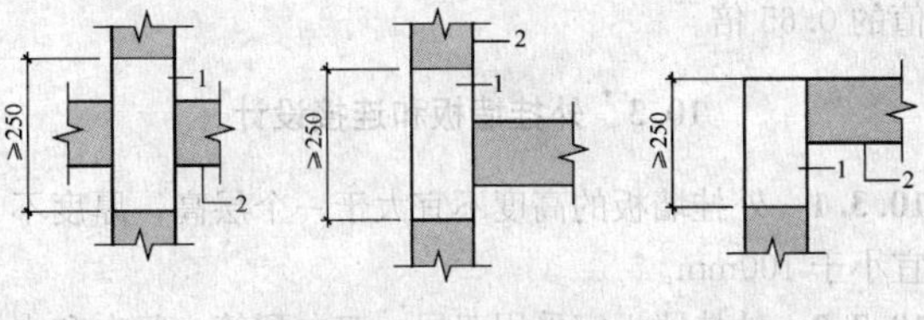

≥250
1
2
≥250
2
1
≥250
1
2

图 9.3.1 多层装配式剪力墙结构后浇混凝土暗柱示意

1—后浇段；2—预制剪力墙

表 9.3.1 多层装配式剪力墙结构后浇混凝土暗柱配筋要求

底层			其他层		
纵向钢筋最小量	箍筋（mm）		纵向钢筋最小量	箍筋（mm）	
	最小直径	沿竖向最大间距		最小直径	沿竖向最大间距
4ϕ12	6	200	4ϕ10	6	250

9.3.2 楼层内相邻预制剪力墙之间的竖向接缝可采用后浇段连接，并应符合下列规定：

1 后浇段内应设置竖向钢筋，竖向钢筋配筋率不应小于墙体竖向分布筋配筋率，且不宜小于 2ϕ12；

2 预制剪力墙的水平分布钢筋在后浇段内的锚固、连接应符合现行国家标准《混凝土结构设计规范》GB 50010 的有关规定。

9.3.3 预制剪力墙水平接缝宜设置在楼面标高处，并应满足下列要求：

1 接缝厚度宜为 20mm。

2 接缝处应设置连接节点，连接节点间距不宜大于 1m；穿过接缝的连接钢筋数量应满足接缝受剪承载力的要求，且配筋率不应低于墙板竖向钢筋配筋率，连接钢筋直径不应小于 14mm。

3 连接钢筋可采用套筒灌浆连接、浆锚搭接连接、焊接连接，并应满足本规程附录 A 中相应的构造要求。

9.3.4 当房屋层数大于 3 层时，应符合下列规定：

1 屋面、楼面宜采用叠合楼盖，叠合板与预制剪力墙的连接应符合本规程第 6.6.4 条的规定；

2 沿各层墙顶应设置水平后浇带，并应符合本规程第 8.3.3 条的规定；

3 当抗震等级为三级时，应在屋面设置封闭的后浇钢筋混凝土圈梁，圈梁应符合本规程第 8.3.2 条的规定。

9.3.5 当房屋层数不大于 3 层时，楼面可采用预制楼板，并应符合下列规定：

1 预制板在墙上的搁置长度不应小于 60mm，当墙厚不能满足搁置长度要求时可设置挑耳；板端后浇混凝土接缝宽度不宜小于 50mm，接缝内应配置连续的通长钢筋，钢筋直径不应小于 8mm。

2 当板端伸出锚固钢筋时，两侧伸出的锚固钢筋应互相可靠连接，并应与支承墙伸出的钢筋、板端接缝内设置的通长钢筋拉结。

3 当板端不伸出锚固钢筋时，应沿板跨方向布置连系钢筋，连系钢筋直径不应小于 10mm，间距不应大于 600mm；连系钢筋应与两侧预制板可靠连接，并应与支承墙伸出的钢筋、板端接缝内设置的通长钢筋拉结。

9.3.6 连梁宜与剪力墙整体预制，也可在跨中拼接。预制剪力墙洞口上方的预制连梁可与后浇混凝土圈梁或水平后浇带形成叠合连梁；叠合连梁的配筋及构造要求应符合现行国家标准《混凝土结构设计规范》GB 50010 的有关规定。

9.3.7 预制剪力墙与基础的连接应符合下列规定：

1 基础顶面应设置现浇混凝土圈梁，圈梁上表面应设置粗糙面；

2 预制剪力墙与圈梁顶面之间的接缝构造应符合本规程第 9.3.3 条的规定，连接钢筋应在基础中可靠锚固，且宜伸入到基础底部；

3 剪力墙后浇暗柱和竖向接缝内的纵向钢筋应在基础中可靠锚固，且宜伸入到基础底部。

10 外挂墙板设计

10.1 一 般 规 定

10.1.1 外挂墙板应采用合理的连接节点并与主体结构可靠连接。有抗震设防要求时，外挂墙板及其与主体结构的连接节点，应进行抗震设计。

10.1.2 外挂墙板结构分析可采用线性弹性方法，其计算简图应符合实际受力状态。

10.1.3 对外挂墙板和连接节点进行承载力验算时，其结构重要性系数 γ_0 应取不小于 1.0，连接节点承载力抗震调整系数 γ_{RE} 应取 1.0。

10.1.4 支承外挂墙板的结构构件应具有足够的承载力和刚度。

10.1.5 外挂墙板与主体结构宜采用柔性连接，连接节点应具有足够的承载力和适应主体结构变形的能力，并应采取可靠的防腐、防锈和防火措施。

10.2 作用及作用组合

10.2.1 计算外挂墙板及连接节点的承载力时，荷载组合的效应设计值应符合下列规定：

1 持久设计状况：

当风荷载效应起控制作用时：

$$S = \gamma_G S_{Gk} + \gamma_w S_{wk} \quad (10.2.1\text{-}1)$$

当永久荷载效应起控制作用时：

$$S = \gamma_G S_{Gk} + \psi_w \gamma_w S_{wk} \quad (10.2.1\text{-}2)$$

2 地震设计状况：

在水平地震作用下：

$$S_{Eh} = \gamma_G S_{Gk} + \gamma_{Eh} S_{Ehk} + \psi_w \gamma_w S_{wk} \quad (10.2.1\text{-}3)$$

在竖向地震作用下：

$$S_{Ev} = \gamma_G S_{Gk} + \gamma_{Ev} S_{Evk} \quad (10.2.1\text{-}4)$$

式中：S——基本组合的效应设计值；

S_{Eh}——水平地震作用组合的效应设计值；

S_{Ev}——竖向地震作用组合的效应设计值；

S_{Gk}——永久荷载的效应标准值；

S_{wk}——风荷载的效应标准值；

S_{Ehk}——水平地震作用的效应标准值；

S_{Evk}——竖向地震作用的效应标准值；

γ_G——永久荷载分项系数，按本规程第10.2.2条规定取值；

γ_w——风荷载分项系数，取1.4；

γ_{Eh}——水平地震作用分项系数，取1.3；

γ_{Ev}——竖向地震作用分项系数，取1.3；

ψ_w——风荷载组合系数。在持久设计状况下取0.6，地震设计状况下取0.2。

10.2.2 在持久设计状况、地震设计状况下，进行外挂墙板和连接节点的承载力设计时，永久荷载分项系数 γ_G 应按下列规定取值：

1 进行外挂墙板平面外承载力设计时，γ_G 应取为0；进行外挂墙板平面内承载力设计时，γ_G 应取为1.2；

2 进行连接节点承载力设计时，在持久设计状况下，当风荷载效应起控制作用时，γ_G 应取为1.2，当永久荷载效应起控制作用时，γ_G 应取为1.35；在地震设计状况下，γ_G 应取为1.2。当永久荷载效应对连接节点承载力有利时，γ_G 应取为1.0。

10.2.3 风荷载标准值应按现行国家标准《建筑结构荷载规范》GB 50009有关围护结构的规定确定。

10.2.4 计算水平地震作用标准值时，可采用等效侧力法，并应按下式计算：

$$F_{Ehk} = \beta_E \alpha_{max} G_k \quad (10.2.4)$$

式中：F_{Ehk}——施加于外挂墙板重心处的水平地震作用标准值；

β_E——动力放大系数，可取5.0；

α_{max}——水平地震影响系数最大值，应按表10.2.4采用；

G_k——外挂墙板的重力荷载标准值。

表 10.2.4 水平地震影响系数最大值 α_{max}

抗震设防烈度	6度	7度	8度
α_{max}	0.04	0.08（0.12）	0.16（0.24）

注：抗震设防烈度7、8度时括号内数值分别用于设计基本地震加速度为0.15g和0.30g的地区。

10.2.5 竖向地震作用标准值可取水平地震作用标准值的0.65倍。

10.3 外挂墙板和连接设计

10.3.1 外挂墙板的高度不宜大于一个层高，厚度不宜小于100mm。

10.3.2 外挂墙板宜采用双层、双向配筋，竖向和水平钢筋的配筋率均不应小于0.15%，且钢筋直径不宜小于5mm，间距不宜大于200mm。

10.3.3 门窗洞口周边、角部应配置加强钢筋。

10.3.4 外挂墙板最外层钢筋的混凝土保护层厚度除有专门要求外，应符合下列规定：

1 对石材或面砖饰面，不应小于15mm；

2 对清水混凝土，不应小于20mm；

3 对露骨料装饰面，应从最凹处混凝土表面计起，且不应小于20mm。

10.3.5 外挂墙板的截面设计应符合本规程第6.4节的要求。

10.3.6 外挂墙板与主体结构采用点支承连接时，连接件的滑动孔尺寸，应根据穿孔螺栓的直径、层间位移值和施工误差等因素确定。

10.3.7 外挂墙板间接缝的构造应符合下列规定：

1 接缝构造应满足防水、防火、隔声等建筑功能要求；

2 接缝宽度应满足主体结构的层间位移、密封材料的变形能力、施工误差、温差引起变形等要求，且不应小于15mm。

11 构件制作与运输

11.1 一般规定

11.1.1 预制构件制作单位应具备相应的生产工艺设施，并应有完善的质量管理体系和必要的试验检测手段。

11.1.2 预制构件制作前，应对其技术要求和质量标准进行技术交底，并应制定生产方案；生产方案应包括生产工艺、模具方案、生产计划、技术质量控制措施、成品保护、堆放及运输方案等内容。

11.1.3 预制构件用混凝土的工作性应根据产品类别和生产工艺要求确定，构件用混凝土原材料及配合比设计应符合国家现行标准《混凝土结构工程施工规范》GB 50666、《普通混凝土配合比设计规程》JGJ 55和《高强混凝土应用技术规程》JGJ/T 281等的规定。

11.1.4 预制结构构件采用钢筋套筒灌浆连接时，应在构件生产前进行钢筋套筒灌浆连接接头的抗拉强度试验，每种规格的连接接头试件数量不应少于3个。

11.1.5 预制构件用钢筋的加工、连接与安装应符合国家现行标准《混凝土结构工程施工规范》GB 50666和《混凝土结构工程施工质量验收规范》GB 50204等的有关规定。

11.2 制作准备

11.2.1 预制构件制作前，对带饰面砖或饰面板的构件，应绘制排砖图或排板图；对夹心外墙板，应绘制内外叶墙板的拉结件布置图及保温板排板图。

11.2.2 预制构件模具除应满足承载力、刚度和整体稳定性要求外，尚应符合下列规定：

1 应满足预制构件质量、生产工艺、模具组装与拆卸、周转次数等要求；

2 应满足预制构件预留孔洞、插筋、预埋件的安装定位要求；

3 预应力构件的模具应根据设计要求预设反拱。

11.2.3 预制构件模具尺寸的允许偏差和检验方法应符合表11.2.3的规定。当设计有要求时，模具尺寸的允许偏差应按设计要求确定。

表 11.2.3 预制构件模具尺寸的允许偏差和检验方法

项次	检验项目及内容		允许偏差（mm）	检验方法
1	长度	≤6m	1，−2	用钢尺量平行构件高度方向，取其中偏差绝对值较大处
		>6m且≤12m	2，4	
		>12m	3，−5	
2	截面尺寸	墙板	1，−2	用钢尺测量两端或中部，取其中偏差绝对值较大处
3		其他构件	2，−4	
4	对角线差		3	用钢尺量纵、横两个方向对角线
5	侧向弯曲		$l/1500$且≤5	拉线，用钢尺量测侧向弯曲最大处
6	翘曲		$l/1500$	对角拉线测量交点间距离值的两倍
7	底模表面平整度		2	用2m靠尺和塞尺量
8	组装缝隙		1	用塞片或塞尺量
9	端模与侧模高低差		1	用钢尺量

注：l为模具与混凝土接触面中最长边的尺寸。

11.2.4 预埋件加工的允许偏差应符合表11.2.4的规定。

表 11.2.4 预埋件加工允许偏差

项次	检验项目及内容		允许偏差（mm）	检验方法
1	预埋件锚板的边长		0，−5	用钢尺量
2	预埋件锚板的平整度		1	用直尺和塞尺量
3	锚筋	长度	10，−5	用钢尺量
		间距偏差	±10	用钢尺量

11.2.5 固定在模具上的预埋件、预留孔洞中心位置的允许偏差应符合表11.2.5的规定。

表 11.2.5 模具预留孔洞中心位置的允许偏差

项次	检验项目及内容	允许偏差（mm）	检验方法
1	预埋件、插筋、吊环、预留孔洞中心线位置	3	用钢尺量
2	预埋螺栓、螺母中心线位置	2	用钢尺量
3	灌浆套筒中心线位置	1	用钢尺量

注：检查中心线位置时，应沿纵、横两个方向量测，并取其中的较大值。

11.2.6 应选用不影响构件结构性能和装饰工程施工的隔离剂。

11.3 构件制作

11.3.1 在混凝土浇筑前应进行预制构件的隐蔽工程检查，检查项目应包括下列内容：

1 钢筋的牌号、规格、数量、位置、间距等；

2 纵向受力钢筋的连接方式、接头位置、接头质量、接头面积百分率、搭接长度等；

3 箍筋、横向钢筋的牌号、规格、数量、位置、间距，箍筋弯钩的弯折角度及平直段长度；

4 预埋件、吊环、插筋的规格、数量、位置等；

5　灌浆套筒、预留孔洞的规格、数量、位置等；

6　钢筋的混凝土保护层厚度；

7　夹心外墙板的保温层位置、厚度，拉结件的规格、数量、位置等；

8　预埋管线、线盒的规格、数量、位置及固定措施。

11.3.2　带面砖或石材饰面的预制构件宜采用反打一次成型工艺制作，并应符合下列要求：

1　当构件饰面层采用面砖时，在模具中铺设面砖前，应根据排砖图的要求进行配砖和加工；饰面砖应采用背面带有燕尾槽或粘结性能可靠的产品。

2　当构件饰面层采用石材时，在模具中铺设石材前，应根据排板图的要求进行配板和加工；应按设计要求在石材背面钻孔、安装不锈钢卡钩、涂覆隔离层。

3　应采用具有抗裂性和柔韧性、收缩小且不污染饰面的材料嵌填面砖或石材之间的接缝，并应采取防止面砖或石材在安装钢筋、浇筑混凝土等生产过程中发生位移的措施。

11.3.3　夹心外墙板宜采用平模工艺生产，生产时应先浇筑外叶墙板混凝土层，再安装保温材料和拉结件，最后浇筑内叶墙板混凝土层；当采用立模工艺生产时，应同步浇筑内外叶墙板混凝土层，并应采取保证保温材料及拉结件位置准确的措施。

11.3.4　应根据混凝土的品种、工作性、预制构件的规格形状等因素，制定合理的振捣成型操作规程。混凝土应采用强制式搅拌机搅拌，并宜采用机械振捣。

11.3.5　预制构件采用洒水、覆盖等方式进行常温养护时，应符合现行国家标准《混凝土结构工程施工规范》GB 50666 的要求。

预制构件采用加热养护时，应制定养护制度对静停、升温、恒温和降温时间进行控制，宜在常温下静停 2h～6h，升温、降温速度不应超过 20℃/h，最高养护温度不宜超过 70℃，预制构件出池的表面温度与环境温度的差值不宜超过 25℃。

11.3.6　脱模起吊时，预制构件的混凝土立方体抗压强度应满足设计要求，且不应小于 $15N/mm^2$。

11.3.7　采用后浇混凝土或砂浆、灌浆料连接的预制构件结合面，制作时应按设计要求进行粗糙面处理。设计无具体要求时，可采用化学处理、拉毛或凿毛等方法制作粗糙面。

11.3.8　预应力混凝土构件生产前应制定预应力施工技术方案和质量控制措施，并应符合现行国家标准《混凝土结构工程施工规范》GB 50666 和《混凝土结构工程施工质量验收规范》GB 50204 的要求。

11.4　构 件 检 验

11.4.1　预制构件的外观质量不应有严重缺陷，且不宜有一般缺陷。对已出现的一般缺陷，应按技术方案进行处理，并应重新检验。

11.4.2　预制构件的允许尺寸偏差及检验方法应符合表 11.4.2 的规定。预制构件有粗糙面时，与粗糙面相关的尺寸允许偏差可适当放松。

表 11.4.2　预制构件尺寸允许偏差及检验方法

项　目			允许偏差(mm)	检验方法
长度	板、梁、柱、桁架	<12m	±5	尺量检查
		≥12m 且<18m	±10	
		≥18m	±20	
	墙板		±4	
宽度、高（厚）度	板、梁、柱、桁架截面尺寸		±5	钢尺量一端及中部，取其中偏差绝对值较大处
	墙板的高度、厚度		±3	
表面平整度	板、梁、柱、墙板内表面		5	2m 靠尺和塞尺检查
	墙板外表面		3	
侧向弯曲	板、梁、柱		$l/750$ 且≤20	拉线、钢尺量最大侧向弯曲处
	墙板、桁架		$l/1000$ 且≤20	
翘曲	板		$l/750$	调平尺在两端量测
	墙板		$l/1000$	
对角线差	板		10	钢尺量两个对角线
	墙板、门窗口		5	
挠度变形	梁、板、桁架设计起拱		±10	拉线、钢尺量最大弯曲处
	梁、板、桁架下垂		0	
预留孔	中心线位置		5	尺量检查
	孔尺寸		±5	

续表 11.4.2

项目		允许偏差(mm)	检验方法
预留洞	中心线位置	10	尺量检查
	洞口尺寸、深度	±10	
门窗口	中心线位置	5	尺量检查
	宽度、高度	±3	
预埋件	预埋件锚板中心线位置	5	尺量检查
	预埋件锚板与混凝土面平面高差	0，−5	
	预埋螺栓中心线位置	2	
	预埋螺栓外露长度	+10，−5	
	预埋套筒、螺母中心线位置	2	
	预埋套筒、螺母与混凝土面平面高差	0，−5	
	线管、电盒、木砖、吊环在构件平面的中心线位置偏差	20	
	线管、电盒、木砖、吊环与构件表面混凝土高差	0，−10	
预留插筋	中心线位置	3	尺量检查
	外露长度	+5，−5	
键槽	中心线位置	5	尺量检查
	长度、宽度、深度	±5	

注：1 l 为构件最长边的长度（mm）；
2 检查中心线、螺栓和孔道位置偏差时，应沿纵横两个方向量测，并取其中偏差较大值。

11.4.3 预制构件应按设计要求和现行国家标准《混凝土结构工程施工质量验收规范》GB 50204 的有关规定进行结构性能检验。

11.4.4 陶瓷类装饰面砖与构件基面的粘结强度应符合现行行业标准《建筑工程饰面砖粘结强度检验标准》JGJ 110 和《外墙面砖工程施工及验收规范》JGJ 126 等的规定。

11.4.5 夹心外墙板的内外叶墙板之间的拉结件类别、数量及使用位置应符合设计要求。

11.4.6 预制构件检查合格后，应在构件上设置表面标识，标识内容宜包括构件编号、制作日期、合格状态、生产单位等信息。

11.5 运输与堆放

11.5.1 应制定预制构件的运输与堆放方案，其内容应包括运输时间、次序、堆放场地、运输线路、固定要求、堆放支垫及成品保护措施等。对于超高、超宽、形状特殊的大型构件的运输和堆放应有专门的质量安全保证措施。

11.5.2 预制构件的运输车辆应满足构件尺寸和载重要求，装卸与运输时应符合下列规定：

1 装卸构件时，应采取保证车体平衡的措施；

2 运输构件时，应采取防止构件移动、倾倒、变形等的固定措施；

3 运输构件时，应采取防止构件损坏的措施，对构件边角部或链索接触处的混凝土，宜设置保护衬垫。

11.5.3 预制构件堆放应符合下列规定：

1 堆放场地应平整、坚实，并应有排水措施；

2 预埋吊件应朝上，标识宜朝向堆垛间的通道；

3 构件支垫应坚实，垫块在构件下的位置宜与脱模、吊装时的起吊位置一致；

4 重叠堆放构件时，每层构件间的垫块应上下对齐，堆垛层数应根据构件、垫块的承载力确定，并应根据需要采取防止堆垛倾覆的措施；

5 堆放预应力构件时，应根据构件起拱值的大小和堆放时间采取相应措施。

11.5.4 墙板的运输与堆放应符合下列规定：

1 当采用靠放架堆放或运输构件时，靠放架应具有足够的承载力和刚度，与地面倾斜角度宜大于80°；墙板宜对称靠放且外饰面朝外，构件上部宜采用木垫块隔离；运输时构件应采取固定措施。

2 当采用插放架直立堆放或运输构件时，宜采取直立运输方式；插放架应有足够的承载力和刚度，并应支垫稳固。

3 采用叠层平放的方式堆放或运输构件时，应采取防止构件产生裂缝的措施。

12 结构施工

12.1 一般规定

12.1.1 装配式结构施工前应制定施工组织设计、施工方案；施工组织设计的内容应符合现行国家标准

《建筑工程施工组织设计规范》GB/T 50502 的规定；施工方案的内容应包括构件安装及节点施工方案、构件安装的质量管理及安全措施等。

12.1.2 装配式结构的后浇混凝土部位在浇筑前应进行隐蔽工程验收。验收项目应包括下列内容：

1 钢筋的牌号、规格、数量、位置、间距等；

2 纵向受力钢筋的连接方式、接头位置、接头数量、接头面积百分率、搭接长度等；

3 纵向受力钢筋的锚固方式及长度；

4 箍筋、横向钢筋的牌号、规格、数量、位置、间距，箍筋弯钩的弯折角度及平直段长度；

5 预埋件的规格、数量、位置；

6 混凝土粗糙面的质量，键槽的规格、数量、位置；

7 预留管线、线盒等的规格、数量、位置及固定措施。

12.1.3 预制构件、安装用材料及配件等应符合设计要求及国家现行有关标准的规定。

12.1.4 吊装用吊具应按国家现行有关标准的规定进行设计、验算或试验检验。

吊具应根据预制构件形状、尺寸及重量等参数进行配置，吊索水平夹角不宜小于 60°，且不应小于 45°；对尺寸较大或形状复杂的预制构件，宜采用有分配梁或分配桁架的吊具。

12.1.5 钢筋套筒灌浆前，应在现场模拟构件连接接头的灌浆方式，每种规格钢筋应制作不少于 3 个套筒灌浆连接接头，进行灌注质量以及接头抗拉强度的检验；经检验合格后，方可进行灌浆作业。

12.1.6 在装配式结构的施工全过程中，应采取防止预制构件及预制构件上的建筑附件、预埋件、预埋吊件等损伤或污染的保护措施。

12.1.7 未经设计允许不得对预制构件进行切割、开洞。

12.1.8 装配式结构施工过程中应采取安全措施，并应符合现行行业标准《建筑施工高处作业安全技术规范》JGJ 80、《建筑机械使用安全技术规程》JGJ 33 和《施工现场临时用电安全技术规范》JGJ 46 等的有关规定。

12.2 安 装 准 备

12.2.1 应合理规划构件运输通道和临时堆放场地，并应采取成品堆放保护措施。

12.2.2 安装施工前，应核对已施工完成结构的混凝土强度、外观质量、尺寸偏差等符合现行国家标准《混凝土结构工程施工规范》GB 50666 和本规程的有关规定，并应核对预制构件的混凝土强度及预制构件和配件的型号、规格、数量等符合设计要求。

12.2.3 安装施工前，应进行测量放线、设置构件安装定位标识。

12.2.4 安装施工前，应复核构件装配位置、节点连接构造及临时支撑方案等。

12.2.5 安装施工前，应检查复核吊装设备及吊具处于安全操作状态。

12.2.6 安装施工前，应核实现场环境、天气、道路状况等满足吊装施工要求。

12.2.7 装配式结构施工前，宜选择有代表性的单元进行预制构件试安装，并应根据试安装结果及时调整完善施工方案和施工工艺。

12.3 安装与连接

12.3.1 预制构件吊装就位后，应及时校准并采取临时固定措施，并应符合现行国家标准《混凝土结构工程施工规范》GB 50666 的相关规定。

12.3.2 采用钢筋套筒灌浆连接、钢筋浆锚搭接连接的预制构件就位前，应检查下列内容：

1 套筒、预留孔的规格、位置、数量和深度；

2 被连接钢筋的规格、数量、位置和长度。

当套筒、预留孔内有杂物时，应清理干净；当连接钢筋倾斜时，应进行校直。连接钢筋偏离套筒或孔洞中心线不宜超过 5mm。

12.3.3 墙、柱构件的安装应符合下列规定：

1 构件安装前，应清洁结合面；

2 构件底部应设置可调整接缝厚度和底部标高的垫块；

3 钢筋套筒灌浆连接接头、钢筋浆锚搭接连接接头灌浆前，应对接缝周围进行封堵，封堵措施应符合结合面承载力设计要求；

4 多层预制剪力墙底部采用坐浆材料时，其厚度不宜大于 20mm。

12.3.4 钢筋套筒灌浆连接接头、钢筋浆锚搭接连接接头应按检验批划分要求及时灌浆，灌浆作业应符合国家现行有关标准及施工方案的要求，并应符合下列规定：

1 灌浆施工时，环境温度不应低于 5℃；当连接部位养护温度低于 10℃时，应采取加热保温措施；

2 灌浆操作全过程应有专职检验人员负责旁站监督并及时形成施工质量检查记录；

3 应按产品使用说明书的要求计量灌浆料和水的用量，并搅拌均匀；每次拌制的灌浆料拌合物应进行流动度的检测，且其流动度应满足本规程的规定；

4 灌浆作业应采用压浆法从下口灌注，当浆料从上口流出后应及时封堵，必要时可设分仓进行灌浆；

5 灌浆料拌合物应在制备后 30min 内用完。

12.3.5 焊接或螺栓连接的施工应符合国家现行标准《钢筋焊接及验收规程》JGJ 18、《钢结构焊接规范》GB 50661、《钢结构工程施工规范》GB 50755 和《钢结构工程施工质量验收规范》GB 50205 的有关规定。

采用焊接连接时，应采取防止因连续施焊引起的连接部位混凝土开裂的措施。

12.3.6 钢筋机械连接的施工应符合现行行业标准《钢筋机械连接技术规程》JGJ 107 的有关规定。

12.3.7 后浇混凝土的施工应符合下列规定：

1 预制构件结合面疏松部分的混凝土应剔除并清理干净；

2 模板应保证后浇混凝土部分形状、尺寸和位置准确，并应防止漏浆；

3 在浇筑混凝土前应洒水润湿结合面，混凝土应振捣密实；

4 同一配合比的混凝土，每工作班且建筑面积不超过 $1000m^2$ 应制作一组标准养护试件，同一楼层应制作不少于 3 组标准养护试件。

12.3.8 构件连接部位后浇混凝土及灌浆料的强度达到设计要求后，方可拆除临时固定措施。

12.3.9 受弯叠合构件的装配施工应符合下列规定：

1 应根据设计要求或施工方案设置临时支撑；

2 施工荷载宜均匀布置，并不应超过设计规定；

3 在混凝土浇筑前，应按设计要求检查结合面的粗糙度及预制构件的外露钢筋；

4 叠合构件应在后浇混凝土强度达到设计要求后，方可拆除临时支撑。

12.3.10 安装预制受弯构件时，端部的搁置长度应符合设计要求，端部与支承构件之间应坐浆或设置支承垫块，坐浆或支承垫块厚度不宜大于 20mm。

12.3.11 外挂墙板的连接节点及接缝构造应符合设计要求；墙板安装完成后，应及时移除临时支承支座、墙板接缝内的传力垫块。

12.3.12 外墙板接缝防水施工应符合下列规定：

1 防水施工前，应将板缝空腔清理干净；

2 应按设计要求填塞背衬材料；

3 密封材料嵌填应饱满、密实、均匀、顺直、表面平滑，其厚度应符合设计要求。

13 工程验收

13.1 一般规定

13.1.1 装配式结构应按混凝土结构子分部工程进行验收；当结构中部分采用现浇混凝土结构时，装配式结构部分可作为混凝土结构子分部工程的分项工程进行验收。

装配式结构验收除应符合本规程规定外，尚应符合现行国家标准《混凝土结构工程施工质量验收规范》GB 50204 的有关规定。

13.1.2 预制构件的进场质量验收应符合现行国家标准《混凝土结构工程施工质量验收规范》GB 50204 的有关规定。

13.1.3 装配式结构焊接、螺栓等连接用材料的进场验收应符合现行国家标准《钢结构工程施工质量验收规范》GB 50205 的有关规定。

13.1.4 装配式结构的外观质量除设计有专门的规定外，尚应符合现行国家标准《混凝土结构工程施工质量验收规范》GB 50204 中关于现浇混凝土结构的有关规定。

13.1.5 装配式建筑的饰面质量应符合设计要求，并应符合现行国家标准《建筑装饰装修工程质量验收规范》GB 50210 的有关规定。

13.1.6 装配式混凝土结构验收时，除应按现行国家标准《混凝土结构工程施工质量验收规范》GB 50204 的要求提供文件和记录外，尚应提供下列文件和记录：

1 工程设计文件、预制构件制作和安装的深化设计图；

2 预制构件、主要材料及配件的质量证明文件、进场验收记录、抽样复验报告；

3 预制构件安装施工记录；

4 钢筋套筒灌浆、浆锚搭接连接的施工检验记录；

5 后浇混凝土部位的隐蔽工程检查验收文件；

6 后浇混凝土、灌浆料、坐浆材料强度检测报告；

7 外墙防水施工质量检验记录；

8 装配式结构分项工程质量验收文件；

9 装配式工程的重大质量问题的处理方案和验收记录；

10 装配式工程的其他文件和记录。

13.2 主控项目

13.2.1 后浇混凝土强度应符合设计要求。

检查数量：按批检验，检验批应符合本规程第 12.3.7 条的有关要求。

检验方法：按现行国家标准《混凝土强度检验评定标准》GB/T 50107 的要求进行。

13.2.2 钢筋套筒灌浆连接及浆锚搭接连接的灌浆应密实饱满。

检查数量：全数检查。

检验方法：检查灌浆施工质量检查记录。

13.2.3 钢筋套筒灌浆连接及浆锚搭接连接用的灌浆料强度应满足设计要求。

检查数量：按批检验，以每层为一检验批；每工作班应制作一组且每层不应少于 3 组 40mm×40mm×160mm 的长方体试件，标准养护 28d 后进行抗压强度试验。

检验方法：检查灌浆料强度试验报告及评定记录。

13.2.4 剪力墙底部接缝坐浆强度应满足设计要求。

检查数量：按批检验，以每层为一检验批；每工作班应制作一组且每层不应少于 3 组边长为 70.7mm 的立方体试件，标准养护 28d 后进行抗压强度试验。

检验方法：检查坐浆材料强度试验报告及评定记录。

13.2.5 钢筋采用焊接连接时，其焊接质量应符合现行行业标准《钢筋焊接及验收规程》JGJ 18 的有关规定。

检查数量：按现行行业标准《钢筋焊接及验收规程》JGJ 18 的规定确定。

检验方法：检查钢筋焊接施工记录及平行加工试件的强度试验报告。

13.2.6 钢筋采用机械连接时，其接头质量应符合现行行业标准《钢筋机械连接技术规程》JGJ 107 的有关规定。

检查数量：按现行行业标准《钢筋机械连接技术规程》JGJ 107 的规定确定。

检验方法：检查钢筋机械连接施工记录及平行加工试件的强度试验报告。

13.2.7 预制构件采用焊接连接时，钢材焊接的焊缝尺寸应满足设计要求，焊缝质量应符合现行国家标准《钢结构焊接规范》GB 50661 和《钢结构工程施工质量验收规范》GB 50205 的有关规定。

检查数量：全数检查。

检验方法：按现行国家标准《钢结构工程施工质量验收规范》GB 50205 的要求进行。

13.2.8 预制构件采用螺栓连接时，螺栓的材质、规格、拧紧力矩应符合设计要求及现行国家标准《钢结构设计规范》GB 50017 和《钢结构工程施工质量验收规范》GB 50205 的有关规定。

检查数量：全数检查。

检验方法：按现行国家标准《钢结构工程施工质量验收规范》GB 50205 的要求进行。

13.3 一 般 项 目

13.3.1 装配式结构尺寸允许偏差应符合设计要求，并应符合表 13.3.1 中的规定。

表 13.3.1 装配式结构尺寸允许偏差及检验方法

项目		允许偏差(mm)	检验方法
构件中心线对轴线位置	基础	15	尺量检查
	竖向构件（柱、墙、桁架）	10	
	水平构件（梁、板）	5	
构件标高	梁、柱、墙、板底面或顶面	±5	水准仪或尺量检查

续表 13.3.1

项目			允许偏差(mm)	检验方法
构件垂直度	柱、墙	<5m	5	经纬仪或全站仪量测
		≥5m 且<10m	10	
		≥10m	20	
构件倾斜度	梁、桁架		5	垂线、钢尺量测
相邻构件平整度	板端面		5	钢尺、塞尺量测
	梁、板底面	抹灰	5	
		不抹灰	3	
	柱墙侧面	外露	5	
		不外露	10	
构件搁置长度	梁、板		±10	尺量检查
支座、支垫中心位置	板、梁、柱、墙、桁架		10	尺量检查
墙板接缝	宽度		±5	尺量检查
	中心线位置			

检查数量：按楼层、结构缝或施工段划分检验批。在同一检验批内，对梁、柱，应抽查构件数量的 10%，且不少于 3 件；对墙和板，应按有代表性的自然间抽查 10%，且不少于 3 间；对大空间结构，墙可按相邻轴线间高度 5m 左右划分检查面，板可按纵、横轴线划分检查面，抽查 10%，且均不少于 3 面。

13.3.2 外墙板接缝的防水性能应符合设计要求。

检查数量：按批检验。每 1000m^2 外墙面积应划分为一个检验批，不足 1000m^2 时也应划分为一个检验批；每个检验批每 100m^2 应至少抽查一处，每处不得少于 10m^2。

检验方法：检查现场淋水试验报告。

附录 A 多层剪力墙结构水平接缝连接节点构造

A.0.1 连接钢筋采用套筒灌浆连接（图 A.0.1）时，可在下层预制剪力墙中设置竖向连接钢筋与上层预制剪力墙内的连接钢筋通过套筒灌浆连接，并应符合本规程第 6.5.3 条的规定；连接钢筋可在预制剪力墙中通长设置，或在预制剪力墙中可靠锚固。

A.0.2 连接钢筋采用浆锚搭接连接（图 A.0.2）时，可在下层预制剪力墙中设置竖向连接钢筋与上层预制剪力墙内的连接钢筋通过浆锚搭接连接，并应符合本规程第 6.5.4 条的规定；连接钢筋可在预制剪力墙中

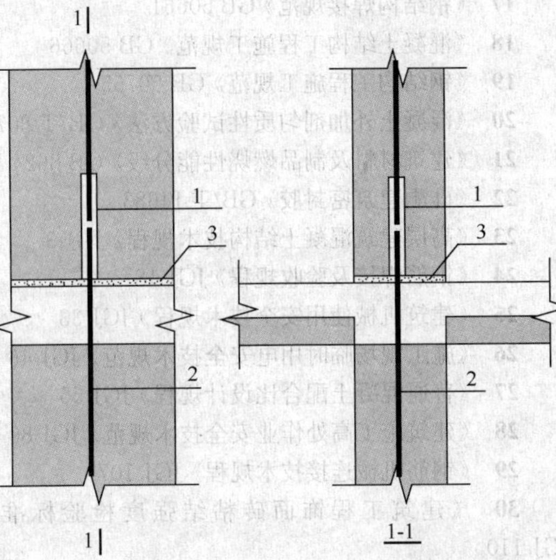
1
2
3
1-1

图 A.0.1　连接钢筋套筒灌浆连接构造示意

1—钢筋套筒灌浆连接；2—连接钢筋；3—坐浆层

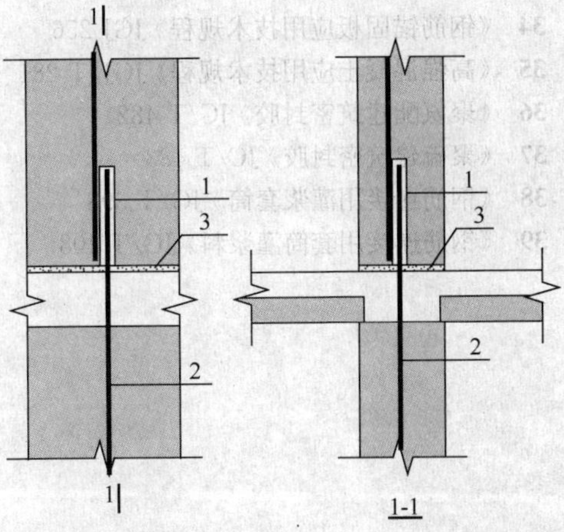
1
2
3
1-1

图 A.0.2　连接钢筋浆锚搭接连接构造示意

1— 钢筋浆锚搭接连接；2—连接钢筋；3—坐浆层

通长设置，或在预制剪力墙中可靠锚固。

A.0.3　连接钢筋采用焊接连接（图 A.0.3）时，可

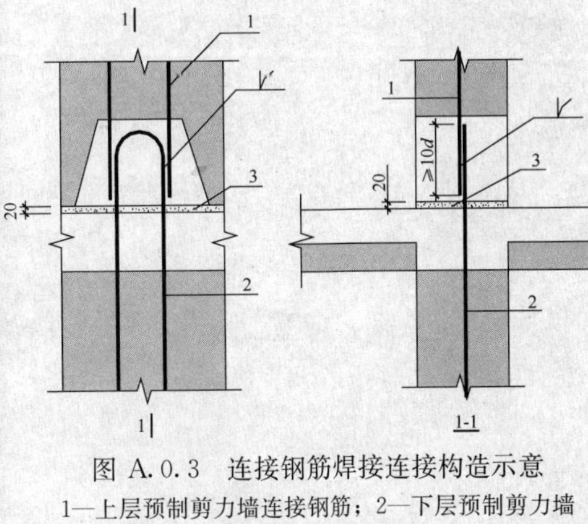
1
2
3
20
≥10d
1-1

图 A.0.3　连接钢筋焊接连接构造示意

1—上层预制剪力墙连接钢筋；2—下层预制剪力墙连接钢筋；3—坐浆层

在下层预制剪力墙中设置竖向连接钢筋，与上层预制剪力墙底部的预留钢筋焊接连接，焊接长度不应小于 $10d$（d 为连接钢筋直径）；连接部位预留键槽的尺寸，应满足焊接施工的空间要求；预留键槽应用后浇细石混凝土填实。连接钢筋可在预制剪力墙中通长设置，或在预制剪力墙中可靠锚固。当下层预制剪力墙中的连接钢筋兼作吊环使用时，尚应符合现行国家标准《混凝土结构设计规范》GB 50010 的有关规定。

A.0.4　连接钢筋采用预焊钢板焊接连接（图 A.0.4）时，应在下层预制剪力墙中设置竖向连接钢筋，与在上层预制剪力墙中设置的连接钢筋底部预焊的连接用钢板焊接连接，焊接长度不应小于 $10d$（d 为连接钢筋直径）；连接部位预留键槽的尺寸，应满足焊接施工的空间要求；预留键槽应采用后浇细石混凝土填实。连接钢筋应在预制剪力墙中通长设置，或在预制剪力墙中可靠锚固。当下层预制剪力墙体中的连接钢筋兼作吊环使用时，尚应符合现行国家标准《混凝土结构设计规范》GB 50010 的有关规定。

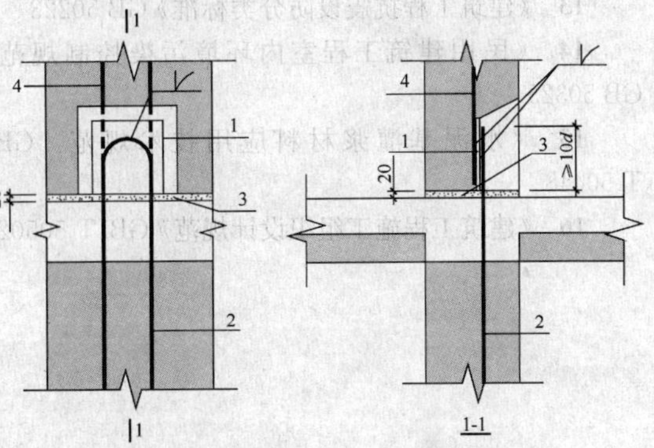
1
2
3
4
20
≥10d
1-1

图 A.0.4　连接钢筋预焊钢板接连接构造示意

1— 预焊钢板；2—下层预制剪力墙连接钢筋；3—坐浆层；4—上层预制剪力墙连接钢筋

本规程用词说明

1　为便于在执行本规程条文时区别对待，对要求严格程度不同的用词说明如下：

1） 表示很严格，非这样做不可的：
正面词采用“必须”，反面词采用“严禁”；

2） 表示严格，在正常情况下均应这样做的：
正面词采用“应”，反面词采用“不应”或“不得”；

3） 表示允许稍有选择，在条件允许时首先这样做的：
正面词采用“宜”，反面词采用“不宜”；

4） 表示有选择，在一定条件下可以这样做的，采用“可”。

2　条文中指明应按其他有关标准执行的写法为：“应符合……的规定”或“应按……执行”。

引用标准名录

1 《建筑模数协调标准》GB 50002
2 《建筑结构荷载规范》GB 50009
3 《混凝土结构设计规范》GB 50010
4 《建筑抗震设计规范》GB 50011
5 《建筑防火设计规范》GB 50016
6 《钢结构设计规范》GB 50017
7 《普通混凝土拌合物性能试验方法标准》GB/T 50080
8 《混凝土强度检验评定标准》GB/T 50107
9 《混凝土结构工程施工质量验收规范》GB 50204
10 《钢结构工程施工质量验收规范》GB 50205
11 《建筑装饰装修工程质量验收规范》GB 50210
12 《建筑内部装修设计防火规范》GB 50222
13 《建筑工程抗震设防分类标准》GB 50223
14 《民用建筑工程室内环境污染控制规范》GB 50325
15 《水泥基灌浆材料应用技术规范》GB/T 50448
16 《建筑工程施工组织设计规范》GB/T 50502
17 《钢结构焊接规范》GB 50661
18 《混凝土结构工程施工规范》GB 50666
19 《钢结构工程施工规范》GB 50755
20 《混凝土外加剂匀质性试验方法》GB/T 8077
21 《建筑材料及制品燃烧性能分级》GB 8624
22 《硅酮建筑密封胶》GB/T 14683
23 《高层建筑混凝土结构技术规程》JGJ 3
24 《钢筋焊接及验收规程》JGJ 18
25 《建筑机械使用安全技术规程》JGJ 33
26 《施工现场临时用电安全技术规范》JGJ 46
27 《普通混凝土配合比设计规程》JGJ 55
28 《建筑施工高处作业安全技术规范》JGJ 80
29 《钢筋机械连接技术规程》JGJ 107
30 《建筑工程饰面砖粘结强度检验标准》JGJ 110
31 《钢筋焊接网混凝土结构技术规程》JGJ 114
32 《外墙面砖工程施工及验收规范》JGJ 126
33 《地面辐射供暖技术规程》JGJ 142
34 《钢筋锚固板应用技术规程》JGJ 256
35 《高强混凝土应用技术规程》JGJ/T 281
36 《聚氨酯建筑密封胶》JC/T 482
37 《聚硫建筑密封胶》JC/T 483
38 《钢筋连接用灌浆套筒》JG/T 398
39 《钢筋连接用套筒灌浆料》JG/T 408

中华人民共和国行业标准

装配式混凝土结构技术规程

JGJ 1—2014

条 文 说 明

修 订 说 明

《装配式混凝土结构技术规程》JGJ 1－2014经住房和城乡建设部2014年2月10日以第310号公告批准、发布。

本规程是在《装配式大板居住建筑设计和施工规程》JGJ 1－91的基础上修订而成的。上一版的主编单位是中国建筑技术发展研究中心和中国建筑科学研究院，参编单位是清华大学、北京建筑工程学院、北方工业大学、北京市住宅建筑设计院、北京市住宅建筑勘察设计所、北京市住宅壁板厂、甘肃省城乡规划设计研究院、甘肃省建筑科学研究所、陕西省建筑科学研究所、北京市建筑工程总公司、北京市建筑设计研究院。主要起草人员是黄际洸、万墨林、李晓明、吴永平、陈燕明、陈芹、霍晋生、韩维真、李振长、马韵玉、竺士敏、王少安、陈祖跃、杨善勤、朱幼麟、王德华、唐永祥。

在本规程修订过程中，规程编制组进行了广泛的调查研究，查阅了大量国外相关文献，认真总结了装配式混凝土结构在我国工程实践中的经验和教训，开展了多项相关的试验研究和专题研究工作，参考国外先进标准，与我国相关标准进行了协调，完成本规程修订编制。

为便于广大设计、施工、科研、学校等单位有关人员在使用本规程时能正确理解和执行条文规定，《装配式混凝土结构技术规程》编制组按章、节、条顺序编制了本规程的条文说明，对条文规定的目的、依据以及执行中需注意的有关事项进行了说明，还着重对强制性条文的强制性理由作了解释。但条文说明不具备与规程正文同等的效力，仅供使用者作为理解和把握规程规定的参考。

目　次

1 总　　则

1.0.1 为落实“节能、降耗、减排、环保”的基本国策，实现资源、能源的可持续发展，推动我国建筑产业的现代化进程，提高工业化水平，本规程对原《装配式大板居住建筑技术规程》JGJ 1－91 进行了修订。

装配式建筑具有工业化水平高、便于冬期施工、减少施工现场湿作业量、减少材料消耗、减少工地扬尘和建筑垃圾等优点，它有利于实现提高建筑质量、提高生产效率、降低成本、实现节能减排和保护环境的目的。装配式建筑在许多国家和地区，如欧洲、新加坡，以及美国、日本、新西兰等处于高烈度地震区的国家都得到了广泛的应用。在我国，近年来，由于节能减排要求的提高，以及劳动力价格的大幅度上涨等因素，预制混凝土构件的应用开始摆脱低谷，呈现迅速上升的趋势。

与上一代的装配式结构相比，新一代的装配式结构采用了许多先进技术。在此基础上，本规程制定的内容，在技术上也有较大的提升。本规程综合反映了国内外近几年来在装配式结构领域的最新科研成果和工程实践经验；要求装配整体式结构的可靠度、耐久性及整体性等基本上与现浇混凝土结构等同；所提出的各项要求与国家现行相关标准协调一致。

本规程是对装配式结构设计的最低限度要求，设计者可根据具体情况适当提高设计的安全储备。

1.0.2 本规程采用的预制构件受力钢筋的连接方式，主要推荐了在美国和日本等地震多发国家得到普遍应用的钢筋套筒灌浆连接的技术。这种连接技术，在美国被视为是一种机械连接接头，因此被广泛地应用于建筑工程。同时，本规程中还推荐了浆锚搭接连接的技术，该技术为我国自主研发，已经具备了应用的技术基础。根据结构的整体稳固性和抗震性能的要求，本规程还强调了预制构件和后浇混凝土相结合的结构措施。本规程的基本设计概念，是在采用上述各项技术的基础上，通过合理的构造措施，提高装配式结构的整体性，实现装配式结构与现浇混凝土结构基本等同的要求。

根据上述基本设计概念，本规程编制组在编制过程中开展了大量的试验研究工作，取得了一定的成果。科研成果表明，本规程适用于非抗震设计及抗震设防烈度为 6 度～8 度抗震设计地区的乙类及乙类以下的各种民用建筑，其中包括居住建筑和公共建筑。结构体系主要包括：装配整体式框架结构、装配整体式剪力墙结构、装配整体式框架-现浇剪力墙结构，以及装配整体式部分框支剪力墙结构。对装配式筒体结构、板柱结构、梁柱节点为铰接的框架结构等，由于研究工作尚未深入，工程实践较少，本次修订工作暂未纳入。

本规程也未包括甲类建筑以及 9 度抗震设计的装配式结构，如需采用，应进行专门论证。

由于工业建筑的使用条件差别很大，本规程原则上不适用于排架结构类型的工业建筑。但是，使用条件和结构类型与民用建筑相似的工业建筑，如轻工业厂房等可以参照本规程执行。

本规程的内容反映了目前装配式结构设计的成熟做法及其一般原则和基本要求。设计者应根据国家现行有关标准的要求，结合工程实践，进行技术创新，推动装配式结构技术的不断进步。

1.0.3 装配式结构仍属于混凝土结构。因此，装配式结构的设计、施工与验收除执行本规程外，尚应符合《混凝土结构设计规范》GB 50010，《建筑抗震设计规范》GB 50011、《混凝土结构工程施工质量验收规范》GB 50204、《混凝土结构工程施工规范》GB 50666、《高层建筑混凝土结构技术规程》JGJ 3 等与混凝土相关的国家和行业现行标准的要求，以及《建筑结构荷载规范》GB 50009 等国家和行业现行相关标准的要求。

2 术语和符号

2.1 术　　语

本节对装配式结构特有的常用术语进行定义。在《建筑结构设计术语和符号标准》GB/T 50083 以及其他国家和行业现行相关标准中已有表述的，基本不重复列出。

2.1.1 本规程涉及的预制构件，是指不在现场原位支模浇筑的构件。它们不仅包括在工厂制作的预制构件，还包括由于受到施工场地或运输等条件限制，而又有必要采用装配式结构时，在现场制作的预制构件。

2.1.2、2.1.3 装配式结构可以包括多种类型。当主要受力预制构件之间的连接，如：柱与柱、墙与墙、梁与柱或墙等预制构件之间，通过后浇混凝土和钢筋套筒灌浆连接等技术进行连接时，可足以保证装配式结构的整体性能，使其结构性能与现浇混凝土基本等同，此时称其为装配整体式结构。装配整体式结构是装配式结构的一种特定的类型。当主要受力预制构件之间的连接，如：墙与墙之间通过干式节点进行连接时，此时结构的总体刚度与现浇混凝土结构相比，会有所降低，此类结构不属于装配整体式结构。根据我国目前的研究工作水平和工程实践经验，对于高层建筑，本规程仅涉及了装配整体式结构。

2.1.4、2.1.5 本规程的主要适用范围为装配整体式框架结构和装配整体式剪力墙结构。因此，对本规程涉及的几种主要的装配整体式结构分别进行定义。

2.1.6 本规程涉及的叠合受弯构件主要包括叠合梁和叠合楼板。

2.1.7 非承重外墙板在国内外都得到广泛的应用。在国外，外墙板有多种类型，主要包括墙板、梁板和柱板等。鉴于我国目前对外墙板的研究水平，本版规程仅涉及高度方向跨越一个层高、宽度方向跨越一个开间的起围护作用的非承重预制外挂墙板。

2.1.8 预制夹心外墙板在国外称之为"三明治"墙板。根据其受力情况可分为承重和非承重墙板，根据内外叶墙体共同工作的情况，又可分为组合墙板和非组合墙板。根据我国目前对预制夹心外墙板的研究水平和工程实践的实际情况，本规程仅涉及内叶墙体承重的非组合夹心外墙板。

2.1.10 受力钢筋套筒灌浆连接接头的技术在美国和日本已经有近四十年的应用历史，在我国台湾地区也有多年的应用历史。四十年来，上述国家和地区对钢筋套筒灌浆连接的技术进行了大量的试验研究，采用这项技术的建筑物也经历了多次地震的考验，包括日本一些大地震的考验。美国 ACI 明确地将这种接头归类为机械连接接头，并将这项技术广泛用于预制构件受力钢筋的连接，同时也用于现浇混凝土受力钢筋的连接，是一项十分成熟和可靠的技术。在我国，这种接头在电力和冶金部门有过二十余年的成功应用，近年来，开始引入建工部门。中国建筑科学研究院、中冶建筑研究总院有限公司、清华大学、万科企业股份有限公司等单位都对这种接头进行了一定数量的试验研究工作，证实了它的安全性。受力钢筋套筒灌浆连接接头的技术是本规程重要的技术基础。

2.1.11 钢筋浆锚搭接连接，是将预制构件的受力钢筋在特制的预留孔洞内进行搭接的技术。构件安装时，将需搭接的钢筋插入孔洞内至设定的搭接长度，通过灌浆孔和排气孔向孔洞内灌入灌浆料，经灌浆料凝结硬化后，完成两根钢筋的搭接。其中，预制构件的受力钢筋在采用有螺旋箍筋约束的孔道中进行搭接的技术，称为钢筋约束浆锚搭接连接。

2.2 符　　号

本规程中与《混凝土结构设计规范》GB 50010 等国家现行标准相同的符号基本沿用，并增加了本规程专用的符号。

3 基本规定

3.0.1 装配式结构与全现浇混凝土结构的设计和施工过程是有一定区别的。对装配式结构，建设、设计、施工、制作各单位在方案阶段就需要进行协同工作，共同对建筑平面和立面根据标准化原则进行优化，对应用预制构件的技术可行性和经济性进行论证，共同进行整体策划，提出最佳方案。与此同时，建筑、结构、设备、装修等各专业也应密切配合，对预制构件的尺寸和形状、节点构造等提出具体技术要求，并对制作、运输、安装和施工全过程的可行性以及造价等作出预测。此项工作对建筑功能和结构布置的合理性，以及对工程造价等都会产生较大的影响，是十分重要的。

3.0.2 装配式结构的建筑设计，应在满足建筑功能的前提下，实现基本单元的标准化定型，以提高定型的标准化建筑构配件的重复使用率，这将非常有利于降低造价。

3.0.3 装配式结构的设计首先应满足国家标准《混凝土结构设计规范》GB 50010－2010 第三章"基本设计规定"的各项要求。本规程的各项基本规定主要是根据装配式结构自身的特点，强调提出的附加要求。对于在偶然作用下，可能导致连续倒塌的装配式结构，应根据国家标准《混凝土结构设计规范》GB 50010－2010 的要求，进行防连续倒塌设计。

装配式结构的设计，应注重概念设计和结构分析模型的建立，以及预制构件的连接设计。本版规程对于高层装配式结构设计的主要概念，是在选用可靠的预制构件受力钢筋连接技术的基础上，采用预制构件与后浇混凝土相结合的方法，通过连接节点合理的构造措施，将装配式结构连接成一个整体，保证其结构性能具有与现浇混凝土结构等同的整体性、延性、承载力和耐久性能，达到与现浇混凝土等同的效果。对于多层装配式剪力墙结构，应根据实际选用的连接节点类型，和具体采用的构造措施的特点，采用相应的结构分析的计算模型。

装配式结构成败的关键在于预制构件之间，以及预制构件与现浇和后浇混凝土之间的连接技术，其中包括连接接头的选用和连接节点的构造设计。欧洲 FIB 标准将装配式结构中预制构件的连接设计要求归纳为：标准化、简单化、抗拉能力、延性、变形能力、防火、耐久性和美学等八个方面的要求，即节点连接构造不仅应满足结构的力学性能，尚应满足建筑物理性能的要求。

3.0.4 与现浇混凝土相同，在抗震设防地区，装配式结构的抗震设防类别及相应的抗震设防标准，应符合现行国家标准《建筑工程抗震设防分类标准》GB 50223 的规定。

3.0.5 预制构件合理的接缝位置以及尺寸和形状的设计是十分重要的，它对建筑功能、建筑平立面、结构受力状况、预制构件承载能力、工程造价等都会产生一定的影响。设计时，应同时满足建筑模数协调、建筑物理性能、结构和预制构件的承载能力、便于施工和进行质量控制等多项要求。同时应尽量减少预制构件的种类，保证模板能够多次重复使用，以降低造价。

与传统的建筑方法相比，装配式建筑有更多的连接接口，因此，对工业化生产的预制构件而言，选择适宜的公差是十分重要的。规定公差的目的是为了建立预制构件之间的协调标准。一般来说，基本公差主要包括制作公差、安装公差、位形公差和连接公差。公差提供了对预制构件推荐的尺寸和形状的边界，构件加工和施工单位根据这些实际的尺寸和形状制作和安装预制构件，以此保证各种预制构件在施工现场能合理地装配在一起，并保证在安装接缝、加工制作、放线定位中的误差发生在允许的范围内，使接口的功能、质量和美观均达到设计预期的要求。

3.0.6 在预制构件加工制作阶段，应将各专业、各工种所需的预留孔洞、预埋件等一并完成，避免在施工现场进行剔凿、切割，伤及预制构件，影响质量及观感。因此，在一般情况下，装配式结构的施工图完成后，还需要进行预制构件的深化设计，以便于预制构件的加工制作。这项工作应由具有相应设计资质的单位完成。预制构件的深化设计可以由设计院完成，也可委托有相应设计资质的单位单独完成深化设计详图。

4 材 料

4.1 混凝土、钢筋和钢材

4.1.1 装配式结构中所采用的混凝土、钢筋、钢材的各项力学性能指标，以及结构混凝土材料的耐久性能的要求，应分别符合现行国家标准《混凝土结构设计规范》GB 50010、《钢结构设计规范》GB 50017 的相应规定。

与原规程《装配式大板居住建筑设计和施工规程》JGJ 1－91 相比，本版规程对于连接接缝的设计要求，增加了设置抗剪粗糙面的要求，由抗剪粗糙面和抗剪键槽共同形成连接接缝处混凝土的抗剪能力。在受剪承载力计算中，与现行国家标准《混凝土结构设计规范》GB 50010 保持一致，采用了混凝土轴心抗拉强度设计值指标，取消了原规程《装配式大板居住建筑设计和施工规程》JGJ 1－91 中有关混凝土抗剪强度的指标。

4.1.2 实现建筑工业化的目的之一，是提高产品质量。预制构件在工厂生产，易于进行质量控制，因此对其采用的混凝土的最低强度等级的要求高于现浇混凝土。

4.1.3 钢筋套筒灌浆连接接头和浆锚搭接连接接头，主要适用于现行国家标准《混凝土结构设计规范》GB 50010 中所规定的热轧带肋钢筋。热轧带肋钢筋的肋，可以使钢筋与灌浆料之间产生足够的摩擦力，有效地传递应力，从而形成可靠的连接接头。

4.1.4 应鼓励在预制构件中采用钢筋焊接网，以提高建筑的工业化生产水平。

4.1.5 本条与国家标准《混凝土结构设计规范》GB 50010－2010 的第 9.7.5 条的规定保持一致。为了达到节约材料、方便施工、吊装可靠的目的，并避免外露金属件的锈蚀，预制构件的吊装方式宜优先采用内埋式螺母、内埋式吊杆或预留吊装孔。这些部件及配套的专用吊具等所采用的材料，应根据相应的产品标准和应用技术规程选用。

4.2 连 接 材 料

4.2.1 预制构件的连接技术是装配式结构关键的、核心的技术。其中，钢筋套筒灌浆连接接头技术是本规程所推荐主要的接头技术，也是形成各种装配整体式混凝土结构的重要基础。

钢筋套筒灌浆连接接头的工作机理，是基于灌浆套筒内灌浆料有较高的抗压强度，同时自身还具有微膨胀特性，当它受到灌浆套筒的约束作用时，在灌浆料与灌浆套筒内侧筒壁间产生较大的正向应力，钢筋藉此正向应力在其带肋的粗糙表面产生摩擦力，藉以传递钢筋轴向应力。因此，灌浆套筒连接接头要求灌浆料有较高的抗压强度，灌浆套筒应具有较大的刚度和较小的变形能力。

制作灌浆套筒采用的材料可以采用碳素结构钢、合金结构钢或球墨铸铁等。传统的灌浆套筒内侧筒壁的凹凸构造复杂，采用机械加工工艺制作的难度较大。因此，许多国家和地区，如日本、我国台湾地区多年来一直采用球墨铸铁用铸造方法制造灌浆套筒。近年来，我国在已有的钢筋机械连接技术的基础上，开发出了用碳素结构钢或合金结构钢材料，并采用机械加工方法制作灌浆套筒，已经多年工程实践的考验，证实了其良好、可靠的连接性能。

目前，由中国建筑科学研究院主编完成的建筑工业产品标准《钢筋连接用灌浆套筒》JG/T 398 已由住房和城乡建设部正式批准，并已发布实施。装配式结构中所用钢筋连接用灌浆套筒应符合该标准的要求。

4.2.2 钢筋套筒灌浆连接接头的另一个关键技术，在于灌浆料的质量。灌浆料应具有高强、早强、无收缩和微膨胀等基本特性，以使其能与套筒、被连接钢筋更有效地结合在一起共同工作，同时满足装配式结构快速施工的要求。

目前，由北京榆构有限公司主编完成的建筑工业产品标准《钢筋连接用套筒灌浆料》JG/T 408－2013 已由住房和城乡建设部正式批准，并已发布实施。装配式结构中钢筋套筒连接用灌浆料应符合该标准的要求。

4.2.3 钢筋浆锚搭接连接，是钢筋在预留孔洞中完成搭接连接的方式。这项技术的关键，在于孔洞的成型技术、灌浆料的质量以及对被搭接钢筋形成约束的方法等多个因素。哈尔滨工业大学、黑龙江宇辉新型建筑材料有限公司、东南大学、南通建筑工程总承包有限公司等单位已积累了许多试验研究成果和工程实践经验。本条是在以上单位研究成果的基础上，对采用钢筋浆锚搭接连接接头时，所用灌浆料的各项主要性能指标提出要求。

4.2.4～4.2.6 装配式结构预制构件的连接方式，根据建筑物的不同的层高、不同的抗震设防烈度等不同的条件，可以采用许多不同的形式。当建筑物层数较低时，通过钢筋锚固板、预埋件等进行连接的方式，也是可行的连接方式。其中，钢筋锚固板、预埋件和连接件，连接用焊接材料，螺栓、锚栓和铆钉等紧固件，应分别符合国家或行业现行相关标准的规定。

4.2.7 夹心外墙板可以作为结构构件承受荷载和作用，同时又具有保温节能功能，它集承重、保温、防水、防火、装饰等多项功能于一体，因此在美国、欧洲都得到广泛的应用，在我国也得到越来越多的推广。

保证夹心外墙板内外叶墙板拉结件的性能是十分重要的。目前，内外叶墙板的拉结件在美国多采用高强玻璃纤维制作，欧洲则采用不锈钢丝制作金属拉结件。由于我国目前尚缺乏相应的产品标准，本规程仅参考美国和欧洲的相关标准，定性地提出拉结件的基本要求。

我国有关预制夹心外墙板内外叶墙板拉结件的建工行业产品标准的编制工作正在进行，待相关标准颁布后，应按相关标准执行。

4.3 其他材料

4.3.1 外墙板接缝处的密封材料，除应满足抗剪切和伸缩变形能力等力学性能要求外，尚应满足防霉、防水、防火、耐候等建筑物理性能要求。密封胶的宽度和厚度应通过计算决定。由于我国目前研究工作的水平，本版规程仅对密封胶提出最基本的、定性的要求，其他定量的要求还有待于进一步研究工作的成果。

4.3.2 美国的PCI手册中，对夹心外墙板所采用的保温材料的性能要求见表1，仅供参考。根据美国的使用经验，由于挤塑聚苯乙烯板（XPS）的抗压强度高，吸水率低，因此XPS在夹心外墙板中受到最为广泛的应用。使用时还需对其作界面隔离处理，以允许外叶墙体的自由伸缩。当采用改性聚氨酯（PIR）时，美国多采用带有塑料表皮的改性聚氨酯板材。由于夹心外墙板在我国的应用历史还较短，本规程借鉴美国PCI手册的要求，综合、定性地提出基本要求。

表1 保温材料的性能要求

保温材料	聚苯乙烯						改性聚氨酯（PIR）		酚醛	泡沫玻璃
	EPS			XPS			无表皮	有表皮		
密度（kg/m³）	11.2～14.4	17.6～22.4	28.8	20.8～25.6	28.8～25.2	48.0	32.0～96.1	32.0～96.1	32.0～48	107～147
吸水率（%）（体积比）	<4.0	<3.0	<2.0	<0.3			<3.0	1.0～2.0	<3.0	<0.5
抗压强度（kPa）	34～69	90～103	172	103～172	276～414	690	110～345	110	68～110	448
抗拉强度（kPa）	124～172			172	345	724	310～965	3448	414	345
线膨胀系数（1/℃）×10⁻⁶	45～73			45～73			54～109		18～36	2.9～8.3
剪切强度（kPa）	138～241			—	241	345	138～690		83	345
弯曲强度（kPa）	69～172	207～276	345	276～345	414～517	690	345～1448	276～345	173	414
导热系数 W/(m·K)	0.046～0.040	0.037～0.036	0.033	0.029			0.026	0.014～0.022	0.023～0.033	0.050
最高可用温度（℃）	74			74			121		149	482

5 建筑设计

5.1 一般规定

5.1.1 装配式建筑设计除应符合建筑功能的要求外，还应符合建筑防火、安全、保温、隔热、隔声、防水、采光等建筑物理性能要求。

目前的建筑设计，尤其是住宅建筑的设计，一般均将设备管线埋在楼板现浇混凝土或墙体中，把使用年限不同的主体结构和管线设备混在一起建造。若干年后，大量的住宅虽然主体结构尚可，但装修和设备等早已老化，无法改造更新，从而导致不得不拆除重建，缩短了建筑使用寿命。提倡采用主体结构构件、内装修部品和管线设备的三部分装配化集成技术系统，实现室内装修、管道设备与主体结构的分离，从而使住宅具备结构耐久性，室内空间灵活性以及可更新性等特点，同时兼备低能耗、高品质和长寿命的优势。

例如：传统的同层排水卫生间，采用湿法施工，下沉部位需要填充，不仅防水工艺不好控制，而且后期维修极为不便。整体卫浴采用地脚螺栓调节底盘高度，无需回填，检修方便；且整体卫浴从设计、选材、制造、选配到运输安装，一切都由专业人员负责，能确保质量，有效避免交房矛盾。

5.1.2、5.1.3 装配式建筑设计应符合现行国家标准《建筑模数协调统一标准》GB 50002 的规定。模数协调的目的是实现建筑部件的通用性和互换性，使规格化、通用化的部件适用于各类常规建筑，满足各种要求。同时，大批量的规格化、定型化部件的生产可稳定质量，降低成本。通用化部件所具有的互换能力，可促进市场的竞争和部件生产水平的提高。

建筑模数协调工作涉及的行业与部件的种类很多，需各方面共同遵守各项协调原则，制定各种部件或组合件的协调尺寸和约束条件。

实施模数协调的工作是一个渐进的过程，对重要的部件，以及影响面较大的部位可先期运行，如门窗、厨房、卫生间等。重要的部件和组合件应优先推行规格化、通用化。

5.1.4 根据不同的气候分区及建筑的类型分别按现行国家或行业标准《严寒和寒冷地区居住建筑节能设计标准》JGJ 26、《夏热冬冷地区居住建筑节能设计标准》JGJ 134、《夏热冬暖地区居住建筑节能设计标准》JGJ 75、《公共建筑节能设计标准》GB 50189 执行。

5.2 平面设计

5.2.1～5.2.4 装配式建筑的设计与建造是一个系统工程，需要整体设计的思想。平面设计应考虑建筑各功能空间的使用尺寸，并应结合结构受力特点，合理设计预制构配件（部件）。同时应注意预制构配件（部件）的定位尺寸，在满足平面功能需要的同时，还应符合模数协调和标准化的要求。装配式建筑平面设计应充分考虑设备管线与结构体系之间的关系。例如住宅卫生间涉及建筑、结构、给排水、暖通、电气等各专业，需要多工种协作完成；平面设计时应考虑卫生间平面位置与竖向管线的关系、卫生间降板范围与结构的关系等。如采用标准化的预制盒子卫生间（整体卫浴）及标准化的厨房整体橱柜，除考虑设备管线的接口设计，还应考虑卫生间平面尺寸与预制盒子卫生间尺寸之间、厨房平面尺寸与标准化厨房整体橱柜尺寸之间的模数协调。

5.3 立面、外墙设计

5.3.1、5.3.2 预制混凝土具有可塑性，便于采用不同形状的外墙板。同时，外表面可以通过饰面层的凹凸和虚实、不同的纹理和色彩、不同质感的装饰混凝土等手段，实现多样化的外装饰需求；面层还可处理为露骨料混凝土、清水混凝土等，从而实现标准化与多样化相结合。在生产预制外墙板的过程中，可将外墙饰面材料与预制外墙板同时制作成型。

5.3.3 预制外墙板的板缝处，应保持墙体保温性能的连续性。对于夹心外墙板，当内叶墙体为承重墙板，相邻夹心外墙板间浇筑有后浇混凝土时，在夹心层中保温材料的接缝处，应选用 A 级不燃保温材料，如岩棉等填充。

5.3.4 装配式建筑外墙的设计关键在于连接节点的构造设计。对于承重预制外墙板、预制外挂墙板、预制夹心外墙板等不同外墙板连接节点的构造设计，悬挑构件、装饰构件连接节点的构造设计，以及门窗连接节点的构造设计等，均应根据建筑功能的需要，满足结构、热工、防水、防火、保温、隔热、隔声及建筑造型设计等要求。预制外墙板的各类接缝设计应构造合理、施工方便、坚固耐久，并结合本地材料、制作及施工条件进行综合考虑。图 1 和图 2 分别为预制承重夹心外墙板板缝构造及预制外挂墙板板缝构造的

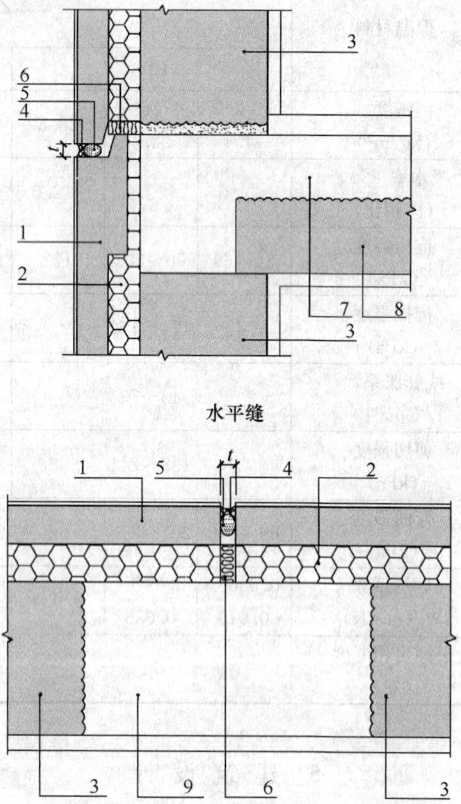
3
6
5
4
t
1
2
7
8
3
水平缝
1
5
t
4
2
3
9
6
3
垂直缝

图 1 预制承重夹心外墙板接缝构造示意

1—外叶墙板；2—夹心保温层；3—内叶承重墙板；4—建筑密封胶；5—发泡芯棒；6—岩棉；7—叠合板后浇层；8—预制楼板；9—边缘构件后浇混凝土

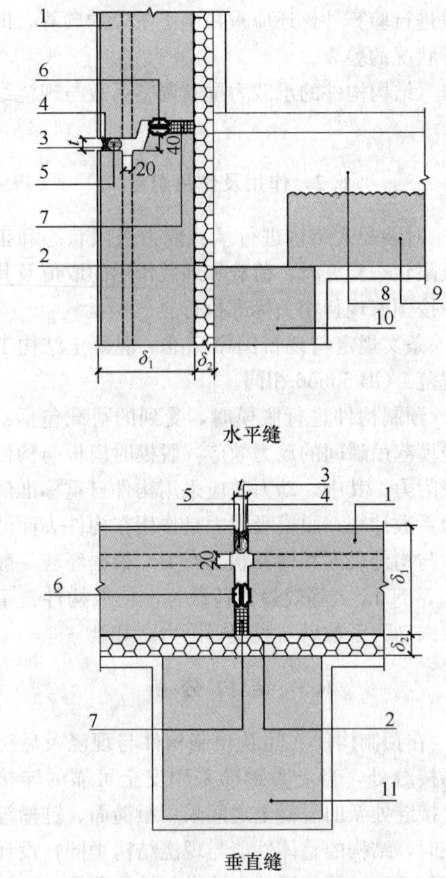
水平缝
垂直缝

图 2　预制外挂墙板接缝构造示意

1—外挂墙板；2—内保温；3—外层硅胶；4—建筑密封胶；5—发泡芯棒；6—橡胶气密条；7—耐火接缝材料；8—叠合板后浇层；9—预制楼板；10—预制梁；11—预制柱

示意，仅供参考。

材料防水是靠防水材料阻断水的通路，以达到防水的目的或增加抗渗漏的能力。如预制外墙板的接缝采用耐候性密封胶等防水材料，用以阻断水的通路。用于防水的密封材料应选用耐候性密封胶；接缝处的背衬材料宜采用发泡氯丁橡胶或发泡聚乙烯塑料棒；外墙板接缝中用于第二道防水的密封胶条，宜采用三元乙丙橡胶、氯丁橡胶或硅橡胶。

构造防水是采取合适的构造形式，阻断水的通路，以达到防水的目的。如在外墙板接缝外口设置适当的线型构造（立缝的沟槽，平缝的挡水台、披水等），形成空腔，截断毛细管通路，利用排水构造将渗入接缝的雨水排出墙外，防止向室内渗漏。

5.3.5　带有门窗的预制外墙板，其门窗洞口与门窗框间的密闭性不应低于门窗的密闭性。

5.3.6　集中布置空调板，目的是提高预制外墙板的标准化和经济性。

5.3.7　在要求的泛水高度处设凹槽或挑檐，便于屋面防水的收头。

5.4　内装修、设备管线设计

5.4.1　室内装修所采用的构配件、饰面材料，应结合本地条件及房间使用功能要求采用耐久、防水、防火、防腐及不易污染的材料与做法。

5.4.2、5.4.3　住宅建筑设备管线的综合设计应特别注意套内管线的综合设计，每套的管线应户界分明。

5.4.4　装配式建筑不应在预制构件安装完毕后剔凿孔洞、沟槽等。

5.4.5　一般建筑的排水横管布置在本层称为同层排水；排水横管设置在楼板下，称为异层排水。住宅建筑卫生间、经济型旅馆宜优先采用同层排水方式。

5.4.6　预制构件的接缝，包括水平接缝和竖向接缝是装配式结构的关键部位。为保证水平接缝和竖向接缝有足够的传递内力的能力，竖向电气管线不应设置在预制柱内，且不宜设置在预制剪力墙内。当竖向电气管线设置在预制剪力墙或非承重预制墙板内时，应避开剪力墙的边缘构件范围，并应进行统一设计，将预留管线表示在预制墙板深化图上。在预制剪力墙中的竖向电气管线宜设置钢套管。

6　结构设计基本规定

6.1　一 般 规 定

6.1.1　装配整体式结构的适用高度参照现行行业标准《高层建筑混凝土结构技术规程》JGJ 3 中的规定并适当调整。根据国内外多年的研究成果，在地震区的装配整体式框架结构，当采取了可靠的节点连接方式和合理的构造措施后，装配整体式框架的结构性能可以等同现浇混凝土框架结构。因此，对装配整体式框架结构，当节点及接缝采用适当的构造并满足本规程中有关条文的要求时，可认为其性能与现浇结构基本一致，其最大适用高度与现浇结构相同。如果装配式框架结构中节点及接缝构造措施的性能达不到现浇结构的要求，其最大适用高度应适当降低。

装配整体式剪力墙结构中，墙体之间的接缝数量多且构造复杂，接缝的构造措施及施工质量对结构整体的抗震性能影响较大，使装配整体式剪力墙结构抗震性能很难完全等同于现浇结构。世界各地对装配式剪力墙结构的研究少于对装配式框架结构的研究。我国近年来，对装配式剪力墙结构已进行了大量的研究工作，但由于工程实践的数量还偏少，本规程对装配式剪力墙结构采取从严要求的态度，与现浇结构相比适当降低其最大适用高度。当预制剪力墙数量较多时，即预制剪力墙承担的底部剪力较大时，对其最大适用高度限制更加严格。在计算预制剪力墙构件底部承担的总剪力占该层总剪力比例时，一般取主要采用预制剪力墙构件的最下一层；如全部采用预制剪力墙结构，则计算底层的剪力比例；如底部 2 层现浇其他层预制，则计算第 3 层的剪力比例。

框架-剪力墙结构是目前我国广泛应用的一种结构体系。考虑目前的研究基础，本规程中提出的装配整体式框架-剪力墙结构中，建议剪力墙采用现浇结构，以保证结构整体的抗震性能。装配整体式框架-现浇剪力墙结构中，框架的性能与现浇框架等同，因此整体结构的适用高度与现浇的框架-剪力墙结构相同。对于框架与剪力墙均采用装配式的框架-剪力墙结构，待有较充分的研究结果后再给出规定。

6.1.2 高层装配整体式结构适用的最大高宽比参照现行行业标准《高层建筑混凝土结构技术规程》JGJ 3 中的规定并适当调整。

6.1.3 本条为强制性条文。丙类装配整体式结构的抗震等级参照现行国家标准《建筑抗震设计规范》GB 50011 和现行行业标准《高层建筑混凝土结构技术规程》JGJ 3 中的规定制定并适当调整。装配整体式框架结构及装配整体式框架-现浇剪力墙结构的抗震等级与现浇结构相同；由于装配整体式剪力墙结构及部分框支剪力墙结构在国内外的工程实践的数量还不够多，也未经历实际地震的考验，因此对其抗震等级的划分高度从严要求，比现浇结构适当降低。

6.1.4 乙类装配整体式结构的抗震设计要求参照现行国家标准《建筑抗震设计规范》GB 50011 和现行行业标准《高层建筑混凝土结构技术规程》JGJ 3 中的规定提出要求。

6.1.5、6.1.6 装配式结构的平面及竖向布置要求，应严于现浇混凝土结构。特别不规则的建筑会出现各种非标准的构件，且在地震作用下内力分布较复杂，不适宜采用装配式结构。

6.1.7 结构抗震性能设计应根据结构方案的特殊性、选用适宜的结构抗震性能目标，并应论证结构方案能够满足抗震性能目标预期要求。

6.1.8 高层装配整体式剪力墙结构的底部加强部位建议采用现浇结构，高层装配整体式框架结构首层建议采用现浇结构，主要因为底部加强区对结构整体的抗震性能很重要，尤其在高烈度区，因此建议底部加强区采用现浇结构。并且，结构底部或首层往往由于建筑功能的需要，不太规则，不适合采用预制构件；且底部加强区构件截面大且配筋较多，也不利于预制构件的连接。

顶层采用现浇楼盖结构是为了保证结构的整体性。

6.1.9 部分框支剪力墙结构的框支层受力较大且在地震作用下容易破坏，为加强整体性，建议框支层及相邻上一层采用现浇结构。转换梁、转换柱是保证结构抗震性能的关键受力部位，且往往构件截面较大、配筋多，节点构造复杂，不适合采用预制构件。

6.1.10 在装配式结构构件及节点的设计中，除对使用阶段进行验算外，还应重视施工阶段的验算，即短暂设计状况的验算。

6.1.11 结构构件的承载力抗震调整系数与现浇结构相同。

6.2 作用及作用组合

6.2.1 对装配式结构进行承载能力极限状态和正常使用极限状态验算时，荷载和地震作用的取值及其组合均应按国家现行相关标准执行。

6.2.2 条文规定与现行国家标准《混凝土结构工程施工规范》GB 50666 相同。

6.2.3 预制构件进行脱模时，受到的荷载包括：自重，脱模起吊瞬间的动力效应，脱模时模板与构件表面的吸附力。其中，动力效应采用构件自重标准值乘以动力系数计算；脱模吸附力是作用在构件表面的均布力，与构件表面和模具状况有关，根据经验一般不小于 $1.5kN/m^2$。等效静力荷载标准值取构件自重标准值乘以动力系数后与脱模吸附力之和。

6.3 结构分析

6.3.1 在预制构件之间及预制构件与现浇及后浇混凝土的接缝处，当受力钢筋采用安全可靠的连接方式，且接缝处新旧混凝土之间采用粗糙面、键槽等构造措施时，结构的整体性能与现浇结构类同，设计中可采用与现浇结构相同的方法进行结构分析，并根据本规程的相关规定对计算结果进行适当的调整。

对于采用预埋件焊接连接、螺栓连接等连接节点的装配式结构，应该根据连接节点的类型，确定相应的计算模型，选取适当的方法进行结构分析。

6.3.3 装配整体式框架结构和剪力墙结构的层间位移角限值均与现浇结构相同。对多层装配式剪力墙结构，当按现浇结构计算而未考虑墙板间接缝的影响时，计算得到的层间位移会偏小，因此加严其层间位移角限值。

6.3.4 叠合楼盖和现浇楼盖对梁刚度均有增大作用，无后浇层的装配式楼盖对梁刚度增大作用较小，设计中可以忽略。

6.4 预制构件设计

6.4.1 应特别注意预制构件在短暂设计状况下的承载能力的验算，对预制构件在脱模、翻转、起吊、运输、堆放、安装等生产和施工过程中的安全性进行分析。这主要是由于：1）在制作、施工安装阶段的荷载、受力状态和计算模式经常与使用阶段不同；2）预制构件的混凝土强度在此阶段尚未达到设计强度。因此，许多预制构件的截面及配筋设计，不是使用阶段的设计计算起控制作用，而是此阶段的设计计算起控制作用。

6.4.2 预制梁、柱构件由于节点区钢筋布置空间的需要，保护层往往较大。当保护层大于50mm时，宜采取增设钢筋网片等措施，控制混凝土保护层的裂缝及在受力过程中的剥离脱落。

6.4.3 预制板式楼梯在吊装、运输及安装过程中，受力状况比较复杂，规定其板面宜配置通长钢筋，钢筋量可根据加工、运输、吊装过程中的承载力及裂缝控制验算结果确定，最小构造配筋率可参照楼板的相关规定。当楼梯两端均不能滑动时，在侧向力作用下楼梯会起到斜撑的作用，楼梯中会产生轴向拉力，因此规定其板面和板底均应配通长钢筋。

6.4.5 预制构件中外露预埋件凹入表面，便于进行封闭处理。

6.5 连接设计

6.5.1 装配整体式结构中的接缝主要指预制构件之间的接缝及预制构件与现浇及后浇混凝土之间的结合面，包括梁端接缝、柱顶底接缝、剪力墙的竖向接缝和水平接缝等。装配整体式结构中，接缝是影响结构受力性能的关键部位。

接缝的压力通过后浇混凝土、灌浆料或坐浆材料直接传递；拉力通过由各种方式连接的钢筋、预埋件传递；剪力由结合面混凝土的粘结强度、键槽或者粗糙面、钢筋的摩擦抗剪作用、销栓抗剪作用承担；接缝处于受压、受弯状态时，静力摩擦可承担一部分剪力。预制构件连接接缝一般采用强度等级高于构件的后浇混凝土、灌浆料或坐浆材料。当穿过接缝的钢筋不少于构件内钢筋并且构造符合本规程规定时，节点及接缝的正截面受压、受拉及受弯承载力一般不低于构件，可不必进行承载力验算。当需要计算时，可按照混凝土构件正截面的计算方法进行，混凝土强度取接缝及构件混凝土材料强度的较低值，钢筋取穿过正截面且有可靠锚固的钢筋数量。

后浇混凝土、灌浆料或坐浆材料与预制构件结合面的粘结抗剪强度往往低于预制构件本身混凝土的抗剪强度。因此，预制构件的接缝一般都需要进行受剪承载力的计算。本条对各种接缝的受剪承载力提出了总的要求。

对于装配整体式结构的控制区域，即梁、柱箍筋加密区及剪力墙底部加强部位，接缝要实现强连接，保证不在接缝处发生破坏，即要求接缝的承载力设计值大于被连接构件的承载力设计值乘以强连接系数，强连接系数根据抗震等级、连接区域的重要性以及连接类型，参照美国规范ACI 318中的规定确定。同时，也要求接缝的承载力设计值大于设计内力，保证接缝的安全。对于其他区域的接缝，可采用延性连接，允许连接部位产生塑性变形，但要求接缝的承载力设计值大于设计内力，保证接缝的安全。

参考了国内外相关研究成果及规程，针对各种形式接缝分别提出了受剪承载力的计算公式，列在第7、8章的相关条文中。

6.5.2 装配整体式框架结构中，框架柱的纵筋连接宜采用套筒灌浆连接，梁的水平钢筋连接可根据实际情况选用机械连接、焊接连接或者套筒灌浆连接。装配整体式剪力墙结构中，预制剪力墙竖向钢筋的连接可根据不同部位，分别采用套筒灌浆连接、浆锚搭接连接，水平分布筋的连接可采用焊接、搭接等。

6.5.3 有关钢筋套筒灌浆连接的应用技术规程正在编制中。目前，采用钢筋套筒灌浆连接时，该类接头的应用技术可参照《钢筋机械连接技术规程》JGJ 107－2010中有关Ⅰ级接头的要求。规定套筒之间的净距不小于25mm，是为了保证施工过程中，套筒之间的混凝土可以浇筑密实。

6.5.4 浆锚搭接连接，是一种将需搭接的钢筋拉开一定距离的搭接方式。这种搭接技术在欧洲有多年的应用历史和研究成果，也被称之为间接搭接或间接锚固。早在我国1989年版的《混凝土结构设计规范》的条文说明中，已经将欧洲标准对间接搭接的要求进行了说明。近年来，国内的科研单位及企业对各种形式的钢筋浆锚搭接连接接头进行了试验研究工作，已有了一定的技术基础。

这项技术的关键，包括孔洞内壁的构造及其成孔技术、灌浆料的质量以及约束钢筋的配置方法等各个方面。鉴于我国目前对钢筋浆锚搭接连接接头尚无统一的技术标准，因此提出较为严格的要求，要求使用前对接头进行力学性能及适用性的试验验证，即对按一整套技术，包括混凝土孔洞成形方式、约束配筋方式、钢筋布置方式、灌浆料、灌浆方法等形成的接头进行力学性能试验，并对采用此类接头技术的预制构件进行各项力学及抗震性能的试验验证，经过相关部门组织的专家论证或鉴定后方可使用。

6.5.5 试验表明，预制梁端采用键槽的方式时，其受剪承载力一般大于粗糙面，且易于控制加工质量及检验。键槽深度太小时，易发生承压破坏；当不会发生承压破坏时，增加键槽深度对增加受剪承载力没有明显帮助，键槽深度一般在30mm左右。梁端键槽数量通常较少，一般为1个～3个，可以通过公式较准确地计算键槽的受剪承载力。对于预制墙板侧面，键槽数量很多，和粗糙面的工作机理类似，键槽深度及尺寸可减小。

6.5.6 预制构件纵向钢筋的锚固多采用锚固板的机械锚固方式，伸出构件的钢筋长度较短且不需弯折，便于构件加工及安装。

6.5.8 当采用简支的预制楼梯时，楼梯间墙宜做成小开口剪力墙。

6.6 楼盖设计

6.6.1 叠合楼盖有各种形式，包括预应力叠合楼盖、带肋叠合楼盖、箱式叠合楼盖等。本节中主要对常规叠合楼盖的设计方法及构造要求进行了规定。其他形式的叠合楼盖的设计方法可参考行业现行相关规程。结构转换层、平面复杂或开洞较大的楼层、作为上部结构嵌固部位的地下室楼层对整体性及传递水平力的要求较高，宜采用现浇楼盖。

6.6.2 叠合板后浇层最小厚度的规定考虑了楼板整体性要求以及管线预埋、面筋铺设、施工误差等因素。预制板最小厚度的规定考虑了脱模、吊装、运输、施工等因素。在采取可靠的构造措施的情况下，如设置桁架钢筋或板肋等，增加了预制板刚度时，可以考虑将其厚度适当减少。

当板跨度较大时，为了增加预制板的整体刚度和水平界面抗剪性能，可在预制板内设置桁架钢筋，见图3。钢筋桁架的下弦钢筋可视情况作为楼板下部的受力钢筋使用。施工阶段，验算预制板的承载力及变形时，可考虑桁架钢筋的作用，减小预制板下的临时支撑。

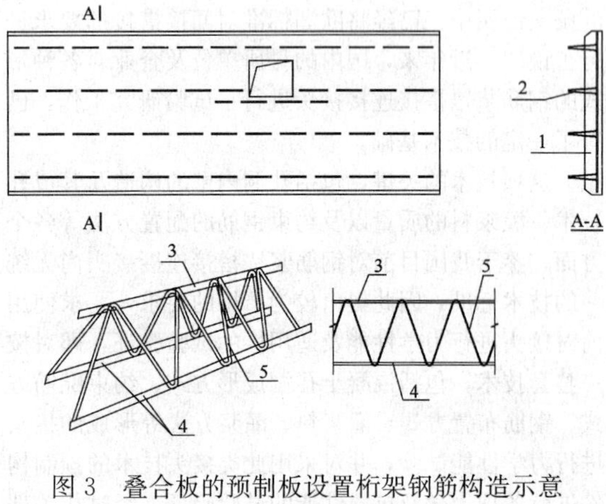
A
A
A-A
1
2
3
4
5

图3 叠合板的预制板设置桁架钢筋构造示意
1—预制板；2—桁架钢筋；3—上弦钢筋；
4—下弦钢筋；5—格构钢筋

当板跨度超过6m时，采用预应力混凝土预制板经济性较好。板厚大于180mm时，为了减轻楼板自重，节约材料，推荐采用空心楼板；可在预制板上设置各种轻质模具，浇筑混凝土后形成空心。

6.6.3 根据叠合板尺寸、预制板尺寸及接缝构造，叠合板可按照单向叠合板或者双向叠合板进行设计。当按照双向板设计时，同一板块内，可采用整块的叠合双向板或者几块预制板通过整体式接缝组合成的叠合双向板；当按照单向板设计时，几块叠合板各自作为单向板进行设计，板侧采用分离式拼缝即可。支座及接缝构造详见本节后几条规定。

6.6.4 为保证楼板的整体性及传递水平力的要求，预制板内的纵向受力钢筋在板端宜伸入支座，并应符合现浇楼板下部纵向钢筋的构造要求。在预制板侧面，即单向板长边支座，为了加工及施工方便，可不伸出构造钢筋，但应采用附加钢筋的方式，保证楼面的整体性及连续性。

6.6.5 本条所述的接缝形式较简单，利于构件生产及施工。理论分析与试验结果表明，这种做法是可行的。叠合板的整体受力性能介于按板缝划分的单向板和整体双向板之间，与楼板的尺寸、后浇层与预制板的厚度比例、接缝钢筋数量等因素有关。开裂特征类似于单向板，承载力高于单向板，挠度小于单向板但大于双向板。板缝接缝边界主要传递剪力，弯矩传递能力较差。在没有可靠依据时，可偏于安全地按照单向板进行设计，接缝钢筋按构造要求确定，主要目的是保证接缝处不发生剪切破坏，且控制接缝处裂缝的开展。

当后浇层厚度较大（>75mm），且设置有钢筋桁架并配有足够数量的接缝钢筋时，接缝可承受足够大的弯矩及剪力，此时也可将其作为整体式接缝，几块预制板通过接缝和后浇层组成的叠合板可按照整体叠合双向板进行设计。此时，应按照接缝处的弯矩设计值及后浇层的厚度计算接缝处需要的钢筋数量。

6.6.6 当预制板侧接缝可实现钢筋与混凝土的连续受力时，即形成“整体式接缝”时，可按照整体双向板进行设计。整体式接缝一般采用后浇带的形式，后浇带应有一定的宽度以保证钢筋在后浇带中的连接或者锚固空间，并保证后浇混凝土与预制板的整体性。后浇带两侧的板底受力钢筋需要可靠连接，比如焊接、机械连接、搭接等。

也可以将后浇带两侧的板底受力钢筋在后浇带中锚固，形成本条第3款所述的构造形式。中国建筑科学研究院的试验研究证明，此种构造形式的叠合板整体性较好。利用预制板边侧向伸出的钢筋在接缝处搭接并弯折锚固于后浇混凝土层中，可以实现接缝两侧钢筋的传力，从而传递弯矩，形成双向板受力状态。接缝处伸出钢筋的锚固和重叠部分的搭接应有一定长度，以实现应力传递；弯折角度应较小以实现顺畅传力；后浇混凝土层应有一定厚度；弯折处应配构造钢筋以防止挤压破坏。

试验研究表明，与整体板比较，预制板接缝处应变集中，裂缝宽度较大，导致构件的挠度比整体现浇板略大，接缝处受弯承载力略有降低。因此，接缝应该避开双向板的主要受力方向和跨中弯矩最大位置。在设计时，如果接缝位于主要受力位置，应该考虑其影响，对按照弹性板计算的内力及配筋结果进行调整，适当增大两个方向的纵向受力钢筋。

6.6.7～6.6.9 在叠合板跨度较大、有相邻悬挑板的上部钢筋锚入等情况下，叠合面在外力、温度等作用下，截面上会产生较大的水平剪力，需配置界面抗剪构造钢筋来保证水平界面的抗剪能力。当有桁架钢筋时，可不单独配置抗剪钢筋；当没有桁架钢筋时，配置的抗剪钢筋可采用马镫形状，钢筋直径、间距及锚固长度应满足叠合面抗剪的需求。

7 框架结构设计

7.1 一般规定

7.1.1 根据国内外多年的研究成果，在地震区的装配整体式框架结构，当采取了可靠的节点连接方式和合理的构造措施后，其性能可等同于现浇混凝土框架结构，并采用和现浇结构相同的方法进行结构分析和设计。

7.1.2 套筒灌浆连接方式在日本、欧美等国家已经有长期、大量的实践经验，国内也已有充分的试验研究、一定的应用经验、相关的产品标准和技术规程。当结构层数较多时，柱的纵向钢筋采用套筒灌浆连接可保证结构的安全。对于低层框架结构，柱的纵向钢筋连接也可以采用一些相对简单及造价较低的方法。

7.1.3 试验研究表明，预制柱的水平接缝处，受剪承载力受柱轴力影响较大。当柱受拉时，水平接缝的抗剪能力较差，易发生接缝的滑移错动。因此，应通过合理的结构布置，避免柱的水平接缝处出现拉力。

7.2 承载力计算

7.2.2 叠合梁端结合面主要包括框架梁与节点区的结合面、梁自身连接的结合面以及次梁与主梁的结合面等几种类型。结合面的受剪承载力的组成主要包括：新旧混凝土结合面的粘结力、键槽的抗剪能力、后浇混凝土叠合层的抗剪能力、梁纵向钢筋的销栓抗剪作用。

本规程不考虑混凝土的自然粘结作用是偏安全的。取混凝土抗剪键槽的受剪承载力、后浇层混凝土的受剪承载力、穿过结合面的钢筋的销栓抗剪作用之和，作为结合面的受剪承载力。地震往复作用下，对后浇层混凝土部分的受剪承载力进行折减，参照混凝土斜截面受剪承载力设计方法，折减系数取 0.6。

研究表明，混凝土抗剪键槽的受剪承载力一般为 $0.15 \sim 0.2 f_c A_k$，但由于混凝土抗剪键槽的受剪承载力和钢筋的销栓抗剪作用一般不会同时达到最大值，因此在计算公式中，混凝土抗剪键槽的受剪承载力进行折减，取 $0.1 f_c A_k$。抗剪键槽的受剪承载力取各抗剪键槽根部受剪承载力之和；梁端抗剪键槽数量一般较少，沿高度方向一般不会超过 3 个，不考虑群键作用。抗剪键槽破坏时，可能沿现浇键槽或预制键槽的根部破坏，因此计算抗剪键槽受剪承载力时应按现浇键槽和预制键槽根部剪切面分别计算，并取二者的较小值。设计中，应尽量使现浇键槽和预制键槽根部剪切面面积相等。

钢筋销栓作用的受剪承载力计算公式主要参照日本的装配式框架设计规程中的规定，以及中国建筑科学研究院的试验研究结果，同时考虑混凝土强度及钢筋强度的影响。

7.2.3 预制柱底结合面的受剪承载力的组成主要包括：新旧混凝土结合面的粘结力、粗糙面或键槽的抗剪能力、轴压产生的摩擦力、梁纵向钢筋的销栓抗剪作用或摩擦抗剪作用，其中后两者为受剪承载力的主要组成部分。

在非抗震设计时，柱底剪力通常较小，不需要验算。地震往复作用下，混凝土自然粘结及粗糙面的受剪承载力丧失较快，计算中不考虑其作用。

当柱受压时，计算轴压产生的摩擦力时，柱底接缝灌浆层上下表面接触的混凝土均有粗糙面及键槽构造，因此摩擦系数取 0.8。钢筋销栓作用的受剪承载力计算公式与上一条相同。当柱受拉时，没有轴压产生的摩擦力，且由于钢筋受拉，计算钢筋销栓作用时，需要根据钢筋中的拉应力结果对销栓受剪承载力进行折减。

7.3 构造设计

7.3.1 采用叠合梁时，楼板一般采用叠合板，梁、板的后浇层一起浇筑。当板的总厚度不小于梁的后浇层厚度要求时，可采用矩形截面预制梁。当板的总厚度小于梁的后浇层厚度要求时，为增加梁的后浇层厚度，可采用凹口形截面预制梁。某些情况下，为施工方便，预制梁也可采用其他截面形式，如倒 T 形截面或者传统的花篮梁的形式等。

7.3.2 采用叠合梁时，在施工条件允许的情况下，箍筋宜采用闭口箍筋。当采用闭口箍筋不便安装上部纵筋时，可采用组合封闭箍筋，即开口箍筋加箍筋帽的形式。本条中规定箍筋帽两端均采用 135°弯钩。由于对封闭组合箍的研究尚不够完善，因此在抗震等级为一、二级的叠合框架梁梁端加密区中不建议采用。

7.3.3 当梁的下部纵向钢筋在后浇段内采用机械连接时，一般只能采用加长丝扣型直螺纹接头，滚轧直螺纹加长丝头在安装中会存在一定的困难，且无法达到Ⅰ级接头的性能指标。套筒灌浆连接接头也可用于水平钢筋的连接。

7.3.4 对于叠合楼盖结构，次梁与主梁的连接可采用后浇混凝土节点，即主梁上预留后浇段，混凝土断开而钢筋连续，以便穿过和锚固次梁钢筋。当主梁截面较高且次梁截面较小时，主梁预制混凝土也可不完全断开，采用预留凹槽的形式供次梁钢筋穿过。次梁端部可设计为刚接和铰接。次梁钢筋在主梁内采用锚固板的方式锚固时，锚固长度根据现行行业标准《钢筋锚固板应用技术规程》JGJ 256 确定。

7.3.5 采用较大直径钢筋及较大的柱截面，可减少钢筋根数，增大间距，便于柱钢筋连接及节点区钢筋布置。套筒连接区域柱截面刚度及承载力较大，柱的塑性铰区可能会上移到套筒连接区域以上，因此至少应将套筒连接区域以上 500mm 高度区域内将柱箍筋加密。

7.3.6 钢筋采用套筒灌浆连接时，柱底接缝灌浆与套筒灌浆可同时进行，采用同样的灌浆料一次完成。预制柱底部应有键槽，且键槽的形式应考虑到灌浆填缝时气体排出的问题，应采取可靠且经过实践检验的施工方法，保证柱底接缝灌浆的密实性。后浇节点上表面设置粗糙面，增加与灌浆层的粘结力及摩擦系数。

7.3.7、7.3.8 在预制柱叠合梁框架节点中，梁钢筋在节点中锚固及连接方式是决定施工可行性以及节点受力性能的关键。梁、柱构件尽量采用较粗直径、较大间距的钢筋布置方式，节点区的主梁钢筋较少，有利于节点的装配施工，保证施工质量。设计过程中，应充分考虑到施工装配的可行性，合理确定梁、柱截面尺寸及钢筋的数量、间距及位置等。在中间节点中，两侧梁的钢筋在节点区内锚固时，位置可能冲突，可采用弯折避让的方式，弯折角度不宜大于1∶6。节点区施工时，应注意合理安排节点区箍筋、预制梁、梁上部钢筋的安装顺序，控制节点区箍筋的间距满足要求。

中国建筑科学研究院及万科企业股份有限公司的低周反复荷载试验研究表明，在保证构造措施与施工质量时，该形式节点均具有良好的抗震性能，与现浇节点基本等同。

7.3.9 在预制柱叠合梁框架节点中，如柱截面较小，梁下部纵向钢筋在节点区内连接较困难时，可在节点区外设置后浇梁段，并在后浇段内连接梁纵向钢筋。为保证梁端塑性铰区的性能，钢筋连接部位距离梁端需要超过1.5倍梁高。

7.3.10 当采用现浇柱与叠合梁组成的框架时，节点做法与预制柱、叠合梁的节点做法类似，节点区混凝土应与梁板后浇混凝土同时现浇，柱内受力钢筋的连接方式与常规的现浇混凝土结构相同。柱的钢筋布置灵活，对加工精度及施工的要求略低。同济大学等单位完成的低周反复荷载试验研究表明，该形式节点均具有良好的抗震性能，与现浇节点基本等同。

8 剪力墙结构设计

8.1 一 般 规 定

8.1.1 预制剪力墙的接缝对墙抗侧刚度有一定的削弱作用，应考虑对弹性计算的内力进行调整，适当放大现浇墙肢在水平地震作用下的剪力和弯矩；预制剪力墙的剪力及弯矩不减小，偏于安全。

8.1.2 本条为对装配整体式剪力墙结构的规则性要求，在建筑方案设计中，应该注意结构的规则性。如某些楼层出现扭转不规则及侧向刚度及承载力不规则，宜采用现浇混凝土结构。

8.1.3 短肢剪力墙的抗震性能较差，在高层装配整体式结构中应避免过多采用。

8.1.4 高层建筑中电梯井筒往往承受很大的地震剪力及倾覆力矩，采用现浇结构有利于保证结构的抗震性能。

8.2 预制剪力墙构造

8.2.1 可结合建筑功能和结构平立面布置的要求，根据构件的生产、运输和安装能力，确定预制构件的形状和大小。

8.2.2、8.2.3 墙板开洞的规定参照现行行业标准《高层建筑混凝土结构技术规程》JGJ 3的要求确定。预制墙板的开洞应在工厂完成。

8.2.4 万科企业股份有限公司及清华大学的试验研究结果表明，剪力墙底部竖向钢筋连接区域，裂缝较多且较为集中，因此，对该区域的水平分布筋应加强，以提高墙板的抗剪能力和变形能力，并使该区域的塑性铰可以充分发展，提高墙板的抗震性能。

8.2.5 对预制墙板边缘配筋应适当加强，形成边框，保证墙板在形成整体结构之前的刚度、延性及承载力。

8.2.6 预制夹心外墙板在国内外均有广泛的应用，具有结构、保温、装饰一体化的特点。预制夹心外墙板根据其在结构中的作用，可以分为承重墙板和非承重墙板两类。当其作为承重墙板时，与其他结构构件共同承担垂直力和水平力；当其作为非承重墙板时，仅作为外围护墙体使用。

预制夹心外墙板根据其内、外叶墙板间的连接构造，又可以分为组合墙板和非组合墙板。组合墙板的内、外叶墙板可通过拉结件的连接共同工作；非组合墙板的内、外叶墙板不共同受力，外叶墙板仅作为荷载，通过拉结件作用在内叶墙板上。

鉴于我国对于预制夹心外墙板的科研成果和工程实践经验都还较少，目前在实际工程中，通常采用非组合式的墙板。当作为承重墙时，内叶墙板的要求与普通剪力墙板的要求完全相同。

8.3 连 接 设 计

8.3.1 确定剪力墙竖向接缝位置的主要原则是便于标准化生产、吊装、运输和就位，并尽量避免接缝对结构整体性能产生不良影响。

对于图4中约束边缘构件，位于墙肢端部的通常与墙板一起预制；纵横墙交接部位一般存在接缝，图4中阴影区域宜全部后浇，纵向钢筋主要配置在后浇段内，且在后浇段内应配置封闭箍筋及拉筋，预制墙板中的水平分布筋在后浇段内锚固。预制的约束边缘构件的配筋构造要求与现浇结构一致。

墙肢端部的构造边缘构件通常全部预制；当采用L形、T形或者U形墙板时，拐角处的构造边缘构件

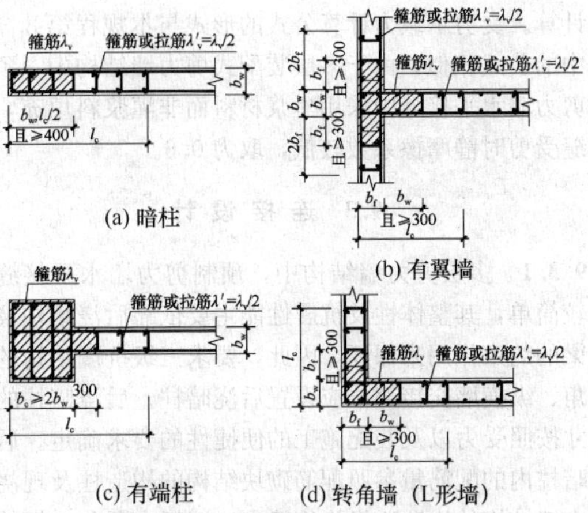
箍筋λ_v
箍筋或拉筋$\lambda'_v=\lambda_v/2$
b_w, $l_c/2$
且≥400
l_c
(a) 暗柱
$2b_f$
b_f
且≥300
b_w
b_f b_w 且≥300
(b) 有翼墙
$h_c\geq 2b_w$
$b_c\geq 2b_w$ 300
(c) 有端柱
(d) 转角墙（L形墙）

图4　预制剪力墙的后浇混凝土约束边缘构件示意

也可全部在预制剪力墙中。当采用一字形构件时，纵横墙交接处的构造边缘构件可全部后浇；为了满足构件的设计要求或施工方便也可部分后浇部分预制。当构造边缘构件部分后浇部分预制时，需要合理布置预制构件及后浇段中的钢筋，使边缘构件内形成封闭箍筋。非边缘构件区域，剪力墙拼接位置，剪力墙水平钢筋在后浇段内可采用锚环的形式锚固，两侧伸出的锚环宜相互搭接。

8.3.2　封闭连续的后浇钢筋混凝土圈梁是保证结构整体性和稳定性，连接楼盖结构与预制剪力墙的关键构件，应在楼层收进及屋面处设置。

8.3.3　在不设置圈梁的楼面处，水平后浇带及在其内设置的纵向钢筋也可起到保证结构整体性和稳定性、连接楼盖结构与预制剪力墙的作用。

8.3.4　预制剪力墙竖向钢筋一般采用套筒灌浆或浆锚搭接连接，在灌浆时宜采用灌浆料将墙底水平接缝同时灌满。灌浆料强度较高且流动性好，有利于保证接缝承载力。灌浆时，预制剪力墙构件下表面与楼面之间的缝隙周围可采用封边砂浆进行封堵和分仓，以保证水平接缝中灌浆料填充饱满。

8.3.5　套筒灌浆连接方式在日本、欧美等国家已经有长期、大量的实践经验，国内也已有充分的试验研究和相关的规程，可以用于剪力墙竖向钢筋的连接。

目前在国内有多家科研单位、高等院校和企业正在对多种浆锚搭接连接的方式进行研究，其中哈尔滨工业大学和黑龙江宇辉建设集团有限公司共同研发的约束浆锚搭接连接已经取得一定的研究成果和实践经验，适合用于直径较小钢筋的连接，施工方便，造价较低。根据现行国家标准《混凝土结构设计规范》GB 50010对钢筋连接和锚固的要求，为保证结构延性，在对结构抗震性能比较重要且钢筋直径较大的剪力墙边缘构件中不宜采用。

边缘构件是保证剪力墙抗震性能的重要构件，且钢筋较粗，每根钢筋应逐根连接。剪力墙的分布钢筋直径小且数量多，全部连接会导致施工繁琐且造价较高，连接接头数量太多对剪力墙的抗震性能也有不利影响。根据有关单位的研究成果，可在预制剪力墙中设置部分较粗的分布钢筋并在接缝处仅连接这部分钢筋，被连接钢筋的数量应满足剪力墙的配筋率和受力要求；为了满足分布钢筋最大间距的要求，在预制剪力墙中再设置一部分较小直径的竖向分布钢筋，但其最小直径也应满足有关规范的要求。

8.3.7　在参考了我国现行国家标准《混凝土结构设计规范》GB 50010、现行行业标准《高层建筑混凝土结构技术规程》JGJ 3、国外规范［如美国规范 ACI 318-08、欧洲规范 EN 1992-1-1：2004、美国 PCI 手册（第七版）等］并对大量试验数据进行分析的基础上，本规程给出了预制剪力墙水平接缝受剪承载力设计值的计算公式，公式与《高层建筑混凝土结构技术规程》中对一级抗震等级剪力墙水平施工缝的抗剪验算公式相同，主要采用剪摩擦的原理，考虑了钢筋和轴力的共同作用。

进行预制剪力墙底部水平接缝受剪承载力计算时，计算单元的选取分以下三种情况：

1　不开洞或者开小洞口整体墙，作为一个计算单元；

2　小开口整体墙可作为一个计算单元，各墙肢联合抗剪；

3　开口较大的双肢及多肢墙，各墙肢作为单独的计算单元。

8.3.8　本条对带洞口预制剪力墙的预制连梁与后浇圈梁或水平后浇带组成的叠合连梁的构造进行了说明。当连梁剪跨比较小需要设置斜向钢筋时，一般采用全现浇连梁。

8.3.9　楼面梁与预制剪力墙在面外连接时，宜采用铰接，可采用在剪力墙上设置挑耳的方式。

8.3.10　连梁端部钢筋锚固构造复杂，要尽量避免预制连梁在端部与预制剪力墙连接。

8.3.12　提供两种常用的“刀把墙”的预制连梁与预制墙板的连接方式。也可采用其他连接方式，但应保证接缝的受弯及受剪承载力不低于连梁的受弯及受剪承载力。

8.3.13　当采用后浇连梁时，纵筋可在连梁范围内与预制剪力墙预留的钢筋连接，可采用搭接、机械连接、焊接等方式。

8.3.15　洞口下墙的构造有三种做法：

1　预制连梁向上伸出竖向钢筋并与洞口下墙内的竖向钢筋连接，洞口下墙、后浇圈梁与预制连梁形成一根叠合连梁。该做法施工比较复杂，而且洞口下墙与下方的后浇圈梁、预制连梁组合在一起形成的叠合构件受力性能没有经过试验验证，受力和变形特征不明确，纵筋和箍筋的配筋也不好确定。不建议采用此做法。

2　预制连梁与上方的后浇混凝土形成叠合连梁；

洞口下墙与下方的后浇混凝土之间连接少量的竖向钢筋，以防止接缝开裂并抵抗必要的平面外荷载。洞口下墙内设置纵筋和箍筋，作为单独的连梁进行设计。建议采用此种做法。

3 将洞口下墙采用轻质填充墙时，或者采用混凝土墙但与结构主体采用柔性材料隔离时，在计算中可仅作为荷载，洞口下墙与下方的后浇混凝土及预制连梁之间不连接，墙内设置构造钢筋。当计算不需要窗下墙时可采用此种做法。

当窗下墙需要抵抗平面外的弯矩时，需要将窗下墙内的纵向钢筋与下方的现浇楼板或预制剪力墙内的钢筋有效连接、锚固；或将窗下墙内纵向钢筋锚固在下方的后浇区域内。在实际工程中窗下墙的高度往往不大，当采用浆锚搭接连接时，要确保必要的锚固长度。

9 多层剪力墙结构设计

9.1 一 般 规 定

9.1.1 多层装配式剪力墙结构是在高层装配整体式剪力墙基础上进行简化，并参照原行业标准《装配式大板居住建筑设计和施工规程》JGJ 1－91 的相关节点构造，制定的一种主要用于多层建筑的装配式结构。此种结构体系构造简单，施工方便，可在广大城镇地区多层住宅中推广使用。

9.1.2 多层装配式剪力墙结构的抗震等级按照现行国家标准《混凝土结构设计规范》GB 50010 确定。

9.1.3、9.1.4 剪力墙的最小配筋率、最小厚度是参照现行国家标准《混凝土结构设计规范》GB 50010 和原行业标准《装配式大板居住建筑设计和施工规程》JGJ 1－91 中的相关规定确定的。

9.2 结构分析和设计

9.2.1 多层装配式剪力墙结构在重力、风荷载及地震作用下的分析均可采用线弹性方法。地震作用可采用底部剪力法计算，各抗震墙肢按照负荷面积分担地震力。在计算中，采用后浇混凝土连接的预制墙肢可作为整体构件考虑；采用分离式拼缝（预埋件焊接连接、预埋件螺栓连接等，无后浇混凝土）连接的墙肢应作为独立的墙肢进行计算及截面设计，计算模型中应包括墙肢的连接节点。按本规程的构造作法，在计算模型中，墙肢底部的水平缝可按照整体接缝考虑，并取墙肢底部的剪力进行水平接缝的受剪承载力计算。

9.2.2 按照本章第 3 节中的构造要求，预制剪力墙的竖向接缝采用后浇混凝土连接时，受剪承载力与整浇混凝土结构接近，不必计算其受剪承载力。

预制剪力墙底部的水平接缝需要进行受剪承载力计算。受剪承载力计算公式的形式与本规程第 8.3 节中的公式相似，由于多层装配式剪力墙结构中，预制剪力墙水平接缝中采用坐浆材料而非灌浆料填充，接缝受剪时静摩擦系数较低，取为 0.6。

9.3 连 接 设 计

9.3.1 多层剪力墙结构中，预制剪力墙水平接缝比较简单，其整体性及抗震性能主要依靠后浇暗柱及圈梁的约束作用来保证，因此，要求三级抗震结构的转角、纵横墙交接部位应设置后浇暗柱。后浇暗柱的尺寸按照受力以及装配施工的便捷性的要求确定。后浇暗柱内的配筋量参照配筋砌块结构的构造柱及现浇剪力墙结构的构造边缘构件确定。墙板水平分布钢筋在后浇段内可采用弯折锚固、锚环、机械锚固等措施。

9.3.2 采用后浇混凝土连接的接缝有利于保证结构的整体性，且接缝的耐久性、防水、防火性能均比较好。接缝宽度大小并没有作出规定，但进行钢筋连接时，要保证其最小的作业空间。两侧墙体内的水平分布钢筋可在后浇段内互相焊接（图 5）、搭接、弯折锚固或者做成锚环锚固。

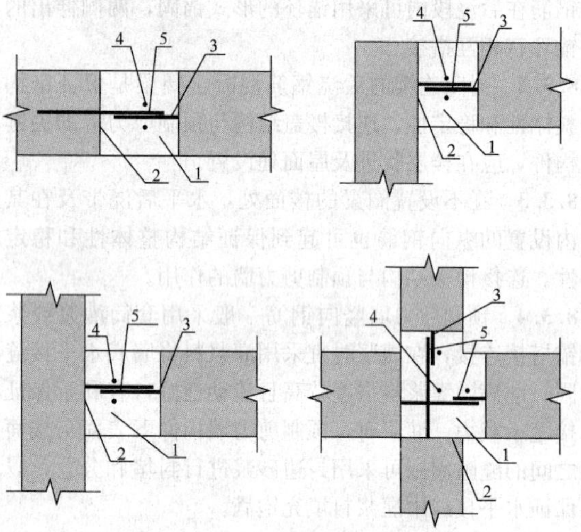

图 5 预制墙板竖向接缝构造示意

1—后浇段；2—键槽或粗糙面；3—连接钢筋；
4—竖向钢筋；5—钢筋焊接或搭接

参照日本的多层装配式剪力墙结构的做法，当房屋层数不大于 3 层时，相邻承重墙板之间的竖向接缝也可采用预埋件焊接连接的方式。此时，整体计算模型中应计入竖向接缝及连接节点对刚度的影响，且各连接节点均应进行承载力的验算。

9.3.3 本条提供了几种常用的上下层相邻预制墙板之间钢筋连接的连接方式，设计中可以根据具体情况采用，也可采用其他经过实践考验或者试验验证的节点形式。

9.3.4 沿墙顶设置封闭的水平后浇带或后浇钢筋混凝土圈梁可将楼板和竖向构件连接起来，使水平力可从楼面传递到剪力墙，增强结构的整体性和稳定性。

9.3.5 对3层以下的建筑，为简化施工，减少现场湿作业，各层楼面也可采用预制楼板。预制楼板可采用空心楼板、预应力空心板等，其板端及侧向板缝应采取各项有效措施，使预制楼板在其平面内形成整体，保证其整体刚度，并应与竖向构件可靠连接，在搁置长度范围内空腔应用细石混凝土填实。

9.3.6 连梁与预制剪力墙整体预制是施工比较方便的方式。当接缝在连梁跨中时，只需连接纵筋，施工也比较容易。预制连梁端部与预制剪力墙连接且按刚接设计时，需要将预制连梁的纵筋锚固在剪力墙中，连接节点比较复杂；此时可采用铰接的连接方式，如在剪力墙端部设置牛腿或者挑耳，将预制连梁搁置在挑耳上并采用防止滑落的构造措施。

9.3.7 基础顶面设置的圈梁是为了保证结构底部的整体性。为了保证结构具有一定的抗倾覆能力，后浇暗柱、竖向接缝和水平接缝内的纵向钢筋应在基础中可靠锚固。

10 外挂墙板设计

10.1 一般规定

10.1.1 外挂墙板有许多种类型，其中主要包括：梁式外挂板、柱式外挂板和墙式外挂板，他们之间的区别主要在于挂板在建筑中所处的位置不同，因此导致设计计算和连接节点的许多不同。鉴于我国对各种外挂墙板所做的研究工作和工程实践经验都比较少，本章涉及的内容基本上仅限于墙式外挂板，即非承重的、作为围护结构使用的、仅跨越一个层高和一个开间的外挂墙板。

对预制构件而言，连接问题始终是最重要的问题，外挂墙板也不例外。外挂墙板与主体结构应采用合理的连接节点，以保证荷载传递路径简捷，符合结构的计算假定。同时，对外挂墙板除应进行截面设计外，还应重视连接节点的设计。连接节点包括有预埋件及连接件。其中预埋件包括主体结构支承构件中的预埋件，以及在外挂墙板中的预埋件，通过连接件与这两种预埋件的连接，将外挂墙板与主体结构连接在一起。对有抗震设防要求的地区，应对外挂墙板和连接节点进行抗震设计。

10.1.2 外挂墙板与主体结构之间可以采用多种连接方法，应根据建筑类型、功能特点、施工吊装能力以及外挂墙板的形状、尺寸以及主体结构层间位移量等特点，确定外挂墙板的类型，以及连接件的数量和位置。对外挂墙板和连接节点进行设计计算时，所取用的计算简图应与实际连接构造相一致。

10.1.4 外挂墙板的支承构件可能会发生扭转和挠曲，这些变形可能会对外挂墙板产生不良影响，应尽量避免。当实在不能避免时，应进行定量的分析计算。

美国预制/预应力混凝土协会PCI的资料表明，如果从制作外挂墙板浇筑混凝土之日起，至完成外挂墙板与主体结构连接节点的施工之间的时间超过30d时，由于混凝土收缩形成的徐变影响可以忽略。

当支承构件为跨度较大的悬臂构件时，其端部可能会产生较大的位移，不宜将外挂墙板支承在此类构件上。

10.1.5 目前，美国、日本和我国的台湾地区，外挂墙板与主体结构的连接节点主要采用柔性连接的点支承的方式。一边固定的线支承方式在我国部分地区有所应用。鉴于目前我国有关线支承的科研成果还偏少，因此本规程优先推荐了柔性连接的点支承做法。

1 点支承的外挂墙板可区分为平移式外挂墙板（图6a）和旋转式外挂墙板（图6b）两种形式。它们与主体结构的连接节点，又可以分为承重节点和非承重节点两类。

一般情况下，外墙挂板与主体结构的连接宜设置4个支承点：当下部两个为承重节点时，上部两个宜为非承重节点；相反，当上部两个为承重节点时，下部两个宜为非承重节点。应注意，平移式外挂墙板与旋转式外挂墙板的承重节点和非承重节点的受力状态和构造要求是不同的，因此设计要求也是不同的。

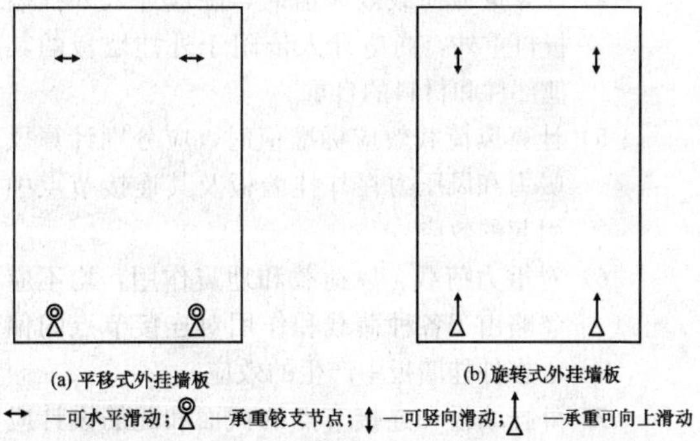
(a) 平移式外挂墙板
(b) 旋转式外挂墙板
↔ —可水平滑动； —承重铰支节点；↕ —可竖向滑动； —承重可向上滑动

图6 外挂墙板及其连接节点形式示意

2 根据现有的研究成果，当外挂墙板与主体结构采用线支承连接时，连接节点的抗震性能应满足：①多遇地震和设防地震作用下连接节点保持弹性；②罕遇地震作用下外挂墙板顶部剪力键不破坏，连接钢筋不屈服。连接节点的构造应满足：

1）外挂墙板上端与楼面梁连接时，连接区段应避开楼面梁塑性铰区域。

2）外挂墙板与梁的结合面应做成粗糙面并宜设置键槽，外挂墙板中应预留连接用钢筋。连接用钢筋一端应可靠地锚固在外挂墙板中，另一端应可靠地锚固在楼面梁（或板）后浇混凝土中。

3）外挂墙板下端应设置2个非承重节点，此节点仅承受平面外水平荷载；其构造应能保证外挂墙板具有随动性，以适应主体结构的变形。

10.2 作用及作用组合

10.2.1、**10.2.2** 在外挂墙板和连接节点上的作用与作用效应的计算，均应按照我国现行国家标准《建筑结构荷载规范》GB 50009 和《建筑抗震设计规范》GB 50011 的规定执行。同时应注意：

1）对外挂墙板进行持久设计状况下的承载力验算时，应计算外挂墙板在平面外的风荷载效应；当进行地震设计状况下的承载力验算时，除应计算外挂墙板平面外水平地震作用效应外，尚应分别计算平面内水平和竖向地震作用效应，特别是对开有洞口的外挂墙板，更不能忽略后者。

2）承重节点应能承受重力荷载、外挂墙板平面外风荷载和地震作用、平面内的水平和竖向地震作用；非承重节点仅承受上述各种荷载与作用中除重力荷载外的各项荷载与作用。

3）在一定的条件下，旋转式外挂墙板可能产生重力荷载仅由一个承重节点承担的工况，应特别注意分析。

4）计算重力荷载效应值时，除应计入外挂墙板自重外，尚应计入依附于外挂墙板的其他部件和材料的自重。

5）计算风荷载效应标准值时，应分别计算风吸力和风压力在外挂墙板及其连接节点中引起的效应 。

6）对重力荷载、风荷载和地震作用，均不应忽略由于各种荷载和作用对连接节点的偏心在外挂墙板中产生的效应。

7）外挂墙板和连接节点的截面和配筋设计应根据各种荷载和作用组合效应设计值中的最不利组合进行。

10.2.4、**10.2.5** 外挂墙板的地震作用是依据现行国家标准《建筑抗震设计规范》GB 50011 对于非结构构件的规定制定，并参照现行行业标准《玻璃幕墙工程技术规范》JGJ 102－2003 的规定，对计算公式进行了简化。

10.3 外挂墙板和连接设计

10.3.1 根据我国国情，主要是我国吊车的起重能力、卡车的运输能力、施工单位的施工水平，以及连接节点构造的成熟程度，目前还不宜将构件做得过大。构件尺度过长或过高，如跨越两个层高后，主体结构层间位移对外墙挂板内力的影响较大，有时甚至需要考虑构件的 P-Δ 效应。由于目前相关试验研究工作做得还比较少，本章内容仅限于跨越一个层高、一个开间的外挂墙板。

10.3.2 由于外挂墙板受到平面外风荷载和地震作用的双向作用，因此应双层、双向配筋，且应满足最小配筋率的要求。

10.3.3 外挂墙板门窗洞口边由于应力集中，应采取防止开裂的加强措施。对开有洞口的外挂墙板，应根据外挂墙板平面内水平和竖向地震作用效应设计值，对洞口边加强钢筋进行配筋计算。

一般情况下，洞边钢筋不应少于 2 根、直径不应小于 12mm；该钢筋自洞口边角算起伸入外挂墙板内的长度不应小于 l_{aE}。洞口角部尚应配置加强斜筋，加强斜筋不应少于 2ϕ12；且应满足锚固长度要求。

10.3.4 外挂墙板的饰面可以有多种做法，应根据外挂墙板饰面的不同做法，确定其钢筋混凝土保护层的厚度。当外挂墙板的饰面采用表面露出不同深度的骨料时，其最外层钢筋的保护层厚度，应从最凹处混凝土表面计起。

10.3.5 对外挂墙板承载能力的分析可以采用线弹性方法，使用阶段应对其挠度和裂缝宽度进行控制。外挂墙板一般同时具有装饰功能，对其外表面观感的要求较高，一般在施工阶段不允许开裂。

点支承的外挂墙板一般可视连接节点为铰支座，两个方向均按简支构件进行计算分析。

10.3.6 外挂墙板与主体结构的连接节点应采用预埋件，不得采用后锚固的方法。对于用于不同用途的预埋件，应使用不同的预埋件。例如，用于连接节点的预埋件一般不同时作为用于吊装外挂墙板的预埋件。

根据日本和我国台湾的工程实践经验，点支承的连接节点一般采用在连接件和预埋件之间设置带有长圆孔的滑移垫片，形成平面内可滑移的支座；当外挂墙板相对于主体结构可能产生转动时，长圆孔宜按垂直方向设置；当外挂墙板相对于主体结构可能产生平动时，长圆孔宜按水平方向设置。

用于连接外挂墙板的型钢、连接板、螺栓等零部件的规格应加以限制，力争做到标准化，使得整个项目中，各种零部件的规格统一化，数量最小化，避免施工中可能发生的差错，以便保证和控制质量。

10.3.7 外挂墙板板缝中的密封材料，处于复杂的受力状态中，由于目前相关试验研究工作做得还比较少，本版规程尚未提出定量的计算方法。设计时应注重满足其各种功能要求。板缝不应过宽，以减少密封胶的用量，降低造价。

11 构件制作与运输

11.1 一 般 规 定

11.1.1 预制构件的质量涉及工程质量和结构安全，

制作单位应符合国家及地方有关部门规定的硬件设施、人员配置、质量管理体系和质量检测手段等规定。

11.1.2 预制构件制作前，建设单位应组织设计、生产、施工单位进行技术交底。如预制构件制作详图无法满足制作要求，应进行深化设计和施工验算，完善预制构件制作详图和施工装配详图，避免在构件加工和施工过程中，出现错、漏、碰、缺等问题。对应预留的孔洞及预埋部件，应在构件加工前进行认真核对，以免现场剔凿，造成损失。

11.1.3 在预制构件制作前，生产单位应根据预制构件的混凝土强度等级、生产工艺等选择制备混凝土的原材料，并进行混凝土配合比设计。

11.1.4 此条为强制性条文。预制构件的连接技术是本规程关键技术。其中，钢筋套筒灌浆连接接头技术是本规程推荐采用的主要钢筋接头连接技术，也是保证各种装配整体式混凝土结构整体性的基础。必须制定质量控制措施，通过设计、产品选用、构件制作、施工验收等环节加强质量管理，确保其连接质量可靠。

预制构件生产前，要求对钢筋套筒进行检验，检验内容除了外观质量、尺寸偏差、出厂提供的材质报告、接头型式检验报告等，还应按要求制作钢筋套筒灌浆连接接头试件进行验证性试验。钢筋套筒验证性试验可按随机抽样方法抽取工程使用的同牌号、同规格钢筋，并采用工程使用的灌浆料制作三个钢筋套筒灌浆连接接头试件，如采用半套筒连接方式则应制作成钢筋机械连接和套筒灌浆连接组合接头试件，标准养护 28d 后进行抗拉强度试验，试验合格后方可使用。

11.2 制作准备

11.2.1 带饰面的预制构件和夹心外墙板的拉结件、保温板等均应提前绘制排版定位图，工厂应根据图纸要求对饰面材料、保温材料等进行裁切、制版等加工处理。

11.2.2 预应力构件跨度超过 6m 时，构件起拱值会随存放时间延长而加大，通常可在底模中部预设反拱，以减小构件的起拱值。

11.2.3 目前多采用定型钢模加工预制构件，模具的制作质量标准有所提高。模具精度是保证构件制作质量的关键，对于新制、改制或生产数量超过一定数量的模具，生产前应按要求进行尺寸偏差检验，合格后方可投入使用。制作构件用钢筋骨架或钢筋网片的尺寸偏差应按要求进行抽样检验。

11.2.4、11.2.5 预制构件中的预埋件及预留孔洞的形状尺寸和中心定位偏差非常重要，生产时应按要求进行抽样检验。施工过程中临时使用的预埋件可适当放松。

11.2.6 预制构件选用的隔离剂应避免降低混凝土表面强度，并满足后期装修要求；对于清水混凝土及表面需要涂装的混凝土构件应采用专用隔离剂。

11.3 构件制作

11.3.1 在混凝土浇筑前，应按要求对预制构件的钢筋、预应力筋以及各种预埋部件进行隐蔽工程检查，这是保证预制构件满足结构性能的关键质量控制环节。

11.3.2 本条规定预制外墙类构件表面预贴面砖或石材的技术要求，除了要满足安全耐久性要求外，还可以提高外墙装饰性能。饰面材料分割缝的处理方式，砖缝可采用发泡塑料条成型，石材一般采用弹性材料填缝。

11.3.3 夹心外墙板生产时应采取措施固定保温材料，确保拉结件的位置和间距满足设计要求，这对于满足墙板设计要求的保温性能和结构性能非常重要，应按要求进行过程质量控制。

11.3.5 预制构件的蒸汽养护主要是为了加速混凝土凝结硬化，缩短脱模时间，加快模板的周转，提高生产效率。养护时应按照养护制度的规定进行控制，这对于有效避免构件的温差收缩裂缝，保证产品质量非常关键。如果条件许可，构件也可以采用常温养护。

11.3.6 预制构件脱模强度要根据构件的类型和设计要求决定，为防止过早脱模造成构件出现过大变形或开裂，本规定提出构件脱模的最低要求。

11.3.7 预制构件与后浇混凝土实现可靠连接可以采用连接钢筋、键槽及粗糙面等方法。粗糙面可采用拉毛或凿毛处理方法，也可采用化学处理方法。

采用化学方法处理时可在模板上或需要露骨料的部位涂刷缓凝剂，脱模后用清水冲洗干净，避免残留物对混凝土及其结合面造成影响。

为避免常用的缓凝剂中含有影响人体健康的成分，应严格控制缓凝剂，使其不含有氯离子和硫酸根离子、磷酸根离子，pH 值应控制为 6～8；产品应附有使用说明书，注明药剂的类型、适用的露骨料深度、使用方法、储存条件、推荐用量、注意事项等内容。

11.4 构件检验

11.4.1 预制构件外观质量缺陷可分为一般缺陷和严重缺陷两类，预制构件的严重缺陷主要是指影响构件的结构性能或安装使用功能的缺陷，构件制作时应制定技术质量保证措施予以避免。

11.4.2 本条规定预制构件的尺寸偏差和检验方法，尺寸偏差可根据工程设计需要适当从严控制。

11.5 运输与堆放

11.5.1 预制构件的运输和堆放涉及质量和安全要

求，应按工程或产品特点制定运输堆放方案，策划重点控制环节，对于特殊构件还要制定专门质量安全保证措施。构件临时码放场地可合理布置在吊装机械可覆盖范围内，避免二次搬运。

12 结构施工

12.1 一般规定

12.1.1 应制定装配式结构施工专项施工方案。施工方案应结合结构深化设计、构件制作、运输和安装全过程各工况的验算，以及施工吊装与支撑体系的验算等进行策划与制定，充分反映装配式结构施工的特点和工艺流程的特殊要求。

12.1.4 吊具选用按起重吊装工程的技术和安全要求执行。为提高施工效率，可以采用多功能专用吊具，以适应不同类型的构件吊装。施工验算可依据本规程及相关技术标准，特殊情况无参考依据时，需进行专项设计计算分析或必要试验研究。

12.1.8 应注意构件安装的施工安全要求。为防止预制构件在安装过程中因不合理受力造成损伤、破坏或高空滑落，应严格遵守有关施工安全规定。

12.2 安装准备

12.2.7 为避免由于设计或施工缺乏经验造成工程实施障碍或损失，保证装配式结构施工质量，并不断摸索和积累经验，特提出应通过试生产和试安装进行验证性试验。装配式结构施工前的试安装，对于没有经验的承包商非常必要，不但可以验证设计和施工方案存在的缺陷，还可以培训人员，调试设备，完善方案。另一方面对于没有实践经验的新的结构体系，应在施工前进行典型单元的安装试验，验证并完善方案实施的可行性，这对于体系的定型和推广使用，是十分重要的。

12.3 安装与连接

12.3.1 预制构件安装顺序、校准定位及临时固定措施是装配式结构施工的关键，应在施工方案中明确规定并付诸实施。

12.3.2 钢筋套筒灌浆连接接头和浆锚搭接连接接头的施工质量是保证预制构件连接性能的关键控制点，施工人员应经专业培训合格后上岗操作。

12.3.4 钢筋套筒灌浆连接接头和浆锚搭接接头灌浆作业是装配整体式结构工程施工质量控制的关键环节之一。实际工程中这两种连接的质量很大程度取决于施工过程控制，对作业人员应进行培训考核，并持证上岗，同时要求有专职检验人员在灌浆操作全过程监督。

套筒灌浆连接接头的质量保证措施：1）采用经验证的钢筋套筒和灌浆料配套产品；2）施工人员是经培训合格的专业人员，严格按技术操作要求执行；3）质量检验人员进行全程施工质量检查，能提供可追溯的全过程灌浆质量检查记录；4）检验批验收时，如对套筒灌浆连接接头质量有疑问，可委托第三方独立检测机构进行非破损检测。

12.3.5 当预制构件的连接采取焊接或螺栓连接时应做好质量检查和防护措施。

12.3.8 装配整体式结构的后浇混凝土节点施工质量是保证节点承载力的关键，施工时应采取具体质量保证措施满足设计要求。节点处钢筋连接和锚固应按设计要求规定进行检查，连接节点处后浇混凝土同条件养护试块应达到设计规定的强度方可拆除支撑或进行上部结构安装。

12.3.9 受弯叠合类构件的施工要考虑两阶段受力的特点，施工时要采取质量保证措施避免构件产生裂缝。

12.3.11 外挂墙板是自承重构件，不能通过板缝进行传力，施工时要保证板的四周空腔不得混入硬质杂物；对施工中设置的临时支座和垫块应在验收前及时拆除。

13 工程验收

13.1 一般规定

13.1.1 装配式结构工程验收主要依据现行国家标准《混凝土结构工程施工质量验收规范》GB 50204 的有关规定执行。

13.1.2 预制构件的质量检验是在预制工厂检查合格的基础上进行进场验收，外观质量应全数检查，尺寸偏差为按批抽样检查。

13.1.5 装配式建筑的饰面质量主要是指饰面与混凝土基层的连接质量，对面砖主要检测其拉拔强度，对石材主要检测其连接件的受拉和受剪承载力。其他方面涉及外观和尺寸偏差等应按现行国家标准《建筑装饰装修工程质量验收规范》GB 50210 的有关规定验收。

13.1.6 装配式结构施工质量验收时提出应增加提交的主要文件和记录，是保证工程质量实现可追溯性的基本要求。

13.2 主控项目

13.2.1 装配整体式结构的连接节点部位后浇混凝土为现场浇筑混凝土，其检验要求按现行国家标准《混凝土结构工程施工质量验收规范》GB 50204 的要求执行。

13.2.2 装配整体式结构的灌浆连接接头是质量验收的重点，施工时应做好检查记录，提前制定有关试验和质量控制方案。钢筋套筒灌浆连接和钢筋浆锚搭接连接灌浆质量应饱满密实。两者的受力性能不仅与钢筋、套筒、孔道构造及灌浆料有关，还与其连接影响范围内的混凝土有关，因此不能像钢筋机械连接那样进行现场随机截取连接接头，检验批验收时要求在保证灌浆质量的前提下，可通过模拟现场制作平行试件进行验收。

13.2.5、**13.2.6** 装配式混凝土结构中，钢筋采用焊接连接或机械连接时，大多数情况下无法现场截取试件进行检验，可采取模拟现场条件制作平行试件替代原位截取试件。平行试件的检验数量和试验方法应符合现场截取试件的要求，平行试件的制作必须要有质量管理措施，并保证其具有代表性。

13.3 一 般 项 目

13.3.1 装配式混凝土结构的尺寸允许偏差在现浇混凝土结构的基础上适当从严要求，对于采用清水混凝土或装饰混凝土构件装配的混凝土结构施工尺寸偏差应适当加严。

13.3.2 装配式结构的墙板接缝防水施工质量是保证装配式外墙防水性能的关键，施工时应按设计要求进行选材和施工，并采取严格的检验验证措施。

现场淋水试验应满足下列要求：淋水流量不应小于 5L/（m·min），淋水试验时间不应少于 2h，检测区域不应有遗漏部位。淋水试验结束后，检查背水面有无渗漏。

附录 A 多层剪力墙结构水平接缝连接节点构造

A.0.1～A.0.4 本附录提供了几种常见的、用于多层剪力墙结构中预制剪力墙水平接缝连接节点的做法。其中钢筋套筒灌浆连接、钢筋浆锚搭接连接是根据最近几年的研究成果提出的，钢筋焊接连接、预埋件焊接连接节点是参照原行业标准《装配式大板居住建筑设计和施工规程》JGJ 1－91 的相关节点构造提出的。

中华人民共和国行业标准

高层建筑混凝土结构技术规程

Technical specification for concrete structures of tall building

JGJ 3—2010

批准部门：中华人民共和国住房和城乡建设部
施行日期：2 0 1 1 年 1 0 月 1 日

中华人民共和国住房和城乡建设部
公　告

第 788 号

关于发布行业标准《高层建筑混凝土结构技术规程》的公告

现批准《高层建筑混凝土结构技术规程》为行业标准，编号为 JGJ 3－2010，自 2011 年 10 月 1 日起实施。其中，第 3.8.1、3.9.1、3.9.3、3.9.4、4.2.2、4.3.1、4.3.2、4.3.12、4.3.16、5.4.4、5.6.1、5.6.2、5.6.3、5.6.4、6.1.6、6.3.2、6.4.3、7.2.17、8.1.5、8.2.1、9.2.3、9.3.7、10.1.2、10.2.7、10.2.10、10.2.19、10.3.3、10.4.4、10.5.2、10.5.6、11.1.4 条为强制性条文，必须严格执行。原行业标准《高层建筑混凝土结构技术规程》JGJ 3－2002 同时废止。

本规程由我部标准定额研究所组织中国建筑工业出版社出版发行。

中华人民共和国住房和城乡建设部

2010 年 10 月 21 日

前　言

根据原建设部《关于印发〈2006 年工程建设标准规范制定、修订计划（第一批）〉的通知》（建标[2006] 77 号）的要求，规程编制组经广泛调查研究，认真总结工程实践经验，参考有关国际标准和国外先进标准，在广泛征求意见的基础上，修订本规程。

本规程主要技术内容是：1. 总则；2. 术语和符号；3. 结构设计基本规定；4. 荷载和地震作用；5. 结构计算分析；6. 框架结构设计；7. 剪力墙结构设计；8. 框架-剪力墙结构设计；9. 筒体结构设计；10. 复杂高层建筑结构设计；11. 混合结构设计；12. 地下室和基础设计；13. 高层建筑结构施工。

本规程修订的主要内容是：1. 修改了适用范围；2. 修改、补充了结构平面和立面规则性有关规定；3. 调整了部分结构最大适用高度，增加了 8 度（0.3g）抗震设防区房屋最大适用高度规定；4. 增加了结构抗震性能设计基本方法及抗连续倒塌设计基本要求；5. 修改、补充了房屋舒适度设计规定；6. 修改、补充了风荷载及地震作用有关内容；7. 调整了“强柱弱梁、强剪弱弯”及部分构件内力调整系数；8. 修改、补充了框架、剪力墙（含短肢剪力墙）、框架-剪力墙、筒体结构的有关规定；9. 修改、补充了复杂高层建筑结构的有关规定；10. 混合结构增加了筒中筒结构、钢管混凝土、钢板剪力墙有关设计规定；11. 补充了地下室设计有关规定；12. 修改、补充了结构施工有关规定。

本规程中以黑体字标志的条文为强制性条文，必须严格执行。

本规程由住房和城乡建设部负责管理和对强制性条文的解释，由中国建筑科学研究院负责具体技术内容的解释。执行过程中如有意见和建议，请寄送中国建筑科学研究院（地址：北京北三环东路 30 号，邮编：100013）。

本规程主编单位：中国建筑科学研究院

本规程参编单位：北京市建筑设计研究院
华东建筑设计研究院有限公司
广东省建筑设计研究院
中建国际（深圳）设计顾问有限公司
上海市建筑科学研究院（集团）有限公司
清华大学
广州容柏生建筑结构设计事务所
北京建工集团有限责任公司
中国建筑第八工程局有限公司

本规程主要起草人员：徐培福　黄小坤　容柏生　程懋堃　汪大绥　胡绍隆

傅学怡　肖从真　方鄂华
钱稼茹　王翠坤　肖绪文
艾永祥　齐五辉　周建龙
陈　星　蒋利学　李盛勇
张显来　赵　俭

本规程主要审查人员：吴学敏　徐永基　柯长华
王亚勇　樊小卿　窦南华
娄　宇　王立长　左　江
莫　庸　袁金西　施祖元
周　定　李亚明　冯　远
方泰生　吕西林　杨嗣信
李景芳

目　次

Contents

1 总 则

1.0.1 为在高层建筑工程中合理应用混凝土结构（包括钢和混凝土的混合结构），做到安全适用、技术先进、经济合理、方便施工，制定本规程。

1.0.2 本规程适用于10层及10层以上或房屋高度大于28m的住宅建筑以及房屋高度大于24m的其他高层民用建筑混凝土结构。非抗震设计和抗震设防烈度为6至9度抗震设计的高层民用建筑结构，其适用的房屋最大高度和结构类型应符合本规程的有关规定。

本规程不适用于建造在危险地段以及发震断裂最小避让距离内的高层建筑结构。

1.0.3 抗震设计的高层建筑混凝土结构，当其房屋高度、规则性、结构类型等超过本规程的规定或抗震设防标准等有特殊要求时，可采用结构抗震性能设计方法进行补充分析和论证。

1.0.4 高层建筑结构应注重概念设计，重视结构的选型和平面、立面布置的规则性，加强构造措施，择优选用抗震和抗风性能好且经济合理的结构体系。在抗震设计时，应保证结构的整体抗震性能，使整体结构具有必要的承载能力、刚度和延性。

1.0.5 高层建筑混凝土结构设计与施工，除应符合本规程外，尚应符合国家现行有关标准的规定。

2 术语和符号

2.1 术 语

2.1.1 高层建筑 tall building, high-rise building

10层及10层以上或房屋高度大于28m的住宅建筑和房屋高度大于24m的其他高层民用建筑。

2.1.2 房屋高度 building height

自室外地面至房屋主要屋面的高度，不包括突出屋面的电梯机房、水箱、构架等高度。

2.1.3 框架结构 frame structure

由梁和柱为主要构件组成的承受竖向和水平作用的结构。

2.1.4 剪力墙结构 shearwall structure

由剪力墙组成的承受竖向和水平作用的结构。

2.1.5 框架-剪力墙结构 frame-shearwall structure

由框架和剪力墙共同承受竖向和水平作用的结构。

2.1.6 板柱-剪力墙结构 slab-column shearwall structure

由无梁楼板和柱组成的板柱框架与剪力墙共同承受竖向和水平作用的结构。

2.1.7 筒体结构 tube structure

由竖向筒体为主组成的承受竖向和水平作用的建筑结构。筒体结构的筒体分剪力墙围成的薄壁筒和由密柱框架或壁式框架围成的框筒等。

2.1.8 框架-核心筒结构 frame-corewall structure

由核心筒与外围的稀柱框架组成的筒体结构。

2.1.9 筒中筒结构 tube in tube structure

由核心筒与外围框筒组成的筒体结构。

2.1.10 混合结构 mixed structure, hybrid structure

由钢框架（框筒）、型钢混凝土框架（框筒）、钢管混凝土框架（框筒）与钢筋混凝土核心筒体所组成的共同承受水平和竖向作用的建筑结构。

2.1.11 转换结构构件 structural transfer member

完成上部楼层到下部楼层的结构形式转变或上部楼层到下部楼层结构布置改变而设置的结构构件，包括转换梁、转换桁架、转换板等。部分框支剪力墙结构的转换梁亦称为框支梁。

2.1.12 转换层 transfer story

设置转换结构构件的楼层，包括水平结构构件及其以下的竖向结构构件。

2.1.13 加强层 story with outriggers and/or belt members

设置连接内筒与外围结构的水平伸臂结构（梁或桁架）的楼层，必要时还可沿该楼层外围结构设置带状水平桁架或梁。

2.1.14 连体结构 towers linked with connective structure(s)

除裙楼以外，两个或两个以上塔楼之间带有连接体的结构。

2.1.15 多塔楼结构 multi-tower structure with a common podium

未通过结构缝分开的裙楼上部具有两个或两个以上塔楼的结构。

2.1.16 结构抗震性能设计 performance-based seismic design of structure

以结构抗震性能目标为基准的结构抗震设计。

2.1.17 结构抗震性能目标 seismic performance objectives of structure

针对不同的地震地面运动水准设定的结构抗震性能水准。

2.1.18 结构抗震性能水准 seismic performance levels of structure

对结构震后损坏状况及继续使用可能性等抗震性能的界定。

2.2 符 号

2.2.1 材料力学性能

C20——表示立方体强度标准值为20N/mm^{2}的混凝土强度等级；

E_c——混凝土弹性模量；

E_s ——钢筋弹性模量；

f_{ck}、f_c ——分别为混凝土轴心抗压强度标准值、设计值；

f_{tk}、f_t ——分别为混凝土轴心抗拉强度标准值、设计值；

f_{yk} ——普通钢筋强度标准值；

f_y、f'_y ——分别为普通钢筋的抗拉、抗压强度设计值；

f_{yv} ——横向钢筋的抗拉强度设计值；

f_{yh}、f_{yw} ——分别为剪力墙水平、竖向分布钢筋的抗拉强度设计值。

2.2.2 作用和作用效应

F_{Ek} ——结构总水平地震作用标准值；

F_{Evk} ——结构总竖向地震作用标准值；

G_E ——计算地震作用时，结构总重力荷载代表值；

G_{eq} ——结构等效总重力荷载代表值；

M ——弯矩设计值；

N ——轴向力设计值；

S_d ——荷载效应或荷载效应与地震作用效应组合的设计值；

V ——剪力设计值；

w_0 ——基本风压；

w_k ——风荷载标准值；

ΔF_n ——结构顶部附加水平地震作用标准值；

Δu ——楼层层间位移。

2.2.3 几何参数

a_s、a'_s ——分别为纵向受拉、受压钢筋合力点至截面近边的距离；

A_s、A'_s ——分别为受拉区、受压区纵向钢筋截面面积；

A_{sh} ——剪力墙水平分布钢筋的全部截面面积；

A_{sv} ——梁、柱同一截面各肢箍筋的全部截面面积；

A_{sw} ——剪力墙腹板竖向分布钢筋的全部截面面积；

A ——剪力墙截面面积；

A_w ——T形、I形截面剪力墙腹板的面积；

b ——矩形截面宽度；

b_b、b_c、b_w ——分别为梁、柱、剪力墙截面宽度；

B ——建筑平面宽度、结构迎风面宽度；

d ——钢筋直径；桩身直径；

e ——偏心距；

e_0 ——轴向力作用点至截面重心的距离；

e_i ——考虑偶然偏心计算地震作用时，第 i 层质心的偏移值；

h ——层高；截面高度；

h_0 ——截面有效高度；

H ——房屋高度；

H_i ——房屋第 i 层距室外地面的高度；

l_a ——非抗震设计时纵向受拉钢筋的最小锚固长度；

l_{ab} ——受拉钢筋的基本锚固长度；

l_{abE} ——抗震设计时纵向受拉钢筋的基本锚固长度；

l_{aE} ——抗震设计时纵向受拉钢筋的最小锚固长度；

s ——箍筋间距。

2.2.4 系数

α ——水平地震影响系数值；

α_{max}、α_{vmax} ——分别为水平、竖向地震影响系数最大值；

α_1 ——受压区混凝土矩形应力图的应力与混凝土轴心抗压强度设计值的比值；

β_c ——混凝土强度影响系数；

β_z ——z 高度处的风振系数；

γ_j ——j 振型的参与系数；

γ_{Eh} ——水平地震作用的分项系数；

γ_{Ev} ——竖向地震作用的分项系数；

γ_G ——永久荷载（重力荷载）的分项系数；

γ_w ——风荷载的分项系数；

γ_{RE} ——构件承载力抗震调整系数；

η_p ——弹塑性位移增大系数；

λ ——剪跨比；水平地震剪力系数；

λ_v ——配箍特征值；

μ_N ——柱轴压比；墙肢轴压比；

μ_s ——风荷载体型系数；

μ_z ——风压高度变化系数；

ξ_y ——楼层屈服强度系数；

ρ_{sv} ——箍筋面积配筋率；

ρ_w ——剪力墙竖向分布钢筋配筋率；

Ψ_w ——风荷载的组合值系数。

2.2.5 其他

T_1 ——结构第一平动或平动为主的自振周期（基本自振周期）；

T_t ——结构第一扭转振动或扭转振动为主的自振周期；

T_g ——场地的特征周期。

3 结构设计基本规定

3.1 一般规定

3.1.1 高层建筑的抗震设防烈度必须按照国家规定的权限审批、颁发的文件（图件）确定。一般情况下，抗震设防烈度应采用根据中国地震动参数区划图确定的地震基本烈度。

3.1.2 抗震设计的高层混凝土建筑应按现行国家标

准《建筑工程抗震设防分类标准》GB 50223 的规定确定其抗震设防类别。

注：本规程中甲类建筑、乙类建筑、丙类建筑分别为现行国家标准《建筑工程抗震设防分类标准》GB 50223 中特殊设防类、重点设防类、标准设防类的简称。

3.1.3 高层建筑混凝土结构可采用框架、剪力墙、框架-剪力墙、板柱-剪力墙和筒体结构等结构体系。

3.1.4 高层建筑不应采用严重不规则的结构体系，并应符合下列规定：

1 应具有必要的承载能力、刚度和延性；

2 应避免因部分结构或构件的破坏而导致整个结构丧失承受重力荷载、风荷载和地震作用的能力；

3 对可能出现的薄弱部位，应采取有效的加强措施。

3.1.5 高层建筑的结构体系尚宜符合下列规定：

1 结构的竖向和水平布置宜使结构具有合理的刚度和承载力分布，避免因刚度和承载力局部突变或结构扭转效应而形成薄弱部位；

2 抗震设计时宜具有多道防线。

3.1.6 高层建筑混凝土结构宜采取措施减小混凝土收缩、徐变、温度变化、基础差异沉降等非荷载效应的不利影响。房屋高度不低于 150m 的高层建筑外墙宜采用各类建筑幕墙。

3.1.7 高层建筑的填充墙、隔墙等非结构构件宜采用各类轻质材料，构造上应与主体结构可靠连接，并应满足承载力、稳定和变形要求。

3.2 材　料

3.2.1 高层建筑混凝土结构宜采用高强高性能混凝土和高强钢筋；构件内力较大或抗震性能有较高要求时，宜采用型钢混凝土、钢管混凝土构件。

3.2.2 各类结构用混凝土的强度等级均不应低于 C20，并应符合下列规定：

1 抗震设计时，一级抗震等级框架梁、柱及其节点的混凝土强度等级不应低于 C30；

2 筒体结构的混凝土强度等级不宜低于 C30；

3 作为上部结构嵌固部位的地下室楼盖的混凝土强度等级不宜低于 C30；

4 转换层楼板、转换梁、转换柱、箱形转换结构以及转换厚板的混凝土强度等级均不应低于 C30；

5 预应力混凝土结构的混凝土强度等级不宜低于 C40、不应低于 C30；

6 型钢混凝土梁、柱的混凝土强度等级不宜低于 C30；

7 现浇非预应力混凝土楼盖结构的混凝土强度等级不宜高于 C40；

8 抗震设计时，框架柱的混凝土强度等级，9 度时不宜高于 C60，8 度时不宜高于 C70；剪力墙的混凝土强度等级不宜高于 C60。

3.2.3 高层建筑混凝土结构的受力钢筋及其性能应符合现行国家标准《混凝土结构设计规范》GB 50010 的有关规定。按一、二、三级抗震等级设计的框架和斜撑构件，其纵向受力钢筋尚应符合下列规定：

1 钢筋的抗拉强度实测值与屈服强度实测值的比值不应小于 1.25；

2 钢筋的屈服强度实测值与屈服强度标准值的比值不应大于 1.30；

3 钢筋最大拉力下的总伸长率实测值不应小于 9%。

3.2.4 抗震设计时混合结构中钢材应符合下列规定：

1 钢材的屈服强度实测值与抗拉强度实测值的比值不应大于 0.85；

2 钢材应有明显的屈服台阶，且伸长率不应小于 20%；

3 钢材应有良好的焊接性和合格的冲击韧性。

3.2.5 混合结构中的型钢混凝土竖向构件的型钢及钢管混凝土的钢管宜采用 Q345 和 Q235 等级的钢材，也可采用 Q390、Q420 等级或符合结构性能要求的其他钢材；型钢梁宜采用 Q235 和 Q345 等级的钢材。

3.3 房屋适用高度和高宽比

3.3.1 钢筋混凝土高层建筑结构的最大适用高度应区分为 A 级和 B 级。A 级高度钢筋混凝土乙类和丙类高层建筑的最大适用高度应符合表 3.3.1-1 的规定，B 级高度钢筋混凝土乙类和丙类高层建筑的最大适用高度应符合表 3.3.1-2 的规定。

平面和竖向均不规则的高层建筑结构，其最大适用高度宜适当降低。

表 3.3.1-1 A 级高度钢筋混凝土高层建筑的最大适用高度（m）

结构体系		非抗震设计	抗震设防烈度				
			6度	7度	8度		9度
					0.20g	0.30g	
框架		70	60	50	40	35	—
框架-剪力墙		150	130	120	100	80	50
剪力墙	全部落地剪力墙	150	140	120	100	80	60
	部分框支剪力墙	130	120	100	80	50	不应采用
筒　体	框架-核心筒	160	150	130	100	90	70
	筒中筒	200	180	150	120	100	80
板柱-剪力墙		110	80	70	55	40	不应采用

注：1 表中框架不含异形柱框架；
2 部分框支剪力墙结构指地面以上有部分框支剪力墙的剪力墙结构；
3 甲类建筑，6、7、8 度时宜按本地区抗震设防烈度提高一度后符合本表的要求，9 度时应专门研究；
4 框架结构、板柱-剪力墙结构以及 9 度抗震设防的表列其他结构，当房屋高度超过本表数值时，结构设计应有可靠依据，并采取有效的加强措施。

表 3.3.1-2 B级高度钢筋混凝土高层建筑的最大适用高度（m）

结构体系		非抗震设计	抗震设防烈度			
			6度	7度	8度	
					0.20g	0.30g
框架-剪力墙		170	160	140	120	100
剪力墙	全部落地剪力墙	180	170	150	130	110
	部分框支剪力墙	150	140	120	100	80
筒体	框架-核心筒	220	210	180	140	120
	筒中筒	300	280	230	170	150

注：1 部分框支剪力墙结构指地面以上有部分框支剪力墙的剪力墙结构；

2 甲类建筑，6、7度时宜按本地区设防烈度提高一度后符合本表的要求，8度时应专门研究；

3 当房屋高度超过表中数值时，结构设计应有可靠依据，并采取有效的加强措施。

3.3.2 钢筋混凝土高层建筑结构的高宽比不宜超过表 3.3.2 的规定。

表 3.3.2 钢筋混凝土高层建筑结构适用的最大高宽比

结构体系	非抗震设计	抗震设防烈度		
		6度、7度	8度	9度
框架	5	4	3	—
板柱-剪力墙	6	5	4	—
框架-剪力墙、剪力墙	7	6	5	4
框架-核心筒	8	7	6	4
筒中筒	8	8	7	5

3.4 结构平面布置

3.4.1 在高层建筑的一个独立结构单元内，结构平面形状宜简单、规则，质量、刚度和承载力分布宜均匀。不应采用严重不规则的平面布置。

3.4.2 高层建筑宜选用风作用效应较小的平面形状。

3.4.3 抗震设计的混凝土高层建筑，其平面布置宜符合下列规定：

1 平面宜简单、规则、对称，减少偏心；

2 平面长度不宜过长（图 3.4.3），L/B 宜符合表 3.4.3 的要求；

表 3.4.3 平面尺寸及突出部位尺寸的比值限值

设防烈度	L/B	l/B_{max}	l/b
6、7度	≤6.0	≤0.35	≤2.0
8、9度	≤5.0	≤0.30	≤1.5

3 平面突出部分的长度 l 不宜过大、宽度 b 不宜过小（图 3.4.3），l/B_{max}、l/b 宜符合表 3.4.3 的要求；

4 建筑平面不宜采用角部重叠或细腰形平面布置。

3.4.4 抗震设计时，B级高度钢筋混凝土高层建筑、混合结构高层建筑及本规程第 10 章所指的复杂高层建筑结构，其平面布置应简单、规则，减少偏心。

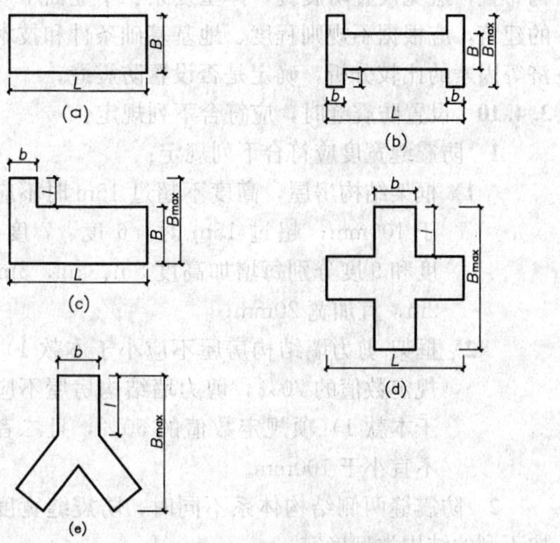

(a)
(b)
(c)
(d)
(e)

图 3.4.3 建筑平面示意

3.4.5 结构平面布置应减少扭转的影响。在考虑偶然偏心影响的规定水平地震力作用下，楼层竖向构件最大的水平位移和层间位移，A级高度高层建筑不宜大于该楼层平均值的 1.2 倍，不应大于该楼层平均值的 1.5 倍；B级高度高层建筑、超过A级高度的混合结构及本规程第 10 章所指的复杂高层建筑不宜大于该楼层平均值的 1.2 倍，不应大于该楼层平均值的 1.4 倍。结构扭转为主的第一自振周期 T_t 与平动为主的第一自振周期 T_1 之比，A级高度高层建筑不应大于 0.9，B级高度高层建筑、超过A级高度的混合结构及本规程第 10 章所指的复杂高层建筑不应大于 0.85。

注：当楼层的最大层间位移角不大于本规程第 3.7.3 条规定的限值的 40%时，该楼层竖向构件的最大水平位移和层间位移与该楼层平均值的比值可适当放松，但不应大于 1.6。

3.4.6 当楼板平面比较狭长、有较大的凹入或开洞时，应在设计中考虑其对结构产生的不利影响。有效楼板宽度不宜小于该层楼面宽度的 50%；楼板开洞总面积不宜超过楼面面积的 30%；在扣除凹入或开洞后，楼板在任一方向的最小净宽度不宜小于 5m，且开洞后每一边的楼板净宽度不应小于 2m。

3.4.7 ⧺字形、井字形等外伸长度较大的建筑，当中央部分楼板有较大削弱时，应加强楼板以及连接部位墙体的构造措施，必要时可在外伸段凹槽处设置连接梁或连接板。

3.4.8 楼板开大洞削弱后，宜采取下列措施：

1 加厚洞口附近楼板，提高楼板的配筋率，采用双层双向配筋；

2 洞口边缘设置边梁、暗梁；

3 在楼板洞口角部集中配置斜向钢筋。

3.4.9 抗震设计时，高层建筑宜调整平面形状和结构布置，避免设置防震缝。体型复杂、平立面不规则的建筑，应根据不规则程度、地基基础条件和技术经济等因素的比较分析，确定是否设置防震缝。

3.4.10 设置防震缝时，应符合下列规定：

1 防震缝宽度应符合下列规定：

1）框架结构房屋，高度不超过15m时不应小于100mm；超过15m时，6度、7度、8度和9度分别每增加高度5m、4m、3m和2m，宜加宽20mm；

2）框架-剪力墙结构房屋不应小于本款1）项规定数值的70%，剪力墙结构房屋不应小于本款1）项规定数值的50%，且二者均不宜小于100mm。

2 防震缝两侧结构体系不同时，防震缝宽度应按不利的结构类型确定；

3 防震缝两侧的房屋高度不同时，防震缝宽度可按较低的房屋高度确定；

4 8、9度抗震设计的框架结构房屋，防震缝两侧结构层高相差较大时，防震缝两侧框架柱的箍筋应沿房屋全高加密，并可根据需要沿房屋全高在缝两侧各设置不少于两道垂直于防震缝的抗撞墙；

5 当相邻结构的基础存在较大沉降差时，宜增大防震缝的宽度；

6 防震缝宜沿房屋全高设置，地下室、基础可不设防震缝，但在与上部防震缝对应处应加强构造和连接；

7 结构单元之间或主楼与裙房之间不宜采用牛腿托梁的做法设置防震缝，否则应采取可靠措施。

3.4.11 抗震设计时，伸缩缝、沉降缝的宽度均应符合本规程第3.4.10条关于防震缝宽度的要求。

3.4.12 高层建筑结构伸缩缝的最大间距宜符合表3.4.12的规定。

表 3.4.12 伸缩缝的最大间距

结构体系	施工方法	最大间距（m）
框架结构	现浇	55
剪力墙结构	现浇	45

注：1 框架-剪力墙的伸缩缝间距可根据结构的具体布置情况取表中框架结构与剪力墙结构之间的数值；

2 当屋面无保温或隔热措施、混凝土的收缩较大或室内结构因施工外露时间较长时，伸缩缝间距应适当减小；

3 位于气候干燥地区、夏季炎热且暴雨频繁地区的结构，伸缩缝的间距宜适当减小。

3.4.13 当采用有效的构造措施和施工措施减小温度和混凝土收缩对结构的影响时，可适当放宽伸缩缝的间距。这些措施可包括但不限于下列方面：

1 顶层、底层、山墙和纵墙端开间等受温度变化影响较大的部位提高配筋率；

2 顶层加强保温隔热措施，外墙设置外保温层；

3 每30m～40m间距留出施工后浇带，带宽800mm～1000mm，钢筋采用搭接接头，后浇带混凝土宜在45d后浇筑；

4 采用收缩小的水泥、减少水泥用量、在混凝土中加入适宜的外加剂；

5 提高每层楼板的构造配筋率或采用部分预应力结构。

3.5 结构竖向布置

3.5.1 高层建筑的竖向体型宜规则、均匀，避免有过大的外挑和收进。结构的侧向刚度宜下大上小，逐渐均匀变化。

3.5.2 抗震设计时，高层建筑相邻楼层的侧向刚度变化应符合下列规定：

1 对框架结构，楼层与其相邻上层的侧向刚度比 γ_1 可按式（3.5.2-1）计算，且本层与相邻上层的比值不宜小于0.7，与相邻上部三层刚度平均值的比值不宜小于0.8。

$$\gamma_1 = \frac{V_i \Delta_{i+1}}{V_{i+1} \Delta_i} \quad (3.5.2\text{-}1)$$

式中：γ_1 ——楼层侧向刚度比；

V_i、V_{i+1} ——第 i 层和第 $i+1$ 层的地震剪力标准值（kN）；

Δ_i、Δ_{i+1} ——第 i 层和第 $i+1$ 层在地震作用标准值作用下的层间位移（m）。

2 对框架-剪力墙、板柱-剪力墙结构、剪力墙结构、框架-核心筒结构、筒中筒结构，楼层与其相邻上层的侧向刚度比 γ_2 可按式（3.5.2-2）计算，且本层与相邻上层的比值不宜小于0.9；当本层层高大于相邻上层层高的1.5倍时，该比值不宜小于1.1；对结构底部嵌固层，该比值不宜小于1.5。

$$\gamma_2 = \frac{V_i \Delta_{i+1}}{V_{i+1} \Delta_i} \frac{h_i}{h_{i+1}} \quad (3.5.2\text{-}2)$$

式中：γ_2 ——考虑层高修正的楼层侧向刚度比。

3.5.3 A级高度高层建筑的楼层抗侧力结构的层间受剪承载力不宜小于其相邻上一层受剪承载力的80%，不应小于其相邻上一层受剪承载力的65%；B级高度高层建筑的楼层抗侧力结构的层间受剪承载力不应小于其相邻上一层受剪承载力的75%。

注：楼层抗侧力结构的层间受剪承载力是指在所考虑的水平地震作用方向上，该层全部柱、剪力墙、斜撑的受剪承载力之和。

3.5.4 抗震设计时，结构竖向抗侧力构件宜上、下连续贯通。

3.5.5 抗震设计时，当结构上部楼层收进部位到室外地面的高度 H_1 与房屋高度 H 之比大于0.2时，上部楼层收进后的水平尺寸 B_1 不宜小于下部楼层水平尺寸 B 的75%（图3.5.5a、b）；当上部结构楼层相对于下部楼层外挑时，上部楼层水平尺寸 B_1 不宜大于下部楼层的水平尺寸 B 的 1.1 倍，且水平外挑尺寸 a 不宜大于 4m（图 3.5.5c、d）。

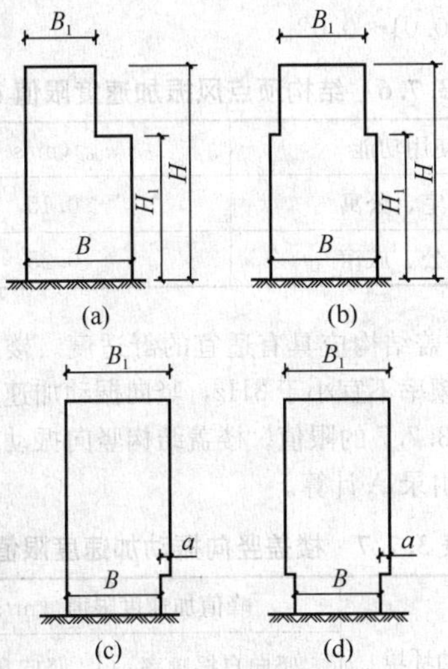

B1
H1
H
B
(a)
(b)
(c)
(d)
a

图 3.5.5 结构竖向收进和外挑示意

3.5.6 楼层质量沿高度宜均匀分布，楼层质量不宜大于相邻下部楼层质量的 1.5 倍。

3.5.7 不宜采用同一楼层刚度和承载力变化同时不满足本规程第 3.5.2 条和 3.5.3 条规定的高层建筑结构。

3.5.8 侧向刚度变化、承载力变化、竖向抗侧力构件连续性不符合本规程第 3.5.2、3.5.3、3.5.4 条要求的楼层，其对应于地震作用标准值的剪力应乘以 1.25 的增大系数。

3.5.9 结构顶层取消部分墙、柱形成空旷房间时，宜进行弹性或弹塑性时程分析补充计算并采取有效的构造措施。

3.6 楼 盖 结 构

3.6.1 房屋高度超过 50m 时，框架-剪力墙结构、筒体结构及本规程第 10 章所指的复杂高层建筑结构应采用现浇楼盖结构，剪力墙结构和框架结构宜采用现浇楼盖结构。

3.6.2 房屋高度不超过 50m 时，8、9 度抗震设计时宜采用现浇楼盖结构；6、7 度抗震设计时可采用装配整体式楼盖，且应符合下列要求：

1 无现浇叠合层的预制板，板端搁置在梁上的长度不宜小于 50mm。

2 预制板板端宜预留胡子筋，其长度不宜小于 100mm。

3 预制空心板孔端应有堵头，堵头深度不宜小于 60mm，并应采用强度等级不低于 C20 的混凝土浇灌密实。

4 楼盖的预制板板缝上缘宽度不宜小于 40mm，板缝大于 40mm 时应在板缝内配置钢筋，并宜贯通整个结构单元。现浇板缝、板缝梁的混凝土强度等级宜高于预制板的混凝土强度等级。

5 楼盖每层宜设置钢筋混凝土现浇层。现浇层厚度不应小于 50mm，并应双向配置直径不小于 6mm、间距不大于 200mm 的钢筋网，钢筋应锚固在梁或剪力墙内。

3.6.3 房屋的顶层、结构转换层、大底盘多塔楼结构的底盘顶层、平面复杂或开洞过大的楼层、作为上部结构嵌固部位的地下室楼层应采用现浇楼盖结构。一般楼层现浇楼板厚度不应小于 80mm，当板内预埋暗管时不宜小于 100mm；顶层楼板厚度不宜小于 120mm，宜双层双向配筋；转换层楼板应符合本规程第 10 章的有关规定；普通地下室顶板厚度不宜小于 160mm；作为上部结构嵌固部位的地下室楼层的顶楼盖应采用梁板结构，楼板厚度不宜小于 180mm，应采用双层双向配筋，且每层每个方向的配筋率不宜小于 0.25%。

3.6.4 现浇预应力混凝土楼板厚度可按跨度的1/45～1/50 采用，且不宜小于 150mm。

3.6.5 现浇预应力混凝土板设计中应采取措施防止或减小主体结构对楼板施加预应力的阻碍作用。

3.7 水平位移限值和舒适度要求

3.7.1 在正常使用条件下，高层建筑结构应具有足够的刚度，避免产生过大的位移而影响结构的承载力、稳定性和使用要求。

3.7.2 正常使用条件下，结构的水平位移应按本规程第 4 章规定的风荷载、地震作用和第 5 章规定的弹性方法计算。

3.7.3 按弹性方法计算的风荷载或多遇地震标准值作用下的楼层层间最大水平位移与层高之比 $\Delta u/h$ 宜符合下列规定：

1 高度不大于 150m 的高层建筑，其楼层层间最大位移与层高之比 $\Delta u/h$ 不宜大于表 3.7.3 的限值。

表 3.7.3 楼层层间最大位移与层高之比的限值

结构体系	$\Delta u/h$ 限值
框架	1/550
框架-剪力墙、框架-核心筒、板柱-剪力墙	1/800
筒中筒、剪力墙	1/1000
除框架结构外的转换层	1/1000

2 高度不小于 250m 的高层建筑，其楼层层间最大位移与层高之比 $\Delta u/h$ 不宜大于 1/500。

3 高度在 150m～250m 之间的高层建筑，其楼层层间最大位移与层高之比 $\Delta u/h$ 的限值可按本条第 1 款和第 2 款的限值线性插入取用。

注：楼层层间最大位移 Δu 以楼层竖向构件最大的水平位移差计算，不扣除整体弯曲变形。抗震设计时，本条规定的楼层位移计算可不考虑偶然偏心的影响。

3.7.4 高层建筑结构在罕遇地震作用下的薄弱层弹塑性变形验算，应符合下列规定：

1 下列结构应进行弹塑性变形验算：

1) 7~9 度时楼层屈服强度系数小于 0.5 的框架结构；

2) 甲类建筑和 9 度抗震设防的乙类建筑结构；

3) 采用隔震和消能减震设计的建筑结构；

4) 房屋高度大于 150m 的结构。

2 下列结构宜进行弹塑性变形验算：

1) 本规程表 4.3.4 所列高度范围且不满足本规程第 3.5.2~3.5.6 条规定的竖向不规则高层建筑结构；

2) 7 度Ⅲ、Ⅳ类场地和 8 度抗震设防的乙类建筑结构；

3) 板柱-剪力墙结构。

注：楼层屈服强度系数为按构件实际配筋和材料强度标准值计算的楼层受剪承载力与按罕遇地震作用计算的楼层弹性地震剪力的比值。

3.7.5 结构薄弱层（部位）层间弹塑性位移应符合下式规定：

$$\Delta u_p \leqslant [\theta_p]h \qquad (3.7.5)$$

式中：Δu_p ——层间弹塑性位移；

$[\theta_p]$ ——层间弹塑性位移角限值，可按表 3.7.5 采用；对框架结构，当轴压比小于 0.40 时，可提高 10%；当柱子全高的箍筋构造采用比本规程中框架柱箍筋最小配箍特征值大 30%时，可提高 20%，但累计提高不宜超过 25%；

h ——层高。

表 3.7.5 层间弹塑性位移角限值

结构体系	$[\theta_p]$
框架结构	1/50
框架-剪力墙结构、框架-核心筒结构、板柱-剪力墙结构	1/100
剪力墙结构和筒中筒结构	1/120
除框架结构外的转换层	1/120

3.7.6 房屋高度不小于 150m 的高层混凝土建筑结构应满足风振舒适度要求。在现行国家标准《建筑结构荷载规范》GB 50009 规定的 10 年一遇的风荷载标准值作用下，结构顶点的顺风向和横风向振动最大加速度计算值不应超过表 3.7.6 的限值。结构顶点的顺风向和横风向振动最大加速度可按现行行业标准《高层民用建筑钢结构技术规程》JGJ 99 的有关规定计算，也可通过风洞试验结果判断确定，计算时结构阻尼比宜取 0.01~0.02。

表 3.7.6 结构顶点风振加速度限值 a_{lim}

使用功能	a_{lim} (m/s^2)
住宅、公寓	0.15
办公、旅馆	0.25

3.7.7 楼盖结构应具有适宜的舒适度。楼盖结构的竖向振动频率不宜小于 3Hz，竖向振动加速度峰值不应超过表 3.7.7 的限值。楼盖结构竖向振动加速度可按本规程附录 A 计算。

表 3.7.7 楼盖竖向振动加速度限值

人员活动环境	峰值加速度限值（m/s^2）	
	竖向自振频率不大于 2Hz	竖向自振频率不小于 4Hz
住宅、办公	0.07	0.05
商场及室内连廊	0.22	0.15

注：楼盖结构竖向自振频率为 2Hz~4Hz 时，峰值加速度限值可按线性插值选取。

3.8 构件承载力设计

3.8.1 高层建筑结构构件的承载力应按下列公式验算：

持久设计状况、短暂设计状况

$$\gamma_0 S_d \leqslant R_d \qquad (3.8.1\text{-}1)$$

地震设计状况

$$S_d \leqslant R_d/\gamma_{RE} \qquad (3.8.1\text{-}2)$$

式中：γ_0——结构重要性系数，对安全等级为一级的结构构件不应小于 1.1，对安全等级为二级的结构构件不应小于 1.0；

S_d——作用组合的效应设计值，应符合本规程第 5.6.1~5.6.4 条的规定；

R_d——构件承载力设计值；

γ_{RE}——构件承载力抗震调整系数。

3.8.2 抗震设计时，钢筋混凝土构件的承载力抗震调整系数应按表 3.8.2 采用；型钢混凝土构件和钢构件的承载力抗震调整系数应按本规程第 11.1.7 条的规定采用。当仅考虑竖向地震作用组合时，各类结构构件的承载力抗震调整系数均应取为 1.0。

表 3.8.2 承载力抗震调整系数

构件类别	梁	轴压比小于 0.15 的柱	轴压比不小于 0.15 的柱	剪力墙		各类构件	节点
受力状态	受弯	偏压	偏压	偏压	局部承压	受剪、偏拉	受剪
γ_{RE}	0.75	0.75	0.80	0.85	1.0	0.85	0.85

3.9 抗 震 等 级

3.9.1 各抗震设防类别的高层建筑结构，其抗震措施应符合下列要求：

1 甲类、乙类建筑：应按本地区抗震设防烈度提高一度的要求加强其抗震措施，但抗震设防烈度为9度时应按比9度更高的要求采取抗震措施；当建筑场地为Ⅰ类时，应允许仍按本地区抗震设防烈度的要求采取抗震构造措施。

2 丙类建筑：应按本地区抗震设防烈度确定其抗震措施；当建筑场地为Ⅰ类时，除6度外，应允许按本地区抗震设防烈度降低一度的要求采取抗震构造措施。

3.9.2 当建筑场地为Ⅲ、Ⅳ类时，对设计基本地震加速度为0.15g和0.30g的地区，宜分别按抗震设防烈度8度（0.20g）和9度（0.40g）时各类建筑的要求采取抗震构造措施。

3.9.3 抗震设计时，高层建筑钢筋混凝土结构构件应根据抗震设防分类、烈度、结构类型和房屋高度采用不同的抗震等级，并应符合相应的计算和构造措施要求。A级高度丙类建筑钢筋混凝土结构的抗震等级应按表3.9.3确定。当本地区的设防烈度为9度时，A级高度乙类建筑的抗震等级应按特一级采用，甲类建筑应采取更有效的抗震措施。

注：本规程“特一级和一、二、三、四级”即“抗震等级为特一级和一、二、三、四级”的简称。

表3.9.3 A级高度的高层建筑结构抗震等级

<table>
<tr><th colspan="3" rowspan="2">结构类型</th><th colspan="7">烈　度</th></tr>
<tr><th colspan="2">6度</th><th colspan="2">7度</th><th colspan="2">8度</th><th>9度</th></tr>
<tr><td colspan="3">框架结构</td><td colspan="2">三</td><td colspan="2">二</td><td colspan="2">一</td><td>一</td></tr>
<tr><td rowspan="3">框架-剪力墙结构</td><td colspan="2">高度（m）</td><td>≤60</td><td>>60</td><td>≤60</td><td>>60</td><td>≤60</td><td>>60</td><td>≤50</td></tr>
<tr><td colspan="2">框架</td><td>四</td><td>三</td><td>三</td><td>二</td><td>二</td><td>一</td><td>一</td></tr>
<tr><td colspan="2">剪力墙</td><td colspan="2">三</td><td colspan="2">二</td><td colspan="2">一</td><td>一</td></tr>
<tr><td rowspan="2">剪力墙结构</td><td colspan="2">高度（m）</td><td>≤80</td><td>>80</td><td>≤80</td><td>>80</td><td>≤80</td><td>>80</td><td>≤60</td></tr>
<tr><td colspan="2">剪力墙</td><td>四</td><td>三</td><td>三</td><td>二</td><td>二</td><td>一</td><td>一</td></tr>
<tr><td rowspan="3">部分框支剪力墙结构</td><td colspan="2">非底部加强部位的剪力墙</td><td>四</td><td>三</td><td>三</td><td>二</td><td>二</td><td rowspan="3">——</td><td rowspan="3">——</td></tr>
<tr><td colspan="2">底部加强部位的剪力墙</td><td>三</td><td>二</td><td>二</td><td>一</td><td>一</td></tr>
<tr><td colspan="2">框支框架</td><td colspan="2">二</td><td>二</td><td>一</td><td>一</td></tr>
<tr><td rowspan="4">筒体结构</td><td rowspan="2">框架-核心筒</td><td>框架</td><td colspan="2">三</td><td colspan="2">二</td><td colspan="2">一</td><td>一</td></tr>
<tr><td>核心筒</td><td colspan="2">二</td><td colspan="2">二</td><td colspan="2">一</td><td>一</td></tr>
<tr><td rowspan="2">筒中筒</td><td>内筒</td><td colspan="2" rowspan="2">三</td><td colspan="2" rowspan="2">二</td><td colspan="2" rowspan="2">一</td><td rowspan="2">一</td></tr>
<tr><td>外筒</td></tr>
<tr><td rowspan="3">板柱-剪力墙结构</td><td colspan="2">高度</td><td>≤35</td><td>>35</td><td>≤35</td><td>>35</td><td>≤35</td><td>>35</td><td rowspan="3">——</td></tr>
<tr><td colspan="2">框架、板柱及柱上板带</td><td>三</td><td>二</td><td>二</td><td>二</td><td>一</td><td>一</td></tr>
<tr><td colspan="2">剪力墙</td><td>二</td><td>二</td><td>二</td><td>一</td><td>二</td><td>一</td></tr>
</table>

注：1 接近或等于高度分界时，应结合房屋不规则程度及场地、地基条件适当确定抗震等级；

2 底部带转换层的筒体结构，其转换框架的抗震等级应按表中部分框支剪力墙结构的规定采用；

3 当框架-核心筒结构的高度不超过60m时，其抗震等级应允许按框架-剪力墙结构采用。

3.9.4 抗震设计时，B级高度丙类建筑钢筋混凝土结构的抗震等级应按表3.9.4确定。

表3.9.4 B级高度的高层建筑结构抗震等级

<table>
<tr><th colspan="2" rowspan="2">结构类型</th><th colspan="3">烈　度</th></tr>
<tr><th>6度</th><th>7度</th><th>8度</th></tr>
<tr><td rowspan="2">框架-剪力墙</td><td>框架</td><td>二</td><td>一</td><td>一</td></tr>
<tr><td>剪力墙</td><td>二</td><td>一</td><td>特一</td></tr>
<tr><td>剪力墙</td><td>剪力墙</td><td>二</td><td>一</td><td>一</td></tr>
<tr><td rowspan="3">部分框支剪力墙</td><td>非底部加强部位剪力墙</td><td>二</td><td>一</td><td>一</td></tr>
<tr><td>底部加强部位剪力墙</td><td>一</td><td>一</td><td>特一</td></tr>
<tr><td>框支框架</td><td>一</td><td>特一</td><td>特一</td></tr>
<tr><td rowspan="2">框架-核心筒</td><td>框架</td><td>二</td><td>一</td><td>一</td></tr>
<tr><td>筒体</td><td>二</td><td>一</td><td>特一</td></tr>
<tr><td rowspan="2">筒中筒</td><td>外筒</td><td>二</td><td>一</td><td>特一</td></tr>
<tr><td>内筒</td><td>二</td><td>一</td><td>特一</td></tr>
</table>

注：底部带转换层的筒体结构，其转换框架和底部加强部位筒体的抗震等级应按表中部分框支剪力墙结构的规定采用。

3.9.5 抗震设计的高层建筑，当地下室顶层作为上部结构的嵌固端时，地下一层相关范围的抗震等级应按上部结构采用，地下一层以下抗震构造措施的抗震等级可逐层降低一级，但不应低于四级；地下室中超出上部主楼相关范围且无上部结构的部分，其抗震等级可根据具体情况采用三级或四级。

3.9.6 抗震设计时，与主楼连为整体的裙房的抗震等级，除应按裙房本身确定外，相关范围不应低于主楼的抗震等级；主楼结构在裙房顶板上、下各一层应适当加强抗震构造措施。裙房与主楼分离时，应按裙房本身确定抗震等级。

3.9.7 甲、乙类建筑按本规程第3.9.1条提高一度确定抗震措施时，或Ⅲ、Ⅳ类场地且设计基本地震加速度为0.15g和0.30g的丙类建筑按本规程第3.9.2条提高一度确定抗震构造措施时，如果房屋高度超过提高一度后对应的房屋最大适用高度，则应采取比对应抗震等级更有效的抗震构造措施。

3.10 特一级构件设计规定

3.10.1 特一级抗震等级的钢筋混凝土构件除应符合一级钢筋混凝土构件的所有设计要求外，尚应符合本节的有关规定。

3.10.2 特一级框架柱应符合下列规定：

1 宜采用型钢混凝土柱、钢管混凝土柱；

2 柱端弯矩增大系数η_c、柱端剪力增大系数η_{vc}应增大20%；

3 钢筋混凝土柱柱端加密区最小配箍特征值λ_v应按本规程表6.4.7规定的数值增加0.02采用；全部纵向钢筋构造配筋百分率，中、边柱不应小于1.4%，角柱不应小于1.6%。

3.10.3 特一级框架梁应符合下列规定：

1 梁端剪力增大系数η_{vb}应增大20%；

2 梁端加密区箍筋最小面积配筋率应增

大 10%。

3.10.4 特一级框支柱应符合下列规定：

1 宜采用型钢混凝土柱、钢管混凝土柱。

2 底层柱下端及与转换层相连的柱上端的弯矩增大系数取 1.8，其余层柱端弯矩增大系数 η_c 应增大 20%；柱端剪力增大系数 η_{vc} 应增大 20%；地震作用产生的柱轴力增大系数取 1.8，但计算柱轴压比时可不计该项增大。

3 钢筋混凝土柱柱端加密区最小配箍特征值 λ_v 应按本规程表 6.4.7 的数值增大 0.03 采用，且箍筋体积配箍率不应小于 1.6%；全部纵向钢筋最小构造配筋百分率取 1.6%。

3.10.5 特一级剪力墙、筒体墙应符合下列规定：

1 底部加强部位的弯矩设计值应乘以 1.1 的增大系数，其他部位的弯矩设计值应乘以 1.3 的增大系数；底部加强部位的剪力设计值，应按考虑地震作用组合的剪力计算值的 1.9 倍采用，其他部位的剪力设计值，应按考虑地震作用组合的剪力计算值的 1.4 倍采用。

2 一般部位的水平和竖向分布钢筋最小配筋率应取为 0.35%，底部加强部位的水平和竖向分布钢筋的最小配筋率应取为 0.40%。

3 约束边缘构件纵向钢筋最小构造配筋率应取为 1.4%，配箍特征值宜增大 20%；构造边缘构件纵向钢筋的配筋率不应小于 1.2%。

4 框支剪力墙结构的落地剪力墙底部加强部位边缘构件宜配置型钢，型钢宜向上、下各延伸一层。

5 连梁的要求同一级。

3.11 结构抗震性能设计

3.11.1 结构抗震性能设计应分析结构方案的特殊性、选用适宜的结构抗震性能目标，并采取满足预期的抗震性能目标的措施。

结构抗震性能目标应综合考虑抗震设防类别、设防烈度、场地条件、结构的特殊性、建造费用、震后损失和修复难易程度等各项因素选定。结构抗震性能目标分为 A、B、C、D 四个等级，结构抗震性能分为 1、2、3、4、5 五个水准（表 3.11.1），每个性能目标均与一组在指定地震地面运动下的结构抗震性能水准相对应。

表 3.11.1 结构抗震性能目标

地震水准 \ 性能水准 \ 性能目标	A	B	C	D
多遇地震	1	1	1	1
设防烈度地震	1	2	3	4
预估的罕遇地震	2	3	4	5

3.11.2 结构抗震性能水准可按表 3.11.2 进行宏观判别。

表 3.11.2 各性能水准结构预期的震后性能状况

结构抗震性能水准	宏观损坏程度	损坏部位			继续使用的可能性
		关键构件	普通竖向构件	耗能构件	
1	完好、无损坏	无损坏	无损坏	无损坏	不需修理即可继续使用
2	基本完好、轻微损坏	无损坏	无损坏	轻微损坏	稍加修理即可继续使用
3	轻度损坏	轻微损坏	轻微损坏	轻度损坏、部分中度损坏	一般修理后可继续使用
4	中度损坏	轻度损坏	部分构件中度损坏	中度损坏、部分比较严重损坏	修复或加固后可继续使用
5	比较严重损坏	中度损坏	部分构件比较严重损坏	比较严重损坏	需排险大修

注："关键构件"是指该构件的失效可能引起结构的连续破坏或危及生命安全的严重破坏；"普通竖向构件"是指"关键构件"之外的竖向构件；"耗能构件"包括框架梁、剪力墙连梁及耗能支撑等。

3.11.3 不同抗震性能水准的结构可按下列规定进行设计：

1 第 1 性能水准的结构，应满足弹性设计要求。在多遇地震作用下，其承载力和变形应符合本规程的有关规定；在设防烈度地震作用下，结构构件的抗震承载力应符合下式规定：

$$\gamma_G S_{GE} + \gamma_{Eh} S_{Ehk}^* + \gamma_{Ev} S_{Evk}^* \leqslant R_d / \gamma_{RE} \tag{3.11.3-1}$$

式中：R_d、γ_{RE}——分别为构件承载力设计值和承载力抗震调整系数，同本规程第 3.8.1 条；

S_{GE}、γ_G、γ_{Eh}、γ_{Ev}——同本规程第 5.6.3 条；

S_{Ehk}^*——水平地震作用标准值的构件内力，不需考虑与抗震等级有关的增大系数；

S_{Evk}^*——竖向地震作用标准值的构件内力，不需考虑与抗震等级有关的增大系数。

2 第 2 性能水准的结构，在设防烈度地震或预估的罕遇地震作用下，关键构件及普通竖向构件的抗震承载力宜符合式(3.11.3-1)的规定；耗能构件的受剪承载力宜符合式(3.11.3-1)的规定，其正截面承载力应符合下式规定：

$$S_{GE} + S_{Ehk}^* + 0.4 S_{Evk}^* \leqslant R_k \tag{3.11.3-2}$$

式中：R_k——截面承载力标准值，按材料强度标准值计算。

3 第 3 性能水准的结构应进行弹塑性计算分析。在设防烈度地震或预估的罕遇地震作用下，关键构件及普通竖向构件的正截面承载力应符合式（3.11.3-2）的规定，水平长悬臂结构和大跨度结构中的关键构件正截面承载力尚应符合式（3.11.3-3）的规定，其受剪承载力宜符合式（3.11.3-1）的规定；部分耗能构件进入屈服阶段，但其受剪承载力应符合式（3.11.3-2）的规定。在预估的罕遇地震作用下，结构薄弱部位的层间位移角应满足本规程第3.7.5条的规定。

$$S_{GE}+0.4S^{*}_{Ehk}+S^{*}_{Evk}\leqslant R_k \quad (3.11.3\text{-}3)$$

4 第4性能水准的结构应进行弹塑性计算分析。在设防烈度或预估的罕遇地震作用下，关键构件的抗震承载力应符合式（3.11.3-2）的规定，水平长悬臂结构和大跨度结构中的关键构件正截面承载力尚应符合式（3.11.3-3）的规定；部分竖向构件以及大部分耗能构件进入屈服阶段，但钢筋混凝土竖向构件的受剪截面应符合式（3.11.3-4）的规定，钢-混凝土组合剪力墙的受剪截面应符合式（3.11.3-5）的规定。在预估的罕遇地震作用下，结构薄弱部位的层间位移角应符合本规程第3.7.5条的规定。

$$V_{GE}+V^{*}_{Ek}\leqslant 0.15f_{ck}bh_0 \quad (3.11.3\text{-}4)$$

$$(V_{GE}+V^{*}_{Ek})-(0.25f_{ak}A_a+0.5f_{spk}A_{sp})\leqslant 0.15f_{ck}bh_0 \quad (3.11.3\text{-}5)$$

式中：V_{GE}——重力荷载代表值作用下的构件剪力（N）；

V^{*}_{Ek}——地震作用标准值的构件剪力（N），不需考虑与抗震等级有关的增大系数；

f_{ck}——混凝土轴心拉压强度标准值（N/mm²）；

f_{ak}——剪力墙端部暗柱中型钢的强度标准值（N/mm²）；

A_a——剪力墙端部暗柱中型钢的截面面积（mm²）；

f_{spk}——剪力墙墙内钢板的强度标准值（N/mm²）；

A_{sp}——剪力墙墙内钢板的横截面面积（mm²）。

5 第5性能水准的结构应进行弹塑性计算分析。在预估的罕遇地震作用下，关键构件的抗震承载力宜符合式（3.11.3-2）的规定；较多的竖向构件进入屈服阶段，但同一楼层的竖向构件不宜全部屈服；竖向构件的受剪截面应符合式（3.11.3-4）或（3.11.3-5）的规定；允许部分耗能构件发生比较严重的破坏；结构薄弱部位的层间位移角应符合本规程第3.7.5条的规定。

3.11.4 结构弹塑性计算分析除应符合本规程第5.5.1条的规定外，尚应符合下列规定：

1 高度不超过150m的高层建筑可采用静力弹塑性分析方法；高度超过200m时，应采用弹塑性时程分析法；高度在150m～200m之间，可视结构自振特性和不规则程度选择静力弹塑性方法或弹塑性时程分析方法。高度超过300m的结构，应有两个独立的计算，进行校核。

2 复杂结构应进行施工模拟分析，应以施工全过程完成后的内力为初始状态。

3 弹塑性时程分析宜采用双向或三向地震输入。

3.12 抗连续倒塌设计基本要求

3.12.1 安全等级为一级的高层建筑结构应满足抗连续倒塌概念设计要求；有特殊要求时，可采用拆除构件方法进行抗连续倒塌设计。

3.12.2 抗连续倒塌概念设计应符合下列规定：

1 应采取必要的结构连接措施，增强结构的整体性。

2 主体结构宜采用多跨规则的超静定结构。

3 结构构件应具有适宜的延性，避免剪切破坏、压溃破坏、锚固破坏、节点先于构件破坏。

4 结构构件应具有一定的反向承载能力。

5 周边及边跨框架的柱距不宜过大。

6 转换结构应具有整体多重传递重力荷载途径。

7 钢筋混凝土结构梁柱宜刚接，梁板顶、底钢筋在支座处宜按受拉要求连续贯通。

8 钢结构框架梁柱宜刚接。

9 独立基础之间宜采用拉梁连接。

3.12.3 抗连续倒塌的拆除构件方法应符合下列规定：

1 逐个分别拆除结构周边柱、底层内部柱以及转换桁架腹杆等重要构件。

2 可采用弹性静力方法分析剩余结构的内力与变形。

3 剩余结构构件承载力应符合下式要求：

$$R_d\geqslant\beta S_d \quad (3.12.3)$$

式中：S_d——剩余结构构件效应设计值，可按本规程第3.12.4条的规定计算；

R_d——剩余结构构件承载力设计值，可按本规程第3.12.5条的规定计算；

β——效应折减系数。对中部水平构件取0.67，对其他构件取1.0。

3.12.4 结构抗连续倒塌设计时，荷载组合的效应设计值可按下式确定：

$$S_d=\eta_d(S_{Gk}+\sum\psi_{qi}S_{Qi,k})+\Psi_w S_{wk} \quad (3.12.4)$$

式中：S_{Gk}——永久荷载标准值产生的效应；

$S_{Qi,k}$——第i个竖向可变荷载标准值产生的效应；

S_{wk}——风荷载标准值产生的效应；

ψ_{qi}——可变荷载的准永久值系数；

Ψ_w——风荷载组合值系数，取0.2；

η_d——竖向荷载动力放大系数。当构件直接与被拆除竖向构件相连时取2.0，其他构件取1.0。

3.12.5 构件截面承载力计算时，混凝土强度可取标准值；钢材强度，正截面承载力验算时，可取标准值的1.25倍，受剪承载力验算时可取标准值。

3.12.6 当拆除某构件不能满足结构抗连续倒塌设计要求时，在该构件表面附加80kN/m² 侧向偶然作用设计值，此时其承载力应满足下列公式要求：

$$R_d \geqslant S_d \tag{3.12.6-1}$$

$$S_d = S_{Gk} + 0.6S_{Qk} + S_{Ad} \tag{3.12.6-2}$$

式中：R_d ——构件承载力设计值，按本规程第3.8.1条采用；

S_d ——作用组合的效应设计值；

S_{Gk} ——永久荷载标准值的效应；

S_{Qk} ——活荷载标准值的效应；

S_{Ad} ——侧向偶然作用设计值的效应。

4 荷载和地震作用

4.1 竖向荷载

4.1.1 高层建筑的自重荷载、楼（屋）面活荷载及屋面雪荷载等应按现行国家标准《建筑结构荷载规范》GB 50009的有关规定采用。

4.1.2 施工中采用附墙塔、爬塔等对结构受力有影响的起重机械或其他施工设备时，应根据具体情况确定对结构产生的施工荷载。

4.1.3 旋转餐厅轨道和驱动设备的自重应按实际情况确定。

4.1.4 擦窗机等清洗设备应按其实际情况确定其自重的大小和作用位置。

4.1.5 直升机平台的活荷载应采用下列两款中能使平台产生最大内力的荷载：

1 直升机总重量引起的局部荷载，按由实际最大起飞重量决定的局部荷载标准值乘以动力系数确定。对具有液压轮胎起落架的直升机，动力系数可取1.4；当没有机型技术资料时，局部荷载标准值及其作用面积可根据直升机类型按表4.1.5取用。

表4.1.5 局部荷载标准值及其作用面积

直升机类型	局部荷载标准值（kN）	作用面积（m²）
轻型	20.0	0.20×0.20
中型	40.0	0.25×0.25
重型	60.0	0.30×0.30

2 等效均布活荷载5kN/m²。

4.2 风荷载

4.2.1 主体结构计算时，风荷载作用面积应取垂直于风向的最大投影面积，垂直于建筑物表面的单位面积风荷载标准值应按下式计算：

$$w_k = \beta_z \mu_s \mu_z w_0 \tag{4.2.1}$$

式中：w_k ——风荷载标准值（kN/m²）；

w_0 ——基本风压（kN/m²），应按本规程第4.2.2条的规定采用；

μ_z ——风压高度变化系数，应按现行国家标准《建筑结构荷载规范》GB 50009的有关规定采用；

μ_s ——风荷载体型系数，应按本规程第4.2.3条的规定采用；

β_z ——z高度处的风振系数，应按现行国家标准《建筑结构荷载规范》GB 50009的有关规定采用。

4.2.2 基本风压应按照现行国家标准《建筑结构荷载规范》GB 50009的规定采用。对风荷载比较敏感的高层建筑，承载力设计时应按基本风压的1.1倍采用。

4.2.3 计算主体结构的风荷载效应时，风荷载体型系数μ_s可按下列规定采用：

1 圆形平面建筑取0.8；

2 正多边形及截角三角形平面建筑，由下式计算：

$$\mu_s = 0.8 + 1.2/\sqrt{n} \tag{4.2.3}$$

式中：n——多边形的边数。

3 高宽比H/B不大于4的矩形、方形、十字形平面建筑取1.3；

4 下列建筑取1.4：

1） V形、Y形、弧形、双十字形、井字形平面建筑；

2） L形、槽形和高宽比H/B大于4的十字形平面建筑；

3） 高宽比H/B大于4，长宽比L/B不大于1.5的矩形、鼓形平面建筑。

5 在需要更细致进行风荷载计算的场合，风荷载体型系数可按本规程附录B采用，或由风洞试验确定。

4.2.4 当多栋或群集的高层建筑相互间距较近时，宜考虑风力相互干扰的群体效应。一般可将单栋建筑的体型系数μ_s乘以相互干扰增大系数，该系数可参考类似条件的试验资料确定；必要时宜通过风洞试验确定。

4.2.5 横风向振动效应或扭转风振效应明显的高层建筑，应考虑横风向风振或扭转风振的影响。横风向风振或扭转风振的计算范围、方法以及顺风向与横风向效应的组合方法应符合现行国家标准《建筑结构荷载规范》GB 50009的有关规定。

4.2.6 考虑横风向风振或扭转风振影响时，结构顺风向及横风向的侧向位移应分别符合本规程第3.7.3条的规定。

4.2.7 房屋高度大于 200m 或有下列情况之一时，宜进行风洞试验判断确定建筑物的风荷载：

1 平面形状或立面形状复杂；

2 立面开洞或连体建筑；

3 周围地形和环境较复杂。

4.2.8 檐口、雨篷、遮阳板、阳台等水平构件，计算局部上浮风荷载时，风荷载体型系数 μ_s 不宜小于 2.0。

4.2.9 设计高层建筑的幕墙结构时，风荷载应按国家现行标准《建筑结构荷载规范》GB 50009、《玻璃幕墙工程技术规范》JGJ 102、《金属与石材幕墙工程技术规范》JGJ 133 的有关规定采用。

4.3 地 震 作 用

4.3.1 各抗震设防类别高层建筑的地震作用，应符合下列规定：

1 甲类建筑：应按批准的地震安全性评价结果且高于本地区抗震设防烈度的要求确定；

2 乙、丙类建筑：应按本地区抗震设防烈度计算。

4.3.2 高层建筑结构的地震作用计算应符合下列规定：

1 一般情况下，应至少在结构两个主轴方向分别计算水平地震作用；有斜交抗侧力构件的结构，当相交角度大于 15°时，应分别计算各抗侧力构件方向的水平地震作用。

2 质量与刚度分布明显不对称的结构，应计算双向水平地震作用下的扭转影响；其他情况，应计算单向水平地震作用下的扭转影响。

3 高层建筑中的大跨度、长悬臂结构，7 度(0.15*g*)、8 度抗震设计时应计入竖向地震作用。

4 9 度抗震设计时应计算竖向地震作用。

4.3.3 计算单向地震作用时应考虑偶然偏心的影响。每层质心沿垂直于地震作用方向的偏移值可按下式采用：

$$e_i = \pm 0.05L_i \tag{4.3.3}$$

式中：e_i ——第 i 层质心偏移值（m），各楼层质心偏移方向相同；

L_i ——第 i 层垂直于地震作用方向的建筑物总长度（m）。

4.3.4 高层建筑结构应根据不同情况，分别采用下列地震作用计算方法：

1 高层建筑结构宜采用振型分解反应谱法；对质量和刚度不对称、不均匀的结构以及高度超过 100m 的高层建筑结构应采用考虑扭转耦联振动影响的振型分解反应谱法。

2 高度不超过 40m、以剪切变形为主且质量和刚度沿高度分布比较均匀的高层建筑结构，可采用底部剪力法。

3 7～9 度抗震设防的高层建筑，下列情况应采用弹性时程分析法进行多遇地震下的补充计算：

1）甲类高层建筑结构；

2）表 4.3.4 所列的乙、丙类高层建筑结构；

3）不满足本规程第 3.5.2～3.5.6 条规定的高层建筑结构；

4）本规程第 10 章规定的复杂高层建筑结构。

表 4.3.4 采用时程分析法的高层建筑结构

设防烈度、场地类别	建筑高度范围
8 度Ⅰ、Ⅱ类场地和 7 度	＞100m
8 度Ⅲ、Ⅳ类场地	＞80m
9 度	＞60m

注：场地类别应按现行国家标准《建筑抗震设计规范》GB 50011 的规定采用。

4.3.5 进行结构时程分析时，应符合下列要求：

1 应按建筑场地类别和设计地震分组选取实际地震记录和人工模拟的加速度时程曲线，其中实际地震记录的数量不应少于总数量的 2/3，多组时程曲线的平均地震影响系数曲线应与振型分解反应谱法所采用的地震影响系数曲线在统计意义上相符；弹性时程分析时，每条时程曲线计算所得结构底部剪力不应小于振型分解反应谱法计算结果的 65%，多条时程曲线计算所得结构底部剪力的平均值不应小于振型分解反应谱法计算结果的 80%。

2 地震波的持续时间不宜小于建筑结构基本自振周期的 5 倍和 15s，地震波的时间间距可取 0.01s 或 0.02s。

3 输入地震加速度的最大值可按表 4.3.5 采用。

表 4.3.5 时程分析时输入地震加速度的最大值（cm/s^2）

设防烈度	6 度	7 度	8 度	9 度
多遇地震	18	35（55）	70（110）	140
设防地震	50	100（150）	200（300）	400
罕遇地震	125	220（310）	400（510）	620

注：7、8 度时括号内数值分别用于设计基本地震加速度为 0.15*g* 和 0.30*g* 的地区，此处 *g* 为重力加速度。

4 当取三组时程曲线进行计算时，结构地震作用效应宜取时程法计算结果的包络值与振型分解反应谱法计算结果的较大值；当取七组及七组以上时程曲线进行计算时，结构地震作用效应可取时程法计算结果的平均值与振型分解反应谱法计算结果的较大值。

4.3.6 计算地震作用时，建筑结构的重力荷载代表值应取永久荷载标准值和可变荷载组合值之和。可变荷载的组合值系数应按下列规定采用：

1　雪荷载取 0.5；

2　楼面活荷载按实际情况计算时取 1.0；按等效均布活荷载计算时，藏书库、档案库、库房取 0.8，一般民用建筑取 0.5。

4.3.7　建筑结构的地震影响系数应根据烈度、场地类别、设计地震分组和结构自振周期及阻尼比确定。其水平地震影响系数最大值 α_{max} 应按表 4.3.7-1 采用；特征周期应根据场地类别和设计地震分组按表 4.3.7-2 采用，计算罕遇地震作用时，特征周期应增加 0.05s。

注：周期大于 6.0s 的高层建筑结构所采用的地震影响系数应作专门研究。

表 4.3.7-1　水平地震影响系数最大值 α_{max}

地震影响	6 度	7 度	8 度	9 度
多遇地震	0.04	0.08（0.12）	0.16（0.24）	0.32
设防地震	0.12	0.23（0.34）	0.45（0.68）	0.90
罕遇地震	0.28	0.50（0.72）	0.90（1.20）	1.40

注：7、8 度时括号内数值分别用于设计基本地震加速度为 0.15g 和 0.30g 的地区。

表 4.3.7-2　特征周期值 T_g（s）

场地类别 / 设计地震分组	Ⅰ$_0$	Ⅰ$_1$	Ⅱ	Ⅲ	Ⅳ
第一组	0.20	0.25	0.35	0.45	0.65
第二组	0.25	0.30	0.40	0.55	0.75
第三组	0.30	0.35	0.45	0.65	0.90

4.3.8　高层建筑结构地震影响系数曲线（图 4.3.8）的形状参数和阻尼调整应符合下列规定：

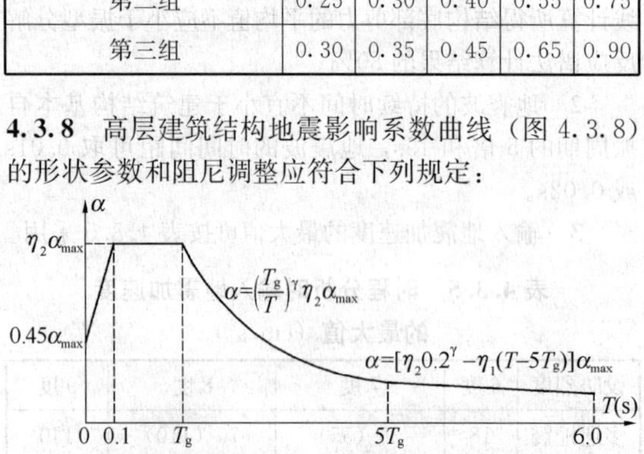

α
η₂α_max
0.45α_max
α=(T_g/T)^γ η₂α_max
α=[η₂0.2^γ −η₁(T−5T_g)]α_max
T(s)
0
0.1
T_g
5T_g
6.0

图 4.3.8　地震影响系数曲线

α —地震影响系数；α_{max} —地震影响系数最大值；T —结构自振周期；T_g —特征周期；γ —衰减指数；η_1 —直线下降段下降斜率调整系数；η_2 —阻尼调整系数

1　除有专门规定外，钢筋混凝土高层建筑结构的阻尼比应取 0.05，此时阻尼调整系数 η_2 应取 1.0，形状参数应符合下列规定：

1）直线上升段，周期小于 0.1s 的区段；

2）水平段，自 0.1s 至特征周期 T_g 的区段，地震影响系数应取最大值 α_{max}；

3）曲线下降段，自特征周期至 5 倍特征周期的区段，衰减指数 γ 应取 0.9；

4）直线下降段，自 5 倍特征周期至 6.0s 的区段，下降斜率调整系数 η_1 应取 0.02。

2　当建筑结构的阻尼比不等于 0.05 时，地震影响系数曲线的分段情况与本条第 1 款相同，但其形状参数和阻尼调整系数 η_2 应符合下列规定：

1）曲线下降段的衰减指数应按下式确定：

$$\gamma = 0.9 + \frac{0.05 - \zeta}{0.3 + 6\zeta} \quad (4.3.8\text{-}1)$$

式中：γ ——曲线下降段的衰减指数；

ζ ——阻尼比。

2）直线下降段的下降斜率调整系数应按下式确定：

$$\eta_1 = 0.02 + \frac{0.05 - \zeta}{4 + 32\zeta} \quad (4.3.8\text{-}2)$$

式中：η_1 ——直线下降段的斜率调整系数，小于 0 时应取 0。

3）阻尼调整系数应按下式确定：

$$\eta_2 = 1 + \frac{0.05 - \zeta}{0.08 + 1.6\zeta} \quad (4.3.8\text{-}3)$$

式中：η_2 ——阻尼调整系数，当 η_2 小于 0.55 时，应取 0.55。

4.3.9　采用振型分解反应谱方法时，对于不考虑扭转耦联振动影响的结构，应按下列规定进行地震作用和作用效应的计算：

1　结构第 j 振型 i 层的水平地震作用的标准值应按下列公式确定：

$$F_{ji} = \alpha_j \gamma_j X_{ji} G_i \quad (4.3.9\text{-}1)$$

$$\gamma_j = \frac{\sum_{i=1}^{n} X_{ji} G_i}{\sum_{i=1}^{n} X_{ji}^2 G_i} (i = 1,2,\cdots,n; j = 1,2,\cdots,m) \quad (4.3.9\text{-}2)$$

式中：G_i ——i 层的重力荷载代表值，应按本规程第 4.3.6 条的规定确定；

F_{ji} ——第 j 振型 i 层水平地震作用的标准值；

α_j ——相应于 j 振型自振周期的地震影响系数，应按本规程第 4.3.7、4.3.8 条确定；

X_{ji} ——j 振型 i 层的水平相对位移；

γ_j ——j 振型的参与系数；

n ——结构计算总层数，小塔楼宜每层作为一个质点参与计算；

m ——结构计算振型数。规则结构可取 3，当建筑较高、结构沿竖向刚度不均匀时可取 5～6。

2　水平地震作用效应，当相邻振型的周期比小于 0.85 时，可按下式计算：

$$S = \sqrt{\sum_{j=1}^{m} S_j^2} \quad (4.3.9\text{-}3)$$

式中：S ——水平地震作用标准值的效应；

S_j ——j 振型的水平地震作用标准值的效应（弯矩、剪力、轴向力和位移等）。

4.3.10 考虑扭转影响的平面、竖向不规则结构，按扭转耦联振型分解法计算时，各楼层可取两个正交的水平位移和一个转角位移共三个自由度，并应按下列规定计算地震作用和作用效应。确有依据时，可采用简化计算方法确定地震作用。

1 j 振型 i 层的水平地震作用标准值，应按下列公式确定：

$$F_{xji} = \alpha_j \gamma_{tj} X_{ji} G_i$$

$$F_{yji} = \alpha_j \gamma_{tj} Y_{ji} G_i (i = 1,2,\cdots,n; j = 1,2,\cdots,m) \quad (4.3.10\text{-}1)$$

$$F_{tji} = \alpha_j \gamma_{tj} r_i^2 \varphi_{ji} G_i$$

式中：F_{xji}、F_{yji}、F_{tji}——分别为 j 振型 i 层的 x 方向、y 方向和转角方向的地震作用标准值；

X_{ji}、Y_{ji}——分别为 j 振型 i 层质心在 x、y 方向的水平相对位移；

φ_{ji}——j 振型 i 层的相对扭转角；

r_i——i 层转动半径，取 i 层绕质心的转动惯量除以该层质量的商的正二次方根；

α_j——相应于第 j 振型自振周期 T_j 的地震影响系数，应按本规程第 4.3.7、4.3.8 条确定；

γ_{tj}——考虑扭转的 j 振型参与系数，可按本规程公式(4.3.10-2)～(4.3.10-4) 确定；

n——结构计算总质点数，小塔楼宜每层作为一个质点参加计算；

m——结构计算振型数，一般情况下可取 9～15，多塔楼建筑每个塔楼的振型数不宜小于 9。

当仅考虑 x 方向地震作用时：

$$\gamma_{tj} = \sum_{i=1}^{n} X_{ji} G_i / \sum_{i=1}^{n} (X_{ji}^2 + Y_{ji}^2 + \varphi_{ji}^2 r_i^2) G_i \quad (4.3.10\text{-}2)$$

当仅考虑 y 方向地震作用时：

$$\gamma_{tj} = \sum_{i=1}^{n} Y_{ji} G_i / \sum_{i=1}^{n} (X_{ji}^2 + Y_{ji}^2 + \varphi_{ji}^2 r_i^2) G_i \quad (4.3.10\text{-}3)$$

当考虑与 x 方向夹角为 θ 的地震作用时：

$$\gamma_{tj} = \gamma_{xj} \cos\theta + \gamma_{yj} \sin\theta \quad (4.3.10\text{-}4)$$

式中：γ_{xj}、γ_{yj}——分别为由式 (4.3.10-2)、(4.3.10-3) 求得的振型参与系数。

2 单向水平地震作用下，考虑扭转耦联的地震作用效应，应按下列公式确定：

$$S = \sqrt{\sum_{j=1}^{m} \sum_{k=1}^{m} \rho_{jk} S_j S_k} \quad (4.3.10\text{-}5)$$

$$\rho_{jk} = \frac{8\sqrt{\zeta_j \zeta_k} (\zeta_j + \lambda_T \zeta_k) \lambda_T^{1.5}}{(1-\lambda_T^2)^2 + 4\zeta_j \zeta_k (1+\lambda_T^2) \lambda_T + 4(\zeta_j^2 + \zeta_k^2) \lambda_T^2} \quad (4.3.10\text{-}6)$$

式中：S——考虑扭转的地震作用标准值的效应；

S_j、S_k——分别为 j、k 振型地震作用标准值的效应；

ρ_{jk}——j 振型与 k 振型的耦联系数；

λ_T——k 振型与 j 振型的自振周期比；

ζ_j、ζ_k——分别为 j、k 振型的阻尼比。

3 考虑双向水平地震作用下的扭转地震作用效应，应按下列公式中的较大值确定：

$$S = \sqrt{S_x^2 + (0.85 S_y)^2} \quad (4.3.10\text{-}7)$$

或

$$S = \sqrt{S_y^2 + (0.85 S_x)^2} \quad (4.3.10\text{-}8)$$

式中：S_x——仅考虑 x 向水平地震作用时的地震作用效应，按式 (4.3.10-5) 计算；

S_y——仅考虑 y 向水平地震作用时的地震作用效应，按式 (4.3.10-5) 计算。

4.3.11 采用底部剪力法计算结构的水平地震作用时，可按本规程附录 C 执行。

4.3.12 多遇地震水平地震作用计算时，结构各楼层对应于地震作用标准值的剪力应符合下式要求：

$$V_{Eki} \geqslant \lambda \sum_{j=i}^{n} G_j \quad (4.3.12)$$

式中：V_{Eki}——第 i 层对应于水平地震作用标准值的剪力；

λ——水平地震剪力系数，不应小于表 4.3.12 规定的值；对于竖向不规则结构的薄弱层，尚应乘以 1.15 的增大系数；

G_j——第 j 层的重力荷载代表值；

n——结构计算总层数。

表 4.3.12 楼层最小地震剪力系数值

类别	6度	7度	8度	9度
扭转效应明显或基本周期小于 3.5s 的结构	0.008	0.016 (0.024)	0.032 (0.048)	0.064
基本周期大于 5.0s 的结构	0.006	0.012 (0.018)	0.024 (0.036)	0.048

注：1 基本周期介于 3.5s 和 5.0s 之间的结构，应允许线性插入取值；

2 7、8 度时括号内数值分别用于设计基本地震加速度为 0.15g 和 0.30g 的地区。

4.3.13 结构竖向地震作用标准值可采用时程分析方

法或振型分解反应谱方法计算，也可按下列规定计算(图 4.3.13)：

1 结构总竖向地震作用标准值可按下列公式计算：

$$F_{Evk}=\alpha_{vmax}G_{eq} \quad (4.3.13\text{-}1)$$

$$G_{eq}=0.75G_E \quad (4.3.13\text{-}2)$$

$$\alpha_{vmax}=0.65\alpha_{max} \quad (4.3.13\text{-}3)$$

式中：F_{Evk}——结构总竖向地震作用标准值；

α_{vmax}——结构竖向地震影响系数最大值；

G_{eq}——结构等效总重力荷载代表值；

G_E——计算竖向地震作用时，结构总重力荷载代表值，应取各质点重力荷载代表值之和。

2 结构质点 i 的竖向地震作用标准值可按下式计算：

$$F_{vi}=\frac{G_iH_i}{\sum_{j=1}^{n}G_jH_j}F_{Evk} \quad (4.3.13\text{-}4)$$

式中：F_{vi}——质点 i 的竖向地震作用标准值；

G_i、G_j——分别为集中于质点 i、j 的重力荷载代表值，应按本规程第 4.3.6 条的规定计算；

H_i、H_j——分别为质点 i、j 的计算高度。

3 楼层各构件的竖向地震作用效应可按各构件承受的重力荷载代表值比例分配，并宜乘以增大系数 1.5。

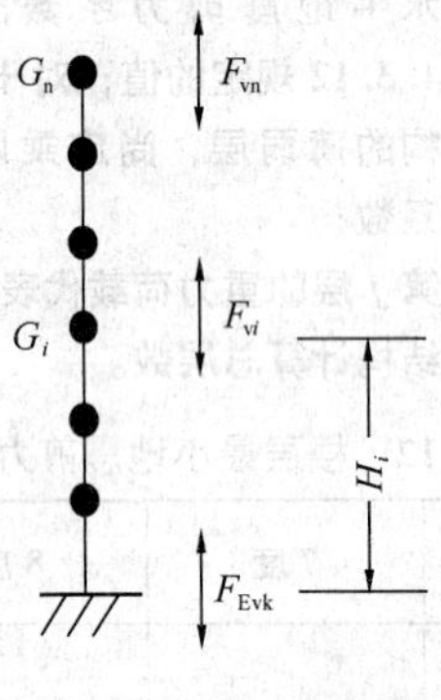

G n
F vn
G i
F vi
H i
F Evk

图 4.3.13 结构竖向地震作用计算示意

4.3.14 跨度大于 24m 的楼盖结构、跨度大于 12m 的转换结构和连体结构、悬挑长度大于 5m 的悬挑结构，结构竖向地震作用效应标准值宜采用时程分析方法或振型分解反应谱方法进行计算。时程分析计算时输入的地震加速度最大值可按规定的水平输入最大值的 65%采用，反应谱分析时结构竖向地震影响系数最大值可按水平地震影响系数最大值的 65%采用，但设计地震分组可按第一组采用。

4.3.15 高层建筑中，大跨度结构、悬挑结构、转换结构、连体结构的连接体的竖向地震作用标准值，不宜小于结构或构件承受的重力荷载代表值与表 4.3.15 所规定的竖向地震作用系数的乘积。

表 4.3.15 竖向地震作用系数

设防烈度	7 度	8 度		9 度
设计基本地震加速度	0.15g	0.20g	0.30g	0.40g
竖向地震作用系数	0.08	0.10	0.15	0.20

注：g 为重力加速度。

4.3.16 计算各振型地震影响系数所采用的结构自振周期应考虑非承重墙体的刚度影响予以折减。

4.3.17 当非承重墙体为砌体墙时，高层建筑结构的计算自振周期折减系数可按下列规定取值：

1 框架结构可取 0.6～0.7；

2 框架-剪力墙结构可取 0.7～0.8；

3 框架-核心筒结构可取 0.8～0.9；

4 剪力墙结构可取 0.8～1.0。

对于其他结构体系或采用其他非承重墙体时，可根据工程情况确定周期折减系数。

5 结构计算分析

5.1 一 般 规 定

5.1.1 高层建筑结构的荷载和地震作用应按本规程第 4 章的有关规定进行计算。

5.1.2 复杂结构和混合结构高层建筑的计算分析，除应符合本章规定外，尚应符合本规程第 10 章和第 11 章的有关规定。

5.1.3 高层建筑结构的变形和内力可按弹性方法计算。框架梁及连梁等构件可考虑塑性变形引起的内力重分布。

5.1.4 高层建筑结构分析模型应根据结构实际情况确定。所选取的分析模型应能较准确地反映结构中各构件的实际受力状况。

高层建筑结构分析，可选择平面结构空间协同、空间杆系、空间杆-薄壁杆系、空间杆-墙板元及其他组合有限元等计算模型。

5.1.5 进行高层建筑内力与位移计算时，可假定楼板在其自身平面内为无限刚性，设计时应采取相应的措施保证楼板平面内的整体刚度。

当楼板可能产生较明显的面内变形时，计算时应考虑楼板的面内变形影响或对采用楼板面内无限刚性假定计算方法的计算结果进行适当调整。

5.1.6 高层建筑结构按空间整体工作计算分析时，应考虑下列变形：

1 梁的弯曲、剪切、扭转变形，必要时考虑轴向变形；

2 柱的弯曲、剪切、轴向、扭转变形；

3 墙的弯曲、剪切、轴向、扭转变形。

5.1.7 高层建筑结构应根据实际情况进行重力荷载、风荷载和（或）地震作用效应分析，并应按本规程第

5.6 节的规定进行荷载效应和作用效应计算。

5.1.8 高层建筑结构内力计算中，当楼面活荷载大于 4kN/m² 时，应考虑楼面活荷载不利布置引起的结构内力的增大；当整体计算中未考虑楼面活荷载不利布置时，应适当增大楼面梁的计算弯矩。

5.1.9 高层建筑结构在进行重力荷载作用效应分析时，柱、墙、斜撑等构件的轴向变形宜采用适当的计算模型考虑施工过程的影响；复杂高层建筑及房屋高度大于 150m 的其他高层建筑结构，应考虑施工过程的影响。

5.1.10 高层建筑结构进行风作用效应计算时，正反两个方向的风作用效应宜按两个方向计算的较大值采用；体型复杂的高层建筑，应考虑风向角的不利影响。

5.1.11 结构整体内力与位移计算中，型钢混凝土和钢管混凝土构件宜按实际情况直接参与计算，并应按本规程第 11 章的有关规定进行截面设计。

5.1.12 体型复杂、结构布置复杂以及 B 级高度高层建筑结构，应采用至少两个不同力学模型的结构分析软件进行整体计算。

5.1.13 抗震设计时，B 级高度的高层建筑结构、混合结构和本规程第 10 章规定的复杂高层建筑结构，尚应符合下列规定：

1 宜考虑平扭耦联计算结构的扭转效应，振型数不应小于 15，对多塔楼结构的振型数不应小于塔楼数的 9 倍，且计算振型数应使各振型参与质量之和不小于总质量的 90%；

2 应采用弹性时程分析法进行补充计算；

3 宜采用弹塑性静力或弹塑性动力分析方法补充计算。

5.1.14 对多塔楼结构，宜按整体模型和各塔楼分开的模型分别计算，并采用较不利的结果进行结构设计。当塔楼周边的裙楼超过两跨时，分塔楼模型宜至少附带两跨的裙楼结构。

5.1.15 对受力复杂的结构构件，宜按应力分析的结果校核配筋设计。

5.1.16 对结构分析软件的计算结果，应进行分析判断，确认其合理、有效后方可作为工程设计的依据。

5.2 计 算 参 数

5.2.1 高层建筑结构地震作用效应计算时，可对剪力墙连梁刚度予以折减，折减系数不宜小于 0.5。

5.2.2 在结构内力与位移计算中，现浇楼盖和装配整体式楼盖中，梁的刚度可考虑翼缘的作用予以增大。近似考虑时，楼面梁刚度增大系数可根据翼缘情况取 1.3～2.0。

对于无现浇面层的装配式楼盖，不宜考虑楼面梁刚度的增大。

5.2.3 在竖向荷载作用下，可考虑框架梁端塑性变形内力重分布对梁端负弯矩乘以调幅系数进行调幅，并应符合下列规定：

1 装配整体式框架梁端负弯矩调幅系数可取为 0.7～0.8，现浇框架梁端负弯矩调幅系数可取为 0.8～0.9；

2 框架梁端负弯矩调幅后，梁跨中弯矩应按平衡条件相应增大；

3 应先对竖向荷载作用下框架梁的弯矩进行调幅，再与水平作用产生的框架梁弯矩进行组合；

4 截面设计时，框架梁跨中截面正弯矩设计值不应小于竖向荷载作用下按简支梁计算的跨中弯矩设计值的 50%。

5.2.4 高层建筑结构楼面梁受扭计算时应考虑现浇楼盖对梁的约束作用。当计算中未考虑现浇楼盖对梁扭转的约束作用时，可对梁的计算扭矩予以折减。梁扭矩折减系数应根据梁周围楼盖的约束情况确定。

5.3 计算简图处理

5.3.1 高层建筑结构分析计算时宜对结构进行力学上的简化处理，使其既能反映结构的受力性能，又适应于所选用的计算分析软件的力学模型。

5.3.2 楼面梁与竖向构件的偏心以及上、下层竖向构件之间的偏心宜按实际情况计入结构的整体计算。当结构整体计算中未考虑上述偏心时，应采用柱、墙端附加弯矩的方法予以近似考虑。

5.3.3 在结构整体计算中，密肋板楼盖宜按实际情况进行计算。当不能按实际情况计算时，可按等刚度原则对密肋梁进行适当简化后再行计算。

对平板无梁楼盖，在计算中应考虑板的面外刚度影响，其面外刚度可按有限元方法计算或近似将柱上板带等效为框架梁计算。

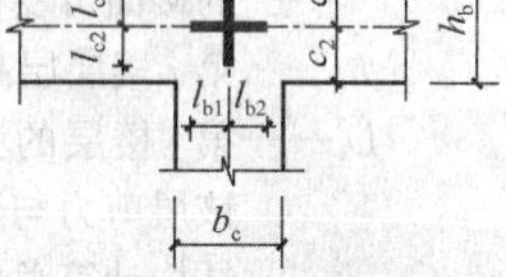

a_1
a_2
l_{c1}
l_{c2}
c_1
c_2
h_b
l_{b1}
l_{b2}
b_c

图 5.3.4 刚域

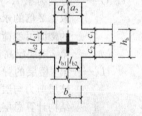

5.3.4 在结构整体计算中，宜考虑框架或壁式框架梁、柱节点区的刚域（图 5.3.4）影响，梁端截面弯矩可取刚域端截面的弯矩计算值。刚域的长度可按下列公式计算：

$$l_{b1} = a_1 - 0.25h_b \quad (5.3.4\text{-}1)$$

$$l_{b2} = a_2 - 0.25h_b \quad (5.3.4\text{-}2)$$

$$l_{c1} = c_1 - 0.25b_c \quad (5.3.4\text{-}3)$$

$$l_{c2} = c_2 - 0.25b_c \quad (5.3.4\text{-}4)$$

当计算的刚域长度为负值时，应取为零。

5.3.5 在结构整体计算中，转换层结构、加强层结构、连体结构、竖向收进结构（含多塔楼结构），应选用合适的计算模型进行分析。在整体计算中对转换层、加强层、连接体等做简化处理的，宜对其局部进行更细致的补充计算分析。

5.3.6 复杂平面和立面的剪力墙结构，应采用合适的计算模型进行分析。当采用有限元模型时，应在截面变化处合理地选择和划分单元；当采用杆系模型计算时，对错洞墙、叠合错洞墙可采取适当的模型化处理，并应在整体计算的基础上对结构局部进行更细致的补充计算分析。

5.3.7 高层建筑结构整体计算中，当地下室顶板作为上部结构嵌固部位时，地下一层与首层侧向刚度比不宜小于2。

5.4 重力二阶效应及结构稳定

5.4.1 当高层建筑结构满足下列规定时，弹性计算分析时可不考虑重力二阶效应的不利影响。

1 剪力墙结构、框架-剪力墙结构、板柱剪力墙结构、筒体结构：

$$EJ_d \geqslant 2.7H^2\sum_{i=1}^{n}G_i \tag{5.4.1-1}$$

2 框架结构：

$$D_i \geqslant 20\sum_{j=i}^{n}G_j/h_i \quad (i=1,2,\cdots,n) \tag{5.4.1-2}$$

式中：EJ_d——结构一个主轴方向的弹性等效侧向刚度，可按倒三角形分布荷载作用下结构顶点位移相等的原则，将结构的侧向刚度折算为竖向悬臂受弯构件的等效侧向刚度；

H——房屋高度；

G_i、G_j——分别为第 i、j 楼层重力荷载设计值，取1.2倍的永久荷载标准值与1.4倍的楼面可变荷载标准值的组合值；

h_i——第 i 楼层层高；

D_i——第 i 楼层的弹性等效侧向刚度，可取该层剪力与层间位移的比值；

n——结构计算总层数。

5.4.2 当高层建筑结构不满足本规程第5.4.1条的规定时，结构弹性计算时应考虑重力二阶效应对水平力作用下结构内力和位移的不利影响。

5.4.3 高层建筑结构的重力二阶效应可采用有限元方法进行计算；也可采用对未考虑重力二阶效应的计算结果乘以增大系数的方法近似考虑。近似考虑时，结构位移增大系数 F_1、F_{1i} 以及结构构件弯矩和剪力增大系数 F_2、F_{2i} 可分别按下列规定计算，位移计算结果仍应满足本规程第3.7.3条的规定。

对框架结构，可按下列公式计算：

$$F_{1i}=\frac{1}{1-\sum_{j=i}^{n}G_j/(D_ih_i)} \quad (i=1,2,\cdots,n) \tag{5.4.3-1}$$

$$F_{2i}=\frac{1}{1-2\sum_{j=i}^{n}G_j/(D_ih_i)} \quad (i=1,2,\cdots,n) \tag{5.4.3-2}$$

对剪力墙结构、框架-剪力墙结构、筒体结构，可按下列公式计算：

$$F_1=\frac{1}{1-0.14H^2\sum_{i=1}^{n}G_i/(EJ_d)} \tag{5.4.3-3}$$

$$F_2=\frac{1}{1-0.28H^2\sum_{i=1}^{n}G_i/(EJ_d)} \tag{5.4.3-4}$$

5.4.4 高层建筑结构的整体稳定性应符合下列规定：

1 剪力墙结构、框架-剪力墙结构、筒体结构应符合下式要求：

$$\boldsymbol{EJ_d \geqslant 1.4H^2\sum_{i=1}^{n}G_i} \tag{5.4.4-1}$$

2 框架结构应符合下式要求：

$$\boldsymbol{D_i \geqslant 10\sum_{j=i}^{n}G_j/h_i \quad (i=1,2,\cdots,n)} \tag{5.4.4-2}$$

5.5 结构弹塑性分析及薄弱层弹塑性变形验算

5.5.1 高层建筑混凝土结构进行弹塑性计算分析时，可根据实际工程情况采用静力或动力时程分析方法，并应符合下列规定：

1 当采用结构抗震性能设计时，应根据本规程第3.11节的有关规定预定结构的抗震性能目标；

2 梁、柱、斜撑、剪力墙、楼板等结构构件，应根据实际情况和分析精度要求采用合适的简化模型；

3 构件的几何尺寸、混凝土构件所配的钢筋和型钢、混合结构的钢构件应按实际情况参与计算；

4 应根据预定的结构抗震性能目标，合理取用钢筋、钢材、混凝土材料的力学性能指标以及本构关系。钢筋和混凝土材料的本构关系可按现行国家标准《混凝土结构设计规范》GB 50010的有关规定采用；

5 应考虑几何非线性影响；

6 进行动力弹塑性计算时，地面运动加速度时程的选取、预估罕遇地震作用时的峰值加速度取值以及计算结果的选用应符合本规程第4.3.5条的规定；

7 应对计算结果的合理性进行分析和判断。

5.5.2 在预估的罕遇地震作用下，高层建筑结构薄弱层（部位）弹塑性变形计算可采用下列方法：

1 不超过12层且层侧向刚度无突变的框架结构可采用本规程第5.5.3条规定的简化计算法；

2 除第1款以外的建筑结构可采用弹塑性静力或动力分析方法。

5.5.3 结构薄弱层（部位）的弹塑性层间位移的简化计算，宜符合下列规定：

1 结构薄弱层（部位）的位置可按下列情况确定：

1）楼层屈服强度系数沿高度分布均匀的结构，可取底层；

2）楼层屈服强度系数沿高度分布不均匀的结构，可取该系数最小的楼层（部位）和相对较小的楼层，一般不超过2～3处。

2 弹塑性层间位移可按下列公式计算：

$$\Delta u_p = \eta_p \Delta u_e \quad (5.5.3\text{-}1)$$

或

$$\Delta u_p = \mu \Delta u_y = \frac{\eta_p}{\xi_y} \Delta u_y \quad (5.5.3\text{-}2)$$

式中：Δu_p——弹塑性层间位移（mm）；

Δu_y——层间屈服位移（mm）；

μ——楼层延性系数；

Δu_e——罕遇地震作用下按弹性分析的层间位移（mm）。计算时，水平地震影响系数最大值应按本规程表4.3.7-1采用；

η_p——弹塑性位移增大系数，当薄弱层（部位）的屈服强度系数不小于相邻层（部位）该系数平均值的0.8时，可按表5.5.3采用；当不大于该平均值的0.5时，可按表内相应数值的1.5倍采用；其他情况可采用内插法取值；

ξ_y——楼层屈服强度系数。

表5.5.3 结构的弹塑性位移增大系数 η_p

ξ_y	0.5	0.4	0.3
η_p	1.8	2.0	2.2

5.6 荷载组合和地震作用组合的效应

5.6.1 持久设计状况和短暂设计状况下，当荷载与荷载效应按线性关系考虑时，荷载基本组合的效应设计值应按下式确定：

$$S_d = \gamma_G S_{Gk} + \gamma_L \psi_Q \gamma_Q S_{Qk} + \psi_w \gamma_w S_{wk} \quad (5.6.1)$$

式中：S_d——荷载组合的效应设计值；

γ_G——永久荷载分项系数；

γ_Q——楼面活荷载分项系数；

γ_w——风荷载的分项系数；

γ_L——考虑结构设计使用年限的荷载调整系数，设计使用年限为50年时取1.0，设计使用年限为100年时取1.1；

S_{Gk}——永久荷载效应标准值；

S_{Qk}——楼面活荷载效应标准值；

S_{wk}——风荷载效应标准值；

ψ_Q、ψ_w——分别为楼面活荷载组合值系数和风荷载组合值系数，当永久荷载效应起控制作用时应分别取0.7和0.0；当可变荷载效应起控制作用时应分别取1.0和0.6或0.7和1.0。

注：对书库、档案库、储藏室、通风机房和电梯机房，本条楼面活荷载组合值系数取0.7的场合应取为0.9。

5.6.2 持久设计状况和短暂设计状况下，荷载基本组合的分项系数应按下列规定采用：

1 永久荷载的分项系数 γ_G：当其效应对结构承载力不利时，对由可变荷载效应控制的组合应取1.2，对由永久荷载效应控制的组合应取1.35；当其效应对结构承载力有利时，应取1.0。

2 楼面活荷载的分项系数 γ_Q：一般情况下应取1.4。

3 风荷载的分项系数 γ_w 应取1.4。

5.6.3 地震设计状况下，当作用与作用效应按线性关系考虑时，荷载和地震作用基本组合的效应设计值应按下式确定：

$$S_d = \gamma_G S_{GE} + \gamma_{Eh} S_{Ehk} + \gamma_{Ev} S_{Evk} + \psi_w \gamma_w S_{wk} \quad (5.6.3)$$

式中：S_d——荷载和地震作用组合的效应设计值；

S_{GE}——重力荷载代表值的效应；

S_{Ehk}——水平地震作用标准值的效应，尚应乘以相应的增大系数、调整系数；

S_{Evk}——竖向地震作用标准值的效应，尚应乘以相应的增大系数、调整系数；

γ_G——重力荷载分项系数；

γ_w——风荷载分项系数；

γ_{Eh}——水平地震作用分项系数；

γ_{Ev}——竖向地震作用分项系数；

ψ_w——风荷载的组合值系数，应取0.2。

5.6.4 地震设计状况下，荷载和地震作用基本组合的分项系数应按表5.6.4采用。当重力荷载效应对结构的承载力有利时，表5.6.4中 γ_G 不应大于1.0。

表5.6.4 地震设计状况时荷载和作用的分项系数

参与组合的荷载和作用	γ_G	γ_{Eh}	γ_{Ev}	γ_w	说明
重力荷载及水平地震作用	1.2	1.3	—	—	抗震设计的高层建筑结构均应考虑
重力荷载及竖向地震作用	1.2	—	1.3	—	9度抗震设计时考虑；水平长悬臂和大跨度结构7度（0.15g）、8度、9度抗震设计时考虑
重力荷载、水平地震及竖向地震作用	1.2	1.3	0.5	—	9度抗震设计时考虑；水平长悬臂和大跨度结构7度（0.15g）、8度、9度抗震设计时考虑

续表 5.6.4

参与组合的荷载和作用	γ_G	γ_{Eh}	γ_{Ev}	γ_w	说　明
重力荷载、水平地震作用及风荷载	1.2	1.3	—	1.4	60m 以上的高层建筑考虑
重力荷载、水平地震作用、竖向地震作用及风荷载	1.2	1.3	0.5	1.4	60m 以上的高层建筑，9 度抗震设计时考虑；水平长悬臂和大跨度结构 7 度(0.15g)、8 度、9 度抗震设计时考虑
	1.2	0.5	1.3	1.4	水平长悬臂结构和大跨度结构，7 度(0.15g)、8 度、9 度抗震设计时考虑

注：1　g 为重力加速度；
　　2　“—”表示组合中不考虑该项荷载或作用效应。

5.6.5 非抗震设计时，应按本规程第 5.6.1 条的规定进行荷载组合的效应计算。抗震设计时，应同时按本规程第 5.6.1 条和 5.6.3 条的规定进行荷载和地震作用组合的效应计算；按本规程第 5.6.3 条计算的组合内力设计值，尚应按本规程的有关规定进行调整。

6　框架结构设计

6.1　一 般 规 定

6.1.1 框架结构应设计成双向梁柱抗侧力体系。主体结构除个别部位外，不应采用铰接。

6.1.2 抗震设计的框架结构不应采用单跨框架。

6.1.3 框架结构的填充墙及隔墙宜选用轻质墙体。抗震设计时，框架结构如采用砌体填充墙，其布置应符合下列规定：

1　避免形成上、下层刚度变化过大。

2　避免形成短柱。

3　减少因抗侧刚度偏心而造成的结构扭转。

6.1.4 抗震设计时，框架结构的楼梯间应符合下列规定：

1　楼梯间的布置应尽量减小其造成的结构平面不规则。

2　宜采用现浇钢筋混凝土楼梯，楼梯结构应有足够的抗倒塌能力。

3　宜采取措施减小楼梯对主体结构的影响。

4　当钢筋混凝土楼梯与主体结构整体连接时，应考虑楼梯对地震作用及其效应的影响，并应对楼梯构件进行抗震承载力验算。

6.1.5 抗震设计时，砌体填充墙及隔墙应具有自身稳定性，并应符合下列规定：

1　砌体的砂浆强度等级不应低于 M5，当采用砖及混凝土砌块时，砌块的强度等级不应低于 MU5；采用轻质砌块时，砌块的强度等级不应低于 MU2.5。墙顶应与框架梁或楼板密切结合。

2　砌体填充墙应沿框架柱全高每隔 500mm 左右设置 2 根直径 6mm 的拉筋，6 度时拉筋宜沿墙全长贯通，7、8、9 度时拉筋应沿墙全长贯通。

3　墙长大于 5m 时，墙顶与梁（板）宜有钢筋拉结；墙长大于 8m 或层高的 2 倍时，宜设置间距不大于 4m 的钢筋混凝土构造柱；墙高超过 4m 时，墙体半高处（或门洞上皮）宜设置与柱连接且沿墙全长贯通的钢筋混凝土水平系梁。

4　楼梯间采用砌体填充墙时，应设置间距不大于层高且不大于 4m 的钢筋混凝土构造柱，并应采用钢丝网砂浆面层加强。

6.1.6 框架结构按抗震设计时，不应采用部分由砌体墙承重之混合形式。框架结构中的楼、电梯间及局部出屋顶的电梯机房、楼梯间、水箱间等，应采用框架承重，不应采用砌体墙承重。

6.1.7 框架梁、柱中心线宜重合。当梁柱中心线不能重合时，在计算中应考虑偏心对梁柱节点核心区受力和构造的不利影响，以及梁荷载对柱子的偏心影响。

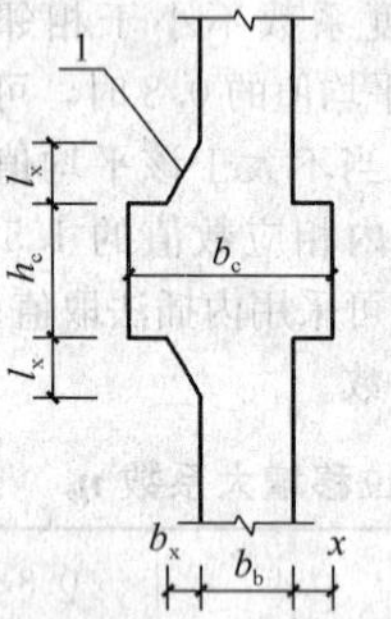
1
l_x
h_c
b_c
l_x
b_x
b_b
x

图 6.1.7　水平加腋梁
1—梁水平加腋

梁、柱中心线之间的偏心距，9 度抗震设计时不应大于柱截面在该方向宽度的 1/4；非抗震设计和 6～8 度抗震设计时不宜大于柱截面在该方向宽度的 1/4，如偏心距大于该方向柱宽的1/4时，可采取增设梁的水平加腋（图 6.1.7）等措施。设置水平加腋后，仍须考虑梁柱偏心的不利影响。

1　梁的水平加腋厚度可取梁截面高度，其水平尺寸宜满足下列要求：

$$b_x/l_x \leqslant 1/2 \quad (6.1.7\text{-}1)$$

$$b_x/b_b \leqslant 2/3 \quad (6.1.7\text{-}2)$$

$$b_b + b_x + x \geqslant b_c/2 \quad (6.1.7\text{-}3)$$

式中：b_x——梁水平加腋宽度（mm）；
l_x——梁水平加腋长度（mm）；
b_b——梁截面宽度（mm）；
b_c——沿偏心方向柱截面宽度（mm）；
x——非加腋侧梁边到柱边的距离（mm）。

2　梁采用水平加腋时，框架节点有效宽度 b_j 宜符合下式要求：

1）当 $x=0$ 时，b_j 按下式计算：

$$b_j \leqslant b_b + b_x \quad (6.1.7\text{-}4)$$

2）当 $x\neq0$ 时，b_j 取（6.1.7-5）和（6.1.7-6）二式计算的较大值，且应满足公式（6.1.7-7）的要求：

$$b_j \leqslant b_b + b_x + x \qquad (6.1.7\text{-}5)$$

$$b_j \leqslant b_b + 2x \qquad (6.1.7\text{-}6)$$

$$b_j \leqslant b_b + 0.5h_c \qquad (6.1.7\text{-}7)$$

式中：h_c——柱截面高度（mm）。

6.1.8 不与框架柱相连的次梁，可按非抗震要求进行设计。

6.2 截 面 设 计

6.2.1 抗震设计时，除顶层、柱轴压比小于0.15者及框支梁柱节点外，框架的梁、柱节点处考虑地震作用组合的柱端弯矩设计值应符合下列要求：

1 一级框架结构及9度时的框架：

$$\sum M_c = 1.2\sum M_{bua} \qquad (6.2.1\text{-}1)$$

2 其他情况：

$$\sum M_c = \eta_c \sum M_b \qquad (6.2.1\text{-}2)$$

式中：$\sum M_c$——节点上、下柱端截面顺时针或逆时针方向组合弯矩设计值之和；上、下柱端的弯矩设计值，可按弹性分析的弯矩比例进行分配；

$\sum M_b$——节点左、右梁端截面逆时针或顺时针方向组合弯矩设计值之和；当抗震等级为一级且节点左、右梁端均为负弯矩时，绝对值较小的弯矩应取零；

$\sum M_{bua}$——节点左、右梁端逆时针或顺时针方向实配的正截面抗震受弯承载力所对应的弯矩值之和，可根据实际配筋面积（计入受压钢筋和梁有效翼缘宽度范围内的楼板钢筋）和材料强度标准值并考虑承载力抗震调整系数计算；

η_c——柱端弯矩增大系数；对框架结构，二、三级分别取1.5和1.3；对其他结构中的框架，一、二、三、四级分别取1.4、1.2、1.1和1.1。

6.2.2 抗震设计时，一、二、三级框架结构的底层柱底截面的弯矩设计值，应分别采用考虑地震作用组合的弯矩值与增大系数1.7、1.5、1.3的乘积。底层框架柱纵向钢筋应按上、下端的不利情况配置。

6.2.3 抗震设计的框架柱、框支柱端部截面的剪力设计值，一、二、三、四级时应按下列公式计算：

1 一级框架结构和9度时的框架：

$$V = 1.2(M_{cua}^t + M_{cua}^b)/H_n \qquad (6.2.3\text{-}1)$$

2 其他情况：

$$V = \eta_{vc}(M_c^t + M_c^b)/H_n \qquad (6.2.3\text{-}2)$$

式中：M_c^t、M_c^b——分别为柱上、下端顺时针或逆时针方向截面组合的弯矩设计值，应符合本规程第6.2.1条、6.2.2条的规定；

M_{cua}^t、M_{cua}^b——分别为柱上、下端顺时针或逆时针方向实配的正截面抗震受弯承载力所对应的弯矩值，可根据实配钢筋面积、材料强度标准值和重力荷载代表值产生的轴向压力设计值并考虑承载力抗震调整系数计算；

H_n——柱的净高；

η_{vc}——柱端剪力增大系数。对框架结构，二、三级分别取1.3、1.2；对其他结构类型的框架，一、二级分别取1.4和1.2，三、四级均取1.1。

6.2.4 抗震设计时，框架角柱应按双向偏心受力构件进行正截面承载力设计。一、二、三、四级框架角柱经按本规程第6.2.1～6.2.3条调整后的弯矩、剪力设计值应乘以不小于1.1的增大系数。

6.2.5 抗震设计时，框架梁端部截面组合的剪力设计值，一、二、三级应按下列公式计算；四级时可直接取考虑地震作用组合的剪力计算值。

1 一级框架结构及9度时的框架：

$$V = 1.1(M_{bua}^l + M_{bua}^r)/l_n + V_{Gb} \qquad (6.2.5\text{-}1)$$

2 其他情况：

$$V = \eta_{vb}(M_b^l + M_b^r)/l_n + V_{Gb} \qquad (6.2.5\text{-}2)$$

式中：M_b^l、M_b^r——分别为梁左、右端逆时针或顺时针方向截面组合的弯矩设计值。当抗震等级为一级且梁两端弯矩均为负弯矩时，绝对值较小一端的弯矩应取零；

M_{bua}^l、M_{bua}^r——分别为梁左、右端逆时针或顺时针方向实配的正截面抗震受弯承载力所对应的弯矩值，可根据实配钢筋面积（计入受压钢筋，包括有效翼缘宽度范围内的楼板钢筋）和材料强度标准值并考虑承载力抗震调整系数计算；

l_n——梁的净跨；

V_{Gb}——梁在重力荷载代表值（9度时还应包括竖向地震作用标准值）作用下，按简支梁分析的梁端截面剪力设计值；

η_{vb}——梁剪力增大系数，一、二、三级分别取1.3、1.2和1.1。

6.2.6 框架梁、柱，其受剪截面应符合下列要求：

1 持久、短暂设计状况

$$V \leqslant 0.25\beta_c f_c bh_0 \quad (6.2.6\text{-}1)$$

2 地震设计状况

跨高比大于 2.5 的梁及剪跨比大于 2 的柱：

$$V \leqslant \frac{1}{\gamma_{RE}}(0.2\beta_c f_c bh_0) \quad (6.2.6\text{-}2)$$

跨高比不大于 2.5 的梁及剪跨比不大于 2 的柱：

$$V \leqslant \frac{1}{\gamma_{RE}}(0.15\beta_c f_c bh_0) \quad (6.2.6\text{-}3)$$

框架柱的剪跨比可按下式计算：

$$\lambda = M^c / (V^c h_0) \quad (6.2.6\text{-}4)$$

式中：V——梁、柱计算截面的剪力设计值；

λ——框架柱的剪跨比；反弯点位于柱高中部的框架柱，可取柱净高与计算方向 2 倍柱截面有效高度之比值；

M^c——柱端截面未经本规程第 6.2.1、6.2.2、6.2.4 条调整的组合弯矩计算值，可取柱上、下端的较大值；

V^c——柱端截面与组合弯矩计算值对应的组合剪力计算值；

β_c——混凝土强度影响系数；当混凝土强度等级不大于 C50 时取 1.0；当混凝土强度等级为 C80 时取 0.8；当混凝土强度等级在 C50 和 C80 之间时可按线性内插取用；

b——矩形截面的宽度，T 形截面、工形截面的腹板宽度；

h_0——梁、柱截面计算方向有效高度。

6.2.7 抗震设计时，一、二、三级框架的节点核心区应进行抗震验算；四级框架节点可不进行抗震验算。各抗震等级的框架节点均应符合构造措施的要求。

6.2.8 矩形截面偏心受压框架柱，其斜截面受剪承载力应按下列公式计算：

1 持久、短暂设计状况

$$V \leqslant \frac{1.75}{\lambda+1} f_t bh_0 + f_{yv}\frac{A_{sv}}{s}h_0 + 0.07N \quad (6.2.8\text{-}1)$$

2 地震设计状况

$$V \leqslant \frac{1}{\gamma_{RE}}\left(\frac{1.05}{\lambda+1} f_t bh_0 + f_{yv}\frac{A_{sv}}{s}h_0 + 0.056N\right) \quad (6.2.8\text{-}2)$$

式中：λ——框架柱的剪跨比；当 $\lambda<1$ 时，取 $\lambda=1$；当 $\lambda>3$ 时，取 $\lambda=3$；

N——考虑风荷载或地震作用组合的框架柱轴向压力设计值，当 N 大于 $0.3f_cA_c$ 时，取 $0.3f_cA_c$。

6.2.9 当矩形截面框架柱出现拉力时，其斜截面受剪承载力应按下列公式计算：

1 持久、短暂设计状况

$$V \leqslant \frac{1.75}{\lambda+1} f_t bh_0 + f_{yv}\frac{A_{sv}}{s}h_0 - 0.2N \quad (6.2.9\text{-}1)$$

2 地震设计状况

$$V \leqslant \frac{1}{\gamma_{RE}}\left(\frac{1.05}{\lambda+1} f_t bh_0 + f_{yv}\frac{A_{sv}}{s}h_0 - 0.2N\right) \quad (6.2.9\text{-}2)$$

式中：N——与剪力设计值 V 对应的轴向拉力设计值，取绝对值；

λ——框架柱的剪跨比。

当公式（6.2.9-1）右端的计算值或公式（6.2.9-2）右端括号内的计算值小于 $f_{yv}\frac{A_{sv}}{s}h_0$ 时，应取等于 $f_{yv}\frac{A_{sv}}{s}h_0$，且 $f_{yv}\frac{A_{sv}}{s}h_0$ 值不应小于 $0.36f_tbh_0$。

6.2.10 本章未作规定的框架梁、柱和框支梁、柱截面的其他承载力验算，应按照现行国家标准《混凝土结构设计规范》GB 50010的有关规定执行。

6.3 框架梁构造要求

6.3.1 框架结构的主梁截面高度可按计算跨度的 1/10～1/18 确定；梁净跨与截面高度之比不宜小于 4。梁的截面宽度不宜小于梁截面高度的 1/4，也不宜小于 200mm。

当梁高较小或采用扁梁时，除应验算其承载力和受剪截面要求外，尚应满足刚度和裂缝的有关要求。在计算梁的挠度时，可扣除梁的合理起拱值；对现浇梁板结构，宜考虑梁受压翼缘的有利影响。

6.3.2 框架梁设计应符合下列要求：

1 抗震设计时，计入受压钢筋作用的梁端截面混凝土受压区高度与有效高度之比值，一级不应大于 0.25，二、三级不应大于 0.35。

2 纵向受拉钢筋的最小配筋百分率 ρ_{min}（%），非抗震设计时，不应小于 0.2 和 $45f_t/f_y$ 二者的较大值；抗震设计时，不应小于表 6.3.2-1 规定的数值。

表 6.3.2-1 梁纵向受拉钢筋最小配筋百分率 ρ_{min}（%）

抗震等级	位置	
	支座（取较大值）	跨中（取较大值）
一级	0.40 和 $80f_t/f_y$	0.30 和 $65f_t/f_y$
二级	0.30 和 $65f_t/f_y$	0.25 和 $55f_t/f_y$
三、四级	0.25 和 $55f_t/f_y$	0.20 和 $45f_t/f_y$

3 抗震设计时，梁端截面的底面和顶面纵向钢筋截面面积的比值，除按计算确定外，一级不应小于 0.5，二、三级不应小于 0.3。

4 抗震设计时，梁端箍筋的加密区长度、箍筋最大间距和最小直径应符合表 6.3.2-2 的要求；当梁端纵向钢筋配筋率大于 2%时，表中箍筋最小直径应

增大 2mm。

表 6.3.2-2　梁端箍筋加密区的长度、箍筋最大间距和最小直径

抗震等级	加密区长度（取较大值）（mm）	箍筋最大间距（取最小值）（mm）	箍筋最小直径（mm）
一	$2.0h_b$，500	$h_b/4$，$6d$，100	10
二	$1.5h_b$，500	$h_b/4$，$8d$，100	8
三	$1.5h_b$，500	$h_b/4$，$8d$，150	8
四	$1.5h_b$，500	$h_b/4$，$8d$，150	6

注：1　d 为纵向钢筋直径，h_b 为梁截面高度；
2　一、二级抗震等级框架梁，当箍筋直径大于 12mm、肢数不少于 4 肢且肢距不大于 150mm 时，箍筋加密区最大间距应允许适当放松，但不应大于 150mm。

6.3.3　梁的纵向钢筋配置，尚应符合下列规定：

1　抗震设计时，梁端纵向受拉钢筋的配筋率不宜大于 2.5%，不应大于 2.75%；当梁端受拉钢筋的配筋率大于 2.5%时，受压钢筋的配筋率不应小于受拉钢筋的一半。

2　沿梁全长顶面和底面应至少各配置两根纵向配筋，一、二级抗震设计时钢筋直径不应小于 14mm，且分别不应小于梁两端顶面和底面纵向配筋中较大截面面积的 1/4；三、四级抗震设计和非抗震设计时钢筋直径不应小于 12mm。

3　一、二、三级抗震等级的框架梁内贯通中柱的每根纵向钢筋的直径，对矩形截面柱，不宜大于柱在该方向截面尺寸的 1/20；对圆形截面柱，不宜大于纵向钢筋所在位置柱截面弦长的 1/20。

6.3.4　非抗震设计时，框架梁箍筋配筋构造应符合下列规定：

1　应沿梁全长设置箍筋，第一个箍筋应设置在距支座边缘 50mm 处。

2　截面高度大于 800mm 的梁，其箍筋直径不宜小于 8mm；其余截面高度的梁不应小于 6mm。在受力钢筋搭接长度范围内，箍筋直径不应小于搭接钢筋最大直径的 1/4。

3　箍筋间距不应大于表 6.3.4 的规定；在纵向受拉钢筋的搭接长度范围内，箍筋间距尚不应大于搭接钢筋较小直径的 5 倍，且不应大于 100mm；在纵向受压钢筋的搭接长度范围内，箍筋间距尚不应大于搭接钢筋较小直径的 10 倍，且不应大于 200mm。

4　承受弯矩和剪力的梁，当梁的剪力设计值大于 $0.7f_tbh_0$ 时，其箍筋的面积配筋率应符合下式规定：

$$\rho_{sv} \geqslant 0.24f_t/f_{yv} \quad (6.3.4\text{-}1)$$

5　承受弯矩、剪力和扭矩的梁，其箍筋面积配筋率和受扭纵向钢筋的面积配筋率应分别符合公式（6.3.4-2）和（6.3.4-3）的规定：

$$\rho_{sv} \geqslant 0.28f_t/f_{yv} \quad (6.3.4\text{-}2)$$

$$\rho_{tl} \geqslant 0.6\sqrt{\frac{T}{Vb}}f_t/f_y \quad (6.3.4\text{-}3)$$

当 $T/(Vb)$ 大于 2.0 时，取 2.0。

式中：T、V——分别为扭矩、剪力设计值；

ρ_{tl}、b——分别为受扭纵向钢筋的面积配筋率、梁宽。

表 6.3.4　非抗震设计梁箍筋最大间距（mm）

h_b(mm) ＼ V	$V>0.7f_tbh_0$	$V\leqslant 0.7f_tbh_0$
$h_b\leqslant 300$	150	200
$300<h_b\leqslant 500$	200	300
$500<h_b\leqslant 800$	250	350
$h_b>800$	300	400

6　当梁中配有计算需要的纵向受压钢筋时，其箍筋配置尚应符合下列规定：

1）箍筋直径不应小于纵向受压钢筋最大直径的 1/4；

2）箍筋应做成封闭式；

3）箍筋间距不应大于 $15d$ 且不应大于 400mm；当一层内的受压钢筋多于 5 根且直径大于 18mm 时，箍筋间距不应大于 $10d$（d 为纵向受压钢筋的最小直径）；

4）当梁截面宽度大于 400mm 且一层内的纵向受压钢筋多于 3 根时，或当梁截面宽度不大于 400mm 但一层内的纵向受压钢筋多于 4 根时，应设置复合箍筋。

6.3.5　抗震设计时，框架梁的箍筋尚应符合下列构造要求：

1　沿梁全长箍筋的面积配筋率应符合下列规定：

一级　$\rho_{sv}\geqslant 0.30f_t/f_{yv}$　(6.3.5-1)

二级　$\rho_{sv}\geqslant 0.28f_t/f_{yv}$　(6.3.5-2)

三、四级　$\rho_{sv}\geqslant 0.26f_t/f_{yv}$　(6.3.5-3)

式中：ρ_{sv}——框架梁沿梁全长箍筋的面积配筋率。

2　在箍筋加密区范围内的箍筋肢距：一级不宜大于 200mm 和 20 倍箍筋直径的较大值，二、三级不宜大于 250mm 和 20 倍箍筋直径的较大值，四级不宜大于 300mm。

3　箍筋应有 135°弯钩，弯钩端头直段长度不应小于 10 倍的箍筋直径和 75mm 的较大值。

4　在纵向钢筋搭接长度范围内的箍筋间距，钢筋受拉时不应大于搭接钢筋较小直径的 5 倍，且不应大于 100mm；钢筋受压时不应大于搭接钢筋较小直径的 10 倍，且不应大于 200mm。

5　框架梁非加密区箍筋最大间距不宜大于加密区箍筋间距的 2 倍。

6.3.6　框架梁的纵向钢筋不应与箍筋、拉筋及预埋件等焊接。

6.3.7　框架梁上开洞时，洞口位置宜位于梁跨中 1/3 区段，洞口高度不应大于梁高的 40%；开洞较大时应进行承载力验算。梁上洞口周边应配置附加纵向钢

筋和箍筋（图 6.3.7），并应符合计算及构造要求。

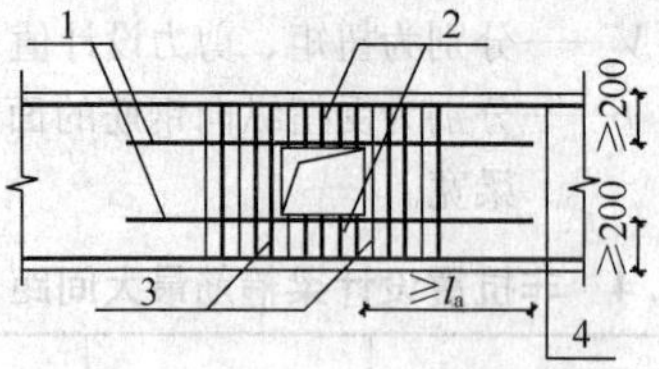

1
2
≥200
≥200
3
≥l_a
4

图 6.3.7　梁上洞口周边配筋构造示意

1—洞口上、下附加纵向钢筋；2—洞口上、下附加箍筋；3—洞口两侧附加箍筋；4—梁纵向钢筋；l_a—受拉钢筋的锚固长度

6.4　框架柱构造要求

6.4.1　柱截面尺寸宜符合下列规定：

1　矩形截面柱的边长，非抗震设计时不宜小于 250mm，抗震设计时，四级不宜小于 300mm，一、二、三级时不宜小于 400mm；圆柱直径，非抗震和四级抗震设计时不宜小于 350mm，一、二、三级时不宜小于 450mm。

2　柱剪跨比宜大于 2。

3　柱截面高宽比不宜大于 3。

6.4.2　抗震设计时，钢筋混凝土柱轴压比不宜超过表 6.4.2 的规定；对于Ⅳ类场地上较高的高层建筑，其轴压比限值应适当减小。

表 6.4.2　柱轴压比限值

结构类型	抗震等级			
	一	二	三	四
框架结构	0.65	0.75	0.85	—
板柱-剪力墙、框架-剪力墙、框架-核心筒、筒中筒结构	0.75	0.85	0.90	0.95
部分框支剪力墙结构	0.60	0.70	—	

注：1　轴压比指柱考虑地震作用组合的轴压力设计值与柱全截面面积和混凝土轴心抗压强度设计值乘积的比值；
2　表内数值适用于混凝土强度等级不高于 C60 的柱。当混凝土强度等级为 C65～C70 时，轴压比限值应比表中数值降低 0.05；当混凝土强度等级为 C75～C80 时，轴压比限值应比表中数值降低 0.10；
3　表内数值适用于剪跨比大于 2 的柱；剪跨比不大于 2 但不小于 1.5 的柱，其轴压比限值应比表中数值减小 0.05；剪跨比小于 1.5 的柱，其轴压比限值应专门研究并采取特殊构造措施；
4　当沿柱全高采用井字复合箍，箍筋间距不大于 100mm、肢距不大于 200mm、直径不小于 12mm，或当沿柱全高采用复合螺旋箍，箍筋螺距不大于 100mm、肢距不大于 200mm、直径不小于 12mm，或当沿柱全高采用连续复合螺旋箍，且螺距不大于 80mm、肢距不大于 200mm、直径不小于 10mm 时，轴压比限值可增加 0.10；
5　当柱截面中部设置由附加纵向钢筋形成的芯柱，且附加纵向钢筋的截面面积不小于柱截面面积的 0.8%时，柱轴压比限值可增加 0.05。当本项措施与注 4 的措施共同采用时，柱轴压比限值可比表中数值增加 0.15，但箍筋的配箍特征值仍可按轴压比增加 0.10 的要求确定；
6　调整后的柱轴压比限值不应大于 1.05。

6.4.3　柱纵向钢筋和箍筋配置应符合下列要求：

1　柱全部纵向钢筋的配筋率，不应小于表 6.4.3-1 的规定值，且柱截面每一侧纵向钢筋配筋率不应小于 0.2%；抗震设计时，对Ⅳ类场地上较高的高层建筑，表中数值应增加 0.1。

表 6.4.3-1　柱纵向受力钢筋最小配筋百分率（%）

柱类型	抗震等级				非抗震
	一级	二级	三级	四级	
中柱、边柱	0.9（1.0）	0.7（0.8）	0.6（0.7）	0.5（0.6）	0.5
角柱	1.1	0.9	0.8	0.7	0.5
框支柱	1.1	0.9	—	—	0.7

注：1　表中括号内数值适用于框架结构；
2　采用 335MPa 级、400MPa 级纵向受力钢筋时，应分别按表中数值增加 0.1 和 0.05 采用；
3　当混凝土强度等级高于 C60 时，上述数值应增加 0.1 采用。

2　抗震设计时，柱箍筋在规定的范围内应加密，加密区的箍筋间距和直径，应符合下列要求：

1）箍筋的最大间距和最小直径，应按表 6.4.3-2 采用；

表 6.4.3-2　柱端箍筋加密区的构造要求

抗震等级	箍筋最大间距（mm）	箍筋最小直径（mm）
一级	6*d* 和 100 的较小值	10
二级	8*d* 和 100 的较小值	8
三级	8*d* 和 150（柱根 100）的较小值	8
四级	8*d* 和 150（柱根 100）的较小值	6（柱根 8）

注：1　*d* 为柱纵向钢筋直径（mm）；
2　柱根指框架柱底部嵌固部位。

2）一级框架柱的箍筋直径大于 12mm 且箍筋肢距不大于 150mm 及二级框架柱箍筋直径不小于 10mm 且肢距不大于 200mm 时，除柱根外最大间距应允许采用 150mm；三级框架柱的截面尺寸不大于 400mm 时，箍筋最小直径应允许采用 6mm；四级框架柱的剪跨比不大于 2 或柱中全部纵向钢筋的配筋率大于 3%时，箍筋直径不应小于 8mm；

3）剪跨比不大于 2 的柱，箍筋间距不应大于 100mm。

6.4.4　柱的纵向钢筋配置，尚应满足下列规定：

1　抗震设计时，宜采用对称配筋。

2　截面尺寸大于 400mm 的柱，一、二、三级抗震设计时其纵向钢筋间距不宜大于 200mm；抗震等级为四级和非抗震设计时，柱纵向钢筋间距不宜大于 300mm；柱纵向钢筋净距均不应小于 50mm。

3　全部纵向钢筋的配筋率，非抗震设计时不宜大于 5%、不应大于 6%，抗震设计时不应大于 5%。

4　一级且剪跨比不大于 2 的柱，其单侧纵向受拉钢筋的配筋率不宜大于 1.2%。

5 边柱、角柱及剪力墙端柱考虑地震作用组合产生小偏心受拉时，柱内纵筋总截面面积应比计算值增加 25%。

6.4.5 柱的纵筋不应与箍筋、拉筋及预埋件等焊接。

6.4.6 抗震设计时，柱箍筋加密区的范围应符合下列规定：

1 底层柱的上端和其他各层柱的两端，应取矩形截面柱之长边尺寸（或圆形截面柱之直径）、柱净高之 1/6 和 500mm 三者之最大值范围；

2 底层柱刚性地面上、下各 500mm 的范围；

3 底层柱柱根以上 1/3 柱净高的范围；

4 剪跨比不大于 2 的柱和因填充墙等形成的柱净高与截面高度之比不大于 4 的柱全高范围；

5 一、二级框架角柱的全高范围；

6 需要提高变形能力的柱的全高范围。

6.4.7 柱加密区范围内箍筋的体积配箍率，应符合下列规定：

1 柱箍筋加密区箍筋的体积配箍率，应符合下式要求：

$$\rho_v \geqslant \lambda_v f_c / f_{yv} \quad (6.4.7)$$

式中：ρ_v——柱箍筋的体积配箍率；

λ_v——柱最小配箍特征值，宜按表 6.4.7 采用；

f_c——混凝土轴心抗压强度设计值，当柱混凝土强度等级低于 C35 时，应按 C35 计算；

f_{yv}——柱箍筋或拉筋的抗拉强度设计值。

表 6.4.7 柱端箍筋加密区最小配箍特征值 λ_v

抗震等级	箍筋形式	柱轴压比								
		≤0.30	0.40	0.50	0.60	0.70	0.80	0.90	1.00	1.05
一	普通箍、复合箍	0.10	0.11	0.13	0.15	0.17	0.20	0.23	—	—
	螺旋箍、复合或连续复合螺旋箍	0.08	0.09	0.11	0.13	0.15	0.18	0.21	—	—
二	普通箍、复合箍	0.08	0.09	0.11	0.13	0.15	0.17	0.19	0.22	0.24
	螺旋箍、复合或连续复合螺旋箍	0.06	0.07	0.09	0.11	0.13	0.15	0.17	0.20	0.22
三	普通箍、复合箍	0.06	0.07	0.09	0.11	0.13	0.15	0.17	0.20	0.22
	螺旋箍、复合或连续复合螺旋箍	0.05	0.06	0.07	0.09	0.11	0.13	0.15	0.18	0.20

注：普通箍指单个矩形箍或单个圆形箍；螺旋箍指单个连续螺旋箍筋；复合箍指由矩形、多边形、圆形箍或拉筋组成的箍筋；复合螺旋箍指由螺旋箍与矩形、多边形、圆形箍或拉筋组成的箍筋；连续复合螺旋箍指全部螺旋箍由同一根钢筋加工而成的箍筋。

2 对一、二、三、四级框架柱，其箍筋加密区范围内箍筋的体积配箍率尚且分别不应小于 0.8%、0.6%、0.4%和 0.4%。

3 剪跨比不大于 2 的柱宜采用复合螺旋箍或井字复合箍，其体积配箍率不应小于 1.2%；设防烈度为 9 度时，不应小于 1.5%。

4 计算复合箍筋的体积配箍率时，其非螺旋箍筋的体积应乘以换算系数 0.8。

6.4.8 抗震设计时，柱箍筋设置尚应符合下列规定：

1 箍筋应为封闭式，其末端应做成 135°弯钩且弯钩末端平直段长度不应小于 10 倍的箍筋直径，且不应小于 75mm。

2 箍筋加密区的箍筋肢距，一级不宜大于 200mm，二、三级不宜大于 250mm 和 20 倍箍筋直径的较大值，四级不宜大于 300mm。每隔一根纵向钢筋宜在两个方向有箍筋约束；采用拉筋组合箍时，拉筋宜紧靠纵向钢筋并勾住封闭箍筋。

3 柱非加密区的箍筋，其体积配箍率不宜小于加密区的一半；其箍筋间距，不应大于加密区箍筋间距的 2 倍，且一、二级不应大于 10 倍纵向钢筋直径，三、四级不应大于 15 倍纵向钢筋直径。

6.4.9 非抗震设计时，柱中箍筋应符合下列规定：

1 周边箍筋应为封闭式；

2 箍筋间距不应大于 400mm，且不应大于构件截面的短边尺寸和最小纵向受力钢筋直径的 15 倍；

3 箍筋直径不应小于最大纵向钢筋直径的 1/4，且不应小于 6mm；

4 当柱中全部纵向受力钢筋的配筋率超过 3%时，箍筋直径不应小于 8mm，箍筋间距不应大于最小纵向钢筋直径的 10 倍，且不应大于 200mm，箍筋末端应做成 135°弯钩且弯钩末端平直段长度不应小于 10 倍箍筋直径；

5 当柱每边纵筋多于 3 根时，应设置复合箍筋；

6 柱内纵向钢筋采用搭接做法时，搭接长度范围内箍筋直径不应小于搭接钢筋较大直径的 1/4；在纵向受拉钢筋的搭接长度范围内的箍筋间距不应大于搭接钢筋较小直径的 5 倍，且不应大于 100mm；在纵向受压钢筋的搭接长度范围内的箍筋间距不应大于搭接钢筋较小直径的 10 倍，且不应大于 200mm。当受压钢筋直径大于 25mm 时，尚应在搭接接头端面外 100mm 的范围内各设置两道箍筋。

6.4.10 框架节点核心区应设置水平箍筋，且应符合下列规定：

1 非抗震设计时，箍筋配置应符合本规程第 6.4.9 条的有关规定，但箍筋间距不宜大于 250mm；对四边有梁与之相连的节点，可仅沿节点周边设置矩形箍筋。

2 抗震设计时，箍筋的最大间距和最小直径宜符合本规程第 6.4.3 条有关柱箍筋的规定。一、二、三级框架节点核心区配箍特征值分别不宜小于 0.12、0.10 和 0.08，且箍筋体积配箍率分别不宜小于 0.6%、0.5%和 0.4%。柱剪跨比不大于 2 的框架节点核心区的体积配箍率不宜小于核心区上、下柱端体积配箍率中的较大值。

6.4.11 柱箍筋的配筋形式，应考虑浇筑混凝土的工艺要求，在柱截面中心部位应留出浇筑混凝土所用导管的空间。

6.5 钢筋的连接和锚固

6.5.1 受力钢筋的连接接头应符合下列规定：

1 受力钢筋的连接接头宜设置在构件受力较小部位；抗震设计时，宜避开梁端、柱端箍筋加密区范围。钢筋连接可采用机械连接、绑扎搭接或焊接。

2 当纵向受力钢筋采用搭接做法时，在钢筋搭接长度范围内应配置箍筋，其直径不应小于搭接钢筋较大直径的1/4。当钢筋受拉时，箍筋间距不应大于搭接钢筋较小直径的5倍，且不应大于100mm；当钢筋受压时，箍筋间距不应大于搭接钢筋较小直径的10倍，且不应大于200mm。当受压钢筋直径大于25mm时，尚应在搭接接头两个端面外100mm范围内各设置两道箍筋。

6.5.2 非抗震设计时，受拉钢筋的最小锚固长度应取 l_a。受拉钢筋绑扎搭接的搭接长度，应根据位于同一连接区段内搭接钢筋截面面积的百分率按下式计算，且不应小于300mm。

$$l_l = \zeta l_a \quad (6.5.2)$$

式中：l_l——受拉钢筋的搭接长度（mm）；

l_a——受拉钢筋的锚固长度（mm），应按现行国家标准《混凝土结构设计规范》GB 50010的有关规定采用；

ζ——受拉钢筋搭接长度修正系数，应按表6.5.2采用。

表6.5.2 纵向受拉钢筋搭接长度修正系数 ζ

同一连接区段内搭接钢筋面积百分率（%）	≤25	50	100
受拉搭接长度修正系数 ζ	1.2	1.4	1.6

注：同一连接区段内搭接钢筋面积百分率取在同一连接区段内有搭接接头的受力钢筋与全部受力钢筋面积之比。

6.5.3 抗震设计时，钢筋混凝土结构构件纵向受力钢筋的锚固和连接，应符合下列要求：

1 纵向受拉钢筋的最小锚固长度 l_{aE} 应按下列规定采用：

一、二级抗震等级 $l_{aE} = 1.15 l_a$ (6.5.3-1)

三级抗震等级 $l_{aE} = 1.05 l_a$ (6.5.3-2)

四级抗震等级 $l_{aE} = 1.00 l_a$ (6.5.3-3)

2 当采用绑扎搭接接头时，其搭接长度不应小于下式的计算值：

$$l_{lE} = \zeta l_{aE} \quad (6.5.3\text{-}4)$$

式中：l_{lE}——抗震设计时受拉钢筋的搭接长度。

3 受拉钢筋直径大于25mm、受压钢筋直径大于28mm时，不宜采用绑扎搭接接头；

4 现浇钢筋混凝土框架梁、柱纵向受力钢筋的连接方法，应符合下列规定：

1）框架柱：一、二级抗震等级及三级抗震等级的底层，宜采用机械连接接头，也可采用绑扎搭接或焊接接头；三级抗震等级的其他部位和四级抗震等级，可采用绑扎搭接或焊接接头；

2）框支梁、框支柱：宜采用机械连接接头；

3）框架梁：一级宜采用机械连接接头，二、三、四级可采用绑扎搭接或焊接接头。

5 位于同一连接区段内的受拉钢筋接头面积百分率不宜超过50%；

6 当接头位置无法避开梁端、柱端箍筋加密区时，应采用满足等强度要求的机械连接接头，且钢筋接头面积百分率不宜超过50%；

7 钢筋的机械连接、绑扎搭接及焊接，尚应符合国家现行有关标准的规定。

6.5.4 非抗震设计时，框架梁、柱的纵向钢筋在框架节点区的锚固和搭接（图6.5.4）应符合下列要求：

1 顶层中节点柱纵向钢筋和边节点柱内侧纵向钢筋应伸至柱顶；当从梁底边计算的直线锚固长度不小于 l_a 时，可不必水平弯折，否则应向柱内或梁、板内水平弯折，当充分利用柱纵向钢筋的抗拉强度时，其锚固段弯折前的竖直投影长度不应小于 $0.5l_{ab}$，弯折后的水平投影长度不宜小于12倍的柱纵向钢筋直径。此处，l_{ab} 为钢筋基本锚固长度，应符合现行国家标准《混凝土结构设计规范》GB 50010的有关规定。

2 顶层端节点处，在梁宽范围以内的柱外侧纵向钢筋可与梁上部纵向钢筋搭接，搭接长度不应小于 $1.5l_a$；在梁宽范围以外的柱外侧纵向钢筋可伸入现浇板内，其伸入长度与伸入梁内的相同。当柱外侧纵向钢筋的配筋率大于1.2%时，伸入梁内的柱纵向钢筋宜分两批截断，其截断点之间的距离不宜小于20倍的柱纵向钢筋直径。

3 梁上部纵向钢筋伸入端节点的锚固长度，直线锚固时不应小于 l_a，且伸过柱中心线的长度不宜小于5倍的梁纵向钢筋直径；当柱截面尺寸不足时，梁上部纵向钢筋应伸至节点对边并向下弯折，弯折水平段的投影长度不应小于 $0.4l_{ab}$，弯折后竖直投影长度不应小于15倍纵向钢筋直径。

4 当计算中不利用梁下部纵向钢筋的强度时，其伸入节点内的锚固长度应取不小于12倍的梁纵向钢筋直径。当计算中充分利用梁下部钢筋的抗拉强度时，梁下部纵向钢筋可采用直线方式或向上90°弯折方式锚固于节点内，直线锚固时的锚固长度不应小于 l_a；弯折锚固时，弯折水平段的投影长度不应小于 $0.4l_{ab}$，弯折后竖直投影长度不应小于15倍纵向钢筋直径。

5 当采用锚固板锚固措施时，钢筋锚固构造应符合现行国家标准《混凝土结构设计规范》GB 50010的有关规定。

6.5.5 抗震设计时，框架梁、柱的纵向钢筋在框架节点区的锚固和搭接（图6.5.5）应符合下列要求：

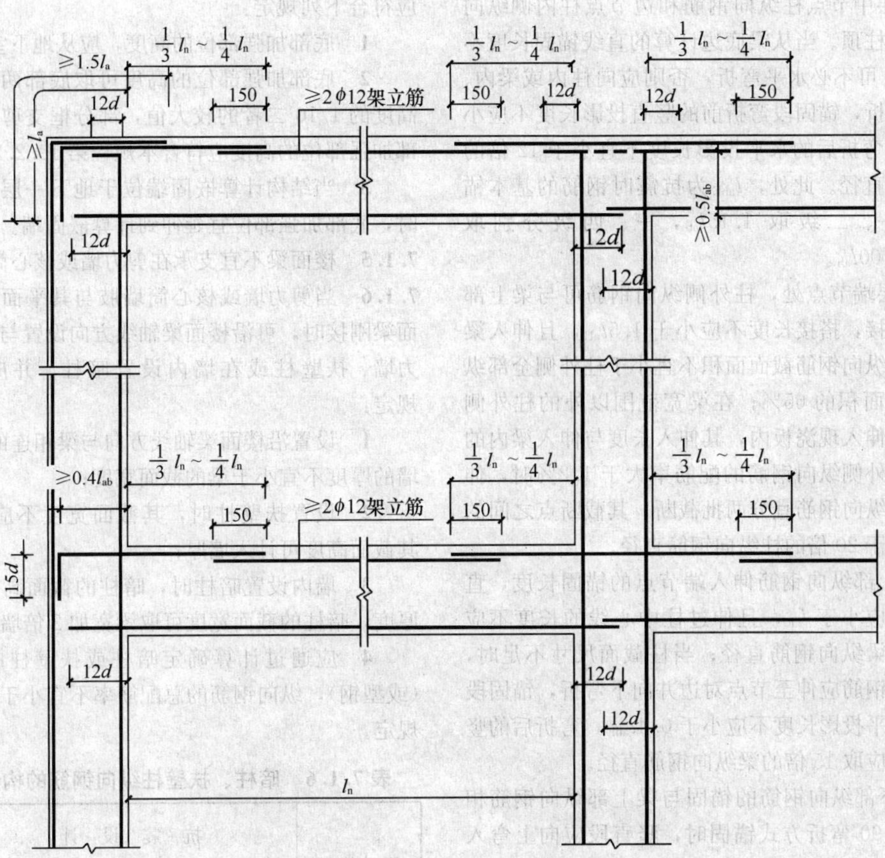
≥1.5l_a
$\frac{1}{3}l_n \sim \frac{1}{4}l_n$
12d
150
≥2φ12架立筋
≥l_a
≥0.5l_{ab}
≥0.4l_{ab}
15d
l_n

图 6.5.4　非抗震设计时框架梁、柱纵向钢筋在节点区的锚固示意

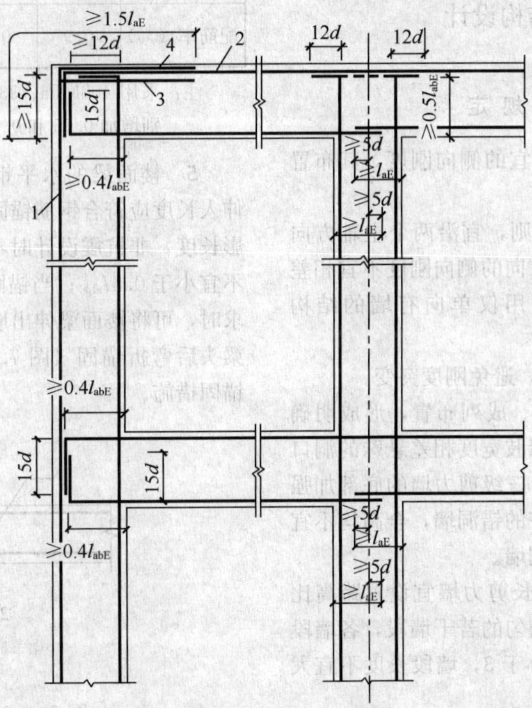
≥1.5l_{aE}
≥12d
4
2
3
≥15d
15d
≥0.4l_{abE}
12d
≥0.5l_{abE}
≥5d
≥l_{aE}

图 6.5.5　抗震设计时框架梁、柱纵向钢筋在节点区的锚固示意

1—柱外侧纵向钢筋；2—梁上部纵向钢筋；3—伸入梁内的柱外侧纵向钢筋；
4—不能伸入梁内的柱外侧纵向钢筋，可伸入板内

1　顶层中节点柱纵向钢筋和边节点柱内侧纵向钢筋应伸至柱顶。当从梁底边计算的直线锚固长度不小于 l_{aE}时，可不必水平弯折，否则应向柱内或梁内、板内水平弯折，锚固段弯折前的竖直投影长度不应小于 $0.5l_{abE}$，弯折后的水平投影长度不宜小于 12 倍的柱纵向钢筋直径。此处，l_{abE}为抗震时钢筋的基本锚固长度，一、二级取 $1.15l_{ab}$，三、四级分别取 $1.05l_{ab}$和 $1.00l_{ab}$。

2　顶层端节点处，柱外侧纵向钢筋可与梁上部纵向钢筋搭接，搭接长度不应小于 $1.5l_{aE}$，且伸入梁内的柱外侧纵向钢筋截面面积不宜小于柱外侧全部纵向钢筋截面面积的 65%；在梁宽范围以外的柱外侧纵向钢筋可伸入现浇板内，其伸入长度与伸入梁内的相同。当柱外侧纵向钢筋的配筋率大于 1.2%时，伸入梁内的柱纵向钢筋宜分两批截断，其截断点之间的距离不宜小于 20 倍的柱纵向钢筋直径。

3　梁上部纵向钢筋伸入端节点的锚固长度，直线锚固时不应小于 l_{aE}，且伸过柱中心线的长度不应小于 5 倍的梁纵向钢筋直径；当柱截面尺寸不足时，梁上部纵向钢筋应伸至节点对边并向下弯折，锚固段弯折前的水平投影长度不应小于 $0.4l_{abE}$，弯折后的竖直投影长度应取 15 倍的梁纵向钢筋直径。

4　梁下部纵向钢筋的锚固与梁上部纵向钢筋相同，但采用 90°弯折方式锚固时，竖直段应向上弯入节点内。

7　剪力墙结构设计

7.1　一 般 规 定

7.1.1　剪力墙结构应具有适宜的侧向刚度，其布置应符合下列规定：

1　平面布置宜简单、规则，宜沿两个主轴方向或其他方向双向布置，两个方向的侧向刚度不宜相差过大。抗震设计时，不应采用仅单向有墙的结构布置。

2　宜自下到上连续布置，避免刚度突变。

3　门窗洞口宜上下对齐、成列布置，形成明确的墙肢和连梁；宜避免造成墙肢宽度相差悬殊的洞口设置；抗震设计时，一、二、三级剪力墙的底部加强部位不宜采用上下洞口不对齐的错洞墙，全高均不宜采用洞口局部重叠的叠合错洞墙。

7.1.2　剪力墙不宜过长，较长剪力墙宜设置跨高比较大的连梁将其分成长度较均匀的若干墙段，各墙段的高度与墙段长度之比不宜小于 3，墙段长度不宜大于 8m。

7.1.3　跨高比小于 5 的连梁应按本章的有关规定设计，跨高比不小于 5 的连梁宜按框架梁设计。

7.1.4　抗震设计时，剪力墙底部加强部位的范围，应符合下列规定：

1　底部加强部位的高度，应从地下室顶板算起；

2　底部加强部位的高度可取底部两层和墙体总高度的 1/10 二者的较大值，部分框支剪力墙结构底部加强部位的高度应符合本规程第 10.2.2 条的规定；

3　当结构计算嵌固端位于地下一层底板或以下时，底部加强部位宜延伸到计算嵌固端。

7.1.5　楼面梁不宜支承在剪力墙或核心筒的连梁上。

7.1.6　当剪力墙或核心筒墙肢与其平面外相交的楼面梁刚接时，可沿楼面梁轴线方向设置与梁相连的剪力墙、扶壁柱或在墙内设置暗柱，并应符合下列规定：

1　设置沿楼面梁轴线方向与梁相连的剪力墙时，墙的厚度不宜小于梁的截面宽度；

2　设置扶壁柱时，其截面宽度不应小于梁宽，其截面高度可计入墙厚；

3　墙内设置暗柱时，暗柱的截面高度可取墙的厚度，暗柱的截面宽度可取梁宽加 2 倍墙厚；

4　应通过计算确定暗柱或扶壁柱的纵向钢筋（或型钢），纵向钢筋的总配筋率不宜小于表 7.1.6 的规定。

表 7.1.6　暗柱、扶壁柱纵向钢筋的构造配筋率

设计状况	抗震设计				非抗震设计
	一级	二级	三级	四级	
配筋率（%）	0.9	0.7	0.6	0.5	0.5

注：采用 400MPa、335MPa 级钢筋时，表中数值宜分别增加 0.05 和 0.10。

5　楼面梁的水平钢筋应伸入剪力墙或扶壁柱，伸入长度应符合钢筋锚固要求。钢筋锚固段的水平投影长度，非抗震设计时不宜小于 $0.4l_{ab}$，抗震设计时不宜小于 $0.4l_{abE}$；当锚固段的水平投影长度不满足要求时，可将楼面梁伸出墙面形成梁头，梁的纵筋伸入梁头后弯折锚固（图 7.1.6），也可采取其他可靠的锚固措施。

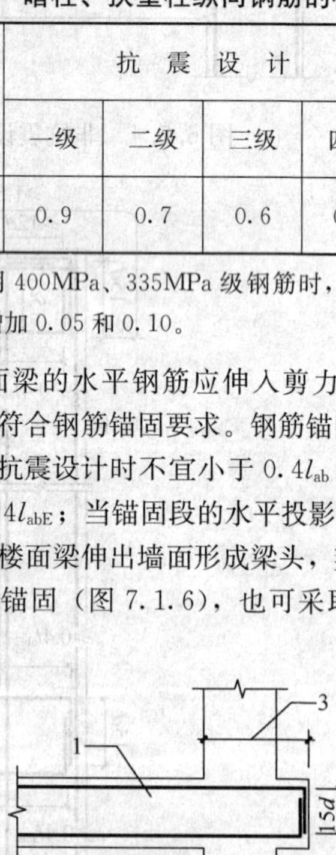

3
1
15d
2

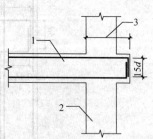

图 7.1.6　楼面梁伸出墙面形成梁头

1—楼面梁；2—剪力墙；3—楼面梁钢筋锚固水平投影长度

6 暗柱或扶壁柱应设置箍筋，箍筋直径，一、二、三级时不应小于 8mm，四级及非抗震时不应小于 6mm，且均不应小于纵向钢筋直径的 1/4；箍筋间距，一、二、三级时不应大于 150mm，四级及非抗震时不应大于 200mm。

7.1.7 当墙肢的截面高度与厚度之比不大于 4 时，宜按框架柱进行截面设计。

7.1.8 抗震设计时，高层建筑结构不应全部采用短肢剪力墙；B 级高度高层建筑以及抗震设防烈度为 9 度的 A 级高度高层建筑，不宜布置短肢剪力墙，不应采用具有较多短肢剪力墙的剪力墙结构。当采用具有较多短肢剪力墙的剪力墙结构时，应符合下列规定：

1 在规定的水平地震作用下，短肢剪力墙承担的底部倾覆力矩不宜大于结构底部总地震倾覆力矩的 50%；

2 房屋适用高度应比本规程表 3.3.1-1 规定的剪力墙结构的最大适用高度适当降低，7 度、8 度（0.2g）和 8 度（0.3g）时分别不应大于 100m、80m 和 60m。

注：1 短肢剪力墙是指截面厚度不大于 300mm、各肢截面高度与厚度之比的最大值大于 4 但不大于 8 的剪力墙；

2 具有较多短肢剪力墙的剪力墙结构是指，在规定的水平地震作用下，短肢剪力墙承担的底部倾覆力矩不小于结构底部总地震倾覆力矩的 30%的剪力墙结构。

7.1.9 剪力墙应进行平面内的斜截面受剪、偏心受压或偏心受拉、平面外轴心受压承载力验算。在集中荷载作用下，墙内无暗柱时还应进行局部受压承载力验算。

7.2 截面设计及构造

7.2.1 剪力墙的截面厚度应符合下列规定：

1 应符合本规程附录 D 的墙体稳定验算要求。

2 一、二级剪力墙：底部加强部位不应小于 200mm，其他部位不应小于 160mm；一字形独立剪力墙底部加强部位不应小于 220mm，其他部位不应小于 180mm。

3 三、四级剪力墙：不应小于 160mm，一字形独立剪力墙的底部加强部位尚不应小于 180mm。

4 非抗震设计时不应小于 160mm。

5 剪力墙井筒中，分隔电梯井或管道井的墙肢截面厚度可适当减小，但不宜小于 160mm。

7.2.2 抗震设计时，短肢剪力墙的设计应符合下列规定：

1 短肢剪力墙截面厚度除应符合本规程第 7.2.1 条的要求外，底部加强部位尚不应小于 200mm，其他部位尚不应小于 180mm。

2 一、二、三级短肢剪力墙的轴压比，分别不宜大于 0.45、0.50、0.55，一字形截面短肢剪力墙的轴压比限值应相应减少 0.1。

3 短肢剪力墙的底部加强部位应按本节 7.2.6 条调整剪力设计值，其他各层一、二、三级时剪力设计值应分别乘以增大系数 1.4、1.2 和 1.1。

4 短肢剪力墙边缘构件的设置应符合本规程第 7.2.14 条的规定。

5 短肢剪力墙的全部竖向钢筋的配筋率，底部加强部位一、二级不宜小于 1.2%，三、四级不宜小于 1.0%；其他部位一、二级不宜小于 1.0%，三、四级不宜小于 0.8%。

6 不宜采用一字形短肢剪力墙，不宜在一字形短肢剪力墙上布置平面外与之相交的单侧楼面梁。

7.2.3 高层剪力墙结构的竖向和水平分布钢筋不应单排配置。剪力墙截面厚度不大于 400mm 时，可采用双排配筋；大于 400mm、但不大于 700mm 时，宜采用三排配筋；大于 700mm 时，宜采用四排配筋。各排分布钢筋之间拉筋的间距不应大于 600mm，直径不应小于 6mm。

7.2.4 抗震设计的双肢剪力墙，其墙肢不宜出现小偏心受拉；当任一墙肢为偏心受拉时，另一墙肢的弯矩设计值及剪力设计值应乘以增大系数 1.25。

7.2.5 一级剪力墙的底部加强部位以上部位，墙肢的组合弯矩设计值和组合剪力设计值应乘以增大系数，弯矩增大系数可取为 1.2，剪力增大系数可取为 1.3。

7.2.6 底部加强部位剪力墙截面的剪力设计值，一、二、三级时应按式（7.2.6-1）调整，9 度一级剪力墙应按式（7.2.6-2）调整；二、三级的其他部位及四级时可不调整。

$$V = \eta_{vw} V_w \tag{7.2.6-1}$$

$$V = 1.1 \frac{M_{wua}}{M_w} V_w \tag{7.2.6-2}$$

式中：V——底部加强部位剪力墙截面剪力设计值；

V_w——底部加强部位剪力墙截面考虑地震作用组合的剪力计算值；

M_{wua}——剪力墙正截面抗震受弯承载力，应考虑承载力抗震调整系数 γ_{RE}、采用实配纵筋面积、材料强度标准值和组合的轴力设计值等计算，有翼墙时应计入墙两侧各一倍翼墙厚度范围内的纵向钢筋；

M_w——底部加强部位剪力墙底截面弯矩的组合计算值；

η_{vw}——剪力增大系数，一级取 1.6，二级取 1.4，三级取 1.2。

7.2.7 剪力墙墙肢截面剪力设计值应符合下列规定：

1 永久、短暂设计状况

$$V \leqslant 0.25\beta_c f_c b_w h_{w0} \qquad (7.2.7\text{-}1)$$

2　地震设计状况

剪跨比λ大于2.5时

$$V \leqslant \frac{1}{\gamma_{RE}}(0.20\beta_c f_c b_w h_{w0}) \qquad (7.2.7\text{-}2)$$

剪跨比λ不大于2.5时

$$V \leqslant \frac{1}{\gamma_{RE}}(0.15\beta_c f_c b_w h_{w0}) \qquad (7.2.7\text{-}3)$$

剪跨比可按下式计算：

$$\lambda = M^c/(V^c h_{w0}) \qquad (7.2.7\text{-}4)$$

式中：V——剪力墙墙肢截面的剪力设计值；

h_{w0}——剪力墙截面有效高度；

β_c——混凝土强度影响系数，应按本规程第6.2.6条采用；

λ——剪跨比，其中M^c、V^c应取同一组合的、未按本规程有关规定调整的墙肢截面弯矩、剪力计算值，并取墙肢上、下端截面计算的剪跨比的较大值。

7.2.8　矩形、T形、I形偏心受压剪力墙墙肢（图7.2.8）的正截面受压承载力应符合现行国家标准《混凝土结构设计规范》GB 50010的有关规定，也可按下列规定计算：

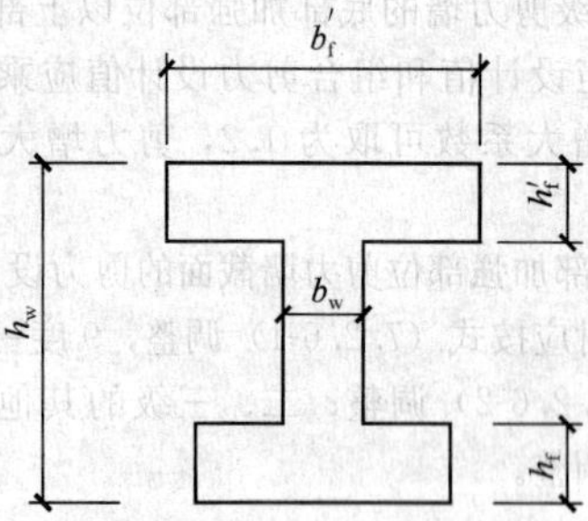

b_f
h'_f
h_w
b_w
h_f

图7.2.8　截面及尺寸

1　持久、短暂设计状况

$$N \leqslant A'_s f'_y - A_s \sigma_s - N_{sw} + N_c \qquad (7.2.8\text{-}1)$$

$$N\left(e_0 + h_{w0} - \frac{h_w}{2}\right) \leqslant A'_s f'_y (h_{w0} - a'_s) - M_{sw} + M_c \qquad (7.2.8\text{-}2)$$

当$x > h'_f$时

$$N_c = \alpha_1 f_c b_w x + \alpha_1 f_c (b'_f - b_w) h'_f \qquad (7.2.8\text{-}3)$$

$$M_c = \alpha_1 f_c b_w x\left(h_{w0} - \frac{x}{2}\right) + \alpha_1 f_c (b'_f - b_w) h'_f \left(h_{w0} - \frac{h'_f}{2}\right) \qquad (7.2.8\text{-}4)$$

当$x \leqslant h'_f$时

$$N_c = \alpha_1 f_c b'_f x \qquad (7.2.8\text{-}5)$$

$$M_c = \alpha_1 f_c b'_f x\left(h_{w0} - \frac{x}{2}\right) \qquad (7.2.8\text{-}6)$$

当$x \leqslant \xi_b h_{w0}$时

$$\sigma_s = f_y \qquad (7.2.8\text{-}7)$$

$$N_{sw} = (h_{w0} - 1.5x) b_w f_{yw} \rho_w \qquad (7.2.8\text{-}8)$$

$$M_{sw} = \frac{1}{2}(h_{w0} - 1.5x)^2 b_w f_{yw} \rho_w \qquad (7.2.8\text{-}9)$$

当$x > \xi_b h_{w0}$时

$$\sigma_s = \frac{f_y}{\xi_b - 0.8}\left(\frac{x}{h_{w0}} - \beta_c\right) \qquad (7.2.8\text{-}10)$$

$$N_{sw} = 0 \qquad (7.2.8\text{-}11)$$

$$M_{sw} = 0 \qquad (7.2.8\text{-}12)$$

$$\xi_b = \frac{\beta_c}{1 + \frac{f_y}{E_s \varepsilon_{cu}}} \qquad (7.2.8\text{-}13)$$

式中：a'_s——剪力墙受压区端部钢筋合力点到受压区边缘的距离；

b'_f——T形或I形截面受压区翼缘宽度；

e_0——偏心距，$e_0 = M/N$；

f_y、f'_y——分别为剪力墙端部受拉、受压钢筋强度设计值；

f_{yw}——剪力墙墙体竖向分布钢筋强度设计值；

f_c——混凝土轴心抗压强度设计值；

h'_f——T形或I形截面受压区翼缘的高度；

h_{w0}——剪力墙截面有效高度，$h_{w0} = h_w - a'_s$；

ρ_w——剪力墙竖向分布钢筋配筋率；

ξ_b——界限相对受压区高度；

α_1——受压区混凝土矩形应力图的应力与混凝土轴心抗压强度设计值的比值，混凝土强度等级不超过C50时取1.0，混凝土强度等级为C80时取0.94，混凝土强度等级在C50和C80之间时可按线性内插取值；

β_c——混凝土强度影响系数，按本规程第6.2.6条的规定采用；

ε_{cu}——混凝土极限压应变，应按现行国家标准《混凝土结构设计规范》GB 50010的有关规定采用。

2　地震设计状况，公式（7.2.8-1）、（7.2.8-2）右端均应除以承载力抗震调整系数γ_{RE}，γ_{RE}取0.85。

7.2.9　矩形截面偏心受拉剪力墙的正截面受拉承载力应符合下列规定：

1　永久、短暂设计状况

$$N \leqslant \frac{1}{\frac{1}{N_{0u}} + \frac{e_0}{M_{wu}}} \qquad (7.2.9\text{-}1)$$

2 地震设计状况

$$N \leqslant \frac{1}{\gamma_{RE}}\left(\frac{1}{\frac{1}{N_{0u}}+\frac{e_0}{M_{wu}}}\right) \quad (7.2.9\text{-}2)$$

N_{0u}和M_{wu}可分别按下列公式计算：

$$N_{0u} = 2A_s f_y + A_{sw} f_{yw} \quad (7.2.9\text{-}3)$$

$$M_{wu} = A_s f_y (h_{w0} - a'_s) + A_{sw} f_{yw} \frac{(h_{w0} - a'_s)}{2} \quad (7.2.9\text{-}4)$$

式中：A_{sw}——剪力墙竖向分布钢筋的截面面积。

7.2.10 偏心受压剪力墙的斜截面受剪承载力应符合下列规定：

1 永久、短暂设计状况

$$V \leqslant \frac{1}{\lambda - 0.5}\left(0.5 f_t b_w h_{w0} + 0.13 N \frac{A_w}{A}\right) + f_{yh} \frac{A_{sh}}{s} h_{w0} \quad (7.2.10\text{-}1)$$

2 地震设计状况

$$V \leqslant \frac{1}{\gamma_{RE}}\left[\frac{1}{\lambda - 0.5}\left(0.4 f_t b_w h_{w0} + 0.1 N \frac{A_w}{A}\right) + 0.8 f_{yh} \frac{A_{sh}}{s} h_{w0}\right] \quad (7.2.10\text{-}2)$$

式中：N——剪力墙截面轴向压力设计值，N大于$0.2 f_c b_w h_w$时，应取$0.2 f_c b_w h_w$；

A——剪力墙全截面面积；

A_w——T形或I形截面剪力墙腹板的面积，矩形截面时应取A；

λ——计算截面的剪跨比，λ小于1.5时应取1.5，λ大于2.2时应取2.2，计算截面与墙底之间的距离小于$0.5h_{w0}$时，λ应按距墙底$0.5h_{w0}$处的弯矩值与剪力值计算；

s——剪力墙水平分布钢筋间距。

7.2.11 偏心受拉剪力墙的斜截面受剪承载力应符合下列规定：

1 永久、短暂设计状况

$$V \leqslant \frac{1}{\lambda - 0.5}\left(0.5 f_t b_w h_{w0} - 0.13 N \frac{A_w}{A}\right) + f_{yh} \frac{A_{sh}}{s} h_{w0} \quad (7.2.11\text{-}1)$$

上式右端的计算值小于$f_{yh}\frac{A_{sh}}{s}h_{w0}$时，应取等于$f_{yh}\frac{A_{sh}}{s}h_{w0}$。

2 地震设计状况

$$V \leqslant \frac{1}{\gamma_{RE}}\left[\frac{1}{\lambda - 0.5}\left(0.4 f_t b_w h_{w0} - 0.1 N \frac{A_w}{A}\right) + 0.8 f_{yh} \frac{A_{sh}}{s} h_{w0}\right] \quad (7.2.11\text{-}2)$$

上式右端方括号内的计算值小于$0.8 f_{yh}\frac{A_{sh}}{s}h_{w0}$时，应取等于$0.8 f_{yh}\frac{A_{sh}}{s}h_{w0}$。

7.2.12 抗震等级为一级的剪力墙，水平施工缝的抗滑移应符合下式要求：

$$V_{wj} \leqslant \frac{1}{\gamma_{RE}}(0.6 f_y A_s + 0.8N) \quad (7.2.12)$$

式中：V_{wj}——剪力墙水平施工缝处剪力设计值；

A_s——水平施工缝处剪力墙腹板内竖向分布钢筋和边缘构件中的竖向钢筋总面积（不包括两侧翼墙），以及在墙体中有足够锚固长度的附加竖向插筋面积；

f_y——竖向钢筋抗拉强度设计值；

N——水平施工缝处考虑地震作用组合的轴向力设计值，压力取正值，拉力取负值。

7.2.13 重力荷载代表值作用下，一、二、三级剪力墙墙肢的轴压比不宜超过表7.2.13的限值。

表7.2.13 剪力墙墙肢轴压比限值

抗震等级	一级（9度）	一级（6、7、8度）	二、三级
轴压比限值	0.4	0.5	0.6

注：墙肢轴压比是指重力荷载代表值作用下墙肢承受的轴压力设计值与墙肢的全截面面积和混凝土轴心抗压强度设计值乘积之比值。

7.2.14 剪力墙两端和洞口两侧应设置边缘构件，并应符合下列规定：

1 一、二、三级剪力墙底层墙肢底截面的轴压比大于表7.2.14的规定值时，以及部分框支剪力墙结构的剪力墙，应在底部加强部位及相邻的上一层设置约束边缘构件，约束边缘构件应符合本规程第7.2.15条的规定；

2 除本条第1款所列部位外，剪力墙应按本规程第7.2.16条设置构造边缘构件；

3 B级高度高层建筑的剪力墙，宜在约束边缘构件层与构造边缘构件层之间设置1～2层过渡层，过渡层边缘构件的箍筋配置要求可低于约束边缘构件的要求，但应高于构造边缘构件的要求。

表7.2.14 剪力墙可不设约束边缘构件的最大轴压比

等级或烈度	一级（9度）	一级（6、7、8度）	二、三级
轴压比	0.1	0.2	0.3

7.2.15 剪力墙的约束边缘构件可为暗柱、端柱和翼墙（图7.2.15），并应符合下列规定：

1 约束边缘构件沿墙肢的长度l_c和箍筋配箍特征值λ_v应符合表7.2.15的要求，其体积配箍率ρ_v应按下式计算：

$$\rho_v = \lambda_v \frac{f_c}{f_{yv}} \quad (7.2.15)$$

式中：ρ_v——箍筋体积配箍率。可计入箍筋、拉筋以及符合构造要求的水平分布钢筋，计入的水平分布钢筋的体积配箍率不应大于总体积配箍率的 30%；

λ_v——约束边缘构件配箍特征值；

f_c——混凝土轴心抗压强度设计值；混凝土强度等级低于 C35 时，应取 C35 的混凝土轴心抗压强度设计值；

f_{yv}——箍筋、拉筋或水平分布钢筋的抗拉强度设计值。

表 7.2.15 约束边缘构件沿墙肢的长度 l_c 及其配箍特征值 λ_v

项 目	一级（9 度）		一级（6、7、8 度）		二、三级	
	$\mu_N \leqslant 0.2$	$\mu_N > 0.2$	$\mu_N \leqslant 0.3$	$\mu_N > 0.3$	$\mu_N \leqslant 0.4$	$\mu_N > 0.4$
l_c（暗柱）	$0.20h_w$	$0.25h_w$	$0.15h_w$	$0.20h_w$	$0.15h_w$	$0.20h_w$
l_c（翼墙或端柱）	$0.15h_w$	$0.20h_w$	$0.10h_w$	$0.15h_w$	$0.10h_w$	$0.15h_w$
λ_v	0.12	0.20	0.12	0.20	0.12	0.20

注：1 μ_N 为墙肢在重力荷载代表值作用下的轴压比，h_w 为墙肢的长度；

2 剪力墙的翼墙长度小于翼墙厚度的 3 倍或端柱截面边长小于 2 倍墙厚时，按无翼墙、无端柱查表；

3 l_c 为约束边缘构件沿墙肢的长度（图 7.2.15）。对暗柱不应小于墙厚和 400mm 的较大值；有翼墙或端柱时，不应小于翼墙厚度或端柱沿墙肢方向截面高度加 300mm。

2 剪力墙约束边缘构件阴影部分（图 7.2.15）的竖向钢筋除应满足正截面受压（受拉）承载力计算要求外，其配筋率一、二、三级时分别不应小于 1.2%、1.0%和 1.0%，并分别不应少于 8ϕ16、6ϕ16 和 6ϕ14 的钢筋（ϕ 表示钢筋直径）；

3 约束边缘构件内箍筋或拉筋沿竖向的间距，一级不宜大于 100mm，二、三级不宜大于 150mm；箍筋、拉筋沿水平方向的肢距不宜大于 300mm，不应大于竖向钢筋间距的 2 倍。

7.2.16 剪力墙构造边缘构件的范围宜按图 7.2.16 中阴影部分采用，其最小配筋应满足表 7.2.16 的规定，并应符合下列规定：

1 竖向配筋应满足正截面受压（受拉）承载力的要求；

2 当端柱承受集中荷载时，其竖向钢筋、箍筋直径和间距应满足框架柱的相应要求；

3 箍筋、拉筋沿水平方向的肢距不宜大于 300mm，不应大于竖向钢筋间距的 2 倍；

4 抗震设计时，对于连体结构、错层结构以及 B 级高度高层建筑结构中的剪力墙（筒体），其构造边缘构件的最小配筋应符合下列要求：

1） 竖向钢筋最小量应比表 7.2.16 中的数值提高 $0.001A_c$ 采用；

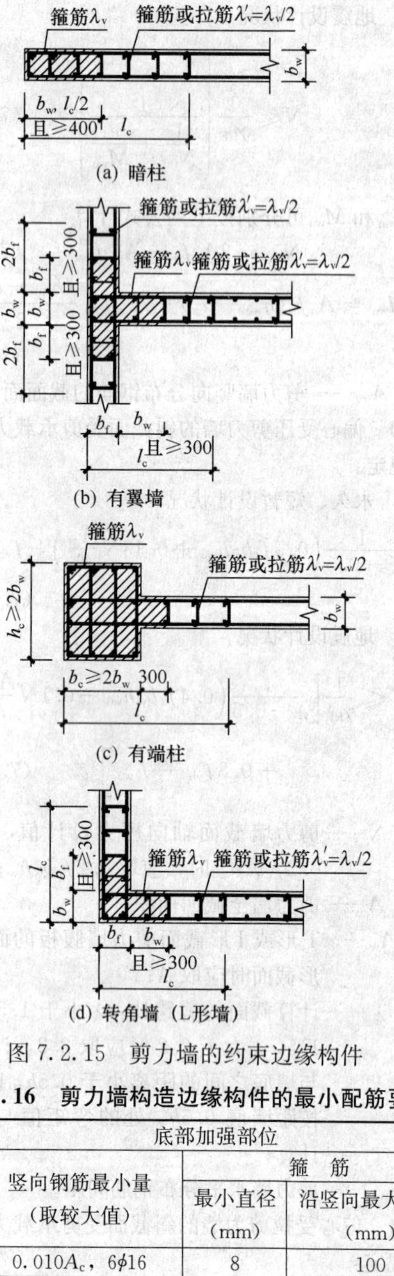

箍筋λ_v
箍筋或拉筋$\lambda'_v=\lambda_v/2$
b_w
b_w, $l_c/2$
且≥400
l_c
(a) 暗柱
箍筋或拉筋$\lambda'_v=\lambda_v/2$
$2b_f$
b_f
且≥300
箍筋λ_v 箍筋或拉筋$\lambda'_v=\lambda_v/2$
b_w
b_f
且≥300
$2b_f$
b_f
b_w
且≥300
l_c
(b) 有翼墙
箍筋λ_v
箍筋或拉筋$\lambda'_v=\lambda_v/2$
$h_c\geqslant 2b_w$
b_w
$b_c\geqslant 2b_w$ 300
l_c
(c) 有端柱
且≥300
l_c
b_f
箍筋λ_v 箍筋或拉筋$\lambda'_v=\lambda_v/2$
b_w
b_f
b_w
且≥300
l_c
(d) 转角墙（L形墙）

图 7.2.15 剪力墙的约束边缘构件

表 7.2.16 剪力墙构造边缘构件的最小配筋要求

抗震等级	底部加强部位		
	竖向钢筋最小量（取较大值）	箍 筋	
		最小直径（mm）	沿竖向最大间距（mm）
一	$0.010A_c$，6ϕ16	8	100
二	$0.008A_c$，6ϕ14	8	150
三	$0.006A_c$，6ϕ12	6	150
四	$0.005A_c$，4ϕ12	6	200
抗震等级	其他部位		
	竖向钢筋最小量（取较大值）	拉 筋	
		最小直径（mm）	沿竖向最大间距（mm）
一	$0.008A_c$，6ϕ14	8	150
二	$0.006A_c$，6ϕ12	8	200
三	$0.005A_c$，4ϕ12	6	200
四	$0.004A_c$，4ϕ12	6	250

注：1 A_c 为构造边缘构件的截面面积，即图 7.2.16 剪力墙截面的阴影部分；

2 符号 ϕ 表示钢筋直径；

3 其他部位的转角处宜采用箍筋。

2）箍筋的配筋范围宜取图 7.2.16 中阴影部分，其配箍特征值 λ_v 不宜小于 0.1。

5 非抗震设计的剪力墙，墙肢端部应配置不少于 4ϕ12 的纵向钢筋，箍筋直径不应小于 6mm、间距不宜大于 250mm。

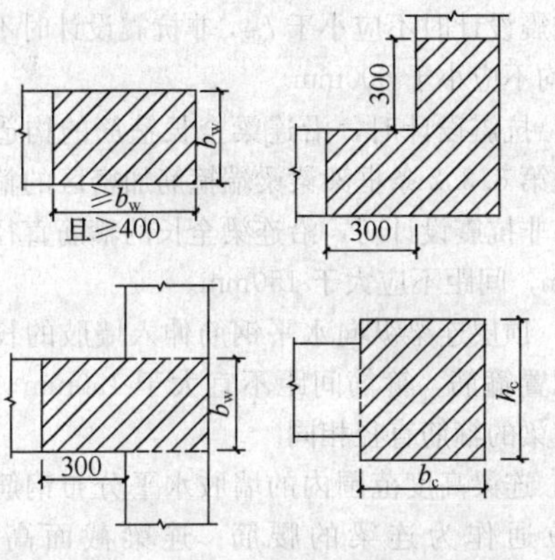

b_w
≥b_w
且≥400
300
300
b_w
300
h_c
b_c

图 7.2.16　剪力墙的构造边缘构件范围

7.2.17　剪力墙竖向和水平分布钢筋的配筋率，一、二、三级时均不应小于 0.25%，四级和非抗震设计时均不应小于 0.20%。

7.2.18　剪力墙的竖向和水平分布钢筋的间距均不宜大于 300mm，直径不应小于 8mm。剪力墙的竖向和水平分布钢筋的直径不宜大于墙厚的 1/10。

7.2.19　房屋顶层剪力墙、长矩形平面房屋的楼梯间和电梯间剪力墙、端开间纵向剪力墙以及端山墙的水平和竖向分布钢筋的配筋率均不应小于 0.25%，间距均不应大于 200mm。

7.2.20　剪力墙的钢筋锚固和连接应符合下列规定：

1　非抗震设计时，剪力墙纵向钢筋最小锚固长度应取 l_a；抗震设计时，剪力墙纵向钢筋最小锚固长度应取 l_{aE}。l_a、l_{aE} 的取值应符合本规程第 6.5 节的有关规定。

2　剪力墙竖向及水平分布钢筋采用搭接连接时（图 7.2.20），一、二级剪力墙的底部加强部位，接头位置应错开，同一截面连接的钢筋数量不宜超过总数量的 50%，错开净距不宜小于 500mm；其他情况剪力墙的钢筋可在同一截面连接。分布钢筋的搭接长度，非抗震设计时不应小于 1.2 l_a，抗震设计时不应小于 1.2 l_{aE}。

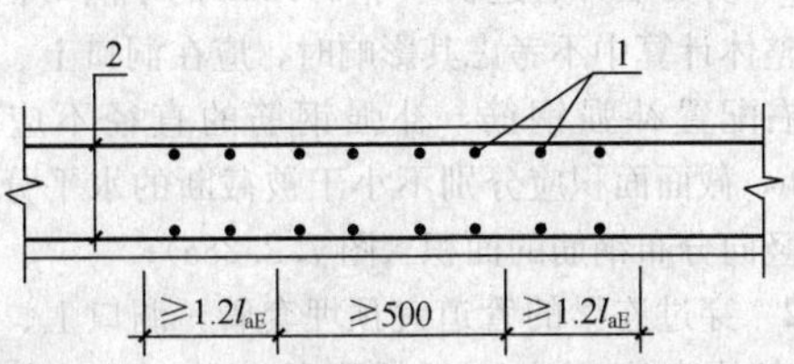

2
1
≥1.2l_{aE}
≥500
≥1.2l_{aE}

图 7.2.20　剪力墙分布钢筋的搭接连接

1—竖向分布钢筋；2—水平分布钢筋；
非抗震设计时图中 l_{aE} 取 l_a

3　暗柱及端柱内纵向钢筋连接和锚固要求宜与框架柱相同，宜符合本规程第 6.5 节的有关规定。

7.2.21　连梁两端截面的剪力设计值 V 应按下列规定确定：

1　非抗震设计以及四级剪力墙的连梁，应分别取考虑水平风荷载、水平地震作用组合的剪力设计值。

2　一、二、三级剪力墙的连梁，其梁端截面组合的剪力设计值应按式（7.2.21-1）确定，9 度时一级剪力墙的连梁应按式（7.2.21-2）确定。

$$V = \eta_{vb}\frac{M_b^l + M_b^r}{l_n} + V_{Gb} \quad (7.2.21\text{-}1)$$

$$V = 1.1(M_{bua}^l + M_{bua}^r)/l_n + V_{Gb} \quad (7.2.21\text{-}2)$$

式中：M_b^l、M_b^r——分别为连梁左右端截面顺时针或逆时针方向的弯矩设计值；

M_{bua}^l、M_{bua}^r——分别为连梁左右端截面顺时针或逆时针方向实配的抗震受弯承载力所对应的弯矩值，应按实配钢筋面积（计入受压钢筋）和材料强度标准值并考虑承载力抗震调整系数计算；

l_n——连梁的净跨；

V_{Gb}——在重力荷载代表值作用下按简支梁计算的梁端截面剪力设计值；

η_{vb}——连梁剪力增大系数，一级取 1.3，二级取 1.2，三级取 1.1。

7.2.22　连梁截面剪力设计值应符合下列规定：

1　永久、短暂设计状况

$$V \leqslant 0.25\beta_c f_c b_b h_{b0} \quad (7.2.22\text{-}1)$$

2　地震设计状况

跨高比大于 2.5 的连梁

$$V \leqslant \frac{1}{\gamma_{RE}}(0.20\beta_c f_c b_b h_{b0}) \quad (7.2.22\text{-}2)$$

跨高比不大于 2.5 的连梁

$$V \leqslant \frac{1}{\gamma_{RE}}(0.15\beta_c f_c b_b h_{b0}) \quad (7.2.22\text{-}3)$$

式中：V——按本规程第 7.2.21 条调整后的连梁截面剪力设计值；

b_b——连梁截面宽度；

h_{b0}——连梁截面有效高度；

β_c——混凝土强度影响系数，见本规程第 6.2.6 条。

7.2.23　连梁的斜截面受剪承载力应符合下列规定：

1　永久、短暂设计状况

$$V \leqslant 0.7 f_t b_b h_{b0} + f_{yv}\frac{A_{sv}}{s}h_{b0} \quad (7.2.23\text{-}1)$$

2　地震设计状况

跨高比大于 2.5 的连梁

$$V \leqslant \frac{1}{\gamma_{RE}}(0.42 f_t b_b h_{b0} + f_{yv} \frac{A_{sv}}{s} h_{b0}) \tag{7.2.23-2}$$

跨高比不大于 2.5 的连梁

$$V \leqslant \frac{1}{\gamma_{RE}}(0.38 f_t b_b h_{b0} + 0.9 f_{yv} \frac{A_{sv}}{s} h_{b0}) \tag{7.2.23-3}$$

式中：V ——按 7.2.21 条调整后的连梁截面剪力设计值。

7.2.24　跨高比（l/h_b）不大于 1.5 的连梁，非抗震设计时，其纵向钢筋的最小配筋率可取为 0.2%；抗震设计时，其纵向钢筋的最小配筋率宜符合表 7.2.24 的要求；跨高比大于 1.5 的连梁，其纵向钢筋的最小配筋率可按框架梁的要求采用。

表 7.2.24　跨高比不大于 1.5 的连梁纵向钢筋的最小配筋率（%）

跨高比	最小配筋率（采用较大值）
$l/h_b \leqslant 0.5$	$0.20, 45f_t/f_y$
$0.5 < l/h_b \leqslant 1.5$	$0.25, 55f_t/f_y$

7.2.25　剪力墙结构连梁中，非抗震设计时，顶面及底面单侧纵向钢筋的最大配筋率不宜大于 2.5%；抗震设计时，顶面及底面单侧纵向钢筋的最大配筋率宜符合表 7.2.25 的要求。如不满足，则应按实配钢筋进行连梁强剪弱弯的验算。

表 7.2.25　连梁纵向钢筋的最大配筋率（%）

跨　高　比	最大配筋率
$l/h_b \leqslant 1.0$	0.6
$1.0 < l/h_b \leqslant 2.0$	1.2
$2.0 < l/h_b \leqslant 2.5$	1.5

7.2.26　剪力墙的连梁不满足本规程第 7.2.22 条的要求时，可采取下列措施：

1　减小连梁截面高度或采取其他减小连梁刚度的措施。

2　抗震设计剪力墙连梁的弯矩可塑性调幅；内力计算时已经按本规程第 5.2.1 条的规定降低了刚度的连梁，其弯矩值不宜再调幅，或限制再调幅范围。此时，应取弯矩调幅后相应的剪力设计值校核其是否满足本规程第 7.2.22 条的规定；剪力墙中其他连梁和墙肢的弯矩设计值宜视调幅连梁数量的多少而相应适当增大。

3　当连梁破坏对承受竖向荷载无明显影响时，可按独立墙肢的计算简图进行第二次多遇地震作用下的内力分析，墙肢截面应按两次计算的较大值计算配筋。

7.2.27　连梁的配筋构造（图 7.2.27）应符合下列规定：

1　连梁顶面、底面纵向水平钢筋伸入墙肢的长度，抗震设计时不应小于 l_{aE}，非抗震设计时不应小于 l_a，且均不应小于 600mm。

2　抗震设计时，沿连梁全长箍筋的构造应符合本规程第 6.3.2 条框架梁梁端箍筋加密区的箍筋构造要求；非抗震设计时，沿连梁全长的箍筋直径不应小于 6mm，间距不应大于 150mm。

3　顶层连梁纵向水平钢筋伸入墙肢的长度范围内应配置箍筋，箍筋间距不宜大于 150mm，直径应与该连梁的箍筋直径相同。

4　连梁高度范围内的墙肢水平分布钢筋应在连梁内拉通作为连梁的腰筋。连梁截面高度大于 700mm 时，其两侧面腰筋的直径不应小于 8mm，间距不应大于 200mm；跨高比不大于 2.5 的连梁，其两侧腰筋的总面积配筋率不应小于 0.3%。

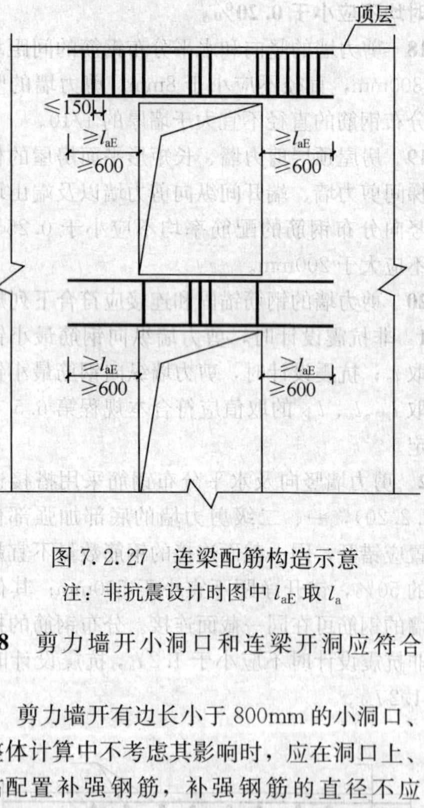
顶层
≤150
≥l_{aE}
≥600
≥l_{aE}
≥600
≥l_{aE}
≥600
≥l_{aE}
≥600

图 7.2.27　连梁配筋构造示意

注：非抗震设计时图中 l_{aE} 取 l_a

7.2.28　剪力墙开小洞口和连梁开洞应符合下列规定：

1　剪力墙开有边长小于 800mm 的小洞口、且在结构整体计算中不考虑其影响时，应在洞口上、下和左、右配置补强钢筋，补强钢筋的直径不应小于 12mm，截面面积应分别不小于被截断的水平分布钢筋和竖向分布钢筋的面积（图 7.2.28a）；

2　穿过连梁的管道宜预埋套管，洞口上、下的截面有效高度不宜小于梁高的 1/3，且不宜小于 200mm；被洞口削弱的截面应进行承载力验算，洞口处应配置补强纵向钢筋和箍筋（图 7.2.28b），补强纵向钢筋的直径不应小于 12mm。

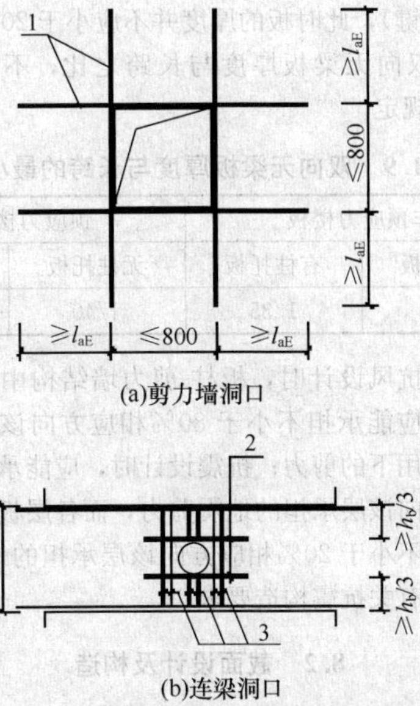
1
$\geqslant l_{aE}$
$\leqslant 800$
$\geqslant l_{aE}$
$\geqslant l_{aE}$
$\leqslant 800$
$\geqslant l_{aE}$
(a)剪力墙洞口
2
h_b
$\geqslant h_b/3$
$\geqslant 200$
$\geqslant h_b/3$
$\geqslant 200$
3
(b)连梁洞口

图 7.2.28　洞口补强配筋示意

1—墙洞口周边补强钢筋；2—连梁洞口上、下补强纵向箍筋；3—连梁洞口补强箍筋；非抗震设计时图中 l_{aE} 取 l_a

8　框架-剪力墙结构设计

8.1　一 般 规 定

8.1.1　框架-剪力墙结构、板柱-剪力墙结构的结构布置、计算分析、截面设计及构造要求除应符合本章的规定外，尚应分别符合本规程第 3、5、6 和 7 章的有关规定。

8.1.2　框架-剪力墙结构可采用下列形式：

1　框架与剪力墙（单片墙、联肢墙或较小井筒）分开布置；

2　在框架结构的若干跨内嵌入剪力墙（带边框剪力墙）；

3　在单片抗侧力结构内连续分别布置框架和剪力墙；

4　上述两种或三种形式的混合。

8.1.3　抗震设计的框架-剪力墙结构，应根据在规定的水平力作用下结构底层框架部分承受的地震倾覆力矩与结构总地震倾覆力矩的比值，确定相应的设计方法，并应符合下列规定：

1　框架部分承受的地震倾覆力矩不大于结构总地震倾覆力矩的 10%时，按剪力墙结构进行设计，其中的框架部分应按框架-剪力墙结构的框架进行设计；

2　当框架部分承受的地震倾覆力矩大于结构总地震倾覆力矩的 10%但不大于 50%时，按框架-剪力墙结构进行设计；

3　当框架部分承受的地震倾覆力矩大于结构总地震倾覆力矩的 50%但不大于 80%时，按框架-剪力墙结构进行设计，其最大适用高度可比框架结构适当增加，框架部分的抗震等级和轴压比限值宜按框架结构的规定采用；

4　当框架部分承受的地震倾覆力矩大于结构总地震倾覆力矩的 80%时，按框架-剪力墙结构进行设计，但其最大适用高度宜按框架结构采用，框架部分的抗震等级和轴压比限值应按框架结构的规定采用。当结构的层间位移角不满足框架-剪力墙结构的规定时，可按本规程第 3.11 节的有关规定进行结构抗震性能分析和论证。

8.1.4　抗震设计时，框架-剪力墙结构对应于地震作用标准值的各层框架总剪力应符合下列规定：

1　满足式（8.1.4）要求的楼层，其框架总剪力不必调整；不满足式（8.1.4）要求的楼层，其框架总剪力应按 $0.2V_0$ 和 $1.5V_{f,max}$ 二者的较小值采用；

$$V_f \geqslant 0.2V_0 \qquad (8.1.4)$$

式中：V_0——对框架柱数量从下至上基本不变的结构，应取对应于地震作用标准值的结构底层总剪力；对框架柱数量从下至上分段有规律变化的结构，应取每段底层结构对应于地震作用标准值的总剪力；

V_f——对应于地震作用标准值且未经调整的各层（或某一段内各层）框架承担的地震总剪力；

$V_{f,max}$——对框架柱数量从下至上基本不变的结构，应取对应于地震作用标准值且未经调整的各层框架承担的地震总剪力中的最大值；对框架柱数量从下至上分段有规律变化的结构，应取每段中对应于地震作用标准值且未经调整的各层框架承担的地震总剪力中的最大值。

2　各层框架所承担的地震总剪力按本条第 1 款调整后，应按调整前、后总剪力的比值调整每根框架柱和与之相连框架梁的剪力及端部弯矩标准值，框架柱的轴力标准值可不予调整；

3　按振型分解反应谱法计算地震作用时，本条第 1 款所规定的调整可在振型组合之后、并满足本规程第 4.3.12 条关于楼层最小地震剪力系数的前提下进行。

8.1.5　框架-剪力墙结构应设计成双向抗侧力体系；抗震设计时，结构两主轴方向均应布置剪力墙。

8.1.6　框架-剪力墙结构中，主体结构构件之间除个别节点外不应采用铰接；梁与柱或柱与剪力墙的中线宜重合；框架梁、柱中心线之间有偏离时，应符合本规程第 6.1.7 条的有关规定。

8.1.7　框架-剪力墙结构中剪力墙的布置宜符合下列规定：

1　剪力墙宜均匀布置在建筑物的周边附近、楼梯间、电梯间、平面形状变化及恒载较大的部位，剪力墙间距不宜过大；

2 平面形状凹凸较大时，宜在凸出部分的端部附近布置剪力墙；

3 纵、横剪力墙宜组成L形、T形和［形等形式；

4 单片剪力墙底部承担的水平剪力不应超过结构底部总水平剪力的30%；

5 剪力墙宜贯通建筑物的全高，宜避免刚度突变；剪力墙开洞时，洞口宜上下对齐；

6 楼、电梯间等竖井宜尽量与靠近的抗侧力结构结合布置；

7 抗震设计时，剪力墙的布置宜使结构各主轴方向的侧向刚度接近。

8.1.8 长矩形平面或平面有一部分较长的建筑中，其剪力墙的布置尚宜符合下列规定：

1 横向剪力墙沿长方向的间距宜满足表8.1.8的要求，当这些剪力墙之间的楼盖有较大开洞时，剪力墙的间距应适当减小；

2 纵向剪力墙不宜集中布置在房屋的两尽端。

表 8.1.8 剪力墙间距（m）

楼盖形式	非抗震设计（取较小值）	抗震设防烈度		
		6度、7度（取较小值）	8度（取较小值）	9度（取较小值）
现　浇	5.0B，60	4.0B，50	3.0B，40	2.0B，30
装配整体	3.5B，50	3.0B，40	2.5B，30	—

注：1 表中B为剪力墙之间的楼盖宽度（m）；
2 装配整体式楼盖的现浇层应符合本规程第3.6.2条的有关规定；
3 现浇层厚度大于60mm的叠合楼板可作为现浇板考虑；
4 当房屋端部未布置剪力墙时，第一片剪力墙与房屋端部的距离，不宜大于表中剪力墙间距的1/2。

8.1.9 板柱-剪力墙结构的布置应符合下列规定：

1 应同时布置筒体或两主轴方向的剪力墙以形成双向抗侧力体系，并应避免结构刚度偏心，其中剪力墙或筒体应分别符合本规程第7章和第9章的有关规定，且宜在对应剪力墙或筒体的各楼层处设置暗梁。

2 抗震设计时，房屋的周边应设置边梁形成周边框架，房屋的顶层及地下室顶板宜采用梁板结构。

3 有楼、电梯间等较大开洞时，洞口周围宜设置框架梁或边梁。

4 无梁板可根据承载力和变形要求采用无柱帽（柱托）板或有柱帽（柱托）板形式。柱托板的长度和厚度应按计算确定，且每方向长度不宜小于板跨度的1/6，其厚度不宜小于板厚度的1/4。7度时宜采用有柱托板，8度时应采用有柱托板，此时托板每方向长度尚不宜小于同方向柱截面宽度和4倍板厚之和，托板总厚度尚不应小于柱纵向钢筋直径的16倍。当无柱托板且无梁板受冲切承载力不足时，可采用型钢剪力架（键），此时板的厚度并不应小于200mm。

5 双向无梁板厚度与长跨之比，不宜小于表8.1.9的规定。

表 8.1.9 双向无梁板厚度与长跨的最小比值

非预应力楼板		预应力楼板	
无柱托板	有柱托板	无柱托板	有柱托板
1/30	1/35	1/40	1/45

8.1.10 抗风设计时，板柱-剪力墙结构中各层筒体或剪力墙应能承担不小于80%相应方向该层承担的风荷载作用下的剪力；抗震设计时，应能承担各层全部相应方向该层承担的地震剪力，而各层板柱部分尚应能承担不小于20%相应方向该层承担的地震剪力，且应符合有关抗震构造要求。

8.2 截面设计及构造

8.2.1 框架-剪力墙结构、板柱-剪力墙结构中，剪力墙的竖向、水平分布钢筋的配筋率，抗震设计时均不应小于0.25%，非抗震设计时均不应小于0.20%，并应至少双排布置。各排分布筋之间应设置拉筋，拉筋的直径不应小于6mm、间距不应大于600mm。

8.2.2 带边框剪力墙的构造应符合下列规定：

1 带边框剪力墙的截面厚度应符合本规程附录D的墙体稳定计算要求，且应符合下列规定：

1）抗震设计时，一、二级剪力墙的底部加强部位不应小于200mm；

2）除本款1）项以外的其他情况下不应小于160mm。

2 剪力墙的水平钢筋应全部锚入边框柱内，锚固长度不应小于l_a（非抗震设计）或l_{aE}（抗震设计）；

3 与剪力墙重合的框架梁可保留，亦可做成宽度与墙厚相同的暗梁，暗梁截面高度可取墙厚的2倍或与该榀框架梁截面等高，暗梁的配筋可按构造配置且应符合一般框架梁相应抗震等级的最小配筋要求；

4 剪力墙截面宜按工字形设计，其端部的纵向受力钢筋应配置在边框柱截面内；

5 边框柱截面宜与该榀框架其他柱的截面相同，边框柱应符合本规程第6章有关框架柱构造配筋规定；剪力墙底部加强部位边框柱的箍筋宜沿全高加密；当带边框剪力墙上的洞口紧邻边框柱时，边框柱的箍筋宜沿全高加密。

8.2.3 板柱-剪力墙结构设计应符合下列规定：

1 结构分析中规则的板柱结构可用等代框架法，其等代梁的宽度宜采用垂直于等代框架方向两侧柱距各1/4；宜采用连续体有限元空间模型进行更准确的计算分析。

2 楼板在柱周边临界截面的冲切应力，不宜超过0.7f_t，超过时应配置抗冲切钢筋或抗剪栓钉，当地震作用导致柱上板带支座弯矩反号时还应对反向作复核。板柱节点冲切承载力可按现行国家标准《混凝土结构设计规范》GB 50010 的相关规定进行验算，并应考虑节点不平衡弯矩作用下产生的剪力影响。

3 沿两个主轴方向均应布置通过柱截面的板底连续钢筋，且钢筋的总截面面积应符合下式要求：

$$A_s \geqslant N_G/f_y \quad (8.2.3)$$

式中：A_s ——通过柱截面的板底连续钢筋的总截面面积；

N_G ——该层楼面重力荷载代表值作用下的柱轴向压力设计值，8 度时尚宜计入竖向地震影响；

f_y ——通过柱截面的板底连续钢筋的抗拉强度设计值。

8.2.4 板柱-剪力墙结构中，板的构造设计应符合下列规定：

1 抗震设计时，应在柱上板带中设置构造暗梁，暗梁宽度取柱宽及两侧各 1.5 倍板厚之和，暗梁支座上部钢筋截面积不宜小于柱上板带钢筋截面积的 50%，并应全跨拉通，暗梁下部钢筋应不小于上部钢筋的 1/2。暗梁箍筋的布置，当计算不需要时，直径不应小于 8mm，间距不宜大于 $3h_0/4$，肢距不宜大于 $2h_0$；当计算需要时应按计算确定，且直径不应小于 10mm，间距不宜大于 $h_0/2$，肢距不宜大于 $1.5h_0$。

2 设置柱托板时，非抗震设计时托板底部宜布置构造钢筋；抗震设计时托板底部钢筋应按计算确定，并应满足抗震锚固要求。计算柱上板带的支座钢筋时，可考虑托板厚度的有利影响。

3 无梁楼板开局部洞口时，应验算承载力及刚度要求。当未作专门分析时，在板的不同部位开单个洞的大小应符合图 8.2.4 的要求。若在同一部位开多个洞时，则在同一截面上各个洞宽之和不应大于该部位单个洞的允许宽度。所有洞边均应设置补强钢筋。

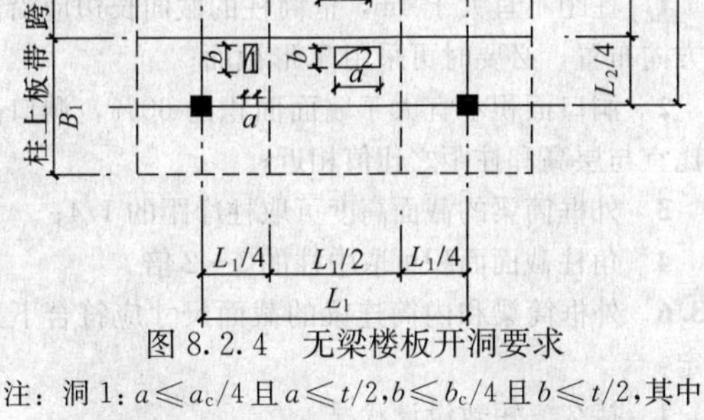
柱上板带
跨中板带
柱上板带
A1
A2
A1
B1
B2
B1
L2/4
L2/2
L2/4
L2
L1/4
L1/2
L1/4
L1
b
a
3
b
a
1
b
a
2

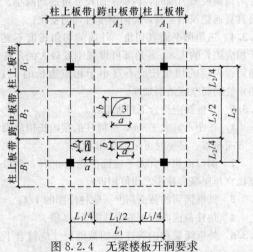

图 8.2.4 无梁楼板开洞要求

注：洞 1：$a \leqslant a_c/4$ 且 $a \leqslant t/2$，$b \leqslant b_c/4$ 且 $b \leqslant t/2$，其中，a 为洞口短边尺寸，b 为洞口长边尺寸，a_c 为相应于洞口短边方向的柱宽，b_c 为相应于洞口长边方向的柱宽，t 为板厚；洞 2：$a \leqslant A_2/4$ 且 $b \leqslant B_1/4$；洞 3：$a \leqslant A_2/4$ 且 $b \leqslant B_2/4$

9 筒体结构设计

9.1 一 般 规 定

9.1.1 本章适用于钢筋混凝土框架-核心筒结构和筒中筒结构，其他类型的筒体结构可参照使用。筒体结构各种构件的截面设计和构造措施除应遵守本章规定外，尚应符合本规程第 6～8 章的有关规定。

9.1.2 筒中筒结构的高度不宜低于 80m，高宽比不宜小于 3。对高度不超过 60m 的框架-核心筒结构，可按框架-剪力墙结构设计。

9.1.3 当相邻层的柱不贯通时，应设置转换梁等构件。转换构件的结构设计应符合本规程第 10 章的有关规定。

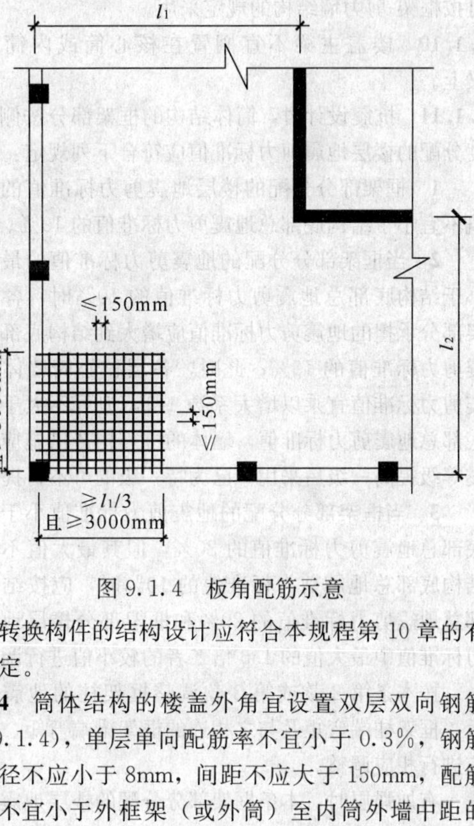
l1
l2
≤150mm
≤150mm
≥l2/3
且≥3000mm
≥l1/3
且≥3000mm

图 9.1.4 板角配筋示意

9.1.4 筒体结构的楼盖外角宜设置双层双向钢筋（图 9.1.4），单层单向配筋率不宜小于 0.3%，钢筋的直径不应小于 8mm，间距不应大于 150mm，配筋范围不宜小于外框架（或外筒）至内筒外墙中距的 1/3 和 3m。

9.1.5 核心筒或内筒的外墙与外框柱间的中距，非抗震设计大于 15m、抗震设计大于 12m 时，宜采取增设内柱等措施。

9.1.6 核心筒或内筒中剪力墙截面形状宜简单；截面形状复杂的墙体可按应力进行截面设计校核。

9.1.7 筒体结构核心筒或内筒设计应符合下列规定：

1 墙肢宜均匀、对称布置；

2 筒体角部附近不宜开洞，当不可避免时，筒角内壁至洞口的距离不应小于 500mm 和开洞墙截面厚度的较大值；

3 筒体墙应按本规程附录D验算墙体稳定，且外墙厚度不应小于200mm，内墙厚度不应小于160mm，必要时可设置扶壁柱或扶壁墙；

4 筒体墙的水平、竖向配筋不应少于两排，其最小配筋率应符合本规程第7.2.17条的规定；

5 抗震设计时，核心筒、内筒的连梁宜配置对角斜向钢筋或交叉暗撑；

6 筒体墙的加强部位高度、轴压比限值、边缘构件设置以及截面设计，应符合本规程第7章的有关规定。

9.1.8 核心筒或内筒的外墙不宜在水平方向连续开洞，洞间墙肢的截面高度不宜小于1.2m；当洞间墙肢的截面高度与厚度之比小于4时，宜按框架柱进行截面设计。

9.1.9 抗震设计时，框筒柱和框架柱的轴压比限值可按框架-剪力墙结构的规定采用。

9.1.10 楼盖主梁不宜搁置在核心筒或内筒的连梁上。

9.1.11 抗震设计时，筒体结构的框架部分按侧向刚度分配的楼层地震剪力标准值应符合下列规定：

1 框架部分分配的楼层地震剪力标准值的最大值不宜小于结构底部总地震剪力标准值的10%。

2 当框架部分分配的地震剪力标准值的最大值小于结构底部总地震剪力标准值的10%时，各层框架部分承担的地震剪力标准值应增大到结构底部总地震剪力标准值的15%；此时，各层核心筒墙体的地震剪力标准值宜乘以增大系数1.1，但可不大于结构底部总地震剪力标准值，墙体的抗震构造措施应按抗震等级提高一级后采用，已为特一级的可不再提高。

3 当框架部分分配的地震剪力标准值小于结构底部总地震剪力标准值的20%，但其最大值不小于结构底部总地震剪力标准值的10%时，应按结构底部总地震剪力标准值的20%和框架部分楼层地震剪力标准值中最大值的1.5倍二者的较小值进行调整。

按本条第2款或第3款调整框架柱的地震剪力后，框架柱端弯矩及与之相连的框架梁端弯矩、剪力应进行相应调整。

有加强层时，本条框架部分分配的楼层地震剪力标准值的最大值不应包括加强层及其上、下层的框架剪力。

9.2 框架-核心筒结构

9.2.1 核心筒宜贯通建筑物全高。核心筒的宽度不宜小于筒体总高的1/12，当筒体结构设置角筒、剪力墙或增强结构整体刚度的构件时，核心筒的宽度可适当减小。

9.2.2 抗震设计时，核心筒墙体设计尚应符合下列规定：

1 底部加强部位主要墙体的水平和竖向分布钢筋的配筋率均不宜小于0.30%；

2 底部加强部位约束边缘构件沿墙肢的长度宜取墙肢截面高度的1/4，约束边缘构件范围内应主要采用箍筋；

3 底部加强部位以上宜按本规程7.2.15条的规定设置约束边缘构件。

9.2.3 框架-核心筒结构的周边柱间必须设置框架梁。

9.2.4 核心筒连梁的受剪截面应符合本规程第9.3.6条的要求，其构造设计应符合本规程第9.3.7、9.3.8条的有关规定。

9.2.5 对内筒偏置的框架-筒体结构，应控制结构在考虑偶然偏心影响的规定地震力作用下，最大楼层水平位移和层间位移不应大于该楼层平均值的1.4倍，结构扭转为主的第一自振周期 T_t 与平动为主的第一自振周期 T_1 之比不应大于0.85，且 T_1 的扭转成分不宜大于30%。

9.2.6 当内筒偏置、长宽比大于2时，宜采用框架-双筒结构。

9.2.7 当框架-双筒结构的双筒间楼板开洞时，其有效楼板宽度不宜小于楼板典型宽度的50%，洞口附近楼板应加厚，并应采用双层双向配筋，每层单向配筋率不应小于0.25%；双筒间楼板宜按弹性板进行细化分析。

9.3 筒中筒结构

9.3.1 筒中筒结构的平面外形宜选用圆形、正多边形、椭圆形或矩形等，内筒宜居中。

9.3.2 矩形平面的长宽比不宜大于2。

9.3.3 内筒的宽度可为高度的1/12～1/15，如有另外的角筒或剪力墙时，内筒平面尺寸可适当减小。内筒宜贯通建筑物全高，竖向刚度宜均匀变化。

9.3.4 三角形平面宜切角，外筒的切角长度不宜小于相应边长的1/8，其角部可设置刚度较大的角柱或角筒；内筒的切角长度不宜小于相应边长的1/10，切角处的筒壁宜适当加厚。

9.3.5 外框筒应符合下列规定：

1 柱距不宜大于4m，框筒柱的截面长边应沿筒壁方向布置，必要时可采用T形截面；

2 洞口面积不宜大于墙面面积的60%，洞口高宽比宜与层高和柱距之比值相近；

3 外框筒梁的截面高度可取柱净距的1/4；

4 角柱截面面积可取中柱的1～2倍。

9.3.6 外框筒梁和内筒连梁的截面尺寸应符合下列规定：

1 持久、短暂设计状况

$$V_b \leqslant 0.25\beta_c f_c b_b h_{b0} \quad (9.3.6\text{-}1)$$

2 地震设计状况

1）跨高比大于2.5时

$$V_b \leqslant \frac{1}{\gamma_{RE}}(0.20\beta_c f_c b_b h_{b0}) \quad (9.3.6\text{-}2)$$

2）跨高比不大于 2.5 时

$$V_b \leqslant \frac{1}{\gamma_{RE}}(0.15\beta_c f_c b_b h_{b0}) \quad (9.3.6\text{-}3)$$

式中：V_b ——外框筒梁或内筒连梁剪力设计值；

b_b ——外框筒梁或内筒连梁截面宽度；

h_{b0} ——外框筒梁或内筒连梁截面的有效高度；

β_c ——混凝土强度影响系数，应按本规程第6.2.6条规定采用。

9.3.7 外框筒梁和内筒连梁的构造配筋应符合下列要求：

1 非抗震设计时，箍筋直径不应小于 8mm；抗震设计时，箍筋直径不应小于 10mm。

2 非抗震设计时，箍筋间距不应大于 150mm；抗震设计时，箍筋间距沿梁长不变，且不应大于 100mm，当梁内设置交叉暗撑时，箍筋间距不应大于 200mm。

3 框筒梁上、下纵向钢筋的直径均不应小于 16mm，腰筋的直径不应小于 10mm，腰筋间距不应大于 200mm。

9.3.8 跨高比不大于 2 的框筒梁和内筒连梁宜增配对角斜向钢筋。跨高比不大于 1 的框筒梁和内筒连梁宜采用交叉暗撑（图 9.3.8），且应符合下列规定：

1 梁的截面宽度不宜小于 400mm；

2 全部剪力应由暗撑承担，每根暗撑应由不少于 4 根纵向钢筋组成，纵筋直径不应小于 14mm，其总面积 A_s 应按下列公式计算：

1）持久、短暂设计状况

$$A_s \geqslant \frac{V_b}{2f_y \sin\alpha} \quad (9.3.8\text{-}1)$$

2）地震设计状况

$$A_s \geqslant \frac{\gamma_{RE} V_b}{2f_y \sin\alpha} \quad (9.3.8\text{-}2)$$

式中：α ——暗撑与水平线的夹角；

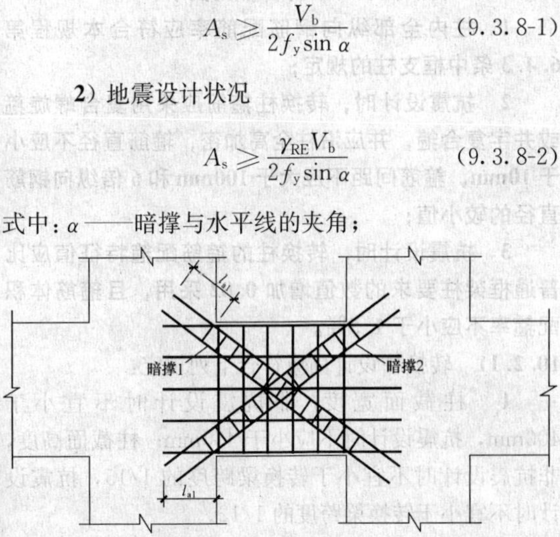
暗撑1
暗撑2
l_{a1}

图 9.3.8 梁内交叉暗撑的配筋

3 两个方向暗撑的纵向钢筋应采用矩形箍筋或螺旋箍筋绑成一体，箍筋直径不应小于 8mm，箍筋间距不应大于 150mm；

4 纵筋伸入竖向构件的长度不应小于 l_{a1}，非抗震设计时 l_{a1} 可取 l_a，抗震设计时 l_{a1} 宜取 $1.15l_a$；

5 梁内普通箍筋的配置应符合本规程第 9.3.7 条的构造要求。

10 复杂高层建筑结构设计

10.1 一 般 规 定

10.1.1 本章对复杂高层建筑结构的规定适用于带转换层的结构、带加强层的结构、错层结构、连体结构以及竖向体型收进、悬挑结构。

10.1.2 9 度抗震设计时不应采用带转换层的结构、带加强层的结构、错层结构和连体结构。

10.1.3 7 度和 8 度抗震设计时，剪力墙结构错层高层建筑的房屋高度分别不宜大于 80m 和 60m；框架-剪力墙结构错层高层建筑的房屋高度分别不应大于 80m 和 60m。抗震设计时，B 级高度高层建筑不宜采用连体结构；底部带转换层的 B 级高度筒中筒结构，当外筒框支层以上采用由剪力墙构成的壁式框架时，其最大适用高度应比本规程表 3.3.1-2 规定的数值适当降低。

10.1.4 7 度和 8 度抗震设计的高层建筑不宜同时采用超过两种本规程第 10.1.1 条所规定的复杂高层建筑结构。

10.1.5 复杂高层建筑结构的计算分析应符合本规程第 5 章的有关规定。复杂高层建筑结构中的受力复杂部位，尚宜进行应力分析，并按应力进行配筋设计校核。

10.2 带转换层高层建筑结构

10.2.1 在高层建筑结构的底部，当上部楼层部分竖向构件（剪力墙、框架柱）不能直接连续贯通落地时，应设置结构转换层，形成带转换层高层建筑结构。本节对带托墙转换层的剪力墙结构（部分框支剪力墙结构）及带托柱转换层的筒体结构的设计作出规定。

10.2.2 带转换层的高层建筑结构，其剪力墙底部加强部位的高度应从地下室顶板算起，宜取至转换层以上两层且不宜小于房屋高度的 1/10。

10.2.3 转换层上部结构与下部结构的侧向刚度变化应符合本规程附录 E 的规定。

10.2.4 转换结构构件可采用转换梁、桁架、空腹桁架、箱形结构、斜撑等，非抗震设计和 6 度抗震设计时可采用厚板，7、8 度抗震设计时地下室的转换结构构件可采用厚板。特一、一、二级转换结构构件的水平地震作用计算内力应分别乘以增大系数 1.9、1.6、1.3；转换结构构件应按本规程第 4.3.2 条的规定考虑竖向地震作用。

10.2.5 部分框支剪力墙结构在地面以上设置转换层的位置，8度时不宜超过3层，7度时不宜超过5层，6度时可适当提高。

10.2.6 带转换层的高层建筑结构，其抗震等级应符合本规程第3.9节的有关规定，带托柱转换层的筒体结构，其转换柱和转换梁的抗震等级按部分框支剪力墙结构中的框支框架采纳。对部分框支剪力墙结构，当转换层的位置设置在3层及3层以上时，其框支柱、剪力墙底部加强部位的抗震等级宜按本规程表3.9.3和表3.9.4的规定提高一级采用，已为特一级时可不提高。

10.2.7 **转换梁设计应符合下列要求：**

1 转换梁上、下部纵向钢筋的最小配筋率，非抗震设计时均不应小于0.30%；抗震设计时，特一、一、和二级分别不应小于0.60%、0.50%和0.40%。

2 离柱边1.5倍梁截面高度范围内的梁箍筋应加密，加密区箍筋直径不应小于10mm、间距不应大于100mm。加密区箍筋的最小面积配筋率，非抗震设计时不应小于 $0.9f_t/f_{yv}$；抗震设计时，特一、一和二级分别不应小于 $1.3f_t/f_{yv}$、$1.2f_t/f_{yv}$ 和 $1.1f_t/f_{yv}$。

3 偏心受拉的转换梁的支座上部纵向钢筋至少应有50%沿梁全长贯通，下部纵向钢筋应全部直通到柱内；沿梁腹板高度应配置间距不大于200mm、直径不小于16mm的腰筋。

10.2.8 转换梁设计尚应符合下列规定：

1 转换梁与转换柱截面中线宜重合。

2 转换梁截面高度不宜小于计算跨度的1/8。托柱转换梁截面宽度不应小于其上所托柱在梁宽方向的截面宽度。框支梁截面宽度不宜大于框支柱相应方向的截面宽度，且不宜小于其上墙体截面厚度的2倍和400mm的较大值。

3 转换梁截面组合的剪力设计值应符合下列规定：

持久、短暂设计状况 $V \leqslant 0.20\beta_c f_c bh_0$ (10.2.8-1)

地震设计状况 $V \leqslant \frac{1}{\gamma_{RE}}(0.15\beta_c f_c bh_0)$ (10.2.8-2)

4 托柱转换梁应沿腹板高度配置腰筋，其直径不宜小于12mm、间距不宜大于200mm。

5 转换梁纵向钢筋接头宜采用机械连接，同一连接区段内接头钢筋截面面积不宜超过全部纵筋截面面积的50%，接头位置应避开上部墙体开洞部位、梁上托柱部位及受力较大部位。

6 转换梁不宜开洞。若必须开洞时，洞口边离开支座柱边的距离不宜小于梁截面高度；被洞口削弱的截面应进行承载力计算，因开洞形成的上、下弦杆应加强纵向钢筋和抗剪箍筋的配置。

7 对托柱转换梁的托柱部位和框支梁上部的墙体开洞部位，梁的箍筋应加密配置，加密区范围可取梁上托柱边或墙边两侧各1.5倍转换梁高度；箍筋直径、间距及面积配筋率应符合本规程第10.2.7条第2款的规定。

8 框支剪力墙结构中的框支梁上、下纵向钢筋和腰筋（图10.2.8）应在节点区可靠锚固，水平段应伸至柱边，且非抗震设计时不应小于 $0.4l_{ab}$，抗震设计时不应小于 $0.4l_{abE}$，梁上部第一排纵向钢筋应向柱内弯折锚固，且应延伸过梁底不小于 l_a（非抗震设计）或 l_{aE}（抗震设计）；当梁上部配置多排纵向钢筋时，其内排钢筋锚入柱内的长度可适当减小，但水平段长度和弯下段长度之和不应小于钢筋锚固长度 l_a（非抗震设计）或 l_{aE}（抗震设计）。

9 托柱转换梁在转换层宜在托柱位置设置正交方向的框架梁或楼面梁。

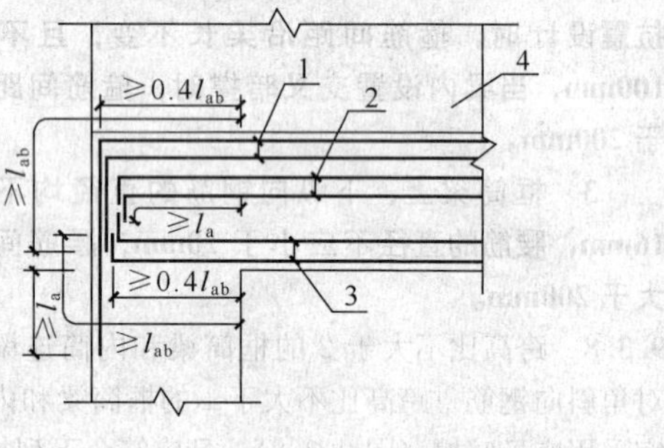
≥0.4l_{ab}
1
2
4
≥l_{ab}
≥l_a
≥0.4l_{ab}
3
≥l_a
≥l_{ab}

图10.2.8 框支梁主筋和腰筋的锚固

1—梁上部纵向钢筋；2—梁腰筋；3—梁下部纵向钢筋；4—上部剪力墙；抗震设计时图中 l_a、l_{ab} 分别取为 l_{aE}、l_{abE}

10.2.9 转换层上部的竖向抗侧力构件（墙、柱）宜直接落在转换层的主要转换构件上。

10.2.10 **转换柱设计应符合下列要求：**

1 柱内全部纵向钢筋配筋率应符合本规程第6.4.3条中框支柱的规定；

2 抗震设计时，转换柱箍筋应采用复合螺旋箍或井字复合箍，并应沿柱全高加密，箍筋直径不应小于10mm，箍筋间距不应大于100mm和6倍纵向钢筋直径的较小值；

3 抗震设计时，转换柱的箍筋配箍特征值应比普通框架柱要求的数值增加0.02采用，且箍筋体积配箍率不应小于1.5%。

10.2.11 转换柱设计尚应符合下列规定：

1 柱截面宽度，非抗震设计时不宜小于400mm，抗震设计时不应小于450mm；柱截面高度，非抗震设计时不宜小于转换梁跨度的1/15，抗震设计时不宜小于转换梁跨度的1/12。

2 一、二级转换柱由地震作用产生的轴力应分别乘以增大系数1.5、1.2，但计算柱轴压比时可不考虑该增大系数。

3 与转换构件相连的一、二级转换柱的上端和底层柱下端截面的弯矩组合值应分别乘以增大系数

1.5、1.3，其他层转换柱柱端弯矩设计值应符合本规程第6.2.1条的规定。

4 一、二级柱端截面的剪力设计值应符合本规程第6.2.3条的有关规定。

5 转换角柱的弯矩设计值和剪力设计值应分别在本条第3、4款的基础上乘以增大系数1.1。

6 柱截面的组合剪力设计值应符合下列规定：

持久、短暂设计状况 $V \leqslant 0.20\beta_c f_c b h_0$ (10.2.11-1)

地震设计状况 $V \leqslant \frac{1}{\gamma_{RE}}(0.15\beta_c f_c b h_0)$ (10.2.11-2)

7 纵向钢筋间距均不应小于80mm，且抗震设计时不宜大于200mm，非抗震设计时不宜大于250mm；抗震设计时，柱内全部纵向钢筋配筋率不宜大于4.0%。

8 非抗震设计时，转换柱宜采用复合螺旋箍或井字复合箍，其箍筋体积配箍率不宜小于0.8%，箍筋直径不宜小于10mm，箍筋间距不宜大于150mm。

9 部分框支剪力墙结构中的框支柱在上部墙体范围内的纵向钢筋应伸入上部墙体内不少于一层，其余柱纵筋应锚入转换层梁内或板内；从柱边算起，锚入梁内、板内的钢筋长度，抗震设计时不应小于 l_{aE}，非抗震设计时不应小于 l_a。

10.2.12 抗震设计时，转换梁、柱的节点核心区应进行抗震验算，节点应符合构造措施的要求。转换梁、柱的节点核心区应按本规程第6.4.10条的规定设置水平箍筋。

10.2.13 箱形转换结构上、下楼板厚度均不宜小于180mm，应根据转换柱的布置和建筑功能要求设置双向横隔板；上、下板配筋设计应同时考虑板局部弯曲和箱形转换层整体弯曲的影响，横隔板宜按深梁设计。

10.2.14 厚板设计应符合下列规定：

1 转换厚板的厚度可由抗弯、抗剪、抗冲切截面验算确定。

2 转换厚板可局部做成薄板，薄板与厚板交界处可加腋；转换厚板亦可局部做成夹心板。

3 转换厚板宜按整体计算时所划分的主要交叉梁系的剪力和弯矩设计值进行截面设计并按有限元法分析结果进行配筋校核；受弯纵向钢筋可沿转换板上、下部双层双向配置，每一方向总配筋率不宜小于0.6%；转换板内暗梁的抗剪箍筋面积配筋率不宜小于0.45%。

4 厚板外周边宜配置钢筋骨架网。

5 转换厚板上、下部的剪力墙、柱的纵向钢筋均应在转换厚板内可靠锚固。

6 转换厚板上、下一层的楼板应适当加强，楼板厚度不宜小于150mm。

10.2.15 采用空腹桁架转换层时，空腹桁架宜满层设置，应有足够的刚度。空腹桁架的上、下弦杆宜考虑楼板作用，并应加强上、下弦杆与框架柱的锚固连接构造；竖腹杆应按强剪弱弯进行配筋设计，并加强箍筋配置以及与上、下弦杆的连接构造措施。

10.2.16 部分框支剪力墙结构的布置应符合下列规定：

1 落地剪力墙和筒体底部墙体应加厚；

2 框支柱周围楼板不应错层布置；

3 落地剪力墙和筒体的洞口宜布置在墙体的中部；

4 框支梁上一层墙体内不宜设置边门洞，也不宜在框支中柱上方设置门洞；

5 落地剪力墙的间距 l 应符合下列规定：

1）非抗震设计时，l 不宜大于 $3B$ 和36m；

2）抗震设计时，当底部框支层为1～2层时，l 不宜大于 $2B$ 和24m；当底部框支层为3层及3层以上时，l 不宜大于 $1.5B$ 和20m；此处，B 为落地墙之间楼盖的平均宽度。

6 框支柱与相邻落地剪力墙的距离，1～2层框支层时不宜大于12m，3层及3层以上框支层时不宜大于10m；

7 框支框架承担的地震倾覆力矩应小于结构总地震倾覆力矩的50%；

8 当框支梁承托剪力墙并承托转换次梁及其上剪力墙时，应进行应力分析，按应力校核配筋，并加强构造措施。B级高度部分框支剪力墙高层建筑的结构转换层，不宜采用框支主、次梁方案。

10.2.17 部分框支剪力墙结构框支柱承受的水平地震剪力标准值应按下列规定采用：

1 每层框支柱的数目不多于10根时，当底部框支层为1～2层时，每根柱所受的剪力应至少取结构基底剪力的2%；当底部框支层为3层及3层以上时，每根柱所受的剪力应至少取结构基底剪力的3%。

2 每层框支柱的数目多于10根时，当底部框支层为1～2层时，每层框支柱承受剪力之和应至少取结构基底剪力的20%；当框支层为3层及3层以上时，每层框支柱承受剪力之和应至少取结构基底剪力的30%。

框支柱剪力调整后，应相应调整框支柱的弯矩及柱端框架梁的剪力和弯矩，但框支梁的剪力、弯矩、框支柱的轴力可不调整。

10.2.18 部分框支剪力墙结构中，特一、一、二、三级落地剪力墙底部加强部位的弯矩设计值应按墙底截面有地震作用组合的弯矩值乘以增大系数1.8、1.5、1.3、1.1采用；其剪力设计值应按本规程第3.10.5条、第7.2.6条的规定进行调整。落地剪力墙墙肢不宜出现偏心受拉。

10.2.19 **部分框支剪力墙结构中，剪力墙底部加强**

部位墙体的水平和竖向分布钢筋的最小配筋率，抗震设计时不应小于 0.3%，非抗震设计时不应小于 0.25%；抗震设计时钢筋间距不应大于 200mm，钢筋直径不应小于 8mm。

10.2.20 部分框支剪力墙结构的剪力墙底部加强部位，墙体两端宜设置翼墙或端柱，抗震设计时尚应按本规程第 7.2.15 条的规定设置约束边缘构件。

10.2.21 部分框支剪力墙结构的落地剪力墙基础应有良好的整体性和抗转动的能力。

10.2.22 部分框支剪力墙结构框支梁上部墙体的构造应符合下列规定：

1 当梁上部的墙体开有边门洞时（图 10.2.22），洞边墙体宜设置翼墙、端柱或加厚，并应按本规程第 7.2.15 条约束边缘构件的要求进行配筋设计；当洞口靠近梁端部且梁的受剪承载力不满足要求时，可采取框支梁加腋或增大框支墙洞口连梁刚度等措施。

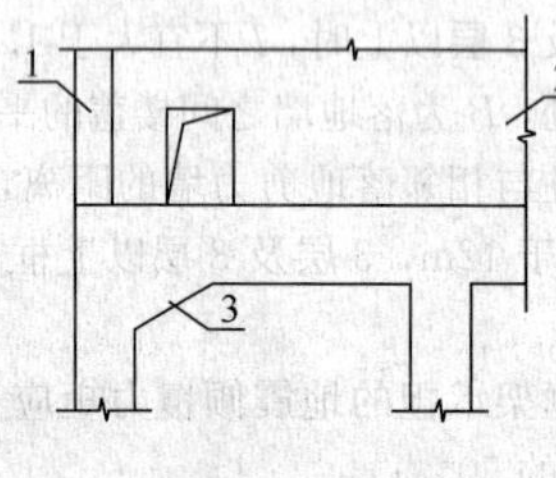
1
2
3

图 10.2.22 框支梁上墙体有边门洞时洞边墙体的构造要求

1—翼墙或端柱；2—剪力墙；3—框支梁加腋

2 框支梁上部墙体竖向钢筋在梁内的锚固长度，抗震设计时不应小于 l_{aE}，非抗震设计时不应小于 l_a。

3 框支梁上部一层墙体的配筋宜按下列规定进行校核：

1）柱上墙体的端部竖向钢筋面积 A_s：

$$A_s = h_c b_w \ (\sigma_{01} - f_c) \ / f_y \quad (10.2.22\text{-}1)$$

2）柱边 $0.2l_n$ 宽度范围内竖向分布钢筋面积 A_{sw}：

$$A_{sw} = 0.2 l_n b_w (\sigma_{02} - f_c) / f_{yw} \quad (10.2.22\text{-}2)$$

3）框支梁上部 $0.2l_n$ 高度范围内墙体水平分布筋面积 A_{sh}：

$$A_{sh} = 0.2 l_n b_w \sigma_{xmax} / f_{yh} \quad (10.2.22\text{-}3)$$

式中：l_n ——框支梁净跨度（mm）；

h_c ——框支柱截面高度（mm）；

b_w ——墙肢截面厚度（mm）；

σ_{01} ——柱上墙体 h_c 范围内考虑风荷载、地震作用组合的平均压应力设计值（N/mm^2）；

σ_{02} ——柱边墙体 $0.2l_n$ 范围内考虑风荷载、地震作用组合的平均压应力设计值（N/mm^2）；

σ_{xmax} ——框支梁与墙体交接面上考虑风荷载、地震作用组合的水平拉应力设计值（N/mm^2）。

有地震作用组合时，公式（10.2.22-1）～（10.2.22-3）中 σ_{01}、σ_{02}、σ_{xmax} 均应乘以 γ_{RE}，γ_{RE} 取 0.85。

4 框支梁与其上部墙体的水平施工缝处宜按本规程第 7.2.12 条的规定验算抗滑移能力。

10.2.23 部分框支剪力墙结构中，框支转换层楼板厚度不宜小于 180mm，应双层双向配筋，且每层每方向的配筋率不宜小于 0.25%，楼板中钢筋应锚固在边梁或墙体内；落地剪力墙和筒体外围的楼板不宜开洞。楼板边缘和较大洞口周边应设置边梁，其宽度不宜小于板厚的 2 倍，全截面纵向钢筋配筋率不应小于 1.0%。与转换层相邻楼层的楼板也应适当加强。

10.2.24 部分框支剪力墙结构中，抗震设计的矩形平面建筑框支转换层楼板，其截面剪力设计值应符合下列要求：

$$V_f \leqslant \frac{1}{\gamma_{RE}}(0.1\beta_c f_c b_f t_f) \quad (10.2.24\text{-}1)$$

$$V_f \leqslant \frac{1}{\gamma_{RE}}(f_y A_s) \quad (10.2.24\text{-}2)$$

式中：b_f、t_f ——分别为框支转换层楼板的验算截面宽度和厚度；

V_f ——由不落地剪力墙传到落地剪力墙处按刚性楼板计算的框支层楼板组合的剪力设计值，8 度时应乘以增大系数 2.0，7 度时应乘以增大系数 1.5。验算落地剪力墙时可不考虑此增大系数；

A_s ——穿过落地剪力墙的框支转换层楼盖（包括梁和板）的全部钢筋的截面面积；

γ_{RE} ——承载力抗震调整系数，可取 0.85。

10.2.25 部分框支剪力墙结构中，抗震设计的矩形平面建筑框支转换层楼板，当平面较长或不规则以及各剪力墙内力相差较大时，可采用简化方法验算楼板平面内受弯承载力。

10.2.26 抗震设计时，带托柱转换层的筒体结构的外围转换柱与内筒、核心筒外墙的中距不宜大于 12m。

10.2.27 托柱转换层结构，转换构件采用桁架时，转换桁架斜腹杆的交点、空腹桁架的竖腹杆宜与上部密柱的位置重合；转换桁架的节点应加强配筋及构造措施。

10.3 带加强层高层建筑结构

10.3.1 当框架-核心筒、筒中筒结构的侧向刚度不能满足要求时，可利用建筑避难层、设备层空间，设置适宜刚度的水平伸臂构件，形成带加强层的高层建筑结构。必要时，加强层也可同时设置周边水平环带构件。水平伸臂构件、周边环带构件可采用斜腹杆桁架、实体梁、箱形梁、空腹桁架等形式。

10.3.2 带加强层高层建筑结构设计应符合下列规定：

1 应合理设计加强层的数量、刚度和设置位置。当布置1个加强层时，可设置在0.6倍房屋高度附近；当布置2个加强层时，可分别设置在顶层和0.5倍房屋高度附近；当布置多个加强层时，宜沿竖向从顶层向下均匀布置。

2 加强层水平伸臂构件宜贯通核心筒，其平面布置宜位于核心筒的转角、T字节点处；水平伸臂构件与周边框架的连接宜采用铰接或半刚接；结构内力和位移计算中，设置水平伸臂桁架的楼层宜考虑楼板平面内的变形。

3 加强层及其相邻层的框架柱、核心筒应加强配筋构造。

4 加强层及其相邻层楼盖的刚度和配筋应加强。

5 在施工程序及连接构造上应采取减小结构竖向温度变形及轴向压缩差的措施，结构分析模型应能反映施工措施的影响。

10.3.3 抗震设计时，带加强层高层建筑结构应符合下列要求：

1 加强层及其相邻层的框架柱、核心筒剪力墙的抗震等级应提高一级采用，一级应提高至特一级，但抗震等级已经为特一级时应允许不再提高；

2 加强层及其相邻层的框架柱，箍筋应全柱段加密配置，轴压比限值应按其他楼层框架柱的数值减小0.05采用；

3 加强层及其相邻层核心筒剪力墙应设置约束边缘构件。

10.4 错层结构

10.4.1 抗震设计时，高层建筑沿竖向宜避免错层布置。当房屋不同部位因功能不同而使楼层错层时，宜采用防震缝划分为独立的结构单元。

10.4.2 错层两侧宜采用结构布置和侧向刚度相近的结构体系。

10.4.3 错层结构中，错开的楼层不应归并为一个刚性楼板，计算分析模型应能反映错层影响。

10.4.4 抗震设计时，错层处框架柱应符合下列要求：

1 截面高度不应小于600mm，混凝土强度等级不应低于C30，箍筋应全柱段加密配置；

2 抗震等级应提高一级采用，一级应提高至特一级，但抗震等级已经为特一级时应允许不再提高。

10.4.5 在设防烈度地震作用下，错层处框架柱的截面承载力宜符合本规程公式（3.11.3-2）的要求。

10.4.6 错层处平面外受力的剪力墙的截面厚度，非抗震设计时不应小于200mm，抗震设计时不应小于250mm，并均应设置与之垂直的墙肢或扶壁柱；抗震设计时，其抗震等级应提高一级采用。错层处剪力墙的混凝土强度等级不应低于C30，水平和竖向分布钢筋的配筋率，非抗震设计时不应小于0.3%，抗震设计时不应小于0.5%。

10.5 连体结构

10.5.1 连体结构各独立部分宜有相同或相近的体型、平面布置和刚度；宜采用双轴对称的平面形式。7度、8度抗震设计时，层数和刚度相差悬殊的建筑不宜采用连体结构。

10.5.2 7度（0.15g）和8度抗震设计时，连体结构的连接体应考虑竖向地震的影响。

10.5.3 6度和7度（0.10g）抗震设计时，高位连体结构的连接体宜考虑竖向地震的影响。

10.5.4 连接体结构与主体结构宜采用刚性连接。刚性连接时，连接体结构的主要结构构件应至少伸入主体结构一跨并可靠连接；必要时可延伸至主体部分的内筒，并与内筒可靠连接。

当连接体结构与主体结构采用滑动连接时，支座滑移量应能满足两个方向在罕遇地震作用下的位移要求，并应采取防坠落、撞击措施。罕遇地震作用下的位移要求，应采用时程分析方法进行计算复核。

10.5.5 刚性连接的连接体结构可设置钢梁、钢桁架、型钢混凝土梁，型钢应伸入主体结构至少一跨并可靠锚固。连接体结构的边梁截面宜加大；楼板厚度不宜小于150mm，宜采用双层双向钢筋网，每层每方向钢筋网的配筋率不宜小于0.25%。

当连接体结构包含多个楼层时，应特别加强其最下面一个楼层及顶层的构造设计。

10.5.6 抗震设计时，连接体及与连接体相连的结构构件应符合下列要求：

1 连接体及与连接体相连的结构构件在连接体高度范围及其上、下层，抗震等级应提高一级采用，一级提高至特一级，但抗震等级已经为特一级时应允许不再提高；

2 与连接体相连的框架柱在连接体高度范围及其上、下层，箍筋应全柱段加密配置，轴压比限值应按其他楼层框架柱的数值减小0.05采用；

3 与连接体相连的剪力墙在连接体高度范围及其上、下层应设置约束边缘构件。

10.5.7 连体结构的计算应符合下列规定：

1 刚性连接的连接体楼板应按本规程第10.2.24条进行受剪截面和承载力验算；

2 刚性连接的连接体楼板较薄弱时，宜补充分塔楼模型计算分析。

10.6 竖向体型收进、悬挑结构

10.6.1 多塔楼结构以及体型收进、悬挑程度超过本规程第3.5.5条限值的竖向不规则高层建筑结构应遵守本节的规定。

10.6.2 多塔楼结构以及体型收进、悬挑结构，竖向体型突变部位的楼板宜加强，楼板厚度不宜小于150mm，宜双层双向配筋，每层每方向钢筋网的配筋率不宜小于0.25%。体型突变部位上、下层结构的楼板也应加强构造措施。

10.6.3 抗震设计时，多塔楼高层建筑结构应符合下列规定：

1 各塔楼的层数、平面和刚度宜接近；塔楼对底盘宜对称布置；上部塔楼结构的综合质心与底盘结构质心的距离不宜大于底盘相应边长的20%。

2 转换层不宜设置在底盘屋面的上层塔楼内。

3 塔楼中与裙房相连的外围柱、剪力墙，从固定端至裙房屋面上一层的高度范围内，柱纵向钢筋的最小配筋率宜适当提高，剪力墙宜按本规程第7.2.15条的规定设置约束边缘构件，柱箍筋宜在裙楼屋面上、下层的范围内全高加密；当塔楼结构相对于底盘结构偏心收进时，应加强底盘周边竖向构件的配筋构造措施。

4 大底盘多塔楼结构，可按本规程第5.1.14条规定的整体和分塔楼计算模型分别验算整体结构和各塔楼结构扭转为主的第一周期与平动为主的第一周期的比值，并应符合本规程第3.4.5条的有关要求。

10.6.4 悬挑结构设计应符合下列规定：

1 悬挑部位应采取降低结构自重的措施。

2 悬挑部位结构宜采用冗余度较高的结构形式。

3 结构内力和位移计算中，悬挑部位的楼层宜考虑楼板平面内的变形，结构分析模型应能反映水平地震对悬挑部位可能产生的竖向振动效应。

4 7度（0.15g）和8、9度抗震设计时，悬挑结构应考虑竖向地震的影响；6、7度抗震设计时，悬挑结构宜考虑竖向地震的影响。

5 抗震设计时，悬挑结构的关键构件以及与之相邻的主体结构关键构件的抗震等级宜提高一级采用，一级提高至特一级，抗震等级已经为特一级时，允许不再提高。

6 在预估罕遇地震作用下，悬挑结构关键构件的截面承载力宜符合本规程公式（3.11.3-3）的要求。

10.6.5 体型收进高层建筑结构、底盘高度超过房屋高度20%的多塔楼结构的设计应符合下列规定：

1 体型收进处宜采取措施减小结构刚度的变化，上部收进结构的底部楼层层间位移角不宜大于相邻下部区段最大层间位移角的1.15倍；

2 抗震设计时，体型收进部位上、下各2层塔楼周边竖向结构构件的抗震等级宜提高一级采用，一级提高至特一级，抗震等级已经为特一级时，允许不再提高；

3 结构偏心收进时，应加强收进部位以下2层结构周边竖向构件的配筋构造措施。

11 混合结构设计

11.1 一 般 规 定

11.1.1 本章规定的混合结构，系指由外围钢框架或型钢混凝土、钢管混凝土框架与钢筋混凝土核心筒所组成的框架-核心筒结构，以及由外围钢框筒或型钢混凝土、钢管混凝土框筒与钢筋混凝土核心筒所组成的筒中筒结构。

11.1.2 混合结构高层建筑适用的最大高度应符合表11.1.2的规定。

表 11.1.2 混合结构高层建筑适用的最大高度（m）

结构体系		非抗震设计	抗震设防烈度				
			6度	7度	8度		9度
					0.2g	0.3g	
框架-核心筒	钢框架-钢筋混凝土核心筒	210	200	160	120	100	70
	型钢（钢管）混凝土框架-钢筋混凝土核心筒	240	220	190	150	130	70
筒中筒	钢外筒-钢筋混凝土核心筒	280	260	210	160	140	80
	型钢（钢管）混凝土外筒-钢筋混凝土核心筒	300	280	230	170	150	90

注：平面和竖向均不规则的结构，最大适用高度应适当降低。

11.1.3 混合结构高层建筑的高宽比不宜大于表11.1.3的规定。

表 11.1.3 混合结构高层建筑适用的最大高宽比

结构体系	非抗震设计	抗震设防烈度		
		6度、7度	8度	9度
框架-核心筒	8	7	6	4
筒中筒	8	8	7	5

11.1.4 抗震设计时，混合结构房屋应根据设防类别、烈度、结构类型和房屋高度采用不同的抗震等级，并应符合相应的计算和构造措施要求。丙类建筑混合结构的抗震等级应按表11.1.4确定。

表 11.1.4 钢-混凝土混合结构抗震等级

结构类型		抗震设防烈度						
		6度		7度		8度		9度
房屋高度（m）		≤150	>150	≤130	>130	≤100	>100	≤70
钢框架-钢筋混凝土核心筒	钢筋混凝土核心筒	二	一	一	特一	一	特一	特一
型钢(钢管)混凝土框架-钢筋混凝土核心筒	钢筋混凝土核心筒	二	二	二	一	一	特一	特一
	型钢（钢管）混凝土框架	三	二	二	一	一	一	一

续表 11.1.4

结构类型		抗震设防烈度						
		6 度		7 度		8 度		9 度
房屋高度（m）		≤180	>180	≤150	>150	≤120	>120	≤90
钢外筒-钢筋混凝土核心筒	钢筋混凝土核心筒	二	一	一	特一	一	特一	特一
型钢（钢管）混凝土外筒-钢筋混凝土核心筒	钢筋混凝土核心筒	二	二	二	一	一	特一	特一
	型钢（钢管）混凝土外筒	三	二	二	一	一	一	一

注：钢结构构件抗震等级，抗震设防烈度为 6、7、8、9 度时应分别取四、三、二、一级。

11.1.5 混合结构在风荷载及多遇地震作用下，按弹性方法计算的最大层间位移与层高的比值应符合本规程第 3.7.3 条的有关规定；在罕遇地震作用下，结构的弹塑性层间位移应符合本规程第 3.7.5 条的有关规定。

11.1.6 混合结构框架所承担的地震剪力应符合本规程第 9.1.11 条的规定。

11.1.7 地震设计状况下，型钢（钢管）混凝土构件和钢构件的承载力抗震调整系数 γ_{RE} 可分别按表 11.1.7-1 和表 11.1.7-2 采用。

表 11.1.7-1 型钢（钢管）混凝土构件承载力抗震调整系数 γ_{RE}

正截面承载力计算				斜截面承载力计算
型钢混凝土梁	型钢混凝土柱及钢管混凝土柱	剪力墙	支撑	各类构件及节点
0.75	0.80	0.85	0.80	0.85

表 11.1.7-2 钢构件承载力抗震调整系数 γ_{RE}

强度破坏（梁，柱，支撑，节点板件，螺栓，焊缝）	屈曲稳定（柱，支撑）
0.75	0.80

11.1.8 当采用压型钢板混凝土组合楼板时，楼板混凝土可采用轻质混凝土，其强度等级不应低于 LC25；高层建筑钢-混凝土混合结构的内部隔墙应采用轻质隔墙。

11.2 结 构 布 置

11.2.1 混合结构房屋的结构布置除应符合本节的规定外，尚应符合本规程第 3.4、3.5 节的有关规定。

11.2.2 混合结构的平面布置应符合下列规定：

1 平面宜简单、规则、对称、具有足够的整体抗扭刚度，平面宜采用方形、矩形、多边形、圆形、椭圆形等规则平面，建筑的开间、进深宜统一；

2 筒中筒结构体系中，当外围钢框架柱采用 H 形截面柱时，宜将柱截面强轴方向布置在外围筒体平面内；角柱宜采用十字形、方形或圆形截面；

3 楼盖主梁不宜搁置在核心筒或内筒的连梁上。

11.2.3 混合结构的竖向布置应符合下列规定：

1 结构的侧向刚度和承载力沿竖向宜均匀变化、无突变，构件截面宜由下至上逐渐减小。

2 混合结构的外围框架柱沿高度宜采用同类结构构件；当采用不同类型结构构件时，应设置过渡层，且单柱的抗弯刚度变化不宜超过 30%。

3 对于刚度变化较大的楼层，应采取可靠的过渡加强措施。

4 钢框架部分采用支撑时，宜采用偏心支撑和耗能支撑，支撑宜双向连续布置；框架支撑宜延伸至基础。

11.2.4 8、9 度抗震设计时，应在楼面钢梁或型钢混凝土梁与混凝土筒体交接处及混凝土筒体四角墙内设置型钢柱；7 度抗震设计时，宜在楼面钢梁或型钢混凝土梁与混凝土筒体交接处及混凝土筒体四角墙内设置型钢柱。

11.2.5 混合结构中，外围框架平面内梁与柱应采用刚性连接；楼面梁与钢筋混凝土筒体及外围框架柱的连接可采用刚接或铰接。

11.2.6 楼盖体系应具有良好的水平刚度和整体性，其布置应符合下列规定：

1 楼面宜采用压型钢板现浇混凝土组合楼板、现浇混凝土楼板或预应力混凝土叠合楼板，楼板与钢梁应可靠连接；

2 机房设备层、避难层及外伸臂桁架上下弦杆所在楼层的楼板宜采用钢筋混凝土楼板，并应采取加强措施；

3 对于建筑物楼面有较大开洞或为转换楼层时，应采用现浇混凝土楼板；对楼板大开洞部位宜采取设置刚性水平支撑等加强措施。

11.2.7 当侧向刚度不足时，混合结构可设置刚度适宜的加强层。加强层宜采用伸臂桁架，必要时可配合布置周边带状桁架。加强层设计应符合下列规定：

1 伸臂桁架和周边带状桁架宜采用钢桁架。

2 伸臂桁架应与核心筒墙体刚接，上、下弦杆均应延伸至墙体内且贯通，墙体内宜设置斜腹杆或暗撑；外伸臂桁架与外围框架柱宜采用铰接或半刚接，周边带状桁架与外框架柱的连接宜采用刚性连接。

3 核心筒墙体与伸臂桁架连接处宜设置构造型钢柱，型钢柱宜至少延伸至伸臂桁架高度范围以外上、下各一层。

4 当布置有外伸桁架加强层时，应采取有效措施减少由于外框柱与混凝土筒体竖向变形差异引起的桁架杆件内力。

11.3 结 构 计 算

11.3.1 弹性分析时，宜考虑钢梁与现浇混凝土楼板的共同作用，梁的刚度可取钢梁刚度的 1.5～2.0 倍，但应保证钢梁与楼板有可靠连接。弹塑性分析时，可不考虑楼板与梁的共同作用。

11.3.2 结构弹性阶段的内力和位移计算时，构件刚度取值应符合下列规定：

1 型钢混凝土构件、钢管混凝土柱的刚度可按下列公式计算：

$$EI = E_c I_c + E_a I_a \quad (11.3.2\text{-}1)$$

$$EA = E_c A_c + E_a A_a \quad (11.3.2\text{-}2)$$

$$GA = G_c A_c + G_a A_a \quad (11.3.2\text{-}3)$$

式中：$E_c I_c$，$E_c A_c$，$G_c A_c$——分别为钢筋混凝土部分的截面抗弯刚度、轴向刚度及抗剪刚度；

$E_a I_a$，$E_a A_a$，$G_a A_a$——分别为型钢、钢管部分的截面抗弯刚度、轴向刚度及抗剪刚度。

2 无端柱型钢混凝土剪力墙可近似按相同截面的混凝土剪力墙计算其轴向、抗弯和抗剪刚度，可不计端部型钢对截面刚度的提高作用；

3 有端柱型钢混凝土剪力墙可按H形混凝土截面计算其轴向和抗弯刚度，端柱内型钢可折算为等效混凝土面积计入H形截面的翼缘面积，墙的抗剪刚度可不计入型钢作用；

4 钢板混凝土剪力墙可将钢板折算为等效混凝土面积计算其轴向、抗弯和抗剪刚度。

11.3.3 竖向荷载作用计算时，宜考虑钢柱、型钢混凝土（钢管混凝土）柱与钢筋混凝土核心筒竖向变形差异引起的结构附加内力，计算竖向变形差异时宜考虑混凝土收缩、徐变、沉降及施工调整等因素的影响。

11.3.4 当混凝土筒体先于外围框架结构施工时，应考虑施工阶段混凝土筒体在风力及其他荷载作用下的不利受力状态；应验算在浇筑混凝土之前外围型钢结构在施工荷载及可能的风载作用下的承载力、稳定及变形，并据此确定钢结构安装与浇筑楼层混凝土的间隔层数。

11.3.5 混合结构在多遇地震作用下的阻尼比可取为0.04。风荷载作用下楼层位移验算和构件设计时，阻尼比可取为0.02～0.04。

11.3.6 结构内力和位移计算时，设置伸臂桁架的楼层以及楼板开大洞的楼层应考虑楼板平面内变形的不利影响。

11.4 构件设计

11.4.1 型钢混凝土构件中型钢板件（图11.4.1）的宽厚比不宜超过表11.4.1的规定。

表11.4.1 型钢板件宽厚比限值

钢号	梁		柱		
			H、十、T形截面		箱形截面
	b/t_f	h_w/t_w	b/t_f	h_w/t_w	h_w/t_w
Q235	23	107	23	96	72
Q345	19	91	19	81	61
Q390	18	83	18	75	56

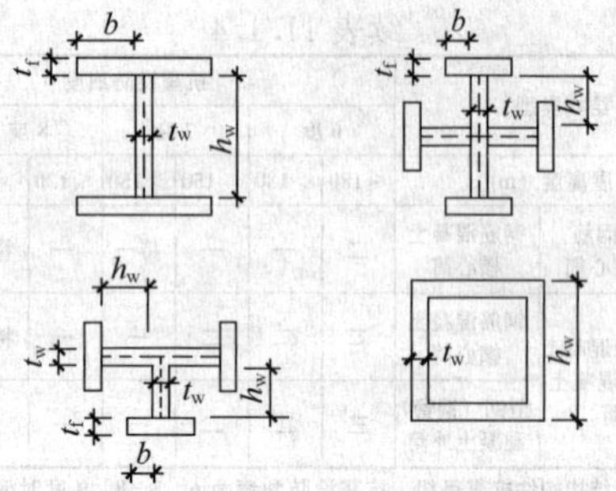

b
t_f
t_w
h_w

图11.4.1 型钢板件示意

11.4.2 型钢混凝土梁应满足下列构造要求：

1 混凝土粗骨料最大直径不宜大于25mm，型钢宜采用Q235及Q345级钢材，也可采用Q390或其他符合结构性能要求的钢材。

2 型钢混凝土梁的最小配筋率不宜小于0.30%，梁的纵向钢筋宜避免穿过柱中型钢的翼缘。梁的纵向的受力钢筋不宜超过两排；配置两排钢筋时，第二排钢筋宜配置在型钢截面外侧。当梁的腹板高度大于450mm时，在梁的两侧面应沿梁高度配置纵向构造钢筋，纵向构造钢筋的间距不宜大于200mm。

3 型钢混凝土梁中型钢的混凝土保护层厚度不宜小于100mm，梁纵向钢筋净间距及梁纵向钢筋与型钢骨架的最小净距不应小于30mm，且不小于粗骨料最大粒径的1.5倍及梁纵向钢筋直径的1.5倍。

4 型钢混凝土梁中的纵向受力钢筋宜采用机械连接。如纵向钢筋需贯穿型钢柱腹板并以90°弯折固定在柱截面内时，抗震设计的弯折前直段长度不应小于钢筋抗震基本锚固长度 l_{abE} 的40%，弯折直段长度不应小于15倍纵向钢筋直径；非抗震设计的弯折前直段长度不应小于钢筋基本锚固长度 l_{ab} 的40%，弯折直段长度不应小于12倍纵向钢筋直径。

5 梁上开洞不宜大于梁截面总高的40%，且不宜大于内含型钢截面高度的70%，并应位于梁高及型钢高度的中间区域。

6 型钢混凝土悬臂梁自由端的纵向受力钢筋应设置专门的锚固件，型钢梁的上翼缘宜设置栓钉；型钢混凝土转换梁在型钢上翼缘宜设置栓钉。栓钉的最大间距不宜大于200mm，栓钉的最小间距沿梁轴线方向不应小于6倍的栓钉杆直径，垂直梁方向的间距不应小于4倍的栓钉杆直径，且栓钉中心至型钢板件边缘的距离不应小于50mm。栓钉顶面的混凝土保护层厚度不应小于15mm。

11.4.3 型钢混凝土梁的箍筋应符合下列规定：

1 箍筋的最小面积配筋率应符合本规程第6.3.4条第4款和第6.3.5条第1款的规定，且不应小于0.15%。

2 抗震设计时，梁端箍筋应加密配置。加密区范围，一级取梁截面高度的2.0倍，二、三、四级取梁截面高度的1.5倍；当梁净跨小于梁截面高度的4倍时，梁箍筋应全跨加密配置。

3 型钢混凝土梁应采用具有135°弯钩的封闭式箍筋，弯钩的直段长度不应小于8倍箍筋直径。非抗震设计时，梁箍筋直径不应小于8mm，箍筋间距不应大于250mm；抗震设计时，梁箍筋的直径和间距应符合表11.4.3的要求。

表 11.4.3 梁箍筋直径和间距（mm）

抗震等级	箍筋直径	非加密区箍筋间距	加密区箍筋间距
一	≥12	≤180	≤120
二	≥10	≤200	≤150
三	≥10	≤250	≤180
四	≥8	250	200

11.4.4 抗震设计时，混合结构中型钢混凝土柱的轴压比不宜大于表11.4.4的限值，轴压比可按下式计算：

$$\mu_N = N/(f_c A_c + f_a A_a) \tag{11.4.4}$$

式中：μ_N——型钢混凝土柱的轴压比；

N——考虑地震组合的柱轴向力设计值；

A_c——扣除型钢后的混凝土截面面积；

f_c——混凝土的轴心抗压强度设计值；

f_a——型钢的抗压强度设计值；

A_a——型钢的截面面积。

表 11.4.4 型钢混凝土柱的轴压比限值

抗震等级	一	二	三
轴压比限值	0.70	0.80	0.90

注：1 转换柱的轴压比应比表中数值减少0.10采用；
2 剪跨比不大于2的柱，其轴压比应比表中数值减少0.05采用；
3 当采用C60以上混凝土时，轴压比宜减少0.05。

11.4.5 型钢混凝土柱设计应符合下列构造要求：

1 型钢混凝土柱的长细比不宜大于80。

2 房屋的底层、顶层以及型钢混凝土与钢筋混凝土交接层的型钢混凝土柱宜设置栓钉，型钢截面为箱形的柱子也宜设置栓钉，栓钉水平间距不宜大于250mm。

3 混凝土粗骨料的最大直径不宜大于25mm。型钢柱中型钢的保护厚度不宜小于150mm；柱纵向钢筋净间距不宜小于50mm，且不应小于柱纵向钢筋直径的1.5倍；柱纵向钢筋与型钢的最小净距不应小于30mm，且不应小于粗骨料最大粒径的1.5倍。

4 型钢混凝土柱的纵向钢筋最小配筋率不宜小于0.8%，且在四角应各配置一根直径不小于16mm的纵向钢筋。

5 柱中纵向受力钢筋的间距不宜大于300mm；当间距大于300mm时，宜附加配置直径不小于14mm的纵向构造钢筋。

6 型钢混凝土柱的型钢含钢率不宜小于4%。

11.4.6 型钢混凝土柱箍筋的构造设计应符合下列规定：

1 非抗震设计时，箍筋直径不应小于8mm，箍筋间距不应大于200mm。

2 抗震设计时，箍筋应做成135°弯钩，箍筋弯钩直段长度不应小于10倍箍筋直径。

3 抗震设计时，柱端箍筋应加密，加密区范围应取矩形截面柱长边尺寸（或圆形截面柱直径）、柱净高的1/6和500mm三者的最大值；对剪跨比不大于2的柱，其箍筋均应全高加密，箍筋间距不应大于100mm。

4 抗震设计时，柱箍筋的直径和间距应符合表11.4.6的规定，加密区箍筋最小体积配箍率尚应符合式（11.4.6）的要求，非加密区箍筋最小体积配箍率不应小于加密区箍筋最小体积配箍率的一半；对剪跨比不大于2的柱，其箍筋体积配箍率尚不应小于1.0%，9度抗震设计时尚不应小于1.3%。

$$\rho_v \geqslant 0.85\lambda_v f_c / f_y \tag{11.4.6}$$

式中：λ_v——柱最小配箍特征值，宜按本规程表6.4.7采用。

表 11.4.6 型钢混凝土柱箍筋直径和间距（mm）

抗震等级	箍筋直径	非加密区箍筋间距	加密区箍筋间距
一	≥12	≤150	≤100
二	≥10	≤200	≤100
三、四	≥8	≤200	≤150

注：箍筋直径除应符合表中要求外，尚不应小于纵向钢筋直径的1/4。

11.4.7 型钢混凝土梁柱节点应符合下列构造要求：

1 型钢柱在梁水平翼缘处应设置加劲肋，其构造不应影响混凝土浇筑密实；

2 箍筋间距不宜大于柱端加密区间距的1.5倍，箍筋直径不宜小于柱端箍筋加密区的箍筋直径；

3 梁中钢筋穿过梁柱节点时，不宜穿过柱型钢翼缘；需穿过柱腹板时，柱腹板截面损失率不宜大于25%，当超过25%时，则需进行补强；梁中主筋不得与柱型钢直接焊接。

11.4.8 圆形钢管混凝土构件及节点可按本规程附录F进行设计。

11.4.9 圆形钢管混凝土柱尚应符合下列构造要求：

1 钢管直径不宜小于400mm。

2 钢管壁厚不宜小于8mm。

3 钢管外径与壁厚的比值D/t宜在（20～100）$\sqrt{235/f_y}$之间，f_y为钢材的屈服强度。

4 圆钢管混凝土柱的套箍指标$\frac{f_a A_a}{f_c A_c}$，不应小于

0.5，也不宜大于2.5。

5 柱的长细比不宜大于80。

6 轴向压力偏心率 e_0/r_c 不宜大于1.0，e_0 为偏心距，r_c 为核心混凝土横截面半径。

7 钢管混凝土柱与框架梁刚性连接时，柱内或柱外应设置与梁上、下翼缘位置对应的加劲肋；加劲肋设置于柱内时，应留孔以利混凝土浇筑；加劲肋设置于柱外时，应形成加劲环板。

8 直径大于2m的圆形钢管混凝土构件应采取有效措施减小钢管内混凝土收缩对构件受力性能的影响。

11.4.10 矩形钢管混凝土柱应符合下列构造要求：

1 钢管截面短边尺寸不宜小于400mm；

2 钢管壁厚不宜小于8mm；

3 钢管截面的高宽比不宜大于2，当矩形钢管混凝土柱截面最大边尺寸不小于800mm时，宜采取在柱子内壁上焊接栓钉、纵向加劲肋等构造措施；

4 钢管管壁板件的边长与其厚度的比值不应大于 $60\sqrt{235/f_y}$；

5 柱的长细比不宜大于80；

6 矩形钢管混凝土柱的轴压比应按本规程公式(11.4.4)计算，并不宜大于表11.4.10的限值。

表11.4.10 矩形钢管混凝土柱轴压比限值

一级	二级	三级
0.70	0.80	0.90

11.4.11 当核心筒墙体承受的弯矩、剪力和轴力均较大时，核心筒墙体可采用型钢混凝土剪力墙或钢板混凝土剪力墙。钢板混凝土剪力墙的受剪截面及受剪承载力应符合本规程第11.4.12、11.4.13条的规定，其构造设计应符合本规程第11.4.14、11.4.15条的规定。

11.4.12 钢板混凝土剪力墙的受剪截面应符合下列规定：

1 持久、短暂设计状况

$$V_{cw} \leqslant 0.25 f_c b_w h_{w0} \quad (11.4.12\text{-}1)$$

$$V_{cw} = V - \left(\frac{0.3}{\lambda} f_a A_{a1} + \frac{0.6}{\lambda - 0.5} f_{sp} A_{sp}\right) \quad (11.4.12\text{-}2)$$

2 地震设计状况

剪跨比 λ 大于2.5时

$$V_{cw} \leqslant \frac{1}{\gamma_{RE}} (0.20 f_c b_w h_{w0}) \quad (11.4.12\text{-}3)$$

剪跨比 λ 不大于2.5时

$$V_{cw} \leqslant \frac{1}{\gamma_{RE}} (0.15 f_c b_w h_{w0}) \quad (11.4.12\text{-}4)$$

$$V_{cw} = V - \frac{1}{\gamma_{RE}} \left(\frac{0.25}{\lambda} f_a A_{a1} + \frac{0.5}{\lambda - 0.5} f_{sp} A_{sp}\right) \quad (11.4.12\text{-}5)$$

式中：V——钢板混凝土剪力墙截面承受的剪力设计值；

V_{cw}——仅考虑钢筋混凝土截面承担的剪力设计值；

λ——计算截面的剪跨比。当 $\lambda < 1.5$ 时，取 $\lambda = 1.5$，当 $\lambda > 2.2$ 时，取 $\lambda = 2.2$；当计算截面与墙底之间的距离小于 $0.5h_{w0}$ 时，λ 应按距离墙底 $0.5h_{w0}$ 处的弯矩值与剪力值计算；

f_a——剪力墙端部暗柱中所配型钢的抗压强度设计值；

A_{a1}——剪力墙一端所配型钢的截面面积，当两端所配型钢截面面积不同时，取较小一端的面积；

f_{sp}——剪力墙墙身所配钢板的抗压强度设计值；

A_{sp}——剪力墙墙身所配钢板的横截面面积。

11.4.13 钢板混凝土剪力墙偏心受压时的斜截面受剪承载力，应按下列公式进行验算：

1 持久、短暂设计状况

$$V \leqslant \frac{1}{\lambda - 0.5}\left(0.5 f_t b_w h_{w0} + 0.13 N \frac{A_w}{A}\right) + f_{yv} \frac{A_{sh}}{s} h_{w0} + \frac{0.3}{\lambda} f_a A_{a1} + \frac{0.6}{\lambda - 0.5} f_{sp} A_{sp} \quad (11.4.13\text{-}1)$$

2 地震设计状况

$$V \leqslant \frac{1}{\gamma_{RE}}\left[\frac{1}{\lambda - 0.5}\left(0.4 f_t b_w h_{w0} + 0.1 N \frac{A_w}{A}\right) + 0.8 f_{yv} \frac{A_{sh}}{s} h_{w0} + \frac{0.25}{\lambda} f_a A_{a1} + \frac{0.5}{\lambda - 0.5} f_{sp} A_{sp}\right] \quad (11.4.13\text{-}2)$$

式中：N——剪力墙承受的轴向压力设计值，当大于 $0.2 f_c b_w h_w$ 时，取为 $0.2 f_c b_w h_w$。

11.4.14 型钢混凝土剪力墙、钢板混凝土剪力墙应符合下列构造要求：

1 抗震设计时，一、二级抗震等级的型钢混凝土剪力墙、钢板混凝土剪力墙底部加强部位，其重力荷载代表值作用下墙肢的轴压比不宜超过本规程表7.2.13的限值，其轴压比可按下式计算：

$$\mu_N = N/(f_c A_c + f_a A_a + f_{sp} A_{sp}) \quad (11.4.14)$$

式中：N——重力荷载代表值作用下墙肢的轴向压力设计值；

A_c——剪力墙墙肢混凝土截面面积；

A_a——剪力墙所配型钢的全部截面面积。

2 型钢混凝土剪力墙、钢板混凝土剪力墙在楼层标高处宜设置暗梁。

3 端部配置型钢的混凝土剪力墙，型钢的保护层厚度宜大于100mm；水平分布钢筋应绕过或穿过墙端型钢，且应满足钢筋锚固长度要求。

4 周边有型钢混凝土柱和梁的现浇钢筋混凝土剪力墙，剪力墙的水平分布钢筋应绕过或穿过周边柱型钢，且应满足钢筋锚固长度要求；当采用间隔穿过时，宜另加补强钢筋。周边柱的型钢、纵向钢筋、箍筋配置应符合型钢混凝土柱的设计要求。

11.4.15 钢板混凝土剪力墙尚应符合下列构造要求：

1 钢板混凝土剪力墙体中的钢板厚度不宜小于10mm，也不宜大于墙厚的1/15；

2 钢板混凝土剪力墙的墙身分布钢筋配筋率不宜小于0.4%，分布钢筋间距不宜大于200mm，且应与钢板可靠连接；

3 钢板与周围型钢构件宜采用焊接；

4 钢板与混凝土墙体之间连接件的构造要求可按照现行国家标准《钢结构设计规范》GB 50017中关于组合梁抗剪连接件构造要求执行，栓钉间距不宜大于300mm；

5 在钢板墙角部1/5板跨且不小于1000mm范围内，钢筋混凝土墙体分布钢筋、抗剪栓钉间距宜适当加密。

11.4.16 钢梁或型钢混凝土梁与混凝土筒体应有可靠连接，应能传递竖向剪力及水平力。当钢梁或型钢混凝土梁通过埋件与混凝土筒体连接时，预埋件应有足够的锚固长度，连接做法可按图11.4.16采用。

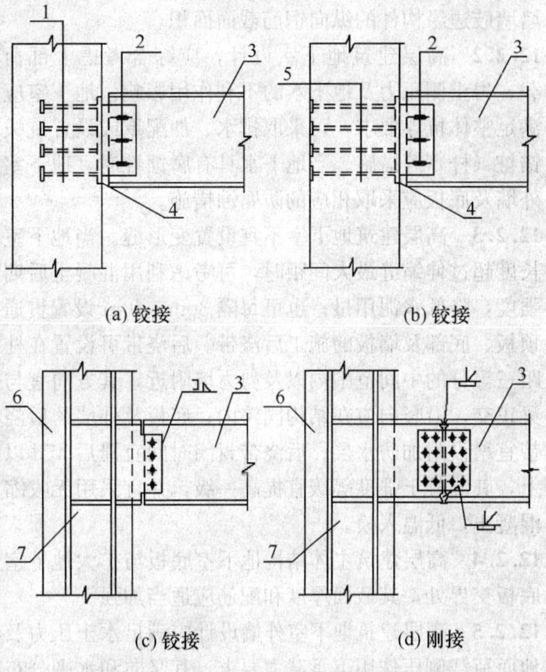
1
2
3
4
5
2
3
4
(a) 铰接
(b) 铰接
6
3
3
6
7
7
(c) 铰接
(d) 刚接

图11.4.16 钢梁、型钢混凝土梁与混凝土核心筒的连接构造示意

1—栓钉；2—高强度螺栓及长圆孔；3—钢梁；4—预埋件端板；5—穿筋；6—混凝土墙；7—墙内预埋钢骨柱

11.4.17 抗震设计时，混合结构中的钢柱及型钢混凝土柱、钢管混凝土柱宜采用埋入式柱脚。采用埋入式柱脚时，应符合下列规定：

1 埋入深度应通过计算确定，且不宜小于型钢柱截面长边尺寸的2.5倍；

2 在柱脚部位和柱脚向上延伸一层的范围内宜设置栓钉，其直径不宜小于19mm，其竖向及水平间距不宜大于200mm。

注：当有可靠依据时，可通过计算确定栓钉数量。

11.4.18 钢筋混凝土核心筒、内筒的设计，除应符合本规程第9.1.7条的规定外，尚应符合下列规定：

1 抗震设计时，钢框架-钢筋混凝土核心筒结构的筒体底部加强部位分布钢筋的最小配筋率不宜小于0.35%，筒体其他部位的分布筋不宜小于0.30%；

2 抗震设计时，框架-钢筋混凝土核心筒混合结构的筒体底部加强部位约束边缘构件沿墙肢的长度宜取墙肢截面高度的1/4，筒体底部加强部位以上墙体宜按本规程第7.2.15条的规定设置约束边缘构件；

3 当连梁抗剪截面不足时，可采取在连梁中设置型钢或钢板等措施。

11.4.19 混合结构中结构构件的设计，尚应符合国家现行标准《钢结构设计规范》GB 50017、《混凝土结构设计规范》GB 50010、《高层民用建筑钢结构技术规程》JGJ 99、《型钢混凝土组合结构技术规程》JGJ 138的有关规定。

12 地下室和基础设计

12.1 一般规定

12.1.1 高层建筑宜设地下室。

12.1.2 高层建筑的基础设计，应综合考虑建筑场地的工程地质和水文地质状况、上部结构的类型和房屋高度、施工技术和经济条件等因素，使建筑物不致发生过量沉降或倾斜，满足建筑物正常使用要求；还应了解邻近地下构筑物及各项地下设施的位置和标高等，减少与相邻建筑的相互影响。

12.1.3 在地震区，高层建筑宜避开对抗震不利的地段；当条件不允许避开不利地段时，应采取可靠措施，使建筑物在地震时不致由于地基失效而破坏，或者产生过量下沉或倾斜。

12.1.4 基础设计宜采用当地成熟可靠的技术；宜考虑基础与上部结构相互作用的影响。施工期间需要降低地下水位的，应采取避免影响邻近建筑物、构筑物、地下设施等安全和正常使用的有效措施；同时还应注意施工降水的时间要求，避免停止降水后水位过早上升而引起建筑物上浮等问题。

12.1.5 高层建筑应采用整体性好、能满足地基承载力和建筑物容许变形要求并能调节不均匀沉降的基础形式；宜采用筏形基础或带桩基的筏形基础，必要时可采用箱形基础。当地质条件好且能满足地基承载力和变形要求时，也可采用交叉梁式基础或其他形式基础；当地基承载力或变形不满足设计要求时，可采用桩基或复合地基。

12.1.6 高层建筑主体结构基础底面形心宜与永久作用重力荷载重心重合；当采用桩基础时，桩基的竖向刚度中心宜与高层建筑主体结构永久重力荷载重心重合。

12.1.7 在重力荷载与水平荷载标准值或重力荷载代表值与多遇水平地震标准值共同作用下，高宽比大于4的高层建筑，基础底面不宜出现零应力区；高宽比不大于4的高层建筑，基础底面与地基之间零应力区面积不应超过基础底面面积的15%。质量偏心较大的裙楼与主楼可分别计算基底应力。

12.1.8 基础应有一定的埋置深度。在确定埋置深度时，应综合考虑建筑物的高度、体型、地基土质、抗震设防烈度等因素。基础埋置深度可从室外地坪算至基础底面，并宜符合下列规定：

1 天然地基或复合地基，可取房屋高度的1/15；

2 桩基础，不计桩长，可取房屋高度的1/18。

当建筑物采用岩石地基或采取有效措施时，在满足地基承载力、稳定性要求及本规程第12.1.7条规定的前提下，基础埋深可比本条第1、2两款的规定适当放松。

当地基可能产生滑移时，应采取有效的抗滑移措施。

12.1.9 高层建筑的基础和与其相连的裙房的基础，设置沉降缝时，应考虑高层主楼基础有可靠的侧向约束及有效埋深；不设沉降缝时，应采取有效措施减少差异沉降及其影响。

12.1.10 高层建筑基础的混凝土强度等级不宜低于C25。当有防水要求时，混凝土抗渗等级应根据基础埋置深度按表12.1.10采用，必要时可设置架空排水层。

表 12.1.10 基础防水混凝土的抗渗等级

基础埋置深度 H（m）	抗渗等级
$H<10$	P6
$10\leqslant H<20$	P8
$20\leqslant H<30$	P10
$H\geqslant 30$	P12

12.1.11 基础及地下室的外墙、底板，当采用粉煤灰混凝土时，可采用60d或90d龄期的强度指标作为其混凝土设计强度。

12.1.12 抗震设计时，独立基础宜沿两个主轴方向设置基础系梁；剪力墙基础应具有良好的抗转动能力。

12.2 地下室设计

12.2.1 高层建筑地下室顶板作为上部结构的嵌固部位时，应符合下列规定：

1 地下室顶板应避免开设大洞口，其混凝土强度等级应符合本规程第3.2.2条的有关规定，楼盖设计应符合本规程第3.6.3条的有关规定；

2 地下一层与相邻上层的侧向刚度比应符合本规程第5.3.7条的规定；

3 地下室顶板对应于地上框架柱的梁柱节点设计应符合下列要求之一：

1）地下一层柱截面每侧的纵向钢筋面积除应符合计算要求外，不应少于地上一层对应柱每侧纵向钢筋面积的1.1倍；地下一层梁端顶面和底面的纵向钢筋应比计算值增大10%采用。

2）地下一层柱每侧的纵向钢筋面积不小于地上一层对应柱每侧纵向钢筋面积的1.1倍且地下室顶板梁柱节点左右梁端截面与下柱上端同一方向实配的受弯承载力之和不小于地上一层对应柱下端实配的受弯承载力的1.3倍。

4 地下室与上部对应的剪力墙墙肢端部边缘构件的纵向钢筋截面面积不应小于地上一层对应的剪力墙墙肢边缘构件的纵向钢筋截面面积。

12.2.2 高层建筑地下室设计，应综合考虑上部荷载、岩土侧压力及地下水的不利作用影响。地下室应满足整体抗浮要求，可采取排水、加配重或设置抗拔锚桩（杆）等措施。当地下水具有腐蚀性时，地下室外墙及底板应采取相应的防腐蚀措施。

12.2.3 高层建筑地下室不宜设置变形缝。当地下室长度超过伸缩缝最大间距时，可考虑利用混凝土后期强度，降低水泥用量；也可每隔30m～40m设置贯通顶板、底部及墙板的施工后浇带。后浇带可设置在柱距三等分的中间范围内以及剪力墙附近，其方向宜与梁正交，沿竖向应在结构同跨内；底板及外墙的后浇带宜增设附加防水层；后浇带封闭时间宜滞后45d以上，其混凝土强度等级宜提高一级，并宜采用无收缩混凝土，低温入模。

12.2.4 高层建筑主体结构地下室底板与扩大地下室底板交界处，其截面厚度和配筋应适当加强。

12.2.5 高层建筑地下室外墙设计应满足水土压力及地面荷载侧压作用下承载力要求，其竖向和水平分布钢筋应双层双向布置，间距不宜大于150mm，配筋率不宜小于0.3%。

12.2.6 高层建筑地下室外周回填土应采用级配砂石、砂土或灰土，并应分层夯实。

12.2.7 有窗井的地下室，应设外挡土墙，挡土墙与地下室外墙之间应有可靠连接。

12.3 基础设计

12.3.1 高层建筑基础设计应以减小长期重力荷载作用下地基变形、差异变形为主。计算地基变形时，传至基础底面的荷载效应采用正常使用极限状态下荷载效应的准永久组合，不计入风荷载和地震作用；按地基承载力确定基础底面积及埋深或按桩基承载力确定桩数时，传至基础或承台底面的荷载效应采用正常使用状态下荷载效应的标准组合，相应的抗力采用地基承载力特征值或桩基承载力特征值；风荷载组合效应下，最大基底反力不应大于承载力特征值的1.2倍，平均基底反力不应大于承载力特征值；地震作用组合效应下，地基承载力验算应按现行国家标准《建筑抗震设计规范》GB 50011的规定执行。

12.3.2 高层建筑结构基础嵌入硬质岩石时，可在基础周边及底面设置砂质或其他材质褥垫层，垫层厚度可取50mm～100mm；不宜采用肥槽填充混凝土做法。

12.3.3 筏形基础的平面尺寸应根据地基土的承载力、上部结构的布置及其荷载的分布等因素确定。

12.3.4 平板式筏基的板厚可根据受冲切承载力计算确定，板厚不宜小于400mm。冲切计算时，应考虑作用在冲切临界截面重心上的不平衡弯矩所产生的附加剪力。当筏板在个别柱位不满足受冲切承载力要求时，可将该柱下的筏形局部加厚或配置抗冲切钢筋。

12.3.5 当地基比较均匀、上部结构刚度较好、上部结构柱间距及柱荷载的变化不超过20%时，高层建筑的筏形基础可仅考虑局部弯曲作用，按倒楼盖法计算。当不符合上述条件时，宜按弹性地基板计算。

12.3.6 筏形基础应采用双向钢筋网片分别配置在板的顶面和底面，受力钢筋直径不宜小于12mm，钢筋间距不宜小于150mm，也不宜大于300mm。

12.3.7 当梁板式筏基的肋梁宽度小于柱宽时，肋梁可在柱边加腋，并应满足相应的构造要求。墙、柱的纵向钢筋应穿过肋梁，并应满足钢筋锚固长度要求。

12.3.8 梁板式筏基的梁高取值应包括底板厚度在内，梁高不宜小于平均柱距的1/6。确定梁高时，应综合考虑荷载大小、柱距、地质条件等因素，并应满足承载力要求。

12.3.9 当满足地基承载力要求时，筏形基础的周边不宜向外有较大的伸挑、扩大。当需要外挑时，有肋梁的筏基宜将梁一同挑出。

12.3.10 桩基可采用钢筋混凝土预制桩、灌注桩或钢桩。桩基承台可采用柱下单独承台、双向交叉梁、筏形承台、箱形承台。桩基选择和承台设计应根据上部结构类型、荷载大小、桩穿越的土层、桩端持力层土质、地下水位、施工条件和经验、制桩材料供应条件等因素综合考虑。

12.3.11 桩基的竖向承载力、水平承载力和抗拔承载力设计，应符合现行行业标准《建筑桩基技术规范》JGJ 94的有关规定。

12.3.12 桩的布置应符合下列要求：

1 等直径桩的中心距不应小于3倍桩横截面的边长或直径；扩底桩中心距不应小于扩底直径的1.5倍，且两个扩大头间的净距不宜小于1m。

2 布桩时，宜使各桩承台承载力合力点与相应竖向永久荷载合力作用点重合，并使桩基在水平力产生的力矩较大方向有较大的抵抗矩。

3 平板式桩筏基础，桩宜布置在柱下或墙下，必要时可满堂布置，核心筒下可适当加密布桩；梁板式桩筏基础，桩宜布置在基础梁下或柱下；桩箱基础，宜将桩布置在墙下。直径不小于800mm的大直径桩可采用一柱一桩。

4 应选择较硬土层作为桩端持力层。桩径为d的桩端全截面进入持力层的深度，对于黏性土、粉土不宜小于$2d$；砂土不宜小于$1.5d$；碎石类土不宜小于$1d$。当存在软弱下卧层时，桩端下部硬持力层厚度不宜小于$4d$。

抗震设计时，桩进入碎石土、砾砂、粗砂、中砂、密实粉土、坚硬黏性土的深度尚不应小于0.5m，对其他非岩石类土尚不应小于1.5m。

12.3.13 对沉降有严格要求的建筑的桩基础以及采用摩擦型桩的桩基础，应进行沉降计算。受较大永久水平作用或对水平变位要求严格的建筑桩基，应验算其水平变位。

按正常使用极限状态验算桩基沉降时，荷载效应应采用准永久组合；验算桩基的横向变位、抗裂、裂缝宽度时，根据使用要求和裂缝控制等级分别采用荷载的标准组合、准永久组合，并考虑长期作用影响。

12.3.14 钢桩应符合下列规定：

1 钢桩可采用管形或H形，其材质应符合国家现行有关标准的规定；

2 钢桩的分段长度不宜超过15m，焊接结构应采用等强连接；

3 钢桩防腐处理可采用增加腐蚀余量措施；当钢管桩内壁同外界隔绝时，可不采用内壁防腐。钢桩的防腐速率无实测资料时，如桩顶在地下水位以下且地下水无腐蚀性，可取每年0.03mm，且腐蚀预留量不应小于2mm。

12.3.15 桩与承台的连接应符合下列规定：

1 桩顶嵌入承台的长度，对大直径桩不宜小于100mm，对中、小直径的桩不宜小于50mm；

2 混凝土桩的桩顶纵筋应伸入承台内，其锚固长度应符合现行国家标准《混凝土结构设计规范》GB 50010的有关规定。

12.3.16 箱形基础的平面尺寸应根据地基土承载力和上部结构布置以及荷载大小等因素确定。外墙宜沿建筑物周边布置，内墙应沿上部结构的柱网或剪力墙位置纵横均匀布置，墙体水平截面总面积不宜小于箱形基础外墙外包尺寸的水平投影面积的 1/10。对基础平面长宽比大于 4 的箱形基础，其纵墙水平截面面积不应小于箱基外墙外包尺寸水平投影面积的 1/18。

12.3.17 箱形基础的高度应满足结构的承载力、刚度及建筑使用功能要求，一般不宜小于箱基长度的 1/20，且不宜小于 3m。此处，箱基长度不计墙外悬挑板部分。

12.3.18 箱形基础的顶板、底板及墙体的厚度，应根据受力情况、整体刚度和防水要求确定。无人防设计要求的箱基，基础底板不应小于 300mm，外墙厚度不应小于 250mm，内墙的厚度不应小于 200mm，顶板厚度不应小于 200mm。

12.3.19 与高层主楼相连的裙房基础若采用外挑箱基墙或箱基梁的方法，则外挑部分的基底应采取有效措施，使其具有适应差异沉降变形的能力。

12.3.20 箱形基础墙体的门洞宜设在柱间居中的部位，洞口上、下过梁应进行承载力计算。

12.3.21 当地基压缩层深度范围内的土层在竖向和水平力方向皆较均匀，且上部结构为平立面布置较规则的框架、剪力墙、框架-剪力墙结构时，箱形基础的顶、底板可仅考虑局部弯曲进行计算；计算时，底板反力应扣除板的自重及其上面层和填土的自重，顶板荷载应按实际情况考虑。整体弯曲的影响可在构造上加以考虑。

箱形基础的顶板和底板钢筋配置除符合计算要求外，纵横方向支座钢筋尚应有 1/3～1/2 贯通配置，跨中钢筋应按实际计算的配筋全部贯通。钢筋宜采用机械连接；采用搭接时，搭接长度应按受拉钢筋考虑。

12.3.22 箱形基础的顶板、底板及墙体均应采用双层双向配筋。墙体的竖向和水平钢筋直径均不应小于 10mm，间距均不应大于 200mm。除上部为剪力墙外，内、外墙的墙顶处宜配置两根直径不小于 20mm 的通长构造钢筋。

12.3.23 上部结构底层柱纵向钢筋伸入箱形基础墙体的长度应符合下列规定：

1 柱下三面或四面有箱形基础墙的内柱，除柱四角纵向钢筋直通到基底外，其余钢筋可伸入顶板底面以下 40 倍纵向钢筋直径处；

2 外柱、与剪力墙相连的柱及其他内柱的纵向钢筋应直通到基底。

13 高层建筑结构施工

13.1 一般规定

13.1.1 承担高层、超高层建筑结构施工的单位应具备相应的资质。

13.1.2 施工单位应认真熟悉图纸，参加设计交底和图纸会审。

13.1.3 施工前，施工单位应根据工程特点和施工条件，按有关规定编制施工组织设计和施工方案，并进行技术交底。

13.1.4 编制施工方案时，应根据施工方法、附墙爬升设备、垂直运输设备及当地的温度、风力等自然条件对结构及构件受力的影响，进行相应的施工工况模拟和受力分析。

13.1.5 冬期施工应符合《建筑工程冬期施工规程》JGJ 104 的规定。雨期、高温及干热气候条件下，应编制专门的施工方案。

13.2 施工测量

13.2.1 施工测量应符合现行国家标准《工程测量规范》GB 50026 的有关规定，并应根据建筑物的平面、体形、层数、高度、场地状况和施工要求，编制施工测量方案。

13.2.2 高层建筑施工采用的测量器具，应按国家计量部门的有关规定进行检定、校准，合格后方可使用。测量仪器的精度应满足下列规定：

1 在场地平面控制测量中，宜使用测距精度不低于±（$3mm+2\times10^{-6}\times D$）、测角精度不低于±5″级的全站仪或测距仪（$D$ 为测距，以毫米为单位）；

2 在场地标高测量中，宜使用精度不低于 DSZ3 的自动安平水准仪；

3 在轴线竖向投测中，宜使用±2″级激光经纬仪或激光自动铅直仪。

13.2.3 大中型高层建筑施工项目，应先建立场区平面控制网，再分别建立建筑物平面控制网；小规模或精度高的独立施工项目，可直接布设建筑物平面控制网。控制网应根据复核后的建筑红线桩或城市测量控制点准确定位测量，并应作好桩位保护。

1 场区平面控制网，可根据场区的地形条件和建筑物的布置情况，布设成建筑方格网、导线网、三角网、边角网或 GPS 网。建筑方格网的主要技术要求应符合表 13.2.3-1 的规定。

表 13.2.3-1 建筑方格网的主要技术要求

等级	边长（m）	测角中误差（″）	边长相对中误差
一级	100～300	5	1/30000
二级	100～300	8	1/20000

2 建筑物平面控制网宜布设成矩形，特殊时也可布设成十字形主轴线或平行于建筑外廓的多边形。其主要技术要求应符合表 13.2.3-2 的规定。

表 13.2.3-2 建筑物平面控制网的主要技术要求

等 级	测角中误差（″）	边长相对中误差
一级	$7''/\sqrt{n}$	1/30000
二级	$15''/\sqrt{n}$	1/20000

注：n 为建筑物结构的跨数。

13.2.4 应根据建筑平面控制网向混凝土底板垫层上投测建筑物外廓轴线，经闭合校测合格后，再放出细部轴线及有关边界线。基础外廓轴线允许偏差应符合表 13.2.4 的规定。

表 13.2.4 基础外廓轴线尺寸允许偏差

长度 L、宽度 B（m）	允许偏差（mm）
$L(B)\leqslant 30$	±5
$30<L(B)\leqslant 60$	±10
$60<L(B)\leqslant 90$	±15
$90<L(B)\leqslant 120$	±20
$120<L(B)\leqslant 150$	±25
$L(B)>150$	±30

13.2.5 高层建筑结构施工可采用内控法或外控法进行轴线竖向投测。首层放线验收后，应根据测量方案设置内控点或将控制轴线引测至结构外立面上，并作为各施工层主轴线竖向投测的基准。轴线的竖向投测，应以建筑物轴线控制桩为测站。竖向投测的允许偏差应符合表 13.2.5 的规定。

表 13.2.5 轴线竖向投测允许偏差

项 目		允许偏差（mm）
每 层		3
总高 H（m）	$H\leqslant 30$	5
	$30<H\leqslant 60$	10
	$60<H\leqslant 90$	15
	$90<H\leqslant 120$	20
	$120<H\leqslant 150$	25
	$H>150$	30

13.2.6 控制轴线投测至施工层后，应进行闭合校验。控制轴线应包括：

1 建筑物外轮廓轴线；

2 伸缩缝、沉降缝两侧轴线；

3 电梯间、楼梯间两侧轴线；

4 单元、施工流水段分界轴线。

施工层放线时，应先在结构平面上校核投测轴线，再测设细部轴线和墙、柱、梁、门窗洞口等边线，放线的允许偏差应符合表 13.2.6 的规定。

表 13.2.6 施工层放线允许偏差

项 目		允许偏差（mm）
外廓主轴线长度 L（m）	$L\leqslant 30$	±5
	$30<L\leqslant 60$	±10
	$60<L\leqslant 90$	±15
	$L>90$	±20
细部轴线		±2
承重墙、梁、柱边线		±3
非承重墙边线		±3
门窗洞口线		±3

13.2.7 场地标高控制网应根据复核后的水准点或已知标高点引测，引测标高宜采用附合测法，其闭合差不应超过$\pm 6\sqrt{n}$ mm（n 为测站数）或$\pm 20\sqrt{L}$ mm（L 为测线长度，以千米为单位）。

13.2.8 标高的竖向传递，应从首层起始标高线竖直量取，且每栋建筑应由三处分别向上传递。当三个点的标高差值小于 3mm 时，应取其平均值；否则应重新引测。标高的允许偏差应符合表 13.2.8 的规定。

表 13.2.8 标高竖向传递允许偏差

项 目		允许偏差（mm）
每 层		±3
总高 H（m）	$H\leqslant 30$	±5
	$30<H\leqslant 60$	±10
	$60<H\leqslant 90$	±15
	$90<H\leqslant 120$	±20
	$120<H\leqslant 150$	±25
	$H>150$	±30

13.2.9 建筑物围护结构封闭前，应将外控轴线引测至结构内部，作为室内装饰与设备安装放线的依据。

13.2.10 高层建筑应按设计要求进行沉降、变形观测，并应符合国家现行标准《建筑地基基础设计规范》GB 50007 及《建筑变形测量规程》JGJ 8 的有关规定。

13.3 基 础 施 工

13.3.1 基础施工前，应根据施工图、地质勘察资料和现场施工条件，制定地下水控制、基坑支护、支护结构拆除和基础结构的施工方案；深基坑支护方案宜进行专门论证。

13.3.2 深基础施工，应符合国家现行标准《高层建筑箱形与筏形基础技术规范》JGJ 6、《建筑桩基技术规范》JGJ 94、《建筑基坑支护技术规程》JGJ 120、《建筑施工土石方工程安全技术规范》JGJ 180、《锚杆喷射混凝土支护技术规范》GB 50086、《建筑地基基础工程施工质量验收规范》GB 50202、《建筑基坑工程监测技术规范》GB 50497 等的有关规定。

13.3.3 基坑和基础施工时，应采取降水、回灌、止水帷幕等措施防止地下水对施工和环境的影响。可根据土质和地下水状态、不同的降水深度，采用集水明排、单级井点、多级井点、喷射井点或管井等降水方案；停止降水时间应符合设计要求。

13.3.4 基础工程可采用放坡开挖顺作法、有支护顺作法、逆作法或半逆作法施工。

13.3.5 支护结构可选用土钉墙、排桩、钢板桩、地下连续墙、逆作拱墙等方法，并考虑支护结构的空间作用及与永久结构的结合。当不能采用悬臂式结构时，可选用土层锚杆、水平内支撑、斜支撑、环梁支护等锚拉或内支撑体系。

13.3.6 地基处理可采用挤密桩、压力注浆、深层搅拌等方法。

13.3.7 基坑施工时应加强周边建(构)筑物和地下管线的全过程安全监测和信息反馈，并制定保护措施和应急预案。

13.3.8 支护拆除应按照支护施工的相反顺序进行，并监测拆除过程中护坡的变化情况，制定应急预案。

13.3.9 工程桩质量检验可采用高应变、低应变、静载试验或钻芯取样等方法检测桩身缺陷、承载力及桩身完整性。

13.4 垂直运输

13.4.1 垂直运输设备应有合格证书，其质量、安全性能应符合国家相关标准的要求，并应按有关规定进行验收。

13.4.2 高层建筑施工所选用的起重设备、混凝土泵送设备和施工升降机等，其验收、安装、使用和拆除应分别符合国家现行标准《起重机械安全规程》GB 6067、《塔式起重机》GB/T5031、《塔式起重机安全规程》GB 5144、《混凝土泵》GB/T 13333、《施工升降机标准》GB/T 10054、《施工升降机安全规程》GB 10055、《混凝土泵送施工技术规程》JGJ/T 10、《建筑机械使用安全技术规程》JGJ 33、《施工现场机械设备检查技术规程》JGJ 160 等的有关规定。

13.4.3 垂直运输设备的配置应根据结构平面布局、运输量、单件吊重及尺寸、设备参数和工期要求等因素确定。垂直运输设备的安装、使用、拆除应编制专项施工方案。

13.4.4 塔式起重机的配备、安装和使用应符合下列规定：

1 应根据起重机的技术要求，对地基基础和工程结构进行承载力、稳定性和变形验算；当塔式起重机布置在基坑槽边时，应满足基坑支护安全的要求。

2 采用多台塔式起重机时，应有防碰撞措施。

3 作业前，应对索具、机具进行检查，每次使用后应按规定对各设施进行维修和保养。

4 当风速大于五级时，塔式起重机不得进行顶升、接高或拆除作业。

5 附着式塔式起重机与建筑物结构进行附着时，应满足其技术要求，附着点最大间距不宜大于 25m，附着点的埋件设置应经过设计单位同意。

13.4.5 混凝土输送泵配备、安装和使用应符合下列规定：

1 混凝土泵的选型和配备台数，应根据混凝土最大输送高度、水平距离、输出量及浇筑量确定。

2 编制泵送混凝土专项方案时应进行配管设计；季节性施工时，应根据需要对输送管道采取隔热或保温措施。

3 采用接力泵进行混凝土泵送时，上、下泵的输送能力应匹配；设置接力泵的楼面应验算其结构承载能力。

13.4.6 施工升降机配备和安装应符合下列规定：

1 建筑高度超高 15 层或 40m 时，应设置施工电梯，并应选择具有可靠防坠落升降系统的产品；

2 施工升降机的选择，应根据建筑物体型、建筑面积、运输总量、工期要求以及供货条件等确定；

3 施工升降机位置的确定，应方便安装以及人员和物料的集散；

4 施工升降机安装前应对其基础和附墙锚固装置进行设计，并在基础周围设置排水设施。

13.5 脚手架及模板支架

13.5.1 脚手架与模板支架应编制施工方案，经审批后实施。高、大脚手架及模板支架施工方案宜进行专门论证。

13.5.2 脚手架及模板支架的荷载取值及组合、计算方法及架体构造和施工要求应满足国家现行行业标准《建筑施工安全检查标准》JGJ 59、《建筑施工扣件式钢管脚手架安全技术规范》JGJ 130、《建筑施工门式钢管脚手架安全技术规范》JGJ 128、《建筑施工碗扣式钢管脚手架安全技术规范》JGJ 166、《建筑施工模板安全技术规范》JGJ 162 等有关规定。

13.5.3 外脚手架应根据建筑物的高度选择合理的形式：

1 低于 50m 的建筑，宜采用落地脚手架或悬挑脚手架；

2 高于 50m 的建筑，宜采用附着式升降脚手架、悬挑脚手架。

13.5.4 落地脚手架宜采用双排扣件式钢管脚手架、门式钢管脚手架、承插式钢管脚手架。

13.5.5 悬挑脚手架应符合下列规定：

1 悬挑构件宜采用工字钢，架体宜采用双排扣件式钢管脚手架或碗扣式、承插式钢管脚手架；

2 分段搭设的脚手架，每段高度不得超过 20m；

3 悬挑构件可采用预埋件固定，预埋件应采用未经冷处理的钢材加工；

4 当悬挑支架放置在阳台、悬挑梁或大跨度梁等部位时，应对其安全性进行验算。

13.5.6 卸料平台应符合下列规定：

1 应对卸料平台结构进行设计和验算，并编制专项施工方案；

2 卸料平台应与外脚手架脱开；

3 卸料平台严禁超载使用。

13.5.7 模板支架宜采用工具式支架，并应符合相关标准的规定。

13.6 模板工程

13.6.1 模板工程应进行专项设计，并编制施工方案。模板方案应根据平面形状、结构形式和施工条件确定。对模板及其支架应进行承载力、刚度和稳定性计算。

13.6.2 模板的设计、制作和安装应符合国家现行标准《混凝土结构工程施工质量验收规范》GB 50204、《组合钢模板技术规范》GB 50214、《滑动模板工程技术规范》GB 50113、《钢框胶合板模板技术规程》JGJ 96、《清水混凝土应用技术规程》JGJ 169 等的有关规定。

13.6.3 模板选型应符合下列规定：

1 墙体宜选用大模板、倒模、滑动模板和爬升模板等工具式模板施工；

2 柱模宜采用定型模板。圆柱模板可采用玻璃钢或钢板成型；

3 梁、板模板宜选用钢框胶合板、组合钢模板或不带框胶合板等，采用整体或分片预制安装；

4 楼板模板可选用飞模（台模、桌模）、密助楼板模壳、永久性模板等；

5 电梯井筒内模宜选用铰接式筒形大模板，核心筒宜采用爬升模板；

6 清水混凝土、装饰混凝土模板应满足设计对混凝土造型及观感的要求。

13.6.4 现浇楼板模板宜采用早拆模板体系。后浇带应与其两侧梁、板结构的模板及支架分开设置。

13.6.5 大模板板面可采用整块薄钢板，也可选用钢框胶合板或加边框的钢板、胶合板拼装。挂装三角架支承上层外模荷载时，现浇外墙混凝土强度应达到 7.5MPa。大模板拆除和吊运时，严禁挤撞墙体。

大模板的安装允许偏差应符合表 13.6.5 的规定。

表 13.6.5 大模板安装允许偏差

项　目	允许偏差(mm)	检测方法
位　置	3	钢尺检测
标　高	±5	水准仪或拉线、尺量
上口宽度	±2	钢尺检测
垂直度	3	2m 托线板检测

13.6.6 滑动模板及其操作平台应进行整体的承载力、刚度和稳定性设计，并应满足建筑造型要求。滑升模板施工前应按连续施工要求，统筹安排提升机具和配件等。劳动力配备、工序协调、垂直运输和水平运输能力均应与滑升速度相适应。模板应有上口小、下口大的倾斜度，其单面倾斜度宜取为模板高度的 1/1000～2/1000。混凝土出模强度应达到出模后混凝土不塌、不裂。支承杆的选用应与千斤顶的构造相适应，长度宜为 4m～6m，相邻支撑杆的接头位置应至少错开 500mm，同一截面高度内接头不宜超过总数的 25%。宜选用额定起重量为 60kN 以上的大吨位千斤顶及与之配套的钢管支撑杆。

滑模装置组装的允许偏差应符合表 13.6.6 的规定。

表 13.6.6 滑模装置组装的允许偏差

项　目		允许偏差(mm)	检测方法
模板结构轴线与相应结构轴线位置		3	钢尺检测
围圈位置偏差	水平方向	3	钢尺检测
	垂直方向	3	
提升架的垂直偏差	平面内	3	2m 托线板检测
	平面外	2	
安放千斤顶的提升架横梁相对标高偏差		5	水准仪或拉线、尺量
考虑倾斜度后模板尺寸的偏差	上口	−1	钢尺检测
	下口	+2	
千斤顶安装位置偏差	平面内	5	钢尺检测
	平面外	5	
圆模直径、方模边长的偏差		5	钢尺检测
相邻两块模板平面平整偏差		2	钢尺检测

13.6.7 爬升模板宜采用由钢框胶合板等组合而成的大模板。其高度应为标准层层高加 100mm～300mm。模板及爬架背面应附有爬升装置。爬架可由型钢组成，高度应为 3.0～3.5 个标准层高度，其立柱宜采取标准节分段组合，并用法兰盘连接；其底座固定于下层墙体时，穿墙螺栓不应少于 4 个，底部应设有操作平台和防护设施。爬升装置可选用液压穿心千斤顶、电动设备、捯链等。爬升工艺可选用模板与爬架互爬、模板与模板互爬、爬架与爬架互爬及整体爬升等。各部件安装后，应对所有连接螺栓和穿墙螺栓进行紧固检查，并应试爬升和验收。爬升时，穿墙螺栓受力处的混凝土强度不应小于 10MPa；应稳起、稳落和平稳就位，不应被其他构件卡住；每个单元的爬

升，应在一个工作台班内完成，爬升完毕应及时固定。

爬升模板组装允许偏差应符合表13.6.7的规定。穿墙螺栓的紧固扭矩为40N·m～50N·m时，可采用扭力扳手检测。

表13.6.7 爬升模板组装允许偏差

<table>
<tr><th>项 目</th><th>允许偏差</th><th>检测方法</th></tr>
<tr><td>墙面留穿墙螺栓孔位置
穿墙螺栓孔直径</td><td>±5mm
±2mm</td><td>钢尺检测</td></tr>
<tr><td>大模板</td><td colspan="2">同本规程表13.6.5</td></tr>
<tr><td>爬升支架：
标高
垂直度</td><td>±5mm
5mm或爬升支架高度的0.1%</td><td>与水平线钢尺检测挂线坠</td></tr>
</table>

13.6.8 现浇空心楼板模板施工时，应采取防止混凝土浇筑时预制芯管及钢筋上浮的措施。

13.6.9 模板拆除应符合下列规定：

1 常温施工时，柱混凝土拆模强度不应低于1.5MPa，墙体拆模强度不应低于1.2MPa；

2 冬期拆模与保温应满足混凝土抗冻临界强度的要求；

3 梁、板底模拆模时，跨度不大于8m时混凝土强度应达到设计强度的75%，跨度大于8m时混凝土强度应达到设计强度的100%；

4 悬挑构件拆模时，混凝土强度应达到设计强度的100%；

5 后浇带拆模时，混凝土强度应达到设计强度的100%。

13.7 钢 筋 工 程

13.7.1 钢筋工程的原材料、加工、连接、安装和验收，应符合现行国家标准《混凝土结构工程施工质量验收规范》GB 50204的有关规定。

13.7.2 高层混凝土结构宜采用高强钢筋。钢筋数量、规格、型号和物理力学性能应符合设计要求。

13.7.3 粗直径钢筋宜采用机械连接。机械连接可采用直螺纹套筒连接、套筒挤压连接等方法。焊接时可采用电渣压力焊等方法。钢筋连接应符合现行行业标准《钢筋机械连接技术规程》JGJ 107、《钢筋焊接及验收规程》JGJ 18和《钢筋焊接接头试验方法》JGJ 27等的有关规定。

13.7.4 采用点焊钢筋网片时，应符合现行行业标准《钢筋焊接网混凝土结构技术规程》JGJ 114的有关规定。

13.7.5 采用冷轧带肋钢筋和预应力用钢丝、钢绞线时，应符合现行行业标准《冷轧带肋钢筋混凝土结构技术规程》JGJ 95和《钢绞线、钢丝束无粘结预应力筋》JG 3006等的有关规定。

13.7.6 框架梁、柱交叉处，梁纵向受力钢筋应置于柱纵向钢筋内侧；次梁钢筋宜放在主梁钢筋内侧。当双向均为主梁时，钢筋位置应按设计要求摆放。

13.7.7 箍筋的弯曲半径、内径尺寸、弯钩平直长度、绑扎间距与位置等构造做法应符合设计规定。采用开口箍筋时，开口方向应置于受压区，并错开布置。采用螺旋箍等新型箍筋时，应符合设计及工艺要求。

13.7.8 压型钢板-混凝土组合楼板施工时，应保证钢筋位置及保护层厚度准确。可采用在工厂加工钢筋桁架，并与压型钢板焊接成一体的钢筋桁架模板系统。

13.7.9 梁、板、墙、柱的钢筋宜采用预制安装方法。钢筋骨架、钢筋网在运输和安装过程中，应采取加固等保护措施。

13.8 混凝土工程

13.8.1 高层建筑宜采用预拌混凝土或有自动计量装置、可靠质量控制的搅拌站供应的混凝土，预拌混凝土应符合现行国家标准《预拌混凝土》GB/T 14902的规定。混凝土浇灌宜采用泵送入模、连续施工，并应符合现行行业标准《混凝土泵送施工技术规程》JGJ/T 10的规定。

13.8.2 混凝土工程的原材料、配合比设计、施工和验收，应符合现行国家标准《混凝土质量控制标准》GB 50164、《混凝土外加剂应用技术规范》GB 50119、《粉煤灰混凝土应用技术规范》GB 50146和《混凝土强度检验评定标准》GB/T 50107、《清水混凝土应用技术规程》JGJ 169等的有关规定。

13.8.3 高层建筑宜根据不同工程需要，选用特定的高性能混凝土。采用高强混凝土时，应优选水泥、粗细骨料、外掺合料和外加剂，并应作好配制、浇筑与养护。

13.8.4 预拌混凝土运至浇筑地点，应进行坍落度检查，其允许偏差应符合表13.8.4的规定。

表13.8.4 现场实测混凝土坍落度允许偏差

要求坍落度	允许偏差(mm)
<50	±10
50～90	±20
>90	±30

13.8.5 混凝土浇筑高度应保证混凝土不发生离析。混凝土自高处倾落的自由高度不应大于2m；柱、墙模板内的混凝土倾落高度应满足表13.8.5的规定；当不能满足表13.8.5的规定时，宜加设串通、溜槽、溜管等装置。

表 13.8.5 柱、墙模板内混凝土倾落高度限值(mm)

条　件	混凝土倾落高度
骨料粒径大于 25mm	≤3
骨料粒径不大于 25mm	≤6

13.8.6 混凝土浇筑过程中，应设专人对模板支架、钢筋、预埋件和预留孔洞的变形、移位进行观测，发现问题及时采取措施。

13.8.7 混凝土浇筑后应及时进行养护。根据不同的地区、季节和工程特点，可选用浇水、综合蓄热、电热、远红外线、蒸汽等养护方法，以塑料布、保温材料或涂刷薄膜等覆盖。

13.8.8 预应力混凝土结构施工，应符合国家现行标准《预应力筋用锚具、夹具和连接器》GB/T 14370 和《无粘结预应力混凝土结构技术规程》JGJ 92 等的有关规定。

13.8.9 结构柱、墙混凝土设计强度等级高于梁、板混凝土设计强度等级时，应在交界区域采取分隔措施。分隔位置应在低强度等级的构件中，且与高强度等级构件边缘的距离不宜小于 500mm。应先浇筑高强度等级混凝土，后浇筑低强度等级混凝土。

13.8.10 混凝土施工缝宜留置在结构受力较小且便于施工的位置。

13.8.11 后浇带应按设计要求预留，并按规定时间浇筑混凝土，进行覆盖养护。当设计对混凝土无特殊要求时，后浇带混凝土应高于其相邻结构一个强度等级。

13.8.12 现浇混凝土结构的允许偏差应符合表 13.8.12 的规定。

表 13.8.12 现浇混凝土结构的允许偏差

项　目			允许偏差(mm)
轴线位置			5
垂直度	每　层	≤5m	8
		>5m	10
	全　高		H/1000 且≤30
标　高	每　层		±10
	全　高		±30
截面尺寸			+8，−5(抹灰)
			+5，−2(不抹灰)
表面平整(2m 长度)			8(抹灰)，4(不抹灰)
预埋设施中心线位置	预埋件		10
	预埋螺栓		5
	预埋管		5
预埋洞中心线位置			15
电梯井	井筒长、宽对定位中心线		+25，0
	井筒全高(H)垂直度		H/1000 且≤30

13.9 大体积混凝土施工

13.9.1 大体积与超长结构混凝土施工前应编制专项施工方案，并进行大体积混凝土温控计算，必要时可设置抗裂钢筋(丝)网。

13.9.2 大体积混凝土施工应符合现行国家标准《大体积混凝土施工规范》GB 50496 的规定。

13.9.3 大体积基础底板及地下室外墙混凝土，当采用粉煤灰混凝土时，可利用 60d 或 90d 强度进行配合比设计和施工。

13.9.4 大体积与超长结构混凝土配合比应经过试配确定。原材料应符合相关标准的要求，宜选用中低水化热低碱水泥，掺入适量的粉煤灰和缓凝型外加剂，并控制水泥用量。

13.9.5 大体积混凝土浇筑、振捣应满足下列规定：

1 宜避免高温施工；当必须暑期高温施工时，应采取措施降低混凝土拌合物和混凝土内部温度。

2 根据面积、厚度等因素，宜采取整体分层连续浇筑或推移式连续浇筑法；混凝土供应速度应大于混凝土初凝速度，下层混凝土初凝前应进行第二层混凝土浇筑。

3 分层设置水平施工缝时，除应符合设计要求外，尚应根据混凝土浇筑过程中温度裂缝控制的要求、混凝土的供应能力、钢筋工程的施工、预埋管件安装等因素确定其位置及间隔时间。

4 宜采用二次振捣工艺，浇筑面应及时进行二次抹压处理。

13.9.6 大体积混凝土养护、测温应符合下列规定：

1 大体积混凝土浇筑后，应在 12h 内采取保湿、控温措施。混凝土浇筑体的里表温差不宜大于 25℃，混凝土浇筑体表面与大气温差不宜大于 20℃；

2 宜采用自动测温系统测量温度，并设专人负责；测温点布置应具有代表性，测温频次应符合相关标准的规定。

13.9.7 超长大体积混凝土施工可采取留置变形缝、后浇带施工或跳仓法施工。

13.10 混合结构施工

13.10.1 混合结构施工应满足国家现行标准《混凝土结构工程施工质量验收规范》GB 50204、《钢结构工程施工质量验收规范》GB 50205、《型钢混凝土组合结构技术规程》JGJ 138 等的有关要求。

13.10.2 施工中应加强钢筋混凝土结构与钢结构施工的协调与配合，根据结构特点编制施工组织设计，确定施工顺序、流水段划分、工艺流程及资源配置。

13.10.3 钢结构制作前应进行深化设计。

13.10.4 混合结构应遵照先钢结构安装，后钢筋混凝土施工的原则组织施工。

13.10.5 核心筒应先于钢框架或型钢混凝土框架施工，高差宜控制在 4～8 层，并应满足施工工序的穿插要求。

13.10.6 型钢混凝土竖向构件应按照钢结构、钢筋、模板、混凝土的顺序组织施工，型钢安装应先于混凝土施工至少一个安装节。

13.10.7 钢框架-钢筋混凝土筒体结构施工时，应考虑内外结构的竖向变形差异控制。

13.10.8 钢管混凝土结构浇筑应符合下列规定：

1 宜采用自密实混凝土，管内混凝土浇筑可选用管顶向下普通浇筑法、泵送顶升浇筑法和高位抛落法等。

2 采用从管顶向下浇筑时，应加强底部管壁排气孔观察，确认浆体流出和浇筑密实后封堵排气孔。

3 采用泵送顶升浇筑法时，应合理选择顶升浇筑设备，控制混凝土顶升速度，钢管直径宜不小于泵管直径的两倍。

4 采用高位抛落免振法浇筑混凝土时，混凝土技术参数宜通过试验确定；对于抛落高度不足4m的区段，应配合人工振捣；混凝土一次抛落量应控制在$0.7m^3$左右。

5 混凝土浇筑面与尚待焊接部位焊缝的距离不应小于600mm。

6 钢管内混凝土浇灌接近顶面时，应测定混凝土浮浆厚度，计算与原混凝土相同级配的石子量并投入和振捣密实。

7 管内混凝土的浇灌质量，可采用管外敲击法、超声波检测法或钻芯取样法检测；对不密实的部位，应采用钻孔压浆法进行补强。

13.10.9 型钢混凝土柱的箍筋宜采用封闭箍，不宜将箍筋直接焊在钢柱上。梁柱节点部位柱的箍筋可分段焊接。

13.10.10 当利用型钢梁钢骨架吊挂梁模板时，应对其承载力和变形进行核算。

13.10.11 压型钢板楼面混凝土施工时，应根据压型钢板的刚度适当设置支撑系统。

13.10.12 型钢剪力墙、钢板剪力墙、暗支撑剪力墙混凝土施工时，应在型钢翼缘处留置排气孔，必要时可在墙体模板侧面留设浇筑孔。

13.10.13 型钢混凝土梁柱接头处和型钢翼缘下部，宜预留排气孔和混凝土浇筑孔。钢筋密集时，可采用自密实混凝土浇筑。

13.11 复杂混凝土结构施工

13.11.1 混凝土转换层、加强层、连体结构、大底盘多塔楼结构等复杂结构应编制专项施工方案。

13.11.2 混凝土结构转换层、加强层施工应符合下列规定：

1 当转换层梁或板混凝土支撑体系利用下层楼板或其他结构传递荷载时，应通过计算确定，必要时应采取加固措施；

2 混凝土桁架、空腹钢架等斜向构件的模板和支架应进行荷载分析及水平推力计算。

13.11.3 悬挑结构施工应符合下列规定：

1 悬挑构件的模板支架可采用钢管支撑、型钢支撑和悬挑桁架等，模板起拱值宜为悬挑长度的0.2%～0.3%；

2 当采用悬挂支模时，应对钢架或骨架的承载力和变形进行计算；

3 应有控制上部受力钢筋保护层厚度的措施。

13.11.4 大底盘多塔楼结构，塔楼间施工顺序和施工高差、后浇带设置及混凝土浇筑时间应满足设计要求。

13.11.5 塔楼连接体施工应符合下列规定：

1 应在塔楼主体施工前确定连接体施工或吊装方案；

2 应根据施工方案，对主体结构局部和整体受力进行验算，必要时应采取加强措施；

3 塔楼主体施工时应按连接体施工安装方案的要求设置预埋件或预留洞。

13.12 施 工 安 全

13.12.1 高层建筑结构施工应符合现行行业标准《建筑施工高处作业安全技术规范》JGJ 80、《建筑机械使用安全技术规程》JGJ 33、《施工现场临时用电安全技术规范》JGJ 46、《建筑施工门式钢管脚手架安全技术规程》JGJ 128、《建筑施工扣件式钢管脚手架安全技术规范》JGJ 130和《液压滑动模板施工安全技术规程》JGJ 65等的有关规定。

13.12.2 附着式整体爬升脚手架应经鉴定，并有产品合格证、使用证和准用证。

13.12.3 施工现场应设立可靠的避雷装置。

13.12.4 建筑物的出入口、楼梯口、洞口、基坑和每层建筑的周边均应设置防护设施。

13.12.5 钢模板施工时，应有防漏电措施。

13.12.6 采用自动提升、顶升脚手架或工作平台施工时，应严格执行操作规程，并经验收后实施。

13.12.7 高层建筑施工，应采取上、下通信联系措施。

13.12.8 高层建筑施工应有消防系统，消防供水系统应满足楼层防火要求。

13.12.9 施工用油漆和涂料应妥善保管，并远离火源。

13.13 绿 色 施 工

13.13.1 高层建筑施工组织设计和施工方案应符合绿色施工的要求，并应进行绿色施工教育和培训。

13.13.2 应控制混凝土中碱、氯、氨等有害物质含量。

13.13.3 施工中应采用下列节能与能源利用措施：

1 制定措施提高各种机械的使用率和满载率；

2 采用节能设备和施工节能照明工具，使用节能型的用电器具；

3 对设备进行定期维护保养。

13.13.4 施工中应采用下列节水及水资源利用措施：

1 施工过程中对水资源进行管理；

2 采用施工节水工艺、节水设施并安装计量装置；

3 深基坑施工时，应采取地下水的控制措施；

4 有条件的工地宜建立水网，实施水资源的循环使用。

13.13.5 施工中应采用下列节材及材料利用措施：

1 采用节材与材料资源合理利用的新技术、新工艺、新材料和新设备；

2 宜采用可循环利用材料；

3 废弃物应分类回收，并进行再生利用。

13.13.6 施工中应采取下列节地措施：

1 合理布置施工总平面；

2 节约施工用地及临时设施用地，避免或减少二次搬运；

3 组织分段流水施工，进行劳动力平衡，减少临时设施和周转材料数量。

13.13.7 施工中的环境保护应符合下列规定：

1 对施工过程中的环境因素进行分析，制定环境保护措施；

2 现场采取降尘措施；

3 现场采取降噪措施；

4 采用环保建筑材料；

5 采取防光污染措施；

6 现场污水排放应符合相关规定，进出现场车辆应进行清洗；

7 施工现场垃圾应按规定进行分类和排放；

8 油漆、机油等应妥善保存，不得遗洒。

附录A 楼盖结构竖向振动加速度计算

A.0.1 楼盖结构的竖向振动加速度宜采用时程分析方法计算。

A.0.2 人行走引起的楼盖振动峰值加速度可按下列公式近似计算：

$$a_p = \frac{F_p}{\beta w} g \qquad (A.0.2\text{-}1)$$

$$F_p = p_0 e^{-0.35 f_n} \qquad (A.0.2\text{-}2)$$

式中：a_p——楼盖振动峰值加速度(m/s^2)；

F_p——接近楼盖结构自振频率时人行走产生的作用力(kN)；

p_0——人们行走产生的作用力(kN)，按表A.0.2采用；

f_n——楼盖结构竖向自振频率(Hz)；

β——楼盖结构阻尼比，按表A.0.2采用；

w——楼盖结构阻抗有效重量(kN)，可按本附录A.0.3条计算；

g——重力加速度，取$9.8m/s^2$。

表A.0.2 人行走作用力及楼盖结构阻尼比

人员活动环境	人员行走作用力 p_0 (kN)	结构阻尼比 β
住宅，办公，教堂	0.3	0.02～0.05
商场	0.3	0.02
室内人行天桥	0.42	0.01～0.02
室外人行天桥	0.42	0.01

注：1 表中阻尼比用于钢筋混凝土楼盖结构和钢-混凝土组合楼盖结构；

2 对住宅、办公、教堂建筑，阻尼比0.02可用于无家具和非结构构件情况，如无纸化电子办公区、开敞办公区和教堂；阻尼比0.03可用于有家具、非结构构件，带少量可拆卸隔断的情况；阻尼比0.05可用于含全高填充墙的情况；

3 对室内人行天桥，阻尼比0.02可用于天桥带干挂吊顶的情况。

A.0.3 楼盖结构的阻抗有效重量 w 可按下列公式计算：

$$w = \overline{w}BL \qquad (A.0.3\text{-}1)$$

$$B = CL \qquad (A.0.3\text{-}2)$$

式中：$\overline{w}$——楼盖单位面积有效重量(kN/m^2)，取恒载和有效分布活荷载之和。楼层有效分布活荷载：对办公建筑可取$0.55kN/m^2$，对住宅可取$0.3kN/m^2$；

L——梁跨度(m)；

B——楼盖阻抗有效质量的分布宽度(m)；

C——垂直于梁跨度方向的楼盖受弯连续性影响系数，对边梁取1，对中间梁取2。

附录B 风荷载体型系数

B.0.1 风荷载体型系数应根据建筑物平面形状按下列规定采用：

1 矩形平面

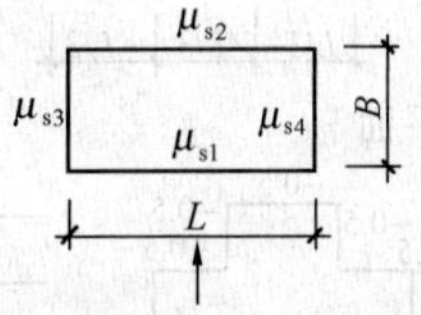

μ_{s2}
μ_{s3}
μ_{s1}
μ_{s4}
B
L

μ_{s1}	μ_{s2}	μ_{s3}	μ_{s4}
0.80	$-\left(0.48+0.03\frac{H}{L}\right)$	−0.60	−0.60

注：H为房屋高度。

2 L形平面

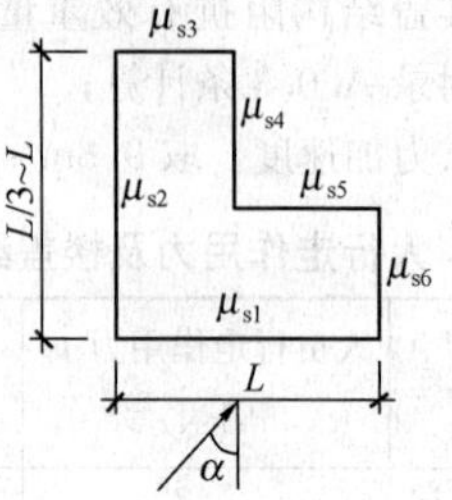
μ_{s3}
μ_{s4}
μ_{s2}
μ_{s5}
μ_{s6}
μ_{s1}
L/3~L
L
α

μ_s / α	μ_{s1}	μ_{s2}	μ_{s3}	μ_{s4}	μ_{s5}	μ_{s6}
0°	0.80	−0.70	−0.60	−0.50	−0.50	−0.60
45°	0.50	0.50	−0.80	−0.70	−0.70	−0.80
225°	−0.60	−0.60	0.30	0.90	0.90	0.30

3 槽形平面

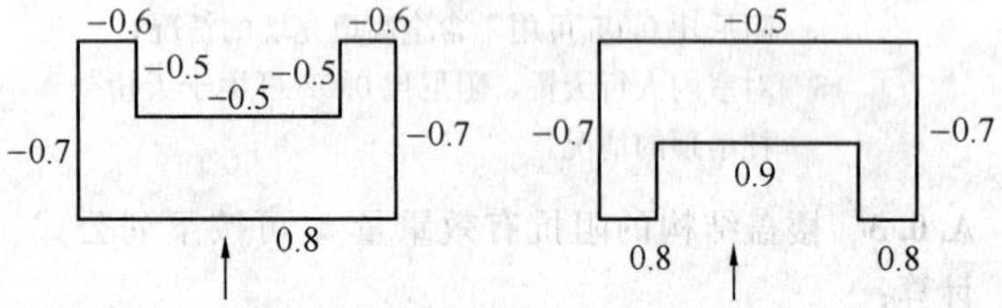
−0.6
−0.6
−0.5
−0.5
−0.5
−0.7
−0.7
0.8
−0.5
−0.7
−0.7
0.9
0.8
0.8

4 正多边形平面、圆形平面

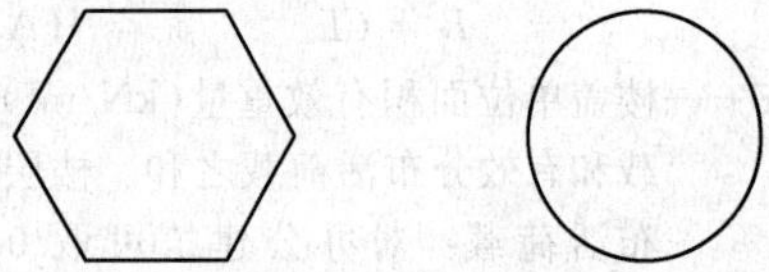

1) $\mu_s=0.8+\frac{1.2}{\sqrt{n}}$（$n$为边数）；

2) 当圆形高层建筑表面较粗糙时，$\mu_s=0.8$。

5 扇形平面

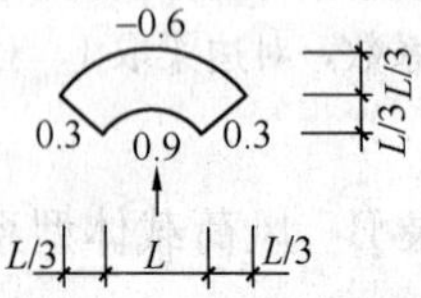
−0.6
0.3
0.9
0.3
L/3
L/3
L/3
L
L/3

6 梭形平面

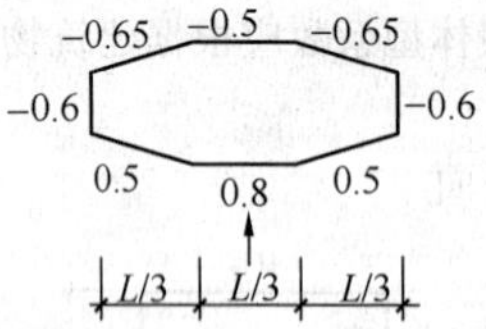
−0.65
−0.5
−0.65
−0.6
−0.6
0.5
0.8
0.5
L/3
L/3
L/3

7 十字形平面

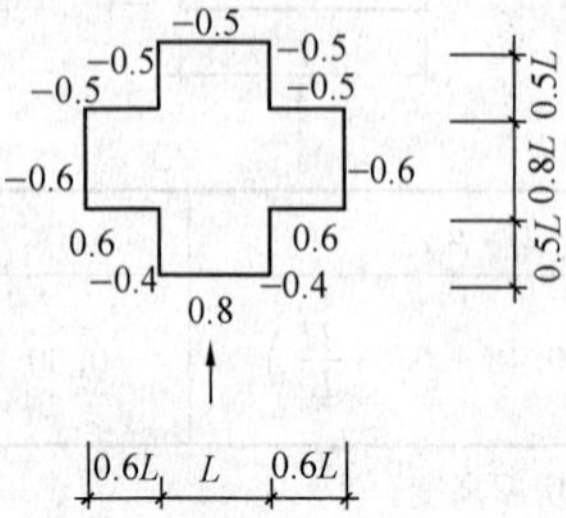
−0.5
−0.5
−0.5
−0.5
−0.5
−0.6
−0.6
0.6
0.6
−0.4
−0.4
0.8
0.5L
0.8L
0.5L
0.6L
L
0.6L

8 井字形平面

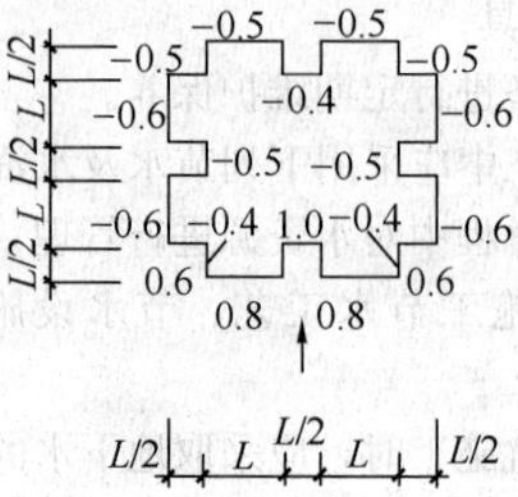
−0.5
−0.5
−0.5
−0.5
−0.6
−0.4
−0.6
−0.5
−0.5
−0.6
−0.4
1.0
−0.4
−0.6
0.6
0.6
0.8
0.8
L/2
L
L/2
L
L/2
L/2
L
L/2
L
L/2

9 X形平面

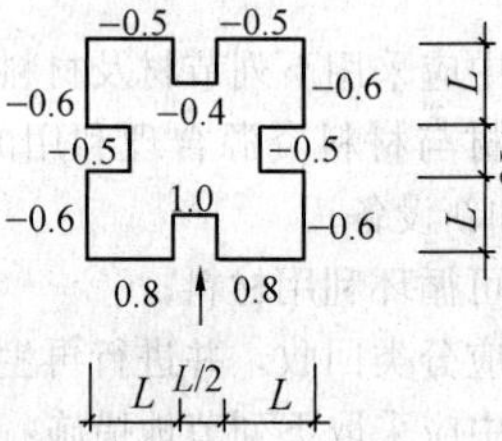
−0.5
−0.5
−0.6
−0.4
−0.6
−0.5
−0.5
−0.6
1.0
−0.6
0.8
0.8
L
2L/3
L
L
L/2
L

10 卅形平面

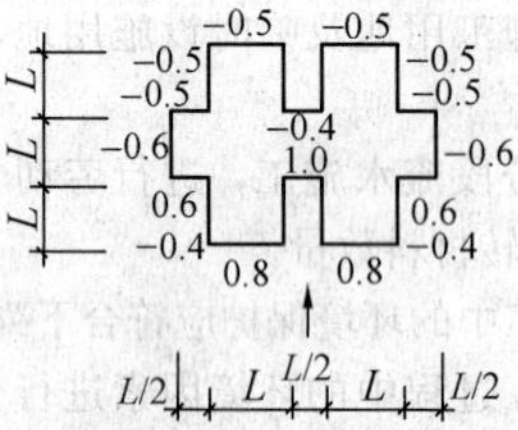
−0.5
−0.5
−0.5
−0.5
−0.5
−0.5
−0.6
−0.4
−0.6
1.0
0.6
0.6
−0.4
−0.4
0.8
0.8
L
L
L
L/2
L
L/2
L
L/2

11 六角形平面

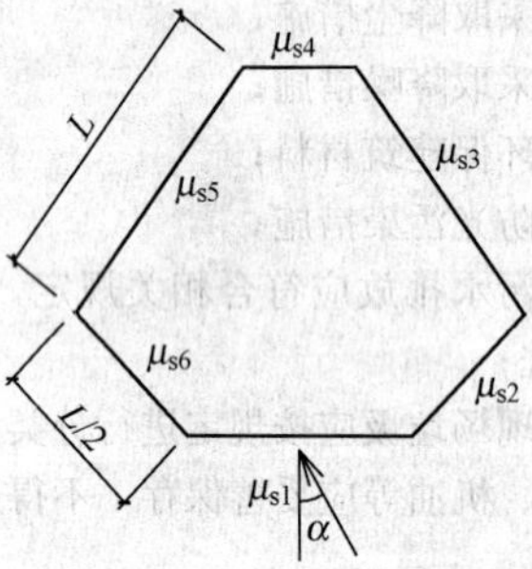
μ_{s4}
μ_{s3}
μ_{s5}
μ_{s6}
μ_{s2}
μ_{s1}
L
L/2
α

μ_s / α	μ_{s1}	μ_{s2}	μ_{s3}	μ_{s4}	μ_{s5}	μ_{s6}
0°	0.80	−0.45	−0.50	−0.60	−0.50	−0.45
30°	0.70	0.40	−0.55	−0.50	−0.55	−0.55

12 Y形平面

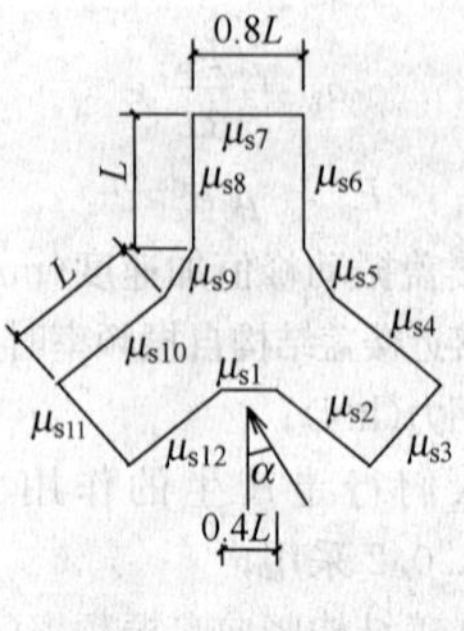
0.8L
μ_{s7}
μ_{s8}
μ_{s6}
L
L
μ_{s9}
μ_{s5}
μ_{s4}
μ_{s10}
μ_{s1}
μ_{s2}
μ_{s11}
μ_{s12}
μ_{s3}
α
0.4L

μ_s \ α	0°	10°	20°	30°	40°	50°	60°
μ_{s1}	1.05	1.05	1.00	0.95	0.90	0.50	−0.15
μ_{s2}	1.00	0.95	0.90	0.85	0.80	0.40	−0.10
μ_{s3}	−0.70	−0.10	0.30	0.50	0.70	0.85	0.95
μ_{s4}	−0.50	−0.50	−0.55	−0.60	−0.75	−0.40	−0.10
μ_{s5}	−0.50	−0.55	−0.60	−0.65	−0.75	−0.45	−0.15
μ_{s6}	−0.55	−0.55	−0.60	−0.70	−0.65	−0.15	−0.35
μ_{s7}	−0.50	−0.50	−0.50	−0.55	−0.55	−0.55	−0.55
μ_{s8}	−0.55	−0.55	−0.55	−0.50	−0.50	−0.50	−0.50
μ_{s9}	−0.50	−0.50	−0.50	−0.50	−0.50	−0.50	−0.50
μ_{s10}	−0.50	−0.50	−0.50	−0.50	−0.50	−0.50	−0.50
μ_{s11}	−0.70	−0.60	−0.55	−0.55	−0.55	−0.55	−0.55
μ_{s12}	1.00	0.95	0.90	0.80	0.75	0.65	0.35

附录C　结构水平地震作用计算的底部剪力法

C.0.1　采用底部剪力法计算高层建筑结构的水平地震作用时，各楼层在计算方向可仅考虑一个自由度(图C)，并应符合下列规定：

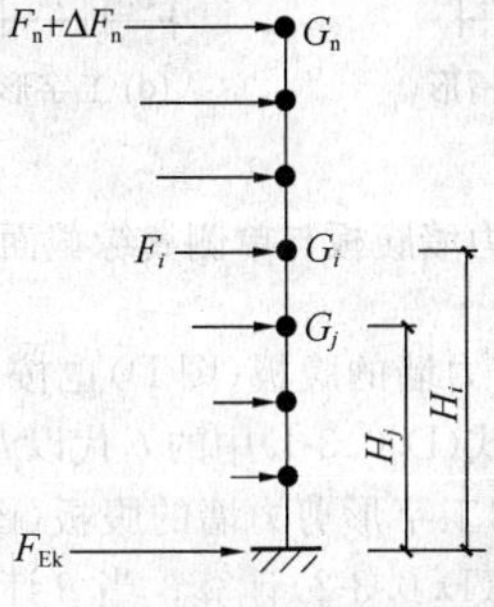

$F_n+\Delta F_n$
G_n
F_i
G_i
G_j
H_j
H_i
F_{Ek}

图C　底部剪力法计算示意

1　结构总水平地震作用标准值应按下列公式计算：

$$F_{Ek}=\alpha_1 G_{eq} \qquad (C.0.1\text{-}1)$$

$$G_{eq}=0.85G_E \qquad (C.0.1\text{-}2)$$

式中：F_{Ek}——结构总水平地震作用标准值；

α_1——相应于结构基本自振周期 T_1 的水平地震影响系数，应按本规程第4.3.8条确定；结构基本自振周期 T_1 可按本附录C.0.2条近似计算，并应考虑非承重墙体的影响予以折减；

G_{eq}——计算地震作用时，结构等效总重力荷载代表值；

G_E——计算地震作用时，结构总重力荷载代表值，应取各质点重力荷载代表值之和。

2　质点 i 的水平地震作用标准值可按下式计算：

$$F_i=\frac{G_iH_i}{\sum_{j=1}^{n}G_jH_j}F_{Ek}(1-\delta_n) \qquad (C.0.1\text{-}3)$$

$$(i=1,2,\cdots,n)$$

式中：F_i——质点 i 的水平地震作用标准值；

G_i、G_j——分别为集中于质点 i、j 的重力荷载代表值，应按本规程第4.3.6条的规定确定；

H_i、H_j——分别为质点 i、j 的计算高度；

δ_n——顶部附加地震作用系数，可按表C.0.1采用。

表C.0.1　顶部附加地震作用系数 δ_n

T_g (s)	$T_1>1.4T_g$	$T_1\leqslant 1.4T_g$
不大于0.35	$0.08T_1+0.07$	不考虑
大于0.35但不大于0.55	$0.08T_1+0.01$	
大于0.55	$0.08T_1-0.02$	

注：1　T_g为场地特征周期；

2　T_1为结构基本自振周期，可按本附录第C.0.2条计算，也可采用根据实测数据并考虑地震作用影响的其他方法计算。

3　主体结构顶层附加水平地震作用标准值可按下式计算：

$$\Delta F_n=\delta_n F_{Ek} \qquad (C.0.1\text{-}4)$$

式中：ΔF_n——主体结构顶层附加水平地震作用标准值。

C.0.2　对于质量和刚度沿高度分布比较均匀的框架结构、框架-剪力墙结构和剪力墙结构，其基本自振周期可按下式计算：

$$T_1=1.7\Psi_T\sqrt{u_T} \qquad (C.0.2)$$

式中：T_1——结构基本自振周期(s)；

u_T——假想的结构顶点水平位移(m)，即假想把集中在各楼层处的重力荷载代表值 G_i 作为该楼层水平荷载，并按本规程第5.1节的有关规定计算的结构顶点弹性水平位移；

Ψ_T——考虑非承重墙刚度对结构自振周期影响的折减系数，可按本规程第4.3.17条确定。

C.0.3　高层建筑采用底部剪力法计算水平地震作用时，突出屋面房屋(楼梯间、电梯间、水箱间等)宜作为一个质点参加计算，计算求得的水平地震作用标准值应增大，增大系数 β_n 可按表C.0.3采用。增大后的地震作用仅用于突出屋面房屋自身以及与其直接连接的主体结构构件的设计。

表 C.0.3　突出屋面房屋地震作用增大系数 β_n

结构基本自振周期 T_1（s）	G_n/G \ K_n/K	0.001	0.010	0.050	0.100
0.25	0.01	2.0	1.6	1.5	1.5
	0.05	1.9	1.8	1.6	1.6
	0.10	1.9	1.8	1.6	1.5
0.50	0.01	2.6	1.9	1.7	1.7
	0.05	2.1	2.4	1.8	1.8
	0.10	2.2	2.4	2.0	1.8
0.75	0.01	3.6	2.3	2.2	2.2
	0.05	2.7	3.4	2.5	2.3
	0.10	2.2	3.3	2.5	2.3
1.00	0.01	4.8	2.9	2.7	2.7
	0.05	3.6	4.3	2.9	2.7
	0.10	2.4	4.1	3.2	3.0
1.50	0.01	6.6	3.9	3.5	3.5
	0.05	3.7	5.8	3.8	3.6
	0.10	2.4	5.6	4.2	3.7

注：1　K_n、G_n分别为突出屋面房屋的侧向刚度和重力荷载代表值；K、G 分别为主体结构层侧向刚度和重力荷载代表值，可取各层的平均值；

2　楼层侧向刚度可由楼层剪力除以楼层层间位移计算。

附录 D　墙体稳定验算

D.0.1　剪力墙墙肢应满足下式的稳定要求：

$$q \leqslant \frac{E_c t^3}{10 l_0^2} \qquad (D.0.1)$$

式中：q——作用于墙顶组合的等效竖向均布荷载设计值；

E_c——剪力墙混凝土的弹性模量；

t——剪力墙墙肢截面厚度；

l_0——剪力墙墙肢计算长度，应按本附录第 D.0.2 条确定。

D.0.2　剪力墙墙肢计算长度应按下式计算：

$$l_0 = \beta h \qquad (D.0.2)$$

式中：β——墙肢计算长度系数，应按本附录第 D.0.3 条确定；

h——墙肢所在楼层的层高。

D.0.3　墙肢计算长度系数 β 应根据墙肢的支承条件按下列规定采用：

1　单片独立墙肢按两边支承板计算，取 β 等于 1.0。

2　T 形、L 形、槽形和工字形剪力墙的翼缘（图 D），采用三边支承板按式（D.0.3-1）计算；当 β 计算值小于 0.25 时，取 0.25。

$$\beta = \frac{1}{\sqrt{1+\left(\frac{h}{2b_f}\right)^2}} \qquad (D.0.3\text{-}1)$$

式中：b_f——T 形、L 形、槽形、工字形剪力墙的单侧翼缘截面高度，取图 D 中各 b_{fi} 的较大值或最大值。

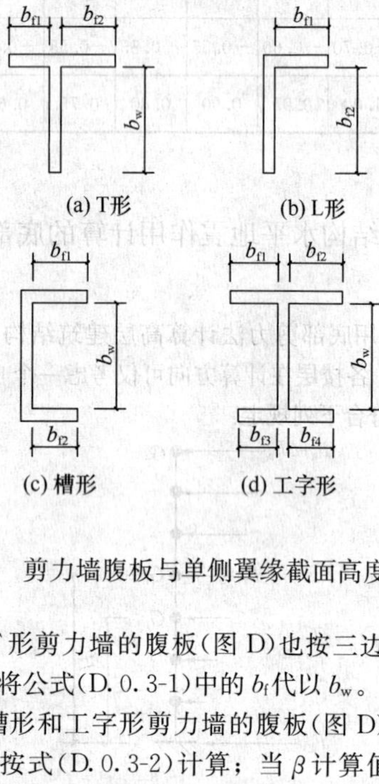

(a) T形
(b) L形
(c) 槽形
(d) 工字形

图 D　剪力墙腹板与单侧翼缘截面高度示意

3　T 形剪力墙的腹板（图 D）也按三边支承板计算，但应将公式（D.0.3-1）中的 b_f 代以 b_w。

4　槽形和工字形剪力墙的腹板（图 D），采用四边支承板按式（D.0.3-2）计算；当 β 计算值小于 0.2 时，取 0.2。

$$\beta = \frac{1}{\sqrt{1+\left(\frac{3h}{2b_w}\right)^2}} \qquad (D.0.3\text{-}2)$$

式中：b_w——槽形、工字形剪力墙的腹板截面高度。

D.0.4　当 T 形、L 形、槽形、工字形剪力墙的翼缘截面高度或 T 形、L 形剪力墙的腹板截面高度与翼缘截面厚度之和小于截面厚度的 2 倍和 800mm 时，尚宜按下式验算剪力墙的整体稳定：

$$N \leqslant \frac{1.2 E_c I}{h^2} \qquad (D.0.4)$$

式中：N——作用于墙顶组合的竖向荷载设计值；

I——剪力墙整体截面的惯性矩，取两个方向的较小值。

附录 E 转换层上、下结构侧向刚度规定

E.0.1 当转换层设置在1、2层时，可近似采用转换层与其相邻上层结构的等效剪切刚度比 γ_{e1} 表示转换层上、下层结构刚度的变化，γ_{e1} 宜接近1，非抗震设计时 γ_{e1} 不应小于0.4，抗震设计时 γ_{e1} 不应小于0.5。γ_{e1} 可按下列公式计算：

$$\gamma_{e1}=\frac{G_1A_1}{G_2A_2}\times\frac{h_2}{h_1} \quad \text{(E.0.1-1)}$$

$$A_i=A_{w,i}+\sum_j C_{i,j}A_{ci,j} \quad (i=1,2) \quad \text{(E.0.1-2)}$$

$$C_{i,j}=2.5\left(\frac{h_{ci,j}}{h_i}\right)^2 \quad (i=1,2) \quad \text{(E.0.1-3)}$$

式中：G_1、G_2——分别为转换层和转换层上层的混凝土剪变模量；

A_1、A_2——分别为转换层和转换层上层的折算抗剪截面面积，可按式(E.0.1-2)计算；

$A_{w,i}$——第 i 层全部剪力墙在计算方向的有效截面面积(不包括翼缘面积)；

$A_{ci,j}$——第 i 层第 j 根柱的截面面积；

h_i——第 i 层的层高；

$h_{ci,j}$——第 i 层第 j 根柱沿计算方向的截面高度；

$C_{i,j}$——第 i 层第 j 根柱截面面积折算系数，当计算值大于1时取1。

E.0.2 当转换层设置在第2层以上时，按本规程式(3.5.2-1)计算的转换层与其相邻上层的侧向刚度比不应小于0.6。

E.0.3 当转换层设置在第2层以上时，尚宜采用图E所示的计算模型按公式(E.0.3)计算转换层下部结构与上部结构的等效侧向刚度比 γ_{e2}。γ_{e2} 宜接近1，非抗震设计时 γ_{e2} 不应小于0.5，抗震设计时 γ_{e2} 不应小于0.8。

$$\gamma_{e2}=\frac{\Delta_2H_1}{\Delta_1H_2} \quad \text{(E.0.3)}$$

式中：γ_{e2}——转换层下部结构与上部结构的等效侧向刚度比；

H_1——转换层及其下部结构(计算模型1)的高度；

Δ_1——转换层及其下部结构(计算模型1)的顶部在单位水平力作用下的侧向位移；

H_2——转换层上部若干层结构(计算模型2)的高度，其值应等于或接近计算模型1的高度 H_1，且不大于 H_1；

Δ_2——转换层上部若干层结构(计算模型2)的顶部在单位水平力作用下的侧向位移。

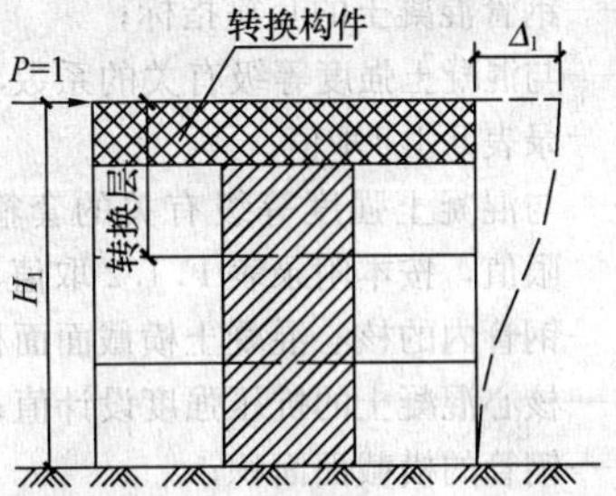

转换构件
P=1
Δ1
转换层
H1

(a)计算模型1——转换层及下部结构

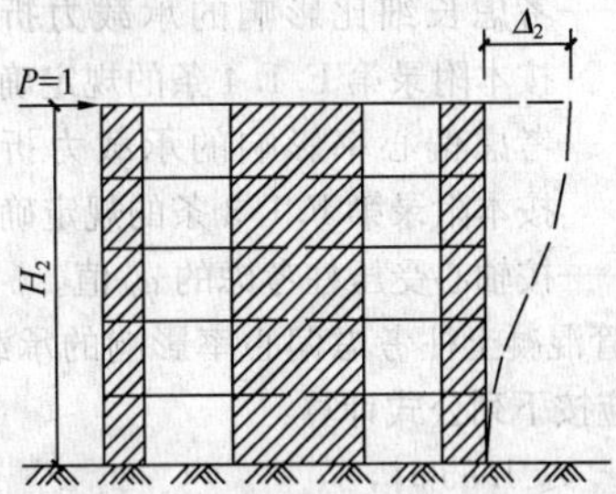

P=1
Δ2
H2

(b)计算模型2——转换层上部结构

图E 转换层上、下等效侧向刚度计算模型

附录 F 圆形钢管混凝土构件设计

F.1 构件设计

F.1.1 钢管混凝土单肢柱的轴向受压承载力应满足下列公式规定：

持久、短暂设计状况 $N\leqslant N_u$ (F.1.1-1)

地震设计状况 $N\leqslant N_u/\gamma_{RE}$ (F.1.1-2)

式中：N——轴向压力设计值；

N_u——钢管混凝土单肢柱的轴向受压承载力设计值。

F.1.2 钢管混凝土单肢柱的轴向受压承载力设计值应按下列公式计算：

$$N_u=\varphi_l\varphi_e N_0 \quad \text{(F.1.2-1)}$$

$$N_0=0.9A_cf_c(1+\alpha\theta) \quad (\text{当}\ \theta\leqslant[\theta]\ \text{时}) \quad \text{(F.1.2-2)}$$

$$N_0=0.9A_cf_c(1+\sqrt{\theta}+\theta) \quad (\text{当}\ \theta>[\theta]\ \text{时}) \quad \text{(F.1.2-3)}$$

$$\theta=\frac{A_af_a}{A_cf_c} \quad \text{(F.1.2-4)}$$

且在任何情况下均应满足下列条件：

$$\varphi_l\varphi_e\leqslant\varphi_0 \quad \text{(F.1.2-5)}$$

表 F.1.2 系数 α、[θ]取值

混凝土等级	≤C50	C55～C80
α	2.00	1.80
$[\theta]$	1.00	1.56

式中：N_0——钢管混凝土轴心受压短柱的承载力设计值；

θ——钢管混凝土的套箍指标；

α——与混凝土强度等级有关的系数，按本附录表 F.1.2 取值；

$[\theta]$——与混凝土强度等级有关的套箍指标界限值，按本附录表 F.1.2 取值；

A_c——钢管内的核心混凝土横截面面积；

f_c——核心混凝土的抗压强度设计值；

A_a——钢管的横截面面积；

f_a——钢管的抗拉、抗压强度设计值；

φ_l——考虑长细比影响的承载力折减系数，按本附录第 F.1.4 条的规定确定；

φ_e——考虑偏心率影响的承载力折减系数，按本附录第 F.1.3 条的规定确定；

φ_0——按轴心受压柱考虑的 φ_l 值。

F.1.3 钢管混凝土柱考虑偏心率影响的承载力折减系数 φ_e，应按下列公式计算：

当 $e_0/r_c \leqslant 1.55$ 时，

$$\varphi_e = \frac{1}{1 + 1.85\dfrac{e_0}{r_c}} \quad \text{(F.1.3-1)}$$

$$e_0 = \frac{M_2}{N} \quad \text{(F.1.3-2)}$$

当 $e_0/r_c > 1.55$ 时，

$$\varphi_e = \frac{0.3}{\dfrac{e_0}{r_c} - 0.4} \quad \text{(F.1.3-3)}$$

式中：e_0——柱端轴向压力偏心距之较大者；

r_c——核心混凝土横截面的半径；

M_2——柱端弯矩设计值的较大者；

N——轴向压力设计值。

F.1.4 钢管混凝土柱考虑长细比影响的承载力折减系数 φ_l，应按下列公式计算：

当 $L_e/D > 4$ 时：

$$\varphi_l = 1 - 0.115\sqrt{L_e/D - 4} \quad \text{(F.1.4-1)}$$

当 $L_e/D \leqslant 4$ 时：

$$\varphi_l = 1 \quad \text{(F.1.4-2)}$$

式中：D——钢管的外直径；

L_e——柱的等效计算长度，按本附录 F.1.5 条和第 F.1.6 条确定。

F.1.5 柱的等效计算长度应按下列公式计算：

$$L_e = \mu k L \quad \text{(F.1.5)}$$

式中：L——柱的实际长度；

μ——考虑柱端约束条件的计算长度系数，根据梁柱刚度的比值，按现行国家标准《钢结构设计规范》GB 50017 确定；

k——考虑柱身弯矩分布梯度影响的等效长度系数，按本附录第 F.1.6 条确定。

F.1.6 钢管混凝土柱考虑柱身弯矩分布梯度影响的等效长度系数 k，应按下列公式计算：

1 轴心受压柱和杆件（图 F.1.6a）：

$$k = 1 \quad \text{(F.1.6-1)}$$

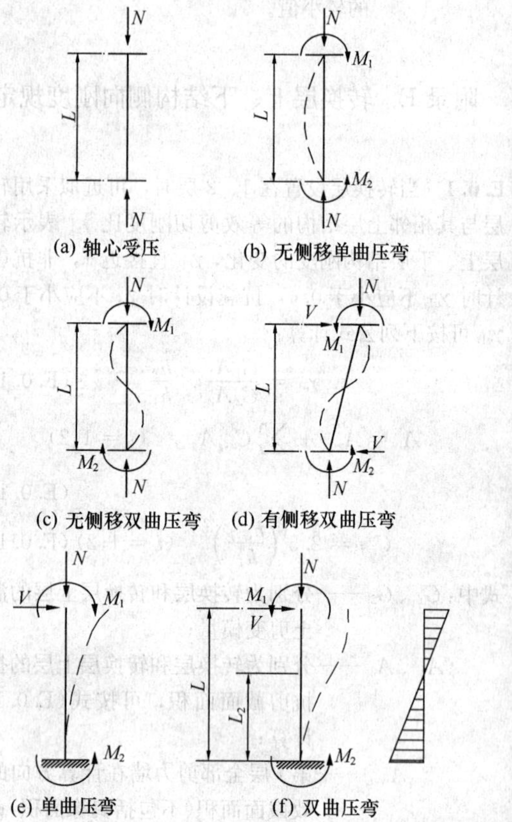
(a) 轴心受压
(b) 无侧移单曲压弯
(c) 无侧移双曲压弯
(d) 有侧移双曲压弯
(e) 单曲压弯
(f) 双曲压弯

图 F.1.6 框架柱及悬臂柱计算简图

2 无侧移框架柱（图 F.1.6b、c）：

$$k = 0.5 + 0.3\beta + 0.2\beta^2 \quad \text{(F.1.6-2)}$$

3 有侧移框架柱（图 F.1.6d）和悬臂柱（图 F.1.6e、f）：

当 $e_0/r_c \leqslant 0.8$ 时

$$k = 1 - 0.625\,e_0/r_c \quad \text{(F.1.6-3)}$$

当 $e_0/r_c > 0.8$ 时，取 $k = 0.5$。

当自由端有力矩 M_1 作用时，

$$k = (1 + \beta_1)/2 \quad \text{(F.1.6-4)}$$

并将式（F.1.6-3）与式（F.1.6-4）所得 k 值进行比较，取其中之较大值。

式中：β——柱两端弯矩设计值之绝对值较小者 M_1 与绝对值较大者 M_2 的比值，单曲压弯时 β 取正值，双曲压弯时 β 取负值；

β_1——悬臂柱自由端弯矩设计值 M_1 与嵌固端弯矩设计值 M_2 的比值，当 β_1 为负值即双曲压弯时，则按反弯点所分割成的高度为 L_2 的子悬臂柱计算（图 F.1.6f）。

注：1 无侧移框架系指框架中设有支撑架、剪力墙、电梯井等支撑结构，且其抗侧移刚度不小于框架抗侧移刚度的 5 倍者；有侧移框架系指框架中未设上述支撑结

构或支撑结构的抗侧移刚度小于框架抗侧移刚度的 5 倍者；

2　嵌固端系指相交于柱的横梁的线刚度与柱的线刚度的比值不小于 4 者，或柱基础的长和宽均不小于柱直径的 4 倍者。

F.1.7　钢管混凝土单肢柱的拉弯承载力应满足下列规定：

$$\frac{N}{N_{ut}}+\frac{M}{M_u}\leqslant 1 \qquad (F.1.7\text{-}1)$$

$$N_{ut}=A_a F_a \qquad (F.1.7\text{-}2)$$

$$M_u=0.3r_c N_0 \qquad (F.1.7\text{-}3)$$

式中：N——轴向拉力设计值；

M——柱端弯矩设计值的较大者。

F.1.8　当钢管混凝土单肢柱的剪跨 a（横向集中荷载作用点至支座或节点边缘的距离）小于柱子直径 D 的 2 倍时，柱的横向受剪承载力应符合下式规定：

$$V\leqslant V_u \qquad (F.1.8)$$

式中：V——横向剪力设计值；

V_u——钢管混凝土单肢柱的横向受剪承载力设计值。

F.1.9　钢管混凝土单肢柱的横向受剪承载力设计值应按下列公式计算：

$$V_u=(V_0+0.1N')\left(1-0.45\sqrt{\frac{a}{D}}\right) \qquad (F.1.9\text{-}1)$$

$$V_0=0.2A_c f_c(1+3\theta) \qquad (F.1.9\text{-}2)$$

式中：V_0——钢管混凝土单肢柱受纯剪时的承载力设计值；

N'——与横向剪力设计值 V 对应的轴向力设计值；

a——剪跨，即横向集中荷载作用点至支座或节点边缘的距离。

F.1.10　钢管混凝土的局部受压应符合下式规定：

$$N_l\leqslant N_{ul} \qquad (F.1.10)$$

式中：N_l——局部作用的轴向压力设计值；

N_{ul}——钢管混凝土柱的局部受压承载力设计值。

F.1.11　钢管混凝土柱在中央部位受压时（图 F.1.11），局部受压承载力设计值应按下式计算：

$$N_{ul}=N_0\sqrt{\frac{A_l}{A_c}} \qquad (F.1.11)$$

式中：N_0——局部受压段的钢管混凝土短柱轴心受压承载力设计值，按本附录第 F.1.2 条公式（F.1.2-2）、（F.1.2-3）计算；

A_l——局部受压面积；

A_c——钢管内核心混凝土的横截面面积。

F.1.12　钢管混凝土柱在其组合界面附近受压时（图 F.1.12），局部受压承载力设计值应按下列公式计算：

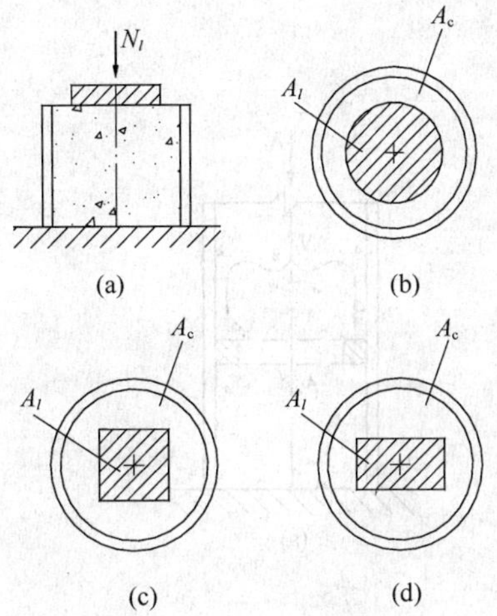

N_l
A_c
A_l
(a)
(b)
A_c
A_l
A_c
A_l
(c)
(d)

图 F.1.11　中央部位局部受压

当 $A_l/A_c\geqslant 1/3$ 时：

$$N_{ul}=(N_0-N')\omega\sqrt{\frac{A_l}{A_c}} \qquad (F.1.12\text{-}1)$$

当 $A_l/A_c<1/3$ 时：

$$N_{ul}=(N_0-N')\omega\sqrt{3}\cdot\frac{A_l}{A_c} \qquad (F.1.12\text{-}2)$$

式中：N_0——局部受压段的钢管混凝土短柱轴心受压承载力设计值，按本附录第 F.1.2 条公式（F.1.2-2）、（F.1.2-3）计算；

N'——非局部作用的轴向压力设计值；

ω——考虑局压应力分布状况的系数，当局压应力为均匀分布时取 1.00；当局压应力为非均匀分布（如与钢管内壁焊接的柔性抗剪连接件等）时取 0.75。

当局部受压承载力不足时，可将局压区段的管壁进行加厚。

F.2　连 接 设 计

F.2.1　钢管混凝土柱的直径较小时，钢梁与钢管混凝土柱之间可采用外加强环连接（图 F.2.1-1），外加强环应是环绕钢管混凝土杆的封闭的满环（图 F.2.1-2）。外加强环与钢管外壁应采用全熔透焊缝连接，外加强环与钢梁应采用栓焊连接。外加强环的厚度不应小于钢梁翼缘的厚度，最小宽度 c 不应小于钢梁翼缘宽度的 70%。

F.2.2　钢管混凝土柱的直径较大时，钢梁与钢管混凝土柱之间可采用内加强环连接。内加强环与钢管内壁应采用全熔透坡口焊缝连接。梁与柱可采用现场直接连接，也可与带有悬臂梁段的柱在现场进行梁的拼接。悬臂梁段可采用等截面（图 F.2.2-1）或变截面（图 F.2.2-2、图 F.2.2-3）；采用变截面梁段时，其坡度不宜大于 1/6。

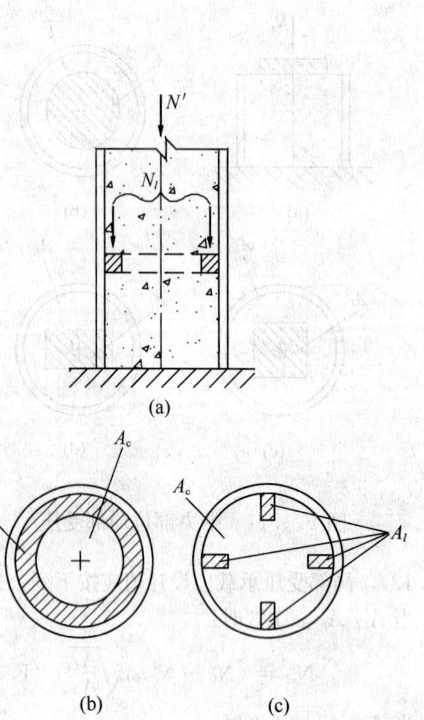
N'
N_l
(a)
A_c
A_l
A_c
A_l
(b)
(c)

图 F.1.12　组合界面附近局部受压

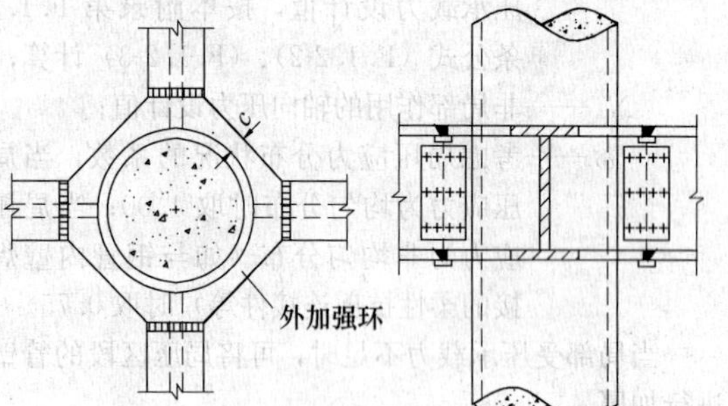
c
外加强环

图 F.2.1-1　钢梁与钢管混凝土柱采用外加强环连接构造示意

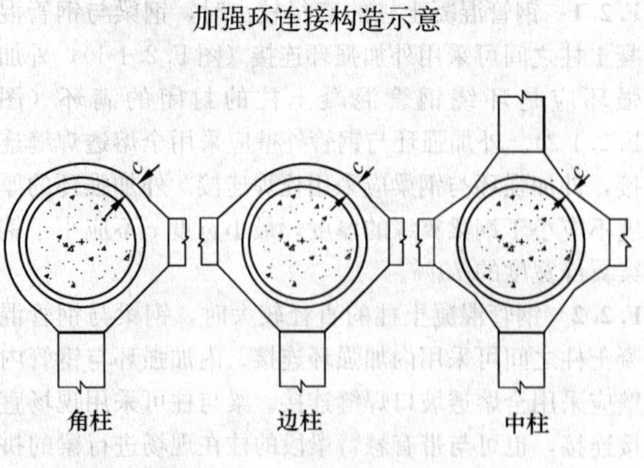
c
c
c
角柱
边柱
中柱

图 F.2.1-2　外加强环构造示意

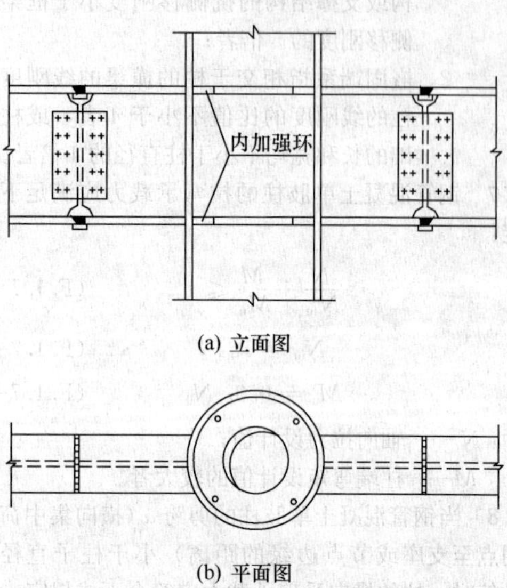
内加强环
(a) 立面图
(b) 平面图

图 F.2.2-1　等截面悬臂钢梁与钢管混凝土柱采用内加强环连接构造示意

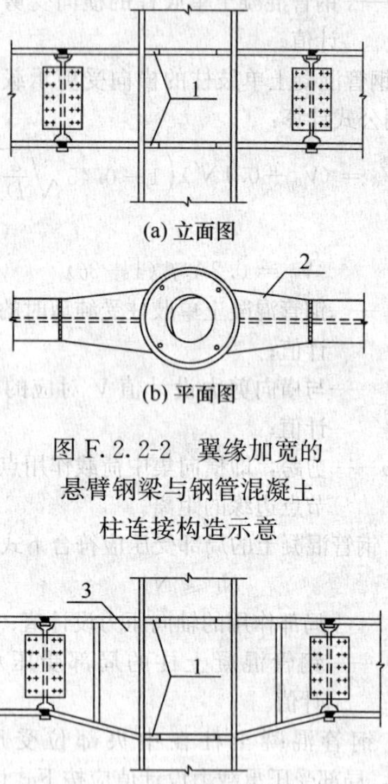
1
(a) 立面图
2
(b) 平面图

图 F.2.2-2　翼缘加宽的悬臂钢梁与钢管混凝土柱连接构造示意

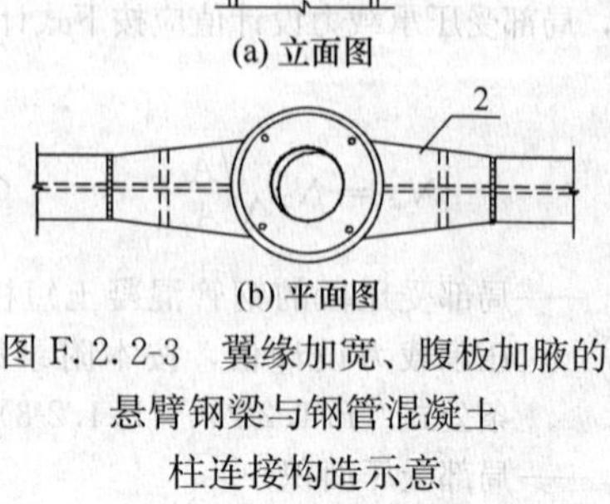
3
1
(a) 立面图
2
(b) 平面图

图 F.2.2-3　翼缘加宽、腹板加腋的悬臂钢梁与钢管混凝土柱连接构造示意

1—内加强环；2—翼缘加宽；3—变高度（腹板加腋）悬臂梁段

F.2.3 钢筋混凝土梁与钢管混凝土柱的连接构造应同时满足管外剪力传递及弯矩传递的要求。

F.2.4 钢筋混凝土梁与钢管混凝土柱连接时，钢管外剪力传递可采用环形牛腿或承重销；钢筋混凝土无梁楼板或井式密肋楼板与钢管混凝土柱连接时，钢管外剪力传递可采用台锥式环形深牛腿。也可采用其他符合计算受力要求的连接方式传递管外剪力。

F.2.5 环形牛腿、台锥式环形深牛腿可由呈放射状均匀分布的肋板和上、下加强环组成（图 F.2.5）。肋板应与钢管壁外表面及上、下加强环采用角焊缝焊接，上、下加强环可分别与钢管壁外表面采用角焊缝焊接。环形牛腿的上、下加强环以及台锥式深牛腿的下加强环应预留直径不小于 50mm 的排气孔。台锥式环形深牛腿下加强环的直径可由楼板的冲切承载力计算确定。

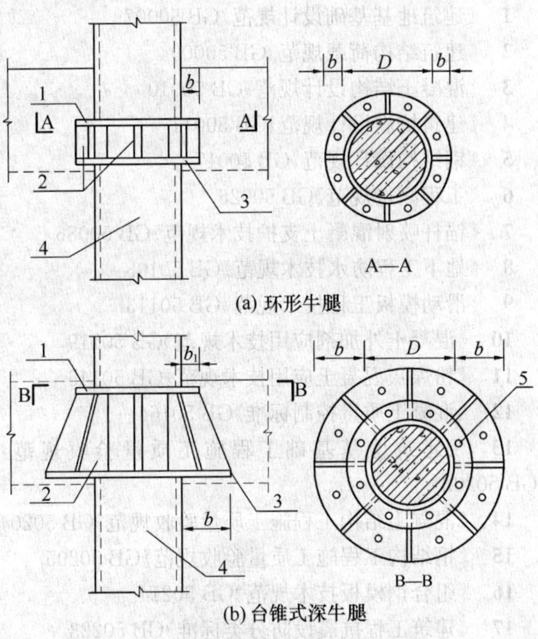

b
1
A
A
2
3
4
b
D
b
A—A
(a) 环形牛腿
1
b_1
B
B
2
3
b
4
b
D
b
5
B—B
(b) 台锥式深牛腿

图 F.2.5 环形牛腿构造示意

1—上加强环；2—腹板或肋板；3—下加强环；4—钢管混凝土柱；5—排气孔

F.2.6 钢管混凝土柱的外径不小于 600mm 时，可采用承重销传递剪力。由穿心腹板和上、下翼缘板组成的承重销（图 F.2.6），其截面高度宜取框架梁截面高度的 50%，其平面位置应根据框架梁的位置确定。翼缘板在穿过钢管壁不少于 50mm 后可逐渐收窄。钢管与翼缘板之间、钢管与穿心腹板之间应采用全熔透坡口焊缝焊接，穿心腹板与对面的钢管壁之间（图 F.2.6a）或与另一方向的穿心腹板之间（图 F.2.6b）应采用角焊缝焊接。

F.2.7 钢筋混凝土梁与钢管混凝土柱的管外弯矩传递可采用井式双梁、环梁、穿筋单梁和变宽度梁，也可采用其他符合受力分析要求的连接方式。

F.2.8 井式双梁的纵向钢筋钢筋可从钢管侧面平行

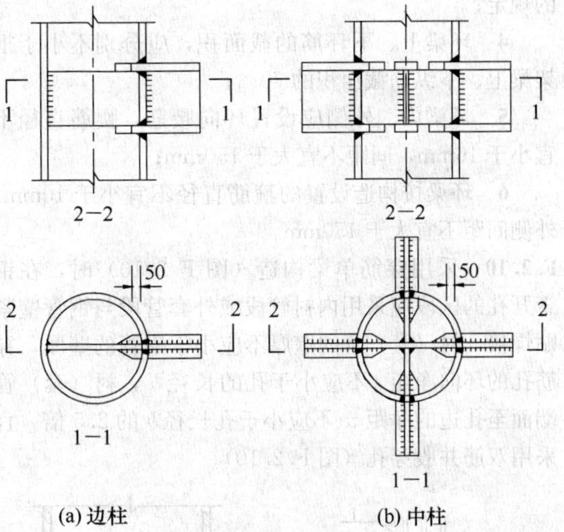

1
1
2—2
50
2
2
1—1
(a) 边柱
1
1
2—2
50
2
2
1—1
(b) 中柱

图 F.2.6 承重销构造示意

通过，并宜增设斜向构造钢筋（图 F.2.8）；井式双梁与钢管之间应浇筑混凝土。

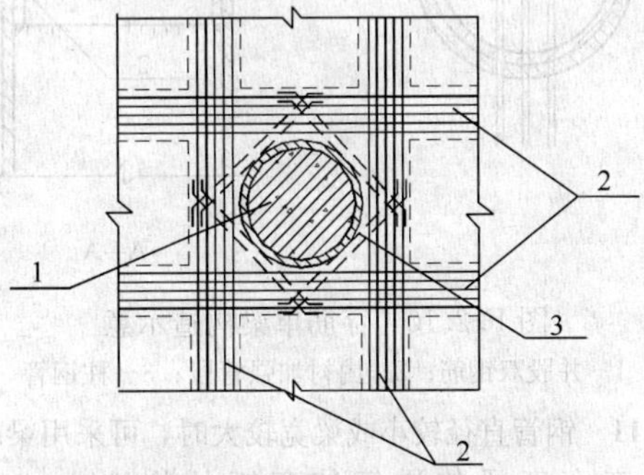

2
1
3
2

图 F.2.8 井式双梁构造示意

1—钢管混凝土柱；2—双梁的纵向钢筋；3—附加斜向钢筋

F.2.9 钢筋混凝土环梁（图 F.2.9）的配筋应由计算确定。环梁的构造应符合下列规定：

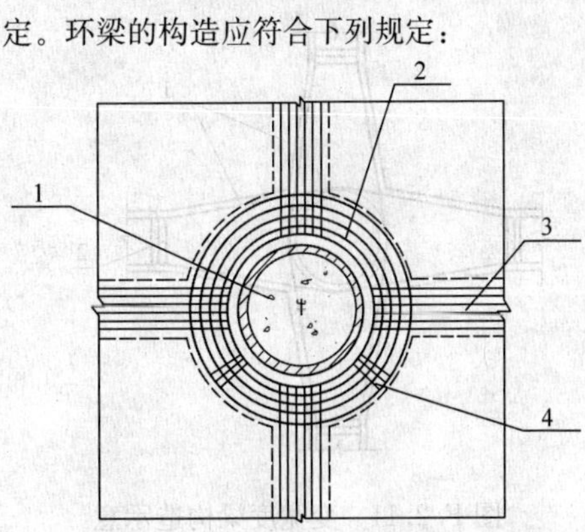

2
1
3
4

图 F.2.9 钢筋混凝土环梁构造示意

1—钢管混凝土柱；2—环梁的环向钢筋；3—框架梁纵向钢筋；4—环梁箍筋

1 环梁截面高度宜比框架梁高 50mm；

2 环梁的截面宽度宜不小于框架梁宽度；

3 框架梁的纵向钢筋在环梁内的锚固长度应满足现行国家标准《混凝土结构设计规范》GB 50010

的规定；

4 环梁上、下环筋的截面积，应分别不小于框架梁上、下纵筋截面积的70%；

5 环梁内、外侧应设置环向腰筋，腰筋直径不宜小于16mm，间距不宜大于150mm；

6 环梁按构造设置的箍筋直径不宜小于10mm，外侧间距不宜大于150mm。

F.2.10 采用穿筋单梁构造（图F.2.10）时，在钢管开孔的区段应采用内衬管段或外套管段与钢管壁紧贴焊接，衬（套）管的壁厚不应小于钢管的壁厚，穿筋孔的环向净矩 s 不应小于孔的长径 b，衬（套）管端面至孔边的净距 w 不应小于孔长径 b 的2.5倍。宜采用双筋并股穿孔（图F.2.10）。

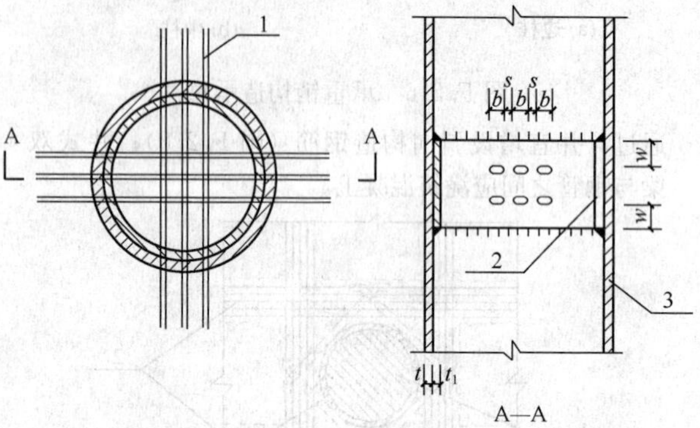
1
A
A
s
b
w
2
3
A—A

图F.2.10 穿筋单梁构造示意

1—并股双钢筋；2—内衬加强管段；3—柱钢管

F.2.11 钢管直径较小或梁宽较大时，可采用梁端加宽的变宽度梁传递管外弯矩的构造方式（图F.2.11）。变宽度梁一个方向的2根纵向钢筋可穿过钢管，其余纵向钢筋可连续绕过钢管，绕筋的斜度不应大于1/6，并应在梁变宽度处设置附加箍筋。

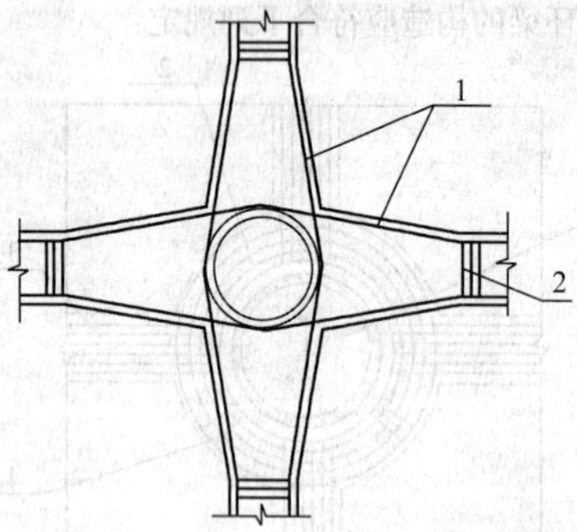
1
2

图F.2.11 变宽度梁构造示意

1—框架梁纵向钢筋；2—框架梁附加箍筋

本规程用词说明

1 为便于在执行本规程条文时区别对待，对于要求严格程度不同的用词说明如下：

1） 表示很严格，非这样做不可的：
正面词采用"必须"，反面词采用"严禁"；

2） 表示严格，在正常情况下均应这样做的：
正面词采用"应"，反面词采用"不应"或"不得"；

3） 表示允许稍有选择，在条件许可时首先应这样做的：
正面词采用"宜"，反面词采用"不宜"；

4） 表示有选择，在一定条件下可以这样做的，采用"可"。

2 条文中指明应按其他标准执行的写法为："应符合……的规定"或"应按……执行"。

引用标准名录

1 《建筑地基基础设计规范》GB 50007
2 《建筑结构荷载规范》GB 50009
3 《混凝土结构设计规范》GB 50010
4 《建筑抗震设计规范》GB 50011
5 《钢结构设计规范》GB 50017
6 《工程测量规范》GB 50026
7 《锚杆喷射混凝土支护技术规范》GB 50086
8 《地下工程防水技术规范》GB 50108
9 《滑动模板工程技术规范》GB 50113
10 《混凝土外加剂应用技术规范》GB 50119
11 《粉煤灰混凝土应用技术现范》GB 50146
12 《混凝土质量控制标准》GB 50164
13 《建筑地基基础工程施工质量验收规范》GB 50202
14 《混凝土结构工程施工质量验收规范》GB 50204
15 《钢结构工程施工质量验收规范》GB 50205
16 《组合钢模板技术规范》GB 50214
17 《建筑工程抗震设防分类标准》GB 50223
18 《大体积混凝土施工规范》GB 50496
19 《建筑基坑工程监测技术规范》GB 50497
20 《塔式起重机安全规程》GB 5144
21 《起重机械安全规程》GB 6067
22 《施工升降机安全规程》GB 10055
23 《塔式起重机》GB/T 5031
24 《施工升降机标准》GB/T 10054
25 《混凝土泵》GB/T 13333
26 《预应力筋用锚具、夹具和连接器》GB/T 14370
27 《预拌混凝土》GB/T 14902
28 《混凝土强度检验评定标准》GB/T 50107
29 《高层建筑箱形与筏形基础技术规范》JGJ 6
30 《建筑变形测量规程》JGJ 8
31 《钢筋焊接及验收规程》JGJ 18
32 《钢筋焊接接头试验方法》JGJ 27

33 《建筑机械使用安全技术规程》JGJ 33
34 《施工现场临时用电安全技术规范》JGJ 46
35 《建筑施工安全检查标准》JGJ 59
36 《液压滑动模板施工安全技术规程》JGJ 65
37 《建筑施工高处作业安全技术规范》JGJ 80
38 《无粘结预应力混凝土结构技术规程》JGJ 92
39 《建筑桩基技术规范》JGJ 94
40 《冷轧带肋钢筋混凝土结构技术规程》JGJ 95
41 《钢框胶合板模板技术规程》JGJ 96
42 《高层民用建筑钢结构技术规程》JGJ 99
43 《玻璃幕墙工程技术规范》JGJ 102
44 《建筑工程冬期施工规程》JGJ 104
45 《钢筋机械连接技术规程》JGJ 107
46 《钢筋焊接网混凝土结构技术规程》JGJ 114
47 《建筑基坑支护技术规程》JGJ 120
48 《建筑施工门式钢管脚手架安全技术规范》JGJ 128
49 《建筑施工扣件式钢管脚手架安全技术规范》JGJ 130
50 《金属与石材幕墙工程技术规范》JGJ 133
51 《型钢混凝土组合结构技术规程》JGJ 138
52 《施工现场机械设备检查技术规程》JGJ 160
53 《建筑施工模板安全技术规范》JGJ 162
54 《建筑施工碗扣式钢管脚手架安全技术规范》JGJ 166
55 《清水混凝土应用技术规程》JGJ 169
56 《建筑施工土石方工程安全技术规范》JGJ 180
57 《混凝土泵送施工技术规程》JGJ/T 10
58 《钢绞线、钢丝束无粘结预应力筋》JG 3006

中华人民共和国行业标准

高层建筑混凝土结构技术规程

JGJ 3—2010

条 文 说 明

修订说明

《高层建筑混凝土结构技术规程》JGJ 3-2010，经住房和城乡建设部2010年10月21日以第788号公告批准、发布。

本规程是在《高层建筑混凝土结构技术规程》JGJ 3-2002的基础上修订而成。上一版的主编单位是中国建筑科学研究院，参编单位是北京市建筑设计研究院、华东建筑设计研究院有限公司、广东省建筑设计研究院、深圳大学建筑设计研究院、上海市建筑科学研究院、清华大学、北京建工集团有限责任公司，主要起草人员是徐培福、黄小坤、容柏生、程懋堃、汪大绥、胡绍隆、傅学怡、赵西安、方鄂华、郝锐坤、胡世德、李国胜、周建龙、王明贵。

本次修订的主要技术内容是：1. 扩大了适用范围；2. 修改、补充了混凝土、钢筋、钢材材料要求；3. 调整补充了房屋适用的最大高度；4. 调整了房屋适用的最大高宽比；5. 修改了楼层刚度变化的计算方法和限制条件；6. 增加了质量沿竖向分布不均匀结构和不宜采用同一楼层同时为薄弱层、软弱层的竖向不规则结构规定，竖向不规则结构的薄弱层、软弱层的地震剪力增大系数由1.15调整为1.25；7. 明确结构侧向位移限制条件是针对风荷载或地震作用标准值下的计算结果；8. 增加了风振舒适度计算时结构阻尼比取值及楼盖竖向振动舒适度要求；9. 增加了结构抗震性能设计基本方法及结构抗连续倒塌设计基本要求；10. 风荷载比较敏感的高层建筑承载力设计时风荷载按基本风压的1.1倍采用，扩大了考虑竖向地震作用的计算范围和设计要求；11. 增加了房屋高度大于150m结构的弹塑性变形验算要求以及结构弹塑性计算分析、多塔楼结构分塔楼模型计算要求；12. 正常使用极限状态的效应组合不作为强制性要求，增加了考虑结构设计使用年限的荷载调整系数，补充了竖向地震作为主导可变作用的组合工况；13. 修改了框架“强柱弱梁”及柱“强剪弱弯”的规定，增加三级框架节点的抗震受剪承载力验算要求并取消了节点抗震受剪承载力验算的附录，加大了柱截面基本构造尺寸要求，对框架结构及四级抗震等级柱轴压比提出更高要求，适当提高了柱最小配筋率要求，增加梁端、柱端加密区箍筋间距可以适当放松的规定；14. 修改了剪力墙截面厚度、短肢剪力墙、剪力墙边缘构件的设计要求，增加了剪力墙洞口连梁正截面最小配筋率和最大配筋率要求，剪力墙分布钢筋直径、间距以及连梁的配筋设计不作为强制性条文；15. 修改了框架-剪力墙结构中框架承担倾覆力矩较多和较少时的设计规定；16. 提高了框架-核心筒结构核心筒底部加强部位分布钢筋最小配筋率，增加了内筒偏置及框架-双筒结构的设计要求，补充了框架承担地震剪力不宜过低的要求以及对框架和核心筒的内力调整、构造设计要求；17. 修改、补充了带转换层结构、错层结构、连体结构的设计规定，增加了竖向收进结构、悬挑结构的设计要求；18. 混合结构增加了筒中筒结构，调整了最大适用高度及抗震等级规定，钢框架-核心筒结构核心筒的最小配筋率比普通剪力墙适当提高，补充了钢管混凝土柱及钢板混凝土剪力墙的设计规定；19. 补充了地下室设计的有关规定；20. 增加了高层建筑施工中垂直运输、脚手架及模板支架、大体积混凝土、混合结构及复杂混凝土结构施工的有关规定。

本规程修订过程中，编制组调查总结了国内外高层建筑混凝土结构有关研究成果和工程实践经验，开展了框架结构刚度比、钢板剪力墙、混合结构、连体结构、带转换层结构等专题研究，参考了国外有关先进技术标准，在全国范围内广泛地征求了意见，并对反馈意见进行了汇总和处理。

为便于设计、科研、教学、施工等单位的有关人员在使用本规程时能正确理解和执行条文规定，《高层建筑混凝土结构技术规程》编制组按照章、节、条顺序编写了本规程的条文说明，对条文规定的目的、依据以及执行中需要注意的有关事项进行了解释和说明。但是，本条文说明不具备与规程正文同等的法律效力，仅供使用者作为理解和把握条文规定的参考。

目　次

1 总 则

1.0.1 20世纪90年代以来，我国混凝土结构高层建筑迅速发展，钢筋混凝土结构体系积累了很多工程经验和科研成果，钢和混凝土的混合结构体系也积累了不少工程经验和研究成果。从2002版规程开始，除对钢筋混凝土高层建筑结构的条款进行补充修订外，又增加了钢和混凝土混合结构设计规定，并将规程名称《钢筋混凝土高层建筑结构设计与施工规程》JGJ 3-91更改为《高层建筑混凝土结构技术规程》JGJ 3-2002（以下简称02规程）。

1.0.2 02规程适用于10层及10层以上或房屋高度超过28m的高层民用建筑结构。本次修订将适用范围修改为10层及10层以上或房屋高度超过28m的住宅建筑，以及房屋高度大于24m的其他高层民用建筑结构，主要是为了与我国现行有关标准协调。现行国家标准《民用建筑设计通则》GB 50352规定：10层及10层以上的住宅建筑和建筑高度大于24m的其他民用建筑（不含单层公共建筑）为高层建筑；《高层民用建筑设计防火规范》GB 50045（2005年版）规定10层及10层以上的居住建筑和建筑高度超过24m的公共建筑为高层建筑。本规程修订后的适用范围与上述标准基本协调。针对建筑结构专业的特点，对本条的适用范围补充说明如下：

1 有的住宅建筑的层高较大或底部布置层高较大的商场等公共服务设施，其层数虽然不到10层，但房屋高度已超过28m，这些住宅建筑仍应按本规程进行结构设计。

2 高度大于24m的其他高层民用建筑结构是指办公楼、酒店、综合楼、商场、会议中心、博物馆等高层民用建筑，这些建筑中有的层数虽然不到10层，但层高比较高，建筑内部的空间比较大，变化也多，为适应结构设计的需要，有必要将这类高度大于24m的结构纳入到本规程的适用范围。至于高度大于24m的体育场馆、航站楼、大型火车站等大跨度空间结构，其结构设计应符合国家现行有关标准的规定，本规程的有关规定仅供参考。

本条还规定，本规程不适用于建造在危险地段及发震断裂最小避让距离之内的高层建筑。大量地震震害及其他自然灾害表明，在危险地段及发震断裂最小避让距离之内建造房屋和构筑物较难幸免灾祸；我国也没有在危险地段和发震断裂的最小避让距离内建造高层建筑的工程实践经验和相应的研究成果，本规程也没有专门条款。发震断裂的最小避让距离应符合现行国家标准《建筑抗震设计规范》GB 50011的有关规定。

1.0.3 02规程第1.0.3条关于抗震设防烈度的规定，本次修订移至第3.1节。

本条是新增内容，提出了对有特殊要求的高层建筑混凝土结构可采用抗震性能设计方法进行分析和论证，具体的抗震性能设计方法见本规程第3.11节。

近几年，结构抗震性能设计已在我国“超限高层建筑工程”抗震设计中比较广泛地采用，积累了不少经验。国际上，日本从1981年起已将基于性能的抗震设计原理用于高度超过60m的高层建筑。美国从20世纪90年代陆续提出了一些有关抗震性能设计的文件（如ATC40、FEMA356、ASCE41等），近几年由洛杉矶市和旧金山市的重要机构发布了新建高层建筑（高度超过160英尺、约49m）采用抗震性能设计的指导性文件：“洛杉矶地区高层建筑抗震分析和设计的另一种方法”洛杉矶高层建筑结构设计委员会（LATBSDC）2008年；“使用非规范传统方法的新建高层建筑抗震设计和审查的指导准则”北加利福尼亚结构工程师协会（SEAONC）2007年4月为旧金山市建议的行政管理公报。2008年美国“国际高层建筑及都市环境委员会（CTBUH）”发表了有关高层建筑（高度超过50m）抗震性能设计的建议。

高层建筑采用抗震性能设计已是一种趋势。正确应用性能设计方法将有利于判断高层建筑结构的抗震性能，有针对性地加强结构的关键部位和薄弱部位，为发展安全、适用、经济的结构方案提供创造性的空间。本条规定仅针对有特殊要求且难以按本规程规定的常规设计方法进行抗震设计的高层建筑结构，提出可采用抗震性能设计方法进行分析和论证。条文中提出的房屋高度、规则性、结构类型或抗震设防标准等有特殊要求的高层建筑混凝土结构包括：“超限高层建筑结构”，其划分标准参见原建设部发布的《超限高层建筑工程抗震设防专项审查技术要点》；有些工程虽不属于“超限高层建筑结构”，但由于其结构类型或有些部位结构布置的复杂性，难以直接按本规程的常规方法进行设计；还有一些位于高烈度区（8度、9度）的甲、乙类设防标准的工程或处于抗震不利地段的工程，出现难以确定抗震等级或难以直接按本规程常规方法进行设计的情况。为适应上述工程抗震设计的需要，本规程提出了抗震性能设计的基本方法。

1.0.4 02规程第1.0.4条本次修订移至第3.1节，本条为02规程第1.0.5条，作了部分文字修改。

注重高层建筑的概念设计，保证结构的整体性，是国内外历次大地震及风灾的重要经验总结。概念设计及结构整体性能是决定高层建筑结构抗震、抗风性能的重要因素，若结构严重不规则、整体性差，则按目前的结构设计及计算技术水平，较难保证结构的抗震、抗风性能，尤其是抗震性能。

1.0.5 本条是02规程第1.0.6条。

2 术语和符号

本章是根据标准编制要求增加的内容。

"高层建筑"大多根据不同的需要和目的而定义，国际、国内的定义不尽相同。国际上诸多国家和地区对高层建筑的界定多在 10 层以上；我国不同标准中有不同的定义。本规程主要是从结构设计的角度考虑，并与国家有关标准基本协调。

本规程中的"剪力墙（shear wall）"，在现行国家标准《建筑抗震设计规范》GB 50011 中称抗震墙，在现行国家标准《建筑结构设计术语和符号标准》GB/T 50083 中称结构墙（structural wall）。"剪力墙"既用于抗震结构也用于非抗震结构，这一术语在国外应用已久，在现行国家标准《混凝土结构设计规范》GB 50010 中和国内建筑工程界也一直应用。

"筒体结构"尚包括框筒结构、束筒结构等，本规程第 9 章和第 11 章主要涉及框架-核心筒结构和筒中筒结构。

"转换层"是指设置转换结构构件的楼层，包括水平结构构件及竖向结构构件，"带转换层高层建筑结构"属于复杂结构，部分框支剪力墙结构是其一种常见形式。在部分框支剪力墙结构中，转换梁通常称为"框支梁"，支撑转换梁的柱通常称为"框支柱"。

"连体结构"的连接体一般在房屋的中部或顶部，连接体结构与塔楼结构可采用刚性连接或滑动连接方式。

"多塔楼结构"是在裙楼或大底盘上有两个或两个以上塔楼的结构，是体型收进结构的一种常见例子。一般情况下，在地下室连为整体的多塔楼结构可不作为本规程第 10.6 节规定的复杂结构，但地下室顶板设计宜符合本规程 10.6 节多塔楼结构设计的有关规定。

"混合结构"包括内容较多，本规程主要涉及高层建筑中常用的钢和混凝土混合结构，包括钢框架（框筒）、型钢混凝土框架（框筒）、钢管混凝土框架（框筒）与钢筋混凝土筒体所组成的共同承受竖向和水平作用的框架-核心筒结构和筒中筒结构，后者是本次修订增加的内容。

3 结构设计基本规定

3.1 一 般 规 定

3.1.1 本条是 02 规程的第 1.0.3 条。抗震设防烈度是按国家规定权限批准作为一个地区抗震设防依据的地震烈度，一般情况下取 50 年内超越概率为 10% 的地震烈度，我国目前分为 6、7、8、9 度，与设计基本地震加速度一一对应，见表 1。

表 1 抗震设防烈度和设计基本地震加速度值的对应关系

抗震设防烈度	6	7	8	9
设计基本地震加速度值	0.05g	0.10 (0.15)g	0.20 (0.30)g	0.40g

注：g 为重力加速度。

3.1.2 本条是 02 规程第 1.0.4 条的修改。建筑工程的抗震设防分类，是根据建筑遭遇地震破坏后，可能造成人员伤亡、直接和间接经济损失、社会影响程度以及建筑在抗震救灾中的作用等因素，对各类建筑所作的抗震设防类别划分，具体分为特殊设防类、重点设防类、标准设防类、适度设防类，分别简称甲类、乙类、丙类和丁类。建筑抗震设防分类的划分应符合现行国家标准《建筑工程抗震设防分类标准》GB 50223 的规定。

3.1.3 高层建筑结构应根据房屋高度和高宽比、抗震设防类别、抗震设防烈度、场地类别、结构材料和施工技术条件等因素考虑其适宜的结构体系。

目前，国内大量的高层建筑结构采用四种常见的结构体系：框架、剪力墙、框架-剪力墙和筒体，因此本规程分章对这四种结构体系的设计作了比较详细的规定，以适应量大面广的工程设计需要。

框架结构中不包括板柱结构（无剪力墙或筒体），因为这类结构侧向刚度和抗震性能较差，目前研究工作不充分、工程实践经验不多，暂未列入规程；此外，由 L 形、T 形、Z 形或十字形截面（截面厚度一般为 180mm～300mm）构成的异形柱框架结构，目前已有行业标准《混凝土异形柱结构技术规程》JGJ 149，本规程也不需列入。

剪力墙结构包括部分框支剪力墙结构（有部分框支柱及转换结构构件）、具有较多短肢剪力墙且带有筒体或一般剪力墙的剪力墙结构。

板柱-剪力墙结构的板柱指无内部纵梁和横梁的无梁楼盖结构。由于在板柱框架体系中加入了剪力墙或筒体，主要由剪力墙构件承受侧向力，侧向刚度也有很大的提高。这种结构目前在国内外高层建筑中有较多的应用，但其适用高度宜低于框架-剪力墙结构。有震害表明，板柱结构的板柱节点破坏较严重，包括板的冲切破坏或柱端破坏。

筒体结构在 20 世纪 80 年代后在我国已广泛应用于高层办公建筑和高层旅馆建筑。由于其刚度较大、有较高承载能力，因而在层数较多时有较大优势。多年来，我国已经积累了许多工程经验和科研成果，在本规程中作了较详细的规定。

一些较新颖的结构体系（如巨型框架结构、巨型桁架结构、悬挂结构等），目前工程较少、经验还不多，宜针对具体工程研究其设计方法，待积累较多经验后再上升为规程的内容。

3.1.4、3.1.5 这两条强调了高层建筑结构概念设计原则，宜采用规则的结构，不应采用严重不规则的结构。

规则结构一般指：体型（平面和立面）规则，结构平面布置均匀、对称并具有较好的抗扭刚度；结构竖向布置均匀，结构的刚度、承载力和质量分布均匀、无突变。

实际工程设计中，要使结构方案规则往往比较困难，有时会出现平面或竖向布置不规则的情况。本规程第3.4.3～3.4.7条和第3.5.2～3.5.6条分别对结构平面布置及竖向布置的不规则性提出了限制条件。若结构方案中仅有个别项目超过了条款中规定的“不宜”的限制条件，此结构属不规则结构，但仍可按本规程有关规定进行计算和采取相应的构造措施；若结构方案中有多项超过了条款中规定的“不宜”的限制条件或某一项超过“不宜”的限制条件较多，此结构属特别不规则结构，应尽量避免；若结构方案中有多项超过了条款中规定的“不宜”的限制条件，而且超过较多，或者有一项超过了条款中规定的“不应”的限制条件，则此结构属严重不规则结构，这种结构方案不应采用，必须对结构方案进行调整。

无论采用何种结构体系，结构的平面和竖向布置都应使结构具有合理的刚度、质量和承载力分布，避免因局部突变和扭转效应而形成薄弱部位；对可能出现的薄弱部位，在设计中应采取有效措施，增强其抗震能力；结构宜具有多道防线，避免因部分结构或构件的破坏而导致整个结构丧失承受水平风荷载、地震作用和重力荷载的能力。

3.1.6 本条由02规程第4.9.3、4.9.5条合并修改而成。非荷载效应一般指温度变化、混凝土收缩和徐变、支座沉降等对结构或结构构件产生的影响。在较高的钢筋混凝土高层建筑结构设计中应考虑非荷载效应的不利影响。

高度较高的高层建筑的温度应力比较明显。幕墙包覆主体结构而使主体结构免受外界温度变化的影响，有效地减少了主体结构温度应力的不利影响。幕墙是外墙的一种结构形式，由于面板材料的不同，建筑幕墙可以分为玻璃幕墙、铝板或钢板幕墙、石材幕墙和混凝土幕墙。实际工程中可采用多种材料构成的混合幕墙。

3.1.7 本条由02规程第4.9.4、4.9.5、6.1.4条相关内容合并、修改而成。高层建筑层数较多，减轻填充墙的自重是减轻结构总重量的有效措施；而且轻质隔墙容易实现与主体结构的连接构造，减轻或防止随主体结构发生破坏。除传统的加气混凝土制品、空心砌块外，室内隔墙还可以采用玻璃、铝板、不锈钢板等轻质复合墙板材料。非承重墙体无论与主体结构采用刚性连接还是柔性连接，都应按非结构构件进行抗震设计，自身应具有相应的承载力、稳定及变形要求。

为避免主体结构变形时室内填充墙、门窗等非结构构件损坏，较高建筑或侧向变形较大的建筑中的非结构构件应采取有效的连接措施来适应主体结构的变形。例如，外墙门窗采用柔性密封胶条或耐候密封胶嵌缝；室内隔墙选用金属板或玻璃隔墙、柔性密封胶填缝等，可以很好地适应主体结构的变形。

3.2 材　　料

3.2.1 本条是在02规程第3.9.1条基础上修改完成的。当房屋高度大、层数多、柱距大时，由于单柱轴向力很大，受轴压比限制而使柱截面过大，不仅加大自重和材料消耗，而且妨碍建筑功能、浪费有效面积。减小柱截面尺寸通常有采用型钢混凝土柱、钢管混凝土柱、高强度混凝土这三条途径。

采用高强度混凝土可以减小柱截面面积。C60混凝土已广泛采用，取得了良好的效益。

采用高强钢筋可有效减少配筋量，提高结构的安全度。目前我国已经可以大量生产满足结构抗震性能要求的400MPa、500MPa级热轧带肋钢筋和300MPa级热轧光圆钢筋。400MPa、500MPa级热轧带肋钢筋的强度设计值比335MPa级钢筋分别提高20%和45%；300MPa级热轧光圆钢筋的强度设计值比235MPa级钢筋提高28.5%，节材效果十分明显。

型钢混凝土柱截面含型钢一般为5%～8%，可使柱截面面积减小30%左右。由于型钢骨架要求钢结构的制作、安装能力，因此目前较多用在高层建筑的下层部位柱、转换层以下的框支柱等；在较高的高层建筑中也有全部采用型钢混凝土梁、柱的实例。

钢管混凝土可使柱混凝土处于有效侧向约束下，形成三向应力状态，因而延性和承载力提高较多。钢管混凝土柱如用高强混凝土浇筑，可以使柱截面减小至原截面面积的50%左右。钢管混凝土柱与钢筋混凝土梁的节点构造十分重要，也比较复杂。钢管混凝土柱设计及构造可按本规程第11章的有关规定执行。

3.2.2 本条针对高层混凝土结构的特点，提出了不同结构部位、不同结构构件的混凝土强度等级最低要求及抗震上限限值。某些结构局部特殊部位混凝土强度等级的要求，在本规程相关条文中作了补充规定。

3.2.3 本条对高层混凝土结构的受力钢筋性能提出了具体要求。

3.2.4、3.2.5 提出了钢-混凝土混合结构中钢材的选用及性能要求。

3.3 房屋适用高度和高宽比

3.3.1 A级高度钢筋混凝土高层建筑指符合表3.3.1-1最大适用高度的建筑，也是目前数量最多，应用最广泛的建筑。当框架-剪力墙、剪力墙及筒体结构的高度超出表3.3.1-1的最大适用高度时，列入B级高度高层建筑，但其房屋高度不应超过表3.3.1-2规定的最大适用高度，并应遵守本规程规定的更严格的计算和构造措施。为保证B级高度高层建筑的设计质量，抗震设计的B级高度的高层建筑，按有关规定应进行超限高层建筑的抗震设防专项审查复核。

对于房屋高度超过A级高度高层建筑最大适用高度的框架结构、板柱-剪力墙结构以及9度抗震设计的各类结构，因研究成果和工程经验尚显不足，在B级高度高层建筑中未予列入。

具有较多短肢剪力墙的剪力墙结构的抗震性能有待进一步研究和工程实践检验，本规程第7.1.8条规定其最大适用高度比普通剪力墙结构适当降低，7度时不应超过100m，8度（0.2g）时不应超过80m、8度（0.3g）时不应超过60m；B级高度高层建筑及9度时A级高度高层建筑不应采用这种结构。

房屋高度超过表3.3.1-2规定的特殊工程，则应通过专门的审查、论证，补充更严格的计算分析，必要时进行相应的结构试验研究，采取专门的加强构造措施。抗震设计的超限高层建筑，可以按本规程第3.11节的规定进行结构抗震性能设计。

框架-核心筒结构中，除周边框架外，内部带有部分仅承受竖向荷载的柱与无梁楼板时，不属于本条所列的板柱-剪力墙结构。本规程最大适用高度表中，框架-剪力墙结构的高度均低于框架-核心筒结构的高度，其主要原因是，框架-核心筒结构的核心筒相对于框架-剪力墙结构的剪力墙较强，核心筒成为主要抗侧力构件，结构设计上也有更严格的要求。

本次修订，增加了8度（0.3g）抗震设防结构最大适用高度的要求；A级高度高层建筑中，除6度外的框架结构最大适用高度适当降低，板柱-剪力墙结构最大适用高度适当增加；取消了在Ⅳ类场地上房屋适用的最大高度应适当降低的规定；平面和竖向均不规则的结构，其适用的最大高度适当降低的用词，由“应”改为“宜”。

对于部分框支剪力墙结构，本条表中规定的最大适用高度已经考虑框支层的不规则性而比全落地剪力墙结构降低，故对于“竖向和平面均不规则”，可指框支层以上的结构同时存在竖向和平面不规则的情况；仅有个别墙体不落地，只要框支部分的设计安全合理，其适用的最大高度可按一般剪力墙结构确定。

3.3.2 高层建筑的高宽比，是对结构刚度、整体稳定、承载能力和经济合理性的宏观控制；在结构设计满足本规程规定的承载力、稳定、抗倾覆、变形和舒适度等基本要求后，仅从结构安全角度讲高宽比限值不是必须满足的，主要影响结构设计的经济性。因此，本次修订不再区分A级高度和B级高度高层建筑的最大高宽比限值，而统一为表3.3.2，大体上保持了02规程的规定。从目前大多数高层建筑看，这一限值是各方面都可以接受的，也是比较经济合理的。高宽比超过这一限制的是极个别的，例如上海金茂大厦（88层，420m）为7.6，深圳地王大厦（81层，320m）为8.8。

在复杂体型的高层建筑中，如何计算高宽比是比较难以确定的问题。一般情况下，可按所考虑方向的最小宽度计算高宽比，但对突出建筑物平面很小的局部结构（如楼梯间、电梯间等），一般不应包含在计算宽度内；对于不宜采用最小宽度计算高宽比的情况，应由设计人员根据实际情况确定合理的计算方法；对带有裙房的高层建筑，当裙房的面积和刚度相对于其上部塔楼的面积和刚度较大时，计算高宽比的房屋高度和宽度可按裙房以上塔楼结构考虑。

3.4 结构平面布置

3.4.1 结构平面布置应力求简单、规则，避免刚度、质量和承载力分布不均匀，是抗震概念设计的基本要求。结构规则性解释参见本规程第3.1.4、3.1.5条。

3.4.2 高层建筑承受较大的风力。在沿海地区，风力成为高层建筑的控制性荷载，采用风压较小的平面形状有利于抗风设计。

对抗风有利的平面形状是简单规则的凸平面，如圆形、正多边形、椭圆形、鼓形等平面。对抗风不利的平面是有较多凹凸的复杂形状平面，如V形、Y形、H形、弧形等平面。

3.4.3 平面过于狭长的建筑物在地震时由于两端地震波输入有位相差而容易产生不规则振动，产生较大的震害，表3.4.3给出了L/B的最大限值。在实际工程中，L/B在6、7度抗震设计时最好不超过4；在8、9度抗震设计时最好不超过3。

平面有较长的外伸时，外伸段容易产生局部振动而引发凹角处应力集中和破坏，外伸部分l/b的限值在表3.4.3中已列出，但在实际工程设计中最好控制l/b不大于1。

角部重叠和细腰形的平面图形（图1），在中央部位形成狭窄部分，在地震中容易产生震害，尤其在凹角部位，因为应力集中容易使楼板开裂、破坏，不宜采用。如采用，这些部位应采取加大楼板厚度、增加板内配筋、设置集中配筋的边梁、配置45°斜向钢筋等方法予以加强。

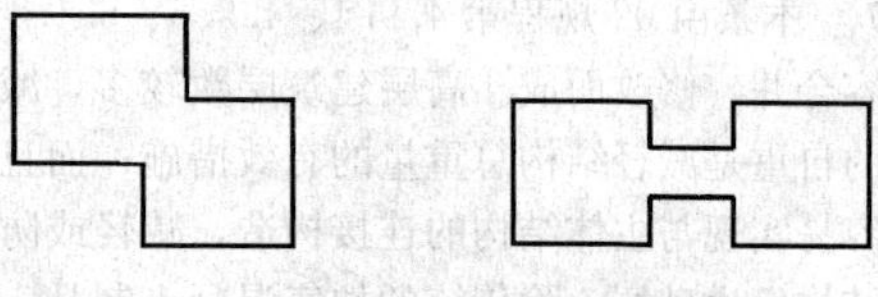

图1 角部重叠和细腰形平面示意

需要说明的是，表3.4.3中，三项尺寸的比例关系是独立的规定，一般不具有关联性。

3.4.4 本规程对B级高度钢筋混凝土结构及混合结构的最大适用高度已有所放松，与此相应，对其结构的规则性要求应该更加严格；本规程第10章所指的复杂高层建筑结构，其竖向布置已不规则，对这些结构的平面布置的规则性应提出更高要求。

3.4.5 本条规定主要是限制结构的扭转效应。国内、外历次大地震震害表明，平面不规则、质量与刚度偏心和抗扭刚度太弱的结构，在地震中遭受到严重的破坏。国内一些振动台模型试验结果也表明，过大的扭转效应会导致结构的严重破坏。

对结构的扭转效应主要从两个方面加以限制：

1 限制结构平面布置的不规则性，避免产生过大的偏心而导致结构产生较大的扭转效应。本条对A级高度高层建筑、B级高度高层建筑、混合结构及本规程第10章所指的复杂高层建筑，分别规定了扭转变形的下限和上限，并规定扭转变形的计算应考虑偶然偏心的影响（见本规程第4.3.3条）。B级高度高层建筑、混合结构及本规程第10章所指的复杂高层建筑的上限值1.4比现行国家标准《建筑抗震设计规范》GB 50011的规定更加严格，但与国外有关标准（如美国规范IBC、UBC，欧洲规范Eurocode-8）的规定相同。

扭转位移比计算时，楼层的位移可取“规定水平地震力”计算，由此得到的位移比与楼层扭转效应之间存在明确的相关性。“规定水平地震力”一般可采用振型组合后的楼层地震剪力换算的水平作用力，并考虑偶然偏心。水平作用力的换算原则：每一楼面处的水平作用力取该楼面上、下两个楼层的地震剪力差的绝对值；连体下一层各塔楼的水平作用力，可由总水平作用力按该层各塔楼的地震剪力大小进行分配计算。结构楼层位移和层间位移控制值验算时，仍采用CQC的效应组合。

当计算的楼层最大层间位移角不大于本楼层层间位移角限值的40%时，该楼层的扭转位移比的上限可适当放松，但不应大于1.6。扭转位移比为1.6时，该楼层的扭转变形已很大，相当于一端位移为1，另一端位移为4。

2 限制结构的抗扭刚度不能太弱。关键是限制结构扭转为主的第一自振周期 T_t 与平动为主的第一自振周期 T_1 之比。当两者接近时，由于振动耦联的影响，结构的扭转效应明显增大。若周期比 T_t/T_1 小于0.5，则相对扭转振动效应 $\theta r/u$ 一般较小（θ、r 分别为扭转角和结构的回转半径，θr 表示由于扭转产生的离质心距离为回转半径处的位移，u 为质心位移），即使结构的刚度偏心很大，偏心距 e 达到 $0.7r$，其相对扭转变形 $\theta r/u$ 值亦仅为0.2。而当周期比 T_t/T_1 大于0.85以后，相对扭振效应 $\theta r/u$ 值急剧增加。即使刚度偏心很小，偏心距 e 仅为 $0.1r$，当周期比 T_t/T_1 等于0.85时，相对扭转变形 $\theta r/u$ 值可达0.25；当周期比 T_t/T_1 接近1时，相对扭转变形 $\theta r/u$ 值可达0.5。由此可见，抗震设计中应采取措施减小周期比 T_t/T_1 值，使结构具有必要的抗扭刚度。如周期比 T_t/T_1 不满足本条规定的上限值时，应调整抗侧力结构的布置，增大结构的抗扭刚度。

扭转耦联振动的主振型，可通过计算振型方向因子来判断。在两个平动和一个扭转方向因子中，当扭转方向因子大于0.5时，则该振型可认为是扭转为主的振型。高层结构沿两个正交方向各有一个平动为主的第一振型周期，本条规定的 T_1 是指刚度较弱方向的平动为主的第一振型周期，对刚度较强方向的平动为主的第一振型周期与扭转为主的第一振型周期 T_t 的比值，本条未规定限值，主要考虑对抗扭刚度的控制不致过于严格。有的工程如两个方向的第一振型周期与 T_t 的比值均能满足限值要求，其抗扭刚度更为理想。周期比计算时，可直接计算结构的固有自振特征，不必附加偶然偏心。

高层建筑结构当偏心率较小时，结构扭转位移比一般能满足本条规定的限值，但其周期比有的会超过限值，必须使位移比和周期比都满足限值，使结构具有必要的抗扭刚度，保证结构的扭转效应较小。当结构的偏心率较大时，如结构扭转位移比能满足本条规定的上限值，则周期比一般都能满足限值。

3.4.6 目前在工程设计中应用的多数计算分析方法和计算机软件，大多假定楼板在平面内不变形，平面内刚度为无限大，这对于大多数工程来说是可以接受的。但当楼板平面比较狭长、有较大的凹入和开洞而使楼板有较大削弱时，楼板可能产生显著的面内变形，这时宜采用考虑楼板变形影响的计算方法，并应采取相应的加强措施。

楼板有较大凹入或开有大面积洞口后，被凹口或洞口划分开的各部分之间的连接较为薄弱，在地震中容易相对振动而使削弱部位产生震害，因此对凹入或洞口的大小加以限制。设计中应同时满足本条规定的各项要求。以图2所示平面为例，L_2 不宜小于 $0.5L_1$，a_1 与 a_2 之和不宜小于 $0.5L_2$ 且不宜小于5m，a_1 和 a_2 均不应小于2m，开洞面积不宜大于楼面面积的30%。

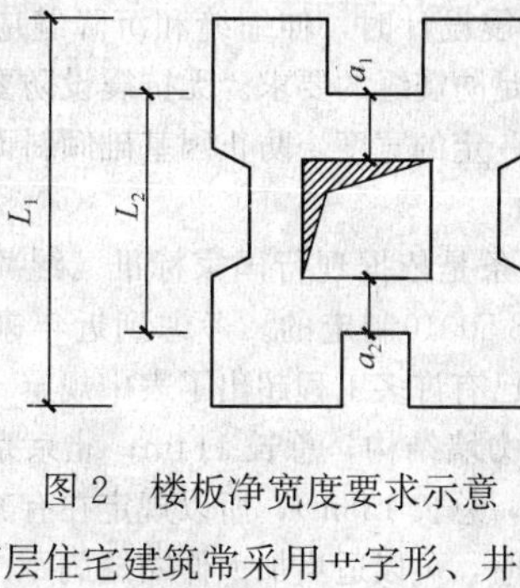

a_1
L_1
L_2
a_2

图2 楼板净宽度要求示意

3.4.7 高层住宅建筑常采用艹字形、井字形平面以利于通风采光，而将楼电梯间集中配置于中央部位。楼电梯间无楼板而使楼面产生较大削弱，此时应将楼电梯间周边的剩余楼板加厚，并加强配筋。外伸部分形成的凹槽可加拉梁或拉板，拉梁宜宽扁放置并加强配筋，拉梁和拉板宜每层均匀设置。

3.4.8 在地震作用时，由于结构开裂、局部损坏和进入弹塑性变形，其水平位移比弹性状态下增大很多。因此，伸缩缝和沉降缝的两侧很容易发生碰撞。1976年唐山地震中，调查了35幢高层建筑的震害，除新北京饭店（缝净宽 600mm）外，许多高层建筑都是有缝必碰，轻的装修、女儿墙碰碎，面砖剥落，重的顶层结构损坏，天津友谊宾馆（8 层框架）缝净宽达 150mm 也发生严重碰撞而致顶层结构破坏；2008 年汶川地震中也有数多类似震害实例。另外，设缝后，常带来建筑、结构及设备设计上的许多困难，基础防水也不容易处理。近年来，国内较多的高层建筑结构，从设计和施工等方面采取了有效措施后，不设或少设缝，从实践上看来是成功的、可行的。抗震设计时，如果结构平面或竖向布置不规则且不能调整时，则宜设置防震缝将其划分为较简单的几个结构单元。

3.4.10 抗震设计时，建筑物各部分之间的关系应明确：如分开，则彻底分开；如相连，则连接牢固。不宜采用似分不分、似连不连的结构方案。为防止建筑物在地震中相碰，防震缝必须留有足够宽度。防震缝净宽度原则上应大于两侧结构允许的地震水平位移之和。2008 年汶川地震进一步表明，02 规程规定的防震缝宽度偏小，容易造成相邻建筑的相互碰撞，因此将防震缝的最小宽度由 70mm 改为 100mm。本条规定是最小值，在强烈地震作用下，防震缝两侧的相邻结构仍可能局部碰撞而损坏。本条规定的防震缝宽度要求与现行国家标准《建筑抗震设计规范》GB 50011是一致的。

天津友谊宾馆主楼（8 层框架）与单层餐厅采用了餐厅层屋面梁支承在主框架牛腿上加以钢筋焊接，在唐山地震中由于振动不同步，牛腿拉断、压碎，产生严重震害，证明这种连接方式对抗震是不利的；必须采用时，应针对具体情况，采取有效措施避免地震时破坏。

3.4.11 抗震设计时，伸缩缝和沉降缝应留有足够的宽度，满足防震缝的要求。无抗震设防要求时，沉降缝也应有一定的宽度，防止因基础倾斜而顶部相碰的可能性。

3.4.12 本条是依据现行国家标准《混凝土结构设计规范》GB 50010制定的。考虑到近年来高层建筑伸缩缝间距已有许多工程超出了表中规定（如北京昆仑饭店为剪力墙结构，总长 114m；北京京伦饭店为剪力墙结构，总长 138m），所以规定在有充分依据或有可靠措施时，可以适当加大伸缩缝间距。当然，一般情况下，无专门措施时则不宜超过表中规定的数值。

如屋面无保温、隔热措施，或室内结构在露天中长期放置，在温度变化和混凝土收缩的共同影响下，结构容易开裂；工程中采用收缩性较大的混凝土（如矿渣水泥混凝土等），则收缩应力较大，结构也容易产生开裂。因此这些情况下伸缩缝的间距均应比表中数值适当减小。

3.4.13 提高配筋率可以减小温度和收缩裂缝的宽度，并使其分布较均匀，避免出现明显的集中裂缝；在普通外墙设置外保温层是减少主体结构受温度变化影响的有效措施。

施工后浇带的作用在于减少混凝土的收缩应力，并不直接减少使用阶段的温度应力。所以通过后浇带的板、墙钢筋宜断开搭接，以便两部分的混凝土各自自由收缩；梁主筋断开问题较多，可不断开。后浇带应从受力影响小的部位通过（如梁、板 1/3 跨度处，连梁跨中等部位），不必在同一截面上，可曲折而行，只要将建筑物分开为两段即可。混凝土收缩需要相当长时间才能完成，一般在 45d 后收缩大约可以完成 60%，能更有效地限制收缩裂缝。

3.5 结构竖向布置

3.5.1 历次地震震害表明：结构刚度沿竖向突变、外形外挑或内收等，都会产生某些楼层的变形过分集中，出现严重震害甚至倒塌。所以设计中应力求使结构刚度自下而上逐渐均匀减小，体形均匀、不突变。1995 年阪神地震中，大阪和神户市不少建筑产生中部楼层严重破坏的现象，其中一个原因就是结构侧向刚度在中部楼层产生突变。有些是柱截面尺寸和混凝土强度在中部楼层突然减小，有些是由于使用要求使剪力墙在中部楼层突然取消，这些都引发了楼层刚度的突变而产生严重震害。柔弱底层建筑物的严重破坏在国内外的大地震中更是普遍存在。

结构竖向布置规则性说明可参阅本规程第 3.1.4、3.1.5 条。

3.5.2 正常设计的高层建筑下部楼层侧向刚度宜大于上部楼层的侧向刚度，否则变形会集中于刚度小的下部楼层而形成结构软弱层，所以应对下层与相邻上层的侧向刚度比值进行限制。

本次修订，对楼层侧向刚度变化的控制方法进行了修改。中国建筑科学研究院的振动台试验研究表明，规定框架结构楼层与上部相邻楼层的侧向刚度比 γ_1 不宜小于 0.7，与上部相邻三层侧向刚度平均值的比值不宜小于 0.8 是合理的。

对框架-剪力墙结构、板柱-剪力墙结构、剪力墙结构、框架-核心筒结构、筒中筒结构，楼面体系对侧向刚度贡献较小，当层高变化时刚度变化不明显，可按本条式（3.5.2-2）定义的楼层侧向刚度比作为判定侧向刚度变化的依据，但控制指标也应做相应的改变，一般情况按不小于 0.9 控制；层高变化较大时，对刚度变化提出更高的要求，按 1.1 控制；底部嵌固楼层层间位移角结果较小，因此对底部嵌固楼层与上一层侧向刚度变化作了更严格的规定，按 1.5 控制。

3.5.3 楼层抗侧力结构的承载能力突变将导致薄弱层破坏，本规程针对高层建筑结构提出了限制条件，B级高度高层建筑的限制条件比现行国家标准《建筑抗震设计规范》GB 50011 的要求更加严格。

柱的受剪承载力可根据柱两端实配的受弯承载力按两端同时屈服的假定失效模式反算；剪力墙可根据实配钢筋按抗剪设计公式反算；斜撑的受剪承载力可计及轴力的贡献，应考虑受压屈服的影响。

3.5.4 抗震设计时，若结构竖向抗侧力构件上、下不连续，则对结构抗震不利，属于竖向不规则结构。在南斯拉夫斯可比耶地震（1964 年）、罗马尼亚布加勒斯特地震（1977 年）中，底层全部为柱子、上层为剪力墙的结构大都严重破坏，因此在地震区不应采用这种结构。部分竖向抗侧力构件不连续，也易使结构形成薄弱部位，也有不少震害实例，抗震设计时应采取有效措施。本规程所述底部带转换层的大空间结构就属于竖向不规则结构，应按本规程第 10 章的有关规定进行设计。

3.5.5 1995 年日本阪神地震、2010 年智利地震震害以及中国建筑科学研究院的试验研究表明，当结构上部楼层相对于下部楼层收进时，收进的部位越高、收进后的平面尺寸越小，结构的高振型反应越明显，因此对收进后的平面尺寸加以限制。当上部结构楼层相对于下部楼层外挑时，结构的扭转效应和竖向地震作用效应明显，对抗震不利，因此对其外挑尺寸加以限制，设计上应考虑竖向地震作用影响。

本条所说的悬挑结构，一般指悬挑结构中有竖向结构构件的情况。

3.5.6 本条为新增条文，规定了高层建筑中质量沿竖向分布不规则的限制条件，与美国有关规范的规定一致。

3.5.7 本条为新增条文。如果高层建筑结构同一楼层的刚度和承载力变化均不规则，该层极有可能同时是软弱层和薄弱层，对抗震十分不利，因此应尽量避免，不宜采用。

3.5.8 本条是 02 规程第 5.1.14 条修改而成。刚度变化不符合本规程第 3.5.2 条要求的楼层，一般称作软弱层；承载力变化不符合本规程第 3.5.3 条要求的楼层，一般可称作薄弱层。为了方便，本规程把软弱层、薄弱层以及竖向抗侧力构件不连续的楼层统称为结构薄弱层。结构薄弱层在地震作用标准值作用下的剪力应适当增大，增大系数由 02 规程的 1.15 调整为 1.25，适当提高安全度要求。

3.5.9 顶层取消部分墙、柱而形成空旷房间时，其楼层侧向刚度和承载力可能比其下部楼层相差较多，是不利于抗震的结构，应进行更详细的计算分析，并采取有效的构造措施。如采用弹性或弹塑性时程分析方法进行补充计算、柱子箍筋全长加密配置、大跨度屋面构件要考虑竖向地震产生的不利影响等。

3.6 楼盖结构

3.6.1 在目前高层建筑结构计算中，一般都假定楼板在自身平面内的刚度无限大，在水平荷载作用下楼盖只有刚性位移而不变形。所以在构造设计上，要使楼盖具有较大的平面内刚度。再者，楼板的刚性可保证建筑物的空间整体性能和水平力的有效传递。房屋高度超过 50m 的高层建筑采用现浇楼盖比较可靠。

框架-剪力墙结构由于框架和剪力墙侧向刚度相差较大，因而楼板变形更为显著；主要抗侧力结构剪力墙的间距较大，水平荷载要通过楼面传递，因此框架-剪力墙结构中的楼板应有更良好的整体性。

3.6.2 本条是由 02 规程是第 4.5.3、4.5.4 条合并修改而成，进一步强调高层建筑楼盖系统的整体性要求。当抗震设防烈度为 8、9 度时，宜采用现浇楼板，以保证地震力的可靠传递。房屋高度小于 50m 且为非抗震设计和 6、7 度抗震设计时，可以采用加现浇钢筋混凝土面层的装配整体式楼板，并应满足相应的构造要求，以保证其整体工作。

唐山地震（1976 年）和汶川地震（2008 年）震害调查表明：提高装配式楼面的整体性，可以减少在地震中预制楼板坠落伤人的震害。加强填缝构造和现浇叠合层混凝土是增强装配式楼板整体性的有效措施。为保证板缝混凝土的浇筑质量，板缝宽度不应过小。在较宽的板缝中放入钢筋，形成板缝梁，能有效地形成现浇与装配结合的整体楼面，效果显著。

针对目前钢筋混凝土剪力墙结构中采用预制楼板的情况很少，本次修订取消了有关预制板与现浇剪力墙连接的构造要求；预制板在梁上的搁置长度由 02 规程的 35mm 增加到 50mm，以进一步保证安全。

3.6.3 重要的、受力复杂的楼板，应比一般层楼板有更高的要求。屋面板、转换层楼板、大底盘多塔楼结构的底盘屋面板、开口过大的楼板以及作为房屋嵌固部位的地下室楼板应采用现浇板，以增强其整体性。顶层楼板应加厚并采用现浇，以抵抗温度应力的不利影响，并可使建筑物顶部约束加强，提高抗风、抗震能力。转换层楼盖上面是剪力墙或较密的框架柱，下部转换为部分框架、部分落地剪力墙，转换层上部抗侧力构件的剪力要通过转换层楼板进行重分配，传递到落地墙和框支柱上去，因而楼板承受较大的内力，因此要用现浇楼板并采取加强措施。一般楼层的现浇楼板厚度在 100mm～140mm 范围内，不应小于 80mm，楼板太薄不仅容易因上部钢筋位置变动而开裂，同时也不便于敷设各类管线。

3.6.4 采用预应力平板可以有效减小楼面结构高度，压缩层高并减轻结构自重；大跨度平板可以增加使用面积，容易适应楼面用途改变。预应力平板近年来在高层建筑楼面结构中应用比较广泛。

为了确定板的厚度，必须考虑挠度、受冲切承载力、防火及钢筋防腐蚀要求等。在初步设计阶段，为控制挠度通常可按跨高比得出板的最小厚度。但仅满足挠度限值的后张预应力板可能相当薄，对柱支承的双向板若不设柱帽或托板，板在柱端可能受冲切承载力不够。因此，在设计中应验算所选板厚是否有足够的抗冲切能力。

3.6.5 楼板是与梁、柱和剪力墙等主要抗侧力结构连接在一起的，如果不采取措施，则施加楼板预应力时，不仅压缩了楼板，而且大部分预应力将加到主体结构上去，楼板得不到充分的压缩应力，而又对梁柱和剪力墙附加了侧向力，产生位移且不安全。为了防止或减小主体结构刚度对施加楼盖预应力的不利影响，应考虑合理的预应力施工方案。

3.7 水平位移限值和舒适度要求

3.7.1 高层建筑层数多、高度大，为保证高层建筑结构具有必要的刚度，应对其楼层位移加以控制。侧向位移控制实际上是对构件截面大小、刚度大小的一个宏观指标。

在正常使用条件下，限制高层建筑结构层间位移的主要目的有两点：

1 保证主结构基本处于弹性受力状态，对钢筋混凝土结构来讲，要避免混凝土墙或柱出现裂缝；同时，将混凝土梁等楼面构件的裂缝数量、宽度和高度限制在规范允许范围之内。

2 保证填充墙、隔墙和幕墙等非结构构件的完好，避免产生明显损伤。

迄今，控制层间变形的参数有三种：即层间位移与层高之比（层间位移角）；有害层间位移角；区格广义剪切变形。其中层间位移角是过去应用最广泛，最为工程技术人员所熟知的，原规程 JGJ 3-91 也采用了这个指标。

1) 层间位移与层高之比（即层间位移角）

$$\theta_i=\frac{\Delta u_i}{h_i}=\frac{u_i-u_{i-1}}{h_i} \quad (1)$$

2) 有害层间位移角

$$\theta_{\mathrm{id}}=\frac{\Delta u_{\mathrm{id}}}{h_i}=\theta_i-\theta_{i-1}=\frac{u_i-u_{i-1}}{h_i}-\frac{u_{i-1}-u_{i-2}}{h_{i-1}} \quad (2)$$

式中，θ_i，θ_{i-1} 为 i 层上、下楼盖的转角，即 i 层、$i-1$层的层间位移角。

3) 区格的广义剪切变形（简称剪切变形）

$$\gamma_{ij}=\theta_i-\theta_{i-1,j}=\frac{u_i-u_{i-1}}{h_i}+\frac{v_{i-1,j}-v_{i-1,j-1}}{l_j} \quad (3)$$

式中，γ_{ij} 为区格 ij 剪切变形，其中脚标 i 表示区格所在层次，j 表示区格序号；$\theta_{i-1,j}$为区格 ij 下楼盖的转角，以顺时针方向为正；l_j 为区格 ij 的宽度；$v_{i-1,j-1}$、$v_{i-1,j}$为相应节点的竖向位移。

如上所述，从结构受力与变形的相关性来看，参数 γ_{ij} 即剪切变形较符合实际情况；但就结构的宏观控制而言，参数 θ_i 即层间位移角又较简便。

考虑到层间位移控制是一个宏观的侧向刚度指标，为便于设计人员在工程设计中应用，本规程采用了层间最大位移与层高之比 $\Delta u/h$，即层间位移角 θ 作为控制指标。

3.7.2 目前，高层建筑结构是按弹性阶段进行设计的。地震按小震考虑；结构构件的刚度采用弹性阶段的刚度；内力与位移分析不考虑弹塑性变形。因此所得出的位移相应也是弹性阶段的位移，比在大震作用下弹塑性阶段的位移小得多，因而位移的控制指标也比较严。

3.7.3 本规程采用层间位移角 $\Delta u/h$ 作为刚度控制指标，不扣除整体弯曲转角产生的侧移，即直接采用内力位移计算的位移输出值。

高度不大于 150m 的常规高度高层建筑的整体弯曲变形相对影响较小，层间位移角 $\Delta u/h$ 的限值按不同的结构体系在 1/550～1/1000 之间分别取值。但当高度超过 150m 时，弯曲变形产生的侧移有较快增长，所以超过 250m 高度的建筑，层间位移角限值按 1/500 作为限值。150m～250m 之间的高层建筑按线性插入考虑。

本条层间位移角 $\Delta u/h$ 的限值指最大层间位移与层高之比，第 i 层的 $\Delta u/h$ 指第 i 层和第 $i-1$ 层在楼层平面各处位移差$\Delta u_i=u_i-u_{i-1}$中的最大值。由于高层建筑结构在水平力作用下几乎都会产生扭转，所以 Δu 的最大值一般在结构单元的尽端处。

本次修订，表 3.7.3 中将“框支层”改为“除框架外的转换层”，包括了框架-剪力墙结构和筒体结构的托柱或托墙转换以及部分框支剪力墙结构的框支层；明确了水平位移限值针对的是风荷载或多遇地震作用标准值作用下结构分析所得到的位移计算值。

3.7.4 震害表明，结构如果存在薄弱层，在强烈地震作用下，结构薄弱部位将产生较大的弹塑性变形，会引起结构严重破坏甚至倒塌。本条对不同高层建筑结构的薄弱层弹塑性变形验算提出了不同要求，第 1 款所列的结构应进行弹塑性变形验算，第 2 款所列的结构必要时宜进行弹塑性变形验算，这主要考虑到高层建筑结构弹塑性变形计算的复杂性。

本次修订，本条第 1 款增加高度大于 150m 的结构应验算罕遇地震下结构的弹塑性变形的要求。主要考虑到，150m 以上的高层建筑一般都比较重要，数量相对不是很多，且目前结构弹塑性分析技术和软件已有较大发展和进步，适当扩大结构弹塑性分析范围已具备一定条件。

3.7.5 结构弹塑性位移限值与现行国家标准《建筑抗震设计规范》GB 50011 一致。

3.7.6 高层建筑物在风荷载作用下将产生振动，过大的振动加速度将使在高楼内居住的人们感觉不舒适，甚至不能忍受，两者的关系见表 2。

表 2 舒适度与风振加速度关系

不舒适的程度	建筑物的加速度
无感觉	$<0.005g$
有感	$0.005g\sim0.015g$
扰人	$0.015g\sim0.05g$
十分扰人	$0.05g\sim0.15g$
不能忍受	$>0.15g$

对照国外的研究成果和有关标准，要求高层建筑混凝土结构应具有良好的使用条件，满足舒适度的要求，按现行国家标准《建筑结构荷载规范》GB 50009规定的10年一遇的风荷载取值计算或专门风洞试验确定的结构顶点最大加速度 a_{max} 不应超过本规程表3.7.6的限值，对住宅、公寓 a_{max} 不大于 $0.15m/s^2$，对办公楼、旅馆 a_{max} 不大于 $0.25m/s^2$。

高层建筑的风振反应加速度包括顺风向最大加速度、横风向最大加速度和扭转角速度。关于顺风向最大加速度和横风向最大加速度的研究工作虽然较多，但各国的计算方法并不统一，互相之间也存在明显的差异。建议可按现行行业标准《高层民用建筑钢结构技术规程》JGJ 99的相关规定进行计算。

本次修订，明确了计算舒适度时结构阻尼比的取值要求。一般情况，对混凝土结构取0.02，对混合结构可根据房屋高度和结构类型取0.01～0.02。

3.7.7 本条为新增内容。楼盖结构舒适度控制近20年来已引起世界各国广泛关注，英美等国进行了大量实测研究，颁布了多种版本规程、指南。我国大跨楼盖结构正大量兴起，楼盖结构舒适度控制已成为我国建筑结构设计中又一重要工作内容。

对于钢筋混凝土楼盖结构、钢-混凝土组合楼盖结构（不包括轻钢楼盖结构），一般情况下，楼盖结构竖向频率不宜小于3Hz，以保证结构具有适宜的舒适度，避免跳跃时周围人群的不舒适。楼盖结构竖向振动加速度不仅与楼盖结构的竖向频率有关，还与建筑使用功能及人员起立、行走、跳跃的振动激励有关。一般住宅、办公、商业建筑楼盖结构的竖向频率小于3Hz时，需验算竖向振动加速度。楼盖结构的振动加速度可按本规程附录A计算，宜采用时程分析方法，也可采用简化近似方法，该方法参考美国应用技术委员会（Applied Technology Council）1999年颁布的设计指南1（ATC Design Guide 1）"减小楼盖振动"（Minimizing Floor Vibration）。舞厅、健身房、音乐厅等振动激励较为特殊的楼盖结构舒适度控制应符合国家现行有关标准的规定。

表3.7.7参考了国际标准化组织发布的ISO 2631-2（1989）标准的有关规定。

3.8 构件承载力设计

3.8.1 本条是高层建筑混凝土结构构件承载力设计的原则规定，采用了以概率理论为基础、以可靠指标度量结构可靠度、以分项系数表达的设计方法。本条仅针对持久设计状况、短暂设计状况和地震设计状况下构件的承载力极限状态设计，与现行国家标准《工程结构可靠性设计统一标准》GB 50153和《建筑抗震设计规范》GB 50011保持一致。偶然设计状况（如抗连续倒塌设计）以及结构抗震性能设计时的承载力设计应符合本规程的有关规定，不作为强制性内容。

结构构件作用组合的效应设计值应符合本规范第5.6.1～5.6.4条规定；结构构件承载力抗震调整系数的取值应符合本规范第3.8.2条及第11.1.7条的规定。由于高层建筑结构的安全等级一般不低于二级，因此结构重要性系数的取值不应小于1.0；按照现行国家标准《工程结构可靠性设计统一标准》GB 50153的规定，结构重要性系数不再考虑结构设计使用年限的影响。

3.9 抗 震 等 级

3.9.1 本条规定了各设防类别高层建筑结构采取抗震措施（包括抗震构造措施）时的设防标准，与现行国家标准《建筑工程抗震设防分类标准》GB 50223的规定一致；Ⅰ类建筑场地上高层建筑抗震构造措施的放松要求与现行国家标准《建筑抗震设计规范》GB 50011的规定一致。

3.9.2 历次大地震的经验表明，同样或相近的建筑，建造于Ⅰ类场地时震害较轻，建造于Ⅲ、Ⅳ类场地震害较重。对Ⅲ、Ⅳ类场地，本条规定对7度设计基本地震加速度为$0.15g$以及8度设计基本地震加速度$0.30g$的地区，宜分别按抗震设防烈度8度（$0.20g$）和9度（$0.40g$）时各类建筑的要求采取抗震构造措施，而不提高抗震措施中的其他要求，如按概念设计要求的内力调整措施等。

同样，本规程第3.9.1条对建造在Ⅰ类场地的甲、乙、丙类建筑，允许降低抗震构造措施，但不降低其他抗震措施要求，如按概念设计要求的内力调整措施等。

3.9.3、3.9.4 抗震设计的钢筋混凝土高层建筑结构，根据设防烈度、结构类型、房屋高度区分为不同的抗震等级，采用相应的计算和构造措施。抗震等级的高低，体现了对结构抗震性能要求的严格程度。比一级有更高要求时则提升至特一级，其计算和构造措施比一级更严格。基于上述考虑，A级高度的高层建筑结构，应按表3.9.3确定其抗震等级；甲类建筑9度设防时，应采取比9度设防更有效的措施；乙类建筑9度设防时，抗震等级提升至特一级。B级高度的高层建筑，其抗震等级有更严格的要求，应按表3.9.4采用；特一级构件除符合一级抗震要求外，尚应符合本规程第3.10节的规定以及第10章的有关规定。

抗震等级是根据国内外高层建筑震害、有关科研成果、工程设计经验而划分的。框架-剪力墙结构中，由于剪力墙部分的刚度远大于框架部分的刚度，因此对框架部分的抗震能力要求比纯框架结构可以适当降低。当剪力墙或框架相对较少时，其抗震等级的确定尚应符合本规程第8.1.3条的有关规定。

在结构受力性质与变形方面，框架-核心筒结构与框架-剪力墙结构基本上是一致的，尽管框架-核心筒结构由于剪力墙组成筒体而大大提高了其抗侧力能力，但其周边的稀柱框架相对较弱，设计上与框架-剪力墙结构基本相同。由于框架-核心筒结构的房屋高度一般较高（大于60m），其抗震等级不再划分高度，而统一取用了较高的规定。本次修订，第3.9.3条增加了表注3，对于房屋高度不超过60m的框架-核心筒结构，其作为筒体结构的空间作用已不明显，总体上更接近于框架-剪力墙结构，因此其抗震等级允许按框架-剪力墙结构采用。

3.9.5、3.9.6 这两条是关于地下室及裙楼抗震等级的规定，是对本规程第3.9.3、3.9.4条的补充。

带地下室的高层建筑，当地下室顶板可视作结构的嵌固部位时，地震作用下结构的屈服部位将发生在地上楼层，同时将影响到地下一层；地面以下结构的地震响应逐渐减小。因此，规定地下一层的抗震等级不能降低，而地下一层以下不要求计算地震作用，其抗震构造措施的抗震等级可逐层降低。第3.9.5条中“相关范围”一般指主楼周边外延1～2跨的地下室范围。

第3.9.6条明确了高层建筑的裙房抗震等级要求。当裙楼与主楼相连时，相关范围内裙楼的抗震等级不应低于主楼；主楼结构在裙房顶板对应的上、下各一层受刚度与承载力突变影响较大，抗震构造措施需要适当加强。本条中的“相关范围”，一般指主楼周边外延不少于三跨的裙房结构，相关范围以外的裙房可按裙房自身的结构类型确定抗震等级。裙房偏置时，其端部有较大扭转效应，也需要适当加强。

3.9.7 根据现行国家标准《建筑工程抗震设防分类标准》GB 50223的规定，甲、乙类建筑应按提高一度查本规程表3.9.3、表3.9.4确定抗震等级（内力调整和构造措施）；本规程第3.9.2条规定，当建筑场地为Ⅲ、Ⅳ类时，对设计基本地震加速度为0.15g和0.30g的地区，宜分别按抗震设防烈度8度（0.20g）和9度（0.40g）时各类建筑的要求采取抗震构造措施；本规程第3.3.1条规定，乙类建筑的钢筋混凝土房屋可按本地区抗震设防烈度确定其适用的最大高度。于是，可能出现甲、乙类建筑或Ⅲ、Ⅳ类场地设计基本地震加速度为0.15g和0.30g的地区高层建筑提高一度后，其高度超过第3.3.1条中对应房屋的最大适用高度，因此按本规程表3.9.3、表3.9.4查抗震等级时可能与高度划分不能一一对应。此时，内力调整不提高，只要求抗震构造措施适当提高即可。

3.10 特一级构件设计规定

3.10.1 特一级构件应采取比一级抗震等级更严格的构造措施，应按本节及第10章的有关规定执行；没有特别规定的，应按一级的规定执行。

3.10.2～3.10.4 对特一级框架梁、框架柱、框支柱的“强柱弱梁”、“强剪弱弯”以及构造配筋提出比一级更高的要求。框架角柱的弯矩和剪力设计值仍应按本规程第6.2.4条的规定，乘以不小于1.1的增大系数。

3.10.5 本条第1款特一级剪力墙的弯矩设计值和剪力设计值均比一级的要求略有提高，适当增大剪力墙的受弯和受剪承载力；第2、3款对剪力墙边缘构件及分布钢筋的构造配筋要求适当提高；第5款明确特一级连梁的要求同一级，取消了02规程第3.9.2条第5款设置交叉暗撑的要求。

3.11 结构抗震性能设计

3.11.1 本条规定了结构抗震性能设计的三项主要工作：

1 分析结构方案在房屋高度、规则性、结构类型、场地条件或抗震设防标准等方面的特殊要求，确定结构设计是否需要采用抗震性能设计方法，并作为选用抗震性能目标的主要依据。结构方案特殊性的分析中要注重分析结构方案不符合抗震概念设计的情况和程度。国内外历次大地震的震害经验已经充分说明，抗震概念设计是决定结构抗震性能的重要因素。多数情况下，需要按本节要求采用抗震性能设计的工程，一般表现为不能完全符合抗震概念设计的要求。结构工程师应根据本规程有关抗震概念设计的规定，与建筑师协调，改进结构方案，尽量减少结构不符合概念设计的情况和程度，不应采用严重不规则的结构方案。对于特别不规则结构，可按本节规定进行抗震性能设计，但需慎重选用抗震性能目标，并通过深入的分析论证。

2 选用抗震性能目标。本条提出A、B、C、D四级结构抗震性能目标和五个结构抗震性能水准（1、2、3、4、5），四级抗震性能目标与《建筑抗震设计规范》GB 50011提出结构抗震性能1、2、3、4是一致的。地震地面运动一般分为三个水准，即多遇地震（小震）、设防烈度地震（中震）及预估的罕遇地震（大震）。在设定的地震地面运动下，与四级抗震性能目标对应的结构抗震性能水准的判别准则由本规程第

3.11.2 条作出规定。A、B、C、D 四级性能目标的结构，在小震作用下均应满足第 1 抗震性能水准，即满足弹性设计要求；在中震或大震作用下，四种性能目标所要求的结构抗震性能水准有较大的区别。A 级性能目标是最高等级，中震作用下要求结构达到第 1 抗震性能水准，大震作用下要求结构达到第 2 抗震性能水准，即结构仍处于基本弹性状态；B 级性能目标，要求结构在中震作用下满足第 2 抗震性能水准，大震作用下满足第 3 抗震性能水准，结构仅有轻度损坏；C 级性能目标，要求结构在中震作用下满足第 3 抗震性能水准，大震作用下满足第 4 抗震性能水准，结构中度损坏；D 级性能目标是最低等级，要求结构在中震作用下满足第 4 抗震性能水准，大震作用下满足第 5 性能水准，结构有比较严重的损坏，但不致倒塌或发生危及生命的严重破坏。选用性能目标时，需综合考虑抗震设防类别、设防烈度、场地条件、结构的特殊性、建造费用、震后损失和修复难易程度等因素。鉴于地震地面运动的不确定性以及对结构在强烈地震下非线性分析方法（计算模型及参数的选用等）存在不少经验因素，缺少从强震记录、设计施工资料到实际震害的验证，对结构抗震性能的判断难以十分准确，尤其是对于长周期的超高层建筑或特别不规则结构的判断难度更大，因此在性能目标选用中宜偏于安全一些。例如：特别不规则的、房屋高度超过 B 级高度很多的高层建筑或处于不利地段的特别不规则结构，可考虑选用 A 级性能目标；房屋高度超过 B 级高度较多或不规则性超过本规程适用范围很多时，可考虑选用 B 级或 C 级性能目标；房屋高度超过 B 级高度或不规则性超过适用范围较多时，可考虑选用 C 级性能目标；房屋高度超过 A 级高度或不规则性超过适用范围较少时，可考虑选用 C 级或 D 级性能目标。结构方案中仅有部分区域结构布置比较复杂或结构的设防标准、场地条件等特殊性，使设计人员难以直接按本规程规定的常规方法进行设计时，可考虑选用 C 级或 D 级性能目标。以上仅仅是举些例子，实际工程情况很复杂，需综合考虑各项因素。选择性能目标时，一般需征求业主和有关专家的意见。

3 结构抗震性能分析论证的重点是深入的计算分析和工程判断，找出结构有可能出现的薄弱部位，提出有针对性的抗震加强措施，必要的试验验证，分析论证结构可达到预期的抗震性能目标。一般需要进行如下工作：

1）分析确定结构超过本规程适用范围及不规则性的情况和程度；

2）认定场地条件、抗震设防类别和地震动参数；

3）深入的弹性和弹塑性计算分析（静力分析及时程分析）并判断计算结果的合理性；

4）找出结构有可能出现的薄弱部位以及需要加强的关键部位，提出有针对性的抗震加强措施；

5）必要时还需进行构件、节点或整体模型的抗震试验，补充提供论证依据，例如对本规程未列入的新型结构方案又无震害和试验依据或对计算分析难以判断、抗震概念难以接受的复杂结构方案；

6）论证结构能满足所选用的抗震性能目标的要求。

3.11.2 本条对五个性能水准结构地震后的预期性能状况，包括损坏情况及继续使用的可能性提出了要求，据此可对各性能水准结构的抗震性能进行宏观判断。本条所说的“关键构件”可由结构工程师根据工程实际情况分析确定。例如：底部加强部位的重要竖向构件、水平转换构件及与其相连竖向支承构件、大跨连体结构的连接体及与其相连的竖向支承构件、大悬挑结构的主要悬挑构件、加强层伸臂和周边环带结构的竖向支承构件、承托上部多个楼层框架柱的腰桁架、长短柱在同一楼层且数量相当时该层各个长短柱、扭转变形很大部位的竖向（斜向）构件、重要的斜撑构件等。

3.11.3 各个性能水准结构的设计基本要求是判别结构性能水准的主要准则。

第 1 性能水准结构，要求全部构件的抗震承载力满足弹性设计要求。在多遇地震（小震）作用下，结构的层间位移、结构构件的承载力及结构整体稳定等均应满足本规程有关规定；结构构件的抗震等级不宜低于本规程的有关规定，需要特别加强的构件可适当提高抗震等级，已为特一级的不再提高。在设防烈度（中震）作用下，构件承载力需满足弹性设计要求，如式（3.11.3-1），其中不计入风荷载作用效应的组合，地震作用标准值的构件内力（S^*_{Ehk}、S^*_{Evk}）计算中不需要乘以与抗震等级有关的增大系数。

第 2 性能水准结构的设计要求与第 1 性能水准结构的差别是，框架梁、剪力墙连梁等耗能构件的正截面承载力只需要满足式（3.11.3-2）的要求，即满足“屈服承载力设计”。“屈服承载力设计”是指构件按材料强度标准值计算的承载力 R_k 不小于按重力荷载及地震作用标准值计算的构件组合内力。对耗能构件只需验算水平地震作用为主要可变作用的组合工况，式（3.11.3-2）中重力荷载分项系数 γ_G、水平地震作用分项系数 γ_{Eh} 及抗震承载力调整系数 γ_{RE} 均取 1.0，竖向地震作用分项系数 γ_{Ev} 取 0.4。

第 3 性能水准结构，允许部分框架梁、剪力墙连梁等耗能构件正截面承载力进入屈服阶段，受剪承载力宜符合式（3.11.3-2）的要求。竖向构件及关键构件正截面承载力应满足式（3.11.3-2）“屈服承载力设计”的要求；水平长悬臂结构和大跨度结构中的关键构件正截面“屈服承载力设计”需要同时满足式

(3.11.3-2) 及式 (3.11.3-3) 的要求。式 (3.11.3-3) 表示竖向地震为主要可变作用的组合工况，式中重力荷载分项系数 γ_G、竖向地震作用分项系数 γ_{Ev} 及抗震承载力调整系数 γ_{RE} 均取 1.0，水平地震作用分项系数 γ_{Eh} 取 0.4；这些构件的受剪承载力宜符合式 (3.11.3-1) 的要求。整体结构进入弹塑性状态，应进行弹塑性分析。为方便设计，允许采用等效弹性方法计算竖向构件及关键部位构件的组合内力 (S_{GE}、S_{Ehk}^*、S_{Evk}^*)，计算中可适当考虑结构阻尼比的增加（增加值一般不大于 0.02）以及剪力墙连梁刚度的折减（刚度折减系数一般不小于 0.3）。实际工程设计中，可以先对底部加强部位和薄弱部位的竖向构件承载力按上述方法计算，再通过弹塑性分析校核全部竖向构件均未屈服。

第 4 性能水准结构，关键构件抗震承载力应满足式 (3.11.3-2)"屈服承载力设计"的要求，水平长悬臂结构和大跨度结构中的关键构件抗震承载力需要同时满足式 (3.11.3-2) 及式 (3.11.3-3) 的要求；允许部分竖向构件及大部分框架梁、剪力墙连梁等耗能构件进入屈服阶段，但构件的受剪截面应满足截面限制条件，这是防止构件发生脆性受剪破坏的最低要求。式 (3.11.3-4) 和式 (3.11.3-5) 中，V_{GE}、V_{Ek}^* 可按弹塑性计算结果取值，也可按等效弹性方法计算结果取值（一般情况下是偏于安全的）。结构的抗震性能必须通过弹塑性计算加以深入分析，例如：弹塑性层间位移角、构件屈服的次序及塑性铰分布、塑性铰部位钢材受拉塑性应变及混凝土受压损伤程度、结构的薄弱部位、整体结构的承载力不发生下降等。整体结构的承载力可通过静力弹塑性方法进行估计。

第 5 性能水准结构与第 4 性能水准结构的差别在于关键构件承载力宜满足"屈服承载力设计"的要求，允许比较多的竖向构件进入屈服阶段，并允许部分"梁"等耗能构件发生比较严重的破坏。结构的抗震性能必须通过弹塑性计算加以深入分析，尤其应注意同一楼层的竖向构件不宜全部进入屈服并宜控制整体结构承载力下降的幅度不超过 10%。

3.11.4 结构抗震性能设计时，弹塑性分析计算是很重要的手段之一。计算分析除应符合本规程第 5.5.1 条的规定外，尚应符合本条之规定。

1 静力弹塑性方法和弹塑性时程分析法各有其优缺点和适用范围。本条对静力弹塑性方法的适用范围放宽到 150m 或 200m 非特别不规则的结构，主要考虑静力弹塑性方法计算软件设计人员比较容易掌握，对计算结果的工程判断也容易一些，但计算分析中采用的侧向作用力分布形式宜适当考虑高振型的影响，可采用本规程 3.4.5 条提出的"规定水平地震力"分布形式。对于高度在 150m～200m 的基本自振周期大于 4s 或特别不规则结构以及高度超过 200m 的房屋，应采用弹塑性时程分析法。对高度超过 300m 的结构，为使弹塑性时程分析计算结果有较大的把握，本条规定应有两个不同的、独立的计算结果进行校核。

2 对复杂结构进行施工模拟分析是十分必要的。弹塑性分析应以施工全过程完成后的静载内力为初始状态。当施工方案与施工模拟计算不同时，应重新调整相应的计算。

3 一般情况下，弹塑性时程分析宜采用双向地震输入；对竖向地震作用比较敏感的结构，如连体结构、大跨度转换结构、长悬臂结构、高度超过 300m 的结构等，宜采用三向地震输入。

3.12 抗连续倒塌设计基本要求

3.12.1 高层建筑结构应具有在偶然作用发生时适宜的抗连续倒塌能力。我国现行国家标准《工程结构可靠性设计统一标准》GB 50153 和《建筑结构可靠度设计统一标准》GB 50068 对偶然设计状态均有定性规定。在 GB 50153 中规定，"当发生爆炸、撞击、人为错误等偶然事件时，结构能保持必需的整体稳固性，不出现与起因不相称的破坏后果，防止出现结构的连续倒塌"。在 GB 50068 中规定，"对偶然状况，建筑结构可采用下列原则之一按承载能力极限状态进行设计：1）按作用效应的偶然组合进行设计或采取保护措施，使主要承重结构不致因出现设计规定的偶然事件而丧失承载能力；2）允许主要承重结构因出现设计规定的偶然事件而局部破坏，但其剩余部分具有在一段时间内不发生连续倒塌的可靠度"。

结构连续倒塌是指结构因突发事件或严重超载而造成局部结构破坏失效，继而引起与失效破坏构件相连的构件连续破坏，最终导致相对于初始局部破坏更大范围的倒塌破坏。结构产生局部构件失效后，破坏范围可能沿水平方向和竖直方向发展，其中破坏沿竖向发展影响更为突出。当偶然因素导致局部结构破坏失效时，如果整体结构不能形成有效的多重荷载传递路径，破坏范围就可能沿水平或者竖直方向蔓延，最终导致结构发生大范围的倒塌甚至是整体倒塌。

结构连续倒塌事故在国内外并不罕见，英国 Ronan Point 公寓煤气爆炸倒塌，美国 AlfredP. Murrah 联邦大楼、WTC 世贸大楼倒塌，我国湖南衡阳大厦特大火灾后倒塌，法国戴高乐机场候机厅倒塌等都是比较典型的结构连续倒塌事故。每一次事故都造成了重大人员伤亡和财产损失，给地区乃至整个国家都造成了严重的负面影响。进行必要的结构抗连续倒塌设计，当偶然事件发生时，将能有效控制结构破坏范围。

结构抗连续倒塌设计在欧美多个国家得到了广泛

关注，英国、美国、加拿大、瑞典等国颁布了相关的设计规范和标准。比较有代表性的有美国 General Services Administration（GSA）《新联邦大楼与现代主要工程抗连续倒塌分析与设计指南》（Progressive Collapse Analysis and Design Guidelines for New Federal Office Buildings and Major Modernization Project），美国国防部 UFC（Unified Facilities Criteria 2005）《建筑抗连续倒塌设计》（Design of Buildings to Resist Progressive Collapse），以及英国有关规范对结构抗连续倒塌设计的规定等。

本条规定安全等级为一级时，应满足抗连续倒塌概念设计的要求；安全等级一级且有特殊要求时，可采用拆除构件方法进行抗连续倒塌设计。这是结构抗连续倒塌的基本要求。

3.12.2 高层建筑结构应具有在偶然作用发生时适宜的抗连续倒塌能力，不允许采用摩擦连接传递重力荷载，应采用构件连接传递重力荷载；应具有适宜的多余约束性、整体连续性、稳固性和延性；水平构件应具有一定的反向承载能力，如连续梁边支座、非地震区简支梁支座顶面及连续梁、框架梁梁中支座底面应有一定数量的配筋及合适的锚固连接构造，防止偶然作用发生时，该构件产生过大破坏。

3.12.3 本条拆除构件设计方法主要引自美国、英国有关规范的规定。关于效应折减系数 β，主要是考虑偶然作用发生后，结构进入弹塑性内力重分布，对中部水平构件有一定的卸载效应。

3.12.4 本条假定拆除构件后，剩余主体结构基本处于线弹性工作状态，以简化计算，便于工程应用。

3.12.6 本条依据现行国家标准《工程结构可靠性设计统一标准》GB 50153 的相关规定，并参考了美国国防部制定的《建筑物最低反恐怖主义标准》（UFC4-010-01）。

当拆除某构件后结构不能满足抗连续倒塌设计要求，意味着该构件十分重要（可称之为关键结构构件），应具有更高的要求，希望其保持线弹性工作状态。此时，在该构件表面附加规定的侧向偶然作用，进行整体结构计算，复核该构件满足截面设计承载力要求。公式（3.12.6-2）中，活荷载采用频遇值，近似取频遇值系数为 0.6。

4 荷载和地震作用

4.1 竖向荷载

4.1.1 高层建筑的竖向荷载应按现行国家标准《建筑结构荷载规范》GB 50009 有关规定采用。与原荷载规范 GBJ 9-87 相比，有较大的改动，使用时应予注意。

4.1.5 直升机平台的活荷载是根据现行国家标准《建筑结构荷载规范》GB 50009 的有关规定确定的。部分直升机的有关参数见表 3。

表 3 部分轻型直升机的技术数据

机型	生产国	空重 (kN)	最大起飞重 (kN)	尺寸			
				旋翼直径 (m)	机长 (m)	机宽 (m)	机高 (m)
Z—9（直 9）	中国	19.75	40.00	11.68	13.29		3.31
SA360 海豚	法国	18.23	34.00	11.68	11.40		3.50
SA315 美洲驼	法国	10.14	19.50	11.02	12.92		3.09
SA350 松鼠	法国	12.88	24.00	10.69	12.99	1.08	3.02
SA341 小羚羊	法国	9.17	18.00	10.50	11.97		3.15
BK-117	德国	16.50	28.50	11.00	13.00	1.60	3.36
BO-105	德国	12.56	24.00	9.84	8.56		3.00
山猫	英、法	30.70	45.35	12.80	12.06		3.66
S—76	美国	25.40	46.70	13.41	13.22	2.13	4.41
贝尔—205	美国	22.55	43.09	14.63	17.40		4.42
贝尔—206	美国	6.60	14.51	10.16	9.50		2.91
贝尔—500	美国	6.64	13.61	8.05	7.49	2.71	2.59
贝尔—222	美国	22.04	35.60	12.12	12.50	3.18	3.51
A109A	意大利	14.66	24.50	11.00	13.05	1.42	3.30

注：直 9 机主轮距 2.03m，前后轮距 3.61m。

4.2 风荷载

4.2.1 风荷载计算主要依据现行国家标准《建筑结构荷载规范》GB 50009。对于主要承重结构，风荷载标准值的表达可有两种形式，其一为平均风压加上由脉动风引起结构风振的等效风压；另一种为平均风压乘以风振系数。由于结构的风振计算中，往往是受力方向基本振型起主要作用，因而我国与大多数国家相同，采用后一种表达形式，即采用风振系数 β_z。风振系数综合考虑了结构在风荷载作用下的动力响应，包括风速随时间、空间的变异性和结构的阻尼特性等因素。

基本风压 w_0 是根据全国各气象台站历年来的最大风速记录，按基本风压的标准要求，将不同测风仪高度和时次时距的年最大风速，统一换算为离地 10m 高，自记式风速仪 10min 平均年最大风速（m/s）。根据该风速数据统计分析确定重现期为 50 年的最大风速，作为当地的基本风速 v_0，再按贝努利公式确定基本风压。

4.2.2 按照现行国家标准《建筑结构荷载规范》GB 50009 的规定，对风荷载比较敏感的高层建筑，其基本风压应适当提高。因此，本条明确了承载力设计时应按基本风压的 1.1 倍采用。相对于 02 规程，本次修订：1）取消了对“特别重要”的高层建筑的风荷载增大要求，主要因为对重要的建筑结构，其重要性已经通过结构重要性系数 γ_0 体现在结构作用效应的设计值中，见本规程第 3.8.1 条；2）对于正常使用极限状态设计（如位移计算），其要求可比承载力设计适当降低，一般仍可采用基本风压值或由设计人员根据实际情况确定，不再作为强制性要求；3）对风荷载比较敏感的高层建筑结构，风荷载计算时不再强调按 100 年重现期的风压值采用，而是直接按基本风压值增大10%采用。

对风荷载是否敏感，主要与高层建筑的体型、结构体系和自振特性有关，目前尚无实用的划分标准。一般情况下，对于房屋高度大于60m的高层建筑，承载力设计时风荷载计算可按基本风压的1.1倍采用；对于房屋高度不超过60m的高层建筑，风荷载取值是否提高，可由设计人员根据实际情况确定。

本条的规定，对设计使用年限为50年和100年的高层建筑结构都是适用的。

4.2.3 风荷载体型系数是指风作用在建筑物表面上所引起的实际压力（或吸力）与来流风的速度压的比值，它描述的是建筑物表面在稳定风压作用下静态压力的分布规律，主要与建筑物的体型和尺度有关，也与周围环境和地面粗糙度有关。由于涉及固体与流体相互作用的流体动力学问题，对于不规则形状的固体，问题尤为复杂，无法给出理论上的结果，一般均应由试验确定。鉴于真型实测的方法对结构设计不现实，目前只能采用相似原理，在边界层风洞内对拟建的建筑物模型进行测试。

本条规定是对现行国家标准《建筑结构荷载规范》GB 50009表7.3.1的适当简化和整理，以便于高层建筑结构设计时应用，如需较详细的数据，也可按本规程附录B采用。

4.2.4 对建筑群，尤其是高层建筑群，当房屋相互间距较近时，由于旋涡的相互干扰，房屋某些部位的局部风压会显著增大，设计时应予注意。对比较重要的高层建筑，建议在风洞试验中考虑周围建筑物的干扰因素。

本条和本规程第4.2.7条所说的风洞试验是指边界层风洞试验。

4.2.5 本条为新增条文，意在提醒设计人员注意考虑结构横风向风振或扭转风振对高层建筑尤其是超高层建筑的影响。当结构高宽比较大、结构顶点风速大于临界风速时，可能引起较明显的结构横风向振动，甚至出现横风向振动效应大于顺风向作用效应的情况。结构横风向振动问题比较复杂，与结构的平面形状、竖向体型、高宽比、刚度、自振周期和风速都有一定关系。当结构体型复杂时，宜通过空气弹性模型的风洞试验确定横风向振动的等效风荷载；也可参考有关资料确定。

4.2.6 本条为新增条文。横风向效应与顺风向效应是同时发生的，因此必须考虑两者的效应组合。对于结构侧向位移控制，仍可按同时考虑横风向与顺风向影响后的计算方向位移确定，不必按矢量和的方向控制结构的层间位移。

4.2.7 对结构平面及立面形状复杂、开洞或连体建筑及周围地形环境复杂的结构，建议进行风洞试验。本次修订，对体型复杂、环境复杂的高层建筑，取消了02规程中房屋高度150m以上才考虑风洞试验的限制条件。对风洞试验的结果，当与按规范计算的风荷载存在较大差距时，设计人员应进行分析判断，合理确定建筑物的风荷载取值。因此本条规定“进行风洞试验判断确定建筑物的风荷载”。

4.2.8 高层建筑表面的风荷载压力分布很不均匀，在角隅、檐口、边棱处和在附属结构的部位（如阳台、雨篷等外挑构件），局部风压会超过按本规程4.2.3条体型系数计算的平均风压。根据风洞实验资料和一些实测结果，并参考国外的风荷载规范，对水平外挑构件，取用局部体型系数为－2.0。

4.2.9 建筑幕墙设计时的风荷载计算，应按现行国家标准《建筑结构荷载规范》GB 50009以及行业标准《玻璃幕墙工程技术规范》JGJ 102、《金属及石材幕墙工程技术规范》JGJ 133等的有关规定执行。

4.3 地震作用

4.3.1 本条是高层建筑混凝土结构考虑地震作用时的设防标准，与现行国家标准《建筑工程抗震设防分类标准》GB 50223的规定一致。对甲类建筑的地震作用，改为“应按批准的地震安全性评价结果且高于本地区抗震设防烈度的要求确定”，明确规定如果地震安全性评价结果低于本地区的抗震设防烈度，计算地震作用时应按高于本地区设防烈度的要求进行。对于乙、丙类建筑，规定应按本地区抗震设防烈度计算，与02规程的规定一致。

原规程JGJ 3-91曾规定，6度抗震设防时，除Ⅳ类场地上的较高建筑外，可不进行地震作用计算。鉴于高层建筑比较重要且结构计算分析软件应用已经较为普遍，因此02版规程规定6度抗震设防时也应进行地震作用计算，本次修订未作调整。通过地震作用效应计算，可与无地震作用组合的效应进行比较，并可采用有地震作用组合的柱轴压力设计值控制柱的轴压比。

4.3.2 本条除第3款“7度（0.15g）”外，与现行国家标准《建筑抗震设计规范》GB 50011的规定一致。某一方向水平地震作用主要由该方向抗侧力构件承担，如该构件带有翼缘，尚应包括翼缘作用。有斜交抗侧力构件的结构，当交角大于15°时，应考虑斜交构件方向的地震作用计算。对质量和刚度明显不均匀、不对称的结构应考虑双向地震作用下的扭转影响。

大跨度指跨度大于24m的楼盖结构、跨度大于8m的转换结构、悬挑长度大于2m的悬挑结构。大跨度、长悬臂结构应验算其自身及其支承部位结构的竖向地震效应。

除了8、9度外，本次修订增加了大跨度、长悬臂结构7度（0.15g）时也应计入竖向地震作用的影响。主要原因是：高层建筑由于高度较高，竖向地震作用效应放大比较明显。

4.3.3 本条规定主要是考虑结构地震动力反应过程中可能由于地面扭转运动、结构实际的刚度和质量分布相对于计算假定值的偏差，以及在弹塑性反应过程中各抗侧力结构刚度退化程度不同等原因引起的扭转反应增大；特别是目前对地面运动扭转分量的强震实测记录很少，地震作用计算中还不能考虑输入地面运动扭转分量。采用附加偶然偏心作用计算是一种实用方法。美国、新西兰和欧洲等抗震规范都规定计算地震作用时应考虑附加偶然偏心，偶然偏心距的取值多为 $0.05L$。对于平面规则（包括对称）的建筑结构需附加偶然偏心；对于平面布置不规则的结构，除其自身已存在的偏心外，还需附加偶然偏心。

本条规定直接取各层质量偶然偏心为 $0.05L_i$（L_i 为垂直于地震作用方向的建筑物总长度）来计算单向水平地震作用。实际计算时，可将每层质心沿主轴的同一方向（正向或负向）偏移。

采用底部剪力法计算地震作用时，也应考虑偶然偏心的不利影响。

当计算双向地震作用时，可不考虑偶然偏心的影响，但应与单向地震作用考虑偶然偏心的计算结果进行比较，取不利的情况进行设计。

关于各楼层垂直于地震作用方向的建筑物总长度 L_i 的取值，当楼层平面有局部突出时，可按回转半径相等的原则，简化为无局部突出的规则平面，以近似确定垂直于地震计算方向的建筑物边长 L_i。如图 3 所示平面，当计算 y 向地震作用时，若 b/B 及 h/H 均不大于 1/4，可认为是局部突出；此时用于确定偶然偏心的边长可近似按下式计算：

$$L_i = B + \frac{bh}{H}\left(1 + \frac{3b}{B}\right) \tag{4}$$

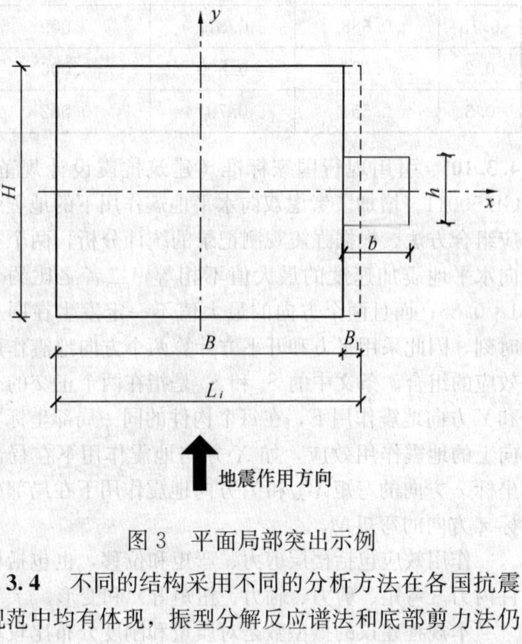

y
x
H
h
b
B
B
L_i
地震作用方向

图 3 平面局部突出示例

4.3.4 不同的结构采用不同的分析方法在各国抗震规范中均有体现，振型分解反应谱法和底部剪力法仍是基本方法。对高层建筑结构主要采用振型分解反应谱法（包括不考虑扭转耦联和考虑扭转耦联两种方式），底部剪力法的应用范围较小。弹性时程分析法作为补充计算方法，在高层建筑结构分析中已得到比较普遍的应用。

本条第 3 款对于需要采用弹性时程分析法进行补充计算的高层建筑结构作了具体规定，这些结构高度较高或刚度、承载力和质量沿竖向分布不规则或属于特别重要的甲类建筑。所谓“补充”，主要指对计算的底部剪力、楼层剪力和层间位移进行比较，当时程法分析结果大于振型分解反应谱法分析结果时，相关部位的构件内力和配筋作相应的调整。

质量沿竖向分布不均匀的结构一般指楼层质量大于相邻下部楼层质量 1.5 倍的情况，见本规程第 3.5.6 条。

4.3.5 进行时程分析时，鉴于不同地震波输入进行时程分析的结果不同，本条规定一般可以根据小样本容量下的计算结果来估计地震效应值。通过大量地震加速度记录输入不同结构类型进行时程分析结果的统计分析，若选用不少于 2 组实际记录和 1 组人工模拟的加速度时程曲线作为输入，计算的平均地震效应值不小于大样本容量平均值的保证率在 85%以上，而且一般也不会偏大很多。当选用数量较多的地震波，如 5 组实际记录和 2 组人工模拟时程曲线，则保证率更高。所谓“在统计意义上相符”是指，多组时程波的平均地震影响系数曲线与振型分解反应谱法所用的地震影响系数曲线相比，在对应于结构主要振型的周期点上相差不大于 20%。计算结果的平均底部剪力一般不会小于振型分解反应谱法计算结果的 80%，每条地震波输入的计算结果不会小于 65%；从工程应用角度考虑，可以保证时程分析结果满足最低安全要求。但时程法计算结果也不必过大，每条地震波输入的计算结果不大于 135%，多条地震波输入的计算结果平均值不大于 120%，以体现安全性和经济性的平衡。

正确选择输入的地震加速度时程曲线，要满足地震动三要素的要求，即频谱特性、有效峰值和持续时间均要符合规定。频谱特性可用地震影响系数曲线表征，依据所处的场地类别和设计地震分组确定；加速度的有效峰值按表 4.3.5 采用，即以地震影响系数最大值除以放大系数（约 2.25）得到；输入地震加速度时程曲线的有效持续时间，一般从首次达到该时程曲线最大峰值的 10%那一点算起，到最后一点达到最大峰值的 10%为止，约为结构基本周期的 5～10 倍。

因为本次修订增加了结构抗震性能设计规定，因此本条第 3 款补充了设防地震（中震）和 6 度时的数值。

4.3.7 本条规定了水平地震影响系数最大值和场地

特征周期取值。现阶段仍采用抗震设防烈度所对应的水平地震影响系数最大值 α_{max}，多遇地震烈度（小震）和预估罕遇地震烈度（大震）分别对应于 50 年设计基准期内超越概率为 63%和 2%～3%的地震烈度。为了与地震动参数区划图接口，表 3.3.7-1 中的 α_{max} 比 89 规范增加了 7 度 0.15g 和 8 度 0.30g 的地区数值。本次修订，与结构抗震性能设计要求相适应，增加了设防烈度地震（中震）和 6 度时的地震影响系数最大值规定。

根据土层等效剪切波速和场地覆盖层厚度将建筑的场地划分为Ⅰ、Ⅱ、Ⅲ、Ⅳ四类，其中Ⅰ类分为 $Ⅰ_0$ 和 $Ⅰ_1$ 两个亚类，本规程中提及Ⅰ类场地而未专门注明 $Ⅰ_0$ 或 $Ⅰ_1$ 的，均包含这两个亚类。具体场地划分标准见现行国家标准《建筑抗震设计规范》GB 50011 的有关规定。

4.3.8 弹性反应谱理论仍是现阶段抗震设计的最基本理论，本规程的设计反应谱与现行国家标准《建筑抗震设计规范》GB 50011 一致。

1 同样烈度、同样场地条件的反应谱形状，随着震源机制、震级大小、震中距远近等的变化，有较大的差别，影响因素很多。在继续保留烈度概念的基础上，用设计地震分组的特征周期 T_g 予以反映。其中，Ⅰ、Ⅱ、Ⅲ类场地的特征周期值，《建筑抗震设计规范》GB 50011—2001（下称 01 规范）较 89 规范的取值增大了 0.05s；本次修订，计算罕遇地震作用时，特征周期 T_g 值也增大 0.05s。这些改进，适当提高结构的抗震安全性，也比较符合近年来得到的大量地震加速度资料的统计结果。

2 在 $T \leqslant 0.1$s 的范围内，各类场地的地震影响系数一律采用同样的斜线，使之符合 $T=0$ 时（刚体）动力不放大的规律；在 $T \geqslant T_g$ 时，设计反应谱在理论上存在二个下降段，即速度控制段和位移控制段，在加速度反应谱中，前者衰减指数为 1，后者衰减指数为 2。设计反应谱是用来预估建筑结构在其设计基准期内可能经受的地震作用，通常根据大量实际地震记录的反应谱进行统计并结合工程经验判断加以规定。为保持延续性，地震影响系数在 $T \leqslant 5T_g$ 范围内保持不变，各曲线的递减指数为非整数；在 $T > 5T_g$ 的范围为倾斜下降段，不同场地类别的最小值不同，较符合实际反应谱的统计规律。对于周期大于 6s 的结构，地震影响系数仍需专门研究。

3 考虑到不同结构类型的设计需要，提供了不同阻尼比（通常为 0.02～0.30）地震影响系数曲线相对于标准的地震影响系数（阻尼比为 0.05）的修正方法。根据实际强震记录的统计分析结果，这种修正可分二段进行：在反应谱平台段修正幅度最大；在反应谱上升段和下降段，修正幅度变小；在曲线两端（0s 和 6s），不同阻尼比下的地震影响系数趋向接近。

本次修订，保持 01 规范地震影响系数曲线的计算表达式不变，只对其参数进行调整，达到以下效果：

1） 阻尼比为 5%的地震影响系数维持不变，对于钢筋混凝土结构的抗震设计，同 01 规范的水平。

2） 基本解决了 01 规范在长周期段，不同阻尼比地震影响系数曲线交叉、大阻尼曲线值高于小阻尼曲线值的不合理现象。Ⅰ、Ⅱ、Ⅲ类场地的地震影响系数曲线在周期接近 6s 时，基本交汇在一点上，符合理论和统计规律。

3） 降低了小阻尼（0.02～0.035）的地震影响系数值，最大降低幅度达 18%。略微提高了阻尼比 0.06～0.10 范围的地震影响系数值，长周期部分最大增幅约 5%。

4） 适当降低了大阻尼（0.20～0.30）的地震影响系数值，在 $5T_g$ 周期以内，基本不变；长周期部分最大降幅约 10%，扩大了消能减震技术的应用范围。

对应于不同阻尼比计算地震影响系数曲线的衰减指数和调整系数见表 4。

表 4 不同阻尼比时的衰减指数和调整系数

阻尼比 ζ	阻尼调整系数 η_2	曲线下降段衰减指数 γ	直线下降段斜率调整系数 η_1
0.02	1.268	0.971	0.026
0.03	1.156	0.942	0.024
0.04	1.069	0.919	0.022
0.05	1.000	0.900	0.020
0.10	0.792	0.844	0.013
0.15	0.688	0.817	0.009
0.2	0.625	0.800	0.006
0.3	0.554	0.781	0.002

4.3.10 引用现行国家标准《建筑抗震设计规范》GB 50011。增加了考虑双向水平地震作用下的地震效应组合方法。根据强震观测记录的统计分析，两个方向水平地震加速度的最大值不相等，二者之比约为 1∶0.85；而且两个方向的最大值不一定发生在同一时刻，因此采用平方和开平方计算两个方向地震作用效应的组合。条文中的 S_x 和 S_y 是指在两个正交的 X 和 Y 方向地震作用下，在每个构件的同一局部坐标方向上的地震作用效应，如 X 方向地震作用下在局部坐标 x 方向的弯矩 M_{xx} 和 Y 方向地震作用下在局部坐标 x 方向的弯矩 M_{xy}。

作用效应包括楼层剪力、弯矩和位移，也包括构件内力（弯矩、剪力、轴力、扭矩等）和变形。

本规程建议的振型数是对质量和刚度分布比较均

匀的结构而言的。对于质量和刚度分布很不均匀的结构，振型分解反应谱法所需的振型数一般可取为振型参与质量达到总质量的90%时所需的振型数。

4.3.11 底部剪力法在高层建筑水平地震作用计算中应用较少，但作为一种方法，本规程仍予以保留，因此列于附录中。对于规则结构，采用本条方法计算水平地震作用时，仍应考虑偶然偏心的不利影响。

4.3.12 由于地震影响系数在长周期段下降较快，对于基本周期大于3s的结构，由此计算所得的水平地震作用下的结构效应可能过小。而对于长周期结构，地震地面运动速度和位移可能对结构的破坏具有更大影响，但是规范所采用的振型分解反应谱法尚无法对此作出合理估计。出于结构安全的考虑，增加了对各楼层水平地震剪力最小值的要求，规定了不同设防烈度下的楼层最小地震剪力系数（即剪重比），当不满足时，结构水平地震总剪力和各楼层的水平地震剪力均需要进行相应的调整或改变结构刚度使之达到规定的要求。本次修订补充了6度时的最小地震剪力系数规定。

对于竖向不规则结构的薄弱层的水平地震剪力，本规程第3.5.8条规定应乘以1.25的增大系数，该层剪力放大1.25倍后仍需要满足本条的规定，即该层的地震剪力系数不应小于表4.3.12中数值的1.15倍。

表4.3.12中所说的扭转效应明显的结构，是指楼层最大水平位移（或层间位移）大于楼层平均水平位移（或层间位移）1.2倍的结构。

4.3.13 结构的竖向地震作用的精确计算比较繁杂，本规程保留了原规程JGJ 3-91的简化计算方法。

4.3.14 本条为新增条文，主要考虑目前高层建筑中较多采用大跨度和长悬挑结构，需要采用时程分析方法或反应谱方法进行竖向地震的分析，给出了反应谱和时程分析计算时需要的数据。反应谱采用水平反应谱的65%，包括最大值和形状参数，但认为竖向反应谱的特征周期与水平反应谱相比，尤其在远震中距时，明显小于水平反应谱，故本条规定，设计特征周期均按第一组采用。对处于发震断裂10km以内的场地，其最大值可能接近于水平谱，特征周期小于水平谱。

4.3.15 高层建筑中的大跨度、悬挑、转换、连体结构的竖向地震作用大小与其所处的位置以及支承结构的刚度都有一定关系，因此对于跨度较大、所处位置较高的情况，建议采用本规程第4.3.13、4.3.14条的规定进行竖向地震作用计算，并且计算结果不宜小于本条规定。

为了简化计算，跨度或悬挑长度不大于本规程第4.3.14条规定的大跨结构和悬挑结构，可直接按本条规定的地震作用系数乘以相应的重力荷载代表值作为竖向地震作用标准值。

4.3.16 高层建筑结构整体计算分析时，只考虑了主要结构构件（梁、柱、剪力墙和筒体等）的刚度，没有考虑非承重结构构件的刚度，因而计算的自振周期较实际的偏长，按这一周期计算的地震力偏小。为此，本条规定应考虑非承重墙体的刚度影响，对计算的自振周期予以折减。

4.3.17 大量工程实测周期表明：实际建筑物自振周期短于计算的周期。尤其是有实心砖填充墙的框架结构，由于实心砖填充墙的刚度大于框架柱的刚度，其影响更为显著，实测周期约为计算周期的50%～60%；剪力墙结构中，由于砖墙数量少，其刚度又远小于钢筋混凝土墙的刚度，实测周期与计算周期比较接近。

本次修订，考虑到目前黏土砖被限制使用，而其他类型的砌体墙越来越多，把“填充砖墙”改为“砌体墙”，但不包括采用柔性连接的填充墙或刚度很小的轻质砌体填充墙；增加了框架-核心筒结构周期折减系数的规定；目前有些剪力墙结构布置的填充墙较多，其周期折减系数可能小于0.9，故将剪力墙结构的周期折减系数调整为0.8～1.0。

5 结构计算分析

5.1 一 般 规 定

5.1.3 目前国内规范体系是采用弹性方法计算内力，在截面设计时考虑材料的弹塑性性质。因此，高层建筑结构的内力与位移仍按弹性方法计算，框架梁及连梁等构件可考虑局部塑性变形引起的内力重分布，即本规程第5.2.1条和5.2.3条的规定。

5.1.4 高层建筑结构是复杂的三维空间受力体系，计算分析时应根据结构实际情况，选取能较准确地反映结构中各构件的实际受力状况的力学模型。对于平面和立面布置简单规则的框架结构、框架-剪力墙结构宜采用空间分析模型，可采用平面框架空间协同模型；对剪力墙结构、筒体结构和复杂布置的框架结构、框架-剪力墙结构应采用空间分析模型。目前国内商品化的结构分析软件所采用的力学模型主要有：空间杆系模型、空间杆-薄壁杆系模型、空间杆-墙板元模型及其他组合有限元模型。

目前，国内计算机和结构分析软件应用十分普及，原规程JGJ 3-91第4.1.4条和4.1.6条规定的简化方法和手算方法未再列入本规程。如需要采用简化方法或手算方法，设计人员可参考有关设计手册或书籍。

5.1.5 高层建筑的楼屋面绝大多数为现浇钢筋混凝土楼板和有现浇面层的预制装配式楼板，进行高层建筑内力与位移计算时，可视其为水平放置的深梁，具有很大的面内刚度，可近似认为楼板在其自身平面内为无限刚性。采用这一假设后，结构分析的自由度数目大大减少，可能减小由于庞大自由度系统而带来的计算误差，使计算过程和计算结果的分析大为简化。计算分析和工程实践证明，刚性楼板假定对绝大多数高层建筑的分析具有足够的工程精度。采用刚性楼板假定进行结构计算时，设计上应采取必要措施保证楼面的整体刚度。比如，平面体型宜符合本规程 4.3.3 条的规定；宜采用现浇钢筋混凝土楼板和有现浇面层的装配整体式楼板；局部削弱的楼面，可采取楼板局部加厚、设置边梁、加大楼板配筋等措施。

楼板有效宽度较窄的环形楼面或其他有大开洞楼面、有狭长外伸段楼面、局部变窄产生薄弱连接的楼面、连体结构的狭长连接体楼面等场合，楼板面内刚度有较大削弱且不均匀，楼板的面内变形会使楼层内抗侧刚度较小的构件的位移和受力加大（相对刚性楼板假定而言），计算时应考虑楼板面内变形的影响。根据楼面结构的实际情况，楼板面内变形可全楼考虑、仅部分楼层考虑或仅部分楼层的部分区域考虑。考虑楼板的实际刚度可以采用将楼板等效为剪弯水平梁的简化方法，也可采用有限单元法进行计算。

当需要考虑楼板面内变形而计算中采用楼板面内无限刚性假定时，应对所得的计算结果进行适当调整。具体的调整方法和调整幅度与结构体系、构件平面布置、楼板削弱情况等密切相关，不便在条文中具体化。一般可对楼板削弱部位的抗侧刚度相对较小的结构构件，适当增大计算内力，加强配筋和构造措施。

5.1.6 高层建筑按空间整体工作计算时，不同计算模型的梁、柱自由度是相同的。梁的弯曲、剪切、扭转变形，当考虑楼板面内变形时还有轴向变形；柱的弯曲、剪切、轴向、扭转变形。当采用空间杆-薄壁杆系模型时，剪力墙自由度考虑弯曲、剪切、轴向、扭转变形和翘曲变形；当采用其他有限元模型分析剪力墙时，剪力墙自由度考虑弯曲、剪切、轴向、扭转变形。

高层建筑层数多、重量大，墙、柱的轴向变形影响显著，计算时应考虑。

构件内力是与位移向量对应的，与截面设计对应的分别为弯矩、剪力、轴力、扭矩等。

5.1.8 目前国内钢筋混凝土结构高层建筑由恒载和活载引起的单位面积重力，框架与框架-剪力墙结构约为 12kN/m² ～14kN/m²，剪力墙和筒体结构约为 13kN/m² ～16kN/m²，而其中活荷载部分约为 2kN/m² ～3kN/m²，只占全部重力的 15%～20%，活载不利分布的影响较小。另一方面，高层建筑结构层数很多，每层的房间也很多，活载在各层间的分布情况极其繁多，难以一一计算。

如果活荷载较大，其不利分布对梁弯矩的影响会比较明显，计算时应予考虑。除进行活荷载不利分布的详细计算分析外，也可将未考虑活荷载不利分布计算的框架梁弯矩乘以放大系数予以近似考虑，该放大系数通常可取为 1.1～1.3，活载大时可选用较大数值。近似考虑活荷载不利分布影响时，梁正、负弯矩应同时予以放大。

5.1.9 高层建筑结构是逐层施工完成的，其竖向刚度和竖向荷载（如自重和施工荷载）也是逐层形成的。这种情况与结构刚度一次形成、竖向荷载一次施加的计算方法存在较大差异。因此对于层数较多的高层建筑，其重力荷载作用效应分析时，柱、墙轴向变形宜考虑施工过程的影响。施工过程的模拟可根据需要采用适当的方法考虑，如结构竖向刚度和竖向荷载逐层形成、逐层计算的方法等。

本次修订，增加了复杂结构及 150m 以上高层建筑应考虑施工过程的影响，因为这类结构是否考虑施工过程的模拟计算，对设计有较大影响。

5.1.10 高层建筑结构进行水平风荷载作用效应分析时，除对称结构外，结构构件在正反两个方向的风荷载作用下效应一般是不相同的，按两个方向风效应的较大值采用，是为了保证安全的前提下简化计算；体型复杂的高层建筑，应考虑多方向风荷载作用，进行风效应对比分析，增加结构抗风安全性。

5.1.11 在结构整体计算分析中，型钢混凝土和钢管混凝土构件宜按实际情况直接参与计算。随着结构分析软件技术的进步，已经可以较容易地实现在整体模型中直接考虑型钢混凝土和钢管混凝土构件，因此本次修订取消了将型钢混凝土和钢管混凝土构件等效为混凝土构件进行计算的规定。

型钢混凝土构件、钢管混凝土构件的截面设计应按本规程第 11 章的有关规定执行。

5.1.12 体型复杂、结构布置复杂的高层建筑结构的受力情况复杂，B 级高度高层建筑属于超限高层建筑，采用至少两个不同力学模型的结构分析软件进行整体计算分析，可以相互比较和分析，以保证力学分析结构的可靠性。

对 B 级高度高层建筑的要求是本次修订增加的内容。

5.1.13 带加强层的高层建筑结构、带转换层的高层建筑结构、错层结构、连体和立面开洞结构、多塔楼结构、立面较大收进结构等，属于体形复杂的高层建筑结构，其竖向刚度和承载力变化大、受力复杂，易形成薄弱部位；混合结构以及 B 级高度的高层建筑结构的房屋高度大、工程经验不多，因此整体计算分析时应从严要求。本条第 4 款的要求主要针对重要建筑以及相邻层侧向刚度或承载力相差悬殊的竖向不规则高层建筑结构。

本次修订补充了对混合结构的计算要求。

5.1.14 本条为新增条文，对多塔楼结构提出了分塔楼模型计算要求。多塔楼结构振动形态复杂，整体模型计算有时不容易判断结果的合理性；辅以分塔楼模型计算分析，取二者的不利结果进行设计较为妥当。

5.1.15 对受力复杂的结构构件，如竖向布置复杂的剪力墙、加强层构件、转换层构件、错层构件、连接体及其相关构件等，除结构整体分析外，尚应按有限元等方法进行更加仔细的局部应力分析，并可根据需要，按应力分析结果进行截面配筋设计校核。按应力进行截面配筋计算的方法，可按照现行国家标准《混凝土结构设计规范》GB 50010 的有关规定。

5.1.16 在计算机和计算机软件广泛应用的条件下，除了要选择使用可靠的计算软件外，还应对软件产生的计算结果从力学概念和工程经验等方面加以分析判断，确认其合理性和可靠性。

5.2 计 算 参 数

5.2.1 高层建筑结构构件均采用弹性刚度参与整体分析，但抗震设计的框架-剪力墙或剪力墙结构中的连梁刚度相对墙体较小，而承受的弯矩和剪力很大，配筋设计困难。因此，可考虑在不影响承受竖向荷载能力的前提下，允许其适当开裂（降低刚度）而把内力转移到墙体上。通常，设防烈度低时可少折减一些（6、7 度时可取 0.7），设防烈度高时可多折减一些（8、9 度时可取 0.5）。折减系数不宜小于 0.5，以保证连梁承受竖向荷载的能力。

对框架-剪力墙结构中一端与柱连接、一端与墙连接的梁以及剪力墙结构中的某些连梁，如果跨高比较大（比如大于 5）、重力作用效应比水平风或水平地震作用效应更为明显，此时应慎重考虑梁刚度的折减问题，必要时可不进行梁刚度折减，以控制正常使用阶段梁裂缝的发生和发展。

本次修订进一步明确了仅在计算地震作用效应时可以对连梁刚度进行折减，对如重力荷载、风荷载作用效应计算不宜考虑连梁刚度折减。有地震作用效应组合工况，均可按考虑连梁刚度折减后计算的地震作用效应参与组合。

5.2.2 现浇楼面和装配整体式楼面的楼板作为梁的有效翼缘形成 T 形截面，提高了楼面梁的刚度，结构计算时应予考虑。当近似其影响时，应根据梁翼缘尺寸与梁截面尺寸的比例关系确定增大系数的取值。通常现浇楼面的边框架梁可取 1.5，中框架梁可取 2.0；有现浇面层的装配式楼面梁的刚度增大系数可适当减小。当框架梁截面较小而楼板较厚或者梁截面较大而楼板较薄时，梁刚度增大系数可能会超出 1.5～2.0 的范围，因此规定增大系数可取 1.3～2.0。

5.2.3 在竖向荷载作用下，框架梁端负弯矩往往较大，配筋困难，不便于施工和保证施工质量。因此允许考虑塑性变形内力重分布对梁端负弯矩进行适当调幅。钢筋混凝土的塑性变形能力有限，调幅的幅度应该加以限制。框架梁端负弯矩减小后，梁跨中弯矩应按平衡条件相应增大。

截面设计时，为保证框架梁跨中截面底钢筋不至于过少，其正弯矩设计值不应小于竖向荷载作用下按简支梁计算的跨中弯矩之半。

5.2.4 高层建筑结构楼面梁受楼板（有时还有次梁）的约束作用，无约束的独立梁极少。当结构计算中未考虑楼盖对梁扭转的约束作用时，梁的扭转变形和扭矩计算值过大，与实际情况不符，抗扭设计也比较困难，因此可对梁的计算扭矩予以适当折减。计算分析表明，扭矩折减系数与楼盖（楼板和梁）的约束作用和梁的位置密切相关，折减系数的变化幅度较大，本规程不便给出具体的折减系数，应由设计人员根据具体情况进行确定。

5.3 计算简图处理

5.3.1 高层建筑是三维空间结构，构件多，受力复杂；结构计算分析软件都有其适用条件，使用不当，可能导致结构设计的不合理甚至不安全。因此，结构计算分析时，应结合结构的实际情况和所采用的计算软件的力学模型要求，对结构进行力学上的适当简化处理，使其既能比较正确地反映结构的受力性能，又适应于所选用的计算分析软件的力学模型，从根本上保证结构分析结果的可靠性。

5.3.3 密肋板楼盖简化计算时，可将密肋梁均匀等效为柱上框架梁，其截面宽度可取被等效的密肋梁截面宽度之和。

平板无梁楼盖的面外刚度由楼板提供，计算时必须考虑。当采用近似方法考虑时，其柱上板带可等效为框架梁计算，等效框架梁的截面宽度可取等代框架方向板跨的 3/4 及垂直于等代框架方向板跨的 1/2 两者的较小值。

5.3.4 当构件截面相对其跨度较大时，构件交点处会形成相对的刚性节点区域。刚域尺寸的合理确定，会在一定程度上影响结构的整体分析结果，本条给出的计算公式是近似公式，但在实际工程中已有多年应用，有一定的代表性。确定计算模型时，壁式框架梁、柱轴线可取为剪力墙连梁和墙肢的形心线。

本条规定，考虑刚域后梁端截面计算弯矩可以取刚域端截面的弯矩值，而不再取轴线截面的弯矩值，在保证安全的前提下，可以适当减小梁端截面的弯矩值，从而减少配筋量。

5.3.5、5.3.6 对复杂高层建筑结构、立面错洞剪力墙结构，在结构内力与位移整体计算中，可对其局部作适当的和必要的简化处理，但不应改变结构的整体变形和受力特点。整体计算作了简化处理的，应对作简化处理的局部结构或结构构件进行更精细的补充计算分析（比如有限元分析），以保证局部构件计算分析结果的可靠性。

5.3.7 本条给出作为结构分析模型嵌固部位的刚度要求。计算地下室结构楼层侧向刚度时，可考虑地上结构以外的地下室相关部位的结构，“相关部位”一般指地上结构外扩不超过三跨的地下室范围。楼层侧向刚度比可按本规程附录E.0.1条公式计算。

5.4 重力二阶效应及结构稳定

5.4.1 在水平力作用下，带有剪力墙或筒体的高层建筑结构的变形形态为弯剪型，框架结构的变形形态为剪切型。计算分析表明，重力荷载在水平作用位移效应上引起的二阶效应（以下简称重力P-Δ效应）有时比较严重。对混凝土结构，随着结构刚度的降低，重力二阶效应的不利影响呈非线性增长。因此，对结构的弹性刚度和重力荷载作用的关系应加以限制。本条公式使结构按弹性分析的二阶效应对结构内力、位移的增量控制在5%左右；考虑实际刚度折减50%时，结构内力增量控制在10%以内。如果结构满足本条要求，重力二阶效应的影响相对较小，可忽略不计。

公式（5.4.1-1）与德国设计规范（DIN1045）及原规程JGJ 3-91第4.3.1条的规定基本一致。

结构的弹性等效侧向刚度EJ_d，可近似按倒三角形分布荷载作用下结构顶点位移相等的原则，将结构的侧向刚度折算为竖向悬臂受弯构件的等效侧向刚度。假定倒三角形分布荷载的最大值为q，在该荷载作用下结构顶点质心的弹性水平位移为u，房屋高度为H，则结构的弹性等效侧向刚度EJ_d可按下式计算：

$$EJ_d = \frac{11qH^4}{120u} \tag{5}$$

5.4.2 混凝土结构在水平力作用下，如果侧向刚度不满足本规程第5.4.1条的规定，应考虑重力二阶效应对结构构件的不利影响。但重力二阶效应产生的内力、位移增量宜控制在一定范围，不宜过大。考虑二阶效应后计算的位移仍应满足本规程第3.7.3条的规定。

5.4.3 一般可根据楼层重力和楼层在水平力作用下产生的层间位移，计算出等效的荷载向量，利用结构力学方法求解重力二阶效应。重力二阶效应可采用有限元分析计算，也可按简化的弹性方法近似考虑。增大系数法是一种简单近似的考虑重力$P-\Delta$效应的方法。考虑重力$P-\Delta$效应的结构位移可采用未考虑重力二阶效应的位移乘以位移增大系数，但位移限制条件不变。本规程第3.7.3条规定按弹性方法计算的位移宜满足规定的位移限值，因此结构位移增大系数计算时，不考虑结构刚度的折减。考虑重力$P-\Delta$效应的结构构件（梁、柱、剪力墙）内力可采用未考虑重力二阶效应的内力乘以内力增大系数，内力增大系数计算时，考虑结构刚度的折减，为简化计算，折减系数近似取0.5，以适当提高结构构件承载力的安全储备。

5.4.4 结构整体稳定性是高层建筑结构设计的基本要求。研究表明，高层建筑混凝土结构仅在竖向重力荷载作用下产生整体失稳的可能性很小。高层建筑结构的稳定设计主要是控制在风荷载或水平地震作用下，重力荷载产生的二阶效应不致过大，以免引起结构的失稳、倒塌。结构的刚度和重力荷载之比（简称刚重比）是影响重力$P-\Delta$效应的主要参数。如果结构的刚重比满足本条公式（5.4.4-1）或（5.4.4-2）的规定，则在考虑结构弹性刚度折减50%的情况下，重力$P-\Delta$效应仍可控制在20%之内，结构的稳定具有适宜的安全储备。若结构的刚重比进一步减小，则重力$P-\Delta$效应将会呈非线性关系急剧增长，直至引起结构的整体失稳。在水平力作用下，高层建筑结构的稳定应满足本条的规定，不应再放松要求。如不满足本条的规定，应调整并增大结构的侧向刚度。

当结构的设计水平力较小，如计算的楼层剪重比（楼层剪力与其上各层重力荷载代表值之和的比值）小于0.02时，结构刚度虽能满足水平位移限值要求，但有可能不满足本条规定的稳定要求。

5.5 结构弹塑性分析及薄弱层弹塑性变形验算

5.5.1 本条为新增条文。对重要的建筑结构、超高层建筑结构、复杂高层建筑结构进行弹塑性计算分析，可以分析结构的薄弱部位、验证结构的抗震性能，是目前应用越来越多的一种方法。

在进行结构弹塑性计算分析时，应根据工程的重要性、破坏后的危害性及修复的难易程度，设定结构的抗震性能目标，这部分内容可按本规程第3.11节的有关规定执行。

建立结构弹塑性计算模型时，可根据结构构件的性能和分析精度要求，采用恰当的分析模型。如梁、柱、斜撑可采用一维单元；墙、板可采用二维或三维单元。结构的几何尺寸、钢筋、型钢、钢构件等应按实际设计情况采用，不应简单采用弹性计算软件的分析结果。

结构材料（钢筋、型钢、混凝土等）的性能指标（如弹性模量、强度取值等）以及本构关系，与预定的结构或结构构件的抗震性能目标有密切关系，应根据实际情况合理选用。如材料强度可分别取用设计值、标准值、抗拉极限值或实测值、实测平均值等，与结构抗震性能目标有关。结构材料的本构关系直接影响弹塑性分析结果，选择时应特别注意；钢筋和混凝土的本构关系，在现行国家标准《混凝土结构设计规范》GB 50010的附录中有相应规定，可参考使用。

结构弹塑性变形往往比弹性变形大很多，考虑结构几何非线性进行计算是必要的，结果的可靠性也会因此有所提高。

与弹性静力分析计算相比，结构的弹塑性分析具有更大的不确定性，不仅与上述因素有关，还与分析软件的计算模型以及结构阻尼选取、构件破损程度的衡量、有限元的划分等有关，存在较多的人为因素和经验因素。因此，弹塑性计算分析首先要了解分析软件的适用性，选用适合于所设计工程的软件，然后对计算结果的合理性进行分析判断。工程设计中有时会遇到计算结果出现不合理或怪异现象，需要结构工程师与软件编制人员共同研究解决。

5.5.2 本条规定了进行结构弹塑性分析的具体方法。本次修订取消了02规程中“7、8、9度抗震设计”的限制条件，因为本条仅规定计算方法，哪些结构需要进行弹塑性计算分析，在本规程第3.7.4、5.1.13条等条有专门规定。

5.5.3 本条罕遇地震作用下结构薄弱层（部位）弹塑性变形验算的简化计算方法，与现行国家标准《建筑抗震设计规范》GB 50011的规定一致。

5.6 荷载组合和地震作用组合的效应

5.6.1～5.6.4 本节是高层建筑承载能力极限状态设计时作用组合效应的基本要求，主要根据现行国家标准《工程结构可靠性设计统一标准》GB 50153以及《建筑结构荷载规范》GB 50009、《建筑抗震设计规范》GB 50011的有关规定制定。本次修订：1）增加了考虑设计使用年限的可变荷载（楼面活荷载）调整系数；2）仅规定了持久、短暂、地震设计状况下，作用基本组合时的作用效应设计值的计算公式，对偶然作用组合、标准组合不作强制性规定，有关结构侧向位移的设计规定见本规程第3.7.3条；3）明确了本节规定不适用于作用和作用效应呈非线性关系的情况；4）表5.6.4中增加了7度（0.15g）时，也要考虑水平地震、竖向地震作用同时参与组合的情况；5）对水平长悬臂结构和大跨度结构，表5.6.4中增加了竖向地震作为主要可变作用的组合工况。

第5.6.1条和5.6.3条均适应于作用和作用效应呈线性关系的情况。如果结构上的作用和作用效应不能以线性关系表述，则作用组合的效应应符合现行国家标准《工程结构可靠性设计统一标准》GB 50153的有关规定。

持久设计状况和短暂设计状况作用基本组合的效应，当永久荷载效应起控制作用时，永久荷载分项系数取1.35，此时参与组合的可变作用（如楼面活荷载、风荷载等）应考虑相应的组合值系数；持久设计状况和短暂设计状况的作用基本组合的效应，当可变荷载效应起控制作用（永久荷载分项系数取1.2）的场合，如风荷载作为主要可变荷载、楼面活荷载作为次要可变荷载时，其组合值系数分别取1.0、0.7，对书库、档案库、储藏室、通风机房和电梯机房等楼面活荷载较大且相对固定的情况，其楼面活荷载组合值系数应由0.7改为0.9；持久设计状况和短暂设计状况的作用基本组合的效应，当楼面活荷载作为主要可变荷载、风荷载作为次要可变荷载时，其组合值系数分别取1.0和0.6。

结构设计使用年限为100年时，本条公式（5.6.1）中参与组合的风荷载效应应按现行国家标准《建筑结构荷载规范》GB 50009规定的100年重现期的风压值计算；当高层建筑对风荷载比较敏感时，风荷载效应计算尚应符合本规程第4.2.2条的规定。

地震设计状况作用基本组合的效应，当本规程有规定时，地震作用效应标准值应首先乘以相应的调整系数、增大系数，然后再进行效应组合。如薄弱层剪力增大、楼层最小地震剪力系数（剪重比）调整、框支柱地震轴力的调整、转换构件地震内力放大、框架-剪力墙结构和筒体结构有关地震剪力调整等。

7度（0.15g）和8、9度抗震设计的大跨度结构、长悬臂结构应考虑竖向地震作用的影响，如高层建筑的大跨度转换构件、连体结构的连接体等。

关于不同设计状况的定义以及作用的标准组合、偶然组合的有关规定，可参考现行国家标准《工程结构可靠性设计统一标准》GB 50153。

5.6.5 对非抗震设计的高层建筑结构，应按式（5.6.1）计算荷载效应的组合；对抗震设计的高层建筑结构，应同时按式（5.6.1）和式（5.6.3）计算荷载效应和地震作用效应组合，并按本规程的有关规定（如强柱弱梁、强剪弱弯等），对组合内力进行必要的调整。同一构件的不同截面或不同设计要求，可能对应不同的组合工况，应分别进行验算。

6 框架结构设计

6.1 一般规定

6.1.2 本次修订将02规程的“不宜”改为“不应”，进一步从严要求。震害调查表明，单跨框架结构，尤其是层数较多的高层建筑，震害比较严重。因此，抗震设计的框架结构不应采用冗余度低的单跨框架。

单跨框架结构是指整栋建筑全部或绝大部分采用单跨框架的结构，不包括仅局部为单跨框架的框架结构。本规程第8.1.3条第1、2款规定的框架-剪力墙结构可局部采用单跨框架结构；其他情况应根据具体情况进行分析、判断。

6.1.3 本条为02规程第6.1.4条的修改，02规程第

6.1.3条改为本规程第6.1.7条。

框架结构如采用砌体填充墙，当布置不当时，常能造成结构竖向刚度变化过大；或形成短柱；或形成较大的刚度偏心。由于填充墙是由建筑专业布置，结构图纸上不予表示，容易被忽略。国内、外皆有由此而造成的震害例子。本条目的是提醒结构工程师注意防止砌体（尤其是砖砌体）填充墙对结构设计的不利影响。

6.1.4 2008年汶川地震震害进一步表明，框架结构中的楼梯及周边构件破坏严重。本次修订增加了楼梯的抗震设计要求。抗震设计时，楼梯间为主要疏散通道，其结构应有足够的抗倒塌能力，楼梯应作为结构构件进行设计。框架结构中楼梯构件的组合内力设计值应包括与地震作用效应的组合，楼梯梁、柱的抗震等级应与框架结构本身相同。

框架结构中，钢筋混凝土楼梯自身的刚度对结构地震作用和地震反应有着较大的影响，若楼梯布置不当会造成结构平面不规则，抗震设计时应尽量避免出现这种情况。

震害调查中发现框架结构中的楼梯板破坏严重，被拉断的情况非常普遍，因此应进行抗震设计，并加强构造措施，宜采用双排配筋。

6.1.5 2008年汶川地震中，框架结构中的砌体填充墙破坏严重。本次修订明确了用于填充墙的砌块强度等级，提高了砌体填充墙与主体结构的拉结要求、构造柱设置要求以及楼梯间砌体墙构造要求。

6.1.6 框架结构与砌体结构是两种截然不同的结构体系，其抗侧刚度、变形能力等相差很大，这两种结构在同一建筑物中混合使用，对建筑物的抗震性能将产生很不利的影响，甚至造成严重破坏。

6.1.7 在实际工程中，框架梁、柱中心线不重合、产生偏心的实例较多，需要有解决问题的方法。本条是根据国内外试验研究的结果提出的。根据试验结果，采用水平加腋方法，能明显改善梁柱节点的承受反复荷载性能。9度抗震设计时，不应采用梁柱偏心较大的结构。

6.1.8 不与框架柱（包括框架-剪力墙结构中的柱）相连的次梁，可按非抗震设计。

图4为框架楼层平面中的一个区格。图中梁 L_1 两端不与框架柱相连，因而不参与抗震，所以梁 L_1 的构造可按非抗震要求。例如，梁端箍筋不需要按抗震要求加密，仅需满足抗剪强度的要求，其间距也可按非抗震构件的要求；箍筋无需弯135°钩，90°钩即可；纵筋的锚固、搭接等都可按非抗震要求。图中梁 L_2 与 L_1 不同，其一端与框架柱相连，另一端与梁相连；与框架柱相连端应按抗震设计，其要求应与框架梁相同，与梁相连端构造可同 L_1 梁。

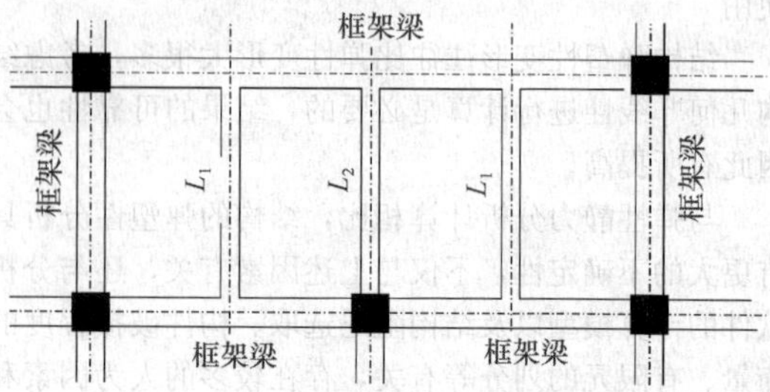

框架梁
框架梁
框架梁
L_1
L_2
L_1
框架梁
框架梁

图4 结构平面中次梁示意

6.2 截面设计

6.2.1 由于框架柱的延性通常比梁的延性小，一旦框架柱形成了塑性铰，就会产生较大的层间侧移，并影响结构承受垂直荷载的能力。因此，在框架柱的设计中，有目的地增大柱端弯矩设计值，体现"强柱弱梁"的设计概念。

本次修订对"强柱弱梁"的要求进行了调整，提高了框架结构的要求，对二、三级框架结构柱端弯矩增大系数 η_c 由02规程的1.2、1.1分别提高到1.5、1.3。因本规程框架结构不含四级，故取消了四级的有关要求。

一级框架结构和9度时的框架应按实配钢筋进行强柱弱梁验算。本规程的高层建筑，9度时抗震等级只有一级，无二级。

当楼板与梁整体现浇时，板内配筋对梁的受弯承载力有相当影响，因此本次修订增加了在计算梁端实际配筋面积时，应计入梁有效翼缘宽度范围内楼板钢筋的要求。梁的有效翼缘宽度取值，各国规范也不尽相同，建议一般情况可取梁两侧各6倍板厚的范围。

本次修订对二、三级框架结构仅提高了柱端弯矩增大系数，未要求采用实配反算。但当框架梁是按最小配筋率的构造要求配筋时，为避免出现因梁的实际受弯承载力与弯矩设计值相差太多而无法实现"强柱弱梁"的情况，宜采用实配反算的方法进行柱子的受弯承载力设计。此时公式（6.2.3-1）中的实配系数1.2可适当降低，但不应低于1.1。

6.2.2 研究表明，框架结构的底层柱下端，在强震下不能避免出现塑性铰。为了提高抗震安全度，将框架结构底层柱下端弯矩设计值乘以增大系数，以加强底层柱下端的实际受弯承载力，推迟塑性铰的出现。本次修订进一步提高了增大系数的取值，一、二、三级增大系数由02规程的1.5、1.25、1.15分别调整为1.7、1.5、1.3。

增大系数只适用于框架结构，对其他类型结构中的框架，不作此要求。

6.2.3 框架柱、框支柱设计时应满足"强剪弱弯"的要求。在设计中，需要有目的地增大柱子的剪力设计值。本次修订对剪力放大系数作了调整，提高了框架结构的要求，二、三级时柱端剪力增大系数 η_{vc} 由 02 规程的 1.2、1.1 分别提高到 1.3、1.2；对其他结构的框架，扩大了进行“强剪弱弯”设计的范围，要求四级框架柱也要增大，要求同三级。

6.2.4 抗震设计的框架，考虑到角柱承受双向地震作用，扭转效应对内力影响较大，且受力复杂，在设计中应予以适当加强，因此对其弯矩设计值、剪力设计值增大 10%。02 规程中，此要求仅针对框架结构中的角柱；本次修订扩大了范围，并增加了四级要求。

6.2.5 框架结构设计中应力求做到，在地震作用下的框架呈现梁铰型延性机构，为减少梁端塑性铰区发生脆性剪切破坏的可能性，对框架梁提出了梁端的斜截面受剪承载力应高于正截面受弯承载力的要求，即“强剪弱弯”的设计概念。

梁端斜截面受剪承载力的提高，首先是在剪力设计值确定中，考虑了梁端弯矩的增大，以体现“强剪弱弯”的要求。对一级抗震等级的框架结构及 9 度时的其他结构中的框架，还考虑了工程设计中梁端纵向受拉钢筋有超配的情况，要求梁左、右端取用考虑承载力抗震调整系数的实际抗震受弯承载力进行受剪承载力验算。梁端实际抗震受弯承载力可按下式计算：

$$M_{bua} = f_{yk} A_s^a (h_0 - a'_s) / \gamma_{RE} \quad (6)$$

式中：f_{yk}——纵向钢筋的抗拉强度标准值；

A_s^a——梁纵向钢筋实际配筋面积。当楼板与梁整体现浇时，应计入有效翼缘宽度范围内的纵筋，有效翼缘宽度可取梁两侧各 6 倍板厚。

对其他情况的一级和所有二、三级抗震等级的框架梁的剪力设计值的确定，则根据不同抗震等级，直接取用梁端考虑地震作用组合的弯矩设计值的平衡剪力值，乘以不同的增大系数。

6.2.7 本次修订增加了三级框架节点的抗震受剪承载力验算要求，取消了 02 规程中“各抗震等级的顶层端节点核心区，可不进行抗震验算”的规定及 02 规程的附录 C。

节点核心区的验算可按现行国家标准《混凝土结构设计规范》GB 50010 的有关规定执行。

6.2.10 本条为 02 规程第 6.2.10～6.2.13 条的合并。本规程未作规定的承载力计算，包括截面受弯承载力、受扭承载力、剪扭承载力、受压（受拉）承载力、偏心受拉（受压）承载力、拉（压）弯剪扭承载力、局部承压承载力、双向受剪承载力等，均应按现行国家标准《混凝土结构设计规范》GB 50010 的有关规定执行。

6.3 框架梁构造要求

6.3.1 过去规定框架主梁的截面高度为计算跨度的 1/8～1/12，已不能满足近年来大量兴建的高层建筑对于层高的要求。近来我国一些设计单位，已大量设计了梁高较小的工程，对于 8m 左右的柱网，框架主梁截面高度为 450mm 左右，宽度为 350mm～400mm 的工程实例也较多。

国外规范规定的框架梁高跨比，较我国小。例如美国ACI 318－08规定梁的高度为：

支承情况	简支梁	一端连续梁	两端连续梁
高跨比	1/16	1/18.5	1/21

以上数值适用于钢筋屈服强度为 420MPa 者，其他钢筋，此数值应乘以（$0.4 + f_{yk}/700$）。

新西兰 DZ3101－06 规定为：

	简支梁	一端连续梁	两端连续梁
钢筋 300MPa	1/20	1/23	1/26
钢筋 430MPa	1/17	1/19	1/22

从以上数据可以看出，我们规定的高跨比下限 1/18，比国外规范要严。因此，不论从国内已有的工程经验以及与国外规范相比较，规定梁截面高跨比为 1/10～1/18 是可行的。在选用时，上限 1/10 可适用于荷载较大的情况。当设计人确有可靠依据且工程上有需要时，梁的高跨比也可小于 1/18。

在工程中，如果梁承受的荷载较大，可以选择较大的高跨比。在计算挠度时，可考虑梁受压区有效翼缘的作用，并可将梁的合理起拱值从其计算所得挠度中扣除。

6.3.2 抗震设计中，要求框架梁端的纵向受压与受拉钢筋的比例 A'_s/A_s 不小于 0.5（一级）或 0.3（二、三级），因为梁端有箍筋加密区，箍筋间距较密，这对于发挥受压钢筋的作用，起了很好的保证作用。所以在验算本条的规定时，可以将受压区的实际配筋计入，则受压区高度 x 不大于 $0.25h_0$（一级）或 $0.35h_0$（二、三级）的条件较易满足。

本次修订，取消了 02 规程本条第 3 款框架梁端最大配筋率不应大于 2.5% 的强制性要求，相关内容改为非强制性要求反映在本规程的 6.3.3 条中。最大配筋率主要考虑因素包括保证梁端截面的延性、梁端配筋不致过密而影响混凝土的浇筑质量等，但是不宜给一个确定的数值作为强制性条文内容。

本次修订还增加了表 6.3.2-2 的注 2，给出了可适当放松梁端加密区箍筋的间距的条件。主要考虑当箍筋直径较大且肢数较多时，适当放宽箍筋间距要求，仍然可以满足梁端的抗震性能，同时箍筋直径大、间距过密时不利于混凝土的浇筑，难以保证混凝土的质量。

6.3.3 根据近年来工程应用情况和反馈意见，梁的纵向钢筋最大配筋率不再作为强制性条文，相关内容由 02 规程第 6.3.2 条移入本条。

根据国内、外试验资料，受弯构件的延性随其配筋率的提高而降低。但当配置不少于受拉钢筋 50%

的受压钢筋时，其延性可以与低配筋率的构件相当。新西兰规范规定，当受弯构件的压区钢筋大于拉区钢筋的50%时，受拉钢筋配筋率不大于2.5%的规定可以适当放松。当受压钢筋不少于受拉钢筋的75%时，其受拉钢筋配筋率可提高30%，也即配筋率可放宽至3.25%。因此本次修订规定，当受压钢筋不少于受拉钢筋的50%时，受拉钢筋的配筋率可提高至2.75%。

本条第3款的规定主要是防止梁在反复荷载作用时钢筋滑移；本次修订增加了对三级框架的要求。

6.3.4 本条第5款为新增内容，给出了抗扭箍筋和抗扭纵向钢筋的最小配筋要求。

6.3.6 梁的纵筋与箍筋、拉筋等作十字交叉形的焊接时，容易使纵筋变脆，对于抗震不利，因此作此规定。同理，梁、柱的箍筋在有抗震要求时应弯135°钩，当采用焊接封闭箍时应特别注意避免出现箍筋与纵筋焊接在一起的情况。

国外规范，如美国ACI 318－08规范，在抗震设计也有类似的条文。

钢筋与构件端部锚板可采用焊接。

6.3.7 本条为新增内容，给出了梁上开洞的具体要求。当梁承受均布荷载时，在梁跨度的中部1/3区段内，剪力较小。洞口高度如大于梁高的1/3，只要经过正确计算并合理配筋，应当允许。在梁两端接近支座处，如必须开洞，洞口不宜过大，且必须经过核算，加强配筋构造。

有些资料要求在洞口角部配置斜筋，容易导致钢筋之间的间距过小，使混凝土浇捣困难；当钢筋过密时，不建议采用。图6.3.7可供参考采用；当梁跨中部有集中荷载时，应根据具体情况另行考虑。

6.4 框架柱构造要求

6.4.1 考虑到抗震安全性，本次修订提高了抗震设计时柱截面最小尺寸的要求。一、二、三级抗震设计时，矩形截面柱最小截面尺寸由300mm改为400mm，圆柱最小直径由350mm改为450mm。

6.4.2 抗震设计时，限制框架柱的轴压比主要是为了保证柱的延性要求。本条中，对不同结构体系中的柱提出了不同的轴压比限值；本次修订对部分柱轴压比限值进行了调整，并增加了四级抗震轴压比限值的规定。框架结构比原限值降低0.05，框架-剪力墙等结构类型中的三级框架柱限值降低了0.05。

根据国内外的研究成果，当配箍量、箍筋形式满足一定要求，或在柱截面中部设置配筋芯柱且配筋量满足一定要求时，柱的延性性能有不同程度的提高，因此可对柱的轴压比限值适当放宽。

当采用设置配筋芯柱的方式放宽柱轴压比限值时，芯柱纵向钢筋配筋量应符合本条的规定，宜配置箍筋，其截面宜符合下列规定：

1 当柱截面为矩形时，配筋芯柱可采用矩形截面，其边长不宜小于柱截面相应边长的1/3；

2 当柱截面为正方形时，配筋芯柱可采用正方形或圆形，其边长或直径不宜小于柱截面边长的1/3；

3 当柱截面为圆形时，配筋芯柱宜采用圆形，其直径不宜小于柱截面直径的1/3。

条文所说的“较高的高层建筑”是指，高于40m的框架结构或高于60m的其他结构体系的混凝土房屋建筑。

6.4.3 本条是钢筋混凝土柱纵向钢筋和箍筋配置的最低构造要求。本次修订，第1款调整了抗震设计时框架柱、框支柱、框架结构边柱和中柱最小配筋率的规定；表6.4.3-1中数值是以500MPa级钢筋为基准的。与02规程相比，对335MPa及400MPa级钢筋的最小配筋率略有提高，对框架结构的边柱和中柱的最小配筋百分率也提高了0.1，适当增大了安全度。

第2款第2）项增加了一级框架柱端加密区箍筋间距可以适当放松的规定，主要考虑当箍筋直径较大、肢数较多、肢距较小时，箍筋的间距过小会造成钢筋过密，不利于保证混凝土的浇筑质量；适当放宽箍筋间距要求，仍然可以满足柱端的抗震性能。但应注意：箍筋的间距放宽后，柱的体积配箍率仍需满足本规程的相关规定。

6.4.4 本次修订调整了非抗震设计时柱纵向钢筋间距的要求，由350mm改为300mm；明确了四级抗震设计时柱纵向钢筋间距的要求同非抗震设计。

6.4.5 本条理由，同本规程第6.3.6条。

6.4.7 本规程给出了柱最小配箍特征值，可适应钢筋和混凝土强度的变化，有利于更合理地采用高强钢筋；同时，为了避免由此计算的体积配箍率过低，还规定了最小体积配箍率要求。

本条给出的箍筋最小配箍特征值，除与柱抗震等级和轴压比有关外，还与箍筋形式有关。井式复合箍、螺旋箍、复合螺旋箍、连续复合螺旋箍对混凝土具有更好的约束性能，因此其配箍特征值可比普通箍、复合箍低一些。本条所提到的柱箍筋形式举例如图5所示。

本次修订取消了“计算复合箍筋的体积配箍率时，应扣除重叠部分的箍筋体积”的要求；在计算箍筋体积配箍率时，取消了箍筋强度设计值不超过360MPa的限制。

6.4.8、6.4.9 原规程JGJ 3-91曾规定：当柱内全部纵向钢筋的配筋率超过3%时，应将箍筋焊成封闭箍。考虑到此种要求在实施时，常易将箍筋与纵筋焊在一起，使纵筋变脆，如本规程第6.3.6条的解释；同时每个箍皆要求焊接，费时费工，增加造价，于质量无益而有害。目前，国际上主要结构设计规范，皆

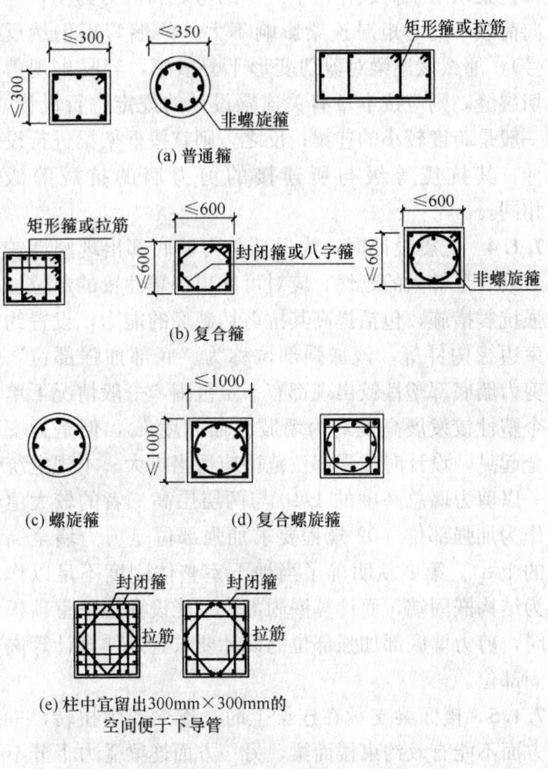

≤300
≤300
≤350
矩形箍或拉筋
非螺旋箍
(a) 普通箍
≤600
矩形箍或拉筋
≤600
封闭箍或八字箍
≤600
≤600
非螺旋箍
(b) 复合箍
≤1000
≤1000
(c) 螺旋箍
(d) 复合螺旋箍
封闭箍
封闭箍
拉筋
拉筋
(e) 柱中宜留出300mm×300mm的空间便于下导管

图5 柱箍筋形式示例

无类似规定。

因此本规程对柱纵向钢筋配筋率超过3%时，未作必须焊接的规定。抗震设计以及纵向钢筋配筋率大于3%的非抗震设计的柱，其箍筋只需做成带135°弯钩之封闭箍，箍筋末端的直段长度不应小于10d。

在柱截面中心，可以采用拉条代替部分箍筋。

当采用菱形、八字形等与外围箍筋不平行的箍筋形式（图5b、d、e）时，箍筋肢距的计算，应考虑斜向箍筋的作用。

6.4.10 为使梁、柱纵向钢筋有可靠的锚固条件，框架梁柱节点核心区的混凝土应具有良好的约束。考虑到节点核心区内箍筋的作用与柱端有所不同，其构造要求与柱端有所区别。

6.4.11 本条为新增内容。现浇混凝土柱在施工时，一般情况下采用导管将混凝土直接引入柱底部，然后随着混凝土的浇筑将导管逐渐上提，直至浇筑完毕。因此，在布置柱箍筋时，需在柱中心位置留出不少于300mm×300mm的空间，以便于混凝土施工。对于截面很大或长矩形柱，尚需与施工单位协商留出不止插一个导管的位置。

6.5 钢筋的连接和锚固

6.5.1～6.5.3 关于钢筋的连接，需注意下列问题：

1 对于结构的关键部位，钢筋的连接宜采用机械连接，不宜采用焊接。这是因为焊接质量较难保证，而机械连接技术已比较成熟，质量和性能比较稳定。另外，1995年日本阪神地震震害中，观察到多处采用气压焊的柱纵向钢筋在焊接部位拉断的情况。本次修订对位于梁柱端部箍筋加密区内的钢筋接头，明确要求应采用满足等强度要求的机械连接接头。

2 采用搭接接头时，对非抗震设计，允许在构件同一截面100%搭接，但搭接长度应适当加长。这对于柱纵向钢筋的搭接接头较为有利。

第6.5.1条第2款是由02规程第6.4.9条第6款移植过来的，本款内容同时适用于抗震、非抗震设计，给出了柱纵向钢筋采用搭接做法时在钢筋搭接长度范围内箍筋的配置要求。

6.5.4、6.5.5 分别规定了非抗震设计和抗震设计时，框架梁柱纵向钢筋在节点区的锚固要求及钢筋搭接要求。图6.5.4中梁顶面2根直径12mm的钢筋是构造钢筋；当相邻梁的跨度相差较大时，梁端负弯矩钢筋的延伸长度（截断位置），应根据实际受力情况另行确定。

本次修订按现行国家标准《混凝土结构设计规范》GB 50010作了必要的修改和补充。

7 剪力墙结构设计

7.1 一 般 规 定

7.1.1 高层建筑结构应有较好的空间工作性能，剪力墙应双向布置，形成空间结构。特别强调在抗震结构中，应避免单向布置剪力墙，并宜使两个方向刚度接近。

剪力墙的抗侧刚度较大，如果在某一层或几层切断剪力墙，易造成结构刚度突变，因此，剪力墙从上到下宜连续设置。

剪力墙洞口的布置，会明显影响剪力墙的力学性能。规则开洞，洞口成列、成排布置，能形成明确的墙肢和连梁，应力分布比较规则，又与当前普遍应用程序的计算简图较为符合，设计计算结果安全可靠。错洞剪力墙和叠合错洞剪力墙的应力分布复杂，计算、构造都比较复杂和困难。剪力墙底部加强部位，是塑性铰出现及保证剪力墙安全的重要部位，一、二和三级剪力墙的底部加强部位不宜采用错洞布置，如无法避免错洞墙，应控制错洞墙洞口间的水平距离不小于2m，并在设计时进行仔细计算分析，在洞口周边采取有效构造措施（图6a、b）。此外，一、二、三级抗震设计的剪力墙全高都不宜采用叠合错洞墙，当无法避免叠合错洞布置时，应按有限元方法仔细计算分析，并在洞口周边采取加强措施（图6c），或在洞口不规则部位采用其他轻质材料填充，将叠合洞口转化为规则洞口（图 6d，其中阴影部分表示轻质填充墙体）。

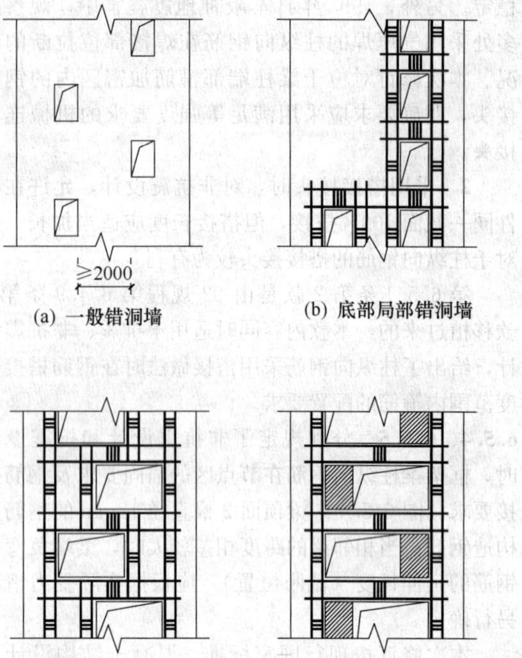
≥2000

(a) 一般错洞墙 (b) 底部局部错洞墙

(c) 叠合错洞墙构造之一 (d) 叠合错洞墙构造之二

图 6 剪力墙洞口不对齐时的构造措施示意

错洞墙或叠合错洞墙的内力和位移计算均应符合本规程第 5 章的有关规定。若在结构整体计算中采用杆系、薄壁杆系模型或对洞口作了简化处理的其他有限元模型时，应对不规则开洞墙的计算结果进行分析、判断，并进行补充计算和校核。目前除了平面有限元方法外，尚没有更好的简化方法计算错洞墙。采用平面有限元方法得到应力后，可不考虑混凝土的抗拉作用，按应力进行配筋，并加强构造措施。

本规程所指的剪力墙结构是以剪力墙及因剪力墙开洞形成的连梁组成的结构，其变形特点为弯曲型变形，目前有些项目采用了大部分由跨高比较大的框架梁联系的剪力墙形成的结构体系，这样的结构虽然剪力墙较多，但受力和变形特性接近框架结构，当层数较多时对抗震是不利的，宜避免。

7.1.2 剪力墙结构应具有延性，细高的剪力墙（高宽比大于 3）容易设计成具有延性的弯曲破坏剪力墙。当墙的长度很长时，可通过开设洞口将长墙分成长度较小的墙段，使每个墙段成为高宽比大于 3 的独立墙肢或联肢墙，分段宜较均匀。用以分割墙段的洞口上可设置约束弯矩较小的弱连梁（其跨高比一般宜大于 6）。此外，当墙段长度（即墙段截面高度）很长时，受弯后产生的裂缝宽度会较大，墙体的配筋容易拉断，因此墙段的长度不宜过大，本规程定为8m。

7.1.3 两端与剪力墙在平面内相连的梁为连梁。如果连梁以水平荷载作用下产生的弯矩和剪力为主，竖向荷载下的弯矩对连梁影响不大（两端弯矩仍然反号），那么该连梁对剪切变形十分敏感，容易出现剪切裂缝，则应按本章有关连梁设计的规定进行设计，一般是跨度较小的连梁；反之，则宜按框架梁进行设计，其抗震等级与所连接的剪力墙的抗震等级相同。

7.1.4 抗震设计时，为保证剪力墙底部出现塑性铰后具有足够大的延性，应对可能出现塑性铰的部位加强抗震措施，包括提高其抗剪切破坏的能力，设置约束边缘构件等，该加强部位称为“底部加强部位”。剪力墙底部塑性铰出现都有一定范围，一般情况下单个塑性铰发展高度约为墙肢截面高度 h_w，但是为安全起见，设计时加强部位范围应适当扩大。本规定统一以剪力墙总高度的 1/10 与两层层高二者的较大值作为加强部位（02 规程要求加强部位是剪力墙全高的 1/8）。第 3 款明确了当地下室整体刚度不足以作为结构嵌固端，而计算嵌固部位不能设在地下室顶板时，剪力墙底部加强部位的设计要求宜延伸至计算嵌固部位。

7.1.5 楼面梁支承在连梁上时，连梁产生扭转，一方面不能有效约束楼面梁，另一方面连梁受力十分不利，因此要尽量避免。楼板次梁等截面较小的梁支承在连梁上时，次梁端部可按铰接处理。

7.1.6 剪力墙的特点是平面内刚度及承载力大，而平面外刚度及承载力都很小，因此，应注意剪力墙平面外受弯时的安全问题。当剪力墙与平面外方向的大梁连接时，会使墙肢平面外承受弯矩，当梁高大于约 2 倍墙厚时，刚性连接梁的梁端弯矩将使剪力墙平面外产生较大的弯矩，此时应当采取措施，以保证剪力墙平面外的安全。

本条所列措施，是 02 规程 7.1.7 条内容的修改和完善。是指在楼面梁与剪力墙刚性连接的情况下，应采取措施增大墙肢抵抗平面外弯矩的能力。在措施中强调了对墙内暗柱或墙扶壁柱进行承载力的验算，增加了暗柱、扶壁柱竖向钢筋总配筋率的最低要求和箍筋配置要求，并强调了楼面梁水平钢筋伸入墙内的锚固要求，钢筋锚固长度应符合现行国家标准《混凝土结构设计规范》GB 50010 的有关规定。

当梁与墙在同一平面内时，多数为刚接，梁钢筋在墙内的锚固长度应与梁、柱连接时相同。当梁与墙不在同一平面内时，可能为刚接或半刚接，梁钢筋锚固都应符合锚固长度要求。

此外，对截面较小的楼面梁，也可通过支座弯矩调幅或变截面梁实现梁端铰接或半刚接设计，以减小墙肢平面外弯矩。此时应相应加大梁的跨中弯矩，这种情况下也必须保证梁纵向钢筋在墙内的锚固要求。

7.1.7 剪力墙与柱都是压弯构件，其压弯破坏状态以及计算原理基本相同，但是截面配筋构造有很大不同，因此柱截面和墙截面的配筋计算方法也各不相同。为此，要设定按柱或按墙进行截面设计的分界点。为方便设置边缘构件和分布钢筋，墙截面高厚比 h_w/b_w 宜大于4。本次修订修改了以前的分界点，规定截面高厚比 h_w/b_w 不大于4时，按柱进行截面设计。

7.1.8 厚度不大的剪力墙开大洞口时，会形成短肢剪力墙，短肢剪力墙一般出现在多层和高层住宅建筑中。短肢剪力墙沿建筑高度可能有较多楼层的墙肢会出现反弯点，受力特点接近异形柱，又承担较大轴力与剪力，因此，本规程规定短肢剪力墙应加强，在某些情况下还要限制建筑高度。对于L形、T形、十字形剪力墙，其各肢的肢长与截面厚度之比的最大值大于4且不大于8时，才划分为短肢剪力墙。对于采用刚度较大的连梁与墙肢形成的开洞剪力墙，不宜按单独墙肢判断其是否属于短肢剪力墙。

由于短肢剪力墙抗震性能较差，地震区应用经验不多，为安全起见，在高层住宅结构中短肢剪力墙布置不宜过多，不应采用全部为短肢剪力墙的结构。短肢剪力墙承担的倾覆力矩不小于结构底部总倾覆力矩的30%时，称为具有较多短肢剪力墙的剪力墙结构，此时房屋的最大适用高度应适当降低。B级高度高层建筑及9度抗震设防的A级高度高层建筑，不宜布置短肢剪力墙，不应采用具有较多短肢剪力墙的剪力墙结构。

本条还规定短肢剪力墙承担的倾覆力矩不宜大于结构底部总倾覆力矩的50%，是在短肢剪力墙较多的剪力墙结构中，对短肢剪力墙数量的间接限制。

7.1.9 一般情况下主要验算剪力墙平面内的偏压、偏拉、受剪等承载力，当平面外有较大弯矩时，也应验算平面外的轴心受压承载力。

7.2 截面设计及构造

7.2.1 本条强调了剪力墙的截面厚度应符合本规程附录D的墙体稳定验算要求，并应满足剪力墙截面最小厚度的规定，其目的是为了保证剪力墙平面外的刚度和稳定性能，也是高层建筑剪力墙截面厚度的最低要求。按本规程的规定，剪力墙截面厚度除应满足本条规定的稳定要求外，尚应满足剪力墙受剪截面限制条件、剪力墙正截面受压承载力要求以及剪力墙轴压比限值要求。

02规程第7.2.2条规定了剪力墙厚度与层高或剪力墙无支长度比值的限制要求以及墙截面最小厚度的限值，同时规定当墙厚不能满足要求时，应按附录D计算墙体的稳定。当时主要考虑方便设计，减少计算工作量，一般情况下不必按附录D计算墙体的稳定。

本次修订对原规程第7.2.2条作了修改，不再规定墙厚与层高或剪力墙无支长度比值的限制要求。主要原因是：1）本条第2、3、4款规定的剪力墙截面的最小厚度是高层建筑的基本要求；2）剪力墙平面外稳定与该层墙体顶部所受的轴向压力的大小密切相关，如不考虑墙体顶部轴向压力的影响，单一限制墙厚与层高或无支长度的比值，则会形成高度相差很大的房屋其底部楼层墙厚的限制条件相同，或一幢高层建筑中底部楼层墙厚与顶部楼层墙厚的限制条件相近等不够合理的情况；3）本规程附录D的墙体稳定验算公式能合理地反映楼层墙体顶部轴向压力以及层高或无支长度对墙体平面外稳定的影响，并具有适宜的安全储备。

设计人员可利用计算机软件进行墙体稳定验算，可按设计经验、轴压比限值及本条2、3、4款初步选定剪力墙的厚度，也可参考02规程的规定进行初选：一、二级剪力墙底部加强部位可选层高或无支长度（图7）二者较小值的1/16，其他部位为层高或剪力墙无支长度二者较小值的1/20；三、四级剪力墙底部加强部位可选层高或无支长度二者较小值的1/20，其他部位为层高或剪力墙无支长度二者较小值的1/25。

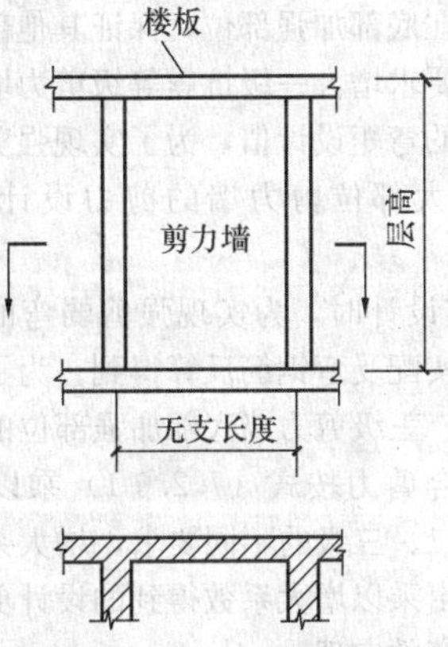
楼板
剪力墙
层高
无支长度

图7 剪力墙的层高与无支长度示意

一般剪力墙井筒内分隔空间的墙，不仅数量多，而且无支长度不大，为了减轻结构自重，第5款规定其墙厚可适当减小。

7.2.2 本条对短肢剪力墙的墙肢形状、厚度、轴压比、纵向钢筋配筋率、边缘构件等作了相应规定。本次修订对02规程的规定进行了修改，不论是否短肢剪力墙较多，所有短肢剪力墙都要求满足本条规定。短肢剪力墙的抗震等级不再提高，但在第2款中降低了轴压比限值。对短肢剪力墙的轴压比限制很严，是防止短肢剪力墙承受的楼面面积范围过大、或房屋高度太大，过早压坏引起楼板坍塌的危险。

一字形短肢剪力墙延性及平面外稳定均十分不利，因此规定不宜采用一字形短肢剪力墙，不宜布置单侧楼面梁与之平面外垂直连接或斜交，同时要求短肢剪力墙尽可能设置翼缘。

7.2.3 为防止混凝土表面出现收缩裂缝，同时使剪力墙具有一定的出平面抗弯能力，高层建筑的剪力墙不允许单排配筋。高层建筑的剪力墙厚度大，当剪力墙厚度超过400mm时，如果仅采用双排配筋，形成中部大面积的素混凝土，会使剪力墙截面应力分布不均匀，因此本条提出了可采用三排或四排配筋方案，截面设计所需要的配筋可分布在各排中，靠墙面的配筋可略大。在各排配筋之间需要用拉筋互相联系。

7.2.4 如果双肢剪力墙中一个墙肢出现小偏心受拉，该墙肢可能会出现水平通缝而严重削弱其抗剪能力，抗侧刚度也严重退化，由荷载产生的剪力将全部转移到另一个墙肢而导致另一墙肢抗剪承载力不足。因此，应尽可能避免出现墙肢小偏心受拉情况。当墙肢出现大偏心受拉时，墙肢极易出现裂缝，使其刚度退化，剪力将在墙肢中重分配，此时，可将另一受压墙肢按弹性计算的剪力设计值乘以1.25增大系数后计算水平钢筋，以提高其受剪承载力。注意，在地震作用的反复荷载下，两个墙肢都要增大设计剪力。

7.2.5 剪力墙墙肢的塑性铰一般出现在底部加强部位。对于一级抗震等级的剪力墙，为了更有把握实现塑性铰出现在底部加强部位，保证其他部位不出现塑性铰，因此要求增大一级抗震等级剪力墙底部加强部位以上部位的弯矩设计值，为了实现强剪弱弯设计要求，弯矩增大部位剪力墙的剪力设计值也应相应增大。

7.2.6 抗震设计时，为实现强剪弱弯的原则，剪力设计值应由实配受弯钢筋反算得到。为了方便实际操作，一、二、三级剪力墙底部加强部位的剪力设计值是由计算组合剪力按式（7.2.6-1）乘以增大系数得到，按一、二、三级的不同要求，增大系数不同。一般情况下，由乘以增大系数得到的设计剪力，有利于保证强剪弱弯的实现。

在设计9度一级抗震的剪力墙时，剪力墙底部加强部位要求用实际抗弯配筋计算的受弯承载力反算其设计剪力，如式（7.2.6-2）。

由抗弯能力反算剪力，比较符合实际情况。因此，在某些情况下，一、二、三级抗震剪力墙均可按式（7.2.6-2）计算设计剪力，得到比较符合强剪弱弯要求而不浪费的抗剪配筋。

7.2.7 剪力墙的名义剪应力值过高，会在早期出现斜裂缝，抗剪钢筋不能充分发挥作用，即使配置很多抗剪钢筋，也会过早剪切破坏。

7.2.8 钢筋混凝土剪力墙正截面受弯计算公式是依据现行国家标准《混凝土结构设计规范》GB 50010中偏心受压和偏心受拉构件的假定及有关规定，又根据中国建筑科学研究院结构所等单位所做的剪力墙试验研究结果进行了适当简化。

按照平截面假定，不考虑受拉混凝土的作用，受压区混凝土按矩形应力图块计算。大偏心受压时受拉、受压端部钢筋都达到屈服，在1.5倍受压区范围之外，假定受拉区分布钢筋应力全部达到屈服；小偏压时端部受压钢筋屈服，而受拉分布钢筋及端部钢筋均未屈服，且忽略部分钢筋的作用。

条文中分别给出了工字形截面的两个基本平衡公式（$\sum N=0$，$\sum M=0$），由上述假定可得到各种情况下的设计计算公式。

7.2.9 偏心受拉正截面计算公式直接采用了现行国家标准《混凝土结构设计规范》GB 50010的有关规定。

7.2.10、7.2.11 剪切脆性破坏有剪拉破坏、斜压破坏、剪压破坏三种形式。剪力墙截面设计时，是通过构造措施（最小配筋率和分布钢筋最大间距等）防止发生剪拉破坏和斜压破坏，通过计算确定墙中需要配置的水平钢筋数量，防止发生剪压破坏。

偏压构件中，轴压力有利于受剪承载力，但压力增大到一定程度后，对抗剪的有利作用减小，因此应用验算公式（7.2.10）时，要对轴力的取值加以限制。

偏拉构件中，考虑了轴向拉力对受剪承载力的不利影响。

7.2.12 按一级抗震等级设计的剪力墙，要防止水平施工缝处发生滑移。公式（7.2.12）验算通过水平施工缝的竖向钢筋是否足以抵抗水平剪力，如果所配置的端部和分布竖向钢筋不够，则可设置附加插筋，附加插筋在上、下层剪力墙中都要有足够的锚固长度。

7.2.13 轴压比是影响剪力墙在地震作用下塑性变形能力的重要因素。清华大学及国内外研究单位的试验表明，相同条件的剪力墙，轴压比低的，其延性大，轴压比高的，其延性小；通过设置约束边缘构件，可以提高高轴压比剪力墙的塑性变形能力，但轴压比大于一定值后，即使设置约束边缘构件，在强震作用下，剪力墙仍可能因混凝土压溃而丧失承受重力荷载的能力。因此，规程规定了剪力墙的轴压比限值。本次修订的主要内容为：将轴压比限值扩大到三级剪力墙；将轴压比限值扩大到结构全高，不仅仅是底部加强部位。

7.2.14 轴压比低的剪力墙，即使不设约束边缘构件，在水平力作用下也能有比较大的塑性变形能力。本条规定了可以不设约束边缘构件的剪力墙的最大轴压比。B级高度的高层建筑，考虑到其高度比较高，为避免边缘构件配筋急剧减少的不利情况，规定了约束边缘构件与构造边缘构件之间设置过渡层的要求。

7.2.15 对于轴压比大于本规程表7.2.14规定的剪力墙，通过设置约束边缘构件，使其具有比较大的塑性变形能力。

截面受压区高度不仅与轴压力有关，而且与截面形状有关，在相同的轴压力作用下，带翼缘或带端柱的剪力墙，其受压区高度小于一字形截面剪力墙。因此，带翼缘或带端柱的剪力墙的约束边缘构件沿墙的长度，小于一字形截面剪力墙。

本次修订的主要内容为：增加了三级剪力墙约束边缘构件的要求；将轴压比分为两级，较大一级的约束边缘构件要求与02规程相同，较小一级的有所降低；可计入符合规定条件的水平钢筋的约束作用；取消了计算配箍特征值时，箍筋（拉筋）抗拉强度设计值不大于360MPa的规定。

本条“符合构造要求的水平分布钢筋”，一般指水平分布钢筋伸入约束边缘构件，在墙端有90°弯折后延伸到另一排分布钢筋并勾住其竖向钢筋，内、外排水平分布钢筋之间设置足够的拉筋，从而形成复合箍，可以起到有效约束混凝土的作用。

7.2.16 剪力墙构造边缘构件的设计要求与02规程变化不大，将箍筋、拉筋肢距“不应大于300mm”改为“不宜大于300mm”及不应大于竖向钢筋间距的2倍；增加了底部加强部位构造边缘构件的设计要求。

剪力墙构造边缘构件中的纵向钢筋按承载力计算和构造要求二者中的较大值设置。设计时需注意计算边缘构件竖向最小配筋所用的面积 A_c 的取法和配筋范围。承受集中荷载的端柱还要符合框架柱的配筋要求。构造边缘构件中的纵向钢筋宜采用高强钢筋。构造边缘构件可配置箍筋与拉筋相结合的横向钢筋。

02规程第7.2.17条对抗震设计的复杂高层建筑结构、混合结构、框架-剪力墙结构、筒体结构以及B级高度的高层剪力墙结构中剪力墙构造边缘构件提出了比一般剪力墙更高的要求，本次修订明确为连体结构、错层结构以及B级高度的高层建筑结构，适当缩小了加强范围。

7.2.17 为了防止混凝土墙体在受弯裂缝出现后立即达到极限受弯承载力，配置的竖向分布钢筋必须满足最小配筋百分率要求。同时，为了防止斜裂缝出现后发生脆性的剪拉破坏，规定了水平分布钢筋的最小配筋百分率。本条所指剪力墙不包括部分框支剪力墙，后者比全部落地剪力墙更为重要，其分布钢筋最小配筋率应符合本规程第10章的有关规定。

本次修订不再把剪力墙分布钢筋最大间距和最小直径的规定作为强制性条文，相关内容反映在本规程第7.2.18条中。

7.2.18 剪力墙中配置直径过大的分布钢筋，容易产生墙面裂缝，一般宜配置直径小而间距较密的分布钢筋。

7.2.19 房屋顶层墙、长矩形平面房屋的楼、电梯间墙、山墙和纵墙的端开间等是温度应力可能较大的部位，应当适当增大其分布钢筋配筋量，以抵抗温度应力的不利影响。

7.2.20 钢筋的锚固与连接要求与02规程有所不同。本条主要依据现行国家标准《混凝土结构设计规范》GB 50010的有关规定制定。

7.2.21 连梁应与剪力墙取相同的抗震等级。

为了实现连梁的强剪弱弯、推迟剪切破坏、提高延性，应当采用实际抗弯钢筋反算设计剪力的方法；但是为了程序计算方便，本条规定，对于一、二、三级抗震采用了组合剪力乘以增大系数的方法确定连梁剪力设计值，对9度一级抗震等级的连梁，设计时要求用连梁实际抗弯配筋反算该增大系数。

7.2.22、7.2.23 根据清华大学及国内外的有关试验研究可知，连梁截面的平均剪应力大小对连梁破坏性能影响较大，尤其在小跨高比条件下，如果平均剪应力过大，在箍筋充分发挥作用之前，连梁就会发生剪切破坏。因此对小跨高比连梁，本规程对截面平均剪应力及斜截面受剪承载力验算提出更加严格的要求。

7.2.24、7.2.25 为实现连梁的强剪弱弯，本规程第7.2.21、7.2.22条分别规定了按强剪弱弯要求计算连梁剪力设计值和名义剪应力的上限值，两条规定共同使用，就相当于限制了连梁的受弯配筋。但由于第7.2.21条是采用乘以增大系数的方法获得剪力设计值（与实际配筋量无关），容易使设计人员忽略受弯钢筋数量的限制，特别是在计算配筋值很小而按构造要求配置受弯钢筋时，容易忽略强剪弱弯的要求。因此，本次修订新增第7.2.24条和7.2.25条，分别给出了连梁最小和最大配筋率的限值，防止连梁的受弯钢筋配置过多。

跨高比超过2.5的连梁，其最大配筋率限值可按一般框架梁采用，即不宜大于2.5%。

7.2.26 剪力墙连梁对剪切变形十分敏感，其名义剪应力限制比较严，在很多情况下设计计算会出现“超限”情况，本条给出了一些处理方法。

对第2款提出的塑性调幅作一些说明。连梁塑性调幅可采用两种方法，一是按照本规程第5.2.1条的方法，在内力计算前就将连梁刚度进行折减；二是在内力计算之后，将连梁弯矩和剪力组合值乘以折减系数。两种方法的效果都是减小连梁内力和配筋。无论用什么方法，连梁调幅后的弯矩、剪力设计值不应低于使用状况下的值，也不宜低于比设防烈度低一度的地震作用组合所得的弯矩、剪力设计值，其目的是避免在正常使用条件下或较小的地震作用下在连梁上出现裂缝。因此建议一般情况下，可掌握调幅后的弯矩不小于调幅前按刚度不折减计算的弯矩（完全弹性）的80%（6～7度）和50%（8～9度），并不小于风荷载作用下的连梁弯矩。

需注意，是否“超限”，必须用弯矩调幅后对应的剪力代入第7.2.22条公式进行验算。

当第1、2款的措施不能解决问题时，允许采用第3款的方法处理，即假定连梁在大震下剪切破坏，不再能约束墙肢，因此可考虑连梁不参与工作，而按独立墙肢进行第二次结构内力分析，它相当于剪力墙的第二道防线，这种情况往往使墙肢的内力及配筋加大，可保证墙肢的安全。第二道防线的计算没有了连梁的约束，位移会加大，但是大震作用下就不必按小震作用要求限制其位移。

7.2.27 一般连梁的跨高比都较小，容易出现剪切斜裂缝，为防止斜裂缝出现后的脆性破坏，除了减小其名义剪应力，并加大其箍筋配置外，本条规定了在构造上的一些要求，例如钢筋锚固、箍筋配置、腰筋配置等。

7.2.28 当开洞较小，在整体计算中不考虑其影响时，应将切断的分布钢筋集中在洞口边缘补足，以保证剪力墙截面的承载力。连梁是剪力墙中的薄弱部位，应重视连梁中开洞后的截面抗剪验算和加强措施。

8 框架-剪力墙结构设计

8.1 一 般 规 定

8.1.1 本章包括框架-剪力墙结构和板柱-剪力墙结构的设计。墨西哥地震等震害表明，板柱框架破坏严重，其板与柱的连接节点为薄弱点。因而在地震区必须加设剪力墙（或筒体）以抵抗地震作用，形成板柱-剪力墙结构。板柱-剪力墙结构受力特点与框架-剪力墙结构类似，故把这种结构纳入本章，并专门列出相关条文以规定其设计需要遵守的有关要求。除应遵守本章关于框架-剪力墙结构、板柱-剪力墙结构的结构布置、计算分析、截面设计及构造要求的规定外，还应遵守第5章计算分析的有关规定，以及第3章、第6章和第7章对框架-剪力墙结构最大适用高度、高宽比的规定和对框架、剪力墙的有关规定。

8.1.2 框架-剪力墙结构由框架和剪力墙组成，以其整体承担荷载和作用；其组成形式较灵活，本条仅列举了一些常用的组成形式，设计时可根据工程具体情况选择适当的组成形式和适量的框架和剪力墙。

8.1.3 框架-剪力墙结构在规定的水平力作用下，结构底层框架部分承受的地震倾覆力矩与结构总地震倾覆力矩的比值不尽相同，结构性能有较大的差别。本次修订对此作了较为具体的规定。在结构设计时，应据此比值确定该结构相应的适用高度和构造措施，计算模型及分析均按框架-剪力墙结构进行实际输入和计算分析。

1 当框架部分承担的倾覆力矩不大于结构总倾覆力矩的10%时，意味着结构中框架承担的地震作用较小，绝大部分均由剪力墙承担，工作性能接近于纯剪力墙结构，此时结构中的剪力墙抗震等级可按剪力墙结构的规定执行；其最大适用高度仍按框架-剪力墙结构的要求执行；其中的框架部分应按框架-剪力墙结构的框架进行设计，也就是说需要进行本规程8.1.4条的剪力调整，其侧向位移控制指标按剪力墙结构采用。

2 当框架部分承受的地震倾覆力矩大于结构总地震倾覆力矩的10%但不大于50%时，属于典型的框架-剪力墙结构，按本章有关规定进行设计。

3 当框架部分承受的倾覆力矩大于结构总倾覆力矩的50%但不大于80%时，意味着结构中剪力墙的数量偏少，框架承担较大的地震作用，此时框架部分的抗震等级和轴压比宜按框架结构的规定执行，剪力墙部分的抗震等级和轴压比按框架-剪力墙结构的规定采用；其最大适用高度不宜再按框架-剪力墙结构的要求执行，但可比框架结构的要求适当提高，提高的幅度可视剪力墙承担的地震倾覆力矩来确定。

4 当框架部分承受的倾覆力矩大于结构总倾覆力矩的80%时，意味着结构中剪力墙的数量极少，此时框架部分的抗震等级和轴压比应按框架结构的规定执行，剪力墙部分的抗震等级和轴压比按框架-剪力墙结构的规定采用；其最大适用高度宜按框架结构采用。对于这种少墙框剪结构，由于其抗震性能较差，不主张采用，以避免剪力墙受力过大、过早破坏。当不可避免时，宜采取将此种剪力墙减薄、开竖缝、开结构洞、配置少量单排钢筋等措施，减小剪力墙的作用。

在条文第3、4款规定的情况下，为避免剪力墙过早开裂或破坏，其位移相关控制指标按框架-剪力墙结构的规定采用。对第4款，如果最大层间位移角不能满足框架-剪力墙结构的限值要求，可按本规程第3.11节的有关规定，进行结构抗震性能分析论证。

8.1.4 框架-剪力墙结构在水平地震作用下，框架部分计算所得的剪力一般都较小。按多道防线的概念设计要求，墙体是第一道防线，在设防地震、罕遇地震下先于框架破坏，由于塑性内力重分布，框架部分按侧向刚度分配的剪力会比多遇地震下加大，为保证作为第二道防线的框架具有一定的抗侧力能力，需要对框架承担的剪力予以适当的调整。随着建筑形式的多样化，框架柱的数量沿竖向有时会有较大的变化，框架柱的数量沿竖向有规律分段变化时可分段调整的规定，对框架柱数量沿竖向变化更复杂的情况，设计时应专门研究框架柱剪力的调整方法。

对有加强层的结构，框架承担的最大剪力不包含加强层及相邻上下层的剪力。

8.1.5 框架-剪力墙结构是框架和剪力墙共同承担竖向和水平作用的结构体系，布置适量的剪力墙是其基本特点。为了发挥框架-剪力墙结构的优势，无论是否抗震设计，均应设计成双向抗侧力体系，且结构在两个主轴方向的刚度和承载力不宜相差过大；抗震设计时，框架-剪力墙结构在结构两个主轴方向均应布置剪力墙，以体现多道防线的要求。

8.1.6 框架-剪力墙结构中，主体结构构件之间一般不宜采用铰接，但在某些具体情况下，比如采用铰接对主体结构构件受力有利时可以针对具体构件进行分析判定后，在局部位置采用铰接。

8.1.7 本条主要指出框架-剪力墙结构中在结构布置时要处理好框架和剪力墙之间的关系，遵循这些要求，可使框架-剪力墙结构更好地发挥两种结构各自的作用并且使整体合理地工作。

8.1.8 长矩形平面或平面有一方向较长（如L形平面中有一肢较长）时，如横向剪力墙间距过大，在侧向力作用下，因不能保证楼盖平面的刚性而会增加框架的负担，故对剪力墙的最大间距作出规定。当剪力墙之间的楼板有较大开洞时，对楼盖平面刚度有所削弱，此时剪力墙的间距宜再减小。纵向剪力墙布置在平面的尽端时，会造成对楼盖两端的约束作用，楼盖中部的梁板容易因混凝土收缩和温度变化而出现裂缝，故宜避免。同时也考虑到在设计中有剪力墙布置在建筑中部，而端部无剪力墙的情况，用表注4的相应规定，可防止布置框架的楼面伸出太长，不利于地震力传递。

8.1.9 板柱结构由于楼盖基本没有梁，可以减小楼层高度，对使用和管道安装都较方便，因而板柱结构在工程中时有采用。但板柱结构抵抗水平力的能力差，特别是板与柱的连接点是非常薄弱的部位，对抗震尤为不利。为此，本规程规定抗震设计时，高层建筑不能单独使用板柱结构，而必须设置剪力墙（或剪力墙组成的筒体）来承担水平力。本规程除在第3章对其适用高度及高宽比严格控制外，这里尚做出结构布置的有关要求。8度设防时应采用有柱托板，托板处总厚度不小于16倍柱纵筋直径是为了保证板柱节点的抗弯刚度。当板厚不满足受冲切承载力要求而又不能设置柱托板时，建议采用型钢剪力架（键）抵抗冲切，剪力架（键）型钢应根据计算确定。型钢剪力架（键）的高度不应大于板面筋的下排钢筋和板底筋的上排钢筋之间的净距，并确保型钢具有足够的保护层厚度，据此确定板的厚度并不应小于200mm。

8.1.10 抗震设计时，按多道设防的原则，规定全部地震剪力应由剪力墙承担，但各层板柱部分除应符合计算要求外，仍应能承担不少于该层相应方向20%的地震剪力。另外，本条在02规程的基础上增加了抗风设计时的要求，以提高板柱-剪力墙结构在适用高度提高后抵抗水平力的性能。

8.2 截面设计及构造

8.2.1 规定剪力墙竖向和水平分布钢筋的最小配筋率，理由与本规程第7.2.17条相同。框架-剪力墙结构、板柱-剪力墙结构中的剪力墙是承担水平风荷载或水平地震作用的主要受力构件，必须要保证其安全可靠。因此，四级抗震等级时剪力墙的竖向、水平分布钢筋的配筋率比本规程第7.2.17条适当提高；为了提高混凝土开裂后的性能和保证施工质量，各排分布钢筋之间应设置拉筋，其直径不应小于6mm、间距不应大于600mm。

8.2.2 带边框的剪力墙，边框与嵌入的剪力墙应共同承担对其的作用力，本条列出为满足此要求的有关规定。

8.2.3 板柱-剪力墙结构设计主要考虑了下列几个方面：

1 明确了结构分析中规则的板柱结构可用等代框架法，及其等代梁宽度的取值原则。但等代框架法是近似的简化方法，尤其是对不规则布置的情况，故有条件时，建议尽量采用连续体有限元空间模型进行计算分析以获取更准确的计算结果。

2 设计无梁平板（包括有托板）的受冲切承载力时，当冲切应力大于$0.7f_t$时，可使用箍筋承担剪力。跨越剪切裂缝的竖向钢筋（箍筋的竖向肢）能阻止裂缝开展，但是，当竖向筋有滑动时，效果有所降低。一般的箍筋，由于竖肢的上下端皆为圆弧，在竖肢受力较大接近屈服时，皆有滑动发生，此点在国外的试验中得到证实。在板柱结构中，如不设托板，柱周围之板厚度不大，再加上双向纵筋使h_0减小，箍筋的竖向肢往往较短，少量滑动就能使应变减少较多，其箍筋竖肢的应力也不能达到屈服强度。因此，加拿大规范（CSA - A23.3-94）规定，只有当板厚（包括托板厚度）不小于300mm时，才允许使用箍筋。美国ACI规范要求在箍筋转角处配置较粗的水平筋以协助固定箍筋的竖肢。美国近年大量采用的“抗剪栓钉”（shear studs），能避免上述箍筋的缺点，且施工方便，既有良好的抗冲切性能，又能节约钢材。因此本规程建议尽可能采用高效能抗剪栓钉来提高抗冲切能力。在构造方面，可以参照钢结构栓钉的做法，按设计规定的直径及间距，将栓钉用自动焊接法焊在钢板上。典型布置的抗剪栓钉设置如图8所示；图9、图10分别给出了矩形柱和圆柱抗剪栓钉的不同排列示意图。

当地震作用能导致柱上板带的支座弯矩反号时，应验算如图11所示虚线界面的冲切承载力。

3 为防止无柱托板板柱结构的楼板在柱边开裂后楼板坠落，穿过柱截面板底两个方向钢筋的受拉承载力应满足该柱承担的该层楼面重力荷载代表值所产生的轴压力设计值。

8.2.4 板柱-剪力墙结构中，地震作用虽由剪力墙全部承担，但结构在整体工作时，板柱部分仍会承担一定的水平力。由柱上板带和柱组成的板柱框架中的板，受力主要集中在柱的连线附近，故抗震设计应沿柱轴线设置暗梁，目的在于加强板与柱的连接，较好地起到板柱框架的作用，此时柱上板带的钢筋应比较集中在暗梁部位。

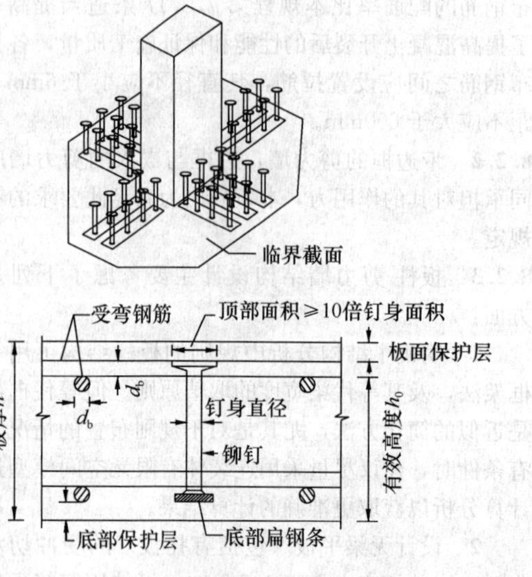
临界截面
受弯钢筋
顶部面积≥10倍钉身面积
板面保护层
d_b
钉身直径
板厚h
d_b
有效高度h_0
铆钉
底部保护层
底部扁钢条

图 8　典型抗剪栓钉布置示意

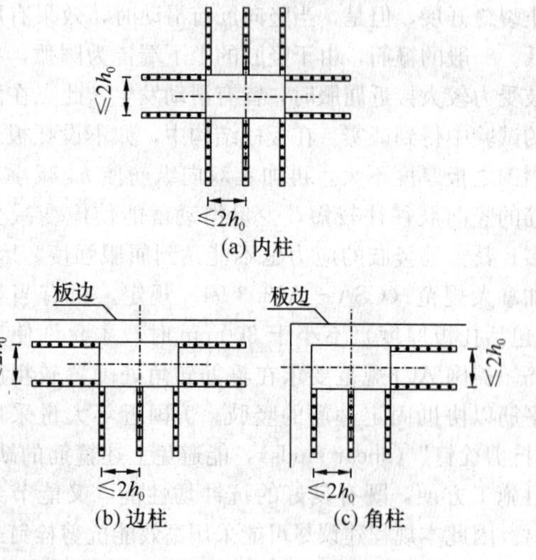
$\leqslant 2h_0$
$\leqslant 2h_0$
(a) 内柱
板边
板边
$\leqslant 2h_0$
$\leqslant 2h_0$
$\leqslant 2h_0$
$\leqslant 2h_0$
(b) 边柱
(c) 角柱

图 9　矩形柱抗剪栓钉排列示意

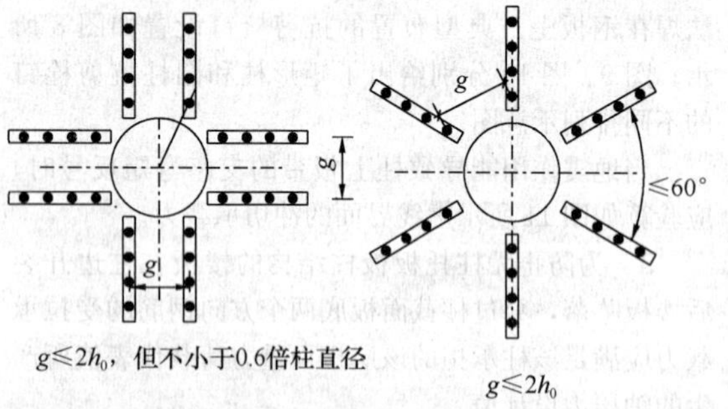
g
g
g
$\leqslant 60°$
$g \leqslant 2h_0$，但不小于0.6倍柱直径
$g \leqslant 2h_0$
(a)
(b)

图 10　圆柱周边抗剪栓钉排列示意

当无梁板有局部开洞时，除满足图 8.2.4 的要求外，冲切计算中应考虑洞口对冲切能力的削弱，具体计算及构造应符合现行国家标准《混凝土结构设计规范》GB 50010 的有关规定。

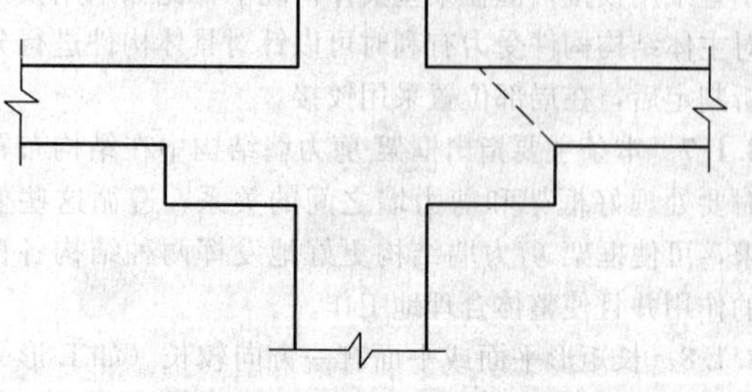

图 11　冲切截面验算示意

9　筒体结构设计

9.1　一 般 规 定

9.1.1　筒体结构具有造型美观、使用灵活、受力合理，以及整体性强等优点，适用于较高的高层建筑。目前全世界最高的 100 幢高层建筑约有 2/3 采用筒体结构；国内 100m 以上的高层建筑约有一半采用钢筋混凝土筒体结构，所用形式大多为框架-核心筒结构和筒中筒结构，本章条文主要针对这两类筒体结构，其他类型的筒体结构可参照使用。

本条是 02 规程第 9.1.1 条和 9.1.12 条的合并。

9.1.2　研究表明，筒中筒结构的空间受力性能与其高度和高宽比有关，当高宽比小于 3 时，就不能较好地发挥结构的整体空间作用；框架-核心筒结构的高度和高宽比可不受此限制。对于高度较低的框架-核心筒结构，可按框架-抗震墙结构设计，适当降低核心筒和框架的构造要求。

9.1.3　筒体结构尤其是筒中筒结构，当建筑需要较大空间时，外周框架或框筒有时需要抽掉一部分柱，形成带转换层的筒体结构。本条取消了 02 规程有关转换梁的设计要求，转换层结构的设计应符合本规程第 10.2 节的有关规定。

9.1.4　筒体结构的双向楼板在竖向荷载作用下，四周外角要上翘，但受到剪力墙的约束，加上楼板混凝土的自身收缩和温度变化影响，使楼板外角可能产生斜裂缝。为防止这类裂缝出现，楼板外角顶面和底面配置双向钢筋网，适当加强。

9.1.5　筒体结构中筒体墙与外周框架之间的距离不宜过大，否则楼盖结构的设计较困难。根据近年来的工程经验，适当放松了核心筒或内筒外墙与外框柱之间的距离要求，非抗震设计和抗震设计分别由 02 规程的 12m、10m 调整为 15m、12m。

9.1.7　本条规定了筒体结构核心筒、内筒设计的基本要求。第 3 款墙体厚度是最低要求，同时要求所有筒体墙应按本规程附录 D 验算墙体稳定，必要时可增设扶壁柱或扶壁墙以增强墙体的稳定性；第 5 款对连梁的要求主要目的是提高其抗震延性。

9.1.8 为防止核心筒或内筒中出现小墙肢等薄弱环节，墙面应尽量避免连续开洞，对个别无法避免的小墙肢，应控制最小截面高度，并按柱的抗震构造要求配置箍筋和纵向钢筋，以加强其抗震能力。

9.1.9 在筒体结构中，大部分水平剪力由核心筒或内筒承担，框架柱或框筒柱所受剪力远小于框架结构中的柱剪力，剪跨比明显增大，因此其轴压比限值可比框架结构适当放松，可按框架-剪力墙结构的要求控制柱轴压比。

9.1.10 楼盖主梁搁置在核心筒的连梁上，会使连梁产生较大剪力和扭矩，容易产生脆性破坏，应尽量避免。

9.1.11 对框架-核心筒结构和筒中筒结构，如果各层框架承担的地震剪力不小于结构底部总地震剪力的20%，则框架地震剪力可不进行调整；否则，应按本条的规定调整框架柱及与之相连的框架梁的剪力和弯矩。

设计恰当时，框架-核心筒结构可以形成外周框架与核心筒协同工作的双重抗侧力结构体系。实际工程中，由于外周框架柱的柱距过大、梁高过小，造成其刚度过低、核心筒刚度过高，结构底部剪力主要由核心筒承担。这种情况，在强烈地震作用下，核心筒墙体可能损伤严重，经内力重分布后，外周框架会承担较大的地震作用。因此，本条第1款对外周框架按弹性刚度分配的地震剪力作了基本要求；对本规程规定的房屋最大适用高度范围的筒体结构，经过合理设计，多数情况应该可以达到此要求。一般情况下，房屋高度越高时，越不容易满足本条第1款的要求。

通常，筒体结构外周框架剪力调整的方法与本规程第8章框架-剪力墙结构相同，即本条第3款的规定。当框架部分分配的地震剪力不满足本条第1款的要求，即小于结构底部总地震剪力的10%时，意味着筒体结构的外周框架刚度过弱，框架总剪力如果仍按第3款进行调整，框架部分承担的剪力最大值的1.5倍可能过小，因此要求按第2款执行，即各层框架剪力按结构底部总地震剪力的15%进行调整，同时要求对核心筒的设计剪力和抗震构造措施予以加强。

对带加强层的筒体结构，框架部分最大楼层地震剪力可不包括加强层及其相邻上、下楼层的框架剪力。

9.2 框架-核心筒结构

9.2.1 核心筒是框架-核心筒结构的主要抗侧力结构，应尽量贯通建筑物全高。一般来讲，当核心筒的宽度不小于筒体总高度的1/12时，筒体结构的层间位移就能满足规定。

9.2.2 抗震设计时，核心筒为框架-核心筒结构的主要抗侧力构件，本条对其底部加强部位水平和竖向分布钢筋的配筋率、边缘构件设置提出了比一般剪力墙结构更高的要求。

约束边缘构件通常需要一个沿周边的大箍，再加上各个小箍或拉筋，而小箍是无法勾住大箍的，会造成大箍的长边无支长度过大，起不到应有的约束作用。因此，第2款将02规程“约束边缘构件范围内全部采用箍筋”的规定改为主要采用箍筋，即采用箍筋与拉筋相结合的配箍方法。

9.2.3 由于框架-核心筒结构外周框架的柱距较大，为了保证其整体性，外周框架柱间必须要设置框架梁，形成周边框架。实践证明，纯无梁楼盖会影响框架-核心筒结构的整体刚度和抗震性能，尤其是板柱节点的抗震性能较差。因此，在采用无梁楼盖时，更应在各层楼盖沿周边框架柱设置框架梁。

9.2.5 内筒偏置的框架-筒体结构，其质心与刚心的偏心距较大，导致结构在地震作用下的扭转反应增大。对这类结构，应特别关注结构的扭转特性，控制结构的扭转反应。本条要求对该类结构的位移比和周期比均按B级高度高层建筑从严控制。内筒偏置时，结构的第一自振周期 T_1 中会含有较大的扭转成分，为了改善结构抗震的基本性能，除控制结构扭转为主的第一自振周期 T_t 与平动为主的第一自振周期 T_1 之比不应大于0.85外，尚需控制 T_1 的扭转成分不宜大于平动成分之半。

9.2.6、9.2.7 内筒采用双筒可增强结构的扭转刚度，减小结构在水平地震作用下的扭转效应。考虑到双筒间的楼板因传递双筒间的力偶会产生较大的平面剪力，第9.2.7条对双筒间开洞楼板的构造作了具体规定，并建议按弹性板进行细化分析。

9.3 筒中筒结构

9.3.1～9.3.5 研究表明，筒中筒结构的空间受力性能与其平面形状和构件尺寸等因素有关，选用圆形和正多边形等平面，能减小外框筒的“剪力滞后”现象，使结构更好地发挥空间作用，矩形和三角形平面的“剪力滞后”现象相对较严重，矩形平面的长宽比大于2时，外框筒的“剪力滞后”更突出，应尽量避免；三角形平面切角后，空间受力性质会相应改善。

除平面形状外，外框筒的空间作用的大小还与柱距、墙面开洞率，以及洞口高宽比与层高和柱距之比等有关，矩形平面框筒的柱距越接近层高、墙面开洞率越小，洞口高宽比与层高和柱距之比越接近，外框筒的空间作用越强；在第9.3.5条中给出了矩形平面的柱距，以及墙面开洞率的最大限值。由于外框筒在侧向荷载作用下的“剪力滞后”现象，角柱的轴向力约为邻柱的1～2倍，为了减小各层楼盖的翘曲，角柱的截面可适当放大，必要时可采用L形角墙或角筒。

9.3.7 在水平地震作用下，框筒梁和内筒连梁的端部反复承受正、负弯矩和剪力，而一般的弯起钢筋无法承担正、负剪力，必须要加强箍筋配筋构造要求；对框筒梁，由于梁高较大、跨度较小，对其纵向钢筋、腰筋的配置也提出了最低要求。跨高比较小的框筒梁和内筒连梁宜增配对角斜向钢筋或设置交叉暗撑；当梁内设置交叉暗撑时，全部剪力可由暗撑承担，抗震设计时箍筋的间距可由 100mm 放宽至 200mm。

9.3.8 研究表明，在跨高比较小的框筒梁和内筒连梁增设交叉暗撑对提高其抗震性能有较好的作用，但交叉暗撑的施工有一定难度。本条对交叉暗撑的适用范围和构造作了调整：对跨高比不大于 2 的框筒梁和内筒连梁，宜增配对角斜向钢筋，具体要求可参照现行国家标准《混凝土结构设计规范》GB 50010 的有关规定；对跨高比不大于 1 的框筒梁和内筒连梁，宜设置交叉暗撑。为方便施工，交叉暗撑的箍筋不再设加密区。

10 复杂高层建筑结构设计

10.1 一 般 规 定

10.1.1 为适应体型、结构布置比较复杂的高层建筑发展的需要，并使其结构设计质量、安全得到基本保证，02 规程增加了复杂高层建筑结构设计内容，包括带转换层的结构、带加强层的结构、错层结构、连体结构和多塔楼结构等。本次修订增加了竖向体型收进、悬挑结构，并将多塔楼结构并入其中，因为这三种结构的刚度和质量沿竖向变化的情况有一定的共性。

10.1.2 带转换层的结构、带加强层的结构、错层结构、连体结构等，在地震作用下受力复杂，容易形成抗震薄弱部位。9 度抗震设计时，这些结构目前尚缺乏研究和工程实践经验，为了确保安全，因此规定不应采用。

10.1.3 本规程涉及的错层结构，一般包含框架结构、框架-剪力墙结构和剪力墙结构。筒体结构因建筑上一般无错层要求，本规程也没有对其作出相应的规定。错层结构受力复杂，地震作用下易形成多处薄弱部位，目前对错层结构的研究和工程实践经验较少，需对其适用高度加以适当限制，因此规定了 7 度、8 度抗震设计时，剪力墙结构错层高层建筑的房屋高度分别不宜大于 80m、60m；框架-剪力墙结构错层高层建筑的房屋高度分别不应大于 80m、60m。连体结构的连接体部位易产生严重震害，房屋高度越高，震害加重，因此 B 级高度高层建筑不宜采用连体结构。抗震设计时，底部带转换层的筒中筒结构 B 级高度高层建筑，当外筒框支层以上采用壁式框架时，其抗震性能比密柱框架更为不利，因此其最大适用高度应比本规程表 3.3.1-2 规定的数值适当降低。

10.1.4 本章所指的各类复杂高层建筑结构均属不规则结构。在同一个工程中采用两种以上这类复杂结构，在地震作用下易形成多处薄弱部位。为保证结构设计的安全性，规定 7 度、8 度抗震设计的高层建筑不宜同时采用两种以上本章所指的复杂结构。

10.1.5 复杂高层建筑结构的计算分析应符合本规程第 5 章的有关规定，并按本规程有关规定进行截面承载力设计与配筋构造。对于复杂高层建筑结构，必要时，对其中某些受力复杂部位尚宜采用有限元法等方法进行详细的应力分析，了解应力分布情况，并按应力进行配筋校核。

10.2 带转换层高层建筑结构

10.2.1 本节的设计规定主要用于底部带托墙转换层的剪力墙结构（部分框支剪力墙结构）以及底部带托柱转换层的筒体结构，即框架-核心筒、筒中筒结构中的外框架（外筒体）密柱在房屋底部通过托柱转换层转变为稀柱框架的筒体结构。这两种带转换层结构的设计有其相同之处也有其特殊性。为表述清楚，本节将这两种带转换层结构相同的设计要求以及大部分要求相同、仅部分设计要求不同的设计规定在若干条文中作出规定，对仅适用于某一种带转换层结构的设计要求在专门条文中规定，如第 10.2.5 条、第 10.2.16～10.2.25 条是专门针对部分框支剪力墙结构的设计规定，第 10.2.26 条及第 10.2.27 条是专门针对底部带托柱转换层的筒体结构的设计规定。

本节的设计规定可供在房屋高处设置转换层的结构设计参考。对仅有个别结构构件进行转换的结构，如剪力墙结构或框架-剪力墙结构中存在的个别墙或柱在底部进行转换的结构，可参照本节中有关转换构件和转换柱的设计要求进行构件设计。

10.2.2 由于转换层位置的增高，结构传力路径复杂、内力变化较大，规定剪力墙底部加强范围亦增大，可取转换层加上转换层以上两层的高度或房屋总高度的 1/10 二者的较大值。这里的剪力墙包括落地剪力墙和转换构件上部的剪力墙。相比于 02 规程，将墙肢总高度的 1/8 改为房屋总高度的 1/10。

10.2.3 在水平荷载作用下，当转换层上、下部楼层的结构侧向刚度相差较大时，会导致转换层上、下部结构构件内力突变，促使部分构件提前破坏；当转换层位置相对较高时，这种内力突变会进一步加剧。因此本条规定，控制转换层上、下层结构等效刚度比满足本规程附录 E 的要求，以缓解构件内力和变形的突变现象。带转换层结构当转换层设置在 1、2 层时，应满足第 E.0.1 条等效剪切刚度比的要求；当转换层设置在 2 层以上时，应满足第 E.0.2、E.0.3 条规定的楼层侧向刚度比要求。当采用本规程附录第 E.0.3 条的规定时，要强调转换层上、下两个计算模型的高度宜相等或接近的要求，且上部计算模型的高度不大于下部计算模型的高度。本规程第 E.0.2 条的规定与美国规范 IBC 2006 关于严重不规则结构的规定是一致的。

10.2.4 底部带转换层的高层建筑设置的水平转换构件，近年来除转换梁外，转换桁架、空腹桁架、箱形结构、斜撑、厚板等均已采用，并积累了一定设计经验，故本章增加了一般可采用的各种转换构件设计的条文。由于转换厚板在地震区使用经验较少，本条文规定仅在非地震区和 6 度设防的地震区采用。对于大空间地下室，因周围有约束作用，地震反应不明显，故 7、8 度抗震设计时可采用厚板转换层。

带转换层的高层建筑，本条取消了 02 规程“其薄弱层的地震剪力应按本规程第 5.1.14 条的规定乘以 1.15 的增大系数”这一段重复的文字，本规程第 3.5.8 条已有相关的规定，并将增大系数由 1.15 提高为 1.25。为保证转换构件的设计安全度并具有良好的抗震性能，本条规定特一、一、二级转换构件在水平地震作用下的计算内力应分别乘以增大系数 1.9、1.6、1.3，并应按本规程第 4.3.2 条考虑竖向地震作用。

10.2.5 带转换层的底层大空间剪力墙结构于 20 世纪 80 年代中开始采用，90 年代初《钢筋混凝土高层建筑结构设计与施工规程》JGJ 3－91 列入该结构体系及抗震设计有关规定。近几十年，底部带转换层的大空间剪力墙结构迅速发展，在地震区许多工程的转换层位置已较高，一般做到 3～6 层，有的工程转换层位于 7～10 层。中国建筑科学研究院在原有研究的基础上，研究了转换层高度对框支剪力墙结构抗震性能的影响，研究得出，转换层位置较高时，更易使框支剪力墙结构在转换层附近的刚度、内力发生突变，并易形成薄弱层，其抗震设计概念与底层框支剪力墙结构有一定差别。转换层位置较高时，转换层下部的落地剪力墙及框支结构易于开裂和屈服，转换层上部几层墙体易于破坏。转换层位置较高的高层建筑不利于抗震，规定 7 度、8 度地区可以采用，但限制部分框支剪力墙结构转换层设置位置：7 度区不宜超过第 5 层，8 度区不宜超过第 3 层。如转换层位置超过上述规定时，应作专门分析研究并采取有效措施，避免框支层破坏。对托柱转换层结构，考虑到其刚度变化、受力情况同框支剪力墙结构不同，对转换层位置未作限制。

10.2.6 对部分框支剪力墙结构，高位转换对结构抗震不利，因此规定部分框支剪力墙结构转换层的位置设置在 3 层及 3 层以上时，其框支柱、落地剪力墙的底部加强部位的抗震等级宜按本规程表 3.9.3、表 3.9.4 的规定提高一级采用（已经为特一级时可不再提高），提高其抗震构造措施。而对于托柱转换结构，因其受力情况和抗震性能比部分框支剪力墙结构有利，故未要求根据转换层设置高度采取更严格的措施。

10.2.7 本次修订将“框支梁”改为更广义的“转换梁”。转换梁包括部分框支剪力墙结构中的框支梁以及上面托柱的框架梁，是带转换层结构中应用最为广泛的转换结构构件。结构分析和试验研究表明，转换梁受力复杂，而且十分重要，因此本条第 1、2 款分别对其纵向钢筋、梁端加密区箍筋的最小构造配筋提出了比一般框架梁更高的要求。

本条第 3 款针对偏心受拉的转换梁（一般为框支梁）顶面纵向钢筋及腰筋的配置提出了更高要求。研究表明，偏心受拉的转换梁（如框支梁），截面受拉区域较大，甚至全截面受拉，因此除了按结构分析配置钢筋外，加强梁跨中区段顶面纵向钢筋以及两侧面腰筋的最低构造配筋要求是非常必要的。非偏心受拉转换梁的腰筋设置应符合本规程第 10.2.8 条的有关规定。

10.2.8 转换梁受力较复杂，为保证转换梁安全可靠，分别对框支梁和托柱转换梁的截面尺寸及配筋构造等，提出了具体要求。

转换梁承受较大的剪力，开洞会对转换梁的受力造成很大影响，尤其是转换梁端部剪力最大的部位开洞的影响更加不利，因此对转换梁上开洞进行了限制，并规定梁上洞口避开转换梁端部，开洞部位要加强配筋构造。

研究表明，托柱转换梁在托柱部位承受较大的剪力和弯矩，其箍筋应加密配置（图 12a）。框支梁多数情况下为偏心受拉构件，并承受较大的剪力；框支梁上墙体开有边门洞时，往往形成小墙肢，此小墙肢的应力集中尤为突出，而边门洞部位框支梁应力急剧加大。在水平荷载作用下，上部有边门洞框支梁的弯矩约为上部无边门洞框支梁弯矩的 3 倍，剪力也约为 3 倍，因此除小墙肢应加强外，边门洞墙边部位对应的框支梁的抗剪能力也应加强，箍筋应加密配置（图 12b）。当洞口靠近梁端且剪压比不满足规定时，也可采用梁端加腋提高其抗剪承载力，并加密配箍。

需要注意的是，对托柱转换梁，在转换层尚宜设置承担正交方向柱底弯矩的楼面梁或框架梁，避免转换梁承受过大的扭矩作用。

与 02 规程相比，第 2 款梁截面高度由原来的不应小于计算跨度的 1/6 改为不宜小于计算跨度的1/8；第 4 款对托柱转换梁的腰筋配置提出要求；图 10.2.8 中钢筋锚固作了调整。

10.2.9 带转换层的高层建筑，当上部平面布置复杂而采用框支主梁承托剪力墙并承托转换次梁及其上剪力墙时，这种多次转换传力路径长，框支主梁将承受较大的剪力、扭矩和弯矩，一般不宜采用。中国建筑科学研究院抗震所进行的试验表明，框支主梁易产生受剪破坏，应进行应力分析，按应力校核配筋，并加强配筋构造措施；条件许可时，可采用箱形转换层。

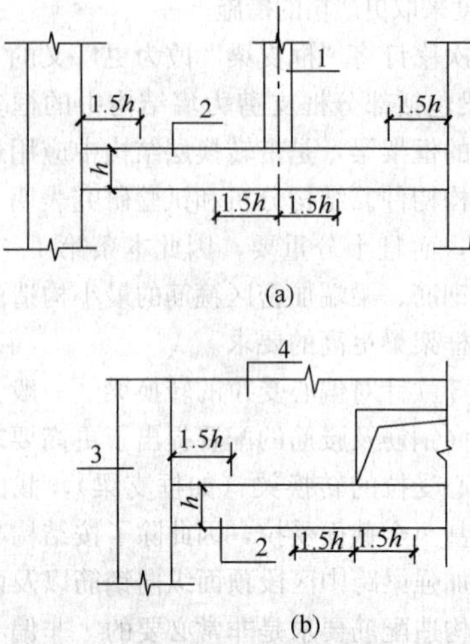
1
2
1.5h
1.5h
h
3
1.5h
1.5h
(a)
4
3
1.5h
h
2
1.5h
1.5h
(b)

图 12　托柱转换梁、框支梁箍筋加密区示意

1—梁上托柱；2—转换梁；3—转换柱；4—框支剪力墙

10.2.10　本次修订将“框支柱”改为“转换柱”。转换柱包括部分框支剪力墙结构中的框支柱和框架-核心筒、框架-剪力墙结构中支承托柱转换梁的柱，是带转换层结构重要构件，受力性能与普通框架大致相同，但受力大，破坏后果严重。计算分析和试验研究表明，随着地震作用的增大，落地剪力墙逐渐开裂、刚度降低，转换柱承受的地震作用逐渐增大。因此，除了在内力调整方面对转换柱作了规定外，本条对转换柱的构造配筋提出了比普通框架柱更高的要求。

本条第 3 款中提到的普通框架柱的箍筋最小配箍特征值要求，见本规程第 6.4.7 条的有关规定，转换柱的箍筋最小配箍特征值应比本规程表 6.4.7 的规定提高 0.02 采用。

10.2.11　抗震设计时，转换柱截面主要由轴压比控制并要满足剪压比的要求。为增大转换柱的安全性，有地震作用组合时，一、二级转换柱由地震作用引起的轴力值应分别乘以增大系数 1.5、1.2，但计算柱轴压比时可不考虑该增大系数。同时为推迟转换柱的屈服，以免影响整个结构的变形能力，规定一、二级转换柱与转换构件相连的柱上端和底层柱下端截面的弯矩组合值应分别乘以 1.5、1.3，剪力设计值也应按规定调整。由于转换柱为重要受力构件，本条对柱截面尺寸、柱内竖向钢筋总配筋率、箍筋配置等提出了相应的要求。

10.2.12　因转换构件节点区受力非常大，本条强调了对转换梁柱节点核心区的要求。

10.2.13　箱形转换构件设计时要保证其整体受力作用，因此规定箱形转换结构上、下楼板（即顶、底板）厚度不宜小于 180mm，并应设置横隔板。箱形转换层的顶、底板，除产生局部弯曲外，还会产生因箱形结构整体变形引起的整体弯曲，截面承载力设计时应该同时考虑这两种弯曲变形在截面内产生的拉应力、压应力。

10.2.14　根据中国建筑科学研究院进行的厚板试验、计算分析以及厚板转换工程的设计经验，规定了本条关于厚板的设计原则和基本要求。

10.2.15　根据已有设计经验，空腹桁架作转换层时，一定要保证其整体作用，根据桁架各杆件的不同受力特点进行相应的设计构造，上、下弦杆应考虑轴向变形的影响。

10.2.16　关于部分框支剪力墙结构布置和设计的基本要求是根据中国建筑科学研究院结构所等进行的底层大空间剪力墙结构 12 层模型拟动力试验和底部为 3～6 层大空间剪力墙结构的振动台试验研究、清华大学土木系的振动台试验研究、近年来工程设计经验及计算分析研究成果而提出来的，满足这些设计要求，可以满足 8 度及 8 度以下抗震设计要求。

由于转换层位置不同，对建筑中落地剪力墙间距作了不同的规定；并规定了框支柱与相邻的落地剪力墙距离，以满足底部大空间层楼板的刚度要求，使转换层上部的剪力能有效地传递给落地剪力墙，框支柱只承受较小的剪力。

相比于 02 规程，此条有两处修改：一是将原来的规定范围限定为部分框支剪力墙结构；二是增加第 7 款对框支框架承担的倾覆力矩的限制，防止落地剪力墙过少。

10.2.17　对于部分框支剪力墙结构，在转换层以下，一般落地剪力墙的刚度远远大于框支柱的刚度，落地剪力墙几乎承受全部地震剪力，框支柱的剪力非常小。考虑到在实际工程中转换层楼面会有显著的面内变形，从而使框支柱的剪力显著增加。12 层底层大空间剪力墙住宅模型试验表明：实测框支柱的剪力为按楼板刚度无限大假定计算值的 6～8 倍；且落地剪力墙出现裂缝后刚度下降，也导致框支柱剪力增加。所以按转换层位置的不同以及框支柱数目的多少，对框支柱剪力的调整增大作了不同的规定。

10.2.18　部分框支剪力墙结构设计时，为加强落地剪力墙的底部加强部位，规定特一、一、二、三级落地剪力墙底部加强部位的弯矩设计值应分别按墙底截面有地震作用组合的弯矩值乘以增大系数 1.8、1.5、1.3、1.1 采用；其剪力设计值应按规定进行强剪弱弯调整。

10.2.19　部分框支剪力墙结构中，剪力墙底部加强部位是指房屋高度的 1/10 以及地下室顶板至转换层以上两层高度二者的较大值。落地剪力墙是框支层以下最主要的抗侧力构件，受力很大，破坏后果严重，十分重要；框支层上部两层剪力墙直接与转换构件相连，相当于一般剪力墙的底部加强部位，且其承受的竖向力和水平力要通过转换构件传递至框支层竖向构件。因此，本条对部分框支剪力墙底部加强部位剪力墙的分布钢筋最低构造，提出了比普通剪力墙底部加强部位更高的要求。

10.2.20 部分框支剪力墙结构中，抗震设计时应在墙体两端设置约束边缘构件，对非抗震设计的框支剪力墙结构，也规定了剪力墙底部加强部位的增强措施。

10.2.21 当地基土较弱或基础刚度和整体性较差时，在地震作用下剪力墙基础可能产生较大的转动，对框支剪力墙结构的内力和位移均会产生不利影响。因此落地剪力墙基础应有良好的整体性和抗转动的能力。

10.2.22 根据中国建筑科学研究院结构所等单位的试验及有限元分析，在竖向及水平荷载作用下，框支梁上部的墙体在多个部位会出现较大的应力集中，这些部位的剪力墙容易发生破坏，因此对这些部位的剪力墙规定了多项加强措施。

10.2.23～10.2.25 部分框支剪力墙结构中，框支转换层楼板是重要的传力构件，不落地剪力墙的剪力需要通过转换层楼板传递到落地剪力墙，为保证楼板能可靠传递面内相当大的剪力（弯矩），规定了转换层楼板截面尺寸要求、抗剪截面验算、楼板平面内受弯承载力验算以及构造配筋要求。

10.2.26 试验表明，带托柱转换层的筒体结构，外围框架柱与内筒的距离不宜过大，否则难以保证转换层上部外框架（框筒）的剪力能可靠地传递到筒体。

10.2.27 托柱转换层结构采用转换桁架时，本条规定可保障上部密柱构件内力传递。此外，桁架节点非常重要，应引起重视。

10.3 带加强层高层建筑结构

10.3.1 根据近年来高层建筑的设计经验及理论分析研究，当框架-核心筒结构的侧向刚度不能满足设计要求时，可以设置加强层以加强核心筒与周边框架的联系，提高结构整体刚度，控制结构位移。本节规定了设置加强层的要求及加强层构件的类型。

10.3.2 根据中国建研院等单位的理论分析，带加强层的高层建筑，加强层的设置位置和数量如果比较合理，则有利于减少结构的侧移。本条第1款的规定供设计人员参考。

结构模型振动台试验及研究分析表明：由于加强层的设置，结构刚度突变，伴随着结构内力的突变，以及整体结构传力途径的改变，从而使结构在地震作用下，其破坏和位移容易集中在加强层附近，形成薄弱层，因此规定了在加强层及相邻层的竖向构件需要加强。伸臂桁架会造成核心筒墙体承受很大的剪力，上下弦杆的拉力也需要可靠地传递到核心筒上，所以要求伸臂构件贯通核心筒。

加强层的上下层楼面结构承担着协调内筒和外框架的作用，存在很大的面内应力，因此本条规定的带加强层结构设计的原则中，对设置水平伸臂构件的楼层在计算时宜考虑楼板平面内的变形，并注意加强层及相邻层的结构构件的配筋加强措施，加强各构件的连接锚固。

由于加强层的伸臂构件强化了内筒与周边框架的联系，内筒与周边框架的竖向变形差将产生很大的次应力，因此需要采取有效的措施减小这些变形差（如伸臂桁架斜腹杆的滞后连接等），而且在结构分析时就应该进行合理的模拟，反映这些措施的影响。

10.3.3 带加强层的高层建筑结构，加强层刚度和承载力较大，与其上、下相邻楼层相比有突变，加强层相邻楼层往往成为抗震薄弱层；与加强层水平伸臂结构相连接部位的核心筒剪力墙以及外围框架柱受力大且集中。因此，为了提高加强层及其相邻楼层与加强层水平伸臂结构相连接的核心筒墙体及外围框架柱的抗震承载力和延性，本条规定应对此部位结构构件的抗震等级提高一级采用（已经为特一级者可不提高）；框架柱箍筋应全柱段加密，轴压比从严（减小0.05）控制；剪力墙应设置约束边缘构件。本条第3款为本次修订新增加内容。

10.4 错层结构

10.4.1 中国建筑科学研究院抗震所等单位对错层剪力墙结构做了两个模型振动台试验。试验研究表明，平面规则的错层剪力墙结构使剪力墙形成错洞墙，结构竖向刚度不规则，对抗震不利，但错层对抗震性能的影响不十分严重；平面布置不规则、扭转效应显著的错层剪力墙结构破坏严重。错层框架结构或框架-剪力墙结构尚未见试验研究资料，但从计算分析表明，这些结构的抗震性能要比错层剪力墙结构更差。因此，高层建筑宜避免错层。

相邻楼盖结构高差超过梁高范围的，宜按错层结构考虑。结构中仅局部存在错层构件的不属于错层结构，但这些错层构件宜参考本节的规定进行设计。

10.4.2 错层结构应尽量减少扭转效应，错层两侧宜采用侧向刚度和变形性能相近的结构方案，以减小错层处墙、柱内力，避免错层处结构形成薄弱部位。

10.4.3 当采用错层结构时，为了保证结构分析的可靠性，相邻错开的楼层不应归并为一个刚性楼层计算。

10.4.4 错层结构属于竖向布置不规则结构，错层部位的竖向抗侧力构件受力复杂，容易形成多处应力集中部位。框架错层更为不利，容易形成长、短柱沿竖向交替出现的不规则体系。因此，规定抗震设计时错层处柱的抗震等级应提高一级采用（特一级时允许不再提高），截面高度不应过小，箍筋应全柱段加密配置，以提高其抗震承载力和延性。

和02规程相比，本次修订明确了本条规定是针对抗震设计的错层结构。

10.4.5 本条为新增条文。错层结构错层处的框架柱受力复杂，易发生短柱受剪破坏，因此要求其满足设防烈度地震（中震）作用下性能水准2的设计要求。

10.4.6 错层结构在错层处的构件（图13）要采取加强措施。

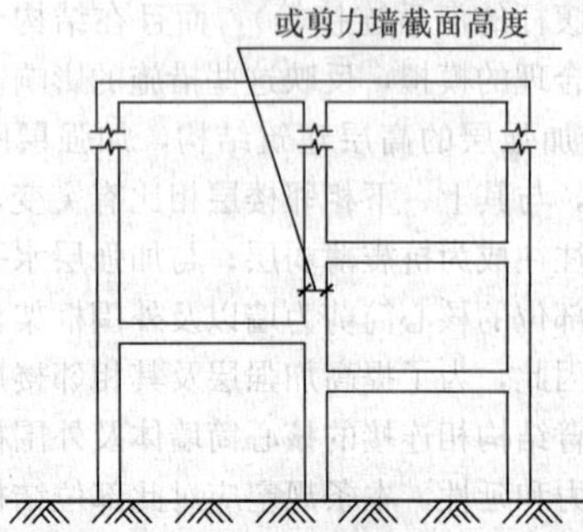
错层处框架柱截面高度
或剪力墙截面高度

图13 错层结构加强部位示意

本规程第10.4.4条和本条规定了错层处柱截面高度、剪力墙截面厚度以及剪力墙分布钢筋的最小配筋率要求，并规定平面外受力的剪力墙应设置与其垂直的墙肢或扶壁柱，抗震设计时，错层处框架柱和平面外受力的剪力墙的抗震等级应提高一级采用，以免该类构件先于其他构件破坏。如果错层处混凝土构件不能满足设计要求，则需采取有效措施。框架柱采用型钢混凝土柱或钢管混凝土柱，剪力墙内设置型钢，可改善构件的抗震性能。

10.5 连体结构

10.5.1 连体结构各独立部分宜有相同或相近的体型、平面和刚度，宜采用双轴对称的平面形式，否则在地震中将出现复杂的X、Y、θ相互耦联的振动，扭转影响大，对抗震不利。

1995年日本阪神地震和1999年我国台湾集集地震的震害表明，连体结构破坏严重，连接体本身塌落的情况较多，同时使主体结构中与连接体相连的部分结构严重破坏，尤其当两个主体结构层数和刚度相差较大时，采用连体结构更为不利，因此规定7、8度抗震时层数和刚度相差悬殊的不宜采用连体结构。

10.5.2 连体结构的连接体一般跨度较大、位置较高，对竖向地震的反应比较敏感，放大效应明显，因此抗震设计时高烈度区应考虑竖向地震的不利影响。本次修订增加了7度设计基本地震加速度为$0.15g$抗震设防区考虑竖向地震影响的规定，与本规程第4.3.2条的规定保持一致。

10.5.3 计算分析表明，高层建筑中连体结构连接体的竖向地震作用受连体跨度、所处位置以及主体结构刚度等多方面因素的影响，6度和7度$0.10g$抗震设计时，对于高位连体结构（如连体位置高度超过80m时）宜考虑其影响。

10.5.4、10.5.5 连体结构的连体部位受力复杂，连体部分的跨度一般也较大，采用刚性连接的结构分析和构造上更容易把握，因此推荐采用刚性连接的连体形式。刚性连接体既要承受很大的竖向重力荷载和地震作用，又要在水平地震作用下协调两侧结构的变形，因此要保证连体部分与两侧主体结构的可靠连接，这两条规定了连体结构与主体结构连接的要求，并强调了连体部位楼板的要求。

根据具体项目的特点分析后，也可采用滑动连接方式。震害表明，当采用滑动连接时，连接体往往由于滑移量较大致使支座发生破坏，因此增加了对采用滑动连接时的防坠落措施要求和需采用时程分析方法进行复核计算的要求。

10.5.6 中国建筑科学研究院等单位对连体结构的计算分析及振动台试验研究说明，连体结构自振振型较为复杂，前几个振型与单体建筑有明显不同，除顺向振型外，还出现反向振型；连体结构抗扭转性能较差，扭转振型丰富，当第一扭转频率与场地卓越频率接近时，容易引起较大的扭转反应，易造成结构破坏。因此，连体结构的连接体及与连接体相连的结构构件受力复杂，易形成薄弱部位，抗震设计时必须予以加强，以提高其抗震承载力和延性。

本条第2、3两款为本次修订新增内容。

10.5.7 刚性连接的连体部分结构在地震作用下需要协调两侧塔楼的变形，因此需要进行连体部分楼板的验算，楼板的受剪截面和受剪承载力按转换层楼板的计算方法进行验算，计算剪力可取连体楼板承担的两侧塔楼楼层地震作用力之和的较小值。当连体部分楼板较弱时，在强烈地震作用下可能发生破坏，因此建议补充两侧分塔楼的计算分析，确保连体部分失效后两侧塔楼可以独立承担地震作用不致发生严重破坏或倒塌。

10.6 竖向体型收进、悬挑结构

10.6.1 将02规程多塔楼结构的内容与新增的体型收进、悬挑结构的相关内容合并，统称为"竖向体型收进、悬挑结构"。对于多塔楼结构、竖向体型收进和悬挑结构，其共同的特点就是结构侧向刚度沿竖向发生剧烈变化，往往在变化的部位产生结构的薄弱部位，因此本节对其统一进行规定。

10.6.2 竖向体型收进、悬挑结构在体型突变的部位，楼板承担着很大的面内应力，为保证上部结构的地震作用可靠地传递到下部结构，体型突变部位的楼板应加厚并加强配筋，板面负弯矩配筋宜贯通。体型突变部位上、下层结构的楼板也应加强构造措施。

10.6.3 中国建筑科学研究院结构所等单位的试验研究和计算分析表明，多塔楼结构振型复杂，且高振型对结构内力的影响大，当各塔楼质量和刚度分布不均匀时，结构扭转振动反应大，高振型对内力的影响更为突出。因此本条规定多塔楼结构各塔楼的层数、平面和刚度宜接近；塔楼对底盘宜对称布置，减小塔楼和底盘的刚度偏心。大底盘单塔楼结构的设计，也应符合本条关于塔楼与底盘的规定。

震害和计算分析表明，转换层宜设置在底盘楼层范围内，不宜设置在底盘以上的塔楼内（图 14）。若转换层设置在底盘屋面的上层塔楼内时，易形成结构薄弱部位，不利于结构抗震，应尽量避免；否则应采取有效的抗震措施，包括增大构件内力、提高抗震等级等。

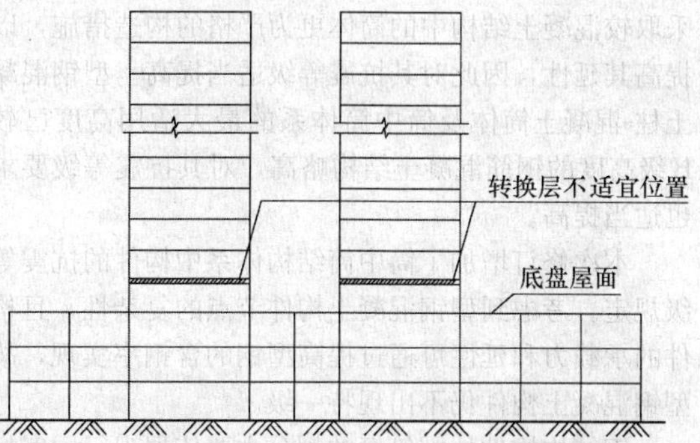
转换层不适宜位置
底盘屋面

图 14　多塔楼结构转换层不适宜位置示意

为保证结构底盘与塔楼的整体作用，裙房屋面板应加厚并加强配筋，板面负弯矩配筋宜贯通；裙房屋面上、下层结构的楼板也应加强构造措施。

为保证多塔楼建筑中塔楼与底盘整体工作，塔楼之间裙房连接体的屋面梁以及塔楼中与裙房连接体相连的外围柱、墙，从固定端至出裙房屋面上一层的高度范围内，在构造上应予以特别加强（图 15）。

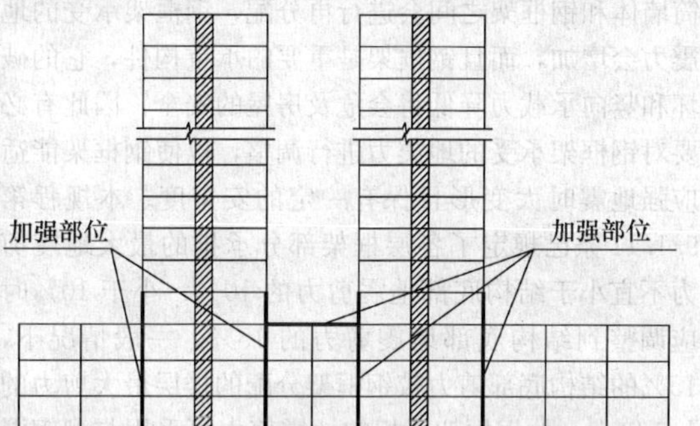
加强部位
加强部位

图 15　多塔楼结构加强部位示意

10.6.4　本条为新增条文，对悬挑结构提出了明确要求。

悬挑部分的结构一般竖向刚度较差、结构的冗余度不高，因此需要采取措施降低结构自重、增加结构冗余度，并进行竖向地震作用的验算，且应提高悬挑关键构件的承载力和抗震措施，防止相关部位在竖向地震作用下发生结构的倒塌。

悬挑结构上下层楼板承受较大的面内作用，因此在结构分析时应考虑楼板面内的变形，分析模型应包含竖向振动的质量，保证分析结果可以反映结构的竖向振动反应。

10.6.5　本条为新增条文，对体型收进结构提出了明确要求。大量地震震害以及相关的试验研究和分析表明，结构体型收进较多或收进位置较高时，因上部结构刚度突然降低，其收进部位形成薄弱部位，因此规定在收进的相邻部位采取更高的抗震措施。当结构偏心收进时，受结构整体扭转效应的影响，下部结构的周边竖向构件内力增加较多，应予以加强。图 16 中表示了应该加强的结构部位。

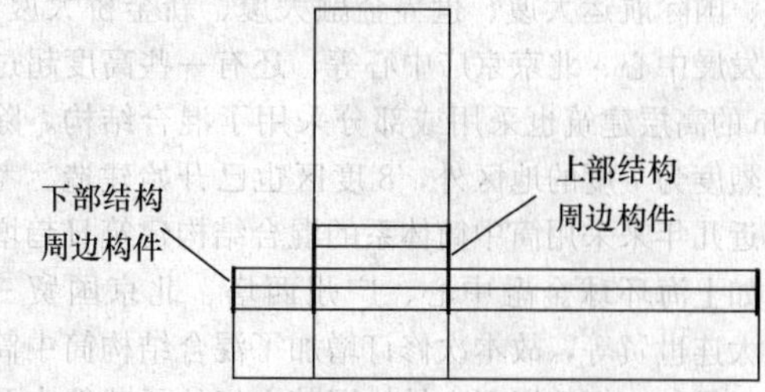
上部结构
周边构件
下部结构
周边构件

图 16　体型收进结构的加强部位示意

收进程度过大、上部结构刚度过小时，结构的层间位移角增加较多，收进部位成为薄弱部位，对结构抗震不利，因此限制上部楼层层间位移角不大于下部结构层间位移角的 1.15 倍，当结构分段收进时，控制收进部位底部楼层的层间位移角和下部相邻区段楼层的最大层间位移角之间的比例（图 17）。

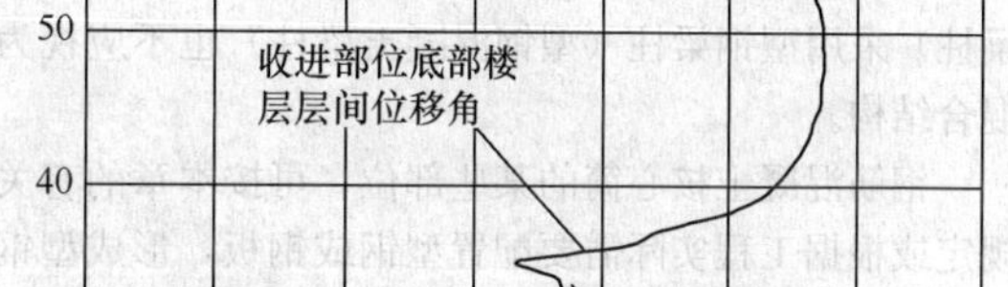
楼层
80
70
60
50
40
30
20
10
0
0.0002
0.0004
0.0006
0.0008
0.001
0.0012
0.0014
层间位移角
收进部位底部楼
层层间位移角
下部相邻区段最
大层间位移角

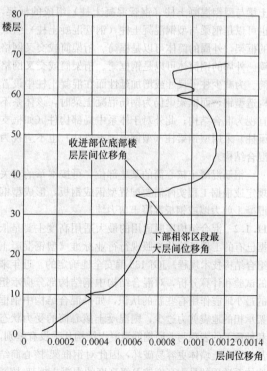

图 17　结构收进部位楼层层间位移角分布

11 混合结构设计

11.1 一般规定

11.1.1 钢和混凝土混合结构体系是近年来在我国迅速发展的一种新型结构体系，由于其在降低结构自重、减少结构断面尺寸、加快施工进度等方面的明显优点，已引起工程界和投资商的广泛关注，目前已经建成了一批高度在150m～200m的建筑，如上海森茂大厦、国际航运大厦、世界金融大厦、新金桥大厦、深圳发展中心、北京京广中心等，还有一些高度超过300m的高层建筑也采用或部分采用了混合结构。除设防烈度为7度的地区外，8度区也已开始建造。考虑到近几年来采用筒中筒体系的混合结构建筑日趋增多，如上海环球金融中心、广州西塔、北京国贸三期、大连世贸等，故本次修订增加了混合结构筒中筒体系。另外，钢管混凝土结构因其良好的承载能力及延性，在高层建筑中越来越多地被采用，故而将钢管混凝土结构也一并列入。尽管采用型钢混凝土（钢管混凝土）构件与钢筋混凝土、钢构件组成的结构均可称为混合结构，构件的组合方式多种多样，所构成的结构类型会很多，但工程实际中使用最多的还是框架-核心筒及筒中筒混合结构体系，故本规程仅列出上述两种结构体系。

型钢混凝土（钢管混凝土）框架可以是型钢混凝土梁与型钢混凝土柱（钢管混凝土柱）组成的框架，也可以是钢梁与型钢混凝土柱（钢管混凝土柱）组成的框架，外周的筒体可以是框筒、桁架筒或交叉网格筒。外周的钢筒体可以是钢框筒、桁架筒或交叉网格筒。为减少柱子尺寸或增加延性而在混凝土柱中设置构造型钢，而框架梁仍为钢筋混凝土梁时，该体系不宜视为混合结构；此外对于体系中局部构件（如框支梁柱）采用型钢梁柱（型钢混凝土梁柱）也不应视为混合结构。

钢筋混凝土核心筒的某些部位，可按本章的有关规定或根据工程实际需要配置型钢或钢板，形成型钢混凝土剪力墙或钢板混凝土剪力墙。

11.1.2 混合结构房屋适用的最大适用高度主要是依据已有的工程经验并参照现行行业标准《型钢混凝土组合结构技术规程》JGJ 138偏安全地确定的。近年来的试验和计算分析，对混合结构中钢结构部分应承担的最小地震作用有些新的认识，如果混合结构中钢框架承担的地震剪力过少，则混凝土核心筒的受力状态和地震下的表现与普通钢筋混凝土结构几乎没有差别，甚至混凝土墙体更容易破坏，因此对钢框架-核心筒结构体系适用的最大高度较B级高度的混凝土框架-核心筒体系适用的最大高度适当减少。

11.1.3 高层建筑的高宽比是对结构刚度、整体稳定、承载能力和经济合理性的宏观控制。钢（型钢混凝土）框架-钢筋混凝土筒体混合结构体系高层建筑，其主要抗侧力体系仍然是钢筋混凝土筒体，因此其高宽比的限值和层间位移限值均取钢筋混凝土结构体系的同一数值，而筒中筒体系混合结构，外周筒体抗侧刚度较大，承担水平力也较多，钢筋混凝土内筒分担的水平力相应减小，且外筒体延性相对较好，故高宽比要求适当放宽。

11.1.4 试验表明，在地震作用下，钢框架-混凝土筒体结构的破坏首先出现在混凝土筒体，应对该筒体采取较混凝土结构中的筒体更为严格的构造措施，以提高其延性，因此对其抗震等级适当提高。型钢混凝土柱-混凝土筒体及筒中筒体系的最大适用高度已较B级高度的钢筋混凝土结构略高，对其抗震等级要求也适当提高。

本次修订增加了筒中筒结构体系中构件的抗震等级规定。考虑到型钢混凝土构件节点的复杂性，且构件的承载力和延性可通过提高型钢的含钢率实现，故型钢混凝土构件仍不出现特一级。

钢结构构件抗震等级的划分主要依据现行国家标准《建筑抗震设计规范》GB50011的相关规定。

11.1.5 补充了混合结构在预估罕遇地震下弹塑性层间位移的规定。

11.1.6 在地震作用下，钢-混凝土混合结构体系中，由于钢筋混凝土核心筒抗侧刚度较钢框架大很多，因而承担了绝大部分的地震力，而钢筋混凝土核心筒墙体在达到本规程限定的变形时，有些部位的墙体已经开裂，此时钢框架尚处于弹性阶段，地震作用在核心筒墙体和钢框架之间会进行再分配，钢框架承受的地震力会增加，而且钢框架是重要的承重构件，它的破坏和竖向承载力降低将会危及房屋的安全，因此有必要对钢框架承受的地震力进行调整，以使钢框架能适应强地震时大变形且保有一定的安全度。本规程第9.1.11条已规定了各层框架部分承担的最大地震剪力不宜小于结构底部地震剪力的10%；小于10%时应调整到结构底部地震剪力的15%。一般情况下，15%的结构底部剪力较钢框架分配的楼层最大剪力的1.5倍大，故钢框架承担的地震剪力可采用与型钢混凝土框架相同的方式进行调整。

11.1.7 根据现行国家标准《建筑抗震设计规范》GB 50011的有关规定，修改了钢柱的承载力抗震调整系数。

11.1.8 高层建筑层数较多，减轻结构构件及填充墙的自重是减轻结构重量、改善结构抗震性能的有效措施。其他材料的相关规定见本规程第3.2节。随着高性能钢材和混凝土技术的发展，在高层建筑中采用高性能钢材和混凝土成为首选，对于提高结构效率，增加经济性大有益处。

11.2 结构布置

11.2.2 从抗震的角度提出了建筑的平面应简单、规则、对称的要求，从方便制作、减少构件类型的角度提出了开间及进深宜尽量统一的要求。考虑到混合结构多属B级高度高层建筑，故位移比及周期比按照B类高度高层建筑进行控制。

框筒结构中，将强轴布置在框筒平面内时，主要是为了增加框筒平面内的刚度，减少剪力滞后。角柱为双向受力构件，采用方形、十字形等主要是为了方便连接，且受力合理。

减小横风向风振可采取平面角部柔化、沿竖向退台或呈锥形、改变截面形状、设置扰流部件、立面开洞等措施。

楼面梁使连梁受扭，对连梁受力非常不利，应予避免；如必须设置时，可设置型钢混凝土连梁或沿核心筒外周设置宽度大于墙厚的环向楼面梁。

11.2.3 国内外的震害表明，结构沿竖向刚度或抗侧力承载力变化过大，会导致薄弱层的变形和构件应力过于集中，造成严重震害。刚度变化较大的楼层，是指上、下层侧向刚度变化明显的楼层，如转换层、加强层、空旷的顶层、顶部突出部分、型钢混凝土框架与钢框架的交接层及邻近楼层等。竖向刚度变化较大时，不但刚度变化的楼层受力增大，而且其上、下邻近楼层的内力也会增大，所以采取加强措施应包括相邻楼层在内。

对于型钢钢筋混凝土与钢筋混凝土交接的楼层及相邻楼层的柱子，应设置剪力栓钉，加强连接；另外，钢-混凝土混合结构的顶层型钢混凝土柱也需设置栓钉，因为一般来说，顶层柱子的弯矩较大。

11.2.4 本条是在02规程第11.2.4条基础上修改完成的。钢（型钢混凝土）框架-混凝土筒体结构体系中的混凝土筒体在底部一般均承担了85%以上的水平剪力及大部分的倾覆力矩，所以必须保证混凝土筒体具有足够的延性，配置了型钢的混凝土筒体墙在弯曲时，能避免发生平面外的错断及筒体角部混凝土的压溃，同时也能减少钢柱与混凝土筒体之间的竖向变形差异产生的不利影响。而筒中筒体系的混合结构，结构底部内筒承担的剪力及倾覆力矩的比例有所减少，但考虑到此种体系的高度均很高，在大震作用下很有可能出现角部受拉，为延缓核心筒弯曲铰及剪切铰的出现，筒体的角部也宜布置型钢。

型钢柱可设置在核心筒的四角、核心筒剪力墙的大开口两侧及楼面钢梁与核心筒的连接处。试验表明，钢梁与核心筒的连接处，存在部分弯矩及轴力，而核心筒剪力墙的平面外刚度又较小，很容易出现裂缝，因此楼面梁与核心筒剪力墙刚接时，在筒体剪力墙中宜设置型钢柱，同时也能方便钢结构的安装；楼面梁与核心筒剪力墙铰接时，应采取措施保证墙上的预埋件不被拔出。混凝土筒体的四角受力较大，设置型钢柱后核心筒剪力墙开裂后的承载力下降不多，能防止结构的迅速破坏。因为核心筒剪力墙的塑性铰一般出现在高度的1/10范围内，所以在此范围内，核心筒剪力墙四角的型钢柱宜设置栓钉。

11.2.5 外框架平面内采用梁柱刚接，能提高其刚度及抵抗水平荷载的能力。如在混凝土筒体墙中设置型钢并需要增加整体结构刚度时，可采用楼面钢梁与混凝土筒体刚接；当混凝土筒体墙中无型钢柱时，宜采用铰接。刚度发生突变的楼层，梁柱、梁墙采用刚接可以增加结构的空间刚度，使层间变形有效减小。

11.2.6 本条是02规程第11.2.10、11.2.11条的合并修改。为了使整个抗侧力结构在任意方向水平荷载作用下能协同工作，楼盖结构具有必要的面内刚度和整体性是基本要求。

高层建筑混合结构楼盖宜采用压型钢板组合楼盖，以方便施工并加快施工进度；压型钢板与钢梁连接宜采用剪力栓钉等措施保证其可靠连接和共同工作，栓钉数量应通过计算或按构造要求确定。设备层楼板进行加强，一方面是因为设备层荷重较大，另一方面也是隔声的需要。伸臂桁架上、下弦杆所在楼层，楼板平面内受力较大且受力复杂，故这些楼层也应进行加强。

11.2.7 本条是根据02规程第11.2.9条修改而来，明确了外伸臂桁架深入墙体内弦杆和腹杆的具体要求。采用伸臂桁架主要是将筒体剪力墙的弯曲变形转换成框架柱的轴向变形以减小水平荷载下结构的侧移，所以必须保证伸臂桁架与剪力墙刚接。为增强伸臂桁架的抗侧力效果，必要时，周边可配合布置带状桁架。布置周边带状桁架，除了可增大结构侧向刚度外，还可增强加强层结构的整体性，同时也可减少周边柱子的竖向变形差异。外柱承受的轴向力要能够传至基础，故外柱必须上、下连续，不得中断。由于外柱与混凝土内筒轴向变形往往不一致，会使伸臂桁架产生很大的附加内力，因而伸臂桁架宜分段拼装。在设置多道伸臂桁架时，下层伸臂桁架可在施工上层伸臂桁架时予以封闭；仅设一道伸臂桁架时，可在主体结构完成后再进行封闭，形成整体。在施工期间，可采取斜杆上设长圆孔、斜杆后装等措施使伸臂桁架的杆件能适应外围构件与内筒在施工期间的竖向变形差异。

在高设防烈度区，当在较高的不规则高层建筑中设置加强层时，还宜采取进一步的性能设计要求和措施。为保证在中震或大震作用下的安全，可以要求其杆件和相邻杆件在中震下不屈服，或者选择更高的性能设计要求。结构抗震性能设计可按本规程第3.11节的规定执行。

11.3 结构计算

11.3.1 在弹性阶段，楼板对钢梁刚度的加强作用不可忽视。从国内外工程经验看，作为主要抗侧力构件的框架梁支座处尽管有负弯矩，但由于楼板钢筋的作用，其刚度增大作用仍然很大，故在整体结构计算时宜考虑楼板对钢梁刚度的加强作用。框架梁承载力设计时一般不按照组合梁设计。次梁设计一般由变形要求控制，其承载力有较大富余，故一般也不按照组合梁设计，但次梁及楼板作为直接受力构件的设计应有足够的安全储备，以适应不同使用功能的要求，其设计采用的活载宜适当放大。

11.3.2 在进行结构整体内力和变形分析时，型钢混凝土梁、柱及钢管混凝土柱的轴向、抗弯、抗剪刚度都可按照型钢与混凝土两部分刚度叠加方法计算。

11.3.3 外柱与内筒的竖向变形差异宜根据实际的施工工况进行计算。在施工阶段，宜考虑施工过程中已对这些差异的逐层进行调整的有利因素，也可考虑采取外伸臂桁架延迟封闭、楼面梁与外周柱及内筒体采用铰接等措施减小差异变形的影响。在伸臂桁架永久封闭以后，后期的差异变形会对伸臂桁架或楼面梁产生附加内力，伸臂桁架及楼面梁的设计时应考虑这些不利影响。

11.3.4 混凝土筒体先于钢框架施工时，必须控制混凝土筒体超前钢框架安装的层次，否则在风荷载及其他施工荷载作用下，会使混凝土筒体产生较大的变形和应力。根据以往的经验，一般核心筒提前钢框架施工不宜超过14层，楼板混凝土浇筑迟于钢框架安装不宜超过5层。

11.3.5 影响结构阻尼比的因素很多，因此准确确定结构的阻尼比是一件非常困难的事情。试验研究及工程实践表明，一般带填充墙的高层钢结构的阻尼比为0.02左右，钢筋混凝土结构的阻尼比为0.05左右，且随着建筑高度的增加，阻尼比有不断减小的趋势。钢-混凝土混合结构的阻尼比应介于两者之间，考虑到钢-混凝土混合结构抗侧刚度主要来自混凝土核心筒，故阻尼比取为0.04，偏向于混凝土结构。风荷载作用下，结构的塑性变形一般较设防烈度地震作用下为小，故抗风设计时的阻尼比应比抗震设计时为小，阻尼比可根据房屋高度和结构形式选取不同的值；结构高度越高阻尼比越小，采用的风荷载回归期越短，其阻尼比取值越小。一般情况下，风荷载作用时结构楼层位移和承载力验算时的阻尼比可取为0.02～0.04，结构顶部加速度验算时的阻尼比可取为0.01～0.015。

11.3.6 对于设置伸臂桁架的楼层或楼板开大洞的楼层，如果采用楼板平面内刚度无限大的假定，就无法得到桁架弦杆或洞口周边构件的轴力和变形，对结构设计偏于不安全。

11.4 构件设计

11.4.1 试验表明，由于混凝土及箍筋、腰筋对型钢的约束作用，在型钢混凝土中的型钢截面的宽厚比可较纯钢结构适当放宽。型钢混凝土中，型钢翼缘的宽厚比取为纯钢结构的1.5倍，腹板取为纯钢结构的2倍，填充式箱形钢管混凝土可取为纯钢结构的1.5～1.7倍。本次修订增加了Q390级钢材型钢钢板的宽厚比要求，是在Q235级钢材规定数值的基础上乘以$\sqrt{235/f_y}$得到。

11.4.2 本条是对型钢混凝土梁的基本构造要求。

第1款规定型钢混凝土梁的强度等级和粗骨料的最大直径，主要是为了保证外包混凝土与型钢有较好的粘结强度和方便混凝土的浇筑。

第2款规定型钢混凝土梁纵向钢筋不宜超过两排，因为超过两排时，钢筋绑扎及混凝土浇筑将产生困难。

第3款规定了型钢的保护层厚度，主要是为了保证型钢混凝土构件的耐久性以及保证型钢与混凝土的粘结性能，同时也是为了方便混凝土的浇筑。

第4款提出了纵向钢筋的连接锚固要求。由于型钢混凝土梁中钢筋直径一般较大，如果钢筋穿越梁柱节点，将对柱翼缘有较大削弱，所以原则上不希望钢筋穿过柱翼缘；如果需锚固在柱中，为满足锚固长度，钢筋应伸过柱中心线并弯折在柱内。

第5款对型钢混凝土梁上开洞提出要求。开洞高度按梁截面高度和型钢尺寸双重控制，对钢梁开洞超过0.7倍钢梁高度时，抗剪能力会急剧下降，对一般混凝土梁则同样限制开洞高度为混凝土梁高的0.3倍。

第6款对型钢混凝土悬臂梁及转换梁提出钢筋锚固、设置抗剪栓钉要求。型钢混凝土悬臂梁端无约束，而且挠度较大；转换梁受力大且复杂。为保证混凝土与型钢的共同变形，应设置栓钉以抵抗混凝土与型钢之间的纵向剪力。

11.4.3 箍筋的最低配置要求主要是为了增强混凝土部分的抗剪能力及加强对箍筋内部混凝土的约束，防止型钢失稳和主筋压曲。当梁中箍筋采用335MPa、400MPa级钢筋时，箍筋末端要求135°施工有困难时，箍筋末端可采用90°直钩加焊接的方式。

11.4.4 型钢混凝土柱的轴向力大于柱子的轴向承载力的50%时，柱子的延性将显著下降。型钢混凝土柱有其特殊性，在一定轴力的长期作用下，随着轴向塑性的发展以及长期荷载作用下混凝土的徐变收缩会产生内力重分布，钢筋混凝土部分承担的轴力逐渐向型钢部分转移。根据型钢混凝土柱的试验结果，考虑长期荷载下徐变的影响，一、二、三抗震等级的型钢混凝土框架柱的轴压比限制分别取为0.7、0.8、0.9。计算轴压比时，可计入型钢的作用。

11.4.5 本条第1款对柱长细比提出要求，长细比λ可取为l_0/i，l_0为柱的计算长度，i为柱截面的回转半径。第2、3款主要是考虑型钢混凝土柱的耐久性、防火性、良好的粘结锚固及方便混凝土浇筑。

第6款规定了型钢的最小含钢率。试验表明，当柱子的型钢含钢率小于4%时，其承载力和延性与钢筋混凝土柱相比，没有明显提高。根据我国的钢结构发展水平及型钢混凝土构件的浇筑施工可行性，一般型钢混凝土构件的总含钢率也不宜大于8%，一般来说比较常用的含钢率为4%～8%。

11.4.6 柱箍筋的最低配置要求主要是为了增强混凝土部分的抗剪能力及加强对箍筋内部混凝土的约束，防止型钢失稳和主筋压曲。从型钢混凝土柱的受力性能来看，不配箍筋或少配箍筋的型钢混凝土柱在大多数情况下，出现型钢与混凝土之间的粘结破坏，特别是型钢高强混凝土构件，更应配置足够数量的箍筋，并宜采用高强度箍筋，以保证箍筋有足够的约束能力。

箍筋末端做成135°弯钩且直段长度取10倍箍筋直径，主要是满足抗震要求。在某些情况下，箍筋直段取10倍箍筋直径会与内置型钢相碰，或者当柱中箍筋采用335MPa级以上钢筋而使箍筋末端的135°弯钩施工有困难时，箍筋末端可采用90°直钩加焊接的方式。

型钢混凝土柱中钢骨提供了较强的抗震能力，其配箍要求可比混凝土构件适当降低；同时由于钢骨的存在，箍筋的设置有一定的困难，考虑到施工的可行性，实际配置的箍筋不可能太多，本条规定的最小配箍要求是根据国内外试验研究，并考虑抗震等级的差别确定的。

11.4.7 规定节点箍筋的间距，一方面是为了不使钢梁腹板开洞削弱过大，另一方面也是为了方便施工。一般情况下可在柱中型钢腹板上开孔使梁纵筋贯通；翼缘上的孔对柱抗弯十分不利，因此应避免在柱型钢翼缘开梁纵筋贯通孔。也不能直接将钢筋焊在翼缘上；梁纵筋遇柱型钢翼缘时，可采用翼缘上预先焊接钢筋套筒、设置水平加劲板等方式与梁中钢筋进行连接。

11.4.9 高层混合结构，柱的截面不会太小，因此圆形钢管的直径不应过小，以保证结构基本安全要求。圆形钢管混凝土柱一般采用薄壁钢管，但钢管壁不宜太薄，以避免钢管壁屈曲。套箍指标是圆形钢管混凝土柱的一个重要参数，反映薄钢管对管内混凝土的约束程度。若套箍指标过小，则不能有效地提高钢管内混凝土的轴心抗压强度和变形能力；若套箍指标过大，则对进一步提高钢管内混凝土的轴心抗压强度和变形能力的作用不大。

当钢管直径过大时，管内混凝土收缩会造成钢管与混凝土脱开，影响钢管与混凝土的共同受力，因此需要采取有效措施减少混凝土收缩的影响。

长细比λ取l_0/i，其中l_0为柱的计算长度，i为柱截面的回转半径。

11.4.10 为保证钢管与混凝土共同工作，矩形钢管截面边长之比不宜过大。为避免矩形钢管混凝土柱在丧失整体承载能力之前钢管壁板件局部屈曲，并保证钢管全截面有效，钢管壁板件的边长与其厚度的比值不宜过大。

矩形钢管混凝土柱的延性与轴压比、长细比、含钢率、钢材屈服强度、混凝土抗压强度等因素有关。本规程对矩形钢管混凝土柱的轴压比提出了具体要求，以保证其延性。

11.4.11 钢板混凝土剪力墙是指两端设置型钢暗柱、上下有型钢暗梁，中间设置钢板，形成的钢-混凝土组合剪力墙。

11.4.12 试验研究表明，两端设置型钢、内藏钢板的混凝土组合剪力墙可以提供良好的耗能能力，其受剪截面限制条件可以考虑两端型钢和内藏钢板的作用，扣除两端型钢和内藏钢板发挥的抗剪作用后，控制钢筋混凝土部分承担的平均剪应力水平。

11.4.13 试验研究表明，两端设置型钢、内藏钢板的混凝土组合剪力墙，在满足本规程第11.4.14、11.4.15条规定的构造要求时，其型钢和钢板可以充分发挥抗剪作用，因此截面受剪承载力公式中包含了两端型钢和内藏钢板对应的受剪承载力。

11.4.14 试验研究表明，内藏钢板的钢板混凝土组合剪力墙可以提供良好的耗能能力，在计算轴压比时，可以考虑内藏钢板的有利作用。

11.4.15 在墙身中加入薄钢板，对于墙体承载力和破坏形态会产生显著影响，而钢板与周围构件的连接关系对于承载力和破坏形态的影响至关重要。从试验情况来看，钢板与周围构件的连接越强，则承载力越大。四周焊接的钢板组合剪力墙可显著提高剪力墙受剪承载能力，并具有与普通钢筋混凝土剪力墙基本相当或略高的延性系数。这对于承受很大剪力的剪力墙设计具有十分突出的优势。为充分发挥钢板的强度，建议钢板四周采用焊接的连接形式。

对于钢板混凝土剪力墙，为使钢筋混凝土墙有足够的刚度，对墙身钢板形成有效的侧向约束，从而使钢板与混凝土能协同工作，应控制内置钢板的厚度不宜过大；同时，为了达到钢板剪力墙应用的性能和便于施工，内置钢板的厚度也不宜过小。

对于墙身分布筋，考虑到以下两方面的要求：1）钢筋混凝土墙与钢板共同工作，混凝土部分的承载力不宜太低，宜适当提高混凝土部分的承载力，使钢筋混凝土与钢板两者协调，提高整个墙体的承载力；2）钢板组合墙的优势是可以充分发挥钢和混凝土的优点，混凝土可以防止钢板的屈曲失稳，为满足这一要求，宜适当提高墙身配筋，因此钢筋混凝土墙体的分布筋配筋率不宜太小。本规程建议对于钢板组合墙的墙身分布钢筋配筋率不宜小于0.4%。

11.4.17 日本阪神地震的震害经验表明：非埋入式

柱脚、特别在地面以上的非埋入式柱脚在地震区容易产生破坏，因此钢柱或型钢混凝土柱宜采用埋入式柱脚。若存在刚度较大的多层地下室，当有可靠的措施时，型钢混凝土柱也可考虑采用非埋入式柱脚。根据新的研究成果，埋入柱脚型钢的最小埋置深度修改为型钢截面长边的2.5倍。

11.4.18 考虑到钢框架-钢筋混凝土核心筒中核心筒的重要性，其墙体配筋较钢筋混凝土框架-核心筒中核心筒的配筋率适当提高，提高其构造承载力和延性要求。

12 地下室和基础设计

12.1 一般规定

12.1.1 震害调查表明，有地下室的高层建筑的破坏比较轻，而且有地下室对提高地基的承载力有利，对结构抗倾覆有利。另外，现代高层建筑设置地下室也往往是建筑功能所要求的。

12.1.2 本条是基础设计的原则规定。高层建筑基础设计应因地制宜，做到技术先进、安全合理、经济适用。高层建筑基础设计时，对相邻建筑的相互影响应有足够的重视，并了解掌握邻近地下构筑物及各类地下设施的位置和标高，以便设计时合理确定基础方案及提出施工时保证安全的必要措施。

12.1.3 在地震区建造高层建筑，宜选择有利地段，避开不利地段，这不仅关系到建造时采取必要措施的费用，而且由于地震不确定性，一旦发生地震可能带来不可预计的震害损失。

12.1.4 高层建筑的基础设计，根据上部结构和地质状况，从概念设计上考虑地基基础与上部结构相互影响是必要的。高层建筑深基坑施工期间的防水及护坡，既要保证本身的安全，同时必须注意对临近建筑物、构筑物、地下设施的正常使用和安全的影响。

12.1.5 高层建筑采用天然地基上的筏形基础比较经济。当采用天然地基而承载力和沉降不能完全满足需要时，可采用复合地基。目前国内在高层建筑中采用复合地基已经有比较成熟的经验，可根据需要把地基承载力特征值提高到（300～500）kPa，满足一般高层建筑的需要。

现在多数高层建筑的地下室，用作汽车库、机电用房等大空间，采用整体性好和刚度大的筏形基础是比较方便的；在没有特殊要求时，没有必要强调采用箱形基础。

当地质条件好、荷载小、且能满足地基承载力和变形要求时，高层建筑采用交叉梁基础、独立柱基也是可以的。地下室外墙一般均为钢筋混凝土，因此，交叉梁基础的整体性和刚度也是比较好的。

12.1.6 高层建筑由于质心高、荷载重，对基础底面一般难免有偏心。建筑物在沉降的过程中，其总重量对基础底面形心将产生新的倾覆力矩增量，而此倾覆力矩增量又产生新的倾斜增量，倾斜可能随之增长，直至地基变形稳定为止。因此，为减少基础产生倾斜，应尽量使结构竖向荷载重心与基础底面形心相重合。本条删去了02规程中偏心距计算公式及其要求，但并不是放松要求，而是因为实际工程平面形状复杂时，偏心距及其限值难以准确计算。

12.1.7 为使高层建筑结构在水平力和竖向荷载作用下，其地基压应力不致过于集中，对基础底面压应力较小一端的应力状态作了限制。同时，满足本条规定时，高层建筑结构的抗倾覆能力具有足够的安全储备，不需再验算结构的整体倾覆。

对裙房和主楼质量偏心较大的高层建筑，裙房和主楼可分别进行基底应力验算。

12.1.8 地震作用下结构的动力效应与基础埋置深度关系比较大，软弱土层时更为明显，因此，高层建筑的基础应有一定的埋置深度；当抗震设防烈度高、场地差时，宜用较大埋置深度，以抗倾覆和滑移，确保建筑物的安全。

根据我国高层建筑发展情况，层数越来越多，高度不断增高，按原来的经验规定天然地基和桩基的埋置深度分别不小于房屋高度的1/12和1/15，对一些较高的高层建筑而使用功能又无地下室时，对施工不便且不经济。因此，本条对基础埋置深度作了调整。同时，在满足承载力、变形、稳定以及上部结构抗倾覆要求的前提下，埋置深度的限值可适当放松。基础位于岩石地基上，可能产生滑移时，还应验算地基的滑移。

12.1.9 带裙房的大底盘高层建筑，现在全国各地应用较普遍，高层主楼与裙房之间根据使用功能要求多数不设永久沉降缝。我国从20世纪80年代以来，对多栋带有裙房的高层建筑沉降观测表明，地基沉降曲线在高低层连接处是连续的，未出现突变。高层主楼地基下沉，由于土的剪切传递，高层主楼以外的地基随之下沉，其影响范围随土质而异。因此，裙房与主楼连接处不会发生突变的差异沉降，而是在裙房若干跨内产生连续的差异沉降。

高层建筑主楼基础与其相连的裙房基础，若采取有效措施的，或经过计算差异沉降引起的内力满足承载力要求的，裙房与主楼连接处可以不设沉降缝。

12.1.10 本条参照现行国家标准《地下工程防水技术规程》GB 50108修改了混凝土的抗渗等级要求；考虑全国的实际情况，修改了混凝土强度等级要求，由C30改为C25。

12.1.11 本条依据现行国家标准《粉煤灰混凝土应用技术规范》GB 50146的有关规定制定。充分利用粉煤灰混凝土的后期强度，有利于减小水泥用量和混凝土收缩影响。

12.1.12 本条系考虑抗震设计的要求而增加的。

12.2 地下室设计

12.2.1 本条是在02规程第4.8.5条基础上修改补充的。当地下室顶板作为上部结构的嵌固部位时，地下室顶板及其下层竖向结构构件的设计应适当加强，以符合作为嵌固部位的要求。梁端截面实配的受弯承载力应根据实配钢筋面积（计入受压筋）和材料强度标准值等确定；柱端实配的受弯承载力应根据轴力设计值、实配钢筋面积和材料强度标准值等确定。

12.2.2 本条明确规定地下室应注意满足抗浮及防腐蚀的要求。

12.2.3 考虑到地下室周边嵌固以及使用功能要求，提出地下室不宜设永久变形缝，并进一步根据全国行之有效的经验提出针对性技术措施。

12.2.4 主体结构厚底板与扩大地下室薄底板交界处应力较为集中，该过渡区适当予以加强是十分必要的。

12.2.5 根据工程经验，提出外墙竖向、水平分布钢筋的设计要求。

12.2.6 控制和提高高层建筑地下室周边回填土质量，对室外地面建筑工程质量及地下室嵌固、结构抗震和抗倾覆均较为有利。

12.2.7 有窗井的地下室，窗井外墙实为地下室外墙一部分，窗井外墙应计入侧向土压和水压影响进行设计；挡土墙与地下室外墙之间应有可靠连接、支撑，以保证结构的有效埋深。

12.3 基础设计

12.3.1 目前国内高层建筑基础设计较多为直接采用电算程序得到的各种荷载效应的标准组合和同一地基或桩基承载力特征值进行设计，风荷载和地震作用主要引起高层建筑边角竖向结构较大轴力，将此短期效应与永久效应同等对待，加大了边角竖向结构的基础，相应重力荷载长期作用下中部竖向结构基础未得以增强，导致某些国内高层建筑出现地下室底部横向墙体八字裂缝、典型盆式差异沉降等现象。

12.3.2 本条系参照重庆、深圳、厦门及国外工程实践经验教训提出，以利于避免和减小基础及外墙裂缝。

12.3.4 筏形基础的板厚度，应满足受冲切承载力的要求；计算时应考虑不平衡弯矩作用在冲切面上的附加剪力。

12.3.5 按本条倒楼盖法计算时，地基反力可视为均布，其值应扣除底板及其地面自重，并可仅考虑局部弯曲作用。当地基、上部结构刚度较差，或柱荷载及柱间距变化较大时，筏板内力宜按弹性地基板分析。

12.3.7 上部墙、柱纵向钢筋的锚固长度，可从筏板梁的顶面算起。

12.3.8 梁板式筏基的梁截面，应满足正截面受弯及斜截面受剪承载力计算要求；必要时应验算基础梁顶面柱下局部受压承载力。

12.3.9 筏板基础，当周边或内部有钢筋混凝土墙时，墙下可不再设基础梁，墙一般按深梁进行截面设计。周边有墙时，当基础底面已满足地基承载力要求，筏板可不外伸，有利减小盆式差异沉降，有利于外包防水施工。当需要外伸扩大时，应注意满足其刚度和承载力要求。

12.3.10 桩基的设计应因地制宜，各地区对桩的选型、成桩工艺、承载力取值有各自的成熟经验。当工程所在地有地区性地基设计规范时，可依据该地区规范进行桩基设计。

12.3.15 为保证桩与承台的整体性及水平力和弯矩可靠传递，桩顶嵌入承台应有一定深度，桩纵向钢筋应可靠地锚固在承台内。

12.3.21 当箱形基础的土层及上部结构符合本条件所列诸条件时，底板反力可假定为均布，可仅考虑局部弯曲作用计算内力，整体弯曲的影响在构造上加以考虑。本规定主要依据工程实际观测数据及有关研究成果。

13 高层建筑结构施工

13.1 一般规定

13.1.1 高层建筑结构施工技术难度大，涉及深基础、钢结构等特殊专业施工要求，施工单位应具备相应的施工总承包和专业施工承包的技术能力和相应资质。

13.1.2 施工单位应认真熟悉图纸，参加建设（监理）单位组织的设计交底，并结合施工情况提出合理建议。

13.1.3 高层建筑施工组织设计和施工方案十分重要。施工前，应针对高层建筑施工特点和施工条件，认真做好施工组织设计的策划和施工方案的优选，并向有关人员进行技术交底。

13.1.4 高层建筑施工过程中，不同的施工方法可能对结构的受力产生不同的影响，某些施工工况下甚至与设计计算工况存在较大不同；大型机械设备使用量大，且多数要与结构连接并对结构受力产生影响；超高层建筑高空施工时的温度、风力等自然条件与天气预报和地面环境也会有较大差异。因此，应根据有关情况进行必要的施工模拟、计算。

13.1.5 提出季节性施工应遵循的标准和一般要求。

13.2 施工测量

13.2.1 高层建筑混凝土结构施工测量方案应根据实际情况确定，一般应包括以下内容：

1）工程概况；

2）任务要求；

3）测量依据、方法和技术要求；

4）起始依据点校测；

5）建筑物定位放线、验线与基础施工测量；

6）±0.000以上结构施工测量；

7）安全、质量保证措施；

8）沉降、变形观测；

9）成果资料整理与提交。

建筑小区工程、大型复杂建筑物、特殊工程的施工测量方案，除以上内容外，还可根据工程的实际情况，增加场地准备测量、场区控制网测量、装饰与安装测量、竣工测量与变形测量等。

13.2.2 高层建筑施工测量仪器的精度及准确性对施工质量、结构安全的影响大，应及时进行检定、校准和标定，且应在标定有效期内使用。本条还对主要测量仪器的精度提出了要求。

13.2.3 本条要求及所列两种常用方格网的主要技术指标与现行国家标准《工程测量规范》GB 50026中有关规定一致。如采用其他形式的控制网，亦应符合现行国家标准《工程测量规范》GB 50026的相关规定。

13.2.4 表13.2.4基础放线尺寸的允许偏差是根据成熟施工经验并参照现行国家标准《砌体工程施工质量验收规范》GB 50203的有关规定制定的。

13.2.5 高层建筑结构施工，要逐层向上投测轴线，尤其是对结构四廓轴线的投测直接影响结构的竖向偏差。根据目前国内高层建筑施工已达到的水平，本条的规定可以达到。竖向投测前，应对建筑物轴线控制桩事先进行校测，确保其位置准确。

竖向投测的方法，当建筑高度在50m以下时，宜使用在建筑物外部施测的外控法；当建筑高度高于50m时，宜使用在建筑物内部施测的内控法，内控法宜使用激光经纬仪或激光铅直仪。

13.2.7 附合测法是根据一个已知标高点引测到场地后，再与另一个已知标高点复核、校核，以保证引测标高的准确性。

13.2.8 标高竖向传递可采用钢尺直接量取，或采用测距仪量测。施工层抄平之前，应先校测由首层传递上来的三个标高点，当其标高差值小于3mm时，以其平均点作为标高引测水平线；抄平时，宜将水准仪安置在测点范围的中心位置。

建筑物下沉与地层土质、基础构造、建筑高度等有关，下沉量一般在基础设计中有预估值，若能在基础施工中预留下沉量（即提高基础标高），有利于工程竣工后建筑与市政工程标高的衔接。

13.2.10 设计单位根据建筑高度、结构形式、地质情况等因素和相关标准的规定，对高层建筑沉降、变形观测提出要求。观测工作一般由建设单位委托第三方进行。施工期间，施工单位应做好相关工作，并及时掌握情况，如有异常，应配合相关单位采取相应措施。

13.3 基础施工

13.3.1 深基础施工影响整个工程质量和安全，应全面、详细地掌握地下水文地质资料、场地环境，按照设计图纸和有关规范要求，调查研究，进行方案比较，确定地下施工方案，并按照国家的有关规定，经审查通过后实施。

13.3.2 列举了深基础施工应符合的有关标准。

13.3.3 土方开挖前应采取降低水位措施，将地下水降到低于基底设计标高500mm以下。当含水丰富、降水困难时，或满足节约地下水资源、减少对环境的影响等要求时，宜采用止水帷幕等截水措施。停止降水时间应符合设计要求，以防水位过早上升使建筑物发生上浮等问题。

13.3.4 列举了基础工程施工时针对不同土质条件可采用的不同施工方法。

13.3.5 列举了深基坑支护结构的选型原则和施工时针对不同土质条件应采用不同的施工方法和要求。

13.3.6 指明了地基处理可采取的土体加固措施。

13.3.7、13.3.8 深基坑支护及支护拆除时，施工单位应依据监测方案进行监测。对可能受影响的相邻建筑物、构筑物、道路、地下管线等应作重点监测。

13.4 垂直运输

13.4.1 提出了垂直运输设备使用的基本要求。

13.4.2 列举出高层建筑施工垂直运输所采用的设备应符合的有关标准。

13.4.3 依据高层建筑结构施工对垂直运输要求高的特点，明确垂直运输设施配置应考虑的情况，提出垂直运输设备的选用、安装、使用、拆除等要求。

13.4.4～13.4.6 对高层建筑施工垂直运输设备一般包括的起重设备、混凝土泵送设备和施工电梯，按其特点分别提出施工要求。

13.5 脚手架及模板支架

13.5.1 脚手架和模板支架的搭设对安全性要求高，应进行专项设计。高、大模板支架和脚手架工程施工方案应按住房与城乡建设部《危险性较大的分项工程安全管理办法》［建质（2009）87号］的要求进行专家论证。

13.5.2 列举了脚手架及模板支架施工应遵守的标准规范。

13.5.3 基于脚手架的安全性要求和经验做法，作此规定。

13.5.5 工字钢的抗侧向弯曲性能优于槽钢，故推荐采用工字钢作为悬挑支架。

13.5.6 卸料平台应经过有关安全或技术人员的验收合格后使用，转运时不得站人，以防发生安全事故。

13.5.7 采用定型工具式的模板支架有利于提高施工效率，利于周转、降低成本。

13.6 模板工程

13.6.1 强调模板工程应进行专项设计，以满足强度、刚度和稳定性要求。

13.6.2 列举了模板工程应符合的有关标准和对模板的基本要求。

13.6.3 对现浇梁、板、柱、墙模板的选型提出基本要求。现浇混凝土宜优先选用工具式模板，但不排除选用组合式、永久式模板。为提高工效，模板宜整体或分片预制安装和脱模。作为永久性模板的混凝土薄板，一般包括预应力混凝土板、双钢筋混凝土板和冷轧扭钢筋混凝土板。清水混凝土模板应满足混凝土的设计效果。

13.6.4 现浇楼板模板选用早拆模板体系，可加速模板的周转，节约投资。后浇带模架应设计为可独立支拆的体系，避免在顶板拆模时对后浇带部位进行二次支模与回顶。

13.6.5～13.6.7 分别阐述大模板、滑动模板和爬升模板的适用范围和施工要点。模板制作、安装允许偏差参照了相关标准的规定。

13.6.8 空心混凝土楼板浇筑混凝土时，易发生预制芯管和钢筋上浮，防止上浮的有效措施是将芯管或钢筋骨架与模板进行拉结，在模板施工时就应综合考虑。

13.6.9 规定模板拆除时混凝土应满足的强度要求。

13.7 钢筋工程

13.7.1 指出钢筋的原材料、加工、安装应符合的有关标准。

13.7.2 高层建筑宜推广应用高强钢筋，可以节约大量钢材。设计单位综合考虑钢筋性能、结构抗震要求等因素，对不同部位、构件采用的钢筋作出明确规定。施工中，钢筋的品种、规格、性能应符合设计要求。

13.7.3 本条提出粗直径钢筋接头应优先采用机械连接。列举了钢筋连接应符合的有关现行标准。锥螺纹接头现已基本不使用，故取消了原规程中的有关内容。

13.7.4 指出采用点焊钢筋网片应符合的有关标准。

13.7.5 指出采用新品种钢筋应符合的有关标准。

13.7.6 梁柱、梁梁相交部位钢筋位置及相互关系比较复杂，施工中容易出错，本条规定对基本要求进行了明确。

13.7.7 提出了箍筋的基本要求。螺旋箍有利于抗震性能的提高，已得到越来越多的使用，施工中应按照设计及工艺要求，保证质量。

13.7.8 高层建筑中，压型钢板-混凝土组合楼板已十分常见，其钢筋位置及保护层厚度影响组合楼板的受力性能和使用安全，应严格保证。

13.7.9 现场钢筋施工宜采用预制安装，对预制安装钢筋骨架和网片大小和运输提出要求，以保证质量，提高效率。

13.8 混凝土工程

13.8.1 高层建筑基础深、层数多，需要混凝土质量高、数量大，应尽量采用预拌泵送混凝土。

13.8.2 列举了混凝土工程应符合的主要标准。

13.8.3 高性能混凝土以耐久性、工作性、适当高强度为基本要求，并根据不同用途强化某些性能，形成补偿收缩混凝土、自密实免振混凝土等。

13.8.4～13.8.6 增加对混凝土坍落度、浇筑、振捣的要求。强调了对混凝土浇筑过程中模板支架安全性的监控。

13.8.7 强调了混凝土应及时有效养护及养护覆盖的主要方法。

13.8.8 列举了现浇预应力混凝土应符合的技术规程。

13.8.9 提出对柱、墙与梁、板混凝土强度不同时的混凝土浇筑要求。施工中，当强度相差不超过两个等级时，已有采用较低强度等级的梁板混凝土浇筑核心区（直接浇筑或采取必要加强措施）的实践，但必须经设计和有关单位协商认可。

13.8.10 混凝土施工缝留置的具体位置和浇筑应符合本规程和有关现行国家标准的规定。

13.8.11 后浇带留置及不同类型后浇带的混凝土浇筑时间，应符合设计要求。提高后浇带混凝土一个强度等级是出于对该部位的加强，也是目前的通常做法。

13.8.12 混凝土结构允许偏差主要根据现行国家标准《混凝土结构工程施工质量验收规范》GB 50204的有关规定，其中截面尺寸和表面平整的抹灰部分系指采用中、小型模板的允许偏差，不抹灰部分系指采用大模板及爬模工艺的允许偏差。

13.9 大体积混凝土施工

13.9.1 大体积混凝土指混凝土结构物实体最小尺寸不小于1m的大体量混凝土，或预计会因混凝土中胶凝材料水化引起的温度变化和收缩而导致有害裂缝产生的混凝土。高层建筑底板、转换层及梁柱构件中，属于大体积混凝土范畴的很多，因此本规程将大体积混凝土施工单独成节，以明确其主要要求。

超长结构目前没有明确定义。本节所述超长结构，通常指平面尺寸大于本规程第3.4.12条规定的伸缩缝间距的结构。

本条强调大体积混凝土与超长结构混凝土施工前应编制专项施工方案，施工方案应进行必要的温控计算，并明确控制大体积混凝土裂缝的措施。

13.9.3 大体积混凝土由于水化热产生的内外温差和混凝土收缩变形大，易产生裂缝。预防大体积混凝土裂缝应从设计构造、原材料、混凝土配合比、浇筑等方面采取综合措施。大体积基础底板、外墙混凝土可采用混凝土 60d 或 90d 强度，并采用相应的配合比，延缓混凝土水化热的释放，减少混凝土温度应力裂缝，但应由设计单位认可，并满足施工荷载的要求。

13.9.4 对大体积混凝土与超长结构混凝土原材料及配合比提出要求。

13.9.5 对大体积混凝土浇筑、振捣提出相关要求。

13.9.6 对大体积混凝土养护、测温提出相关要求。养护、测温的根本目的是控制混凝土内外温差。养护方法应考虑季节性特点。测温可采用人工测量、记录，目前很多工程已成功采用预埋温度电偶并利用计算机进行自动测温记录。测温结果应及时向有关技术人员报告，温差超出规定范围时应采取相应措施。

13.9.7 在超长结构混凝土施工中，采用留后浇带或跳仓法施工是防止和控制混凝土裂缝的主要措施之一。跳仓浇筑间隔时间不宜少于 7d。

13.10 混合结构施工

13.10.1 列举出混合结构的钢结构、混凝土结构、型钢混凝土结构等施工应符合的有关标准规范。

13.10.2 混合结构具有工序多、流程复杂、协同作业要求高等特点，施工中应加强各专业之间的协调与配合。

13.10.3 钢结构深化设计图是在工程施工图的基础上，考虑制作安装因素，将各专业所需要的埋件及孔洞，集中反映到构件加工详图上的技术文件。

钢结构深化设计应在钢结构施工图完成之后进行，根据施工图提供的构件位置、节点构造、构件安装内力及其他影响等，为满足加工要求形成构件加工图，并提交原设计单位确认。

13.10.4～13.10.6 明确了混合结构及其构件的施工顺序。

13.10.7 对钢框架-钢筋混凝土筒体结构施工提出进行结构时变分析要求，并控制变形差。

13.10.8～13.10.13 提出了钢管混凝土、型钢混凝土框架-钢筋混凝土筒体结构施工应注意的重点环节。

13.11 复杂混凝土结构施工

13.11.1 为保证复杂混凝土结构工程质量和施工安全，应编制专项施工方案。

13.11.2 提出了混凝土结构转换层、加强层的施工要求。需要注意的是，应根据转换层、加强层自重大的特点，对支撑体系设计和荷载传递路径等关键环节进行重点控制。

13.11.3～13.11.5 提出了悬挑结构、大底盘多塔楼结构、塔楼连接体的施工要求。

13.12 施工安全

13.12.1 列出高层建筑施工安全应遵守的技术规范、规程。

13.12.2 附着式整体爬升脚手架应采用经住房和城乡建设部组织鉴定并发放生产和使用证的产品，并具有当地建筑安全监督管理部门发放的产品准用证。

13.12.3 高层建筑施工现场避雷要求高，避雷系统应覆盖整个施工现场。

13.12.4 高层建筑施工应严防高空坠落。安全网除应随施工楼层架设外，尚应在首层和每隔四层各设一道。

13.12.5 钢模板的吊装、运输、装拆、存放，必须稳固。模板安装就位后，应注意接地。

13.12.6 提出脚手架和工作平台施工安全要求。

13.12.7 提出高层建筑施工中上、下楼层通信联系要求。

13.12.8 提出施工现场防止火灾的消防设施要求。

13.12.9 对油漆和涂料的施工提出防火要求。

13.13 绿色施工

13.13.1 对高层建筑施工组织设计和方案提出绿色施工及其培训的要求。

13.13.2 提出了混凝土耐久性和环保要求。

13.13.3～13.13.7 针对高层建筑施工，提出“四节一环保”要求。第 13.13.7 条的降尘措施如洒水、地面硬化、围档、密网覆盖、封闭等；降噪措施包括：尽量使用低噪声机具，对噪声大的机械合理安排位置，采用吸声、消声、隔声、隔振等措施等。

附录 D 墙体稳定验算

根据国内研究成果并与德国《混凝土与钢筋混凝土结构设计和施工规范》DIN1045 的比较表明，对不同支承条件弹性墙肢的临界荷载，可表达为统一形式：

$$q_{cr}=\frac{\pi^2 E_c t^3}{12 l_0^2} \tag{7}$$

其中，计算长度 l_0 取为 βh，β 为计算长度系数，可根据墙肢的支承条件确定；h 为层高。

考虑到混凝土材料的弹塑性、荷载的长期性以及荷载偏心距等因素的综合影响，要求墙顶的竖向均布线荷载设计值不大于 $q_{cr}/8$，即 $\frac{E_c t^3}{10(\beta h)^2}$。为保证安全，对 T 形、L 形、槽形和工字形剪力墙各墙肢，本附录第 D.0.3 条规定的计算长度系数大于理论值。

当剪力墙的截面高度或宽度较小且层高较大时，其整体失稳可能先于各墙肢局部失稳，因此本附录第D.0.4条规定，对截面高度或宽度小于截面厚度的2倍和800mm的T形、L形、槽形和工字形剪力墙，除按第D.0.1～D.0.3条规定验算墙肢局部稳定外，尚宜验算剪力墙的整体稳定性。

附录F 圆形钢管混凝土构件设计

F.1 构件设计

F.1.1 本规程对圆型钢管混凝土柱承载力的计算采用基于实验的极限平衡理论，参见蔡绍怀著《现代钢管混凝土结构》(人民交通出版社，北京，2003)，其主要特点是：

1) 不以柱的某一临界截面作为考察对象，而以整长的钢管混凝土柱，即所谓单元柱，作为考察对象，视之为结构体系的基本元件。

2) 应用极限平衡理论中的广义应力和广义应变概念，在试验观察的基础上，直接探讨单元柱在轴力N和柱端弯矩M这两个广义力共同作用下的广义屈服条件。

本规程将长径比L/D不大于4的钢管混凝土柱定义为短柱，可忽略其受压极限状态的压曲效应（即P-δ效应）影响，其轴心受压的破坏荷载（最大荷载）记为N_0，是钢管混凝土柱承载力计算的基础。

短柱轴心受压极限承载力N_0的计算公式(F.1.2-2)、(F.1.2-3)系在总结国内外约480个试验资料的基础上，用极限平衡法导得的。试验结果和理论分析表明，该公式对于(a)钢管与核心混凝土同时受载，(b)仅核心混凝土直接受载，(c)钢管在弹性极限内预先受载，然后再与核心混凝土共同受载等加载方式均适用。

公式(F.1.2-2)、(F.1.2-3)右端的系数0.9，是参照现行国家标准《混凝土结构设计规范》GB 50010，为提高包括螺旋箍筋柱在内的各种钢筋混凝土受压构件的安全度而引入的附加系数。

公式(F.1.2-1)的双系数乘积规律是根据中国建筑科学研究院的系列试验结果确定的。经用国内外大量试验结果（约360个）复核，证明该公式与试验结果符合良好。在压弯柱的承载力计算中，采用该公式后，可避免求解M-N相关方程，从而使计算大为简化，用双系数表达的承载力变化规律也更为直观。

值得强调指出，套箍效应使钢管混凝土柱的承载力较普通钢筋混凝土柱有大幅度提高（可达30%～50%），相应地，在使用荷载下的材料使用应力也有同样幅度的提高。经试验观察和理论分析证明，在规程规定的套箍指标θ不大于3和规程所设置的安全度水平内，钢管混凝土柱在使用荷载下仍然处于弹性工作阶段，符合极限状态设计原则的基本要求，不会影响其使用质量。

F.1.3 由极限平衡理论可知，钢管混凝土标准单元柱在轴力N和端弯矩M共同作用下的广义屈服条件，在M-N直角坐标系中是一条外凸曲线，并可足够精确地简化为两条直线AB和BC（图18）。其中A为轴心受压；C为纯弯受力状态，由试验数据得纯弯时的抗弯强度取$M_0=0.3N_0r_c$；B为大小偏心受压的分界点，$\frac{e_0}{r_c}=1.55$，$M_u=M_l=0.4N_0r_c$。

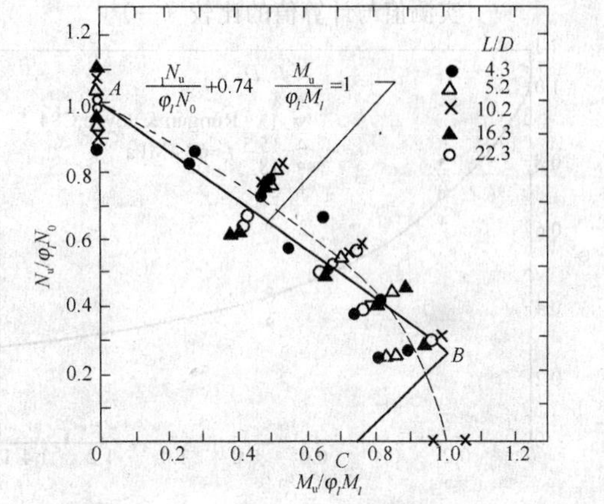

$\frac{N_u}{\varphi_l N_0}+0.74\frac{M_u}{\varphi_l M_l}=1$
A
B
C
L/D
4.3
5.2
10.2
16.3
22.3
$N_u/\varphi_l N_0$
$M_u/\varphi_l M_l$

图18 M-N相关曲线（根据中国建筑科学研究院的试验资料）

定义$\varphi_e=\frac{N_u}{\varphi_l N_0}$，经简单变换后，即得：

$$AB段\quad\left(\frac{e_0}{r_c}<1.55\right),\quad \varphi_e=\frac{N_u}{\varphi_l N_0}=\frac{1}{1+1.85\frac{e_0}{r_c}} \tag{8}$$

$$BC段\quad\left(\frac{e_0}{r_c}\geqslant 1.55\right),\quad \varphi_e=\frac{N_u}{\varphi_l N_0}=\frac{0.3}{\frac{e_0}{r_c}-0.4} \tag{9}$$

此即公式(F.1.3-1)和(F.1.3-3)。

公式(F.1.3-1)与试验实测值的比较见图19～图21。

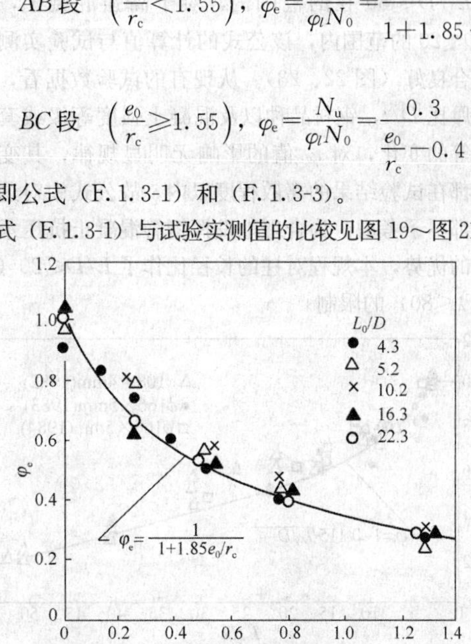

L_0/D
4.3
5.2
10.2
16.3
22.3
$\varphi_e=\frac{1}{1+1.85e_0/r_c}$
φ_e
e_0/r_c

图19 折减系数φ_e与偏心率的相关曲线（根据中国建筑科学研究院的试验资料）

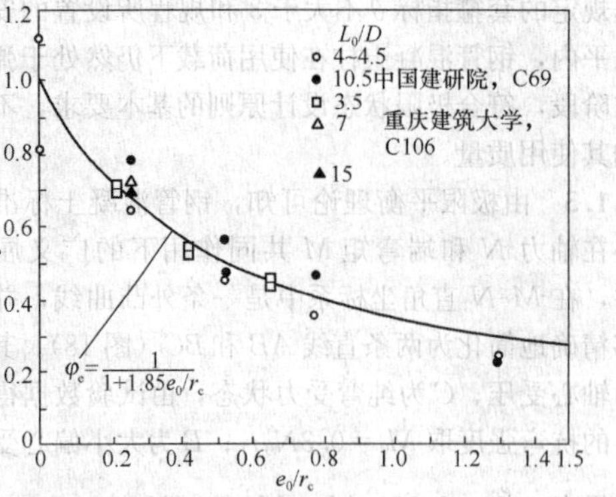

L_0/D
○ 4~4.5
● 10.5中国建研院，C69
□ 3.5
△ 7
重庆建筑大学，C106
▲ 15
$\varphi_e=\frac{1}{1+1.85e_0/r_c}$
φ_e
e_0/r_c

图 20　钢管高强混凝土柱折减系数 φ_e

实测值与计算值的比较（一）

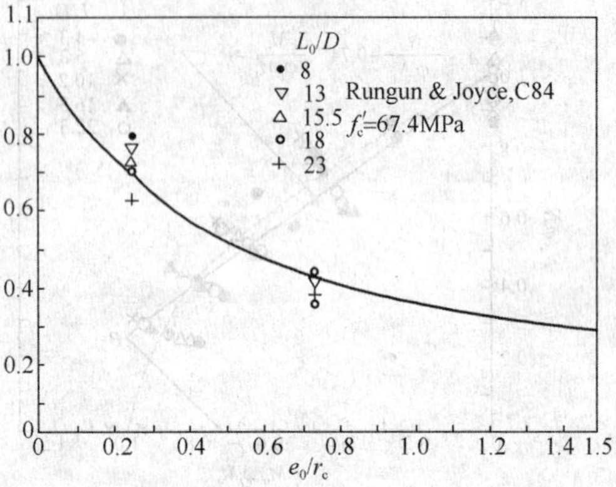

L_0/D
● 8
▽ 13
△ 15.5
○ 18
+ 23
Rungun & Joyce,C84
f_c'=67.4MPa
φ_e
e_0/r_c

图 21　钢管高强混凝土柱折减系数 φ_e

实测值与计算值的比较（二）

F.1.4　规程公式（F.1.4-1）是总结国内外大量试验结果（约 340 个）得出的经验公式。对于普通混凝土，$L_0/D\leqslant50$ 在的范围内，对于高强混凝土，在 $L_0/D\leqslant20$ 的范围内，该公式的计算值与试验实测值均符合良好（图 22、23）。从现有的试验数据看，钢管径厚比 D/t，钢材品种以及混凝土强度等级或套箍指标等的变化，对 φ_l 值的影响无明显规律，其变化幅度都在试验结果的离散程度以内，故公式中对这些因素都不予考虑。为合理地发挥钢管混凝土抗压承载能力的优势，本规程对柱的长径比作了 $L/D\leqslant20$（长细比 $\lambda\leqslant80$）的限制。

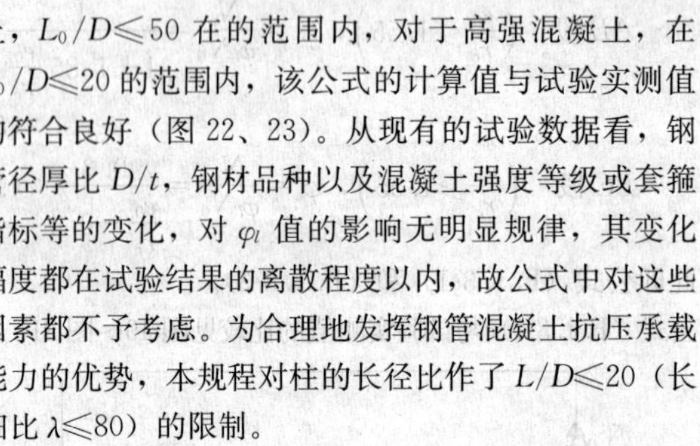

△φ108×4mm(1982)
●φ166×5mm(1983)
□φ166×5mm(1984)
$\varphi_l=1-0.115\sqrt{L_0/D-4}$
φ_l
L_0/D

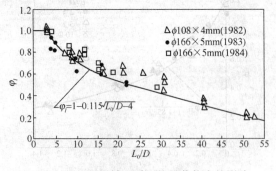

图 22　长细比对轴心受压柱承载能力的影响

（中国建筑科学研究院结构所的试验）

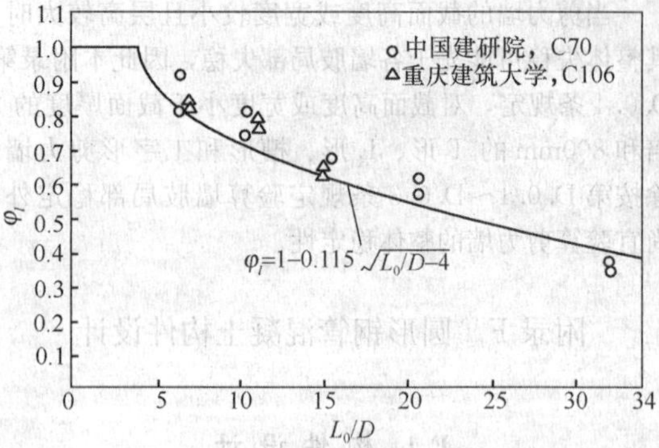

○ 中国建研院，C70
△ 重庆建筑大学，C106
$\varphi_l=1-0.115\sqrt{L_0/D-4}$
φ_l
L_0/D

图 23　考虑长细比影响的折减系数试验值

与计算曲线比较（高强混凝土）

F.1.5、F.1.6　本条的等效计算长度考虑了柱端约束条件（转动和侧移）和沿柱身弯矩分布梯度等因素对柱承载力的影响。

柱端约束条件的影响，借引入“计算长度”的办法予以考虑，与现行国家标准《钢结构设计规范》GB 50017 所采用的办法完全相同。

为考虑沿柱身弯矩分布梯度的影响，在实用上可采用等效标准单元柱的办法予以考虑。即将各种一次弯矩分布图不为矩形的两端铰支柱以及悬臂柱等非标准柱转换为具有相同承载力的一次弯矩分布图呈矩形的等效标准柱。我国现行国家标准《钢结构设计规范》GB 50017 和国外的一些结构设计规范，例如美国 ACI 混凝土结构规范，采用的是等效弯矩法，即将非标准柱的较大端弯矩予以缩减，取等效弯矩系数 c 不大于 1，相应的柱长保持不变（图 24a）；本规程采用的则是等效长度法，即将非标准柱的长度予以缩减，取等效长度系数 k 不大于 1，相应的柱端较大弯矩 M_2 保持不变（图 24b）。两种处理办法的效果应该是相同的。本规程采用等效长度法，在概念上更为直观，对于在实验中观察到的双曲压弯下的零挠度点漂移现象，更易于解释。

本条所列的等效长度系数公式，是根据中国建筑科学研究院专门的试验结果建立的经验公式。

F.1.7　虽然钢管混凝土柱的优势在抗压，只宜作受压构件，但在个别特殊工况下，钢管混凝土柱也可能有处于拉弯状态的时候。为验算这种工况下的安全性，本规程假定钢管混凝土柱的 N-M 曲线在拉弯区为直线，给出了以钢管混凝土纯弯状态和轴心受拉状态时的承载力为基础的相关公式，其中纯弯承载力与压弯公式中的纯弯承载力相同，轴心受拉承载力仅考虑钢管的作用。

F.1.8、F.1.9　钢管混凝土中的钢管，是一种特殊形式的配筋，系三维连续的配筋场，既是纵筋，又是横向箍筋，无论构件受到压、拉、弯、剪、扭等何种作用，钢管均可随着应变场的变化而自行调节变换其配筋功能。一般情况下，钢管混凝土柱主要受压弯作

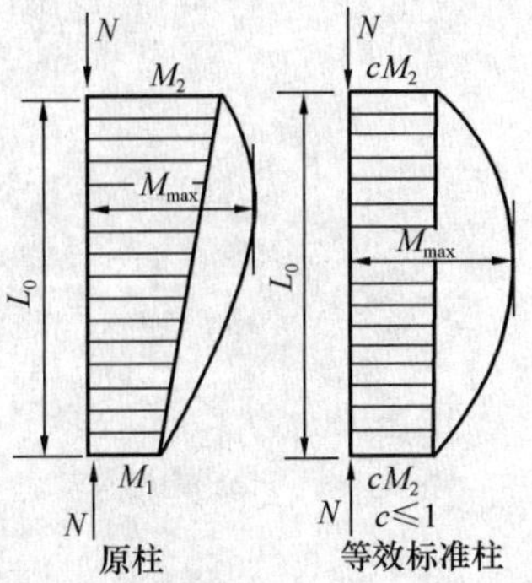
N
M_2
M_{max}
L_0
M_1
N
原柱
N
cM_2
M_{max}
L_0
cM_2
N
$c\leqslant1$
等效标准柱
(a) 等效弯矩法

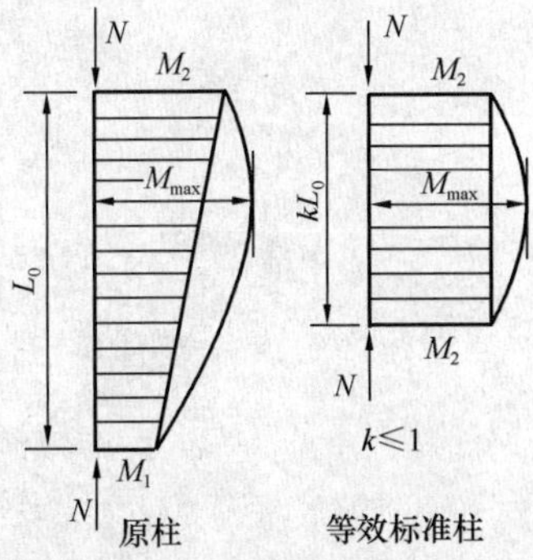
N
M_2
M_{max}
L_0
M_1
N
原柱
N
M_2
M_{max}
kL_0
M_2
N
$k\leqslant1$
等效标准柱
(b) 等效长度法

图 24　非标准单元柱的两种等效转换法

用，在按压弯构件确定了柱的钢管规格和套箍指标后，其抗剪配筋场亦相应确定，无须像普通钢筋混凝土构件那样另做抗剪配筋设计。以往的试验观察表明，钢管混凝土柱在剪跨柱径比 a/D 大于 2 时，都是弯曲型破坏。在一般建筑工程中的钢管混凝土框架柱，其高度与柱径之比（即剪跨柱径比）大都在 3 以上，横向抗剪问题不突出。在某些情况下，例如钢管混凝土柱之间设有斜撑的节点处，大跨重载梁的梁柱节点区等，仍可能出现影响设计的钢管混凝土小剪跨抗剪问题。为解决这一问题，中国建筑科学研究院进行了专门的抗剪试验研究，本条的计算公式（F.1.9-1）和（F.1.9-2）即系根据这批试验结果提出的，适用于横向剪力以压力方式作用于钢管外壁的情况。

F.1.10～F.1.12　众所周知，对混凝土配置螺旋箍筋或横向方格钢筋网片，形成所谓套箍混凝土，可显著提高混凝土的局部承压强度。钢管混凝土是一种特殊形式的套箍混凝土，其钢管具有类似螺旋箍筋的功能，显然也应具有较高的局部承压强度。钢管混凝土的局部承压可分为中央部位的局部承压和组合界面附近的局部承压两类。中国建筑科学研究院的试验研究表明，在上述两类局部承压下的钢管混凝土强度提高系数亦服从与面积比的平方根成线性关系的规律。

第 F.1.12 条的公式可用于抗剪连接件的承载力计算，其中所指的柔性抗剪连接件包括节点构造中采用的内加强环、环形隔板、钢筋环和焊钉等。至于内衬管段和穿心牛腿（承重销）则应视为刚性抗剪连接件。

当局压强度不足时，可将局压区段管壁加厚予以补强，这比局部配置螺旋箍筋更简便些。局压区段的长度可取为钢管直径的 1.5 倍。

F.2　连 接 设 计

F.2.1　外加强环可以拼接，拼接处的对接焊缝必须与母材等强。

F.2.2　采用内加强环连接时，梁与柱之间最好通过悬臂梁段连接。悬臂梁段在工厂与钢管采用全焊连接，即梁翼缘与钢管壁采用全熔透坡口焊缝连接、梁腹板与为钢管壁采用角焊缝连接；悬臂梁段在现场与梁拼接，可以采用栓焊连接，也可以采用全螺栓连接。采用不等截面悬臂梁段，即翼缘端部加宽或腹板加腋或同时翼缘端部加宽和腹板加腋，可以有效转移塑性铰，避免悬臂梁段与钢管的连接破坏。

F.2.3　本规程中钢筋混凝土梁与钢管混凝土柱的连接方式分别针对管外剪力传递和管外弯矩传递两个方面做了具体规定，在相应条文的图示中只针对剪力传递或弯矩传递的一个方面做了表示，工程中的连接节点可以根据工程特点采用不同的剪力和弯矩传递方式进行组合。

F.2.8　井字双梁与钢管之间浇筑混凝土，是为了确保节点上各梁端的不平衡弯矩能传递给柱。

F.2.9　规定了钢筋混凝土环梁的构造要求，目的是使框架梁端弯矩能平稳地传递给钢管混凝土柱，并使环梁不先于框架梁端出现塑性铰。

F.2.10　“穿筋单梁”节点增设内衬管或外套管，是为了弥补钢管开孔所造成的管壁削弱。穿筋后，孔与筋的间隙可以补焊。条件许可时，框架梁端可水平加腋，并令梁的部分纵筋从柱侧绕过，以减少穿筋的数量。

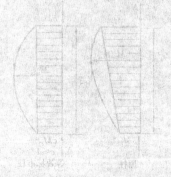

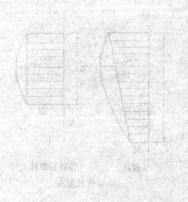

中华人民共和国行业标准

严寒和寒冷地区居住建筑节能设计标准

Design standard for energy efficiency of residential buildings in severe cold and cold zones

JGJ 26—2010

批准部门：中华人民共和国住房和城乡建设部
施行日期：2 0 1 0 年 8 月 1 日

中华人民共和国住房和城乡建设部
公　　告

第522号

关于发布行业标准《严寒和寒冷地区居住建筑节能设计标准》的公告

现批准《严寒和寒冷地区居住建筑节能设计标准》为行业标准，编号为JGJ 26－2010，自2010年8月1日起实施。其中，第4.1.3、4.1.4、4.2.2、4.2.6、5.1.1、5.1.6、5.2.4、5.2.9、5.2.13、5.2.19、5.2.20、5.3.3、5.4.3、5.4.8条为强制性条文，必须严格执行。原《民用建筑节能设计标准（采暖居住建筑部分）》JGJ 26－95同时废止。

本标准由我部标准定额研究所组织中国建筑工业出版社出版发行。

中华人民共和国住房和城乡建设部

2010年3月18日

前　　言

根据原建设部《关于印发〈2005年度工程建设国家标准制订、修订计划〉的通知》（建标函［2005］84号）的要求，标准编制组经广泛调查研究，认真总结实践经验，参考有关国际标准和国外先进标准，并在广泛征求意见的基础上，对《民用建筑节能设计标准（采暖居住建筑部分）》JGJ 26－95进行了修订，并更名为《严寒和寒冷地区居住建筑节能设计标准》。

本标准的主要技术内容是：总则，术语和符号，严寒和寒冷地区气候子区与室内热环境计算参数，建筑与围护结构热工设计，采暖、通风和空气调节节能设计等。

本标准修订的主要技术内容是：根据建筑节能的需要，确定了标准的适用范围和新的节能目标；采用度日数作为气候子区的分区指标，确定了建筑围护结构规定性指标的限值要求，并注意与原有标准的衔接；提出了针对不同保温构造的热桥影响的新评价指标，明确了使用适应供热体制改革需求的供热节能措施；鼓励使用可再生能源。

本标准中以黑体字标志的条文为强制性条文，必须严格执行。

本标准由住房与城乡建设部负责管理和对强制性条文的解释，由中国建筑科学研究院负责具体技术内容的解释。执行过程中如有意见或建议，请寄送中国建筑科学研究院（地址：北京市北三环东路30号，邮政编码100013）。

本标准主编单位：中国建筑科学研究院

本标准参编单位：中国建筑业协会建筑节能专业委员会
哈尔滨工业大学
中国建筑西北设计研究院
中国建筑设计研究院
中国建筑东北设计研究院有限责任公司
吉林省建筑设计院有限责任公司
北京市建筑设计研究院
西安建筑科技大学
哈尔滨天硕建材工业有限公司
北京振利高新技术有限公司
BASF（中国）有限公司
欧文斯科宁（中国）投资有限公司
中国南玻集团股份有限公司
秦皇岛耀华玻璃股份有限公司
乐意涂料（上海）有限公司

本标准主要起草人员：林海燕　郎四维　涂逢祥　方修睦　陆耀庆　潘云钢　金丽娜　吴雪岭　卜一秋　闫增峰　周　辉　董　宏　朱清宇　康玉范　林燕成　王　稚　许武毅　李西平　邓　威

本标准主要审查人员：吴德绳　许文发　徐金泉　杨善勤　李娥飞　屈兆焕　陶乐然　栾景阳　刘振河

目次

Contents

1 总 则

1.0.1 为贯彻国家有关节约能源、保护环境的法律、法规和政策，改善严寒和寒冷地区居住建筑热环境，提高采暖的能源利用效率，制定本标准。

1.0.2 本标准适用于严寒和寒冷地区新建、改建和扩建居住建筑的节能设计。

1.0.3 严寒和寒冷地区居住建筑必须采取节能设计，在保证室内热环境质量的前提下，建筑热工和暖通设计应将采暖能耗控制在规定的范围内。

1.0.4 严寒和寒冷地区居住建筑的节能设计，除应符合本标准的规定外，尚应符合国家现行有关标准的规定。

2 术语和符号

2.1 术 语

2.1.1 采暖度日数 heating degree day based on 18℃

一年中，当某天室外日平均温度低于 18℃时，将该日平均温度与 18℃的差值乘以 1d，并将此乘积累加，得到一年的采暖度日数。

2.1.2 空调度日数 cooling degree day based on 26℃

一年中，当某天室外日平均温度高于 26℃时，将该日平均温度与 26℃的差值乘以 1d，并将此乘积累加，得到一年的空调度日数。

2.1.3 计算采暖期天数 heating period for calculation

采用滑动平均法计算出的累年日平均温度低于或等于 5℃的天数。计算采暖期天数仅供建筑节能设计计算时使用，与当地法定的采暖天数不一定相等。

2.1.4 计算采暖期室外平均温度 mean outdoor temperature during heating period

计算采暖期室外日平均温度的算术平均值。

2.1.5 建筑体形系数 shape factor

建筑物与室外大气接触的外表面积与其所包围的体积的比值。外表面积中，不包括地面和不采暖楼梯间内墙及户门的面积。

2.1.6 建筑物耗热量指标 index of heat loss of building

在计算采暖期室外平均温度条件下，为保持室内设计计算温度，单位建筑面积在单位时间内消耗的需由室内采暖设备供给的热量。

2.1.7 围护结构传热系数 heat transfer coefficient of building envelope

在稳态条件下，围护结构两侧空气温差为 1℃，在单位时间内通过单位面积围护结构的传热量。

2.1.8 外墙平均传热系数 mean heat transfer coefficient of external wall

考虑了墙上存在的热桥影响后得到的外墙传热系数。

2.1.9 围护结构传热系数的修正系数 modification coefficient of building envelope

考虑太阳辐射对围护结构传热的影响而引进的修正系数。

2.1.10 窗墙面积比 window to wall ratio

窗户洞口面积与房间立面单元面积（即建筑层高与开间定位线围成的面积）之比。

2.1.11 锅炉运行效率 efficiency of boiler

采暖期内锅炉实际运行工况下的效率。

2.1.12 室外管网热输送效率 efficiency of network

管网输出总热量与输入管网的总热量的比值。

2.1.13 耗电输热比 ratio of electricity consumption to transferied heat quantity

在采暖室内外计算温度下，全日理论水泵输送耗电量与全日系统供热量比值。

2.2 符 号

2.2.1 气象参数

$HDD18$——采暖度日数，单位：℃·d；

$CDD26$——空调度日数，单位：℃·d；

Z——计算采暖期天数，单位：d；

t_e——计算采暖期室外平均温度，单位：℃。

2.2.2 建筑物

S——建筑体形系数，单位：1/m；

q_H——建筑物耗热量指标，单位：W/m²；

K——围护结构传热系数，单位：W/(m²·K)；

K_m——外墙平均传热系数，单位：W/(m²·K)；

ε_i——围护结构传热系数的修正系数，无因次。

2.2.3 采暖系统

η_1——室外管网热输送效率，无因次；

η_2——锅炉运行效率，无因次；

EHR——耗电输热比，无因次。

3 严寒和寒冷地区气候子区与室内热环境计算参数

3.0.1 依据不同的采暖度日数（$HDD18$）和空调度日数（$CDD26$）范围，可将严寒和寒冷地区进一步划分成为表 3.0.1 所示的 5 个气候子区。

表 3.0.1 严寒和寒冷地区居住建筑节能设计气候子区

气候子区		分区依据
严寒地区（Ⅰ区）	严寒(A)区	6000≤*HDD*18
	严寒(B)区	5000≤*HDD*18<6000
	严寒(C)区	3800≤*HDD*18<5000
寒冷地区（Ⅱ区）	寒冷(A)区	2000≤*HDD*18<3800，*CDD*26≤90
	寒冷(B)区	2000≤*HDD*18<3800，*CDD*26>90

3.0.2 室内热环境计算参数的选取应符合下列规定：

1 冬季采暖室内计算温度应取 18℃；

2 冬季采暖计算换气次数应取 0.5h^{-1}。

4 建筑与围护结构热工设计

4.1 一般规定

4.1.1 建筑群的总体布置，单体建筑的平面、立面设计和门窗的设置，应考虑冬季利用日照并避开冬季主导风向。

4.1.2 建筑物宜朝向南北或接近朝向南北。建筑物不宜设有三面外墙的房间，一个房间不宜在不同方向的墙面上设置两个或更多的窗。

4.1.3 严寒和寒冷地区居住建筑的体形系数不应大于表 4.1.3 规定的限值。当体形系数大于表 4.1.3 规定的限值时，必须按照本标准第 4.3 节的要求进行围护结构热工性能的权衡判断。

表 4.1.3 严寒和寒冷地区居住建筑的体形系数限值

	建筑层数			
	≤3 层	(4～8)层	(9～13)层	≥14 层
严寒地区	0.50	0.30	0.28	0.25
寒冷地区	0.52	0.33	0.30	0.26

4.1.4 严寒和寒冷地区居住建筑的窗墙面积比不应大于表 4.1.4 规定的限值。当窗墙面积比大于表 4.1.4 规定的限值时，必须按照本标准第 4.3 节的要求进行围护结构热工性能的权衡判断，并且在进行权衡判断时，各朝向的窗墙面积比最大也只能比表 4.1.4 中的对应值大 0.1。

表 4.1.4 严寒和寒冷地区居住建筑的窗墙面积比限值

朝向	窗墙面积比	
	严寒地区	寒冷地区
北	0.25	0.30
东、西	0.30	0.35
南	0.45	0.50

注：1 敞开式阳台的阳台门上部透明部分应计入窗户面积，下部不透明部分不应计入窗户面积。

2 表中的窗墙面积比应按开间计算。表中的“北”代表从北偏东小于 60°至北偏西小于 60°的范围；“东、西”代表从东或西偏北小于等于 30°至偏南小于 60°的范围；“南”代表从南偏东小于等于 30°至偏西小于等于 30°的范围。

4.1.5 楼梯间及外走廊与室外连接的开口处应设置窗或门，且该窗和门应能密闭。严寒(A)区和严寒(B)区的楼梯间宜采暖，设置采暖的楼梯间的外墙和外窗应采取保温措施。

4.2 围护结构热工设计

4.2.1 我国严寒和寒冷地区主要城市气候分区区属以及采暖度日数（*HDD*18）和空调度日数（*CDD*26）应按本标准附录 A 的规定确定。

4.2.2 根据建筑物所处城市的气候分区区属不同，建筑围护结构的传热系数不应大于表 4.2.2-1～表 4.2.2-5 规定的限值，周边地面和地下室外墙的保温材料层热阻不应小于表 4.2.2-1～表 4.2.2-5 规定的限值，寒冷(B)区外窗综合遮阳系数不应大于表 4.2.2-6 规定的限值。当建筑围护结构的热工性能参数不满足上述规定时，必须按照本标准第 4.3 节的规定进行围护结构热工性能的权衡判断。

表 4.2.2-1 严寒(A)区围护结构热工性能参数限值

围护结构部位		传热系数 K[W/(m²·K)]		
		≤3 层建筑	(4～8)层的建筑	≥9 层建筑
屋面		0.20	0.25	0.25
外墙		0.25	0.40	0.50
架空或外挑楼板		0.30	0.40	0.40
非采暖地下室顶板		0.35	0.45	0.45
分隔采暖与非采暖空间的隔墙		1.2	1.2	1.2
分隔采暖与非采暖空间的户门		1.5	1.5	1.5
阳台门下部门芯板		1.2	1.2	1.2
外窗	窗墙面积比≤0.2	2.0	2.5	2.5
	0.2<窗墙面积比≤0.3	1.8	2.0	2.2
	0.3<窗墙面积比≤0.4	1.6	1.8	2.0
	0.4<窗墙面积比≤0.45	1.5	1.6	1.8
围护结构部位		保温材料层热阻 R[(m²·K)/W]		
周边地面		1.70	1.40	1.10
地下室外墙(与土壤接触的外墙)		1.80	1.50	1.20

表 4.2.2-2 严寒(B)区围护结构热工性能参数限值

围护结构部位		传热系数 K[W/(m²·K)]		
		≤3 层建筑	(4～8)层的建筑	≥9 层建筑
屋面		0.25	0.30	0.30
外墙		0.30	0.45	0.55
架空或外挑楼板		0.30	0.45	0.45
非采暖地下室顶板		0.35	0.50	0.50
分隔采暖与非采暖空间的隔墙		1.2	1.2	1.2
分隔采暖与非采暖空间的户门		1.5	1.5	1.5
阳台门下部门芯板		1.2	1.2	1.2
外窗	窗墙面积比≤0.2	2.0	2.5	2.5
	0.2<窗墙面积比≤0.3	1.8	2.2	2.2
	0.3<窗墙面积比≤0.4	1.6	1.9	2.0
	0.4<窗墙面积比≤0.45	1.5	1.7	1.8
围护结构部位		保温材料层热阻 R[(m²·K)/W]		
周边地面		1.40	1.10	0.83
地下室外墙(与土壤接触的外墙)		1.50	1.20	0.91

表 4.2.2-3　严寒(C)区围护结构热工性能参数限值

围护结构部位		传热系数 K[W/(m²·K)]		
		≤3层建筑	(4~8)层的建筑	≥9层建筑
屋　面		0.30	0.40	0.40
外　墙		0.35	0.50	0.60
架空或外挑楼板		0.35	0.50	0.50
非采暖地下室顶板		0.50	0.60	0.60
分隔采暖与非采暖空间的隔墙		1.5	1.5	1.5
分隔采暖与非采暖空间的户门		1.5	1.5	1.5
阳台门下部门芯板		1.2	1.2	1.2
外窗	窗墙面积比≤0.2	2.0	2.5	2.5
	0.2＜窗墙面积比≤0.3	1.8	2.2	2.2
	0.3＜窗墙面积比≤0.4	1.6	2.0	2.0
	0.4＜窗墙面积比≤0.45	1.5	1.8	1.8
围护结构部位		保温材料层热阻 R[(m²·K)/W]		
周边地面		1.10	0.83	0.56
地下室外墙(与土壤接触的外墙)		1.20	0.91	0.61

表 4.2.2-4　寒冷(A)区围护结构热工性能参数限值

围护结构部位		传热系数 K[W/(m²·K)]		
		≤3层建筑	(4~8)层的建筑	≥9层建筑
屋　面		0.35	0.45	0.45
外　墙		0.45	0.60	0.70
架空或外挑楼板		0.45	0.60	0.60
非采暖地下室顶板		0.50	0.65	0.65
分隔采暖与非采暖空间的隔墙		1.5	1.5	1.5
分隔采暖与非采暖空间的户门		2.0	2.0	2.0
阳台门下部门芯板		1.7	1.7	1.7
外窗	窗墙面积比≤0.2	2.8	3.1	3.1
	0.2＜窗墙面积比≤0.3	2.5	2.8	2.8
	0.3＜窗墙面积比≤0.4	2.0	2.5	2.5
	0.4＜窗墙面积比≤0.5	1.8	2.0	2.3
围护结构部位		保温材料层热阻 R[(m²·K)/W]		
周边地面		0.83	0.56	—
地下室外墙(与土壤接触的外墙)		0.91	0.61	—

表 4.2.2-5　寒冷(B)区围护结构热工性能参数限值

围护结构部位		传热系数 K[W/(m²·K)]		
		≤3层建筑	(4~8)层的建筑	≥9层建筑
屋　面		0.35	0.45	0.45
外　墙		0.45	0.60	0.70
架空或外挑楼板		0.45	0.60	0.60
非采暖地下室顶板		0.50	0.65	0.65
分隔采暖与非采暖空间的隔墙		1.5	1.5	1.5
分隔采暖与非采暖空间的户门		2.0	2.0	2.0
阳台门下部门芯板		1.7	1.7	1.7

续表 4.2.2-5

围护结构部位		传热系数 K[W/(m²·K)]		
		≤3层建筑	(4~8)层的建筑	≥9层建筑
外窗	窗墙面积比≤0.2	2.8	3.1	3.1
	0.2＜窗墙面积比≤0.3	2.5	2.8	2.8
	0.3＜窗墙面积比≤0.4	2.0	2.5	2.5
	0.4＜窗墙面积比≤0.5	1.8	2.0	2.3
围护结构部位		保温材料层热阻 R[(m²·K)/W]		
周边地面		0.83	0.56	—
地下室外墙(与土壤接触的外墙)		0.91	0.61	—

注：周边地面和地下室外墙的保温材料层不包括土壤和混凝土地面。

表 4.2.2-6　寒冷(B)区外窗综合遮阳系数限值

围护结构部位		遮阳系数 SC(东、西向/南、北向)		
		≤3层建筑	(4~8)层的建筑	≥9层建筑
外窗	窗墙面积比≤0.2	—/—	—/—	—/—
	0.2＜窗墙面积比≤0.3	—/—	—/—	—/—
	0.3＜窗墙面积比≤0.4	0.45/—	0.45/—	0.45/—
	0.4＜窗墙面积比≤0.5	0.35/—	0.35/—	0.35/—

4.2.3　围护结构热工性能参数计算应符合下列规定：

1　外墙的传热系数系指考虑了热桥影响后计算得到的平均传热系数，平均传热系数应按本标准附录B的规定计算。

2　窗墙面积比应按建筑开间计算。

3　周边地面是指室内距外墙内表面2m以内的地面，周边地面的传热系数应按本标准附录C的规定计算。

4　窗的综合遮阳系数应按下式计算：

$$SC = SC_C \times SD = SC_B \times (1 - F_K/F_C) \times SD \tag{4.2.3}$$

式中：SC——窗的综合遮阳系数；

SC_C——窗本身的遮阳系数；

SC_B——玻璃的遮阳系数；

F_K——窗框的面积；

F_C——窗的面积，F_K/F_C为窗框面积比，PVC塑钢窗或木窗窗框面积比可取0.30，铝合金窗窗框面积比可取0.20；

SD——外遮阳的遮阳系数，应按本标准附录D的规定计算。

4.2.4　寒冷(B)区建筑的南向外窗(包括阳台的透明部分)宜设置水平遮阳或活动遮阳。东、西向的外窗宜设置活动遮阳。外遮阳的遮阳系数应按本标准附录D确定。当设置了展开或关闭后可以全部遮蔽窗户的活动式外遮阳时，应认定满足本标准第4.2.2条对外窗的遮阳系数的要求。

4.2.5　居住建筑不宜设置凸窗。严寒地区除南向外不应设置凸窗，寒冷地区北向的卧室、起居室不得设置凸窗。

当设置凸窗时，凸窗凸出（从外墙面至凸窗外表面）不应大于400mm；凸窗的传热系数限值应比普通窗降低15%，且其不透明的顶部、底部、侧面的传热系数应小于或等于外墙的传热系数。当计算窗墙面积比时，凸窗的窗面积和凸窗所占的墙面积应按窗洞口面积计算。

4.2.6 外窗及敞开式阳台门应具有良好的密闭性能。严寒地区外窗及敞开式阳台门的气密性等级不应低于国家标准《建筑外门窗气密、水密、抗风压性能分级及检测方法》GB/T 7106－2008 中规定的 6 级。寒冷地区 1～6 层的外窗及敞开式阳台门的气密性等级不应低于国家标准《建筑外门窗气密、水密、抗风压性能分级及检测方法》GB/T 7106－2008 中规定的 4 级，7 层及 7 层以上不应低于 6 级。

4.2.7 封闭式阳台的保温应符合下列规定：

1 阳台和直接连通的房间之间应设置隔墙和门、窗。

2 当阳台和直接连通的房间之间不设置隔墙和门、窗时，应将阳台作为所连通房间的一部分。阳台与室外空气接触的墙板、顶板、地板的传热系数必须符合本标准第 4.2.2 条的规定，阳台的窗墙面积比必须符合本标准第 4.1.4 条的规定。

3 当阳台和直接连通的房间之间设置隔墙和门、窗，且所设隔墙、门、窗的传热系数不大于本标准第 4.2.2 条表中所列限值，窗墙面积比不超过本标准表 4.1.4 的限值时，可不对阳台外表面作特殊热工要求。

4 当阳台和直接连通的房间之间设置隔墙和门、窗，且所设隔墙、门、窗的传热系数大于本标准第 4.2.2 条表中所列限值时，阳台与室外空气接触的墙板、顶板、地板的传热系数不应大于本标准第 4.2.2 条表中所列限值的 120%，严寒地区阳台窗的传热系数不应大于 2.5W/(m²·K)，寒冷地区阳台窗的传热系数不应大于 3.1W/(m²·K)，阳台外表面的窗墙面积比不应大于 60%，阳台和直接连通房间隔墙的窗墙面积比不应超过本标准表 4.1.4 的限值。当阳台的面宽小于直接连通房间的开间宽度时，可按房间的开间计算隔墙的窗墙面积比。

4.2.8 外窗（门）框与墙体之间的缝隙，应采用高效保温材料填堵，不得采用普通水泥砂浆补缝。

4.2.9 外窗（门）洞口室外部分的侧墙面应做保温处理，并应保证窗（门）洞口室内部分的侧墙面的内表面温度不低于室内空气设计温、湿度条件下的露点温度，减小附加热损失。

4.2.10 外墙与屋面的热桥部位均应进行保温处理，并应保证热桥部位的内表面温度不低于室内空气设计温、湿度条件下的露点温度，减小附加热损失。

4.2.11 变形缝应采取保温措施，并应保证变形缝两侧墙的内表面温度在室内空气设计温、湿度条件下不低于露点温度。

4.2.12 地下室外墙应根据地下室不同用途，采取合理的保温措施。

4.3 围护结构热工性能的权衡判断

4.3.1 建筑围护结构热工性能的权衡判断应以建筑物耗热量指标为判据。

4.3.2 计算得到的所设计居住建筑的建筑物耗热量指标应小于或等于本标准附录 A 中表 A.0.1-2 的限值。

4.3.3 所设计建筑的建筑物耗热量指标应按下式计算：

$$q_H = q_{HT} + q_{INF} - q_{IH} \quad (4.3.3)$$

式中：q_H——建筑物耗热量指标(W/m²)；

q_{HT}——折合到单位建筑面积上单位时间内通过建筑围护结构的传热量(W/m²)；

q_{INF}——折合到单位建筑面积上单位时间内建筑物空气渗透耗热量(W/m²)；

q_{IH}——折合到单位建筑面积上单位时间内建筑物内部得热量，取 3.8W/m²。

4.3.4 折合到单位建筑面积上单位时间内通过建筑围护结构的传热量应按下式计算：

$$q_{HT} = q_{Hq} + q_{Hw} + q_{Hd} + q_{Hmc} + q_{Hy} \quad (4.3.4)$$

式中：q_{Hq}——折合到单位建筑面积上单位时间内通过墙的传热量(W/m²)；

q_{Hw}——折合到单位建筑面积上单位时间内通过屋面的传热量(W/m²)；

q_{Hd}——折合到单位建筑面积上单位时间内通过地面的传热量(W/m²)；

q_{Hmc}——折合到单位建筑面积上单位时间内通过门、窗的传热量(W/m²)；

q_{Hy}——折合到单位建筑面积上单位时间内非采暖封闭阳台的传热量(W/m²)。

4.3.5 折合到单位建筑面积上单位时间内通过外墙的传热量应按下式计算：

$$q_{Hq} = \frac{\sum q_{Hqi}}{A_0} = \frac{\sum \varepsilon_{qi} K_{mqi} F_{qi} (t_n - t_e)}{A_0} \quad (4.3.5)$$

式中：q_{Hq}——折合到单位建筑面积上单位时间内通过外墙的传热量(W/m²)；

t_n——室内计算温度，取 18℃；当外墙内侧是楼梯间时，则取 12℃；

t_e——采暖期室外平均温度(℃)，应根据本标准附录 A 中的表 A.0.1-1 确定；

ε_{qi}——外墙传热系数的修正系数，应根据本标准附录 E 中的表 E.0.2 确定；

K_{mqi}——外墙平均传热系数[W/(m²·K)]，应根据本标准附录 B 计算确定；

F_{qi}——外墙的面积(m²)，可根据本标准附录 F 的规定计算确定；

A_0——建筑面积(m²)，可根据本标准附录 F 的规定计算确定。

4.3.6 折合到单位建筑面积上单位时间内通过屋面

的传热量应按下式计算：

$$q_{Hw}=\frac{\Sigma q_{Hwi}}{A_0}=\frac{\sum \varepsilon_{wi}K_{wi}F_{wi}(t_n-t_e)}{A_0} \quad (4.3.6)$$

式中：q_{Hw}——折合到单位建筑面积上单位时间内通过屋面的传热量(W/m^2)；

ε_{wi}——屋面传热系数的修正系数，应根据本标准附录E中的表E.0.2确定；

K_{wi}——屋面传热系数[$W/(m^2\cdot K)$]；

F_{wi}——屋面的面积(m^2)，可根据本标准附录F的规定计算确定。

4.3.7 折合到单位建筑面积上单位时间内通过地面的传热量应按下式计算：

$$q_{Hd}=\frac{\sum q_{Hdi}}{A_0}=\frac{\Sigma K_{di}F_{di}(t_n-t_e)}{A_0} \quad (4.3.7)$$

式中：q_{Hd}——折合到单位建筑面积上单位时间内通过地面的传热量(W/m^2)；

K_{di}——地面的传热系数[$W/(m^2\cdot K)$]，应根据本标准附录C的规定计算确定；

F_{di}——地面的面积(m^2)，应根据本标准附录F的规定计算确定。

4.3.8 折合到单位建筑面积上单位时间内通过外窗(门)的传热量应按下式计算：

$$q_{Hmc}=\frac{\sum q_{Hmci}}{A_0}=\frac{\sum[K_{mci}F_{mci}(t_n-t_e)-I_{tyi}C_{mci}F_{mci}]}{A_0} \quad (4.3.8\text{-}1)$$

$$C_{mci}=0.87\times0.70\times SC \quad (4.3.8\text{-}2)$$

式中：q_{Hmc}——折合到单位建筑面积上单位时间内通过外窗(门)的传热量(W/m^2)；

K_{mci}——窗(门)的传热系数[$W/(m^2\cdot K)$]；

F_{mci}——窗(门)的面积(m^2)；

I_{tyi}——窗(门)外表面采暖期平均太阳辐射热(W/m^2)，应根据本标准附录A中的表A.0.1-1确定；

C_{mci}——窗(门)的太阳辐射修正系数；

SC——窗的综合遮阳系数，按本标准式(4.2.3)计算；

0.87——3mm普通玻璃的太阳辐射透过率；

0.70——折减系数。

4.3.9 折合到单位建筑面积上单位时间内通过非采暖封闭阳台的传热量应按下式计算：

$$q_{Hy}=\frac{\sum q_{Hyi}}{A_0}=\frac{\sum[K_{qmci}F_{qmci}\zeta_i(t_n-t_e)-I_{tyi}C'_{mci}F_{mci}]}{A_0} \quad (4.3.9\text{-}1)$$

$$C'_{mci}=(0.87\times SC_W)\times(0.87\times0.70\times SC_N) \quad (4.3.9\text{-}2)$$

式中：q_{Hy}——折合到单位建筑面积上单位时间内通过非采暖封闭阳台的传热量（W/m^2）；

K_{qmci}——分隔封闭阳台和室内的墙、窗（门）的平均传热系数［$W/(m^2\cdot K)$］；

F_{qmci}——分隔封闭阳台和室内的墙、窗（门）的面积（m^2）；

ζ_i——阳台的温差修正系数，应根据本标准附录E中的表E.0.4确定；

I_{tyi}——封闭阳台外表面采暖期平均太阳辐射热（W/m^2），应根据本标准附录A中的表A.0.1-1确定；

F_{mci}——分隔封闭阳台和室内的窗（门）的面积（m^2）；

C'_{mci}——分隔封闭阳台和室内的窗（门）的太阳辐射修正系数；

SC_W——外侧窗的综合遮阳系数，按本标准式（4.2.3）计算；

SC_N——内侧窗的综合遮阳系数，按本标准式（4.2.3）计算。

4.3.10 折合到单位建筑面积上单位时间内建筑物空气换气耗热量应按下式计算：

$$q_{INF}=\frac{(t_n-t_e)(C_p\rho NV)}{A_0} \quad (4.3.10)$$

式中：q_{INF}——折合到单位建筑面积上单位时间内建筑物空气换气耗热量(W/m^2)；

C_p——空气的比热容，取0.28Wh/(kg·K)；

ρ——空气的密度(kg/m^3)，取采暖期室外平均温度t_e下的值；

N——换气次数，取$0.5h^{-1}$；

V——换气体积(m^3)，可根据本标准附录F的规定计算确定。

5 采暖、通风和空气调节节能设计

5.1 一般规定

5.1.1 集中采暖和集中空气调节系统的施工图设计，必须对每一个房间进行热负荷和逐项逐时的冷负荷计算。

5.1.2 位于严寒和寒冷地区的居住建筑，应设置采暖设施；位于寒冷(B)区的居住建筑，还宜设置或预留设置空调设施的位置和条件。

5.1.3 居住建筑集中采暖、空调系统的热、冷源方式及设备的选择，应根据节能要求，考虑当地资源情况、环境保护、能源效率及用户对采暖运行费用可承受的能力等综合因素，经技术经济分析比较确定。

5.1.4 居住建筑集中供热热源形式的选择，应符合下列规定：

1 以热电厂和区域锅炉房为主要热源；在城市集中供热范围内时，应优先采用城市热网提供的热源。

2 技术经济合理情况下，宜采用冷、热、电联供系统。

3 集中锅炉房的供热规模应根据燃料确定，当采用燃气时，供热规模不宜过大，采用燃煤时供热规模不宜过小。

4 在工厂区附近时，应优先利用工业余热和废热。

5 有条件时应积极利用可再生能源。

5.1.5 居住建筑的集中采暖系统，应按热水连续采暖进行设计。居住区内的商业、文化及其他公共建筑的采暖形式，可根据其使用性质、供热要求经技术经济比较确定。公共建筑的采暖系统应与居住建筑分开，并应具备分别计量的条件。

5.1.6 除当地电力充足和供电政策支持，或者建筑所在地无法利用其他形式的能源外，严寒和寒冷地区的居住建筑内，不应设计直接电热采暖。

5.2 热源、热力站及热力网

5.2.1 当地没有热电联产、工业余热和废热可资利用的严寒、寒冷地区，应建设以集中锅炉房为热源的供热系统。

5.2.2 新建锅炉房时，应考虑与城市热网连接的可能性。锅炉房宜建在靠近热负荷密度大的地区，并应满足该地区环保部门对锅炉房的选址要求。

5.2.3 独立建设的燃煤集中锅炉房中，单台锅炉的容量不宜小于7.0MW；对于规模较小的居住区，锅炉的单台容量可适当降低，但不宜小于4.2MW。

5.2.4 锅炉的选型，应与当地长期供应的燃料种类相适应。锅炉的设计效率不应低于表5.2.4中规定的数值。

表5.2.4 锅炉的最低设计效率（%）

锅炉类型、燃料种类及发热值			在下列锅炉容量(MW)下的设计效率(%)						
			0.7	1.4	2.8	4.2	7.0	14.0	>28.0
燃煤	烟煤	Ⅱ	—	—	73	74	78	79	80
		Ⅲ	—	—	74	76	78	80	82
燃油、燃气			86	87	87	88	89	90	90

5.2.5 锅炉房的总装机容量应按下式确定：

$$Q_B = \frac{Q_0}{\eta} \quad (5.2.5)$$

式中：Q_B——锅炉房的总装机容量（W）；

Q_0——锅炉负担的采暖设计热负荷（W）；

η_1——室外管网输送效率，可取0.92。

5.2.6 燃煤锅炉房的锅炉台数，宜采用（2～3）台，不应多于5台。当在低于设计运行负荷条件下多台锅炉联合运行时，单台锅炉的运行负荷不应低于额定负荷的60%。

5.2.7 燃气锅炉房的设计，应符合下列规定：

1 锅炉房的供热半径应根据区域的情况、供热规模、供热方式及参数等条件来合理地确定。当受条件限制供热面积较大时，应经技术经济比较确定，采用分区设置热力站的间接供热系统。

2 模块式组合锅炉房，宜以楼栋为单位设置；数量宜为(4～8)台，不应多于10台；每个锅炉房的供热量宜在1.4MW以下。当总供热面积较大，且不能以楼栋为单位设置时，锅炉房应分散设置。

3 当燃气锅炉直接供热系统的锅炉的供、回水温度和流量限定值，与负荷侧在整个运行期对供、回水温度和流量的要求不一致时，应按热源侧和用户侧配置二次泵水系统。

5.2.8 锅炉房设计时应充分利用锅炉产生的各种余热，并应符合下列规定：

1 热媒供水温度不高于60℃的低温供热系统，应设烟气余热回收装置。

2 散热器采暖系统宜设烟气余热回收装置。

3 有条件时，应选用冷凝式燃气锅炉；当选用普通锅炉时，应另设烟气余热回收装置。

5.2.9 锅炉房和热力站的总管上，应设置计量总供热量的热量表（热量计量装置）。集中采暖系统中建筑物的热力入口处，必须设置楼前热量表，作为该建筑物采暖耗热量的热量结算点。

5.2.10 在有条件采用集中供热或在楼内集中设置燃气热水机组（锅炉）的高层建筑中，不宜采用户式燃气供暖炉（热水器）作为采暖热源。当必须采用户式燃气炉作为热源时，应设置专用的进气及排烟通道，并应符合下列规定：

1 燃气炉自身必须配置有完善且可靠的自动安全保护装置。

2 应具有同时自动调节燃气量和燃烧空气量的功能，并应配置有室温控制器。

3 配套供应的循环水泵的工况参数，应与采暖系统的要求相匹配。

5.2.11 当系统的规模较大时，宜采用间接连接的一、二次水系统；热力站规模不宜大于100000m^2；一次水设计供水温度宜取115℃～130℃，回水温度应取50℃～80℃。

5.2.12 当采暖系统采用变流量水系统时，循环水泵宜采用变速调节方式；水泵台数宜采用2台（一用一备）。当系统较大时，可通过技术经济分析后合理增加台数。

5.2.13 室外管网应进行严格的水力平衡计算。当室外管网通过阀门截流来进行阻力平衡时，各并联环路之间的压力损失差值，不应大于15%。当室外管网水力平衡计算达不到上述要求时，应在热力站和建筑物热力入口处设置静态水力平衡阀。

5.2.14 建筑物的每个热力入口，应设计安装水过滤器，并应根据室外管网的水力平衡要求和建筑物内供暖系统所采用的调节方式，决定是否还要设置自力式流量控制阀、自力式压差控制阀或其他装置。

5.2.15 水力平衡阀的设置和选择，应符合下列规定：

1 阀门两端的压差范围，应符合其产品标准的要求。

2 热力站出口总管上，不应串联设置自力式流量控制阀；当有多个分环路时，各分环路总管上可根据水力平衡的要求设置静态水力平衡阀。

3 定流量水系统的各热力入口，可按照本标准第5.2.13、5.2.14条的规定设置静态水力平衡阀，或自力式流量控制阀。

4 变流量水系统的各热力入口，应根据水力平衡的要求和系统总体控制设置的情况，设置压差控制阀，但不应设置自力式定流量阀。

5 当采用静态水力平衡阀时，应根据阀门流通能力及两端压差，选择确定平衡阀的直径与开度。

6 当采用自力式流量控制阀时，应根据设计流量进行选型。

7 当采用自力式压差控制阀时，应根据所需控制压差选择与管路同尺寸的阀门，同时应确保其流量不小于设计最大值。

8 当选择自力式流量控制阀、自力式压差控制阀、电动平衡两通阀或动态平衡电动调节阀时，应保持阀权度$S=0.3\sim0.5$。

5.2.16 在选配供热系统的热水循环泵时，应计算循环水泵的耗电输热比（EHR），并应标注在施工图的设计说明中。循环水泵的耗电输热比应符合下式要求：

$$EHR=\frac{N}{Q\cdot\eta}\leqslant\frac{A\times(20.4+a\Sigma L)}{\Delta t} \tag{5.2.16}$$

式中：EHR——循环水泵的耗电输热比；

N——水泵在设计工况点的轴功率（kW）；

Q——建筑供热负荷（kW）；

η——电机和传动部分的效率，应按表5.2.16选取；

Δt——设计供回水温度差（℃），应按照设计要求选取；

A——与热负荷有关的计算系数，应按表5.2.16选取；

ΣL——室外主干线（包括供回水管）总长度（m）；

a——与ΣL有关的计算系数，应按如下选取或计算：

当$\Sigma L\leqslant400$m时，$a=0.0115$；

当$400<\Sigma L<1000$m时，$a=0.003833+3.067/\Sigma L$；

当$\Sigma L\geqslant1000$m时，$a=0.0069$。

表5.2.16 电机和传动部分的效率及循环水泵的耗电输热比计算系数

热负荷Q(kW)		<2000	≥2000
电机和传动部分的效率η	直联方式	0.87	0.89
	联轴器连接方式	0.85	0.87
计算系数A		0.0062	0.0054

5.2.17 设计一、二次热水管网时，应采用经济合理的敷设方式。对于庭院管网和二次网，宜采用直埋管敷设。对于一次管网，当管径较大且地下水位不高时，或者采取了可靠的地沟防水措施时，可采用地沟敷设。

5.2.18 供热管道保温厚度不应小于本标准附录G的规定值，当选用其他保温材料或其导热系数与附录G的规定值差异较大时，最小保温厚度应按下式修正：

$$\delta'_{\min}=\frac{\lambda'_{m}\cdot\delta_{\min}}{\lambda_{m}} \tag{5.2.18}$$

式中：$\delta'_{\min}$——修正后的最小保温层厚度（mm）；

$\delta_{\min}$——本标准附录G规定的最小保温层厚度（mm）；

λ'_{m}——实际选用的保温材料在其平均使用温度下的导热系数［W/（m·K）］；

λ_{m}——本标准附录G规定的保温材料在其平均使用温度下的导热系数［W/（m·K）］。

5.2.19 当区域供热锅炉房设计采用自动监测与控制的运行方式时，应满足下列规定：

1 应通过计算机自动监测系统，全面、及时地了解锅炉的运行状况。

2 应随时测量室外的温度和整个热网的需求，按照预先设定的程序，通过调节投入燃料量实现锅炉供热量调节，满足整个热网的热量需求，保证供暖质量。

3 应通过锅炉系统热特性识别和工况优化分析程序，根据前几天的运行参数、室外温度，预测该时段的最佳工况。

4 应通过对锅炉运行参数的分析，作出及时判断。

5 应建立各种信息数据库，对运行过程中的各种信息数据进行分析，并应能够根据需要打印各类运行记录，储存历史数据。

6 锅炉房、热力站的动力用电、水泵用电和照明用电应分别计量。

5.2.20 对于未采用计算机进行自动监测与控制的锅炉房和换热站，应设置供热量控制装置。

5.3 采暖系统

5.3.1 室内的采暖系统，应以热水为热媒。

5.3.2 室内的采暖系统的制式，宜采用双管系统。当采用单管系统时，应在每组散热器的进出水支管之间设置跨越管，散热器应采用低阻力两通或三通调节阀。

5.3.3 集中采暖（集中空调）系统，必须设置住户分室（户）温度调节、控制装置及分户热计量（分户热分摊）的装置或设施。

5.3.4 当室内采用散热器供暖时，每组散热器的进水支管上应安装散热器恒温控制阀。

5.3.5 散热器宜明装，散热器的外表面应刷非金属性涂料。

5.3.6 采用散热器集中采暖系统的供水温度（t）、供回水温差（Δt）与工作压力（P），宜符合下列规定：

1 当采用金属管道时，$t \leqslant 95℃$、$\Delta t \geqslant 25℃$。

2 当采用热塑性塑料管时，$t \leqslant 85℃$；$\Delta t \geqslant 25℃$，且工作压力不宜大于1.0MPa。

3 当采用铝塑复合管-非热熔连接时，$t \leqslant 90℃$、$\Delta t \geqslant 25℃$。

4 当采用铝塑复合管-热熔连接时，应按热塑性塑料管的条件应用。

5 当采用铝塑复合管时，系统的工作压力可按表5.3.6确定。

表5.3.6 不同工作温度时铝塑复合管的允许工作压力

管材类型	代号	长期工作温度（℃）	允许工作压力（MPa）
搭接焊式	PAP	60	1.00
		75※	0.82
		82※	0.69
	XPAP	75	1.00
		82	0.86
对接焊式	PAP3，PAP4	60	1.00
	XPAP1，XPAP2	75	1.50
	XPAP1，XPAP2	95	1.25

注：※指采用中密度聚乙烯（乙烯与辛烯共聚物）材料生产的复合管。

5.3.7 对室内具有足够的无家具覆盖的地面可供布置加热管的居住建筑，宜采用低温地面辐射供暖方式进行采暖。低温地面辐射供暖系统户（楼）内的供水温度不应超过60℃，供回水温差宜等于或小于10℃；系统的工作压力不应大于0.8MPa。

5.3.8 采用低温地面辐射供暖的集中供热小区，锅炉或换热站不宜直接提供温度低于60℃的热媒。当外网提供的热媒温度高于60℃时，宜在各户的分集水器前设置混水泵，抽取室内回水混入供水，保持其温度不高于设定值，并加大户内循环水量；混水装置也可以设置在楼栋的采暖热力入口处。

5.3.9 当设计低温地面辐射供暖系统时，宜按主要房间划分供暖环路，并应配置室温自动调控装置。在每户分水器的进水管上，应设置水过滤器，并应按户设置热量分摊装置。

5.3.10 施工图设计时，应严格进行室内供暖管道的水力平衡计算，确保各并联环路间（不包括公共段）的压力损失差额不大于15%；在水力平衡计算时，要计算水冷却产生的附加压力，其值可取设计供、回水温度条件下附加压力值的2/3。

5.3.11 在寒冷地区，当冬季设计状态下的采暖空调设备能效比（COP）小于1.8时，不宜采用空气源热泵机组供热；当有集中热源或气源时，不宜采用空气源热泵。

5.4 通风和空气调节系统

5.4.1 通风和空气调节系统设计应结合建筑设计，首先确定全年各季节的自然通风措施，并应做好室内气流组织，提高自然通风效率，减少机械通风和空调的使用时间。当在大部分时间内自然通风不能满足降温要求时，宜设置机械通风或空气调节系统，设置的机械通风或空气调节系统不应妨碍建筑的自然通风。

5.4.2 当采用分散式房间空调器进行空调和（或）采暖时，宜选择符合国家标准《房间空气调节器能效限定值及能源效率等级》GB 12021.3和《转速可控型房间空气调节器能效限定值及能源效率等级》GB 21455中规定的节能型产品（即能效等级2级）。

5.4.3 当采用电机驱动压缩机的蒸气压缩循环冷水（热泵）机组或采用名义制冷量大于7100W的电机驱动压缩机单元式空气调节机作为住宅小区或整栋楼的冷热源机组时，所选用机组的能效比（性能系数）不应低于现行国家标准《公共建筑节能设计标准》GB 50189中的规定值；当设计采用多联式空调（热泵）机组作为户式集中空调（采暖）机组时，所选用机组的制冷综合性能系数不应低于国家标准《多联式空调（热泵）机组能效限定值及能源效率等级》GB 21454－2008中规定的第3级。

5.4.4 安装分体式空气调节器（含风管机、多联机）时，室外机的安装位置必须符合下列规定：

1 应能通畅地向室外排放空气和自室外吸入空气。

2 在排出空气与吸入空气之间不应发生明显的气流短路。

3 可方便地对室外机的换热器进行清扫。

4 对周围环境不得造成热污染和噪声污染。

5.4.5 设有集中新风供应的居住建筑，当新风系统的送风量大于或等于 3000m^3/h 时，应设置排风热回收装置。无集中新风供应的居住建筑，宜分户（或分室）设置带热回收功能的双向换气装置。

5.4.6 当采用风机盘管机组时，应配置风速开关，宜配置自动调节和控制冷、热量的温控器。

5.4.7 当采用全空气直接膨胀风管式空调机时，宜按房间设计配置风量调控装置。

5.4.8 当选择土壤源热泵系统、浅层地下水源热泵系统、地表水（淡水、海水）源热泵系统、污水水源热泵系统作为居住区或户用空调（热泵）机组的冷热源时，严禁破坏、污染地下资源。

5.4.9 空气调节系统的冷热水管的绝热厚度，应按现行国家标准《设备及管道绝热设计导则》GB/T 8175 中的经济厚度和防止表面凝露的保冷层厚度的方法计算。建筑物内空气调节系统冷热水管的经济绝热厚度可按表 5.4.9 的规定选用。

表 5.4.9 建筑物内空气调节系统冷热水管的经济绝热厚度

<table>
<tr><th rowspan="3">管道类型</th><th colspan="4">绝热材料</th></tr>
<tr><th colspan="2">离心玻璃棉</th><th colspan="2">柔性泡沫橡塑</th></tr>
<tr><th>公称管径(mm)</th><th>厚度(mm)</th><th>公称管径(mm)</th><th>厚度(mm)</th></tr>
<tr><td rowspan="3">单冷管道
(管内介质温度
7℃～常温)</td><td>≤DN32</td><td>25</td><td colspan="2" rowspan="3">按防结露要求计算</td></tr>
<tr><td>DN40～DN100</td><td>30</td></tr>
<tr><td>≥DN125</td><td>35</td></tr>
<tr><td rowspan="4">热或冷热合用管道
(管内介质温度
5℃～60℃)</td><td>≤DN40</td><td>35</td><td>≤DN50</td><td>25</td></tr>
<tr><td>DN50～DN100</td><td>40</td><td>DN70～DN150</td><td>28</td></tr>
<tr><td>DN125～DN250</td><td>45</td><td rowspan="2">≥DN200</td><td rowspan="2">32</td></tr>
<tr><td>≥DN300</td><td>50</td></tr>
<tr><td rowspan="3">热或冷热合用管道
(管内介质温度
0℃～95℃)</td><td>≤DN50</td><td>50</td><td colspan="2" rowspan="3">不适宜使用</td></tr>
<tr><td>DN70～DN150</td><td>60</td></tr>
<tr><td>≥DN200</td><td>70</td></tr>
</table>

注：1 绝热材料的导热系数 λ 应按下列公式计算：

离心玻璃棉：$\lambda=(0.033+0.00023t_m)$[W/(m·K)]

柔性泡沫橡塑：$\lambda=(0.03375+0.0001375t_m)$[W/(m·K)]

其中 t_m——绝热层的平均温度(℃)。

2 单冷管道和柔性泡沫橡塑保冷的管道均应进行防结露要求验算。

5.4.10 空气调节风管绝热层的最小热阻应符合表 5.4.10 的规定。

表 5.4.10 空气调节风管绝热层的最小热阻

风管类型	最小热阻（m^2·K/W）
一般空调风管	0.74
低温空调风管	1.08

附录 A 主要城市的气候区属、气象参数、耗热量指标

A.0.1 根据采暖度日数和空调度日数，可将严寒和寒冷地区细分为五个气候子区，其中主要城市的建筑节能计算用气象参数和建筑物耗热量指标应按表 A.0.1-1 和表 A.0.1-2 的规定确定。

A.0.2 严寒地区的分区指标是 $HDD18\geqslant3800$，气候特征是冬季严寒，根据冬季严寒的不同程度，又可细分成严寒(A)、严寒(B)、严寒(C)三个子区：

1 严寒(A)区的分区指标是 $6000\leqslant HDD18$，气候特征是冬季异常寒冷，夏季凉爽；

2 严寒(B)区的分区指标是 $5000\leqslant HDD18<6000$，气候特征是冬季非常寒冷，夏季凉爽；

3 严寒(C)区的分区指标是 $3800\leqslant HDD18<5000$，气候特征是冬季很寒冷，夏季凉爽。

A.0.3 寒冷地区的分区指标是 $2000\leqslant HDD18<3800$，$0<CDD26$，气候特征是冬季寒冷，根据夏季热的不同程度，又可细分成寒冷(A)、寒冷(B)两个子区：

1 寒冷(A)区的分区指标是 $2000\leqslant HDD18<3800$，$0<CDD26\leqslant90$，气候特征是冬季寒冷，夏季凉爽；

2 寒冷(B)区的分区指标是 $2000\leqslant HDD18<3800$，$90<CDD26$，气候特征是冬季寒冷，夏季热。

表 A.0.1-1 严寒和寒冷地区主要城市的建筑节能计算用气象参数

城市	气候区属	气象站 北纬度	气象站 东经度	气象站 海拔(m)	HDD18(℃·d)	CDD26(℃·d)	计算采暖期 天数(d)	计算采暖期 室外平均温度(℃)	太阳总辐射平均强度(W/m^2) 水平	南向	北向	东向	西向
直辖市													
北京	Ⅱ(B)	39.93	116.28	55	2699	94	114	0.1	102	120	33	59	59
天津	Ⅱ(B)	39.10	117.17	5	2743	92	118	−0.2	99	106	34	56	57
河北省													
石家庄	Ⅱ(B)	38.03	114.42	81	2388	147	97	0.9	95	102	33	54	54
围场	Ⅰ(C)	41.93	117.75	844	4602	3	172	−5.1	118	121	38	66	66

续表 A.0.1-1

城市	气候区属	气象站			HDD18 (℃·d)	CDD26 (℃·d)	计算采暖期						
		北纬度	东经度	海拔 (m)			天数 (d)	室外平均温度 (℃)	太阳总辐射平均强度(W/m^2)				
									水平	南向	北向	东向	西向
丰宁	Ⅰ(C)	41.22	116.63	661	4167	5	161	−4.2	120	126	39	67	67
承德	Ⅱ(A)	40.98	117.95	386	3783	20	150	−3.4	107	112	35	60	60
张家口	Ⅱ(A)	40.78	114.88	726	3637	24	145	−2.7	106	118	36	62	60
怀来	Ⅱ(A)	40.40	115.50	538	3388	32	143	−1.8	105	117	36	61	59
青龙	Ⅱ(A)	40.40	118.95	228	3532	23	146	−2.5	107	112	35	61	59
蔚县	Ⅰ(C)	39.83	114.57	910	3955	9	151	−3.9	110	115	36	62	61
唐山	Ⅱ(A)	39.67	118.15	29	2853	72	120	−0.6	100	108	34	58	56
乐亭	Ⅱ(A)	39.43	118.90	12	3080	37	124	−1.3	104	111	35	60	57
保定	Ⅱ(B)	38.85	115.57	19	2564	129	108	0.4	94	102	32	55	52
沧州	Ⅱ(B)	38.33	116.83	11	2653	92	115	0.3	102	107	35	58	58
泊头	Ⅱ(B)	38.08	116.55	13	2593	126	119	0.4	101	106	34	58	56
邢台	Ⅱ(B)	37.07	114.50	78	2268	155	93	1.4	96	102	33	56	53
山西省													
太原	Ⅱ(A)	37.78	112.55	779	3160	11	127	−1.1	108	118	36	62	60
大同	Ⅰ(C)	40.10	113.33	1069	4120	8	158	−4.0	119	124	39	67	66
河曲	Ⅰ(C)	39.38	111.15	861	3913	18	150	−4.0	120	126	38	64	67
原平	Ⅱ(A)	38.75	112.70	838	3399	14	141	−1.7	108	118	36	61	61
离石	Ⅱ(A)	37.50	111.10	951	3424	16	140	−1.8	102	108	34	56	57
榆社	Ⅱ(A)	37.07	112.98	1042	3529	1	143	−1.7	111	118	37	62	62
介休	Ⅱ(A)	37.03	111.92	745	2978	24	121	−0.3	109	114	36	60	61
阳城	Ⅱ(A)	35.48	112.40	659	2698	21	112	0.7	104	109	34	57	57
运城	Ⅱ(B)	35.05	111.05	365	2267	185	84	1.3	91	97	30	50	49
内蒙古自治区													
呼和浩特	Ⅰ(C)	40.82	111.68	1065	4186	11	158	−4.4	116	122	37	65	64
图里河	Ⅰ(A)	50.45	121.70	733	8023	0	225	−14.38	105	101	33	58	57
海拉尔	Ⅰ(A)	49.22	119.75	611	6713	3	206	−12.0	77	82	27	47	46
博克图	Ⅰ(A)	48.77	121.92	739	6622	0	208	−10.3	75	81	26	46	44
新巴尔虎右旗	Ⅰ(A)	48.67	116.82	556	6157	13	195	−10.6	83	90	29	51	49
阿尔山	Ⅰ(A)	47.17	119.93	997	7364	0	218	−12.1	119	103	37	68	67
东乌珠穆沁旗	Ⅰ(B)	45.52	116.97	840	5940	11	189	−10.1	104	106	34	59	58
那仁宝拉格	Ⅰ(A)	44.62	114.15	1183	6153	4	200	−9.9	108	112	35	62	60
西乌珠穆沁旗	Ⅰ(B)	44.58	117.60	997	5812	4	198	−8.4	102	107	34	59	57
扎鲁特旗	Ⅰ(C)	44.57	120.90	266	4398	32	164	−5.6	105	112	36	63	60
阿巴嘎旗	Ⅰ(B)	44.02	114.95	1128	5892	7	188	−9.9	109	111	36	62	61
巴林左旗	Ⅰ(C)	43.98	119.40	485	4704	10	167	−6.4	110	116	37	65	62
锡林浩特	Ⅰ(B)	43.95	116.12	1004	5545	12	186	−8.6	107	109	35	61	60
二连浩特	Ⅰ(B)	43.65	112.00	966	5131	36	176	−8.0	113	112	39	64	63
林西	Ⅰ(C)	43.60	118.07	800	4858	7	174	−6.3	118	124	39	69	65
通辽	Ⅰ(C)	43.60	122.27	180	4376	22	164	−5.7	105	111	35	62	60

续表 A.0.1-1

城市	气候区属	气象站			HDD18（℃·d）	CDD26（℃·d）	计算采暖期						
		北纬度	东经度	海拔（m）			天数（d）	室外平均温度（℃）	太阳总辐射平均强度（W/m²）				
									水平	南向	北向	东向	西向
满都拉	Ⅰ(C)	42.53	110.13	1223	4746	20	175	−5.8	133	139	43	73	76
朱日和	Ⅰ(C)	42.40	112.90	1152	4810	16	174	−6.1	122	125	39	71	68
赤峰	Ⅰ(C)	42.27	118.97	572	4196	20	161	−4.5	116	123	38	66	64
多伦	Ⅰ(B)	42.18	116.47	1247	5466	0	186	−7.4	121	123	39	69	67
额济纳旗	Ⅰ(C)	41.95	101.07	941	3884	130	150	−4.3	128	140	42	75	71
化德	Ⅰ(B)	41.90	114.00	1484	5366	0	187	−6.8	124	125	40	71	68
达尔罕联合旗	Ⅰ(C)	41.70	110.43	1377	4969	5	176	−6.4	134	139	43	73	76
乌拉特后旗	Ⅰ(C)	41.57	108.52	1290	4675	10	173	−5.6	139	146	44	77	78
海力素	Ⅰ(C)	41.45	106.38	1510	4780	14	176	−5.8	136	140	43	76	75
集宁	Ⅰ(C)	41.03	113.07	1416	4873	0	177	−5.4	128	129	41	73	70
临河	Ⅱ(A)	40.77	107.40	1041	3777	30	151	−3.1	122	130	40	69	68
巴音毛道	Ⅰ(C)	40.75	104.50	1329	4208	30	158	−4.7	137	149	44	75	78
东胜	Ⅰ(C)	39.83	109.98	1459	4226	3	160	−3.8	128	133	41	70	73
吉兰太	Ⅱ(A)	39.78	105.75	1032	3746	68	150	−3.4	132	140	43	71	76
鄂托克旗	Ⅰ(C)	39.10	107.98	1381	4045	9	156	−3.6	130	136	42	70	73
辽宁省													
沈阳	Ⅰ(C)	41.77	123.43	43	3929	25	150	−4.5	94	97	32	54	53
彰武	Ⅰ(C)	42.42	122.53	84	4134	13	158	−4.9	104	109	35	60	59
清原	Ⅰ(C)	42.10	124.95	235	4598	8	165	−6.3	86	86	29	49	48
朝阳	Ⅱ(A)	41.55	120.45	176	3559	53	143	−3.1	96	103	35	56	55
本溪	Ⅰ(C)	41.32	123.78	185	4046	16	157	−4.4	90	91	30	52	50
锦州	Ⅱ(A)	41.13	121.12	70	3458	26	141	−2.5	91	100	32	55	52
宽甸	Ⅰ(C)	40.72	124.78	261	4095	4	158	−4.1	92	93	31	52	52
营口	Ⅱ(A)	40.67	122.20	4	3526	29	142	−2.9	89	95	31	51	51
丹东	Ⅱ(A)	40.05	124.33	14	3566	6	145	−2.2	91	100	32	51	55
大连	Ⅱ(A)	38.90	121.63	97	2924	16	125	0.1	104	108	35	57	60
吉林省													
长春	Ⅰ(C)	43.90	125.22	238	4642	12	165	−6.7	90	93	30	53	51
前郭尔罗斯	Ⅰ(C)	45.08	124.87	136	4800	17	165	−7.6	93	98	32	55	54
长岭	Ⅰ(C)	44.25	123.97	190	4718	15	165	−7.2	96	100	32	56	55
敦化	Ⅰ(B)	43.37	128.20	525	5221	1	183	−7.0	94	93	31	55	53
四平	Ⅰ(C)	43.18	124.33	167	4308	15	162	−5.5	94	97	32	55	53
桦甸	Ⅰ(B)	42.98	126.75	264	5007	4	168	−7.9	86	87	29	49	48
延吉	Ⅰ(C)	42.88	129.47	257	4687	5	166	−6.1	91	92	31	53	51
临江	Ⅰ(C)	41.72	126.92	333	4736	4	165	−6.7	84	84	28	47	47
长白	Ⅰ(B)	41.35	128.17	775	5542	0	186	−7.8	96	92	31	54	53
集安	Ⅰ(C)	41.10	126.15	179	4142	9	159	−4.5	85	85	28	48	47

续表 A.0.1-1

城市	气候区属	气象站			HDD18 (℃·d)	CDD26 (℃·d)	计算采暖期						
		北纬度	东经度	海拔(m)			天数(d)	室外平均温度(℃)	太阳总辐射平均强度(W/m²)				
									水平	南向	北向	东向	西向
黑龙江省													
哈尔滨	Ⅰ(B)	45.75	126.77	143	5032	14	167	−8.5	83	86	28	49	48
漠河	Ⅰ(A)	52.13	122.52	433	7994	0	225	−14.7	100	91	33	57	58
呼玛	Ⅰ(A)	51.72	126.65	179	6805	4	202	−12.9	84	90	31	49	49
黑河	Ⅰ(A)	50.25	127.45	166	6310	4	193	−11.6	80	83	27	47	47
孙吴	Ⅰ(A)	49.43	127.35	235	6517	2	201	−11.5	69	74	24	40	41
嫩江	Ⅰ(A)	49.17	125.23	243	6352	5	193	−11.9	83	84	28	49	48
克山	Ⅰ(B)	48.05	125.88	237	5888	7	186	−10.6	83	85	28	49	48
伊春	Ⅰ(A)	47.72	128.90	232	6100	1	188	−10.8	77	78	27	46	45
海伦	Ⅰ(B)	47.43	126.97	240	5798	5	185	−10.3	82	84	28	49	48
齐齐哈尔	Ⅰ(B)	47.38	123.92	148	5259	23	177	−8.7	90	94	31	54	53
富锦	Ⅰ(B)	47.23	131.98	65	5594	6	184	−9.5	84	85	29	49	50
泰来	Ⅰ(B)	46.40	123.42	150	5005	26	168	−8.3	89	94	31	54	52
安达	Ⅰ(B)	46.38	125.32	150	5291	15	174	−9.1	90	93	30	53	52
宝清	Ⅰ(B)	46.32	132.18	83	5190	8	174	−8.2	86	90	29	49	50
通河	Ⅰ(B)	45.97	128.73	110	5675	3	185	−9.7	84	85	29	50	48
虎林	Ⅰ(B)	45.77	132.97	103	5351	2	177	−8.8	88	88	30	51	51
鸡西	Ⅰ(B)	45.28	130.95	281	5105	7	175	−7.7	91	92	31	53	53
尚志	Ⅰ(B)	45.22	127.97	191	5467	3	184	−8.8	90	90	30	53	52
牡丹江	Ⅰ(B)	44.57	129.60	242	5066	7	168	−8.2	93	97	32	56	54
绥芬河	Ⅰ(B)	44.38	131.15	568	5422	1	184	−7.6	94	94	32	56	54
江苏省													
赣榆	Ⅱ(A)	34.83	119.13	10	2226	83	87	2.1	93	100	32	52	51
徐州	Ⅱ(B)	34.28	117.15	42	2090	137	84	2.5	88	94	30	50	49
射阳	Ⅱ(B)	33.77	120.25	7	2083	92	83	3.0	95	102	32	52	52
安徽省													
亳州	Ⅱ(B)	33.88	115.77	42	2030	154	74	2.5	83	88	28	47	45
山东省													
济南	Ⅱ(B)	36.60	117.05	169	2211	160	92	1.8	97	104	33	56	53
长岛	Ⅱ(A)	37.93	120.72	40	2570	20	106	1.4	105	110	35	59	60
龙口	Ⅱ(A)	37.62	120.32	5	2551	60	108	1.1	104	108	35	57	59
惠民	Ⅱ(B)	37.50	117.53	12	2622	96	111	0.4	101	108	34	56	55
德州	Ⅱ(B)	37.43	116.32	22	2527	97	115	1.0	113	119	37	65	62
成山头	Ⅱ(A)	37.40	122.68	47	2672	2	115	2.0	109	116	37	62	63
陵县	Ⅱ(B)	37.33	116.57	19	2613	103	111	0.5	102	110	34	58	57
潍坊	Ⅱ(A)	36.77	119.18	22	2735	63	117	0.3	106	111	35	58	57
海阳	Ⅱ(A)	36.77	121.17	41	2631	20	109	1.1	109	113	36	61	59
莘县	Ⅱ(A)	36.23	115.67	38	2521	90	104	0.8	98	105	33	54	54
沂源	Ⅱ(A)	36.18	118.15	302	2660	45	116	0.7	102	106	34	56	56

续表 A.0.1-1

城市	气候区属	气象站			HDD18 (℃·d)	CDD26 (℃·d)	计算采暖期						
		北纬度	东经度	海拔 (m)			天数 (d)	室外平均温度 (℃)	太阳总辐射平均强度(W/m²)				
									水平	南向	北向	东向	西向
青岛	Ⅱ(A)	36.07	120.33	77	2401	22	99	2.1	118	114	37	65	63
兖州	Ⅱ(B)	35.57	116.85	53	2390	97	103	1.5	101	107	33	56	55
日照	Ⅱ(A)	35.43	119.53	37	2361	39	98	2.1	125	119	41	70	66
菏泽	Ⅱ(A)	35.25	115.43	51	2396	89	111	2.0	104	107	34	58	57
费县	Ⅱ(A)	35.25	117.95	120	2296	83	94	1.7	103	108	34	57	58
定陶	Ⅱ(B)	35.07	115.57	49	2319	107	93	1.5	100	106	33	56	55
临沂	Ⅱ(A)	35.05	118.35	86	2375	70	100	1.7	102	104	33	56	56
河南省													
安阳	Ⅱ(B)	36.05	114.40	64	2309	131	93	1.3	99	105	33	57	54
孟津	Ⅱ(A)	34.82	112.43	333	2221	89	92	2.3	97	102	32	54	52
郑州	Ⅱ(B)	34.72	113.65	111	2106	125	88	2.5	99	106	33	56	56
卢氏	Ⅱ(A)	34.05	111.03	570	2516	30	103	1.5	99	104	32	53	53
西华	Ⅱ(B)	33.78	114.52	53	2096	110	77	2.4	93	97	31	53	50
四川省													
若尔盖	Ⅰ(B)	33.58	102.97	3441	5972	0	227	−2.9	161	142	47	83	82
松潘	Ⅰ(C)	32.65	103.57	2852	4218	0	156	−0.1	136	132	41	71	70
色达	Ⅰ(A)	32.28	100.33	3896	6274	0	228	−3.8	166	154	53	97	94
马尔康	Ⅱ(A)	31.90	102.23	2666	3390	0	115	1.3	137	139	43	72	73
德格	Ⅰ(C)	31.80	98.57	3185	4088	0	156	0.8	125	119	37	64	63
甘孜	Ⅰ(C)	31.62	100.00	3394	4414	0	173	−0.2	162	163	52	93	93
康定	Ⅰ(C)	30.05	101.97	2617	3873	0	141	0.6	119	117	37	61	62
理塘	Ⅰ(B)	30.00	100.27	3950	5173	0	188	−1.2	167	154	50	86	90
巴塘	Ⅱ(A)	30.00	99.10	2589	2100	0	50	3.8	149	156	49	79	81
稻城	Ⅰ(C)	29.05	100.30	3729	4762	0	177	−0.7	173	175	60	104	109
贵州省													
毕节	Ⅱ(A)	27.30	105.23	1511	2125	0	70	3.7	102	101	33	54	54
威宁	Ⅱ(A)	26.87	104.28	2236	2636	0	75	3.0	109	108	34	57	57
云南省													
德钦	Ⅰ(C)	28.45	98.88	3320	4266	0	171	0.9	143	126	41	73	72
昭通	Ⅱ(A)	27.33	103.75	1950	2394	0	73	3.1	135	136	42	69	74
西藏自治区													
拉萨	Ⅱ(A)	29.67	91.13	3650	3425	0	126	1.6	148	147	46	80	79
狮泉河	Ⅰ(A)	32.50	80.08	4280	6048	0	224	−5.0	209	191	62	118	114
改则	Ⅰ(A)	32.30	84.05	4420	6577	0	232	−5.7	255	148	74	136	130
索县	Ⅰ(B)	31.88	93.78	4024	5775	0	215	−3.1	182	141	52	96	93
那曲	Ⅰ(A)	31.48	92.07	4508	6722	0	242	−4.8	147	127	43	80	75
丁青	Ⅰ(B)	31.42	95.60	3874	5197	0	194	−1.8	152	132	45	81	78
班戈	Ⅰ(A)	31.37	90.02	4701	6699	0	245	−4.2	183	152	53	97	94
昌都	Ⅱ(A)	31.15	97.17	3307	3764	0	140	0.6	120	115	37	64	64

续表 A.0.1-1

城市	气候区属	气象站			HDD18 (℃·d)	CDD26 (℃·d)	计算采暖期							
		北纬度	东经度	海拔(m)			天数(d)	室外平均温度(℃)	太阳总辐射平均强度(W/m²)				
									水平	南向	北向	东向	西向
申扎	Ⅰ(A)	30.95	88.63	4670	6402	0	231	−4.1	189	158	55	101	98
林芝	Ⅱ(A)	29.57	94.47	3001	3191	0	100	2.2	170	169	51	94	90
日喀则	Ⅰ(C)	29.25	88.88	3837	4047	0	157	0.3	168	153	51	91	87
隆子	Ⅰ(C)	28.42	92.47	3861	4473	0	173	−0.3	161	139	47	86	81
帕里	Ⅰ(A)	27.73	89.08	4300	6435	0	242	−3.1	178	141	50	94	89
陕西省													
西安	Ⅱ(B)	34.30	108.93	398	2178	153	82	2.1	87	91	29	48	47
榆林	Ⅱ(A)	38.23	109.70	1157	3672	19	143	−2.9	108	118	36	61	59
延安	Ⅱ(A)	36.60	109.50	959	3127	15	127	−0.9	103	111	34	55	57
宝鸡	Ⅱ(A)	34.35	107.13	610	2301	86	91	2.1	93	97	31	51	50
甘肃省													
兰州	Ⅱ(A)	36.05	103.88	1518	3094	10	126	−0.6	116	125	38	64	64
敦煌	Ⅱ(A)	40.15	94.68	1140	3518	25	139	−2.8	121	140	40	67	70
酒泉	Ⅰ(C)	39.77	98.48	1478	3971	3	152	−3.4	135	146	43	77	74
张掖	Ⅰ(C)	38.93	100.43	1483	4001	6	155	−3.6	136	146	43	75	75
民勤	Ⅱ(A)	38.63	103.08	1367	3715	12	150	−2.6	135	143	43	73	75
乌鞘岭	Ⅰ(A)	37.20	102.87	3044	6329	0	245	−4.0	157	139	47	84	81
西峰镇	Ⅱ(A)	35.73	107.63	1423	3364	1	141	−0.3	106	111	35	59	57
平凉	Ⅱ(A)	35.55	106.67	1348	3334	1	139	−0.3	107	112	35	57	58
合作	Ⅰ(B)	35.00	102.90	2910	5432	0	192	−3.4	144	139	44	75	77
岷县	Ⅰ(C)	34.72	104.88	2315	4409	0	170	−1.5	134	132	41	73	70
天水	Ⅱ(A)	34.58	105.75	1143	2729	10	110	1.0	98	99	33	54	53
成县	Ⅱ(A)	33.75	105.75	1128	2215	13	94	3.6	145	154	45	81	79
青海省													
西宁	Ⅰ(C)	36.62	101.77	2296	4478	0	161	−3.0	138	140	43	77	75
冷湖	Ⅰ(B)	38.83	93.38	2771	5395	0	193	−5.6	145	154	45	80	81
大柴旦	Ⅰ(B)	37.85	95.37	3174	5616	0	196	−5.8	148	155	46	82	83
德令哈	Ⅰ(C)	37.37	97.37	2982	4874	0	186	−3.7	144	142	44	78	79
刚察	Ⅰ(A)	37.33	100.13	3302	6471	0	226	−5.2	161	149	48	87	84
格尔木	Ⅰ(C)	36.42	94.90	2809	4436	0	170	−3.1	157	162	49	88	87
都兰	Ⅰ(B)	36.30	98.10	3192	5161	0	191	−3.6	154	152	47	84	82
同德	Ⅰ(B)	35.27	100.65	3290	5066	0	218	−5.5	161	160	49	88	85
玛多	Ⅰ(A)	34.92	98.22	4273	7683	0	277	−6.4	180	162	53	96	94
河南	Ⅰ(A)	34.73	101.60	3501	6591	0	246	−4.5	168	155	50	89	88

续表 A.0.1-1

城市	气候区属	气象站			HDD18 (℃·d)	CDD26 (℃·d)	计算采暖期						
		北纬度	东经度	海拔 (m)			天数 (d)	室外平均温度 (℃)	太阳总辐射平均强度(W/m^2)				
									水平	南向	北向	东向	西向
托托河	Ⅰ(A)	34.22	92.43	4535	7878	0	276	−7.2	178	156	52	98	93
曲麻莱	Ⅰ(A)	34.13	95.78	4176	7148	0	256	−5.8	175	156	52	94	92
达日	Ⅰ(A)	33.75	99.65	3968	6721	0	251	−4.5	170	148	49	88	89
玉树	Ⅰ(B)	33.02	97.02	3682	5154	0	191	−2.2	162	149	48	84	86
杂多	Ⅰ(A)	32.90	95.30	4068	6153	0	229	−3.8	155	132	45	83	80
宁夏回族自治区													
银川	Ⅱ(A)	38.47	106.20	1112	3472	11	140	−2.1	117	124	40	64	67
盐池	Ⅱ(A)	37.80	107.38	1356	3700	10	149	−2.3	130	134	42	70	73
中宁	Ⅱ(A)	37.48	105.68	1193	3349	22	137	−1.6	119	127	41	67	66
新疆维吾尔自治区													
乌鲁木齐	Ⅰ(C)	43.80	87.65	935	4329	36	149	−6.5	101	113	34	59	58
哈巴河	Ⅰ(C)	48.05	86.35	534	4867	10	172	−6.9	105	116	35	60	62
阿勒泰	Ⅰ(B)	47.73	88.08	737	5081	11	174	−7.9	109	123	36	63	64
富蕴	Ⅰ(B)	46.98	89.52	827	5458	22	174	−10.1	118	135	39	67	70
和布克赛尔	Ⅰ(B)	46.78	85.72	1294	5066	1	186	−5.6	119	131	39	69	68
塔城	Ⅰ(C)	46.73	83.00	535	4143	20	148	−5.1	90	111	32	52	54
克拉玛依	Ⅰ(C)	45.60	84.85	450	4234	196	144	−7.9	95	116	33	56	57
北塔山	Ⅰ(B)	45.37	90.53	1651	5434	2	192	−6.2	113	123	37	65	64
精河	Ⅰ(C)	44.62	82.90	321	4236	70	148	−6.9	98	108	34	58	57
奇台	Ⅰ(C)	44.02	89.57	794	4989	10	161	−9.2	120	136	39	68	68
伊宁	Ⅱ(A)	43.95	81.33	664	3501	9	137	−2.8	97	117	34	55	57
吐鲁番	Ⅱ(B)	42.93	89.20	37	2758	579	234	−2.5	102	121	35	58	60
哈密	Ⅱ(B)	42.82	93.52	739	3682	104	143	−4.1	120	136	40	68	69
巴伦台	Ⅰ(C)	42.67	86.33	1739	3992	0	146	−3.2	90	101	32	52	52
库尔勒	Ⅱ(B)	41.75	86.13	933	3115	123	121	−2.5	127	138	41	71	73
库车	Ⅱ(A)	41.72	82.95	1100	3162	42	109	−2.7	127	138	41	71	72
阿合奇	Ⅰ(C)	40.93	78.45	1986	4118	0	109	−3.6	131	144	42	72	73
铁干里克	Ⅱ(B)	40.63	87.70	847	3353	133	128	−3.5	125	148	41	69	72
阿拉尔	Ⅱ(A)	40.50	81.05	1013	3296	22	129	−3.0	125	148	41	69	71
巴楚	Ⅱ(A)	39.80	78.57	1117	2892	77	115	−2.1	133	155	43	72	75
喀什	Ⅱ(A)	39.47	75.98	1291	2767	46	121	−1.3	130	150	42	72	72
若羌	Ⅱ(B)	39.03	88.17	889	3149	152	122	−2.9	141	150	45	77	80
莎车	Ⅱ(A)	38.43	77.27	1232	2858	27	113	−1.5	134	152	43	73	76
安德河	Ⅱ(A)	37.93	83.65	1264	2673	60	129	−3.3	141	160	45	76	79
皮山	Ⅱ(A)	37.62	78.28	1376	2761	70	110	−1.3	134	150	43	73	74
和田	Ⅱ(A)	37.13	79.93	1375	2595	71	107	−0.6	128	142	42	70	72

注：表格中气候区属Ⅰ(A)为严寒(A)区、Ⅰ(B)为严寒(B)区、Ⅰ(C)为严寒(C)区；Ⅱ(A)为寒冷(A)区、Ⅱ(B)为寒冷(B)区。

表 A.0.1-2　严寒和寒冷地区主要城市的建筑物耗热量指标

城市	气候区属	建筑物耗热量指标(W/m²)			
		≤3层	(4~8)层	(9~13)层	≥14层
直辖市					
北京	Ⅱ(B)	16.1	15.0	13.4	12.1
天津	Ⅱ(B)	17.1	16.0	14.3	12.7
河北省					
石家庄	Ⅱ(B)	15.7	14.6	13.1	11.6
围场	Ⅰ(C)	19.3	16.7	15.4	13.5
丰宁	Ⅰ(C)	17.8	15.4	14.2	12.4
承德	Ⅱ(A)	21.6	18.9	17.4	15.5
张家口	Ⅱ(A)	20.2	17.7	16.2	14.5
怀来	Ⅱ(A)	18.9	16.5	15.1	13.5
青龙	Ⅱ(A)	20.1	17.6	16.2	14.4
蔚县	Ⅰ(C)	18.1	15.6	14.4	12.6
唐山	Ⅱ(A)	17.6	15.3	14.0	12.4
乐亭	Ⅱ(A)	18.4	16.1	14.7	13.1
保定	Ⅱ(B)	16.5	15.4	13.8	12.2
沧州	Ⅱ(B)	16.2	15.1	13.5	12.0
泊头	Ⅱ(B)	16.1	15.0	13.4	11.9
邢台	Ⅱ(B)	14.9	13.9	12.3	11.0
山西省					
太原	Ⅱ(A)	17.7	15.4	14.1	12.5
大同	Ⅰ(C)	17.6	15.2	14.0	12.2
河曲	Ⅰ(C)	17.6	15.2	14.0	12.3
原平	Ⅱ(A)	18.6	16.2	14.9	13.3
离石	Ⅱ(A)	19.4	17.0	15.6	13.8
榆社	Ⅱ(A)	18.6	16.2	14.8	13.2
介休	Ⅱ(A)	16.7	14.5	13.3	11.8
阳城	Ⅱ(A)	15.5	13.5	12.2	10.9
运城	Ⅱ(B)	15.5	14.4	12.9	11.4
内蒙古自治区					
呼和浩特	Ⅰ(C)	18.4	15.9	14.7	12.9
图里河	Ⅰ(A)	24.3	22.5	20.3	20.1
海拉尔	Ⅰ(A)	22.9	20.9	18.9	18.8
博克图	Ⅰ(A)	21.1	19.4	17.4	17.3
新巴尔虎右旗	Ⅰ(A)	20.9	19.3	17.3	17.2
阿尔山	Ⅰ(A)	21.5	20.1	18.0	17.7
东乌珠穆沁旗	Ⅰ(B)	23.6	20.8	19.0	17.6
那仁宝拉格	Ⅰ(A)	19.7	17.8	15.8	15.7
西乌珠穆沁旗	Ⅰ(B)	21.4	18.9	17.2	16.0
扎鲁特旗	Ⅰ(C)	20.6	17.7	16.4	14.4

续表 A.0.1-2

城市	气候区属	建筑物耗热量指标(W/m²)			
		≤3层	(4~8)层	(9~13)层	≥14层
阿巴嘎旗	Ⅰ(B)	23.1	20.4	18.6	17.2
巴林左旗	Ⅰ(C)	21.4	18.4	17.1	15.0
锡林浩特	Ⅰ(B)	21.6	19.1	17.4	16.1
二连浩特	Ⅰ(B)	17.1	15.9	14.0	13.8
林西	Ⅰ(B)	20.8	17.9	16.6	14.6
通辽	Ⅰ(C)	20.8	17.8	16.5	14.5
满都拉	Ⅰ(C)	19.2	16.6	15.3	13.4
朱日和	Ⅰ(C)	20.5	17.6	16.3	14.3
赤峰	Ⅰ(C)	18.5	15.9	14.7	12.9
多伦	Ⅰ(B)	19.2	17.1	15.5	14.3
额济纳旗	Ⅰ(C)	17.2	14.9	13.7	12.0
化德	Ⅰ(B)	18.4	16.3	14.8	13.6
达尔罕联合旗	Ⅰ(C)	20.0	17.3	16.0	14.0
乌拉特后旗	Ⅰ(C)	18.5	16.1	14.8	13.0
海力素	Ⅰ(C)	19.1	16.6	15.3	13.4
集宁	Ⅰ(C)	19.3	16.6	15.4	13.4
临河	Ⅱ(A)	20.0	17.5	16.0	14.3
巴音毛道	Ⅰ(C)	17.1	14.9	13.7	12.0
东胜	Ⅰ(C)	16.8	14.5	13.4	11.7
吉兰太	Ⅱ(A)	19.8	17.3	15.8	14.2
鄂托克旗	Ⅰ(C)	16.4	14.2	13.1	11.4
辽宁省					
沈阳	Ⅰ(C)	20.1	17.2	15.9	13.9
彰武	Ⅰ(C)	19.9	17.1	15.8	13.9
清原	Ⅰ(C)	23.1	19.7	18.4	16.1
朝阳	Ⅱ(A)	21.7	18.9	17.4	15.5
本溪	Ⅰ(C)	20.2	17.3	16.0	14.0
锦州	Ⅱ(A)	21.0	18.3	16.9	15.0
宽甸	Ⅰ(C)	19.7	16.8	15.6	13.7
营口	Ⅱ(A)	21.8	19.1	17.6	15.6
丹东	Ⅱ(A)	20.6	18.0	16.6	14.7
大连	Ⅱ(A)	16.5	14.3	13.0	11.5
吉林省					
长春	Ⅰ(C)	23.3	19.9	18.6	16.3
前郭尔罗斯	Ⅰ(C)	24.2	20.7	19.4	17.0
长岭	Ⅰ(C)	23.5	20.1	18.8	16.5
敦化	Ⅰ(B)	20.6	18.0	16.5	15.2
四平	Ⅰ(C)	21.3	18.2	17.0	14.9
桦甸	Ⅰ(B)	22.1	19.3	17.7	16.3
延吉	Ⅰ(C)	22.5	19.2	17.9	15.7
临江	Ⅰ(C)	23.8	20.3	19.0	16.7
长白	Ⅰ(B)	21.5	18.9	17.2	15.9
集安	Ⅰ(C)	20.8	17.7	16.5	14.4

续表 A.0.1-2

城市	气候区属	建筑物耗热量指标(W/m²)			
		≤3层	(4～8)层	(9～13)层	≥14层
黑龙江省					
哈尔滨	Ⅰ(B)	22.9	20.0	18.3	16.9
漠河	Ⅰ(A)	25.2	23.1	20.9	20.6
呼玛	Ⅰ(A)	23.3	21.4	19.3	19.2
黑河	Ⅰ(A)	22.4	20.5	18.5	18.4
孙吴	Ⅰ(A)	22.8	20.8	18.8	18.7
嫩江	Ⅰ(A)	22.5	20.7	18.6	18.5
克山	Ⅰ(B)	25.6	22.4	20.6	19.0
伊春	Ⅰ(A)	21.7	19.9	17.9	17.7
海伦	Ⅰ(B)	25.2	22.0	20.2	18.7
齐齐哈尔	Ⅰ(B)	22.6	19.8	18.1	16.7
富锦	Ⅰ(B)	24.1	21.1	19.3	17.8
泰来	Ⅰ(B)	22.1	19.4	17.7	16.4
安达	Ⅰ(B)	23.2	20.4	18.6	17.2
宝清	Ⅰ(B)	22.2	19.5	17.8	16.5
通河	Ⅰ(B)	24.4	21.3	19.5	18.0
虎林	Ⅰ(B)	23.0	20.1	18.5	17.0
鸡西	Ⅰ(B)	21.4	18.8	17.1	15.8
尚志	Ⅰ(B)	23.0	20.1	18.4	17.0
牡丹江	Ⅰ(B)	21.9	19.2	17.5	16.2
绥芬河	Ⅰ(B)	21.2	18.6	17.0	15.6
江苏省					
赣榆	Ⅱ(A)	14.0	12.1	11.0	9.7
徐州	Ⅱ(B)	13.8	12.8	11.4	10.1
射阳	Ⅱ(B)	12.6	11.6	10.3	9.2
安徽省					
亳州	Ⅱ(B)	14.2	13.2	11.8	10.4
山东省					
济南	Ⅱ(B)	14.2	13.2	11.7	10.5
长岛	Ⅱ(A)	14.4	12.4	11.2	9.9
龙口	Ⅱ(A)	15.0	12.9	11.7	10.4
惠民	Ⅱ(B)	16.1	15.0	13.4	12.0
德州	Ⅱ(B)	14.4	13.4	11.9	10.7
成山头	Ⅱ(A)	13.1	11.3	10.1	9.0
陵县	Ⅱ(B)	15.9	14.8	13.2	11.8
海阳	Ⅱ(A)	14.7	12.7	11.5	10.2
潍坊	Ⅱ(A)	16.1	13.9	12.7	11.3
莘县	Ⅱ(A)	15.6	13.6	12.3	11.0
沂源	Ⅱ(A)	15.7	13.6	12.4	11.0
青岛	Ⅱ(A)	13.0	11.1	10.0	8.8

续表 A.0.1-2

城市	气候区属	建筑物耗热量指标(W/m²)			
		≤3层	(4～8)层	(9～13)层	≥14层
兖州	Ⅱ(B)	14.6	13.6	12.0	10.8
日照	Ⅱ(A)	12.7	10.8	9.7	8.5
费县	Ⅱ(A)	14.0	12.1	10.9	9.7
菏泽	Ⅱ(A)	13.7	11.8	10.7	9.5
定陶	Ⅱ(B)	14.7	13.6	12.1	10.8
临沂	Ⅱ(A)	14.2	12.3	11.1	9.8
河南省					
郑州	Ⅱ(B)	13.0	12.1	10.7	9.6
安阳	Ⅱ(B)	15.0	13.9	12.4	11.0
孟津	Ⅱ(A)	13.7	11.8	10.7	9.4
卢氏	Ⅱ(A)	14.7	12.7	11.5	10.2
西华	Ⅱ(B)	13.7	12.7	11.3	10.0
四川省					
若尔盖	Ⅰ(B)	12.4	11.2	9.9	9.1
松潘	Ⅰ(C)	11.9	10.3	9.3	8.0
色达	Ⅰ(A)	12.1	10.3	8.5	8.1
马尔康	Ⅱ(A)	12.7	10.9	9.7	8.8
德格	Ⅰ(C)	11.6	10.0	9.0	7.8
甘孜	Ⅰ(C)	10.1	8.9	7.9	6.6
康定	Ⅰ(C)	11.9	10.3	9.3	8.0
巴塘	Ⅱ(A)	7.8	6.6	5.5	5.1
理塘	Ⅰ(B)	9.6	8.9	7.7	7.0
稻城	Ⅰ(C)	9.9	8.7	7.7	6.3
贵州省					
毕节	Ⅱ(A)	11.5	9.8	8.8	7.7
威宁	Ⅱ(A)	12.0	10.3	9.2	8.2
云南省					
德钦	Ⅰ(C)	10.9	9.4	8.5	7.2
昭通	Ⅱ(A)	10.2	8.7	7.6	6.8
西藏自治区					
拉萨	Ⅱ(A)	11.7	10.0	8.9	7.9
狮泉河	Ⅰ(A)	11.8	10.1	8.2	7.8
改则	Ⅰ(A)	13.3	11.4	9.6	8.5
索县	Ⅰ(B)	12.4	11.2	9.9	8.9
那曲	Ⅰ(A)	13.7	12.3	10.5	10.3
丁青	Ⅰ(B)	11.7	10.5	9.2	8.4
班戈	Ⅰ(A)	12.5	10.7	8.9	8.6
昌都	Ⅱ(A)	15.2	13.1	11.9	10.5
申扎	Ⅰ(A)	12.0	10.4	8.6	8.2
林芝	Ⅱ(A)	9.4	8.0	6.9	6.2

续表 A.0.1-2

城市	气候区属	建筑物耗热量指标(W/m²)			
		≤3层	(4～8)层	(9～13)层	≥14层
日喀则	Ⅰ(C)	9.9	8.7	7.7	6.4
隆子	Ⅰ(C)	11.5	10.0	9.0	7.6
帕里	Ⅰ(A)	11.6	10.1	8.4	8.0
陕西省					
西安	Ⅱ(B)	14.7	13.6	12.2	10.7
榆林	Ⅱ(A)	20.5	17.9	16.5	14.7
延安	Ⅱ(A)	17.9	15.6	14.3	12.7
宝鸡	Ⅱ(A)	14.1	12.2	11.1	9.8
甘肃省					
兰州	Ⅱ(A)	16.5	14.4	13.1	11.7
敦煌	Ⅱ(A)	19.1	16.7	15.3	13.8
酒泉	Ⅰ(C)	15.7	13.6	12.5	10.9
张掖	Ⅰ(C)	15.8	13.8	12.6	11.0
民勤	Ⅱ(A)	18.4	16.1	14.7	13.2
乌鞘岭	Ⅰ(A)	12.6	11.1	9.3	9.1
西峰镇	Ⅱ(A)	16.9	14.7	13.4	11.9
平凉	Ⅱ(A)	16.9	14.7	13.4	11.9
合作	Ⅰ(B)	13.3	12.0	10.7	9.9
岷县	Ⅰ(C)	13.8	12.0	10.9	9.4
天水	Ⅱ(A)	15.7	13.5	12.3	10.9
成县	Ⅱ(A)	8.3	7.1	6.0	5.5
青海省					
西宁	Ⅰ(C)	15.3	13.3	12.1	10.5
冷湖	Ⅰ(B)	15.2	13.8	12.3	11.4
大柴旦	Ⅰ(B)	15.3	13.9	12.4	11.5
德令哈	Ⅰ(C)	16.2	14.0	12.9	11.2
刚察	Ⅰ(A)	14.1	11.9	10.1	9.9
格尔木	Ⅰ(C)	14.0	12.3	11.2	9.7
都兰	Ⅰ(B)	12.8	11.6	10.3	9.5
同德	Ⅰ(B)	14.6	13.3	11.8	11.0
玛多	Ⅰ(A)	13.9	12.5	10.6	10.3
河南	Ⅰ(A)	13.1	11.0	9.2	9.0
托托河	Ⅰ(A)	15.4	13.4	11.4	11.1
曲麻菜	Ⅰ(A)	13.8	12.1	10.2	9.9
达日	Ⅰ(A)	13.2	11.2	9.4	9.1

续表 A.0.1-2

城市	气候区属	建筑物耗热量指标(W/m²)			
		≤3层	(4～8)层	(9～13)层	≥14层
玉树	Ⅰ(B)	11.2	10.2	8.9	8.2
杂多	Ⅰ(A)	12.7	11.1	9.4	9.1
宁夏回族自治区					
银川	Ⅱ(A)	18.8	16.4	15.0	13.4
盐池	Ⅱ(A)	18.6	16.2	14.8	13.2
中宁	Ⅱ(A)	17.8	15.5	14.2	12.6
新疆维吾尔自治区					
乌鲁木齐	Ⅰ(C)	21.8	18.7	17.4	15.4
哈巴河	Ⅰ(C)	22.2	19.1	17.8	15.6
阿勒泰	Ⅰ(B)	19.9	17.7	16.1	14.9
富蕴	Ⅰ(B)	21.9	19.5	17.8	16.6
和布克赛尔	Ⅰ(B)	16.6	14.9	13.4	12.4
塔城	Ⅰ(C)	20.2	17.4	16.1	14.3
克拉玛依	Ⅰ(C)	23.6	20.3	18.9	16.8
北塔山	Ⅰ(B)	17.8	15.8	14.3	13.3
精河	Ⅰ(C)	22.7	19.4	18.1	15.9
奇台	Ⅰ(C)	24.1	20.9	19.4	17.2
伊宁	Ⅱ(A)	20.5	18.0	16.5	14.8
吐鲁番	Ⅱ(B)	19.9	18.6	16.8	15.0
哈密	Ⅱ(B)	21.3	20.0	18.0	16.2
巴伦台	Ⅰ(C)	18.1	15.5	14.3	12.6
库尔勒	Ⅱ(B)	18.6	17.5	15.6	14.1
库车	Ⅱ(A)	18.8	16.5	15.0	13.5
阿合奇	Ⅰ(C)	16.0	13.9	12.8	11.2
铁干里克	Ⅱ(B)	19.8	18.6	16.7	15.2
阿拉尔	Ⅱ(A)	18.9	16.6	15.1	13.7
巴楚	Ⅱ(A)	17.0	14.9	13.5	12.3
喀什	Ⅱ(A)	16.2	14.1	12.8	11.6
若羌	Ⅱ(B)	18.6	17.4	15.5	14.1
莎车	Ⅱ(A)	16.3	14.2	12.9	11.7
安德河	Ⅱ(A)	18.5	16.2	14.8	13.4
皮山	Ⅱ(A)	16.1	14.1	12.7	11.5
和田	Ⅱ(A)	15.5	13.5	12.2	11.0

注：表格中气候区属Ⅰ(A)为严寒(A)区、Ⅰ(B)为严寒(B)区、Ⅰ(C)为严寒(C)区；Ⅱ(A)为寒冷(A)区、Ⅱ(B)为寒冷(B)区。

附录 B　平均传热系数和热桥线传热系数计算

B.0.1　一个单元墙体的平均传热系数可按下式计算：

$$K_m = K + \frac{\Sigma \psi_j l_j}{A} \quad (B.0.1)$$

式中：K_m——单元墙体的平均传热系数［W/（m²·K)］；

K——单元墙体的主断面传热系数［W/（m²·K)］；

ψ_j——单元墙体上的第 j 个结构性热桥的线传热系数［W/(m·K)］；

l_j——单元墙体第 j 个结构性热桥的计算长度（m）；

A——单元墙体的面积（m²）。

B.0.2　在建筑外围护结构中，墙角、窗间墙、凸窗、阳台、屋顶、楼板、地板等处形成的热桥称为结构性热桥(图 B.0.2)。结构性热桥对墙体、屋面传热的影响可利用线传热系数 ψ 描述。

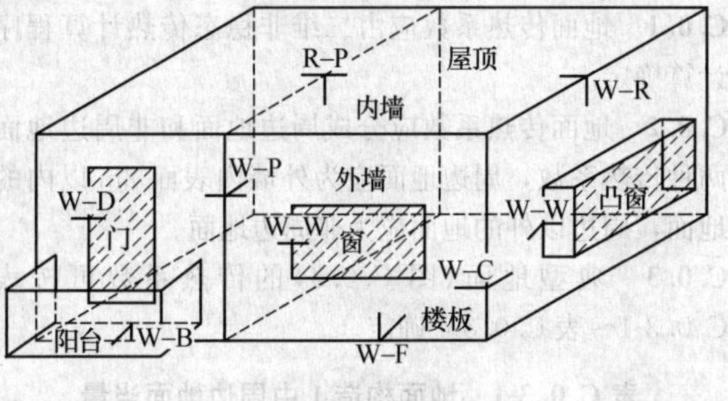

R—P
屋顶
内墙
W—R
W—P
外墙
W—D
门
W—W
窗
W—W
凸窗
W—C
阳台
W—B
楼板
W—F

图 B.0.2　建筑外围护结构的结构性热桥示意图

W—D 外墙—门；W—B 外墙—阳台板；W—P 外墙—内墙；W—W 外墙—窗；W—F 外墙—楼板；W—C 外墙角；W—R 外墙—屋顶；R—P 屋顶—内墙

B.0.3　墙面典型的热桥(图 B.0.3)的平均传热系数(K_m)应按下式计算：

$$K_m = K + \frac{\psi_{W-P}H + \psi_{W-F}B + \psi_{W-C}H + \psi_{W-R}B + \psi_{W-W_L}h + \psi_{W-W_B}b + \psi_{W-W_R}h + \psi_{W-W_U}b}{A} \quad (B.0.3)$$

式中：ψ_{W-P}——外墙和内墙交接形成的热桥的线传热系数［W/(m·K)］；

ψ_{W-F}——外墙和楼板交接形成的热桥的线传热系数［W/(m·K)］；

ψ_{W-C}——外墙墙角形成的热桥的线传热系数［W/(m·K)］；

ψ_{W-R}——外墙和屋顶交接形成的热桥的线传热系数［W/(m·K)］；

ψ_{W-W_L}——外墙和左侧窗框交接形成的热桥的线传热系数［W/(m·K)］；

ψ_{W-W_B}——外墙和下边窗框交接形成的热桥的线传热系数［W/(m·K)］；

ψ_{W-W_R}——外墙和右侧窗框交接形成的热桥的线传热系数［W/(m·K)］；

ψ_{W-W_U}——外墙和上边窗框交接形成的热桥的线传热系数［W/(m·K)］。

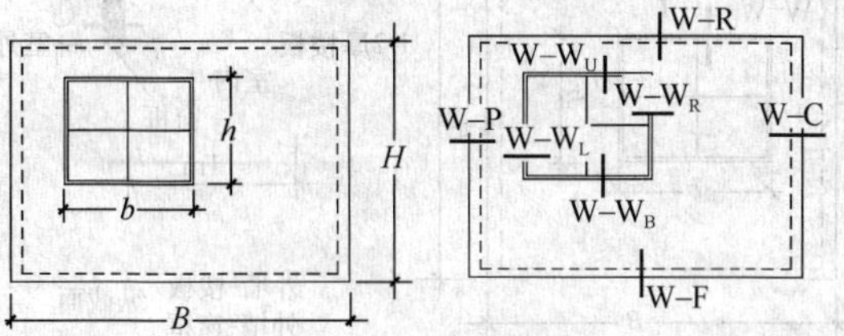

h
b
H
B
W–R
W–W_U
W–W_R
W–P
W–W_L
W–C
W–W_B
W–F

图 B.0.3　墙面典型结构性热桥示意图

B.0.4　热桥线传热系数应按下式计算：

$$\psi = \frac{Q^{2D} - KA(t_n - t_e)}{l(t_n - t_e)} = \frac{Q^{2D}}{l(t_n - t_e)} - KC \quad (B.0.4)$$

式中：ψ——热桥线传热系数[W/(m·K)]。

Q^{2D}——二维传热计算得出的流过一块包含热桥的墙体的热流(W)。该块墙体的构造沿着热桥的长度方向必须是均匀的，热流可以根据其横截面(对纵向热桥)或纵截面(对横向热桥)通过二维传热计算得到。

K——墙体主断面的传热系数[W/(m²·K)]。

A——计算 Q^{2D} 的那块矩形墙体的面积(m²)。

t_n——墙体室内侧的空气温度(℃)。

t_e——墙体室外侧的空气温度(℃)。

l——计算 Q^{2D} 的那块矩形的一条边的长度，热桥沿这个长度均匀分布。计算 ψ 时，l 宜取 1m。

C——计算 Q^{2D} 的那块矩形的另一条边的长度，即 $A = l \cdot C$，可取 $C \geqslant 1$m。

B.0.5　当计算通过包含热桥部位的墙体传热量(Q^{2D})时，墙面典型结构性热桥的截面示意见图 B.0.5。

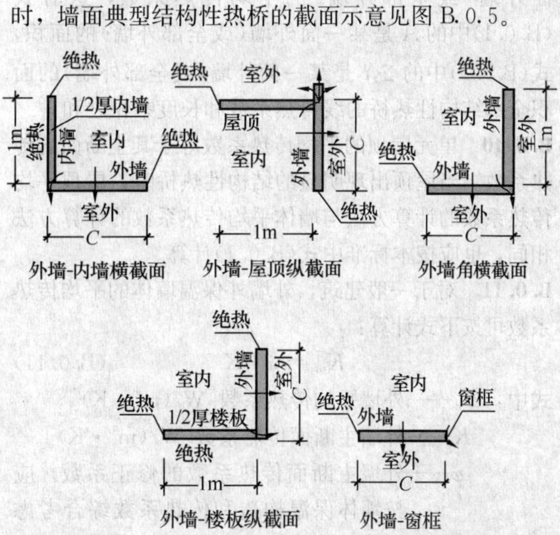

绝热
1/2厚内墙
1m
绝热
内墙
室内
绝热
外墙
室外
C
外墙-内墙横截面
绝热
室外
屋顶
室内
外墙
室外
C
绝热
1m
外墙-屋顶纵截面
绝热
室内
外墙
室外
1m
绝热
外墙
室外
C
外墙角横截面
绝热
室内
外墙
室外
C
绝热
1/2厚楼板
绝热
1m
外墙-楼板纵截面
室内
绝热
外墙
窗框
室外
C
外墙-窗框

图 B.0.5　墙面典型结构性热桥截面示意图

B.0.6 当墙面上存在平行热桥且平行热桥之间的距离很小时，应一次同时计算平行热桥的线传热系数之和(图 B.0.6)。

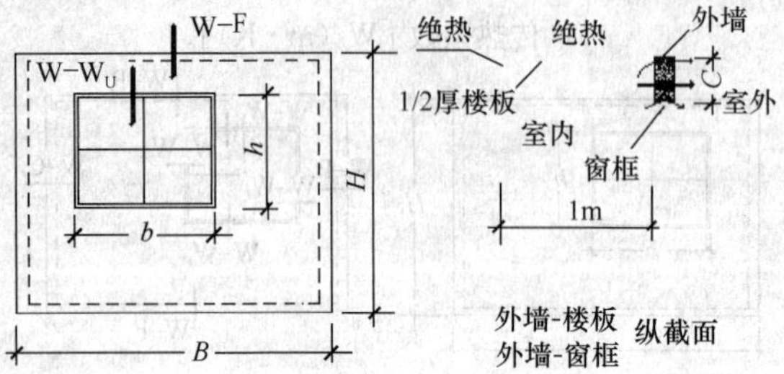

W−F
W−W_U
h
H
b
B
绝热
绝热
1/2厚楼板
室内
窗框
1m
外墙
C
室外
外墙-楼板
外墙-窗框
纵截面

图 B.0.6 墙面平行热桥示意图

“外墙-楼板”和“外墙-窗框”热桥线传热系数之和应按下式计算：

$$\psi_{W-F}+\psi_{W-W_U}=\frac{Q^{2D}-KA(t_n-t_e)}{l(t_n-t_e)}$$

$$=\frac{Q^{2D}}{l(t_n-t_e)}-KC \quad (B.0.6)$$

B.0.7 线传热系数 ψ 可利用本标准提供的二维稳态传热计算软件计算。

B.0.8 外保温墙体外墙和内墙交接形成的热桥的线传热系数 ψ_{W-P}、外墙和楼板交接形成的热桥的线传热系数 ψ_{W-F}、外墙墙角形成的热桥的线传热系数 ψ_{W-C} 可近似取 0。

B.0.9 建筑的某一面外墙(或全部外墙)的平均传热系数，可先计算各个不同单元墙的平均传热系数，然后再依据面积加权的原则，计算某一面外墙(或全部外墙)的平均传热系数。

当某一面外墙(或全部外墙)的主断面传热系数 K 均一致时，也可直接按本标准中式(B.0.1)计算某一面外墙(或全部外墙)的平均传热系数，这时式(B.0.1)中的 A 是某一面外墙(或全部外墙)的面积，式(B.0.1)中的 $\Sigma\psi l$ 是某一面外墙(或全部外墙)的面积全部结构性热桥的线传热系数和长度乘积之和。

B.0.10 单元屋顶的平均传热系数等于其主断面的传热系数。当屋顶出现明显的结构性热桥时，屋顶平均传热系数的计算方法与墙体平均传热系数的计算方法相同，也应按本标准中式(B.0.1)计算。

B.0.11 对于一般建筑，外墙外保温墙体的平均传热系数可按下式计算：

$$K_m=\varphi\cdot K \quad (B.0.11)$$

式中：K_m——外墙平均传热系数[W/(m²·K)]。

K——外墙主断面传热系数[W/(m²·K)]。

φ——外墙主断面传热系数的修正系数。应按墙体保温构造和传热系数综合考虑取值，其数值可按表 B.0.11 选取。

表 B.0.11 外墙主断面传热系数的修正系数 φ

外墙传热系数限值 K_m [W/(m²·K)]	外保温	
	普通窗	凸窗
0.70	1.1	1.2
0.65	1.1	1.2
0.60	1.1	1.3
0.55	1.2	1.3
0.50	1.2	1.3
0.45	1.2	1.3
0.40	1.2	1.3
0.35	1.3	1.4
0.30	1.3	1.4
0.25	1.4	1.5

附录C 地面传热系数计算

C.0.1 地面传热系数应由二维非稳态传热计算程序计算确定。

C.0.2 地面传热系数应分成周边地面和非周边地面两种传热系数，周边地面应为外墙内表面 2m 以内的地面，周边以外的地面应为非周边地面。

C.0.3 典型地面(图 C.0.3)的传热系数可按表 C.0.3-1～表 C.0.3-4 确定。

表 C.0.3-1 地面构造 1 中周边地面当量传热系数(K_d)[W/(m²·K)]

保温层热阻 (m²·K)/W	西安采暖期室外平均温度 2.1℃	北京采暖期室外平均温度 0.1℃	长春采暖期室外平均温度 −6.7℃	哈尔滨采暖期室外平均温度 −8.5℃	海拉尔采暖期室外平均温度 −12.0℃
3.00	0.05	0.06	0.08	0.08	0.08
2.75	0.05	0.07	0.09	0.08	0.09
2.50	0.06	0.07	0.10	0.09	0.11
2.25	0.08	0.07	0.11	0.10	0.11
2.00	0.09	0.08	0.12	0.11	0.12
1.75	0.10	0.09	0.14	0.13	0.14
1.50	0.11	0.11	0.15	0.14	0.15
1.25	0.12	0.12	0.16	0.15	0.17
1.00	0.14	0.14	0.19	0.17	0.20
0.75	0.17	0.17	0.22	0.20	0.22
0.50	0.20	0.20	0.26	0.24	0.26
0.25	0.27	0.26	0.32	0.29	0.31
0.00	0.34	0.38	0.38	0.40	0.41

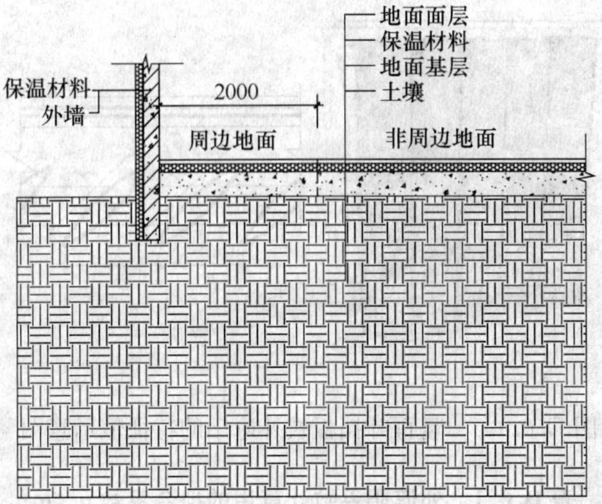
地面面层
保温材料
地面基层
土壤
保温材料
外墙
2000
周边地面
非周边地面

地面构造1

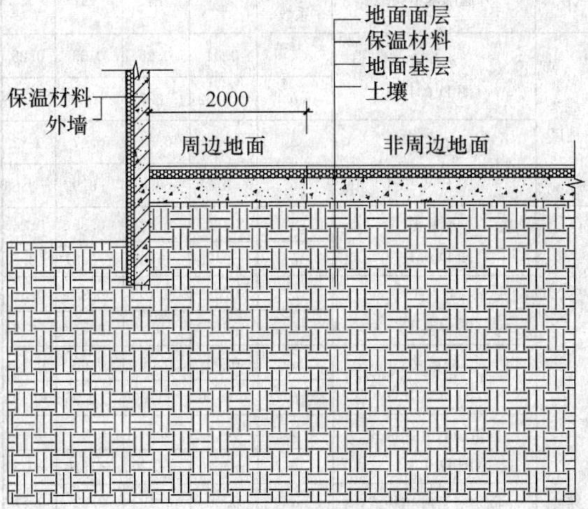
地面面层
保温材料
地面基层
土壤
保温材料
外墙
2000
周边地面
非周边地面

地面构造2

图 C.0.3　典型地面构造示意图

表 C.0.3-2　地面构造 2 中周边地面当量传热系数(K_d)[W/(m^2·K)]

保温层热阻 (m^2·K)/W	西安采暖期室外平均温度 2.1℃	北京采暖期室外平均温度 0.1℃	长春采暖期室外平均温度 −6.7℃	哈尔滨采暖期室外平均温度 −8.5℃	海拉尔采暖期室外平均温度 −12.0℃
3.00	0.05	0.06	0.08	0.08	0.08
2.75	0.05	0.07	0.09	0.08	0.09
2.50	0.06	0.07	0.10	0.09	0.11
2.25	0.08	0.07	0.11	0.10	0.11
2.00	0.08	0.07	0.11	0.11	0.12
1.75	0.09	0.08	0.12	0.11	0.12
1.50	0.10	0.09	0.14	0.13	0.14
1.25	0.11	0.11	0.15	0.14	0.15
1.00	0.12	0.12	0.16	0.15	0.17
0.75	0.14	0.14	0.19	0.17	0.20
0.50	0.17	0.17	0.22	0.20	0.22
0.25	0.24	0.23	0.29	0.25	0.27
0.00	0.31	0.34	0.34	0.36	0.37

表 C.0.3-3　地面构造 1 中非周边地面当量传热系数(K_d)[W/(m^2·K)]

保温层热阻 (m^2·K)/W	西安采暖期室外平均温度 2.1℃	北京采暖期室外平均温度 0.1℃	长春采暖期室外平均温度 −6.7℃	哈尔滨采暖期室外平均温度 −8.5℃	海拉尔采暖期室外平均温度 −12.0℃
3.00	0.02	0.03	0.08	0.06	0.07
2.75	0.02	0.03	0.08	0.06	0.07
2.50	0.03	0.03	0.09	0.06	0.08
2.25	0.03	0.04	0.09	0.07	0.07
2.00	0.03	0.04	0.10	0.07	0.08
1.75	0.03	0.04	0.10	0.07	0.08
1.50	0.03	0.04	0.11	0.07	0.09
1.25	0.04	0.05	0.11	0.08	0.09
1.00	0.04	0.05	0.12	0.08	0.10
0.75	0.04	0.06	0.13	0.09	0.10
0.50	0.05	0.06	0.14	0.09	0.11
0.25	0.06	0.07	0.15	0.10	0.11
0.00	0.08	0.10	0.17	0.19	0.21

表 C.0.3-4　地面构造 2 中非周边地面当量传热系数(K_d)[W/(m^2·K)]

保温层热阻 (m^2·K)/W	西安采暖期室外平均温度 2.1℃	北京采暖期室外平均温度 0.1℃	长春采暖期室外平均温度 −6.7℃	哈尔滨采暖期室外平均温度 −8.5℃	海拉尔采暖期室外平均温度 −12.0℃
3.00	0.02	0.03	0.08	0.06	0.07
2.75	0.02	0.03	0.08	0.06	0.07
2.50	0.03	0.03	0.09	0.06	0.08
2.25	0.03	0.04	0.09	0.07	0.07
2.00	0.03	0.04	0.10	0.07	0.08
1.75	0.03	0.04	0.10	0.07	0.08
1.50	0.03	0.04	0.11	0.07	0.09
1.25	0.04	0.05	0.11	0.08	0.09
1.00	0.04	0.05	0.12	0.08	0.10
0.75	0.04	0.06	0.13	0.09	0.10
0.50	0.05	0.06	0.14	0.09	0.11
0.25	0.06	0.07	0.15	0.10	0.11
0.00	0.08	0.10	0.17	0.19	0.21

附录 D　外遮阳系数的简化计算

D.0.1　外遮阳系数应按下列公式计算：

$$SD = ax^2 + bx + 1 \qquad (D.0.1\text{-}1)$$

$$x = A/B \qquad (D.0.1\text{-}2)$$

式中：SD——外遮阳系数；

x——外遮阳特征值，当 $x>1$ 时，取 $x=1$；

a、b——拟合系数，宜按表 D.0.1 选取；

A，B——外遮阳的构造定性尺寸，宜按图 D.0.1-1～图 D.0.1-5 确定。

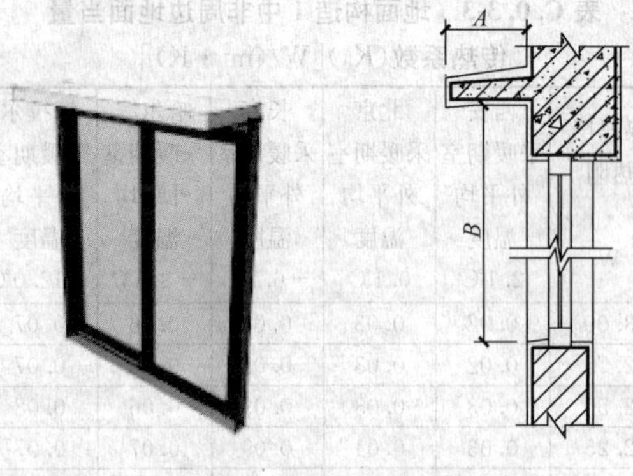
A
B

图 D. 0. 1-1　水平式外遮阳的特征值示意图

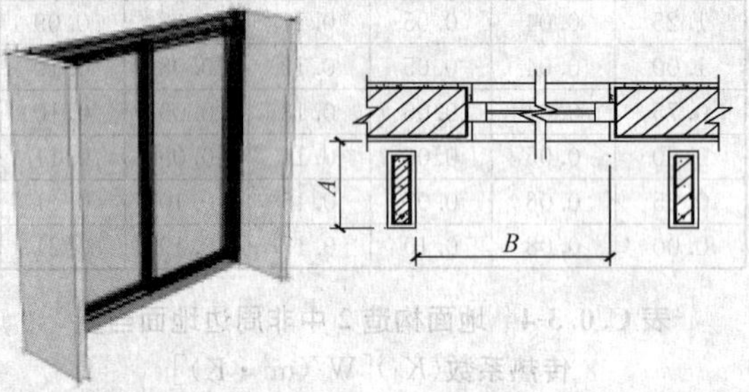
A
B

图 D. 0. 1-2　垂直式外遮阳的特征值示意图

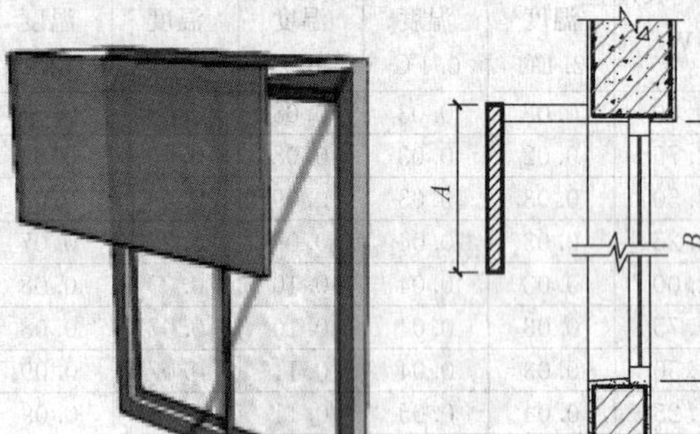
A
B

图 D. 0. 1-3　挡板式外遮阳的特征值示意图

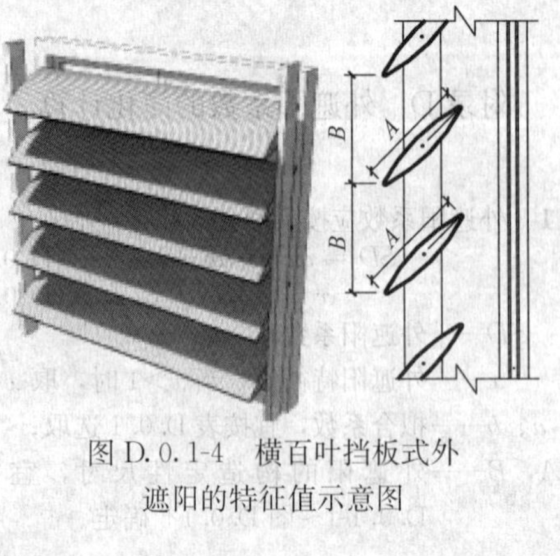
B
A
B
A

图 D. 0. 1-4　横百叶挡板式外遮阳的特征值示意图

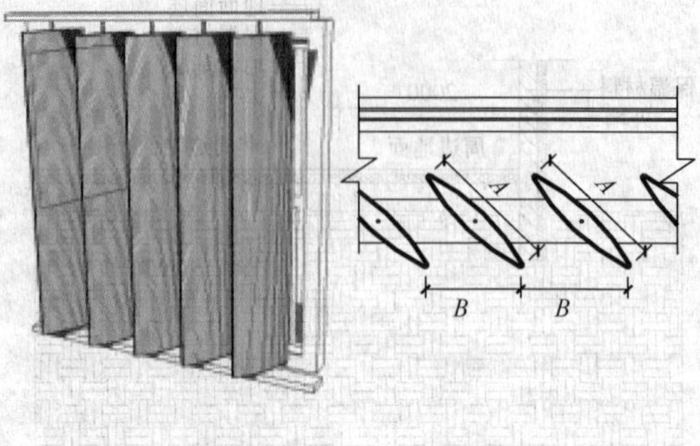
A
A
B
B

图 D. 0. 1-5　竖百叶挡板式外遮阳的特征值示意图

表 D. 0. 1　外遮阳系数计算用的拟合系数 a，b

气候区	外遮阳基本类型		拟合系数	东	南	西	北
严寒地区	水平式（图 D. 0. 1-1）		a	0.31	0.28	0.33	0.25
			b	−0.62	−0.71	−0.65	−0.48
	垂直式（图 D. 0. 1-2）		a	0.42	0.31	0.47	0.42
			b	−0.83	−0.65	−0.90	−0.83
寒冷地区	水平式（图 D. 0. 1-1）		a	0.34	0.65	0.35	0.26
			b	−0.78	−1.00	−0.81	−0.54
	垂直式（图 D. 0. 1-2）		a	0.25	0.40	0.25	0.50
			b	−0.55	−0.76	0.54	−0.93
	挡板式（图 D. 0. 1-3）		a	0.00	0.35	0.00	0.13
			b	−0.96	−1.00	−0.96	−0.93
	固定横百叶挡板式（图 D. 0. 1-4）		a	0.45	0.54	0.48	0.34
			b	−1.20	−1.20	−1.20	−0.88
	固定竖百叶挡板式（图 D. 0. 1-5）		a	0.00	0.19	0.22	0.57
			b	−0.70	−0.91	−0.72	−1.18
	活动横百叶挡板式（图 D. 0. 1-4）	冬	a	0.21	0.04	0.19	0.20
			b	−0.65	−0.39	−0.61	−0.62
		夏	a	0.50	1.00	0.54	0.50
			b	−1.20	−1.70	−1.30	−1.20
	活动竖百叶挡板式（图 D. 0. 1-5）	冬	a	0.40	0.09	0.38	0.20
			b	−0.99	−0.54	−0.95	−0.62
		夏	a	0.06	0.38	0.13	0.85
			b	−0.70	−1.10	−0.69	−1.49

注：拟合系数应按本标准第 4. 2. 2 条有关朝向的规定在本表中选取。

D. 0. 2　各种组合形式的外遮阳系数，可由参加组合的各种形式遮阳的外遮阳系数的乘积来确定，单一形式的外遮阳系数应按本标准式(D. 0. 1-1)、式(D. 0. 1-2)计算。

D. 0. 3　当外遮阳的遮阳板采用有透光能力的材料制作时，应按下式进行修正：

$$SD = 1 - (1 - SD^{*})(1 - \eta^{*}) \qquad (D.0.3)$$

式中：SD^{*}——外遮阳的遮阳板采用非透明材料制作时的外遮阳系数，应按本标准式(D. 0. 1-1)、式(D. 0. 1-2)计算；

η^{*}——遮阳板的透射比，宜按表 D. 0. 3 选取。

表 D.0.3 遮阳板的透射比

遮阳板使用的材料	规　格	η^{*}
织物面料、玻璃钢类板	—	0.40
玻璃、有机玻璃类板	深色：0＜Se≤0.6	0.60
	浅色：0.6＜Se≤0.8	0.80
金属穿孔板	穿孔率：0＜φ≤0.2	0.10
	穿孔率：0.2＜φ≤0.4	0.30
	穿孔率：0.4＜φ≤0.6	0.50
	穿孔率：0.6＜φ≤0.8	0.70
铝合金百叶板	—	0.20
木质百叶板	—	0.25
混凝土花格	—	0.50
木质花格	—	0.45

附录 E　围护结构传热系数的修正系数 ε 和封闭阳台温差修正系数 ζ

E.0.1 太阳辐射对外墙、屋面传热系数的影响可采用传热系数的修正系数 ε 计算。

E.0.2 外墙、屋面传热系数的修正系数 ε 可按表 E.0.2 确定。

表 E.0.2 外墙、屋面传热系数修正系数 ε

城　市	气候区属	外墙、屋面传热系数修正值				
		屋面	南墙	北墙	东墙	西墙
直辖市						
北　京	Ⅱ(B)	0.98	0.83	0.95	0.91	0.91
天　津	Ⅱ(B)	0.98	0.85	0.95	0.92	0.92
河北省						
石家庄	Ⅱ(B)	0.99	0.84	0.95	0.92	0.92
围　场	Ⅰ(C)	0.96	0.86	0.96	0.93	0.93
丰　宁	Ⅰ(C)	0.96	0.85	0.95	0.92	0.92
承　德	Ⅱ(A)	0.98	0.86	0.96	0.93	0.93
张家口	Ⅱ(A)	0.98	0.85	0.95	0.92	0.92
怀　来	Ⅱ(A)	0.98	0.85	0.95	0.92	0.92
青　龙	Ⅱ(A)	0.97	0.86	0.95	0.92	0.92
蔚　县	Ⅰ(C)	0.97	0.86	0.96	0.93	0.93
唐　山	Ⅱ(A)	0.98	0.85	0.95	0.92	0.92
乐　亭	Ⅱ(A)	0.98	0.85	0.95	0.92	0.92
保　定	Ⅱ(B)	0.99	0.85	0.95	0.92	0.92
沧　州	Ⅱ(B)	0.98	0.84	0.95	0.91	0.91
泊　头	Ⅱ(B)	0.98	0.84	0.95	0.91	0.92
邢　台	Ⅱ(B)	0.99	0.84	0.95	0.91	0.92

续表 E.0.2

城　市	气候区属	外墙、屋面传热系数修正值				
		屋面	南墙	北墙	东墙	西墙
山西省						
太　原	Ⅱ(A)	0.97	0.84	0.95	0.91	0.92
大　同	Ⅰ(C)	0.96	0.85	0.95	0.92	0.92
河　曲	Ⅰ(C)	0.96	0.85	0.95	0.92	0.92
原　平	Ⅱ(A)	0.97	0.84	0.95	0.92	0.92
离　石	Ⅱ(A)	0.98	0.86	0.96	0.93	0.93
榆　社	Ⅱ(A)	0.97	0.84	0.95	0.92	0.92
介　休	Ⅱ(A)	0.97	0.84	0.95	0.91	0.91
阳　城	Ⅱ(A)	0.97	0.84	0.95	0.91	0.91
运　城	Ⅱ(B)	1.00	0.85	0.95	0.92	0.92
内蒙古自治区						
呼和浩特	Ⅰ(C)	0.97	0.86	0.96	0.92	0.93
图里河	Ⅰ(A)	0.99	0.92	0.97	0.95	0.95
海拉尔	Ⅰ(A)	1.00	0.93	0.98	0.96	0.96
博克图	Ⅰ(A)	1.00	0.93	0.98	0.96	0.96
新巴尔虎右旗	Ⅰ(A)	1.00	0.92	0.97	0.95	0.96
阿尔山	Ⅰ(A)	0.97	0.91	0.97	0.94	0.94
东乌珠穆沁旗	Ⅰ(B)	0.98	0.90	0.97	0.95	0.95
那仁宝拉格	Ⅰ(A)	0.98	0.89	0.97	0.94	0.94
西乌珠穆沁旗	Ⅰ(B)	0.99	0.89	0.97	0.94	0.94
扎鲁特旗	Ⅰ(C)	0.98	0.88	0.96	0.93	0.93
阿巴嘎旗	Ⅰ(B)	0.98	0.90	0.97	0.94	0.94
巴林左旗	Ⅰ(C)	0.97	0.88	0.96	0.93	0.93
锡林浩特	Ⅰ(B)	0.98	0.89	0.97	0.94	0.94
二连浩特	Ⅰ(A)	0.97	0.89	0.96	0.94	0.94
林　西	Ⅰ(C)	0.97	0.87	0.96	0.93	0.93
通　辽	Ⅰ(C)	0.98	0.88	0.96	0.93	0.93
满都拉	Ⅰ(C)	0.95	0.85	0.95	0.92	0.92
朱日和	Ⅰ(C)	0.96	0.86	0.96	0.92	0.93
赤　峰	Ⅰ(C)	0.97	0.86	0.96	0.92	0.93
多　伦	Ⅰ(B)	0.96	0.87	0.96	0.93	0.93
额济纳旗	Ⅰ(C)	0.95	0.84	0.95	0.91	0.92
化　德	Ⅰ(B)	0.96	0.87	0.96	0.93	0.93
达尔罕联合旗	Ⅰ(C)	0.95	0.85	0.95	0.92	0.92
乌拉特后旗	Ⅰ(C)	0.94	0.84	0.95	0.92	0.91
海力素	Ⅰ(C)	0.94	0.85	0.95	0.92	0.92
集　宁	Ⅰ(C)	0.95	0.86	0.95	0.92	0.92
临　河	Ⅱ(A)	0.95	0.84	0.95	0.92	0.92
巴音毛道	Ⅰ(C)	0.94	0.83	0.95	0.91	0.91

续表 E.0.2

城市	气候区属	外墙、屋面传热系数修正值				
		屋面	南墙	北墙	东墙	西墙
东胜	Ⅰ(C)	0.95	0.84	0.95	0.92	0.91
吉兰太	Ⅱ(A)	0.94	0.83	0.95	0.91	0.91
鄂托克旗	Ⅰ(C)	0.95	0.84	0.95	0.91	0.91
辽宁省						
沈阳	Ⅰ(C)	0.99	0.89	0.96	0.94	0.94
彰武	Ⅰ(C)	0.98	0.88	0.96	0.93	0.93
清原	Ⅰ(C)	1.00	0.91	0.97	0.95	0.95
朝阳	Ⅱ(A)	0.99	0.87	0.96	0.93	0.93
本溪	Ⅰ(C)	1.00	0.89	0.96	0.94	0.94
锦州	Ⅱ(A)	1.00	0.87	0.96	0.93	0.93
宽甸	Ⅰ(C)	1.00	0.89	0.96	0.94	0.94
营口	Ⅱ(A)	1.00	0.88	0.96	0.94	0.94
丹东	Ⅱ(A)	1.00	0.87	0.96	0.93	0.93
大连	Ⅱ(A)	0.98	0.84	0.95	0.92	0.91
吉林省						
长春	Ⅰ(C)	1.00	0.90	0.97	0.94	0.95
前郭尔罗斯	Ⅰ(C)	1.00	0.90	0.97	0.94	0.95
长岭	Ⅰ(C)	0.99	0.90	0.97	0.94	0.94
敦化	Ⅰ(B)	0.99	0.90	0.97	0.94	0.95
四平	Ⅰ(C)	0.99	0.89	0.96	0.94	0.94
桦甸	Ⅰ(B)	1.00	0.91	0.97	0.95	0.95
延吉	Ⅰ(C)	1.00	0.90	0.97	0.94	0.94
临江	Ⅰ(C)	1.00	0.91	0.97	0.95	0.95
长白	Ⅰ(B)	0.99	0.91	0.97	0.94	0.95
集安	Ⅰ(C)	1.00	0.90	0.97	0.94	0.95
黑龙江省						
哈尔滨	Ⅰ(B)	1.00	0.92	0.97	0.95	0.95
漠河	Ⅰ(A)	0.99	0.93	0.97	0.95	0.95
呼玛	Ⅰ(A)	1.00	0.92	0.97	0.96	0.96
黑河	Ⅰ(A)	1.00	0.93	0.98	0.96	0.96
孙吴	Ⅰ(A)	1.00	0.93	0.98	0.96	0.96
嫩江	Ⅰ(A)	1.00	0.93	0.98	0.96	0.96
克山	Ⅰ(B)	1.00	0.92	0.97	0.96	0.96
伊春	Ⅰ(A)	1.00	0.93	0.98	0.96	0.96
海伦	Ⅰ(B)	1.00	0.92	0.97	0.96	0.96
齐齐哈尔	Ⅰ(B)	1.00	0.91	0.97	0.95	0.95
富锦	Ⅰ(B)	1.00	0.92	0.97	0.95	0.95
泰来	Ⅱ(B)	1.00	0.91	0.97	0.95	0.95
安达	Ⅰ(B)	1.00	0.91	0.97	0.95	0.95

续表 E.0.2

城市	气候区属	外墙、屋面传热系数修正值				
		屋面	南墙	北墙	东墙	西墙
宝清	Ⅰ(B)	1.00	0.91	0.97	0.95	0.95
通河	Ⅰ(B)	1.00	0.92	0.97	0.95	0.95
虎林	Ⅰ(B)	1.00	0.91	0.97	0.95	0.95
鸡西	Ⅰ(B)	1.00	0.91	0.97	0.95	0.95
尚志	Ⅰ(B)	1.00	0.91	0.97	0.95	0.95
牡丹江	Ⅰ(B)	0.99	0.90	0.97	0.94	0.95
绥芬河	Ⅰ(B)	0.99	0.90	0.97	0.94	0.95
江苏省						
赣榆	Ⅱ(A)	0.99	0.84	0.95	0.91	0.92
徐州	Ⅱ(B)	1.00	0.84	0.95	0.92	0.92
射阳	Ⅱ(B)	0.99	0.82	0.94	0.91	0.91
安徽省						
亳州	Ⅱ(B)	1.01	0.85	0.95	0.92	0.92
山东省						
济南	Ⅱ(B)	0.99	0.83	0.95	0.91	0.91
长岛	Ⅱ(A)	0.97	0.83	0.94	0.91	0.91
龙口	Ⅱ(A)	0.97	0.83	0.95	0.91	0.91
惠民县	Ⅱ(B)	0.98	0.84	0.95	0.92	0.92
德州	Ⅱ(B)	0.96	0.82	0.94	0.90	0.90
成山头	Ⅱ(A)	0.96	0.81	0.94	0.90	0.90
陵县	Ⅱ(B)	0.98	0.84	0.95	0.91	0.92
海阳	Ⅱ(A)	0.97	0.83	0.95	0.91	0.91
潍坊	Ⅱ(A)	0.97	0.84	0.95	0.91	0.92
莘县	Ⅱ(A)	0.98	0.84	0.95	0.92	0.92
沂源	Ⅱ(A)	0.98	0.84	0.95	0.92	0.92
青岛	Ⅱ(A)	0.95	0.81	0.94	0.89	0.90
兖州	Ⅱ(B)	0.98	0.83	0.95	0.91	0.91
日照	Ⅱ(A)	0.94	0.81	0.93	0.88	0.89
费县	Ⅱ(A)	0.98	0.83	0.94	0.91	0.91
菏泽	Ⅱ(A)	0.97	0.83	0.94	0.91	0.91
定陶	Ⅱ(B)	0.98	0.83	0.95	0.91	0.91
临沂	Ⅱ(A)	0.98	0.83	0.95	0.91	0.91
河南省						
郑州	Ⅱ(B)	0.98	0.82	0.94	0.90	0.91
安阳	Ⅱ(B)	0.98	0.84	0.95	0.91	0.92
孟津	Ⅱ(A)	0.99	0.83	0.95	0.91	0.91
卢氏	Ⅱ(A)	0.98	0.84	0.95	0.92	0.92
西华	Ⅱ(B)	0.99	0.84	0.95	0.91	0.92

续表 E.0.2

城市	气候区属	外墙、屋面传热系数修正值				
		屋面	南墙	北墙	东墙	西墙
四川省						
若尔盖	Ⅰ(B)	0.90	0.82	0.94	0.90	0.90
松潘	Ⅰ(C)	0.93	0.81	0.94	0.90	0.90
色达	Ⅰ(A)	0.90	0.82	0.94	0.88	0.89
马尔康	Ⅱ(A)	0.92	0.78	0.93	0.89	0.89
德格	Ⅰ(C)	0.94	0.82	0.94	0.90	0.90
甘孜	Ⅰ(C)	0.89	0.77	0.93	0.87	0.87
康定	Ⅰ(C)	0.95	0.82	0.95	0.91	0.91
巴塘	Ⅱ(A)	0.88	0.71	0.91	0.85	0.85
理塘	Ⅰ(B)	0.88	0.79	0.93	0.88	0.88
稻城	Ⅰ(C)	0.87	0.76	0.92	0.85	0.85
贵州省						
毕节	Ⅱ(A)	0.97	0.82	0.94	0.90	0.90
威宁	Ⅱ(A)	0.96	0.81	0.94	0.90	0.90
云南省						
德钦	Ⅰ(C)	0.91	0.81	0.94	0.89	0.89
昭通	Ⅱ(A)	0.91	0.76	0.93	0.88	0.87
西藏自治区						
拉萨	Ⅱ(A)	0.90	0.77	0.93	0.87	0.88
狮泉河	Ⅰ(A)	0.85	0.78	0.93	0.87	0.87
改则	Ⅰ(A)	0.80	0.84	0.92	0.85	0.86
索县	Ⅰ(B)	0.88	0.83	0.94	0.88	0.88
那曲	Ⅰ(A)	0.93	0.86	0.95	0.91	0.91
丁青	Ⅰ(B)	0.91	0.83	0.94	0.89	0.90
班戈	Ⅰ(A)	0.88	0.82	0.94	0.89	0.89
昌都	Ⅱ(A)	0.95	0.83	0.94	0.90	0.90
申扎	Ⅰ(A)	0.87	0.81	0.94	0.88	0.88
林芝	Ⅱ(A)	0.85	0.72	0.92	0.85	0.85
日喀则	Ⅰ(C)	0.87	0.77	0.92	0.86	0.87
隆子	Ⅰ(C)	0.89	0.80	0.93	0.88	0.88
帕里	Ⅰ(A)	0.88	0.83	0.94	0.88	0.89
陕西省						
西安	Ⅱ(B)	1.00	0.85	0.95	0.92	0.92
榆林	Ⅱ(A)	0.97	0.85	0.96	0.92	0.93
延安	Ⅱ(A)	0.98	0.85	0.95	0.92	0.92
宝鸡	Ⅱ(A)	0.99	0.84	0.95	0.92	0.92
甘肃省						
兰州	Ⅱ(A)	0.96	0.83	0.95	0.91	0.91
敦煌	Ⅱ(A)	0.96	0.82	0.95	0.92	0.91

续表 E.0.2

城市	气候区属	外墙、屋面传热系数修正值				
		屋面	南墙	北墙	东墙	西墙
酒泉	Ⅰ(C)	0.94	0.82	0.95	0.91	0.91
张掖	Ⅰ(C)	0.94	0.82	0.95	0.91	0.91
民勤	Ⅱ(A)	0.94	0.82	0.95	0.91	0.90
乌鞘岭	Ⅰ(A)	0.91	0.84	0.94	0.90	0.90
西峰镇	Ⅱ(A)	0.97	0.84	0.95	0.92	0.92
平凉	Ⅱ(A)	0.97	0.84	0.95	0.92	0.92
合作	Ⅰ(C)	0.93	0.83	0.95	0.91	0.91
岷县	Ⅰ(C)	0.93	0.82	0.94	0.90	0.91
天水	Ⅱ(A)	0.98	0.85	0.95	0.92	0.92
成县	Ⅱ(A)	0.89	0.72	0.92	0.85	0.86
青海省						
西宁	Ⅰ(C)	0.93	0.83	0.95	0.90	0.91
冷湖	Ⅰ(B)	0.93	0.83	0.95	0.91	0.91
大柴旦	Ⅰ(B)	0.93	0.83	0.95	0.91	0.91
德令哈	Ⅰ(C)	0.93	0.83	0.95	0.91	0.90
刚察	Ⅰ(A)	0.91	0.83	0.95	0.90	0.91
格尔木	Ⅰ(C)	0.91	0.80	0.94	0.89	0.89
都兰	Ⅰ(B)	0.91	0.82	0.94	0.90	0.90
同德	Ⅰ(B)	0.91	0.82	0.95	0.90	0.91
玛多	Ⅰ(A)	0.89	0.83	0.94	0.90	0.90
河南	Ⅰ(A)	0.90	0.82	0.94	0.90	0.90
托托河	Ⅰ(A)	0.90	0.84	0.95	0.90	0.90
曲麻莱	Ⅰ(A)	0.90	0.83	0.94	0.90	0.90
达日	Ⅰ(A)	0.90	0.83	0.94	0.90	0.90
玉树	Ⅰ(B)	0.90	0.81	0.94	0.89	0.89
杂多	Ⅰ(A)	0.91	0.84	0.95	0.90	0.90
宁夏回族自治区						
银川	Ⅱ(A)	0.96	0.84	0.95	0.92	0.91
盐池	Ⅱ(A)	0.94	0.83	0.95	0.91	0.91
中宁	Ⅱ(A)	0.96	0.83	0.95	0.91	0.91
新疆维吾尔自治区						
乌鲁木齐	Ⅰ(C)	0.98	0.88	0.96	0.94	0.94
哈巴河	Ⅰ(C)	0.98	0.88	0.96	0.94	0.93
阿勒泰	Ⅰ(B)	0.98	0.88	0.96	0.94	0.94
富蕴	Ⅰ(B)	0.97	0.87	0.96	0.94	0.94
和布克赛尔	Ⅰ(B)	0.96	0.86	0.96	0.92	0.93
塔城	Ⅰ(C)	1.00	0.88	0.96	0.94	0.94
克拉玛依	Ⅰ(C)	0.99	0.88	0.97	0.94	0.94
北塔山	Ⅰ(B)	0.97	0.87	0.96	0.93	0.93

续表 E.0.2

城市	气候区属	外墙、屋面传热系数修正值				
		屋面	南墙	北墙	东墙	西墙
精河	Ⅰ(C)	0.99	0.89	0.96	0.94	0.94
奇台	Ⅰ(C)	0.97	0.87	0.96	0.93	0.93
伊宁	Ⅱ(A)	0.99	0.85	0.96	0.93	0.93
吐鲁番	Ⅱ(B)	0.98	0.85	0.96	0.93	0.92
哈密	Ⅱ(B)	0.96	0.84	0.95	0.92	0.92
巴伦台	Ⅰ(C)	1.00	0.88	0.96	0.94	0.94
库尔勒	Ⅱ(B)	0.95	0.82	0.95	0.91	0.91
库车	Ⅱ(A)	0.95	0.83	0.95	0.91	0.91
阿合奇	Ⅰ(C)	0.94	0.83	0.95	0.91	0.91
铁干里克	Ⅱ(B)	0.95	0.82	0.95	0.92	0.91
阿拉尔	Ⅱ(A)	0.95	0.82	0.95	0.91	0.91
巴楚	Ⅱ(A)	0.95	0.80	0.94	0.91	0.90
喀什	Ⅱ(A)	0.94	0.80	0.94	0.90	0.90
若羌	Ⅱ(B)	0.93	0.81	0.94	0.90	0.90
莎车	Ⅱ(A)	0.93	0.80	0.94	0.90	0.90
安德河	Ⅱ(A)	0.93	0.80	0.95	0.91	0.90
皮山	Ⅱ(A)	0.93	0.80	0.94	0.90	0.90
和田	Ⅱ(A)	0.94	0.80	0.94	0.90	0.90

注：表格中气候区属Ⅰ(A)为严寒(A)区、Ⅰ(B)为严寒(B)区、Ⅰ(C)为严寒(C)区；Ⅱ(A)为寒冷(A)区、Ⅱ(B)为寒冷(B)区。

E.0.3 封闭阳台对外墙传热的影响可采用阳台温差修正系数 ξ 来计算。

E.0.4 不同朝向的阳台温差修正系数 ξ 可按表 E.0.4 确定。

表 E.0.4 不同朝向的阳台温差修正系数 ξ

城市	气候区属	阳台类型	阳台温差修正系数			
			南向	北向	东向	西向
直辖市						
北京	Ⅱ(B)	凸阳台	0.44	0.62	0.56	0.56
		凹阳台	0.32	0.47	0.43	0.43
天津	Ⅱ(B)	凸阳台	0.47	0.61	0.57	0.57
		凹阳台	0.35	0.47	0.43	0.43
河北省						
石家庄	Ⅱ(B)	凸阳台	0.46	0.61	0.57	0.57
		凹阳台	0.34	0.47	0.43	0.43
围场	Ⅰ(C)	凸阳台	0.49	0.62	0.58	0.58
		凹阳台	0.37	0.48	0.44	0.44

续表 E.0.4

城市	气候区属	阳台类型	阳台温差修正系数			
			南向	北向	东向	西向
丰宁	Ⅰ(C)	凸阳台	0.47	0.62	0.57	0.57
		凹阳台	0.35	0.47	0.43	0.44
承德	Ⅱ(A)	凸阳台	0.49	0.62	0.58	0.58
		凹阳台	0.37	0.48	0.44	0.44
张家口	Ⅱ(A)	凸阳台	0.47	0.62	0.57	0.58
		凹阳台	0.35	0.47	0.44	0.44
怀来	Ⅱ(A)	凸阳台	0.46	0.62	0.57	0.57
		凹阳台	0.35	0.47	0.43	0.44
青龙	Ⅱ(A)	凸阳台	0.48	0.62	0.57	0.58
		凹阳台	0.36	0.47	0.44	0.44
蔚县	Ⅰ(C)	凸阳台	0.49	0.62	0.58	0.58
		凹阳台	0.37	0.48	0.44	0.44
唐山	Ⅱ(A)	凸阳台	0.47	0.62	0.57	0.57
		凹阳台	0.35	0.47	0.43	0.44
乐亭	Ⅱ(A)	凸阳台	0.47	0.62	0.57	0.57
		凹阳台	0.35	0.47	0.43	0.44
保定	Ⅱ(B)	凸阳台	0.47	0.62	0.57	0.57
		凹阳台	0.35	0.47	0.43	0.44
沧州	Ⅱ(B)	凸阳台	0.46	0.61	0.56	0.56
		凹阳台	0.34	0.47	0.43	0.43
泊头	Ⅱ(B)	凸阳台	0.46	0.61	0.56	0.57
		凹阳台	0.34	0.47	0.43	0.43
邢台	Ⅱ(B)	凸阳台	0.45	0.61	0.56	0.56
		凹阳台	0.34	0.47	0.42	0.43
山西省						
太原	Ⅱ(A)	凸阳台	0.45	0.61	0.56	0.57
		凹阳台	0.34	0.47	0.43	0.43
大同	Ⅰ(C)	凸阳台	0.47	0.62	0.57	0.57
		凹阳台	0.35	0.47	0.43	0.44
河曲	Ⅰ(C)	凸阳台	0.47	0.62	0.58	0.57
		凹阳台	0.35	0.47	0.44	0.43
原平	Ⅱ(A)	凸阳台	0.46	0.62	0.57	0.57
		凹阳台	0.34	0.47	0.43	0.43
离石	Ⅱ(A)	凸阳台	0.48	0.62	0.58	0.58
		凹阳台	0.36	0.47	0.44	0.44
榆社	Ⅱ(A)	凸阳台	0.46	0.61	0.57	0.57
		凹阳台	0.34	0.47	0.43	0.43

续表 E.0.4

城　　市	气候区属	阳台类型	阳台温差修正系数			
			南向	北向	东向	西向
介　休	Ⅱ(A)	凸阳台	0.45	0.61	0.56	0.56
		凹阳台	0.34	0.47	0.43	0.43
阳　城	Ⅱ(A)	凸阳台	0.45	0.61	0.56	0.56
		凹阳台	0.33	0.47	0.43	0.43
运　城	Ⅱ(B)	凸阳台	0.47	0.62	0.57	0.57
		凹阳台	0.35	0.47	0.44	0.44
内蒙古自治区						
呼和浩特	Ⅰ(C)	凸阳台	0.48	0.62	0.58	0.58
		凹阳台	0.36	0.48	0.44	0.44
图里河	Ⅰ(A)	凸阳台	0.57	0.65	0.62	0.62
		凹阳台	0.43	0.50	0.47	0.47
海拉尔	Ⅰ(A)	凸阳台	0.58	0.65	0.63	0.63
		凹阳台	0.44	0.50	0.48	0.48
博克图	Ⅰ(A)	凸阳台	0.58	0.65	0.62	0.63
		凹阳台	0.44	0.50	0.48	0.48
新巴尔虎右旗	Ⅰ(A)	凸阳台	0.57	0.65	0.62	0.62
		凹阳台	0.43	0.50	0.47	0.47
阿尔山	Ⅰ(A)	凸阳台	0.56	0.64	0.60	0.60
		凹阳台	0.42	0.49	0.46	0.46
东乌珠穆沁旗	Ⅰ(B)	凸阳台	0.54	0.64	0.61	0.61
		凹阳台	0.41	0.49	0.46	0.46
那仁宝拉格	Ⅰ(A)	凸阳台	0.53	0.64	0.60	0.60
		凹阳台	0.40	0.49	0.46	0.46
西乌珠穆沁旗	Ⅰ(B)	凸阳台	0.53	0.64	0.60	0.60
		凹阳台	0.40	0.49	0.46	0.46
扎鲁特旗	Ⅰ(C)	凸阳台	0.51	0.63	0.58	0.59
		凹阳台	0.38	0.48	0.45	0.45
阿巴嘎旗	Ⅰ(B)	凸阳台	0.54	0.64	0.60	0.60
		凹阳台	0.41	0.49	0.46	0.46
巴林左旗	Ⅰ(C)	凸阳台	0.51	0.63	0.58	0.59
		凹阳台	0.38	0.48	0.45	0.45
锡林浩特	Ⅰ(B)	凸阳台	0.53	0.64	0.60	0.60
		凹阳台	0.40	0.49	0.46	0.46
二连浩特	Ⅰ(A)	凸阳台	0.52	0.63	0.59	0.59
		凹阳台	0.40	0.48	0.45	0.45
林　西	Ⅰ(C)	凸阳台	0.49	0.62	0.58	0.58
		凹阳台	0.37	0.48	0.44	0.44

续表 E.0.4

城　　市	气候区属	阳台类型	阳台温差修正系数			
			南向	北向	东向	西向
哲里木盟	Ⅰ(C)	凸阳台	0.51	0.63	0.59	0.59
		凹阳台	0.38	0.48	0.45	0.45
满都拉	Ⅰ(C)	凸阳台	0.47	0.62	0.57	0.56
		凹阳台	0.35	0.47	0.43	0.43
朱日和	Ⅰ(C)	凸阳台	0.49	0.62	0.57	0.58
		凹阳台	0.37	0.48	0.44	0.44
赤　峰	Ⅰ(C)	凸阳台	0.48	0.62	0.58	0.58
		凹阳台	0.36	0.48	0.44	0.44
多　伦	Ⅰ(B)	凸阳台	0.50	0.63	0.58	0.59
		凹阳台	0.38	0.48	0.44	0.45
额济纳旗	Ⅰ(C)	凸阳台	0.45	0.61	0.56	0.57
		凹阳台	0.34	0.47	0.42	0.43
化　德	Ⅰ(B)	凸阳台	0.50	0.62	0.58	0.58
		凹阳台	0.37	0.48	0.44	0.44
达尔罕联合旗	Ⅰ(C)	凸阳台	0.47	0.62	0.57	0.57
		凹阳台	0.35	0.47	0.44	0.43
乌拉特后旗	Ⅰ(C)	凸阳台	0.45	0.61	0.56	0.56
		凹阳台	0.34	0.47	0.43	0.43
海力素	Ⅰ(C)	凸阳台	0.47	0.62	0.57	0.57
		凹阳台	0.35	0.47	0.43	0.43
集　宁	Ⅰ(C)	凸阳台	0.48	0.62	0.57	0.57
		凹阳台	0.36	0.47	0.43	0.44
临　河	Ⅱ(A)	凸阳台	0.45	0.61	0.56	0.56
		凹阳台	0.34	0.47	0.43	0.43
巴音毛道	Ⅰ(C)	凸阳台	0.44	0.61	0.56	0.56
		凹阳台	0.33	0.47	0.43	0.42
东　胜	Ⅰ(C)	凸阳台	0.46	0.61	0.56	0.56
		凹阳台	0.34	0.47	0.43	0.42
吉兰太	Ⅱ(A)	凸阳台	0.44	0.61	0.56	0.55
		凹阳台	0.33	0.47	0.43	0.42
鄂托克旗	Ⅰ(C)	凸阳台	0.45	0.61	0.56	0.56
		凹阳台	0.33	0.47	0.43	0.42
辽宁省						
沈　阳	Ⅰ(C)	凸阳台	0.52	0.63	0.59	0.60
		凹阳台	0.39	0.48	0.45	0.46
彰　武	Ⅰ(C)	凸阳台	0.51	0.63	0.59	0.59
		凹阳台	0.38	0.48	0.45	0.45

续表 E.0.4

城市	气候区属	阳台类型	阳台温差修正系数			
			南向	北向	东向	西向
清原	Ⅰ(C)	凸阳台	0.55	0.64	0.61	0.61
		凹阳台	0.42	0.49	0.47	0.47
朝阳	Ⅱ(A)	凸阳台	0.50	0.62	0.59	0.59
		凹阳台	0.38	0.48	0.45	0.45
本溪	Ⅰ(C)	凸阳台	0.53	0.63	0.60	0.60
		凹阳台	0.40	0.49	0.46	0.46
锦州	Ⅱ(A)	凸阳台	0.50	0.63	0.58	0.59
		凹阳台	0.38	0.48	0.45	0.45
宽甸	Ⅰ(C)	凸阳台	0.53	0.63	0.60	0.60
		凹阳台	0.40	0.48	0.46	0.46
营口	Ⅱ(A)	凸阳台	0.51	0.63	0.59	0.59
		凹阳台	0.39	0.48	0.45	0.45
丹东	Ⅱ(A)	凸阳台	0.50	0.63	0.59	0.58
		凹阳台	0.38	0.48	0.45	0.44
大连	Ⅱ(A)	凸阳台	0.46	0.61	0.56	0.56
		凹阳台	0.34	0.47	0.43	0.42
吉林省						
长春	Ⅰ(C)	凸阳台	0.54	0.64	0.60	0.61
		凹阳台	0.41	0.49	0.46	0.46
前郭尔罗斯	Ⅰ(C)	凸阳台	0.54	0.64	0.60	0.61
		凹阳台	0.41	0.49	0.46	0.46
长岭	Ⅰ(C)	凸阳台	0.54	0.64	0.60	0.60
		凹阳台	0.41	0.49	0.46	0.46
敦化	Ⅰ(B)	凸阳台	0.55	0.64	0.60	0.61
		凹阳台	0.41	0.49	0.46	0.46
四平	Ⅰ(C)	凸阳台	0.53	0.63	0.60	0.60
		凹阳台	0.40	0.49	0.46	0.46
桦甸	Ⅰ(B)	凸阳台	0.56	0.64	0.61	0.61
		凹阳台	0.42	0.49	0.47	0.47
延吉	Ⅰ(C)	凸阳台	0.54	0.64	0.60	0.60
		凹阳台	0.41	0.49	0.46	0.46
临江	Ⅰ(C)	凸阳台	0.56	0.64	0.61	0.61
		凹阳台	0.42	0.49	0.47	0.47
长白	Ⅰ(B)	凸阳台	0.55	0.64	0.61	0.61
		凹阳台	0.42	0.49	0.46	0.46
集安	Ⅰ(C)	凸阳台	0.54	0.64	0.60	0.61
		凹阳台	0.41	0.49	0.46	0.46

续表 E.0.4

城市	气候区属	阳台类型	阳台温差修正系数			
			南向	北向	东向	西向
黑龙江省						
哈尔滨	Ⅰ(B)	凸阳台	0.56	0.64	0.62	0.62
		凹阳台	0.43	0.49	0.47	0.47
漠河	Ⅰ(A)	凸阳台	0.58	0.65	0.62	0.62
		凹阳台	0.44	0.50	0.47	0.47
呼玛	Ⅰ(A)	凸阳台	0.58	0.65	0.62	0.62
		凹阳台	0.44	0.50	0.48	0.48
黑河	Ⅰ(A)	凸阳台	0.58	0.65	0.62	0.63
		凹阳台	0.44	0.50	0.48	0.48
孙吴	Ⅰ(A)	凸阳台	0.59	0.65	0.63	0.63
		凹阳台	0.45	0.50	0.49	0.48
嫩江	Ⅰ(A)	凸阳台	0.58	0.65	0.62	0.62
		凹阳台	0.44	0.50	0.48	0.48
克山	Ⅰ(B)	凸阳台	0.57	0.65	0.62	0.62
		凹阳台	0.44	0.50	0.47	0.48
伊春	Ⅰ(A)	凸阳台	0.58	0.65	0.62	0.63
		凹阳台	0.44	0.50	0.48	0.48
海伦	Ⅰ(B)	凸阳台	0.57	0.65	0.62	0.62
		凹阳台	0.44	0.50	0.47	0.48
齐齐哈尔	Ⅰ(B)	凸阳台	0.55	0.64	0.61	0.61
		凹阳台	0.42	0.49	0.46	0.47
富锦	Ⅰ(B)	凸阳台	0.57	0.64	0.62	0.62
		凹阳台	0.43	0.49	0.47	0.47
泰来	Ⅰ(B)	凸阳台	0.55	0.64	0.61	0.61
		凹阳台	0.42	0.49	0.46	0.47
安达	Ⅰ(B)	凸阳台	0.56	0.64	0.61	0.61
		凹阳台	0.42	0.49	0.47	0.47
宝清	Ⅰ(B)	凸阳台	0.56	0.64	0.61	0.61
		凹阳台	0.42	0.49	0.47	0.47
通河	Ⅰ(B)	凸阳台	0.57	0.65	0.62	0.62
		凹阳台	0.43	0.50	0.47	0.47
虎林	Ⅰ(B)	凸阳台	0.56	0.64	0.61	0.61
		凹阳台	0.43	0.49	0.47	0.47
鸡西	Ⅰ(B)	凸阳台	0.55	0.64	0.61	0.61
		凹阳台	0.42	0.49	0.46	0.46
尚志	Ⅰ(B)	凸阳台	0.56	0.64	0.61	0.61
		凹阳台	0.42	0.49	0.47	0.47

续表 E.0.4

城　市	气候区属	阳台类型	阳台温差修正系数			
			南向	北向	东向	西向
牡丹江	Ⅰ(B)	凸阳台	0.55	0.64	0.61	0.61
		凹阳台	0.41	0.49	0.46	0.46
绥芬河	Ⅰ(B)	凸阳台	0.55	0.64	0.60	0.61
		凹阳台	0.41	0.49	0.46	0.46
江苏省						
赣　榆	Ⅱ(A)	凸阳台	0.45	0.61	0.56	0.56
		凹阳台	0.33	0.47	0.43	0.43
徐　州	Ⅱ(B)	凸阳台	0.46	0.61	0.57	0.57
		凹阳台	0.34	0.47	0.43	0.43
射　阳	Ⅱ(B)	凸阳台	0.43	0.60	0.55	0.55
		凹阳台	0.32	0.46	0.42	0.42
安徽省						
亳　州	Ⅱ(B)	凸阳台	0.47	0.62	0.57	0.58
		凹阳台	0.35	0.47	0.44	0.44
山东省						
济　南	Ⅱ(B)	凸阳台	0.45	0.61	0.56	0.56
		凹阳台	0.33	0.46	0.42	0.43
长　岛	Ⅱ(A)	凸阳台	0.44	0.60	0.55	0.55
		凹阳台	0.32	0.46	0.42	0.42
龙　口	Ⅱ(A)	凸阳台	0.45	0.61	0.56	0.55
		凹阳台	0.33	0.46	0.42	0.42
惠民县	Ⅱ(B)	凸阳台	0.46	0.61	0.56	0.57
		凹阳台	0.34	0.47	0.43	0.43
德　州	Ⅱ(B)	凸阳台	0.42	0.60	0.54	0.55
		凹阳台	0.31	0.46	0.41	0.41
成山头	Ⅱ(A)	凸阳台	0.41	0.60	0.54	0.54
		凹阳台	0.30	0.46	0.41	0.41
陵　县	Ⅱ(B)	凸阳台	0.45	0.61	0.56	0.56
		凹阳台	0.33	0.47	0.43	0.43
海　阳	Ⅱ(A)	凸阳台	0.44	0.61	0.55	0.55
		凹阳台	0.32	0.46	0.42	0.42
潍　坊	Ⅱ(A)	凸阳台	0.45	0.61	0.56	0.56
		凹阳台	0.34	0.47	0.43	0.43
莘　县	Ⅱ(A)	凸阳台	0.46	0.61	0.57	0.57
		凹阳台	0.34	0.47	0.43	0.43
沂　源	Ⅱ(A)	凸阳台	0.46	0.61	0.56	0.56
		凹阳台	0.34	0.47	0.43	0.43

续表 E.0.4

城　市	气候区属	阳台类型	阳台温差修正系数			
			南向	北向	东向	西向
青　岛	Ⅱ(A)	凸阳台	0.42	0.60	0.53	0.54
		凹阳台	0.31	0.46	0.40	0.41
兖　州	Ⅱ(B)	凸阳台	0.44	0.61	0.56	0.56
		凹阳台	0.33	0.47	0.42	0.43
日　照	Ⅱ(A)	凸阳台	0.41	0.59	0.52	0.53
		凹阳台	0.0	0.45	0.39	0.40
费　县	Ⅱ(A)	凸阳台	0.44	0.61	0.55	0.55
		凹阳台	0.32	0.46	0.42	0.42
菏　泽	Ⅱ(A)	凸阳台	0.44	0.61	0.55	0.55
		凹阳台	0.32	0.46	0.42	0.42
定　陶	Ⅱ(B)	凸阳台	0.45	0.61	0.56	0.56
		凹阳台	0.33	0.47	0.42	0.43
临　沂	Ⅱ(A)	凸阳台	0.44	0.61	0.55	0.56
		凹阳台	0.33	0.46	0.42	0.42
河南省						
郑　州	Ⅱ(B)	凸阳台	0.43	0.60	0.55	0.55
		凹阳台	0.32	0.46	0.42	0.42
安　阳	Ⅱ(B)	凸阳台	0.45	0.61	0.56	0.56
		凹阳台	0.33	0.47	0.42	0.43
孟　津	Ⅱ(A)	凸阳台	0.44	0.61	0.56	0.56
		凹阳台	0.33	0.46	0.42	0.43
卢　氏	Ⅱ(A)	凸阳台	0.45	0.61	0.57	0.56
		凹阳台	0.33	0.47	0.43	0.43
西　华	Ⅱ(B)	凸阳台	0.45	0.61	0.56	0.56
		凹阳台	0.34	0.47	0.42	0.43
四川省						
若尔盖	Ⅰ(B)	凸阳台	0.43	0.60	0.54	0.54
		凹阳台	0.32	0.46	0.41	0.41
松　潘	Ⅰ(C)	凸阳台	0.41	0.60	0.54	0.54
		凹阳台	0.30	0.46	0.41	0.41
色　达	Ⅰ(A)	凸阳台	0.42	0.59	0.52	0.52
		凹阳台	0.31	0.45	0.39	0.39
马尔康	Ⅱ(A)	凸阳台	0.37	0.59	0.52	0.52
		凹阳台	0.27	0.45	0.39	0.39
德　格	Ⅰ(C)	凸阳台	0.43	0.60	0.55	0.55
		凹阳台	0.32	0.46	0.41	0.42
甘　孜	Ⅰ(C)	凸阳台	0.35	0.58	0.49	0.49
		凹阳台	0.25	0.44	0.37	0.37

续表 E.0.4

城市	气候区属	阳台类型	阳台温差修正系数			
			南向	北向	东向	西向
康定	Ⅰ(C)	凸阳台	0.43	0.61	0.55	0.55
		凹阳台	0.32	0.46	0.42	0.42
巴塘	Ⅱ(A)	凸阳台	0.28	0.56	0.48	0.47
		凹阳台	0.19	0.42	0.36	0.35
理塘	Ⅰ(B)	凸阳台	0.39	0.59	0.52	0.51
		凹阳台	0.28	0.45	0.39	0.38
稻城	Ⅰ(C)	凸阳台	0.34	0.56	0.48	0.47
		凹阳台	0.24	0.43	0.36	0.35
贵州省						
毕节	Ⅱ(A)	凸阳台	0.42	0.60	0.54	0.54
		凹阳台	0.31	0.46	0.41	0.41
威宁	Ⅱ(A)	凸阳台	0.42	0.60	0.54	0.54
		凹阳台	0.31	0.46	0.41	0.41
云南省						
德钦	Ⅰ(C)	凸阳台	0.41	0.59	0.53	0.53
		凹阳台	0.30	0.45	0.40	0.40
昭通	Ⅱ(A)	凸阳台	0.34	0.58	0.51	0.50
		凹阳台	0.25	0.44	0.39	0.37
西藏自治区						
拉萨	Ⅱ(A)	凸阳台	0.35	0.58	0.50	0.51
		凹阳台	0.25	0.44	0.38	0.38
狮泉河	Ⅰ(A)	凸阳台	0.38	0.58	0.49	0.50
		凹阳台	0.27	0.44	0.37	0.38
改则	Ⅰ(A)	凸阳台	0.45	0.57	0.47	0.48
		凹阳台	0.34	0.43	0.35	0.36
索县	Ⅰ(B)	凸阳台	0.44	0.59	0.51	0.52
		凹阳台	0.32	0.45	0.39	0.39
那曲	Ⅰ(A)	凸阳台	0.48	0.61	0.55	0.56
		凹阳台	0.36	0.47	0.42	0.43
丁青	Ⅰ(B)	凸阳台	0.44	0.60	0.53	0.54
		凹阳台	0.32	0.46	0.40	0.41
班戈	Ⅰ(A)	凸阳台	0.43	0.60	0.52	0.53
		凹阳台	0.32	0.45	0.39	0.40
昌都	Ⅱ(A)	凸阳台	0.44	0.60	0.55	0.55
		凹阳台	0.32	0.46	0.41	0.41
申扎	Ⅰ(A)	凸阳台	0.42	0.59	0.51	0.52
		凹阳台	0.31	0.45	0.39	0.39

续表 E.0.4

城市	气候区属	阳台类型	阳台温差修正系数			
			南向	北向	东向	西向
林芝	Ⅱ(A)	凸阳台	0.29	0.56	0.46	0.47
		凹阳台	0.20	0.43	0.35	0.35
日喀则	Ⅰ(C)	凸阳台	0.36	0.58	0.49	0.50
		凹阳台	0.26	0.44	0.37	0.38
隆子	Ⅰ(C)	凸阳台	0.40	0.59	0.51	0.52
		凹阳台	0.29	0.45	0.38	0.39
帕里	Ⅰ(A)	凸阳台	0.44	0.60	0.52	0.53
		凹阳台	0.32	0.45	0.39	0.40
陕西省						
西安	Ⅱ(B)	凸阳台	0.47	0.62	0.57	0.57
		凹阳台	0.35	0.47	0.43	0.44
榆林	Ⅱ(A)	凸阳台	0.47	0.62	0.58	0.58
		凹阳台	0.35	0.47	0.44	0.44
延安	Ⅱ(A)	凸阳台	0.47	0.62	0.57	0.57
		凹阳台	0.35	0.47	0.44	0.43
宝鸡	Ⅱ(A)	凸阳台	0.46	0.61	0.56	0.57
		凹阳台	0.34	0.47	0.43	0.43
甘肃省						
兰州	Ⅱ(A)	凸阳台	0.43	0.61	0.56	0.56
		凹阳台	0.32	0.46	0.42	0.42
敦煌	Ⅱ(A)	凸阳台	0.43	0.61	0.56	0.56
		凹阳台	0.32	0.47	0.43	0.42
酒泉	Ⅰ(C)	凸阳台	0.43	0.61	0.55	0.56
		凹阳台	0.32	0.47	0.42	0.42
张掖	Ⅰ(C)	凸阳台	0.43	0.61	0.55	0.56
		凹阳台	0.32	0.47	0.42	0.42
民勤	Ⅱ(A)	凸阳台	0.43	0.61	0.55	0.55
		凹阳台	0.31	0.46	0.42	0.42
乌鞘岭	Ⅰ(A)	凸阳台	0.45	0.60	0.54	0.55
		凹阳台	0.33	0.46	0.41	0.41
西峰镇	Ⅱ(A)	凸阳台	0.46	0.61	0.56	0.57
		凹阳台	0.34	0.47	0.43	0.43
平凉	Ⅱ(A)	凸阳台	0.46	0.61	0.57	0.57
		凹阳台	0.34	0.47	0.43	0.43
合作	Ⅰ(B)	凸阳台	0.44	0.61	0.55	0.55
		凹阳台	0.33	0.46	0.42	0.42
岷县	Ⅰ(C)	凸阳台	0.43	0.61	0.54	0.55
		凹阳台	0.32	0.46	0.41	0.42

续表 E.0.4

城市	气候区属	阳台类型	阳台温差修正系数			
			南向	北向	东向	西向
天水	Ⅱ(A)	凸阳台	0.47	0.61	0.57	0.57
		凹阳台	0.35	0.47	0.43	0.43
成县	Ⅱ(A)	凸阳台	0.29	0.57	0.47	0.48
		凹阳台	0.20	0.43	0.35	0.36
青海省						
西宁	Ⅰ(C)	凸阳台	0.44	0.61	0.55	0.55
		凹阳台	0.32	0.46	0.41	0.42
冷湖	Ⅰ(B)	凸阳台	0.44	0.61	0.56	0.56
		凹阳台	0.33	0.47	0.42	0.42
大柴旦	Ⅰ(B)	凸阳台	0.44	0.61	0.56	0.55
		凹阳台	0.33	0.47	0.42	0.42
德令哈	Ⅰ(C)	凸阳台	0.44	0.61	0.55	0.55
		凹阳台	0.33	0.46	0.42	0.42
刚察	Ⅰ(A)	凸阳台	0.44	0.61	0.54	0.55
		凹阳台	0.33	0.46	0.41	0.42
格尔木	Ⅰ(C)	凸阳台	0.40	0.60	0.53	0.53
		凹阳台	0.29	0.46	0.40	0.40
都兰	Ⅰ(B)	凸阳台	0.42	0.60	0.54	0.54
		凹阳台	0.31	0.46	0.41	0.41
同德	Ⅰ(B)	凸阳台	0.43	0.61	0.54	0.55
		凹阳台	0.32	0.46	0.41	0.42
玛多	Ⅰ(A)	凸阳台	0.44	0.60	0.54	0.54
		凹阳台	0.32	0.46	0.41	0.41
河南	Ⅰ(A)	凸阳台	0.43	0.60	0.54	0.54
		凹阳台	0.32	0.46	0.41	0.41
托托河	Ⅰ(A)	凸阳台	0.45	0.61	0.54	0.55
		凹阳台	0.34	0.46	0.41	0.41
曲麻莱	Ⅰ(A)	凸阳台	0.44	0.60	0.54	0.54
		凹阳台	0.33	0.46	0.41	0.41
达日	Ⅰ(A)	凸阳台	0.44	0.60	0.54	0.54
		凹阳台	0.33	0.46	0.41	0.41
玉树	Ⅰ(B)	凸阳台	0.41	0.60	0.53	0.53
		凹阳台	0.30	0.45	0.40	0.40
杂多	Ⅰ(A)	凸阳台	0.46	0.61	0.54	0.55
		凹阳台	0.34	0.46	0.41	0.41
宁夏回族自治区						
银川	Ⅱ(A)	凸阳台	0.45	0.61	0.57	0.56
		凹阳台	0.34	0.47	0.43	0.42

续表 E.0.4

城市	气候区属	阳台类型	阳台温差修正系数			
			南向	北向	东向	西向
盐池	Ⅱ(A)	凸阳台	0.44	0.61	0.56	0.55
		凹阳台	0.33	0.46	0.42	0.42
中宁	Ⅱ(A)	凸阳台	0.44	0.61	0.56	0.56
		凹阳台	0.33	0.46	0.42	0.42
新疆维吾尔自治区						
乌鲁木齐	Ⅰ(C)	凸阳台	0.51	0.63	0.59	0.60
		凹阳台	0.39	0.48	0.45	0.45
哈巴河	Ⅰ(C)	凸阳台	0.51	0.63	0.59	0.59
		凹阳台	0.38	0.48	0.45	0.45
阿勒泰	Ⅰ(B)	凸阳台	0.51	0.63	0.59	0.59
		凹阳台	0.38	0.48	0.45	0.45
富蕴	Ⅰ(B)	凸阳台	0.50	0.63	0.60	0.59
		凹阳台	0.38	0.48	0.45	0.45
和布克赛尔	Ⅰ(B)	凸阳台	0.48	0.62	0.58	0.58
		凹阳台	0.36	0.48	0.44	0.44
塔城	Ⅰ(C)	凸阳台	0.51	0.63	0.60	0.60
		凹阳台	0.38	0.49	0.46	0.46
克拉玛依	Ⅰ(C)	凸阳台	0.52	0.64	0.60	0.60
		凹阳台	0.39	0.49	0.46	0.46
北塔山	Ⅰ(B)	凸阳台	0.49	0.63	0.58	0.58
		凹阳台	0.37	0.48	0.44	0.45
精河	Ⅰ(C)	凸阳台	0.52	0.63	0.60	0.60
		凹阳台	0.39	0.49	0.46	0.46
奇台	Ⅰ(C)	凸阳台	0.50	0.63	0.59	0.59
		凹阳台	0.37	0.48	0.45	0.45
伊宁	Ⅱ(A)	凸阳台	0.47	0.62	0.59	0.58
		凹阳台	0.35	0.48	0.45	0.44
吐鲁番	Ⅱ(B)	凸阳台	0.46	0.62	0.58	0.58
		凹阳台	0.35	0.47	0.44	0.44
哈密	Ⅱ(B)	凸阳台	0.45	0.62	0.57	0.57
		凹阳台	0.34	0.47	0.43	0.43
巴伦台	Ⅰ(C)	凸阳台	0.51	0.63	0.59	0.59
		凹阳台	0.38	0.48	0.45	0.45
库尔勒	Ⅱ(B)	凸阳台	0.43	0.61	0.56	0.55
		凹阳台	0.32	0.47	0.42	0.42
库车	Ⅱ(A)	凸阳台	0.44	0.61	0.56	0.55
		凹阳台	0.32	0.47	0.42	0.42

续表 E.0.4

城　市	气候区属	阳台类型	阳台温差修正系数			
			南向	北向	东向	西向
阿合奇	Ⅰ(C)	凸阳台	0.44	0.61	0.56	0.56
		凹阳台	0.32	0.47	0.43	0.42
铁干里克	Ⅱ(B)	凸阳台	0.43	0.61	0.56	0.56
		凹阳台	0.32	0.47	0.43	0.42
阿拉尔	Ⅱ(A)	凸阳台	0.42	0.61	0.56	0.56
		凹阳台	0.31	0.47	0.43	0.42
巴　楚	Ⅱ(A)	凸阳台	0.40	0.60	0.55	0.55
		凹阳台	0.29	0.46	0.42	0.41
喀　什	Ⅱ(A)	凸阳台	0.40	0.60	0.55	0.54
		凹阳台	0.29	0.46	0.41	0.41
若　羌	Ⅱ(B)	凸阳台	0.42	0.60	0.55	0.54
		凹阳台	0.31	0.46	0.41	0.41
莎　车	Ⅱ(A)	凸阳台	0.39	0.60	0.55	0.54
		凹阳台	0.29	0.46	0.41	0.41
安德河	Ⅱ(A)	凸阳台	0.40	0.61	0.55	0.55
		凹阳台	0.30	0.46	0.42	0.41
皮　山	Ⅱ(A)	凸阳台	0.40	0.60	0.54	0.54
		凹阳台	0.29	0.46	0.41	0.41
和　田	Ⅱ(A)	凸阳台	0.40	0.60	0.54	0.54
		凹阳台	0.29	0.46	0.41	0.41

注：1　表中凸阳台包含正面和左右侧面三个接触室外空气的外立面，而凹阳台则只有正面一个接触室外空气的外立面。

2　表格中气候区属Ⅰ(A)为严寒(A)区、Ⅰ(B)为严寒(B)区、Ⅰ(C)为严寒(C)区；Ⅱ(A)为寒冷(A)区、Ⅱ(B)为寒冷(B)区。

附录F　关于面积和体积的计算

F.0.1　建筑面积（A_0），应按各层外墙外包线围成的平面面积的总和计算，包括半地下室的面积，不包括地下室的面积。

F.0.2　建筑体积（V_0），应按与计算建筑面积所对应的建筑物外表面和底层地面所围成的体积计算。

F.0.3　换气体积（V），当楼梯间及外廊不采暖时，应按 $V=0.60V_0$ 计算；当楼梯间及外廊采暖时，应按 $V=0.65V_0$ 计算。

F.0.4　屋面或顶棚面积，应按支承屋顶的外墙外包线围成的面积计算。

F.0.5　外墙面积，应按不同朝向分别计算。某一朝向的外墙面积，应由该朝向的外表面积减去外窗面积构成。

F.0.6　外窗（包括阳台门上部透明部分）面积，应按不同朝向和有无阳台分别计算，取洞口面积。

F.0.7　外门面积，应按不同朝向分别计算，取洞口面积。

F.0.8　阳台门下部不透明部分面积，应按不同朝向分别计算，取洞口面积。

F.0.9　地面面积，应按外墙内侧围成的面积计算。

F.0.10　地板面积，应按外墙内侧围成的面积计算，并应区分为接触室外空气的地板和不采暖地下室上部的地板。

F.0.11　凹凸墙面的朝向归属应符合下列规定：

1　当某朝向有外凸部分时，应符合下列规定：

1）当凸出部分的长度（垂直于该朝向的尺寸）小于或等于1.5m时，该凸出部分的全部外墙面积应计入该朝向的外墙总面积；

2）当凸出部分的长度大于1.5m时，该凸出部分应按各自实际朝向计入各自朝向的外墙总面积。

2　当某朝向有内凹部分时，应符合下列规定：

1）当凹入部分的宽度（平行于该朝向的尺寸）小于5m，且凹入部分的长度小于或等于凹入部分的宽度时，该凹入部分的全部外墙面积应计入该朝向的外墙总面积；

2）当凹入部分的宽度（平行于该朝向的尺寸）小于5m，且凹入部分的长度大于凹入部分的宽度时，该凹入部分的两个侧面外墙面积应计入北向的外墙总面积，该凹入部分的正面外墙面积应计入该朝向的外墙总面积；

3）当凹入部分的宽度大于或等于5m时，该凹入部分应按各实际朝向计入各自朝向的外墙总面积。

F.0.12　内天井墙面的朝向归属应符合下列规定：

1　当内天井的高度大于等于内天井最宽边长的2倍时，内天井的全部外墙面积应计入北向的外墙总面积。

2　当内天井的高度小于内天井最宽边长的2倍时，内天井的外墙应按各实际朝向计入各自朝向的外墙总面积。

附录G　采暖管道最小保温层厚度（δ_{min}）

G.0.1　当管道保温材料采用玻璃棉时，其最小保温层厚度应按表G.0.1-1、表G.0.1-2选用。玻璃棉材料的导热系数应按下式计算：

$$\lambda_m = 0.024 + 0.00018 t_m \quad (G.0.1)$$

式中：λ_m——玻璃棉的导热系数[W/(m·K)]。

表 G.0.1-1 玻璃棉保温材料的管道最小保温层厚度（mm）

气候分区	严寒(A)区 $t_{mw}=40.9$℃					严寒(B)区 $t_{mw}=43.6$℃				
公称直径	热价20元/GJ	热价30元/GJ	热价40元/GJ	热价50元/GJ	热价60元/GJ	热价20元/GJ	热价30元/GJ	热价40元/GJ	热价50元/GJ	热价60元/GJ
DN 25	23	28	31	34	37	22	27	30	33	36
DN 32	24	29	33	36	38	23	28	31	34	37
DN 40	25	30	34	37	40	24	29	32	36	38
DN 50	26	31	35	39	42	25	30	34	37	40
DN 70	27	33	37	41	44	26	31	36	39	43
DN 80	28	34	38	42	46	27	32	37	40	44
DN 100	29	35	40	44	47	28	33	38	42	45
DN 125	30	36	41	45	49	28	34	39	43	47
DN 150	30	37	42	46	50	29	35	40	44	48
DN 200	31	38	44	48	53	30	36	42	46	50
DN 250	32	39	45	50	54	31	37	43	47	52
DN 300	32	40	46	51	55	31	38	43	48	53
DN 350	33	40	46	51	56	31	38	44	49	53
DN 400	33	41	47	52	57	31	39	44	50	54
DN 450	33	41	47	52	57	32	39	45	50	55

注：保温材料层的平均使用温度 $t_{mw}=\frac{t_{ge}+t_{he}}{2}-20$；$t_{ge}$、$t_{he}$分别为采暖期室外平均温度下，热网供回水平均温度（℃）。

表 G.0.1-2 玻璃棉保温材料的管道最小保温层厚度（mm）

气候分区	严寒（C）区 $t_{mw}=43.8$℃					寒冷（A）区或寒冷（B）区 $t_{mw}=48.4$℃				
公称直径	热价20元/GJ	热价30元/GJ	热价40元/GJ	热价50元/GJ	热价60元/GJ	热价20元/GJ	热价30元/GJ	热价40元/GJ	热价50元/GJ	热价60元/GJ
DN 25	21	25	28	31	34	20	24	28	30	33
DN 32	22	26	29	32	35	21	25	29	31	34
DN 40	23	27	30	33	36	22	26	29	32	35
DN 50	23	28	32	35	38	23	27	31	34	37
DN 70	25	30	34	37	40	24	29	32	36	39
DN 80	25	30	35	38	41	24	29	33	37	40
DN 100	26	31	36	39	43	25	30	34	38	41
DN 125	27	32	37	41	44	26	31	35	39	43
DN 150	27	33	38	42	45	26	32	36	40	44
DN 200	28	34	39	43	47	27	33	38	42	46
DN 250	28	35	40	44	48	27	33	39	43	47
DN 300	29	35	41	45	49	28	34	39	44	48
DN 350	29	36	41	46	50	28	34	40	44	48
DN 400	29	36	42	46	51	28	35	40	45	49
DN 450	29	36	42	47	51	28	35	40	45	49

注：保温材料层的平均使用温度 $t_{mw}=\frac{t_{ge}+t_{he}}{2}-20$；$t_{ge}$、$t_{he}$分别为采暖期室外平均温度下，热网供回水平均温度（℃）。

G.0.2 当管道保温采用聚氨酯硬质泡沫材料时，其最小保温层厚度应按表 G.0.2-1、表 G.0.2-2 选用。聚氨酯硬质泡沫材料的导热系数应按下式计算。

$$\lambda_m = 0.02 + 0.00014 t_m \quad (G.0.2)$$

式中：λ_m——聚氨酯硬质泡沫的导热系数[W/(m·K)]。

表 G.0.2-1 聚氨酯硬质泡沫保温材料的管道最小保温层厚度（mm）

气候分区	严寒（A）区 $t_{mw}=40.9$℃					严寒（B）区 $t_{mw}=43.6$℃				
公称直径	热价20元/GJ	热价30元/GJ	热价40元/GJ	热价50元/GJ	热价60元/GJ	热价20元/GJ	热价30元/GJ	热价40元/GJ	热价50元/GJ	热价60元/GJ
DN 25	17	21	23	26	27	16	20	22	25	26
DN 32	18	21	24	26	28	17	20	23	25	27
DN 40	18	22	25	27	29	17	21	24	26	28
DN 50	19	23	26	29	31	18	22	25	27	30
DN 70	20	24	27	30	32	19	23	26	29	31
DN 80	20	24	28	31	33	19	23	27	29	32
DN 100	21	25	29	32	34	20	24	27	30	33
DN 125	21	26	29	33	35	20	25	28	31	34
DN 150	21	26	30	33	36	20	25	29	32	35
DN 200	22	27	31	35	38	21	26	30	33	36
DN 250	22	27	32	35	39	21	26	30	34	37
DN 300	23	28	32	36	39	21	26	31	34	37
DN 350	23	28	32	36	40	22	27	31	34	38
DN 400	23	28	33	36	40	22	27	31	35	38
DN 450	23	28	33	37	40	22	27	31	35	38

注：保温材料层的平均使用温度 $t_{mw}=\frac{t_{ge}+t_{he}}{2}-20$；$t_{ge}$、$t_{he}$分别为采暖期室外平均温度下，热网供回水平均温度（℃）。

表 G.0.2-2 聚氨酯硬质泡沫保温材料的管道最小保温层厚度（mm）

气候分区	严寒(C)区 $t_{mw}=43.8$℃					寒冷(A)区或寒冷(B)区 $t_{mw}=48.4$℃				
公称直径	热价20元/GJ	热价30元/GJ	热价40元/GJ	热价50元/GJ	热价60元/GJ	热价20元/GJ	热价30元/GJ	热价40元/GJ	热价50元/GJ	热价60元/GJ
DN 25	15	19	21	23	25	15	18	20	22	24
DN 32	16	19	22	24	26	15	18	21	23	25
DN 40	16	20	22	25	27	16	19	22	24	26
DN 50	17	20	23	26	28	16	20	23	25	27
DN 70	18	21	24	27	29	17	21	24	26	28
DN 80	18	22	25	28	30	17	21	24	27	29
DN 100	18	22	26	28	31	18	22	25	27	30
DN 125	19	23	26	29	32	18	22	25	28	31
DN 150	19	23	27	30	33	18	22	26	29	31
DN 200	20	24	28	31	34	19	23	27	30	32
DN 250	20	24	28	31	34	19	23	27	30	33
DN 300	20	25	28	32	35	19	24	27	31	34
DN 350	20	25	29	32	35	19	24	28	31	34
DN 400	20	25	29	32	35	19	24	28	31	34
DN 450	20	25	29	33	36	20	24	28	31	34

注：保温材料层的平均使用温度 $t_{mw}=\frac{t_{ge}+t_{he}}{2}-20$；$t_{ge}$、$t_{he}$分别为采暖期室外平均温度下，热网供回水平均温度（℃）。

本标准用词说明

1 为便于在执行本标准条文时区别对待，对要求严格程度不同的用词说明如下：

1） 表示很严格，非这样做不可的：

正面词采用"必须"，反面词采用"严禁"；

2） 表示严格，在正常情况下均应这样做的：

正面词采用"应"，反面词采用"不应"或"不得"；

3） 表示允许稍有选择，在条件许可时首先应这样做的：

正面词采用"宜"，反面词采用"不宜"；

4） 表示有选择，在一定条件下可以这样做的，采用"可"。

2 条文中指明应按其他有关标准执行的写法为："应符合……的规定"或"应按……执行"。

引用标准名录

1 《公共建筑节能设计标准》GB 50189

2 《建筑外门窗气密、水密、抗风压性能分级及检测方法》GB/T 7106

3 《设备及管道绝热设计导则》GB/T 8175

4 《房间空气调节器能效限定值及能源效率等级》GB 12021.3

5 《多联式空调（热泵）机组能效限定值及能源效率等级》GB 21454

6 《转速可控型房间空气调节器能效限定值及能源效率等级》GB 21455

中华人民共和国行业标准

严寒和寒冷地区居住建筑节能设计标准

JGJ 26—2010

条 文 说 明

修 订 说 明

《严寒和寒冷地区居住建筑节能设计标准》JGJ 26－2010经住房和城乡建设部2010年3月18日以第522号公告批准发布。

本标准是在《民用建筑节能设计标准（采暖居住建筑部分）》JGJ 26－95的基础上修订而成，上一版的主编单位是中国建筑科学研究院，参编单位是中国建筑技术研究院、北京市建筑设计研究院、哈尔滨建筑大学、辽宁省建筑材料科学研究所，主要起草人员是杨善勤、郎四维、李惠茹、朱文鹏、许文发、朱盈豹、欧阳坤泽、黄鑫、谢守穆。本次修订的主要技术内容是：1.“严寒和寒冷地区气候子区及室内热环境计算参数”按采暖度日数细分了我国北方地区的气候子区，规定了冬季采暖计算温度和计算换气次数。2.“建筑与围护结构热工设计”规定了体形系数和窗墙面积比限值，并按新分的气候子区规定了围护结构热工参数限值；规定了围护结构热工性能的权衡判断的方法和要求；采用稳态计算方法，给出该地区居住建筑的采暖耗热量指标。3.“采暖、通风和空气调节节能设计”提出对热源、热力站及热力网、采暖系统、通风与空气调节系统设计的基本规定，并与当前我国北方城市的供热改革相结合，提供相应的指导原则和技术措施。

为便于广大设计、施工、科研、学校等单位有关人员在使用本标准时能正确理解和执行条文规定，《严寒和寒冷地区居住建筑节能设计标准》编制组按章、节、条顺序编制了本标准的条文说明，对条文规定的目的、依据以及执行中需注意的有关事项进行了说明，还着重对强制性条文的强制性理由作了解释。但是，本条文说明不具备与标准正文同等的法律效力，仅供使用者作为理解和把握标准规定的参考。

目　次

1 总　　则

1.0.1 节约能源是我国的基本国策，是建设节约型社会的根本要求。我国国民经济和社会发展第十一个五年规划规定，2010 年单位国内生产总值能源消耗要比 2005 年降低 20%左右，这是一个约束性的、必须实现的指标，任务相当艰巨。我国建筑用能已达到全国能源消费总量的 1/4 左右，并将随着人民生活水平的提高逐步增加。居住建筑用能数量巨大，并且具有很大的节能潜力。因此，抓紧居住建筑节能已是当务之急。根据形势发展的迫切需要，将 1995 年发布的行业标准《民用建筑节能设计标准（采暖居住建筑部分）》JGJ 26－95 进行修订补充，提高节能目标，并更名为《严寒和寒冷地区居住建筑节能设计标准》。认真实施修改补充后的标准，必将有利于改善我国北方严寒和寒冷地区居住建筑的室内热环境，进一步提高采暖系统的能源利用效率，降低居住建筑的能源消耗，为实现国家节约能源和保护环境的战略，贯彻有关政策和法规作出重要贡献。

1.0.2 2007 年末，我国严寒和寒冷地区城市实有住宅建筑面积共 51.2 亿 m^2，规模十分巨大，而且每年新增的住宅建筑数量仍相当可观。现在我国人均国内生产总值已超过 2000 美元，正是人民生活消费加快升级的阶段，广大居民对居住热环境的要求日益提高，采暖和空调的使用越来越普遍。因此新建的居住建筑必须严格执行建筑节能设计标准，这样才能在满足人民生活水平提高的同时，减轻建筑耗能对国家的能源供应的压力。

当其他类型的既有建筑改建为居住建筑时，以及原有的居住建筑进行扩建时，都应该按照本标准的要求采取节能措施，必须符合本标准的各项规定。

本标准适用于各类居住建筑，其中包括住宅、集体宿舍、住宅式公寓、商住楼的住宅部分、托儿所、幼儿园等；采暖能源种类包括煤、电、油、气或可再生能源，系统则包括集中或分散方式供热。

近年来，为了落实既定的建筑节能目标，很多地方都开始了成规模的既有居住建筑节能改造。由于既有居住建筑的节能改造在经济和技术两个方面与新建居住建筑有很大的不同，因此，本标准并不涵盖既有居住建筑的节能改造。

1.0.3 各类居住建筑的节能设计，必须根据当地具体的气候条件，首先要降低建筑围护结构的传热损失，提高采暖、通风和照明系统的能源利用效率，达到节约能源的目的，同时也要考虑到不同地区的经济、技术和建筑结构与构造的实际情况。

居住建筑的能耗系指建筑使用过程中的能耗，主要包括采暖、空调、通风、热水供应、照明、炊事、家用电器、电梯等的能耗。对于地处严寒和寒冷地区的居住建筑，采暖能耗是建筑能耗的主体，尽管寒冷地区一些城市夏季也有空调降温需求，但是，对于有三四个月连续采暖的需求来说，仍然是采暖能耗占主导地位。因此，围护结构的热工性能主要从保温出发考虑。本条文只指出将建筑物耗热量指标控制在规定的范围内，至于空调节能内容，在第 5 章有所反映。

此外，在居住建筑的能源消耗中，照明能耗也占一定比例。对于照明节能，在《建筑照明设计标准》GB 50034－2004 中已另有规定。

我国北方城市建筑供热在二三十年前还是以烧火炉采暖为主，一些城市的集中供热也是以小型锅炉供热为主，而现在已逐步转变为以集中供热为主，区域供热已经有了很大的发展。1996 年全国各城市集中供热面积共计只有 7.3 亿 m^2，到 2005 年各地区城市集中供热面积已达 25.2 亿 m^2，采用不同燃料的分散锅炉供热也迅速增加。1997 年城镇居民家庭平均每百户空调器拥有量北京为 27.20 台，到 2005 年已迅速增加到 146.47 台。由此可以看出，采暖和空调的日益普及，更要求建筑节能工作必须迅速跟上。由于居住建筑的照明往往由住户自行安排，难以由设计标准控制，只能通过宣传引导使居住者自觉采用节能灯具，因此，本标准未包括照明节能内容。

为了合理设定节能目标的基准值，并便于衔接与对比，本标准提出的节能目标的基准仍基本上沿用《民用建筑节能设计标准（采暖居住建筑部分）》JGJ 26－95 的规定。即严寒地区和寒冷地区的建筑，以各地 1980—1981 年住宅通用设计、4 个单元 6 层楼，体形系数为 0.30 左右的建筑物的耗热量指标计算值，经线性处理后的数据作为基准能耗。在此能耗值的基础上，本标准将居住建筑的采暖能耗降低 65%左右作为节能目标，再按此目标对建筑、热工、采暖设计提出节能措施要求。

当然，这种全年采暖能耗计算，只可能采用典型建筑按典型模式运算，而实际建筑是多种多样、十分复杂的，运行情况也是千差万别。因此，在做节能设计时按照本标准的规定去做就可以满足要求，没有必要再花时间去计算分析所设计建筑物的节能率。

本标准的实施，既可节约采暖用能，又有利于提高建筑热舒适性，改善人们的居住环境。

1.0.4 本标准对居住建筑的建筑、围护结构以及采暖、通风设计中应该控制的、与能耗有关的指标和应采取的节能措施作出了规定。但居住建筑节能涉及的专业较多，相关专业均制定有相应的标准。因此，在进行居住建筑节能设计时，除应符合本标准外，尚应符合国家现行有关标准的规定。

2 术语和符号

2.1 术 语

2.1.1 本标准的采暖度日数以18℃为基准，用符号*HDD*18表示。某地采暖度日数的大小反映了该地寒冷的程度。

2.1.2 本标准的空调度日数以26℃为基准，用符号*CDD*26表示。某地空调度日数的大小反映了该地热的程度。

2.1.3 计算采暖期天数是根据当地多年的平均气象条件计算出来的，仅供建筑节能设计计算时使用。当地的法定采暖日期是根据当地的气象条件从行政的角度确定的。两者有一定的联系，但计算采暖期天数和当地法定的采暖天数不一定相等。

2.1.9 建筑围护结构的传热主要是由室内外温差引起的，但同时还受到太阳辐射、天空辐射以及地面和其他建筑反射辐射的影响，其中太阳辐射的影响最大。天空辐射、地面和其他建筑的反射辐射在此未予考虑。围护结构传热量因受太阳辐射影响而改变，改变后的传热量与未受太阳辐射影响原有传热量的比值，定义为围护结构传热系数的修正系数（ε_i）。

3 严寒和寒冷地区气候子区与室内热环境计算参数

3.0.1 将严寒和寒冷地区进一步细分成5个子区，目的是使得依此而提出的建筑围护结构热工性能要求更合理一些。我国地域辽阔，一个气候区的面积就可能相当于欧洲几个国家，区内的冷暖程度相差也比较大，客观上有必要进一步细分。

衡量一个地方的寒冷的程度可以用不同的指标。从人的主观感觉出发，一年中最冷月的平均温度比较直接地反映了当地的寒冷的程度，以前的几本相关标准用的基本上都是温度指标。但是本标准的着眼点在于控制采暖的能耗，而采暖的需求除了温度的高低这个因素外，还与低温持续的时间长短有着密切的关系。比如说，甲地最冷月平均温度比乙地低，但乙地冷的时间比甲地长，这样两地采暖需求的热量可能相同。划分气候分区的最主要目的是针对各个分区提出不同的建筑围护结构热工性能要求。由于上述甲乙两地采暖需求的热量相同，将两地划入一个分区比较合理。采暖度日数指标包含了冷的程度和持续冷的时间长度两个因素，用它作为分区指标可能更反映采暖需求的大小。对上述甲乙两地的情况，如用最冷月的平均温度作为分区指标容易将两地分入不同的分区，而用采暖度日数作为分区指标则更可能分入同一个分区。因此，本标准用采暖度日数（*HDD*18）结合空调度日数（*CCD*26）作为气候分区的指标更为科学。

欧洲和北美大部分国家的建筑节能规范都是依据采暖度日数作为分区指标的。

本标准寒冷地区的（*HDD*18）取值范围是2000～3800，严寒地区（*HDD*18）取值范围分三段，C区3800～5000，B区5000～6000，A区大于6000。从上述这4段分区范围看，严寒C区和B区分得比较细，这其中的原因主要有两个：一是严寒地区居住建筑的采暖能耗比较大，需要严格地控制；二是处于严寒C区和B区的城市比较多。至于严寒A区的（*HDD*18）跨度大，是因为处于严寒A区的城市比较少，而且最大的（*HDD*18）也不超过8000，没必要再细分了。

采用新的气候分区指标并进一步细分气候子区在使用上不会给设计者新增任何麻烦。因为一栋具体的建筑总是坐落在一个地方，这个地方一定只属于一个气候子区，本标准对一个气候子区提供一张建筑围护结构热工性能表格，换言之每一栋具体的建筑，在设计或审查过程中，只要查一张表格即可。

如何确定表3.0.1中各气候子区（*HDD*18）的取值范围，只能是相对合理。无论如何取值，总有一些城市靠近相邻分区的边界，如将分界的（*HDD*18）值一调整，这些城市就会被划入另一个分区，这种现象也是不可避免的。有时候这种情况的存在会带来一些行政管理上的麻烦，例如有一些省份由于一两个这样的城市的存在，建筑节能工作的管理中就多出了一个气候区，对这样的情况可以在地方性的技术和管理文件中作一些特殊的规定。

本标准采暖度日数（*HDD*18）计算步骤如下：

1 计算近10年每年365天的日平均温度。日平均温度取气象台站每天4次的实测值的平均值。

2 逐年计算采暖度日数。当某天的日平均温度低于18℃时，用该日平均温度与18℃的差值乘以1天，并将此乘积累加，得到一年的采暖度日数（*HDD*18）。

3 以上述10年采暖度日数（*HDD*18）的平均值为基础，计算得到该城市的采暖度日数（*HDD*18）值。

本标准空调度日数（*CDD*26）计算步骤如下：

1 计算近10年每年365天的日平均温度。日平均温度取气象台站每天4次的实测值的平均值。

2 逐年计算空调度日数。当某天的日平均温度高于26℃时，用该日平均温度与26℃的差值乘以1天，并将此乘积累加，得到一年的空调度日数（*CDD*26）。

3 以上述10年空调度日数（*CDD*26）的平均值为基础，计算得到该城市的空调度日数（*CDD*26）值。

目前，我国大部分气象台站提供每日4次的温度实测值，少量气象台站逐时记录温度变化。本标准作过比对，气象台站每天4次的实测值的平均值与每天24次的实测值的平均值之间差异不大，因此采用每天4次的实测值的平均值作为日平均气温。

3.0.2 室内热环境质量的指标体系包括温度、湿度、风速、壁面温度等多项指标。本标准只提了温度指标和换气次数指标，原因是考虑到一般住宅极少配备集中空调系统，湿度、风速等参数实际上无法控制。另一方面，在室内热环境的诸多指标中，对人体的舒适以及对采暖能耗影响最大的也是温度指标，换气指标则是从人体卫生角度考虑的一项必不可少的指标。

冬季室温控制在18℃，基本达到了热舒适的水平。

本条文规定的18℃只是一个计算能耗时所采用的室内温度，并不等于实际的室温。在严寒和寒冷地区，对一栋特定的居住建筑，实际的室温主要受室外温度的变化和采暖系统的运行状况的影响。

换气次数是室内热环境的另外一个重要的设计指标。冬季室外的新鲜空气进入室内，一方面有利于确保室内的卫生条件，另一方面又要消耗大量的能量，因此要确定一个合理的换气次数。

本条文规定的换气次数也只是一个计算能耗时所采用的换气次数数值，并不等于实际的换气次数。实际的换气量是由住户自己控制的。在北方地区，由于冬季室内外温差很大，居民很注意窗户的密闭性，很少长时间开窗通风。

4 建筑与围护结构热工设计

4.1 一般规定

4.1.1 建筑群的布置和建筑物的平面设计合理与否与建筑节能关系密切。建筑节能设计首先应从总体布置及单体设计开始，应考虑如何在冬季最大限度地利用自然能来取暖，多获得热量和减少热损失，以达到节能的目的。具体来说，就是要在冬季充分利用日照，朝向上应尽量避开当地冬季主导风向。

4.1.2 太阳辐射得热对建筑能耗的影响很大，冬季太阳辐射得热可降低采暖负荷。由于太阳高度角和方位角的变化规律，南北朝向的建筑冬季可以增加太阳辐射得热。计算证明，建筑物的主体朝向如果由南北改为东西向，耗热量指标明显增大。从本标准表E.0.2围护结构传热系数的修正系数ε值可见，南向外墙的ε值，远低于其他朝向。根据严寒和寒冷各地区夏季的最多频率风向，建筑物的主体朝向为南北向，也有利于自然通风。因此南北朝向是最有利的建筑朝向。但由于建筑物的朝向还要受到许多其他因素的制约，不可能都做到南北朝向，所以本条用了“宜”字。

各地区特别是严寒地区，外墙的传热耗热量占围护结构耗热量的28%以上，外墙面越多则耗热量越大，越容易产生结露、长毛的现象。如果一个房间有三面外墙，其散热面过多，能耗过大，对建筑节能极为不利。当一个房间有两面外墙时，例如靠山墙拐角的房间，不宜在两面外墙上均开设外窗，以避免增强冷空气的渗透，增大采暖耗热量。

4.1.3 本条文是强制性条文。

建筑物体形系数是指建筑物的外表面积和外表面积所包围的体积之比。

建筑物的平、立面不应出现过多的凹凸，体形系数的大小对建筑能耗的影响非常显著。体形系数越小，单位建筑面积对应的外表面积越小，外围护结构的传热损失越小。从降低建筑能耗的角度出发，应该将体形系数控制在一个较小的水平上。

但是，体形系数不只是影响外围护结构的传热损失，它还与建筑造型、平面布局、采光通风等紧密相关。体形系数过小，将制约建筑师的创造性，造成建筑造型呆板，平面布局困难，甚至损害建筑功能。因此，如何合理确定建筑形状，必须考虑本地区气候条件，冬、夏季太阳辐射强度、风环境、围护结构构造等各方面因素。应权衡利弊，兼顾不同类型的建筑造型，尽可能地减少房间的外围护面积，使体形不要太复杂，凹凸面不要过多，以达到节能的目的。

表4.1.3中的建筑层数分为四类，是根据目前大量新建居住建筑的种类来划分的。如（1～3）层多为别墅、托幼、疗养院，（4～8）层的多为大量建造的住宅，其中6层板式楼最常见，（9～13）层多为高层板楼，14层以上多为高层塔楼。考虑到这四类建筑本身固有的特点，即低层建筑的体形系数较大，高层建筑的体形系数较小，因此，在体形系数的限值上有所区别。这样的分层方法与现行《民用建筑设计通则》GB 50352－2005有所不同。在《民用建筑设计通则》中，（1～3）为低层，（4～6）为多层，（7～9）为中高层，10层及10层以上为高层。之所以不同是由于两者考虑如何分层的依据不同，节能标准主要考虑体形系数的变化，《民用建筑设计通则》则主要考虑建筑使用的要求和防火的要求，例如6层以上的建筑需要配置电梯，高层建筑的防火要求更严等。从使用的角度讲，本标准的分层与《民用建筑设计通则》的分层不同并不会给设计人员带来任何新增的麻烦。

体形系数对建筑能耗影响较大，依据严寒地区的气象条件，在0.3的基础上每增加0.01，能耗约增加2.4%～2.8%；每减少0.01，能耗约减少2.3%～3%。严寒地区如果将体形系数放宽，为了控制建筑物耗热量指标，围护结构传热系数限值将会变得很小，使得围护结构传热系数限值在现有的技术条件下实现有难度，同时投入的成本太大。本标准适当地将低层建筑的体形系数放大到0.50左右，将大量建造的6（4～8）层建筑的体形系数控制在0.30左右，有利于控制居住建筑的总体能耗。同时经测算，建筑设计也能够做到。高层建筑的体形系数一般在0.23左右。为了给建筑师更大的设计灵活空间，将严寒地区体形系数限值控制在0.25（≥14层）。寒冷地区体形系数控制适当放宽。

本条文是强制性条文，一般情况下对体形系数的要求是必须满足的。一旦所设计的建筑超过规定的体形系数时，则要求提高建筑围护结构的保温性能，并按照本章第4.3节的规定进行围护结构热工性能的权衡判断，审查建筑物的采暖能耗是否能控制在规定的范围内。

4.1.4 本条文是强制性条文。

窗墙面积比既是影响建筑能耗的重要因素，也受建筑日照、采光、自然通风等满足室内环境要求的制约。一般普通窗户（包括阳台的透明部分）的保温性能比外墙差很多，而且窗的四周与墙相交之处也容易出现热桥，窗越大，温差传热量也越大。因此，从降低建筑能耗的角度出发，必须合理地限制窗墙面积比。

不同朝向的开窗面积，对于上述因素的影响有较大差别。综合利弊，本标准按照不同朝向，提出了窗墙面积比的指标。北向取值较小，主要是考虑居室设在北向时减小其采暖热负荷的需要。东、西向的取值，主要考虑夏季防晒和冬季防冷风渗透的影响。在严寒和寒冷地区，当外窗 K 值降低到一定程度时，冬季可以获得从南向外窗进入的太阳辐射热，有利于节能，因此南向窗墙面积比较大。由于目前住宅客厅的窗有越开越大的趋势，为减少窗的耗热量，保证节能效果，应降低窗的传热系数，目前的窗框和玻璃技术也能够实现。因此，将南向窗墙面积比严寒地区放大至0.45，寒冷地区放大至0.5。

在严寒地区，南偏东30°～南偏西30°为最佳朝向，因此建筑各朝向偏差在30°以内时，按相应朝向处理；超过30°时，按不利朝向处理。比如：南偏东20°时，则认为是南向；南偏东30°时，则认为是东向。

本标准中的窗墙面积比按开间计算。之所以这样做主要有两个理由：一是窗的传热损失总是比较大的，需要严格控制；二是建筑节能施工图审查比较方便，只需要审查最可能超标的开间即可。

本条文是强制性条文，一般情况下对窗墙面积比的要求是必须满足的。一旦所设计的建筑超过规定的窗墙面积比时，则要求提高建筑围护结构的保温隔热性能（如选择保温性能好的窗框和玻璃，以降低窗的传热系数，加厚外墙的保温层厚度以降低外墙的传热系数等），并按照本章第4.3节的规定进行围护结构热工性能的权衡判断，审查建筑物耗热量指标是否能控制在规定的范围内。

一般而言，窗户越大可开启的窗缝越长，窗缝通常都是容易热散失的部位，而且窗户的使用时间越长，缝隙的渗漏也越厉害。再者，夏天透过玻璃进入室内的太阳辐射热是造成房间过热的一个重要原因。这两个因素在本章第4.3节规定的围护结构热工性能的权衡判断中都不能反映。因此，即使是采用权衡判断，窗墙面积比也应该有所限制。从节能和室内环境舒适的双重角度考虑，居住建筑都不应该过分地追求所谓的通透。

4.1.5 严寒和寒冷地区冬季室内外温差大，楼梯间、外走廊如果敞开肯定会增强楼梯间、外走廊隔墙和户门的散热，造成不必要的能耗，因此需要封闭。

从理论上讲，如果楼梯间的外表面（包括墙、窗、门）的保温性能和密闭性能与居室的外表面一样好，那么楼梯间不需要采暖，这是最节能的。

但是，严寒地区（A）区冬季气候异常寒冷，该地区的居住建筑楼梯间习惯上是设置采暖的。严寒地区（B）区冬季气候也非常寒冷，该地区的有些城市的居住建筑楼梯间习惯上设置采暖，有些城市的居住建筑楼梯间习惯上不设置采暖。本标准尊重各地的习惯。设置采暖的楼梯间采暖设计温度应该低一些，楼梯间的外墙和外窗的保温性能对保持楼梯间的温度和降低楼梯间采暖能耗很重要，考虑到设计和施工上的方便，一般就按居室的外墙和外窗同样处理。

4.2 围护结构热工设计

4.2.1 采用采暖度日数（*HDD*18）作为我国严寒和寒冷地区气候分区指标的理由已经在第3.0.1条的条文说明中陈述，空调度日数（*CDD*26）只是作为寒冷地区细分子区的辅助指标。附录A中一共列出了211个城市，尚不够全，各地在编制地方标准中，可以依据当地的气象数据，用本标准规定的方法计算统计出当地一些城市的采暖度日数和空调度日数，并根据这些度日数确定这些城市的气候分区区属。

4.2.2 本条文是强制性条文。

建筑围护结构热工性能直接影响居住建筑采暖和空调的负荷与能耗，必须予以严格控制。由于我国幅员辽阔，各地气候差异很大。为了使建筑物适应各地不同的气候条件，满足节能要求，应根据建筑物所处的建筑气候分区，确定建筑围护结构合理的热工性能参数。本标准按照5个子气候区，分别提出了建筑围护结构的传热系数限值以及外窗玻璃遮阳系数的限值。

确定建筑围护结构传热系数的限值时不仅应考虑节能率，而且也从工程实际的角度考虑了可行性、合理性。

严寒地区和寒冷地区的围护结构传热系数限值，是通过对气候子区的能耗分析和考虑现阶段技术成熟程度而确定的。根据各个气候区节能的难易程度，确定了不同的传热系数限值。我国严寒地区，在第二步节能时围护结构保温层厚度已经达到（6～10）cm厚，再单纯靠通过加厚保温层厚度，获得的节能收益已经很小。因此需通过提高采暖管网输送热效率和提高锅炉运行效率来减轻对围护结构的压力。理论分析表明，达到同样的节能效果，锅炉效率每增加1%，则建筑物的耗热量指标可降低要求1.5%左右，室外管网输送热效率每增加1%，则建筑物的耗热量指标可降低要求1.0%左右，并且当锅炉效率和室外管网输送热效率都提高时，总能耗的降低和锅炉效率、室外管网输送热效率的提高呈线性关系。考虑到各地节能建筑的节能潜力和我国的围护结构保温技术的成熟程度，为避免各地采用统一的节能比例的做法，而采取同一气候子区，采用相同的围护结构限值的做法。对处于严寒和寒冷气候区的50个城市的多层建筑的建筑物耗热量指标的分析结果表明，采用的管网输送热效率为92%，锅炉平均运行效率为70%时，平均节能率约为65%左右。此时，最冷的海拉尔的节能率为58%，伊春的节能率为61%。这对于经济不发达且到目前建筑节能刚刚起步的这些地区来讲，该指标是合适的。

为解决以往节能标准中高层和中高层居住建筑容易达到节能标准要求，而低层居住建筑难于达到节能标准要求的状况，分析中将建筑物分别按照≤3层建筑、（4～8）层的建筑、（9～13）层的建筑和≥14层建筑进行建筑物耗热量指标计算，分析中所采用的典型建筑条件见表1及表2。由于本标准室内计算温度与原标准JGJ 26－95有所不同，在本标准分析中，已经将原标准规定的1980～1981年通用建筑的耗热量指标按照下式进行了折算。

$$q'_{H1}=(q_{H1}+3.8)\frac{t'_i-t_e}{t_i-t_e}-3.8 \quad (1)$$

表1 体形系数

地区类别	建筑层数			
	3层	6层	11层	14层
严寒地区	0.41	0.32	0.28	0.23
寒冷地区	0.41	0.32	0.28	0.23

表2 窗墙面积比

地区类别		建筑层数			
		3层	6层	11层	14层
严寒地区	南	0.40	0.30～0.40	0.35～0.40	0.35～0.40
	东西	0.03	0.05	0.05	0.25
	北	0.15	0.20～0.25	0.20～0.25	0.25～0.30
寒冷地区	南	0.40	0.45	0.45	0.40
	东西	0.03	0.06	0.06	0.30
	北	0.15	0.30～0.40	0.30～0.40	0.35

严寒和寒冷地区冬季室内外温差大，采暖期长，提高围护结构的保温性能对降低采暖能耗作用明显。

各个朝向窗墙面积比是指不同朝向外墙面上的窗、阳台门的透明部分的总面积与所在朝向外墙面的总面积（包括该朝向上的窗、阳台门的透明部分的总面积）之比。

窗墙面积比的确定要综合考虑多方面的因素，其中最主要的是不同地区冬、夏季日照情况（日照时间长短、太阳总辐射强度、阳光入射角大小），季风影响、室外空气温度、室内采光设计标准以及外窗开窗面积与建筑能耗等因素。一般普通窗户（包括阳台门的透明部分）的保温隔热性能比外墙差很多，而且窗和墙连接的周边又是保温的薄弱环节，窗墙面积比越大，采暖和空调能耗也越大。因此，从降低建筑能耗的角度出发，必须限制窗墙面积比。本条文规定的围护结构传热系数和遮阳系数限值表中，窗墙面积比越大，对窗的热工性能要求越高。

窗（包括阳台门的透明部分）对建筑能耗高低的影响主要有两个方面：一是窗的传热系数影响冬季采暖、夏季空调时的室内外温差传热；另外就是窗受太阳辐射影响而造成室内得热。冬季，通过窗户进入室内的太阳辐射有利于建筑节能，因此，减小窗的传热系数抑制温差传热是降低窗热损失的主要途径之一；而夏季，通过窗口进入室内的太阳辐射热成为空调降温的负荷，因此，减少进入室内的太阳辐射热以及减少窗或透明幕墙的温差传热都是降低空调能耗的途径。

在严寒和寒冷地区，采暖期室内外温差传热的热量损失占主要地位。因此，对窗的传热系数的要求较高。

本标准对窗的传热系数要求与窗墙面积比的大小联系在一起，由于窗墙面积比是按开间计算的，一栋建筑肯定会出现若干个窗墙面积比，因此就会出现一栋建筑要求使用多种不同传热系数窗的情况。这种情况的出现在实际工程中处理起来并没有大的困难。为简单起见可以按最严的要求选用窗户产品，当然也可以按不同要求选用不同的窗产品。事实上，同样的玻璃，同样的框型材，由于窗框比的不同，整窗的传热系数本身就是不同的。另外，现在的玻璃选择也非常多，外观完全相同的窗，由于玻璃的不同，传热系数差别也可以很大。

与土壤接触的地面的内表面，由于受二维、三维传热的影响，冬季时比较容易出现温度较低的情况，一方面造成大量的热量损失，另一方面也不利于底层居民的健康，甚至发生地面结露现象，尤其是靠近外墙的周边地面更是如此。因此要特别注意这一部分围护结构的保温、防潮。

在严寒地区周边地面一定要增设保温材料层。在寒冷地区周边地面也应该增设保温材料层。

地下室虽然不作为正常的居住空间，但也常会有人的活动，也需要维持一定的温度。另外增强地下室的墙体保温，也有利于减小地面房间和地下室之间的传热，特别是提高一层地面与墙角交接部位的表面温度，避免墙角结露。因此本条文也规定了地下室与土壤接触的墙体要设置保温层。

本标准中表 4.2.2-1～表 4.2.2-5 中周边地面和地下室墙面的保温层热阻要求，大致相当于(2～6)cm 厚的挤压聚苯板的热阻。挤压聚苯板不吸水，抗压强度高，用在地下比较适宜。

4.2.4 居住建筑的南向房间大都是起居室、主卧室，常常开设比较大的窗户，夏季透过窗户进入室内的太阳辐射热构成了空调负荷的主要部分。在南窗的上部设置水平外遮阳，夏季可减少太阳辐射热进入室内，冬季由于太阳高度角比较小，对进入室内的太阳辐射影响不大。有条件最好在南窗设置卷帘式或百叶窗式的外遮阳。

东西窗也需要遮阳，但由于当太阳东升西落时其高度角比较低，设置在窗口上沿的水平遮阳几乎不起遮挡作用，宜设置展开或关闭后可以全部遮蔽窗户的活动式外遮阳。

冬夏两季透过窗户进入室内的太阳辐射对降低建筑能耗和保证室内环境的舒适性所起的作用是截然相反的。活动式外遮阳容易兼顾建筑冬夏两季对阳光的不同需求，所以设置活动式的外遮阳更加合理。窗外侧的卷帘、百叶窗等就属于"展开或关闭后可以全部遮蔽窗户的活动式外遮阳"，虽然造价比一般固定外遮阳（如窗口上部的外挑板等）高，但遮阳效果好，且能兼顾冬夏，应当鼓励使用。

4.2.5 从节能的角度出发，居住建筑不应设置凸窗，但节能并不是居住建筑设计所要考虑的唯一因素，因此本条文提"不宜设置凸窗"。设置凸窗时，凸窗的保温性能必须予以保证，否则不仅造成能源浪费，而且容易出现结露、淌水、长霉等问题，影响房间的正常使用。

严寒地区冬季室内外温差大，凸窗更加容易发生结露现象，寒冷地区北向的房间冬季凸窗也容易发生结露现象，因此本条文提"不应设置凸窗"。

4.2.6 本条文是强制性条文。

为了保证建筑节能，要求外窗具有良好的气密性能，以避免冬季室外空气过多地向室内渗漏。《建筑外门窗气密、水密、抗风压性能分级及检测方法》GB/T 7106—2008 中规定在 10Pa 压差下，每小时每米缝隙的空气渗透量 q_1 和每小时每平方米面积的空气渗透量 q_2 作为外门窗的气密性分级指标。6 级对应的性能指标是：$0.5\text{m}^3/(\text{m}\cdot\text{h}) < q_1 \leqslant 1.5\text{m}^3/(\text{m}\cdot\text{h})$，$1.5\text{m}^3/(\text{m}^2\cdot\text{h}) < q_2 \leqslant 4.5\text{m}^3/(\text{m}^2\cdot\text{h})$。4 级对应的性能指标是：$2.0\text{m}^3/(\text{m}^2\cdot\text{h}) < q_1 \leqslant 2.5\text{m}^3/(\text{m}^2\cdot\text{h})$，$6.0\text{m}^3/(\text{m}^2\cdot\text{h}) < q_2 \leqslant 7.5\text{m}^3/(\text{m}^2\cdot\text{h})$。

4.2.7 由于气候寒冷的原因，在北方地区大部分阳台都是封闭式的。封闭式阳台和直接联通的房间之间理应有隔墙和门、窗。有些开发商为了增大房间的面积吸引购买者，常常省去了阳台和房间之间的隔断，这种做法不可取。一方面容易造成过大的采暖能耗，另一方面如若处理不当，房间可能达不到设计温度，阳台的顶板、窗台下部的栏板还可能结露。因此，本条文第 1 款规定，阳台和房间之间的隔墙不应省去。本条文第 2 款则规定，如果省去了阳台和房间之间的隔墙，则阳台的外表面就必须当作房间的外围护结构来对待。

北方地区，也常常有些封闭式阳台作为冬天的储物空间，本条文的第 3 款就是针对这种情况提出的要求。

朝南的封闭式阳台，冬季常常像一个阳光间，本条文的第 4 款就是针对这种情况提出的要求。在阳台的外表面保温，白天有阳光时，即使打开隔墙上的门窗，房间也不会多散失热量。晚间关上隔墙上的门窗，阳台上也不会发生结露。阳台外表面的窗墙面积比放宽到 0.60，相当于考虑 3m 层高、1.8m 窗高的情况。

4.2.8 随着外窗（门）本身保温性能的不断提高，窗（门）框与墙体之间的缝隙成了保温的一个薄弱环节，如果为图省事，在安装过程中就采用水泥砂浆填缝，这道缝隙很容易形成热桥，不仅大大抵消了窗（门）的良好保温性能，而且容易引起室内侧窗（门）周边结露，在严寒地区尤其要注意。

4.2.9 通常窗、门都安装在墙上洞口的中间位置，这样墙上洞口的侧面就被分成了室内和室外两部分，室外部分的侧墙面应进行保温处理，否则洞口侧面很容易形成热桥，不仅大大抵消门窗和外墙的良好保温性能，而且容易引起周边结露，在严寒地区尤其要注意。

4.2.10 居住建筑室内表面发生结露会给室内环境带来负面影响，给居住者的生活带来不便。如果长时间的结露则还会滋生霉菌，对居住者的健康造成有害的影响，是不允许的。

室内表面出现结露最直接的原因是表面温度低于室内空气的露点温度。

一般说来，居住建筑外围护结构的内表面大面积结露的可能性不大，结露大都出现在金属窗框、窗玻璃表面、墙角、墙面、屋面上可能出现热桥的位置附近。本条文规定在居住建筑节能设计过程中，应注意外墙与屋面可能出现热桥的部位的特殊保温措施，核算在设计条件下可能结露部位的内表面温度是否高于露点温度，防止在室内温、湿度设计条件下产生结露现象。

外墙的热桥主要出现在梁、柱、窗口周边、楼板和外墙的连接等处，屋顶的热桥主要出现在檐口、女儿墙和屋顶的连接等处，设计时要注意这些细节。

另一方面，热桥是出现高密度热流的部位，加强热桥部位的保温，可以减小采暖负荷。

值得指出的是，要彻底杜绝内表面的结露现象有时也是非常困难的。例如由于某种特殊的原因，房间内的相对湿度非常高，在这种情况下就很容易结露。本条文规定的是在“室内空气设计温、湿度条件下”不应出现结露。“室内空气温、湿度设计条件下”就是一般的正常情况，不包括室内特别潮湿的情况。

4.2.11 变形缝是保温的薄弱环节，加强对变形缝部位的保温处理，避免变形缝两侧墙出现结露问题，也减少通过变形缝的热损失。

变形缝的保温处理方式多种多样。例如在寒冷地区的某些城市，采取沿着变形缝填充一定深度的保温材料的措施，使变形缝形成一个与外部空气隔绝的密闭空腔。在严寒地区的某些城市，除了沿着变形缝填充一定深度的保温材料外，还采取将缝两侧的墙做内保温的措施。显然，后一种做法保温性能更好。

4.2.12 地下室或半地下室的外墙，虽然外侧有土壤的保护，不直接接触室外空气，但土壤不能完全代替保温层的作用，即使地下室或半地下室少有人活动，墙体也应采取良好的保温措施，使冬季地下室的温度不至于过低，同时也减少通过地下室顶板的传热。

在严寒和寒冷地区，即使没有地下室，如果能将外墙外侧的保温延伸到地坪以下，也会有利于减少周边地面以及地面以上几十厘米高的周边外墙（特别是墙角）热损失，提高内表面温度，避免结露。

4.3 围护结构热工性能的权衡判断

4.3.1 第4.1.3条和第4.1.4条对严寒和寒冷地区各子气候区的建筑的体形系数和窗墙面积比提出了明确的限值要求，第4.2.2条对建筑围护结构提出了明确的热工性能要求，如果这些要求全部得到满足，则可认定设计的建筑满足本标准的节能设计要求。但是，随着住宅的商品化，开发商和建筑师越来越关注居住建筑的个性化，有时会出现所设计建筑不能全部满足第4.1.3条、第4.1.4条和第4.2.2条要求的情况。在这种情况下，不能简单地判定该建筑不满足本标准的节能设计要求。因为第4.2.2条是对每一个部分分别提出热工性能要求，而实际上对建筑物采暖负荷的影响是所有建筑围护结构热工性能的综合结果。某一部分的热工性能差一些可以通过提高另一部分的热工性能弥补回来。例如某建筑的体形系数超过了第4.1.3条提出的限值，通过提高该建筑墙体和外窗的保温性能，完全有可能使传热损失仍旧得到很好的控制。为了尊重建筑师的创造性工作，同时又使所设计的建筑能够符合节能设计标准的要求，故引入建筑围护结构总体热工性能是否达到要求的权衡判断法。权衡判断法不拘泥于建筑围护结构各局部的热工性能，而是着眼于总体热工性能是否满足节能标准的要求。

严寒和寒冷地区夏季空调降温的需求相对很小，因此建筑围护结构的总体热工性能权衡判断以建筑物耗热量指标为判据。

4.3.2 附录A中表A.0.1-2的严寒和寒冷地区各城市的建筑物耗热量指标限值，是根据低层、多层、高层一些比较典型的建筑计算出来的，这些建筑的体形系数满足表4.1.3的要求，窗墙面积比满足表4.1.4的要求，围护结构热工性能参数满足第4.2.2条对应表中提出的要求，因此作为建筑围护结构的总体热工性能权衡判断的基准。

4.3.3 建筑物耗热量指标相当于一个“功率”，即为维持室内温度，单位建筑面积在单位时间内所需消耗的热量，将其乘上采暖的时间，就得到单位建筑面积需要供热系统提供的热量。严寒和寒冷地区的建筑物耗热量指标采用稳态传热的方法来计算。

4.3.4 在设计阶段，要控制建筑物耗热量指标，最主要的就是控制折合到单位建筑面积上单位时间内通过建筑围护结构的传热量。

4.3.5 外墙传热系数的修正系数主要是考虑太阳辐射对外墙传热的影响。

外墙设置了保温层之后，其主断面上的保温性能一般都很好，通过主断面流到室外的热量比较小，与此同时通过梁、柱、窗口周边的热桥流到室外的热量在总热量中的比例越来越大，因此一定要用外墙平均传热系数来计算通过墙的传热量。由于外墙上可能出现的热桥情况非常复杂，沿用以前标准的面积加权法不能准确地计算，因此在附录B中引入了一种基于二维传热的计算方法，这与现行ISO标准是一致的。

附录B中引入的基于二维传热的计算方法比以前标准规定的面积加权计算方法复杂得多，但这是为了提高居住建筑的节能设计水平不得不付出的一个代价。

对于严寒和寒冷地区居住建筑大量使用的外保温墙体，如果窗口等节点处理得比较合理，其热桥的影响可以控制在一个相对较小的范围。为了简化计算方便设计，针对外保温墙体附录B中也规定了修正系数，墙体的平均传热系数可以用主断面传热系数乘以修正系数来计算，避免复杂的线传热系数计算。

遇到楼梯间时，计算楼梯间的外墙传热，不再计算房间与楼梯间的隔墙传热。计算楼梯间外墙传热，从理论上讲室内温度应取采暖设计温度（采暖楼梯间）或楼梯间自然热平衡温度（非采暖楼梯间），比较复杂。为简化计算起见，统一规定为直接取12℃。封闭外走廊也按此处理。

4.3.6 屋顶传热系数的修正系数主要是考虑太阳辐射对屋顶传热的影响。

与外墙相比，屋顶上出现热桥的可能性要小得多。因此，计算中屋顶的传热系数就采用屋顶主断面的传热系数。如果屋顶确实存在大量明显的热桥，应该用屋顶的平均传热系数代替屋顶的传热系数参与计算。附录B中的计算方法同样可以用于计算屋顶的平均传热系数。

4.3.7 由于土壤的巨大蓄热作用，地面的传热是一个很复杂的非稳态传热过程，而且具有很强的二维或三维（墙角部分）特性。式（4.3.7）中的地面传热系数实际上是一个当量传热系数，无法简单地通过地面的材料层构造计算确定，只能通过非稳态二维或三维传热计算程序确定。式（4.3.7）中的温差项（$t_n - t_e$）也是为了计算方便取的，并没有很强的物理意义。

在本标准中，地面当量传热系数是按如下方式计算确定的：按地面实际构造建立一个二维的计算模型，然后由一个二维非稳态程序计算若干年，直到地下温度分布呈现出以年为周期的变化，然后统计整个采暖期的地面传热量，这个传热量除以采暖期时间、地面面积和采暖期计算温差就得出地面当量传热系数。

附录C给出了几种常见地面构造的当量传热系数供设计人员选用。

对于楼层数大于3层的住宅，地面传热只占整个外围护结构传热的一小部分，计算可以不求那么准确。如果实际的地面构造在附录C中没有给出，可以选用附录C中某一个相接近构造的当量传热系数。

低层建筑地面传热占整个外围护结构传热的比重大一些，应计算准确。

4.3.8 外窗、外门的传热分成两部分来计算，前一部分是室内外温差引起的传热，后一部分是透过外窗、外门的透明部分进入室内的太阳辐射得热。

式（4.3.8）与以前标准的引进太阳辐射修正系数计算外门、窗的传热有很大的不同，比以前的计算要复杂很多。之所以引入复杂的计算，是因为这些年来玻璃工业取得了长足的发展，玻璃的种类非常多。透过玻璃的太阳辐射得热不一定与玻璃的传热系数密切相关，因此用传热系数乘以一个系数修正太阳辐射得热的影响误差比较大。引入分开计算室内外温差传热和透明部分的太阳辐射得热这种复杂的方法也是为了提高居住建筑的节能设计水平不得不付出的一个代价。

太阳辐射具有很强的昼夜和阴晴特性，晴天的白天透过南向窗户的太阳辐射的热量很大，阴天的白天这部分热量又很小，夜间则完全没有这部分热量。稳态计算是一种昼夜平均、阴晴平均的计算。当窗的传热系数比较小时，稳态计算就容易地得出南向窗是净得热构件的结论，就是说南向窗越大对节能越有利。但仔细分析，这个结论站不住脚。当晴天的白天透过南向窗户的太阳辐射的热量很大时，直接的结果是造成室温超过设计温度（采暖系统没有那么灵敏，迅速减少暖气片的热水流量），热量“浪费”了，并不能蓄存下来补充阴天和夜晚的采暖需求。正是基于这个原因，在计算式（4.3.8-2）中引入了一个综合考虑阴晴以及玻璃污垢的折减系数。

对于标准尺寸（1500mm×1500mm 左右）的PVC塑钢窗或木窗，窗框比可取0.30，太阳辐射修正系数 C_{mci}＝0.87×0.7×0.7×玻璃的遮阳系数×外遮阳系数＝0.43×玻璃的遮阳系数×外遮阳系数。

对于标准尺寸（1500mm×1500mm 左右）的无外遮阳的铝合金窗，窗框比可取0.20，太阳辐射修正系数 C_{mci}＝0.87×0.7×0.8×玻璃的遮阳系数×外遮阳系数＝0.49×玻璃的遮阳系数×外遮阳系数。

3mm普通玻璃的遮阳系数为1.00，6 mm普通玻璃的遮阳系数为0.93，3＋6A＋3普通中空玻璃的遮阳系数为0.90，6＋6A＋6普通中空玻璃的遮阳系数为0.83，各种镀膜玻璃的遮阳系数可从产品说明书上获取。

外遮阳的遮阳系数按附录D确定。

无透明部分的外门太阳辐射修正系数 C_{mci} 取值0。

凸窗的上下、左右边窗或边板的传热量也在此处计算，为简便起见，可以忽略太阳辐射的影响，即对边窗忽略太阳透射得热，对边板不再考虑太阳辐射的修正，仅计算温差传热。

4.3.9 通过非采暖封闭阳台的传热分成两部分来计算，前一部分是室内外温差引起的传热，后一部分是透过两层外窗（门）的透明部分进入室内的太阳辐射得热。

温差传热部分的计算引入了一个温差修正系数，这是因为非采暖封闭阳台实际上起到了室内外温差缓冲的作用。

太阳辐射得热要考虑两层窗的衰减，其中内侧窗（即分隔封闭阳台和室内的那层窗或玻璃门）的衰减还必须考虑封闭阳台顶板的作用。封闭阳台顶板可以看作水平遮阳板，其遮阳作用可以依据附录D计算。

4.3.10 式（4.3.10）计算室内外空气交换引起的热损失。空气密度可以按照下式计算：

$$\rho = \frac{1.293 \times 273}{t_e + 273} = \frac{353}{t_e + 273} (\text{kg/m}^3) \qquad (2)$$

5 采暖、通风和空气调节节能设计

5.1 一 般 规 定

5.1.1 本条文是强制性条文。

根据《采暖通风与空气调节设计规范》GB 50019－2003第6.2.1条（强制性条文）：“除方案设计或初步设计阶段可使用冷负荷指标进行必要的估算之外，应对空气调节区进行逐项逐时的冷负荷计算”；和《公共建筑节能设计标准》GB 50189－2005第5.1.1条（强制性条文）：“施工图设计阶段，必须进行热负荷和逐项逐时的冷负荷计算。”

在实际工程中，采暖或空调系统有时是按照“分区域”来设置的，在一个采暖或空调区域中可能存在多个房间，如果按照区域来计算，对于每个房间的热负荷或冷负荷仍然没有明确的数据。为了防止设计人员对“区域”的误解，这里强调的是对每一个房间进行计算而不是按照采暖或空调区域来计算。

5.1.2 严寒和寒冷地区的居住建筑，采暖设施是生活必须设施。寒冷（B）区的居住建筑夏天还需要空调降温，最常见的就是设置分体式房间空调器，因此设计时宜设置或预留设置空气调节设施的位置和条件。在我国西北地区，夏季干热，适合应用蒸发冷却降温方式，当然，条文中提及的空调设置和设施也包含这种方式。

5.1.3 随着经济发展，人民生活水平的不断提高，对空调、采暖的需求逐年上升。对于居住建筑设计时选择集中空调、采暖系统方式，还是分户空调、采暖方式，应根据当地能源、环保等因素，通过技术经济分析来确定。同时，还要考虑用户对设备及运行费用的承担能力。

5.1.4 居住建筑的供热采暖能耗占我国建筑能耗的主要部分，热源形式的选择会受到能源、环境、工程状况、使用时间及要求等多种因素影响和制约，为此必须客观全面地对热源方案进行分析比较后合理确定。有条件时，应积极利用太阳能、地热能等可再生能源。

5.1.5 居住建筑采用连续采暖能够提供一个较好的供热品质。同时，在采用了相关的控制措施（如散热器恒温阀、热力入口控制、供热量控制装置如气候补偿控制等）的条件下，连续采暖可以使得供热系统的热源参数、热媒流量等实现按需供应和分配，不需要采用间歇式供暖的热负荷附加，并可降低热源的装机容量，提高了热源效率，减少了能源的浪费。

对于居住区内的公共建筑，如果允许较长时间的间歇使用，在保证房间防冻的情况下，采用间歇采暖对于整个采暖季来说相当于降低了房间的平均采暖温度，有利于节能。但宜根据使用要求进行具体的分析确定。将公共建筑的系统与居住建筑分开，可便于系统的调节、管理及收费。

热水采暖系统对于热源设备具有良好的节能效益，在我国已经提倡了三十多年。因此，集中采暖系统，应优先发展和采用热水作为热媒，而不应以蒸汽等介质作为热媒。

5.1.6 本条文是强制性条文。

根据《住宅建筑规范》GB 50368－2005 第 8.3.5 条（强制性条文）：“除电力充足和供电政策支持外，严寒地区和寒冷地区的居住建筑内不应采用直接电热采暖。”

建设节约型社会已成为全社会的责任和行动，用高品位的电能直接转换为低品位的热能进行采暖，热效率低，是不合适的。同时，必须指出，“火电”并非清洁能源。在发电过程中，不仅对大气环境造成严重污染；而且，还产生大量温室气体（CO_2），对保护地球、抑制全球气候变暖非常不利。

严寒、寒冷地区全年有（4～6）个月采暖期，时间长，采暖能耗占有较高比例。近些年来由于采暖用电所占比例逐年上升，致使一些省市冬季尖峰负荷也迅速增长，电网运行困难，出现冬季电力紧缺。盲目推广没有蓄热配置的电锅炉，直接电热采暖，将进一步劣化电力负荷特性，影响民众日常用电。因此，应严格限制应用直接电热进行集中采暖的方式。

当然，作为自行配置采暖设施的居住建筑来说，并不限制居住者选择直接电热方式自行进行分散形式的采暖。

5.2 热源、热力站及热力网

5.2.1 建设部、国家发改委、财政部、人事部、民政部、劳动和社会保障部、国家税务总局、国家环境保护总局颁布的《关于进一步推进城镇供热体制改革的意见》（建城［2005］220 号）中，在优化配置城镇供热资源方面提出“要坚持集中供热为主，多种方式互为补充，鼓励开发和利用地热、太阳能等可再生能源及清洁能源供热”的方针。集中采暖系统应采用热水作为热媒。当然，该条也包含当地没有设计直接电热采暖条件。

5.2.2 目前有些地区的很多城市都已做了集中供热规划设计，但限于经济条件，大部分规模较小，有不少小区暂时无网可入，只能先搞过渡性的锅炉房，因此提出该条文。

5.2.3 根据《民用建筑节能设计标准（采暖居住建筑部分）》JGJ 26－95 中第 5.1.2 条：

1 根据燃煤锅炉单台容量越大效率越高的特点，为了提高热源效率，应尽量采用较大容量的锅炉；

2 考虑住宅采暖的安全性和可靠性，锅炉的设置台数应不少于 2 台，因此对于规模较小的居住区（设计供热负荷低于 14MW），单台锅炉的容量可以适当降低。

5.2.4 本条文是强制性条文。

锅炉运行效率是以长期监测和记录的数据为基础，统计时期内全部瞬时效率的平均值。本标准中规定的锅炉运行效率是以整个采暖季作为统计时间的，它是反映各单位锅炉运行管理水平的重要指标。它既和锅炉及其辅机的状况有关，也和运行制度等因素有关。在《民用建筑节能设计标准》JGJ 26－95 中规定锅炉运行效率为 68%，实际上早在 20 世纪 90 年代我国有些单位锅炉房的锅炉运行效率就已经超过了 73%。本标准在分析锅炉设计效率时，将运行效率取为 70%。近些年我国锅炉设计制造水平有了很大的提高，锅炉房的设备配置也发生了很大的变化，已经为运行单位的管理水平的提高提供了基本条件，只要选择设计效率较高的锅炉，合理组织锅炉的运行，就可以使运行效率达到70%。本标准制定时，通过我国供暖负荷的变化规律及锅炉的特性分析，提出了锅炉设计效率达到70%时设计者所选用的锅炉的最低设计效率，最后根据目前国内企业生产的锅炉的设计效率确定表5.2.4的数据。

5.2.5 本条公式根据《民用建筑节能设计标准》JGJ 26-95第5.2.6条。热水管网热媒输送到各热用户的过程中需要减少下述损失：(1) 管网向外散热造成散热损失；(2) 管网上附件及设备漏水和用户放水而导致的补水耗热损失；(3) 通过管网送到各热用户的热量由于网路失调而导致的各处室温不等造成的多余热损失。管网的输送效率是反映上述各个部分效率的综合指标。提高管网的输送效率，应从减少上述三方面损失入手。通过对多个供热小区的分析表明，采用本标准给出的保温层厚度，无论是地沟敷设还是直埋敷设，管网的保温效率是可以达到99%以上的。考虑到施工等因素，分析中将管网的保温效率取为98%。系统的补水，由两部分组成，一部分是设备的正常漏水，另一部分为系统失水。如果供暖系统中的阀门、水泵盘根、补偿器等，经常维修，且保证工作状态良好的话，测试结果证明，正常补水量可以控制在循环水量的0.5%。通过对北方6个代表城市的分析表明，正常补水耗热损失占输送热量的比例小于2%；各城市的供暖系统平衡效率达到95.3%～96%时，则管网的输送效率可以达到93%。考虑各地技术及管理上的差异，所以在计算锅炉房的总装机容量时，将室外管网的输送效率取为92%。

5.2.6 目前的锅炉产品和热源装置在控制方面已经有了较大的提高，对于低负荷的满足性能得到了改善，因此在有条件时尽量采用较大容量的锅炉有利于提高能效，同时，过多的锅炉台数会导致锅炉房面积加大、控制相对复杂和投资增加等问题，因此宜对设置台数进行一定的限制。

当多台锅炉联合运行时，为了提高单台锅炉的运行效率，其负荷率应有所限制，避免出现多台锅炉同时运行但负荷率都很低而导致效率较低的现象。因此，设计时应采取一定的控制措施，通过运行台数和容量的组合，在提高单台锅炉负荷率的原则下，确定合理的运行台数。

锅炉的经济运行负荷区通常为70%～100%；允许运行负荷区则为60%～70%和100%～105%。因此，本条根据习惯，规定单台锅炉的最低负荷为60%。对于燃煤锅炉来说，不论是多台锅炉联合运行还是只有单台锅炉运行，其负荷都不应低于额定负荷的60%。对于燃气锅炉，由于燃烧调节反应迅速，一般可以适当放宽。

5.2.7 燃气锅炉的效率与容量的关系不太大。关键是锅炉的配置、自动调节负荷的能力等。有时，性能好的小容量锅炉会比性能差的大容量锅炉效率更高。燃气锅炉房供热规模不宜太大，是为了在保持锅炉效率不降低的情况下，减少供热用户，缩短供热半径，有利于室外供热管道的水力平衡，减少由于水力失调形成的无效热损失，同时降低管道散热损失和水泵的输送能耗。

锅炉的台数不宜过多，只要具备较好满足整个冬季的变负荷调节能力即可。由于燃气锅炉在负荷率30%以上时，锅炉效率可接近额定效率，负荷调节能力较强，不需要采用很多台数来满足调节要求。锅炉台数过多，必然造成占用建筑面积过多，一次投资增大等问题。

首先，模块式组合锅炉燃烧器的调节方式均采用一段式启停控制，冬季变负荷调节只能依靠台数进行，为了尽量符合负荷变化曲线应采用合适的台数。台数过少易偏离负荷曲线，调节性能不好，8台模块式锅炉已可满足调节的需要。其次，模块式锅炉的燃烧器一般采用大气式燃烧，燃烧效率较低，比非模块式燃气锅炉效率低不少，对节能和环保均不利。另外，以楼栋为单位来设置模块式锅炉房时，因为没有室外供热管道，弥补了燃烧效率低的不足，从总体上提高了供热效率。反之则两种不利条件同时存在，对节能环保非常不利。因此模块式组合锅炉只适合小面积供热，供热面积很大时不应采用模块式组合锅炉，应采用其他高效锅炉。

5.2.8 低温供热时，如地面辐射采暖系统，回水温度低，热回收效率较高，技术经济很合理。散热器采暖系统回水温度虽然比地面辐射采暖系统高，但仍有热回收价值。

冷凝式锅炉价格高，对一次投资影响较大，但因热回收效果好，锅炉效率很高，有条件时应选用。

5.2.9 本条文是强制性条文。

2005年12月6日由建设部、发改委、财政部、人事部、民政部、劳动和社会保障部、国家税务总局、国家环境保护总局八部委发文《关于进一步推进城镇供热体制改革的意见》（建城［2005］220号），文件明确提出，“新建住宅和公共建筑必须安装楼前热计量表和散热器恒温控制阀，新建住宅同时还要具备分户热计量条件”。文件中楼前热表可以理解为是与供热单位进行热费结算的依据，楼内住户可以依据不同的方法（设备）进行室内参数（比如热量、温度）测量，然后，结合楼前热表的测量值对全楼的用热量进行住户间分摊。

行业标准《供热计量技术规程》JGJ 173-2009中第3.0.1条（强制性条文）：“集中供热的新建建筑和既有建筑的节能改造必须安装热量计量装置”；第3.0.2条（强制性条文）：“集中供热系统的热量结算

点必须安装热量表”。明确表明供热企业和终端用户间的热量结算，应以热量表作为结算依据。用于结算的热量表应符合相关国家产品标准，且计量检定证书应在检定的有效期内。

由于楼前热表为该楼所用热量的结算表，要求有较高的精度及可靠性，价格相应较高，可以按楼栋设置热量表，即每栋楼作为一个计量单元。对于建筑用途相同，建设年代相近，建筑形式、平面、构造等相同或相似，建筑物耗热量指标相近，户间热费分摊方式一致的小区（组团），也可以若干栋建筑，统一安装一个热量表。

有时，在管路走向设计时一栋楼会有 2 个以上入口，此时宜按 2 个以上热表的读数相加以代表整栋楼的耗热量。

对于既有居住建筑改造时，在不具备住户热费条件而只根据住户的面积进行整栋楼耗热量按户分摊时，每栋楼应设置各自的热量表。

5.2.10 户式燃气采暖炉包括热风炉和热水炉，已经在一定范围内应用于多层住宅和低层住宅采暖，在建筑围护结构热工性能较好（至少达到节能标准规定）和产品选用得当的条件下，也是一种可供选择的采暖方式。本条根据实际使用过程中的得失，从节能角度提出了对户式燃气采暖炉选用的原则要求。

对于户式供暖炉，在采暖负荷计算中，应该包括户间传热量，在此基础上可以再适当留有余量。但是若设备容量选择过大，会因为经常在部分负荷条件下运行而大幅度地降低热效率，并影响采暖舒适度。

另外，因燃气采暖炉大部分时间在部分负荷运行，如果单纯进行燃烧量调节而不相应改变燃烧空气量，会由于过剩空气系数增大使热效率下降。因此宜采用具有自动同时调节燃气量和燃烧空气量功能的产品。

为保证锅炉运行安全，要求户式供暖炉设置专用的进气及排气通道。

在目前的一些实际工程中，有些采用每户直接向大气排放废气的方式，不利于对建筑周围的环境保护；另外有一些建筑由于房间密闭，没有考虑专有进风通道，可能会导致由于进风不良引起的燃烧效率低下的问题；还有一些将户式燃气炉的排气直接排进厨房等的排风道中，不但存在一定的安全隐患，也直接影响到锅炉的效率。因此本条文提出对此要设置专有的进、排风道。但对于采用平衡式燃烧的户式锅炉，由于其方式的特殊性，只能采用分散就地进排风的方式。

5.2.11 根据《民用建筑节能设计标准（采暖居住建筑部分）》JGJ 26－95 第 5.2.1 条。本条强调，在设计采暖供热系统时，应详细进行热负荷的调查和计算，合理确定系统规模和供热半径，主要目的是避免出现“大马拉小车”的现象。有些设计人员从安全考虑，片面加大设备容量和散热器面积，使得每吨锅炉的供热面积仅在（5000～6000）m^2 左右，最低仅 2000m^2，造成投资浪费，锅炉运行效率很低。考虑到集中供热的要求和我国锅炉的生产状况，锅炉房的单台容量宜控制在（7.0～28.0）MW 范围内。系统规模较大时，建议采用间接连接，并将一次水设计供水温度取为（115～130）℃，设计回水温度取为（50～80）℃，主要是为了提高热源的运行效率，减少输配能耗，便于运行管理和控制。

5.2.12 水泵采用变频调速是目前比较成熟可靠的节能方式。

1 从水泵变速调节的特点来看，水泵的额定容量越大，则总体效率越高，变频调速的节能潜力越大。同时，随着变频调速的台数增加，投资和控制的难度加大。因此，在水泵参数能够满足使用要求的前提下，宜尽量减少水泵的台数。

2 当系统较大时，如果水泵的台数过少，有时可能出现选择的单台水泵容量过大甚至无法选择的问题；同时，变频水泵通常设有最低转速限制，单台设计容量过大后，由于低转速运行时的效率降低使得有可能反而不利于节能。因此这时应通过合理的经济技术分析后适当增加水泵的台数。至于是采用全部变频水泵，还是采用“变频泵＋定速泵”的设计和运行方案，则需要设计人员根据系统的具体情况，如设计参数、控制措施等，进行分析后合理确定。

3 目前关于变频调速水泵的控制方法很多，如供回水压差控制、供水压力控制、温度控制（甚至供热量控制）等，需要设计人根据工程的实际情况，采用合理、成熟、可靠的控制方案。其中最常见的是供回水压差控制方案。

5.2.13 本条文是强制性条文。

供热系统水力不平衡的现象现在依然很严重，而水力不平衡是造成供热能耗浪费的主要原因之一，同时，水力平衡又是保证其他节能措施能够可靠实施的前提，因此对系统节能而言，首先应该做到水力平衡，而且必须强制要求系统达到水力平衡。

当热网采用多级泵系统（由热源循环泵和用户泵组成）时，支路的比摩阻与干线比摩阻相同，有利于系统节能。当热源（热力站）循环水泵按照整个管网的损失选择时，就应考虑环路的平衡问题。

环路压力损失差意味着环路的流量与设计流量有差异，也就是说，会导致各环路房间的室温有差异。《采暖居住建筑节能检验标准》JGJ 132－2009 中第 11.2.1 条规定，热力入口处的水力平衡度应达到 0.9～1.2。该标准的条文说明指出：这是结合北京地区的实际情况，通过模拟计算，当实际水量在 90%～120%时，室温在 17.6℃～18.7℃范围内，可以满足实际需要。但是，由于设计计算时，与计算各并联环路水力平衡度相比，计算各并联环路间压力损失比较方便，并与教科书、手册一致。所以，这里采取规定并联环路压力损失差值，要求应在15%之内。

除规模较小的供热系统经过计算可以满足水力平衡外，一般室外供热管线较长，计算不易达到水力平衡。对于通过计算不易达到环路压力损失差要求的，为了避免水力不平衡，应设置静态水力平衡阀，否则出现不平衡问题时将无法调节。而且，静态平衡阀还可以起到测量仪表的作用。静态水力平衡阀应在每个入口（包括系统中的公共建筑在内）均设置。

5.2.14 静态水力平衡阀是最基本的平衡元件，实践证明，系统第一次调试平衡后，在设置了供热量自动控制装置进行质调节的情况下，室内散热器恒温阀的动作引起系统压差的变化不会太大，因此，只在某些条件下需要设置自力式流量控制阀或自力式压差控制阀。

关于静态水力平衡阀，流量控制阀，压差控制阀，目前说法不一，例如：静态水力平衡阀也有称为"手动水力平衡阀"、"静态平衡阀"；流量控制阀也有称为"动态（自动）平衡阀"、"定流量阀"等。为了尽可能地规范名称，并根据城镇建设行业标准《自力式流量控制阀》CJ/T 179－2003中对"自力式流量控制阀"的定义："工作时不依靠外部动力，在压差控制范围内，保持流量恒定的阀门"。因此，称流量控制阀为"自力式流量控制阀"；尽管目前还没有颁布压差控制阀行业标准，同样，称压差控制阀为"自力式压差控制阀"。至于手动或静态平衡阀，则统一称为静态水力平衡阀。

5.2.15 每种阀门都有其特定的使用压差范围要求，设计时，阀两端的压差不能超过产品的规定。

阀权度S的定义是："调节阀全开时的压力损失ΔP_{min}与调节阀所在串联支路的总压力损失ΔP_0的比值"。它与阀门的理想特性一起对阀门的实际工作特性起着决定性作用。当$S=1$时，ΔP_0全部降落在调节阀上，调节阀的工作特性与理想特性是一致的；在实际应用场所中，随着S值的减小，理想的直线特性趋向于快开特性，理想的等百分比特性趋向于直线特性。

对于自动控制的阀门（无论是自力式还是其他执行机构驱动方式），由于运行过程中开度不断在变化，为了保持阀门的调节特性，确保其调节品质，自动控制阀的阀权度宜在0.3～0.5之间。

对于静态水力平衡阀，在系统初调试完成后，阀门开度就已固定，运行过程中，其开度并不发生变化；因此，对阀权度没有严格要求。

对于以小区供热为主的热力站而言，由于管网作用距离较长，系统阻力较大，如果采用动态自力式控制阀串联在总管上，由于阀权度的要求，需要该阀门的全开阻力较大，这样会较大地增加水泵能耗。因为设计的重点是考虑建筑内末端设备的可调性，如果需要自动控制，我们可以将自动控制阀设置于每个热力入口（建筑内的水阻力比整个管网小得多，这样在保证同样的阀权度情况下阀门的水流阻力可以大为降低），同样可以达到基本相同的使用效果和控制品质。因此，本条第二款规定在热力站出口总管上不宜串联设置自动控制阀。考虑到出口可能为多个环路的情况，为了初调试，可以根据各环路的水力平衡情况合理设置静态水力平衡阀。静态水力平衡阀选型原则：静态水力平衡阀是用于消除环路剩余压头、限定环路水流量用的，为了合理地选择平衡阀的型号，在设计水系统时，一定仍要进行管网水力计算及环网平衡计算，选取平衡阀。对于旧系统改造时，由于资料不全并为方便施工安装，可按管径尺寸配用同样口径的平衡阀，直接以平衡阀取代原有的截止阀或闸阀。但需要作压降校核计算，以避免原有管径过于富余使流经平衡阀时产生的压降过小，引起调试时由于压降过小而造成仪表较大的误差。校核步骤如下：按该平衡阀管辖的供热面积估算出设计流量，按管径求出设计流量时管内的流速v（m/s），由该型号平衡阀全开时的ζ值，按公式$\Delta P=\zeta(v^2\cdot\rho/2)$（Pa），求得压降值$\Delta P$（式中$\rho=1000\mathrm{kg/m^3}$），如果$\Delta P$小于（2～3）kPa，可改选用小口径型号平衡阀，重新计算v及ΔP，直到所选平衡阀在流经设计水量时的压降$\Delta P\geqslant$（2～3）kPa时为止。

尽管自力式恒流量控制阀具有在一定范围内自动稳定环路流量的特点，但是其水流阻力也比较大，因此即使是针对定流量系统，对设计人员的要求也首先是通过管路和系统设计来实现各环路的水力平衡（即"设计平衡"）；当由于管径、流速等原因的确无法做到"设计平衡"时，才应考虑采用静态水力平衡阀通过初调试来实现水力平衡的方式；只有当设计认为系统可能出现由于运行管理原因（例如水泵运行台数的变化等）有可能导致的水量较大波动时，才宜采用阀权度要求较高、阻力较大的自力式恒流量控制阀。但是，对于变流量系统来说，除了某些需要特定定流量的场所（例如为了保护特定设备的正常运行或特殊要求）外，不应在系统中设置自力式流量控制阀。

5.2.16 规定耗电输热比（*EHR*）的目的是为了防止采用过大的水泵以使得水泵的选择在合理的范围。

本条文的基本思路来自《公共建筑节能设计标准》GB 50189－2005第5.2.8条。但根据实际情况对相关的参数进行了一定的调整：

1 目前的国产电机在效率上已经有了较大的提高，根据国家标准《中小型三项异步电动机能效限定值及节能评价值》GB 18613－2002的规定，7.5kW以上的节能电机产品的效率都在89%以上。但是，考虑到供热规模的大小对所配置水泵的容量（即由此引起的效率）会产生一定的影响，从目前的水泵和电机来看，当$\Delta t=20$℃时，针对2000kW以下的热负荷所配置的采暖循环水泵通常不超过 7.5kW，因此水泵和电机的效率都会有所下降，因此将原条文中的固定计算系数 0.0056 改为一个与热负荷有关的计算系数 A 表示（表 5.2.16）。这样一方面对于较大规模的供热系统，本条文提高了对电机的效率要求；另一方面，对于较小规模的供热系统，也更符合实际情况，便于操作和执行。

2 考虑到采暖系统实行计量和分户供热后，水系统内增加了相应的一些阀件，其系统实际阻力比原来的规定会偏大，因此将原来的 14 改为 20.4。

3 原条文在不同的管道长度下选取的 $a\Sigma L$ 值不连续，在执行过程中容易产生的一些困难，也不完全符合编制的思路（管道较长时，允许 EHR 值加大）。因此，本条文将 a 值的选取或计算方式变成了一个连续线段，有利于条文的执行。按照条文规定的 $a\Sigma L$ 值计算结果比原条文的要求略为有所提高。

4 由于采暖形式的多样化，以规定某个供回水温差来确定 EHR 值可能对某些采暖形式产生不利的影响。例如当采用地板辐射供暖时，通常的设计温差为 10℃，这时如果还采用 20℃或 25℃来计算 EHR，显然是不容易达到标准规定的。因此，本条文采用的是“相对法”，即同样系统的评价标准一致，所以对温差的选择不作规定，而是“按照设计要求选取”。

5.2.17 引自原《民用建筑节能设计标准（采暖居住建筑部分）》JGJ 26－95 第 5.3.1 条。一、二次热水管网的敷设方式，直接影响供热系统的总投资及运行费用，应合理选取。对于庭院管网和二次网，管径一般较小，采用直埋管敷设，投资较小，运行管理也比较方便。对于一次管网，可根据管径大小经过经济比较确定采用直埋或地沟敷设。

5.2.18 管网输送效率达到 92%时，要求管道保温效率应达到 98%。根据《设备及管道绝热设计导则》中规定的管道经济保温层厚度的计算方法，对玻璃棉管壳和聚氨酯保温管分析表明，无论是直埋敷设还是地沟敷设，管道的保温效率均能达到 98%。严寒地区保温材料厚度有较大的差别，寒冷地区保温材料厚度差别不大。为此严寒地区每个气候子区分别给出了最小保温层厚度，而寒冷地区统一给出最小保温层厚度。如果选用其他保温材料或其导热系数与附录 G 中值差异较大时，可以按照式（5.2.18）对最小保温层厚度进行修正。

5.2.19 本条文是强制性条文。

锅炉房采用计算机自动监测与控制不仅可以提高系统的安全性，确保系统能够正常运行；而且，还可以取得以下效果：

1 全面监测并记录各运行参数，降低运行人员工作量，提高管理水平。

2 对燃烧过程和热水循环过程能进行有效的控制调节，提高并使锅炉在高效率下运行，大幅度地节省运行能耗，并减少大气污染。

3 能根据室外气候条件和用户需求变化及时改变供热量，提高并保证供暖质量，降低供暖能耗和运行成本。

因此，在锅炉房设计时，除小型固定炉排的燃煤锅炉外，应采用计算机自动监测与控制。

条文中提出的五项要求，是确保安全、实现高效、节能与经济运行的必要条件。它们的具体监控内容分别为：

1 实时检测：通过计算机自动检测系统，全面、及时地了解锅炉的运行状况，如运行的温度、压力、流量等参数，避免凭经验调节和调节滞后。全面了解锅炉运行工况，是实施科学调控的基础。

2 自动控制：在运行过程中，随室外气候条件和用户需求的变化，调节锅炉房供热量（如改变出水温度，或改变循环水量，或改变供汽量）是必不可少的，手动调节无法保证精度。

计算机自动监测与控制系统，可随时测量室外的温度和整个热网的需求，按照预先设定的程序，通过调节投入燃料量（如炉排转速）等手段实现锅炉供热量调节，满足整个热网的热量需求，保证供暖质量。

3 按需供热：计算机自动监测与控制系统可通过软件开发，配置锅炉系统热特性识别和工况优化分析程序，根据前几天的运行参数、室外温度，预测该时段的最佳工况，进而实现对系统的运行指导，达到节能的目的。

4 安全保障：计算机自动监测与控制系统的故障分析软件，可通过对锅炉运行参数的分析，作出及时判断，并采取相应的保护措施，以便及时抢修，防止事故进一步扩大，设备损坏严重，保证安全供热。

5 健全档案：计算机自动监测与控制系统可以建立各种信息数据库，能够对运行过程中的各种信息数据进行分析，并根据需要打印各类运行记录，储存历史数据，为量化管理提供了物质基础。

5.2.20 本条文是强制性条文。

本条文对锅炉房及热力站的节能控制提出了明确的要求。设置供热量控制装置（比如气候补偿器）的主要目的是对供热系统进行总体调节，使锅炉运行参数在保持室内温度的前提下，随室外空气温度的变化随时进行调整，始终保持锅炉房的供热量与建筑物的需热量基本一致，实现按需供热；达到最佳的运行效率和最稳定的供热质量。

设置供热量控制装置后，还可以通过在时间控制器上设定不同时间段的不同室温，节省供热量；合理地匹配供水流量和供水温度，节省水泵电耗，保证恒温阀等调节设备正常工作；还能够控制一次水回水温度，防止回水温度过低减少锅炉寿命。

由于不同企业生产的气候补偿器的功能和控制方法不完全相同，但必须具有能根据室外空气温度变化自动改变用户侧供（回）水温度、对热媒进行质调节的基本功能。

气候补偿器正常工作的前提，是供热系统已达到水力平衡要求，各房间散热器均装置了恒温阀，否则，即使采用了供热量控制装置也很难保持均衡供热。

5.3 采暖系统

5.3.1 引自《公共建筑节能设计标准》GB 50189－2005中第5.2.1条。

5.3.2 要实现室温调节和控制，必须在末端设备前设置调节和控制的装置，这是室内环境的要求，也是“供热体制改革”的必要措施，双管系统可以设置室温调控装置。如果采用顺流式垂直单管系统，必须设置跨越管，采用顺流式水平单管系统时，散热器采用低阻力两通或三通调节阀，以便调控室温。

5.3.3 本条文是强制性条文。

楼前热量表是该栋楼与供热（冷）单位进行用热（冷）量结算的依据，而楼内住户则进行按户热（冷）量分摊，所以，每户应该有相应的装置作为对整栋楼的耗热（冷）量进行户间分摊的依据。

由于严寒地区和寒冷地区的“供热体制改革”已经开展，近年来已开发应用了一些户间采暖“热量分摊”的方法，并且有较大规模的应用。下面对目前在国内已经有一定规模应用的采暖系统“热量分摊”方法的原理和应用时需要注意的事项加以介绍，供选用时参考。

1 散热器热分配计方法

该方法是利用散热器热量分配计所测量的每组散热器的散热量比例关系，来对建筑的总供热量进行分摊。散热器热量分配计分为蒸发式热量分配计与电子式热量分配计两种基本类型。蒸发式热量分配计初投资较低，但需要入户读表。电子式热量分配计初投资相对较高，但该表具有入户读表与遥控读表两种方式可供选择。热分配计方法需要在建筑物热力入口设置楼栋热量表，在每台散热器的散热面上安装一台散热器热量分配计。在采暖开始前和采暖结束后，分别读取分配计的读数，并根据楼前热量表计量得出的供热量，进行每户住户耗热量计算。应用散热器热量分配计时，同一栋建筑物内应采用相同形式的散热器；在不同类型散热器上应用散热器热量分配表时，首先要进行刻度标定。由于每户居民在整幢建筑中所处位置不同，即便同样住户面积，保持同样室温，散热器热量分配计上显示的数字却是不相同的。所以，收费时，要将散热器热量分配计获得的热量进行住户位置的修正。

该方法适用于以散热器为散热设备的室内采暖系统，尤其适用于采用垂直采暖系统的既有建筑的热计量收费改造，比如将原有垂直单管顺流系统，加装跨越管，但这种方法不适用于地面辐射供暖系统。

建设部已批准《蒸发式热分配表》CJ/T 271－2007为城镇建设行业产品标准。

欧洲标准EN 834、835中分配表的原文为heat cost allocators，直译应为“热费分配器”，所以也可以理解为散热器热费分配计方法。

2 温度面积方法

该方法是利用所测量的每户室内温度，结合建筑面积来对建筑的总供热量进行分摊。其具体做法是，在每户主要房间安装一个温度传感器，用来对室内温度进行测量，通过采集器采集的室内温度经通信线路送到热量采集显示器；热量采集显示器接收来自采集器的信号，并将采集器送来的用户室温送至热量采集显示器；热量采集显示器接收采集显示器、楼前热量表送来的信号后，按照规定的程序将热量进行分摊。

这种方法的出发点是按照住户的平均温度来分摊热费。如果某住户在供暖期间的室温维持较高，那么该住户分摊的热费也较多。它与住户在楼内的位置没有关系，收费时不必进行住户位置的修正。应用比较简单，结果比较直观，它也与建筑内采暖系统没有直接关系。所以，这种方法适用于新建建筑各种采暖系统的热计量收费，也适合于既有建筑的热计量收费改造。

住房和城乡建设部已将《温度法热计量分配装置》列入“2008年住房和城乡建设部归口工业产品行业标准制订、修订计划”。

3 流量温度方法

这种方法适用于共用立管的独立分户系统和单管跨越管采暖系统。该户间热量分摊系统由流量热能分配器、温度采集器处理器、单元热能仪表、三通测温调节阀、无线接收器、三通阀、计算机远程监控设备以及建筑物热力入口设置的楼栋热量表等组成。通过流量热能分配器、温度采集器处理器测量出的各个热用户的流量比例系数和温度系数，测算出各个热用户的用热比例，按此比例对楼栋热量表测量出的建筑物总供热量进行户间热量分摊。但是这种方法不适合在垂直单管顺流式的既有建筑改造中应用，此时温度测量误差难以消除。

该方法也需对住户位置进行修正。

4 通断时间面积方法

该方法是以每户的采暖系统通水时间为依据，分摊总供热量的方法。具体做法是，对于分户水平连接的室内采暖系统，在各户的分支支路上安装室温通断控制阀，用于对该用户的循环水进行通断控制来实现该户室温控制。同时在各户的代表房间里放置室内控制器，用于测量室内温度和供用户设定温度，并将这两个温度值传输给室温通断控制阀。室温通断控制阀根据实测室温与设定值之差，确定在一个控制周期内通断阀的开停比，并按照这一开停比控制通断调节阀的通断，以此调节送入室内热量，同时记录和统计各户通断控制阀的接通时间，按照各户的累计接通时间结合采暖面积分摊整栋建筑的热量。

这种方法适用于水平单管串联的分户独立室内采暖系统，但不适合于采用传统垂直采暖系统的既有建筑的改造。可以分户实现温控，但是不能分室温控。

5 户用热量表方法

该分摊系统由各户用热量表以及楼栋热量表组成。

户用热量表安装在每户采暖环路中，可以测量每个住户的采暖耗热量。热量表由流量传感器、温度传感器和计算器组成。根据流量传感器的形式，可将热量表分为：机械式热量表、电磁式热量表、超声波式热量表。机械式热量表的初投资相对较低，但流量传感器对轴承有严格要求，以防止长期运转由于磨损造成误差较大；对水质有一定要求，以防止流量计的转动部件被阻塞，影响仪表的正常工作。电磁式热量表的初投资相对机械式热量表要高，但流量测量精度是热量表所用的流量传感器中最高的、压损小。电磁式热量表的流量计工作需要外部电源，而且必须水平安装，需要较长的直管段，这使得仪表的安装、拆卸和维护较为不便。超声波热量表的初投资相对较高，流量测量精度高、压损小、不易堵塞，但流量计的管壁锈蚀程度、水中杂质含量、管道振动等因素将影响流量计的精度，有的超声波热量表需要直管段较长。

这种方法也需要对住户位置进行修正。它适用于分户独立式室内采暖系统及分户地面辐射供暖系统，但不适合于采用传统垂直系统的既有建筑的改造。

建设部已批准《热量表》CJ/128－2007 为城镇建设行业产品标准。

6 户用热水表方法

这种方法以每户的热水循环量为依据，进行分摊总供热量。

该方法的必要条件是每户必须为一个独立的水平系统，也需要对住户位置进行修正。由于这种方法忽略了每户供暖供回水温差的不同，在散热器系统中应用误差较大。所以，通常适用于温差较小的分户地面辐射供暖系统，已在西安市有应用实例。

5.3.4 散热器恒温控制阀（又称温控阀、恒温器等）安装在每组散热器的进水管上，它是一种自力式调节控制阀，用户可根据对室温高低的要求，调节并设定室温。这样恒温控制阀就确保了各房间的室温，避免了立管水量不平衡，以及单管系统上层及下层室温不匀问题。同时，更重要的是当室内获得“自由热”（free heat，又称“免费热”，如阳光照射，室内热源——炊事、照明、电器及居民等散发的热量）而使室温有升高趋势时，恒温控制阀会及时减少流经散热器的水量，不仅保持室温合适，同时达到节能目的。目前北京、天津等地方节能设计标准已将安装散热器恒温阀作为强制性条文，根据实施情况来看，有较好的效果。

对于安装在装饰罩内的恒温阀，则必须采用外置传感器，传感器应设在能正确反映房间温度的位置。

散热器恒温控制阀的特性及其选用，应遵循行业标准《散热器恒温控制阀》JG/T 195－2006 的规定。

安装了散热器恒温阀后，要使它真正发挥调温、节能功能，特别在运行中，必须有一些相应的技术措施，才能使采暖系统正常运行。首先是对系统的水质要求，必须满足本标准 5.2.13 条的规定。因为散热器恒温阀是一个阻力部件，水中悬浮物会堵塞其流道，使得恒温阀调节能力下降，甚至不能正常工作。北京市地方标准《居住建筑节能设计标准》DBJ 11－602－2006（2007 年 2 月 1 日实施）第 6.4.9 条规定，防堵塞措施应符合以下规定：1. 供热采暖系统水质要求应执行北京市地方标准《供热采暖系统水质及防腐技术规程》DBJ 01－619－2004 的有关规定。2. 热力站换热器的一次水和二次水入口应设过滤器。3. 过滤器具体设置要求详见《供热采暖系统水质及防腐技术规程》DBJ 01－619－2004 的有关规定。同时，不应该在采暖期后将采暖水系统的水卸去，要保持“湿式保养”。另外，对于在原有供热系统热网中并入了安装有散热器恒温阀的新建造的建筑后，必须对该热网重新进行水力平衡调节。因为，一般情况下，安装有恒温阀的新建筑水力阻力会大于原来建筑，导致新建建筑的热水量减少，甚至降低供热品质。

5.3.5 引自《公共建筑节能设计标准》GB 50189－2005 第 5.2.4 条。

5.3.6 对于不同材料管道，提出不同的设计供水温度。对于以热水锅炉作为直接供暖的热源设备来说，降低供水温度对于降低锅炉排烟温度、提高传热温差具有较好的影响，使得锅炉的热效率得以提高。采用换热器作为采暖热源时，降低换热器二次水供水温度可以在保证同样的换热量情况下减少换热面积，节省投资。由于目前的一些建筑存在大流量、小温差运行的情况，因此本标准规定采暖供回水温差不应小于25℃。在可能的条件下，设计时应尽量提高设计温差。

热塑性塑料管的使用条件等级按 5 级考虑，即正常操作温度 80℃时的使用时间为 10 年；60℃时为 25 年；20℃（非采暖期）为 14 年。

以北京为例：采暖期不足半年，通常，采暖供水温度随室外气温进行调节，在 50 年使用期内，各种水温下的采暖时间为 25 年，非采暖期的水温取 20℃，累积也为 25 年。当散热器采暖系统的设计供回水温度为 85℃/60℃时，正常操作温度下的使用年限为：85℃时为 6 年；80℃时为 3 年；60℃时为 7 年。相当于 80℃时为 9.6 年；60℃时为 25 年；20℃时为 14.4 年。这时，若选择工作压力为 1.0MPa，相应的管系列为：PB管-S4；PEX管-S3.2。

对于非热熔连接的铝塑复合管，由于它是由聚乙烯和铝合金两种杨氏模量相差很大的材料组成的多层管，在承受内压时，厚度方向的管环应力分布是不等值的，无法考虑各种使用温度的累积作用，所以，不能用它来选择管材或确定管壁厚度，只能根据长期工作温度和允许工作压力进行选择。

对于热熔连接的铝塑复合管，在接头处，由于铝合金管已断开，并不连续，因此，真正起连接作用的实际上只是热塑性塑料；所以，应该按照热塑性塑料管的规定来确定供水温度与工作压力。

铝塑复合管的代号说明：

PAP——由聚乙烯/铝合金/聚乙烯复合而成；

XPAP——由交联聚乙烯/铝合金/交联聚乙烯复合而成；

XPAP1（一型铝塑管）——由聚乙烯/铝合金/交联聚乙烯复合而成；

XPAP2（二型铝塑管）——由交联聚乙烯/铝合金/交联聚乙烯复合而成；

PAP3（三型铝塑管）——由聚乙烯/铝合金/聚乙烯复合而成；

PAP4（四型铝塑管）——由聚乙烯/铝合金/聚乙烯复合而成；

RPAP5（新型的铝塑复合管）——由耐热聚乙烯/铝合金/耐热聚乙烯复合而成。

5.3.7 低温地板辐射采暖是国内近20年以来发展较快的新型供暖方式，埋管式地面辐射采暖具有温度梯度小、室内温度均匀、脚感温度高等特点，在热辐射的作用下，围护结构内表面和室内其他物体表面的温度，都比对流供暖时高，人体的辐射散热相应减少，人的实际感觉比相同室内温度对流供暖时舒适得多。在同样的热舒适条件下，辐射供暖房间的设计温度可以比对流供暖房间低（2～3）℃，因此房间的热负荷随之减小。

室内家具、设备等对地面的遮蔽，对地面散热量的影响很大。因此，要求室内必须具有足够的裸露面积（无家具覆盖）供布置加热管的要求，作为采用低温地板辐射供暖系统的必要条件。

保持较低的供水温度和供回水温差，有利于延长塑料加热管的使用寿命；有利于提高室内的热舒适感；有利于保持较大的热媒流速，方便排除管内空气；有利于保证地面温度的均匀。

有关地面辐射供暖工程设计方面规定，应遵循行业标准《地面辐射供暖技术规程》JGJ 142-2004执行。

5.3.8 热网供水温度过低，供回水温差过小，必然会导致室外热网的循环水量、输送管道直径、输送能耗及初投资都大幅度增加，从而削弱了地面辐射供暖系统的节能优势。为了充分保持地面辐射供暖系统的节能优势，设计中应尽可能提高室外热网的供水温度，加大供回水的温差。

由于地面辐射供暖系统的供水温度不宜超过60℃，因此，供暖入口处必须设置带温度自动控制及循环水泵的混水装置，让室内采暖系统的回水根据需要与热网提供的水混合至设定的供水温度，再流入室内采暖系统。当外网提供的热媒温度高于60℃时（一般允许最高为90℃），宜在各户的分集水器前设置混水泵，抽取室内回水混入供水，以降低供水温度，保持其温度不高于设定值。

5.3.9 分室控温，是按户计量的基础；为了实现这个要求，应对各个主要房间的室内温度进行自动控制。室温控制可选择采用以下任何一种模式：

模式Ⅰ："房间温度控制器（有线）＋电热（热敏）执行机构＋带内置阀芯的分水器"

通过房间温度控制器设定和监测室内温度，将监测到的实际室温与设定值进行比较，根据比较结果输出信号，控制电热（热敏）执行机构的动作，带动内置阀芯开启与关闭，从而改变被控（房间）环路的供水流量，保持房间的设定温度。

模式Ⅱ："房间温度控制器（有线）＋分配器＋电热（热敏）执行机构＋带内置阀芯的分水器"

与模式Ⅰ基本类似，差异在于房间温度控制器同时控制多个回路，其输出信号不是直接至电热（热敏）执行机构，而是到分配器，通过分配器再控制各回路的电热（热敏）执行机构，带动内置阀芯动作，从而同时改变各回路的水流量，保持房间的设定温度。

模式Ⅲ："带无线电发射器的房间温度控制器＋无线电接收器＋电热（热敏）执行机构＋带内置阀芯的分水器"

利用带无线电发射器的房间温度控制器对室内温度进行设定和监测，将监测到的实际值与设定值进行比较，然后将比较后得出的偏差信息发送给无线电接收器（每间隔10min发送一次信息），无线电接收器将发送器的信息转化为电热（热敏）式执行机构的控制信号，使分水器上的内置阀芯开启或关闭，对各个环路的流量进行调控，从而保持房间的设定温度。

模式Ⅳ："自力式温度控制阀组"

在需要控温房间的加热盘管上，装置直接作用式恒温控制阀，通过恒温控制阀的温度控制器的作用，直接改变控制阀的开度，保持设定的室内温度。

为了测得比较有代表性的室内温度，作为温控阀的动作信号，温控阀或温度传感器应安装在室内离地面1.5m处。因此，加热管必须嵌墙抬升至该高度处。由于此处极易积聚空气，所以要求直接作用恒温控制阀必须具有排气功能。

模式Ⅴ："房间温度控制器（有线）＋电热（热敏）执行机构＋带内置阀芯的分水器"

选择在有代表性的部位（如起居室），设置房间温度控制器，通过该控制器设定和监测室内温度；在分水器前的进水支管上，安装电热（热敏）执行器和二通阀。房间温度控制器将监测到的实际室内温度与设定值比较后，将偏差信号发送至电热（热敏）执行机构，从而改变二通阀的阀芯位置，改变总的供水流量，保证房间所需的温度。

本系统的特点是投资较少、感受室温灵敏、安装方便。缺点是不能精确地控制每个房间的温度，且需要外接电源。一般适用于房间控制温度要求不高的场所，特别适用于大面积房间需要统一控制温度的场所。

5.3.10 引自《采暖通风与空气调节设计规范》GB 50019－2003 第 4.8.6 条；在采暖季平均水温下，重力循环作用压力约为设计工况下的最大值的 2/3。

5.3.11 引自《公共建筑节能设计标准》GB 50189－2005 第 5.4.10 条第 3 款。

5.4 通风和空气调节系统

5.4.1 一般说来，居住建筑通风设计包括主动式通风和被动式通风。主动式通风指的是利用机械设备动力组织室内通风的方法，它一般要与空调、机械通风系统进行配合。被动式通风（自然通风）指的是采用“天然”的风压、热压作为驱动对房间降温。在我国多数地区，住宅进行自然通风是降低能耗和改善室内热舒适的有效手段，在过渡季室外气温低于 26℃高于 18℃时，由于住宅室内发热量小，这段时间完全可以通过自然通风来消除热负荷，改善室内热舒适状况。即使是室外气温高于 26℃，但只要低于（30～31）℃时，人在自然通风条件下仍然会感觉到舒适。许多建筑设置的机械通风或空气调节系统，都破坏了建筑的自然通风性能。因此强调设置的机械通风或空气调节系统不应妨碍建筑的自然通风。

5.4.2 采用分散式房间空调器进行空调和采暖时，这类设备一般由用户自行采购，该条文的目的是要推荐用户购买能效比高的产品。国家标准《房间空气调节器能效限定值及能效等级》GB 12021.3 和《转速可控型房间空气调节器能效限定值及能源效率等级》GB 21455，规定节能型产品的能源效率为 2 级。

目前，《房间空气调节器能效限定值及能效等级》GB 12021.3－2010 于 2010 年 6 月 1 日颁布实施。与 2004 年版标准相比，2010 年版标准将能效等级分为三级，同时对能效限定值与能效等级指标已有提高。2004 版中的节能评价值（即能效等级第 2 级）在 2010 年版标准仅列为第 3 级。

鉴于当前是房间空调器标准新老交替的阶段，市场上可供选择的产品仍然执行的是老标准。本标准规定，鼓励用户选购节能型房间空调器，其意在于从用户需求端角度逐步提高我国房间空调器的能效水平，适应我国建筑节能形势的需要。

为了方便应用，表 3 列出了 GB 12021.3－2004、GB 12021.3－2010、GB 21455－2008 标准中列出的房间空气调节器能效等级为第 2 级的指标和转速可控型房间空气调节器能源效率等级为第 2 级的指标，表 4 列出了 GB 12021.3－2010 中空调器能效等级指标。

表 3 房间空调器能效等级指标节能评价值

类型	额定制冷量 CC (W)	能效比 EER（W/W）		制冷季节能源消耗效率 SEER [W·h/(W·h)]
		GB 12021.3－2004 标准中节能评价值（能效等级 2 级）	GB 12021.3－2010 标准中节能评价值（能效等级 2 级）	GB 21455－2008 标准中节能评价值（能效等级 2 级）
整体式	—	2.90	3.10	—
分体式	CC≤4500	3.20	3.40	4.50
	4500<CC≤7100	3.10	3.30	4.10
	7100<CC≤14000	3.00	3.20	3.70

表 4 房间空调器能效等级指标

类型	额定制冷量 CC（W）	GB 12021.3－2010 标准中能效等级		
		3	2	1
整体式	—	2.90	3.10	3.30
分体式	CC≤4500	3.20	3.40	3.60
	4500<CC≤7100	3.10	3.30	3.50
	7100<CC≤14000	3.00	3.20	3.40

5.4.3 本条文是强制性条文。

居住建筑可以采取多种空调采暖方式，如集中方式或者分散方式。如果采用集中式空调采暖系统，比如本条文所指的采用电力驱动、由空调冷热源站向多套住宅、多栋住宅楼甚至住宅小区提供空调采暖冷热源（往往采用冷、热水）；或者应用户式集中空调机组（户式中央空调机组）向一套住宅提供空调冷热源（冷热水、冷热风）进行空调采暖。

集中空调采暖系统中，冷热源的能耗是空调采暖系统能耗的主体。因此，冷热源的能源效率对节省能源至关重要。性能系数、能效比是反映冷热源能源效率的主要指标之一，为此，将冷热源的性能系数、能效比作为必须达标的项目。对于设计阶段已完成集中空调采暖系统的居民小区，或者按户式中央空调系统设计的住宅，其冷源能效的要求应该等同于公共建筑的规定。

国家质量监督检验检疫总局已发布实施的空调机组能效限定值及能源效率等级的标准有：《冷水机组能效限定值及能源效率等级》GB 19577－2004，《单元式空气调节机能效限定值及能源效率等级》GB 19576－2004，《多联式空调（热泵）机组能效限定值及能源效率等级》GB 21454-2008。产品的强制性国家能效标准，将产品根据机组的能源效率划分为5个等级，目的是配合我国能效标识制度的实施。能效等级的含义：1等级是企业努力的目标；2等级代表节能型产品的门槛（按最小寿命周期成本确定）；3、4等级代表我国的平均水平；5等级产品是未来淘汰的产品。

为了方便应用，以表5为规定的冷水（热泵）机组制冷性能系数（*COP*）值和表6规定的单元式空气调节机能效比（*EER*）值，这是根据国家标准《公共建筑节能设计标准》GB 50189-2005中第5.4.5、5.4.8条强制性条文规定的能效限值。而表7为多联式空调（热泵）机组制冷综合性能系数［*IPLV*（*C*）］值，是根据《多联式空调（热泵）机组能效限定值及能源效率等级》GB 21454-2008标准中规定的能效等级第3级。

表5 冷水（热泵）机组制冷性能系数（*COP*）

类型		额定制冷量 *CC*（kW）	性能系数 *COP*（W/W）
水冷	活塞式/涡旋式	*CC*<528	3.80
		528<*CC*≤1163	4.00
		CC>1163	4.20
	螺杆式	*CC*<528	4.10
		528<*CC*≤1163	4.30
		CC>1163	4.60
	离心式	*CC*<528	4.40
		528<*CC*≤1163	4.70
		CC>1163	5.10
风冷或蒸发冷却	活塞式/涡旋式	*CC*≤50	2.40
		CC>50	2.60
	螺杆式	*CC*≤50	2.60
		CC>50	2.80

表6 单元式空气调节机组能效比（*EER*）

类型		能效比 *EER*（W/W）
风冷式	不接风管	2.60
	接风管	2.30
水冷式	不接风管	3.00
	接风管	2.70

表7 多联式空调（热泵）机组制冷综合性能系数［*IPLV*（*C*）］

名义制冷量 *CC*（W）	综合性能系数［*IPLV*（*C*）］（能效等级第3级）
CC≤28000	3.20
28000<*CC*≤84000	3.15
84000<*CC*	3.10

5.4.4 寒冷地区尽管夏季时间不长，但在大城市中，安装分体式空调器的居住建筑还为数不少。分体式空调器的能效除与空调器的性能有关外，同时也与室外机合理的布置有很大关系。为了保证空调器室外机功能和能力的发挥，应将它设置在通风良好的地方，不应设置在通风不良的建筑竖井或封闭的或接近封闭的空间内，如内走廊等地方。如果室外机设置在阳光直射的地方，或有墙壁等障碍物使进、排风不畅和短路，都会影响室外机功能和能力的发挥，而使空调器能效降低。实际工程中，因清洗不便，室外机换热器被灰尘堵塞，造成能效下降甚至不能运行的情况很多。因此，在确定安装位置时，要保证室外机有清洗的条件。

5.4.5 引自《公共建筑节能设计标准》GB 50189-2005中第5.3.14、5.3.15条。对于采暖期较长的地区，比如*HDD*大于2000的地区，回收排风热，能效和经济效益都很明显。

5.4.6 本条对居住建筑中的风机盘管机组的设置作出规定：

1 要求风机盘管具有一定的冷、热量调控能力，既有利于室内的正常使用，也有利于节能。三速开关是常见的风机盘管的调节方式，由使用人员根据自身的体感需求进行手动的高、中、低速控制。对于大多数居住建筑来说，这是一种比较经济可行的方式，可以在一定程度上节省冷、热消耗。但此方式的单独使用只针对定流量系统，这是设计中需要注意的。

2 采用人工手动的方式，无法做到实时控制。因此，在投资条件相对较好的建筑中，推荐采用利用温控器对房间温度进行自动控制的方式。（1）温控器直接控制风机的转速——适用于定流量系统；（2）温控器和电动阀联合控制房间的温度——适用于变流量系统。

5.4.7 按房间设计配置风量调控装置的目的是使得各房间的温度可调，在满足使用要求的基础上，避免部分房间的过冷或过热而带来的能源浪费。当投资允许时，可以考虑变风量系统的方式（末端采用变风量装置，风机采用变频调速控制）；当经济条件不允许时，各房间可配置方便人工使用的手动（或电动）装置，风机是否调速则需要根据风机的性能分析来确定。

5.4.8 本条文是强制性条文。

国家标准《地源热泵系统工程技术规范》GB 50366中对于"地源热泵系统"的定义为"以岩土体、地下水或地表水为低温热源，由水源热泵机组、地热能交换系统、建筑物内系统组成的供热空调系统。根据地热能交换系统形式的不同，地源热泵系统分为地埋管地源热泵系统、地下水地源热泵系统和地表水地源热泵系统。"。2006年9月4日由财政部、建设部共同发文"关于印发《可再生能源建筑应用专项资金管理暂行办法》的通知”（财建［2006］460号）中第四条“专项资金支持的重点领域”中包含以下六方面：(1) 与建筑一体化的太阳能供应生活热水、供热制冷、光电转换、照明；(2) 利用土壤源热泵和浅层地下水源热泵技术供热制冷；(3) 地表水丰富地区利用淡水源热泵技术供热制冷；(4) 沿海地区利用海水源热泵技术供热制冷；(5) 利用污水水源热泵技术供热制冷；(6) 其他经批准的支持领域。地源热泵系统占其中两项。

要说明的是在应用地源热泵系统，不能破坏地下水资源。这里引用《地源热泵系统工程技术规范》GB 50366－2005的强制性条文：即“3.1.1条：地源热泵系统方案设计前，应进行工程场地状况调查，并对浅层地热能资源进行勘察”，“5.1.1条：地下水换热系统应根据水文地质勘察资料进行设计，并必须采取可靠回灌措施，确保置换冷量或热量后的地下水全部回灌到同一含水层，不得对地下水资源造成浪费及污染。系统投入运行后，应对抽水量、回灌量及其水质进行监测”。

如果地源热泵系统采用地下埋管式换热器，要进行土壤温度平衡模拟计算，应注意并进行长期应用后土壤温度变化趋势的预测，以避免长期应用后土壤温度发生变化，出现机组效率降低甚至不能制冷或供热。

5.4.9 引自《公共建筑节能设计标准》GB 50189－2005第5.3.28条。

5.4.10 引自《公共建筑节能设计标准》GB 50189－2005第5.3.29条。

附录B 平均传热系数和热桥线传热系数计算

B.0.11 外墙主断面传热系数的修正系数值φ受到保温类型、墙主断面传热系数以及结构性热桥节点构造等因素的影响。表B.0.11中给出的外保温常用的保温做法中，对应不同的外墙平均传热系数值时，墙体主断面传热系数的φ值。

做法选用表中均列出了采用普通窗或凸窗时，不同保温层厚度所能够达到的墙体平均传热系数值。设计中，若凸窗所占外窗总面积的比例达到30%，墙体平均传热系数值则应按照凸窗一栏选用。

需要特别指出的是：相同的保温类型、墙主断面传热系数，当选用的结构性热桥节点构造不同时，φ值的变化非常大。由于结构性热桥节点的构造做法多种多样，墙体中又包含多个结构性热桥，组合后的类型更是数量巨大，难以一一列举。表B.0.11的主要目的是方便计算，表中给出的只能是针对一般性的建筑，在选定的节点构造下计算出的φ值。

实际工程中，当需要修正的单元墙体的热桥类型、构造均与表B.0.11计算时的选定一致或近似时，可以直接采用表中给出的φ值计算墙体的平均传热系数；当两者差异较大时，需要另行计算。

下面给出表B.0.11计算时选定的结构性热桥的类型及构造。

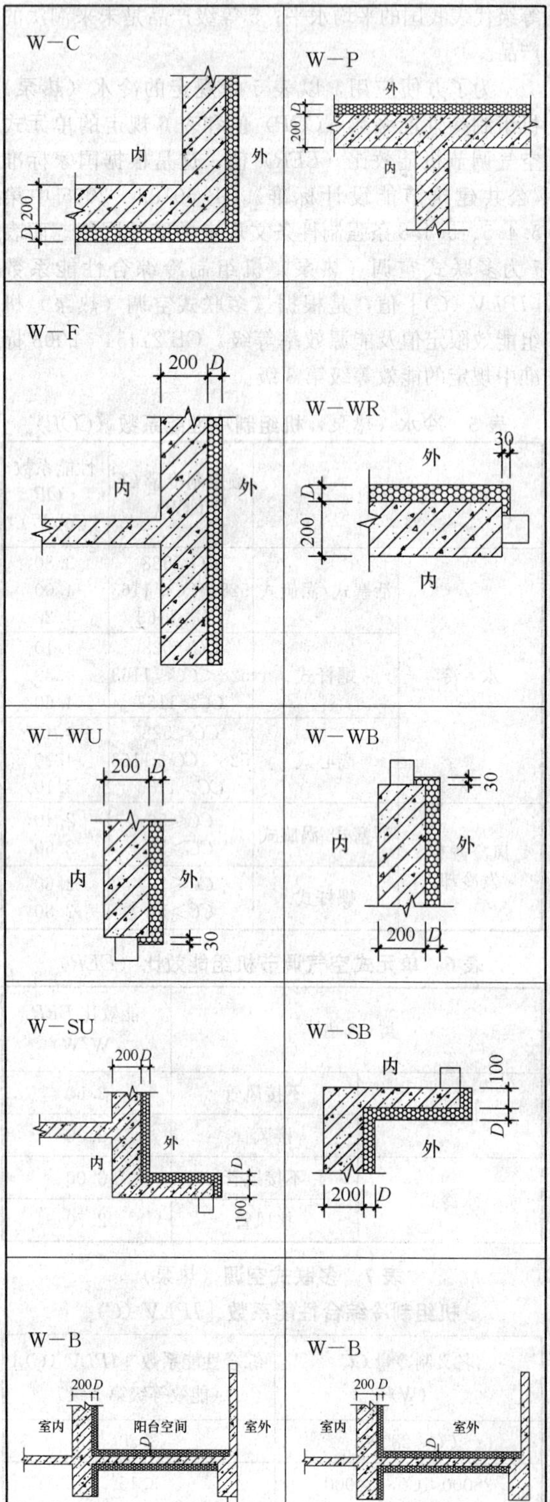

W－C
W－P
W－F
W－WR
W－WU
W－WB
W－SU
W－SB
W－B
W－B
室内
阳台空间
室外

附录D 外遮阳系数的简化计算

D.0.2 各种组合形式的外遮阳系数，可由参加组合的各种形式遮阳的外遮阳系数的乘积来近似确定。

例如：水平式＋垂直式组合的外遮阳系数＝水平式遮阳系数×垂直式遮阳系数

水平式＋挡板式组合的外遮阳系数＝水平式遮阳系数×挡板式遮阳系数

中华人民共和国行业标准

建筑机械使用安全技术规程

Technical specification for safety operation of constructional machinery

JGJ 33—2012

批准部门：中华人民共和国住房和城乡建设部

施行日期：2 0 1 2 年 1 1 月 1 日

中华人民共和国住房和城乡建设部
公　　告

第1364号

关于发布行业标准《建筑机械使用安全技术规程》的公告

现批准《建筑机械使用安全技术规程》为行业标准，编号为JGJ 33-2012，自2012年11月1日起实施。其中，第2.0.1、2.0.2、2.0.3、2.0.21、4.1.11、4.1.14、4.5.2、5.1.4、5.1.10、5.5.6、5.10.20、5.13.7、7.1.23、8.2.7、10.3.1、12.1.4、12.1.9条为强制性条文，必须严格执行。原行业标准《建筑机械使用安全技术规程》JGJ 33-2001同时废止。

本规程由我部标准定额研究所组织中国建筑工业出版社出版发行。

中华人民共和国住房和城乡建设部

2012年5月3日

前　　言

根据住房和城乡建设部《关于印发〈二〇〇八年工程建设标准规范制订、修订计划（第一批）〉的通知》（建标［2008］102号）的要求，规范编制组经深入调查研究，认真总结实践经验，并在广泛征求意见的基础上，修订本规程。

本规程的主要技术内容是：1. 总则；2. 基本规定；3. 动力与电气装置；4. 建筑起重机械；5. 土石方机械；6. 运输机械；7. 桩工机械；8. 混凝土机械；9. 钢筋加工机械；10. 木工机械；11. 地下施工机械；12. 焊接机械；13. 其他中小型机械。

本规程修订的主要技术内容是：1. 删除了装修机械、水工机械、钣金和管工机械，相关机械并入其他中小型机械；对建筑起重机械、运输机械进行了调整；增加了木工机械、地下施工机械；2. 删除了凿岩机械、油罐车、自立式起重架、混凝土搅拌站、液压滑升设备、预应力钢丝拉伸设备、冷镦机；新增了旋挖钻机、深层搅拌机、成槽机、冲孔桩机、混凝土布料机、钢筋螺纹成型机、钢筋除锈机、顶管机、盾构机。

本规程中以黑体字标志的条文为强制性条文，必须严格执行。

本规程由住房和城乡建设部负责管理和对强制性条文的解释，由江苏省华建建设股份有限公司负责具体技术内容的解释。执行过程中如有意见和建议，请寄送江苏省华建建设股份有限公司（地址：江苏省扬州市文昌中路468号，邮编：225002）。

本规程主编单位：江苏省华建建设股份有限公司

江苏邗建集团有限公司

本规程参编单位：南京工业大学
武汉理工大学
上海市建设机械检测中心
上海建工（集团）总公司
上海市基础公司
天津市建工集团（控股）有限公司
扬州市建筑安全监察站
扬州市建设局
江苏扬建集团有限公司
江苏扬安机电设备工程有限公司

本规程主要起草人员：严　训　施卫东　曹德雄　李耀良　吴启鹤　耿洁明　程　杰　徐永海　徐　国　汤坤林　王军武　成国华　吉劲松　唐朝文　蒋　剑　管盈铭　胡华兵　沈永安　汪万飞　陈　峰　冯志宏　朱炳忠　王宏军　施广月

本规程主要审查人员：郭正兴　潘延平　卓　新　阎　琪　王群依　郭寒竹　黄治郁　孙宗辅　刘新玉　姚晓东　葛兴杰

目　次

Contents

1 总 则

1.0.1 为贯彻国家安全生产法律法规，保障建筑机械的正确使用，发挥机械效能，确保安全生产，制定本规程。

1.0.2 本规程适用于建筑施工中各类建筑机械的使用与管理。

1.0.3 建筑机械的使用与管理，除应符合本规程外，尚应符合国家现行有关标准的规定。

2 基本规定

2.0.1 特种设备操作人员应经过专业培训、考核合格取得建设行政主管部门颁发的操作证，并应经过安全技术交底后持证上岗。

2.0.2 机械必须按出厂使用说明书规定的技术性能、承载能力和使用条件，正确操作，合理使用，严禁超载、超速作业或任意扩大使用范围。

2.0.3 机械上的各种安全防护和保险装置及各种安全信息装置必须齐全有效。

2.0.4 机械作业前，施工技术人员应向操作人员进行安全技术交底。操作人员应熟悉作业环境和施工条件，并应听从指挥，遵守现场安全管理规定。

2.0.5 在工作中，应按规定使用劳动保护用品。高处作业时应系安全带。

2.0.6 机械使用前，应对机械进行检查、试运转。

2.0.7 操作人员在作业过程中，应集中精力，正确操作，并应检查机械工况，不得擅自离开工作岗位或将机械交给其他无证人员操作。无关人员不得进入作业区或操作室内。

2.0.8 操作人员应根据机械有关保养维修规定，认真及时做好机械保养维修工作，保持机械的完好状态，并应做好维修保养记录。

2.0.9 实行多班作业的机械，应执行交接班制度，填写交接班记录，接班人员上岗前应认真检查。

2.0.10 应为机械提供道路、水电、作业棚及停放场地等作业条件，并应消除各种安全隐患。夜间作业应提供充足的照明。

2.0.11 机械设备的地基基础承载力应满足安全使用要求。机械安装、试机、拆卸应按使用说明书的要求进行。使用前应经专业技术人员验收合格。

2.0.12 新机械、经过大修或技术改造的机械，应按出厂使用说明书的要求和现行行业标准《建筑机械技术试验规程》JGJ 34 的规定进行测试和试运转，并应符合本规程附录A的规定。

2.0.13 机械在寒冷季节使用，应符合本规程附录B的规定。

2.0.14 机械集中停放的场所、大型内燃机械，应有专人看管，并应按规定配备消防器材；机房及机械周边不得堆放易燃、易爆物品。

2.0.15 变配电所、乙炔站、氧气站、空气压缩机房、发电机房、锅炉房等易燃易爆场所，挖掘机、起重机、打桩机等易发生安全事故的施工现场，应设置警戒区域，悬挂警示标志，非工作人员不得入内。

2.0.16 在机械产生对人体有害的气体、液体、尘埃、渣滓、放射性射线、振动、噪声等场所，应配置相应的安全保护设施、监测设备（仪器）、废品处理装置；在隧道、沉井、管道等狭小空间施工时，应采取措施，使有害物控制在规定的限度内。

2.0.17 停用一个月以上或封存的机械，应做好停用或封存前的保养工作，并应采取预防风沙、雨淋、水泡、锈蚀等措施。

2.0.18 机械使用的润滑油（脂）的性能应符合出厂使用说明书的规定，并应按时更换。

2.0.19 当发生机械事故时，应立即组织抢救，并应保护事故现场，应按国家有关事故报告和调查处理规定执行。

2.0.20 违反本规程的作业指令，操作人员应拒绝执行。

2.0.21 清洁、保养、维修机械或电气装置前，必须先切断电源，等机械停稳后再进行操作。严禁带电或采用预约停送电时间的方式进行检修。

2.0.22 机械不得带病运转。检修前，应悬挂“禁止合闸，有人工作”的警示牌。

3 动力与电气装置

3.1 一般规定

3.1.1 内燃机机房应有良好的通风、防雨措施，周围应有1m宽以上的通道，排气管应引出室外，并不得与可燃物接触。室外使用的动力机械应搭设防护棚。

3.1.2 冷却系统的水质应保持洁净，硬水应经软化处理后使用，并应按要求定期检查更换。

3.1.3 电气设备的金属外壳应进行保护接地或保护接零，并应符合现行行业标准《施工现场临时用电安全技术规范》JGJ46 的规定。

3.1.4 在同一供电系统中，不得将一部分电气设备作保护接地，而将另一部分电气设备作保护接零。不得将暖气管、煤气管、自来水管作为工作零线或接地线使用。

3.1.5 在保护接零的零线上不得装设开关或熔断器，保护零线应采用黄/绿双色线。

3.1.6 不得利用大地作工作零线，不得借用机械本身金属结构作工作零线。

3.1.7 电气设备的每个保护接地或保护接零点应采

用单独的接地（零）线与接地干线（或保护零线）相连接。不得在一个接地（零）线中串接几个接地（零）点。大型设备应设置独立的保护接零，对高度超过30m的垂直运输设备应设置防雷接地保护装置。

3.1.8 电气设备的额定工作电压应与电源电压等级相符。

3.1.9 电气装置遇跳闸时，不得强行合闸。应查明原因，排除故障后再行合闸。

3.1.10 各种配电箱、开关箱应配锁，电箱门上应有编号和责任人标牌，电箱门内侧应有线路图，箱内不得存放任何其他物件并应保持清洁。非本岗位作业人员不得擅自开箱合闸。每班工作完毕后，应切断电源，锁好箱门。

3.1.11 发生人身触电时，应立即切断电源后对触电者作紧急救护。不得在未切断电源之前与触电者直接接触。

3.1.12 电气设备或线路发生火警时，应首先切断电源，在未切断电源之前，人员不得接触导线或电气设备，不得用水或泡沫灭火机进行灭火。

3.2 内 燃 机

3.2.1 内燃机作业前应重点检查下列项目，并符合相应要求：

1 曲轴箱内润滑油油面应在标尺规定范围内；

2 冷却水或防冻液量应充足、清洁、无渗漏，风扇三角胶带应松紧合适；

3 燃油箱油量应充足，各油管及接头处不应有漏油现象；

4 各总成连接件应安装牢固，附件应完整。

3.2.2 内燃机启动前，离合器应处于分离位置；有减压装置的柴油机，应先打开减压阀。

3.2.3 不得用牵引法强制启动内燃机；当用摇柄启动汽油机时，应由下向上提动，不得向下硬压或连续摇转，启动后应迅速拿出摇把。当用手拉绳启动时，不得将绳的一端缠在手上。

3.2.4 启动机每次启动时间应符合使用说明书的要求，当连续启动3次仍未能启动时，应检查原因，排除故障后再启动。

3.2.5 启动后，应怠速运转3min～5min，并应检查机油压力和排烟，各系统管路应无泄漏现象；应在温度和机油压力均正常后，开始作业。

3.2.6 作业中内燃机水温不得超过90℃，超过时，不应立即停机，应继续怠速运转降温。当冷却水沸腾需开启水箱盖时，操作人员应戴手套，面部应避开水箱盖口，并应先卸压，后拧开。不得用冷水注入水箱或泼浇内燃机体强制降温。

3.2.7 内燃机运行中出现异响、异味、水温急剧上升及机油压力急剧下降等情况时，应立即停机检查并排除故障。

3.2.8 停机前应卸去载荷，进行低速运转，待温度降低后再停止运转。装有涡轮增压器的内燃机，应怠速运转5min～10min后停机。

3.2.9 有减压装置的内燃机，不得使用减压杆进行熄火停机。

3.2.10 排气管向上的内燃机，停机后应在排气管口上加盖。

3.3 发 电 机

3.3.1 以内燃机为动力的发电机，其内燃机部分的操作应按本规程第3.2节的有关规定执行。

3.3.2 新装、大修或停用10d及以上的发电机，使用前应测量定子和励磁回路的绝缘电阻及吸收比，转子绕组的绝缘电阻不得小于0.5MΩ，吸收比不得小于1.3，并应做好测量记录。

3.3.3 作业前应检查内燃机与发电机传动部分，并应确保连接可靠，输出线路的导线绝缘应良好，各仪表应齐全、有效。

3.3.4 启动前应将励磁变阻器的阻值放在最大位置上，应断开供电输出总开关，并应接合中性点接地开关，有离合器的发电机组应脱开离合器。内燃机启动后应空载运转，并应待运转正常后再接合发电机。

3.3.5 启动后应检查并确认发电机无异响，滑环及整流子上电刷应接触良好，不得有跳动及产生火花现象。应在运转稳定，频率、电压达到额定值后，再向外供电。用电负荷应逐步加大，三相应保持平衡。

3.3.6 不得对旋转着的发电机进行维修、清理。运转中的发电机不得使用帆布等物体遮盖。

3.3.7 发电机组电源应与外电线路电源连锁，不得与外电并联运行。

3.3.8 发电机组并联运行应满足频率、电压、相位、相序相同的条件。

3.3.9 并联线路两组以上时，应在全部进入空载状态后逐一供电。准备并联运行的发电机应在全部已进入正常稳定运转，接到“准备并联”的信号后，调整柴油机转速，并应在同步瞬间合闸。

3.3.10 并联运行的发电机组如因负荷下降而需停车一台时，应先将需停车的一台发电机的负荷全部转移到继续运转的发电机上，然后按单台发电机停车的方法进行停机。如需全部停机则应先将负荷逐步切断，然后停机。

3.3.11 移动式发电机使用前应将底架停放在平稳的基础上，不得在运转时移动发电机。

3.3.12 发电机连续运行的允许电压值不得超过额定值的±10%。正常运行的电压变动范围应在额定值的±5%以内，功率因数为额定值时，发电机额定容量应恒定不变。

3.3.13 发电机在额定频率值运行时，发电机频率变动范围不得超过±0.5Hz。

3.3.14 发电机功率因数不宜超过迟相0.95。有自动励磁调节装置的，可允许短时间内在迟相0.95～1的范围内运行。

3.3.15 发电机运行中应经常检查仪表及运转部件，发现问题应及时调整。定子、转子电流不得超过允许值。

3.3.16 停机前应先切断各供电分路开关，然后切断发电机供电主开关，逐步减少载荷，将励磁变阻器复回到电阻最大值位置，使电压降至最低值，再切断励磁开关和中性点接地开关，最后停止内燃机运转。

3.3.17 发电机经检修后应进行检查，转子及定子槽间不得留有工具、材料及其他杂物。

3.4 电动机

3.4.1 长期停用或可能受潮的电动机，使用前应测量绕组间和绕组对地的绝缘电阻，绝缘电阻值应大于0.5MΩ，绕线转子电动机还应检查转子绕组及滑环对地绝缘电阻。

3.4.2 电动机应装设过载和短路保护装置，并应根据设备需要装设断、错相和失压保护装置。

3.4.3 电动机的熔丝额定电流应按下列条件选择：

1 单台电动机的熔丝额定电流为电动机额定电流的150%～250%；

2 多台电动机合用的总熔丝额定电流为其中最大一台电动机额定电流的150%～250%再加上其余电动机额定电流的总和。

3.4.4 采用热继电器作电动机过载保护时，其容量应选择电动机额定电流的100%～125%。

3.4.5 绕线式转子电动机的集电环与电刷的接触面不得小于满接触面的75%。电刷高度磨损超过原标准2/3时应更换。在使用过程中不应有跳动和产生火花现象，并应定期检查电刷簧的压力确保可靠。

3.4.6 直流电动机的换向器表面应光洁，当有机械损伤或火花灼伤时应修整。

3.4.7 电动机额定电压变动范围应控制在－5%～＋10%之内。

3.4.8 电动机运行中不应异响、漏电，轴承温度应正常，电刷与滑环应接触良好。旋转中电动机滑动轴承的允许最高温度应为80℃，滚动轴承的允许最高温度应为95℃。

3.4.9 电动机在正常运行中，不得突然进行反向运转。

3.4.10 电动机械在工作中遇停电时，应立即切断电源，并应将启动开关置于停止位置。

3.4.11 电动机停止运行前，应首先将载荷卸去，或将转速降到最低，然后切断电源，启动开关应置于停止位置。

3.5 空气压缩机

3.5.1 空气压缩机的内燃机和电动机的使用应符合本规程第3.2节和第3.4节的规定。

3.5.2 空气压缩机作业区应保持清洁和干燥。贮气罐应放在通风良好处，距贮气罐15m以内不得进行焊接或热加工作业。

3.5.3 空气压缩机的进排气管较长时，应加以固定，管路不得有急弯，并应设伸缩变形装置。

3.5.4 贮气罐和输气管路每3年应作水压试验一次，试验压力应为额定压力的150%。压力表和安全阀应每年至少校验一次。

3.5.5 空气压缩机作业前应重点检查下列项目，并应符合相应要求：

1 内燃机燃油、润滑油应添加充足；电动机电源应正常；

2 各连接部位应紧固，各运动机构及各部阀门开闭应灵活，管路不得有漏气现象；

3 各防护装置应齐全良好，贮气罐内不得有存水；

4 电动空气压缩机的电动机及启动器外壳应接地良好，接地电阻不得大于4Ω。

3.5.6 空气压缩机应在无载状态下启动，启动后应低速空运转，检视各仪表指示值并应确保符合要求；空气压缩机应在运转正常后，逐步加载。

3.5.7 输气胶管应保持畅通，不得扭曲，开启送气阀前，应将输气管道连接好，并应通知现场有关人员后再送气。在出气口前方不得有人。

3.5.8 作业中贮气罐内压力不得超过铭牌额定压力，安全阀应灵敏有效。进气阀、排气阀、轴承及各部件不得有异响或过热现象。

3.5.9 每工作2h，应将液气分离器、中间冷却器、后冷却器内的油水排放一次。贮气罐内的油水每班应排放1次～2次。

3.5.10 正常运转后，应经常观察各种仪表读数，并应随时按使用说明书进行调整。

3.5.11 发现下列情况之一时应立即停机检查，并应在找出原因并排除故障后继续作业：

1 漏水、漏气、漏电或冷却水突然中断；

2 压力表、温度表、电流表、转速表指示值超过规定；

3 排气压力突然升高，排气阀、安全阀失效；

4 机械有异响或电动机电刷发生强烈火花；

5 安全防护、压力控制装置及电气绝缘装置失效。

3.5.12 运转中，因缺水而使气缸过热停机时，应待气缸自然降温至60℃以下时，再进行加水作业。

3.5.13 当电动空气压缩机运转中停电时，应立即切断电源，并应在无载荷状态下重新启动。

3.5.14 空气压缩机停机时，应先卸去载荷，再分离主离合器，最后停止内燃机或电动机的运转。

3.5.15 空气压缩机停机后，在离岗前应关闭冷却水阀门，打开放气阀，放出各级冷却器和贮气罐内的油水和存气。

3.5.16 在潮湿地区及隧道中施工时，对空气压缩机外露摩擦面应定期加注润滑油，对电动机和电气设备应做好防潮保护工作。

3.6 10kV以下配电装置

3.6.1 施工电源及高低压配电装置应设专职值班人员负责运行与维护，高压巡视检查工作不得少于2人，每半年应进行一次停电检修和清扫。

3.6.2 高压油开关的瓷套管应保证完好，油箱不得有渗漏，油位、油质应正常，合闸指示器位置应正确，传动机构应灵活可靠。应定期对触头的接触情况、油质、三相合闸的同步性进行检查。

3.6.3 停用或经修理后的高压油开关，在投入运行前应全面检查，应在额定电压下作合闸、跳闸操作各3次，其动作应正确可靠。

3.6.4 隔离开关应每季度检查一次，瓷件应无裂纹和放电现象；接线柱和螺栓不应松动；刀型开关不应变形、损伤，应接触严密。三相隔离开关各相动触头与静触头应同时接触，前后相差不得大于3mm，打开角不得小于60°。

3.6.5 避雷装置在雷雨季节之前应进行一次预防性试验，并应测量接地电阻。雷电后应检查阀型避雷器的瓷瓶、连接线和地线，应确保完好无损。

3.6.6 低压电气设备和器材的绝缘电阻不得小于0.5MΩ。

3.6.7 在易燃、易爆、有腐蚀性气体的场所应采用防爆型低压电器；在多尘和潮湿或易触及人体的场所应采用封闭型低压电器。

3.6.8 电箱及配电线路的布置应执行现行行业标准《施工现场临时用电安全技术规范》JGJ 46的规定。

4 建筑起重机械

4.1 一 般 规 定

4.1.1 建筑起重机械进入施工现场应具备特种设备制造许可证、产品合格证、特种设备制造监督检验证明、备案证明、安装使用说明书和自检合格证明。

4.1.2 建筑起重机械有下列情形之一时，不得出租和使用：

1 属国家明令淘汰或禁止使用的品种、型号；

2 超过安全技术标准或制造厂规定的使用年限；

3 经检验达不到安全技术标准规定；

4 没有完整安全技术档案；

5 没有齐全有效的安全保护装置。

4.1.3 建筑起重机械的安全技术档案应包括下列内容：

1 购销合同、特种设备制造许可证、产品合格证、特种设备制造监督检验证明、安装使用说明书、备案证明等原始资料；

2 定期检验报告、定期自行检查记录、定期维护保养记录、维修和技术改造记录、运行故障和生产安全事故记录、累积运转记录等运行资料；

3 历次安装验收资料。

4.1.4 建筑起重机械装拆方案的编制、审批和建筑起重机械首次使用、升节、附墙等验收应按现行有关规定执行。

4.1.5 建筑起重机械的装拆应由具有起重设备安装工程承包资质的单位施工，操作和维修人员应持证上岗。

4.1.6 建筑起重机械的内燃机、电动机和电气、液压装置部分，应按本规程第3.2节、3.4节、3.6节和附录C的规定执行。

4.1.7 选用建筑起重机械时，其主要性能参数、利用等级、载荷状态、工作级别等应与建筑工程相匹配。

4.1.8 施工现场应提供符合起重机械作业要求的通道和电源等工作场地和作业环境。基础与地基承载能力应满足起重机械的安全使用要求。

4.1.9 操作人员在作业前应对行驶道路、架空电线、建（构）筑物等现场环境以及起吊重物进行全面了解。

4.1.10 建筑起重机械应装有音响清晰的信号装置。在起重臂、吊钩、平衡重等转动物体上应有鲜明的色彩标志。

4.1.11 建筑起重机械的变幅限位器、力矩限制器、起重量限制器、防坠安全器、钢丝绳防脱装置、防脱钩装置以及各种行程限位开关等安全保护装置，必须齐全有效，严禁随意调整或拆除。严禁利用限制器和限位装置代替操纵机构。

4.1.12 建筑起重机械安装工、司机、信号司索工作业时应密切配合，按规定的指挥信号执行。当信号不清或错误时，操作人员应拒绝执行。

4.1.13 施工现场应采用旗语、口哨、对讲机等有效的联络措施确保通信畅通。

4.1.14 在风速达到9.0m/s及以上或大雨、大雪、大雾等恶劣天气时，严禁进行建筑起重机械的安装拆卸作业。

4.1.15 在风速达到12.0m/s及以上或大雨、大雪、大雾等恶劣天气时，应停止露天的起重吊装作业。重新作业前，应先试吊，并应确认各种安全装置灵敏可靠后进行作业。

4.1.16 操作人员进行起重机械回转、变幅、行走和吊钩升降等动作前，应发出音响信号示意。

4.1.17 建筑起重机械作业时，应在臂长的水平投影覆盖范围外设置警戒区域，并应有监护措施；起重臂和重物下方不得有人停留、工作或通过。不得用吊车、物料提升机载运人员。

4.1.18 不得使用建筑起重机械进行斜拉、斜吊和起吊埋设在地下或凝固在地面上的重物以及其他不明重量的物体。

4.1.19 起吊重物应绑扎平稳、牢固，不得在重物上再堆放或悬挂零星物件。易散落物件应使用吊笼吊运。标有绑扎位置的物件，应按标记绑扎后吊运。吊索的水平夹角宜为45°～60°，不得小于30°，吊索与物件棱角之间应加保护垫料。

4.1.20 起吊载荷达到起重机械额定起重量的90%及以上时，应先将重物吊离地面不大于200mm，检查起重机械的稳定性和制动可靠性，并应在确认重物绑扎牢固平稳后再继续起吊。对大体积或易晃动的重物应拴拉绳。

4.1.21 重物的吊运速度应平稳、均匀，不得突然制动。回转未停稳前，不得反向操作。

4.1.22 建筑起重机械作业时，在遇突发故障或突然停电时，应立即把所有控制器拨到零位，并及时关闭发动机或断开电源总开关，然后进行检修。起吊物不得长时间悬挂在空中，应采取措施将重物降落到安全位置。

4.1.23 起重机械的任何部位与架空输电导线的安全距离应符合现行行业标准《施工现场临时用电安全技术规范》JGJ 46的规定。

4.1.24 建筑起重机械使用的钢丝绳，应有钢丝绳制造厂提供的质量合格证明文件。

4.1.25 建筑起重机械使用的钢丝绳，其结构形式、强度、规格等应符合起重机使用说明书的要求。钢丝绳与卷筒应连接牢固，放出钢丝绳时，卷筒上应至少保留三圈，收放钢丝绳时应防止钢丝绳损坏、扭结、弯折和乱绳。

4.1.26 钢丝绳采用编结固接时，编结部分的长度不得小于钢丝绳直径的20倍，并不应小于300mm，其编结部分应用细钢丝捆扎。当采用绳卡固接时，与钢丝绳直径匹配的绳卡数量应符合表4.1.26的规定，绳卡间距应是6倍～7倍钢丝绳直径，最后一个绳卡距绳头的长度不得小于140mm。绳卡滑鞍（夹板）应在钢丝绳承载时受力的一侧，U形螺栓应在钢丝绳的尾端，不得正反交错。绳卡初次固定后，应待钢丝绳受力后再次紧固，并宜拧紧到使尾端钢丝绳受压处直径高度压扁1/3。作业中应经常检查紧固情况。

表4.1.26 与绳径匹配的绳卡数

钢丝绳公称直径（mm）	≤18	>18～26	>26～36	>36～44	>44～60
最少绳卡数（个）	3	4	5	6	7

4.1.27 每班作业前，应检查钢丝绳及钢丝绳的连接部位。钢丝绳报废标准按现行国家标准《起重机 钢丝绳 保养、维护、安装、检验和报废》GB/T 5972的规定执行。

4.1.28 在转动的卷筒上缠绕钢丝绳时，不得用手拉或脚踩引导钢丝绳，不得给正在运转的钢丝绳涂抹润滑脂。

4.1.29 建筑起重机械报废及超龄使用应符合国家现行有关规定。

4.1.30 建筑起重机械的吊钩和吊环严禁补焊。当出现下列情况之一时应更换：

1 表面有裂纹、破口；

2 危险断面及钩颈永久变形；

3 挂绳处断面磨损超过高度10%；

4 吊钩衬套磨损超过原厚度50%；

5 销轴磨损超过其直径的5%。

4.1.31 建筑起重机械使用时，每班都应对制动器进行检查。当制动器的零件出现下列情况之一时，应作报废处理：

1 裂纹；

2 制动器摩擦片厚度磨损达原厚度50%；

3 弹簧出现塑性变形；

4 小轴或轴孔直径磨损达原直径的5%。

4.1.32 建筑起重机械制动轮的制动摩擦面不应有妨碍制动性能的缺陷或沾染油污。制动轮出现下列情况之一时，应作报废处理：

1 裂纹；

2 起升、变幅机构的制动轮，轮缘厚度磨损大于原厚度的40%；

3 其他机构的制动轮，轮缘厚度磨损大于原厚度的50%；

4 轮面凹凸不平度达1.5mm～2.0mm（小直径取小值，大直径取大值）。

4.2 履带式起重机

4.2.1 起重机械应在平坦坚实的地面上作业、行走和停放。作业时，坡度不得大于3°，起重机械应与沟渠、基坑保持安全距离。

4.2.2 起重机械启动前应重点检查下列项目，并应符合相应要求：

1 各安全防护装置及各指示仪表应齐全完好；

2 钢丝绳及连接部位应符合规定；

3 燃油、润滑油、液压油、冷却水等应添加充足；

4 各连接件不得松动；

5 在回转空间范围内不得有障碍物。

4.2.3 起重机械启动前应将主离合器分离，各操纵杆放在空挡位置。应按本规程第3.2节规定启动内燃机。

4.2.4 内燃机启动后，应检查各仪表指示值，应在运转正常后接合主离合器，空载运转时，应按顺序检查各工作机构及制动器，应在确认正常后作业。

4.2.5 作业时，起重臂的最大仰角不得超过使用说明书的规定。当无资料可查时，不得超过78°。

4.2.6 起重机械变幅应缓慢平稳，在起重臂未停稳前不得变换挡位。

4.2.7 起重机械工作时，在行走、起升、回转及变幅四种动作中，应只允许不超过两种动作的复合操作。当负荷超过该工况额定负荷的90%及以上时，应慢速升降重物，严禁超过两种动作的复合操作和下降起重臂。

4.2.8 在重物起升过程中，操作人员应把脚放在制动踏板上，控制起升高度，防止吊钩冒顶。当重物悬停空中时，即使制动踏板被固定，仍应脚踩在制动踏板上。

4.2.9 采用双机抬吊作业时，应选用起重性能相似的起重机进行。抬吊时应统一指挥，动作应配合协调，载荷应分配合理，起吊重量不得超过两台起重机在该工况下允许起重量总和的75%，单机的起吊载荷不得超过允许载荷的80%。在吊装过程中，两台起重机的吊钩滑轮组应保持垂直状态。

4.2.10 起重机械行走时，转弯不应过急；当转弯半径过小时，应分次转弯。

4.2.11 起重机械不宜长距离负载行驶。起重机械负载时应缓慢行驶，起重量不得超过相应工况额定起重量的70%，起重臂应位于行驶方向正前方，载荷离地面高度不得大于500mm，并应拴好拉绳。

4.2.12 起重机械上、下坡道时应无载行走，上坡时应将起重臂仰角适当放小，下坡时应将起重臂仰角适当放大。下坡严禁空挡滑行。在坡道上严禁带载回转。

4.2.13 作业结束后，起重臂应转至顺风方向，并应降至40°～60°之间，吊钩应提升到接近顶端的位置，关停内燃机，并应将各操纵杆放在空挡位置，各制动器应加保险固定，操作室和机棚应关门加锁。

4.2.14 起重机械转移工地，应采用火车或平板拖车运输，所用跳板的坡度不得大于15°；起重机械装上车后，应将回转、行走、变幅等机构制动，应采用木楔楔紧履带两端，并应绑扎牢固；吊钩不得悬空摆动。

4.2.15 起重机械自行转移时，应卸去配重，拆短起重臂，主动轮应在后面，机身、起重臂、吊钩等必须处于制动位置，并应加保险固定。

4.2.16 起重机械通过桥梁、水坝、排水沟等构筑物时，应先查明允许载荷后再通过，必要时应采取加固措施。通过铁路、地下水管、电缆等设施时，应铺设垫板保护，机械在上面行走时不得转弯。

4.3 汽车、轮胎式起重机

4.3.1 起重机械工作的场地应保持平坦坚实，符合起重时的受力要求；起重机械应与沟渠、基坑保持安全距离。

4.3.2 起重机械启动前应重点检查下列项目，并应符合相应要求：

1 各安全保护装置和指示仪表应齐全完好；

2 钢丝绳及连接部位应符合规定；

3 燃油、润滑油、液压油及冷却水应添加充足；

4 各连接件不得松动；

5 轮胎气压应符合规定；

6 起重臂应可靠搁置在支架上。

4.3.3 起重机械启动前，应将各操纵杆放在空挡位置，手制动器应锁死，应按本规程第3.2节有关规定启动内燃机。应在怠速运转3min～5min后进行中高速运转，并应在检查各仪表指示值，确认运转正常后接合液压泵，液压达到规定值，油温超过30℃时，方可作业。

4.3.4 作业前，应全部伸出支腿，调整机体使回转支撑面的倾斜度在无载荷时不大于1/1000（水准居中）。支腿的定位销必须插上。底盘为弹性悬挂的起重机，插支腿前应先收紧稳定器。

4.3.5 作业中不得扳动支腿操纵阀。调整支腿时应在无载荷时进行，应先将起重臂转至正前方或正后方之后，再调整支腿。

4.3.6 起重作业前，应根据所吊重物的重量和起升高度，并应按起重性能曲线，调整起重臂长度和仰角；应估计吊索长度和重物本身的高度，留出适当起吊空间。

4.3.7 起重臂顺序伸缩时，应按使用说明书进行，在伸臂的同时应下降吊钩。当制动器发出警报时，应立即停止伸臂。

4.3.8 汽车式起重机变幅角度不得小于各长度所规定的仰角。

4.3.9 汽车式起重机起吊作业时，汽车驾驶室内不得有人，重物不得超越汽车驾驶室上方，且不得在车的前方起吊。

4.3.10 起吊重物达到额定起重量的50%及以上时，应使用低速挡。

4.3.11 作业中发现起重机倾斜、支腿不稳等异常现象时，应在保证作业人员安全的情况下，将重物降至安全的位置。

4.3.12 当重物在空中需停留较长时间时，应将起升卷筒制动锁住，操作人员不得离开操作室。

4.3.13 起吊重物达到额定起重量的90%以上时，严禁向下变幅，同时严禁进行两种及以上的操作动作。

4.3.14 起重机械带载回转时，操作应平稳，应避免急剧回转或急停，换向应在停稳后进行。

4.3.15 起重机械带载行走时，道路应平坦坚实，载荷应符合使用说明书的规定，重物离地面不得超过

500mm，并应拴好拉绳，缓慢行驶。

4.3.16 作业后，应先将起重臂全部缩回放在支架上，再收回支腿；吊钩应使用钢丝绳挂牢；车架尾部两撑杆应分别撑在尾部下方的支座内，并应采用螺母固定；阻止机身旋转的销式制动器应插入销孔，并应将取力器操纵手柄放在脱开位置，最后应锁住起重操作室门。

4.3.17 起重机械行驶前，应检查确认各支腿收存牢固，轮胎气压应符合规定。行驶时，发动机水温应在80℃～90℃范围内，当水温未达到80℃时，不得高速行驶。

4.3.18 起重机械应保持中速行驶，不得紧急制动，过铁道口或起伏路面时应减速，下坡时严禁空挡滑行，倒车时应有人监护指挥。

4.3.19 行驶时，底盘走台上不得有人员站立或蹲坐，不得堆放物件。

4.4 塔式起重机

4.4.1 行走式塔式起重机的轨道基础应符合下列要求：

1 路基承载能力应满足塔式起重机使用说明书要求；

2 每间隔6m应设轨距拉杆一个，轨距允许偏差应为公称值的1/1000，且不得超过±3mm；

3 在纵横方向上，钢轨顶面的倾斜度不得大于1/1000；塔机安装后，轨道顶面纵、横方向上的倾斜度，对上回转塔机不应大于3/1000；对下回转塔机不应大于5/1000。在轨道全程中，轨道顶面任意两点的高差应小于100mm；

4 钢轨接头间隙不得大于4mm，与另一侧轨道接头的错开距离不得小于1.5m，接头处应架在轨枕上，接头两端高度差不得大于2mm；

5 距轨道终端1m处应设置缓冲止挡器，其高度不应小于行走轮的半径。在轨道上应安装限位开关碰块，安装位置应保证塔机在与缓冲止挡器或与同一轨道上其他塔机相距大于1m处能完全停住，此时电缆线应有足够的富余长度；

6 鱼尾板连接螺栓应紧固，垫板应固定牢靠。

4.4.2 塔式起重机的混凝土基础应符合使用说明书和现行行业标准《塔式起重机混凝土基础工程技术规程》JGJ/T 187的规定。

4.4.3 塔式起重机的基础应排水通畅，并应按专项方案与基坑保持安全距离。

4.4.4 塔式起重机应在其基础验收合格后进行安装。

4.4.5 塔式起重机的金属结构、轨道应有可靠的接地装置，接地电阻不得大于4Ω。高位塔式起重机应设置防雷装置。

4.4.6 装拆作业前应进行检查，并应符合下列规定：

1 混凝土基础、路基和轨道铺设应符合技术要求；

2 应对所装拆塔式起重机的各机构、结构焊缝、重要部位螺栓、销轴、卷扬机构和钢丝绳、吊钩、吊具、电气设备、线路等进行检查，消除隐患；

3 应对自升塔式起重机顶升液压系统的液压缸和油管、顶升套架结构、导向轮、顶升支撑（爬爪）等进行检查，使其处于完好工况；

4 装拆人员应使用合格的工具、安全带、安全帽；

5 装拆作业中配备的起重机械等辅助机械应状况良好，技术性能应满足装拆作业的安全要求；

6 装拆现场的电源电压、运输道路、作业场地等应具备装拆作业条件；

7 安全监督岗的设置及安全技术措施的贯彻落实应符合要求。

4.4.7 指挥人员应熟悉装拆作业方案，遵守装拆工艺和操作规程，使用明确的指挥信号。参与装拆作业的人员，应听从指挥，如发现指挥信号不清或有错误时，应停止作业。

4.4.8 装拆人员应熟悉装拆工艺，遵守操作规程，当发现异常情况或疑难问题时，应及时向技术负责人汇报，不得自行处理。

4.4.9 装拆顺序、技术要求、安全注意事项应按批准的专项施工方案执行。

4.4.10 塔式起重机高强度螺栓应由专业厂家制造，并应有合格证明。高强度螺栓严禁焊接。安装高强螺栓时，应采用扭矩扳手或专用扳手，并应按装配技术要求预紧。

4.4.11 在装拆作业过程中，当遇天气剧变、突然停电、机械故障等意外情况时，应将已装拆的部件固定牢靠，并经检查确认无隐患后停止作业。

4.4.12 塔式起重机各部位的栏杆、平台、扶杆、护圈等安全防护装置应配置齐全。行走式塔式起重机的大车行走缓冲止挡器和限位开关碰块应安装牢固。

4.4.13 因损坏或其他原因而不能用正常方法拆卸塔式起重机时，应按照技术部门重新批准的拆卸方案执行。

4.4.14 塔式起重机安装过程中，应分阶段检查验收。各机构动作应正确、平稳，制动可靠，各安全装置应灵敏有效。在无载荷情况下，塔身的垂直度允许偏差应为4/1000。

4.4.15 塔式起重机升降作业时，应符合下列规定：

1 升降作业应有专人指挥，专人操作液压系统，专人拆装螺栓。非作业人员不得登上顶升套架的操作平台。操作室内应只准一人操作；

2 升降作业应在白天进行；

3 顶升前应预先放松电缆，电缆长度应大于顶升总高度，并应紧固好电缆。下降时应适时收紧电缆；

4 升降作业前，应对液压系统进行检查和试机，应在空载状态下将液压缸活塞杆伸缩3次~4次，检查无误后，再将液压缸活塞杆通过顶升梁借助顶升套架的支撑，顶起载荷100mm~150mm，停10min，观察液压缸载荷是否有下滑现象；

5 升降作业时，应调整好顶升套架滚轮与塔身标准节的间隙，并应按规定要求使起重臂和平衡臂处于平衡状态，将回转机构制动。当回转台与塔身标准节之间的最后一处连接螺栓（销轴）拆卸困难时，应将最后一处连接螺栓（销轴）对角方向的螺栓重新插入，再采取其他方法进行拆卸。不得用旋转起重臂的方法松动螺栓（销轴）；

6 顶升撑脚（爬爪）就位后，应及时插上安全销，才能继续升降作业；

7 升降作业完毕后，应按规定扭力紧固各连接螺栓，应将液压操纵杆扳到中间位置，并应切断液压升降机构电源。

4.4.16 塔式起重机的附着装置应符合下列规定：

1 附着建筑物的锚固点的承载能力应满足塔式起重机技术要求。附着装置的布置方式应按使用说明书的规定执行。当有变动时，应另行设计；

2 附着杆件与附着支座（锚固点）应采取销轴铰接；

3 安装附着框架和附着杆件时，应用经纬仪测量塔身垂直度，并应利用附着杆件进行调整，在最高锚固点以下垂直度允许偏差为2/1000；

4 安装附着框架和附着支座时，各道附着装置所在平面与水平面的夹角不得超过10°；

5 附着框架宜设置在塔身标准节连接处，并应箍紧塔身；

6 塔身顶升到规定附着间距时，应及时增设附着装置。塔身高出附着装置的自由端高度，应符合使用说明书的规定；

7 塔式起重机作业过程中，应经常检查附着装置，发现松动或异常情况时，应立即停止作业，故障未排除，不得继续作业；

8 拆卸塔式起重机时，应随着降落塔身的进程拆卸相应的附着装置。严禁在落塔之前先拆附着装置；

9 附着装置的安装、拆卸、检查和调整应有专人负责；

10 行走式塔式起重机作固定式塔式起重机使用时，应提高轨道基础的承载能力，切断行走机构的电源，并应设置阻挡行走轮移动的支座。

4.4.17 塔式起重机内爬升时应符合下列规定：

1 内爬升作业时，信号联络应通畅；

2 内爬升过程中，严禁进行塔式起重机的起升、回转、变幅等各项动作；

3 塔式起重机爬升到指定楼层后，应立即拔出塔身底座的支承梁或支腿，通过内爬升框架及时固定在结构上，并应顶紧导向装置或用楔块塞紧；

4 内爬升塔式起重机的塔身固定间距应符合使用说明书要求；

5 应对设置内爬升框架的建筑结构进行承载力复核，并应根据计算结果采取相应的加固措施。

4.4.18 雨天后，对行走式塔式起重机，应检查轨距偏差、钢轨顶面的倾斜度、钢轨的平直度、轨道基础的沉降及轨道的通过性能等；对固定式塔式起重机，应检查混凝土基础不均匀沉降。

4.4.19 根据使用说明书的要求，应定期对塔式起重机各工作机构、所有安全装置、制动器的性能及磨损情况、钢丝绳的磨损及绳端固定、液压系统、润滑系统、螺栓销轴连接处等进行检查。

4.4.20 配电箱应设置在距塔式起重机3m范围内或轨道中部，且明显可见；电箱中应设置带熔断式断路器及塔式起重机电源总开关；电缆卷筒应灵活有效，不得拖缆。

4.4.21 塔式起重机在无线电台、电视台或其他电磁波发射天线附近施工时，与吊钩接触的作业人员，应戴绝缘手套和穿绝缘鞋，并应在吊钩上挂接临时放电装置。

4.4.22 当同一施工地点有两台以上塔式起重机并可能互相干涉时，应制定群塔作业方案；两台塔式起重机之间的最小架设距离应保证处于低位塔式起重机的起重臂端部与另一台塔式起重机的塔身之间至少有2m的距离；处于高位塔式起重机的最低位置的部件（吊钩升至最高点或平衡重的最低部位）与低位塔式起重机中处于最高位置部件之间的垂直距离不应小于2m。

4.4.23 轨道式塔式起重机作业前，应检查轨道基础平直无沉陷，鱼尾板、连接螺栓及道钉不得松动，并应清除轨道上的障碍物，将夹轨器固定。

4.4.24 塔式起重机启动应符合下列要求：

1 金属结构和工作机构的外观情况应正常；

2 安全保护装置和指示仪表应齐全完好；

3 齿轮箱、液压油箱的油位应符合规定；

4 各部位连接螺栓不得松动；

5 钢丝绳磨损应在规定范围内，滑轮穿绕应正确；

6 供电电缆不得破损。

4.4.25 送电前，各控制器手柄应在零位。接通电源后，应检查并确认不得有漏电现象。

4.4.26 作业前，应进行空载运转，试验各工作机构并确认运转正常，不得有噪声及异响，各机构的制动器及安全保护装置应灵敏有效，确认正常后方可作业。

4.4.27 起吊重物时，重物和吊具的总重量不得超过塔式起重机相应幅度下规定的起重量。

4.4.28 应根据起吊重物和现场情况，选择适当的工作速度，操纵各控制器时应从停止点（零点）开始，依次逐级增加速度，不得越挡操作。在变换运转方向时，应将控制器手柄扳到零位，待电动机停止运转后再转向另一方向，不得直接变换运转方向突然变速或制动。

4.4.29 在提升吊钩、起重小车或行走大车运行到限位装置前，应减速缓行到停止位置，并应与限位装置保持一定距离。不得采用限位装置作为停止运行的控制开关。

4.4.30 动臂式塔式起重机的变幅动作应单独进行；允许带载变幅的动臂式塔式起重机，当载荷达到额定起重量的90%及以上时，不得增加幅度。

4.4.31 重物就位时，应采用慢就位工作机构。

4.4.32 重物水平移动时，重物底部应高出障碍物0.5m以上。

4.4.33 回转部分不设集电器的塔式起重机，应安装回转限位器，在作业时，不得顺一个方向连续回转1.5圈。

4.4.34 当停电或电压下降时，应立即将控制器扳到零位，并切断电源。如吊钩上挂有重物，应重复放松制动器，使重物缓慢地下降到安全位置。

4.4.35 采用涡流制动调速系统的塔式起重机，不得长时间使用低速挡或慢就位速度作业。

4.4.36 遇大风停止作业时，应锁紧夹轨器，将回转机构的制动器完全松开，起重臂应能随风转动。对轻型俯仰变幅塔式起重机，应将起重臂落下并与塔身结构锁紧在一起。

4.4.37 作业中，操作人员临时离开操作室时，应切断电源。

4.4.38 塔式起重机载人专用电梯不得超员，专用电梯断绳保护装置应灵敏有效。塔式起重机作业时，不得开动电梯。电梯停用时，应降至塔身底部位置，不得长时间悬在空中。

4.4.39 在非工作状态时，应松开回转制动器，回转部分应能自由旋转；行走式塔式起重机应停放在轨道中间位置，小车及平衡重应置于非工作状态，吊钩组顶部宜上升到距起重臂底面2m~3m处。

4.4.40 停机时，应将每个控制器拨回零位，依次断开各开关，关闭操作室门窗；下机后，应锁紧夹轨器，断开电源总开关，打开高空障碍灯。

4.4.41 检修人员对高空部位的塔身、起重臂、平衡臂等检修时，应系好安全带。

4.4.42 停用的塔式起重机的电动机、电气柜、变阻器箱及制动器等应遮盖严密。

4.4.43 动臂式和未附着塔式起重机及附着以上塔式起重机桁架上不得悬挂标语牌。

4.5 桅杆式起重机

4.5.1 桅杆式起重机应按现行国家标准《起重机设计规范》GB/T3811的规定进行设计，确定其使用范围及工作环境。

4.5.2 桅杆式起重机专项方案必须按规定程序审批，并应经专家论证后实施。施工单位必须指定安全技术人员对桅杆式起重机的安装、使用和拆卸进行现场监督和监测。

4.5.3 专项方案应包含下列主要内容：

1 工程概况、施工平面布置；

2 编制依据；

3 施工计划；

4 施工技术参数、工艺流程；

5 施工安全技术措施；

6 劳动力计划；

7 计算书及相关图纸。

4.5.4 桅杆式起重机的卷扬机应符合本规程第4.7节的有关规定。

4.5.5 桅杆式起重机的安装和拆卸应划出警戒区，清除周围的障碍物，在专人统一指挥下，应按使用说明书和装拆方案进行。

4.5.6 桅杆式起重机的基础应符合专项方案的要求。

4.5.7 缆风绳的规格、数量及地锚的拉力、埋设深度等应按照起重机性能经过计算确定，缆风绳与地面的夹角不得大于60°，缆绳与桅杆和地锚的连接应牢固。地锚不得使用膨胀螺栓、定滑轮。

4.5.8 缆风绳的架设应避开架空电线。在靠近电线的附近，应设置绝缘材料搭设的护线架。

4.5.9 桅杆式起重机安装后应进行试运转，使用前应组织验收。

4.5.10 提升重物时，吊钩钢丝绳应垂直，操作应平稳；当重物吊起离开支承面时，应检查并确认各机构工作正常后，继续起吊。

4.5.11 在起吊额定起重量的90%及以上重物前，应安排专人检查地锚的牢固程度。起吊时，缆风绳应受力均匀，主杆应保持直立状态。

4.5.12 作业时，桅杆式起重机的回转钢丝绳应处于拉紧状态。回转装置应有安全制动控制器。

4.5.13 桅杆式起重机移动时，应用满足承重要求的枕木排和滚杠垫在底座，并将起重臂收紧处于移动方向的前方。移动时，桅杆不得倾斜，缆风绳的松紧应配合一致。

4.5.14 缆风钢丝绳安全系数不应小于3.5，起升、锚固、吊索钢丝绳安全系数不应小于8。

4.6 门式、桥式起重机与电动葫芦

4.6.1 起重机路基和轨道的铺设应符合使用说明书的规定，轨道接地电阻不得大于4Ω。

4.6.2 门式起重机的电缆应设有电缆卷筒，配电箱应设置在轨道中部。

4.6.3 用滑线供电的起重机应在滑线的两端标有鲜

明的颜色，滑线应设置防护装置，防止人员及吊具钢丝绳与滑线意外接触。

4.6.4 轨道应平直，鱼尾板连接螺栓不得松动，轨道和起重机运行范围内不得有障碍物。

4.6.5 门式、桥式起重机作业前应重点检查下列项目，并应符合相应要求：

1 机械结构外观应正常，各连接件不得松动；

2 钢丝绳外表情况应良好，绳卡应牢固；

3 各安全限位装置应齐全完好。

4.6.6 操作室内应垫木板或绝缘板，接通电源后应采用试电笔测试金属结构部分，并应确认无漏电现象；上、下操作室应使用专用扶梯。

4.6.7 作业前，应进行空载试运转，检查并确认各机构运转正常，制动可靠，各限位开关灵敏有效。

4.6.8 在提升大件时不得用快速，并应拴拉绳防止摆动。

4.6.9 吊运易燃、易爆、有害等危险品时，应经安全主管部门批准，并应有相应的安全措施。

4.6.10 吊运路线不得从人员、设备上面通过；空车行走时，吊钩应离地面 2m 以上。

4.6.11 吊运重物应平稳、慢速，行驶中不得突然变速或倒退。两台起重机同时作业时，应保持 5m 以上距离。不得用一台起重机顶推另一台起重机。

4.6.12 起重机行走时，两侧驱动轮应保持同步，发现偏移应及时停止作业，调整修理后继续使用。

4.6.13 作业中，人员不得从一台桥式起重机跨越到另一台桥式起重机。

4.6.14 操作人员进入桥架前应切断电源。

4.6.15 门式、桥式起重机的主梁挠度超过规定值时，应修复后使用。

4.6.16 作业后，门式起重机应停放在停机线上，用夹轨器锁紧；桥式起重机应将小车停放在两条轨道中间，吊钩提升到上部位置。吊钩上不得悬挂重物。

4.6.17 作业后，应将控制器拨到零位，切断电源，应关闭并锁好操作室门窗。

4.6.18 电动葫芦使用前应检查机械部分和电气部分，钢丝绳、链条、吊钩、限位器等应完好，电气部分应无漏电，接地装置应良好。

4.6.19 电动葫芦应设缓冲器，轨道两端应设挡板。

4.6.20 第一次吊重物时，应在吊离地面 100mm 时停止上升，检查电动葫芦制动情况，确认完好后再正式作业。露天作业时，电动葫芦应设有防雨棚。

4.6.21 电动葫芦起吊时，手不得握在绳索与物体之间，吊物上升时应防止冲顶。

4.6.22 电动葫芦吊重物行走时，重物离地不宜超过 1.5m 高。工作间歇不得将重物悬挂在空中。

4.6.23 电动葫芦作业中发生异味、高温等异常情况时，应立即停机检查，排除故障后继续使用。

4.6.24 使用悬挂电缆电气控制开关时，绝缘应良好，滑动应自如，人站立位置的后方应有 2m 的空地，并应能正确操作电钮。

4.6.25 在起吊中，由于故障造成重物失控下滑时，应采取紧急措施，向无人处下放重物。

4.6.26 在起吊中不得急速升降。

4.6.27 电动葫芦在额定载荷制动时，下滑位移量不应大于 80mm。

4.6.28 作业完毕后，电动葫芦应停放在指定位置，吊钩升起，并切断电源，锁好开关箱。

4.7 卷 扬 机

4.7.1 卷扬机地基与基础应平整、坚实，场地应排水畅通，地锚应设置可靠。卷扬机应搭设防护棚。

4.7.2 操作人员的位置应在安全区域，视线应良好。

4.7.3 卷扬机卷筒中心线与导向滑轮的轴线应垂直，且导向滑轮的轴线应在卷筒中心位置，钢丝绳的出绳偏角应符合表 4.7.3 的规定。

表 4.7.3 卷扬机钢丝绳出绳偏角限值

排绳方式	槽面卷筒	光面卷筒	
		自然排绳	排绳器排绳
出绳偏角	≤4°	≤2°	≤4°

4.7.4 作业前，应检查卷扬机与地面的固定、弹性联轴器的连接应牢固，并应检查安全装置、防护设施、电气线路、接零或接地装置、制动装置和钢丝绳等并确认全部合格后再使用。

4.7.5 卷扬机至少应装有一个常闭式制动器。

4.7.6 卷扬机的传动部分及外露的运动件应设防护罩。

4.7.7 卷扬机应在司机操作方便的地方安装能迅速切断总控制电源的紧急断电开关，并不得使用倒顺开关。

4.7.8 钢丝绳卷绕在卷筒上的安全圈数不得少于 3 圈。钢丝绳末端应固定可靠。不得用手拉钢丝绳的方法卷绕钢丝绳。

4.7.9 钢丝绳不得与机架、地面摩擦，通过道路时，应设过路保护装置。

4.7.10 建筑施工现场不得使用摩擦式卷扬机。

4.7.11 卷筒上的钢丝绳应排列整齐，当重叠或斜绕时，应停机重新排列，不得在转动中用手拉脚踩钢丝绳。

4.7.12 作业中，操作人员不得离开卷扬机，物件或吊笼下面不得有人员停留或通过。休息时，应将物件或吊笼降至地面。

4.7.13 作业中如发现异响、制动失灵、制动带或轴承等温度剧烈上升等异常情况时，应立即停机检查，排除故障后再使用。

4.7.14 作业中停电时，应将控制手柄或按钮置于零位，并应切断电源，将物件或吊笼降至地面。

4.7.15 作业完毕，应将物件或吊笼降至地面，并应切断电源，锁好开关箱。

4.8 井架、龙门架物料提升机

4.8.1 进入施工现场的井架、龙门架必须具有下列安全装置：

1 上料口防护棚；

2 层楼安全门、吊篮安全门、首层防护门；

3 断绳保护装置或防坠装置；

4 安全停靠装置；

5 起重量限制器；

6 上、下限位器；

7 紧急断电开关、短路保护、过电流保护、漏电保护；

8 信号装置；

9 缓冲器。

4.8.2 卷扬机应符合本规程第4.7节的有关规定。

4.8.3 基础应符合使用说明书要求。缆风绳不得使用钢筋、钢管。

4.8.4 提升机的制动器应灵敏可靠。

4.8.5 运行中吊篮的四角与井架不得互相擦碰，吊篮各构件连接应牢固、可靠。

4.8.6 井架、龙门架物料提升机不得和脚手架连接。

4.8.7 不得使用吊篮载人，吊篮下方不得有人员停留或通过。

4.8.8 作业后，应检查钢丝绳、滑轮、滑轮轴和导轨等，发现异常磨损，应及时修理或更换。

4.8.9 下班前，应将吊篮降到最低位置，各控制开关置于零位，切断电源，锁好开关箱。

4.9 施工升降机

4.9.1 施工升降机基础应符合使用说明书要求，当使用说明书无要求时，应经专项设计计算，地基上表面平整度允许偏差为10mm，场地应排水通畅。

4.9.2 施工升降机导轨架的纵向中心线至建筑物外墙面的距离宜选用使用说明书中提供的较小的安装尺寸。

4.9.3 安装导轨架时，应采用经纬仪在两个方向进行测量校准。其垂直度允许偏差应符合表4.9.3的规定。

表4.9.3 施工升降机导轨架垂直度

架设高度 H（m）	$H\leqslant 70$	$70<H\leqslant 100$	$100<H\leqslant 150$	$150<H\leqslant 200$	$H>200$
垂直度偏差（mm）	$\leqslant 1/1000H$	$\leqslant 70$	$\leqslant 90$	$\leqslant 110$	$\leqslant 130$

4.9.4 导轨架自由高度、导轨架的附墙距离、导轨架的两附墙连接点间距离和最低附墙点高度不得超过使用说明书的规定。

4.9.5 施工升降机应设置专用开关箱，馈电容量应满足升降机直接启动的要求，生产厂家配置的电气箱内应装设短路、过载、错相、断相及零位保护装置。

4.9.6 施工升降机周围应设置稳固的防护围栏。楼层平台通道应平整牢固，出入口应设防护门。全行程不得有危害安全运行的障碍物。

4.9.7 施工升降机安装在建筑物内部井道中时，各楼层门应封闭并应有电气连锁装置。装设在阴暗处或夜班作业的施工升降机，在全行程上应有足够的照明，并应装设明亮的楼层编号标志灯。

4.9.8 施工升降机的防坠安全器应在标定期限内使用，标定期限不应超过一年。使用中不得任意拆检调整防坠安全器。

4.9.9 施工升降机使用前，应进行坠落试验。施工升降机在使用中每隔3个月，应进行一次额定载重量的坠落试验，试验程序应按使用说明书规定进行，吊笼坠落试验制动距离应符合现行行业标准《施工升降机齿轮锥鼓形渐进式防坠安全器》JG 121的规定。防坠安全器试验后及正常操作中，每发生一次防坠动作，应由专业人员进行复位。

4.9.10 作业前应重点检查下列项目，并应符合相应要求：

1 结构不得有变形，连接螺栓不得松动；

2 齿条与齿轮、导向轮与导轨应接合正常；

3 钢丝绳应固定良好，不得有异常磨损；

4 运行范围内不得有障碍；

5 安全保护装置应灵敏可靠。

4.9.11 启动前，应检查并确认供电系统、接地装置安全有效，控制开关应在零位。电源接通后，应检查并确认电压正常。应试验并确认各限位装置、吊笼、围护门等处的电气连锁装置良好可靠，电气仪表应灵敏有效。作业前应进行试运行，测定各机构制动器的效能。

4.9.12 施工升降机应按使用说明书要求，进行维护保养，并应定期检验制动器的可靠性，制动力矩应达到使用说明书要求。

4.9.13 吊笼内乘人或载物时，应使载荷均匀分布，不得偏重，不得超载运行。

4.9.14 操作人员应按指挥信号操作。作业前应鸣笛示警。在施工升降机未切断总电源开关前，操作人员不得离开操作岗位。

4.9.15 施工升降机运行中发现有异常情况时，应立即停机并采取有效措施将吊笼就近停靠楼层，排除故障后再继续运行。在运行中发现电气失控时，应立即按下急停按钮，在未排除故障前，不得打开急停按钮。

4.9.16 在风速达到20m/s及以上大风、大雨、大雾天气以及导轨架、电缆等结冰时，施工升降机应停止运行，并将吊笼降到底层，切断电源。暴风雨等恶劣天气后，应对施工升降机各有关安全装置等进行一次检查，确认正常后运行。

4.9.17 施工升降机运行到最上层或最下层时，不得用行程限位开关作为停止运行的控制开关。

4.9.18 当施工升降机在运行中由于断电或其他原因而中途停止时，可进行手动下降，将电动机尾端制动电磁铁手动释放拉手缓缓向外拉出，使吊笼缓慢地向下滑行。吊笼下滑时，不得超过额定运行速度，手动下降应由专业维修人员进行操纵。

4.9.19 当需在吊笼的外面进行检修时，另外一个吊笼应停机配合，检修时应切断电源，并应有专人监护。

4.9.20 作业后，应将吊笼降到底层，各控制开关拨到零位，切断电源，锁好开关箱，闭锁吊笼门和围护门。

5 土石方机械

5.1 一般规定

5.1.1 土石方机械的内燃机、电动机和液压装置的使用，应符合本规程第3.2节、第3.4节和附录C的规定。

5.1.2 机械进入现场前，应查明行驶路线上的桥梁、涵洞的上部净空和下部承载能力，确保机械安全通过。

5.1.3 机械通过桥梁时，应采用低速挡慢行，在桥面上不得转向或制动。

5.1.4 作业前，必须查明施工场地内明、暗铺设的各类管线等设施，并应采用明显记号标识。严禁在离地下管线、承压管道1m距离以内进行大型机械作业。

5.1.5 作业中，应随时监视机械各部位的运转及仪表指示值，如发现异常，应立即停机检修。

5.1.6 机械运行中，不得接触转动部位。在修理工作装置时，应将工作装置降到最低位置，并应将悬空工作装置垫上垫木。

5.1.7 在电杆附近取土时，对不能取消的拉线、地垄和杆身，应留出土台，土台大小应根据电杆结构、掩埋深度和土质情况由技术人员确定。

5.1.8 机械与架空输电线路的安全距离应符合现行行业标准《施工现场临时用电安全技术规范》JGJ 46的规定。

5.1.9 在施工中遇下列情况之一时应立即停工：

1 填挖区土体不稳定，土体有可能坍塌；

2 地面涌水冒浆，机械陷车，或因雨水机械在坡道打滑；

3 遇大雨、雷电、浓雾等恶劣天气；

4 施工标志及防护设施被损坏；

5 工作面安全净空不足。

5.1.10 机械回转作业时，配合人员必须在机械回转半径以外工作。当需在回转半径以内工作时，必须将机械停止回转并制动。

5.1.11 雨期施工时，机械应停放在地势较高的坚实位置。

5.1.12 机械作业不得破坏基坑支护系统。

5.1.13 行驶或作业中的机械，除驾驶室外的任何地方不得有乘员。

5.2 单斗挖掘机

5.2.1 单斗挖掘机的作业和行走场地应平整坚实，松软地面应用枕木或垫板垫实，沼泽或淤泥场地应进行路基处理，或更换专用湿地履带。

5.2.2 轮胎式挖掘机使用前应支好支腿，并应保持水平位置，支腿应置于作业面的方向，转向驱动桥应置于作业面的后方。履带式挖掘机的驱动轮应置于作业面的后方。采用液压悬挂装置的挖掘机，应锁住两个悬挂液压缸。

5.2.3 作业前应重点检查下列项目，并应符合相应要求：

1 照明、信号及报警装置等应齐全有效；

2 燃油、润滑油、液压油应符合规定；

3 各铰接部分应连接可靠；

4 液压系统不得有泄漏现象；

5 轮胎气压应符合规定。

5.2.4 启动前，应将主离合器分离，各操纵杆放在空挡位置，并应发出信号，确认安全后启动设备。

5.2.5 启动后，应先使液压系统从低速到高速空载循环10min～20min，不得有吸空等不正常噪声，并应检查各仪表指示值，运转正常后再接合主离合器，再进行空载运转，顺序操纵各工作机构并测试各制动器，确认正常后开始作业。

5.2.6 作业时，挖掘机应保持水平位置，行走机构应制动，履带或轮胎应揳紧。

5.2.7 平整场地时，不得用铲斗进行横扫或用铲斗对地面进行夯实。

5.2.8 挖掘岩石时，应先进行爆破。挖掘冻土时，应采用破冰锤或爆破法使冻土层破碎。不得用铲斗破碎石块、冻土，或用单边斗齿硬啃。

5.2.9 挖掘机最大开挖高度和深度，不应超过机械本身性能规定。在拉铲或反铲作业时，履带式挖掘机的履带与工作面边缘距离应大于1.0m，轮胎式挖掘机的轮胎与工作面边缘距离应大于1.5m。

5.2.10 在坑边进行挖掘作业，当发现有塌方危险时，应立即处理险情，或将挖掘机撤至安全地带。坑边不得留有伞状边沿及松动的大块石。

5.2.11 挖掘机应停稳后再进行挖土作业。当铲斗未离开工作面时，不得作回转、行走等动作。应使用回转制动器进行回转制动，不得用转向离合器反转制动。

5.2.12 作业时，各操纵过程应平稳，不宜紧急制动。铲斗升降不得过猛，下降时，不得撞碰车架或履带。

5.2.13 斗臂在抬高及回转时，不得碰到坑、沟侧壁或其他物体。

5.2.14 挖掘机向运土车辆装车时，应降低卸落高度，不得偏装或砸坏车厢。回转时，铲斗不得从运输车辆驾驶室顶上越过。

5.2.15 作业中，当液压缸将伸缩到极限位置时，应动作平稳，不得冲撞极限块。

5.2.16 作业中，当需制动时，应将变速阀置于低速挡位置。

5.2.17 作业中，当发现挖掘力突然变化，应停机检查，不得在未查明原因前调整分配阀的压力。

5.2.18 作业中，不得打开压力表开关，且不得将工况选择阀的操纵手柄放在高速挡位置。

5.2.19 挖掘机应停稳后再反铲作业，斗柄伸出长度应符合规定要求，提斗应平稳。

5.2.20 作业中，履带式挖掘机短距离行走时，主动轮应在后面，斗臂应在正前方与履带平行，并应制动回转机构。坡道坡度不得超过机械允许的最大坡度。下坡时应慢速行驶。不得在坡道上变速和空挡滑行。

5.2.21 轮胎式挖掘机行驶前，应收回支腿并固定可靠，监控仪表和报警信号灯应处于正常显示状态。轮胎气压应符合规定，工作装置应处于行驶方向，铲斗宜离地面1m。长距离行驶时，应将回转制动板踩下，并应采用固定销锁定回转平台。

5.2.22 挖掘机在坡道上行走时熄火，应立即制动，并应揳住履带或轮胎，重新发动后，再继续行走。

5.2.23 作业后，挖掘机不得停放在高边坡附近或填方区，应停放在坚实、平坦、安全的位置，并应将铲斗收回平放在地面，所有操纵杆置于中位，关闭操作室和机棚。

5.2.24 履带式挖掘机转移工地应采用平板拖车装运。短距离自行转移时，应低速行走。

5.2.25 保养或检修挖掘机时，应将内燃机熄火，并将液压系统卸荷，铲斗落地。

5.2.26 利用铲斗将底盘顶起进行检修时，应使用垫木将抬起的履带或轮胎垫稳，用木楔将落地履带或轮胎揳牢，然后再将液压系统卸荷，否则不得进入底盘下工作。

5.3 挖掘装载机

5.3.1 挖掘装载机的挖掘及装载作业应符合本规程第5.2节及第5.10节的规定。

5.3.2 挖掘作业前应先将装载斗翻转，使斗口朝地，并使前轮稍离开地面，踏下并锁住制动踏板，然后伸出支腿，使后轮离地并保持水平位置。

5.3.3 挖掘装载机在边坡卸料时，应有专人指挥，挖掘装载机轮胎距边坡缘的距离应大于1.5m。

5.3.4 动臂后端的缓冲块应保持完好；损坏时，应修复后使用。

5.3.5 作业时，应平稳操纵手柄；支臂下降时不宜中途制动。挖掘时不得使用高速挡。

5.3.6 应平稳回转挖掘装载机，并不得用装载斗砸实沟槽的侧面。

5.3.7 挖掘装载机移位时，应将挖掘装置处于中间运输状态，收起支腿，提起提升臂。

5.3.8 装载作业前，应将挖掘装置的回转机构置于中间位置，并应采用拉板固定。

5.3.9 在装载过程中，应使用低速挡。

5.3.10 铲斗提升臂在举升时，不应使用阀的浮动位置。

5.3.11 前四阀用于支腿伸缩和装载的作业与后四阀用于回转和挖掘的作业不得同时进行。

5.3.12 行驶时，不应高速和急转弯。下坡时不得空挡滑行。

5.3.13 行驶时，支腿应完全收回，挖掘装置应固定牢靠，装载装置宜放低，铲斗和斗柄液压活塞杆应保持完全伸张位置。

5.3.14 挖掘装载机停放时间超过1h，应支起支腿，使后轮离地；停放时间超过1d时，应使后轮离地，并应在后悬架下面用垫块支撑。

5.4 推 土 机

5.4.1 推土机在坚硬土壤或多石土壤地带作业时，应先进行爆破或用松土器翻松。在沼泽地带作业时，应更换专用湿地履带板。

5.4.2 不得用推土机推石灰、烟灰等粉尘物料，不得进行碾碎石块的作业。

5.4.3 牵引其他机构设备时，应有专人负责指挥。钢丝绳的连接应牢固可靠。在坡道或长距离牵引时，应采用牵引杆连接。

5.4.4 作业前应重点检查下列项目，并应符合相应要求：

1 各部件不得松动，应连接良好；

2 燃油、润滑油、液压油等应符合规定；

3 各系统管路不得有裂纹或泄漏；

4 各操纵杆和制动踏板的行程、履带的松紧度或轮胎气压应符合要求。

5.4.5 启动前，应将主离合器分离，各操纵杆放在空挡位置，并应按照本规程第3.2节的规定启动内燃机，不得用拖、顶方式启动。

5.4.6 启动后应检查各仪表指示值、液压系统，并确认运转正常，当水温达到55℃、机油温度达到

45℃时，全载荷作业。

5.4.7 推土机机械四周不得有障碍物，并确认安全后开动，工作时不得有人站在履带或刀片的支架上。

5.4.8 采用主离合器传动的推土机接合应平稳，起步不得过猛，不得使离合器处于半接合状态下运转；液力传动的推土机，应先解除变速杆的锁紧状态，踏下减速器踏板，变速杆应在低挡位，然后缓慢释放减速踏板。

5.4.9 在块石路面行驶时，应将履带张紧。当需要原地旋转或急转弯时，应采用低速挡。当行走机构夹入块石时，应采用正、反向往复行驶使块石排除。

5.4.10 在浅水地带行驶或作业时，应查明水深，冷却风扇叶不得接触水面。下水前和出水后，应对行走装置加注润滑脂。

5.4.11 推土机上、下坡或超过障碍物时应采用低速挡。推土机上坡坡度不得超过25°，下坡坡度不得大于35°，横向坡度不得大于10°。在25°以上的陡坡上不得横向行驶，并不得急转弯。上坡时不得换挡，下坡不得空挡滑行。当需要在陡坡上推土时，应先进行填挖，使机身保持平衡。

5.4.12 在上坡途中，当内燃机突然熄灭，应立即放下铲刀，并锁住制动踏板。在推土机停稳后，将主离合器脱开，把变速杆放到空挡位置，并应用木块将履带或轮胎楔死后，重新启动内燃机。

5.4.13 下坡时，当推土机下行速度大于内燃机传动速度时，转向操纵的方向应与平地行走时操纵的方向相反，并不得使用制动器。

5.4.14 填沟作业驶近边坡时，铲刀不得越出边缘。后退时，应先换挡，后提升铲刀进行倒车。

5.4.15 在深沟、基坑或陡坡地区作业时，应有专人指挥，垂直边坡高度应小于2m。当大于2m时，应放出安全边坡，同时禁止用推土刀侧面推土。

5.4.16 推土或松土作业时，不得超载，各项操作应缓慢平稳，不得损坏铲刀、推土架、松土器等装置；无液力变矩器装置的推土机，在作业中有超载趋势时，应稍微提升刀片或变换低速挡。

5.4.17 不得顶推与地基基础连接的钢筋混凝土桩等建筑物。顶推树木等物体不得倒向推土机及高空架设物。

5.4.18 两台以上推土机在同一地区作业时，前后距离应大于8.0m；左右距离应大于1.5m。在狭窄道路上行驶时，未得前机同意，后机不得超越。

5.4.19 作业完毕后，宜将推土机开到平坦安全的地方，并应将铲刀、松土器落到地面。在坡道上停机时，应将变速杆挂低速挡，接合主离合器，锁住制动踏板，并将履带或轮胎楔住。

5.4.20 停机时，应先降低内燃机转速，变速杆放在空挡，锁紧液力传动的变速杆，分开主离合器，踏下制动踏板并锁紧，在水温降到75℃以下、油温降到90℃以下后熄火。

5.4.21 推土机长途转移工地时，应采用平板拖车装运。短途行走转移距离不宜超过10km，铲刀距地面宜为400mm，不得用高速挡行驶和进行急转弯，不得长距离倒退行驶。

5.4.22 在推土机下面检修时，内燃机应熄火，铲刀应落到地面或垫稳。

5.5 拖式铲运机

5.5.1 拖式铲运机牵引使用时应符合本规程第5.4节的有关规定。

5.5.2 铲运机作业时，应先采用松土器翻松。铲运作业区内不得有树根、大石块和大量杂草等。

5.5.3 铲运机行驶道路应平整坚实，路面宽度应比铲运机宽度大2m。

5.5.4 启动前，应检查钢丝绳、轮胎气压、铲土斗及卸土板回缩弹簧、拖把万向接头、撑架以及各部滑轮等，并确认处于正常工作状态；液压式铲运机铲斗和拖拉机连接叉座与牵引连接块应锁定，各液压管路应连接可靠。

5.5.5 开动前，应使铲斗离开地面，机械周围不得有障碍物。

5.5.6 作业中，严禁人员上下机械，传递物件，以及在铲斗内、拖把或机架上坐立。

5.5.7 多台铲运机联合作业时，各机之间前后距离应大于10m（铲土时应大于5m），左右距离应大于2m，并应遵守下坡让上坡、空载让重载、支线让干线的原则。

5.5.8 在狭窄地段运行时，未经前机同意，后机不得超越。两机交会或超车时应减速，两机左右间距应大于0.5m。

5.5.9 铲运机上、下坡道时，应低速行驶，不得中途换挡，下坡时不得空挡滑行，行驶的横向坡度不得超过6°，坡宽应大于铲运机宽度2m。

5.5.10 在新填筑的土堤上作业时，离堤坡边缘应大于1m。当需在斜坡横向作业时，应先将斜坡挖填平整，使机身保持平衡。

5.5.11 在坡道上不得进行检修作业。在陡坡上不得转弯、倒车或停车。在坡上熄火时，应将铲斗落地、制动牢靠后再启动。下陡坡时，应将铲斗触地行驶，辅助制动。

5.5.12 铲土时，铲土与机身应保持直线行驶。助铲时应有助铲装置，并应正确开启斗门，不得切土过深。两机动作应协调配合，平稳接触，等速助铲。

5.5.13 在下陡坡铲土时，铲斗装满后，在铲斗后轮未达到缓坡地段前，不得将铲斗提离地面，应防铲斗快速下滑冲击主机。

5.5.14 在不平地段行驶时，应放低铲斗，不得将铲斗提升到高位。

5.5.15 拖拉陷车时，应有专人指挥，前后操作人员应配合协调，确认安全后起步。

5.5.16 作业后，应将铲运机停放在平坦地面，并应将铲斗落在地面上。液压操纵的铲运机应将液压缸缩回，将操纵杆放在中间位置，进行清洁、润滑后，锁好门窗。

5.5.17 非作业行驶时，铲斗应用锁紧链条挂牢在运输行驶位置上；拖式铲运机不得载人或装载易燃、易爆物品。

5.5.18 修理斗门或在铲斗下检修作业时，应将铲斗提起后用销子或锁紧链条固定，再采用垫木将斗身顶住，并应采用木楔揳住轮胎。

5.6 自行式铲运机

5.6.1 自行式铲运机的行驶道路应平整坚实，单行道宽度不宜小于5.5m。

5.6.2 多台铲运机联合作业时，前后距离不得小于20m，左右距离不得小于2m。

5.6.3 作业前，应检查铲运机的转向和制动系统，并确认灵敏可靠。

5.6.4 铲土或在利用推土机助铲时，应随时微调转向盘，铲运机应始终保持直线前进。不得在转弯情况下铲土。

5.6.5 下坡时，不得空挡滑行，应踩下制动踏板辅助以内燃机制动，必要时可放下铲斗，以降低下滑速度。

5.6.6 转弯时，应采用较大回转半径低速转向，操纵转向盘不得过猛；当重载行驶或在弯道上、下坡时，应缓慢转向。

5.6.7 不得在大于15°的横坡上行驶，也不得在横坡上铲土。

5.6.8 沿沟边或填方边坡作业时，轮胎离路肩不得小于0.7m，并应放低铲斗，降速缓行。

5.6.9 在坡道上不得进行检修作业。遇在坡道上熄火时，应立即制动，下降铲斗，把变速杆放在空挡位置，然后启动内燃机。

5.6.10 穿越泥泞或松软地面时，铲运机应直线行驶，当一侧轮胎打滑时，可踏下差速器锁止踏板。当离开不良地面时，应停止使用差速器锁止踏板。不得在差速器锁止时转弯。

5.6.11 夜间作业时，前后照明应齐全完好，前大灯应能照至30m；非作业行驶时，应符合本规程第5.5.17条的规定。

5.7 静作用压路机

5.7.1 压路机碾压的工作面，应经过适当平整，对新填的松软土，应先用羊足碾或打夯机逐层碾压或夯实后，再用压路机碾压。

5.7.2 工作地段的纵坡不应超过压路机最大爬坡能力，横坡不应大于20°。

5.7.3 应根据碾压要求选择机种。当光轮压路机需要增加机重时，可在滚轮内加砂或水。当气温降至0℃及以下时，不得用水增重。

5.7.4 轮胎压路机不宜在大块石基层上作业。

5.7.5 作业前，应检查并确认滚轮的刮泥板应平整良好，各紧固件不得松动；轮胎压路机应检查轮胎气压，确认正常后启动。

5.7.6 启动后，应检查制动性能及转向功能并确认灵敏可靠。开动前，压路机周围不得有障碍物或人员。

5.7.7 不得用压路机拖拉任何机械或物件。

5.7.8 碾压时应低速行驶。速度宜控制在3km/h～4km/h范围内，在一个碾压行程中不得变速。碾压过程中应保持正确的行驶方向，碾压第二行时应与第一行重叠半个滚轮压痕。

5.7.9 变换压路机前进、后退方向应在滚轮停止运动后进行。不得将换向离合器当作制动器使用。

5.7.10 在新建场地上进行碾压时，应从中间向两侧碾压。碾压时，距场地边缘不应少于0.5m。

5.7.11 在坑边碾压施工时，应由里侧向外侧碾压，距坑边不应少于1m。

5.7.12 上下坡时，应事先选好挡位，不得在坡上换挡，下坡时不得空挡滑行。

5.7.13 两台以上压路机同时作业时，前后间距不得小于3m，在坡道上不得纵队行驶。

5.7.14 在行驶中，不得进行修理或加油。需要在机械底部进行修理时，应将内燃机熄火，刹车制动，并揳住滚轮。

5.7.15 对有差速器锁定装置的三轮压路机，当只有一只轮子打滑时，可使用差速器锁定装置，但不得转弯。

5.7.16 作业后，应将压路机停放在平坦坚实的场地，不得停放在软土路边缘及斜坡上，并不得妨碍交通，并应锁定制动。

5.7.17 严寒季节停机时，宜采用木板将滚轮垫离地面，应防止滚轮与地面冻结。

5.7.18 压路机转移距离较远时，应采用汽车或平板拖车装运。

5.8 振动压路机

5.8.1 作业时，压路机应先起步后起振，内燃机应先置于中速，然后再调至高速。

5.8.2 压路机换向时应先停机；压路机变速时应降低内燃机转速。

5.8.3 压路机不得在坚实的地面上进行振动。

5.8.4 压路机碾压松软路基时，应先碾压1遍～2遍后再振动碾压。

5.8.5 压路机碾压时，压路机振动频率应保持一致。

5.8.6 换向离合器、起振离合器和制动器的调整，应在主离合器脱开后进行。

5.8.7 上下坡时或急转弯时不得使用快速挡。铰接式振动压路机在转弯半径较小绕圈碾压时不得使用快速挡。

5.8.8 压路机在高速行驶时不得接合振动。

5.8.9 停机时应先停振，然后将换向机构置于中间位置，变速器置于空挡，最后拉起手制动操纵杆。

5.8.10 振动压路机的使用除应符合本节要求外，还应符合本规程第5.7节的有关规定。

5.9 平地机

5.9.1 起伏较大的地面宜先用推土机推平，再用平地机平整。

5.9.2 平地机作业区内不得有树根、大石块等障碍物。

5.9.3 作业前应按本规程第5.2.3条的规定进行检查。

5.9.4 平地机不得用于拖拉其他机械。

5.9.5 启动内燃机后，应检查各仪表指示值并应符合要求。

5.9.6 开动平地机时，应鸣笛示意，并确认机械周围不得有障碍物及行人，用低速挡起步后，应测试并确认制动器灵敏有效。

5.9.7 作业时，应先将刮刀下降到接近地面，起步后再下降刮刀铲土。铲土时，应根据铲土阻力大小，随时调整刮刀的切土深度。

5.9.8 刮刀的回转、铲土角的调整及向机外侧斜，应在停机时进行；刮刀左右端的升降动作，可在机械行驶中调整。

5.9.9 刮刀角铲土和齿耙松地时应采用一挡速度行驶；刮土和平整作业时应用二、三挡速度行驶。

5.9.10 土质坚实的地面应先用齿耙翻松，翻松时应缓慢下齿。

5.9.11 使用平地机清除积雪时，应在轮胎上安装防滑链，并应探明工作面的深坑、沟槽位置。

5.9.12 平地机在转弯或调头时，应使用低速挡；在正常行驶时，应使用前轮转向；当场地特别狭小时，可使用前后轮同时转向。

5.9.13 平地机行驶时，应将刮刀和齿耙升到最高位置，并将刮刀斜放，刮刀两端不得超出后轮外侧。行驶速度不得超过使用说明书规定。下坡时，不得空挡滑行。

5.9.14 平地机作业中变矩器的油温不得超过120℃。

5.9.15 作业后，平地机应停放在平坦、安全的场地，刮刀应落在地面上，手制动器应拉紧。

5.10 轮胎式装载机

5.10.1 装载机与汽车配合装运作业时，自卸汽车的车厢容积应与装载机铲斗容量相匹配。

5.10.2 装载机作业场地坡度应符合使用说明书的规定。作业区内不得有障碍物及无关人员。

5.10.3 轮胎式装载机作业场地和行驶道路应平坦坚实。在石块场地作业时，应在轮胎上加装保护链条。

5.10.4 作业前应按本规程第5.2.3条的规定进行检查。

5.10.5 装载机行驶前，应先鸣笛示意，铲斗宜提升离地0.5m。装载机行驶过程中应测试制动器的可靠性。装载机搭乘人员应符合规定。装载机铲斗不得载人。

5.10.6 装载机高速行驶时应采用前轮驱动；低速铲装时，应采用四轮驱动。铲斗装载后升起行驶时，不得急转弯或紧急制动。

5.10.7 装载机下坡时不得空挡滑行。

5.10.8 装载机的装载量应符合使用说明书的规定。装载机铲斗应从正面铲料，铲斗不得单边受力。装载机应低速缓慢举臂翻转铲斗卸料。

5.10.9 装载机操纵手柄换向应平稳。装载机满载时，铲臂应缓慢下降。

5.10.10 在松散不平的场地作业时，应把铲臂放在浮动位置，使铲斗平稳地推进；当推进阻力增大时，可稍微提升铲臂。

5.10.11 当铲臂运行到上下最大限度时，应立即将操纵杆回到空挡位置。

5.10.12 装载机运载物料时，铲臂下铰点宜保持离地面0.5m，并保持平稳行驶。铲斗提升到最高位置时，不得运输物料。

5.10.13 铲装或挖掘时，铲斗不应偏载。铲斗装满后，应先举臂，再行走、转向、卸料。铲斗行走过程中不得收斗或举臂。

5.10.14 当铲装阻力较大，出现轮胎打滑时，应立即停止铲装，排除过载后再铲装。

5.10.15 在向汽车装料时，铲斗不得在汽车驾驶室上方越过。如汽车驾驶室顶无防护，驾驶室内不得有人。

5.10.16 向汽车装料，宜降低铲斗高度，减小卸落冲击。汽车装料不得偏载、超载。

5.10.17 装载机在坡、沟边卸料时，轮胎离边缘应保留安全距离，安全距离宜大于1.5m；铲斗不宜伸出坡、沟边缘。在大于3°的坡面上，装载机不得朝下坡方向俯身卸料。

5.10.18 作业时，装载机变矩器油温不得超过110℃，超过时，应停机降温。

5.10.19 作业后，装载机应停放在安全场地，铲斗应平放在地面上，操纵杆应置于中位，制动应锁定。

5.10.20 装载机转向架未锁闭时，严禁站在前后车架之间进行检修保养。

5.10.21 装载机铲臂升起后，在进行润滑或检修等作业时，应先装好安全销，或先采取其他措施支住铲臂。

5.10.22 停车时，应使内燃机转速逐步降低，不得突然熄火，应防止液压油因惯性冲击而溢出油箱。

5.11 蛙式夯实机

5.11.1 蛙式夯实机宜适用于夯实灰土和素土。蛙式夯实机不得冒雨作业。

5.11.2 作业前应重点检查下列项目，并应符合相应要求：

1 漏电保护器应灵敏有效，接零或接地及电缆线接头应绝缘良好；

2 传动皮带应松紧合适，皮带轮与偏心块应安装牢固；

3 转动部分应安装防护装置，并应进行试运转，确认正常；

4 负荷线应采用耐气候型的四芯橡皮护套软电缆。电缆线长不应大于50m。

5.11.3 夯实机启动后，应检查电动机旋转方向，错误时应倒换相线。

5.11.4 作业时，夯实机扶手上的按钮开关和电动机的接线应绝缘良好。当发现有漏电现象时，应立即切断电源，进行检修。

5.11.5 夯实机作业时，应一人扶夯，一人传递电缆线，并应戴绝缘手套和穿绝缘鞋。递线人员应跟随夯机后或两侧调顺电缆线。电缆线不得扭结或缠绕，并应保持3m～4m的余量。

5.11.6 作业时，不得夯击电缆线。

5.11.7 作业时，应保持夯实机平衡，不得用力压扶手。转弯时应用力平稳，不得急转弯。

5.11.8 夯实填高松软土方时，应先在边缘以内100mm～150mm夯实2遍～3遍后，再夯实边缘。

5.11.9 不得在斜坡上夯行，以防夯头后折。

5.11.10 夯实房心土时，夯板应避开钢筋混凝土基础及地下管道等地下物。

5.11.11 在建筑物内部作业时，夯板或偏心块不得撞击墙壁。

5.11.12 多机作业时，其平行间距不得小于5m，前后间距不得小于10m。

5.11.13 夯实机作业时，夯实机四周2m范围内，不得有非夯实机操作人员。

5.11.14 夯实机电动机温升超过规定时，应停机降温。

5.11.15 作业时，当夯实机有异常响声时，应立即停机检查。

5.11.16 作业后，应切断电源，卷好电缆线，清理夯实机。夯实机保管应防水防潮。

5.12 振动冲击夯

5.12.1 振动冲击夯适用于压实黏性土、砂及砾石等散状物料，不得在水泥路面和其他坚硬地面作业。

5.12.2 内燃机冲击夯作业前，应检查并确认有足够的润滑油，油门控制器应转动灵活。

5.12.3 内燃机冲击夯启动后，应逐渐加大油门，夯机跳动稳定后开始作业。

5.12.4 振动冲击夯作业时，应正确掌握夯机，不得倾斜，手把不宜握得过紧，能控制夯机前进速度即可。

5.12.5 正常作业时，不得使劲往下压手把，以免影响夯机跳起高度。夯实松软土或上坡时，可将手把稍向下压，并应能增加夯机前进速度。

5.12.6 根据作业要求，内燃冲击夯应通过调整油门的大小，在一定范围内改变夯机振动频率。

5.12.7 内燃冲击夯不宜在高速下连续作业。

5.12.8 当短距离转移时，应先将冲击夯手把稍向上抬起，将运转轮装入冲击夯的挂钩内，再压下手把，使重心后倾，再推动手把转移冲击夯。

5.12.9 振动冲击夯除应符合本节的规定外，还应符合本规程第5.11节的规定。

5.13 强夯机械

5.13.1 担任强夯作业的主机，应按照强夯等级的要求经过计算选用。当选用履带式起重机作主机时，应符合本规程第4.2节的规定。

5.13.2 强夯机械的门架、横梁、脱钩器等主要结构和部件的材料及制作质量，应经过严格检查，对不符合设计要求的，不得使用。

5.13.3 夯机驾驶室挡风玻璃前应增设防护网。

5.13.4 夯机的作业场地应平整，门架底座与夯机着地部位的场地不平度不得超过100mm。

5.13.5 夯机在工作状态时，起重臂仰角应符合使用说明书的要求。

5.13.6 梯形门架支腿不得前后错位，门架支腿在未支稳垫实前，不得提锤。变换夯位后，应重新检查门架支腿，确认稳固可靠，然后再将锤提升100mm～300mm，检查整机的稳定性，确认可靠后作业。

5.13.7 夯锤下落后，在吊钩尚未降至夯锤吊环附近前，操作人员严禁提前下坑挂钩。从坑中提锤时，严禁挂钩人员站在锤上随锤提升。

5.13.8 夯锤起吊后，地面操作人员应迅速撤至安全距离以外，非强夯施工人员不得进入夯点30m范围内。

5.13.9 夯锤升起如超过脱钩高度仍不能自动脱钩时，起重指挥应立即发出停车信号，将夯锤落下，应查明原因并正确处理后继续施工。

5.13.10 当夯锤留有的通气孔在作业中出现堵塞现象时，应及时清理，并不得在锤下作业。

5.13.11 当夯坑内有积水或因黏土产生的锤底吸附力增大时，应采取措施排除，不得强行提锤。

5.13.12 转移夯点时，夯锤应由辅机协助转移，门架随夯机移动前，支腿离地面高度不得超过500mm。

5.13.13 作业后，应将夯锤下降，放在坚实稳固的地面上。在非作业时，不得将锤悬挂在空中。

6 运输机械

6.1 一般规定

6.1.1 各类运输机械应有完整的机械产品合格证以及相关的技术资料。

6.1.2 启动前应重点检查下列项目，并应符合相应要求：

1 车辆的各总成、零件、附件应按规定装配齐全，不得有脱焊、裂缝等缺陷。螺栓、铆钉连接紧固不得松动、缺损；

2 各润滑装置应齐全并应清洁有效；

3 离合器应结合平稳、工作可靠、操作灵活，踏板行程应符合规定；

4 制动系统各部件应连接可靠，管路畅通；

5 灯光、喇叭、指示仪表等应齐全完整；

6 轮胎气压应符合要求；

7 燃油、润滑油、冷却水等应添加充足；

8 燃油箱应加锁；

9 运输机械不得有漏水、漏油、漏气、漏电现象。

6.1.3 运输机械启动后，应观察各仪表指示值，检查内燃机运转情况，检查转向机构及制动器等性能，并确认正常，当水温达到40℃以上、制动气压达到安全压力以上时，应低挡起步。起步时应检查周边环境，并确认安全。

6.1.4 装载的物品应捆绑稳固牢靠，整车重心高度应控制在规定范围内，轮式机具和圆形物件装运时应采取防止滚动的措施。

6.1.5 运输机械不得人货混装，运输过程中，料斗内不得载人。

6.1.6 运输超限物件时，应事先勘察路线，了解空中、地面上、地下障碍以及道路、桥梁等通过能力，并应制定运输方案，应按规定办理通行手续。在规定时间内按规定路线行驶。超限部分白天应插警示旗，夜间应挂警示灯。装卸人员及电工携带工具随行，保证运行安全。

6.1.7 运输机械水温未达到70℃时，不得高速行驶。行驶中变速应逐级增减挡位，不得强推硬拉。前进和后退交替时，应在运输机械停稳后换挡。

6.1.8 运输机械行驶中，应随时观察仪表的指示情况，当发现机油压力低于规定值，水温过高，有异响、异味等情况时，应立即停车检查，并应排除故障后继续运行。

6.1.9 运输机械运行时不得超速行驶，并应保持安全距离。进入施工现场应沿规定的路线行进。

6.1.10 车辆上、下坡应提前换入低速挡，不得中途换挡。下坡时，应以内燃机变速箱阻力控制车速，必要时，可间歇轻踏制动器。严禁空挡滑行。

6.1.11 在泥泞、冰雪道路上行驶时，应降低车速，并应采取防滑措施。

6.1.12 车辆涉水过河时，应先探明水深、流速和水底情况，水深不得超过排气管或曲轴皮带盘，并应低速直线行驶，不得在中途停车或换挡。涉水后，应缓行一段路程，轻踏制动器使浸水的制动片上的水分蒸发掉。

6.1.13 通过危险地区时，应先停车检查，确认可以通过后，应由有经验人员指挥前进。

6.1.14 运载易燃易爆、剧毒、腐蚀性等危险品时，应使用专用车辆按相应的安全规定运输，并应有专业随车人员。

6.1.15 爆破器材的运输，应符合现行国家法规《爆破安全规程》GB 6722的要求。起爆器材与炸药、不同种类的炸药严禁同车运输。车箱底部应铺软垫层，并应有专业押运人员，按指定路线行驶。不得在人口稠密处、交叉路口和桥上（下）停留。车厢应用帆布覆盖并设置明显标志。

6.1.16 装运氧气瓶的车厢不得有油污，氧气瓶严禁与油料或乙炔气瓶混装。氧气瓶上防振胶圈应齐全，运行过程中，氧气瓶不得滚动及相互撞击。

6.1.17 车辆停放时，应将内燃机熄火，拉紧手制动器，关锁车门。在下坡道停放时应挂倒挡，在上坡道停放时应挂一挡，并应使用三角木楔等楔紧轮胎。

6.1.18 平头型驾驶室需前倾时，应清理驾驶室内物件，关紧车门后前倾并锁定。平头型驾驶室复位后，应检查并确认驾驶室已锁定。

6.1.19 在车底进行保养、检修时，应将内燃机熄火，拉紧手制动器并将车轮楔牢。

6.1.20 车辆经修理后需要试车时，应由专业人员驾驶，当需在道路上试车时，应事先报经公安、公路等有关部门的批准。

6.2 自卸汽车

6.2.1 自卸汽车应保持顶升液压系统完好，工作平稳。操纵应灵活，不得有卡阻现象。各节液压缸表面应保持清洁。

6.2.2 非顶升作业时，应将顶升操纵杆放在空挡位置。顶升前，应拔出车厢固定锁。作业后，应及时插入车厢固定锁。固定锁应无裂纹，插入或拔出应灵活、可靠。在行驶过程中车厢挡板不得自行打开。

6.2.3 自卸汽车配合挖掘机、装载机装料时，应符合本规程第5.10.15条规定，就位后应拉紧手制动器。

6.2.4　卸料时应听从现场专业人员指挥，车厢上方不得有障碍物，四周不得有人员来往，并应将车停稳。举升车厢时，应控制内燃机中速运转，当车厢升到顶点时，应降低内燃机转速，减少车厢振动。不得边卸边行驶。

6.2.5　向坑洼地区卸料时，应和坑边保持安全距离。在斜坡上不得侧向倾卸。

6.2.6　卸完料，车厢应及时复位，自卸汽车应在复位后行驶。

6.2.7　自卸汽车不得装运爆破器材。

6.2.8　车厢举升状态下，应将车厢支撑牢靠后，进入车厢下面进行检修、润滑等作业。

6.2.9　装运混凝土或黏性物料后，应将车厢清洗干净。

6.2.10　自卸汽车装运散料时，应有防止散落的措施。

6.3　平板拖车

6.3.1　拖车的制动器、制动灯、转向灯等应配备齐全，并应与牵引车的灯光信号同时起作用。

6.3.2　行车前，应检查并确认拖挂装置、制动装置、电缆接头等连接良好。

6.3.3　拖车装卸机械时，应停在平坦坚实处，拖车应制动并用三角木楔紧车胎。装车时应调整好机械在车厢上的位置，各轴负荷分配应合理。

6.3.4　平板拖车的跳板应坚实，在装卸履带式起重机、挖掘机、压路机时，跳板与地面夹角不宜大于15°；在装卸履带式推土机、拖拉机时，跳板与地面夹角不宜大于25°。装卸时应由熟练的驾驶人员操作，并应统一指挥。上、下车动作应平稳，不得在跳板上调整方向。

6.3.5　装运履带式起重机，履带式起重机起重臂应拆短，起重臂向后，吊钩不得自由晃动。

6.3.6　推土机的铲刀宽度超过平板拖车宽度时，应先拆除铲刀后再装运。

6.3.7　机械装车后，机械的制动器应锁定，保险装置应锁牢，履带或车轮应楔紧，机械应绑扎牢固。

6.3.8　使用随车卷扬机装卸物件时，应有专人指挥，拖车应制动锁定，并应将车轮楔紧，防止在装卸时车辆移动。

6.3.9　拖车长期停放或重车停放时间较长时，应将平板支起，轮胎不应承压。

6.4　机动翻斗车

6.4.1　机动翻斗车驾驶员应经考试合格，持有机动翻斗车专用驾驶证上岗。

6.4.2　机动翻斗车行驶前，应检查锁紧装置，并应将料斗锁牢。

6.4.3　机动翻斗车行驶时，不得用离合器处于半结合状态来控制车速。

6.4.4　在路面不良状况下行驶时，应低速缓行。机动翻斗车不得靠近路边或沟旁行驶，并应防侧滑。

6.4.5　在坑沟边缘卸料时，应设置安全挡块。车辆接近坑边时，应减速行驶，不得冲撞挡块。

6.4.6　上坡时，应提前换入低挡行驶；下坡时，不得空挡滑行；转弯时，应先减速，急转弯时，应先换入低挡。机动翻斗车不宜紧急刹车，应防止向前倾覆。

6.4.7　机动翻斗车不得在卸料工况下行驶。

6.4.8　内燃机运转或料斗内有载荷时，不得在车底下进行作业。

6.4.9　多台机动翻斗车纵队行驶时，前后车之间应保持安全距离。

6.5　散装水泥车

6.5.1　在装料前应检查并清除散装水泥车的罐体及料管内积灰和结渣等杂物，管道不得有堵塞和漏气现象；阀门开闭应灵活，部件连接应牢固可靠，压力表工作应正常。

6.5.2　在打开装料口前，应先打开排气阀，排除罐内残余气压。

6.5.3　装料完毕，应将装料口边缘上堆积的水泥清扫干净，盖好进料口，并锁紧。

6.5.4　散装水泥车卸料时，应装好卸料管，关闭卸料管蝶阀和卸压管球阀，并应打开二次风管，接通压缩空气。空气压缩机应在无载情况下启动。

6.5.5　在确认卸料阀处于关闭状态后，向罐内加压，当达到卸料压力时，应先稍开二次风嘴阀后再打开卸料阀，并用二次风嘴阀调整空气与水泥比例。

6.5.6　卸料过程中，应注意观察压力表的变化情况，当发现压力突然上升，输气软管堵塞时，应停止送气，并应放出管内有压气体，及时排除故障。

6.5.7　卸料作业时，空气压缩机应有专人管理，其他人员不得擅自操作。在进行加压卸料时，不得增加内燃机转速。

6.5.8　卸料结束后，应打开放气阀，放尽罐内余气，并应关闭各部阀门。

6.5.9　雨雪天气，散装水泥车进料口应关闭严密，并不得在露天装卸作业。

6.6　皮带运输机

6.6.1　固定式皮带运输机应安装在坚固的基础上，移动式皮带运输机在开动前应将轮子楔紧。

6.6.2　皮带运输机在启动前，应调整好输送带的松紧度，带扣应牢固，各传动部件应灵活可靠，防护罩应齐全有效。电气系统应布置合理，绝缘及接零或接地应保护良好。

6.6.3　输送带启动时，应先空载运转，在运转正常后，再均匀装料。不得先装料后启动。

6.6.4 输送带上加料时，应对准中心，并宜降低加料高度，减少落料对输送带的冲击。

6.6.5 作业中，应随时观察输送带运输情况，当发现带有松动、走偏或跳动现象时，应停机进行调整。

6.6.6 作业时，人员不得从带上面跨越，或从带下面穿过。输送带打滑时，不得用手拉动。

6.6.7 输送带输送大块物料时，输送带两侧应加装挡板或栅栏。

6.6.8 多台皮带运输机串联作业时，应从卸料端按顺序启动；停机时，应从装料端开始按顺序停机。

6.6.9 作业时需要停机时，应先停止装料，将带上物料卸完后，再停机。

6.6.10 皮带运输机作业中突然停机时，应立即切断电源，清除运输带上的物料，检查并排除故障。

6.6.11 作业完毕后，应将电源断开，锁好电源开关箱，清除输送机上的砂土，应采用防雨护罩将电动机盖好。

7 桩工机械

7.1 一般规定

7.1.1 桩工机械类型应根据桩的类型、桩长、桩径、地质条件、施工工艺等综合考虑选择。

7.1.2 桩机上的起重部件应执行本规程第4章的有关规定。

7.1.3 施工现场应按桩机使用说明书的要求进行整平压实，地基承载力应满足桩机的使用要求。在基坑和围堰内打桩，应配置足够的排水设备。

7.1.4 桩机作业区内不得有妨碍作业的高压线路、地下管道和埋设电缆。作业区应有明显标志或围栏，非工作人员不得进入。

7.1.5 桩机电源供电距离宜在200m以内，工作电源电压的允许偏差为其公称值的±5%。电源容量与导线截面应符合设备施工技术要求。

7.1.6 作业前，应由项目负责人向作业人员作详细的安全技术交底。桩机的安装、试机、拆除应严格按设备使用说明书的要求进行。

7.1.7 安装桩锤时，应将桩锤运到立柱正前方2m以内，并不得斜吊。桩机的立柱导轨应按规定润滑。桩机的垂直度应符合使用说明书的规定。

7.1.8 作业前，应检查并确认桩机各部件连接牢靠，各传动机构、齿轮箱、防护罩、吊具、钢丝绳、制动器等应完好，起重机起升、变幅机构工作正常，润滑油、液压油的油位符合规定，液压系统无泄漏，液压缸动作灵敏，作业范围内不得有非工作人员或障碍物。电动机应按本规程第3.4节的要求执行。

7.1.9 水上打桩时，应选择排水量比桩机重量大4倍以上的作业船或安装牢固的排架，桩机与船体或排架应可靠固定，并应采取有效的锚固措施。当打桩船或排架的偏斜度超过3°时，应停止作业。

7.1.10 桩机吊桩、吊锤、回转、行走等动作不应同时进行。吊桩时，应在桩上拴好拉绳，避免桩与桩锤或机架碰撞。桩机吊锤（桩）时，锤（桩）的最高点离立柱顶部的最小距离应确保安全。轨道式桩机吊桩时应夹紧夹轨器。桩机在吊有桩和锤的情况下，操作人员不得离开岗位。

7.1.11 桩机不得侧面吊桩或远距离拖桩。桩机在正前方吊桩时，混凝土预制桩与桩机立柱的水平距离不应大于4m，钢桩不应大于7m，并应防止桩与立柱碰撞。

7.1.12 使用双向立柱时，应在立柱转向到位，并应采用锁销将立柱与基杆锁住后起吊。

7.1.13 施打斜桩时，应先将桩锤提升到预定位置，并将桩吊起，套入桩帽，桩尖插入桩位后再后仰立柱。履带三支点式桩架在后倾打斜桩时，后支撑杆应顶紧；轨道式桩架应在平台后增加支撑，并夹紧夹轨器。立柱后仰时，桩机不得回转及行走。

7.1.14 桩机回转时，制动应缓慢，轨道式和步履式桩架同向连续回转不应大于一周。

7.1.15 桩锤在施打过程中，监视人员应在距离桩锤中心5m以外。

7.1.16 插桩后，应及时校正桩的垂直度。桩入土3m以上时，不得用桩机行走或回转动作来纠正桩的倾斜度。

7.1.17 拔送桩时，不得超过桩机起重能力；拔送载荷应符合下列规定：

1 电动桩机拔送载荷不得超过电动机满载电流时的载荷；

2 内燃机桩机拔送桩时，发现内燃机明显降速，应立即停止作业。

7.1.18 作业过程中，应经常检查设备的运转情况，当发生异响、吊索具破损、紧固螺栓松动、漏气、漏油、停电以及其他不正常情况时，应立即停机检查，排除故障。

7.1.19 桩机作业或行走时，除本机操作人员外，不应搭载其他人员。

7.1.20 桩机行走时，地面的平整度与坚实度应符合要求，并应有专人指挥。走管式桩机横移时，桩机距滚管终端的距离不应小于1m。桩机带锤行走时，应将桩锤放至最低位。履带式桩机行走时，驱动轮应置于尾部位置。

7.1.21 在有坡度的场地上，坡度应符合桩机使用说明书的规定，并应将桩机重心置于斜坡上方，沿纵坡方向作业和行走。桩机在斜坡上不得回转。在场地的软硬边际，桩机不应横跨软硬边际。

7.1.22 遇风速12.0m/s及以上的大风和雷雨、大雾、大雪等恶劣气候时，应停止作业。当风速达到13.9m/s及以上时，应将桩机顺风向停置，并应按使用说明书的要求，增设缆风绳，或将桩架放倒。桩机应有防雷措施，遇雷电时，人员应远离桩机。冬期作业应清除桩机上积雪，工作平台应有防滑措施。

7.1.23 桩孔成型后，当暂不浇注混凝土时，孔口必须及时封盖。

7.1.24 作业中，当停机时间较长时，应将桩锤落下垫稳。检修时，不得悬吊桩锤。

7.1.25 桩机在安装、转移和拆运时，不得强行弯曲液压管路。

7.1.26 作业后，应将桩机停放在坚实平整的地面上，将桩锤落下垫实，并切断动力电源。轨道式桩架应夹紧夹轨器。

7.2 柴油打桩锤

7.2.1 作业前应检查导向板的固定与磨损情况，导向板不得有松动或缺件，导向面磨损不得大于7mm。

7.2.2 作业前应检查并确认起落架各工作机构安全可靠，启动钩与上活塞接触线距离应在5mm～10mm之间。

7.2.3 作业前应检查柴油锤与桩帽的连接，提起柴油锤，柴油锤脱出砧座后，柴油锤下滑长度不应超过使用说明书的规定值，超过时，应调整桩帽连接钢丝绳的长度。

7.2.4 作业前应检查缓冲胶垫，当砧座和橡胶垫的接触面小于原面积2/3时，或下汽缸法兰与砧座间隙小于使用说明书的规定值时，均应更换橡胶垫。

7.2.5 水冷式柴油锤应加满水箱，并应保证柴油锤连续工作时有足够的冷却水。冷却水应使用清洁的软水。冬期作业时应加温水。

7.2.6 桩帽上缓冲垫木的厚度应符合要求，垫木不得偏斜。金属桩的垫木厚度应为100mm～150mm；混凝土桩的垫木厚度应为200mm～250mm。

7.2.7 柴油锤启动前，柴油锤、桩帽和桩应在同一轴线上，不得偏心打桩。

7.2.8 在软土打桩时，应先关闭油门冷打，当每击贯入度小于100mm时，再启动柴油锤。

7.2.9 柴油锤运转时，冲击部分的跳起高度应符合使用说明书的要求，达到规定高度时，应减小油门，控制落距。

7.2.10 当上活塞下落而柴油锤未燃爆，上活塞发生短时间的起伏时，起落架不得落下，以防撞击碰块。

7.2.11 打桩过程中，应有专人负责拉好曲臂上的控制绳，在意外情况下，可使用控制绳紧急停锤。

7.2.12 柴油锤启动后，应提升起落架，在锤击过程中起落架与上汽缸顶部之间的距离不应小于2m。

7.2.13 筒式柴油锤上活塞跳起时，应观察是否有润滑油从泄油孔中流出。下活塞的润滑油应按使用说明书的要求加注。

7.2.14 柴油锤出现早燃时，应停止工作，并应按使用说明书的要求进行处理。

7.2.15 作业后，应将柴油锤放到最低位置，封盖上汽缸和吸排气孔，关闭燃料阀，将操作杆置于停机位置，起落架升至高于桩锤1m处，并应锁住安全限位装置。

7.2.16 长期停用的柴油锤，应从桩机上卸下，放掉冷却水、燃油及润滑油，将燃烧室及上、下活塞打击面清洗干净，并应做好防腐措施，盖上保护套，入库保存。

7.3 振 动 桩 锤

7.3.1 作业前，应检查并确认振动桩锤各部位螺栓、销轴的连接牢靠，减振装置的弹簧、轴和导向套完好。

7.3.2 作业前，应检查各传动胶带的松紧度，松紧度不符合规定时应及时调整。

7.3.3 作业前，应检查夹持片的齿形。当齿形磨损超过4mm时，应更换或用堆焊修复。使用前，应在夹持片中间放一块10mm～15mm厚的钢板进行试夹。试夹中液压缸应无渗漏，系统压力应正常，夹持片之间无钢板时不得试夹。

7.3.4 作业前，应检查并确认振动桩锤的导向装置牢固可靠。导向装置与立柱导轨的配合间隙应符合使用说明书的规定。

7.3.5 悬挂振动桩锤的起重机吊钩应有防松脱的保护装置。振动桩锤悬挂钢架的耳环应加装保险钢丝绳。

7.3.6 振动桩锤启动时间不应超过使用说明书的规定。当启动困难时，应查明原因，排除故障后继续启动。启动时应监视电流和电压，当启动后的电流降到正常值时，开始作业。

7.3.7 夹桩时，夹紧装置和桩的头部之间不应有空隙。当液压系统工作压力稳定后，才能启动振动桩锤。

7.3.8 沉桩前，应以桩的前端定位，并按使用说明书的要求调整导轨与桩的垂直度。

7.3.9 沉桩时，应根据沉桩速度放松吊桩钢丝绳。沉桩速度、电机电流不得超过使用说明书的规定。沉桩速度过慢时，可在振动桩锤上按规定增加配重。当电流急剧上升时，应停机检查。

7.3.10 拔桩时，当桩身埋入部分被拔起1.0m～1.5m时，应停止拔桩，在拴好吊桩用钢丝绳后，再起振拔桩。当桩尖离地面只有1.0m～2.0m时，应停止振动拔桩，由起重机直接拔桩。桩拔出后，吊桩钢丝绳未吊紧前，不得松开夹紧装置。

7.3.11 拔桩应按沉桩的相反顺序起拔。夹紧装置在夹持板桩时，应靠近相邻一根。对工字桩应夹紧腹板的中央。当钢板桩和工字桩的头部有钻孔时，应将钻孔焊平或将钻孔以上割掉，或应在钻孔处焊接加强板，防止桩断裂。

7.3.12 振动桩锤在正常振幅下仍不能拔桩时，应停止作业，改用功率较大的振动桩锤。拔桩时，拔桩力不应大于桩架的负荷能力。

7.3.13 振动桩锤作业时，减振装置各摩擦部位应具有良好的润滑。减振器横梁的振幅超过规定时，应停机查明原因。

7.3.14 作业中，当遇液压软管破损、液压操纵失灵或停电时，应立即停机，并应采取安全措施，不得让桩从夹紧装置中脱落。

7.3.15 停止作业时，在振动桩锤完全停止运转前不得松开夹紧装置。

7.3.16 作业后，应将振动桩锤沿导杆放至低处，并采用木块垫实，带桩管的振动桩锤可将桩管沉入土中3m以上。

7.3.17 振动桩锤长期停用时，应卸下振动桩锤。

7.4 静力压桩机

7.4.1 桩机纵向行走时，不得单向操作一个手柄，应两个手柄一起动作。短船回转或横向行走时，不应碰触长船边缘。

7.4.2 桩机升降过程中，四个顶升缸中的两个一组，交替动作，每次行程不得超过100mm。当单个顶升缸动作时，行程不得超过50mm。压桩机在顶升过程中，船形轨道不宜压在已入土的单一桩顶上。

7.4.3 压桩作业时，应有统一指挥，压桩人员和吊桩人员应密切联系，相互配合。

7.4.4 起重机吊桩进入夹持机构，进行接桩或插桩作业后，操作人员在压桩前应确认吊钩已安全脱离桩体。

7.4.5 操作人员应按桩机技术性能作业，不得超载运行。操作时动作不应过猛，应避免冲击。

7.4.6 桩机发生浮机时，严禁起重机作业。如起重机已起吊物体，应立即将起吊物卸下，暂停压桩，在查明原因采取相应措施后，方可继续施工。

7.4.7 压桩时，非工作人员应离机10m。起重机的起重臂及桩机配重下方严禁站人。

7.4.8 压桩时，操作人员的身体不得进入压桩台与机身的间隙之中。

7.4.9 压桩过程中，桩产生倾斜时，不得采用桩机行走的方法强行纠正，应先将桩拔起，清除地下障碍物后，重新插桩。

7.4.10 在压桩过程中，当夹持的桩出现打滑现象时，应通过提高液压缸压力增加夹持力，不得损坏桩，并应及时找出打滑原因，排除故障。

7.4.11 桩机接桩时，上一节桩应提升350mm～400mm，并不得松开夹持板。

7.4.12 当桩的贯入阻力超过设计值时，增加配重应符合使用说明书的规定。

7.4.13 当桩压到设计要求时，不得用桩机行走的方式，将超过规定高度的桩顶部分强行推断。

7.4.14 作业完毕，桩机应停放在平整地面上，短船应运行至中间位置，其余液压缸应缩进回程，起重机吊钩应升至最高位置，各部制动器应制动，外露活塞杆应清理干净。

7.4.15 作业后，应将控制器放在“零位”，并依次切断各部电源，锁闭门窗，冬期应放尽各部积水。

7.4.16 转移工地时，应按规定程序拆卸桩机，所有油管接头处应加保护盖帽。

7.5 转盘钻孔机

7.5.1 钻架的吊重中心、钻机的卡孔和护进管中心应在同一垂直线上，钻杆中心偏差不应大于20mm。

7.5.2 钻头和钻杆连接螺纹应良好，滑扣的不得使用。钻头焊接应牢固可靠，不得有裂纹。钻杆连接处应安装便于拆卸的垫圈。

7.5.3 作业前，应先将各部操纵手柄置于空挡位置，人力盘动时不得有卡阻现象，然后空载运转，确认一切正常后方可作业。

7.5.4 开钻时，应先送浆后开钻；停机时，应先停钻后停浆。泥浆泵应有专人看管，对泥浆质量和浆面高度应随时测量和调整，随时清除沉淀池中杂物，出现漏浆现象时应及时补充。

7.5.5 开钻时，钻压应轻，转速应慢。在钻进过程中，应根据地质情况和钻进深度，选择合适的钻压和钻速，均匀给进。

7.5.6 换挡时，应先停钻，挂上挡后再开钻。

7.5.7 加接钻杆时，应使用特制的连接螺栓紧固，并应做好连接处的清洁工作。

7.5.8 钻机下和井孔周围2m以内及高压胶管下，不得站人。钻杆不应在旋转时提升。

7.5.9 发生提钻受阻时，应先设法使钻具活动后再慢慢提升，不得强行提升。当钻进受阻时，应采用缓冲击法解除，并查明原因，采取措施继续钻进。

7.5.10 钻架、钻台平车、封口平车等的承载部位不得超载。

7.5.11 使用空气反循环时，喷浆口应遮拦，管端应固定。

7.5.12 钻进结束时，应把钻头略为提起，降低转速，空转5min～20min后再停钻。停钻时，应先停钻后停风。

7.5.13 作业后，应对钻机进行清洗和润滑，并应将主要部位进行遮盖。

7.6 螺旋钻孔机

7.6.1 安装前，应检查并确认钻杆及各部件不得有变形；安装后，钻杆与动力头中心线的偏斜度不应超过全长的1%。

7.6.2 安装钻杆时，应从动力头开始，逐节往下安装。不得将所需长度的钻杆在地面上接好后一次起吊安装。

7.6.3 钻机安装后，电源的频率与钻机控制箱的内频率应相同，不同时，应采用频率转换开关予以转换。

7.6.4 钻机应放置在平稳、坚实的场地上。汽车式钻机应将轮胎支起，架好支腿，并应采用自动微调或线锤调整挺杆，使之保持垂直。

7.6.5 启动前应检查并确认钻机各部件连接应牢固，传动带的松紧度应适当，减速箱内油位应符合规定，钻深限位报警装置应有效。

7.6.6 启动前，应将操纵杆放在空挡位置。启动后，应进行空载运转试验，检查仪表、制动等各项，温度、声响应正常。

7.6.7 钻孔时，应将钻杆缓慢放下，使钻头对准孔位，当电流表指针偏向无负荷状态时即可下钻。在钻孔过程中，当电流表超过额定电流时，应放慢下钻速度。

7.6.8 钻机发出下钻限位报警信号时，应停钻，并将钻杆稍稍提升，在解除报警信号后，方可继续下钻。

7.6.9 卡钻时，应立即停止下钻。查明原因前，不得强行启动。

7.6.10 作业中，当需改变钻杆回转方向时，应在钻杆完全停转后再进行。

7.6.11 作业中，当发现阻力过大、钻进困难、钻头发出异响或机架出现摇晃、移动、偏斜时，应立即停钻，在排除故障后，继续施钻。

7.6.12 钻机运转时，应有专人看护，防止电缆线被缠入钻杆。

7.6.13 钻孔时，不得用手清除螺旋片中的泥土。

7.6.14 钻孔过程中，应经常检查钻头的磨损情况，当钻头磨损量超过使用说明书的允许值时，应予更换。

7.6.15 作业中停电时，应将各控制器放置零位，切断电源，并应及时采取措施，将钻杆从孔内拔出。

7.6.16 作业后，应将钻杆及钻头全部提升至孔外，先清除钻杆和螺旋叶片上的泥土，再将钻头放下接触地面，锁定各部制动，将操纵杆放到空挡位置，切断电源。

7.7 全套管钻机

7.7.1 作业前应检查并确认套管和浇注管内侧不得有损坏和明显变形，不得有混凝土粘结。

7.7.2 钻机内燃机启动后，应先怠速运转，再逐步加速至额定转速。钻机对位后，应进行试调，达到水平后，再进行作业。

7.7.3 第一节套管入土后，应随时调整套管的垂直度。当套管入土深度大于5m时，不得强行纠偏。

7.7.4 在套管内挖土碰到硬土层时，不得用锤式抓斗冲击硬土层，应采用十字凿锤将硬土层有效的破碎后，再继续挖掘。

7.7.5 用锤式抓斗挖掘管内土层时，应在套管上加装保护套管接头的喇叭口。

7.7.6 套管在对接时，接头螺栓应按出厂说明书规定的扭矩对称拧紧。接头螺栓拆下时，应立即洗净后浸入油中。

7.7.7 起吊套管时，不得用卡环直接吊在螺纹孔内，损坏套管螺纹，应使用专用工具吊装。

7.7.8 挖掘过程中，应保持套管的摆动。当发现套管不能摆动时，应拔出液压缸，将套管上提，再用起重机助拔，直至拔起部分套管能摆动为止。

7.7.9 浇注混凝土时，钻机操作应和灌注作业密切配合，应根据孔深、桩长适当配管，套管与浇注管保持同心，在浇注管埋入混凝土2m～4m之间时，应同步拔管和拆管。

7.7.10 上拔套管时，应左右摆动。套管分离时，下节套管头应用卡环保险，防止套管下滑。

7.7.11 作业后，应及时清除机体、锤式抓斗及套管等外表的混凝土和泥砂，将机架放回行走位置，将机组转移至安全场所。

7.8 旋挖钻机

7.8.1 作业地面应坚实平整，作业过程中地面不得下陷，工作坡度不得大于2°。

7.8.2 钻机驾驶员进出驾驶室时，应利用阶梯和扶手上下。在作业过程中，不得将操纵杆当扶手使用。

7.8.3 钻机行驶时，应将上车转台和底盘车架销住，履带式钻机还应锁定履带伸缩油缸的保护装置。

7.8.4 钻孔作业前，应检查并确认固定上车转台和底盘车架的销轴已拔出。履带式钻机应将履带的轨距伸至最大。

7.8.5 在钻机转移工作点、装卸钻具钻杆、收臂放塔和检修调试时，应有专人指挥，并确认附近不得有非作业人员和障碍。

7.8.6 卷扬机提升钻杆、钻头和其他钻具时，重物应位于桅杆正前方。卷扬机钢丝绳与桅杆夹角应符合使用说明书的规定。

7.8.7 开始钻孔时，钻杆应保持垂直，位置应正确，并应慢速钻进，在钻头进入土层后，再加快钻进。当钻斗穿过软硬土层交界处时，应慢速钻进。提钻时，钻头不得转动。

7.8.8 作业中，发生浮机现象时，应立即停止作业，查明原因并正确处理后，继续作业。

7.8.9 钻机移位时，应将钻桅及钻具提升到规定高度，并应检查钻杆，防止钻杆脱落。

7.8.10 作业中，钻机作业范围内不得有非工作人员进入。

7.8.11 钻机短时停机，钻桅可不放下，动力头及钻具应下放，并宜尽量接近地面。长时间停机，钻桅应按使用说明书的要求放置。

7.8.12 钻机保养时，应按使用说明书的要求进行，并应将钻机支撑牢靠。

7.9 深层搅拌机

7.9.1 搅拌机就位后，应检查搅拌机的水平度和导向架的垂直度，并应符合使用说明书的要求。

7.9.2 作业前，应先空载试机，设备不得有异响，并应检查仪表、油泵等，确认正常后，正式开机运转。

7.9.3 吸浆、输浆管路或粉喷高压软管的各接头应连接紧固。泵送水泥浆前，管路应保持湿润。

7.9.4 作业中，应控制深层搅拌机的入土切削速度和提升搅拌的速度，并应检查电流表，电流不得超过规定。

7.9.5 发生卡钻、停钻或管路堵塞现象时，应立即停机，并应将搅拌头提离地面，查明原因，妥善处理后，重新开机施工。

7.9.6 作业中，搅拌机动力头的润滑应符合规定，动力头不得断油。

7.9.7 当喷浆式搅拌机停机超过 3h，应及时拆卸输浆管路，排除灰浆，清洗管道。

7.9.8 作业后，应按使用说明书的要求，做好清洁保养工作。

7.10 成 槽 机

7.10.1 作业前，应检查各传动机构、安全装置、钢丝绳等，并应确认安全可靠后，空载试车，试车运行中，应检查油缸、油管、油马达等液压元件，不得有渗漏油现象，油压应正常，油管盘、电缆盘应运转灵活，不得有卡滞现象，并应与起升速度保持同步。

7.10.2 成槽机回转应平稳，不得突然制动。

7.10.3 成槽机作业中，不得同时进行两种及以上动作。

7.10.4 钢丝绳应排列整齐，不得松乱。

7.10.5 成槽机起重性能参数应符合主机起重性能参数，不得超载。

7.10.6 安装时，成槽抓斗应放置在把杆铅锤线下方的地面上，把杆角度应为 75°～78°。起升把杆时，成槽抓斗应随着逐渐慢速提升，电缆与油管应同步卷起，以防油管与电缆损坏。接油管时应保持油管的清洁。

7.10.7 工作场地应平坦坚实，在松软地面作业时，应在履带下铺设厚度在 30mm 以上的钢板，钢板纵向间距不应大于 30mm。起重臂最大仰角不得超过 78°，并应经常检查钢丝绳、滑轮，不得有严重磨损及脱槽现象，传动部件、限位保险装置、油温等应正常。

7.10.8 成槽机行走履带应平行槽边，并应尽可能使主机远离槽边，以防槽段塌方。

7.10.9 成槽机工作时，把杆下不得有人员，人员不得用手触摸钢丝绳及滑轮。

7.10.10 成槽机工作时，应检查成槽的垂直度，并应及时纠偏。

7.10.11 成槽机工作完毕，应远离槽边，抓斗应着地，设备应及时清洁。

7.10.12 拆卸成槽机时，应将把杆置于 75°～78°位置，放落成槽抓斗，逐渐变幅把杆，同步下放起升钢丝绳、电缆与油管，并应防止电缆、油管拉断。

7.10.13 运输时，电缆及油管应卷绕整齐，并应垫高油管盘和电缆盘。

7.11 冲 孔 桩 机

7.11.1 冲孔桩机施工场地应平整坚实。

7.11.2 作业前应重点检查下列项目，并应符合相应要求：

1 连接应牢固，离合器、制动器、棘轮停止器、导向轮等传动应灵活可靠；

2 卷筒不得有裂纹，钢丝绳缠绕应正确，绳头应压紧，钢丝绳断丝、磨损不得超过规定；

3 安全信号和安全装置应齐全良好；

4 桩机应有可靠的接零或接地，电气部分应绝缘良好；

5 开关应灵敏可靠。

7.11.3 卷扬机启动、停止或到达终点时，速度应平缓。卷扬机使用应按本规范第 4.7 节的规定执行。

7.11.4 冲孔作业时，不得碰撞护筒、孔壁和钩挂护筒底缘；重锤提升时，应缓慢平稳。

7.11.5 卷扬机钢丝绳应按规定进行保养及更换。

7.11.6 卷扬机换向应在重锤停稳后进行，减少对钢丝绳的破坏。

7.11.7 钢丝绳上应设有标记，提升落锤高度应符合规定，防止提锤过高，击断锤齿。

7.11.8 停止作业时，冲锤应提出孔外，不得埋锤，并应及时切断电源；重锤落地前，司机不得离岗。

8 混凝土机械

8.1 一 般 规 定

8.1.1 混凝土机械的内燃机、电动机、空气压缩机等应符合本规程第 3 章的有关规定。行驶部分应符合本规程第 6 章的有关规定。

8.1.2 液压系统的溢流阀、安全阀应齐全有效，调定压力应符合说明书要求。系统应无泄漏，工作应平稳，不得有异响。

8.1.3 混凝土机械的工作机构、制动器、离合器、各种仪表及安全装置应齐全完好。

8.1.4 电气设备作业应符合现行行业标准《施工现场临时用电安全技术规范》JGJ46 的有关规定。插入式、平板式振捣器的漏电保护器应采用防溅型产品，其额定漏电动作电流不应大于 15mA；额定漏电动作时间不应大于 0.1s。

8.1.5 冬期施工，机械设备的管道、水泵及水冷却装置应采取防冻保温措施。

8.2 混凝土搅拌机

8.2.1 作业区应排水通畅，并应设置沉淀池及防尘设施。

8.2.2 操作人员视线应良好。操作台应铺设绝缘垫板。

8.2.3 作业前应重点检查下列项目，并应符合相应要求：

1 料斗上、下限位装置应灵敏有效，保险销、保险链应齐全完好。钢丝绳报废应按现行国家标准《起重机 钢丝绳 保养、维护、安装、检验和报废》GB/T 5972 的规定执行；

2 制动器、离合器应灵敏可靠；

3 各传动机构、工作装置应正常。开式齿轮、皮带轮等传动装置的安全防护罩应齐全可靠。齿轮箱、液压油箱内的油质和油量应符合要求；

4 搅拌筒与托轮接触应良好，不得窜动、跑偏；

5 搅拌筒内叶片应紧固，不得松动，叶片与衬板间隙应符合说明书规定；

6 搅拌机开关箱应设置在距搅拌机 5m 的范围内。

8.2.4 作业前应进行空载运转，确认搅拌筒或叶片运转方向正确。反转出料的搅拌机应进行正、反转运转。空载运转时，不得有冲击现象和异常声响。

8.2.5 供水系统的仪表计量应准确，水泵、管道等部件应连接可靠，不得有泄漏。

8.2.6 搅拌机不宜带载启动，在达到正常转速后上料，上料量及上料程序应符合使用说明书的规定。

8.2.7 料斗提升时，人员严禁在料斗下停留或通过；当需在料斗下方进行清理或检修时，应将料斗提升至上止点，并必须用保险销锁牢或用保险链挂牢。

8.2.8 搅拌机运转时，不得进行维修、清理工作。当作业人员需进入搅拌筒内作业时，应先切断电源，锁好开关箱，悬挂“禁止合闸”的警示牌，并应派专人监护。

8.2.9 作业完毕，宜将料斗降到最低位置，并应切断电源。

8.3 混凝土搅拌运输车

8.3.1 混凝土搅拌运输车的内燃机和行驶部分应分别符合本规程第 3 章和第 6 章的有关规定。

8.3.2 液压系统和气动装置的安全阀、溢流阀的调整压力应符合使用说明书的要求。卸料槽锁扣及搅拌筒的安全锁定装置应齐全完好。

8.3.3 燃油、润滑油、液压油、制动液及冷却液应添加充足，质量应符合要求，不得有渗漏。

8.3.4 搅拌筒及机架缓冲件应无裂纹或损伤，筒体与托轮应接触良好。搅拌叶片、进料斗、主辅卸料槽不得有严重磨损和变形。

8.3.5 装料前应先启动内燃机空载运转，并低速旋转搅拌筒3min～5min，当各仪表指示正常、制动气压达到规定值时，并检查确认后装料。装载量不得超过规定值。

8.3.6 行驶前，应确认操作手柄处于“搅动”位置并锁定，卸料槽锁扣应扣牢。搅拌行驶时最高速度不得大于 50km/h。

8.3.7 出料作业时，应将搅拌运输车停靠在地势平坦处，应与基坑及输电线路保持安全距离，并应锁定制动系统。

8.3.8 进入搅拌筒维修、清理混凝土前，应将发动机熄火，操作杆置于空挡，将发动机钥匙取出，并应设专人监护，悬挂安全警示牌。

8.4 混凝土输送泵

8.4.1 混凝土泵应安放在平整、坚实的地面上，周围不得有障碍物，支腿应支设牢靠，机身应保持水平和稳定，轮胎应揳紧。

8.4.2 混凝土输送管道的敷设应符合下列规定：

1 管道敷设前应检查并确认管壁的磨损量应符合使用说明书的要求，管道不得有裂纹、砂眼等缺陷。新管或磨损量较小的管道应敷设在泵出口处；

2 管道应使用支架或与建筑结构固定牢固。泵出口处的管道底部应依据泵送高度、混凝土排量等设置独立的基础，并能承受相应荷载；

3 敷设垂直向上的管道时，垂直管不得直接与泵的输出口连接，应在泵与垂直管之间敷设长度不小于 15m 的水平管，并加装逆止阀；

4 敷设向下倾斜的管道时，应在泵与斜管之间敷设长度不小于 5 倍落差的水平管。当倾斜度大于 7°时，应加装排气阀。

8.4.3 作业前应检查并确认管道连接处管卡扣牢，不得泄漏。混凝土泵的安全防护装置应齐全可靠，各部位操纵开关、手柄等位置应正确，搅拌斗防护网应完好牢固。

8.4.4 砂石粒径、水泥强度等级及配合比应符合出厂规定，并应满足混凝土泵的泵送要求。

8.4.5 混凝土泵启动后，应空载运转，观察各仪表的指示值，检查泵和搅拌装置的运转情况，并确认一切正常后作业。泵送前应向料斗加入清水和水泥砂浆润滑泵及管道。

8.4.6 混凝土泵在开始或停止泵送混凝土前，作业人员应与出料软管保持安全距离，作业人员不得在出料口下方停留。出料软管不得埋在混凝土中。

8.4.7 泵送混凝土的排量、浇注顺序应符合混凝土浇筑施工方案的要求。施工荷载应控制在允许范围内。

8.4.8 混凝土泵工作时，料斗中混凝土应保持在搅拌轴线以上，不应吸空或无料泵送。

8.4.9 混凝土泵工作时，不得进行维修作业。

8.4.10 混凝土泵作业中，应对泵送设备和管路进行观察，发现隐患应及时处理。对磨损超过规定的管子、卡箍、密封圈等应及时更换。

8.4.11 混凝土泵作业后应将料斗和管道内的混凝土全部排出，并对泵、料斗、管道进行清洗。清洗作业应按说明书要求进行。不宜采用压缩空气进行清洗。

8.5 混凝土泵车

8.5.1 混凝土泵车应停放在平整坚实的地方，与沟槽和基坑的安全距离应符合使用说明书的要求。臂架回转范围内不得有障碍物，与输电线路的安全距离应符合现行行业标准《施工现场临时用电安全技术规范》JGJ46的有关规定。

8.5.2 混凝土泵车作业前，应将支腿打开，并应采用垫木垫平，车身的倾斜度不应大于3°。

8.5.3 作业前应重点检查下列项目，并应符合相应要求：

1 安全装置应齐全有效，仪表应指示正常；

2 液压系统、工作机构应运转正常；

3 料斗网格应完好牢固；

4 软管安全链与臂架连接应牢固。

8.5.4 伸展布料杆应按出厂说明书的顺序进行。布料杆在升离支架前不得回转。不得用布料杆起吊或拖拉物件。

8.5.5 当布料杆处于全伸状态时，不得移动车身。当需要移动车身时，应将上段布料杆折叠固定，移动速度不得超过10km/h。

8.5.6 不得接长布料配管和布料软管。

8.6 插入式振捣器

8.6.1 作业前应检查电动机、软管、电缆线、控制开关等，并应确认处于完好状态。电缆线连接应正确。

8.6.2 操作人员作业时应穿戴符合要求的绝缘鞋和绝缘手套。

8.6.3 电缆线应采用耐候型橡皮护套铜芯软电缆，并不得有接头。

8.6.4 电缆线长度不应大于30m。不得缠绕、扭结和挤压，并不得承受任何外力。

8.6.5 振捣器软管的弯曲半径不得小于500mm，操作时应将振捣器垂直插入混凝土，深度不宜超过600mm。

8.6.6 振捣器不得在初凝的混凝土、脚手板和干硬的地面上进行试振。在检修或作业间断时，应切断电源。

8.6.7 作业完毕，应切断电源，并应将电动机、软管及振动棒清理干净。

8.7 附着式、平板式振捣器

8.7.1 作业前应检查电动机、电源线、控制开关等，并确认完好无破损。附着式振捣器的安装位置应正确，连接应牢固，并应安装减振装置。

8.7.2 操作人员穿戴应符合本规程第8.6.2条的要求。

8.7.3 平板式振捣器应采用耐气候型橡皮护套铜芯软电缆，并不得有接头和承受任何外力，其长度不应超过30m。

8.7.4 附着式、平板式振捣器的轴承不应承受轴向力，振捣器使用时，应保持振捣器电动机轴线在水平状态。

8.7.5 附着式、平板式振捣器的使用应符合本规程第8.6.6条的规定。

8.7.6 平板式振捣器作业时应使用牵引绳控制移动速度，不得牵拉电缆。

8.7.7 在同一块混凝土模板上同时使用多台附着式振捣器时，各振动器的振频应一致，安装位置宜交错设置。

8.7.8 安装在混凝土模板上的附着式振捣器，每次作业时间应根据施工方案确定。

8.7.9 作业完毕，应切断电源，并应将振捣器清理干净。

8.8 混凝土振动台

8.8.1 作业前应检查电动机、传动及防护装置，并确认完好有效。轴承座、偏心块及机座螺栓应紧固牢靠。

8.8.2 振动台应设有可靠的锁紧夹，振动时应将混凝土槽锁紧，混凝土模板在振动台上不得无约束振动。

8.8.3 振动台电缆应穿在电管内，并预埋牢固。

8.8.4 作业前应检查并确认润滑油不得有泄漏，油温、传动装置应符合要求。

8.8.5 在作业过程中，不得调节预置拨码开关。

8.8.6 振动台应保持清洁。

8.9 混凝土喷射机

8.9.1 喷射机风源、电源、水源、加料设备等应配套齐全。

8.9.2 管道应安装正确，连接处应紧固密封。当管道通过道路时，管道应有保护措施。

8.9.3 喷射机内部应保持干燥和清洁。应按出厂说明书规定的配合比配料，不得使用结块的水泥和未经筛选的砂石。

8.9.4 作业前应重点检查下列项目，并应符合相应要求：

1 安全阀应灵敏可靠；

2 电源线应无破损现象，接线应牢靠；

3 各部密封件应密封良好，橡胶结合板和旋转板上出现的明显沟槽应及时修复；

4 压力表指针显示应正常。应根据输送距离，及时调整风压的上限值；

5 喷枪水环管应保持畅通。

8.9.5 启动时，应按顺序分别接通风、水、电。开启进气阀时，应逐步达到额定压力。启动电动机后，应空载试运转，确认一切正常后方可投料作业。

8.9.6 机械操作人员和喷射作业人员应有信号联系，送风、加料、停料、停风及发生堵塞时，应联系畅通，密切配合。

8.9.7 喷嘴前方不得有人员。

8.9.8 发生堵管时，应先停止喂料，敲击堵塞部位，使物料松散，然后用压缩空气吹通。操作人员作业时，应紧握喷嘴，不得甩动管道。

8.9.9 作业时，输送软管不得随地拖拉和折弯。

8.9.10 停机时，应先停止加料，再关闭电动机，然后停止供水，最后停送压缩空气，并应将仓内及输料管内的混合料全部喷出。

8.9.11 停机后，应将输料管、喷嘴拆下清洗干净，清除机身内外粘附的混凝土料及杂物，并应使密封件处于放松状态。

8.10 混凝土布料机

8.10.1 设置混凝土布料机前，应确认现场有足够的作业空间，混凝土布料机任一部位与其他设备及构筑物的安全距离不应小于0.6m。

8.10.2 混凝土布料机的支撑面应平整坚实。固定式混凝土布料机的支撑应符合使用说明书的要求，支撑结构应经设计计算，并应采取相应加固措施。

8.10.3 手动式混凝土布料机应有可靠的防倾覆措施。

8.10.4 混凝土布料机作业前应重点检查下列项目，并应符合相应要求：

1 支腿应打开垫实，并应锁紧；

2 塔架的垂直度应符合使用说明书要求；

3 配重块应与臂架安装长度匹配；

4 臂架回转机构润滑应充足，转动应灵活；

5 机动混凝土布料机的动力装置、传动装置、安全及制动装置应符合要求；

6 混凝土输送管道应连接牢固。

8.10.5 手动混凝土布料机回转速度应缓慢均匀，牵引绳长度应满足安全距离的要求。

8.10.6 输送管出料口与混凝土浇筑面宜保持1m的距离，不得被混凝土掩埋。

8.10.7 人员不得在臂架下方停留。

8.10.8 当风速达到10.8m/s及以上或大雨、大雾等恶劣天气应停止作业。

9 钢筋加工机械

9.1 一般规定

9.1.1 机械的安装应坚实稳固。固定式机械应有可靠的基础；移动式机械作业时应楔紧行走轮。

9.1.2 手持式钢筋加工机械作业时，应佩戴绝缘手套等防护用品。

9.1.3 加工较长的钢筋时，应有专人帮扶。帮扶人员应听从机械操作人员指挥，不得任意推拉。

9.2 钢筋调直切断机

9.2.1 料架、料槽应安装平直，并应与导向筒、调直筒和下切刀孔的中心线一致。

9.2.2 切断机安装后，应用手转动飞轮，检查传动机构和工作装置，并及时调整间隙，紧固螺栓。在检查并确认电气系统正常后，进行空运转。切断机空运转时，齿轮应啮合良好，并不得有异响，确认正常后开始作业。

9.2.3 作业时，应按钢筋的直径，选用适当的调直块、曳引轮槽及传动速度。调直块的孔径应比钢筋直径大2mm～5mm。曳引轮槽宽应和所需调直钢筋的直径相符合。大直径钢筋宜选用较慢的传动速度。

9.2.4 在调直块未固定或防护罩未盖好前，不得送料。作业中，不得打开防护罩。

9.2.5 送料前，应将弯曲的钢筋端头切除。导向筒前应安装一根长度宜为1m的钢管。

9.2.6 钢筋送入后，手应与曳轮保持安全距离。

9.2.7 当调直后的钢筋仍有慢弯时，可逐渐加大调直块的偏移量，直到调直为止。

9.2.8 切断3根～4根钢筋后，应停机检查钢筋长度，当超过允许偏差时，应及时调整限位开关或定尺板。

9.3 钢筋切断机

9.3.1 接送料的工作台面应和切刀下部保持水平，

工作台的长度应根据加工材料长度确定。

9.3.2 启动前，应检查并确认切刀不得有裂纹，刀架螺栓应紧固，防护罩应牢靠。应用手转动皮带轮，检查齿轮啮合间隙，并及时调整。

9.3.3 启动后，应先空运转，检查并确认各传动部分及轴承运转正常后，开始作业。

9.3.4 机械未达到正常转速前，不得切料。操作人员应使用切刀的中、下部位切料，应紧握钢筋对准刃口迅速投入，并应站在固定刀片一侧用力压住钢筋，防止钢筋末端弹出伤人。不得用双手分在刀片两边握住钢筋切料。

9.3.5 操作人员不得剪切超过机械性能规定强度及直径的钢筋或烧红的钢筋。一次切断多根钢筋时，其总截面积应在规定范围内。

9.3.6 剪切低合金钢筋时，应更换高硬度切刀，剪切直径应符合机械性能的规定。

9.3.7 切断短料时，手和切刀之间的距离应大于150mm，并应采用套管或夹具将切断的短料压住或夹牢。

9.3.8 机械运转中，不得用手直接清除切刀附近的断头和杂物。在钢筋摆动范围和机械周围，非操作人员不得停留。

9.3.9 当发现机械有异常响声或切刀歪斜等不正常现象时，应立即停机检修。

9.3.10 液压式切断机启动前，应检查并确认液压油位符合规定。切断机启动后，应空载运转，检查并确认电动机旋转方向应符合规定，并应打开放油阀，在排净液压缸体内的空气后开始作业。

9.3.11 手动液压式切断机使用前，应将放油阀按顺时针方向旋紧，作业完毕后，应立即按逆时针方向旋松。

9.4 钢筋弯曲机

9.4.1 工作台和弯曲机台面应保持水平。

9.4.2 作业前应准备好各种芯轴及工具，并应按加工钢筋的直径和弯曲半径的要求，装好相应规格的芯轴和成型轴、挡铁轴。

9.4.3 芯轴直径应为钢筋直径的2.5倍。挡铁轴应有轴套。挡铁轴的直径和强度不得小于被弯钢筋的直径和强度。

9.4.4 启动前，应检查并确认芯轴、挡铁轴、转盘等不得有裂纹和损伤，防护罩应有效。在空载运转并确认正常后，开始作业。

9.4.5 作业时，应将需弯曲的一端钢筋插入在转盘固定销的间隙内，将另一端紧靠机身固定销，并用手压紧，在检查并确认机身固定销安放在挡住钢筋的一侧后，启动机械。

9.4.6 弯曲作业时，不得更换轴芯、销子和变换角度以及调速，不得进行清扫和加油。

9.4.7 对超过机械铭牌规定直径的钢筋不得进行弯曲。在弯曲未经冷拉或带有锈皮的钢筋时，应戴防护镜。

9.4.8 在弯曲高强度钢筋时，应进行钢筋直径换算，钢筋直径不得超过机械允许的最大弯曲能力，并应及时调换相应的芯轴。

9.4.9 操作人员应站在机身设有固定销的一侧。成品钢筋应堆放整齐，弯钩不得朝上。

9.4.10 转盘换向应在弯曲机停稳后进行。

9.5 钢筋冷拉机

9.5.1 应根据冷拉钢筋的直径，合理选用冷拉卷扬机。卷扬钢丝绳应经封闭式导向滑轮，并应和被拉钢筋成直角。操作人员应能见到全部冷拉场地。卷扬机与冷拉中心线距离不得小于5m。

9.5.2 冷拉场地应设置警戒区，并应安装防护栏及警告标志。非操作人员不得进入警戒区。作业时，操作人员与受拉钢筋的距离应大于2m。

9.5.3 采用配重控制的冷拉机应有指示起落的记号或专人指挥。冷拉机的滑轮、钢丝绳应相匹配。配重提起时，配重离地高度应小于300mm。配重架四周应设置防护栏杆及警告标志。

9.5.4 作业前，应检查冷拉机，夹齿应完好；滑轮、拖拉小车应润滑灵活；拉钩、地锚及防护装置应齐全牢固。

9.5.5 采用延伸率控制的冷拉机，应设置明显的限位标志，并应有专人负责指挥。

9.5.6 照明设施宜设置在张拉警戒区外。当需设置在警戒区内时，照明设施安装高度应大于5m，并应有防护罩。

9.5.7 作业后，应放松卷扬钢丝绳，落下配重，切断电源，并锁好开关箱。

9.6 钢筋冷拔机

9.6.1 启动机械前，应检查并确认机械各部连接应牢固，模具不得有裂纹，轧头与模具的规格应配套。

9.6.2 钢筋冷拔量应符合机械出厂说明书的规定。机械出厂说明书未作规定时，可按每次冷拔缩减模具孔径0.5mm～1.0mm进行。

9.6.3 轧头时，应先将钢筋的一端穿过模具，钢筋穿过的长度宜为100mm～150mm，再用夹具夹牢。

9.6.4 作业时，操作人员的手与轧辊应保持300mm～500mm的距离。不得用手直接接触钢筋和滚筒。

9.6.5 冷拔模架中应随时加足润滑剂，润滑剂可采用石灰和肥皂水调和晒干后的粉末。

9.6.6 当钢筋的末端通过冷拔模后，应立即脱开离合器，同时用手闸挡住钢筋末端。

9.6.7 冷拔过程中，当出现断丝或钢筋打结乱盘时，应立即停机处理。

9.7 钢筋螺纹成型机

9.7.1 在机械使用前，应检查并确认刀具安装应正确，连接应牢固，运转部位润滑应良好，不得有漏电现象，空车试运转并确认正常后作业。

9.7.2 钢筋应先调直再下料。钢筋切口端面应与轴线垂直，不得用气割下料。

9.7.3 加工锥螺纹时，应采用水溶性切削润滑液。当气温低于0℃时，可掺入15%～20%亚硝酸钠。套丝作业时，不得用机油作润滑液或不加润滑液。

9.7.4 加工时，钢筋应夹持牢固。

9.7.5 机械在运转过程中，不得清扫刀片上面的积屑杂物和进行检修。

9.7.6 不得加工超过机械铭牌规定直径的钢筋。

9.8 钢筋除锈机

9.8.1 作业前应检查并确认钢丝刷应固定牢靠，传动部分应润滑充分，封闭式防护罩及排尘装置等应完好。

9.8.2 操作人员应束紧袖口，并应佩戴防尘口罩、手套和防护眼镜。

9.8.3 带弯钩的钢筋不得上机除锈。弯度较大的钢筋宜在调直后除锈。

9.8.4 操作时，应将钢筋放平，并侧身送料。不得在除锈机正面站人。较长钢筋除锈时，应有2人配合操作。

10 木工机械

10.1 一般规定

10.1.1 机械操作人员应穿紧口衣裤，并束紧长发，不得系领带和戴手套。

10.1.2 机械的电源安装和拆除及机械电气故障的排除，应由专业电工进行。机械应使用单向开关，不得使用倒顺双向开关。

10.1.3 机械安全装置应齐全有效，传动部位应安装防护罩，各部件应连接紧固。

10.1.4 机械作业场所应配备齐全可靠的消防器材。在工作场所，不得吸烟和动火，并不得混放其他易燃易爆物品。

10.1.5 工作场所的木料应堆放整齐，道路应畅通。

10.1.6 机械应保持清洁，工作台上不得放置杂物。

10.1.7 机械的皮带轮、锯轮、刀轴、锯片、砂轮等高速转动部件的安装应平衡。

10.1.8 各种刀具破损程度不得超过使用说明书的规定要求。

10.1.9 加工前，应清除木料中的铁钉、铁丝等金属物。

10.1.10 装设除尘装置的木工机械作业前，应先启动排尘装置，排尘管道不得变形、漏气。

10.1.11 机械运行中，不得测量工件尺寸和清理木屑、刨花和杂物。

10.1.12 机械运行中，不得跨越机械传动部分。排除故障、拆装刀具应在机械停止运转，并切断电源后进行。

10.1.13 操作时，应根据木材的材质、粗细、湿度等选择合适的切削和进给速度。操作人员与辅助人员应密切配合，并应同步匀速接送料。

10.1.14 使用多功能机械时，应只使用其中一种功能，其他功能的装置不得妨碍操作。

10.1.15 作业后，应切断电源，锁好闸箱，并应进行清理、润滑。

10.1.16 机械噪声不应超过建筑施工场界噪声限值；当机械噪声超过限值时，应采取降噪措施。机械操作人员应按规定佩戴个人防护用品。

10.2 带锯机

10.2.1 作业前，应对锯条及锯条安装质量进行检查。锯条齿侧或锯条接头处的裂纹长度超过10mm、连续缺齿两个和接头超过两处的锯条不得使用。当锯条裂纹长度在10mm以下时，应在裂纹终端冲一止裂孔。锯条松紧度应调整适当。带锯机启动后，应空载试运转，并应确认运转正常，无串条现象后，开始作业。

10.2.2 作业中，操作人员应站在带锯机的两侧，跑车开动后，行程范围内的轨道周围不应站人，不应在运行中跑车。

10.2.3 原木进锯前，应调好尺寸，进锯后不得调整。进锯速度应均匀。

10.2.4 倒车应在木材的尾端越过锯条500mm后进行，倒车速度不宜过快。

10.2.5 平台式带锯作业时，送接料应配合一致。送料、接料时不得将手送进台面。锯短料时，应采用推棍送料。回送木料时，应离开锯条50mm及以上。

10.2.6 带锯机运转中，当木屑堵塞吸尘管口时，不得清理管口。

10.2.7 作业中，应根据锯条的宽度与厚度及时调节档位或增减带锯机的压砣（重锤）。当发生锯条口松或串条等现象时，不得用增加压砣（重锤）重量的办法进行调整。

10.3 圆盘锯

10.3.1 木工圆锯机上的旋转锯片必须设置防护罩。

10.3.2 安装锯片时，锯片应与轴同心，夹持锯片的法兰盘直径应为锯片直径的1/4。

10.3.3 锯片不得有裂纹。锯片不得有连续2个及以上的缺齿。

10.3.4 被锯木料的长度不应小于500mm。作业时，锯片应露出木料10mm～20mm。

10.3.5 送料时，不得将木料左右晃动或抬高；遇木节时，应缓慢送料；接近端头时，应采用推棍送料。

10.3.6 当锯线走偏时，应逐渐纠正，不得猛扳，以防止损坏锯片。

10.3.7 作业时，操作人员应戴防护眼镜，手臂不得跨越锯片，人员不得站在锯片的旋转方向。

10.4 平面刨（手压刨）

10.4.1 刨料时，应保持身体平稳，用双手操作。刨大面时，手应按在木料上面；刨小料时，手指不得低于料高一半。不得手在料后推料。

10.4.2 当被刨木料的厚度小于30mm，或长度小于400mm时，应采用压板或推棍推进。厚度小于15mm，或长度小于250mm的木料，不得在平刨上加工。

10.4.3 刨旧料前，应将料上的钉子、泥砂清除干净。被刨木料如有破裂或硬节等缺陷时，应处理后再施刨。遇木槎、节疤应缓慢送料。不得将手按在节疤上强行送料。

10.4.4 刀片、刀片螺钉的厚度和重量应一致，刀架与夹板应吻合贴紧，刀片焊缝超出刀头或有裂缝的刀具不应使用。刀片紧固螺钉应嵌入刀片槽内，并离刀背不得小于10mm。刀片紧固力应符合使用说明书的规定。

10.4.5 机械运转时，不得将手伸进安全挡板里侧去移动挡板或拆除安全挡板。

10.5 压刨床（单面和多面）

10.5.1 作业时，不得一次刨削两块不同材质或规格的木料，被刨木料的厚度不得超过使用说明书的规定。

10.5.2 操作者应站在进料的一侧。送料时应先进大头。接料人员应在被刨料离开料辊后接料。

10.5.3 刨刀与刨床台面的水平间隙应在10mm～30mm之间。不得使用带开口槽的刨刀。

10.5.4 每次进刀量宜为2mm～5mm。遇硬木或节疤，应减小进刀量，降低送料速度。

10.5.5 刨料的长度不得小于前后压辊之间距离。厚度小于10mm的薄板应垫托板作业。

10.5.6 压刨床的逆止爪装置应灵敏有效。进料齿辊及托料光辊应调整水平，上下距离应保持一致，齿辊应低于工件表面1mm～2mm，光辊应高出台面0.3mm～0.8mm。工作台面不得歪斜和高低不平。

10.5.7 刨削过程中，遇木料走横或卡住时，应先停机，再放低台面，取出木料，排除故障。

10.5.8 安装刀片时，应按本规程第10.4.4条的规定执行。

10.6 木工车床

10.6.1 车削前，应对车床各部装置及工具、卡具进行检查，并确认安全可靠。工件应卡紧，并应采用顶针顶紧。应进行试运转，确认正常后，方可作业。应根据工件木质的硬度，选择适当的进刀量和转速。

10.6.2 车削过程中，不得用手摸的方法检查工件的光滑程度。当采用砂纸打磨时，应先将刀架移开。车床转动时，不得用手来制动。

10.6.3 方形木料应先加工成圆柱体，再上车床加工。不得切削有节疤或裂缝的木料。

10.7 木工铣床（裁口机）

10.7.1 作业前，应对铣床各部件及铣刀安装进行检查，铣刀不得有裂纹或缺损，防护装置及定位止动装置应齐全可靠。

10.7.2 当木料有硬节时，应低速送料。应在木料送过铣刀口150mm后，再进行接料。

10.7.3 当木料铣切到端头时，应在已铣切的一端接料。送短料时，应用推料棍。

10.7.4 铣切量应按使用说明书的规定执行。不得在木料中间插刀。

10.7.5 卧式铣床的操作人员作业时，应站在刀刃侧面，不得面对刀刃。

10.8 开 榫 机

10.8.1 作业前，应紧固好刨刀、锯片，并试运转3min～5min，确认正常后作业。

10.8.2 作业时，应侧身操作，不得面对刀具。

10.8.3 切削时，应用压料杆将木料压紧，在切削完毕前，不得松开压料杆。短料开榫时，应用垫板将木料夹牢，不得用手直接握料作业。

10.8.4 不得上机加工有节疤的木料。

10.9 打 眼 机

10.9.1 作业前，应调整好机架和卡具，台面应平稳，钻头应垂直，凿心应在凿套中心卡牢，并应与加工的钻孔垂直。

10.9.2 打眼时，应使用夹料器，不得用手直接扶料。遇节疤时，应缓慢压下，不得用力过猛。

10.9.3 作业中，当凿心卡阻或冒烟时，应立即抬起手柄。不得用手直接清理钻出的木屑。

10.9.4 更换凿心时，应先停车，切断电源，并应在平台上垫上木板后进行。

10.10 锉 锯 机

10.10.1 作业前，应检查并确认砂轮不得有裂缝和破损，并应安装牢固。

10.10.2 启动时，应先空运转，当有剧烈振动时，应找出偏重位置，调整平衡。

10.10.3 作业时，操作人员不得站在砂轮旋转时离心力方向一侧。

10.10.4 当撑齿钩遇到缺齿或撑钩妨碍锯条运动时，应及时处理。

10.10.5 锉磨锯齿的速度宜按下列规定执行：带锯应控制在40齿/min～70齿/min；圆锯应控制在26齿/min～30齿/min。

10.10.6 锯条焊接时应接合严密，平滑均匀，厚薄一致。

10.11 磨 光 机

10.11.1 作业前，应对下列项目进行检查，并符合相应要求：

1 盘式磨光机防护装置应齐全有效；

2 砂轮应无裂纹破损；

3 带式磨光机砂筒上砂带的张紧度应适当；

4 各部轴承应润滑良好，紧固连接件应连接可靠。

10.11.2 磨削小面积工件时，宜尽量在台面整个宽度内排满工件，磨削时，应渐次连续进给。

10.11.3 带式磨光机作业时，压垫的压力应均匀。砂带纵向移动时，砂带应和工作台横向移动互相配合。

10.11.4 盘式磨光机作业时，工件应放在向下旋转的半面进行磨光。手不得靠近磨盘。

11 地下施工机械

11.1 一 般 规 定

11.1.1 地下施工机械选型和功能应满足施工地质条件和环境安全要求。

11.1.2 地下施工机械及配套设施应在专业厂家制造，应符合设计要求，并应在总装调试合格后才能出厂。出厂时，应具有质量合格证书和产品使用说明书。

11.1.3 作业前，应充分了解施工作业周边环境，对邻近建（构）筑物、地下管网等应进行监测，并应制定对建（构）筑物、地下管线保护的专项安全技术方案。

11.1.4 作业中，应对有害气体及地下作业面通风量进行监测，并应符合职业健康安全标准的要求。

11.1.5 作业中，应随时监视机械各运转部位的状态及参数，发现异常时，应立即停机检修。

11.1.6 气动设备作业时，应按照相关设备使用说明书和气动设备的操作技术要求进行施工。

11.1.7 应根据现场作业条件，合理选择水平及垂直运输设备，并应按相关规范执行。

11.1.8 地下施工机械作业时，必须确保开挖土体稳定。

11.1.9 地下施工机械施工过程中，当停机时间较长时，应采取措施，维持开挖面稳定。

11.1.10 地下施工机械使用前，应确认其状态良好，满足作业要求。使用过程中，应按使用说明书的要求进行保养、维修，并应及时更换受损的零件。

11.1.11 掘进过程中，遇到施工偏差过大、设备故障、意外的地质变化等情况时，必须暂停施工，经处理后再继续。

11.1.12 地下大型施工机械设备的安装、拆卸应按使用说明书的规定进行，并应制定专项施工方案，由专业队伍进行施工，安装、拆卸过程中应有专业技术和安全人员监护。大型设备吊装应符合本规程第4章的有关规定。

11.2 顶 管 机

11.2.1 选择顶管机，应根据管道所处土层性质、管径、地下水位、附近地上与地下建（构）筑物和各种设施等因素，经技术经济比较后确定。

11.2.2 导轨应选用钢质材料制作，安装后应牢固，不得在使用中产生位移，并应经常检查校核。

11.2.3 千斤顶的安装应符合下列规定：

1 千斤顶宜固定在支撑架上，并应与管道中心线对称，其合力应作用在管道中心的垂面上；

2 当千斤顶多于一台时，宜取偶数，且其规格宜相同；当规格不同时，其行程应同步，并应将同规格的千斤顶对称布置；

3 千斤顶的油路应并联，每台千斤顶应有进油、回油的控制系统。

11.2.4 油泵和千斤顶的选型应相匹配，并应有备用油泵；油泵安装完毕，应进行试运转，并应在合格后使用。

11.2.5 顶进前，全部设备应经过检查并经过试运转确认合格。

11.2.6 顶进时，工作人员不得在顶铁上方及侧面停留，并应随时观察顶铁有无异常迹象。

11.2.7 顶进开始时，应先缓慢进行，在各接触部位密合后，再按正常顶进速度顶进。

11.2.8 千斤顶活塞退回时，油压不得过大，速度不得过快。

11.2.9 安装后的顶铁轴线应与管道轴线平行、对称。顶铁、导轨和顶铁之间的接触面不得有杂物。

11.2.10 顶铁与管口之间应采用缓冲材料衬垫。

11.2.11 管道顶进应连续作业。管道顶进过程中，遇下列情况之一时，应立即停止顶进，检查原因并经处理后继续顶进：

1 工具管前方遇到障碍；

2 后背墙变形严重；

3 顶铁发生扭曲现象；

4 管位偏差过大且校正无效；

5 顶力超过管端的允许顶力；

6 油泵、油路发生异常现象；

7 管节接缝、中继间渗漏泥水、泥浆；

8 地层、邻近建（构）筑物、管线等周围环境的变形量超出控制允许值。

11.2.12 使用中继间应符合下列规定：

1 中继间安装时应将凸头安装在工具管方向，凹头安装在工作井一端；

2 中继间应有专职人员进行操作，同时应随时观察有可能发生的问题；

3 中继间使用时，油压、顶力不宜超过设计油压顶力，应避免引起中继间变形；

4 中继间应安装行程限位装置，单次推进距离应控制在设计允许距离内；

5 穿越中继间的高压进水管、排泥管等软管应与中继间保持一定距离，应避免中继间往返时损坏管线。

11.3 盾构机

11.3.1 盾构机组装前，应对推进千斤顶、拼装机、调节千斤顶进行试验验收。

11.3.2 盾构机组装前，应将防止盾构机后退的推进系统平衡阀、调节拼装机的回转平衡阀的二次溢流压力调到设计压力值。

11.3.3 盾构机组装前，应将液压系统各非标制品的阀组按设计要求进行密闭性试验。

11.3.4 盾构机组装完成后，应先对各部件、各系统进行空载、负载调试及验收，最后应进行整机空载和负载调试及验收。

11.3.5 盾构机始发、接收前，应落实盾构基座稳定措施，确保牢固。

11.3.6 盾构机应在空载调试运转正常后，开始盾构始发施工。在盾构始发阶段，应检查各部位润滑并记录油脂消耗情况；初始推进过程中，应对推进情况进行监测，并对监测反馈资料进行分析，不断调整盾构掘进施工参数。

11.3.7 盾构掘进中，每环掘进结束及中途停止掘进时，应按规定程序操作各种机电设备。

11.3.8 盾构掘进中，当遇有下列情况之一时，应暂停施工，并应在排除险情后继续施工：

1 盾构位置偏离设计轴线过大；

2 管片严重碎裂和渗漏水；

3 开挖面发生坍塌或严重的地表隆起、沉降现象；

4 遭遇地下不明障碍物或意外的地质变化；

5 盾构旋转角度过大，影响正常施工；

6 盾构扭矩或顶力异常。

11.3.9 盾构暂停掘进时，应按程序采取稳定开挖面的措施，确保暂停施工后盾构姿态稳定不变。暂停掘进前，应检查并确认推进液压系统不得有渗漏现象。

11.3.10 双圆盾构掘进时，双圆盾构两刀盘应相向旋转，并保持转速一致，不得接触和碰撞。

11.3.11 盾构带压开仓更换刀具时，应确保工作面稳定，并应进行持续充分的通风及毒气测试合格后，进行作业。地下情况较复杂时，作业人员应戴防毒面具。更换刀具时，应按专项方案和安全规定执行。

11.3.12 盾构切口与到达接收井距离小于10m时，应控制盾构推进速度、开挖面压力、排土量。

11.3.13 盾构推进到冻结区域停止推进时，应每隔10min转动刀盘一次，每次转动时间不得少于5min。

11.3.14 当盾构全部进入接收井内基座上后，应及时做好管片与洞圈间的密封。

11.3.15 盾构调头时应专人指挥，应设专人观察设备转向状态，避免方向偏离或设备碰撞。

11.3.16 管片拼装时，应按下列规定执行：

1 管片拼装应落实专人负责指挥，拼装机操作人员应按照指挥人员的指令操作，不得擅自转动拼装机；

2 举重臂旋转时，应鸣号警示，严禁施工人员进入举重臂回转范围内。拼装工应在全部就位后开始作业。在施工人员未撤离施工区域时，严禁启动拼装机；

3 拼装管片时，拼装工必须站在安全可靠的位置，不得将手脚放在环缝和千斤顶的顶部；

4 举重臂应在管片固定就位后复位。封顶拼装就位未完毕时，施工人员不得进入封顶块的下方；

5 举重臂拼装头应拧紧到位，不得松动，发现有磨损情况时，应及时更换，不得冒险吊运；

6 管片在旋转上升之前，应用举重臂小脚将管片固定，管片在旋转过程中不得晃动；

7 当拼装头与管片预埋孔不能紧固连接时，应制作专用的拼装架。拼装架设计应经技术部门审批，并经过试验合格后开始使用；

8 拼装管片应使用专用的拼装销，拼装销应有限位装置；

9 装机回转时，在回转范围内，不得有人；

10 管片吊起或升降架旋回到上方时，放置时间不应超过3min。

11.3.17 盾构的保养与维修应坚持"预防为主、经常检测、强制保养、养修并重"的原则，并应由专业人员进行保养与维修。

11.3.18 盾构机拆除退场时，应按下列规定执行：

1 机械结构部分应先按液压、泥水、注浆、电气系统顺序拆卸，最后拆卸机械结构件；

2 吊装作业时，应仔细检查并确认盾构机各连接部件与盾构机已彻底拆开分离，千斤顶全部缩回到位，所有注浆、泥水系统的手动阀门已关闭；

3　大刀盘应按要求位置停放，在井下分解后，应及时吊上地面；

4　拼装机按规定位置停放，举重钳应缩到底；提升横梁应烧焊马脚固定，同时在拼装机横梁底部应加焊接支撑，防止下坠。

11.3.19　盾构机转场运输时，应按下列规定执行：

1　应根据设备的最大尺寸，对运输线路进行实地勘察；

2　设备应与运输车辆有可靠固定措施；

3　设备超宽、超高时，应按交通法规办理各类通行证。

12　焊 接 机 械

12.1　一 般 规 定

12.1.1　焊接（切割）前，应先进行动火审查，确认焊接（切割）现场防火措施符合要求，并应配备相应的消防器材和安全防护用品，落实监护人员后，开具动火证。

12.1.2　焊接设备应有完整的防护外壳，一、二次接线柱处应有保护罩。

12.1.3　现场使用的电焊机应设有防雨、防潮、防晒、防砸的措施。

12.1.4　焊割现场及高空焊割作业下方，严禁堆放油类、木材、氧气瓶、乙炔瓶、保温材料等易燃、易爆物品。

12.1.5　电焊机绝缘电阻不得小于0.5MΩ，电焊机导线绝缘电阻不得小于1MΩ，电焊机接地电阻不得大于4Ω。

12.1.6　电焊机导线和接地线不得搭在易燃、易爆、带有热源或有油的物品上；不得利用建（构）筑物的金属结构、管道、轨道或其他金属物体，搭接起来，形成焊接回路，并不得将电焊机和工件双重接地；严禁使用氧气、天然气等易燃易爆气体管道作为接地装置。

12.1.7　电焊机的一次侧电源线长度不应大于5m，二次线应采用防水橡皮护套铜芯软电缆，电缆长度不应大于30m，接头不得超过3个，并应双线到位。当需要加长导线时，应相应增加导线的截面积。当导线通过道路时，应架高，或穿入防护管内埋设在地下；当通过轨道时，应从轨道下面通过。当导线绝缘受损或断股时，应立即更换。

12.1.8　电焊钳应有良好的绝缘和隔热能力。电焊钳握柄应绝缘良好，握柄与导线连接应牢靠，连接处应采用绝缘布包好。操作人员不得用胳膊夹持电焊钳，并不得在水中冷却电焊钳。

12.1.9　对承压状态的压力容器和装有剧毒、易燃、易爆物品的容器，严禁进行焊接或切割作业。

12.1.10　当需焊割受压容器、密闭容器、粘有可燃气体和溶液的工件时，应先消除容器及管道内压力，清除可燃气体和溶液，并冲洗有毒、有害、易燃物质；对存有残余油脂的容器，宜用蒸汽、碱水冲洗，打开盖口，并确认容器清洗干净后，应灌满清水后进行焊割。

12.1.11　在容器内和管道内焊割时，应采取防止触电、中毒和窒息的措施。焊、割密闭容器时，应留出气孔，必要时应在进、出气口处装设通风设备；容器内照明电压不得超过12V；容器外应有专人监护。

12.1.12　焊割铜、铝、锌、锡等有色金属时，应通风良好，焊割人员应戴防毒面罩或采取其他防毒措施。

12.1.13　当预热焊件温度达150℃～700℃时，应设挡板隔离焊件发出的辐射热，焊接人员应穿戴隔热的石棉服装和鞋、帽等。

12.1.14　雨雪天不得在露天电焊。在潮湿地带作业时，应铺设绝缘物品，操作人员应穿绝缘鞋。

12.1.15　电焊机应按额定焊接电流和暂载率操作，并应控制电焊机的温升。

12.1.16　当清除焊渣时，应戴防护眼镜，头部应避开焊渣飞溅方向。

12.1.17　交流电焊机应安装防二次侧触电保护装置。

12.2　交（直）流焊机

12.2.1　使用前，应检查并确认初、次级线接线正确，输入电压符合电焊机的铭牌规定，接线螺母、螺栓及其他部件完好齐全，不得松动或损坏。直流焊机换向器与电刷接触应良好。

12.2.2　当多台焊机在同一场地作业时，相互间距不应小于600mm，应逐台启动，并应使三相负载保持平衡。多台焊机的接地装置不得串联。

12.2.3　移动电焊机或停电时，应切断电源，不得用拖拉电缆的方法移动焊机。

12.2.4　调节焊接电流和极性开关应在卸除负荷后进行。

12.2.5　硅整流直流电焊机主变压器的次级线圈和控制变压器的次级线圈不得用摇表测试。

12.2.6　长期停用的焊机启用时，应空载通电一定时间，进行干燥处理。

12.3　氩 弧 焊 机

12.3.1　作业前，应检查并确认接地装置安全可靠，气管、水管应通畅，不得有外漏。工作场所应有良好的通风措施。

12.3.2　应先根据焊件的材质、尺寸、形状，确定极性，再选择焊机的电压、电流和氩气的流量。

12.3.3　安装氩气表、氩气减压阀、管接头等配件时，不得粘有油脂，并应拧紧丝扣（至少5扣）。开气时，严禁身体对准氩气表和气瓶节门，应防止氩气表和气瓶节门打开伤人。

12.3.4 水冷型焊机应保持冷却水清洁。在焊接过程中，冷却水的流量应正常，不得断水施焊。

12.3.5 焊机的高频防护装置应良好；振荡器电源线路中的连锁开关不得分接。

12.3.6 使用氩弧焊时，操作人员应戴防毒面罩。应根据焊接厚度确定钨极粗细，更换钨极时，必须切断电源。磨削钨极端头时，应设有通风装置，操作人员应佩戴手套和口罩，磨削下来的粉尘，应及时清除。钍、铈、钨极不得随身携带，应贮存在铅盒内。

12.3.7 焊机附近不宜有振动。焊机上及周围不得放置易燃、易爆或导电物品。

12.3.8 氮气瓶和氩气瓶与焊接地点应相距3m以上，并应直立固定放置。

12.3.9 作业后，应切断电源，关闭水源和气源。焊接人员应及时脱去工作服，清洗外露的皮肤。

12.4 点焊机

12.4.1 作业前，应清除上下两电极的油污。

12.4.2 作业前，应先接通控制线路的转向开关和焊接电流的开关，调整好极数，再接通水源、气源，最后接通电源。

12.4.3 焊机通电后，应检查并确认电气设备、操作机构、冷却系统、气路系统工作正常，不得有漏电现象。

12.4.4 作业时，气路、水冷系统应畅通。气体应保持干燥。排水温度不得超过40℃，排水量可根据水温调节。

12.4.5 严禁在引燃电路中加大熔断器。当负载过小，引燃管内电弧不能发生时，不得闭合控制箱的引燃电路。

12.4.6 正常工作的控制箱的预热时间不得少于5min。当控制箱长期停用时，每月应通电加热30min。更换闸流管前，应预热30min。

12.5 二氧化碳气体保护焊机

12.5.1 作业前，二氧化碳气体应按规定进行预热。开气时，操作人员必须站在瓶嘴的侧面。

12.5.2 作业前，应检查并确认焊丝的进给机构、电线的连接部分、二氧化碳气体的供应系统及冷却水循环系统符合要求，焊枪冷却水系统不得漏水。

12.5.3 二氧化碳气瓶宜存放在阴凉处，不得靠近热源，并应放置牢靠。

12.5.4 二氧化碳气体预热器端的电压，不得大于36V。

12.6 埋弧焊机

12.6.1 作业前，应检查并确认各导线连接应良好；控制箱的外壳和接线板上的罩壳应完好；送丝滚轮的沟槽及齿纹应完好；滚轮、导电嘴（块）不得有过度磨损，接触应良好；减速箱润滑油应正常。

12.6.2 软管式送丝机构的软管槽孔应保持清洁，并定期吹洗。

12.6.3 在焊接中，应保持焊剂连续覆盖，以免焊剂中断露出电弧。

12.6.4 在焊机工作时，手不得触及送丝机构的滚轮。

12.6.5 作业时，应及时排走焊接中产生的有害气体，在通风不良的室内或容器内作业时，应安装通风设备。

12.7 对焊机

12.7.1 对焊机应安置在室内或防雨的工棚内，并应有可靠的接地或接零。当多台对焊机并列安装时，相互间距不得小于3m，并应分别接在不同相位的电网上，分别设置各自的断路器。

12.7.2 焊接前，应检查并确认对焊机的压力机构应灵活，夹具应牢固，气压、液压系统不得有泄漏。

12.7.3 焊接前，应根据所焊接钢筋的截面，调整二次电压，不得焊接超过对焊机规定直径的钢筋。

12.7.4 断路器的接触点、电极应定期光磨，二次电路连接螺栓应定期紧固。冷却水温度不得超过40℃；排水量应根据温度调节。

12.7.5 焊接较长钢筋时，应设置托架。

12.7.6 闪光区应设挡板，与焊接无关的人员不得入内。

12.7.7 冬期施焊时，温度不应低于8℃。作业后，应放尽机内冷却水。

12.8 竖向钢筋电渣压力焊机

12.8.1 应根据施焊钢筋直径选择具有足够输出电流的电焊机。电源电缆和控制电缆连接应正确、牢固。焊机及控制箱的外壳应接地或接零。

12.8.2 作业前，应检查供电电压并确认正常，当一次电压降大于8%时，不宜焊接。焊接导线长度不得大于30m。

12.8.3 作业前，应检查并确认控制电路正常，定时应准确，误差不得大于5%，机具的传动系统、夹装系统及焊钳的转动部分应灵活自如，焊剂应已干燥，所需附件应齐全。

12.8.4 作业前，应按所焊钢筋的直径，根据参数表，标定好所需的电流和时间。

12.8.5 起弧前，上下钢筋应对齐，钢筋端头应接触良好。对锈蚀或粘有水泥等杂物的钢筋，应在焊接前用钢丝刷清除，并保证导电良好。

12.8.6 每个接头焊完后，应停留5min～6min保温，寒冷季节应适当延长保温时间。焊渣应在完全冷却后清除。

12.9 气焊（割）设备

12.9.1 气瓶每三年应检验一次，使用期不应超过20年。气瓶压力表应灵敏正常。

12.9.2 操作者不得正对气瓶阀门出气口，不得用明火检验是否漏气。

12.9.3 现场使用的不同种类气瓶应装有不同的减压器，未安装减压器的氧气瓶不得使用。

12.9.4 氧气瓶、压力表及其焊割机具上不得粘染油脂。氧气瓶安装减压器时，应先检查阀门接头，并略开氧气瓶阀门吹除污垢，然后安装减压器。

12.9.5 开启氧气瓶阀门时，应采用专用工具，动作应缓慢。氧气瓶中的氧气不得全部用尽，应留49kPa以上的剩余压力。关闭氧气瓶阀门时，应先松开减压器的活门螺栓。

12.9.6 乙炔钢瓶使用时，应设有防止回火的安全装置；同时使用两种气体作业时，不同气瓶都应安装单向阀，防止气体相互倒灌。

12.9.7 作业时，乙炔瓶与氧气瓶之间的距离不得少于5m，　气瓶与明火之间的距离不得少于10m。

12.9.8 乙炔软管、氧气软管不得错装。乙炔气胶管、防止回火装置及气瓶冻结时，应用40℃以下热水加热解冻，不得用火烤。

12.9.9 点火时，焊枪口不得对人。正在燃烧的焊枪不得放在工件或地面上。焊枪带有乙炔和氧气时，不得放在金属容器内，以防止气体逸出，发生爆燃事故。

12.9.10 点燃焊（割）炬时，应先开乙炔阀点火，再开氧气阀调整火。关闭时，应先关闭乙炔阀，再关闭氧气阀。

氢氧并用时，应先开乙炔气，再开氢气，最后开氧气，再点燃。灭火时，应先关氧气，再关氢气，最后关乙炔气。

12.9.11 操作时，氢气瓶、乙炔瓶应直立放置，且应安放稳固。

12.9.12 作业中，发现氧气瓶阀门失灵或损坏不能关闭时，应让瓶内的氧气自动放尽后，再进行拆卸修理。

12.9.13 作业中，当氧气软管着火时，不得折弯软管断气，应迅速关闭氧气阀门，停止供氧。当乙炔软管着火时，应先关熄炬火，可弯折前面一段软管将火熄灭。

12.9.14 工作完毕，应将氧气瓶、乙炔瓶气阀关好，拧上安全罩，检查操作场地，确认无着火危险，方准离开。

12.9.15 氧气瓶应与其他气瓶、油脂等易燃、易爆物品分开存放，且不得同车运输。氧气瓶不得散装吊运。运输时，氧气瓶应装有防振圈和安全帽。

12.10 等离子切割机

12.10.1 作业前，应检查并确认不得有漏电、漏气、漏水现象，接地或接零应安全可靠。应将工作台与地面绝缘，或在电气控制系统安装空载断路继电器。

12.10.2 小车、工件位置应适当，工件应接通切割电路正极，切割工作面下应设有熔渣坑。

12.10.3 应根据工件材质、种类和厚度选定喷嘴孔径，调整切割电源、气体流量和电极的内缩量。

12.10.4 自动切割小车应经空车运转，并应选定合适的切割速度。

12.10.5 操作人员应戴好防护面罩、电焊手套、帽子、滤膜防尘口罩和隔声耳罩。

12.10.6 切割时，操作人员应站在上风处操作。可从工作台下部抽风，并宜缩小操作台上的敞开面积。

12.10.7 切割时，当空载电压过高时，应检查电器接地或接零、割炬把手绝缘情况。

12.10.8 高频发生器应设有屏蔽护罩，用高频引弧后，应立即切断高频电路。

12.10.9 作业后，应切断电源，关闭气源和水源。

12.11 仿形切割机

12.11.1 应按出厂使用说明书要求接通切割机的电源，并应做好保护接地或接零。

12.11.2 作业前，应先空运转，检查并确认氧、乙炔和加装的仿形样板配合无误后，开始切割作业。

12.11.3 作业后，应清理保养设备，整理并保管好氧气带、乙炔气带及电缆线。

13 其他中小型机械

13.1 一 般 规 定

13.1.1 中小型机械应安装稳固，用电应符合现行行业标准《施工现场临时用电安全技术规范》JGJ 46的有关规定。

13.1.2 中小型机械上的外露传动部分和旋转部分应设有防护罩。室外使用的机械应搭设机械防护棚或采取其他防护措施。

13.2 咬 口 机

13.2.1 不得用手触碰转动中的辊轮，工件送到末端时，手指应离开工件。

13.2.2 工件长度、宽度不得超过机械允许加工的范围。

13.2.3 作业中如有异物进入辊中，应及时停车处理。

13.3 剪 板 机

13.3.1 启动前，应检查并确认各部润滑、紧固应完好，切刀不得有缺口。

13.3.2 剪切钢板的厚度不得超过剪板机规定的能力。切窄板材时，应在被剪板材上压一块较宽钢板，使垂直压紧装置下落时，能压牢被剪板材。

13.3.3 应根据剪切板材厚度，调整上下切刀间隙。正常切刀间隙不得大于板材厚度的5%，斜口剪时，不得大于7%。间隙调整后，应进行手转动及空车运转试验。

13.3.4 剪板机限位装置应齐全有效。制动装置应根据磨损情况，及时调整。

13.3.5 多人作业时，应有专人指挥。

13.3.6 应在上切刀停止运动后送料。送料时，应放正、放平、放稳，手指不得接近切刀和压板，并不得将手伸进垂直压紧装置的内侧。

13.4 折 板 机

13.4.1 作业前，应先校对模具，按被折板厚的1.5倍～2倍预留间隙，并进行试折，在检查并确认机械和模具装备正常后，再调整到折板规定的间隙，开始正式作业。

13.4.2 作业中，应经常检查上模具的紧固件和液压或气压系统，当发现有松动或泄漏等情况，应立即停机，并妥善处理后，继续作业。

13.4.3 批量生产时，应使用后标尺挡板进行对准和调整尺寸，并应空载运转，检查并确认其摆动应灵活可靠。

13.5 卷 板 机

13.5.1 作业中，操作人员应站在工件的两侧，并应防止人手和衣服被卷入轧辊内。工件上不得站人。

13.5.2 用样板检查圆度时，应在停机后进行。滚卷工件到末端时，应留一定的余量。

13.5.3 滚卷较厚、直径较大的筒体或材料强度较大的工件时，应少量下降动轧辊，并应经多次滚卷成型。

13.5.4 滚卷较窄的筒体时，应放在轧辊中间滚卷。

13.6 坡 口 机

13.6.1 刀排、刀具应稳定牢固。

13.6.2 当工件过长时，应加装辅助托架。

13.6.3 作业中，不得俯身近视工件。不得用手摸坡口及擦拭铁屑。

13.7 法兰卷圆机

13.7.1 加工型钢规格不应超过机具的允许范围。

13.7.2 当轧制的法兰不能进入第二道型辊时，不得用手直接推送，应使用专用工具送入。

13.7.3 当加工法兰直径超过1000mm时，应采取加装托架等安全措施。

13.7.4 作业时，人员不得靠近法兰尾端。

13.8 套丝切管机

13.8.1 应按加工管径选用板牙头和板牙，板牙应按顺序放入，板牙应充分润滑。

13.8.2 当工件伸出卡盘端面的长度较长时，后部应加装辅助托架，并调整好高度。

13.8.3 切断作业时，不得在旋转手柄上加长力臂。切平管端时，不得进刀过快。

13.8.4 当加工件的管径或椭圆度较大时，应两次进刀。

13.9 弯 管 机

13.9.1 弯管机作业场所应设置围栏。

13.9.2 应按加工管径选用管模，并应按顺序将管模放好。

13.9.3 不得在管子和管模之间加油。

13.9.4 作业时，应夹紧机件，导板支承机构应按弯管的方向及时进行换向。

13.10 小 型 台 钻

13.10.1 多台钻床布置时，应保持合适安全距离。

13.10.2 操作人员应按规定穿戴防护用品，并应扎紧袖口。不得围围巾及戴手套。

13.10.3 启动前应检查下列各项，并应符合相应要求：

1 各部螺栓应紧固；

2 行程限位、信号等安全装置应齐全有效；

3 润滑系统应保持清洁，油量应充足；

4 电气开关、接地或接零应良好；

5 传动及电气部分的防护装置应完好牢固；

6 夹具、刀具不得有裂纹、破损。

13.10.4 钻小件时，应用工具夹持；钻薄板时，应用虎钳夹紧，并应在工件下垫好木板。

13.10.5 手动进钻退钻时，应逐渐增压或减压，不得用管子套在手柄上加压进钻。

13.10.6 排屑困难时，进钻、退钻应反复交替进行。

13.10.7 不得用手触摸旋转的刀具或将头部靠近机床旋转部分，不得在旋转着的刀具下翻转、卡压或测量工件。

13.11 喷 浆 机

13.11.1 开机时，应先打开料桶开关，让石灰浆流入泵体内部后，再开动电动机带泵旋转。

13.11.2 作业后，应往料斗注入清水，开泵清洗直到水清为止，再倒出泵内积水，清洗疏通喷头座及滤网，并将喷枪擦洗干净。

13.11.3 长期存放前，应清除前、后轴承座内的灰浆积料，堵塞进浆口，从出浆口注入机油约50mL，再堵塞出浆口，开机运转约30s，使泵体内润滑防锈。

13.12 柱塞式、隔膜式灰浆泵

13.12.1 输送管路应连接紧密，不得渗漏；垂直管道应固定牢固；管道上不得加压或悬挂重物。

13.12.2 作业前应检查并确认球阀完好，泵内无干硬灰浆等物，安全阀已调整到预定的安全压力。

13.12.3 泵送前，应先用水进行泵送试验，检查并确认各部位无渗漏。

13.12.4 被输送的灰浆应搅拌均匀，不得混入石子或其他杂物，灰浆稠度应为80mm～120mm。

13.12.5 泵送时，应先开机后加料，并应先用泵压送适量石灰膏润滑输送管道，然后再加入稀灰浆，最后调整到所需稠度。

13.12.6 泵送过程中，当泵送压力超过预定的1.5MPa时，应反向泵送；当反向泵送无效时，应停机卸压检查，不得强行泵送。

13.12.7 当短时间内不需泵送时，可打开回浆阀使灰浆在泵体内循环运行。当停泵时间较长时，应每隔3min～5min泵送一次，泵送时间宜为0.5min。

13.12.8 当因故障停机时，应先打开泄浆阀使压力下降，然后排除故障。灰浆泵压力未达到零时，不得拆卸空气室、安全阀和管道。

13.12.9 作业后，应先采用石灰膏或浓石灰水把输送管道里的灰浆全部泵出，再用清水将泵和输送管道清洗干净。

13.13 挤压式灰浆泵

13.13.1 使用前，应先接好输送管道，往料斗加注清水，启动灰浆泵，当输送胶管出水时，应折起胶管，在升到额定压力时，停泵、观察各部位，不得有渗漏现象。

13.13.2 作业前，应先用清水，再用白灰膏润滑输送管道后，再泵送灰浆。

13.13.3 泵送过程中，当压力迅速上升，有堵管现象时，应反转泵送2转～3转，使灰浆返回料斗，经搅拌后再泵送，当多次正反泵仍不能畅通时，应停机检查，排除堵塞。

13.13.4 工作间歇时，应先停止送灰，后停止送气，并应防止气嘴被灰浆堵塞。

13.13.5 作业后，应将泵机和管路系统全部清洗干净。

13.14 水 磨 石 机

13.14.1 水磨石机宜在混凝土达到设计强度70%～80%时进行磨削作业。

13.14.2 作业前，应检查并确认各连接件应紧固，磨石不得有裂纹、破损，冷却水管不得有渗漏现象。

13.14.3 电缆线不得破损，保护接零或接地应良好。

13.14.4 在接通电源、水源后，应先压扶把使磨盘离开地面，再启动电动机，然后应检查并确认磨盘旋转方向与箭头所示方向一致，在运转正常后，再缓慢放下磨盘，进行作业。

13.14.5 作业中，使用的冷却水不得间断，用水量宜调至工作面不发干。

13.14.6 作业中，当发现磨盘跳动或异响，应立即停机检修。停机时，应先提升磨盘后关机。

13.14.7 作业后，应切断电源，清洗各部位的泥浆，并应将水磨石机放置在干燥处。

13.15 混凝土切割机

13.15.1 使用前，应检查并确认电动机接线正确，接零或接地应良好，安全防护装置应有效，锯片选用应符合要求，并安装正确。

13.15.2 启动后，应先空载运转，检查并确认锯片运转方向应正确，升降机构应灵活，一切正常后，开始作业。

13.15.3 切割厚度应符合机械出厂铭牌的规定。切割时应匀速切割。

13.15.4 切割小块料时，应使用专用工具送料，不得直接用手推料。

13.15.5 作业中，当发生跳动及异响时，应立即停机检查，排除故障后，继续作业。

13.15.6 锯台上和构件锯缝中的碎屑应采用专用工具及时清除。

13.15.7 作业后，应清洗机身，擦干锯片，排放水箱余水，并存放在干燥处。

13.16 通 风 机

13.16.1 通风机应有防雨防潮措施。

13.16.2 通风机和管道安装应牢固。风管接头应严密，口径不同的风管不得混合连接。风管转角处应做成大圆角。风管安装不应妨碍人员行走及车辆通行，风管出风口距工作面宜为6m～10m。爆破工作面附近的管道应采取保护措施。

13.16.3 通风机及通风管应装有风压水柱表，并应随时检查通风情况。

13.16.4 启动前应检查并确认主机和管件的连接应符合要求、风扇转动应平稳、电流过载保护装置应齐全有效。

13.16.5 通风机应运行平稳，不得有异响。对无逆止装置的通风机，应在风道回风消失后进行检修。

13.16.6 当电动机温升超过铭牌规定等异常情况时，应停机降温。

13.16.7 不得在通风机和通风管上放置或悬挂任何物件。

13.17 离 心 水 泵

13.17.1 水泵安装应牢固、平稳，电气设备应有防

雨防潮设施。高压软管接头连接应牢固可靠，并宜平直放置。数台水泵并列安装时，每台之间应有0.8m～1.0m的距离；串联安装时，应有相同的流量。

13.17.2 冬期运转时，应做好管路、泵房的防冻、保温工作。

13.17.3 启动前应进行检查，并应符合下列规定：

1 电动机与水泵的连接应同心，联轴节的螺栓应紧固，联轴节的转动部分应有防护装置；

2 管路支架应稳固。管路应密封可靠，不得有堵塞或漏水现象；

3 排气阀应畅通。

13.17.4 启动时，应加足引水，并应将出水阀关闭；当水泵达到额定转速时，旋开真空表和压力表的阀门，在指针位置正常后，逐步打开出水阀。

13.17.5 运转中发现下列现象之一时，应立即停机检修：

1 漏水、漏气及填料部分发热；

2 底阀滤网堵塞，运转声音异常；

3 电动机温升过高，电流突然增大；

4 机械零件松动。

13.17.6 水泵运转时，人员不得从机上跨越。

13.17.7 水泵停止作业时，应先关闭压力表，再关闭出水阀，然后切断电源。冬期停用时，应放净水泵和水管中积水。

13.18 潜 水 泵

13.18.1 潜水泵应直立于水中，水深不得小于0.5m，不宜在含大量泥砂的水中使用。

13.18.2 潜水泵放入水中或提出水面时，不得拉拽电缆或出水管，并应切断电源。

13.18.3 潜水泵应装设保护接零和漏电保护装置，工作时，泵周围30m以内水面，不得有人、畜进入。

13.18.4 启动前应进行检查，并应符合下列规定：

1 水管绑扎应牢固；

2 放气、放水、注油等螺塞应旋紧；

3 叶轮和进水节不得有杂物；

4 电气绝缘应良好。

13.18.5 接通电源后，应先试运转，检查并确认旋转方向应正确，无水运转时间不得超过使用说明书规定。

13.18.6 应经常观察水位变化，叶轮中心至水平面距离应在0.5m～3.0m之间，泵体不得陷入污泥或露出水面。电缆不得与井壁、池壁摩擦。

13.18.7 潜水泵的启动电压应符合使用说明书的规定，电动机电流超过铭牌规定的限值时，应停机检查，并不得频繁开关机。

13.18.8 潜水泵不用时，不得长期浸没于水中，应放置在干燥通风处。

13.18.9 电动机定子绕组的绝缘电阻不得低于0.5MΩ。

13.19 深 井 泵

13.19.1 深井泵应使用在含砂量低于0.01%的水中，泵房内设预润水箱。

13.19.2 深井泵的叶轮在运转中，不得与壳体摩擦。

13.19.3 深井泵在运转前，应将清水注入壳体内进行预润。

13.19.4 深井泵启动前，应检查并确认：

1 底座基础螺栓应紧固；

2 轴向间隙应符合要求，调节螺栓的保险螺母应装好；

3 填料压盖应旋紧，并应经过润滑；

4 电动机轴承应进行润滑；

5 用手旋转电动机转子和止退机构，应灵活有效。

13.19.5 深井泵不得在无水情况下空转。水泵的一、二级叶轮应浸入水位1m以下。运转中应经常观察井中水位的变化情况。

13.19.6 当水泵振动较大时，应检查水泵的轴承或电动机填料处磨损情况，并应及时更换零件。

13.19.7 停泵时，应先关闭出水阀，再切断电源，锁好开关箱。

13.20 泥 浆 泵

13.20.1 泥浆泵应安装在稳固的基础架或地基上，不得松动。

13.20.2 启动前应进行检查，并应符合下列规定：

1 各部位连接应牢固；

2 电动机旋转方向应正确；

3 离合器应灵活可靠；

4 管路连接应牢固，并应密封可靠，底阀应灵活有效。

13.20.3 启动前，吸水管、底阀及泵体内应注满引水，压力表缓冲器上端应注满油。

13.20.4 启动时，应先将活塞往复运动两次，并不得有阻梗，然后空载启动。

13.20.5 运转中，应经常测试泥浆含砂量。泥浆含砂量不得超过10%。

13.20.6 有多档速度的泥浆泵，在每班运转中，应将几档速度分别运转，运转时间不得少于30min。

13.20.7 泥浆泵换档变速应在停泵后进行。

13.20.8 运转中，当出现异响、电机明显温升或水量、压力不正常时，应停泵检查。

13.20.9 泥浆泵应在空载时停泵。停泵时间较长时，应全部打开放水孔，并松开缸盖，提起底阀放水杆，放尽泵体及管道中的全部泥浆。

13.20.10 当长期停用时，应清洗各部泥砂、油垢，放尽曲轴箱内的润滑油，并应采取防锈、防腐措施。

13.21 真 空 泵

13.21.1 真空室内过滤网应完整，集水室通向真空泵的回水管上的旋塞开启应灵活，指示仪表应正常，进出水管应按出厂说明书要求连接。

13.21.2 真空泵启动后，应检查并确认电机旋转方向与罩壳上箭头指向一致，然后应堵住进水口，检查泵机空载真空度，表值显示不应小于96kPa。当不符合上述要求时，应检查泵组、管道及工作装置的密封情况，有损坏时，应及时修理或更换。

13.21.3 作业时，应经常观察机组真空表，并应随时做好记录。

13.21.4 作业后，应冲洗水箱及滤网的泥砂，并应放尽水箱内存水。

13.21.5 冬期施工或存放不用时，应把真空泵内的冷却水放尽。

13.22 手持电动工具

13.22.1 使用手持电动工具时，应穿戴劳动防护用品。施工区域光线应充足。

13.22.2 刀具应保持锋利，并应完好无损；砂轮不得受潮、变形、破裂或接触过油、碱类，受潮的砂轮片不得自行烘干，应使用专用机具烘干。手持电动工具的砂轮和刀具的安装应稳固、配套，安装砂轮的螺母不得过紧。

13.22.3 在一般作业场所应使用Ⅰ类电动工具；在潮湿或金属构架等导电性能良好的作业场所应使用Ⅱ类电动工具；在锅炉、金属容器、管道内等作业场所应使用Ⅲ电动工具；Ⅱ、Ⅲ类电动工具开关箱、电源转换器应在作业场所外面；在狭窄作业场所操作时，应有专人监护。

13.22.4 使用Ⅰ类电动工具时，应安装额定漏电动作电流不大于15mA、额定漏电动作时间不大于0.1s的防溅型漏电保护器。

13.22.5 在雨期施工前或电动工具受潮后，必须采用500V兆欧表检测电动工具绝缘电阻，且每年不少于2次。绝缘电阻不应小于表13.22.5的规定。

表 13.22.5 绝缘电阻

测量部位	绝缘电阻（MΩ）		
	Ⅰ类电动工具	Ⅱ类电动工具	Ⅲ类电动工具
带电零件与外壳之间	2	7	1

13.22.6 非金属壳体的电动机、电器，在存放和使用时不应受压、受潮，并不得接触汽油等溶剂。

13.22.7 手持电动工具的负荷线应采用耐气候型橡胶护套铜芯软电缆，并不得有接头，水平距离不宜大于3m，负荷线插头插座应具备专用的保护触头。

13.22.8 作业前应重点检查下列项目，并应符合相应要求：

1 外壳、手柄不得裂缝、破损；

2 电缆软线及插头等应完好无损，保护接零连接应牢固可靠，开关动作应正常；

3 各部防护罩装置应齐全牢固。

13.22.9 机具启动后，应空载运转，检查并确认机具转动应灵活无阻。

13.22.10 作业时，加力应平稳，不得超载使用。作业中应注意声响及温升，发现异常应立即停机检查。在作业时间过长，机具温升超过60℃时，应停机冷却。

13.22.11 作业中，不得用手触摸刃具、模具和砂轮，发现其有磨钝、破损情况时，应立即停机修整或更换。

13.22.12 停止作业时，应关闭电动工具，切断电源，并收好工具。

13.22.13 使用电钻、冲击钻或电锤时，应符合下列规定：

1 机具启动后，应空载运转，应检查并确认机具联动灵活无阻；

2 钻孔时，应先将钻头抵在工作表面，然后开动，用力应适度，不得晃动；转速急剧下降时，应减小用力，防止电机过载；不得用木杠加压钻孔；

3 电钻和冲击钻或电锤实行40%断续工作制，不得长时间连续使用。

13.22.14 使用角向磨光机时，应符合下列要求：

1 砂轮应选用增强纤维树脂型，其安全线速度不得小于80m/s。配用的电缆与插头应具有加强绝缘性能，并不得任意更换；

2 磨削作业时，应使砂轮与工件面保持15°～30°的倾斜位置；切削作业时，砂轮不得倾斜，并不得横向摆动。

13.22.15 使用电剪时，应符合下列规定：

1 作业前，应先根据钢板厚度调节刀头间隙量，最大剪切厚度不得大于铭牌标定值；

2 作业时，不得用力过猛，当遇阻力，轴往复次数急剧下降时，应立即减少推力；

3 使用电剪时，不得用手摸刀片和工件边缘。

13.22.16 使用射钉枪时，应符合下列规定：

1 不得用手掌推压钉管和将枪口对准人；

2 击发时，应将射钉枪垂直压紧在工作面上。当两次扣动扳机，子弹不击发时，应保持原射击位置数秒钟后，再退出射钉弹；

3 在更换零件或断开射钉枪之前，射枪内不得装有射钉弹。

13.22.17 使用拉铆枪时，应符合下列规定：

1 被铆接物体上的铆钉孔应与铆钉相配合，过盈量不得太大；

2 铆接时，可重复扣动扳机，直到铆钉被拉断为止，不得强行扭断或撬断；

3 作业中，当接铆头子或并帽有松动时，应立即拧紧。

13.22.18 使用云（切）石机时，应符合下列规定：

1 作业时应防止杂物、泥尘混入电动机内，并应随时观察机壳温度，当机壳温度过高及电刷产生火花时，应立即停机检查处理；

2 切割过程中用力应均匀适当，推进刀片时不得用力过猛。当发生刀片卡死时，应立即停机，慢慢退出刀片，重新对正后再切割。

附录A 建筑机械磨合期的使用

A.0.1 建筑机械操作人员应在生产厂家的培训指导下，了解机器的结构、性能，根据产品使用说明书的要求进行操作、保养。新机和大修后机械在初期使用时，应遵守磨合期规定。

A.0.2 机械设备的磨合期，除原制造厂有规定外，内燃机械宜为100h，电动机械宜为50h，汽车宜为1000km。

A.0.3 磨合期间，应采用符合其内燃机性能的燃料和润滑油料。

A.0.4 启动内燃机时，不得猛加油门，应在500r/min～600r/min下稳定运转数分钟，使内燃机内部运动机件得到良好的润滑，随着温度上升而逐渐增加转速。在严寒季节，应先对内燃机进行预热后再启动。

A.0.5 磨合期内，操作应平稳，不得骤然增加转速，并宜按下列规定减载使用：

1 起重机从额定起重量50%开始，逐步增加载荷，且不得超过额定起重量的80%；

2 挖掘机在工作30h内，应先挖掘松的土壤，每次装料应为斗容量的1/2；在以后70h内，装料可逐步增加，且不得超过斗容量的3/4；

3 推土机、铲运机和装载机，应控制刀片铲土和铲斗装料深度，减少推土、铲土量和铲斗装载量，从50%开始逐渐增加，不得超过额定载荷的80%；

4 汽车载重量应按规定标准减载20%～25%，并应避免在不良的道路上行驶和拖带挂车，最高车速不宜超过40km/h；

5 其他内燃机械和电动机械在磨合期内，在无具体规定时，应减速30%和减载荷20%～30%。

A.0.6 在磨合期内，应观察各仪表指示，检查润滑油、液压油、冷却液、制动液以及燃油品质和油（水）位，并注意检查整机的密封性，保持机器清洁，应及时调整、紧固松动的零部件；应观察各机构的运转情况，并应检查各轴承、齿轮箱、传动机构、液压装置以及各连接部分的温度，发现运转不正常、过热、异响等现象时，应及时查明原因并排除。

A.0.7 在磨合期，应在机械明显处悬挂“磨合期”的标志，在磨合期满后再取下。

A.0.8 磨合期间，应按规定更换内燃机曲轴箱机油和机油滤清器芯；同时应检查各齿轮箱润滑油清洁情况，并按规定及时更换润滑油，清洗润滑系统。

A.0.9 磨合期满，应由机械管理人员和驾驶员、修理工配合进行一次检查、调整以及紧固工作。内燃机的限速装置应在磨合期满后拆除。

A.0.10 磨合期应分工明确，责任到人。在磨合期前，应把磨合期各项要求和注意事项向操作人员交底；磨合期中，应随时检查机械使用运转情况，详细填写机械磨合期记录；磨合期满后，应由机械技术负责人审查签章，将磨合期记录归入技术档案。

附录B 建筑机械寒冷季节的使用

B.1 准备工作

B.1.1 在进入寒冷季节前，机械使用单位应制定寒冷季节施工安全技术措施，并对机械操作人员进行寒冷季节使用机械设备的安全教育，同时应做好防寒物资的供应工作。

B.1.2 在进入寒冷季节前，对在用机械设备应进行一次换季保养，换用适合寒冷季节的燃油、润滑油、液压油、防冻液、蓄电池液等。对停用机械设备，应放尽存水。

B.2 机械冷却系统防冻措施

B.2.1 当室外温度低于5℃时，水冷却的机械设备停止使用后，操作人员应及时放尽机体存水。放水时，应在水温降低到50℃～60℃时进行，机械应处于平坦位置，拧开水箱盖，并应打开缸体、水泵、水箱等所有放水阀。在存水没有放尽前，操作人员不得离开。存水放净后，各放水阀应保持开启状态，并将“无水”标志牌挂在机械的明显处。为了防止失误，应由专职人员按时进行检查。

B.2.2 使用防冻液的机械设备，在加入防冻液前，应对冷却系统进行清洗，并应根据气温要求，按比例配制防冻冷却液。在使用中应经常检查防冻液，不足时应及时增添。

B.2.3 在气温较低的地区，内燃机、水箱等都应有保温套。工作中如停车时间较长，冷却水有冻结可能时，应放水防冻。

B.3 燃料、润滑油、液压油、蓄电池液的选用

B.3.1 应根据气温按出厂要求选用燃料。汽油机在低温下应选用辛烷值较高标号的汽油。柴油机在最低

气温4℃以上地区使用时，应采用0号柴油；在最低气温−5℃以上地区使用时，应采用−10号柴油；在最低气温−14℃以上地区使用时，应采用−20号柴油；在最低气温−29℃以上地区使用时，应采用−35号柴油；在最低气温−30℃以下地区使用时，应采用−50号柴油。在低温条件下缺乏低凝度柴油时，应采用预热措施。

B.3.2 寒冷季节，应按规定换用较低凝固温度的润滑油、机油及齿轮油。

B.3.3 液压油应随气温变化而换用。液压油应使用同一品种、标号。

B.3.4 使用蓄电池的机械，在寒冷季节，蓄电池液密度不得低于1.25，发电机电流应调整到15A以上。严寒地区，蓄电池应加装保温装置。

B.4 存放及启动

B.4.1 寒冷季节，机械设备宜在室内存放。露天存放的大型机械，应停放在避风处，并加盖篷布。

B.4.2 在没有保温设施情况下启动内燃机，应将水加热到60℃～80℃时，再加入内燃机冷却系统，并可用喷灯加热进气岐管。不得用机械拖顶的方法启动内燃机。

B.4.3 无预热装置的内燃机，在工作完毕后，可将曲轴箱内润滑油趁热放出，存放在清洁容器内；启动时，先将容器内的润滑油加温到70℃～80℃，再将油加入曲轴箱。不得用明火直接燃烤曲轴箱。

B.4.4 内燃机启动后，应先怠速空转10min～20min，再逐步增加转速。

附录C 液压装置的使用

C.1 液压元件的安装

C.1.1 液压元件在安装前应清洗干净，安装应在清洁的环境中进行。

C.1.2 液压泵、液压马达和液压阀的进、出油口不得反接。

C.1.3 连接螺钉应按规定扭力拧紧。

C.1.4 油管应用管夹与机器固定，不得与其他物体摩擦。软管不得有急弯或扭曲。

C.2 液压油的选择和清洁

C.2.1 应使用出厂说明书中所规定的牌号液压油。

C.2.2 应通过规定的滤油器向油箱注入液压油。应经常检查和清洗滤油器，发现损坏，应及时更换。

C.2.3 应定期检查液压油的清洁度，按规定应及时更换，并应认真填写检测及加油记录。

C.2.4 盛装液压油的容器应保持清洁，容器内壁不得涂刷油漆。

C.3 启动前的检查和启动、运转作业

C.3.1 液压油箱内的油面应在标尺规定的上、下限范围内。新机开机后，部分油进入各系统，应及时补充。

C.3.2 冷却器应有充足的冷却液，散热风扇应完好有效。

C.3.3 液压泵的出入口与旋转方向应与标牌标志一致。换新联轴器时，不得敲打泵轴。

C.3.4 各液压元件应安装牢固，油管及密封圈不得有渗漏。

C.3.5 液压泵启动时，所有操纵杆应处于中间位置。

C.3.6 在严寒地区启动液压泵时，可使用加热器提高油温。启动后，应按规定空载运转液压系统。

C.3.7 初次使用及停机时间较长时，液压系统启动后，应空载运行，并应打开空气阀，将系统内空气排除干净，检查并确认各部件工作正常后，再进行作业。

C.3.8 溢流阀的调定压力不得超过规定的最高压力。

C.3.9 运转中，应随时观察仪表读数，检查油温、油压、响声、振动等情况，发现问题，应立即停机检修。

C.3.10 液压油的工作温度宜保持在30℃～60℃范围内，最高油温不应超过80℃；当油温超规定时，应检查油量、油黏度、冷却器、过滤器等是否正常，在故障排除后，继续使用。

C.3.11 液压系统应密封良好，不得吸入空气。

C.3.12 高压系统发生泄漏时，不得用手去检查，应立即停机检修。

C.3.13 拆检蓄能器、液压油路等高压系统时，应在确保系统内无高压后拆除。泄压时，人员不得面对放气阀或高压系统喷射口。

C.3.14 液压系统在作业中，当出现下列情况之一时，应停机检查：

1 油温超过允许范围；

2 系统压力不足或完全无压力；

3 流量过大、过小或完全不流油；

4 压力或流量脉动；

5 不正常响声或振动；

6 换向阀动作失灵；

7 工作装置功能不良或卡死；

8 液压系统泄漏、内渗、串压、反馈严重。

C.3.15 作业完毕后，工作装置及控制阀等应回复原位，并应按规定进行保养。

本规程用词说明

1 为便于在执行本规程条文时区别对待，对要

求严格程度不同的用词说明如下：

1）表示很严格，非这样做不可的：
正面词采用“必须”，反面词采用“严禁”；

2）表示严格，在正常情况均应这样做的：
正面词采用“应”，反面词采用“不应”或“不得”；

3）表示允许稍有选择，在条件许可时首先应这样做的：
正面词采用“宜”，反面词采用“不宜”；

4）表示有选择，在一定条件下可以这样做的，采用“可”。

2 本规程条文中指明应按其他有关标准执行的写法为：“应执行……规定”，或“应符合……的规定”。

引用标准名录

1《起重机设计规范》GB/T 3811

2《爆破安全规程》GB 6722

3《起重机 钢丝绳 保养、维护、安装、检验和报废》GB/T 5972

4《建筑机械技术试验规程》JGJ 34

5《施工现场临时用电安全技术规范》JGJ 46

6《塔式起重机混凝土基础工程技术规程》JGJ/T 187

7《施工升降机齿轮锥鼓形渐进式防坠安全器》JG 121

中华人民共和国行业标准

建筑机械使用安全技术规程

JGJ 33－2012

条 文 说 明

修 订 说 明

《建筑机械使用安全技术规程》JGJ 33-2012经住房和城乡建设部2012年5月3日以第1364号公告批准、发布。

本规程是在《建筑机械使用安全技术规程》JGJ 33-2001的基础上修订而成，上一版的主编单位是甘肃省建筑工程总公司，参编单位是湖北省工业建筑工程总公司、四川省建筑工程总公司、江苏省建筑工程总公司、陕西省建筑工程总公司、山西省建筑工程总公司，主要起草人是：钱风、朱学敏、成诗言、陆裕基、金开愚、安世基。本次修订的主要技术内容是：1. 删除了装修机械、水工机械、钣金和管工机械，相关机械并入其他中小型机械；对建筑起重机械、运输机械进行了调整；增加了木工机械、地下施工机械；2. 删除了凿岩机械、油罐车、自立式起重架、混凝土搅拌站、液压滑升设备、预应力钢丝拉伸设备、冷镦机；新增了旋挖钻机、深层搅拌机、成槽机、冲孔桩机、混凝土布料机、钢筋螺纹成型机、钢筋除锈机、顶管机、盾构机。

本规程修订过程中，编制组进行了大量的调查研究，总结了我国建筑机械在使用安全方面的实践经验，同时参考借鉴了有关现行国家标准和行业标准。

为了便于广大建设施工单位、安全生产监督机构等单位的有关人员在使用本规程时能正确理解和执行条文规定，《建筑机械使用安全技术规程》编制组按章、节、条顺序编制了本规程的条文说明，对条文规定的目的、依据以及执行中需要注意的有关事项进行了说明，还着重对强制性条文强制性理由进行了解释。但是，本条文说明不具备与规程正文同等的法律效力，仅供使用者作为理解和把握规程规定的参考。

目　次

1 总 则

1.0.1 本条规定说明制定本规程的目的。

1.0.2 本条规定说明本规程的适用范围。

2 基本规定

2.0.1 本条规定了操作人员所具备的条件和持证上岗的要求，这是保证安全操作的基本条件。

2.0.2 机械的作业能力和使用范围是有一定限度的，超过限度就会造成事故，本条说明需要遵照说明书的规定使用机械。

2.0.3 机械上的安全防护装置，能及时预报机械的安全状态，防止发生事故，保证机械设备的安全生产，因此，需要保持完好有效。

2.0.4 本条规定是促使施工和操作人员相互了解情况，密切配合，以达到安全生产的目的。

2.0.5 机械操作人员穿戴劳动保护用品、高处作业必须系安全带是安全生产保障。

2.0.6 本条规定了机械操作人员在使用设备前的安全检查和试运行工作，防止设备交接不清和设备带病运转带来的机械伤害。

2.0.7 根据事故分析资料，很多事故是由于操作人员思想不集中、麻痹、疏忽等因素及其他违规行为所造成的。本条突出了对操作人员工作纪律的要求。

2.0.8 保持机械完好状态，才能减少故障和防止事故发生，因此，操作人员要按照保养规定，做好保养作业。

2.0.9 交接班制度，是使操作人员在互相交接时不致发生差错，防止由于职责不清引发事故而制定的。

2.0.10 要为机械作业提供必要的安全条件和消除一切障碍，才能保证机械在安全的环境下作业。

2.0.11 本条规定了机械设备的基础承载能力要求，防止设备基础不符合要求，从源头上埋下安全隐患，造成设备倾覆等重大事故。

2.0.12 新机、经过大修或技术改造的机械，需要经过测试，验证性能和适用性；由于新装配的零部件表面配合程度较差，需要经过磨合，以达到装配表面的良好接触。防止在未经磨合前即满负荷使用，引起粘附磨损而造成事故。

2.0.13 寒冷季节的低温给机械的启动、运转、停置保管等带来不少困难，需要采取相应措施，以防止机械因低温运转而产生不正常损耗和冻裂汽缸体等重大事故。

2.0.14～2.0.16 这三条是对机械放置场所，特别是易发生危险的场所需要具备条件的要求，如消防器材、警示牌以及对危害人体及保护环境的具体保护措施所提出的要求。根据《安全标志》规定修改了警告牌的安全术语。

2.0.17 机械停置或封存期间，也会产生有形磨损，这是由于机件生锈、金属腐蚀、橡胶和塑料老化等原因造成的，要减少这类磨损，需要做好保养等预防措施。

2.0.19 本条规定发生机械事故后，处理机械伤害事故的工作程序。

2.0.20 本条规定明确了操作人员在工作中的安全生产权利和义务。

2.0.21 机械或电气装置切断电源，停稳后进行清洁、保养、维修是安全生产工作的保证。

3 动力与电气装置

3.1 一 般 规 定

3.1.2 硬水中含有大量矿物质，在高温作用下会产生水垢，附着于冷却系统的金属表面，堵塞水道，降低散热功能，所以需要作软化处理。

3.1.3 保护接地是在电器外壳与大地之间设置电阻小的金属接地极，当绝缘损坏时，电流经接地极入地，不会对人体造成危害。

保护接零是将接地的中性线（零线）与非带电的结构、外壳和设备相连接，当绝缘损坏时，由于中性线电阻很小，短路电流很大，会使电气线路中的保护开关、保险器和熔断器动作，切断电源，从而避免人身触电事故。

3.1.4 在保护接零系统中，如果个别设备接地未接零，且该设备相线碰壳，则该设备及所有接零设备的外壳都会出现危险电压。尤其是当接地线或接零保护的两个设备距离较近，一个人同时接触这两个设备时，其接触电压可达220V的数值，触电危险就更大。因此，在同一供电系统中，不能同时采用接零和接地两种保护方法。

3.1.5 如在保护接零的零线上串接熔断器或断路设备，将使零线失去保护功能。

3.1.9 当电器发生严重超载、短路及失压等故障时，通过自动开关的跳闸，切断故障电器，有效地保护串接在它后面的电气设备，如果在故障未排除前强行合闸，将失去保护作用而烧坏电气设备。

3.1.12 水是导电体，如果电气设备上有积水，将破坏绝缘性能。

3.2 内 燃 机

3.2.1 本条所列内燃机作业前重点检查项目，是保证内燃机正确启动和运转的必要条件。

3.2.3 用手摇柄和拉绳启动汽油机时，容易发生倒爆，造成曲轴反转，如果用手硬压或连续转动摇柄或将拉绳缠在手上时，曲轴反转时将使手、臂和面部和其他人身部位受到伤害。有的司机就是因摇把反弹撞掉了下巴、打断了胳膊。

3.2.4 用小发动机启动柴油机时，如时间过长，说明柴油机存在故障，要排除后再启动，以减少小发动机磨损。汽油机启动时间过长，容易损坏启动机和蓄电池。

3.2.5 内燃机启动后，机械和冷却水的温度都要通过内燃机运转而升温，冷凝的润滑油也要随温度上升逐步到达所有零件的摩擦面。因此内燃机启动后需要急速运转达到水温和机油压力正常后，才能使用，否则将加剧零件的磨损。

3.2.6 当内燃机温度过高使冷却水沸腾时，开盖时要避免烫伤，如果用冷水注入水箱或泼浇机体，能使高温的水箱和机体因骤冷而产生裂缝。

3.2.7 异响、异味、水温骤升、油压骤降等都是反映内燃机发生故障的现象，需要检查排除后才能继续使用，否则将使故障加剧而造成事故。

3.2.8 停机前要中速空运转，目的是降低机温，以防高温机件因骤冷而受损。

3.2.9 对有减压装置的内燃机，如果采用减压杆熄火，则将使活塞顶部积存未经燃烧的柴油。

3.2.10 这是防止雨水和杂物通过排气管进入机体内的保护措施。

3.3 发电机

3.3.6 发电机在运转时，即使未加励磁，亦应认为带有电压。

3.3.12 发电机电压太低，将对负荷（如电动设备）的运行产生不良影响，对发电机本身运行也不利，还会影响并网运行的稳定性；如电压太高，除影响用电设备的安全运行外，还会影响发电机的使用寿命。因此，电压变动范围要在额定值±5%以内，超出规定值时，需要进行调整。

3.3.13 当发电机组在高频率运行时，容易损坏部件，甚至发生事故；当发电机在过低频率运转时，不但对用电设备的安全和效率产生不良影响，而且能使发电机转速降低，定子和转子线圈温度升高。所以规定频率变动范围不超过额定值的±0.5Hz。

3.4 电动机

3.4.4 热继电器作电动机过载保护时，其容量是电动机额定电流的100%～125%为好。如小于额定电流时，则电动机未过载时即发生作用；如容量过大时，就失去了保护作用。

3.4.5 电动机的集电环与电刷接触不良时，会发生火花，集电环和电刷磨损加剧，还会增加电能损耗，甚至影响正常运转。因此，需要及时修整或更换电刷。

3.4.6 直流电动机的换向器表面如有损伤，运转时会产生火花，加剧电刷和换向器的损伤，影响正常运转，需要及时修整，保持换向器表面的整洁。

3.4.8 本条规定引自《电气装置安装工程旋转电机施工及验收规范》GB 50170－2006。

3.5 空气压缩机

3.5.2 放置贮气罐处，要尽可能降低温度，以提高贮存压缩空气的质量。作为压力容器，要远离热源，以保证安全。

3.5.3 输气管路不要有急弯，以减少输气阻力。为防止金属管路因热胀冷缩而变形，对较长管路要每隔一定距离设置伸缩变形装置。

3.5.4 贮气罐作为压力容器要执行国家有关压力容器定期试验的规定。

3.5.7 输气管输送的压缩空气如直接吹向人体，会造成人身伤害事故，需要注意输气管路的连接，防止压缩空气外泄伤人。

3.5.8 贮气罐上的安全阀是限制贮气罐内的压力不超过规定值的安全保护装置，要求灵敏有效。

3.5.12 当缺水造成气缸过热时，如立即注入冷水，高温的气缸体因骤冷收缩，容易产生裂缝而导致损坏。

4 建筑起重机械

4.1 一般规定

4.1.2 本条是按照《建筑起重机械安全监督管理规定》(第166号建设部令）中第七条制定的。

4.1.3 本条是按照《建筑起重机械安全监督管理规定》(第166号建设部令）中第八条制定的。

4.1.4《建筑起重机械安全监督管理规定》(第166号建设部令）规定：

安装单位应当按照安全技术标准及建筑起重机械性能要求，编制建筑起重机械安装、拆卸工程专项施工方案，并由本单位技术负责人签字；专项施工方案，安装、拆卸人员名单，安装、拆卸时间等材料报施工总承包单位和监理单位审核后，告知工程所在地县级以上地方人民政府建设主管部门。

建筑起重机械安装完毕后，安装单位应当按照安全技术标准及安装使用说明书的有关要求对建筑起重机械进行自检、调试和试运转。自检合格的，应当出具自检合格证明，并向使用单位进行安全使用说明。使用单位应当组织出租、安装、监理等有关单位进行验收，或者委托具有相应资质的检验检测机构进行验收。建筑起重机械经验收合格后方可投入使用，未经验收或者验收不合格的不得使用。

4.1.8 基础承载能力不满足要求，容易引起起重机的倾翻。

4.1.11 本条规定的安全装置是起重机必备的，否则不能使用。利用限位装置或限制器代替抽动停车等动作，将造成失误而发生事故。建筑起重机械安全装置见表 4-1。

表 4-1 建筑起重机械安全装置一览表

起重机械 \ 安全装置	变幅限位器	力矩限制器	起重量限制器	上限位器	下限位器	防坠安全器	钢丝绳防脱装置	防脱钩装置
塔式起重机	●	●	●	●	○	○	●	●
施工升降机	○	○	●	●	●	●	●	○
桅杆式起重机	●	●	●	○	○	○	●	●
桥（门）式起重机	○	○	●	●	○	○	○	●
电动葫芦	○	○	●	●	●	○	○	●
物料提升机	○	○	●	●	●	●	●	○

注：● 表示该起重机械有此安全装置；
○ 表示该起重机械无此安全装置。

4.1.12 本条规定了信号司索工的职责，要求操作人员要听从指挥，但对错误指挥要拒绝执行，这对防止失误十分必要。

4.1.14 风力等级和风速对照见表 4-2。

表 4-2 风力等级和风速对照表

风级	1	2	3	4	5	6	7	8	9	10	11	12
相当风速（m/s）	0.3～1.5	1.6～3.3	3.4～5.4	5.5～7.9	8.0～10.7	10.8～13.8	13.9～17.1	17.2～20.7	20.8～24.4	24.5～28.4	28.5～32.6	32.6以上

本规程风速指施工现场风速，包括地面和高耸设备高处风速。

恶劣天气能使露天作业的起重机部件受损、受潮，所以需要经过试吊无误后再使用。

4.1.18 起重机的额定起重量是以吊钩与重物在垂直情况下核定的。斜吊、斜拉其作用力在起重机的一侧，破坏了起重机的稳定性，会造成超载及钢丝绳出槽，还会使起重臂因侧向力而扭弯，甚至造成倾翻事故。对于地下埋设或凝固在地面上的重物，除本身重量外，还有不可估计的附着力（埋设深度和凝固强度决定附着力的大小），将造成严重超载而酿成事故。

4.1.19 吊索水平夹角越小，吊索受拉力就越大，同时，吊索对物体的水平压力也越大。因此，吊索水平夹角不得小于 30°，因为 30°时吊索所受拉力已增加一倍。

4.1.20 重物下降时突然制动，其冲击载荷将使起升机构损伤，严重时会破坏起重机稳定性而倾翻。如回转未停稳即反转，所吊重物因惯性而大幅度摆动，也会使起重臂扭弯或起重机倾翻。

4.1.22 使用起升制动器，可使起吊重物停留在空中，如遇操作人员疏忽或制动器失灵时，将使重物失控而快速下降，造成事故。因此，当吊装因故中断时，悬空重物需要设法降下。

4.1.28 转动的卷筒缠绕钢丝绳时，如用手拉或脚踩钢丝绳，容易将手或脚带入卷筒内造成伤亡事故。

4.1.29 建设部 2007 年第 659 号公告《建设部关于发布建设事业“十一五”推广应用和限用禁止使用技术（第一批）的公告》的规定，超过一定使用年限的塔式起重机：630kN·m（不含 630kN·m）、出厂年限超过 10 年（不含 10 年）的塔式起重机；630kN·m～1250kN·m（不含 1250kN·m）、出厂年限超过 15 年（不含 15 年）的塔式起重机；1250kN·m 以上、出厂年限超过 20 年（不含 20 年）的塔式起重机。由于使用年限过久，存在设备结构疲劳、锈蚀、变形等安全隐患。超过年限的由有资质评估机构评估合格后，可继续使用。超过一定使用年限的施工升降机：出厂年限超过 8 年（不含 8 年）的 SC 型施工升降机，传动系统磨损严重，钢结构疲劳、变形、腐蚀等较严重，存在安全隐患；出厂年限超过 5 年（不含 5 年）的 SS 型施工升降机，使用时间过长造成结构件疲劳、变形、腐蚀等较严重，运动件磨损严重，存在安全隐患。超过年限的由有资质评估机构评估合格后，可继续使用。

4.2 履带式起重机

4.2.1 履带式起重机自重大，对地面承载相对高，作业时重心变化大，对停放地面要有较高要求，以保证安全。

4.2.5 俯仰变幅的起重臂，其最大仰角要有一定限度，以防止起重臂后倾造成重大事故。

4.2.6 起重机的变幅机构一般采用蜗杆减速器和自动常闭带式制动器，这种制动器仅能起辅助作用，如果操作中在起重臂未停稳前即换挡，由于起重臂下降的惯性超过了辅助制动器的摩擦力，将造成起重臂失控摔坏的事故。

4.2.7 起吊载荷接近满负荷时，其安全系数相应降低，操作中稍有疏忽，就会发生超载，需要慢速操作，以保证安全。

4.2.8 起重吊装作业不能有丝毫差错，要求在起吊重物时先稍离地面试吊无误后再起吊，以便及时发现和消除不安全因素，保证吊装作业的安全可靠。起吊过程中，操作人员要脚踩在制动踏板上是为了在发生险情时，可及时控制。

4.2.9 双机抬吊是特殊的起重吊装作业，要慎重对待，关键是要做到载荷的合理分配和双机动作的同步。因此，需要统一指挥。降低起重量和保持吊钩滑轮组的垂直状态，这些要求都是防止超载。

4.2.10 起重机如在不平的地面上急转弯，容易造成倾翻事故。

4.2.11 起重机带载行走时，由于机身晃动，起重臂随之俯仰，幅度也不断变化，所吊重物因惯性而摆动，形成“斜吊”，因此，需要降低额定起重量，以防止超载。行走时重物要在起重机正前方，便于操作人员观察和控制。履带式行走机构不要作长距离行走，带载行走更不安全。

4.2.12 起重机上下坡时，起重机的重心和起重臂的幅度随坡度而变化，因此，不能再带载行驶。下坡空挡滑行，将会失去控制而造成事故。

4.2.13 作业后，起重臂要转到顺风方向，这是为了减少迎风面，降低起重机受到的风压。

4.2.14 当起重机转移时，需要按照本规定采取的各项保证安全的措施执行。

4.3 汽车、轮胎式起重机

4.3.4 轮胎式起重机完全依靠支腿来保持它的稳定性和机身的水平状态。因此，作业前需要按本条要求将支腿垫实和调整好。

4.3.5 如果在载荷情况下扳动支腿操纵阀，将使支腿失去作用而造成起重机倾翻事故。

4.3.6 起重臂的工作幅度是由起重臂长度和仰角决定的，不同幅度有不同的额定起重量，作业时要根据重物的重量和提升高度选择适当的幅度。

4.3.7 起重臂分顺序伸缩、同步伸缩两种。

起重机由双作用液压缸通过控制阀、选择阀和分配阀等液压控制装置使起重臂按规定程序伸出或缩回，以保证起重臂的结构强度符合额定起重量的需求。如果伸臂中出现前、后节长度不等时或其他原因制动器发生停顿时，说明液压系统存在故障，需要排除后才能使用。

4.3.8 各种长度的起重臂都有规定的仰角，如果仰角小于规定，对于桁架式起重臂将造成水平压力增大和变幅钢丝绳拉力增大；对于箱形伸缩式起重臂，由于其自重大，基本上属于悬臂结构，将增加起重臂的挠度，影响起重臂的安全性能。

4.3.9 汽车式起重机作业时，其液压系统通过取力器以获得内燃机的动力。其操纵杆一般设在汽车驾驶室内，因此，作业时汽车驾驶室要锁闭，以防误动操纵杆。

4.3.11 发现起重机不稳或倾斜等现象时，迅速放下重物能使起重机恢复稳定，否则将造成倾翻事故。采用紧急制动，会造成起重机倾翻事故。

4.3.13 起重机在满载或接近满载时，稳定性的安全系数相应降低，如果同时进行两种动作，容易造成超载而发生事故。

4.3.14 起重机带载回转时，重物因惯性造成偏离而大幅度晃动，使起重机处于不稳定状态，容易发生事故。

4.3.16 本条叙述了起重机作业后要做的各项工作，如挂牢吊钩、螺母固定撑杆、销式制动器插入销孔、脱开取力器等要求，都是为在再一次行驶时起重机的装置不移动、不旋转等稳定的安全措施。

4.3.17 内燃机水温在80℃～90℃时，润滑性能较好，温度过低使润滑油黏度增大，流动性能变差，如高速运转，将增加机件磨损。

4.4 塔式起重机

4.4.14 塔式起重机顶升属高处作业，安装过程使起重机回转台及以上结构与塔身处于分离状态，需要有严格的作业要求。本条所列各项均属于保证安全顶升的必要措施。

4.4.15 本条规定塔式起重机升降作业时安全技术要求。如果因连接螺栓拆卸困难而采用旋转起重臂来松动螺栓的错误做法，将破坏起重臂平衡而造成倾翻事故。

4.4.16 塔式起重机接高到一定高度需要与建筑物附着锚固，以保持其稳定性。本条所列各项均属于说明书规定的一般性要求，目的是保证锚固装置的牢固可靠，以保持接高后起重机的稳定性。

4.4.17 内爬升起重机是在建筑物内部爬升，作业范围小，要求高。本条所列各项均属于保证安全爬升的必要措施。其中第5款规定了起重机的最小固定间隔，尽可能减少爬升次数，第6款是为了保证支承起重机的楼层有足够的承载能力。

4.4.21 塔式起重机与大地之间是一个“C”形导体，当大量电磁波通过时，吊钩与大地之间存在着很高的电位差。如果作业人员站在道轨或地面上，接触吊钩时正好使“C”形导体形成一个“O”形导体，人体就会被电击或烧伤。这里所采取的绝缘措施是为了保护人身安全。

4.4.29 行程限位开关是防止超越有效行程的安全保护装置，如当作控制开关使用，将失去安全保护作用而易发生事故。

4.4.30 动臂式起重机的变幅机构要求动作平衡，变幅时起重量随幅度变化而增减。因此，当载荷接近额定起重量时，不能再向下变幅，以防超载造成起重机倾倒。

4.4.36 遇有风暴时，使起重臂能随风转动，以减少起重机迎风面积的风压，锁紧夹轨器是为了增加稳定性，防止造成倾翻。

4.4.43 主要为防止大风骤起时，塔身受风压面加大而发生事故。

4.5 桅杆式起重机

4.5.2 桅杆式起重机现场大量使用，本条针对专项方案提出具体要求，并强调专人对专项方案实施情况进行现场监督和按规定进行监测。

4.5.3 本条参考住房和城乡建设部《危险性较大的分部分项工程安全管理办法》中第七条的规定。

编制依据包括：相关法律、法规、规范性文件、标准、规范及图纸（国标图集）、施工组织设计等。

施工工艺流程包括：钢丝绳走向及固定方法、卷扬机的固定位置和方法、桅杆式起重机底座的安装及固定等。

施工安全技术措施包括：组织保障、技术措施、应急预案、监控检查验收等。

劳动力计划包括：专职安全管理人员、特种作业人员等。

4.5.7 桅杆式起重机缆风绳与地面的夹角关系到起重机的稳定性能。夹角小，缆风绳受力小，起重机稳定性好，但要增加缆风绳长度和占地面积。因此，缆风绳的水平夹角一般保持在30°～45°之间。因膨胀螺栓在使用中会松动，故严禁使用。所有的定滑轮用闭口滑轮，为确保安全。

4.5.11 桅杆式起重机结构简单，起重能力大，完全是依靠各根缆风绳均匀地拉牢主杆使之保持垂直，只要当一个地锚稍有松动，就能造成主杆倾斜而发生重大事故，因此，需要经常检查地锚的牢固程度。

4.5.13 起重作业在小范围移动时，可以采用调整缆风绳长度的方法使主杆在直立状况下稳步移动。如距离较远时，由于缆风绳的限制，只能采用拆卸转运后重新安装。

4.6 门式、桥式起重机与电动葫芦

4.6.2 门式起重机在轨道上行走需要较长的电缆，为了防止电缆拖在地面上受损，需要设置电缆卷筒。配电箱设置在轨道中部，能减少电缆长度。

4.7 卷扬机

4.7.3 钢丝绳的出绳偏角指钢丝绳与卷筒中心点垂直线的夹角。

4.7.11 卷筒上的钢丝绳如重叠或斜绕时，将挤压变形，需要停机重新排列。如果在卷筒转动中用手、脚去拉、踩，很容易被钢丝绳挤入卷筒，造成人身伤亡事故。

4.7.12 物体或吊笼提到上空停留时，要防止制动失灵或其他原因而失控下坠。因此，物体及吊笼下面不许有人，操作人员也不能离岗。

4.8 井架、龙门架物料提升机

4.8.1 这些安全装置对避免安全事故起到关键作用。

4.8.3 缆风绳和附墙装置与脚手架连接会产生安全隐患。

4.9 施工升降机

4.9.1 施工升降机基础的承载力和平整度有严格要求，基础的承载力应大于150kPa。

4.9.2 施工升降机附着于建筑物的距离越小，稳定性越好。

4.9.3 表4.9.3中的H代表施工升降机的安装高度。

4.9.16 本条采用《施工升降机》GB/T 10054-2005的有关规定；施工升降机在恶劣的天气情况下要停止使用，暴风雨后，雨水侵入各机构，尤其是安全装置，需要检查无误后才能使用。

4.9.17 如果以限位开关代替控制开关，将失去安全防护，容易出事故。

5 土石方机械

5.1 一般规定

5.1.3 桥梁的承载能力有一定限度，履带式机械行走时振动大，通过桥梁要减速慢行，在桥上不要转向或制动，是为了防止由于冲击载荷超过桥梁的承载能力而造成事故。

5.1.4 土方机械作业对象是土壤，因此需要充分了解施工现场的地面及地下情况，查明施工场地明、暗设置物（电线、地下电缆、管道、坑道等）的地点及走向，以便采取安全和有效的作业方法，避免操作人员和机械以及地下重要设施遭受损害。

5.1.7 对于施工现场中不能取消的电杆等设施，要按本条要求采取防护措施。

5.1.9 本条所列各项归纳了土方施工中常见的危害安全生产的情况。当遇到这类情况，要求立即停工，必要时可将机械撤离至安全地带。

5.1.10 挖掘机械作业时，都要求有一定的配合人员，随机作业，本条规定了挖掘机械回转时的安全要求，以防止机械作业中发生伤人事故。

5.2 单斗挖掘机

5.2.2 本条规定了挖掘机在作业前状态的正确位置。

5.2.5 本条规定了机械启动后到作业前要进行空载运转的要求，目的是测试液压系统及各工作机构是否正常。同时也提高了水温和油温，为安全作业创造条件。

5.2.6 作业中，满载的铲斗要举高、升出并回转，机械将产生振动，重心也随之变化。因此，挖掘机要保持水平位置，履带或轮胎要与地面揳紧，以保持各种工况下的稳定性。

5.2.7 铲斗的结构只适用于挖土，如果用它来横扫或夯实地面，将使铲斗和动臂因受力不当而损伤变形。

5.2.8 铲斗不能挖掘五类以上岩石及冻土，所以需要采取爆破或破碎岩石、冻土的措施，否则将严重损伤机械和铲斗。

5.2.10 挖掘机的铲斗是按一定的圆弧运动的，在悬崖下挖土，如出现伞沿及松动的大石块时有塌方的危

险，所以要求立即处理。

5.2.11 在机身未停稳时挖土，或铲斗未离开工作面就回转，都会造成斗臂侧向受力而扭坏；机械回转时采用反转来制动，就会因惯性造成的冲击力而使转向机构受损。

5.2.16 在低速情况下进行制动，能减少由于惯性引起的冲击力。

5.2.17 造成挖掘力突然变化有多种原因，如果不检查原因而依靠调整分配阀的压力来恢复挖掘力，不仅不能消除造成挖掘力突变的故障，反而会因增大液压泵的负荷而造成过热。

5.2.26 挖掘机检修时，可以利用斗杆升缩油缸使铲斗以地面为支点将挖掘机一端顶起，顶起后如不加以垫实，将存在因液压变化而下降的危险性。

5.3 挖掘装载机

5.3.2 挖掘装载机挖掘前要将装载斗的斗口和支腿与地面固定，使前后轮稍离地面，并保持机身的水平，以提高机械的稳定性。

5.3.3 在边坡、壕沟、凹坑卸料时，应留出安全距离，以防挖掘装载机出现倾翻事故。

5.3.5 动臂下降中途如突然制动，其惯性造成的冲击力将损坏挖掘装置，并能破坏机械的稳定性而造成倾翻事故。

5.3.11 液压操纵系统的分配阀有前四阀和后四阀之分，前四阀操纵支腿、提升臂和装载斗等，用于支腿伸缩和装载作业；后四阀操纵铲斗、回转、动臂及斗柄等，用于回转和挖掘作业。机械的动力性能和液压系统的能力都不允许也不可能同时进行装载和挖掘作业。

5.3.12 一般挖掘装载机系利用轮式拖拉机为主机，前后分别加装装载和挖掘装置，使机械长度和重量增加60%以上，因此，行驶中要避免高速或急转弯，以防止发生事故。

5.3.14 轮式拖拉机改装成挖掘装载机后，机重增大不少，为减少轮胎在重载情况下的损伤，停放时采取后轮离地的措施。

5.4 推 土 机

5.4.2 履带式推土机如推粉尘材料或碾碎石块时，这些物料很容易挤满行走机构，堵塞在驱动轮、引导轮和履带板之间，造成转动困难而损坏机件。

5.4.3 用推土机牵引其他机械时，前后两机的速度难以同步，易使钢丝绳拉断，尤其在坡道上更难控制。采用牵引杆后，使两机刚性连接达到同步运行，从而避免事故的发生。

5.4.4～5.4.7 这四条分别规定了作业前、启动前、启动后、行驶前的具体要求。遵守这些要求将会延长机械使用寿命，并消除许多不安全因素。

5.4.10 在浅水地带行驶时，如冷却风扇叶接触到水面，风扇叶的高速旋转能使水飞溅到高温的内燃机各个表面，容易损坏机件，并有可能进入进气管和润滑油中，使内燃机不能正常运转而熄火。

5.4.11 推土机上下坡时要根据坡度情况预先挂上相应的低速挡，以防止在上坡中出现力量不足再行换挡而挂不进挡造成空挡下滑。下坡时如空挡滑行，将使推土机失控而加速下滑，造成事故。推土机在坡上横向行驶或作业时，都要保持机身的横向平衡，以防倾翻。

5.4.12 推土机在斜坡上熄火时，因失去动力而下滑，依靠浮式制动带已难以保证推土机原地停住，此时放下铲刀，利用铲刀与地面的阻力可以弥补制动力的不足，达到停机目的。

5.4.13 推土机在下坡时快速下滑，其速度已超过内燃机传动速度时，动力的传递已由内燃机驱动行走机构改变为行走机构带动内燃机。在动力传递路线相反的情况下，转向离合器的操纵方向也要相反。

5.4.14 在填沟作业中，沟的边缘属于疏松的回填土，如果铲刀再越出边缘，会造成推土机滑落沟内的事故。后退时先换挡再提升铲刀。是为了推土机在提升铲刀时出现险情能迅速后退。

5.4.15 深沟、基坑和陡坡地区都存在土质不稳定的边坡，推土机作业时由于对土的压力和振动，容易使边坡塌方。对于超过2m深坑，要求放出安全距离，也是为了防止坑边下塌。采用专人指挥是为了预防事故。

5.4.16 推土机超载作业，容易造成工作装置和机械零部件的损坏。采用提升铲刀或更换低速挡，都是防止超载的操作方法。

5.4.21 推土机的履带行走装置不适合作长距离行走，短距离行走中也要加强对行走机构的润滑，以减少磨损。

5.4.22 在内燃机运转情况下，进入推土机下面检修时，有可能因机械振动或有人上机误操作，造成机械移动而发生重大人身伤害事故。

5.5 拖式铲运机

5.5.6 作业中人员上下机械，传递物件，以及在铲斗内、拖把或机架上坐立，极易造成事故，所以要禁止。

5.5.9 拖式铲运机本身无制动装置，依靠牵引拖拉机的制动是有限的，因而规定了上下坡时的操作要求。

5.5.10 新填筑的土堤比较疏松，铲运机在上作业时要与堤坡边缘保持一定距离，以保安全。

5.5.11 本条所列各项操作要求，也是针对拖式铲运机本身无制动装置而需要遵守的事项。

5.5.12 铲运机采用助铲时，后端将承受推土机的推力，因此，两机需要密切配合，平稳接触，等速助铲。防止因受力不均而使机械受损。

5.5.14 这是为防止铲运机由于铲斗过高摇摆使重心偏移而失去稳定性造成事故。

5.5.18 这是防止由于偶发因素可能使铲斗失控下降，造成严重事故而提出的要求。

5.6 自行式铲运机

5.6.1 自行式铲运机机身较长，接地面积小，行驶时对道路有较高要求。

5.6.4 在直线行驶下铲土，铲刀受力均匀。如转弯铲土，铲刀因侧向受力而易损坏。

5.6.5 铲运机重载下坡时，冲力很大，需要挂挡行驶，利用内燃机阻力来控制车速，起辅助制动的作用。

5.6.6、5.6.7 自行式铲运机机身长，重载时如快速转弯，或在横坡上行驶或铲土，都易造成因重心偏离而翻车。

5.6.8 沟边及填方边坡土质疏松，铲运机接近时要留出安全距离，以免压塌边坡而倾翻。

5.6.10 自行式铲运机差速器有防止轮胎打滑的锁止装置。但在使用锁止装置时只能直线行驶，如强行转弯，将损坏差速器。

5.7 静作用压路机

5.7.1 静作用压路的压实效能较差，对于松软路基，要先经过羊足碾或夯实机逐层碾压或夯实后，再用光面压路机碾压，以提高工效。

5.7.4 大块石基础层表面强度大，需要用线压力高的压轮，不要使用轮胎压路机。

5.7.8 压路机碾压速度越慢，压实效果越好，但速度太慢会影响生产率，最好控制在3km/h～4km/h以内。在一个碾压行程中不要变速，是为了避免影响路面平整度。作业时尽可能采取直线碾压，不但能提高生产率，还能降低动力消耗。

5.7.9 压路机变换前进后退方向时，传动机构将反向转动，如果滚轮不停就换向，将造成极大冲击而损坏机件。如用换向离合器作制动用，也将造成同样的后果。

5.7.10 新建道路路基松软，初次碾压时路面沉陷量较大，采用中间向两侧碾压的程序，可以防止边坡坍陷的危险。

5.7.11 碾压傍山道路采用由里侧向外侧的程序，可以保持道路的外侧略高于内侧的安全要求。

5.7.12 压路机行驶速度慢，惯性小，上坡换挡脱开动力时，就会下滑，难以挂挡。下坡时如空挡滑行，压路机将随坡度加速滑行，制动器难以控制，易发生事故。

5.7.13 多台压路机在坡道上不要纵队行驶，这是防止压路机制动失灵或溜坡而造成事故。

5.7.15 差速器锁止装置的作用是将两轮间差速装置锁止，可以防止单轮打滑，但不能防止双轮打滑。

5.7.17 严寒季节停机时，将滚轮用木板垫离地面，是防滚轮与地面冻结。

5.8 振动压路机

5.8.1 振动压路机如果在停放情况下起振，或在坚实的地面上振动，其反作用力能使机械受损。

5.8.4 振动轮在松软地基上施振时，由于缺乏作用力而振不起来。因此，要对松软地基先碾压1遍～2遍，在地基稍压实情况下再起振。

5.8.5 碾压时，振动频率要保持一致，以免由于频率变化而使压实效果不一致。

5.8.9 停机前要先停振。

5.9 平 地 机

5.9.7 刮刀要在起步后再下降刮土，如先下降后起步，将使起步阻力增大，容易损坏刮刀。

5.9.10 齿耙缓慢下齿，是防阻力太大而受损。对于石渣和混凝土路面的翻松，已超出齿耙的结构强度，不能使用。

5.9.12 平地机前后轮转向的结构是为了缩小回转半径，适用于狭小的场地。在正常行驶时，只需使用前轮转向，没有必要全轮转向而增加损耗。

5.9.13 平地机结构不同于汽车，机身长的特点决定了不便于快速行驶。下坡时如空挡滑行，失去控制的滑行速度使制动器难以将机械停住，而酿成事故。

5.10 轮胎式装载机

5.10.1 装载机主要功能是配合自卸汽车装卸物料，如果装载后远距离运送，不仅机械损耗大，且生产率降低，在经济上不合算。

5.10.2 装载作业时，满载的铲斗要起升并外送卸料，如在倾斜度超过规定的场地上作业，容易发生因重心偏离而倾翻的事故。

5.10.3 在石方施工场地作业时，轮胎容易被石块的棱角刮伤，需要采取保护措施。

5.10.6 铲斗装载后行驶时，机械的重心靠近前轮倾覆点，如急转弯或紧急制动，就容易造成失稳而倾翻。

5.10.9 操纵手柄换向时，如过急、过猛，容易造成机件损伤。满载的铲斗如快速下降，制动时会产生巨大的冲击载荷而损坏机件。

5.10.10 在不平场地作业时，铲臂放在浮动位置，可以缓解因机身晃动而造成铲斗在铲土时的摆动，保持相对的稳定。

5.10.13 铲斗偏载会造成铲臂因受力不均而扭弯；铲装后未举臂就前进，会使铲臂挠度大而变形。

5.10.17 卸料时，如铲斗伸出过多，或在大于3°的坡面上前倾卸料，都将使机械重心超过前轮倾覆点，因失稳而酿成事故。

5.10.18 水温过高，会使内燃机因过热而降低动力性能；变矩器油温过高，会降低使用的可靠性；加速工作液变质和橡胶密封件老化。

5.10.20 装载机转向架未锁闭时，站在前后车架之间进行检修保养极易造成人身伤害。

5.11 蛙式夯实机

5.11.1 蛙式夯实机能量较小，只能夯实一般土质地面，如在坚硬地面上夯击，其反作用力随坚硬程度而增加，能使夯实机遭受损伤。

5.11.2～5.11.6 蛙式夯实机需要工人手扶操作，并随机移动，因此，对电路的绝缘要求很高，对电缆的长度等也有要求。资料表明，蛙式夯实机由于漏电造成人身触电事故是多发的。这四条都是针对性的预防措施。

5.11.7 作业时，如将机身后压，将影响夯机的跳动。要求保持机身平衡，才能获得最大的夯击力。如过急转弯，会造成夯机倾翻。

5.11.8 填高的土方比较疏松，要先在边缘以内夯实后再夯实边缘，以防止夯机从边缘下滑。

5.12 振动冲击夯

5.12.4 作业时，操作人员不得将手把握得过紧，这是为了减少对人体的振动。

5.12.7 冲击夯的内燃机系风冷二冲程高速（4000r/min）汽油机，如在高速下作业时间过长，将因温度过高而损坏。

5.13 强夯机械

5.13.3 本条规定是为了防止夯击过程中有砂石飞出，撞破驾驶室挡风玻璃，伤及操作人员。

5.13.5 起重臂仰角过小，将增加起重幅度而降低起重量和夯击高度；仰角过大，夯锤与起重臂距离过近，将影响起升高度。

5.13.6 夯机依靠门架支撑，以保持夯击时的稳定性。本条规定了对门架支腿的要求。

5.13.7 本条强调操作安全技术规程，确保操作人员安全。

5.13.10 夯锤上的通气孔，是防止快速下落的夯与地面接触时压缩空气使泥土飞溅，因此，需要保持通气孔的畅通。清理时，不应在锤下进行清理，是为了保证清理人员的人身安全。

6 运输机械

6.1 一般规定

6.1.5 运输机械人货混装、料斗内载人对人身安全危害极大，故应禁止。

6.1.7 水温未达到70℃，各部润滑尚未到良好状态，如高速行驶，将增加机件磨损。变速时逐级增减，避免冲击。前进和后退须待车停稳后换挡，否则将造成变速齿轮因转向不同而打坏。

6.1.10 下长陡坡时，车速随坡度而增加，依靠制动器减速，将使制动带和制动鼓长时间摩擦产生高温，甚至烧坏。因此，需要挂上与上坡相同的低速挡，利用内燃机的阻力来控制车速，以减少制动器使用时间。

6.1.12 车辆过河，如水深超过排气管或曲轴皮带盘，排气管进水将使废气阻塞，曲轴皮带盘转动使水甩向内燃机各部，容易进入润滑和燃料系统，并使电气系统失效。过河时中途停车或换挡，容易造成熄火后无法启动。

6.1.17 为防止车辆移动，造成车底下作业的人员被压伤亡的重大事故。

6.2 自卸汽车

6.2.3 本条为了防止铲斗或土石块等失控下坠砸坏驾驶室时，不致发生人身伤亡事故。

6.2.4 自卸汽车卸料时如边卸边行驶，顶高的车厢因汽车在高低不平的地面上摆动而剧烈晃动，将使顶升机构如车架受额外的扭力而受损变形。

6.2.5 自卸汽车在斜坡侧向倾卸或倾斜情况行驶，都易造成车辆重心外移，而发生翻车事故。

6.3 平板拖车

6.3.5 平板拖车装运的履带式起重机，如起重臂不拆短，将过多超越拖车后方，使拖车转弯困难。

6.3.7 平板拖车上的机械要承受拖车行驶中的摆动，尤其是紧急制动时所受惯性的作用。因此必须绑扎牢固，并将履带或车轮揳紧，防止机械移动而发生事故。

6.4 机动翻斗车

6.4.3 机动翻斗车在行驶中如长时间操纵离合器处于半结合状态，将使面片与压板摩擦而产生高温，严重时会烧坏。

6.4.6 机动翻斗车的料斗重心偏向前方，有自动向前倾翻的特点，因而降低了全车的稳定性。在行驶中下坡滑行，急转弯、紧急制动等操作，都容易发生翻车事故。

6.4.7 料斗依靠自重即能倾翻，因此料斗载人就存在很大的危险。料斗在倾翻情况下行驶或进行平地作业，都将造成料斗损坏或倾翻事故。

6.5 散装水泥车

6.5.4 散装水泥车卸料时，如车辆停放不平，将使罐内水泥卸不完而沉积在罐内。

6.5.7 卸料时罐内水泥随压缩空气输出罐外，需要保持压缩空气压力稳定。因此，空气压缩机要有专人负责管理，防止内燃机转速变化而影响卸料压力。

6.6 皮带运输机

6.6.3 皮带运输机先装料后启动，重载启动会增加电动机启动电流，影响电动机使用寿命和增加电耗。

6.6.8 多台皮带机串联送料时，从卸料端开始顺序启动，能使输送带上的存料有序地清理干净。

7 桩工机械

7.1 一般规定

7.1.1 选择合适的机型，是优质、高效完成桩工任务的先决条件。

7.1.5 电力驱动的桩机功率较大，对电源距离、容量以及导线截面等有较高要求。如达不到要求，会造成电动机启动困难。

7.1.8 作业前对桩机作全面检查是设备安全运转的基础，本条规定了桩机作业前的基本检查要求。

7.1.9 在水上打桩，固定桩机的作业船，当其排水量和偏斜度符合本条要求时，才能保证作业安全。

7.1.10 如吊桩、吊锤、回转、行走等四种动作同时进行，一方面起吊载荷增加，另一方面回转和行走使机械晃动，稳定性降低，容易发生事故。同时机械的动力性能也难以承担四种动作的负荷，而操作人员也难以正确无误地操作四种动作。

7.1.15 鉴于打桩作业中断桩、倒桩等事故时有发生，本条规定了操作人员和桩锤中心的安全距离。

7.1.16 如桩已入土3m时再用桩机回转或立柱移动来校正桩的垂直度，不仅难以纠正，还易使立柱变形或损坏，并可能使桩折断。

7.1.17 由于拔送桩时，桩机的起吊载荷难以计算，本条所列几种方法，都是施工中的实践经验，具有实用价值。

7.1.20 将桩锤放至最低位置，可以降低整机重心，从而提高桩机行走时的稳定性。

7.1.21 在斜坡上行走时，桩机重心置于斜坡上方，沿纵向作业或行走，可以抵消由于斜坡造成机械重心偏向下方的不稳定状态。如在斜坡上回转或作业及行走时横跨软硬边际，将使桩机重心偏离而容易造成倾翻事故。

7.1.23 桩孔成型后，如不及时封盖，人员会坠入桩孔。

7.1.24 停机时将桩锤落下和不得在悬吊的桩锤下面检修等，都是防止由于偶发因素，使桩锤失控下坠而造成事故。

7.2 柴油打桩锤

7.2.1 导向板用圆头螺栓、锥形螺母和垫圈固定在下汽缸上下连接板上，以使桩锤能在立柱导轨上滑动起导向作用，如导向板螺栓松动或磨损间隙过大，将使桩锤偏离导轨滑动而造成事故。

7.2.3 提起桩锤脱出砧座后，其下滑长度不应超过使用说明书的规定值，如绳扣太短，在打桩过程中容易拉断，如绳扣过长，则下活塞将会撞坏压环。

7.2.4 缓冲胶垫为缓和砧座（下活塞）在冲击作用下与下气缸发生冲撞而设置，如接触面或间隙过小时，将达不到缓冲要求。

7.2.5 加满冷却水，能防止汽缸和活塞过热；使用软水可以减少水垢；冬期使用温水，可以使缸体预热而易启动。

7.2.8 对软土层打桩时，由于贯入度过大，燃油不能爆发或爆发无力，使上活塞跳不起来，所以要先停止供油冷打，使贯入度缩小后再供油启动。

7.2.9 地质硬，桩锤爆发力大，上活塞跳得高，起跳高度不允许超过原厂规定，主要为了防止活塞环脱出气缸，造成事故。

7.2.11 桩锤供油是利用活塞上下推动曲臂向燃烧室供油，在桩机外设专人拉好曲臂控制绳，可以随时停止供油而停锤。

7.2.14 所谓早燃是指在火花塞跳火前混合气发生燃烧。发生早燃时，过早的炽热点火会破坏柴油锤的工作过程，使燃烧加快，气缸压力、温度增高和发动机工作粗暴。如不及时停机处理，可能会损坏气缸，引发事故。

7.3 振动桩锤

7.3.1～7.3.4 振动桩锤是依靠电能产生高频振动，以减少桩和土体间摩擦阻力而进行沉拔桩的机械，为了保证安全作业，需要执行这四条规定的检查项目。

7.3.5 本条规定是为了防止钢丝绳受振后松脱的双重保险措施。

7.4 静力压桩机

7.4.1 桩机纵向行走时，应两个手柄一起动作，使行走台车能同步前进。

7.4.2 如船形轨道压在已入土的单一桩顶上，由于受力不均，将使船行轨道变形。

7.4.3 进行压桩时，需有多人联合作业，包括压桩、吊桩等操作人员，需要统一指挥，以保证配合协调。

7.4.4 起重机吊桩就位后，如吊钩在压桩前仍未脱离桩体，将造成起重臂压弯折断或钢丝绳断绳的事故。

7.4.6 桩机发生浮机时，设备处于不稳定状态，如起重机继续吊物，或桩机继续进行压桩作业，将会加剧设备的失稳，造成设备倾翻事故。

7.4.12 本条规定是为了保护桩机液压元件和构件不受损坏。

7.5 转盘钻孔机

7.5.4 钻机通过泥浆泵使泥浆在钻孔中循环，携带出孔中的钻渣。作业时，要按本条要求，保持泥浆循环不中断，以防塌孔和埋钻。

7.5.11 使用空气反循环的钻机，其循环方式与正循环相反，钻渣由钻杆中吸出，在钻进过程中向孔中补充循环水或泥浆，由于它具有十分强大的排渣能力，需要按本条规定遮拦喷浆口和固定管端。

7.5.12 先停钻后停风的要求，是利用风压清除孔底的钻渣。

7.6 螺旋钻孔机

7.6.1 钻杆与动力头的中心线偏斜过大时，作业中将使钻杆产生弯曲，造成连接部分损坏。

7.6.2 钻杆如一次性接好后再装上动力头，不仅安装困难，还因为钻杆长度超过动力头高度而无法安装，且钻杆过长容易弯曲变形。

7.6.10 如在钻杆运转时变换方向，能使钻杆折断。

7.6.15 停钻时，如不及时将钻杆全部从孔内拔出，将因土体回缩的压力而造成钻机不能运转或钻杆拔不出来等事故。

7.7 全套管钻机

7.7.3 套管入土的垂直度将决定成孔后的垂直度，因此，在入土开始时就要调整好，待入土较深时就难以调整，强行调整会使纠偏机构及套管损坏。

7.7.4 锤式抓斗利用抓斗片插入上层抓土，它不具备破碎岩层的能力，如用以冲击岩层，将造成抓斗损坏。

7.7.8 进入土层的套管，需要保持能摆动的状态，防止被土层挤紧，以至在浇注混凝土过程中不能及时拔出。

7.8 旋挖钻机

7.8.3 本条规定是为了保证钻机行驶时的稳定性。

7.9 深层搅拌机

7.9.1 深层搅拌机的平整度和导向架的垂直度，是保证设备工作性能和成桩质量的重要条件。

7.9.6 保持动力头的润滑非常重要，如果断油，将会烧坏动力头。

7.10 成槽机

7.10.2 回转不平稳，突然制动会造成成槽机抓斗左右摇晃，容易失稳。

7.10.3～7.10.9 成槽机主机属于起重机械，所以应符合起重机械安全技术规范的要求。

7.10.10 成槽机成槽的垂直度不仅关系着质量，也关系安全，垂直度控制不好会发生成槽机在槽段的卡滞、无法提升等现象。

7.10.11 工作完毕，远离槽边，防止槽段由于成槽机自身重量发生坍方，抓斗落地是为防止抓斗在空中对成槽机和周边环境产生安全隐患。

7.10.13 该措施是为防止电缆及油管在运输过程中，由于道路交通状况发生颠簸、急停等，产生碰撞造成损坏。

7.11 冲孔桩机

7.11.1 场地不平整坚实，会造成冲孔桩机械在冲孔过程中的位移、摇晃、不稳定，严重的甚至会发生侧翻。

7.11.2 本条属于作业前需要检查的项目，目的是保证冲孔桩机械的安全使用。

7.11.3～7.11.6 冲孔桩机械的主动力设备为卷扬机，该部分内容应满足卷扬机安全操作规范的要求。

8 混凝土机械

8.1 一般规定

8.1.4 本条依照《施工现场临时用电安全技术规范》JGJ 46－2005第8.2.10条规定。

8.2 混凝土搅拌机

8.2.3 依照《施工现场机械设备检查技术规程》JGJ 160－2008第7.3节的规定，搅拌机在作业前，应检查并确认传动、搅拌系统工作正常及安全装置齐全有效，目的是确保搅拌机正常安全作业。

8.2.7 料斗提升时，其下方为危险区域。为防止料斗突然坠落伤人，规定严禁作业人员在料斗下停留或通过。当作业人员需要在料斗下方进行清理或检修时，应将料斗升至上止点并用保险锁锁牢。

8.3 混凝土搅拌运输车

8.3.2 卸料槽锁扣是防止卸料槽在行车时摆动的安全装置。搅拌筒安全锁定装置是防止搅拌筒误操作的安全装置，为保证混凝土搅拌运输车的作业安全，上述安全装置应齐全完好。

8.3.3～8.3.5 此条与《施工现场机械设备检查技术规程》JGJ 160－2008第7.7节规定协调。混凝土搅拌运输车作业前应对上述内容进行检查并确认无误，保证作业安全。

8.3.6 本规定明确了混凝土搅拌运输车行驶前，应确认搅拌筒安全锁定装置处于锁定位置及卸料槽锁扣的扣定状态，保证行驶安全。

8.4 混凝土输送泵

8.4.1 输送泵在作业时由于输送混凝土压力的作用，可产生较大的振动，安装泵时应达到本规定要求。

8.4.2 向上垂直输送混凝土时，应依据输送高度、排量等设置基础，并能承受该工况的最大荷载。为缓解泵的工作压力，应在泵的输出口端连接水平管。向下倾斜输送混凝土时，应依据落差敷设水平管，以缓解管内气体对输送作业的影响。

8.4.4 砂石粒径、水泥强度等级及配合比是保证混凝土质量和泵送作业正常的基本要求。

8.4.6 混凝土泵车开始或停止泵送混凝土时，出料软管在泵送混凝土的作用下会产生摆动，此时的安全距离一般为软管的长度。同时出料软管埋在混凝土中可使压力增大，易发生伤人事故。

8.4.7 泵送混凝土的排量、浇注顺序及集中荷载的允许值，均是影响模板支撑系统稳定性的重要因素，作业时必须按混凝土浇筑专项方案进行。

8.4.11 本条规定是为了保证混凝土泵的清洗作业安全。

8.5 混凝土泵车

8.5.1 本条规定明确了泵车停靠场地的要求，泵车的任何部位与输电线路的安全距离应符合《施工现场临时用电安全技术规范》JGJ 46 的有关规定。

8.5.2 本条规定是为了保证泵车稳定性而制定的。

8.5.3 依据《施工现场机械设备检查技术规程》JGJ 160-2008 第 2.6 节规定，泵车作业前应对本规定内容进行检查，并确认无误。

8.5.5、8.5.6 布料杆处于全伸状态时，泵车稳定性相对较小，此时移动车身或延长布料配管和布料软管均可增大泵车倾翻的危险性。

8.6 插入式振捣器

8.6.2、8.6.3 插入式振捣器属Ⅰ类手持电动工具。依据《施工现场临时用电安全技术规范》JGJ 46-2005 的有关规定，操作人员作业时必须穿戴符合要求的绝缘鞋和绝缘手套。电缆线应采用耐气候型橡胶护套铜芯电缆，并不得有接头。

8.6.5 振捣器软管弯曲半径过小，会增大传动件的摩擦发热，影响使用寿命。

8.7 附着式、平板式振捣器

8.7.2、8.7.3 附着式、平板式振捣器属Ⅰ类手持电动工具。依据《施工现场临时用电安全技术规范》JGJ 46-2005 的有关规定，操作人员作业时必须穿戴符合要求的绝缘鞋和绝缘手套。电缆线应采用耐气候型橡胶护套铜芯电缆，并不得有接头。

8.7.7 多台振捣器同时作业时，各振捣器的振动频率一致，主要是为了提高振捣效果。

8.8 混凝土振动台

8.8.1 作业前对本条内容进行检查，目的是确保振动台作业安全。

8.8.2 振动台作业时振动频率较高，要求设置可靠的锁紧夹，确保振动台安全作业。

8.9 混凝土喷射机

8.9.1 喷射机采用压缩空气将配合料通过喷射枪和水合成混凝土喷射到工作面。对空气压力、水的流量及配合料的配比要求较高，作业时参照说明书要求进行。

8.9.4 依照《施工现场机械设备检查技术规程》JGJ 160-2008 第 2.4 节规定，作业前对本规定内容进行全面检查、确认。

8.9.7 混凝土从喷射机喷出时，压力大、喷射速度高，为预防作业人员受伤害制定本规定。

8.10 混凝土布料机

8.10.1 参照《塔式起重机安全规程》GB 5144-2006 第 10.3 节规定，布料机任一部位与其他设施及构筑物的安全距离不应小于 0.6m。

8.10.3 手动式混凝土布料机底盘防倾覆的措施可采用搭设长宽 6m×6m、高 0.5m 的脚手架，并与混凝土布料机底盘固定牢固。

8.10.4 为保证布料机的作业安全，作业前应对本条规定的内容进行全面检查，确认无误方可作业。

8.10.6 输送管被埋在混凝土内，会使管内压力增大，易引发生产安全事故。

8.10.8 此条结合《混凝土布料机》JB/T 10704-2004 标准及实际情况执行 6 级风不能作业的风速下限。

9 钢筋加工机械

9.2 钢筋调直切断机

9.2.5 导向筒前加装钢管，是为了使钢筋通过钢管后能保持水平状态进入调直机构。

9.2.7 调直筒内一般设有 5 个调直块，第 1、5 两个放在中心线上，中间 3 个偏离中心线，先有 3mm 左右的偏移量，经过试调直，如钢筋仍有慢弯，可逐渐加大偏移量直到调直为止。

9.3 钢筋切断机

9.3.4 钢筋切断时，其切断的一端会向切断一侧弹出，因此，手握钢筋要在固定刀片的一侧，以防钢筋弹出伤人。

9.4 钢筋弯曲机

9.4.7 弯曲超过规定直径的钢筋，将使机械超载而受损。弯曲未经冷拉或带有锈皮的钢筋，会有小片破裂锈皮弹出，要防止伤害眼睛。

9.5 钢筋冷拉机

9.5.1 冷拉机的主机是卷扬机，卷扬机的规格要符合能冷拉钢筋的拉力。卷扬钢丝绳通过导向滑轮与被拉钢筋成直角，当钢筋拉断或夹具失灵时不致危及卷扬机。卷扬机要与拉伸中线保持一定的安全距离。

9.5.5 本条规定装设限位标志和有专人指挥，都是为了防止钢筋拉伸失控而造成事故。

9.6 钢筋冷拔机

9.6.1 钢筋冷拔机主要适用于大型屋面板钢筋施工。

10 木工机械

10.1 一般规定

10.1.1 本条对操作人员的穿着和佩戴进行了规定，防止操作人员因穿着不当，在操作中被机械的传动部位缠绕或误碰触机械开关而引发生产安全事故。

10.1.2 本条规定木工机械不准使用倒顺双向开关，是为了防止作业过程中，工人身体或搬运物体时误碰触倒顺开关引发起生产安全事故。

10.1.3 本条规定是引用国家标准《机械加工设备一般安全要求》GB 12266－90 中的规定。

10.1.14 多功能机械在施工现场使用时，在一项工作中只允许使用一种功能，是为了避免多动作引起的生产安全事故。

10.1.16 本条规定是从职业健康安全方面考虑，保护操作人员和周围人员的身心健康。国家标准《木工机床安全　平压两用刨床》GB 18956－2003 中规定木工机械排放的最大噪声限值为 90dB。

10.2 带锯机

10.2.1 锯条的裂纹长度超过 10mm 时，在锯木的过程中锯条容易断裂导致生产安全事故的发生。

10.3 圆盘锯

10.3.1 该条规定是针对施工现场因移动设备或加工大模板，操作工人为了方便，经常不使用防护罩的现象，而制定的强制性标准。

10.3.3 该条规定是依据国家标准《木工刀具安全　铣刀、圆锯片》GB 18955－2003 中对圆锯片锯身有裂纹的圆锯片应剔除，不允许修理。

10.3.7 该条规定是考虑到加工旧方木和旧模板，如果旧方木和模板上有未清除的钉子时，锯木容易引起钉子、木屑等硬物飞溅造成人员伤害。

10.5 压刨床（单面和多面）

10.5.6 压刨必须要装有止逆器，这是为了避免刨床的工作台与刀轴或进给辊接触。

10.8 开榫机

10.8.1 该条规定中试运转的时间是指在施工现场经过验收后日常投入使用前所作的试运转，时间是参考《建筑机械技术试验规程》JGJ 34－86 规定中对"电动机进行技术试验时空载试运转的时间为 30min"而规定的。

11 地下施工机械

11.1 一般规定

11.1.1 地下施工机械的类型很多，每一种类型都有自己的特性，针对不同的地质情况和环境，选择合适的机械和功能对施工安全极为重要。每一类型的施工机械中应根据施工所处土层性质、管径、地下水位、附近地上与地下建筑物、构筑物和各种设施等因素，经技术经济比较后确定。

11.1.2 为了安全而有效地组织现场施工，要求地下施工机械在厂内制造完工后，必须进行整机调试，检查核实设备的供油系统、液压系统和电气系统的状况，调试机械运转状态和控制系统的性能，确保地下施工机械设备出厂就具备良好的性能，防止设备上的先天不足给工程带来不安全因素。

11.1.3 地下施工机械施工期间，应对邻近建（构）筑物、地下管网进行监测，对重要的有特殊要求的建筑物，应及时采取注浆、加固、支护等技术措施，保证邻近建筑物、地下管网的安全。

11.1.4 地下工程作业中必须进行通风，通风目的是保证施工生产正常安全和施工人员的身体健康；必须采用机械通风，一般选用压入式通风。对于预计将通过存在可燃性、爆炸性气体、有害气体地下施工地段，必须事先对这些地段及周围的地层、水文等采用钻探或其他方法进行预先的详细调查，查明这些气体存在的范围与状态。对存在燃烧和缺氧危险时，应禁止明火火源，防止火灾；当发生可燃气体和有害气体浓度超过容许值时，应立即撤出作业人员，加强通风、排气，只有当可燃气体、有害气体得到控制时，才能继续施工。

11.1.7 在确定垂直运输和水平运输方案及选择设备时必须根据作业循环所需的运输量详细考虑，同时还应符合各种材料运输要求，所有的运输车辆、起重机械、吊具要按有关安全规程的规定定期进行检查、维修、保养与更换。

11.1.8、11.1.9 开挖面如果不稳定，会造成施工机械的安全隐患和地面沉降塌陷等。

11.1.11 如不暂停施工并进行处理，可能发生施工偏差超限、纠偏困难和危及施工机械与工程施工安全。

11.1.12 大型地下施工机械吊装属于大型构件吊装，必须编制专项方案，经审批同意后实施。

11.2 顶 管 机

11.2.1 顶管机的选择，应根据管道所处土层性质、管径、地下水位、附近地上与地下建筑物、构筑物和各种设施等因素，经技术经济比较后确定，要符合下列规定：

1 在黏性土或砂性土层，且无地下水影响时，宜采用手掘式或机械挖掘式顶管法；当土质为砂砾土时，可采用具有支撑的工具管或注浆加固土层的措施；

2 在软土层且无障碍物的条件下，管顶以上土层较厚时，宜采用挤压式或网格式顶管法；

3 在黏性土层中必须控制地面隆陷时，宜采用土压平衡顶管法；

4 在粉砂土层中且需要控制地面隆陷时，宜采用加泥式土压平衡或泥水平衡顶管法；

5 在顶进长度较短、管径小的金属管时，宜采用一次顶进的挤密土层顶管法。

11.2.2 导轨产生位移，对机械和工程安全产生影响。

11.2.3 千斤顶是顶管施工主要的动力系统，后座千斤顶应联动并同时受力，合力作用点应在管道中心的垂直线上。

11.2.4～11.2.8 油泵安装和运转的注意事项，以确保油泵和千斤顶的安全运转。

11.2.11 发生该条情况如不暂停施工，查明原因并进行处理，可能危及施工机械与工程施工安全。

11.2.12 中继间安装将凹头安装在工具管方向，凸头安装在工作井一端，是为了避免在顶进过程中会导致泥砂进入中继间，损坏密封橡胶，止水失效，严重的会引起中继间变形损坏。不控制单次推进距离，则会导致中继间密封橡胶拉出中继间，止水系统损坏，止水失效。

11.3 盾 构 机

11.3.1～11.3.4 这几条是对盾构机在下井组装之前进行的各项试验，以确保组装后的盾构机机械性能正常，安全有效地工作。

11.3.5 始发基座主要作用是用于稳妥、准确地放置盾构，并在基座上进行盾构安装与试掘进，所以基座必须有足够的承载力、刚度和安装精度，并且考虑盾构安装调试作业方便。接收井内的盾构基座应保证安全接收盾构机，并能进行检修盾构机、解体盾构机的作业或整体移位。

11.3.6 推进过程中，调整施工参数如下：

1 土压平衡盾构掘进速度应与进出土量、开挖面土压值及同步注浆等相协调；

2 泥水平衡盾构掘进速度应与进排浆流量、开挖面泥水压力、进排泥浆、泥土量及同步注浆等相协调。

11.3.8 发生该条出现的情况，如不分析原因并及时解决，会对盾构机械本身及工程安全产生影响。

11.3.9 盾构暂停推进施工应按停顿时间长短、环境要求、地质条件作好盾构正面、盾尾密封以及盾构防后退措施，一般盾构停止3d以上，开挖面应加设密闭封板、盾尾与管片间的空隙作嵌缝密封处理，并在支承环的环板与已建成的隧道管片环面之间加适当支撑，以防止盾构在停顿期间的后退。当地层很软弱、流动性较大时，则盾构中途停顿时须及时采取防止泥土流失的措施。

11.3.11 刀具更换是一项较复杂的工序。首先除去压力舱中的泥水、残土，清除刀头上粘附的泥沙，确认要更换的刀头，运入工具，设置脚手架，然后拆去旧刀具，换上新刀具。更换刀具停机时间比较长，容易造成盾构整体沉降，引起地层及地表沉降，损坏地表及地下建（构）筑物。要求：

1 更换前做好准备工作，尽量减少停机时间；

2 更换作业尽量选择在中间竖井或地层条件较好、较稳定地段进行；

3 在地层条件较差的地段进行更换作业时，须带压更换或对地层进行预加固，确保开挖面及基底的稳定。

更换刀具的人员要系安全带，刀具的吊装和定位要使用吊装工具。在更换滚刀时要使用抓紧钳和吊装工具。所有用于吊装刀具的吊具和工具都要经过严格检查，以确保人员和设备的安全。带压作业人员要身体健康，并经过带压作业专业培训，制定并执行带压工作程序。

11.3.14 盾构停止推进后按计划方法与工艺拆除封门，盾构要尽快地连续推进和拼装管片，使盾构能在最短时间内全部进入接收井内的基座上。洞口与管片的间隙要及时处理，并确保不渗漏。

11.3.16 管片拼装是盾构法施工的一个重要工序，整个工序由盾构司机、管片拼装机操作工和拼装工等三个特殊工种配合完成。在整个施工过程中要由专人负责指挥，拼装前要全面检查拼装机械、工具、索具。施工前要根据所用管片形式、特点详细向施工人员作技术和安全交底。

12 焊接机械

12.1 一般规定

12.1.2、12.1.3 焊割作业有许多不安全因素，如爆炸、火灾、触电、灼烫、急性中毒、高处坠落、物体打击等，对危险性失去控制或防范不周，就会发展为事故，造成人员伤亡和财产损失，这几条规定是为了抑制和清除危险性而制定的。

12.1.4 施工现场很多火灾事故都是由焊接（切割）作业引起的，严格控制易燃易爆品的堆放能有效防范火灾的发生。施工现场切割金属时冒出的火花温度很高，时间长聚集的温度会更高，如果没有隔离措施，就算切割工作面周围堆放保温板、塑料包装袋等阻燃材料也会发生火灾，因此焊接（切割）工作面四周要清理干净，方可进行动火作业。

12.1.5 长期停用的电焊机如绕组受潮、绝缘损坏，电焊机外壳将会漏电。在外壳缺乏良好的保护接地或接零时，人体碰及将会发生触电事故。

12.1.6 焊机导线要具有良好的绝缘，绝缘电阻不小于1MΩ，不要将焊机导线放在高温物体附近，以免烧坏绝缘；不许利用建筑物的金属结构、管道、轨道或其他金属物体搭接起来形成焊接回路，防止发生触电事故。

12.1.7 焊钳要有良好的绝缘和隔热能力，握柄与导线的连接要牢靠，接触良好，导线连接处不要外露，不要用胳膊夹持，这些规定是为了防止静电。

12.1.8 焊接导线要有适当的长度，一般以20m～30m为宜，过短不便于操作，过长会增大供电动力线路的压降；其他措施主要为了保护导线。

12.1.9 如在承压状态的压力容器及管道、装有易燃易爆物品的容器、带电设备和承载结构的受力部位上进行焊接和切割，将会发生爆炸、火灾、有毒气体和烟尘中毒、触电以及承载结构倒塌等重大事故。因此，要严格禁止。

12.1.10、12.1.11 主要是为了防止由于爆炸、火灾、触电、中毒而引起重大事故而规定的。一般情况下，对于存有残余油脂或可燃液体、可燃气体的容器，焊前要先用蒸汽和热碱水冲洗，并打开盖口，确定容器清洗干净后，再灌满水方可以进行焊接；在容器内焊接时要防止触电、中毒和窒息，因此通风要有保证，还要有专人监护；已喷涂过油漆和塑料的容器，在焊接时会产生氯化氢等有毒气体，在通风不畅的情况下将导致中毒或损害工人健康。

12.1.12 焊接青铜、铅等有色金属时会产生一些氧化物、烟尘等有毒物质，影响工人健康。因此，要有排烟、通风装置和防毒面罩。

12.1.13 预热焊件的温度达到700℃，形成一个比较强的热辐射源，可以引起作业人员大量出汗，导致体内水盐比例失调，出现不适症状，同时会增加触电危险，所以要设挡板、穿隔热服等，隔离预热焊件散发的辐射热。

12.1.14 在焊接过程中，焊工总要经常触及焊接回路中的焊钳、焊件、工作台及焊条等，而焊接设备的一次电压为220V或380V，空载电压也都在60V以上，因此，除焊接设备要有良好的保护接地或接零外，焊接时焊工要穿戴干燥的工作服和绝缘的胶鞋、手套，并采用干燥木板垫脚、下雨时不在露天焊接等防止触电的措施。

12.1.15 手工电弧焊要求按焊机的额定电流和暂载率来使用，既能合理地发挥焊机的负载能力，又不至于造成焊机过热而烧毁。在运行中当喷漆电焊机金属外壳温升超过35℃时，要停止运转并采取降温措施。

12.1.17 电焊机在焊接电弧引燃后二次侧电压正常为16V～35V，但是在空载带电的情况下二次侧的电压一般在50V～90V，远大于安全电压的最高等级42V，人体接触后容易发生触电事故，因此电焊机需要加装防二次侧触电装置。

12.2 交（直）流焊机

12.2.1 初、次级线不能接错，否则焊机将冒烟甚至被烧坏；或因将次级线错接到电网上而次级线路又无保护接地或接零，焊工触及次级线路的裸导体，将导致触电事故。

接线柱的螺母、螺栓、垫圈要完好齐全，不要松动或损坏，否则会使接触处过热，以致损坏接线板；或使松动的导线误碰机壳，使焊机外壳带电。

12.2.2 多台电焊机的接地装置均要分别将各个接地线并联到接地极上，绝不能用串联方法连接，以确保在任何情况下接地回路不致中断。

12.3 氩弧焊机

12.3.3 氩气是液态空气分馏制氧时获得的副产品，由于氩气的沸点介于氧气和氮气沸点之间，沸点温度差距较小，所以在制氩过程中不可避免地要含一定量的氧、氮和水分等杂质，而且有的氩气瓶是用经过清洗的氧气瓶代替的。因此，安装的氩气减压阀，管接头不要粘有油脂。

12.3.5 氩弧焊是用高频振荡器来引弧和稳弧的，但对焊工健康有不利影响，因此，要将焊机和焊接电缆用金属编织线屏蔽防护。也可以通过降低频率来进一步防护。

12.3.6 氩弧焊大都采用钨极、钍钨极、铈钨极，如在通风不畅的场所焊接，烟尘中的放射性微料可能过浓，因此要戴防毒面罩。钍钨棒的打磨要有抽风装置，贮存时最好放在铅盒内，更不许随身携带，防止放射线伤害。

12.3.9 氩弧焊工人作业时受到放射线和强紫外线的危害（约为普通电弧焊的5倍～10倍）。所以工作完了要及时脱去工作服，清洗手脸和外露皮肤，消除毒害。

12.4 点 焊 机

12.4.1 工作前要清除上下电极的油渍及污物，否则将降低电极使用期限，影响焊接质量。

12.4.2 这是规定的焊机启动程序，如违反操作程序，就会发生质量及生产安全事故。

12.4.3 焊机通电后，要检查电气设备、操作机构、冷却系统、气路系统及机体外壳有无漏电现象。

12.5 二氧化碳气体保护焊机

12.5.2 大电流粗丝的二氧化碳焊接时，要防止焊枪水冷却系统漏水，破坏绝缘，发生触电事故。

12.5.3 装有液态二氧化碳的气瓶，不能在阳光下曝晒或用火烤，以免造成瓶内压力增大而发生爆炸。

12.5.4 二氧化碳气体预热器要采用36V以下的安全电压供电。

12.6 埋 弧 焊 机

12.6.1 埋弧焊机在操作盘上一般都是安全电压，但在控制箱上有380V或220V电源，所以焊接要有安全接地（零）线。盖好控制箱的外壳和接线板上的罩壳是为防止导线扭转及被熔渣烧坏。

12.7 对 焊 机

12.7.1 对焊机铜芯导线参考表12-1选择。

表 12-1 对焊机导线截面

对焊机的额定功率（kV·A）	25	50	75	100	150	200	500
一次电压为220V时导线截面（mm^2）	10	25	35	45	—	—	—
一次电压为380V时导线截面（mm^2）	6	16	25	35	50	70	150

12.7.4 由于超载过热及冷却水堵塞、停供，使冷却作用失效等有可能造成一次线圈的绝缘破坏。

12.7.6 在进行闪光对焊时，大的电流密度使接触点及其周围的金属瞬间熔化，甚至形成汽化状态，会引起接触点的爆裂和液体金属的飞溅，造成焊工的灼伤和引起火灾，所以闪光区要设挡板。

12.8 竖向钢筋电渣压力焊机

12.8.4 参照现行行业标准《钢筋焊接及验收规程》JGJ 18的电渣压力焊焊接参数表选取。一般情况下，时间（s）可为钢筋的直径数（mm），电流（A）可为钢筋直径的20倍（mm）。

12.9 气焊（割）设备

12.9.4 氧气是一种活泼的助燃气体，是强氧化剂，空气中氧气含量为20.9%，增加氧的纯度和压力会使氧化反应显著加剧。当压缩氧气与矿物油、油脂或细微分散的可燃粉尘等接触时，由于剧烈的氧化升温、积热而发生自燃，构成火灾或爆炸。因此，氧气瓶及其附件、胶管、工具等不能粘染油污。

12.10 等离子切割机

12.10.1 等离子切割机的空载电压较高（用氩气作为离子气时为65V～80V，用氩氢混合气体作为离子气时为110V～120V），所以设备要有良好的保护接地。

12.10.5 等离子弧温度高达16000K～33000K，由于高温和强烈的弧光辐射作用而产生的臭氧、氮氧化物等有害气体及金属粉尘的浓度均比氩弧焊高得多。波长2600埃～2900埃的紫外线辐射强度，弧焊为1.0，等离子弧焊为2.2。等离子弧焊流速度很高，当它以1000m/min的速度从喷嘴喷射出来时，则产生噪声。此外，还有高频电磁场、热辐射、放射线等有害因素，操作人员要按本规程第12.3节氩弧焊机一样，搞好安全防护和卫生要求。

13 其他中小型机械

13.11 喷 浆 机

13.11.1 密度过小，喷浆效果差；密度过大，会使机械振动，喷不成雾状。

13.11.2 本条主要是防止喷嘴孔堵塞和叶片磨损的加快。

13.14 水 磨 石 机

13.14.1 强度增大将使磨盘寿命降低。

13.14.2 磨石如有裂纹，在使用中受高转速离心力影响，将造成磨石飞出磨盘伤人事故。

13.14.5 冷却水既起到冷却作用，也是磨石作业中的润滑剂，起到磨石面要求光滑的质量保证作用。

13.15 混凝土切割机

13.15.3～13.15.6 这几条都是要求在操作中遵守的防止伤害人手的安全措施。

13.17 离 心 水 泵

13.17.1 数台水泵并列安装时，如扬程不同，就不能向同一高度送水，达不到增加流量的目的；串联安装时，如串联的水泵流量不同，只能保持小泵的流量，如果小泵在下，大泵会产生气蚀。

13.18 潜 水 泵

13.18.5 潜水泵的电动机和泵都安装在密封的泵体内，高速运转的热量需要水冷却。因此，不能在无水状态下运转时间过长。

13.18.9 潜水泵长时间在水中作业，对电动机的绝缘要求较高，除安装漏电保护装置外，还要定期测定绝缘电阻。

13.22 手持电动工具

13.22.2 砂轮机转速一般在 10000r/min 以上，因此，对砂轮等刀具质量和安装有严格要求，以保证安全。

13.22.5 手持电动工具转速高、振动大，作业时直接与人体接触，并处在导电良好的环境中作业。因此，要求采用双重绝缘或加强绝缘结构的电动机和导线。

13.22.6 采用工程塑料为机壳的手持电动工具，要防止受压和汽油等溶剂的腐蚀。

13.22.10 手持电动机具温升超过 60℃时，要停机降温后再使用，这是防止机具故障、延长使用寿命的必要措施。

13.22.11 手持电动机具依靠操作人员的手来控制，如要在转动时撒手，机具失去控制，会破坏工件，损坏机具，甚至伤害人身。

13.22.13 40%的断续工作制是电动机负载持续率为40%的定额为基准确定的。负载持续率就是电动机工作时间与一个工作周期的比值，其中工作时间包括启动、工作和制动时间；一个工作周期包括工作时间和停机及断电时间。

13.22.14 角向磨光机空载转速达 10000r/min，要求选用安全线速不小于 80m/s 的增强树脂型砂轮。其最佳的磨削角度为15°～30°的位置。角度太小，增加砂轮与工件的接触面，加大磨削阻力；角度大，磨光效果不好。

13.22.16 本条第 1 款所列事项，都是为了防止射钉误发射而造成人身伤害事故。

13.22.17 本条第 1 款所列事项，如铆钉和铆钉孔的配合过盈量大，将影响铆接质量；如因铆钉轴未断而强行扭撬，会造成机件损伤；铆钉头子或并帽松动，会失去调节精度，影响操作。

中华人民共和国行业标准

夏热冬暖地区居住建筑节能设计标准

Design standard for energy efficiency of residential buildings in hot summer and warm winter zone

JGJ 75—2012

批准部门：中华人民共和国住房和城乡建设部

施行日期：2 0 1 3 年 4 月 1 日

中华人民共和国住房和城乡建设部
公　告

第 1533 号

住房城乡建设部关于发布行业标准《夏热冬暖地区居住建筑节能设计标准》的公告

现批准《夏热冬暖地区居住建筑节能设计标准》为行业标准，编号为 JGJ 75-2012，自 2013 年 4 月 1 日起实施。其中，第 4.0.4、4.0.5、4.0.6、4.0.7、4.0.8、4.0.10、4.0.13、6.0.2、6.0.4、6.0.5、6.0.8、6.0.13 条为强制性条文，必须严格执行。原《夏热冬暖地区居住建筑节能设计标准》JGJ 75-2003 同时废止。

本标准由我部标准定额研究所组织中国建筑工业出版社出版发行。

中华人民共和国住房和城乡建设部

2012 年 11 月 2 日

前　言

根据原建设部《关于印发〈2007 年工程建设标准规范制订、修订计划（第一批）〉的通知》（建标[2007] 125 号）的要求，标准编制组经广泛调查研究，认真总结实践经验，参考有关国际标准和国外先进标准，并在广泛征求意见的基础上，修订了本标准。

本标准的主要技术内容是：1. 总则；2. 术语；3. 建筑节能设计计算指标；4. 建筑和建筑热工节能设计；5. 建筑节能设计的综合评价；6. 暖通空调和照明节能设计。

本次修订的主要技术内容包括：将窗地面积比作为评价建筑节能指标的控制参数；规定了建筑外遮阳、自然通风的量化要求；增加了自然采光、空调和照明等系统的节能设计要求等。

本标准中以黑体字标志的条文为强制性条文，必须严格执行。

本标准由住房和城乡建设部负责管理和对强制性条文的解释，由中国建筑科学研究院负责具体技术内容的解释。执行过程中如有意见或建议，请寄送至中国建筑科学研究院（地址：北京市北三环东路 30 号，邮政编码：100013）。

本标准主编单位：中国建筑科学研究院
广东省建筑科学研究院

本标准参编单位：福建省建筑科学研究院
华南理工大学建筑学院
广西建筑科学研究设计院
深圳市建筑科学研究院有限公司
广州大学土木工程学院
广州市建筑科学研究院有限公司
厦门市建筑科学研究院
广东省建筑设计研究院
福建省建筑设计研究院
海南华磊建筑设计咨询有限公司
厦门合道工程设计集团有限公司

本标准主要起草人员：杨仕超　林海燕　赵士怀　孟庆林　彭红圃　刘俊跃　冀兆良　任　俊　周　荃　朱惠英　黄夏东　赖卫中　王云新　江　刚　梁章旋　于　瑞　卓晋勉

本标准主要审查人员：屈国伦　张道正　汪志舞　黄晓忠　李泽武　吴　薇　李　申　董瑞霞　李　红

目　次

Contents

1 总 则

1.0.1 为贯彻国家有关节约能源、保护环境的法律、法规和政策，改善夏热冬暖地区居住建筑室内热环境，降低建筑能耗，制定本标准。

1.0.2 本标准适用于夏热冬暖地区新建、扩建和改建居住建筑的节能设计。

1.0.3 夏热冬暖地区居住建筑的建筑热工、暖通空调和照明设计，必须采取节能措施，在保证室内热环境舒适的前提下，将建筑能耗控制在规定的范围内。

1.0.4 建筑节能设计应符合安全可靠、经济合理和保护环境的要求，按照因地制宜的原则，使用适宜技术。

1.0.5 夏热冬暖地区居住建筑的节能设计，除应符合本标准的规定外，尚应符合国家现行有关标准的规定。

2 术 语

2.0.1 外窗综合遮阳系数 overall shading coefficient of window

用以评价窗本身和窗口的建筑外遮阳装置综合遮阳效果的系数，其值为窗本身的遮阳系数 *SC* 与窗口的建筑外遮阳系数 *SD* 的乘积。

2.0.2 建筑外遮阳系数 outside shading coefficient of window

在相同太阳辐射条件下，有建筑外遮阳的窗口（洞口）所受到的太阳辐射照度的平均值与该窗口（洞口）没有建筑外遮阳时受到的太阳辐射照度的平均值之比。

2.0.3 挑出系数 outstretch coefficient

建筑外遮阳构件的挑出长度与窗高（宽）之比，挑出长度系指窗外表面距水平（垂直）建筑外遮阳构件端部的距离。

2.0.4 单一朝向窗墙面积比 window to wall ratio

窗（含阳台门）洞口面积与房间立面单元面积（即房间层高与开间定位线围成的面积）的比值。

2.0.5 平均窗墙面积比 mean of window to wall ratio

建筑物地上居住部分外墙面上的窗及阳台门（含露台、晒台等出入口）的洞口总面积与建筑物地上居住部分外墙立面的总面积之比。

2.0.6 房间窗地面积比 window to floor ratio

所在房间外墙面上的门窗洞口的总面积与房间地面面积之比。

2.0.7 平均窗地面积比 mean of window to floor ratio

建筑物地上居住部分外墙面上的门窗洞口的总面积与地上居住部分总建筑面积之比。

2.0.8 对比评定法 custom budget method

将所设计建筑物的空调采暖能耗和相应参照建筑物的空调采暖能耗作对比，根据对比的结果来判定所设计的建筑物是否符合节能要求。

2.0.9 参照建筑 reference building

采用对比评定法时作为比较对象的一栋符合节能标准要求的假想建筑。

2.0.10 空调采暖年耗电量 annual cooling and heating electricity consumption

按照设定的计算条件，计算出的单位建筑面积空调和采暖设备每年所要消耗的电能。

2.0.11 空调采暖年耗电指数 annual cooling and heating electricity consumption factor

实施对比评定法时需要计算的一个空调采暖能耗无量纲指数，其值与空调采暖年耗电量相对应。

2.0.12 通风开口面积 ventilation area

外围护结构上自然风气流通过开口的面积。用于进风者为进风开口面积，用于出风者为出风开口面积。

2.0.13 通风路径 ventilation path

自然通风气流经房间的进风开口进入，穿越房门、户内（外）公用空间及其出风开口至室外时可能经过的路线。

3 建筑节能设计计算指标

3.0.1 本标准将夏热冬暖地区划分为南北两个气候区（图 3.0.1）。北区内建筑节能设计应主要考虑夏季空调，兼顾冬季采暖。南区内建筑节能设计应考虑夏季空调，可不考虑冬季采暖。

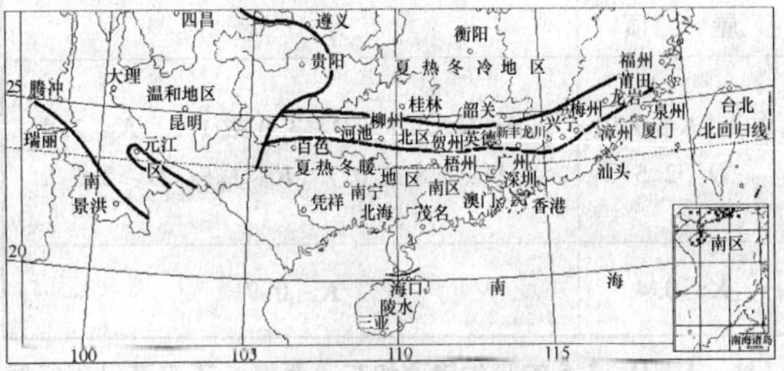
四昌
遵义
衡阳
贵阳
夏 热 冬 冷 地 区
福州
莆田
25
腾冲
大理
温和地区
昆明
桂林
韶关
梅州
龙岩
泉州
台北
北回归线
瑞丽
柳州
河池
北区
贺州
英德
新丰
龙川
兴宁
漳州
厦门
元江
百色
夏热冬暖
地区
南区
梧州
广州
深圳
汕头
南
区
景洪
南宁
凭祥
北海
茂名
澳门
香港
南区
20
海口
陵水
三亚
南
海
南海诸岛
100
103
110
115

图 3.0.1 夏热冬暖地区气候分区图

3.0.2 夏季空调室内设计计算指标应按下列规定取值：

1 居住空间室内设计计算温度：26℃；

2 计算换气次数：1.0 次/h。

3.0.3 北区冬季采暖室内设计计算指标应按下列规定取值：

1 居住空间室内设计计算温度：16℃；

2 计算换气次数：1.0 次/h。

4 建筑和建筑热工节能设计

4.0.1 建筑群的总体规划应有利于自然通风和减轻热岛效应。建筑的平面、立面设计应有利于自然通风。

4.0.2 居住建筑的朝向宜采用南北向或接近南北向。

4.0.3 北区内，单元式、通廊式住宅的体形系数不宜大于 0.35，塔式住宅的体形系数不宜大于 0.40。

4.0.4 各朝向的单一朝向窗墙面积比，南、北向不应大于 0.40；东、西向不应大于 0.30。当设计建筑的外窗不符合上述规定时，其空调采暖年耗电指数（或耗电量）不应超过参照建筑的空调采暖年耗电指数（或耗电量）。

4.0.5 建筑的卧室、书房、起居室等主要房间的房间窗地面积比不应小于 1/7。当房间窗地面积比小于 1/5 时，外窗玻璃的可见光透射比不应小于 0.40。

4.0.6 居住建筑的天窗面积不应大于屋顶总面积的 4%，传热系数不应大于 4.0W/(m²·K)，遮阳系数不应大于 0.40。当设计建筑的天窗不符合上述规定时，其空调采暖年耗电指数（或耗电量）不应超过参照建筑的空调采暖年耗电指数（或耗电量）。

4.0.7 居住建筑屋顶和外墙的传热系数和热惰性指标应符合表 4.0.7 的规定。当设计建筑的南、北外墙不符合表 4.0.7 的规定时，其空调采暖年耗电指数（或耗电量）不应超过参照建筑的空调采暖年耗电指数（或耗电量）。

表 4.0.7 屋顶和外墙的传热系数 K[W/(m²·K)]、热惰性指标 D

屋 顶	外 墙
$0.4<K\leqslant0.9$，$D\geqslant2.5$	$2.0<K\leqslant2.5$，$D\geqslant3.0$ 或 $1.5<K\leqslant2.0$，$D\geqslant2.8$ 或 $0.7<K\leqslant1.5$，$D\geqslant2.5$
$K\leqslant0.4$	$K\leqslant0.7$

注：1 $D<2.5$ 的轻质屋顶和东、西墙，还应满足现行国家标准《民用建筑热工设计规范》GB 50176 所规定的隔热要求。

2 外墙传热系数 K 和热惰性指标 D 要求中，$2.0<K\leqslant2.5$，$D\geqslant3.0$ 这一档仅适用于南区。

4.0.8 居住建筑外窗的平均传热系数和平均综合遮阳系数应符合表 4.0.8-1 和表 4.0.8-2 的规定。当设计建筑的外窗不符合表 4.0.8-1 和表 4.0.8-2 的规定时，建筑的空调采暖年耗电指数（或耗电量）不应超过参照建筑的空调采暖年耗电指数（或耗电量）。

表 4.0.8-1 北区居住建筑建筑物外窗平均传热系数和平均综合遮阳系数限值

外墙平均指标	外窗平均传热系数 K[W/(m²·K)]	外窗加权平均综合遮阳系数 S_W			
		平均窗地面积比 $C_{MF}\leqslant0.25$ 或平均窗墙面积比 $C_{MW}\leqslant0.25$	平均窗地面积比 $0.25<C_{MF}\leqslant0.30$ 或平均窗墙面积比 $0.25<C_{MW}\leqslant0.30$	平均窗地面积比 $0.30<C_{MF}\leqslant0.35$ 或平均窗墙面积比 $0.30<C_{MW}\leqslant0.35$	平均窗地面积比 $0.35<C_{MF}\leqslant0.40$ 或平均窗墙面积比 $0.35<C_{MW}\leqslant0.40$
$K\leqslant2.0$ $D\geqslant2.8$	4.0	≤0.3	≤0.2	—	—
	3.5	≤0.5	≤0.3	≤0.2	—
	3.0	≤0.7	≤0.5	≤0.4	≤0.3
	2.5	≤0.8	≤0.6	≤0.6	≤0.4
$K\leqslant1.5$ $D\geqslant2.5$	6.0	≤0.6	≤0.3	—	—
	5.5	≤0.8	≤0.4	—	—
	5.0	≤0.9	≤0.6	≤0.3	—
	4.5	≤0.9	≤0.7	≤0.5	≤0.2
$K\leqslant1.5$ $D\geqslant2.5$	4.0	≤0.9	≤0.8	≤0.6	≤0.4
	3.5	≤0.9	≤0.9	≤0.7	≤0.5
	3.0	≤0.9	≤0.9	≤0.8	≤0.6
	2.5	≤0.9	≤0.9	≤0.9	≤0.7
$K\leqslant1.0$ $D\geqslant2.5$ 或 $K\leqslant0.7$	6.0	≤0.9	≤0.9	≤0.6	≤0.2
	5.5	≤0.9	≤0.9	≤0.7	≤0.4
	5.0	≤0.9	≤0.9	≤0.8	≤0.6
	4.5	≤0.9	≤0.9	≤0.8	≤0.7
	4.0	≤0.9	≤0.9	≤0.9	≤0.7
	3.5	≤0.9	≤0.9	≤0.9	≤0.8

表 4.0.8-2 南区居住建筑建筑物外窗平均综合遮阳系数限值

外墙平均指标 ($\rho\leqslant0.8$)	外窗的加权平均综合遮阳系数 S_W				
	平均窗地面积比 $C_{MF}\leqslant0.25$ 或平均窗墙面积比 $C_{MW}\leqslant0.25$	平均窗地面积比 $0.25<C_{MF}\leqslant0.30$ 或平均窗墙面积比 $0.25<C_{MW}\leqslant0.30$	平均窗地面积比 $0.30<C_{MF}\leqslant0.35$ 或平均窗墙面积比 $0.30<C_{MW}\leqslant0.35$	平均窗地面积比 $0.35<C_{MF}\leqslant0.40$ 或平均窗墙面积比 $0.35<C_{MW}\leqslant0.40$	平均窗地面积比 $0.40<C_{MF}\leqslant0.45$ 或平均窗墙面积比 $0.40<C_{MW}\leqslant0.45$
$K\leqslant2.5$ $D\geqslant3.0$	≤0.5	≤0.4	≤0.3	≤0.2	—

续表 4.0.8-2

外墙平均指标（$\rho\leqslant0.8$）	外窗的加权平均综合遮阳系数 S_W				
	平均窗地面积比 $C_{MF}\leqslant0.25$ 或平均窗墙面积比 $C_{MW}\leqslant0.25$	平均窗地面积比 $0.25<C_{MF}\leqslant0.30$ 或平均窗墙面积比 $0.25<C_{MW}\leqslant0.30$	平均窗地面积比 $0.30<C_{MF}\leqslant0.35$ 或平均窗墙面积比 $0.30<C_{MW}\leqslant0.35$	平均窗地面积比 $0.35<C_{MF}\leqslant0.40$ 或平均窗墙面积比 $0.35<C_{MW}\leqslant0.40$	平均窗地面积比 $0.40<C_{MF}\leqslant0.45$ 或平均窗墙面积比 $0.40<C_{MW}\leqslant0.45$
$K\leqslant2.0$ $D\geqslant2.8$	≤0.6	≤0.5	≤0.4	≤0.3	≤0.2
$K\leqslant1.5$ $D\geqslant2.5$	≤0.8	≤0.7	≤0.6	≤0.5	≤0.4
$K\leqslant1.0$ $D\geqslant2.5$ 或 $K\leqslant0.7$	≤0.9	≤0.8	≤0.7	≤0.6	≤0.5

注：1　外窗包括阳台门。

2　ρ 为外墙外表面的太阳辐射吸收系数。

4.0.9　外窗平均综合遮阳系数，应为建筑各个朝向平均综合遮阳系数按各朝向窗面积和朝向的权重系数加权平均的数值，并应按下式计算：

$$S_W=\frac{A_E\cdot S_{W,E}+A_S\cdot S_{W,S}+1.25A_W\cdot S_{W,W}+0.8A_N\cdot S_{W,N}}{A_E+A_S+A_W+A_N} \tag{4.0.9}$$

式中：A_E、A_S、A_W、A_N——东、南、西、北朝向的窗面积；

$S_{W,E}$、$S_{W,S}$、$S_{W,W}$、$S_{W,N}$——东、南、西、北朝向窗的平均综合遮阳系数。

注：各个朝向的权重系数分别为：东、南朝向取 1.0，西朝向取 1.25，北朝向取 0.8。

4.0.10　居住建筑的东、西向外窗必须采取建筑外遮阳措施，建筑外遮阳系数 *SD* 不应大于 0.8。

4.0.11　居住建筑南、北向外窗应采取建筑外遮阳措施，建筑外遮阳系数 SD 不应大于 0.9。当采用水平、垂直或综合建筑外遮阳构造时，外遮阳构造的挑出长度不应小于表 4.0.11 规定。

表 4.0.11　建筑外遮阳构造的挑出长度限值（m）

朝　向	南			北		
遮阳形式	水平	垂直	综合	水平	垂直	综合
北区	0.25	0.20	0.15	0.40	0.25	0.15
南区	0.30	0.25	0.15	0.45	0.30	0.20

4.0.12　窗口的建筑外遮阳系数 SD 可采用本标准附录 A 的简化方法计算，且北区建筑外遮阳系数应取冬季和夏季的建筑外遮阳系数的平均值，南区应取夏季的建筑外遮阳系数。窗口上方的上一楼层阳台或外廊应作为水平遮阳计算；同一立面对相邻立面上的多个窗口形成自遮挡时应逐一窗口计算。典型形式的建筑外遮阳系数可按表 4.0.12 取值。

表 4.0.12　典型形式的建筑外遮阳系数 *SD*

遮　阳　形　式	建筑外遮阳系数 SD
可完全遮挡直射阳光的固定百叶、固定挡板遮阳板等	0.5
可基本遮挡直射阳光的固定百叶、固定挡板、遮阳板	0.7
较密的花格	0.7
可完全覆盖窗的不透明活动百叶、金属卷帘	0.5
可完全覆盖窗的织物卷帘	0.7

注：位于窗口上方的上一楼层的阳台也作为遮阳板考虑。

4.0.13　外窗（包含阳台门）的通风开口面积不应小于房间地面面积的 10%或外窗面积的 45%。

4.0.14　居住建筑应能自然通风，每户至少应有一个居住房间通风开口和通风路径的设计满足自然通风要求。

4.0.15　居住建筑 1～9 层外窗的气密性能不应低于国家标准《建筑外门窗气密、水密、抗风压性能分级及检测方法》GB/T 7106－2008 中规定的 4 级水平；10 层及 10 层以上外窗的气密性能不应低于国家标准《建筑外门窗气密、水密、抗风压性能分级及检测方法》GB/T 7106－2008 中规定的 6 级水平。

4.0.16　居住建筑的屋顶和外墙宜采用下列隔热措施：

1　反射隔热外饰面；

2　屋顶内设置贴铝箔的封闭空气间层；

3　用含水多孔材料做屋面或外墙面的面层；

4　屋面蓄水；

5　屋面遮阳；

6　屋面种植；

7　东、西外墙采用花格构件或植物遮阳。

4.0.17　当按规定性指标设计，计算屋顶和外墙总热阻时，本标准第 4.0.16 条采用的各项节能措施的当量热阻附加值，应按表 4.0.17 取值。反射隔热外饰面的修正方法应符合本标准附录 B 的规定。

表 4.0.17　隔热措施的当量附加热阻

采取节能措施的屋顶或外墙		当量热阻附加值（$m^2\cdot K/W$）
反射隔热外饰面	（$0.4\leqslant\rho<0.6$）	0.15
	（$\rho<0.4$）	0.20

续表 4.0.17

采取节能措施的屋顶或外墙			当量热阻附加值 ($m^2 \cdot K/W$)
屋顶内部带有铝箔的封闭空气间层	单面铝箔空气间层（mm）	20	0.43
		40	0.57
		60 及以上	0.64
	双面铝箔空气间层（mm）	20	0.56
		40	0.84
		60 及以上	1.01
用含水多孔材料做面层的屋顶面层			0.45
用含水多孔材料做面层的外墙面			0.35
屋面蓄水层			0.40
屋面遮阳构造			0.30
屋面种植层			0.90
东、西外墙体遮阳构造			0.30

注：ρ 为修正后的屋顶或外墙面外表面的太阳辐射吸收系数。

5 建筑节能设计的综合评价

5.0.1 居住建筑的节能设计可采用“对比评定法”进行综合评价。当所设计的建筑不能完全符合本标准第 4.0.4 条、第 4.0.6 条、第 4.0.7 条和第 4.0.8 条的规定时，必须采用“对比评定法”对其进行综合评价。综合评价的指标可采用空调采暖年耗电指数，也可直接采用空调采暖年耗电量，并应符合下列规定：

1 当采用空调采暖年耗电指数作为综合评定指标时，所设计建筑的空调采暖年耗电指数不得超过参照建筑的空调采暖年耗电指数，即应符合下式的规定：

$$ECF \leqslant ECF_{\text{ref}} \qquad (5.0.1\text{-}1)$$

式中：ECF——所设计建筑的空调采暖年耗电指数；

ECF_{ref}——参照建筑的空调采暖年耗电指数。

2 当采用空调采暖年耗电量指标作为综合评定指标时，在相同的计算条件下，用相同的计算方法，所设计建筑的空调采暖年耗电量不得超过参照建筑的空调采暖年耗电量，即应符合下式的规定：

$$EC \leqslant EC_{\text{ref}} \qquad (5.0.1\text{-}2)$$

式中：EC——所设计建筑的空调采暖年耗电量；

EC_{ref}——参照建筑的空调采暖年耗电量。

3 对节能设计进行综合评价的建筑，其天窗的遮阳系数和传热系数应符合本标准第 4.0.6 条的规定，屋顶、东西墙的传热系数和热惰性指标应符合本标准第 4.0.7 条的规定。

5.0.2 参照建筑应按下列原则确定：

1 参照建筑的建筑形状、大小和朝向均应与所设计建筑完全相同；

2 参照建筑各朝向和屋顶的开窗洞口面积应与所设计建筑相同，但当所设计建筑某个朝向的窗（包括屋顶的天窗）洞面积超过本标准第 4.0.4 条、第 4.0.6 条的规定时，参照建筑该朝向（或屋顶）的窗洞口面积应减小到符合本标准第 4.0.4 条、第 4.0.6 条的规定；

3 参照建筑外墙、外窗和屋顶的各项性能指标应为本标准第 4.0.7 条和第 4.0.8 条规定的最低限值。其中墙体、屋顶外表面的太阳辐射吸收系数应取 0.7；当所设计建筑的墙体热惰性指标大于 2.5 时，参照建筑的墙体传热系数应取 1.5W/($m^2 \cdot K$)，屋顶的传热系数应取 0.9W/($m^2 \cdot K$)，北区窗的传热系数应取 4.0W/($m^2 \cdot K$)；当所设计建筑的墙体热惰性指标小于 2.5 时，参照建筑的墙体传热系数应取 0.7W/($m^2 \cdot K$)，屋顶的传热系数应取 0.4W/($m^2 \cdot K$)，北区窗的传热系数应取 4.0W/($m^2 \cdot K$)。

5.0.3 建筑节能设计综合评价指标的计算条件应符合下列规定：

1 室内计算温度，冬季应取 16℃，夏季应取 26℃。

2 室外计算气象参数应采用当地典型气象年。

3 空调和采暖时，换气次数应取 1.0 次/h。

4 空调额定能效比应取 3.0，采暖额定能效比应取 1.7。

5 室内不应考虑照明得热和其他内部得热。

6 建筑面积应按墙体中轴线计算；计算体积时，墙仍按中轴线计算，楼层高度应按楼板面至楼板面计算；外表面积的计算应按墙体中轴线和楼板面计算。

7 当建筑屋顶和外墙采用反射隔热外饰面（$\rho < 0.6$）时，其计算用的太阳辐射吸收系数应取按本标准附录 B 修正之值，且不得重复计算其当量附加热阻。

5.0.4 建筑的空调采暖年耗电量应采用动态逐时模拟的方法计算。空调采暖年耗电量应为计算所得到的单位建筑面积空调年耗电量与采暖年耗电量之和。南区内的建筑物可忽略采暖年耗电量。

5.0.5 建筑的空调采暖年耗电指数应采用本标准附录 C 的方法计算。

6 暖通空调和照明节能设计

6.0.1 居住建筑空调与采暖方式及设备的选择，应根据当地资源情况，充分考虑节能、环保因素，并经技术经济分析后确定。

6.0.2 采用集中式空调（采暖）方式或户式（单元式）中央空调的住宅应进行逐时逐项冷负荷计算；采用集中式空调（采暖）方式的居住建筑，应设置分室（户）温度控制及分户冷（热）量计量设施。

6.0.3 居住建筑进行夏季空调、冬季采暖时，宜采用电驱动的热泵型空调器（机组），燃气、蒸汽或热水驱动的吸收式冷（热）水机组，或有利于节能的其他形式的冷（热）源。

6.0.4 设计采用电机驱动压缩机的蒸汽压缩循环冷水（热泵）机组，或采用名义制冷量大于 7100W 的电机驱动压缩机单元式空气调节机，或采用蒸汽、热水型溴化锂吸收式冷水机组及直燃型溴化锂吸收式冷（温）水机组作为住宅小区或整栋楼的冷（热）源机组时，所选用机组的能效比（性能系数）应符合现行国家标准《公共建筑节能设计标准》GB 50189 中的规定值。

6.0.5 采用多联式空调（热泵）机组作为户式集中空调（采暖）机组时，所选用机组的制冷综合性能系数［IPLV（C）］不应低于现行国家标准《多联式空调（热泵）机组能效限定值及能源效率等级》GB 21454 中规定的第 3 级。

6.0.6 居住建筑设计时采暖方式不宜设计采用直接电热设备。

6.0.7 采用分散式房间空调器进行空调和（或）采暖时，宜选择符合现行国家标准《房间空气调节器能效限定值及能效等级》GB 12021.3 和《转速可控型房间空气调节器能效限定值及能源效率等级》GB 21455 中规定的能效等级 2 级以上的节能型产品。

6.0.8 当选择土壤源热泵系统、浅层地下水源热泵系统、地表水（淡水、海水）源热泵系统、污水水源热泵系统作为居住区或户用空调（采暖）系统的冷热源时，应进行适宜性分析。

6.0.9 空调室外机的安装位置应避免多台相邻室外机吹出气流相互干扰，并应考虑凝结水的排放和减少对相邻住户的热污染和噪声污染；设计搁板（架）构造时应有利于室外机的吸入和排出气流通畅和缩短室内、外机的连接管路，提高空调器效率；设计安装整体式（窗式）房间空调器的建筑应预留其安放位置。

6.0.10 居住建筑通风宜采用自然通风使室内满足热舒适及空气质量要求；当自然通风不能满足要求时，可辅以机械通风。

6.0.11 在进行居住建筑通风设计时，通风机械设备宜选用符合国家现行标准规定的节能型设备及产品。

6.0.12 居住建筑通风设计应处理好室内气流组织，提高通风效率。厨房、卫生间应安装机械排风装置。

6.0.13 居住建筑公共部位的照明应采用高效光源、灯具并应采取节能控制措施。

附录 A 建筑外遮阳系数的计算方法

A.0.1 建筑外遮阳系数应按下列公式计算：

$$SD = ax^2 + bx + 1 \qquad (A.0.1\text{-}1)$$

$$x = A/B \qquad (A.0.1\text{-}2)$$

式中：SD——建筑外遮阳系数；

x——挑出系数，采用水平和垂直遮阳时，分别为遮阳板自窗面外挑长度 A 与遮阳板端部到窗对边距离 B 之比；采用挡板遮阳时，为正对窗口的挡板高度 A 与窗高 B 之比。当 $x \geqslant 1$ 时，取 $x=1$；

a、b——系数，按表 A.0.1 选取；

A、B——按图 A.0.1-1～图 A.0.1-3 规定确定。

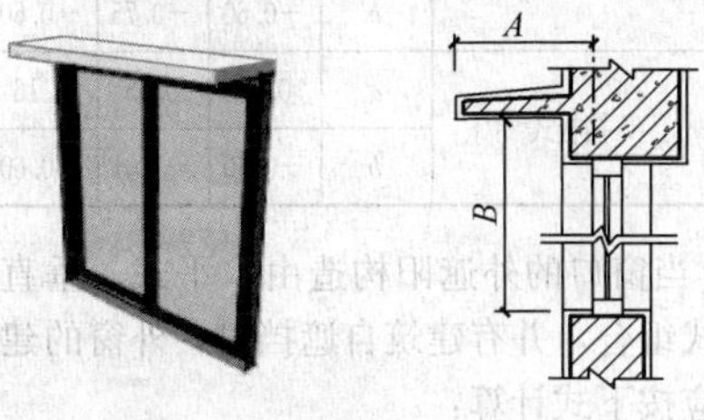
A
B

图 A.0.1-1 水平式遮阳

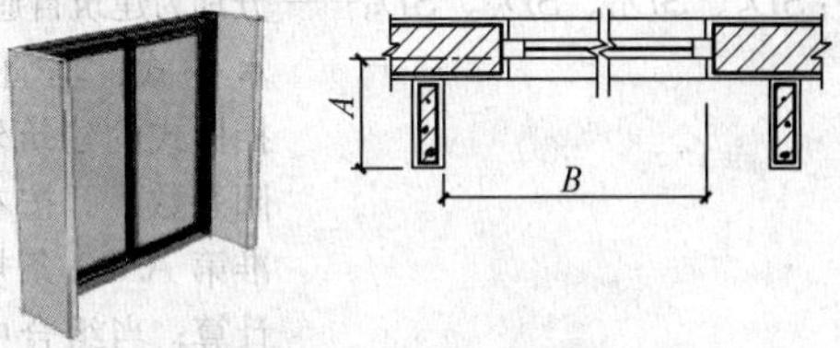
A
B

图 A.0.1-2 垂直式遮阳

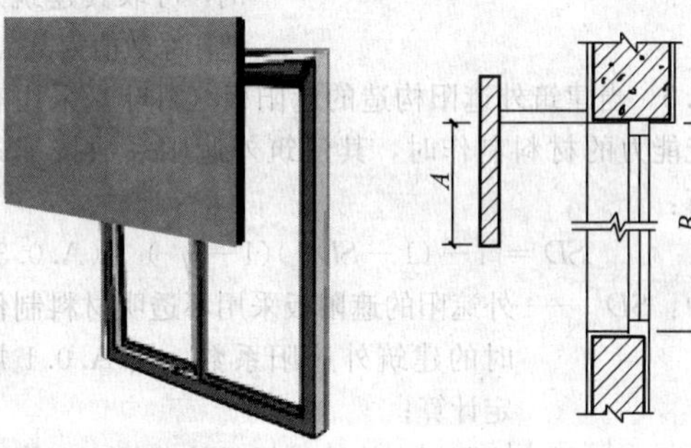
A
B

图 A.0.1-3 挡板式遮阳

表 A.0.1 建筑外遮阳系数计算公式的系数

气候区	建筑外遮阳类型		系数	东	南	西	北
夏热冬暖地区北区	水平式	冬季	a	0.30	0.10	0.20	0.00
			b	−0.75	−0.45	−0.45	0.00
		夏季	a	0.35	0.35	0.20	0.20
			b	−0.65	−0.65	−0.40	−0.40
	垂直式	冬季	a	0.30	0.25	0.25	0.05
			b	−0.75	−0.60	−0.60	−0.15
		夏季	a	0.25	0.40	0.30	0.30
			b	−0.60	−0.75	−0.60	−0.60
	挡板式	冬季	a	0.24	0.25	0.24	0.16
			b	−1.01	−1.01	−1.01	−0.95
		夏季	a	0.18	0.41	0.18	0.09
			b	−0.63	−0.86	−0.63	−0.92

续表 A.0.1

气候区	建筑外遮阳类型	系数	东	南	西	北
夏热冬暖地区南区	水平式	a	0.35	0.35	0.20	0.20
		b	−0.65	−0.65	−0.40	−0.40
	垂直式	a	0.25	0.40	0.30	0.30
		b	−0.60	−0.75	−0.60	−0.60
	挡板式	a	0.16	0.35	0.16	0.17
		b	−0.60	−1.01	−0.60	−0.97

A.0.2 当窗口的外遮阳构造由水平式、垂直式、挡板式形式组合，并有建筑自遮挡时，外窗的建筑外遮阳系数应按下式计算：

$$SD = SD_S \cdot SD_H \cdot SD_V \cdot SD_B \quad (A.0.2)$$

式中：SD_S、SD_H、SD_V、SD_B——分别为建筑自遮挡、水平式、垂直式、挡板式的建筑外遮阳系数，可按本标准第A.0.1条规定计算；当组合中某种遮阳形式不存在时，可取其建筑外遮阳系数值为1。

A.0.3 当建筑外遮阳构造的遮阳板（百叶）采用有透光能力的材料制作时，其建筑外遮阳系数按下式计算：

$$SD = 1-(1-SD^*)(1-\eta^*) \quad (A.0.3)$$

式中：SD^*——外遮阳的遮阳板采用不透明材料制作时的建筑外遮阳系数，按A.0.1规定计算；

η^*——遮阳板（构造）材料的透射比，按表A.0.3选取。

表 A.0.3 遮阳板（构造）材料的透射比

遮阳板使用的材料	规 格	η^*
织物面料	—	0.5或按实测太阳光透射比
玻璃钢板	—	0.5或按实测太阳光透射比
玻璃、有机玻璃类板	0<太阳光透射比≤0.6	0.5
	0.6<太阳光透射比≤0.9	0.8
金属穿孔板	穿孔率：0<φ≤0.2	0.15
	穿孔率：0.2<φ≤0.4	0.3
	穿孔率：0.4<φ≤0.6	0.5
	穿孔率：0.6<φ≤0.8	0.7
混凝土、陶土釉彩窗外花格	—	0.6或按实际镂空比例及厚度
木质、金属窗外花格	—	0.7或按实际镂空比例及厚度
木质、竹质窗外帘	—	0.4或按实际镂空比例

附录B 反射隔热饰面太阳辐射吸收系数的修正系数

B.0.1 节能、隔热设计计算时，反射隔热外饰面的太阳辐射吸收系数取值应采用污染修正系数进行修正，污染修正后的太阳辐射吸收系数应按式（B.0.1-1）计算。

$$\rho' = \rho \cdot a \quad (B.0.1\text{-}1)$$

$$a = 11.384(\rho \times 100)^{-0.6241} \quad (B.0.1\text{-}2)$$

式中：ρ——修正前的太阳辐射吸收系数；

ρ'——修正后的太阳辐射吸收系数，用于节能、隔热设计计算；

a——污染修正系数，当ρ<0.5时修正系数按式（B.0.1-2）计算，当ρ≥0.5时，取a为1.0。

附录C 建筑物空调采暖年耗电指数的简化计算方法

C.0.1 建筑物的空调采暖年耗电指数应按下式计算：

$$ECF = ECF_C + ECF_H \quad (C.0.1)$$

式中：ECF_C——空调年耗电指数；

ECF_H——采暖年耗电指数。

C.0.2 建筑物空调年耗电指数应按下列公式计算：

$$ECF_C = \left[\frac{(ECF_{C.R} + ECF_{C.WL} + ECF_{C.WD})}{A} + C_{C.N} \cdot h \cdot N + C_{C.0}\right] \cdot C_C \quad (C.0.2\text{-}1)$$

$$C_C = C_{qc} \cdot C_{FA}^{-0.147} \quad (C.0.2\text{-}2)$$

$$ECF_{C.R} = C_{C.R}\sum_i K_i F_i \rho_i \quad (C.0.2\text{-}3)$$

$$ECF_{C.WL} = C_{C.WL.E}\sum_{i=1} K_i F_i \rho_i + C_{C.WL.S}\sum_i K_i F_i \rho_i + C_{C.WL.W}\sum_i K_i F_i \rho_i + C_{C.WL.N}\sum_i K_i F_i \rho_i \quad (C.0.2\text{-}4)$$

$$ECF_{C.WD} = C_{C.WD.E}\sum_i F_i SC_i SD_{C.i} + C_{C.WD.S}\sum_i F_i SC_i SD_{C.i} + C_{C.WD.W}\sum_i F_i SC_i SD_{C.i} + C_{C.WD.N}\sum_i F_i SC_i SD_{C.i} + C_{C.SK}\sum_i F_i SC_i \quad (C.0.2\text{-}5)$$

式中：A——总建筑面积（m^2）；

N——换气次数（次/h）；

h——按建筑面积进行加权平均的楼层高度（m）；

$C_{C.N}$——空调年耗电指数与换气次数有关的系数，$C_{C.N}$取4.16；

$C_{C.0}$，C_C——空调年耗电指数的有关系数，$C_{C.0}$取−4.47；

$ECF_{C.R}$——空调年耗电指数与屋面有关的参数；

$ECF_{C.WL}$——空调年耗电指数与墙体有关的参数；

$ECF_{C.WD}$——空调年耗电指数与外门窗有关的参数；

F_i——各个围护结构的面积（m^2）；

K_i——各个围护结构的传热系数[W/(m^2·K)]；

ρ_i——各个墙面的太阳辐射吸收系数；

SC_i——各个外门窗的遮阳系数；

$SD_{C.i}$——各个窗的夏季建筑外遮阳系数，外遮阳系数按本标准附录A计算；

C_{FA}——外围护结构的总面积（不包括室内地面）与总建筑面积之比；

C_{qc}——空调年耗电指数与地区有关的系数，南区取1.13，北区取0.64。

公式（C.0.2-3）、公式（C.0.2-4）、公式（C.0.2-5）中的其他有关系数应符合表C.0.2的规定。

表C.0.2 空调耗电指数计算的有关系数

系数	所在墙面的朝向			
	东	南	西	北
$C_{C.WL}$（重质）	18.6	16.6	20.4	12.0
$C_{C.WL}$（轻质）	29.2	33.2	40.8	24.0
$C_{C.WD}$	137	173	215	131
$C_{C.R}$（重质）	35.2			
$C_{C.R}$（轻质）	70.4			
$C_{C.SK}$	363			

注：重质是指热惰性指标大于等于2.5的墙体和屋顶；轻质是指热惰性指标小于2.5的墙体和屋顶。

C.0.3 建筑物采暖的年耗电指数应按下列公式进行计算：

$$ECF_H=\left[\frac{(ECF_{H.R}+ECF_{H.WL}+ECF_{H.WD})}{A}+C_{H.N}\cdot h\cdot N+C_{H.0}\right]\cdot C_H \quad (C.0.3\text{-}1)$$

$$C_H=C_{qh}\cdot C_{FA}^{0.370} \quad (C.0.3\text{-}2)$$

$$ECF_{H.R}=C_{H.R.K}\sum_i K_iF_i+C_{H.R}\sum_i K_iF_i\rho_i \quad (C.0.3\text{-}3)$$

$$\begin{aligned}ECF_{H.WL}=&C_{H.WL.E}\sum_i K_iF_i\rho_i+C_{H.WL.S}\sum_i K_iF_i\rho_i\\&+C_{H.WL.W}\sum_i K_iF_i\rho_i+C_{H.WL.N}\sum_i K_iF_i\rho_i\\&+C_{H.WL.K.E}\sum_i K_iF_i+C_{H.WL.K.S}\sum_i K_iF_i\\&+C_{H.WL.K.W}\sum_i K_iF_i+C_{H.WL.K.N}\sum_i K_iF_i\end{aligned} \quad (C.0.3\text{-}4)$$

$$\begin{aligned}ECF_{H.WD}=&C_{H.WD.E}\sum_i F_iSC_iSD_{H.i}+C_{H.WD.S}\sum_i F_iSC_iSD_{H.i}+C_{H.WD.W}\\&\sum_i F_iSC_iSD_{H.i}+C_{H.WD.N}\sum_i F_iSC_iSD_{H.i}\\&+C_{H.WD.K.E}\sum_i F_iK_i+C_{H.WD.K.S}\sum_i F_iK_i\\&+C_{H.WD.K.W}\sum_i F_iK_i+C_{H.WD.K.N}\sum_i F_iK_i\\&+C_{H.SK}\sum_i F_iSC_iSD_{H.i}+C_{H.SK.K}\sum_i F_iK_i\end{aligned} \quad (C.0.3\text{-}5)$$

式中：A——总建筑面积（m^2）；

h——按建筑面积进行加权平均的楼层高度（m）；

N——换气次数（次/h）；

$C_{H.N}$——采暖年耗电指数与换气次数有关的系数，$C_{H.N}$取4.61；

$C_{H.0}$，C_H——采暖的年耗电指数的有关系数，$C_{H.0}$取2.60；

$ECF_{H.R}$——采暖年耗电指数与屋面有关的参数；

$ECF_{H.WL}$——采暖年耗电指数与墙体有关的参数；

$ECF_{H.WD}$——采暖年耗电指数与外门窗有关的参数；

F_i——各个围护结构的面积（m^2）；

K_i——各个围护结构的传热系数［W/（m^2·K)］；

ρ_i——各个墙面的太阳辐射吸收系数；

SC_i——各个窗的遮阳系数；

$SD_{H.i}$——各个窗的冬季建筑外遮阳系数，外遮阳系数应按本标准附录A计算；

C_{FA}——外围护结构的总面积（不包括室内地面）与总建筑面积之比；

C_{qh}——采暖年耗电指数与地区有关的系数，南区取0，北区取0.7。

公式（C.0.3-3）、公式（C.0.3-4）、公式（C.0.3-5）中的其他有关系数见表C.0.3。

表C.0.3 采暖能耗指数计算的有关系数

系数	东	南	西	北
$C_{H.WL}$(重质)	−3.6	−9.0	−10.8	−3.6
$C_{H.WL}$(轻质)	−7.2	−18.0	−21.6	−7.2
$C_{H.WL.K}$(重质)	14.4	15.1	23.4	14.6
$C_{H.WL.K}$(轻质)	28.8	30.2	46.8	29.2
$C_{H.WD}$	−32.5	−103.2	−141.1	−32.7
$C_{H.WD.K}$	8.3	8.5	14.5	8.5
$C_{H.R}$(重质)	−7.4			
$C_{H.R}$(轻质)	−14.8			
$C_{H.R.K}$(重质)	21.4			
$C_{H.R.K}$(轻质)	42.8			
$C_{H.SK}$	−97.3			
$C_{H.SK.K}$	13.3			

注：重质是指热惰性指标大于等于2.5的墙体和屋顶；轻质是指热惰性指标小于2.5的墙体和屋顶。

本标准用词说明

1 为便于在执行本标准条文时区别对待，对要求严格程度不同的用词说明如下：

1) 表示很严格，非这样做不可的：
正面词采用"必须"，反面词采用"严禁"；

2) 表示严格，在正常情况下均应这样做的：
正面词采用"应"，反面词采用"不应"或"不得"；

3) 表示允许稍有选择，在条件许可时首先应这样做的：
正面词采用"宜"，反面词采用"不宜"；

4) 表示有选择，在一定条件下可以这样做的：
采用"可"。

2 标准中指明应按其他有关标准执行的写法为："应符合……的规定（或要求）"或"应按……执行"。

引用标准名录

1 《民用建筑热工设计规范》GB 50176

2 《公共建筑节能设计标准》GB 50189

3 《建筑外门窗气密、水密、抗风压性能分级及检测方法》GB/T 7106—2008

4 《房间空气调节器能效限定值及能效等级》GB 12021.3

5 《多联式空调（热泵）机组能效限定值及能源效率等级》GB 21454

6 《转速可控型房间空气调节器能效限定值及能源效率等级》GB 21455

中华人民共和国行业标准

夏热冬暖地区居住建筑节能设计标准

JGJ 75—2012

条 文 说 明

修 订 说 明

《夏热冬暖地区居住建筑节能设计标准》JGJ 75-2012，经住房和城乡建设部 2012 年 11 月 2 日以第 1533 号公告批准、发布。

本标准是在《夏热冬暖地区居住建筑节能设计标准》JGJ 75-2003 的基础上修订而成的。上一版的主编单位是中国建筑科学研究院，主要起草人是郎四维、杨仕超、林海燕、涂逢祥、赵士怀、彭红圃、孟庆林、任俊、刘俊跃、冀兆良、石民祥、黄夏东、李劲鹏、赖卫中、梁章旋、陆琦、张黎明、王云新。

本次修订的主要技术内容：1. 引入窗地面积比，作为与窗墙面积比并行的确定门窗节能指标的控制参数；2. 将东、西朝向窗户的建筑外遮阳作为强制性条文；3. 建筑通风的要求更具体；4. 规定了多联式空调（热泵）机组的能效级别；5. 对采用集中式空调住宅的设计，强制要求计算逐时逐项冷负荷。

本标准修订过程中，编制组进行了广泛深入的调查研究，总结了我国夏热冬暖地区近些年来开展建筑节能工作的实践经验，使修订后的标准针对性更强，更加合理，也便于实施。

为便于广大设计、施工、科研、学校等单位有关人员在使用本标准时能正确理解和执行条文规定，《夏热冬暖地区居住建筑节能设计标准》编制组按章、节、条顺序编制了条文说明，对条文规定的目的、依据以及执行中需注意的有关事项进行了说明，还着重对强制性条文的强制性理由作了解释。但是，本条文说明不具备与标准正文同等的法律效力，仅供使用者作为理解和把握标准规定的参考。

目　次

1 总 则

1.0.1 《中华人民共和国节约能源法》第十四条规定“建筑节能的国家标准、行业标准由国务院建设主管部门组织制定，并依照法定程序发布。省、自治区、直辖市人民政府建设主管部门可以根据本地实际情况，制定严于国家标准或者行业标准的地方建筑节能标准，并报国务院标准化主管部门和国务院建设主管部门备案。”第三十五条规定“建筑工程的建设、设计、施工和监理单位应当遵守建筑节能标准。不符合建筑节能标准的建筑工程，建设主管部门不得批准开工建设；已经开工建设的，应当责令停止施工、限期改正；已经建成的，不得销售或者使用。建设主管部门应当加强对在建建筑工程执行建筑节能标准情况的监督检查。”第四十条规定“国家鼓励在新建建筑和既有建筑节能改造中使用新型墙体材料等节能建筑材料和节能设备，安装和使用太阳能等可再生能源利用系统。”《民用建筑节能条例》第十五条规定“设计单位、施工单位、工程监理单位及其注册执业人员，应当按照民用建筑节能强制性标准进行设计、施工、监理。”第十四条规定“建设单位不得明示或者暗示设计单位、施工单位违反民用建筑节能强制性标准进行设计、施工，不得明示或者暗示施工单位使用不符合施工图设计文件要求的墙体材料、保温材料、门窗、采暖制冷系统和照明设备。”本标准规定夏热冬暖地区居住建筑的节能设计要求，并给出了强制性的条文，就是为了执行《中华人民共和国节约能源法》和国务院发布的《民用建筑节能条例》。

夏热冬暖地区位于我国南部，在北纬27°以南，东经97°以东，包括海南全境，广东大部，广西大部，福建南部，云南小部分，以及香港、澳门与台湾。其确切范围由现行《民用建筑热工设计规范》GB 50176－93规定。

该地区处于我国改革开放的最前沿。改革开放以来，经济快速发展，人民生活水平显著提高。该地区经济的发展，以沿海一带中心城市及其周边地区最为迅速，其中特别以珠江三角洲地区更为发达。

该地区为亚热带湿润季风气候（湿热型气候），其特征表现为夏季漫长，冬季寒冷时间很短，甚至几乎没有冬季，长年气温高而且湿度大，气温的年较差和日较差都小。太阳辐射强烈，雨量充沛。

近十几年来，该地区建筑空调发展极为迅速，其中经济发达城市如广州市，空调器早已超过户均2台，而且一户3台以上的非常普遍。冬季比较寒冷的福州等地区，已有越来越多的家庭用电采暖。在空调及采暖使用快速增加、建筑规模宏大的情况下，虽然执行节能设计标准已有8年，但新建建筑围护结构热工性能仍然不尽如人意，节能标准在执行中打折扣，从而空调采暖设备的电能浪费严重，室内热舒适状况依然不好，导致温室气体CO_2排放量的进一步增加。

该地区正在大规模建造居住建筑，有必要通过居住建筑节能设计标准的执行，改善居住建筑的热舒适程度，提高空调和采暖设备的能源利用效率，以节约能源，保护环境，贯彻国家建筑节能的方针政策。

由此可见，在夏热冬暖地区开展建筑节能工作形势依然不乐观，节能标准需要进行必要的修订，使得相关规定更加明确，更加方便执行。

1.0.2 本标准适用于夏热冬暖地区的各类新建、扩建和改建的居住建筑。居住建筑主要包括住宅建筑（约占90%）和集体宿舍、招待所、旅馆以及托幼建筑等。在夏热冬暖地区居住建筑的节能设计中，应按本标准的规定控制建筑能耗，并采取相应的建筑、热工和空调、采暖节能措施。

1.0.3 夏热冬暖地区居住建筑的设计，应考虑空调、采暖的要求，建筑围护结构的热工性能应满足要求，使得炎夏和寒冬室内热环境更加舒适，空调、采暖设备使用的时间短，能源利用效率高。

本标准首先要保证建筑室内热环境质量，提高人民居住舒适水平，以此作为前提条件；与此同时，还要提高空调、采暖的能源利用效率，以实现节能的基本目标。

1.0.5 本标准对夏热冬暖地区居住建筑的建筑、热工、空调、采暖和通风设计中所采取的节能措施和应该控制的建筑能耗做出了规定，但建筑节能所涉及的专业较多，相关的专业还制定有相应的标准。因此，夏热冬暖地区居住建筑的节能设计，除应执行本标准外，还应符合国家现行的有关标准、规范的规定。

2 术 语

2.0.1 窗口外各种形式的建筑外遮阳在南方的建筑中很常见。建筑外遮阳对建筑能耗，尤其是对建筑的空调能耗有很大的影响，因此在考虑外窗的遮阳时，将窗本身的遮阳效果和窗外遮阳设施的遮阳效果结合起来一起考虑。

窗本身的遮阳系数SC可近似地取为窗玻璃的遮蔽系数乘以窗玻璃面积除以整窗面积。

当窗口外面没有任何形式的建筑外遮阳时，外窗的遮阳系数S_W就是窗本身的遮阳系数SC。

2.0.4 参照《民用建筑热工设计规范》GB 50176，增加了该术语。这样修改，对于体形系数较大的建筑的外窗要求较高，而对于体形系数小的建筑的外窗要求与原标准一样。

2.0.6 本术语用于外窗采光面积确定时用。

2.0.7 本术语用于外窗性能指标确定时用。在第4章中查表4.0.8-1、表4.0.8-2，可以采用“平均窗墙面积比”，也可以采用“平均窗地面积比”，在制定地方标准时，可根据各地情况选用其中一个。

夏热冬暖地区，在体形系数没有限制的前提下，采用“窗墙面积比”在实际使用中被发现存在问题：对于外墙面积较大的建筑，即使窗很大，对窗的遮阳系数要求不严。用“窗墙面积比”作为参数时，体形系数越大，单位建筑面积对应的外墙面积越大，窗墙面积比就越小。建筑开窗面积决定了建筑室内的太阳辐射得热，而太阳辐射得热是夏热冬暖地区引起空调能耗的主要因素。因此，按照现有标准，体形系数越大，标准允许的单位建筑能耗就越大，节能率要求就“相对”越低。对于一些体形系数特别大的建筑，用窗墙面积比作为参数，在采用同样的遮阳系数时，将允许开较大面积的外窗，这种结果显然是不合理的。

在夏热冬暖地区，如果限制体形系数将大大束缚建筑设计，不符合本地区的建筑特点。南方地区，经济较发达，建筑形式呈现多样。同时，住宅设计中应充分考虑自然通风设计，通常要求建筑有较高的“通透性”，此时建筑平面设计较为复杂，体形系数比较大。若限制体形系数，将会大大束缚建筑设计，不符合地方特色。

因此，在本地区采用“窗地面积比”可以避免以上问题。采用“窗地面积比”，使建筑节能设计与建筑自然采光设计与建筑自然通风设计保持一致。建筑自然采光设计与自然通风设计不仅保证建筑室内环境，也是建筑被动式节能的重要手段。“窗地面积比”是控制这两个方面的重要参数。同时，设计人员对“窗地面积比”很熟悉，因为在人们提出建筑节能需求之前，窗地面积比已经被用来作建筑自然采光的评价指标。《住宅设计规范》GB 50096 规定：为保证住宅侧面采光，窗地面积比值不得小于 1/7。南方居住建筑对自然通风的需求也给“窗地面积比”的应用带来了可能性。为了保证住宅室内的自然通风，通常控制外窗的可开启面积与地面面积的比值来实现。《夏热冬暖地区居住建筑节能设计标准》JGJ 75－2003 中为了保证建筑室内的自然通风效果，要求外窗可开启面积不应小于地面面积的 8%。

相对“窗墙面积比”，“窗地面积比”很容易计算，简化了建筑节能设计的工作，减少了设计人员和审图人员的工作量，也降低了节能计算出现矛盾或错误的可能性。在修编过程中，编制组还对采用“窗地面积比”作为节能参数的使用进行了意向调查。针对广州市、东莞市、深圳市等 20 多家单位（其中包括设计院、节能办、审图等单位），关于窗地面积比使用意向等问题，进行了问卷调查，共收回问卷 62 份。调查结果显示，76%的人认为合适，仅有 14%的人认为不合适，还有 10%的人持有其他观点，部分认为“窗地比”与“窗墙比”均可作为夏热冬暖地区建筑节能设计的参数。

2.0.8 建筑物的大小、形状、围护结构的热工性能等情况是复杂多变的，判断所设计的建筑是否符合节能要求常常不太容易。对比评定法是一种很灵活的方法，它将所设计的实际建筑物与一个作为能耗基准的节能参照建筑物作比较，当实际建筑物的能耗不超过参照建筑物时，就判定实际建筑物符合节能要求。

2.0.9 参照建筑的概念是对比评定法的一个非常重要的概念。参照建筑是一个符合节能要求的假想建筑，该建筑与所设计的实际建筑在大小、形状等方面完全一致，它的围护结构完全满足本标准第 4 章的节能指标要求，因此它是符合节能要求的建筑，并为所设计的实际建筑定下了空调采暖能耗的限值。

2.0.10 建筑物实际消耗的空调采暖能耗除了与建筑设计有关外，还与许多其他的因素有密切关系。这里的空调采暖年耗电量并非建筑物的实际空调采暖耗电量，而是在统一规定的标准条件下计算出来的理论值。从设计的角度出发，可以用这个理论值来评判建筑物能耗性能的优劣。

2.0.11 实施对比评定法时可以用来进行对比评定的一个无量纲指数，也是所设计的建筑物是否符合节能要求的一个判断依据，其值与空调采暖年耗电量基本成正比。

2.0.12 通风开口面积一般包括外窗（阳台门）、天窗的有效可开启部分面积、敞开的洞口面积等。

2.0.13 通风路径是指从外窗进入居住房间的自然风气流通过房间流到室外所经过的路线。通风路径是确保房间自然通风的必要条件，通风路径具备的设计要件包括：通风入口（外窗可开启部分）、通风空间（居室、客厅、走廊、天井等）、通风出口（外窗可开启部分、洞口、天窗可开启部分等）。

3 建筑节能设计计算指标

3.0.1 本标准以一月份的平均温度 11.5℃为分界线，将夏热冬暖地区进一步细分为两个区，等温线的北部为北区，区内建筑要兼顾冬季采暖。南部为南区，区内建筑可不考虑冬季采暖。在标准编制过程中，对整个区内的若干个城市进行了全年能耗模拟计算，模拟时设定的室内温度是 16℃～26℃。从模拟结果中发现，处在南区的建筑采暖能耗占全年采暖空调总能耗的 20%以下，考虑到模拟计算时内热源取为 0（即没有考虑室内人员、电气、炊事的发热量），同时考虑到当地居民的生活习惯，所以规定南区内的建筑设计时可不考虑冬季采暖。处在北区的建筑的采暖能耗占全年采暖空调总能耗的 20%以上，福州市更是占到 45%左右，可见北区内的建筑冬季确实有采暖的需求。图 3.0.1 中的虚线为南北区的分界线，表 1 列出了夏热冬暖地区中划入北区的主要城市。

表1 夏热冬暖地区中划入北区的主要城市

省 份	划入北区的主要城市
福建	福州市、莆田市、龙岩市
广东	梅州市、兴宁市、龙川县、新丰县、英德市、怀集县
广西	河池市、柳州市、贺州市

3.0.2~3.0.3 居住建筑要实现节能，必须在保持室内热舒适环境的前提下进行。本标准提出了两项室内设计计算指标，即室内空气（干球）温度和换气次数，其根据是经济的发展，以及居住者在舒适、卫生方面的要求；从另一个角度来看，这两项设计计算指标也是空调采暖能耗计算必不可少的参数，是作为进行围护结构隔热、保温性能限值计算时的依据。

室内热环境质量的指标体系包括温度、湿度、风速、壁面温度等多项指标。标准中只规定了温度指标和换气次数指标，这是由于当前一般住宅较少配备户式中央空调系统，室内空气湿度、风速等参数实际上难以控制。另一方面，在室内热环境的诸多指标中，温度指标是一个最重要的指标，而换气次数指标则是从人体卫生角度考虑必不可少的指标，所以只提出空气温度指标和换气次数指标。

居住空间夏季设计计算温度规定为26℃，北区冬季居住空间设计计算温度规定为16℃，这和该地区原来恶劣的室内热环境相比，提高幅度比较大，基本上达到了热舒适的水平。要说明的是北区室内采暖设计计算温度规定为16℃，而现行国家标准《住宅设计规范》GB 50096规定室内采暖计算温度为：卧室、起居室（厅）和卫生间为18℃，厨房为15℃。本标准在讨论北区采暖设计计算温度时，当地居民反映冬季室内保持16℃比较舒适。因此，根据当前现实情况，规定设计计算温度为16℃，当然，这并不影响居民冬季保持室内温度18℃，或其他适宜的温度。

换气次数是室内热环境的另外一个重要的设计指标，冬、夏季室外的新鲜空气进入建筑内，一方面有利于确保室内的卫生条件，另一方面又要消耗大量的能源，因此要确定一个合理的计算换气次数。由于人均住房面积增加，1小时换气1次，人均占有新风量应能达到卫生标准要求。比如，当前居住建筑的净高一般大于2.5m，按人均居住面积15m²计算，1小时换气1次，相当于人均占有新风会超过37.5m³/h。表2为民用建筑主要房间人员所需最小新风量参考数值，是根据国家现行的相关公共场所卫生标准（GB 9663~GB 9673）、《室内空气质量标准》GB/T 18883等标准摘录的，可供比较、参考。应该说，每小时换气1次已达到卫生要求。

表2 部分民用建筑主要房间人员所需的最小新风量参考值[m³/(h·人)]

房间类型			新风量	参考依据
旅游旅馆、饭店	客房	3~5星级	≥30	GB 9663-1996
		2星级以下	≥20	GB 9663-1996
	餐厅、宴会厅、多功能厅	3~5星级	≥30	GB 9663-1996
		2星级以下	≥20	GB 9663-1996
	会议室、办公室、接待室	3~5星级	≥50	GB 9663-1996
		2星级以下	≥30	GB 9663-1996
中、小学	教室	小学	≥11	GB/T 17226-1998
		初中	≥14	GB/T 17226-1998
		高中	≥17	GB/T 17226-1998

潮湿是夏热冬暖地区气候的一大特点。在室内热环境主要设计指标中虽然没有明确提出相对湿度设计指标，但并非完全没有考虑潮湿问题。实际上，在空调设备运行的状态下，室内同时在进行除湿。因此在大部分时间内，室内的潮湿问题也已经得到了解决。

4 建筑和建筑热工节能设计

4.0.1 夏热冬暖地区的主要气候特征之一表现在夏热季节的（4~9）月盛行东南风和西南风，该地区内陆地区的地面平均风速为1.1m/s~3.0m/s，沿海及岛屿风速更大。充分地利用这一风力资源自然降温，就可以相对地缩短居住建筑使用空调降温的时间，达到节能目的。

强调居住区良好的自然通风主要有两个目的，一是为了改善居住区热环境，增加热舒适感，体现以人为本的设计思想；二是为了提高空调设备的效率，因为居住区良好的通风和热岛强度的下降可以提高空调设备的冷凝器的工作效率，有利于节省设备的运行能耗。为此居住区建筑物的平面布局应优先考虑采用错列式或斜列式布置，对于连排式建筑应注意主导风向的投射角不宜大于45°。

房间有良好的自然通风，一是可以显著地降低房间自然室温，为居住者提供有更多时间生活在自然室温环境的可能性，从而体现健康建筑的设计理念；二是能够有效地缩短房间空调器开启的时间，节能效果明显。为此，房间的自然进风设计应使窗口开启朝向和窗扇的开启方式有利于向房间导入室外风，房间的自然排风设计应能保证利用常开的房门、户门、外窗、专用通风口等，直接或间接地通过和室外连通的走道、楼梯间、天井等向室外顺畅地排风。本地区以夏季防热为主，一般不考虑冬季保温，因此每户住宅均应尽量通风良好，通风良好的标志应该是能够形成穿堂风。房间内部与可开启窗口相对应位置应有可以用来形成穿堂风的通道，如通过房门、门亮子、内墙可开启窗、走廊、楼梯间可开启外窗、卫生间可开启外窗、厨房可开启外窗等形成房间穿堂风的通道，通风通道上的最小通风面积不宜过小。单朝向的住宅通风不利，应采取特别通风措施。

另外，自然通风的每套住宅均应考虑主导风向，将卧室、起居室等尽量布置在上风位置，避免厨房、卫生间的污浊空气污染室内。

4.0.2 夏热冬暖地区地处沿海，（4～9）月大多盛行东南风和西南风，居住建筑物南北向和接近南北向布局，有利于自然通风，增加居住舒适度。太阳辐射得热对建筑能耗的影响很大，夏季太阳辐射得热增加空调制冷能耗，冬季太阳辐射得热降低采暖能耗。南北朝向的建筑物夏季可以减少太阳辐射得热，对本地区全年只考虑制冷降温的南区是十分有利的；对冬季要考虑采暖的北区，冬季可以增加太阳辐射得热，减少采暖消耗，也是十分有利的。因此南北朝向是最有利的建筑朝向。但随着社会经济的发展，建筑物风格也多样化，不可能都做到南北朝向，所以本条文严格程度用词采用“宜”。

执行本条文时应该注意的是，建筑平面布置时，尽量不要将主要卧室、客厅设置在正西、西北方向，不要在建筑的正东、正西和西偏北、东偏北方向设置大面积的门窗或玻璃幕墙。

4.0.3 建筑物体形系数是指建筑物的外表面积和外表面积所包围的体积之比。体形系数的大小影响建筑能耗，体形系数越大，单位建筑面积对应的外表面积越大，外围护结构的传热损失也越大。因此从降低建筑能耗的角度出发，应该要考虑体形系数这个因素。

但是，体形系数不只是影响外围护结构的传热损失，它也影响建筑造型，平面布局，采光通风等。体形系数过小，将制约建筑师的创作思维，造成建筑造型呆板，甚至损害建筑功能。在夏热冬暖地区，北区和南区气候仍有所差异，南区纬度比北区低，冬季南区建筑室内外温差比北区小，而夏季南区和北区建筑室内外温差相差不大，因此，南区体形系数大小引起的外围护结构传热损失影响小于北区。本条文只对北区建筑物体形系数作出规定，而对经济相对发达，建筑形式多样的南区建筑体形系数不作具体要求。

4.0.4 普通窗户的保温隔热性能比外墙差很多，而且夏季白天太阳辐射还可以通过窗户直接进入室内。一般说来，窗墙面积比越大，建筑物的能耗也越大。

通过计算机模拟分析表明，通过窗户进入室内的热量（包括温差传热和辐射得热），占室内总得热量的相当大部分，成为影响夏季空调负荷的主要因素。以广州市为例，无外窗常规居住建筑物采暖空调年耗电量为30.6kWh/m²，当装上铝合金窗，平均窗墙面积比$C_{MW}=0.3$时，年耗电量是53.02kWh/m²，当$C_{MW}=0.47$时，年耗电量为67.19kWh/m²，能耗分别增加了73.3%和119.6%。说明在夏热冬暖地区，外窗成为建筑节能很关键的因素。参考国家有关标准，兼顾到建筑师创作和住宅住户的愿望，从节能角度出发，对本地区居住建筑各朝向窗墙面积比作了限制。

本条文是强制性条文，对保证居住建筑达到节能的目标是非常关键的。如果所设计建筑的窗墙比不能完全符合本条的规定，则必须采用第5章的对比评定法来判定该建筑是否满足节能要求。采用对比评定法时，参照建筑的各朝向窗墙比必须符合本条文的规定。

本次修订，窗墙面积比采用了《民用建筑热工设计规范》GB 50176的规定，各个朝向的墙面积应为各个朝向的立面面积。立面面积应为层高乘以开间定位轴线的距离。当墙面有凹凸时应忽略凹凸；当墙面整体的方向有变化时应根据轴线的变化分段处理。对于朝向的判定，各个省在执行时可以制订更详细的规定来解决朝向划分问题。

4.0.5 本条规定取自《住宅建筑规范》GB 50368-2005第7.2.2条。该规范是全文强制的规范，要求卧室、起居室（厅）、厨房应设置外窗，窗地面积比不应小于1/7。本标准要求卧室、书房、起居室等主要房间达到该要求，而考虑到本地区的厨房、卫生间常设在内凹部位，朝外的窗主要用于通风，采光系数很低，所以不对厨房、卫生间提出要求。

当主要房间窗地面积比较小时，外窗玻璃的遮阳系数要求也不高。而这时因为窗户较小，玻璃的可见光透射比不能太小，否则采光很差，所以提出可见光透射比不小于0.4的要求。

另外，在原《夏热冬暖地区居住建筑节能设计标准》JGJ 75-2003的使用过程中，一些住宅由于外窗面积大，为了达到节能要求，选用了透光性能差遮阳系数小的玻璃。虽然达到了节能标准的要求，却牺牲了建筑的采光性能，降低了室内环境品质。对玻璃的遮阳系数有要求的同时，可见光透射比必须达到一定的要求，因此本条文在此方面做出强制性规定。

4.0.6 天窗面积越大，或天窗热工性能越差，建筑物能耗也越大，对节能是不利的。随着居住建筑形式多样化和居住者需求的提高，在平屋面和斜屋面上开天窗的建筑越来越多。采用DOE—2软件，对建筑物开天窗时的能耗做了计算，当天窗面积占整个屋顶面积4%，天窗传热系数$K=4.0W/(m^2\cdot K)$，遮阳系数$SC=0.5$时，其能耗只比不开天窗建筑物能耗多1.6%左右，对节能总体效果影响不大，但对开天窗的房间热环境影响较大。根据工程调研结果，原标准的遮阳系数SC不大于0.5要求较低，本次提高要求，要求应不大于0.4。

本条文是强制性条文，对保证居住建筑达到节能目标是非常关键的。对于那些需要增加视觉效果而加大天窗面积，或采用性能差的天窗的建筑，本条文的限制很可能被突破。如果所设计建筑的天窗不能完全符合本条的规定，则必须采用第5章的对比评定法来判定该建筑是否满足节能要求。采用对比评定法时，参照建筑的天窗面积和天窗热工性能必须符合本条文的规定。

4.0.7 本条文为强制性条文，对保证居住建筑的节能舒适是非常关键的。如果所设计建筑的外墙不能完全符合本条的规定，在屋顶和东、西面外墙满足本条规定的前提下，可采用第5章的对比评定法来判定该建筑是否满足节能要求。

围护结构的K、D值直接影响建筑采暖空调房间冷热负荷的大小，也直接影响到建筑能耗。在夏热冬暖地区，一般情况下居住建筑南、北面窗墙比较大，建筑东、西面外墙开窗较少。这样，在东、西朝向上，墙体的K、D值对建筑保温隔热的影响较大。并且，东、西外墙和屋顶在夏季均是建筑物受太阳辐射量较大的部位，顶层及紧挨东、西外墙的房间较其他房间得热更多。用对比评定法来计算建筑能耗是以整个建筑为单位对全楼进行综合评价。当建筑屋顶及东、西外墙不满足表4.0.7中的要求，而使用对比评定法对其进行综合评价且满足要求时，虽然整个建筑节能设计满足本标准节能的要求，但顶层及靠近东、西外墙房间的能耗及热舒适度势必大大不如其他房间。这不论从技术角度保证每个房间获得基本一致的热舒适度，还是从保证每个住户获得基本一致的节能效果这一社会公正性方面来看都是不合适的。因此，有必要对顶层及东、西外墙规定一个最低限制要求。

夏热冬暖地区，外围护结构的自保温隔热体系逐渐成为一大趋势。如加气混凝土、页岩多孔砖、陶粒混凝土空心砌块、自隔热砌块等材料的应用越来越广泛。这类砌块本身就能满足本条文要求，同时也符合国家墙改政策。本条文根据各地特点和经济发展不同程度，提出使用重质外墙时，按三个级别予以控制。即：$2.0<K\leqslant2.5$，$D\geqslant3.0$ 或 $1.5<K\leqslant2.0$，$D\geqslant2.8$ 或 $0.7<K\leqslant1.5$，$D\geqslant2.5$。

本条文对使用重质材料的屋顶传热系数K值作了调整。目前，夏热冬暖地区屋顶隔热性能已获得极大改善，普遍采用了高效绝热材料。但是，对顶层住户而言，室内热环境及能耗水平相对其他住户仍显得较差。适当提高屋顶K值的要求，不仅在技术上容易实现，同时还能进一步改善屋顶住户的室内热环境，提高节能水平。因此，本条文将使用重质材料屋顶的传热系数K值调整为$0.4<K\leqslant0.9$。

外墙采用轻质材料或非轻质自隔热节能墙材时，对达到标准所要求的K值比较容易，要达到较大的D值就比较困难。如果围护结构要达到较大的D值，只有采用自重较大的材料。围护结构D值和相关热容量的大小，主要影响其热稳定性。因此，过度以D值和相关热容量的大小来评定围护结构的节能性是不全面的，不仅会阻碍轻质保温材料的使用，还限制了非轻质自隔热节能墙材的使用和发展，不利于这一地区围护结构的节能政策导向和墙体材料的发展趋势。实践证明，按一般规定选择K值的情况下，D值小一些，对于一般舒适度的空调房间也能满足要求。本条文对轻质围护结构只限制传热系数的K值，而不对D值做相应限定，并对非轻质围护结构的D值做了调整，就是基于上述原因。

4.0.8 本条文对保证居住建筑达到现行节能目标是非常关键的，对于那些不能满足本条文规定的建筑，必须采用第5章的对比评定法来计算是否满足节能要求。

窗户的传热系数越小，通过窗户的温差传热就越小，对降低采暖负荷和空调负荷都是有利的。窗的遮阳系数越小，透过窗户进入室内的太阳辐射热就越小，对降低空调负荷有利，但对降低采暖负荷却是不利的。

本条文表4.0.8-1和表4.0.8-2对建筑外窗传热系数和平均综合遮阳系数的规定，是基于使用DOE-2软件对建筑能耗和节能率做了大量计算分析提出的。

1 屋顶、外墙热工性能和设备性能的提高及室内换气次数的降低，达到的节能率，北区约为35%，南区约为30%。因此对于节能目标50%来说，外窗的节能将占相当大的比例，北区约15%，南区约20%。在夏热冬暖地区，居住建筑所处的纬度越低，对外窗的节能要求也越高。

2 本条文引入居住建筑平均窗地面积比C_{MF}（或平均窗墙面积比C_{MW}）参数，使其与外窗K、S_W及外墙K、D等参数形成对应关系，使建筑节能设计简单化，给建筑师选择窗型带来方便。

(1) 为了简化节能设计计算、方便节能审查等工作，本条文引入了平均窗地面积比C_{MF}参数。考虑到夏热冬暖地区各省份的建筑节能设计习惯，且与这些地区现行节能技术规范不发生矛盾，本条文允许沿用平均窗墙面积比C_{MW}进行节能设计及计算。在进行建筑节能设计时，设计人员可根据对C_{MF}和C_{MW}熟练程度及设计习惯，自行选择使用。

(2) 经过编制组对南方大量的居住建筑的平均窗地面积比C_{MF}和平均窗墙面积比C_{MW}的计算表明，现在的居住建筑塔楼类的比较多，表面凹凸的比较多，所以C_{MF}和C_{MW}很接近。因此，窗墙面积比和窗地面积比均可作为判定指标，各省根据需要选择其一使用。

(3) 计算建筑物的C_{MF}和C_{MW}时，应只计算建筑物的地上居住部分，而不应包含建筑中的非居住部分，如商住楼的商业、办公部分。具体计算如下：

建筑平均窗地面积比C_{MF}计算公式为：

$$C_{MF}=\frac{\text{外墙上的窗洞口及门洞口总面积}}{\text{地上居住部分总建筑面积}} \tag{1}$$

建筑平均窗墙面积比C_{MW}计算公式为：

$$C_{MW}=\frac{\text{外墙上的窗洞口及门洞口总面积}}{\text{地上居住部分外立面总面积}} \tag{2}$$

3 外窗平均传热系数K，是建筑各个朝向平均传热系数按各朝向窗面积加权平均的数值，按照以下公式计算：

$$K=\frac{A_E\cdot K_E+A_S\cdot K_S+A_W\cdot K_W+A_N\cdot K_N}{A_E+A_S+A_W+A_N} \quad (3)$$

式中：A_E、A_S、A_W、A_N——东、南、西、北朝向的窗面积；

K_E、K_S、K_W、K_N——东、南、西、北朝向窗的平均传热系数，按照下式计算：

$$K_X=\frac{\sum_i A_i\cdot K_i}{\sum_i A_i} \quad (4)$$

式中：K_X——建筑某朝向窗的平均传热系数，即K_E、K_S、K_W、K_N；

A_i——建筑某朝向单个窗的面积；

K_i——建筑某朝向单个窗的传热系数。

4　表 4.0.8-1 和表 4.0.8-2 使用了“虚拟”窗替代具体的窗户。所谓“虚拟”窗即不代表具体形式的外窗（如我们常用的铝合金窗和 PVC 窗等），它是由任意 K 值和 S_W 值组合的抽象窗户。进行节能设计时，拟选用的具体窗户能满足表 4.0.8-1 和表 4.0.8-2 中 K 值和 S_W 值的要求即可。

5　表 4.0.8-1 和表 4.0.8-2 主要差别在于：用于北区的表 4.0.8-1 对外窗的传热系数 K 值有具体规定，而用于南区的表 4.0.8-2 对外窗 K 值没有具体规定。南区全年建筑总能耗以夏季空调能耗为主，夏季空调能耗中太阳辐射得热引起的空调能耗又占相当大的比例，而窗的温差传热引起的空调能耗只占小部分，因此南区建筑节能外窗遮阳系数起了主要作用，而与外窗传热性能关系甚小，而北区建筑节能率与外窗传热性能和遮阳性能均有关系。

6　建筑外墙面色泽，决定了外墙面太阳辐射吸收系数 ρ 的大小。外墙采用浅色表面，ρ 值小，夏季能反射较多的太阳辐射热，从而降低房间的得热量和外墙内表面温度，但在冬季会使采暖耗电量增大。编制组在用 DOE-2 软件作建筑物能耗和节能分析时，基础建筑物和节能方案分析设定的外墙面太阳辐射吸收系数 $\rho=0.7$。经进一步计算分析，北区建筑外墙表面太阳辐射吸收系数 ρ 的改变，对建筑全年总能耗影响不大，而南区 $\rho=0.6$ 和 0.8 时，与 $\rho=0.7$ 的建筑总能耗差别不大，而 $\rho<0.6$ 和 $\rho>0.8$ 时，建筑能耗总差别较大。当 $\rho<0.6$ 时，建筑总能耗平均降低 5.4%；当 $\rho>0.8$ 时，建筑总能耗平均增加 4.7%。因此表 4.0.8-1 对 ρ 使用范围不作限制，而表 4.0.8-2 规定 ρ 取值≤0.8。当 $\rho>0.8$ 时，则应采用第 5 章对比评定法来判定建筑物是否满足节能要求。建筑外表面的太阳辐射吸收系数 ρ 值参见《民用建筑热工设计规范》GB 50176－93 附录二附表 2.6。

4.0.9　外窗平均综合遮阳系数 S_W，是建筑各个朝向平均综合遮阳系数按各朝向窗面积和朝向的权重系数加权平均的数值。

（1）在北区和南区，窗口的建筑外遮阳措施对建筑能耗和节能影响是不同的。在北区采用窗口建筑固定外遮阳措施，冬季会产生负影响，总体对建筑节能影响比较小，因此在北区采用窗口建筑活动外遮阳措施比采用固定外遮阳措施要好；在南区采用窗口建筑固定外遮阳措施，对建筑节能是有利的，应积极提倡。

（2）计算外窗平均综合遮阳系数 S_W 时，根据不同朝向遮阳系数对建筑能耗的影响程度，各个朝向的权重系数分别为：东、南朝向取 1.0，西朝向取 1.25，北朝向取 0.8。S_W 计算公式如下：

$$S_W=\frac{A_E\cdot S_{W,E}+A_S\cdot S_{W,S}+1.25A_W\cdot S_{W,W}+0.8A_N\cdot S_{W,N}}{A_E+A_S+A_W+A_N} \quad (5)$$

式中：A_E、A_S、A_W、A_N——东、南、西、北朝向的窗面积；

$S_{W,E}$、$S_{W,S}$、$S_{W,W}$、$S_{W,N}$——东、南、西、北朝向窗的平均综合遮阳系数，按照下式计算：

$$S_{W,X}=\frac{\sum_i A_i\cdot S_{W,i}}{\sum_i A_i} \quad (6)$$

式中：$S_{W,X}$——建筑某朝向窗的平均综合遮阳系数，即 $S_{W,E}$、$S_{W,S}$、$S_{W,W}$、$S_{W,N}$；

A_i——建筑某朝向单个窗的面积；

$S_{W,i}$——建筑某朝向单个窗的综合遮阳系数。

4.0.10　本条文为新增强制性条文。规定居住建筑东西向必须采取外遮阳措施，规定建筑外遮阳系数不应大于 0.8。目前居住建筑外窗遮阳设计中，出现了过分提高和依赖窗自身的遮阳能力轻视窗口建筑构造遮阳的设计势头，导致大量的外窗普遍缺少窗口应有的防护作用，特别是住宅开窗通风时窗口既不能遮阳也不能防雨，偏离了原标准对建筑外遮阳技术规定的初衷，行业负面反响很大，同时，在南方地区如上海、厦门、深圳等地近年来因住宅外窗形式引发的技术争议问题增多，有必要在本标准中进一步基于节能要求明确相关规定。窗口设计时应优先采用建筑构造遮阳，其次应考虑窗口采用安装构件的遮阳，两者都不能达到要求时再考虑提高窗自身的遮阳能力，原因在于单纯依靠窗自身的遮阳能力不能适应开窗通风时的遮阳需要，对自然通风状态来说窗自身遮阳是一种相对不可靠做法。

窗口设计时，可以通过设计窗眉（套）、窗口遮阳板等建筑构造，或在设计的凸窗洞口缩进窗的安装位置留出足够的遮阳挑出长度等一系列经济技术合理可行的做法满足本规定，即本条文在执行上普遍不存在技术难度，只有对当前流行的凸窗（飘窗）形式产生一定影响。由于凸窗可少许增大室内空间且按当前各地行业规定其不计入建筑面积，于是这种窗型流行很广，但因其相对增大了外窗面积或外围护结构的面积，导致了房间热环境的恶化和空调能耗增高以及窗边热胀开裂、漏雨等一系列问题也引起了行业的广泛关注。如在广州地区因安装凸窗，房间在夏季关窗时的自然室温最高可增加 2℃，房间的空调能耗增加最高可达 87.4%，在夏热冬暖地区设计简单的凸窗于节能不利已是行业共识。另外，为确保凸窗的遮阳性能和侧板保温能力符合现行节能标准要求所投入的技术成本也较大，大量凸窗必须采用 Low-E 玻璃甚至还要断桥铝合金的中空 Low-E 玻璃，并且凸窗板还要做保温处理才能达标，代价高昂。综合考虑，本标准针对窗口的建筑外遮阳设计，规定了遮阳构造的设计限值。

4.0.11 本条文规定建筑外遮阳挑出长度的最低限值和规定建筑外遮阳系数的最高限值是等效的，当不具备执行前者条件时才执行后者。规定的限值，兼顾了遮阳效果和构造实现的难易。计算表明，当外遮阳系数为 0.9 时，采用单层透明玻璃的普通铝合金窗，综合遮阳系数 S_W 可下降到 0.81～0.72，接近中空玻璃铝合金窗的自身遮阳能力，此时对 1.5m×1.5m 的外窗采用综合式（窗套）外遮阳时，挑出长度不超过 0.2m，这一尺度恰好与南方地区 200mm 厚墙体居中安装外窗，窗口做 0.1m 的挑出窗套时的尺寸相吻合［图 1（a）］。

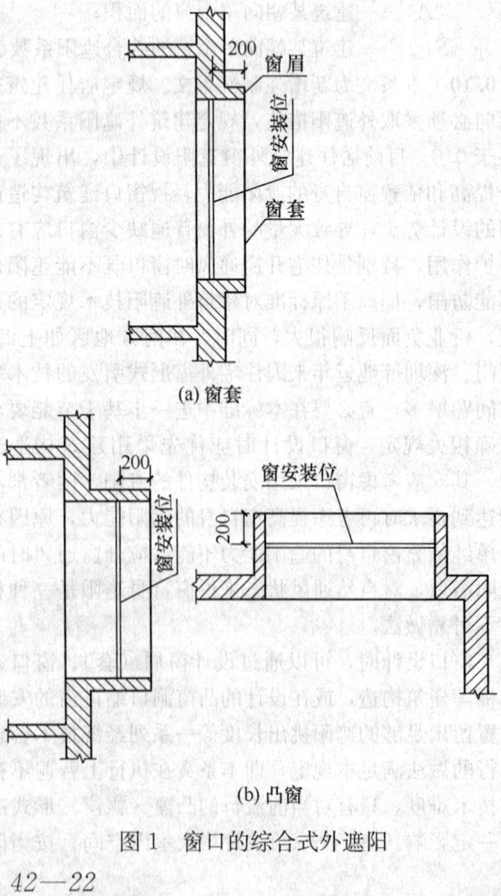
200
窗眉
窗安装位
窗套
(a) 窗套
200
窗安装位
窗安装位
200
(b) 凸窗

图 1 窗口的综合式外遮阳

如表 3 所示，在规定建筑外遮阳系数限值为 0.9 时，单独采用水平遮阳或单独采用垂直遮阳，所需的挑出长度均较大，对于 1.5m×1.5m 的外窗一般需要挑出长度在 0.20m～0.45m 范围，而采用综合遮阳形式（窗套、凸窗外窗口）时所需的挑出长度最小，南、北朝向均需挑出 0.15m～0.20m 即可，这一尺度也适合凸窗形式的改良［图 1（b）］。

条文中建筑外遮阳系数不应大于 0.9 的规定，是针对当建筑外窗不具备遮阳挑出条件时，可以按照本要求，在窗口范围内设计其他外遮阳设施。如对于在单边外廊的外墙上设置的外窗不宜设置挑出长度较大的外遮阳板时，设计采用在窗口的窗外侧嵌入固定式的百叶窗、花格窗等固定式遮阳设施也可以符合本条文要求。

表 3 外窗的建筑外遮阳系数

季节	挑出长度（m）	南			北		
	A	水平	垂直	综合	水平	垂直	综合
夏季	0.10	0.958	0.952	0.912	0.974	0.961	0.937
	0.15	0.939	0.929	0.872	0.962	0.943	0.907
	0.20	0.920	0.907	0.834	0.950	0.925	0.879
	0.25	0.901	0.886	0.799	0.939	0.908	0.853
	0.30	0.884	0.866	0.766	0.928	0.892	0.828
	0.35	0.867	0.847	0.734	0.918	0.876	0.804
	0.40	0.852	0.828	0.705	0.908	0.861	0.782
	0.45	0.837	0.811	0.678	0.898	0.847	0.761
	0.50	0.822	0.794	0.653	0.889	0.833	0.741
	0.55	0.809	0.779	0.630	0.880	0.820	0.722
	0.60	0.796	0.764	0.608	0.872	0.808	0.705
	0.65	0.784	0.750	0.588	0.864	0.796	0.688
	0.70	0.773	0.737	0.570	0.857	0.785	0.673
	0.75	0.763	0.725	0.553	0.850	0.775	0.659
	0.80	0.753	0.714	0.537	0.844	0.765	0.646
	0.85	0.744	0.703	0.523	0.838	0.756	0.633
	0.90	0.736	0.694	0.511	0.832	0.748	0.622
	0.95	0.729	0.685	0.499	0.827	0.740	0.612
	1.00	0.722	0.678	0.490	0.822	0.733	0.603
冬季	0.10	0.970	0.961	0.933	1.000	0.990	0.990
	0.15	0.956	0.943	0.901	1.000	0.986	0.986
	0.20	0.942	0.924	0.871	1.000	0.981	0.981
	0.25	0.928	0.907	0.841	1.000	0.976	0.976
	0.30	0.914	0.890	0.813	1.000	0.972	0.972
	0.35	0.900	0.874	0.787	1.000	0.968	0.968
	0.40	0.887	0.858	0.761	1.000	0.964	0.964
	0.45	0.874	0.843	0.736	1.000	0.960	0.960
	0.50	0.861	0.828	0.713	1.000	0.956	0.956
	0.55	0.848	0.814	0.690	1.000	0.952	0.952

续表 3

季节	挑出长度（m）	南			北		
	A	水平	垂直	综合	水平	垂直	综合
冬季	0.60	0.836	0.800	0.669	1.000	0.948	0.948
	0.65	0.824	0.787	0.648	1.000	0.944	0.944
	0.70	0.812	0.774	0.629	1.000	0.941	0.941
	0.75	0.800	0.763	0.610	1.000	0.938	0.938
	0.80	0.788	0.751	0.592	1.000	0.934	0.934
	0.85	0.777	0.740	0.575	1.000	0.931	0.931
	0.90	0.766	0.730	0.559	1.000	0.928	0.928
	0.95	0.755	0.720	0.544	1.000	0.925	0.925

注：1　窗的高、宽均为 1.5m；

2　综合式遮阳的水平板和垂直板挑出长度相等。

4.0.12　建筑外遮阳系数的计算是比较复杂的问题，本标准附录 A 给出了较为简化的计算方法。根据附录 A 计算的外遮阳系数，冬季和夏季有着不同的值，而本章中北区应用的外遮阳系数为同一数值，为此，将冬季和夏季的外遮阳系数进行平均，从而得到单一的建筑外遮阳系数。这样取值是保守的，因为对于许多外遮阳设施而言，夏季的遮阳比冬季的好，冬季的遮阳系数比夏季的大，而遮阳系数大，总体上讲能耗是增加的。

窗口上一层的阳台或外廊属于水平遮阳形式。窗口两翼如有建筑立面的折转时会对窗口起到遮阳的作用，此类遮阳属于建筑自遮挡形式，按其原理也可以归纳为建筑外遮阳，计算方法见附录 A。规定建筑自遮挡形式的建筑外遮阳系数计算方法，是因为对单元立面上受到立面折转遮挡的窗口，特别是对位于立面凹槽内的外窗遮阳作用非常大，实践证明应计入其遮阳贡献，以避免此类窗口的外遮阳设计得过于保守反而影响采光。

本条还列出了一些常用遮阳设施的遮阳系数。这些遮阳系数的给出，主要是为了设计人员可以更加方便地得到遮阳系数而不必进行计算。采用规定性指标进行节能设计计算时，可以直接采用这些数值，但进行对比评定计算时，如果计算软件中有关于遮阳板的计算，则不要采用本条表格中的数值，从而使得节能计算更加精确。如果采用了本条表格中的数值，遮阳板等遮阳设施就由遮阳系数代替了，不可再重复构建遮阳设施的几何模型。

4.0.13　本条文为强制性条文，是原标准 4.0.10 条的修改和扩充条文。本条文强调南方地区居住建筑应能依靠自然通风改善房间热环境，缩短房间空调设备使用时间，发挥节能作用。房间实现自然通风的必要条件是外门窗有足够的通风开口。因此本条文从通风开口方面规定了设计做法。

房间外门窗有足够的通风开口面积非常重要。《住宅建筑规范》GB 50368－2005 也规定了每套住宅的通风开口面积不应小于地面面积的 5%。原标准条文要求房间外门窗的可开启面积不应小于房间地面面积的 8%，深圳地区还在地方节能标准中把这一指标提高到了 10%，并且随着用户节能意识的提高，使用需求已经逐渐从盲目追求大玻璃窗小开启扇，向追求门窗大开启加强自然通风效果转变，因此，为了逐步强化门窗通风的降温和节能作用，本条文提高了外门窗可开启比例的最低限值，深圳经验也表明，这一指标由原来的 8%提高到 10%实践上不会困难。另外，根据原标准使用中反映出的情况来看，门窗的开启方式决定着“可开启面积”，而“可开启面积”一般不等于门窗的可通风面积，特别是对于目前的各式悬窗甚至平开窗等，当窗扇的开启角度小于 45°时可开启窗口面积上的实际通风能力会下降 1/2 左右，因此，修改条文中使用了“通风开口面积”代替“可开启面积”，这样既强调了门窗应重视可用于通风的开启功能，对通风不良的门窗开启方式加以制约，也可以把通风路径上涉及的建筑洞口包括进来，还可以和《住宅建筑规范》GB 50368－2005 的用词统一便于执行。

因此，当平开门窗、悬窗、翻转窗的最大开启角度小于 45°时，通风开口面积应按外窗可开启面积的 1/2 计算。

另外，达到本标准 4.0.5 条要求的主要房间（卧室、书房、起居室等）外窗，其外窗的面积相对较大，通风开口面积应按不小于该房间地面面积的 10%要求设计，而考虑到本地区的厨房、卫生间、户外公共走道外窗等，通常窗面积较小，满足不小于房间（公共区域）地面面积 10%的要求很难做到，因此，对于厨房、卫生间、户外公共区域的外窗，其通风开口面积应按不小于外窗面积 45%设计。

4.0.14　本条文对房间的通风路径进行了规定，房间可满足自然通风的设计条件为：1. 当房间由可开启外窗进风时，能够从户内（厅、厨房、卫生间等）或户外公用空间（走道、楼梯间等）的通风开口或洞口出风，形成房间通风路径；2. 房间通风路径上的进风开口和出风开口不应在同一朝向；3. 当户门设有常闭式防火门时，户门不应作为出风开口。

模拟分析和实测表明，房间通风路径的形成受平面和空间布局、开口设置等建筑因素影响，也受自然风来流风向等环境因素影响，实际的通风路径是十分复杂和多样的，但当建筑单元内的户型平面及对外开口（门窗洞口）形式确定后，对于任何一个可以满足自然通风设计条件的房间，都必然具备一条合理的通风路径，如图 2（a）所示，当房 1 的外窗 C1 受到来流风正面吹入时，显然可形成 C1→（C2＋C5＋C6）通风路径，表明该房间具备了可以形成穿堂风的必要条件。同理可以判断房 2、房 3 所对应的通风路径分别为 C4→（C3＋C7）、C1→（C6）。

一般住宅房间均是通过房门开启与厅堂、过道等公用空间形成通风路径的，在使用者本人私密性允许的情况下利用开启房门形成通风路径是可行的，但对于房与房之间需要通过各自的房门都要开启才能形成通风路径的情况，因受限于他人私密性要求通风路径反而不能得到保证。同样，对于同一单元内的两户而言，都要依靠开启各自的户门才能形成通风路径也不能得到保证。因此，套内的每个居住房间只能独立和户内的公用空间组成通风路径，不应以居室和居室之间组成通风路径；单元内的各户只能通过户门独立地和单元公用空间组成通风路径，不应以户与户之间通过户门组成通风路径。

当单元内的公用空间出于防火需要设为封闭或部分的空间，已无对外开口或对外开口很小时，也不能作为各户的出风路径考虑。

要求每户至少有一个房间具备有效的通风路径，是对居住建筑自然通风设计的最低要求。

设计房间通风路径时不需要考虑房间窗口朝向和当地风向的关系，只要求以房间外窗作为进风口判断该房间是否具备合理的通风路径，目的是为了确保房间自然通风的必要条件。事实上，夏热冬暖地区属于季风气候，受季风、海洋与山地形成的局地风以及城市居住区形态等影响，居住建筑任何朝向的外窗均有迎风的可能，因此，按窗口进风设计房间通风路径，符合南方地区居住区风环境的特点。

套内房间通风路径上对外的进风开口和对外的出风开口如果在同一个朝向时，这条通风路径显然属于无效的，因此规定进风口所在的外立面朝向和出风口所在外立面朝向的夹角不应小于90°，如图2（a）所示。一般，对于只有一个朝向的套房，多在片面追求容积率、单元套数较多的情况下产生的，一旦单元内的公用空间对外无有效开口，这类单一朝向套房往往因为通风不良室内过热，且室内空气质量也得不到保证，正是本条文规定重点限制的单元平面类型，如图2（b）的D、E、F户。但是，通过设计一处单元内的公用空间的对外开口，这类单一朝向的户型也能够组织形成有效的通风路径，如图2（b）的C户。对于利用单元公用空间的对外开口形成的房间通风路径，出于鼓励通风设计考虑，暂时不对房间门窗进风口和设在单元公共空间出风口进行朝向规定，如图2（b）的A、B户。

4.0.15 为了保证居住建筑的节能，要求外窗及阳台门具有良好的气密性能，以保证夏季在开空调时室外热空气不要过多地渗漏到室内，抵御冬季室外冷空气过多的向室内渗漏。夏热冬暖地区，地处沿海，雨量充沛，多热带风暴和台风袭击，多有大风、暴雨天气，因此对外窗和阳台门气密性能要有较高的要求。

现行国家标准《建筑外门窗气密、水密、抗风压性能分级及检测方法》GB/T 7106－2008规定的4级

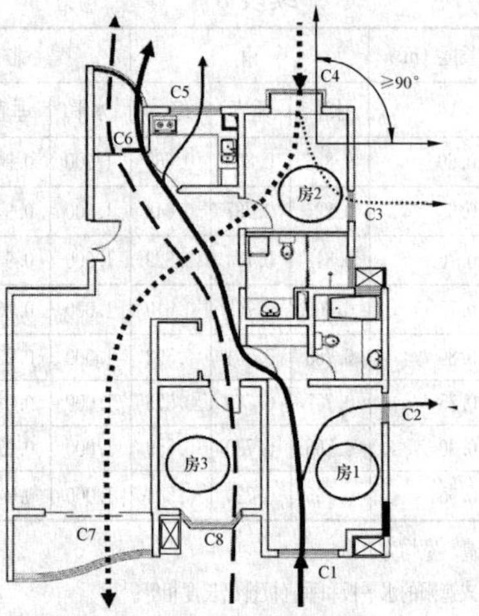

C4
≥90°
C5
C6
房2
C3
C2
房3
房1
C7
C8
C1

(a) 套（户）

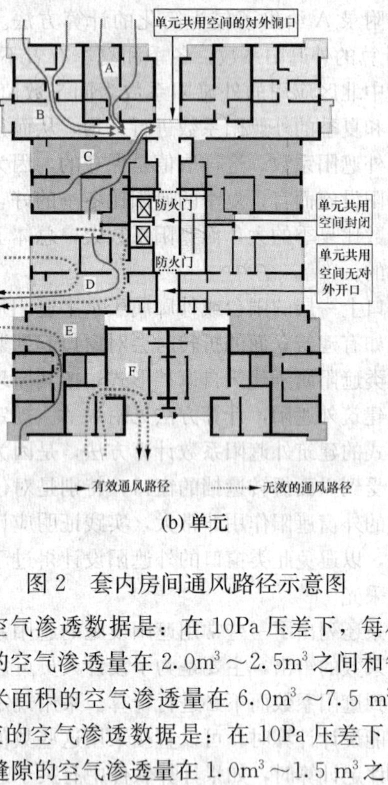

单元共用空间的对外洞口
A
B
C
防火门
防火门
单元共用空间封闭
单元共用空间无对外开口
D
E
F
有效通风路径
无效的通风路径

(b) 单元

图2 套内房间通风路径示意图

对应的空气渗透数据是：在10Pa压差下，每小时每米缝隙的空气渗透量在2.0m³～2.5m³之间和每小时每平方米面积的空气渗透量在6.0m³～7.5 m³之间；6级对应的空气渗透数据是：在10Pa压差下，每小时每米缝隙的空气渗透量在1.0m³～1.5 m³之间和每小时每平方米面积的空气渗透量在3.0m³～4.5 m³之间。因此本条文的规定相当于1～9层的外窗的气密性等级不低于4级，10层及10层以上的外窗的气密性等级不低于6级。

4.0.16 采用本条文所提出的这几种屋顶和外墙的节能措施，是基于华南地区的气候特点，考虑充分利用气候资源达到节能目的而提出的，同时也是为了鼓励推行绿色建筑的设计思想。这些措施经测试、模拟和实际应用证明是行之有效的，其中有些措施的节能效果显著。

采用浅色饰面材料（如浅色粉刷，涂层和面砖等）的屋顶外表面和外墙面，在夏季能反射较多的太

阳辐射热，从而能降低室内的太阳辐射得热量和围护结构内表面温度。当白天无太阳时和在夜晚，浅色围护结构外表面又能把围护结构的热量向外界辐射，从而降低室内温度。但浅色饰面的耐久性问题需要解决，目前的许多饰面材料并没有很好地解决这一问题，时间长了仍然会使得太阳辐射吸收系数增加。所以本次修订把附加热阻减小了，而且把太阳辐射吸收系数小于 0.4 的材料一律按照 0.4 的材料对待，从而不致过分夸大浅色饰面的作用。

仍有些地区习惯采用带有空气间层的屋顶和外墙。考虑到夏热冬暖地区居住建筑屋顶设计形式的普遍性，架空大阶砖通风屋顶受女儿墙遮挡影响效果较差，且习惯上也逐渐被成品的带脚隔热砖所取代，故本条文未对其做特别推荐，其隔热效果也可以近似为封闭空气间层。研究表明封闭空气间层的传热量中辐射换热比例约占 70%。本条文提出采用带铝箔的空气间层目的在于提高其热阻，贴敷单面铝箔的封闭空气间层热阻值提高 3.6 倍，节能效果显著。值得注意的是，当采用单面铝箔空气间层时，铝箔应设置在室外侧的一面。

蓄水、含水屋面是适应本气候区多雨气候特点的节能措施，国外如日本、印度、马来西亚等和我国长江流域省份及台湾省都有普遍应用，也有一些地区如四川省等颁布了相关的地方标准。这类屋顶是依靠水分的蒸发消耗屋顶接收到的太阳辐射热量，水的主要来源是蓄存的天然降水，补充以自来水。实测表明，夏季采用上述措施屋顶内表面温度下降 3℃～5℃，其中蓄水屋面下降 3.3℃，含水屋面下降 3.6℃。含水屋面由于含水材料在含水状态下也具有一定的热阻故表现为这种屋面的隔热作用优于蓄水屋面。当采用蓄水屋面时，储水深度应大于等于 200mm，水面宜有浮生植物或浅色漂浮物；含水屋面的含水层宜采用加气混凝土块、陶粒混凝土块等具有一定抗压强度的固体多孔建筑材料，其质量吸水率应大于 10%，厚度应大于等于 100mm。墙体外表面的含水层宜采用高吸水率的多孔面砖，厚度应大于 10mm，质量吸水率应大于 10%，通常采用符合国家标准《陶瓷砖》GB/T 4100 吸水率要求为Ⅲ类的陶质砖。

遮阳屋面是现代建筑设计中利用屋面作为活动空间所采取的一项有效的防热措施，也是一项建筑围护结构的节能措施。本标准建议两种做法：采用百叶板遮阳棚的屋面和采用爬藤植物遮阳棚的屋面。测试表明，夏季顶层空调房间屋面做有效的遮阳构架，屋顶热流强度可以降低约 50%，如果热流强度相同时，做有效遮阳的屋顶热阻值可以减少 60%。同时屋面活动空间的热环境会得到改善。强调屋面遮阳百叶板的坡向在于，夏热冬暖地区位于北回归线两侧，夏季太阳高度角大，坡向正北向的遮阳百叶片可以有效地遮挡太阳辐射，而在冬季由于太阳高度角较低时太阳辐射也能够通过百叶片间隙照到屋面，从而达到夏季防热冬季得热的热工设计效果，屋面采用植物遮阳棚遮阳时，选择冬季落叶类爬藤植物的目的也是如此。屋面采用百叶遮阳棚的百叶片宜坡向北向 45°；植物遮阳棚宜选择冬季落叶类爬藤植物。

种植屋面是隔热效果最好的屋面。本次标准修订对其增加了附加热阻，这符合实际测试的结果。通常，采用种植屋面，种植层下方的温度变化很小，表明太阳辐射基本被种植层隔绝。本次增加种植屋面的附加热阻，使得种植屋面不需要采取其他措施，就能够满足节能标准的要求，这有利于种植屋面的推广。

5 建筑节能设计的综合评价

5.0.1 本标准第 4 章“建筑和建筑热工节能设计”和本章“建筑节能设计的综合评价”是并列的关系。如果所设计的建筑已经符合第 4 章的规定，则不必再依据第 5 章对它进行节能设计的综合评价。反之，也可以依据第 5 章对所设计的建筑直接进行节能设计的综合评价，但必须满足第 4.0.5 条、第 4.0.10 条和第 4.0.13 条的规定。

必须指出的是，如果所设计的建筑不能完全满足本标准的第 4.0.4 条、第 4.0.6 条、第 4.0.7 条和第 4.0.8 条的规定，则必须通过综合评价来证明它能够达到节能目标。

本标准的节能设计综合评价采用“对比评定法”。采用这一方法的理由是：既然达到第 4 章的最低要求，建筑就可以满足节能设计标准，那么将所设计的建筑与满足第 4 章要求的参照建筑进行能耗对比计算，若所设计建筑物的能耗并不高出按第 4 章的要求设计的节能参照建筑，则同样应该判定所设计建筑满足节能设计标准。这种方法在美国的一些建筑节能标准中已经被广泛采用。

“对比评定法”是先按所设计的建筑物的大小和形状设计一个节能建筑（即满足第 4 章的要求的建筑），称之为“参照建筑”。将所设计建筑物与“参照建筑”进行对比计算，若所设计建筑的能耗不比“参照建筑”高，则认为它满足本节能设计标准的要求。若所设计建筑的能耗高于对比的“参照建筑”，则必须对所设计建筑物的有关参数进行调整，再进行计算，直到满足要求为止。

采用对比评定法与采用单位建筑面积的能耗指标的方法相比有明显的优点。采用单位建筑面积的能耗指标，对不同形式的建筑物有着不同的节能要求；为了达到相同的单位建筑面积能耗指标，对于高层建筑、多层建筑和低层建筑所要采取的节能措施显然有非常大的差别。实际上，第 4 章的有关要求是采用本地区的一个“基准”的多层建筑，按其达到节能 50%而计算得到的。将这一“基准”建筑物节能

50%后的单位建筑面积能耗作为标准用于所有种类的居住建筑节能设计，是不妥当的。因为高层建筑和多层建筑比较容易达到，而低层建筑和别墅建筑则较难达到。采用“对比评定法”则是采用了一个相对标准，不同的建筑有着不同的单位建筑面积能耗，但有着基本相同的节能率。

本标准引入“空调采暖年耗电指数”作为对比计算的参数。这一指数为无量纲数，它与本标准规定的计算条件下计算的空调采暖年耗电量基本成正比。

本标准的“对比评定法”既可以直接采用空调采暖年耗电量进行对比，也可以采用空调采暖年耗电指数进行对比。采用空调采暖年耗电指数进行计算对比，计算上更加简单一些。本标准也可使用空调采暖年耗电指数或空调采暖年耗电量作为节能综合评价的判据。在采用空调采暖年耗电量进行对比计算时由于有多种计算方法可以采用，因而规定在进行对比计算时必须采用相同的计算方法。同样的理由需采用相同的计算条件。本条也为“对比评定法”专门列出了判定的公式。

本条特别规定天窗、屋面和轻质墙体必须满足第4章的规定，这是因为天窗、屋面的节能措施虽然对整栋建筑的节能贡献不大，但对顶层房间的室内热环境而言却是非常重要的。在自然通风的条件下，轻质墙体的内表面最高温度是控制值，这与节能计算的关系虽然不大，但对人体的舒适度有很大的关系。人不舒适时会采取降低空调温度的办法，或者在本不需要开空调的天气多开空调。因而规定轻质墙体必须满足第4章的要求，而且轻质墙体也较容易达到要求。

5.0.2 “参照建筑”是用来进行对比评定的节能建筑。首先，参照建筑必须在大小、形状、朝向等各个方面与所设计的实际建筑物相同，才可以作为对比之用。由于参照建筑是节能建筑，因而它必须满足第4章几条重要条款的最低要求。当所设计的建筑在某些方面不能满足节能要求时，参照建筑必须在这些方面进行调整。本条规定参照建筑各个朝向的窗墙比应符合第4章的规定。

非常重要的是，参照建筑围护结构的各项性能指标应为第4章规定性指标的限值。这样参照建筑是一个刚好满足节能要求的建筑。把所设计的建筑与之相比，即是要求所设计的建筑可以满足节能设计的最低要求。与参照建筑所不同的是，所设计的建筑会在某些围护结构的参数方面不满足第4章规定性指标的要求。

5.0.3 本标准第5章的目的是审查那些不完全符合第4章规定的居住建筑是否也能满足节能要求。为了在不同的建筑之间建立起一个公平合理的可比性，并简化审查工作量，本条特意规定了计算的标准条件。

计算时取卧室和起居室室内温度，冬季全天为不低于16℃，夏季全天为不高于26℃，换气次数为1.0次/h。本标准在进行对比计算时之所以取冬季室内不低于16℃，主要是因为本地区的居民生活中已经习惯了在冬天多穿衣服而不采暖。而且，由于本地区的冬季不太冷，因而只要冬季关好门窗，室内空气的温度已经足够高，所以大多数人在冬季不采暖。

采暖设备的额定能效比取1.7，主要是考虑冬季采暖设备部分使用家用冷暖型（风冷热泵）空调器，部分仍使用电热型采暖器；空调设备额定能效比取3.0，主要是考虑家用空调器国家标准规定的最低能效比已有所提高，目前已经完全可以满足这一水平。本标准附录中的空调采暖年耗电指数简化计算公式中已经包括了空调、采暖能效比参数。

在计算中取比较低的设备额定能效比，有利于突出建筑围护结构在建筑节能中的作用。由于本地区室内采暖、空调设备的配置是居民个人的行为，本标准实际上能控制的主要是建筑围护结构，所以在计算中适当降低设备的额定能效比对居住建筑实际达到节能50%的目标是有利的。

居住建筑的内部得热比较复杂，在冬季可以减小采暖负荷，在夏季则增大空调负荷。在计算时不考虑室内得热可以简化计算。

对于南区，由于采暖可以不考虑，因而本标准规定可不进行采暖部分的计算。这样规定与夏热冬暖地区的划定原则是一致的。对于北区，由于其靠近夏热冬冷地区，还会有一定的采暖，因而采暖部分不可忽略。

采用浅色饰面材料的屋顶外表面和外墙面，一方面能有效地降低夏季空调能耗，是一项有效的隔热措施，但对冬季采暖不利；另一方面，由于目前很多浅色饰面的耐久性问题没有得到解决，同时随着外界粉尘等污染物的作用，其太阳辐射吸收系数会有所增加。目前，不少地方出现了在使用“对比评定法”时取用低ρ值（有的甚至低于0.2）来通过节能计算的做法，片面夸大了浅色饰面材料的作用。所以本次修订在第4.0.16条中把附加热阻减小了，热反射饰面计算用的太阳辐射吸收系数应取按附录B修正之值，且不得重复计算其当量附加热阻。考虑了浅色饰面的隔热效果随时间和环境因素引起的衰减，比较符合实际情况，从而不致过分夸大浅色饰面的作用。

5.0.4 本标准规定，计算空调采暖年耗电量采用动态的能耗模拟计算软件。夏热冬暖地区室内外温差比较小，一天之内温度波动对围护结构传热的影响比较大。尤其是夏季，白天室外气温很高，又有很强的太阳辐射，热量通过围护结构从室外传入室内；夜里室外温度下降比室内温度快，热量有可能通过围护结构从室内传向室外。由于这个原因，为了比较准确地计算采暖、空调负荷，并与现行国家标准《采暖通风与空气调节设计规范》GB 50019保持一致，需要采用动态计算方法。

动态的计算方法有很多，暖通空调设计手册里冷负荷计算法就是一种常用的动态计算方法。本标准采用了反应系数计算方法，并采用美国劳伦斯伯克利国家实验室开发的 DOE-2 软件作为计算工具。

DOE-2 用反应系数法来计算建筑围护结构的传热量。反应系数法是先计算围护结构内外表面温度和热流对一个单位三角波温度扰量的反应，计算出围护结构的吸热、放热和传热反应系数，然后将任意变化的室外温度分解成一个个可叠加的三角波，利用导热微分方程可叠加的性质，将围护结构对每一个温度三角波的反应叠加起来，得到任意一个时期围护结构表面的温度和热流。

DOE-2 软件可以模拟建筑物采暖、空调的热过程。用户可以输入建筑物的几何形状和尺寸，可以输入室内人员、电器、炊事、照明等的作息时间，可以输入一年 8760 个小时的气象数据，可以选择空调系统的类型和容量等等参数。DOE-2 根据用户输入的数据进行计算，计算结果以各种各样的报告形式来提供。目前，国内一些软件开发企业开发了多款基于 DOE-2 的节能计算软件。这些软件为方便建筑节能计算做出了很大贡献。

另外，清华大学开发的 DeST 动态模拟能耗计算软件也可以用于能耗分析。该软件也给出了全国许多城市的逐时气象数据，有着较好的输入输出界面，采用该软件进行能耗分析计算也是比较合适的。

5.0.5 尽管动态模拟软件均有了很好的输入输出界面，计算也不算太复杂，但对于一般的建筑设计人员来说，采用这些软件计算还有不少困难。为了使得节能的对比计算更加方便，本标准给出了根据 DOE-2 软件拟合的简化计算公式，以使建筑节能工作推广起来更加方便和迅速。建筑的空调采暖年耗电指数应采用本标准附录 C 的方法计算。

6 暖通空调和照明节能设计

6.0.1 夏热冬暖地区夏季酷热，北区冬季也比较湿冷。随着经济发展，人民生活水平的不断提高，对空调、采暖的需求逐年上升。对于居住建筑选择设计集中空调（采暖）系统方式，还是分户空调（采暖）方式，应根据当地能源、环保等因素，通过仔细的技术经济分析来确定。同时，该地区居民空调（采暖）所需设备及运行费用全部由居民自行支付，因此，还要考虑用户对设备及运行费用的承担能力。

6.0.2 2008 年 10 月 1 日起施行的《民用建筑节能条例》第十八条规定“实行集中供热的建筑应当安装供热系统调控装置、用热计量装置和室内温度调控装置。”对于夏热冬暖地区采取集中式空调（采暖）方式时，也应计量收费，增强居民节能意识。在涉及具体空调（采暖）节能设计时，可以参考执行现行国家标准《公共建筑节能设计标准》GB 50189－2005 中的有关规定。

6.0.3～6.0.4 当居住区采用集中供冷（热）方式时，冷（热）源的选择，对于合理使用能源及节约能源是至关重要的。从目前的情况来看，不外乎采用电驱动的冷水机组制冷，电驱动的热泵机组制冷及采暖；直燃型溴化锂吸收式冷（温）水机组制冷及采暖，蒸汽（热水）溴化锂吸收式冷热水机组制冷及采暖；热、电、冷联产方式，以及城市热网供热；燃气、燃油、电热水机（炉）供热等。当然，选择哪种方式为好，要经过技术经济分析比较后确定。《公共建筑节能设计标准》GB 50189－2005 给出了相应机组的能效比（性能系数）。这些参数的要求在该标准中是强制性条款，是必须达到的。

6.0.5 为了方便应用，表 4 为多联式空调（热泵）机组制冷综合性能系数［IPLV（C）］值，是根据《多联式空调（热泵）机组能效限定值及能源效率等级》GB 21454－2008 标准中规定的能效等级第 3 级。

表 4 多联式空调（热泵）机组制冷综合性能系数［IPLV（C）］

名义制冷量（CC）W	综合性能系数［IPLV（C）］（能效等级第 3 级）
CC≤28000	3.20
28000＜CC≤84000	3.15
84000＜CC	3.10

6.0.6 部分夏热冬暖地区冬季比较温和，需要采暖的时间很短，而且热负荷也很低。这些地区如果采暖，往往可能是直接用电来进行采暖。比如电散热器采暖、电红外线辐射器采暖、低温电热膜辐射采暖、低温加热电缆辐射采暖，甚至电锅炉热水采暖等等。要说明的是，采用这类方式时，特别是电红外线辐射器采暖、低温电热膜辐射采暖、低温加热电缆辐射采暖时，一定要符合有关标准中建筑防火要求，也要分析用电量的供应保证及用户运行费用承担的能力。但毕竟火力发电厂的发电效率约为 30%，用高品位的电能直接转换为低品位的热能进行采暖，在能源利用上并不合理。此条只是要求如果设计阶段将采暖方式、设备也在图纸上作了规定，那么，这种较大规模的应用从能源合理利用角度并不合理，不宜鼓励和认同。

6.0.7 采用分散式房间空调器进行空调和（或）采暖时，这类设备一般由用户自行采购，该条文的目的是要推荐用户购买能效比高的产品。目前已发布实施国家标准《房间空气调节器能效限定值及能效等级》GB 12021.3－2010 和《转速可控型房间空气调节器能效限定值及能源效率等级》GB 21455－2008，建议用户选购节能型产品（即能源效率第 2 级）。

而新修订的《房间空气调节器能效限定值及能效等级》GB 12021.3－2010对于能效限定值与能源效率等级指标已有提高，能效等级分为三级，而 GB 12021.3－2004 版中的节能评价值（即能效等级第 2 级）仅列为最低级（即第 3 级）。

为了方便应用，表 5 列出了 GB 12021.3－2010 房间空气调节器能源效率等级第 3 级指标，表 6 列出了 GB 12021.3－2010 中空调器能源效率等级指标；表 7 列出了转速可控型房间空气调节器能源效率等级第 2 级指标。

表 5　房间空调器能源效率等级指标

类型	额定制冷量（CC）W	节能评价值（能效等级 3 级）
整体式		2.90
分体式	CC≤4500	3.20
	4500＜CC≤7100	3.10
	7100＜CC≤14000	3.00

表 6　房间空调器能源效率等级指标

类型	额定制冷量（CC）W	能效等级		
		3	2	1
整体式	—	2.90	3.10	3.30
分体式	CC ≤4500	3.20	3.40	3.60
	4500＜CC≤7100	3.10	3.30	3.50
	7100＜CC≤14000	3.00	3.20	3.40

表 7　能源效率 2 级对应的制冷季节能源消耗效率（SEER）指标（Wh/Wh）

类型	额定制冷量（CC）W	节能评价值（能效等级 2 级）
分体式	CC ≤4500	4.50
	4500＜CC≤7100	4.10
	7100＜CC≤14000	3.70

6.0.8　本条文是强制性条文。

现行国家标准《地源热泵系统工程技术规范》GB 50366－2005 中对于“地源热泵系统”的定义为：“以岩土体、地下水或地表水为低温热源，由水源热泵机组、地热能交换系统、建筑物内系统组成的供热空调系统。根据地热能交换形式的不同，地源热泵系统分为地埋管地源热泵系统、地下水地源热泵系统和地表水地源热泵系统”。地表水包括河流、湖泊、海水、中水或达到国家排放标准的污水、废水等。地源热泵系统可利用浅层地热能资源进行供热与空调，具有良好的节能与环境效益，近年来在国内得到了日益广泛的应用。但在夏热冬暖地区应用地源热泵系统时不能一概而论，应针对项目冷热需求特点、项目所处的资源状况选择合适的系统形式，并对选用的地源热泵系统类型进行适宜性分析，包括技术可行性和经济合理性的分析，只有在技术经济合理的情况下才能选用。

这里引用《地源热泵系统工程技术规范》GB 50366－2005 的部分条文进行说明，第 3.1.1 条：“地源热泵系统方案设计前，应进行工程场地状况调查，并应对浅层地热能资源进行勘察”；第 4.3.2 条：“地埋管换热系统设计应进行全年动态负荷计算，最小计算周期宜为 1 年。计算周期内，地源热泵系统总释热量宜与其总吸热量相平衡”；第 5.1.2 条：“地下水的持续出水量应满足地源热泵系统最大吸热量或释热量的要求”；第 6.1.1 条：“地表水换热系统设计前，应对地表水地源热泵系统运行对水环境的影响进行评估”。

特别地，全年冷热负荷基本平衡是土壤源热泵开发利用的基本前提，当计划采用地埋管换热系统形式时，要进行土壤温度平衡的模拟计算，保证全年向土壤的供冷量和取冷量相当，保持地温的稳定。

6.0.9　在空调设计阶段，应重视两方面内容：（1）布置室外机时，应保证相邻的室外机吹出的气流射程互不干扰，避免空调器效率下降；对于居住建筑开放式天井来说，天井内两个相对的主要立面一般不小于 6m，这对于一般的房间空调器的室外机吹出气流射程不至于相互干扰，但在天井两个立面距离小于 6m 时，应考虑室外机偏转一定的角度，使其吹出射流方向朝向天井开口方向；对于封闭内天井来说，当天井底部无架空且顶部不开敞时，天井内侧不宜布置空调室外机；（2）对室内机和室外机进行隐蔽装饰设计有两个主要目的，一是提高建筑立面的艺术效果，二是对室外机有一定的遮阳和防护作用。有的商住楼用百叶窗将室外机封起来，这样会不利于夏季排放热量，大大降低能效比。装饰的构造形式不应对空调器室内机和室外机的进气和排气通道形成明显阻碍，从而避免室内气流组织不良和设备效率下降。

6.0.10～6.0.12　居住建筑应用空调设备保持室内舒适的热环境条件要耗费能量。此外，应用空调设备还会有一定的噪声。而自然通风无能耗、无噪声，当室外空气品质好的情况下，人体舒适感好（空气新鲜、风速风向随机变化、风力柔和），因此，应重视采用自然通风。欧洲国家在建筑节能和改善室内空气品质方面极为重视研究和应用自然通风，我国国家住宅与居住环境工程中心编制的《健康住宅建设技术要点》中规定：“住宅的居住空间应能自然通风，无通风死角”。当然，自然通风在应用上存在不易控制、受气象条件制约、要求室外空气无污染等局限，例如据气象资料统计，广州地区标准年室外干球温度分布在 18.5℃～26.5℃的时数为 3991 小时，近半年的时间里可利用自然通风。对于某些居住建筑，由于客观原因使在气象条件符合利用自然通风的时间里而单纯靠自然通风又不能满足室内热环境要求时，应设计机械通风（一般是机械排风），作为自然通风的辅助技术措施。只有各种通风技术措施都不能满足室内热舒适环境要求时，才开启空调设备或系统。

目前，居住建筑的机械排风有分散式无管道系统，集中式排风竖井和有管道系统。随着经济的发展和人们生活水平的提高，集中式机械排风竖井或集中式有管道机械排风系统会得到较多的应用。

居住建筑中由于人（及宠物）的新陈代谢和人的活动会产生污染物，室内装修材料及家具设备也会散发污染物，因此，居住建筑的通风换气是创造舒适、健康、安全、环保的室内环境，提高室内环境质量水平的技术措施之一。通风分为自然通风和机械通风，传统的居住建筑自然通风方法是打开门窗，靠风压作用和热压作用形成“穿堂风”或“烟囱风”；机械通风则需要应用风机为动力。有效的技术措施是居住建筑通风设计采用机械排风、自然进风。机械排风的排风口一般设在厨房和卫生间，排风量应满足室内环境质量要求，排风机应选用符合标准的产品，并应优先选用高效节能低噪声风机。《中国节能技术政策大纲》提出节能型通用风机的效率平均达到84%；选用风机的噪声应满足居住建筑环境质量标准的要求。

近年来，建筑室内空气品质问题已经越来越引起人们的关注，建筑材料，建筑装饰材料及胶粘剂会散发出各种污染物如挥发性有机化合物（VOC），对人体健康造成很大的威胁。VOC中对室内空气污染影响最大的是甲醛。它们能够对人体的呼吸系统、心血管系统及神经系统产生较大的影响，甚至有些还会致癌，VOC还是造成病态建筑综合症（Sick Building Syndrome）的主要原因。当然，最根本的解决是从源头上采用绿色建材，并加强自然通风。机械通风装置可以有组织地进行通风，大大降低污染物的浓度，使之符合卫生标准。

然而，考虑到我国目前居住建筑实际情况，还没有条件在标准中规定居住建筑要普遍采用有组织的全面机械通风系统。本标准要求在居住建筑的通风设计中要处理好室内气流组织，即应该在厨房、无外窗卫生间安装局部机械排风装置，以防止厨房、卫生间的污浊空气进入居室。如果当地夏季白天与晚上的气温相差较大，应充分利用夜间通风，既达到换气通风、改善室内空气品质的目的，又可以被动降温，从而减少空调运行时间，降低能源消耗。

6.0.13 本条文引自全文强制的《住宅建筑规范》GB 50368。

附录A 建筑外遮阳系数的计算方法

A.0.1～A.0.3 建筑外遮阳系数 *SD* 的计算方法

国内外均习惯把建筑窗口的遮阳形式按水平遮阳、垂直遮阳、综合遮阳和挡板遮阳进行分类，《中国土木建筑百科辞典》中载入了关于这几种遮阳形式的准确定义。随着国内建筑遮阳产业的发展，近年来出现了几种用于住宅建筑的外遮阳形式，主要有横百叶遮阳、竖百叶遮阳，而这两种遮阳类型因其特征仍然属于窗口前设置的有一定透光能力的挡板，也因其有百叶可调和不可调之分，分别称其为固定横（竖）百叶挡板式遮阳、活动横（竖）百叶挡板式遮阳。考虑到传统的综合遮阳是指由水平遮阳和垂直遮阳组合而成的一种形式，现代建筑遮阳设计中还出现了与挡板遮阳的组合，如南京万科莫愁湖小区住宅设计的阳台飘板＋推拉式活动百叶窗就是典型的案例，因此本计算方法中给出了多种组合式遮阳的 *SD* 计算方法，其中包括了传统的综合遮阳。

本计算方法A.0.1中按国内外建筑设计行业和建筑热工领域的习惯分类，依窗口的水平遮阳、垂直遮阳、挡板遮阳、固定横（竖）百叶挡板式遮阳、活动横（竖）百叶挡板式遮阳的顺序，给出了各自的外遮阳系数的定量计算方法；A.0.2给出了多种遮阳形式组合的计算方法；A.0.3规定了透光性材料制作遮阳构件时，建筑外遮阳系数的计算方法，实际上本条规定相当于是对上述遮阳形式的计算结果进行一个材料透光性的修正。

1 窗口水平遮阳和垂直遮阳的外遮阳系数

水平和垂直外遮阳系数的计算是依据外遮阳系数 *SD* 的定义，建立一个简单的建筑模型，通过全年空调能耗动态模拟计算，按诸朝向外窗遮阳与不遮阳能耗计算结果反算得来建筑外遮阳系数，其计算式为：

$$SD=\frac{q_2-q_3}{q_1-q_3} \tag{7}$$

式中：q_1——无外遮阳时，模拟得到的全年空调能耗指标（kWh/m^2）；

q_2——某朝向所有外窗设外遮阳，模拟得到的全年空调指标（kWh/m^2）；

q_3——上述朝向所有外窗假设窗的遮阳系数 $SC=0$，该朝向所有外窗不设遮阳措施，其他参数不变的情况下，模拟得到的全年累计冷负荷指标（kWh/m^2）；

q_1-q_3——某朝向上的所有外窗无外遮阳时由太阳辐射引起的全年累计冷负荷（kWh/m^2）；

q_2-q_3——某朝向上的所有外窗有外遮阳时由太阳辐射引起的全年累计冷负荷（kWh/m^2）。

有无遮阳的模型建筑的能耗是通过DOE-2的计算拟合得到的。在进行遮阳板的计算过程中，本标准采用了一个比较简单的建筑进行拟合计算。其外窗为单层透明玻璃铝合金窗，传热系数5.61，遮阳系数0.9，单窗面积为$4m^2$。为了使计算的遮阳系数有较广的适应性，故将窗定为正方形。采用这一建筑进行各个朝向的拟合计算。方法是在不同的朝向加遮阳板，变化遮阳板的挑出长度，逐一模拟公式 A.0.1-1 中空调能耗值并计算出 SD，再与遮阳板构造的挑出系数 $x=A/B$ 关联，拟合出一个二次多项式的系数 a、b。

2 挡板遮阳的遮阳系数

挡板的外遮阳系数按下式计算：

$$SD=1-(1-SD^{*})(1-\eta^{*}) \tag{8}$$

式中：SD^{*}——采用不透明材料制作的挡板的建筑外遮阳系数；

η^{*}——挡板的材料透射比，按条文中表 A.0.3 确定。

其他非透明挡板各朝向的建筑外遮阳系数 SD^{*} 可按该朝向上的 4 组典型太阳光线入射角，采用平行光投射方法分别计算或实验测定，其轮廓透光比应取 4 个透光比的平均值。典型太阳入射角可按表 8 选取。

表 8 典型的太阳光线入射角（°）

窗口朝向		南				东、西				北			
		1组	2组	3组	4组	1组	2组	3组	4组	1组	2组	3组	4组
夏季	高度角	0	0	60	60	0	0	45	45	0	30	30	30
	方位角	0	45	0	45	75	90	75	90	180	180	135	−135
冬季	高度角	0	0	45	45	0	0	45	45	0	0	0	45
	方位角	0	45	0	45	45	90	45	90	180	135	−135	180

挡板遮阳分析的关键问题是挡板的材料和构造形式对外遮阳系数的影响。因当前现代建筑材料类型和构造技术的多样化，挡板的材料和构造形式变化万千，如果均要求建筑设计时按太阳位置角度逐时计算挡板的能量比例显然是不现实的。但作为挡板构造形式之一的建筑花格、漏花、百叶等遮阳构件，在原理上存在统一性，都可以看做是窗口外的一块竖板，通过这块板则有两个性能影响光线到达窗面，一个是挡板的轮廓形状和与窗面的相对位置，另一个是挡板本身构造的透光性能。两者综合在一起才能判断挡板的遮阳效果。因此本标准采用两个参数确定挡板的遮阳系数，一个是挡板的建筑外遮阳系数 SD^{*}，另一个是挡板构造透光比 η^{*}。

根据上述原理计算各个朝向的建筑外遮阳系数 SD 值，再将 SD 值与挡板的构造的特征值（挡板高与窗高之比）$x=A/B$ 关联，拟合出二次多项式的系数 a、b 载入表 A.0.1。计算中挡板设定为不透光的材料（如钢筋混凝土板材、金属板或复合装饰扣板等），但考虑这类材料本身的吸热后的二次辐射，取 $\eta^{*}=0.1$。挡板与外窗之间选取了一个典型的间距值为 0.6m，当这一间距增大时挡板的遮阳系数会增大遮阳效果会下降，但对于阳台和走廊设置挡板时距离一般在 1.2m，和挑出楼板组合后，在这一范围内仍然选用设定间距为 0.6m 时的回归系数是可行的。这样确定也是为了鼓励设计多采用挡板式这类相对最为有效的做法。

中华人民共和国行业标准

钢结构高强度螺栓连接技术规程

Technical specification for high strength bolt connections of steel structures

JGJ 82—2011

批准部门：中华人民共和国住房和城乡建设部
施行日期：2 0 1 1 年 1 0 月 1 日

中华人民共和国住房和城乡建设部
公　告

第875号

关于发布行业标准《钢结构高强度螺栓连接技术规程》的公告

现批准《钢结构高强度螺栓连接技术规程》为行业标准，编号为JGJ 82－2011，自2011年10月1日起实施。其中，第3.1.7、4.3.1、6.1.2、6.2.6、6.4.5、6.4.8条为强制性条文，必须严格执行。原行业标准《钢结构高强度螺栓连接的设计、施工及验收规程》JGJ 82－91同时废止。

本规程由我部标准定额研究所组织中国建筑工业出版社出版发行。

中华人民共和国住房和城乡建设部

2011年1月7日

前　言

根据原建设部《关于印发〈2004年工程建设标准规范制订、修订计划〉的通知》（建标［2004］66号）的要求，规程编制组经广泛调查研究，认真总结实践经验，参考有关国际标准和国外先进标准，并在广泛征求意见的基础上，修订本规程。

本规程的主要技术内容是：1. 总则；2. 术语和符号；3. 基本规定；4. 连接设计；5. 连接接头设计；6. 施工；7. 施工质量验收。

本规程修订的主要技术内容是：1. 增加调整内容：由原来的3章增加调整到7章；增加第2章“术语和符号”、第3章“基本规定”、第5章“接头设计”；原来的第二章“连接设计”调整为第4章，原来第三章“施工及验收”调整为第6章“施工”和第7章“施工质量验收”；2. 增加孔型系数，引入标准孔、大圆孔和槽孔概念；3. 增加涂层摩擦面及其抗滑移系数μ；4. 增加受拉连接和端板连接接头，并提出杠杆力计算方法；5. 增加栓焊并用连接接头；6. 增加转角法施工和检验；7. 细化和明确高强度螺栓连接分项工程检验批。

本规程中以黑体字标志的条文为强制性条文，必须严格执行。

本规程由住房和城乡建设部负责管理和强制性条文的解释，由中冶建筑研究总院有限公司负责具体技术内容的解释。执行过程中如有意见或建议，请寄送中冶建筑研究总院有限公司（地址：北京市海淀区西土城路33号，邮编：100088）。

本规程主编单位：中冶建筑研究总院有限公司

本规程参编单位：国家钢结构工程技术研究中心
铁道科学研究院
中冶京诚工程技术有限公司
包头钢铁设计研究总院
清华大学
青岛理工大学
天津大学
北京工业大学
西安建筑科技大学
中国京冶工程技术有限公司
北京远达国际工程管理有限公司
中冶京唐建设有限公司
浙江杭萧钢构股份有限公司
上海宝冶建设有限公司
浙江精工钢结构有限公司
浙江泽恩标准件有限公司
北京三杰国际钢结构有限公司
宁波三江检测有限公司
北京多维国际钢结构有限公司

北京首钢建设集团有限公司
五洋建设集团股份有限公司

本规程主要起草人员：侯兆欣　柴　昶　沈家骅
贺贤娟　文双玲　王　燕
王元清　何文汇　王　清
马天鹏　杨强跃　张爱林
陈志华　严洪丽　程书华
陈桥生　郭剑云　郝际平
洪　亮　蒋荣夫　张圣华
张亚军　孟令阁

本规程主要审查人员：沈祖炎　陈禄如　刘树屯
柯长华　徐国彬　赵基达
尹敏达　范　重　游大江
李元齐

目　次

Contents

1 总 则

1.0.1 为在钢结构高强度螺栓连接的设计、施工及质量验收中做到技术先进、经济合理、安全适用、确保质量，制定本规程。

1.0.2 本规程适用于建筑钢结构工程中高强度螺栓连接的设计、施工与质量验收。

1.0.3 高强度螺栓连接的设计、施工与质量验收除应符合本规程外，尚应符合国家现行有关标准的规定。

2 术语和符号

2.1 术 语

2.1.1 高强度大六角头螺栓连接副 heavy-hex high strength bolt assembly

由一个高强度大六角头螺栓，一个高强度大六角螺母和两个高强度平垫圈组成一副的连接紧固件。

2.1.2 扭剪型高强度螺栓连接副 twist-off-type high strength bolt assembly

由一个扭剪型高强度螺栓，一个高强度大六角螺母和一个高强度平垫圈组成一副的连接紧固件。

2.1.3 摩擦面 faying surface

高强度螺栓连接板层之间的接触面。

2.1.4 预拉力（紧固轴力） pre-tension

通过紧固高强度螺栓连接副而在螺栓杆轴方向产生的，且符合连接设计所要求的拉力。

2.1.5 摩擦型连接 friction-type joint

依靠高强度螺栓的紧固，在被连接件间产生摩擦阻力以传递剪力而将构件、部件或板件连成整体的连接方式。

2.1.6 承压型连接 bearing-type joint

依靠螺杆抗剪和螺杆与孔壁承压以传递剪力而将构件、部件或板件连成整体的连接方式。

2.1.7 杠杆力（撬力）作用 prying action

在受拉连接接头中，由于拉力荷载与螺栓轴心线偏离引起连接件变形和连接接头中的杠杆作用，从而在连接件边缘产生的附加压力。

2.1.8 抗滑移系数 mean slip coefficient

高强度螺栓连接摩擦面滑移时，滑动外力与连接中法向压力（等同于螺栓预拉力）的比值。

2.1.9 扭矩系数 torque-pretension coefficient

高强度螺栓连接中，施加于螺母上的紧固扭矩与其在螺栓导入的轴向预拉力（紧固轴力）之间的比例系数。

2.1.10 栓焊并用连接 connection of sharing on a shear load by bolts and welds

考虑摩擦型高强度螺栓连接和贴角焊缝同时承担同一剪力进行设计的连接接头形式。

2.1.11 栓焊混用连接 joint with combined bolts and welds

在梁、柱、支撑构件的拼接及相互间的连接节点中，翼缘采用熔透焊缝连接，腹板采用摩擦型高强度螺栓连接的连接接头形式。

2.1.12 扭矩法 calibrated wrench method

通过控制施工扭矩值对高强度螺栓连接副进行紧固的方法。

2.1.13 转角法 turn-of-nut method

通过控制螺栓与螺母相对转角值对高强度螺栓连接副进行紧固的方法。

2.2 符 号

2.2.1 作用及作用效应

F——集中荷载；

M——弯矩；

N——轴心力；

P——高强度螺栓的预拉力；

Q——杠杆力（撬力）；

V——剪力。

2.2.2 计算指标

f——钢材的抗拉、拉压和抗弯强度设计值；

f_c^b——高强度螺栓连接件的承压强度设计值；

f_t^b——高强度螺栓的抗拉强度设计值；

f_v——钢材的抗剪强度设计值；

f_v^b——高强度螺栓的抗剪强度设计值；

N_c^b——单个高强度螺栓的承压承载力设计值；

N_t^b——单个高强度螺栓的受拉承载力设计值；

N_v^b——单个高强度螺栓的受剪承载力设计值；

σ——正应力；

τ——剪应力。

2.2.3 几何参数

A——毛截面面积；

A_{eff}——高强度螺栓螺纹处的有效截面面积；

A_f——一个翼缘毛截面面积；

A_n——净截面面积；

A_w——腹板毛截面面积；

a——间距；

d——直径；

d_0——孔径；

e——偏心距；

h——截面高度；

h_f——角焊缝的焊脚尺寸；

I——毛截面惯性矩；

l——长度；

S——毛截面面积矩。

2.2.4 计算系数及其他

k——扭矩系数；

n——高强度螺栓的数目；

n_i——所计算截面上高强度螺栓的数目；

n_v——螺栓的剪切面数目；

n_f——高强度螺栓传力摩擦面数目；

μ——高强度螺栓连接摩擦面的抗滑移系数；

N_v——单个高强度螺栓所承受的剪力；

N_t——单个高强度螺栓所承受的拉力；

P_c——高强度螺栓施工预拉力；

T_c——施工终拧扭矩；

T_{ch}——检查扭矩。

3 基本规定

3.1 一般规定

3.1.1 高强度螺栓连接设计采用概率论为基础的极限状态设计方法，用分项系数设计表达式进行计算。除疲劳计算外，高强度螺栓连接应按下列极限状态准则进行设计：

1 承载能力极限状态应符合下列规定：

1）抗剪摩擦型连接的连接件之间产生相对滑移；

2）抗剪承压型连接的螺栓或连接件达到剪切强度或承压强度；

3）沿螺栓杆轴方向受拉连接的螺栓或连接件达到抗拉强度；

4）需要抗震验算的连接其螺栓或连接件达到极限承载力。

2 正常使用极限状态应符合下列规定：

1）抗剪承压型连接的连接件之间应产生相对滑移；

2）沿螺栓杆轴方向受拉连接的连接件之间应产生相对分离。

3.1.2 高强度螺栓连接设计，宜符合连接强度不低于构件的原则。在钢结构设计文件中，应注明所用高强度螺栓连接副的性能等级、规格、连接类型及摩擦型连接摩擦面抗滑移系数值等要求。

3.1.3 承压型高强度螺栓连接不得用于直接承受动力荷载重复作用且需要进行疲劳计算的构件连接，以及连接变形对结构承载力和刚度等影响敏感的构件连接。

承压型高强度螺栓连接不宜用于冷弯薄壁型钢构件连接。

3.1.4 高强度螺栓连接长期受辐射热（环境温度）达150℃以上，或短时间受火焰作用时，应采取隔热降温措施予以保护。当构件采用防火涂料进行防火保护时，其高强度螺栓连接处的涂料厚度不应小于相邻构件的涂料厚度。

当高强度螺栓连接的环境温度为100℃～150℃时，其承载力应降低10%。

3.1.5 直接承受动力荷载重复作用的高强度螺栓连接，当应力变化的循环次数等于或大于5×10^4次时，应按现行国家标准《钢结构设计规范》GB 50017中的有关规定进行疲劳验算，疲劳验算应符合下列原则：

1 抗剪摩擦型连接可不进行疲劳验算，但其连接处开孔主体金属应进行疲劳验算；

2 沿螺栓轴向抗拉为主的高强度螺栓连接在动力荷载重复作用下，当荷载和杠杆力引起螺栓轴向拉力超过螺栓受拉承载力30%时，应对螺栓拉应力进行疲劳验算；

3 对于进行疲劳验算的受拉连接，应考虑杠杆力作用的影响；宜采取加大连接板厚度等加强连接刚度的措施，使计算所得的撬力不超过荷载外拉力值的30%；

4 栓焊并用连接应按全部剪力由焊缝承担的原则，对焊缝进行疲劳验算。

3.1.6 当结构有抗震设防要求时，高强度螺栓连接应按现行国家标准《建筑抗震设计规范》GB 50011等相关标准进行极限承载力验算和抗震构造设计。

3.1.7 在同一连接接头中，高强度螺栓连接不应与普通螺栓连接混用。承压型高强度螺栓连接不应与焊接连接并用。

3.2 材料与设计指标

3.2.1 高强度大六角头螺栓（性能等级8.8s和10.9s）连接副的材质、性能等应分别符合现行国家标准《钢结构用高强度大六角头螺栓》GB/T 1228、《钢结构用高强度大六角螺母》GB/T 1229、《钢结构用高强度垫圈》GB/T 1230以及《钢结构用高强度大六角头螺栓、大六角螺母、垫圈技术条件》GB/T 1231的规定。

3.2.2 扭剪型高强度螺栓（性能等级10.9s）连接副的材质、性能等应符合现行国家标准《钢结构用扭剪型高强度螺栓连接副》GB/T 3632的规定。

3.2.3 承压型连接的强度设计值应按表3.2.3采用。

表3.2.3 承压型高强度螺栓连接的强度设计值（N/mm^2）

螺栓的性能等级、构件钢材的牌号和连接类型			抗拉强度 f_t^b	抗剪强度 f_v^b	承压强度 f_c^b
承压型连接	高强度螺栓连接副	8.8s	400	250	—
		10.9s	500	310	—
	连接处构件	Q235	—	—	470
		Q345	—	—	590
		Q390	—	—	615
		Q420	—	—	655

3.2.4 高强度螺栓连接摩擦面抗滑移系数 μ 的取值应符合表 3.2.4-1 和表 3.2.4-2 中的规定。

表 3.2.4-1 钢材摩擦面的抗滑移系数 μ

连接处构件接触面的处理方法		构件的钢号			
		Q235	Q345	Q390	Q420
普通钢结构	喷砂（丸）	0.45	0.50		0.50
	喷砂（丸）后生赤锈	0.45	0.50		0.50
	钢丝刷清除浮锈或未经处理的干净轧制表面	0.30	0.35		0.40
冷弯薄壁型钢结构	喷砂（丸）	0.40	0.45	—	—
	热轧钢材轧制表面清除浮锈	0.30	0.35	—	—
	冷轧钢材轧制表面清除浮锈	0.25	—	—	—

注：1 钢丝刷除锈方向应与受力方向垂直；
2 当连接构件采用不同钢号时，μ 应按相应的较低值取值；
3 采用其他方法处理时，其处理工艺及抗滑移系数值均应经试验确定。

表 3.2.4-2 涂层摩擦面的抗滑移系数 μ

涂层类型	钢材表面处理要求	涂层厚度（μm）	抗滑移系数
无机富锌漆	Sa2 $\frac{1}{2}$	60～80	0.40*
锌加底漆（ZINGA）			0.45
防滑防锈硅酸锌漆		80～120	0.45
聚氨酯富锌底漆或醇酸铁红底漆	Sa2 及以上	60～80	0.15

注：1 当设计要求使用其他涂层（热喷铝、镀锌等）时，其钢材表面处理要求、涂层厚度以及抗滑移系数均应经试验确定；
2 * 当连接板材为 Q235 钢时，对于无机富锌漆涂层抗滑移系数 μ 值取 0.35；
3 防滑防锈硅酸锌漆、锌加底漆（ZINGA）不应采用手工涂刷的施工方法。

3.2.5 每一个高强度螺栓的预拉力设计取值应按表 3.2.5 采用。

表 3.2.5 一个高强度螺栓的预拉力 P（kN）

螺栓的性能等级	螺栓规格						
	M12	M16	M20	M22	M24	M27	M30
8.8s	45	80	125	150	175	230	280
10.9s	55	100	155	190	225	290	355

3.2.6 高强度螺栓连接的极限承载力取值应符合现行国家标准《建筑抗震设计规范》GB 50011 有关规定。

4 连接设计

4.1 摩擦型连接

4.1.1 摩擦型连接中，每个高强度螺栓的受剪承载力设计值应按下式计算：

$$N_v^b = k_1 k_2 n_f \mu P \quad (4.1.1)$$

式中：k_1——系数，对冷弯薄壁型钢结构（板厚 $t \leqslant$ 6mm）取 0.8；其他情况取 0.9；

k_2——孔型系数，标准孔取 1.0；大圆孔取 0.85；荷载与槽孔长方向垂直时取 0.7；荷载与槽孔长方向平行时取 0.6；

n_f——传力摩擦面数目；

μ——摩擦面的抗滑移系数，按本规程表 3.2.4-1 和 3.2.4-2 采用；

P——每个高强度螺栓的预拉力（kN），按本规程表 3.2.5 采用；

N_v^b——单个高强度螺栓的受剪承载力设计值（kN）。

4.1.2 在螺栓杆轴方向受拉的连接中，每个高强度螺栓的受拉承载力设计值应按下式计算：

$$N_t^b = 0.8P \quad (4.1.2)$$

式中：N_t^b——单个高强度螺栓的受拉承载力设计值（kN）。

4.1.3 高强度螺栓连接同时承受剪力和螺栓杆轴方向的外拉力时，其承载力应按下式计算：

$$\frac{N_v}{N_v^b} + \frac{N_t}{N_t^b} \leqslant 1 \quad (4.1.3)$$

式中：N_v——某个高强度螺栓所承受的剪力（kN）；

N_t——某个高强度螺栓所承受的拉力（kN）。

4.1.4 轴心受力构件在摩擦型高强度螺栓连接处的强度应按下列公式计算：

$$\sigma = \frac{N'}{A_n} \leqslant f \quad (4.1.4\text{-}1)$$

$$\sigma = \frac{N}{A} \leqslant f \quad (4.1.4\text{-}2)$$

式中：A——计算截面处构件毛截面面积（mm^2）；

A_n——计算截面处构件净截面面积（mm^2）；

f——钢材的抗拉、拉压和抗弯强度设计值（N/mm^2）；

N——轴心拉力或轴心压力（kN）；

N'——折算轴力（kN），$N' = \left(1 - 0.5\frac{n_1}{n}\right)N$；

n——在节点或拼接处，构件一端连接的高强度螺栓数；

n_1——计算截面（最外列螺栓处）上高强度螺栓数。

4.1.5 在构件节点或拼接接头的一端，当螺栓沿受力方向连接长度 l_1 大于 15 d_0 时，螺栓承载力设计值应乘以折减系数 $\left(1.1 - \frac{l_1}{150 d_0}\right)$。当 l_1 大于 60 d_0 时，折减系数为 0.7，d_0 为相应的标准孔孔径。

4.2 承压型连接

4.2.1 承压型高强度螺栓连接接触面应清除油污及

浮锈等，保持接触面清洁或按设计要求涂装。设计和施工时不应要求连接部位的摩擦面抗滑移系数值。

4.2.2 承压型连接的构造、选材、表面除锈处理以及施加预拉力等要求与摩擦型连接相同。

4.2.3 承压型连接承受螺栓杆轴方向的拉力时，每个高强度螺栓的受拉承载力设计值应按下式计算：

$$N_t^b = A_{eff} f_t^b \quad (4.2.3)$$

式中：A_{eff}——高强度螺栓螺纹处的有效截面面积（mm^2），按表4.2.3选取。

表4.2.3 螺栓在螺纹处的有效截面面积 A_{eff}（mm^2）

螺栓规格	M12	M16	M20	M22	M24	M27	M30
A_{eff}	84.3	157	245	303	353	459	561

4.2.4 在受剪承压型连接中，每个高强度螺栓的受剪承载力，应按下列公式计算，并取受剪和承压承载力设计值中的较小者。

受剪承载力设计值：

$$N_v^b = n_v \frac{\pi d^2}{4} f_v^b \quad (4.2.4\text{-}1)$$

承压承载力设计值：

$$N_c^b = d \sum t f_c^b \quad (4.2.4\text{-}2)$$

式中：n_v——螺栓受剪面数目；

d——螺栓公称直径（mm）；在式（4.2.4-1）中，当剪切面在螺纹处时，应按螺纹处的有效截面面积 A_{eff} 计算受剪承载力设计值；

$\sum t$——在不同受力方向中一个受力方向承压构件总厚度的较小值（mm）。

4.2.5 同时承受剪力和杆轴方向拉力的承压型连接的高强度螺栓，应分别符合下列公式要求：

$$\sqrt{\left(\frac{N_v}{N_v^b}\right)^2 + \left(\frac{N_t}{N_t^b}\right)^2} \leqslant 1 \quad (4.2.5\text{-}1)$$

$$N_v \leqslant N_c^b / 1.2 \quad (4.2.5\text{-}2)$$

4.2.6 轴心受力构件在承压型高强度螺栓连接处的强度应按本规程第4.1.4条规定计算。

4.2.7 在构件的节点或拼接接头的一端，当螺栓沿受力方向连接长度 l_1 大于 $15d_0$ 时，螺栓承载力设计值应按本规程第4.1.5条规定乘以折减系数。

4.2.8 抗剪承压型连接正常使用极限状态下的设计计算应按照本规程第4.1节有关规定进行。

4.3 连接构造

4.3.1 每一杆件在高强度螺栓连接节点及拼接接头的一端，其连接的高强度螺栓数量不应少于2个。

4.3.2 当型钢构件的拼接采用高强度螺栓时，其拼接件宜采用钢板；当连接处型钢斜面斜度大于1/20时，应在斜面上采用斜垫板。

4.3.3 高强度螺栓连接的构造应符合下列规定：

1 高强度螺栓孔径应按表4.3.3-1匹配，承压型连接螺栓孔径不应大于螺栓公称直径2mm。

2 不得在同一个连接摩擦面的盖板和芯板同时采用扩大孔型（大圆孔、槽孔）。

表4.3.3-1 高强度螺栓连接的孔径匹配（mm）

螺栓公称直径				M12	M16	M20	M22	M24	M27	M30
孔型	标准圆孔	直径		13.5	17.5	22	24	26	30	33
	大圆孔	直径		16	20	24	28	30	35	38
	槽孔	长度	短向	13.5	17.5	22	24	26	30	33
			长向	22	30	37	40	45	50	55

3 当盖板按大圆孔、槽孔制孔时，应增大垫圈厚度或采用孔径与标准垫圈相同的连续型垫板。垫圈或连续垫板厚度应符合下列规定：

1）M24及以下规格的高强度螺栓连接副，垫圈或连续垫板厚度不宜小于8mm；

2）M24以上规格的高强度螺栓连接副，垫圈或连续垫板厚度不宜小于10mm；

3）冷弯薄壁型钢结构的垫圈或连续垫板厚度不宜小于连接板（芯板）厚度。

4 高强度螺栓孔距和边距的容许间距应按表4.3.3-2的规定采用。

表4.3.3-2 高强度螺栓孔距和边距的容许间距

名 称	位置和方向			最大容许间距（两者较小值）	最小容许间距
中心间距	外排（垂直内力方向或顺内力方向）			$8d_0$ 或 $12t$	$3d_0$
	中间排	垂直内力方向		$16d_0$ 或 $24t$	
		顺内力方向	构件受压力	$12d_0$ 或 $18t$	
			构件受拉力	$16d_0$ 或 $24t$	
	沿对角线方向			—	
中心至构件边缘距离	顺力方向			$4d_0$ 或 $8t$	$2d_0$
	切割边或自动手工气割边				$1.5d_0$
	轧制边、自动气割边或锯割边				

注：1 d_0 为高强度螺栓连接板的孔径，对槽孔为短向尺寸；t 为外层较薄板件的厚度；

2 钢板边缘与刚性构件（如角钢、槽钢等）相连的高强度螺栓的最大间距，可按中间排的数值采用。

4.3.4 设计布置螺栓时，应考虑工地专用施工工具的可操作空间要求。常用扳手可操作空间尺寸宜符合表4.3.4的要求。

表 4.3.4　施工扳手可操作空间尺寸

扳手种类		参考尺寸（mm）		示 意 图
		a	b	
手动定扭矩扳手		1.5d_0 且不小于 45	140＋c	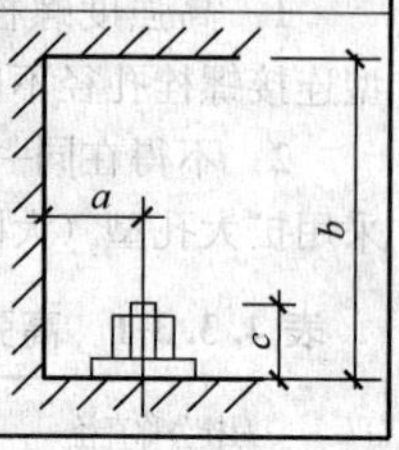
扭剪型电动扳手		65	530＋c	
大六角电动扳手	M24 及以下	50	450＋c	
	M24 以上	60	500＋c	

5　连接接头设计

5.1　螺栓拼接接头

5.1.1　高强度螺栓全栓拼接接头适用于构件的现场全截面拼接，其连接形式应采用摩擦型连接。拼接接头宜按等强原则设计，也可根据使用要求按接头处最大内力设计。当构件按地震组合内力进行设计计算并控制截面选择时，尚应按现行国家标准《建筑抗震设计规范》GB 50011 进行接头极限承载力的验算。

5.1.2　H 型钢梁截面螺栓拼接接头（图 5.1.2）的计算原则应符合下列规定：

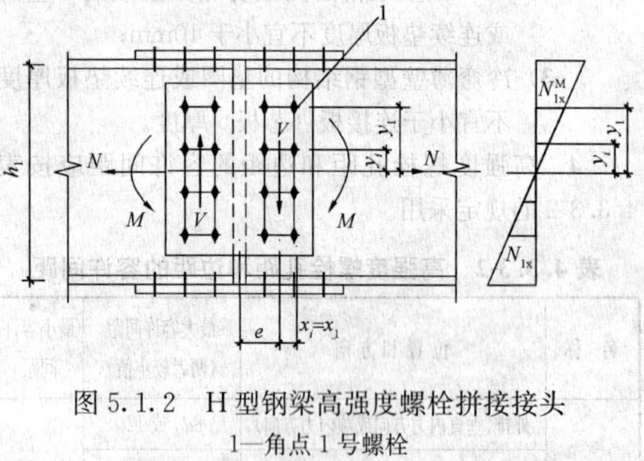

1
N
M
V
h_1
y_1
N_{1x}^{M}
e
$x_i=x_1$

图 5.1.2　H 型钢梁高强度螺栓拼接接头
1—角点 1 号螺栓

1　翼缘拼接板及拼接缝每侧的高强度螺栓，应能承受按翼缘净截面面积计算的翼缘受拉承载力；

2　腹板拼接板及拼接缝每侧的高强度螺栓，应能承受拼接截面的全部剪力及按刚度分配到腹板上的弯矩；同时拼接处拼材与螺栓的受剪承载力不应小于构件截面受剪承载力的 50%；

3　高强度螺栓在弯矩作用下的内力分布应符合平截面假定，即腹板角点上的螺栓水平剪力值与翼缘螺栓水平剪力值成线性关系；

4　按等强原则计算腹板拼接时，应按与腹板净截面承载力等强计算；

5　当翼缘采用单侧拼接板或双侧拼接板中夹有垫板拼接时，螺栓的数量应按计算增加 10%。

5.1.3　在 H 型钢梁截面螺栓拼接接头中的翼缘螺栓计算应符合下列规定：

1　拼接处需由螺栓传递翼缘轴力 N_f 的计算，应符合下列规定：

1）按等强拼接原则设计时，应按下列公式计算，并取二者中的较大者：

$$N_f = A_{nf} f\left(1 - 0.5\frac{n_1}{n}\right) \tag{5.1.3-1}$$

$$N_f = A_f f \tag{5.1.3-2}$$

式中：A_{nf}——一个翼缘的净截面面积（mm^2）；

A_f——一个翼缘的毛截面面积（mm^2）；

n_1——拼接处构件一端翼缘高强度螺栓中最外列螺栓数目。

2）按最大内力法设计时，可按下式计算取值：

$$N_f = \frac{M_1}{h_1} + N_1\frac{A_f}{A} \tag{5.1.3-3}$$

式中：h_1——拼接截面处，H 型钢上下翼缘中心间距离（mm）；

M_1——拼接截面处作用的最大弯矩（kN·m）；

N_1——拼接截面处作用的最大弯矩相应的轴力（kN）。

2　H 型钢翼缘拼接缝一侧所需的螺栓数量 n 应符合下式要求：

$$n \geqslant N_f / N_v^b \tag{5.1.3-4}$$

式中：N_f——拼接处需由螺栓传递的上、下翼缘轴向力（kN）。

5.1.4　在 H 型钢梁截面螺栓拼接接头中的腹板螺栓计算应符合下列规定：

1　H 型钢腹板拼接缝一侧的螺栓群角点栓 1（图 5.1.2）在腹板弯矩作用下所承受的水平剪力 N_{1x}^{M} 和竖向剪力 N_{1y}^{M}，应按下列公式计算：

$$N_{1x}^{M} = \frac{(MI_{wx}/I_x + Ve)y_1}{\sum(x_i^2 + y_i^2)} \tag{5.1.4-1}$$

$$N_{1y}^{M} = \frac{(MI_{wx}/I_x + Ve)x_1}{\sum(x_i^2 + y_i^2)} \tag{5.1.4-2}$$

式中：e——偏心距（mm）；

I_{wx}——梁腹板的惯性矩（mm^4），对轧制 H 型钢，腹板计算高度取至弧角的上下边缘点；

I_x——梁全截面的惯性矩（mm^4）；

M——拼接截面的弯矩（kN·m）；

V——拼接截面的剪力（kN）；

N_{1x}^{M}——在腹板弯矩作用下，角点栓 1 所承受的水平剪力(kN)；

N_{1y}^{M}——在腹板弯矩作用下，角点栓 1 所承受的竖向剪力（kN）；

x_i——所计算螺栓至栓群中心的横标距（mm）；

y_i——所计算螺栓至栓群中心的纵标距（mm）。

2　H 型钢腹板拼接缝一侧的螺栓群角点栓 1（图 5.1.2）在腹板轴力作用下所承受的水平剪力 N_{1x}^{N} 和竖向剪力 N_{1y}^{V}，应按下列公式计算：

$$N_{1x}^{N}=\frac{N}{n_w}\frac{A_w}{A} \quad (5.1.4\text{-}3)$$

$$N_{1y}^{V}=\frac{V}{n_w} \quad (5.1.4\text{-}4)$$

式中：A_w——梁腹板截面面积（mm^2）；

N_{1x}^{N}——在腹板轴力作用下，角点栓 1 所承受的同号水平剪力（kN）；

N_{1y}^{V}——在剪力作用下每个高强度螺栓所承受的竖向剪力(kN)；

n_w——拼接缝一侧腹板螺栓的总数。

3 在拼接截面处弯矩 M 与剪力偏心弯矩 Ve、剪力 V 和轴力 N 作用下，角点 1 处螺栓所受的剪力 N_v 应满足下式的要求：

$$N_v=\sqrt{(N_{1x}^{M}+N_{1x}^{N})^2+(N_{1y}^{M}+N_{1y}^{N})^2}\leqslant N_v^b \quad (5.1.4\text{-}5)$$

5.1.5 螺栓拼接接头的构造应符合下列规定：

1 拼接板材质应与母材相同；

2 同一类拼接节点中高强度螺栓连接副性能等级及规格应相同；

3 型钢翼缘斜面斜度大于 1/20 处应加斜垫板；

4 翼缘拼接板宜双面设置；腹板拼接板宜在腹板两侧对称配置。

5.2 受拉连接接头

5.2.1 沿螺栓杆轴方向受拉连接接头（图 5.2.1），由 T 形受拉件与高强度螺栓连接承受并传递拉力，适用于吊挂 T 形件连接节点或梁柱 T 形件连接节点。

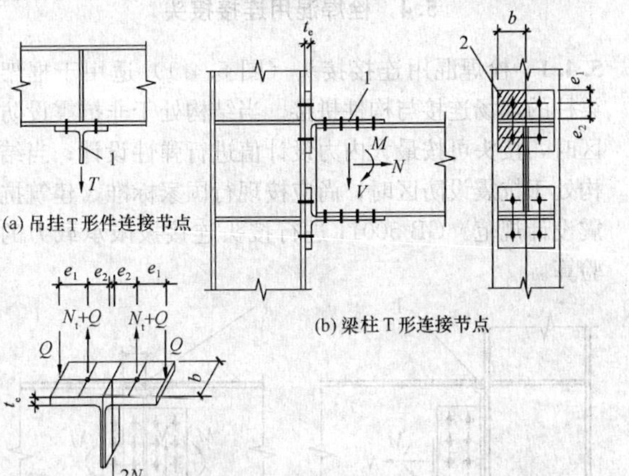

1
T
(a) 吊挂T形件连接节点
t_e
1
M
N
V
(b) 梁柱T形连接节点
2
b
e_1
e_2
e_1 e_2 e_2 e_1
N_t+Q
N_t+Q
Q
Q
b
t_e
$2N_t$
(c) T形件受拉件受力简图

图 5.2.1 T 形受拉件连接接头

1—T 形受拉件；2—计算单元

5.2.2 T 形件受拉连接接头的构造应符合下列规定：

1 T 形受拉件的翼缘厚度不宜小于 16mm，且不宜小于连接螺栓的直径；

2 有预拉力的高强度螺栓受拉连接接头中，高强度螺栓预拉力及其施工要求应与摩擦型连接相同；

3 螺栓应紧凑布置，其间距除应符合本规程第 4.3.3 条规定外，尚应满足 $e_1\leqslant 1.25e_2$ 的要求；

4 T 形受拉件宜选用热轧剖分 T 型钢。

5.2.3 计算不考虑撬力作用时，T 形受拉连接接头应按下列规定计算确定 T 形件翼缘板厚度与连接螺栓。

1 T 形件翼缘板的最小厚度 t_{ec} 按下式计算：

$$t_{ec}=\sqrt{\frac{4e_2N_t^b}{bf}} \quad (5.2.3\text{-}1)$$

式中：b——按一排螺栓覆盖的翼缘板（端板）计算宽度（mm）；

e_1——螺栓中心到 T 形件翼缘边缘的距离（mm）；

e_2——螺栓中心到 T 形件腹板边缘的距离（mm）。

2 一个受拉高强度螺栓的受拉承载力应满足下式要求：

$$N_t\leqslant N_t^b \quad (5.2.3\text{-}2)$$

式中：N_t——一个高强度螺栓的轴向拉力（kN）。

5.2.4 计算考虑撬力作用时，T 形受拉连接接头应按下列规定计算确定 T 形件翼缘板厚度、撬力与连接螺栓。

1 当 T 形件翼缘厚度小于 t_{ec} 时应考虑撬力作用影响，受拉 T 形件翼缘板厚度 t_e 按下式计算：

$$t_e\geqslant\sqrt{\frac{4e_2N_t}{\psi bf}} \quad (5.2.4\text{-}1)$$

式中：ψ——撬力影响系数，$\psi=1+\delta\alpha'$；

δ——翼缘板截面系数，$\delta=1-\frac{d_0}{b}$；

α'——系数，当 $\beta\geqslant1.0$ 时，α' 取 1.0；当 $\beta<1.0$ 时，$\alpha'=\frac{1}{\delta}\left(\frac{\beta}{1-\beta}\right)$，且满足 $\alpha'\leqslant1.0$；

β——系数，$\beta=\frac{1}{\rho}\left(\frac{N_t^b}{N_t}-1\right)$；

ρ——系数，$\rho=\frac{e_2}{e_1}$。

2 撬力 Q 按下式计算：

$$Q=N_t^b\left[\delta\alpha\rho\left(\frac{t_e}{t_{ec}}\right)^2\right] \quad (5.2.4\text{-}2)$$

式中：α——系数，$\alpha=\frac{1}{\delta}\left[\frac{N_t}{N_t^b}\left(\frac{t_{ec}}{t_e}\right)^2-1\right]\geqslant0$。

3 考虑撬力影响时，高强度螺栓的受拉承载力应按下列规定计算：

1）按承载能力极限状态设计时应满足下式要求：

$$N_t+Q\leqslant1.25N_t^b \quad (5.2.4\text{-}3)$$

2）按正常使用极限状态设计时应满足下式要求：

$$N_t+Q\leqslant N_t^b \quad (5.2.4\text{-}4)$$

5.3 外伸式端板连接接头

5.3.1 外伸式端板连接为梁或柱端头焊以外伸端板，

再以高强度螺栓连接组成的接头（图 5.3.1）。接头可同时承受轴力、弯矩与剪力，适用于钢结构框架（刚架）梁柱连接节点。

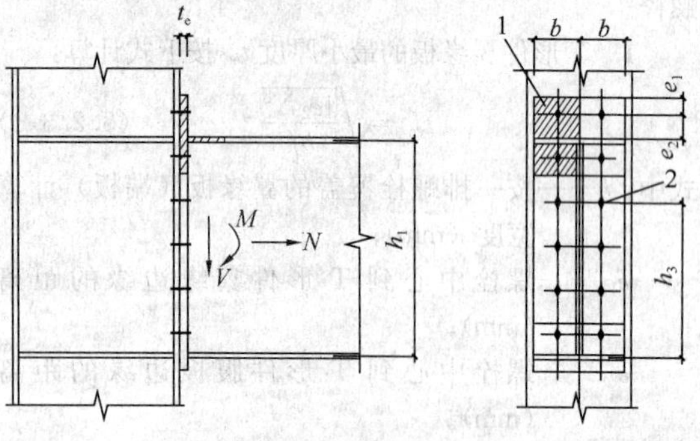

t_e
M
N
V
h_1
1
b
b
e_1
e_2
2
h_3

图 5.3.1　外伸式端板连接接头

1—受拉 T 形件；2—第三排螺栓

5.3.2　外伸式端板连接接头的构造应符合下列规定：

1　端板连接宜采用摩擦型高强度螺栓连接；

2　端板的厚度不宜小于 16mm，且不宜小于连接螺栓的直径；

3　连接螺栓至板件边缘的距离在满足螺栓施拧条件下应采用最小间距紧凑布置；端板螺栓竖向最大间距不应大于 400mm；螺栓布置与间距除应符合本规程第 4.3.3 条规定外，尚应满足 $e_1 \leqslant 1.25e_2$ 的要求；

4　端板直接与柱翼缘连接时，相连部位的柱翼缘板厚度不应小于端板厚度；

5　端板外伸部位宜设加劲肋；

6　梁端与端板的焊接宜采用熔透焊缝。

5.3.3　计算不考虑撬力作用时，应按下列规定计算确定端板厚度与连接螺栓。计算时接头在受拉螺栓部位按 T 形件单元（图 5.3.1 阴影部分）计算。

1　端板厚度应按本规程公式（5.2.3-1）计算。

2　受拉螺栓按 T 形件（图 5.3.1 阴影部分）对称于受拉翼缘的两排螺栓均匀受拉计算，每个螺栓的最大拉力 N_t 应符合下式要求：

$$N_t = \frac{M}{n_2 h_1} + \frac{N}{n} \leqslant N_t^b \qquad (5.3.3\text{-}1)$$

式中：M——端板连接处的弯矩；

N——端板连接处的轴拉力，轴力沿螺栓轴向为压力时不考虑（$N=0$）；

n_2——对称布置于受拉翼缘侧的两排螺栓的总数（如图 5.3.1 中 $n_2=4$）；

h_1——梁上、下翼缘中心间的距离。

3　当两排受拉螺栓承载力不能满足公式（5.3.3-1）要求时，可计入布置于受拉区的第三排螺栓共同工作，此时最大受拉螺栓的拉力 N_t 应符合下式要求：

$$N_t = \frac{M}{h_1\left[n_2 + n_3\left(\frac{h_3}{h_1}\right)^2\right]} + \frac{N}{n} \leqslant N_t^b \qquad (5.3.3\text{-}2)$$

式中：n_3——第三排受拉螺栓的数量（如图 5.3.1 中 $n_3=2$）；

h_3——第三排螺栓中心至受压翼缘中心的距离（mm）。

4　除抗拉螺栓外，端板上其余螺栓按承受全部剪力计算，每个螺栓承受的剪力应符合下式要求：

$$N_v = \frac{V}{n_v} \leqslant N_v^b \qquad (5.3.3\text{-}3)$$

式中：n_v——抗剪螺栓总数。

5.3.4　计算考虑撬力作用时，应按下列规定计算确定端板厚度、撬力与连接螺栓。计算时接头在受拉螺栓部位按 T 形件单元（图 5.3.1 阴影部分）计算。

1　端板厚度应按本规程式（5.2.4-1）计算；

2　作用于端板的撬力 Q 应按本规程式（5.2.4-2）计算；

3　受拉螺栓按对称于梁受拉翼缘的两排螺栓均匀受拉承担全部拉力计算，每个螺栓的最大拉力应符合下式要求：

$$\frac{M}{n_t h_1} + \frac{N}{n} + Q \leqslant 1.25N_t^b \qquad (5.3.4)$$

当轴力沿螺栓轴向为压力时，取 $N=0$。

4　除抗拉螺栓外，端板上其余螺栓可按承受全部剪力计算，每个螺栓承受的剪力应符合式（5.3.3-3）的要求。

5.4　栓焊混用连接接头

5.4.1　栓焊混用连接接头（图 5.4.1）适用于框架梁柱的现场连接与构件拼接。当结构处于非抗震设防区时，接头可按最大内力设计值进行弹性设计；当结构处于抗震设防区时，尚应按现行国家标准《建筑抗震设计规范》GB 50011 进行接头连接极限承载力的验算。

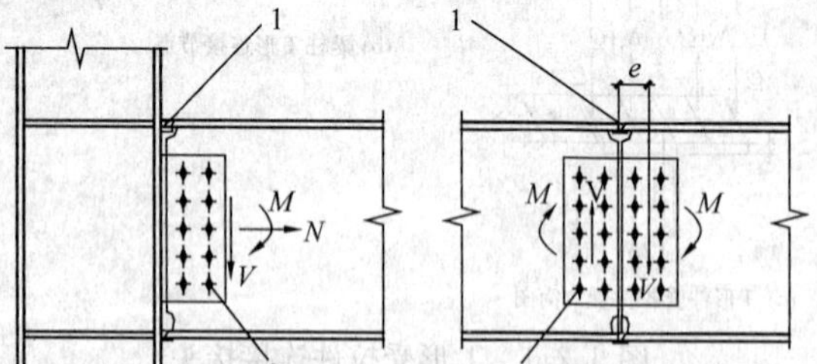

1
M
N
V
2
1
e
M
M
V
2

(a) 梁柱栓焊节点　　(b) 梁栓焊拼接接头

图 5.4.1　栓焊混用连接接头

1—梁翼缘熔透焊；2—梁腹板高强度螺栓连接

5.4.2　梁、柱、支撑等构件的栓焊混用连接接头中，腹板连（拼）接的高强度螺栓的计算及构造，应符合本规程第 5.1 节以及下列规定：

1　按等强方法计算拼接接头时，腹板净截面宜考虑锁口孔的折减影响；

2　施工顺序宜在高强度螺栓初拧后进行翼缘的焊接，然后再进行高强度螺栓终拧；

3　当采用先终拧螺栓再进行翼缘焊接的施工工序时，腹板拼接高强度螺栓宜采取补拧措施或增加螺栓数量10%。

5.4.3　处于抗震设防区且由地震作用组合控制截面设计的框架梁柱栓焊混用接头，当梁翼缘的塑性截面模量小于梁全截面塑性截面模量的70%时，梁腹板与柱的连接螺栓不得少于2列，且螺栓总数不得小于计算值的1.5倍。

5.5　栓焊并用连接接头

5.5.1　栓焊并用连接接头（图5.5.1）宜用于改造、加固的工程。其连接构造应符合下列规定：

1　平行于受力方向的侧焊缝端部起弧点距板边不应小于 h_f，且与最外端的螺栓距离应不小于 $1.5d_0$；同时侧焊缝末端应连续绕角焊不小于 $2h_f$ 长度；

2　栓焊并用连接的连接板边缘与焊件边缘距离不应小于30mm。

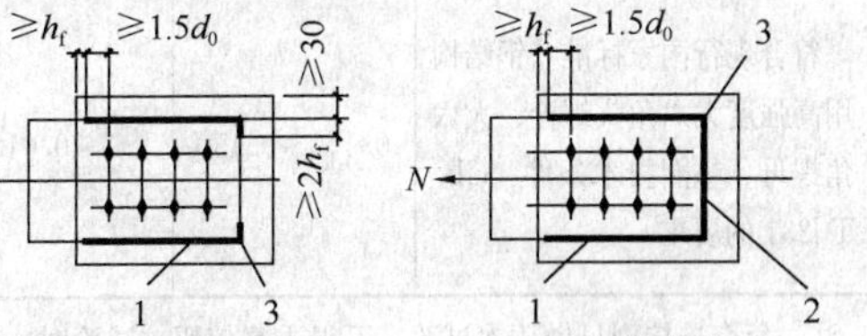

≥h_f
≥1.5d_0
≥30
≥2h_f
N
1
3
≥h_f
≥1.5d_0
3
N
1
2

(a) 高强度螺栓与侧焊缝并用　(b) 高强度螺栓与侧焊缝及端焊缝并用

图5.5.1　栓焊并用连接接头

1—侧焊缝；2—端焊缝；3—连续绕焊

5.5.2　栓焊并用连接的施工顺序应先高强度螺栓紧固，后实施焊接。焊缝形式应为贴角焊缝。高强度螺栓直径和焊缝尺寸应按栓、焊各自受剪承载力设计值相差不超过3倍的要求进行匹配。

5.5.3　栓焊并用连接的受剪承载力应分别按下列公式计算：

1　高强度螺栓与侧焊缝并用连接

$$N_{wb} = N_{fs} + 0.75N_{bv} \quad (5.5.3\text{-}1)$$

式中：N_{bv} ——连接接头中摩擦型高强度螺栓连接受剪承载力设计值（kN）；

N_{fs} ——连接接头中侧焊缝受剪承载力设计值（kN）；

N_{wb} ——连接接头的栓焊并用连接受剪承载力设计值（kN）。

2　高强度螺栓与侧焊缝及端焊缝并用连接

$$N_{wb} = 0.85N_{fs} + N_{fe} + 0.25N_{bv} \quad (5.5.3\text{-}2)$$

式中：N_{fe} ——连接接头中端焊缝受剪承载力设计值（kN）。

5.5.4　在既有摩擦型高强度螺栓连接接头上新增角焊缝进行加固补强时，其栓焊并用连接设计应符合下列规定：

1　摩擦型高强度螺栓连接和角焊缝焊接连接应分别承担加固焊接补强前的荷载和加固焊接补强后所增加的荷载；

2　当加固前进行结构卸载或加固焊接补强前的荷载小于摩擦型高强度螺栓连接承载力设计值25%时，可按本规程第5.5.3条进行连接设计。

5.5.5　当栓焊并用连接采用先栓后焊的施工工序时，应在焊接24h后对离焊缝100mm范围内的高强度螺栓补拧，补拧扭矩应为施工终拧扭矩值。

5.5.6　摩擦型高强度螺栓连接不宜与垂直受力方向的贴角焊缝（端焊缝）单独并用连接。

6　施　　工

6.1　储运和保管

6.1.1　大六角头高强度螺栓连接副由一个螺栓、一个螺母和两个垫圈组成，使用组合应按表6.1.1规定。扭剪型高强度连接副由一个螺栓、一个螺母和一个垫圈组成。

表6.1.1　大六角头高强度螺栓连接副组合

螺　栓	螺　母	垫　圈
10.9s	10H	（35～45）HRC
8.8s	8H	（35～45）HRC

6.1.2　高强度螺栓连接副应按批配套进场，并附有出厂质量保证书。高强度螺栓连接副应在同批内配套使用。

6.1.3　高强度螺栓连接副在运输、保管过程中，应轻装、轻卸，防止损伤螺纹。

6.1.4　高强度螺栓连接副应按包装箱上注明的批号、规格分类保管，室内存放，堆放应有防止生锈、潮湿及沾染脏物等措施。高强度螺栓连接副在安装使用前严禁随意开箱。

6.1.5　高强度螺栓连接副的保管时间不应超过6个月。当保管时间超过6个月后使用时，必须按要求重新进行扭矩系数或紧固轴力试验，检验合格后，方可使用。

6.2　连接构件的制作

6.2.1　高强度螺栓连接构件的栓孔孔径应符合设计要求。高强度螺栓连接构件制孔允许偏差应符合表6.2.1的规定。

表 6.2.1　高强度螺栓连接构件制孔允许偏差（mm）

公称直径				M12	M16	M20	M22	M24	M27	M30
孔型	标准圆孔	直径		13.5	17.5	22.0	24.0	26.0	30.0	33.0
		允许偏差		+0.43 0	+0.43 0	+0.52 0	+0.52 0	+0.52 0	+0.84 0	+0.84 0
		圆度		1.00		1.50				
	大圆孔	直径		16.0	20.0	24.0	28.0	30.0	35.0	38.0
		允许偏差		+0.43 0	+0.43 0	+0.52 0	+0.52 0	+0.52 0	+0.84 0	+0.84 0
		圆度		1.00		1.50				
	槽孔	长度	短向	13.5	17.5	22.0	24.0	26.0	30.0	33.0
			长向	22.0	30.0	37.0	40.0	45.0	50.0	55.0
		允许偏差	短向	+0.43 0	+0.43 0	+0.52 0	+0.52 0	+0.52 0	+0.84 0	+0.84 0
			长向	+0.84 0	+0.84 0	+1.00 0	+1.00 0	+1.00 0	+1.00 0	+1.00 0
中心线倾斜度				应为板厚的3%，且单层板应为2.0mm，多层板叠组合应为3.0mm						

6.2.2　高强度螺栓连接构件的栓孔孔距允许偏差应符合表6.2.2的规定。

表 6.2.2　高强度螺栓连接构件孔距允许偏差（mm）

孔距范围	<500	501～1200	1201～3000	>3000
同一组内任意两孔间	±1.0	±1.5	—	—
相邻两组的端孔间	±1.5	±2.0	±2.5	±3.0

注：孔的分组规定：

1　在节点中连接板与一根杆件相连的所有螺栓孔为一组；

2　对接接头在拼接板一侧的螺栓孔为一组；

3　在两相邻节点或接头间的螺栓孔为一组，但不包括上述1、2两款所规定的孔；

4　受弯构件翼缘上的孔，每米长度范围内的螺栓孔为一组。

6.2.3　主要构件连接和直接承受动力荷载重复作用且需要进行疲劳计算的构件，其连接高强度螺栓孔应采用钻孔成型。次要构件连接且板厚小于或等于12mm时可采用冲孔成型，孔边应无飞边、毛刺。

6.2.4　采用标准圆孔连接处板迭上所有螺栓孔，均应采用量规检查，其通过率应符合下列规定：

1　用比孔的公称直径小1.0mm的量规检查，每组至少应通过85%；

2　用比螺栓公称直径大(0.2～0.3)mm的量规检查(M22及以下规格为大0.2mm，M24～M30规格为大0.3mm)，应全部通过。

6.2.5　按本规程第6.2.4条检查时，凡量规不能通过的孔，必须经施工图编制单位同意后，方可扩钻或补焊后重新钻孔。扩钻后的孔径不应超过1.2倍螺栓直径。补焊时，应用与母材相匹配的焊条补焊，严禁用钢块、钢筋、焊条等填塞。每组孔中经补焊重新钻孔的数量不得超过该组螺栓数量的20%。处理后的孔应作出记录。

6.2.6　高强度螺栓连接处的钢板表面处理方法及除锈等级应符合设计要求。连接处钢板表面应平整、无焊接飞溅、无毛刺、无油污。经处理后的摩擦型高强度螺栓连接的摩擦面抗滑移系数应符合设计要求。

6.2.7　经处理后的高强度螺栓连接处摩擦面应采取保护措施，防止沾染脏物和油污。严禁在高强度螺栓连接处摩擦面上作标记。

6.3　高强度螺栓连接副和摩擦面抗滑移系数检验

6.3.1　高强度大六角头螺栓连接副应进行扭矩系数、螺栓楔负载、螺母保证载荷检验，其检验方法和结果应符合现行国家标准《钢结构用高强度大六角头螺栓、大六角螺母、垫圈技术条件》GB/T 1231规定。高强度大六角头螺栓连接副扭矩系数的平均值及标准偏差应符合表6.3.1的要求。

表 6.3.1　高强度大六角头螺栓连接副扭矩系数平均值及标准偏差值

连接副表面状态	扭矩系数平均值	扭矩系数标准偏差
符合现行国家标准《钢结构用高强度大六角头螺栓、大六角螺母、垫圈技术条件》GB/T l231的要求	0.110～0.150	≤0.0100

注：每套连接副只做一次试验，不得重复使用。试验时，垫圈发生转动，试验无效。

6.3.2　扭剪型高强度螺栓连接副应进行紧固轴力、螺栓楔负载、螺母保证载荷检验，检验方法和结果应符合现行国家标准《钢结构用扭剪型高强度螺栓连接副》GB/T 3632规定。扭剪型高强度螺栓连接副的紧固轴力平均值及标准偏差应符合表6.3.2的要求。

表 6.3.2　扭剪型高强度螺栓连接副紧固轴力平均值及标准偏差值

螺栓公称直径		M16	M20	M22	M24	M27	M30
紧固轴力值（kN）	最小值	100	155	190	225	290	355
	最大值	121	187	231	270	351	430
标准偏差（kN）		≤10.0	≤15.4	≤19.0	≤22.5	≤29.0	≤35.4

注：每套连接副只做一次试验，不得重复使用。试验时，垫圈发生转动，试验无效。

6.3.3　摩擦面的抗滑移系数（图6.3.3）应按下列规定进行检验：

1　抗滑移系数检验应以钢结构制作检验批为单位，由制作厂和安装单位分别进行，每一检验批三组；单项工程的构件摩擦面选用两种及两种以上表面处理工艺时，则每种表面处理工艺均需检验；

2 抗滑移系数检验用的试件由制作厂加工，试件与所代表的构件应为同一材质、同一摩擦面处理工艺、同批制作，使用同一性能等级的高强度螺栓连接副，并在相同条件下同批发运；

3 抗滑移系数试件宜采用图 6.3.3 所示形式（试件钢板厚度 $2t_2 \geqslant t_1$）；试件的设计应考虑摩擦面在滑移之前，试件钢板的净截面仍处于弹性状态；

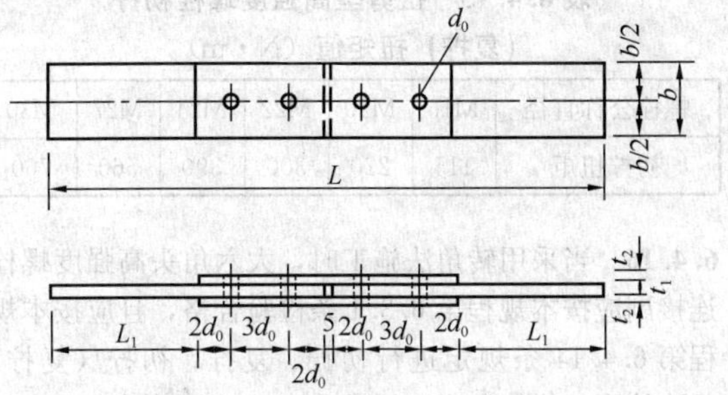
d_0
$b/2$
b
$b/2$
L
t_2
t_1
t_2
L_1
$2d_0$
$3d_0$
5
$2d_0$
$3d_0$
$2d_0$
L_1
$2d_0$

图 6.3.3　抗滑移系数试件

4 抗滑移系数应在拉力试验机上进行并测出其滑移荷载；试验时，试件的轴线应与试验机夹具中心严格对中；

5 抗滑移系数 μ 应按下式计算，抗滑移系数 μ 的计算结果应精确到小数点后 2 位。

$$\mu = \frac{N}{n_f \cdot \sum P_t} \qquad (6.3.3)$$

式中：N——滑移荷载；

n_f——传力摩擦面数目，$n_f=2$；

P_t——高强度螺栓预拉力实测值（误差小于或等于 2%），试验时控制在 $0.95P \sim 1.05P$ 范围内；

$\sum P_t$——与试件滑动荷载一侧对应的高强度螺栓预拉力之和。

6 抗滑移系数检验的最小值必须大于或等于设计规定值。当不符合上述规定时，构件摩擦面应重新处理。处理后的构件摩擦面应按本节规定重新检验。

6.4 安　　装

6.4.1 高强度螺栓长度 l 应保证在终拧后，螺栓外露丝扣为 2～3 扣。其长度应按下式计算：

$$l = l' + \Delta l \qquad (6.4.1)$$

式中：l'——连接板层总厚度（mm）；

Δl——附加长度（mm），$\Delta l = m + n_w s + 3p$；

m——高强度螺母公称厚度（mm）；

n_w——垫圈个数；扭剪型高强度螺栓为 1，大六角头高强度螺栓为 2；

s——高强度垫圈公称厚度（mm）；

p——螺纹的螺距（mm）。

当高强度螺栓公称直径确定之后，Δl 可按表 6.4.1 取值。但采用大圆孔或槽孔时，高强度垫圈公称厚度（s）应按实际厚度取值。根据式 6.4.1 计算出的螺栓长度按修约间隔 5mm 进行修约，修约后的长度为螺栓公称长度。

表 6.4.1　高强度螺栓附加长度 Δl（mm）

螺栓公称直径	M12	M16	M20	M22	M24	M27	M30
高强度螺母公称厚度	12.0	16.0	20.0	22.0	24.0	27.0	30.0
高强度垫圈公称厚度	3.00	4.00	4.00	5.00	5.00	5.00	5.00
螺纹的螺距	1.75	2.00	2.50	2.50	3.00	3.00	3.50
大六角头高强度螺栓附加长度	23.0	30.0	35.5	39.5	43.0	46.0	50.5
扭剪型高强度螺栓附加长度	—	26.0	31.5	34.5	38.0	41.0	45.5

6.4.2 高强度螺栓连接处摩擦面如采用喷砂（丸）后生赤锈处理方法时，安装前应以细钢丝刷除去摩擦面上的浮锈。

6.4.3 对因板厚公差、制造偏差或安装偏差等产生的接触面间隙，应按表 6.4.3 规定进行处理。

表 6.4.3　接触面间隙处理

项目	示意图	处　理　方　法
1	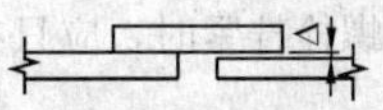	$\Delta < 1.0$mm 时不予处理
2	磨斜面	$\Delta = (1.0 \sim 3.0)$mm 时将厚板一侧磨成 1∶10 缓坡，使间隙小于 1.0mm
3	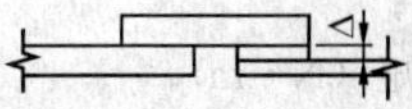	$\Delta > 3.0$mm 时加垫板，垫板厚度不小于 3mm，最多不超过 3 层，垫板材质和摩擦面处理方法应与构件相同

6.4.4 高强度螺栓连接安装时，在每个节点上应穿入的临时螺栓和冲钉数量，由安装时可能承担的荷载计算确定，并应符合下列规定：

1 不得少于节点螺栓总数的 1/3；

2 不得少于 2 个临时螺栓；

3 冲钉穿入数量不宜多于临时螺栓数量的 30%。

6.4.5 在安装过程中，不得使用螺纹损伤及沾染脏物的高强度螺栓连接副，不得用高强度螺栓兼作临时螺栓。

6.4.6 工地安装时，应按当天高强度螺栓连接副需要使用的数量领取。当天安装剩余的必须妥善保管，不得乱扔、乱放。

6.4.7 高强度螺栓的安装应在结构构件中心位置调

整后进行，其穿入方向应以施工方便为准，并力求一致。高强度螺栓连接副组装时，螺母带圆台面的一侧应朝向垫圈有倒角的一侧。对于大六角头高强度螺栓连接副组装时，螺栓头下垫圈有倒角的一侧应朝向螺栓头。

6.4.8 安装高强度螺栓时，严禁强行穿入。当不能自由穿入时，该孔应用铰刀进行修整，修整后孔的最大直径不应大于1.2倍螺栓直径，且修孔数量不应超过该节点螺栓数量的25%。修孔前应将四周螺栓全部拧紧，使板迭密贴后再进行铰孔。严禁气割扩孔。

6.4.9 按标准孔型设计的孔，修整后孔的最大直径超过1.2倍螺栓直径或修孔数量超过该节点螺栓数量的25%时，应经设计单位同意。扩孔后的孔型尺寸应作记录，并提交设计单位，按大圆孔、槽孔等扩大孔型进行折减后复核计算。

6.4.10 安装高强度螺栓时，构件的摩擦面应保持干燥，不得在雨中作业。

6.4.11 大六角头高强度螺栓施工所用的扭矩扳手，班前必须校正，其扭矩相对误差应为±5%，合格后方准使用。校正用的扭矩扳手，其扭矩相对误差应为±3%。

6.4.12 大六角头高强度螺栓拧紧时，应只在螺母上施加扭矩。

6.4.13 大六角头高强度螺栓的施工终拧扭矩可由下式计算确定：

$$T_c = kP_c d \tag{6.4.13}$$

式中：d ——高强度螺栓公称直径（mm）；

k ——高强度螺栓连接副的扭矩系数平均值，该值由第6.3.1条试验测得；

P_c ——高强度螺栓施工预拉力（kN），按表6.4.13取值；

T_c ——施工终拧扭矩（N·m）。

表6.4.13 高强度大六角头螺栓施工预拉力（kN）

螺栓性能等级	螺栓公称直径						
	M12	M16	M20	M22	M24	M27	M30
8.8s	50	90	140	165	195	255	310
10.9s	60	110	170	210	250	320	390

6.4.14 高强度大六角头螺栓连接副的拧紧应分为初拧、终拧。对于大型节点应分为初拧、复拧、终拧。初拧扭矩和复拧扭矩为终拧扭矩的50%左右。初拧或复拧后的高强度螺栓应用颜色在螺母上标记，按本规程第6.4.13条规定的终拧扭矩值进行终拧。终拧后的高强度螺栓应用另一种颜色在螺母上标记。高强度大六角头螺栓连接副的初拧、复拧、终拧宜在一天内完成。

6.4.15 扭剪型高强度螺栓连接副的拧紧应分为初拧、终拧。对于大型节点应分为初拧、复拧、终拧。初拧扭矩和复拧扭矩值为$0.065\times P_c\times d$，或按表6.4.15选用。初拧或复拧后的高强度螺栓应用颜色在螺母上标记，用专用扳手进行终拧，直至拧掉螺栓尾部梅花头。对于个别不能用专用扳手进行终拧的扭剪型高强度螺栓，应按本规程第6.4.13条规定的方法进行终拧（扭矩系数可取0.13）。扭剪型高强度螺栓连接副的初拧、复拧、终拧宜在一天内完成。

表6.4.15 扭剪型高强度螺栓初拧（复拧）扭矩值（N·m）

螺栓公称直径	M16	M20	M22	M24	M27	M30
初拧扭矩	115	220	300	390	560	760

6.4.16 当采用转角法施工时，大六角头高强度螺栓连接副应按本规程第6.3.1条检验合格，且应按本规程第6.4.14条规定进行初拧、复拧。初拧（复拧）后连接副的终拧角度应按表6.4.16规定执行。

表6.4.16 初拧（复拧）后大六角头高强度螺栓连接副的终拧转角

螺栓长度 L 范围	螺母转角	连接状态
$L\leqslant 4d$	1/3圈（120°）	连接形式为一层芯板加两层盖板
$4d<L\leqslant 8d$ 或200mm及以下	1/2圈（180°）	
$8d<L\leqslant 12d$ 或200mm以上	2/3圈（240°）	

注：1 螺母的转角为螺母与螺栓杆之间的相对转角；

2 当螺栓长度 L 超过螺栓公称直径 d 的12倍时，螺母的终拧角度应由试验确定。

6.4.17 高强度螺栓在初拧、复拧和终拧时，连接处的螺栓应按一定顺序施拧，确定施拧顺序的原则为由螺栓群中央顺序向外拧紧，和从接头刚度大的部位向约束小的方向拧紧（图6.4.17）。几种常见接头螺栓施拧顺序应符合下列规定：

1 一般接头应从接头中心顺序向两端进行（图6.4.17a）；

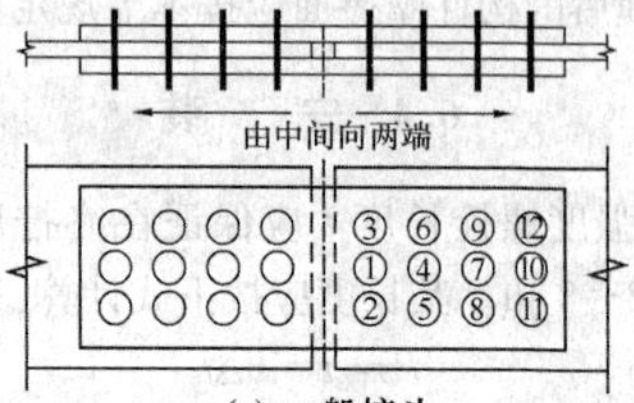
由中间向两端
③ ⑥ ⑨ ⑫
① ④ ⑦ ⑩
② ⑤ ⑧ ⑪

(a) 一般接头

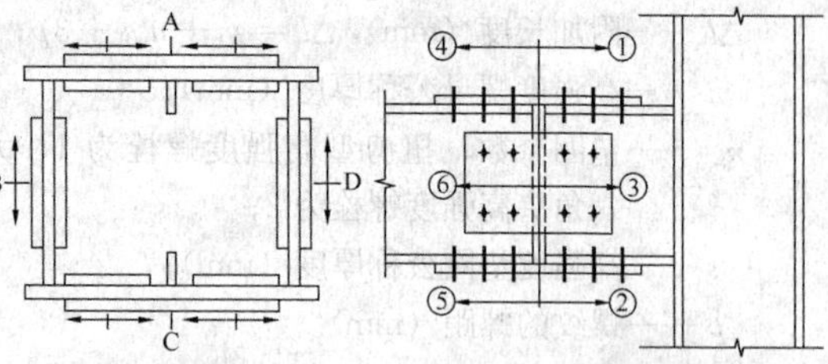
A
B
C
D
④ ①
⑥ ③
⑤ ②

(b) 箱形接头　(c) 工字梁接头

图6.4.17 常见螺栓连接接头施拧顺序

2 箱形接头应按 A、C、B、D 的顺序进行（图 6.4.17b）；

3 工字梁接头栓群应按①～⑥顺序进行（图 6.4.17c）；

4 工字形柱对接螺栓紧固顺序为先翼缘后腹板；

5 两个或多个接头栓群的拧紧顺序应先主要构件接头，后次要构件接头。

6.4.18 对于露天使用或接触腐蚀性气体的钢结构，在高强度螺栓拧紧检查验收合格后，连接处板缝应及时用腻子封闭。

6.4.19 经检查合格后的高强度螺栓连接处，防腐、防火应按设计要求涂装。

6.5 紧固质量检验

6.5.1 大六角头高强度螺栓连接施工紧固质量检查应符合下列规定：

1 扭矩法施工的检查方法应符合下列规定：

1）用小锤（约 0.3kg）敲击螺母对高强度螺栓进行普查，不得漏拧；

2）终拧扭矩应按节点数抽查 10%，且不应少于 10 个节点；对每个被抽查节点应按螺栓数抽查 10%，且不应少于 2 个螺栓；

3）检查时先在螺杆端面和螺母上画一直线，然后将螺母拧松约 60°；再用扭矩扳手重新拧紧，使两线重合，测得此时的扭矩应在 $0.9T_{ch}\sim 1.1T_{ch}$ 范围内。T_{ch} 应按下式计算：

$$T_{ch}=kPd \tag{6.5.1}$$

式中：P——高强度螺栓预拉力设计值（kN），按本规程表 3.2.5 取用；

T_{ch}——检查扭矩（N·m）。

4）如发现有不符合规定的，应再扩大 1 倍检查，如仍有不合格者，则整个节点的高强度螺栓应重新施拧；

5）扭矩检查宜在螺栓终拧 1h 以后、24h 之前完成；检查用的扭矩扳手，其相对误差应为±3%。

2 转角法施工的检查方法应符合下列规定：

1）普查初拧后在螺母与相对位置所画的终拧起始线和终止线所夹的角度应达到规定值；

2）终拧转角应按节点数抽查 10%，且不应少于 10 个节点；对每个被抽查节点按螺栓数抽查 10%，且不应少于 2 个螺栓；

3）在螺杆端面和螺母相对位置画线，然后全部卸松螺母，再按规定的初拧扭矩和终拧角度重新拧紧螺栓，测量终止线与原终止线画线间的角度，应符合本规程表 6.4.16 要求，误差在±30°者为合格；

4）如发现有不符合规定的，应再扩大 1 倍检查，如仍有不合格者，则整个节点的高强度螺栓应重新施拧；

5）转角检查宜在螺栓终拧 1h 以后、24h 之前完成。

6.5.2 扭剪型高强度螺栓终拧检查，以目测尾部梅花头拧断为合格。对于不能用专用扳手拧紧的扭剪型高强度螺栓，应按本规程第 6.5.1 条的规定进行终拧紧固质量检查。

7 施工质量验收

7.1 一 般 规 定

7.1.1 高强度螺栓连接分项工程验收应按现行国家标准《钢结构工程施工质量验收规范》GB 50205 和本规程的规定执行。

7.1.2 高强度螺栓连接分项工程检验批合格质量标准应符合下列规定：

1 主控项目必须符合现行国家标准《钢结构工程施工质量验收规范》GB 50205 中合格质量标准的要求；

2 一般项目其检验结果应有 80%及以上的检查点（值）符合现行国家标准《钢结构工程施工质量验收规范》GB 50205 中合格质量标准的要求，且允许偏差项目中最大超偏差值不应超过其允许偏差限值的 1.2 倍；

3 质量检查记录、质量证明文件等资料应完整。

7.1.3 当高强度螺栓连接分项工程施工质量不符合现行国家标准《钢结构工程施工质量验收规范》GB 50205 和本规程的要求时，应按下列规定进行处理：

1 返工或更换高强度螺栓连接副的检验批，应重新进行验收；

2 经有资质的检测单位检测鉴定能够达到设计要求的检验批，应予以验收；

3 经有资质的检测单位检测鉴定达不到设计要求，但经原设计单位核算认可能够满足结构安全的检验批，可予以验收；

4 经返修或加固处理的检验批，如满足安全使用要求，可按处理技术方案和协商文件进行验收。

7.2 检验批的划分

7.2.1 高强度螺栓连接分项工程检验批宜与钢结构安装阶段分项工程检验批相对应，其划分宜遵循下列原则：

1 单层结构按变形缝划分；

2 多层及高层结构按楼层或施工段划分；

3 复杂结构按独立刚度单元划分。

7.2.2 高强度螺栓连接副进场验收检验批划分宜遵循下列原则：

1 与高强度螺栓连接分项工程检验批划分一致；

2 按高强度螺栓连接副生产出厂检验批批号，宜以不超过 2 批为 1 个进场验收检验批，且不超过 6000 套；

3 同一材料（性能等级）、炉号、螺纹（直径）规格、长度（当螺栓长度≤100mm 时，长度相差≤15mm；当螺栓长度＞100mm 时，长度相差≤20mm，可视为同一长度）、机械加工、热处理工艺及表面处理工艺的螺栓、螺母、垫圈为同批，分别由同批螺栓、螺母及垫圈组成的连接副为同批连接副。

7.2.3 摩擦面抗滑移系数验收检验批划分宜遵循下列原则：

1 与高强度螺栓连接分项工程检验批划分一致；

2 以分部工程每 2000t 为一检验批；不足 2000t 者视为一批进行检验；

3 同一检验批中，选用两种及两种以上表面处理工艺时，每种表面处理工艺均需进行检验。

7.3 验收资料

7.3.1 高强度螺栓连接分项工程验收资料应包含下列内容：

1 检验批质量验收记录；

2 高强度大六角头螺栓连接副或扭剪型高强度螺栓连接副见证复验报告；

3 高强度螺栓连接摩擦面抗滑移系数见证试验报告（承压型连接除外）；

4 初拧扭矩、终拧扭矩（终拧转角）、扭矩扳手检查记录和施工记录等；

5 高强度螺栓连接副质量合格证明文件；

6 不合格质量处理记录；

7 其他相关资料。

本规程用词说明

1 为便于在执行本规程条文时区别对待，对要求严格程度不同的用词说明如下：

1）表示很严格，非这样做不可的：
正面词采用“必须”，反面词采用“严禁”；

2）表示严格，在正常情况下均应这样做的：
正面词采用“应”，反面词采用“不应”或“不得”；

3）表示允许稍有选择，在条件许可时首先应这样做的：
正面词采用“宜”，反面词采用“不宜”；

4）表示有选择，在一定条件下可以这样做的，采用“可”。

2 条文中指明应按其他有关标准执行的写法为：“应符合……的规定”或“应按……执行”。

引用标准名录

1 《建筑抗震设计规范》GB 50011

2 《钢结构设计规范》GB 50017

3 《钢结构工程施工质量验收规范》GB 50205

4 《钢结构用高强度大六角头螺栓》GB/T 1228

5 《钢结构用高强度大六角螺母》GB/T 1229

6 《钢结构用高强度垫圈》GB/T 1230

7 《钢结构用高强度大六角头螺栓、大六角螺母、垫圈技术条件》GB/T 1231

8 《钢结构用扭剪型高强度螺栓连接副》GB/T 3632

中华人民共和国行业标准

钢结构高强度螺栓连接技术规程

JGJ 82—2011

条 文 说 明

修 订 说 明

《钢结构高强度螺栓连接技术规程》JGJ 82-2011，经住房和城乡建设部2011年1月7日以第875号公告批准、发布。

本规程是在《钢结构高强度螺栓连接的设计、施工及验收规程》JGJ 82-91的基础上修订而成，上一版的主编单位是湖北省建筑工程总公司，参编单位是包头钢铁设计研究院、铁道部科学院、冶金部建筑研究总院、北京钢铁设计研究总院，主要起草人员是柴昶、吴有常、沈家骅、程季青、李国兴、肖建华、贺贤娟、李云、罗经亩。本规程修订的主要技术内容是：1. 增加、调整内容：由原来的3章增加调整到7章；增加第2章“术语和符号”、第3章“基本规定”、第5章“接头设计”；原第二章“连接设计”调整为第4章，原第三章“施工及验收”调整为第6章“施工”和第7章“施工质量验收”；2. 增加孔型系数，引入标准孔、大圆孔和槽孔概念；3. 增加涂层摩擦面及其抗滑移系数；4. 增加受拉连接和端板连接接头，并提出杠杆力(撬力)计算方法；5. 增加栓焊并用连接接头；6. 增加转角法施工和检验内容；7. 细化和明确高强度螺栓连接分项工程检验批。

本规程修订过程中，编制组进行了一般调研和专题调研相结合的调查研究，总结了我国工程建设的实践经验，对本次新增内容“孔型系数”、“涂层摩擦面抗滑移系数”、“栓焊并用连接”、“转角法施工”等进行了大量试验研究，并参考国内外类似规范而取得了重要技术参数。

为便于广大设计、施工、科研、学校等单位有关人员在使用本规程时能正确理解和执行条文规定，《钢结构高强度螺栓连接技术规程》编制组按章、节、条顺序编制了本规程的条文说明，对条文规定的目的、依据以及执行中需注意的有关事项进行了说明，还着重对强制性条文的强制性理由做了解释。但是，本条文说明不具备与规程正文同等的法律效力，仅供使用者作为理解和把握规程规定的参考。

目　次

1 总　　则

1.0.1 本条为编制本规程的宗旨和目的。

1.0.2 本条明确了本规程的适用范围。

1.0.3 本规程的编制是以原行业标准《钢结构高强度螺栓连接的设计、施工及验收规程》JGJ 82－91 为基础，对现行国家标准《钢结构设计规范》GB 50017、《冷弯薄壁型钢结构技术规范》GB 50018 及《钢结构工程施工质量验收规范》GB 50205 等规范中有关高强度螺栓连接的内容，进行细化和完善，对上述三个规范中没有涉及但实际工程实践中又遇到的内容，参照国内外相关试验研究成果和标准引入和补充，以满足工程实际要求。

2 术语和符号

2.1 术　　语

本规程给出了 13 个有关高强度螺栓连接方面的特定术语，该术语是从钢结构高强度螺栓连接设计与施工的角度赋予其涵义的，但涵义又不一定是术语的定义。本规程给出了相应的推荐性英文术语，该英文术语不一定是国际上的标准术语，仅供参考。

2.2 符　　号

本规程给出了 41 个符号及其定义，这些符号都是本规程各章节中所引用且未给具体解释的。对于在本规程各章节条文中所使用的符号，应以本条或相关条文中的解释为准。

3 基 本 规 定

3.1 一 般 规 定

3.1.1 高强度螺栓的摩擦型连接和承压型连接是同一个高强度螺栓连接的两个阶段，分别为接头滑移前、后的摩擦和承压阶段。对承压型连接来说，当接头处于最不利荷载组合时才发生接头滑移直至破坏，荷载没有达到设计值的情况下，接头可能处于摩擦阶段。所以承压型连接的正常使用状态定义为摩擦型连接是符合实际的。

沿螺栓杆轴方向受拉连接接头在外拉力的作用下也分两个阶段，首先是连接端板之间被拉脱离前，螺栓拉应力变化很小，被拉脱离后螺栓或连接件达到抗拉强度而破坏。当外拉力(含撬力)不超过 $0.8P$(摩擦型连接螺栓受拉承载力设计值)时，连接端板之间不会被拉脱离，因此将定义为受拉连接的正常使用状态。

3.1.2 目前国内只有高强度大六角头螺栓连接副(10.9s、8.8s)和扭剪型高强度螺栓连接副(10.9s)两种产品，从设计计算角度上没有区别，仅施工方法和构造上稍有差别。因此设计可以不选定产品类型，由施工单位根据工程实际及施工经验来选定产品类型。

3.1.3 因承压型连接允许接头滑移，并有较大变形，故对承受动力荷载的结构以及接头变形会引起结构内力和结构刚度有较大变化的敏感构件，不应采用承压型连接。

冷弯薄壁型钢因板壁很薄，孔壁承压能力非常低，易引起连接板撕裂破坏，并因承压承载力较小且低于摩擦承载力，使用承压型连接非常不经济，故不宜采用承压型连接。但当承载力不是控制因素时，可以考虑采用承压型连接。

3.1.4 高环境温度会引起高强度螺栓预拉力的松弛，同时也会使摩擦面状态发生变化，因此对高强度螺栓连接的环境温度应加以限制。试验结果表明，当温度低于 100℃时，影响很小。当温度在(100～150)℃范围时，钢材的弹性模量折减系数在 0.966 左右，强度折减很小。中冶建筑研究总院有限公司的试验结果表明，当接头承受 350℃以下温度烘烤时，螺栓、螺母、垫圈的基本性能及摩擦面抗滑移系数基本保持不变。温度对高强度螺栓预拉力有影响，试验结果表明，当温度在(100～150)℃范围时，螺栓预拉力损失增加约为 10%，因此本条规定降低 10%。当温度超过 150℃时，承载力降低显著，采取隔热防护措施应更经济合理。

3.1.5 对摩擦型连接，当其疲劳荷载小于滑移荷载时，螺栓本身不会产生交变应力，高强度螺栓没有疲劳破坏的情况。但连接板或拼接板母材有疲劳破坏的情况发生。本条中循环次数的规定是依据现行国家标准《钢结构设计规范》GB 50017 的有关规定确定的。

高强度螺栓受拉时，其连接螺栓有疲劳破坏可能，国内外研究及国外规范的相关规定表明，螺栓应力低于螺栓抗拉强度 30%时，或螺栓所产生的轴向拉力(由荷载和杠杆力引起)低于螺栓受拉承载力 30%时，螺栓轴向应力几乎没有变化，可忽略疲劳影响。当螺栓应力超过螺栓抗拉强度 30%时，应进行疲劳验算，由于国内有关高强度螺栓疲劳强度的试验不足，相关规范中没有设计指标可依据，因此目前只能针对个案进行试验，并根据试验结果进行疲劳设计。

3.1.6 现行国家标准《建筑抗震设计规范》GB 50011 规定钢结构构件连接除按地震组合内力进行弹性设计外，还应进行极限承载力验算，同时要满足抗震构造要求。

3.1.7 高强度螺栓连接和普通螺栓连接的工作机理完全不同，两者刚度相差悬殊，同一接头中两者并用没有意义。承压型连接允许接头滑移，并有较大变形，而焊缝的变形有限，因此从设计概念上，承压型连接不能和焊接并用。本条涉及结构连接的安全，为从设计源头上把关，定为强制性条款。

3.2 材料与设计指标

3.2.1 当设计采用进口高强度大六角头螺栓(性能等级 8.8s 和 10.9s)连接副时，其材质、性能等应符合相应产品标准的规定。设计计算参数的取值应有可靠依据。

3.2.2 当设计采用进口扭剪型高强度螺栓(性能等级 10.9s)连接副时，其材质、性能等应符合相应产品标准的规定。设计计算参数的取值应有可靠依据。

3.2.3 当设计采用其他钢号的连接材料时，承压强度取值应有可靠依据。

3.2.4 高强度螺栓连接摩擦面抗滑移系数可按表 3.2.4 规定值取值，也可按摩擦面的实际情况取值。当摩擦承载力不起控制因素时，设计可以适当降低摩擦面抗滑移系数值。设计应考虑施工单位在设备及技术条件上的差异，慎重确定摩擦面抗滑移系数值，以保证连接的安全度。

喷砂应优先使用石英砂；其次为铸钢砂；普通的河砂能够起到除锈的目的，但对提高摩擦面抗滑移系数效果不理想。

喷丸(或称抛丸)是钢材表面处理常用的方法，其除锈的效果较好，但对满足高摩擦面抗滑移系数的要求有一定的难度。对于不同抗滑移系数要求的摩擦面处理，所使用的磨料(主要是钢丸)成分要求不同。例如，在钢丸中加入部分钢丝切丸或破碎钢丸，以及增加磨料循环使用次数等措施都能改善摩擦面处理效果。这些工艺措施需要加工厂家多年经验积累和总结。

对于小型工程、加固改造工程以及现场处理，可以采用手工砂轮打磨的处理方法，此时砂轮打磨的方向应与受力方向垂直，打磨的范围不应小于 4 倍螺栓直径。手工砂轮打磨处理的摩擦面抗滑移系数离散相对较大，需要试验确定。

试验结果表明，摩擦面处理后生成赤锈的表面，其摩擦面抗滑移系数会有所提高，但安装前应除去浮锈。

本条新增加涂层摩擦面的抗滑移系数值，其中无机富锌漆是依据现行国家标准《钢结构设计规范》GB 50017 的有关规定制定。防滑防锈硅酸锌漆已在铁路桥梁中广泛应用，效果很好。锌加底漆（ZINGA）属新型富锌类底漆，其锌颗粒较小，在国内外所进行试验结果表明，抗滑移系数值取 0.45 是可靠的。同济大学所进行的试验结果表明，聚氨酯富锌底漆或醇酸铁红底漆抗滑移系数平均值在 0.2 左右，取 0.15 是有足够可靠度的。

涂层摩擦面的抗滑移系数值与钢材表面处理及涂层厚度有关，因此本条列出钢材表面处理及涂层厚度有关要求。当钢材表面处理及涂层厚度不符合本条的要求时，应需要试验确定。

在实际工程中，高强度螺栓连接摩擦面采用热喷铝、镀锌、喷锌、有机富锌以及其他底漆处理，其涂层摩擦面的抗滑移系数值需要有可靠依据。

3.2.5 高强度螺栓预拉力 P 只与螺栓性能等级有关。当采用进口高强度大六角头螺栓和扭剪型高强度螺栓时，预拉力 P 取值应有可靠依据。

3.2.6 抗震设计中构件的高强度螺栓连接或焊接连接尚应进行极限承载力设计验算，据此本条作出了相应规定。具体计算方法见《建筑抗震设计规范》GB 50011－2010 第 8.2.8 条。

4 连接设计

4.1 摩擦型连接

4.1.1 本条所列螺栓受剪承载力计算公式与现行国家标准《钢结构设计规范》GB 50017 规定的基本公式相同，仅将原系数 0.9 替换为 k_1，并增加系数 k_2。

k_1 可取值为 0.9 与 0.8，后者适用于冷弯型钢等较薄板件(板厚 $t \leqslant 6$mm)连接的情况。

k_2 为孔型系数，其取值系参考国内外试验研究及相关标准确定的。中冶建筑研究总院有限公司所进行的试验结果表明，M20 高强度螺栓大圆孔和槽型孔孔型系数分别为 0.95 和 0.86，M24 高强度螺栓大圆孔和槽型孔孔型系数分别为 0.95 和 0.87，因此本条参照美国规范的规定，高强度螺栓大圆孔和槽型孔孔型系数分别为 0.85、0.7、0.6。另外美国规范所采用的槽型孔分短槽孔和长槽孔，考虑到我国制孔加工工艺的现状，本次只考虑一种尺寸的槽型孔，其短向尺寸与标准圆孔相同，但长向尺寸介于美国规范短槽孔和长槽孔尺寸的中间。正常情况下，设计应采用标准圆孔。

涂层摩擦面对预拉力松弛有一定的影响，但涂层摩擦面抗滑移系数值中已考虑该因素，因此不再折减。

摩擦面抗滑移系数的取值原则上应按本规程 3.2.4 条采用，但设计可以根据实际情况适当调整。

4.1.5 本条所规定的折减系数同样适用于栓焊并用连接接头。

4.2 承压型连接

4.2.1 除正常使用极限状态设计外，承压型连接承载力计算中没有摩擦面抗滑移系数的要求，因此连接板表面可不作摩擦面处理。虽无摩擦面处理的要求，但其他如除锈、涂装等设计要求不能降低。

由于承压型连接和摩擦型连接是同一高强度螺栓

连接的两个不同阶段，因此，两者在设计和施工的基本要求(除抗滑移系数外)是一致的。

4.2.3 按照现行国家标准《钢结构设计规范》GB 50017的规定，公式4.2.3是按承载能力极限状态设计时螺栓达到其受拉极限承载力。

4.2.8 由于承压型连接和摩擦型连接是同一高强度螺栓连接的两个不同阶段，因此，将摩擦型连接定义为承压型连接的正常使用极限状态。按正常使用极限状态设计承压型连接的抗剪、抗拉以及剪、拉同时作用计算公式同摩擦型连接。

4.3 连接构造

4.3.1 高强度大六角头螺栓扭矩系数和扭剪型高强度螺栓紧固轴力以及摩擦面抗滑移系数都是统计数据，再加上施工的不确定性以及螺栓延迟断裂问题，单独一个高强度螺栓连接的不安全隐患概率要高，一旦出现螺栓断裂，会造成结构的破坏，本条为强制性条文。

对不施加预拉力的普通螺栓连接，在个别情况下允许采用一个螺栓。

4.3.3 本条列出了高强度螺栓连接孔径匹配表，其内容除原有规定外，参照国内外相应规定与资料，补充了大圆孔、槽孔的孔径匹配规定，以便于应用。对于首次引入大圆孔、槽孔的应用，设计上应谨慎采用，有三点值得注意：

1 大圆孔、槽孔仅限在摩擦型连接中使用；

2 只允许在芯板或盖板其中之一按相应的扩大孔型制孔，其余仍按标准圆孔制孔；

3 当盖板采用大圆孔、槽孔时，为减少螺栓预拉力松弛，应增设连续型垫板或使用加厚垫圈(特制)。

考虑工程施工的实际情况，对承压型连接的孔径匹配关系均按与摩擦型连接相同取值(现行国家标准《钢结构设计规范》GB 50017 对承压型连接孔径要求比摩擦型连接严)。

4.3.4 高强度螺栓的施拧均需使用特殊的专用扳手，也相应要求必需的施拧操作空间，设计人员在布置螺栓时应考虑这一施工要求。实际工程中，常有为紧凑布置而净空限制过小的情况，造成施工困难或大部分施拧均采用手工套筒，影响施工质量与效率，这一情况应尽量避免。表4.3.4仅为常用扳手的数据，供设计参考，设计可根据施工单位的专用扳手尺寸来调整。

5 连接接头设计

5.1 螺栓拼接接头

5.1.1 高强度螺栓全栓拼接接头应采用摩擦型连接，以保证连接接头的刚度。当拼接接头设计内力明确且不变号时，可根据使用要求按接头处最大内力设计，其所需接头螺栓数量较少。当构件按地震组合内力进行设计计算并控制截面选择时，应按现行国家标准《建筑抗震设计规范》GB 50011 进行连接螺栓极限承载力的验算。

5.1.2 本条适用于H型钢梁截面螺栓拼接接头，在拼接截面处可有弯矩 M 与剪力偏心弯矩 Ve、剪力 V 和轴力 N 共同作用，一般情况弯矩 M 为主要内力。

5.1.3 本条对腹板拼接螺栓的计算只列出按最大内力计算公式，当腹板拼接按等强原则计算时，应按与腹板净截面承载力等强计算。同时，按弹性计算方法要求，可仅对受力较大的角点栓1(图5.1.2)处进行验算。

一般情况下H型钢柱与支撑构件的轴力 N 为主要内力，其腹板的拼接螺栓与拼接板宜按与腹板净截面承载力等强原则计算。

5.2 受拉连接接头

5.2.3、5.2.4 T形受拉件在外加拉力作用下其翼缘板发生弯曲变形，而在板边缘产生撬力，撬力会增加螺栓的拉力并降低接头的刚度，必要时在计算中考虑其不利影响。T形件撬力作用计算模型如图1所示，分析时假定翼缘与腹板连接处弯矩 M 与翼缘板栓孔中心净截面处弯矩 M_2' 均达到塑性弯矩值，并由平衡条件得：

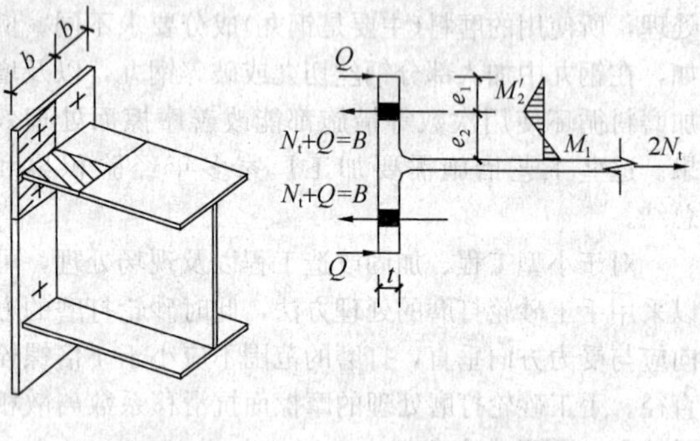
b
b
Q
e_1
M_2'
N_t+Q=B
e_2
M_1
$2N_t$
N_t+Q=B
Q
t

(a)计算单元　　(b)T形件计算简图

图1 T形件计算模型

$$B = Q + N_t \quad (1)$$

$$M_2' = Qe_1 \quad (2)$$

$$M_1 + M_2' - N_t e_2 = 0 \quad (3)$$

经推导后即可得到计入撬力影响的翼缘厚度计算公式如下：

$$t = \sqrt{\frac{4N_t e_2}{bf_y(1+\alpha\delta)}} \quad (4)$$

式中：f_y 为翼缘钢材的屈服强度，α、δ 为相关参数。当 $\alpha=0$ 时，撬力 $Q=0$，并假定螺栓受力 N_t 达到 N_t^b，以钢板设计强度 f 代替屈服强度 f_y，则得到

翼缘厚度 t_c 的计算公式(5)。故可认为 t_c 为 T 形件不考虑撬力影响的最小厚度。撬力 $Q=0$ 意味着 T 形件翼缘在受力中不产生变形，有较大的抗弯刚度，此时，按欧洲规范计算要求 t_c 不应小于(1.8～2.2)d(d 为连接螺栓直径)，这在实用中很不经济。故工程设计宜适当考虑撬力并减少翼缘板厚度。即当翼缘板厚度小于 t_c 时，T 形连接件及其连接应考虑撬力的影响，此时计算所需的翼缘板较薄，T 形件刚度较弱，但同时连接螺栓会附加撬力 Q，从而会增大螺栓直径或提高强度级别。本条根据上述公式推导与使用条件，并参考了美国钢结构设计规范(AISC)中受拉 T 形连接接头设计方法，分别提出了考虑或不考虑撬力的 T 形受拉接头的设计方法与计算公式。由于推导中简化了部分参数，计算所得撬力值会略偏大。

$$t_c=\sqrt{\frac{4N_t^b e_2}{bf}} \tag{5}$$

公式中的 N_t^b 取值为 $0.8P$，按正常使用极限状态设计时，应使高强度螺栓受拉板间保留一定的压紧力，保证连接件之间不被拉离；按承载能力极限状态设计时应满足式(5.2.4-3)的要求，此时螺栓轴向拉力控制在 $1.0P$ 的限值内。

5.3 外伸式端板连接接头

5.3.1 端板连接接头分外伸式和平齐式，后者转动刚度只及前者的30%，承载力也低很多。除组合结构半刚性连接节点外，已较少应用，故本节只列出外伸式端板连接接头。图 5.3.1 外伸端板连接接头仅为典型图，实际工程中可按受力需要做成上下端均为外伸端板的构造。关于接头连接一般应采用摩擦型连接，对门式刚架等轻钢结构也宜采用承压型连接。

5.3.2 本条根据工程经验与国内外相关规定的要求，列出了外伸端板的构造规定。当考虑撬力作用时，外伸端板的构造尺寸(见图 5.3.1)应满足 $e_1 \leqslant 1.25e_2$ 的要求。这是由于计算模型假定在极限荷载作用时杠杆力分布在端板边缘，若 e_1 与 e_2 比值过大，则杠杆力的分布由端板边缘向内侧扩展，与杠杆力计算模型不符，为保证计算模型的合理性，因此应限制 $e_1 \leqslant 1.25e_2$。

为了减小弯矩作用下端板的弯曲变形，增加接头刚度，宜在外伸端板的中间设竖向短加劲肋。同时考虑梁受拉翼缘的全部撬力均由梁端焊缝传递，故要求该部位焊缝为熔透焊缝。

5.3.3、5.3.4 按国内研究与相关资料，外伸端板接头计算均可按受拉 T 形件单元计算，本条据此提出了相关的计算公式。主要假定是对称于受拉翼缘的两排螺栓均匀受拉，以及转动中心在受压翼缘中心。关于第三排螺栓参与受拉工作是按陈绍蕃教授的有关论文列入的。对于上下对称布置螺栓的外伸式端板连接接头，本条计算公式同样适用。当考虑撬力作用时，受拉螺栓宜按承载能力极限状态设计。当按正常使用极限状态设计时，公式(5.3.4)右边的 $1.25N_t^b$ 改为 N_t^b 即可。

5.4 栓焊混用连接接头

5.4.1 栓焊混用连接接头是多、高层钢结构梁柱节点中最常用的接头形式，本条中图示了此类典型节点，规定了接头按弹性设计与极限承载力验算的条件。

5.4.2 混用连接接头中，腹板螺栓连(拼)接的计算构造仍可参照第 5.1 节的规定进行。同时，结合工程经验补充提出了有关要求。翼缘焊缝焊后收缩有可能会引起腹板高强度螺栓连接摩擦面发生滑移，因此对施工的顺序有所要求，施工单位应采取措施以避免腹板摩擦面滑移。

5.5 栓焊并用连接接头

5.5.1 栓焊并用连接在国内设计中应用尚少，故原则上不宜在新设计中采用。

5.5.2 从国内外相关标准和研究文献以及试验研究看，摩擦型高强度螺栓连接与角焊缝能较好地共同工作，当螺栓的规格、数量等与焊缝尺寸相匹配到一定范围时，两种连接的承载力可以叠加，甚至超过两者之和。据此本文提出节点构造匹配的规定。

5.5.3 综合国内外相关标准和研究文献以及试验研究结果得出并用系数，计算分析和试验结果证明栓焊并用连接承载力长度折减系数要小于单独螺栓或焊接连接，本条不考虑这一有利因素，偏于安全。

5.5.4 在加固改造或事故处理中采用栓焊并用连接比较现实，本条结合国外相关标准和研究文献以及试验研究，给出比较实用、简化的设计计算方法。

5.5.5 焊接时高强度螺栓处的温度有可能超过100℃，而引起高强度螺栓预拉力松弛，因此需要对靠近焊缝的螺栓补拧。

5.5.6 由于端焊缝与摩擦型高强度螺栓连接的刚度差异较大，目前对于摩擦型高强度螺栓连接单独与端焊缝并用连接的研究尚不充分，本次修订暂不纳入。

6 施 工

6.1 储运和保管

6.1.1 本条规定了大六角头高强度螺栓连接副的组成、扭剪型高强度螺栓连接副的组成。

6.1.2 高强度螺栓连接副的质量是影响高强度螺栓连接安全性的重要因素，必须达到螺栓标准中技术条件的要求，不符合技术条件的产品，不得使用。因此，每一制造批必须由制造厂出具质量保证书。由于高强度螺栓连接副制造厂是按批保证扭矩系数或紧固轴力，所以在使用时应在同批内配套使用。

6.1.3 螺纹损伤后将会改变高强度螺栓连接副的扭矩系数或紧固轴力，因此在运输、保管过程中应轻装、轻卸，防止损伤螺纹。

6.1.4 本条规定了高强度螺栓连接副在保管过程中应注意事项，其目的是为了确保高强度螺栓连接副使用时同批；尽可能保持出厂状态，以保证扭矩系数或紧固轴力不发生变化。

6.1.5 现行国家标准《钢结构用高强度大六角头螺栓、大六角螺母、垫圈技术条件》GB/T 1231 和《钢结构用扭剪型高强度螺栓连接副》GB/T 3632 中规定高强度螺栓的保质期 6 个月。在不破坏出厂状态情况下，对超过 6 个月再次使用的高强度螺栓，需重新进行扭矩系数或轴力复验，合格后方准使用。

6.2 连接构件的制作

6.2.1 根据第 4.3.3 条，增加大圆孔和槽孔两种孔型。并规定大圆孔和槽孔仅限于盖板或芯板之一，两者不能同时采用大圆孔和槽孔。

6.2.3 当板厚时，冲孔工艺会使孔边产生微裂纹和变形，钢板表面的不平整降低钢结构疲劳强度。随着冲孔设备及加工工艺的提高，允许板厚小于或等于 12mm 时可冲孔成型，但对于承受动力荷载且需进行疲劳计算的构件连接以及主体结构梁、柱等构件连接不应采用冲孔成型。孔边的毛刺和飞边将影响摩擦面板层密贴。

6.2.6 钢板表面不平整，有焊接飞溅、毛刺等将会使板面不密贴，影响高强度螺栓连接的受力性能，另外，板面上的油污将大幅度降低摩擦面的抗滑移系数，因此表面不得有油污。表面处理方法的不同，直接影响摩擦面的抗滑移系数的取值，设计图中要求的处理方法决定了抗滑移系数值的大小，故加工中必须与设计要求一致。

6.2.7 高强度螺栓连接处钢板表面上，如粘有脏物和油污，将大幅度降低板面的抗滑移系数，影响高强度螺栓连接的承载能力，所以摩擦面上严禁作任何标记，还应加以保护。

6.3 高强度螺栓连接副和摩擦面抗滑移系数检验

6.3.1、6.3.2 高强度螺栓运到工地后，应按规定进行有关性能的复验。合格后方准使用，是使用前把好质量的关键。其中高强度大六角头螺栓连接副扭矩系数复验和扭剪型高强度螺栓连接副紧固轴力复验是现行国家标准《钢结构工程施工质量验收规范》GB 50205 进场验收中的主控项目，应特别重视。

6.3.3 本条规定抗滑移系数应分别经制造厂和安装单位检验。当抗滑移系数符合设计要求时，方准出厂和安装。

1 制造厂必须保证所制作的钢结构构件摩擦面的抗滑移系数符合设计规定，安装单位应检验运至现场的钢结构构件摩擦面的抗滑移系数是否符合设计要求；考虑到每项钢结构工程的数量和制造周期差别较大，因此明确规定了检验批量的划分原则及每一批应检验的组数；

2 抗滑移系数检验不能在钢结构构件上进行，只能通过试件进行模拟测定；为使试件能真实地反映构件的实际情况，规定了试件与构件为相同的条件；

3 为了避免偏心引起测试误差，本条规定了试件的连接形式采用双面对接拼接；为使试件能真实反映实际构件，因此试件的连接计算应符合有关规定；试件滑移时，试板仍处于弹性状态；

4 用拉力试验测得的抗滑移系数值比用压力试验测得的小，为偏于安全，本条规定了抗滑移系数检验采用拉力试验；为避免偏心对试验值的影响，试验时要求试件的轴线与试验机夹具中心线严格对中；

5 在计算抗滑移系数值时，对于大六角头高强度螺栓 P_t 为拉力试验前拧在试件上的高强度螺栓实测预拉力值；因为高强度螺栓预拉力值的大小对测定抗滑移系数有一定的影响，所以本条规定了每个高强度螺栓拧紧预拉力的范围；

6 为确保高强度螺栓连接的可靠性，本条规定了抗滑移系数检验的最小值必须大于或等于设计值，否则就认为构件的摩擦面没有处理好，不符合设计要求，钢结构不能出厂或者工地不能进行拼装，必须对摩擦面作重新处理，重新检验，直到合格为止。

监理工程师将试验合格的摩擦面作为样板，对照检查构件摩擦面处理结果，有参考和借鉴的作用。

6.4 安 装

6.4.1 相同直径的螺栓其螺纹部分的长度是固定的，其值为螺母厚度加 5～6 扣螺纹。使用过长的螺栓将浪费钢材，增加不必要的费用，并给高强度螺栓施拧时带来困难，有可能出现拧到头的情况。螺栓太短的会使螺母受力不均匀，为此本条提出了螺栓长度的计算公式。

6.4.4 构件安装时，应用冲钉来对准连接节点各板层的孔位。应用临时螺栓和冲钉是确保安装精度和安全的必要措施。

6.4.5 螺纹损伤及沾染脏物的高强度螺栓连接副其扭矩系数将会大幅度变大，在同样终拧扭矩下达不到螺栓设计预拉力，直接影响连接的安全性。用高强度螺栓兼作临时螺栓，由于该螺栓从开始使用到终拧完成相隔时间较长，在这段时间内因环境等各种因素的影响(如下雨等)，其扭矩系数将会发生变化，特别是螺纹损伤概率极大，会严重影响高强度螺栓终拧预拉力的准确性，因此，本条规定高强度螺栓不能兼作临时螺栓。

6.4.6 为保证大六角头高强度螺栓的扭矩系数和扭

剪型高强度螺栓的轴力，螺栓、螺母、垫圈及表面处理出厂时，按批配套装箱供应。因此要求用到螺栓应保持其原始出厂状态。

6.4.7 对于大六角头高强度螺栓连接副，垫圈设置内倒角是为了与螺栓头下的过渡圆弧相配合，因此在安装时垫圈带倒角的一侧必须朝向螺栓头，否则螺栓头就不能很好与垫圈密贴，影响螺栓的受力性能。对于螺母一侧的垫圈，因倒角侧的表面平整、光滑，拧紧时扭矩系数较小，且离散率也较小，所以垫圈有倒角一侧应朝向螺母。

6.4.8 强行穿入螺栓，必然损伤螺纹，影响扭矩系数从而达不到设计预拉力。气割扩孔的随意性大，切割面粗糙，严禁使用。修整后孔的最大直径和修孔数量作强制性规定是必要的。

6.4.9 过大孔，对构件截面局部削弱，且减少摩擦接触面，与原设计不一致，需经设计核算。

6.4.11 大六角头高强度螺栓，采用扭矩法施工时，影响预拉力因素除扭矩系数外，就是拧紧机具及扭矩值，所以规定了施拧用的扭矩扳手和矫正扳手的误差。

6.4.13 高强度螺栓连接副在拧紧后会产生预拉力损失，为保证连接副在工作阶段达到设计预拉力，为此在施拧时必须考虑预拉力损失值，施工预拉力比设计预拉力增加10%。

6.4.14 由于连接处钢板不平整，致使先拧与后拧的高强度螺栓预拉力有很大的差别，为克服这一现象，提高拧紧预拉力的精度，使各螺栓受力均匀，高强度螺栓的拧紧应分为初拧和终拧。当单排(列)螺栓个数超过15时，可认为是属于大型接头，需要进行复拧。

6.4.15 扭剪型高强度螺栓连接副不进行扭矩系数检验，其初拧(复拧)扭矩值参照大六角头高强度螺栓连接副扭矩系数的平均值(0.13)确定。

6.4.16 在某些情况下，大六角头高强度螺栓也可采用转角法施工。高强度螺栓连接副首先须经第6.3.1条检验合格方可应用转角法施工。大量转角试验用一层芯板、两层盖板基础上得出，所以作出三层板规定。本条是参考国外(美国和日本)标准及中冶建筑研究总院有限公司试验研究成果得出。作为国内第 次引入转角法施工，对其适用范围有较严格的规定，应符合下列要求：

1 螺栓直径规格范围为：M16、M20、M22、M24；

2 螺栓长度在12d之内；

3 连接件(芯板和盖板)均为平板，连接件两面与螺栓轴垂直；

4 连接形式为双剪接头(一层芯板加两层盖板)；

5 按本规程第6.4.14条初拧(复拧)，并画出转角起始标记，按本条进行终拧。

6.4.17 螺栓群由中央顺序向外拧紧，为使高强度螺栓连接处板层能更好密贴。

6.4.19 高强度螺栓连接副在工厂制造时，虽经表面防锈处理，有一定的防锈能力，但远不能满足长期使用的防锈要求，故在高强度螺栓连接处，不仅要对钢板进行涂漆防锈，对高强度螺栓连接副也应按照设计要求进行涂漆防锈、防火。

6.5 紧固质量检验

6.5.1 考虑到在进行施工质量检查时，高强度螺栓的预拉力损失大部分已经完成，故在检查扭矩计算公式中，高强度螺栓的预拉力采用设计值。现行国家标准《钢结构工程施工质量验收规范》GB 50205中终拧扭矩的检验是按照施工扭矩值的±10%以内为合格，由于预拉力松弛等原因，终拧扭矩值基本上在1.0～1.1倍终拧扭矩标准值范围内(施工扭矩值=1.1倍终拧扭矩标准值)，因此本条规定与现行国家标准《钢结构工程施工质量验收规范》GB 50205并无实质矛盾，待修订时统一。

6.5.2 不能用专用扳手拧紧的扭剪型高强度螺栓，应根据所采用的紧固方法(扭矩法或转角法)按本规程第6.5.1条的规定进行检查。

7 施工质量验收

7.1 一般规定

7.1.1 高强度螺栓连接属于钢结构工程中的分项工程之一，其施工质量的验收按照现行国家标准《钢结构工程施工质量验收规范》GB 50205执行，对于超出《钢结构工程施工质量验收规范》GB 50205的项目可按本规程的规定进行验收。

7.1.2、7.1.3 本节中列出的合格质量标准及不合格项目的处理程序来自于现行国家标准《钢结构工程施工质量验收规范》GB 50205和《建筑工程施工质量验收统一标准》GB 50300，其目的是强调并便于工程使用。

7.2 检验批的划分

7.2.1 高强度螺栓连接分项工程检验批划分应按照现行国家标准《钢结构工程施工质量验收规范》GB 50205的规定执行。

7.2.2 高强度螺栓连接副进场验收属于高强度螺栓连接分项工程中的验收项目，其验收批的划分除考虑高强度螺栓连接分项工程检验批划分外，还应考虑出厂批及螺栓规格。

高强度螺栓连接副进场验收属于复验，其产品标准中规定出厂检验最大批量不超过3000套，作为复验的最大批量不宜超过2个出厂检验批，且不宜超过6000套。

同一材料（性能等级）、炉号、螺纹（直径）规格、长度（当螺栓长度≤100mm时，长度相差≤15mm；当螺栓长度>100mm时，长度相差≤20mm，可视为同一长度）、机械加工、热处理工艺及表面处理工艺的螺栓为同批；同一材料、炉号、螺纹规格、厚度、机械加工、热处理工艺及表面处理工艺的螺母为同批；同一材料、炉号、直径规格、厚度、机械加工、热处理工艺及表面处理工艺的垫圈为同批。分别由同批螺栓、螺母及垫圈组成的连接副为同批连接副。

7.2.3 摩擦面抗滑移系数检验属于高强度螺栓连接分项工程中的一个强制性检验项目，其检验批的划分除应考虑高强度螺栓连接分项检验批外，还应考虑不同的处理工艺和钢结构用量。

中华人民共和国行业标准

高层民用建筑钢结构技术规程

Technical specification for steel structure of tall building

JGJ 99－2015

批准部门：中华人民共和国住房和城乡建设部

施行日期：2 0 1 6 年 5 月 1 日

中华人民共和国住房和城乡建设部
公　　告

第983号

住房城乡建设部关于发布行业标准《高层民用建筑钢结构技术规程》的公告

现批准《高层民用建筑钢结构技术规程》为行业标准，编号为JGJ 99-2015，自2016年5月1日起实施。其中，第3.6.1、3.7.1、3.7.3、5.2.4、5.3.1、5.4.5、6.1.5、6.4.1、6.4.2、6.4.3、6.4.4、7.5.2、7.5.3、8.8.1条为强制性条文，必须严格执行。原《高层民用建筑钢结构技术规程》JGJ 99-98同时废止。

本规程由我部标准定额研究所组织中国建筑工业出版社出版发行。

中华人民共和国住房和城乡建设部

2015年11月30日

前　　言

根据原建设部《关于印发〈二〇〇四年度工程建设城建、建工行业标准制定、修订计划的通知〉》（建标［2004］66号）的要求，规程编制组经广泛调查研究，认真总结工程实践经验，参考有关国际标准和国外先进标准，在广泛征求意见的基础上，修订了《高层民用建筑钢结构技术规程》JGJ 99-98。

本规程主要技术内容是：1. 总则；2. 术语和符号；3. 结构设计基本规定；4. 材料；5. 荷载与作用；6. 结构计算分析；7. 钢构件设计；8. 连接设计；9. 制作和涂装；10. 安装；11. 抗火设计。

本规程修订的主要内容是：1. 修改了适用范围；2. 修改、补充了结构平面和立面规则性有关规定；3. 调整了部分结构最大适用高度，增加了7度（0.15g）、8度（0.3g）抗震设防区房屋最大适用高度规定；4. 增加了相邻楼层的侧向刚度比的规定；5. 增加了抗震等级的规定；6. 增加了结构抗震性能设计基本方法及抗连续倒塌设计基本要求；7. 增加和修订了高性能钢材GJ钢和低合金高强度结构钢的力学性能指标；8. 修改、补充了风荷载及地震作用有关内容；9. 增加了结构刚重比的有关规定；10. 修改、补充了框架柱计算长度的设计规定和框筒结构柱轴压比的限值；11. 增加了伸臂桁架和腰桁架的有关规定；12. 修改了构件连接强度的连接系数；13. 修改了梁柱刚性连接的计算方法、设计规定和构造要求；14. 修改了强柱弱梁的计算规定，增加了圆管柱和十字形截面柱的节点域有效体积的计算公式；15. 修改了钢柱脚的计算方法和设计规定；16. 增加了加强型的梁柱连接形式和骨式连接形式；17. 增加了梁腹板与柱连接板采用焊接的有关内容；18. 增加了钢板剪力墙、异形柱的制作允许偏差值的规定；19. 增加了构件预拼装的有关内容。

本规程中以黑体字标志的条文为强制性条文，必须严格执行。

本规程由住房和城乡建设部负责管理和对强制性条文的解释，由中国建筑标准设计研究院有限公司负责具体技术内容的解释。执行过程中如有意见和建议，请寄送中国建筑标准设计研究院有限公司（地址：北京市海淀区首体南路9号主语国际2号楼，邮编：100048）。

本规程主编单位：中国建筑标准设计研究院有限公司

本规程参编单位：哈尔滨工业大学
清华大学
浙江大学
同济大学
西安建筑科技大学
苏州科技大学
湖南大学
广州大学
中冶集团建筑研究总院
中国建筑科学研究院
宝钢钢构有限公司

中国新兴建设开发总公司
钢结构工程公司
上海中巍结构设计事务所有限公司
浙江杭萧钢构股份有限公司
江苏沪宁钢机股份有限公司
深圳建升和钢结构建筑安装工程有限公司
浙江精工钢结构有限公司
舞阳钢铁有限责任公司

本规程主要起草人员：郁银泉　蔡益燕　钱稼茹　童根树　张耀春　李国强　柴　昶　贺明玄　王康强　崔鸿超　舒兴平　苏明周　陈绍蕃　沈祖炎　王　喆　张文元　孙飞飞　张艳明　顾　强　周　云　郭彦林　石永久　鲍广鉴　申　林　何若全　胡天兵　宋文晶　李元齐　杨强跃　郭海山　易方民　常跃峰　王寅大　陈国栋　梁志远　刘中华　刘晓光　高继领

本规程主要审查人员：周绪红　范　重　路克宽　娄　宇　黄世敏　肖从真　徐永基　窦南华　冯　远　戴国欣　方小丹　吴欣之　舒赣平　范懋达　贺贤娟　包联进

目 次

Contents

1 总　　则

1.0.1 为了在高层民用建筑中合理应用钢结构，做到技术先进、安全适用、经济合理、确保质量，制定本规程。

1.0.2 本规程适用于10层及10层以上或房屋高度大于28m的住宅建筑以及房屋高度大于24m的其他高层民用建筑钢结构的设计、制作与安装。非抗震设计和抗震设防烈度为6度至9度抗震设计的高层民用建筑钢结构，其适用的房屋最大高度和结构类型应符合本规程的有关规定。

本规程不适用于建造在危险地段以及发震断裂最小避让距离内的高层民用建筑钢结构。

1.0.3 高层民用建筑钢结构应注重概念设计，综合考虑建筑的使用功能、环境条件、材料供应、制作安装、施工条件因素，优先选用抗震抗风性能好且经济合理的结构体系、构件形式、连接构造和平立面布置。在抗震设计时，应保证结构的整体抗震性能，使整体结构具有必要的承载能力、刚度和延性。

1.0.4 抗震设计的高层民用建筑钢结构，当其房屋高度、规则性、结构类型等超过本规程的规定或抗震设防标准等有特殊要求时，可采用结构抗震性能化设计方法进行补充分析和论证。

1.0.5 高层民用建筑钢结构设计、制作与安装除应符合本规程外，尚应符合国家现行有关标准的规定。

2 术语和符号

2.1 术　　语

2.1.1 高层民用建筑　tall building

10层及10层以上或房屋高度大于28m的住宅建筑以及房屋高度大于24m的其他高层民用建筑。

2.1.2 房屋高度　building height

自室外地面至房屋主要屋面的高度，不包括突出屋面的电梯机房、水箱、构架等高度。

2.1.3 框架　moment frame

由柱和梁为主要构件组成的具有抗剪和抗弯能力的结构。

2.1.4 中心支撑框架　concentrically braced frame

支撑杆件的工作线交汇于一点或多点，但相交构件的偏心距应小于最小连接构件的宽度，杆件主要承受轴心力。

2.1.5 偏心支撑框架　eccentrically braced frame

支撑框架构件的杆件工作线不交汇于一点，支撑连接点的偏心距大于连接点处最小构件的宽度，可通过消能梁段耗能。

2.1.6 支撑斜杆　diagonal bracing

承受轴力的斜杆，与框架结构协同作用以桁架形式抵抗侧向力。

2.1.7 消能梁段　link

偏心支撑框架中，两根斜杆端部之间或一根斜杆端部与柱间的梁段。

2.1.8 屈曲约束支撑　buckling restrained brace

支撑的屈曲受到套管的约束，能够确保支撑受压屈服前不屈曲的支撑，可作为耗能阻尼器或抗震支撑。

2.1.9 钢板剪力墙　steel plate shear wall

将设置加劲肋或不设加劲肋的钢板作为抗侧力剪力墙，是通过拉力场提供承载能力。

2.1.10 无粘结内藏钢板支撑墙板　shear wall with unbonded bracing inside

以钢板条为支撑，外包混凝土墙板为约束构件的屈曲约束支撑墙板。

2.1.11 带竖缝混凝土剪力墙　slitted reinforced concrete shear wall

将带有一段竖缝的钢筋混凝土墙板作为抗侧力剪力墙，是通过竖缝墙段的抗弯屈服提供承载能力。

2.1.12 延性墙板　shear wall with refined ductility

具有良好延性和抗震性能的墙板。本规程特指：带加劲肋的钢板剪力墙，无粘结内藏钢板支撑墙板、带竖缝混凝土剪力墙。

2.1.13 加强型连接　strengthened beam-to-column connection

采用梁端翼缘扩大或设置盖板等形式的梁与柱刚性连接。

2.1.14 骨式连接　dog-bone beam-to-column connection

将梁翼缘局部削弱的一种梁柱连接形式。

2.1.15 结构抗震性能水准　seismic performance levels of structure

对结构震后损坏状况及继续使用可能性等抗震性能的界定。

2.1.16 结构抗震性能设计　performance-based seismic design of structure

针对不同的地震地面运动水准设定的结构抗震性能水准。

2.2 符　　号

2.2.1 作用和作用效应

a——加速度；

F——地震作用标准值；

G——重力荷载代表值；

H——水平力；

M——弯矩设计值；

N——轴心压力设计值；

Q——重力荷载设计值；

S——作用效应设计值；
T——周期；温度；
V——剪力设计值；
v——风速。

2.2.2 材料指标

c——比热；
E——弹性模量；
f——钢材抗拉、抗压、抗弯强度设计值；
f_c^b、f_t^b、f_v^b——螺栓承压、抗拉、抗剪强度设计值；
f_c^w、f_t^w、f_v^w——对接焊缝抗压、抗拉、抗剪强度设计值；
f_{ce}——钢材端面承压强度设计值；
f_{ck}、f_{tk}——混凝土轴心抗压、抗拉强度标准值；
f_{cu}^b——螺栓连接板件的极限承压强度；
f_f^w——角焊缝抗拉、抗压、抗剪强度设计值；
f_t——混凝土轴心抗拉强度设计值；
f_t^a——锚栓抗拉强度设计值；
f_u——钢材抗拉强度最小值；
f_u^b——螺栓钢材的抗拉强度最小值；
f_v——钢材抗剪强度设计值；
f_y——钢材屈服强度；
G——剪切模量；
M_{lp}——消能梁段的全塑性受弯承载力；
M_{pb}——梁的全塑性受弯承载力；
M_{pc}——考虑轴力时，柱的全塑性受弯承载力；
M_u——极限受弯承载力；
N_E——欧拉临界力；
N_y——构件的轴向屈服承载力；
N_t^a——单根锚栓受拉承载力设计值；
N_t^b、N_v^b——高强度螺栓仅承受拉力、剪力时，抗拉、抗剪承载力设计值；
N_{vu}^b、N_{cu}^b——1个高强度螺栓的极限受剪承载力和对应的板件极限承载力；
R——构件承载力设计值；
V_l、V_{lc}——消能梁段不计入轴力影响和计入轴力影响的受剪承载力；
V_u——受剪承载力；
ρ——材料密度。

2.2.3 几何参数

A——毛截面面积；
A_e^b——螺栓螺纹处的有效截面面积；
d——螺栓杆公称直径；
h_{0b}——梁腹板高度，自翼缘中心线算起；
h_{0c}——柱腹板高度，自翼缘中心线算起；
I——毛截面惯性矩；
I_e——有效截面惯性矩；
K_1、K_2——汇交于柱上端、下端的横梁线刚度之和与柱线刚度之和的比值；
S——面积矩；
t——厚度；
V_p——节点域有效体积；
W——毛截面模量；
W_e——有效截面模量；
W_n、W_{np}——净截面模量；塑性净截面模量；
W_p——塑性截面模量。

2.2.4 系数

α——连接系数；
α_{max}、α_{vmax}——水平、竖向地震影响系数最大值；
γ_0——结构重要性系数；
γ_{RE}——承载力抗震调整系数；
γ_x——截面塑性发展系数；
φ——轴心受压构件的稳定系数；
φ_b、φ_b'——钢梁整体稳定系数；
λ——构件长细比；
λ_n——正则化长细比；
μ——计算长度系数；
ξ——阻尼比。

3 结构设计基本规定

3.1 一般规定

3.1.1 高层民用建筑的抗震设防烈度必须按国家审批、颁发的文件确定。一般情况下，抗震设防烈度应采用根据中国地震动参数区划图确定的地震基本烈度。

3.1.2 抗震设计的高层民用建筑，应按现行国家标准《建筑工程抗震设防分类标准》GB 50223的规定确定其抗震设防类别。本规程中的甲类建筑、乙类建筑、丙类建筑分别为现行国家标准《建筑工程抗震设防分类标准》GB 50223中的特殊设防类、重点设防类、标准设防类的简称。

3.1.3 抗震设计的高层民用建筑的结构体系应符合下列规定：

1 应具有明确的计算简图和合理的地震作用传递途径；

2 应具有必要的承载能力，足够大的刚度，良好的变形能力和消耗地震能量的能力；

3 应避免因部分结构或构件的破坏而导致整个结构丧失承受重力荷载、风荷载和地震作用的能力；

4 对可能出现的薄弱部位，应采取有效的加强措施。

3.1.4 高层民用建筑的结构体系尚宜符合下列规定：

1 结构的竖向和水平布置宜使结构具有合理的刚度和承载力分布，避免因刚度和承载力突变或结构扭转效应而形成薄弱部位；

2 抗震设计时宜具有多道防线。

3.1.5 高层民用建筑的填充墙、隔墙等非结构构件宜采用轻质板材，应与主体结构可靠连接。房屋高度不低于150m的高层民用建筑外墙宜采用建筑幕墙。

3.1.6 高层民用建筑钢结构构件的钢板厚度不宜大于100mm。

3.2 结构体系和选型

3.2.1 高层民用建筑钢结构可采用下列结构体系：

1 框架结构；

2 框架-支撑结构：包括框架-中心支撑、框架-偏心支撑和框架-屈曲约束支撑结构；

3 框架-延性墙板结构；

4 筒体结构：包括框筒、筒中筒、桁架筒和束筒结构；

5 巨型框架结构。

3.2.2 非抗震设计和抗震设防烈度为6度至9度的乙类和丙类高层民用建筑钢结构适用的最大高度应符合表3.2.2的规定。

表3.2.2 高层民用建筑钢结构适用的最大高度（m）

结构体系	6度，7度 (0.10g)	7度 (0.15g)	8度 (0.20g)	8度 (0.30g)	9度 (0.40g)	非抗震设计
框架	110	90	90	70	50	110
框架-中心支撑	220	200	180	150	120	240
框架-偏心支撑 框架-屈曲约束支撑 框架-延性墙板	240	220	200	180	160	260
筒体(框筒，筒中筒，桁架筒，束筒) 巨型框架	300	280	260	240	180	360

注：1 房屋高度指室外地面到主要屋面板板顶的高度（不包括局部突出屋顶部分）；

2 超过表内高度的房屋，应进行专门研究和论证，采取有效的加强措施；

3 表内筒体不包括混凝土筒；

4 框架柱包括全钢柱和钢管混凝土柱；

5 甲类建筑，6、7、8度时宜按本地区抗震设防烈度提高1度后符合本表要求，9度时应专门研究。

3.2.3 高层民用建筑钢结构的高宽比不宜大于表3.2.3的规定。

表3.2.3 高层民用建筑钢结构适用的最大高宽比

烈 度	6、7	8	9
最大高宽比	6.5	6.0	5.5

注：1 计算高宽比的高度从室外地面算起；

2 当塔形建筑底部有大底盘时，计算高宽比的高度从大底盘顶部算起。

3.2.4 房屋高度不超过50m的高层民用建筑可采用框架、框架-中心支撑或其他体系的结构；超过50m的高层民用建筑，8、9度时宜采用框架-偏心支撑、框架-延性墙板或屈曲约束支撑等结构。高层民用建筑钢结构不应采用单跨框架结构。

3.3 建筑形体及结构布置的规则性

3.3.1 高层民用建筑钢结构的建筑设计应根据抗震概念设计的要求明确建筑形体的规则性。不规则的建筑方案应按规定采取加强措施；特别不规则的建筑方案应进行专门研究和论证，采用特别的加强措施；严重不规则的建筑方案不应采用。

3.3.2 高层民用建筑钢结构及其抗侧力结构的平面布置宜规则、对称，并应具有良好的整体性；建筑的立面和竖向剖面宜规则，结构的侧向刚度沿高度宜均匀变化，竖向抗侧力构件的截面尺寸和材料强度宜自下而上逐渐减小，应避免抗侧力结构的侧向刚度和承载力突变。建筑形体及其结构布置的平面、竖向不规则性，应按下列规定划分：

1 高层民用建筑存在表3.3.2-1所列的某项平面不规则类型或表3.3.2-2所列的某项竖向不规则类型以及类似的不规则类型，应属于不规则的建筑。

2 当存在多项不规则或某项不规则超过规定的参考指标较多时，应属于特别不规则的建筑。

表3.3.2-1 平面不规则的主要类型

不规则类型	定义和参考指标
扭转不规则	在规定的水平力及偶然偏心作用下，楼层两端弹性水平位移（或层间位移）的最大值与其平均值的比值大于1.2
偏心布置	任一层的偏心率大于0.15（偏心率按本规程附录A的规定计算）或相邻层质心相差大于相应边长的15%
凹凸不规则	结构平面凹进的尺寸，大于相应投影方向总尺寸的30%
楼板局部不连续	楼板的尺寸和平面刚度急剧变化，例如，有效楼板宽度小于该层楼板典型宽度的50%，或开洞面积大于该层楼面面积的30%，或有较大的楼层错层

表3.3.2-2 竖向不规则的主要类型

不规则类型	定义和参考指标
侧向刚度不规则	该层的侧向刚度小于相邻上一层的70%，或小于其上相邻三个楼层侧向刚度平均值的80%；除顶层或出屋面小建筑外，局部收进的水平向尺寸大于相邻下一层的25%
竖向抗侧力构件不连续	竖向抗侧力构件（柱、支撑、剪力墙）的内力由水平转换构件（梁、桁架等）向下传递
楼层承载力突变	抗侧力结构的层间受剪承载力小于相邻上一楼层的80%

3.3.3 不规则高层民用建筑应按下列要求进行水平地震作用计算和内力调整，并应对薄弱部位采取有效的抗震构造措施：

1 平面不规则而竖向规则的建筑，应采用空间结构计算模型，并应符合下列规定：

1）扭转不规则或偏心布置时，应计入扭转影响，在规定的水平力及偶然偏心作用下，楼层两端弹性水平位移（或层间位移）的最大值与其平均值的比值不宜大于 1.5，当最大层间位移角远小于规程限值时，可适当放宽。

2）凹凸不规则或楼板局部不连续时，应采用符合楼板平面内实际刚度变化的计算模型；高烈度或不规则程度较大时，宜计入楼板局部变形的影响。

3）平面不对称且凹凸不规则或局部不连续时，可根据实际情况分块计算扭转位移比，对扭转较大的部位应采用局部的内力增大。

2 平面规则而竖向不规则的高层民用建筑，应采用空间结构计算模型，侧向刚度不规则、竖向抗侧力构件不连续、楼层承载力突变的楼层，其对应于地震作用标准值的剪力应乘以不小于 1.15 的增大系数，应按本规程有关规定进行弹塑性变形分析，并应符合下列规定：

1）竖向抗侧力构件不连续时，该构件传递给水平转换构件的地震内力应根据烈度高低和水平转换构件的类型、受力情况、几何尺寸等，乘以 1.25～2.0 的增大系数；

2）侧向刚度不规则时，相邻层的侧向刚度比应依据其结构类型符合本规程第 3.3.10 条的规定；

3）楼层承载力突变时，薄弱层抗侧力结构的受剪承载力不应小于相邻上一楼层的 65%。

3 平面不规则且竖向不规则的高层民用建筑，应根据不规则类型的数量和程度，有针对性地采取不低于本条第 1、2 款要求的各项抗震措施。特别不规则时，应经专门研究，采取更有效的加强措施或对薄弱部位采用相应的抗震性能化设计方法。

3.3.4 高层民用建筑宜不设防震缝；体型复杂、平立面不规则的建筑，应根据不规则程度、地基基础等因素，确定是否设防震缝；当在适当部位设置防震缝时，宜形成多个较规则的抗侧力结构单元。

3.3.5 防震缝应根据抗震设防烈度、结构类型、结构单元的高度和高差情况，留有足够的宽度，其上部结构应完全分开；防震缝的宽度不应小于钢筋混凝土框架结构缝宽的 1.5 倍。

3.3.6 抗震设计的框架-支撑、框架-延性墙板结构中，支撑、延性墙板宜沿建筑高度竖向连续布置，并应延伸至计算嵌固端。除底部楼层和伸臂桁架所在楼层外，支撑的形式和布置沿建筑竖向宜一致。

3.3.7 高层民用建筑，宜采用有利于减小横风向振动影响的建筑形体。

3.3.8 高层民用建筑钢结构楼盖应符合下列规定：

1 宜采用压型钢板现浇钢筋混凝土组合楼板、现浇钢筋桁架混凝土楼板或钢筋混凝土楼板，楼板应与钢梁有可靠连接；

2 6、7 度时房屋高度不超过 50m 的高层民用建筑，尚可采用装配整体式钢筋混凝土楼板，也可采用装配式楼板或其他轻型楼盖，应将楼板预埋件与钢梁焊接，或采取其他措施保证楼板的整体性；

3 对转换楼层楼盖或楼板有大洞口等情况，宜在楼板内设置钢水平支撑。

3.3.9 建筑物中有较大的中庭时，可在中庭的上端楼层用水平桁架将中庭开口连接，或采取其他增强结构抗扭刚度的有效措施。

3.3.10 抗震设计时，高层民用建筑相邻楼层的侧向刚度变化应符合下列规定：

1 对框架结构，楼层与其相邻上层的侧向刚度比 γ_1 可按式（3.3.10-1）计算，且本层与相邻上层的比值不宜小于 0.7，与相邻上部三层刚度平均值的比值不宜小于 0.8。

$$\gamma_1 = \frac{V_i \Delta_{i+1}}{V_{i+1} \Delta_i} \quad (3.3.10\text{-}1)$$

式中：γ_1 ——楼层侧向刚度比；

V_i、V_{i+1} ——第 i 层和第 $i+1$ 层的地震剪力标准值（kN）；

Δ_i、Δ_{i+1} ——第 i 层和第 $i+1$ 层在地震作用标准值作用下的层间位移（m）。

2 对框架-支撑结构、框架-延性墙板结构、筒体结构和巨型框架结构，楼层与其相邻上层的侧向刚度比 γ_2 可按式（3.3.10-2）计算，且本层与相邻上层的比值不宜小于 0.9；当本层层高大于相邻上层层高的 1.5 倍时，该比值不宜小于 1.1；对结构底部嵌固层，该比值不宜小于 1.5。

$$\gamma_2 = \frac{V_i \Delta_{i+1}}{V_{i+1} \Delta_i} \cdot \frac{h_i}{h_{i+1}} \quad (3.3.10\text{-}2)$$

式中：γ_2 ——考虑层高修正的楼层侧向刚度比；

h_i、h_{i+1} ——第 i 层和第 $i+1$ 层的层高（m）。

3.4 地基、基础和地下室

3.4.1 高层民用建筑钢结构的基础形式，应根据上部结构情况、地下室情况、工程地质、施工条件等综合确定，宜选用筏基、箱基、桩筏基础。当基岩较浅、基础埋深不符合要求时，应验算基础抗拔。

3.4.2 钢框架柱应至少延伸至计算嵌固端以下一层，并且宜采用钢骨混凝土柱，以下可采用钢筋混凝土柱。基础埋深宜一致。

3.4.3 房屋高度超过 50m 的高层民用建筑宜设置地下室。采用天然地基时，基础埋置深度不宜小于房屋总高度的 1/15；采用桩基时，不宜小于房屋总高度的 1/20。

3.4.4 当主楼与裙房之间设置沉降缝时，应采用粗砂等松散材料将沉降缝地面以下部分填实；当不设沉降缝时，施工中宜设后浇带。

3.4.5 高层民用建筑钢结构与钢筋混凝土基础或地下室的钢筋混凝土结构层之间，宜设置钢骨混凝土过渡层。

3.4.6 在重力荷载与水平荷载标准值或重力荷载代表值与多遇水平地震作用标准值共同作用下，高宽比大于 4 时基础底面不宜出现零应力区；高宽比不大于 4 时，基础底面与基础之间零应力区面积不应超过基础底面积的 15%。质量偏心较大的裙楼和主楼，可分别计算基底应力。

3.5 水平位移限值和舒适度要求

3.5.1 在正常使用条件下，高层民用建筑钢结构应具有足够的刚度，避免产生过大的位移而影响结构的承载能力、稳定性和使用要求。

3.5.2 在风荷载或多遇地震标准值作用下，按弹性方法计算的楼层层间最大水平位移与层高之比不宜大于 1/250。

3.5.3 高层民用建筑钢结构在罕遇地震作用下的薄弱层弹塑性变形验算，应符合下列规定：

1 下列结构应进行弹塑性变形验算：

1）甲类建筑和 9 度抗震设防的乙类建筑；

2）采用隔震和消能减震设计的建筑结构；

3）房屋高度大于 150m 的结构。

2 下列结构宜进行弹塑性变形验算：

1）本规程表 5.3.2 所列高度范围且为竖向不规则类型的高层民用建筑钢结构；

2）7 度Ⅲ、Ⅳ类场地和 8 度时乙类建筑。

3.5.4 高层民用建筑钢结构薄弱层或薄弱部位弹塑性层间位移不应大于层高的 1/50。

3.5.5 房屋高度不小于 150m 的高层民用建筑钢结构应满足风振舒适度要求。在现行国家标准《建筑结构荷载规范》GB 50009 规定的 10 年一遇的风荷载标准值作用下，结构顶点的顺风向和横风向振动最大加速度计算值不应大于表 3.5.5 的限值。结构顶点的顺风向和横风向振动最大加速度，可按现行国家标准《建筑结构荷载规范》GB 50009 的有关规定计算，也可通过风洞试验结果判断确定。计算时钢结构阻尼比宜取 0.01～0.015。

表 3.5.5 结构顶点的顺风向和横风向风振加速度限值

使用功能	$a_{\lim}$
住宅、公寓	0.20m/s^2
办公、旅馆	0.28m/s^2

3.5.6 圆筒形高层民用建筑顶部风速不应大于临界风速，当大于临界风速时，应进行横风向涡流脱落试验或增大结构刚度。顶部风速、临界风速应按下列公式验算：

$$v_n < v_{cr} \tag{3.5.6-1}$$

$$v_{cr} = 5D/T_1 \tag{3.5.6-2}$$

$$v_n = 40\sqrt{\mu_z w_0} \tag{3.5.6-3}$$

式中：v_n——圆筒形高层民用建筑顶部风速（m/s）；

μ_z——风压高度变化系数；

w_0——基本风压（kN/m^2），按现行国家标准《建筑结构荷载规范》GB 50009 的规定取用；

v_{cr}——临界风速（m/s）；

D——圆筒形建筑的直径（m）；

T_1——圆筒形建筑的基本自振周期（s）。

3.5.7 楼盖结构应具有适宜的舒适度。楼盖结构的竖向振动频率不宜小于 3Hz，竖向振动加速度峰值不应大于表 3.5.7 的限值。楼盖结构竖向振动加速度可按现行行业标准《高层建筑混凝土结构技术规程》JGJ 3 的有关规定计算。

表 3.5.7 楼盖竖向振动加速度限值

人员活动环境	峰值加速度限值（m/s^2）	
	竖向自振频率不大于 2Hz	竖向自振频率不小于 4Hz
住宅、办公	0.07	0.05
商场及室内连廊	0.22	0.15

注：楼盖结构竖向频率为 2Hz～4Hz 时，峰值加速度限值可按线性插值选取。

3.6 构件承载力设计

3.6.1 高层民用建筑钢结构构件的承载力应按下列公式验算：

持久设计状况、短暂设计状况

$$\gamma_0 S_d \leqslant R_d \tag{3.6.1-1}$$

地震设计状况 $S_d \leqslant R_d/\gamma_{RE}$ **(3.6.1-2)**

式中：γ_0**——结构重要性系数，对安全等级为一级的**

结构构件不应小于 1.1，对安全等级为二级的结构构件不应小于 1.0；

S_d——作用组合的效应设计值；

R_d——构件承载力设计值；

γ_{RE}——构件承载力抗震调整系数。结构构件和连接强度计算时取 0.75；柱和支撑稳定计算时取 0.8；当仅计算竖向地震作用时取 1.0。

3.7 抗 震 等 级

3.7.1 各抗震设防类别的高层民用建筑钢结构的抗震措施应分别符合现行国家标准《建筑工程抗震设防分类标准》GB 50223 和《建筑抗震设计规范》GB 50011 的有关规定。

3.7.2 当建筑场地为Ⅲ、Ⅳ类时，对设计基本地震加速度为 0.15g 和 0.30g 的地区，宜分别按抗震设防烈度 8 度（0.2g）和 9 度时各类建筑的要求采取抗震构造措施。

3.7.3 抗震设计时，高层民用建筑钢结构应根据抗震设防分类、烈度和房屋高度采用不同的抗震等级，并应符合相应的计算和构造措施要求。丙类建筑的抗震等级应按现行国家标准《建筑抗震设计规范》GB 50011 的有关规定确定。对甲类建筑和房屋高度超过 50m，抗震设防烈度 9 度时的乙类建筑应采取更有效的抗震措施。

3.8 结构抗震性能化设计

3.8.1 结构抗震性能化设计应根据结构方案的特殊性、选用适宜的结构抗震性能目标，并采取满足预期的抗震性能目标的措施。

结构抗震性能目标应综合考虑抗震设防类别、设防烈度、场地条件、结构的特殊性、建造费用、震后损失和修复难易程度等各项因素选定。结构抗震性能目标可分为 A、B、C、D 四个等级，结构抗震性能可分为 1、2、3、4、5 五个水准，每个性能目标均与一组在指定地震地面运动下的结构抗震性能水准相对应，具体情况可按表 3.8.1 划分。

表 3.8.1 结构抗震性能目标

地震水准 \ 性能目标 / 性能水准	A	B	C	D
多遇地震	1	1	1	1
设防烈度地震	1	2	3	4
预估的罕遇地震	2	3	4	5

3.8.2 结构抗震性能水准可按表 3.8.2 进行宏观判别。

表 3.8.2 各性能水准结构预期的震后性能状况的要求

结构抗震性能水准	宏观损坏程度	损坏部位			继续使用的可能性
		关键构件	普通竖向构件	耗能构件	
第 1 水准	完好、无损坏	无损坏	无损坏	无损坏	一般不需修理即可继续使用
第 2 水准	基本完好、轻微损坏	无损坏	无损坏	轻微损坏	稍加修理即可继续使用
第 3 水准	轻度损坏	轻微损坏	轻微损坏	轻度损坏、部分中度损坏	一般修理后才可继续使用
第 4 水准	中度损坏	轻度损坏	部分构件中度损坏	中度损坏、部分比较严重损坏	修复或加固后才可继续使用
第 5 水准	比较严重损坏	中度损坏	部分构件比较严重损坏	比较严重损坏	需排险大修

注：关键构件是指该构件的失效可能引起结构的连续破坏或危及生命安全的严重破坏；普通竖向构件是指关键构件之外的竖向构件；耗能构件包括框架梁、消能梁段、延性墙板及屈曲约束支撑等。

3.8.3 不同抗震性能水准的结构可按下列规定进行设计：

1 第 1 性能水准的结构，应满足弹性设计要求。在多遇地震作用下，其承载力和变形应符合本规程的有关规定；在设防烈度地震作用下，结构构件的抗震承载力应符合下式规定：

$$\gamma_G S_{GE} + \gamma_{Eh} S^*_{Ehk} + \gamma_{Ev} S^*_{Evk} \leqslant R_d / \gamma_{RE} \quad (3.8.3\text{-}1)$$

式中：R_d、γ_{RE}——分别为构件承载力设计值和承载力抗震调整系数，同本规程第 3.6.1 条；

S_{GE}——重力荷载代表值的效应；

S^*_{Ehk}——水平地震作用标准值的构件内力，不需考虑与抗震等级有关的增大系数；

S^*_{Evk}——竖向地震作用标准值的构件内力，不需考虑与抗震等级有关的增大系数；

γ_G、γ_{Eh}、γ_{Ev}——分别为上述荷载或作用的分项系数。

2 第 2 性能水准的结构，在设防烈度地震或预估的罕遇地震作用下，关键构件及普通竖向构件的抗震承载力宜符合式（3.8.3-1）的规定；耗能构件的抗震承载力应符合下式规定：

$$S_{GE} + S^*_{Ehk} + 0.4 S^*_{Evk} \leqslant R_k \quad (3.8.3\text{-}2)$$

式中：R_k——截面极限承载力，按钢材的屈服强度计算。

3 第 3 性能水准的结构应进行弹塑性计算分析，在设防烈度地震或预估的罕遇地震作用下，关键构件及普通竖向构件的抗震承载力应符合式（3.8.3-2）的规定，水平长悬臂结构和大跨度结构中的关键构件的抗震承载力尚应符合式（3.8.3-3）的规定；部分耗能构件进入屈服阶段，但不允许发生破坏。在预估的罕遇地震作用下，结构薄弱部位的最大层间位移应满足本规程第 3.5.4 条的规定。

$$S_{GE} + 0.4S_{Ehk}^{*} + S_{Evk}^{*} \leqslant R_{k} \quad (3.8.3\text{-}3)$$

4 第 4 性能水准的结构应进行弹塑性计算分析，在设防烈度地震或预估的罕遇地震作用下，关键构件的抗震承载力应符合式（3.8.3-2）的规定，水平长悬臂结构和大跨度结构中的关键构件的抗震承载力尚应符合式（3.8.3-3）的规定；允许部分竖向构件以及大部分耗能构件进入屈服阶段，但不允许发生破坏。在预估的罕遇地震作用下，结构薄弱部位的最大层间位移应符合本规程第 3.5.4 条的规定。

5 第 5 性能水准的结构应进行弹塑性计算分析，在预估的罕遇地震作用下，关键构件的抗震承载力宜符合式（3.8.3-2）的规定；较多的竖向构件进入屈服阶段，但不允许发生破坏且同一楼层的竖向构件不宜全部屈服；允许部分耗能构件发生比较严重的破坏；结构薄弱部位的层间位移应符合本规程第 3.5.4 条的规定。

3.9 抗连续倒塌设计基本要求

3.9.1 安全等级为一级的高层民用建筑钢结构应满足抗连续倒塌概念设计的要求，有特殊要求时，可采用拆除构件方法进行抗连续倒塌设计。

3.9.2 抗连续倒塌概念设计应符合下列规定：

1 应采取必要的结构连接措施，增强结构的整体性；

2 主体结构宜采用多跨规则的超静定结构；

3 结构构件应具有适宜的延性，应合理控制截面尺寸，避免局部失稳或整个构件失稳、节点先于构件破坏；

4 周边及边跨框架的柱距不宜过大；

5 转换结构应具有整体多重传递重力荷载途径；

6 框架梁柱宜刚接；

7 独立基础之间宜采用拉梁连接。

3.9.3 抗连续倒塌的拆除构件方法应符合下列规定：

1 应逐个分别拆除结构周边柱、底层内部柱以及转换桁架腹杆等重要构件；

2 可采用弹性静力方法分析剩余结构的内力与变形；

3 剩余结构构件承载力应满足下式要求：

$$R_{d} \geqslant \beta S_{d} \quad (3.9.3)$$

式中：S_d——剩余结构构件效应设计值，可按本规程第 3.9.4 条的规定计算；

R_d——剩余结构构件承载力设计值，可按本规程第 3.9.6 条的规定计算；

β——效应折减系数，对中部水平构件取 0.67，对其他构件取 1.0。

3.9.4 结构抗连续倒塌设计时，荷载组合的效应设计值可按下式确定：

$$S_{d} = \eta_{d}(S_{Gk} + \sum \psi_{qi} S_{Qi,k}) + \psi_{w} S_{wk} \quad (3.9.4)$$

式中：S_{Gk}——永久荷载标准值产生的效应；

$S_{Qi,k}$——竖向可变荷载标准值产生的效应；

S_{wk}——风荷载标准值产生的效应；

ψ_{qi}——第 i 个竖向可变荷载的准永久值系数；

ψ_{w}——风荷载组合值系数，取 0.2；

η_{d}——竖向荷载动力放大系数，当构件直接与被拆除竖向构件相连时取 2.0，其他构件取 1.0。

3.9.5 构件截面承载力计算时，钢材强度可取抗拉强度最小值。

3.9.6 当拆除某构件不能满足结构抗连续倒塌要求时，在该构件表面附加 80kN/m^2 侧向偶然作用设计值，此时其承载力应满足下列公式的要求：

$$R_{d} \geqslant S_{d} \quad (3.9.6\text{-}1)$$

$$S_{d} = S_{Gk} + 0.6S_{Qk} + S_{Ad} \quad (3.9.6\text{-}2)$$

式中：R_d——构件承载力设计值，按本规程第 3.6.1 条采用；

S_d——作用组合的效应设计值；

S_{Gk}——永久荷载标准值的效应；

S_{Qk}——活荷载标准值的效应；

S_{Ad}——侧向偶然作用设计值的效应。

4 材 料

4.1 选材基本规定

4.1.1 钢材的选用应综合考虑构件的重要性和荷载特征、结构形式和连接方法、应力状态、工作环境以及钢材品种和厚度等因素，合理地选用钢材牌号、质量等级及其性能要求，并应在设计文件中完整地注明对钢材的技术要求。

4.1.2 钢材的牌号和质量等级应符合下列规定：

1 主要承重构件所用钢材的牌号宜选用 Q345 钢、Q390 钢，一般构件宜选用 Q235 钢，其材质和材料性能应分别符合现行国家标准《低合金高强度结构钢》GB/T 1591 或《碳素结构钢》GB/T 700 的规定。有依据时可选用更高强度级别的钢材。

2 主要承重构件所用较厚的板材宜选用高性能建筑用 GJ 钢板，其材质和材料性能应符合现行国家标准《建筑结构用钢板》GB/T 19879 的规定。

3 外露承重钢结构可选用 Q235NH、Q355NH 或 Q415NH 等牌号的焊接耐候钢，其材质和材料性能要求应符合现行国家标准《耐候结构钢》GB/T 4171 的规定。选用时宜附加要求保证晶粒度不小于 7

级，耐腐蚀指数不小于6.0。

4 承重构件所用钢材的质量等级不宜低于B级；抗震等级为二级及以上的高层民用建筑钢结构，其框架梁、柱和抗侧力支撑等主要抗侧力构件钢材的质量等级不宜低于C级。

5 承重构件中厚度不小于40mm的受拉板件，当其工作温度低于−20℃时，宜适当提高其所用钢材的质量等级。

6 选用Q235A或Q235B级钢时应选用镇静钢。

4.1.3 承重构件所用钢材应具有屈服强度、抗拉强度、伸长率等力学性能和冷弯试验的合格保证；同时尚应具有碳、硫、磷等化学成分的合格保证。焊接结构所用钢材尚应具有良好的焊接性能，其碳当量或焊接裂纹敏感性指数应符合设计要求或相关标准的规定。

4.1.4 高层民用建筑中按抗震设计的框架梁、柱和抗侧力支撑等主要抗侧力构件，其钢材性能要求尚应符合下列规定：

1 钢材抗拉性能应有明显的屈服台阶，其断后伸长率A不应小于20%；

2 钢材屈服强度波动范围不应大于120N/mm²，钢材实物的实测屈强比不应大于0.85；

3 抗震等级为三级及以上的高层民用建筑钢结构，其主要抗侧力构件所用钢材应具有与其工作温度相应的冲击韧性合格保证。

4.1.5 焊接节点区T形或十字形焊接接头中的钢板，当板厚不小于40mm且沿板厚方向承受较大拉力作用（含较高焊接约束拉应力作用）时，该部分钢板应具有厚度方向抗撕裂性能（Z向性能）的合格保证。其沿板厚方向的断面收缩率不应小于现行国家标准《厚度方向性能钢板》GB/T 5313规定的Z15级允许限值。

4.1.6 钢框架柱采用箱形截面且壁厚不大于20mm时，宜选用直接成方工艺成型的冷弯方（矩）形焊接钢管，其材质和材料性能应符合现行行业标准《建筑结构用冷弯矩形钢管》JG/T 178中Ⅰ级产品的规定；框架柱采用圆钢管时，宜选用直缝焊接圆钢管，其材质和材料性能应符合现行行业标准《建筑结构用冷成型焊接圆钢管》JG/T 381的规定，其截面规格的径厚比不宜过小。

4.1.7 偏心支撑框架中的消能梁段所用钢材的屈服强度不应大于345N/mm²，屈强比不应大于0.8；且屈服强度波动范围不应大于100N/mm²。有依据时，屈曲约束支撑核心单元可选用材质与性能符合现行国家标准《建筑用低屈服强度钢板》GB/T 28905的低屈服强度钢。

4.1.8 钢结构楼盖采用压型钢板组合楼板时，宜采用闭口型压型钢板，其材质和材料性能应符合现行国家标准《建筑用压型钢板》GB/T 12755的相关规定。

4.1.9 钢结构节点部位采用铸钢节点时，其铸钢件宜选用材质和材料性能符合现行国家标准《焊接结构用铸钢件》GB/T 7659的ZG 270-480H、ZG 300-500H或ZG 340-550H铸钢件。

4.1.10 钢结构所用焊接材料的选用应符合下列规定：

1 手工焊焊条或自动焊焊丝和焊剂的性能应与构件钢材性能相匹配，其熔敷金属的力学性能不应低于母材的性能。当两种强度级别的钢材焊接时，宜选用与强度较低钢材相匹配的焊接材料。

2 焊条的材质和性能应符合现行国家标准《非合金钢及细晶粒钢焊条》GB/T 5117、《热强钢焊条》GB/T 5118的有关规定。框架梁、柱节点和抗侧力支撑连接节点等重要连接或拼接节点的焊缝宜采用低氢型焊条。

3 焊丝的材质和性能应符合现行国家标准《熔化焊用钢丝》GB/T 14957、《气体保护电弧焊用碳钢、低合金钢焊丝》GB/T 8110、《碳钢药芯焊丝》GB/T 10045及《低合金钢药芯焊丝》GB/T 17493的有关规定。

4 埋弧焊用焊丝和焊剂的材质和性能应符合现行国家标准《埋弧焊用碳钢焊丝和焊剂》GB/T 5293、《埋弧焊用低合金钢焊丝和焊剂》GB/T 12470的有关规定。

4.1.11 钢结构所用螺栓紧固件材料的选用应符合下列规定：

1 普通螺栓宜采用4.6或4.8级C级螺栓，其性能与尺寸规格应符合现行国家标准《紧固件机械性能 螺栓、螺钉和螺柱》GB/T 3098.1、《六角头螺栓 C级》GB/T 5780和《六角头螺栓》GB/T 5782的规定。

2 高强度螺栓可选用大六角高强度螺栓或扭剪型高强度螺栓。高强度螺栓的材质、材料性能、级别和规格应分别符合现行国家标准《钢结构用高强度大六角头螺栓》GB/T 1228、《钢结构用高强度大六角螺母》GB/T 1229、《钢结构用高强度垫圈》GB/T 1230、《钢结构用高强度大六角头螺栓、大六角螺母、垫圈技术条件》GB/T 1231和《钢结构用扭剪型高强度螺栓连接副》GB/T 3632的规定。

3 组合结构所用圆柱头焊钉（栓钉）连接件的材料应符合现行国家标准《电弧螺柱焊用圆柱头焊钉》GB/T 10433的规定。其屈服强度不应小于320N/mm²，抗拉强度不应小于400N/mm²，伸长率不应小于14%。

4 锚栓钢材可采用现行国家标准《碳素结构钢》GB/T 700规定的Q235钢，《低合金高强度结构钢》GB/T 1591中规定的Q345钢、Q390钢或强度更高的钢材。

4.2 材料设计指标

4.2.1 各牌号钢材的设计用强度值应按表4.2.1采用。

表 4.2.1 设计用钢材强度值（N/mm^2）

钢材牌号		钢材厚度或直径（mm）	钢材强度		钢材强度设计值		
			抗拉强度最小值 f_u	屈服强度最小值 f_y	抗拉、抗压、抗弯 f	抗剪 f_v	端面承压（刨平顶紧）f_{ce}
碳素结构钢	Q235	≤16	370	235	215	125	320
		>16，≤40		225	205	120	
		>40，≤100		215	200	115	
低合金高强度结构钢	Q345	≤16	470	345	305	175	400
		>16，≤40		335	295	170	
		>40，≤63		325	290	165	
		>63，≤80		315	280	160	
		>80，≤100		305	270	155	
	Q390	≤16	490	390	345	200	415
		>16，≤40		370	330	190	
		>40，≤63		350	310	180	
		>63，≤100		330	295	170	
	Q420	≤16	520	420	375	215	440
		>16，≤40		400	355	205	
		>40，≤63		380	320	185	
		>63，≤100		360	305	175	
建筑结构用钢板	Q345GJ	>16，≤50	490	345	325	190	415
		>50，≤100		335	300	175	

注：表中厚度系指计算点的钢材厚度，对轴心受拉和受压杆件系指截面中较厚板件的厚度。

4.2.2 冷弯成型的型材与管材，其强度设计值应按现行国家标准《冷弯薄壁型钢结构技术规范》GB 50018 的规定采用。

4.2.3 焊接结构用铸钢件的强度设计值应按表 4.2.3 采用。

4.2.4 设计用焊缝的强度值应按表 4.2.4 采用。

表 4.2.3 焊接结构用铸钢件的强度设计值（N/mm^2）

铸钢件牌号	抗拉、抗压和抗弯 f	抗剪 f_v	端面承压（刨平顶紧）f_{ce}
ZG 270-480H	210	120	310
ZG 300-500H	235	135	325
ZG 340-550H	265	150	355

注：本表适用于厚度为 100mm 以下的铸件。

表 4.2.4 设计用焊缝强度值（N/mm^2）

焊接方法和焊条型号	构件钢材		对接焊缝抗拉强度最小值 f_u	对接焊缝强度设计值				角焊缝强度设计值
	钢材牌号	厚度或直径（mm）		抗压 f_c^w	焊缝质量为下列等级时抗拉、抗弯 f_t^w		抗剪 f_v^w	抗拉、抗压和抗剪 f_f^w
					一级、二级	三级		
F4XX-H08A 焊剂焊丝自动焊、半自动焊 E43 型焊条手工焊	Q235	≤16	370	215	215	185	125	160
		>16，≤40		205	205	175	120	
		>40，≤100		200	200	170	115	

续表 4.2.4

焊接方法和焊条型号	构件钢材		对接焊缝抗拉强度最小值 f_u	对接焊缝强度设计值				角焊缝强度设计值
	钢材牌号	厚度或直径（mm）		抗压 f_c^w	焊缝质量为下列等级时抗拉、抗弯 f_t^w		抗剪 f_v^w	抗拉、抗压和抗剪 f_f^w
					一级、二级	三级		
F48XX-H08MnA 或 F48XX-H10Mn2 焊剂-焊丝自动焊、半自动焊 E50 型焊条手工焊	Q345	≤16	470	305	305	260	175	200
		>16，≤40		295	295	250	170	
		>40，≤63		290	290	245	165	
		>63，≤80		280	280	240	160	
		>80，≤100		270	270	230	155	
F55XX-H10Mn2 或 F55XX-H08Mn MoA 焊剂-焊丝自动焊、半自动焊 E55 型焊条手工焊	Q390	≤16	490	345	345	295	200	220
		>16，≤40		330	330	280	190	
		>40，≤63		310	310	265	180	
		>63，≤100		295	295	250	170	
	Q420	≤16	520	375	375	320	215	220
		>16，≤40		355	355	300	205	
		>40，≤63		320	320	270	185	
		>63，≤100		305	305	260	175	
	Q345GJ	>16，≤50	490	325	325	275	185	200
		>50，≤100		300	300	255	170	

注：1 焊缝质量等级应符合现行国家标准《钢结构焊接规范》GB 50661 的规定，其检验方法应符合现行国家标准《钢结构工程施工质量验收规范》GB 50205 的规定。其中厚度小于 8mm 钢材的对接焊缝，不应采用超声波探伤确定焊缝质量等级。

2 对接焊缝在受压区的抗弯强度设计值取 f_c^w，在受拉区的抗弯强度设计值取 f_t^w。

3 表中厚度系指计算点的钢材厚度，对轴心受拉和轴心受压构件系指截面中较厚板件的厚度。

4 进行无垫板的单面施焊对接焊缝的连接计算时，上表规定的强度设计值应乘折减系数 0.85。

5 Q345GJ 钢与 Q345 钢焊接时，焊缝强度设计值按较低者采用。

4.2.5 设计用螺栓的强度值应按表 4.2.5 采用。

表 4.2.5 设计用螺栓的强度值（N/mm²）

螺栓的钢材牌号（或性能等级）和连接构件的钢材牌号		螺栓的强度设计值											锚栓、高强度螺栓钢材的抗拉强度最小值 f_u^b
		普通螺栓						锚栓		承压型连接高强螺栓			
		C 级螺栓			A 级、B 级螺栓								
		抗拉 f_t^b	抗剪 f_v^b	承压 f_c^b	抗拉 f_t^b	抗剪 f_v^b	承压 f_c^b	抗拉 f_t^a	抗剪 f_v^a	抗拉 f_t^b	抗剪 f_v^b	承压 f_c^b	
普通螺栓	4.6 级 4.8 级	170	140	—	—	—	—	—	—	—	—	—	—
	5.6 级	—	—	—	210	190	—	—	—	—	—	—	
	8.8 级	—	—	—	400	320	—	—	—	—	—	—	
锚栓	Q235 钢	—	—	—	—	—	—	140	80	—	—	—	370
	Q345 钢	—	—	—	—	—	—	180	105	—	—	—	470
	Q390 钢	—	—	—	—	—	—	185	110	—	—	—	490

续表 4.2.5

螺栓的钢材牌号（或性能等级）和连接构件的钢材牌号		螺栓的强度设计值												锚栓、高强度螺栓钢材的抗拉强度最小值 f_u^b
		普通螺栓						锚栓		承压型连接高强螺栓			
		C级螺栓			A级、B级螺栓								
		抗拉 f_t^b	抗剪 f_v^b	承压 f_c^b	抗拉 f_t^b	抗剪 f_v^b	承压 f_c^b	抗拉 f_t^a	抗剪 f_v^a	抗拉 f_t^b	抗剪 f_v^b	承压 f_c^b	
承压型连接的高强度螺栓	8.8级	—	—	—	—	—	—	—	—	400	250	—	
	10.9级	—	—	—	—	—	—	—	—	500	310	—	
所连接构件钢材牌号	Q235钢	—	—	305	—	—	405	—	—	—	—	470	—
	Q345钢	—	—	385	—	—	510	—	—	—	—	590	
	Q390钢	—	—	400	—	—	530	—	—	—	—	615	
	Q420钢	—	—	425	—	—	560	—	—	—	—	655	
	Q345GJ钢	—	—	400	—	—	530	—	—	—	—	615	

注：1 A级螺栓用于 $d \leqslant 24mm$ 和 $l \leqslant 10d$ 或 $l \leqslant 150mm$（按较小值）的螺栓；B级螺栓用于 $d > 24mm$ 或 $l > 10d$ 或 $l > 150mm$（按较小值）的螺栓。d 为公称直径，l 为螺杆公称长度。

2 B级螺栓孔的精度和孔壁表面粗糙度及C级螺栓孔的允许偏差和孔壁表面粗糙度，均应符合现行国家标准《钢结构工程施工质量验收规范》GB 50205的规定。

3 摩擦型连接的高强度螺栓钢材的抗拉强度最小值与表中承压型连接的高强度螺栓相应值相同。

5 荷载与作用

5.1 竖向荷载和温度作用

5.1.1 高层民用建筑的楼面活荷载、屋面活荷载及屋面雪荷载等应按现行国家标准《建筑结构荷载规范》GB 50009 的规定采用。

5.1.2 计算构件内力时，楼面及屋面活荷载可取为各跨满载，楼面活荷载大于 $4kN/m^2$ 时宜考虑楼面活荷载的不利布置。

5.1.3 施工中采用附墙塔、爬塔等对结构有影响的起重机械或其他施工设备时，应根据具体情况验算施工荷载对结构的影响。

5.1.4 旋转餐厅轨道和驱动设备自重应按实际情况确定。

5.1.5 擦窗机等清洁设备应按实际情况确定其大小和作用位置。

5.1.6 直升机平台的活荷载应采用下列两款中能使平台产生最大内力的荷载：

1 直升机总重量引起的局部荷载，应按实际最大起飞重量决定的局部荷载标准值乘以动力系数确定。对具有液压轮胎起落架的直升机，动力系数可取1.4；当没有机型技术资料时，局部荷载标准值及其作用面积可根据直升机类型按表 5.1.6 取用。

表 5.1.6 局部荷载标准值及其作用面积

直升机类型	局部荷载标准值（kN）	作用面积（m^2）
轻型	20.0	0.20×0.20
中型	40.0	0.25×0.25
重型	60.0	0.30×0.30

2 等效均布活荷载 $5kN/m^2$。

5.1.7 宜考虑施工阶段和使用阶段温度作用对钢结构的影响。

5.2 风 荷 载

5.2.1 垂直于高层民用建筑表面的风荷载，包括主要抗侧力结构和围护结构的风荷载标准值，应按现行国家标准《建筑结构荷载规范》GB 50009 的规定计算。

5.2.2 对于房屋高度大于 30m 且高宽比大于 1.5 的房屋，应考虑风压脉动对结构产生顺风向振动的影响。结构顺风向风振响应计算应按随机振动理论进行，结构的自振周期应按结构动力学计算。

对横风向风振作用效应或扭转风振作用效应明显的高层民用建筑，应考虑横风向风振或扭转风振的影响。横风向风振或扭转风振的计算范围、方法及顺风向与横风向效应的组合方法应符合现行国家标准《建筑结构荷载规范》GB 50009 的有关规定。

5.2.3 考虑横风向风振或扭转风振影响时，结构顺风向及横风向的楼层层间最大水平位移与层高之比应分别符合本规程第3.5.2条的规定。

5.2.4 基本风压应按现行国家标准《建筑结构荷载规范》GB 50009的规定采用。对风荷载比较敏感的高层民用建筑，承载力设计时应按基本风压的1.1倍采用。

5.2.5 计算主体结构的风荷载效应时，风荷载体型系数 μ_s 可按下列规定采用：

1 对平面为圆形的建筑可取0.8。

2 对平面为正多边形及三角形的建筑可按下式计算：

$$\mu_s = 0.8 + 1.2/\sqrt{n} \quad (5.2.5)$$

式中：μ_s——风荷载体型系数；

n——多边形的边数。

3 高宽比 H/B 不大于4的平面为矩形、方形和十字形的建筑可取1.3。

4 下列建筑可取1.4：

1）平面为V形、Y形、弧形、双十字形和井字形的建筑；

2）平面为L形和槽形及高宽比 H/B 大于4的平面为十字形的建筑；

3）高宽比 H/B 大于4、长宽比 L/B 不大于1.5的平面为矩形和鼓形的建筑。

5 在需要更细致计算风荷载的场合，风荷载体型系数可由风洞试验确定。

5.2.6 当多栋或群集的高层民用建筑相互间距较近时，宜考虑风力相互干扰的群体效应。一般可将单栋建筑的体型系数 μ_s 乘以相互干扰增大系数，该系数可参考类似条件的试验资料确定，必要时通过风洞试验或数值技术确定。

5.2.7 房屋高度大于200m或有下列情况之一的高层民用建筑，宜进行风洞试验或通过数值技术判断确定其风荷载：

1 平面形状不规则，立面形状复杂；

2 立面开洞或连体建筑；

3 周围地形和环境较复杂。

5.2.8 计算檐口、雨篷、遮阳板、阳台等水平构件的局部上浮风荷载时，风荷载体型系数 μ_s 不宜大于−2.0。

5.2.9 设计高层民用建筑的幕墙结构时，风荷载应按国家现行标准《玻璃幕墙工程技术规范》JGJ 102、《金属与石材幕墙工程技术规范》JGJ 133、《人造板材幕墙工程技术规范》JGJ 336和《建筑结构荷载规范》GB 50009的有关规定采用。

5.3 地震作用

5.3.1 高层民用建筑钢结构的地震作用计算除应符合现行国家标准《建筑抗震设计规范》GB 50011的有关规定外，尚应符合下列规定：

1 扭转特别不规则的结构，应计入双向水平地震作用下的扭转影响；其他情况，应计算单向水平地震作用下的扭转影响；

2 9度抗震设计时应计算竖向地震作用；

3 高层民用建筑中的大跨度、长悬臂结构，7度（0.15g）、8度抗震设计时应计入竖向地震作用。

5.3.2 高层民用建筑钢结构的抗震计算，应采用下列方法：

1 高层民用建筑钢结构宜采用振型分解反应谱法；对质量和刚度不对称、不均匀的结构以及高度超过100m的高层民用建筑钢结构应采用考虑扭转耦联振动影响的振型分解反应谱法。

2 高度不超过40m、以剪切变形为主且质量和刚度沿高度分布比较均匀的高层民用建筑钢结构，可采用底部剪力法。

3 7度～9度抗震设防的高层民用建筑，下列情况应采用弹性时程分析进行多遇地震下的补充计算。

1）甲类高层民用建筑钢结构；

2）表5.3.2所列的乙、丙类高层民用建筑钢结构；

3）不满足本规程第3.3.2条规定的特殊不规则的高层民用建筑钢结构。

表5.3.2 采用时程分析的房屋高度范围

烈度、场地类别	房屋高度范围（m）
8度Ⅰ、Ⅱ类场地和7度	>100
8度Ⅲ、Ⅳ类场地	>80
9度	>60

4 计算罕遇地震下的结构变形，应按现行国家标准《建筑抗震设计规范》GB 50011的规定，采用静力弹塑性分析方法或弹塑性时程分析法。

5 计算安装有消能减震装置的高层民用建筑的结构变形，应按现行国家标准《建筑抗震设计规范》GB 50011的规定，采用静力弹塑性分析方法或弹塑性时程分析法。

5.3.3 进行结构时程分析时，应符合下列规定：

1 应按建筑场地类别和设计地震分组，选取实际地震记录和人工模拟的加速度时程曲线，其中实际地震记录的数量不应少于总数量的2/3，多组时程曲线的平均地震影响系数曲线应与振型分解反应谱法所采用的地震反应谱曲线在统计意义上相符。进行弹性时程分析时，每条时程曲线计算所得结构底部剪力不应小于振型分解反应谱法计算结果的65%，多条时程曲线计算所得结构底部剪力平均值不应小于振型分解反应谱法计算结果的80%。

2 地震波的持续时间不宜小于建筑结构基本自振周期的5倍和15s，地震波的时间间距可取0.01s或0.02s。

3 输入地震加速度的最大值可按表 5.3.3 采用。

表 5.3.3 时程分析所用地震加速度最大值（cm/s^2）

地震影响	6 度	7 度	8 度	9 度
多遇地震	18	35（55）	70（110）	140
设防地震	50	100（150）	200（300）	400
罕遇地震	125	220（310）	400（510）	620

注：括号内数值分别用于设计基本地震加速度为 0.15g 和 0.30g 的地区。

4 当取三组加速度时程曲线输入时，结构地震作用效应宜取时程法计算结果的包络值与振型分解反应谱法计算结果的较大值；当取七组及七组以上的时程曲线进行计算时，结构地震作用效应可取时程法计算结果的平均值与振型分解反应谱法计算结果的较大值。

5.3.4 计算地震作用时，重力荷载代表值应取永久荷载标准值和各可变荷载组合值之和。各可变荷载的组合值系数应按表 5.3.4 采用。

表 5.3.4 组合值系数

可变荷载种类		组合值系数
雪荷载		0.5
屋面活荷载		不计入
按实际情况计算的楼面活荷载		1.0
按等效均布荷载计算的楼面活荷载	藏书库、档案库、库房	0.8
	其他民用建筑	0.5

5.3.5 建筑结构的地震影响系数应根据烈度、场地类别、设计地震分组和结构自振周期以及阻尼比确定。其水平地震影响系数最大值 α_{max} 应按表 5.3.5-1 采用；对处于发震断裂带两侧 10km 以内的建筑，尚应乘以近场效应系数。近场效应系数，5km 以内取 1.5，5km～10km 取 1.25。特征周期 T_g 应根据场地类别和设计地震分组按表 5.3.5-2 采用，计算罕遇地震作用时，特征周期应增加 0.05s。周期大于 6.0s 的高层民用建筑钢结构所采用的地震影响系数应专门研究。

表 5.3.5-1 水平地震影响系数最大值 α_{max}

地震影响	6 度	7 度	8 度	9 度
多遇地震	0.04	0.08（0.12）	0.16（0.24）	0.32
设防地震	0.12	0.23（0.34）	0.45（0.68）	0.90
罕遇地震	0.28	0.50（0.72）	0.90（1.20）	1.40

注：7、8 度时括号内的数值分别用于设计基本地震加速度为 0.15g 和 0.30g 的地区。

表 5.3.5-2 特征周期值 T_g（s）

设计地震分组	场地类别				
	Ⅰ$_0$	Ⅰ$_1$	Ⅱ	Ⅲ	Ⅳ
第一组	0.20	0.25	0.35	0.45	0.65
第二组	0.25	0.30	0.40	0.55	0.75
第三组	0.30	0.35	0.45	0.65	0.90

5.3.6 建筑结构地震影响系数曲线（图 5.3.6）的阻尼调整和形状参数应符合下列规定：

1 当建筑结构的阻尼比为 0.05 时，地震影响系数曲线的阻尼调整系数应按 1.0 采用，形状参数应符合下列规定：

1） 直线上升段，周期小于 0.1s 的区段；

2） 水平段，自 0.1s 至特征周期 T_g 的区段，地震影响系数应取最大值 α_{max}；

3） 曲线下降段，自特征周期至 5 倍特征周期的区段，衰减指数 γ 应取 0.9；

4） 直线下降段，自 5 倍特征周期至 6.0s 的区段，下降斜率调整系数 η_1 应取 0.02。

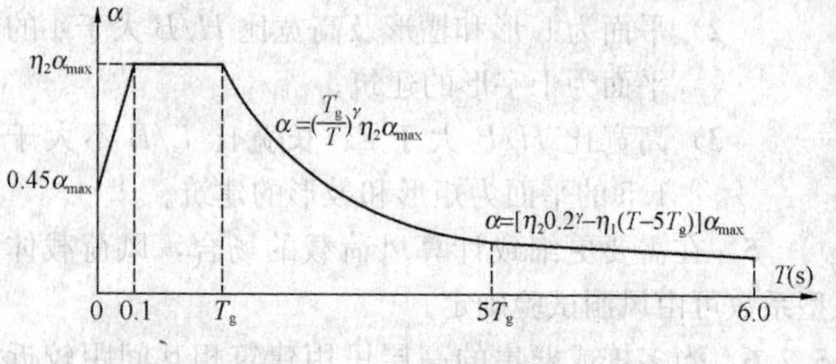
α
η2αmax
α=(Tg/T)^γ η2αmax
0.45αmax
α=[η2 0.2^γ−η1(T−5Tg)]αmax
T(s)
0
0.1
Tg
5Tg
6.0

图 5.3.6 地震影响系数曲线

α—地震影响系数；α_{max}—地震影响系数最大值；η_1—直线下降段的下降斜率调整系数；γ—衰减指数；T_g—特征周期；η_2—阻尼调整系数；T—结构自振周期

2 当建筑结构的阻尼比不等于 0.05 时，地震影响系数曲线的阻尼调整系数和形状参数应符合下列规定：

1） 曲线下降段的衰减指数应按下式确定：

$$\gamma = 0.9 + \frac{0.05 - \xi}{0.3 + 6\xi} \quad (5.3.6\text{-}1)$$

式中：γ——曲线下降段的衰减指数；

ξ——阻尼比。

2） 直线下降段的下降斜率调整系数应按下式确定：

$$\eta_1 = 0.02 + \frac{0.05 - \xi}{4 + 32\xi} \quad (5.3.6\text{-}2)$$

式中：η_1——直线下降段的下降斜率调整系数，小于 0 时取 0。

3） 阻尼调整系数应按下式确定：

$$\eta_2 = 1 + \frac{0.05 - \xi}{0.08 + 1.6\xi} \quad (5.3.6\text{-}3)$$

式中：η_2——阻尼调整系数，当小于 0.55 时，应取 0.55。

5.3.7 多遇地震下计算双向水平地震作用效应时可不考虑偶然偏心的影响，但应验算单向水平地震作用下考虑偶然偏心影响的楼层竖向构件最大弹性水平位移与最大和最小弹性水平位移平均值之比；计算单向水平地震作用效应时应考虑偶然偏心的影响。每层质心沿垂直于地震作用方向的偏移值可按下列公式计算：

方形及矩形平面 $e_i = \pm 0.05L_i$ （5.3.7-1）

其他形式平面 $e_i = \pm 0.172r_i$ （5.3.7-2）

式中：e_i ——第 i 层质心偏移值（m），各楼层质心偏移方向相同；

r_i ——第 i 层相应质点所在楼层平面的转动半径（m）；

L_i ——第 i 层垂直于地震作用方向的建筑物长度（m）。

5.4 水平地震作用计算

5.4.1 采用振型分解反应谱法时，对于不考虑扭转耦联影响的结构，应按下列规定计算其地震作用和作用效应：

1 结构 j 振型 i 层的水平地震作用标准值，应按下列公式确定：

$$F_{ji} = \alpha_j \gamma_j X_{ji} G_i \quad (5.4.1\text{-}1)$$

$$\gamma_j = \sum_{i=1}^{n} X_{ji} G_i / \sum_{i=1}^{n} X_{ji}^2 G_i \ (i = 1,2,\cdots,n, j = 1,2,\cdots,m) \quad (5.4.1\text{-}2)$$

式中：F_{ji} —— j 振型 i 层的水平地震作用标准值；

α_j ——相应于 j 振型自振周期的地震影响系数，应按本规程第 5.3.5 条、第 5.3.6 条确定；

X_{ji} —— j 振型 i 层的水平相对位移；

γ_j —— j 振型的参与系数；

G_i —— i 层的重力荷载代表值，应按本规程第 5.3.4 条确定；

n ——结构计算总层数，小塔楼宜每层作为一个质点参与计算；

m ——结构计算振型数；规则结构可取 3，当建筑较高、结构沿竖向刚度不均匀时可取 5～6。

2 水平地震作用效应，当相邻振型的周期比小于 0.85 时，可按下式计算：

$$S_{Ek} = \sqrt{\sum_{j=1}^{m} S_j^2} \quad (5.4.1\text{-}3)$$

式中：S_{Ek} ——水平地震作用标准值的效应；

S_j —— j 振型水平地震作用标准值的效应（弯矩、剪力、轴向力和位移等）。

5.4.2 考虑扭转影响的平面、竖向不规则结构，按扭转耦联振型分解法计算时，各楼层可取两个正交的水平位移和一个转角位移共三个自由度，并应按下列规定计算结构的地震作用和作用效应。确有依据时，尚可采用简化计算方法确定地震作用效应。

1 j 振型 i 层的水平地震作用标准值，应按下列公式确定：

$$F_{xji} = \alpha_j \gamma_{tj} X_{ji} G_i$$

$$F_{yji} = \alpha_j \gamma_{tj} Y_{ji} G_i \quad (i = 1,2,\cdots,n, j = 1,2,\cdots,m) \quad (5.4.2\text{-}1)$$

$$F_{tji} = \alpha_j \gamma_{tj} r_i^2 \varphi_{ji} G_i$$

式中：F_{xji} 、F_{yji} 、F_{tji} ——分别为 j 振型 i 层的 x 方向、y 方向和转角方向的地震作用标准值；

X_{ji} 、Y_{ji} ——分别为 j 振型 i 层质心在 x、y 方向的水平相对位移；

φ_{ji} —— j 振型 i 层的相对扭转角；

r_i —— i 层转动半径，可取 i 层绕质心的转动惯量除以该层质量的商的正二次方根；

α_j ——相当于第 j 振型自振周期 T_j 的地震影响系数，应按本规程第 5.3.5 条、第 5.3.6 条确定；

γ_{tj} ——计入扭转的 j 振型参与系数，可按本规程式（5.4.2-2）～式（5.4.2-4）确定；

n ——结构计算总质点数，小塔楼宜每层作为一个质点参与计算；

m ——结构计算振型数。一般情况可取 9～15，多塔楼建筑每个塔楼振型数不宜小于 9。

当仅考虑 x 方向地震作用时：

$$\gamma_{tj} = \sum_{i=1}^{n} X_{ji} G_i / \sum_{i=1}^{n} (X_{ji}^2 + Y_{ji}^2 + \varphi_{ji}^2 r_i^2) G_i \quad (5.4.2\text{-}2)$$

当仅考虑 y 方向地震作用时：

$$\gamma_{tj} = \sum_{i=1}^{n} Y_{ji} G_i / \sum_{i=1}^{n} (X_{ji}^2 + Y_{ji}^2 + \varphi_{ji}^2 r_i^2) G_i \quad (5.4.2\text{-}3)$$

当考虑与 x 方向斜交的地震作用时：

$$\gamma_{tj} = \gamma_{xj} \cos\theta + \gamma_{yj} \sin\theta \quad (5.4.2\text{-}4)$$

式中：γ_{xj} 、γ_{yj} ——分别由式（5.4.2-2）、式（5.4.2-3）求得的振型参与系数；

θ ——地震作用方向与 x 方向的夹角（度）。

2 单向水平地震作用下，考虑扭转耦联的地震作用效应，应按下列公式确定：

$$S_{Ek}=\sqrt{\sum_{j=1}^{m}\sum_{k=1}^{m}\rho_{jk}S_jS_k} \quad (5.4.2\text{-}5)$$

$$\rho_{jk}=\frac{8\sqrt{\xi_j\xi_k}(\xi_j+\lambda_T\xi_k)\lambda_T^{1.5}}{(1-\lambda_T^2)^2+4\xi_j\xi_k(1+\lambda_T)^2\lambda_T+4(\xi_j^2+\xi_k^2)\lambda_T^2} \quad (5.4.2\text{-}6)$$

式中：S_{Ek}——考虑扭转的地震作用标准值的效应；

S_j、S_k——分别为 j、k 振型地震作用标准值的效应；

ξ_j、ξ_k——分别为 j、k 振型的阻尼比；

ρ_{jk}——j 振型与 k 振型的耦联系数；

λ_T——k 振型与 j 振型的自振周期比。

3 考虑双向水平地震作用下的扭转地震作用效应，应按下列公式中的较大值确定：

$$S_{Ek}=\sqrt{S_x^2+(0.85S_y)^2} \quad (5.4.2\text{-}7)$$

或

$$S_{Ek}=\sqrt{S_y^2+(0.85S_x)^2} \quad (5.4.2\text{-}8)$$

式中：S_x——仅考虑 x 向水平地震作用时的地震作用效应，按式（5.4.2-5）计算；

S_y——仅考虑 y 向水平地震作用时的地震作用效应，按式（5.4.2-5）计算。

5.4.3 采用底部剪力法计算高层民用建筑钢结构的水平地震作用时，各楼层可仅取一个自由度，结构的水平地震作用标准值，应按下列公式确定（图5.4.3）。

$$F_{Ek}=\alpha_1G_{eq} \quad (5.4.3\text{-}1)$$

$$F_i=\frac{G_iH_i}{\sum_{j=1}^{n}G_jH_j}F_{Ek}(1-\delta_n) \quad (i=1,2,\cdots,n) \quad (5.4.3\text{-}2)$$

$$\Delta F_n=\delta_nF_{Ek} \quad (5.4.3\text{-}3)$$

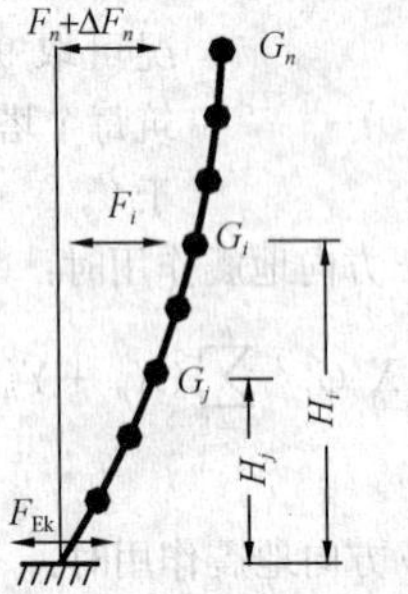

$F_n+\Delta F_n$
G_n
F_i
G_i
G_j
H_i
H_j
F_{Ek}

图 5.4.3 结构水平地震作用计算简图

式中：F_{Ek}——结构总水平地震作用标准值（kN）；

α_1——相应于结构基本自振周期的水平地震影响系数值，应按本规程第 5.3.5 条、第 5.3.6 条确定；

G_{eq}——结构等效总重力荷载代表值（kN），多质点可取总重力荷载代表值的 85%；

F_i——质点 i 的水平地震作用标准值（kN）；

G_i、G_j——分别为集中于质点 i、j 的重力荷载代表值（kN），应按本规程第 5.3.4 条确定；

H_i、H_j——分别为质点 i、j 的计算高度（m）；

δ_n——顶部附加地震作用系数，按表 5.4.3 采用；

ΔF_n——顶部附加水平地震作用（kN）。

表 5.4.3 顶部附加地震作用系数 δ_n

T_g (s)	$T_1>1.4T_g$	$T_1\leqslant1.4T_g$
$T_g\leqslant0.35$	$0.08T_1+0.07$	0
$0.35<T_g\leqslant0.55$	$0.08T_1+0.01$	
$T_g>0.55$	$0.08T_1-0.02$	

注：T_1 为结构基本自振周期。

5.4.4 高层民用建筑钢结构采用底部剪力法计算水平地震作用时，突出屋面的屋顶间、女儿墙、烟囱等的地震作用效应，宜乘以增大系数 3。此增大部分不应往下传递，但与该突出部分相连的构件应予计入；采用振型分解法反应谱时，突出屋面部分可作为一个质点。

5.4.5 多遇地震水平地震作用计算时，结构各楼层对应于地震作用标准值的剪力应符合现行国家标准《建筑抗震设计规范》GB 50011 的有关规定。

5.4.6 高层民用建筑钢结构抗震计算时的阻尼比取值宜符合下列规定：

1 多遇地震下的计算：高度不大于 50m 可取 0.04；高度大于 50m 且小于 200m 可取 0.03；高度不小于 200m 时宜取 0.02；

2 当偏心支撑框架部分承担的地震倾覆力矩大于地震总倾覆力矩的 50% 时，多遇地震下的阻尼比可比本条 1 款相应增加 0.005；

3 在罕遇地震作用下的弹塑性分析，阻尼比可取 0.05。

5.5 竖向地震作用

5.5.1 9 度时的高层民用建筑钢结构，其竖向地震作用标准值应按下列公式确定（图 5.5.1）；楼层各构件的竖向地震作用效应可按各构件承受的重力荷载

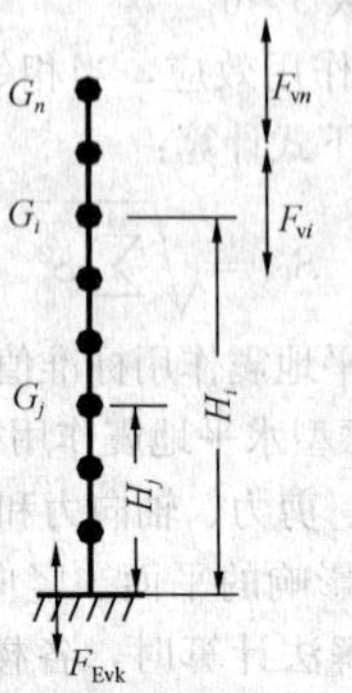

G_n
F_{vn}
G_i
F_{vi}
G_j
H_i
H_j
F_{Evk}

图 5.5.1 结构竖向地震作用计算简图

代表值的比例分配，并宜乘以增大系数1.5。

$$F_{\mathrm{Evk}} = \alpha_{\mathrm{vmax}} G_{\mathrm{eq}} \qquad (5.5.1\text{-}1)$$

$$F_{\mathrm{v}i} = \frac{G_i H_i}{\sum_{j=1}^{n} G_j H_j} F_{\mathrm{Evk}} \qquad (5.5.1\text{-}2)$$

式中：F_{Evk}——结构总竖向地震作用标准值（kN）；

$F_{\mathrm{v}i}$——质点 i 的竖向地震作用标准值（kN）；

α_{vmax}——竖向地震影响系数最大值，可取水平地震影响系数最大值的65%；

G_{eq}——结构等效总重力荷载代表值（kN），可取其总重力荷载代表值的75%。

5.5.2 跨度大于24m的楼盖结构、跨度大于12m的转换结构和连体结构，悬挑长度大于5m的悬挑结构，结构竖向地震作用效应标准值宜采用时程分析法或振型分解反应谱法进行计算。时程分析计算时输入的地震加速度最大值可按规定的水平输入最大值的65%采用，反应谱分析时结构竖向地震影响系数最大值可按水平地震影响系数最大值的65%采用，设计地震分组可按第一组采用。

5.5.3 高层民用建筑中，大跨度结构、悬挑结构、转换结构、连体结构的连接体的竖向地震作用标准值，不宜小于结构或构件承受的重力荷载代表值与表5.5.3规定的竖向地震作用系数的乘积。

表5.5.3 竖向地震作用系数

设防烈度	7度	8度		9度
设计基本地震加速度	0.15g	0.20g	0.30g	0.40g
竖向地震作用系数	0.08	0.10	0.15	0.20

注：g 为重力加速度。

6 结构计算分析

6.1 一般规定

6.1.1 在竖向荷载、风荷载以及多遇地震作用下，高层民用建筑钢结构的内力和变形可采用弹性方法计算；罕遇地震作用下，高层民用建筑钢结构的弹塑性变形可采用弹塑性时程分析法或静力弹塑性分析法计算。

6.1.2 计算高层民用建筑钢结构的内力和变形时，可假定楼盖在其自身平面内为无限刚性，设计时应采取相应措施保证楼盖平面内的整体刚度。当楼盖可能产生较明显的面内变形时，计算时应采用楼盖平面内的实际刚度，考虑楼盖的面内变形的影响。

6.1.3 高层民用建筑钢结构弹性计算时，钢筋混凝土楼板与钢梁间有可靠连接，可计入钢筋混凝土楼板对钢梁刚度的增大作用，两侧有楼板的钢梁其惯性矩可取为1.5I_{b}，仅一侧有楼板的钢梁其惯性矩可取为1.2I_{b}，I_{b} 为钢梁截面惯性矩。弹塑性计算时，不应考虑楼板对钢梁惯性矩的增大作用。

6.1.4 结构计算中不应计入非结构构件对结构承载力和刚度的有利作用。

6.1.5 计算各振型地震影响系数所采用的结构自振周期，应考虑非承重填充墙体的刚度影响予以折减。

6.1.6 当非承重墙体为填充轻质砌块、填充轻质墙板或外挂墙板时，自振周期折减系数可取0.9～1.0。

6.1.7 高层民用建筑钢结构的整体稳定性应符合下列规定：

1 框架结构应满足下式要求：

$$D_i \geqslant 5\sum_{j=i}^{n} G_j / h_i \ (i=1,2,\cdots,n) \qquad (6.1.7\text{-}1)$$

2 框架-支撑结构、框架-延性墙板结构、筒体结构和巨型框架结构应满足下式要求：

$$EJ_{\mathrm{d}} \geqslant 0.7H^2 \sum_{i=1}^{n} G_i \qquad (6.1.7\text{-}2)$$

式中：D_i——第 i 楼层的抗侧刚度（kN/mm），可取该层剪力与层间位移的比值；

h_i——第 i 楼层层高（mm）；

G_i、G_j——分别为第 i、j 楼层重力荷载设计值（kN），取1.2倍的永久荷载标准值与1.4倍的楼面可变荷载标准值的组合值；

H——房屋高度（mm）；

EJ_{d}——结构一个主轴方向的弹性等效侧向刚度（kN·mm²），可按倒三角形分布荷载作用下结构顶点位移相等的原则，将结构的侧向刚度折算为竖向悬臂受弯构件的等效侧向刚度。

6.2 弹性分析

6.2.1 高层民用建筑钢结构的弹性计算模型应根据结构的实际情况确定，应能较准确地反映结构的刚度和质量分布以及各结构构件的实际受力状况；可选择空间杆系、空间杆-墙板元及其他组合有限元等计算模型；延性墙板的计算模型，可按本规程附录B、附录C、附录D的有关规定执行。

6.2.2 高层民用建筑钢结构弹性分析时，应计入重力二阶效应的影响。

6.2.3 高层民用建筑钢结构弹性分析时，应考虑构件的下列变形：

1 梁的弯曲和扭转变形，必要时考虑轴向变形；

2 柱的弯曲、轴向、剪切和扭转变形；

3 支撑的弯曲、轴向和扭转变形；

4 延性墙板的剪切变形；

5 消能梁段的剪切变形和弯曲变形。

6.2.4 钢框架-支撑结构的支撑斜杆两端宜按铰接计算；当实际构造为刚接时，也可按刚接计算。

6.2.5 梁柱刚性连接的钢框架计入节点域剪切变形对侧移的影响时，可将节点域作为一个单独的剪切单元进行结构整体分析，也可按下列规定作近似计算：

1 对于箱形截面柱框架，可按结构轴线尺寸进行分析，但应将节点域作为刚域，梁柱刚域的总长度，可取柱截面宽度和梁截面高度的一半两者的较小值。

2 对于H形截面柱框架，可按结构轴线尺寸进行分析，不考虑刚域。

3 当结构弹性分析模型不能计算节点域的剪切变形时，可将框架分析得到的楼层最大层间位移角与该楼层柱下端的节点域在梁端弯矩设计值作用下的剪切变形角平均值相加，得到计入节点域剪切变形影响的楼层最大层间位移角。任一楼层节点域在梁端弯矩设计值作用下的剪切变形角平均值可按下式计算：

$$\theta_{\mathrm{m}}=\frac{1}{n}\sum_{i=1}^{n}\frac{M_i}{GV_{\mathrm{p},i}}\ (i=1,2,\cdots,n)\quad(6.2.5)$$

式中：θ_{m}——楼层节点域的剪切变形角平均值；

M_i——该楼层第 i 个节点域在所考虑的受弯平面内的不平衡弯矩（N·mm），由框架分析得出，即 $M_i=M_{\mathrm{b1}}+M_{\mathrm{b2}}$，$M_{\mathrm{b1}}$、$M_{\mathrm{b2}}$ 分别为受弯平面内该楼层第 i 个节点左、右梁端同方向的地震作用组合下的弯矩设计值；

n——该楼层的节点域总数；

G——钢材的剪切模量（$\mathrm{N/mm^2}$）；

$V_{\mathrm{p},i}$——第 i 个节点域的有效体积（$\mathrm{mm^2}$），按本规程第7.3.6条的规定计算。

6.2.6 钢框架-支撑结构、钢框架-延性墙板结构的框架部分按刚度分配计算得到的地震层剪力应乘以调整系数，达到不小于结构总地震剪力的25%和框架部分计算最大层剪力1.8倍二者的较小值。

6.2.7 体型复杂、结构布置复杂以及特别不规则的高层民用建筑钢结构，应采用至少两个不同力学模型的结构分析软件进行整体计算。对结构分析软件的分析结果，应进行分析判断，确认其合理、有效后方可作为工程设计的依据。

6.3 弹塑性分析

6.3.1 高层民用建筑钢结构进行弹塑性计算分析时，可根据实际工程情况采用静力或动力时程分析法，并应符合下列规定：

1 当采用结构抗震性能设计时，应根据本规程第3.8节的有关规定，预定结构的抗震性能目标；

2 结构弹塑性分析的计算模型应包括全部主要结构构件，应能较正确反映结构的质量、刚度和承载力的分布以及结构构件的弹塑性性能；

3 弹塑性分析宜采用空间计算模型。

6.3.2 高层民用建筑钢结构弹塑性分析时，应考虑构件的下列变形：

1 梁的弹塑性弯曲变形，柱在轴力和弯矩作用下的弹塑性变形，支撑的弹塑性轴向变形，延性墙板的弹塑性剪切变形，消能梁段的弹塑性剪切变形；

2 宜考虑梁柱节点域的弹塑性剪切变形；

3 采用消能减震设计时尚应考虑消能器的弹塑性变形，隔震结构尚应考虑隔震支座的弹塑性变形。

6.3.3 高层民用建筑钢结构弹塑性变形计算应符合下列规定：

1 房屋高度不超过100m时，可采用静力弹塑性分析方法；高度超过150m时，应采用弹塑性时程分析法；高度为100m～150m时，可视结构不规则程度选择静力弹塑性分析法或弹塑性时程分析法；高度超过300m时，应有两个独立的计算。

2 复杂结构应首先进行施工模拟分析，应以施工全过程完成后的状态作为弹塑性分析的初始状态。

3 结构构件上应作用重力荷载代表值，其效应应与水平地震作用产生的效应组合，分项系数可取1.0。

4 钢材强度可取屈服强度 f_{y}。

5 应计入重力荷载二阶效应的影响。

6.3.4 钢柱、钢梁、屈曲约束支撑及偏心支撑消能梁段恢复力模型的骨架线可采用二折线型，其滞回模型可不考虑刚度退化；钢支撑和延性墙板的恢复力模型，应按杆件特性确定。杆件的恢复力模型也可由试验研究确定。

6.3.5 采用静力弹塑性分析法进行罕遇地震作用下的变形计算时，应符合下列规定：

1 可在结构的各主轴方向分别施加单向水平力进行静力弹塑性分析；

2 水平力可作用在各层楼盖的质心位置，可不考虑偶然偏心的影响；

3 结构的每个主轴方向宜采用不少于两种水平力沿高度分布模式，其中一种可与振型分解反应谱法得到的水平力沿高度分布模式相同；

4 采用能力谱法时，需求谱曲线可由现行国家标准《建筑抗震设计规范》GB 50011的地震影响系数曲线得到，或由建筑场地的地震安全性评价提出的加速度反应谱曲线得到。

6.3.6 采用弹塑性时程分析法进行罕遇地震作用下的变形计算，应符合下列规定：

1 一般情况下，采用单向水平地震输入，在结构的各主轴方向分别输入地震加速度时程；对体型复杂或特别不规则的结构，宜采用双向水平地震或三向地震输入；

2 地震地面运动加速度时程的选取，时程分析所用地震加速度时程的最大值等，应符合本规程第5.3.3条的规定。

6.4 荷载组合和地震作用组合的效应

6.4.1 持久设计状况和短暂设计状况下，当荷载与荷载效应按线性关系考虑时，荷载基本组合的效应设计值应按下式确定：

$$S_d=\gamma_G S_{Gk}+\gamma_L \psi_Q \gamma_Q S_{Qk}+\psi_w \gamma_w S_{wk} \quad (6.4.1)$$

式中：S_d——荷载组合的效应设计值；

γ_G、γ_Q、γ_w——分别为永久荷载、楼面活荷载、风荷载的分项系数；

γ_L——考虑结构设计使用年限的荷载调整系数，设计使用年限为50年时取1.0，设计使用年限为100年时取1.1；

S_{Gk}、S_{Qk}、S_{wk}——分别为永久荷载、楼面活荷载、风荷载效应标准值；

ψ_Q、ψ_w——分别为楼面活荷载组合值系数和风荷载组合值系数，当永久荷载效应起控制作用时应分别取0.7和0.0；当可变荷载效应起控制作用时应分别取1.0和0.6或0.7和1.0；对书库、档案库、储藏室、通风机房和电梯机房，楼面活荷载组合值系数取0.7的场合应取0.9。

6.4.2 持久设计状况和短暂设计状况下，荷载基本组合的分项系数应按下列规定采用：

1 永久荷载的分项系数 γ_G：当其效应对结构承载力不利时，对由可变荷载效应控制的组合应取1.2，对由永久荷载效应控制的组合应取1.35；当其效应对结构承载力有利时，应取1.0。

2 楼面活荷载的分项系数 γ_Q：一般情况下应取1.4。

3 风荷载的分项系数 γ_w 应取1.4。

6.4.3 地震设计状况下，当作用与作用效应按线性关系考虑时，荷载和地震作用基本组合的效应设计值，应按下式确定：

$$S_d=\gamma_G S_{GE}+\gamma_{Eh} S_{Ehk}+\gamma_{Ev} S_{Evk}+\psi_w \gamma_w S_{wk} \quad (6.4.3)$$

式中：S_d——荷载和地震作用基本组合的效应设计值；

S_{GE}——重力荷载代表值的效应；

S_{Ehk}——水平地震作用标准值的效应，尚应乘以相应的增大系数、调整系数；

S_{Evk}——竖向地震作用标准值的效应，尚应乘以相应的增大系数、调整系数；

γ_G、γ_{Eh}、γ_{Ev}、γ_w——分别为上述各相应荷载或作用的分项系数；

ψ_w——风荷载的组合值系数，应取0.2。

6.4.4 地震设计状况下，荷载和地震作用基本组合的分项系数应按表6.4.4采用。当重力荷载效应对结构的承载力有利时，表6.4.4中的 γ_G 不应大于1.0。

表6.4.4 地震设计状况时荷载和地震作用基本组合的分项系数

参与组合的荷载和作用	γ_G	γ_{Eh}	γ_{Ev}	γ_w	说明
重力荷载及水平地震作用	1.2	1.3	—	—	抗震设计的高层民用建筑均应考虑
重力荷载及竖向地震作用	1.2	—	1.3	—	9度抗震设计时考虑；水平长悬臂和大跨度结构7度（0.15g）、8度、9度抗震设计时考虑
重力荷载、水平地震作用及竖向地震作用	1.2	1.3	0.5	—	9度抗震设计时考虑；水平长悬臂和大跨度结构7度（0.15g）、8度、9度抗震设计时考虑
重力荷载、水平地震作用及风荷载	1.2	1.3	—	1.4	60m以上高层民用建筑考虑
重力荷载、水平地震作用、竖向地震作用及风荷载	1.2	1.3	0.5	1.4	60m以上高层民用建筑，9度抗震设计时考虑；水平长悬臂结构和大跨度结构7度（0.15g）、8度、9度抗震设计时考虑
	1.2	0.5	1.3	1.4	水平长悬臂结构和大跨度结构7度（0.15g）、8度、9度抗震设计时考虑

6.4.5 非抗震设计时，应按本规程第6.4.1条的规定进行荷载组合的效应计算。抗震设计时，应同时按本规程第6.4.1条和第6.4.3条的规定进行荷载和地震作用组合的效应计算；按本规程第6.4.3条计算的组合内力设计值，尚应按本规程的有关规定进行调整。

6.4.6 罕遇地震作用下高层民用建筑钢结构弹塑性变形计算时，可不计入风荷载的效应。

7 钢构件设计

7.1 梁

7.1.1 梁的抗弯强度应满足下式要求：

$$\frac{M_x}{\gamma_x W_{nx}} \leqslant f \tag{7.1.1}$$

式中：M_x——梁对 x 轴的弯矩设计值（N·mm）；

W_{nx}——梁对 x 轴的净截面模量（mm^3）；

γ_x——截面塑性发展系数，非抗震设计时按现行国家标准《钢结构设计规范》GB 50017 的规定采用，抗震设计时宜取 1.0；

f——钢材强度设计值（N/mm^2），抗震设计时应按本规程第 3.6.1 条的规定除以 γ_{RE}。

7.1.2 除设置刚性隔板情况外，梁的稳定应满足下式要求：

$$\frac{M_x}{\varphi_b W_x} \leqslant f \tag{7.1.2}$$

式中：W_x——梁的毛截面模量（mm^3）（单轴对称者以受压翼缘为准）；

φ_b——梁的整体稳定系数，应按现行国家标准《钢结构设计规范》GB 50017 的规定确定。当梁在端部仅以腹板与柱（或主梁）相连时，φ_b（或 $\varphi_b > 0.6$ 时的 φ'_b）应乘以降低系数 0.85；

f——钢材强度设计值（N/mm^2），抗震设计时应按本规程第 3.6.1 条的规定除以 γ_{RE}。

7.1.3 当梁上设有符合现行国家标准《钢结构设计规范》GB 50017 中规定的整体式楼板时，可不计算梁的整体稳定性。

7.1.4 梁设有侧向支撑体系，并符合现行国家标准《钢结构设计规范》GB 50017 规定的受压翼缘自由长度与其宽度之比的限值时，可不计算整体稳定。按三级及以上抗震等级设计的高层民用建筑钢结构，梁受压翼缘在支撑连接点间的长度与其宽度之比，应符合现行国家标准《钢结构设计规范》GB 50017 关于塑性设计时的长细比要求。在罕遇地震作用下可能出现塑性铰处，梁的上下翼缘均应设侧向支撑点。

7.1.5 在主平面内受弯的实腹构件，其抗剪强度应按下式计算：

$$\tau = \frac{VS}{It_w} \leqslant f_v \tag{7.1.5-1}$$

框架梁端部截面的抗剪强度，应按下式计算：

$$\tau = \frac{V}{A_{wn}} \leqslant f_v \tag{7.1.5-2}$$

式中：V——计算截面沿腹板平面作用的剪力设计值（N）；

S——计算剪应力处以上毛截面对中性轴的面积矩（mm^3）；

I——毛截面惯性矩（mm^4）；

t_w——腹板厚度（mm）；

A_{wn}——扣除焊接孔和螺栓孔后的腹板受剪面积（mm^2）；

f_v——钢材抗剪强度设计值（N/mm^2），抗震设计时应按本规程第 3.6.1 条的规定除以 γ_{RE}。

7.1.6 当在多遇地震组合下进行构件承载力计算时，托柱梁地震作用产生的内力应乘以增大系数，增大系数不得小于 1.5。

7.2 轴心受压柱

7.2.1 轴心受压柱的稳定性应满足下式要求：

$$\frac{N}{\varphi A} \leqslant f \tag{7.2.1}$$

式中：N——轴心压力设计值（N）；

A——柱的毛截面面积（mm^2）；

φ——轴心受压构件稳定系数，应按现行国家标准《钢结构设计规范》GB 50017 的规定采用；

f——钢材强度设计值（N/mm^2），抗震设计时应按本规程第 3.6.1 条的规定除以 γ_{RE}。

7.2.2 轴心受压柱的长细比不宜大于 $120\sqrt{235/f_y}$，f_y 为钢材的屈服强度。

7.3 框 架 柱

7.3.1 与梁刚性连接并参与承受水平作用的框架柱，应按本规程第 6 章的规定计算内力，并应按现行国家标准《钢结构设计规范》GB 50017 的有关规定及本节的规定计算其强度和稳定性。

7.3.2 框架柱的稳定计算应符合下列规定：

1 结构内力分析可采用一阶线弹性分析或二阶线弹性分析。当二阶效应系数大于 0.1 时，宜采用二阶线弹性分析。二阶效应系数不应大于 0.2。框架结构的二阶效应系数应按下式确定：

$$\theta_i = \frac{\sum N \cdot \Delta u}{\sum H \cdot h_i} \tag{7.3.2-1}$$

式中：$\sum N$——所考虑楼层以上所有竖向荷载之和（kN），按荷载设计值计算；

$\sum H$——所考虑楼层的总水平力（kN），按荷载的设计值计算；

Δu——所考虑楼层的层间位移（m）；

h_i——第 i 楼层的层高（m）。

2 当采用二阶线弹性分析时，应在各楼层的楼盖处加上假想水平力，此时框架柱的计算长度系数取 1.0。

1）假想水平力 H_{ni} 应按下式确定：

$$H_{ni}=\frac{Q_i}{250}\sqrt{\frac{f_y}{235}}\sqrt{0.2+\frac{1}{n}} \quad (7.3.2\text{-}2)$$

式中：Q_i ——第 i 楼层的总重力荷载设计值（kN）；

n——框架总层数，当 $\sqrt{0.2+1/n}>1$ 时，取此根号值为 1.0。

2）内力采用放大系数法近似考虑二阶效应时，允许采用叠加原理进行内力组合。放大系数的计算应采用下列荷载组合下的重力：

$$1.2G+1.4[\psi L+0.5(1-\psi)L]=1.2G+1.4\times0.5(1+\psi)L \quad (7.3.2\text{-}3)$$

式中：G——为永久荷载；

L——为活荷载；

ψ——为活荷载的准永久值系数。

3　当采用一阶线弹性分析时，框架结构柱的计算长度系数应符合下列规定：

1）框架柱的计算长度系数可按下式确定：

$$\mu=\sqrt{\frac{7.5K_1K_2+4(K_1+K_2)+1.6}{7.5K_1K_2+K_1+K_2}} \quad (7.3.2\text{-}4)$$

式中：K_1 、K_2 ——分别为交于柱上、下端的横梁线刚度之和与柱线刚度之和的比值。当梁的远端铰接时，梁的线刚度应乘以 0.5；当梁的远端固接时，梁的线刚度应乘以 2/3；当梁近端与柱铰接时，梁的线刚度为零。

2）对底层框架柱：当柱下端铰接且具有明确转动可能时，$K_2=0$；柱下端采用平板式铰支座时，$K_2=0.1$；柱下端刚接时，$K_2=10$。

3）当与柱刚接的横梁承受的轴力很大时，横梁线刚度应乘以按下列公式计算的折减系数。

当横梁远端与柱刚接时　$\alpha=1-N_b/(4N_{Eb})$　(7.3.2-5)

当横梁远端铰接时　$\alpha=1-N_b/N_{Eb}$　(7.3.2-6)

当横梁远端嵌固时　$\alpha=1-N_b/(2N_{Eb})$　(7.3.2-7)

$$N_{Eb}=\pi^2EI_b/l_b^2 \quad (7.3.2\text{-}8)$$

式中：α ——横梁线刚度折减系数；

N_b ——横梁承受的轴力（N）；

I_b ——横梁的截面惯性矩（mm^4）；

l_b ——横梁的长度（mm）。

4）框架结构当设有摇摆柱时，由式（7.3.2-4）计算得到的计算长度系数应乘以按下式计算的放大系数，摇摆柱本身的计算长度系数可取 1.0。

$$\eta=\sqrt{1+\sum P_k/\sum N_j} \quad (7.3.2\text{-}9)$$

式中：η——摇摆柱计算长度放大系数；

$\sum P_k$ ——为本层所有摇摆柱的轴力之和（kN）；

$\sum N_j$ ——为本层所有框架柱的轴力之和（kN）。

4　支撑框架采用线性分析设计时，框架柱的计算长度系数应符合下列规定：

1）当不考虑支撑对框架稳定的支承作用，框架柱的计算长度按式（7.3.2-4）计算；

2）当框架柱的计算长度系数取 1.0，或取无侧移失稳对应的计算长度系数时，应保证支撑能对框架的侧向稳定提供支承作用，支撑构件的应力比 ρ 应满足下式要求。

$$\rho\leqslant1-3\theta_i \quad (7.3.2\text{-}10)$$

式中：θ_i ——所考虑柱在第 i 楼层的二阶效应系数。

5　当框架按无侧移失稳模式设计时，应符合下列规定：

1）框架柱的计算长度系数可按下式确定：

$$\mu=\sqrt{\frac{(1+0.41K_1)(1+0.41K_2)}{(1+0.82K_1)(1+0.82K_2)}} \quad (7.3.2\text{-}11)$$

式中：K_1 、K_2 ——分别为交于柱上、下端的横梁线刚度之和与柱线刚度之和的比值。当梁的远端铰接时，梁的线刚度应乘以 1.5；当梁的远端固接时，梁的线刚度应乘以 2；当梁近端与柱铰接时，梁的线刚度为零。

2）对底层框架柱：当柱下端铰接且具有明确转动可能时，$K_2=0$；柱下端采用平板式铰支座时，$K_2=0.1$；柱下端刚接时，$K_2=10$。

3）当与柱刚接的横梁承受的轴力很大时，横梁线刚度应乘以折减系数。当横梁远端与柱刚接和横梁远端铰接时，折减系数应按本规程式（7.3.2-5）和式（7.3.2-6）计算；当横梁远端嵌固时，折减系数应按本规程式（7.3.2-7）计算。

7.3.3　钢框架柱的抗震承载力验算，应符合下列规定：

1　除下列情况之一外，节点左右梁端和上下柱端的全塑性承载力应满足式（7.3.3-1）、式（7.3.3-2）的要求：

1）柱所在楼层的受剪承载力比相邻上一层的受剪承载力高出 25%；

2）柱轴压比不超过 0.4；

3）柱轴力符合 $N_2\leqslant\varphi A_c f$ 时（N_2 为 2 倍地震作用下的组合轴力设计值）；

4）与支撑斜杆相连的节点。

2　等截面梁与柱连接时：

$$\sum W_{pc}(f_{yc}-N/A_c)\geqslant\sum(\eta f_{yb}W_{pb}) \quad (7.3.3\text{-}1)$$

3　梁端加强型连接或骨式连接的端部变截面梁

与柱连接时：

$$\sum W_{pc}(f_{yc}-N/A_c)\geqslant\sum(\eta f_{yb}W_{pb1}+M_v) \quad (7.3.3\text{-}2)$$

式中：W_{pc}、W_{pb}——分别为计算平面内交汇于节点的柱和梁的塑性截面模量（mm^3）；

W_{pb1}——梁塑性铰所在截面的梁塑性截面模量（mm^3）；

f_{yc}、f_{yb}——分别为柱和梁钢材的屈服强度（N/mm^2）；

N——按设计地震作用组合得出的柱轴力设计值（N）；

A_c——框架柱的截面面积（mm^2）；

η——强柱系数，一级取 1.15，二级取 1.10，三级取 1.05，四级取 1.0；

M_v——梁塑性铰剪力对梁端产生的附加弯矩（N·mm），$M_v=V_{pb}\cdot x$；

V_{pb}——梁塑性铰剪力（N）；

x——塑性铰至柱面的距离（mm），塑性铰可取梁端部变截面翼缘的最小处。骨式连接取（0.5～0.75）b_f+（0.30～0.45）h_b，b_f 和 h_b 分别为梁翼缘宽度和梁截面高度。梁端加强型连接可取加强板的长度加四分之一梁高。如有试验依据时，也可按试验取值。

7.3.4 框筒结构柱应满足下式要求：

$$\frac{N_c}{A_c f}\leqslant\beta \quad (7.3.4)$$

式中：N_c——框筒结构柱在地震作用组合下的最大轴向压力设计值（N）；

A_c——框筒结构柱截面面积（mm^2）；

f——框筒结构柱钢材的强度设计值（N/mm^2）；

β——系数，一、二、三级时取 0.75，四级时取 0.80。

7.3.5 节点域的抗剪承载力应满足下式要求：

$$(M_{b1}+M_{b2})/V_p\leqslant(4/3)f_v \quad (7.3.5)$$

式中：M_{b1}、M_{b2}——分别为节点域左、右梁端作用的弯矩设计值（kN·m）；

V_p——节点域的有效体积，可按本规程第 7.3.6 条的规定计算。

7.3.6 节点域的有效体积可按下列公式确定：

工字形截面柱（绕强轴）$V_p=h_{b1}h_{c1}t_p$ （7.3.6-1）

工字形截面柱（绕弱轴）$V_p=2h_{b1}bt_f$ （7.3.6-2）

箱形截面柱 $V_p=(16/9)h_{b1}h_{c1}t_p$ （7.3.6-3）

圆管截面柱 $V_p=(\pi/2)h_{b1}h_{c1}t_p$ （7.3.6-4）

式中：h_{b1}——梁翼缘中心间的距离（mm）；

h_{c1}——工字形截面柱翼缘中心间的距离、箱形截面壁板中心间的距离和圆管截面柱管壁中线的直径（mm）；

t_p——柱腹板和节点域补强板厚度之和，或局部加厚时的节点域厚度（mm），箱形柱为一块腹板的厚度（mm），圆管柱为壁厚（mm）；

t_f——柱的翼缘厚度（mm）；

b——柱的翼缘宽度（mm）。

十字形截面柱（图 7.3.6）$V_p=\varphi h_{b1}(h_{c1}t_p+2bt_f)$ （7.3.6-5）

$$\varphi=\frac{\alpha^2+2.6(1+2\beta)}{\alpha^2+2.6} \quad (7.3.6\text{-}6)$$

$$\alpha=h_{b1}/b \quad (7.3.6\text{-}7)$$

$$\beta=A_f/A_w \quad (7.3.6\text{-}8)$$

$$A_f=bt_f \quad (7.3.6\text{-}9)$$

$$A_w=h_{c1}t_p \quad (7.3.6\text{-}10)$$

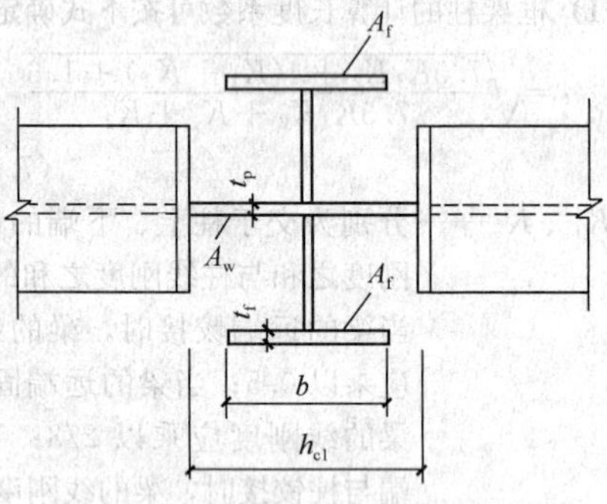

A_f
t_p
A_w
A_f
t_f
b
h_{c1}

图 7.3.6 十字形柱的节点域体积

7.3.7 柱与梁连接处，在梁上下翼缘对应位置应设置柱的水平加劲肋或隔板。加劲肋（隔板）与柱翼缘所包围的节点域的稳定性，应满足下式要求：

$$t_p\geqslant(h_{0b}+h_{0c})/90 \quad (7.3.7)$$

式中：t_p——柱节点域的腹板厚度（mm），箱形柱时为一块腹板的厚度（mm）；

h_{0b}、h_{0c}——分别为梁腹板、柱腹板的高度（mm）。

7.3.8 抗震设计时节点域的屈服承载力应满足下式要求，当不满足时应进行补强或局部改用较厚柱腹板。

$$\psi(M_{pb1}+M_{pb2})/V_p\leqslant(4/3)f_{yv} \quad (7.3.8)$$

式中：ψ——折减系数，三、四级时取 0.75，一、二级时取 0.85；

M_{pb1}、M_{pb2}——分别为节点域两侧梁段截面的全塑性受弯承载力（N·mm）；

f_{yv}——钢材的屈服抗剪强度，取钢材屈服强度的 0.58 倍。

7.3.9 框架柱的长细比，一级不应大于 $60\sqrt{235/f_y}$，二级不应大于 $70\sqrt{235/f_y}$，三级不应大于 $80\sqrt{235/f_y}$，四级及非抗震设计不应大于 $100\sqrt{235/f_y}$。

7.3.10 进行多遇地震作用下构件承载力计算时，钢结构转换构件下的钢框架柱，地震作用产生的内力应乘以增大系数，其值可采用 1.5。

7.4 梁柱板件宽厚比

7.4.1 钢框架梁、柱板件宽厚比限值，应符合表 7.4.1 的规定。

表 7.4.1 钢框架梁、柱板件宽厚比限值

板件名称		抗震等级				非抗震设计
		一级	二级	三级	四级	
柱	工字形截面翼缘外伸部分	10	11	12	13	13
	工字形截面腹板	43	45	48	52	52
	箱形截面壁板	33	36	38	40	40
	冷成型方管壁板	32	35	37	40	40
	圆管（径厚比）	50	55	60	70	70
梁	工字形截面和箱形截面翼缘外伸部分	9	9	10	11	11
	箱形截面翼缘在两腹板之间部分	30	30	32	36	36
	工字形截面和箱形截面腹板	$72-120\rho$	$72-100\rho$	$80-110\rho$	$85-120\rho$	$85-120\rho$

注：1 $\rho=N/(Af)$ 为梁轴压比；
2 表列数值适用于 Q235 钢，采用其他牌号应乘以 $\sqrt{235/f_y}$，圆管应乘以 $235/f_y$；
3 冷成型方管适用于 Q235GJ 或 Q345GJ 钢；
4 工字形梁和箱形梁的腹板宽厚比，对一、二、三、四级分别不宜大于 60、65、70、75。

7.4.2 非抗侧力构件的板件宽厚比应按现行国家标准《钢结构设计规范》GB 50017 的有关规定执行。

7.5 中心支撑框架

7.5.1 高层民用建筑钢结构的中心支撑宜采用：十字交叉斜杆（图 7.5.1-1a），单斜杆（图 7.5.1-1b），人字形斜杆（图 7.5.1-1c）或 V 形斜杆体系。中心支撑斜杆的轴线应交汇于框架梁柱的轴线上。抗震设计的结构不得采用 K 形斜杆体系（图 7.5.1-1d）。当采用只能受拉的单斜杆体系时，应同时设不同倾斜方向的两组单斜杆（图 7.5.1-2），且每层不同方向单斜杆的截面面积在水平方向的投影面积之差不得大于 10%。

(a) 十字交叉斜杆 (b) 单斜杆 (c) 人字形斜杆 (d) K形斜杆

图 7.5.1-1 中心支撑类型

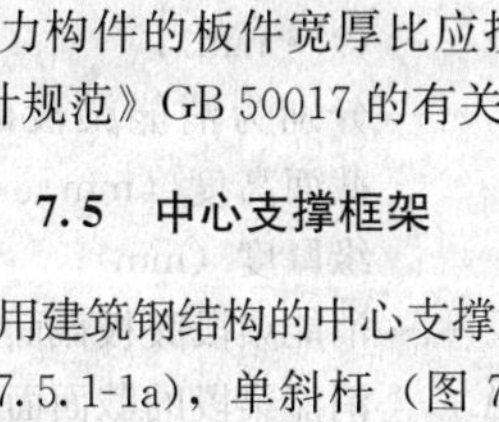

图 7.5.1-2 单斜杆支撑

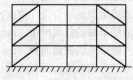

7.5.2 中心支撑斜杆的长细比，按压杆设计时，不应大于 $120\sqrt{235/f_y}$，一、二、三级中心支撑斜杆不得采用拉杆设计，非抗震设计和四级采用拉杆设计时，其长细比不应大于 180。

7.5.3 中心支撑斜杆的板件宽厚比，不应大于表 7.5.3 规定的限值。

表 7.5.3 钢结构中心支撑板件宽厚比限值

板件名称	一级	二级	三级	四级、非抗震设计
翼缘外伸部分	8	9	10	13
工字形截面腹板	25	26	27	33
箱形截面壁板	18	20	25	30
圆管外径与壁厚之比	38	40	40	42

注：表中数值适用于 Q235 钢，采用其他牌号钢材应乘以 $\sqrt{235/f_y}$，圆管应乘以 $235/f_y$。

7.5.4 支撑斜杆宜采用双轴对称截面。当采用单轴对称截面时，应采取防止绕对称轴屈曲的构造措施。

7.5.5 在多遇地震效应组合作用下，支撑斜杆的受压承载力应满足下式要求：

$$N/(\varphi A_{br}) \leqslant \psi f/\gamma_{RE} \quad (7.5.5\text{-}1)$$

$$\psi = 1/(1+0.35\lambda_n) \quad (7.5.5\text{-}2)$$

$$\lambda_n = (\lambda/\pi)\sqrt{f_y/E} \quad (7.5.5\text{-}3)$$

式中：N——支撑斜杆的轴压力设计值（N）；

A_{br}——支撑斜杆的毛截面面积（mm^2）；

φ——按支撑长细比 λ 确定的轴心受压构件稳定系数，按现行国家标准《钢结构设计规范》GB 50017 确定；

ψ——受循环荷载时的强度降低系数；

λ、λ_n——支撑斜杆的长细比和正则化长细比；

E——支撑杆件钢材的弹性模量（N/mm^2）；

f、f_y——支撑斜杆钢材的抗压强度设计值（N/mm^2）和屈服强度（N/mm^2）；

γ_{RE}——中心支撑屈曲稳定承载力抗震调整系数，按本规程第 3.6.1 条采用。

7.5.6 人字形和 V 形支撑框架应符合下列规定：

1 与支撑相交的横梁，在柱间应保持连续。

2 在确定支撑跨的横梁截面时，不应考虑支撑在跨中的支承作用。横梁除应承受大小等于重力荷载代表值的竖向荷载外，尚应承受跨中节点处两根支撑斜杆分别受拉屈服、受压屈曲所引起的不平衡竖向分力和水平分力的作用。在该不平衡力中，支撑的受压屈曲承载力和受拉屈服承载力应分别按 $0.3\varphi Af_y$ 及 Af_y 计算。为了减小竖向不平衡力引起的梁截面过大，可采用跨层 X 形支撑（图 7.5.6a）或采用拉链柱（图 7.5.6b）。

3 在支撑与横梁相交处，梁的上下翼缘应设置

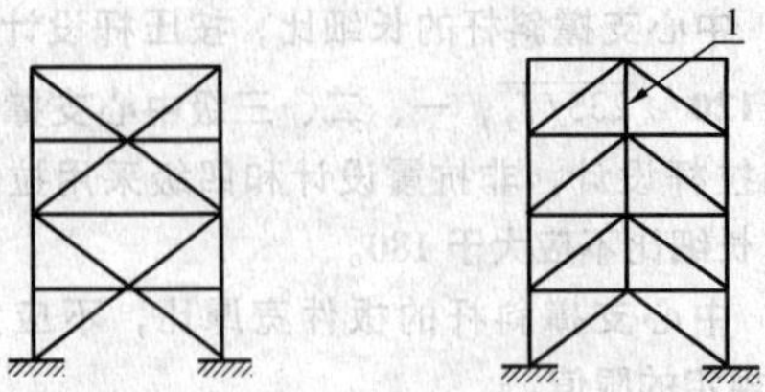
1

(a) 跨层X形支撑　　(b) 拉链柱

图 7.5.6　人字支撑的加强

1—拉链柱

侧向支承，该支承应设计成能承受在数值上等于 0.02 倍的相应翼缘承载力 $f_y b_f t_f$ 的侧向力的作用，f_y、b_f、t_f 分别为钢材的屈服强度、翼缘板的宽度和厚度。当梁上为组合楼盖时，梁的上翼缘可不必验算。

7.5.7　当中心支撑构件为填板连接的组合截面时，填板的间距应均匀，每一构件中填板数不得少于 2 块。且应符合下列规定：

1　当支撑屈曲后会在填板的连接处产生剪力时，两填板之间单肢杆件的长细比不应大于组合支撑杆件控制长细比的 0.4 倍。填板连接处的总受剪承载力设计值至少应等于单肢杆件的受拉承载力设计值。

2　当支撑屈曲后不在填板连接处产生剪力时，两填板之间单肢杆件的长细比不应大于组合支撑杆件控制长细比的 0.75 倍。

7.5.8　一、二、三级抗震等级的钢结构，可采用带有耗能装置的中心支撑体系。支撑斜杆的承载力应为耗能装置滑动或屈服时承载力的 1.5 倍。

7.6　偏心支撑框架

7.6.1　偏心支撑框架中的支撑斜杆，应至少有一端与梁连接，并在支撑与梁交点和柱之间或支撑同一跨内另一支撑与梁交点之间形成消能梁段（图 7.6.1）。超过 50m 的钢结构采用偏心支撑框架时，顶层可采用中心支撑。

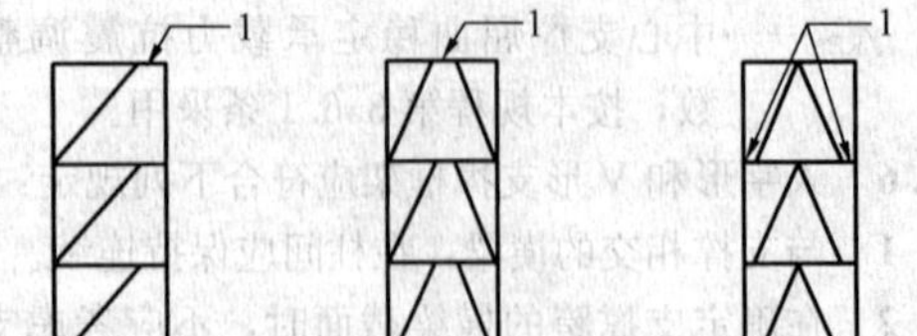
1
1
1

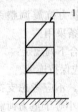

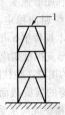

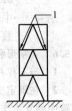

图 7.6.1　偏心支撑框架立面图

1—消能梁段

7.6.2　消能梁段的受剪承载力应符合下列公式的规定：

1　$N \leqslant 0.15Af$ 时

$$V \leqslant \phi V_l \tag{7.6.2-1}$$

2　$N > 0.15Af$ 时

$$V \leqslant \phi V_{lc} \tag{7.6.2-2}$$

式中：N——消能梁段的轴力设计值（N）；

V——消能梁段的剪力设计值（N）；

ϕ——系数，可取 0.9；

V_l、V_{lc}——分别为消能梁段不计入轴力影响和计入轴力影响的受剪承载力（N），可按本规程第 7.6.3 条的规定计算；有地震作用组合时，应按本规程第 3.6.1 条规定除以 γ_{RE}。

7.6.3　消能梁段的受剪承载力可按下列公式计算：

1　$N \leqslant 0.15Af$ 时

$$\left.\begin{aligned} &V_l = 0.58A_w f_y \text{ 或 } V_l = 2M_{lp}/a\text{，取较小值} \\ &A_w = (h - 2t_f)t_w \\ &M_{lp} = fW_{np} \end{aligned}\right\} \tag{7.6.3-1}$$

2　$N > 0.15Af$ 时

$$V_{lc} = 0.58A_w f_y \sqrt{1 - [N/(fA)]^2} \tag{7.6.3-2}$$

或

$$V_{lc} = 2.4M_{lp}[1 - N/(fA)]/a\text{，取较小值} \tag{7.6.3-3}$$

式中：V_l——消能梁段不计入轴力影响的受剪承载力（N）；

V_{lc}——消能梁段计入轴力影响的受剪承载力（N）；

M_{lp}——消能梁段的全塑性受弯承载力（N·mm）；

a、h、t_w、t_f——分别为消能梁段的净长（mm）、截面高度（mm）、腹板厚度和翼缘厚度（mm）；

A_w——消能梁段腹板截面面积（mm²）；

A——消能梁段的截面面积（mm²）；

W_{np}——消能梁段对其截面水平轴的塑性净截面模量（mm³）；

f、f_y——分别为消能梁段钢材的抗压强度设计值和屈服强度值（N/mm²）。

7.6.4　消能梁段的受弯承载力应符合下列公式的规定：

1　$N \leqslant 0.15Af$ 时

$$\frac{M}{W} + \frac{N}{A} \leqslant f \tag{7.6.4-1}$$

2　$N > 0.15Af$ 时

$$\left(\frac{M}{h} + \frac{N}{2}\right)\frac{1}{b_f t_f} \leqslant f \tag{7.6.4-2}$$

式中：M——消能梁段的弯矩设计值（N·mm）；

N——消能梁段的轴力设计值（N）；

W——消能梁段的截面模量（mm³）；

A——消能梁段的截面面积（mm²）；

h、b_f、t_f——分别为消能梁段的截面高度（mm）、翼缘宽度（mm）和翼缘厚度（mm）。

f——消能梁端钢材的抗压强度设计值（N/mm^2），有地震作用组合时，应按本规程第3.6.1条的规定除以 γ_{RE} 。

7.6.5 有地震作用组合时，偏心支撑框架中除消能梁段外的构件内力设计值应按下列规定调整：

1 支撑的轴力设计值

$$N_{br} = \eta_{br} \frac{V_l}{V} N_{br,com} \tag{7.6.5-1}$$

2 位于消能梁段同一跨的框架梁的弯矩设计值

$$M_b = \eta_b \frac{V_l}{V} M_{b,com} \tag{7.6.5-2}$$

3 柱的弯矩、轴力设计值

$$M_c = \eta_c \frac{V_l}{V} M_{c,com} \tag{7.6.5-3}$$

$$N_c = \eta_c \frac{V_l}{V} N_{c,com} \tag{7.6.5-4}$$

式中：N_{br}——支撑的轴力设计值（kN）；

M_b——位于消能梁段同一跨的框架梁的弯矩设计值（kN·m）；

M_c、N_c——分别为柱的弯矩（kN·m）、轴力设计值（kN）；

V_l——消能梁段不计入轴力影响的受剪承载力（kN），取式（7.6.3-1）中的较大值；

V——消能梁段的剪力设计值（kN）；

$N_{br,com}$——对应于消能梁段剪力设计值 V 的支撑组合的轴力计算值（kN）；

$M_{b,com}$——对应于消能梁段剪力设计值 V 的位于消能梁段同一跨框架梁组合的弯矩计算值（kN·m）；

$M_{c,com}$、$N_{c,com}$——分别为对应于消能梁段剪力设计值 V 的柱组合的弯矩计算值（kN·m）、轴力计算值（kN）；

η_{br}——偏心支撑框架支撑内力设计值增大系数，其值在一级时不应小于1.4，二级时不应小于1.3，三级时不应小于1.2，四级时不应小于1.0；

η_b、η_c——分别为位于消能梁段同一跨的框架梁的弯矩设计值增大系数和柱的内力设计值增大系数，其值在一级时不应小于1.3，二、三、四级时不应小于1.2。

7.6.6 偏心支撑斜杆的轴向承载力应符合下式要求：

$$\frac{N_{br}}{\varphi A_{br}} \leqslant f \tag{7.6.6}$$

式中：N_{br}——支撑的轴力设计值（N）；

A_{br}——支撑截面面积（mm^2）；

φ——由支撑长细比确定的轴心受压构件稳定系数；

f——钢材的抗拉、抗压强度设计值（N/mm^2），有地震作用组合时，应按本规程第3.6.1条的规定除以 γ_{RE} 。

7.6.7 偏心支撑框架梁和柱的承载力，应按现行国家标准《钢结构设计规范》GB 50017的规定进行验算；有地震作用组合时，钢材强度设计值应按本规程第3.6.1条的规定除以 γ_{RE} 。

7.7 伸臂桁架和腰桁架

7.7.1 伸臂桁架及腰桁架的布置应符合下列规定：

1 在需要提高结构整体侧向刚度时，在框架-支撑组成的筒中筒结构或框架-核心筒结构的适当楼层（加强层）可设置伸臂桁架，必要时可同时在外框柱之间设置腰桁架。伸臂桁架设置在外框架柱与核心构架或核心筒之间，宜在全楼层对称布置。

2 抗震设计结构中设置加强层时，宜采用延性较好、刚度及数量适宜的伸臂桁架及（或）腰桁架，避免加强层范围产生过大的层刚度突变。

3 巨型框架中设置的伸臂桁架应能承受和传递主要的竖向荷载及水平荷载，应与核心构架或核心筒墙体及外框巨柱有同等的抗震性能要求。

4 9度抗震设防时不宜使用伸臂桁架及腰桁架。

7.7.2 伸臂桁架及腰桁架的设计应符合下列规定：

1 伸臂桁架、腰桁架宜采用钢桁架。伸臂桁架应与核心构架柱或核心筒转角部或有T形墙相交部位连接。

2 对抗震设计的结构，加强层及其上、下各一层的竖向构件和连接部位的抗震构造措施，应按规定的结构抗震等级提高一级采用。

3 伸臂桁架与核心构架或核心筒之间的连接应采用刚接，且宜将其贯穿核心筒或核心构架，与另一边的伸臂桁架相连，锚入核心筒剪力墙或核心构架中的桁架弦杆、腹杆的截面面积不小于外部伸臂桁架构件相应截面面积的1/2。腰桁架与外框架柱之间应采用刚性连接。

4 在结构施工阶段，应考虑内筒与外框的竖向变形差。对伸臂结构与核心筒及外框柱之间的连接应按施工阶段受力状况采取临时连接措施，当结构的竖向变形差基本消除后再进行刚接。

5 当伸臂桁架或腰桁架兼作转换层构件时，应按本规程第7.1.6条规定调整内力并验算其竖向变形及承载能力；对抗震设计的结构尚应按性能目标要求采取措施提高其抗震安全性。

6 伸臂桁架上、下楼层在计算模型中宜按弹性楼板假定。

7 伸臂桁架上、下层楼板厚度不宜小于160mm。

7.8 其他抗侧力构件

7.8.1 钢板剪力墙的设计，应符合本规程附录B的有关规定。

7.8.2 无粘结内藏钢板支撑墙板的设计，应符合本规程附录C的有关规定。

7.8.3 钢框架-内嵌竖缝混凝土剪力墙板的设计，应符合本规程附录D的有关规定。

7.8.4 屈曲约束支撑的设计，应符合本规程附录E的有关规定。

8 连接设计

8.1 一般规定

8.1.1 高层民用建筑钢结构的连接，非抗震设计的结构应按现行国家标准《钢结构设计规范》GB 50017的有关规定执行。抗震设计时，构件按多遇地震作用下内力组合设计值选择截面；连接设计应符合构造措施要求，按弹塑性设计，连接的极限承载力应大于构件的全塑性承载力。

8.1.2 钢框架抗侧力构件的梁与柱连接应符合下列规定：

1 梁与H形柱（绕强轴）刚性连接以及梁与箱形柱或圆管柱刚性连接时，弯矩由梁翼缘和腹板受弯区的连接承受，剪力由腹板受剪区的连接承受。

2 梁与柱的连接宜采用翼缘焊接和腹板高强度螺栓连接的形式，也可采用全焊接连接。一、二级时梁与柱宜采用加强型连接或骨式连接。

3 梁腹板用高强度螺栓连接时，应先确定腹板受弯区的高度，并应对设置于连接板上的螺栓进行合理布置，再分别计算腹板连接的受弯承载力和受剪承载力。

8.1.3 钢框架抗侧力结构构件的连接系数 α 应按表8.1.3的规定采用。

表 8.1.3 钢构件连接的连接系数 α

母材牌号	梁柱连接		支撑连接、构件拼接		柱脚	
	母材破坏	高强螺栓破坏	母材或连接板破坏	高强螺栓破坏		
Q235	1.40	1.45	1.25	1.30	埋入式	1.2 (1.0)
Q345	1.35	1.40	1.20	1.25	外包式	1.2 (1.0)
Q345GJ	1.25	1.30	1.10	1.15	外露式	1.0

注：1 屈服强度高于Q345的钢材，按Q345的规定采用；
2 屈服强度高于Q345GJ的GJ钢材，按Q345GJ的规定采用；
3 括号内的数字用于箱形柱和圆管柱；
4 外露式柱脚是指刚接柱脚，只适用于房屋高度50m以下。

8.1.4 梁与柱刚性连接时，梁翼缘与柱的连接、框架柱的拼接、外露式柱脚的柱身与底板的连接以及伸臂桁架等重要受拉构件的拼接，均应采用一级全熔透焊缝，其他全熔透焊缝为二级。非熔透的角焊缝和部分熔透的对接与角接组合焊缝的外观质量标准应为二级。现场一级焊缝宜采用气体保护焊。

焊缝的坡口形式和尺寸，宜根据板厚和施工条件，按现行国家标准《钢结构焊接规范》GB 50661的要求选用。

8.1.5 构件拼接和柱脚计算时，构件的受弯承载力应考虑轴力的影响。构件的全塑性受弯承载力 M_p 应按下列规定以 M_{pc} 代替：

1 对H形截面和箱形截面构件应符合下列规定：

1） H形截面（绕强轴）和箱形截面

当 $N/N_y \leqslant 0.13$ 时 $\quad M_{pc}=M_p \qquad (8.1.5\text{-}1)$

当 $N/N_y > 0.13$ 时 $\quad M_{pc}=1.15(1-N/N_y)M_p \qquad (8.1.5\text{-}2)$

2） H形截面（绕弱轴）

当 $N/N_y \leqslant A_w/A$ 时 $\quad M_{pc}=M_p \qquad (8.1.5\text{-}3)$

当 $N/N_y > A_w/A$ 时

$$M_{pc}=\left\{1-\left(\frac{N-A_w f_y}{N_y-A_w f_y}\right)^2\right\}M_p \qquad (8.1.5\text{-}4)$$

2 圆形空心截面的 M_{pc} 可按下列公式计算：

当 $N/N_y \leqslant 0.2$ 时 $\quad M_{pc}=M_p \qquad (8.1.5\text{-}5)$

当 $N/N_y > 0.2$ 时 $\quad M_{pc}=1.25(1-N/N_y)M_p \qquad (8.1.5\text{-}6)$

式中：N——构件轴力设计值（N）；

N_y——构件的轴向屈服承载力（N）；

A——H形截面或箱形截面构件的截面面积（mm^2）；

A_w——构件腹板截面积（mm^2）；

f_y——构件腹板钢材的屈服强度（N/mm^2）。

8.1.6 高层民用建筑钢结构承重构件的螺栓连接，应采用高强度螺栓摩擦型连接。考虑罕遇地震时连接滑移，螺栓杆与孔壁接触，极限承载力按承压型连接计算。

8.1.7 高强度螺栓连接受拉或受剪时的极限承载力，应按本规程附录F的规定计算。

8.2 梁与柱刚性连接的计算

8.2.1 梁与柱的刚性连接应按下列公式验算：

$$M_u^j \geqslant \alpha M_p \qquad (8.2.1\text{-}1)$$

$$V_u^j \geqslant \alpha(\sum M_p/l_n)+V_{Gb} \qquad (8.2.1\text{-}2)$$

式中：M_u^j——梁与柱连接的极限受弯承载力（kN·m）；

M_p——梁的全塑性受弯承载力（kN·m）（加强型连接按未扩大的原截面计算），考虑轴力影响时按本规程第8.1.5条的 M_{pc} 计算；

$\sum M_p$——梁两端截面的塑性受弯承载力之和（kN·m）；

V_u^j ——梁与柱连接的极限受剪承载力（kN）；

V_{Gb} ——梁在重力荷载代表值（9度尚应包括竖向地震作用标准值）作用下，按简支梁分析的梁端截面剪力设计值（kN）；

l_n ——梁的净跨（m）；

α ——连接系数，按本规程表 8.1.3 的规定采用。

8.2.2 梁与柱连接的受弯承载力应按下列公式计算：

$$M_j = W_e^j \cdot f \quad (8.2.2\text{-}1)$$

梁与H形柱（绕强轴）连接时

$$W_e^j = 2I_e/h_b \quad (8.2.2\text{-}2)$$

梁与箱形柱或圆管柱连接时

$$W_e^j = \frac{2}{h_b}\left\{I_e - \frac{1}{12}t_{wb}(h_{0b}-2h_m)^3\right\} \quad (8.2.2\text{-}3)$$

式中：M_j ——梁与柱连接的受弯承载力（N·mm）；

W_e^j ——连接的有效截面模量（mm^3）；

I_e ——扣除过焊孔的梁端有效截面惯性矩（mm^4）；当梁腹板用高强度螺栓连接时，为扣除螺栓孔和梁翼缘与连接板之间间隙后的截面惯性矩；

h_b、h_{0b} ——分别为梁截面和梁腹板的高度（mm）；

t_{wb} ——梁腹板的厚度（mm）；

f ——梁的抗拉、抗压和抗弯强度设计值（N/mm^2）；

h_m ——梁腹板的有效受弯高度（mm），应按本规程第 8.2.3 条的规定计算。

8.2.3 梁腹板的有效受弯高度 h_m 应按下列公式计算（图 8.2.3）：

H形柱（绕强轴） $h_m = h_{0b}/2$ （8.2.3-1）

箱形柱时 $h_m = \dfrac{b_j}{\sqrt{\dfrac{b_j t_{wb} f_{yb}}{t_{fc}^2 f_{yc}}-4}}$ （8.2.3-2）

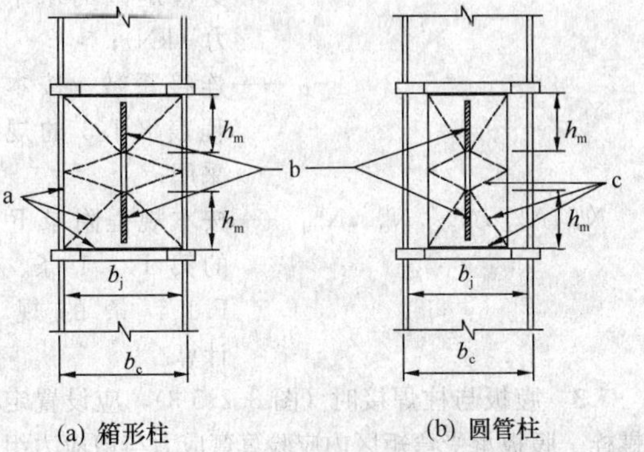

h_m
h_m
a
b
b_j
b_c
h_m
h_m
c
b_j
b_c

(a) 箱形柱　(b) 圆管柱

图 8.2.3 工字形梁与箱形柱和圆管柱连接的符号说明

a—壁板的屈服线；b—梁腹板的屈服区；c—钢管壁的屈服线

圆管柱时 $h_m = \dfrac{b_j}{\sqrt{\dfrac{k_1}{2}\sqrt{k_2\sqrt{\dfrac{3k_1}{2}}-4}}}$ （8.2.3-3）

当箱形柱、圆管柱 $h_m < S_r$ 时，取 $h_m = S_r$ （8.2.3-4）

当箱形柱 $h_m > \dfrac{d_j}{2}$ 或 $\dfrac{b_j t_{wb} f_{yb}}{t_{fc}^2 f_{yc}} \leqslant 4$ 时，取 $h_m = \dfrac{d_j}{2}$ （8.2.3-5）

当圆管柱 $h_m > \dfrac{d_j}{2}$ 或 $k_2\sqrt{\dfrac{3k_1}{2}} \leqslant 4$ 时，取 $h_m = \dfrac{d_j}{2}$ （8.2.3-6）

式中：d_j ——箱形柱壁板上下加劲肋内侧之间的距离（mm）；

b_j ——箱形柱壁板屈服区宽度（mm），$b_j = b_c - 2t_{fc}$；

b_c ——箱形柱壁板宽度或圆管柱的外径（mm）；

h_m ——与箱形柱或圆管柱连接时，梁腹板（一侧）的有效受弯高度（mm）；

S_r ——梁腹板过焊孔高度，高强螺栓连接时为剪力板与梁翼缘间间隙的距离（mm）；

h_{0b} ——梁腹板高度（mm）；

f_{yb} ——梁钢材的屈服强度（N/mm^2），当梁腹板用高强度螺栓连接时，为柱连接板钢材的屈服强度（N/mm^2）；

f_{yc} ——柱钢材屈服强度（N/mm^2）；

t_{fc} ——箱形柱壁板厚度（mm）；

t_{fb} ——梁翼缘厚度（mm）；

t_{wb} ——梁腹板厚度（mm）；

k_1、k_2 ——圆管柱有关截面和承载力指标，$k_1 = b_j/t_{fc}$，$k_2 = t_{wb}f_{yb}/(t_{fc}f_{yc})$。

8.2.4 抗震设计时，梁与柱连接的极限受弯承载力应按下列规定计算（图 8.2.4）：

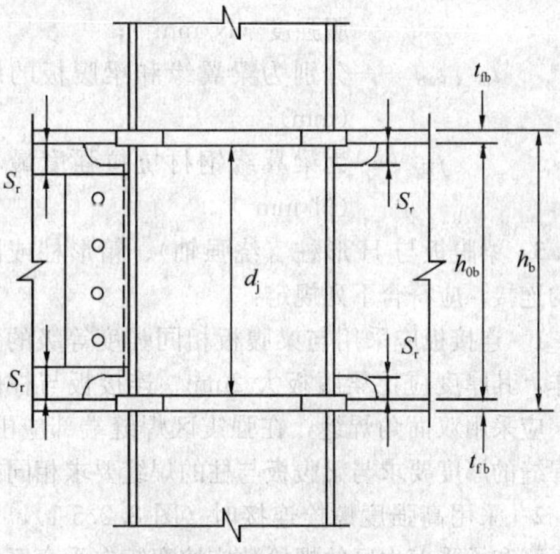

t_fb
S_r
S_r
h_0b
h_b
d_j
S_r
S_r
t_fb

图 8.2.4 梁柱连接

1 梁端连接的极限受弯承载力

$$M_u^j = M_{uf}^j + M_{uw}^j \quad (8.2.4\text{-}1)$$

2 梁翼缘连接的极限受弯承载力

$$M_{uf}^j = A_f(h_b - t_{fb}) f_{ub} \quad (8.2.4\text{-}2)$$

3 梁腹板连接的极限受弯承载力

$$M_{uw}^j = m \cdot W_{wpe} \cdot f_{yw} \quad (8.2.4\text{-}3)$$

$$W_{wpe} = \frac{1}{4}(h_b - 2t_{fb} - 2S_r)^2 t_{wb} \quad (8.2.4\text{-}4)$$

4 梁腹板连接的受弯承载力系数 m 应按下列公式计算：

H 形柱（绕强轴） $m = 1$ (8.2.4-5)

箱形柱 $m = \min\left\{1, 4\frac{t_{fc}}{d_j}\sqrt{\frac{b_j \cdot f_{yc}}{t_{wb} \cdot f_{yw}}}\right\}$ (8.2.4-6)

圆管柱

$$m = \min\left\{1, \frac{8}{\sqrt{3}k_1 \cdot k_2 \cdot r}\left(\sqrt{k_2\sqrt{\frac{3k_1}{2}} - 4} + r\sqrt{\frac{k_1}{2}}\right)\right\} \quad (8.2.4\text{-}7)$$

式中：W_{wpe}——梁腹板有效截面的塑性截面模量（mm^3）；

f_{yw}——梁腹板钢材的屈服强度（N/mm^2）；

h_b——梁截面高度（mm）；

d_j——柱上下水平加劲肋（横隔板）内侧之间的距离（mm）；

b_j——箱形柱壁板内侧的宽度或圆管柱内直径（mm），$b_j = b_c - 2t_{fc}$；

r——圆钢管上下横隔板之间的距离与钢管内径的比值，$r = d_j / b_j$；

t_{fc}——箱形柱或圆管柱壁板的厚度（mm）；

f_{yc}——柱钢材屈服强度（N/mm^2）；

f_{yf}、f_{yw}——分别为梁翼缘和梁腹板钢材的屈服强度（N/mm^2）；

t_{fb}、t_{wb}——分别为梁翼缘和梁腹板的厚度（mm）；

f_{ub}——为梁翼缘钢材抗拉强度最小值（N/mm^2）。

8.2.5 梁腹板与 H 形柱（绕强轴）、箱形柱或圆管柱的连接，应符合下列规定：

1 连接板应采用与梁腹板相同强度等级的钢材制作，其厚度应比梁腹板大 2mm。连接板与柱的焊接，应采用双面角焊缝，在强震区焊缝端部应围焊，对焊缝的厚度要求与梁腹板与柱的焊缝要求相同。

2 采用高强度螺栓连接时（图 8.2.5-1），承受弯矩区和承受剪力区的螺栓数应按弯矩在受弯区引起的水平力和剪力作用在受剪区（图 8.2.5-2）分别进行计算，计算时应考虑连接的不同破坏模式取较小值。

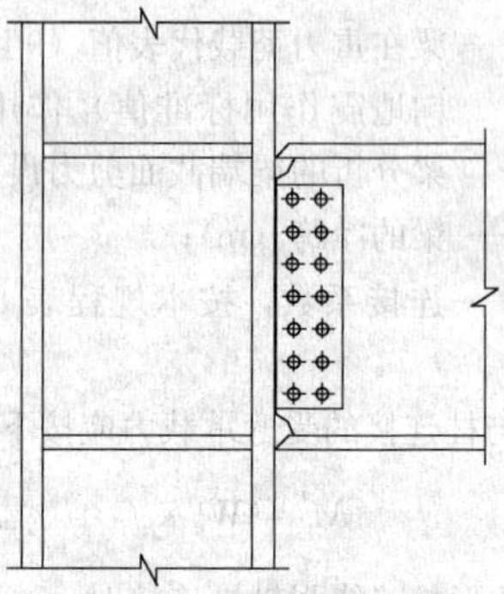

图 8.2.5-1 柱连接板与梁腹板的螺栓连接

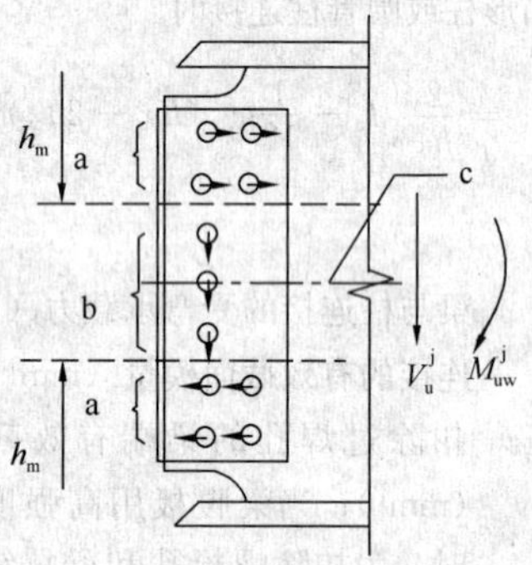

h_m
a
b
c
a
h_m
V_u^j
M_{uw}^j

图 8.2.5-2 梁腹板与柱连接时高强度螺栓连接的内力分担

a—承受弯矩区；b—承受剪力区；c—梁轴线

对承受弯矩区：

$$\alpha V_{um}^j \leqslant N_u^b = \min\{n_1 N_{vu}^b, n_1 N_{cu1}^b, N_{cu2}^b, N_{cu3}^b, N_{cu4}^b\} \quad (8.2.5\text{-}1)$$

对承受剪力区：

$$V_u^j \leqslant n_2 \cdot \min\{N_{vu}^b, N_{cu1}^b\} \quad (8.2.5\text{-}2)$$

式中：n_1、n_2——分别为承受弯矩区（一侧）和承受剪力区需要的螺栓数；

V_{um}^j——为弯矩 M_{uw}^j 引起的承受弯矩区的水平剪力（kN）；

α——连接系数，按本规程表 8.1.3 的规定采用；

N_{vu}^b，N_{cu1}^b，N_{cu2}^b，N_{cu3}^b，N_{cu4}^b——按本规程附录 F 中的第 F.1.1 条、第 F.1.4 条的规定计算。

3 腹板与柱焊接时（图 8.2.5-3），应设置定位螺栓。腹板承受弯矩区内应验算弯应力与剪应力组合的复合应力，承受剪力区可仅按所承受的剪力进行受剪承载力验算。

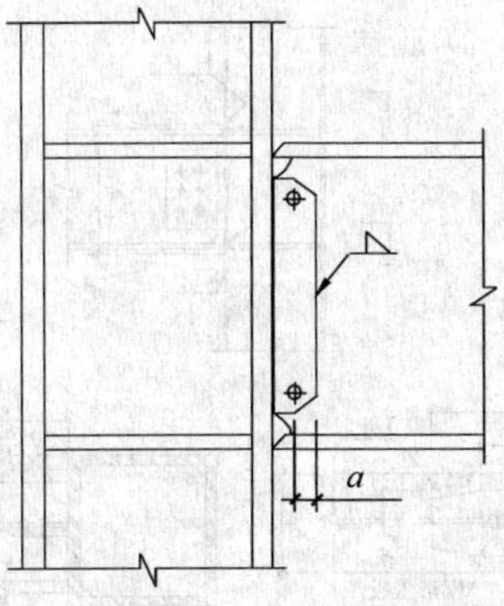
a

图 8.2.5-3　柱连接板与梁腹板的焊接连接

a—不小于 50mm

8.3　梁与柱连接的形式和构造要求

8.3.1　框架梁与柱的连接宜采用柱贯通型。在互相垂直的两个方向都与梁刚性连接时，宜采用箱形柱。箱形柱壁板厚度小于 16mm 时，不宜采用电渣焊焊接隔板。

8.3.2　冷成型箱形柱应在梁对应位置设置隔板，并应采用隔板贯通式连接。柱段与隔板的连接应采用全熔透对接焊缝（图 8.3.2）。隔板宜采用 Z 向钢制作。其外伸部分长度 e 宜为 25mm～30mm，以便将相邻焊缝热影响区隔开。

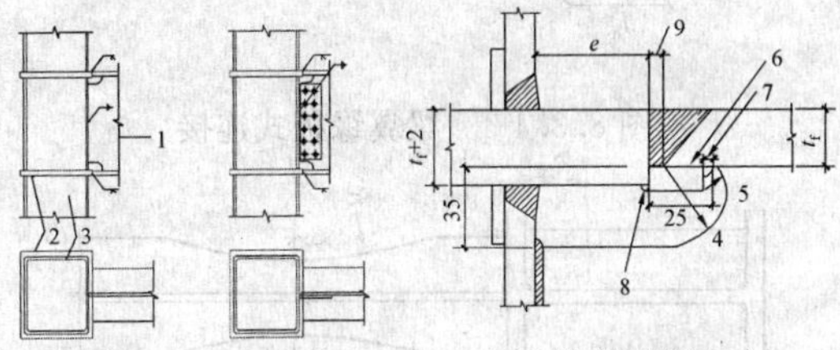
1
2
3
e
9
6
7
t_f+2
t_f
35
25
5
4
8

(a) 梁与柱工厂焊接　(b) 梁翼缘焊接腹板栓接　(c) 梁翼缘焊接详图

图 8.3.2　框架梁与冷成型箱形柱隔板的连接

1—H 形钢梁；2—横隔板；3—箱形柱；4—大圆弧半径≈35mm；5—小圆弧半径≈10mm；6—衬板厚度 8mm 以上；7—圆弧端点至衬板边缘 5mm；8—隔板外侧衬板边缘采用连续焊缝；9—焊根宽度 7mm，坡口角度 35°

8.3.3　当梁与柱在现场焊接时，梁与柱连接的过焊孔，可采用常规型（图 8.3.3-1）和改进型（图 8.3.3-2）两种形式。采用改进型时，梁翼缘与柱的连接焊缝应采用气体保护焊。

梁翼缘与柱翼缘间应采用全熔透坡口焊缝，抗震等级一、二级时，应检验焊缝的 V 形切口冲击韧性，其夏比冲击韧性在－20℃时不低于 27J。

梁腹板（连接板）与柱的连接焊缝，当板厚小于 16mm 时可采用双面角焊缝，焊缝的有效截面高度应符合受力要求，且不得小于 5mm。当腹板厚度等于或大于 16mm 时应采用 K 形坡口焊缝。设防烈度 7 度

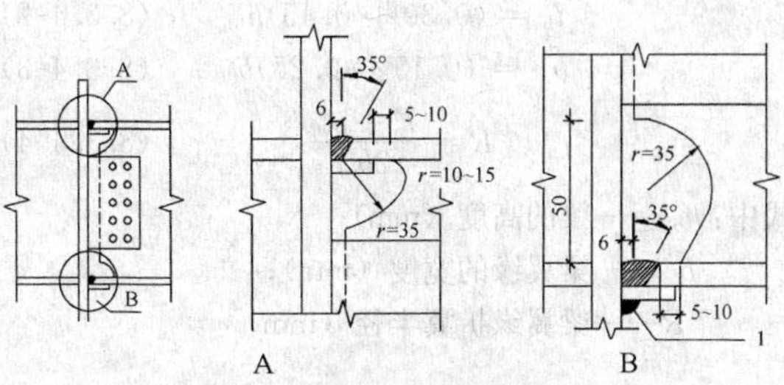
A
B
35°
6
5~10
r=10~15
r=35
50
1

图 8.3.3-1　常规型过焊孔

1—h_w≈5 长度等于翼缘总宽度

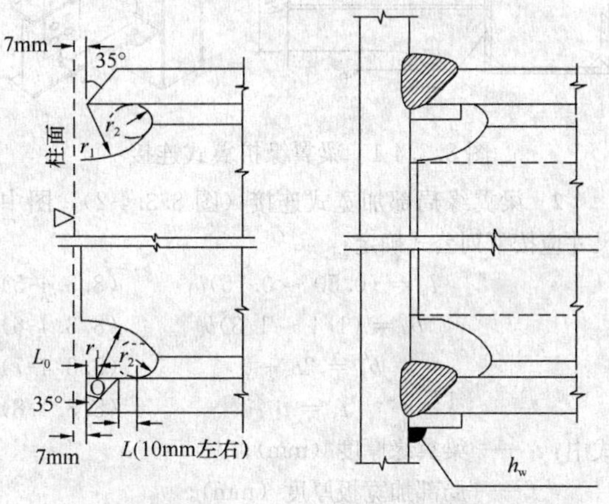
7mm
35°
柱面
r_2
r_1
L_0
O
L(10mm左右)
h_w

(a) 坡口和焊接孔加工　(b) 全焊透焊缝

图 8.3.3-2　改进型过焊孔

r_1 ＝35mm 左右；r_2 ＝10mm 以上；

O 点位置：t_f ＜22mm：L_0（mm）＝0

t_f ≥22mm：L_0（mm）＝0.75 t_f －15，t_f 为下翼缘板厚

h_w ≈5 长度等于翼缘总宽度

（0.15g）及以上时，梁腹板与柱的连接焊缝应采用围焊，围焊在竖向部分的长度 l 应大于 400mm 且连续施焊（图 8.3.3-3）。

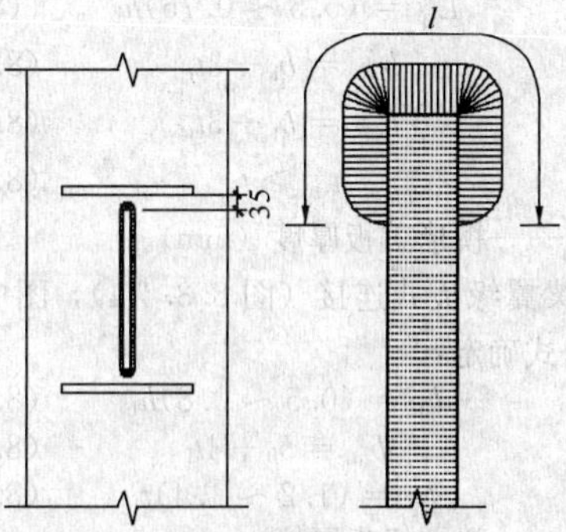
l
35

图 8.3.3-3　围焊的施焊要求

8.3.4　梁与柱的加强型连接或骨式连接包含下列形式，有依据时也可采用其他形式。

1　梁翼缘扩翼式连接（图 8.3.4-1），图中尺寸应按下列公式确定：

$$l_a = (0.50 \sim 0.75)b_f \qquad (8.3.4\text{-}1)$$

$$l_b = (0.30 \sim 0.45)h_b \qquad (8.3.4\text{-}2)$$

$$b_{wf} = (0.15 \sim 0.25)b_f \qquad (8.3.4\text{-}3)$$

$$R = \frac{l_b^2 + b_{wf}^2}{2b_{wf}} \qquad (8.3.4\text{-}4)$$

式中：h_b ——梁的高度（mm）；

b_f ——梁翼缘的宽度（mm）；

R——梁翼缘扩翼半径（mm）。

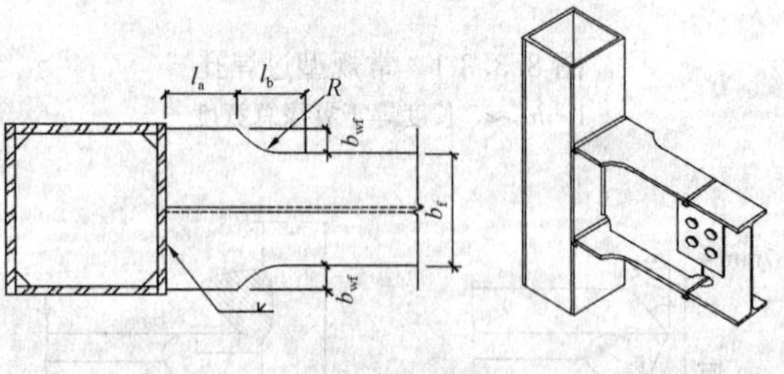

图 8.3.4-1　梁翼缘扩翼式连接

2　梁翼缘局部加宽式连接（图 8.3.4-2），图中尺寸应按下列公式确定：

$$l_a = (0.50 \sim 0.75)h_b \qquad (8.3.4\text{-}5)$$

$$b_s = (1/4 \sim 1/3)b_f \qquad (8.3.4\text{-}6)$$

$$b'_s = 2t_f + 6 \qquad (8.3.4\text{-}7)$$

$$t_s = t_f \qquad (8.3.4\text{-}8)$$

式中：t_f ——梁翼缘厚度（mm）；

t_s——局部加宽板厚度（mm）。

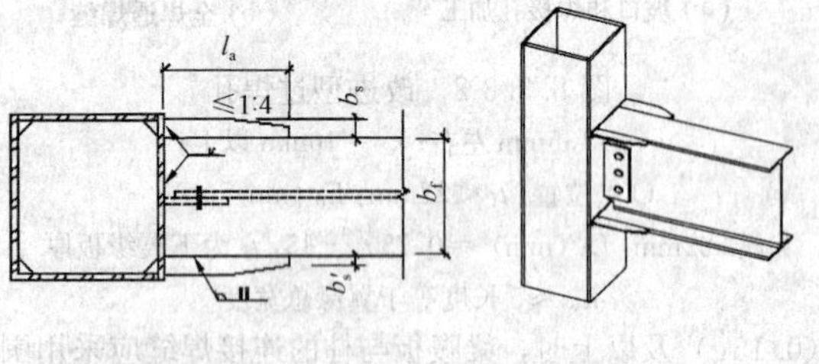
≤1:4

图 8.3.4-2　梁翼缘局部加宽式连接

3　梁翼缘盖板式连接（图 8.3.4-3）：

$$L_{cp} = (0.5 \sim 0.75)h_b \qquad (8.3.4\text{-}9)$$

$$b_{cp1} = b_f - 3t_{cp} \qquad (8.3.4\text{-}10)$$

$$b_{cp2} = b_f + 3t_{cp} \qquad (8.3.4\text{-}11)$$

$$t_{cp} \geqslant t_f \qquad (8.3.4\text{-}12)$$

式中：t_{cp}——楔形盖板厚度（mm）。

4　梁翼缘板式连接（图 8.3.4-4），图中尺寸应按下列公式确定：

$$l_{tp} = (0.5 \sim 0.8)h_b \qquad (8.3.4\text{-}13)$$

$$b_{tp} = b_f + 4t_f \qquad (8.3.4\text{-}14)$$

$$t_{tp} = (1.2 \sim 1.4)t_f \qquad (8.3.4\text{-}15)$$

式中：t_{tp} ——梁翼缘板厚度（mm）。

5　梁骨式连接（图 8.3.4-5），切割面应采用铣刀加工。图中尺寸应按下列公式确定：

$$a = (0.5 \sim 0.75)b_f \qquad (8.3.4\text{-}16)$$

$$b = (0.65 \sim 0.85)h_b \qquad (8.3.4\text{-}17)$$

$$c = 0.25b_b \qquad (8.3.4\text{-}18)$$

$$R = (4c^2 + b^2)/8c \qquad (8.3.4\text{-}19)$$

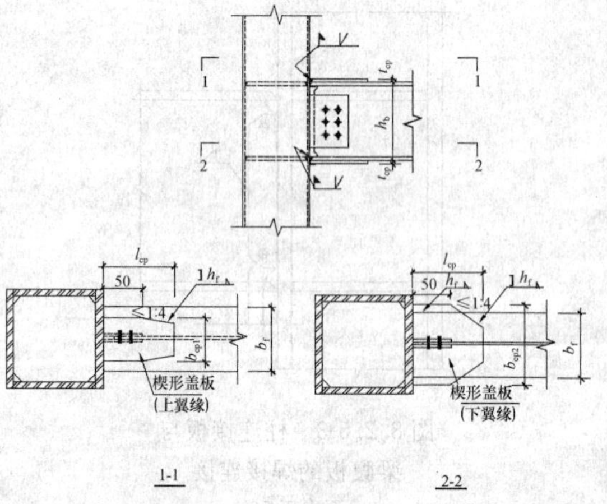
50
≤1:4
楔形盖板
(上翼缘)
楔形盖板
(下翼缘)
1-1
2-2

图 8.3.4-3　梁翼缘盖板式连接

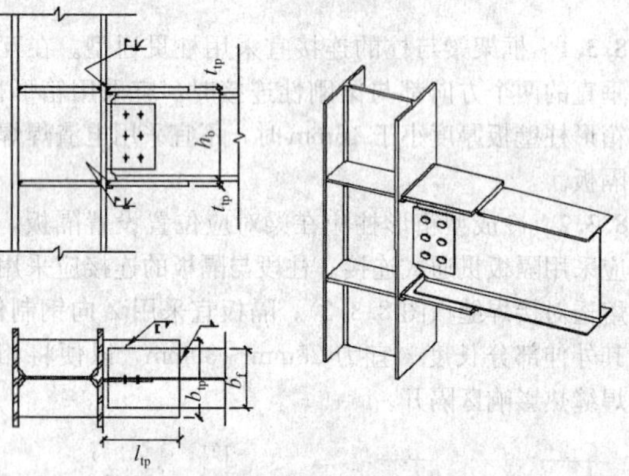

图 8.3.4-4　梁翼缘板式连接

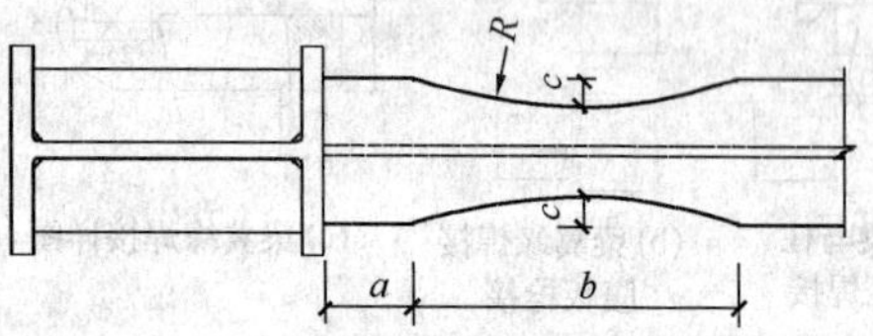

图 8.3.4-5　梁骨式连接

8.3.5　梁与 H 形柱（绕弱轴）刚性连接时，加劲肋应伸至柱翼缘以外 75mm，并以变宽度形式伸至梁翼缘，与后者用全熔透对接焊缝连接。加劲肋应两面设置（无梁外侧加劲肋厚度不应小于梁翼缘厚度之半）。翼缘加劲肋应大于梁翼缘厚度，以协调翼缘的允许偏差。梁腹板与柱连接板用高强螺栓连接。

8.3.6　框架梁与柱刚性连接时，应在梁翼缘的对应位置设置水平加劲肋（隔板）。对抗震设计的结构，水平加劲肋（隔板）厚度不得小于梁翼缘厚度加 2mm，其钢材强度不得低于梁翼缘的钢材强度，其外侧应与梁翼缘外侧对齐（图 8.3.6）。对非抗震设计的结构，水平加劲肋（隔板）应能传递梁翼缘的集中力，厚度应由计算确定；当内力较小时，其厚度不得小于梁翼缘厚度的 1/2，并应符合板件宽厚比限值。水平加劲肋宽度应从柱边缘后退 10mm。

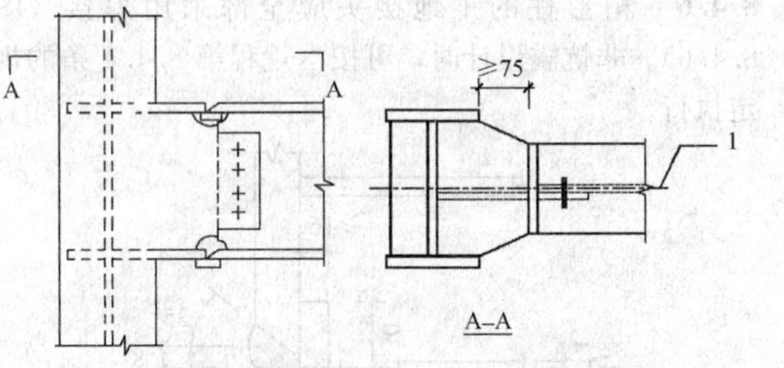

A
A
≥75
1
A–A

图 8.3.5　梁与 H 形柱弱轴刚性连接

1—梁柱轴线

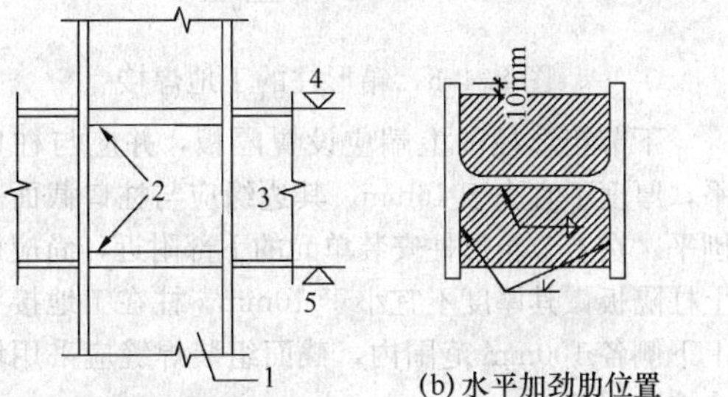

4
2
3
5
1
10mm

(a) 水平加劲肋标高　　(b) 水平加劲肋位置和焊接方法

图 8.3.6　柱水平加劲肋与梁翼缘外侧对齐

1—柱；2—水平加劲肋；3—梁；

4—强轴方向梁上端；5—强轴方向梁下端

8.3.7　当柱两侧的梁高不等时，每个梁翼缘对应位置均应按本条的要求设置柱的水平加劲肋。加劲肋的间距不应小于 150mm，且不应小于水平加劲肋的宽度（图 8.3.7a）。当不能满足此要求时，应调整梁的端部高度，可将截面高度较小的梁腹板高度局部加大，腋部翼缘的坡度不得大于 1∶3（图 8.3.7b）。当与柱相连的梁在柱的两个相互垂直的方向高度不等时，应分别设置柱的水平加劲肋（图 8.3.7c）。

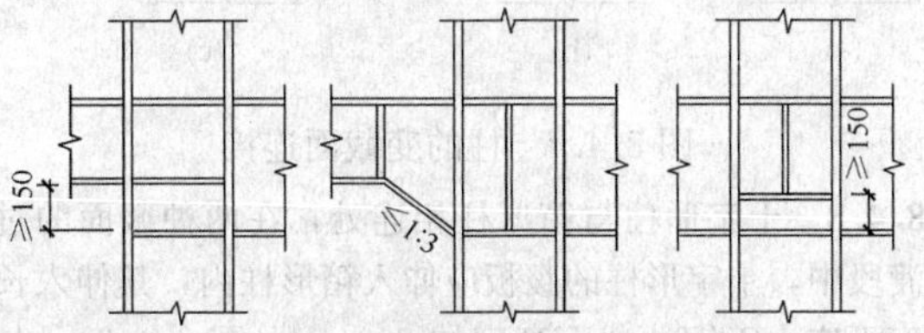

≥150
≤1:3
≥150

(a)　(b)　(c)

图 8.3.7　柱两侧梁高不等时的水平加劲肋

8.3.8　当节点域厚度不满足本规程第 7.3.5 条～第 7.3.8 条要求时，对焊接组合柱宜将腹板在节点域局部加厚（图 8.3.8-1），腹板加厚的范围应伸出梁上下翼缘外不小于 150mm；对轧制 H 形钢柱可贴焊补强板加强（图 8.3.8-2）。

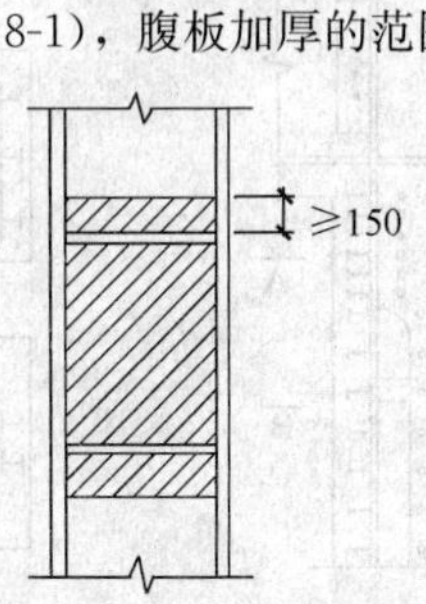

≥150

图 8.3.8-1　节点域的加厚

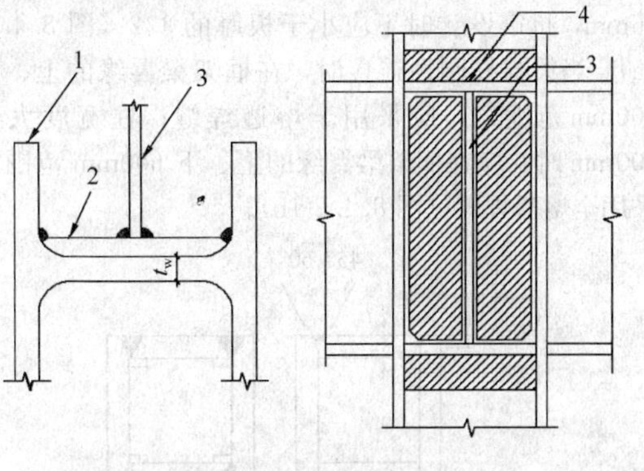

1
2
3
4
3

图 8.3.8-2　补强板的设置

1—翼缘；2—补强板；3—弱轴方向梁腹板；

4—水平加劲肋

8.3.9　梁与柱铰接时（图 8.3.9），与梁腹板相连的高强度螺栓，除应承受梁端剪力外，尚应承受偏心弯矩的作用，偏心弯矩 M 应按下式计算。当采用现浇钢筋混凝土楼板将主梁和次梁连成整体时，可不计算偏心弯矩的影响。

$$M = V \cdot e \tag{8.3.9}$$

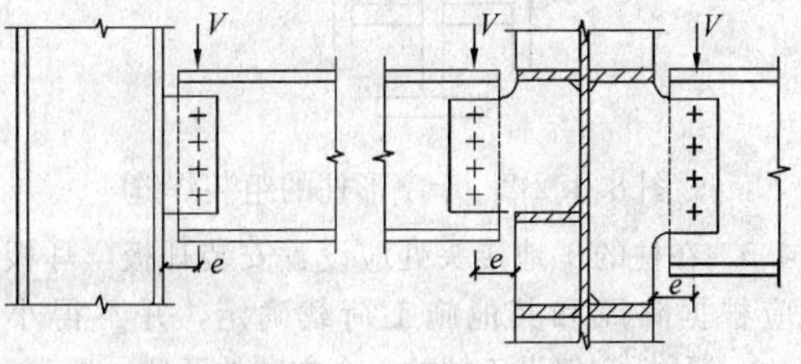

V
e
V
e
V
e

(a) 绕柱强轴连接　　(b) 绕柱弱轴连接

图 8.3.9　梁与柱的铰接

8.4　柱与柱的连接

8.4.1　柱与柱的连接应符合下列规定：

1　钢框架宜采用 H 形柱、箱形柱或圆管柱，钢骨混凝土柱中钢骨宜采用 H 形或十字形。

2　框架柱的拼接处至梁面的距离应为 1.2m～1.3m 或柱净高的一半，取二者的较小值。抗震设计时，框架柱的拼接应采用坡口全熔透焊缝。非抗震设计时，柱拼接也可采用部分熔透焊缝。

3　采用部分熔透焊缝进行柱拼接时，应进行承载力验算。当内力较小时，设计弯矩不得小于柱全塑性弯矩的一半。

8.4.2　箱形柱宜为焊接柱，其角部的组装焊缝一般应采用 V 形坡口部分熔透焊缝。当箱形柱壁板的 Z 向性能有保证，通过工艺试验确认不会引起层状撕裂时，可采用单边 V 形坡口焊缝。

箱形柱含有组装焊缝一侧与框架梁连接后，其抗震性能低于未设焊缝的一侧，应将不含组装焊缝的一侧置于主要受力方向。

组装焊缝厚度不应小于板厚的 1/3，且不应小于 16mm，抗震设计时不应小于板厚的 1/2（图 8.4.2-1a）。当梁与柱刚性连接时，在框架梁翼缘的上、下 500mm 范围内，应采用全熔透焊缝；柱宽度大于 600mm 时，应在框架梁翼缘的上、下 600mm 范围内采用全熔透焊缝（图 8.4.2-1b）。

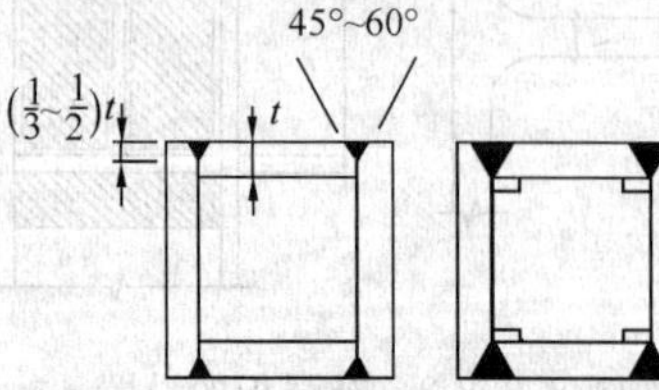

45°~60°
$(\frac{1}{3}\sim\frac{1}{2})t$
t
(a)
(b)

图 8.4.2-1　箱形组合柱的角部组装焊缝

十字形柱应由钢板或两个 H 形钢焊接组合而成（图 8.4.2-2）；组装焊缝均应采用部分熔透的 K 形坡口焊缝，每边焊接深度不应小于 1/3 板厚。

图 8.4.2-2　十字形柱的组装焊缝

8.4.3　在柱的工地接头处应设置安装耳板，耳板厚度应根据阵风和其他施工荷载确定，并不得小于 10mm。耳板宜仅设于柱的一个方向的两侧。

8.4.4　非抗震设计的高层民用建筑钢结构，当柱的弯矩较小且不产生拉力时，可通过上下柱接触面直接传递 25%的压力和 25%的弯矩，此时柱的上下端应磨平顶紧，并应与柱轴线垂直。坡口焊缝的有效深度 t_e 不宜小于板厚的 1/2（图 8.4.4）。

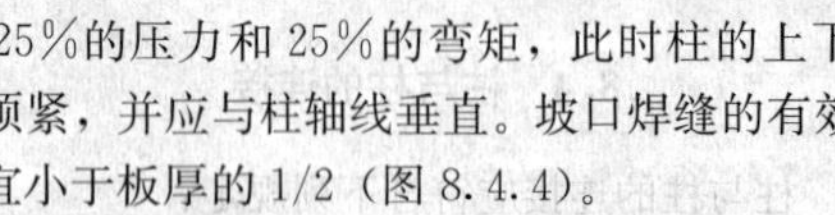

45°
铣平
3
t_e
(a)
45°
铣平
t_e
(b)

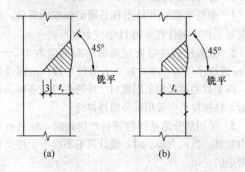

图 8.4.4　柱接头的部分熔透焊缝

8.4.5　H 形柱在工地的接头，弯矩应由翼缘和腹板承受，剪力应由腹板承受，轴力应由翼缘和腹板分担。翼缘接头宜采用坡口全熔透焊缝，腹板可采用高强度螺栓连接。当采用全焊接接头时，上柱翼缘应开 V 形坡口，腹板应开 K 形坡口。

8.4.6　箱形柱的工地接头应全部采用焊接（图 8.4.6）。非抗震设计时，可按本规程第 8.4.4 条的规定执行。

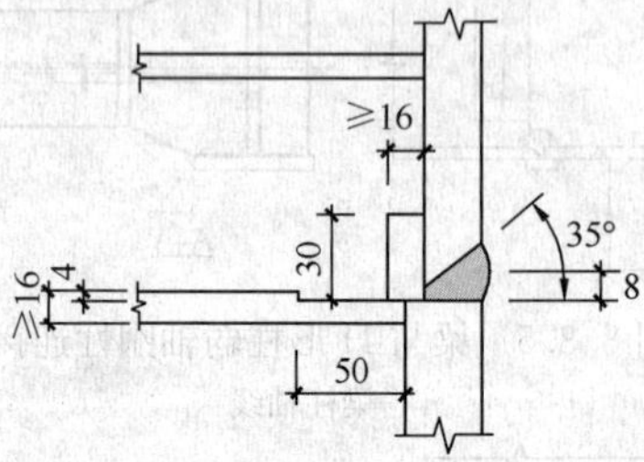

≥16
35°
30
≥16
4
8
50

图 8.4.6　箱形柱的工地焊接

下节箱形柱的上端应设置隔板，并应与柱口齐平，厚度不宜小于 16mm。其边缘应与柱口截面一起刨平。在上节箱形柱安装单元的下部附近，尚应设置上柱隔板，其厚度不宜小于 10mm。柱在工地接头的上下侧各 100mm 范围内，截面组装焊缝应采用坡口全熔透焊缝。

8.4.7　当需要改变柱截面积时，柱截面高度宜保持不变而改变翼缘厚度。当需要改变柱截面高度时，对边柱宜采用图 8.4.7a 的做法，对中柱宜采用图 8.4.7b 的做法，变截面的上下端均应设置隔板。当变截面段位于梁柱接头时，可采用图 8.4.7c 的做法，变截面两端距梁翼缘不宜小于 150mm。

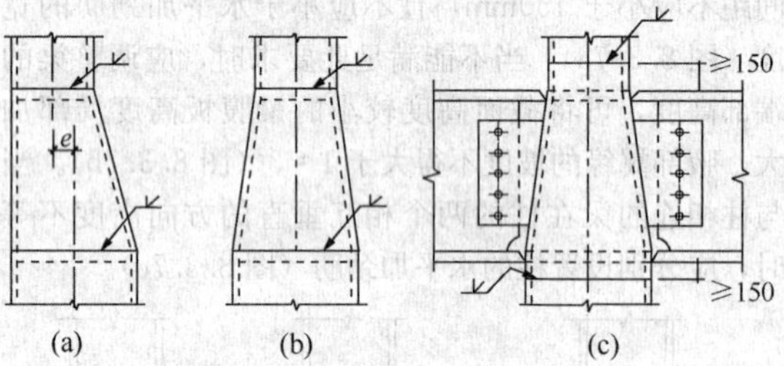

e
≥150
≥150
(a)
(b)
(c)

图 8.4.7　柱的变截面连接

8.4.8　十字形柱与箱形柱相连处，在两种截面的过渡段中，十字形柱的腹板应伸入箱形柱内，其伸入长度不应小于钢柱截面高度加 200mm（图 8.4.8）。与上部钢结构相连的钢骨混凝土柱，沿其全高应设栓钉，栓钉间距和列距在过渡段内宜采用 150mm，最

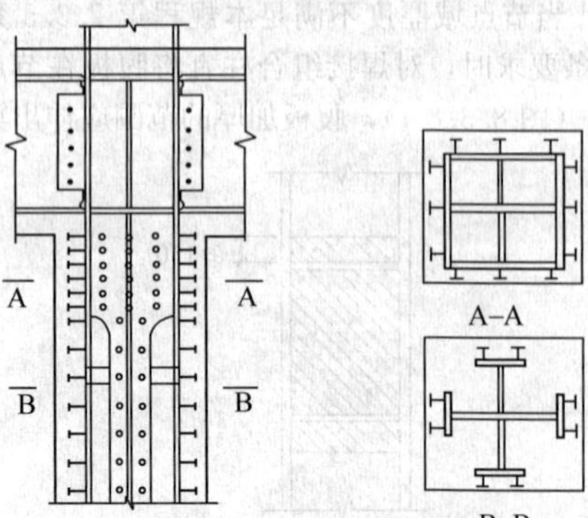

A
A
B
B
A–A
B–B

图 8.4.8　十字形柱与箱形柱的连接

大不得超过 200mm；在过渡段外不应大于 300mm。

8.5 梁与梁的连接和梁腹板设孔的补强

8.5.1 梁的拼接应符合下列规定：

1 翼缘采用全熔透对接焊缝，腹板用高强度螺栓摩擦型连接；

2 翼缘和腹板均采用高强度螺栓摩擦型连接；

3 三、四级和非抗震设计时可采用全截面焊接；

4 抗震设计时，应先做螺栓连接的抗滑移承载力计算，然后再进行极限承载力计算；非抗震设计时，可只做抗滑移承载力计算。

8.5.2 梁拼接的受弯、受剪承载力应符合下列规定：

1 梁拼接的受弯、受剪极限承载力应满足下列公式要求：

$$M_{ub,sp}^{j} \geqslant \alpha M_p \quad (8.5.2\text{-}1)$$

$$V_{ub,sp}^{j} \geqslant \alpha(2M_p/l_n) + V_{Gb} \quad (8.5.2\text{-}2)$$

2 框架梁的拼接，当全截面采用高强度螺栓连接时，其在弹性设计时计算截面的翼缘和腹板弯矩宜满足下列公式要求：

$$M = M_f + M_w \geqslant M_j \quad (8.5.2\text{-}3)$$

$$M_f \geqslant (1 - \psi \cdot I_w/I_0)M_j \quad (8.5.2\text{-}4)$$

$$M_w \geqslant (\psi \cdot I_w/I_0)M_j \quad (8.5.2\text{-}5)$$

式中：$M_{ub,sp}^{j}$——梁拼接的极限受弯承载力（kN·m）；

$V_{ub,sp}^{j}$——梁拼接的极限受剪承载力（kN）；

M_f、M_w——分别为拼接处梁翼缘和梁腹板的弯矩设计值（kN·m）；

M_j——拼接处梁的弯矩设计值原则上应等于 $W_b f_y$，当拼接处弯矩较小时，不应小于 $0.5 W_b f_y$，W_b 为梁的截面塑性模量，f_y 为梁钢材的屈服强度（MPa）；

I_w——梁腹板的截面惯性矩（m^4）；

I_0——梁的截面惯性矩（m^4）；

ψ——弯矩传递系数，取 0.4；

α——连接系数，按本规程表 8.1.3 的规定采用。

8.5.3 抗震设计时，梁的拼接应按本规程第 8.1.5 条的要求考虑轴力的影响；非抗震设计时，梁的拼接可按内力设计，腹板连接应按受全部剪力和部分弯矩计算，翼缘连接应按所分配的弯矩计算。

8.5.4 次梁与主梁的连接宜采用简支连接，必要时也可采用刚性连接（图 8.5.4）。

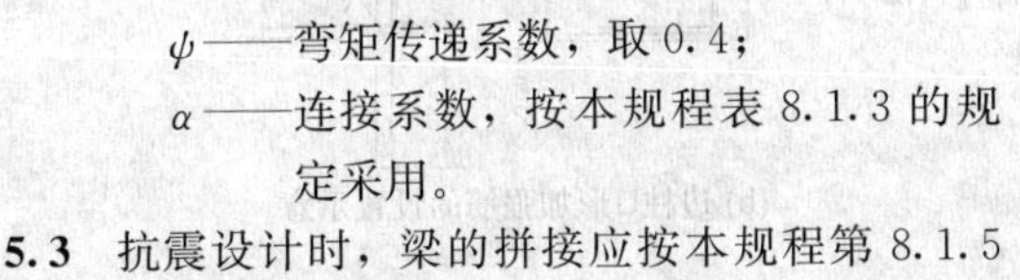

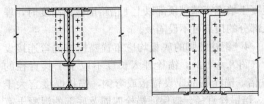

图 8.5.4 梁与梁的刚性连接

8.5.5 抗震设计时，框架梁受压翼缘根据需要设置侧向支承（图 8.5.5），在出现塑性铰的截面上、下翼缘均应设置侧向支承。当梁上翼缘与楼板有可靠连接时，固端梁下翼缘在梁端 0.15 倍梁跨附近均宜设置隅撑（图 8.5.5a）；梁端采用加强型连接或骨式连接时，应在塑性区外设置竖向加劲肋，隅撑与偏置 45°的竖向加劲肋在梁下翼缘附近相连（图 8.5.5b），该竖向加劲肋不应与翼缘焊接。梁端下翼缘宽度局部加大，对梁下翼缘侧向约束较大时，视情况也可不设隅撑。相邻两支承点间的构件长细比，应符合现行国家标准《钢结构设计规范》GB 50017 对塑性设计的有关规定。

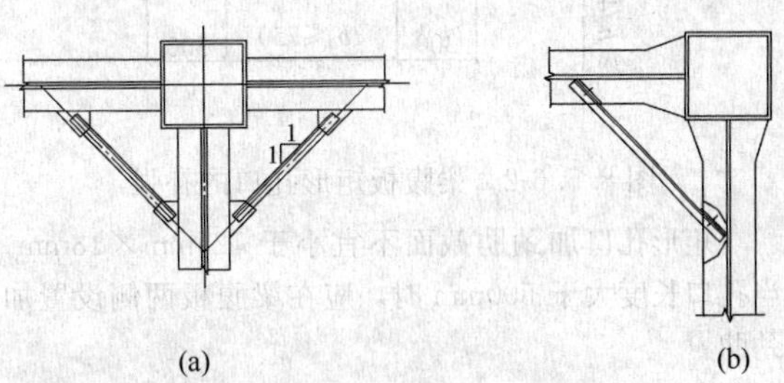
1
1
(a)
(b)

图 8.5.5 梁的隅撑设置

8.5.6 当管道穿过钢梁时，腹板中的孔口应予补强。补强时，弯矩可仅由翼缘承担，剪力由孔口截面的腹板和补强板共同承担，并符合下列规定：

1 不应在距梁端相当于梁高的范围内设孔，抗震设计的结构不应在隅撑范围内设孔。孔口直径不得大于梁高的 1/2。相邻圆形孔口边缘间的距离不得小于梁高，孔口边缘至梁翼缘外皮的距离不得小于梁高的 1/4。

圆形孔直径小于或等于 1/3 梁高时，可不予补强。当大于 1/3 梁高时，可用环形加劲肋加强（图 8.5.6-1a），也可用套管（图 8.5.6-1b）或环形补强板（图 8.5.6-1c）加强。

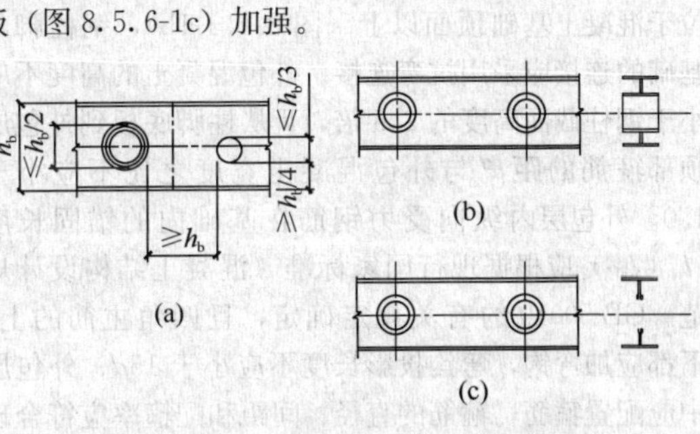
h_b
$\leqslant h_b/2$
$\leqslant h_b/3$
$\geqslant h_b/4$
$\geqslant h_b$
(a)
(b)
(c)

图 8.5.6-1 梁腹板圆形孔口的补强

圆形孔口加劲肋截面不宜小于 100mm×10mm，加劲肋边缘至孔口边缘的距离不宜大于 12mm。圆形孔口用套管补强时，其厚度不宜小于梁腹板厚度。用环形板补强时，若在梁腹板两侧设置，环形板的厚度可稍小于腹板厚度，其宽度可取 75mm～125mm。

2 矩形孔口与相邻孔口间的距离不得小于梁高或矩形孔口长度之较大值。孔口上下边缘至梁翼缘外皮的距离不得小于梁高的 1/4。矩形孔口长度不得大于 750mm，孔口高度不得大于梁高的 1/2，其边缘应采用纵向和横向加劲肋加强。

矩形孔口上下边缘的水平加劲肋端部宜伸至孔口边缘以外各 300mm。当矩形孔口长度大于梁高时，其横向加劲肋应沿梁全高设置（图 8.5.6-2）。

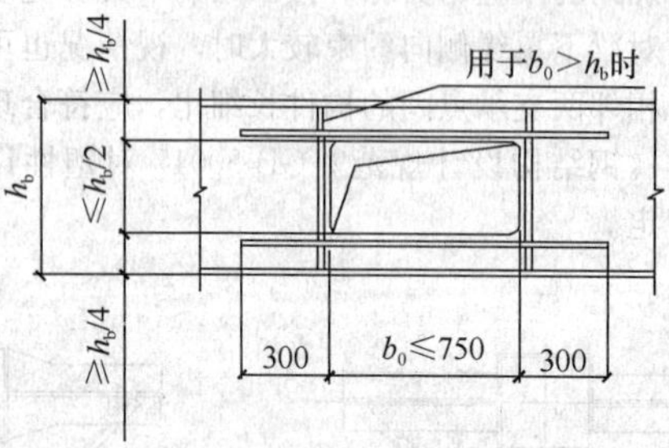

≥h_b/4
用于b_0>h_b时
h_b
≤h_b/2
≥h_b/4
300
b_0≤750
300

图 8.5.6-2　梁腹板矩形孔口的补强

矩形孔口加劲肋截面不宜小于 125mm×18mm。当孔口长度大于 500mm 时，应在梁腹板两侧设置加劲肋。

8.6　钢　柱　脚

8.6.1　钢柱柱脚包括外露式柱脚、外包式柱脚和埋入式柱脚三类（图 8.6.1-1）。抗震设计时，宜优先采用埋入式；外包式柱脚可在有地下室的高层民用建筑中采用。各类柱脚均应进行受压、受弯、受剪承载力计算，其轴力、弯矩、剪力的设计值取钢柱底部的相应设计值。各类柱脚构造应分别符合下列规定：

1　钢柱外露式柱脚应通过底板锚栓固定于混凝土基础上（图 8.6.1-1a），高层民用建筑的钢柱应采用刚接柱脚。三级及以上抗震等级时，锚栓截面面积不宜小于钢柱下端截面面积的 20%。

2　钢柱外包式柱脚由钢柱脚和外包混凝土组成，位于混凝土基础顶面以上（图 8.6.1-1b），钢柱脚与基础的连接应采用抗弯连接。外包混凝土的高度不应小于钢柱截面高度的 2.5 倍，且从柱脚底板到外包层顶部箍筋的距离与外包混凝土宽度之比不应小于 1.0。外包层内纵向受力钢筋在基础内的锚固长度（l_a，l_{aE}）应根据现行国家标准《混凝土结构设计规范》GB 50010 的有关规定确定，且四角主筋的上、下都应加弯钩，弯钩投影长度不应小于 15d；外包层中应配置箍筋，箍筋的直径、间距和配箍率应符合现行国家标准《混凝土结构设计规范》GB 50010 中钢筋混凝土柱的要求；外包层顶部箍筋应加密且不应少于 3 道，其间距不应大于 50mm。外包部分的钢柱翼缘表面宜设置栓钉。

3　钢柱埋入式柱脚是将柱脚埋入混凝土基础内（图 8.6.1-1c），H 形截面柱的埋置深度不应小于钢柱截面高度的 2 倍，箱形柱的埋置深度不应小于柱截面长边的 2.5 倍，圆管柱的埋置深度不应小于柱外径的 3 倍；钢柱脚底板应设置锚栓与下部混凝土连接。钢柱埋入部分的侧边混凝土保护层厚度要求（图 8.6.1-2a）：C_1 不得小于钢柱受弯方向截面高度的一半，且不小于 250mm，C_2 不得小于钢柱受弯方向截面高度的 2/3，且不小于 400mm。

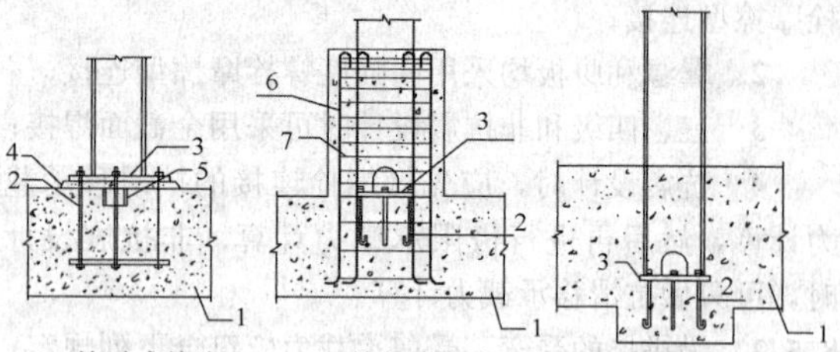

1
2
3
4
5
6
7

(a) 外露式柱脚　(b) 外包式柱脚　(c) 埋入式柱脚

图 8.6.1-1　柱脚的不同形式

1—基础；2—锚栓；3—底板；4—无收缩砂浆；5—抗剪键；6—主筋；7—箍筋

钢柱埋入部分的四角应设置竖向钢筋，四周应配置箍筋，箍筋直径不应小于 10mm，其间距不大于 250mm；在边柱和角柱柱脚中，埋入部分的顶部和底部尚应设置 U 形钢筋（图 8.6.1-2b），U 形钢筋的开口应向内；U 形钢筋的锚固长度应从钢柱内侧算起，锚固长度（l_a，l_{aE}）应根据现行国家标准《混凝土结构设计规范》GB 50010 的有关规定确定。埋入部分的柱表面宜设置栓钉。

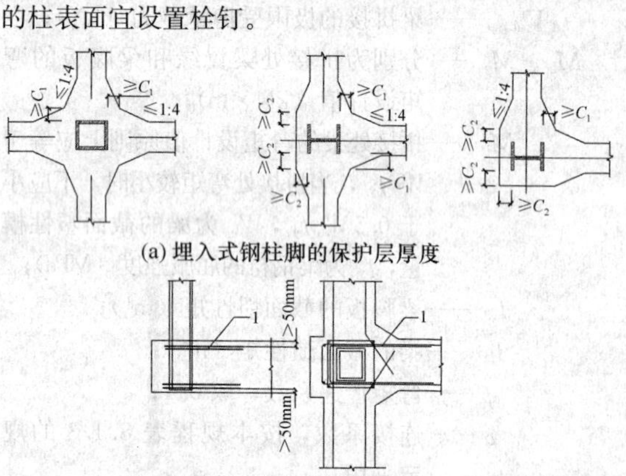

≥C_1
≥C_2
≤1:4
>50mm
1

(a) 埋入式钢柱脚的保护层厚度

(b) 边柱U形加强筋的设置示意

图 8.6.1-2　埋入式柱脚的其他构造要求

1—U 形加强筋（二根）

在混凝土基础顶部，钢柱应设置水平加劲肋。当箱形柱壁板宽厚比大于 30 时，应在埋入部分的顶部设置隔板；也可在箱形柱的埋入部分填充混凝土，当混凝土填充至基础顶部以上 1 倍箱形截面高度时，埋入部分的顶部可不设隔板。

4　钢柱柱脚的底板均应布置锚栓按抗弯连接设计（图 8.6.1-3），锚栓埋入长度不应小于其直径的 25 倍，锚栓底部应设锚板或弯钩，锚板厚度宜大于 1.3 倍锚栓直径。应保证锚栓四周及底部的混凝土有足够厚度，避免基础冲切破坏；锚栓应按混凝土基础要求设置保护层。

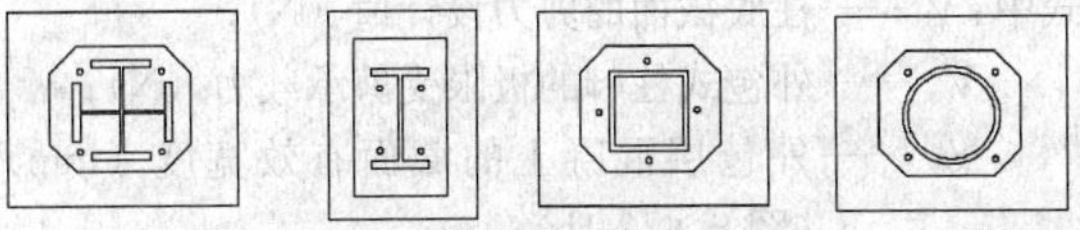

图 8.6.1-3　抗弯连接钢柱底板形状和锚栓的配置

5　埋入式柱脚不宜采用冷成型箱形柱。

8.6.2　外露式柱脚的设计应符合下列规定：

1　钢柱轴力由底板直接传至混凝土基础，按现行国家标准《混凝土结构设计规范》GB 50010 验算柱脚底板下混凝土的局部承压，承压面积为底板面积。

2　在轴力和弯矩作用下计算所需锚栓面积，应按下式验算：

$$M \leqslant M_1 \tag{8.6.2-1}$$

式中：M——柱脚弯矩设计值（kN·m）；

M_1——在轴力与弯矩作用下按钢筋混凝土压弯构件截面设计方法计算的柱脚受弯承载力（kN·m）。设截面为底板面积，由受拉边的锚栓单独承受拉力，混凝土基础单独承受压力，受压边的锚栓不参加工作，锚栓和混凝土的强度均取设计值。

3　抗震设计时，在柱与柱脚连接处，柱可能出现塑性铰的柱脚极限受弯承载力应大于钢柱的全塑性抗弯承载力，应按下式验算：

$$M_u \geqslant M_{pc} \tag{8.6.2-2}$$

式中：M_{pc}——考虑轴力时柱的全塑性受弯承载力（kN·m），按本规程第 8.1.5 条的规定计算；

M_u——考虑轴力时柱脚的极限受弯承载力（kN·m），按本条第 2 款中计算 M_1 的方法计算，但锚栓和混凝土的强度均取标准值。

4　钢柱底部的剪力可由底板与混凝土之间的摩擦力传递，摩擦系数取 0.4；当剪力大于底板下的摩擦力时，应设置抗剪键，由抗剪键承受全部剪力；也可由锚栓抵抗全部剪力，此时底板上的锚栓孔直径不应大于锚栓直径加 5mm，且锚栓垫片下应设置盖板，盖板与柱底板焊接，并计算焊缝的抗剪强度。当锚栓同时受拉、受剪时，单根锚栓的承载力应按下式计算：

$$\left(\frac{N_t}{N_t^a}\right)^2 + \left(\frac{V_v}{V_v^a}\right)^2 \leqslant 1 \tag{8.6.2-3}$$

式中：N_t——单根锚栓承受的拉力设计值（N）；

V_v——单根锚栓承受的剪力设计值（N）；

N_t^a——单根锚栓的受拉承载力（N），取 $N_t^a = A_e f_t^a$；

V_v^a——单根锚栓的受剪承载力（N），取 $V_v^a = A_e f_v^a$；

A_e——单根锚栓截面面积（mm^2）；

f_t^a——锚栓钢材的抗拉强度设计值（N/mm^2）；

f_v^a——锚栓钢材的抗剪强度设计值（N/mm^2）。

8.6.3　外包式柱脚的设计应符合下列规定：

1　柱脚轴向压力由钢柱底板直接传给基础，按现行国家标准《混凝土结构设计规范》GB 50010 验算柱脚底板下混凝土的局部承压，承压面积为底板面积。

2　弯矩和剪力由外包层混凝土和钢柱脚共同承担，按外包层的有效面积计算（图 8.6.3-1）。柱脚的受弯承载力应按下式验算：

$$M \leqslant 0.9A_s f h_0 + M_1 \tag{8.6.3-1}$$

式中：M——柱脚的弯矩设计值（N·mm）；

A_s——外包层混凝土中受拉侧的钢筋截面面积（mm^2）；

f——受拉钢筋抗拉强度设计值（N/mm^2）；

h_0——受拉钢筋合力点至混凝土受压区边缘的距离（mm）；

M_1——钢柱脚的受弯承载力（N·mm），按本规程第 8.6.2 条外露式钢柱脚 M_1 的计算方法计算。

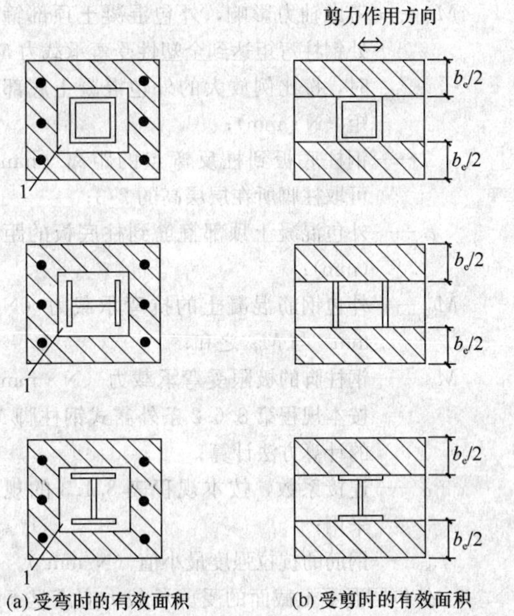

剪力作用方向
⇔
b_e/2
b_e/2
b_e/2
b_e/2
b_e/2
b_e/2
1
1
1
(a) 受弯时的有效面积
(b) 受剪时的有效面积

图 8.6.3-1　斜线部分为外包式钢筋混凝土的有效面积
1—底板

3　抗震设计时，在外包混凝土顶部箍筋处，柱可能出现塑性铰的柱脚极限受弯承载力应大于钢柱的全塑性受弯承载力（图 8.6.3-2）。柱脚的极限受弯承载力应按下列公式验算：

$$M_u \geqslant \alpha M_{pc} \tag{8.6.3-2}$$

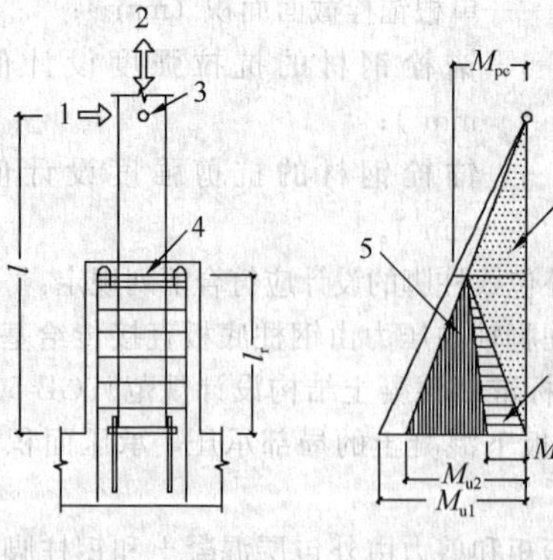

2
3
1
M_{pc}
4
6
5
l
l_r
7
M_{u3}
M_{u2}
M_{u1}

图 8.6.3-2　极限受弯承载力时外包式柱脚的受力状态

1—剪力；2—轴力；3—柱的反弯点；4—最上部箍筋；5—外包钢筋混凝土的弯矩；6—钢柱的弯矩；7—作为外露式柱脚的弯矩

$$M_u = \min\{M_{u1}, M_{u2}\} \quad (8.6.3\text{-}3)$$

$$M_{u1} = M_{pc}/(1 - l_r/l) \quad (8.6.3\text{-}4)$$

$$M_{u2} = 0.9A_s f_{yk} h_0 + M_{u3} \quad (8.6.3\text{-}5)$$

式中：M_u——柱脚连接的极限受弯承载力（N·mm）；

M_{pc}——考虑轴力时，钢柱截面的全塑性受弯承载力（N·mm），按本规程第 8.1.5 条的规定计算；

M_{u1}——考虑轴力影响，外包混凝土顶部箍筋处钢柱弯矩达到全塑性受弯承载力 M_{pc} 时，按比例放大的外包混凝土底部弯矩（N·mm）；

l——钢柱底板到柱反弯点的距离（mm），可取柱脚所在层层高的 2/3；

l_r——外包混凝土顶部箍筋到柱底板的距离（mm）；

M_{u2}——外包钢筋混凝土的抗弯承载力（N·mm）与 M_{u3} 之和；

M_{u3}——钢柱脚的极限受弯承载力（N·mm），按本规程第 8.6.2 条外露式钢柱脚 M_u 的计算方法计算；

α——连接系数，按本规程表 8.1.3 的规定采用；

f_{yk}——钢筋的抗拉强度最小值（N/mm²）。

4　外包层混凝土截面的受剪承载力应满足下式要求：

$$V \leqslant b_e h_0 (0.7 f_t + 0.5 f_{yv} \rho_{sh}) \quad (8.6.3\text{-}6)$$

抗震设计时尚应满足下列公式要求：

$$V_u \geqslant M_u / l_r \quad (8.6.3\text{-}7)$$

$$V_u = b_e h_0 (0.7 f_{tk} + 0.5 f_{yvk} \rho_{sh}) + M_{u3}/l_r \quad (8.6.3\text{-}8)$$

式中：V——柱底截面的剪力设计值（N）；

V_u——外包式柱脚的极限受剪承载力（N）；

b_e——外包层混凝土的截面有效宽度（mm）（图 8.6.3-1b）；

f_{tk}——混凝土轴心抗拉强度标准值（N/mm²）；

f_t——混凝土轴心抗拉强度设计值（N/mm²）；

f_{yv}——箍筋的抗拉强度设计值（N/mm²）；

f_{yvk}——箍筋的抗拉强度标准值（N/mm²）；

ρ_{sh}——水平箍筋的配箍率；$\rho_{sh} = A_{sh}/b_e s$，当 $\rho_{sh} > 1.2\%$ 时，取 1.2%；A_{sh} 为配置在同一截面内箍筋的截面面积（mm²）；s 为箍筋的间距（mm）。

8.6.4　埋入式柱脚的设计应符合下列规定：

1　柱脚轴向压力由柱脚底板直接传给基础，应按现行国家标准《混凝土结构设计规范》GB 50010 验算柱脚底板下混凝土的局部承压，承压面积为底板面积。

2　抗震设计时，在基础顶面处柱可能出现塑性铰的柱脚应按埋入部分钢柱侧向应力分布（图 8.6.4-1）验算在轴力和弯矩作用下基础混凝土的侧向抗弯极限承载力。埋入式柱脚的极限受弯承载力不应小于钢柱全塑性抗弯承载力；与极限受弯承载力对应的剪力不应大于钢柱的全塑性抗剪承载力，应按下列公式验算：

$$M_u \geqslant \alpha M_{pc} \quad (8.6.4\text{-}1)$$

$$V_u = M_u / l \leqslant 0.58 h_w t_w f_y \quad (8.6.4\text{-}2)$$

$$M_u = f_{ck} b_c l \{ \sqrt{(2l + h_B)^2 + h_B{}^2} - (2l + h_B) \} \quad (8.6.4\text{-}3)$$

式中：M_u——柱脚埋入部分承受的极限受弯承载力（N·mm）；

M_{pc}——考虑轴力影响时钢柱截面的全塑性受弯承载力（N·mm），按本规程第 8.1.5 条的规定计算；

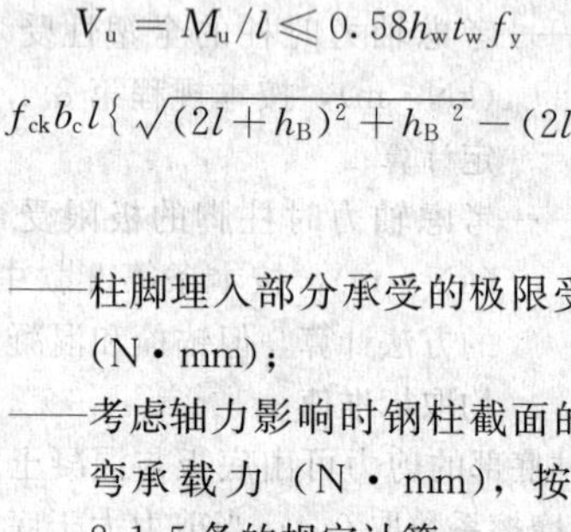

M_u
V_u
f_{ck}
h_B
f_{ck}

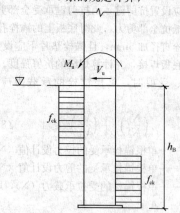

图 8.6.4-1　埋入式柱脚混凝土的侧向应力分布

l——基础顶面到钢柱反弯点的距离（mm），可取柱脚所在层层高的2/3；

b_c——与弯矩作用方向垂直的柱身宽度，对H形截面柱应取等效宽度（mm）；

h_B——钢柱脚埋置深度（mm）；

f_{ck}——基础混凝土抗压强度标准值（N/mm^2）；

α——连接系数，按本规程表8.1.3的规定采用。

3 采用箱形柱和圆管柱时埋入式柱脚的构造应符合下列规定：

1） 截面宽厚比或径厚比较大的箱形柱和圆管柱，其埋入部分应采取措施防止在混凝土侧压力下被压坏。常用方法是填充混凝土（图8.6.4-2b）；或在基础顶面附近设置内隔板或外隔板（图8.6.4-2c、d）。

2） 隔板的厚度应按计算确定，外隔板的外伸长度不应小于柱边长（或管径）的1/10。对于有抗拔要求的埋入式柱脚，可在埋入部分设置栓钉（图8.6.4-2a）。

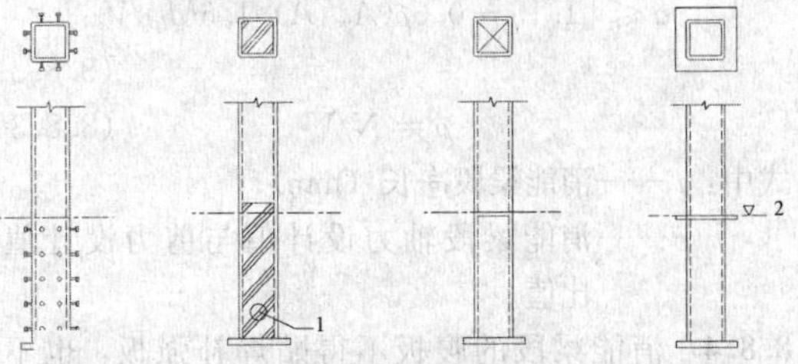

1
2

(a) 设置栓钉　(b) 填充混凝土　(c) 设置内隔板　(d) 设置外隔板

图8.6.4-2　埋入式柱脚的抗压和抗拔构造

1—灌注孔；2—基础顶面

4 抗震设计时，在基础顶面处钢柱可能出现塑性铰的边（角）柱的柱脚埋入混凝土基础部分的上、下部位均需布置U形钢筋加强，可按下列公式验算U形钢筋数量：

1） 当柱脚受到由内向外作用的剪力时（图8.6.4-3a）：

$$M_u \leqslant f_{ck} b_c l \left\{ \frac{T_y}{f_{ck} b_c} - l - h_B + \sqrt{(l+h_B)^2 - \frac{2T_y(l+a)}{f_{ck} b_c}} \right\} \quad (8.6.4\text{-}4)$$

2） 当柱脚受到由外向内作用的剪力时（图8.6.4-3b）：

$$M_u \leqslant -(f_{ck} b_c l^2 + T_y l) + f_{ck} b_c l \sqrt{l^2 + \frac{2T_y(l+h_B-a)}{f_{ck} b_c}} \quad (8.6.4\text{-}5)$$

式中：M_u——柱脚埋入部分由U形加强筋提供的侧向极限受弯承载力（N·mm），可取M_{pc}；

T_y——U形加强筋的受拉承载力（N/mm^2），$T_y = A_t f_{yk}$，A_t为U形加强筋的截面面积（mm^2）之和，f_{yk}为U形加强筋的强度标准值（N/mm^2）；

f_{ck}——基础混凝土的受压强度标准值（N/mm^2）；

a——U形加强筋合力点到基础上表面或到柱底板下表面的距离（mm）（图8.6.4-3）；

l——基础顶面到钢柱反弯点的高度（mm），可取柱脚所在层层高的2/3；

h_B——钢柱脚埋置深度（mm）；

b_c——与弯矩作用方向垂直的柱身尺寸（mm）。

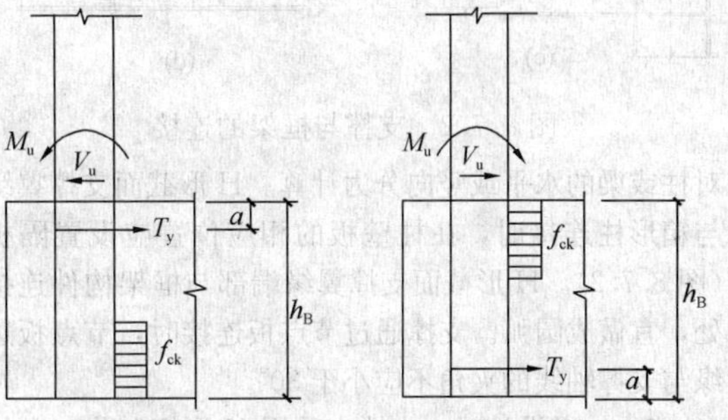

M_u
V_u
T_y
a
h_B
f_{ck}

(a) 剪力由内向外作用　(b) 剪力由外向内作用

图8.6.4-3　埋入式钢柱脚U形加强筋计算简图

8.7　中心支撑与框架连接

8.7.1 中心支撑与框架连接和支撑拼接的设计承载力应符合下列规定：

1 抗震设计时，支撑在框架连接处和拼接处的受拉承载力应满足下式要求：

$$N_{ubr}^j \geqslant \alpha A_{br} f_y \quad (8.7.1)$$

式中：N_{ubr}^j——支撑连接的极限受拉承载力（N）；

α——连接系数，按本规程表8.1.3的规定采用；

A_{br}——支撑斜杆的截面面积（mm^2）；

f_y——支撑斜杆钢材的屈服强度（N/mm^2）。

2 中心支撑的重心线应通过梁与柱轴线的交点，当受条件限制有不大于支撑杆件宽度的偏心时，节点设计应计入偏心造成的附加弯矩的影响。

8.7.2 当支撑翼缘朝向框架平面外，且采用支托式连接时（图8.7.2a、b），其平面外计算长度可取轴线长度的0.7倍；当支撑腹板位于框架平面内时（图8.7.2c、d），其平面外计算长度可取轴线长度的0.9倍。

8.7.3 中心支撑与梁柱连接处的构造应符合下列规定：

1 柱和梁在与H形截面支撑翼缘的连接处，应设置加劲肋。加劲肋应按承受支撑翼缘分担的轴心力

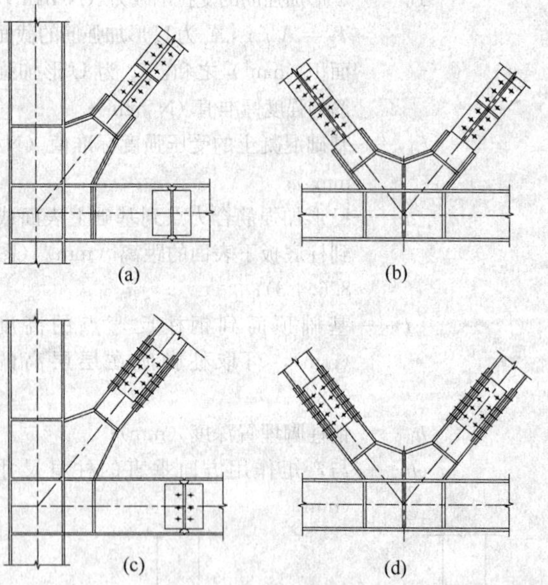
(a)
(b)
(c)
(d)

图 8.7.2　支撑与框架的连接

对柱或梁的水平或竖向分力计算。H 形截面支撑翼缘与箱形柱连接时，在柱壁板的相应位置应设置隔板（图 8.7.2）。H 形截面支撑翼缘端部与框架构件连接处，宜做成圆弧。支撑通过节点板连接时，节点板边缘与支撑轴线的夹角不应小于 30°。

2　抗震设计时，支撑宜采用 H 形钢制作，在构造上两端应刚接。当采用焊接组合截面时，其翼缘和腹板应采用坡口全熔透焊缝连接。

3　当支撑杆件为填板连接的组合截面时，可采用节点板进行连接（图 8.7.3）。为保证支撑两端的节点板不发生出平面失稳，在支撑端部与节点板约束点连线之间应留有 2 倍节点板厚的间隙。节点板约束点连线应与支撑杆轴线垂直，以免支撑受扭。

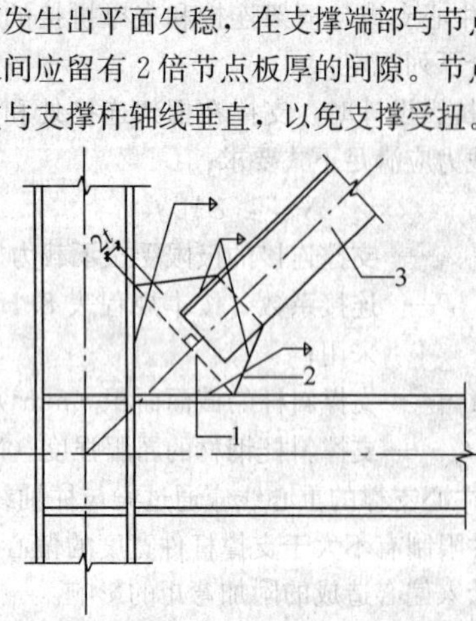
2t
3
2
1

图 8.7.3　组合支撑杆件端部与单壁节点板的连接
1—假设约束；2—单壁节点板；3—组合支撑杆；
t—节点板的厚度

8.8　偏心支撑框架的构造要求

8.8.1　消能梁段及与消能梁段同一跨内的非消能梁段，其板件的宽厚比不应大于表 8.8.1 规定的限值。

表 8.8.1　偏心支撑框架梁板件宽厚比限值

板件名称		宽厚比限值
翼缘外伸部分		8
腹板	当 $N/(Af) \leqslant 0.14$ 时	$90[1-1.65N/(Af)]$
	当 $N/(Af) > 0.14$ 时	$33[2.3-N/(Af)]$

注：表列数值适用于 Q235 钢，当材料为其他钢号时应乘以 $\sqrt{235/f_y}$，$N/(Af)$ 为梁轴压比。

8.8.2　偏心支撑框架的支撑杆件的长细比不应大于 $120\sqrt{235/f_y}$，支撑杆件的板件宽厚比不应大于现行国家标准《钢结构设计规范》GB 50017 规定的轴心受压构件在弹性设计时的宽厚比限值。

8.8.3　消能梁段的净长应符合下列规定：

1　当 $N \leqslant 0.16Af$ 时，其净长不宜大于 $1.6M_{lp}/V_l$。

2　当 $N > 0.16Af$ 时：

1）$\rho(A_w/A) < 0.3$ 时

$$a \leqslant 1.6M_{lp}/V_l \tag{8.8.3-1}$$

2）$\rho(A_w/A) \geqslant 0.3$ 时

$$a \leqslant [1.15-0.5\rho(A_w/A)]1.6M_{lp}/V_l \tag{8.8.3-2}$$

$$\rho = N/V \tag{8.8.3-3}$$

式中：a ——消能梁段净长（mm）；

ρ ——消能梁段轴力设计值与剪力设计值之比值。

8.8.4　消能梁段的腹板不得贴焊补强板，也不得开洞。

8.8.5　消能梁段的腹板应按下列规定设置加劲肋（图 8.8.5）：

1　消能梁段与支撑连接处，应在其腹板两侧设置加劲肋，加劲肋的高度应为梁腹板高度，一侧的加劲肋宽度不应小于（$b_f/2-t_w$），厚度不应小于 $0.75t_w$ 和 10mm 的较大值；

2　当 $a \leqslant 1.6M_{lp}/V_l$ 时，中间加劲肋间距不应大于（$30t_w-h/5$）；

3　当 $2.6M_{lp}/V_l < a \leqslant 5M_{lp}/V_l$ 时，应在距消能梁段端部 $1.5b_f$ 处设置中间加劲肋，且中间加劲肋间距不应大于（$52t_w-h/5$）；

4　当 $1.6M_{lp}/V_l < a \leqslant 2.6M_{lp}/V_l$ 时，中间加劲肋的间距可取本条 2、3 两款间的线性插入值；

5　当 $a > 5M_{lp}/V_l$ 时，可不设置中间加劲肋；

6　中间加劲肋应与消能梁段的腹板等高，当消能梁段截面的腹板高度不大于 640mm 时，可设置单侧加劲肋；消能梁段截面腹板高度大于 640mm 时，应在两侧设置加劲肋，一侧加劲肋的宽度不应小于（$b_f/2-t_w$），厚度不应小于 t_w 和 10mm 的较大值；

7　加劲肋与消能梁段的腹板和翼缘之间可采用角焊缝连接，连接腹板的角焊缝的受拉承载力不应小

于 fA_{st}，连接翼缘的角焊缝的受拉承载力不应小于 $fA_{st}/4$，A_{st} 为加劲肋的横截面面积。

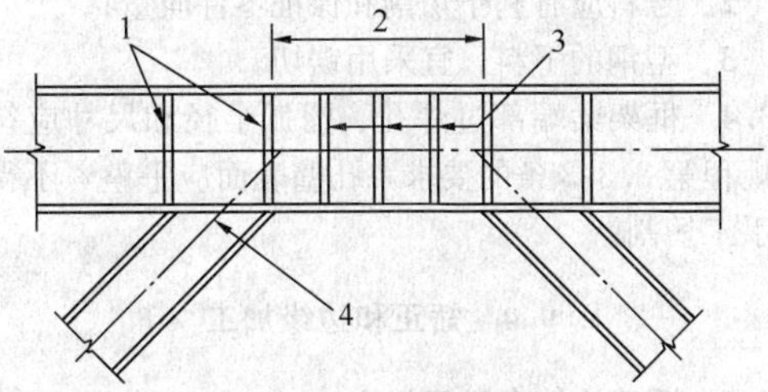
1
2
3
4

图 8.8.5　消能梁段的腹板加劲肋设置
1—双面全高设加劲肋；2—消能梁段上、下翼缘均设侧向支撑；3—腹板高大于 640mm 时设双面中间加劲肋；4—支撑中心线与消能梁段中心线交于消能梁段内

8.8.6　消能梁段与柱的连接应符合下列规定：

1　消能梁段与柱翼缘应采用刚性连接，且应符合本规程第 8.2 节、第 8.3 节框架梁与柱刚性连接的规定。

2　消能梁段与柱翼缘连接的一端采用加强型连接时，消能梁段的长度可从加强的端部算起，加强的端部梁腹板应设置加劲肋，加劲肋应符合本规程第 8.8.5 条第 1 款的要求。

8.8.7　支撑与消能梁段的连接应符合下列规定：

1　支撑轴线与梁轴线的交点，不得在消能梁段外；

2　抗震设计时，支撑与消能梁段连接的承载力不得小于支撑的承载力，当支撑端有弯矩时，支撑与梁连接的承载力应按抗压弯设计。

8.8.8　消能梁段与支撑连接处，其上、下翼缘应设置侧向支撑，支撑的轴力设计值不应小于消能梁段翼缘轴向极限承载力的 6%，即 $0.06f_y b_f t_f$。f_y 为消能梁段钢材的屈服强度，b_f、t_f 分别为消能梁段翼缘的宽度和厚度。

8.8.9　与消能梁段同一跨框架梁的稳定不满足要求时，梁的上、下翼缘应设置侧向支撑，支撑的轴力设计值不应小于梁翼缘轴向承载力设计值的 2%，即 $0.02fb_f t_f$。f 为框架梁钢材的抗拉强度设计值，b_f、t_f 分别为框架梁翼缘的宽度和厚度。

9　制作和涂装

9.1　一 般 规 定

9.1.1　钢结构制作单位应具有相应的钢结构工程施工资质，应根据已批准的技术设计文件编制施工详图。施工详图应由原设计工程师确认。当修改时，应向原设计单位申报，经同意签署文件后修改才能生效。

9.1.2　钢结构制作前，应根据设计文件、施工详图的要求以及制作厂的条件，编制制作工艺书。制作工艺书应包括：施工中所依据的标准，制作厂的质量保证体系，成品的质量保证体系和措施，生产场地的布置，采用的加工、焊接设备和工艺装备，焊工和检查人员的资质证明，各类检查项目表格和生产进度计算表。

制作工艺书应作为技术文件经发包单位代表或监理工程师批准。

9.1.3　钢结构制作单位宜对构造复杂的构件进行工艺性试验。

9.1.4　钢结构制作、安装、验收及土建施工用的量具，应按同一计量标准进行鉴定，并应具有相同的精度等级。

9.2　材　　料

9.2.1　钢结构所用钢材应符合设计文件、本规程第 4 章及国家现行有关标准的规定，应具有质量合格证明文件，并经进场检验合格后使用。常用钢材标准宜按表 9.2.1 采用。

表 9.2.1　常用钢材标准

标准编号	标准名称及牌号
GB/T 700	《碳素结构钢》GB/T 700　Q235
GB/T 1591	《低合金高强度结构钢》GB/T 1591 Q345、Q390、Q420
GB/T 19879	《建筑结构用钢板》GB/T 19879 Q235GJ、Q345GJ、Q390GJ、Q420GJ
GB/T 4171	《耐候结构钢》GB/T 4171 Q235NH、Q355NH、Q415NH
GB/T 7659	《焊接结构用铸钢件》GB/T 7659 ZG270-480H、ZG300-500H、ZG340-550H

9.2.2　钢结构所用焊接材料、连接用普通螺栓、高强度螺栓等紧固件和涂料应符合设计文件、本规程第 4 章及国家现行有关标准的规定，应具有质量合格证明文件，并经进场检验合格后使用。常用焊接材料标准宜按表 9.2.2-1 采用，钢结构连接用紧固件标准宜按表 9.2.2-2 采用，并应符合下列规定：

1　严禁使用药皮脱落或焊芯生锈的焊条，受潮结块或已熔烧过的焊剂以及生锈的焊丝。用于栓钉焊的栓钉，其表面不得有影响使用的裂纹、条痕、凹痕和毛刺等缺陷。

2　焊接材料应集中管理，建立专用仓库，库内要干燥，通风良好，同时应满足产品说明书的要求。

3　螺栓应在干燥通风的室内存放。高强度螺栓的入库验收，应按现行行业标准《钢结构高强度螺栓连接技术规程》JGJ 82 的要求进行，严禁使用锈蚀、沾污、受潮、碰伤和混批的高强度螺栓。

4 涂料应符合设计要求，并存放在专门的仓库内，不得使用过期、变质、结块失效的涂料。

表 9.2.2-1 常用焊接材料标准

标准编号	标准名称
GB/T 5117	《非合金钢及细晶粒钢焊条》
GB/T 5118	《热强钢焊条》
GB/T 14957	《熔化焊用钢丝》
GB/T 8110	《气体保护电弧焊用碳钢、低合金钢焊丝》
GB/T 10045	《碳钢药芯焊丝》
GB/T 17493	《低合金钢药芯焊丝》
GB/T 5293	《埋弧焊用碳钢焊丝和焊剂》
GB/T 12470	《埋弧焊用低合金钢焊丝和焊剂》

表 9.2.2-2 钢结构连接用紧固件标准

标准编号	标准名称
GB/T 5780	《六角头螺栓 C级》
GB/T 5781	《六角头螺栓 全螺纹 C级》
GB/T 5782	《六角头螺栓》
GB/T 5783	《六角头螺栓 全螺纹》
GB/T 1228	《钢结构用高强度大六角头螺栓》
GB/T 1229	《钢结构用高强度大六角螺母》
GB/T 1230	《钢结构用高强度垫圈》
GB/T 1231	《钢结构用高强度大六角头螺栓、大六角螺母、垫圈技术条件》
GB/T 3632	《钢结构用扭剪型高强度螺栓连接副》
GB/T 3098.1	《紧固件机械性能 螺栓、螺钉和螺柱》

9.3 放样、号料和切割

9.3.1 放样和号料应符合下列规定：

1 需要放样的工件应根据批准的施工详图放出足尺节点大样；

2 放样和号料应预留收缩量（包括现场焊接收缩量）及切割、铣端等需要的加工余量，钢框架柱尚应按设计要求预留弹性压缩量。

9.3.2 钢框架柱的弹性压缩量，应按结构自重（包括钢结构、楼板、幕墙等的重量）和经常作用的活荷载产生的柱轴力计算。相邻柱的弹性压缩量相差不超过5mm时，可采用相同的压缩量。

柱压缩量应由设计单位提出，由制作单位、安装单位和设计单位协商确定。

9.3.3 号料和切割应符合下列规定：

1 主要受力构件和需要弯曲的构件，在号料时应按工艺规定的方向取料，弯曲件的外侧不应有冲样点和伤痕缺陷；

2 号料应有利于切割和保证零件质量；

3 型钢的下料，宜采用锯切。

9.3.4 框架梁端部过焊孔、圆弧半径和尺寸应符合本规程第8.3.3条的要求，孔壁表面应平整，不得采用手工切割。

9.4 矫正和边缘加工

9.4.1 矫正应符合下列规定：

1 矫正可采用机械或有限度的加热（线状加热或点加热），不得采用损伤材料组织结构的方法；

2 进行加热矫正时，应确保最高加热温度及冷却方法不损坏钢材材质。

9.4.2 边缘加工应符合下列规定：

1 需边缘加工的零件，宜采用精密切割来代替机械加工；

2 焊接坡口加工宜采用自动切割、半自动切割、坡口机、刨边等方法进行；

3 坡口加工时，应用样板控制坡口角度和各部分尺寸；

4 边缘加工的精度，应符合表9.4.2的规定。

表 9.4.2 边缘加工的允许偏差

边线与号料线的允许偏差（mm）	边线的弯曲矢高（mm）	粗糙度（mm）	缺口（mm）	渣	坡度
±1.0	$L/3000$，且≤2.0	0.02	1.0（修磨平缓过度）	清除	±2.5°

注：L为弦长。

9.5 组 装

9.5.1 钢结构构件组装应符合下列规定：

1 组装应按制作工艺规定的顺序进行；

2 组装前应对零部件进行严格检查，填写实测记录，制作必要的工装。

9.5.2 组装允许偏差，应符合现行国家标准《钢结构工程施工质量验收规范》GB 50205的有关规定。

9.6 焊 接

9.6.1 从事钢结构各种焊接工作的焊工，应按现行国家标准《钢结构焊接规范》GB 50661的规定经考试并取得合格证后，方可进行操作。

9.6.2 在钢结构中首次采用的钢种、焊接材料、接头形式、坡口形式及工艺方法，应进行焊接工艺评定，其评定结果应符合设计及现行国家标准《钢结构焊接规范》GB 50661的规定。

9.6.3 钢结构的焊接工作，必须在焊接工程师的指导下进行；并应根据工艺评定合格的试验结果和数据，编制焊接工艺文件。焊接工作应严格按照所编工艺文件中规定的焊接方法、工艺参数、施焊顺序等进行；并应符合现行国家标准《钢结构焊接规范》GB 50661的规定。

9.6.4 低氢型焊条在使用前必须按照产品说明书的规定进行烘焙。烘焙后的焊条应放入恒温箱备用，恒温温度不应小于120℃。使用中应置于保温桶中。烘焙合格的焊条外露在空气中超过4h的应重新烘焙。焊条的反复烘焙次数不应超过2次。

9.6.5 焊剂在使用前必须按产品说明书的规定进行烘焙。焊丝必须除净锈蚀、油污及其他污物。

9.6.6 二氧化碳气体纯度不应低于99.9%（体积法），其含水量不应大于0.005%（重量法）。若使用瓶装气体，瓶内气体压力低于1MPa时应停止使用。

9.6.7 当采用气体保护焊接时，焊接区域的风速应加以限制。风速在2m/s以上时，应设置挡风装置，对焊接现场进行防护。

9.6.8 焊接开始前，应复查组装质量、定位焊质量和焊接部位的清理情况。如不符合要求，应修正合格后方准施焊。

9.6.9 对接接头、T形接头和要求全熔透的角部焊缝，应在焊缝两端配置引弧板和引出板。手工焊引板长度不应小于25mm，埋弧自动焊引板长度不应小于80mm，引焊到引板的焊缝长度不得小于引板长度的2/3。

9.6.10 引弧应在焊道处进行，严禁在焊道区以外的母材上打火引弧。

9.6.11 焊接时应根据工作地点的环境温度、钢材材质和厚度，选择相应的预热温度对焊件进行预热。无特殊要求时，可按表9.6.11选取预热温度。凡需预热的构件，焊前应在焊道两侧各100mm范围内均匀进行预热，预热温度的测量应在距焊道50mm处进行。当工作地点的环境温度为0℃以下时，焊接件的预热温度应通过试验确定。

表9.6.11 常用的预热温度

钢材分类	环境温度	板厚（mm）	预热及层间宜控温度（℃）
碳素结构钢	0℃及以上	≥50	80
低合金高强度结构钢	0℃及以上	≥36	100

9.6.12 板厚超过30mm，且有淬硬倾向和拘束度较大低合金高强度结构钢的焊接，必要时可进行后热处理。后热处理的时间应按每25mm板厚为1h。

后热处理应于焊后立即进行。后热的加热范围为焊缝两侧各100mm，温度的测量应在距焊缝中心线75mm处进行。焊缝后热达到规定温度后，应按规定时间保温，然后使焊件缓慢冷却至常温。

9.6.13 要求全熔透的两面焊焊缝，正面焊完成后在焊背面之前，应认真清除焊缝根部的熔渣、焊瘤和未焊透部分，直至露出正面焊缝金属时方可进行背面的焊接。

9.6.14 30mm以上厚板的焊接，为防止在厚度方向出现层状撕裂，宜采取下列措施：

1 将易发生层状撕裂部位的接头设计成拘束度小、能减小层状撕裂的构造形式（图9.6.14）；

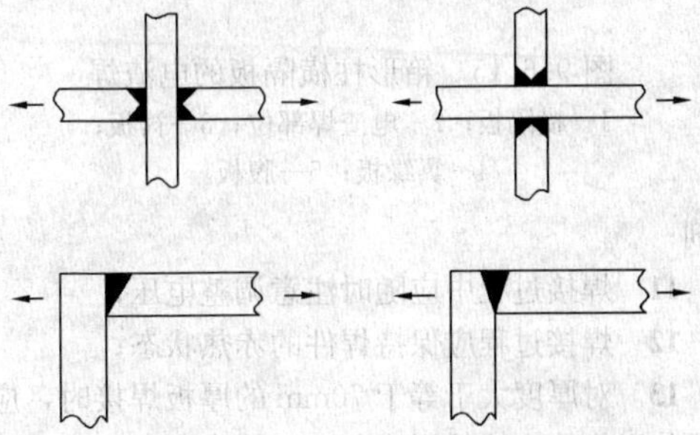
(a)错误构造
(b)正确构造

图9.6.14 能减少层状撕裂的构造形式

2 焊接前，对母材焊道中心线两侧各2倍板厚加30mm的区域内进行超声波探伤检查。母材中不得有裂纹、夹层及分层等缺陷存在；

3 严格控制焊接顺序，尽可能减小垂直于板面方向的拘束；

4 根据母材的C_{eq}（碳当量）和P_{cm}（焊接裂纹敏感性指数）值选择正确的预热温度和必要的后热处理；

5 采用低氢型焊条施焊，必要时可采用超低氢型焊条。在满足设计强度要求的前提下，采用屈服强度较低的焊条。

9.6.15 高层民用建筑钢结构箱形柱内横隔板的焊接，可采用熔嘴电渣焊设备进行焊接。箱形构件封闭后，通过预留孔用两台焊机同时进行电渣焊（图9.6.15），施焊时应注意下列事项：

1 施焊现场的相对湿度等于或大于90%时，应停止焊接；

2 熔嘴孔内不得受潮、生锈或有污物；

3 应保证稳定的网路电压；

4 电渣焊施焊前必须做工艺试验，确定焊接工艺参数和施焊方法；

5 焊接衬板的下料、加工及装配应严格控制质量和精度，使其与横隔板和翼缘板紧密贴合；当装配缝隙大于1mm时，应采取措施进行修整和补救；

6 同一横隔板两侧的电渣焊宜同时施焊，并一次焊接成型；

7 当翼缘板较薄时，翼缘板外部的焊接部位应安装水冷却装置；

8 焊道两端应按要求设置引弧和引出套筒；

9 熔嘴应保持在焊道的中心位置；

10 焊接起动及焊接过程中，应逐渐少量加入

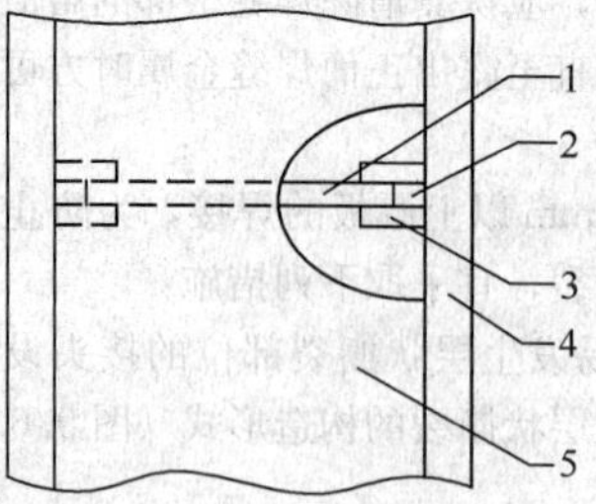
1
2
3
4
5

图 9.6.15　箱形柱横隔板的电渣焊

1—横隔板；2—电渣焊部位；3—衬板；4—翼缘板；5—腹板

焊剂；

11　焊接过程中应随时注意调整电压；

12　焊接过程应保持焊件的赤热状态；

13　对厚度大于等于 70mm 的厚板焊接时，应考虑预热以加快渣池的形成。

9.6.16　栓钉焊接应符合下列规定：

1　焊接前应将构件焊接面上的水、锈、油等有害杂质清除干净，并应按规定烘焙瓷环；

2　栓钉焊电源应与其他电源分开，工作区应远离磁场或采取措施避免磁场对焊接的影响；

3　施焊构件应水平放置。

9.6.17　栓钉焊应按下列规定进行质量检验：

1　目测检查栓钉焊接部位的外观，四周的熔化金属应以形成一均匀小圈而无缺陷为合格。

2　焊接后，自钉头表面算起的栓钉高度 L 的允许偏差应为±2mm，栓钉偏离竖直方向的倾斜角度 θ 应小于等于 5°（图 9.6.17）。

3　目测检查合格后，对栓钉进行弯曲试验，弯曲角度为 30°。在焊接面上不得有任何缺陷。

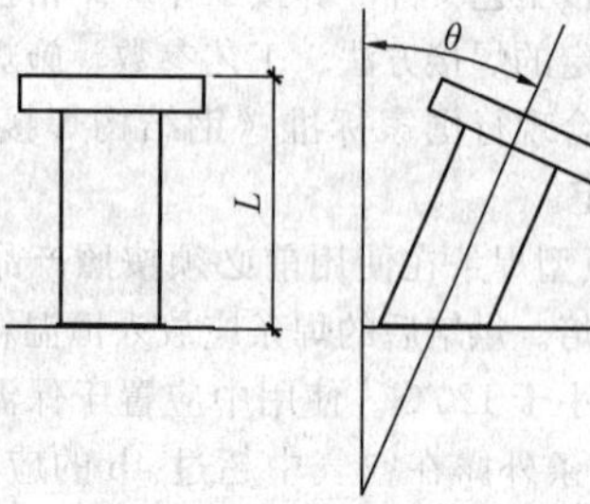
θ
L

图 9.6.17　栓钉的焊接要求

栓钉焊的弯曲试验采取抽样检查。取样率为每批同类构件抽查 10%，且不应少于 10 件；被抽查构件中，每件检查焊钉数量的 1%，但不应少于 1 个。试验可用手锤进行，试验时应使拉力作用在熔化金属最少的一侧。当达到规定弯曲角度时，焊接面上无任何缺陷为合格。抽样栓钉不合格时，应再取两个栓钉进行试验，只要其中一个仍不符合要求，则余下的全部栓钉都应进行试验。

4　经弯曲试验合格的栓钉可在弯曲状态下使用，不合格的栓钉应更换，并应经弯曲试验检验。

9.6.18　焊缝质量的外观检查，应按设计文件规定的标准在焊缝冷却后进行。由低合金高强度结构钢焊接而成的大型梁柱构件以及厚板焊接件，应在完成焊接工作 24h 后，对焊缝及热影响区是否存在裂缝进行复查。

1　焊缝表面应均匀、平滑，无折皱、间断和未满焊，并与基本金属平缓连接，严禁有裂纹、夹渣、焊瘤、烧穿、弧坑、针状气孔和熔合性飞溅等缺陷；

2　所有焊缝均应进行外观检查，当发现有裂纹疑点时，可用磁粉探伤或着色渗透探伤进行复查。设计文件无规定时，焊缝质量的外观检查可按表 9.6.18-1 及表 9.6.18-2 的规定执行。

表 9.6.18-1　焊缝外观质量要求

检验项目 \ 焊缝质量等级	一级	二级	三级
裂纹	不允许		
未焊满	不允许	≤0.2mm+0.02t 且≤1mm，每 100mm 长度焊缝内未焊满累计长度≤25mm	≤0.2mm+0.04t 且≤2mm，每 100mm 长度焊缝内未焊满累计长度≤25mm
根部收缩	不允许	≤0.2mm+0.02t 且≤1mm，长度不限	≤0.2mm+0.04t 且≤2mm，长度不限
咬边	不允许	深度≤0.05t 且≤0.5mm，连续长度≤100mm，且焊缝两侧咬边总长≤10%焊缝全长	深度≤0.1t 且≤1mm，长度不限
电弧擦伤	不允许		允许存在个别电弧擦伤
接头不良	不允许	缺口深度≤0.05t 且≤0.5mm，每 1000mm 长度焊缝内不得超过 1 处	缺口深度≤0.1t 且≤1mm，每 1000mm 长度焊缝内不得超过 1 处

续表 9.6.18-1

焊缝质量等级 / 检验项目	一级	二级	三级
表面气孔	不允许		每 50mm 长度焊缝内允许存在直径 $<0.4t$ 且 $\leqslant$3mm 的气孔 2 个；孔距应 $\geqslant$6 倍孔径
表面夹渣	不允许		深 $\leqslant 0.2t$，长 $\leqslant 0.5t$，且 $\leqslant$20mm

注：t 为母材厚度。

表 9.6.18-2 焊缝余高和错边允许偏差

序号	项目	示意图	允许偏差（mm）	
			一、二级	三级
1	对接焊缝余高（C）	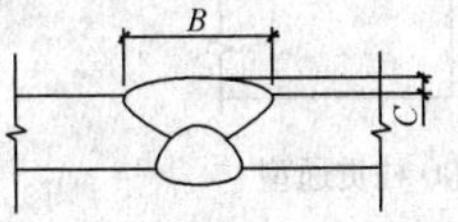 B C	$B<20$ 时，C 为 0～3；$B\geqslant 20$ 时，C 为 0～4	$B<20$ 时，C 为 0～3.5；$B\geqslant 20$ 时，C 为 0～5
2	对接焊缝错边（Δ）	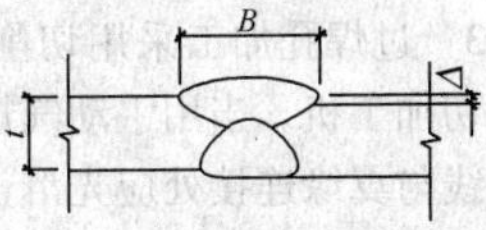 B Δ t	$\Delta<0.1t$ 且 $\leqslant$2.0	$\Delta<0.15t$ 且 $\leqslant$3.0
3	角焊缝余高（C）	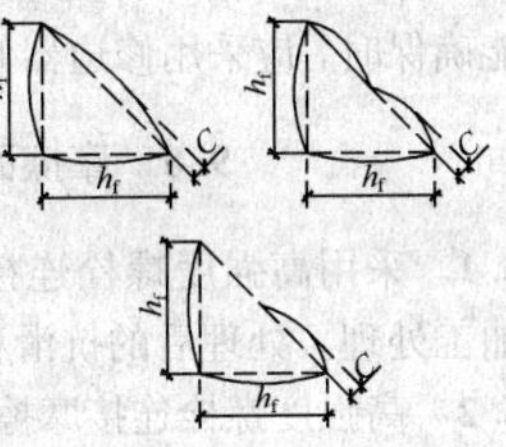 h_f C	$h_f\leqslant 6$ 时 C 为 0～1.5；$h_f>6$ 时 C 为 0～3.0	

注：t 为对接接头较薄母材厚度。

9.6.19 焊缝的超声波探伤检查应按下列规定进行：

1 图纸和技术文件要求全熔透的焊缝，应进行超声波探伤检查。

2 超声波探伤检查应在焊缝外观检查合格后进行。焊缝表面不规则及有关部位不清洁的程度，应不妨碍探伤的进行和缺陷的辨认，不满足上述要求时事前应对需探伤的焊缝区域进行铲磨和修整。

3 全熔透焊缝的超声波探伤检查数量，应由设计文件确定。设计文件无明确要求时，应根据构件的受力情况确定；受拉焊缝应 100％检查；受压焊缝可抽查 50％，当发现有超过标准的缺陷时，应全部进行超声波检查。

4 超声波探伤检查应根据设计文件规定的标准进行。设计文件无规定时，超声波探伤的检查等级按现行国家标准《焊缝无损检测 超声检测 技术、检测等级和评定》GB/T 11345 标准中规定的 B 级要求执行，受拉焊缝的评定等级为 B 检查等级中的Ⅰ级，受压焊缝的评定等级为 B 检查等级中的Ⅱ级。

5 超声波检查应做详细记录，并应写出检查报告。

9.6.20 经检查发现的焊缝不合格部位，必须进行返修。

1 当焊缝有裂纹、未焊透和超标准的夹渣、气孔时，必须将缺陷清除后重焊。清除可用碳弧气刨或气割进行。

2 焊缝出现裂纹时，应进行原因分析，并制定出修复措施后方可返修。当裂纹界限清楚时，应从裂纹两端加长 50mm 处开始，沿裂纹全长进行清除后再焊接。

3 对焊缝上出现的间断、凹坑、尺寸不足、弧坑、咬边等缺陷，应予补焊。补焊焊条直径不宜大于 4mm。

4 修补后的焊缝应用砂轮进行修磨，并应按要求重新进行检查。

5 低合金高强度结构钢焊缝，在同一处返修次数不得超过 2 次。对经过 2 次返修仍不合格的焊缝，应会同设计或有关部门研究处理。

9.7 制　　孔

9.7.1 制孔应按下列规定进行：

1 宜采用下列制孔方法：

1）使用多轴立式钻床或数控机床等制孔；

2）同类孔径较多时，采用模板制孔；

3）小批量生产的孔，采用样板划线制孔；

4）精度要求较高时，整体构件采用成品制孔。

2 制孔过程中，孔壁应保持与构件表面垂直。

3 孔周围的毛刺、飞边，应用砂轮等清除。

9.7.2 高强度螺栓孔的精度应为 H15 级，孔径的允许偏差应符合表 9.7.2 的规定。

表 9.7.2 高强度螺栓孔径的允许偏差

名称	允许偏差（mm）						
螺栓	12	16	20	(22)	24	(27)	30
孔径	13.5	17.5	22	(24)	26	(30)	33
不圆度（最大和最小直径差）	1.0		1.5				
中心线倾斜	不应大于板厚的 3%，且单层板不得大于 2.0mm，多层板叠组合不得大于 3.0mm						

9.7.3 孔在零件、部件上的位置，应符合设计文件的要求。当设计无要求时，成孔后任意两孔间距离的允许偏差，应符合表 9.7.3 的规定。

表 9.7.3 孔间距离的允许偏差

项　目	允许偏差（mm）			
	≤500	＞500～1200	＞1200～3000	＞3000
同一组内任意两孔间	±1.0	±1.2	—	—
相邻两组的端孔间	±1.2	±1.5	±2.0	±3.0

9.7.4 过焊孔的加工应符合下列规定：

1 过焊孔加工，应根据加工图的要求。

2 当对工字形截面端部坡口的加工没有注明要设置过焊孔时，可采用下列方法之一：

1）不设过焊孔（图 9.7.4-1）按下列规定制作：

2）设置过焊孔（图 9.7.4-2），过焊孔的曲线圆弧应与翼缘相切，其中，r_1 =35mm，r_2 =

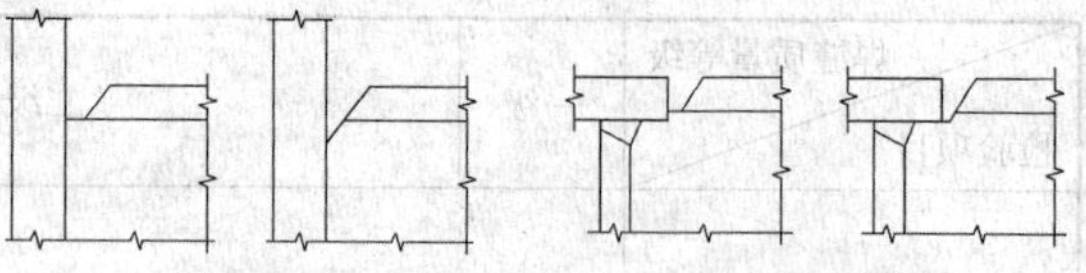

(a) 柱贯通型　　(b) 隔板贯通型

图 9.7.4-1 不设过焊孔时的加工形状

10mm，半径改变和与翼缘相切处应光滑过渡。

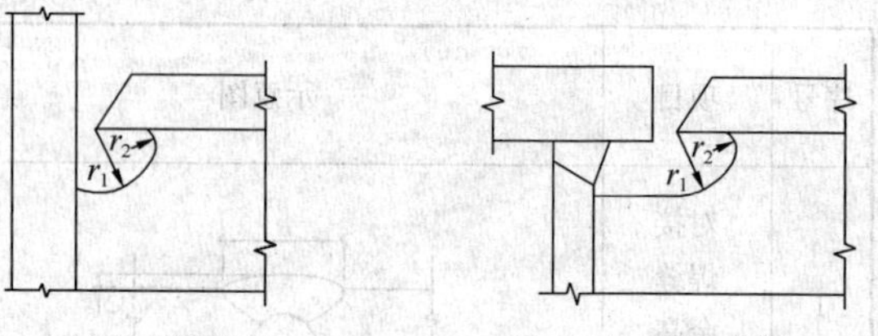
r_2
r_1
r_2
r_1

(a) 柱贯通型　　(b) 隔板贯通型

图 9.7.4-2 过焊孔的加工

3 过焊孔加工采用切削加工机或带有固定件手动气切加工机。当用手动气切切割机时，过焊孔圆弧的曲线与翼缘连接处应光滑，采用修边器修正。梁柱连接以外的过焊孔加工精度：当切削面的粗糙度为 $R_z \leqslant 100\mu m$ 时，槽口深度应为 1mm 以下；当此精度不能确保时，应采用修边器修正。

9.8 摩擦面的加工

9.8.1 采用高强度螺栓连接时，应对构件摩擦面进行加工处理。处理后的抗滑移系数应符合设计要求。

9.8.2 高强度螺栓连接摩擦面的加工，可采用喷砂、抛丸和砂轮打磨等方法。砂轮打磨方向应与构件受力方向垂直，且打磨范围不得小于螺栓直径的 4 倍。

9.8.3 经处理的摩擦面应采取防油污和损伤的保护措施。

9.8.4 制作厂应在钢结构制作的同时进行抗滑移系数试验，并出具试验报告。试验报告应写明试验方法和结果。

9.8.5 应根据现行行业标准《钢结构高强度螺栓连接技术规程》JGJ 82 的规定或设计文件的要求，制作材质和处理方法相同的复验抗滑移系数用的试件，并与构件同时移交。

9.9 端 部 加 工

9.9.1 构件的端部加工应按下列规定进行：

1 构件的端部加工应在矫正合格后进行；

2 应根据构件的形式采取必要的措施，保证铣平端面与轴线垂直；

3 端部铣平面的允许偏差，应符合表 9.9.1 的规定。

表 9.9.1　端面铣平面的允许偏差

项　目	允许偏差（mm）
两端铣平时构件长度	±2
两端铣平时零件长度	±0.5
铣平面的平面度	0.3
铣平面的垂直度	l/1500
表面粗糙度	0.03

9.10　防锈、涂层、编号及发运

9.10.1　钢结构的除锈和涂装工作，应在质量检查部门对制作质量检验合格后进行。

9.10.2　除锈等级分为三级，并应符合表 9.10.2 的规定。

表 9.10.2　除锈质量等级

涂料品种	除锈等级
油性酚醛、醇酸等底漆或防锈漆	St2
高氯化聚乙烯、氯化橡胶、氯磺化聚乙烯、环氧树脂、聚氨酯等底漆或防锈漆	Sa2
无机富锌、有机硅、过氯乙烯等底漆	Sa2 $\frac{1}{2}$

9.10.3　钢结构的防锈涂料和涂层厚度应符合设计要求，涂料应配套使用。

9.10.4　对规定的工厂内涂漆的表面，要用机械或手工方法彻底清除浮锈和浮物。

9.10.5　涂层完毕后，应在构件明显部位印制构件编号。编号应与施工图的构件编号一致，重大构件尚应标明重量、重心位置和定位标记。

9.10.6　根据设计文件要求和构件的外形尺寸、发运数量及运输情况，编制包装工艺。应采取措施防止构件变形。

9.10.7　钢结构的包装和发运，应按吊装顺序配套进行。

9.10.8　钢结构成品发运时，必须与订货单位有严格的交接手续。

9.11　构件预拼装

9.11.1　制作单位应对合同要求或设计文件规定的构件进行预拼装。

9.11.2　钢构件预拼装有实体预拼装和计算机辅助模拟预拼装方法。

9.11.3　除有特殊规定外，构件预拼装应按设计文件和现行国家标准《钢结构工程施工质量验收规范》GB 50205 的有关规定进行验收。

9.11.4　当采用计算机辅助模拟预拼装的偏差超过现行国家标准《钢结构工程施工质量验收规范》GB 50205 的有关规定时，应进行实体预拼装。

9.12　构 件 验 收

9.12.1　构件制作完毕后，检查部门应按施工详图的要求和本节的规定，对成品进行检查验收。成品的外形和几何尺寸的偏差应符合表 9.12.1-1～表 9.12.1-4 的规定。

表 9.12.1-1　高层多节柱的允许偏差

项目		允许偏差（mm）	图例
一节柱长度的制造偏差 Δl		±3.0	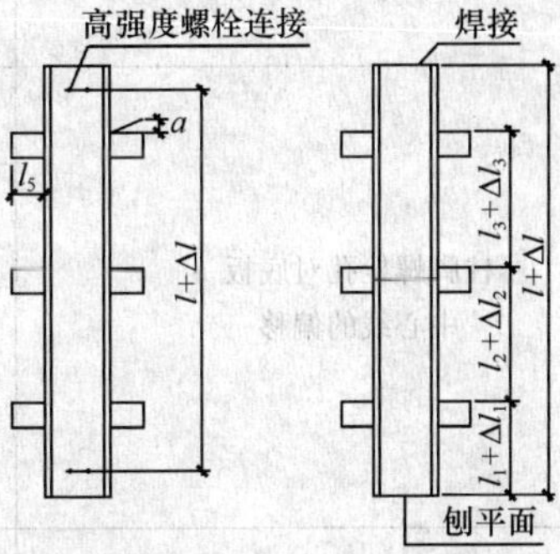高强度螺栓连接 焊接 a l_5 $l+\Delta l$ $l_3+\Delta l_3$ $l_2+\Delta l_2$ $l_1+\Delta l_1$ $l+\Delta l$ 刨平面
柱底刨平面到牛腿支撑面距离 l 的偏差 Δl_1		±2.0	
楼面间距离的偏差 Δl_2 或 Δl_3		±3.0	
牛腿的翘曲或扭曲 a	$l_5 \leqslant 600$	2.0	
	$l_5 > 600$	3.0	
柱身挠曲矢高	l/1000 且不大于 5.0		
翼缘板倾斜度	$b \leqslant 400$	3.0	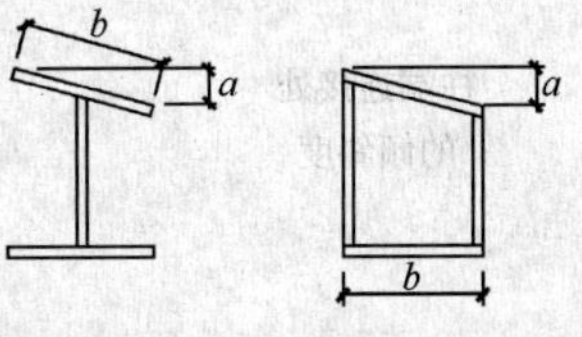b a a b
	$b > 400$	5.0	
	接合部位	B/100 且大于 1.5	

续表 9.12.1-1

项目		允许偏差（mm）	图例
腹板中心线偏移		接合部位 1.5	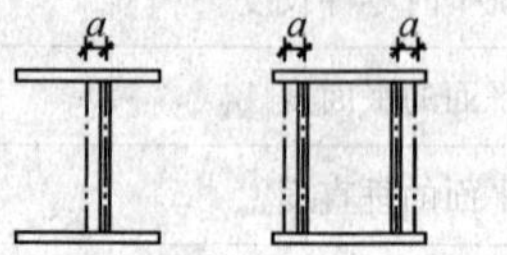a a a
		其他部分 3.0	
柱截面尺寸偏差	$h \leqslant 400$	± 2.0	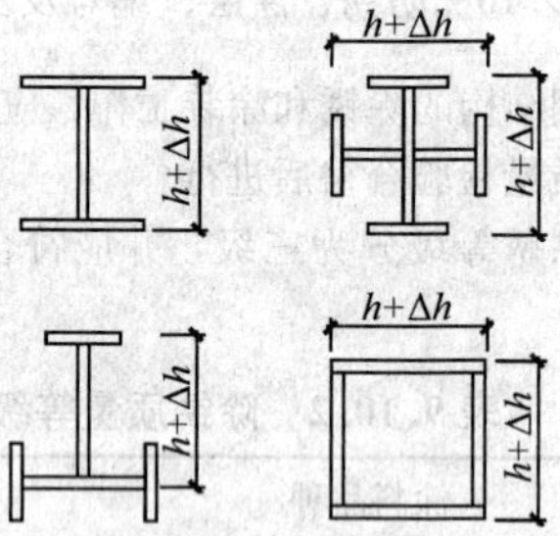h+Δh
	$400 < h < 800$	$\pm h/200$	
	$h \geqslant 800$	± 4.0	
每节柱的柱身扭曲		$6h/1000$ 且不大于 5.0	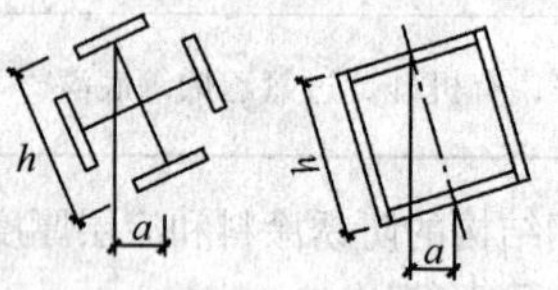h a
柱脚底板翘曲和弯折		3.0	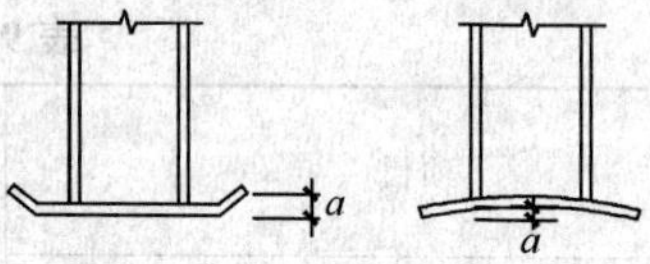a
柱脚螺栓孔对底板中心线的偏移		1.5	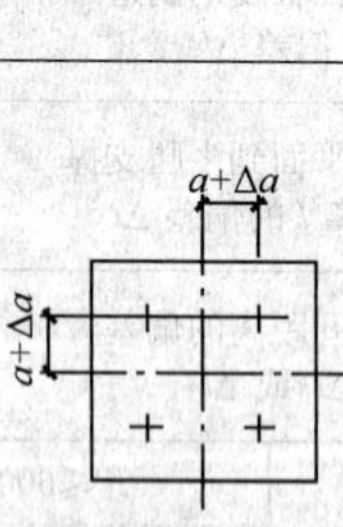a+Δa
柱端连接处的倾斜度		$1.5h/1000$	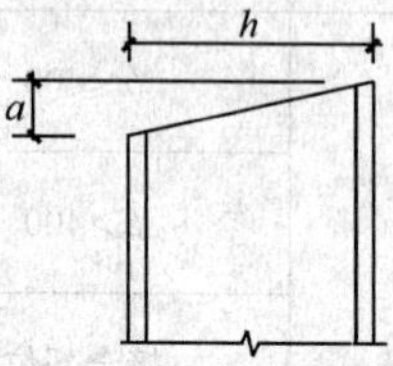h a

表 9.12.1-2　梁的允许偏差

项目		允许偏差（mm）	图例
梁的长度偏差		$l/2500$ 且不大于 5	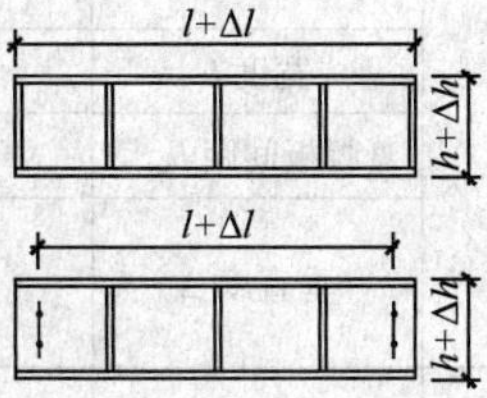l+Δl h+Δh l+Δl h+Δh
焊接梁端部高度偏差	$h \leqslant 800$	±2.0	
	$h > 800$	±3.0	
两端最外侧孔间距离偏差		±3.0	
梁的弯曲矢高		$l/1000$ 且不大于 10	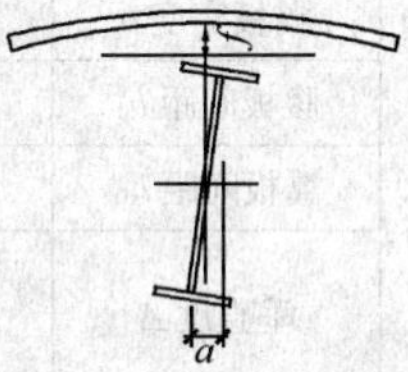a
梁的扭曲（梁高 h）		$h/200$ $\leqslant 8$	
腹板局部不平直度	$t < 14$	$3l/1000$	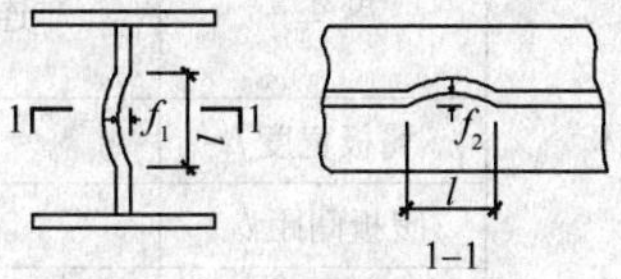1 f1 l 1 f2 l 1–1
	$t \geqslant 14$	$2l/1000$	
悬臂梁段端部偏差	竖向偏差	$l/300$	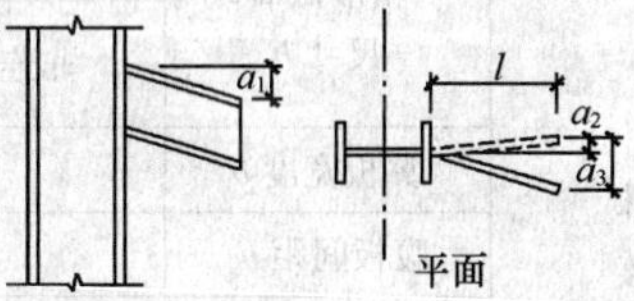a1 l a2 a3 平面
	水平偏差	3.0	
	水平总偏差	4.0	
悬臂梁段长度偏差		±3.0	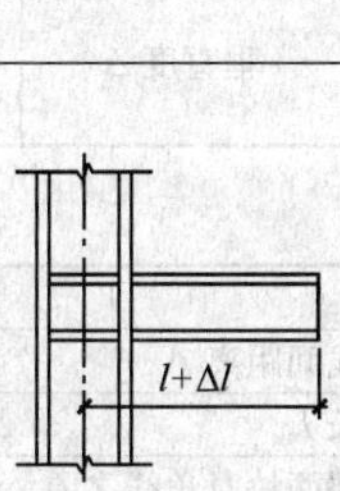l+Δl
梁翼缘板弯曲偏差		2.0	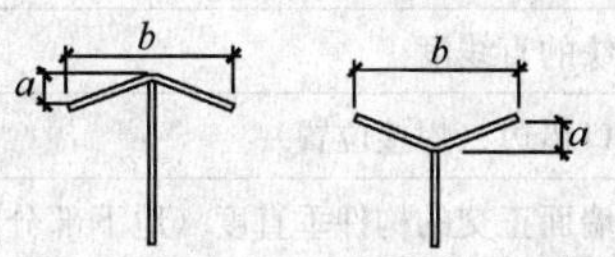b a b a

表 9.12.1-3　异型断面柱外形尺寸的允许偏差

项目			允许偏差（mm）	图例
单箱体	箱形截面高度 h	连接处	±3.0	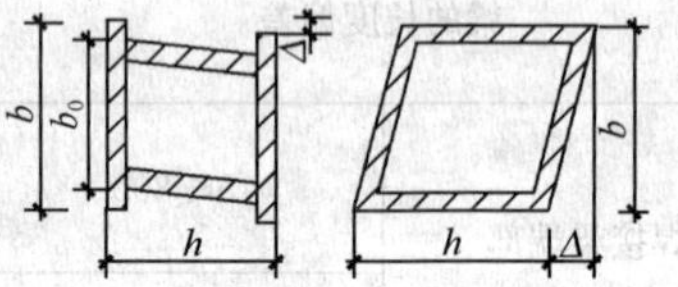b b0 h Δ
		非连接处	+4.0 +0.0	
	宽度 b		±2.0	
	腹板间距 b_0		±3.0	
	垂直度 Δ		$2b/150$，且不大于 5.0	
双箱体	箱形截面高度 h	连接处	±4.0	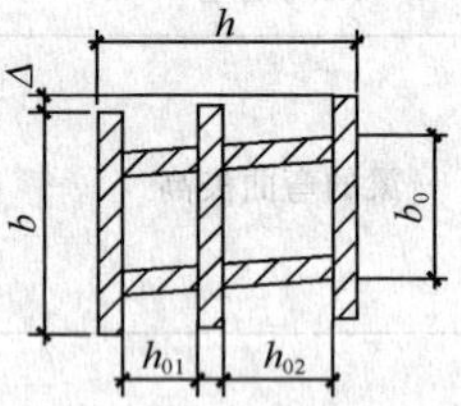h Δ b b0 h01 h02
		非连接处	+8.0 +0.0	
	翼板宽度 b		±2.0	
	腹板间距 b_0		±3.0	
	翼板间距 h_0		±3.0	
	垂直度 Δ		$2b/150$，且不大于 6.0	
三箱体	箱形截面尺寸 h	连接处	±4.0	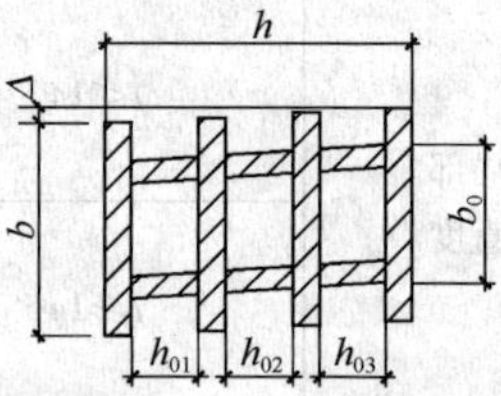h Δ b b0 h01 h02 h03
		非连接处	+8.0 +0.0	
	翼板宽度 b		±2.0	
	腹板间距 b_0		±3.0	
	翼板间距 h_0		±3.0	
	垂直度 Δ		非连接处±4.0	
特殊箱体	箱形截面尺寸 h	连接处	±5.0	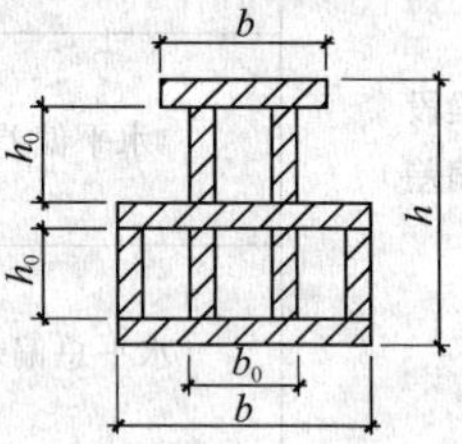b h0 h0 h b0 b
		非连接处	+12.0 +0.00	
	翼板宽度 b		+2.0	
	腹板间距 b_0		±3.0	
	翼板间距 h_0		±3.0	
	垂直度 Δ		$2h/150$，且不大于 5.0	

表 9.12.1-4　钢板剪力墙的允许偏差

项　目	允许偏差（mm）	备注
柱与柱中心轴线间距离 A	±3.0	
柱预装单元总长 L	−4～ +2	
预装块上下相邻两块对角线之差 ΔC	$H/2000$，且≤8.0	H 为相应预装块高度
预装块单块对角线之差 ΔE	$H/2000$，且≤5.0	
摩擦面连接间隙	≤1.0	
墙板边缘的直线度	$H/1500$，且≤5.0	H 为相应预装块高度
板间接口错边（焊接位置）	$t/10$，且≤3.0	t 为相应板件厚度
与预装墙面正交的构件垂直度（地下部分有孔侧）	≤2.0	

注：由于构件的外形影响手工测量，对角线的测量使用全站仪。

9.12.2 构件出厂时，制作单位应分别提交产品质量证明及下列技术文件。提交的技术文件同时应作为制作单位技术文件的一部分存档备查。

1 钢结构加工图纸；

2 制作中对问题处理的协议文件；

3 所用钢材、焊接材料的质量证明书及必要的实验报告；

4 高强度螺栓抗滑移系数的实测报告；

5 焊接的无损检验记录；

6 发运构件的清单。

10 安 装

10.1 一 般 规 定

10.1.1 钢结构安装前，应根据设计图纸编制安装工程施工组织设计。对于复杂、异型结构，应进行施工过程模拟分析并采取相应安全技术措施。

10.1.2 施工详图设计时应综合考虑安装要求：如吊装构件的单元划分、吊点和临时连接件设置、对位和测量控制基准线或基准点、安装焊接的坡口方向和形式等。

10.1.3 施工过程验算时应考虑塔吊设置及其他施工活荷载、风荷载等。施工活荷载可按 0.6kN/m^2～1.2kN/m^2 选取，风荷载宜按现行国家标准《建筑结构荷载规范》GB 50009 规定的 10 年一遇的风荷载标准值采用。

10.1.4 钢结构安装时应有可靠的作业通道和安全防护措施，应制定极端气候条件下的应对措施。

10.1.5 电焊工应具备安全作业证和技能上岗证。持证焊工须在考试合格项目认可范围有效期内施焊。

10.1.6 安装用的焊接材料、高强度螺栓、普通螺栓、栓钉和涂料等，应具有产品质量证明书，其质量应分别符合现行国家标准《非合金钢及细晶粒钢焊条》GB/T 5117、《热强钢焊条》GB/T 5118、《熔化焊用钢丝》GB/T 14957、《气体保护电弧焊用碳钢、低合金钢焊丝》GB/T 8110、《碳钢药芯焊丝》GB/T 10045、《低合金钢药芯焊丝》GB/T 17493、《埋弧焊用碳钢焊丝和焊剂》GB/T 5293、《埋弧焊用低合金钢焊丝和焊剂》GB/T 12470、《钢结构用高强度大六角头螺栓、大六角螺母、垫圈技术条件》GB/T 1231、《钢结构用扭剪型高强度螺栓连接副》GB/T 3632、《紧固件机械性能　螺栓、螺钉和螺柱》GB/T 3098.1、《六角头螺栓　C级》GB/T 5780 和《六角头螺栓》GB/T 5782、《电弧螺柱焊用圆柱头焊钉》GB/T 10433 及其他相关标准。

10.1.7 安装用的专用机具和工具，应满足施工要求，并定期进行检验，保证合格。

10.1.8 安装的主要工艺，如测量校正、厚钢板焊接、栓钉焊接、高强度螺栓连接的抗滑移面加工、防腐及防火涂装等，应在施工前进行工艺试验，并应在试验结论的基础上制定各项操作工艺指导书，指导施工。

10.1.9 安装前，应对构件的外形尺寸、螺栓孔直径及位置、连接件位置及角度、焊缝、栓钉焊、高强度螺栓接头抗滑移面加工质量、构件表面的涂层等进行检查，在符合设计文件或本规程第 9 章的要求后，方能进行安装工作。

10.1.10 安装使用的钢尺，应符合本规程第 9.1.4 条的要求。土建施工、钢结构制作、钢结构安装应使用同一标准检验的钢尺。

10.1.11 安装工作应符合环境保护、劳动保护和安全技术方面现行国家有关法规和标准的规定。

10.2 定位轴线、标高和地脚螺栓

10.2.1 钢结构安装前，应对建筑物的定位轴线、平面闭合差、底层柱的位置线、钢筋混凝土基础的标高和混凝土强度等级等进行检查，合格后方能开始安装工作。

10.2.2 框架柱定位测量可采用内控法和外控法。每节柱的定位轴线应从地面控制轴线引上来，不得从下层柱的轴线引出。

10.2.3 地脚螺栓应采用套板或套箍支架独立、精确定位。当地脚螺栓与钢筋相互干扰时，应遵循先施工地脚螺栓，后穿插钢筋的原则，并做好成品保护。螺栓螺纹应采取保护措施。

10.2.4 底层柱地脚螺栓的紧固轴力，应符合设计文件的规定。一般螺母止退可采用双螺母固定。

10.2.5 结构的楼层标高可按相对标高或设计标高进行控制，并符合下列规定：

1 按相对标高安装时，建筑物高度的累积偏差不得大于各节柱制作、安装、焊接允许偏差的总和。

2 按设计标高安装时，应以每节柱为单位进行柱标高的测量工作。

10.2.6 第一节柱标高精度控制，可采用在底板下的地脚螺栓上加一调整螺母的方法（图 10.2.6）。

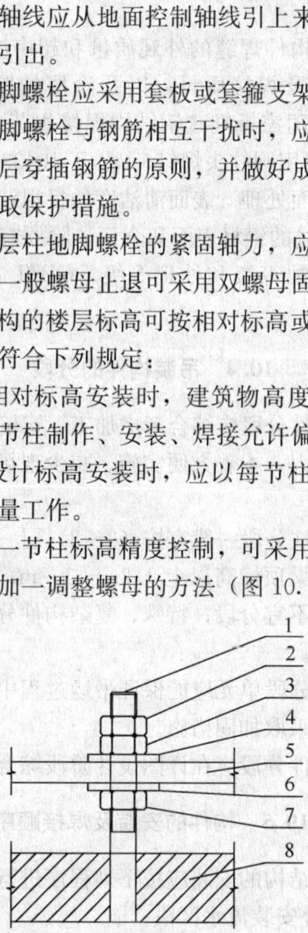
1
2
3
4
5
6
7
8

图 10.2.6 柱脚的调整螺母

1—地脚螺栓；2—止退螺母；3—紧固螺母；4—螺母垫板；5—钢柱底板；6—螺母垫板；7—调整螺母；8—钢筋混凝土基础

10.2.7 地脚螺栓施工完毕直至混凝土浇筑终凝前，应加强测量监控，采取必要的成品保护措施。混凝土终凝后应实测地脚螺栓最终定位偏差值，偏差超过允许值影响钢柱就位时，可通过适当扩大柱底板螺栓孔的方法处理。

10.3 构件的质量检查

10.3.1 构件成品出厂时，制作厂应将每个构件的质量检查记录及产品合格证交安装单位。

10.3.2 对柱、梁、支撑等主要构件，应在出厂前进行检查验收，检查合格后方可出厂。

10.3.3 端部进行现场焊接的梁、柱构件，其长度尺寸应按下列方法进行检查：

1 柱的长度，应增加柱端焊接产生的收缩变形值和荷载使柱产生的压缩变形值。

2 梁的长度应增加梁接头焊接产生的收缩变形值。

10.3.4 钢构件的弯曲变形、扭曲变形以及钢构件上的连接板、螺栓孔等的位置和尺寸，应以钢构件的轴线为基准进行核对，不宜采用钢构件的边棱线作为检查基准线。

10.3.5 钢构件焊缝的外观质量和超声波探伤检查，栓钉的位置及焊接质量，以及涂层的厚度和强度，应符合现行国家标准《钢结构焊接规范》GB 50661、《电弧螺柱焊用圆柱头焊钉》GB/T 10433 和《涂覆涂料前钢材表面处理　表面清洁度的目视评定　第1部分：未涂覆过的钢材表面和全面清除原有涂层后的钢材表面的锈蚀等级和处理等级》GB/T 8923.1 等的规定。

10.4 吊装构件的分段

10.4.1 构件分段应综合考虑加工、运输条件和现场起重设备能力，本着方便实施、减少现场作业量的原则进行。

10.4.2 钢柱分段一般宜按（2～3）层一节，分段位置应在楼层梁顶标高以上 1.2m～1.3m；钢梁、支撑等构件一般不宜分段；特殊、复杂构件分段应会同设计共同确定。

10.4.3 各分段单元应能保证吊运过程中的强度和刚度，必要时采取加固措施。

10.4.4 构件分段应在详图设计阶段综合考虑。

10.5 构件的安装及焊接顺序

10.5.1 钢结构的安装应按下列程序进行：

1 划分安装流水区段；

2 确定构件安装顺序；

3 编制构件安装顺序图、安装顺序表；

4 进行构件安装，或先将构件组拼成扩大安装单元，再进行安装。

10.5.2 安装流水区段可按建筑物的平面形状、结构形式、安装机械的数量、现场施工条件等因素划分。

10.5.3 构件的安装顺序，平面上应从中间向四周扩展，竖向应由下向上逐渐安装。

10.5.4 构件的安装顺序表，应注明构件的平面位置图、构件所在的详图号，并应包括各构件所用的节点板、安装螺栓的规格数量、构件的重量等。

10.5.5 构件接头的现场焊接应按下列程序进行：

1 完成安装流水段内主要构件的安装、校正、固定（包括预留焊接收缩量）；

2 确定构件接头的焊接顺序；

3 绘制构件焊接顺序图；

4 按规定顺序进行现场焊接。

10.5.6 构件接头的焊接顺序，平面上应从中部对称地向四周扩展，竖向可采用有利于工序协调、方便施工、保证焊接质量的顺序。当需要通过焊接收缩微调柱顶垂直偏差值时，可适当调整平面方向接头焊接顺序。

10.5.7 构件的焊接顺序图应根据接头的焊接顺序绘制，并应列出顺序编号，注明焊接工艺参数。

10.5.8 电焊工应严格按分配的焊接顺序施焊，不得自行变更。

10.6 钢构件的安装

10.6.1 柱的安装应先调整标高，再调整水平位移，最后调整垂直偏差，并应重复上述步骤，直到柱的标高、位移、垂直偏差符合要求。调整柱垂直度的缆风绳或支撑夹板，应在柱起吊前在地面绑扎好。

10.6.2 当由多个构件在地面组拼成为扩大安装单元进行安装时，其吊点应经计算确定。

10.6.3 柱、梁、支撑等大构件安装时，应随即进行校正。

10.6.4 当天安装的钢构件应形成空间稳定体系。

10.6.5 当采用内、外爬塔式起重机或外附塔式起重机进行高层民用建筑钢结构安装时，对塔式起重机与钢结构相连接的附着装置，应进行验算，并应采取相应的安全技术措施。

10.6.6 进行钢结构安装时，楼面上堆放的安装荷载应予限制，不得超过钢梁和压型钢板的承载能力。

10.6.7 一节柱的各层梁安装完毕并验收合格后，应立即铺设各层楼面的压型钢板，并安装本节柱范围内的各层楼梯。

10.6.8 钢构件安装和楼盖中的钢筋混凝土楼板的施工，应相继进行，两项作业相距不宜超过6层。当超过6层时，应由责任工程师会同设计部门和专业质量检查部门共同协商处理。

10.6.9 一个流水段一节柱的全部钢构件安装完毕并验收合格后，方可进行下一个流水段的安装工作。

10.6.10 钢板剪力墙单元应随柱梁等构件从下到上

依次安装。吊装及运输时应采取措施防止平面外变形；钢板剪力墙与柱和梁的连接次序应满足设计要求。当设计无要求时，宜与柱梁等构件同步连接。

10.6.11 对设有伸臂桁架的钢框架-混凝土核心筒结构，为避免由于施工阶段竖向变形差在伸臂结构中产生过大的初应力，应对悬挑段伸臂桁架采取临时定位措施，待竖向变形差基本消除后再进行刚接。

10.6.12 转换桁架或腰桁架应根据制作运输条件和起重能力进行分段并散装，采用由下到上，从中间向两端的顺序安装。

10.7 安装的测量校正

10.7.1 钢结构安装前，应按本规程第10.2.5条的要求确定按设计标高或相对标高安装。

10.7.2 钢结构安装前应根据现场测量基准点分别引测内控和外控测量控制网，作为测量控制的依据。地下结构一般采用外控法，地上结构可根据场地条件和周边建筑情况选择内控法或外控法。

10.7.3 高度大于400m的高层民用建筑的平面控制网在垂直传递时，宜采用GPS进行复核。

10.7.4 柱在安装校正时，水平及垂直偏差应校正到现行国家标准《钢结构工程施工质量验收规范》GB 50205规定的允许偏差以内，垂直偏差应达到±0.000。安装柱和柱之间的主梁时，应根据焊缝收缩量预留焊缝变形值，预留的变形值应作书面记录。

10.7.5 结构安装时，应注意日照、焊接等温度变化引起的热影响对构件的伸缩和弯曲引起的变化，并应采取相应措施。

10.7.6 安装柱与柱之间的主梁构件时，应对柱的垂直度进行监测。除监测这根梁的两端柱子的垂直度变化外，尚应监测相邻各柱因梁连接影响而产生的垂直度变化。

10.7.7 安装压型钢板前，应在梁上标出压型钢板铺放的位置线。铺放压型钢板时，相邻两排压型钢板端头的波形槽口应对准。

10.7.8 栓钉施工前应标出栓钉焊接的位置。若钢梁或压型钢板在栓钉位置有锈污或镀锌层，应采用角向砂轮打磨干净。栓钉焊接时应按位置线排列整齐。

10.7.9 在一节柱子高度范围内的全部构件完成安装、焊接、铺设压型钢板、栓接并验收合格后，方能从地面引放上一节柱的定位轴线。

10.7.10 各种构件的安装质量检查记录，应为结构全部安装完毕后的最后一次实测记录。

10.8 安装的焊接工艺

10.8.1 钢结构安装前，应对主要焊接接头的焊缝进行焊接工艺试验，制定所用钢材的焊接材料、有关工艺参数和技术措施。

10.8.2 当焊接作业处于下列情况之一时，严禁焊接：

1 焊接作业区的相对湿度大于90%；

2 焊件表面潮湿或暴露于雨、冰、雪中；

3 焊接作业条件不符合现行国家标准《焊接与切割安全》GB 9448的有关规定。

10.8.3 焊接环境温度低于0℃但不低于－10℃时，应采取加热或防护措施。应确保接头焊接处各方向大于等于2倍板厚且不小于100mm范围内，母材温度不低于20℃和现行国家标准《钢结构焊接规范》GB 50661规定的最低预热温度二者的较大值，且在焊接过程中不应低于该温度。

10.8.4 当焊接环境温度低于－10℃时，必须进行相应焊接环境下的工艺评定试验，并应在评定合格后再进行焊接，否则，严禁焊接。

10.8.5 低碳钢和低合金钢厚钢板，应选用与母材同一强度等级的焊条或焊丝，同时考虑钢材的焊接性能、焊接结构形状、受力状况、设备状况等条件。焊接用的引弧板的材质，应与母材相一致，或通过试验选用。

10.8.6 焊接开始前，应将焊缝处的水分、脏物、铁锈、油污、涂料等清除干净，垫板应靠紧，无间隙。

10.8.7 零件采用定位点焊时，其数量和长度应由计算确定，也可按表10.8.7的数值采用。

表10.8.7 点焊缝的最小长度

钢板厚度（mm）	点焊缝的最小长度（mm）	
	手工焊、半自动焊	自动焊
3.2以下	30	40
3.2～25	40	50
25以上	50	60

10.8.8 柱与柱接头焊接，应由两名或多名焊工在相对称位置以相等速度同时施焊。

10.8.9 加引弧板焊接柱与柱接头时，柱两对边的焊缝首次焊接的层数不宜超过4层。焊完第一个4层，切去引弧板和清理焊缝表面后，转90°焊另两个相对边的焊缝。这时可焊完8层，再换至另两个相对边，如此循环直至焊满整个柱接头的焊缝为止。

10.8.10 不加引弧板焊接柱与柱接头时，应由两名焊工在相对称位置以逆时针方向在距柱角50mm处起焊。焊完一层后，第二层及以后各层均在离前一层起焊点（30～50)mm处起焊。每焊一遍应认真检查清渣，焊到柱角处要稍放慢焊条移动速度，使柱角焊成方角，且焊缝饱满。最后一遍盖面焊缝可采用直径较小的焊条和较小的电流进行焊接。

10.8.11 梁和柱接头的焊接，应设长度大于3倍焊缝厚度的引弧板。引弧板的厚度、坡口角度应和焊缝厚度相适应，焊完后割去引弧板时应留5mm～10mm。

10.8.12 梁和柱接头的焊缝，宜先焊梁的下翼缘板，再焊上翼缘板。先焊梁的一端，待其焊缝冷却至常温后，再焊另一端，不宜对一根梁的两端同时施焊。

10.8.13 柱与柱、梁与柱接头焊接试验完毕后，应将焊接工艺全过程记录下来，测量出焊缝的收缩值，反馈到钢结构制作厂，作为柱和梁加工时增加长度的依据。

厚钢板焊缝的横向收缩值，可按下式计算确定，也可按表 10.8.13 选用。

$$S = k \times \frac{A}{t} \qquad (10.8.13)$$

式中：S——焊缝的横向收缩值（mm）；

A——焊缝横截面面积（mm^2）；

t——焊缝厚度，包括熔深（mm）；

k——常数，一般可取 0.1。

表 10.8.13 焊缝的横向收缩值

焊缝坡口形式	钢材厚度（mm）	焊缝收缩值（mm）	构件制作增加长度（mm）
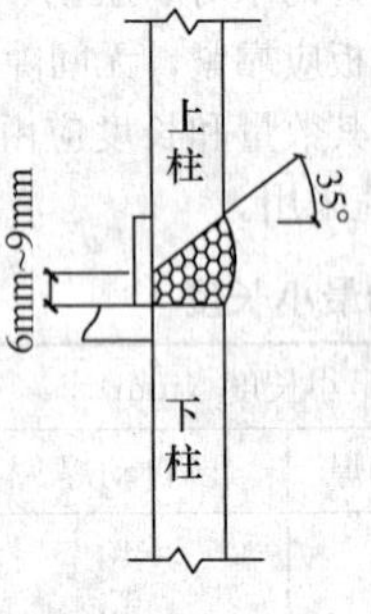上柱 35° 6mm~9mm 下柱	19	1.3～1.6	1.5
	25	1.5～1.8	1.7
	32	1.7～2.0	1.9
	40	2.0～2.3	2.2
	50	2.2～2.5	2.4
	60	2.7～3.0	2.9
	70	3.1～3.4	3.3
	80	3.4～3.7	3.5
	90	3.8～4.1	4.0
	100	4.1～4.4	4.3
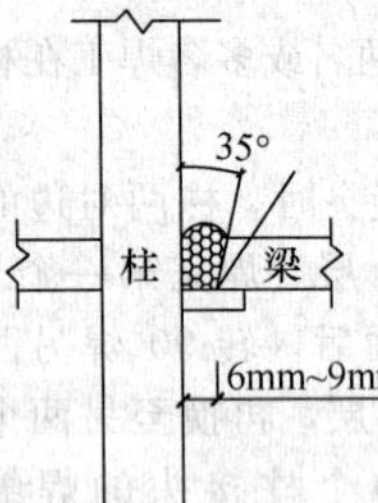35° 柱 梁 6mm~9mm	12	1.0～1.3	1.2
	16	1.1～1.4	1.3
	19	1.2～1.5	1.4
	22	1.3～1.6	1.5
	25	1.4～1.7	1.6
	28	1.5～1.8	1.7
	32	1.7～2.0	1.8

10.8.14 进行手工电弧焊时当风速大于 8m/s，进行气体保护焊时当风速大于 2m/s，均应采取防风措施方能施焊。

10.8.15 焊接工作完成后，焊工应在焊缝附近打上代号钢印。焊工自检和质量检查员所作的焊缝外观检查以及超声波检查，均应有书面记录。

10.8.16 经检查不合格的焊缝应按本规程第 9.6.20 条的要求进行返修，并应按同样的焊接工艺进行补焊，再用同样的方法进行质量检查。同一部位的一条焊缝，修理不宜超过 2 次，否则应更换母材，或由责任工程师会同设计和专业质量检验部门协商处理。

10.8.17 发现焊接引起的母材裂纹或层状撕裂时，应会同相关部门和人员分析原因，制定专项处理方案。

10.8.18 栓钉焊接开始前，应对采用的焊接工艺参数进行测定，编制焊接工艺方案，并应在施工中执行。

10.9 高强度螺栓施工工艺

10.9.1 高强度螺栓的入库、存放和使用，应符合本规程第 9.2.2 条第 3 款的要求。

10.9.2 高强度螺栓拧紧后，丝扣应露出 2 扣～3 扣为宜；高强度螺栓长度可根据表 10.9.2 选用。

表 10.9.2 高强度螺栓需增加的长度

螺栓直径（mm）	接头钢板总厚度外增加的长度（mm）	
	扭剪型高强度螺栓	大六角头高强度螺栓
M12		25
M16	25	30
M20	30	35
M22	35	40
M24	40	45
M27	45	50
M30	50	55

10.9.3 高强度螺栓接头的抗滑移面加工，应按本规程第 9.8.1 条、第 9.8.2 条的规定进行。

10.9.4 高强度螺栓接头各层钢板安装时发生错孔，允许用铰刀扩孔。一个节点中的扩孔数不宜多于节点孔数的 1/3，扩孔直径不得大于原孔径 2mm。严禁用气割扩孔。

10.9.5 高强度螺栓应能自由穿入螺孔内，严禁用榔头强行打入或用扳手强行拧入。一组高强度螺栓宜同一方向穿入螺孔内，并宜以扳手向下压为紧固螺栓的方向。

10.9.6 当钢框架梁与柱接头为腹板栓接、翼缘焊接时，宜按先栓后焊的方式进行施工。

10.9.7 在工字钢、槽钢的翼缘上安装高强度螺栓时，应采用与其斜面的斜度相同的斜垫圈。

10.9.8 高强度螺栓应通过初拧、复拧和终拧达到拧紧。终拧前应检查接头处各层钢板是否充分密贴。钢板较薄，板层较少，也可只作初拧和终拧。

10.9.9 高强度螺栓拧紧的顺序，应从螺栓群中部开始，向四周扩展，逐个拧紧。

10.9.10 使用扭剪型高强度螺栓扳子时，应定期进行扭矩值的检查，每天上班前检查一次。

10.9.11 扭剪型高强度螺栓的初拧、复拧、终拧，每完成一次应做一次相应的颜色或标记。

10.9.12 对于个别不能用扭剪型专用扳手进行终拧的扭剪型高强度螺栓，可用六角头高强度螺栓扳手进行终拧（扭转系数为0.13）。

10.9.13 高强度螺栓不得用作安装螺栓使用。

10.10 现场涂装

10.10.1 高层民用建筑钢结构在一个流水段一节柱的所有构件安装完毕，并对结构验收合格后，结构的现场焊缝、高强度螺栓及其连接点，以及在运输安装过程中构件涂层被磨损的部位，应补刷涂层。涂层应采用与构件制作时相同的涂料和相同的涂刷工艺。

10.10.2 涂装前应将构件表面的焊接飞溅、油污杂质、泥浆、灰尘、浮锈等清除干净。

10.10.3 涂装时环境温度、湿度应符合涂料产品说明书的要求，当产品说明书无要求时，温度应为5℃～38℃，湿度不应大于85%。

10.10.4 涂层外观应均匀、平整、丰满，不得有咬底、剥落、裂纹、针孔、漏涂和明显的皱皮流坠，且应保证涂层厚度。当涂层厚度不够时，应增加涂刷的遍数。

10.10.5 经检查确认不合格的涂层，应铲除干净，重新涂刷。

10.10.6 当涂层固化干燥后方可进行下道工序。

10.11 安装的竣工验收

10.11.1 钢结构安装工程的竣工验收应分下列两个阶段进行：

1 每个流水段一节柱的高度范围内全部构件（包括钢楼梯、压型钢板等）安装、校正、焊接、栓接完毕并自检合格后，应作隐蔽工程验收；

2 全部钢结构安装、校正、焊接、栓接完成并经隐蔽工程验收合格后，应做钢结构安装工程的竣工验收。

10.11.2 安装工程竣工验收，应提交下列文件：

1 钢结构施工图和设计变更文件，并在施工图中注明修改内容；

2 钢结构安装过程中，业主、设计单位、钢构件制作厂、钢结构安装单位达成协议的各种技术文件；

3 钢构件出厂合格证；

4 钢结构安装用连接材料（包括焊条、螺栓等）的质量证明文件；

5 钢结构安装的测量检查记录、高强度螺栓安装检查记录、栓钉焊质量检查记录；

6 各种试验报告和技术资料；

7 隐蔽工程分段验收记录。

10.11.3 钢结构安装工程的安装允许偏差应符合现行国家标准《钢结构工程施工质量验收规范》GB 50205的相关规定。

11 抗火设计

11.1 一般规定

11.1.1 钢结构的梁、柱和楼板宜进行抗火设计。钢结构各种构件的耐火极限应符合现行国家标准《建筑设计防火规范》GB 50016的规定。

11.1.2 在规定的结构耐火极限时间内，结构或构件的承载力应满足下式要求：

$$R_d \geqslant S_m \tag{11.1.2}$$

式中：R_d——结构或构件的承载力；

S_m——各种作用所产生的组合效应值。

11.1.3 结构的抗火设计可按各种构件分别进行。进行结构某一构件抗火设计时，可仅考虑该构件受火升温。

11.1.4 结构构件抗火设计应按下列步骤进行：

1 确定防火被覆厚度；

2 计算构件在耐火时间内的内部温度；

3 计算构件在外荷载和受火温度作用下的内力；

4 进行构件荷载效应组合；

5 根据构件和受载的类型，按本规程第11.2节的有关规定，进行构件抗火验算；

6 当设定的防火被覆厚度不适合时（过小或过大），调整防火被覆厚度，重复本条第1款至第5款的步骤。

11.1.5 构件在耐火时间内的内部温度可按下列公式计算：

$$T_s = (\sqrt{0.044 + 5.0 \times 10^{-5} B} - 0.2)t + 20 \tag{11.1.5-1}$$

$$B = \frac{1}{1 + \dfrac{c_i \rho_i d_i F_i}{2 c_s \rho_s V}} \frac{\lambda_i}{d_i} \frac{F_i}{V} \tag{11.1.5-2}$$

式中：T_s——构件在耐火时间内的内部温度（℃）；

t——构件耐火时间（s）；

B——防火被覆的综合参数；

ρ_s——钢材的密度，$\rho_s = 7850\text{kg/m}^3$；

c_s——钢材的比热，$c_s = 600\text{J/(kg·K)}$；

ρ_i——防火保护层的密度（kg/m^3）；

c_i——防火保护层的比热［J/(kg·K)］；

F_i——单位构件长度的防火保护层的内表面积（m^3/m）；

d_i——防火保护层厚度（m）；

λ_i——防火保护层的导热系数［W/(m·K)］。

11.1.6 进行结构构件抗火验算时，受火构件在外荷载作用下的内力，可采用常温下相同荷载所产生的内力。

11.1.7 进行结构抗火验算时，采用下式对荷载效应进行组合：

$$S = \gamma_G S_{Gk} + \sum_i \gamma_{Qi} S_{Qki} + \gamma_W S_{Wk} + \gamma_F S_T \tag{11.1.7}$$

式中：S——荷载组合效应；

S_{Gk}——永久荷载标准值的效应；

S_{Qki}——楼面或屋面活载（不考虑屋面雪载）标准值的效应；

S_{Wk}——风荷载标准值的效应；

S_T——构件或结构的温度变化（考虑温度效应）产生的效应；

γ_G——永久荷载分项系数，取1.0；

γ_{Qi}——楼面或屋面活载分项系数，取0.7；

γ_W——风载分项系数，取0或0.3，选不利情况；

γ_F——温度效应的分项系数，取1.0。

11.1.8 进行钢构件抗火设计时，应考虑温度内力的影响。在荷载效应组合中不考虑温度内力时，则对于在结构中受约束较大的构件应将计算所得的保护层厚度增加30%作为构件的保护层设计厚度。

11.1.9 连接节点的防火保护层厚度不得小于被连接构件保护层厚度的较大值。

11.2 钢梁与柱的抗火设计

11.2.1 对于钢框架梁，当有楼板作为梁的可靠侧向支撑时，应按下列公式进行梁的抗火验算。

$$\frac{B_n}{8} q l^2 \leqslant W_p \gamma_R \eta_T f \tag{11.2.1-1}$$

当20℃≤T_s≤300℃时，

$$\eta_T = 1 \tag{11.2.1-2}$$

当300℃<T_s<800℃时，

$$\eta_T = 1.24 \times 10^{-8} T_s^3 - 2.096 \times 10^{-5} T_s^2 + 9.228 \times 10^{-3} T_s - 0.2168 \tag{11.2.1-3}$$

式中：q——作用在梁上的局部荷载设计值（N/mm）；

l——梁的跨度（mm）；

B_n——与梁连接有关的系数，当梁两端铰接时，取1.0，当梁两端刚接时，取0.5；

W_p——梁的塑性截面模量（mm^3）；

f——常温下钢材的抗拉、抗压和抗弯强度设计值（N/mm^2）；

γ_R——钢材抗火设计强度调整系数，取1.1；

η_T——高温下钢材强度折减系数；

T_s——火灾下构件的内部温度（℃），按本规程第11.1.5条确定。

11.2.2 钢框架柱应按下列公式验算火灾下框架平面内和平面外的整体稳定性。

$$\frac{N}{\varphi_T A} \leqslant 0.75 \gamma_R \eta_T f \tag{11.2.2-1}$$

$$\varphi_T = \alpha \varphi \tag{11.2.2-2}$$

式中：N——火灾下框架柱的轴压力设计值（N）；

φ_T——按框架平面内或平面外柱的计算长度确定的高温下轴压构件的稳定系数的较小值；

α——系数，根据构件的长细比和温度按表11.2.2确定；

φ——受压构件的稳定系数，按现行国家标准《钢结构设计规范》GB 50017的有关规定确定。

表 11.2.2 系数 α 的确定

构件长细比 \ 构件温度(℃)	200	300	400	500	550	570	580	600
≤50	1.00	1.00	1.00	1.00	1.00	1.00	1.00	0.96
100	1.04	1.08	1.12	1.12	1.05	1.00	0.97	0.85
150	1.08	1.14	1.21	1.21	1.11	1.00	0.94	0.74
≥200	1.10	1.17	1.25	1.25	1.13	1.00	0.93	0.68

11.3 压型钢板组合楼板

11.3.1 当压型钢板组合楼板中的压型钢板仅用作混凝土楼板的永久性模板、不充当板底受拉钢筋参与结构受力时，压型钢板可不进行防火保护。

11.3.2 当压型钢板组合楼板中的压型钢板除用作混凝土楼板的永久性模板外、还充当板底受拉钢筋参与结构受力时，组合楼板应按下列规定进行耐火验算与防火设计。

1 组合楼板不允许发生大挠度变形时，在温升关系符合国家现行标准规定的标准火灾作用下，组合楼板的耐火时间 t_d 应按式（11.3.2-1）进行计算。当组合楼板的耐火时间 t_d 大于或等于组合楼板的设计耐火极限 t_m 时，组合楼板可不进行防火保护；当组合楼板的耐火时间 t_d 小于组合楼板的设计耐火极限 t_m 时，应按本规程第11.3.3条规定采取措施。

$$t_d = 114.06 - 26.8 \frac{M}{f_t W} \tag{11.3.2-1}$$

式中：t_d——无防火保护的组合楼板的耐火时间（min）；

M——火灾下单位宽度组合楼板内的最大正弯矩设计值（N·mm）；

f_t——常温下混凝土的抗拉强度设计值（N/mm^2）；

W——常温下素混凝土板的截面模量（mm^3）。

2 组合楼板允许发生大挠度变形时，组合楼板的耐火验算可考虑组合楼板的薄膜效应。当火灾下组合楼板考虑薄膜效应时的承载力符合下式规定时，组合楼板可不进行防火保护；不符合下式规定时，应按本规程第11.3.3条的规定采取措施。

$$q_r \geqslant q \quad (11.3.2\text{-}2)$$

式中：q_r——火灾下组合楼板考虑薄膜效应时的承载力设计值（kN/m^2），应按国家现行标准的规定确定；

q——火灾下组合楼板的荷载设计值（kN/m^2），应按国家现行标准的规定确定。

11.3.3 当组合楼板不满足耐火要求时，应对组合楼板进行防火保护，或者在组合楼板内增配足够的钢筋、将压型钢板改为只作模板使用。其中，组合楼板的防火保护应根据组合楼板耐火试验结果确定，耐火试验应按现行国家标准《建筑构件耐火试验方法 第1部分：通用要求》GB/T 9978.1、《建筑构件耐火试验方法 第3部分：试验方法和试验数据应用注释》GB/T 9978.3、《建筑构件耐火试验方法 第5部分：承重水平分隔构件的特殊要求》GB/T 9978.5的有关规定进行。

附录A 偏心率计算

A.0.1 偏心率应按下列公式计算：

$$\varepsilon_x = \frac{e_y}{r_{ex}} \quad \varepsilon_y = \frac{e_x}{r_{ey}} \quad (A.0.1\text{-}1)$$

$$r_{ex} = \sqrt{\frac{K_T}{\sum K_x}} \quad r_{ey} = \sqrt{\frac{K_T}{\sum K_y}} \quad (A.0.1\text{-}2)$$

$$K_T = \sum(K_x \cdot y^2) + \sum(K_y \cdot x^2) \quad (A.0.1\text{-}3)$$

式中：ε_x、ε_y——分别为所计算楼层在 x 和 y 方向的偏心率；

e_x、e_y——分别为 x 和 y 方向水平作用合力线到结构刚心的距离；

r_{ex}、r_{ey}——分别为 x 和 y 方向的弹性半径；

$\sum K_x$、$\sum K_y$——分别为所计算楼层各抗侧力构件在 x 和 y 方向的侧向刚度之和；

K_T——所计算楼层的扭转刚度；

x、y——以刚心为原点的抗侧力构件坐标。

附录B 钢板剪力墙设计计算

B.1 一般规定

B.1.1 钢板剪力墙可采用非加劲钢板和加劲钢板两种形式，并符合下列规定：

1 非抗震设计及四级的高层民用建筑钢结构，采用钢板剪力墙时，可以不设加劲肋（图B.1.1-1）；

2 三级及以上时，宜采用带竖向及（或）水平加劲肋的钢板剪力墙（图B.1.1-2），竖向加劲肋的设置，可采用竖向加劲肋不连续的构造和布置；

3 竖向加劲肋宜两面设置或两面交替设置，横向加劲肋宜单面或两面交替设置。

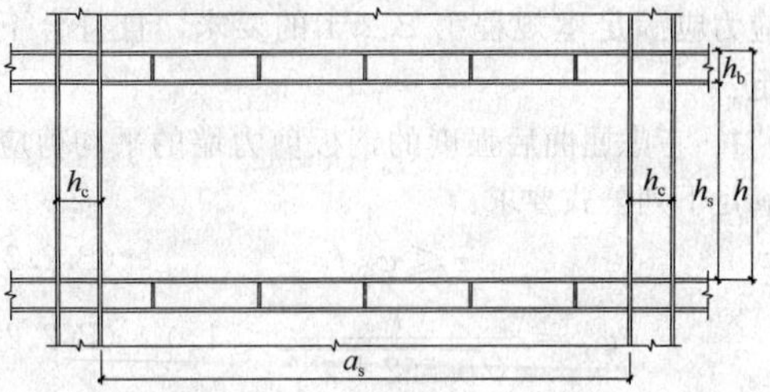

h_b
h_c
h_c
h_s
h
a_s

图B.1.1-1 非加劲钢板剪力墙

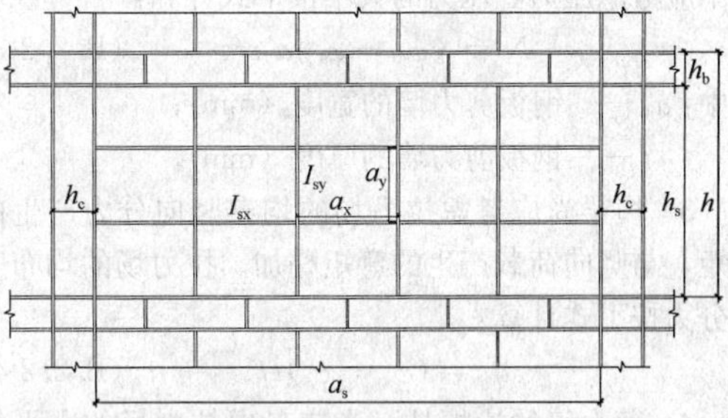

h_b
I_{sy}
a_y
I_{sx}
a_x
h_c
h_c
h_s
h
a_s

图B.1.1-2 加劲钢板剪力墙

B.1.2 钢板剪力墙宜按不承受竖向荷载设计。实际情况不易实现时，承受竖向荷载的钢板剪力墙，其竖向应力导致抗剪承载力的下降不应大于20%。

B.1.3 钢板剪力墙的内力分析模型应符合下列规定：

1 不承担竖向荷载的钢板剪力墙，可采用剪切膜单元参与结构的整体内力分析；

2 参与承担竖向荷载的钢板剪力墙，应采用正交异性板的平面应力单元参与结构整体的内力分析。

B.2 非加劲钢板剪力墙计算

B.2.1 不承受竖向荷载的非加劲钢板剪力墙，不利用其屈曲后抗剪强度时，应按下列公式计算其抗剪稳定性：

$$\tau \leqslant \varphi_s f_v \quad (B.2.1\text{-}1)$$

$$\varphi_s = \frac{1}{\sqrt[3]{0.738 + \lambda_s^6}} \leqslant 1.0 \quad (B.2.1\text{-}2)$$

$$\lambda_s = \sqrt{\frac{f_y}{\sqrt{3}\tau_{cr0}}} \quad (B.2.1\text{-}3)$$

$$\tau_{cr0} = \frac{k_{ss0}\pi^2 E}{12(1-\nu^2)} \frac{t^2}{a_s^2} \quad (B.2.1\text{-}4)$$

$$\frac{h_s}{a_s} \geqslant 1: k_{ss0} = 6.5 + \frac{5}{(h_s/a_s)^2} \quad (B.2.1\text{-}5)$$

$$\frac{h_s}{a_s} \leqslant 1: k_{ss0} = 5 + \frac{6.5}{(h_s/a_s)^2} \quad (B.2.1\text{-}6)$$

式中：f_v——钢材抗剪强度设计值（N/mm^2）；

ν——泊松比，可取0.3；

E——钢材弹性模量（N/mm^2）；

a_s、h_s——分别为剪力墙的宽度和高度（mm）；

t——钢板剪力墙的厚度（mm）。

B.2.2 不承受竖向荷载的非加劲钢板剪力墙，允许利用其屈曲后强度，但在荷载标准值组合作用下，其剪应力应满足本规程第B.2.1的要求，且符合下列规定：

1 考虑屈曲后强度的钢板剪力墙的平均剪应力应满足下列公式要求：

$$\tau \leqslant \varphi_{sp} f_v \tag{B.2.2-1}$$

$$\varphi_{sp} = \frac{1}{\sqrt[3]{0.552 + \lambda_s^{3.6}}} \leqslant 1.0 \tag{B.2.2-2}$$

2 按考虑屈曲后强度的设计，其横梁的强度计算中应考虑压力，压力的大小按下式计算：

$$N = (\varphi_{sp} - \varphi_s) a_s t f_v \tag{B.2.2-3}$$

式中：a_s——钢板剪力墙的宽度（mm）；

t——钢板剪力墙的厚度（mm）。

3 横梁尚应考虑拉力场的均布竖向分力产生的弯矩，与竖向荷载产生的弯矩叠加。拉力场的均布竖向分力按下式计算：

$$q_s = (\varphi_{sp} - \varphi_s) t f_v \tag{B.2.2-4}$$

4 剪力墙的边框柱，尚应考虑拉力场的水平均布分力产生的弯矩，与其余内力叠加。

5 利用钢板剪力墙屈曲后强度的设计，可设置少量竖向加劲肋组成接近方形的区格，其竖向强度、刚度应分别满足下列公式的要求：

$$N \leqslant (\varphi_{sp} - \varphi_s) a_x t f_v \tag{B.2.2-5}$$

$$\gamma = \frac{EI_{sy}}{Da_x} \geqslant 60 \tag{B.2.2-6}$$

$$D = \frac{Et^3}{12(1-\nu^2)} \tag{B.2.2-7}$$

式中：a_x——竖向加劲肋之间的水平距离（mm），在闭口截面加劲肋的情况下是区格净宽；

D——剪力墙板的抗弯刚度（N·mm）。

B.2.3 竖向重力荷载产生的压应力应满足下列公式的要求：

$$\sigma_G \leqslant 0.3 \varphi_\sigma f \tag{B.2.3-1}$$

$$\varphi_\sigma = \frac{1}{(1 + \lambda_\sigma^{2.4})^{0.833}} \tag{B.2.3-2}$$

$$\lambda_\sigma = \sqrt{\frac{f_y}{\sigma_{cr0}}} \tag{B.2.3-3}$$

$$\sigma_{cr0} = \frac{k_{\sigma 0} \pi^2 E}{12(1-\nu^2)} \left(\frac{t}{a_s}\right)^2 \tag{B.2.3-4}$$

$$k_{\sigma 0} = \chi \left(\frac{a_s}{h_s} + \frac{h_s}{a_s}\right)^2 \tag{B.2.3-5}$$

式中：χ——嵌固系数，取1.23。

B.2.4 钢板剪力墙承受弯矩的作用，弯曲应力应满足下列公式要求：

$$\sigma_b \leqslant \varphi_{bs} f \tag{B.2.4-1}$$

$$\varphi_{bs} = \frac{1}{\sqrt[3]{0.738 + \lambda_b^6}} \leqslant 1 \tag{B.2.4-2}$$

$$\lambda_b = \sqrt{\frac{f_y}{\sigma_{bcr0}}} \tag{B.2.4-3}$$

$$\sigma_{bcr0} = \frac{k_{b0} \pi^2 E}{12(1-\nu^2)} \frac{t^2}{a_s^2} \tag{B.2.4-4}$$

$$k_{b0} = 11 \frac{h_s^2}{a_s^2} + 14 + 2.2 \frac{a_s^2}{h_s^2} \tag{B.2.4-5}$$

B.2.5 承受竖向荷载的钢板剪力墙或区格，应力组合应满足下式要求：

$$\left(\frac{\tau}{\varphi_s f_v}\right)^2 + \left(\frac{\sigma_b}{\varphi_{bs} f}\right)^2 + \frac{\sigma_G}{\varphi_\sigma f} \leqslant 1 \tag{B.2.5}$$

B.2.6 未加劲的钢板剪力墙，当有洞口时应符合下列规定：

1 洞口边缘应设置边缘构件，其平面外的刚度应满足下式的要求：

$$\gamma_y = \frac{EI_{sy}}{Da_x} \geqslant 150 \tag{B.2.6}$$

2 钢板剪力墙的抗剪承载力，应按洞口高度处的水平剩余截面计算；

3 当钢板剪力墙考虑屈曲后强度时，竖向边缘构件宜采用工字形截面或双加劲肋，尚应按压弯构件验算边缘构件的平面内、平面外稳定。其压力等于剪力扣除屈曲承载力；弯矩等于拉力场水平分力按均布荷载作用在两端固定的洞口边缘加劲肋上。

B.2.7 按不承受竖向重力荷载进行内力分析的钢板剪力墙，不考虑实际存在的竖向应力对抗剪承载力的影响，但应限制实际可能存在的竖向应力。竖向应力σ_G应满足本规程第B.2.3条的要求，σ_G应按下式计算：

$$\sigma_G = \frac{\sum N_i}{\sum A_i + A_s} \tag{B.2.7}$$

式中：$\sum N_i$，$\sum A_i$——分别为重力荷载在剪力墙边框柱中产生的轴力（N）和边框柱截面面积（mm^2）的和，当边框是钢管混凝土柱时，混凝土应换算成钢截面面积；

A_s——剪力墙截面面积（mm^2）。

B.3 仅设置竖向加劲肋的钢板剪力墙计算

B.3.1 按本节和第B.4节规定设计的加劲钢板剪力墙，一般不利用其屈曲后强度。竖向加劲肋宜在构造上采取不承受竖向荷载的措施。

B.3.2 仅设置竖向加劲肋的钢板剪力墙，其弹性剪切屈曲临界应力应按下列公式计算：

1 当$\gamma = \dfrac{EI_s}{Da_x} \geqslant \gamma_{\tau th}$时：

$$\tau_{cr} = \tau_{crp} = k_{\tau p} \frac{\pi^2 E}{12(1-\nu^2)} \frac{t^2}{a_x^2} \tag{B.3.2-1}$$

$$\frac{h_s}{a_x} \geqslant 1: k_{\tau p} = \chi \left[5.34 + \frac{4}{(h_s/a_x)^2}\right] \tag{B.3.2-2}$$

$$\frac{h_s}{a_x} \leqslant 1: k_{\tau p} = \chi \left[4 + \frac{5.34}{(h_s/a_x)^2}\right] \tag{B.3.2-3}$$

2 当$\gamma < \gamma_{\tau th}$时：

$$\tau_{cr} = k_{ss}\frac{\pi^2 E}{12(1-\nu^2)}\frac{t^2}{a_x^2} \quad (B.3.2\text{-}4)$$

$$k_{ss} = k_{ss0}\frac{a_x^2}{a_s^2} + (k_{\tau p} - k_{ss0}\frac{a_x^2}{a_s^2})\left(\frac{\gamma}{\gamma_{\tau th}}\right)^{0.6} \quad (B.3.2\text{-}5)$$

3 当$0.8 \leqslant \beta = \frac{h_s}{a_x} \leqslant 5$时，$\gamma_{\tau th}$应按下列公式计算：

$$\gamma_{\tau th} = 6\eta_v(7\beta^2 - 5) \geqslant 6 \quad (B.3.2\text{-}6)$$

$$\eta_v = 0.42 + \frac{0.58}{[1+5.42(J_{sy}/I_{sy})^{2.6}]^{0.77}} \quad (B.3.2\text{-}7)$$

$$a_x = \frac{a_s}{n_v + 1} \quad (B.3.2\text{-}8)$$

式中：χ——闭口加劲肋时取1.23，开口加劲肋时取1.0。

J_{sy}、I_{sy}——分别为竖向加劲肋自由扭转常数和惯性矩（mm^4）；

a_x——在闭口加劲肋的情况下取区格净宽（mm）；

n_v——竖向加劲肋的道数。

B.3.3 仅设置竖向加劲肋的钢板剪力墙，竖向受压弹性屈曲应力应按下列公式计算：

1 当$\gamma \geqslant \gamma_{\sigma th}$时：

$$\sigma_{cr} = \sigma_{crp} = \frac{k_{pan}\pi^2 E}{12(1-\nu^2)}\left(\frac{t}{a_x}\right)^2 \quad (B.3.3\text{-}1)$$

式中：k_{pan}——小区格竖向受压屈曲系数，取$k_{pan} = 4\chi$；

χ——嵌固系数，开口加劲肋取1.0，闭口加劲肋取1.23。

2 当$\gamma < \gamma_{\sigma th}$时：

$$\sigma_{cr} = \sigma_{cr0} + (\sigma_{crp} - \sigma_{cr0})\frac{\gamma}{\gamma_{\sigma th}} \quad (B.3.3\text{-}2)$$

式中：σ_{cr0}——未加劲钢板剪力墙的竖向屈曲应力。

3 $\gamma_{\sigma th}$应按下式计算：

$$\gamma_{\sigma th} = 1.5\left(1+\frac{1}{n_v}\right)[k_{pan}(n_v+1)^2 \quad k_{\sigma 0}]\frac{h_s^2}{a_s^2} \quad (B.3.3\text{-}3)$$

B.3.4 仅设置竖向加劲肋的钢板剪力墙，其竖向抗弯弹性屈曲应力应按下列公式计算：

1 当$\gamma \geqslant \gamma_{\sigma th}$时：

$$\sigma_{bcrp} = \frac{k_{bpan}\pi^2 E}{12(1-\nu^2)}\left(\frac{t}{a_x}\right)^2 \quad (B.3.4\text{-}1)$$

$$k_{bpan} = 4 + 2\beta_\sigma + 2\beta_\sigma^3 \quad (B.3.4\text{-}2)$$

式中：k_{bpan}——小区格竖向不均匀受压屈曲系数；

β_σ——区格两边的应力差除以较大压应力。

2 当$\gamma < \gamma_{\sigma th}$时：

$$\sigma_{bcr} = \sigma_{bcr0} + (\sigma_{bcrp} - \sigma_{bcr0})\frac{\gamma}{\gamma_{\sigma th}} \quad (B.3.4\text{-}3)$$

式中：σ_{bcr0}——未加劲钢板剪力墙的竖向弯曲屈曲应力（N/mm^2）。

B.3.5 加劲钢板剪力墙，在剪应力、压应力和弯曲应力作用下的弹塑性承载力的计算应符合下列规定：

1 应由受剪、受压和受弯各自的弹性临界应力，分别按本规程第B.2.1条、第B.2.3条和第B.2.4条计算稳定性；

2 在受剪、受压和受弯组合内力作用下的稳定承载力应按本规程第B.2.5条计算；

3 当竖向重力荷载产生的应力设计值，不符合本规程第B.2.7条的规定时，应采取措施减少竖向荷载传递给剪力墙。

B.4 仅设置水平加劲肋的钢板剪力墙计算

B.4.1 仅设置水平加劲肋的钢板剪力墙的受剪计算，应符合下列规定：

1 当$\gamma_x = \frac{EI_{sx}}{Da_y} \geqslant \gamma_{\tau th,h}$时，弹性屈曲剪应力应按小区格计算：

$$\tau_{crp} = k_{\tau p}\frac{\pi^2 E t^2}{12(1-\nu^2)a_s^2} \quad (B.4.1\text{-}1)$$

$$当\frac{a_y}{a_s} \geqslant 1时，\quad k_{\tau p} = \chi\left[5.34 + \frac{4}{(a_y/a_s)^2}\right] \quad (B.4.1\text{-}2)$$

$$当\frac{a_y}{a_s} \leqslant 1时，\quad k_{\tau p} = \chi\left[4 + \frac{5.34}{(a_y/a_s)^2}\right] \quad (B.4.1\text{-}3)$$

$$当0.8 \leqslant \beta_h = \frac{a_s}{a_y} \leqslant 5时，\gamma_{\tau th,h} = 6\eta_h(7\beta_h^2 - 4) \geqslant 5 \quad (B.4.1\text{-}4)$$

$$\eta_h = 0.42 + \frac{0.58}{[1+5.42(J_{sx}/I_{sx})^{2.6}]^{0.77}} \quad (B.4.1\text{-}5)$$

$$a_y = \frac{h_s}{n_h + 1} \quad (B.4.1\text{-}6)$$

式中：J_{sx}、I_{sx}——分别为水平加劲肋自由扭转常数和惯性矩（mm^4）；

a_y——在闭口加劲肋的情况下取区格净高（mm）；

n_h——水平加劲肋的道数。

2 当$\gamma < \gamma_{\tau th,h}$时：

$$\tau_{cr} = k_{ss}\frac{\pi^2 E}{12(1-\nu^2)}\left(\frac{t}{a_s}\right)^2 \quad (B.4.1\text{-}7)$$

$$k_{ss}=k_{ss0}+(k_{\tau p}-k_{ss0})\left(\frac{\gamma}{\gamma_{\tau th,h}}\right)^{0.6}$$

(B.4.1-8)

B.4.2 仅设置水平加劲肋的钢板剪力墙竖向受压计算，应符合下列规定：

1 当 $\gamma_x=\frac{EI_{sx}}{Da_y}\geqslant\gamma_{x0}$ 时，在竖向荷载作用下的临界应力应按下列公式计算：

$$\sigma_{crp}=k_{pan}\frac{\pi^2Et^2}{12(1-\nu^2)a_s^2}\qquad(B.4.2\text{-}1)$$

$$k_{pan}=\left(\frac{a_s}{a_y}+\frac{a_y}{a_s}\right)^2\qquad(B.4.2\text{-}2)$$

$$\gamma_{x0}=0.3\left(1+\cos\frac{\pi}{n_h+1}\right)\left(1+\frac{a_s^2}{a_y^2}\right)^2$$

(B.4.2-3)

2 当 $\gamma_x<\gamma_{x0}$ 时：

$$\sigma_{cr}=\sigma_{cr0}+(\sigma_{crp}-\sigma_{cr0})\left(\frac{\gamma}{\gamma_{x0}}\right)^{0.6}\qquad(B.4.2\text{-}4)$$

B.4.3 仅设置水平加劲肋的钢板剪力墙的受弯计算，应符合下列规定：

1 当 $\gamma_x\geqslant\gamma_{x0}$ 时，在弯矩作用下的临界应力应按下列公式计算：

$$\sigma_{bcrp}=K_{bpan}\frac{\pi^2D}{a_s^2t}\qquad(B.4.3\text{-}1)$$

$$K_{bpan}=11\left(\frac{a_y}{a_s}\right)^2+14+2.2\left(\frac{a_s}{a_y}\right)^2$$

(B.4.3-2)

2 当 $\gamma_x<\gamma_{x0}$ 时：

$$\sigma_{b,cr}=\sigma_{bcr0}+(\sigma_{bcrp}-\sigma_{bcr0})\left(\frac{\gamma}{\gamma_{x0}}\right)^{0.6}$$

(B.4.3-3)

B.4.4 水平加劲钢板剪力墙，在剪应力、压应力和弯曲应力作用下的弹塑性承载力的验算，应符合下列规定：

1 应由受剪、受压和受弯各自的弹性临界应力，分别按本规程第B.2.1条、第B.2.3条和第B.2.4条计算各自的稳定性；

2 在受剪、受压和受弯组合内力作用下的稳定承载力应按本规程第B.2.5条计算；

3 当竖向重力荷载产生的应力设计值，不符合本规程第B.2.7条的规定时，应采取措施减小竖向荷载传递给剪力墙。

B.5 设置水平和竖向加劲肋的钢板剪力墙计算

B.5.1 同时设置水平和竖向加劲肋的钢板剪力墙，不宜采用考虑屈曲后强度的计算；加劲肋一侧的计算宽度取钢板剪力墙厚度的15倍（图B.5.1）。加劲肋划分的剪力墙板区格的宽高比宜接近1；剪力墙板区格的宽厚比应满足下列公式的要求：

当采用开口加劲肋时， $\frac{a_x+a_y}{t}\leqslant 220$

(B.5.1-1)

当采用闭口加劲肋时， $\frac{a_x+a_y}{t}\leqslant 250$

(B.5.1-2)

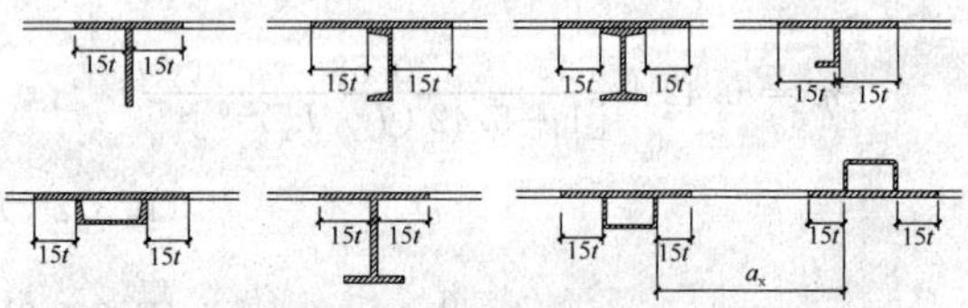
15t
15t
a_x

图B.5.1 单面加劲时计算加劲肋惯性矩的截面

B.5.2 当加劲肋的刚度参数满足下列公式时，可只验算区格的稳定性。

$$\gamma_x=\frac{EI_{sx}}{Da_y}\geqslant 33\eta_h\qquad(B.5.2\text{-}1)$$

$$\gamma_y=\frac{EI_{sy}}{Da_x}\geqslant 40\eta_v\qquad(B.5.2\text{-}2)$$

B.5.3 当加劲肋的刚度不符合本规程第B.5.2条的规定时，加劲钢板剪力墙的剪切临界应力应满足下列公式的要求：

$$\tau_{cr}=\tau_{cr0}+(\tau_{crp}-\tau_{cr0})\left(\frac{\gamma_{av}}{36.33\sqrt{\eta_v\eta_h}}\right)^{0.7}\leqslant\tau_{crp}$$

(B.5.3-1)

$$\gamma_{av}=\sqrt{\frac{EI_{sx}}{Da_x}\cdot\frac{EI_{sy}}{Da_y}}\qquad(B.5.3\text{-}2)$$

式中：τ_{crp} ——小区格的剪切屈曲临界应力（N/mm²）；

τ_{cr0} ——未加劲板的剪切屈曲临界应力（N/mm²）。

B.5.4 当加劲肋的刚度不符合本规程第B.5.2条的规定时，加劲钢板剪力墙的竖向临界应力应按下列公式计算：

当 $\frac{h_s}{a_s}<\left(\frac{D_y}{D_x}\right)^{0.25}$ 时，

$$\sigma_{ycr}=\frac{\pi^2}{a_s^2t_s}\left(\frac{h_s^2}{a_s^2}D_x+2D_{xy}+D_y\frac{a_s^2}{h_s^2}\right)\qquad(B.5.4\text{-}1)$$

当 $\frac{h_s}{a_s}\geqslant\left(\frac{D_y}{D_x}\right)^{0.25}$ 时，$\sigma_{ycr}=\frac{2\pi^2}{a_s^2t_s}\left(\sqrt{D_xD_y}+D_{xy}\right)$

(B.5.4-2)

$$D_x=D+\frac{EI_{sx}}{a_y}\qquad(B.5.4\text{-}3)$$

$$D_y=D+\frac{EI_{sy}}{a_x}\qquad(B.5.4\text{-}4)$$

$$D_{xy} = D + \frac{1}{2}\left(\frac{GJ_{sx}}{a_x} + \frac{GJ_{sy}}{a_y}\right) \quad (B.5.4\text{-}5)$$

B.5.5 设置水平和竖向加劲肋的钢板剪力墙，其竖向抗弯弹性屈曲应力应按下列公式计算：

当 $\frac{h_s}{a_s} < \frac{2}{3}\left(\frac{D_y}{D_x}\right)^{0.25}$ 时，

$$\sigma_{bcr} = \frac{6\pi^2}{a_s^2 t_s}\left(\frac{a_s^2}{h_s^2}D_y + 2D_{xy} + D_x\frac{h_s^2}{a_s^2}\right) \quad (B.5.5\text{-}1)$$

当 $\frac{h_s}{a_s} \geqslant \frac{2}{3}\left(\frac{D_y}{D_x}\right)^{0.25}$ 时，

$$\sigma_{bcr} = \frac{12\pi^2}{a_s^2 t_s}\left(\sqrt{D_x D_y} + D_{xy}\right) \quad (B.5.5\text{-}2)$$

B.5.6 双向加劲钢板剪力墙，在剪应力、压应力和弯曲应力作用下的弹塑性稳定承载力的验算，应符合下列规定：

1 应由受剪、受压和受弯各自的弹性临界应力，分别按本规程第 B.2.1 条、第 B.2.3 条和第 B.2.4 条计算各自的稳定性；

2 在受剪、受压和受弯组合内力作用下的稳定承载力应按本规程第 B.2.5 条计算；

3 竖向重力荷载作用产生的应力设计值，不宜大于竖向弹塑性稳定承载力设计值的 0.3 倍。

B.5.7 加劲的钢板剪力墙，当有门窗洞口时，应符合下列规定：

1 计算钢板剪力墙的抗剪承载力时，不计算洞口以外部分的水平投影面积；

2 钢板剪力墙上开设门洞时，门洞口边加劲肋的刚度，应满足本规程第 B.2.6 条的要求，加强了的竖向边缘加劲肋应延伸至整个楼层高度，门洞上边的边缘加劲肋宜延伸 600mm 以上。

B.6 弹塑性分析模型

B.6.1 允许利用屈曲后强度的钢板剪力墙，参与整体结构的静力弹塑性分析时，宜采用下列平均剪应力与平均剪应变关系曲线（图 B.6.1）。

B.6.2 允许利用屈曲后强度的钢板剪力墙，平均剪应变应按下列公式计算：

$$\gamma_s = \frac{\varphi'_s f_v}{G} \quad (B.6.2\text{-}1)$$

$$\gamma_{sp} = \gamma_s + \frac{(\varphi'_{sp} - \varphi'_s) f_v}{\kappa G} \quad (B.6.2\text{-}2)$$

$$\kappa = 1 - 0.2\frac{\varphi'_{sp}}{\varphi'_s},\ 0.5 \leqslant \kappa \leqslant 0.7 \quad (B.6.2\text{-}3)$$

式中：φ'_s、φ'_{sp}——分别为扣除竖向重力荷载影响的剩余剪切屈曲强度和屈曲后强度的稳定系数。

B.6.3 设置加劲肋的钢板剪力墙，不利用其屈曲后强度，参与静力弹塑性分析时，应采用下列平均剪应力与平均剪应变关系曲线（图 B.6.3）。

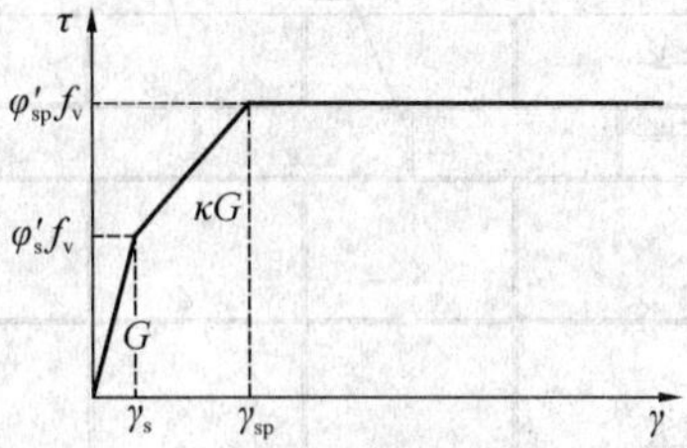

τ
φ'spfv
φ'sfv
κG
G
γs
γsp
γ

图 B.6.1 考虑屈曲后强度的平均剪应力与平均剪应变关系曲线

τ—平均剪应力；γ—平均剪应变

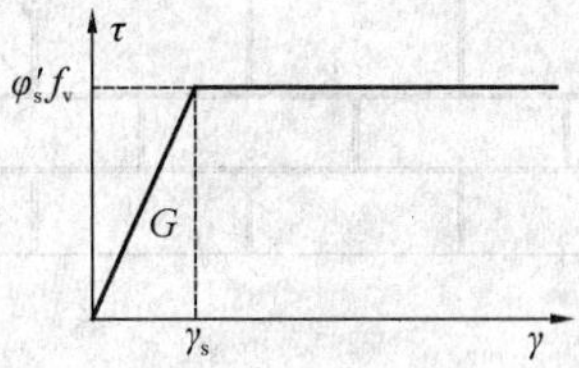

τ
φ'sfv
G
γs
γ

图 B.6.3 未考虑屈曲后强度的平均剪应力与平均剪应变关系曲线

τ—平均剪应力；γ—平均剪应变

B.6.4 弹塑性动力分析时，应采用合适的滞回曲线模型。在设置加劲肋的情况下，可采用双线性弹塑性模型，第二阶段的剪切刚度取为初始刚度的 0.01～0.03，但最大强度应取为 $\varphi'_s f_v$。

B.7 焊接要求

B.7.1 钢柱上应焊接鱼尾板作为钢板剪力墙的安装临时固定，鱼尾板与钢柱应采用熔透焊缝焊接，鱼尾板与钢板剪力墙的安装宜采用水平槽孔，钢板剪力墙与柱子的焊接应采用与钢板等强的对接焊缝，对接焊缝质量等级三级；鱼尾板尾部与钢板剪力墙宜采用角焊缝现场焊接（图 B.7.1）。

B.7.2 当设置水平加劲肋时，可以采用横向加劲肋贯通，钢板剪力墙水平切断的形式，此时钢板剪力墙与水平加劲肋的焊缝，采用熔透焊缝，焊缝质量等级二级，现场应采用自动或半自动气体保护焊，单面熔透焊缝的垫板应采用熔透焊缝焊接在贯通加劲肋上，垫板上部与钢板剪力墙角焊缝焊接。钢板厚度大十等于 22mm 时宜采用 K 形熔透焊。

B.7.3 钢板剪力墙跨的钢梁腹板，其厚度不应小于钢板剪力墙厚度。其翼缘可采用加劲肋代替，但此处加劲肋的截面，不应小于所需要钢梁的翼缘截面。加劲肋与钢柱的焊缝质量等级按梁柱节点的焊缝要求执行。

B.7.4 加劲肋与钢板剪力墙的焊缝，水平加劲肋与柱子的焊缝，水平加劲肋与竖向加劲肋的焊缝，根据加劲肋的厚度可选择双面角焊缝或坡口全熔透焊缝，达到与加劲肋等强，熔透焊缝质量等级为三级。

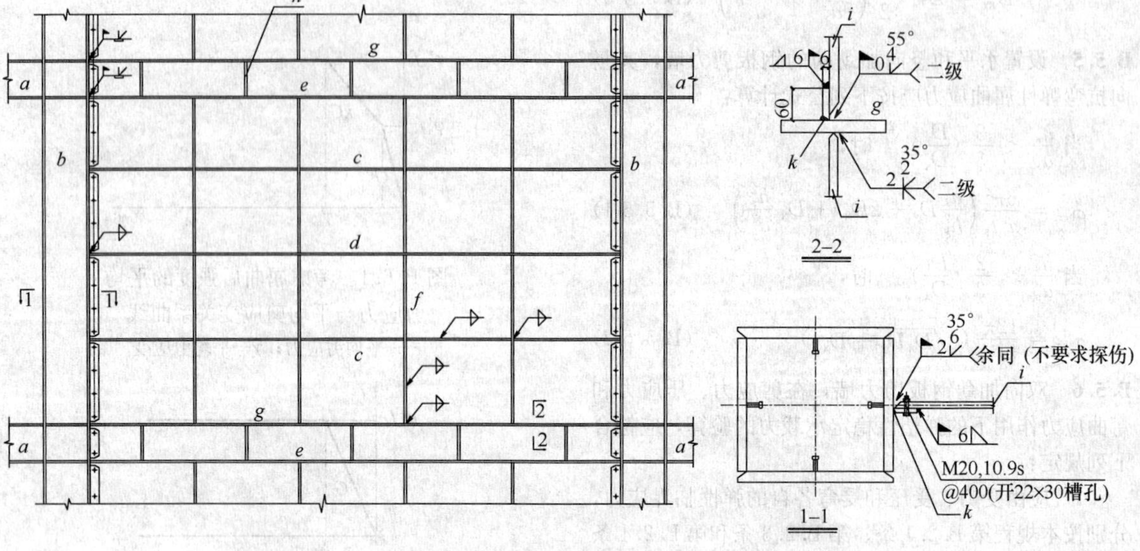

h
g
a
e
a
b
c
b
d
f
c
g
a
e
a
i
55°
二级
60
k
35°
二级
2–2
35°
余同 (不要求探伤)
i
M20,10.9s
@400(开22×30槽孔)
k
1–1

图 B.7.1 焊接要求

a—钢梁；*b*—钢柱；*c*—水平加劲肋；*d*—贯通式水平加劲肋；*e*—水平加劲肋兼梁的下翼缘；*f*—竖向加劲肋；*g*—贯通式水平加劲肋兼梁的上翼缘；*h*—梁内加劲肋，与剪力墙上的加劲肋错开，可尽量减少加劲肋承担的竖向应力；*i*—钢板剪力墙；*k*—工厂熔透焊缝

附录C 无粘结内藏钢板支撑墙板的设计

C.1 一 般 规 定

C.1.1 内藏钢板支撑的形式宜采用人字支撑、V形支撑或单斜杆支撑，且应设置成中心支撑。若采用单斜杆支撑，应在相应柱间成对对称布置。

C.1.2 内藏钢板支撑的净截面面积，应根据无粘结内藏钢板支撑墙板所承受的楼层剪力按强度条件选择，不考虑屈曲。

C.1.3 无粘结内藏钢板支撑墙板制作中，应对内藏钢板表面的无粘结材料的性能和敷设工艺进行专门的验证。无粘结材料应沿支撑轴向均匀地设置在支撑钢板与墙板孔壁之间。

C.1.4 钢板支撑的材料性能应符合下列规定：

1 钢材拉伸应有明显屈服台阶，且钢材屈服强度的波动范围不应大于100N/mm²；

2 屈强比不应大于0.8，断后伸长率 A 不应小于20%；

3 应具有良好的可焊性。

C.2 构 造 要 求

C.2.1 混凝土墙板厚度 T_c 应满足下列公式要求。支撑承载力调整系数可按表C.2.1采用。

$$T_c \geqslant 2\sqrt{A}\cdot\left(\frac{f_y}{235}\right)^{\frac{1}{3}}\cdot\chi \qquad (C.2.1\text{-}1)$$

$$T_c \geqslant \left[\frac{6N_{\max}a_0}{5bf_t(1-N_{\max}/N_E)}\right]^{\frac{1}{2}} \qquad (C.2.1\text{-}2)$$

$$T_c \geqslant 140\text{mm} \qquad (C.2.1\text{-}3)$$

$$T_c \geqslant 7t \qquad (C.2.1\text{-}4)$$

$$N_E = \pi^2 E_c I/L^2 \qquad (C.2.1\text{-}5)$$

$$I = 5bT_c^3/12 \qquad (C.2.1\text{-}6)$$

$$N_{\max} = \beta\omega\eta A f_y \qquad (C.2.1\text{-}7)$$

式中：A——支撑钢板屈服段的横截面面积（mm²）；

f_y——支撑钢材屈服强度实测值（N/mm²）；

χ——循环荷载下的墙板加厚系数，可结合滞回试验确定，无试验时可取1.2；

a_0——钢板支撑中部面外初始弯曲矢高与间隙之和（mm）；

b——钢板支撑屈服段的宽度（mm）；

f_t——墙板混凝土的轴心抗拉强度设计值（N/mm²）；

N_E——宽度为 $5b$ 的混凝土墙板的欧拉临界力（N），按两端铰支计算；

E_c——墙板混凝土弹性模量（N/mm²）；

L——钢板支撑长度（mm）；

t——钢板支撑屈服段的厚度（mm）；

$N_{\max}$——钢板支撑的最大轴向承载力（N）；

β——支撑与墙板摩擦作用的受压承载力调整系数；

ω——应变硬化调整系数；

η——钢板支撑钢材的超强系数，定义为屈服强度实测值与名义值之比，当 f_y 采用实

测值时取 $\eta=1.0$。

表 C.2.1 支撑承载力调整系数

钢材牌号	η	ω	β
Q235	1.25	1.5	1.2
其他钢材	通过试验或参考相关研究取值		

注：一般采用的钢材要求 $100\text{N/mm}^2 \leqslant f_y \leqslant 345\text{N/mm}^2$。

C.2.2 支撑钢板与墙板间应留置适宜间隙（图 C.2.2），为实现适宜间隙量值，板厚和板宽方向每侧无粘结材料的厚度宜满足下列公式要求：

$$C_t = 0.5\varepsilon_p t \quad (C.2.2\text{-}1)$$

$$C_b = 0.5\varepsilon_p b \quad (C.2.2\text{-}2)$$

$$\varepsilon_p = \delta / L_p \quad (C.2.2\text{-}3)$$

$$\delta = \Delta\cos\alpha \approx h\gamma\cos\alpha \quad (C.2.2\text{-}4)$$

式中：b、t——分别为支撑钢板的宽度和厚度。

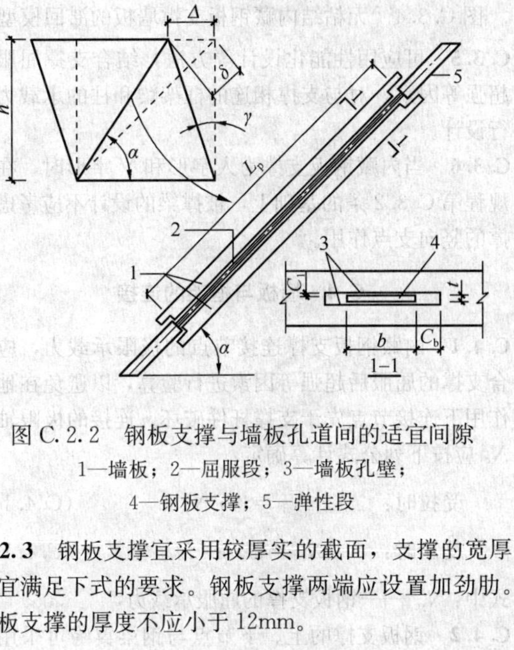

图 C.2.2 钢板支撑与墙板孔道间的适宜间隙

1—墙板；2—屈服段；3—墙板孔壁；
4—钢板支撑；5—弹性段

C.2.3 钢板支撑宜采用较厚实的截面，支撑的宽厚比宜满足下式的要求。钢板支撑两端应设置加劲肋。钢板支撑的厚度不应小于 12mm。

$$5 \leqslant b/t \leqslant 19 \quad (C.2.3)$$

C.2.4 墙板的混凝土强度等级不应小于 C20。混凝土墙板内应设双层钢筋网，每层单向最小配筋率不应小于 0.2%，且钢筋直径不应小于 6mm，间距不应大于 150mm。沿支撑周围间距应加密至 75mm，加密筋每层单向最小配筋率不应小于 0.2%。双层钢筋网之间应适当设置连系钢筋，在支撑钢板周围应加强双层钢筋网之间的拉结，钢筋网的保护层厚度不应小于 15mm。应在支撑上部加劲肋端部粘贴松软的泡沫橡胶作为缓冲材料（图 C.2.4）。

C.2.5 在支撑两端的混凝土墙板边缘应设置锚板或角钢等加强件，且应在该处墙板内设置箍筋或加密筋等加强构造（图 C.2.5）。

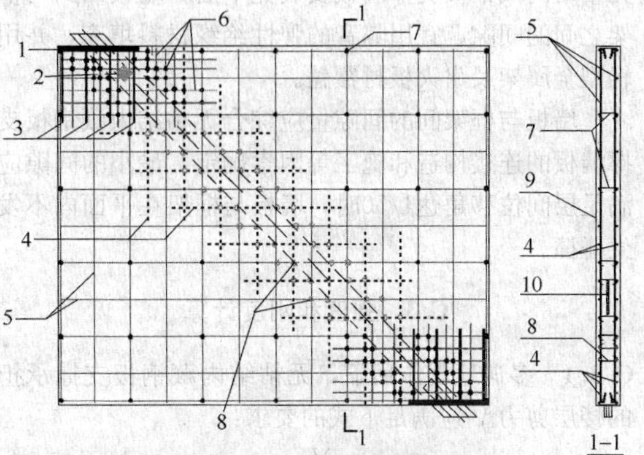

(a) 单斜无粘结内藏钢板支撑墙板

1—锚板；2—泡沫橡胶；3—锚筋；4—加密钢筋；
5—双层双向钢筋；6—加密的钢筋和拉结筋；
7—拉结筋；8—加密拉结筋；9—墙板；10—钢板支撑

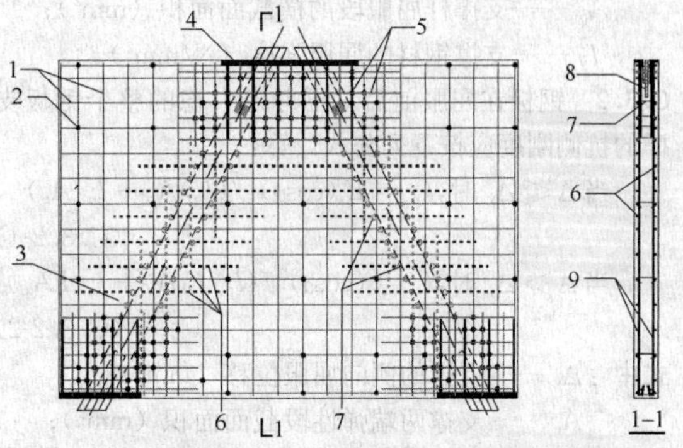

(b) 人字形无粘结内藏钢板支撑墙板

1—双层双向钢筋；2—拉结筋；3—墙板；4—锚板；
5—加密的钢筋和拉结筋；6—加密钢筋；7—加密拉结筋；
8—钢板支撑；9—双层双向钢筋

图 C.2.4 墙板内钢筋布置

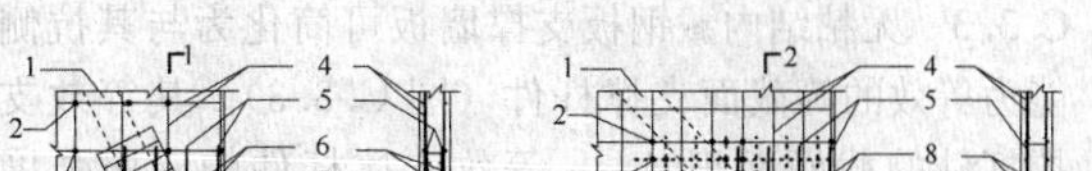

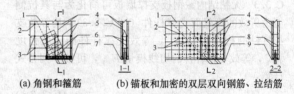

(a) 角钢和箍筋　　(b) 锚板和加密的双层双向钢筋、拉结筋

图 C.2.5 墙板端部的加强构造

1—钢板支撑；2—拉结筋；3—加密的拉结筋；
4—纵横向双层钢筋；5—锚筋；6—箍筋；7—角钢；
8—加密的纵横向钢筋；9—锚板

C.2.6 当平卧浇捣混凝土墙板时，应避免钢板自重引起支撑的初始弯曲。应使支撑的初始弯曲矢高小于 $L/1000$，L 为支撑的长度。

C.2.7 支撑钢板应进行刨边加工，应力求沿轴向截面均匀，其两端的加劲肋宜用角焊缝沿侧边均匀施焊，避免偏心和应力集中。

C.2.8 无粘结内藏钢板支撑墙板应仅在节点处与框架结构相连，墙板的四周均应与框架间留有间隙。在无粘结内藏钢板支撑墙板安装完毕后，墙板四周与框架之间的间隙，宜用隔音的弹性绝缘材料填充，并用轻型金属架及耐火板材覆盖。

墙板与框架间的间隙量应综合无粘结内藏钢板支撑墙板的连接构造和施工等因素确定。最小的间隙应满足层间位移角达1/50时，墙板与框架在平面内不发生碰撞。

C.3 强度和刚度计算

C.3.1 多遇地震作用下，无粘结内藏钢板支撑承担的楼层剪力 V 应满足下式的要求：

$$0.81 \leqslant \frac{V}{nA_{\mathrm{p}} f_{\mathrm{y}} \cos\alpha} \leqslant 0.90 \qquad (\mathrm{C.3.1})$$

式中：n——支撑斜杆数，单斜杆支撑 $n=1$，人字支撑和V形支撑 $n=2$；

α——支撑杆相对水平面的倾角；

A_{p}——支撑杆屈服段的横截面面积（mm^2）；

f_{y}——支撑钢材的屈服强度（$\mathrm{N/mm}^2$）。

C.3.2 钢板在屈服前后，不考虑失稳的整个钢板支撑的抗侧刚度应按下列公式计算：

当 $\Delta \leqslant \Delta_{\mathrm{y}}$ 时，$k_{\mathrm{e}} = E(\cos\alpha)^2/(l_{\mathrm{p}}/A_{\mathrm{p}} + l_{\mathrm{e}}/A_{\mathrm{e}})$ (C.3.2-1)

当 $\Delta > \Delta_{\mathrm{y}}$ 时，$k_{\mathrm{t}} = (\cos\alpha)^2/(l_{\mathrm{p}}/E_{\mathrm{t}}A_{\mathrm{p}} + l_{\mathrm{e}}/EA_{\mathrm{e}})$ (C.3.2-2)

式中：Δ_{y}——支撑的侧向屈服位移（mm）；

A_{e}——支撑两端弹性段截面面积（mm^2）；

A_{p}——中间屈服段截面面积（mm^2）；

l_{p}——支撑屈服段长度（mm）；

l_{e}——支撑弹性段的总长度（mm）；

E——钢材的弹性模量（$\mathrm{N/mm}^2$）；

E_{t}——屈服段的切线模量（$\mathrm{N/mm}^2$）。

C.3.3 无粘结内藏钢板支撑墙板可简化为与其抗侧能力等效的等截面支撑杆件（图C.3.3）。其等效支撑杆件的截面面积 A_{eq}，等效支撑杆件的屈服强度 f_{yeq}，等效支撑杆件的切线模量 E_{teq}，可按下列公式计算：

$$A_{\mathrm{eq}} = L/a \qquad (\mathrm{C.3.3\text{-}1})$$

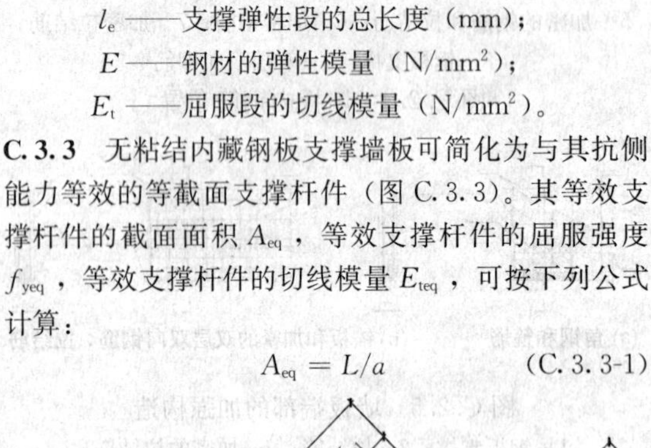

L_{e1}
2
L
L_p
1
E, E_t, f_y, A_p
$E, E_{teq}, f_{yeq}, A_{eq}$
L_{e2}
E, A_e
α

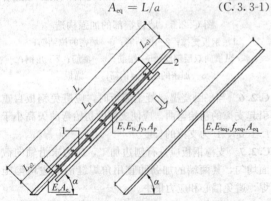

图C.3.3 无粘结内藏钢板支撑墙板的简化模型

1—屈服段；2—弹性段

$$f_{\mathrm{yeq}} = A_{\mathrm{p}} f_{\mathrm{y}} a/L \qquad (\mathrm{C.3.3\text{-}2})$$

$$E_{\mathrm{teq}} = k_{\mathrm{t}} L/(A_{\mathrm{eq}}(\cos\alpha)^2) = a/t \qquad (\mathrm{C.3.3\text{-}3})$$

$$L = L_{\mathrm{p}} + L_{\mathrm{e}} \qquad (\mathrm{C.3.3\text{-}4})$$

$$L_{\mathrm{e}} = L_{\mathrm{e1}} + L_{\mathrm{e2}} \qquad (\mathrm{C.3.3\text{-}5})$$

$$a = L_{\mathrm{p}}/A_{\mathrm{p}} + L_{\mathrm{e}}/A_{\mathrm{e}} \qquad (\mathrm{C.3.3\text{-}6})$$

$$t = L_{\mathrm{p}}/E_{\mathrm{t}}A_{\mathrm{p}} + L_{\mathrm{e}}/EA_{\mathrm{e}} \qquad (\mathrm{C.3.3\text{-}7})$$

C.3.4 单斜和人字形无粘结内藏钢板支撑墙板计算分析时，可采用下列两种滞回模型（图C.3.4）。对于单斜钢板支撑，当拉、压两侧的承载力和刚度相差较小时，也可以采用拉、压两侧一致的滞回模型。

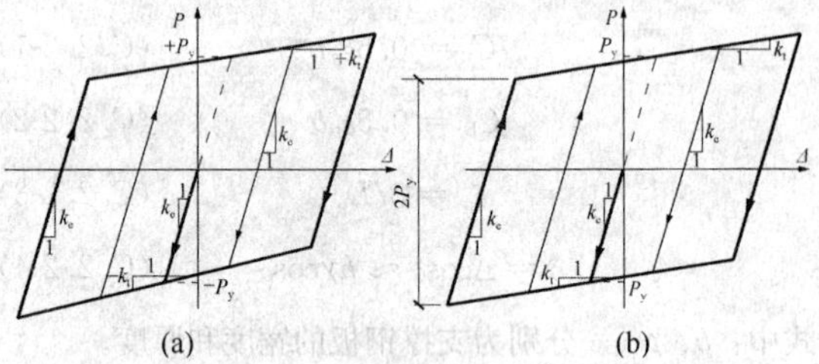

P
$+P_y$
k_t
k_e
Δ
$-k_t$
$-P_y$
(a)
P_y
$2P_y$
(b)

图C.3.4 无粘结内藏钢板支撑墙板的滞回模型

C.3.5 可应用性能化设计等方法，结合支撑屈服后超强等因素，对与支撑相连的框架梁和柱的承载力进行设计。

C.3.6 当内藏钢板支撑为人字形和V字形时，在本规程第C.3.2条的基础上，被撑梁的设计不应考虑支撑的竖向支点作用。

C.4 墙板与框架的连接

C.4.1 内藏钢板支撑连接节点的极限承载力，应结合支撑的屈服后超强等因素进行验算，以避免在地震作用下连接节点先于支撑杆件破坏。连接的极限轴力 N_{c} 应按下列公式计算确定：

受拉时： $N_{\mathrm{c}} = \omega \cdot N_{\mathrm{yc}}$ (C.4.1-1)

受压时： $N_{\mathrm{c}} = \omega \cdot \beta \cdot N_{\mathrm{yc}}$ (C.4.1-2)

式中：N_{yc}——钢板支撑的屈服承载力。

C.4.2 钢板支撑的上、下节点与钢梁翼缘可采用角焊缝连接（图C.4.2-1），也可采用带端板的高强度螺栓连接（图C.4.2-2）。最终的固定，应在楼面自

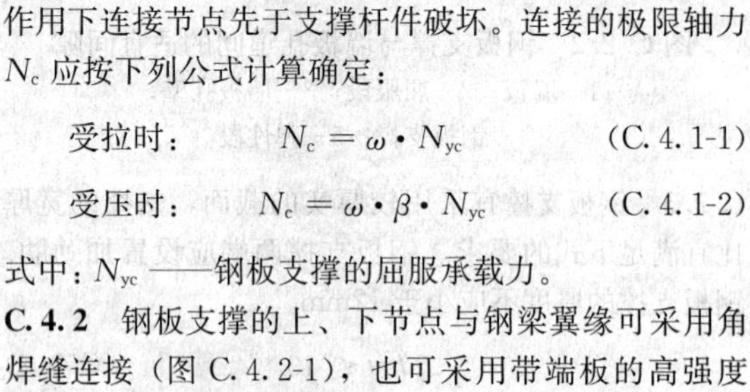

4
3
1
2
5
6
7
8
9
1-1

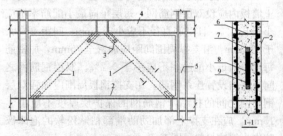

图C.4.2-1 无粘结内藏钢板支撑墙板与框架的连接

1—无粘结内藏钢板支撑；2—混凝土墙板；3—泡沫橡胶等松软材料；4—钢梁；5—钢柱；6—拉结筋；7—松软材料；8—钢板支撑；9—无粘结材料

重到位后进行，以防支撑承受过大的竖向荷载。

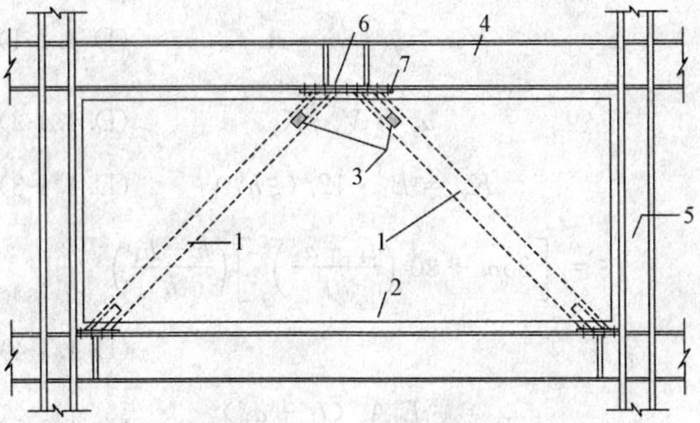
6
4
7
3
1
1
5
2

图 C.4.2-2 带端板的高强度螺栓连接方式示意

1—无粘结内藏钢板支撑；2—混凝土墙板；
3—泡沫橡胶等松软材料；4—钢梁；5—钢柱；
6—高强螺栓；7—端板

附录 D 钢框架-内嵌竖缝混凝土剪力墙板

D.1 设计原则与几何尺寸

D.1.1 带竖缝混凝土剪力墙板应按承受水平荷载，不应承受竖向荷载的原则进行设计。

D.1.2 带竖缝混凝土剪力墙板的几何尺寸，可按下列要求确定（图 D.1.2）：

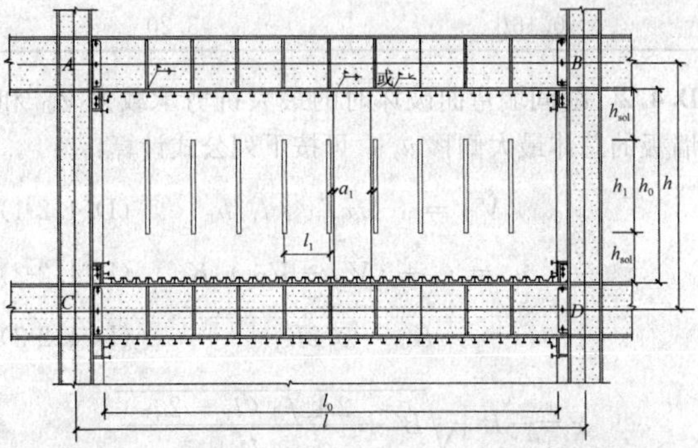
A
B
或
C
D

图 D.1.2 带竖缝剪力墙板结构的外形图

1 墙板总尺寸 l、h 应按建筑和结构设计要求确定。

2 竖缝的数目及其尺寸，应按下列公式要求：

$$h_1 \leqslant 0.45h_0 \tag{D.1.2-1}$$

$$0.6 \geqslant l_1/h_1 \geqslant 0.4 \tag{D.1.2-2}$$

$$h_{sol} \geqslant l_1 \tag{D.1.2-3}$$

式中：h_0 ——每层混凝土剪力墙部分的高度（m）；

h_1 ——竖缝的高度（m）；

h_{sol} ——实体墙部分的高度（m）；

l_1 ——竖缝墙墙肢的宽度（m），包括缝宽。

3 墙板厚度 t 应满足下列公式的要求：

$$t \geqslant \frac{\eta_v V_1}{0.18(l_{10}-a_1)f_c} \tag{D.1.2-4}$$

$$t \geqslant \frac{\eta_v V_1}{k_s l_{10} f_c} \tag{D.1.2-5}$$

$$k_s = \frac{0.9\lambda_s(l_{10}/h_1)}{0.81+(l_{10}/h_1)^2[h_0/(h_0-h_1)]^2} \tag{D.1.2-6}$$

$$\lambda_s = 0.8(n_l - 1)/n_l \tag{D.1.2-7}$$

式中：k_s ——竖向约束力对实体墙斜截面抗剪承载力影响系数；

η_v ——剪力设计值调整系数，可取 1.2；

f_c ——混凝土抗压强度设计值（N/mm²）；

λ_s ——剪应力不均匀修正系数；

n_l ——墙肢的数量；

V_1 ——单肢竖缝墙的剪力设计值（N）；

l_{10} ——单肢缝间墙的净宽，$l_{10}=l_1-$缝宽，缝宽一般取为 10mm；

a_1 ——墙肢内受拉钢筋合力点到竖缝墙混凝土边缘的距离（mm）。

4 内嵌竖缝墙板的框架，梁柱节点应上下扩大加强。

D.1.3 墙板的混凝土强度等级不应低于 C20，也不应高于 C35。

D.2 计 算 模 型

D.2.1 带竖缝剪力墙采用等效剪切膜单元参与整体结构的内力分析时，等效剪切膜的厚度应按下式确定：

$$t' = \frac{3.12h}{E_s l\left[\frac{4.11(h_0-h_1)}{E_c l_0 t}+\frac{2.79h_1^3}{\sum_{i=1}^{n_l} E_c t l_{1i0}^3}+\frac{4.11h_1}{\sum_{i=1}^{n_l} E_c l_{1i0} t}+\frac{h^2}{2E_s l_n^2 t_w}\right]} \tag{D.2.1}$$

式中：l_0 ——竖缝墙的总宽度（mm），$l_0=\sum_{i-1}^{n_1} l_{1i}$；

E_c ——混凝土的弹性模量（N/mm²）；

E_s ——钢材的弹性模量（N/mm²）；

l_{1i} ——第 i 个墙肢的宽度（mm），包括缝宽；

l_{1i0} ——第 i 个墙肢的净宽（mm），$l_{1i0}=l_{1i}-$缝宽；

h ——层高（mm）；

l_n ——钢梁净跨度（mm）；

t_w ——钢梁腹板的厚度（mm）；

t ——墙板的厚度（mm）。

D.2.2 钢梁梁端截面腹板和上、下加强板共同抵抗梁端剪力。梁端剪力应按下式计算：

$$V_{\text{beam}}=\frac{h}{l_n}V+V_{\text{b,FEM}} \quad \text{(D.2.2)}$$

式中：V——竖缝墙板承担的总剪力（kN）；

$V_{\text{b,FEM}}$——框架梁内力计算输出的剪力（kN）。

D.3 墙板承载力计算

D.3.1 墙板的承载力，宜以一个缝间墙及在相应范围内的实体墙作为计算对象。

D.3.2 缝间墙两侧的纵向钢筋，应按对称配筋大偏心受压构件计算确定，且应符合下列规定：

1 缝根截面内力应按下列公式计算：

$$M=V_1h_1/2 \quad \text{(D.3.2-1)}$$

$$N_1=0.9V_1h_1/l_1 \quad \text{(D.3.2-2)}$$

$$\rho_1=\frac{A_s}{t(l_{10}-a_1)}\frac{f_{yv}}{f_c} \quad \text{(D.3.2-3)}$$

2 ρ_1 宜为 0.075～0.185，且实配钢筋面积不应超过计算所需面积的 5%。

D.3.3 缝间墙斜截面受剪承载力应满足下列公式要求：

$$V_1\leqslant V_s \quad \text{(D.3.3-1)}$$

$$V_s=\frac{\frac{1.75}{\lambda+1}f_tt(l_{10}-a_1)+f_{yv}\frac{A_{sv}}{s}(l_{10}-a_1)}{1-0.063h_1/l_{10}} \quad \text{(D.3.3-2)}$$

式中：λ——偏心受压构件计算截面的剪跨比，$\lambda=h_1/l_{10}$；

s——沿竖缝墙高度方向的箍筋间距（mm）；

A_{sv}——配置在同一截面箍筋的全部截面面积（mm^2）；

f_{yv}——箍筋的抗拉强度设计值（N/mm^2）；

f_t——混凝土抗拉强度设计值（N/mm^2）。

D.3.4 缝间墙弯曲破坏时的最大抗剪承载力 V_b 应满足下列公式要求：

$$V_1\leqslant V_b \quad \text{(D.3.4-1)}$$

$$V_b=1.1txf_c\cdot l_1/h_1 \quad \text{(D.3.4-2)}$$

$$x=-B+\sqrt{B^2+\frac{2A_sf(l_1-2a_1)}{tf_c}} \quad \text{(D.3.4-3)}$$

$$B=\frac{l_1}{18}+0.003h_0 \quad \text{(D.3.4-4)}$$

式中：x——缝根截面的缝间墙混凝土受压区高度（mm）；

A_s——缝间墙所配纵向受拉钢筋截面面积（mm^2）；

f——纵向受拉钢筋抗拉强度设计值（N/mm^2）。

D.3.5 竖缝墙的配筋及其构造应满足下式要求：

$$V_b\leqslant 0.9V_s \quad \text{(D.3.5)}$$

D.4 墙板骨架曲线

D.4.1 缝间墙板纵筋屈服时的总受剪承载力 V_{y1} 和墙板的总体侧移 u_y，应按下列公式计算：

$$V_{y1}=\mu\cdot\frac{l_1}{h_1}\cdot A_sf_{sk} \quad \text{(D.4.1-1)}$$

$$u_y=V_{y1}/K_y \quad \text{(D.4.1-2)}$$

$$K_y=B_1\cdot 12/(\xi h_1^3) \quad \text{(D.4.1-3)}$$

$$\xi=\left[35\rho_1+20\left(\frac{l_1-a_1}{h_1}\right)^2\right]\left(\frac{h-h_1}{h}\right)^2 \quad \text{(D.4.1-4)}$$

$$B_1=\frac{E_sA_s(l_1-a_1)^2}{1.35+6(E_s/E_c)\rho} \quad \text{(D.4.1-5)}$$

$$\rho=\frac{A_s}{t(l_{10}-a_1)} \quad \text{(D.4.1-6)}$$

式中：μ——系数，按表 D.4.1 采用。

A_s——缝间墙所配纵筋截面面积（mm^2）；

K_y——缝间墙纵筋屈服时墙板的总体抗侧力刚度（N/mm）；

ξ——考虑剪切变形影响的刚度修正系数；

f_{sk}——水平横向钢筋的强度标准值（N/mm^2）；

B_1——缝间墙抗弯刚度（$N\cdot mm^2$）；

ρ——缝间墙的受拉钢筋的配筋率。

表 D.4.1 μ 系数值

a_1	μ
$0.05l_1$	3.67
$0.10l_1$	3.41
$0.15l_1$	3.20

D.4.2 缝间墙弯曲破坏时的最大抗剪承载力 V_{u1} 和墙板的总体最大侧移 u_u，可按下列公式计算：

$$V_{u1}=1.1txf_{ck}\cdot l_1/h_1 \quad \text{(D.4.2-1)}$$

$$u_u=u_y+(V_{u1}-V_{y1})/K_u \quad \text{(D.4.2-2)}$$

$$K_u=0.2K_y \quad \text{(D.4.2-3)}$$

$$x=-B+\sqrt{B^2+\frac{2A_sf_{sk}(l_1-2a_1)}{tf_{ck}}} \quad \text{(D.4.2-4)}$$

$$B=l_1/18+0.003h_0 \quad \text{(D.4.2-5)}$$

式中：K_u——缝间墙达到压弯最大力时的总体抗侧移刚度（N/mm）；

x——缝根截面的缝间墙混凝土受压区高度（mm）；

f_{ck}——混凝土抗压强度标准值（N/mm^2）。

D.4.3 墙板的极限侧移可按下式确定：

$$u_{\max}=\frac{h_0}{\sqrt{\rho_1}}\cdot\frac{h_1}{l_1-a_1}\cdot 10^{-3} \quad \text{(D.4.3)}$$

D.4.4 进行墙板的弹塑性分析时，可采用下列墙板骨架曲线（图 D.4.4）。

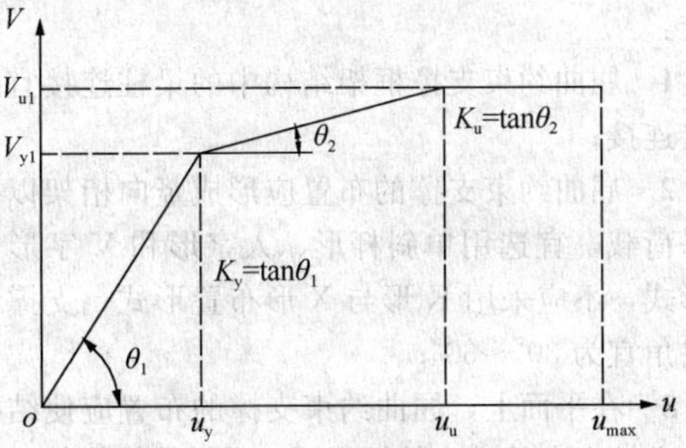

V
V_{u1}
V_{y1}
K_u=tanθ_2
θ_2
K_y=tanθ_1
θ_1
o
u_y
u_u
u_{max}
u

图 D.4.4 墙板的骨架曲线

D.5 强度和稳定性验算

D.5.1 梁柱连接和梁腹板的抗剪强度应满足下列公式要求：

$$Q_u \geqslant \beta \frac{\sum_{i=1}^{n_l} V_{u1} h}{l_n} \quad (D.5.1\text{-}1)$$

$$Q_u = h_w t_w f_v + Q_v \quad (D.5.1\text{-}2)$$

$$Q_v = \min\left[(h_{v1} + h_{v2}) t_v f_v,\ \sum N_v^s\right] \quad (D.5.1\text{-}3)$$

式中：h_w、t_w——分别为钢梁腹板的高度和厚度(mm)；

f_v——梁腹板或加强板钢材的抗剪强度设计值（N/mm²）；

β——增强系数，梁柱连接的抗剪强度计算时取1.2，梁腹板抗剪强度计算时取1.0；

V_{u1}——单肢剪力墙弯曲破坏时最大抗剪承载力（N)；

h_{v1}、h_{v2}——用于加强梁端截面抗剪强度的角部抗剪加强板的高度（mm）（图D.5.1）；

t_v——角部加强板的厚度（mm）。

$\sum N_v^s$——角部加强板预埋在混凝土墙里面的栓钉提供的抗剪能力（N)。

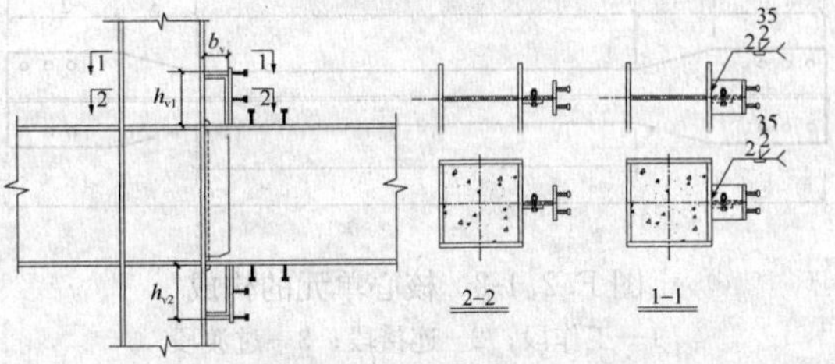

b_v
1
2
h_{v1}
h_{v2}
35
35
2—2
1—1

图 D.5.1 梁柱节点角部抗剪加强板

D.5.2 框架梁腹板稳定性计算应符合下列规定：

1 梁腹板受竖缝墙膨胀力作用下的稳定计算应满足下式要求：

$$N_1 \leqslant \varphi w_b t_w f \quad (D.5.2\text{-}1)$$

式中：N_1——缝间墙宽度 l_1 传给钢梁腹板的竖向力(N)；

φ——稳定系数，按现行国家标准《钢结构设计规范》GB 50017的柱子稳定系数b曲线计算；

w_b——承受竖向力 N_1 的腹板宽度（mm），对蜂窝梁取墩腰处的最小截面，对实腹梁取 l_1；

t_w——钢梁腹板的厚度（mm）；

f——钢梁腹板钢材的抗压强度设计值（N/mm²）。

2 采用蜂窝梁时，长细比应按下式计算：

$$\lambda = 0.7\sqrt{3} h_w / t_w \quad (D.5.2\text{-}2)$$

3 采用实腹梁时，长细比应按下式计算：

$$\lambda = \sqrt{3} h_w / t_w \quad (D.5.2\text{-}3)$$

4 当不满足稳定要求时，应设置横向加劲肋，每片缝间墙对应的位置至少设置1道加劲肋。

D.5.3 钢梁与墙板采用栓钉的数量 n_s、梁柱节点下部抗剪加强板截面应满足下式要求：

$$V \leqslant n_s N_v^s + 2 b_v t_v f_v \quad (D.5.3)$$

式中：n_s——钢梁与墙板间采用的栓钉数量；

N_v^s——1个栓钉的抗剪承载力设计值（N)；

b_v——梁柱节点下部加强板的宽度（mm）；

t_v——梁柱节点下部加强板的厚度（mm）；

f_v——加强板钢材的抗剪强度设计值（N/mm²）。

D.6 构造要求

D.6.1 钢框架-内嵌竖缝混凝土剪力墙板的构造应符合下列规定：

1 墙肢中水平横向钢筋应满足下列公式要求：

当 $\eta_v V_1/V_{y1} < 1$ 时：

$$\rho_{sh} \leqslant 0.65 \frac{V_{y1}}{t l_1 f_{sk}} \quad (D.6.1\text{-}1)$$

当 $1 \leqslant \eta_v V_1/V_{y1} \leqslant 1.2$ 时

$$\rho_{sh} \leqslant 0.60 \frac{V_{u1}}{t l_1 f_{sk}} \quad (D.6.1\text{-}2)$$

$$\rho_{sh} = \frac{A_{sh}}{ts} \quad (D.6.1\text{-}3)$$

式中：s——横向钢筋间距（mm）；

A_{sh}——同一高度处横向钢筋总截面积（mm²）；

f_{sk}——水平横向钢筋的强度标准值（N/mm²）；

V_{y1}、V_{u1}——缝间墙纵筋屈服时的抗剪承载力（N）和缝间墙压弯破坏时的抗剪承载力（N），按本规程第D.4.1条、第D.4.2条计算；

ρ_{sh}——墙板水平横向钢筋配筋率，其值不宜小于0.3%。

2 缝两端的实体墙中应配置横向主筋，其数量不低于缝间墙一侧的纵向钢筋用量。

3 形成竖缝的填充材料宜用延性好、易滑移的耐火材料（如二片石棉板）。

4 高强度螺栓和栓钉的布置应符合现行国家标准《钢结构设计规范》GB 50017 的有关规定。

5 框架梁的下翼缘宜与竖缝墙整浇成一体。吊装就位后，在建筑物的结构部分完成总高度的 70%（含楼板），再与腹板和上翼缘组成的 T 形截面梁现场焊接，组成工字形截面梁。

6 当竖缝墙很宽，影响运输或吊装时，可设置竖向拼接缝。拼接缝两侧采用预埋钢板，钢板厚度不小于 16mm，通过现场焊接连成整体（图 D. 6. 1）。

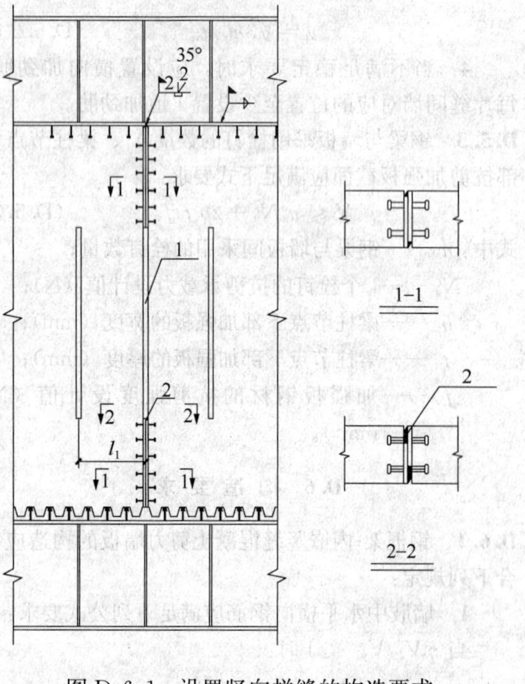
35°
2
1
2
l_1
1–1
2–2

图 D. 6. 1 设置竖向拼缝的构造要求

1—缝宽等于 2 个预埋板厚；2—绕角焊缝 50mm 长度

附录 E 屈曲约束支撑的设计

E. 1 一 般 规 定

E. 1. 1 屈曲约束支撑的设计应符合下列规定：

1 屈曲约束支撑宜设计为轴心受力构件；

2 耗能型屈曲约束支撑在多遇地震作用下应保持弹性，在设防地震和罕遇地震作用下应进入屈服；承载型屈曲约束支撑在设防地震作用下应保持弹性，在罕遇地震作用下可进入屈服，但不能用作结构体系的主要耗能构件；

3 在罕遇地震作用下，耗能型屈曲约束支撑的连接部分应保持弹性。

E. 1. 2 屈曲约束支撑框架结构的设计应符合下列规定：

1 屈曲约束支撑框架结构中的梁柱连接宜采用刚接连接；

2 屈曲约束支撑的布置应形成竖向桁架以抵抗水平荷载，宜选用单斜杆形、人字形和 V 字形等布置形式，不应采用 K 形与 X 形布置形式；支撑与柱的夹角宜为 30°～60°；

3 在平面上，屈曲约束支撑的布置应使结构在两个主轴方向的动力特性相近，尽量使结构的质量中心与刚度中心重合，减小扭转地震效应；在立面上，屈曲约束支撑的布置应避免因局部的刚度削弱或突变而形成薄弱部位，造成过大的应力集中或塑性变形集中；

4 屈曲约束支撑框架结构的地震作用计算可采用等效阻尼比修正的反应谱法。对重要的建筑物尚应采用时程分析法补充验算。

E. 2 屈曲约束支撑构件

E. 2. 1 屈曲约束支撑可根据使用需求采用外包钢管混凝土型屈曲约束支撑、外包钢筋混凝土型屈曲约束支撑与全钢型屈曲约束支撑。屈曲约束支撑应由核心单元、约束单元和两者之间的无粘结构造层三部分组成（图 E. 2. 1-1）。核心单元由工作段、过渡段和连接段组成（图 E. 2. 1-2）。

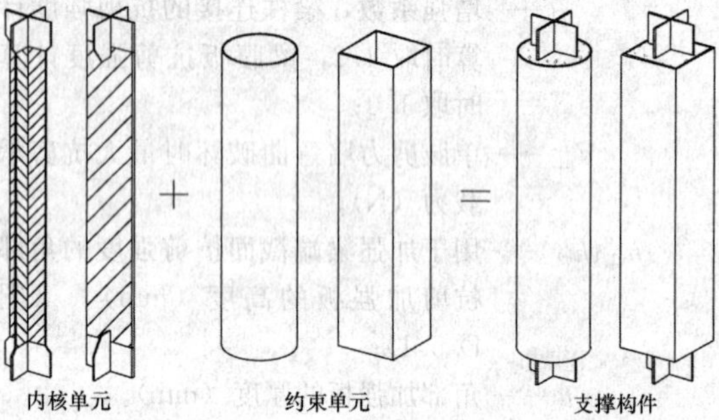
+
=
内核单元
约束单元
支撑构件

图 E. 2. 1-1 屈曲约束支撑的构成

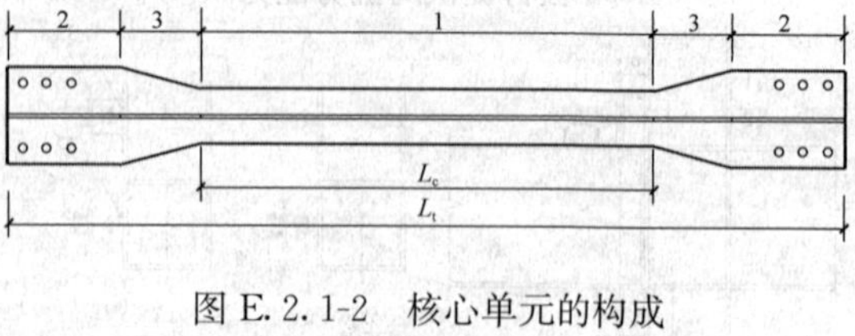
2
3
1
3
2
L_c
L_t

图 E. 2. 1-2 核心单元的构成

1—工作段；2—连接段；3—过渡段

E. 2. 2 屈曲约束支撑的承载力应满足下式要求：

$$N \leqslant A_1 f \tag{E. 2. 2}$$

式中：N——屈曲约束支撑轴力设计值（N）；

f——核心单元钢材强度设计值（N/mm^2）；

A_1——核心单元工作段截面积（mm^2）。

E. 2. 3 屈曲约束支撑的轴向受拉和受压屈服承载力可按下式计算：

$$N_{ysc}=\eta_y f_y A_1 \quad (E.2.3)$$

式中：N_{ysc}——屈曲约束支撑的受拉或受压屈服承载力（N）；

f_y——核心单元钢材的屈服强度（N/mm^2）；

η_y——核心单元钢材的超强系数，可按表E.2.3采用，材性试验实测值不应超出表中数值15%。

表 E.2.3 核心单元钢材的超强系数 η_y

钢材牌号	η_y
Q235	1.25
Q195	1.15
低屈服点钢（$f_y \leqslant 160\ N/mm^2$）	1.10

E.2.4 屈曲约束支撑的极限承载力可按下式计算：

$$N_{ymax}=\omega N_{ysc} \quad (E.2.4)$$

式中：N_{ymax}——屈曲约束支撑的极限承载力（N）；

ω——应变强化调整系数，可按表E.2.4采用。

表 E.2.4 核心单元钢材的应变强化调整系数 ω

钢材牌号	ω
Q195、Q235	1.5
低屈服点钢（$f_y \leqslant 160N/mm^2$）	2.0

E.2.5 屈曲约束支撑连接段的承载力设计值应满足下式要求：

$$N_c \geqslant 1.2N_{ymax} \quad (E.2.5)$$

式中：N_c——屈曲约束支撑连接段的轴向承载力设计值（N）。

E.2.6 屈曲约束支撑的约束比宜满足下列公式要求：

$$\zeta=\frac{N_{cm}}{N_{ysc}}\geqslant 1.95 \quad (E.2.6\text{-}1)$$

$$N_{cm}=\frac{\pi^2(\alpha E_1 I_1+KE_r I_r)}{L_t^2} \quad (E.2.6\text{-}2)$$

$$E_r I_r=\begin{cases}E_c I_c+E_2 I_2 & \text{外包钢管混凝土型}\\ E_c I_c+E_s I_s & \text{外包钢筋混凝土型}\\ E_2 I_2 & \text{全钢型}\end{cases} \quad (E.2.6\text{-}3)$$

$$K=\frac{B_s}{E_r I_r} \quad (E.2.6\text{-}4)$$

$$B_s=(0.22+3.75\alpha_E\rho_s)E_c I_c \quad (E.2.6\text{-}5)$$

式中：ζ——屈曲约束支撑的约束比；

N_{cm}——屈曲约束支撑的屈曲荷载（N）；

N_{ysc}——核心单元的受压屈服承载力（N）；

L_t——屈曲约束支撑的总长度（mm）；

α——核心单元钢材屈服后刚度比，通常取0.02～0.05；

E_1、I_1——分别为核心单元的弹性模量（N/mm^2）与核心单元对截面形心的惯性矩（mm^4）；

E_r、I_r——分别为约束单元的弹性模量（N/mm^2）与约束单元对截面形心的惯性矩（mm^4）；

E_c、E_s、E_2——分别为约束单元所使用的混凝土、钢筋、钢管或全钢构件的弹性模量（N/mm^2）；

I_c、I_s、I_2——分别为约束单元所使用的混凝土、钢筋、钢管或全钢构件的截面惯性矩（mm^4）；当约束单元采用全钢材料时，I_2取由各个装配式构件所形成的组合截面惯性矩（mm^4）；

K——约束单元刚度折减系数：当约束单元采用整体式钢管混凝土或整体式全钢时，取$K=1$；当约束单元外包钢筋混凝土时，按式（E.2.6-4）计算；当约束单元采用全钢构件时，取$K=1$；

B_s——钢筋混凝土短期刚度（$N\cdot mm^2$）；

α_E——钢筋与混凝土模量比，$\alpha_E=E_s/E_c$；

ρ_s——钢筋混凝土单侧纵向钢筋配筋率，$\rho_s=A_s/(bh_0)$，其中A_s为单侧受拉纵向钢筋面积（mm^2），b为钢筋混凝土约束单元的截面宽度（mm），h_0为钢筋混凝土约束单元的截面有效高度（mm）。

E.2.7 屈曲约束支撑约束单元的抗弯承载力应满足下列公式要求：

$$M\leqslant M_u \quad (E.2.7\text{-}1)$$

$$M=\frac{N_{cmax}N_{cm}a}{N_{cm}-N_{cmax}} \quad (E.2.7\text{-}2)$$

式中：M——约束单元的弯矩设计值（$kN\cdot m$）；

M_u——约束单元的受弯承载力（$kN\cdot m$），当采用钢管混凝土时，按现行行业标准《型钢混凝土组合结构技术规程》JGJ 138计算；当采用钢筋混凝土时，按现行国家标准《混凝土结构设计规范》GB 50010计算；当采用全钢构件时，依据边缘屈服准则按现行国家标准《钢结构设计规范》GB 50017计算；

N_{cmax}——核心单元的极限受压承载力（kN），取$N_{cmax}=2N_{ysc}$；

a——屈曲约束支撑的初始变形（m），取$L_t/500$和$b/30$两者中的较大值，其中b为截面边长尺寸中的较大值，当为圆形截面时，取截面直径。

E.2.8 约束单元的钢管壁厚或钢筋混凝土的体积配

箍率应符合下列规定：

1 当约束单元采用钢管混凝土时，约束单元的钢管壁厚应满足下式要求：

$$t_s \geqslant \frac{f_{ck} b_1}{12f} \quad (E.2.8\text{-}1)$$

2 当约束单元采用钢筋混凝土时，其体积配箍率 ρ_{sv} 应满足下列公式要求：

对矩形截面：

$$\rho_{sv} \geqslant \frac{(b+h-4a_s)f_{ck}b_1}{6bhf_v} \quad (E.2.8\text{-}2)$$

对圆形截面：

$$\rho_{sv} \geqslant \frac{f_{ck}b_1}{12df_v} \quad (E.2.8\text{-}3)$$

式中：t_s——钢管壁厚（mm）；

b_1——核心单元工作段宽度（mm），对于工字形钢和十字形钢，取翼缘宽度（mm）；

f_{ck}——混凝土抗压强度标准值（N/mm^2）；

f——钢管钢材的抗拉强度设计值（N/mm^2）；

f_v——箍筋的抗拉强度设计值（N/mm^2）；

d——圆形截面直径（mm）；

a_s——箍筋的保护层厚度（mm）；

b、h——钢筋混凝土截面边长（mm）。

3 在约束单元端部的1.5倍截面长边尺寸范围内，钢管壁厚或钢筋混凝土的配箍率不应小于按式（E.2.8-1）、式（E.2.8-2）或式（E.2.8-3）确定值的2倍。

E.2.9 屈曲约束支撑的设计尚应满足以下要求：

1 屈曲约束支撑的钢材选用应满足现行国家标准《金属材料 拉伸试验 第1部分：室温试验方法》GB/T 228.1和《金属材料 室温压缩试验方法》GB/T 7314的规定，混凝土材料强度等级不宜小于C25。核心单元宜优先采用低屈服点钢材，其屈强比不应大于0.8，断后伸长率A不应小于25%，且在3%应变下无弱化，应具有夏比冲击韧性0℃下27J的合格保证，核心单元内部不允许有对接接头，且应具有良好的可焊性。

2 核心单元的截面可设计成一字形、工字形、十字形和环形等，其宽厚比或径厚比（外径与壁厚的比值）应满足下列要求：①对一字形板截面宽厚比取10～20；②对十字形截面宽厚比取5～10；③对环形截面径厚比不宜超过22；④对其他截面形式，应满足本规程表7.5.3中所规定的一级中心支撑板件宽厚比限值要求；⑤核心单元钢板厚度宜为10mm～80mm。

3 核心单元钢板与外围约束单元之间的间隙值每一侧不应小于核心单元工作段截面边长的1/250，一般情况下取1mm～2mm，并宜采用无粘结材料隔离。

4 当采用钢管混凝土或钢筋混凝土作为约束单元时，加强段伸入混凝土，伸入混凝土部分的过渡段与约束单元之间应预留间隙，并用聚苯乙烯泡沫或海绵橡胶材料填充（图E.2.9a）。过渡段与加强段不伸入混凝土内部，在外包约束段端部与支撑加强段端部斜面之间应预留间隙（图E.2.9b）。间隙值应满足罕遇地震作用下核心单元的最大压缩变形的需求。

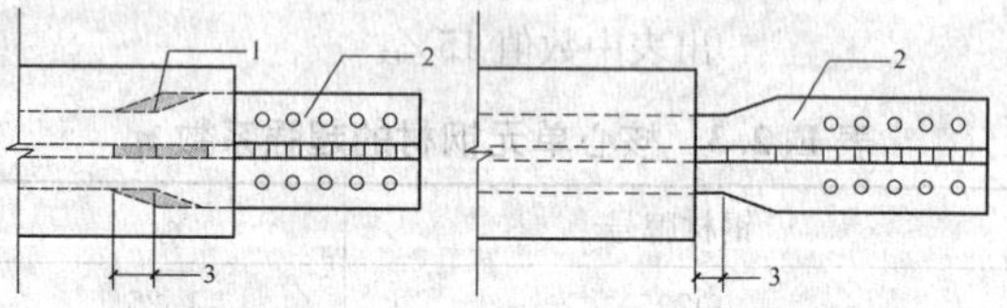
1
2
3
2
3

(a) 加强段伸入混凝土　　(b) 加强段不伸入混凝土

图E.2.9 端部加强段构造

1—聚苯乙烯泡沫；2—连接加强段；3—间隙

E.3 屈曲约束支撑框架结构

E.3.1 耗能型屈曲约束支撑结构在设防地震和罕遇地震作用下的验算应采用弹塑性分析方法。可采用静力弹塑性分析法或动力弹塑性分析法，其中屈曲约束支撑可选用双线性恢复力模型(图E.3.1)。

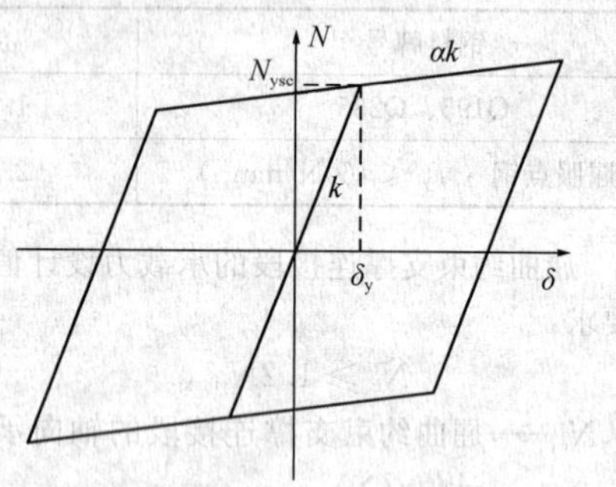
N
αk
N_{ysc}
k
δ_y
δ

图E.3.1 屈曲约束支撑双线性恢复力模型

注：N_{ysc} 为屈曲约束支撑的屈服承载力（N）；δ_y 为屈曲约束支撑的初始屈服变形；k 为屈曲约束支撑的刚度（N/mm），$k = EA_e/L_t$；A_e 为屈曲约束支撑的等效截面积（mm^2）；L_t 为支撑长度（mm）。

E.3.2 屈曲约束支撑框架的梁柱设计应考虑屈曲约束支撑所传递的最大拉力与最大压力的作用。屈曲约束支撑采用人字形或V形布置时，横梁应能承担支撑拉力与压力所产生的竖向力差值，此差值可根据屈曲约束支撑的单轴拉压试验确定。梁柱的板件宽厚比应符合本规程第7.4.1条的规定。

E.3.3 屈曲约束支撑与结构的连接节点设计应符合下列规定：

1 屈曲约束支撑与结构的连接宜采用高强度螺栓或销栓连接，也可采用焊接连接。

2 当采用高强度螺栓连接时，螺栓数目 n 可由下式确定：

$$n \geqslant \frac{1.2N_{ymax}}{0.9n_f \mu P} \quad (E.3.3\text{-}1)$$

式中：n_f——螺栓连接的剪切面数量；

μ——摩擦面的抗滑移系数，按现行国家标准《钢结构设计规范》GB 50017 的有关规定采用；

P——每个高强螺栓的预拉力（kN），按现行国家标准《钢结构设计规范》GB 50017 的有关规定采用。

3 当采用焊接连接时，焊缝的承载力设计值 N_f 应满足下式要求：

$$N_{f} \geqslant 1.2N_{ymax} \quad (E.3.3\text{-}2)$$

4 梁柱等构件在与屈曲约束支撑相连接的位置处应设置加劲肋。

5 在罕遇地震作用下，屈曲约束支撑与结构的连接节点板不应发生强度破坏与平面外屈曲破坏。

E.4 试验及验收

E.4.1 屈曲约束支撑的设计应基于试验结果，试验至少应有两组：一组为组件试验，考察支撑连接的转动要求；另一组为支撑的单轴试验，以检验支撑的工作性状，特别是在拉压反复荷载作用下的滞回性能。

E.4.2 屈曲约束支撑的试验加载应采取位移控制，对构件试验时控制轴向位移，对组件试验时控制转动位移。

E.4.3 耗能型屈曲约束支撑的单轴试验应按下列加载幅值及顺序进行：

1 依次在 1/300、1/200、1/150、1/100 支撑长度的位移水平下进行拉压往复加载，每级位移水平下循环加载 3 次，轴向累计非弹性变形至少为屈服变形的 200 倍；

2 组件试验可不按 1 款加载幅值与顺序进行。

E.4.4 屈曲约束支撑的试验检验应符合下列规定：

1 同一工程中，屈曲约束支撑应按支撑的构造形式、核心单元材料和屈服承载力分类别进行试验检验。抽样比例为 2%，每种类别至少有一根试件。构造形式和核心单元材料相同且屈服承载力在试件承载力的 50%～150%范围内的屈曲约束支撑划分为同一类别。

2 宜采用足尺试件进行试验。当试验装置无法满足足尺试验要求时，可减小试件的长度。

3 屈曲约束支撑试件及组件的制作应反映设计实际情况，包括材料、尺寸、截面构成及支撑端部连接等情况。

4 对屈曲约束支撑核心单元的每一批钢材应进行材性试验。

5 当屈曲约束支撑试件的试验结果满足下列要求时，试件检验合格：

1）材性试验结果满足本规程第 E.2.9 条第 1 款的要求；

2）屈曲约束支撑试件的滞回曲线稳定饱满，没有刚度退化现象；

3）屈曲约束支撑不出现断裂和连接部位破坏的现象；

4）屈曲约束支撑试件在每一加载循环中核心单元屈服后的最大拉、压承载力均不低于屈服荷载，且最大压力和最大拉力之比不大于 1.3。

E.4.5 试验结果的内插或外推应有合理的依据，并应考虑尺寸效应和材料偏差等不利影响。

附录F 高强度螺栓连接计算

F.1 一 般 规 定

F.1.1 高强度螺栓连接的极限承载力应取下列公式计算得出的较小值：

$$N_{vu}^{b} = 0.58n_{f}A_{e}^{b}f_{u}^{b} \quad (F.1.1\text{-}1)$$

$$N_{cu}^{b} = d\Sigma t f_{cu}^{b} \quad (F.1.1\text{-}2)$$

式中：N_{vu}^{b}——1 个高强度螺栓的极限受剪承载力（N）；

N_{cu}^{b}——1 个高强度螺栓对应的板件极限承载力（N）；

n_f——螺栓连接的剪切面数量；

A_e^b——螺栓螺纹处的有效截面面积（mm^2）；

f_u^b——螺栓钢材的抗拉强度最小值（N/mm^2）；

f_{cu}^b——螺栓连接板件的极限承压强度（N/mm^2），取 $1.5f_u$；

d——螺栓杆直径（mm）；

Σt——同一受力方向的钢板厚度（mm）之和。

F.1.2 高强度螺栓连接的极限受剪承载力，除应计算螺栓受剪和板件承压外，尚应计算连接板件以不同形式的撕裂和挤穿，取各种情况下的最小值。

F.1.3 螺栓连接的受剪承载力应满足下式要求：

$$N_{u}^{b} \geqslant \alpha N \quad (F.1.3)$$

式中：N——螺栓连接所受拉力或剪力（kN），按构件的屈服承载力计算；

N_u^b——螺栓连接的极限受剪承载力（kN）；

α——连接系数，按本规程表 8.1.3 的规定采用。

F.1.4 高强度螺栓连接的极限受剪承载力应按下列公式计算：

1 仅考虑螺栓受剪和板件承压时：

$$N_{u}^{b} = \min\{nN_{vu}^{b}, nN_{cu1}^{b}\} \quad (F.1.4\text{-}1)$$

2 单列高强度螺栓连接时：

$$N_{u}^{b} = \min\{nN_{vu}^{b}, nN_{cu1}^{b}, N_{cu2}^{b}, N_{cu3}^{b}\} \quad (F.1.4\text{-}2)$$

3 多列高强度螺栓连接时：

$$N_{u}^{b}=\min\{nN_{vu}^{b},nN_{cu1}^{b},N_{cu2}^{b},N_{cu3}^{b},N_{cu4}^{b}\} \qquad (F.1.4\text{-}3)$$

4 连接板挤穿或拉脱时，承载力 $N_{cu2}^{b}\sim N_{cu4}^{b}$ 可按下式计算：

$$N_{cu}^{b}=(0.5A_{ns}+A_{nt})f_{u} \qquad (F.1.4\text{-}4)$$

式中：N_{u}^{b}——螺栓连接的极限承载力（N）；

N_{vu}^{b}——螺栓连接的极限受剪承载力（N）；

N_{cu1}^{b}——螺栓连接同一受力方向的板件承压承载力(N)之和；

N_{cu2}^{b}——连接板边拉脱时的受剪承载力（N）（图 F.1.4b）；

N_{cu3}^{b}——连接板件沿螺栓中心线挤穿时的受剪承载力（N）（图 F.1.4c）；

N_{cu4}^{b}——连接板件中部拉脱时的受剪承载力(N)（图 F.1.4a）；

f_{u}——构件母材的抗拉强度最小值（N/mm²）；

A_{ns}——板区拉脱时的受剪截面面积（mm²）（图 F.1.4）；

A_{nt}——板区拉脱时的受拉截面面积（mm²）（图 F.1.4）；

n——连接的螺栓数。

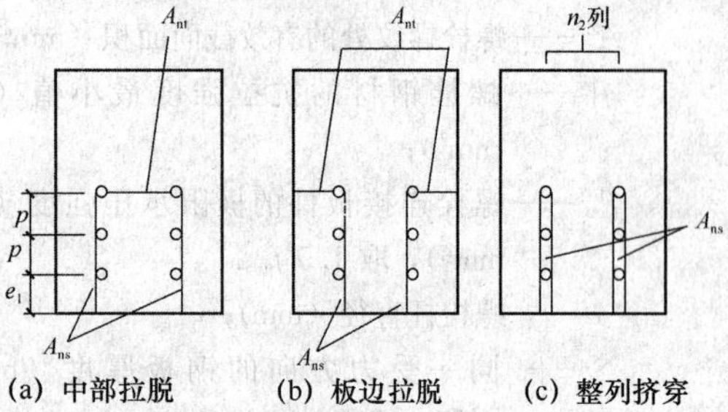

A_{nt}
A_{nt}
n_2列
p
p
n_1排
e_1
A_{ns}
A_{ns}
A_{ns}

(a) 中部拉脱　(b) 板边拉脱　(c) 整列挤穿

图 F.1.4　拉脱举例（计算示意）

中部拉脱 $A_{ns}=2\{(n_1-1)p+e_1\}t$

板边拉脱 $A_{ns}=2\{(n_1-1)p+e_1\}t$

整列挤穿 $A_{ns}=2n_2\{(n_1-1)p+e_1\}t$

F.1.5 高强度螺栓连接在两个不同方向受力时应符合下列规定：

1 弹性设计阶段，高强度螺栓摩擦型连接在摩擦面间承受两个不同方向的力时，可根据力作用方向求出合力，验算螺栓的承载力是否符合要求，螺栓受剪和连接板承压的强度设计值应按弹性设计时的规定取值。

2 弹性设计阶段，高强度螺栓摩擦型连接同时承受摩擦面间剪力和螺栓杆轴方向的外拉力时（如端板连接或法兰连接），其承载力应按下式验算：

$$\frac{N_{v}}{N_{v}^{b}}+\frac{N_{t}}{N_{t}^{b}}\leqslant 1 \qquad (F.1.5)$$

式中：N_{v}、N_{t}——所考虑高强度螺栓承受的剪力和拉力设计值（kN）；

N_{v}^{b}——高强度螺栓仅承受剪力时的抗剪承载力设计值（kN）；

N_{t}^{b}——高强度螺栓仅承受拉力时的抗拉承载力设计值（kN）。

3 极限承载力验算时，考虑罕遇地震作用下摩擦面已滑移，摩擦型连接成为承压型连接，只能考虑一个方向受力。在梁腹板的连接和拼接中，当工形梁与 H 形柱（绕强轴）连接时，梁腹板全高可同时受弯和受剪，应验算螺栓由弯矩和剪力引起的螺栓连接极限受剪承载力的合力。螺栓群角部的螺栓受力最大，其由弯矩和剪力引起的按本规程式（F.1.4-2）和式（F.1.4-3）分别计算求得的较小者得出的两个剪力，应根据力的作用方向求出合力，进行验算。

F.2　梁拼接的极限承载力计算

F.2.1 梁拼接采用的极限承载力应按下列公式计算：

$$M_{u}^{j}\geqslant \alpha M_{pb} \qquad (F.2.1\text{-}1)$$

$$M_{u}^{j}=M_{uf}^{j}+M_{uw}^{j} \qquad (F.2.1\text{-}2)$$

$$V_{u}^{j}\leqslant n_{w}N_{vu}^{b} \qquad (F.2.1\text{-}3)$$

式中：M_{pb}——梁的全塑性截面受弯承载力（kN·m）；

α——连接系数，按本规程表 8.1.3 确定；

V_{u}^{j}——梁拼接的极限受剪承载力；

n_{w}——腹板连接一侧的螺栓数；

N_{vu}^{b}——1 个高强度螺栓的极限受剪承载力（kN）。

F.2.2 梁翼缘拼接的极限受弯承载力应按下列公式计算：

$$M_{uf1}^{j}=A_{nf}f_{u}(h_{b}-t_{f}) \qquad (F.2.2\text{-}1)$$

$$M_{uf2}^{j}=A_{ns}f_{us}(h_{bs}-t_{fs}) \qquad (F.2.2\text{-}2)$$

$$M_{uf3}^{j}=n_{2}\{(n_{1}-1)p+e_{f1}\}t_{f}f_{u}(h_{b}-t_{f}) \qquad (F.2.2\text{-}3)$$

$$M_{uf4}^{j}=n_{2}\{(n_{1}-1)p+e_{s1}\}t_{fs}f_{us}(h_{bs}-t_{fs}) \qquad (F.2.2\text{-}4)$$

$$M_{uf5}^{j}=n_{3}N_{vu}^{b}h_{b} \qquad (F.2.2\text{-}5)$$

式中：M_{uf1}^{j}——翼缘正截面净面积决定的最大受弯承载力(N·mm)；

M_{uf2}^{j}——翼缘拼接板正截面净面积决定的拼接最大受弯承载力（N·mm）；

M_{uf3}^{j}——翼缘沿螺栓中心线挤穿时的最大受弯承载力(N·mm)；

M_{uf4}^{j}——翼缘拼接板沿螺栓中心线挤穿时的最大受弯承载力（N·mm）；

M_{uf5}^{j}——高强螺栓受剪决定的最大受弯承载力（N·mm）；

A_{nf}——翼缘正截面净面积（mm²）；

A_{ns}——翼缘拼接板正截面净面积（mm²）；

f_u——翼缘钢材抗拉强度最小值（N/mm²）；

f_{us}——拼接板钢材抗拉强度最小值（N/mm²）；

h_b——上、下翼缘外侧之间的距离（mm）；

h_{bs}——上、下翼缘拼接板外侧之间的距离（mm）；

n_1——翼缘拼接螺栓每列中的螺栓数；

n_2——翼缘拼接螺栓（沿梁轴线方向）的列数；

n_3——翼缘拼接（一侧）的螺栓数；

e_{f1}——梁翼缘板相邻两列螺栓横向中心间的距离（mm）；

e_{s1}——翼缘拼接板相邻两列螺栓横向中心间的距离（mm）；

t_f——梁翼缘板厚度（mm）；

t_{fs}——翼缘拼接板板厚（mm）（两块时为其和）。

F.2.3 梁腹板拼接的极限承载力应按下列公式计算

$$M^j_{uw}=\min\{M^j_{uw1},M^j_{uw2},M^j_{uw3},M^j_{uw4},M^j_{uw5}\} \tag{F.2.3-1}$$

$$M^j_{uw1}=W_{pw}f_u \tag{F.2.3-2}$$

$$M^j_{uw2}=W_{sn}f_{us} \tag{F.2.3-3}$$

$$M^j_{uw3}=(\sum r_i^2/r_m)e_{w1}t_wf_u \tag{F.2.3-4}$$

$$M^j_{uw4}=(\sum r_i^2/r_m)e_{s1}t_{ws}f_{us} \tag{F.2.3-5}$$

$$M^j_{uw5}=\frac{\sum r_i^2}{r_m}\left\{\sqrt{(N^b_{vu})^2-\left(\frac{V_jy_m}{n_wr_m}\right)^2}-\frac{V_jx_m}{n_wr_m}\right\} \tag{F.2.3-6}$$

$$r_m=\sqrt{x_m^2+y_m^2} \tag{F.2.3-7}$$

式中：M^j_{uw1}——梁腹板的极限受弯承载力（N·mm）；

M^j_{uw2}——腹板拼接板正截面决定的极限受弯承载力（N·mm）；

M^j_{uw3}——腹板横向单排螺栓拉脱时的极限受弯承载力（N·mm）；

M^j_{uw4}——腹板拼接板横向单排螺栓拉脱时的极限受弯承载力（N·mm）；

M^j_{uw5}——腹板螺栓决定的极限受弯承载力（N·mm）；

W_{pw}——梁腹板全截面塑性截面模量（mm³）；

W_{sn}——腹板拼接板正截面净面积截面模量（mm³）；

e_{w1}——梁腹板受力方向的端距（mm）；

e_{s1}——腹板拼接板受力方向的端距（mm）；

t_w——梁腹板的板厚（mm）；

t_{ws}——腹板拼接板板厚（mm）（二块时为厚度之和）；

r_i、r_m——腹板螺栓群中心至所计算螺栓的距离（mm），r_m 为 r_i 的最大值；

N^b_{vu}——一个螺栓的极限受剪承载力（N）；

V_j——腹板拼接处的设计剪力（N）；

x_m、y_m——分别为最外侧螺栓至螺栓群中心的横标距和纵标距（mm）。

F.2.4 当梁拼接进行截面极限承载力验算时，最不利截面应取通过翼缘拼接最外侧螺栓孔的截面。当沿梁轴线方向翼缘拼接的螺栓数 n_f 大于该方向腹板拼接的螺栓数 n_w 加2时（图F.2.4a），有效截面为直虚线；当沿梁轴线方向的梁翼缘拼接的螺栓数 n_f 小于或等于该方向腹板拼接的螺栓数 n_w 加2时（图F.2.4b），有效截面位置为折虚线。

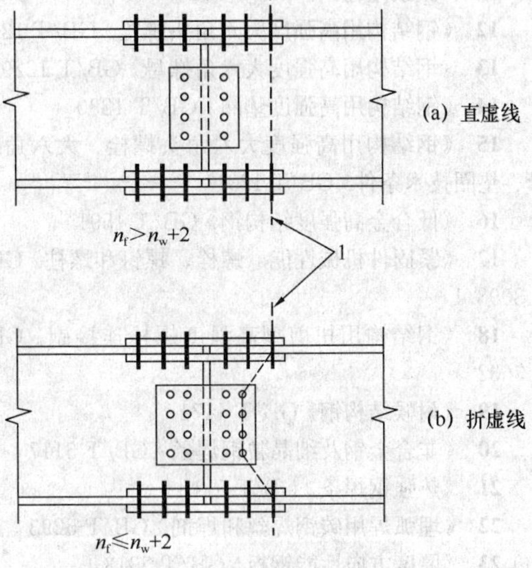
(a) 直虚线
$n_f>n_w+2$
1
(b) 折虚线
$n_f\leq n_w+2$

图F.2.4 有效截面

1—有效断面位置

本规程用词说明

1 为便于在执行本规程条文时区别对待，对于要求严格程度不同的用词说明如下：

1） 表示很严格，非这样做不可的：

正面词采用“必须”，反面词采用“严禁”；

2） 表示严格，在正常情况下均应这样做的：

正面词采用“应”，反面词采用“不应”或“不得”；

3） 表示允许稍有选择，在条件许可时首先应这样做的：

正面词采用“宜”，反面词采用“不宜”；

4） 表示有选择，在一定条件下可以这样做的，采用“可”。

2 条文中指明应按其他标准执行的写法为：“应

符合……的规定”或“应按……执行”。

引用标准名录

1 《建筑结构荷载规范》GB 50009

2 《混凝土结构设计规范》GB 50010

3 《建筑抗震设计规范》GB 50011

4 《建筑设计防火规范》GB 50016

5 《钢结构设计规范》GB 50017

6 《冷弯薄壁型钢结构技术规范》GB 50018

7 《钢结构工程施工质量验收规范》GB 50205

8 《建筑工程抗震设防分类标准》GB 50223

9 《钢结构焊接规范》GB 50661

10 《金属材料 拉伸试验 第1部分：室温试验方法》GB/T 228.1

11 《碳素结构钢》GB/T 700

12 《钢结构用高强度大六角头螺栓》GB/T 1228

13 《钢结构用高强度大六角螺母》GB/T 1229

14 《钢结构用高强度垫圈》GB/T 1230

15 《钢结构用高强度大六角头螺栓、大六角螺母、垫圈技术条件》GB/T 1231

16 《低合金高强度结构钢》GB/T 1591

17 《紧固件机械性能 螺栓、螺钉和螺柱》GB/T 3098.1

18 《钢结构用扭剪型高强度螺栓连接副》GB/T 3632

19 《耐候结构钢》GB/T 4171

20 《非合金钢及细晶粒钢焊条》GB/T 5117

21 《热强钢焊条》GB/T 5118

22 《埋弧焊用碳钢焊丝和焊剂》GB/T 5293

23 《厚度方向性能钢板》GB/T 5313

24 《六角头螺栓 C级》GB/T 5780

25 《六角头螺栓 全螺纹 C级》GB/T 5781

26 《六角头螺栓》GB/T 5782

27 《六角头螺栓 全螺纹》GB/T 5783

28 《金属材料 室温压缩试验方法》GB/T 7314

29 《焊接结构用铸钢件》GB/T 7659

30 《气体保护电弧焊用碳钢、低合金钢焊丝》GB/T 8110

31 《涂覆涂料前钢材表面处理 表面清洁度的目视评定 第1部分：未涂覆过的钢材表面和全面清除原有涂层后的钢材表面的锈蚀等级和处理等级》GB/T 8923.1

32 《焊接与切割安全》GB 9448

33 《建筑构件耐火试验方法 第1部分：通用要求》GB/T 9978.1

34 《建筑构件耐火试验方法 第3部分：试验方法和试验数据应用注释》GB/T 9978.3

35 《建筑构件耐火试验方法 第5部分：承重水平分隔构件的特殊要求》GB/T 9978.5

36 《碳钢药芯焊丝》GB/T 10045

37 《电弧螺柱焊用圆柱头焊钉》GB/T 10433

38 《焊缝无损检测 超声检测 技术、检测等级和评定》GB/T 11345

39 《埋弧焊用低合金钢焊丝和焊剂》GB/T 12470

40 《建筑用压型钢板》GB/T 12755

41 《熔化焊用钢丝》GB/T 14957

42 《低合金钢药芯焊丝》GB/T 17493

43 《建筑结构用钢板》GB/T 19879

44 《建筑用低屈服强度钢板》GB/T 28905

45 《高层建筑混凝土结构技术规程》JGJ 3

46 《钢结构高强度螺栓连接技术规程》JGJ 82

47 《玻璃幕墙工程技术规范》JGJ 102

48 《金属与石材幕墙工程技术规范》JGJ 133

49 《型钢混凝土组合结构技术规程》JGJ 138

50 《人造板材幕墙工程技术规范》JGJ 336

51 《建筑结构用冷弯矩形钢管》JG/T 178

52 《建筑结构用冷成型焊接圆钢管》JG/T 381

中华人民共和国行业标准

高层民用建筑钢结构技术规程

JGJ 99—2015

条 文 说 明

修 订 说 明

《高层民用建筑钢结构技术规程》JGJ 99－2015，经住房和城乡建设部2015年11月30日以第983号公告批准、发布。

本规程是在《高层民用建筑钢结构技术规程》JGJ 99－98的基础上修订而成。上一版的主编单位是中国建筑技术研究院标准设计研究所（现中国建筑标准设计研究院有限公司），参编单位是北京市建筑设计研究院、哈尔滨建筑大学、冶金部建筑研究总院、清华大学、同济大学、西安建筑科技大学、中国建筑科学研究院结构所、中国建筑科学研究院抗震所、武警学院、中国建筑西北设计院、北京建筑机械厂、北京市机械施工公司、沪东造船厂、中国建筑总公司三局。主要起草人员是蔡益燕、胡庆昌、周炳章、张耀春、俞国音、方鄂华、潘世劼、陈绍蕃、范懋达、王康强、钱稼如、邱国桦、崔鸿超、赵西安、高小旺、姜峻岳、李云、张良铎、何若全、张相庭、沈祖炎、黄本才、王焕定、丁洁民、秦权、朱聘儒、汪心冽、徐安庭、刘大海、罗家谦、计学润、廉晓飞、王辉、臧国和、陈民权、鲍广鉴、于福海、易兵、郝锐坤、顾强、李国强、陈德彬、钟益村、陈琢如、贺贤娟、李兆凯。

本次修订的主要技术内容是：1. 更加明确了适用范围；2. 修改、补充了选材要求、高性能钢材GJ钢、低合金高强度结构钢和高强度螺栓的材料设计指标；3. 调整补充了房屋适用的最大高度；增加了7度（0.15g）、8度（0.30g）抗震设防区房屋最大适用高度的规定；4. 补充了结构平面和立面规则性的有关规定；5. 修改了风荷载标准值作用下的层间位移角限值的规定，增加了风振舒适度计算时结构阻尼比取值及楼盖竖向振动舒适度要求；6. 增加了相邻楼层的侧向刚度比的规定；7. 增加了抗震等级的规定；8. 增加了结构抗震性能基本设计方法及结构抗连续倒塌设计基本要求；9. 风荷载比较敏感的高层民用建筑钢结构承载力设计时，风荷载按基本风压的1.1倍采用，扩大了考虑竖向地震作用的计算范围和设计要求；10. 修改了多遇地震作用下钢结构的阻尼比，对不同高度范围采用不同值；11. 增加了刚重比的有关规定；12. 修改、补充了结构计算分析的有关内容，修改了节点域变形对框架层间位移影响的计算方法；13. 正常使用极限状态的效应组合不作为强制性要求，增加了考虑结构设计使用年限的荷载调整系数，补充了竖向地震作用作为主导可变作用的组合工况；14. 修改、补充了框架柱计算长度的设计规定；15. 增加了梁端采用加强型连接或骨式连接时强柱弱梁的计算规定和圆管截面柱和十字形截面柱的节点域有效体积的计算公式；16. 修改了框架柱、中心支撑长细比的限值规定；17. 修改了框架柱的板件宽厚比限值规定；主梁腹板宽厚比限值取消了适用调幅连续梁的轴压比规定，补充了梁柱连接中梁腹板厚度小于16mm时采用角焊缝的规定；18. 增加了伸臂桁架和腰桁架的有关规定；19. 修改了人字支撑、V形支撑和偏心支撑构件的内力调整系数；20. 修改了钢框架抗震设计的连接系数规定，不再作为承载力抗震调整系数列入，改为全部在承载力连接系数中表达；21. 修改了框架梁与H形柱绕弱轴的连接，柱的加劲肋（连续板）改为应伸出柱翼缘以外不小于75mm，并以变截面形式将宽度改变至梁翼缘宽度的规定；22. 增加了采用电渣焊时箱形柱壁板厚度不应小于16mm的规定；23. 修改了梁柱刚性连接的计算方法和设计规定；24. 增加了梁与柱现场焊接时，过焊孔的形式，提出了剪力板与柱的连接焊缝要求；增加了梁腹板与柱连接板采用焊接的有关内容；25. 增加了加强型的梁柱连接形式和骨式连接形式；26. 修改了节点域局部加厚的构造要求；27. 补充了采用现浇钢筋混凝土楼板将主梁和次梁连成整体，可不考虑偏心弯矩影响的规定；28. 补充了梁拼接时按受弯极限承载力的计算规定；29. 修改了钢柱脚的计算方法和设计规定；30. 增加了构件预拼装的有关内容；31. 增加了钢板剪力墙、异形柱的制作允许偏差值的规定；32. 修改了焊缝质量的外观检查的允许偏差的规定；33. 增加了防火涂装的有关内容；34. 修改、补充了钢板剪力墙的形式，计算和构造的有关规定；35. 增加了屈曲约束支撑设计的有关内容；36. 增加了高强度螺栓破坏的形式和计算方法的规定。

本规程修订过程中，编制组调查总结了国内外高层民用建筑钢结构有关研究成果和工程实践经验，开展了梁端加强型连接、节点域变形对框架层间位移影响、构件长细比和板件宽厚比、框架柱计算长度、过焊孔型、框架梁与柱连接计算方法、高强度螺栓连接破坏模式和计算方法、钢板剪力墙、屈曲约束支撑、内藏钢板支撑墙板、内嵌竖缝混凝土剪力墙板等专题研究，参考了国外有关先进技术标准，在全国范围内广泛地征求意见，并对反馈意见进行了汇总和处理。

为便于设计、科研、教学、施工等单位的有关人员在使用本规程时，能正确理解和执行条文规定，《高层民用建筑钢结构技术规程》编制组按照章、节、条顺序编写了本规程条文说明，对条文规定的目的、依据以及执行中需要注意的有关事宜进行了说明，还着重对强制性条文的强制性理由作了解释。但是，本条文说明不具备与规程正文同等的法律效力，仅供使用者作为理解和把握条文规定的参考。

目　次

1 总 则

1.0.1 本条是高层民用建筑工程中合理应用钢结构必须遵循的总方针。

1.0.2 《高层民用建筑钢结构技术规程》JGJ 99-98（以下简称98规程）没规定适用高度的下限。本次修订将适用范围修改为10层及10层以上或房屋高度大于28m的住宅建筑，以及房屋高度大于24m的其他高层民用建筑，主要是为了设计人员便于掌握对规程的使用，同时也与我国现行有关标准协调。

本条还规定，本规程不适用于建造在危险地段及发震断裂最小避让距离之内的高层民用建筑。大量地震震害及其他自然灾害表明，在危险地段及发震断裂最小避让距离之内建造房屋和构筑物较难幸免灾祸；我国也没有在危险地段和发震断裂的最小避让距离内建造高层民用建筑的工程实践经验和相应的研究成果，本规程也没有专门条款。发震断裂的最小避让距离应符合现行国家标准《建筑抗震设计规范》GB 50011的有关规定。

1.0.3 注重高层民用建筑钢结构的概念设计，保证结构的整体性，是国内外历次大地震及风灾的重要经验总结。概念设计及结构整体性能是决定高层民用建筑钢结构抗震、抗风性能的重要因素，若结构严重不规则，整体性差，则按目前的结构设计及计算技术水平，较难保证结构的抗震、抗风性能，尤其是抗震性能。

1.0.4 高层民用建筑采用抗震性能设计已是一种趋势。正确应用性能设计方法将有利于判断高层民用建筑钢结构的抗震性能，有针对性地加强结构的关键部位和薄弱部位，为发展安全、适用、经济的结构方案提供创造性的空间。本条提出了对有特殊要求的高层民用建筑钢结构可采用抗震性能设计方法进行分析和论证，具体的抗震性能设计方法见本规程第3.8节。

2 术语和符号

本章是根据标准编制要求增加的内容。

"高层民用建筑"是参照现行行业标准《高层建筑混凝土结构技术规程》JGJ 3的定义拟定的。

本规程中的"延性墙板"是指：带加劲肋的钢剪力墙板、无粘结内藏钢板支撑墙板和带竖缝混凝土剪力墙板。

"加强型连接"是使梁端预期出现的塑性铰外移，减小梁端的应力集中，防止梁端连接破坏的连接形式。本规程主要形式有：梁翼缘扩翼式、梁翼缘局部加宽式、梁翼缘盖板式和梁翼缘板式。

"骨式连接"是采用梁翼缘局部削弱来使预期塑性铰外移的梁柱连接形式。

3 结构设计基本规定

3.1 一般规定

3.1.1 抗震设防烈度是按国家规定权限批准作为一个地区抗震设防依据的地震烈度，一般情况下取50年内超越概率为10%的地震烈度，我国目前分为6、7、8、9度，与设计基本加速度一一对应，见表1。

表1 抗震设防烈度和设计基本地震加速度值的对应关系

抗震设防烈度	6	7	8	9
设计基本地震加速度值	0.05g	0.10 (0.15)g	0.20 (0.30)g	0.40g

3.1.2 建筑工程的抗震设防分类，是根据建筑遭遇地震破坏后，可能造成人员伤亡、直接和间接经济损失、社会影响程度以及建筑在抗震救灾中的作用等因素，对各类建筑所作的抗震设防类别划分。根据高层民用建筑钢结构的特点，具体分为特殊设防类、重点设防类、标准设防类，分别简称甲类、乙类和丙类。建筑抗震设防分类的划分应符合现行国家标准《建筑工程抗震设防分类标准》GB 50223的规定。

3.1.3、3.1.4 这两条强调了高层民用建筑钢结构概念设计原则，宜采用规则的结构，不应采用严重不规则的结构。

规则结构一般指：体型（平面和立面）规则，结构平面布置均匀，对称并具有较好的抗扭刚度；结构竖向布置均匀，结构的刚度、承载力和质量分布均匀、无突变。

实际工程设计中，要使结构方案规则往往比较困难，有时会出现平面或竖向布置不规则的情况。本规程第3.3.1条～第3.3.4条分别对结构平面布置及竖向布置的不规则性提出了限制条件。若结构方案中仅有个别项目超过了条款中的规定，此结构属不规则结构，但仍按本规程的有关规定进行计算和采取相应的构造措施；若结构方案中有多项超过了条款中的规定或某一项超过较多，此结构属特别不规则结构，应尽量避免。若结构方案中有多项超过了条款中的规定而且超过较多，则此结构属严重不规则结构，必须对结构方案进行调整。

无论采用何种钢结构体系，结构的平面和竖向布置都应使结构具有合理的刚度、质量和承载力分布，避免因局部突变和扭转效应而形成薄弱部位；对可能出现的薄弱部位，在设计中应采取有效措施，增强其抗震能力；结构宜具有多道防线，避免因部分结构或构件的破坏而导致整个结构丧失承受水平风荷载、地震作用和重力荷载的能力。

3.1.5 高层民用建筑钢结构层数较高，减轻填充墙体的自重是减轻结构总重量的有效措施，而且轻质板材容易实现与主体结构的连接构造，能适应钢结构层间位移角相对大的特点，减轻或防止其发生破坏。非承重墙体无论与主体结构采用刚性连接还是柔性连接，都应按非结构构件进行抗震设计。

幕墙包覆主体结构而使主体结构免受外界温度变化的影响，有效地减少了主体结构温度变化的不利影响。

3.1.6 自98规程公布以来，高层民用建筑钢结构和大跨度空间结构中，钢板厚度突破100mm的已不少见，但厚板不但制作安装难度较大，而且连接部位焊后受力复杂，作为设计标准仍希望大多数高层民用建筑钢结构将板厚控制在100mm以内，因此保留此规定，确有必要时可采用厚度大于100mm的钢板。

3.2 结构体系和选型

3.2.1 高层民用建筑钢结构应根据房屋高度和高宽比、抗震设防类别、抗震设防烈度、场地类别和施工技术条件等因素考虑其适宜的钢结构体系。

高层民用建筑钢结构采用的结构体系有：框架、框架-支撑体系、框架-延性墙板体系、筒体和巨型框架体系。这里所说的框架是具有抗弯能力的钢框架；框架-支撑体系中的支撑在设计中可采用中心支撑、偏心支撑和屈曲约束支撑；框架-延性墙板体系中的延性墙板主要指钢板剪力墙、无粘结内藏钢板支撑剪力墙板和内嵌竖缝混凝土剪力墙板等。筒体体系包括框筒、筒中筒、桁架筒、束筒，这些筒体采用钢结构容易实现。巨型框架主要是由巨型柱和巨型梁（桁架）组成的结构。

3.2.2 将框架-偏心支撑（延性墙板）单列，有利于促进它的推广应用。筒体和巨型框架以及框架-偏心支撑的适用最大高度，与国内现有建筑已达到的高度相比是保守的。AISC抗震规程对C抗震等级（大致相当于我国0.10g以下）的结构，不要求执行规定的抗震构造措施，明显放宽。据此，有必要对7度按设计加速度划分。对8度也按设计加速度作了划分。

对框架柱在附注中列明为全钢柱和钢管混凝土柱两种，以适合钢结构设计的需要。

3.2.3 高层民用建筑的高宽比，是对结构刚度、整体稳定、承载能力和经济合理性的宏观控制；在结构设计满足本规程规定的承载力、稳定、抗倾覆、变形和舒适度等基本要求后，仅从结构安全角度讲高宽比限值不是必须满足的，主要影响结构设计的经济性。

98规程建议的高宽比限值参考了20世纪国外主要超高层建筑，本次根据发展情况作了相应修订。同时为方便大底盘高层民用建筑钢结构高宽比的计算，规定了底部有大底盘的房屋高度取法。设计人员可根据大底盘的实际情况合理确定。

3.2.4 本条按房屋高度和设防烈度给出了高层民用建筑钢结构房屋的结构选型要求。本次修订又增加了高层民用建筑钢结构不应采用单跨框架结构的要求。

3.3 建筑形体及结构布置的规则性

3.3.1 本条主要针对建筑方案的规则性提出了要求。建筑形体和结构布置应根据抗震概念设计划分为规则和不规则两大类；对于具有不规则的建筑，针对其不规则的具体情况，明确提出不同的要求；强调应避免采用严重不规则的设计方案。

3.3.2 本条结构布置要求、不规则定义和参考指标，与现行国家标准《建筑抗震设计规范》GB 50011的规定基本一致，只是作了文字修改，进一步明确了扭转位移比的含义和保留了偏心布置的不规则类型，偏心率的计算按本规程附录A的规定进行。在计算不规则项数时，表3.3.2-1中扭转不规则和偏心布置不重复计算。

3.3.3 按不规则类型的数量和程度，采取了不同的抗震措施。不规则的程度和设计的上限控制，可根据设防烈度的高低适当调整。对于特别不规则的结构应进行专门研究。本条与现行国家标准《建筑抗震设计规范》GB 50011的规定一致。

3.3.4 提倡避免采用不规则建筑结构方案，不设防震缝。对体型复杂的建筑可分具体情况决定是否设防震缝。总体倾向是：可设缝、可不设缝时，不设缝。设置防震缝可使结构抗震分析模型较为简单，容易估计其地震作用和采取抗震措施，但需考虑扭转地震效应，并按本规程的规定确定缝宽。当不设置防震缝时，结构分析模型复杂，连接处局部应力集中需要加强，而且需仔细估计地震扭转效应等可能导致的不利影响。

3.3.5 本条规定了防震缝设置的要求和防震缝宽度的最小值。

3.3.6 抗剪支撑在竖向连续布置，结构的受力和层间刚度变化都比较均匀，现有工程中基本上都采用竖向连续布置的方法。建筑底部的楼层刚度较大，顶层不受层间刚度比规定的限制，这是参考国外有关规定制订的。在竖向支撑桁架与刚性伸臂相交处，照例都是保持刚性伸臂连续，以发挥其水平刚臂的作用。

3.3.7 高层民用建筑钢结构的刚度较小，容易出现对舒适度不利的横风向振动，通过采用合适的建筑形体，可减小横风向振动的影响。

3.3.8 压型钢板现浇钢筋混凝土楼板、现浇钢筋桁架混凝土楼板，整体刚度大，施工方便，是高层民用建筑钢结构楼板的主要形式。这里指的压型钢板是各种由钢板制成的楼承板的泛指。为加强建筑的抗震整体性，6、7度地区超过50m以及8度及以上地区的高层民用建筑钢结构，不应采用装配式楼板或其他轻型楼盖。

3.3.9 在多功能的高层民用建筑中，上部常常要求设置旅馆或者公寓，但这类房间的进深不能太大，因而必需设置中庭，在中庭上下端设置水平桁架是加强刚度的比较好的方法。

3.3.10 正常设计的高层民用建筑下部楼层侧向刚度宜大于上部楼层的侧向刚度，否则变形会集中于侧向刚度小的下部楼层而形成结构软弱层，所以应对下层与相邻上层的侧向刚度比值进行限制。

本次修订，参照现行行业标准《高层建筑混凝土结构技术规程》JGJ 3 的相关规定增补了此条。

3.4 地基、基础和地下室

3.4.1 筏基、箱基、桩筏基础是高层民用建筑常用的基础形式，可根据具体情况选用。

3.4.2 钢框架柱延伸至计算嵌固端以下一层，可作为柱脚；框架柱的竖向荷载宜直接传给基础。

3.4.3 规定基础最小埋置深度，目的是使基础有足够大的抗倾覆能力。抗震设防烈度高时埋置深度应取较大值。

3.4.4 用粗砂等将沉降缝地面以下部分填实的目的是确保主楼基础四周的可靠侧向约束。

3.4.5 高层民用建筑钢结构下部若干层采用钢骨混凝土结构是日本常用做法，它将上部钢结构与钢筋混凝土基础连成整体，使传力均匀，并使框架柱下端完全固定，对结构受力有利。

3.4.6 为使高层民用建筑钢结构在水平力和竖向荷载作用下，其地基压应力不致过于集中，对基础底面压应力较小一端的应力状态作了限制。同时，满足本条规定时，高层民用建筑钢结构的抗倾覆能力有足够的安全储备，不需再验算结构的整体倾覆。

对裙楼和主楼质量偏心较大的高层民用建筑，裙楼与主楼可分别进行基底应力验算。

3.5 水平位移限值和舒适度要求

3.5.1 高层民用建筑层数多，高度大，为保证高层民用建筑钢结构具有必要的刚度，应对其楼层位移加以控制。侧向位移控制实际上是对构件截面大小，刚度大小的一个宏观指标。

在正常情况下，限制高层民用建筑钢结构层间位移的主要目的有：一是保证主体结构基本处于弹性受力状态；二是保证填充墙板，隔墙和幕墙等非结构构件的完好，避免产生明显损伤。

3.5.2 本规程采用层间位移角作为刚度控制指标，不扣除整体弯曲转角产生的侧移。本次修订采用了现行国家标准《建筑抗震设计规范》GB 50011 的层间位移角限值。

3.5.3 震害表明，结构如果存在薄弱层，在强烈地震作用下，结构薄弱部位将产生较大的弹塑性变形，会引起结构严重破坏甚至倒塌。本条对不同高层民用建筑钢结构的薄弱层弹塑性变形验算提出了不同要求，第 1 款所列的结构应进行弹塑性变形验算，第 2 款所列的结构必要时宜进行弹塑性变形验算。

3.5.5 对照国外的研究成果和有关标准，要求高层民用建筑钢结构应具有良好的使用条件，满足舒适度的要求。按现行国家标准《建筑结构荷载规范》GB 50009 规定的 10 年一遇的风荷载取值计算或进行风洞试验确定的结构顶点最大加速度 $a_{\lim}$ 不应超过本规程表 3.5.5 的限值。这限值未变，主要是考虑计算舒适度时结构阻尼比的取值影响较大，一般情况下，对房屋高度小于 100m 的钢结构阻尼比取 0.015，对房屋高度大于 100m 的钢结构阻尼比取 0.01。

高层民用建筑的风振反应加速度包括顺风向的最大加速度、横风向最大加速度和扭转角速度。

关于顺风向最大加速度和横风向最大加速度的研究工作虽然较多，但各国的计算方法并不统一，互相之间也存在明显的差异。本次修订取消了 98 规程的计算公式，建议可按现行国家标准《建筑结构荷载规范》GB 50009 的相关规定进行计算。

3.5.6 圆筒形高层民用建筑有时会发生横风向的涡流共振现象，此种振动较为显著，但设计是不允许出现横风向共振的，应予避免。一般情况下，设计中用房屋建筑顶部风速来控制，如果不能满足这一条件，一般可采用增加刚度使自振周期减小来提高临界风速，或者横风向涡流脱落共振验算，其方法可参考结构风工程著作，本条不作规定。

3.5.7 本条主要针对大跨度楼盖结构。楼盖结构舒适度控制已成为钢结构设计的重要工作内容。

对于钢-混凝土组合楼盖结构，一般情况下，楼盖结构竖向频率不宜小于 3Hz。以保证结构具有适宜的舒适度，避免跳跃时周围人群的不舒适。一般住宅、办公、商业建筑楼盖结构的竖向频率小于 3Hz 时，需验算竖向振动加速度。

3.6 构件承载力设计

3.6.1 本条是高层民用建筑钢结构构件承载力设计的原则规定，采用了以概率理论为基础、以可靠指标度量结构可靠度、以分项系数表达的设计方法。本条针对持久设计状况、短暂设计状况和地震设计状况下构件的承载力极限状态设计，与现行国家标准《工程结构可靠性设计统一标准》GB 50153 和《建筑抗震设计规范》GB 50011 保持一致。偶然设计状况（如结构连续倒塌设计）以及结构抗震性能设计时的承载力设计应符合本规程的有关规定，必要时可采用，不作为强制性内容。

结构构件作用组合的效应设计值应符合本规程第 6.4.1 条～第 6.4.4 条规定。由于高层民用建筑钢结构的安全等级一般不低于二级，因此结构重要性系数的取值不应小于 1.0。按照现行国家标准《工程结构可靠性设计统一标准》GB 50153 的规定，结构重要性系数不再考虑结构设计使用年限的影响。

3.7 抗震等级

3.7.1 本条采用直接引用的方法，规定了各设防类别高层民用建筑钢结构采取的抗震措施（包括抗震构造措施），与现行国家标准《建筑工程抗震设防分类标准》GB 50223 的规定一致。Ⅰ类建筑场地上高层民用建筑抗震构造措施放松要求与现行国家标准《建筑抗震设计规范》GB 50011 的规定一致。

3.7.2 历次大地震的经验表明，同样或相近的建筑，建造于Ⅰ类场地时震害较轻，建造于Ⅲ、Ⅳ类场地震害较重。对Ⅲ、Ⅳ类场地，本条规定对 7 度设计基本地震加速度为 0.15g 以及 8 度设计基本地震加速度 0.30g 的地区，宜分别按抗震设防烈度 8 度（0.20g）和 9 度时各类建筑的要求采取抗震构造措施。

3.7.3 本条采用引用的办法，将抗震等级的划分按现行国家标准《建筑抗震设计规范》GB 50011 的有关规定执行。将不同层数所规定的“作用效应调整系数”和“抗震构造措施”共 7 种，归纳、整理为四个不同要求，称之为抗震等级。将《建筑抗震设计规范》GB 50011－2001（以下简称 01 抗规）以 12 层为界改为 50m 为界。对 6 度高度不超过 50m 的钢结构，与 01 抗规相同，其“作用效应调整系数”和“抗震构造措施”可按非抗震设计执行。

不同的抗震等级，体现不同的抗震要求。因此，当构件的承载力明显提高时，允许降低其抗震等级。

对于 7 度（0.15g）和 8 度（0.30g）设防且处于Ⅲ、Ⅳ类场地的高层民用建筑钢结构，宜分别按 8 度和 9 度确定抗震等级。甲、乙类设防的高层民用建筑钢结构，其抗震等级的确定按现行国家标准《建筑抗震设计规范》GB 50011 的有关规定处理。

在执行时，为了确保结构安全，应按构件受力情况采取相应构造措施，对 50m 以下房屋，表列等级偏宽。一般说来，耗能构件应从严，非耗能构件可稍宽。框架体系应从严，支撑框架体系可稍宽；高层从严，多层可稍宽；8、9 度从严，6、7 度可稍宽。

不同结构体系的抗震性能差别较大，破坏后果也不同，在执行时应考虑此影响。

3.8 结构抗震性能化设计

本节是参照现行行业标准《高层建筑混凝土结构技术规程》JGJ 3 的相关规定，结合高层民用建筑钢结构构件的特点拟定的。

3.9 抗连续倒塌设计基本要求

本节是参照现行行业标准《高层建筑混凝土结构技术规程》JGJ 3 的相关规定，结合高层民用建筑钢结构构件的特点拟定的。

4 材 料

4.1 选材基本规定

4.1.1 工程经验表明，以高层民用建筑钢结构为代表的现代钢结构对钢材的品种、质量和性能有着更高的要求，同时也要求在设计选材中更要做好优化比选工作。本条依据相关设计规范和工程经验并结合高层民用建筑钢结构的用钢特点，提出了选材时应综合考虑的诸要素。其中应力状态指弹性或塑性工作状态和附加应力（约束应力、残余应力）情况；工作环境指高温、低温或露天等环境条件；钢材品种指轧制钢材、冷弯钢材或铸钢件；钢材厚度主要指厚板、厚壁钢材。为了保证结构构件的承载力、延性和韧性并防止脆性断裂，工程设计中应综合考虑上述要素，正确合理的选用钢材牌号、质量等级和性能要求。同时由于钢结构工程中钢材费用约可占到工程总费用的 60%左右，故选材还应充分的考虑到工程的经济性，选用性价比较高的钢材。此外作为工程重要依据，在设计文件中应完整的注明对钢材和连接材料的技术要求，包括牌号、型号、质量等级、力学性能和化学成分、附加保证性能和复验要求，以及应遵循的技术标准等。

4.1.2 钢材的牌号和质量等级的规定，主要是考虑了国内钢材的生产水平、高层和超高层民用建筑钢结构应用的现状、高性能钢材发展的趋势和相关国家标准的规定而修订的。

1 近年来国内建造的高层和超高层民用建筑钢结构除大量应用 Q345 钢外，也较多应用了 Q390 钢与 Q345GJ 厚板。经验表明，由于品种完善和质量性能的提高，现国产结构用钢已可在保有较高强度的同时，也具有较好的延性、韧性和焊接性能，完全能够满足抗风、抗震高层钢结构用钢的综合性能要求。故本条提出承重构件宜采用 Q345、Q390 与 Q235 等牌号的钢材。由于轧制状态交货的钢材在强度提高时，其延性、韧性与焊接性能会有一定幅度的降低。如 Q460 钢的伸长率较 Q345 要降低 15%，按最小值计算的屈强比要提高约 10%；Q500 钢－40℃冲击功较 Q345 钢要降低约 10%，碳当量也相应有所提高。故本条提出了有依据时，如进行性能化设计，经比选确认可同时保证相应的延性与韧性性能时，也可采用更高强度的钢材。本条规定与国外经验也是一致的，如日本 SN 系列高性能钢材（推荐为抗震用钢）仅列出 SN400 钢（相当于 Q235 钢）与 SN490 钢（相当于 Q345 钢），同时专门研发出高性能抗震结构用 SA440 钢［屈服强度（440～540）N/mm^2，屈强比≤0.8，伸长率≥20%～26%，其 C 级钢可保证 Z25 性能］用于工程；美国抗震规程规定对预期会出现较大非弹性受力构件，如特殊抗弯框架、特殊支撑框架、偏心支撑框架和屈曲约束支撑框架等所用钢材屈服强度均不应超过 345N/mm²；对经受有限非弹性作用的普通抗弯框架和普通中心支撑等结构允许采用屈服强度不大于 380N/mm² 的钢材。

2 GJ 钢板（《建筑结构用钢板》GB/T 19879）是我国专为高层民用建筑钢结构生产的高性能钢板，其性能与日本 SN 系列高性能钢材相当。与同级别低合金结构钢相比，除化学成分优化、并有较好的延性、塑性与焊接性能外，还具有厚度效应小、屈服强度波动范围小等特点，并将屈服强度幅（屈服强度波动范围，对 Q345 钢、Q390 钢为 120 N/mm²）、屈强比、碳当量均作为基本交货条件予以保证。虽然按国家标准《低合金高强度结构钢》GB/T 1591－2008 生产的低合金钢较原标准提高了屈服强度和冲击功，增加了碳当量作为供货条件，综合质量有明显改善，其性能与 GJ 钢板已较为接近，但采用较厚的 GJ 钢板时仍有一定的综合优势。以 Q345 钢 80～100mm 厚板为例，Q345GJ 钢板屈服强度较普通 Q345 钢板可提高 6.5%，伸长率可提高 10%，碳当量可降低 8% 以上，故推荐其为重要构件较厚板件优先选用的钢材。

3 耐候钢是我国早已制订标准并可批量生产的钢种，现可生产 Q235NH、Q355NH、Q415NH、Q460NH 等六种牌号焊接结构用耐候钢，其性能与《低合金高强度结构钢》GB/T 1591 系列钢材相当。除力学性能、延性和韧性性能有保证外，其耐腐蚀性能可为普通钢材的 2 倍以上，并可显著提高涂装附着性能，故用于外露大气环境中有较好的耐腐蚀效果。选用时作为量化的性能指标宜要求其晶粒度不小于 7 级，耐腐蚀性指数不小于 6。但由于以往建筑钢结构工程中耐候钢应用不多，现行国家标准《钢结构设计规范》GB 50017 亦未对其抗力分项系数和强度设计值作出规定，如在工程中选用时需按该规范的规定进行钢材试样统计分析，以确定抗力分项系数和强度设计值。

近年来，我国宝钢、鞍钢、马钢等钢铁企业已研发生产了耐火结构用钢板和 H 形钢，其在 600℃高温作用下，屈服强度降幅不大于 1/3，因而具有较好的耐火性能，但因缺乏实用经验，也缺少相关的设计标准与参数，故本规程暂未列入其相关条文。

4 现行各钢材标准规定的钢材质量等级主要体现了其韧性（冲击吸收功）和化学成分优化方面的差异，质量等级愈高则冲击功保证值越高，而有害元素（硫、磷）含量限值则越低，因而是一个材质综合评定的指标，不同级别钢材价格也有差别。选材时应按优材优用的原则合理选用质量等级。本条根据相关规范规定和工程经验提出了钢材质量等级选用的规定和建议。对抗震结构主要考虑地震具有强烈交变作用的特点，会引起结构构件的高应变低周疲劳，因而二级抗震框架与抗侧力支撑等主要抗侧力构件钢材等级不宜低于 C 级，以保证应有的韧性性能。另应注意部分钢材产品不分质量等级或只限定较低或较高的质量等级（如 Q390GJ 和 Q420GJ 钢板最低质量等级为 C 级，冷弯矩形钢管未规定 Q345E 级与 Q390D、E 级质量等级），选用质量等级时，不应超出其规定范围。

5 防止结构脆断破坏是钢结构选材的基本要求之一。《钢结构设计规范》GB 50017－2003 在选材和构造规定中，均提出了防止结构构件脆断的要求和构造措施。研究表明钢结构的抗脆断性能与环境温度、结构形式、钢材厚度、应力特征、钢材性能、加荷速率等多种因素有关。工作环境温度越低、钢材厚度越厚、名义拉应力越大、应力集中及焊接残余应力越高（特别是有多向拉应力存在时）和加荷速率越快，则钢材韧性越差，结构更易发生脆断。而提高钢材抗脆断能力的主要措施是提高其韧性性能。关于钢材应力状态与厚度、温度对抗脆断性能的影响国内尚较少研究，但欧洲规范 Eurocode 3 对此已有明确的规定，如 JO 级 S335 钢板工作（拉）应力为 $0.75f_y$ 时，其允许厚度在 10℃时可为 60mm，0℃与－20℃时则分别降至 50mm 与 30mm。高层钢结构具有板件厚度大，焊接残余应力高并承受交变荷载的特点，其选材应考虑防脆断性能的要求。据此，本条提出了宜适当提高低温环境下受拉（包括弯曲受拉）厚板的质量等级。

6 当用平炉及铸锭方法生产时，Q235A 级或 B 级钢的脱氧方法可分为沸腾钢或镇静钢，后者脱氧充分，晶粒细化，材质均匀而性能较好。现转炉和连铸方法生产的钢材一般均为镇静钢，目前已在国内钢材生产总量中约占 90% 以上，故现市场上沸腾钢有时价格反而偏高。根据近年来工程用材经验，钢结构用钢应选用镇静钢。

关于 A 级钢的选用问题，按相关标准规定，Q235A 级钢可能会以超过其含碳量限值（0.22%）交货，而现行国家标准《钢结构设计规范》GB 50017 又以强制性条文规定了“对焊接结构尚应具有碳当量的合格保证”，故一直以来在工程用焊接结构中规定不采用 Q235A 级钢。但参照国内外实际用材经验，美国与日本的 235 级碳素结构钢允许含碳量可达 0.25%，国内也有含碳量达 0.24% 钢材应用于焊接结构的实例，亦即不宜绝对不允许 Q235A 级钢的应用。如对经复验其含碳量合格的 Q235A 级钢或碳含量不大于 0.24% 的 Q235A 级钢，经采取必要的焊接措施并检验认可后仍可用于一般承重结构中。而对 Q345A 级钢，若其碳当量或焊接裂纹敏感性指数符合要求即可用于焊接结构的一般构件，不必因其碳、锰单项指标未符合标准规定而限制其使用。

4.1.3 本条依据现行国家标准《钢结构设计规范》

GB 50017 规定了高层民用建筑钢结构承重构件钢材应保证的基本性能要求，包括化学成分含量限值、力学性能和工艺性能（冷弯、焊接性能）等，冷弯虽属钢材工艺性能但也是体现钢材材质细化和防脆断性能的参考指标，仍应作为承重结构用钢的基本保证项目。目前实际工程中多以碳当量作为量化焊接性能的指标，其计算公式和允许限值可依现行国家标准《低合金高强度结构钢》GB/T 1591 的规定为依据，并按钢材熔炼分析的化学元素含量值计算。由于各种交货状态钢材的碳当量有差异，若对焊接性能有更高要求时，可选用按热机械轧制（TMCP）状态交货的钢材并要求较低的碳当量保证，其在细化晶粒、提高韧性、焊接性能方面有较好的改善效果。

4.1.4 在强烈的交变地震作用下，承重钢结构的工作条件与失效模式与静载作用下的结构是完全不同的。罕遇地震作用时，较大的频率一般为(1～3)Hz，造成建筑物破坏的循环周次通常在(100～200)周以内，因而使结构带有高应变低周疲劳工作的特点，并进入非弹性工作状态。这就要求结构钢材在有较高强度的同时，还应具有适应更大应变与塑性变形的延性和韧性性能，从而实现地震作用能量与结构变形能量的转换，有效地减小地震作用，达到结构大震不倒的设防目标。这一对钢材延性的要求，目前已作为一个基本准则列入美国、加拿大、日本等国的相关技术标准中，我国现行国家标准《建筑抗震设计规范》GB 50011 也以强制性条文规定了为保证结构钢材延性的相应指标要求。综上所述，本条提出了对钢材伸长率和屈强比限值的规定。同时为了保证钢材实物产品的屈强比限值不会有较大的波动，参照 GJ 钢板标准对 Q345GJ、Q390GJ 性能指标的规定，补充提出了钢材的屈服强度波动范围不应大于 $120N/mm^2$ 的要求。

4.1.5 关于抗层状撕裂性能问题，国内外研究和工程经验均表明，因较高拉应力而在沿厚度方向承受较大撕裂作用的钢材，应有抗撕裂性能(*Z* 向性能)的保证，并需按不同性能等级分别要求板厚方向断面收缩率不小于现行国家标准《厚度方向性能钢板》GB/T 5313 规定的 15%(Z15)、25%(Z25)和 35%(Z35)限值。由于要求 *Z* 向性能会大幅增加钢材成本(约 15%～20%)，而国内有关规范对如何合理选用 *Z* 向性能等级缺乏专门研究与相应规定，致使目前工程设计中随意扩大或提高要求 *Z* 向性能的情况时有发生。实际上在高层民用建筑钢结构中有较大撕裂作用的典型部位是厚壁箱型柱与梁的焊接节点区，而高额拉应力主要是焊接约束应力。欧洲钢结构规范 Eurcode3 根据研究成果，已在相关条文中提出了量化确定 *Z* 向等级的计算方法，表明影响 *Z* 向性能指标的因素主要是：节点处因钢材收缩而受拉的焊脚厚度、焊接接头形式(T 字形，十字形)、约束焊缝收缩的钢材厚度、焊后部分结构的间接约束以及焊前预热等，可见抗撕裂性能问题实质上是焊接问题，而结构使用阶段的外拉力并非主要因素。合理的解决方法首先是节点设计应有合理的构造，焊接时采取有效的焊接措施，减少接头区的焊接约束应力等，而不应随意要求并提高 *Z* 向性能的等级，在采取相应措施后不宜再提出 Z35 抗撕裂性能的要求。综上所述，本条做出了相应的规定。

4.1.6 近年来，在高层民用建筑钢结构工程中，箱形截面与方（矩）钢管截面以其优良的截面特性得到了更普遍的应用。随着现行国家标准《结构用冷弯空心型钢尺寸、外形、重量及允许偏差》GB/T 6728 和行业标准《建筑结构用冷弯矩形钢管》JG/T 178 相继颁布，大尺寸冷弯矩形钢管（600×400×20 或 500×500×20）亦可批量供货，同时后者还规定了按Ⅰ级产品交货时，应以保证成型管材的力学性能，屈强比、碳当量等作为交货基本保证条件，使得产品质量更有保证。现已有多项工程的框架柱采用冷成型方（矩）钢管混凝土柱的实例。同时工程经验表明，当四块板组合箱形截面壁厚小于 16mm，时，不仅加工成本高，工效低而且焊接变形大，导致截面板件平整度差，反而不如采用方（矩）钢管更为合理可行。

由于热轧无缝钢管价格较高，产品规格较小（直径一般小于 500mm）并壁厚公差较大，其 Q345 钢管的屈服强度和－40℃冲击功要低于 Q345 钢板的相应值。故高层民用建筑钢结构工程中选用较大截面圆钢管时，宜选用直缝焊接圆钢管，并要求其原板和成管后管材的材质性能均符合设计要求或相应标准的规定。还应注意选用时为避免过大的冷作硬化效应降低钢管的延性，其截面规格的径厚比不应过小，根据现有的应用经验，对主要承重构件用钢管不宜小于 20（Q235 钢）或 25（Q345 钢）。

4.1.7 为了保证偏心支撑消能梁段有良好的延性和耗能能力，本条依据现行国家标准《建筑抗震设计规范》GB 50011，对其用材的强度级别和屈强比作出了规定。

4.1.8 多年来，高层民用建筑钢结构楼盖结构多采用压型钢板-混凝土组合楼板，压型钢板主要作为模板起到施工阶段的承载作用，所沿用板型多为开口型。现行国家标准《建筑用压型钢板》GB/T 12755 对建筑用压型钢板的材料、质量、性能等技术要求作出了规定，并提出组合楼板用压型钢板宜采用闭口型板，该种板型可增加组合楼板的有效厚度和刚度，提高楼盖使用的舒适度和隔声效果，并便于吊顶构造，近年来已有较多的工程应用实例，本条据此作出了相应规定。

4.1.9 现行国家标准《钢结构设计规范》GB 50017 对铸钢件选材，仅规定了可选用《一般工程用铸造碳钢件》GB/T 11352，但其碳当量过高仅适用于非焊接结构。在近年来国内钢结构工程中，焊接结构用铸钢节点不仅在大跨度管结构中被普遍采用，而且也已有多个在高层民用建筑钢结构中应用的先例，其节点铸钢件所用材料多采用符合欧洲标准的 G20Mn5 牌号铸钢件。按新修订的国家标准《焊接结构用铸钢件》GB/T 7659－2011 的规定，国内已可生产牌号为 ZG340-550H 的铸钢件，其性能与 G20Mn5 相当。据此，本条提出了焊接结构用铸钢件的选材规定。

关于铸钢件的材质，因其为铸造成型，缺少轧制改善钢材性能的效应，其致密度、晶粒度均不如轧制钢材，故抗力分项系数要比轧制钢材高 15％以上，亦即强度级别相同时，其强度设计值约低 15％，加之价格是热轧钢材的（2～3）倍。因而铸钢件是一种性价比不高的钢材，选用铸钢件时，应进行认真的优化比选与论证，防止随意扩大用量并增大工程成本的不合理做法。

4.1.10 现行国家标准《钢结构焊接规范》GB 50661 对焊接材料的质量、性能要求及与母材的匹配和焊接工艺、焊接构造等有详细的规定，应作为设计选用焊接材料和技术要求的依据。选用焊接材料时应注意其强度、性能与母材的正确匹配关系。同时对重要构件的焊接应选用低氢型焊条，其型号为 4315（6）、5015（6）或 5515（6）。各类焊接材料与结构钢材的合理匹配关系可见表 2：

表 2 焊接材料与结构钢材的匹配

结构钢材			焊接材料		
《碳素结构钢》GB/T 700 和《低合金高强度结构钢》GB/T 1591	《建筑结构用钢板》GB/T 19879	《耐候结构钢》GB/T 4171	焊条电弧焊	实心焊丝气体保护焊	埋弧焊
Q235	Q235GJ	Q235NH	GB/T 5117 E43XX	GB/T 8110 ER49-X	GB/T 5293 F4XX-H08A
Q345 Q390	Q345GJ Q390GJ	Q355NH Q355GNH	GB/T 5117 E50 XX GB/T 5118 E5015、 16-X	GB/T 8110 ER50-X ER55-X	GB/T 5293 F5XX-H08MnA F5XX-H10Mn2 GB/T 12470 F48XX-H08MnA F48XX-H10Mn2 F48XX-H10Mn2A
Q420	Q420GJ	Q415NH	GB/T 5118 E5515、 16-X	GB/T 8110 ER55-X	GB/T 12470 F55XX-H10Mn2A F55XX-H08MnMoA

注：1 被焊母材有冲击要求时，熔敷金属的冲击功不应低于母材的规定；

2 表中 X 对应各焊材标准中的相应规定。

4.1.11 选用高强度螺栓时，设计人应了解大六角型和扭剪型是指高强度螺栓产品的分类，摩擦型和承压型是指高强度螺栓连接的分类，不应将二者混淆。在选用螺栓强度级别时，应注意大六角螺栓有 8.8 级和 10.9 级两个强度级别，扭剪型螺栓仅有 10.9 级。现行行业标准《钢结构高强度螺栓连接技术规程》JGJ 82，对螺栓材料、性能等级、设计指标、连接接头设计与施工验收等有详细的规定，设计时可作为主要的参照依据。

锚栓一般按其承受拉力计算选择截面，故宜选用 Q345、Q390 等牌号钢。为了增加柱脚刚度或为构造用时，也可选用 Q235 钢。

4.2 材料设计指标

4.2.1 国家标准《钢结构设计规范》GB 50017－2003 中 Q235、Q345 钢材的抗力分项系数的取值依据仍为 1988 年以前的试样与统计分析数据，时效性已较差，而对 Q390 钢、Q420 钢、Q460 钢及 Q345GJ 钢板则一直未进行系统的取样与统计分析工作，现规定的取值多为分析推算所得，其科学性、合理性亦不充分。有鉴于此，负责《钢结构设计规范》GB 50017 修编工作的编制组根据极限状态设计安全度的准则和概率统计分析参数取值的要求，组织了较大规模的国产结构钢材材性调研和试样取集以及试验研究工作。共对上述牌号钢材取集试样 1.8 万余组，代表了十个钢厂约 27 万吨钢材，在统一取样，统一试验，并对材料性能不定性、材料几何特性不定性及试验不定性等重要影响参数深入细致分析的基础上，得出了规律性的相关公式与计算参数，最终经细化分析计算得出了 Q235、Q345、Q390、Q420、Q460 与 Q345GJ 等牌号钢材的抗力分项系数与强度设计值，建议列入规范。该项研究已作为大型课题于 2012 年 9 月通过了专家鉴定并给予较高评价，认为研究结论所得数据代表性强、可信度高，一致同意其建议值可列入正修订的《钢结构设计规范》GB 50017 作为设计依据。本条表 4.2.1 即据此列入了各牌号钢的强度设计值。应用表 4.2.1 各强度设计值时，需注意各钢种系列的厚度分组是不相同的，新采用的抗力分项系数也因厚度分组不同而略有差异，较合理的体现了其性能的差异性。

2008 年在本规程的修订中，中国建筑标准设计研究院与舞阳钢厂、重庆大学等单位也组织了专题研究，对舞阳钢厂的 Q345GJ 钢板产品进行了系统的抽样统计分析与试验研究，其成果也较早通过了专家鉴定，最终确认舞阳钢厂的 Q345GJ 钢板仍可按抗力分项系数为 1.111 取值。这与表 4.2.1 中所列相关值也是一致的。

4.2.3 现行国家标准《钢结构设计规范》GB 50017 规定了《一般工程用铸造碳钢件》GB/T 11352 的强度设计值，其抗力分项系数按 $\gamma_R = 1.282$ 取值。表 4.2.3 即按此值计算列出了焊接结构用铸钢件的强度设计值。

4.2.4 表 4.2.4 根据新的钢材性能指标和调整后的钢材强度设计值，列出了焊缝的强度设计值，同时根据现行国家标准《钢结构焊接规范》GB 50661 和相应的焊剂、焊丝标准补充列出了其与钢材匹配的型号。当抗震设计需进行焊接连接极限承载力验算时，其对接焊缝极限强度可按表中 f_u 取值，角焊缝可按 $0.58f_u$ 取值。

4.2.5 表 4.2.5 按《钢结构设计规范》GB 50017-2003 列出了螺栓和锚栓的强度设计值。同时增加了锚栓和高强度螺栓钢材的抗拉强度最小值。

5 荷载与作用

5.1 竖向荷载和温度作用

5.1.1 高层民用建筑的竖向荷载应按现行国家标准《建筑结构荷载规范》GB 50009 的相关规定采用。当业主对楼面活荷载有特别要求时，可按业主的要求采用，但不应小于现行国家标准《建筑结构荷载规范》GB 50009 的规定值。

5.1.2 高层民用建筑中活荷载与永久荷载相比是不大的，不考虑活荷载不利分布可简化计算。但楼面活荷载大于 $4kN/m^2$ 时，宜考虑不利布置，如通过增大梁跨中弯矩的方法等。

5.1.3 结构设计要考虑施工时的情况，对结构进行验算。

5.1.6 本条关于直升机平台活荷载的规定，是根据现行国家标准《建筑结构荷载规范》GB 50009 的有关规定确定的。

5.1.7 温度作用属于可变的间接荷载，主要由季节性气温变化、太阳辐射、使用热源等因素引起。钢结构对温度比较敏感，所以宜考虑其对结构的影响。

5.2 风 荷 载

5.2.1 风荷载计算主要依据现行国家标准《建筑结构荷载规范》GB 50009 的规定。

5.2.2 本条是根据现行国家标准《建筑结构荷载规范》GB 50009 的要求拟定的，意在提醒设计人员注意考虑结构顺风向风振、横风向风振或扭转风振对高层民用建筑钢结构的影响。一般高层民用建筑钢结构高度较高，高宽比较大，结构顶点风速可能大于临界风速，引起较明显的结构横向振动。横风向风振作用效应明显一般是指房屋高度超过 150m 或者高宽比大于 5 的高层民用建筑钢结构。

判断高层民用建筑钢结构是否需要考虑扭转风振的影响，主要考虑房屋的高度、高宽比、厚宽比、结构自振频率、结构刚度与质量的偏心等多种因素。

5.2.3 横风向效应与顺风向效应是同时发生的，因此必须考虑两者的效应组合。但对于结构侧向位移的控制，不必考虑矢量和方向控制结构的层间位移，而是仍按同时考虑横风向与顺风向影响后的计算方向位移确定。

5.2.4 按照现行国家标准《建筑结构荷载规范》GB 50009 的规定，对风荷载比较敏感的高层民用建筑，其基本风压适当提高。因此，本条明确了承载力设计时，应按基本风压的 1.1 倍采用。

对风荷载是否敏感，主要与高层民用建筑的体型、结构体系和自振特性有关，目前尚无实用的划分标准。一般情况下高度大于 60m 的高层民用建筑，承载力设计时风荷载计算可按基本风压的 1.1 倍采用；对于房屋高度不超过 60m 的高层民用建筑，风荷载取值是否提高，可由设计人员根据实际情况确定。

本条的规定，对设计使用年限为 50 年和 100 年的高层民用建筑钢结构都是适用的。

5.2.5 本条是对现行国家标准《建筑结构荷载规范》GB 50009 有关规定的适当简化和整理，以便于高层民用建筑钢结构设计时采用。

5.2.6 对高层民用建筑群，当房屋相互间距较近时，由于漩涡的相互干扰，房屋某些部位的局部风压会显著增大，所以设计人员应予注意。对重要的高层民用建筑，建议在风洞试验中考虑周围建筑物的干扰因素。

本规程中所说的风洞试验是指边界层风洞试验。

5.2.7 对结构平面及立面形状复杂、开洞或连体建筑及周围地形和环境复杂的结构，建议进行风洞试验或通过数值计算。对风洞试验或数值计算的结果，当与按规范计算的风荷载存在较大差距时，设计人员应进行分析判断，合理确定建筑物的风荷载取值。

5.2.8 高层民用建筑表面的风荷载压力分布很不均匀，在角隅，檐口，边棱处和附属结构的部位（如阳台、雨篷等外挑构件），局部风压会超过按本规程第 5.2.5 条体型系数计算的平均风压。根据风洞试验和一些实测成果，并参考国外的风荷载规范，对水平外挑构件，其局部体型系数不宜大于－2.0。

5.2.9 建筑幕墙设计时的风荷载计算，应按现行国家标准《建筑结构荷载规范》GB 50009 以及幕墙的相关现行行业标准的有关规定采用。

5.3 地 震 作 用

5.3.1 本条基本采用了引用的方法。除第 3 款“7 度（0.15g）”外，与现行国家标准《建筑抗震设计规范》GB 50011 的规定基本一致。某一方向水平地震作用主要由该方向抗侧力构件承担。有斜交抗侧力构件的结构，当交角大于 15°时，应考虑斜交构件方向的地震作用计算。扭转特别不规则的结构应考虑双向地震作用的扭转影响。

大跨度指跨度大于 24m 的楼盖结构、跨度大于 12m 的转换结构，悬挑长度大于 5m 的悬挑结构。大跨度、长悬臂结构应验算自身及其支承部位结构的竖向地震效应。

大跨度、长悬臂结构7度（0.15g）时也应计入竖向地震作用的影响。主要原因是：高层民用建筑由于高度较高，竖向地震作用效应放大比较明显。

5.3.2 不同的结构采用不同的分析方法在各国抗震规范中均有体现，振型分解反应谱法和底部剪力法仍是基本方法。对高层民用建筑钢结构主要采用振型分解反应谱法，底部剪力法的应用范围较小。弹性时程分析法作为补充计算方法，在高层民用建筑中已得到比较普遍的应用。

本条第3款对于需要采用弹性时程分析法进行补充计算的高层民用建筑钢结构作了具体规定，这些结构高度较高或刚度、承载力和质量沿竖向分布不均匀的特别不规则建筑或特别重要的甲、乙类建筑。所谓“补充”，主要指对计算的底部剪力、楼层剪力和层间位移进行比较，当时程法分析结果大于振型分解反应谱法分析结果时，相关部位的构件内力作相应的调整。

本条第4、5款规定了罕遇地震和有消能减震装置的高层民用建筑钢结构计算应采用的分析方法。

5.3.3 进行时程分析时，鉴于不同地震波输入进行时程分析的结果不同，本条规定一般可以根据小样本容量下的计算结果来估计地震效应值。通过大量地震加速度记录输入不同结构进行时程分析结果的统计分析，若选用不少于2组实际记录和1组人工模拟的加速度时程曲线作为输入，计算的平均地震效应值不小于大样本容量平均值的保证率在85%以上，而且一般也不会偏大很多。当选用较多的地震波，如5组实际记录和2组人工模拟时程曲线，则保证率很高。所谓“在统计意义上相符”是指，多组时程波的平均地震影响系数曲线与振型分解反应谱法所用的地震影响系数相比，在对应于结构主要振型的周期点上相差不大于20%。计算结果的平均底部剪力一般不会小于振型分解反应谱法计算结果的80%，每条地震波输入的计算结果不会小于65%；从工程应用角度考虑，可以保证时程分析结果满足最低安全要求。但时程法计算结果也不必过大，每条地震波输入的计算结果不大于135%，多条地震波输入的计算结果平均值不大于120%，以体现安全性与经济性的平衡。

正确选择输入的地震加速度时程曲线，要满足地震动三要素的要求，即频谱特性、有效峰值和持续时间均要符合规定。频谱特性可用地震影响系数曲线表征，依据所处的场地类别和设计地震分组确定；加速度的有效峰值按表5.3.3采用。输入地震加速度时程曲线的有效持续时间，一般从首次达到该时程曲线最大峰值的10%那一点算起，到最后一点达到最大峰值的10%为止，约为结构基本周期的（5～10）倍。

本次修订增加了结构抗震性能设计规定，本条第3款给出了设防地震（中震）和6度时的数值。

5.3.5 本条规定了水平地震影响系数最大值和场地特征周期取值。现阶段仍采用抗震设防烈度所对应的水平地震影响系数最大值α_{max}，多遇地震烈度（小震）和预估的罕遇地震烈度（大震）分别对应于50年设计基准周期内超越概率为63%和2%～3%的地震烈度。本次按现行国家标准《建筑抗震设计规范》GB 50011作了修订，补充中震参数和近场效应的规定；同时为了与结构抗震性能设计要求相适应，增加了设防烈度地震（中震）的地震影响系数最大值规定。

根据土层等效剪切波速和场地覆盖层厚度将建筑的场地划分为Ⅰ、Ⅱ、Ⅲ、Ⅳ四类，其中Ⅰ类分为$Ⅰ_0$和$Ⅰ_1$两个亚类，本规程中提及Ⅰ类场地而未专门注明$Ⅰ_0$或$Ⅰ_1$的均包含这两个亚类。

5.3.6 弹性反应谱理论仍是现阶段抗震设计的最基本理论，本规程的反应谱与现行国家标准《建筑抗震设计规范》GB 50011一致。这次《建筑抗震设计规范》GB 50011－2010只对其参数进行调整，达到以下效果：

1 阻尼比为5%的地震影响系数维持不变。

2 基本解决了在长周期段不同阻尼比地震影响系数曲线交叉、大阻尼曲线值高于小阻尼曲线值的不合理现象。Ⅰ、Ⅱ、Ⅲ类场地的地震影响系数曲线在周期接近6s时，基本交汇在一点上，符合理论和统计规律。

3 降低了小阻尼（2%～3.5%）的地震影响系数值，最大降低幅度达18%，使钢结构设计地震作用有所降低。

4 略微提高了阻尼比6%～10%的地震影响系数值，长周期部分最大增幅约5%。

5 适当降低了大阻尼（20%～30%）的地震影响系数，在$5T_g$周期以内，基本不变，长周期部分最大降幅约10%，扩大了消能减震技术的应用范围。

5.3.7 本条规定主要是考虑结构地震动力反应过程中可能由于地面扭转运动，结构实际的刚度和质量分布相对于计算假定值的偏差，以及在弹塑性反应过程中各抗侧力结构刚度退化程度不同等原因引起的扭转反应增大，特别是目前对地面运动扭转分量的强震实测记录很少，地震作用计算中还不能考虑输入地面运动扭转分量。采用附加偶然偏心作用计算是一种实用方法。

本条规定方形及矩形平面直接取各层质量偶然偏心为$0.05L_i$，其他形式平面取$0.172r_i$来计算单向水平地震作用。实际计算时，可将每层质心沿主轴的同一方向（正向或反向）偏移。

采用底部剪力法计算地震作用时，也应考虑偶然偏心的不利影响。

当采用双向地震作用计算时，可不考虑偶然偏心的影响，但进行位移比计算时，按单向地震作用考虑偶然偏心影响计算。同时应与单向地震作用考虑偶然偏心的计算结果进行比较，取不利的情况进行设计。

5.4 水平地震作用计算

5.4.2 引用现行国家标准《建筑抗震设计规范》GB 50011 的条文。增加了考虑双向水平地震作用下的地震效应组合方法。根据强震观测记录的统计分析，两个方向水平地震加速度的最大值不相等，二者之比约为1∶0.85；而且两个方向的最大值不一定发生在同一时刻，因此采用完全两次型方根法计算两个方向地震作用效应的组合（CQC法）。

作用效应包括楼层剪力，弯矩和位移，也包括构件内力（弯矩、剪力、轴力、扭矩等）和变形。

本规程建议的振型数是对质量和刚度分布比较均匀的结构而言的。对于质量和刚度分布不均匀的结构，振型分解反应谱法所需的振型数一般可取为振型参与质量达到总质量的90%时所需的振型数。

5.4.3 底部剪力法在高层民用建筑水平地震作用计算中已很少应用，但作为一种方法，本规程仍予以保留。

对于规则结构，采用本条方法计算水平地震作用时，仍应考虑偶然偏心的不利影响。

5.4.5 本条采用直接引用方法，与现行国家标准《建筑抗震设计规范》GB 50011 的有关规定一致。由于地震影响系数在长周期段下降较快，对于基本周期大于3.5s的结构，由此计算所得的水平地震作用下的结构效应可能过小。出于结构安全的考虑，增加了对各楼层水平地震剪力最小值的要求，规定了不同设防烈度下的楼层最小地震剪力系数值。当不满足时，结构水平地震总剪力和各楼层的水平地震剪力均需要进行相应的调整，或改变结构的刚度使之达到规定的要求。但当基本周期为3.5s～5.0s的结构，计算的底部剪力系数比规定值低15%以内、基本周期为5.0s～6.0s的结构，计算的底部剪力系数比规定值低18%以内、基本周期大于6.0s的结构，计算的底部剪力系数比规定值低20%以内，不必采取提高结构刚度的办法来满足计算剪力系数最小值的要求，而是可采用本条关于剪力系数最小值的规定进行调整设计，满足承载力要求即可。

对于竖向不规则结构的薄弱层的水平地震剪力，本规程第3.3.3条规定应乘以不小于1.15的增大系数，该层剪力放大后，仍需要满足本条规定，即该层的地震剪力系数不应小于规定数值的1.15倍。

扭转效应明显的结构，是指楼层两端弹性水平位移（或层间位移）的最大值与其平均值的比值大于1.2倍的结构。

5.4.6 本条引用现行国家标准《建筑抗震设计规范》GB 50011 的规定。

采用该阻尼比后，地震影响系数均应按本规程第5.3.5条、第5.3.6条的规定计算。

5.5 竖向地震作用

5.5.1 本条竖向地震作用的计算，是现行国家标准《建筑抗震设计规范》GB 50011 所规定的，采用了简化的计算方法。

5.5.2 本条主要考虑目前高层民用建筑中较多采用大跨度和长悬挑结构，需要采用时程分析方法或反应谱方法进行竖向地震分析，给出了反应谱和时程分析计算时需要的数据。反应谱采用水平反应谱的65%，包括最大值和形状参数，但认为竖向反应谱的特征周期与水平反应谱相比，尤其在远离震中时，明显小于水平反应谱，故本条规定，现行特征周期均按第一组采用。对处于发震断裂10km以内的场地，其最大值可能接近水平反应谱，特征周期小于水平谱。

5.5.3 高层民用建筑中的大跨度、悬挑、转换、连体结构的竖向地震作用大小与其所处的位置以及支承结构的刚度都有一定关系，因此对于跨度较大，所处位置较高的情况，建议采用本规程第5.5.1条、第5.5.2条的规定进行竖向地震作用计算，并且计算结果不宜小于本条规定。

为了简化计算，跨度或悬挑长度不大于本规程第5.5.2条规定的大跨结构和悬挑结构，可直接按本条规定的地震作用系数乘以相应的重力荷载代表值作为竖向地震作用标准值。

6 结构计算分析

6.1 一般规定

6.1.1 多遇地震作用下的内力和变形分析是对结构地震反应、截面承载力验算和变形验算最基本的要求。按现行国家标准《建筑抗震设计规范》GB 50011 的规定，建筑物当遭受不低于本地区抗震设防烈度的多遇地震影响时，主体结构不受损坏或不需修理可继续使用，与此相应，结构在多遇地震作用下的反应分析的方法，截面抗震验算，以及层间弹性位移的验算，都是以线弹性理论为基础。因此，本条规定，当建筑结构进行多遇地震作用下的内力和变形分析时，可假定结构与构件处于弹性工作状态。

现行国家标准《建筑抗震设计规范》GB 50011 同样也规定：当建筑物遭受高于本地区抗震设防烈度的罕遇地震影响时，不致倒塌或者发生危及生命的严重破坏。高层民用建筑钢结构抗侧力系统相对复杂，有可能发生应力集中和变形集中，严重时会导致重大的破坏甚至倒塌的危险，因此，本条也提出了弹塑性变形采用弹塑性分析方法的要求。

6.1.2 一般情况下，可将楼盖视为平面内无限刚性，结构计算时取为刚性楼盖。根据楼板开洞等实际情况，确定结构计算时是否按弹性楼板计算。

6.1.3 钢筋混凝土楼板与钢梁连接可靠时，楼板可作为钢梁的翼缘，两者共同工作，计算钢梁截面的惯性矩时，可计入楼板的作用。大震时，楼板可能开裂，不计入楼板对钢梁刚度的增大作用。

6.1.5 大量工程实测周期表明：实际建筑物自振周期短于计算周期，为不使地震作用偏小，所以要考虑周期折减。对于高层民用建筑钢结构房屋非承重墙体宜采用填充轻质砌块，填充轻质墙板或外挂墙板。

6.1.7 本条用于控制重力 P-Δ 效应不超过 20%，使结构的稳定具有适宜的安全储备。在水平力作用下，高层民用建筑钢结构的稳定应满足本条的规定，不应放松要求。如不满足本条的规定，应调整并增大结构的侧向刚度。

为了便于广大设计人员理解和应用，本条表达采用了行业标准《高层建筑混凝土结构技术规程》JGJ 3-2010 第 5.5.4 条相同的形式。

6.2 弹性分析

6.2.1 高层民用建筑钢结构是复杂的三维空间受力体系，计算分析时应根据结构实际情况，选取能较准确地反映结构中各构件的实际受力状况的力学模型。目前国内商品化的结构分析软件所采用的力学模型主要有：空间杆系模型、空间杆-墙板元模型以及其他组合有限元模型。

6.2.4 在钢结构设计中，支撑内力一般按两端铰接的计算简图求得，其端部连接的刚度则通过支撑构件的计算长度加以考虑。有弯矩时也应考虑弯矩对支撑的影响。

6.2.5 本条式（6.2.5）参考 J. Struct. Eng，No. 12，ASCE，1990，Tsai K.C. & Povop E.P.，Seismic Panel Zone Design Effects on Elastic story Drift of Steel Frame 一文的方法计算，它忽略了框架分析时节点域刚度的影响，计算结果偏于安全。已在美国 NEHRP 抗震设计手册（第二版）采用。

6.2.6 依据多道防线的概念设计，钢框架-支撑结构、钢框架-延性墙板结构体系中，支撑框架、带延性墙板的框架是第一道防线，在强烈地震中支撑和延性墙板先屈服，内力重分布使框架部分承担的地震剪力增大，二者之和大于弹性计算的总剪力。如果调整的结果框架部分承担的地震剪力不适当增大，则不是“双重抗侧力体系”，而是按刚度分配的结构体系。按美国 IBC 规范的要求，框架部分的剪力调整不小于结构总地震剪力的 25% 则可以认为是双重抗侧力体系了。

6.2.7 体型复杂、结构布置复杂以及特别不规则的高层民用建筑钢结构的受力情况复杂，采用至少两个不同力学模型的结构分析软件进行整体计算分析，可以相互比较和分析，以保证力学分析结果的可靠性。

在计算机软件广泛使用的条件下，除了要选择使用可靠的计算软件外，还应对计算结果从力学概念和工程经验等方面加以分析判断，确认其合理性和可靠性。

6.3 弹塑性分析

6.3.1 对高层民用建筑钢结构进行弹塑性计算分析，可以研究结构的薄弱部位，验证结构的抗震性能，是目前应用越来越多的一种方法。

在进行结构弹塑性计算分析时，应根据工程的重要性、破坏后的危害性及修复的难易程度，设定结构的抗震性能目标。可按本规程第 3.8 节的有关规定执行。

建立结构弹塑性计算模型时，应包括主要结构构件，并反映结构的质量、刚度和承载力的分布以及结构构件的弹塑性性能。

建议弹塑性分析要采用空间计算模型。

6.3.2 结构弹塑性分析主要的是薄弱层的弹塑性变形分析。本条规定了高层民用建筑钢结构构件主要弹塑性变形类型。

6.3.3、6.3.4 结构材料的性能指标（如弹性模量、强度取值等）以及本构关系，与预定的结构或构件的抗震性能有密切关系，应根据实际情况合理选用。如钢材一般选用材料的屈服强度。

结构弹塑性变形往往比弹性变形大很多，考虑结构几何非线性进行计算是必要的，结果的可靠性也会因此有所提高。

结构材料的本构关系直接影响弹塑性分析结果，选择时应特别注意。

弹塑性计算结果还与分析软件的计算模型以及结构阻尼选取、构件破损程度衡量、有限元的划分有关，存在较多的人为因素和经验因素。因此，弹塑性计算分析首先要了解分析软件的适应性，选用适合于所设计工程的软件，然后对计算结果的合理性进行分析判断。工程设计中有时会遇到计算结果出现不合理或怪异现象，需要结构工程师与软件编制人员共同研究解决。

6.3.5 采用静力弹塑性分析方法时，可用能力谱法或其他有效的方法确定罕遇地震时结构层间弹塑性位移角，可取两种水平力沿高度分布模式得到的层间弹塑性位移角的较大值作为罕遇地震作用下该结构的层间弹塑性位移角。

6.4 荷载组合和地震作用组合的效应

6.4.1～6.4.4 本节是高层民用建筑承载能力极限状态设计时作用组合效应的基本要求，主要根据现行国家标准《工程结构可靠性设计统一标准》GB 50153 以及《建筑结构荷载规范》GB 50009、《建筑抗震设计规范》GB 50011 的有关规定制订。①增加了考虑设计使用年限的可变荷载（楼面活荷载）调整系数；②仅规定了持久、短暂设计状况下以及地震设计状况下，作用基本组合时的作用效应设计值的计算公式，对偶然作用组合、标准组合不做强制性规定。有关结构侧向位移的规定见本规程第3.5.2条；③明确了本节规定不适用于作用和作用效应呈非线性关系的情况；④表6.4.4中增加了7度（0.15g）时，也要考虑水平地震、竖向地震作用同时参与组合的情况；⑤对水平长悬臂结构和大跨度结构，表6.4.4增加了竖向地震作用为主要可变作用的组合工况。

第6.4.1条和6.4.3条均适用于作用和作用效应呈线性关系的情况。如果结构上的作用和作用效应不能以线性关系表达，则作用组合的效应应符合现行国家标准《工程结构可靠性设计统一标准》GB 50153的规定。

持久设计状况和短暂设计状况作用基本组合的效应，当永久荷载效应起控制作用时，永久荷载分项系数取1.35，此时参与组合的可变作用（如楼面活荷载、风荷载等）应考虑相应的组合值系数；持久设计状况和短暂设计状况的作用基本组合的效应，当可变荷载效应起控制作用（永久荷载分项系数取1.2）的组合，如风荷载作为主要可变荷载、楼面活荷载作为次要可变荷载时，其组合值系数分别取1.0和0.7；对车库、档案库、储藏室、通风机房和电梯机房等楼面活荷载较大且相对固定的情况，其楼面活荷载组合系数应由0.7改为0.9；持久设计状况和短暂设计状况的作用基本组合的效应，当楼面活荷载作为主要可变荷载、风荷载作为次要可变荷载时，其组合值系数分别取1.0和0.6。

结构设计使用年限为100年时，本条式(6.4.1)中参与组合的风荷载效应应按现行国家标准《建筑结构荷载规范》GB 50009规定的100年重现期的风压值计算；当高层民用建筑对风荷载比较敏感时，风荷载效应计算尚应符合本规程第5.2.4条的规定。

地震设计状况作用基本组合的效应，当本规程有规定时，地震作用效应标准值应首先乘以相应的调整系数、增大系数，然后再进行效应组合。如薄弱层剪力增大、楼层最小地震剪力系数调整、转换构件地震内力放大、钢框架-支撑结构和钢框架-延性墙板结构有关地震剪力调整等。

7度（0.15g）和8、9度抗震设计的大跨度结构、长悬臂结构应考虑竖向地震作用的影响，如高层民用建筑的大跨度转换构件、连体结构的连接体等。

关于不同设计状况的定义以及作用的标准组合、偶然组合的有关规定，可参照现行国家标准《工程结构可靠性设计统一标准》GB 50153。

6.4.6 一般情况下，可不考虑风荷载与罕遇地震作用的组合效应。

7 钢构件设计

7.1 梁

7.1.1 高层民用建筑钢结构除在预估的罕遇地震作用下出现一系列塑性铰外，在多遇地震作用下应保证不损坏。现行国家标准《钢结构设计规范》GB 50017对一般梁都允许出现少量塑性，即在计算强度时引进大于1的截面塑性发展系数γ_x，但对直接承受动荷载的梁，取$\gamma_x=1$。基于上述原因，抗震设计时的梁取$\gamma_x=1.0$。

在竖向荷载作用下，梁的弯矩取节点弯矩；在水平荷载作用下，梁的弯矩取柱面弯矩。

7.1.2 支座处仅以腹板与柱（或主梁）相连的梁，由于梁端截面不能保证完全没有扭转，故在验算整体稳定时，φ_b应乘以0.85的降低系数。

7.1.3、7.1.4 梁的整体稳定性一般由刚性隔板或侧向支撑体系来保证，当有压型钢板现浇钢筋混凝土楼板或现浇钢筋混凝土楼板在梁的受压翼缘上并与其牢固连接，能阻止受压翼缘的侧向位移时，梁不会丧失整体稳定，不必计算其整体稳定性。在梁的受压翼缘上仅铺设压型钢板，当有充分依据时方可不计算梁的整体稳定性。

框架梁在预估的罕遇地震作用下，在可能出现塑性铰的截面（为梁端和集中力作用处）附近均应设置侧向支撑（隅撑），由于地震作用方向变化，塑性铰弯矩的方向也变化，故要求梁的上下翼缘均应设支撑。如梁上翼缘整体稳定性有保证，可仅在下翼缘设支撑。

7.1.5 本条按现行国家标准《钢结构设计规范》GB 50017规定，补充了框架梁端部截面的抗剪强度计算公式。

7.1.6 托柱梁的地震作用产生的内力应乘以增大系数是考虑地震倾覆力矩对传力不连续部位的增值效应，以保证转换构件的设计安全度并具有良好的抗震性能。

7.2 轴心受压柱

7.2.1、7.2.2 轴心受压柱一般为两端铰接，不参与抵抗侧向力的柱。

7.3 框 架 柱

7.3.1 框架柱的强度和稳定，依本规程第6章计算得到的内力，按现行国家标准《钢结构设计规范》GB 50017的有关规定和本节的各项规定计算。

7.3.2 框架柱的稳定计算应符合下列规定：

1 高层民用建筑钢结构，根据抗侧力构件在水平力作用下变形的形态，可分为剪切型（框架结构）、弯曲形（例如高跨比 6 以上的支撑架）和弯剪型；式（7.3.2-1）只适用于剪切型结构，弯剪型和弯曲型计算公式复杂，采用计算机分析更加方便。

2 现行国家标准《钢结构设计规范》GB 50017 对二阶分析时的假想荷载引入钢材强度影响系数 α_y，对强度等级较高的钢材取较大值，若取 α_y 等于 $\sqrt{f_y/235}$，与《钢结构设计规范》GB 50017－2003 规定给出的该系数值基本一致，仅稍大，可使假想水平力表达式简化。

二阶分析法叠加原理严格说来是不适用的，荷载必须先组合才能够进行分析，且工况较多。但考虑到实际工程的二阶效应不大，可近似采用叠加原理。这里规定了对二阶效应采用线性组合时，内力应乘以放大系数，其数值取自式（7.3.2-3）规定的重力荷载组合产生的二阶效应系数。对侧移对应的弯矩进行反施，这个放大系数也应施加于侧移对应的支撑架柱子的轴力上。

3 式（7.3.2-4）的计算长度系数是对框架稳定理论的有侧移失稳的七杆模型的解的拟合，最大误差约 1.5%。

当一个结构中存在只承受竖向荷载，不参与抵抗水平力的柱子时，其余柱子的计算长度系数就应按照式（7.3.2-9）放大。这个放大，不仅包括框架柱，也适用于构成支撑架一部分的柱子的计算长度系数。

4 框架-支撑（含延性墙板）结构体系，存在两种相互作用，第 1 种是线性的，在内力分析的层面上得到自动的考虑，第 2 种是稳定性方面的，例如一个没有承受水平力的结构，其中框架部分发生失稳，必然带动支撑架一起失稳，或者在当支撑架足够刚强时，框架首先发生无侧移失稳。

水平力使支撑受拉屈服，则它不再有刚度为框架提供稳定性方面的支持，此时框架柱的稳定性，按无支撑框架考虑。

但是，如果希望支撑架对框架提供稳定性支持，则对支撑架的要求就是两个方面的叠加：既要承担水平力，还要承担对框架柱提供支撑，使框架柱的承载力从有侧移失稳的承载力增加到无侧移失稳的承载力。

研究表明，这两种要求是叠加的，用公式表达是

$$\frac{S_{ith}}{S_i}+\frac{Q_i}{Q_{iy}}\leqslant 1 \tag{1}$$

$$S_{ith}=\frac{3}{h_i}\left(1.2\sum_{j=1}^{m}N_{jb}-\sum_{j=1}^{m}N_{ju}\right)_i \quad i=1,2,\cdots,n \tag{2}$$

式中：Q_i——第 i 层承受的总水平力（kN）；

Q_{iy}——第 i 层支撑能够承受的总水平力（kN）；

S_i——支撑架在第 i 层的层抗侧刚度（kN/mm）；

S_{ith}——为使框架柱从有侧移失稳转化为无侧移失稳所需要的支撑架的最小刚度（kN/mm）；

N_{jb}——框架柱按照无侧移失稳的计算长度系数决定的压杆承载力（kN）；

N_{ju}——框架柱按照有侧移失稳的计算长度系数决定的压杆承载力（kN）；

h_i——所计算楼层的层高（mm）；

m——本层的柱子数量，含摇摆柱。

《钢结构设计规范》GB 50017－2003 采用了表达式 $S_b\geqslant 3(1.2\sum N_{bi}-\sum N_{0i})$，其中，侧移刚度 S_b 是产生单位侧移倾角的水平力。当改用单位位移的水平力表示时，应除以所计算楼层高度 h_i，因此采用（2）式。

为了方便应用，式（2）进行如下简化：

① 式（2）括号上的有侧移承载力略去，同时 1.2 也改为 1.0，这样得到

$$S_{ith}=\frac{3}{h_i}\sum_{j=1}^{m}N_{ib} \tag{3}$$

② 将上式的无侧移失稳承载力用各个柱子的轴力代替，代入式（1）得到

$$3\frac{\sum N_i}{S_ih_i}+\frac{Q_i}{Q_{iy}}\leqslant 1 \tag{4}$$

而 $\frac{\sum N_i}{S_ih_i}$ 就是二阶效应系数 θ，Q_i/Q_{iy} 就是支撑构件的承载力被利用的百分比，简称利用比，俗称应力比。

对弯曲型支撑架，也有类似于式（1）的公式，因此式（7.3.2-10）适用于任何的支撑架。但是对应弯曲型支撑架，从底部到顶部应采用统一的二阶效应系数，除非结构立面分段（缩进），可以取各段的最大的二阶效应系数。

应力比不满足式（7.3.2-10），但是离 1.0 还有距离，则支撑架对框架仍有一定的支撑作用，此时框架柱的计算长度系数，可以参考有关稳定理论著作计算。

满足式（7.3.2-10）的情况下，框架柱可以按无侧移失稳的模式决定计算长度系数。

5 式（7.3.2-11）早在 20 世纪 40 年代即已提出，与稳定理论的七杆模型的精确结果比较，最大误差仅 1%。

7.3.3 可不验算强柱弱梁的条件之第 1 款第 3）项，系根据陈绍蕃教授的建议进行更正；是将小震地震力加倍得出的内力设计值，而非 01 抗规就是 2 倍地震力产生的轴力。参考美国规定增加了梁端塑性铰外移的强柱弱梁验算公式。骨式连接的塑性铰至柱面的距离，参考 FEMA350 的规定采用；梁端加强型连接可取加强板的长度加四分之一梁高。强柱系数建议以 7 度（0.10g）作为低烈度区分界，大致相当于 AISC 的 C 级，按 AISC 抗震规程，等级 B、C 是低烈度区，

可不执行该标准规定的抗震构造措施。强柱系数实际上已包含系数 1.15，参见本规程第 8.1.5 条式(8.1.5-2)。

7.3.4 一般框筒结构柱不需要满足强柱弱梁的要求，所以对于框筒结构柱要求符合本条轴压比要求，参考日本做法而提出的。轴压比系数的规定按下式计算得到：

$$N \leqslant 0.6 A_c \frac{f}{\gamma_{RE}} \qquad (5)$$

即
$$\frac{N}{A_c f} \leqslant \frac{0.6}{\gamma_{RE}} = \frac{0.6}{0.75} = 0.80 \qquad (6)$$

与结构的延性设计综合考虑，本条偏于安全的规定系数 β：一、二、三级时取 0.75，四级时取 0.80。

7.3.5 柱与梁连接的节点域，应按本条规定验算其抗剪承载力。

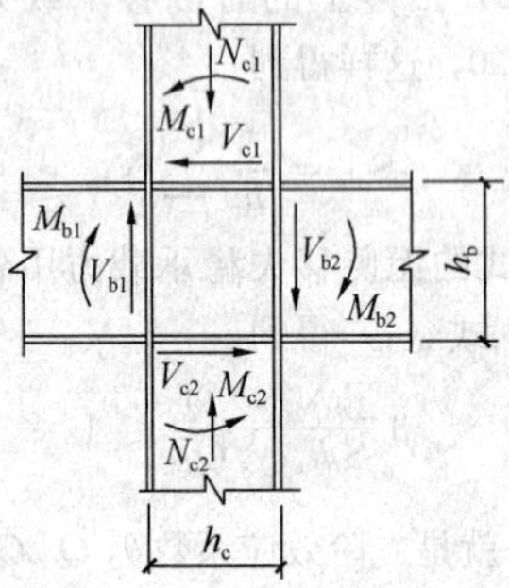

N_{c1}
M_{c1}
V_{c1}
M_{b1}
V_{b1}
V_{b2}
M_{b2}
h_b
V_{c2}
M_{c2}
N_{c2}
h_c

图 1

节点域在周边弯矩和剪力作用下，其剪应力为：

$$\tau = \frac{M_{b1} + M_{b2}}{h_{b1} h_{c1} t_p} - \frac{V_{c1} + V_{c2}}{2h_{c1} t_p} \qquad (7)$$

式中 V_{c1} 和 V_{c2} 分别为上下柱传来的剪力，节点域高度和宽度 h_{c1} 和 h_{c2} 分别取梁翼缘中心间距离。

在工程设计中为了简化计算通常略去式中第二项，计算表明，这样使所得剪应力偏高 20%～30%，所以将式（7.3.5）右侧抗剪强度设计值提高三分之一来代替。试验表明，节点域的实际抗剪屈服强度因边缘构件的存在而有较大提高。

7.3.6 本次修订补充了圆管柱和十字形截面柱节点域有效体积 V_p 的计算公式。对于边长不等的矩形箱形柱，其有效节点域体积可参阅有关文献。

7.3.7 日本规定节点板域尺寸自梁柱翼缘中心线算起，AISC 的节点域稳定公式规定自翼缘内侧算起，为了统一起见，拟取自翼缘中心线算起。美国节点板域稳定公式为高度和宽度之和除以 90，历次修订此式未变；我国同济大学和哈工大做过试验，结果都是 1/70，考虑到试件板厚有一定限制，过去对高层用 1/90，对多层用 1/70。板的初始缺陷对平面内稳定影响较大，特别是板厚有限制时，一次试验也难以得出可靠结果。考虑到该式一般不控制，这次修订统一采用 1/90。

7.3.8 对于抗震设计的高层民用建筑钢结构，节点域应按本条规定验算在预估的罕遇地震作用下的屈服承载力。在抗震设计的结构中，若节点域太厚，将使其不能吸收地震能量。若太薄，又使钢框架的水平位移过大。根据日本的研究，使节点域的屈服承载力为框架梁屈服承载力的（0.7～1.0）倍是适合的。但考虑到日本第一阶段相当于我国 8 度，结合我国实际，为避免由此引起节点域过厚导致多用钢材，本次修订保留了折减系数 ψ，只是将 98 规程的折减系数适当提高，同时将按设防烈度划分改为按抗震等级划分，故三、四级时 ψ 取 0.75，一、二级时 ψ 取 0.85。

7.3.9 框架柱的长细比关系到钢结构的整体稳定。研究表明，钢结构高度加大时，轴力加大，竖向地震对框架柱的影响很大。本条规定比现行国家标准《建筑抗震设计规范》GB 50011 的规定严格。

7.4 梁柱板件宽厚比

7.4.1 本条所列限值是参考了 ANSI/AISC341-10 对主要抗侧力体系的受压板件宽厚比限值以及日本 2004 年提出的规定拟定的。

钢框架梁板件宽厚比应随截面塑性变形发展的程度而满足不同要求。形成塑性铰后需要实现较大转动者，要求最严格。所以按不同的抗震等级划分了不同的要求。梁腹板宽厚比还要考虑轴压力的影响。

按照强柱弱梁的要求，钢框架柱一般不会出现塑性铰，但是考虑材料性能变异，截面尺寸偏差以及一般未计及的竖向地震作用等因素，柱在某些情况下也可能出现塑性铰。因此，柱的板件宽厚比也应考虑按塑性发展来加以限制，不过不需要像梁那样严格。所以本条也按照不同的抗震等级划分了不同的要求。

7.5 中心支撑框架

7.5.1 本条是高层民用建筑钢结构中的中心支撑布置的原则规定。

K 形支撑体系在地震作用下，可能因受压斜杆屈曲或受拉斜杆屈服，引起较大的侧向变形，使柱发生屈曲甚至造成倒塌，故不应在抗震结构中采用。

7.5.2 国内外的研究均表明，支撑杆件的低周疲劳寿命与其长细比成正相关，而与其板件的宽厚比成负相关。为了防止支撑过早断裂，适当放松对按压杆设计的支撑杆件长细比的控制是合理的。欧洲 EC8 对相当于 Q235 钢制成的支撑长细比的限值为 190 左右；美国 ANSI/AISC341－10 规定：对普通中心支撑框架（OCBF）相当于 Q235 钢支撑长细比的限值为 120，而对于延性中心支撑框架（SCBF），不管何钢种的支撑长细比限值均为 200。考虑到本规程没有“普通”和“延性”之分，因此作出了“杆件的长细比不应大于 120……”的规定。

7.5.3 在罕遇地震作用下，支撑杆件要经受较大的弹塑性拉压变形，为了防止过早地在塑性状态下发生板件的局部屈曲，引起低周疲劳破坏，国内外的有关研究表明，板件宽厚比取得比塑性设计要求更小一些，对支撑抗震有利。哈尔滨工业大学试验研究也证明了这种看法。

本条关于板件宽厚比的限值是根据我国研究并参考国外相关规范拟定的。

还有试验表明，双角钢组合T形截面支撑斜杆绕截面对称轴失稳时，会因弯扭屈曲和单肢屈曲而使滞回性能下降，故不宜用于一、二、三级抗震等级的斜杆。

7.5.5 在预估的罕遇地震作用下斜杆反复受拉压，且屈曲后变形增长很大，转为受拉时变形不能完全拉直，这就造成再次受压时承载力降低，即出现退化现象，长细比越大，退化现象越严重，这种现象需要在计算支撑斜杆时予以考虑。式（7.5.5-1）是由国外规范公式加以改写得出的，计算时仍以多遇地震作用为准。

7.5.6 国内外的试验和分析研究均表明，在罕遇地震作用下，人字形和V形支撑框架中的成对支撑会交替经历受拉屈服和受压屈曲的循环作用，反复的整体屈曲，使支撑杆的受压承载力降低到初始稳定临界力的30%左右，而相邻的支撑受拉仍能接近屈服承载力，在横梁中产生不平衡的竖向分力和水平力的作用，梁应按压弯构件设计。显然支撑截面越大，该不平衡力也越大，将使梁截面增大很多，因此取消了98规程中关于该形支撑的设计内力应乘以增大系数1.5的规定，并引入了跨层X形支撑和拉链柱的概念，以便进一步减少支撑跨梁的用钢量。

顶层和出屋面房间的梁可不执行此条。

7.6 偏心支撑框架

7.6.1 偏心支撑框架的每根支撑，至少应有一端交在梁上，而不是交在梁与柱的交点或相对方向的另一支撑节点上。这样，在支撑与柱之间或支撑与支撑之间，有一段梁，称为消能梁段。消能梁段是偏心支撑框架的“保险丝”，在大震作用下通过消能梁段的非弹性变形耗能，而支撑不屈曲。因此，每根支撑至少一端必须与消能梁段连接。

7.6.2、7.6.3 当消能梁段的轴力设计值不超过$0.15Af$时，按AISC规定，忽略轴力影响，消能梁段的受剪承载力取腹板屈服时的剪力和消能梁段两端形成塑性铰时的剪力两者的较小值。本规程根据我国钢结构设计规范关于钢材拉、压、弯强度设计值与屈服强度的关系，取承载力抗震调整系数为1.0，计算结果与AISC相当。当轴力设计值超过$0.15Af$时，则降低梁段的受剪承载力，以保证消能梁段具有稳定的滞回性能。

7.6.5 偏心支撑框架的设计意图是提供消能梁段，当地震作用足够大时，消能梁段屈服，而支撑不屈曲。能否实现这一意图，取决于支撑的承载力。据此，根据抗震等级对支撑的轴压力设计值进行调整，保证消能梁段能进入非弹性变形而支撑不屈曲。

强柱弱梁的设计原则同样适用于偏心支撑框架。考虑到梁钢材的屈服强度可能会提高，为了使塑性铰出现在梁而不是柱中，可将柱的设计内力适当提高。但本条文的要求并不保证底层柱脚不出现塑性铰，当水平位移足够大时，作为固定端的底层柱脚有可能屈服。

为了使塑性铰出现在消能梁段而不是同一跨的框架梁，也应该将同一跨的框架梁的设计弯矩适当提高。

7.7 伸臂桁架和腰桁架

7.7.1 在框架-支撑组成的筒中筒结构或框架-核心筒结构的加强层设置伸臂桁架及（或）腰桁架可以提高结构的侧向刚度，据统计对于200m～300m高度的结构，设置伸臂桁架后刚度可提高15%左右，设置腰桁架可提高5%左右，设计中为提高侧向刚度主要设置伸臂桁架。

由于伸臂桁架形成的加强层造成结构竖向刚度不均匀，使墙、柱形成薄弱层，因此对于抗震设计的结构为提高侧向刚度，优先采用其他措施，尽可能不设置或少设置伸臂桁架。同时由于这个原因提出9度抗震设防区不宜采用伸臂桁架。

抗震设计中设置加强层时，需控制每道伸臂桁架刚度不宜过大，需要时可设多道加强层。

非抗震设计的结构，可采用刚性伸臂桁架。

7.7.2 由于设置伸臂桁架在同层及上下层的核心筒与柱的剪力、弯矩都增大，构件截面设计及构造上需加强。

在高烈度设防区，当在较高的或者特别不规则的高层民用建筑中设置加强层时，宜采取进一步的性能设计要求和措施。在设防地震或预估的罕遇地震作用下，对伸臂桁架及相邻上下各一层的竖向构件提出抗震性能的更高要求，但伸臂桁架腹杆性能要求宜低于弦杆。

由于伸臂桁架上下弦同时承受轴力、弯矩、剪力，与一般楼层梁受力状态不同，在计算模型中应按弹性楼板假定计算上下弦的轴力。

8 连 接 设 计

8.1 一 般 规 定

8.1.1 钢框架的连接主要包括：梁与柱的连接、支撑与框架的连接、柱脚的连接以及构件拼接。连接的高强度螺栓数和焊缝长度（截面）宜在构件选择截面时预估。

8.1.2 钢框架梁柱连接设计的基本要求，与梁柱连接的新计算方法有关，详见计算方法规定。98 规程提到的悬臂段式梁柱连接，根据日本 2007 年 JASS 6 的说明，此种连接形式的钢材和螺栓用量均偏高，影响工程造价，且运输和堆放不便；更重要的是梁端焊接影响抗震性能，1995 年阪神地震表明悬臂梁段式连接的梁端破坏率为梁腹板螺栓连接时的 3 倍，虽然其梁端内力传递性能较好和现场施工作业较方便，但综合考虑不宜作为主要连接形式之一推广采用。1994 年北岭地震和 1995 年阪神地震后，美日均规定梁端采用截面减弱型或加强型连接，目的是将塑性铰由柱面外移以减小梁柱连接的破坏，根据现行国家标准《建筑抗震设计规范》GB 50011 的规定，对一、二级的高层民用建筑钢结构宜采用类似的加强措施。

8.1.3 钢结构连接系数修订，系参考日本建筑学会《钢结构连接设计指南》2006 的规定拟定的，见表 3。

表 3

母材牌号	梁柱连接		支撑连接、构件拼接		柱脚	
	母材破断	高强螺栓破断	母材破断	高强螺栓破断		
SS400	1.40	1.45	1.25	1.30	埋入式	1.2
SM490	1.35	1.40	1.20	1.25	外包式	1.2
SN400	1.30	1.35	1.15	1.20	外露式	1.0
SN490	1.25	1.30	1.10	1.15	—	—

注：1　高强度螺栓的极限承载力计算时按承压型连接考虑；

2　柱脚连接系数用于 H 形柱，对箱形柱和圆管柱取 1.0。

该标准说明，钢柱脚的极限受弯承载力与柱的全塑性受弯承载力之比有下列关系：H 形柱埋深达 2 倍柱宽时该比值可达 1.2；箱形柱埋深达 2 倍柱宽时该比值可达 0.8～1.2；圆管柱埋深达 3 倍外径时该比值可能达到 1.0。因此，对箱形柱和圆管柱柱脚的连接系数取 1.0，且圆管柱的埋深不应小于柱外径的 3 倍。

表 3 中的连接系数包括了超强系数和应变硬化系数。按日本规定，SS 是碳素结构钢，SM 是焊接结构钢，SN 是抗震结构钢，其性能等级是逐步提高的；连接系数随钢种的提高而递减，也随钢材的强度等级递增而递减，是以钢材超强系数统计数据为依据的，而应变硬化系数各国普遍采用 1.1。该文献说明，梁柱连接的塑性要求最高，连接系数也最高，而支撑连接和构件拼接的塑性变形相对较小，故连接系数可取较低值。高强螺栓连接受滑移的影响，且螺栓的强屈比低于相应母材的强屈比，影响了承载力。美国和欧洲规范中都没有这样详细的划分和规定。我国目前对建筑钢材的超强系数还没有作过统计。

8.1.4 梁与柱刚性连接的梁端全熔透对接焊缝，属于关键性焊缝，对于通常处于封闭式房屋中温度保持在 10℃或稍高的结构，其焊缝金属应具有－20℃时 27J 的夏比冲击韧性。

8.1.5 构件受轴力时的全塑性受弯承载力，对工形截面和箱形截面沿用了 98 规程的规定；对圆管截面参考日本建筑学会《钢结构连接设计指南》2001/2006 的规定列入。

8.2　梁与柱刚性连接的计算

8.2.1 梁截面通常由弯矩控制，故梁的极限受剪承载力取与极限受弯承载力对应的剪力加竖向荷载产生的剪力。

8.2.2、8.2.3 本条给出了新计算方法的梁柱连接弹性设计表达式。其中箱形柱壁板和圆管柱管壁平面外的有效高度也适用于连接的极限受弯承载力计算。

01 抗规规定：当梁翼缘的塑性截面模量与梁全截面的塑性截面模量之比小于 70%时，梁腹板与柱的连接螺栓不得少于二列；当计算仅需一列时，仍应布置二列，且此时螺栓总数不得少于计算值的 1.5 倍。该法不能对腹板螺栓数进行定量计算，并导致螺栓用量增多。但 01 抗规规定的方法仍可采用。

8.2.4 本条提出的梁柱连接极限承载力的设计计算方法，适用于抗震设计的所有等级，包括可不做结构抗震计算但仍需满足构造要求的低烈度区抗震结构。

钢框架梁柱连接，弯矩除由翼缘承受外，还可由腹板承受，但由于箱形柱壁板出现平面外变形，过去无法对腹板受弯提出对应的计算公式，采用弯矩由翼缘承受的方法，当弯矩超出翼缘抗弯能力时，只能采用加强腹板连接螺栓或采用螺栓连接和焊缝并用等构造措施，做到使其在大震下不坏。日本建筑学会于 1998 年在《钢结构极限状态设计规范》中提出，梁端弯矩可由翼缘和腹板连接的一部分承受的概念，于 2001 提出完整的设计方法，2006 年又将其扩大到圆管柱。

新方法的特点可概括如下：①利用横隔板（加劲肋）对腹板的嵌固作用，发挥了壁板边缘区的抗弯潜能，解决了箱形柱和圆管柱壁板不能承受面外弯矩的问题；②腹板承受弯矩区和承受剪力区的划分思路合理，解决了腹板连接长期无法定量计算的难题；③梁与工形柱（绕强轴）的连接，以前虽可用内力合成方法解决，但计算繁琐，新方法使计算简化，并显著减少螺栓用量，经济效果显著，值得推广。

本条中的梁腹板连接的极限受弯承载力 M_{uw}^{j} 也可由下式直接计算：

$$M_{uw}^{j}=\frac{d_j(h_m-S_r)^2}{2h_m}t_{wb}\cdot f_{yw}+\frac{b_j^2\cdot d_j+(2d_j^2-b_j^2)h_m-4d_j\cdot h_m^2}{2b_j\cdot h_m}t_{fc}^2\cdot f_{yc} \tag{8}$$

8.2.5 因 $N_{cu2}^{b}\sim N_{cu4}^{b}$ 在破断面积计算时已计入螺栓

数，而 N_{vu}^{b} 和 N_{cul}^{b} 为单螺栓的承载力，故仅对单螺栓承载力乘以有关的螺栓数即可。

8.3 梁与柱连接的形式和构造要求

8.3.1 采用电渣焊时箱形柱壁板最小厚度取 16mm 是经专家论证的，更薄时将难以保证焊件质量。当箱形柱壁板小于该值时，可改用 H 形柱、冷成型柱或其他形式柱截面。

8.3.3 过焊孔是为梁翼缘的全熔透焊缝衬板通过设置的，美国标准称为通过孔，日本标准称为扇形切角，本规程按现行国家标准《钢结构焊接规范》GB 50661 称为过焊孔。01 抗规采用了常规型，并列入 2010 版。其上端孔高 35mm，与翼缘相接处圆弧半径改为 10mm，以便减小该处应力集中；下端孔高 50mm，便于施焊时将火口位置错开，以避免腹板处成为震害源点。改进型与梁翼缘焊缝改用气体保护焊有关，上端孔型与常规型相同，下端孔高改为与上端孔相同，唯翼缘板厚大于 22mm 时下端孔的圆弧部分需适当放宽以利操作，并规定腹板焊缝端部应围焊，以减少该处震害。下孔高度减小使腹板焊缝有效长度增大 15mm，对受力有利。鉴于国内长期采用常规型，目前拟推荐优先采用改进型，并对翼缘焊缝采用气体保护焊。此时，下端过焊孔衬板与柱翼缘接触的一侧下边缘，应采用 5mm 角焊缝封闭，防止地震时引发裂缝。

美国 ANSI/AISC341-10 规定采用 FEMA350 提出的孔型（图 2），其特点是上下对称，在梁轴线方向孔较长，可适应较大转角，应力集中普遍较小。我国对此种梁端连接形式尚缺少试验验证，采用时应进行试验。

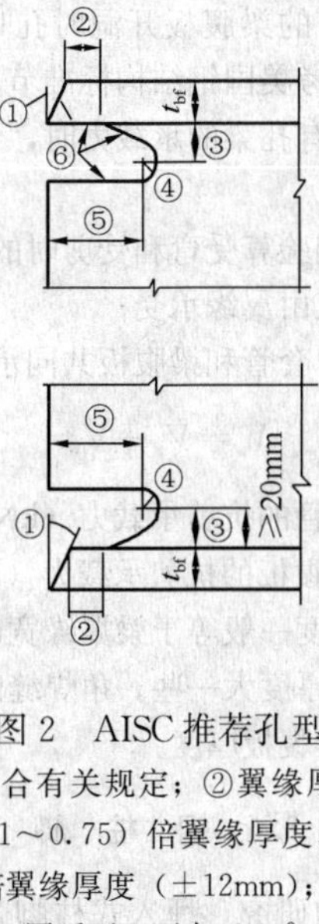

①
②
③
④
⑤
⑥
t_{bf}
≥20mm

图 2 AISC 推荐孔型

①坡口角度符合有关规定；②翼缘厚度或 12mm，取小者；③（1～0.75）倍翼缘厚度；④最小半径 19mm；⑤3 倍翼缘厚度（±12mm）；⑥表面平整，圆弧开口不大于 25°

ANSI/AISC341-10 规定了四条关键性焊缝，即：梁翼缘与框架柱连接，梁腹板与框架柱连接，梁腹板与柱连接板连接和框架柱的拼接。按本规定，一、二级时对梁翼缘与柱连接焊缝应满足规定的冲击韧性要求，对其余焊缝采取构造措施加强。

8.3.4 本条推荐在一、二级时采用的梁柱刚性连接节点，形式有：梁翼缘扩翼式、梁翼缘局部加宽式、梁翼缘盖板式、梁翼缘板式、梁骨式连接。

梁翼缘加强型节点塑性铰外移的设计原理如图 3 所示。通过在梁上下翼缘局部焊接钢板或加大截面，达到提高节点延性，在罕遇地震作用下获得在远离梁柱节点处梁截面塑性发展的设计目标。

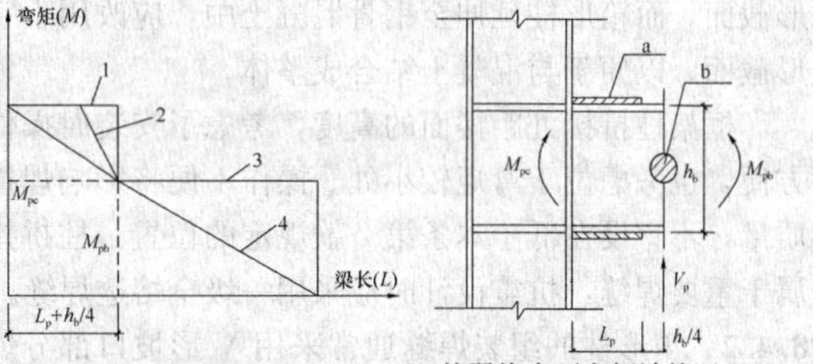

弯矩(M)
1
2
3
4
M_{pc}
M_{pb}
梁长(L)
$L_p+h_b/4$
a
b
M_{pc}
h_b
M_{pb}
V_p
L_p
$h_b/4$

(a) 梁加强式节点设计原理 (b) 柱翼缘表面弯矩计算原理

图 3

1—翼缘板（盖板）抗弯承载力；2—侧板（扩翼式）抗弯承载力；3—钢梁抗弯承载力；4—外荷载产生弯矩；a—加强板；b—塑性铰

8.3.6 加劲肋承受梁翼缘传来的集中力，与梁翼缘轴线对齐施工时难以保证，参考日本做法改为将外边缘对齐。其厚度应比梁翼缘厚 2mm，是考虑板厚存在的公差，且连接存在偏心。加劲肋应采用与梁翼缘同等强度的钢材制作，不得用较低强度等级的钢材，以保证必要的承载力。

8.3.8 对焊接组合柱，宜加厚节点板，将柱腹板在节点域范围更换为较厚板件。加厚板件应伸出柱横向加劲肋之外各 150mm，并采用对接焊缝与柱腹板相连。

轧制 H 形柱贴焊补强板时，其上、下边缘可不伸过柱横向加劲肋或伸过柱横向加劲肋之外各 150mm。当不伸过横向加劲肋时，横向加劲肋应与柱腹板焊接，补强板与横向加劲肋之间的角焊缝应能传递补强板所分担的剪力，且厚度不小于 5mm。当补强板伸过柱横向加劲肋时，横向加劲肋仅与补强板焊接，此焊缝应能将加劲肋传来的力传递给补强板，补强板的厚度及其焊缝应按传递该力的要求设计。补强板侧边可采用角焊缝与柱翼缘相连，其板面尚应采用塞焊与柱腹板连成整体。塞焊点之间的距离，不应大于相连板件中较薄板件厚度的 21 $\sqrt{235/f_y}$ 倍。

8.3.9 日本《钢结构标准连接——H 形钢篇》SCSS-H97 规定："楼盖次梁与主梁用高强度螺栓连接，采取了考虑偏心影响的设计方法，次梁端部的连接除传递剪力外，还应传递偏心弯矩。但是，当采用现浇钢筋混凝土楼板将主梁与次梁连成一体时，偏心弯矩将由混凝土楼板承担，次梁端部的连接计算可忽略偏心弯矩的作用”。参考此规定，凡符合上述条件者，楼盖次梁与钢梁的连接在计算时可以忽略螺栓连接引起的偏心弯矩的影响，此时楼板厚度应符合设计标准的要求（采用组合板时，压型钢板顶面以上的混凝土厚度不应小于 80mm）。

8.4 柱与柱的连接

8.4.1 当高层民用建筑钢结构底部有钢骨混凝土结构层时，H 形截面钢柱延伸至钢骨混凝土中仍为 H 形截面，而箱形柱延伸至钢骨混凝土中，应改用十字形截面，以便于与混凝土结合成整体。

框架柱拼接处距楼面的高度，考虑了安装时操作方便，也考虑位于弯矩较小处。操作不便将影响焊接质量，不宜设在低于本条第 2 款规定的位置。柱拼接属于重要焊缝，抗震设计时应采用一级全熔透焊缝。

8.4.2 箱形柱的组装焊缝通常采用 V 形坡口部分熔透焊缝，其有效熔深不宜小于板厚的 1/3，对抗震设计的结构不宜小于板厚的 1/2 。

柱在主梁上下各 600mm 范围内，应采用全熔透焊缝，是考虑该范围柱段在预估的罕遇地震作用时将进入塑性区。600mm 是日本在工程设计中通常采用的数值，当柱截面较小时也有采用 500mm 的。

8.4.3 箱形柱的耳板宜仅设置在一个方向，对工地施焊比较方便。

8.4.4 美国 AISC 规范规定，当柱支承在承压板上或在拼接处端部铣平承压时，应有足够螺栓或焊缝使所有部件均可靠就位，接头应能承受由规定的侧向力和 75%的计算永久荷载所产生的任何拉力。日本规范规定，在不产生拉力的情况下，端部紧密接触可传递 25%的压力和 25%的弯矩。我国现行国家标准《钢结构设计规范》GB 50017 规定，轴心受压柱或压弯柱的端部为铣平端时，柱身的最大压力由铣平端传递，其连接焊缝，铆钉或螺栓应按最大压力的 15%计算。考虑到高层民用建筑的重要性，本条规定，上下柱接触面可直接传递压力和弯矩各 25%。

8.4.5 当按内力设计柱的拼接时，可按本条规定设计。但在抗震设计的结构中，应按本规程第 8.4.1 条的规定，柱的拼接采用坡口全熔透焊缝和柱身等强，不必做相应计算。

8.4.6 图 8.4.6 所示箱形柱的工地接头，是日本高层民用建筑钢结构中采用的典型构造方式，在我国已建成的高层民用建筑钢结构中也被广泛采用。下柱横隔板应与柱壁板焊接一定深度，使周边铣平后不致将焊根露出。

8.4.7 当柱需要改变截面时，宜将变截面段设于梁接头部位，使柱在层间保持等截面，变截面端的坡度不宜过大。为避免焊缝重叠，柱变截面上下接头的标高，应离开梁翼缘连接焊缝至少 150mm。

8.4.8 伸入长度参考日本规定采用。十字形截面柱的接头，在抗震设计的结构中应采用焊接。十字形柱与箱形柱连接处的过渡段，位于主梁之下，紧靠主梁。伸入箱形柱内的十字形柱腹板，通过专用工具来焊接。

在钢结构向钢骨混凝土结构过渡的楼层，为了保证传力平稳和提高结构的整体性，栓钉是不可缺少的。

8.5 梁与梁的连接和梁腹板设孔的补强

8.5.1 本条所规定的连接形式中，第 1 种形式应用最多。

8.5.2 高强度螺栓拼接在弹性阶段的抗弯计算，腹板的弯矩传递系数需乘以降低系数，是因为梁弯矩是在翼缘和腹板的拼接板间按其截面惯性矩所占比例进行分配的，由于梁翼缘的拼接板长度大于腹板拼接板长度，在其附近的梁腹板弯矩，有向刚度较大的翼缘侧传递的倾向，其结果使腹板拼接部分承受的弯矩减小。日本《钢结构连接设计指南》（2001/2006）根据试验结果对腹板拼接所受弯矩考虑了折减系数 0.4，本条参考采用。

8.5.4 次梁与主梁的连接，一般为次梁简支于主梁，次梁腹板通过高强度螺栓与主梁连接。次梁与主梁的刚性连接用于梁的跨度较大，要求减小梁的挠度时。图 8.5.4 为次梁与主梁刚性连接的构造举例。

8.5.5 朱聘儒等学者对负弯矩区段组合梁钢部件的稳定性作了计算分析，指出负弯矩区段内的梁部件名义上虽是压弯构件，由于其截面轴压比较小，稳定问题不突出。

8.5.6 本条提出的梁腹板开洞时孔口及其位置的尺寸规定，主要参考美国钢结构标准节点构造大样。

用套管补强有孔梁的承载力时，可根据以下三点考虑：

1）可分别验算受弯和受剪时的承载力；

2）弯矩仅由翼缘承受；

3）剪力由套管和梁腹板共同承担，即

$$V = V_s + V_w \quad (9)$$

式中：V_s——套管的抗剪承载力（kN）；

V_w——梁腹板的抗剪承载力（kN）。

补强管的长度一般等于梁翼缘宽度或稍短，管壁厚度宜比梁腹板厚度大一些。角焊缝的焊脚长度可以取 $0.7t_w$，t_w为梁腹板厚度。

8.6 钢 柱 脚

8.6.1 据日本的研究，埋入式柱脚管壁局部变形引起的应力集中，使角部应力最大，而冷成型钢管柱角部因冷加工使钢材变脆。在埋入部分的上端，应采用内隔板、外隔板、内填混凝土或外侧设置栓钉等措施，对箱形柱壁板进行加强。当采用外隔板时，外伸部分的长度应不小于管径的 1/10，板厚不小于钢管柱壁板厚度。

8.6.2 外露式柱脚应用于各种柱脚中，外包式柱脚和埋入式柱脚中钢柱部分与基础的连接，都应按抗弯要求设计。锚栓承载力计算参考了高强度螺栓连接（承压型）同时受拉受剪的承载力计算规定。锚栓抗剪时的孔径不大于锚栓直径加 5mm 左右的要求，是参考国外规定，国内已有工程成功采用。当不能做到时，应设置抗剪键。

8.6.3 外包式柱脚的设计参考了日本的新规定，与以前的规定相比，在受力机制上有较大修改。它不再通过栓钉抗剪形成力偶传递弯矩，甚至对栓钉设置未作明确规定（但栓钉对加强柱脚整体性作用是不可或缺的），抗弯机制由钢筋混凝土外包层中的受拉纵筋和外包层受压区混凝土受压形成对弯矩的抗力。试验表明，它的破坏过程首先是钢柱本身屈服，随后外包层受拉区混凝土出现裂缝，然后外包层在平行于受弯方向出现斜拉裂缝，进而使外包层受拉区粘结破坏。为了确保外包层的塑性变形能力，要求在外包层顶部钢柱达到 M_{pc} 时能形成塑性铰。但是当柱尺寸较大时，外包层高度增大，此要求不易满足。

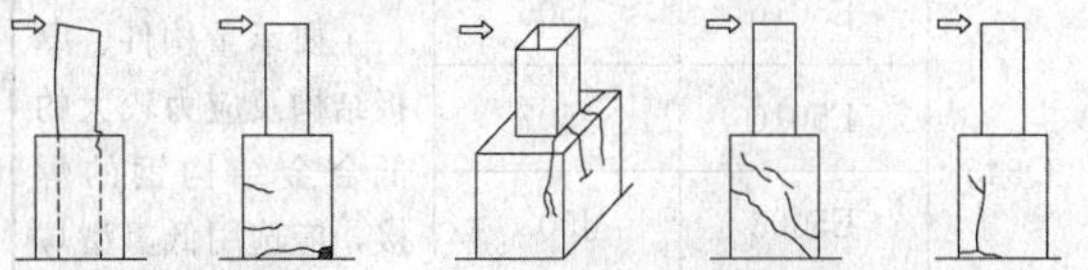

(a) 柱屈服 (b) 弯曲裂缝 (c) 承压裂缝 (d) 斜拉裂缝 (e) 粘结裂缝

图 4 外包式柱脚的受力机制

外包式柱脚设计应注意的主要问题是：①当外包层高度较低时，外包层和柱面间很容易出现粘结破坏，为了确保刚度和承载力，外包层应达到柱截面的 2.5 倍以上，其厚度应符合有效截面要求。②若纵向钢筋的粘结力和锚固长度不够，纵向钢筋在屈服前会拔出，使承载力降低。为此，纵向钢筋顶部一定要设弯钩，下端也应设弯钩并确保锚固长度不小于 $25d$。③如果箍筋太少，外包层就会出现斜裂缝，箍筋至少要满足通常钢筋混凝土柱的设计要求，其直径和间距应符合现行国家标准《混凝土结构设计规范》GB 50010 的规定。为了防止出现承压裂缝，使剪力能从纵筋顺畅地传给钢筋混凝土，除了通常的箍筋外，柱顶密集配置三道箍筋十分重要。④抗震设计时，在柱脚达到最大受弯承载力之前，不应出现剪切裂缝。⑤采用箱形柱或圆管柱时，若壁板或管壁局部变形，承压力会集中出现在局部。为了防止局部变形，柱壁板宽厚比和径厚比应符合现行国家标准《钢结构设计规范》GB 50017 关于塑性设计规定。也可在柱脚部分的钢管内灌注混凝土。

8.6.4 当边（角）柱混凝土保护层厚度较小时，可能出现冲切破坏，可用下列方法之一补强：①设置栓钉。根据过去的研究，栓钉对于传递弯矩没有什么支配作用，但对于抗拉，由于栓钉受剪，能传递内力。②锚栓。因柱子的弯矩和剪力是靠混凝土的承压力传递的，当埋深较深时，在锚栓中几乎不引起内力，但柱受拉时，锚栓对传递内力起支配作用。在埋深较浅的柱脚中，加大埋深，提高底板和锚栓的刚度，可对锚栓传力起积极作用，已得到试验确认。

8.7 中心支撑与框架连接

8.7.1 为了安装方便，有时将支撑两端在工厂与框架构件焊接在一起，支撑中部设工地拼接，此时拼接应按式（8.7.1）计算。

8.7.2 采用支托式连接时的支撑平面外计算长度，是参考日本的试验研究结果和有关设计规定提出的。H 形截面支撑腹板位于框架平面内时的计算长度，是根据主梁上翼缘有混凝土楼板、下翼缘有隅撑以及楼层高度等情况提出来的。

8.7.3 试验表明当支撑杆件发生出平面失稳时，将带动两端节点板的出平面弯曲。为了不在单壁节点板内发生节点板的出平面失稳，又能使节点板产生非约束的出平面塑性转动，可在支撑端部与假定的节点板约束线之间留有 2 倍节点板厚的间隙。按 UBC 规定，当支撑在节点板平面内屈曲时，支撑连接的设计承载力不应小于支撑截面承载力，以确保塑性铰出现在支撑上而不是节点板。当支撑可能在节点板平面外屈曲时，节点板应按支撑不致屈曲的受压承载力设计。

8.8 偏心支撑框架的构造要求

8.8.1 构件宽厚比参照 AISC 的规定作了适当调整。当梁上翼缘与楼板固定但不能表明其下翼缘侧向固定时，仍需设置侧向支撑。

8.8.3 支撑斜杆轴力的水平分量成为消能梁段的轴向力，当此轴向力较大时，除降低此梁段的受剪承载力外，还需减少该梁段的长度，以保证消能梁段具有良好的滞回性能。

8.8.4 由于腹板上贴焊的补强板不能进入弹塑性变形，因此不能采用补强板，腹板上开洞也会影响其弹塑性变形能力。

8.8.5 为使消能梁段在反复荷载作用下具有良好的滞回性能，需采取合适的构造并加强对腹板的约束：

1 消能梁段与支撑斜杆连接处，需设置与腹板等高的加劲肋，以传递梁段的剪力并防止梁腹板屈曲。

2 消能梁段腹板的中间加劲肋，需按梁段的长度区别对待，较短时为剪切屈服型，加劲肋间距小些；较长时为弯曲屈服型，需在距端部 1.5 倍的翼缘宽度处设置加劲肋；中等长度时需同时满足剪切屈服型和弯曲屈服型要求。消能梁段一般应设计成剪切屈服型。

8.8.7 偏心支撑的斜杆轴线与梁轴线的交点，一般在消能梁段的端部，也允许在消能梁段内，此时将产生与消能梁段端部弯矩方向相反的附加弯矩，从而减少消能梁段和支撑杆的弯矩，对抗震有利；但交点不应在消能梁段以外，因此时将增大支撑和消能梁段的弯矩，于抗震不利。

8.8.8 消能梁段两端设置翼缘的侧向隅撑，是为了承受平面外扭转作用。

8.8.9 与消能梁段处于同一跨内的框架梁，同样承受轴力和弯矩，为保持其稳定，也需设置翼缘的侧向隅撑。

9 制作与涂装

9.1 一般规定

9.1.1 钢结构的施工详图，应由承担制作的钢结构制作单位负责绘制且应具有钢结构工程施工资质。编制施工详图时，设计人员应详细了解并熟悉最新的工程规范以及工厂制作和工地安装的专业技术。

施工详图审批认可后，由于材料代用、工艺或其他原因，可能需要进行修改。修改时应向原设计单位申报，并签署文件后才能生效，作为施工的依据。

9.1.2 钢结构的制作是一项很严密的流水作业过程，应当根据工程特点编制制作工艺。制作工艺应包括：施工中所依据的标准，制作厂的质量保证体系，成品的质量保证体系和为保证成品达到规定的要求而制定的措施，生产场地的布置，采用的加工、焊接设备和工艺装备，焊工和检查人员的资质证明，各类检查项目表格，生产进度计算表。一部完整的考虑周密的制作工艺是保证质量的先决条件，是制作前期工作的重要环节。

9.1.3 在制作构造复杂的构件时，应根据构件的组成情况和受力情况确定其加工、组装、焊接等的方法，保证制作质量，必要时应进行工艺性试验。

9.1.4 本条规定了对钢尺和其他主要测量工具的检测要求，测量部门的校定是保证质量和精度的关键。校定得出的钢卷尺各段尺寸的偏差表，在使用中应随时依照调整。由于高层民用建筑钢结构工程施工周期较长，随着气温的变化，会使量具产生误差，特别是在大量工程测量中会更为明显，各个部门要按气温情况来计算温度修正值，以保证尺寸精度。

9.2 材 料

9.2.1 本条对采用的钢材必须具有质量证明书并符合各项要求，作出了明确规定，对质量有疑义的钢材应抽样检查。这里的“疑义”是指对有质量证明书的材料有怀疑，而不包括无质量证明书的材料。

对国内材料，考虑其实际情况，对材质证明中有个别指标缺项者，可允许补作试验。

9.2.2 本条款提到的各种焊接材料、螺栓、防腐材料，为国家标准规定的产品或设计文件规定使用的产品，故均应符合国家标准的规定和设计要求，并应有质量证明书。

选用的焊接材料，应与构件所用钢材的强度相匹配，必要时应通过试验确定。表4、表5仅做参考，选用时应根据焊接工艺的具体情况作出适当的修正。厚板的焊接，特别是当低合金结构钢的板厚大于25mm时，应采用碱性低氢焊条，若采用酸性焊条，会使焊缝金属大量吸收氢，甚至引起焊缝开裂。

表4 焊条选用表

钢号	焊条型号		备注
	国标	牌号	
Q235	E4303	J422	厚板结构的焊条宜选用低氢型焊条
	E4316	J426	
	E4315	J427	
	E4301	J423	
Q345	E5016	J506	主要承重构件、厚板结构及应力较大的低合金结构钢的焊接，应选用低氢型焊条，以防低氢脆
	E5016	J507	
	E5003	J502	
	E5001	J503	

表5 自动焊、半自动焊的焊丝和焊剂选用表

钢号	焊条型号	备注
Q235	H08A+HJ431	H08Mn2Si
	H08A+HJ430	
	H08MnA+HJ230	
Q345	H08A+HJ431	H08Mn2SiA
	H08A+HJ430	
	H08Mn2+HJ230	

本条款对焊接材料的贮存和管理做了必要的规定，编写时参考了现行行业标准《焊接材料质量管理规程》JB/T 3223、焊接材料产品样本等资料。由于各种资料提法不一，本规程仅对两项指标进行了一般性的规定。焊接材料保管的好坏对焊接质量影响很大，因此在条件许可时，应从严控制各项指标。

螺栓的质量优劣对连接部位的质量和安全以及构件寿命的长短都有影响，所以应严格按规定存放、管理和使用。扭矩系数是高强度螺栓的重要指标，若螺栓碰伤、混批，扭矩系数就无法保证，因此有以上问题的高强度螺栓应禁用。

在腐蚀损失中，钢结构的腐蚀损失占有重要份额，因此对高层民用建筑钢结构采用的防腐涂料的质量，应给予足够重视。对防腐涂料应加强管理，禁止使用失效涂料，保证涂装质量。

9.3 放样、号料和切割

9.3.1 为保证钢结构的制作质量，凡几何形状不规则的节点，均应按1：1放足尺大样，核对安装尺寸和焊缝长度，并根据需要制作样板或样杆。

焊接收缩量可根据分析计算或参考经验数据确定，必要时应作工艺试验。

9.3.2 钢框架柱的弹性压缩量，应根据经常作用的荷载引起的柱轴力确定。压缩量与分担的荷载面积有关，周边柱压缩量较小，中间柱压缩量较大，因此，各柱的压缩量是不等的。根据日本《超高层建筑》构造篇的介绍，弹性压缩需要的长度增量在相邻柱间相差不超过5mm时，对梁的连接在容许范围之内，可以采用相同的增量。这样，可以按此原则将柱子分为若干组，从而减少增量值的种类。在钢结构和混凝土混合结构高层建筑中，混凝土剪力墙的压应力较低，而柱的压应力很高，二者的压缩量相差颇大，应予以特别重视。

9.3.3 关于号料和切割的要求，要注意下列事项：

1 弯曲件的取料方向，一般应使弯折线与钢材轧制方向垂直，以防止出现裂纹。

2 号料工作应考虑切割的方法和条件，要便于切割下料工序的进行。

3 钢结构制作中，宽翼缘型钢等材料采用锯切下料时，切割面一般不需再加工，从而可大大提高生产效率，宜普遍推广使用，但有端部铣平要求的构件，应按要求另行铣端。由于高层民用建筑钢结构构件的尺寸精度要求较高，下料时除锯切外，还应尽量使用自动切割、半自动切割、切板机等，以保证尺寸精度。

9.4 矫正和边缘加工

9.4.1 对矫正的要求可说明如下：

1 本条规定了矫正的一般方法，强调要根据钢材的特性、工艺的可能性以及成形后的外观质量等因素，确定矫正方法；

2 碳素结构钢和低合金高强度结构钢允许加热矫正的工艺要求，在现行国家标准《钢结构工程施工质量验收规范》GB 50205中已有具体规定，故本条只提出原则要求。

9.4.2 对边缘加工的要求，可说明如下：

1 精密切割与普通火焰切割的切割机具和切割工艺过程基本相同，但精密切割采用精密割咀和丙烷气，切割后断面的平整和尺寸精度均高于普通火焰切割，可完成焊接坡口加工等，以代替刨床加工，对提高切割质量和经济效益有很大益处。本条规定的目的，是提高制作质量和促进我国钢结构制作工艺的进步。

2 钢结构的焊接坡口形式较多，精度要求较高，采用手工方法加工难以保证质量，应尽量使用机械加工。

3 使用样板控制焊接坡口尺寸及角度的方法，是方便可行的，但要时常检验，应在自检、互检和交检的控制下，确保其质量。

4 本条参考了现行国家标准《钢结构工程施工质量验收规范》GB 50205的规定，并增加了被加工表面的缺口、清渣及坡度的要求，为了更为明确，以表格的形式表示。

在表9.4.2中，边线是指刨边或铣边加工后的边线，规定的容许偏差是根据零件尺寸或不经划线刨边和铣边的零件尺寸的容许偏差确定的，弯曲矢高的偏差不得与尺寸偏差叠加。

9.5 组　装

9.5.1 对组装的要求，可作如下说明：

1 构件的组装工艺要根据高层民用建筑钢结构的特点来考虑。组装工艺应包括：组装次序、收缩量分配、定位点、偏差要求、工装设计等。

2 零部件的检查应在组装前进行，应检查编号、数量、几何尺寸、变形和有害缺陷等。

9.5.2 组装允许偏差，按照现行国家标准《钢结构工程施工质量验收规范》GB 50205的有关规定执行。

9.6 焊　接

9.6.1 高层民用建筑钢结构的焊接与一般建筑钢结构的焊接有所不同，对焊工的技术水平要求更高，特别是几种新的焊接方法的采用，使得焊工的培训工作显得更为重要。因此，在施工中焊工应按照其技术水平从事相应的焊接工作，以保证焊接质量。

停焊时间的增加和技术的老化，都将直接影响焊接质量。因此，对焊工应每三年考核一次，停焊超过半年的焊工应重新进行考核。

9.6.2 首次采用是指本单位在此以前未曾使用过的钢材、焊接材料、接头形式及工艺方法，都必须进行工艺评定。工艺评定应对可焊性、工艺性和力学性能等方面进行试验和鉴定，达到规定标准后方可用于正式施工。在工艺评定中应选出正确的工艺参数指导实际生产，以保证焊接质量能满足设计要求。

9.6.3 高层民用建筑钢结构对焊接质量的要求高，厚板较多、新的接头形式和焊接方法的采用，都对工艺措施提出更严格的要求。因此，焊接工作必须在焊接工程师的指导下进行，并应制定工艺文件，指导施工。

施工中应严格按照工艺文件的规定执行，在有疑义时，施工人员不得擅自修改，应上报技术部门，由主管工程师根据情况进行处理。

9.6.4 由于生产的焊条各个厂都有各自的配方和工艺流程，控制含水率的措施也有差异，因此本规程对焊条的烘焙温度和时间未做具体规定，仅规定按产品说明书的要求进行烘焙。

低氢型焊条的烘焙次数过多，药皮中的铁合金容易氧化，分解碳酸盐，易老化变质，降低焊接质量，所以本规程对反复烘焙次数进行了控制，以不超过二次为限。

本条款的制定，参考了国家现行标准《焊接材料质量管理规程》JB/T 3223、《钢结构焊接规范》GB 50661和美国标准《钢结构焊接规范》ANSI/AWS D1.1-88。

9.6.5 为了严格控制焊剂中的含水量，焊剂在使用前必须按规定进行烘焙。焊丝表面的油污和锈蚀在高温作用下会分解出气体，易在焊缝中造成气孔和裂纹等缺陷，因此，对焊丝表面必须仔细进行清理。

9.6.6 本条款选自原国家机械委员会颁布的《二氧化碳气体保护焊工艺规程》JB 2286－87、用于二氧化碳气体保护焊的保护气体，必须满足本条款之规定数值，方可达到良好的保护效果。

9.6.7 焊接场地的风速大时，会破坏二氧化碳气体对焊接电弧的保护作用，导致焊缝产生缺陷。因此，本条给出了风速限值，超过此限值时应设置防护装置。

9.6.8 装配间隙过大会影响焊接质量，降低接头强度。定位焊的施焊条件较差，出现各种缺陷的机会较多。焊接区的油污、锈蚀在高温作用下分解出气体，易造成气孔、裂纹等缺陷。据此，特对焊前进行检查和修整做出规定。

9.6.9 本条是对一些较重要的焊缝应配置引弧板和引出板作出的具体规定。焊缝通过引板过渡升温，可以防止构件端部未焊透、未熔合等缺陷，同时也对消除熄弧处弧坑有利。

9.6.10 在焊区以外的母材上打火引弧，会导致被烧伤母材表面应力集中，缺口附近的断裂韧性值降低，承受动荷载时的疲劳强度也将受到影响，特别是低合金结构钢对缺口的敏感性高于碳素结构钢，故更应避免"乱打弧"现象。

9.6.11 本条的制定参考了现行国家标准《钢结构工程施工质量验收规范》GB 50205和部分国内高层民用建筑钢结构制作的有关技术资料。钢板厚度越大，散热速度越快，焊接热影响区易形成组织硬化，生成焊接残余应力，使焊缝金属和熔合线附近产生裂纹。当板厚超过一定数值时，用预热的办法减慢冷却速度，有利于氢的逸出和降低残余应力，是防止裂纹的一项工艺措施。

本条仅给出了环境温度为0℃以上时的预热温度，对于环境温度在0℃以下者未做具体规定，制作单位应通过试验确定适当的预热温度。

9.6.12 后热处理也是防止裂纹的一项措施，一般与预热措施配合使用。后热处理使焊件从焊后温度过渡到环境温度的过程延长，即降低冷却速度，有利于焊缝中氢的逸出，能较好地防止冷裂纹的产生，同时能调整焊接收缩应力，防止收缩应力裂纹。考虑到高层民用建筑钢结构厚板较多，防止裂纹是关键问题之一，故将后热处理列入规程条款中。因各工程的具体情况不同，各制作单位的施焊条件也不同，所以未做硬性规定，制作单位应通过工艺评定来确定工艺措施。

9.6.13 高层民用建筑钢结构的主要受力节点中，要求全熔透的焊缝较多，清根则是保证焊缝熔透的措施之一。清根方法以碳弧气刨为宜，清根工作应由培训合格的人员进行，以保证清根质量。

9.6.14 层状撕裂的产生是由于焊缝中存在收缩应力，当接头处拘束度过大时，会导致沿板厚度方向产生较大的拉力，此时若钢板中存在片状硫化夹杂物，就易产生层状撕裂。厚板在高层民用建筑钢结构中应用较多，特别是大于50mm厚板的使用，存在着层状撕裂的危险。因此，防止沿厚度方向产生层状撕裂是梁柱接头中最值得注意的问题。根据国内外一些资料的介绍和一些制作单位的经验，本条款综合给出了几个方面可采取的措施。由于裂纹的形成是错综复杂的，所以施工中应采取哪些措施，需依据具体情况具体分析而定。

碳当量法是将各种元素按相当于含碳量的作用总合起来，碳是各种合金元素中对钢材淬硬、冷裂影响最明显的因素，国际焊接学会推荐的碳当量为 C_{eq}（%）$=C+Mn/6+(Ni+Cu)/15+(Cr+Mo+V)/5$，$C_{eq}$值越高，钢材的淬硬倾向越大，需较高的预热温度和严格的工艺措施。

焊接裂纹敏感系数是日本提出和应用的，它计入钢材化学成分，同时考虑板厚和焊缝含氢量对裂纹倾向的影响，由此求出防止裂纹的预热温度。焊接裂纹敏感性指数 P_{cm}（%）$=C+Si/30+Mn/20+Cu/20+Ni/60+Cr/20+Mo/15+V/10+5B$，预热温度 T℃$=1440P_{cm}-392$。

9.6.15 消耗熔嘴电渣焊在高层民用建筑钢结构中是常用的一种焊接技术，由于熔嘴电渣焊的施焊部位是封闭的，消除缺陷相当困难，因此要求改善焊接环境和施焊条件，当出现影响焊接质量的情况时，应停止焊接。

为保证焊接工作的正常进行，对垫板下料和加工精度应严格要求，并应严格控制装配间隙。间隙过大易使熔池铁水泄漏，造成缺陷。当间隙大于1mm时，应进行修整和补救。

焊接时应由两台电渣焊机在构件两侧同时施焊，以防焊件变形。因焊接电压随焊接过程而变化，施焊时应随时注意调整，以保持规定数值。

焊接过程中应使焊件处于赤热状态，其表面温度在800℃以上时熔合良好，当表面温度不足800℃时，应适当调整焊接工艺参数，适量增加渣池的总热能。采用电渣焊的板材宜选用热轧、正火的钢材。

9.6.16 栓钉焊接面上的水、锈、油等有害杂质对焊接质量有影响，因此，在焊接前应将焊接面上的杂质仔细清除干净，以保证栓焊的顺利进行。从事栓钉焊的焊工应经过专门训练，栓钉焊所用电源应为专门电源，在与其他电源并用时必须有足够的容量。

9.6.17 栓钉焊是一种特殊焊接方法，其检查方法不同于其他焊接方法，因此，本规程将栓钉焊的质量检验作为一项专门条款给出。本条款的编制按现行国家标准《钢结构工程施工质量验收规范》GB 50205和参考了日本的有关标准和资料。

栓钉焊缝外观应全部检查，其焊肉形状应整齐，焊接部位应全部熔合。

需更换不合格栓钉时，在去掉旧栓钉以后，焊接新栓钉之前，应先修补母材，将母材缺损处磨修平整，然后再焊新栓钉，更换过的栓钉应重新做弯曲试验，以检验新栓钉的焊接质量。

9.6.18 本条款对焊缝质量的外观检查时间进行了规定，这里考虑延迟裂纹的出现需要一定的时间，而高层民用建筑钢结构构件采用低合金高强度结构钢及厚板较多，存在延迟断裂的可能性更大，对构件的安全存在着潜在的危险，因此应对焊缝的检查时间进行控制。考虑到实际生产情况，将全部检查项目都放到24h后进行有一定困难，所以仅对24h后应对裂纹倾向进行复验作出了规定。

本条款在严禁的缺陷一项中，增加了熔合性飞溅的内容。当熔合性飞溅严重时，说明施焊中的焊接热能量过大，由此造成施焊区温度过高，接头韧性降低，影响接头质量，因此，对焊接中出现的熔合性飞溅要严加控制。

焊缝质量的外观检验标准大部分均由设计规定，设计无规定者极少。本规程给出的表9.6.18 1、表9.6.18-2仅用于设计无规定时。该表的编制，参考了现行国家标准《钢结构焊接规范》GB 50661。

9.6.19 钢结构节点部位中，有相当一部分是要求全熔透的，因此，本规程特将焊缝的超声波检查探伤作为一个专门条款提出。

按照现行国家标准《钢结构工程施工质量验收规范》GB 50205的规定，焊缝检验分为三个等级，一级用于动荷载或静荷载受拉，二级用于动荷载或静荷载受压，三级用于其他角焊缝。本条款给出的超检数量，参考了该规范的规定。在现行国家标准《焊缝无损检测　超声检测　技术、检测等级和评定》GB/T 11345中，按检验的完善程度分为A、B、C三个等级。A级最低，B级一般，C级最高。评定等级分为Ⅰ、Ⅱ、Ⅲ、Ⅳ四个等级，Ⅰ级最高、Ⅳ级最低。根据高层民用建筑钢结构的特点和要求以及施工单位的建议，本条款比照《焊缝无损检测　超声检测 技术、检测等级和评定》GB/T 11345的规定，给出了高层民用建筑钢结构受拉、受压焊缝应达到的检验等级和评定等级。

本条款给出的超声波检查数量和等级标准，仅限于设计文件无规定时使用。

9.6.20 为保证焊接质量，应对不合格焊缝的返修工作给予充分重视，一般应编制返修工艺。本规程仅对几种返修方法作出了一般性规定，施工单位还应根据具体情况作出返修方法的规定。

焊接裂纹是焊接工作中最危险的缺陷，也是导致结构脆性断裂的原因之一。焊缝产生裂纹的原因很多，也很复杂，一般较难分辨清楚。因此，焊工不得随意修补裂纹，必须由技术人员制定出返修措施后再进行返修。

本条款对低合金高强度结构钢的返修次数作出了明确规定。因低合金高强度结构钢在同一处返修的次数过多，容易损伤合金元素，在热影响区产生晶粒粗大和硬脆过热组织，并伴有较大残余应力停滞在返修区段，易发生质量事故。

9.7 制　　孔

9.7.1 制孔分零件制孔和成品制孔，即组装前制孔和组装后制孔。

保证孔的精度可以有很多方法，目前国外广泛使用的多轴立式钻床、数控钻床等，可以达到很高精度，消除了尺寸误差，但这些设备国内还不普及，所以本规程推荐模板制孔的方法。正确使用钻模制孔，可以保证高强度螺栓组装孔和工地安装孔的精度。采用模板制孔应注意零件、构件与模板贴紧，以免铁屑进入钻套。零件、构件上的中心线与模板中心线要对齐。

9.7.4 钢框架梁与柱连接中的梁端过焊孔，有以下几种形式：

1）柱贯通型连接中的常规过焊孔；

2）柱贯通型连接中的梁上翼缘无过焊孔形式；

3）梁贯通型连接中的常规过焊孔；

4）梁贯通型连接中的无过焊孔形式。

本条是引用了《日本建筑工程标准JASS 6钢结构工程》（2007）中的新构造规定。翼缘无过焊孔的连接目前在日本钢结构制作中应用已较多且颇受欢迎，因为它既有较好的抗震性能，又省工。随着电渣焊限定柱壁板厚度（不小于16mm），梁贯通型连接已难以避免，势在必行。本条也列入了梁贯通型连接有过焊孔和无过焊孔的构造形式，供设计和施工时参考。

9.8 摩擦面的加工

9.8.1 高强度螺栓结合面的加工，是为了保证连接接触面的抗滑移系数达到设计要求。结合面加工的方法和要求，应按现行行业标准《钢结构高强度螺栓连接技术规程》JGJ 82 执行。

9.8.2 本条参考现行国家标准《钢结构工程施工质量验收规范》GB 50205，规定了喷砂、抛丸和砂轮打磨等方法，是为方便施工单位根据自己的条件选择。但不论选用哪一种方法，凡经加工过的表面，其抗滑移系数值必须达到设计要求。

本条文去掉了酸洗加工的方法，是因为现行国家标准《钢结构设计规范》GB 50017 已不允许用酸洗加工，而且酸洗在建筑结构上很难做到，即使小型构件能用酸洗，残存的酸液往往会继续腐蚀连接面。

9.8.3 经过处理的抗滑移面，如有油污或涂有油漆等物，将会降低抗滑移系数值，故对加工好的连接面必须加以保护。

9.8.4 本条规定了制作单位进行抗滑移系数试验的时间和试验报告的主要内容。一般说来，制作单位宜在钢结构制作前进行抗滑移系数试验，并将其纳入工艺，指导生产。

9.8.5 本条规定了高强度螺栓抗滑移系数试件的制作依据和标准。考虑到我国目前高层民用建筑钢结构施工有采用国外标准的工程，所以本文中也允许按设计文件规定的制作标准制作试件。

9.9 端 部 加 工

9.9.1 有些构件端部要求磨平顶紧以传递荷载，这时端部要精加工。为保证加工质量，本条规定构件要在矫正合格后才能进行端部加工。表 9.9.1 是根据现行国家标准《钢结构工程施工质量验收规范》GB 50205 的规定制定的。

9.10 防锈、涂层、编号及发运

9.10.1、9.10.2 参照现行国家标准《钢结构工程施工质量验收规范》GB 50205 的规定制定。

9.10.3 本条指出了防锈涂料和涂层厚度的依据标准，强调涂料要配套使用。

9.10.4 本条规定了涂漆表面的处理要求，以保证构件的外观质量，对有特殊要求的，应按设计文件的规定进行。

9.10.5 本条规定在涂层完毕后对构件编号的要求。由于高层民用建筑钢结构构件数量多，品种多，施工场地相对狭小，构件编号是一件很重要的工作。编号应有统一规定和要求，以利于识别。

9.10.6 包装对成品质量有直接影响。合格的产品，如果发运、堆放和管理不善，仍可能发生质量问题，所以应当引起重视。一般构件要有防止变形的措施，易碰部位要有适当的保护措施；节点板、垫板等小型零件宜装箱保存；零星构件及其他部件等，都要按同一类别用螺栓和铁丝紧固成束；高强度螺栓、螺母、垫圈应配套并有防止受潮等保护措施；经过精加工的构件表面和有特殊要求的孔壁要有保护措施等。

9.10.7 高层民用建筑钢结构层数多，施工场地相对狭小，如果存放和发运不当，会给安装单位造成很大困难，影响工程进度和带来不必要的损失，所以制作单位应与吊装单位根据安装施工组织设计的次序，认真编制安装程序表，进行包装和发运。

9.10.8 由于高层民用建筑钢结构数量大，品种多，一旦管理不善，造成的后果是严重的，所以本条规定的目的是强调制作单位在成品发运时，一定要与订货单位作好交接工作，防止出现构件混乱、丢失等问题。

9.11 构件预拼装

9.11.1～9.11.4 对于连接复杂的构件及受运输条件和吊装条件限制，设计规定或者合同要求的构件在出厂前应进行预拼装。有关预拼装方法和验收标准应符合现行国家标准《钢结构工程施工质量验收规范》GB 50205 和《钢结构工程施工规范》GB 50755 的规定。

9.12 构 件 验 收

9.12.1 本节所指验收，是构件出厂验收，即对具备出厂条件的构件按照工程标准要求检查验收。

表 9.12.1-1～表 9.12.1-4 的允许偏差，是参考了现行国家标准《钢结构工程施工质量验收规范》GB 50205 和日本《建筑工程钢结构施工验收规范》编制的，根据我国高层民用建筑钢结构施工情况，对其中各项做了补充和修改，补充和修改的依据是通过一些新建高层民用建筑钢结构的施工调查取得的。钢桁架外形尺寸的允许偏差应符合《钢结构工程施工质量验收规范》GB50205 的相关要求。

9.12.2 本条是在现行国家标准《钢结构工程施工质量验收规范》GB50205 规定的基础上，结合高层民用建筑钢结构的特点制定的，增加了无损检验和必要的材料复验要求。

本条规定的目的，是要制作单位为安装单位提供在制作过程中变更设计、材料代用等的资料，以便据此施工，同时也为竣工验收提供原始资料。

10 安　装

10.1 一 般 规 定

10.1.1 编制施工组织设计或施工方案是组织高层民

用建筑钢结构安装的重要工作，应按结构安装施工组织设计的一般要求，结合钢结构的特点进行编制，其具体内容这里不拟一一列举。

异型、复杂结构施工过程中，结构构件的受力与设计使用状态有较大差异，结构应力会产生复杂的变化，甚至出现应力和变形超限的情况，施工过程模拟分析可以有效地预测施工风险，通过采取必要的安全措施确保施工过程安全。

10.1.3 塔吊锚固往往会对安装中的结构有较大影响，需要通过精确计算确保结构和锚固的安全。

10.1.6 安装用的焊接材料、高强度螺栓和栓钉等，必须具有产品出厂的质量证明书，并符合设计要求和有关标准的要求，必要时还应对这些材料进行复验，合格后方能使用。

10.1.7 高层民用建筑钢结构工程安装工期较长，使用的机具和工具必须进行定期检验，保证达到使用要求的性能及各项指标。

10.1.8 安装的主要工艺，在安装工作开始前必须进行工艺试验（也叫工艺考核），以试验得出的各项参数指导施工。

10.1.9 高层民用建筑钢结构构件数量很多，构件制作尺寸要求严，对钢结构加工质量的检查，应比单层房屋钢结构构件要求更严格，特别是外形尺寸，要求安装单位在构件制作时就派员到构件制作单位进行检查，发现超出允许偏差的质量问题时，一定要在厂内修理，避免运到现场再修理。

10.1.10 土建施工单位、钢结构制作单位和钢结构安装单位三家使用的钢尺，必须是由同一计量部门由同一标准鉴定的。原则上，应由土建施工单位（总承包单位）向安装单位提供鉴定合格的钢尺。

10.1.11 高层民用建筑钢结构是多单位、多机械、多工种混合施工的工程，必须严格遵守国家和企业颁发的现行环境保护和劳动保护法规以及安全技术规程。在施工组织设计中，要针对工程特点和具体条件提出环境保护、安全施工和消防方面的措施。

10.2 定位轴线、标高和地脚螺栓

10.2.1 安装单位对土建施工单位提出的钢结构安装定位轴线、水准标高、柱基础位置线、预埋地脚螺栓位置线、钢筋混凝土基础面的标高、混凝土强度等级等各项数据，必需进行复查，符合设计和规范的要求后，方能进行安装。上述各项的实际偏差不得超过允许偏差。

10.2.2 柱子的定位轴线，可根据现场场地宽窄，在建筑物外部或建筑物内部设辅助控制轴线。

现场比较宽敞、钢结构总高度在100m以内时，可在柱子轴线的延长线上适当位置设置控制桩位，在每条延长线上设置两个桩位，供架设经纬仪用；现场比较狭小、钢结构总高度在100m以上时，可在建筑物内部设辅助线，至少要设3个点，每2点连成的线最好要垂直，因此，三点不得在一条直线上。

钢结构安装时，每一节柱子的定位轴线不得使用下一节柱子的定位轴线，应从地面控制轴线引到高空，以保证每节柱子安装正确无误，避免产生过大的累积偏差。

10.2.3 地脚螺栓（锚栓）可选用固定式或可动式，以一次或二次的方法埋设。不管用何种方法埋设，其螺栓的位置、标高、丝扣长度等应符合设计和规范的要求。

施工中经常出现地脚螺栓与底板钢筋位置冲突干扰，地脚螺栓不能正常就位而影响施工，必须做好工序间的协调。

10.2.4 地脚螺栓的紧固力一般由设计规定，也可按表6采用。地脚螺栓螺母的止退，一般可用双螺母，也可在螺母拧紧后将螺母与螺栓杆焊牢。

表6 地脚螺栓紧固力

地脚螺栓直径（mm）	紧固轴力（kN）
30	60
36	90
42	150
48	160
56	240
64	300

10.2.5 钢结构安装时，其标高控制可以用两种方法：一是按相对标高安装，柱子的制作长度偏差只要不超过规范规定的允许偏差±3mm即可，不考虑焊缝的收缩变形和荷载引起的压缩变形对柱子的影响，建筑物总高度只要达到各节柱制作允许偏差总和以及柱压缩变形总和就算合格；另一种是按设计标高安装（不是绝对标高，不考虑建筑物沉降），即按土建施工单位提供的基础标高安装，第一节柱子底面标高和各节柱子累加尺寸的总和，应符合设计要求的总尺寸，每节柱接头产生的收缩变形和建筑物荷载引起的压缩变形，应加到柱子的加工长度中去，钢结构安装完成后，建筑物总高度应符合设计要求的总高度。

10.2.6 底层第一节柱安装时，可在柱子底板下的地脚螺栓上加一个螺母，螺母上表面的标高调整到与柱底板标高齐平，放上柱子后，利用底板下的螺母控制柱子的标高，精度可达±1mm以内，用以代替在柱子的底板下做水泥墩子的老办法。柱子底板下预留的空隙，可以用无收缩砂浆以捻浆法填实。使用这种方法时，对地脚螺栓的强度和刚度应进行计算。

10.2.7 地脚螺栓定位后往往会受到钢筋绑扎、混凝土浇筑及振捣等工序的影响，成品保护难度很大。即使初始定位精确，最终位置往往会发生一定的偏移，个别会出现超过规范允许值的偏差。本条规定可以对柱底板孔适当扩大予以解决，但扩大值一般不应超过

20mm，且应在工厂完成。

10.3 构件的质量检查

10.3.1 安装单位应派有检查经验的人员深入到钢结构制作单位，从构件制作过程到构件成品出厂，逐个进行细致检查，并作好书面记录。

10.3.2 对主要构件，如梁、柱、支撑等的制作质量，应在出厂前进行验收。

10.3.3 对端头用坡口焊缝连接的梁、柱、支撑等构件，在检查其长度尺寸时，应将焊缝的收缩值计入构件的长度。如按设计标高进行安装时，还要将柱子的压缩变形值计入构件的长度。

制作单位在构件加工时，应将焊缝收缩值和压缩变形值计入构件长度。

10.3.4 在检查构件外形尺寸、构件上的节点板、螺栓孔等位置时，应以构件的中心线为基准进行检查，不得以构件的棱边、侧面对准基准线进行检查，否则可能导致误差。

10.4 吊装构件的分段

10.4.1～10.4.4 为提高综合施工效率，构件分段应尽量减少。但由于受工厂和现场起重能力限制，构件分段重量应满足吊装要求；受运输条件限制，构件尺寸不宜太大。同时，应综合考虑构件分段后单元的刚度满足吊装运输要求。这些问题都应在详图设计阶段综合考虑确定。

10.5 构件的安装及焊接顺序

10.5.1 钢结构的安装顺序对安装质量有很大影响，为了确保安装质量，应遵循本条规定的步骤。

10.5.2 流水区段的划分要考虑本条列举的诸因素，区段内的结构应具有整体性和便于划分。

10.5.3 每节柱高范围内全部构件的安装顺序，不论是柱、梁、支撑或其他构件，平面上应从中间向四周扩展安装，竖向要由下向上逐件安装，这样在整个安装过程中，由于上部和周边处于自由状态，构件安装进档和测量校正都易于进行，能取得良好的安装效果。

有一种习惯，即先安装一节柱子的顶层梁。但顶层梁固定了，将使中间大部分构件进档困难，测量校正费力费时，增加了安装的难度。

10.5.4 钢结构构件的安装顺序，要用图和表格的形式表示，图中标出每个构件的安装顺序，表中给出每一顺序号的构件名称、编号，安装时需用节点板的编号、数量、高强度螺栓的型号、规格、数量，普通螺栓的规格和数量等。从构件质量检查、运输、现场堆存到结构安装，都使用这一表格，可使高层建筑钢结构安装有条不紊，有节奏、有秩序地进行。

10.5.5 构件接头的现场焊接顺序，比构件的安装顺序更为重要，如果不按合理的顺序进行焊接，就会使结构产生过大的变形，严重的会将焊缝拉裂，造成重大质量事故。本条规定的作业顺序必须严格执行，不得任意变更。高层民用建筑钢结构构件接头的焊接工作，应在一个流水段的一节柱范围内，全部构件的安装、校正、固定、预留焊缝收缩量（也考虑温度变化的影响）和弹性压缩量均已完成并经质量检查部门检查合格后方能开始，因焊接后再发现大的偏差将无法纠正。

10.5.6 构件接头的焊接顺序，在平面上应从中间向四周并对称扩展焊接，使整个建筑物外形尺寸得到良好的控制，焊缝产生的残余应力也较小。

柱与柱接头和梁与柱接头的焊接以互相协调为好，一般可以先焊一节柱的顶层梁，再从下往上焊各层梁与柱的接头；柱与柱的接头可以先焊也可以最后焊。

10.5.7 焊接顺序编完后，应绘出焊接顺序图，列出焊接顺序表，表中注明构件接头采用那种焊接工艺，标明使用的焊条、焊丝、焊剂的型号、规格、焊接电流，在焊接工作完成后，记入焊工代号，对于监督和管理焊接工作有指导作用。

10.5.8 构件接头的焊接顺序按照参加焊接工作的焊工人数进行分配后，应在规定时间内完成焊接，如不能按时完成，就会打乱焊接顺序。而且，焊工不得自行调换焊接顺序，更不允许改变焊接顺序。

10.6 钢构件的安装

10.6.1 柱子的安装工序应该是：①调整标高；②调整位移（同时调整上柱和下柱的扭转）；③调整垂直偏差。如此重复数次。如果不按这样的工序调整，会很费时间，效率很低。

10.6.2 当构件截面较小，在地面将几个构件拼成扩大单元进行安装时，吊点的位置和数量应由计算或试吊确定，以防因吊点位置不正确造成结构永久变形。

10.6.3 柱子、主梁、支撑等主要构件安装时，应在就位并临时固定后，立即进行校正，并永久固定（柱接头临时耳板用高强度螺栓固定，也是永久固定的一种）。不能使一节柱子高度范围的各个构件都临时连接，这样在其他构件安装时，稍有外力，该单元的构件都会变动，钢结构尺寸将不易控制，安装达不到优良的质量，也很不安全。

10.6.4 已安装的构件，要在当天形成稳定的空间体系。安装工作中任何时候，都要考虑安装好的构件是否稳定牢固，因为随时可能会由于停电、刮风、下雨、下雪等而停止安装。

10.6.5 安装高层民用建筑钢结构使用的塔式起重机，有外附在建筑物上的，随着建筑物增高，起重机的塔身也要往上接高，起重机塔身的刚度要靠与钢结构的附着装置来维持。采用内爬式塔式起重机时，随着建筑物的增高，要依靠钢结构一步一步往上爬升。塔式起重机的爬升装置和附着装置及其对钢结构的影响，都必须进行计算，根据计算结果，制定相应的技术措施。

10.6.6 楼面上铺设的压型钢板和楼板的模板，承载能力比较小，不得在上面堆放过重的施工机械等集中荷载。安装活荷载必须限制或经过计算，以防压坏钢梁和压型钢板，造成事故。

10.6.7 一节柱的各层梁安装完毕后，宜随即把楼梯安装上，并铺好梁面压型钢板。这样的施工顺序，既方便下一道工序，又保证施工安全。国内有些高层民用建筑钢结构的楼梯和压型钢板施工，与钢结构错开(6～10)层，施工人员上下要从塔式起重机上爬行，既不方便，也不安全。

10.6.8 楼板对建筑物的刚度和稳定性有重要影响，楼板还是抗扭的重要结构，因此，要求钢结构安装到第6层时，应将第一层楼板的钢筋混凝土浇完，使钢结构安装和楼板施工相距不超过6层。如果因某些原因超过6层或更多层数时，应由现场责任工程师会同设计和质量监督部门研究解决。

10.6.9 一个流水段一节柱子范围的构件要一次装齐并验收合格，再开始安装上面一节柱的构件，不要造成上下数节柱的构件都不装齐，结果东补一根构件，西补一根构件，既延长了安装工期，又不能保证工程质量，施工也很不安全。

10.6.10 钢板剪力墙在国内应用相对较少。在形式上又有纯钢板剪力墙和组合式钢板剪力墙，构造形式有加肋和不加肋之分，连接节点又分为高强度螺栓连接和焊接连接，差异性较大。共同特点是单元尺寸大，平面外刚度差，本条仅对钢板剪力墙施工提出原则性要求。

10.6.11 在混合结构中，由于内筒和外框自重差异较大，沉降变形不均匀，如果不采取措施，极易在伸臂桁架中产生较大的初始内应力。在结构施工完成后，这种不均匀变形基本趋于完成，此时再焊接伸臂桁架连接节点，能最大限度减小或消除桁架的初始应力。

10.6.12 转换桁架或腰桁架尺寸和重量都较大，现场一般采用原位散装法，安装工艺及要求同钢柱和钢梁。

10.7 安装的测量校正

10.7.1 钢结构安装中，楼层高度的控制可以按相对标高，也可以按设计标高，但在安装前要先决定用哪一种方法，可会同建设单位、设计单位、质量检查部门共同商定。

10.7.2 地上结构测量方法应结合工程特点和周边条件确定。可以采用内控法，也可以采用外控法，或者内控外控结合使用。

10.7.3 建筑高度较高时，控制点需要经过多次垂直投递时，为减小多次投递可能造成的累计偏差过大，采用GPS定位技术对投递后的控制点进行复核，可以保证控制点精度小于等于20mm。

10.7.4 柱子安装时，垂直偏差一定要校正到±0.000，先不留焊缝收缩量。在安装和校正柱与柱之间的主梁时，再把柱子撑开，留出接头焊接收缩量，这时柱子产生的内力，在焊接完成和焊缝收缩后也就消失。

10.7.5 高层民用建筑钢结构对温度很敏感，日照、季节温差、焊接等产生的温度变化，会使它的各种构件在安装过程中不断变动外形尺寸，安装中要采取能调整这种偏差的技术措施。

如果日照变化小的早中晚或阴天进行构件的校正工作，由于高层民用建筑钢结构平面尺寸较小，又要分流水段，每节柱的施工周期很短，这样做的结果就会因测量校正工作拖了安装进度。

另一种方法是不论在什么时候，都以当时经纬仪的垂直平面为垂直基准，进行柱子的测量校正工作。温度的变化会使柱子的垂直度发生变化，这些偏差在安装柱与柱之间的主梁时，用外力强制复位，使之回到要求的位置（焊接接头别忘了留焊缝收缩量），这时柱子内会产生（30～40）N/mm^2的温度应力，试验证明，它比由于构件加工偏差进行强制校正时产生的内力要小得多。

10.7.6 仅对被安装的柱子本身进行测量校正是不够的，柱子一般有多层梁，一节柱有二层、三层，甚至四层梁，柱和柱之间的主梁截面大，刚度也大，在安装主梁时柱子会变动，产生超出规定的偏差。因此，在安装柱和柱之间的主梁时，还要对柱子进行跟踪校正；对有些主梁连系的隔跨甚至隔两跨的柱子，也要一起监测。这时，配备的测量人员也要适当增加，只有采取这样的措施，柱子的安装质量才有保证。

10.7.7 在楼面安装压型钢板前，梁面上必须先放出压型钢板的位置线，按照图纸规定的行距、列距顺序排放。要注意相邻二列压型钢板的槽口必须对齐，使组合楼板钢筋混凝土下层的主筋能顺利地放入压型钢板的槽内。

10.7.8 栓钉也要按图纸的规定，在钢梁上放出栓钉的位置线，使栓钉焊完后在钢梁上排列整齐。

11.7.9 各节柱的定位轴线，一定要从地面控制轴线引上来，并且要在下一节柱的全部构件安装、焊接、栓接并验收合格后进行引线工作；如果提前将线引上来，该层有的构件还在安装，结构还会变动，引上来的线也在变动，这样就保证不了柱子定位轴线的准确性。

10.7.10 结构安装的质量检查记录，必须是构件已安装完成，而且焊接、栓接等工作也已完成并验收合格后的最后一次检查记录，中间检查的各次记录不能作为安装的验收记录。如柱子的垂直度偏差检查记录，只能是在安装完毕，且柱间梁的安装、焊接、栓接也已完成后所作的测量记录。

10.8 安装的焊接工艺

10.8.1 高层民用建筑钢结构柱子和主梁的钢板，一般都比较厚，材质要求也较严，主要接头要求用焊缝连接，并达到与母材等强。这种焊接工作，工艺比较复杂，施工难度大，不是一般焊工能够很快达到所要求技术水平的。所以在开工前，必须针对工程具体要求，进行焊接工艺试验，以便一方面提高焊工的技术水平，一方面取得与实际焊接工艺一致的各项参数，制定符合高层民用建筑钢结构焊接施工的工艺规程，指导安装现场的焊接施工。

10.8.2～10.8.4 焊接作业环境不符合要求，会对焊接施工造成不利影响。应避免在工件潮湿或雨、雪天气下进行焊接操作，因为水分是氢的来源，而氢是产生焊接延迟裂纹的重要因素之一。另外，低温会造成钢材脆化，使得焊接过程的冷却速度加快，易于产生淬硬组织，影响焊接质量。

10.8.5 焊接用的焊条、焊丝、焊剂等焊接材料，在选用时应与母材强度等级相匹配，并考虑钢材的焊接性能等条件。钢材焊接性能可参考下列碳当量公式选用：C_{eq}（%）$=C+Mn/6+Si/24+Ni/40+Cr/5+Mo/4+V/14<0.44\%$，引弧板的材质必须与母材一致，必要时可通过试验选用。

10.8.6 焊接工作开始前，焊口应清理干净，这一点往往为焊工所忽视。如果焊口清理不干净，垫板又不密贴，会严重影响焊接质量，造成返工。

10.8.7 定位点焊是焊接构件组拼时的重要工序，定位点焊不当会严重影响焊接质量。定位点焊的位置、长度、厚度应由计算确定，其焊接质量应与焊缝相同。定位点焊的焊工，应该是具有点焊技能考试合格的焊工，这一点往往被忽视。由装配工任意进行点焊是不对的。

10.8.8 框架柱截面一般较大，钢板又较厚，焊接时应由两个或多个焊工在柱子两个相对边的对称位置以大致相等的速度逆时针方向施焊，以免产生焊接变形。

10.8.9 柱子接头用引弧板进行焊接时，首先焊接的相对边焊缝不宜超过4层，焊毕应清理焊根，更换引弧板方向，在另两边连续焊8层，然后清理焊根和更换引弧板方向，在相垂直的另两边焊8层，如此循环进行，直到将焊缝全部焊完，参见图5。

10.8.10 柱子接头不加引弧板焊接时，两个焊工在对面焊接，一个焊工焊两面，也可以两个焊工以逆时针方向转圈焊接。前者要在第一层起弧点和第二层起弧点相距30mm～50mm开始焊接（图5）。每层焊道要认真清渣，焊到柱棱角处要放慢焊条运行速度，使柱棱成为方角。

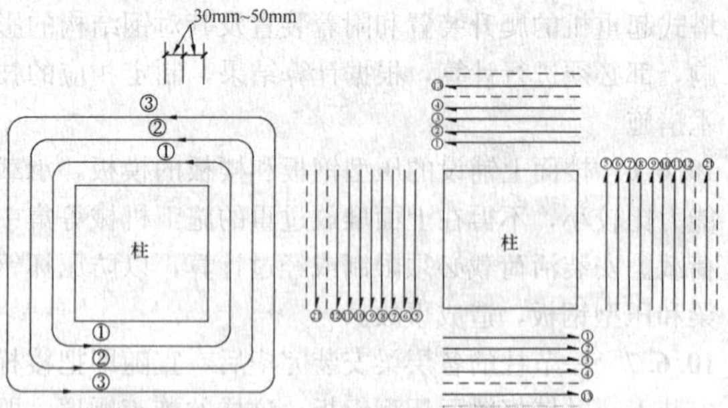
30mm~50mm
柱
柱
(a) 焊道起点的错位　(b) 焊接顺序

图5　柱接头焊接顺序

10.8.11 梁与柱接头的焊缝在一条焊缝的两个端头加引弧板（另一侧为收弧板）。引弧板的长度不小于30mm，其坡口角应与焊缝坡口一致。焊接工作结束后，要等焊缝冷却再割去引弧板，并留5mm～10mm，以免损伤焊缝。

10.8.12 梁翼缘与柱的连接焊缝，一般宜先焊梁的下翼缘再焊上翼缘。由于在荷载下梁的下翼缘受压，上翼缘受拉，故认为先焊下翼缘最合理。一根梁两个端头的焊缝不宜同时焊接，宜先焊一端头，再焊另一端头。

10.8.13 柱与柱、梁与柱接头的焊接收缩值，可用试验的方法，或按公式计算，或参考经验公式确定，有条件时最好用试验的方法。制作单位应将焊接收缩值加到构件制作长度中去。

10.8.14 规定焊接时的风速是为了保证焊接质量。

10.8.15 焊接工作完成后，焊工应在距焊缝5mm～10mm的明显位置上打上焊工代号钢印，此规定在施工中必须严格执行。焊缝的外观检查和超声波探伤检查的各次记录，都应整理成书面形式，以便在发现问题时便于分析查找原因。

10.8.16 一条焊缝重焊如超过二次，母材和焊缝将不能保证原设计的要求，此时应更换母材。如果设计和检验部门同意进行局部处理，是允许的，但要保证处理质量。

10.8.17 母材由于焊接产生层状撕裂时，若缺陷严重，要更换母材；若缺陷仅发生在局部，经设计和质量检验部门同意，可以局部处理。

10.8.18 栓钉焊有直接焊在钢梁上和穿透压型钢板焊在钢梁上两种形式，施工前必须进行试焊，焊点处有铁锈、油污等脏物时，要用砂轮清除锈污，露出金属光泽。焊接时，焊点处不能有水和结露。压型钢板表面有锌层必须除去以免产生铁锌共晶体熔敷金属。栓钉焊的地线装置必须正确，防止产生偏弧。

10.9 高强度螺栓施工工艺

10.9.2 高强度螺栓长度按下式计算：

$$L=A+B+C+D \tag{10}$$

式中：L 为螺杆需要的长度；A 为接头各层钢板厚度总和；B 为垫圈厚度；C 为螺母厚度；D 为拧紧螺栓后丝扣露出（2～3）扣的长度。

统计出各种长度的高强度螺栓后，要进行归类合并，以 5mm 或 10mm 为级差，种类应越少越好。表 10.9.2 列出的数值，是根据上列公式计算的结果。

10.9.4 高强度螺栓节点上的螺栓孔位置、直径等超过规定偏差时，应重新制孔，将原孔用电焊填满磨平，再放线重新打孔。安装中遇到几层钢板的螺孔不能对正时，只允许用铰刀扩孔。扩孔直径不得超过原孔径 2mm。绝对禁止用气割扩高强度螺栓孔，若用气割扩高强度螺栓孔时应按重大质量事故处理。

10.9.5 高强度螺栓按扭矩系数使螺杆产生额定的拉力。如果螺栓不是自由穿入而是强行打入，或用螺母把螺栓强行拉入螺孔内，则钢板的孔壁与螺栓杆产生挤压力，将使扭矩转化的拉力很大一部分被抵消，使钢板压紧力达不到设计要求，结果达不到高强度螺栓接头的安装质量，这是必须注意的。

高强度螺栓在一个接头上的穿入方向要一致，目的是为了整齐美观和操作方便。

10.9.6 高层民用建筑钢结构中，柱与梁的典型连接，是梁的腹板用高强度螺栓连接，梁翼缘用焊接。这种接头的施工顺序是，先拧紧腹板上的螺栓，再焊接梁翼缘板的焊缝，或称“先栓后焊”。焊接热影响使高强度螺栓轴力损失约 5%～15%（平均损失 10%左右），这部分损失在螺栓连接设计中通常忽略不计。

10.9.8 高强度螺栓初拧和复拧的目的，是先把螺栓接头各层钢板压紧；终拧则使每个螺栓的轴力比较均匀。如果钢板不预先压紧，一个接头的螺栓全部拧完后，先拧的螺栓就会松动。因此，初拧和复拧完毕要检查钢板密贴的程度。一般初拧扭矩不能用得太小，最好用终拧扭矩的 89%。

10.9.9 高强度螺栓拧紧的次序，应从螺栓群中部向四周扩展逐个拧紧，无论是初拧、复拧还是终拧，都要遵守这一规则，目的是使高强度螺栓接头的各层钢板达到充分密贴，避免产生弹簧效应。

10.9.10 拧紧高强度螺栓用的定扭矩扳子，要定期进行定扭矩值的检查，每天上下午上班前都要校核一次。高强度螺栓使用扭矩大，扳手在强大的扭矩下工作，原来调好的扭矩值很容易变动，所以检查定扭矩扳子的额定扭矩值，是十分必要的。

10.9.11 高强度螺栓从安装到终拧要经过几次拧紧，每遍都不能少，为了明确拧紧的次数，规定每拧一遍都要做上记号。用不同记号区别初拧、复拧、终拧，是防止漏拧的较好办法。

10.9.13 作为安装螺栓使用会损伤高强螺栓丝扣，影响终拧扭矩。

10.10 现场涂装

10.10.1 钢结构都要用防火涂层，因此钢结构加工厂在构件制作时只作防锈处理，用防锈涂层刷两道，不涂刷面层。但构件的接头，不论是焊接还是螺栓连接，一般是不刷油漆和各种涂料的，所以钢结构安装完成后，要补刷这些部位的涂层。钢结构安装后补刷涂层的部位，包括焊缝周围、高强度螺栓及摩擦面外露部分，以及构件在运输安装时涂层被擦伤的部位。

10.10.2 灰尘、杂质、飞溅等会影响油漆与钢材的粘接强度，影响耐久性。涂装前必须彻底清除。

10.10.3 本条规定涂装时温度以 5℃～38℃为宜，该规定只适合室内无阳光直接照射的情况，一般来说钢材表面温度比气温高 2℃～3℃。如果在阳光直接照射下，钢材表面温度比气温高 8℃～12℃，涂装时漆膜耐热性只能在 40℃以下，当超过 43℃时，漆膜容易产生气泡而局部鼓起，降低附着力。低于 0℃时，漆膜容易冻结而不易固化。湿度超过 85%时，钢材表面有露点凝结，漆膜附着力差。

10.10.4～10.10.6 钢结构安装补刷涂层工作，必须在整个安装流水段内的结构验收合格后进行，否则在刷涂层后再作别的项目工作，还会损伤涂层。涂料和涂刷工艺应和结构加工时所用相同。露天、冬季涂刷，还要制定相应的施工工艺。

10.11 安装的竣工验收

10.11.1～10.11.3 钢结构的竣工验收工作分为两步：第一步是每个流水区段一节柱子的全部构件安装、焊接、栓接等各单项工程，全部检查合格后，要进行隐蔽工程验收工作，这时要求这一段内的原始记录应该齐全。第二步是在各流水区段的各项工程全部检查合格后，进行竣工验收。竣工验收按照本节规定的各条，由各相关单位办理。

钢结构的整体偏差，包括整个建筑物的平面弯曲、垂直度、总高度允许偏差等，本规程不再做具体规定，按现行国家标准《钢结构工程施工质量验收规范》GB 50205 的规定执行。

11 抗 火 设 计

11.3 压型钢板组合楼板

11.3.1 压型钢板组合楼板是建筑钢结构中常用的楼板形式。压型钢板使用有两种方式：一是压型钢板只作为混凝土板的施工模板，在使用阶段不考虑压型钢板的受力作用（实际上不能算是组合楼板）；二是压型钢板除了作为施工模板外，还与混凝土板形成组合楼板共同受力。显然，当压型钢板只作为模板使用时，不需要进行防火保护。当压型钢板作为组合楼板的受力结构使用时，由于火灾高温对压型钢板的承载力会有较大影响，因此应进行耐火验算与抗火设计。

11.3.2 组合楼板中压型钢板、混凝土楼板之间的粘结，在楼板升温不高时即发生破坏，压型钢板在火灾下对楼板的承载力实际几乎不起作用。但忽略压型钢板的素混凝土板仍有一定的耐火能力。式（11.3.2-1）给出的耐火时间即为素混凝土板的耐火时间，此时楼板的挠度很小。

组合楼板在火灾下可产生很大的变形，“薄膜效应”是英国 Cardington 八层足尺钢结构火灾试验（1995 年～1997 年）的一个重要发现（图 6），这一现象也出现于 2001 年 5 月我国台湾省东方科学园大楼的火灾事故中。楼板在大变形下产生的薄膜效应，使楼板在火灾下的承载力可比基于小挠度破坏准则的承载力高出许多。利用薄膜效应，发挥楼板的抗火性能潜能，有助于降低工程费用。

组合楼板在火灾下薄膜效应的大小与板块形状、板块的边界条件等有很大关系。如图 7a 所示支承于梁柱格栅上的钢筋混凝土楼板，在火灾下可能产生两种破坏模式：①梁的承载能力小于板的承载能力时，梁先于板发生破坏，梁内将首先形成塑性铰（图 7b），随着荷载的增加，屈服线将贯穿整个楼板；在这种破坏模式下，楼板不会产生薄膜效应；②梁的承载力大于楼板的承载力时，楼板首先屈服，梁内不产生塑性铰，此时楼板的极限承载力将取决于单个板块的性能，其屈服形式如图 7c 所示；如楼板周边上的垂直支承变形一直很小，楼板在变形较大的情况下就会产生薄膜效应。因此，楼板产生薄膜效应的一个重要条件是：火灾下楼板周边有垂直支承且支承的变形一直很小。

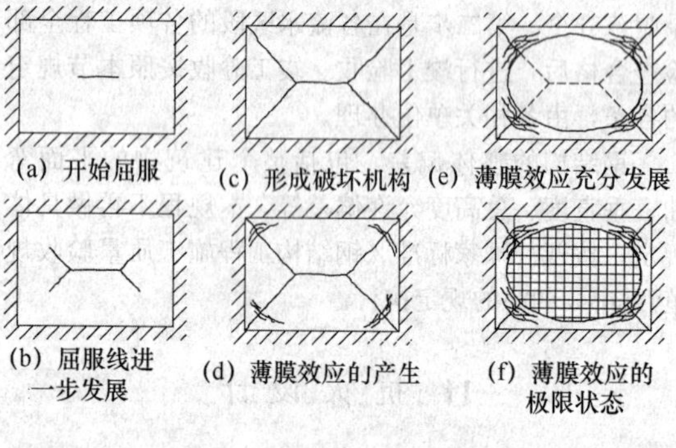
(a) 开始屈服
(c) 形成破坏机构
(e) 薄膜效应充分发展
(b) 屈服线进一步发展
(d) 薄膜效应的产生
(f) 薄膜效应的极限状态

图 6　均匀受荷楼板随着温度升高形成薄膜效应的过程

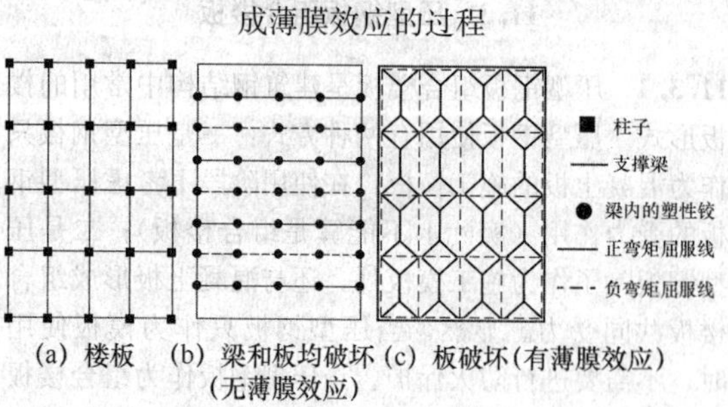
柱子
支撑梁
梁内的塑性铰
正弯矩屈服线
负弯矩屈服线
(a) 楼板
(b) 梁和板均破坏（无薄膜效应）
(c) 板破坏（有薄膜效应）

图 7　楼板弯曲破坏的形式

11.3.3　由于楼板的面积很大，对压型钢板进行防火保护，工程量大、费用高、施工周期长。在有些情况下，将压型钢板设计为只作模板使用是更经济、可行的解决措施。

压型钢板进行防火保护时，常采用防火涂料。对于防火涂料保护的压型钢板组合楼板，目前尚没有简便的耐火验算方法，因此本条规定基于标准耐火试验结果确定防火保护。

附录 B　钢板剪力墙设计计算

B.1　一 般 规 定

B.1.1　主要用于抗震的抗侧力构件不承担竖向荷载，在欧美日等国的抗震设计规范中是一个常见的要求，但是实际工程中具体的构造是很难做到这一点。因此在实践上对这个要求应进行灵活的理解：设置了钢板剪力墙开间的框架梁和柱，不能因为钢板剪力墙承担了竖向荷载而减小截面。这样，即使钢板剪力墙发生了屈曲，框架梁和柱也能够承担竖向荷载，从而限制钢板剪力墙屈曲变形的发展。

梁内加劲肋与剪力墙上加劲肋错开，可以减小或避免加劲肋承担竖向力，所以应采用这种构造和布置。

B.1.3　剪切膜单元刚度矩阵，参考《钢结构设计方法》（童根树，中国建筑工业出版社，2007 年 11 月）或有关有限元分析方面的专门书籍。

加劲肋采取不承担竖向荷载的构造，使得地震作用下，加劲肋可以起到类似防屈曲支撑的外套管那样的作用，有利于提高钢板剪力墙的抗震性能（延性和耗能能力）。

B.2　非加劲钢板剪力墙计算

B.2.1　本条提出的钢板剪力墙弹塑性屈曲的稳定系数，是早期 EC3（1994 年版本）分段公式的简化和修正，对比如图 8 所示。

按照不承担竖向荷载设计的钢板剪力墙，无需考虑竖向荷载在钢板剪力墙内实际产生的应力，因为钢板剪力墙一旦变形，共同的作用使得钢梁能够马上分担竖向荷载，并传递到两边柱子，变形不会发展。

B.2.2　考虑屈曲后的抗剪强度计算公式，参照《冷弯薄壁型钢结构技术规范》GB 50018－2003 和 EC3 的简化公式，但是进行了连续化，由分段表示改为连续表示。对比如图 9 所示。

B.3　仅设置竖向加劲肋钢板剪力墙计算

B.3.1　竖向加劲肋中断是措施之一。

B.5　设置水平和竖向加劲肋的钢板剪力墙计算

B.5.2　经过分析表明，在设置了水平加劲肋的情况

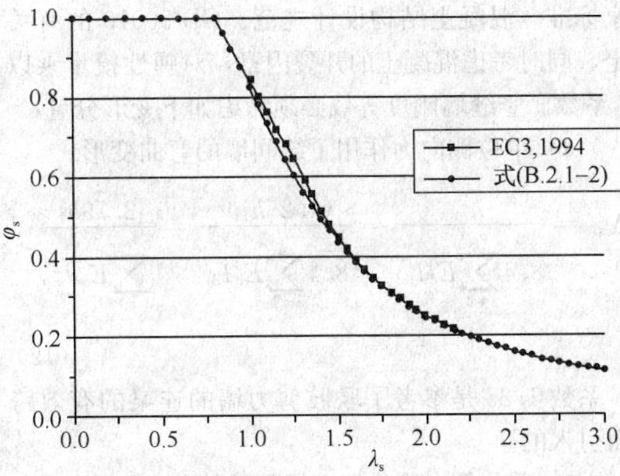

EC3,1994
式(B.2.1–2)
φ_s
λ_s

图 8　钢板剪力墙弹塑性屈曲的稳定系数对比

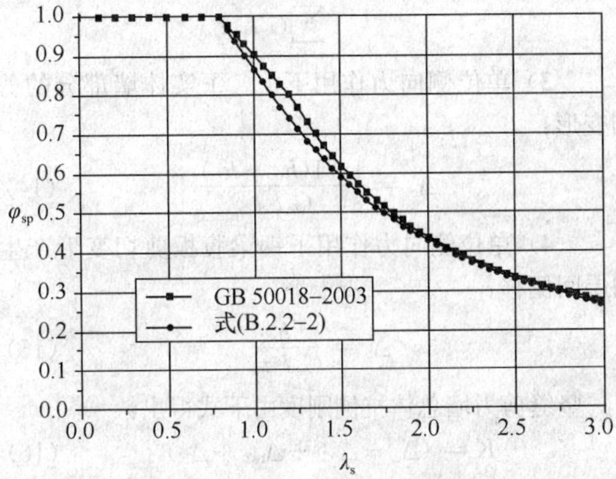

GB 50018–2003
式(B.2.2–2)
φ_{sp}
λ_s

图 9　考虑屈曲后的抗剪强度对比

下，只要 $\gamma_x=\gamma_y\geqslant 22\eta$，就不会发生整体的屈曲，考虑一部分缺陷影响，这里放大 1.5 倍。竖向加劲肋，虽然不要求它承担竖向应力，但是无论采用何种构造，它都会承担荷载，其抗弯刚度就要折减，因此对竖向加劲肋的刚度要求增加 20%。

B.5.3　剪切应力作用下，竖向和水平加劲肋是不受力的，加劲肋的刚度完全被用来对钢板提供支撑，使其剪切屈曲应力得到提高，此时按照支撑的概念来对设置加劲肋以后的临界剪应力提出计算公式。有限元分析表明：如果按照 98 规程的规定，即式（11）来计算：

$$\tau_{cr}=3.5\frac{\pi^2}{h_s^2 t_s}D_x^{1/4}D_y^{3/4} \tag{11}$$

即使这个公式本身，按照正交异性板剪切失稳的理论分析来判断，已经非常的保守，但与有限元分析得到的剪切临界应力计算结果相比也是偏大的，属不安全的。因此在剪切临界应力的计算上，在加劲肋充分加劲的情况下，应放弃正交异性板的理论。

在竖向应力作用下，加劲钢板剪力墙的屈曲则完全不同，此时竖向加劲肋参与承受竖向荷载，并且还可能是钢板对加劲肋提供支援。

B.6　弹塑性分析模型

B.6.2　钢板剪力墙屈曲后的剪切刚度，从屈曲瞬时的约 $0.7G$ 逐渐下降，可以减小到（0.6～0.4）G，这里取一个中间值。

B.6.4　非加劲的钢板剪力墙，不推荐应用在设防烈度较高（例如 7 度（$0.15g$）及以上）的地震区；滞回曲线形状随高厚比变化，标准作出规定将非常复杂。而对于设置加劲肋的钢板剪力墙，其设计思路已经发生变化，例如，此时屈曲后的退化就不是很严重，因此，作为近似可以采用理想弹塑性模型。但是考虑到实际工程的千变万化，设计人员仍要注意设置加劲肋以后的滞回曲线的形状与理想的双线性曲线之间的差别。

附录 C　无粘结内藏钢板支撑墙板的设计

C.2　构 造 要 求

C.2.1　公式（C.2.1-1）是在 $\alpha=45°$、$L=4.3$m 的单斜无粘结支撑墙板轴心受压的基础上得出的，故暂且建议实际工程应用中，α 应取 45°左右，且 $L\leqslant4.3$m，方可用此公式确定墙板厚度。当 $L\geqslant4.3$m，且 $\alpha<40°$或 $\alpha>50°$时，应通过试验和分析确定墙板的厚度。

应用公式（C.2.1-2）～式（C.2.1-4）时，不受支撑倾角和长度限制。但结合所作的试验研究，支撑屈服后承载力进一步增大是客观事实，且考虑间隙对整体压弯作用的增大，对相关文献的公式进行了修正。

表 7 中三个系数的取值，建议通过试验确定。对于 Q235 钢材，表中系数是结合所作试验与相关文献确定的，为偏于安全，三个系数取值偏大。如表 7 所示，它们各有一定的取值范围。建议在工程设计中，根据具体情况由试验确定。当由试验确定时，$\omega=+N_u/N_{yc}$，$+N_u$ 为实测的支撑在最大设计层间位移角时的轴向受拉承载力，N_{yc} 为支撑的实测屈服轴力，$N_{yc}=\eta Af_y$，当 f_y 采用实测值时 $\eta=1.0$；$\beta=|-N_u|\div(+N)$，$-N_u$ 为实测的支撑在最大设计层间位移角时的轴向受压承载力。

表 7

钢材牌号	η	ω	β
Q235	1.15～1.25	1.2～1.5	1.1～1.2
其他牌号的钢材，这三个系数可通过试验或参考相关研究确定。			

利用公式（C.2.1-2）确定墙板厚度时，需要试算。即事先假定墙板厚度（因为公式右侧 N_E 的计算中需要先给 T_c 一个预设值），然后计算公式右侧，如果假定厚度满足该公式，则假定成立（如假定的墙板

厚度超出公式右侧计算值较多，可以减小假定厚度，重新验算）；如果假定厚度不满足该公式（表明假定厚度偏小），重新增大假定厚度，并验算，直至所假定的厚度满足该公式。式（C.2.1-3）、式（C.2.1-4）为构造要求。

C.2.2 为隔离支撑与墙板间的黏着力，避免钢板受压时横向变形胀裂墙板，需要在钢板与墙板孔壁间为敷设无粘结材料留置间隙。

C.3 强度和刚度计算

C.3.1 给出支撑设计承载力 V 与抗侧屈服承载力的比值范围，是为了使支撑在多遇地震作用下处于弹性，而在罕遇地震作用下能先于框架梁和柱子屈服而耗能。

C.3.4 对于单斜钢板支撑，因泊松效应和支撑受压后与墙板孔壁产生摩擦等因素，使相同侧移时，支撑的受压承载力高于受拉承载力。在多遇地震作用下，结构设计中需要考虑支撑拉压作用下受力差异对结构受力的不利作用时，可偏于安全取：$|-P_y|=1.1\times|+P_y|$。

C.3.5 这是为实现预估的罕遇地震作用下，钢支撑框架结构主要利用无粘结内藏钢板支撑墙板耗能和尽量保持框架梁和柱处于弹性的抗震设计目的。

C.3.6 抗震分析表明，罕遇地震作用下，因支撑大幅累积塑性变形，导致其对被撑梁竖向支点作用几乎消失。

附录D 钢框架-内嵌竖缝混凝土剪力墙板

D.1 设计原则与几何尺寸

D.1.1 使用阶段竖缝剪力墙板会承受一定的竖向荷载，本条规定不应承受竖向荷载是指：

1 横梁应该按照承受全部的竖向荷载设计，不能因为竖缝剪力墙承受竖向荷载而减小梁的截面；

2 两侧的立柱要按照承受其从属面积内全部的竖向荷载设计，为在预估的罕遇地震作用下竖缝剪力墙板开裂、竖向承载能力下降而发生的“竖向荷载重新卸载给两侧的柱子”做好准备，以保证整体结构的“大震不到”；

3 为达成以上目的，竖缝剪力墙的内力分析模型应按不承担竖向荷载的剪切膜单元进行分析。

D.1.2 本条前三款与98规程一致，第4款是新增要求，其目的：一是增强梁柱节点竖向抗剪能力；二是增强框架梁上下翼缘与竖缝墙板之间的传力，避免竖缝板与钢梁连接面成为薄弱环节。

D.2 计算模型

D.2.1 混凝土实体墙和缝间墙的刚度计算采用现行国家标准《混凝土结构设计规范》GB 50010的有关规定，同时考虑混凝土的开裂因素，对弹性模量乘以0.7系数。竖缝墙刚度等效必须考虑如下变形分量：

1）单位侧向力作用下缝间墙的弯曲变形：

$$\Delta_{cs1}=\frac{h_1'^3}{8.4\sum_{i=1}^{n_l}E_cI_{csi}}=\frac{(1.25h_1)^3}{8.4\sum_{i=1}^{n_l}E_cI_{csi}}=\frac{2.79h_1^3}{\sum_{i=1}^{n_l}E_ctl_{li0}^3} \tag{12}$$

系数1.25是参考了联肢剪力墙的连梁的有效跨度而引入的。

2）单位侧向力作用下缝间墙的剪切变形：

$$\Delta_{cs2}=\frac{1.71h_1}{\sum_{i=1}^{n_l}G_cl_{li0}t} \tag{13}$$

3）单位侧向力作用下上、下实体墙部分的剪切变形：

$$\Delta_c=\frac{1.71(h_0-h_1)}{G_cl_0t} \tag{14}$$

4）单位侧向力作用下钢梁腹板剪切变形产生的层间侧移：

$$\Delta_b=\frac{h}{G_sl_nt_w} \tag{15}$$

竖缝剪力墙总体抗侧刚度由下式得出：

$$K=(\Delta_c+\Delta_{cs1}+\Delta_{cs2}+\Delta_b)^{-1} \tag{16}$$

按照这个等效的刚度，换算出等效剪切膜的厚度。

在有限元的实现上，等效剪切板作为一个单元，四个角点（图10）的位移记为 u_i、ν_i（$i=1,2,3,4$），从这些位移中计算出剪切板的剪应变。整个剪力墙区块的变形包括剪切变形、弯曲变形和伸缩变形，变形示意图分别见图11，由于弯曲变形和伸缩变形中节点域两对角线的长度保持相等，两对角线长度差仅由剪切变形引起，因此可以通过两对角线变形后的长度差来计算等效剪切板的剪切角。记剪切变形为 γ，L_d 为变形前剪力墙对角线的长度，L_1' 和 L_2' 为变形后剪力墙两对角线的长度，h 和 l 分别为剪力墙的层高和跨度（梁形心到梁形心，柱形心到柱形心），变形后对角线的长度差为：

$$\begin{aligned}L_1'&=\sqrt{(l+u_2-u_3)^2+(h+\nu_3-\nu_2)^2}\\&\approx L_d+\frac{l}{L_d}(u_2-u_3)+\frac{h}{L_d}(\nu_3-\nu_2)\\L_2'&=\sqrt{(l+u_4-u_1)^2+(h+\nu_4-\nu_1)^2}\\&\approx L_d+\frac{l}{L_d}(u_4-u_1)+\frac{h}{L_d}(\nu_4-\nu_1)\\L_2'-L_1'&=\frac{l}{L_d}(u_2-u_3-u_4+u_1)\\&\quad+\frac{h}{L_d}(\nu_3-\nu_2-\nu_4+\nu_1)\end{aligned}$$

而如果剪切板单纯发生剪切变形，则由：

$$L_2'-L_1'=\sqrt{(l+\gamma h)^2+h^2}-\sqrt{(l-\gamma h)^2+h^2}$$

$$= \sqrt{L_d^2 + 2\gamma lh} - \sqrt{L_d^2 - 2\gamma lh}$$

式中：$L_d = \sqrt{h^2 + l^2}$。略去高阶微量，得到剪切角为：

$$\gamma = \frac{(L_2' - L_1')L_d}{2lh}$$

$$= \frac{1}{2}\left(\frac{u_2 - u_3 - u_4 + u_1}{h} + \frac{\nu_3 - \nu_2 - \nu_4 + \nu_1}{l}\right) \tag{17}$$

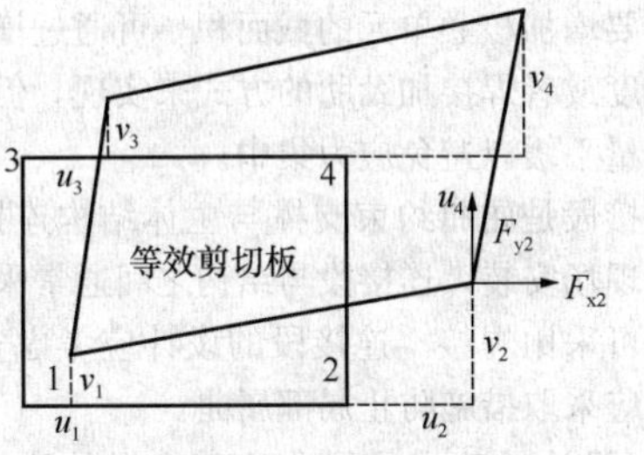

v4
v3
3
u3
4
u4
Fy2
等效剪切板
Fx2
v2
1
v1
2
u1
u2

图 10　剪切膜四角点的位移

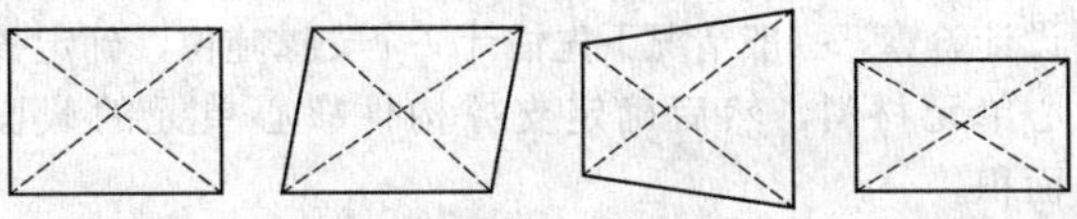

(a) 变形前　(b) 剪切变形　(c) 弯曲变形　(d) 伸缩变形

图 11　竖缝剪力墙的变形分解

节点力和剪切膜内的剪力的关系是：

$$V_x = F_{x3} + F_{x4} = -(F_{x1} + F_{x2}) = G_s t_{eq} l\gamma$$

$$= \frac{1}{2}G_s t_{eq}\Big(\frac{l}{h}(u_1 + u_2 - u_3 - u_4) + \nu_1 + \nu_3 - \nu_2 - \nu_4\Big)$$

$$V_y = F_{y2} + F_{y4} = -(F_{y1} + F_{y3}) = Gth\gamma$$

$$= \frac{1}{2}G_s t_{eq}\Big(u_1 + u_2 - u_3 - u_4 + \frac{h}{l}(\nu_1 + \nu_3 - \nu_2 - \nu_4)\Big)$$

$F_{x1} = F_{x2}$，$F_{x3} = F_{x4}$，$F_{y2} = F_{y4}$，$F_{y1} = F_{y3}$，则得到剪切膜的刚度矩阵是：

$$\begin{Bmatrix} F_{x1} \\ F_{y1} \\ F_{x2} \\ F_{y2} \\ F_{x3} \\ F_{y3} \\ F_{x4} \\ F_{y4} \end{Bmatrix} = \frac{1}{4}Gth \begin{bmatrix} l/h & 1 & l/h & -1 & -l/h & 1 & -l/h & -1 \\ 1 & h/l & 1 & -h/l & -1 & h/l & -1 & -h/l \\ l/h & 1 & l/h & -1 & -l/h & 1 & -l/h & -1 \\ -1 & -h/l & -1 & h/l & 1 & -h/l & 1 & h/l \\ -l/h & -1 & -l/h & 1 & l/h & -1 & l/h & 1 \\ 1 & h/l & 1 & -h/l & -1 & h/l & -1 & -h/l \\ -l/h & -1 & -l/h & 1 & l/h & -1 & l/h & 1 \\ -1 & -h/l & -1 & h/l & 1 & -h/l & 1 & h/l \end{bmatrix} \begin{Bmatrix} u_1 \\ \nu_1 \\ u_2 \\ \nu_2 \\ u_3 \\ \nu_3 \\ u_4 \\ \nu_4 \end{Bmatrix} \tag{18}$$

剪切膜的单元刚度矩阵必须与其他单元一起使用。

D.2.2　内嵌竖缝墙的钢框架梁的梁端小段长度范围内存在很大的剪力，剪切膜模型无法掌握，必须按照式（D.2.2）计算，确保梁端的抗剪强度得到满足。

D.3　墙板承载力计算

D.3.2　若超出此范围过多，则应重新调整缝间墙肢数 n_l、缝间墙尺寸 l_1、h_1 以及 a_1（受力纵筋合力点至缝间墙边缘的距离）、f_c 和 f_y 的值，使 ρ_1 尽可能控制在上述范围内。

D.3.5　这是为了确保竖缝墙墙肢发生延性较好的压弯破坏。

D.5　强度和稳定性验算

D.5.1　角部加强板起三个非常重要的作用：

1　为竖缝墙的安装提供快速固定，使墙板准确就位；

2　帮助框架梁抵抗式（D.2.2）的梁端剪力；

3　加强梁下翼缘与竖缝墙连接面的水平抗剪强度，避免出现抗剪薄弱环节。

D.6　构 造 要 求

D.6.1　这是为了让竖缝墙尽量少地承受竖向荷载。形成竖缝的填充材料可采用石棉板等。

附录 E　屈曲约束支撑的设计

E.1　一 般 规 定

E.1.1　由于屈曲约束支撑在偏心受力状态下，可能在过渡段预留的空隙处发生弯曲，导致整个支撑破坏，所以屈曲约束支撑应用于结构中宜设计成轴心受力构件，并且要保证在施工过程中不产生过大的误差导致屈曲约束支撑成为偏心受力构件。

耗能型屈曲约束支撑在风荷载或多遇地震作用产生的内力必须小于屈曲约束支撑的屈服强度，而在设防地震与罕遇地震作用下，屈曲约束支撑作为结构中附加的主要耗能装置，应具有稳定的耗能能力，减小主体结构的破坏。

根据“强节点弱杆件”的抗震设计原则，在罕遇地震作用下核心单元发生应变强化后，屈曲约束支撑的连接部分仍不应发生损坏。

E.1.2　在屈曲约束支撑框架中，支撑与梁柱节点宜设计为刚性连接，便于梁柱节点部位的支撑节点的构造设计。尽管刚性连接可能会导致一定的次弯矩，但其影响可忽略不计。尽管铰接连接从受力分析是最合理的，但由于对连接精度的控制不易实现，故较少在工程中采用。

采用 K 形支撑布置方式，在罕遇地震作用下，屈曲约束支撑会使柱承受较大的水平力，故不宜采用。而由于屈曲约束支撑的构造特点，X 形布置也难以实现。

屈曲约束支撑的总体布置原则与中心支撑的布置原则类似。屈曲约束支撑可根据需要沿结构的两个主轴方向分别设置或仅在一个主轴方向布置，但应使结构在两个主轴方向的动力特性相近。屈曲约束支撑在结构中布置时通常是各层均布置为最优，也可以仅在薄弱层布置，但后者由于增大了个别层的层间刚度，需要考虑相邻层层间位移放大的现象。屈曲约束支撑的数量、规格和分布应通过技术性和经济性的综合分析合理确定，且布置方案应有利于提高整体结构的消能能力，形成均匀合理的受力体系，减少不规则性。

E.2 屈曲约束支撑构件

E.2.1 屈曲约束支撑的常用截面如图12所示。

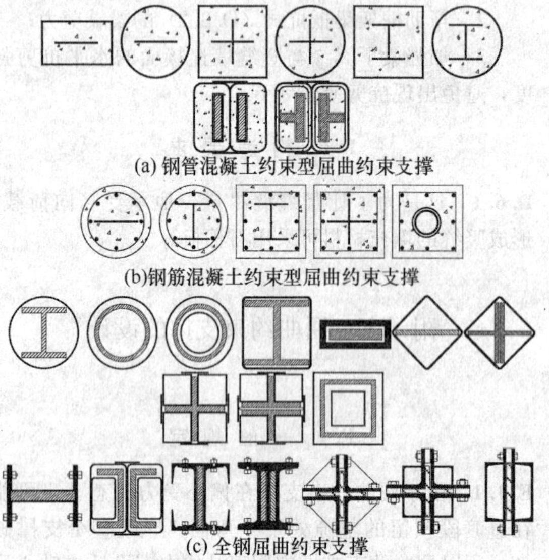
(a) 钢管混凝土约束型屈曲约束支撑
(b)钢筋混凝土约束型屈曲约束支撑
(c) 全钢屈曲约束支撑

图12 屈曲约束支撑常用截面形式

屈曲约束支撑一般由三个部分组成：核心单元、无粘结构造层与约束单元。

核心单元是屈曲约束支撑中主要的受力元件，由特定强度的钢材制成，一般采用延性较好的低屈服点钢材或Q235钢，且应具有稳定的屈服强度值。常见的截面形式为十字形、T形、双T形、一字形或管形，适用于不同的承载力要求和耗能需求。

无粘结构造层是屈曲约束机制形成的关键。无粘结材料可选用橡胶、聚乙烯、硅胶、乳胶等，将其附着于核心单元表面，目的在于减少或消除核心单元与约束单元之间的摩擦剪力，保证外围约束单元不承担或极少承担轴向力。核心单元与约束单元之间还应留足间隙，以防止核心单元受压膨胀后与约束单元发生接触，进而在二者之间产生摩擦力。该间隙值也不能过大，否则核心屈服段的局部屈曲变形会较大，从而对支撑承载力与耗能能力产生不利影响。

约束单元是为核心单元提供约束机制的构件，主要形式有钢管混凝土、钢筋混凝土或全钢构件（如钢管、槽钢、角钢等）组成。约束单元不承受任何轴力。

其中核心单元也由三个部分组成：工作段、过渡段、连接段。

工作段也称为约束屈服段，该部分是支撑在反复荷载下发生屈服的部分，是耗能机制形成的关键。

过渡段是约束屈服段的延伸部分，是屈服段与非屈服段之间的过渡部分。为确保连接段处于弹性阶段，需要增加核心单元的截面积。可通过增加构件的截面宽度或者焊接加劲肋的方式来实现，但截面的转换应尽量平缓以避免应力集中。

连接段是屈曲约束支撑与主体结构连接的部分。为便于现场安装，连接段与结构之间通常采用螺栓连接，也可采用焊接。连接段的设计应考虑安装公差，此外还应采取措施防止局部屈曲。

E.2.2 设计承载力是屈曲约束支撑的弹性承载力，用于静力荷载、风荷载与多遇地震作用工况下的弹性设计验算，一般情况下先估计一个支撑吨位、确定核心单元材料，然后确定支撑构件核心单元的截面面积。

E.2.3 屈曲约束支撑的轴向承载力由工作段控制，因此应根据该段的截面面积来计算轴向受拉和受压屈服承载力 N_{ysc}。

由于钢材依据屈服强度的最低值——强度标准值供货，所以钢材的实际屈服强度可能明显高于理论屈服强度标准值。为了确保结构中屈曲约束支撑首先屈服，设计中宜采用实际屈服强度来验算。由于实际屈服强度有一定的离散性，为方便设计，本条给出了三种钢材的超强系数中间值。

屈曲约束支撑的性能可靠性完全依赖于支撑构造的合理性，而且其对设计和制作缺陷十分敏感，难以通过一般性的设计要求来保证。因此，不能将屈曲约束支撑当作一般的钢结构构件来设计制作，必须由专业厂家作为产品来供货，其性能须经过严格的试验验证，其制作应有完善的质量保证体系，并且在实际工程应用时按照本规程第E.2.3条的规定进行抽样检验。

由于屈曲约束支撑按照其屈服承载力 N_{ysc} 来供货，因此式（E.2.3）中的工作段截面面积 A_1 为名义值，为避免因材料的实际屈服强度过大而造成工作段的实际截面面积过小，本条规定超强系数材性试验实测值不应大于表E.2.3中数值的15%。

E.2.4 极限承载力用于屈曲约束支撑的节点及连接设计。钢材经过多次拉压屈服以后会发生应变强化，应力会超过屈服强度，应变强化调整系数 ω 是钢材应力因应变强化可能达到的最大值与实际屈服强度的比值。

E.2.5 由于约束单元的作用，屈曲约束支撑的受压承载力大于受拉承载力，在应变强化系数中将这一因素一并考虑。屈曲约束支撑的连接段应按支撑的预期最大承载力来设计。式（E.2.5）中的系数 1.2 是安全系数。

E.2.6 Mochizuki 等的研究认为，屈曲约束支撑的失稳承载力为核心钢支撑与约束单元失稳承载力的线性组合，如式（19）所示：

$$N_{cm}=\frac{\pi^2}{L_t^2}(E_1 I_1+KE_r I_r) \tag{19}$$

式中：N_{cm} 为修正后的屈曲约束支撑失稳承载力；K 为约束单元抗弯刚度的折减系数，$0\leqslant K\leqslant 1$，反映随着混凝土开裂和裂缝发展，约束单元抗弯刚度的降低。当支撑芯材屈服后，取屈服后弹性模量为 αE_1，α 为支撑芯材屈服后刚度比，通常取 2%～5%。由 N_{cm} 大于核心钢支撑的屈服承载力 N_{ysc} 的条件，得到：

$$N_{cm}=\frac{\pi^2}{L_t^2}(\alpha E_1 I_1+KE_r I_r)\geqslant N_{ysc} \tag{20}$$

约束单元为钢管混凝土时，Black 等认为 $K=1$。用钢筋混凝土作为约束单元时，考虑纵向弯曲对钢筋混凝土抗弯刚度的降低影响，系数 K 可由式（21）确定：

$$K=\frac{B_s}{E_r I_r} \tag{21}$$

式中：B_s 为钢筋混凝土截面的短期刚度，$B_s=(0.22+3.75\alpha_E\rho_s)E_c I_c$，$\alpha_E$ 为钢筋与混凝土模量比，$\alpha_E=E_s/E_c$，ρ_s 为单边纵向钢筋配筋率，$\rho_s=A_s/(bh_0)$，A_s 为受拉纵向钢筋面积；h_0 为截面有效高度。

由于约束单元对核心单元的约束作用和钢材的强化，屈曲约束支撑的极限受压承载力 N_{ymax} 往往大于 N_{ysc}。因此，为避免屈曲约束支撑在达到 N_{ymax} 前产生整体失稳，建议将式（20）修改为：

$$N_{cm}=\frac{\pi^2}{L_t^2}(\alpha E_1 I_1+KE_r I_r)\geqslant N_{ymax}=\beta\omega N_{ysc} \tag{22}$$

式中：β 为受压承载力调整系数，由受压极限承载力 N_{cmax} 和受拉极限承载力 N_{tmax} 之比 $\beta=N_{cmax}/N_{tmax}$ 确定，FEMA450 规定 $\beta\leqslant 1.3$；ω 为钢材应变强化调整系数，根据 Iwata M 和 Tremblay R 的试验结果，支撑应变为 1.5%～4.8%时，$\omega=1.2$～1.5。偏于安全取 $\beta=1.3$，$\omega=1.5$，则有 $\beta\omega=1.95$，因此有：

$$\frac{\pi^2(\alpha E_1 I_1+KE_r I_r)}{L_t^2}\geqslant 1.95N_{ysc} \tag{23}$$

当采用钢管混凝土作为支撑约束单元时，取 $K=1$，则式（23）与 Kmiura 建议的约束钢管混凝土 Euler 稳定承载力应大于 1.9 倍核心单元屈服承载力的要求接近。

对于全钢型屈曲约束支撑，其约束单元只有全钢构件，其受力途径比较明确，故计算可以简化，E_r、I_r 直接取为外约束全钢构件全截面的弹性模量和截面惯性矩。

E.2.7 依据上海中巍钢结构设计有限公司委托清华大学所做的研究成果，屈曲约束支撑的抗弯计算要求应与其整体稳定计算相同，即应采用极限荷载 N_{cmax} 作为抗弯设计的控制荷载，并应考虑约束混凝土部分开裂的刚度折减。

如图 13 所示，设屈曲约束支撑的初始缺陷为正弦函数，则在屈曲约束支撑的极限荷载 $N_{c\,max}$ 作用下的平衡方程为

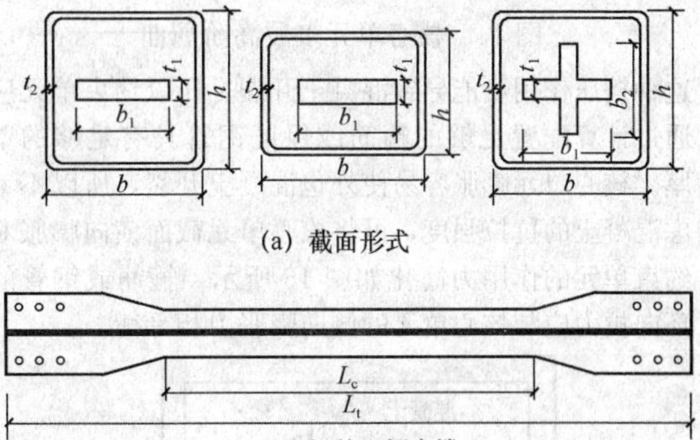

t_2
t_1
b_1
b
h
b_2
L_c
L_t

(a) 截面形式

(b) 核心钢支撑

图 13 屈曲约束支撑截面形式和核心单元

$$KE_r I_r\frac{d^2\nu}{dx^2}+(\nu+\nu_0)P_u=0 \tag{24}$$

$$\nu_0=a\sin\frac{\pi x}{L_t} \tag{25}$$

式中：ν_0 为初始挠度，ν 为轴向荷载产生的挠度；a 为跨中初始变形，取值建议 $L_t/500$（《钢结构设计规范》GB 50017－2003）和（$B1$，$B2$）max/30（《混凝土结构设计规范》GB 50010－2010）两者中较大值。由式（23）、式（24）可解得屈曲约束支撑跨中弯曲变形为：

$$\nu+\nu_0=\frac{a}{1-\dfrac{N_{cmax}}{N_{cm}}}\sin\frac{\pi x}{L_t} \tag{26}$$

则在极限荷载 $N_{c\,max}$ 作用下约束单元的跨中最大弯矩为：

$$M_{rmax}=N_{cmax}(\nu+\nu_0)_{max}=\frac{N_{cmax}N_{cm}a}{N_{cm}-N_{cmax}} \tag{27}$$

按 M_{rmax} 进行约束单元的抗弯设计即可。

E.2.8 核心单元在轴压力作用下会对约束单元产生侧向膨胀作用，侧向膨胀作用的大小与无粘结层厚度有关。通常无粘结材料的弹性模量远小于钢和混凝土材料，当无粘结层较厚时，约束单元对核心单元的约束作用较弱。随着轴向压力增大，核心单元板件最终形成如图 14 所示的多波高阶屈曲模态。此时当采用钢管混凝土作为约束单元时，可直接按抗弯要求确定钢管壁厚；采用钢筋混凝土作为约束单元时，箍筋可按现行国家标准《混凝土结构设计规范》GB 50010 中的构造要求配置即可。

当无粘结构造层较薄时，核心单元在轴压力作用下的侧向膨胀会对约束单元产生挤压作用（图 15）。

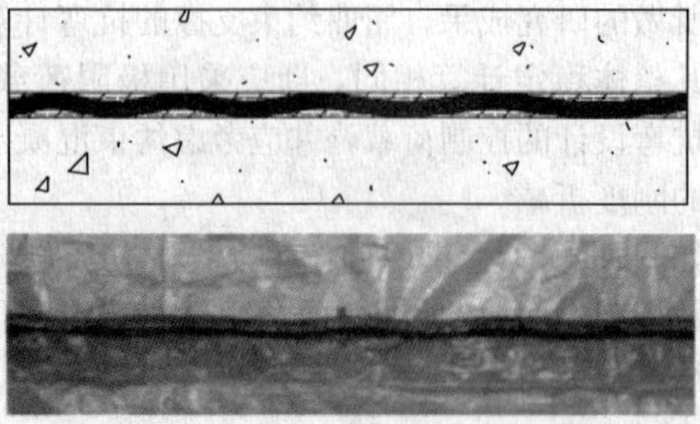

图 14　核心单元多波高阶屈曲

这种挤压作用可能导致混凝土开裂，所以约束单元应通过计算配置足够的箍筋或保证钢管具有足够的壁厚。核心单元膨胀容易使外包混凝土开裂，所以不考虑混凝土的抗拉强度，可将核心单元截面横向膨胀对约束单元的作用力简化如图 16 所示，箍筋或钢管的环向拉力应与核心单元的侧向膨胀力相平衡。

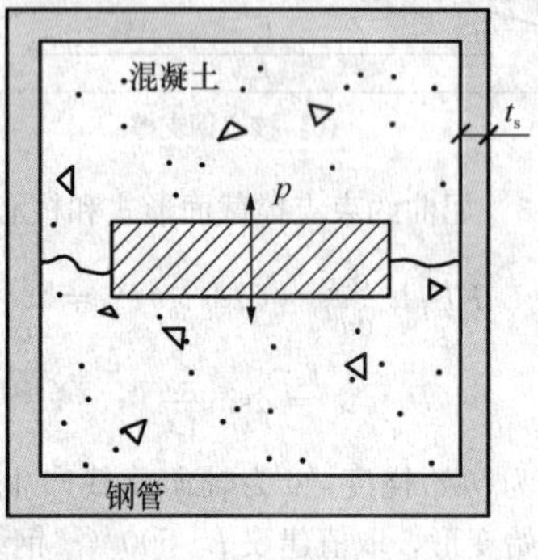
混凝土
ts
p
钢管

图 15　核心单元的挤压膨胀

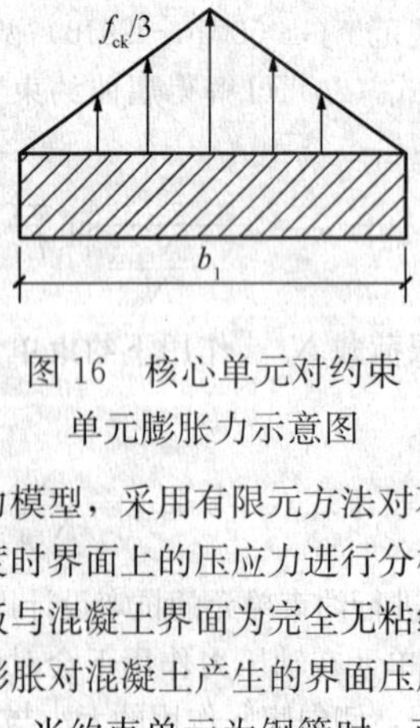
fck/3
b1

图 16　核心单元对约束单元膨胀力示意图

按此受力模型，采用有限元方法对不同钢板厚度和混凝土强度时界面上的压应力进行分析。根据分析结果，当钢板与混凝土界面为完全无粘结时，中部截面核心单元膨胀对混凝土产生的界面压应力分布近似如图 16 所示。当约束单元为钢管时，可得支撑中部钢管的壁厚 t_s 应满足下式：

$$t_s \geqslant \frac{f_{ck}b_1}{12f_y} \tag{28}$$

式中：f_{ck}为混凝土轴心抗压强度标准值；f_y 为钢管的屈服强度。

当采用钢筋混凝土时，可得到支撑中部箍筋的体积配箍率 ρ_{sv}为：

$$\rho_{sv} \geqslant \frac{(b+h-4a_s)f_{ck}b_1}{6bhf_{yv}} \tag{29}$$

式中：b、h 为截面边长；a_s为混凝土保护层厚度；f_{yv}为箍筋屈服强度。

由于核心单元与混凝土界面存在摩擦，特别是在屈曲约束支撑端部，膨胀力比中部大，因此支撑端部应采取一定的加强措施。根据试验结果和有限元分析结果，屈曲约束支撑端部的钢管壁厚或者配箍率可取式（28）和式（29）计算值的两倍，且端部加强区长度可取为构件长边边长的 1.5 倍。

E.2.9　屈曲约束支撑的核心单元截面可选用一字形、十字形、H 形或环形。Mase S，Yabe Y 等人的试验研究表明，当核心单元截面采用一字形时，其宽厚比对屈曲约束支撑的低周疲劳性能有一定影响，截面积相同，宽厚比越小，极限承载力越高，力学行为越稳定。另外，对钢材的性能应有一定的要求，钢材的屈强比不应大于 0.8，且在 3%应变下无弱化，有较好的低周疲劳性能，当作为金属屈服型阻尼器设计时，可选择低屈服点特种钢材，但核心单元内部不能存在对接焊缝，因为焊接残余应力会影响核心单元的性能。

通常使用的无粘结材料有：环氧树脂、沥青油漆、乙烯基层＋泡沫、橡胶层、硅树脂橡胶层等，厚度为 0.15mm～3.5mm。Wakabayashi 等研究了各种无粘结材料对屈曲约束支撑性能的影响，建议采用“硅树脂＋环氧树脂”做无粘结材料。其他研究者也建议了多种无粘结构造，如 0.15mm～0.2mm 聚乙烯薄膜、1.5mm 丁基橡胶、2mm 硅树脂橡胶层等。

在外包混凝土约束段端部与支撑加强段端部斜面之间预留间隙，主要是为了避免在支撑受压时端部斜面楔入外包混凝土中，所以预留的间隙值应考虑罕遇地震下核心单元的最大压缩变形。

E.3　屈曲约束支撑框架结构

E.3.2　通过国内外已有的对支撑结构的分析表明，在地震作用时，地震水平力集中在支撑上，作为力传递路径的楼板也将产生平面内的剪力。单独的组合大梁有可能发生楼板剪切破坏的情况，此时水平面内作用有剪力，当大梁中间部分设置有“人”形支撑时，支撑所产生的剪力与上述水平剪力合成使楼板剪力变得非常大而导致其发生平面内的剪切破坏。由此可见，屈曲约束支撑设计时必须慎重考虑结构内力的传递路径。

E.3.3　屈曲约束支撑与结构之间可以采用螺栓连接或焊接连接。采用螺栓连接可方便替换，建议采用高强度螺栓摩擦型连接，主要是为了保证地震作用下螺栓与连接板件间不发生相对滑移，减少螺栓滑移对支撑非弹性变形的影响。对于极限承载力较大的屈曲约束支撑，如节点采用螺栓连接，所需的螺栓数量比较多，使得节点所需连接段较长，此时也可采用焊接连接。

为了保证屈曲约束支撑具有足够的耗能能力，支撑的连接节点不应先于核心单元破坏。故屈曲约束支撑与梁柱的连接节点应有足够的强度储备。在设计支撑连接节点时，最大作用力按照支撑极限承载力的 1.2 倍考虑。

屈曲约束支撑与梁、柱构件的连接节点板应保证在最大作用力下不发生强度破坏和稳定破坏。节点板在支撑压力作用下的稳定性可按现行国家标准《钢结构设计规范》GB 50017 中节点板强度与稳定性计算的相关规定计算。

E.4 试验及验收

E.4.1～E.4.5 本节主要参照美国 FEMA450、ANSI/AISC341-05 的相关规定以及国内的相关试验研究结果制定，其中加载幅值结合现行国家标准《建筑抗震设计规范》GB 50011 制定。

对支撑进行单轴试验的目的在于，为屈曲约束支撑满足强度和非弹性变形的要求提供证明，为检验支撑的工作性状，特别是在拉压反复荷载作用下的滞回性能，以及连接节点的设计计算提供依据。

支撑单轴试验中，试件中核心单元的形状和定位都应与原型支撑相同；试验的连接构造应尽可能接近实际的原型连接构造；试验构件中屈曲约束单元的材料应与原型支撑相同。

试验还应满足以下要求：

1） 荷载-位移历程图应表现出稳定的滞回特性，且不应出现刚度退化现象。

2） 试验中不应出现开裂、支撑失稳或支撑端部连接失效的现象。

3） 对于支撑试验，在变形大于第一个屈服点的轴向变形值时，每一加载周期的最大拉力和最大压力都不应小于核心单元的屈服强度。

4） 对于支撑试验，在变形大于第一个屈服点的轴向变形值时，每一加载周期的最大压力和最大拉力的比值不应大于 1.3。

附录 F 高强度螺栓连接计算

F.1 一般规定

F.1.4 板件受拉和受剪破坏时的强度不同，为了简化计算，式（F.1.4-4）将受剪破坏的计算截面近似取为与孔边相切的截面长度的一半，对受拉和受剪时的破断强度取相同值 f_u，该式参考日本规定的计算方法。

中华人民共和国行业标准

钢筋机械连接技术规程

Technical specification for mechanical splicing of steel reinforcing bars

JGJ 107—2016

批准部门：中华人民共和国住房和城乡建设部
施行日期：2 0 1 6 年 8 月 1 日

中华人民共和国住房和城乡建设部
公　告

第1049号

住房城乡建设部关于发布行业标准《钢筋机械连接技术规程》的公告

现批准《钢筋机械连接技术规程》为行业标准，编号为JGJ 107－2016，自2016年8月1日起实施。其中，第3.0.5条为强制性条文，必须严格执行。原《钢筋机械连接技术规程》JGJ 107－2010同时废止。

本规程由我部标准定额研究所组织中国建筑工业出版社出版发行。

中华人民共和国住房和城乡建设部

2016年2月22日

前　言

根据住房和城乡建设部《关于印发〈2013年工程建设标准规范制订修订计划〉的通知》（建标〔2013〕6号）的要求，规程编制组经广泛调查研究，认真总结实践经验，参考有关国际标准和国外先进标准，并在广泛征求意见的基础上，修订了本规程。

本规程的主要技术内容是：1. 总则；2. 术语和符号；3. 接头性能要求；4. 接头应用；5. 接头型式检验；6. 接头的现场加工与安装；7. 接头的现场检验与验收。

本规程修订的主要技术内容是：1. 补充了余热处理钢筋、热轧光圆钢筋和不锈钢钢筋采用机械连接的相关规定；2. 增加了套筒原材料应符合现行行业标准《钢筋机械连接用套筒》JG/T 163的有关规定，以及采用45号钢冷拔或冷轧精密无缝钢管时，应进行退火处理的相关规定；3. 调整了Ⅰ级接头强度判定条件，由“断于钢筋”和“断于接头”分别调整为“钢筋拉断”和“连接件破坏”；4. 增加了对直接承受重复荷载的结构，接头应选用带疲劳性能的有效型式检验报告和认证接头产品的要求；5. 增加了接头型式检验中有关疲劳性能的检验要求；6. 取消了现场工艺检验进行复检的有关规定；7. 增加了对现场丝头加工质量有异议时可随机抽取接头试件进行极限抗拉强度和单向拉伸残余变形检验；8. 增加了部分不适合在工程结构中随机抽取接头试件的场合，采取见证取样的有关规定；9. 增加了接头验收批数量小于200个时的抽样验收规则；10. 增加了对已获得有效认证的接头产品，验收批数量可扩大的有关规定；11. 增加了工程现场对接头疲劳性能进行验证性检验的有关规定；12. 修改了接头残余变形测量标距；13. 增加了附录A.3接头试件疲劳试验方法；14. 修改了附录B接头型式检验报告式样及部分内容。

本规程中以黑体字标志的条文为强制性条文，必须严格执行。

本规程由住房和城乡建设部负责管理和对强制性条文的解释，由中国建筑科学研究院负责具体技术内容的解释。执行过程中如有意见或建议，请寄送中国建筑科学研究院（地址：北京市北三环东路30号；邮政编码：100013）。

本规程主编单位：中国建筑科学研究院
荣盛建设工程有限公司

本规程参编单位：上海宝钢建筑工程设计研究院
中国建筑科学研究院建筑机械化研究分院
中冶建筑研究总院有限公司
北京市建筑设计研究院有限公司
北京市建筑工程研究院有限责任公司
山西太钢不锈钢股份有限公司
建研建硕（北京）科技发展有限公司
中铁工程设计咨询集团有限公司

中交公路规划设计院有限公司
上海建科结构新技术工程有限公司
中国核电工程有限公司
中国核工业第二二建设有限公司
广东省长大公路工程有限公司
中铁建工集团有限公司
深圳市红翔银亮钢有限公司
桂林三力建筑机械有限责任公司
中建二局第三建筑工程有限公司
北京中建科联技术发展中心
德士达建材（广东）有限公司
保定金地机械有限公司
上海鼎锐钢筋工程技术有限公司
重庆二航钢筋连接工程有限责任公司
北京硕发科技有限公司

本规程主要起草人员：徐瑞榕　刘永颐　宋　杰　郁　竑　刘子金　钱冠龙　徐升桥　彭运动　李智斌　薛慧立　南建林　李大宁　吴晓星　王辉绵　王洪斗　季钊徐　陈儒发　许　慧　田保中　胡玉斌　李　军　白建平　钟庆明　史雪山　赖志勇　胡　军　王　洋

本规程主要审查人员：沙志国　李本端　黄祝林　刘立新　张显来　吴广彬　郝志强　高东明　张超琦　高俊峰　张俊生　张玉玲

目　次

Contents

1 总 则

1.0.1 为规范混凝土结构工程中钢筋机械连接的应用，做到安全适用、技术先进、经济合理，确保质量，制定本规程。

1.0.2 本规程适用于建筑工程混凝土结构中钢筋机械连接的设计、施工及验收。

1.0.3 用于机械连接的钢筋应符合国家现行标准《钢筋混凝土用钢 第2部分：热轧带肋钢筋》GB 1499.2、《钢筋混凝土用余热处理钢筋》GB 13014、《钢筋混凝土用不锈钢钢筋》YB/T 4362 及《钢筋混凝土用钢 第1部分：热轧光圆钢筋》GB 1499.1 的规定。

1.0.4 钢筋机械连接除应符合本规程外，尚应符合国家现行有关标准的规定。

2 术语和符号

2.1 术 语

2.1.1 钢筋机械连接 rebar mechanical splicing

通过钢筋与连接件或其他介入材料的机械咬合作用或钢筋端面的承压作用，将一根钢筋中的力传递至另一根钢筋的连接方法。

2.1.2 接头 splice

钢筋机械连接全套装置，钢筋机械连接接头的简称。

2.1.3 连接件 connectors of mechanical splicing

连接钢筋用的各部件，包括套筒和其他组件。

2.1.4 套筒 coupler or sleeve

用于传递钢筋轴向拉力或压力的钢套管。

2.1.5 钢筋丝头 rebar threaded sector

接头中钢筋端部的螺纹区段。

2.1.6 机械连接接头长度 length of mechanical splice

接头连接件长度加连接件两端钢筋横截面变化区段的长度。螺纹接头的外露丝头和镦粗过渡段属截面变化区段。

2.1.7 接头极限抗拉强度 tensile strength of splice

接头试件在拉伸试验过程中所达到的最大拉应力值。

2.1.8 接头残余变形 residual deformation of splice

接头试件按规定的加载制度加载并卸载后，在规定标距内所测得的变形。

2.1.9 接头试件的最大力下总伸长率 total elongation of splice sample at maximum tensile force

接头试件在最大力下在规定标距内测得的总伸长率。

2.1.10 接头面积百分率 area percentage of splice

同一连接区段内纵向受力钢筋机械连接接头面积百分率为该区段内有机械接头的纵向受力钢筋与全部纵向钢筋截面面积的比值。当直径不同的钢筋连接时，按直径较小的钢筋计算。

2.2 符 号

A_{sgt}——接头试件的最大力下总伸长率；

d——钢筋公称直径；

f_{yk}——钢筋屈服强度标准值；

f_{stk}——钢筋极限抗拉强度标准值；

f^0_{mst}——接头试件实测极限抗拉强度；

p——螺纹的螺距；

u_0——接头试件加载至 $0.6f_{yk}$ 并卸载后在规定标距内的残余变形；

u_{20}——接头试件按本规程附录A加载制度经高应力反复拉压20次后的残余变形；

u_4——接头试件按本规程附录A加载制度经大变形反复拉压4次后的残余变形；

u_8——接头试件按本规程附录A加载制度经大变形反复拉压8次后的残余变形；

ε_{yk}——钢筋应力达到屈服强度标准值时的应变。

3 接头性能要求

3.0.1 接头设计应满足强度及变形性能的要求。

3.0.2 钢筋连接用套筒应符合现行行业标准《钢筋机械连接用套筒》JG/T 163 的有关规定；套筒原材料采用45号钢冷拔或冷轧精密无缝钢管时，钢管应进行退火处理，并应满足现行行业标准《钢筋机械连接用套筒》JG/T 163 对钢管强度限值和断后伸长率的要求。不锈钢钢筋连接套筒原材料宜采用与钢筋母材同材质的棒材或无缝钢管，其外观及力学性能应符合现行国家标准《不锈钢棒》GB/T 1220、《结构用不锈钢无缝钢管》GB/T 14975 的规定。

3.0.3 接头性能应包括单向拉伸、高应力反复拉压、大变形反复拉压和疲劳性能，应根据接头的性能等级和应用场合选择相应的检验项目。

3.0.4 接头应根据极限抗拉强度、残余变形、最大力下总伸长率以及高应力和大变形条件下反复拉压性能，分为Ⅰ级、Ⅱ级、Ⅲ级三个等级，其性能应分别符合本规程第3.0.5条～第3.0.7条的规定。

3.0.5 Ⅰ级、Ⅱ级、Ⅲ级接头的极限抗拉强度必须符合表3.0.5的规定。

表3.0.5 接头极限抗拉强度

接头等级	Ⅰ级		Ⅱ级	Ⅲ级
极限抗拉强度	$f^0_{mst} \geqslant f_{stk}$ 钢筋拉断	或 $f^0_{mst} \geqslant 1.10f_{stk}$ 连接件破坏	$f^0_{mst} \geqslant f_{stk}$	$f^0_{mst} \geqslant 1.25f_{yk}$

注：1 钢筋拉断指断于钢筋母材、套筒外钢筋丝头和钢筋镦粗过渡段；
2 连接件破坏指断于套筒、套筒纵向开裂或钢筋从套筒中拔出以及其他连接组件破坏。

3.0.6 Ⅰ级、Ⅱ级、Ⅲ级接头应能经受规定的高应力和大变形反复拉压循环，且在经历拉压循环后，其极限抗拉强度仍应符合本规程第 3.0.5 条的规定。

3.0.7 Ⅰ级、Ⅱ级、Ⅲ级接头变形性能应符合表 3.0.7 的规定。

表 3.0.7 接头变形性能

接头等级		Ⅰ级	Ⅱ级	Ⅲ级
单向拉伸	残余变形（mm）	$u_0\leqslant0.10(d\leqslant32)$ $u_0\leqslant0.14(d>32)$	$u_0\leqslant0.14(d\leqslant32)$ $u_0\leqslant0.16(d>32)$	$u_0\leqslant0.14(d\leqslant32)$ $u_0\leqslant0.16(d>32)$
	最大力下总伸长率（%）	$A_{sgt}\geqslant6.0$	$A_{sgt}\geqslant6.0$	$A_{sgt}\geqslant3.0$
高应力反复拉压	残余变形（mm）	$u_{20}\leqslant0.3$	$u_{20}\leqslant0.3$	$u_{20}\leqslant0.3$
大变形反复拉压	残余变形（mm）	$u_4\leqslant0.3$ 且 $u_8\leqslant0.6$	$u_4\leqslant0.3$ 且 $u_8\leqslant0.6$	$u_4\leqslant0.6$

3.0.8 对直接承受重复荷载的结构构件，设计应根据钢筋应力幅提出接头的抗疲劳性能要求。当设计无专门要求时，剥肋滚轧直螺纹钢筋接头、镦粗直螺纹钢筋接头和带肋钢筋套筒挤压接头的疲劳应力幅限值不应小于现行国家标准《混凝土结构设计规范》GB 50010 中普通钢筋疲劳应力幅限值的 80%。

3.0.9 钢筋套筒灌浆连接应符合现行行业标准《钢筋套筒灌浆连接应用技术规程》JGJ 355 的有关规定。

4 接头应用

4.0.1 接头等级的选用应符合下列规定：

1 混凝土结构中要求充分发挥钢筋强度或对延性要求高的部位应选用Ⅱ级或Ⅰ级接头；当在同一连接区段内钢筋接头面积百分率为 100%时，应选用Ⅰ级接头。

2 混凝土结构中钢筋应力较高但对延性要求不高的部位可选用Ⅲ级接头。

4.0.2 连接件的混凝土保护层厚度宜符合现行国家标准《混凝土结构设计规范》GB 50010 中的规定，且不应小于 0.75 倍钢筋最小保护层厚度和 15mm 的较大值。必要时可对连接件采取防锈措施。

4.0.3 结构构件中纵向受力钢筋的接头宜相互错开。钢筋机械连接的连接区段长度应按 $35d$ 计算，当直径不同的钢筋连接时，按直径较小的钢筋计算。位于同一连接区段内的钢筋机械连接接头的面积百分率应符合下列规定：

1 接头宜设置在结构构件受拉钢筋应力较小部位，高应力部位设置接头时，同一连接区段内Ⅲ级接头的接头面积百分率不应大于 25%，Ⅱ级接头的接头面积百分率不应大于 50%。Ⅰ级接头的接头面积百分率除本条第 2 款和第 4 款所列情况外可不受限制。

2 接头宜避开有抗震设防要求的框架的梁端、柱端箍筋加密区；当无法避开时，应采用Ⅱ级接头或Ⅰ级接头，且接头面积百分率不应大于 50%。

3 受拉钢筋应力较小部位或纵向受压钢筋，接头面积百分率可不受限制。

4 对直接承受重复荷载的结构构件，接头面积百分率不应大于 50%。

4.0.4 对直接承受重复荷载的结构，接头应选用包含有疲劳性能的型式检验报告的认证产品。

5 接头型式检验

5.0.1 下列情况应进行型式检验：

1 确定接头性能等级时；

2 套筒材料、规格、接头加工工艺改动时；

3 型式检验报告超过 4 年时。

5.0.2 接头型式检验试件应符合下列规定：

1 对每种类型、级别、规格、材料、工艺的钢筋机械连接接头，型式检验试件不应少于 12 个；其中钢筋母材拉伸强度试件不应少于 3 个，单向拉伸试件不应少于 3 个，高应力反复拉压试件不应少于 3 个，大变形反复拉压试件不应少于 3 个；

2 全部试件的钢筋均应在同一根钢筋上截取；

3 接头试件应按本规程第 6.3 节的要求进行安装；

4 型式检验试件不得采用经过预拉的试件。

5.0.3 接头的型式检验应按本规程附录 A 的规定进行，当试验结果符合下列规定时应评为合格：

1 强度检验：每个接头试件的强度实测值均应符合本规程表 3.0.5 中相应接头等级的强度要求；

2 变形检验：3 个试件残余变形和最大力下总伸长率实测值的平均值应符合本规程表 3.0.7 的规定。

5.0.4 型式检验应详细记录连接件和接头参数，宜按本规程附录 B 的格式出具检验报告和评定结论。

5.0.5 接头用于直接承受重复荷载的构件时，接头的型式检验应按表 5.0.5 的要求和本规程附录 A 的规定进行疲劳性能检验。

表 5.0.5 HRB400 钢筋接头疲劳性能检验的应力幅和最大应力

应力组别	最小与最大应力比值 ρ	应力幅值（MPa）	最大应力（MPa）
第一组	0.70～0.75	60	230
第二组	0.45～0.50	100	190
第三组	0.25～0.30	120	165

5.0.6 接头的疲劳性能型式检验应符合下列规定：

1 应取直径不小于32mm钢筋做6根接头试件，分为2组，每组3根；

2 可任选本规程表5.0.5中的2组应力进行试验；

3 经200万次加载后，全部试件均未破坏，该批疲劳试件型式检验应评为合格。

6 接头的现场加工与安装

6.1 一 般 规 定

6.1.1 钢筋丝头现场加工与接头安装应按接头技术提供单位的加工、安装技术要求进行，操作工人应经专业培训合格后上岗，人员应稳定。

6.1.2 钢筋丝头加工与接头安装应经工艺检验合格后方可进行。

6.2 钢筋丝头加工

6.2.1 直螺纹钢筋丝头加工应符合下列规定：

1 钢筋端部应采用带锯、砂轮锯或带圆弧形刀片的专用钢筋切断机切平；

2 镦粗头不应有与钢筋轴线相垂直的横向裂纹；

3 钢筋丝头长度应满足产品设计要求，极限偏差应为0～2.0p；

4 钢筋丝头宜满足6f级精度要求，应采用专用直螺纹量规检验，通规应能顺利旋入并达到要求的拧入长度，止规旋入不得超过3p。各规格的自检数量不应少于10%，检验合格率不应小于95%。

6.2.2 锥螺纹钢筋丝头加工应符合下列规定：

1 钢筋端部不得有影响螺纹加工的局部弯曲；

2 钢筋丝头长度应满足产品设计要求，拧紧后的钢筋丝头不得相互接触，丝头加工长度极限偏差应为−0.5p～−1.5p；

3 钢筋丝头的锥度和螺距应采用专用锥螺纹量规检验；各规格丝头的自检数量不应少于10%，检验合格率不应小于95%。

6.3 接 头 安 装

6.3.1 直螺纹接头的安装应符合下列规定：

1 安装接头时可用管钳扳手拧紧，钢筋丝头应在套筒中央位置相互顶紧，标准型、正反丝型、异径型接头安装后的单侧外露螺纹不宜超过2p；对无法对顶的其他直螺纹接头，应附加锁紧螺母、顶紧凸台等措施紧固。

2 接头安装后应用扭力扳手校核拧紧扭矩，最小拧紧扭矩值应符合表6.3.1的规定。

表 6.3.1 直螺纹接头安装时最小拧紧扭矩值

钢筋直径（mm）	≤16	18～20	22～25	28～32	36～40	50
拧紧扭矩（N·m）	100	200	260	320	360	460

3 校核用扭力扳手的准确度级别可选用10级。

6.3.2 锥螺纹接头的安装应符合下列规定：

1 接头安装时应严格保证钢筋与连接件的规格相一致；

2 接头安装时应用扭力扳手拧紧，拧紧扭矩值应满足表6.3.2的要求；

表 6.3.2 锥螺纹接头安装时拧紧扭矩值

钢筋直径（mm）	≤16	18～20	22～25	28～32	36～40	50
拧紧扭矩（N·m）	100	180	240	300	360	460

3 校核用扭力扳手与安装用扭力扳手应区分使用，校核用扭力扳手应每年校核1次，准确度级别不应低于5级。

6.3.3 套筒挤压接头的安装应符合下列规定：

1 钢筋端部不得有局部弯曲，不得有严重锈蚀和附着物；

2 钢筋端部应有挤压套筒后可检查钢筋插入深度的明显标记，钢筋端头离套筒长度中点不宜超过10mm；

3 挤压应从套筒中央开始，依次向两端挤压，挤压后的压痕直径或套筒长度的波动范围应用专用量规检验；压痕处套筒外径应为原套筒外径的0.80～0.90倍，挤压后套筒长度应为原套筒长度的1.10～1.15倍；

4 挤压后的套筒不应有可见裂纹。

7 接头的现场检验与验收

7.0.1 工程应用接头时，应对接头技术提供单位提交的接头相关技术资料进行审查与验收，并应包括下列内容：

1 工程所用接头的有效型式检验报告；

2 连接件产品设计、接头加工安装要求的相关技术文件；

3 连接件产品合格证和连接件原材料质量证明书。

7.0.2 接头工艺检验应针对不同钢筋生产厂的钢筋进行，施工过程中更换钢筋生产厂或接头技术提供单位时，应补充进行工艺检验。工艺检验应符合下列规定：

1　各种类型和型式接头都应进行工艺检验，检验项目包括单向拉伸极限抗拉强度和残余变形；

2　每种规格钢筋接头试件不应少于3根；

3　接头试件测量残余变形后可继续进行极限抗拉强度试验，并宜按本规程表A.1.3中单向拉伸加载制度进行试验；

4　每根试件极限抗拉强度和3根接头试件残余变形的平均值均应符合本规程表3.0.5和表3.0.7的规定；

5　工艺检验不合格时，应进行工艺参数调整，合格后方可按最终确认的工艺参数进行接头批量加工。

7.0.3　钢筋丝头加工应按本规程第6.2节要求进行自检，监理或质检部门对现场丝头加工质量有异议时，可随机抽取3根接头试件进行极限抗拉强度和单向拉伸残余变形检验，如有1根试件极限抗拉强度或3根试件残余变形值的平均值不合格时，应整改后重新检验，检验合格后方可继续加工。

7.0.4　接头安装前的检验与验收应满足表7.0.4的要求。

表7.0.4　接头安装前检验项目与验收要求

接头类型	检验项目	验收要求
螺纹接头	套筒标志	符合现行行业标准《钢筋机械连接用套筒》JG/T 163的有关规定
	进场套筒适用的钢筋强度等级	与工程用钢筋强度等级一致
	进场套筒与型式检验的套筒尺寸和材料的一致性	符合有效型式检验报告记载的套筒参数
套筒挤压接头	套筒标志	符合现行行业标准《钢筋机械连接用套筒》JG/T 163有关规定
	套筒压痕标记	符合有效型式检验报告记载的压痕道次
	用于检查钢筋插入套筒深度的钢筋表面标记	符合本规程第6.3.3条的要求
	进场套筒适用的钢筋强度等级	与工程用钢筋强度等级一致
	进场套筒与型式检验的套筒尺寸和材料的一致性	符合有效型式检验报告记载的套筒参数

7.0.5　接头现场抽检项目应包括极限抗拉强度试验、加工和安装质量检验。抽检应按验收批进行，同钢筋生产厂、同强度等级、同规格、同类型和同型式接头应以500个为一个验收批进行检验与验收，不足500个也应作为一个验收批。

7.0.6　接头安装检验应符合下列规定：

1　螺纹接头安装后应按本规程第7.0.5条的验收批，抽取其中10%的接头进行拧紧扭矩校核，拧紧扭矩值不合格数超过被校核接头数的5%时，应重新拧紧全部接头，直到合格为止。

2　套筒挤压接头应按验收批抽取10%接头，压痕直径或挤压后套筒长度应满足本规程第6.3.3条第3款的要求；钢筋插入套筒深度应满足产品设计要求，检查不合格数超过10%时，可在本批外观检验不合格的接头中抽取3个试件做极限抗拉强度试验，按本规程第7.0.7条进行评定。

7.0.7　对接头的每一验收批，应在工程结构中随机截取3个接头试件做极限抗拉强度试验，按设计要求的接头等级进行评定。当3个接头试件的极限抗拉强度均符合本规程表3.0.5中相应等级的强度要求时，该验收批应评为合格。当仅有1个试件的极限抗拉强度不符合要求，应再取6个试件进行复检。复检中仍有1个试件的极限抗拉强度不符合要求，该验收批应评为不合格。

7.0.8　对封闭环形钢筋接头、钢筋笼接头、地下连续墙预埋套筒接头、不锈钢钢筋接头、装配式结构构件间的钢筋接头和有疲劳性能要求的接头，可见证取样，在已加工并检验合格的钢筋丝头成品中随机割取钢筋试件，按本规程第6.3节要求与随机抽取的进场套筒组装成3个接头试件做极限抗拉强度试验，按设计要求的接头等级进行评定。验收批合格评定应符合本规程第7.0.7条的规定。

7.0.9　同一接头类型、同型式、同等级、同规格的现场检验连续10个验收批抽样试件抗拉强度试验一次合格率为100%时，验收批接头数量可扩大为1000个；当验收批接头数量少于200个时，可按本规程第7.0.7条或第7.0.8条相同的抽样要求随机抽取2个试件做极限抗拉强度试验，当2个试件的极限抗拉强度均满足本规程第3.0.5条的强度要求时，该验收批应评为合格。当有1个试件的极限抗拉强度不满足要求，应再取4个试件进行复检，复检中仍有1个试件极限抗拉强度不满足要求，该验收批应评为不合格。

7.0.10　对有效认证的接头产品，验收批数量可扩大至1000个；当现场抽检连续10个验收批抽样试件极限抗拉强度检验一次合格率为100%时，验收批接头数量可扩大为1500个。当扩大后的各验收批中出现抽样试件极限抗拉强度检验不合格的评定结果时，应将随后的各验收批数量恢复为500个，且不得再次扩大验收批数量。

7.0.11　设计对接头疲劳性能要求进行现场检验的工程，可按设计提供的钢筋应力幅和最大应力，或根据本规程表5.0.5中相近的一组应力进行疲劳性能验证性检验，并应选取工程中大、中、小三种直径钢筋各组装3根接头试件进行疲劳试验。全部试件均通过200万次重复加载未破坏，应评定该批接头试件疲劳性能合格。每组中仅一根试件不合格，应再取相同类型和规格的3根接头试件进行复检，当3根复检试件均通过200万次重复加载未破坏，应评定该批接头试件疲劳性能合格，复检中仍有1根试件不合格时，该验收批应评定为不合格。

7.0.12 现场截取抽样试件后，原接头位置的钢筋可采用同等规格的钢筋进行绑扎搭接连接、焊接或机械连接方法补接。

7.0.13 对抽检不合格的接头验收批，应由工程有关各方研究后提出处理方案。

附录A 接头试件试验方法

A.1 型式检验

A.1.1 试件型式检验的仪表布置和变形测量标距应符合下列规定：

1 单向拉伸和反复拉压试验时的变形测量仪表应在钢筋两侧对称布置（图A.1.1），两侧测点的相对偏差不宜大于5mm，且两侧仪表应能独立读取各自变形值。应取钢筋两侧仪表读数的平均值计算残余变形值。

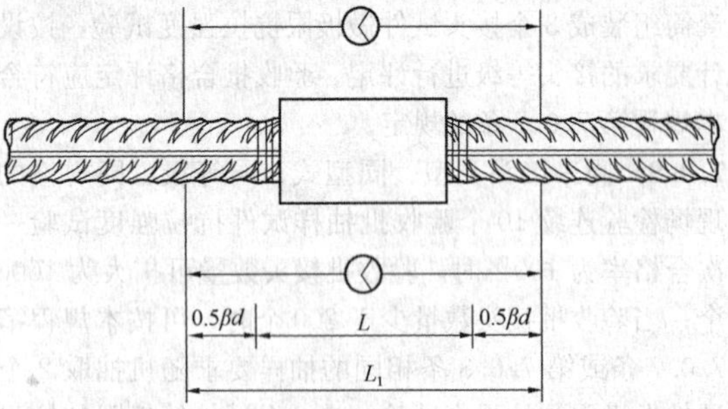

0.5βd
L
0.5βd
L_1

图A.1.1 接头试件变形测量标距和仪表布置

2 变形测量标距

1）单向拉伸残余变形测量应按下式计算：

$$L_1 = L + \beta d \qquad (A.1.1\text{-}1)$$

2）反复拉压残余变形测量应按下式计算：

$$L_1 = L + 4d \qquad (A.1.1\text{-}2)$$

式中：L_1——变形测量标距，mm；

L——机械连接接头长度，mm；

β——系数，取1～6；

d——钢筋公称直径，mm。

A.1.2 型式检验试件最大力下总伸长率 A_{sgt} 的测量方法应符合下列规定：

1 试件加载前，应在其套筒两侧的钢筋表面（图A.1.2）分别用细划线A、B和C、D标出测量标距为 L_{01} 的标记线，L_{01} 不应小于100mm，标距长度应用最小刻度值不大于0.1mm的量具测量。

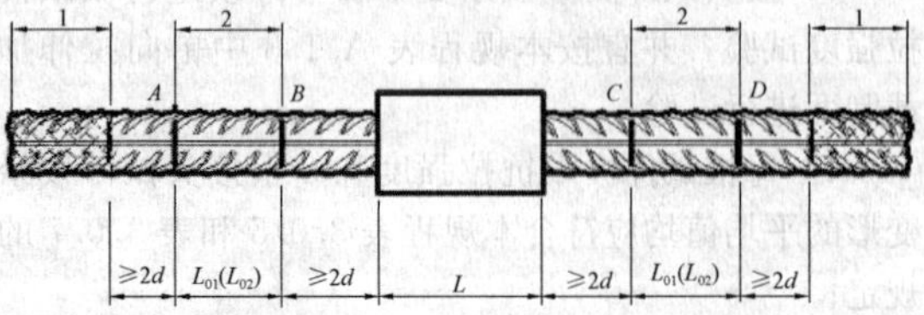

1
2
2
1
A
B
C
D
≥2d
$L_{01}(L_{02})$
≥2d
L
≥2d
$L_{01}(L_{02})$
≥2d

图A.1.2 最大力下总伸长率 A_{sgt} 的测点布置

1—夹持区；2—测量区

2 试件应按本规程表A.1.3单向拉伸加载制度加载并拉断，再次测量A、B和C、D间标距长度为 L_{02}，最大力下总伸长率 A_{sgt} 应按下式计算。应用下式计算时，当试件颈缩发生在套筒一侧的钢筋母材时，L_{01} 和 L_{02} 应取另一侧标记间加载前和卸载后的长度。当破坏发生在接头长度范围内时，L_{01} 和 L_{02} 应取套筒两侧各自读数的平均值。

$$A_{sgt} = \left[\frac{L_{02} - L_{01}}{L_{01}} + \frac{f_{mst}^{0}}{E}\right] \times 100 \qquad (A.1.2)$$

式中：f_{mst}^{0}、E——分别是试件实测极限抗拉强度和钢筋理论弹性模量；

L_{01}——加载前A、B或C、D间的实测长度；

L_{02}——卸载后A、B或C、D间的实测长度。

A.1.3 接头试件型式检验应按表A.1.3的加载制度进行试验（图A.1.3-1～图A.1.3-3）。

表A.1.3 接头试件型式检验的加载制度

试验项目		加载制度
单向拉伸		0→$0.6f_{yk}$→0（测量残余变形）→最大拉力（记录极限抗拉强度）→破坏（测定最大力下总伸长率）
高应力反复拉压		0→($0.9f_{yk}$→$-0.5f_{yk}$)→破坏 （反复20次）
大变形反复拉压	Ⅰ级 Ⅱ级	0→($2\varepsilon_{yk}$→$-0.5f_{yk}$)→($5\varepsilon_{yk}$→$-0.5f_{yk}$)→破坏 （反复4次）（反复4次）
	Ⅲ级	0→($2\varepsilon_{yk}$→$-0.5f_{yk}$)→破坏 （反复4次）

注：荷载与变形测量偏差不应大于±5%。

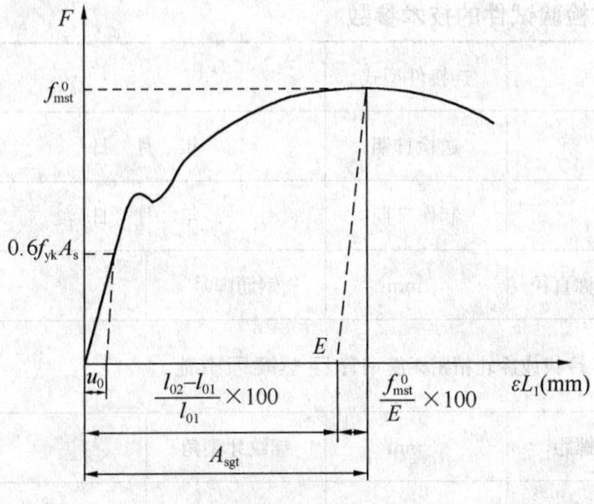

F
f_{mst}^0
$0.6f_{yk}A_s$
E
u_0
$\frac{l_{02}-l_{01}}{l_{01}}\times 100$
$\frac{f_{mst}^0}{E}\times 100$
εL_1(mm)
A_{sgt}

图 A.1.3-1 单向拉伸

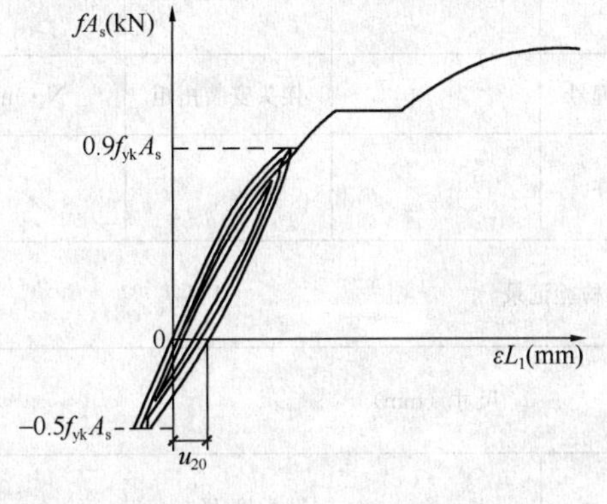

fA_s(kN)
$0.9f_{yk}A_s$
0
εL_1(mm)
$-0.5f_{yk}A_s$
u_{20}

图 A.1.3-2 高应力反复拉压

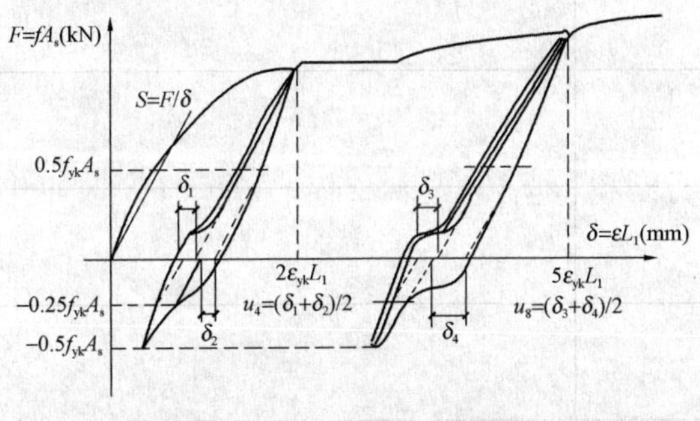

$F=fA_s$(kN)
$S=F/\delta$
$0.5f_{yk}A_s$
δ_1
δ_3
$\delta=\varepsilon L_1$(mm)
$2\varepsilon_{yk}L_1$
$5\varepsilon_{yk}L_1$
$-0.25f_{yk}A_s$
$u_4=(\delta_1+\delta_2)/2$
$u_8=(\delta_3+\delta_4)/2$
$-0.5f_{yk}A_s$
δ_2
δ_4

图 A.1.3-3 大变形反复拉压

注：1 S线表示钢筋的拉、压刚度；F为钢筋所受的力，等于钢筋应力 f 与钢筋理论横截面面积 A_s的乘积；δ为力作用下的钢筋变形，等于钢筋应变 ε 与变形测量标距 L_1的乘积；A_s为钢筋理论横截面面积（mm²）；L_1为变形测量标距（mm）。

2 δ_1 为 $2\varepsilon_{yk}L_1$ 反复加载四次后，在加载力为 $0.5f_{yk}A_s$及反向卸载力为$-0.25f_{yk}A_s$处作 S 的平行线与横坐标交点之间的距离所代表的变形值；

3 δ_2 为 $2\varepsilon_{yk}L_1$ 反复加载四次后，在卸载力为 $0.5f_{yk}A_s$及反向加载力为$-0.25f_{yk}A_s$处作 S 的平行线与横坐标交点之间的距离所代表的变形值；

4 δ_3、δ_4 为在 $5\varepsilon_{yk}L_1$ 反复加载四次后，按与 δ_1、δ_2 相同方法所得的变形值。

A.1.4 测量接头试件残余变形时的加载应力速率宜采用2N/mm²·s⁻¹，不应超过 10N/mm²·s⁻¹；测量接头试件的最大力下总伸长率或极限抗拉强度时，试验机夹头的分离速率宜采用每分钟 $0.05L_c$，L_c为试验机夹头间的距离。速率的相对误差不宜大于±20%。

A.1.5 试验结果的数值修约与判定应符合现行国家标准《数值修约规则与极限数值的表示和判定》GB/T 8170 的规定。

A.2 现场检验

A.2.1 现场工艺检验中接头试件残余变形检验的仪表布置、测量标距和加载速率应符合本规程第 A.1.1 和 A.1.4 条的规定。现场工艺检验中，按本规程第 A.1.3 条加载制度进行接头残余变形检验时，可采用不大于 $0.012A_sf_{yk}$的拉力作为名义上的零荷载。

A.2.2 现场抽检接头试件的极限抗拉强度试验应采用零到破坏的一次加载制度。

A.3 疲劳检验

A.3.1 用于疲劳试验的接头试件，应按接头技术提供单位的相关技术要求制作、安装，试件组装后的弯折角度不得超过 1°，试件的受试段长度不宜小于 400mm。

A.3.2 接头试件疲劳性能试验宜采用低频试验机进行，应力循环频率宜选用 5Hz～15Hz，当采用高频疲劳试验机进行疲劳试验时，应力幅或试验结果宜做修正。试验过程中，当试件温度超过 40℃时，应采取降温措施。钢筋接头在高低温环境下使用时，接头疲劳试验应在相应的模拟环境条件下进行。

A.3.3 试件经 2×10^6次循环加载后可终止试验。当循环加载次数小于 2×10^6次，试件断于接头长度范围外、接头外观完好且夹持长度足够时，允许继续进行疲劳试验。

A.3.4 接头疲劳试验尚应符合现行国家标准《金属材料 疲劳试验 轴向力控制方法》GB/T 3075 的相关规定。

附录 B 接头试件型式检验报告式样

B.0.1 接头试件型式检验报告应包括下列两部分：

1 接头试件技术参数。包括接头类型、材料、规格、尺寸、构造与工艺参数。

2 接头试件力学性能。

B.0.2 直螺纹接头型式检验报告宜按表 B.0.2-1、表 B.0.2-2 的式样执行。

表 B.0.2-1　直螺纹接头型式检验试件的技术参数

<table>
<tr><td>接头类型</td><td colspan="3"></td><td>连接件型式</td><td colspan="2"></td></tr>
<tr><td>送检单位</td><td colspan="3"></td><td>送检日期</td><td colspan="2">年　月　日</td></tr>
<tr><td>试件制作单位</td><td colspan="3"></td><td>制作日期</td><td colspan="2">年　月　日</td></tr>
<tr><td>钢筋类别</td><td colspan="2"></td><td>钢筋公称直径</td><td>mm</td><td>钢筋牌号</td><td></td></tr>
<tr><td>套筒原材类别</td><td colspan="6">□ 热轧圆钢 □热轧钢管 □ 冷拔无缝钢管 □ 冷拔或冷轧精密无缝钢管 □ 热锻 □ 其他</td></tr>
<tr><td rowspan="4">接头基本参数</td><td colspan="2" rowspan="4">连接件示意图：
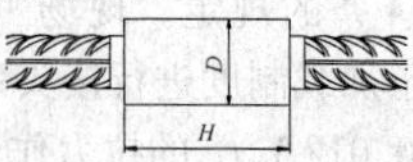
D
H</td><td>螺纹螺距</td><td>mm</td><td>螺纹牙型角</td><td></td></tr>
<tr><td>套筒内螺纹公称直径</td><td>mm</td><td>螺纹精度等级</td><td></td></tr>
<tr><td>套筒钢材牌号</td><td></td><td>接头安装扭矩</td><td>N·m</td></tr>
<tr><td>其他组件</td><td></td><td></td><td></td></tr>
</table>

<table>
<tr><td colspan="4">接头试件套筒标记、尺寸检验记录</td></tr>
<tr><td rowspan="2">检验项目</td><td rowspan="2">标记</td><td colspan="2">尺寸（mm）</td></tr>
<tr><td>外径 D</td><td>长度 H</td></tr>
<tr><td>No. 1</td><td></td><td></td><td></td></tr>
<tr><td>No. 2</td><td></td><td></td><td></td></tr>
<tr><td>No. 3</td><td></td><td></td><td></td></tr>
<tr><td>No. 4</td><td></td><td></td><td></td></tr>
<tr><td>No. 5</td><td></td><td></td><td></td></tr>
<tr><td>No. 6</td><td></td><td></td><td></td></tr>
<tr><td>No. 7</td><td></td><td></td><td></td></tr>
<tr><td>No. 8</td><td></td><td></td><td></td></tr>
<tr><td>No. 9</td><td></td><td></td><td></td></tr>
</table>

注：1　型式检验试件用套筒应有代表性，应从某生产检验批中随机抽样，检验单位应记录套筒表面标记。
　　2　套筒尺寸精确至0.1mm。

表 B. 0. 2-2　直螺纹接头型式检验试件力学性能

<table>
<tr><td colspan="2">接头类型</td><td colspan="2"></td><td>连接件型式</td><td colspan="2"></td></tr>
<tr><td colspan="2">送检单位</td><td colspan="2"></td><td>送检日期</td><td colspan="2">年　月　日</td></tr>
<tr><td colspan="2">要求接头
性能等级</td><td colspan="2"></td><td>依据标准</td><td colspan="2"></td></tr>
<tr><td colspan="2">钢筋类别</td><td colspan="2"></td><td>钢筋公称直径</td><td>mm</td><td>钢筋牌号</td></tr>
<tr><td colspan="2" rowspan="4">钢筋母材
试验结果</td><td>编号</td><td>合格标准</td><td>No. 1</td><td>No. 2</td><td>No. 3</td></tr>
<tr><td>屈服强度（N/mm²）</td><td></td><td></td><td></td><td></td></tr>
<tr><td>抗拉强度（N/mm²）</td><td></td><td></td><td></td><td></td></tr>
<tr><td>最大力下总伸长率</td><td></td><td></td><td></td><td></td></tr>
<tr><td rowspan="15">试
验
结
果</td><td rowspan="5">单向
拉伸</td><td>编号</td><td></td><td>No. 1</td><td>No. 2</td><td>No. 3</td></tr>
<tr><td>残余变形（mm）</td><td></td><td></td><td></td><td></td></tr>
<tr><td>抗拉强度（N/mm²）</td><td></td><td></td><td></td><td></td></tr>
<tr><td>最大力下总伸长率</td><td>≥6%</td><td></td><td></td><td></td></tr>
<tr><td>破坏形态</td><td></td><td></td><td></td><td></td></tr>
<tr><td rowspan="4">高应力
反复拉压</td><td>编号</td><td></td><td>No. 4</td><td>No. 5</td><td>No. 6</td></tr>
<tr><td>残余变形 u_{20}（mm）</td><td></td><td></td><td></td><td></td></tr>
<tr><td>抗拉强度（N/mm²）</td><td></td><td></td><td></td><td></td></tr>
<tr><td>破坏形态</td><td></td><td></td><td></td><td></td></tr>
<tr><td rowspan="5">大变形
反复拉压</td><td>编号</td><td></td><td>No. 7</td><td>No. 8</td><td>No. 9</td></tr>
<tr><td>残余变形 u_4（mm）</td><td></td><td></td><td></td><td></td></tr>
<tr><td>残余变形 u_8（mm）</td><td></td><td></td><td></td><td></td></tr>
<tr><td>抗拉强度（N/mm²）</td><td></td><td></td><td></td><td></td></tr>
<tr><td>破坏形态</td><td></td><td></td><td></td><td></td></tr>
<tr><td colspan="2">评定结论</td><td colspan="5"></td></tr>
<tr><td colspan="2">试验单位</td><td colspan="3"></td><td>试验日期</td><td>年　月　日</td></tr>
<tr><td colspan="2">负责人</td><td></td><td>校　核</td><td></td><td>试验员</td><td></td></tr>
</table>

注：破坏形式可分为：钢筋拉断（包括钢筋母材、钢筋丝头或镦粗过渡段拉断）、连接件破坏（包括套筒拉断、套筒纵向开裂、套筒与钢筋拉脱，其他组件破坏）。

B.0.3 锥螺纹接头型式检验报告宜按表 B.0.3-1、表 B.0.3-2 的式样执行。

表 B.0.3-1 锥螺纹接头型式检验试件技术参数

<table>
<tr><td>接头类型</td><td colspan="2"></td><td>连接件型式</td><td colspan="2"></td></tr>
<tr><td>送检单位</td><td colspan="2"></td><td>送检日期</td><td colspan="2">年 月 日</td></tr>
<tr><td>试件制作单位</td><td colspan="2"></td><td>制作日期</td><td colspan="2">年 月 日</td></tr>
<tr><td>钢筋类别</td><td></td><td>钢筋公称直径</td><td>mm</td><td>钢筋牌号</td><td></td></tr>
<tr><td>套筒原材类别</td><td colspan="5">□ 热轧圆钢 □热轧钢管 □热锻 □其他</td></tr>
<tr><td rowspan="3">接头基本参数</td><td rowspan="3">连接件示意图：
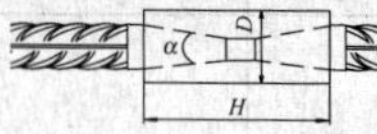</td><td>螺纹螺距</td><td>mm</td><td>螺纹牙型角</td><td></td></tr>
<tr><td>牙型垂直于</td><td>□轴线
□母线</td><td>螺纹锥度 α</td><td></td></tr>
<tr><td>套筒钢材牌号</td><td></td><td>接头安装扭矩</td><td>N·m</td></tr>
<tr><td colspan="6">套筒标记和尺寸检验记录</td></tr>
</table>

<table>
<tr><td rowspan="2">检验项目</td><td rowspan="2">标记</td><td colspan="2">尺寸(mm)</td></tr>
<tr><td>外径 D</td><td>长度 H</td></tr>
<tr><td>No.1</td><td></td><td></td><td></td></tr>
<tr><td>No.2</td><td></td><td></td><td></td></tr>
<tr><td>No.3</td><td></td><td></td><td></td></tr>
<tr><td>No.4</td><td></td><td></td><td></td></tr>
<tr><td>No.5</td><td></td><td></td><td></td></tr>
<tr><td>No.6</td><td></td><td></td><td></td></tr>
<tr><td>No.7</td><td></td><td></td><td></td></tr>
<tr><td>No.8</td><td></td><td></td><td></td></tr>
<tr><td>No.9</td><td></td><td></td><td></td></tr>
</table>

注：1 型式检验试件用套筒应有代表性，应从某生产检验批中随机抽样，检验单位应记录套筒表面标记。
2 套筒尺寸精确至 0.1mm。

表 B. 0. 3-2 锥螺纹接头型式检验试件力学性能

接头类型				连接件型式		
送检单位				送检日期	年 月 日	
要求接头性能等级				依据标准		
钢筋类别				钢筋公称直径	mm	钢筋牌号
钢筋母材试验结果		编号	合格标准	No. 1	No. 2	No. 3
		屈服强度(N/mm^2)				
		抗拉强度(N/mm^2)				
		最大力下总伸长率				
试验结果	单向拉伸	编号		No. 1	No. 2	No. 3
		极限强度(N/mm^2)				
		残余变形(mm)				
		最大力下总伸长率				
		破坏形态				
	高应力反复拉压	编号		No. 4	No. 5	No. 6
		残余变形 u_{20}(mm)				
		抗拉强度(N/mm^2)				
		破坏形态				
	大变形反复拉压	编号		No. 7	No. 8	No. 9
		残余变形 u_4(mm)				
		抗拉强度(N/mm^2)				
		破坏形态				
评定结论						
试验单位					试验日期	年 月 日
负责人			校 核		试验员	

注：破坏形式可分为：钢筋拉断(包括钢筋母材、丝头或镦粗过渡段拉断)、连接件破坏(包括套筒拉断、套筒纵向开裂、套筒与钢筋拉脱，其他组件破坏)。

B.0.4 挤压接头型式检验报告宜按表 B.0.4-1、表 B.0.4-2 的式样执行。

表 B.0.4-1 挤压接头型式检验试件技术参数

<table>
<tr><td>接头类型</td><td colspan="2"></td><td>连接件型式</td><td colspan="2"></td></tr>
<tr><td>送检单位</td><td colspan="2"></td><td>送检日期</td><td colspan="2">年 月 日</td></tr>
<tr><td>试件制作单位</td><td colspan="2"></td><td>制作日期</td><td colspan="2">年 月 日</td></tr>
<tr><td>钢筋类别</td><td></td><td>钢筋公称直径</td><td>mm</td><td>钢筋牌号</td><td></td></tr>
<tr><td rowspan="3">接头基本参数</td><td rowspan="3">连接件示意图：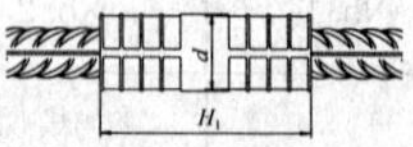</td><td>套筒钢材牌号</td><td></td><td>挤压道次</td><td></td></tr>
<tr><td>挤压前套筒外径×内径×长度（mm）</td><td></td><td>压痕总宽度（mm）</td><td></td></tr>
<tr><td>挤压后套筒长度波动范围（mm）</td><td></td><td>挤压模具形状</td><td>□半圆
□多角</td></tr>
</table>

<table>
<tr><td colspan="5">挤压接头标记和尺寸检验记录</td></tr>
<tr><td rowspan="3">检验项目</td><td rowspan="3">标记</td><td colspan="3">尺寸(mm)</td></tr>
<tr><td colspan="2">压痕处直径 D</td><td rowspan="2">长度 H</td></tr>
<tr><td>最大</td><td>最小</td></tr>
<tr><td>No.1</td><td></td><td></td><td></td><td></td></tr>
<tr><td>No.2</td><td></td><td></td><td></td><td></td></tr>
<tr><td>No.3</td><td></td><td></td><td></td><td></td></tr>
<tr><td>No.4</td><td></td><td></td><td></td><td></td></tr>
<tr><td>No.5</td><td></td><td></td><td></td><td></td></tr>
<tr><td>No.6</td><td></td><td></td><td></td><td></td></tr>
<tr><td>No.7</td><td></td><td></td><td></td><td></td></tr>
<tr><td>No.8</td><td></td><td></td><td></td><td></td></tr>
<tr><td>No.9</td><td></td><td></td><td></td><td></td></tr>
</table>

注：尺寸精确到 0.1mm。

表 B.0.4-2　挤压接头型式检验试件力学性能

<table>
<tr><td colspan="2">接头类型</td><td colspan="2"></td><td>连接件型式</td><td colspan="2"></td></tr>
<tr><td colspan="2">送检单位</td><td colspan="2"></td><td>送检日期</td><td colspan="2">年　月　日</td></tr>
<tr><td colspan="2">要求接头性能等级</td><td colspan="2"></td><td>依据标准</td><td colspan="2"></td></tr>
<tr><td colspan="2">钢筋类别</td><td colspan="2"></td><td>钢筋公称直径</td><td>mm</td><td>钢筋牌号</td></tr>
<tr><td colspan="2" rowspan="4">钢筋母材试验结果</td><td>编号</td><td>合格标准</td><td>No. 1</td><td>No. 2</td><td>No. 3</td></tr>
<tr><td>屈服强度(N/mm²)</td><td></td><td></td><td></td><td></td></tr>
<tr><td>极限强度(N/mm²)</td><td></td><td></td><td></td><td></td></tr>
<tr><td>最大力下总伸长率</td><td></td><td></td><td></td><td></td></tr>
<tr><td rowspan="16">试验结果</td><td rowspan="5">单向拉伸</td><td>编号</td><td></td><td>No. 1</td><td>No. 2</td><td>No. 3</td></tr>
<tr><td>残余变形(mm)</td><td></td><td></td><td></td><td></td></tr>
<tr><td>极限强度(N/mm²)</td><td></td><td></td><td></td><td></td></tr>
<tr><td>最大力下总伸长率</td><td></td><td></td><td></td><td></td></tr>
<tr><td>破坏形态</td><td></td><td></td><td></td><td></td></tr>
<tr><td rowspan="4">高应力反复拉压</td><td>编号</td><td></td><td>No. 4</td><td>No. 5</td><td>No. 6</td></tr>
<tr><td>残余变形 u_{20}(mm)</td><td></td><td></td><td></td><td></td></tr>
<tr><td>极限强度(N/mm²)</td><td></td><td></td><td></td><td></td></tr>
<tr><td>破坏形态</td><td></td><td></td><td></td><td></td></tr>
<tr><td rowspan="5">大变形反复拉压</td><td>编号</td><td></td><td>No. 7</td><td>No. 8</td><td>No. 9</td></tr>
<tr><td>残余变形 u_4(mm)</td><td></td><td></td><td></td><td></td></tr>
<tr><td>残余变形 u_8(mm)</td><td></td><td></td><td></td><td></td></tr>
<tr><td>极限强度(N/mm²)</td><td></td><td></td><td></td><td></td></tr>
<tr><td>破坏形态</td><td></td><td></td><td></td><td></td></tr>
<tr><td colspan="2">评定结论</td><td colspan="5"></td></tr>
<tr><td colspan="2">试验单位</td><td colspan="3"></td><td>试验日期</td><td>年　月　日</td></tr>
<tr><td colspan="2">负责人</td><td></td><td>校　核</td><td></td><td>试验员</td><td></td></tr>
</table>

注：破坏形式可分为：钢筋拉断、连接件破坏（包括套筒拉断、套筒纵向开裂、套筒与钢筋拉脱）。

本规程用词说明

1 为便于在执行本规程条文时区别对待，对要求严格程度不同的用词说明如下：

1） 表示很严格，非这样做不可的：

正面词采用“必须”；反面词采用“严禁”。

2） 表示严格，在正常情况下均应这样做的：

正面词采用“应”；反面词采用“不应”或“不得”。

3） 对表示允许稍有选择，在条件许可时首先应这样做的：

正面词采用“宜”；反面词采用“不宜”。

4） 表示有选择，在一定条件下可以这样做的，采用“可”。

2 条文中指明应按其他有关标准执行的写法为：“应符合……的规定”或“应按…执行”。

引用标准名录

1 《混凝土结构设计规范》GB 50010

2 《不锈钢棒》GB/T 1220

3 《钢筋混凝土用钢 第1部分：热轧光圆钢筋》GB 1499.1

4 《钢筋混凝土用钢 第2部分：热轧带肋钢筋》GB 1499.2

5 《金属材料 疲劳试验 轴向力控制方法》GB/T 3075

6 《数值修约规则与极限数值的表示和判定》GB/T 8170

7 《钢筋混凝土用余热处理钢筋》GB 13014

8 《结构用不锈钢无缝钢管》GB/T 14975

9 《钢筋套筒灌浆连接应用技术规程》JGJ 355

10 《钢筋机械连接用套筒》JG/T 163

11 《钢筋混凝土用不锈钢钢筋》YB/T 4362

中华人民共和国行业标准

钢筋机械连接技术规程

JGJ 107—2016

条 文 说 明

修 订 说 明

《钢筋机械连接技术规程》JGJ 107－2016，经住房和城乡建设部 2016 年 2 月 22 日以第 1049 号公告批准发布。

本规程在《钢筋机械连接技术规程》JGJ 107－2010 版基础上修订完成，上一版的主编单位是中国建筑科学研究院，参编单位是上海宝钢建筑工程设计研究院、中国水利水电第十二工程局施工科学研究所、北京市建筑设计研究院、中冶集团建筑研究总院、中国建筑科学研究院建筑机械化研究分院、北京市建筑工程研究院、陕西省建筑科学研究院。主要起草人员是徐瑞榕、刘永颐、郁竑、李本端、张承起、薛慧立、钱冠龙、刘子金、李大宁、吴成材。

本规程的修订是在国内大量应用钢筋机械连接工程实践基础上，针对近年来出现一些新情况和新问题背景下进行的。近年来市场上大量应用冷轧精密无缝钢管制作钢筋连接用套筒，这类冷加工钢管强度高、延性低，低温性能差，如果缺乏必要的性能控制，有可能成为质量隐患。急需在行业标准中对材料、性能、加工工艺作出相关规定；原标准中没有明确接头疲劳性能的检验制度和验收规则，可执行性较差，需要增加相关条款；近年来不锈钢钢筋机械连接已在港珠澳大桥等重点工程中应用，标准需要补充不锈钢钢筋机械连接的相关规定；此外，钢筋机械接头现场验收制度方面，需要做相应改进，并参照国际标准化组织 ISO 相关规定按接头认证和非认证产品规定不同的验收制度。本规程主要修订内容已在本规程前言中列入。

本规程修订前和修订阶段，编制组成员单位对近年来钢筋机械连接技术的进展与存在问题进行了调查研究，对接头疲劳性能和变形性能还补充了相关试验，为规程修订提供了重要依据。

为便于广大设计、施工、科研、学校等单位有关人员在使用本规程时能正确理解和执行条文规定，《钢筋机械连接技术规程》编制组按章、节、条顺序编制了本规程的条文说明，对条文规定的目的、依据以及执行中需注意的有关事项进行了说明，还着重对强制性条文的强制性理由做了解释。但是，本条文说明不具备与规程正文同等的法律效力，仅供使用者作为理解和把握规程规定的参考。

目　次

1 总　　则

1.0.1、1.0.2 本规程对建筑工程混凝土结构中钢筋机械连接接头性能要求、接头应用、接头的现场加工与安装以及接头的现场检验与验收作出统一规定，与现行国家标准《混凝土结构设计规范》GB 50010 配套应用，以确保各类机械接头的质量和合理应用。除建筑工程外，一般构筑物（包括电视塔、烟囱等高耸结构、容器及市政公用基础设施等）及公路和铁路桥梁、大坝、核电站等其他工程结构，可参考本规程。

本规程发布实施后，各类钢筋机械接头，如套筒挤压接头、锥螺纹接头、直螺纹接头等均应遵守本规程规定。钢筋套筒灌浆接头有特殊要求，应符合现行行业标准《钢筋套筒灌浆连接应用技术规程》JGJ 355 的有关规定。

1.0.3 本条规定了用于机械连接的钢筋的适用标准，增加了采用热轧光圆钢筋、余热处理钢筋和不锈钢钢筋的相关规定。我国不锈钢钢筋的行业标准已颁布实施，不锈钢钢筋机械连接接头已在港珠澳大桥等工程中应用，本规程根据国内应用不锈钢钢筋的经验，制定了不锈钢钢筋采用机械连接的有关规定。

2 术语和符号

2.1 术　　语

2.1.1～2.1.5 介绍了钢筋机械连接、接头、连接件、套筒和钢筋丝头等术语的定义。

按本定义，常用的钢筋机械接头类型如下：

① 套筒挤压接头：通过挤压力使连接件钢套筒塑性变形与带肋钢筋紧密咬合形成的接头。

② 锥螺纹接头：通过钢筋端头特制的锥形螺纹和连接件锥螺纹咬合形成的接头。

③ 镦粗直螺纹接头：通过钢筋端头镦粗后制作的直螺纹和连接件螺纹咬合形成的接头。

④ 滚轧直螺纹接头：通过钢筋端头直接滚轧或剥肋后滚轧制作的直螺纹和连接件螺纹咬合形成的接头。

⑤ 套筒灌浆接头：在金属套筒中插入单根带肋钢筋并注入灌浆料拌合物，通过拌合物硬化而实现传力的钢筋对接接头。

⑥ 熔融金属充填接头：由高热剂反应产生熔融金属充填在钢筋与连接件套筒间形成的接头。

后两种接头主要依靠钢筋表面的肋和介入材料水泥浆或熔融金属硬化后的机械咬合作用，将钢筋中的拉力或压力传递给连接件，并通过连接件传递给另一根钢筋。

某些机械连接接头为满足接头的不同功能，是由套筒及其他多个组件合成的，连接件是包括套筒在内的多个组件的总称。

上述不同类型接头按构造与使用功能的差异可区分为不同型式，如常用直螺纹接头又分为标准型、异径型、正反丝扣型，加长丝头型等不同接头型式。用户可根据工程应用的需要按照现行行业标准《钢筋机械连接用套筒》JG/T 163 选用。

2.1.6～2.1.10 介绍了机械连接接头长度、接头极限抗拉强度、残余变形和接头试件最大力下总伸长率、接头面积百分率等术语的定义。

“机械连接接头长度”术语明确了各类钢筋机械连接的接头长度，主要用于接头试件反复拉压试验中变形测量标距的确定。

最大力下总伸长率的含义与现行国家标准《钢筋混凝土用钢 第 2 部分：热轧带肋钢筋》GB 1499.2 中钢筋最大力总伸长率的含义相同，代表接头试件在最大力下在规定标距内测得的弹塑性应变总和。由于接头试件的最大力有时会小于钢筋的极限抗拉强度，故其要求指标与钢筋有所不同。

接头面积百分率为同一连接区段内有机械接头的纵向受力钢筋截面面积与全部纵向钢筋截面面积的比值。当直径不同的钢筋连接时，按直径较小的钢筋面积计算。

2.2 符　　号

符号 f_{stk} 为钢筋极限抗拉强度标准值，现行国家标准《混凝土结构设计规范》GB 50010 中钢筋屈服强度和极限抗拉强度分别与现行国家标准《钢筋混凝土用钢 第 2 部分：热轧带肋钢筋》GB 1499.2 中的钢筋屈服强度和抗拉强度 R_m 值相当。本标准主要采用现行国家标准《混凝土结构设计规范》GB 50010 的名称和符号体系。

3 接头性能要求

3.0.1 接头应满足强度及变形性能方面的要求并以此划分性能等级。

3.0.2 本条规定套筒材料应符合现行行业标准《钢筋机械连接用套筒》JG/T 163 的有关规定。近年来工程中连接套筒的原材料较多采用 45 号钢冷拔或冷轧精密无缝钢管，俗称光亮管，这类加工钢管的内应力很大，如不进行退火处理，其延伸率很低，有质量隐患，工程应用中套筒也容易开裂，产品标准《钢筋机械连接用套筒》JG/T 163 对这种管材的使用除做了“应退火处理”的明确规定外，尚应满足强度不大于 800MPa 和断后伸长率不小于 14%的规定。本规程重申产品标准对这类管材应进行退火处理的要求是要提醒广大用户重视对这类管材应用的质量控制。

3.0.3 接头单向拉伸时的强度和变形是接头的基本

性能。高应力反复拉压性能反映接头在风荷载及小地震情况下承受高应力反复拉压的能力。大变形反复拉压性能则反映结构在强烈地震情况下钢筋进入塑性变形阶段接头的受力性能。

上述三项性能是进行接头型式检验的基本检验项目。抗疲劳性能则是根据接头应用场合有选择性的试验项目。

现场工艺检验则要求检验单向拉伸残余变形和极限抗拉强度。

3.0.4 本条规定：接头应根据极限抗拉强度、残余变形、最大力下总伸长率以及高应力和大变形条件下反复拉压性能，分为Ⅰ级、Ⅱ级、Ⅲ级三个性能等级。

Ⅰ级接头：连接件极限抗拉强度大于或等于被连接钢筋抗拉强度标准值的1.1倍，残余变形小并具有高延性及反复拉压性能。

Ⅱ级接头：连接件极限抗拉强度不小于被连接钢筋极限抗拉强度标准值，残余变形较小并具有高延性及反复拉压性能。

Ⅲ级接头：连接件极限抗拉强度不小于被连接钢筋屈服强度标准值的1.25倍，残余变形较小并具有一定的延性及反复拉压性能。

钢筋机械连接接头的型式较多，受力性能也有差异，根据接头的受力性能将其分级，有利于按结构的重要性、接头在结构中所处位置、接头面积百分率等不同的应用场合合理选用接头类型。

3.0.5 本条为强制性条文。本条对《钢筋机械连接技术规程》JGJ 107－2010版中Ⅰ级接头的合格判定条件作了修订。原条文对套筒处外露螺纹和镦粗过渡段的强度要求与连接件的强度要求相同，均应达到1.1倍钢筋极限抗拉强度标准值。工程实践表明，滚轧接头断于钢筋外露螺纹时要达到上述要求是困难的，因为不少钢筋的自身强度就达不到1.1倍极限抗拉强度标准值，钢筋丝头的加工质量再好，也不可能提高钢筋母材强度。根据国家建筑工程质量监督检验中心对近年来国产HRB400级钢筋的统计资料，统计样本共计128276件，拉伸极限强度平均值为620.5MPa，标准差38.5MPa，变异系数0.061，按此数据计算，钢筋极限抗拉强度低于$1.1\times540=594$MPa的比例将高达24.5%。施工现场为避免滚轧外露螺纹处拉断，部分施工企业采取将钢筋丝头做短或不出现外露螺纹，这样就无法实现钢筋丝头在套筒中央位置对顶以减少残余变形；部分施工单位则刻意采购高极限强度钢筋来降低接头抽检不合格率，这也是不可取的，因为高极限强度钢筋通常会伴随更高的屈服强度，钢筋实际屈服强度明显高于设计强度是有害的，它会增加抗弯构件极限受压区高度，或超出设计规范规定的框架梁受压区高度限值，降低构件塑性转动能力，从而降低结构延性；参考美国、日本、法国相关标准和ISO对接头强度的规定，其最高等级接头大都要求不小于钢筋极限抗拉限强度标准值。这次修订做出了上述调整。调整后的Ⅰ级接头，连接件破坏时仍然要求达到1.1倍极钢筋极限抗拉强度标准值。连接件破坏包括：套筒拉断、套筒纵向开裂、钢筋从套筒中拔出以及组合式接头其他组件的破坏。

3.0.6 接头在经受高应力反复拉压和大变形反复拉压后仍应满足不小于钢筋极限抗拉强度要求，保证钢筋发挥其延性。

3.0.7 钢筋机械连接接头在拉伸和反复拉压时会产生附加的塑性变形，卸载后形成不可恢复的残余变形(国外也称滑移slip)，对混凝土结构的裂缝宽度有不利影响，因此有必要控制接头的残余变形性能。本规程规定单向拉伸和反复拉压时用残余变形作为接头变形控制指标。

本规程规定施工现场工艺检验中应进行接头单向拉伸残余变形的检验，从而一定程度上解决了型式检验与现场接头质量脱节的弊端，对提高接头质量有重要价值；但另一方面，如果残余变形指标过于严格，现场检验不合格率过高，会明显影响施工进度和工程验收，在综合考虑上述因素并参考编制组近年来完成的6根带钢筋接头梁和整筋梁的对比试验结果后，制定了表3.0.7中的单向拉伸残余变形指标，Ⅰ级接头允许在同一构件截面中100%连接、u_0的限值最严，Ⅱ、Ⅲ级接头由于采用50%接头面积百分率，故限值可适当放松。

高应力与大变形条件下的反复拉压试验是对应于风荷载、小地震和强地震时钢筋接头的受力情况提出的检验要求。在风载或小地震下，钢筋尚未屈服时，应能承受20次以上高应力反复拉压，并满足强度和变形要求。在接近或超过设防烈度时，钢筋通常都进入塑性阶段并产生较大塑性变形，从而能吸收和消耗地震能量；机械连接接头在经受反复拉压后易出现拉、压转换时接头松动，因此要求钢筋接头在承受2倍和5倍于钢筋屈服应变的大变形情况下，经受(4～8)次反复拉压，满足强度和变形要求。这里所指的钢筋屈服应变是指与钢筋屈服强度标准值相对应的应变值，ε_{yk}对国产400MPa级和500MPa级钢筋，可分别取$\varepsilon_{yk}=0.00200$和$\varepsilon_{yk}=0.00250$。

3.0.8 将原条文中“动力荷载”修改为“重复荷载”，与现行国家标准《混凝土结构设计规范》GB 50010保持一致。

对承受重复荷载的工程结构，由于结构跨度、活载、呆载和配筋等的差异，结构中钢筋的最大应力和应力幅变化范围比较大，疲劳检验时采用的钢筋应力幅和最大应力宜由设计单位根据结构的具体情况确定。本规程编制组在规程修订期间曾对热轧带肋钢筋机械接头的疲劳性能进行了验证性试验，绘制了剥肋滚轧直螺纹接头和镦粗直螺纹接头的S-N曲线，建立了应力幅和疲劳次数的对数线性方程。试验结果表明钢筋接头的疲劳性能均低于钢筋母材疲劳性能，规程编制组综合了本次试验与国内以往热轧带肋钢筋机械接头的疲劳试验成果，确定了几种热轧带肋钢筋机械接头的疲劳应力幅折减系数。其中，剥肋滚轧直螺纹接头的疲劳性能最好，疲劳应力幅限值接近现行国家标准《混凝土结构设计规范》GB 50010 中规定的钢筋疲劳应力幅限值的 0.85，镦粗直螺纹钢筋接头和带肋钢筋挤压接头的疲劳性能稍差，可按 0.80 取值。为简化疲劳性能检验规则，剥肋滚轧直螺纹钢筋接头、镦粗直螺纹钢筋接头和带肋钢筋套筒挤压接头的疲劳应力幅限值统一要求不应小于现行国家标准《混凝土结构设计规范》GB 50010 中普通钢筋疲劳应力幅限值的 80%。

4 接 头 应 用

4.0.1 接头的分级为结构设计人员根据结构的重要性及接头的应用场合选用不同等级接头提供条件。本规程根据国内钢筋机械连接技术发展成果以及以往设计习惯，规定了一个最高质量等级的Ⅰ级接头。必要时，这类接头允许在结构中除有抗震设防要求的框架梁端、柱端箍筋加密区外的任何部位使用，且接头百分率不受限制。这条规定为解决某些特殊场合需要在同一截面实施 100%钢筋连接创造了条件，如地下连续墙与水平钢筋的连接；滑模或提模施工中垂直构件与水平钢筋的连接；装配式结构接头处的钢筋连接；钢筋笼的对接；分段施工或新旧结构连接处的钢筋连接等。

接头分级有利于降低套筒材料消耗和接头成本，有利于施工现场接头抽检不合格时，可按不同等级接头的应用部位和接头面积百分率限制确定是否降级处理。

本规程中的Ⅰ级和Ⅱ级接头均属于高质量接头，在结构中的使用部位均可不受限制，但允许的接头面积百分率有差异。

4.0.2 本条规定接头的混凝土保护层厚度比受力钢筋保护层厚度的要求有所放松，由“应”改为“宜”。这是因为机械连接中连接件的截面较大，一般比钢筋截面积大 10%～30%或以上，局部锈蚀对连接件的影响不如对钢筋锈蚀敏感。此外，由于连接件保护层厚度是局部问题，要求过严会影响全部受力主筋的间距和保护层厚度，在经济上、实用上都会造成一定困难，故适当放宽，必要时也可对连接件进行防锈处理。考虑不同环境条件下钢筋的混凝土保护层厚度要求差异很大，本条由《钢筋机械连接技术规程》JGJ 107－2010 版中“不得小于 15mm”，修改为“不得小于 0.75 倍钢筋最小保护层厚度和 15mm 的较大值”。必要时可对接头连接件进行防腐处理。

4.0.3 本条给出纵向受力钢筋机械连接接头宜相互错开和接头连接区段长度为 $35d$ 的规定。接头百分率关系到结构的安全、经济和方便施工。本条规定综合考虑了上述三项因素，在国内钢筋机械连接接头质量普遍有较大提高的情况下，放宽了接头使用部位和接头面积百分率限制，从而在保证结构安全的前提下，既方便了施工又可取得一定的经济效益，尤其对某些特殊场合解决在同一截面 100%钢筋连接创造了条件。根据本条规定，只要接头面积百分率不大于 50%，Ⅱ级接头可以在抗震结构中的任何部位使用。

4.0.4 钢筋接头的疲劳性能与接头产品的加工技术和管理水平关系密切，承接有钢筋疲劳要求的接头技术提供单位应该具有较高技术和管理水平，要求具有认证机构授予的包括疲劳性能在内的接头产品认证证书。此条“包含有疲劳性能的型式检验报告”，系指型式检验报告中应包括接头疲劳性能检验，且接头类型应与工程所使用的接头类型一致，型检有效期可覆盖接头施工周期。通过产品的型式检验和认证机构每年对接头技术提供单位产品疲劳性能的抽检、管理制度和技术水平的年检，监督其接头产品质量，在此基础上，可适当减少接头疲劳性能的现场检验要求。

钢筋机械连接接头产品认证工作在国内已开展多年，产品的认证依据（产品标准）、认证规则与认证机构均已齐备。本条规定的实施将促进钢筋连接的质量管理逐步与国际标准接轨，同时为建设单位选用优质钢筋接头产品供货单位提供参考依据。

5 接头型式检验

5.0.1、5.0.2 本条规定了何时和如何进行接头型式检验。其主要作用是对各类接头按性能分级。经型式检验确定其等级后，工地现场只需进行现场检验。当现场接头质量出现严重问题，其原因不明，对型式检验结论有重大怀疑时，上级主管部门或工程质量监督机构可以提出重新进行型式检验的要求。

由于型式检验比较复杂和昂贵，对各类型钢筋接头如滚轧直螺纹接头或镦粗直螺纹接头，只要求对标准型接头进行型式检验。

此外，相同类型的直螺纹接头或锥螺纹接头用于连接不同强度级别（如 500MPa、400MPa）的钢筋时，可以选择其中较高强度级别的钢筋进行接头试件的型式检验，在连接套筒的尺寸、材料、内螺纹以及现场丝头加工工艺均不变的情况下，500MPa 级钢筋接头的型式检验报告可以替代 400MPa 级钢筋接头型式检验报告使用，反之则不允许。

钢筋母材强度试验用来判别接头试件用钢筋的母材性能和钢筋牌号。

根据检测单位反馈意见，检测部门不具备监督、管理接头安装的能力和职能，本条取消了型式检验试件应散件送达检验单位的规定。型式检验试件应确保未经过预拉，因为预拉可消除大部分残余变形。本条要求检测单位参照本规程附录B式样详细记录型式检验试件连接件和接头参数，以便施工现场钢筋接头产品的校核与验收。

5.0.3 接头的强度要求是强制性条款，型式检验的强度合格条件是每个试件均应满足表3.0.5的规定；接头试件最大力下总伸长率和残余变形测量值比较分散，用三个试件的平均值作为检验评定依据。

5.0.5 接头的疲劳性能检验是选择性检验项目。接头用于直接承受重复荷载的构件时，接头技术提供单位应按本规程表5.0.7和附录A第A.3节的规定，补充疲劳性能型式检验，提供有效型式检验报告。

表5.0.5中的三组应力是根据国家标准《混凝土结构设计规范》GB 50010－2010中表4.2.6-1的疲劳应力参数乘以接头疲劳应力幅限值的折减系数0.8后，选择应力比ρ值在0.25～0.30，0.45～0.50，0.70～0.75三档范围内的疲劳应力参数取整后确定的，便于用户根据工程中的实际应力比ρ值选择相近的一组应力进行疲劳检验。

由于目前本规程编制组完成的接头疲劳的试验数据，都是采用热轧带肋钢筋的，没有其他牌号钢筋的试验数据，因此，表5.0.5给出的数据都是针对HRB400热轧带肋钢筋，包括HRB400E。HRB500及HRB500E热轧带肋钢筋接头目前还没有可靠试验数据。

5.0.6 本条给出了疲劳性能型式检验的试件数量、规格和合格评定标准。考虑到钢筋接头类型多，强度等级和直径规格多，疲劳试验耗时长、费用高，确定对疲劳性能型式检验的数量和规格要求时需要兼顾安全与经济两方面因素。大直径钢筋的疲劳性能通常低于小直径钢筋的疲劳性能，工程中有疲劳性能要求的结构，其常用钢筋直径大都在32mm及以下，选择较大直径32mm钢筋接头进行疲劳性能型式检验是偏于安全的。此外，本条和本规程7.0.11条的相关规定都基于接头疲劳寿命为200万次作出的规定。对于有更高疲劳寿命要求（如500万次或1000万的次）的工程结构，应对疲劳检验的应力幅、最大应力和疲劳次数作适当调整。

6 接头的现场加工与安装

本章规定了各类钢筋接头在施工现场加工与安装时应遵守的质量要求。钢筋接头作为产品有其特殊性，除连接件等在工厂生产外，钢筋丝头则大都是在施工现场加工，钢筋接头的质量控制在很大程度上有赖于施工现场接头的加工与安装。本章各条款是在总结多年来国内钢筋机械连接现场施工经验的基础上，提出的最重要的质量控制要求；制定本章各条款时尽可能简化了接头的外观检验要求，这是考虑：

1 接头外观与接头性能无确定的可量化的内在联系，具体检验指标难以科学地制定；

2 各生产厂的产品外观不一致，难以规定统一要求；

3 现场接头数量成千上万，要求土建单位的质检部门进行机械产品的外观检验会带来很多不必要的争议与误判；

4 将外观检验内容列入各企业标准进行自控较为妥当。

6.1 一 般 规 定

6.1.1 技术提供单位是指接头采购、加工合同的签约单位，也是接头性能有效型式检验报告的委托单位。

6.1.2 接头的工艺检验是检验施工现场的进场钢筋与接头加工工艺适应性的重要步骤，应在接头的工艺检验合格后再开始按照合格的工艺参数进行现场钢筋的批量加工，防止盲目大量加工造成损失。

6.2 钢筋丝头加工

6.2.1 所述的直螺纹钢筋接头包括镦粗直螺纹钢筋接头、剥肋滚轧直螺纹钢筋接头、直接滚轧直螺纹钢筋接头。钢筋丝头的加工应保持丝头端面的基本平整，使安装扭矩能有效形成丝头的相互对顶力，消除螺纹间隙，减少接头拉伸后的残余变形。本条规定了切平钢筋端部的三种方法，有利于达到钢筋端面基本平直要求。

镦粗直螺纹钢筋接头有时会在钢筋镦粗段产生沿钢筋轴线方向的表面裂纹，国内、外试验均表明，这类裂纹不影响接头性能，本规程允许出现这类裂纹，但横向裂纹则是不允许的。

钢筋丝头的加工长度应为正偏差，保证丝头在套筒内可相互顶紧，以减少残余变形。

螺纹量规检验是施工现场控制丝头加工尺寸和螺纹质量的重要工序，接头技术提供单位应提供专用螺纹量规。

6.2.2 锥螺纹不允许钢筋丝头在套筒中央相互接触，而应保持一定间隙，因此丝头加工长度的极限偏差应为负偏差。

专用锥螺纹量规检验是控制锥螺纹锥度和螺纹长度的重要工序。

6.3 接 头 安 装

6.3.1 直螺纹钢筋接头的安装，应保证钢筋丝头在套筒中央位置相互顶紧，这是减少接头残余变形，保证安装质量的重要环节；规定外露螺纹不超过$2p$

有利于检查丝头是否完全拧入套筒。

为减少接头残余变形，表 6.3.1 规定了最小拧紧扭矩值。拧紧扭矩对直螺纹钢筋接头的强度影响不大，扭矩扳手精度要求允许采用最低等级 10 级。

6.3.2 锥螺纹钢筋接头的安装容易产生连接套筒与钢筋不相匹配的误接。锥螺纹接头的安装拧紧扭矩对接头强度的影响较大，过大或过小的拧紧扭矩都不可取，表 6.3.2 是锥螺纹钢筋接头拧紧扭矩的标准值。扭力扳手的精度要求不低于 5 级精度。根据现行国家计量检定规程《扭矩扳子检定规程》JJG 707 规定，扳手精度分为 10 级，5 级精度的示值相对误差和示值重复性均为 5%，10 级精度为 10%。

6.3.3

1 挤压接头依靠挤压后变形的套筒与钢筋表面的机械咬合和摩擦力传递拉力或压力，钢筋表面的杂物或严重锈蚀均对接头强度有不利影响；钢筋端部弯曲影响接头成形后钢筋的平直度。

2 确保钢筋插入套筒长度是挤压接头质量控制的重要环节，应在钢筋上事先做出标记，便于挤压后检查钢筋插入长度 。

3 套筒在挤压过程中会伸长，从两端开始挤压会加大挤压后套筒中央的间隙，故要求挤压从套筒中央开始向二端挤压；套筒挤压后的压痕直径和伸长是控制挤压质量的重要环节，本条提供合理的波动范围，应用专用量规进行检查。

4 挤压后的套筒无论出现纵向或横向裂纹都是不允许的。

7 接头的现场检验与验收

7.0.1 本条是加强施工管理重要的一环。强调接头技术提供单位应提交全套技术文件，应包括：

1 工程所用接头的有效型式检验报告；

2 连接件产品设计、接头加工安装要求的相关技术文件；例如钢筋连接操作规程企业标准，套筒产品企业标准等；

3 连接件产品合格证和连接件原材料质量证明书等内容，这些都是施工现场钢筋接头加工、安装和质量控制的重要环节。

接头有效型式检验报告系指报告中接头类型、型式、规格、钢筋强度和接头性能等级等技术参数应与工程中使用的接头参数一致，尤其应核对丝头螺纹与套筒螺纹参数的一致性，以及报告有效期应能覆盖工程的工期。

提交上述文件，便于质量监督部门随时检查、核对现场套筒产品和丝头加工质量。包括核对工程所用套筒原材料品种，采用 45 号钢冷拔或冷轧精密无缝钢管（俗称光亮管）制作的套筒，应验证钢管原材料是否进行过退火处理并满足现行行业标准《钢筋机械连接用套筒》JG/T 163 中对钢管强度限值和断后伸长率的要求（按现行国家标准《冷拔或冷轧精密无缝钢管》GB/T 3639 规定，上述标准中 δ_5 应修改为 A)。

7.0.2 钢筋连接工程开始前，应对不同钢厂的进场钢筋进行接头工艺检验，主要检验接头技术提供单位采用的接头类型（如剥肋滚轧直螺纹接头、镦粗直螺纹接头）和接头型式（如标准型、异径型等）、加工工艺参数是否与本工程中进场钢筋相适应，以提高实际工程中抽样试件的合格率，减少在工程应用后发现问题造成的经济损失，施工过程中如更换钢筋生产厂、改变接头加工工艺或接头技术提供单位，应补充进行工艺检验。此外，本规程 2010 年版开始在现场工艺检验中增加了残余变形检验的要求，这是控制现场接头加工质量、克服钢筋接头型式检验结果与施工现场接头质量严重脱节的重要措施；某些钢筋机械接头尽管其强度满足了规程要求，接头残余变形不一定能满足要求，尤其是螺纹套筒与钢筋丝头尺寸不匹配或螺纹加工质量较差时；增加本条要求后可以促进接头加工单位的自律，或淘汰一部分技术和管理水平低的接头加工企业。本条修订时，删除了工艺检验的复检规则，主要考虑工艺检验与验收批检验的性质差异，工艺检验不合格时，允许调整工艺后重新检验而不必按复检规则对待。

7.0.3 本条是新增条款。钢筋丝头加工的质量检验主要依靠加工单位自检。为加强监督，监理或质检部门对现场丝头加工质量有异议时，可随机抽取接头试件进行极限抗拉强度和单向拉伸残余变形试验。本条规定有利于增强加工单位的自律，进一步提高钢筋机械接头质量水平。

7.0.4 本条明确接头安装前应进行的检验项目和验收要求。规定了接头安装前应重点检查套筒标志和套筒材料与型式检验报告中的一致性。套筒应按产品标准要求有明显标志并具可追溯性，应检查套筒适用的钢筋强度等级以及与型式检验报告的一致性，应能够反映连接件适用的钢筋强度等级、类型、型式、规格，是否有可以追溯产品原材料力学性能和加工质量的生产批号和厂家标识，当出现产品不合格时可以追溯其原因以及区分不合格产品批次并进行有效处理。本条规定对钢筋连接件生产单位提出了较高的质量管理要求。

7.0.5 接头按验收批进行现场检验。同验收批条件为：同钢筋生产厂、同强度等级、同规格、同类型、同型式接头以 500 个为一个验收批。不足此数时也按一批考虑。

7.0.6 本条规定接头安装后的检验项目和验收规则。螺纹接头主要检验拧紧扭矩；套筒挤压接头主要检查压痕处直径或挤压后套筒长度和钢筋插入套筒长度。本条规定，当该验收批挤压接头的上述外观尺寸检验不合格时，该验收批的极限抗拉强度检验取样可从上述外观尺寸检验不合格的接头中抽样。通常情况下，从外观尺寸检验不合格的挤压接头中取样，可提高不合格接头的检出率，也有利于排除对接头质量的怀疑。

7.0.7、7.0.8 针对工程实践中具体情况，在保持现场接头抽检的代表性和随机性的原则下，原规程第7.0.7条内容基本不变，由强制性条文改为一般性条文。并增加第7.0.8条，对某些不宜在工程中随机截取接头试件的情况作了特殊规定，允许进行见证取样，在现场监理和质检人员全程监督下，在已加工好检验合格的钢筋丝头中随机割取钢筋试件与随机抽取的接头连接件组装接头试件，避免了个别情况下不宜现场割取试件的困惑。

本条进一步明确了验收批中“仅”有1个试件抗拉强度不符合要求时允许进行复检，出现2个或3个抗拉强度不合格试件时，应直接判定该组不合格，不再允许复检。

7.0.9 本条规定连续10个验收批抽样试件抗拉强度试验一次合格率为100%时，验收批接头数量可扩大为1000个；考虑到大多数中小规模工程中同一验收批的接头数量较少，本次修订中增加了验收批数量不足200个时的抽检与验收规则，适当减少接头抽检数量是合理的，不会影响接头质量的有效评定。

7.0.10 本条为新增条款。接头产品通过认证，说明其生产企业的质量管理体系比较完善，辅以认证机构每年对其进行年检和监督，产品稳定性比较高。因此，经认证的接头产品其现场抽检的验收批数量可以适当扩大。这是国际上较为通行的做法，国内部分规范、标准也有类似的相关规定。

7.0.11 钢筋接头疲劳试验的耗时比较长，费用昂贵。经过接头疲劳性能型式检验和产品认证后的钢筋接头产品，可适当减少现场疲劳检验要求。对规模较小的承受重复荷载的工程，设计可决定是否进行现场接头的疲劳性能检验。工程规模较大，设计要求进行现场钢筋接头疲劳性能检验场合，本条规定：应选择大、中、小三种钢筋规格的接头试件进行现场检验。选择大、中、小三种有代表性的钢筋接头做疲劳性能检验也是国际上较为通行的做法。

7.0.12 本条规定，允许现场截取接头试件后，在原接头部位采用的几种补接钢筋的方法，利于施工现场严格按规程要求进行现场抽检。

7.0.13 规定由工程有关各方研究后对抽检不合格的钢筋接头验收批提出处理方案。例如：可在采取补救措施后再按本规程第7.0.5条重新检验；或设计部门根据接头在结构中所处部位和接头百分率研究能否降级使用；或增补钢筋；或拆除后重新制作以及其他有效措施。

附录A 接头试件试验方法

A.1 型 式 检 验

A.1.1 本条将原规程中单向拉伸残余变形的测量标距由$L_1=L+4d$修改为$L_1=L+\beta d$，β取1～6，d为钢筋公称直径，异径型接头d可取平均值。修改是为了尽量减少测量标距的变动，降低测量误差，减少测量仪表标距变动后的标定工作。测量接头试件单向拉伸残余变形时钢筋应力水平比较低，钢筋接头长度范围以外的钢筋处于弹性范围，不会产生残余变形，标距的变动不会影响残余变形测试结果，当符合变形测量标距要求时，不同类型、规格的接头试件宜采用相同测量标距。型式检验中接头反复拉压的变形测量则仍按原规程规定采用$L_1=L+4d$。钢筋接头试件进行大变形反复拉压时，钢筋已进入塑性变形阶段，测量标距对试验结果有显著影响，测量标距应保持原规定不变。

A.1.2 本条规定型式检验中接头试件最大力下总伸长率A_{sgt}的测量方法。接头连接件不包括在变形测量标距内，排除了不同连接件长度对试验结果的影响，使接头试件最大力下总伸长率A_{sgt}指标更客观地反映接头对钢筋延性的影响，因为结构的延性主要是依靠接头范围以外钢筋的延性而非接头本身的延性。修改后的A_{sgt}定义和测量方法与国际标准ISO/DIS 15835相关规定基本一致。

A.1.3 附录表A.1.3规定了接头试件型式检验时的加载制度。图A.1.3-1～图A.1.3-3进一步用力-变形关系说明加载制度以及本规程表3.0.5和表3.0.7中各物理量的含义。

A.2 现 场 检 验

A.2.1 本条规定现场工艺检验中，接头试件单向拉伸残余变形测量方法。接头试件单向拉伸残余变形的检验可能受当地试验条件限制，当夹持钢筋接头试件采用手动楔形夹具时，无法准确在零荷载时设置变形测量仪表的初始值，这时允许施加不超过2%的测量残余变形拉力即$0.02\times0.6A_s f_{yk}$作为名义上的零荷载，并在此荷载下记录试件接头两侧变形测量仪表的初始值，加载至预定拉力$0.6A_s f_{yk}$并卸载至该名义零荷载时再次记录两侧变形测量仪表读数，两侧仪表各自差值的平均值即为接头试件单向拉伸残余变形值。上述方法尽管不是严格意义上的零荷载，但由于施加荷载较小，其误差是可以接受的。本方法仅在施工现场工艺检验中测量接头试件单向拉伸残余变形时采用，接头的型式检验仍应按本规程第A.1.3条的加载制度进行。当接头单向拉伸试验仅测定试件的极限抗拉强度时，在满足本规程表 3.0.5 相应接头等级的强度要求后可停止试验，减少钢筋拉断对试验机的损伤。

A.3 疲劳检验

A.3.1 钢筋机械接头通常都有一定程度弯折，弯折试件拉直过程中增加了附加应力，对疲劳试验结果有影响，规定弯折角度不超过 1°是要尽量减少这种影响。

A.3.2 有关钢筋接头疲劳试验的频率，ISO 钢筋接头试验方法标准（ISO 15835-2）中规定为 1Hz～200Hz，我国现行行业标准《钢筋焊接接头试验方法标准》JGJ/T 27 规定为：低频试验机 5Hz～15Hz，高频试验机 100Hz～150Hz；RILEM（国际材料与结构研究实验联合会）FIP（国际预应力学会）CEB（欧洲混凝土协会）联合发布的建议，混凝土用钢筋疲劳试验频率建议为 3Hz～12Hz。丁克良对国产钢筋做了 4 种频率（2.5Hz～195Hz）的疲劳试验，对比对钢筋疲劳强度的影响后认为：频率对国产低合金钢筋疲劳性能影响较大，建议国产钢筋疲劳试验频率宜采用 5Hz，并提供了高频试验结果的折减系数。铁道科学研究院建议疲劳试验频率为 5Hz～15Hz，本条根据上述国内外研究成果规定。接头疲劳试验频率宜采用 5Hz～15Hz，高频试验结果应做修正。

A.3.3 与 ISO 现行钢筋接头试验方法标准（ISO 15835-2）中的规定一致。

中华人民共和国行业标准

钢筋焊接网混凝土结构技术规程

Technical specification for concrete structures
reinforced with welded steel fabric

JGJ 114－2014

批准部门：中华人民共和国住房和城乡建设部
施行日期：2 0 1 4 年 1 0 月 1 日

中华人民共和国住房和城乡建设部
公　　告

第307号

住房城乡建设部关于发布行业标准《钢筋焊接网混凝土结构技术规程》的公告

现批准《钢筋焊接网混凝土结构技术规程》为行业标准，编号为JGJ 114－2014，自2014年10月1日起实施。其中，第3.1.3、3.1.5条为强制性条文，必须严格执行。原《钢筋焊接网混凝土结构技术规程》JGJ 114－2003同时废止。

本规程由我部标准定额研究所组织中国建筑工业出版社出版发行。

中华人民共和国住房和城乡建设部

2014年2月10日

前　　言

根据住房和城乡建设部《关于印发〈2011年工程建设标准规范制订、修订计划〉的通知》（建标［2011］17号）的要求，规程编制组经广泛调查研究，认真总结实践经验，参考有关国际标准和国外先进标准，并在广泛征求意见的基础上，修订《钢筋焊接网混凝土结构技术规程》JGJ 114－2003。

本规程的主要技术内容是：1　总则；2　术语和符号；3　材料；4　设计计算；5　构造规定；6　施工及验收。

本规程修订的主要技术内容是：

1. 增加了高延性冷轧带肋钢筋、500MPa级热轧带肋钢筋及细晶粒热轧带肋钢筋焊接网；

2. 修改了冷加工钢筋焊接网的强度设计值；

3. 修改了焊接网板类受弯构件在正常使用极限状态设计的有关规定；

4. 调整了钢筋焊接网的锚固长度及板类受弯构件最小配筋率的规定；

5. 规定冷拔光面钢筋焊接网仅作为构造钢筋使用。

本规程中以黑体字标志的条文为强制性条文，必须严格执行。

本规程由住房和城乡建设部负责管理和对强制性条文的解释，由中国建筑科学研究院负责具体技术内容的解释。执行过程中如有意见或建议请寄送中国建筑科学研究院建筑结构研究所（地址：北京市北三环东路30号，邮编：100013）。

本规程主编单位：中国建筑科学研究院
浙江鸿翔建设集团有限公司

本规程参编单位：山西省交通科学研究院
星联钢网（深圳）有限公司
安徽马钢比亚西钢筋焊网有限公司
北京邢钢焊网科技发展有限责任公司
北京鑫山钢筋焊网有限公司
北京市市政工程设计研究总院
郑州大学
安阳市合力高速冷轧有限公司

本规程主要起草人员：朱爱萍　顾万黎　樊仕宏
虞文景　林振伦　徐尚华
周　旭　童卓华　陈　东
刘立新　翟　文

本规程主要审查人员：娄　宇　郑文忠　徐　寅
傅剑平　田　波　李东彬
章一萍　李盛勇　石广斌
张显来　姚　力

目　次

Contents

1 总　　则

1.0.1 为在钢筋焊接网混凝土结构的设计与施工中贯彻执行国家的技术经济政策，做到安全适用、确保质量、技术先进、经济合理，制定本规程。

1.0.2 本规程适用于采用钢筋焊接网配筋的混凝土结构的设计、施工及验收。

1.0.3 钢筋焊接网混凝土结构的设计、施工及验收，除应符合本规程外，尚应符合国家现行有关标准的规定。

2 术语和符号

2.1 术　　语

2.1.1 钢筋焊接网　welded steel fabric

具有相同或不同直径的纵向和横向钢筋分别以一定间距垂直排列，全部交叉点均用电阻点焊焊在一起的钢筋网片，简称焊接网。

2.1.2 单向焊接网　one directional welded fabric

纵向钢筋为受力钢筋，横向钢筋为构造钢筋的焊接网。

2.1.3 冷轧带肋钢筋　cold rolled ribbed steel wire

热轧圆盘条经冷轧减径并在其表面形成三面或两面月牙形横肋的钢筋。

2.1.4 高延性冷轧带肋钢筋　cold rolled ribbed bars with improved elongation

热轧圆盘条经过冷轧成型及回火热处理获得的具有较高伸长率的冷轧带肋钢筋。

2.1.5 冷拔（轧）光面钢筋　cold drawn (rolled) plain steel wire

热轧圆盘条经冷拔（轧）减径而成的光面圆形钢筋，统称冷拔光面钢筋。

2.1.6 伸出长度　overhang

纵向、横向钢筋超出焊接网最外边的横向、纵向钢筋中心线的长度。

2.1.7 焊接网的搭接　lap of welded fabric

在混凝土结构构件中，当焊接网长度或宽度不够时，按规定的长度将两张焊接网互相叠合或镶入而形成的连接。

2.1.8 叠搭法　normal overlapping

一张焊接网叠在另一张焊接网上的搭接方法。

2.1.9 平搭法　nesting

一张焊接网的钢筋镶入另一张焊接网，使两张焊接网的纵向和横向钢筋各自在同一平面内的搭接方法。

2.1.10 扣搭法　back overlapping

一张焊接网扣在另一张焊接网上，使横向钢筋在同一平面内、纵向钢筋在两个不同平面内的搭接方法。

2.1.11 焊接箍筋笼　welded stirrup cage

焊接网用弯折机弯成设计形状尺寸的焊接箍筋骨架。

2.1.12 钢筋桁架　lattice girder

由一根上弦钢筋、两根下弦钢筋和两侧腹杆钢筋经电阻焊接成截面为倒“V”字形的钢筋焊接骨架。

2.1.13 底网　bottom fabric

有两层或两层以上的焊接网时，最下面的一层焊接网。

2.1.14 面网　top fabric

有两层或两层以上的焊接网时，最上面的一层焊接网。

2.1.15 钢筋焊接网普通混凝土路面　reinforced concrete pavement

面板内配置钢筋焊接网的普通水泥混凝土路面。

2.1.16 连续配筋混凝土路面　continuous reinforced concrete pavement

面板内纵向连续配置钢筋焊接网，横向不设缩缝的水泥混凝土路面。

2.2 符　　号

2.2.1 作用和作用效应

M——弯矩设计值；

M_q——按荷载准永久组合计算的弯矩值；

σ_{sq}——按荷载准永久组合计算的纵向受拉钢筋应力；

w_{max}——按荷载准永久组合，并考虑长期作用影响的计算最大裂缝宽度。

2.2.2 材料性能

E_s——钢筋弹性模量；

f_{yk}——焊接网钢筋屈服强度标准值；

f_y——焊接网钢筋抗拉强度设计值；

f'_y——焊接网钢筋抗压强度设计值；

f_t——混凝土轴心抗拉强度设计值；

f_c——混凝土轴心抗压强度设计值。

2.2.3 几何参数

A_s——受拉区纵向钢筋的截面面积；

A'_s——受压区纵向钢筋的截面面积；

a_s——纵向受拉钢筋合力点至截面近边的距离；

a'_s——纵向受压钢筋合力点至截面近边的距离；

B——受弯构件的截面刚度；

B_s——按荷载准永久组合计算的受弯构件的短期刚度；

b——矩形截面宽度，T形、I形截面的腹板宽度；

d——钢筋直径；

h_0——截面有效高度；

l_a——纵向受拉钢筋的锚固长度；

l_{aE}——纵向受拉钢筋的抗震锚固长度；

l_l——纵向受拉钢筋的搭接长度；

l_{lE}——纵向受拉钢筋的抗震搭接长度；

x——混凝土受压区高度。

2.2.4 计算系数

α_E——钢筋弹性模量与混凝土弹性模量的比值；

ξ_b——相对界限受压区高度；

ρ——纵向受拉钢筋配筋率；

ν——钢筋的相对粘结特性系数；

ψ——裂缝间纵向受拉钢筋应变不均匀系数；

ϕ——钢筋直径。

3 材 料

3.1 钢筋焊接网

3.1.1 钢筋焊接网宜采用CRB550、CRB600H、HRB400、HRBF400、HRB500或HRBF500钢筋；作为构造钢筋也可采用CPB550钢筋。

用于铁路无砟轨道底座及桥面保护层的焊接网宜采用CRB550、HRB400钢筋。

3.1.2 钢筋焊接网按网孔尺寸及钢筋直径可分为定型焊接网和非定型焊接网，并应符合下列规定：

1 定型焊接网在同一方向上应采用相同牌号和直径的钢筋，并应具有相同的间距和长度。定型钢筋焊接网的型号可按本规程附录A采用。

2 非定型焊接网的形状、尺寸应根据设计和施工要求，由供需双方协商确定。

3.1.3 钢筋焊接网的钢筋强度标准值应具有不小于95%的保证率。焊接网的钢筋强度标准值 f_{yk} 应按表3.1.3采用。

表3.1.3 焊接网钢筋强度标准值（N/mm²）

钢筋牌号	符号	钢筋公称直径（mm）	f_{yk}
CRB550	ϕ^R	5～12	500
CRB600H	ϕ^{RH}	5～12	520
HRB400	⌀	6～18	400
HRBF400	$⌀^F$	6～18	400
HRB500	Φ	6～18	500
HRBF500	$Φ^F$	6～18	500
CPB550	ϕ^{CP}	5～12	500

3.1.4 钢筋焊接网的规格应符合下列规定：

1 各类钢筋的直径应按本规程表3.1.3选用。冷轧带肋钢筋及高延性冷轧带肋钢筋的直径可采用0.5mm进级。

2 焊接网制作方向的钢筋间距宜为100mm、150mm、200mm，也可采用125mm或175mm；与制作方向垂直的钢筋间距宜为100mm～400mm，且宜为10mm的整倍数。当双向板底网或面网采用本规程第5.1.23条规定的双层配筋时，非受力钢筋的间距不宜大于1000mm。

3.1.5 焊接网钢筋的抗拉强度设计值 f_y 和抗压强度设计值 f'_y 应按表3.1.5采用。作受剪、受扭、受冲切承载力计算时，箍筋的抗拉强度设计值大于360N/mm² 时应取360N/mm²。

表3.1.5 焊接网钢筋强度设计值（N/mm²）

钢筋牌号	符号	f_y	f'_y
CRB550	ϕ^R	400	380
CRB600H	ϕ^{RH}	415	380
HRB400	⌀	360	360
HRBF400	$⌀^F$	360	360
HRB500	Φ	435	410
HRBF500	$Φ^F$	435	410
CPB550	ϕ^{CP}	360	360

3.1.6 焊接网钢筋的弹性模量 E_s 应按表3.1.6采用。

表3.1.6 焊接网钢筋弹性模量 E_s（N/mm²）

钢 筋 牌 号	E_s
CRB550、CRB600H	1.9×10^5
HRB400、HRBF400、HRB500、HRBF500	2.0×10^5
CPB550	2.0×10^5

3.1.7 采用CRB550、CRB600H和HRB400钢筋的焊接网用于需作疲劳性能验算的板类受弯构件，当钢筋的最大应力不超过300N/mm² 时，钢筋的200万次疲劳应力幅限值可取100N/mm²。其他热轧带肋钢筋焊接网进行疲劳性能验算时，疲劳应力幅限值应符合国家现行有关标准规定。

3.2 混 凝 土

3.2.1 钢筋焊接网混凝土结构耐久性设计应符合现行国家标准《混凝土结构设计规范》GB 50010的有关规定。当处于二a、二b类环境中的结构构件，其混凝土强度等级不宜低于C30。

3.2.2 房屋和一般构筑物混凝土的强度标准值、强度设计值和弹性模量以及混凝土疲劳强度设计值、混凝土疲劳应力比值，应按现行国家标准《混凝土结构设计规范》GB 50010 的有关规定执行。

3.2.3 钢筋焊接网混凝土路面及桥面铺装、隧道、水工、铁路的混凝土强度指标、弹性模量及技术性能应符合现行行业标准《公路水泥混凝土路面设计规范》JTG D 40、《城镇道路路面设计规范》CJJ 169、《公路钢筋混凝土及预应力混凝土桥涵设计规范》JTG D62、《城市桥梁设计规范》CJJ 11、《水工混凝土结构设计规范》SL 191、《水工混凝土结构设计规范》DL/T 5057 、《铁路轨道设计规范 》TB 10082、《高速铁路设计规范》TB 10621 和《铁路桥涵钢筋混凝土和预应力混凝土结构设计规范》TB 10002.3 的有关规定。

4 设计计算

4.1 一般规定

4.1.1 钢筋焊接网配筋的混凝土结构设计的基本规定、承载能力极限状态计算、正常使用极限状态验算、构件抗震设计和耐久性设计等，除应符合本规程的规定外，尚应符合现行国家标准《混凝土结构设计规范》GB 50010 及其他相关标准的有关规定。

4.1.2 钢筋焊接网混凝土结构上的荷载应根据现行国家标准《建筑结构荷载规范》GB 50009 确定；地震作用应根据现行国家标准《建筑抗震设计规范》GB 50011 确定。

4.1.3 钢筋焊接网混凝土结构构件承载力极限状态的计算，对持久设计状况和短暂设计状况应按作用的基本组合计算；对地震设计状况应按作用的地震组合计算。对正常使用极限状态下变形和裂缝宽度的验算，应按荷载的准永久组合并考虑长期作用的影响计算。耐久性设计应符合现行国家标准《混凝土结构设计规范》GB 50010 的有关规定。

4.1.4 受弯构件的最大挠度计算值不应超过表 4.1.4 规定的挠度限值。

表 4.1.4 受弯构件的挠度限值

屋盖、楼盖及楼梯构件	挠度限值
当 $l_0<7\text{m}$ 时	$l_0/200(l_0/250)$
当 $7\text{m}\leqslant l_0\leqslant 9\text{m}$ 时	$l_0/250(l_0/300)$

注：1 l_0 为构件的计算跨度；计算悬臂构件的挠度限值时，其计算跨度 l_0 按实际悬臂长度的 2 倍取用；
2 括号内的数值适用于对挠度有较高要求的构件。

4.1.5 钢筋焊接网混凝土板类受弯构件的裂缝控制等级及最大裂缝宽度限值 $w_{\lim}$ 应根据结构所处的环境类别按表 4.1.5 采用。

表 4.1.5 受弯构件的裂缝控制等级及最大裂缝宽度限值（mm）

环境类别	裂缝控制等级	$w_{\lim}$
一	三级	0.30（0.40）
二、三		0.20

注：1 对处于年平均湿度小于 60%地区一类环境下的受弯构件，其最大裂缝宽度限值可采用括号内的数值；
2 对处于液体压力下的钢筋混凝土结构构件，其裂缝控制要求应符合国家现行标准的有关规定。

4.1.6 冷轧带肋钢筋焊接网混凝土连续板的内力计算可考虑塑性内力重分布，其支座弯矩调幅幅度不应大于按弹性体系计算值的 15%；对热轧带肋钢筋焊接网混凝土连续板，其值不应大于 20%。

对于直接承受动力荷载的板类构件，不应采用考虑塑性内力重分布的分析方法。

4.1.7 钢筋焊接网配筋的叠合式受弯构件的正截面、斜截面承载力计算，裂缝宽度验算以及根据施工阶段不同支撑情况的计算，可按现行国家标准《混凝土结构设计规范》GB 50010 和《混凝土结构工程施工规范》GB 50666 的有关规定执行。

4.1.8 钢筋焊接网混凝土路面的设计，应按现行行业标准《公路水泥混凝土路面设计规范》JTG D40 和《城镇道路路面设计规范》CJJ 169 的规定执行。

4.1.9 水工混凝土结构构件采用钢筋焊接网时，其设计应按现行行业标准《水工混凝土结构设计规范》SL 191、《水工混凝土结构设计规范》DL/T 5057 的规定执行。

4.1.10 焊接网用于铁路无砟轨道底座及桥面保护层时，尚应符合现行行业标准《铁路轨道设计规范》TB 10082、《高速铁路设计规范》TB 10621 和《铁路桥涵钢筋混凝土和预应力混凝土结构设计规范》TB 10002.3 的相关规定。

4.2 承载力计算

4.2.1 钢筋焊接网配筋的混凝土结构构件正截面承载力计算方法的基本假定应符合现行国家标准《混凝土结构设计规范》GB 50010 的有关规定。

4.2.2 矩形截面或翼缘位于受拉边的倒 T 形截面受弯构件，其正截面受弯承载力（图 4.2.2）应符合下列公式要求：

$$M\leqslant \alpha_1 f_c bx\left(h_0-\frac{x}{2}\right)+f'_y A'_s\,(h_0-a'_s) \tag{4.2.2-1}$$

混凝土受压区高度应按下列公式确定：

$$\alpha_1 f_c bx=f_y A_s-f'_y A'_s \tag{4.2.2-2}$$

混凝土受压区高度尚应满足下式要求：

$$x\leqslant \xi_b h_0 \tag{4.2.2-3}$$

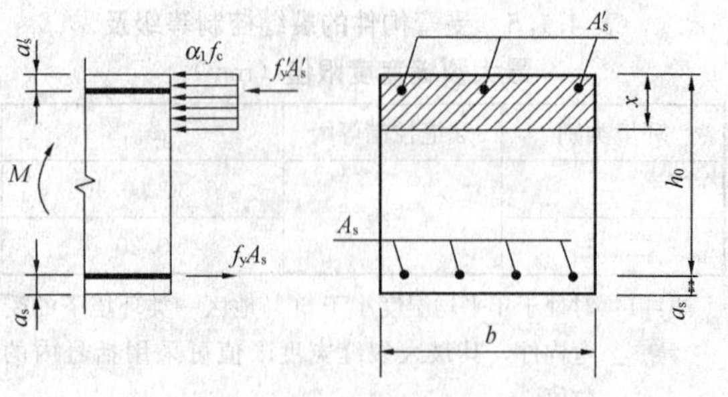

a'_s
$\alpha_1 f_c$
$f'_y A'_s$
A'_s
x
M
h_0
A_s
$f_y A_s$
a_s
b

图 4.2.2 矩形截面受弯构件正截面受弯承载力计算

$$x \geqslant 2a'_s \tag{4.2.2-4}$$

式中：M——弯矩设计值（N·mm）；

f_c——混凝土轴心抗压强度设计值（N/mm^2），应符合本规程第 3.2.2 条的有关规定；

A_s——受拉区纵向钢筋的截面面积（mm^2）；

A'_s——受压区纵向钢筋的截面面积（mm^2）；

h_0——截面有效高度（mm）；

b——矩形截面的宽度或倒 T 形截面的腹板宽度（mm）；

x——混凝土受压区高度（mm）；

a_s——受拉区纵向钢筋合力点至受压区边缘的距离（mm）；

a'_s——受压区纵向钢筋合力点至受压区边缘的距离（mm）；

α_1——系数，当混凝土强度等级不超过 C50 时，α_1 取为 1.0，当混凝土强度等级为 C80 时，α_1 取为 0.94，其间按线性内插法取用；

ξ_b——相对界限受压区高度，当混凝土强度等级不超过 C50 时，对 CRB550 和 CRB600H 钢筋焊接网，取ξ_b＝0.36；对 HRB400、HRBF400 钢筋焊接网，取ξ_b＝0.52；对 HRB500、HRBF500 钢筋焊接网，取 ξ_b＝0.48。当混凝土强度等级超过 C50 时，ξ_b 按现行国家标准《混凝土结构设计规范》GB 50010 的有关规定取值。

4.2.3 钢筋焊接网板类受弯构件的疲劳验算可按现行国家标准《混凝土结构设计规范》GB 50010 的有关规定执行。钢筋的疲劳应力幅限值应按本规程第 3.1.7 条的规定。

4.2.4 钢筋焊接网配筋的混凝土构件，其受剪、受扭承载力的计算应符合现行国家标准《混凝土结构设计规范》GB 50010 的有关规定。

4.3 正常使用极限状态验算

4.3.1 钢筋焊接网配筋的混凝土板类受弯构件，按荷载准永久组合并考虑长期作用影响的最大裂缝宽度 w_{max}不应超过本规程表 4.1.5 规定的限值，最大裂缝宽度可按下列公式计算：

$$w_{max} = 1.9\psi\frac{\sigma_{sq}}{E_s}\left(1.9c_s + 0.08\frac{d_{eq}}{\rho_{te}}\right) \tag{4.3.1-1}$$

$$\psi = \alpha - \frac{0.65 f_{tk}}{\rho_{te}\sigma_{sq}} \tag{4.3.1-2}$$

$$\sigma_{sq} = \frac{M_q}{0.87 A_s h_0} \tag{4.3.1-3}$$

$$d_{eq} = \frac{\sum n_i d_i^2}{\sum n_i \nu_i d_i} \tag{4.3.1-4}$$

式中：w_{max}——按荷载的准永久组合并考虑长期作用影响计算的最大裂缝宽度（mm）；

ψ——裂缝间纵向受拉钢筋应变不均匀系数：当 $\psi < 0.2$ 时，取 ψ＝0.2；当 $\psi > 1.0$ 时，取 ψ＝1.0；对直接承受重复荷载的构件，取 ψ＝1.0；

σ_{sq}——按荷载准永久组合计算的钢筋焊接网混凝土构件纵向受拉钢筋应力；

E_s——钢筋的弹性模量，按本规程表 3.1.6 采用；

α——系数，对带肋钢筋焊接网，取 α＝1.05；

c_s——最外层纵向受拉钢筋外边缘至受拉区底边的距离（mm）；当 $c_s < 20$ 时，取 c_s＝20；

ρ_{te}——按有效受拉混凝土截面面积计算的纵向受拉钢筋配筋率，$\rho_{te} = A_s/(0.5bh)$，当 $\rho_{te} < 0.01$ 时，取 ρ_{te}＝0.01；

M_q——按荷载准永久组合计算的弯矩（N·mm）；

d_{eq}——受拉区纵向钢筋的等效直径（mm）；

ν_i——受拉区第 i 种纵向钢筋的相对粘结特性系数，对冷轧和热轧带肋钢筋取 $\nu_i = 1.0$；

d_i——受拉区第 i 种纵向钢筋的公称直径（mm）；

n_i——受拉区第 i 种纵向钢筋的根数。

4.3.2 钢筋焊接网配筋的混凝土板类受弯构件在一类环境下，对 CRB550、HRB400、CRB600H 和 HRB500 级钢筋，当纵向受力钢筋直径不大于 10mm，混凝土强度等级不低于 C20，且混凝土保护层厚度不大于 20mm 时，可不作最大裂缝宽度验算。

4.3.3 钢筋焊接网混凝土受弯构件的挠度应由荷载准永久组合并考虑长期作用影响的刚度 B，按结构力学方法计算，所求得的挠度不应超过本规程第 4.1.4 条规定的限值。

4.3.4 矩形、T 形、倒 T 形和 I 形截面钢筋混凝土受弯构件按荷载准永久组合并考虑荷载长期作用影响的刚度 B，可按下式计算：

$$B = \frac{B_s}{\theta} \tag{4.3.4}$$

式中：B_s ——按荷载准永久组合计算的钢筋焊接网混凝土受弯构件的短期刚度，按本规程第4.3.5条的公式计算；

θ——考虑荷载长期作用对挠度增大的影响系数，按现行国家标准《混凝土结构设计规范》GB 50010的有关规定采用。

4.3.5 在荷载准永久组合作用下，钢筋焊接网混凝土受弯构件的短期刚度 B_s 可按下列公式计算：

$$B_s=\frac{E_sA_sh_0^2}{1.15\psi+0.2+\frac{6\alpha_E\rho}{1+3.5\gamma_f'}} \quad (4.3.5\text{-}1)$$

$$\gamma_f'=\frac{(b_f'-b)h_f'}{bh_0} \quad (4.3.5\text{-}2)$$

式中：ψ——裂缝间纵向受拉钢筋应变不均匀系数，按本规程第4.3.1条确定；

α_E——钢筋弹性模量和混凝土弹性模量的比值；

ρ——纵向受拉钢筋的配筋率，$\rho=A_s/(bh_0)$；

E_s——钢筋的弹性模量，按本规程表3.1.6采用；

γ_f'——受压翼缘截面面积与腹板有效截面面积的比值；

b——矩形截面的宽度或倒T形截面的腹板宽度；

b_f'——受压区翼缘的宽度；

h_f'——受压区翼缘的高度，当 $h_f'>0.2h_0$ 时，取 $h_f'=0.2h_0$。

5 构造规定

5.1 房屋建筑

Ⅰ 一般规定

5.1.1 设计使用年限为50年的钢筋焊接网配筋的混凝土板、墙构件，最外层钢筋的保护层厚度不应小于钢筋的公称直径，且应符合表5.1.1的规定；设计使用年限为100年的构件，不应小于表5.1.1数值的1.4倍。

表 5.1.1 混凝土保护层的最小厚度 c（mm）

环境类别	混凝土强度等级	
	C20	≥C25
一	20	15
二a	—	20
二b	—	25
三a	—	30
三b	—	40

注：钢筋混凝土基础宜设置混凝土垫层，基础中钢筋的混凝土保护层厚度应从垫层顶面算起，且不应小于40mm。

5.1.2 除悬臂板外的钢筋焊接网混凝土板类受弯构件的纵向受拉钢筋最小配筋百分率应取0.15和 $0.45f_t/f_y$ 两者中的较大值。悬臂板及其他构件纵向受拉钢筋最小配筋百分率应符合现行国家标准《混凝土结构设计规范》GB 50010的有关规定。

5.1.3 带肋钢筋焊接网纵向受拉钢筋的锚固长度 l_a 应符合表5.1.3的规定，并应符合下列规定：

1 当锚固长度内有横向钢筋时，锚固长度范围内的横向钢筋不应少于一根，且此横向钢筋至计算截面的距离不应小于50mm（图5.1.3）；

2 当焊接网中的纵向钢筋为并筋时，锚固长度应按单根等效钢筋进行计算，等效钢筋的直径按截面面积相等的原则换算确定，两根等直径并筋的锚固长度应按表5.1.3中数值乘以系数1.4后取用；

3 当锚固区内无横筋，焊接网中的纵向钢筋净距不小于 $5d$ 且纵向钢筋保护层厚度不小于 $3d$ 时，表5.1.3中钢筋的锚固长度可乘以0.8的修正系数，但不应小于200mm；

4 在任何情况下的锚固长度不应小于200mm。

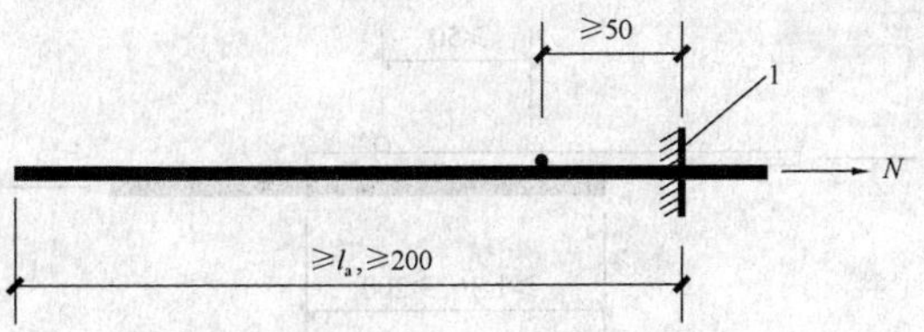

≥50
1
N
≥l_a,≥200

图 5.1.3 带肋钢筋焊接网纵向受拉钢筋的锚固
1—计算截面；N—拉力

表 5.1.3 带肋钢筋焊接网纵向受拉钢筋的锚固长度 l_a（mm）

钢筋焊接网类型		混凝土强度等级				
		C20	C25	C30	C35	≥C40
CRB550、CRB600H、HRB400、HRBF400钢筋焊接网	锚固长度内无横筋	$45d$	$40d$	$35d$	$32d$	$30d$
	锚固长度内有横筋	$32d$	$28d$	$25d$	$22d$	$21d$
HRB500、HRBF500钢筋焊接网	锚固长度内无横筋	$55d$	$48d$	$43d$	$39d$	$36d$
	锚固长度内有横筋	$39d$	$34d$	$30d$	$27d$	$25d$

注：d 为纵向受力钢筋直径（mm）。

5.1.4 作为构造钢筋用的冷拔光面钢筋焊接网，在锚固长度范围内应有不少于两根横向钢筋且较近一根横向钢筋至计算截面的距离不应小于50mm，钢筋的锚固长度不应小于150mm（图5.1.4），锚固长度应取焊接网最外侧横向钢筋到计算截面的距离。

5.1.5 钢筋焊接网的受拉钢筋，当采用附加绑扎带肋钢筋锚固时，其锚固长度应符合本规程第5.1.3条中关于锚固长度内无横筋的有关规定。

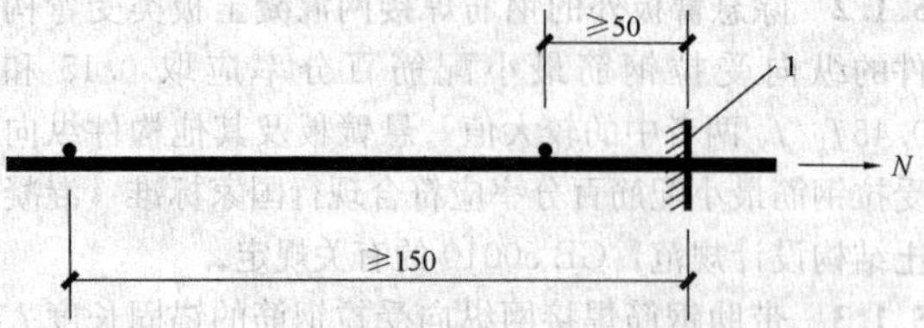
≥50
1
N
≥150

图 5.1.4　受拉光面钢筋焊接网的锚固
1—计算截面；N—拉力

5.1.6　钢筋焊接网的搭接接头宜设置在结构受力较小处。

5.1.7　带肋钢筋焊接网在受拉方向的搭接应符合下列规定：

1　采用叠搭法或扣搭法时，两张焊接网钢筋的搭接长度不应小于本规程第 5.1.3 条中关于锚固区内有横筋时规定的锚固长度 l_a 的 1.3 倍，且不应小于 200mm（图 5.1.7）；在搭接区内每张焊接网的横向钢筋不得少于一根，且两张焊接网最外一根横向钢筋之间的距离不应小于 50mm；

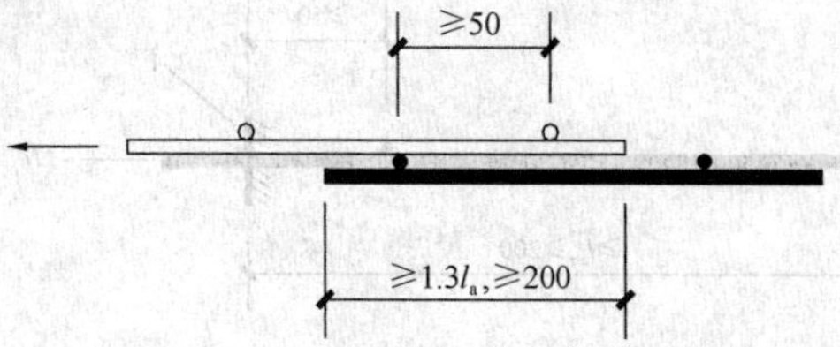
≥50
≥1.3l_a,≥200

图 5.1.7　带肋钢筋焊接网搭接接头

2　采用平搭法时，两张焊接网钢筋的搭接长度不应小于本规程第 5.1.3 条中关于锚固区内无横筋时规定的锚固长度 l_a 的 1.3 倍，且不应小于 300mm；

3　当搭接区内纵向受力钢筋的直径 d 不小于 12mm 时，其搭接长度应按本条第 1、2 款的计算值增加 $5d$ 采用。

5.1.8　作为构造用的冷拔光面钢筋焊接网在受拉方向的搭接可采用叠搭法或扣搭法，并应符合下列规定：

1　在搭接长度范围内每张焊接网的横向钢筋不应少于二根，两张焊接网的搭接长度不应小于 150mm，且不应小于一个网格加 50mm（图 5.1.8），搭接长度应取两张焊接网最外侧横向钢筋间的距离；

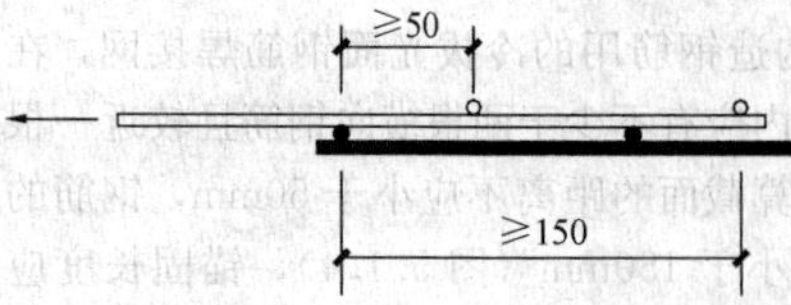
≥50
≥150

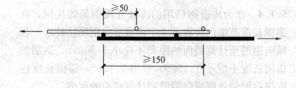

图 5.1.8　冷拔光面钢筋焊接网搭接接头

2　冷拔光面钢筋焊接网的受力钢筋，当搭接区内一张焊接网无横向钢筋且无附加钢筋、焊接网或附加锚固构造措施时，不得采用搭接。

5.1.9　钢筋焊接网在受压方向的搭接长度，应取受拉钢筋搭接长度的 0.7 倍，且不应小于 150mm。

5.1.10　带肋钢筋焊接网在非受力方向的分布钢筋的搭接，当采用叠搭法（图 5.1.10a）或扣搭法（图 5.1.10b）时，在搭接范围内每张焊接网至少应有一根受力主筋，搭接长度不应小于 $20d$，d 为分布钢筋直径，且不应小于 150mm；当采用平搭法（图 5.1.10c）一张焊接网在搭接区内无受力主筋时，其搭接长度不应小于 $20d$，且不应小于 200mm。

当搭接区内分布钢筋的直径 d 大于 8mm 时，其搭接长度应按本条的规定值增加 $5d$ 取用。

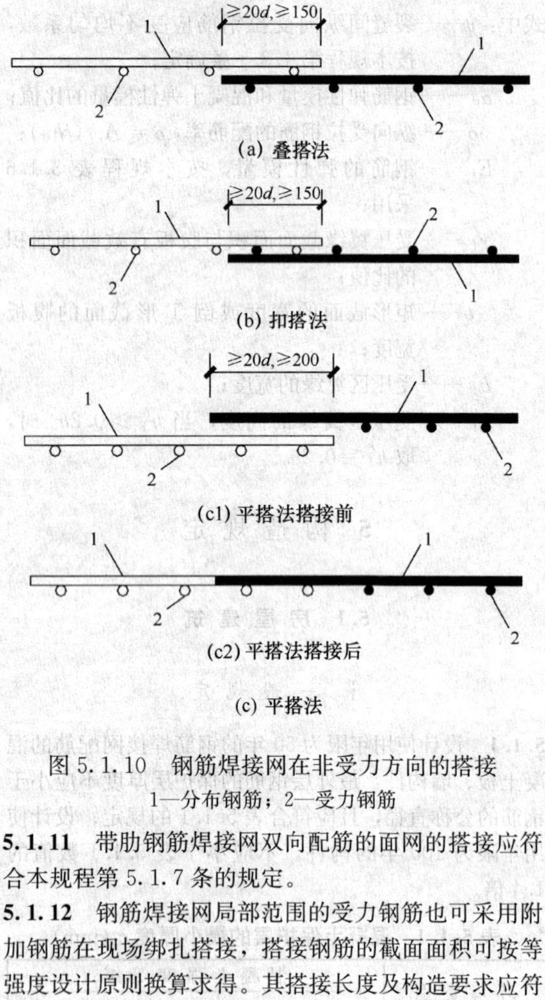
≥20d,≥150
1
2
(a) 叠搭法
≥20d,≥150
1
2
(b) 扣搭法
≥20d,≥200
1
2
(c1) 平搭法搭接前
1
2
(c2) 平搭法搭接后
(c) 平搭法

图 5.1.10　钢筋焊接网在非受力方向的搭接
1—分布钢筋；2—受力钢筋

5.1.11　带肋钢筋焊接网双向配筋的面网的搭接应符合本规程第 5.1.7 条的规定。

5.1.12　钢筋焊接网局部范围的受力钢筋也可采用附加钢筋在现场绑扎搭接，搭接钢筋的截面面积可按等强度设计原则换算求得。其搭接长度及构造要求应符合本规程第 5.1.7 条和第 5.1.9 条的有关规定。

5.1.13　有抗震设防要求的带肋钢筋焊接网混凝土结构构件，其纵向受力钢筋的锚固长度和搭接长度除应符合本规程第 5.1.3 条、第 5.1.5 条、第 5.1.6 条和第 5.1.7 条的有关规定外，尚应符合下列规定：

1　纵向受拉钢筋的抗震锚固长度 l_{aE} 应按下列公式计算：

一、二级抗震等级

$$l_{aE} = 1.15 l_a \qquad (5.1.13\text{-}1)$$

三级抗震等级

$$l_{aE} = 1.05 l_a \quad (5.1.13\text{-}2)$$

四级抗震等级

$$l_{aE} = l_a \quad (5.1.13\text{-}3)$$

式中：l_a ——纵向受拉钢筋的锚固长度，按本规程第 5.1.3 条确定。

2 当采用搭接接头时，纵向受拉钢筋的抗震搭接长度 l_{lE} 应取 1.3 倍 l_{aE}。当搭接区内纵向受力钢筋的直径 d 不小于 12mm 时，其搭接长度应按本条的规定值增加 $5d$ 采用。

Ⅱ 板

5.1.14 板中受力钢筋的直径不宜小于 5mm，受力钢筋的间距应符合下列规定：

1 当板厚 h 不大于 150mm 时，不宜大于 200mm；

2 当板厚 h 大于 150mm 时，不宜大于 $1.5h$，且不宜大于 250mm。

5.1.15 板的钢筋焊接网宜按板的梁系区格布置，单向板底网的受力主筋不宜搭接连接。

5.1.16 板伸入支座的下部纵向受力钢筋，其间距不应大于 400mm，截面面积不应小于跨中受力钢筋截面面积的 1/2，伸入支座的长度不应小于 10 倍纵向受力钢筋直径，且不宜小于 100mm。焊接网最外侧钢筋距梁边的距离不应大于该方向钢筋间距的 1/2，且不宜大于 100mm。

5.1.17 现浇楼盖周边与混凝土梁或混凝土墙整体浇筑的单向板或双向板，应沿周边在板上部布置构造钢筋焊接网，其直径不宜小于 7mm，间距不宜大于 200mm，且截面面积不宜小于板跨中相应方向纵向钢筋截面面积的 1/3；该钢筋自梁边或墙边伸入板内的长度，不宜小于短跨方向板计算跨度的 1/4。上部构造钢筋应按受拉钢筋锚固。

5.1.18 对嵌固在承重砌体墙内的现浇板，其上部焊接网的钢筋伸入支座的构造长度不宜小于 110mm，并在网端应有一根横向钢筋（图 5.1.18a）或将上部纵向构造钢筋弯折（图 5.1.18b）。

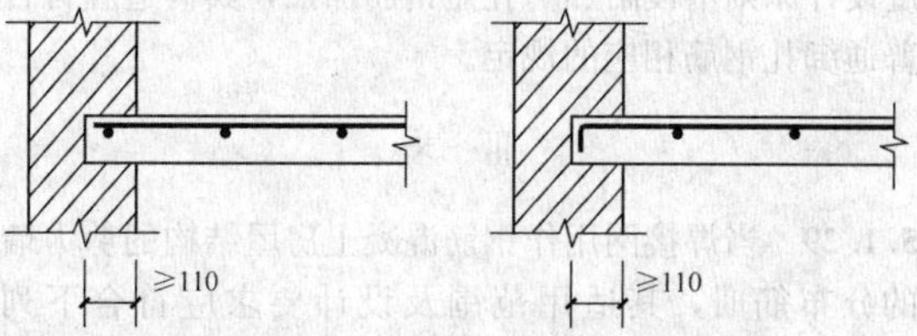

≥110
≥110

(a)直网锚固　　(b)弯网锚固

图 5.1.18 板上部受力钢筋焊接网的锚固

5.1.19 嵌固在砌体墙内的现浇板沿嵌固边在板上部配置的构造钢筋焊接网，应符合下列规定：

1 焊接网带肋钢筋直径不宜小于 5mm，间距不宜大于 200mm，该钢筋垂直伸入板内的长度从墙边算起不宜小于 $l_0/7$，l_0 为单向板的跨度或双向板的短边跨度；

2 对两边均嵌固在墙内的板角部分，构造钢筋焊接网伸入板内的长度从墙边算起不宜小于 $l_0/4$，l_0 为板的短边跨度；

3 沿板的受力方向配置的板边上部构造钢筋，其截面面积不宜小于该方向跨中受力钢筋截面面积的 1/3。

5.1.20 当按单向板设计时，单位宽度上分布钢筋的面积不宜小于单位宽度上受力钢筋面积的 15%，且配筋率不宜小于 0.10%；分布钢筋的间距不宜大于 250mm。对于集中荷载较大的情况，分布钢筋的截面面积应适当增加，其间距不宜大于 200mm。

5.1.21 当端跨板与混凝土梁连接处按构造要求设置上部钢筋焊接网时，其钢筋伸入梁内的长度不应小于 $25d$，当梁宽小于 $25d$ 时，应将上部钢筋伸至梁的箍筋内再弯折（图 5.1.21）。

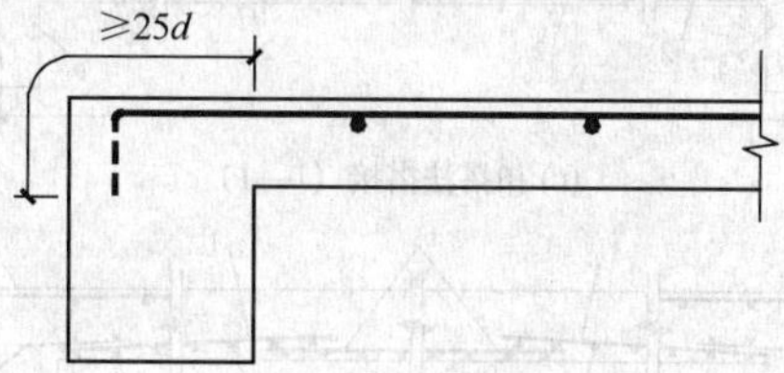

≥25d

图 5.1.21 板上部钢筋焊接网与边跨混凝土梁的连接

5.1.22 现浇双向板底网的搭接及锚固宜符合下列规定：

1 底网短跨方向的受力钢筋不宜在跨中搭接，在端部宜直接伸入支座锚固，也可采用与伸入支座的附加焊接网或绑扎钢筋搭接［图 5.1.22（a）、（b）、（c）］；

2 底网长跨方向的钢筋宜伸入支座锚固，也可采用与伸入支座的附加焊接网或绑扎钢筋搭接［图 5.1.22（a）、（d）］；

3 附加焊接网或绑扎钢筋伸入支座的钢筋截面面积分别不应小于短跨、长跨方向跨中受力钢筋的截面面积；

4 附加焊接网或绑扎钢筋伸入支座的锚固长度应符合本规程第 5.1.3 条的规定。搭接长度应符合本规程第 5.1.7 条的规定；

5 双向板底网的搭接位置与面网的搭接位置不宜在同一断面。

5.1.23 现浇双向板的底网及满铺面网可采用单向焊接网的布网方式。当双向板的纵向钢筋和横向钢筋分别与构造钢筋焊成单向纵向网和单向横向网时，应按受力钢筋的位置和方向分层设置，底网应分别伸入相应的梁中（图 5.1.23a）；面网应按受力钢筋的位置和

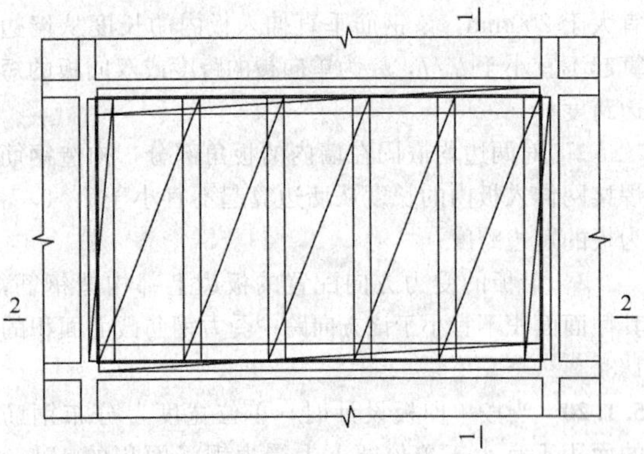

1
2
2
1

(a) 双向板底网布置示意

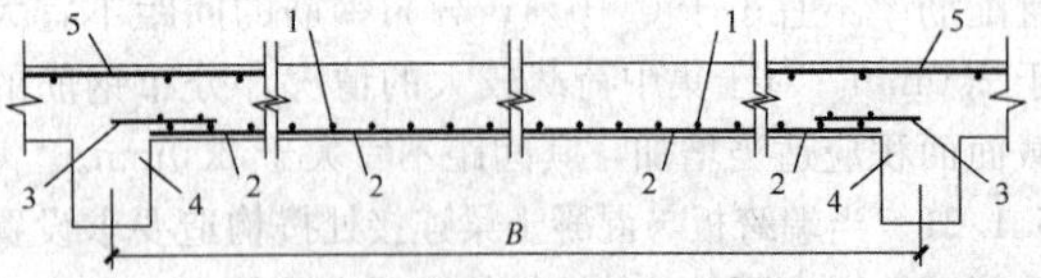

5
1
1
5
3
4
2
2
2
2
4
3
B

(b) 叠搭法搭接（1—1）

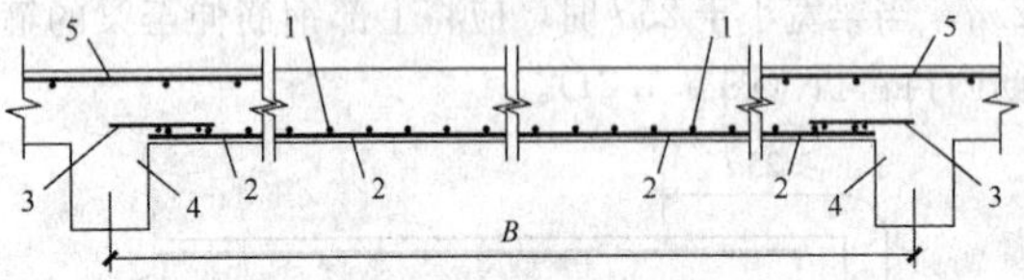

5
1
1
5
3
4
2
2
2
2
4
3
B

(c) 扣搭法搭接（1—1）

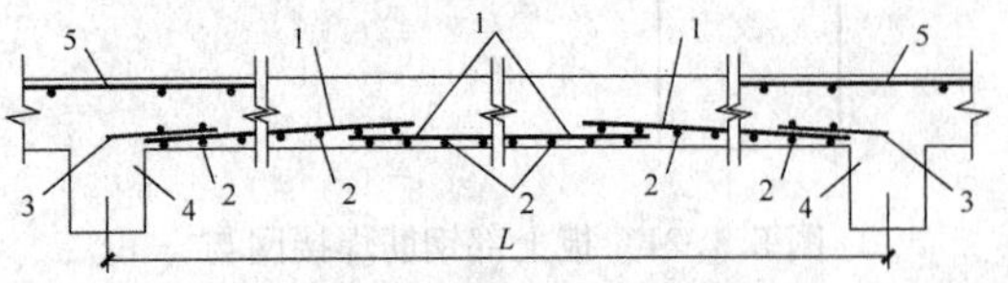

5
1
1
1
5
3
4
2
2
2
2
2
4
3
L

(d) 叠搭法搭接（2—2）

图 5.1.22　双向板底部钢筋焊接网的搭接

1—长跨方向钢筋；2—短跨方向钢筋；3—伸入支座的附加钢筋；4—支承梁；5—支座上部钢筋

方向分层布置（图 5.1.23b）。

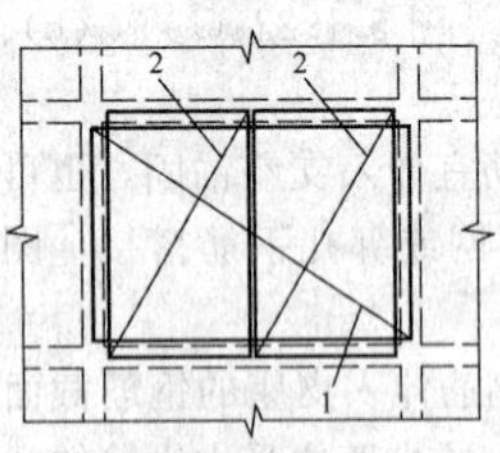

2
2
1

(a) 底网

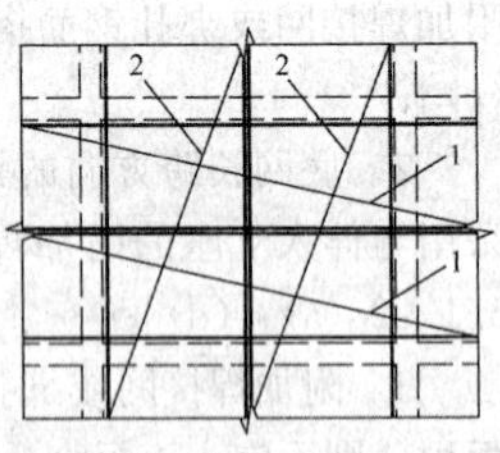

2
2
1
1

(b) 面网

图 5.1.23　双向板底网、面网的双层布置

1—横向单向网；2—纵向单向网

5.1.24　有高差板的面网，当高差大于 30mm 时，面网宜在有高差处断开，分别锚入梁中（图 5.1.24），钢筋伸入梁的锚固长度应符合本规程第 5.1.3 条的规定。

5.1.25　当梁两侧板的面网配筋不同时，宜按较大配筋布置设计面网；也可采用梁两侧的面网分别布置（图 5.1.25），其锚固长度应符合本规程第 5.1.3 条的规定。

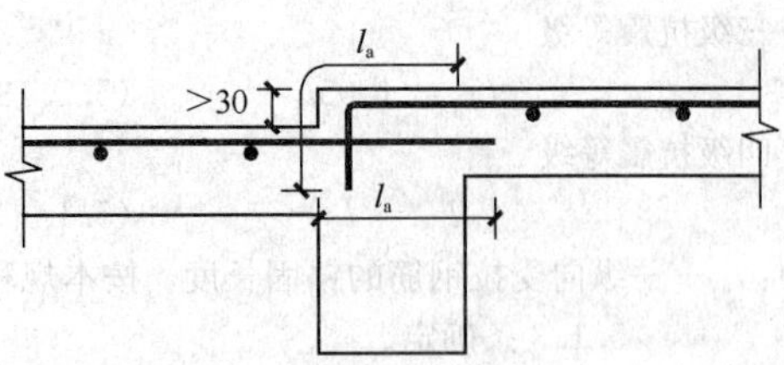

l_a
>30
l_a

图 5.1.24　高差板的面网布置

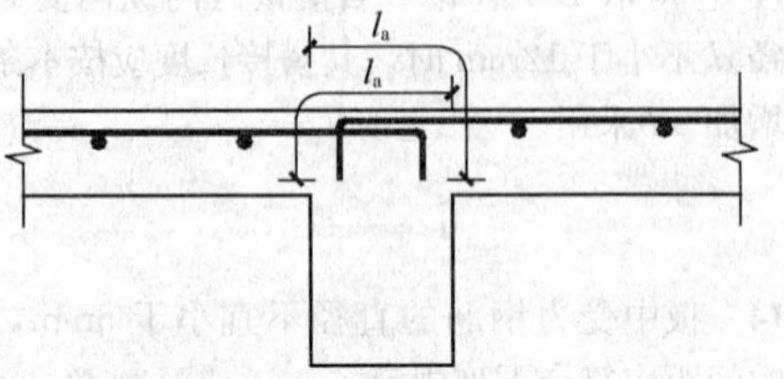

l_a
l_a

图 5.1.25　梁两侧的面网布置

5.1.26　楼板面网与柱的连接可采用整张焊接网套在柱上（图 5.1.26a），再与其他焊接网搭接；也可将面网在两个方向铺至柱边，其余部分按等强度设计原则用附加钢筋补足（图 5.1.26b）；也可单向网直接插入柱内。楼板面网与钢柱的连接亦可采用附加钢筋连接方式，钢筋的锚固长度应符合本规程第 5.1.3 条的规定。

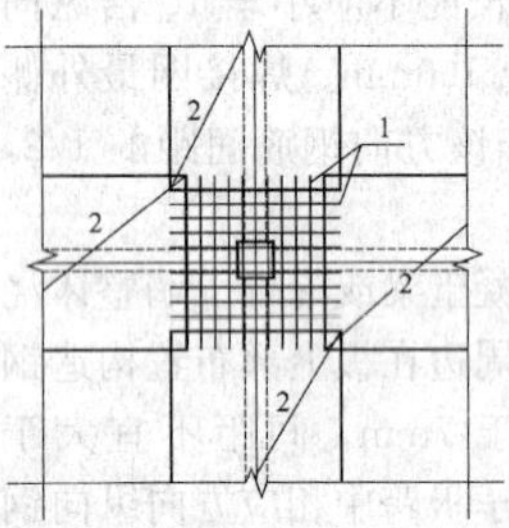

2
1
2
2
2

(a) 焊接网套柱连接

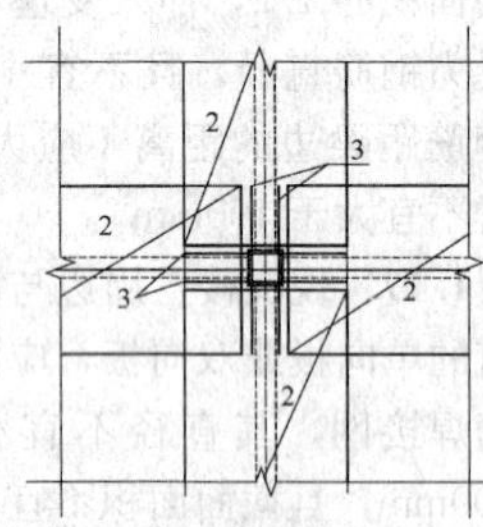

2
3
3
2
2

(b) 附加筋连接

图 5.1.26　楼板焊接网与柱的连接

1—套柱网片；2—焊接网的面网；3—附加钢筋

5.1.27　楼板底网与柱的连接应符合本规程第 5.1.9 条的有关规定。

5.1.28　当楼板开洞时，洞内被截断的钢筋应按等强度设计原则增设附加绑扎短钢筋加强，其构造应符合普通绑扎钢筋相应的规定。

Ⅲ　墙

5.1.29　当焊接网用作钢筋混凝土房屋结构的剪力墙的分布筋时，其适用范围及设计要求应符合下列规定：

1　应根据设防烈度、结构类型和房屋高度，按现行国家标准《混凝土结构设计规范》GB 50010 的规定采用不同的抗震等级，并应符合相应的计算要求和抗震构造措施；

2　热轧带肋钢筋焊接网可用作钢筋混凝土房屋

中非抗震设防及抗震等级为一、二、三、四级墙体的分布钢筋；

3 CRB550、CRB600H 焊接网不应用于抗震等级为一级的结构中，可用作抗震等级为二、三、四级的剪力墙底部加强部位以上的墙体分布钢筋。

5.1.30 钢筋焊接网混凝土剪力墙的竖向和水平分布钢筋的配置，应符合下列规定：

1 一、二、三级抗震等级的剪力墙的水平和竖向分布钢筋配筋率均不应小于 0.25%；四级抗震等级剪力墙配筋率不应小于 0.20%；

2 部分框支剪力墙结构的剪力墙底部加强部位，水平和竖向分布钢筋的配筋率不应小于 0.30%；

3 对高度小于 24m 且剪压比很小的四级抗震等级剪力墙，其竖向分布钢筋最小配筋率可按 0.15% 采用。

5.1.31 钢筋焊接网剪力墙水平和竖向分布钢筋的间距应符合下列规定：

1 当分布钢筋直径为 6mm 时，分布钢筋间距不应大于 150mm；

2 当分布钢筋直径为 8mm 及以上时，其间距不应大于 300mm。

5.1.32 墙体中钢筋焊接网在水平方向的搭接，对外层焊接网宜采用平搭法，对内层网可采用叠搭法或扣搭法。

5.1.33 剪力墙中带肋钢筋焊接网的布置应符合下列规定：

1 作为分布钢筋的焊接网可按一楼层为一个竖向单元，其竖向搭接可设置在楼层面之上，且不应小于 400mm 与 $40d$ 的较大值，d 为竖向分布钢筋直径；

2 在搭接范围内，下层的焊接网不应设水平分布钢筋，搭接时应将下层网的竖向钢筋与上层网的钢筋绑扎牢固(图 5.1.33)。

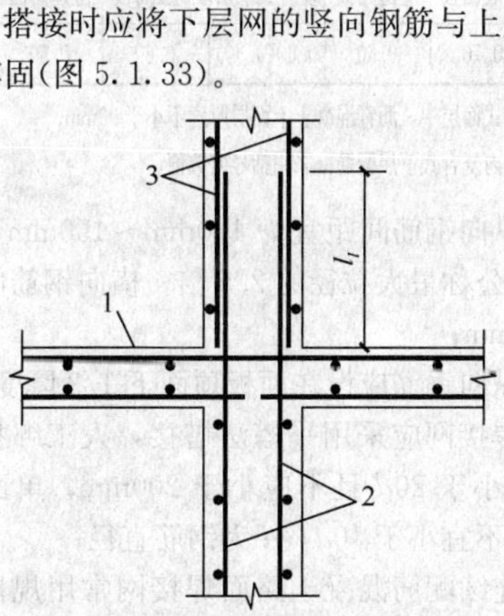

图 5.1.33　墙体钢筋焊接网的竖向搭接

1—楼板；2—下层焊接网；3—上层焊接网

5.1.34 带肋钢筋焊接网在墙体中的构造应符合下列规定：

1 当墙体端部有暗柱时，墙中焊接网应布置至暗柱边，再用通过暗柱的 U 形筋与两侧焊接网搭接（图 5.1.34a），搭接长度应符合本规程第 5.1.7 条或第 5.1.13 条的要求；或将焊接网设在暗柱外侧，并将水平钢筋弯成直钩伸入暗柱内，直钩的长度宜为 $5d$～$10d$，且不应小于 50mm（图 5.1.34b）；当墙体端部为转角暗柱时，墙中两侧焊接网应布置至暗柱边，再用通过暗柱的 U 形筋与两侧焊接网搭接，搭接长度为 l_l 或 l_{lE}（图 5.1.34c）；

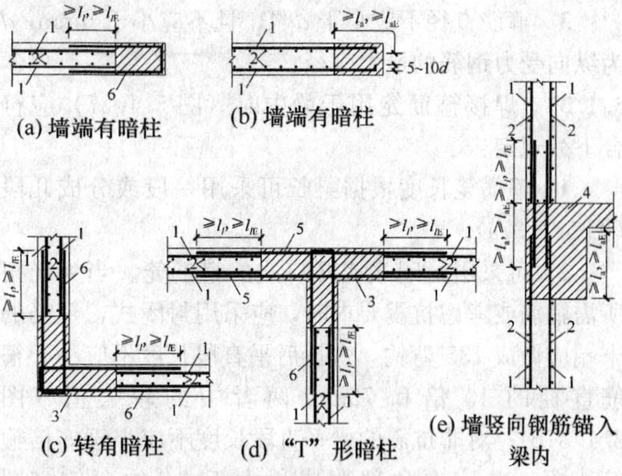
(a) 墙端有暗柱
(b) 墙端有暗柱
(c) 转角暗柱
(d) “T” 形暗柱
(e) 墙竖向钢筋锚入梁内

图 5.1.34　钢筋焊接网在墙体端部及交叉处的构造

1—焊接网水平钢筋；2—焊接网竖向钢筋；3—暗柱；4—暗梁；5—连接钢筋；6—U 形筋

2 当墙体端部 T 形连接处为暗柱或边缘结构柱时，焊接网应布置至混凝土边，用 U 形筋连接内墙两侧焊接网，用同种钢筋连接垂直于内墙的外墙两侧焊接网的水平钢筋，其搭接长度均应为 l_l 或 l_{lE}（图 5.1.34d）；

3 当墙体底部和顶部有梁或暗梁时，竖向分布钢筋应插入梁或暗梁中，其长度应为 l_a 或 l_{aE}（图 5.1.34e）。带肋钢筋焊接网在暗梁中的锚固长度，应符合本规程第 5.1.3 条或第 5.1.13 条的规定。

5.1.35 墙体内双排钢筋焊接网之间应设置拉筋连接，其直径不应小于 6mm，间距不应大于 600mm。

Ⅳ　焊接箍筋笼

5.1.36 焊接箍筋笼用于柱中时（图 5.1.36）应符合下列规定：

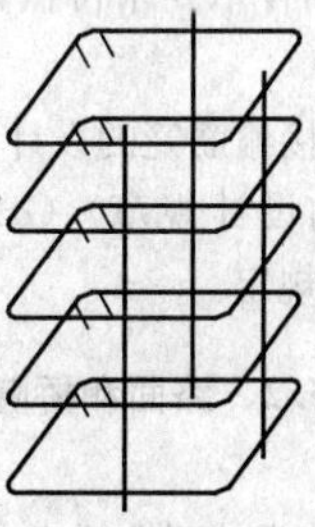

图 5.1.36　柱用箍筋笼

1 应做成封闭式并在箍筋末端应做成 135°的弯钩，弯钩末端平直段长度不应小于 5 倍箍筋直径；当有抗震要求时，弯折后平直段长度不应小于箍筋直径的10倍和75mm两者中的较大值；箍筋笼长度根据柱高可采用一段或分成多段。CRB550、CRB600H、CPB500钢筋不应用于抗震等级为一级柱的箍筋笼。

2 箍筋笼的箍筋间距不应大于构件截面的短边尺寸，且不应大于15d，d为纵向受力钢筋的最小直径。

3 箍筋直径不应小于$d/4$，且不应小于6mm，d为纵向受力钢筋的最大直径。

5.1.37 焊接箍筋笼用于梁中时（图5.1.37）应符合下列规定：

1 箍筋笼长度根据梁长可采用一段或分成几段（图5.1.37a）。

2 可采用封闭式或开口式的箍筋笼。当为受扭所需箍筋或考虑抗震要求时，应采用封闭式，箍筋的末端应做成135°弯钩，弯折后平直段长度不应小于箍筋直径的10倍和75mm两者中的较大值（图5.1.37b）；对非抗震的梁平直段长度不应小于5倍箍筋直径，并应在角部弯成稍大于90°的弯钩（图5.1.37c）。当梁与板整体浇筑不考虑抗震要求且不需计算要求的受压钢筋亦不需进行受扭计算时，可采用U形开口箍筋笼。

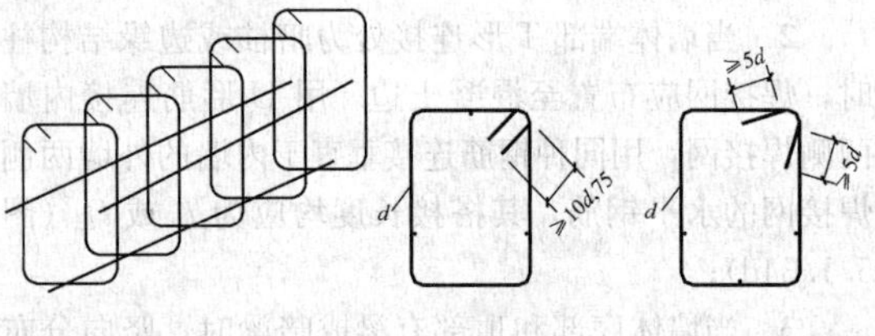

5d
≥10d,75
d
d
≥5d

(a) 封闭式箍筋　(b) 135°弯钩　(c) 稍大于90°弯钩

图5.1.37　梁用箍筋笼

3 梁中箍筋的间距应符合现行国家标准《混凝土结构设计规范》GB 50010的有关规定。

4 当梁高大于800mm时，箍筋直径不宜小于8mm；当梁高不超过800mm时，箍筋直径不宜小于6mm；当梁中配有计算需要的纵向受压钢筋时，箍筋直径尚不应小于$d/4$，d为纵向受压钢筋的最大直径。

5 梁箍筋笼的技术要求可按本规程附录B的有关规定执行。

5.1.38 梁、柱焊接箍筋笼的设计尚应符合现行国家标准《混凝土结构设计规范》GB 50010中关于梁、柱箍筋构造的有关规定。

5.2 路面和桥隧

Ⅰ　钢筋焊接网普通混凝土路面

5.2.1 钢筋焊接网普通混凝土路面应符合下列规定：

1 有重载车辆通行的普通混凝土面板内应设置钢筋焊接网；

2 当混凝土面板厚度大于150mm时，钢筋焊接网应设在面板顶面下1/3厚度处；当混凝土面板厚150mm时宜设在板中位置；

3 普通混凝土面板的厚度大于240mm时，板长应为10m、钢筋直径应为8mm；当面板厚不大于240mm时，板长应为8m、钢筋直径应为6mm。焊接网规格应按本规程表C.0.1采用。

5.2.2 普通混凝土面板的板宽B应按车道宽度确定。焊接网边缘距纵缝和横缝的距离应为100mm，纵向边缘应增设直径14mm带肋钢筋补强（图5.2.2）。当采用焊接网时，搭接长度不应小于200mm。

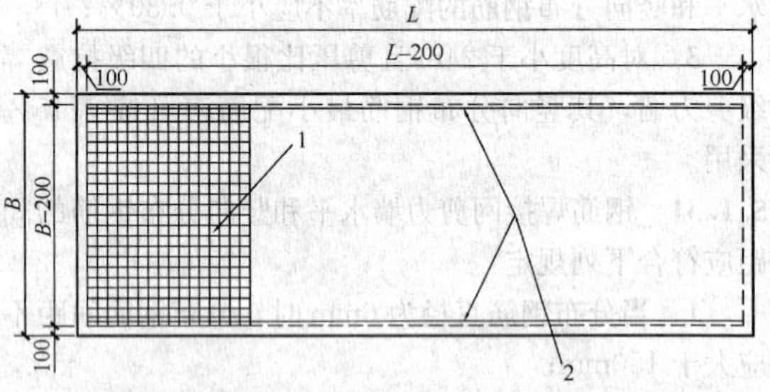

L
L–200
100
100
100
100
B
B–200
1
2

图5.2.2　钢筋焊接网和边缘补强钢筋示例

1—焊接网 $\phi6\sim\phi8$；2—边缘补强钢筋 $\phi14$

Ⅱ　连续配筋混凝土路面

5.2.3 连续配筋混凝土路面焊接网的构造应符合下列规定：

1 纵向钢筋最小配筋率应按表5.2.3采用；

表5.2.3　连续配筋混凝土面板最小配筋率（%）

影响因素	冰冻地区			非冰冻路面		
	一般面板	隧道路面	复合式下层	一般面板	隧道路面	复合式下层
配筋率	0.70	0.60	0.60(0.50)	0.60	0.50	0.50(0.40)

注：1　复合式面层中，沥青混凝土上面层厚度不小于90mm；

2　隧道内复合式下层配筋率采用括号内数值。

2 纵向钢筋间距宜为100mm～150mm，并不应小于骨料公称最大粒径的2.5倍。横向钢筋间距不宜大于500mm；

3 纵向钢筋应设在面板顶面下1/3厚度处；

4 焊接网应采用平搭法搭接，人工绑扎时搭接长度不应小于20d且不应小于200mm，单面焊接时搭接长度不宜小于10d，d为钢筋直径；

5 连续配筋混凝土路面焊接网常用规格应按本规程表C.0.2采用。

Ⅲ　面板接缝和补强

5.2.4 面板接缝设计应符合下列规定：

1 焊接网普通混凝土路面板块间应设置横向缩缝，缩缝切缝宽度宜为6mm～10mm，深度宜为1/3～1/4面板厚度，应采用专用填缝料填充。

缩缝传力杆应设置在板厚中央，传力杆可采用直径 28mm 热轧圆钢。传力杆应设置在直径不小于 12mm 钢筋焊制的支架上，并应保持与道路中线平行位置（图 5.2.4-1）。

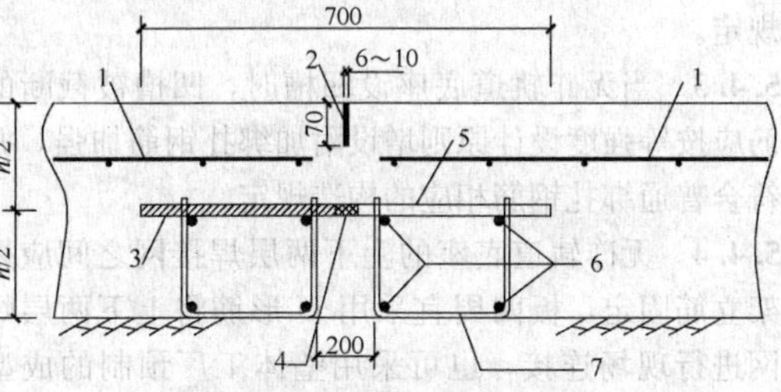

700
6～10
70
h/2
h
200
1
2
3
4
5
6
7

图 5.2.4-1　横向缩缝构造图

1—钢筋焊接网；2—填缝料；3—沥青材料裹敷；4—防锈漆；5—传力杆 $\phi28\times700$；6—横向钢筋 $\phi12$；7—传力杆支架 $\phi12$@300

2　配筋混凝土路面与桥梁、构筑物及其他道路相接时横向应设置胀缝，胀缝的条数应根据膨胀量确定。胀缝宽宜为 20mm～25mm，应采用软木类板及填缝料填充，顶部 30mm～40mm 深度内应填充专用填缝料。

胀缝传力杆应设置在板厚中央，传力杆可采用直径 32mm 热轧圆钢。传力杆应设置在直径不小于 12mm 钢筋焊制的支架上，并应保持与道路中线平行位置（图 5.2.4-2）。

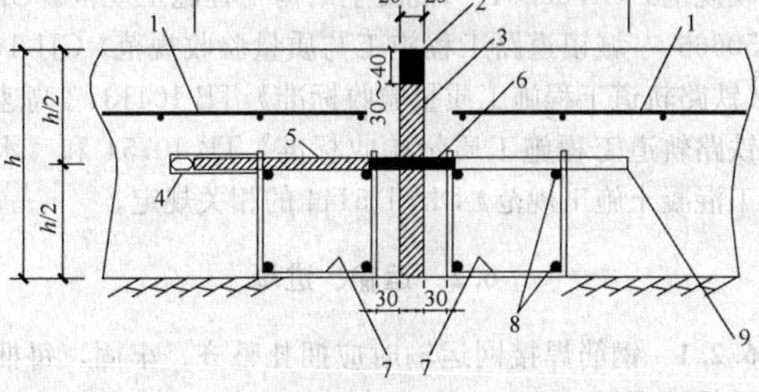

700
20～25
30～40
h/2
h
30
30
1
2
3
4
5
6
7
8
9

图 5.2.4-2　胀缝构造图

1—钢筋焊接网；2—注入填缝料；3—接缝料；4—空隙；5—沥青涂布；6—防锈涂料；7—传力杆支架 $\phi12$@300；8—横向钢筋 $\phi12$；9—传力杆 $\phi32\times700$

5.2.5　连续配筋混凝土路面工作缝应为平接缝，接缝处的纵向钢筋应采用 1000mm 长等直径钢筋并筋补强。

5.2.6　当配筋混凝土路面下部有构筑物、路基填挖交界等路段，面板下部距底面 50mm 位置应增设一层焊接网，并应在适当位置增设缩缝。

Ⅳ　路面过渡段

5.2.7　混凝土路面与沥青路面相接时，应设置长度不小于 3m 的过渡段。过渡段的路面宜采用两种路面呈阶梯状叠加布置，钢筋焊接网应延伸到变厚度混凝土过渡板中，混凝土过渡板端部厚度不得小于 150mm（图 5.2.7）。

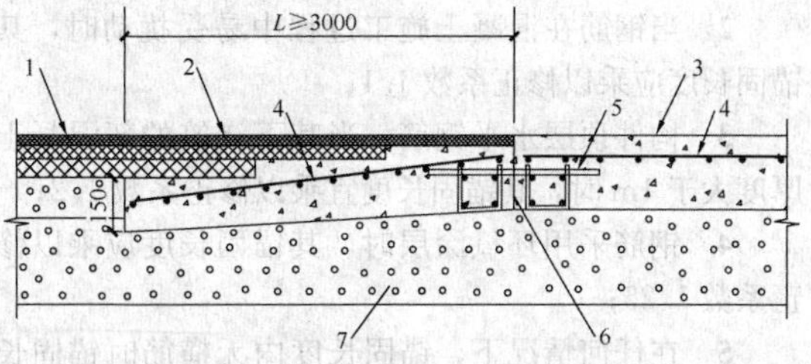

L≥3000
50
1
2
3
4
5
6
7

图 5.2.7　混凝土路面与沥青路面相接段构造图

1—沥青路面；2—过渡段；3—混凝土路面；4—钢筋焊接网；5—拉杆@400；6—横平接缝或纵向自由边；7—基层

Ⅴ　桥面和隧道衬砌

5.2.8　桥面水泥混凝土铺装层内，均应采用带肋钢筋焊接网。桥面焊接网常用规格应按本规程表 C.0.3 采用。

5.2.9　水泥混凝土桥面或整平层中的带肋钢筋焊接网，应设置在水泥混凝土铺装层中部，并应布满全桥面。焊接网的搭接长度不应小于 200mm，焊接网除由锚固钢筋定位外，搭接部位应采用人工绑扎固定。

5.2.10　桥台、挡土墙及市政工程其他构筑物的分布钢筋和防收缩钢筋采用焊接网，其构造应符合国家现行标准《建筑地基基础设计规范》GB 50007、《城市桥梁设计规范》CJJ 11 和《公路水泥混凝土路面设计规范》JTG D40 的有关规定。

5.2.11　隧道衬砌配筋采用焊接网时，可根据围岩类别按现行行业标准《公路隧道设计规范》JTG D70 确定焊接网规格。锚喷支护焊接网钢筋间距宜为 150mm～300mm，直径宜为 5mm～10mm。

5.3　水 工 结 构

5.3.1　钢筋焊接网用于混凝土输水渠道、水池等构筑物中的受力或分布钢筋，其保护层厚度等构造要求应符合现行行业标准《水工混凝土结构设计规范》SL 191 和《水工混凝土结构设计规范》DL/T 5057 的有关规定。

5.3.2　焊接网伸入支座的锚固长度 l_a 不应小于表 5.3.2 规定的数值，并应符合下列规定：

表 5.3.2　纵向受拉带肋钢筋焊接网锚固长度 l_a（mm）

钢筋焊接网类型		混凝土强度等级				
		C20	C25	C30	C35	≥C40
CRB550、CRB600H HRB400、HRBF400 钢筋焊接网	锚固长度内无横筋	50d	40d	35d	35d	30d
	锚固长度内有横筋	38d	30d	27d	27d	23d

注：本表适用于钢筋直径不大于 18mm，表中 d 为钢筋公称直径。

1 受压钢筋的锚固长度不应小于表 5.3.2 规定数值的 0.7 倍；

2 当钢筋在混凝土施工过程中易受扰动时，其锚固长度应乘以修正系数 1.1；

3 构件顶层水平钢筋，当其下浇筑的新混凝土厚度大于 1m 时，其锚固长度宜乘以修正系数 1.2；

4 钢筋采用环氧涂层时，其锚固长度应乘以修正系数 1.25；

5 在任何情况下，锚固长度内无横筋时锚固长度不应小于 250mm，锚固长度内有横筋时锚固长度不应小于 200mm。

5.3.3 带肋钢筋焊接网在受拉方向的搭接应符合下列规定：

1 当采用叠搭法或扣搭法时，搭接长度不应小于本规程第 5.3.2 条规定的锚固长度 l_a 的 1.3 倍，且不应小于 200mm；

2 当采用平搭法时，搭接长度应按本规程第 5.3.2 条中锚固长度内无横筋时规定的锚固长度 l_a 的 1.3 倍，且不应小于 300mm。

5.3.4 焊接网在输水渠道、水池、隧道等水工建筑物中侧壁与板转角处的构造应符合下列规定：

1 侧壁及板的焊接网无法弯折时，可采用现场绑扎的 L 形附加钢筋或 L 形附加焊接弯网连接（图 5.3.4a）。附加钢筋的直径应采用侧壁和板钢筋中的较大值，附加钢筋搭接长度应符合本规程第 5.3.3 条规定。

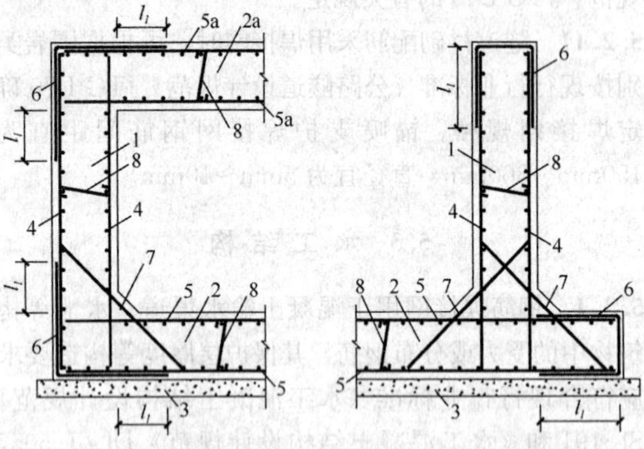

5a
2a
6
8
1
4
7
5
2
3

(a) 侧壁与板转角处的构造　　(b) 侧壁与底板的连接

图 5.3.4　钢筋焊接网侧壁的构造

1—侧壁；2—底板；2a—顶板；3—垫层；4—侧壁焊接网；5—底板焊接网；5a—顶板焊接网；6—L 或 U 形筋或焊接网；7—斜向插筋或焊接网；8—拉钩

2 侧壁及底板的焊接网无法弯折时，可采用现场绑扎的 U 形附加钢筋连接（图 5.3.4b）。附加钢筋的直径应采用侧壁和板钢筋中的较大值，附加钢筋搭接长度应符合本规程第 5.3.3 条的规定。

5.4 铁路无砟轨道底座及桥面铺装层

5.4.1 无砟轨道底座的焊接网宜按底座的结构类型布置，桥面保护层及垫层宜按梁型分别布置。

5.4.2 无砟轨道底座的横向钢筋不应设置搭接，桥面保护层的横向钢筋不宜设置搭接。纵向钢筋宜采用平搭法，搭接长度应符合本规程第 5.1.7 条的有关规定。

5.4.3 当无砟轨道底座设凹槽时，凹槽被截断的钢筋应按等强度设计原则增设附加绑扎钢筋加强，并应符合普通绑扎钢筋相应的构造规定。

5.4.4 无砟轨道底座的上下两层焊接网之间应采用架立筋固定，板四周宜采用 U 形筋将上下两层焊接网进行现场连接，也可采用整体工厂预制的成型钢筋笼。

5.4.5 铁路中双块式轨枕配筋可采用焊接钢筋桁架，可按本规程附录 B 的有关规定执行。

6 施工及验收

6.1 一 般 规 定

6.1.1 钢筋焊接网应采用专门的焊接网设备、全部交叉点均用电阻点焊生产。

6.1.2 当钢筋焊接网的牌号或规格需作变更时，应办理设计变更文件。

6.1.3 钢筋焊接网的施工及验收除应符合本规程外，尚应符合国家现行标准《混凝土结构工程施工质量验收规范》GB 50204、《混凝土结构工程施工规范》GB 50666、《城镇道路工程施工与质量验收规范》CJJ 1、《铁路轨道工程施工质量验收标准》TB 10413、《高速铁路轨道工程施工质量验收标准》TB 10754 和《水工混凝土施工规范》DL/T 5144 的相关规定。

6.2 运输、进场

6.2.1 钢筋焊接网运输时应捆扎整齐、牢固，每捆重量不宜超过 2t。

6.2.2 具有翻网设备的焊接网生产厂，宜采用正反扣形式打捆运输。

6.2.3 进场的钢筋焊接网宜按施工要求堆放，并应有明显的标志。

6.3 安　　装

6.3.1 对两端需插入梁内锚固的焊接网，当钢筋直径较细时，可先后将两端插入梁内锚固；当焊接网不能自然弯曲时，可将焊接网的一端少焊（1～2）根横向钢筋，插入后可采用绑扎方法补足所减少的横向钢筋。

6.3.2 钢筋焊接网的搭接、构造，应符合本规程第 5 章的有关规定。两张焊接网搭接时，应绑扎固定，且绑扎点的间距不应超过 600mm。在梁顶搭接或锚固的面网钢筋宜绑扎于梁的纵向钢筋上。当双向板底网或面网采用本规程第 5.1.23 条规定的双层配筋时，两层网间宜绑扎定位，每 $2m^2$ 不宜少于 1 个绑扎点。

6.3.3 钢筋焊接网安装时，下部焊接网应设置与保护层厚度相当的定位件；板的上部焊接网在端头可不设弯钩，应在接近短向钢筋两端，沿长向钢筋方向每隔 600mm～900mm 设一钢筋支架（图 6.3.3）。

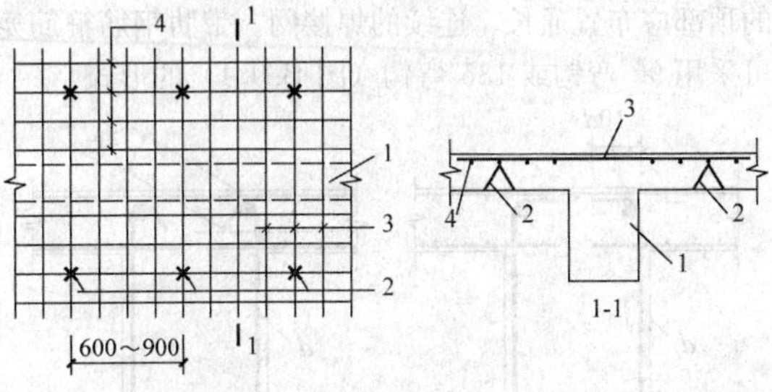

4
1
1
3
2
600～900
1
3
4
2
2
1
1-1

图 6.3.3 上部钢筋焊接网的支架

1—梁；2—支架；3—短向钢筋；4—长向钢筋

6.3.4 根据水泥混凝土浇筑工艺，配筋水泥混凝土路面中钢筋焊接网设置宜采用下列两种方法：

1 当路面混凝土分层浇筑时，钢筋焊接网可直接在已振捣、粗平后的下层 2/3 路面混凝土上拼接，平搭搭接长度应为 200mm，并应采用人工绑扎固定。

2 当路面混凝土一次浇筑时，需先在下承基层上设置焊接网支架或表面安设直径 10mm～12mm 锚固架立钢筋，孔距应为 1000mm，孔径应为锚固筋直径加 2mm，应吹净孔内残物后灌入少量环氧树脂或水泥砂浆，插入锚固架立钢筋，48h 后架设钢筋焊接网，焊接网应与锚固架立钢筋顶部焊接定位。

6.3.5 水泥混凝土桥面及整平层中采用工厂化生产的带肋钢筋焊接网时，现场拼接施工顺序应符合下列规定：

1 扫除或冲洗梁板或整平层表面杂物；

2 底面钻孔时，孔径较锚固架立筋直径宜增加 2mm，孔深 30mm，板边孔距 700mm，板中部孔距 1000mm；

3 孔内灌入少量环氧树脂或水泥砂浆；

4 立即安设锚固架立钢筋，锚固筋常用直径 10mm 带肋钢筋，长度为 1/2 水泥混凝土铺装层厚度加 30mm；锚固筋数量为（4～6）根/m^2；

5 锚固筋固结 48h 后铺设钢筋焊接网，并与锚固筋顶部焊接定位。

6.4 检查、验收

6.4.1 钢筋焊接网的现场检查验收应符合下列规定：

1 钢筋焊接网应按批验收，每批应由同一厂家、同一原材料来源、同一生产设备并在同一连续时段内生产的、受力主筋为同一直径的焊接网组成，重量不应大于 30t；同时应检查焊接网所用材料的产品合格证及检验报告；

2 每批焊接网应抽取 5%，且不应少于 3 张，并应按本规程附录 D 的规定进行外观质量和几何尺寸的检验；

3 对钢筋焊接网应从每批中随机抽取一张，进行重量偏差检验，冷拔光面钢筋焊接网尚应按本规程附录 D 的要求进行钢筋直径偏差检验；

4 钢筋焊接网的屈服强度、抗拉强度、伸长率、弯曲及抗剪试验应符合本规程附录 E 的规定。

6.4.2 钢筋焊接网宜按实际重量交货。当焊接网质量确有保证时，也可按理论重量交货。钢筋焊接网的实际重量与理论重量的允许偏差为±4%。

6.4.3 钢筋焊接网的技术性能要求应符合本规程附录 E 的有关规定。

6.4.4 钢筋焊接网搭接长度的允许偏差为＋30mm。对墙和板，应按有代表性的自然间抽查 10%，且不应少于 3 间。

附录 A 定型钢筋焊接网型号

表 A 定型钢筋焊接网型号

焊接网代号	纵向钢筋			横向钢筋			重量 (kg/m^2)
	公称直径 (mm)	间距 (mm)	每延米面积 (mm^2/m)	公称直径 (mm)	间距 (mm)	每延米面积 (mm^2/m)	
A18	18		1273	12		566	14.43
A16	16		1006	12		566	12.34
A14	14		770	12		566	10.49
A12	12		566	12		566	8.88
A11	11		475	11		475	7.46
A10	10	200	393	10	200	393	6.16
A9	9		318	9		318	4.99
A8	8		252	8		252	3.95
A7	7		193	7		193	3.02
A6	6		142	6		142	2.22
A5	5		98	5		98	1.54
B18	18		2545	12		393	23.07
B16	16		2011	10		393	18.89
B14	14		1539	10		393	15.19
B12	12		1131	8		252	10.90
B11	11		950	8		252	9.43
B10	10	100	785	8	200	252	8.14
B9	9		635	8		252	6.97
B8	8		503	8		252	5.93
B7	7		385	7		193	4.53
B6	6		283	7		193	3.73
B5	5		196	7		193	3.05

续表 A

焊接网代号	纵向钢筋			横向钢筋			重量 (kg/m²)
	公称直径 (mm)	间距 (mm)	每延米面积 (mm²/m)	公称直径 (mm)	间距 (mm)	每延米面积 (mm²/m)	
C18	18		1697	12		566	17.77
C16	16		1341	12		566	14.98
C14	14		1027	12		566	12.51
C12	12		754	12		566	10.36
C11	11		634	11		475	8.70
C10	10	150	523	10	200	393	7.19
C9	9		423	9		318	5.82
C8	8		335	8		252	4.61
C7	7		257	7		193	3.53
C6	6		189	6		142	2.60
C5	5		131	5		98	1.80
D18	18		2545	12		1131	28.86
D16	16		2011	12		1131	24.68
D14	14		1539	12		1131	20.98
D12	12		1131	12		1131	17.75
D11	11		950	11		950	14.92
D10	10	100	785	10	100	785	12.33
D9	9		635	9		635	9.98
D8	8		503	8		503	7.90
D7	7		385	7		385	6.04
D6	6		283	6		283	4.44
D5	5		196	5		196	3.08
E18	18		1697	12		1131	19.25
E16	16		1341	12		754	16.46
E14	14		1027	12		754	13.99
E12	12		754	12		754	11.84
E11	11		634	11		634	9.95
E10	10	150	523	10	150	523	8.22
E9	9		423	9		423	6.66
E8	8		335	8		335	5.26
E7	7		257	7		257	4.03
E6	6		189	6		189	2.96
E5	5		131	5		131	2.05
F18	18		2545	12		754	25.90
F16	16		2011	12		754	21.70
F14	14		1539	12		754	18.00
F12	12		1131	12		754	14.80
F11	11		950	11		634	12.43
F10	10	100	785	10	150	523	10.28
F9	9		635	9		423	8.32
F8	8		503	8		335	6.58
F7	7		385	7		257	5.03
F6	6		283	6		189	3.70
F5	5		196	5		131	2.57

注：1 表中焊接网的重量（kg/m²），是根据纵、横向钢筋按表中的间距均匀布置时，计算的理论重量，未考虑焊接网端部钢筋伸出长度的影响；

2 公称直径 14mm、16mm 和 18mm 的钢筋仅为热轧带肋钢筋。

附录 B 焊接钢筋骨架的技术要求

B.0.1 除边梁外，整体现浇梁板结构中的梁，当采用 U 形开口焊接箍筋笼时，应符合本规程第 5.1.37 条的相应规定，且箍筋宜靠近构件周边位置，开口箍的顶部应布置通长、连续的焊接网。带肋钢筋箍筋笼可采用 90°弯钩或 135°弯钩（图 B.0.1）的形式。

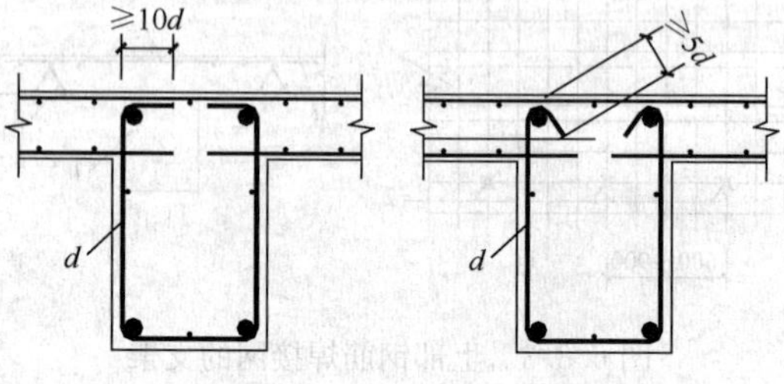

≥10d
≥5d
d
d

(a) 90° 弯钩　　(b) 135° 弯钩

图 B.0.1　U 形开口箍筋笼

B.0.2 焊接钢筋桁架（图 B.0.2）的上下弦钢筋可采用 CRB550、CRB600H 或 HRB400 钢筋。腹杆可采用抗拉强度不小于 550N/mm² 的光面或带肋钢筋。钢筋桁架焊点的抗剪力不应小于腹杆钢筋规定屈服力值的 0.6 倍。

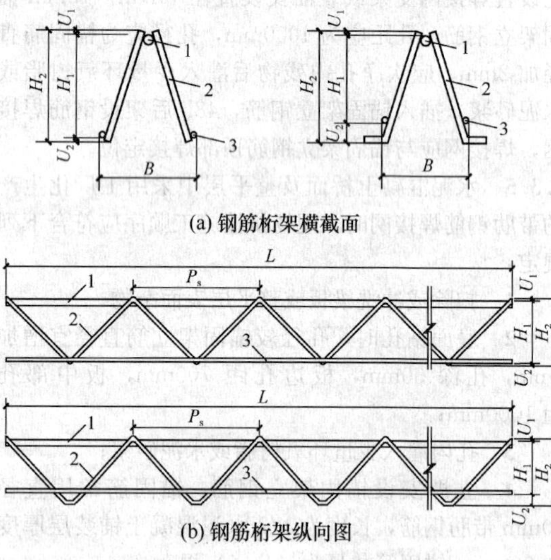

U1
H2
H1
U2
B
1
2
3
L
Ps

(a) 钢筋桁架横截面

(b) 钢筋桁架纵向图

图 B.0.2　焊接钢筋桁架

1—上弦钢筋；2—腹杆钢筋；3—下弦钢筋；U_1 —上伸出长度；U_2 —下伸出长度；L—桁架长度；B—设计宽度；H_1 —设计高度；H_2 —总高度；P_s —节点间距

B.0.3 当焊接钢筋桁架用作高速铁路中双块式轨枕配筋，或用作预制叠合楼板或叠合板式混凝土剪力墙的配筋时，焊接钢筋桁架应符合下列规定：

1 焊接钢筋桁架的长度宜为 2m～14m，高度宜为 70mm～270mm，宽度宜为 60mm～110mm；

2 上下弦杆钢筋应采用 CRB550、HRB400 钢

筋，腹杆也可采用CPB550钢筋；

3 上下弦钢筋直径宜为5mm～16mm；腹杆钢筋直径宜为5mm～9mm；

4 钢筋桁架的实际重量与理论重量的允许偏差为±4%。

附录C 路面及桥面铺装钢筋焊接网常用规格

C.0.1 普通水泥混凝土路面钢筋焊接网常用规格应按表C.0.1采用。

表C.0.1 普通水泥混凝土路面钢筋焊接网规格

路面厚度（mm）	钢筋间距（mm）	带肋钢筋直径（mm）	理论重量（kg/m^2）
≤240	150×150	6	2.96
>240	150×150	8	5.26

C.0.2 连续配筋水泥混凝土路面钢筋焊接网常用规格应按表C.0.2采用。

表C.0.2 连续配筋水泥混凝土路面钢筋焊接网规格

路面厚度（mm）	配筋率（%）	纵向带肋钢筋		横向带肋钢筋	
		直径（mm）	间距（mm）	直径（mm）	间距（mm）
200	0.5	14	150	12	500
	0.6	14	130	12	500
	0.7	14	110	12	500
220	0.5	14	140	12	500
	0.6	14	120	12	500
	0.7	14	100	12	500
240	0.5	16	160	14	500
	0.6	16	140	14	500
	0.7	16	120	14	500
260	0.5	16	150	14	500
	0.6	16	130	14	500
	0.7	16	110	14	500

注：在保证配筋率及合理间距的情况下，钢筋直径可做等面积代换。

C.0.3 桥面带肋钢筋焊接网常用规格应按表C.0.3采用。

表C.0.3 桥面带肋钢筋焊接网常用规格

荷载等级	铺装层类型	钢筋间距（mm）	钢筋直径（mm）	理论重量（kg/m^2）
城—A级 公路—Ⅰ级	沥青面层下整平层	150×150	8～10	5.26～8.22
	水泥混凝土桥面	100×100	10	12.33
城—B级 公路—Ⅱ级	沥青面层下整平层	150×150	6～8	2.96～5.26
	水泥混凝土桥面	100×100	10	12.33

注：1 整平层厚度大于100mm时，焊接网钢筋直径选用较大值；

2 焊接网中纵筋位置应在上面。

附录D 钢筋焊接网的质量要求

D.0.1 焊接网外观质量检查应符合下列规定：

1 焊接网交叉点开焊数量不应超过整张焊接网交叉点总数的1%。且任一根钢筋上开焊点数不得超过该根钢筋上交叉点总数的50%。焊接网最外边钢筋上的交叉点不应开焊。

2 焊接网表面不得有影响使用的缺陷，可允许有毛刺、表面浮锈和因调直造成的钢筋表面轻微损伤，对因取样产生的钢筋局部空缺必须采用相应的钢筋补上。

D.0.2 焊接网几何尺寸的允许偏差应符合表D.0.2的规定，且在一张焊接网中纵横向钢筋的根数应符合设计要求。

表D.0.2 焊接网几何尺寸允许偏差

项目	允许偏差
焊接网的长度、宽度（mm）	±25
网格的长度、宽度（mm）	±10
对角线差（%）	±0.5

注：对角线差系指焊接网最外边两个对角焊点连线之差。

D.0.3 冷轧带肋钢筋焊接网中钢筋表面形状及尺寸允许偏差应符合现行国家标准《冷轧带肋钢筋》GB 13788的有关规定；热轧带肋钢筋焊接网中钢筋表面形状及尺寸允许偏差应符合现行国家标准《钢筋混凝土用钢 第2部分：热轧带肋钢筋》GB 1499.2的有关规定；冷拔光面钢筋焊接网中钢筋直径的允许偏差应符合表D.0.3的规定。

表D.0.3 冷拔光面钢筋焊接网的钢筋直径允许偏差（mm）

钢筋公称直径（d）	≤5	$5<d<10$	≥10
允许偏差	±0.10	±0.15	±0.20

附录E 钢筋焊接网的技术性能要求

E.0.1 焊接网的技术性能指标应符合现行国家标准《钢筋混凝土用钢 第3部分：钢筋焊接网》GB/T 1499.3的有关规定。

E.0.2 制作冷拔光面钢筋的热轧盘条应采用符合现行国家标准《低碳钢热轧圆盘条》GB/T 701生产的Q215、Q235盘条，或符合现行国家标准《钢筋混凝土用钢 第1部分：热轧光圆钢筋》GB 1499.1生产的以盘卷供货的HPB300热轧光圆钢筋。

E.0.3 冷拔光面钢筋的力学性能及工艺性能应符合表E.0.3的规定。

表 E.0.3　冷拔光面钢筋力学性能和工艺性能

钢筋种类	屈服强度（N/mm²）	抗拉强度（N/mm²）	伸长率 δ_{10}（%）	弯曲试验 180°
CPB550	≥500	≥550	≥5.0	$D=3d$

注：D 为弯芯直径，d 为钢筋公称直径。

E.0.4　每批焊接网中应随机抽取一张焊接网，在纵横向钢筋上各截取 2 根试样，分别进行强度、伸长率和弯曲试验。每个试样应含有不少于一个焊接点，试样长度应保证夹具之间的距离不小于 20 倍试样直径，且不应小于 180mm。对于并筋，非受拉的一根钢筋应在离交叉焊点约 20mm 处切断（图 E.0.4）。

焊接网的拉伸、弯曲试验结果如不合格，则应从该批焊接网的同一型号焊接网中抽取双倍试样进行不合格项目的检验，复验结果全部合格时，该批焊接网方可判定为合格，否则应判定为不合格。

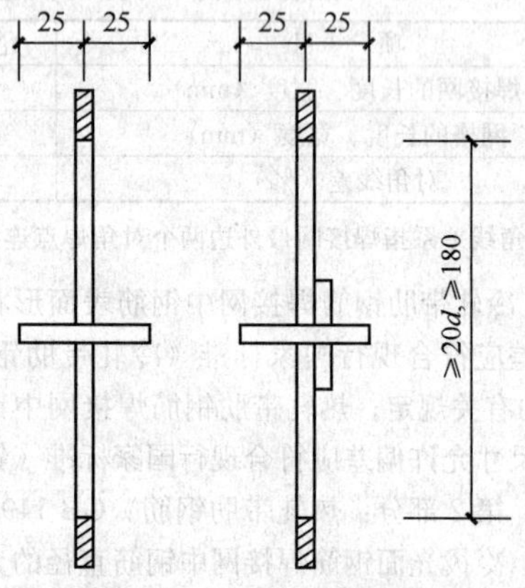
25
25
25
25
≥20d,≥180

(a) 单筋试样　　(b) 并筋试样

图 E.0.4　焊接网拉伸试样

E.0.5　每批焊接网中应随机抽取一张焊接网，在同一根非受拉钢筋上随机截取 3 个抗剪试样（图 E.0.5）。当并筋时，不受拉的一根钢筋应在交叉焊点处截断，但不应损伤受拉钢筋焊点。

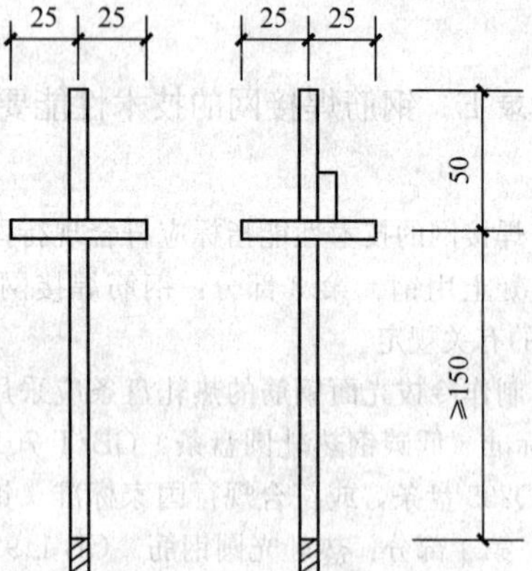
25
25
25
25
50
≥150

(a) 单筋试样　　(b) 并筋试样

图 E.0.5　焊接网抗剪试样

钢筋焊接网焊点的抗剪力不应小于试样受拉钢筋规定屈服力值的 0.3 倍。抗剪力的试验结果应按三个试样的平均值计算。

焊接网抗剪试验结果平均值如不合格时，则应从该批焊接网的同一型号焊接网中抽取双倍试样进行复检，当复验结果平均值合格时，该批焊接网方可判定为合格。否则，应判定为不合格。

E.0.6　单向焊接网的焊点抗剪力要求可按本规程第 E.0.5 条的规定值乘以 0.6 系数后采用。

本规程用词说明

1　为便于在执行本规程条文时区别对待，对要求严格程度不同的用词说明如下：

1）表示很严格，非这样做不可的：
正面词采用“必须”，反面词采用“严禁”；

2）表示严格，在正常情况下均应这样做的：
正面词采用“应”，反面词采用“不应”或“不得”；

3）表示允许稍有选择，在条件许可时首先这样做的：
正面词采用“宜”，反面词采用“不宜”；

4）表示有选择，在一定条件下可以这样做的，采用“可”。

2　条文中指明应按其他有关标准执行的写法为：“应符合……的规定”或“应按……执行”。

引用标准名录

1《建筑地基基础设计规范》GB 50007

2《建筑结构荷载规范》GB 50009

3《混凝土结构设计规范》GB 50010

4《建筑抗震设计规范》GB 50011

5《混凝土结构工程施工质量验收规范》GB 50204

6《混凝土结构工程施工规范》GB 50666

7《低碳钢热轧圆盘条》GB/T 701

8《钢筋混凝土用钢　第 1 部分：热轧光圆钢筋》GB 1499.1

9《钢筋混凝土用钢　第 2 部分：热轧带肋钢筋》GB 1499.2

10《钢筋混凝土用钢　第 3 部分：钢筋焊接网》GB/T 1499.3

11《冷轧带肋钢筋》GB 13788

12《城镇道路工程施工与质量验收规范》CJJ 1

13《城市桥梁设计规范》CJJ 11

14《城镇道路路面设计规范》CJJ 169

15《水工混凝土结构设计规范》DL/T 5057

16《水工混凝土施工规范》DL/T 5144

17 《公路水泥混凝土路面设计规范》JTG D40
18 《公路钢筋混凝土及预应力混凝土桥涵设计规范》JTG D62
19 《公路隧道设计规范》JTG D70
20 《水工混凝土结构设计规范》SL 191
21 《铁路桥涵钢筋混凝土和预应力混凝土结构设计规范》TB 10002.3
22 《高速铁路设计规范》TB 10621
23 《铁路轨道设计规范》TB 10082
24 《铁路轨道工程施工质量验收标准》TB 10413
25 《高速铁路轨道工程施工质量验收标准》TB 10754

中华人民共和国行业标准

钢筋焊接网混凝土结构技术规程

JGJ 114—2014

条 文 说 明

修 订 说 明

《钢筋焊接网混凝土结构技术规程》JGJ 114-2014 经住房和城乡建设部 2014 年 2 月 10 日以 307 号公告批准、发布。

本规程是在《钢筋焊接网混凝土结构技术规程》JGJ 114-2003 的基础上修订而成的，上一版的主编单位是中国建筑科学研究院，参编单位是江苏省建筑科学研究院、北京市市政工程设计研究总院、星联钢网（深圳）有限公司、比亚西电焊钢网（上海）有限公司。主要起草人员是顾万黎、卢锡鸿、林振伦、王磊、张学军、包琦玮。

本规程修订过程中，编制组进行了广泛的调查研究，总结了我国钢筋焊接网混凝土结构工程的实践经验，同时参考了国外先进的技术标准。编制组组织许多单位进行了大量的构件和材性试验研究，为本次规程修订提供了很有价值的参考资料，使规程扩大了覆盖面，焊接网的钢筋品种增加，改进了设计和构造规定。

为便于广大设计、施工、科研、学校等单位有关人员在使用本规程时能正确理解和执行条文规定，《钢筋焊接网混凝土结构技术规程》编制组按章、节、条顺序编制了本规程的条文说明，对条文规定的目的、依据以及执行中需注意的有关事项进行了说明，还着重对强制性条文的强制性理由作了解释。但是，本条文说明不具备与规程正文同等的法律效力，仅供使用者作为理解和把握规程规定的参考。

目　次

1 总 则

1.0.1～1.0.3 本规程主要适用于工业与民用房屋、市政工程、公路桥梁、高速铁路、港工、水工及一般构筑物中采用冷轧带肋钢筋、高延性冷轧带肋钢筋或热轧带肋钢筋焊接网（或焊接钢筋骨架）配筋的板类构件、墙体、桥面铺装、路面、高速铁路预制箱梁顶部铺装层、双块式轨枕、轨道底座、梁柱的焊接箍筋笼、城市地铁衬砌、港口码头堆场等混凝土结构工程。

本规程所涉及的钢筋焊接网（或焊接钢筋骨架）系指在工厂制造、采用专门的焊接设备、符合有关标准规定、按一定设计要求采用电阻点焊工艺而制成的焊接网（或焊接钢筋骨架）。最近十年来，国内焊接网厂家和产量逐年增加，应用范围逐渐扩大，结构类型增多，有大量工程实践，提供了丰富的设计和施工经验。编制组又专门补充了有关的构件和材性试验，为规程修订提供试验依据。在编制过程中适当借鉴国外的有关标准、工程经验和科研成果。

此次修订扩大了规程覆盖面，在材料方面增加了高延性冷轧带肋钢筋、500MPa 级热轧带肋钢筋以及400MPa 和 500MPa 级的细晶粒热轧带肋钢筋焊接网。光面钢筋焊接网只应用于构造钢筋。增加了焊接网在普通配筋水泥混凝土路面和连续配筋混凝土路面的应用，修订了路面及桥面铺装焊接网常用规格表。为了减少焊接网型号、提高生产效率、降低成本，根据国内的工程经验，在说明中给出了建筑用和桥面用标准钢筋焊接网表，作为设计资料供厂家参考。

近些年，在水工结构中采用焊接网的工程日渐增多。在总长 8km 的输水渠道（包括底板与侧板）及总长 960m 的箱形截面（3.7m×3.4m）的排水暗渠（顶面有重型卡车及火车轨道横跨）中均采用了CRB550 级钢筋焊接网。在港口码头堆场和路面中大面积采用直径 10mm、间距 100mm～175mm 焊接网片，总用量在 1.6 万吨以上。某厂区总长为 2.2km、采用供水与电缆隧道合一的双孔箱形截面（7.0m×4.6m）的供水管廊中采用Φ^R 12 的 CRB550 级冷轧带肋钢筋焊接网。还有，在污水处理厂、储液池、河道护坡、船坞等工程中也得到部分应用。

到目前为止，我国采用的钢筋焊接网及焊接骨架（用于双块式轨枕）仍以 550MPa 级冷轧带肋钢筋为主。据不完全统计，到 21 世纪初，在我国南方地区热轧带肋钢筋焊接网应用在百余项的单体工程中，包括多层及高层住宅、厂房、地下车库等，应用部位主要为楼板、剪力墙及地坪。同时，在桥面铺装和堤坝中也有少量应用。

随着高层钢结构的发展，在国内部分城市的某些高层或超高层建筑中，采用压型钢板或钢筋桁架板作底模上铺钢筋焊接网现浇混凝土构成共同受力的组合楼板。

对于钢筋焊接网混凝土结构的技术要求，除应符合本规程的规定外，尚应符合国家现行有关标准的规定。

2 术语和符号

2.1 术 语

本节所列的术语，系考虑钢筋焊接网在民用与工业房屋建筑、路桥、高速铁路及构筑物中的应用情况，参照国家标准《钢筋混凝土用钢 第 3 部分：钢筋焊接网》GB/T 1499.3 及其他行业标准中的相关术语制定的。

2.2 符 号

本节所列的符号是按照现行国家标准《建筑结构设计术语和符号标准》GB/T 50083 制定的原则并参照《混凝土结构设计规范》GB 50010 采用的符号制定的。共分为四部分：作用和作用效应，材料性能，几何参数，计算系数。

3 材 料

3.1 钢筋焊接网

3.1.1 本规程所涉及的钢筋焊接网是指在工厂用专门的焊网设备制造，采用符合现行国家标准《钢筋混凝土用钢 第 3 部分：钢筋焊接网》GB/T 1499.3 规定的焊接网片。钢筋应符合现行国家标准《冷轧带肋钢筋》GB 13788 规定的 CRB550 冷轧带肋钢筋和符合现行行业标准《高延性冷轧带肋钢筋》YB/T 4260 规定的 CRB600H 高延性冷轧带肋钢筋以及符合现行国家标准《钢筋混凝土用钢 第 2 部分：热轧带肋钢筋》GB 1499.2 规定的 HRB400、HRBF400、HRB500 及 HRBF500 的热轧带肋钢筋。为了增加二面肋热轧钢筋的圆度，减少矫直难度，增加焊点强度，只要力学性能满足要求，宜采用无纵肋的热轧钢筋。

冷拔光面钢筋焊接网由于粘结锚固性能差，目前国内很少应用作受力主筋。在一些衬砌结构和厚混凝土保护层作为防裂构造钢筋以及在钢筋桁架腹杆中仍有部分应用。冷拔光面钢筋焊接网的技术性能应符合本规程附录 D 和附录 E 的规定。

根据国内已有工程实践，用于铁路无砟轨道底座及桥面铺装层中的焊接网，建议优先选用 CRB550 和 HRB400 钢筋。其他牌号钢筋，当有试验依据和工程经验基础上，可以应用。

3.1.2 本规程将钢筋焊接网主要分为定型焊接网和非定型焊接网两种。定型焊接网在网片的两个方向上钢筋的直径和间距可以不同，但在同一方向上的钢筋宜有相同的直径、间距和长度。网格尺寸为正方形或矩形，网片的长度和宽度可根据设备生产能力或由工程设计人员确定。考虑到工程中板、墙构件的各种可能配筋情况，本规程附录 A 仅根据直径和网格尺寸推荐了包括 11 种纵向钢筋直径和 6 种网格尺寸组合的定型钢筋焊接网见本规程附录 A 表 A。近些年，随着我国焊接网行业发展和工程应用经验积累，在上述定型焊接网基础上，借鉴欧洲一些国家应用标准焊接网的经验，经过优化筛选，结合我国实际情况，初步推荐了包括 5 种钢筋直径、10 种型号的建筑用标准钢筋焊接网（表 1），供参考。搭接形式可根据工程具体情况而定。搭接长度应按本规程第 5.1.7 条规定，混凝土的强度等级按 C30 考虑。

表 1　建筑用标准钢筋焊接网

序号	网片编号	网片型号		网片尺寸		伸出长度				单片焊接网		
		直径	间距	纵向	横向	纵向钢筋		横向钢筋		纵向钢筋根数	横向钢筋根数	重量
						u_1	u_2	u_3	u_4			
		(mm)	(mm)	(mm)	(mm)	(mm)	(mm)	(mm)	(mm)	(根)	(根)	(kg)
1	JW-1a	6	150	6000	2300	75	75	25	25	16	40	41.74
2	JW-1b	6	150	5950	2350	25	375	25	375	14	38	38.32
3	JW-2a	7	150	6000	2300	75	75	25	25	16	40	56.78
4	JW-2b	7	150	5950	2350	25	375	25	375	14	38	52.13
5	JW-3a	8	150	6000	2300	75	75	25	25	16	40	74.26
6	JW-3b	8	150	5950	2350	25	525	25	525	13	37	64.90
7	JW-4a	9	150	6000	2300	75	75	25	25	16	40	93.81
8	JW-4b	9	150	5950	2350	25	525	25	525	13	37	81.99
9	JW-5a	10	150	6000	2300	75	75	25	25	16	40	116.00
10	JW-5b	10	150	5950	2350	25	525	25	525	13	37	101.37

非定型焊接网一般根据具体工程情况，其网片形状、网格尺寸、钢筋直径等，应考虑加工方便、尽量减少型号、提高生产效率等因素，由焊网厂的布网设计人员确定。

3.1.3 在 2003 年版规程基础上，本次修订增加了高延性冷轧带肋钢筋、400MPa 级细晶粒钢筋及 500MPa 级热轧带肋钢筋，使焊接网用钢筋品种有所增加，并提高了强度等级。

焊接网钢筋的强度标准值应由钢筋屈服强度确定，用 f_{yk} 表示。对于无明显屈服点的冷轧带肋钢筋（或高延性冷轧带肋钢筋），屈服强度标准值相当于钢筋标准《冷轧带肋钢筋》GB 13788 或《高延性冷轧带肋钢筋》YB/T 4260 中的屈服强度值 $R_{p0.2}$。对于有明显屈服点的热轧带肋钢筋，屈服强度标准值相当于钢筋标准《钢筋混凝土用钢　第 2 部分：热轧带肋钢筋》GB 1499.2 中的屈服强度值 R_{eL}。

虽然直接从二面肋冷轧机中供应（不经过盘卷）的 CRB600H 直条钢筋有明显的屈服点，但在自动连续式的焊接网生产中，还会将钢筋先做成盘卷，然后连续矫直、切断，焊成网片，这时 CRB600H 钢筋又成为无明显屈服点的钢筋。在进行结构设计时，可能不清楚钢筋是否经过矫直；为使用方便，一般仍将 CRB600H 钢筋作为无明显屈服点钢筋使用，且偏于安全。

3.1.4 为了提高冷轧钢筋的性能，根据原材料的情况，冷轧带肋钢筋及高延性冷轧带肋钢筋直径在 5mm～12mm 范围内可采用 0.5mm 进级，这在国内外的焊接网工程中早有采用。从构件的耐久性考虑，直径 5mm 以下的钢筋不宜用作受力主筋。焊接网最大长度与宽度的规定，主要考虑焊网机的能力及运输条件的限制。焊接网沿制作方向的钢筋间距宜为 50mm 的整倍数，有时经供需双方商定也可采用其他间距（如 25mm 的整倍数）。制作方向的钢筋可采用两根并筋形式，在国外的焊接网中早已采用；与制作方向垂直的钢筋间距宜为 10mm 的整倍数，最小间距不宜小于 100mm，最大间距不宜超过 400mm。当双向板采用单向钢筋焊接网时，非受力钢筋间距不宜大于 1000mm。

各类钢筋的直径范围应按表 3.1.3 的规定选用。当有试验和实践依据时，可超出此直径范围。

3.1.5 钢筋的强度设计取值，涉及结构安全、使用性能以及经济性，一般作为强制性条文规定。2003 年版规程主要考虑国内各应用单位的测试技术条件，直接将冷轧带肋钢筋的抗拉强度 550 N/mm² 作为强度标准值，再除以材料分项系数 1.50 取整后得强度设计值 360 N/mm²。近些年，随国内生产企业轧制工艺水平的提高，在冷轧带肋钢筋产品标准《冷轧带肋钢筋》GB 13788 中明确给出了条件屈服强度值。因此，本规程将抗拉屈服强度 $R_{p0.2}$ 作为强度标准值。在此基础上，本次修订将无明显屈服点的冷轧带肋钢筋（包括高延性）的强度设计值定为强度标准值除以钢筋材料分项系数 γ_s，并适当取整后确定。这种做法与国外一些混凝土结构设计规范及我国《混凝土结构设计规范》GB 50010 的规定相一致。对于 CRB550 及 CRB600H 钢筋 γ_s 取 1.25，得强度设计值分别为 400 N/mm² 及 415 N/mm²。

表 2 为国外几个发达国家和国际组织标准以及我国标准对冷轧带肋钢筋强度取值的比较。国外冷轧带肋钢筋的材料分项系数为 1.15～1.20，强度设计值

一般不低于 415 N/mm² 。与国外相比，本规程的材料分项系数取 1.25 仍是偏于安全的。

表 2 冷轧带肋钢筋、高延性冷轧带肋钢筋的强度取值

国家及标准代号	欧洲规范 EN1992-1-1	德国 DIN1045-1	俄罗斯 СП52 101	中国 JGJ 95
标准年份	2004	2001	2003	2011
强度标准值（MPa）	500	500	500	500、520
材料分项系数（γ_s）	1.15	1.15	1.20	1.25
强度设计值（MPa）	435	435	415	400、415

热轧带肋钢筋强度设计值按现行国家标准《混凝土结构设计规范》GB 50010 的规定取值。对于 400 N/mm² 及 500 N/mm² 钢筋的材料分项系数 γ_s 分别取为 1.10 及 1.15。

CPB550 钢筋由于仅作为构造钢筋，其强度设计值仍按 360MPa 取用。

钢筋抗压强度设计值 f'_y 的取值原则仍以钢筋压应变 $\varepsilon_s=0.002$ 作为取值条件，并按 $f'_y=\varepsilon'_sE_s$ 和 $f'_y=f_y$ 两者的较小值确定。

3.1.6 根据冷轧带肋钢筋及高延性冷轧带肋钢筋总共 600 多个试件（直径 4mm～12mm）的试验结果，钢筋的弹性模量变化范围在（1.83～2.31）× 10⁵ N/mm² 之间，本规程取为 1.9× 10⁵ N/mm² 。

3.1.7 近些年，冷轧带肋钢筋焊接网在高速铁路等结构中得到较多应用。冷轧带肋钢筋焊接网的疲劳性能研究，在国外已有 40 多年历史。早在 1972 年德国的钢筋产品标准 DIN488 中对焊接网的疲劳性能指标就有所规定。在国外对焊接网疲劳性能的研究中，一般认为，当钢筋的最大应力不超过某值时，钢筋的应力循环次数主要与疲劳应力幅有关。例如，2001 年版德国钢筋混凝土结构设计规范（DIN1045-1）对冷轧和热轧带肋钢筋焊接网规定，当钢筋的上限应力不超过 $0.6f_y$（f_y 为屈服强度）时，钢筋焊接网 200 万次的疲劳应力幅限值取 100MPa。2004 年版欧洲混凝土结构设计规范（EN1992-1-1）中，对 A 级延性钢筋（对应本规程 CRB550 钢筋）以及 B 级和 C 级钢筋（相当我国 HRB400、HRB500 等）规定，当焊接网钢筋上限应力不超过 $0.6f_y$（对应 CRB550 钢筋相当 300MPa）时，焊接网钢筋 200 万次疲劳应力幅限值定为 100MPa。国内对冷轧带肋、高延性冷轧带肋以及 HRB400 钢筋焊接网的疲劳试验结果表明，当钢筋的疲劳应力比不低于 0.2，根据 $S-N$ 曲线回归，并取 95%保证率，满足 200 万次循环时，焊接网钢筋的疲劳应力幅远超过 100MPa。

根据国外的有关标准规定和国内外大量试验结果，冷轧带肋钢筋焊接网可用于承受疲劳荷载构件。为稳妥起见，本规程规定仅限用于板类构件，当钢筋最大应力不超过 300MPa 时，满足 200 万次循环的情况下，冷轧带肋（包括高延性和 HRB400）钢筋焊接网疲劳应力幅限值取为 100MPa 是安全可靠的。

3.2 混 凝 土

3.2.1～3.2.3 根据钢筋焊接网混凝土结构在国内的实际应用情况，规定了混凝土强度等级的最低要求，工程设计时尚应考虑混凝土耐久性设计要求以及不同类型工程结构的使用特点，按照相应的设计规范要求以确定混凝土的强度等级。并依据不同的工程类型按有关的不同行业标准确定混凝土的各项力学指标。

4 设 计 计 算

4.1 一 般 规 定

4.1.1、4.1.2 钢筋焊接网混凝土结构设计时，其直接荷载作用取值、地震荷载作用取值、基本设计规定、设计方法以及构件的抗震设计、耐久性设计等，基本上与配置其他钢筋的混凝土结构相同，有关的设计规定除应符合本规程的要求外，尚应符合国家现行相关标准的有关规定。

4.1.3、4.1.4 钢筋焊接网混凝土受弯构件，在正常使用极限状态下的变形和裂缝宽度验算，参照混凝土结构设计规范的规定，采用按荷载的准永久组合并应考虑荷载长期作用的影响进行计算，这与本规程 2003 年版按荷载效应标准组合并考虑长期作用影响的规定有较大不同。

4.1.6 根据国内几个单位对二跨连续板和两跨连续梁的试验结果，冷轧带肋钢筋混凝土连续板在中间支座截面和跨中截面均具有较明显的内力重分布现象。虽然由于冷加工钢筋多为无明显屈服台阶的“硬钢”，不能达到充分的内力重分布，但可进行有限的线弹性内力重分布。欧洲规范 EN19921-1 规定：对于 A 级延性的冷加工钢筋（相当我国 CRB550），当混凝土的强度等级（f_{ck}）不超过 50MPa、截面的相对受压区高度不大于 0.288 时，可进行不超过 20%的弯矩重分配；对于 B 类和 C 类热轧钢筋（大约相当我国 HRB400、HRB500 等）可进行不超过 30%的内力重分布。德国规范 DIN1045-1 规定：对于普通延性的冷加工钢筋，当混凝土强度等级（f_{ck}）不超过 50MPa 时，可采用不超过 15%的弯矩重分布；对于高延性热轧钢筋可采用不超过 30%的内力重分配。我国《混凝土结构设计规范》GB 50010 规定，钢筋混凝土板的负弯矩调幅幅度不宜大于 20%。

参考国外的有关标准规定及国内试验结果，结合连续板在正常使用阶段裂缝宽度的限制条件以及考虑焊接网钢筋强度设计值的提高等因素，对于不直接承受动力荷载及不处于三 a、三 b 类环境下的冷轧带肋钢筋焊接网混凝土连续板，规定其支座弯矩调幅值不应大于按弹性体系计算值的 15%，对热轧带肋钢筋焊接网混凝土连续板，规定其值不应大于 20%。

4.2 承载力计算

4.2.1 钢筋焊接网配筋的混凝土受弯构件基本试验表明，构件的正截面应变规律基本符合平截面假定、压区混凝土应力—应变及拉区焊接网钢筋的应力—应变规律与普通钢筋混凝土构件相同。在进行构件的正截面承载力计算时可采用现行国家标准《混凝土结构设计规范》GB 50010 的计算方法。

4.2.2 在正截面承载力计算中，有时遇到钢筋代换，为简化计算，在求相对界限受压区高度 ξ_b 时，将《混凝土结构设计规范》GB 50010－2010 中公式（6.2.7-1）及公式（6.2.7-2）中的 f_y 以各钢种相应的强度设计值代入，弹性模量也以相应值代入，并取 $\varepsilon_{cu}=0.0033$、$\beta_1=0.8$，当混凝土强度等级不超过 C50 时，对 CRB550 及 CRB600H 焊接网配筋构件，取 $\xi_b=0.36$；对 HRB400、HRBF400，取 $\xi_b=0.52$；对 HRB500、HRBF500，取 $\xi_b=0.48$。

4.2.4 焊接网配筋的混凝土结构受弯构件，包括不配置箍筋和弯起钢筋的一般板类受弯构件和包括仅配置箍筋的矩形、T 形和 I 形截面的一般受弯构件的两种情况：

1 不配置箍筋和弯起钢筋的一般焊接网板类构件，主要指受均布荷载作用的单向板或双向板，其斜截面受剪承载力计算及有关构造要求等，应符合《混凝土结构设计规范》GB 50010 的有关规定。

2 封闭式或开口式焊接箍筋笼以及单片焊接网作为梁的受剪箍筋有些国外标准规范中已正式列入，实际应用有较长时间。试验表明，当箍筋笼的构造满足规定要求，控制合理的使用范围，其抗剪性能是有保证的。本规程附录 B 对焊接箍筋笼和焊接钢筋桁架作了具体规定。

3 根据国内多个单位对冷轧带肋箍筋梁的抗剪性能试验表明，用变形钢筋作箍筋，对斜裂缝的控制作用明显优于光面钢筋，试件破坏时箍筋可达到较高应力，其高强作用在抗剪强度计算时可以得到发挥，在正常使用阶段可提高箍筋的应力水平。当箍筋的设计强度取值不大于 360MPa 时，其斜截面的裂缝宽度能够满足正常使用状态的要求。

4.3 正常使用极限状态验算

4.3.1 钢筋焊接网混凝土板类受弯构件裂缝宽度验算的荷载取值采用按荷载准永久组合并考虑长期作用的影响。

冷轧带肋钢筋混凝土板和冷轧带肋钢筋（包括高延性）焊接网混凝土板的受弯试验表明，钢筋焊接网配筋的板类受弯构件具有良好的正常使用性能，规程裂缝宽度计算公式具有很好的适用性。

梁式受弯构件的裂缝宽度计算宜按现行国家标准《混凝土结构设计规范》GB 50010 的有关规定。

4.3.2 板类构件中钢筋焊接网常用的受力钢筋直径为 6mm～12mm，混凝土强度等级一般为 C20～C30。经计算分析，当混凝土强度等级为 C20、保护层厚度为 20mm（满足一类环境混凝土保护层的最小厚度规定）、受力钢筋直径为 10mm 和 12mm 时，得不同种类钢筋焊接网板类构件在不同配筋率下计算的最大裂缝宽度（表 3）。

表 3 不同直径钢筋计算的最大裂缝宽度

钢筋牌号	不同直径钢筋计算的最大裂缝宽度（mm）	
	钢筋直径 12mm	钢筋直径 10mm
CRB550	0.254	0.224
CRB600H	0.269	0.237
HRB400	0.215	0.190
HRB500	0.288	0.254

计算分析结果表明，在一类环境下不同种类钢筋焊接网的板类构件，当纵向受力钢筋直径不大于 12mm，混凝土强度等级不低于 C20，混凝土保护层厚度不大于 20mm 时，计算最大裂缝宽度均小于规定的裂缝宽度限值 0.3mm。考虑到焊接网施工中钢筋搭接、位置偏差等因素对裂缝宽度的影响，偏于保守将不需要作最大裂缝宽度验算的钢筋直径规定为不大于 10mm。

4.3.3～4.3.5 钢筋焊接网混凝土受弯构件挠度验算时的荷载取值由 2003 年版规程的按荷载效应的标准组合改为按荷载准永久组合并考虑长期作用的影响。

冷轧带肋钢筋及高延性冷轧带肋钢筋焊接网板的受弯试验结果表明，本规程仍沿用 2003 年版规程的刚度计算公式，短期刚度的实测值较计算值偏大约 10%，规程的刚度计算公式是偏于安全的。

5 构造规定

5.1 房屋建筑

Ⅰ 一般规定

5.1.1 钢筋保护层厚度的规定主要是保证钢筋的有效受力和耐久性要求。本规程对保护层厚度的规定与 2003 年版规程基本一致。取消了混凝土强度级别 C50 的规定，仅规定二个强度级别。在三 b 环境条件下，适当增加了保护层厚度。取消了对工厂生产的预制构件的规定。

5.1.2 对钢筋焊接网混凝土板类受弯构件纵向受力

钢筋的最小配筋率问题，国内没有进行过专门研究。本条规定是按普通钢筋混凝土结构板类受弯构件的规定而制定的。

5.1.3 焊接网钢筋的锚固长度与钢筋强度、混凝土抗拉强度、焊点抗剪力、锚固钢筋的直径和外形以及施工等因素有关。根据粘结锚固拔出试验结果，对三面肋冷轧带肋钢筋及二面肋高延性冷轧带肋钢筋测得的外形系数 $\alpha = 0.12$。根据国内试验结果和产品标准要求并参考国外有关标准规定，一个焊点承担的抗剪力值相当钢筋屈服力值的 30%，即一个焊点可减少锚固长度达 30%。对于热轧带肋钢筋取外形系数 $\alpha = 0.14$，同样，一个焊点承担的抗剪力也按 30% 考虑。

考虑国内设计与现场技术人员的习惯，锚固长度仍以表格形式给出。根据锚固长度计算公式 $l_a = \alpha \frac{f_y}{f_t} d$，并取整得规程表 5.1.3 数值。

5.1.4 冷拔光面钢筋焊接网是焊接网发展初期阶段采用的材料。欧洲自 20 世纪 70 年代初开始逐渐减少应用，作为受力钢筋目前很少使用。国内仅在焊接网发展初期有少量应用。光面焊接网由于粘结锚固性能差、对焊点强度要求高，目前国内作受力网基本不用。仅在某些构件的厚保护层中作防裂构造配筋有少量应用。故本次规程修订，光面焊接网仅作构造配筋用。强度设计值降至 360MPa，锚固承载力绝大部分由二个焊点承担，当混凝土强度等级不低于 C20 时，给出一个统一的锚固长度值。

5.1.5 钢筋焊接网局部范围的受力钢筋也可采用单支的带肋钢筋作附加筋在现场绑扎连接。附加钢筋截面面积可按等强度设计原则换算求得。其最小锚固长度应符合本规程表 5.1.3 中锚固长度内无横筋的规定。

5.1.6 为使焊接网逐步走向标准化、简化现场网片布置，对焊接网搭接接头位置不作具体规定。但在布网设计时，仍希望设计人员采取一些措施，如在适当位置布置一张不同长度的网片等措施，使搭接接头位置不在受力最大处，仍有必要。采用叠搭法搭接时，纵向和横向搭接位置宜错开，以保证设计的有效高度。当板厚较薄时，更应注意搭接处保护层厚度应满足设计要求。

5.1.7 当采用叠搭法或扣搭法时，要求在搭接区内每张网片至少有一根横向焊接筋。为了更好发挥搭接区内混凝土的抗剪强度，两网片最外一根横向钢筋之间的距离不应小于 50mm。带肋钢筋焊接网的搭接长度以两片焊接网钢筋末端之间的长度计算。

搭接区内只允许一块网片无横向焊接筋，此种情况一般出现在平搭法中，同时要求另一张网片在搭接区内必须有横向焊接筋。由于横向钢筋的约束作用，有利于提高粘结锚固性能。带肋钢筋焊接网采用平搭法可使受力主筋在同一平面内，构件的有效高度相同，各断面承载力基本一致。当板厚偏薄时，平搭法具有一定优点。

钢筋焊接网的搭接均是两张网片的全部钢筋在同一搭接处完成，国内外几十年的工程实践表明，这种处理方法是合理的，施工方便、性能可靠。

5.1.8 冷拔光面钢筋焊接网目前国内应用很少，一般仅作为构造钢筋用。由于钢筋冷拔后与混凝土的粘结锚固性能很差，主要靠焊点横筋承担拉力，规定在搭接范围内每张网片的横向钢筋不少于 2 根。为了更好发挥横筋的抗剪作用，要求两张焊接网片最外边横向钢筋间的搭接长度不少于一个网格再加 50mm，且总的搭接长度不应小于 150mm。光面钢筋焊接网搭接长度以两张焊接网最外边横向钢筋间的距离计算。当搭接区内一张网片无横向焊接筋时，不宜采用平搭法。

5.1.10 带肋钢筋焊接网在非受力方向的分布钢筋的搭接，当采用叠搭法或扣搭法时，为保证搭接长度内钢筋强度及混凝土抗剪强度的发挥，要求每张网片在搭接区内至少应有一根受力主筋，并从构造上给出了最小搭接长度。

当采用平搭法一张网片在搭接区内无受力主筋时，分布钢筋的搭接长度应适当增加。

5.1.13 在地震作用下的钢筋焊接网配筋构件，如剪力墙墙面中的纵向钢筋可能处于拉、压反复作用的受力状态。此时，钢筋与其周围混凝土的粘结锚固性能将比单调受力时不利，为保证必要的粘结锚固性能，因此，在静力要求的锚固长度基础上，根据不同抗震等级给出了增加锚固长度的规定。在此基础上乘以 1.3 倍的增大系数，得出相应的受拉钢筋抗震搭接长度。

Ⅱ 板

5.1.14 板中焊接网钢筋的直径和间距仍采用 2003 年版规程规定。根据多年工程实践并考虑冷轧带肋钢筋设计强度的提高以及耐久性等要求，板中受力钢筋的直径不宜小于 5mm，间距仍按 2003 年版规程的规定。

5.1.15 国内多年使用经验表明，板的焊接网布置宜按板的梁系区格（或按墙支承）布置比较合理、施工方便。从节省材料考虑，宜尽量减少搭接，单向板底网的受力主筋不宜设置搭接。

5.1.16 本条仍按 2003 年版规程的规定。

5.1.19 嵌固在砌体墙内的现浇板沿嵌固周边在板上部配置构造钢筋时，考虑焊接网具有很好的平整度和焊后整体性提高，带肋钢筋的直径不宜小于 5mm。

5.1.20 本条参照现行国家标准《混凝土结构设计规范》GB 50010 的有关规定，仅将分布钢筋的直径稍作调整。

5.1.21 端跨板与混凝土梁连接处常按铰接设计，带肋钢筋伸入梁内的锚固长度较2003年版规程稍作适当降低，取为25 d 。

5.1.22 现浇双向板底网在短跨方向考虑施工方便，可在支座附近与伸入支座的附加焊接网或绑扎钢筋搭接，这种布网方式在国外工程已有采用。现浇双向板长跨方向的底网需搭接时，可采用图5.1.22（a）、（d）的搭接形式，搭接接头的灵活性较大，但仍宜按本规程第5.1.15条的布网原则进行。支座附近采用的附加网片与主网片的搭接仍应按本规程第5.1.7条的规定执行。

5.1.23 2003年版规程给出的二种现浇双向板底网的布网方式，对发挥底网的整体作用较为有利。特别是第1种采用单向钢筋焊接网的布置方式，近些年在国内工程中应用较多，尤其当钢筋直径较大时，可克服焊网机容量不足的缺陷，简化了工艺、减少用钢量。2003年版规程中第2种，即2倍钢筋间距的布网形式，施工不便，很少使用。因此，本规程仅给出单向焊接网的布网形式。在满铺面网的情况，也可采用单向焊接网的布网方式。

5.1.24 当梁两侧板的高差大于30mm时，带肋钢筋焊接网的一般布置方法宜采用如图5.1.24的布置形式。由于有一定高差，可使低处板的面网容易插入梁中。此时，采用弯折焊接网的布置方法，也可使上层板的面网锚固条件更好。

5.1.25 当面网钢筋用量较多、直径偏大、弯折施工不便时，可将钢筋用量较多板的钢筋伸入用量较少的板中，且按较大钢筋进行搭接设计。但钢筋的混凝土保护层厚度必须满足规定要求。如梁中配筋密度不大且焊接网钢筋弯折方便，也可采用钢筋弯折入梁锚固。

5.1.26 这是焊接网与柱连接的一般方法，可根据施工现场的条件选择合适的连接方法。当柱主筋向上伸出长度不大时，宜采用整网套柱布置方式（图5.1.26a）。

Ⅲ 墙

5.1.29 规程修订组专门对冷轧带肋、高延性冷轧带肋及热轧带肋钢筋焊接网剪力墙进行了试验研究，结果表明：当合理设置边缘构件且边缘构件的纵筋采用热轧带肋钢筋、轴压比不超过《混凝土结构设计规范》GB 50010限值时，带肋钢筋焊接网作为墙面的分布筋，其变形能力满足抗震要求。

冷轧带肋钢筋（CRB550）焊接网作为分布筋的矩形截面剪力墙，当设计轴压比为0.5及I形截面墙体设计轴压比为0.67时，位移延性比均不小于4.0，位移角分别不小于1/110和1/90。试件破坏时，竖向分布钢筋的最大拉应变不超过0.011。结合试验，对4m和6m长的冷轧带肋钢筋焊接网剪力墙计算分析表明，设置约束边缘构件的墙，轴压比不小于0.3、层间位移角不大于1/120时，受拉区最外侧竖向分布筋的拉应变一般不超过0.015、最大可达0.018。计算结果表明，按现行规范计算的墙体受弯承载力与试验结果符合较好，墙体具有良好的抗震性能。

高延性冷轧带肋钢筋（CRB600H）焊接网剪力墙试验表明，试件均以混凝土破坏导致试件失效，钢筋没有发生断裂，说明该种焊接网作为剪力墙的水平、竖向分布筋能够满足抗震性能要求。轴压比依然是影响剪力墙抗震性能的主要因素之一。在相同轴压比下，工字型截面试件具有比带端柱试件更好的性能，一字型截面试件性能相对较差。试件裂缝宽度达0.2mm和0.3mm时，试件的位移角均值分别为1/250和1/150。在14个试件中，除3个一字型截面试件外，其余试件的位移延性系数均超过3.0，极限位移角均大于1/100。处在二、三级抗震等级条件下，对于一字型截面剪力墙，轴压比不应大于0.5；对于翼缘单边肢长与墙厚之比大于1.5的工字型截面和带边框柱的剪力墙，轴压比不应大于0.6。为控制墙面裂缝不致过宽，网孔尺寸不宜大于300mm×300mm。

按现行行业标准《高层建筑混凝土结构技术规程》JGJ 3计算的正截面和斜截面承载力与实测的承载力基本相符。采用CRB550和CRB600H钢筋焊接网的墙体试件，当其分布筋的最小配筋率、轴压比限值、边缘构件的设置符合《建筑抗震设计规范》GB 50011－2010规定的条件下，其承载能力和变形能力均能满足抗震性能的要求。冷轧带肋钢筋及高延性冷轧带肋钢筋焊接网可用于丙类建筑、抗震设防烈度不超过8度、抗震等级为二、三、四级剪力墙底部加强区以上的墙体分布筋。近十年来，国内应用冷轧带肋钢筋焊接网的剪力墙结构又有一些新进展。京津及河北地区（设防烈度为8度0.20g及7度0.15g）有十来栋10层～21层剪力墙结构房屋采用CRB550钢筋焊接网作墙体分布筋，一般从底部加强区以上开始应用。另有约20栋5层～9层剪力墙结构房屋从±0.000（或从3层开始）到顶层均使用冷轧带肋钢筋焊接网作墙体的分布筋。珠江三角洲地区（多为7度0.10g）约50栋11层～46层剪力墙结构房屋采用了CRB550钢筋焊接网作墙体分布钢筋，多数为从±0.000到顶层全部采用。

墙面分布筋为热轧带肋钢筋（HRB400）焊接网、约束边缘构件纵筋为热轧带肋钢筋、约束边缘构件的长度和配箍特征值符合规范要求，试验结果表明，墙体的破坏形态为钢筋受拉屈服、压区混凝土压坏，呈现以弯曲破坏为主的弯剪型破坏，计算值与实测值符合良好。轴压比设计值为0.5的矩形和I形墙体，位移延性系数分别不小于3.0和4.0。热轧钢筋焊接网可用于丙类建筑、抗震设防烈度不大于8度、抗震等级为一、二、三、四级墙体的分布筋，包括底部加强区。

5.1.30 钢筋焊接网混凝土剪力墙的竖向和水平分布筋的配筋率按现行国家标准《混凝土结构设计规范》GB 50010的有关规定。

5.1.31 与2003年版规程的规定相同。

5.1.32 对于外层网（表面网）水平钢筋宜布置在外侧，采用平搭法可使钢筋外表面平整。对于内层网可采用任意形式的搭接，通常为叠搭法或扣搭法。

5.1.33 在国内外的墙体焊接网施工中，竖向焊接网一般都按一个楼层高度划分为一个单元，在紧接楼面以上一段可采用平搭法搭接，下层焊接网在楼板厚度内及上部搭接区段范围不焊接水平钢筋，安装时将下层网的竖向钢筋与上层网的钢筋绑扎牢固，搭接长度应满足设计要求。

5.1.34 根据墙体断面特点，对墙中钢筋焊接网的配筋构造作了具体规定。当墙体端部有暗柱时，端部用U形筋与墙中两侧焊接网搭接，U形筋易插入，施工方便。图5.1.34（b）的构造形式在国内部分工程中曾采用过，施工方便。但水平筋的弯折段必须伸入暗柱内。伸入梁的竖向分布筋的锚固长度应满足本规程第5.1.3条规定。梁顶部伸出钢筋与上层墙体竖向钢筋的搭接长度应符合本规程第5.1.7条或第5.1.13条的要求。

当墙体的分布筋为2层以上时，内部焊接网与暗柱或暗梁的连接，也应采用与外层焊接网类似的可靠连接。

剪力墙两端及洞口两侧设置的边缘构件的范围及配筋构造除应符合本规程的要求外，尚应符合有关规范的规定。

Ⅳ 焊接箍筋笼

5.1.36、5.1.37 梁、柱的箍筋用附加纵筋（通常直径较细）连接，先焊成平面网片，然后用弯折机弯成设计形状尺寸的焊接箍筋笼。在国外的工程中，各种形状的焊接箍筋笼应用较多，梁柱中常见有矩形、正方形或开口“U”形箍筋笼。为了提高现场施工速度，将梁柱的箍筋做成一段或数段，然后在现场穿入主筋；或在焊网厂穿入主筋后，用二氧化碳保护焊焊成整体空间骨架，运至工地，极大地提高钢筋工程施工效率。在大型预应力混凝土T形梁腹板配筋常用“U”形开口焊接箍筋笼，抗剪性能良好。另外，在桩和钢筋混凝土输水管制作中利用自动滚焊机生产不同形状尺寸的焊接箍筋笼，应用很普遍。焊接箍筋笼结构性能，国外已作过许多专门试验。本节推荐的焊接箍筋笼是参照国外应用经验结合国内钢筋混凝土构造规定而制定的。

对于整体现浇梁板结构中的梁（边梁除外），当采用“U”形开口箍筋笼时，除满足有关构造要求外，开口箍的顶部位置应采用连续的焊接网片，此处不应设置搭接接头。

5.2 路面和桥隧

Ⅰ 钢筋焊接网普通混凝土路面

5.2.1 普通钢筋焊接网混凝土路面参照国外技术规范规定、国内水泥混凝土路面病害原因分析和处治经验，明确有重载车辆通行的普通水泥混凝土面板中，均应配置带肋钢筋焊接网。目的是有利于分布行车荷载，预防和减少路面开裂，并可将混凝土面板长度由无配筋时4m～6m延长为8m～10m，从而改善路面平整度和行车舒适性，并减少水泥混凝土路面病害。

普通混凝土路面采用带肋钢筋焊接网时，国外在厚度150mm～300mm的板中均采用直径6mm钢筋。考虑到混凝土面板的成型收缩和温度应力会随板厚增加而增大，厚板设计承受的荷载应力也大，因此当混凝土面板厚度大于等于240mm时，要求焊接网钢筋直径为8mm。

由于普通水泥混凝土面板中钢筋直径较小，分布密、焊点多，人工焊接无法保证焊点质量且可能造成钢筋断面损伤，因此应采用工厂化生产的带肋钢筋焊接网。

Ⅱ 连续配筋混凝土路面

5.2.3 连续配筋混凝土路面是国外高速公路、大交通量公路和城市道路通常采用的水泥路面结构。由于该种结构路面横向不设缩缝，因此水泥路面的行车舒适性好；由于荷载应力由钢筋网扩散，以及路面整体性好，因此路面不会产生以往素混凝土路面易有的各种早期病害，加之工程经济性好，使用寿命长，应是今后我国水泥路面主要发展方向。

连续配筋水泥混凝土路面纵向钢筋配筋率国内外规范规定基本相同，冰冻地区采用0.6%～0.8%，本规程修订采用0.7%，非冰冻地区采用0.6%。隧道内混凝土路面不受日照影响，路面温缩应力较小，纵向钢筋配筋率较洞外可减少0.1%；复合式路（桥）面的下层水泥混凝土铺装层，由于纵筋承受的荷载应力和温度应力均较小，因此配筋率隧道外可较一般路段减少0.1%，隧道内可较一般路段减少0.2%。

连续配筋混凝土路面配筋率高，为保证纵筋间距在100mm～150mm合理范围内，需采用直径14mm或16mm的纵向带肋钢筋。路面中横向钢筋是起连结纵筋的构造钢筋和预防纵向开裂作用，可采用较小的直径和较大的间距。在路面交叉、弯道等易产生纵向开裂部位，横筋间距可减至250mm。

配筋混凝土路面中钢筋焊接网纵、横向采用平搭法搭接，要求在纵（横）接头上搭接有一根横（纵）钢筋。按技术规范要求，接头处纵向受力钢筋应交错排列，但国内钢筋焊网厂生产中纵向钢筋交错排列存在困难，因此山西省 2009 年在 54km 夏汾高速公路水泥混凝土路面改建工程中，所用 2200t 钢筋焊接网片，纵向钢筋搭接段均为齐头布设，通过二年多重载、大交通量运行，并未发现接头处路面出现问题。2011 年在平榆、太古高速公路连续配筋水泥路面施工中，铺筑了搭接纵筋不同排列方式试验段，尚未发现早期使用效果有何差异。一般分析认为，搭接段纵筋交错排列，预防路面横向开裂的效果应优于齐头排列，因此在条文修订中，提出“路面纵向钢筋接头‘宜’交错布设”，而未规定“应”交错布设。

关于钢筋焊接网搭接长度，各种规范规定不尽相同。

我国《公路水泥混凝土路面设计规范》JTG D40-2011 规定：“连续配筋水泥混凝土路面纵向钢筋焊接长度一般不小于 10 倍（单面焊）或 5 倍（双面焊）钢筋直径，焊接位置应错开，各焊接端连线与纵向钢筋夹角应小于 60°”。日本规范（2006 年版《铺装设计便览》）规定：“连续配筋水泥混凝土路面中钢筋若在基层上现场绑扎，则接头无论采用焊接或绑扎，钢筋搭接长度为纵（横）筋直径的 25 倍。”另规定采用钢筋焊接网时“纵向重叠长度 20cm。”本规程 2003 年版规定：“钢筋混凝土桥面及路面用带肋钢筋焊接网的搭接长度，当采用平搭法不应小于 35d，当采用叠搭法（或扣搭法）时不宜小于 25d（d 为搭接方向钢筋直径），且在任何情况下不应小于 200mm。”

山西近年在配筋混凝土路面中，搭接长度按 20d 施工（图 1），未发现质量问题。在条文修订中，根据相关规范规定和工程实践验证，规定平搭接长度钢筋网现场人工绑扎时不小于 20d，单面焊接时不小于 10d，当采用钢筋焊接网时，搭接长度为 200mm。

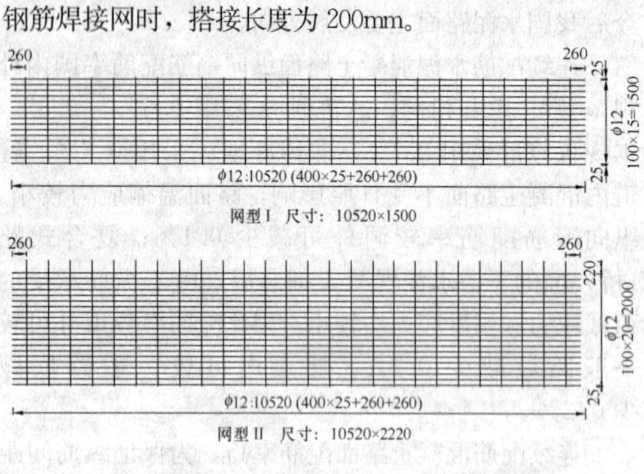

260
260
25
φ12
100×15=1500
25
φ12:10520 (400×25+260+260)
网型Ⅰ 尺寸：10520×1500
260
260
220
φ12
100×20=2000
25
φ12:10520 (400×25+260+260)
网型Ⅱ 尺寸：10520×2220

图 1 直径 12mm 连续配筋网片结构图

注：Ⅰ、Ⅱ型网片配套使用（本车道宽度 3500mm）。

Ⅲ 面板接缝和补强

5.2.4 配筋混凝土路面缩缝、胀缝传力杆支架结构的稳定性，是保证传力杆位置准确的关键措施，图 5.2.4-1、图 5.2.4-2 构造图参照了国外规范规定，并经国内工程实践证实是有效的。

5.2.5 除连续配筋混凝土路面的工作缝为平接缝外，路面纵缝按车道宽度设置平接缝，为防止板中产生纵向裂缝，板宽不宜超过 5m，板中设置拉杆。当有重车通行时，拉杆宜选用较粗的直径（20mm～22mm）、较长长度（1000mm）的带肋钢筋。纵缝混凝土硬化后，顶部切缝宽度 6mm～8mm，深度 1/4 板厚，清缝后用填缝料填充形成假缝。

5.2.6 配筋混凝土路面要求路基有良好的稳定性，在下列条件下混凝土路面需作补强或作技术处理：

1 桥台台背设置 1～3 块搭板作缓冲板，斜交板需作角隅补强；

2 横向构筑物在基层或路基中及填挖交界路段等条件下，预计路基有沉降变形可能时，面板底部距板底 40mm～50mm 应增设一层 ϕ16mm 钢筋焊接网补强；

3 人孔部位孔周采用 3～4 根 ϕ12mm 钢筋补强；

4 平曲线半径小于 100m 时，圆弧 4 等分，设拉杆不设胀缝；

5 竖曲线半径小于 300m 时，胀缝间距 80m～100m；

6 对预计有不均匀沉降的路基选用注浆加固、钢管注浆锚固、加载预压、重锤夯实或铺混凝土预制块过渡等技术措施处理，并在配筋混凝土面板中增设缩缝、增大传力杆直径（ϕ32mm）。

Ⅳ 路面过渡段

5.2.7 配筋混凝土路面与沥青路面相接的过渡段内，沥青面层的层数取决于所接沥青面层结构，可为(1～3) 层，若为单层沥青面层，厚度不宜小于 40mm。加铺沥青面层前应清除混凝土面板浮浆并洒布改性沥青粘层增强层间结合。过渡段内焊接网钢筋直径选用 12mm～14mm。

Ⅴ 桥面和隧道衬砌

5.2.8 按现行的《公路桥涵设计通用规范》JTG D60-2004 和《城市桥梁设计规范》CJJ 11-2011，城-A 级和公路-Ⅰ级设计荷载等级相同；城-B 级和公路-Ⅱ级荷载等级相同，已取消汽车-15 级及其以下荷载等级。两个规范均将“有沥青面层的混凝土桥面铺装”定义为“整平层”，并均要求在其中配有钢筋网或钢筋焊接网。水泥混凝土桥面中钢筋直径两个规范分别要求“不小于 8mm”（公路）和“不应小于 10mm”（城市），钢筋间距均“不宜大于 100mm”。因此在表 C.0.3 桥面带肋钢筋焊接网常用规格表中，将水泥混凝土桥面焊接网钢筋直径统一采用 10mm，钢筋间距统一采用 100mm × 100mm。

沥青混凝土桥面对下部水泥混凝土整平层有扩散车轮荷载应力、减少汽车冲击荷载、预防反射裂缝等功能作用，因此较水泥混凝土桥面采用较大钢筋间距（150mm×150mm）和较小的钢筋直径。

桥梁混凝土整平层厚度因桥梁结构类型和施工工艺不同有较大差异，较厚的混凝土层有较大的温缩应力，宜选用较粗直径的钢筋。水泥混凝土桥面中的钢筋焊接网只起预防开裂的功能作用，为增加抗裂效果，采用较小钢筋间距（100mm×100mm）和相同钢筋直径（10mm），从方便钢筋焊接网加工、运输、安装和满足功能需要角度考虑，无需采用更粗直径的钢筋。

根据国内个别焊网厂的生产使用经验介绍了包括4种钢筋直径、4种型号的桥面用标准钢筋焊接网（表4）供参考。其中搭接长度按200mm。

表4　桥面用标准钢筋焊接网

序号	网片编号	网片型号		网片尺寸		伸出长度				单片焊接网		
		直径	间距	纵向	横向	纵向钢筋		横向钢筋		纵向钢筋根数	横向钢筋根数	重量
						u_1	u_2	u_3	u_4			
		(mm)	(mm)	(mm)	(mm)	(mm)	(mm)	(mm)	(mm)	(根)	(根)	(kg)
1	QW-1	7	100	10200	2300	50	250	50	250	21	100	134.15
2	QW-2	8	100	10200	2300	50	250	50	250	21	100	175.46
3	QW-3	9	100	10200	2300	50	250	50	250	21	100	221.66
4	QW-4	10	100	10200	2300	50	250	50	250	21	100	274.07

5.2.9　桥面钢筋焊接网布设时，应以伸缩缝间连续桥面为长度单位，钢筋焊接网片交错布满桥面全宽，并与预设的锚固架立钢筋焊接固定。焊接网搭接长度200mm，搭接部位每间距1000mm用人工绑扎固定。

5.3　水 工 结 构

5.3.1　由于水工建筑物的使用条件与房屋建筑有较大不同，钢筋的混凝土保护层厚度应按现行行业标准《水工混凝土结构设计规范》SL 191及《水工混凝土结构设计规范》DL/T 5057的规定执行。

5.3.2　水工建筑物中受拉带肋钢筋焊接网的锚固长度取值，主要根据房屋建筑应用焊接网的使用经验和试验结果并参照现行行业标准《水工混凝土结构设计规范》SL 191的规定而确定的。考虑经济性，热轧带肋钢筋以400MPa级为主。表5.3.2中不焊有横筋的锚固长度即取自水工规范的规定。焊有横筋的锚固长度取为不焊横筋的锚固长度值的75%，其中考虑一根焊接横筋可承担25%的拉力。

考虑焊接设备等生产条件，钢筋直径暂定为不宜大于18mm。当有试验和使用经验时，钢筋直径可适当扩大。锚固长度修正的条件也按水工规范的规定执行。

水工结构中带肋钢筋焊接网在受拉方向的搭接长度基本按房屋建筑的使用经验和试验研究结果确定的，即在锚固长度的基础上乘以1.3倍的增大系数。

5.3.4　近几年，钢筋焊接网在水工结构中的应用逐渐增多，如输水渠道、南水北调工程的倒虹吸洞身、水池、泄洪隧洞的初衬以及船坞底板、码头堆场等也得到部分应用。为便于焊网厂生产及施工安装，根据国内部分工程实例，提供些焊接网在输水工程的构造及网片安装顺序，供使用单位参考。图2（a）为某大型企业厂区输水与电缆隧道合一的双孔箱形截面构造及网片安装顺序示意图。图2（b）为南水北调工程中倒虹吸洞身截面焊接网片布置及安装顺序示意图。图2（c）、（d）为焊接网在给（排）水渠道的侧壁与底板转角处的构造处理。

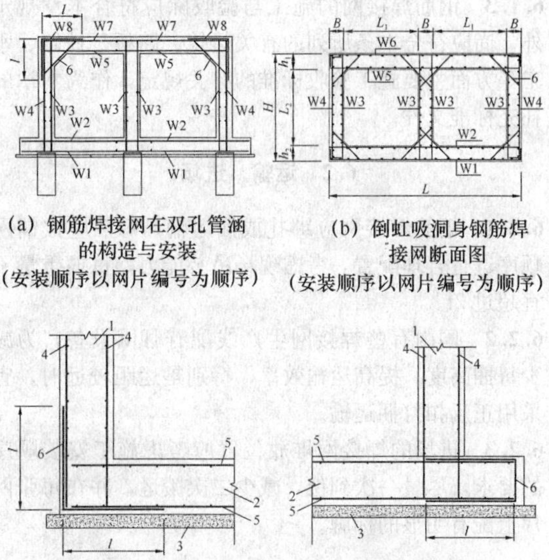
W8
W7
W5
W4
W3
W2
W1
W6
B
L_1
h_1
L_2
h_2
H
L
l
1
2
3
4
5
6

（a）钢筋焊接网在双孔管涵的构造与安装（安装顺序以网片编号为顺序）

（b）倒虹吸洞身钢筋焊接网断面图（安装顺序以网片编号为顺序）

（c）钢筋焊接网在侧壁与底板转角处的构造

（d）钢筋焊接网在底板处的连接

图2　钢筋焊接网输水渠道构造及安装示意图

1—侧壁；2—底板；3—垫层；4—侧壁焊接网；5—底板焊接网；6—U形筋或弯网

l—搭接长度；W1～W8—网片编号

5.4　铁路无砟轨道底座及桥面铺装层

5.4.2　一般焊网机生产的网片宽度可以满足轨道底座的宽度要求，横向受力钢筋不宜设置搭接接头。根据国内使用经验纵向钢筋搭接宜采用平搭法，搭接长度应按本规程第5.1.7条的有关规定。考虑列车动载作用的影响，面网与底网的搭接接头宜错开。

5.4.5　双块式轨枕仅在武一广和郑一西两条高铁中已应用440多万根，焊接钢筋桁架的上下弦分别为直径12mm和10mm的CRB550级冷轧带肋钢筋，腹杆为6mm～7mm的冷轧带肋钢筋。双块式轨枕均为工厂预制件。

6 施工及验收

6.1 一般规定

6.1.1 本规程采用的钢筋焊接网必须在工厂内用正规、专门的焊接网设备、采用计算机自动控制，全部焊点均为电阻点焊生产的钢筋网片。禁止采用手工控制生产的电阻点焊钢筋网片。

6.1.2 根据设计施工图焊网厂进行布网设计时，有时会发生钢筋牌号、规格、网孔尺寸的变更，涉及结构安全及正常使用性能，为了保证原设计意图不产生偏差，当需作钢筋变更时，应经设计单位确认，办理设计变更文件。

6.1.3 钢筋焊接网的施工与验收除应符合本章规定外，尚应符合本条所列的有关建筑、路桥、铁路、水工等方面主要施工验收标准的有关规定，作为本章的补充标准文件。

6.2 运输、进场

6.2.1 钢筋焊接网应绑扎成捆运输，每捆应按铺网顺序进行合理配置，考虑现场吊装能力，每捆重量不宜超过 2t。

6.2.2 国内有些焊接网生产线配有翻网设备，为减少每捆高度，提高运输效率，特别是运距较远时，宜采用正反扣打捆运输。

6.2.3 进场的焊接网堆放位置应考虑施工安装顺序的要求，尽量一次到位，减少二次搬运，并在每张网片上配有明显的标牌。

6.3 安 装

6.3.1 对两端需插入梁内锚固的焊接网，可利用焊接网的弯曲变形性能，先将焊接网中部向上弯曲，使两端能先后插入梁内，然后铺平焊接网；当焊接网不能自然弯曲时，可将焊接网的一端少焊（1～2）根横向钢筋，先插入该端，然后退插另一端，可采用绑扎方法补足所减少的横向钢筋。

6.3.2 双向板的底网（或面网）采用本规程第5.1.23条规定的双层配筋时，由于纵、横向钢筋分开成网，因此两层网间宜作适当绑扎。

6.3.3 焊接网用作板、墙体配筋时，采用预制塑料卡控制混凝土保护层厚度是个有效的方法，在国外的工程中经常采用。国内，在板的工程中已采用塑料卡。

6.3.4 配筋水泥混凝土路面中的钢筋焊接网安设方法因路面施工工艺不同有下述两种方法：

1 路面混凝土分层铺筑时，相应施工工序为：基层顶面清扫、润湿→安装模板→浇筑 2/3 路面厚度混凝土并振捣、粗平→在下层混凝土表面拼接钢筋焊接网片→人工绑扎接头→浇筑上层 1/3 路面厚混凝土、振捣、粗平、精平、表面拉毛→初期养护。此法工艺简单，焊接网无需预先架立，路面施工工序连续、流水作业质量容易得到保证，应为优先选择的施工工艺。

2 路面混凝土一次浇筑时，相应施工工序为：基层顶面清扫并润湿→基层顶面布孔、钻孔，孔深30mm～50mm，孔径为锚固筋直径＋2mm，孔距1000mm→孔内灌少量环氧树脂或水泥砂浆→插入锚固架立钢筋→48h 后铺放钢筋焊接网片并与锚固架立钢筋顶端焊接定位→浇筑路面混凝土、振捣、粗平、精平、表面拉毛→初期养护。路面混凝土一次浇筑若不采用滑模施工时，应预设模板并采用混凝土横向布料工艺。

6.3.5 在以往的技术规范中，桥面水泥混凝土钢筋焊接网的支承条件要求采用砂浆垫块、全厚式塑料支架。这些支承方式由于定位稳定性差或单价高的原因，近年来已为桥面焊接网锚固架立钢筋所取代，因此在《公路水泥混凝土路面施工技术细则》JTG/T F30－2014 中规定："桥面铺装层中的钢筋应按设计与预留钢筋连接。用于支撑桥面铺装钢筋网的架立钢筋数量宜为（4～8）根/m^2，在梁端或支座部位剪应力较大处宜取大值。"

《公路桥涵施工技术规范》JTG/T F50－2011 规定："铺装施工前应使梁、板顶面粗糙，清洗干净，并应按设计要求铺设纵向接缝钢筋和桥面钢筋焊接网。"

桥面锚固架立钢筋通常采用直径 10mm 带肋钢筋，长度为 1/2 铺装层厚度＋40mm，在桥面周边设置较密，中间间距 1000mm。施工方法是先在梁、板顶面标定钻孔位置，钻孔深度 30mm～50mm，孔径较锚固筋直径大 2mm。吹净孔内残留物后灌入少量环氧树脂或水泥砂浆，插入锚固钢筋，48h 后安设钢筋焊接网，并与锚固架立钢筋顶端焊接定位。

6.4 检查、验收

6.4.1 对焊接网进场后的检查与验收作了具体规定。考虑到现场施工的实际情况，经供需双方协商，也可将现场检查的部分内容由负责质检的专门人员提前在工厂内进行，以保证现场的施工进度。

焊网厂向施工现场供货时，一般根据现场实际需要，将同一原材料来源、同一生产设备并在同一连续时段内生产的、受力主筋为同一直径的焊接网组成一批。

为减少现场试验工作量，又达到质量控制的要求，对网片外观质量和几何尺寸的检查按每批 5%（不少于 3 片）的数量抽查。

焊接网的直径（或重量偏差）应有控制，带肋钢筋以称重法检测直径，冷拔光面钢筋直接用游标卡尺测量。

6.4.2 为了加强焊接网的现场质量管理，一般情况下宜采用按实际重量交货。当焊接网质量确有保证并征得用户同意也可按理论重量交货。钢筋焊接网的实际重量与理论重量的允许偏差根据现行国家标准《钢筋混凝土用钢 第3部分：钢筋焊接网》GB/T 1499.3的规定为±4%，较2003年版规程的规定作适当的提高。

6.4.4 焊接网在铺装过程中搭接长度的偏差，对结构安全和钢筋工程的经济性有直接影响，搭接长度不应小于本规程第5章所规定的数值，也不宜超过30mm的长度误差。对墙和板的抽查数量是参照《混凝土结构工程施工质量验收规范》GB 50204（2010年版）的有关规定。

附录A 定型钢筋焊接网型号

定型钢筋焊接网是一种通用性较强的焊接网，当网片外形尺寸确定后，可提前在工厂批量预制。在国外焊接网应用比较发达的国家，焊网厂均有大量提前预制的各种型号网片储存、待用。

本附录表A给出了6种网格尺寸、11种直径的定型钢筋焊接网。直径14mm、16mm、18mm仅适用于热轧400MPa级和500MPa级带肋钢筋。定型网今后的发展方向是争取网片尺寸定型，只有这样，网片才能大规模、高度自动化、成批生产，降低成本。表中给出3种正方形网格和3种矩形网格，除国际上常用的200mm×200mm及100mm×100mm外，又结合工程需要增加了150mm×150mm等其他网格尺寸。最近国内有的焊网厂又增加了以25mm为模数的125mm、175mm纵筋间距尺寸。定型焊接网在两个方向上的钢筋间距和直径可以不同，但在同一方向上的钢筋宜有相同的牌号、间距、直径及长度。在国外的工程应用中有时纵筋为较粗直径的热轧带肋钢筋而横筋为较细直径的冷轧带肋钢筋，这样，当两个方向直径相差较大时，可减少对较细直径焊接烧伤的影响。目前，国内定型焊接网的长度和宽度主要由设计人员根据具体工程确定。本附录表A主要是提供一个工程上所用的焊接网的钢筋直径范围及相应的网格尺寸、包括每米钢筋面积和单位面积重量等供设计人员参考。

焊接网的代号是在纵向钢筋的直径数值前面冠以代表不同网格尺寸的英文大写字母构成，其中，A、B、D型考虑了与国际上有些国家的应用习惯相一致。表A中给出的重量是根据纵、横向钢筋按表中的相应间距均匀布置时，计算的理论重量，工程应用时尚应根据网端钢筋伸出的实际长度计算网重。

附录B 焊接钢筋骨架的技术要求

预制焊接钢筋骨架作梁、柱的箍筋在欧美及东南亚地区应用的很普遍。国外在这方面已进行较多的试验研究，积累较多的使用经验，在相关的标准规范中已有规定。

当梁与板整体现浇、不考虑抗震要求且不需计算要求的受压钢筋亦不需进行受扭计算时，可采用带肋钢筋焊接的“U”形开口箍筋笼。在设计开口箍筋笼时，应使竖向钢筋尽量靠近构件的上下边缘，特别是箍筋上端应伸入板内，并尽量靠近板上表面，开口箍筋笼顶部区段必须布置有通常的、连续的焊接网片，以加强梁顶部的约束作用。“U”形开口箍筋笼在国外的预制构件和现浇梁板中均有应用。

焊接钢筋桁架是由一根上弦钢筋、两根下弦钢筋和两侧腹杆钢筋经电阻点焊连接、截面呈倒“V”字形的钢筋焊接骨架。焊接钢筋桁架在国外应用有很长历史，主要用在叠合楼板以及少量叠合板式混凝土剪力墙结构中。近年来，焊接钢筋桁架在国内得到推广应用，已有10多个厂家，生产线达20多条，主要在高速铁路的双块式轨枕中，仅武—广、郑—西两条客运专线的双块式轨枕中共用焊接钢筋桁架400多万根。钢筋桁架用作预制装配式叠合楼板及叠合板式混凝土剪力墙的配筋，在房屋工程中进行了试点应用。提前浇筑预制楼板底部的混凝土，现场浇筑上部混凝土，钢筋桁架使上下层混凝土紧密结合共同受力、省去模板，提高施工速度。有关钢筋桁架的详细要求，见现行国家行业标准《钢筋混凝土用钢筋桁架》YB/T 4260的有关规定。

根据国内工程实践，提出了焊接钢筋桁架的3种钢筋牌号。其他钢筋牌号，当有试验依据和工程经验时，可以采用。

附录C 路面及桥面铺装钢筋焊接网常用规格

C.0.1 分析日本2006年路面设计规范《铺装设计便览》的普通水泥混凝土路面结构（表5）可知：

表5 日本普通混凝土面板结构

交通量区分	路面设计交通量[辆/(日·方向)]	混凝土面板设计			缩缝间距	拉杆传力杆
		弯拉强度(MPa)	板厚(mm)	钢筋焊接网		
$N_1 \sim N_3$	$T<100$	4.4 (3.9)	150 (200)	一般用量 3kg/m² (直径6mm, 150mm× 150mm)	·8m ·不用焊接网5m	原则使用
N_4	$100 \leqslant T<250$	4.4 (3.9)	200 (250)			
N_5	$250 \leqslant T<1000$	4.4	250		10m	
N_6	$1000 \leqslant T<3000$	4.4	280			
N_7	$T \geqslant 3000$	4.4	300			

注：1 表中板厚栏（ ）内值为混凝土弯拉强度3.9MPa值。
2 $N_5 \sim N_7$ 不设钢筋焊接网时，缩缝间距6m。

1 与我国普通混凝土路面采用素混凝土材料不同的是，日本普通混凝土中一般设置有钢筋焊接网，素混凝土只限用于工程较小的维修工程中；

2 日本规范不同交通量（$T<100\sim T\geqslant3000$）、不同面板厚度（150mm～300mm）焊接网的用量均为3kg/m^2（直径 6mm，间距 150mm×150mm）。

在本次规程修订中，考虑到随着板厚的增加，面板钢筋网承受的荷载应力较大，成型收缩和温缩应力也较大，带肋钢筋直径随面板厚度的增加而适当加大更为合理，因此，在表 C.0.1 中，路面厚度 150mm～240mm 时采用直径 6mm 钢筋，路面厚度 250mm～300mm 时采用直径 8mm，钢筋间距均采用 150mm×150mm。

在 2009 年山西某高速公路水泥路面改造工程中，260mm 厚水泥混凝土面板内，采用了直径 8mm 带肋钢筋焊接网，在重载条件下经三年行车，复合式路面无开裂病害，可见普通水泥混凝土路面中增设钢筋焊接网有明显的功能作用。

C.0.2 连续配筋水泥混凝土路面中，纵向钢筋除承担荷载应力分布作用外，主要承担路面温缩应力、路面成型过程中干缩应力和路面与基层中的摩擦力，而横筋主要是用作连接纵筋的构造筋，数量并不包含在设计配筋率内。纵筋配筋率大小、间距与路表距离，直接影响路面横向裂缝的分布状况及路面冲断破损的可能性，国内外对纵筋配筋率的要求基本相近，即冰冻地区采用 0.6%～0.8%（钢筋截面积与混凝土面板横截面积之比）。

日本规范对连续配筋混凝土路面结构的规定（表 6）比较简单，N_7 类重载交通连续配筋混凝土路面厚度 250mm 可较普通混凝土路面厚度 300mm 减薄 50mm。

表 6 日本连续配筋混凝土面板结构

交通量区分	路面设计交通量[辆/(日·方向)]	混凝土面板设计		钢筋			
				纵向		横向	
		弯拉强度	板厚(mm)	直径(mm)	间隔(mm)	直径(mm)	间隔(mm)
$N_1\sim N_5$	$T<1000$	4.4MPa	200	16	150	13	600
				13	100	10	300
$N_6\sim N_7$	$T\geqslant1000$	4.4MPa	250	16	125	13	600
				13	80	10	300

注：1 纵、横向钢筋尺寸和间距，根据板厚不同分别列于表中。

2 纵缝为平接缝时采用螺栓拉杆。

统计美国 1971～1991 年间修建的 23 条州际高速公路连续配筋（CRCP）路面结构资料可知：

1）美国 CRCP 平均厚度 233mm，其中 10 条路面厚度为 203mm，仅 2 条路面厚度超过 300mm（330mm、305mm）；

2）美国 CRCP 平均配筋率 0.59%，其中最小 0.45%，最大 0.70%。美国《AASHTO 路面设计指南》根据统计分析提出冰冻地区纵向配筋率 0.6%～0.8%的建议，并列出了配筋率计算公式和诺谟图。在 AASHTO 配筋率的计算公式中，提出配筋率 ρ 与设计裂缝平均间距 $\overline{X}$、混凝土间接抗拉强度 f_t、钢筋和混凝土的热胀系数 α_s、α_c、钢筋直径 ϕ、轮载应力 σ_w、混凝土 28d 的干缩应变 τ 诸因素有关，但与交通量并无直接关系。

我国《公路水泥混凝土路面设计规范》JTG D40－2011 规定，水泥混凝土路面板厚由最大荷载应力、荷载疲劳应力、最大温度应力、温度疲劳应力确定，CRCP 配筋率除与设计裂缝平均宽度、间距、钢筋应力等有关外，还因设计荷载等级（累计交通量）不同分别采用 0.6%～1.0%的配筋率。

本规程修订中，参照了国内外成熟的经验，依据常用路面厚度和配筋率要求列出了一般的钢筋焊接网规格表。其中纵向钢筋间距主要考虑应有较好的抗裂效果和便于施工时插入式振捣器作业，一般宜控制在 100mm～150mm 之间。配筋率在冰冻地区采用 0.7%；非冰冻地区和隧道内，因路面承受的温度应力较小，配筋率可采用 0.6%；复合式路面中的荷载应力和温度应力较一般水泥路面小，配筋率可相应减小 0.1%。

当采用表 C.0.2 之外的设计时，路面钢筋焊接网规格应另行计算。

C.0.3 表 C.0.3 中按现行公路、城市桥梁相关设计规范规定将 2003 年版规程中三种荷载等级调整为两种荷载等级，钢筋间距未作修改。

表 C.0.3 中城-A 级（公路-Ⅰ级）和城-B 级（公路-Ⅱ级）水泥混凝土桥面铺装层均采用 10mm 的钢筋直径，是为了满足《城市桥梁设计规范》CJJ 11－2011 第 9.1.2 条"2、铺装层内应配有钢筋网或钢筋焊接网，钢筋直径不应小于 10mm"之规定。因此对 2003 年版规程中表 B.0.1 的钢筋直径 8mm～10mm（城-A 级）和 8mm～9mm（城-B 级）的规定作了修订。

附录 D 钢筋焊接网的质量要求

本附录规定了钢筋焊接网的外观质量要求、几何尺寸和直径的允许偏差以及钢筋焊接点开焊数量的限制。

本附录的有关规定是供现场检查验收用。为减少试验量，取样数量应按本规程第 6.4 节的规定。

网片的对角线偏差在大面积铺网工程中对铺网质量有直接影响，如果对角线偏差大，对网片间的准确搭接将有不良影响。本次修订对角线差提高要求，定为±0.5%。

当网格尺寸均做成正偏差时，由于偏差的积累，有可能使钢筋根数比设计根数减少。为防止此种情况出现，规定在一张网片中，纵、横向钢筋的根数应符合原设计的要求。

附录E　钢筋焊接网的技术性能要求

E.0.1　钢筋焊接网的技术性能指标，除满足本附录的有关要求外，尚应符合现行国家标准《钢筋混凝土用钢　第3部分：钢筋焊接网》GB/T 1499.3的有关规定。

E.0.3　目前光面钢筋焊接网只有很少量的使用，主要用作非受力的构造钢筋，例如地铁衬砌、预制构件以及厚保护层中防裂、防收缩的构造钢筋等。本条仍保留了冷拔光面钢筋的力学性能和工艺性能要求。由于主要用作构造钢筋，对伸长率指标也作了相应降低。

E.0.5　从设计和使用考虑，对焊点抗剪力应有一定的要求，以保证横向钢筋通过焊点传递一定的纵向拉力。规定焊接网焊点的抗剪力不小于试样受拉钢筋规定屈服力值的0.3倍。焊点抗剪力的影响因素很多，离散性较大，故此，取三个试样结果的平均值作为评定标准。

在截取试样时，不宜在纵向(制作)方向上同一根钢筋上截取3个试件，因纵向钢筋上的焊点是同一焊头所焊，施焊条件基本相同，达不到测试不同焊头施焊条件的抗剪力的目的。

E.0.6　单向焊接网的纵向钢筋为受力主筋、横向钢筋为非受力钢筋，仅起成型网片的构造作用。应用中单向焊接网的主筋搭接均为平搭法，与焊接强度关系不大，因此焊接抗剪力可较普通网片适当降低，乘以0.6倍折减系数。

中华人民共和国行业标准

夏热冬冷地区居住建筑节能设计标准

Design standard for energy efficiency of residential buildings in hot summer and cold winter zone

JGJ 134—2010

批准部门：中华人民共和国住房和城乡建设部
施行日期：2 0 1 0 年 8 月 1 日

中华人民共和国住房和城乡建设部
公　告

第523号

关于发布行业标准《夏热冬冷地区居住建筑节能设计标准》的公告

现批准《夏热冬冷地区居住建筑节能设计标准》为行业标准，编号为JGJ 134－2010，自2010年8月1日起实施。其中，第4.0.3、4.0.4、4.0.5、4.0.9、6.0.2、6.0.3、6.0.5、6.0.6、6.0.7条为强制性条文，必须严格执行。原《夏热冬冷地区居住建筑节能设计标准》JGJ 134－2001同时废止。

本标准由我部标准定额研究所组织中国建筑工业出版社出版发行。

中华人民共和国住房和城乡建设部

2010年3月18日

前　言

根据原建设部《关于印发〈2005年工程建设标准规范制订、修订计划（第一批）〉的通知》（建标[2005] 84号）的要求，标准编制组经广泛调查研究，认真总结实践经验，参考有关国际标准和国外先进标准，并在广泛征求意见的基础上，修订本标准。

本标准的主要技术内容是：1. 总则；2. 术语；3. 室内热环境设计计算指标；4. 建筑和围护结构热工设计；5. 建筑围护结构热工性能的综合判断；6. 采暖、空调和通风节能设计等。

本次修订的主要技术内容是：重新确定住宅的围护结构热工性能要求和控制采暖空调能耗指标的技术措施；建立新的建筑围护结构热工性能综合判断方法；规定采暖空调的控制和计量措施。

本标准中以黑体字标志的条文为强制性条文，必须严格执行。

本标准由住房和城乡建设部负责管理和对强制性条文的解释，由中国建筑科学研究院负责具体技术内容的解释。执行过程中如有意见或建议，请寄送中国建筑科学研究院（地址：北京市北三环东路30号，邮政编码：100013）。

本标准主编单位：中国建筑科学研究院

本标准参编单位：重庆大学
中国建筑西南设计研究院有限公司
中国建筑业协会建筑节能专业委员会
上海市建筑科学研究院（集团）有限公司
江苏省建筑科学研究院有限公司
福建省建筑科学研究院
中南建筑设计研究院
重庆市建设技术发展中心
北京振利高新技术有限公司
巴斯夫（中国）有限公司
欧文斯科宁（中国）投资有限公司
哈尔滨天硕建材工业有限公司
中国南玻集团股份有限公司
秦皇岛耀华玻璃钢股份公司
乐意涂料(上海)有限公司

本标准主要起草人员：郎四维　林海燕　付祥钊　冯　雅　涂逢祥　刘明明　许锦峰　赵士怀　刘安平　周　辉　董　宏　姜　涵　林燕成　王　稚　康玉范　许武毅　李西平　邓　威

本标准主要审查人员：李百战　陆善后　寿炜炜　杨善勤　徐金泉　胡吉士　储兆佛　张瀛洲　郭和平

目　次

Contents

1 总 则

1.0.1 为贯彻国家有关节约能源、保护环境的法律、法规和政策，改善夏热冬冷地区居住建筑热环境，提高采暖和空调的能源利用效率，制定本标准。

1.0.2 本标准适用于夏热冬冷地区新建、改建和扩建居住建筑的建筑节能设计。

1.0.3 夏热冬冷地区居住建筑必须采取节能设计，在保证室内热环境的前提下，建筑热工和暖通空调设计应将采暖和空调能耗控制在规定的范围内。

1.0.4 夏热冬冷地区居住建筑的节能设计，除应符合本标准的规定外，尚应符合国家现行有关标准的规定。

2 术 语

2.0.1 热惰性指标(D) index of thermal inertia

表征围护结构抵御温度波动和热流波动能力的无量纲指标，其值等于各构造层材料热阻与蓄热系数的乘积之和。

2.0.2 典型气象年(TMY) typical meteorological year

以近10年的月平均值为依据，从近10年的资料中选取一年各月接近10年的平均值作为典型气象年。由于选取的月平均值在不同的年份，资料不连续，还需要进行月间平滑处理。

2.0.3 参照建筑 reference building

参照建筑是一栋符合节能标准要求的假想建筑。作为围护结构热工性能综合判断时，与设计建筑相对应的，计算全年采暖和空气调节能耗的比较对象。

3 室内热环境设计计算指标

3.0.1 冬季采暖室内热环境设计计算指标应符合下列规定：

1 卧室、起居室室内设计温度应取18℃；

2 换气次数应取1.0次/h。

3.0.2 夏季空调室内热环境设计计算指标应符合下列规定：

1 卧室、起居室室内设计温度应取26℃；

2 换气次数应取1.0次/h。

4 建筑和围护结构热工设计

4.0.1 建筑群的总体布置、单体建筑的平面、立面设计和门窗的设置应有利于自然通风。

4.0.2 建筑物宜朝向南北或接近朝向南北。

4.0.3 夏热冬冷地区居住建筑的体形系数不应大于表4.0.3规定的限值。当体形系数大于表4.0.3规定的限值时，必须按照本标准第5章的要求进行建筑围护结构热工性能的综合判断。

表4.0.3 夏热冬冷地区居住建筑的体形系数限值

建筑层数	≤3层	(4～11)层	≥12层
建筑的体形系数	0.55	0.40	0.35

4.0.4 建筑围护结构各部分的传热系数和热惰性指标不应大于表4.0.4规定的限值。当设计建筑的围护结构中的屋面、外墙、架空或外挑楼板、外窗不符合表4.0.4的规定时，必须按照本标准第5章的规定进行建筑围护结构热工性能的综合判断。

表4.0.4 建筑围护结构各部分的传热系数（*K*）和热惰性指标（*D*）的限值

围护结构部位		传热系数 K [W/(m²·K)]	
		热惰性指标 $D\leqslant2.5$	热惰性指标 $D>2.5$
体形系数≤0.40	屋面	0.8	1.0
	外墙	1.0	1.5
	底面接触室外空气的架空或外挑楼板	1.5	
	分户墙、楼板、楼梯间隔墙、外走廊隔墙	2.0	
	户门	3.0(通往封闭空间) 2.0(通往非封闭空间或户外)	
	外窗(含阳台门透明部分)	应符合本标准表4.0.5-1、表4.0.5-2的规定	
体形系数>0.40	屋面	0.5	0.6
	外墙	0.80	1.0
	底面接触室外空气的架空或外挑楼板	1.0	
	分户墙、楼板、楼梯间隔墙、外走廊隔墙	2.0	
	户门	3.0(通往封闭空间) 2.0(通往非封闭空间或户外)	
	外窗(含阳台门透明部分)	应符合本标准表4.0.5-1、表4.0.5-2的规定	

4.0.5 不同朝向外窗（包括阳台门的透明部分）的窗墙面积比不应大于表4.0.5-1规定的限值。不同朝向、不同窗墙面积比的外窗传热系数不应大于表

4.0.5-2 规定的限值；综合遮阳系数应符合表 4.0.5-2 的规定。当外窗为凸窗时，凸窗的传热系数限值应比表 4.0.5-2 规定的限值小 10%；计算窗墙面积比时，凸窗的面积应按洞口面积计算。当设计建筑的窗墙面积比或传热系数、遮阳系数不符合表 4.0.5-1 和表 4.0.5-2 的规定时，必须按照本标准第 5 章的规定进行建筑围护结构热工性能的综合判断。

表 4.0.5-1 不同朝向外窗的窗墙面积比限值

朝　向	窗墙面积比
北	0.40
东、西	0.35
南	0.45
每套房间允许一个房间（不分朝向）	0.60

表 4.0.5-2 不同朝向、不同窗墙面积比的外窗传热系数和综合遮阳系数限值

建筑	窗墙面积比	传热系数 K [W/(m²·K)]	外窗综合遮阳系数 SC_W (东、西向/南向)
体形系数≤0.40	窗墙面积比≤0.20	4.7	—/—
	0.20<窗墙面积比≤0.30	4.0	—/—
	0.30<窗墙面积比≤0.40	3.2	夏季≤0.40/夏季≤0.45
	0.40<窗墙面积比≤0.45	2.8	夏季≤0.35/夏季≤0.40
	0.45<窗墙面积比≤0.60	2.5	东、西、南向设置外遮阳 夏季≤0.25 冬季≥0.60
体形系数>0.40	窗墙面积比≤0.20	4.0	—/—
	0.20<窗墙面积比≤0.30	3.2	—/—
	0.30<窗墙面积比≤0.40	2.8	夏季≤0.40/夏季≤0.45
	0.40<窗墙面积比≤0.45	2.5	夏季≤0.35/夏季≤0.40
	0.45<窗墙面积比≤0.60	2.3	东、西、南向设置外遮阳 夏季≤0.25 冬季≥0.60

注：1 表中的"东、西"代表从东或西偏北 30°(含 30°)至偏南 60°(含 60°)的范围；"南"代表从南偏东 30°至偏西 30°的范围。

2 楼梯间、外走廊的窗不按本表规定执行。

4.0.6 围护结构热工性能参数计算应符合下列规定：

1 建筑物面积和体积应按本标准附录 A 的规定计算确定。

2 外墙的传热系数应考虑结构性冷桥的影响，取平均传热系数，其计算方法应符合本标准附录 B 的规定。

3 当屋顶和外墙的传热系数满足本标准表 4.0.4 的限值要求，但热惰性指标 $D\leqslant2.0$ 时，应按照《民用建筑热工设计规范》GB 50176－93 第 5.1.1 条来验算屋顶和东、西向外墙的隔热设计要求。

4 当砖、混凝土等重质材料构成的墙、屋面的面密度 $\rho\geqslant200\text{kg/m}^2$ 时，可不计算热惰性指标，直接认定外墙、屋面的热惰性指标满足要求。

5 楼板的传热系数可按装修后的情况计算。

6 窗墙面积比应按建筑开间（轴距离）计算。

7 窗的综合遮阳系数应按下式计算：

$$SC = SC_C \times SD = SC_B \times (1 - F_K/F_C) \times SD \quad (4.0.6)$$

式中：SC——窗的综合遮阳系数；

SC_C——窗本身的遮阳系数；

SC_B——玻璃的遮阳系数；

F_K——窗框的面积；

F_C——窗的面积，F_K/F_C 为窗框面积比，PVC 塑钢窗或木窗窗框比可取 0.30，铝合金窗窗框比可取 0.20，其他框材的窗按相近原则取值；

SD——外遮阳的遮阳系数，应按本标准附录 C 的规定计算。

4.0.7 东偏北 30°至东偏南 60°、西偏北 30°至西偏南 60°范围内的外窗应设置挡板式遮阳或可以遮住窗户正面的活动外遮阳，南向的外窗宜设置水平遮阳或可以遮住窗户正面的活动外遮阳。各朝向的窗户，当设置了可以完全遮住正面的活动外遮阳时，应认定满足本标准表 4.0.5-2 对外窗遮阳的要求。

4.0.8 外窗可开启面积（含阳台门面积）不应小于外窗所在房间地面面积的 5%。多层住宅外窗宜采用平开窗。

4.0.9 建筑物 1～6 层的外窗及敞开式阳台门的气密性等级，不应低于国家标准《建筑外门窗气密、水密、抗风压性能分级及检测方法》GB/T 7106－2008 中规定的 4 级；7 层及 7 层以上的外窗及敞开式阳台门的气密性等级，不应低于该标准规定的 6 级。

4.0.10 当外窗采用凸窗时，应符合下列规定：

1 窗的传热系数限值应比本标准表 4.0.5-2 中的相应值小 10%；

2 计算窗墙面积比时，凸窗的面积按窗洞口面积计算；

3 对凸窗不透明的上顶板、下底板和侧板，应进行保温处理，且板的传热系数不应低于外墙的传热系数的限值要求。

4.0.11 围护结构的外表面宜采用浅色饰面材料。平屋顶宜采取绿化、涂刷隔热涂料等隔热措施。

4.0.12 当采用分体式空气调节器（含风管机、多联机）时，室外机的安装位置应符合下列规定：

1 应稳定牢固，不应存在安全隐患；

2 室外机的换热器应通风良好，排出空气与吸入空气之间应避免气流短路；

3 应便于室外机的维护；

4 应尽量减小对周围环境的热影响和噪声影响。

5 建筑围护结构热工性能的综合判断

5.0.1 当设计建筑不符合本标准第 4.0.3、第 4.0.4 和第 4.0.5 条中的各项规定时，应按本章的规定对设计建筑进行围护结构热工性能的综合判断。

5.0.2 建筑围护结构热工性能的综合判断应以建筑物在本标准第5.0.6条规定的条件下计算得出的采暖和空调耗电量之和为判据。

5.0.3 设计建筑在规定条件下计算得出的采暖耗电量和空调耗电量之和，不应超过参照建筑在同样条件下计算得出的采暖耗电量和空调耗电量之和。

5.0.4 参照建筑的构建应符合下列规定：

1 参照建筑的建筑形状、大小、朝向以及平面划分均应与设计建筑完全相同；

2 当设计建筑的体形系数超过本标准表4.0.3的规定时，应按同一比例将参照建筑每个开间外墙和屋面的面积分为传热面积和绝热面积两部分，并应使得参照建筑外围护的所有传热面积之和除以参照建筑的体积等于本标准表4.0.3中对应的体形系数限值；

3 参照建筑外墙的开窗位置应与设计建筑相同，当某个开间的窗面积与该开间的传热面积之比大于本标准表4.0.5-1的规定时，应缩小该开间的窗面积，并应使得窗面积与该开间的传热面积之比符合本标准表4.0.5-1的规定；当某个开间的窗面积与该开间的传热面积之比小于本标准表4.0.5-1的规定时，该开间的窗面积不应作调整；

4 参照建筑屋面、外墙、架空或外挑楼板的传热系数应取本标准表4.0.4中对应的限值，外窗的传热系数应取本标准表4.0.5中对应的限值。

5.0.5 设计建筑和参照建筑在规定条件下的采暖和空调年耗电量应采用动态方法计算，并应采用同一版本计算软件。

5.0.6 设计建筑和参照建筑的采暖和空调年耗电量的计算应符合下列规定：

1 整栋建筑每套住宅室内计算温度，冬季应全天为18℃，夏季应全天为26℃；

2 采暖计算期应为当年12月1日至次年2月28日，空调计算期应为当年6月15日至8月31日；

3 室外气象计算参数应采用典型气象年；

4 采暖和空调时，换气次数应为1.0次/h；

5 采暖、空调设备为家用空气源热泵空调器，制冷时额定能效比应取2.3，采暖时额定能效比应取1.9；

6 室内得热平均强度应取4.3W/m²。

6 采暖、空调和通风节能设计

6.0.1 居住建筑采暖、空调方式及其设备的选择，应根据当地能源情况，经技术经济分析，及用户对设备运行费用的承担能力综合考虑确定。

6.0.2 当居住建筑采用集中采暖、空调系统时，必须设置分室（户）温度调节、控制装置及分户热（冷）量计量或分摊设施。

6.0.3 除当地电力充足和供电政策支持、或者建筑所在地无法利用其他形式的能源外，夏热冬冷地区居住建筑不应设计直接电热采暖。

6.0.4 居住建筑进行夏季空调、冬季采暖，宜采用下列方式：

1 电驱动的热泵型空调器（机组）；

2 燃气、蒸汽或热水驱动的吸收式冷（热）水机组；

3 低温地板辐射采暖方式；

4 燃气（油、其他燃料）的采暖炉采暖等。

6.0.5 当设计采用户式燃气采暖热水炉作为采暖热源时，其热效率应达到国家标准《家用燃气快速热水器和燃气采暖热水炉能效限定值及能效等级》GB 20665－2006中的第2级。

6.0.6 当设计采用电机驱动压缩机的蒸气压缩循环冷水（热泵）机组，或采用名义制冷量大于7100W的电机驱动压缩机单元式空气调节机，或采用蒸气、热水型溴化锂吸收式冷水机组及直燃型溴化锂吸收式冷（温）水机组作为住宅小区或整栋楼的冷热源机组时，所选用机组的能效比（性能系数）应符合现行国家标准《公共建筑节能设计标准》GB 50189中的规定值；当设计采用多联式空调（热泵）机组作为户式集中空调（采暖）机组时，所选用机组的制冷综合性能系数（IPLV（C））不应低于国家标准《多联式空调（热泵）机组能效限定值及能源效率等级》GB 21454－2008中规定的第3级。

6.0.7 当选择土壤源热泵系统、浅层地下水源热泵系统、地表水（淡水、海水）源热泵系统、污水水源热泵系统作为居住区或户用空调的冷热源时，严禁破坏、污染地下资源。

6.0.8 当采用分散式房间空调器进行空调和（或）采暖时，宜选择符合国家标准《房间空气调节器能效限定值及能效等级》GB 12021.3和《转速可控型房间空气调节器能效限定值及能源效率等级》GB 21455中规定的节能型产品（即能效等级2级）。

6.0.9 当技术经济合理时，应鼓励居住建筑中采用太阳能、地热能等可再生能源，以及在居住建筑小区采用热、电、冷联产技术。

6.0.10 居住建筑通风设计应处理好室内气流组织、提高通风效率。厨房、卫生间应安装局部机械排风装置。对采用采暖、空调设备的居住建筑，宜采用带热回收的机械换气装置。

附录A 面积和体积的计算

A.0.1 建筑面积应按各层外墙外包线围成面积的总和计算。

A.0.2 建筑体积应按建筑物外表面和底层地面围成的体积计算。

A.0.3 建筑物外表面积应按墙面面积、屋顶面积和下表面直接接触室外空气的楼板面积的总和计算。

附录B 外墙平均传热系数的计算

B.0.1 外墙受周边热桥的影响（图B.0.1），其平均传热系数应按下式计算：

$$K_m=\frac{K_P\cdot F_P+K_{B1}\cdot F_{B1}+K_{B2}\cdot F_{B2}+K_{B3}\cdot F_{B3}}{F_P+F_{B1}+F_{B2}+F_{B3}} \qquad (B.0.1)$$

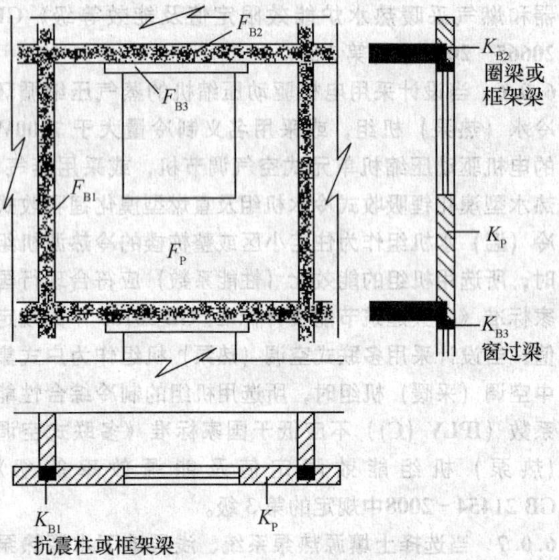

F_{B2}
F_{B3}
F_{B1}
F_P
K_{B2}
圈梁或
框架梁
K_P
K_{B3}
窗过梁
K_{B1}
K_P
抗震柱或框架梁

图B.0.1 外墙主体部位与周边热桥部位示意

式中：K_m——外墙的平均传热系数[W/(m²·K)]；

K_P——外墙主体部位的传热系数[W/(m²·K)]，应按国家标准《民用建筑热工设计规范》GB 50176－93的规定计算；

K_{B1}、K_{B2}、K_{B3}——外墙周边热桥部位的传热系数[W/(m²·K)]；

F_P——外墙主体部位的面积（m²）；

F_{B1}、F_{B2}、F_{B3}——外墙周边热桥部位的面积（m²）。

附录C 外遮阳系数的简化计算

C.0.1 外遮阳系数应按下式计算：

$$SD=ax^2+bx+1 \qquad (C.0.1\text{-}1)$$

$$x=A/B \qquad (C.0.1\text{-}2)$$

式中：SD——外遮阳系数；

x——外遮阳特征值，$x>1$时，取$x=1$；

a、b——拟合系数，宜按表C.0.1选取；

A、B——外遮阳的构造定性尺寸，宜按图C.0.1-1～图C.0.1-5确定。

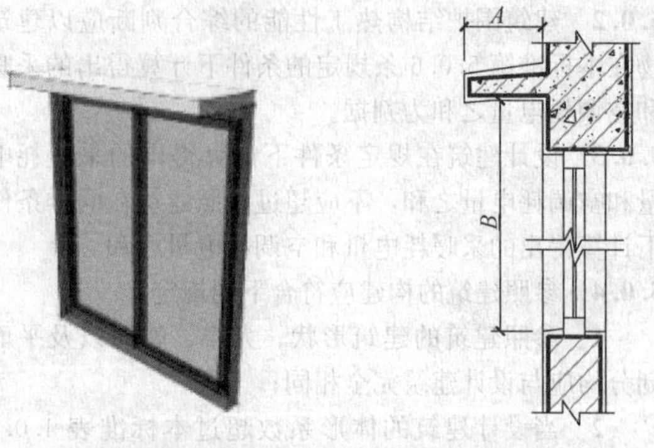

A
B

图C.0.1-1 水平式外遮阳的特征值

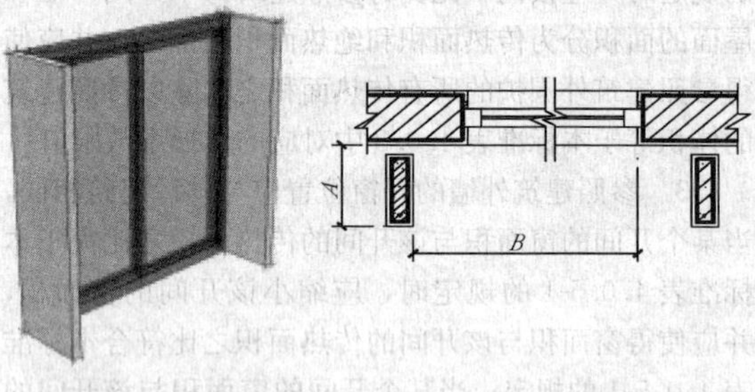

A
B

图C.0.1-2 垂直式外遮阳的特征值

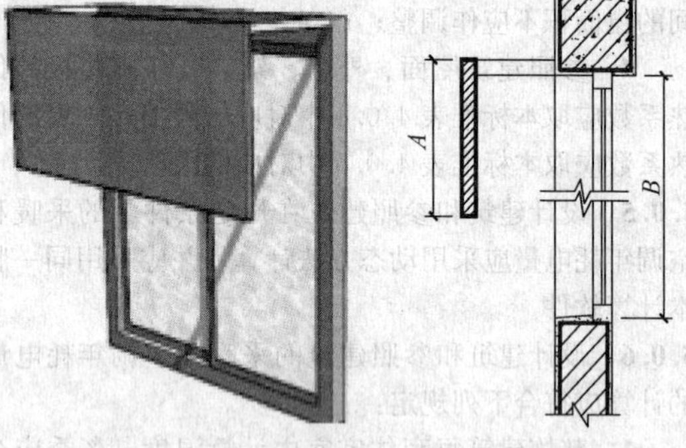

A
B

图C.0.1-3 挡板式外遮阳的特征值

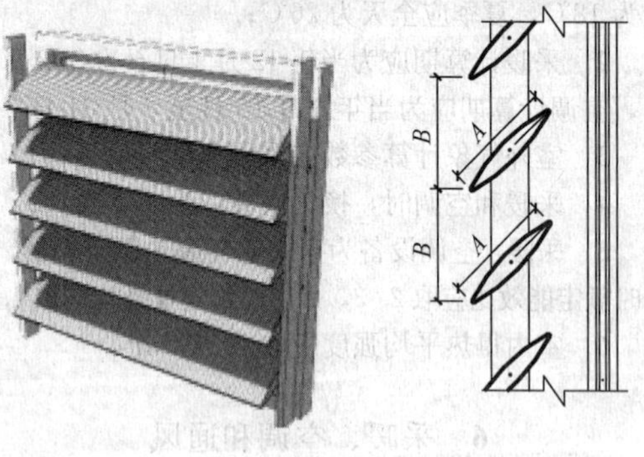

B
A
B
A

图C.0.1-4 横百叶挡板式外遮阳的特征值

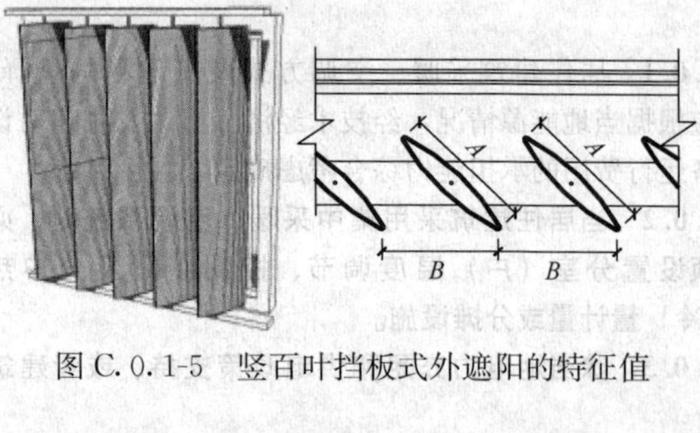

A
A
B
B

图C.0.1-5 竖百叶挡板式外遮阳的特征值

表 C.0.1　外遮阳系数计算用的拟合系数 a、b

气候区	外遮阳基本类型		拟合系数	东	南	西	北
夏热冬冷地区	水平式（图 C.0.1-1）		a	0.36	0.50	0.38	0.28
			b	−0.80	−0.80	−0.81	−0.54
	垂直式（图 C.0.1-2）		a	0.24	0.33	0.24	0.48
			b	−0.54	−0.72	−0.53	−0.89
	挡板式（图 C.0.1-3）		a	0.00	0.35	0.00	0.13
			b	−0.96	−1.00	−0.96	−0.93
	固定横百叶挡板式（图 C.0.1-4）		a	0.50	0.50	0.52	0.37
			b	−1.20	−1.20	−1.30	−0.92
	固定竖百叶挡板式（图 C.0.1-5）		a	0.00	0.16	0.19	0.56
			b	−0.66	−0.92	−0.71	−1.16
	活动横百叶挡板式（图 C.0.1-4）	冬	a	0.23	0.03	0.23	0.20
			b	−0.66	−0.47	−0.69	−0.62
		夏	a	0.56	0.79	0.57	0.60
			b	−1.30	−1.40	−1.30	−1.30
	活动竖百叶挡板式（图 C.0.1-5）	冬	a	0.29	0.14	0.31	0.20
			b	−0.87	−0.64	−0.86	−0.62
		夏	a	0.14	0.42	0.12	0.84
			b	−0.75	−1.11	−0.73	−1.47

C.0.2　组合形式的外遮阳系数，可由参加组合的各种形式遮阳的外遮阳系数的乘积来确定，单一形式的外遮阳系数应按本标准式（C.0.1-1）、式（C.0.1-2）计算。

C.0.3　当外遮阳的遮阳板采用有透光能力的材料制作时，应按下式进行修正：

$$SD = 1-(1-SD^{*})(1-\eta^{*}) \qquad (C.0.3)$$

式中：SD^{*}——外遮阳的遮阳板采用非透明材料制作时的外遮阳系数，按本标准式（C.0.1-1）、式（C.0.1-2）计算。

η^{*}——遮阳板的透射比，按表 C.0.3 选取。

表 C.0.3　遮阳板的透射比

遮阳板使用的材料	规　格	η^{*}
织物面料、玻璃钢类板	—	0.40
玻璃、有机玻璃类板	深色：$0<S_c\leqslant 0.6$	0.60
	浅色：$0.6<S_e\leqslant 0.8$	0.80
金属穿孔板	穿孔率：$0<\varphi\leqslant 0.2$	0.10
	穿孔率：$0.2<\varphi\leqslant 0.4$	0.30
	穿孔率：$0.4<\varphi\leqslant 0.6$	0.50
	穿孔率：$0.6<\varphi\leqslant 0.8$	0.70
铝合金百叶板	—	0.20

续表 C.0.3

遮阳板使用的材料	规　格	η^{*}
木质百叶板	—	0.25
混凝土花格	—	0.50
木质花格	—	0.45

本标准用词说明

1　为便于在执行本标准条文时区别对待，对要求严格程度不同的用词说明如下：

1） 表示很严格，非这样做不可的：
正面词采用“必须”，反面词采用“严禁”；

2） 表示严格，在正常情况下均应这样做的：
正面词采用“应”，反面词采用“不应”或“不得”；

3） 表示允许稍有选择，在条件许可时首先应这样做的：
正面词采用“宜”，反面词采用“不宜”；

4） 表示有选择，在一定条件下可以这样做的，采用“可”。

2　条文中指明应按其他有关标准执行的写法为：“应符合……的规定”或“应按……执行”。

引用标准名录

1　《民用建筑热工设计规范》GB 50176－93

2　《公共建筑节能设计标准》GB 50189

3　《建筑外门窗气密、水密、抗风压性能分级及检测方法》GB/T 7106－2008

4　《房间空气调节器能效限定值及能效等级》GB 12021.3

5　《家用燃气快速热水器和燃气采暖热水炉能效限定值及能效等级》GB 20665－2006

6　《多联式空调（热泵）机组能效限定值及能源效率等级》GB 21454－2008

7　《转速可控型房间空气调节器能效限定值及能源效率等级》GB 21455

中华人民共和国行业标准

夏热冬冷地区居住建筑节能设计标准

JGJ 134—2010

条 文 说 明

修 订 说 明

《夏热冬冷地区居住建筑节能设计标准》JGJ 134－2010经住房和城乡建设部2010年3月18日以第523号公告批准、发布。

本标准是在《夏热冬冷地区居住建筑节能设计标准》JGJ 131－2001的基础上修订而成，上一版的主编单位是中国建筑科学研究院、重庆大学，参编单位是中国建筑业协会建筑节能专业委员会、上海市建筑科学研究院、同济大学、江苏省建筑科学研究院、东南大学、中国西南建筑设计研究院、成都市墙体改革和建筑节能办公室、武汉市建工科研设计院、武汉市建筑节能办公室、重庆市建筑技术发展中心、北京中建建筑科学技术研究院、欧文斯科宁公司上海科技中心、北京振利高新技术公司、爱迪士（上海）室内空气技术有限公司，主要起草人员是：郎四维、付祥钊、林海燕、涂逢祥、刘明明、蒋太珍、冯雅、许锦峰、林成高、杨维菊、徐吉浣、彭家惠、鲁向东、段恺、孙克光、黄振利、王一丁。

本次修订的主要技术内容是：1.“建筑与围护结构热工设计”规定了体形系数限值、窗墙面积比限值和围护结构热工参数限值；并且规定体形系数、窗墙面积比或围护结构热工参数超过限值时，应进行围护结构热工性能的综合判断。2.“建筑围护结构热工性能的综合判断”规定了围护结构热工性能的综合判断的方法，细化和固定了计算条件。3.“采暖、空调和通风节能设计”在满足节能要求的条件下，提出冷源、热源、通风与空气调节系统设计的基本规定，提供相应的指导原则和技术措施。

为便于广大设计、施工、科研、学校等单位有关人员在使用本标准时能正确理解和执行条文规定，《夏热冬冷地区居住建筑节能设计标准》编制组按章、节、条顺序编制了本标准的条文说明，对条文规定的目的、依据以及执行中需注意的有关事项进行了说明，还着重对强制性条文的强制性理由作了解释。但是，本条文说明不具备与标准正文同等的法律效力，仅供使用者作为理解和把握标准规定的参考。在使用中如果发现本条文说明有不妥之处，请将意见函寄中国建筑科学研究院。

目　次

1 总　则

1.0.1　新修订通过的《中华人民共和国节约能源法》已于2008年4月1日起施行。其中第三十五条规定“建筑工程的建设、设计、施工和监理单位应当遵守建筑节能标准”。国务院制定的《民用建筑节能条例》也自2008年10月1日起施行。该条例要求在保证民用建筑使用功能和室内热环境质量的前提下，降低其使用过程中能源消耗。原建设部《建筑节能“九五”计划和2010年规划》、《建筑节能技术政策》规定“夏热冬冷地区新建民用建筑2000年起开始执行建筑热环境及节能标准”。

夏热冬冷地区是指长江中下游及其周围地区（其确切范围由现行国家标准《民用建筑热工设计规范》GB 50176确定，图1是该规范的附录八‘全国建筑热工设计分区图’中的夏热冬冷地区部分）。该地区的范围大致为陇海线以南，南岭以北，四川盆地以东，包括上海、重庆二直辖市，湖北、湖南、江西、安徽、浙江五省全部，四川、贵州二省东半部，江苏、河南二省南半部，福建省北半部，陕西、甘肃二省南端，广东、广西二省区北端，涉及16个省、市、自治区。该地区面积约180万平方公里，人口5.5亿左右，国内生产总值约占全国的48%，是一个人口密集、经济发达的地区。

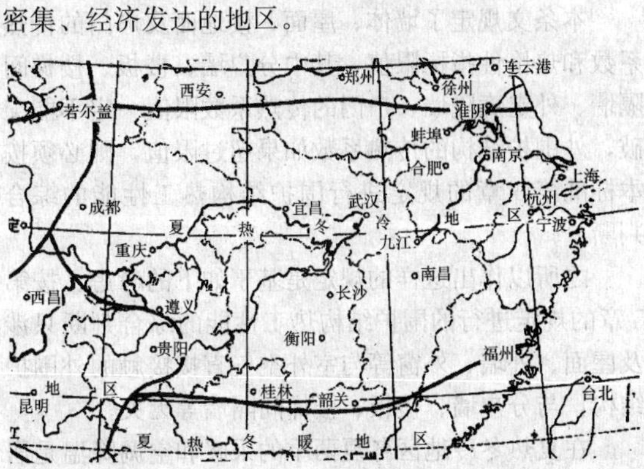

连云港
郑州
西安
徐州
若尔盖
淮阴
蚌埠
南京
合肥
上海
成都
宜昌
武汉
杭州
宁波
夏
热
冬
冷
地
区
重庆
九江
南昌
长沙
西昌
遵义
衡阳
贵阳
福州
昆明
桂林
韶关
台北
夏
热
冬
暖
地
区

图1　夏热冬冷地区区域范围

该地区夏季炎热，冬季寒冷。改革开放以来，随着我国经济的高速增长，该地区的城镇居民越来越多地采取措施，自行解决住宅冬夏季的室内热环境问题，夏季空调冬季采暖日益普及。由于该地区过去一般不用采暖和空调，居住建筑的设计对保温隔热问题不够重视，围护结构的热工性能普遍很差。主要采暖设备也只是电暖器和暖风机，能效比很低，电能浪费很大。这种状况如不改变，该地区的采暖、空调能源消耗必然急剧上升，将会阻碍社会经济的发展，不利于环境保护。因此，推进该地区建筑节能、势在必行。该地区正在大规模建设居住建筑，有必要制定更加有效的居住建筑节能设计标准，更好地贯彻国家有关建筑节能的方针、政策和法规制度，节约能源，保护环境，改善居住建筑热环境，提高采暖和空调的能源利用效率。

1.0.2　本标准的内容主要是对夏热冬冷地区居住建筑从建筑、围护结构和暖通空调设计方面提出节能措施，对采暖和空调能耗规定控制指标。

当其他类型的既有建筑改建为居住建筑时，以及原有的居住建筑进行扩建时，都应该按照本标准的要求采取节能措施，必须符合本标准的各项规定。

本标准适用于各类居住建筑，其中包括住宅、集体宿舍、住宅式公寓、商住楼的住宅部分、托儿所、幼儿园等。

近年来，为了落实既定的建筑节能目标，很多地方都开始了成规模的既有居住建筑节能改造。由于既有居住建筑的节能改造在经济和技术两个方面与新建居住建筑有很大的不同，因此，本标准并不涵盖既有居住建筑的节能改造。

1.0.3　夏热冬冷地区过去是个非采暖地区，建筑设计不考虑采暖的要求，也谈不上夏季空调降温。建筑围护结构的热工性能差，室内热环境质量恶劣，即使采用采暖、空调，其能源利用效率也往往较低。本标准的要求，首先是要保证室内热环境质量，提高人民的居住水平；同时要提高采暖、空调能源利用效率，贯彻执行国家可持续发展战略。

1.0.4　本标准对居住建筑的有关建筑、热工、采暖、通风和空调设计中所采取的节能措施作出了规定，但建筑节能涉及的专业较多，相关专业均制定了相应的标准，也规定了节能规定。所以，该地区居住建筑节能设计，除符合本标准外，尚应符合国家现行的有关强制性标准、规范的规定。

3 室内热环境设计计算指标

3.0.1　室内热环境质量的指标体系包括温度、湿度、风速、壁面温度等多项指标。本标准只提了温度指标和换气指标，原因是考虑到一般住宅极少配备集中空调系统，湿度、风速等参数实际上无法控制。另一方面，在室内热环境的诸多指标中，对人体的舒适以及对采暖能耗影响最大的是温度指标，换气指标则是从人体卫生角度考虑必不可少的指标。所以只提了空气温度指标和换气指标。

本条文规定的18℃只是一个计算参数，在进行围护结构热工性能综合判断时用来计算采暖能耗，并不等于实际的室温。实际的室温是由住户自己控制的。

换气次数是室内热环境的另外一个重要的设计指标。冬季，室外的新鲜空气进入室内，一方面有利于确保室内的卫生条件，另一方面又要消耗大量的能量，因此要确定一个合理的换气次数。一般情况，住宅建筑的净高在2.5m以上，按人均居住面积20m²计算，1小时换气1次，人均占有新风50m³。

本条文规定的换气次数也只是一个计算参数，同样是在进行围护结构热工性能综合判断时用来计算采暖能耗，并不等于实际的新风量。实际的通风换气是由住户自己控制的。

3.0.2 本条文规定的26℃只是一个计算参数，在进行围护结构热工性能综合判断时用来计算空调能耗，并不等于实际的室温。实际的室温是由住户自己控制的。

本条文规定的换气次数也只是一个计算参数，同样是在进行围护结构热工性能综合判断时用来计算空调能耗，并不等于实际的新风量。实际的通风换气是由住户自己控制的。

潮湿是夏热冬冷地区气候的一大特点。在本节室内热环境主要设计计算指标中虽然没有明确提出相对湿度设计指标，但并非完全没有考虑潮湿问题。实际上，空调机在制冷工况下运行时，会有去湿功能而改善室内舒适程度。

4 建筑和围护结构热工设计

4.0.1 夏热冬冷地区的居住建筑，在春秋季和夏季凉爽时段，组织好室内外的自然通风，不仅有利于改善室内的热舒适程度，而且可减少空调运行的时间，降低建筑物的实际使用能耗。因此在建筑群的总体布置和单体建筑的设计时，考虑自然通风是十分必要的。

4.0.2 太阳辐射得热对建筑能耗的影响很大，夏季太阳辐射得热增加制冷负荷，冬季太阳辐射得热降低采暖负荷。由于太阳高度角和方位角的变化规律，南北朝向的建筑夏季可以减少太阳辐射得热，冬季可以增加太阳辐射得热，是最有利的建筑朝向。但由于建筑物的朝向还受到其他许多因素的制约，不可能都为南北朝向，所以本条用了“宜”字。

4.0.3 本条为强制性条文。

建筑物体形系数是指建筑物的外表面积与外表面积所包的体积之比。体形系数是表征建筑热工特性的一个重要指标，与建筑物的层数、体量、形状等因素有关。体形系数越大，则表现出建筑的外围护结构面积大，体形系数越小则表现出建筑外围护结构面积小。

体形系数的大小对建筑能耗的影响非常显著。体形系数越小，单位建筑面积对应的外表面积越小，外围护结构的传热损失越小。从降低建筑能耗的角度出发，应该将体形系数控制在一个较低的水平上。

但是，体形系数不只是影响外围护结构的传热损失，它还与建筑造型、平面布局、采光通风等紧密相关。体形系数过小，将制约建筑师的创造性，造成建筑造型呆板，平面布局困难，甚至损害建筑功能。因此应权衡利弊，兼顾不同类型的建筑造型，来确定体形系数。当体形系数超过规定时，则要求提高建筑围护结构的保温隔热性能，并按照本标准第5章的规定通过建筑围护结构热工性能综合判断，确保实现节能目标。

表4.0.3中的建筑层数分为三类，是根据目前本地区大量新建居住建筑的种类来划分的。如（1～3）层多为别墅，（4～11）层多为板式结构楼，其中6层板式楼最常见，12层以上多为高层塔楼。考虑到这三类建筑本身固有的特点，即低层建筑的体形系数较大，高层建筑的体形系数较小，因此，在体形系数的限值上有所区别。这样的分层方法与现行国家标准《民用建筑设计通则》GB 50352－2005有所不同。在《民用建筑设计通则》中，（1～3）为低层，（4～6）为多层，（7～9）为中高层，10层及10层以上为高层。之所以不同是由于两者考虑如何分层的原因不同，节能标准主要考虑体形系数的变化，《民用建筑设计通则》则主要考虑建筑使用的要求和防火的要求，例如6层以上的建筑需要配置电梯，高层建筑的防火要求更严格等等。从使用的角度讲，本标准的分层与《民用建筑设计通则》的分层不同并不会给设计人员带来任何新增的麻烦。

4.0.4 本条为强制性条文。

本条文规定了墙体、屋面、楼地面及户门的传热系数和热惰性指标限值，其中分户墙、楼板、楼梯间隔墙、外走廊隔墙、户门的传热系数限值一定不能突破，外围护结构的传热系数如果超过限值，则必须按本标准第5章的规定进行围护结构热工性能的综合判断。

之所以作出这样的规定是基于如下的考虑：按第5章的规定进行的围护结构热工性能的综合判断只涉及屋面、外墙、外窗等与室外空气直接接触的外围护结构，与分户墙、楼板、楼梯间隔墙等无关。

在夏热冬冷地区冬夏两季的采暖和空调降温是居民的个体行为，基本上是部分时间、部分空间的采暖和空调，因此要减小房间和楼内公共空间之间的传热，减小户间的传热。

夏热冬冷地区是一个相当大的地区，区内各地的气候差异仍然很大。在进行节能建筑围护结构热工设计时，既要满足冬季保温，又要满足夏季隔热的要求。采用平均传热系数，是考虑了围护结构周边混凝土梁、柱、剪力墙等“热桥”的影响，以保证建筑在夏季空调和冬季采暖时通过围护结构的传热量小于标准的要求，不至于造成由于忽略了热桥影响而建筑耗热量或耗冷量的计算值偏小，使设计的建筑物达不到预期的节能效果。

将这一地区高于等于6层的建筑屋面和外墙的传热系数值统一定为1.0(或0.8)W/(m²·K)和1.5(或

1.0)W/(m^2·K)，并不是没有考虑这一地区的气候差异。重庆、成都、湖北(武汉)、江苏(南京)、上海等的地方节能标准反映了这一地区的气候差异，这些标准对屋面和外墙的传热系数的规定与本标准基本上是一致的。

根据无锡、重庆、成都等地节能居住建筑几个试点工程的实际测试数据和DOE—2程序能耗分析的结果都表明，在这一地区改变围护结构传热系数时，随着K值的减小，能耗指标的降低并非按线性规律变化，当屋面K值降为1.0W/(m^2·K)，外墙平均K值降为1.5W/(m^2·K)时，再减小K值对降低建筑能耗的作用已不明显。因此，本标准考虑到以上因素和降低围护结构的K值所增加的建筑造价，认为屋面K值定为1.0(或0.8)W/(m^2·K)，外墙K值为1.5(或1.0)W/(m^2·K)，在目前情况下对整个地区都是比较适合的。

本标准对墙体和屋顶传热系数的要求并不太高的。主要原因是要考虑整个地区的经济发展的不平衡性。某些经济不太发达的省区，节能墙体主要靠使用空心砖和保温砂浆等材料。使用这类材料去进一步降低K值就要显著增加墙体的厚度，造价会随之大幅度增长，节能投资的回收期延长。但对于某些经济发达的省区，可能会使用高效保温材料来提高墙体的保温性能，例如采取聚苯乙烯泡沫塑料做墙体外保温。采用这样的技术，进一步降低墙体的K值，只要增加保温层的厚度即可，造价不会成比例增加，所以进一步降低K值是可行的，也是经济的。屋顶的情况也是如此。如果采用聚苯乙烯泡沫塑料做屋顶的保温层，保温层适当增厚，不会大幅度增加屋面的总造价，而屋面的K值则会明显降低，也是经济合理的。

建筑物的使用寿命比较长，从长远来看，应鼓励围护结构采用较高档的节能技术和产品，热工性能指标突破本标准的规定。经济发达的地区，建筑节能工作开展得比较早的地区，应该往这个方向努力。

本标准对D值作出规定是考虑了夏热冬冷地区的特点。这一地区夏季外围护结构严重地受到不稳定温度波作用，例如夏季实测屋面外表面最高温度南京可达62℃，武汉64℃，重庆61℃以上，西墙外表面温度南京可达51℃，武汉55℃，重庆56℃以上，夜间围护结构外表面温度可降至25℃以下，对处于这种温度波幅很大的非稳态传热条件下的建筑围护结构来说，只采用传热系数这个指标不能全面地评价围护结构的热工性能。传热系数只是描述围护结构传热能力的一个性能参数，是在稳态传热条件下建筑围护结构的评价指标。在非稳态传热的条件下，围护结构的热工性能除了用传热系数这个参数之外，还应该用抵抗温度波和热流波在建筑围护结构中传播能力的热惰性指标D来评价。

目前围护结构采用轻质材料越来越普遍。当采用轻质材料时，虽然其传热系数满足标准的规定值，但热惰性指标D可能达不到标准的要求，从而导致围护结构内表面温度波幅过大。武汉、成都、重庆荣昌、上海径南小区等节能建筑试点工程建筑围护结构热工性能实测数据表明，夏季无论是自然通风、连续空调还是间歇空调，砖混等厚重结构与加气混凝土砌块、混凝土空心砌块等中型结构以及金属夹芯板等轻型结构相比，外围护结构内表面温度波幅差别很大。在满足传热系数规定的条件下，连续空调时，空心砖加保温材料的厚重结构外墙内表面温度波幅值为(1.0～1.5)℃，加气混凝土外墙内表面温度波幅为(1.5～2.2)℃，空心混凝土砌块加保温材料外墙内表面温度波幅为(1.5～2.5)℃，金属夹芯板外墙内表面温度波幅为(2.0～3.0)℃。在间歇空调时，内表面温度波幅比连续空调要增加1℃。自然通风时，轻型结构外墙和屋顶的内表面使人明显地感到一种烘烤感。例如在重庆荣昌节能试点工程中，采用加气混凝土175mm作为屋面隔热层，屋面总热阻达到1.07m^2·kW，但因屋面的热稳定性差，其内表面温度达37.3℃，空调时内表面温度最高达31℃，波幅大于3℃。因此，对屋面和外墙的D值作出规定，是为了防止因采用轻型结构D值减小后，室内温度波幅过大以及在自然通风条件下，夏季屋面和东西外墙内表面温度可能高于夏季室外计算温度最高值，不能满足《民用建筑热工设计规范》GB 50176－93的规定。

将夏热冬冷地区外墙的平均传热系数K_m及热惰性指标分两个标准对应控制，这样更能切合目前外墙材料及结构构造的实际情况。

围护结构按体形系数的不同，分两档确定传热系数K限值和热惰性指标D值。建筑体形系数越大，则接受的室外热作用越大，热、冷损失也越大。因此，体形系数大者则理应保温隔热性能要求高一些，即传热系数K限值应小一些。

根据夏热冬冷地区实际的使用情况和楼地面传热系数便于计算考虑，对不属于同一户的层间楼地面和分户墙、楼底面接触室外空气的架空楼地面作了传热系数限值规定；底层为使用性质不确定的临街商铺的上层楼地面传热系数限值，可参照楼地面接触室外空气的架空楼地面执行。

由于采暖、空调房间的门对能耗也有一定的影响，因此，明确规定了采暖、空调房间通往室外的门（如户门、通往户外花园的门、阳台门）和通往封闭式空间（如封闭式楼梯间、封闭阳台等）或非封闭式空间（如非封闭式楼梯间、开敞阳台等）的门的传热系数K的不同限值。

4.0.5 本条为强制性条文。

窗墙面积比是指窗户洞口面积与房间立面单元面积（即建筑层高与开间定位线围成的面积）之比。

普通窗户（包括阳台门的透明部分）的保温性能

比外墙差很多，尤其是夏季白天通过窗户进入室内的太阳辐射热也比外墙多得多。一般而言，窗墙面积比越大，则采暖和空调的能耗也越大。因此，从节约的角度出发，必须限制窗墙面积比。在一般情况下，应以满足室内采光要求作为窗墙面积比的确定原则，表4.0.5-1中规定的数值能满足较大进深房间的采光要求。

在夏热冬冷地区，人们无论是过渡季节还是冬、夏两季普遍有开窗加强房间通风的习惯。一是自然通风改善了室内空气品质；二是夏季在两个连晴高温期间的阴雨降温过程或降雨后连晴高温开始升温过程的夜间，室外气候凉爽宜人，加强房间通风能带走室内余热和积蓄冷量，可以减少空调运行时的能耗。因此需要较大的开窗面积。此外，南窗大有利于冬季日照，可以通过窗口直接获得太阳辐射热。近年来居住建筑的窗墙面积比有越来越大的趋势，这是因为商品住宅的购买者大都希望自己的住宅更加通透明亮，尤其是客厅比较流行落地门窗。因此，规定每套房间允许一个房间窗墙面积比可以小于等于0.60。但当窗墙面积比增加时，应首先考虑减小窗户（含阳台透明部分）的传热系数和遮阳系数。夏热冬冷地区的外窗设置活动外遮阳的作用非常明显。提高窗的保温性能和灵活控制遮阳是夏季防热、冬季保温、降低夏季空调冬季采暖负荷的重要措施。

条文中对东、西向窗墙面积比限制较严，因为夏季太阳辐射在东、西向最大。不同朝向墙面太阳辐射强度的峰值，以东、西向墙面为最大，西南（东南）向墙面次之，西北（东北）向又次之，南向墙更次之，北向墙为最小。因此，严格控制东、西向窗墙面积比限值是合理的，对南向窗墙面积比限值放得比较松，也符合这一地区居住建筑的实际情况和人们的生活习惯。

对外窗的传热系数和窗户的遮阳系数作严格的限制，是夏热冬冷地区建筑节能设计的特点之一。在放宽窗墙面积比限值的情况下，必须提高对外窗热工性能的要求，才能真正做到住宅的节能。技术经济分析也表明，提高外窗热工性能，比提高外墙热工性能的资金效益高3倍以上。同时，适当放宽每套房间允许一个房间有很大的窗墙面积比，采用提高外窗热工性能来控制能耗，给建筑师和开发商提供了更大的灵活性，以满足这一地区人们提高居住建筑水平和国家对建筑节能的要求。

4.0.7 透过窗户进入室内的太阳辐射热，夏季构成了空调降温的主要负荷，冬季可以减小采暖负荷，所以在夏热冬暖地区设置活动式外遮阳是最合理的。夏季太阳辐射在东、西向最大，在东、西向设置外遮阳是减少太阳辐射热进入室内的一个有效措施。近年来，我国的遮阳产业有了很大发展，能够提供各种满足不同需要的产品。同时，随着全社会节能意识的提高，越来越多的居民也认识到夏季遮阳的重要性。因此，在夏热冬暖地区的居住建筑上应大力提倡使用卷帘、百叶窗之类的外遮阳。

4.0.8 对外窗的开启面积作规定，避免“大开窗，小开启”现象，有利于房间的自然通风。平开窗的开启面积大，气密性比推拉窗好，可以保证采暖、空调时住宅的换气次数得到控制。

4.0.9 本条为强制性条文。

为了保证建筑的节能，要求外窗具有良好的气密性能，以避免夏季和冬季室外空气过多地向室内渗漏。在《建筑外门窗气密、水密、抗风压性能分级及检测方法》GB/T 7106－2008中规定用10Pa压差下，每小时每米缝隙的空气渗透量 q_1 和每小时每平方米面积的空气渗透量 q_2 作为外门窗的气密性分级指标。6级对应的性能指标是：$0.5m^3/(m \cdot h) < q_1 \leqslant 1.5m^3/(m \cdot h)$，$1.5m^3/(m^2 \cdot h) < q_2 \leqslant 4.5m^3/(m^2 \cdot h)$。4级对应的性能指标是：$2.0m^3/(m \cdot h) < q_1 \leqslant 2.5m^3/(m \cdot h)$，$6.0m^3/(m^2 \cdot h) < q_2 \leqslant 7.5m^3/(m^2 \cdot h)$。

本条文对位于不同层上的外窗及阳台门的要求分成两档，在建筑的低层，室外风速比较小，对外窗及阳台门的气密性要求低一些。而在建筑的高层，室外风速相对比较大，对外窗及阳台门的气密性要求则严一些。

4.0.10 目前居住建筑设计的外窗面积越来越大，凸窗、弧形窗及转角窗越来越多，可是对其上下、左右不透明的顶板、底板和侧板的保温隔热处理又不够重视，这些部位基本上是钢筋混凝土出挑构件，是外墙上热工性能最薄弱的部位。凸窗上下不透明顶板、底板及左右侧板同样按本标准附录B的计算方法得出的外墙平均传热系数，并应达到外墙平均传热系数的限值要求。当弧形窗及转角窗为凸窗时，也应按本条的规定进行热工节能设计。

凸窗的使用增加了窗户传热面积，为了平衡这部分增加的传热量，也为了方便计算，规定了凸窗的设计指标与方法。

4.0.11 采用浅色饰面材料的围护结构外墙面，在夏季有太阳直射时，能反射较多的太阳辐射热，从而能降低空调时的得热量和自然通风时的内表面温度，当无太阳直射时，它又能把围护结构内部在白天所积蓄的太阳辐射热较快地向外天空辐射出去，因此，无论是对降低空调耗电量还是对改善无空调时的室内热环境都有重要意义。采用浅色饰面外表面建筑物的采暖耗电量虽然会有所增大，但夏热冬冷地区冬季的日照率普遍较低，两者综合比较，突出矛盾仍是夏季。

水平屋顶的日照时间最长，太阳辐射照度最大，由屋顶传给顶层房间的热量很大，是建筑物夏季隔热的一个重点。绿化屋顶是解决屋顶隔热问题非常有效的方法，它的内表面温度低且昼夜稳定。当然，绿化屋顶在结构设计上要采取一些特别的措施。在屋顶上涂刷隔热涂料是解决屋顶隔热问题另一个非常有效的方法，隔热涂料可以反射大量的太阳辐射，从而降低屋顶表面的温度。当然，涂刷了隔热涂料的屋顶在冬季也会放射一部分太阳辐射，所以越是南方越适宜应用这种技术。

4.0.12 分体式空调器的能效除与空调器的性能有关外，同时也与室外机的合理布置有很大关系。室外机安装环境不合理，如设置在通风不良的建筑竖井内，设置在封闭或接近封闭的空间内，过密的百叶遮挡、过大的百叶倾角、小尺寸箱体内的嵌入式安装，多台室外机安装间距过小等安装方式使进、排风不畅和短路，都会造成分体式房间空调器在实际使用中的能效大幅降低，甚至造成保护性停机。

5 建筑围护结构热工性能的综合判断

5.0.1 第四章的第 4.0.3、第 4.0.4 和第 4.0.5 条列出的是居住建筑节能设计的规定性指标。对大量的居住建筑，它们的体形系数、窗墙面积比以及围护结构的热工性能等都能符合第四章的有关规定，这样的居住建筑属于所谓的“典型”居住建筑，它们的采暖、空调能耗已经在编制本标准的过程中经过了大量的计算，节能的目标是有保证的，不必再进行本章所规定的热工性能综合判断。

但是由于实际情况的复杂性，总会有一些建筑不能全部满足本标准第 4.0.3、第 4.0.4 和第 4.0.5 条中的各项规定，对于这样的建筑本标准提供了另外一种具有一定灵活性的办法，判断该建筑是否满足本标准规定的节能要求。这种方法称为“建筑围护结构热工性能的综合判断”。

“建筑围护结构热工性能的综合判断”就是综合地考虑体形系数、窗墙面积比、围护结构热工性能对能耗的影响。例如一栋建筑的体形系数超过了第 4 章的规定，但是它还是有可能采取提高围护结构热工性能的方法，减少通过墙、屋顶、窗户的传热损失，使建筑整体仍然达到节能 50%的目标。因此对这一类建筑就必须经过严格的围护结构热工性能的综合判断，只有通过综合判断，才能判定其能否满足本标准规定的节能要求。

5.0.2 节能的目标最终体现在建筑物的采暖和空调能耗上，建筑围护结构热工性能的优劣对采暖和空调能耗有直接的影响，因此本标准以采暖和空调能耗作为建筑围护结构热工性能综合判断的依据。

除了建筑围护结构热工性能之外，采暖和空调能耗的高低还受许多其他因素的影响，例如受采暖、空调设备能效的影响，受气候条件的影响，受居住者行为的影响等。如果这些条件不一样，计算得到的能耗也肯定不一样，就失去了可以比较的基准，因此本条规定计算采暖和空调耗电量时，必须在“规定的条件下”进行。

在“规定条件下”计算得到的采暖和空调耗电量并不是建筑实际的采暖空调能耗，仅仅是一个比较建筑围护结构热工性能优劣的基础能耗。

5.0.3 “参照建筑”是一个与设计建筑相对应的假想建筑。“参照建筑”满足第 4 章第 4.0.3、第 4.0.4 和第 4.0.5 条列出的规定性指标，是一栋满足本标准节能要求的节能建筑。因此，“参照建筑”在规定条件下计算得出的采暖年耗电量和空调年耗电量之和可以作为一个评判所设计建筑的建筑围护结构热工性能优劣的基础。

当在规定条件下，计算得出的设计建筑的采暖年耗电量和空调年耗电量之和不大于参照建筑的采暖年耗电量和空调年耗电量之和时，说明所设计建筑的建筑围护结构的总体性能满足本标准的节能要求。

5.0.4 “参照建筑”是一个用来与设计建筑进行能耗比对的假想建筑，两者必须在形状、大小、朝向以及平面划分等方面完全相同。

当设计建筑的体形系数超标时，与其形状、大小一样的参照建筑的体形系数一定也超标。由于控制体形系数的实际意义在于控制相对的传热面积，所以可通过将参照建筑的一部分表面积定义为绝热面积达到与控制体形系数相同的目的。

窗户的大小对采暖空调能耗的影响比较大，当设计建筑的窗墙面积比超标时，通过缩小参照建筑窗户面积的办法，达到控制窗墙面积比的目的。

从参照建筑的构建规则可以看出，所谓“建筑围护结构热工性能的综合判断”实际上就是允许设计建筑在体形系数、窗墙面积比、围护结构热工性能三者之间进行强弱之间的调整和弥补。

5.0.5 由于夏热冬冷地区的气候特性，室内外温差比较小，一天之内温度波动对围护结构传热的影响比较大，尤其是夏季，白天室外气温很高，又有很强的太阳辐射，热量通过围护结构从室外传入室内；夜间室外温度比室内温度下降快，热量有可能通过围护结构从室内传向室外。由于这个原因，为了比较准确地计算采暖、空调负荷，并与现行国标《采暖通风与空气调节设计规范》GB 50019 保持一致，需要采用动态计算方法。

动态计算方法有很多，暖通空调设计手册里的冷负荷计算法就是一种常用的动态计算方法。

本标准在编制过程中采用了反应系数计算方法，并采用美国劳伦斯伯克利国家实验室开发的 DOE-2 软件作为计算工具。

DOE-2 用反应系数法来计算建筑围护结构的传热量。反应系数法是先计算围护结构内外表面温度和热流对一个单位三角波温度扰量的反应，计算出围护结构的吸热、放热和传热反应系数，然后将任意变化的室外温度分解成一个个可叠加的三角波，利用导热微分方程可叠加的性质，将围护结构对每一个温度三角波的反应叠加起来，得到任意一个时刻围护结构表面的温度和热流。

DOE-2 用反应系数法来计算建筑围护结构的传热量。反应系数的基本原理如下：

参照图 2，当室内温度恒为零，室外侧有一个单位等腰三角波形温度扰量作用时，从作用时刻算起，单位面积壁体外表面逐时所吸收的热量，称为壁体外表面的吸热反应系数，用符号 $X(j)$ 表示；通过单位面积壁体逐时传入室内的热量，称为壁体传热反应系数，用符号 $Y(j)$ 表示；与上述情况相反，当室外温度恒为零，室内侧有一个单位等腰三角波形温度扰量作用时，从作用时刻算起，单位面积壁体内表面逐时所吸收的热量，称为壁体内表面的吸热反应系数，用符号 $Z(j)$ 表示；通过单位面积壁体逐时传至室外的热量，仍称为壁体传热反应系数，数值与前一种情况相等，固仍用符号 $Y(j)$ 表示；

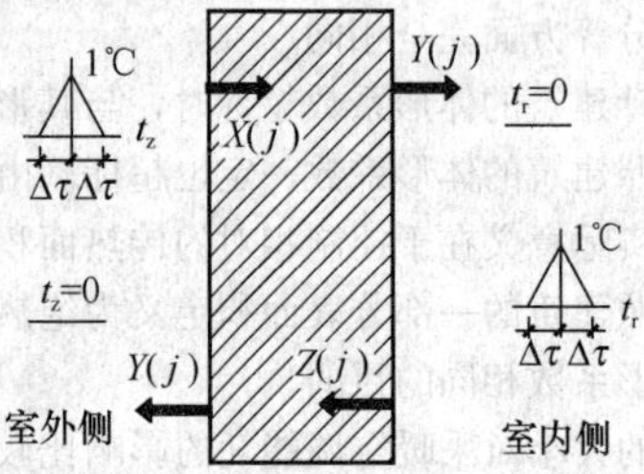

1℃
t_z
ΔτΔτ
Y(j)
t_r=0
X(j)
1℃
t_r
ΔτΔτ
t_z=0
Y(j)
Z(j)
室外侧
室内侧

图 2　板壁的反应系数

传热反应系数和内外壁面的吸热反应系数的单位均为W/(m² · ℃)，符号括号中的 $j=0$，1，2……，表示单位扰量作用时刻以后 $j\Delta\tau$ 小时。一般情况 $\Delta\tau$ 取 1 小时，所以 X (5) 就表示单位扰量作用时刻以后 5 小时的外壁面吸热反应系数。

反应系数的计算可以参考专门的资料或使用专门的计算机程序，有了反应系数后就可以利用下式计算第 n 个时刻，室内从室外通过板壁围护结构的传热得热量 $HG(n)$。

$$HG(n)=\sum_{j=0}^{\infty}Y(j)t_z(n-j)-\sum_{j=0}^{\infty}Z(j)t_r(n-j)$$

式中：$t_z(n-j)$ 是第 $n-j$ 时刻室外综合温度；

$t_r(n-j)$是第 $n-j$ 时刻室内温度。

特别地当室内温度 t_r 不变时，此式还可以简化成：

$$HG(n)=\sum_{j=0}^{\infty}Y(j)t_z(n-j)-K\cdot t_r$$

式中的 K 就是板壁的传热系数。

DOE-2 软件可以模拟建筑物采暖、空调的热过程。用户可以输入建筑物的几何形状和尺寸，可以输入建筑围护结构的细节，可以输入一年 8760 个小时的气象数据，可以选择空调系统的类型和容量等参数。DOE-2 根据用户输入的数据进行计算，计算结果以各种各样的报告形式来提供。

5.0.6　本条规定了计算采暖和空调年耗电量时的几条简单的基本条件，规定这些基本条件的目的是为了规范和统一软件的计算，避免出现混乱。

需要强调指出的是，这里计算的目的是对建筑围护结构热工性能是否符合本标准的节能要求进行综合判断，计算规定的条件不是住宅实际的采暖空调情况，因此计算得到的采暖和空调耗电量并非建筑实际的采暖和空调能耗。

在夏热冬冷地区，住宅冬夏两季的采暖和空调降温是居民的个体行为，个体之间的差异非常大。目前，绝大部分居民还是采取部分空间、部分时间采暖和空调的模式，与北方住宅全部空间连续采暖的模式有很大的不同。部分空间、部分时间采暖和空调的模式是一种节能的模式，应予以鼓励和提倡。

6　采暖、空调和通风节能设计

6.0.1　夏热冬冷地区冬季湿冷夏季酷热，随着经济发展，人民生活水平的不断提高，对采暖、空调的需求逐年上升。对于居住建筑选择设计集中采暖、空调系统方式，还是分户采暖、空调方式，应根据当地能源、环保等因素，通过仔细的技术经济分析来确定。同时，该地区的居民采暖空调所需设备及运行费用全部由居民自行支付，因此，还应考虑用户对设备及运行费用的承担能力。对于一些特殊的居住建筑，如幼儿园、养老院等，可根据具体情况设置集中采暖、空调设施。

6.0.2　本条为强制性条文。

当居住建筑设计采用集中采暖、空调系统时，用户应该根据使用的情况缴纳费用。目前，严寒、寒冷地区的集中采暖系统用户正在进行供热体制改革，用户需根据其使用热量的情况按户缴纳采暖费用。严寒、寒冷地区采暖计量收费的原则是，在住宅楼前安装热量表，作为楼内用户与供热单位的结算依据。而楼内住户则进行按户热量分摊，当然，每户应该有相应的设施作为对整栋楼的耗热量进行户间分摊的依据。要按照用户使用热量情况进行分摊收费，用户应该能够自主进行室温的调节与控制。在夏热冬冷地区则可以根据同样的原则和适当的方法，进行用户使用热（冷）量的计量和收费。

6.0.3　本条为强制性条文。

合理利用能源、提高能源利用率、节约能源是我国的基本国策。用高品位的电能直接用于转换为低品位的热能进行采暖，热效率低，运行费用高，是不合适的。近些年来由于采暖用电所占比例逐年上升，致使一些省市冬季尖峰负荷也迅速增长，电网运行困难，出现冬季电力紧缺。盲目推广没有蓄热装置的电锅炉，直接电热采暖，将进一步恶化电力负荷特性，影响民众日常用电。因此，应严格限制设计直接电热进行集中采暖的方式。

当然，作为居住建筑来说，本标准并不限制居住者自行、分散地选择直接电热采暖的方式。

6.0.4 要积极推行应用能效比高的电动热泵型空调器，或燃气、蒸汽或热水驱动的吸收式冷（热）水机组进行冬季采暖、夏季空调。当地有余热、废热或区域性热源可利用时，可用热水驱动的吸收式冷（热）水机组为冷（热）源。此外，低温地板辐射采暖也是一种效率较高和舒适的采暖方式。至于选用何种方式采暖、空调，应由建筑条件、能源情况（比如，当燃气供应充足、价格合适时，应用溴化锂机组；在热电厂余热蒸汽可利用的情况下，推荐使用蒸汽溴化锂机组等）、环保要求等进行技术经济分析，以及用户对设备及运行费用的承担能力等因素来确定。

6.0.5 本条为强制性条文。

当以燃气为能源提供采暖热源时，可以直接向房间送热风，或经由风管系统送入；也可以产生热水，通过散热器、风机盘管进行采暖，或通过地下埋管进行低温地板辐射采暖。所应用的燃气机组的热效率应符合现行有关标准《家用燃气快速热水器和燃气采暖热水炉能效限定值及能效等级》GB 20665－2006 中的第 2 级。为了方便应用，表 1 列出了能效等级值。

表 1 热水器和采暖炉能效等级

类型		热负荷	最低热效率值（%）		
			能效等级		
			1	2	3
热水器		额定热负荷	96	88	84
		≤50%额定热负荷	94	84	—
采暖炉（单采暖）		额定热负荷	94	88	84
		≤50%额定热负荷	92	84	—
热采暖炉（两用型）	供暖	额定热负荷	94	88	84
		≤50%额定热负荷	92	84	—
	热水	额定热负荷	96	88	84
		≤50%额定热负荷	94	84	—

注：此表引自《家用燃气快速热水器和燃气采暖热水炉能效限定值及能效等级》GB 20665－2006。

6.0.6 本条为强制性条文。

居住建筑可以采取多种空调采暖方式，一般为集中方式或者分散方式。如果采用集中式空调采暖系统，比如，本条文所指的由冷热源站向多套住宅、多栋住宅楼、甚至住宅小区提供空调采暖冷热源（往往采用冷、热水）；或者，应用户式集中空调机组（户式中央空调机组）向一套住宅提供空调冷热源（冷热水、冷热风）进行空调采暖。分散式方式，则多以分体空调（热泵）等机组进行空调及采暖。

集中空调采暖系统中，冷热源的能耗是空调采暖系统能耗的主体。因此，冷热源的能源效率对节省能源至关重要。性能系数、能效比是反映冷热源能源效率的主要指标之一，为此，将冷热源的性能系数、能效比作为必须达标的项目。对于设计阶段已完成集中空调采暖系统的居民小区，或者按户式中央空调系统设计的住宅，其冷源能效的要求应该等同于公共建筑的规定。

国家质量监督检验检疫总局和国家标准化管理委员会已发布实施的空调机组能效限定值及能源效率等级的标准有：《冷水机组能效限定值及能源效率等级》GB 19577－2004，《单元式空气调节机能效限定值及能源效率等级》GB 19576－2004，《多联式空调（热泵）机组能效限定值及能源效率等级》GB 21454－2008。产品的强制性国家能效标准，将产品根据机组的能源效率划分为 5 个等级，目的是配合我国能效标识制度的实施。能效等级的含义：1 等级是企业努力的目标；2 等级代表节能型产品的门槛（按最小寿命周期成本确定）；3、4 等级代表我国的平均水平；5 等级产品是未来淘汰的产品。目的是能够为消费者提供明确的信息，帮助其购买时选择，促进高效产品的市场。

为了方便应用，以下表 2 为规定的冷水（热泵）机组制冷性能系数（COP）值；表 3 为规定的单元式空气调节机能效比（EER）值；表 4 为规定的溴化锂吸收式机组性能参数，这是根据国家标准《公共建筑节能设计标准》GB 50189－2005 中第 5.4.5 和第 5.4.8 条强制性条文规定的能效限值。而表 5 为多联式空调（热泵）机组制冷综合性能系数（IPLV（C））值，是《多联式空调（热泵）机组能效限定值及能源效率等级》GB 21454－2008 标准中规定的能效等级第 3 级。

表 2 冷水（热泵）机组制冷性能系数

类型		额定制冷量（kW）	性能系数（W/W）
水冷	活塞式/涡旋式	＜528	3.80
		528～1163	4.00
		＞1163	4.20
	螺杆式	＜528	4.10
		528～1163	4.30
		＞1163	4.60
	离心式	＜528	4.40
		528～1163	4.70
		＞1163	5.10

续表 2

类　型	额定制冷量（kW）		性能系数（W/W）
风冷或蒸发冷却	活塞式/涡旋式	≤50	2.40
		>50	2.60
	螺杆式	≤50	2.60
		>50	2.80

注：此表引自《公共建筑节能设计标准》GB 50189－2005。

表 3　单元式机组能效比

类　型		能效比（W/W）
风冷式	不接风管	2.60
	接风管	2.30
水冷式	不接风管	3.00
	接风管	2.70

注：此表引自《公共建筑节能设计标准》GB 50189－2005。

表 4　溴化锂吸收式机组性能参数

机型	名义工况			性能参数		
	冷(温)水进/出口温度(℃)	冷却水进/出口温度(℃)	蒸汽压力 MPa	单位制冷量蒸汽耗量 kg/(kW·h)	性能系数(W/W) 制冷	性能系数(W/W) 供热
蒸汽双效	18/13	30/35	0.25	≤1.40		
	12/7		0.4			
			0.6	≤1.31		
			0.8	≤1.28		
直燃	供冷 12/7	30/35			≥1.10	
	供热出口 60					≥0.90

注：直燃机的性能系数为：制冷量(供热量)/[加热源消耗量(以低位热值计)＋电力消耗量(折算成一次能)]。此表引自《公共建筑节能设计标准》GB 50189－2005。

表 5　能源效率等级指标——制冷综合性能系数(IPLV(C))

名义建冷量 CC（W）	能效等级第 3 级
CC≤28000	3.20
28000<CC≤84000	3.15
84000<CC	3.10

注：此表引自《多联式空调（热泵）机组能效限定值及能源效率等级》GB 21454－2008。

6.0.7　本条为强制性条文。

现行国家标准《地源热泵系统工程技术规范》GB 50366－2005 中对于“地源热泵系统”的定义为“以岩土体、地下水或地表水为低温热源，由水源热泵机组、地热能交换系统、建筑物内系统组成的供热空调系统。根据地热能交换系统形式的不同，地源热泵系统分为地埋管地源热泵系统、地下水地源热泵系统和地表水地源热泵系统”。2006 年 9 月 4 日由财政部、建设部共同发布的《关于印发〈可再生能源建筑应用专项资金管理暂行办法〉的通知》（财建［2006］460 号）中第四条规定可再生能源建筑应用专项资金支持以下 6 个重点领域：①与建筑一体化的太阳能供应生活热水、供热制冷、光电转换、照明；②利用土壤源热泵和浅层地下水源热泵技术供热制冷；③地表水丰富地区利用淡水源热泵技术供热制冷；④沿海地区利用海水源热泵技术供热制冷；⑤利用污水水源热泵技术供热制冷；⑥其他经批准的支持领域。其中，地源热泵系统占了两项。

要说明的是在应用地源热泵系统，不能破坏地下水资源。这里引用《地源热泵系统工程技术规范》GB 50366 的强制性条文，即第 3.1.1 条：“地源热泵系统方案设计前，应进行工程场地状况调查，并对浅层地热能资源进行勘察”；第 5.1.1 条：“地下水换热系统应根据水文地质勘察资料进行设计，并必须采取可靠回灌措施，确保置换冷量或热量后的地下水全部回灌到同一含水层，不得对地下水资源造成浪费及污染。系统投入运行后，应对抽水量、回灌量及其水质进行监测”。另外，如果地源热泵系统采用地下埋管式换热器的话，要进行土壤温度平衡模拟计算，应注意并进行长期应用后土壤温度变化趋势的预测，以避免长期应用后土壤温度发生变化，出现机组效率降低甚至不能制冷或供热。

6.0.8　采用分散式房间空调器进行空调和采暖时，这类设备一般由用户自行采购，该条文的目的是要推荐用户购买能效比高的产品。国家标准《房间空气调节器能效限定值及能源效率等级》GB 12021.3 和《转速可控型房间空气调节器能效限定值及能源效率等级》GB 21455 规定节能型产品的能源效率为 2 级。

目前，《房间空气调节器能效限定值及能效等级》GB 12021.3－2010 于 2010 年 6 月 1 日颁布实施。与 2004 年版相比，2010 年版将能效等级分为三级，同时对能效限定值与能源效率等级指标已有提高。2004 版中的节能评价值（即能效等级第 2 级）在 2010 年版中仅列为第 3 级。

鉴于当前是房间空调器标准新老交替的阶段，市场上可供选择的产品仍然执行的是老标准。本标准规定，鼓励用户选购节能型房间空调器，其意在于从用户需求端角度逐步提高我国房间空调器的能效水平，适应我国建筑节能形势的需要。

为了方便应用，表6列出了《房间空气调节器能效限定值及能源效率等级》GB 12021.3－2004、《房间空气调节器能效限定值及能效等级》GB 12021.3－2010和《转速可控型房间空气调节器能效限定值及能源效率等级》GB 21455－2008中列出的房间空气调节器能源效率等级为第2级的指标和转速可控型房间空气调节器能源效率等级为第2级的指标，表7列出了《房间空气调节器能效限定值及能效等级》GB 12021.3－2010中空调器能源效率等级指标。

表6　房间空调器能源效率等级指标节能评价值

类型	额定制冷量 CC (W)	能效比EER (W/W)		制冷季节能源消耗效率SEER [W·h/(W·h)]
		GB 12021.3－2004中节能评价值（能效等级2级）	GB 12021.3－2010中节能评价值（能效等级2级）	GB 21455－2008中节能评价值（能效等级2级）
整体式	—	2.90	3.10	—
分体式	$CC \leqslant 4500$	3.20	3.40	4.50
	$4500 < CC \leqslant 7100$	3.10	3.30	4.10
	$7100 < CC \leqslant 14000$	3.00	3.20	3.70

表7　房间空调器能源效率等级指标

类　型	额定制冷量 CC (W)	GB 12021.3－2010中能效等级		
		3	2	1
整体式	—	2.90	3.10	3.30
分体式	$CC \leqslant 4500$	3.20	3.40	3.60
	$4500 < CC \leqslant 7100$	3.10	3.30	3.50
	$7100 < CC \leqslant 14000$	3.00	3.20	3.40

6.0.9　中华人民共和国国务院于2008年8月1日发布、10月1日实施的《民用建筑节能条例》第四条指出：“国家鼓励和扶持在新建建筑和既有建筑节能改造中采用太阳能、地热能等可再生能源”。所以在有条件时应鼓励采用。

关于《国民经济和社会发展第十一个五年规划纲要》中指出的十大节能重点工程中，提出“发展采用热电联产和热电冷联产，将分散式供热小锅炉改造为集中供热”。

6.0.10　目前居住建筑还没有条件普遍采用有组织的全面机械通风系统，但为了防止厨房、卫生间的污浊空气进入居室，应当在厨房、卫生间安装局部机械排风装置。如果当地夏季白天与晚上的气温相差较大，应充分利用夜间通风，达到被动降温目的。在安设采暖空调设备的居住建筑中，往往围护结构密闭性较好，为了改善室内空气质量需要引入室外新鲜空气（换气）。如果直接引入，将会带来很高的冷热负荷，大大增加能源消耗。经技术经济分析，如果当地采用热回收装置在经济上合理，建议采用质量好、效率高的机械换气装置（热量回收装置），使得同时达到热量回收、节约能源的目的。

附录C　外遮阳系数的简化计算

C.0.2　各种组合形式的外遮阳系数，可由参加组合的各种形式遮阳的外遮阳系数的乘积来近似确定。

例如：水平式＋垂直式组合的外遮阳系数＝水平式遮阳系数×垂直式遮阳系数

水平式＋挡板式组合的外遮阳系数＝水平式遮阳系数×挡板式遮阳系数

中华人民共和国行业标准

轻型钢结构住宅技术规程

Technical specification for lightweight residential buildings of steel structure

JGJ 209—2010

批准部门：中华人民共和国住房和城乡建设部

施行日期：2 0 1 0 年 1 0 月 1 日

中华人民共和国住房和城乡建设部
公　　告

第 552 号

关于发布行业标准《轻型钢结构住宅技术规程》的公告

现批准《轻型钢结构住宅技术规程》为行业标准，编号为 JGJ 209-2010，自 2010 年 10 月 1 日起实施。其中，第 3.1.2、3.1.8、4.4.3、5.1.4、5.1.5 条为强制性条文，必须严格执行。

本规程由我部标准定额研究所组织中国建筑工业出版社出版发行。

中华人民共和国住房和城乡建设部

2010 年 4 月 17 日

前　　言

根据原建设部《关于印发〈2005 年工程建设标准规范制订、修订计划（第一批）〉的通知》（建标函[2005]84 号）的要求，规程编制组经广泛调查研究，认真总结实践经验，参考有关国际标准和国外先进标准，并在广泛征求意见的基础上，制定本规程。

本规程的主要技术内容是：1. 总则；2. 术语和符号；3. 材料；4. 建筑设计；5. 结构设计；6. 钢结构施工；7. 轻质楼板和轻质墙体与屋面施工；8. 验收与使用。

本规程中以黑体字标志的条文为强制性条文，必须严格执行。

本规程由住房和城乡建设部负责管理和对强制条文的解释，由中国建筑科学研究院负责具体技术内容的解释。执行过程中如有意见或建议，请寄送中国建筑科学研究院（地址：北京市北三环东路 30 号，邮编：100013）。

本规程主编单位：中国建筑科学研究院

本规程参编单位：清华大学
同济大学
天津大学
湖南大学
兰州大学
北京交通大学
住房和城乡建设部住宅产业化促进中心
住房和城乡建设部科技发展促进中心
国家住宅与居住环境工程技术研究中心
五洲工程设计研究院
北京市工业设计研究院
中国建筑材料科学研究总院
中冶集团建筑研究总院
北京华丽联合高科技有限公司
巴特勒（上海）有限公司
云南世博兴云房地产有限公司
北京大诚太和钢结构科技有限公司
宝业集团浙江建设产业研究院有限公司
上海宝钢建筑工程设计研究院

本规程主要起草人员：王明贵　石永久　陈以一　陈志华　舒兴平　周绪红　王能关　姜忆南　丁大益　汤荣伟　朱景仕　娄乃琳　任　民　高宝林　吴转琴　朱恒杰　王赛宁　张大力　何发祥　杨建行　张秀芳

本规程主要审查人员：马克俭　刘锡良　蔡益燕　张爱林　李国强　范　重　刘燕辉　谢尧生　尹敏达　李元齐　杨强跃

目　次

Contents

1 总 则

1.0.1 为应用轻型钢结构住宅建筑技术做到安全适用、经济合理、技术先进、确保质量，制定本规程。

1.0.2 本规程适用于以轻型钢框架为结构体系，并配套有满足功能要求的轻质墙体、轻质楼板和轻质屋面建筑系统，层数不超过6层的非抗震设防以及抗震设防烈度为6～8度的轻型钢结构住宅的设计、施工及验收。

1.0.3 轻型钢结构住宅的设计、施工和验收，除应符合本规程外，尚应符合现行国家有关标准的规定。

2 术语和符号

2.1 术 语

2.1.1 轻型钢框架 light steel frame

轻型钢框架是指由小截面的热轧H型钢、高频焊接H型钢、普通焊接H型钢或异形截面型钢、冷轧或热轧成型的钢管等构件构成的纯框架或框架-支撑结构体系。

2.1.2 集成化住宅建筑 integrated residential building

在标准化、模数化和系列化的原则下，构件、设备由工厂化配套生产，在建造现场组装的住宅建筑。

2.1.3 导轨 track

在轻钢龙骨墙体中，布置在龙骨顶部或底部的为龙骨定位的槽形钢构件。

2.1.4 热桥 thermal bridge

围护结构中保温隔热能力较弱的部位，这些部位热阻较小，热传导较快。

2.1.5 低层钢结构住宅 low-rise residential buildings of steel structures

1～3层的钢结构住宅。

2.1.6 多层钢结构住宅 multi-story residential buildings of steel structures

4～6层的钢结构住宅。

2.2 符 号

2.2.1 作用及作用效应

F_{Ek} ——水平地震作用标准值；

S_d ——作用组合的效应设计值；

S_{Gk} ——永久荷载效应标准值；

S_{Qk} ——可变荷载效应标准值；

S_{wk} ——风荷载效应标准值；

S_{Ehk} ——水平地震作用效应标准值；

S_{GE} ——重力荷载代表值效应的标准值；

w_0 ——基本风压；

w_k ——风荷载标准值。

2.2.2 材料及结构抗力

E ——钢材弹性模量；

f ——钢材的抗拉、抗压和抗弯强度设计值；

f_y ——钢材的屈服强度；

f_{yf} ——钢构件翼缘板的屈服强度；

f_{yw} ——钢构件腹板的屈服强度；

M_y ——钢梁截面边缘屈服弯矩；

M_p ——钢梁截面全塑性弯矩；

R_d ——结构或结构构件的抗力设计值。

2.2.3 几何参数

b ——钢构件翼缘自由外伸宽度；

h_b ——梁截面高度；

h_c ——柱截面高度；

h_w ——钢构件腹板净高；

t_f ——钢构件翼缘的厚度；

t_w ——钢构件腹板的厚度。

2.2.4 系数

α_{max} ——水平地震影响系数最大值；

β_{gz} ——阵风系数；

γ_0 ——结构重要性系数；

γ_{Eh} ——水平地震作用分项系数；

γ_G ——永久荷载分项系数；

γ_Q ——活荷载分项系数；

γ_w ——风荷载分项系数；

γ_{RE} ——承载力抗震调整系数；

μ_s ——风荷载体型系数；

μ_z ——风压高度变化系数；

ψ_Q ——活荷载组合值系数；

ψ_w ——风荷载组合值系数。

3 材 料

3.1 结构材料

3.1.1 轻型钢结构住宅承重结构采用的钢材宜为Q235－B钢或Q345－B钢，也可采用Q345－A钢，其质量应分别符合现行国家标准《碳素结构钢》GB/T 700和《低合金高强度结构钢》GB/T 1591的规定。当采用其他牌号的钢材时，应符合相应的规定和要求。

3.1.2 轻钢结构采用的钢材应具有抗拉强度、伸长率、屈服强度以及硫、磷含量的合格保证。对焊接承重结构的钢材尚应具有碳含量的合格保证和冷弯试验的合格保证。对有抗震设防要求的承重结构钢材的屈服强度实测值与抗拉强度实测值的比值不应大于0.85，伸长率不应小于20%。

3.1.3 钢材的强度设计值和物理性能指标应按现行国家标准《钢结构设计规范》GB 50017和《冷弯薄壁型钢结构技术规范》GB 50018的有关规定采用。

3.1.4 钢结构的焊接材料应符合下列要求：

1 手工焊接采用的焊条应符合现行国家标准《碳钢焊条》GB/T 5117 或《低合金钢焊条》GB/T 5118 的规定，选择的焊条型号应与主体金属力学性能相适应；

2 自动焊接或半自动焊接采用的焊丝和相应的焊剂应与主体金属力学性能相适应，并应符合现行国家有关标准的规定；

3 焊缝的强度设计值应按现行国家标准《钢结构设计规范》GB 50017 和《冷弯薄壁型钢结构技术规范》GB 50018 的有关规定采用。

3.1.5 钢结构连接螺栓、锚栓材料应符合下列要求：

1 普通螺栓应符合现行国家标准《六角头螺栓》GB/T 5782 和《六角头螺栓 C 级》GB/T 5780 的规定；

2 高强度螺栓应符合现行国家标准《钢结构用高强度大六角头螺栓》GB/T 1228、《钢结构用高强度大六角螺母》GB/T 1229、《钢结构用高强度垫圈》GB/T 1230、《钢结构用高强度大六角头螺栓、大六角螺母、垫圈技术条件》GB/T 1231 和《钢结构用扭剪型高强度螺栓连接副》GB/T 3632 的规定；

3 锚栓可采用现行国家标准《碳素结构钢》GB/T 700 中规定的 Q235 钢或《低合金高强度结构钢》GB/T 1591 中规定的 Q345 钢制成；

4 螺栓、锚栓连接的强度设计值、高强度螺栓的预拉力值以及高强度螺栓连接的钢材摩擦面抗滑移系数应按现行国家标准《钢结构设计规范》GB 50017 和《冷弯薄壁型钢结构技术规范》GB 50018 的有关规定采用。

3.1.6 轻型钢结构住宅基础用混凝土应符合现行国家标准《混凝土结构设计规范》GB 50010 的规定，混凝土强度等级不应低于 C20。

3.1.7 轻型钢结构住宅基础用钢筋应符合现行国家标准《混凝土结构设计规范》GB 50010 的规定。

3.1.8 不配钢筋的纤维水泥类板材和不配钢筋的水泥加气发泡类板材不得用于楼板及楼梯间和人流通道的墙体。

3.1.9 水泥加气发泡类板材中配置的钢筋（或钢构件或钢丝网）应经有效的防腐处理，且钢筋的粘结强度不应小于 1.0MPa。

3.1.10 楼板用水泥加气发泡类材料的立方体抗压强度标准值不应低于 6.0MPa。

3.1.11 轻质楼板中的配筋可采用冷轧带肋钢筋，其性能应符合国家现行标准《冷轧带肋钢筋》GB 13788 以及《钢筋焊接网混凝土结构技术规程》JGJ 114 的规定。

3.1.12 楼板用钢丝网应进行镀锌处理，其规格应采用直径不小于 0.9mm、网格尺寸不大于 20mm×20mm 的冷拔低碳钢丝编织网。钢丝的抗拉强度标准值不应低于 450MPa。

3.1.13 楼板用定向刨花板不应低于 2 级，甲醛释放限量应为 1 级，且应符合现行行业标准《定向刨花板》LY/T 1580 的规定。

3.2 围 护 材 料

3.2.1 轻型钢结构住宅的轻质围护材料宜采用水泥基的复合型多功能轻质材料，也可以采用水泥加气发泡类材料、轻质混凝土空心材料、轻钢龙骨复合墙体材料等。围护材料产品的干密度不宜超过 800kg/m^3。

3.2.2 轻质围护材料应采用节地、节能、利废、环保的原材料，不得使用国家明令淘汰、禁止或限制使用的材料。

3.2.3 轻质围护材料应符合现行国家标准《民用建筑工程室内环境污染控制规范》GB 50325 和《建筑材料放射性核素限量》GB 6566 的规定，并应符合室内建筑装饰材料有害物质限量的规定。

3.2.4 轻质围护材料应满足住宅建筑规定的物理性能、热工性能、耐久性能和结构要求的力学性能。

3.2.5 轻质围护新材料及其应用技术，在使用前必须经相关程序核准，使用单位应对材料进行复检和技术资料审核。

3.2.6 预制的轻质外墙板和屋面板应按等效荷载设计值进行承载力检验，受弯承载力检验系数不应小于 1.35，连接承载力检验系数不应小于 1.50，在荷载效应的标准组合作用下，板受弯挠度最大值不应超过板跨度的 1/200，且不应出现裂缝。

3.2.7 轻质墙体的单点吊挂力不应低于 1.0kN，抗冲击试验不得小于 5 次。

3.2.8 轻质围护板材采用的玻璃纤维增强材料应符合我国现行行业标准《耐碱玻璃纤维网布》JC/T 841 的要求。

3.2.9 水泥基围护材料应满足下列要求：

1 水泥基围护材料中掺加的其他废料应符合现行国家有关标准的规定；

2 用于外墙或屋面的水泥基板材应配钢筋网或钢丝网增强，板边应有企口；

3 水泥加气发泡类墙体材料的立方体抗压强度标准值不应低于 4.0MPa；

4 用于采暖地区的外墙材料或屋面材料抗冻性在一般环境中不应低于 D15，干湿交替环境中不应低于 D25；

5 外墙材料、屋面材料的软化系数不应小于 0.65；

6 建筑屋面防水材料、外墙饰面材料与基底材料应相容，粘结应可靠，性能应稳定，并应满足防水抗渗要求，在材料规定的正常使用年限内，不得因外界湿度或温度变化而发生开裂、脱落等现象；

7 安装外墙板的金属连接件宜采用铝合金材料，

有条件时也可采用不锈钢材料，如用低碳钢或低合金高强度钢材料应做有效的防腐处理；

8 外墙板连接件的壁厚：当采用低碳钢或低合金高强度钢材料时，在低层住宅中不宜小于3.0mm，多层住宅中不宜小于4.0mm；当采用铝合金材料时尚应分别加厚1.0mm；

9 屋面板与檩条连接的自钻自攻螺钉规格不宜小于ST6.3；

10 墙板嵌缝粘结材料的抗拉强度不应低于墙板基材的抗拉强度，其性能应可靠。嵌缝胶条或胶片宜采用三元乙丙橡胶或氯丁橡胶。

3.2.10 轻钢龙骨复合墙体材料应满足下列要求：

1 蒙皮用定向刨花板不宜低于2级，甲醛释放限量应为1级；

2 蒙皮用钢丝网水泥板的厚度不宜小于15mm，水泥纤维板（或水泥压力板、挤出板等）应配置钢丝网增强；

3 蒙皮用石膏板的厚度不应小于12mm，并应具有一定的防水和耐火性能；

4 非承重的轻钢龙骨壁厚不应小于0.5mm，双面热浸镀锌量不应小于100g/m²，双面镀锌层厚度不应小于14μm，且材料性能应符合现行国家标准《建筑用轻钢龙骨》GB/T 11981的规定；

5 自钻自攻螺钉的规格不宜小于ST4.2，并应符合现行国家标准《十字槽盘头自钻自攻螺钉》GB/T 15856.1、《十字槽沉头自钻自攻螺钉》GB/T 15856.2、《十字槽半沉头自钻自攻螺钉》GB/T 15856.3、《六角法兰面自钻自攻螺钉》GB/T 15856.4和《六角凸缘自钻自攻螺钉》GB/T 15856.5的规定。

3.3 保温材料

3.3.1 用于轻型钢结构住宅的保温隔热材料应具有满足设计要求的热工性能指标、力学性能指标和耐久性能指标。

3.3.2 轻型钢结构住宅的保温隔热材料可采用模塑聚苯乙烯泡沫板（EPS板）、挤塑聚苯乙烯泡沫板（XPS板）、硬质聚氨酯板（PU板）、岩棉、玻璃棉等。保温隔热材料性能指标应符合表3.3.2的规定。

表3.3.2 保温隔热材料性能指标

检验项目 \ 品名	EPS板	XPS板	PU板	岩棉	玻璃棉
表观密度(kg/m³)	≥20	≥35	≥25	40-120	≥10
导热系数[W/(m·K)]	≤0.041	≤0.033	≤0.026	≤0.042	≤0.050
水蒸气渗透系数[ng/(Pa·m·s)]	≤4.5	≤3.5	≤6.5	—	—
压缩强度(MPa，形变10%)	≥0.10	≥0.20	≥0.08	—	—
体积吸水率(%)	≤4	≤2	≤4	≤5	≤4

3.3.3 当使用EPS板、XPS板、PU板等有机泡沫塑料作为轻型钢结构住宅的保温隔热材料时，保温隔热系统整体应具有合理的防火构造措施。

4 建筑设计

4.1 一般规定

4.1.1 轻型钢结构住宅建筑设计应以集成化住宅建筑为目标，应按模数协调的原则实现构配件标准化、设备产品定型化。

4.1.2 轻型钢结构住宅应按照建筑、结构、设备和装修一体化设计原则，并应按配套的建筑体系和产品为基础进行综合设计。

4.1.3 轻型钢结构住宅建筑设计应符合现行国家标准对当地气候区的建筑节能设计规定。有条件的地区应采用太阳能或风能等可再生能源。

4.1.4 轻型钢结构住宅建筑设计应符合现行国家标准《住宅建筑规范》GB 50368和《住宅设计规范》GB 50096的规定。

4.2 模数协调

4.2.1 轻型钢结构住宅设计中的模数协调应符合现行国家标准《住宅建筑模数协调标准》GB/T 50100的规定。专用体系住宅建筑可以自行选择合适的模数协调方法。

4.2.2 轻型钢结构住宅的建筑设计应充分考虑构、配件的模数化和标准化，应以通用化的构配件和设备进行模数协调。

4.2.3 结构网格应以模数网格线定位。模数网格线应为基本设计模数的倍数，宜采用优先参数为6M（1M=100mm）的模数系列。

4.2.4 装修网格应由内部部件的重复量和大小决定，宜采用优先参数为3M。管道设备可采用M/2、M/5和M/10。厨房、卫生间等设备多样、装修复杂的房间应注重模数协调的作用。

4.2.5 预制装配式轻质墙板应按模数协调要求确定墙板中基本板、洞口板、转角板和调整板等类型板的规格、截面尺寸和公差。

4.2.6 当体系中的部分构件难于符合模数化要求时，可在保证主要构件的模数化和标准化的条件下，通过插入非模数化部件适调间距。

4.3 平面设计

4.3.1 平面设计应在优先尺寸的基础上运用模数协调实现尺寸的配合，优先尺寸宜根据住宅设计参数与所选通用性强的成品建筑部件或组合件的尺寸确定。

4.3.2 平面设计应在模数化的基础上以单元或套型

进行模块化设计。

4.3.3 楼梯间和电梯间的平面尺寸不符合模数时，应通过平面尺寸调整使之组合成为周边模数化的模块。

4.3.4 建筑平面设计应与结构体系相协调，并应符合下列要求：

1 平面几何形状宜规则，其凹凸变化及长宽比例应满足结构对质量、刚度均匀的要求，平面刚度中心与质心宜接近或重合；

2 空间布局应有利于结构抗侧力体系的设置及优化；

3 应充分兼顾钢框架结构的特点，房间分隔应有利于柱网设置。

4.3.5 可采用异形柱、扁柱、扁梁或偏轴线布置墙柱等方式，宜避免室内露柱或露梁。

4.3.6 平面设计宜采用大开间。

4.3.7 轻质楼板可采用钢丝网水泥板或定向刨花板等轻质薄型楼板与密肋钢梁组合的楼板结构体系，建筑面层宜采用轻质找平层，吊顶时宜在密肋钢梁间填充玻璃棉或岩棉等措施满足埋设管线和建筑隔声的要求。

4.3.8 轻质楼板可采用预制的轻质圆孔板，板面宜采用轻质找平层，板底宜采用轻质板吊顶。

4.3.9 对压型钢板现浇钢筋混凝土楼板，应设计吊顶。

4.3.10 空调室外机应安装在预留的设施上，不得在轻质墙体上安装吊挂任何重物。

4.4 轻质墙体与屋面设计

4.4.1 根据因地制宜、就地取材、优化组合的原则，轻质墙体和屋面材料应采用性能可靠、技术配套的水泥基预制轻质复合保温条形板、轻钢龙骨复合保温墙体、加气混凝土板、轻质砌块等轻质材料。

4.4.2 应根据保温或隔热的要求选择合适密度和厚度的轻质围护材料，轻质围护体系各部分的传热系数K和热惰性指标D应符合当地节能指标，并应符合建筑隔声和耐火极限的要求。

4.4.3 外墙保温板应采用整体外包钢结构的安装方式。当采用填充钢框架式外墙时，外露钢结构部位应做外保温隔热处理。

4.4.4 当采用轻质墙板墙体时，外墙体宜采用双层中空形式，内层镶嵌在钢框架内，外层包裹悬挂在钢结构外侧。

4.4.5 当采用轻钢龙骨复合墙体时，用于外墙的轻钢龙骨宜采用小方钢管桁架结构。若采用冷弯薄壁C型钢龙骨时，应双排交错布置形成断桥。轻钢龙骨复合墙体应符合下列要求：

1 外墙体的龙骨宜与主体钢框架外侧平齐，外墙保温材料应外包覆盖主体钢结构；

2 对轻钢龙骨复合墙体应进行结露验算。

4.4.6 当采用轻质砌块墙体时，外墙砌体应外包钢结构砌筑并与钢结构拉结，否则，应对钢结构做保温隔热处理。

4.4.7 轻质墙体和屋面应有防裂、防潮和防雨措施，并应有保持保温隔热材料干燥的措施。

4.4.8 门窗缝隙应采取构造措施防水和保温隔热，填充料应耐久、可靠。

4.4.9 外墙的挑出构件，如阳台、雨篷、空调室外板等均应作保温隔热处理。

4.4.10 对墙体的预留洞口或开槽处应有补强措施，对隔声和保温隔热功能应有弥补措施。

4.4.11 非上人屋面不宜设女儿墙，否则，应有可靠的防风或防积雪的构造措施。

4.4.12 屋面板宜采用水泥基的预制轻质复合保温板，板边应有企口拼接，拼缝应密实可靠。

4.4.13 屋面保温隔热系统应与外墙保温隔热系统连续且密实衔接。

4.4.14 屋面保温隔热系统应外包覆盖在钢檩条上，屋檐挑出钢构件应有保温隔热措施。当采用室内吊顶保温隔热屋面系统时，屋面与吊顶之间应有通风措施。

5 结构设计

5.1 一般规定

5.1.1 轻型钢结构住宅结构设计应符合现行国家标准《工程结构可靠性设计统一标准》GB 50153的规定，住宅结构的设计使用年限不应少于50年，其安全等级不应低于二级。

5.1.2 轻型钢结构住宅的结构体系应根据建筑层数和抗震设防烈度选用轻型钢框架结构体系或轻型钢框架-支撑结构体系。

5.1.3 轻型钢结构住宅框架结构体系，宜利用镶嵌填充的轻质墙体侧向刚度对整体结构抗侧移的作用，墙体的侧向刚度应根据墙体的材料和连接方式的不同由试验确定，并应符合下列要求：

1 应通过足尺墙片试验确定填充墙对钢框架侧向刚度的贡献，按位移等效原则将墙体等效成交叉支撑构件，并应提供支撑构件截面尺寸的计算公式；

2 抗侧力试验应满足：当钢框架层间相对侧移角达到1/300时，墙体不得出现任何开裂破坏；当达到1/200时，墙体在接缝处可出现修补的裂缝；当达到1/50时，墙体不应出现断裂或脱落。

5.1.4 轻型钢结构住宅结构构件承载力应符合下列要求：

1 无地震作用组合 $\gamma_0 S_d \leqslant R_d$ **(5.1.4-1)**

2 有地震作用组合 $S_d \leqslant R_d/\gamma_{RE}$ **(5.1.4-2)**

式中：γ_0——结构重要性系数，对于一般钢结构住宅安全等级取二级，当设计使用年限不少于50年时，γ_0 取值不应小于1.0；

S_d——作用组合的效应设计值，应按本规程第5.1.5条规定计算；

R_d——结构或结构构件的抗力设计值；

γ_{RE}——承载力抗震调整系数，按现行国家标准《建筑抗震设计规范》GB 50011的规定取值。

5.1.5 作用组合的效应设计值应按下列公式确定：

1 无地震作用组合的效应：

$$S_d = \gamma_G S_{Gk} + \psi_Q \gamma_Q S_{Qk} + \psi_w \gamma_w S_{wk} \quad (5.1.5\text{-}1)$$

式中：γ_G——永久荷载分项系数，当可变荷载起控制作用时应取1.2，当永久荷载起控制作用时应取1.35，当重力荷载效应对构件承载力有利时不应大于1.0；

γ_Q——楼（屋）面活荷载分项系数，应取1.4；

γ_w——风荷载分项系数，应取1.4；

S_{Gk}——永久荷载效应标准值；

S_{Qk}——楼（屋）面活荷载效应标准值；

S_{wk}——风荷载效应标准值；

ψ_Q、ψ_w——分别为楼（屋）面活荷载效应组合值系数和风荷载效应组合值系数，当永久荷载起控制作用时应分别取0.7和0.6；当可变荷载起控制作用时应分别取1.0和0.6或0.7和1.0。

2 有地震作用组合的效应：

$$S_d = \gamma_G S_{GE} + \gamma_{Eh} S_{Ehk} \quad (5.1.5\text{-}2)$$

式中：S_{GE}——重力荷载代表值效应的标准值；

S_{Ehk}——水平地震作用效应标准值；

γ_{Eh}——水平地震作用分项系数，应取1.3。

3 计算变形时，应采用作用（荷载）效应的标准组合，即公式（5.1.5-1）和公式（5.1.5-2）中的分项系数均应取1.0。

5.1.6 轻型钢结构住宅的楼（屋）面活荷载、基本风压应按照现行国家标准《建筑结构荷载规范》GB 50009的规定采用。

5.1.7 需要进行抗震验算的轻型钢结构住宅，应按现行国家标准《建筑抗震设计规范》GB 50011的有关规定执行。

5.1.8 轻型钢结构住宅在风荷载和多遇地震作用下，楼层内最大弹性层间位移分别不应超过楼层高度的1/400和1/300。

5.1.9 层间位移计算可不计梁柱节点域剪切变形的影响。

5.2 构造要求

5.2.1 框架柱长细比应符合下列要求：

1 低层轻型钢结构住宅或非抗震设防的多层轻型钢结构住宅的框架柱长细比不应大于 $150\sqrt{235/f_y}$；

2 需要进行抗震验算的多层轻型钢结构住宅的框架柱长细比不应大于 $120\sqrt{235/f_y}$。

5.2.2 中心支撑的长细比应符合下列要求：

1 低层轻型钢结构住宅或非抗震设防的多层轻型钢结构住宅的支撑构件长细比，按受压设计时不宜大于 $180\sqrt{235/f_y}$；

2 需要进行抗震验算的多层轻型钢结构住宅的支撑构件长细比，按受压设计时不宜大于 $150\sqrt{235/f_y}$；

3 当采用拉杆时，其长细比不宜大于 $250\sqrt{235/f_y}$，但对张紧拉杆可不受此限制。

5.2.3 框架柱构件的板件宽厚比限值应符合下列要求：

1 低层轻型钢结构住宅或非抗震设防的多层轻型钢结构住宅的框架柱，其板件宽厚比限值应按现行国家标准《钢结构设计规范》GB 50017有关受压构件局部稳定的规定确定；

2 需要进行抗震验算的多层轻型钢结构住宅中的H形截面框架柱，其板件宽厚比限值可按下列公式计算确定，但不应大于现行国家标准《钢结构设计规范》GB 50017规定的限值。

1）当 $0 \leqslant \mu_N < 0.2$ 时：

$$\frac{b/t_f}{15\sqrt{235/f_{yf}}} + \frac{h_w/t_w}{650\sqrt{235/f_{yw}}} \leqslant 1,$$

$$且\ \frac{h_w/t_w}{\sqrt{235/f_{yw}}} \leqslant 130 \quad (5.2.3\text{-}1)$$

2）当 $0.2 \leqslant \mu_N < 0.4$ 且 $\dfrac{h_w/t_w}{\sqrt{235/f_{yw}}} \leqslant 90$ 时：

当 $\dfrac{h_w/t_w}{\sqrt{235/f_{yw}}} \leqslant 70$ 时，

$$\frac{b/t_f}{13\sqrt{235/f_{yf}}} + \frac{h_w/t_w}{910\sqrt{235/f_{yw}}} \leqslant 1 \quad (5.2.3\text{-}2)$$

当 $70 < \dfrac{h_w/t_w}{\sqrt{235/f_{yw}}} \leqslant 90$ 时，

$$\frac{b/t_f}{19\sqrt{235/f_{yf}}} + \frac{h_w/t_w}{190\sqrt{235/f_{yw}}} \leqslant 1 \quad (5.2.3\text{-}3)$$

式中：μ_N——框架柱轴压比，柱轴压比为考虑地震作用组合的轴向压力设计值与柱截面面积和钢材强度设计值之积的比值；

b、t_f——翼缘板自由外伸宽度和板厚；

h_w、t_w——腹板净高和厚度；

f_{yf}——翼缘板屈服强度；

f_{yw}——腹板屈服强度。

3）当 $\mu_N \geqslant 0.4$ 时，应按现行国家标准《建筑抗震设计规范》GB 50011的有关规定执行。

3 需要进行抗震验算的多层轻型钢结构住宅中的非H形截面框架柱，其板件宽厚比限值应按现行国家标准《建筑抗震设计规范》GB 50011的有关规定执行。

5.2.4 框架梁构件的板件宽厚比限值应符合下列要求：

1 对低层轻型钢结构住宅或非抗震设防的多层轻型钢结构住宅的框架梁，其板件宽厚比限值应符合现行国家标准《钢结构设计规范》GB 50017的有关规定；

2 需要进行抗震验算的多层轻型钢结构住宅中的H形截面梁，其板件宽厚比可按本规程5.2.3条第2款的规定执行；

3 需要进行抗震验算的多层轻型钢结构住宅中的非H形截面梁，其板件宽厚比应按现行国家标准《建筑抗震设计规范》GB 50011的有关规定执行。

5.3 结构构件设计

5.3.1 轻型钢结构住宅的钢构件宜选用热轧H型钢、高频焊接或普通焊接的H型钢、冷轧或热轧成型的钢管、钢异形柱等。

5.3.2 轻型钢结构住宅的框架柱构件计算长度应按现行国家标准《钢结构设计规范》GB 50017的有关规定计算。

5.3.3 轻型钢结构住宅构件和连接的承载力应按现行国家标准《钢结构设计规范》GB 50017的有关规定计算，需要进行抗震验算的还应按现行国家标准《建筑抗震设计规范》GB 50011的有关规定进行。

5.3.4 需要进行抗震验算的多层轻型钢结构住宅中的H形截面钢框架柱和梁的板件宽厚比，若不满足现行国家标准《建筑抗震设计规范》GB 50011的有关规定，但符合本规程公式（5.2.3-1）～公式（5.2.3-3）的规定时，在抗震承载力计算中可取翼缘截面全部有效，腹板截面仅考虑两侧宽度各$30t_{w}\sqrt{235/f_{yw}}$的部分有效，且钢材强度设计值应乘以0.75系数折减。

5.3.5 轻型钢结构住宅框架柱可采用钢异形柱。用H型钢可拼接成的异形截面如图5.3.5所示，其中L形截面柱的承载力可按本规程附录A计算。

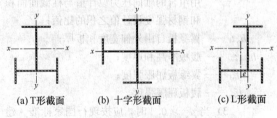

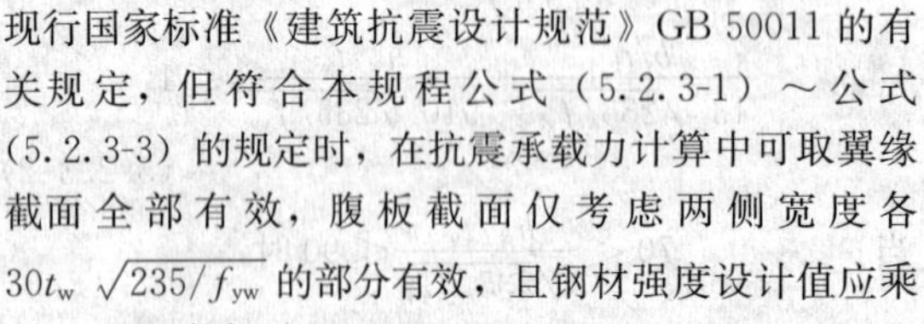

y
x
(a) T形截面
(b) 十字形截面
e
(c) L形截面

图5.3.5 钢异形柱

5.3.6 轻型钢结构住宅的楼板应采用轻质板材，如钢丝网水泥板、定向刨花板、轻骨料圆孔板、配筋的加气发泡类水泥板等预制板材，也可部分或全部采用现浇轻骨料钢筋混凝土板。

5.3.7 应对轻质楼板进行承载力检验，受弯承载力检验系数不应小于1.35，并在荷载效应的标准组合作用下，板的受弯挠度最大值不应超过板跨度的1/200，且不应出现裂缝。

5.3.8 预制装配式轻质楼板与钢结构梁应有可靠连接。

5.3.9 对钢丝网水泥板或定向刨花板等轻质薄型楼板与密肋钢梁组合的楼板结构，在计算分析时，应根据实际情况对楼板平面内刚度作出合理的计算假定。

5.4 节点设计

5.4.1 钢框架梁柱节点连接形式宜采用高强度螺栓连接，高强度螺栓宜采用扭剪型。

5.4.2 对高强度螺栓连接节点，高强度螺栓的级别、大小、数量、排列和连接板等应按现行国家标准《钢结构设计规范》GB 50017的规定进行计算和设计，需要进行抗震验算的还应满足现行国家标准《建筑抗震设计规范》GB 50011的有关规定。

5.4.3 对焊接连接节点，焊缝的形式、焊接材料、焊缝质量等级、焊接质量保证措施等应按现行国家标准《钢结构设计规范》GB 50017的有关规定进行计算和设计，需要进行抗震验算的还应符合现行国家标准《建筑抗震设计规范》GB 50011的有关规定。

5.4.4 需要进行抗震验算的节点，当构件的宽厚比不满足现行国家标准《建筑抗震设计规范》GB 50011的规定但符合本规程5.2.3条2款规定时，可用M_{y}代替《建筑抗震设计规范》GB 50011中的M_{p}进行验算。

5.4.5 H型钢梁、柱可采用外伸端板式全螺栓连接（图5.4.5），端板厚度和高强度螺栓数可按刚性节点设计计算。

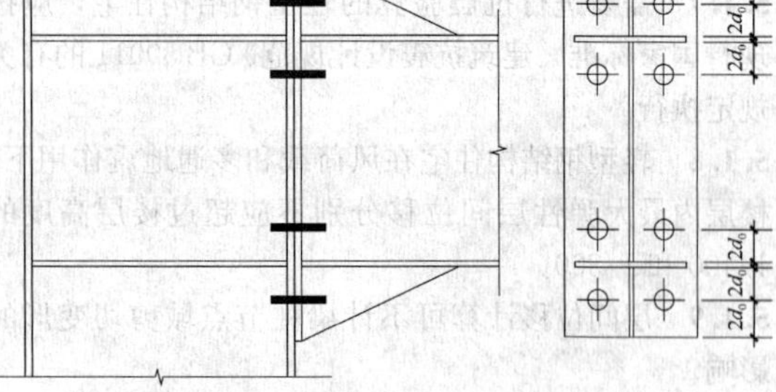

$2d_0$
$2d_0$

图5.4.5 外伸端板式全螺栓连接

d_0——螺栓孔径

5.4.6 钢管柱与H型钢梁的刚性连接可采用柱带悬臂梁段式连接（图5.4.6），梁的拼接可采用全螺栓连接或焊接和螺栓连接相结合的连接形式。

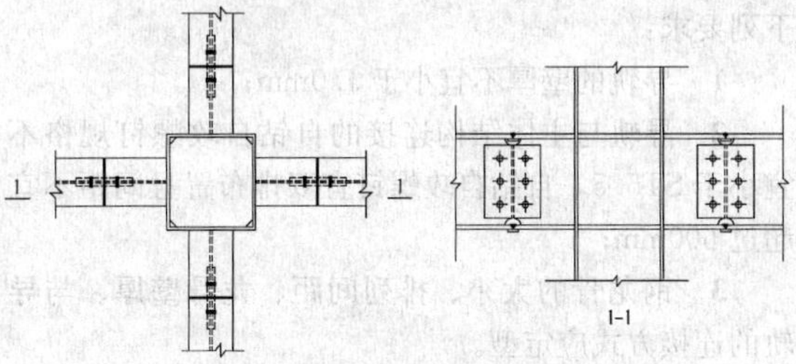
1
1
1-1

图5.4.6 柱带悬臂梁段式连接

5.4.7 钢管柱与H型钢梁的刚性连接可采用圆弧过渡隔板贯通式节点（图5.4.7-1），也可采用变宽度隔板贯通式节点（图5.4.7-2）。

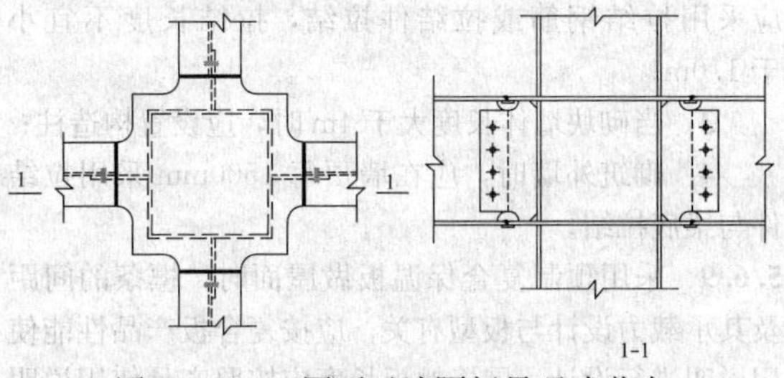
1
1
1-1

图5.4.7-1 圆弧过渡隔板贯通式节点

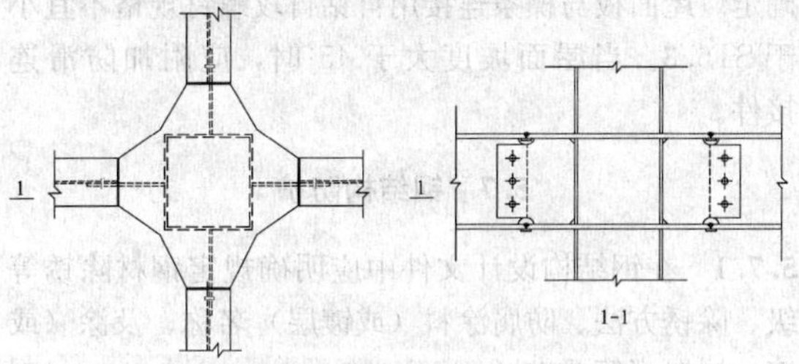
1
1
1-1

图5.4.7-2 变宽度隔板贯通式节点

5.4.8 钢管柱与H型钢梁的连接也可采用在柱外面加套筒的套筒式梁柱节点（图5.4.8），其构造应符合下列要求：

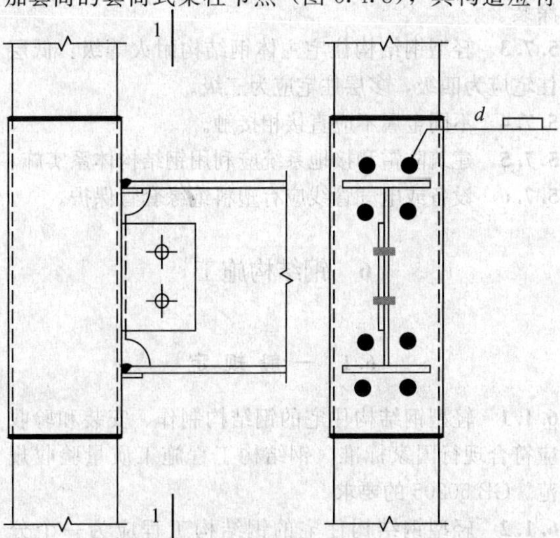
1
1
d
1-1

图5.4.8 套筒式梁柱节点

1 套筒的壁厚应大于钢管柱壁厚与梁翼缘板厚最大值的1.2倍；

2 套筒的高度应高出梁上、下翼缘外60mm～100mm；

3 除套筒上、下端与柱焊接外，还应在梁翼缘上下附近对套筒进行塞焊，塞孔直径 d 不宜小于20mm。

5.4.9 钢柱脚可采用预埋锚栓与柱脚板连接的外露式做法，也可采用预埋钢板与钢柱现场焊接，并应符合下列要求：

1 柱脚板厚度不应小于柱翼缘厚度的1.5倍。

2 预埋锚栓的长度不应小于锚栓直径的25倍。

3 柱脚钢板与基础混凝土表面的摩擦极限承载力可按下式计算：

$$V = 0.4(N+T) \tag{5.4.9}$$

式中：N——柱轴力设计值；

T——受拉锚栓的总拉力，当柱底剪力大于摩擦力时应设抗剪件。

4 柱脚与底板间应设置加劲肋。

5 柱脚板与基础混凝土间产生的最大压应力标准值不应超过混凝土轴向抗压强度标准值的2/3。

6 对预埋锚栓的外露式柱脚，在柱脚底板与基础表面之间应留50mm～80mm的间隙，并应采用灌浆料或细石混凝土填实间隙。

7 钢柱脚在室内平面以下部分应采用钢丝网混凝土包裹。

5.5 地 基 基 础

5.5.1 应根据住宅层数、地质状况、地域特点等因素，轻型钢结构住宅的基础形式可采用柱下独立基础或条形基础，当有地下室时，可采用筏板基础或独立柱基加防水板的做法，必要时也可采用桩基础。

5.5.2 基础底面应有素混凝土垫层，基础中钢筋的混凝土保护层厚度一般不应小于40mm，有地下水时宜适当增加混凝土保护层厚度。

5.5.3 地基基础的变形和承载力计算应按现行国家标准《建筑地基基础设计规范》GB 50007的规定进行。

5.5.4 当地基主要受力层范围内不存在软弱黏土层时，轻型钢结构住宅的地基及基础可不进行抗震承载力验算。

5.5.5 轻型钢结构住宅设有地下室时，地下室的钢柱宜采用钢丝网水泥砂浆包裹。地下室的防水应符合现行国家标准《地下工程防水技术规范》GB 50108的要求。

5.6 非结构构件设计

5.6.1 外围护墙、内隔墙、屋面、女儿墙、雨篷、太阳能支架、屋顶水箱支架，以及其他建筑附属设备等非结构构件及其连接，应满足抗风和抗震要求。

5.6.2 建筑附属设备体系的重力超过所在楼层重力的10%时，应计入整体结构计算。

5.6.3 作用于非结构构件表面上的风荷载标准值应按下式计算：

$$w_k = \beta_{gz}\mu_z\mu_s w_0 \qquad (5.6.3)$$

式中：w_k——作用于非结构构件表面上的风荷载标准值（kN/m^2）；

β_{gz}——阵风系数；

μ_s——风荷载体型系数；

μ_z——风压高度变化系数；

w_0——基本风压（kN/m^2）。

式中各系数和基本风压应按现行国家标准《建筑结构荷载规范》GB 50009 的规定采用，且 w_k 不应小于 $1.0kN/m^2$。

5.6.4 非结构构件自重产生的水平地震作用标准值应按下式计算：

$$F_{Ek} = 5.0\alpha_{max}G \qquad (5.6.4)$$

式中：F_{Ek}——沿最不利方向施加于非结构构件重心处的水平地震作用标准值（kN）；

α_{max}——水平地震影响系数最大值：6度抗震设计时取0.04；7度抗震设计时取0.08，但当设计基本加速度为0.15g时取0.12；8度抗震设计时取0.16，但当设计基本加速度为0.30g时取0.24；

G——非结构构件的重力荷载代表值（kN）。

5.6.5 在外围护墙体及其连接的承载力极限状态计算中，应计算地震作用效应与风荷载效应的组合，组合系数应分别轮换取0.6与1.0。

5.6.6 采用预制轻质墙板做围护墙体应符合下列要求：

1 双层外墙时，其中外侧复合保温墙板应外包式挂在主体钢框架结构上，内侧墙板宜填充式镶嵌在钢框架之间且与柱内侧平齐，两墙板之间可留有一定的空隙；

2 外墙外挂节点形式和设计可按我国现行行业标准《金属与石材幕墙工程技术规范》JGJ 133 的有关规定进行；

3 内隔墙镶嵌节点可采用U形金属夹间断固定在墙板上、下端与主体钢结构或楼板上；

4 内墙长度超过5m宜设置构造柱，外墙长度超过4m宜设置收缩缝；

5 门窗洞口宜有专用洞边板，洞口边、角部应有防裂措施。

5.6.7 采用轻钢龙骨复合墙板做围护墙体时，钢龙骨与上、下导轨应采用自钻自攻螺钉连接，并应符合下列要求：

1 导轨的壁厚不宜小于1.0mm；

2 导轨与主体结构连接的自钻自攻螺钉规格不宜小于ST5.5，自钻自攻螺钉宜双排布置且间距不宜超过600mm；

3 钢龙骨的大小、排列间距、龙骨壁厚、与导轨的连接方式应定型。

5.6.8 采用轻质砌块做围护墙体时应符合下列要求：

1 对外包钢结构砌筑的砌块应有可靠连接和咬槎；

2 轻质砌块墙体与钢柱相接处，每600mm高度应采用拉结钢筋或拉结件拉结，拉结长度不宜小于1.0m；

3 当砌块墙体长度大于4m时，应设置构造柱；

4 砌筑外墙时，应在墙顶每1500mm采用拉结件与梁底拉结。

5.6.9 采用预制复合保温板做屋面时，檩条的间距及其承载力设计与板型有关，应按复合板产品性能使用说明进行设计。屋檐挑板长度应按照产品使用说明确定。屋面板与檩条连接用自钻自攻螺钉规格不宜小于ST6.3。当屋面坡度大于45°时，应附加防滑连接件。

5.7 钢结构防护

5.7.1 在钢结构设计文件中应明确规定钢材除锈等级、除锈方法、防腐涂料（或镀层）名称、及涂（或镀）层厚度等要求。

5.7.2 除锈应采用喷砂或抛丸方法，除锈等级应达到Sa2.5，不得在现场带锈涂装或除锈不彻底涂装。

5.7.3 轻型钢结构住宅主体钢结构耐火等级：低层住宅应为四级，多层住宅应为三级。

5.7.4 不同金属不应直接相接触。

5.7.5 建筑防雷和接地系统应利用钢结构体系实施。

5.7.6 设备或电气管线应有塑料绝缘套管保护。

6 钢结构施工

6.1 一 般 规 定

6.1.1 轻型钢结构住宅的钢结构制作、安装和验收应符合现行国家标准《钢结构工程施工质量验收规范》GB 50205 的要求。

6.1.2 轻型钢结构住宅的钢结构工程应为一个分部工程，宜划分为制作、安装、连接、涂装等若干个分项工程，每个分项工程应包含一个或若干个检验批。

6.1.3 轻型钢结构住宅的钢结构工程施工前应编写施工组织设计文件，应建立项目质量保证体系，应有过程管理措施。

6.2 钢结构的制作与安装

6.2.1 钢结构制作、除锈和涂装应在工厂进行，钢构件在制作前应根据设计图纸编制构件加工详图，并应制定合理的加工流程。

6.2.2 钢结构所用材料（包括钢材、连接材料、涂装材料等）应具有质量证明文件，并应符合设计文件要求和现行国家有关标准的规定。

6.2.3 除锈应按设计文件要求进行，当设计文件未作规定时，宜选用喷砂或抛丸除锈方法，并应达到不低于 Sa2.5 级除锈等级。

6.2.4 除锈后的钢材表面经检查合格后，应在 4h 内进行涂装，涂装后 4h 内不得淋雨。

6.2.5 涂装时的环境温度和相对湿度应符合涂料产品说明书的要求，当产品说明书无要求时，环境温度宜在 5℃～38℃之间，相对湿度不宜大于 85%。

6.2.6 高强度螺栓摩擦面、埋入钢筋混凝土结构内的钢构件表面及密封构件内表面不应做涂装。待安装的焊缝附近、高强度螺栓节点板表面及节点板附近，在安装完毕后应予补涂。

6.2.7 钢构件的螺栓孔应采用钻成孔，严禁烧孔或现场气割扩孔。

6.2.8 高强度螺栓摩擦面的抗滑移系数应达到设计要求。

6.2.9 焊接材料在现场应有烘焙和防潮存放措施。

6.2.10 钢结构施工应有可靠措施确保预埋件尺寸符合设计允许偏差的要求。

6.2.11 钢结构安装顺序应先形成稳定的空间单元，然后再向外扩展，并应及时消除误差。

6.2.12 柱的定位轴线应从地面控制轴线直接上引，不得从下层柱轴线上引。

6.2.13 构件运输、堆放应垫平固牢，搬运构件时不得采用损伤构件或涂层的滑移拖运。

6.3 钢结构的验收

6.3.1 钢结构工程施工质量的验收应在施工单位自检合格的基础上，按照检验批、分项工程的划分，作为主体结构分部工程验收。

6.3.2 钢结构分部工程的合格应在各分项工程均合格的基础上，进行质量控制资料检查、材料性能复验资料检查、观感质量现场检查。各项检查均应要求资料完整、质量合格。

6.3.3 分项工程的合格应在所含检验批均合格的基础上，并应对资料的完整性进行检查。

6.3.4 检验批合格质量应符合下列要求：

1 主控项目应符合合格质量标准的要求；

2 一般项目其检验结果应有 80%及以上的检验点符合合格质量标准的要求，且最大值不应超过其允许值的 1.2 倍；

3 质量检查记录、质量证明文件等资料应完整。

7 轻质楼板和轻质墙体与屋面施工

7.1 一 般 规 定

7.1.1 轻质楼板、轻质墙体与屋面工程的施工应编制施工组织设计文件。施工组织设计文件应符合下列要求：

1 选用的楼板材料、墙体材料、屋面材料，以及防水材料、连接配件材料、防裂增强网片材料或粘接材料的种类、性能、规格或尺寸等，均应符合设计规定和材料性能要求，对预制楼板、屋面板和外墙板应进行结构性能检验，对外墙保温板和屋面保温板应进行热工性能检验；

2 施工方法应根据产品特点和设计要求编制，包括楼板、墙板和屋面板的具体吊装方法，楼板、墙板和屋面板与主体钢结构的连接方法，屋面和外墙立面的防水做法，基础防潮层做法，门、窗洞口做法，穿墙管线以及吊挂重物的加固构造措施等；

3 应详细制订施工进度网络图、劳动力投入计划和施工机械机具的组织调配计划，冬期或雨期施工应有保证措施；

4 应对施工人员进行技术培训和施工技术交底，应设专人对各工序和隐蔽工程进行验收；

5 应有安全、环保和文明施工措施；

6 应严格按设计图纸施工，不得在现场临时随意开凿、切割、开孔。

7.1.2 施工前准备工作应符合下列要求：

1 材料进场时，应有专人验收，生产企业应提供产品合格证和质量检验报告，板材不应出现翘曲、裂缝、掉角等外观缺陷，尺寸偏差应符合设计要求；

2 材料进场后，应按不同种类或规格堆放，并不得被其他物料污染，露天堆放时，应有防潮、防雨和防暴晒等措施；

3 墙板安装前，应先清理基层，按墙体排板图测量放线，并应用墨线标出墙体、门窗洞口、管线、配电箱、插座、开关盒、预埋件、钢板卡件、连接节点等位置，经检查无误，方可进行安装施工；

4 应对预埋件进行复查和验收；

5 应先做基础的防潮层，验收合格后方可施工墙体。

7.1.3 墙体与屋面施工应在主体结构验收后进行，内隔墙宜在做楼、地面找平层之前进行，且宜从顶层开始向下逐层施工，否则应有措施防止底层墙体由于累积荷载而损坏。

7.2 轻质楼板安装

7.2.1 有楼面次梁结构的，次梁连接节点应满足承载力要求，次梁挠度不应大于跨度的1/200。对桁架式次梁，各榀桁架的下弦之间应有系杆或钢带拉结。

7.2.2 吊装应按楼板排板图进行，并应严格控制施工荷载，对悬挑部分的施工应设临时支撑措施。

7.2.3 大于100mm的楼板洞口应在工厂预留，对所有洞口应填补密实。

7.2.4 当采用预制圆孔板或配筋的水泥发泡类楼板时，板与钢梁搭接长度不应小于50mm，并应有可靠连接，采用焊接的应对焊缝进行防腐处理。

7.2.5 当采用OSB板或钢丝网水泥板等薄型楼板时，板与钢梁搭接长度不应小于30mm，采用自攻螺钉连接时，规格不宜小于ST5.5，长度应穿透钢梁翼缘板不少于3圈螺纹，间距对OSB板不宜大于300mm，对钢丝网水泥板应在板四角固定。

7.2.6 楼板安装应平整，相邻板面高差不宜超过3mm。

7.3 轻质墙板安装

7.3.1 墙板施工前应做好下列技术准备：

1 设计墙体排板图（包含立面、平面图）；

2 确定墙板的搬运、起重方法；

3 确定外墙板外包主体钢结构的干挂施工方法；

4 制定测量措施；

5 制定高空作业安全措施。

7.3.2 外墙干挂施工应符合下列要求：

1 干挂节点应专门设计，干挂金属构件应采用镀锌或不锈钢件，宜避免现场施焊，否则应对焊缝做好有效的防腐处理；

2 外墙干挂施工应由专业施工队伍或在专业技术人员指导下进行。

7.3.3 双层墙板施工应符合下列要求：

1 双层墙板在安装好外侧墙板后，可根据设计要求安装固定好墙内管线，验收合格后方可安装内侧板；

2 双层外墙的内侧墙板宜镶嵌在钢框架内，与外层墙板拼缝宜错开200mm～300mm排列，并应按内隔墙板安装方法进行。

7.3.4 内隔墙板安装应符合下列要求：

1 应从主体钢柱的一端向另一端顺序安装，有门窗洞口时，宜从洞口向两侧安装；

2 应先安装定位板，并在板侧的企口处、板的两端均匀满刮粘结材料，空心条板的上端应局部封孔；

3 顺序安装墙板时，应将板侧榫槽对准另一板的榫头，对接缝隙内填满的粘结材料应挤紧密实，并应将挤出的粘结材料刮平；

4 板上、下与主体结构应采用U形钢卡连接。

7.3.5 建筑墙体施工中的管线安装应符合下列要求：

1 外墙体内不宜安装管线，必要时应由设计确定；

2 应使用专用切割工具在板的单面竖向开槽切割，槽深不宜大于板厚的1/3，当不得不沿板横向开槽时，槽长不应大于板宽的1/2；

3 管线、插座、开关盒的安装应先固定，方可用粘结材料填实、粘牢、平整；

4 设备控制柜、配电箱可安装在双层墙板上。

7.3.6 墙面整理和成品保护应符合下列要求：

1 墙面接缝处理应在门框、窗框、管线及设备安装完毕后进行；

2 应检查墙面：补满破损孔隙，清洁墙面，对不带饰面的毛坯墙应满铺防裂网刮腻子找平；

3 对有防潮或防渗漏要求的墙体，应按设计要求进行墙面防水处理；

4 对已完成抹灰或刮完腻子的墙面不得再进行任何剔凿；

5 在安装施工过程中及工程验收前，应对墙体采取防护措施，防止污染或损坏。

7.4 轻质砌块墙体施工

7.4.1 轻质砌块应采用与砌块配套的专用砌筑砂浆或专用胶粘剂砌筑，专用砌筑砂浆或专用胶粘剂应符合质量标准要求，并应提供产品质量合格证书和质量检测报告。

7.4.2 砌块施工前准备工作应符合下列要求：

1 进场砌块和配套材料堆放应有防潮或防雨措施，砌块下面应放置托板并码放成垛，堆放高度不宜超过2m；

2 墙体施工前，应清理基层、测量放线，标明门窗洞口和预埋件位置，并应保护好预埋管线。

7.4.3 砌块施工应符合下列要求：

1 砌块应采用专用工具锯割，禁止砍剁；

2 砌块应进行排块，排列应拼缝平直，上、下层应交错布置，错缝搭接不应小于1/3块长，并且不应小于100mm；

3 砌筑底部第一皮砌块时，应采用1：3水泥砂浆铺垫，各层砌块均应带线砌筑，并应保证砌筑砂浆或胶粘剂饱满均匀，缝宽宜为2mm～3mm；

4 丁字墙与转角墙应同时砌筑，如不能同时砌筑，应留出斜槎或有拉结筋的直槎；

5 砌筑时应随时用水平尺和靠尺检查，发现超标应及时调整，在砌筑后24小时内不得敲击切凿墙体；

6 门窗洞口过梁宜采用与砌块同质材料的配筋过梁，否则应做保温隔热处理；

7 砌块墙体预埋管线应竖向开槽，槽深不宜大于墙厚的1/4，若横向开槽，槽深度不宜大于墙厚1/5。墙体开槽应采用专用工具切割，管线固定后应及时填浆密实缝隙；

8 外墙应抹防水砂浆和刮腻子，对刮完腻子的砌块墙体不得再进行任何剔凿，墙体验收前，应采取防护措施。

7.5 轻钢龙骨复合墙体施工

7.5.1 施工准备应符合下列要求：

1 运输和堆放轻钢龙骨或蒙皮用面板时应文明装卸，不得扔摔、碰撞，应防止变形；

2 锯割龙骨和面板应采用专用工具，切割后的龙骨和面板应边缘整齐、尺寸准确；

3 施工机具进场应提供产品合格证，安装工具或机具应保证能正常使用；

4 应先清理基层，按设计要求进行墙位置测量放线，应用墨线标出墙的中心线和墙的宽度线，弹线应清晰，位置应准确，检查无误后方可施工。

7.5.2 轻钢龙骨复合墙体施工应符合下列要求：

1 轻钢龙骨复合墙体施工应由专业施工队伍或在专业技术人员指导下进行；

2 龙骨的安装应符合以下要求：

1）应按放线位置固定上下槽型导轨到主体结构上，固定槽型导轨应采用六角头带法兰盘的自钻自攻螺钉，规格不宜小于ST5.5，间距不宜大于600mm，钉长应满足穿透钢梁翼板后外露不小于3圈螺纹；

2）竖向龙骨端部应安装在导轨内，龙骨与导轨壁用平头自钻自攻螺钉ST4.2固定，竖向龙骨应平直，不得扭曲，龙骨间距应符合专业设计要求或产品使用要求；

3）预埋管线应与龙骨固定。

3 面板的安装应符合下列要求：

1）面板宜竖向铺设，面板长边接缝应安装在竖龙骨上，对曲面隔墙，面板可横向铺设；

2）面板安装应错缝排列，接缝不应在同一根竖向龙骨上，面板间的接缝应采用专用材料填补；

3）安装面板时，宜采用不小于ST5.5的平头自钻自攻螺钉从板中部向板的四边固定，钉头略埋入板内，钉眼宜用石膏腻子抹平，钉长应满足穿透龙骨壁板厚度外露不小于3圈螺纹；

4）有防水、防潮要求的面板不得采用普通纸面石膏板，外墙的外表面应按设计要求做防水施工。

4 保温材料的安装应符合下列要求：

1）用聚苯板或聚氨酯板保温材料时，应采用专用自钻自攻螺钉将保温板与龙骨固定，若是单层保温板，应将保温板安装在龙骨外侧上，保温板铺设应连续、紧密拼接，不得有缝隙，验收合格后方可进行面板安装；

2）用玻璃棉或岩棉保温材料时，宜采用带有单面或双面防潮层的铝箔表层，防潮层应置于建筑物内侧，其表面不得有孔，防潮层应拉紧后固定在龙骨上，周边应搭接或锁缝，不得有缝隙，验收合格后方可进行面板安装；

3）不得采用将保温材料填充在龙骨之间的保温隔热做法。

7.6 轻质保温屋面施工

7.6.1 屋面施工前应符合下列要求：

1 设计屋面排板图；

2 确定屋面板搬运、起重和安装方法；

3 制定高空作业安全措施。

7.6.2 屋面施工应由专业施工队伍或由专业技术人员指导进行。

7.6.3 每块屋面板应至少有两根檩条支撑，板与檩条连接应按产品专业技术规定进行或采用螺栓连接。

7.6.4 屋面板与檩条当采用自钻自攻螺钉连接时，应符合下列要求：

1 螺钉规格不宜小于ST6.3；

2 螺钉长度应穿透檩条翼缘板外露不少于3圈螺丝；

3 螺钉帽应加扩大垫片；

4 坡度较大时应有止推件抗滑移措施。

7.6.5 屋面板侧边应有企口，拼缝处的保温材料应连续，企口内应有填缝剂，板应紧密排列，不得有热桥。

7.6.6 屋面板安装验收合格后，方可进行防水层或安装屋面瓦施工。

7.7 施工验收

7.7.1 轻质楼板工程的施工验收应按主体结构验收要求进行，可作为主体结构中的一个分项工程。

7.7.2 轻质墙体和屋面工程施工质量验收应按一个分部工程进行，其中应包含外墙、内墙、屋面和门窗等若干个分项工程。

7.7.3 轻质楼板安装平面水平度全长不宜超过10mm。

7.7.4 墙体施工允许偏差和检验方法应符合表7.7.4的规定。

表7.7.4 墙体施工允许偏差和检验方法

序号	项目			允许偏差（mm）	检验方法
1	轴线位移			5	用尺量
2	表面平整度			3	用2m靠尺和塞尺量
3	垂直度	每层	≤3m	3	用2m脱线板或吊线，尺量
			>3m	5	
		全高	≤10m	10	用经纬仪或吊线，尺量
			>10m	15	
4	门窗洞口尺寸			±5	用尺量
5	外墙上下窗偏移			10	用经纬仪或吊线

7.7.5 分项工程质量标准应符合下列要求：

1 各检验批质量验收文件应齐全，施工质量验收应合格；

2 观感质量验收应合格；

3 有关结构性能或使用功能的进场材料检验资料应齐全，并应符合设计要求。

8 验收与使用

8.1 验 收

8.1.1 轻型钢结构住宅工程施工质量验收应在施工总承包单位自检合格的基础上，由施工总承包单位向建设单位提交工程竣工报告，申请工程竣工验收。工程竣工报告须经总监理工程师签署意见。

8.1.2 竣工验收应由建设单位组织实施，勘察单位、设计单位、监理单位、施工单位应共同参与。

8.1.3 轻型钢结构住宅工程施工质量验收应按检验批、分项工程、分部（或子分部）工程的划分，并应符合下列要求：

1 应符合现行国家标准《建筑工程施工质量验收统一标准》GB 50300、《钢结构工程施工质量验收规范》GB 50205和其他相关专业验收规范的规定；

2 应符合工程勘察、设计文件的要求；

3 参加验收的各方人员应具备规定的资格；

4 应在施工单位自检评定合格的基础上进行；

5 隐蔽工程在隐蔽前应由施工单位通知有关单位验收并形成验收文件；

6 涉及结构安全的试块、试件以及有关材料，应按规定进行见证取样检测；

7 检验批的质量应按主控项目和一般项目验收；

8 对涉及结构安全和使用功能的重要分部工程应进行抽样检测；

9 承担见证取样检测及有关结构安全检测的单位应具有相应资质；

10 工程的观感质量应由验收人员通过现场检查，并应共同确认。

8.1.4 轻型钢结构住宅工程施工质量验收合格应符合下列要求：

1 应进行建筑节能专项验收，主要包括建筑物体形系数、窗墙面积比、各部分围护结构的传热系数、外墙遮阳系数等，均应符合现行国家标准《建筑节能工程施工质量验收规范》GB 50411和建筑设计文件的要求；

2 各分部（或子分部）工程的质量均应验收合格；

3 质量控制资料应完整；

4 各分部（或子分部）工程有关安全和功能的检测资料应完整；

5 主要功能项目的抽查结果应符合相关专业质量验收规范的规定；

6 观感质量验收应符合要求。

8.1.5 工程验收合格后，建设单位应依照有关规定，向当地建设行政主管部门备案。

8.2 使用与维护

8.2.1 建设单位在工程竣工验收合格后，应取得当地规划、消防、人防等有关部门的认可文件和准许使用文件，并应在道路畅通，水、电、气、暖具备的条件下，将有关文件交给物业后方可交付使用。

8.2.2 建设单位交付使用时，应提供住宅使用说明书，住宅使用说明书中包含的使用注意事项应符合表8.2.2的规定。

表8.2.2 使用注意事项

房屋部位	注 意 事 项
主体结构	钢结构不能拆除，不能渗水受潮，涂装层不得铲除，装修不得在钢结构上施焊
墙体	墙体不能拆除，改动非承重墙应经原设计单位批准。不得在外墙上安装任何挂件，外围护墙体饰面层不得破坏、受潮或渗水
防水层	厨房或卫生间的防水层，装修时不得破坏
门、窗	不得更改或加设门窗
阳台	不得加设阳台附属设施
烟道	设有烟道的，抽油烟机管应接入烟道内，不得封堵或拆除烟道

续表 8.2.2

房屋部位	注 意 事 项
空调机位	按原设计位置装置空调，不得随意打洞和安装空调或其他设备
供水设施	供水主立管不得移动、接分叉或毁坏
排水设施	排水主立管不得移动、接分叉或毁坏
供电设施	不得改动公共部位供配电设施
消防设施	消防设施不得遮掩或毁坏，不得阻碍消防通道，不得动用消防水源
保温构造	墙体、屋面、楼地面等的各类保温系统包括饰面层、加强层、保温层等均不得铲除和削弱。不得有渗水

8.2.3 用户在使用过程中，不得增大楼面、屋面原设计使用荷载。

8.2.4 物业应定期检修外墙和屋面防水层，应保证外围护系统正常使用。

附录 A L 形截面柱的承载力计算公式

A.0.1 L 形截面柱（图 A.0.1）的强度应按下列公式计算：

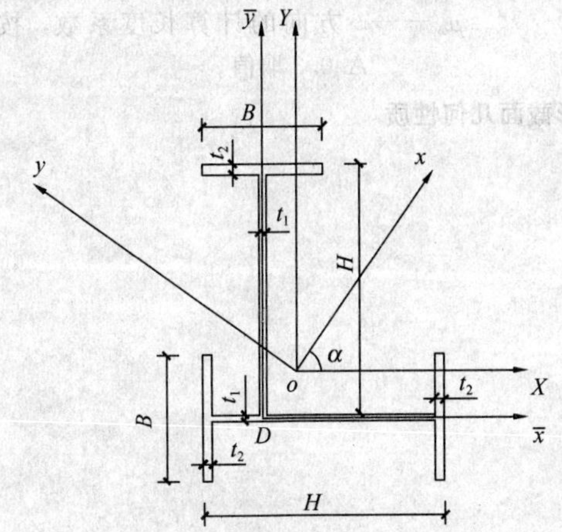

$\bar{y}$
Y
B
t_2
y
x
t_1
H
α
o
t_1
t_2
X
D
B
t_2
$\bar{x}$
H

图 A.0.1 L 形截面柱

$$\sigma=\frac{N}{A}\pm\frac{M_x}{I_x}y\pm\frac{M_y}{I_y}x\pm\frac{B_\omega}{I_\omega}\omega_s \quad (A.0.1\text{-}1)$$

$$\tau=\frac{V_xS_y}{I_yt}+\frac{V_yS_x}{I_xt}+\frac{M_\omega S_\omega}{I_\omega t}+\frac{M_kt}{I_k} \quad (A.0.1\text{-}2)$$

式中：N——柱轴向力；

M_x、M_y——绕柱截面形心主坐标轴 x、y 的弯矩；

V_x、V_y——柱截面形心主坐标轴 x、y 方向的剪力；

B_ω——弯曲扭转双力矩，$B_\omega=\int_A\sigma_\omega\omega_s\mathrm{d}A=E\frac{\mathrm{d}^2\Phi}{\mathrm{d}z^2}\int_A\omega_s^2\mathrm{d}A$；

M_z——扭矩，$M_z=GI_k\frac{\mathrm{d}\Phi}{\mathrm{d}z}-EI_\omega\frac{\mathrm{d}^3\Phi}{\mathrm{d}z^3}=M_k+M_\omega$；

Φ——截面的扭转角，以右手螺旋规律确定其正负号；

S_x、S_y——截面静矩；

I_x、I_y——截面轴惯性矩；

I_ω——翘曲常数，亦称为扇性矩或弯曲扭转惯性矩，$I_\omega=\frac{1}{3}\sum_A(\omega_{s,i}^2+\omega_{s,i}\omega_{s,i+1}+\omega_{s,i+1}^2)t_ib_i$；

I_k——扭转常数，$I_k=\sum_{i=1}^{n}I_{k,i}=\frac{1}{3}\sum_{i=1}^{n}b_it_i^3$；

S_ω——扇性静矩，$S_\omega=\int_0^s\omega_st\mathrm{d}s$；

ω_s——扇性坐标；

$\omega_{s,i}$、$\omega_{s,i+1}$——横截面中第 i 个板件两端点 i 和 $i+1$ 的扇形坐标；

b_i、t_i——第 i 个板件的宽度和厚度。

A.0.2 L 形截面柱的轴心受压稳定性应符合下式要求：

$$\frac{N}{\varphi A}\leqslant f \quad (A.0.2)$$

式中：φ——L 形截面柱轴心受压的稳定系数，应根据 L 形截面柱的换算长细比 λ 按 b 类截面确定；

f——为材料设计强度。

A.0.3 L 形截面柱（图 A.0.1）压弯稳定性应符合下式要求：

$$\frac{N}{\varphi A}+\frac{\beta_{tx}M_x}{\varphi_{bx}W_x}+\frac{\beta_{ty}M_y}{\varphi_{by}W_y}-\frac{2(\beta_yM_x+\beta_xM_y)}{i_0^2\varphi A}\leqslant f \quad (A.0.3\text{-}1)$$

$$i_0^2=\frac{(I_x+I_y)}{A}+x_0^2+y_0^2 \quad (A.0.3\text{-}2)$$

$$\beta_x=\frac{\int_A x(x^2+y^2)\mathrm{d}A}{2I_y}-x_0 \quad (A.0.3\text{-}3)$$

$$\beta_y=\frac{\int_A y(x^2+y^2)\mathrm{d}A}{2I_x}-y_0 \quad (A.0.3\text{-}4)$$

$$\varphi_{bx}=\frac{\pi^2EI_y}{W_xf_y(\mu_yl)^2}\left[\beta_y+\sqrt{\beta_y^2+\frac{I_\omega}{I_y}+\frac{GI_k}{\pi^2EI_y}(\mu_yl)^2}\right] \quad (A.0.3\text{-}5)$$

$$\varphi_{by}=\frac{\pi^{2}EI_{x}}{W_{y}f_{y}(\mu_{x}l)^{2}}\left[\beta_{x}+\sqrt{\beta_{x}^{2}+\frac{I_{\omega}}{I_{x}}+\frac{GI_{k}}{\pi^{2}EI_{x}}(\mu_{x}l)^{2}}\right] \tag{A.0.3-6}$$

式中：f_y——材料屈服强度；

E——材料弹性模量；

G——材料剪变模量；

l——构件长度；

A——构件截面面积；

x_0、y_0——截面剪心坐标；

W_x、W_y——截面模量；

β_x——L 形截面关于 x 轴不对称常数，当 M_x 作用下受压区位于剪心同一侧时，β_x 和 M_x 取正号，反之则取负号；

β_y——L 形截面关于 y 轴不对称常数，当 M_y 作用下受压区位于剪心同一侧时，β_y 和 M_y 取正号，反之则取负号；

φ_{bx}、φ_{by}——分别为 x、y 轴的稳定系数，其值不大于1.0，且当稳定系数的值大于0.6时，应按现行国家标准《钢结构设计规范》GB 50017 的规定进行折减；

β_{tx}、β_{ty}——等效弯矩系数，按现行国家标准《钢结构设计规范》GB 50017 的规定取值；

μ_x、μ_y——分别为 x、y 方向的计算长度系数，按表 A.0.3 取值。

表 A.0.3　计算长度系数

约束条件	μ_x	μ_y	μ_ω
两端简支	1.0	1.0	1.0
两端固定	0.5	0.5	0.5
一端固定，一端简支	0.7	0.7	0.7
一端固定，一端自由	2.0	2.0	2.0

A.0.4　当 L 形截面柱采用图 A.0.1 形式时，截面几何性质按表 A.0.4 取值，换算长细比可按下列简化式计算：

$$\lambda=\frac{1}{\sqrt{0.44\alpha-0.62\sqrt{\alpha^{2}-2.27(\lambda_{x}^{2}+\lambda_{y}^{2}+\lambda_{\omega}^{2})/(\lambda_{x}\lambda_{y}\lambda_{\omega})^{2}}}} \tag{A.0.4-1}$$

$$\alpha=\frac{1}{\lambda_{x}^{2}}(1-y_{0}^{2}/i_{0}^{2})+\frac{1}{\lambda_{y}^{2}}(1-x_{0}^{2}/i_{0}^{2})+\frac{1}{\lambda_{\omega}^{2}} \tag{A.0.4-2}$$

$$\lambda_{x}=\frac{\mu_{x}lA}{I_{x}} \tag{A.0.4-3}$$

$$\lambda_{y}=\frac{\mu_{y}lA}{I_{y}} \tag{A.0.4-4}$$

$$\lambda_{\omega}=\frac{\mu_{\omega}l}{\sqrt{\frac{I_{\omega}}{Ai_{0}^{2}}+\frac{(\mu_{\omega}l)^{2}GI_{k}}{\pi^{2}EAi_{0}^{2}}}} \tag{A.0.4-5}$$

式中：λ_x、λ_y、λ_ω——分别为 x、y、z 方向的柱长细比；

μ_ω——z 方向的计算长度系数，按表 A.0.3 取值。

表 A.0.4　图 A.0.1 的 L 形截面几何性质

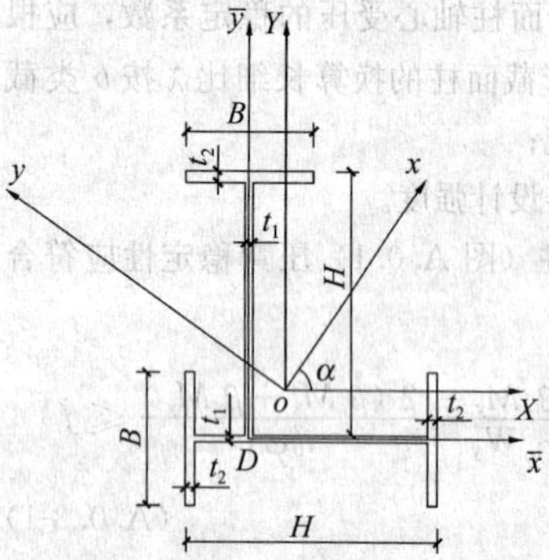

y
Y
B
t2
t1
y
x
H
α
o
t2
X
x̄
B
t1
t2
D
H

序号	$H\times B\times t_1\times t_2$ (mm)	截面面积 A (mm^2)	形心坐标 (mm)		剪心坐标 (mm)		夹角	惯性矩				惯性半径 (cm)		不对称截面常数		
			$\overline{x}_0$	$\overline{y}_0$	x_0	y_0	α (°)	I_x (cm^4)	I_y (cm^4)	I_k (cm^4)	I_ω (cm^6)	i_x	i_y	i_0^2 (cm^2)	β_x (cm)	β_y (cm)
1	100×50×5×7	1945	14.5	29.5	−24.7	−16.8	27.3	376.5	172	2.48	1095.7	4.40	2.97	37.1	4.07	2.15
2	150×75×5×7	2970	21.8	44.2	−37.5	−24.8	28.2	1303.0	826	3.75	8492.0	6.62	4.55	84.8	6.13	3.13
3	200×100×5.5×8	4468	29.2	58.9	−50.4	−32.8	28.5	3515.1	1680.9	7.23	41100	8.87	6.13	154.4	8.16	4.11
4	250×125×6×9	6213	36.6	73.7	−63.2	−40.8	28.7	7688.9	3708.0	12.55	141520	11.1	7.73	240.1	10.2	5.09
5	300×150×6.5×9	7774.5	43.7	88.1	−75.7	−48.8	28.8	13693.5	6602.9	16.22	354500	13.3	9.22	342.2	12.3	6.11
6	350×175×7×11	10444	51.5	103.4	−89.0	−56.8	29.0	25578.4	12469.6	30.98	933280	15.7	10.9	475.9	14.2	7.04
7	400×200×8×13	13888	59.0	118.4	−101.9	−65.0	29.0	44669.1	21800.9	57.04	2147100	17.9	12.5	624.7	16.3	8.03
8	450×200×9×14	16122	72.9	131.9	−124.2	−67.2	31.2	64926.0	29943.0	75.90	3002700	20.1	13.6	787.9	20.4	8.38
9	500×200×10×16	19120	86.9	145.7	−146.1	−68.9	32.8	95181.1	41980.9	113.9	4315300	22.3	14.8	978.5	24.5	8.62

注：表中形心坐标为工程坐标系 $\overline{x}D\overline{y}$ 中的坐标值，而剪心坐标为形心主坐标系中的坐标值。

本规程用词说明

1 为便于在执行本规程条文时区别对待，对要求严格程度不同的用词说明如下：

1)表示很严格，非这样做不可的：
正面词采用“必须”，反面词采用“严禁”；

2)表示严格，在正常情况下均应这样做的：
正面词采用“应”，反面词采用“不应”或“不得”；

3)表示允许稍有选择，在条件许可时，首先应这样做的：
正面词采用“宜”，反面词采用“不宜”；

4)表示有选择，一定条件下可以这样做的，采用“可”。

2 条文中指明应按其他有关标准执行的写法为：“应符合……的规定”或“应按……执行”。

引用标准名录

1 《建筑地基基础设计规范》GB 50007

2 《建筑结构荷载规范》GB 50009

3 《混凝土结构设计规范》GB 50010

4 《建筑抗震设计规范》GB 50011

5 《钢结构设计规范》GB 50017

6 《冷弯薄壁型钢结构技术规范》GB 50018

7 《住宅设计规范》GB 50096

8 《住宅建筑模数协调标准》GB/T 50100

9 《地下工程防水技术规范》GB 50108

10 《工程结构可靠性设计统一标准》GB 50153

11 《钢结构工程施工质量验收规范》GB 50205

12 《建筑工程施工质量验收统一标准》GB 50300

13 《民用建筑工程室内环境污染控制规范》GB 50325

14 《住宅建筑规范》GB 50368

15 《建筑节能工程施工质量验收规范》GB 50411

16 《碳素结构钢》GB/T 700

17 《钢结构用高强度大六角头螺栓》GB/T 1228

18 《钢结构用高强度大六角螺母》GB/T 1229

19 《钢结构用高强度垫圈》GB/T 1230

20 《钢结构用高强度大六角头螺栓、大六角螺母、垫圈技术条件》GB/T 1231

21 《低合金高强度结构钢》GB/T 1591

22 《钢结构用扭剪型高强度螺栓连接副》GB/T 3632

23 《碳钢焊条》GB/T 5117

24 《低合金钢焊条》GB/T 5118

25 《六角头螺栓　C级》GB/T 5780

26 《六角头螺栓》GB/T 5782

27 《建筑材料放射性核素限量》GB 6566

28 《建筑用轻钢龙骨》GB/T 11981

29 《冷轧带肋钢筋》GB 13788

30 《十字槽盘头自钻自攻螺钉》GB/T 15856.1

31 《十字槽沉头自钻自攻螺钉》GB/T 15856.2

32 《十字槽半沉头自钻自攻螺钉》GB/T 15856.3

33 《六角法兰面自钻自攻螺钉》GB/T 15856.4

34 《六角凸缘自钻自攻螺钉》GB/T 15856.5

35 《钢筋焊接网混凝土结构技术规程》JGJ 114

36 《金属与石材幕墙工程技术规范》JGJ 133

37 《耐碱玻璃纤维网布》JC/T 841

38 《定向刨花板》LY/T 1580

中华人民共和国行业标准

轻型钢结构住宅技术规程

JGJ 209—2010

条 文 说 明

制 订 说 明

《轻型钢结构住宅技术规程》JGJ 209－2010，经住房和城乡建设部2010年4月17日以第552号公告批准、发布。

本规程制订过程中，编制组进行了广泛的调查研究，总结了近几年我国钢结构住宅工程建设的实践经验，同时参考了国外先进技术法规、技术标准，并做了大量的有关材料性能、建筑和结构性能、节点连接等试验。

为便于广大设计、施工、科研、学校等单位有关人员在使用本规程时能正确理解和执行条文规定，《轻型钢结构住宅技术规程》编制组按章、节、条顺序编制了本规程的条文说明，对条文规定的目的、依据以及执行中需注意的有关事项进行了说明，还着重对强制性条文的强制性理由作了解释。但是，本条文说明不具备与标准正文同等的法律效力，仅供使用者作为理解和把握标准规定的参考。在使用中如果发现本条文说明有不妥之处，请将意见函寄中国建筑科学研究院。

目　次

1 总 则

自从2000年我国首次召开钢结构住宅技术研讨会以来，全国积极开展有关钢结构住宅的科研和工程实践活动。不仅有许多高等院校和科研院所进行了大量的专项科学技术研究，取得了丰富的成果，而且有许多企业进行了各种形式的新型建筑材料开发和钢结构住宅工程试点，积累了丰富的工程经验。近几年来，在我国出现的钢结构住宅建筑形式有：普通钢结构住宅工程、国外引进的冷弯薄壁型钢低层住宅工程，还有自主研发的轻钢框架配套复合保温墙板的低层和多层钢结构住宅工程等等。钢结构住宅的工程实践，有利于促进我国住宅产业化的进程，有利于整体提升我国建筑行业技术进步，有利于带动建材、冶金等相关产业的发展，有利于促进钢结构在建筑领域的应用，拉动内需。

为适应国家经济建设的需要，推广应用钢结构住宅建筑技术，规范钢结构住宅技术标准，实现钢结构住宅的功能和性能，结合我国城镇建设和建筑工程发展的实际情况，在广泛调查研究，认真总结近几年我国钢结构住宅建设经验，并在做了大量的有关材性、体系和节点等试验的基础上，由中国建筑科学研究院负责，组织有关设计、高校、科研和生产企业等单位，制定我国轻型钢结构住宅技术规程。

本规程适用于轻型钢结构住宅的设计、施工和验收，重点突出“轻型”。由轻型钢框架结构体系和配套的轻质墙体、轻质楼面、轻质屋面建筑体系所组成的轻型节能住宅建筑。可用于抗震或非抗震地区的不超过6层的钢结构住宅建筑。对公寓等其他建筑可参考使用。

本规程所说的“轻质材料”是指与传统的材料如钢筋混凝土相比干密度小一半以上。

本规程所指的轻型钢框架是指由小截面热轧H型钢、高频焊接H型钢、普通焊接H型或异形截面的型钢、冷轧或热轧成型的方（或矩、圆）形钢管组成的纯框架或框架-支撑结构体系。结合轻质楼板和利用墙体抗侧力等有利因素，能使钢框架结构体系不仅用钢量省，而且解决了可以建造多层结构的技术问题，尤其是能与我国现行规范体系保持一致，满足抗震要求，是一种符合中国国情的轻型钢结构住宅体系。

轻型钢结构住宅是一种专用建筑体系，轻型钢结构住宅的设计与建造必须要有材性稳定、耐候耐久、安全可靠、经济实用的轻质围护配套材料及其与钢结构连接的配套技术，尤其是轻质外围护墙体及其与钢结构的连接配套技术。由于其“轻型”，结构性能优越，建筑层数又不超过6层，易于抗震。只要配套材料和技术完善，则经济性较好，便于推广应用。

轻型钢结构住宅是一种新的建筑体系，涉及的材料是新型建筑材料，设计方法是“建筑、结构、设备与装修一体化”，强调“配套”：材料要配套、技术要配套、设计要配套，是在企业开发的专用体系基础上，按本规程的规定进行具体工程的设计、施工和验收。

对普通钢结构与现浇钢筋混凝土楼板结构体系的钢结构住宅，应按我国现行有关标准设计。对冷弯薄壁型钢低层住宅建筑，应按其专业标准执行。

3 材 料

3.1 结构材料

3.1.1 关于钢结构材料是引自现行国家标准《钢结构设计规范》GB 50017的规定。推荐轻型钢结构住宅宜采用Q235-B碳素结构钢以及Q345-B低合金高强度结构钢，主要是这两种牌号的钢材具有多年的生产与使用经验，材质稳定，性能可靠，经济指标较好。且B级钢材具有常温冲击韧性的合格保证，满足住宅环境的使用温度，没有必要使用更高级别或更高强度等级的钢材。当对冲击韧性不作交货保证时，也可以采用Q345-A。

3.1.2 该条是引自现行国家标准《钢结构设计规范》GB 50017和《建筑抗震设计规范》GB 50011的规定。

3.1.3 对于冷加工成型的钢材，当壁厚不大于6mm的材料强度设计值按现行国家标准《冷弯薄壁型钢结构技术规范》GB 50018的规定取值，但构件计算公式仍然采用现行国家标准《钢结构设计规范》GB 50017的规定。当壁厚大于6mm的材料设计强度和构件设计计算公式都按现行国家标准《钢结构设计规范》GB 50017的规定执行。

3.1.8 水泥纤维类材料中的纤维只能作为防裂措施，不能作为受力材料。这类材料中有的抗冻融性能差，易粉化，现实中的纤维材料性能差别很大，有的抗碱性能差，耐久性得不到保证。这类材料（包括水泥压力板、挤出板等）强度较高，但是易脆断。考虑到实际使用情况，用于室内环境作为楼板时应配置钢筋。

水泥加气发泡类材料抗压强度较低，一般仅有3MPa～8MPa，且孔隙率较大，易受潮，钢筋得不到保护，耐久性受影响。考虑到实际使用情况，本规范要求双层配筋并对钢筋作保护性处理，抗压强度不应小于6.0MPa。

以上两种材料属于新型建材（指与传统的钢筋混凝土比），它们具有轻质、高强特点，适用于预制装配施工，受到市场的欢迎。但开发者和使用者对其用途和性能不全了解。为规范这两类材料的用途，有必要对涉及结构安全性的新材料作出强制性规定。

3.1.10～3.1.13 这几条给出了当前轻质楼板选材的基本规定。

3.2 围护材料

3.2.1～3.2.6 围护材料是钢结构住宅技术的重点和难点，要求它质量轻、强度高、保温隔热性能好、经久耐用、经济适用。国外钢结构住宅及其住宅产业化之所以比我国成熟，主要是国外的建材业发达，可供选用的建材品种多、质量好、科技含量高，应用配套技术全面，能形成体系化。随着建筑工业化的发展，发达国家早在20世纪四五十年代便开始了墙体建筑材料的转变：即小块墙材向大块墙材转变，块体墙材向各种轻质板材和复合板材方向转变。墙体的材料是节能建筑的关键。轻质围护材料应采用节地、节能、利废和环保的材料，严禁使用国家明令禁止、淘汰或限制的材料。要坚持建筑资源可持续利用的科学发展观。

根据我国国情，建议围护材料采用以普通水泥为主要原料的复合型多功能预制轻质条形板材、轻质块体，或者是轻钢龙骨复合保温墙体等。围护材料产品的干密度不宜超过800kg/m^3，并以条形板为宜，便于施工安装。以保温为主要目的外墙板或屋面板，应选用密度较小的复合保温板材；以隔热为主要目的外墙板或屋面板，应选用密度较大的复合保温板材。产品质量及试验方法均按我国国家有关标准执行，外墙板受弯承载力、连接节点承载力的设计和试验应结合本规程第5.6节非结构构件设计的要求进行，承载力检验系数以及其他指标不应小于相关条文的规定。有关承载力性能的试验应按现行国家标准《混凝土结构工程施工质量验收规范》GB 50204的规定执行。

轻质围护材料应为专门生产厂家制造，生产厂家应有质量保证体系、有产品标准、有专业生产的工艺设备和技术、有产品使用安装工法，并具有试验和经专家论证、政府主管部门备案的资料和文件。使用单位应作材料复检和技术资料审核。

3.2.7 轻质墙板的单点吊挂力试验可参考我国现行行业标准《建筑隔墙用轻质条板》JG/T 169的有关规定进行。

3.2.9 水泥基的轻质围护材料，除了应满足一般性要求外，还应满足该条所列各款的专门规定。

3.2.10 轻钢龙骨复合墙体也是一种较好的围护体系，龙骨采用C型钢或小方钢管桁架结构体系，除了应满足一般性要求外，还应满足该条所列各款的专门规定。

3.3 保温材料

3.3.1、3.3.2 该节所列工程中常用的保温隔热材料，其性能指标取自我国现行相关标准规范的规定。

3.3.3 采用有机泡沫塑料作为保温隔热材料时，应对其有防火保护措施，如采用水泥浇筑的聚苯夹心复合板形式等。

4 建筑设计

4.1 一般规定

4.1.1 集成化住宅建筑是工业化和产业化的要求，而工业化的前提是标准化和模数化。轻型钢结构住宅建筑具有产业化的优势和特点，轻型钢结构住宅技术开发应以工业化为手段，以产业化为目标，进行产品和技术配套开发，形成房屋体系。此条为轻型钢结构住宅建筑技术方向性导则。

4.1.2 轻型钢结构住宅建筑的构件或配件及其应用技术，具有较高的工业化生产程度和较严谨的操作程序，难以现场复制。否则，其功能或性能得不到保证。因此建筑、结构、设备和装修设计应紧密配合，应综合考虑，实现一体化设计，避免现场随意改动。

4.1.3 轻型钢结构住宅是一种新的节能建筑体系，建筑设计必须进行节能专项设计，执行我国建筑节能政策。我国地域辽阔，从南到北气候差异较大，建筑节能指标要求不同，建筑节能设计应符合当地节能指标要求。

4.1.4 轻型钢结构住宅也是一种住宅，应满足住宅的基本功能和性能，应符合现行国家住宅建筑设计标准。

4.2 模数协调

模数协调就是设计尺寸协调和生产活动协调。它既能使设计者的建筑、结构、设备、电气等专业技术文件相互协调；又能达到设计者、制造业者、经销商、建筑业者和业主等人员之间的生产活动相互协调一致，其目的就是推行住宅产业化。产业化的前提是工业化，而工业化生产是在标准化指导下进行的。住宅有其灵活多样性特点，如何最大限度地采用通用化建筑构配件和建筑设备，通过模数协调，实现灵活多样化要求，是设计者要解决的问题。轻型钢结构住宅建筑设计和制造是易于实现产业化的，可以做到设计标准化、生产工厂化、现场装配化。本节旨在引导技术和产品开发以及设计和建造应以产业化为方向，实现建筑产品和部件的尺寸协调以及安装位置的模数协调。

4.3 平面设计

4.3.1 优先尺寸就是从模数数列中事先排选出的模数或扩大模数尺寸。在选用部件中对通用性强的尺寸关系，指定其中几种尺寸系列作为优先尺寸，其他部件应与已选定部件的优先尺寸关联配合。

4.3.4 住宅建筑平面设计在方案阶段应与钢结构专

业配合，便于结构专业布置梁柱，使结构受力合理、用材经济，充分发挥钢结构优势。

4.3.5 室内露柱或露梁影响使用和美观，在平面布置时，建筑和结构专业应充分配合，合理布置构件，或采用异形构件满足建筑使用要求。

4.3.6 住宅大开间布置，有利于住宅空间灵活分隔，具有可改性。

4.3.7～4.3.9 关于楼板的建筑做法，把它们归于平面设计中，供设计者参考。

4.4 轻质墙体与屋面设计

4.4.1、4.4.2 外墙和屋面属于外围护体系，是钢结构住宅建筑设计的重点之一，其设计应满足住宅建筑的功能和性能，并应与主体结构同寿命。

4.4.3 外围护墙体是建筑节能的关键，墙体要有一定的热阻值，才能达到保温隔热的效果。钢结构特点之一是钢材的导热系数远大于墙板的导热系数，其热阻相对很小，热量极易通过钢材传导流失，形成"热桥"。因此，要在钢结构部位增加热阻，采取隔热保温措施。该条给出了墙板式墙体可操作的强制性做法。

钢结构结合预制墙板装配的建筑体系，是近年来开发钢结构住宅建筑的主要形式之一。但这种新的建筑体系不为广大工程师们所熟悉，为规范这种建筑体系设计，有必要对涉及建筑主要功能性、适用性的设计方法作出强制性规定。

4.4.4～4.4.6 分别给出了轻质墙板式墙体、轻钢龙骨式墙体和砌块式墙体的建筑做法。

5 结构设计

5.1 一般规定

5.1.2 在结构体系中，也可以采用小型方钢管组成的格构式梁柱体系，与轻钢龙骨墙体结合，适用低层建筑，由专业公司进行设计。

5.1.3 国内外关于框架填充墙体抗侧力的研究表明，忽略填充墙体的侧向刚度作用，对抗震不利。填充墙使得结构的侧向刚度增大，同时也增大了地震作用。框架与填充墙之间的相互作用，使得钢框架的内力重分布。考虑填充墙的作用，不仅有利于结构抗震，而且还可利用填充墙体抗侧移，从而减少框架设计的用钢量，使结构轻型成为可能。中国建筑科学研究院曾对某企业生产的水泥基聚苯复合保温板、圆孔板以及轻钢龙骨填充墙体与钢框架共同抗侧力进行了足尺试验，通过与裸框架抗侧移性能的对比试验，按位移等效原理得出了不同墙体的等效交叉支撑计算公式，完全满足"小震不坏、中震可修、大震不脱落"要求，为该企业墙板的应用提供了试验依据。本规程规定，墙体的侧向刚度应根据墙体的材料和连接方式的不同由试验确定，并应满足当钢框架层间相对侧移角达到1/300时，墙体不得出现任何开裂破坏；当达到1/200时，墙体可在接缝处出现可以修补的裂缝；当达到1/50时，墙体不应出现断裂或脱落。试验应有往复作用过程，并应有等效支撑构件截面尺寸的计算公式，以便应用计算。墙体抗侧力试验应与实际应用一致，不进行抗侧力试验或试验达不到要求的不得利用墙体抗侧力进行结构计算。砌块墙体整体性能较差，应慎用其抗侧力。

5.1.4、5.1.5 依据现行国家标准《建筑结构荷载规范》GB 50009和《建筑抗震设计规范》GB 50011，结合轻型钢结构住宅建筑的特点，给出了荷载效应组合的具体表达式和相关系数，旨在统一和规范这类结构计算的输入条件。

5.1.9 轻型钢结构住宅的钢构件截面较小，变形主要是构件刚度控制，节点域变形可忽略不计。

5.2 构造要求

5.2.1 低层轻型钢结构住宅的框架柱长细比，无论有无抗震设防要求，都按现行国家标准《钢结构设计规范》GB 50017 的规定取 $150\sqrt{235/f_y}$，而没有按我国现行标准《门式刚架轻型房屋钢结构技术规程》CECS 102 的规定取柱长细比 180，主要是考虑低层建筑层数可能建到 3 层，框架柱长细比取值有所从严。几十年的工程实践证明，按 180 的柱长细比建造的轻钢房屋未见柱失稳直接破坏的报道，考虑到有利于推广轻型钢结构住宅新型建筑体系，没有按更严的规定取值。对非抗震的多层轻型钢结构住宅框架柱长细比按现行国家标准《钢结构设计规范》GB 50017 的规定取 $150\sqrt{235/f_y}$。但是，对有抗震设防要求的多层轻型钢结构住宅框架柱长细比应按现行国家标准《建筑抗震设计规范》GB 50011 的规定执行。

5.2.2 支撑构件板件的宽厚比应按现行国家标准《钢结构设计规范》GB 50017 的规定取值。

5.2.3 同济大学对薄壁的 H 形截面构件进行了一定数量的试验研究和数值分析，结果表明，当构件截面翼缘宽厚比和腹板高厚比符合本公式的要求时，构件能满足 $V_u/V_e \geqslant 1$ 和 $V_{50}/V_u \geqslant 0.75$ 两个条件，V_u 为考虑局部屈曲后的计算极限承载力，其中 V_e 为在轴力和弯矩共同作用下截面边缘屈服时的水平承载力，V_{50} 为构件在相对变形 1/50 的循环中尚能保持的水平承载力。满足上述两个条件，意味构件可以保持一定的延性，并且能继续承受作用于其上的重力荷载。研究结果已用于 5 层轻型钢结构试点房屋建设。以 Q235 钢为例，公式（5.2.3-1）和公式(5.2.3-3)表示如图 1 所示的阴影区域。

5.3 结构构件设计

5.3.2、5.3.3 本规程规定，冷加工成型的钢构件按

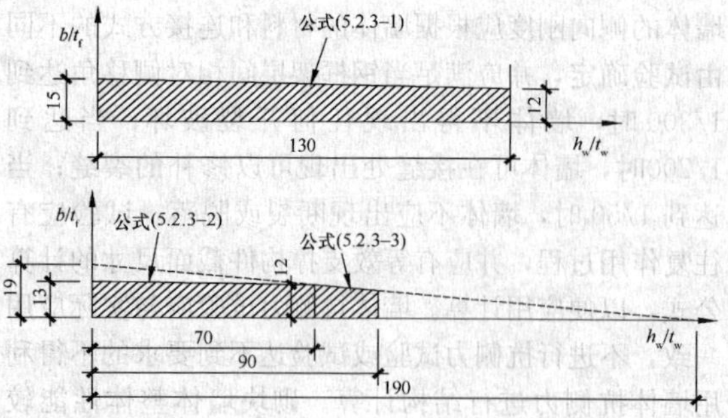

b/t_f
公式(5.2.3-1)
15
12
130
h_w/t_w
b/t_f
公式(5.2.3-2)
公式(5.2.3-3)
19
13
12
70
90
190
h_w/t_w

图 1　公式（5.2.3）应用图示

现行国家标准《钢结构设计规范》GB 50017 的规定进行设计计算，只是对壁厚不大于 6mm 的材料强度设计值按现行国家标准《冷弯薄壁型钢结构技术规范》GB 50018 的规定采用。

5.3.4　本条规定与第 5.2.3 条第 2 款配套使用。对于有地震作用组合，则考虑到大宽厚比构件的延性低于厚实截面，在采用现行国家标准《建筑抗震设计规范》GB 50011 仅用小震烈度进行结构抗震计算时，应考虑这种影响，对构件承载力考虑一个折减系数。经过一定数量的构件试验和 2 榀足尺框架反复加载试验，在此基础上，进行大量数值分析和基于等能量消耗的推导，提出该系数取 0.75 的建议。

5.3.5　此条提出的截面形式主要是解决钢结构住宅室内露柱的问题，有关 L 形截面柱的计算公式是根据中国建筑科学研究院的研究成果，其研究论文见："钢异形柱弯扭相关屈曲研究"，《钢结构》Vol. 21，2006；"钢异形柱轴心受压承载力实用计算研究"，《钢结构》Vol. 22，2007；"钢异形柱压弯组合实用计算研究"，《钢结构》Vol. 23，2008。陈绍蕃教授对公式进行了简化，见本规程附录 A 公式（A.0.4-1）。

另外，还可采用方钢管组合的异形柱，截面形式如图 2 所示，天津大学对此进行了研究其研究论文见"钢结构和组合结构异形柱"，《钢结构》，Vol. 21，2006；"十字形截面方钢管混凝土组合异形柱轴压承载力试验"，《天津大学学报》Vol. 39，2006；"十字形截面方钢管混凝土组合异形柱研究"，《工业建筑》，Vol. 37，2007；"方钢管混凝土组合异形柱的理论分析与试验研究"，天津大学博士论文，2008。在此推荐参考应用。

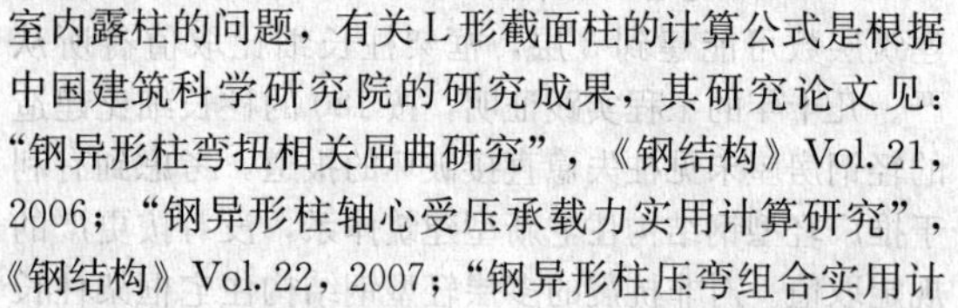

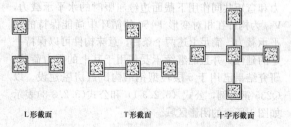

L形截面
T形截面
十字形截面

图 2　方钢管混凝土组合异形柱

5.3.6～5.3.9　这些条文给出了轻质楼板的一些做法，还望在实践中推陈出新，日臻完善。使用单位应对轻质楼板做承载力复检和技术资料审核。如果用传统的现浇钢筋混凝土楼板，自重较大，钢材的用量有可能会增大，但技术上是可行的。

5.4　节 点 设 计

5.4.1～5.4.3　建议采用高强度螺栓连接，主要是体现和倡导钢结构装配化施工的特点，施工速度快，质量容易控制。无论是螺栓连接还是焊接，都要求设计人员进行设计和计算确定连接强度，不应让加工厂或施工单位做节点连接的"深化"设计。

5.4.4　本条规定考虑当构件的宽厚比不满足现行国家标准《建筑抗震设计规范》GB 50011 的规定但符合本规程 5.2.3 条 2 款规定时，构件截面当进入塑性，截面板件有可能就出现屈曲，无法达到截面全塑性弯矩 M_p，因此可用 M_y 代替《建筑抗震设计规范》GB 50011 中的 M_p 进行验算，这是引用同济大学的研究成果。

5.4.5　H 型钢梁、柱采用端板全螺栓式连接，可满足现场全装配施工的需要，而且能避免现场焊接质量不能保证的弊端，这方面的研究成果较多，我国现行标准《门式刚架轻型房屋钢结构技术规程》CECS 102 中也有较详细的设计计算公式，推荐给工程技术人员应用实践。

5.4.6、5.4.7　柱带外伸梁段后，将梁的现场连接外移，容易满足设计要求。柱横隔板贯通的节点形式是近几年来抗震研究的成果之一，由于在工厂施焊，焊缝质量容易得到保证，在此介绍几种节点连接方法供设计参考。

5.4.8　对小截面的方、矩形钢管柱，在梁柱连接节点处，当不方便加焊内横隔板时，可以采用外套筒式的节点加强方法进行梁柱连接。该条是根据中国建筑科学研究院的研究成果提出的套筒构造要求，在轻钢结构中有推广应用的实际意义。近几年来，我国同济大学、湖南大学、天津大学等都做了这方面的研究工作，并于 2008 年在武汉市进行了几十万平方米的钢结构住宅工程实践，在日本也有这方面的研究和实践报道，在此提出这种节点形式供设计参考。

5.4.9　该条对柱脚的做法建议是出于施工便利考虑的，按照此做法的柱脚为刚接柱脚。式中 T 可根据柱脚板下反力直线分布假定，按柱受力偏心距的大小确定。

5.5　地 基 基 础

5.5.1　轻钢住宅由于自重轻，基础相对节省，形式相对简单，一般做独立柱基或条形基础就能满足要求。

5.6 非结构构件设计

5.6.4 非结构构件的地震放大系数为5.0是依据现行国家标准《建筑抗震设计规范》GB 50011的规定计算得出，我国现行行业标准《金属与石材幕墙工程技术规范》JGJ 133对此也是这样规定的。

5.6.5 外围护结构构件所承受的风荷载效应和地震作用效应同时组合是参考我国现行行业标准《金属与石材幕墙工程技术规范》JGJ 133的规定。

5.6.6～5.6.8 分别给出了墙板式墙体、轻钢龙骨式墙体和轻质砌块墙体的构造要求，以满足围护结构安全性要求。

5.6.9 各生产厂家的屋面复合保温板结构和材料不同，生产厂家应对自己的产品有受弯承载力试验报告，给出产品使用说明。

5.7 钢结构防护

5.7.1、5.7.2 钢结构的寿命取决于防腐涂装施工质量，涂层的防护作用程度和防护时间长短取决于涂层质量，而涂层质量受到表面处理（除锈质量）、涂层厚度（涂装道数）、涂料品种、施工质量等因素的影响，这些因素的影响程度大致为表1所示：

表1 各种因素对涂层的影响

因 素	影响程度（%）
表面处理（除锈质量）	49.5
涂层厚度（涂装道数）	19.5
涂料品种	4.9
施工质量	26.1

钢材只有经过表面彻底清理去除铁锈、轧屑和油类等污染物，底层涂料才能永久地附着于钢材上并对它起有效的保护作用。因此本条要求采用喷砂或抛丸方法除锈，并严禁现场带锈涂装或除锈不彻底涂装。

5.7.3 此条规定来自现行国家标准《住宅建筑规范》GB 50368。

5.7.4 不同的金属接触后有可能发生电位腐蚀，如设备铜管若直接与钢结构材料相接触就有可能生锈。

6 钢结构施工

6.2 钢结构的制作与安装

6.2.4 经除锈后的钢材表面在检查合格后，应在4h内进行涂装，主要是防止钢材再度生锈，影响漆膜质量。

6.2.5 本条规定涂装时的温度以5℃～38℃为宜，只适合在室内无阳光直射的情况。如果在阳光直接照射下，钢材表面温度可能比气温高8℃～12℃，涂装时，当超过漆膜耐热性温度时，钢材表面上的漆膜就容易产生气泡而局部鼓起，使附着力降低。低于0℃时，钢材表面涂装容易使漆膜冻结不易固化。湿度超过85%时，钢材表面有露点凝结，漆膜附着力变差。

涂装后4h内不得淋雨，是因为漆膜表面尚未固化，容易被雨水冲坏。

7 轻质楼板和轻质墙体与屋面施工

7.1 一般规定

7.1.1 要求施工单位编制轻质楼板和轻质墙体与屋面分项工程的施工组织技术文件，提交材料选用说明、具体施工方法、施工进度计划、质量保证体系、安全施工措施等，这些是保证轻质楼板和轻质墙体与屋面工程施工安装质量的有效措施。施工组织技术文件应经设计或监理工程师审核确认后实施。

7.1.2 施工单位应重视轻质楼板、轻质墙板、轻质屋面板及施工配套材料的进场验收，对保证下一步安装工作顺利开展有着重要作用。安装墙板前，一定要先做基础地梁的防潮处理，阻断潮湿从地梁进入墙板内。该条要求对墙面管线开槽位置、预埋件、卡件位置及数量进行核查也是保证隐蔽工程安装质量的有效方法。

7.1.3 该条规定了墙体和屋面施工单位进入现场施工安装的交接作业面。对多层建筑，为防止墙体自重对底层累积，有可能造成底层墙体开裂，可以从顶层开始，逐层向下安装。或者每层墙体顶端预留一定的挠度变形缝隙也可。

7.2 轻质楼板安装

目前，工程中使用的轻质楼板主要有两类，一类是厚型的，如预制圆孔板、水泥加气发泡板。另一类是薄型板，如OSB板、钢丝网水泥板等。本节给出了这些楼板安装的基本要求，具体细则还应结合各专业设计进行。

7.3 轻质墙板安装

7.3.1、7.3.2 墙板安装除满足一般规定外，还应按该节专门规定进行施工，尤其是外挂墙板的安装，应由专业施工队伍或在专业技术人员指导下进行。

7.3.3 双层外墙有利于防止钢结构热桥，容易实现节能指标要求，在此给出了双层墙板的安装要求供参考。

7.3.4 内隔墙条形板的安装，在其他工程中应用较广，技术成熟，有专门规范指导，该条归纳了常见做法，便于指导轻钢住宅墙体工程。

7.3.5 该条强调墙板中不应现场随便开凿，应严格遵守建筑、结构和设备一体化设计规定，提前做好有关准备。外墙中通常不设计管线，避免破坏墙体功能。

7.3.6 墙板安装完毕后，应作门窗洞口专门处理，并配合门窗安装，对墙体进行一体化处理，再作建筑饰面施工，验收前应有成品保护措施。

7.4 轻质砌块墙体施工

7.4.1～7.4.3 砌块墙体技术较为成熟，本节归纳了简单要求，指导工程实践。外墙砌筑时，在钢结构梁柱位置应按设计要求作好热桥处理，用砌块包裹时应注意连接可靠。

7.5 轻钢龙骨复合墙体施工

7.5.1 要做好轻钢龙骨复合墙体的施工，首先要使用合格的制品和配套材料。提供产品合格证书和性能检测报告是工程验收质量保证内容之一。对材料进场有验收要求，同时对基层的清理和放线作出了具体规定，以保证安装工作的正确实施。轻钢龙骨复合墙体的安装应是在主体钢结构验收合格后进行。

7.5.2 轻钢龙骨复合墙体施工专业性较强，该条要求选择专业施工公司或在专业技术人员指导下进行安装。该条还对墙体安装过程中几个主要工序提出了具体要求，施工单位只要在墙体龙骨安装、两侧面板安装和复合墙体保温材料安装几个主要方面严格按照合理的工法操作，即可达到工程设计要求。

岩棉或玻璃棉不能填充在龙骨之间，如果这样做，龙骨与面板就有可能形成一道道热桥，不仅起不到保温隔热作用，而且在热冷交替变化下，会在墙体表面形成一道道阴影。该条第4款中第3）项的要求是对保温隔热做法的规定，保温隔热材料一定要覆盖钢结构。

7.6 轻质保温屋面施工

7.6.1、7.6.2 施工单位应根据屋面工程情况编制屋面板排板图，并应提出安全施工组织计划和在专业技术人员指导下进行屋面的安装。

7.6.3～7.6.5 屋面板一般宜采用水泥基的复合保温条形板，板侧边应有企口，便于拼缝填粘接腻子。屋面保温板应有最大悬挑长度试验确定的数据，应有承载最大跨度的试验数据，设计和安装时不应超过产品使用说明书规定的这些数据。

7.7 施 工 验 收

轻质楼板和轻质墙体与屋面工程的施工质量验收重在过程，应做好施工前的组织设计，施工时落实过程监督，最后主要是外观检查和资料归档。

8 验收与使用

8.1 验 收

8.1.3 本条提出了轻型钢结构住宅工程质量验收的基本要求，主要有：参加建筑工程质量验收各方人员应具备规定的资格；建筑工程质量验收应在施工单位检验评定合格的基础上进行；检验批质量应按主控项目和一般项目进行验收；隐蔽工程的验收；涉及结构安全的见证取样检测；涉及结构安全和使用功能的重要分部工程的抽样检验以及承担见证试验单位资质的要求；观感质量的现场检查等。

8.1.4 竣工验收是轻型钢结构住宅工程投入使用前的最后一次验收，也是最重要的一次验收。验收合格的条件有6个，首先是节能专项验收，该条给出了当前可操作的具体节能验收指标，如“建筑体形系数、窗墙面积比、各部分围护结构的传热系数和外窗遮阳系数”等内容，均应符合现行国家标准《建筑节能工程施工质量验收规范》GB 50411。另外，除了各分部工程应合格，并且有关的资料应完整以外，还须进行以下3个方面的检查。

涉及安全和使用功能的分部工程应进行检验资料的复查。不仅要全面检查其完整性，而且对分部工程验收时补充进行的见证抽样检验报告也要复核。这种强化验收的手段体现了对安全和主要使用功能的重视。

此外，对主要使用功能还须进行抽查。使用功能的检查是对建筑工程和设备安装工程最终质量的综合检验，也是用户最为关心的内容。

最后，还须由参加验收的各方人员共同进行观感质量检查，共同确认是否通过验收。

8.2 使用与维护

8.2.1 钢结构住宅竣工验收合格，取得当地规划、消防、人防等有关部门的认可文件或准许使用文件，并满足地方建设行政主管部门规定的备案要求，才能说明住宅已经按要求建成。在此基础上，住宅具备接通水、电、燃气、暖气等条件后，可交付使用。

物业档案是实行物业管理必不可少的重要资料，是物业管理区域内对所有房屋、设备、管线等进行正确使用、维护、保养和修缮的技术依据，因此必须妥为保管。物业档案的所有者是业主委员会，物业档案最初应由建设单位负责形成和建立，在物业交付使用时由建设单位移交给物业管理企业。每个物业管理企业在服务合同终止时，都应将物业档案移交给业主委员会，并保证其完好。

8.2.2 住宅使用说明书是指导用户正确使用住宅的技术文件，本条特别规定了住宅使用说明书中应包含的使用注意事项，对于保证钢结构住宅的使用寿命是非常重要的。

8.2.3 本条对用户正确使用提出了要求，保证住宅的安全。

8.2.4 本条对物业提出的要求，有利于保证钢结构住宅的使用寿命。

中华人民共和国行业标准

预制预应力混凝土装配整体式框架结构技术规程

Technical specification for framed structures comprised of precast prestressed concrete components

JGJ 224—2010

批准部门：中华人民共和国住房和城乡建设部
施行日期：2 0 1 1 年 1 0 月 1 日

中华人民共和国住房和城乡建设部
公　告

第 808 号

关于发布行业标准《预制预应力混凝土装配整体式框架结构技术规程》的公告

现批准《预制预应力混凝土装配整体式框架结构技术规程》为行业标准，编号为 JGJ 224－2010，自 2011 年 10 月 1 日起实施。其中，第 3.1.2 条为强制性条文，必须严格执行。

本规程由我部标准定额研究所组织中国建筑工业出版社出版发行。

中华人民共和国住房和城乡建设部

2010 年 11 月 17 日

前　言

根据住房和城乡建设部《关于印发〈2008 年工程建设标准规范制订、修订计划（第一批）〉的通知》（建标［2008］102 号）的要求，规程编制组经广泛调查研究，认真总结实践经验，参考有关国际标准和国外先进标准，并在广泛征求意见的基础上，制定本规程。

本规程的主要技术内容是：1. 总则；2. 术语和符号；3. 基本规定；4. 结构设计与施工验算；5. 构造要求；6. 构件生产；7. 施工及验收。

本规程中以黑体字标志的条文为强制性条文，必须严格执行。

本规程由住房和城乡建设部负责管理和对强制性条文的解释，由南京大地建设集团有限责任公司负责具体技术内容的解释。执行过程中如有意见或建议，请寄送南京大地建设集团有限责任公司（地址：江苏省南京市虎踞路 135 号，邮政编码：210013）。

本规程主编单位：南京大地建设集团有限责任公司
启东建筑集团有限公司

本规程参编单位：东南大学土木工程学院
江苏省建筑设计研究院有限公司
南京大地普瑞预制房屋有限公司

本规程主要起草人员：于国家　吕志涛　冯　健　刘亚非　金如元　贺鲁杰　刘立新　张　晋　陈向阳　仓恒芳　王　翔　张明明

本规程主要审查人员：黄小坤　郑文忠　胡庆昌　冯大斌　王正平　高俊岳　薛彦涛　王群依　李亚明　周之峰　盛　平　李　霆

目次

Contents

1 总 则

1.0.1 为规范预制预应力混凝土装配整体式框架结构的设计、施工及验收，做到技术先进、安全适用、经济合理、确保质量，制定本规程。

1.0.2 本规程适用于非抗震设防区及抗震设防烈度为6度和7度地区的除甲类以外的预制预应力混凝土装配整体式框架结构和框架-剪力墙结构的设计、施工及验收。

1.0.3 预制预应力混凝土装配整体式框架结构的设计、施工及验收，除应符合本规程外，尚应符合国家现行有关标准的规定。

2 术语和符号

2.1 术 语

2.1.1 预制预应力混凝土装配整体式框架结构 framed structures comprised of precast prestressed concrete components

采用预制或现浇钢筋混凝土柱、预制预应力混凝土叠合梁板，通过键槽节点连接形成的装配整体式框架结构。

2.1.2 预制预应力混凝土装配整体式框架-剪力墙结构 framed-shearwall structures comprised of precast prestressed concrete components

采用现浇钢筋混凝土柱、现浇钢筋混凝土剪力墙、预制预应力混凝土叠合梁板，通过键槽节点连接形成的装配整体式框架-剪力墙结构。与现浇钢筋混凝土剪力墙连接的梁板结构采用现浇梁、叠合板。

2.1.3 键槽节点 service hole joint

预制梁端预留键槽，预制梁的纵筋与伸入节点的U形钢筋在其中搭接，使用强度等级高一级的无收缩或微膨胀细石混凝土填平键槽，然后利用叠合层的后浇混凝土将梁上部钢筋等浇筑在一起形成的梁柱节点。

2.1.4 U形钢筋 U-shaped reinforcing steel bar

在键槽与梁柱节点内将梁、柱连成一体的钢筋。

2.1.5 交叉钢筋 diagonal reinforcements

一次成型的多层预制柱节点处设置的构造钢筋，用于保证预制柱在运输及施工阶段的承载力及刚度。

2.2 符 号

f_{ptk}——预应力筋的抗拉强度标准值；

n——参与组合的可变荷载数；

R——结构构件抗力设计值；

S_{Ehk}——水平地震作用标准值的效应；

S_{G1k}——按预制构件自重荷载标准值G_{1k}计算的荷载效应值；

S_{G2k}——按叠合层自重荷载标准值计算的荷载效应值；

S_{GE}——重力荷载代表值的效应；

S_{Gk}——按全部永久荷载标准值G_k计算的荷载效应值；

S_{Qk}——按施工活荷载标准值Q_k计算的荷载效应值；

S_{Qik}——按可变荷载标准值Q_{ik}计算的荷载效应值，其中S_{Q1k}为诸可变荷载效应中起控制作用者；

S_{wk}——风荷载标准值的效应；

γ_0——结构的重要性系数；

γ_{Eh}——水平地震作用的分项系数；

γ_{RE}——承载力抗震调整系数；

γ_w——风荷载分项系数；

ψ_{ci}——可变荷载Q_i的组合值系数；

ψ_{qi}——可变荷载的准永久值系数；

ψ_w——风荷载组合值系数。

3 基 本 规 定

3.1 适用高度和抗震等级

3.1.1 对预制预应力混凝土装配整体式框架结构，乙类、丙类建筑的适用高度应符合表3.1.1的规定。

表3.1.1 预制预应力混凝土装配整体式结构适用的最大高度（m）

结构类型		非抗震设计	抗震设防烈度	
			6度	7度
装配式框架结构	采用预制柱	70	50	45
	采用现浇柱	70	55	50
装配式框架-剪力墙结构	采用现浇柱、墙	140	120	110

3.1.2 预制预应力混凝土装配整体式房屋应根据设防类别、烈度、结构类型和房屋高度采用不同的抗震等级，并应符合相应的计算和构造措施要求。丙类建筑的抗震等级应符合表3.1.2的规定。

表3.1.2 预制预应力混凝土装配整体式房屋的抗震等级

结构类型		烈度			
		6		7	
装配式框架结构	高度(m)	≤24	>24	≤24	>24

续表 3.1.2

结构类型		烈度				
		6		7		
装配式框架结构	框架	四	三	三	二	
	大跨度框架	三		二		
装配式框架-剪力墙结构	高度(m)	≤60	>60	<24	24～60	>60
	框架	四	三	四	三	二
	剪力墙	三		三	二	

注：1 建筑场地为Ⅰ类时，除 6 度外允许按表内降低一度所对应的抗震等级采取抗震构造措施，但相应的计算要求不应降低；

2 接近或等于高度分界时，允许结合房屋不规则程度及场地、地基条件确定抗震等级；

3 乙类建筑应按本地区抗震设防烈度提高一度的要求加强其抗震措施，当建筑场地为Ⅰ类时，除 6 度外允许仍按本地区抗震设防烈度的要求采取抗震构造措施；

4 大跨度框架指跨度不小于 18m 的框架。

3.2 材 料

3.2.1 预制预应力混凝土装配整体式框架所使用的混凝土应符合表 3.2.1 的规定：

表 3.2.1 预制预应力混凝土装配整体式框架的混凝土强度等级

名 称	叠合板		叠合梁		预制柱	节点键槽以外部分	现浇剪力墙、柱
	预制板	叠合层	预制梁	叠合层			
混凝土强度等级	C40 及以上	C30 及以上	C40 及以上	C30 及以上	C30 及以上	C30 及以上	C30 及以上

3.2.2 键槽节点部分应采用比预制构件混凝土强度等级高一级且不低于 C45 的无收缩细石混凝土填实。

3.2.3 预应力筋宜采用预应力螺旋肋钢丝、钢绞线，且强度标准值不宜低于 1570MPa。

3.2.4 预制预应力混凝土梁键槽内的 U 形钢筋应采用 HRB400 级、HRB500 级或 HRB335 级钢筋。

3.3 构 件

3.3.1 预制钢筋混凝土柱应采用矩形截面，截面边长不宜小于 400mm。一次成型的预制柱的长度不宜超过 14m 和 4 层层高的较小值。

3.3.2 预制梁的截面边长不应小于 200mm。预制梁端部应设键槽，键槽中应放置 U 形钢筋，并应通过后浇混凝土实现下部纵向受力钢筋的搭接。

3.3.3 预制板厚度不应小于 50mm，且不应大于楼板总厚度的 1/2。预制板的宽度不宜大于 2500mm，且不宜小于 600mm。预应力筋宜采用直径 4.8mm 或 5mm 的高强螺旋肋钢丝。钢丝的混凝土保护层厚度不应小于表 3.3.3 的规定。

表 3.3.3 钢丝混凝土保护层厚度

预制板厚度(mm)	保护层厚度(mm)
50	17.5
60	17.5
≥70	20.5

3.4 作用效应组合

3.4.1 预制预应力混凝土装配整体式框架结构进行非抗震设计时，结构构件的承载力可按下式确定：

$$\gamma_0 S \leqslant R \tag{3.4.1-1}$$

式中：γ_0 ——结构构件的重要性系数，按现行国家标准《混凝土结构设计规范》GB 50010 的规定选用；

S ——荷载效应组合的设计值（N 或 N·mm），按现行国家标准《建筑结构荷载规范》GB 50009 和《建筑抗震设计规范》GB 50011 的规定进行计算；

R ——结构构件的承载力设计值（N 或 N·mm）。

1 预制构件起吊时荷载效应组合的设计值应按下式计算：

$$S = \alpha \gamma_G S_{G1k} \tag{3.4.1-2}$$

式中：α ——动力系数，可取 1.5；

γ_G ——永久荷载分项系数，应按本规程第 3.4.3 条采用；

S_{G1k} ——按预制构件自重荷载标准值 G_{1k} 计算的荷载效应值（N 或 N·mm）。

2 预制构件安装就位后施工时荷载效应组合的设计值应按下式计算：

$$S = \gamma_G S_{G1k} + \gamma_G S_{G2k} + \gamma_Q S_{Qk} \tag{3.4.1-3}$$

式中：S_{G2k} ——按叠合层自重荷载标准值计算的荷载效应值（N 或 N·mm）；

γ_Q ——可变荷载分项系数，应按本规程第 3.4.3 条采用；

S_{Qk} ——按施工活荷载标准值 Q_k 计算的荷载效应值（N 或N·mm）。

3 主体结构各构件使用阶段荷载效应组合的设计值应按下列情况进行计算：

1）可变荷载效应控制的组合应按下式进行计算：

$$S = \gamma_G S_{Gk} + \gamma_{Q1} S_{Q1k} + \sum_{i=2}^{n} \gamma_{Qi} \psi_{ci} S_{Qik} \tag{3.4.1-4}$$

式中：γ_{Qi} ——第 i 个可变荷载的分项系数；其中 γ_{Q1} 为可变荷载 Q_1 的分项系数，应按本规程第 3.4.3 条采用；

S_{Qik} ——按可变荷载标准值 Q_{ik} 计算的荷载效应值，其中 S_{Q1k} 为诸可变荷载效应中起控制作用者（N或N·mm）；

ψ_{ci} ——可变荷载 Q_i 的组合值系数；

S_{Gk} ——按全部永久荷载标准值 G_k 计算的荷载效应值（N或N·mm）；

n ——参与组合的可变荷载数。

2）永久荷载效应控制的组合应按下式进行计算：

$$S = \gamma_G S_{Gk} + \sum_{i=1}^{n} \gamma_{Qi} \psi_{ci} S_{Qik} \quad (3.4.1\text{-}5)$$

4 施工阶段临时支撑的设置应考虑风荷载的影响。

3.4.2 对于正常使用极限状态，预制预应力混凝土装配整体式框架结构的结构构件应分别按荷载效应的标准组合、准永久组合或标准组合并考虑长期作用影响，采用下列极限状态表达式：

$$S \leqslant C \quad (3.4.2\text{-}1)$$

式中：S ——正常使用极限状态的荷载效应组合值（mm或N/mm²）；

C ——结构构件达到正常使用要求所规定的变形、裂缝宽度和应力等的限值（mm或N/mm²）。

主体结构各构件的荷载效应标准组合的设计值和准永久组合的设计值，应按下式确定：

1）荷载效应标准组合

$$S = S_{Gk} + S_{Q1k} + \sum_{i=2}^{n} \psi_{ci} S_{Qik} \quad (3.4.2\text{-}2)$$

2）荷载效应准永久组合

$$S = S_{Gk} + \sum_{i=1}^{n} \psi_{qi} S_{Qik} \quad (3.4.2\text{-}3)$$

式中：ψ_{qi} ——可变荷载的准永久值系数。

3.4.3 基本组合的荷载分项系数采用，应按表3.4.3选用。

表 3.4.3 基本组合的荷载分项系数

永久荷载分项系数	当其效应对结构不利时	对由可变荷载效应控制的组合，应取1.2
		对由永久荷载效应控制的组合，应取1.35
	当其效应对结构有利时	应取1.0
可变荷载分项系数	一般情况下取1.4	
	对标准值大于4kN/m²的工业房屋楼面结构的活荷载取1.3	

注：对结构的倾覆、滑移或漂浮验算，荷载的分项系数应按国家、行业现行的结构设计规范的规定采用。

3.4.4 预制预应力混凝土装配整体式框架结构的结构构件的地震作用效应和其他荷载效应的基本组合应按下式计算：

$$S_E = \gamma_G S_{GE} + \gamma_{Eh} S_{Ehk} + \psi_w \gamma_w S_{wk} \quad (3.4.4)$$

式中：S_E ——结构构件的地震作用效应和其他荷载荷载效应的基本组合（N或N·mm）；

γ_G ——重力荷载分项系数，可取1.2；当重力荷载效应对构件承载力有利时，不应大于1.0；

γ_{Eh} ——水平地震作用分项系数，应采用1.3；

γ_w ——风荷载分项系数，应采用1.4；

S_{GE} ——重力荷载代表值的效应（N或N·mm）；

S_{Ehk} ——水平地震作用标准值的效应（N或N·mm），应乘以相应的增大系数或调整系数；

S_{wk} ——风荷载标准值的效应（N或N·mm）；

ψ_w ——风荷载组合值系数，一般结构可取0，风荷载起控制作用的高层建筑应采用0.2。

3.4.5 预制预应力混凝土装配整体式框架结构的结构构件的截面抗震验算，应按下式进行计算：

$$S_E \leqslant R/\gamma_{RE} \quad (3.4.5)$$

式中：R ——结构构件承载力设计值（N或N·mm）；

γ_{RE} ——承载力抗震调整系数，除另有规定外，应按表3.4.5采用。

表 3.4.5 承载力抗震调整系数

结构构件	受力状态	γ_{RE}
梁	受弯	0.75
轴压比小于0.15的柱	偏压	0.75
轴压比不小于0.15的柱	偏压	0.80
剪力墙	偏压	0.85
各类构件	受剪、偏拉	0.85

3.4.6 预制预应力混凝土装配整体式框架建筑及其抗侧力结构的平面布置宜规则、对称，并应具有良好的整体性，建筑的立面和竖向剖面宜规则，结构的侧向刚度宜均匀变化，竖向抗侧力构件的截面尺寸和材料强度宜自下而上逐渐减小，避免抗侧力结构的侧向刚度突变。

3.4.7 多层框架结构不宜采用单跨框架结构，高层的框架结构以及乙类建筑的多层框架结构不应采用单跨框架结构。楼梯间的布置不应导致结构平面显著不规则，并应对楼梯构件进行抗震承载力验算。

3.4.8 预制预应力混凝土装配整体式框架应按现行国家标准《建筑抗震设计规范》GB 50011的规定进行多遇地震作用下的抗震变形验算。

3.4.9 6度三级框架节点核芯区，可不进行抗震验算，但应符合抗震构造措施的要求；7度三级框架节点核心区，应按现行国家标准《建筑抗震设计规范》GB 50011的规定进行抗震验算。一、二级框架节点核心区，应按现行国家标准《建筑抗震设计规范》GB 50011的规定进行抗震验算。

4 结构设计与施工验算

4.1 结构分析

4.1.1 预制预应力混凝土装配整体式框架结构、框架-剪力墙结构的内力和变形应按施工安装、使用两个阶段分别计算，并应取其最不利内力：

1 施工安装阶段，构件内力应按简支梁或连续梁计算。

2 使用阶段，内力应按连续构件计算。次梁支座可按铰接考虑。

4.1.2 预制预应力混凝土装配整体式框架结构、框架-剪力墙结构的叠合梁板施工阶段应有可靠支撑。

4.1.3 预制预应力混凝土装配整体式框架结构、框架-剪力墙结构使用阶段计算时可取与现浇结构相同的计算模型。

4.1.4 预制预应力混凝土装配整体式框架结构施工阶段的计算，可不考虑地震作用的影响。

4.1.5 预制预应力混凝土装配整体式框架结构使用阶段的内力计算应符合下列规定：

1 框架梁的计算跨度应取柱中心到中心的距离；

2 框架柱的计算长度和梁翼缘的有效宽度应按现行国家标准《混凝土结构设计规范》GB 50010的规定确定；

3 在竖向荷载作用下应考虑梁端塑性变形内力重分布，对梁端负弯矩进行调幅，叠合式框架梁的弯矩调幅系数可取0.8；梁端负弯矩减小后应按平衡条件计算调幅后的跨中弯矩。

4.2 构件设计

4.2.1 预制预应力混凝土装配整体式框架应按装配整体式框架各杆件在永久荷载、可变荷载、风荷载、地震作用下最不利的组合内力进行截面计算，并配置钢筋。并应分别考虑施工阶段和使用阶段两种情况，取较大值进行配筋。

4.2.2 叠合梁、板的设计应符合现行国家标准《混凝土结构设计规范》GB 50010的有关规定。

4.2.3 对不配抗剪钢筋的叠合板，当符合现行国家标准《混凝土结构设计规范》GB 50010的叠合界面粗糙度的构造规定时，其叠合面的受剪强度应符合下式的规定：

$$\frac{V}{bh_0}\leqslant 0.4 \tag{4.2.3}$$

式中：V——剪力设计值（N）；

b——截面宽度（mm）；

h_0——截面有效高度（mm）。

4.2.4 预制预应力混凝土装配整体式框架-剪力墙结构中的剪力墙的设计应符合现行国家标准《混凝土结构设计规范》GB 50010、《建筑抗震设计规范》GB 50011的有关规定。

4.3 施工验算

4.3.1 在不增加受力钢筋的前提下，应根据承载力及刚度要求确定预制梁、板底部支撑的位置、数量。部分位置可按施工阶段无支撑或无足够支撑的叠合式受弯构件进行施工验算。

4.3.2 预制预应力混凝土装配整体式框架施工安装阶段的内力计算应符合下列规定：

1 荷载应包括梁板自重及施工安装荷载；

2 梁的计算跨度应根据支撑的实际情况确定。

4.3.3 叠合梁、板未形成前，预制梁、板应能承受自重和新浇混凝土的重量。当叠合层混凝土达到设计强度后，后加的恒载及活载应由叠合截面承担。

5 构造要求

5.1 一般规定

5.1.1 柱的轴压比及柱和梁的钢筋配置应符合现行国家标准《建筑抗震设计规范》GB 50011、《混凝土结构设计规范》GB 50010的有关规定。

5.1.2 梁端键槽和键槽内U形钢筋平直段的长度应符合表5.1.2的规定。

表5.1.2 梁端键槽和键槽内U形钢筋平直段的长度

	键槽长度 L_j（mm）	键槽内U形钢筋平直段的长度 L_u（mm）
非抗震设计	$0.5l_l+50$ 与350的较大值	$0.5l_l$ 与300的较大值
抗震设计	$0.5l_{lE}+50$ 与400的较大值	$0.5l_{lE}$ 与350的较大值

注：表中 l_l、l_{lE} 为U形钢筋搭接长度。

5.1.3 伸入节点的U形钢筋面积，一级抗震等级不应小于梁上部钢筋面积的0.55倍，二、三级抗震等级不应小于梁上部钢筋面积的0.4倍。

5.1.4 预制板端部预应力筋外露长度不宜小于150mm，搁置长度不宜小于15mm。

5.2 连接构造

5.2.1 预制柱与基础的连接应符合下列规定：

1 采用杯形基础时，应符合现行国家标准《建筑地基基础设计规范》GB 50007 的相关规定；

2 采用预留孔插筋法（图 5.2.1）时，预制柱与基础的连接应符合下列规定：

1）预留孔长度应大于柱主筋搭接长度；

2）预留孔宜选用封底镀锌波纹管，封底应密实不应漏浆；

3）管的内径不应小于柱主筋外切圆直径 10mm；

4）灌浆材料宜用无收缩灌浆料，1d 龄期的强度不宜低于 25MPa，28d 龄期的强度不宜低于 60MPa。

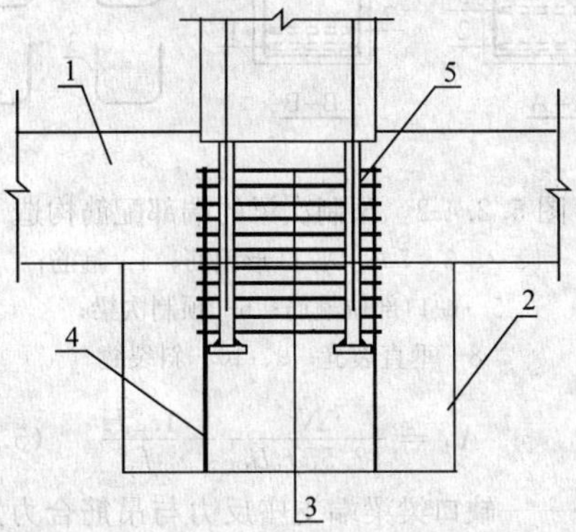

1
2
3
4
5

图 5.2.1　预留孔插筋

1—基础梁；2—基础；3—箍筋；4—基础插筋；5—预留孔

5.2.2 预制柱之间采用型钢支撑连接或预留孔插筋连接（图 5.2.2）时，主筋搭接长度除应符合现行国家标准《混凝土结构设计规范》GB 50010 的有关规定外，尚应符合下列规定：

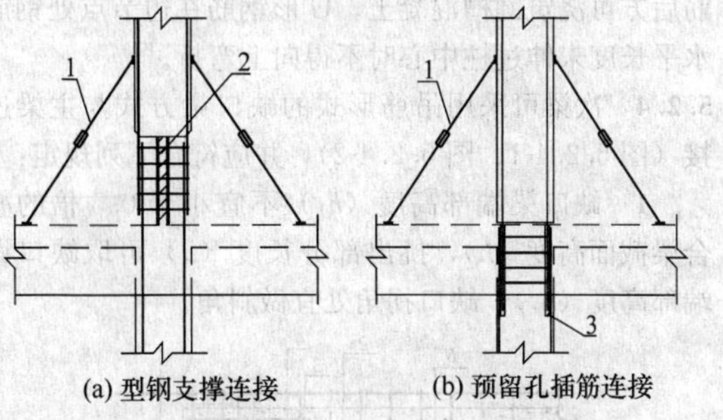

1
2
3
(a) 型钢支撑连接
(b) 预留孔插筋连接

图 5.2.2　柱与柱连接

1—可调斜撑；2—工字钢（承受上柱自重）；3—预留孔

1 采用型钢支撑连接时，宜采用工字钢，工字钢伸出上段柱下表面的长度应大于柱主筋的搭接长度，且工字钢应有足够的承载力及刚度支撑上段柱的重量；

2 采用预留孔连接时应符合本规程第 5.2.1 条第 2 款的规定。

5.2.3 柱与梁的连接可采用键槽节点（图 5.2.3）。键槽的 U 形钢筋直径不应小于 12mm、不宜大于 20mm。键槽内钢绞线弯锚长度不应小于 210mm，

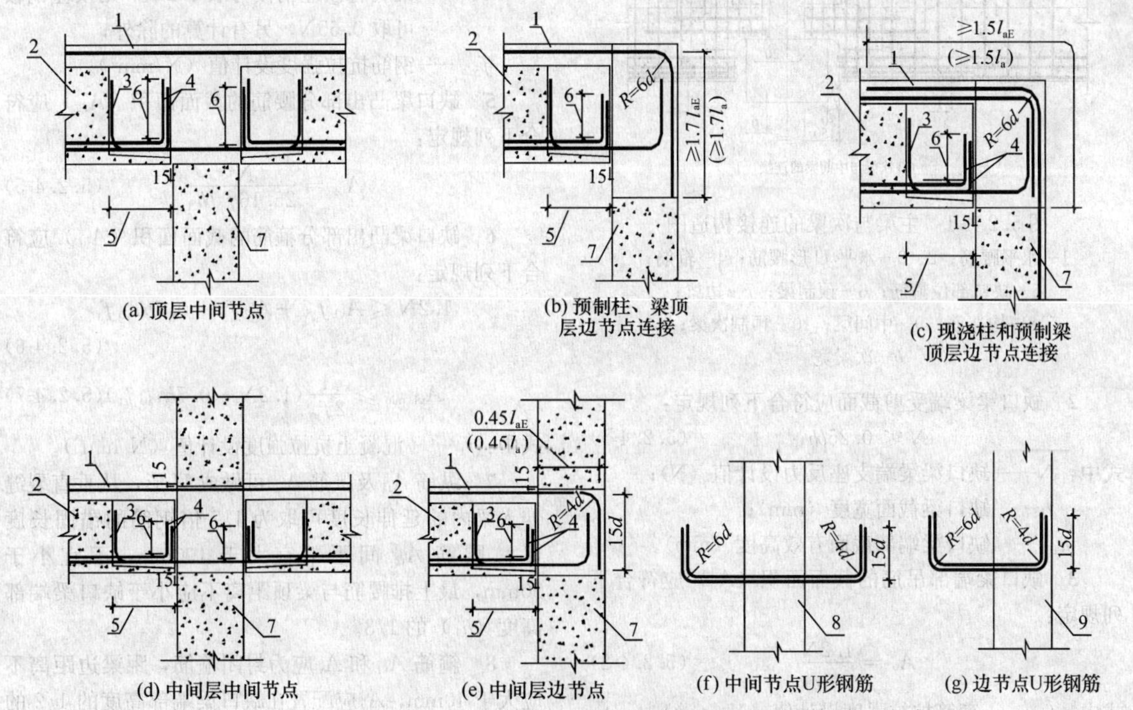

(a) 顶层中间节点
R=6d
≥1.7l_{aE}
(≥1.7l_a)
(b) 预制柱、梁顶层边节点连接
≥1.5l_{aE}
(≥1.5l_a)
(c) 现浇柱和预制梁顶层边节点连接
(d) 中间层中间节点
0.45l_{aE}
(0.45l_a)
R=4d
15d
(e) 中间层边节点
(f) 中间节点U形钢筋
(g) 边节点U形钢筋

图 5.2.3　梁柱节点浇筑前钢筋连接构造图

1—叠合层；2—预制梁；3—U 形钢筋；4—预制梁中伸出、弯折的钢绞线；5—键槽长度；6—钢绞线弯锚长度；7—框架柱；8—中柱；9—边柱；l_{aE}—受拉钢筋抗震锚固长度；l_a—受拉钢筋锚固长度

U形钢筋的锚固长度应满足现行国家标准《混凝土结构设计规范》GB 50010 的规定。当预留键槽壁时，壁厚宜取 40mm；当不预留键槽壁时，现场施工时应在键槽位置设置模板，安装键槽部位箍筋和 U 形钢筋后方可浇筑键槽混凝土。U 形钢筋在边节点处钢筋水平长度未伸过柱中心时不得向上弯折。

5.2.4 次梁可采用吊筋形式的缺口梁方式与主梁连接（图 5.2.4-1、图 5.2.4-2），并应符合下列规定：

1 缺口梁端部高度（h_1）不宜小于 0.5 倍的叠合梁截面高度（h），挑出部分长度（a）可取缺口梁端部高度（h_1），缺口拐角处宜做斜角。

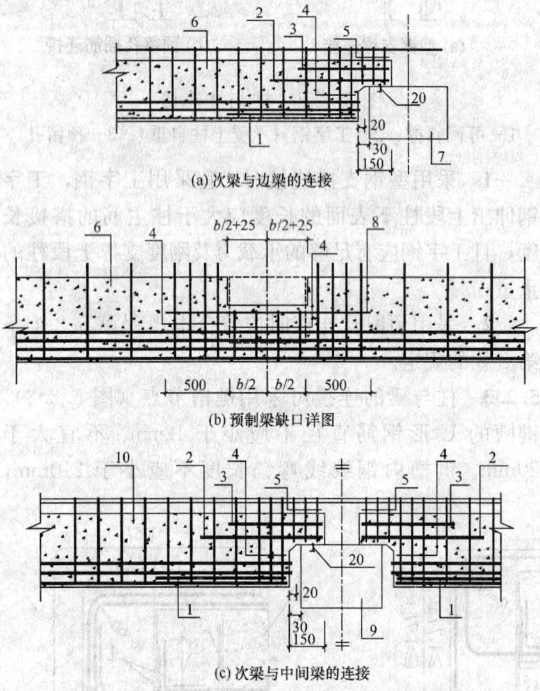

6
2
4
3
5
20
20
30
150
1
7
b/2+25
b/2+25
500
b/2
b/2
500
10
9

(a) 次梁与边梁的连接

(b) 预制梁缺口详图

(c) 次梁与中间梁的连接

图 5.2.4-1 主梁与次梁的连接构造图

1—水平腰筋；2、3—水平 U 形腰筋；4—箍筋；5—缺口部位箍筋；6—预制梁；7—边梁；8—构造筋；9—中间梁；10—预制次梁；b—次梁宽

2 缺口梁梁端受剪截面应符合下列规定：

$$N \leqslant 0.25bh_{10} \tag{5.2.4-1}$$

式中：N——缺口梁梁端支座反力设计值（N）；

b——缺口梁截面宽度（mm）；

h_{10}——缺口梁端部截面有效高度（mm）。

3 缺口梁端部吊筋的截面面积（A_v）应符合下列规定：

$$A_v = \frac{1.2N}{f_{yv}} \tag{5.2.4-2}$$

式中：f_{yv}——箍筋抗拉强度设计值（N/mm²）。

4 缺口梁凸出部分梁底纵筋的截面面积（A_{t1}）应符合下列规定：

$$A_{t1} = 1.2\left(\frac{Ne}{z_1} + H\right)\Big/ f_y \tag{5.2.4-3}$$

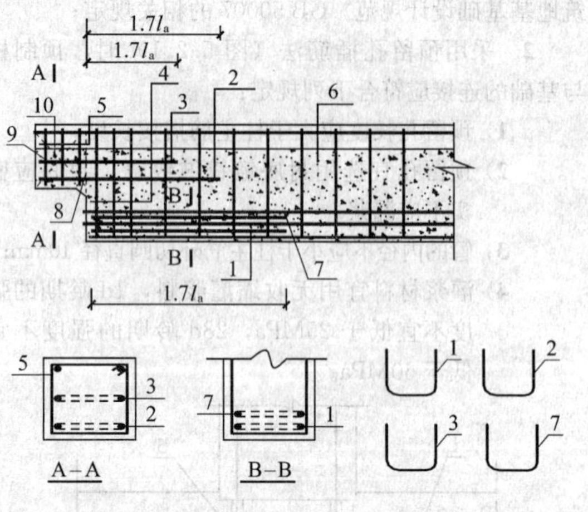

1.7l_a
1.7l_a
A
A
B
B
10
9
8
5
4
3
2
6
1
7
1.7l_a
5
3
2
7
1
A–A
B–B
1
2
3
7

图 5.2.4-2 预制次梁的端部配筋构造

1、2、3、7—水平 U 形钢筋；4—箍筋；5—缺口部位箍筋；6—预制次梁；8—垂直裂缝；9、10—斜裂缝

$$A_{t1} = \frac{N^2}{12.55 f_y bh_1} + \frac{1.2H}{f_y} \tag{5.2.4-4}$$

式中：e——缺口梁梁端支座反力与吊筋合力点之间的距离（mm）。反力作用点位置：梁底有预埋钢板可取为预埋钢板中点，无预埋钢板可取为梁端凸出部分的中点；

z_1——可取 0.85 倍缺口梁端部截面有效高度；

H——梁底有预埋钢板可取 0.2N，无预埋钢板可取 0.65N，另有计算的除外；

f_y——钢筋抗拉强度设计值（N/mm²）。

5 缺口梁凸出部分腰筋的截面面积（A_{t2}）应符合下列规定：

$$A_{t2} = \frac{N^2}{25.16 f_y bh_1} \tag{5.2.4-5}$$

6 缺口梁凸出部分箍筋的截面面积（A_{v1}）应符合下列规定：

$$1.2N \leqslant A_{v1} f_{yv} + A_{t2} f_y + 0.7bh_{10} f_t \tag{5.2.4-6}$$

$$A_{v1,\min} \geqslant \frac{1}{2f_{yv}}(1.2N - 0.7bh_{10} f_t) \tag{5.2.4-7}$$

式中：f_t——混凝土抗拉强度设计值（N/mm²）。

7 纵筋 A_{t1} 及腰筋 A_{t2} 可做成 U 形，从垂直裂缝伸入梁内的延伸长度可取为 1.7 倍钢筋的锚固长度（l_a）。腰筋 A_{t2} 间距不宜大于 100mm，不宜小于 50mm，最上排腰筋与梁顶距离不应小于缺口梁端部高度（h_1）的 1/3。

8 箍筋 A_{v1} 和 A_v 应为封闭箍筋，距梁边距离不应大于 40mm，A_v 应配置在缺口梁端部高度的 1/2 的范围内。

9 纵筋 A_t 在梁端的锚固可采用水平 U 形钢筋 A_{l1} 及 A_{l2} 与其搭接的方式，A_{l1} 及 A_{l2} 的直段长度可取为 1.7 倍钢筋的锚固长度（l_a），截面面积可取为梁底普通钢筋及预应力筋换算为普通钢筋的面积之和（A_t）的 1/3。

5.2.5 预制板之间连接时，应在预制板相邻处板面铺钢筋网片（图 5.2.5），网片钢筋直径不宜小于 5mm，强度等级不应小于 HPB300，短向钢筋的长度不宜小于 600mm，间距不宜大于 200mm；网片长向可采用三根钢筋，钢筋长度可比预制板短 200mm。

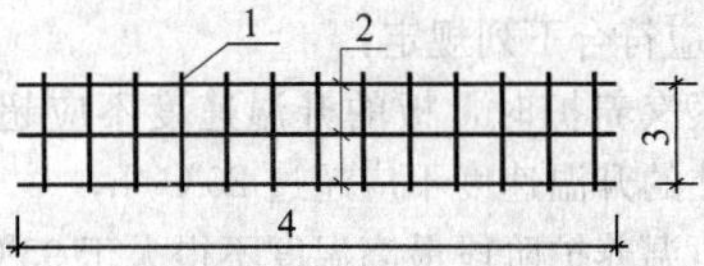
1
2
3
4

(a) 钢筋网片

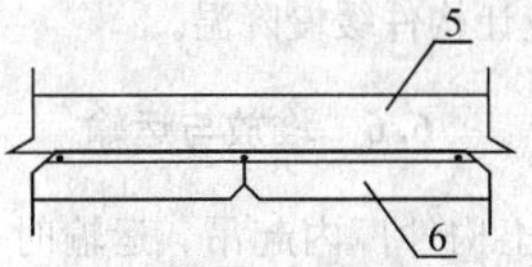
5
6

(b) 钢筋网片位置

图 5.2.5　板纵缝连接构造

1—钢筋网片的短向钢筋；2—钢筋网片的长向钢筋；3—钢筋网片的短向长度；4—钢筋网片的长向长度；5—叠合层；6—预制板

5.2.6 预制柱层间连接节点处应增设交叉钢筋，并应与纵筋焊接（图 5.2.6）。交叉钢筋每侧应设置一片，每根交叉钢筋斜段垂直投影长度可比叠合梁高小 40mm，端部直段长度可取为 300mm。交叉钢筋的强度等级不宜小于 HRB335，其直径应按运输、施工阶段的承载力及变形要求计算确定，且不应小于 12mm。

5.2.7 预制梁底角部应设置普通钢筋，两侧应设置腰筋（图 5.2.7）。预制梁端部应设置保证钢绞线的位置的带孔模板；钢绞线的分布宜分散、对称；其混凝土保护层厚度（指钢绞线外边缘至混凝土表面的距离）不应小于 55mm；下部纵向钢绞线水平方向的净间距不应小于 35mm 和钢绞线直径；各层钢绞线之间的净间距不应小于 25mm 和钢绞线直径。梁跨度较小时可不配置预应力筋。

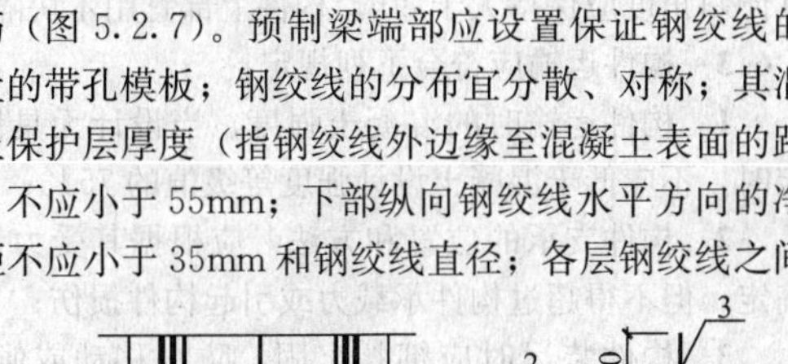
60
12.5
15
2
3
300
h−40
300
1
3
h−15
h−40
42.5

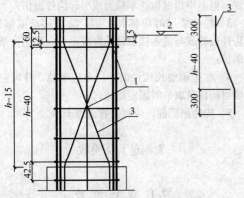

图 5.2.6　预制柱层间节点详图

1—焊接；2—楼面板标高；3—交叉钢筋；h——梁高

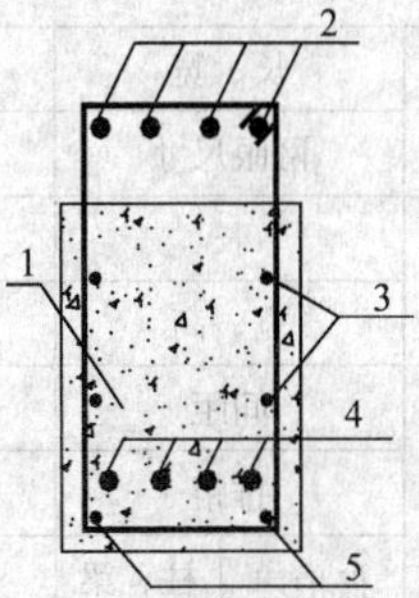
2
1
3
4
5

图 5.2.7　预制梁构造详图

1—预制梁；2—叠合梁上部钢筋；3—腰筋（按设计确定）；4—钢绞线；5—普通钢筋

6　构　件　生　产

6.1　一　般　规　定

6.1.1 原材料进场时，应按现行国家标准《混凝土结构工程施工质量验收规范》GB 50204 的规定进行检验，合格后方可使用。

6.1.2 钢筋的品种、级别、规格、数量和保护层厚度应符合设计要求。

6.1.3 钢筋下料时，应采用砂轮锯或切断机切断，不得采用电弧切割。

6.1.4 混凝土强度等级应符合设计要求。

6.1.5 采用高强钢丝和钢绞线时，张拉控制应力不宜超过 $0.75f_{ptk}$，不应超过 $0.80f_{ptk}$。

6.2　模板、台座

6.2.1 模板、台座应满足强度、刚度和稳定性要求。

6.2.2 模板几何尺寸应准确，安装应牢固，拼缝应严密。

6.2.3 模板、台座应保持清洁，隔离剂应涂刷均匀。

6.3　钢筋加工、安装

6.3.1 钢筋的接头方式、位置应符合设计要求。

6.3.2 钢筋加工的形状、尺寸应符合设计要求，其允许偏差应符合表 6.3.2 的规定。

表 6.3.2　钢筋加工的允许偏差

项　　目	允许偏差（mm）
受力钢筋沿长度方向全长的净尺寸	±10
弯起钢筋的弯折位置	±20
箍筋内净尺寸	±5

6.3.3 钢筋安装的允许偏差应符合表 6.3.3 的规定。

表 6.3.3　钢筋安装的允许偏差

项　目			允许偏差(mm)
绑扎钢筋网	长、宽		±10
	网眼尺寸		±20
绑扎钢筋骨架	长		±10
	宽、高		±5
受力钢筋	间距		±10
	排距		±5
	保护层厚度	柱、梁	±5
		板	±3
绑扎箍筋、横向钢筋间距			±20
钢筋弯起点位置			20
预埋件	中心线位置		5
	水平高差		+3，0

6.4　预应力筋制作与张拉

6.4.1　应选用非油质类模板隔离剂，并应避免沾污预应力筋。

6.4.2　应避免电火花损伤预应力筋；受损伤的预应力筋应予以更换。

6.4.3　预应力筋的张拉力应符合设计要求，张拉时应保证同一构件中各根预应力筋的应力均匀一致。

6.4.4　张拉过程中，应避免预应力筋断裂或滑脱；当发生断裂或滑脱时，预应力筋必须予以更换。

6.4.5　预应力筋张拉锚固后实际建立的预应力值与工程设计规定检验值的相对允许偏差应为±5%。

6.4.6　预应力筋放张时，混凝土强度应符合设计要求；当设计无具体要求时，不应低于混凝土设计强度等级值的75%，且不应小于30MPa。

6.4.7　预应力筋放张时，宜缓慢放松锚固装置，使各根预应力筋同时缓慢放松。

6.5　混　凝　土

6.5.1　混凝土原材料计量允许偏差应符合表6.5.1的规定。

表 6.5.1　材料每盘计量允许偏差值

原　材　料	允许偏差（%）
水泥、掺合料	±2
骨料	±3
水、外加剂	±2

6.5.2　混凝土应振捣密实，预制柱表面应压光；预制梁叠合面应加工成粗糙面；预制板板面应拉毛，拉毛深度不应低于4mm。

6.5.3　生产过程中试块的留置应符合下列规定：

1　每拌制100盘且不超过100m^{3}的同配合比的混凝土，取样不得少于一次；

2　每工作班拌制的同一配合比混凝土不足100盘时，取样不得少于一次；

3　每条生产线同一配合比混凝土，取样不得少于一次；

4　每次取样应至少留置一组标准养护试块，同条件养护试块的留置组数应根据构件生产的实际需要确定。

6.5.4　混凝土浇筑完毕后，应及时进行养护，且混凝土养护应符合下列规定：

1　蒸汽养护时，板的升温速度不应超过25℃/h；梁、柱的升温速度不应超过20℃/h；

2　恒温养护阶段最高温度不得大于95℃；

3　混凝土试块强度达到要求时可停止加热；停止加热后，应让构件缓慢降温。

6.6　堆放与运输

6.6.1　混凝土构件厂内起吊、运输时，混凝土强度必须符合设计要求；当设计无专门要求时，对非预应力构件不应低于混凝土设计强度等级值的50%，对预应力构件，不应低于混凝土设计强度等级值的75%，且不应小于30MPa。

6.6.2　构件堆放应符合下列规定：

1　堆放构件的场地应平整坚实，并应有排水措施，堆放构件时应使构件与地面之间留有一定空隙；

2　构件应根据其刚度及受力情况，选择平放或立放，并应保持其稳定；

3　重叠堆放的构件，吊环应向上，标志应向外；其堆垛高度应根据构件与垫木的承载能力及堆垛的稳定性确定；各层垫木的位置应在一条垂直线上；

4　采用靠放架立放的构件，应对称靠放和吊运，其倾斜角度应保持大于80°，构件上部宜用木块隔开。

6.6.3　构件运输应符合下列规定：

1　构件运输时的混凝土强度，当设计无具体规定时，不应低于混凝土设计强度等级值的75%；

2　构件支承的位置和方法，应根据其受力情况确定，但不得超过构件承载力或引起构件损伤；

3　构件装运时应绑扎牢固，防止移动或倾倒；对构件边部或与链索接触处的混凝土，应采用衬垫加以保护；

4　在运输细长构件时，行车应平稳，并可根据需要对构件采取临时固定措施；

5　构件出厂前，应将杂物清理干净。

7　施工及验收

7.1　现 场 堆 放

7.1.1　预制构件应减少现场堆放。

7.1.2　预制构件施工现场堆放除应符合本规程第

6.6.2条的规定，尚宜按吊装顺序和型号分类堆放，堆垛宜布置在吊车工作范围内且不受其他工序施工作业影响的区域。

7.2 柱就位前基础处理

7.2.1 预制预应力混凝土装配整体式框架结构采用杯形基础时，在柱吊装前应进行杯底抄平。

7.2.2 预制预应力混凝土装配整体式框架结构当采用预留孔插筋法施工时，应根据设计要求在基础混凝土中设置预留孔，并应符合下列规定：

1 预留孔长度、位置及内径应满足设计要求；

2 浇筑基础混凝土时，应采取防止混凝土进入孔内的措施；

3 在混凝土初凝之前，应再次检查预留孔的位置是否准确，其平面允许偏差应为±5mm，孔深允许偏差应为±10mm。

7.3 柱吊装就位

7.3.1 柱的吊装、调整和固定应按下列步骤进行：

1 采用预留孔插筋法时应符合下列规定：

1） 在起吊期间，应采用柱靴对从柱底伸出的钢筋进行保护；起吊阶段，柱扶正过程中，柱靴应始终不离地面；

2） 柱就位前，应在孔内注入流动性良好且强度符合本规程第5.2.1条规定的无收缩灌浆料，并应均匀坐浆，厚度约10mm；

3） 柱就位后应用可调斜撑校正并固定；

4） 当上一层梁柱节点混凝土强度达到10MPa后，方可拆除可调斜撑。

2 采用杯形基础时应符合下列规定：

1） 柱就位后应及时对柱的位置进行调整，然后应采用钢楔将柱临时固定，并应采用可调斜撑校正柱垂直度，采用钢楔将柱固定后方可摘除吊钩；

2） 应及时在柱底杯口内填充微膨胀细石混凝土；混凝土应分两次浇筑，第一次应浇到钢楔下口并不应少于杯口深度的2/3，当混凝土达到设计强度等级值的25%时，再浇筑至杯口顶面；可调斜撑的拆除应符合本规程第7.3.1条第1款的规定。

3 当采用型钢支撑连接法接柱时，型钢的规格、长度应经设计确定；接头长度不得影响柱主筋的连接和接头区的混凝土浇筑；接头区混凝土应浇捣密实。

4 当采用预留孔插筋法接柱时，应按照本规程第7.3.1条第1款的规定施工。

7.4 预制梁吊装就位

7.4.1 预制梁的就位应按下列步骤进行：

1 吊装前应按施工方案搭设支架，并应校正支架的标高；

2 梁应放置在支架上，调整标高并应进行临时固定；

3 每根柱周围的梁就位后，应采取固定措施。

7.4.2 梁端节点施工应符合下列规定：

1 预制梁吊装就位后，应根据设计要求在键槽内安装U形钢筋，并应采用可靠固定方式确保U形钢筋位置准确，安装结束后，应封堵节点模板；

2 浇筑混凝土前，应对梁的截面，梁的定位，U形钢筋的数量、规格，安装质量等进行检查；

3 混凝土浇筑前，应将键槽清理干净并浇水充分湿润，不得有积水；

4 键槽节点处的混凝土应符合本规程第3.2.2条的规定；混凝土应浇捣密实，并应浇筑至预制板底标高处。

7.5 板吊装就位

7.5.1 梁柱节点处混凝土的强度达到15MPa后，方可吊装预制板。预制板的两端应搁置在预制梁上，板下应设置临时支撑。

7.5.2 梁、板的上部钢筋安装完成后，方可浇筑叠合层混凝土。叠合层混凝土应振捣密实，不得对节点处混凝土造成破坏。

7.6 安全措施

7.6.1 预制构件吊装时，除应按现行行业标准《建筑施工高处作业安全技术规范》JGJ 80的有关规定执行，尚应符合下列规定：

1 预制构件吊装前，应按照专项施工方案的要求，进行安全、技术交底，并应严格执行；

2 吊装操作人员应按规定持证上岗。

7.6.2 预制构件吊装前应检查吊装设备及吊具是否处于安全操作状态。

7.6.3 预制构件的吊装应按专项施工方案的要求进行。起吊时绳索与构件水平面的夹角不宜小于60°，不应小于45°，否则应采用吊架或经验算确定。

7.6.4 起吊构件时，不得中途长时间悬吊、停滞。

7.7 质量验收

7.7.1 预制预应力混凝土装配整体式框架的质量验收除应符合现行国家标准《混凝土结构工程施工质量验收规范》GB 50204的有关规定外，尚应符合本节的规定。

7.7.2 预制构件应进行结构性能检验。结构性能检验不合格的预制构件不得使用。

7.7.3 预制构件尺寸的允许偏差，当设计无具体要求时，应符合表7.7.3的规定。

检查数量：同一生产线或同一工作班生产的同类型构件，抽查5%且不应少于3件。

表 7.7.3 构件尺寸的允许偏差及检查方法

项目			允许偏差（mm）	检查方法
截面尺寸	长度	板、梁	+10，−5	钢尺检查
		柱	+5，−10	
	宽度、高度	板、梁、柱	±5	钢尺量一端及中部，取其中较大值
肋宽、厚度			+4，−2	钢尺检查
侧向弯曲		梁、板、柱	L/750 且≤20	拉线、钢尺量最大侧向弯曲处
预埋件		中心线位置	10	钢尺检查
		螺栓位置	5	
		螺栓外露长度	+10，−5	
预留孔		中心线位置	5	钢尺检查
预留洞		中心线位置	15	钢尺检查
主筋保护层厚度		板	+5，−3	钢尺或保护层厚度测定仪量测
		梁、柱	+10，−5	
对角线差		板	10	钢尺量两个对角线
表面平整度		板、柱、梁	5	2m 靠尺和塞尺检查
板角部直角缺口的直角度及缺口与板侧面之间直角度			3°	直角尺和量角器量测
边梁端面与边梁侧面之间直角度			3°	
键槽		长度	+5，−10	钢尺检查
		宽度	±5	
		壁厚	±5	

7.7.4 梁端节点区的连接钢筋应符合设计要求。

检查数量：全数检查。

检验方法：观察，检查施工记录。

7.7.5 梁端节点区混凝土强度未达到本规程要求时，不得吊装后续结构构件。已安装完毕的装配式结构，应在混凝土强度到达设计要求后，方可承受全部设计荷载。

检查数量：全数检查。

检验方法：检查施工记录及试件强度试验报告。

7.7.6 构件安装的尺寸允许偏差，当设计无具体要求时，应符合表 7.7.6 的规定。

检查数量：全数检查。

表 7.7.6 构件安装的尺寸允许偏差及检查方法

项目			允许偏差（mm）	检查方法
杯形基础	中心线对轴线位置		10	经纬仪量测
	杯底安装标高		0，−10	经纬仪量测
柱	中心线对定位轴线的位置		5	钢尺量测
	上下柱接口中心线位置		3	钢尺量测
	垂直度	≤5m	5	经纬仪量测
		>5m，<10m	10	
		≥10m	1/1000 标高且≤20	
梁	中心线对定位轴线的位置		5	钢尺量测
	梁上表面标高		0，−5	钢尺量测
板	相邻两板下表面平整	抹灰	5	钢尺、塞尺量测
		不抹灰	3	

本规程用词说明

1 为便于在执行本规程条文时区别对待，对要求严格程度不同的用词说明如下：

1）表示很严格，非这样做不可的：
正面词采用“必须”，反面词采用“严禁”；

2）表示严格，在正常情况下均应这样做的：
正面词采用“应”，反面词采用“不应”或“不得”；

3）表示允许稍有选择，在条件许可时首先应这样做的：
正面词采用“宜”，反面词采用“不宜”；

4）表示有选择，在一定条件下可以这样做的，采用“可”。

2 条文中指明应按其他有关标准、规范执行的写法为：“应符合……的规定”或“应按……执行”。

引用标准名录

1 《建筑地基基础设计规范》GB 50007

2 《建筑结构荷载规范》GB 50009

3 《混凝土结构设计规范》GB 50010

4 《建筑抗震设计规范》GB 50011

5 《混凝土结构工程施工质量验收规范》GB 50204

6 《建筑施工高处作业安全技术规范》JGJ 80

中华人民共和国行业标准

预制预应力混凝土装配整体式框架结构技术规程

JGJ 224—2010

条 文 说 明

制 定 说 明

《预制预应力混凝土装配整体式框架结构技术规程》JGJ 224-2010，经住房和城乡建设部 2010 年 11 月 17 日以第 808 号公告批准、发布。

本规程制定过程中，编制组进行了广泛的调查研究，总结了预制预应力混凝土装配整体式框架技术的实践经验，同时参考了国外先进技术法规、技术标准，通过试验取得了预制预应力混凝土装配整体式框架设计、施工等重要技术参数。

为便于广大设计、施工、科研、学校等单位有关人员在使用本标准时能正确理解和执行条文规定，《预制预应力混凝土装配整体式框架结构技术规程》编制组按章、节、条顺序编制了本标准的条文说明，对条文规定的目的、依据以及执行中需注意的有关事项进行了说明。但是，本条文说明不具备与标准正文同等的法律效力，仅供使用者作为理解和把握标准规定的参考。

目　次

1 总 则

1.0.1 预制预应力混凝土装配整体式框架结构体系（世构体系）的预制构件包括预制混凝土柱、预制预应力混凝土叠合梁、板。其关键技术在于采用键槽节点，避免了传统装配结构梁柱节点施工时所需的预埋、焊接等复杂工艺，且梁端锚固筋仅在键槽内预留，现场施工安装方便快捷，缩短了工期，具有显著的经济效益和社会效益，有较高的推广应用价值，对于推动我国建筑工业化和建筑业可持续发展具有重要的意义。

1.0.3 在进行该体系的设计与施工时，除符合本规程规定外，尚应符合现行国家标准《建筑结构可靠度设计统一标准》GB 50068、《建筑结构设计术语和符号标准》GB/T 50083、《建筑结构荷载规范》GB 50009、《建筑工程抗震设防分类标准》GB 50223、《建筑抗震设计规范》GB 50011、《混凝土结构设计规范》GB 50010、《混凝土结构工程施工质量验收规范》GB 50204 等的有关规定。

3 基本规定

3.1 适用高度和抗震等级

3.1.1 根据现行国家标准《建筑抗震设计规范》GB 50011、《建筑工程抗震设防分类标准》GB 50223 的有关规定并参照中国工程建设标准化协会标准《钢筋混凝土装配整体式框架节点与连接设计规程》CECS 43，同时根据课题组的试验研究成果，确定了本规程适用于非抗震设防区及抗震设防烈度为6～7度地区的乙类及乙类以下的预制预应力混凝土装配整体式房屋。适用高度的确定原则上比现行国家标准《建筑抗震设计规范》GB 50011 规定的相应现浇结构低。2008年东南大学所作的三个键槽节点低周反复试验结果，在满足本规程要求的情况下，节点的位移延性系数均大于4。2009年东南大学所作的大比例两层两跨两开间模拟地震振动台试验表明，叠合层与预制构件之间的连接是可靠的，没有出现撕裂、脱离等现象。

3.1.2 抗震等级的划分是依据现行国家标准《建筑抗震设计规范》GB 50011 的有关规定确定的。预制预应力混凝土装配整体式框架的受力特点与现浇混凝土框架基本相同，其延性指标能够满足现浇混凝土框架的抗震要求。2009年完成的节点低周反复试验位移延性系数均大于4，模拟地震振动台试验层间位移达到1/68时结构未垮塌（由于条件限制，试验结束）。本条为强制性条文，应严格执行。

3.2 材 料

3.2.1 因为叠合梁板的预制部分采用预应力混凝土，因此规定混凝土强度等级C40及以上，如果叠合层部分混凝土强度等级低于预制部分，相关计算取强度低者。

3.2.2 节点部分的混凝土分两次浇捣，第一次是将键槽部分的空隙填平，因为U形钢筋通过此部分的后浇混凝土与预制梁底的预应力筋实现搭接，因此该部分的混凝土质量十分关键，应采用强度等级高一级的无收缩细石混凝土。如果该部分混凝土搅拌时量较少，考虑材料强度评测所采用的统计方法的因素，混凝土强度等级可按不低于C45执行；节点部位键槽之外的混凝土的第二次浇筑与叠合梁板的叠浇层部分同时进行，该部分混凝土强度等级与叠浇层相同。

3.2.3 根据先张法预应力混凝土的特点选择预应力筋，强度等级不宜过低。

3.2.4 键槽内的U形钢筋应采用带肋钢筋，强度等级宜高以减小钢筋直径，便于保证其粘结强度。

3.3 构 件

3.3.1 采用预制柱时，为便于运输、吊装，柱截面长边尺寸不宜过大。为加快现场施工进度，预制柱一次成型的高度可以为一层至四层不等，每层柱的柱高确定时应综合考虑梁柱节点处的刚度问题、安装时临时固定的便捷性和运输的便捷性。

3.3.2 预制梁的任何一边边长均不得小于200mm。

3.3.3 预制板的厚度不宜过薄，否则预应力筋的保护层厚度不易保证，起吊、堆放、运输时容易开裂。叠合板的后浇部分的厚度不应小于预制部分的厚度，以保证叠合板形成后的刚度。预制板的宽度不宜过小，过小则经济性差。预制板的宽度不宜过大，过大则运输、起吊较为困难。钢丝保护层厚度的规定参照了国内的相关规范的要求。

3.4 作用效应组合

3.4.1～3.4.3 进行施工、使用两个阶段承载力极限状态设计时遵照有关规范。本体系施工时预制梁、板下应有可靠支撑，预制柱应有斜撑。施工阶段的风荷载由施工临时措施解决。

3.4.4 本条是遵照现行国家标准《建筑抗震设计规范》GB 50011作出的规定。因为6度、7度地震区的竖向地震力一般较小，且本规程的适用高度也不高，可以不计算其影响。

3.4.5 本条是遵照现行国家标准《建筑抗震设计规范》GB 50011 作出的规定，列出梁、柱、剪力墙等的有关内容。

3.4.6 由于本体系是装配整体式框架体系，故建筑平、立面布置宜规整，对不规则的建筑应按现行国家标准《建筑抗震设计规范》GB 50011 的有关规定进行设计。

3.4.7 本条明确了控制单跨框架结构适用范围的要求，并强调了必须对楼梯构件进行抗震承载力验算。

4 结构设计与施工验算

4.1 结构分析

4.1.1～4.1.5 根据预制预应力混凝土装配整体式框架具体的施工步骤，按照施工安装和使用两个阶段进行内力和变形计算。施工阶段的结构稳定应通过施工临时措施解决。装配整体式框架使用阶段的内力计算宜考虑弯矩调幅。

4.3 施工验算

4.3.1 本体系叠合梁板宜按施工阶段有可靠支撑的叠合式受弯构件设计。不排除部分位置按施工阶段无支撑或无足够支撑的叠合式受弯构件设计。

4.3.3 在叠合梁、板形成前，预制梁、板底部通常有支撑，在这种支承条件下预制梁、板应该能够承受自重和新浇混凝土的重量。

5 构造要求

5.1 一般规定

5.1.2 键槽的长度要满足U形钢筋的锚固、U形钢筋施工时正常放置所需要的工作长度。根据相关规范的规定和梁柱节点试验分析，对键槽长度作出了规定。在确定键槽长度时，应考虑生产、施工的方便，一般从400mm起，按450mm、500mm类推。

5.1.3 参照相关规范并考虑U形钢筋实际位置距下边缘较远而确定U形钢筋面积，一级抗震等级不应小于梁上部钢筋面积的0.55倍，二、三级抗震等级不应小于梁上部钢筋面积的0.4倍。U形钢筋的安装应均匀布置。

5.1.4 如果不符合本条要求，应采取特殊措施后方可使用。

5.2 连接构造

5.2.1 当采用预留孔插筋法时，宜采用镀锌金属波纹管，其长度应大于柱主筋的搭接长度。预留孔应有可靠的封堵措施防止漏浆。

5.2.2 柱与柱的连接可采用两种方法。方法1是在上段预制柱截面中间预埋工字钢，工字钢伸出上段柱下表面的长度应大于柱主筋的搭接长度。方法2是采用预留孔插筋，预留孔的长度应大于柱主筋的搭接长度。

5.2.3 柱与梁的连接采用键槽节点。如果梁较大、配筋较多、所需U形钢筋直径较粗时，应保证键槽内钢筋的有效锚固满足现行国家标准《混凝土结构设计规范》GB 50010 的规定。生产、施工时应严格保证键槽内钢绞线的锚固长度和U形钢筋的锚固长度。键槽的预留方式有两种：一种是生产时预留键槽壁，一般厚40mm，U形钢筋安装在键槽内；另一种是生产时不预留键槽壁，现场施工时安装键槽部位箍筋和U形钢筋后和键槽混凝土同时浇筑。

5.2.4 主梁与次梁的连接处，施工阶段验算时应注意主梁开口后截面削弱的影响，另外开口位置两边应有足够的箍筋承担次梁传来的集中力。次梁采用缺口梁，按缺口梁进行承载力计算。施工过程中应采取有效措施确保主梁与次梁连接处的稳固、密实。缺口梁有多种配筋形式，考虑到预制构件生产的方便，建议采用吊筋形式的桁架计算模型。

5.2.5 在两块预制板的板缝处铺钢筋网片，增强两块预制板之间的连接。

6 构件生产

6.1 一般规定

6.1.1 原材料检测参照现行国家标准《混凝土结构工程施工质量验收规范》GB 50204 的相关规定执行。普通钢筋应符合现行国家标准《钢筋混凝土用钢 第1部分：热轧光圆钢筋》GB 1499.1、《钢筋混凝土用钢 第2部分：热轧带肋钢筋》GB 1499.2 和《钢筋混凝土用余热处理钢筋》GB 13014 的规定。钢筋进场时，应检查产品合格证和出厂检验报告，并按规定进行抽样检验；预应力筋有钢丝、钢绞线、热处理钢筋等，其质量应符合相关的现行国家标准《预应力混凝土用钢丝》GB/T 5223、《预应力混凝土用钢绞线》GB/T 5224 等的规定。预应力筋进场时应根据进场批次和产品的抽样检验方案确定检验批，进行进场复验，进场复验可仅做主要的力学性能试验。厂家除了提供产品合格证外，还应提供反映预应力筋主要性能的出厂检验报告；水泥进场时，应根据产品合格证检查其品种、级别等，并有序存放，以免造成混料错批。强度、安定性等是水泥的重要性能指标，进场时应作复验，其质量应符合现行国家标准《通用硅酸盐水泥》GB 175 的规定；混凝土外加剂质量及应用技术应符合现行国家标准《混凝土外加剂》GB 8076、《混凝土外加剂应用技术规范》GB 50119 等的规定。外加剂的检验项目、方法和批量应符合相应标准的规定；混凝土中各种掺合料应符合国家现行标准《粉煤灰混凝土应用技术规范》GBJ 146、《用于水泥与混凝土中粒化高炉矿渣粉》GB/T 18046等的规定；普通混凝土所用的砂子、石子应符合现行行业标准《普通混凝土用砂、石质量及检验方法标准》JGJ 52 的质量要求，其检验项目、检验批量和检验方法应遵照标准的规定执行。普通混凝土用水应符合现行行业标准《混凝土用水标准》JGJ 63 的质量要求。

6.1.2 在生产过程中，生产单位缺乏设计所要求的钢筋品种、级别或规格时，可进行钢筋代换。为了保证对设计意图的理解不产生偏差，规定当需要作钢筋代换时应办理设计变更文件，以确保满足原结构设计的要求，并明确钢筋代换由设计单位负责。

6.1.5 由于本体系预制预应力混凝土构件生产线长度较长，且张拉时控制应力可以控制得较为准确，因此在有可靠经验时最大张拉控制应力可放宽到 $0.80 f_{ptk}$。

6.4 预应力筋制作与张拉

6.4.4 由于预应力筋断裂或滑脱对结构构件的受力性能影响极大，故施加预应力过程中，应采取措施加以避免。先张法预应力构件中的预应力筋不允许出现断裂或滑脱，若在浇筑混凝土前出现断裂或滑脱，相应的预应力筋应予以更换。

6.4.5 预应力筋张拉后实际建立的预应力值对结构受力性能影响很大，必须予以保证。施工时可用应力测定仪器直接测定张拉锚固后预应力筋的应力值，若难以直接测定，也可用见证张拉代替预应力值测定。

6.5 混　凝　土

6.5.3 构件生产时，应按相关规定以生产线为批次留置标准条件养护试块和同条件养护试块。

7 施工及验收

7.1 现 场 堆 放

7.1.1 为避免预制构件的破损，尽量减少现场堆放和转运。

7.1.2 根据施工组织设计和安装专项方案确定堆放区域和顺序。

7.2 柱就位前基础处理

7.2.1 当采用杯形基础施工时，柱就位前的处理事项同一般的装配式结构施工要求。

7.2.2 当采用预留孔插筋法施工时，保证预留孔位置的准确性。

7.3 柱吊装就位

7.3.1 施工时要确保无收缩灌浆料充实预留孔并按要求留置试块。

7.4 预制梁吊装就位

预制梁按一阶段受力设计，施工时梁下应有可靠支撑。支撑应编制施工方案后执行。

7.5 板吊装就位

7.5.1 施工时按规定留置标准条件养护试块和同条件养护试块。

7.7 质 量 验 收

施工安装质量验收除应符合现行国家标准《混凝土结构工程施工质量验收规范》GB 50204 的规定外，尚应按照本节的规定进行验收。

构件的缺陷严重程度根据其对结构性能和使用功能的影响分为一般缺陷和严重缺陷。常见的构件缺陷可按下列方式处理，主要包括：①梁上部的竖向裂缝，一般长度不超过 100mm，可不处理；②梁端键槽部位斜向裂缝，裂缝宽度不大于 0.1mm 的可不处理；③薄板下部与预应力主筋方向平行的裂缝，不在预应力钢丝位置且宽度不大于 0.2mm 的可不处理，当宽度大于 0.2mm 时，按板拼缝处理，在薄板面加钢筋网片；④预制梁的局部混凝土缺陷，可用高强砂浆或细石混凝土修补；⑤当预制主梁长度超过实际要求长度时，可将主梁两端键槽对称割短，每边键槽长度均应符合本规程第 5.1.2 条的规定；当预制主梁长度小于要求长度时，可将预制主梁就位后，两端键槽现浇接长，并相应延长键槽 U 形钢筋长度；⑥当键槽开裂较大或缺损时可将破损部位凿除，安装时与键槽混凝土同时浇筑。其他特殊情况的缺陷的处理需要另行编制技术方案处理。

装配整体式结构的结构性能主要取决于预制构件的结构性能和连接质量。因此，应按现行国家标准《混凝土结构工程施工质量验收规范》GB 50204 的规定对预制构件进行结构性能检验，合格后方能用于工程。预制构件生产单位应向构件采购单位提供构件合格证。

中华人民共和国行业标准

低层冷弯薄壁型钢房屋建筑技术规程

Technical specification for low-rise cold-formed thin-walled steel buildings

JGJ 227—2011

批准部门：中华人民共和国住房和城乡建设部
施行日期：2 0 1 1 年 1 2 月 1 日

中华人民共和国住房和城乡建设部
公　告

第 903 号

关于发布行业标准《低层冷弯薄壁型钢房屋建筑技术规程》的公告

现批准《低层冷弯薄壁型钢房屋建筑技术规程》为行业标准，编号为 JGJ 227-2011，自 2011 年 12 月 1 日起实施。其中，第 3.2.1、4.5.3、12.0.2 条为强制性条文，必须严格执行。

本规程由我部标准定额研究所组织中国建筑工业出版社出版发行。

中华人民共和国住房和城乡建设部

2011 年 1 月 28 日

前　言

根据原建设部《关于印发〈2007 年工程建设标准规范制订、修订计划（第一批）〉的通知》（建标［2007］125 号）的要求，规程编制组经广泛调查研究，认真总结实践经验，参考有关国际标准和国外先进标准，并在广泛征求意见的基础上，编制本规程。

本规程中以黑体字标志的条文为强制性条文，必须严格执行。

本规程由住房和城乡建设部负责管理和对强制性条文的解释，由中国建筑标准设计研究院负责具体技术内容的解释。执行过程中如有意见或建议，请寄送至中国建筑标准设计研究院（北京市海淀区首体南路 9 号主语国际 2 号楼，邮编：100048）。

本规程主编单位：中国建筑标准设计研究院

本规程参编单位：西安建筑科技大学
同济大学
长安大学
清华大学
公安部天津消防研究所
博思格钢铁（中国）
上海美建钢结构有限公司
北新房屋有限公司
上海绿筑住宅系统科技有限公司
欧文斯科宁（中国）投资有限公司
北京豪斯泰克钢结构有限公司
中国建筑金属结构协会建筑钢结构委员会
浙江杭萧钢构股份有限公司
上海钢之杰钢结构建筑有限公司

本规程主要起草人员：沈祖炎　何保康　郁银泉
周天华　申　林　李元齐
郭彦林　王彦敏　刘承宗
苏明周　秦雅菲　王宗存
张跃峰　张中权　姜　涛
杨朋飞　杨家骥　杜兆宇
李正春　杨强跃　吴曙崇

本规程主要审查人员：张耀春　周绪红　陈雪庭
徐厚军　姜学诗　郭耀杰
顾　强　李志明　郭　兵

目　次

Contents

1 总 则

1.0.1 为规范低层冷弯薄壁型钢房屋建筑的设计、制作、安装及验收，做到技术先进、经济合理、安全适用、确保质量，制定本规程。

1.0.2 本规程适用于以冷弯薄壁型钢为主要承重构件，层数不大于 3 层，檐口高度不大于 12m 的低层房屋建筑的设计、施工及验收。

1.0.3 本规程根据现行国家标准《建筑结构可靠度设计统一标准》GB 50068、《建筑结构荷载规范》GB 50009、《建筑抗震设计规范》GB 50011、《钢结构设计规范》GB 50017、《冷弯薄壁型钢结构技术规范》GB 50018 和《钢结构工程施工质量验收规范》GB 50205 等规定的原则，结合低层冷弯薄壁型钢房屋的特点制定。

1.0.4 设计低层冷弯薄壁型钢房屋建筑时，应合理选用材料、结构方案和构造措施，应保证结构满足强度、稳定性和刚度要求，并符合防火、防腐要求。

1.0.5 低层冷弯薄壁型钢房屋建筑的设计、施工及验收，除应符合本规程外，尚应符合国家现行有关标准的规定。

2 术语和符号

2.1 术 语

2.1.1 腹板加劲件 web stiffener

与腹板连接防止腹板屈曲的部件。

2.1.2 刚性撑杆 blocking

与结构构件相连，传递结构构件平面外侧向力，为被支承构件提供侧向支点的构件。

2.1.3 拼合构件 built-up member

由槽形或卷边槽形构件等通过连接组成的工字形或箱形构件。

2.1.4 连接角钢 clip angle

用于构件之间连接，通常弯成 90°的构件。

2.1.5 屋檐悬挑 eave overhang

从外墙的结构外皮到屋顶结构外皮之间的水平距离。

2.1.6 钢带 flat strap

由钢板切割成一定宽度的板带，可用于支撑中的拉条或传递拉力的构件。

2.1.7 楼面梁 floor joist

支承楼面荷载的水平构件。

2.1.8 过梁 header

墙或屋面开口处主要将竖向荷载传递到相邻的竖向受力构件的水平构件。

2.1.9 立柱 wall stud

组成墙体单元的竖向受力构件。

2.1.10 斜梁 rafter

按屋面坡度倾斜布置的支承屋面荷载的屋面构件。

2.1.11 山墙悬挑 gable overhang

从山墙的结构外皮到屋顶结构外皮之间的水平距离。

2.1.12 受力蒙皮作用 stressed skin action

与支承构件可靠连接的结构面板体系所具有的抵抗自身平面内剪切变形的能力。

2.1.13 结构面板 structural sheathing

直接安装在立柱或梁上的面板，用以传递荷载和支承墙（梁）。

2.1.14 顶导梁、底导梁或边梁 track

布置在墙的顶部或底部以及楼层系统周边的槽形构件。

2.1.15 墙体结构 wall framing

由立柱、顶导梁、底导梁、面板、支撑、拉条或撑杆等部件通过连接件形成的组合构件，用于承受竖向荷载或水平荷载。

2.1.16 承重墙 bearing wall

承受竖向外荷载的墙体。

2.1.17 抗剪墙 shear wall

承受面内水平荷载的墙体。

2.1.18 非承重墙 non-bearing wall

不承受竖向外荷载的墙体。

2.1.19 钢板厚度 thickness of steel plate

钢基板厚度和镀层厚度之和。

2.2 符 号

2.2.1 作用和作用效应

M——弯矩；

N——轴力；

N_v^f——一个螺钉的抗剪承载力设计值；

P_s——一对抗拔连接件之间墙体段承受的水平剪力；

S_w——考虑风荷载效应组合下抗剪墙单位计算长度的剪力；

S_E——考虑地震作用效应组合下抗剪墙单位计算长度的剪力；

S_j——作用在第 j 面抗剪墙体单位长度上的水平剪力；

R_t——目标试验荷载；

R_{min}——试验荷载结果的最小值；

V——剪力；

σ_{cd}——轴压时的畸变屈曲应力；

σ_{md}——受弯时的畸变屈曲应力。

2.2.2 计算指标

E——钢材的弹性模量；

f——钢材抗拉、抗压、抗弯强度设计值；
f_y——钢材屈服强度；
f_v——钢材抗剪强度设计值；
f_v^s——螺钉材料抗剪强度设计值；
f_e——钢材端面承压强度设计值；
K——抗剪刚度；
M_d——畸变屈曲受弯承载力设计值；
M_C——考虑轴力影响的整体失稳受弯承载力设计值；
M_A——考虑轴力影响的畸变屈曲受弯承载力设计值；
N_u——稳定承载力设计值；
N_C——整体失稳时轴压承载力设计值；
N_A——畸变屈曲时轴压承载力设计值；
P_{nom}——名义抗剪强度；
V_j——第 j 面抗剪墙体承担的水平剪力设计值；
S_h——抗剪墙单位计算长度的受剪承载力设计值；
S^*——荷载效应设计值；
R_d——承载力设计值；
Δ——风荷载标准值或多遇地震作用标准值产生的楼层内最大的弹性层间位移；垂直度；剪切变形。

2.2.3 几何参数
A——毛截面面积；
A_0——洞口总面积；
A_e——有效截面面积；
A_{en}——有效净截面面积；
A_{cd}——畸变屈曲时有效截面面积；
a——卷边高度；
b——截面或板件的宽度；
f——侧向弯曲矢高；
H——基础顶面到建筑物最高点的高度；房屋楼层高度；抗剪墙高度；
h——截面或板件的高度；
H_0——腹板的计算高度；
I——毛截面惯性矩；
I_{sf}——加劲板件对中轴线的惯性矩；
L——长度或跨度；
l——长度或跨度；侧向支承点间的距离；
t——厚度；
t_s——等效板件厚度；
W——截面模量；
W_e——有效截面模量；
λ——长细比；构件畸变屈曲半波长；
λ_{cd}——确定 A_{cd} 用的无量纲长细比；
λ_{md}——确定 M_d 用的无量纲长细比。

2.2.4 计算系数及其他
k_ϕ——计算受弯构件的承载力和稳定性时的系数；
k_t——考虑结构试件变异性的因子；
k_{sc}——结构特性变异系数；
k_f——几何尺寸不定性变异系数；
k_m——材料强度不定性变异系数；
N'_E——计算压弯构件的承载力和稳定性时的系数；
n——螺钉个数；抗剪墙数；
T——结构基本自振周期；
α——屋面坡度；折减系数；
β_m——等效弯矩系数；
γ_R——抗力分项系数；
γ_{RE}——承载力抗震调整系数；
μ_x、μ_y、μ_w——计算长度系数；
μ_r——屋面积雪分布系数；
φ——轴心受压构件的整体稳定系数；
η——计算受弯构件整体稳定系数时采用的系数；轴力修正系数；
ξ——多个螺钉连接的承载力折减系数。

3 材料与设计指标

3.1 材 料 选 用

3.1.1 钢材选用应符合下列规定：

1 用于低层冷弯薄壁型钢房屋承重结构的钢材，应采用符合现行国家标准《碳素结构钢》GB/T 700、《低合金高强度结构钢》GB/T 1591 规定的 Q235 级、Q345 级钢材，或符合现行国家标准《连续热镀锌钢板及钢带》GB/T 2518 和《连续热镀铝锌合金镀层钢板及钢带》GB/T 14978 规定的 550 级钢材。当有可靠依据时，可采用其他牌号的钢材，但应符合相应有关国家标准的规定。

注：本规程将 550 级钢材定名为 LQ550。

2 用于承重结构的冷弯薄壁型钢的钢材，应具有抗拉强度、伸长率、屈服强度、冷弯试验和硫、磷含量的合格保证；对焊接结构，尚应具有碳含量的合格保证。

3 在技术经济合理的情况下，可在同一结构中采用不同牌号的钢材。

4 用于承重结构的冷弯薄壁型钢的钢带或钢板的镀层标准应符合现行国家标准《连续热镀锌钢板及钢带》GB/T 2518 和《连续热镀铝锌合金镀层钢板及钢带》GB/T 14978 的规定。

3.1.2 连接件（连接材料）应符合下列规定：

1 普通螺栓应符合现行国家标准《六角头螺栓 C级》GB/T 5780 的规定，其机械性能应符合现行国家标准《紧固件机械性能 螺栓、螺钉和螺柱》GB/T 3098.1 的规定。

2　高强度螺栓应符合现行国家标准《钢结构用高强度大六角头螺栓、大六角螺母、垫圈与技术条件》GB/T 1228～GB/T 1231 或《钢结构用扭剪型高强度螺栓连接副》GB/T 3632 的规定。

3　连接薄钢板、其他金属板或其他板材采用的自攻、自钻螺钉应符合现行国家标准《自钻自攻螺钉》GB/T 15856.1～GB/T 15856.5 或《自攻螺钉》GB/T 5282～GB/T 5285 的规定。

4　抽芯铆钉应采用现行国家标准《标准件用碳素钢热轧圆钢》GB/T 715 中规定的 BL2 或 BL3 号钢制成，同时符合现行国家标准《抽芯铆钉》GB/T 12615～12618 的规定。

5　射钉应符合现行国家标准《射钉》GB/T 18981 的规定。

3.1.3　锚栓可采用符合现行国家标准《碳素结构钢》GB/T 700 规定的 Q235 级钢或符合现行国家标准《低合金高强度结构钢》GB/T 1591 规定的 Q345 级钢制成。

3.1.4　在低层冷弯薄壁型钢房屋的结构设计图纸和材料订货文件中，应注明所采用的钢材的牌号、质量等级、供货条件等以及连接材料的型号（或钢材的牌号）。必要时尚应注明对钢材所要求的机械性能和化学成分的附加保证项目。钢板厚度不得出现负公差。

3.1.5　结构板材可采用结构用定向刨花板、石膏板、结构用胶合板、水泥纤维板和钢板等材料。当有可靠依据时，也可采用其他材料。

3.1.6　围护材料宜采用节能环保的轻质材料，并应满足国家现行有关标准对耐久性、适用性、防火性、气密性、水密性、隔声和隔热等性能的要求。

3.2　设 计 指 标

3.2.1　冷弯薄壁型钢钢材强度设计值应按表 3.2.1 的规定采用。

表 3.2.1　冷弯薄壁型钢钢材的强度设计值（N/mm²）

钢材牌号	钢材厚度 t(mm)	屈服强度 f_y	抗拉、抗压和抗弯 f	抗剪 f_v	端面承压（磨平顶紧）f_e
Q235	$t \leqslant 2$	235	205	120	310
Q345	$t \leqslant 2$	345	300	175	400
LQ550	$t < 0.6$	530	455	260	—
	$0.6 \leqslant t \leqslant 0.9$	500	430	250	
	$0.9 < t \leqslant 1.2$	465	400	230	
	$1.2 < t \leqslant 1.5$	420	360	210	

3.2.2　自钻螺钉、螺钉、拉铆钉和射钉的承载力设计值应按照现行国家标准《冷弯薄壁型钢结构技术规范》GB 50018 的规定执行。对于与 LQ550 级钢板相连的自钻螺钉、螺钉、拉铆钉和射钉，其抗剪强度应按照本规程附录 A 进行试验确定。

3.2.3　计算下列情况的结构构件和连接时，本规程第 3.2.1 条和第 3.2.2 条规定的强度设计值，应乘以下列相应的折减系数：

1　平面格构式檩条的端部主要受压腹杆：0.85。

2　单面连接的单角钢杆件：

1）按轴心受力计算构件承载力和连接：0.85；

2）按轴心受压计算构件稳定性：$0.6+0.0014\lambda$。

注：对中间无联系的单角钢压杆，λ 为按最小回转半径计算的杆件长细比。

3　两构件的连接采用搭接或其间填有垫板的连接以及单盖板的不对称连接：0.90。

上述几种情况同时存在时，其折减系数应连乘。

4　基本设计规定

4.1　设 计 原 则

4.1.1　本规程结构设计采用以概率理论为基础的极限状态设计法，以分项系数设计表达式进行计算。

4.1.2　本规程中的承重结构，应按承载能力极限状态和正常使用极限状态进行设计。

4.1.3　当结构构件和连接按不考虑地震作用的承载能力极限状态设计时，应根据现行国家标准《建筑结构荷载规范》GB 50009的规定采用荷载效应的基本组合进行计算。当结构构件和连接按考虑地震作用的承载能力极限状态设计时，应根据现行国家标准《建筑抗震设计规范》GB 50011 规定的荷载效应组合进行计算，其中承载力抗震调整系数 γ_{RE} 取 0.9。

4.1.4　当结构构件按正常使用极限状态设计时，应根据现行国家标准《建筑结构荷载规范》GB 50009 规定的荷载效应的标准组合和现行国家标准《建筑抗震设计规范》GB 50011 规定的荷载效应组合进行计算。

4.1.5　结构构件的受拉强度应按净截面计算；受压强度应按有效净截面计算；稳定性应按有效截面计算；变形和各种稳定系数均可按毛截面计算。

4.1.6　构件中受压板件有效宽度的计算应按现行国家标准《冷弯薄壁型钢结构技术规范》GB 50018 计算；当板厚小于 2mm 时，应考虑相邻板件的约束作用。

4.2　荷载与作用

4.2.1　屋面雪荷载、风荷载，除本规程另有规定外，应按现行国家标准《建筑结构荷载规范》GB 50009 的规定采用。

4.2.2　屋面竖向均布活荷载的标准值（按水平投影

面积计算）应取 0.5kN/m²。

4.2.3 地震作用应按现行国家标准《建筑抗震设计规范》GB 50011的规定计算。

4.2.4 施工集中荷载宜取 1.0kN，并应在最不利位置处验算。

4.2.5 复杂体型房屋屋面的风载体型系数可按房屋屋面和墙面分区确定（图 4.2.5），纵风向时屋顶（R）部分的风载体型系数应取−0.8，其余部分的风载体型系数应按现行国家标准《建筑结构荷载规范》GB 50009 采用。

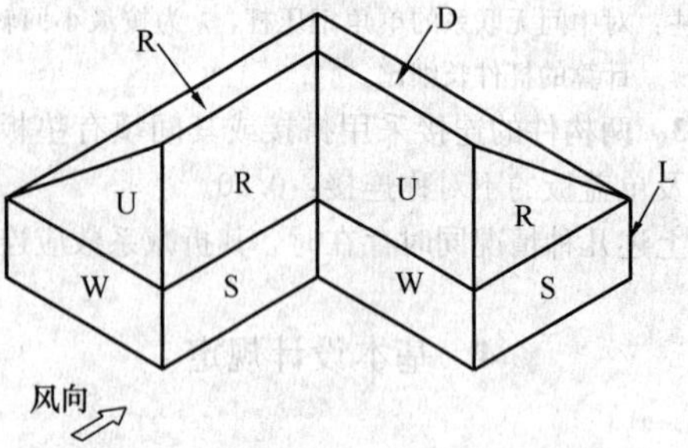

R
D
U
R
U
R
L
W
S
W
S
风向

图 4.2.5 房屋屋面和墙面分区

W—迎风墙；U—迎风坡屋顶；S—边墙；R—纵风向坡屋顶；L—背风墙；D—背风坡屋顶

4.2.6 复杂屋面的屋面积雪分布系数的确定应符合下列规定：

1 当屋面坡度（α）小于或等于 25°时，屋面积雪分布系数 μ_r 为 1.0；当屋面坡度（α）大于或等于 50°时，μ_r 为 0；当屋面坡度（α）大于 25°且小于 50°时，μ_r 按线性插值取用。

2 设计屋面承重构件时，应考虑雪荷载不均匀分布的荷载情况。各屋面的雪荷载分布系数应按下列规定进行调整（图 4.2.6）：

1） 对迎风面屋面积雪分布系数，取 $0.75\mu_r$；

2） 对背风面屋面积雪分布系数，取 $1.25\mu_r$；

3） 对侧风面屋面：在屋面无遮挡情况时，侧风面屋面积雪分布系数取 $0.5\mu_r$；在屋面有遮挡情况时，遮挡前侧风面屋面积雪分布系数取 $0.75\mu_r$，遮挡后侧风面屋面积雪分布系数取 $1.25\mu_r$。

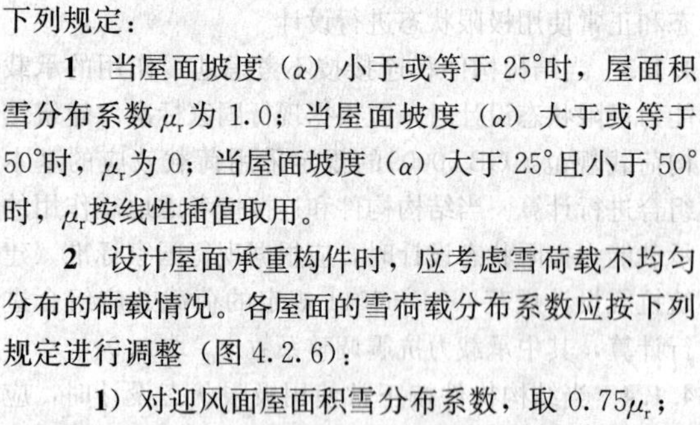

无遮挡侧风面
$0.5\mu_r$
迎面风
$0.75\mu_r$
背面风
$1.25\mu_r$
遮挡前侧风面
$0.75\mu_r$
遮挡后侧风面
$1.25\mu_r$
风向
迎面风
$0.75\mu_r$
背面风
$1.25\mu_r$
$0.5\mu_r$
无遮挡侧风面

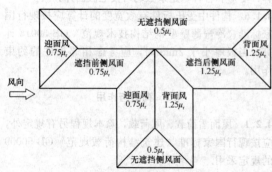

图 4.2.6 屋面积雪分布系数

4.3 建筑设计及结构布置

4.3.1 低层冷弯薄壁型钢房屋建筑设计宜避免偏心过大或在角部开设洞口（图 4.3.1）。当偏心较大时，应计算由偏心而导致的扭转对结构的影响。

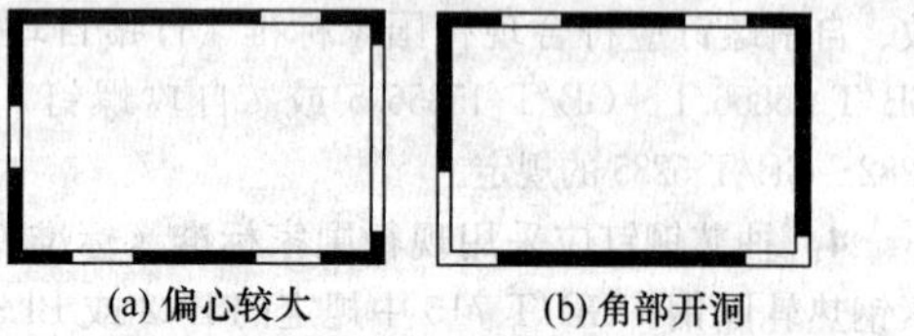

(a) 偏心较大
(b) 角部开洞

图 4.3.1 不宜采用的建筑平面示意

4.3.2 抗剪墙体在建筑平面和竖向宜均衡布置，在墙体转角两侧 900mm 范围内不宜开洞口；上、下层抗剪墙体宜在同一竖向平面内；当抗剪内墙上下错位时，错位间距不宜大于 2.0m。

4.3.3 在设计基本地震加速度为 0.3g 及以上或基本风压为 0.70kN/m² 及以上的地区，低层冷弯薄壁型钢房屋建筑和结构布置应符合下列规定：

1 与主体建筑相连的毗屋应设置抗剪墙，如图 4.3.3-1（a）所示。

2 不宜设置如图 4.3.3-1（b）所示的退台。

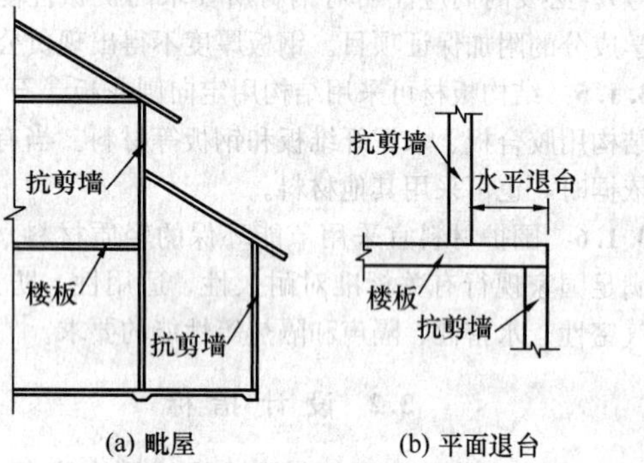

抗剪墙
楼板
抗剪墙
抗剪墙
水平退台
楼板
抗剪墙
(a) 毗屋
(b) 平面退台

图 4.3.3-1 建筑立面示意

3 由抗剪墙所围成的矩形楼面或屋面的长度与宽度之比不宜超过 3。

4 抗剪墙之间的间距不应大于 12m。

5 平面凸出部分的宽度小于主体宽度的 2/3 时，凸出长度 L 不宜超过 1200mm（图 4.3.3-2），超过时，凸出部分与主体部分应各自满足本规程第 8 章关于抗剪墙体长度的要求。

凸出部分
L
主体部分

图 4.3.3-2 平面凸出示意

4.3.4 外围护墙设计应符合下列规定：

1 应满足国家现行有关标准对节能的要求。

2 与主体钢结构应有可靠的连接。

3 应满足防水、防火、防腐要求。

4 节点构造和板缝设计，应满足保温、隔热、隔声、防渗要求，且坚固耐久。

4.3.5 隔墙设计应符合下列规定：

1 应有良好的隔声、防火性能和足够的承载力。

2 应便于埋设各种管线。

3 门框、窗框与墙体连接应可靠，安装应方便。

4 分室墙宜采用轻质墙板或冷弯薄壁型钢石膏板墙，也可采用易拆型隔墙板。

4.3.6 吊顶应根据工程的隔声、隔振和防火性能等要求进行设计。

4.3.7 抗剪墙体应布置在建筑结构的两个主轴方向，并应形成抗风和抗震体系。

4.4 变 形 限 值

4.4.1 计算结构和构件的变形时，可不考虑螺栓或螺钉孔引起的构件截面削弱的影响。

4.4.2 受弯构件的挠度不宜大于表 4.4.2 规定的限值。

表 4.4.2 受弯构件的挠度限值

构件类别	构件挠度限值
楼层梁：	
全部荷载	$L/250$
活荷载	$L/500$
门、窗过梁	$L/350$
屋架	$L/250$
结构板	$L/200$

注：1 表中 L 为构件跨度；

2 对悬臂梁，按悬伸长度的 2 倍计算受弯构件的跨度。

4.4.3 水平风荷载作用下，墙体立柱垂直于墙面的横向弯曲变形与立柱长度之比不得大于 1/250。

4.4.4 由水平风荷载标准值或多遇地震作用标准值产生的层间位移与层高之比不应大于 1/300。

4.5 构造的一般规定

4.5.1 构件受压板件的宽厚比不应大于表 4.5.1 规定的限值。

表 4.5.1 受压板件的宽厚比限值

板件类别	宽厚比限值
非加劲板件	45
部分加劲板件	60
加劲板件	250

4.5.2 受压构件的长细比，不宜大于表 4.5.2 规定的限值。受拉构件的长细比，不宜大于 350，但张紧拉条的长细比可不受此限制。当受拉构件在永久荷载和风荷载或多遇地震组合作用下受压时，长细比不宜大于 250。

表 4.5.2 受压构件的长细比限值

构件类别	长细比限值
主要承重构件（梁、立柱、屋架等）	150
其他构件及支撑	200

4.5.3 冷弯薄壁型钢结构承重构件的壁厚不应小于 0.6mm，主要承重构件的壁厚不应小于 0.75mm。

4.5.4 低层冷弯薄壁型钢房屋同一榀构架的立柱、楼板梁、屋架宜在同一平面内，构件形心之间的偏心不宜超过 20mm。

4.5.5 冷弯薄壁型钢构件的腹板开孔时（图 4.5.5）应满足下列要求：

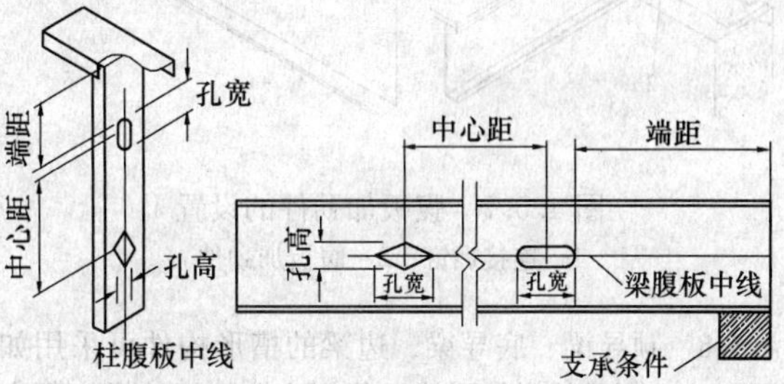
孔宽
端距
中心距
孔高
柱腹板中线
中心距
端距
孔高
孔宽
孔宽
梁腹板中线
支承条件

图 4.5.5 构件开孔示意

1 孔口的中心距不应小于 600mm。

2 水平构件的孔高不应大于腹板高度的 1/2 和 65mm 的较小值。

3 竖向构件的孔高不应大于腹板高度的 1/2 和 40mm 的较小值。

4 孔宽不宜大于 110mm。

5 孔口边至最近端部边缘的距离不得小于 250mm。

当不满足时，应根据本规程第 4.5.6 条的要求对孔口加强。

4.5.6 当腹板开孔不满足本规程第 4.5.5 条的要求时，应对孔口进行加强，见图 4.5.6。孔口加强件可

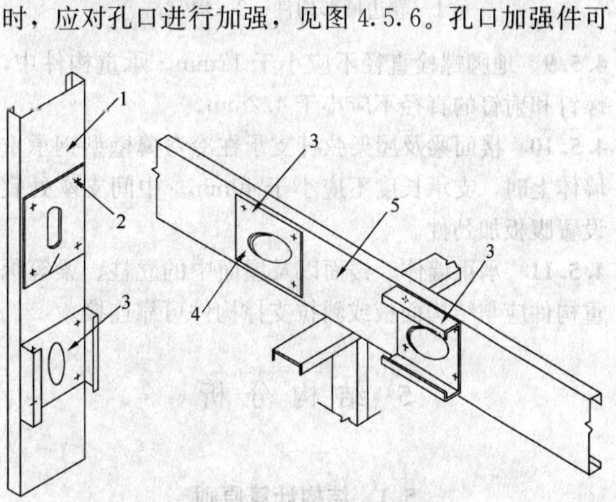
1
2
3
3
4
5
3

图 4.5.6 孔口加强示意

1—立柱；2—螺钉；3—洞口加强件；4—自攻螺钉；5—梁

采用平板、槽形构件或卷边槽形构件。孔口加强件的厚度不应小于所要加强腹板的厚度，且伸出孔口四周不应小于 25mm。加强件与腹板应采用螺钉连接，螺钉最大中心间距应为 25mm，最小边距应为 12mm。

4.5.7 在构件支座和集中荷载作用处，应设置腹板加劲件。加劲件可采用厚度不小于 1.0mm 的槽形构件和卷边槽形构件，且其高度宜为被加劲构件腹板高度减去 10mm。加劲件与构件腹板之间应采用螺钉连接（图 4.5.7）。螺钉应布置均匀。

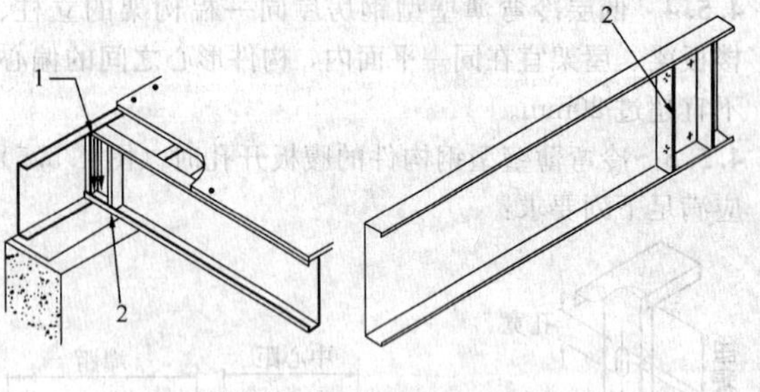
1
2
2

图 4.5.7 腹板加劲件的设置

1—连接螺钉；2—腹板加劲件

4.5.8 顶导梁、底导梁、边梁的槽形构件可采用如图 4.5.8 所示的拼接形式，每侧连接腹板的螺钉不应少于 4 个，连接翼缘的螺钉不应少于 2 个。卷边槽形构件的拼接件厚度不应小于所连接的构件厚度。

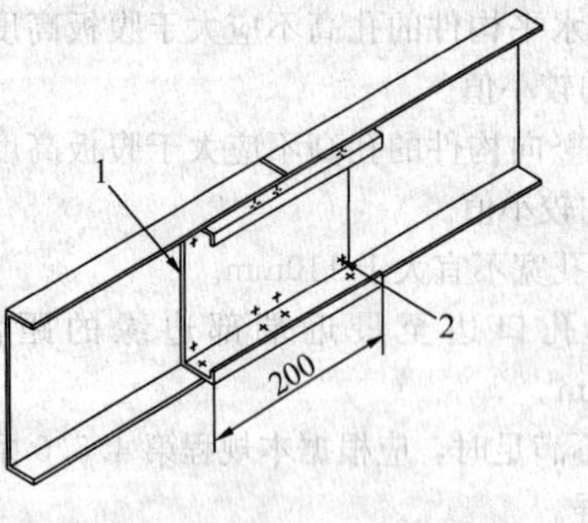
1
2
200

图 4.5.8 槽形构件拼接示意

1—卷边槽形构件；2—螺钉

4.5.9 地脚螺栓直径不应小于 12mm。承重构件中，螺钉和射钉的直径不应小于 4.2mm。

4.5.10 楼面梁及屋架弦杆支承在冷弯薄壁型钢承重墙体上时，支承长度不应小于 40mm。中间支座处宜设置腹板加劲件。

4.5.11 承重墙体、楼面以及屋面中的立柱、梁等承重构件应与结构面板或斜拉支撑构件可靠连接。

5 结构分析

5.1 结构计算原则

5.1.1 低层冷弯薄壁型钢房屋建筑竖向荷载应由承重墙体的立柱独立承担；水平风荷载或水平地震作用应由抗剪墙体承担。

5.1.2 低层冷弯薄壁型钢房屋建筑结构设计可在建筑结构的两个主轴方向分别计算水平荷载的作用。每个主轴方向的水平荷载应由该方向抗剪墙体承担，可根据其抗剪刚度大小按比例分配，并应考虑门窗洞口对墙体抗剪刚度的削弱作用。

各墙体承担的水平剪力可按下式计算：

$$V_j = \frac{\alpha_j K_j L_j}{\sum_{i=1}^{n} \alpha_i K_i L_i} V \qquad (5.1.2)$$

式中：V_j——第 j 面抗剪墙体承担的水平剪力；

V——由水平风荷载或多遇地震作用产生的 X 方向或 Y 方向总水平剪力；

K_j——第 j 面抗剪墙体单位长度的抗剪刚度，按表 5.2.4 采用；

α_j——第 j 面抗剪墙体门窗洞口刚度折减系数，按本规程第 8.2.4 条规定的折减系数采用；

L_j——第 j 面抗剪墙体的长度；

n——X 方向或 Y 方向抗剪墙数。

5.1.3 构件应按下列规定进行验算：

1 墙体立柱应按压弯构件验算其强度、稳定性及刚度；

2 屋架构件应按屋面荷载的效应，验算其强度、稳定性及刚度；

3 楼面梁应按承受楼面竖向荷载的受弯构件验算其强度和刚度。

5.2 水平荷载效应分析

5.2.1 在计算水平地震作用时，阻尼比可取 0.03，结构基本自振周期可按下式计算：

$$T = 0.02H \sim 0.03H \qquad (5.2.1)$$

式中：T——结构基本自振周期（s）；

H——基础顶面到建筑物最高点的高度（m）。

5.2.2 水平地震作用效应的计算可采用底部剪力法。

5.2.3 作用在抗剪墙体单位长度上的水平剪力可按下式计算：

$$S_j = \frac{V_j}{L_j} \qquad (5.2.3)$$

式中：S_j——作用在第 j 面抗剪墙体单位长度上的水平剪力；

5.2.4 在水平荷载作用下抗剪墙体的层间位移与层高之比可按下式计算：

$$\frac{\Delta}{H} = \frac{V_k}{\sum_{j=1}^{n} \alpha_j K_j L_j} \qquad (5.2.4)$$

式中：Δ——风荷载标准值或多遇地震作用标准值产

生的楼层内最大的弹性层间位移；

H——房屋楼层高度；

V_k——风荷载标准值或多遇地震标准值作用下楼层的总剪力；

n——平行于风荷载或多遇地震作用方向的抗剪墙数。

表 5.2.4 抗剪墙体的抗剪刚度 K[kN/(m·rad)]

立柱材料	面板材料(厚度)	K
Q235 和 Q345	定向刨花板(9.0mm)	2000
	纸面石膏板(12.0mm)	800
LQ550	纸面石膏板(12.0mm)	800
	LQ550 波纹钢板(0.42mm)	2000
	定向刨花板(9.0mm)	1450
	水泥纤维板(8.0mm)	1100

注：1 墙体立柱卷边槽形截面高度对 Q235 级和 Q345 级钢应不小于 89mm，对 LQ550 级钢立柱截面高度不应小于 75mm，间距应不大于 600mm；墙体面板的钉距在周边不应大于 150mm，内部应不大于 300mm；

2 表中所列数值均为单面板组合墙体的抗剪刚度值，两面设置面板时取相应两值之和；

3 中密度板组合墙体可按定向刨花板组合墙体取值；

4 当采用其他面板时，抗剪刚度应由附录 B 规定的试验确定。

6 构件和连接计算

6.1 构 件 计 算

6.1.1 冷弯薄壁型钢构件常用的截面类型可采用图 6.1.1-1、6.1.1-2 所示截面。

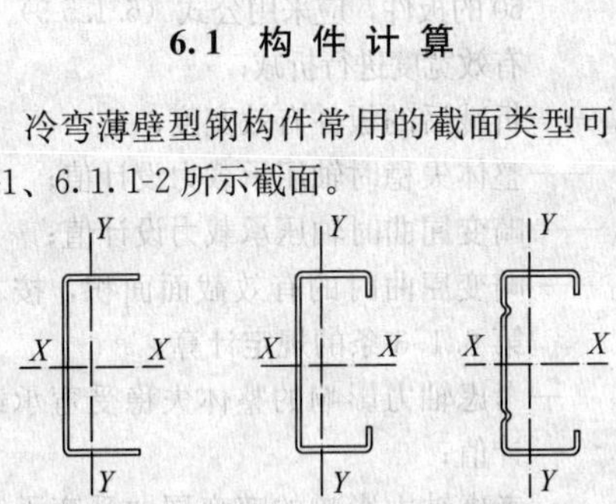

X
Y

(a) 槽形截面 (b) 卷边槽形截面

(c) 角形截面 (d) 帽形截面

图 6.1.1-1 冷弯薄壁型钢构件常用的单一截面类型

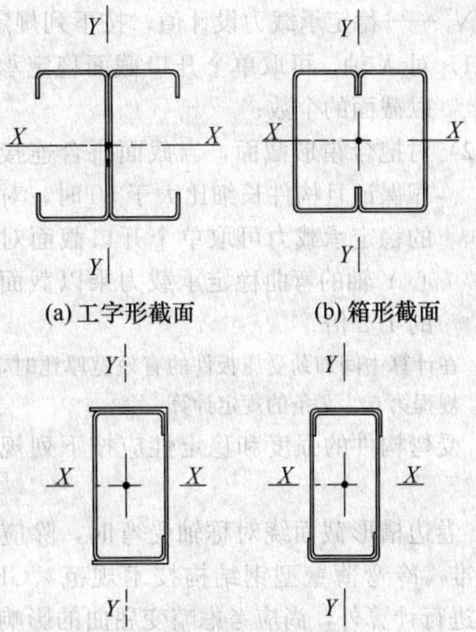

X
Y

(a) 工字形截面 (b) 箱形截面

(c) 抱合箱形截面

图 6.1.1-2 冷弯薄壁型钢构件常用的拼合截面类型

6.1.2 轴心受拉构件的强度应按现行国家标准《冷弯薄壁型钢结构技术规范》GB 50018 的规定进行计算。

6.1.3 轴心受压构件的强度和稳定性应按下列规定进行计算：

1 开口截面除应按现行国家标准《冷弯薄壁型钢结构技术规范》GB 50018 的规定进行计算外，对于不符合本规程第 6.1.6 条规定的，还应考虑畸变屈曲的影响，可按下列规定进行计算：

$$N \leqslant A_{cd} f \tag{6.1.3-1}$$

$$\lambda_{cd} = \sqrt{\frac{f_y}{\sigma_{cd}}} \tag{6.1.3-2}$$

当 $\lambda_{cd} < 1.414$ 时：

$$A_{cd} = A(1-\lambda_{cd}^2/4) \tag{6.1.3-3}$$

当 $1.414 \leqslant \lambda_{cd} \leqslant 3.6$ 时：

$$A_{cd} = A[0.055(\lambda_{cd}-3.6)^2+0.237] \tag{6.1.3-4}$$

式中：N——轴压力；

A——毛截面面积；

A_{cd}——畸变屈曲时有效截面面积；

f——钢材抗压强度设计值；

λ_{cd}——确定 A_{cd} 用的无量纲长细比；

f_y——钢材屈服强度；

σ_{cd}——轴压畸变屈曲应力，应按本规程附录 C 中第 C.0.1 条的规定计算。

2 拼合截面（图 6.1.1-2）的强度应按公式（6.1.3-5）计算，稳定性应按公式（6.1.3-6）计算：

$$N \leqslant A_{en} f \tag{6.1.3-5}$$

$$N \leqslant N_u \tag{6.1.3-6}$$

式中：A_{en}——有效净截面面积；

N_u——稳定承载力设计值，按下列规定计算：

1）对 X 轴，可取单个开口截面稳定承载力乘以截面的个数；

2）对抱合箱形截面，当截面拼合连接处有可靠保证且构件长细比大于 50 时，对绕 Y 轴的稳定承载力可取单个开口截面对自身形心 Y 轴的弯曲稳定承载力乘以截面个数后的 1.2 倍。

注：在计算中间加劲受压板件的有效宽厚比时，应按本规程第 6.1.7 条的规定计算。

6.1.4 受弯构件的强度和稳定性应按下列规定进行计算：

1 卷边槽形截面绕对称轴受弯时，除应按现行国家标准《冷弯薄壁型钢结构技术规范》GB 50018 的规定进行计算外，尚应考虑畸变屈曲的影响，按下列公式计算：

当 $k_\phi \geqslant 0$ 时：$M \leqslant M_d$ （6.1.4-1）

当 $k_\phi < 0$ 时：$M \leqslant \frac{W_e}{W} M_d$ （6.1.4-2）

式中：M——弯矩；

k_ϕ——系数，应按本规程附录 C 中第 C.0.2 条的规定计算；

W——截面模量；

W_e——有效截面模量，截面中受压板件的有效宽度按现行国家标准《冷弯薄壁型钢结构技术规范》GB 50018 的规定进行计算，在计算中间加劲受压板件的有效宽厚比时，应按本规程第 6.1.7 条的规定计算；计算有效宽厚比时，截面的应力分布按全截面受 $1.165M_d$ 弯矩值计算；

M_d——畸变屈曲受弯承载力设计值，按下列规定计算：

1）当畸变屈曲的模态为卷边槽形和 Z 形截面的翼缘绕翼缘与腹板的交线转动时，畸变屈曲受弯承载力设计值应按下列公式计算：

$$\lambda_{md} = \sqrt{\frac{f_y}{\sigma_{md}}} \qquad (6.1.4\text{-}3)$$

当 $\lambda_{md} \leqslant 0.673$ 时：$M_d = Wf$ （6.1.4-4）

当 $\lambda_{md} > 0.673$ 时：$M_d = \frac{Wf}{\lambda_{md}}\left(1 - \frac{0.22}{\lambda_{md}}\right)$ （6.1.4-5）

2）当畸变屈曲的模态为竖直腹板横向弯曲且受压翼缘发生横向位移时，畸变屈曲受弯承载力设计值应按下列公式进行计算：

当 $\lambda_{md} < 1.414$ 时：$M_d = Wf\left(1 - \frac{\lambda_{md}^2}{4}\right)$ （6.1.4-6）

当 $\lambda_{md} \geqslant 1.414$ 时：$M_d = Wf\,\frac{1}{\lambda_{md}^2}$ （6.1.4-7）

式中：λ_{md}——确定 M_d 用的无量纲长细比；

σ_{md}——受弯时的畸变屈曲应力，应按本规程附录 C 中第 C.0.2 条的规定计算。

2 拼合截面（图 6.1.1-2）绕 X 轴的强度和稳定性应按现行国家标准《冷弯薄壁型钢结构技术规范》GB 50018 的规定计算。拼合截面的几何特性可取各单个开口截面绕本身形心主轴几何特性之和。对抱合箱形截面，当截面拼合连接处有可靠保证时，可将构件翼缘部分作为部分加劲板件按照叠加后的厚度来考虑组合后截面的有效宽厚比。

6.1.5 压（拉）弯构件的强度和稳定性应按现行国家标准《冷弯薄壁型钢结构技术规范》GB 50018 的规定进行计算。需考虑畸变屈曲的影响时，可按下列公式计算：

$$\frac{N}{N_j} + \frac{\beta_m M}{M_j} \leqslant 1.0 \qquad (6.1.5\text{-}1)$$

$$N_j = \min(N_C, N_A) \qquad (6.1.5\text{-}2)$$

$$M_j = \min(M_C, M_A) \qquad (6.1.5\text{-}3)$$

$$N_C = \varphi A_e f \qquad (6.1.5\text{-}4)$$

$$M_C = \left(1 - \frac{N}{N'_E}\varphi\right) W_e f \qquad (6.1.5\text{-}5)$$

$$N_A = A_{cd} f \qquad (6.1.5\text{-}6)$$

$$M_A = \left(1 - \frac{N}{N'_E}\varphi\right) M_d \qquad (6.1.5\text{-}7)$$

$$N'_E = \frac{\pi^2 EA}{1.165\lambda^2} \qquad (6.1.5\text{-}8)$$

$$b_{es} = b_e - 0.1t(b/t - 60) \qquad (6.1.5\text{-}9)$$

式中：φ——轴心受压构件的稳定系数，按现行国家标准《冷弯薄壁型钢结构技术规范》GB 50018 的规定采用；

A_e——有效截面面积，对于受压板件宽厚比大于 60 的板件，应采用公式（6.1.5-9）对板件有效宽度进行折减；

b_{es}——折减后的板件有效宽度；

N_C——整体失稳时轴压承载力设计值；

N_A——畸变屈曲时轴压承载力设计值；

A_{cd}——畸变屈曲时的有效截面面积，按本规程第 6.1.3 条的规定计算；

M_C——考虑轴力影响的整体失稳受弯承载力设计值；

M_A——考虑轴力影响的畸变屈曲受弯承载力设计值；

M_d——畸变屈曲受弯承载力设计值，根据弯曲时畸变屈曲的模态，按本规程公式（6.1.4-3）～公式（6.1.4-7）计算；

β_m——等效弯矩系数，按现行国家标准《冷弯薄壁型钢结构技术规范》GB 50018 确定。

对拼合截面计算轴压承载力设计值 N_j、受弯承载力设计值 M_j 时，应分别按本规程第 6.1.3 条第 2 款和第 6.1.4 条第 2 款的规定进行。

6.1.6 冷弯薄壁型钢结构开口截面构件符合下列情况之一时，可不考虑畸变屈曲对构件承载力的影响：

1 构件受压翼缘有可靠的限制畸变屈曲变形的约束。

2 构件长度小于构件畸变屈曲半波长（λ）；畸变屈曲半波长可按下列公式计算：

对轴压卷边槽形截面，$\lambda = 4.8\left(\frac{I_x hb^2}{t^3}\right)^{0.25}$ (6.1.6-1)

对受弯卷边槽形和 Z 形截面，$\lambda = 4.8\left(\frac{I_x hb^2}{2t^3}\right)^{0.25}$ (6.1.6-2)

$$I_x = a^3 t(1+4b/a)/[12(1+b/a)] \quad (6.1.6\text{-}3)$$

式中：h——腹板高度；

b——翼缘宽度；

a——卷边高度；

t——壁厚；

I_x——绕 X 轴毛截面惯性矩。

3 构件截面采取了其他有效抑制畸变屈曲发生的措施。

6.1.7 中间加劲板件宽度可按等效板件的有效宽度采用（图 6.1.7a）。等效板件厚度（图 6.1.7b）可按下式计算：

$$t_s = \sqrt[3]{12I_{sf}/b} \quad (6.1.7)$$

式中：t_s——等效板件厚度；

I_{sf}——中间加劲板件对中轴线的惯性矩；

b——中间加劲板件的宽度。

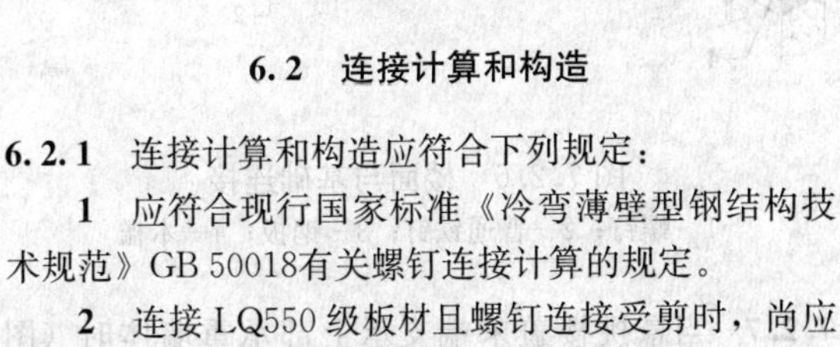

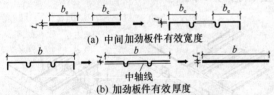

b_e
(a) 中间加劲板件有效宽度
b
中轴线
(b) 加劲板件有效厚度

图 6.1.7 中间加劲板件有效宽度和厚度

6.2 连接计算和构造

6.2.1 连接计算和构造应符合下列规定：

1 应符合现行国家标准《冷弯薄壁型钢结构技术规范》GB 50018有关螺钉连接计算的规定。

2 连接 LQ550 级板材且螺钉连接受剪时，尚应按下式对螺钉单剪抗剪承载力进行验算：

$$N_v^f \leqslant 0.8A_e f_v^s \quad (6.2.1\text{-}1)$$

式中：N_v^f——一个螺钉的抗剪承载力设计值；

A_e——螺钉螺纹处有效截面面积；

f_v^s——螺钉材料抗剪强度设计值，可由本规程附录 A 规定的标准试验确定。

3 多个螺钉连接的承载力应在按本条第 1、2 款得到的承载力的基础上乘以折减系数，折减系数应按下式计算：

$$\xi = \left(0.535 + \frac{0.465}{\sqrt{n}}\right) \leqslant 1.0 \quad (6.2.1\text{-}2)$$

式中：n——螺钉个数。

6.2.2 采用螺钉连接时，螺钉至少应有 3 圈螺纹穿过连接构件。螺钉的中心距和端距不得小于螺钉直径的 3 倍，边距不得小于螺钉直径的 2 倍。受力连接中的螺钉连接数量不得少于 2 个。用于钢板之间连接时，钉头应靠近较薄的构件一侧（图 6.2.2）。

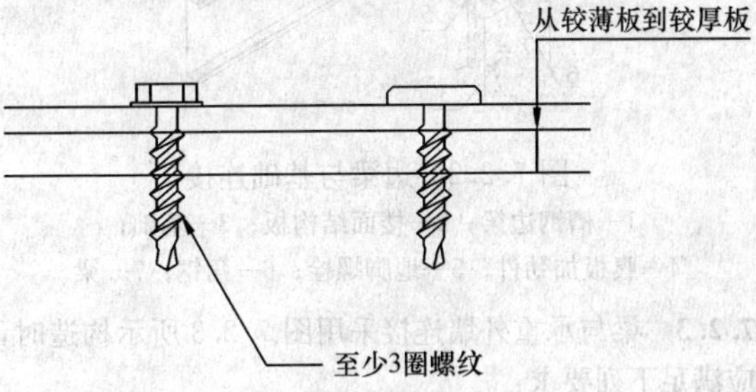

从较薄板到较厚板
至少3圈螺纹

图 6.2.2 螺钉连接示意

7 楼 盖 系 统

7.1 一 般 规 定

7.1.1 楼面构件宜采用冷弯薄壁槽形、卷边槽形型钢。楼面梁宜采用冷弯薄壁卷边槽形型钢，跨度较大时也可采用冷弯薄壁型钢桁架。楼盖构件之间宜用螺钉可靠连接。

7.1.2 楼面梁应按受弯构件验算其强度、整体稳定性以及支座处腹板的局部稳定性。当楼面梁的上翼缘与结构面板通过螺钉可靠连接、且楼面梁间的刚性撑杆和钢带支撑的布置符合本规程 7.2 节的规定时，梁的整体稳定可不验算。当楼面梁支承处布置腹板承压加劲件时，楼面梁腹板的局部稳定性可不验算。

7.1.3 验算楼面梁的强度和刚度时，可不考虑楼面面板的组合作用。

7.1.4 受力螺钉连接节点以及地脚螺栓节点的设计应符合本规程和有关的现行国家标准的规定。

7.2 楼 盖 构 造

7.2.1 槽钢边梁、腹板加劲件和刚性撑杆的厚度不应小于与之连接的梁的厚度。槽钢边梁与相连梁的每一翼缘应至少用 1 个螺钉可靠连接；腹板加劲件与梁腹板应至少用 4 个螺钉可靠连接，与槽钢边梁应至少用 2 个螺钉可靠连接。承压加劲件截面形式宜与对应墙体立柱相同，最小长度应为对应楼面梁截面高度减去 10mm。

7.2.2 边梁与基础连接采用图 7.2.2 所示构造时，连接角钢的规格宜采用 150mm×150mm，厚度应不小于 1.0mm，角钢与边梁应至少采用 4 个螺钉可靠连接，与基础应采用地脚螺栓连接。地脚螺栓宜均匀布置，距离墙端部或墙角应不大于 300mm，直径应不小于 12mm，间距应不大于 1200mm，埋入基础深度应不小于其直径的 25 倍。

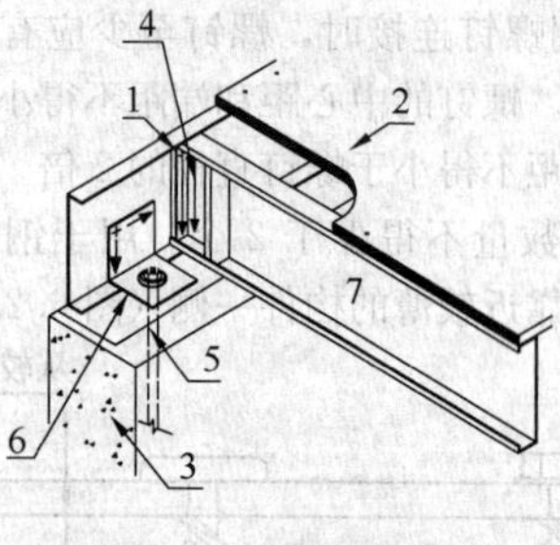

4
1
2
7
5
6
3

图 7.2.2 边梁与基础连接

1—槽钢边梁；2—楼面结构板；3—基础；4—腹板加劲件；5—地脚螺栓；6—角钢；7—梁

7.2.3 梁与承重外墙连接采用图 7.2.3 所示构造时，应满足下列要求：

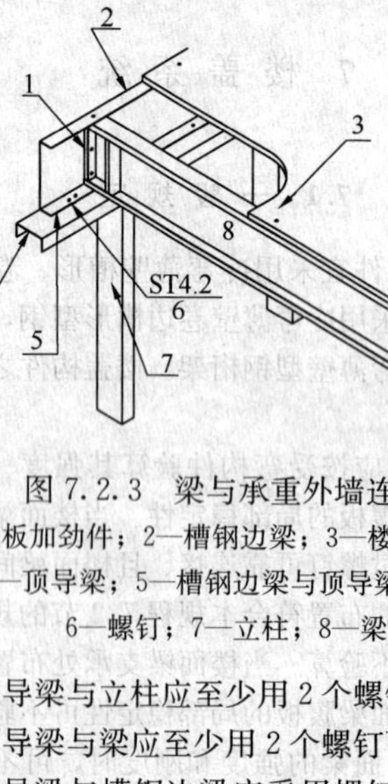

2
1
3
8
ST4.2
6
4
5
7

图 7.2.3 梁与承重外墙连接

1—腹板加劲件；2—槽钢边梁；3—楼面结构板；4—顶导梁；5—槽钢边梁与顶导梁连接；6—螺钉；7—立柱；8—梁

1 顶导梁与立柱应至少用 2 个螺钉可靠连接；

2 顶导梁与梁应至少用 2 个螺钉可靠连接；

3 顶导梁与槽钢边梁应采用螺钉可靠连接，间距应不大于对应墙体立柱间距。

7.2.4 悬臂梁与基础连接采用图 7.2.4 所示的构造时，地脚螺栓规格和布置形式与本规程第 7.2.2 条规定相同。在悬臂梁间每隔一个间距应设置刚性撑杆，其中部用连接角钢与基础连接，角钢应至少用 4 个螺钉与撑杆连接，端部与梁应至少用 2 个螺钉连接。刚性撑杆截面形式应与梁相同，厚度不应小于 1.0mm。

7.2.5 悬臂梁与承重外墙连接采用图 7.2.5 所示的构造时，应符合本规程第 7.2.3 条第 1、2 款的要求以及第 7.2.4 条中有关刚性撑杆设置的要求。

7.2.6 楼面与基础间连接采用图 7.2.6 所示设置木槛的构造时，木槛与基础应采用地脚螺栓连接，楼面边梁和木槛应采用钢板、普通铁钉或螺钉连接。地脚

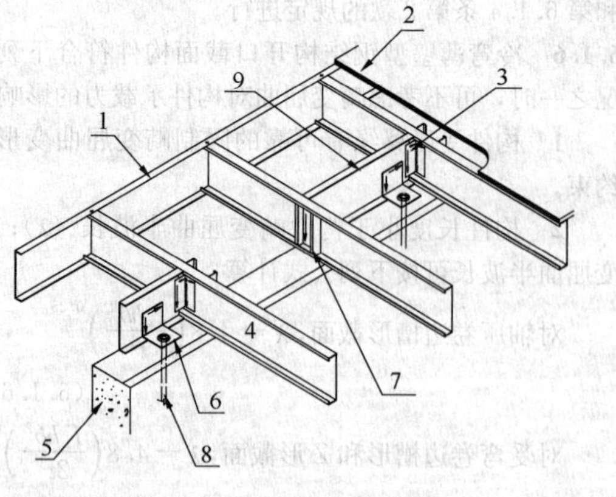

2
9
3
1
4
7
6
5
8

图 7.2.4 悬臂梁与基础连接

1—槽钢边梁；2—楼面结构板；3—刚性撑杆与梁连接；4—梁；5—基础；6—角钢；7—腹板加劲件；8—地脚螺栓；9—刚性撑杆

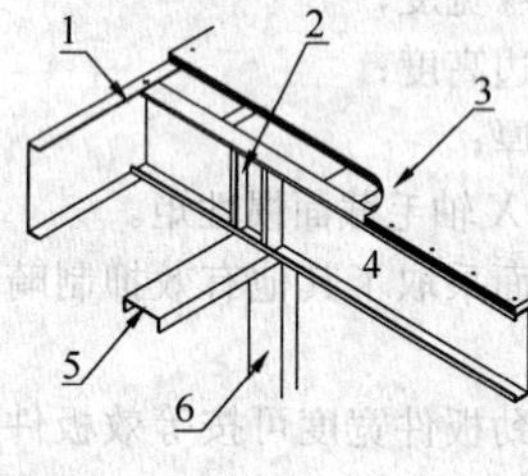

1
2
3
4
5
6

图 7.2.5 悬臂梁与承重外墙连接

1—槽钢边梁；2—腹板加劲件；3—楼面结构板；4—梁；5—顶导梁；6—立柱

螺栓规格和布置形式应符合本规程第 7.2.2 条的规定，连接钢板的厚度不得小于 1mm，连接螺钉的数量不得少于 4 个。

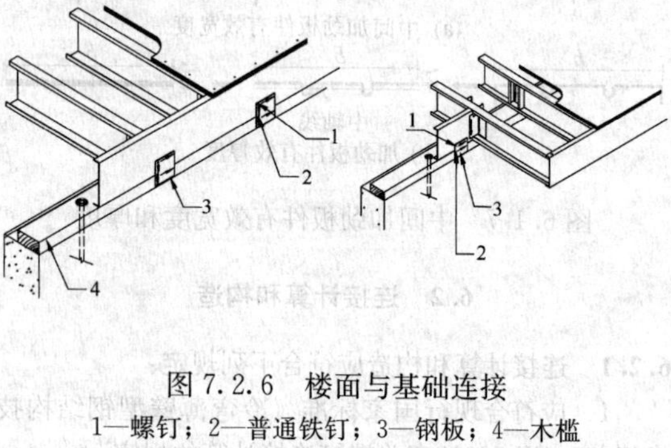

1
2
3
4
1
3
2

图 7.2.6 楼面与基础连接

1—螺钉；2—普通铁钉；3—钢板；4—木槛

7.2.7 当悬挑楼盖末端支承上部承重墙体时（图 7.2.7），楼面梁悬挑长度不宜超过跨度的 1/3。悬挑部分宜采用拼合 I 字形截面构件，其纵向连接间距不得大于 600mm，每处上下各应至少用 2 个螺钉连接，且拼合构件向内延伸不应小于悬挑长度的 2 倍。

7.2.8 简支梁在内承重墙顶部采用图 7.2.8 所示的搭接时，搭接长度不应小于 150mm，每根梁应至少用 2 个螺钉与顶导梁连接。梁与梁之间应至少用 4 个

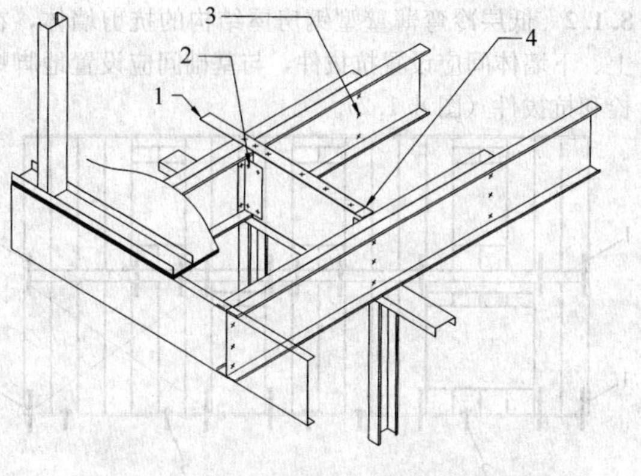
1
2
3
4

图 7.2.7　悬臂拼合梁与承重外墙连接

1—钢带支撑；2—连接角钢；3—梁-梁连接螺钉；4—刚性撑杆与梁连接

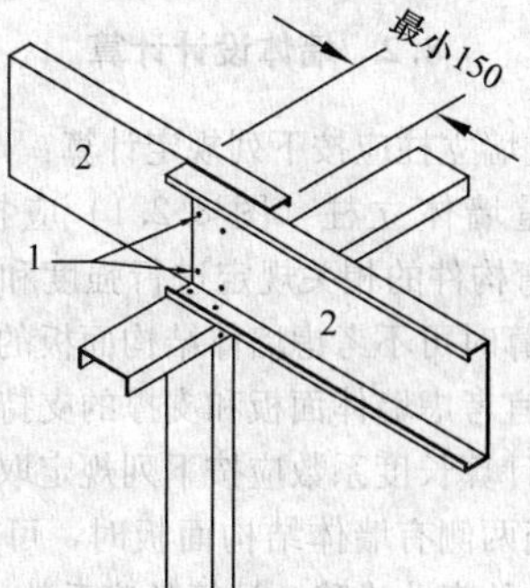
最小150
2
1
2

图 7.2.8　梁搭接

1—连接螺钉；2—梁

螺钉连接。

7.2.9　连续梁中间支座处应沿支座长度方向设置刚性撑杆，间距不宜大于 3.0m，其规格和连接应符合本规程第 7.2.4 条的规定。当楼面梁在中间支座处背靠背搭接时（图 7.2.8），可不布置刚性撑杆。

7.2.10　当楼面梁的跨度超过 3.6m 时，梁跨中在下翼缘应设置通长钢带支撑和刚性撑杆（图 7.2.10-1）。刚性撑杆沿钢带方向宜均匀布置，间距不宜大于 3.0m，且应在钢带两端设置。刚性撑杆的规格和构造应符合本规程第 7.2.4 条的规定。钢带的宽度不应小于 40mm，厚度不应小于 1.0mm。钢带两端应至少各用 2 个螺钉与刚性撑杆相连，并应与楼面梁至少通过 1 个螺钉连接。刚性撑杆可以采用交叉钢带支撑代替（图 7.2.10-2），钢带厚度不应小于 1.0mm。

7.2.11　楼板开洞最大宽度不宜超过 2.4m，洞口周边宜设置拼合箱形截面梁（图 7.2.11-1），拼合构件上下翼缘应采用螺钉连接，间距不应大于 600mm。梁之间宜采用角钢连接片连接（图 7.2.11-2），角钢每肢的螺钉不应少于 2 个。

7.2.12　结构面板宜采用结构用定向刨花板，厚度不应小于 15mm。结构面板与梁应采用螺钉连接，板边

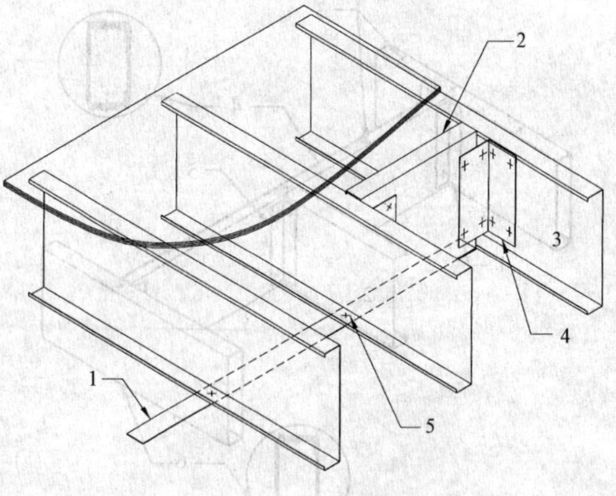
2
3
4
1
5

图 7.2.10-1　梁下翼缘钢带支撑

1—下翼缘钢带支撑；2—刚性撑杆；3—梁；4—连接角钢；5—连接螺钉

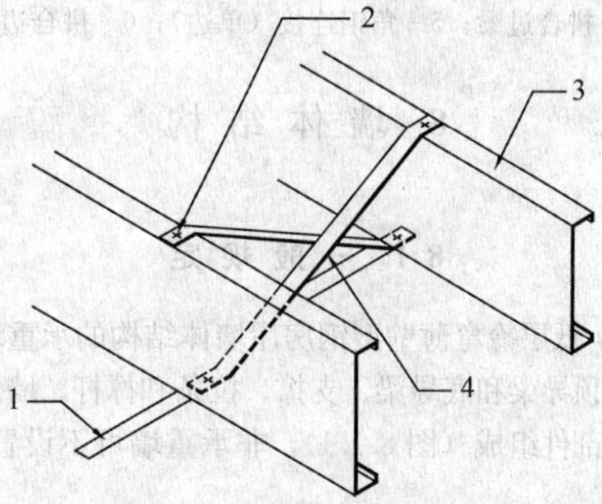
2
3
4
1

图 7.2.10-2　交叉钢带支撑

1—下翼缘钢带支撑；2—螺钉；3—梁；4—交叉钢带支撑

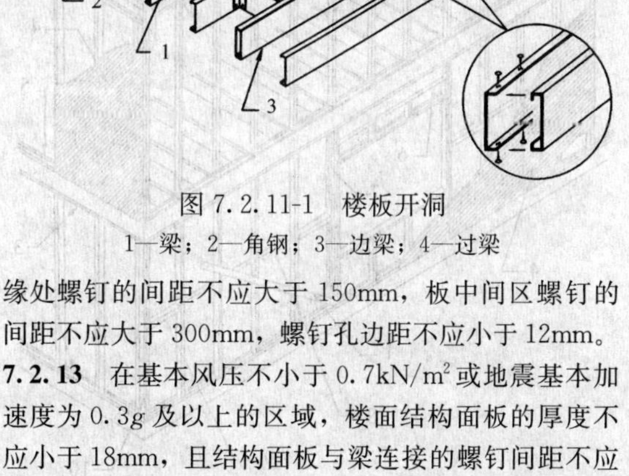
1
跨度
3
4
1
2
1
3

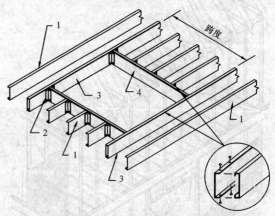

图 7.2.11-1　楼板开洞

1—梁；2—角钢；3—边梁；4—过梁

缘处螺钉的间距不应大于 150mm，板中间区螺钉的间距不应大于 300mm，螺钉孔边距不应小于 12mm。

7.2.13　在基本风压不小于 0.7kN/m² 或地震基本加速度为 0.3g 及以上的区域，楼面结构面板的厚度不应小于 18mm，且结构面板与梁连接的螺钉间距不应大于 150mm。

7.2.14　当有可靠依据时，楼面构造可采用其他构造方式。

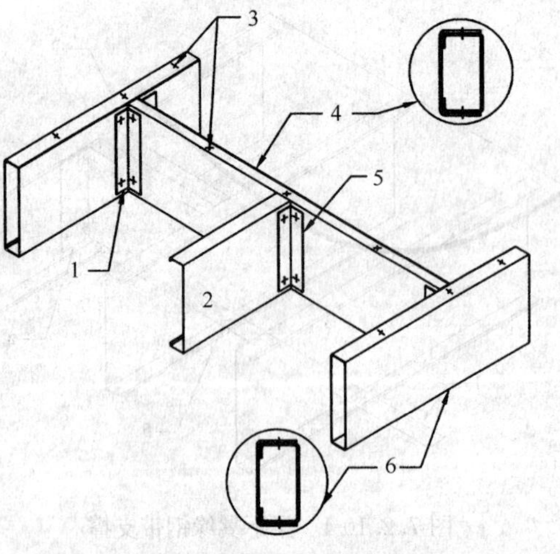
3
4
5
1
2
6

图 7.2.11-2　楼板洞口连接

1—角钢连接（双边）；2—梁；3—梁上下翼缘连接螺钉；4—拼合过梁；5—角钢连接（单边）；6—拼合边梁

8　墙 体 结 构

8.1　一 般 规 定

8.1.1　低层冷弯薄壁型钢房屋墙体结构的承重墙应由立柱、顶导梁和底导梁、支撑、拉条和撑杆、墙体结构面板等部件组成（图 8.1.1）。非承重墙可不设置支撑、拉条和撑杆。墙体立柱的间距宜为 400mm～600mm。

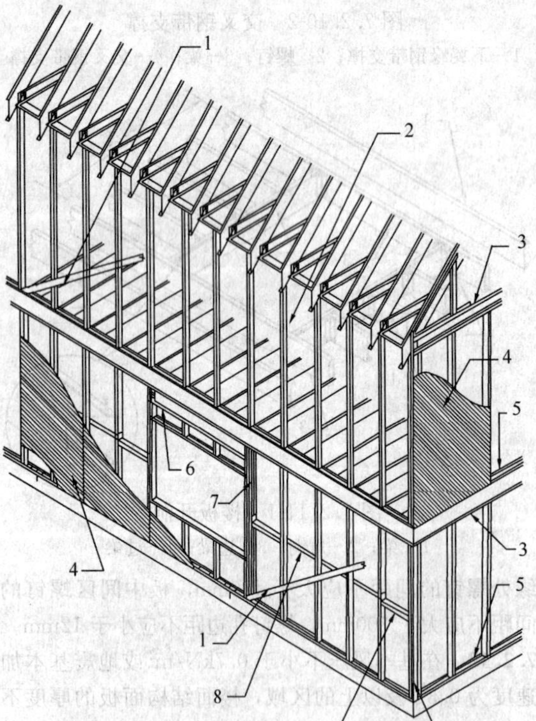
1
2
3
4
5
6
7
3
5
4
1
8
9
10

图 8.1.1　墙体结构系统示意

1—钢带斜拉条；2—二层墙体立柱；3—顶导梁；4—墙结构面板；5—底导梁；6—过梁；7—洞口柱；8—钢带水平拉条；9—刚性撑杆；10—角柱

8.1.2　低层冷弯薄壁型钢房屋结构的抗剪墙体，在上、下墙体间应设置抗拔件，与基础间应设置地脚螺栓和抗拔件（图 8.1.2）。

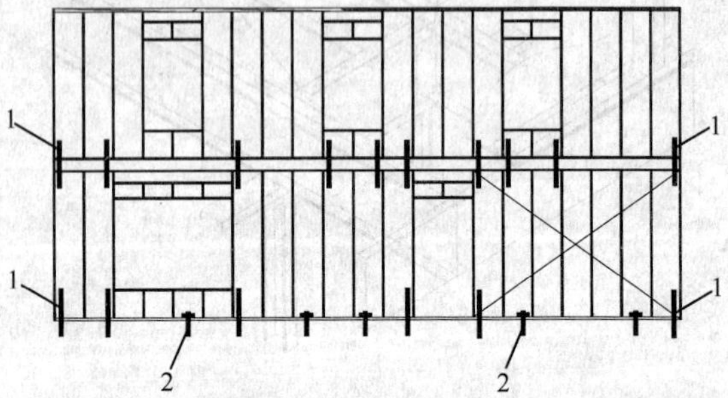
1
1
1
1
2
2

图 8.1.2　抗剪墙连接件布置

1—抗拔件；2—地脚螺栓

8.2　墙体设计计算

8.2.1　承重墙立柱应按下列规定计算：

1　承重墙体立柱（图 8.2.1）应按本规程第 6.1.5 条压弯构件的相关规定进行强度和整体稳定计算，强度计算时可不考虑墙体结构面板的作用。整体稳定计算时宜考虑墙体面板和支撑的支持作用。承重墙体立柱的计算长度系数应按下列规定取用：

1) 当两侧有墙体结构面板时，可仅计算绕 X 轴的弯曲失稳，计算长度系数 μ_x 可取 0.4；

2) 当仅一侧有墙体结构面板，另一侧至少有一道刚性撑杆或钢带拉条时，需分别计算绕 X 轴、Y 轴的弯曲失稳和弯扭失稳，计算长度系数可取 $\mu_x=\mu_y=\mu_w=0.65$；

3) 当两侧无墙体结构面板，应分别计算绕 X 轴、Y 轴的弯曲失稳和弯扭失稳，计算长度系数：对无支撑时可取 $\mu_x=\mu_y=\mu_w=0.8$，中间有一道支撑（刚性撑杆、双侧钢带拉条）可取 $\mu_x=\mu_w=0.8$，$\mu_y=0.5$。

计算承重内墙立柱时，宜考虑室内房间气压差对垂直于墙面的作用，室内房间气压差可取 0.2kN/m^2。

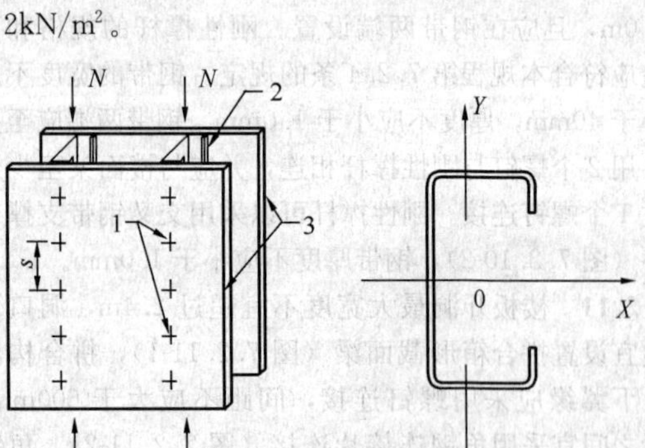
N
N
2
Y
1
3
s
0
X
N
N

图 8.2.1　带墙体面板的立柱示意

1—自攻螺钉；2—墙体立柱；3—墙体结构面板

2 承重墙体立柱还应对螺钉之间的立柱段，按轴心受压杆进行绕截面弱轴的稳定性验算。当墙体两侧有结构面板时，立柱段的计算长度 l_{0y} 应取 $2s$，s 为连接螺钉的间距。

8.2.2 非承重墙体的立柱承受垂直墙面的横向风荷载时，应按本规程第 6.1.4 条受弯构件的相关规定进行强度和变形验算，计算时可不考虑墙体面板的影响。

8.2.3 墙体端部、门窗洞口边等位置与抗拔锚栓连接的拼合立柱应按本规程第 6.1.2 条和第 6.1.3 条规定的轴心受力杆件计算，轴心力为倾覆力矩产生的轴向力 N 与原有轴力的叠加。其中各层由倾覆力矩产生的轴向力 N 可按式（8.2.3）和图 8.2.3 计算。验算受压稳定时，拼合主柱的计算长度系数应按本规程第 8.2.1 条的规定取用。

$$N = \eta P_s h/b \qquad (8.2.3)$$

式中：N——由倾覆力矩引起的向上拉拔力和向下压力；

η——轴力修正系数：当为拉力时，$\eta=1.25$；当为压力时，$\eta=1$；

P_s——为一对抗拔连接件之间墙体段承受的水平剪力；

h——墙体高度；

b——抗剪墙体单元宽度，即一对抗拔连接件之间墙体宽度。

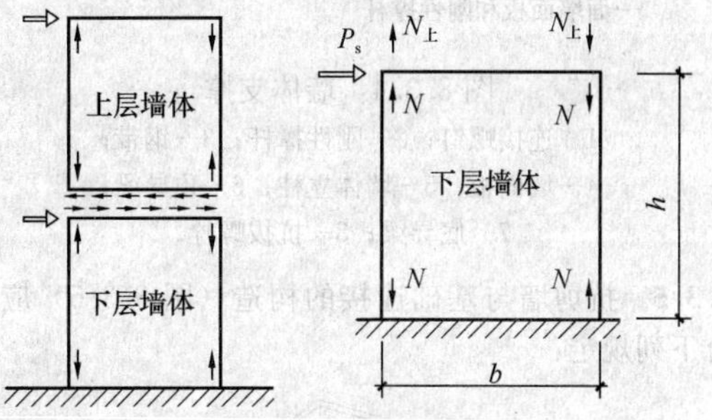

上层墙体
下层墙体
P_s
$N_上$
$N_上$
N
N
下层墙体
h
N
N
b

图 8.2.3 上、下层间由倾覆力矩引起的向上拉拔力和向下压力

8.2.4 抗剪墙的受剪承载力应按下列规定验算：

1 在风荷载作用下，抗剪墙单位计算长度上的剪力 S_w（kN/m）应符合下式的要求：

$$S_w \leqslant S_h \qquad (8.2.4\text{-}1)$$

2 在抗震设防区，多遇地震作用下抗剪墙单位计算长度上的剪力 S_E（kN/m）应符合下式的要求：

$$S_E \leqslant S_h/\gamma_{RE} \qquad (8.2.4\text{-}2)$$

式中：S_w——考虑风荷载效应组合下抗剪墙单位计算长度的剪力，应按本规程公式（5.2.3）计算；

S_E——考虑地震作用效应组合下抗剪墙单位计算长度的剪力，应按本规程公式（5.2.3）计算；对于规则结构，外墙应乘以放大系数 1.15，对于不规则结构，外墙应乘以放大系数 1.3；

γ_{RE}——承载力抗震调整系数，取 $\gamma_{RE}=0.9$；

S_h——抗剪墙单位计算长度的受剪承载力设计值，按表 8.2.4 取值。

3 计算抗剪墙单位计算长度的受剪承载力设计值 S_h，当开有洞口时，应乘以折减系数 α，折减系数 α 按下列规定确定：

1）当洞口尺寸在 300mm 以下时，$\alpha=1.0$。

2）当洞口宽度 300mm$\leqslant b \leqslant$400mm，洞口高度 300mm$\leqslant h \leqslant$600mm 时，α 宜由试验确定；当无试验依据时，可按下式确定：

$$\alpha = \frac{\gamma}{3-2\gamma} \qquad (8.2.4\text{-}3)$$

$$\gamma = \frac{1}{1+\dfrac{A_0}{H\sum L_i}} \qquad (8.2.4\text{-}4)$$

式中：A_0——洞口总面积；

H——抗剪墙高度；

$\sum L_i$——无洞口墙长度总和。

3）当洞口尺寸超过上述规定时，$\alpha=0$。

表 8.2.4 抗剪墙单位长度的受剪承载力设计值 S_h（kN/m）

立柱材料	面板材料（厚度）	S_h
Q235 和 Q345	定向刨花板（9.0mm）	7.20
	纸面石膏板（12.0mm）	2.50
LQ550	纸面石膏板（12.0mm）	2.90
	LQ550 波纹钢板（0.42mm）	8.00
	定向刨花板（9.0mm）	6.40
	水泥纤维板（8.0mm）	3.70

注：1 墙体立柱卷边槽形截面高度，对 Q235 级和 Q345 级钢不应小于 89mm，对 LQ550 级不应小于 75mm，立柱间距不应大于 600mm；

2 表中所列值均为单面板组合墙体的受剪承载力设计值；两面设置面板时，受剪承载力设计值为相应面板材料的两值之和，但对 LQ550 波纹钢板单面板组合墙体的值应乘以 0.8 后再相加；

3 组合墙体的宽度小于 450mm 时，可忽略其受剪承载力；大于 450mm 而小于 900mm 时，表中受剪承载力设计值乘以 0.5；

4 中密度板组合墙体可按定向刨花板取用受剪承载力设计值；

5 单片抗剪墙体的最大计算长度不宜超过 6m；

6 墙体面板的钉距在周边不应大于 150mm，在内部不应大于 300mm。

8.2.5 低层冷弯薄壁型钢建筑的墙体，应进行施工过程验算。

8.3 构 造 要 求

8.3.1 墙体立柱和墙体面板的构造应符合下列规定

（图 8.3.1）：

1 墙体立柱宜按照模数上下对应设置。

2 墙体立柱可采用卷边冷弯槽钢构件或由卷边冷弯槽钢构件、冷弯槽钢构件组成的拼合构件；立柱与顶、底导梁应采用螺钉连接。

3 承重墙体的端边、门窗洞口的边部应采用拼合立柱，拼合立柱间采用双排螺钉固定，螺钉间距不应大于 300mm。

4 在墙体的连接处，立柱布置应满足钉板要求。

5 墙体面板应与墙体立柱采用螺钉连接，墙体面板的边部和接缝处螺钉的间距不宜大于 150mm，墙体面板内部的螺钉间距不宜大于 300mm。

6 墙体面板进行上下拼接时宜错缝拼接，在拼接缝处应设置厚度不小于 0.8mm 且宽度不小于 50mm 的连接钢带进行连接。

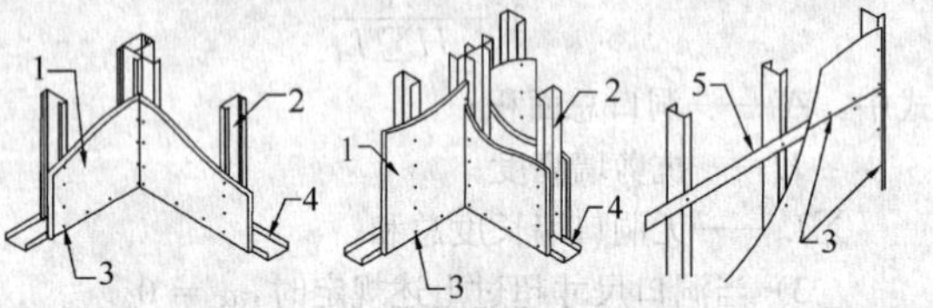
1
2
3
4
1
2
3
4
5
3

(a) 墙体L形连接　(b) 墙体T形连接　(c) 墙体面板水平接缝

图 8.3.1　墙体与墙体的连接

1—墙面板；2—墙体立柱；3—螺钉；4—底导梁；5—钢带拉条

8.3.2 墙体顶、底导梁的构造应符合下列规定：

1 墙体顶、底导梁宜采用冷弯槽钢构件，顶、底导梁壁厚不宜小于所连接墙体立柱的壁厚。

2 承重墙体的顶导梁可按支承在墙体两立柱之间的简支梁计算，并应根据由楼面梁或屋架传下的跨间集中反力与考虑施工时的 1.0kN 集中施工荷载产生的较大弯矩设计值，按本规程第 6.1.4 条的规定验算其强度和稳定性。

8.3.3 墙体开洞的构造应符合下列规定：

1 在承重墙体的门、窗洞口上方和两侧应分别设置过梁和洞口边立柱，洞口边立柱宜从墙体底部直通至墙体顶部或过梁下部，并与墙体底导梁和顶导梁相连接。

2 洞口过梁的形式可选用实腹式或桁架式。

3 当采用桁架式过梁，上部集中荷载宜作用在桁架的节点上。

4 门、窗洞口边立柱应由两根或两根以上的卷边冷弯槽钢拼合而成。

8.3.4 墙体支撑的设置和构造应符合下列规定：

1 对两侧面无墙体面板与立柱相连的抗剪墙，应设置交叉支撑和水平支撑。交叉支撑可采用钢带拉条，钢带拉条宽度不宜小于 40mm，厚度不宜小于 0.8mm，宜在墙体两侧设置；水平支撑可采用钢带拉条和刚性撑杆，对层高小于 2.7m 的抗剪墙，宜在立柱 1/2 高度处设置，对层高大于或等于 2.7m 的抗剪墙，宜在立柱三分点高度处设置。水平刚性撑杆应在墙体的两端设置，且水平间距不宜大于 3.5m。刚性撑杆采用和立柱同宽的槽形截面，其翼缘用螺钉和钢带拉条相连接，端部弯起和立柱相连接（图 8.3.4a、c）。

2 对一侧无墙面板的抗剪墙，应在该侧按本条第 1 款的要求设置水平支撑（图 8.3.4b）。

3 在地震基本加速度为 0.30g 及以上或基本风压为 0.70kN/m² 及以上的地区，抗剪墙应设置交叉支撑和水平支撑，支撑截面应通过计算确定。

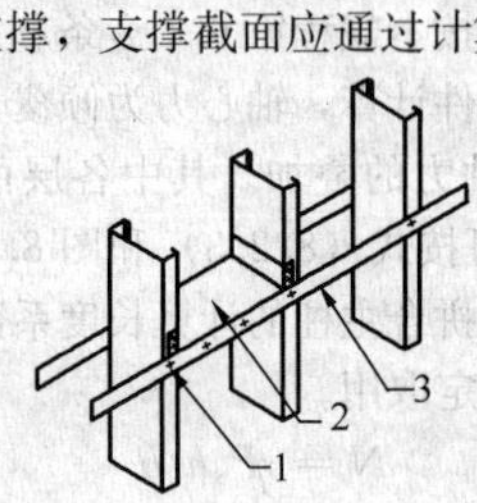
2
3
1

(a) 两面钢带拉条和刚性撑杆

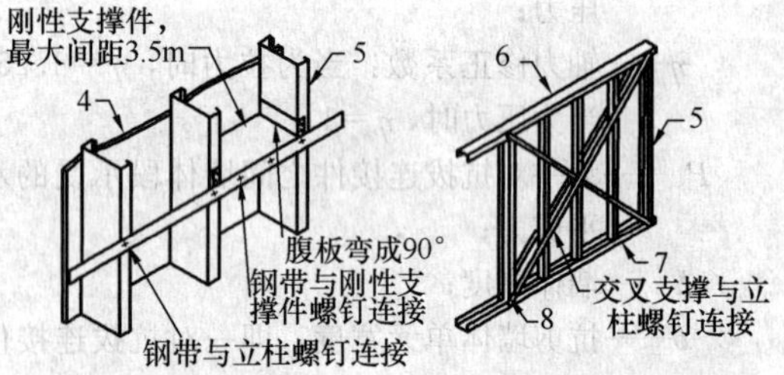
刚性支撑件，
最大间距3.5m
5
4
腹板弯成90°
钢带与刚性支
撑件螺钉连接
钢带与立柱螺钉连接
6
5
7
交叉支撑与立
柱螺钉连接
8

(b) 一面钢带拉条、一面墙面板和刚性撑杆　(c) 两面交叉支撑

图 8.3.4　墙体支撑

1—连接螺钉；2—刚性撑杆；3—钢带；4—墙面板；5—墙体立柱；6—顶导梁；7—底导梁；8—抗拔螺栓

8.3.5 抗剪墙与基础连接的构造（图 8.3.5）应符合下列规定：

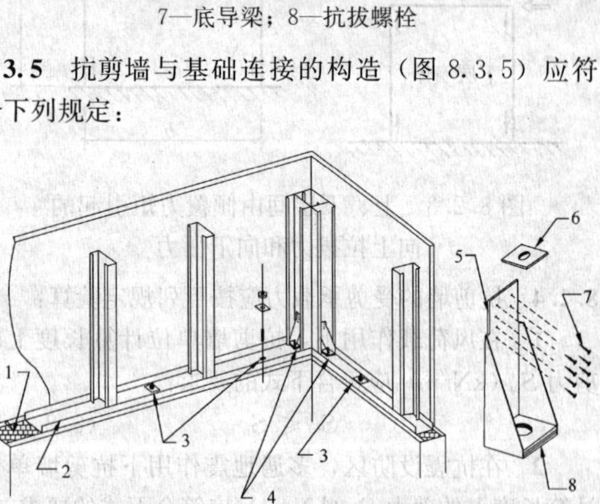
1
2
3
3
4
5
6
7
8

图 8.3.5　墙体与基础的连接

1—防腐防潮垫层；2—底导梁；3—地脚螺栓；4—抗拔螺栓及抗拔连接件；5—立板；6—垫片；7—螺钉；8—底板

1 墙体底导梁与基础连接的地脚螺栓设置应按计算确定，其直径不应小于 12mm，间距不应大于 1200mm，地脚螺栓距墙角或墙端部的最大距离不应

大于 300mm。

2 墙体底导梁和基础之间宜通长设置厚度不应小于 1mm 的防腐防潮垫，其宽度不应小于底导梁的宽度。

3 抗剪墙应在下列位置设置抗拔锚栓和抗拔连接件，其间距不宜大于 6m：

1) 在抗剪墙的端部和角部；

2) 落地洞口部位的两侧；

3) 对非落地洞口，当洞口下部墙体的高度小于 900mm 时，在洞口部位的两侧。

4 抗拔连接件的立板钢板厚度不宜小于 3mm，底板钢板、垫片厚度不宜小于 6mm，与立柱连接的螺钉应计算确定，且不宜少于 6 个。

5 抗拔锚栓、抗拔连接件大小及所用螺钉的数量应由计算确定，抗拔锚栓的规格不宜小于 M16。

8.3.6 抗剪墙与楼盖和下层抗剪墙的连接（图 8.3.6-1、图 8.3.6-2）应符合下列规定：

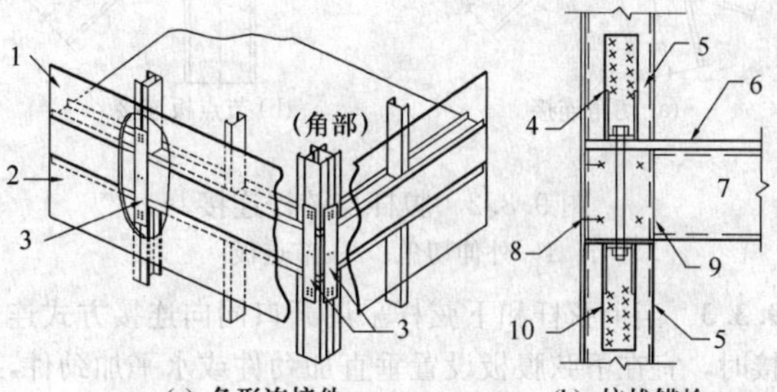
1
2
3
(角部)
3
4
5
6
7
8
9
10
5

(a) 条形连接件　　(b) 抗拔锚栓

图 8.3.6-1　上、下层外部抗剪墙连接

1—上层墙面板；2—下层墙面板；3—条形连接件；4—抗拔连接件；5—墙体立柱；6—楼面结构板；7—楼盖梁；8—槽钢端梁；9—腹板加劲件；10—抗拔连接件

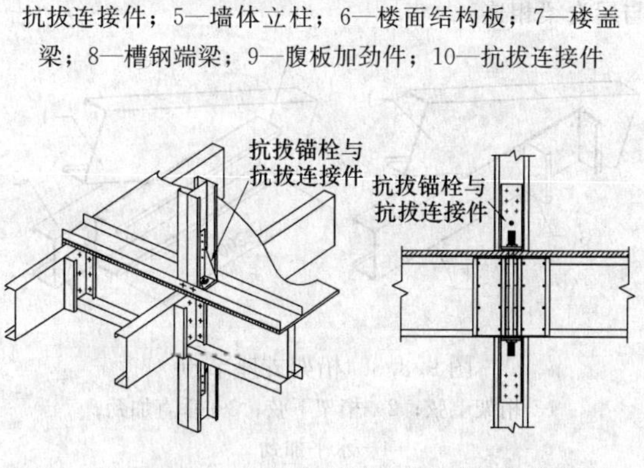
抗拔锚栓与抗拔连接件
抗拔锚栓与抗拔连接件

图 8.3.6-2　上、下层内部抗剪墙连接

1 抗剪墙与上部楼盖、墙体的连接形式可采用条形连接件或抗拔锚栓；条形连接件或抗拔锚栓应在下列部位设置：

1) 抗剪墙的端部、墙体拼接处；

2) 沿外部抗剪墙，其间距不应大于 2m；

3) 上层抗剪墙落地洞口部位的两侧；

4) 在上层抗剪墙非落地洞口部位，当洞口下部墙体的高度小于 900mm 时，在洞口部位的两侧。

2 条形连接件的截面及所用螺钉的数量应由计算确定，其厚度不应小于 1.2mm，宽度不应小于 80mm。

3 条形连接件与下部墙体、楼盖或上部墙体采用螺钉连接时，螺钉数量不应少于 6 个。

4 抗剪墙的顶导梁与上部采用螺钉连接时，每根楼面梁不宜少于 2 个，槽钢边梁 1m 范围内不宜少于 8 个。

8.3.7 当有可靠根据时，墙体构造可采用其他构造方式。

9　屋 盖 系 统

9.1　一 般 规 定

9.1.1 屋面承重结构可采用桁架或斜梁，斜梁上端支承于抱合截面的屋脊梁。

9.1.2 在屋架上弦应铺设结构板或设置屋面钢带拉条支撑。当屋架采用钢带拉条支撑时，支撑与所有屋架的交点处应用螺钉连接。交叉钢带拉条的厚度不应小于 0.8mm。屋架下弦宜铺设结构板或设置纵向支撑杆件。

9.1.3 在屋架腹杆处宜设置纵向侧向支撑和交叉支撑（图 9.1.3）。

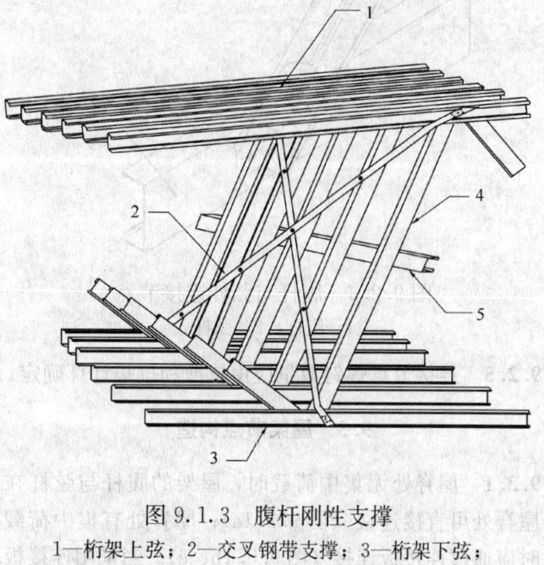
1
2
4
5
3

图 9.1.3　腹杆刚性支撑

1—桁架上弦；2—交叉钢带支撑；3—桁架下弦；4—桁架腹杆；5—腹杆侧向支撑

9.2　设 计 规 定

9.2.1 设计屋架时，应考虑由于风吸力作用引起构件内力变化的不利影响，此时永久荷载的荷载分项系数应取 1.0。

9.2.2 计算屋架各杆件内力时，可假定屋架弦杆为连续杆，腹杆与弦杆的连接点为铰接。

9.2.3 屋架杆件的计算长度可按下列规定采用：

1 在屋架平面内，各杆件的计算长度可取杆件节点间的距离。

2 在屋架平面外，各杆件的计算长度可按下列规定采用：

1）当屋架上弦铺设结构面板时，上弦杆计算长度可取弦杆螺钉连接间距的2倍；当采用檩条约束时，上弦杆计算长度可取檩条间的距离；

2）当屋架腹杆无侧向支撑时，计算长度可取节点间距离；当设有侧向支撑时，计算长度可取节点与屋架腹杆侧向支撑点间的距离；

3）当屋架下弦铺设结构面板时，下弦杆计算长度可取弦杆螺钉连接间距的2倍；当采用纵向支撑杆件时，下弦杆计算长度可取侧向不动点间的距离。

9.2.4 当屋架腹杆采用与弦杆背靠背连接时（图9.2.4），设计腹杆时应考虑面外偏心距的影响，按绕弱轴弯曲的压弯构件计算，偏心距应取腹杆截面腹板外表面到形心的距离。

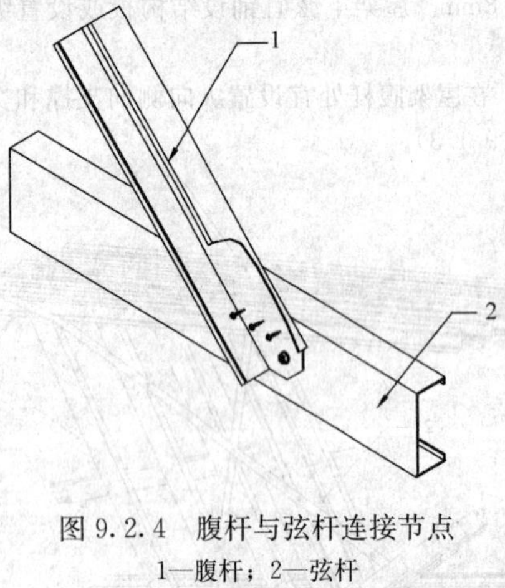
1
2

图 9.2.4 腹杆与弦杆连接节点

1—腹杆；2—弦杆

9.2.5 连接节点螺钉数量应由抗剪和抗拔计算确定。

9.3 屋架节点构造

9.3.1 屋脊处无集中荷载时，屋架的腹杆与弦杆在屋脊处可直接连接（图9.3.1a）；屋脊处有集中荷载时应通过连接板连接（图9.3.1b、c）。当采用连接板连接时，连接板宜卷边加强（图9.3.1b）或设置加强件（图9.3.1c）。弦杆与腹杆或与节点板之间连接螺钉数量不宜少于4个。采用直接连接时，屋脊处必须设置纵向刚性支撑。

9.3.2 屋架的腹杆与弦杆在弦杆中部连接时，可直接连接或通过连接板连接。当屋架腹杆与弦杆直接连接时，腹杆端头可切角，切角外伸长度不宜大于30mm，腹杆端部卷边连线以内应设置不少于2个螺

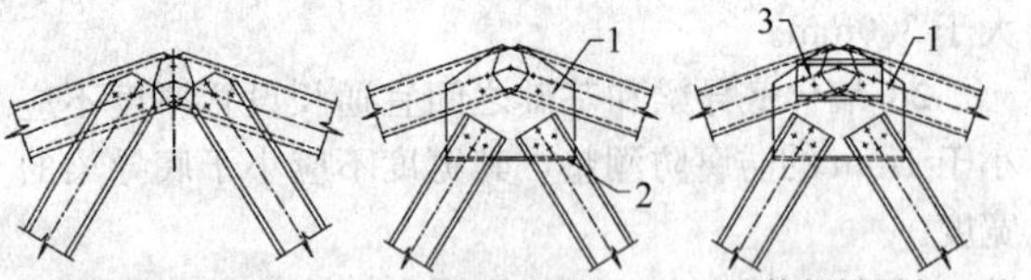
1
2
3

(a) 直接连接 (b) 连接板卷边加强 (c) 连接板设置加强件

图 9.3.1 屋架屋脊节点

1—连接板；2—卷边加强；3—加强件

钉（图9.3.2a）；当屋架与弦杆间采用连接板连接时，应至少有一根腹杆与弦杆直接连接（图9.3.2b）。必要时，弦杆连接节点处可采用拼合闭口截面进行加强，加劲件的长度不应小于200mm。

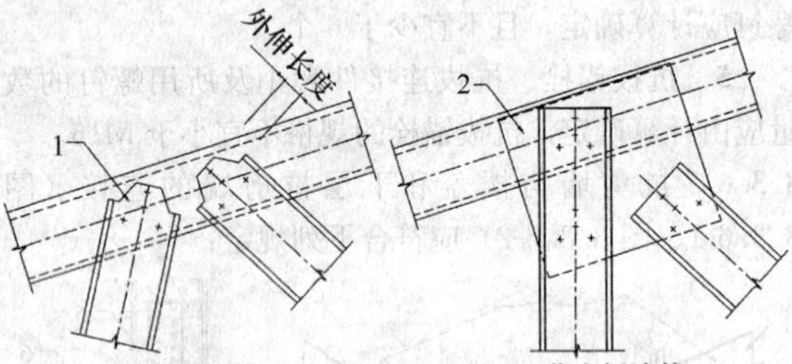
外伸长度
1
2

(a) 切角连接 (b) 节点板连接

图 9.3.2 腹杆与弦杆连接

1—外伸切角；2—节点板

9.3.3 当上弦杆和下弦杆采用开口同向连接方式连接时，宜在下弦腹板设置垂直加劲件或水平加劲件，加劲件厚度不应小于弦杆构件的厚度（图9.3.3），桁架下弦在支座节点处端部下翼缘应延伸与上弦杆下翼缘相交。当采用水平加劲件时，水平加劲件的长度不应小于200mm。梁式结构中，斜梁应通过连接件与屋脊梁相连。

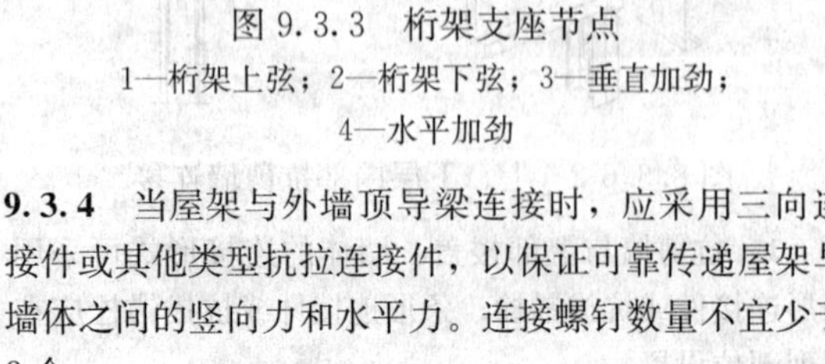
1
2
3
4
≥200

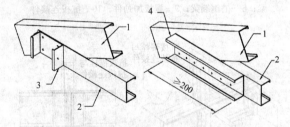

图 9.3.3 桁架支座节点

1—桁架上弦；2—桁架下弦；3—垂直加劲；4—水平加劲

9.3.4 当屋架与外墙顶导梁连接时，应采用三向连接件或其他类型抗拉连接件，以保证可靠传递屋架与墙体之间的竖向力和水平力。连接螺钉数量不宜少于3个。

9.3.5 山墙屋架的腹杆与山墙立柱宜上下对应，并应沿外侧设置间距不大于2m的条形连接件（图9.3.5）。

9.3.6 当有可靠根据时，屋架构造可采用其他构造方式。

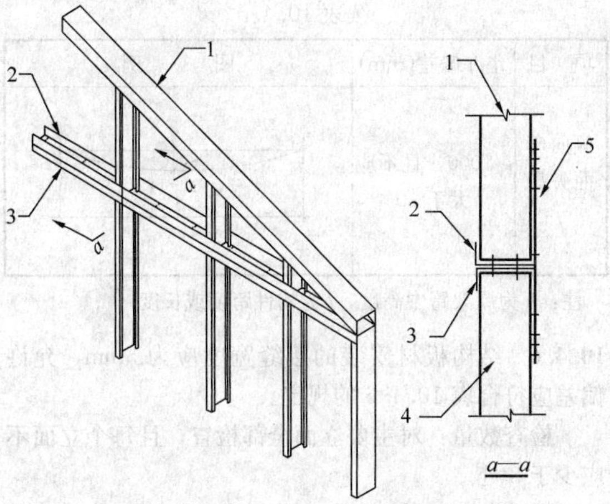
1
2
3
a
a
1
5
2
3
4
a—a

图 9.3.5　桁架与山墙连接

1—山墙屋架；2—底层梁；3—顶导梁；4—山墙；5—条形连接件

10　制作、防腐、安装及验收

10.1　制　　作

10.1.1　冷弯薄壁型钢构件应根据设计文件进行构件详图、清单、制作工艺的编制。

10.1.2　原材料的品种、规格和性能应符合现行国家相关产品标准和设计的要求。

10.1.3　冷弯薄壁型钢的冷弯和矫正加工环境温度不得低于－10℃。

10.1.4　钢构件应进行标识，标识应清晰、明显、不易涂改。

10.1.5　构件拼装宜在专用的平台上进行，在拼装前应对平台的平整度、角度、垂直度进行检测，合格后方可进行；拼装完成的单元应保证整体平整度、垂直度在允许偏差范围以内。

10.2　防　　腐

10.2.1　对于一般腐蚀性地区，结构用冷弯薄壁型钢构件镀层的镀锌量不应低于 180g/m²（双面）或镀铝锌量不应低于 100g/m²（双面）；对于高腐蚀性地区或特殊建筑物，镀锌量不应低于 275g/m²（双面）或镀铝锌量不应低于 100g/m²（双面），并应满足现行国家或行业标准的规定。

10.2.2　冷弯薄壁型钢结构的连接件应根据不同腐蚀性地区，采用镀锌或镀铝锌材料。

10.2.3　冷弯薄壁型钢结构构件严禁进行热切割。

10.2.4　在冷弯薄壁型钢和其他材料之间应使用下列有效的隔离措施进行防护，防止两种材料相互腐蚀：

1　金属管线与钢构件之间应放置橡胶垫圈，避免两者直接接触。

2　墙体与混凝土基础之间应放置防腐防潮垫。

10.2.5　冷弯薄壁型钢构件在露天环境中放置时，应避免由于雨雪、暴晒、冰雹等气候环境对构件及其表面镀层造成腐蚀。

10.2.6　当构件表面镀层出现局部破坏时，应进行防腐处理。

10.3　安　　装

10.3.1　冷弯薄壁型钢构件的安装应严格按照设计图纸进行。

10.3.2　在进行整体组装时，应符合下列要求：

1　墙体结构要增设临时支撑、十字交叉支撑。

2　楼面梁应增设梁间支撑。

3　桁架单元之间应增设水平和垂直支撑。

4　应采取有效措施将施工荷载分布至较大面积。

10.3.3　冷弯薄壁型钢结构安装过程中应采取措施避免撞击。受撞击变形的杆件应校正到位。

10.3.4　用于石膏板、结构用定向刨花板与钢板连接的螺钉，其头部应沉入石膏板、结构用定向刨花板(0～1)mm，螺钉周边板材应无破损。

10.4　验　　收

10.4.1　冷弯薄壁型钢构件的加工应按设计要求控制尺寸，其允许偏差应符合表 10.4.1 的规定。

检查数量：按钢构件数抽查 10%，且不应少于 3 件。

检验方法：游标卡尺、钢尺和角尺、半圆塞规检查。

表 10.4.1　冷弯薄壁型钢构件加工允许偏差

检查项目		允许偏差（mm）
构件长度		－3～0
截面尺寸	腹板高度	±1
	翼缘宽度	±1
	卷边高度	±1.5
翼缘与腹板和卷边之间的夹角		±1°

10.4.2　冷弯薄壁型钢墙体外形尺寸、立柱间距、门窗洞口位置及其他构件位置应符合设计要求，其允许偏差应符合表 10.4.2 的规定。

检查数量：按同类构件数抽查 10%，且不应少于 3 件。

检验方法：钢尺和靠尺检查。

表 10.4.2　冷弯薄壁型钢墙体组装允许偏差

检查项目	允许偏差(mm)	检查项目	允许偏差(mm)
长度	－5～0	墙体立柱间距	±3
高度	±2	洞口位置	±2
对角线	±3	其他构件位置	±3
平整度	h/1000(h 为墙高)		

10.4.3 冷弯薄壁型钢屋架外形尺寸的允许偏差应符合表 10.4.3 的规定。

检查数量：按同类构件数抽查 10%，且不应少于 3 件。

检验方法：钢尺和角尺检查。

表 10.4.3 冷弯薄壁型钢屋架组装允许偏差

检查项目	允许偏差（mm）	检查项目	允许偏差（mm）
屋架长度	−5～0	跨中拱度	0～+6
支撑点距离	±3	相邻节间距离	±3
跨中高度	±6	弦杆间的夹角	±2°
端部高度	±3		

10.4.4 冷弯薄壁型钢结构主体结构的整体垂直度和整体平面弯曲的允许偏差应符合表 10.4.4 的规定。

检查数量：对主要立面全部检查。对每个所检查的立面，除两端外，尚应选取中间部位进行检查。

检验方法：采用吊线、经纬仪等测量。

表 10.4.4 冷弯薄壁型钢结构主体结构整体垂直度和整体平面弯曲允许偏差

项　目	允许偏差（mm）	图　例
主体结构的整体垂直度 Δ	$H/1000$，且不应大于 10	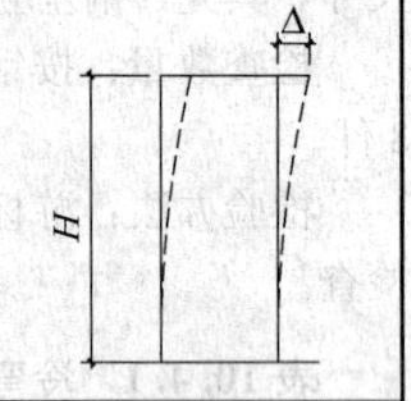Δ H
主体结构的整体平面弯曲 Δ	$L/1500$，且不应大于 10	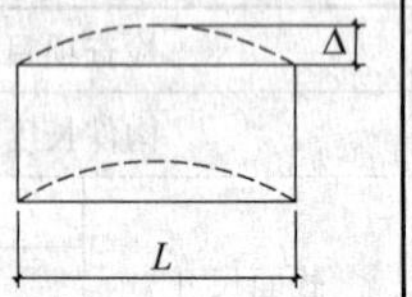Δ L

注：H 为冷弯薄壁型钢结构檐口高度，L 为冷弯薄壁型钢结构平面长度或宽度。

10.4.5 屋架、梁的垂直度和侧向弯曲矢高的允许偏差应符合表 10.4.5 的规定。

检查数量：按同类构件数抽查 10%，且不应少于 3 个。

检验方法：用吊线、经纬仪和钢尺现场实测。

表 10.4.5 屋架、梁的垂直度和侧向弯曲矢高允许偏差

项　目	允许偏差(mm)	图　例
垂直度 Δ	$h/250$，且不应大于 15	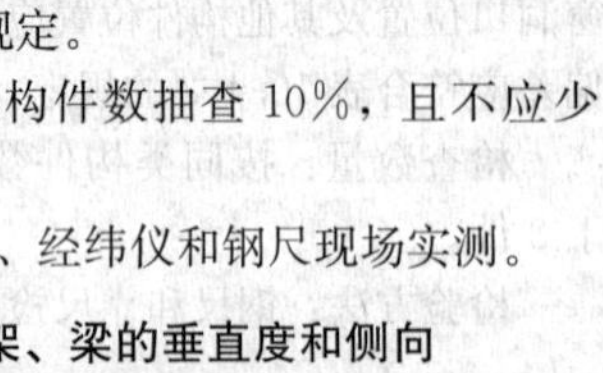1 1 Δ h 1—1

续表 10.4.5

项　目	允许偏差(mm)	图　例
侧向弯曲矢高 f	$l/1000$，且不应大于 10	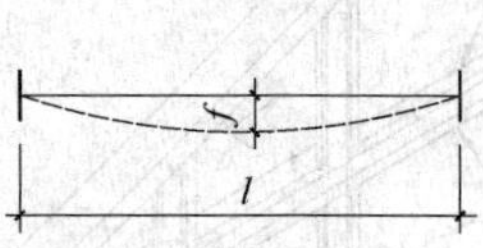f l

注：h 为屋架跨中高度，l 为构件跨度或长度。

10.4.6 结构板材安装的接缝宽度应为 5mm，允许偏差应符合表 10.4.6 的规定。

检查数量：对主要立面全部检查，且每个立面不应少于 3 处。

检验方法：采用钢尺和靠尺现场实测。

表 10.4.6 结构板材安装允许偏差

项　目	允许偏差（mm）
结构板材之间接缝宽度	±2
相邻结构板材之间的高差	±3
结构板材平整度	±8

11 保温、隔热与防潮

11.1 一般规定

11.1.1 低层冷弯薄壁型钢房屋的保温、隔热与防潮应满足相关国家现行标准的规定。

11.1.2 低层冷弯薄壁型钢房屋工程中采用的技术文件、承包合同文件对节能工程质量的要求和节能工程施工质量验收应符合现行国家标准《建筑节能工程施工质量验收规范》GB 50411 的规定。

11.1.3 低层冷弯薄壁型钢房屋工程使用的保温材料和节能设备等，必须符合设计要求及国家现行有关标准的规定，保温隔热材料应具有良好的长期使用热阻保持性。在保温产品标签中应具体确定材料的导热系数（或热阻值），或在施工现场提供保温材料导热系数（或热阻值）的书面证明材料，并应符合设计要求。

11.2 保温隔热构造

11.2.1 外墙保温隔热可在墙体空腔中填充纤维类保温材料和（或）在墙体外铺设硬质板状保温材料。采用墙体空腔中填充纤维类保温材料时，热阻计算应考虑立柱等热桥构件的影响，保温材料宽度应等于或略大于立柱间距，厚度不宜小于立柱截面高度。

11.2.2 屋面保温隔热可采用保温材料沿坡屋面斜铺或在顶层吊顶上方平铺的方法。采用保温材料在顶层吊顶上方平铺的方式时，在顶层墙体顶端和墙体与屋盖系统连接处，应确保保温材料、隔汽层和防潮层的连续性和密闭性。

11.3 防潮构造

11.3.1 外墙及屋顶的外覆材料应符合现行国家或行业标准规定的耐久性、适用性以及防火性能的要求。在外覆材料内侧，结构覆面板材外侧，应设置防潮层，其物理性能、防水性能和水蒸气渗透性能应符合设计要求。

11.3.2 门窗洞口周边、穿出墙或屋面的构件周边应以专用泛水材料密封处理，泛水材料可采用自粘性防水卷材或金属板材等。

11.3.3 建筑围护结构设计应防止不良水汽凝结的发生。严寒和寒冷地区建筑的外墙、外挑楼板及屋顶如果不采取通风措施，宜在保温材料（冬季）温度较高一侧设置一层隔汽层。

11.3.4 施工时应确保保温材料、防潮层和隔汽层的连续性、密闭性、整体性。

11.3.5 屋顶保温材料与屋面结构板材间的屋顶空气间层宜采用通风设计，并应确保屋顶空气间层中空气流动通道的通畅。在屋顶通风口处应设置防止白蚁等有害昆虫进入屋顶通风间层的保护网。室内的排气管道宜通至室外，不宜将室内气体排入屋顶通风间层内。

12 防 火

12.0.1 低层冷弯薄壁型钢房屋建筑的防火设计除应符合本规程的规定外，尚应符合现行国家标准《建筑设计防火规范》GB 50016 的有关规定。

12.0.2 建筑中的下列部位应采用耐火极限不低于 1.00h 的不燃烧体墙和楼板与其他部位分隔：

1 配电室、锅炉房、机动车库。

2 资料库（室）、档案库（室）、仓储室。

3 公共厨房。

12.0.3 附建于冷弯薄壁型钢住宅建筑并仅供该住宅使用的机动车库，与居住部分相连通的门应采用乙级防火门，且车库隔墙距地面 100mm 范围内不应开设任何洞口。

12.0.4 位于住宅单元之间的墙两侧的门窗洞口，其最近边缘之间的水平间距不应小于 1.0m。

12.0.5 由不同高度组成的一座冷弯薄壁型钢建筑，较低部分屋面上开设的天窗与相接的较高部分外墙上的门窗洞口之间的最小距离不应小于 4.0m。当符合下列情况之一时，该距离可不受限制：

1 较低部分安装了自动喷水灭火系统或天窗为固定式乙级防火窗。

2 较高部分外墙面上的门为火灾时能够自动关闭的乙级防火门，窗口、洞口设有固定式乙级防火窗。

12.0.6 浴室、卫生间和厨房的垂直排风管，应采取防回流措施或在支管上设置防火阀。厨房的排油烟管道与垂直排风管连接的支管处应设置动作温度为 150℃的防火阀。

12.0.7 建筑内管道穿过楼板、住宅建筑单元之间的墙和分户墙时，应采用防火封堵材料将空隙紧密填实；当管道为难燃或可燃材质时，应在贯穿部位两侧采取阻火措施。

12.0.8 低层冷弯薄壁型钢住宅建筑内可设置火灾报警装置。

13 试 验

13.1 一 般 规 定

13.1.1 对低层冷弯薄壁型钢房屋建筑，构件材料的性能及连接件、单根构件、结构局部、整体结构等的承载力及使用性能设计指标，可经过合理、有效的试验确定。

13.1.2 当使用的材料在现行规范规定以外，或组件的组成和构造无法按现行国家和行业标准计算抗力或刚度时，结构性能可根据试验方法确定。

13.1.3 试验应由有资质的第三方检测机构进行。

13.1.4 试验应出具正式的试验报告，除了试验结果外，对每个试验还应清楚表述试验条件，包括加载和测量变形的方法以及其他相关数据。报告还应包括试验试件是否满足接受准则。

13.2 性 能 试 验

13.2.1 本节的试验适用于整体结构、结构局部、单根构件或连接件等原型试件，可对设计进行验证以作为计算的一种替代；本节的试验不适用于结构模型试验，也不适用于总体设计准则的确立。

13.2.2 试件应与结构验证需要的试件类别和名义尺寸相同。试件的材料与制作应遵守相关标准的规定及设计提出的要求。组装方法应与实际产品相同。

13.2.3 墙体的抗剪试验尚应符合本规程附录 B 的规定。

13.2.4 试验的目标试验荷载 R_t 应由下式确定：

$$R_t = k_t S^* \tag{13.2.4}$$

式中：S^* ——荷载效应设计值；应符合现行国家标准《建筑结构荷载规范》GB 50009 和《建筑抗震设计规范》GB 50011 的规定；

k_t ——考虑结构试件变异性的因子，可根据本规程第 13.2.5 条确定的结构特性变异系数 k_{sc} 按表 13.2.4 插值采用。

表 13.2.4　考虑结构试件变异性的因子 k_t

试件数量	结构特性变异系数 k_{sc}					
	5%	10%	15%	20%	25%	30%
1	1.18	1.39	1.63	1.92	2.25	2.63
2	1.13	1.27	1.42	1.60	1.79	2.01
3	1.10	1.22	1.34	1.48	1.63	1.79
4	1.09	1.19	1.29	1.40	1.52	1.65
5	1.08	1.16	1.25	1.35	1.45	1.56
10	1.05	1.10	1.16	1.22	1.28	1.34
100	1.00	1.00	1.00	1.00	1.00	1.00

13.2.5　结构特性变异系数 k_{sc} 可由下式计算：

$$k_{sc} = \sqrt{k_f^2 + k_m^2} \tag{13.2.5}$$

式中：k_f ——几何尺寸不定性变异系数，对于构件可取 0.05；对于连接可取 0.10；

k_m ——材料强度不定性变异系数，对于 Q235 级钢和 Q345 级钢可取 0.10；对于 LQ550 级钢可取 0.05；对于连接可取 0.10；对于未列入本规程的钢材，其值应由使用材料的统计分析确定。

13.2.6　试验应符合下列规定：

1　加载设备应校准，并注意确保荷载系统对试件无附加约束，施加的力的分布和持续时间应能代表结构设计所承受的荷载。对短期静力荷载，试验荷载应以均匀速率加载，持续试验时间不应少于 5min。

2　应至少在下列时刻记录变形：

1）加载前；

2）加载后；

3）卸载后。

13.2.7　具体产品和组件的承载力设计值可通过原型试验确定，所有试件必须在目标试验荷载下符合各种设计要求，承载力设计值应由下式确定：

$$R_d = \frac{R_{min}}{1.1k_t} \tag{13.2.7}$$

式中：R_d ——承载力设计值；

R_{min} ——试验结果的最小值；

k_t ——考虑结构试件变异性的因子，根据结构特性变异系数 k_{sc} 按本规程表 13.2.4 取用。

附录 A　确定螺钉材料抗剪强度设计值的标准试验

A.0.1　螺钉材料抗剪强度设计值的确定可采用图 A.0.1 所示试验方法，并应符合下列相关规定：

1　应在试验装置夹头处设置垫块，从而确保试验装置施加的荷载通过搭接节点中心。

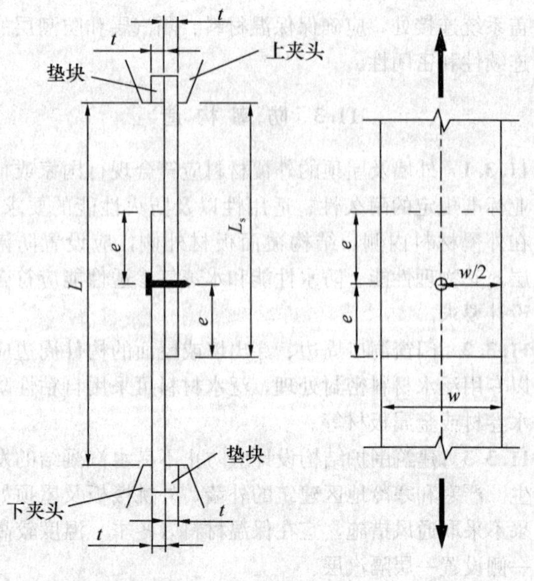

t
t
上夹头
垫块
L
L_s
e
e
e
e
w/2
w
垫块
下夹头
t
t

图 A.0.1　试验装置示意

L—连接板搭接后总长度（不包括夹头夹住部分）；L_s—单块连接板长度（不包括夹头夹住部分）；w—连接板宽度；e—端距；t—连接板厚度

2　连接板应采用钢板，其厚度不得小于螺钉直径，以保证螺栓被剪断；螺钉至少应有 3 圈螺纹穿过钢板。

3　螺钉的端距和边距均不得小于其直径的 3 倍，且不宜小于 20mm；连接板宽度不得小于螺钉直径的 6 倍，且不宜小于 40mm。

4　单块连接板长度 L_s（不包括夹头夹住部分）不宜小于 100mm，连接板搭接后总长度 L（不包括夹头夹住部分）不宜小于 160mm。

A.0.2　当螺钉不能钻穿钢板时，应在钢板上预开孔，预开孔径 d_0 应不小于 $0.9d$（d 为螺钉公称直径）。

A.0.3　试验中，加载速率的控制应符合现行国家标准《金属材料　室温拉伸试验方法》GB/T 228 的规定。

A.0.4　螺钉剪断承载力设计值应由下式确定：

$$N_{vt}^s = \frac{R_{min}}{1.1k_t} \tag{A.0.4}$$

式中：N_{vt}^s ——螺钉剪断承载力设计值；

R_{min} ——螺钉剪断试验结果的最小值；

k_t ——考虑结构试件变异性的因子，根据结构特性变异系数 k_{sc} 按本规程 13.2.4 条的表 13.2.4 取用。

A.0.5　螺钉材料抗剪强度设计值应按下列公式确定：

$$f_v^s = \frac{N_{vt}^s}{A_e} \tag{A.0.5-1}$$

$$A_e = \frac{\pi d_e^2}{4} \tag{A.0.5-2}$$

式中：d_e——螺钉有效直径；

A_e——螺钉螺纹处有效面积；

N_{vt}^s——试验得到的一个螺钉剪断承载力设计值；

f_v^s——螺钉抗剪强度设计值。

附录B　墙体抗剪试验方法

B.0.1　冷弯薄壁型钢组合墙体的抗剪试验试件的制作应采用与实际工程材料、连接方式一致的1∶1比例的足尺尺寸。测试组合墙体在水平风荷载作用下的抗剪性能时，可采用单调水平加载；测试组合墙体在水平地震作用下的抗剪性能时，应采用低周反复水平加载。

B.0.2　试验装置与试验加载设备应满足试体的设计受力条件和支承方式的要求，试验台在其可能提供反力部位的刚度，不应小于试体刚度的10倍。

B.0.3　墙体通过加载器施加竖向荷载时，应在门架与加载器之间设置滚动导轨（图B.0.3），其摩擦系数不应大于0.01。

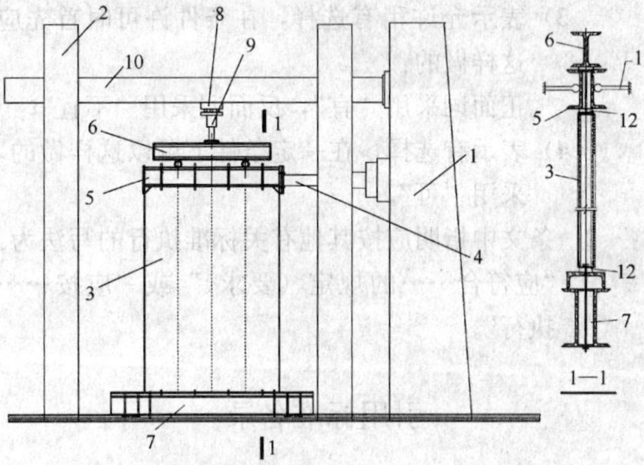

2
8
9
10
1
6
5
1
3
4
7
1
6
11
5
12
3
12
7
1—1

图B.0.3　墙片试验装置示意

1—反力墙；2—门架；3—试体；4—往复作动器；5—加载顶梁；6—分配梁；7—试验台座；8—滚动导轨；9—千斤顶；10—反力梁；11—侧向滚动支撑；12—16mm厚垫板

B.0.4　量测仪表的选择，应满足试体极限破坏的最大量程，其分辨率应满足最小荷载作用下的分辨能力。位移计量的仪表最小分度值不宜大于所测总位移的0.5%，示值允许误差不大于仪表满量程的±1.0%。各种记录仪的精度不得低于仪表满量程的±0.5%。

B.0.5　冷弯薄壁型钢组合墙体抗剪试验的加载方法，根据试验的目的可按下列要求进行：

1　竖向荷载的大小应为试体的目标试验荷载，在施加水平荷载前按照静力加载要求一次加到位，并保持恒定不变。

2　单调水平加载时，在试体屈服前应采用荷载控制并分级加载，接近屈服荷载前宜减小荷载级差加载；试体屈服后应采用变形控制分级加载。每级荷载应保持2min～3min后方可采集和记录各测点的数据，直至破坏。

3　低周反复水平加载时，在正式试验前应先进行预加反复荷载试验2次，预加载值不宜超过试体屈服荷载的30%。正式试验时，试体屈服前应采用荷载控制并分级加载，接近屈服荷载前宜减小荷载级差加载；试体屈服后应采用变形控制，变形值应取屈服时试体的最大位移，并以该位移值的倍数为级差进行加载控制。屈服前每级荷载可反复一次，屈服以后宜反复三次。试验过程中，应保持反复加载的连续性和均匀性，加载或卸载的速度宜一致。

B.0.6　冷弯薄壁型钢组合墙体抗剪试验的数据处理，可按下列原则进行：

1　水平荷载作用下试体的剪切变形，应扣除试体的水平滑移和转动。

2　试体的屈服荷载和屈服位移，可根据单调水平加载的荷载-位移曲线或低周反复水平加载的骨架曲线，采用能量等值法或作图法确定。

3　试体的最大荷载和变形，应取试体承受荷载最大时相应的荷载和相应变形。

4　试体的破坏荷载和变形，应取试体在最大荷载出现之后，随变形增加而荷载下降至最大荷载的85%时的相应荷载和相应变形。

5　试体的刚度、延性系数、承载能力降低性能和能量耗散能力等指标，可参照现行行业标准《建筑抗震试验方法规程》JGJ 101对混凝土试体拟静力试验规定的方法确定。

附录C　构件畸变屈曲应力计算

C.0.1　卷边槽形截面构件（图C.0.1）的轴压畸变屈曲应力σ_{cd}可按下列公式计算：

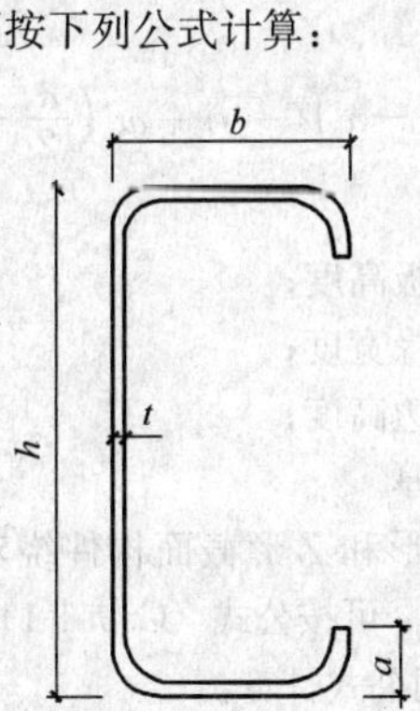

b
h
t
a

图C.0.1　槽形截面示意

a—翼缘卷边的高度；b—翼缘的宽度；h—构件的高度；t—板件的厚度

$$\sigma_{cd} = \frac{E}{2A}\left[(\alpha_1 + \alpha_2) - \sqrt{(\alpha_1 + \alpha_2)^2 - 4\alpha_3}\right] \quad (C.0.1\text{-}1)$$

$$\alpha_1 = \frac{\eta}{\beta_1}(I_x b^2 + 0.039J\lambda^2) + \frac{k_\phi}{\beta_1 \eta E} \quad (C.0.1\text{-}2)$$

$$\alpha_2 = \eta\left(I_y + \frac{2}{\beta_1}\bar{y}bI_{xy}\right) \quad (C.0.1\text{-}3)$$

$$\alpha_3 = \eta\left(\alpha_1 I_y - \frac{\eta}{\beta_1}I_{xy}^2 b^2\right) \quad (C.0.1\text{-}4)$$

$$\beta_1 = \bar{x}^2 + \frac{(I_x + I_y)}{A} \quad (C.0.1\text{-}5)$$

$$\lambda = 4.80\left(\frac{I_x b^2 h}{t^3}\right)^{0.25} \quad (C.0.1\text{-}6)$$

$$\eta = \left(\frac{\pi}{\lambda}\right)^2 \quad (C.0.1\text{-}7)$$

$$k_\phi = \frac{Et^3}{5.46(h + 0.06\lambda)}\left[1 - \frac{1.11\sigma'_{cd}}{Et^2}\left(\frac{h^2\lambda}{h^2 + \lambda^2}\right)^2\right] \quad (C.0.1\text{-}8)$$

σ'_{cd} 由公式（C.0.1-1）计算，其中 α_1 应改用公式（C.0.1-9）计算：

$$\alpha_1 = \frac{\eta}{\beta_1}(I_x b^2 + 0.039J\lambda^2) \quad (C.0.1\text{-}9)$$

卷边受压翼缘的 A、$\bar{x}$、$\bar{y}$、J、I_x、I_y、I_{xy} 通过下列公式确定：

$$A = (b + a)t \quad (C.0.1\text{-}10)$$

$$\bar{x} = \frac{(b^2 + 2ba)}{2(b + a)} \quad (C.0.1\text{-}11)$$

$$\bar{y} = \frac{a^2}{2(b + a)} \quad (C.0.1\text{-}12)$$

$$J = \frac{t^3(b + a)}{3} \quad (C.0.1\text{-}13)$$

$$I_x = \frac{bt^3}{12} + \frac{ta^3}{12} + bt\bar{y}^2 + at\left(\frac{a}{2} - \bar{y}\right)^2 \quad (C.0.1\text{-}14)$$

$$I_y = \frac{tb^3}{12} + \frac{at^3}{12} + at(b - \bar{x})^2 + bt\left(\bar{x} - \frac{b}{2}\right)^2 \quad (C.0.1\text{-}15)$$

$$I_{xy} = bt\left(\frac{b}{2} - \bar{x}\right)(-\bar{y}) + at\left(\frac{a}{2} - \bar{y}\right)(b - \bar{x}) \quad (C.0.1\text{-}16)$$

式中：h——腹板高度；

b——翼缘宽度；

a——卷边高度；

t——壁厚。

C.0.2 卷边槽形和 Z 形截面构件绕对称轴弯曲时，畸变屈曲应力 σ_{md} 可按公式（C.0.1-1）计算，但系数 λ 和 k_ϕ 应按下列公式计算：

$$\lambda = 4.80\left(\frac{I_x b^2 h}{2t^3}\right)^{0.25} \quad (C.0.2\text{-}1)$$

$$k_\phi = \frac{2Et^3}{5.46(h + 0.06\lambda)}\left[1 - \frac{1.11\sigma'_{md}}{Et^2}\left(\frac{h^4\lambda^2}{12.56\lambda^4 + 2.192h^2 + 13.39\lambda^2 h^2}\right)\right] \quad (C.0.2\text{-}2)$$

如 k_ϕ 为负值，k_ϕ 按公式（C.0.2-2）计算时，应取 $\sigma'_{md} = 0$。

如完全约束带卷边翼缘在畸变屈曲时的转动的支撑间距小于由公式（C.0.2-1）计算得到的 λ 时，λ 应取支撑间距。

σ'_{md} 可由公式（C.0.1-1）、（C.0.1-9）、（C.0.1-3）、（C.0.1-4）、（C.0.1-5）、（C.0.2-1）、（C.0.1-7）和（C.0.2-2）计算。

本规程用词说明

1　为便于在执行本规程条文时区别对待，对要求严格程度不同的用词说明如下：

1）表示很严格，非这样做不可的：
正面词采用"必须"，反面词采用"严禁"；

2）表示严格，在正常情况下均应这样做的：
正面词采用"应"，反面词采用"不应"或"不得"；

3）表示允许稍有选择，在条件许可时首先应这样做的：
正面词采用"宜"，反面词采用"不宜"；

4）表示有选择，在一定条件下可以这样做的，采用"可"。

2　条文中指明应按其他有关标准执行的写法为："应符合……的规定（要求）"或"应按……执行"。

引用标准名录

1 《建筑结构荷载规范》GB 50009

2 《建筑抗震设计规范》GB 50011

3 《建筑设计防火规范》GB 50016

4 《钢结构设计规范》GB 50017

5 《冷弯薄壁型钢结构技术规范》GB 50018

6 《建筑结构可靠度设计统一标准》GB 50068

7 《钢结构工程施工质量验收规范》GB 50205

8 《建筑节能工程施工质量验收规范》GB 50411

9 《金属材料　室温拉伸试验方法》GB/T 228

10 《碳素结构钢》GB/T 700

11 《标准件用碳素钢热轧圆钢》GB/T 715

12 《钢结构用高强度大六角头螺栓、大六角螺母、垫圈与技术条件》GB/T 1228～GB/T 1231

13 《低合金高强度结构钢》GB/T 1591

14 《连续热镀锌钢板及钢带》GB/T 2518

15 《紧固件机械性能　螺栓、螺钉和螺柱》GB/T 3098.1

16 《钢结构用扭剪型高强度螺栓连接副》GB/T 3632

17 《自攻螺钉》GB/T 5282～GB/T 5285

18 《六角头螺栓　C级》GB/T 5780

19 《抽芯铆钉》GB/T 12615～12618

20 《连续热镀铝锌合金镀层钢板及钢带》GB/T 14978

21 《自钻自攻螺钉》GB/T 15856.1～GB/T 15856.5

22 《射钉》GB/T 18981

23 《建筑抗震试验方法规程》JGJ 101

中华人民共和国行业标准

低层冷弯薄壁型钢房屋建筑技术规程

JGJ 227—2011

条　文　说　明

制 定 说 明

《低层冷弯薄壁型钢房屋建筑技术规程》JGJ 227-2011，经住房和城乡建设部 2011 年 1 月 28 日以第 903 号公告批准、发布。

本规程制定过程中，编制组进行了广泛的调查研究，总结了近几年我国低层冷弯薄壁型钢房屋建筑技术的实践经验，同时参考了国外先进技术法规、技术标准，并做了大量的材料性能试验、构件试验、防火试验、足尺振动台试验和可靠度分析等研究。

为便于广大设计、施工、科研、学校等单位有关人员在使用本规程时能正确理解和执行条文规定，《低层冷弯薄壁型钢房屋建筑技术规程》编制组按章、节、条顺序编制了本规程的条文说明，对条文规定的目的、依据以及执行中需注意的有关事项进行了说明，还着重对强制性条文的强制性理由做了解释。但是，本条文说明不具备与规程正文同等的法律效力，仅供使用者作为理解和把握规程规定的参考。

目　次

1 总 则

1.0.2 本条明确本规程仅适用于经冷弯（或冷压）成型的冷弯薄壁型钢结构房屋的设计与施工，且承重构件的壁厚可不大于2mm。对热轧型钢的钢结构设计或房屋中部分使用到的热轧型钢构件的设计，应符合现行国家标准《钢结构设计规范》GB 50017的规定。

根据现行国家标准《建筑设计防火规范》GB 50016的规定，三级耐火等级建筑的最多允许层数为5层，四级耐火等级建筑的最多允许层数为2层。按照冷弯薄壁型钢房屋建筑的建筑构件燃烧性能和耐火极限，将其层数限制在3层及3层以下，同时考虑到该类建筑的层高，对建筑高度也作了相应的限制。

根据编制组所完成的三个足尺振动台试验（一个2层、两个3层），此类房屋层间抗剪与抗拔连接是保证结构抗震整体稳定性的关键。根据试验现象，此类房屋地震烈度9度时可满足不倒塌的要求。

本条所称的房屋为居住类建筑。

该体系主要承重构件的设计使用年限为50年。

3 材料与设计指标

3.1 材 料 选 用

3.1.1 编制组在制定本规程时曾参考《冷弯薄壁型钢结构技术规范》GB 50018，并对现行国家标准《连续热镀铝锌合金镀层钢板及钢带》GB/T 14978中的550级钢材S550的力学性能进行过系统的分析，得出了550级钢材可以用于冷弯薄壁型钢房屋结构的结果，并得到了不同厚度时的屈服强度和强度设计值作为设计依据。因此，本规程将550级钢材作为可以选用的钢材之一。对于现行国家标准《连续热镀锌钢板及钢带》GB/T 2518和《连续热镀铝锌合金镀层钢板及钢带》GB/T 14978中其他级别的钢材，由于未进行过系统的分析，在使用时可按屈服强度的大小偏安全地归入Q345级或Q235级使用。本规程中将550级钢材定名为LQ550，材性参考澳大利亚标准《AS/NZS 4600：2005》中G450（厚度$t \geqslant 1.5$mm）、G500（$1.5\text{mm} > t > 1.0$mm）和G550（$t \leqslant 1.0$mm）三种钢材。目前，这类550级钢材国内已有生产，并广泛用于2mm以下冷弯薄壁型钢构件，其屈服强度在550MPa左右，但随厚度变化很大，其材料性能要求见现行国家标准《连续热镀锌钢板及钢带》GB/T 2518及《连续热镀铝锌合金镀层钢板及钢带》GB/T 14978中的550级钢材，其断后延伸率未规定。

当采用国外钢材时，该钢材必须符合我国现行有关标准的规定。

3.1.4 本条提出在设计和材料订货中应具体考虑的一些注意事项。考虑到本规程受力构件所用的钢板厚度在2mm以下，为保证结构的安全，规定钢板厚度不得出现负公差。

3.1.5 结构用定向刨花板的规格和性能应符合国家现行标准《定向刨花板》LY/T 1580、《室内装饰装修材料人造板及其制品中甲醛释放限量》GB 18580的规定和设计要求。当用于墙体时，宜采用二级以上的板材，用于楼面时宜采用三级以上的板材；结构胶合板的性能应符合现行国家标准《胶合板、普通胶合板通用技术条件》GB/T 9846的规定；普通纸面石膏板的规格和性能应符合现行国家标准《纸面石膏板》GB/T 9775的规定。

3.1.6 （1）保温隔热材料可采用玻璃棉等轻质纤维状保温材料或挤塑聚苯板等硬质板状保温材料。（2）防水材料可采用防水卷材（改性沥青或PVC材料）或复合板等材料。（3）屋面材料可采用沥青瓦、金属瓦等轻质材料。（4）内墙覆面材料可采用纸面石膏板或钢丝网水泥砂浆粉刷涂料等材料。（5）外墙饰面材料可采用PVC、金属或木质挂板等材料。（6）楼板可采用木楼板，也可采用钢与混凝土组合楼板。（7）门窗可采用各种轻质材料门窗。（8）屋面采光瓦可采用各种适宜的采光窗或采光瓦。

3.2 设 计 指 标

3.2.1 同济大学在广泛收集国内生产的LQ550级薄板材料性能数据的基础上，提出按照表中的厚度范围将LQ550级钢材划分为四类。同时基于同济大学、西安建筑科技大学及国外同类材料相关基本构件（轴压、偏压、受弯）试验的承载力试验数值，主要继承国内冷弯薄壁型钢结构基本构件承载力计算方法，进行了系统的构件设计可靠度分析。在此基础上，建议按照目前钢结构设计规范的传统，采用与现行国家标准《冷弯薄壁型钢结构技术规范》GB 50018相同的抗力分项系数，即$\gamma_R = 1.165$，按照国家标准《建筑结构可靠度设计统一标准》GB 50068的要求，得到表中不同厚度的屈服强度及设计强度建议值[沈祖炎，李元齐，王磊，王彦敏，徐宏伟，屈服强度550MPa高强钢材冷弯薄壁型钢结构可靠度分析，建筑结构学报，2006，27（3）：26-33，41]。目前，国内仅少数企业能生产LQ550级薄板材，其材料性能与国外同类板材差别较大。表3.2.1是根据目前国产板材的可靠度分析结果给出的。另外，同济大学、西安建筑科技大学、中国建筑标准设计研究院及相关企业针对2mm以下Q235级和Q345级钢材的基本构件承载力试验研究和设计可靠度分析表明，采用表中的设计强度建议值，在本规程给出的计算方法内，也能够满足国家标准《建筑结构可靠度设计统一标准》GB 50068对这类材料的基本构件设计可靠度的要求。表中各材料的相应抗剪设计强度直接取设计强度的$\sqrt{3}/3$。对LQ550级钢材，由于厚度较薄，不会采用端面承压的构造，因此不再给出端面承压的强度设计值。

3.2.3 本条主要参照国家标准《冷弯薄壁型钢结构技术规范》GB 50018-2002制定。

4 基本设计规定

4.1 设计原则

4.1.3 承载力抗震调整系数γ_{RE}取0.9是鉴于此类构件的延性较差，塑性发展有限。同时，随着地震烈度的增大，应注重抗震构造措施的加强，如边缘部位螺钉间距加密，抗剪墙与基础之间、上下抗剪墙之间以及抗剪墙与屋面之间的连接加强。

4.2 荷载与作用

4.2.5 本条参照现行国家标准《建筑结构荷载规范》GB 50009并综合欧洲荷载规范、澳大利亚荷载规范，给出了纵风向坡屋顶的体型系数。

4.2.6 μ_r首先要考虑屋面坡度的影响。当坡度$\alpha \leqslant 25°$时，不考虑积雪滑落的因素而取为μ_r为1.0；当$\alpha \geqslant 50°$时，认为屋面不能存雪而取μ_r为0；之间按线性插值。

现行国家标准《建筑结构荷载规范》GB 50009已经规定了简单屋面的积雪分布系数，但并无复杂屋面的积雪分布系数说明。参照澳大利亚荷载规范、欧洲荷载规范，将中国荷载规范在复杂屋面上的应用作进一步明确和解释。即将复杂住宅屋面区分为迎风面、背风面、无遮挡侧风面、遮挡前侧风面和遮挡后侧风面五种情况。

4.3 建筑设计及结构布置

4.3.3 建筑结构系统宜规则布置。当建筑物出现以下情况之一时，应被认为是不规则的：

1 结构外墙从基础到最顶层不在同一个垂直平面内。

2 楼板或屋面某一部分的边沿没有抗剪墙体提供支承。

3 部分楼面或者屋面，从结构墙体向外悬挑长度大于1.2m。

4 楼面或屋面的开洞宽度超出了3.6m，或者洞口较大尺寸超出楼面或屋面最小尺寸的50%。

5 楼面局部出现垂直错位，且没有被结构墙体支承。

6 结构墙体没有在两个正交方向同时布置。

7 结构单元的长宽比大于3。超过时应考虑楼板平面内变形对整体结构的影响。

当结构布置不规则时，可以布置适宜的型钢、桁架构件或其他构件，以形成水平和垂直抗侧力系统。

4.3.4～4.3.6 条文从原则上提出墙体及吊顶的设计要求。因不同制造企业的工艺技术不尽相同，细部构造会有所不同，本规程从应用的角度不作具体规定，能满足现行标准的有关规定并保证安全即可。

4.4 变形限值

4.4.3 本条所指的横向变形系指立柱跨中位置承受水平风荷载作用下的挠度，其限值1/250是参照美国、澳大利亚相关规程规定并略作调整后确定。

4.5 构造的一般规定

4.5.1 本条中受压板件的宽厚比限值是为了限制板件的变形，并保证截面承载力计算基本符合本规程给出的计算模式，因此与钢材材料的强度无关。

4.5.3 进行可靠度分析时，壁厚太薄的试件，材料强度、试验结果离散性过大，所以规定了最小壁厚的要求。

4.5.4 构件形心之间的偏心超过20mm后，应考虑附加偏心距对构件的影响(图1)。楼面梁支承在承重墙体上，当楼面梁与墙体柱中心线偏差较小时，楼面梁承担的荷载可直接传递到墙体立柱，在楼盖边梁和支承墙体顶导梁中引起的附加弯矩可以忽略，不必验算边梁和顶导梁的承载力，否则要单独计算，计算方法同墙体过梁。

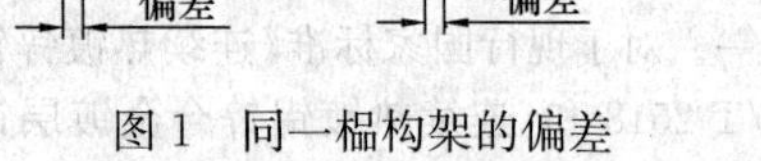
1
5
1
5
2
2
4
4
3
偏差
3
偏差

图1 同一榀构架的偏差

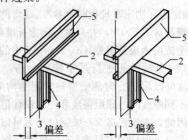

1—水平构件的形心线；2—顶导梁；
3—立柱的形心线；4—立柱；5—水平构件

4.5.6 本条提到的螺钉包括自钻螺钉和螺钉。以后有关条款中提到螺钉时也是如此。

4.5.9 本条是对直径的最低要求。

4.5.10 本条规定是要保证梁及屋架在支承处的局部稳定。楼面梁及屋架弦杆支承长度的规定是参照美国规范取值，主要是从构造确保楼面梁及屋架弦杆在支座处具备一定支承面积，同时加强了楼面、屋面和墙体结构连接的整体性。

4.5.11 低层冷弯薄壁型钢结构属于受力蒙皮结构，结构面板既是重要的抗侧力构件(抗剪墙体)的组成部分，同时也为所连接构件提供可靠的稳定性保障，因此必须可靠连接。

5 结构分析

5.1 结构计算原则

5.1.1 低层冷弯薄壁型钢房屋是由复合墙板组成的"盒子"式结构，上下层之间的立柱和楼(屋)面之间的型钢构件直接相连，双面所覆板材一般沿建筑物竖向是不连续的。因此，楼(屋)面竖向荷载及结构自重都假定仅由承重墙体的立柱独立承担，但双面所覆板材对立柱构件失稳的约束将在立柱的计算长度中考虑。另外，结构的水平荷载(风或地震作用)仅由具备抗剪能力的承重墙(抗剪墙体)承担。

5.1.2 参考"盒子"式结构的分析，每个主轴方向的水平荷载可根据对应方向上各有效抗剪墙的抗剪刚度大小按比例分配，并考虑门窗洞口对墙体抗剪刚度的削弱作用。由于在低层冷弯薄壁型钢房屋中每片抗剪墙一般宽度有限，其刚度假定与墙体宽度成正比。楼面和屋面在自身平面内应具有足够刚度的要求，将由本规程有关章节的构造规定保证。

5.1.3 楼面梁一般采用帽形或槽形(卷边)构件，在受压翼缘与楼面板采用规定间距的螺钉相连，对面外整体失稳及畸变屈曲的约束有保障，只需要按承受楼面竖向荷载的受弯构件验算其承载力和刚度。在相关构造不能肯定对面外整体失稳及畸变屈曲提供有效约束时，也可以按照本规程第 6.1.4 条的规定，进行稳定验算。

5.2 水平荷载效应分析

5.2.1 在计算水平地震作用时，阻尼比参考一般钢结构建筑取 0.03，结构基本自振周期的近似估计参考现行国家标准《建筑抗震设计规范》GB 50011 给出。从同济大学、中国建筑标准设计研究院、西安建筑科技大学、博思格钢铁（中国）、北京豪斯泰克钢结构有限公司、上海钢之杰钢结构建筑有限公司等完成的 3 栋足尺振动台模型试验中得到的基本自振周期也符合公式（5.2.1）。

5.2.2 根据同济大学、中国建筑标准设计研究院、西安建筑科技大学、博思格钢铁（中国）、北京豪斯泰克钢结构有限公司、上海钢之杰钢结构建筑有限公司等完成的 3 栋足尺振动台模型试验研究分析表明，对低层冷弯薄壁型钢房屋采用底部剪力法进行地震力计算，并按各主轴方向上各有效抗剪墙的抗剪刚度大小按比例分配该层的地震力，估计得到的模型抗震能力基本符合振动台试验的实际情况，表明采用底部剪力法进行水平地震力计算是合适的。

5.2.4 表 5.2.4 中的抗剪刚度值，可分别由 1∶1 组合墙体模型试验的单调加载荷载-转角（V-γ）曲线和滞回加载时荷载-转角（V-γ）滞回曲线的骨架曲线确定（图 2）。

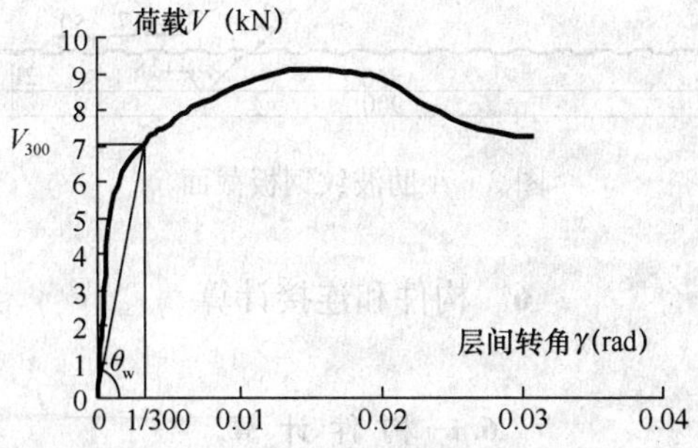

荷载V (kN)
V_{300}
θ_w
层间转角γ(rad)
0 1/300 0.01 0.02 0.03 0.04

(a) 单调加载荷载 - 转角（V-γ）曲线

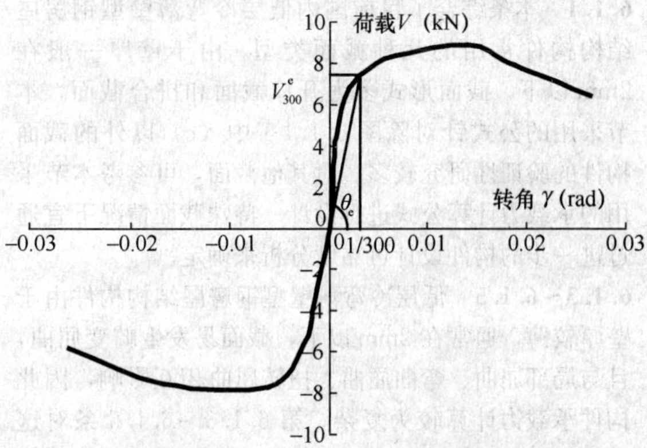

荷载V (kN)
V^e_{300}
θ_e
转角 γ (rad)
−0.03 −0.02 −0.01 0 1/300 0.01 0.02 0.03

(b) 荷载 - 转角（V-γ）滞回曲线的骨架曲线

图 2 组合墙体变形限值及抗剪刚度

对风荷载，由图 2（a）可得墙体侧移 1/300rad 时的刚度为：

$$K_{w0}=\tan\theta_w=\frac{V_{300}}{1/300} \quad (1)$$

每米宽墙体的刚度为：$K_w=\frac{K_{w0}}{l_w}$，则有：

$$K_w=\frac{V_{300}}{(1/300)l_w} \quad \mathrm{kN/(m\cdot rad)} \quad (2)$$

同理，地震作用下抗剪组合墙体的水平侧向刚度也可由图 2（b）荷载-转角（V-γ）滞回曲线的骨架曲线确定如下：

多遇地震作用下抗剪组合墙体的水平侧向弹性变形限值取为 1/300 层高，每米宽墙体的刚度为：

$$K_e=\frac{V^e_{300}}{(1/300)l_w} \quad \mathrm{kN/(m\cdot rad)} \quad (3)$$

表 5.2.4 中抗剪刚度值，即为按上述式（2）和式（3）根据相关试验结果确定并作调整而得。

风荷载和多遇地震作用下结构处于弹性阶段，试验结果表明 1/300 层高变形时组合墙体的抗风刚度 K_w 和抗震刚度 K_e 很接近，故在表 5.2.4 中将二者的抗侧移刚度值取为一致。由于低层冷弯薄壁型钢房屋建筑的自重很轻，地震作用对其影响不明显，故本规程未考虑罕遇地震作用下的结构计算。

表 5.2.4 中试验用小肋波纹钢板基材厚度 0.42mm，波高 4mm，波宽 18mm，宽厚比约 43，高厚比约 10，截面尺寸见图 3。建议取用表中值时，波纹钢板的宽厚比不大于 43，高厚比不大于 10。

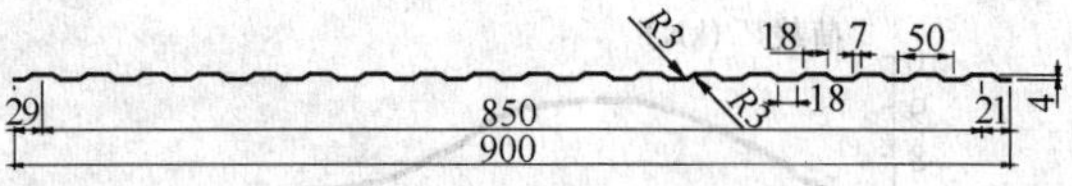
R3
18
7
50
R3
18
29
850
21
4
900

图 3　小肋波纹钢板截面

6　构件和连接计算

6.1　构件计算

6.1.1　本条综合了目前国内低层冷弯薄壁型钢房屋结构构件常用的几种截面类型。由于壁厚一般在2mm以下，截面形式多为开口截面和拼合截面。本节采用的公式针对除图 6.1.1-1 中（c）以外的截面构件的验证性研究较多。对其他截面，可参考本节采用的承载力计算公式进行设计。特殊截面情况下宜通过进一步的构件设计可靠度分析来确定。

6.1.3～6.1.5　低层冷弯薄壁型钢房屋结构构件由于壁厚较薄，通常在 2mm 以下，截面易发生畸变屈曲，且与局部屈曲、弯曲屈曲、扭转屈曲相互影响，因此构件承载力计算较为复杂。第 6.1.3～6.1.5 条对这类低层冷弯薄壁型钢开口截面轴压和受弯构件的承载力计算及畸变屈曲以外的稳定性计算，仍按现行国家标准《冷弯薄壁型钢结构技术规范》GB 50018 各类构件的相应规定进行，但因为板件很薄，有效宽厚比计算中必须考虑板组稳定影响；对畸变失稳对应的承载力，直接参考澳大利亚标准（AS/NZS 4600：2005）的公式给出。对压弯构件，本规程建议采用一个简单的相关公式来考虑。对由典型开口截面拼合而成的截面的轴压构件，原则上可由两个单个开口截面轴压构件的承载力简单叠加，但考虑到组合后的截面部分板件重合，且之间有按构造要求布置的螺钉（间距不小于 600mm）相连，对相互之间的板件稳定有明显影响，且一般由于内外覆板的约束而只存在墙体面外弯曲的可能，根据相关试验研究结果可以考虑这部分的增强。同济大学、西安建筑科技大学、中国建筑标准设计研究院、博思格钢铁（中国）、上海绿筑住宅系统科技有限公司、上海钢之杰钢结构建筑有限公司等开展合作研究，对 LQ550 级、Q235 级、Q345 级钢材开口及拼合截面的轴压构件、偏压构件、受弯构件承载力及破坏模式进行了系统的试验研究。同济大学采用本规程提出的公式进行承载力估计，对各类构件进行了详细的设计可靠度分析，结果表明该方法是合理可行的，能够满足相关设计可靠度的要求。对压（拉）弯构件，式（6.1.5-1）～式（6.1.5-7）仅考虑卷边槽形截面绕对称轴弯曲的情况，这也是卷边槽形截面实际工程应用中的主要情形。

6.1.6　由于冷弯薄壁型钢构件截面畸变屈曲行为复杂且破坏具有脆性，结构构造设计中应尽量避免出现，这样可在提高构件承载力的同时，避免了复杂的计算。目前有一定研究基础的构造设计措施包括：1）构件受压翼缘有可靠的限制畸变屈曲变形的约束，如构件受压翼缘的外侧平面覆有有效板材及螺钉连接间距加密一倍；2）构件长度小于构件畸变屈曲半波长 λ，从而抑制截面畸变屈曲的形成；3）构件截面采取如设置间距小于构件畸变屈曲的半波长 λ 的拉条或隔板等有效抑制畸变屈曲发生的措施。

6.1.7　在现行国家标准《冷弯薄壁型钢结构技术规范》GB 50018中没有对中间加劲板件给出有效宽度的计算方法。本条参考澳大利亚标准（AS/NZS 4600：2005），按“等效板件”的概念给出这类板件的有效宽度计算公式。同济大学对 LQ550 级钢材含中间加劲板件截面的轴压构件承载力进行了试验研究及计算分析，表明该方法的合理性，并容易与现有规范的计算方法相衔接。在中间加劲板件有效宽度实际计算中，主要是先根据图 6.1.7（a）中左图得到失效宽度，再根据右图考虑原始截面失效的面积或面积矩。

6.2　连接计算和构造

6.2.1　螺钉的抗剪连接破坏主要表现为被连接板件的撕裂和连接件的倾斜拔脱，这两种破坏模式下的承载力可采用《冷弯薄壁型钢结构技术规范》GB 50018 中推荐的公式进行计算。采用 2mm 以下薄板或高强度薄板时，试验中还发现有明显的螺钉剪断现象，存在一定的“刀口”效应，其承载力也明显低于上述两种破坏模式。澳大利亚标准（AS/NZS 4600：2005）要求该承载力由试验确定，且不能小于 1.25 倍规范公式承载力（即被连接板件的撕裂和连接件的倾斜拔脱对应的承载力）。另外，同济大学进行的一系列单剪试验研究表明，当一个螺钉的抗剪承载力不低于按螺钉螺纹处有效截面面积和材料抗剪强度计算得到的剪断承载力的 80%时，螺钉有可能发生剪断破坏，因此建议按式（6.2.1）验算，使螺钉连接受剪时不会发生剪断破坏，仍可按规范公式进行计算。目前，由于对不同厂家生产的螺钉材料的抗剪承载力缺乏标准，且“刀口”效应难以定量化，所以本条第 2 款规定单剪剪断承载力应考虑相连的板件厚度及连接顺序，由标准试验确定。同时，采用多个螺钉连接时，螺钉群存在明显的剪切滞后效应。同济大学在试验研究的基础上，建议参考文献 La Boube RA，Sokol MA. Behavior of screw connections in residential construction. Journal of Structural Engineering，2002，128（1）：115-118 的公式。由于原公式在 $n=1$ 时不等于 1，故将其中一个系数 0.467 改为 0.465。

7　楼盖系统

7.1　一般规定

7.1.1　本节关于楼盖的构造主要参考美国钢铁协会

(AISI) 低层住宅描述性设计中冷弯型钢骨架标准的有关规定制定。图4为示意图，具体设计时，在安全可靠的前提下，可以采用其他的连接节点形式。

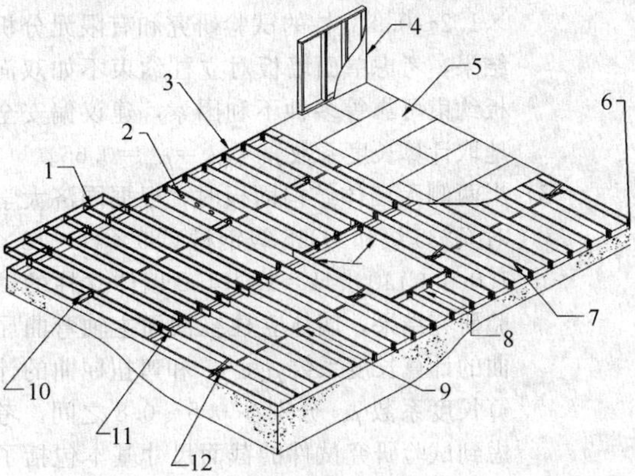

1
2
3
4
5
6
7
8
9
10
11
12

图4　楼盖系统

1—悬臂梁；2—腹板开洞加劲；3—槽钢边梁；4—墙架；5—楼面结构板；6—梁支座加劲件；7—连续梁；8—洞口过梁；9—下翼缘连续带支撑；10—刚性支撑；11—梁搭接；12—交叉支撑

当房屋设计有地下室或半地下室，或者底层架空设置时，相应的一层地面承力系统也称为楼盖系统，图4描述的是支承在混凝土基础/墙体上的钢楼盖的构件组成。根据设计，楼盖有多种支承形式，但楼盖的构造形式基本相同。

楼盖系统由冷弯薄壁槽形构件、卷边槽形构件、楼面结构板和支撑、拉条、加劲件所组成，构件与构件之间宜用螺钉可靠连接。考虑到实际的需要，楼面梁也可采用冷弯薄壁矩形钢管、桁架或其他型钢构件，以及其他连接形式，并按有关的现行国家标准设计。

7.1.2　结构面板或顶棚面板与楼面梁通过螺钉按构造要求连接时，可为梁提供可靠的侧向支撑。在正常使用条件下，梁不会产生平面外失稳现象，因此不需验算梁的整体稳定性。这是本规程推荐使用的基本构造方式。

对于多跨梁，在中间支承处，由于存在较大的负弯矩和剪力作用，应按弯剪组合作用验算相应截面。

在构造上，对于楼面梁腹板开孔有限制。开孔离开支承点一定距离，开孔对应的剪力相对较小，当楼面梁跨度较大时，需要验算相应截面受剪承载力。

7.1.3　楼面结构面板，包括吊顶板，对减小楼面梁的挠度有正面作用。考虑到结构面板为多块拼接，连接方式为小直径螺钉，且板之间有间隙，一般无法准确地定量确定组合作用的大小。因此计算挠度时，不考虑组合作用。

7.2　楼盖构造

7.2.1　边梁对结构面板边缘起加强作用，同时是连接楼面梁与墙体的过渡构件。梁在支承点处宜布置腹板承压加劲件，避免复杂的腹板局部稳定性验算。当厚度大于1.1mm时，可采用相应的无卷边槽钢作为承压加劲件。安装时承压加劲件应与楼面梁腹板支座区中心对齐，宜设置在楼面梁的开口一侧，且应尽量与下翼缘顶紧。

7.2.2　地脚螺栓采用Q235B材料。本条提及的地脚螺栓是一种构造措施，主要作用是将房屋和基础紧密连成一体，抵抗水平荷载的作用。该地脚螺栓不应视为抵抗房屋倾覆的抗拔构件，房屋抗拔构件在墙体系统设计中另行设计和布置。

7.2.4、7.2.5　悬挑梁在支承处布置刚性撑杆，刚性撑杆与结构面板连接，确保悬挑楼盖部分的水平作用（剪力）可以方便地传递到楼盖其他部分，进而传递到下层墙体，同时限制了悬挑梁在支座处的转动，增强了楼面梁的整体稳定性和楼面系统的整体性。刚性撑杆可以折弯端部腹板直接与梁用螺钉连接，也可以通过角钢连接片与梁连接，角钢连接片规格宜为50mm×50mm，厚度应不小于梁的厚度。

7.2.6　本构造方式有利于调平基础，并减弱基础-墙体间冷桥作用。

7.2.7　楼盖悬挑长度不宜过大，主要是考虑到悬挑楼盖支承承重墙体时，房屋体系受力条件和传力路径复杂，简化计算时可能不安全。悬挑梁应基于计算确定，采用拼合双构件的目的主要是基于减少构件规格的考虑。

7.2.8　搭接为铰接，由于有2层腹板，通常不必设置加劲件。如果设计为连续搭接构件，支承点每侧的搭接长度应不小于相应跨度的1/10，且通过螺钉可靠连接。

7.2.9　本条规定是为防止楼面梁整体或局部倾覆。

7.2.10　结构面板传递到楼面梁的垂直荷载并不是作用在梁截面的弯心处，梁受弯扭作用。当梁跨度较大时，布置跨中刚性撑杆和下翼缘钢带，可以阻止梁整体扭转失稳。

7.2.12、7.2.13　楼盖系统是水平传力路径的主要构件，结构面板只有具备一定的厚度并与楼面梁可靠连接，楼盖系统才能简化为平面内刚性的隔板，可靠地传递水平荷载。当水平作用较大时，适当增加结构面板的厚度和螺钉连接密度可增大楼面平面内刚度，确保房屋安全。

楼面结构板有多种形式，可以是结构用定向刨花板，也可以铺设密肋压型钢板，上浇薄层混凝土；也可在楼面梁顶加设对角拉条，且拉条与每根梁顶面都有螺钉连接固定，再铺设非结构面板。在构造上必须保证整个楼盖系统具有足够的平面内刚度，以便安全可靠地传递水平荷载作用。

7.2.14　本规程鼓励采用新的材料和新的构造做法。

8 墙体结构

8.1 一般规定

8.1.1 低层冷弯薄壁型钢房屋建筑的墙体，是由冷弯薄壁型钢骨架、墙体结构面板、填充保温材料等通过螺钉连接组合而成的复合体，为方便设计计算，根据墙体在建筑中所处位置、受力状态划分为外墙、内墙、承重墙、抗剪墙和非承重墙等几类。

8.1.2 抗拔连接件（抗拔锚栓、抗拔钢带等）是连接抗剪墙体与基础以及上下抗剪墙体并传递水平荷载的重要部件，因此，抗剪墙体的抗拔连接件设置必须要保证房屋结构整体传递水平荷载的可靠性。对仅承受竖向荷载的承重墙单元，一般可不设抗拔件。足尺墙体试验和振动台试验表明，抗拔连接件对保证结构整体抗倾覆能力具有重要作用，设计及安装必须对此予以充分重视。

8.2 墙体设计计算

8.2.1 对本条说明如下：

1 承重墙体的墙体面板、支撑和墙体立柱通过螺钉连接形成共同受力的组合体，墙体立柱不仅承受由屋盖桁架和楼面梁等传来的竖向荷载 N，同时还承受垂直于墙面传来的风荷载引起的弯矩 M_x，其受力形式为压弯构件。

1）当两侧有墙体结构面板时，由于墙面板对立柱的约束作用较强，根据国内多家单位的试验研究结果，立柱一般不会发生整体扭转失稳和畸变屈曲。根据西安建筑科技大学、长安大学、北新房屋有限公司、博思格钢铁（中国）等单位对 Q235 级和 Q345 级钢材 C89×44.5×12×1.2～0.9、C140×44.5×12×1.2～0.9、C140×41×14×1.6 和 LQ550 级高强度钢材的 C75×40×8×0.75、C102×51×12×1.0 墙体立柱的试验和有限元研究结果，μ_y 均很小，并考虑到试验研究试件的截面尺寸基本包括了常用规格，故本条建议可不计算绕 Y 轴的弯曲失稳。

绕 X 轴（墙面外）的弯曲失稳，在所有试验中均未发生此种破坏，故由于缺乏试验和理论研究资料，确定 μ_x 时无直接依据。根据无墙板但中间有一道支撑（刚性撑杆、双侧拉条）时 $\mu_x=0.65$～0.8，本条凭经验建议取：$\mu_x=0.4$。

2）当仅有一侧墙体结构面板时，单侧墙体面板和另一侧拉条或支撑对立柱的约束相对较弱，故本条建议对墙体立柱除承载力计算外，还应进行整体稳定性计算。综合西安建筑科技大学、长安大学等单位对 C89×44.5×12×1.2～0.9 和 C140×44.5×12×1.2～0.9 立柱的试验研究和有限元分析结果，考虑单面墙板对立柱约束不如双面板约束可靠等多种不利因素，建议偏安全地取计算长度系数 $\mu_x=\mu_y=\mu_w=0.65$。

3）当两侧无墙体结构面板时，根据同济大学对 Q235 级和 Q345 级钢材 C89×41×13×1.0 和 C140×41×13×1.2 墙体立柱的试验研究结果，墙体立柱绕截面主轴弯曲屈曲的计算长度系数 μ_x、μ_y 和弯扭屈曲的计算长度系数 μ_w 分别在 0.5～0.8 之间，考虑到试验研究试件的截面尺寸基本包括了常用规格，并参照国外相关研究，故本条建议统一取 $\mu_x=\mu_y=\mu_w=0.8$。

当两侧无墙面板但中间至少有一道支撑（刚性撑杆、双侧拉条）时，参照同济大学、西安建筑科技大学和长安大学等单位的试验研究，建议取 $\mu_x=\mu_w=0.8$，$\mu_y=0.5$。

计算承重内墙立柱时，宜考虑室内房间气压差对垂直于墙面的作用，室内房间气压差参照澳大利亚规范可取 $0.2kN/m^2$。

2 对墙体面板连接螺钉之间的立柱段，当轴力较大时可能发生绕截面弱轴的失稳，需按轴心受压杆验算其稳定性，同时考虑到可能发生因施工等原因导致某一螺钉连接失效，计算时立柱的计算长度取 $l_{0y}=2s$，即 2 倍的连接螺钉间距。

8.2.2 对非承重外墙体，横向风荷载可按现行国家标准《建筑结构荷载规范》GB 50009 规定的风荷载取用；对非承重内墙体，横向风荷载可取室内房间气压差，室内房间气压差参照澳大利亚规范可取 $0.2kN/m^2$。

8.2.3 抗剪墙体单元为一对抗拔连接件之间的墙体段，在水平荷载作用下抗拔连接件处将产生由倾覆力矩引起的向上拉拔力和向下的压力，并在相同位置拼合立柱（设置抗拔件的立柱应为 2 个或 2 个以上单根立柱的拼合柱）上、下层间传递，故计算与抗拔连接件相连接的拼合立柱时应考虑由倾覆力矩引起的向上拉拔力和向下压力 N 的影响。

8.2.4 抗剪墙体的受剪承载力通常由 1∶1 的墙体模型试验确定。一般情况下，水平荷载作用时的受剪承载力可由单调水平加载试验结果确定。由单调加载试验的荷载-位移（P-Δ）曲线的屈服点确定其屈服承载力 P_y 作为标准值，并考虑相应的抗力分项系数即可得到相应的承载力设计值。由于抗剪墙体的多样性和试验数据的有限性，目前无法采用统计和回归方法得到抗力分项系数。有鉴于此，本条依据西安建筑科技大学、长安大学、北新房屋有限公司、博思格钢铁（中国）等单位的试验研究结果，参考美国和日本规范容许应力法的安全系数，采用“等安全系数”原理，反算出按我国概率极限状态设计法“等效抗力分项系数 γ'_R”（水平风荷载为 $\gamma'_R=1.25$）。以美国规范为例，容许应力法（ASD）的设计表达式有：

$$S \leqslant R/k = [R];[R] = P_{nom}/k \qquad (5)$$

式中：k——安全系数，风荷载时 $k=2.0$；

P_{nom}——墙体的“名义抗剪强度”，抗风时按静载试验结果取值，美国规范的“名义抗剪强度”或标准强度相当于试验中试件的最大荷载值 P_{max}。若以单调水平加载试验的屈服承载力 P_y 作为抗力标准值 R_k，最大荷载值 P_{max} 代替美国规范的“名义抗剪强度”P_{nom}，则等效我国规范抗力分项系数 γ'_R 为：

$$\frac{R_k}{\gamma_s \cdot \gamma'_R} = [R] = P_{max}/k;\gamma'_R = \frac{P_y k}{\gamma_s P_{max}}; \qquad (6)$$

$$抗风:\gamma'_R = \frac{2P_y}{1.35P_{max}} \qquad (7)$$

式中：γ_s——按我国规范取荷载平均分项系数，考虑轻钢住宅活荷载比重大，抗风时近似取 1.35。

表 8.2.4 中的数据就是按上述原则，根据相关试验数据经过处理而来。

表 8.2.4 注 3 中“当组合墙体的宽度大于 450mm 而小于 900mm 时，表中受剪承载力设计值乘以 0.5”借鉴了日本的相关技术资料。

表 8.2.4 注 5 中“单片抗剪墙体的最大计算长度不宜超过 6m”是根据墙体构造第 8.3.5 条第 3 款中“抗拔锚栓的间距不宜大于 6m”的规定确定。

对开有洞口的抗剪墙体，洞口对组合墙体受剪承载力的影响目前国内的研究不足，本条借鉴美、日等国的相关技术资料给出。

波纹钢板的构造要求见第 5.2.4 条条文说明。

8.3 构造要求

8.3.1 墙体连接处立柱布置，满足钉板要求。

8.3.2 墙体顶导梁进行受力分析计算时，除了考虑施工活荷载外，若墙体骨架的立柱、楼面梁、屋架间距相同且其竖向轴线在同一平面（或轴线偏心不大于 20mm）时，则可认为顶导梁不承受屋架或楼面梁传来的荷载，否则需按上部屋架、椽子或楼面梁传来的荷载对顶导梁进行相应的承载力和刚度验算。

底导梁可不计算屋面、楼面和墙面等传来的荷载，但应具有足够的承载力和刚度，以保证墙体与基础或下部结构连接的可靠性。

8.3.3 承重墙体门、窗洞口上方设置过梁主要是为了承受洞口上方屋架或楼面梁传来的荷载。

实腹式过梁常用箱形、工字形和 L 形等截面形式：箱形过梁可由两根冷弯卷边槽钢面对面拼合而成，工字形过梁可由两根冷弯卷边槽钢背靠背拼合而成，L 形截面过梁由冷弯 L 型钢组成，可以单根，也可以两根拼合；当过梁下部设置短立柱时，短立柱可采用冷弯卷边槽钢，和门、窗框用自钻螺钉连接。

箱形截面、工字形截面过梁与顶导梁采用螺钉连接，双排布置，纵向间距不应大于 300mm。过梁型钢的壁厚不宜小于柱的壁厚，过梁端部与洞口边立柱采用螺钉进行连接，过梁端部的支承长度不宜小于 40mm。L 形截面过梁的角钢短肢和顶导梁可采用间距不大于 300mm 的螺钉连接，长肢与主柱和短立柱应采用螺钉连接。

当过梁的跨度、上部荷载较大时可采用冷弯型钢桁架式过梁。

8.3.4 当选用结构面板蒙皮支撑时，结构面板与立柱通过螺钉连成整体；在施工阶段，当未安装结构面板时，宜对墙体骨架设置临时附加支撑。

当选用钢带拉条设置柔性交叉支撑时，两个交叉钢带拉条可布置在墙体立柱的同一侧，也可分别布置在墙体立柱的两侧。

8.3.5 地脚螺栓宜布置在底导梁截面中线上。抗拔锚栓通常应与抗拔连接件组合使用。抗剪墙与抗拔锚栓组合使用时，为了充分发挥抗剪墙的抗剪效应，抗拔锚栓的间距不宜大于 6m，且抗拔锚栓距墙角或墙端部的最大距离不宜大于 300mm。

8.3.6 抗剪墙与上部楼盖、墙体的连接采用条形连接件或抗拔螺栓是为了能够保证可靠地承受和传递水平剪力及抗拔力。

抗剪墙的顶导梁与上部楼盖应可靠连接，以确保传递上部结构传下来的水平力。

8.3.7 低层冷弯薄壁型钢房屋的墙体系由多种材料、多种构件拼装而成，其细部构造形式各国也有差异，且随时间的推移不断出现新的材料和构造做法，考虑到我国应用该种体系时间不长，本节给出的墙体构造与连接规定，在构造合理、传力明确，安全可靠地承受和传递荷载，并满足相应计算要求的基础上，主要借鉴和参考美国、日本等国家的相关规范和技术资料制定了各条规定。

9 屋盖系统

9.1 一般规定

9.1.1 目前用于冷弯薄壁型钢结构体系的屋面承重结构主要分为桁架和斜梁两种形式。桁架体系以承受轴力为主，斜梁以承受弯矩为主。

9.1.3 当腹杆较长时，侧向支撑可以有效减少腹杆在桁架平面外的计算长度。交叉支撑能够保证腹杆体系的整体性，有利于保持屋架的整体稳定。

9.2 设计规定

9.2.2 本条中力学简化模型与实际屋架的构造完全相符。实际工程中弦杆为一根连续的构件，而腹杆则通过螺钉与弦杆相连。弦杆按本规程第6.1.5条压弯构件的相关规定进行承载力和整体稳定计算，腹杆按本规程第6.1.2条和6.1.3条轴心受力构件的相关规定进行计算。

9.2.3 冷弯薄壁型钢结构屋面与其他类型屋面不同之处在于上弦杆会铺设结构用定向刨花板（OSB）等结构面板，它对上弦杆件上翼缘受压失稳时有较强的约束作用。计算长度取螺钉间距的2倍是考虑到在打螺钉过程中，有可能出现单个螺钉失效的情况，为了保证弦杆稳定计算的可靠度，取2倍螺钉间距。

9.2.4 腹杆通常都按轴压或轴拉构件计算，不考虑偏心距的影响。对于薄壁构件存在整体稳定和局部稳定相关性的问题，计算和试验表明，当腹杆与弦杆背靠背连接时，面外偏心距的存在会降低腹杆承载力10%～15%左右，因此该偏心距应该在计算中考虑。

9.3 屋架节点构造

9.3.1 试验表明，当屋脊附近作用有集中荷载时，如果屋脊节点刚度较弱，节点的破坏会先于构件的失稳破坏。因此要根据荷载的情况，来选择相应的屋脊节点形式。图9.3.1中，(a)适用于屋脊处无集中荷载的情况，(c)适用于屋脊处有集中荷载的情况，(b)节点刚度介于两者之间。

9.3.2 水平加劲的存在能够增加下弦杆的抗扭刚度，防止腹杆传给弦杆的荷载较大时导致弦杆在连接部位的扭转屈曲破坏。考虑到仅在外伸切角范围内设置螺钉时，外伸板件存在失稳的可能，因此规定腹杆端部卷边连线以内应设置不少于2个螺钉。

9.3.5 条形连接件可以抵抗向上的风吸力和地震作用产生的上拔力，以增强墙体和屋面体系的整体性，防止在飓风和强震作用下，屋面与墙体相分离。

10 制作、防腐、安装及验收

10.1 制　　作

10.1.1 冷弯薄壁型钢结构设计是以结构工程师为主导，详图设计人员配合，并考虑到工厂设备的实际生产能力而进行的一体化过程。目前不同厂家都有自己独立的设计软件、节点图集和加工设备，本条从宏观流程上对设计生产过程进行了规定，使国内冷弯薄壁型钢结构的设计和生产能够标准化、系统化。

10.1.3 对冷矫正和冷弯曲的最低环境温度进行限制，是为了保证钢材在低温情况下受到外力时不致产生冷脆断裂。在低温下钢材受到外力脆断要比冲孔和剪切加工时更敏感，故环境温度应作严格限制。冷弯薄壁型钢的冷弯和矫正加工环境温度不得低于－10℃。

10.1.4 低层冷弯薄壁型钢房屋实质上是一种工业化生产的装配式结构体系。为了区分各种构件，必须对构件进行明确标识并和装配图纸对应起来，以提高后期的拼装效率和准确性。本条即是为了实现这一目的而编制的。

10.2 防　　腐

10.2.1 本条参考美国和澳大利亚规范关于腐蚀性地区的划分综合确定。一般腐蚀性地区是指城市及其近郊的非工业区，高腐蚀性地区是指工业区或近海地区。

10.2.4 对本条各款说明如下：

1 当金属管线与钢构件之间接触时会发生电化学腐蚀，因此有必要在两者之间增加橡胶垫圈，阻断电化学腐蚀的通道。

2 防潮垫一方面是为了防止基础中的湿气腐蚀钢构件，另一方面是避免钢构件与基础材料相接触导致化学物质对钢材的腐蚀。

10.3 安　　装

10.3.3 冷弯薄壁型钢构件壁厚较薄，在冲击外力作用下容易产生局部变形或整体弯曲，导致构件存在缺陷部位。在构件正式安装前，要对这些部位进行校正或补强，以免影响结构的受力性能。

10.3.4 本条主要保证结构板材和钢板的连接质量，螺钉头如果沉入板材中的尺寸超过1mm，则可能对板材局部造成损坏，外表上看螺钉依然和板材连接，实际上和螺钉接触的板材可能已经被局部压坏或破裂，螺钉和板材处于“分离”状态。

10.4 验　　收

10.4.1 规定冷弯成型构件的允许偏差是为了保证构件的加工精度，同时便于现场的拼装。规定构件长度的允许偏差为负值，其目的是为了保证构件的连接质量同时减少工作量。如果构件过长就必须在现场进行切割，既无法保证切割接头的质量又增大了工作量，如果构件稍短一些的话，可以通过适当调整构件的位置使拼装顺利完成。

10.4.2、10.4.3 冷弯薄壁型钢结构实际上是一种预制装配系统，因此其装配质量的好坏主要在于控制结构构件的外形尺寸以及装配完成后的墙体或屋架定位尺寸的偏差，本条对此进行了详细的规定。

10.4.4 限定主体结构的整体垂直度可以防止在轴向荷载作用下二阶效应的产生，保证结构的安全。整体平面弯曲的规定保证了墙体的平整度，为板材的安装提供了平整的基层骨架。

10.4.6 接缝宽度的规定是为了使板材在热胀冷缩时留出足够的空间，以免相互挤压使表面隆起。板材的高差和平整度的限定是为了保证墙面在进行外部装修时能够提供平整的基层，以保证装修质量。

11 保温、隔热与防潮

11.1 一 般 规 定

11.1.1 本节的编写目的，在于改善冷弯薄壁型钢建筑的热环境，提高暖通空调系统的能源利用效率，提高建筑热舒适性，满足防潮防冷凝要求，以满足国家相关节能标准和法规的要求。

各类建筑的节能设计，必须根据当地具体的气候条件，并考虑到不同地区的气候、经济、技术和建筑结构与构造的实际情况。

低层冷弯薄壁型钢房屋的防潮设计，主要是为了防止由于空气渗透、雨水渗透、水蒸气渗透及不良冷凝结露等所造成的建筑物内部的不良水汽积累，以确保建筑物达到预期的耐久年限，并提高建筑物内部的空气质量。

11.1.3 本条主要是保证保温材料的安装质量及其保温性能的可审查性。在国内，部分保温材料生产厂商对产品的正规标识不够重视，一旦安装完成，通过局部的简单检查尚无法确认保温效果。尤其是现场发泡与制作产品，其材质与密度在现场制作后更加难以确定。考虑到低层冷弯薄壁型钢房屋项目规模较小，为尽量避免每个单体项目的现场节能检测，确保保温材料热工性能达到设计要求，本条文对保温材料的热阻标示、可审查性提出了要求。

11.2 保温隔热构造

11.2.1 为确保墙体空腔中填充的保温材料不会塌陷，保温材料应轻质且回弹性能好，厚度与轻钢立柱厚度等厚或略厚，通常采用玻璃棉毡等轻质纤维状保温产品。

在墙体外铺设的硬质板状保温材料，主要目的是减少钢立柱热桥的影响，以防止建筑墙体内表面或内部的冷凝和结露。由于冷弯薄壁型钢立柱的传热能力比立柱间空腔保温材料的传热能力大许多，其热桥效应对建筑围护传热会产生很大的影响，计算外墙热阻时应考虑保温材料的性能折减，参考美国 ASHRAE 90.1-2001 标准，表 1 为常见空腔保温材料热阻值的修正系数。

表 1 外墙空腔保温材料热阻值修正系数表

轻钢立柱尺寸（mm）	轻钢立柱间距（mm）	空腔保温材料热阻值（$m^2 \cdot K/W$）	修正系数
50×100	400	1.90	0.50
		2.30	0.46
		2.60	0.43
50×100	600	1.90	0.60
		2.30	0.55
		2.60	0.52
50×150	400	3.35	0.37
		3.70	0.35
50×150	600	3.35	0.45
		3.70	0.43
50×200	400	4.40	0.31
50×200	600	4.40	0.38

注：1 空腔保温材料热阻值乘以修正系数即为空腔保温材料实际热阻值；
2 本表适用的外墙轻钢立柱钢板厚度不大于 1.6mm；
3 当采用与表 1 不同的保温材料热阻值时，可进行插值计算。

为减少轻钢立柱的热桥效应，防止墙体内部冷凝和墙面出现立柱黑影，宜在外墙的轻钢立柱外侧连续铺设硬质板状保温材料，常见的如挤塑聚苯乙烯泡沫板等。严寒地区的居住建筑，宜在外墙的轻钢立柱外侧连续铺设热阻值不小于 1.40$m^2 \cdot K/W$ 的硬质板状保温材料；寒冷地区的居住建筑，宜在外墙的轻钢立柱外侧连续铺设热阻值不小于 0.60$m^2 \cdot K/W$ 的硬质板状保温材料；严寒与寒冷地区的公共建筑，宜在外墙的轻钢立柱外侧连续铺设热阻值不小于 0.50$m^2 \cdot K/W$ 的硬质板状保温材料。

11.2.2 冷弯薄壁型钢建筑屋顶保温材料一般有在吊顶上平铺和随坡屋面斜铺的两种方式。保温材料（一般为玻璃棉等纤维类保温材料）在吊顶上平铺，节省保温材料，且其上有通风隔热空间，可以提高屋顶的保温隔热性能。考虑到冷弯薄壁型钢屋顶蓄热性能低，在采用保温材料随屋面斜铺的方式时，应将保温材料热阻按标准要求予以提高以满足国家热工标准中屋顶隔热性能的要求。在构造设计时，应确保屋顶保温材料与墙体保温材料的连续性，以防止由于保温材料不连续而造成的传热损失和冷凝。

为减少屋顶钢构件的热桥效应，防止屋顶内部冷凝和屋顶室内侧出现立柱黑影，在顶层吊顶上方平铺的纤维类屋顶保温材料，厚度不宜小于屋顶钢构件截面高度并不宜小于 200mm；沿坡屋面斜铺的保温材料，在寒冷地区和严寒地区，宜增加铺设连续的硬质板状保温材料，以防止屋顶面冷凝和室内侧出现黑影。

11.3 防潮构造

11.3.1 外覆层是指屋面瓦片、外墙面材或外墙挂板等建筑最外侧保护层，目的是遮挡外界风雨侵袭以保护内部构造，可遮挡掉绝大部分的外部雨水。其耐久年限应在综合考虑初次投资与后期维护（拆换清洗等）的基础上确定，并满足相关国家或行业标准的规定。

由于外覆层的本身材料属性、材料老化和施工及维护缺陷等原因，外覆层本身可能做不到万无一失的防水，而需要结合防潮层来遮挡掉偶然进入到外覆层内部的水分。防潮层材料的选择取决于外覆层材料的防护性能和可靠性，常见的防潮层材料，有沥青防潮纸毡、防潮透气膜等。其物理性能、防水性能和水蒸气渗透性取决于具体的墙体设计。

11.3.3 不良水汽凝结，如不适当的冷凝和结露，易降低房屋构件的耐久性，降低保温材料的保温性能，破坏室内装修，并滋生霉菌，降低室内的空气品质。

在围护构造中设置隔汽层，可减少冬季室内相对湿度较高一侧的水蒸气透过覆面材料向围护体系内部的渗透，减少了在围护体系中产生冷凝的可能。常见的隔汽材料，有牛皮纸贴面、铝箔贴面和聚丙烯贴面等，隔汽层材料的渗透系数不应大于 5.7×10^{-11} kg/(Pa·s·m^2)。由于各地区气候环境与生活方式的差异性很大，目前对隔汽层的设置方法尚无确定的通用方法。例如严寒和寒冷地区，隔汽层应在冬季的暖侧设置。而在我国的南方湿热地区，由于存在室外空气湿度和温度大大高于室内的情况（例如夏季使用室内空调的情况下），加之不同项目室内采用空调、除湿、换气的情况差异很大，宜根据具体情况，在温湿度计算分析的基础上确定隔汽层的设置方法。

11.3.4 为减少热桥影响，防止局部结露，保温材料、防潮层和隔汽层应连续铺设，不留缝隙孔洞。防潮层和隔汽层应按设计要求合理搭接，并及时修补破损之处等易造成潮湿问题的薄弱部位。

11.3.5 冷弯薄壁型钢建筑的屋顶保温材料主要为在吊顶板上或在屋面结构板下方空腔内设置的玻璃棉等纤维类保温材料，屋顶空气间层内部容易潮湿，加之室内水蒸气逸入屋顶空气间层内部引起的较高湿度，如无通风措施，易集聚在屋顶间层内部，降低保温材料的保温性能，产生冷凝结露等现象，并降低屋面结构板等木基结构板的寿命。

屋面通风的方式主要有屋面通风口、通风机械或成品通风屋檐与通风屋脊等，宜尽量利用热空气上升的原理，室外空气从屋顶底部进入，从屋顶顶部排出，通风间层高度不宜小于 50mm。

在湿热地区，部分屋顶采用隔汽层设于屋面上侧（或利用防水层），屋顶对内开放，对外封闭的做法，以防止室外潮湿空气进入屋顶空气间层。在这种情况下，一般屋顶间层不采取对外通风措施，但在设计上应确保吊顶材料的透气性以保证屋顶空气间层内部的干燥。

12 防 火

12.0.1 本条规定了本规程防火设计的适用范围，明确了与现行国家标准《建筑设计防火规范》GB 50016 之间的关系。冷弯薄壁型钢建筑有其自身的结构特点，在建筑防火设计中应执行本章的规定。对于本章没有规定的，如建筑的耐火等级、防火间距、安全疏散、消防设施等，应按现行国家标准《建筑设计防火规范》GB 50016 的有关规定设计。

12.0.2、**12.0.3** 本条规定了附设于冷弯薄壁型钢住宅建筑内的危险性较大场所与建筑其他部分的防火分隔要求。对因使用需要等开设的门窗洞口，应考虑采取相应的防火保护措施。

为了防止机动车库泄漏的燃油蒸气进入住宅部分，要求距车库地面 100mm 范围内的隔墙上不应开设任何洞口。在车辆较多的情况下，或者不是仅供该住宅使用的车库的防火设计应按《汽车库、修车库、停车场设计防火规范》GB 50067 的规定执行。

12.0.4 为了防止住宅发生火灾时，相邻单元受火灾烟气的影响，本条对单元之间的墙两侧窗口最近边缘之间的水平距离做了规定。此外，单元之间的墙应砌至屋面板底部，这样才能使该隔墙真正起到防火隔断作用，从而把火灾限制在一个单元之内，防止蔓延，减少损失。在单元式住宅中，单元之间的墙应无门窗洞口，以达到防火分隔的目的。如果屋面板的耐火极限不能达到相应的要求，需要考虑通过采取隔墙出屋面等措施，来防止火灾在单元之间的蔓延。

12.0.5 本条主要是为了防止火灾时火焰不至于迅速烧穿天窗而蔓延到建筑较高部分的墙面上。设置自动喷水灭火系统或固定式防火窗等可以有效地防止火灾的蔓延。

12.0.6 为防止火灾通过建筑内的浴室、卫生间和厨房的垂直排风管道（自然排风或机械排风）蔓延，要求这些部位的垂直排风管采取防回流措施或在其支管上设置防火阀。由于厨房中平时操作排出的废气温度较高，若在垂直排风管上设置 70℃时动作的防火阀将会影响平时厨房操作中的排风。根据厨房操作需要和厨房常见火灾发生时的温度，本条规定住宅厨房的排油烟管道的支管与垂直排风管连接处应设 150℃时动作的防火阀。

12.0.7 住宅建筑内的管道如水管等，因受条件限制必须穿过单元之间的墙和分户墙时，应用水泥砂浆等不燃材料或防火材料将管道周围的缝隙紧密填塞。对于采用塑料等遇高温或火焰易收缩变形或烧蚀的材质的管道，为减少火灾和烟气穿过防火分隔体，应采取措施使该类管道在受火后能被封闭，如设置热膨胀型阻火圈等。

12.0.8 考虑到住宅内的使用人员有可能处于睡眠状态，设置火灾报警装置，可以在发生火灾时及时报警，为人员的安全逃生提供有利条件。

13 试　验

13.1 一般规定

13.1.1、13.1.2 考虑到目前国内外低层冷弯薄壁型钢房屋体系构造形式多样，在发达国家已形成类似产品化的工艺和设计，且不断创新，本规程对其他可能出现的构件截面、连接构造等不可能全部包括，同时参考国外相关标准，从鼓励创新的角度，提出了本章的相关规定。从结构设计安全角度出发，本章的规定仅针对本规程涉及的低层冷弯薄壁型钢住宅体系的节点、连接、紧固件、新截面形式及新构件（包括抗剪墙体）组合形式的承载能力进行试验；不适用于材料本身，也不得将试验结果推广到整个行业。需要进行承载能力试验的可能情形主要包括：1）当使用的材料在现行规范规定以外时；2）组件的组成和构造无法按现行规范计算抗力或刚度时。

13.1.4 本条的规定主要是为保障完成的试验必须具有可重复性及试验结果存档的规范性。

13.2 性能试验

13.2.1、13.2.2 低层冷弯薄壁型钢房屋结构构件本身壁厚非常薄，厚度方向的尺寸效应及施工工艺的影响非常明显，缩尺的模型试验很难反映真实性能，因此，本节的方法不适用于结构模型试验。试件名义上应与结构验证需要的试件类别和尺寸相同，且试件的材料与制作应遵守相关标准的规定及设计提出的要求，组装方法应与实际产品相同。另外，从目前我国的结构设计制度现状和规范体系要求出发，本节中的试验方法只能适用于采用整体结构、结构局部、单根构件或连接件等原型试件进行试验，对设计进行验证以作为计算的一种替代，不能用于总体设计准则的确立。

13.2.3 目前，我国的相关规范体系中对各类试验方法的规定还不完善。本规程结合规程编制组中西安建筑科技大学开展的相关试验研究工作及经验，对低层冷弯薄壁型钢房屋墙体的抗剪试验给出了参考。

13.2.4、13.2.5 作为承载能力的验证试验，本条参考澳大利亚规范（AS/NZS 4600：2005）。同济大学基于概率分析，给出了对试验的目标试验荷载 R_t 的取值规定。其中结构试件变异性的因子 k_t 参考试件结构特性变异系数 k_{sc} 及试件的数量给出，对应保证率为95%。在结构特性变异系数 k_{sc} 的计算中，由于目前低层冷弯薄壁型钢房屋结构的研究仅主要针对构件和连接，材料包括 Q235 级、Q345 级和 LQ550 级钢，因此，本条参考澳大利亚规范（AS/NZS 4600：2005）的取值规定及同济大学已完成的相关试验的统计，对几何尺寸不定性变异系数 k_f 及材料强度不定性变异系数 k_m 给出了相应的明确规定。对于未列入规范中的钢材，其值应由使用材料的统计分析确定。

13.2.6 本条给出了试验中加载及数据采集应符合的一些基本要求，主要参考澳大利亚规范（AS/NZS 4600：2005）。

13.2.7 作为针对给定目标试验荷载下的承载力设计值验证试验，考虑到目前国内的试验认证资质及体系的现状，本条提出了较严格的要求，即按照一组试验（一般最少3个）中的最小值来确定承载力设计值。如果在试验中能够确认某个试件的试验存在明显的错误而导致其承载力严重低估，可以按要求重新进行新的一组试验。另外，系数1.1是基于目标可靠度指标 β 在3.2到3.5之间对应的抗力分项系数。对应于其他目标可靠度指标水平，可按 $1.0+0.15(\beta-2.7)$ 确定。

附录A 确定螺钉材料抗剪强度设计值的标准试验

A.0.1 对本条说明如下：

1 为确保试验装置施加的荷载通过搭接节点中心，保证螺钉受到纯剪切作用，应在试验装置夹头处设置垫块。

2 为保证螺钉被剪断，连接板应采用钢板，其厚度不得小于螺钉直径；螺钉至少应有3圈螺纹穿过钢板。

A.0.2 本条参考现行国家标准《冷弯薄壁型钢结构技术规范》GB 50018的有关规定给出。

A.0.3 本条参考现行国家标准《金属材料　室温拉伸试验方法》GB/T 228给出，即在弹性范围内，试验机夹头的分离速率应尽可能保持恒定，应力速率应控制在$(6\sim60)N/mm^2\cdot s^{-1}$的范围内。在塑性范围内应变速率不应超过0.0025/s。

附录B 墙体抗剪试验方法

B.0.1 冷弯薄壁型钢组合墙体，是由冷弯薄壁型钢骨架和墙体面板组成的蒙皮抗侧力体系，其受剪承载力取决于组合墙体的组成、墙体材料和连接螺钉间距等多种因素，应由1∶1的墙体模型抗剪试验确定其抗剪性能。在水平风荷载作用下，按静力作用考虑墙体的抗剪性能；在水平地震作用下，则按拟静力方法测试墙体的抗剪性能和抗震指标。

B.0.2～B.0.4 本条规定了试验装置的设计和配备、量测仪表的选择。具体规定可参照现行行业标准《建筑抗震试验方法规程》JGJ 101拟静力试验规定的内容确定。

B.0.5 根据本规程第B.0.1条，不同试验目的选择不同试验加载方法。试验中试体施加的竖向荷载是模拟试体在真实结构中所受竖向荷载的作用，抗风时按试体在整体结构中可能承受最大荷载的标准值取用，抗震时按代表值取用。试验时可按静力均匀施加于试体上，试验过程中应保证施加的竖向荷载恒定不变。

正式做试验前，为了消除试体内部组织的不均匀性和检查试验装置及测量仪表的反应是否正常，宜先进行预加反复荷载试验2次，预加荷载值宜为试体屈服荷载的30%。对单调水平加载试验，可根据已有试验结果或经验预估屈服荷载，在试验结束后根据水平剪力-位移曲线确定试体的实际屈服点；对反复水平加载试验，可根据单调水平加载试验结果或经验预估屈服荷载，在试验结束后根据骨架曲线确定试体的实际屈服点。由于冷弯薄壁型钢组合墙体是由多种材料组成的复合体，一般其荷载-位移曲线无明显转折点，目前对这类试体的屈服点确定尚无统一规定方法，有鉴于此，建议采用目前应用较为广泛的“能量等值法”或“作图法”确定屈服点。

B.0.6 试验过程中，水平荷载作用下试体在发生剪切变形的同时可能产生一定的水平滑移和转动，数据处理时，试体的实际剪切变形应扣除水平滑移和转动。

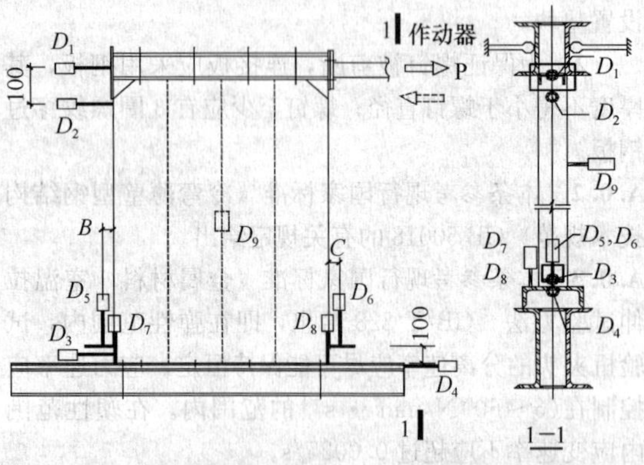

作动器
P
1
1—1
100
B
C

图5 墙片试体位移计布置示意

如图5所示各位移计的布置，试验过程中墙体顶部实测得的侧移 δ_0（D_2 的读数考虑高度折减后的数值），是由墙体转动时的顶部侧移 δ_ϕ、墙体与台座相对滑动位移 δ_l 以及墙体的实际剪切变形 δ 三部分组成。墙体的实际剪切变形 δ 包括面板的剪切变形和螺钉连接处的累积变形，故墙体的实际剪切变形为：

$$\Delta=\delta=\delta_0-\delta_l-\delta_\phi \tag{8}$$

$$\delta_0=\frac{1}{2}\left(\frac{HD_2}{H-100}+D_1\right) \tag{9}$$

$$\delta_\phi=\frac{H}{L+B+C}\cdot\delta_\alpha \tag{10}$$

$$\delta_\alpha=(D_6-D_8)-(D_5-D_7) \tag{11}$$

$$\delta_l=D_3-D_4 \tag{12}$$

式中：δ_0——试验中位移计 D_2 的实测数据考虑高度折减后的数值；

δ_l——为试件的水平滑移，即位移计 D_3 和 D_4 的差值（m）；

δ_ϕ——为墙体转动引起的顶部侧移（m），按图7所示计算；

B、C——见图5；

L、H——见图6。

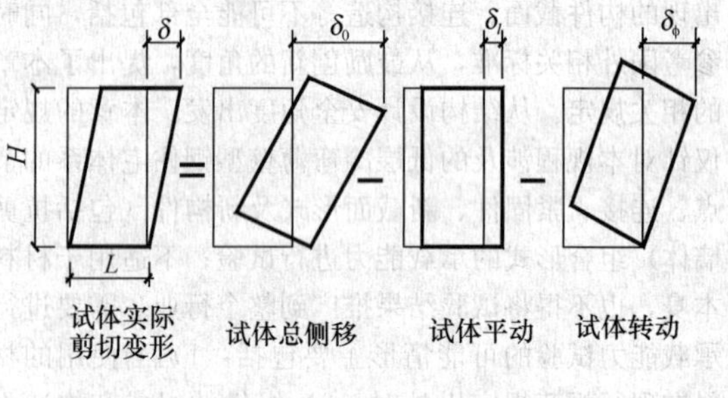

H
L
试体实际剪切变形
试体总侧移
试体平动
试体转动

图6 墙片试体的实际剪切变形

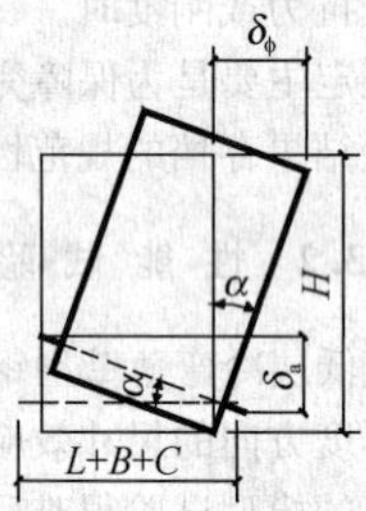

H
α
L+B+C

图7 试体转动侧移

本条主要借鉴了现行行业标准《建筑抗震试验方法规程》JGJ 101对混凝土试体拟静力试验规定的方法确定。

根据本条处理所得试验数据，按本规程第5.2.4条条文说明的方法可得到抗剪墙体的抗剪刚度设计值，按本规程第8.2.4条条文说明的方法可得到抗剪墙体的受剪承载力设计值。

附录C 构件畸变屈曲应力计算

C.0.1、C.0.2 本附录关于畸变屈曲应力的计算方法主要参考了澳大利亚冷弯型钢结构规范（AS/NZS 4600：2005）。

中华人民共和国行业标准

钢筋锚固板应用技术规程

Technical specification for application of headed bars

JGJ 256—2011

批准部门：中华人民共和国住房和城乡建设部

施行日期：2 0 1 2 年 4 月 1 日

中华人民共和国住房和城乡建设部
公　　告

第 1134 号

关于发布行业标准《钢筋锚固板应用技术规程》的公告

现批准《钢筋锚固板应用技术规程》为行业标准，编号为 JGJ 256－2011，自 2012 年 4 月 1 日起实施。其中，第 3.2.3、6.0.7、6.0.8 条为强制性条文，必须严格执行。

本规程由我部标准定额研究所组织中国建筑工业出版社出版发行。

中华人民共和国住房和城乡建设部

2011 年 8 月 29 日

前　　言

根据住房和城乡建设部《关于印发〈2010 年工程建设标准规范制订、修订计划〉的通知》（建标［2010］43 号）的要求，规程编制组经广泛调查研究，认真总结实践经验，参考有关国际标准和国外先进标准，并在广泛征求意见的基础上，制定本规程。

本规程的主要技术内容是：1. 总则；2. 术语和符号；3. 钢筋锚固板的分类和性能要求；4. 钢筋锚固板的设计规定；5. 钢筋丝头加工和锚固板安装；6. 钢筋锚固板的现场检验与验收。

本规程中以黑体字标志的条文为强制性条文，必须严格执行。

本规程由住房和城乡建设部负责管理和对强制性条文的解释，由中国建筑科学研究院负责具体技术内容的解释。执行过程中如有意见或建议，请寄送中国建筑科学研究院（地址：北京市北三环东路 30 号，邮编：100013）。

本规程主编单位：中国建筑科学研究院
北京韩建集团有限公司

本规程参编单位：建研科技股份有限公司
天津大学建筑工程学院
重庆大学土木工程学院
中国核电工程有限公司
中国核工业第二二建设有限公司
中国中轻国际工程有限公司
清华大学建筑设计研究院有限公司
上海核工程研究设计院
中交第三航务工程勘察设计院有限公司
江苏省建工设计研究院有限公司
北京建达道桥咨询有限公司
江阴市城乡规划设计院

本规程主要起草人员：吴广彬　刘永颐　田　雄
李智斌　徐瑞榕　王依群
傅剑平　王洪斗　季钊徐
黄祝林　贺小岗　储艳春
金晓博　尚连飞　吴洪峰
张星云　宋桂峰　葛召深
常卫华　严益民　周林生

本规程主要审查人员：程懋堃　白生翔　沙志国
张承起　康谷贻　李东彬
陈　矛　张超琦　杨振勋
赵景发　李扬海　钱冠龙

目　次

Contents

1 总 则

1.0.1 为在混凝土结构中合理使用钢筋锚固板，做到安全适用、技术先进、经济合理、确保质量，制定本规程。

1.0.2 本规程适用于混凝土结构中钢筋采用锚固板锚固时锚固区的设计及钢筋锚固板的安装、检验与验收。

1.0.3 钢筋锚固板的应用除应符合本规程外，尚应符合国家现行有关标准的规定。

2 术语和符号

2.1 术 语

2.1.1 锚固板 anchorage head for rebar

设置于钢筋端部用于锚固钢筋的承压板。

2.1.2 部分锚固板 partial anchorage head for rebar

依靠锚固长度范围内钢筋与混凝土的粘结作用和锚固板承压面的承压作用共同承担钢筋规定锚固力的锚固板。

2.1.3 全锚固板 full anchorage head for rebar

全部依靠锚固板承压面的承压作用承担钢筋规定锚固力的锚固板。

2.1.4 钢筋锚固板 headed bars

钢筋锚固板的组装件（图 2.1.4）。

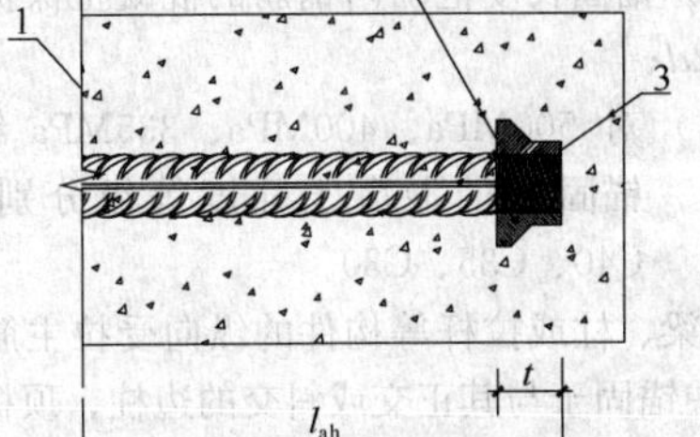

1
2
3
t
l_{ah}

(a) 锚固板正放

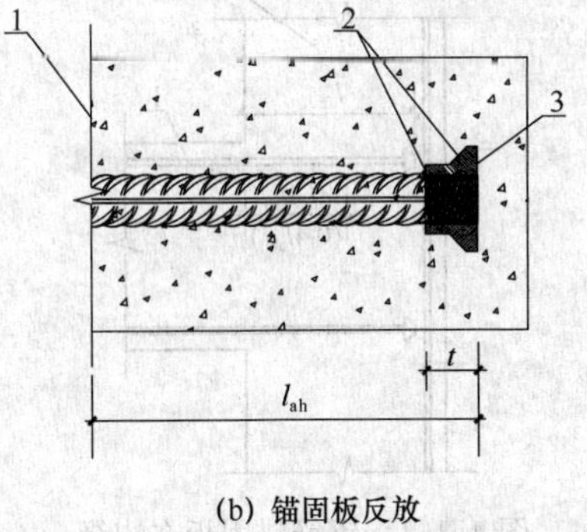

1
2
3
t
l_{ah}

(b) 锚固板反放

图 2.1.4 钢筋锚固板示意图

1—锚固区钢筋应力最大处截面；2—锚固板承压面；3—锚固板端面

2.1.5 钢筋锚固板的锚固长度 anchorage length of headed bars

受力钢筋依靠其表面与混凝土粘结作用和部分锚固板承压面的承压作用共同承担钢筋规定锚固力所需要的长度。

2.1.6 锚固板承压面 bearing surface of anchorage head

钢筋受拉时锚固板承受压力的面。

2.1.7 锚固板端面 end surface of anchorage head

锚固板的外端面。

2.1.8 锚固板厚度 thickness of anchorage head

锚固板端面到承压面的最大厚度。

2.1.9 锚固板承压面积 bearing area of anchorage head

锚固板承压面在钢筋轴线方向的投影面积。

2.1.10 钢筋锚固板锚固区 anchorage area of headed rebars

混凝土结构中，钢筋拉力通过钢筋锚固板传递并扩散到周围混凝土的区域。

2.1.11 钢筋丝头 thread sector at rebar end

钢筋端部加工的螺纹区段。

2.2 符 号

A_s——钢筋公称截面面积；

d——钢筋公称直径；

f_{stk}——钢筋极限强度标准值；

f_{yk}——钢筋屈服强度标准值；

l_{ab}——受拉钢筋的基本锚固长度；

l_{abE}——受拉钢筋的抗震基本锚固长度；

l_{ah}——钢筋锚固板的锚固长度。

3 钢筋锚固板的分类和性能要求

3.1 锚固板的分类与尺寸

3.1.1 锚固板可按表 3.1.1 进行分类。

表 3.1.1 锚固板分类

分类方法	类 别
按材料分	球墨铸铁锚固板、钢板锚固板、锻钢锚固板、铸钢锚固板
按形状分	圆形、方形、长方形
按厚度分	等厚、不等厚
按连接方式分	螺纹连接锚固板、焊接连接锚固板
按受力性能分	部分锚固板、全锚固板

3.1.2 锚固板应符合下列规定：

1 全锚固板承压面积不应小于锚固钢筋公称面积的 9 倍；

2 部分锚固板承压面积不应小于锚固钢筋公称面积的 4.5 倍；

3 锚固板厚度不应小于锚固钢筋公称直径；

4 当采用不等厚或长方形锚固板时，除应满足上述面积和厚度要求外，尚应通过省部级的产品鉴定；

5 采用部分锚固板锚固的钢筋公称直径不宜大于 40mm；当公称直径大于 40mm 的钢筋采用部分锚固板锚固时，应通过试验验证确定其设计参数。

3.2 钢筋锚固板的性能要求

3.2.1 锚固板原材料宜选用表 3.2.1 中的牌号，且应满足表 3.2.1 的力学性能要求；当锚固板与钢筋采用焊接连接时，锚固板原材料尚应符合现行行业标准《钢筋焊接及验收规程》JGJ 18 对连接件材料的可焊性要求。

表 3.2.1 锚固板原材料力学性能要求

锚固板原材料	牌 号	抗拉强度 σ_s（N/mm²）	屈服强度 σ_b（N/mm²）	伸长率 δ（%）
球墨铸铁	QT450-10	≥450	≥310	≥10
钢板	45	≥600	≥355	≥16
	Q345	450～630	≥325	≥19
锻钢	45	≥600	≥355	≥16
	Q235	370～500	≥225	≥22
铸钢	ZG230-450	≥450	≥230	≥22
	ZG270-500	≥500	≥270	≥18

3.2.2 采用锚固板的钢筋应符合现行国家标准《钢筋混凝土用钢 第 2 部分：热轧带肋钢筋》GB 1499.2 及《钢筋混凝土用余热处理钢筋》GB 13014 的规定；采用部分锚固板的钢筋不应采用光圆钢筋。采用全锚固板的钢筋可选用光圆钢筋。光圆钢筋应符合现行国家标准《钢筋混凝土用钢 第 1 部分：热轧光圆钢筋》GB 1499.1 的规定。

3.2.3 钢筋锚固板试件的极限拉力不应小于钢筋达到极限强度标准值时的拉力 $f_{stk}A_s$。

3.2.4 钢筋锚固板在混凝土中的锚固极限拉力不应小于钢筋达到极限强度标准值时的拉力 $f_{stk}A_s$。

3.2.5 锚固板与钢筋的连接宜选用直螺纹连接，连接螺纹的公差带应符合《普通螺纹 公差》GB/T 197 中 6H、6f 级精度规定。采用焊接连接时，宜选用穿孔塞焊，其技术要求应符合现行行业标准《钢筋焊接及验收规程》JGJ 18 的规定。

4 钢筋锚固板的设计规定

4.1 部分锚固板

4.1.1 采用部分锚固板时，应符合下列规定：

1 一类环境中设计使用年限为 50 年的结构，锚固板侧面和端面的混凝土保护层厚度不应小于 15mm；更长使用年限结构或其他环境类别时，宜按照现行国家标准《混凝土结构设计规范》GB 50010 的相关规定增加保护层厚度，也可对锚固板进行防腐处理。

2 钢筋的混凝土保护层厚度应符合现行国家标准《混凝土结构设计规范》GB 50010 的规定，锚固长度范围内钢筋的混凝土保护层厚度不宜小于 $1.5d$；锚固长度范围内应配置不少于 3 根箍筋，其直径不应小于纵向钢筋直径的 0.25 倍，间距不应大于 $5d$，且不应大于 100mm，第 1 根箍筋与锚固板承压面的距离应小于 $1d$；锚固长度范围内钢筋的混凝土保护层厚度大于 $5d$ 时，可不设横向箍筋。

3 钢筋净间距不宜小于 $1.5d$。

4 锚固长度 l_{ah} 不宜小于 $0.4l_{ab}$（或 $0.4l_{abE}$）；对于 500MPa、400MPa、335MPa 级钢筋，锚固区混凝土强度等级分别不宜低于 C35、C30、C25。

5 纵向钢筋不承受反复拉、压力，且满足下列条件时，锚固长度 l_{ah} 可减小至 $0.3l_{ab}$：

1） 锚固长度范围内钢筋的混凝土保护层厚度不小于 $2d$；

2） 对 500MPa、400MPa、335MPa 级钢筋，锚固区的混凝土强度等级分别不低于 C40、C35、C30。

6 梁、柱或拉杆等构件的纵向受拉主筋采用锚固板集中锚固于与其正交或斜交的边柱、顶板、底板等边缘构件时（图 4.1.1），锚固长度 l_{ah} 除应符合本条第 4 款或第 5 款的规定外，宜将钢筋锚固板延伸至

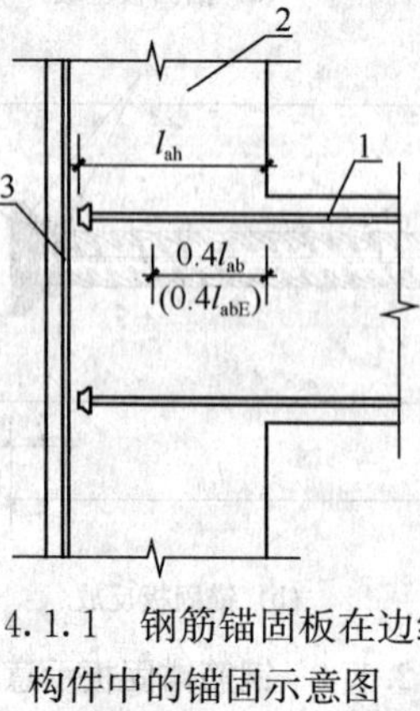
2
l_{ah}
1
3
$0.4l_{ab}$
$(0.4l_{abE})$

图 4.1.1 钢筋锚固板在边缘构件中的锚固示意图

1—构件纵向受拉主筋；2—边缘构件；3—边缘构件对侧纵向主筋

正交或斜交边缘构件对侧纵向主筋内边。

4.1.2 梁支座采用部分锚固板时，应符合下列规定：

1 钢筋混凝土简支梁和连续梁简支端的剪力大于 $0.7f_tbh_0$，且其下部纵向受力钢筋伸入支座范围内的锚固长度无法满足现行国家标准《混凝土结构设计规范》GB 50010 中不小于 $12d$ 的要求时，可选用钢筋锚固板；对 335MPa、400MPa 级钢筋，锚固长度 l_{ah} 不应小于 $6d$；对 500MPa 级钢筋，l_{ah} 不应小于 $7d$（图 4.1.2-1）；

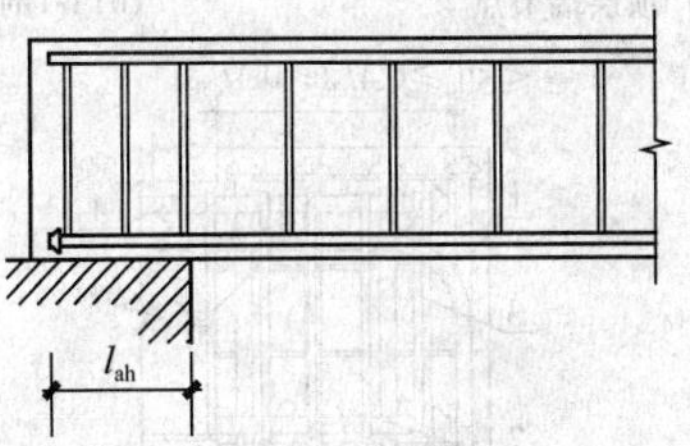

l_{ah}

图 4.1.2-1 纵向受力钢筋伸入梁简支支座的锚固

2 简支单跨深梁和连续深梁的简支端支座处，深梁的下部纵向受拉钢筋应全部伸入支座，下部纵向受拉钢筋可选用锚固板锚固，锚固板应伸过支座中心线，其锚固长度不应小于 $0.45l_{ab}$［图 4.1.2-2（a）］；连续深梁的下部纵向受拉钢筋应全部伸过中间支座的中心线，且自支座边缘算起的锚固长度不应小于 $0.4l_{ab}$［图 4.1.2-2（b）］。

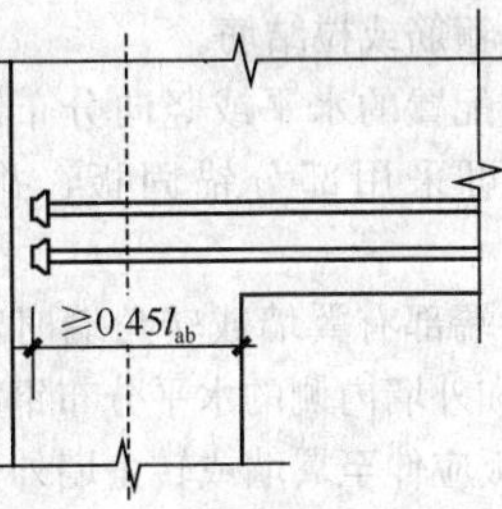

$\geqslant 0.45l_{ab}$

(a)端支座

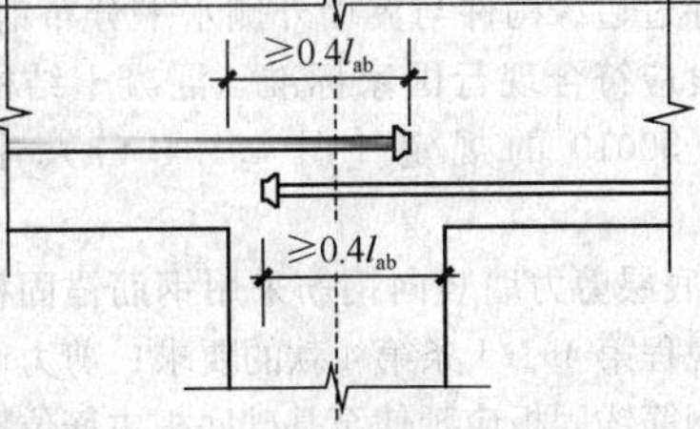

$\geqslant 0.4l_{ab}$
$\geqslant 0.4l_{ab}$

(b)中间支座

图 4.1.2-2 简支单跨深梁和连续深梁下部纵向受拉钢筋锚固

4.1.3 框架节点采用部分锚固板时，应符合下列规定：

1 中间层中间节点梁下部纵向钢筋采用锚固板时，锚固板宜伸至柱对侧纵向钢筋内边，锚固长度不应小于 $0.4l_{ab}$（$0.4l_{abE}$）［图 4.1.3-1（a）］；

2 中间层端节点梁纵向钢筋采用锚固板时，锚固板宜伸至柱外侧纵筋内边，距纵向钢筋内边距离不应大于 50mm，锚固长度不应小于 $0.4l_{ab}$（$0.4l_{abE}$）［图 4.1.3-1（b）］；

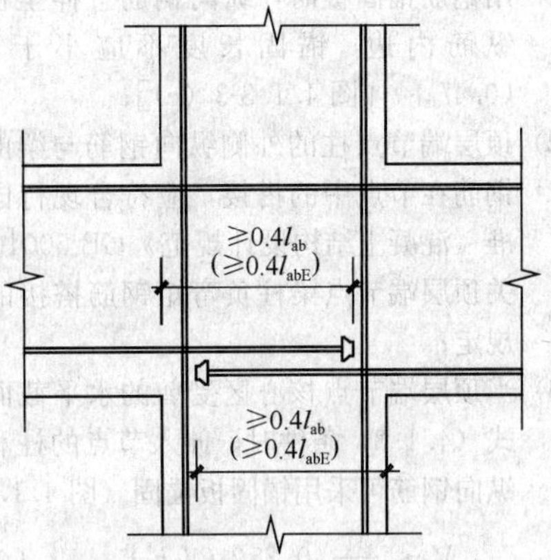

$\geqslant 0.4l_{ab}$
($\geqslant 0.4l_{abE}$)
$\geqslant 0.4l_{ab}$
($\geqslant 0.4l_{abE}$)

(a)中间节点

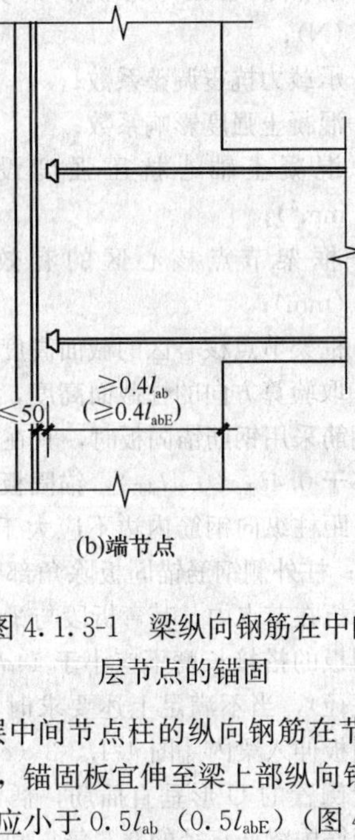

$\geqslant 0.4l_{ab}$
($\geqslant 0.4l_{abE}$)
$\leqslant 50$

(b)端节点

图 4.1.3-1 梁纵向钢筋在中间层节点的锚固

3 顶层中间节点柱的纵向钢筋在节点中采用钢筋锚固板时，锚固板宜伸至梁上部纵向钢筋内边，且锚固长度不应小于 $0.5l_{ab}$（$0.5l_{abE}$）（图 4.1.3-2）；梁的下部纵向钢筋在节点中采用钢筋锚固板时，锚固板宜伸至柱对侧纵向钢筋内边，且锚固长度不应小于 $0.4l_{ab}$（$0.4l_{abE}$）；

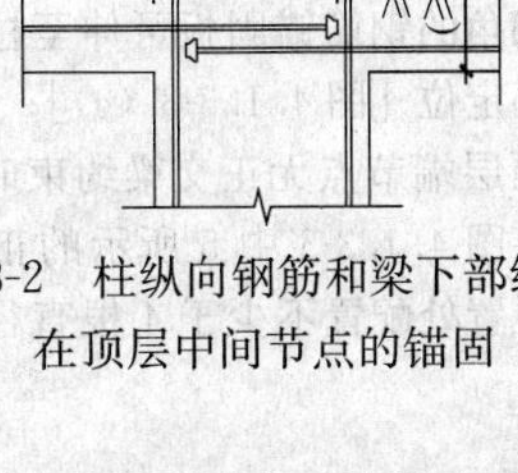

$\geqslant 0.4l_{ab}$
($\geqslant 0.4l_{abE}$)
$\geqslant 0.5l_{ab}$
($\geqslant 0.5l_{abE}$)

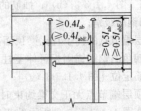

图 4.1.3-2 柱纵向钢筋和梁下部纵向钢筋在顶层中间节点的锚固

4 顶层端节点采用钢筋锚固板时，应符合下列规定：

1）柱的内侧纵向钢筋在节点中采用钢筋锚固板时，锚固长度不宜小于 $0.4l_{ab}$（$0.4l_{abE}$）；顶层端节点梁的下部纵向钢筋在节点中采用钢筋锚固板时，纵向钢筋宜伸至柱外侧纵筋内边，锚固长度不应小于 $0.4l_{ab}$（$0.4l_{abE}$）［图 4.1.3-3（c）］；

2）顶层端节点柱的外侧纵向钢筋与梁的上部钢筋在节点中的搭接，应符合现行国家标准《混凝土结构设计规范》GB 50010 中有关顶层端节点梁柱负弯矩钢筋搭接的相关规定；

3）当顶层端节点核心区受剪的水平截面满足式（4.1.3）条件时，伸入节点的柱和梁的纵向钢筋可采用锚固板锚固（图 4.1.3-3）；

$$V_j \leqslant \frac{1}{\gamma_{RE}}(0.25\beta_c f_c b_j h_j) \quad (4.1.3)$$

式中：V_j——节点核心区考虑抗震的剪力设计值（N）；

γ_{RE}——承载力抗震调整系数；

β_c——混凝土强度影响系数；

f_c——混凝土轴心抗压强度设计值（N/mm²）；

b_j——框架节点核心区的有效验算宽度（mm）；

h_j——框架节点核心区的截面高度（mm），可取验算方向的柱截面高度，即 $h_j=h_c$。

梁上部钢筋采用钢筋锚固板时，其在节点中的锚固长度不应小于 $0.4l_{ab}$（$0.4l_{abE}$），锚固板宜伸至柱纵向钢筋内边，距柱纵向钢筋内边不应大于 50mm［图 4.1.3-3（c）］；柱外侧钢筋锚固板除角部钢筋外应在柱顶区全部弯折在节点内，其弯折段与梁上部伸入节点的钢筋锚固板的搭接长度不应小于 $14d$（d 为梁上部钢筋公称直径），当不满足上述要求时，可以将弯折钢筋的锚固板伸入梁内［图 4.1.3-3（c）］；上述搭接区段应配置倒置的 U 形垂直插筋，插筋直径不应小于被搭接钢筋中梁筋直径的 0.5 倍，间距不大于梁筋直径的 5 倍和 150mm 中的小者；在离梁筋锚固板承压面 $2d$ 范围内，应配置双排上述的倒置 U 形垂直插筋，且每根梁上部钢筋均应有插筋通过，插筋应伸过梁下部钢筋［图 4.1.3-3（b）］；插筋的钢筋级别不应低于梁上部钢筋级别；

4）顶层端节点的柱子宜比梁顶面高出 50mm，柱四角的钢筋锚固板可伸至柱顶并用封闭箍筋定位［图 4.1.3-3（c）］；

5）当顶层端节点无正交梁约束时，节点顶部应在图 4.1.3-3 中 5 所示的正交梁上部钢筋位置处配置不少于 4 根直径为 16mm 的

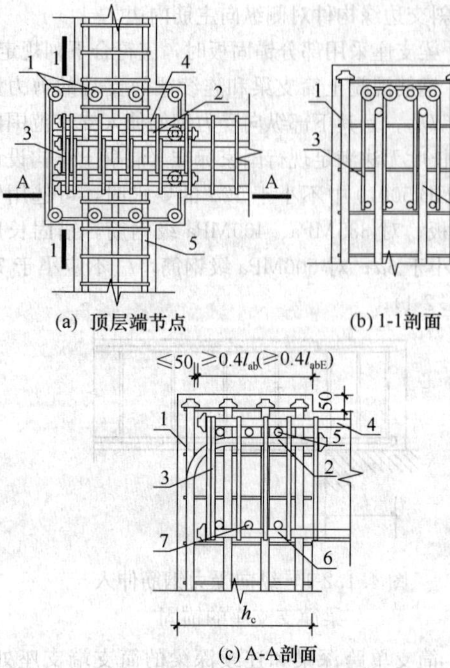
1
2
3
4
5
A
A
1
1
(a) 顶层端节点
(b) 1-1剖面
≤50 ≥0.4l_{ab}(≥0.4l_{abE})
50
6
7
h_c
(c) A-A剖面

图 4.1.3-3 顶层端节点钢筋锚固板布置和节点构造

1—梁宽范围外柱钢筋；2—梁宽范围内柱钢筋；3—U 形插筋；4—梁上部钢筋；5—正交梁上部钢筋；6—梁下部钢筋；7—正交梁下部钢筋

注：图中尺寸单位为毫米（mm）

水平箍筋或拉结筋。

4.1.4 墙体中配置的水平或竖向分布钢筋直径不小于 16mm 时，可采用部分锚固板，并应符合下列规定：

1 剪力墙端部有翼墙或转角墙时，内墙两侧的水平分布钢筋和外墙内侧的水平分布钢筋可采用锚固板锚固，锚固板应伸至翼墙或转角墙外边，锚固长度 l_{ah} 应符合本规程第 4.1.1 条的规定；转角墙外侧的水平分布钢筋宜采用弯折钢筋锚固，并应在墙端外角处弯折并穿过边缘构件与翼墙外侧水平分布钢筋搭接，搭接长度应符合现行国家标准《混凝土结构设计规范》GB 50010 的规定［图 4.1.4（a）、图 4.1.4（b）］；

2 底层剪力墙竖向钢筋采用钢筋锚固板时，应符合本规程第 4.1.1 条第 4 款的要求；剪力墙边缘构件中的钢筋锚固板应延伸至基础底板主筋位置处；

3 梁纵向受力主筋采用钢筋锚固板并锚固于剪力墙边缘构件时，除应符合本规程第 4.1.1 条第 4 款规定外，尚应符合国家现行标准《混凝土结构设计规范》GB 50010 和《高层建筑混凝土结构技术规程》JGJ 3 中有关剪力墙设置扶壁柱或暗柱的尺寸、配筋和构造要求，并宜将钢筋锚固板延伸至剪力墙边缘构件对侧主筋位置。

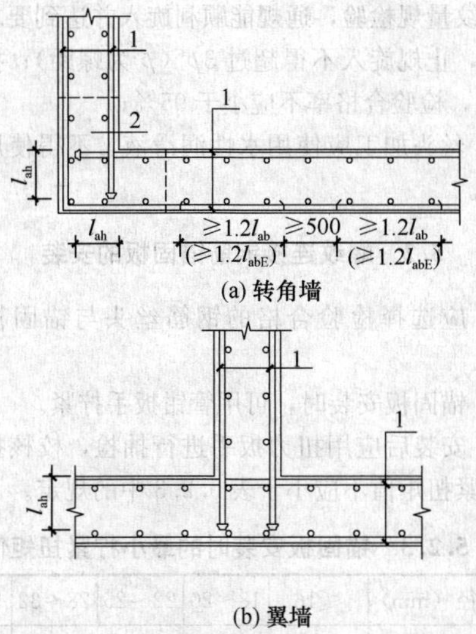
1
2
1
l_{ah}
l_{ah}
$\geqslant 1.2l_{ab}$ $\geqslant 500$ $\geqslant 1.2l_{ab}$
$(\geqslant 1.2l_{abE})$ $(\geqslant 1.2l_{abE})$
(a) 转角墙
1
1
l_{ah}
(b) 翼墙

图 4.1.4　部分锚固板在剪力墙中的应用

1—墙体水平分布筋；2—转角墙边缘构件

注：图中尺寸单位为毫米（mm）

4.2　全 锚 固 板

4.2.1　采用全锚固板时，应符合下列规定：

1　全锚固板的混凝土保护层厚度应按本规程第 4.1.1 条规定执行；

2　钢筋的混凝土保护层厚度不宜小于 $3d$；

3　钢筋净间距不宜小于 $5d$；

4　钢筋锚固板用做梁的受剪钢筋、附加横向钢筋或板的抗冲切钢筋时，应在钢筋两端设置锚固板，并应分别伸至梁或板主筋的上侧和下侧定位（图 4.2.1）；墙体拉结筋的锚固板宜置于墙体内层钢筋外侧；

5　500MPa、400MPa、300MPa 级钢筋采用全锚固板时，混凝土强度等级分别不宜低于 C35、C30 和 C25。

4.2.2　在梁中采用全锚固板时，应符合下列规定：

1　位于梁下部或梁截面高度范围内的集中荷载，应全部由附加横向钢筋承担；附加横向钢筋可选用锚固板锚固，并应布置在长度为 s 的范围内，此处 $s=2h_1+3b$（图 4.2.2-1），钢筋锚固板宜按图 4.2.1（a）布置；

2　当有集中荷载作用于深梁下部 3/4 高度范围内时，该集中荷载应全部由附加横向钢筋承受；附加横向钢筋可选用全锚固板锚固，其水平分布长度 s 应按下列公式确定（图 4.2.2-2）：

当 $h_1 \leqslant h_b/2$ 时　　$s = b_b + h_b$（4.2.2-1）

当 $h_1 > h_b/2$ 时　　$s = b_b + 2h_1$

（4.2.2-2）

钢筋锚固板应沿梁两侧均匀布置，并应从梁底伸到梁顶，按图 4.2.1（a）布置；

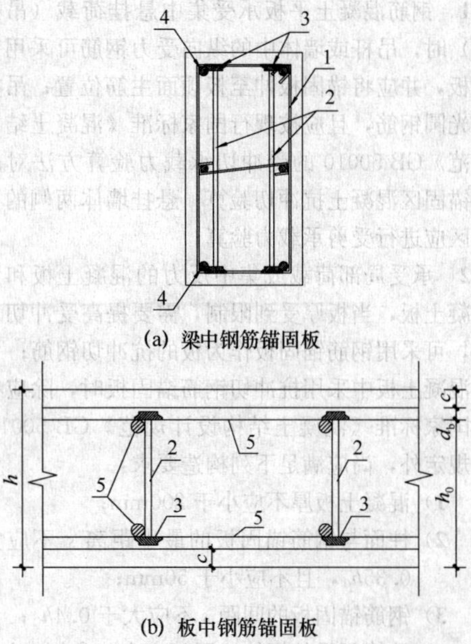
4
3
1
2
4
(a) 梁中钢筋锚固板
c
d_b
5
2
2
h
h_0
5
3
3
5
c
(b) 板中钢筋锚固板

图 4.2.1　梁、板中钢筋锚固板设置

1—箍筋；2—钢筋锚固板；3—锚固板；4—梁主筋；5—板主筋

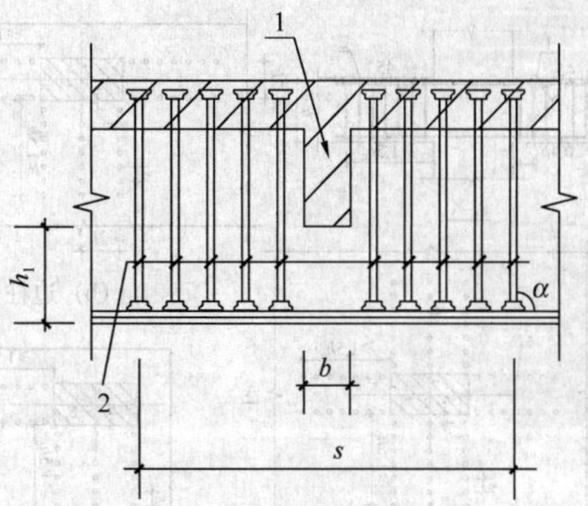
1
h_1
α
b
2
s

图 4.2.2-1　梁高度范围内有集中荷载作用时附加横向钢筋的布置

1—传递集中荷载的位置；2—钢筋锚固板

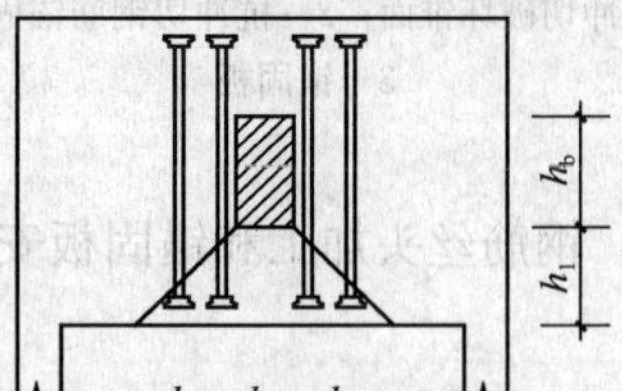
h_b
h_1
h_1 b_b h_1
s

图 4.2.2-2　深梁承受集中荷载作用时的附加横向钢筋

3　当需提高梁的受剪承载力时，梁受剪钢筋可采用全锚固板锚固，并可与普通箍筋等同使用［图 4.2.1（a）］。

4.2.3　在板中采用全锚固板时，应符合下列规定：

1 钢筋混凝土平板承受集中悬挂荷载（吊杆或墙体）时，吊杆或墙体中的纵向受力钢筋可采用钢筋锚固板，并应将锚固板伸至板顶面主筋位置；吊杆宜选用光圆钢筋，且应按现行国家标准《混凝土结构设计规范》GB 50010 的受冲切承载力验算方法对吊杆进行锚固区混凝土抗冲切验算；悬挂墙体两侧的板的受剪区应进行受剪承载力验算；

2 承受局部荷载或集中反力的混凝土板和预应力混凝土板，当板厚受到限制，需要提高受冲切承载力时，可采用钢筋锚固板作为板的抗冲切钢筋；

混凝土板中采用抗冲切钢筋锚固板时，除应符合现行国家标准《混凝土结构设计规范》GB 50010 的计算规定外，尚应满足下列构造要求：

1）混凝土板厚不应小于 200mm；

2）柱面与钢筋锚固板的最小距离 s_0 不应大于 $0.35h_0$，且不应小于 50mm；

3）钢筋锚固板的间距 s 不应大于 $0.4h_0$；

4）计算所需的钢筋锚固板应在 45°冲切破坏锥面范围内配置，且应等间距向外延伸，从柱截面边缘向外布置长度不应小于 $1.5h_0$（图 4.2.3）。

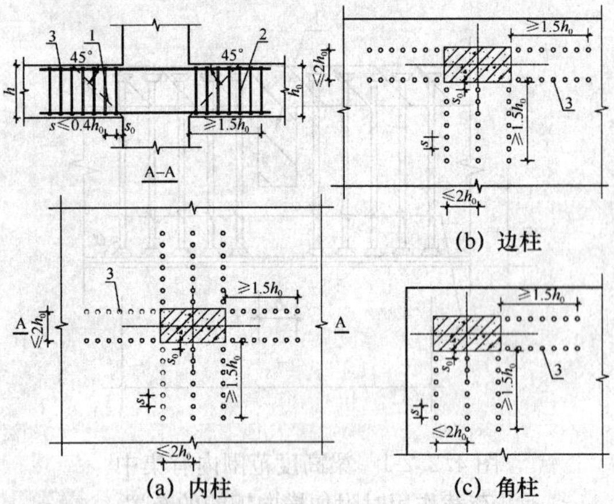

(a) 内柱　(b) 边柱　(c) 角柱

图 4.2.3 板中抗冲切钢筋锚固板排列布置

1—冲切破坏锥面；2—抗冲切钢筋锚固板；3—锚固板

5 钢筋丝头加工和锚固板安装

5.1 螺纹连接钢筋丝头加工

5.1.1 操作工人应经专业技术人员培训，合格后持证上岗，人员应相对稳定。

5.1.2 钢筋丝头加工应符合下列规定：

1 钢筋丝头的加工应在钢筋锚固板工艺检验合格后方可进行；

2 钢筋端面应平整，端部不得弯曲；

3 钢筋丝头公差带宜满足 6f 级精度要求，应用专用螺纹量规检验，通规能顺利旋入并达到要求的拧入长度，止规旋入不得超过 3p（p 为螺距）；抽检数量 10%，检验合格率不应小于 95%；

4 丝头加工应使用水性润滑液，不得使用油性润滑液。

5.2 螺纹连接钢筋锚固板的安装

5.2.1 应选择检验合格的钢筋丝头与锚固板进行连接。

5.2.2 锚固板安装时，可用管钳扳手拧紧。

5.2.3 安装后应用扭力扳手进行抽检，校核拧紧扭矩。拧紧扭矩值不应小于表 5.2.3 中的规定。

表 5.2.3 锚固板安装时的最小拧紧扭矩值

钢筋直径（mm）	≤16	18～20	22～25	28～32	36～40
拧紧扭矩（N·m）	100	200	260	320	360

5.2.4 安装完成后的钢筋端面应伸出锚固板端面，钢筋丝头外露长度不宜小于 1.0p。

5.3 焊接钢筋锚固板的施工

5.3.1 焊接钢筋锚固板，应符合下列规定：

1 从事焊接施工的焊工应持有焊工证，方可上岗操作；

2 在正式施焊前，应进行现场条件下的焊接工艺试验，并经试验合格后，方可正式生产；

3 用于穿孔塞焊的钢筋及焊条应符合现行行业标准《钢筋焊接及验收规程》JGJ 18 的相关规定；

4 焊缝应饱满，钢筋咬边深度不得超过 0.5mm，钢筋相对锚固板的直角偏差不应大于 3°；

5 在低温和雨、雪天气情况下施焊时，应符合现行行业标准《钢筋焊接及验收规程》JGJ 18 的相关规定。

5.3.2 锚固板塞焊孔尺寸应符合现行行业标准《钢筋焊接及验收规程》JGJ 18 的相关规定（图 5.3.2）。

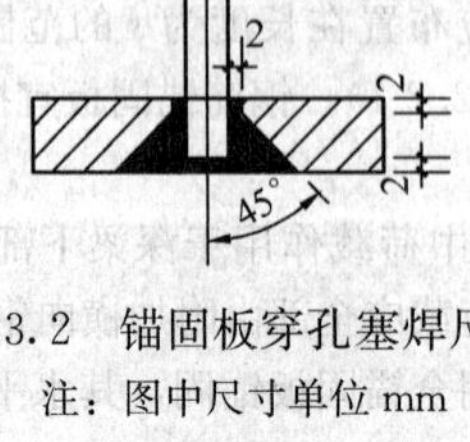

图 5.3.2 锚固板穿孔塞焊尺寸图

注：图中尺寸单位 mm

6 钢筋锚固板的现场检验与验收

6.0.1 锚固板产品提供单位应提交经技术监督局备案的企业产品标准。对于不等厚或长方形锚固板，尚应提交省部级的产品鉴定证书。

6.0.2 锚固板产品进场时，应检查其锚固板产品的合格证。产品合格证应包括适用钢筋直径、锚固板尺寸、锚固板材料、锚固板类型、生产单位、生产日期以及可追溯原材料性能和加工质量的生产批号。产品尺寸及公差应符合企业产品标准的要求。用于焊接锚固板的钢板、钢筋、焊条应有质量证明书和产品合格证。

6.0.3 钢筋锚固板的现场检验应包括工艺检验、抗拉强度检验、螺纹连接锚固板的钢筋丝头加工质量检验和拧紧扭矩检验、焊接锚固板的焊缝检验。拧紧扭矩检验应在工程实体中进行，工艺检验、抗拉强度检验的试件应在钢筋丝头加工现场抽取。工艺检验、抗拉强度检验和拧紧扭矩检验规定为主控项目，外观质量检验规定为一般项目。钢筋锚固板试件的抗拉强度试验方法应符合本规程附录A的有关规定。

6.0.4 钢筋锚固板加工与安装工程开始前，应对不同钢筋生产厂的进场钢筋进行钢筋锚固板工艺检验；施工过程中，更换钢筋生产厂商、变更钢筋锚固板参数、形式及变更产品供应商时，应补充进行工艺检验。

工艺检验应符合下列规定：

1 每种规格的钢筋锚固板试件不应少于3根；

2 每根试件的抗拉强度均应符合本规程第3.2.3条的规定；

3 其中1根试件的抗拉强度不合格时，应重取6根试件进行复检，复检仍不合格时判为本次工艺检验不合格。

6.0.5 钢筋锚固板的现场检验应按验收批进行。同一施工条件下采用同一批材料的同类型、同规格的钢筋锚固板，螺纹连接锚固板应以500个为一个验收批进行检验与验收，不足500个也应作为一个验收批；焊接连接锚固板应以300个为一个验收批，不足300个也应作为一个验收批。

6.0.6 螺纹连接钢筋锚固板安装后应按本规程第6.0.5条的验收批，抽取其中10%的钢筋锚固板按本规程第5.2.3条要求进行拧紧扭矩校核，拧紧扭矩值不合格数超过被校核数的5%时，应重新拧紧全部钢筋锚固板，直到合格为止。焊接连接钢筋锚固板应按现行行业标准《钢筋焊接及验收规程》JGJ 18有关穿孔塞焊要求，检查焊缝外观是否符合本规程第5.3.1条第4款的规定。

6.0.7 对螺纹连接钢筋锚固板的每一验收批，应在加工现场随机抽取3个试件作抗拉强度试验，并应按本规程第3.2.3条的抗拉强度要求进行评定。3个试件的抗拉强度均应符合强度要求，该验收批评为合格。如有1个试件的抗拉强度不符合要求，应再取6个试件进行复检。复检中如仍有1个试件的抗拉强度不符合要求，则该验收批应评为不合格。

6.0.8 对焊接连接钢筋锚固板的每一验收批，应随机抽取3个试件，并按本规程第3.2.3条的抗拉强度要求进行评定。3个试件的抗拉强度均应符合强度要求，该验收批评为合格。如有1个试件的抗拉强度不符合要求，应再取6个试件进行复检。复检中如仍有1个试件的抗拉强度不符合要求，则该验收批应评为不合格。

6.0.9 螺纹连接钢筋锚固板的现场检验，在连续10个验收批抽样试件抗拉强度一次检验通过的合格率为100%条件下，验收批试件数量可扩大1倍。当螺纹连接钢筋锚固板的验收批数量少于200个，焊接连接钢筋锚固板的验收批数量少于120个时，允许按上述同样方法，随机抽取2个钢筋锚固板试件作抗拉强度试验，当2个试件的抗拉强度均满足本规程第3.2.3条的抗拉强度要求时，该验收批应评为合格。如有1个试件的抗拉强度不满足要求，应再取4个试件进行复检。复检中如仍有1个试件的抗拉强度不满足要求，则该验收批应评为不合格。

附录A　钢筋锚固板试件抗拉强度试验方法

A.0.1 螺纹连接和焊接连接钢筋锚固板试件抗拉强度的检验与评定均可采用钢筋锚固板试件抗拉强度试验方法。

A.0.2 钢筋锚固板试件的长度不应小于250mm和$10d$。

A.0.3 钢筋锚固板试件的受拉试验装置应符合下列规定：

1 锚固板的支承板平面应平整，并宜与钢筋保持垂直；

2 锚固板支撑板孔洞直径与试件钢筋外径的差值不应大于4mm；

3 宜选用专用钢筋锚固板试件抗拉强度试验装置（图A.0.3）进行试验。

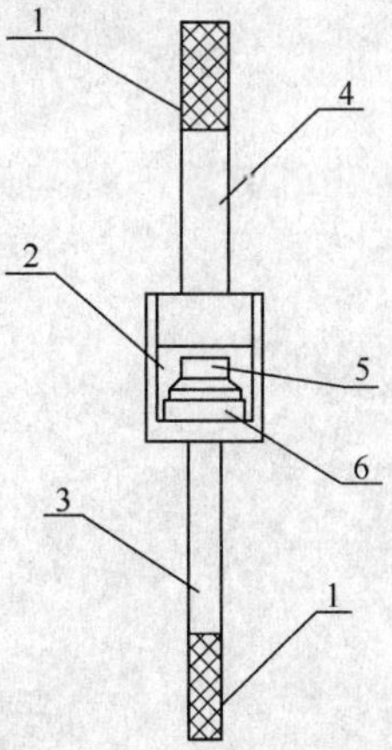
1
4
2
5
6
3
1

图A.0.3　钢筋锚固板试件拉伸试验装置示意图

1—夹持区；2—钢套管基座；3—钢筋锚固板试件；
4—工具拉杆；5—锚固板；6—支承板

A. 0. 4 钢筋锚固板抗拉强度试验的加载速度应符合现行国家标准《金属材料 室温拉伸试验方法》GB/T 228 的规定。

本规程用词说明

1 为便于在执行本规程条文时区别对待，对要求严格程度不同的用词说明如下：

1）表示很严格，非这样做不可的：

正面词采用"必须"，反面词采用"严禁"；

2）表示严格，在正常情况下均应这样做的：

正面词采用"应"，反面词采用"不应"或"不得"；

3）表示允许稍有选择，在条件许可时首先应这样做的：

正面词采用"宜"，反面词采用"不宜"；

4）表示有选择，在一定条件下可以这样做的，采用"可"。

2 条文中指明应按其他有关标准执行的写法为："应符合……的规定"或"应按……执行"。

引用标准名录

1 《混凝土结构设计规范》GB 50010

2 《普通螺纹 公差》GB/T 197

3 《金属材料 室温拉伸试验方法》GB/T 228

4 《钢筋混凝土用钢 第 1 部分：热轧光圆钢筋》GB 1499. 1

5 《钢筋混凝土用钢 第 2 部分：热轧带肋钢筋》GB 1499. 2

6 《钢筋混凝土用余热处理钢筋》GB 13014

7 《高层建筑混凝土结构技术规程》JGJ 3

8 《钢筋焊接及验收规程》JGJ 18

中华人民共和国行业标准

钢筋锚固板应用技术规程

JGJ 256—2011

条 文 说 明

制 定 说 明

《钢筋锚固板应用技术规程》JGJ 256 - 2011，经住房和城乡建设部 2011 年 8 月 29 日以第 1134 号公告批准、发布。

本规程制定过程中，编制组进行了广泛的调查研究，总结了我国钢筋锚固板试验研究成果和工程应用的实践经验，同时参考了国外先进技术法规、技术标准，许多单位和学者进行了卓有成效的试验和研究，为本次制定提供了极有价值的技术参数。

为了便于广大设计、施工、科研、学校等单位有关人员在使用本规程时能正确理解和执行条文规定，《钢筋锚固板应用技术规程》编制组按章、节、条顺序编制了本规程的条文说明，对条文规定的目的、依据以及执行中需注意的有关事项进行了说明，还着重对强制性条文的强制性理由作了解释。但是，本条文说明不具备与标准正文同等的法律效力，仅供使用者作为理解和把握标准规定的参考。

目　次

1 总　则

钢筋的可靠锚固与结构的安全性密切相关。不同的钢筋锚固方式将明显影响混凝土结构的设计和施工方法。近年来发展起来一种垫板与螺帽合一的新型锚固板，将其与钢筋组装后形成的钢筋锚固板具有良好的锚固性能，螺纹连接可靠、方便，锚固板可工厂生产和商品化供应，用它代替传统的弯折钢筋锚固和直钢筋锚固可以节约钢材，方便施工，减少结构中钢筋拥挤，提高混凝土浇筑质量，深受用户欢迎。

钢筋锚固板应用范围广泛，土木建筑工程包括房屋建筑、桥梁、水利水电、核电站、地铁等工程均有大量钢筋需要钢筋锚固技术。钢筋锚固板锚固技术为这些工程提供了一种可靠、快速、经济的钢筋锚固手段，具有重大经济和社会价值。

近年来，国内一些研究单位和高等学校对钢筋锚固板的基本性能和在框架节点中的应用开展了不少有价值的研究工作，取得了丰富的科研成果。本规程是在总结国内、外大量钢筋锚固板试验研究成果和国内众多重大工程采用新型钢筋锚固板的基础上编制的。本规程旨在为钢筋锚固板的使用，做到安全适用、技术先进、经济合理、确保质量。

鉴于钢筋锚固板在我国的应用历史较短，基础性研究工作也还需要进一步完善，本规程公布实施后将继续积累工程应用经验和新研究成果，在以后修订过程中不断改进完善。

2 术语和符号

2.1 术　语

2.1.4 本术语指装配了锚固板的钢筋，与国际所用术语 headed deformed bars 或 headed bars 相对应。包括各类一端或二端带锚固板的钢筋。

2.1.6～2.1.8 强调是钢筋受拉时的承压面，以便与受压时的承压面相区别；对承压面不在同一平面的不等厚锚固板，可能有多个承压面，锚固板厚度指端面到最远承压面的最大厚度 t。

3 钢筋锚固板的分类和性能要求

3.1 锚固板的分类与尺寸

3.1.2 锚固板承压面积的规定是根据国内外各类钢筋锚固板试验结果作出的规定，大多数钢筋锚固板试验所用的锚固板承压面积，对全锚固板为 9 倍左右的钢筋公称面积，部分锚固板为 4.5 倍左右钢筋公称面积。锚固板的厚度要求是根据锚固板与钢筋连接强度和锚固板刚度的需要确定的。对不等厚度锚固板或长方形锚固板，除应满足规程规定的面积和厚度要求外，尚应提供验证钢筋锚固板锚固能力的产品定型鉴定报告。这是为确保锚固板刚度以及钢筋锚固板的锚固能力提出的附加要求。产品鉴定报告应包括试验论证不同类型和规格的钢筋锚固板能够在满足本规程规定的锚固长度、最小混凝土保护层和最小构造配筋的条件下达到本规程第 3.2.4 条的要求；同时应满足本规程第 3.2.3 条的钢筋锚固板试件极限抗拉强度的要求。

3.2 钢筋锚固板的性能要求

3.2.1 锚固板与钢筋采用焊接连接时，锚固板材料的选用应考虑与钢筋的可焊性，应满足现行行业标准《钢筋焊接及验收规程》JGJ 18 中对预埋件焊接接头的材料要求。

3.2.3 钢筋锚固板试件的极限抗拉强度是保证钢筋锚固板锚固性能的重要环节，要求其极限拉力不应小于钢筋达到极限强度标准值时的拉力 $f_{stk}A_s$，本规程采用现行国家标准《混凝土结构设计规范》GB 50010 中的基本符号体系，钢筋极限强度标准值用 f_{stk} 表达。本条为强制性条文，必须严格执行。

3.2.4 本条规定了钢筋锚固板在混凝土中的锚固极限拉力不应小于钢筋达到极限强度标准值时的拉力 $f_{stk}A_s$。对锚固板产品提供检验依据，钢筋锚固板的实际锚固强度受钢筋锚固长度、锚固板承压面积和刚度、混凝土强度等级及钢筋保护层厚度的影响较大，产品鉴定时应验证最不利情况下满足本规程本条规定的强度要求。

3.2.5 规定锚固板与钢筋的连接宜采用螺纹连接是为了提高连接承载力的可靠性和稳定性。考虑我国幅员广大，地区条件及工程类型差别大，焊接连接可作为锚固板与钢筋的补充连接手段。

4 钢筋锚固板的设计规定

4.1 部分锚固板

4.1.1 采用部分锚固板时，应符合下列规定：

1 锚固板的混凝土保护层厚度多数情况下是由主筋混凝土保护层决定的。本规程规定，锚固板的最小混凝土保护层厚度为 15mm。更高结构使用年限和二、三类环境条件下，应增大混凝土保护层厚度，可按照现行国家标准《混凝土结构设计规范》GB 50010 对不同使用年限和环境类别对钢筋保护层的调整值进行调整，也可对锚固板采取附加的防腐措施以满足耐久性要求。

2～4 钢筋的锚固长度、混凝土保护层厚度和箍筋配置对钢筋锚固板的锚固极限拉力有明显影响；本规程规定的钢筋锚固板的基本锚固长度为 $0.4l_{ab}$，比现行国家标准《混凝土结构设计规范》GB 50010 规定的钢筋机械锚固时的锚固长度 $0.6l_{ab}$ 要小，这是根据本规程编制组成员单位近年来完成的大量研究成果作出的合理调整。本规程规定，部分锚固板承压面积不应小于锚固钢筋公称面积的 4.5 倍，锚固区混凝土保护层厚度不宜小于 1.5d，同时规定了构造箍筋和锚固区混凝土强度等级的最低要求，满足上述条件后，可以确保在最不利情况下钢筋锚固板的锚固强度。本规程中不再要求对混凝土保护层、钢筋直径等参数进行修正，以便与现行国家标准《混凝土结构设计规范》GB 50010 对框架节点中采用钢筋锚固板时锚固长度的规定保持一致。

锚固区混凝土强度不仅影响与钢筋粘结力，从而影响锚固长度，更对锚固板的承压力有直接影响，本规程增加了针对不同钢筋强度级别相对应的最低混凝土强度等级要求。部分试验结果表明，当埋入段钢筋的混凝土保护层厚度超过 2d 时，箍筋的作用明显减少，在同样锚固长度的情况下，2d 钢筋保护层的素混凝土锚固板试件，其锚固极限拉力与 1d 保护层并配置构造箍筋试件的锚固极限拉力基本相当。具有 3d 保护层的钢筋锚固板试件，即使不配置构造箍筋，已有很高的锚固力，但为了更安全起见，本规程仍引用现行国家标准《混凝土结构设计规范》GB 50010 中埋入段不配置箍筋的条件是大于等于 5d。

5 国内外钢筋锚固板试验结果均表明，与传统的弯折钢筋锚固相比，同样锚固长度的钢筋锚固板其锚固能力比弯折钢筋提高 30%左右，美国混凝土房屋建筑设计规范 ACI 318-08 规定，钢筋锚固板的锚固长度可取传统弯折钢筋锚固长度的 75%。考虑到本规程对钢筋锚固板的间距要求较为宽松，结合国内试验数据本规程规定，一般情况下，钢筋锚固板的锚固长度取用与传统弯折钢筋相同的长度 $0.4l_{ab}$，仅在混凝土保护层大于等于 2d 和不承受反复拉压的工况以及满足一定的混凝土强度要求的情况下，允许钢筋锚固板锚固长度采用 $0.3l_{ab}$。本条规定为某些迫切需要减少钢筋锚固长度的场合提供了解决途径。

6 梁、柱和拉杆等受拉主筋采用锚固板并集中锚固于与其相交的边缘构件时，巨大的集中力如果不是传递给边缘构件的全截面而是截面的一小部分时，容易引起锚固区的局部冲切破坏。1991 年欧洲海洋石油勘探平台 SleipnerA 的垮塌，就是因为集中配置的大量钢筋锚固板没有延伸至与其相交的边缘构件对侧主筋处而是锚固于构件腹部，致使在钢筋拉拔力作用下，锚固区混凝土局部冲切破坏（图 1）。工程中如遇必须在边缘构件腹部锚固时，宜进行钢筋锚固区局部抗冲切强度验算或参照现行国家标准《混凝土结构设计规范》GB 50010 有关位于梁下部或高度范围内承受集中荷载时配置附加横向钢筋的相关规定处理。

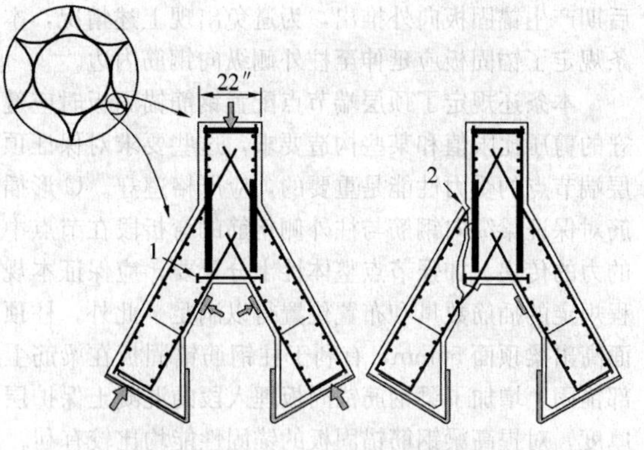
22″
1
2

图 1　SleipnerA 垮塌试验研究

1—8 号钢筋锚固板；2—破坏部位

4.1.2 本规程编制组完成了配置钢筋锚固板的简支梁支座锚固试验，梁尺寸为 200mm × 600mm × 4000mm，配置 3 根 400MPa 级 25mm 钢筋，混凝土保护层厚度 1d，钢筋间净距 1.5d，埋入支座长度为 6d，采用单点集中荷载加载，剪跨比分别为 1.33 和 1.0。试验结果表明，支座处钢筋应力达到屈服强度时，梁的锚固性能仍然良好、支座处混凝土完整无损，锚固板端面的滑移量也很小（0.4mm）。试验证明，钢筋锚固板用于支座处减少钢筋锚固长度是有效的。对 500MPa 级钢筋，规程建议取 l_{ah} 不应小于 7d。通常情况下，支座处钢筋应力达到屈服强度的概率是很小的。本条文中出现的非本规程规定的符号，均引自现行国家标准《混凝土结构设计规范》GB 50010。

4.1.3 近（6～7）年来，中国建筑科学研究院、天津大学、重庆大学等单位先后对钢筋锚固板用于框架梁柱节点做了试验研究，完成了 20 余个框架梁柱中间层端节点和顶层端节点在反复荷载作用下的受力性能研究。上述试验结果与国外类似的试验结果均表明，钢筋锚固板用于框架中间层端节点梁筋的锚固具有比传统弯折钢筋更好的锚固性能。框架梁柱顶层端节点的情况则比较复杂，由于梁和柱的主筋都要在节点区锚固，钢筋密集，布置比较困难，钢筋锚固板具有明显缓解钢筋布置的困难，但钢筋锚固板在节点中的传力机制也比较复杂，对于某些高剪压比的顶层端节点，如果没有足够强的抗剪箍筋，其承受反复拉压的滞回性能并不理想。试验也表明，当钢筋锚固板满足某些条件时，顶层端节点也能表现出良好的性能，位移延性系数达 3.5 左右。本规程有关框架节点应用钢筋锚固板的规定是在上述试验基础上并参照国外相关规范规定制订的。

本条规定中间层端节点梁纵向钢筋在节点中采用钢筋锚固板时，应满足图 4.1.3-1（b）的要求。其主要原则是除了钢筋锚固长度应满足规定要求外，还宜将锚固板尽量伸向柱截面的外侧纵向钢筋内边，以确保节点的传力机理和节点核心区的抗剪强度；此外，当锚固板离柱外表面过近时，容易在反复拉压受力的后期产生锚固板向外推出，为避免出现上述情况，本条规定了锚固板应延伸至柱外侧纵向钢筋内边。

本条还规定了顶层端节点配置钢筋锚固板时应遵守的剪压比限值和某些构造要求，这些要求对保证顶层端节点的受力性能是重要的，应严格遵守。U 形插筋对保证梁纵向钢筋与柱外侧钢筋的弯折段在节点中的力的传递、加强节点整体性十分重要，应保证本规程规定的插筋数量和布置位置得以满足。此外，柱顶面高出梁顶面 50mm，有利于柱钢筋锚固板在梁筋上部锚固，增加了梁钢筋锚固板埋入段的混凝土保护层厚度，对提高梁钢筋锚固板的锚固性能均比较有利。

4.1.4 端部有翼墙或转角墙的剪力墙，其水平分布筋不小于 16mm 时，可采用钢筋锚固板，且多数情况下可满足本规程 4.1.1 第 5 款的要求，从而可采用 $0.3l_{ab}$，比传统弯折钢筋更易满足墙体中钢筋锚固长度要求。

4.2 全 锚 固 板

4.2.1 采用全锚固板的钢筋比采用部分锚固板的钢筋要求更大的混凝土保护层和钢筋间距，这是因为全锚固板要承受全部钢筋拉力，要求锚固板具有更高的承压强度，有时需要更多地利用锚固板承压面周围的混凝土来提高混凝土局部承压强度。由于采用全锚固板的钢筋多数情况下用于板或梁的抗剪钢筋、吊筋等场合，满足本条要求的混凝土保护层和钢筋间距要求一般不会有什么困难。

采用全锚固板的钢筋用做梁的受剪钢筋、附加横向钢筋或板的抗冲切钢筋时，斜裂缝可能在邻近锚固板处通过，上、下两端设置的全锚固板可提供足够的锚固力。锚固板应尽量伸至梁或板主筋的上侧和下侧，一方面是提高构件全截面受剪承载力需要，另一方面是便于钢筋锚固板定位。

4.2.2 全锚固板用做梁的附加横向钢筋时，承担着将梁或板的下部荷载传递至梁顶面的功能。其配置数量和范围应符合现行国家标准《混凝土结构设计规范》GB 50010 中的有关规定。

梁承受很大剪力时，采用全锚固板的钢筋作为抗剪钢筋并与普通箍筋配合使用，可利用更大直径和更高强度的钢筋以减少箍筋数量，简化钢筋工程施工。工程经验表明，混凝土厚板中，采用全锚固板抗剪钢筋，施工十分方便。

4.2.3 采用全锚固板的钢筋作为板的吊杆时，宜采用光圆钢筋，使吊杆中的力更多依靠板顶面处锚固板承压面来承受，而不需要依靠钢筋与混凝土的粘结力，从而可改善吊杆混凝土锚固区的受力性能。全锚固板钢筋用做吊杆时，其埋入长度应经过验算，确保锚固区周围混凝土有足够的受冲切承载能力。

全锚固板用于板的抗冲切钢筋，本规程中这部分条款主要参考现行国家标准《混凝土结构设计规范》GB 50010 有关混凝土板抗冲切规定和现行行业标准《无粘结预应力混凝土结构技术规程》JGJ 92 配置抗冲切锚栓的有关规定制定的，钢筋锚固板与抗冲切锚栓功能上是一致的。钢筋锚固板的优点是其螺纹连接比专用焊接锚栓更可靠。对全锚固板适用的混凝土板厚度的限值，本规程规定不应小于 200mm，对小于 200mm 的板，去掉上、下混凝土保护层和锚固板厚度以后，钢筋长度过短，抗剪效果会受到影响，因此本规程不推荐使用。

5 钢筋丝头加工和锚固板安装

5.1 螺纹连接钢筋丝头加工

5.1.2 连接锚固板的钢筋丝头的加工与普通直螺纹钢筋接头的丝头加工是一样的，本部分的有关规定与现行行业标准《钢筋机械连接技术规程》JGJ 107 保持一致。专用螺纹量规由技术提供单位提供。

5.2 螺纹连接钢筋锚固板的安装

5.2.3 钢筋锚固板安装扭矩值对连接强度的影响并不大，要求一定的扭矩是为防止锚固板松动后影响丝头连接长度。本条规定，钢筋锚固板的安装扭矩与直螺纹钢筋接头的扭矩值相同。本规定可方便施工，有利于施工单位对扭矩扳手的管理和检验。

5.2.4 控制钢筋丝头能伸出锚固板，确保连接强度，同时便于检查，钢筋丝头外露长度不宜小于 $1.0p$（p 为螺距）。

5.3 焊接钢筋锚固板的施工

5.3.1、**5.3.2** 本条中各款要求均引自现行行业标准《钢筋焊接及验收规程》JGJ 18 中有关规定和预埋件电弧焊钢筋穿孔塞焊的相关要求。钢筋锚固板穿孔塞焊，有时可能需要增大锚固板尺寸，当有实践经验时，也可调整穿孔塞焊孔的参数。

6 钢筋锚固板的现场检验与验收

6.0.1、**6.0.2** 施工现场对锚固板产品主要检查是否有产品合格证以及锚固板供应单位提供的经技术监督局备案的企业产品标准，必要时可进行追溯。

6.0.4 钢筋锚固板连接工程开始前，应对不同钢厂的进场钢筋进行锚固板连接工艺检验，主要是检验锚固板提供单位所确定的锚固板材料、螺纹规格、工艺参数是否与本工程中的进场钢筋相适应，并可提高实际工程中抽样试件的合格率，减少在工程应用后再发现问题造成的经济损失，施工过程中如更换钢筋生产厂，变更钢筋锚固板参数、形式及变更产品供应商时，应补充进行工艺检验。

6.0.5 本条是对钢筋锚固板现场检验验收批的数量要求，是施工现场钢筋锚固板质量检验的抽检依据。焊接连接钢筋锚固板的连接强度受环境、材料和人为因素影响较大，质量稳定性低于螺纹连接，其验收批数量应少于螺纹连接钢筋锚固板。

6.0.6 本条规定了螺纹连接钢筋锚固板拧紧扭矩检验批数量和检验制度，并规定了焊接连接钢筋锚固板焊缝外观检验要求。

6.0.7 本条规定了螺纹连接钢筋锚固板的抽检制度及合格判定标准。螺纹连接钢筋锚固板的抽检制度及合格标准与现行行业标准《钢筋机械连接应用技术规程》JGJ 107 基本一致。考虑到在工程中截取钢筋锚固板试件后无法重装，检验时可在钢筋丝头加工现场在已装配好的钢筋锚固板中随机抽取试件，不必在工程实体中抽取钢筋锚固板试件进行抗拉强度试验。

6.0.8 规定了焊接连接钢筋锚固板的抽检制度及合格判定标准，相关规定与现行行业标准《钢筋焊接及验收规程》JGJ 18 中钢筋电弧焊接头的有关规定基本一致。

6.0.9 考虑到某些施工段锚固板数量通常比钢筋接头为少，尤其是不同规格钢筋锚固板分入不同验收批后常常数量不多，本规程规定当连续十个验收批一次抽样均合格后，当验收批数量小于某一数值后的钢筋锚固板检验制度，从而可减少检验工作量。

中华人民共和国行业标准

预制带肋底板混凝土叠合楼板技术规程

Technical specification for concrete composite slab with precast ribbed panel

JGJ/T 258—2011

批准部门：中华人民共和国住房和城乡建设部
施行日期：2 0 1 2 年 4 月 1 日

中华人民共和国住房和城乡建设部
公　　告

第1136号

关于发布行业标准《预制带肋底板混凝土叠合楼板技术规程》的公告

现批准《预制带肋底板混凝土叠合楼板技术规程》为行业标准，编号为JGJ/T 258-2011，自2012年4月1日起实施。

本规程由我部标准定额研究所组织中国建筑工业出版社出版发行。

中华人民共和国住房和城乡建设部

2011年8月29日

前　　言

根据住房和城乡建设部《关于印发〈2009年工程建设标准规范制订、修改计划（第一批）〉的通知》（建标［2009］88号）的要求，规程编制组经广泛调查研究，认真总结实践经验，参考有关国际标准和国外先进标准，并在广泛征求意见的基础上，编制了本规程。

本规程的主要内容有：1. 总则；2. 术语和符号；3. 材料；4. 基本设计规定；5. 叠合楼板结构设计；6. 构造要求；7. 工程施工；8. 工程验收。

本规程由住房和城乡建设部负责管理，由湖南高岭建设集团股份有限公司负责具体技术内容的解释。执行过程中如有意见或建议，请寄送湖南高岭建设集团股份有限公司（地址：湖南省长沙市开福区捞刀河镇彭家巷468号，邮政编码：410153）。

本规程主编单位：湖南高岭建设集团股份有限公司

本规程参编单位：衡阳市衡洲建筑安装工程有限公司
湖南大学
兰州大学
曙光控股集团有限公司
山东万斯达集团有限公司

本规程主要起草人员：周绪红　吴方伯　何长春
黄海林　陈　伟　邓利斌
刘　彪　李骥原　唐仕亮
颜云方　张　波　蒋世林
陈赛国　黄　璐

本规程主要审查人员：马克俭　白生翔　孟少平
吴　波　何益斌　余志武
张友亮　肖　龙　陈火焱

目　次

Contents

1 总 则

1.0.1 为了提高预制带肋底板混凝土叠合楼板的设计与施工技术水平，贯彻执行国家的技术经济政策，做到安全、适用、经济、耐久、确保质量，制定本规程。

1.0.2 本规程适用于环境类别为一类、二 a 类，且抗震设防烈度小于或等于 9 度地区的一般工业与民用建筑楼板的设计、施工及验收。当遇有板底表面温度大于 100℃或有生产热源且表面温度经常大于 60℃或板承受振动荷载情况之一时，应按国家现行有关标准进行专门设计。

1.0.3 预制带肋底板混凝土叠合楼板的设计、施工及验收，除应符合本规程的规定外，尚应符合国家现行有关标准的规定。

2 术语和符号

2.1 术 语

2.1.1 预制带肋底板 precast ribbed panel

由实心平板与设有预留孔洞的板肋组成，经预先制作并用于混凝土叠合楼板的底板。预制带肋底板包括预制预应力带肋底板、预制非预应力带肋底板。

2.1.2 实心平板 solid panel

预制带肋底板的下部实心混凝土平板，其内配置受力的先张法纵向预应力筋或纵向非预应力钢筋。

2.1.3 板肋 rib

沿预制带肋底板跨度方向设置并带预留孔洞的肋条，其截面形式可为矩形、T 形等。

2.1.4 预留孔洞 preformed hole

为布置横向穿孔的非预应力钢筋或管线等而在板肋上设置的孔洞。

2.1.5 胡子筋 beard-shape reinforcement

实心平板端部伸出的纵向受力钢筋。

2.1.6 拼缝防裂钢筋 joint anti-crack reinforcement

布置于预制带肋底板拼缝处横向穿孔钢筋上方，用于约束可能产生裂缝的构造钢筋。

2.1.7 横向穿孔钢筋 transversal perforating reinforcement

垂直于板肋并从预留孔洞穿过的非预应力钢筋。

2.1.8 叠合层 cast-in-situ concrete topping

在预制带肋底板上部配筋并浇筑混凝土的楼板现浇层。

2.1.9 叠合楼板 composite slab

在预制带肋底板上配筋并浇筑混凝土叠合层形成的楼板。

2.1.10 叠合楼盖 composite floor system

由各类梁与预制带肋底板组成，并通过配筋及浇筑混凝土叠合层而形成的装配整体式楼盖。

2.2 符 号

2.2.1 材料性能

f'_{tk}、f'_{ck}——与施工阶段对应龄期的混凝土立方体抗压强度 f'_{cu} 相应的混凝土轴心抗拉强度标准值、轴心抗压强度标准值；

f_{tk1}——预制预应力带肋底板混凝土轴心抗拉强度标准值；

f_y——非预应力钢筋抗拉强度设计值。

2.2.2 作用和作用效应

G_{k1}——叠合楼板（包括预制带肋底板和叠合层）自重标准值；

G_{k2}——第二阶段面层、吊顶等自重标准值；

Q_k——第一阶段可变荷载标准值 Q_{k1} 与第二阶段可变荷载标准值 Q_{k2} 两者中的较大值；

q——均布荷载设计值；

q_1——叠合楼板自重设计值；

q_2——外加荷载设计值；

M_{1G}——叠合楼板自重在计算截面产生的弯矩设计值；

M_{1Gk}——叠合楼板自重标准值 G_{k1} 在计算截面产生的弯矩值；

M_{1Q}——第一阶段可变荷载在计算截面产生的弯矩设计值；

M_{2k}——第二阶段荷载标准组合下在计算截面上产生的弯矩值；

M_{2G}——第二阶段面层、吊顶等自重在计算截面产生的弯矩设计值；

M_{2Gk}——第二阶段面层、吊顶等自重标准值在计算截面产生的弯矩值；

M_{2Q}——第二阶段可变荷载在计算截面产生的弯矩设计值；

M_{2Qk}——使用阶段可变荷载标准值在计算截面产生的弯矩值；

V_{1G}——叠合楼板自重在计算截面产生的剪力设计值；

V_{1Q}——第一阶段可变荷载在计算截面产生的剪力设计值；

V_{2G}——第二阶段面层、吊顶等自重在计算截面产生的剪力设计值；

V_{2Q}——第二阶段可变荷载在计算截面产生的剪力设计值；

σ_{ct}、σ_{cc}——施工阶段相应的荷载标准组合下产生在构件计算截面预拉区、预压区边缘的混凝土法向拉应力、压应力；

σ_{ck} ——使用阶段按荷载标准组合计算控制截面抗裂验算边缘的混凝土法向应力；

σ_{pc} ——扣除全部预应力损失后在控制截面抗裂验算边缘混凝土的法向预压应力；

σ_{sq} ——荷载准永久组合下叠合楼板纵向非预应力钢筋的应力。

2.2.3 几何参数

B ——板的计算宽度；

l_0 ——板的计算跨度；

W_0 ——叠合楼板计算截面边缘的换算截面弹性抵抗矩；

W_{01} ——预制预应力带肋底板换算截面受拉边缘的弹性抵抗矩。

2.2.4 计算系数及其他

γ_0 ——结构重要性系数；

γ_G ——永久荷载分项系数；

γ_Q ——可变荷载分项系数。

3 材 料

3.1 混 凝 土

3.1.1 预制带肋底板的混凝土强度等级不宜低于C40且不应低于C30，叠合层的混凝土强度等级不宜低于C25。

3.1.2 混凝土力学性能标准值和设计值应按现行国家标准《混凝土结构设计规范》GB 50010 的规定取用。

3.2 钢 筋

3.2.1 受力的预应力筋宜采用消除应力螺旋肋钢丝或冷轧带肋钢筋；受力的非预应力钢筋宜采用热轧带肋钢筋、冷轧带肋钢筋，也可采用热轧光圆钢筋。

3.2.2 受力的预应力筋和受力的非预应力钢筋力学性能标准值和设计值应按国家现行标准《混凝土结构设计规范》GB 50010 和《冷轧带肋钢筋混凝土结构技术规程》JGJ 95 的规定取用。受力的预应力筋的直径不应小于 5mm；受力的非预应力钢筋的直径不应小于 6mm。

3.2.3 在预制带肋底板和叠合层中配置的各类构造钢筋，可根据实际情况确定，但其直径不应小于 4mm。

4 基本设计规定

4.1 一 般 规 定

4.1.1 本规程依据现行国家标准《混凝土结构设计规范》GB 50010 的极限状态设计方法，采用分项系数的设计表达式进行设计。

4.1.2 叠合楼板的安全等级和设计使用年限应与整个结构保持一致。

4.1.3 叠合楼板的设计应满足下列三个阶段的不同要求：

1 制作阶段：预制带肋底板在放张、堆放、吊装及运输阶段，预制预应力带肋底板的板底不应出现裂缝；预制非预应力带肋底板的板底不宜出现受力裂缝；

2 施工阶段：应对预制带肋底板的承载力、裂缝控制分别进行计算或验算；

3 使用阶段：应对叠合楼板的承载力、挠度及裂缝控制分别进行计算或验算。

预制带肋底板在制作、运输及安装时，应考虑动力系数，其值可取 1.5，也可根据实际情况作适当调整。

4.1.4 叠合楼板应根据施工阶段支撑设置情况分别采用下列不同的计算方法：

1 施工阶段不加支撑的叠合楼板，应对预制带肋底板及浇筑叠合层混凝土后的叠合楼板按二阶段受力分别进行计算。预制带肋底板可按一般受弯构件考虑，叠合楼板应考虑二次叠合的影响，此时，应按本规程第 4.2 节的规定进行荷载与内力分析；其承载力、挠度及裂缝控制应按本规程第 5 章的规定计算或验算。

2 施工阶段设有可靠支撑的叠合楼板，可按整体受弯构件考虑，其承载力、挠度及裂缝控制计算或验算应符合现行国家标准《混凝土结构设计规范》GB 50010 有关整体受弯构件的规定。

4.1.5 叠合楼板可与现浇梁、叠合梁、钢梁等组合成叠合楼盖。此时，梁的承载力极限状态计算与正常使用极限状态验算应符合国家现行有关标准的规定，各类梁的刚度应能保证叠合楼板按单向简支板、连续板或边支承双向板的计算条件。叠合楼板也可直接搁置或嵌固于墙中，并应按设计情况确定其嵌固程度。

支承在混凝土剪力墙、承重砌体墙以及刚性的钢梁、现浇梁、叠合梁等上方的叠合楼板，应按国家标准《混凝土结构设计规范》GB 50010－2010 第 9.1.1 条的规定，分别按单向板或双向板进行计算。

4.1.6 正常使用极限状态下的叠合楼板验算，对采用预制预应力带肋底板的叠合楼板应采用荷载标准组合进行计算；对采用预制非预应力带肋底板的叠合楼板应采用荷载准永久组合进行计算。

4.2 荷载与内力分析

4.2.1 施工阶段不加支撑的叠合楼板，内力应分别按下列两个阶段计算：

1 第一阶段：叠合层混凝土未达到强度设计值

之前的阶段。荷载由预制带肋底板承担，预制带肋底板按简支构件计算；荷载包括预制带肋底板自重、叠合层混凝土自重以及施工阶段的可变荷载。

2 第二阶段：叠合层混凝土达到设计规定的强度值之后的阶段。按叠合楼板计算；荷载考虑下列两种情况并取较大值：

1）施工阶段：考虑叠合楼板自重，面层、吊顶等自重以及施工阶段的可变荷载；

2）使用阶段：考虑叠合楼板自重，面层、吊顶等自重以及使用阶段的可变荷载。

施工阶段的可变荷载可根据实际情况确定，也可按现行国家标准《混凝土结构工程施工规范》GB 50666 的规定取用。

4.2.2 承受均布荷载的叠合楼板，其均布荷载设计值应按下列公式计算：

$$q = q_1 + q_2 \tag{4.2.2-1}$$

$$q_1 = \gamma_0 \gamma_G G_{k1} \tag{4.2.2-2}$$

$$q_2 = \gamma_0 (\gamma_G G_{k2} + \gamma_Q Q_k) \tag{4.2.2-3}$$

式中：q ——均布荷载设计值（kN/m^2）；

q_1 ——叠合楼板自重设计值（kN/m^2）；

q_2 ——外加荷载设计值（kN/m^2）；

G_{k1} ——叠合楼板（包括预制带肋底板和叠合层）自重标准值（kN/m^2）；

G_{k2} ——第二阶段面层、吊顶等自重标准值（kN/m^2）；

Q_k ——第一阶段可变荷载标准值 Q_{k1} 与第二阶段可变荷载标准值 Q_{k2} 两者中的较大值（kN/m^2）；

γ_0 ——结构重要性系数；

γ_G ——永久荷载分项系数；

γ_Q ——可变荷载分项系数。

4.2.3 承载能力极限状态计算时，对预制带肋底板和叠合楼板进行弹性分析或塑性内力重分布分析的弯矩设计值和剪力设计值应按下列规定取用：

预制带肋底板

$$M_1 = M_{1G} + M_{1Q} \tag{4.2.3-1}$$

$$V_1 = V_{1G} + V_{1Q} \tag{4.2.3-2}$$

叠合楼板跨中正弯矩区段和支座负弯矩区段

$$M_{mid} = M_{1G} + M_{2G} + M_{2Q} \tag{4.2.3-3}$$

$$M_{sup} = M_{2G} + M_{2Q} \tag{4.2.3-4}$$

$$V = V_{1G} + V_{2G} + V_{2Q} \tag{4.2.3-5}$$

式中：M_{1G} ——叠合楼板自重在计算截面产生的弯矩设计值(N · mm)；

M_{1Q} ——第一阶段可变荷载在计算截面产生的弯矩设计值（N · mm）；

M_{2G} ——第二阶段面层、吊顶等自重在计算截面产生的弯矩设计值（N · mm），当考虑内力重分布时，应取调幅后的弯矩设计值；

M_{2Q} ——第二阶段可变荷载在计算截面产生的弯矩设计值（N · mm），当考虑内力重分布时，应取调幅后的弯矩设计值；

V_{1G} ——叠合楼板自重在计算截面产生的剪力设计值（N）；

V_{1Q} ——第一阶段可变荷载在计算截面产生的剪力设计值（N）；

V_{2G} ——第二阶段面层、吊顶等自重在计算截面产生的剪力设计值（N）；

V_{2Q} ——第二阶段可变荷载在计算截面产生的剪力设计值（N）。

4.2.4 当叠合楼板符合单向板的计算条件时，其内力设计值应符合下列规定：

1 承受均布荷载简支板的跨中弯矩设计值可按下式计算：

$$M = \frac{1}{8} q B l_0^2 \tag{4.2.4}$$

式中：B ——板的计算宽度（mm）；

l_0 ——板的计算跨度（m）。

2 承受均布荷载的多跨叠合连续板，当相邻两跨的长跨与短跨之比小于 1.1、各跨荷载值相差不大于 10%时，可按弹性分析方法计算内力设计值，并可对其第二阶段荷载产生支座弯矩设计值进行适度调幅，调幅幅度不宜大于 20%。

4.2.5 承受均布荷载的单向叠合楼板，其剪力设计值可按本规程第 4.2.4 条的计算原则确定。

4.2.6 承受均布荷载的双向叠合楼板，可按弹性分析方法计算内力设计值，也可对其第二阶段荷载产生支座弯矩设计值进行适度调幅，调幅幅度不宜大于 20%。按考虑塑性内力重分布分析方法设计的叠合楼盖，其钢筋伸长率、钢筋种类及环境类别应符合国家标准《混凝土结构设计规范》GB 50010 - 2010 第 5.4.2 条的规定，并应满足正常使用极限状态要求且采取有效的构造措施。

当双向叠合楼板的 x、y 方向相对受压区高度均不大于 0.15 时，也可采用塑性铰线法或条带法等塑性极限分析方法计算内力设计值。

4.2.7 承受均布荷载的单向多跨叠合板，在正常使用极限状态下的内力值可按下列规定计算：

1 多跨钢筋混凝土叠合连续板，在荷载准永久组合下，可按国家标准《混凝土结构设计规范》GB 50010 - 2010 第 7.2.1 条规定的截面刚度关系进行内力计算；

2 多跨预应力混凝土叠合连续板，在荷载标准组合下，跨中截面可按不出现裂缝的刚度，支座截面可按出现裂缝的刚度分别进行内力计算。

4.2.8 承受均布荷载的双向叠合楼板，在正常使用极限状态下的内力值，宜选择符合实际的方法计算，也可按正交异性板计算。

4.2.9 采用先张法生产的预制预应力带肋底板在相应各阶段由预加力产生的混凝土法向应力，应按现行国家标准《混凝土结构设计规范》GB 50010 的规定进行计算。

5 叠合楼板结构设计

5.1 一 般 规 定

5.1.1 预制带肋底板及叠合楼板应按短暂设计状况、持久设计状况进行设计，对地震设计状况应符合现行国家标准《建筑抗震设计规范》GB 50011 有关抗震构造措施的规定。

5.1.2 在短暂设计状况、持久设计状况下的预制带肋底板及叠合楼板均应按承载能力极限状态进行计算，并应对正常使用极限状态进行验算。

5.2 承载能力极限状态计算

5.2.1 预制带肋底板及叠合楼板的正截面受弯承载力、斜截面受剪承载力计算，应符合现行国家标准《混凝土结构设计规范》GB 50010 的规定。

5.2.2 在均布荷载作用下，不配置箍筋的一般叠合楼板，可不对叠合面进行受剪强度验算，但应符合本规程第 6.1.3 条的构造规定。

5.3 正常使用极限状态验算

5.3.1 预制带肋底板在制作、施工、堆放、吊装等阶段的验算应符合下列规定：

1 预制预应力带肋底板正截面边缘的混凝土法向应力，可按下列公式验算：

$$\sigma_{ct} \leqslant f'_{tk} \tag{5.3.1-1}$$

$$\sigma_{cc} \leqslant 0.8 f'_{ck} \tag{5.3.1-2}$$

式中：σ_{ct}、σ_{cc}——施工阶段相应的荷载标准组合下产生在构件计算截面预拉区、预压区边缘的混凝土法向拉应力、压应力（N/mm^2）；

f'_{tk}、f'_{ck}——与施工阶段对应龄期的混凝土立方体抗压强度 f'_{cu} 相应的混凝土轴心抗拉强度标准值、轴心抗压强度标准值（N/mm^2）。

2 预制非预应力带肋底板应符合现行国家标准《混凝土结构设计规范》GB 50010 和《混凝土结构工程施工规范》GB 50666 的规定，并宜采取防裂的构造措施。

5.3.2 在使用阶段，对采用预制预应力带肋底板的叠合楼板沿平行板肋方向的裂缝控制，应按一般要求不出现裂缝的规定按下列公式验算

$$\sigma_{ck} - \sigma_{pc} \leqslant f_{tk1} \tag{5.3.2-1}$$

$$\sigma_{ck} = \frac{M_{1Gk}}{W_{01}} + \frac{M_{2k}}{W_0} \tag{5.3.2-2}$$

$$M_{2k} = M_{2Gk} + M_{2Qk} \tag{5.3.2-3}$$

式中：σ_{ck}——使用阶段按荷载标准组合计算控制截面抗裂验算边缘的混凝土法向应力（N/mm^2）；

σ_{pc}——扣除全部预应力损失后在控制截面抗裂验算边缘混凝土的法向预压应力（N/mm^2）；

f_{tk1}——预制预应力带肋底板混凝土轴心抗拉强度标准值（N/mm^2）；

M_{1Gk}——叠合楼板自重标准值 G_{k1} 在计算截面产生的弯矩值（N·mm）；

M_{2k}——第二阶段荷载标准组合下在计算截面上产生的弯矩值（N·mm）；

M_{2Gk}——第二阶段面层、吊顶等自重标准值在计算截面产生的弯矩值（N·mm）；

M_{2Qk}——使用阶段可变荷载标准值在计算截面产生的弯矩值（N·mm）；

W_{01}——预制预应力带肋底板换算截面受拉边缘的弹性抵抗矩（mm^3）；

W_0——叠合楼板计算截面边缘的换算截面弹性抵抗矩（mm^3）。

5.3.3 采用预制非预应力带肋底板的叠合楼板的正、负弯矩区，以及采用预制预应力带肋底板的叠合楼板的垂直板肋方向正、负弯矩区，应按现行国家标准《混凝土结构设计规范》GB 50010 规定的裂缝宽度限值及相应计算公式进行裂缝宽度验算。

5.3.4 采用预制非预应力带肋底板的叠合楼板，纵向非预应力钢筋应力应按下式验算：

$$\sigma_{sq} \leqslant 0.9 f_y \tag{5.3.4}$$

式中：σ_{sq}——在荷载准永久组合下叠合楼板纵向非预应力钢筋的应力，按现行国家标准《混凝土结构设计规范》GB 50010 的规定进行计算（N/mm^2）；

f_y——非预应力钢筋抗拉强度设计值（N/mm^2）。

5.3.5 采用预制非预应力带肋底板的叠合楼板和采用预制预应力带肋底板的叠合楼板的挠度，应按现行国家标准《混凝土结构设计规范》GB 50010 的规定进行验算。

6 构 造 要 求

6.1 一 般 规 定

6.1.1 预制带肋底板的截面形式、侧面形式可根据结构实际情况分别按图 6.1.1-1、6.1.1-2 取用，且应符合下列规定：

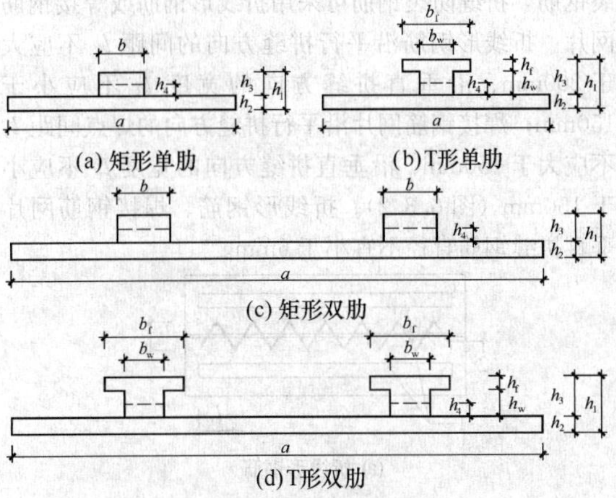

(a) 矩形单肋　(b)T形单肋

(c) 矩形双肋

(d)T形双肋

图 6.1.1-1　预制带肋底板截面形式示意

a—实心平板的宽度；b—板肋的宽度；b_f—翼缘的宽度；h_f—翼缘的高度；b_w—腹板的宽度；h_w—腹板的高度；h_1—预制带肋底板的总高；h_2—实心平板的高度；h_3—板肋的高度；h_4—预留孔洞的高度

1　板肋及预留孔洞的宽度和高度应满足施工阶段承载力、刚度要求。

2　边孔中心与板端的距离 l_1 不宜小于 250mm，肋端与板端的距离 l_2 不宜大于 40mm，预留孔洞的宽度 l_4 不应大于 2 倍预留孔洞的净距 l_3。

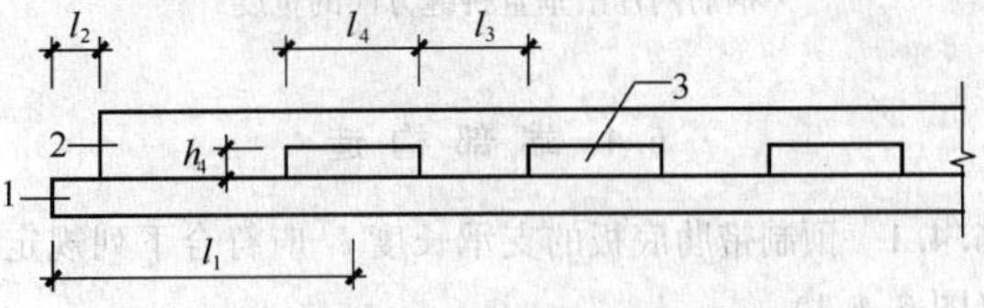

图 6.1.1-2　预制带肋底板侧面形式示意

1—实心平板；2—板肋；3—预留孔洞；l_1—边孔中心与板端的距离；l_2—肋端与板端的距离；l_3—预留孔洞的净距；l_4—预留孔洞的宽度；h_4—预留孔洞的高度

6.1.2　叠合楼板的厚度不宜小于 110mm 且不应小于 90mm。叠合层混凝土的厚度不宜小于 80mm 且不应小于 60mm；高度超过 50m 的房屋采用叠合楼板时，其叠合层混凝土厚度不应小于 80mm。板肋上方混凝土的厚度不应小于 25mm。

当叠合楼板跨度小于或等于 6.6m 时，实心平板的厚度 h_2 不应小于 30mm；当叠合楼板跨度大于 6.6m 时，实心平板的厚度 h_2 不应小于 40mm。

6.1.3　预制带肋底板上表面应做成凹凸差不小于 4mm 的粗糙面。承受较大荷载的叠合楼板，宜在预制带肋底板上设置伸入叠合层的构造钢筋。

6.1.4　叠合楼板开洞应避开板肋位置，宜设置在板间拼缝处。圆孔孔径 d 或长方形边长 b 不应大于 120mm，洞边距板边距离 l_1 不应大于 75mm（图 6.1.4），且应符合下列规定：

1　开洞未截断实心平板的纵向受力钢筋且开洞尺寸不大于 80mm 时，可不采取加强措施；

2　开洞截断实心平板的纵向受力钢筋或开洞尺寸在 80mm～120mm 之间时，应采取有效加强措施，可根据等强原则在孔洞四周设置附加钢筋，钢筋直径不应小于 8mm，数量不应少于 2 根，沿平行板肋方向附加钢筋应伸过洞边距离 l_a 不应小于 $25d$（d 为附加钢筋直径），沿垂直板肋方向附加钢筋应伸至板肋边。

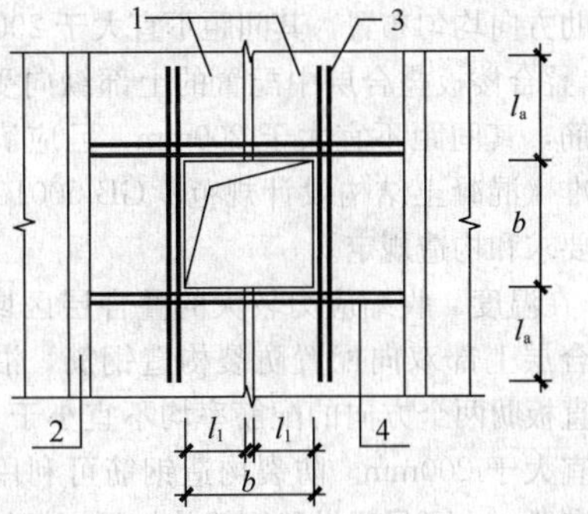

图 6.1.4　叠合楼板开洞加强措施

1—预制带肋底板；2—板肋；3—沿平行板肋方向附加钢筋；4—沿垂直板肋方向附加钢筋；b—长方形边长；l_1—洞边距板边距离；l_a—沿平行板肋方向附加钢筋伸过洞边距离

6.1.5　当按设计要求需设置现浇板带时，现浇板带的设置及配筋要求应符合现行国家标准《混凝土结构设计规范》GB 50010 的规定。

6.1.6　叠合楼板基于耐久性要求的混凝土保护层厚度，应符合现行国家标准《混凝土结构设计规范》GB 50010 的规定；基于耐火极限要求的耐火保护层厚度尚应符合表 6.1.6 的规定。

表 6.1.6　叠合楼板耐火保护层最小厚度

类型	约束条件	1.0h		1.5h	
		板厚（mm）	耐火保护层（mm）	板厚（mm）	耐火保护层（mm）
采用预制预应力带肋底板的叠合楼板	简支	—	22	—	30
	连续	110	15	120	20
采用预制非预应力带肋底板的叠合楼板	简支	—	10	—	20
	连续	90	10	90	10

注：计算耐火保护层时，应包括抹灰粉刷层在内。

6.2　钢筋配置

6.2.1　实心平板的纵向受力钢筋应按计算配置，并应沿实心平板宽度范围内均匀布置。先张法预应力筋之间的净间距应根据浇筑混凝土、施加预应力及钢筋锚固等要求确定，但不应小于其公称直径的 2.5 倍和混凝土粗骨料最大粒径的 1.25 倍，且不应小于 15mm。预制预应力带肋底板端部 100mm 长度范围内应设置不小于 3 根Φ4 的附加横向钢筋或钢筋网片。

6.2.2 板肋顶部的全长范围内应设置预应力或非预应力纵向构造钢筋，数量不应少于 1 根；当采用非预应力钢筋时，直径不应小于 6mm。

6.2.3 横向穿孔钢筋应从预留孔洞中穿过，并应沿垂直板肋方向均匀布置，其间距不宜大于 200mm。

6.2.4 叠合楼板叠合层中配置的上部纵向受力非预应力钢筋，其间距不宜大于 200mm，且应满足现行国家标准《混凝土结构设计规范》GB 50010 的最小配筋率要求和构造规定。

6.2.5 在温度、收缩应力较大的叠合层区域，应在板的叠合层上部双向配置防裂构造钢筋，沿平行板肋、垂直板肋两个方向的配筋率均不宜小于 0.10%，间距不宜大于 200mm。防裂构造钢筋可利用原有钢筋贯通布置，也可另行设置钢筋并与原有钢筋按受拉钢筋的要求搭接或伸入周边梁、墙内进行锚固。

6.2.6 预制带肋底板采用的吊钩或内埋式吊具，应符合现行国家标准《混凝土结构设计规范》GB 50010 和《混凝土结构工程施工规范》GB 50666 的规定。

6.3 拼缝构造

6.3.1 实心平板侧边的拼缝构造形式可采用直平边、双齿边、斜平边、部分斜平边等（图 6.3.1）。拼缝宽度 b_j 不宜小于 10mm，拼缝可采用砂浆抹缝或细石混凝土灌缝，砂浆强度等级不宜小于 M15，混凝土强度等级不宜小于 C20，且宜采用膨胀砂浆或膨胀混凝土。

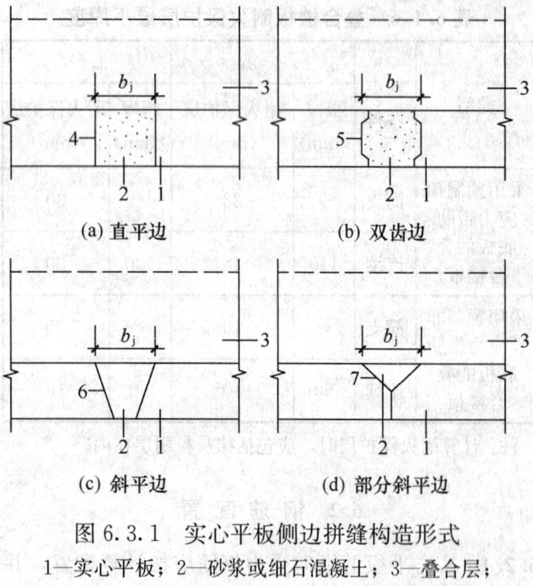

b_j
1
2
3
4
5
6
7
(a) 直平边
(b) 双齿边
(c) 斜平边
(d) 部分斜平边

图 6.3.1 实心平板侧边拼缝构造形式

1—实心平板；2—砂浆或细石混凝土；3—叠合层；4—直平边；5—双齿边；6—斜平边；7—部分斜平边

6.3.2 在预制带肋底板拼缝上方应对称设置拼缝防裂钢筋，拼缝防裂钢筋可采用折线形钢筋或焊接钢筋网片。折线形钢筋沿平行拼缝方向的间距 l_1 不应大于 200mm、沿垂直拼缝方向的宽度 l_2 不应小于 150mm；焊接钢筋网片沿平行拼缝方向的焊点间距 l_3 不应大于 150mm、沿垂直拼缝方向的宽度 l_4 不应小于 150mm（图 6.3.2）。折线形钢筋、焊接钢筋网片垂直拼缝钢筋直径不宜小于 6mm。

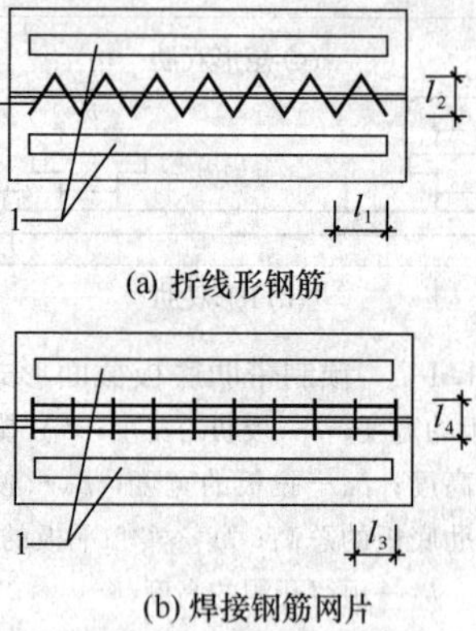

l_1
l_2
l_3
l_4
1
2
3
(a) 折线形钢筋
(b) 焊接钢筋网片

图 6.3.2 拼缝防裂钢筋构造

1—预制带肋底板；2—折线形钢筋；3—焊接钢筋网片；l_1—折线形钢筋沿平行拼缝方向的间距；l_2—折线形钢筋沿垂直拼缝方向的宽度；l_3—焊接钢筋网片沿平行拼缝方向的焊点间距；l_4—焊接钢筋网片沿垂直拼缝方向的宽度

6.4 端部构造

6.4.1 预制带肋底板的支承长度 l_1 应符合下列规定（图 6.4.1）：

1 当与混凝土梁或剪力墙整体浇筑时，支承长度不应小于 10mm；

2 搁置在承重砌体墙或混凝土梁上的支承长度不应小于 80mm；搁置在钢梁上的支承长度不应小于 50mm；当在承重砌体墙上设混凝土圈梁，利用胡子筋拉结时，支承长度不应小于 40mm。

6.4.2 叠合楼板与承重砌体墙、钢梁、混凝土梁或剪力墙之间应设置可靠的锚固或连接措施（图 6.4.1），且应符合下列规定：

1 胡子筋长度 l_2 不应小于 50mm。当与混凝土梁或剪力墙整体浇筑时，胡子筋长度不应小于 150mm；当胡子筋影响预制带肋底板铺板施工时，可在一端不预留胡子筋，并在不预留胡子筋一端的实心平板上方设置端部连接钢筋替代胡子筋，端部连接钢筋应沿板端交错布置，端部连接钢筋支座锚固长度 l_1 不应小于 $10d$、伸入板内长度 l_3 不应小于 150mm（图 6.4.2）。

2 横向穿孔钢筋的锚固应符合现行国家标准《混凝土结构设计规范》GB 50010 的规定。

3 按简支边或非受力边设计的叠合楼板，当与

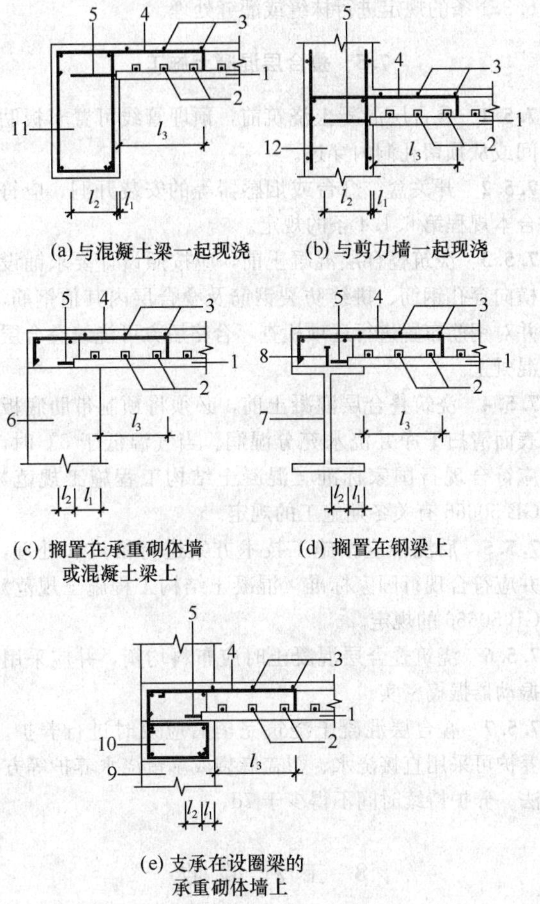

(a) 与混凝土梁一起现浇　(b) 与剪力墙一起现浇

(c) 搁置在承重砌体墙或混凝土梁上　(d) 搁置在钢梁上

(e) 支承在设圈梁的承重砌体墙上

图 6.4.1　叠合楼板端部支承长度与连接构造

1—预制带肋底板；2—横向穿孔钢筋；3—板面分布筋；4—支座负筋或板面构造钢筋；5—胡子筋；6—承重砌体墙或混凝土梁；7—钢梁；8—抗剪连接件；9—设混凝土圈梁的承重砌体墙；10—混凝土圈梁；11—现浇混凝土梁；12—剪力墙；l_1—预制带肋底板的支承长度；l_2—胡子筋长度；l_3—板面构造钢筋伸入板内的长度

混凝土梁、墙整体浇筑或嵌固在承重砌体墙内时，应设置板面上部构造钢筋，并应符合现行国家标准《混凝土结构设计规范》GB 50010 的规定。

4　当叠合楼板与钢梁之间设置抗剪连接件时，其栓钉抗剪连接件应根据实际情况计算确定，并应符合相关标准的规定。

7　工程施工

7.1　一般规定

7.1.1　叠合楼板工程施工前应编制施工组织设计或专项施工方案，对施工现场平面布置、预制带肋底板制作、转运路线、道路条件及吊装方案等作出规定，并应经审查批准后施工。

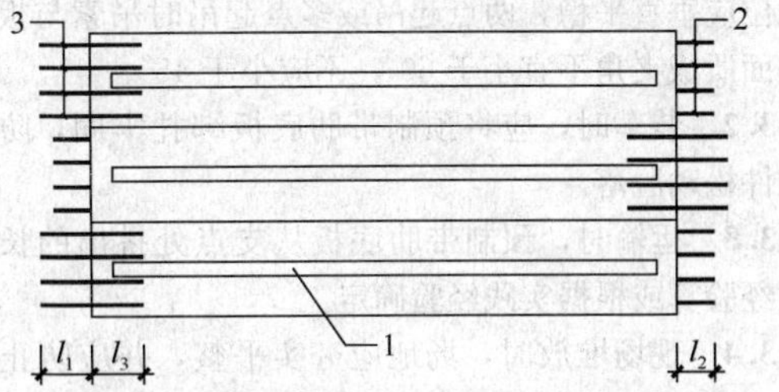

图 6.4.2　叠合楼板设置端部连接钢筋构造

1—预制带肋底板；2—胡子筋；3—端部连接钢筋；l_1—端部连接钢筋支座锚固长度；l_2—胡子筋长度；l_3—端部连接钢筋伸入板内长度

7.1.2　预制带肋底板宜在工厂制作，也可在施工现场制作。

7.1.3　开工前，应对参加预制制作和现场施工人员进行技术交底和安全教育。

7.1.4　预制带肋底板的制作场地和施工现场应满足起吊、堆放、运输等要求，防止构件破损、丧失稳定等情况的发生。

7.1.5　叠合楼板的安装施工除应符合本规程的规定外，尚应符合现行国家标准《混凝土结构工程施工规范》GB 50666 和国家有关劳保安全技术的规定。

7.2　预制带肋底板制作

7.2.1　预制带肋底板采用模具生产时，模具应有足够的承载力、刚度和整体稳定性，且应满足预制带肋底板预留孔、预埋吊件及其他预埋件的定位要求。对跨度较大的预制带肋底板的模具应根据设计要求预设反拱。

7.2.2　制作预制带肋底板的场地应平整、坚实，并应有排水措施。制作先张法预制带肋底板时，台座应满足承受张拉力的要求。台座表面应光滑平整，2m 长度内的表面平整度不应大于 2mm，在气温变化较大的地区应设置伸缩缝。

7.2.3　预制预应力带肋底板的预应力施工应符合现行国家标准《混凝土结构工程施工规范》GB 50666 的规定。

7.2.4　预制带肋底板可根据需要选择自然养护或蒸汽养护方式。当采用蒸汽养护时，应制定养护制度并严格控制升降温速度和最高温度。

7.2.5　预制带肋底板的上表面应按设计规定进行处理。无设计规定时，一般采用露骨料粗糙面，也可采用自然粗糙面。露骨料粗糙面可在混凝土初凝后，采取措施冲刷掉未凝结的水泥浆形成。

7.3　预制带肋底板起吊、运输及堆放

7.3.1　预制带肋底板的吊点位置应合理设置，起吊

就位应垂直平稳，两点起吊或多点起吊时吊索与板水平面所成夹角不宜小于60°，不应小于45°。

7.3.2 装车时，应将预制带肋底板绑扎牢固，防止构件松动脱落。

7.3.3 运输时，预制带肋底板从支点处挑出的长度应经验算或根据实践经验确定。

7.3.4 现场堆放时，场地应夯实平整，并应防止地面不均匀下沉。

7.3.5 预制带肋底板应按照不同型号、规格分类堆放。

7.3.6 预制带肋底板应采用板肋朝上叠放的堆放方式，严禁倒置。各层预制带肋底板下部应设置垫木，垫木应上下对齐，不得脱空。堆放层数不应大于7层，并应有稳固措施。

7.4 预制带肋底板铺设

7.4.1 安装前应按设计图纸核对预制带肋底板的型号及长度，并宜在待铺设部位注明型号及长度。

7.4.2 对施工阶段设有可靠支撑设计的叠合楼板，应按现行国家标准《混凝土结构工程施工规范》GB 50666的规定对模板与支撑进行设计，并应提出支撑的布置图。

对施工阶段不加支撑设计的叠合楼板，当预制带肋底板施工荷载较大或跨度大于等于3.6m时，预制带肋底板跨中宜设置不少于1道临时支撑。

7.4.3 支撑拆除时，叠合层混凝土强度应符合下列规定：

1 当预制带肋底板跨度不大于2m时，同条件养护的混凝土立方体抗压强度不应小于设计混凝土强度等级值的50%；

2 当预制带肋底板跨度大于2m且不大于8m时，同条件养护的混凝土立方体抗压强度不应小于设计混凝土强度等级值的75%；

3 当预制带肋底板跨度大于8m时，同条件养护的混凝土立方体抗压强度不应小于设计混凝土强度等级值的100%。

7.4.4 安装预制带肋底板时，其搁置长度应满足设计要求。预制带肋底板与梁或墙间宜设置厚度不大于30mm坐浆或垫片。

7.4.5 施工荷载应符合设计要求和现行国家标准《混凝土结构工程施工规范》GB 50666的规定，并应避免单个预制楼板承受较大的集中荷载；未经设计允许，施工单位不得擅自对预制带肋底板进行切割、开洞。

7.4.6 当按设计要求需设置现浇板带时，现浇板带的施工应符合下列要求：板带宽度小于200mm，可采用吊模现浇；板带宽度不小于200mm，应采用下部支模现浇。

7.4.7 预制带肋底板铺设完成后，应按本规程第6.3.1条的规定进行抹缝或灌缝处理。

7.5 叠合层混凝土施工

7.5.1 叠合层混凝土浇筑前，预埋管线可置于板肋间或从预留孔洞内穿过。

7.5.2 开关盒、灯台或烟感器等的安装开洞，应符合本规程第6.1.4条的规定。

7.5.3 浇筑叠合层混凝土前，应按照设计要求铺设横向穿孔钢筋、拼缝防裂钢筋及叠合层内其他钢筋，并对钢筋布置进行逐项检查，合格后方可浇筑叠合层混凝土。

7.5.4 浇筑叠合层混凝土前，必须将预制带肋底板表面清扫干净并浇水充分湿润。当气温低于5℃时，应符合现行国家标准《混凝土结构工程施工规范》GB 50666有关冬期施工的规定。

7.5.5 后浇带应按施工技术方案进行留设和处理，并应符合现行国家标准《混凝土结构工程施工规范》GB 50666的规定。

7.5.6 浇筑叠合层混凝土时应布料均衡，并应采用振动器振捣密实。

7.5.7 叠合层混凝土浇筑完毕后应及时进行养护。养护可采用直接浇水、覆盖麻袋或草帘浇水养护等方法。养护持续时间不得少于7d。

8 工程验收

8.1 一般规定

8.1.1 根据工程量和施工方法，可将叠合楼盖、柱或墙等组成的混凝土结构划分为一个或若干个子分部工程。每个子分部工程可划分为支撑、钢筋、预应力、混凝土、预制带肋底板、现浇叠合层等分项工程。各分项工程可按工作班、楼层或施工段划分为若干检验批。

8.1.2 预制带肋底板分项工程的质量控制，应由预制构件企业或施工单位负责，并应符合本规程和现行国家标准《混凝土结构工程施工质量验收规范》GB 50204的规定。预制构件由企业生产时，应提供产品合格证（合格证明文件、规格及性能检测报告等）；在施工现场生产时，应按批进行检验。

8.1.3 预制带肋底板安装、钢筋、叠合层混凝土等分项工程应由施工单位进行质量控制，除应符合本规程规定外，尚应符合现行国家标准《混凝土结构工程施工质量验收规范》GB 50204的规定。

8.2 预制带肋底板

8.2.1 预制带肋底板的外观质量缺陷，应由监理（建设）单位、施工单位等各方根据其对结构性能和使用功能影响的严重程度，按表8.2.1确定。

表 8.2.1　外观质量缺陷

项目	现　象	严重缺陷	一般缺陷
露筋	预制带肋底板内部钢筋未被混凝土包裹而外露	纵向受力钢筋有露筋	其他钢筋有少量露筋
孔洞	混凝土中深度与长度均超过保护层厚度的非设计孔穴	实心平板端部及下表面有孔洞	其他部位有少量孔洞
蜂窝	混凝土表面缺少水泥砂浆而形成石子外露	实心平板端部及下表面有蜂窝	其他部位有少量蜂窝
裂缝	深入混凝土内部的缝隙，不包括网状裂纹、龟裂水纹等	实心平板的下表面裂缝	其他部位有少量不影响结构性能或使用功能的裂缝
端部缺陷	端部混凝土疏松或受力筋松动等	构件端部有影响板的传力性能的缺陷	构件端部有基本不影响板的传力性能的缺陷
外表缺陷	混凝土表面麻面、掉皮、起砂及漏抹等	实心平板下表面有外表缺陷	其他部位有少量不影响使用功能的外表缺陷
外形缺陷	不直、倾斜、缺棱少角与飞边等	实心平板下表面有外形缺陷	其他部位有少量不影响使用功能的外形缺陷
外表沾污	表面有油污或粘杂物	实心平板上表面、板肋表面有外表沾污	其他部位有少量不影响结构性能的外表沾污

Ⅰ　主 控 项 目

8.2.2　预制带肋底板应进行结构性能检验。结构性能检验不合格的预制带肋底板不得用于结构中。检验数量及检验方法应按现行国家标准《混凝土结构工程施工质量验收规范》GB 50204 执行。

8.2.3　预制带肋底板的外观质量不应有严重缺陷，不应有影响结构性能和安装、使用功能的尺寸偏差。对已经出现的外观质量问题，应按技术处理方案进行处理，并重新检查验收。

检查数量：全数检查。

检验方法：观察，量测，检查技术处理方案。

8.2.4　预制带肋底板应在明显部位标明生产单位、构件型号、生产日期和质量验收标志。胡子筋的规格、位置和数量应符合设计要求。

检查数量：全数检查。

检验方法：观察。

Ⅱ　一 般 项 目

8.2.5　预制带肋底板的外观质量不宜有一般缺陷。对已经出现的一般缺陷，应按技术处理方案进行处理，并重新检查验收。

检查数量：全数检查。

检验方法：观察，检查技术处理方案。

8.2.6　预制带肋底板的尺寸偏差应符合表 8.2.6 的规定。

检查数量：同一工作班生产的同类型构件，抽查5%且不少于 3 件。

检验方法：见表 8.2.6。

表 8.2.6　预制带肋底板的允许偏差及检验方法

项目		允许偏差(mm)	检　验　方　法
实心平板	长度	+10，−5	用尺量测平行于实心平板长度方向的任何部位
	宽度	±5	用尺量测平行于实心平板宽度方向的任何部位
	厚度	+5，−3	用尺量测平行于实心平板厚度方向的任何部位
板肋	长度	±10	用尺量测平行于板肋长度方向的任何部位
	宽度	±10	用尺量测平行于板肋宽度方向的任何部位
	厚度	±5	用尺量测平行于板肋厚度方向的任何部位
实心平板的下表面	对角线	10	用尺量测下表面两个对角线差
	侧向弯曲	$L/750$ 且 ≤20	拉线、用尺量测侧向弯曲最大处
	翘曲	$L/750$	用调平尺在下表面两端量测
	表面平整	5	用 2m 靠尺和楔形塞尺，量测靠尺与下表面两点间的最大缝隙
实心平板纵向受力钢筋	间距偏差	±5	用尺量测
	在板宽方向的钢筋截面几何中心与规定位置偏差	±10	用尺量测
	保护层厚度	+5，−3	用尺或钢筋保护层厚度测定仪量测
	外伸长度	+30，−10	用尺在板端量测

续表 8.2.6

项目		允许偏差（mm）	检验方法
预埋件	中心位置偏移	±10	用尺量测纵、横两个方向中心线，取其中较大值
预留孔洞	中心位置偏移	±5	用尺顺板肋方向量测中心位置
	规格尺寸	±10	用尺量测
自重偏差		±7%	用衡器量测

注：1 自重偏差检验仅用于型式试验；
2 L 为预制带肋底板标志跨度。

8.3 预制带肋底板安装

8.3.1 预制带肋底板安装后的尺寸偏差应符合表 8.3.1 的规定。

检查数量：全数检查。

检验方法：见表 8.3.1。

表 8.3.1 预制带肋底板安装的允许偏差及检验方法

项目	允许偏差（mm）	检验方法
轴线位置	5	钢尺检查
实心平板下表面标高	±5	水准仪或拉线、钢尺检查
相邻实心平板下表面高低差	2	钢尺检查
下表面平整度	5	2m 靠尺和塞尺检查

8.3.2 预制带肋底板胡子筋的伸出长度应符合设计要求。

检查数量：全数检查。

检验方法：观察，检查施工记录。

8.4 钢筋与叠合层混凝土

Ⅰ 主 控 项 目

8.4.1 在浇筑叠合层混凝土之前，应进行钢筋隐蔽工程验收，其内容包括钢筋品种、规格、数量、位置和连接接头位置以及预埋件数量、位置等。

检查数量：全数检查。

检验方法：观察，钢尺检查。

8.4.2 叠合层混凝土的强度等级必须符合设计要求。

检查数量：应按现行国家标准《混凝土结构工程施工质量验收规范》GB 50204 执行。

检验方法：检查施工记录及试件强度试验报告。

8.4.3 混凝土运输、浇筑及间歇的全部时间不应超过混凝土的初凝时间。

检查数量：全数检查。

检验方法：观察，检查施工记录。

Ⅱ 一 般 项 目

8.4.4 施工缝和后浇带的位置应按设计要求和施工技术方案确定。

检查数量：全数检查。

检验方法：观察，检查施工记录。

8.5 叠合楼板

8.5.1 叠合楼板中涉及结构安全的重要部位应进行结构实体检验。

8.5.2 叠合楼板子分部工程施工质量验收应按现行国家标准《混凝土结构工程施工质量验收规范》GB 50204 执行，并应提供相关的文件和记录。

8.5.3 叠合楼板子分部工程施工质量验收合格应符合下列规定：

1 有关分项工程施工质量验收合格；

2 应有完整的质量控制资料；

3 观感质量验收合格；

4 叠合楼板结构实体检验结果满足要求。

8.5.4 当叠合楼板施工质量不符合要求时，应进行专门的技术处理，然后通过技术处理方案和协商文件进行验收。

本规程用词说明

1 为了便于在执行本规程条文时区别对待，对于要求严格程度不同的用词说明如下：

1）表示很严格，非这样做不可的：
正面词采用“必须”；反面词采用“严禁”。

2）表示严格，在正常情况下均应这样做的：
正面词采用“应”；反面词采用“不应”或“不得”。

3）表示允许稍有选择，在条件许可时首先这样做的：
正面词采用“宜”；反面词采用“不宜”。

4）表示有选择，在一定条件下可以这样做的，采用“可”。

2 条文中指明应按其他有关标准执行的写法为：“应按……执行”或“应符合……的规定”。

引用标准名录

1 《混凝土结构设计规范》GB 50010
2 《建筑抗震设计规范》GB 50011
3 《混凝土结构工程施工质量验收规范》GB 50204
4 《混凝土结构工程施工规范》GB 50666
5 《冷轧带肋钢筋混凝土结构技术规程》JGJ 95

中华人民共和国行业标准

预制带肋底板混凝土叠合楼板技术规程

JGJ/T 258—2011

条 文 说 明

制 定 说 明

《预制带肋底板混凝土叠合楼板技术规程》JGJ/T 258-2011，经住房和城乡建设部2011年8月29日以第1136号公告批准发布。

本规程制定过程中，编制组进行了广泛和深入的调查研究，总结了我国预制带肋底板混凝土叠合楼板技术的实践经验，同时参考了国外先进技术法规、技术标准，通过叠合板带受力性能等试验取得了一系列重要技术参数。

为便于广大设计、施工、科研、学校等单位有关人员在使用本规程时能正确理解和执行条文规定，《预制带肋底板混凝土叠合楼板技术规程》编制组按章、节、条顺序编制了本规程的条文说明，对条文规定的目的、依据以及执行中需注意的有关事项进行了说明。但是，本条文说明不具备与规程正文同等的法律效力，仅供使用者作为理解和把握规程规定的参考。

目　次

1 总　　则

1.0.1　本条规定是制定本规程的基本方针和原则。

1.0.2　本条规定了本规程的适用范围。

1.0.3　本规程主要针对采用预制带肋底板的混凝土叠合楼板的设计、施工与验收编制而成，凡本规程未规定的部分应符合其他相关现行国家标准。

2　术语和符号

2.1 术　　语

本规程中仅给出了专有的术语，其他术语与现行国家标准《工程结构设计基本术语和通用符号》GBJ 132、《建筑结构设计术语和符号标准》GB/T 50083、《建筑结构可靠度设计统一标准》GB 50068、《建筑结构荷载规范》GB 50009、《混凝土结构设计规范》GB 50010 等标准规范相同。

2.1.1　预制带肋底板（图 1）可作为叠合层的永久性模板并承受施工荷载。由于纵向受力钢筋可采用预应力筋或非预应力钢筋，因此预制带肋底板分为预制预应力带肋底板、预制非预应力带肋底板。

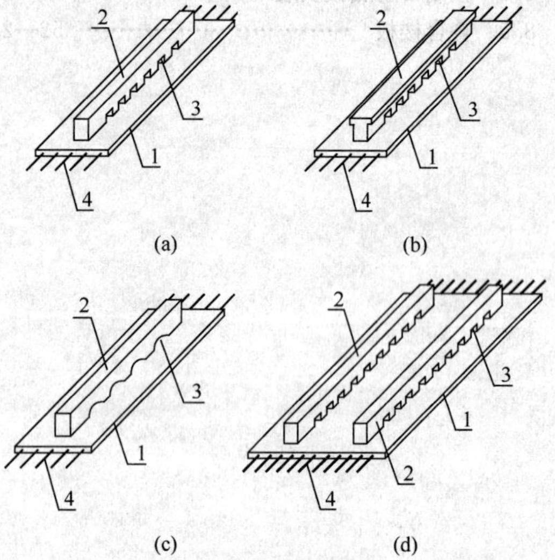
(a)
(b)
(c)
(d)

图 1　预制带肋底板

1—实心平板；2—板肋；3—预留孔洞；4—胡子筋

2.1.2～2.1.5　预制带肋底板的组成部分。板肋的数量为一条或一条以上（图 1a、图 1d）；板肋的截面形式包括矩形、T 形等（图 1a、图 1b）；预留孔洞用于布置横向穿孔钢筋或管线，孔洞形状可呈矩形、圆弧形等（图 1a、图 1c）。

2.1.6～2.1.9　叠合楼板是在预制带肋底板上浇筑叠合层形成的楼板，在叠合层混凝土达到设计规定的强度值后由预制带肋底板和叠合层共同承受设计规定的荷载（图 2）。预制带肋底板上放置的钢筋，有横向穿孔钢筋、拼缝防裂钢筋以及配置在叠合层上部的受力钢筋等。

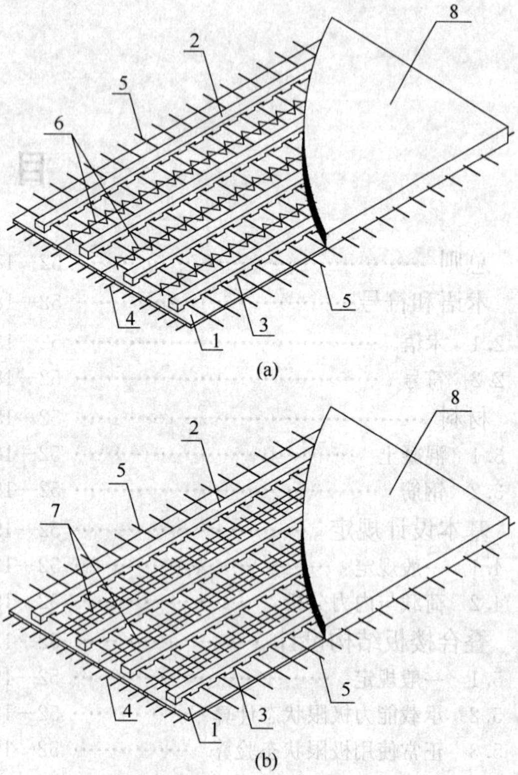
(a)
(b)

图 2　叠合楼板示意图

1—实心平板；2—板肋；3—预留孔洞；4—胡子筋；5—横向穿孔钢筋；6—折线形钢筋；7—焊接钢筋网片；8—叠合层

拼缝防裂钢筋位于楼板拼缝处且宜放置在横向穿孔钢筋上方，可为折线形钢筋或焊接钢筋网片。图 2a、图 2b 分别为放置折线形钢筋和焊接钢筋网片的叠合楼板示意图。

2.2　符　　号

本规程列出了常用的符号，对一些不常用的符号在条文相应处已有说明。

3　材　　料

3.1　混　凝　土

由于预制带肋底板的纵向受力钢筋强度很高，故要求预制带肋底板的混凝土强度等级亦应相应的提高，这样才能达到更经济的目的。所以，规定预制带肋底板的混凝土强度等级不宜低于 C40 且不应低于 C30。因叠合层中平均压应力一般不高，并参考国内的应用经验，故将其混凝土强度等级规定为不宜低于 C25。

3.2 钢 筋

3.2.1 受力的预应力筋推荐采用消除应力螺旋肋钢丝，也可采用冷轧带肋钢筋，采用冷轧带肋钢筋时应综合考虑结构长期耐久性的问题。

根据现行国家标准《混凝土结构设计规范》GB 50010的规定，本规程受力的非预应力钢筋按先后顺序依次推荐：热轧带肋钢筋、冷轧带肋钢筋、热轧光圆钢筋，并提倡应用高强、高性能、带肋钢筋。

3.2.2 本条规定了受力的预应力筋和受力的非预应力钢筋的最小直径要求，从结构与构件的长期耐久性考虑，受力钢筋不建议采用过小的直径。

4 基本设计规定

4.1 一 般 规 定

4.1.1 本规程按现行国家标准《工程结构可靠性设计统一标准》GB 50153及《建筑结构可靠度设计统一标准》GB 50068的规定，采用概率极限状态设计方法，以分项系数的形式表达。本规程中的荷载分项系数应按现行国家标准《建筑结构荷载规范》GB 50009的规定取用。

4.1.3 预制带肋底板的制作阶段，在放张、堆放、吊装及运输时应考虑混凝土的实际强度。

4.1.4 根据施工和受力特点的不同可分为在施工阶段加设可靠支撑的叠合楼板（一阶段受力叠合楼板）和在施工阶段不加设支撑的叠合楼板（二阶段受力叠合楼板）两类。

4.2 荷载与内力分析

4.2.1 施工阶段的可变荷载一般指在预制带肋底板上作业的施工人员和施工机具等，并考虑施工过程中可能产生的冲击和振动。若有过量的冲击、混凝土堆放以及管线等应考虑附加荷载。由于施工技术和方法的不同，施工阶段的可变荷载不完全相同，合理给定施工阶段的可变荷载十分重要，大量工程实践表明，其值一般可取 $1.0kN/m^2$。

本条给出不加支撑的叠合楼板在叠合层混凝土达到设计强度值之前的第一阶段和达到设计强度值之后的第二阶段所应考虑的荷载。在第二阶段，因为叠合层混凝土达到设计强度值后仍可能存在施工活荷载，且其产生的荷载效应可能大于使用阶段可变荷载产生的荷载效应，故应考虑两种荷载效应中的较大值。

4.2.4 本条提出了多跨叠合连续板考虑塑性内力重分布的设计方法。该方法仅对第二阶段的弯矩进行调幅，第一阶段弯矩不用调幅。当采用该方法进行叠合板设计时，钢筋应符合现行国家标准《混凝土结构设计规范》GB 50010有关总伸长率限值的规定，构件变形和裂缝宽度验算应满足正常使用极限状态要求。

4.2.6 根据国家标准《混凝土结构设计规范》GB 50010－2010第5章的规定，当采用考虑塑性内力重分布的方法和塑性极限理论的分析方法进行结构的承载力计算时，弯矩的调整幅度及受压区高度均应满足本条的规定，以保证楼板出现塑性铰的位置具有足够的转动能力并限制裂缝宽度以满足正常使用极限状态的要求。

4.2.8 双向叠合楼板在两个正交方向存在明显的刚度差异，在计算时应合理考虑。考虑两个方向的刚度时，在预应力方向按不出现裂缝的刚度、非预应力方向按出现裂缝的刚度进行内力计算。

5 叠合楼板结构设计

5.1 一 般 规 定

5.1.1～5.1.2 叠合楼板设计以现行国家标准《工程结构可靠性设计统一标准》GB 50153和《建筑结构可靠度设计统一标准》GB 50068的规定为设计原则，对结构的短暂设计状况、持久设计状况通过计算和构造进行设计，按承载能力极限状态进行计算，并对正常使用极限状态进行验算，对地震和偶然设计状况主要是通过构造措施来满足。

5.2 承载能力极限状态计算

5.2.2 试验研究表明：由于板肋的存在，增大了新、老混凝土接触面，板肋预留孔洞内后浇混凝土与横向穿孔钢筋形成的抗剪销栓，能保证叠合层与预制带肋底板形成整体共同承载、协调受力。所以在均布荷载作用下，在预制带肋底板上浇筑形成且不配置箍筋的叠合楼板，实心平板上表面采用粗糙面，就能满足叠合面抗剪要求，可不对叠合面进行受剪强度验算。承受较大荷载的预应力板，由于预应力造成的反拱、徐变影响，宜设置界面构造钢筋加强其整体性。

5.3 正常使用极限状态验算

5.3.1 对预制预应力带肋底板截面边缘的混凝土法向应力的限值条件，参考了现行国家标准《混凝土结构设计规范》GB 50010的规定并吸取了大量工程设计经验而得到。对混凝土法向应力的限值，均按与各制作阶段混凝土抗压强度 f'_{cu} 相应的抗拉强度标准值、抗压强度标准值表示。

5.3.2 由于叠合楼板一般不会在环境类别为三类及更恶劣的情况下使用，所以按预应力混凝土二级裂缝控制等级的要求，对叠合楼板沿平行板肋方向的裂缝控制按一般要求不出现裂缝的规定验算。

5.3.4 对预制非预应力带肋底板叠合楼板纵向受拉钢筋应力的限值条件，参考了现行国家标准《混凝土结构设计规范》GB 50010 的规定，由于叠合构件存在“受拉钢筋应力超前”现象，使其与同样截面普通受弯构件相比钢筋拉应力及曲率偏大，并有可能使受拉钢筋在弯矩准永久值作用下过早达到屈服，所以为了防止这种情况的发生，给出了公式计算的受拉钢筋应力控制条件。该条件属叠合受弯构件正常使用极限状态的附加验算条件，与裂缝宽度控制条件和变形控制条件不能相互取代。

6 构 造 要 求

6.1 一 般 规 定

6.1.1 根据工程经验和试验研究，进行预制带肋底板承载力与刚度计算时，必须考虑板肋的作用，板肋及预留孔洞的宽度和高度应满足预制带肋底板施工阶段承载力、刚度的要求。

6.1.2 本条是从构造上提出叠合楼板的最小厚度要求，合理的厚度应在符合承载力极限状态和正常使用极限状态、耐火性能以及混凝土保护层要求等前提下，按经济合理的原则确定。板肋上方混凝土的厚度应满足叠合楼板叠合层上部配筋的混凝土保护层厚度要求。

当叠合楼板跨度大于或等于 6.6m 时，实心平板内纵向受力钢筋的配筋量较大，为避免实心平板出现纵向劈裂缝，实心平板的厚度不应小于 40mm。

6.1.3 试验研究表明：由于板肋的存在，增大了新、老混凝土接触面，板肋预留孔洞内后浇叠合层混凝土与横向穿孔钢筋形成的抗剪销栓，能保证叠合层混凝土与预制带肋底板形成整体协调受力并共同承载。在均布荷载作用下，在预制带肋底板上浇筑形成且不配置箍筋的叠合楼板，对实心平板上表面采用凹凸差不小于 4mm 的粗糙面，能满足叠合面抗剪要求。承受较大荷载的预应力板，由于预应力造成的反拱、徐变影响，宜设置界面构造钢筋加强其整体性。

6.1.4 叠合楼板严禁在板肋位置开洞，且开洞宜避免截断实心平板的纵向受力钢筋。当开洞尺寸较大或截断多根实心平板的纵向受力钢筋时，宜首先考虑采用现浇板带，其次再考虑根据等强原则采取加强措施。

6.1.5 当叠合楼板遇柱角、在板肋位置开洞、开洞尺寸大于 120mm、后浇带等情况时，需按设计要求设置现浇板带。

6.1.6 耐火保护层主要包括混凝土保护层和粉刷抹灰层，两者都对钢筋的升温起着阻缓作用，对结构的耐火极限的提高都起有利作用。表中数据参考了现行国家标准《高层民用建筑设计防火规范》GB 50045 等相关标准的规定，并结合自身的特点，给出了高层建筑耐火等级为二级（1.0h）和一级（1.5h）对耐火保护层厚度的最小要求。如特殊情况，可以根据相关规范执行。

如有其他可靠的防火措施，如粉刷防火涂料等，可不受此表中数据的限制。

6.2 钢 筋 配 置

6.2.1 本条对纵向钢筋的净间距作出了规定，是基于受力性能和施工要求而提出来的。根据先张法预应力传递长度范围内局部挤压造成的环向拉应力容易导致构件端部混凝土出现劈裂裂缝，提出了预应力筋净间距及其在带肋底板端部配置加密横向钢筋的要求。

6.2.2 预制带肋底板施工过程中设置支撑时，支承位置板肋顶部会承受负弯矩，为避免该负弯矩作用下板肋开裂，应在板肋顶部设置纵向构造钢筋。同时，对于预制预应力带肋底板，该纵向构造钢筋还能有效地避免制作阶段预应力反拱导致的板肋开裂。当跨度较大或施工荷载较大时，应根据实际情况增加板肋顶部纵向构造钢筋的数量。

6.2.5 为防止间接作用（温度、收缩）在叠合层区域引起裂缝，叠合层上部未配筋区域应配置防裂的构造钢筋。考虑混凝土保护层厚度的要求，防裂钢筋宜设置为：沿平行板肋方向防裂钢筋在下，沿垂直板肋方向防裂钢筋在上。

6.3 拼 缝 构 造

6.3.1 试验研究和工程实践经验表明：叠合楼板的预制带肋底板存在板肋和预留孔洞，垂直板肋方向设有横向穿孔钢筋，后浇叠合层混凝土会与横向穿孔钢筋形成抗剪销栓，再结合拼缝防裂钢筋、板端负弯矩钢筋等加强叠合楼盖整体性的共同措施，已保证了叠合楼板具有良好的整体性，采用砂浆抹缝或细石混凝土灌缝措施处理拼缝即可。拼缝构造措施可防止浇筑叠合层混凝土时拼缝漏浆，并作为横向穿孔钢筋的保护层。

6.3.2 在预制带肋底板拼缝处配置拼缝防裂钢筋，可提高叠合楼板在拼缝处的抗裂性能。为提高垂直板肋方向的截面有效高度，钢筋放置时，拼缝防裂钢筋宜放置在横向穿孔钢筋上方。

6.4 端 部 构 造

为了保证叠合楼板与支承结构的整体性，形成可靠的预制带肋底板混凝土叠合楼盖，本规程对叠合楼板在各类支承条件下的支承长度、胡子筋的外伸长度提出了最低要求。

多年工程应用经验表明，胡子筋过长会影响预制底板铺板施工，在保证叠合楼板与支承结构的整体性条件下，本规程推荐采用设置端部连接钢筋的方式，沿板端交错布置端部连接钢筋，加强叠合楼板与现浇混凝土梁、剪力墙的抗震性能和整体性，形成安全可靠、施工便利的装配整体式结构。

叠合楼板与钢梁之间应设有抗剪连接件，本规程主要推荐采用栓钉作为抗剪连接件，有关抗剪连接件的构造要求应符合现行国家标准《钢结构设计规范》GB 50017 的规定。

7 工 程 施 工

7.1 一 般 规 定

7.1.1 施工组织设计和专项施工方案应按程序审批，对涉及结构安全和人身安全的内容，应有明确的规定和相应的措施。预制带肋底板制作、转运路线、道路条件宜选择平直的运输路线，道路应平整坚实。

7.1.2 有条件的地区，预制带肋底板宜在工厂制作；无条件的地区，也可在施工现场制作。

7.1.4 预制带肋底板的产品质量和安装质量对结构受力和安全有重大影响，在出厂和安装施工前应严格控制制作和安装的质量以保证预制带肋底板的正常使用功能。

7.2 预制带肋底板制作

7.2.1 模具是决定预制构件制作质量的关键，按设计要求及国家现行有关标准验收合格的模具方可用于预制构件制作。改制模具在使用前的检查验收同新模具使用。对于重复使用的模具，每次浇筑混凝土前也应核对模具的关键尺寸，并应针对模具的磨损进行及时、有效的修补。

预制构件预留孔设施、插筋、预埋吊件及其他预埋件应可靠地固定在模具上，并避免在浇筑混凝土过程中产生移位。

7.2.2 对预制场地的要求，是根据实践经验提出的。

7.2.4 自然养护的要求与现浇混凝土一致。蒸汽养护应由构件生产企业根据具体情况确定养护制度，并应符合现行国家标准《混凝土结构工程施工规范》GB 50666 的规定。

7.2.5 露骨料粗糙面可按下列规定制作：

1 在模板表面需要露骨料的部位涂刷适量的缓凝剂；

2 在混凝土完成初凝后或脱模后，用高压水枪冲洗表面，并用专用工具进行处理。

7.3 预制带肋底板起吊、运输及堆放

7.3.1 吊索与板水平面所成夹角过小容易造成吊索受力过大而断裂。

7.3.3 预制带肋底板从支点处挑出的长度过大，在运输车辆颠簸时易产生横向裂纹。

7.3.6 预制带肋底板倒置会导致底板破坏。堆放层数不应大于 7 层，底板堆积过高，会由于自重过大使底板产生受压变形。

7.4 预制带肋底板铺设

7.4.3 当预制带肋底板跨度较大时，若施工阶段承载力或变形不满足要求，应通过设置临时支撑解决。临时支撑位置与叠合楼板计算有关，应按设计图纸要求设置。

临时支撑可采用托梁或从下层楼面及底层地面支顶的方式。托梁可以周转使用。当采用从下层楼面或从底层地面支顶的临时支撑时，采用孤立的点支撑可能造成预制带肋底板局部损坏，应将支撑柱顶紧木材或钢板等具有一定宽度的水平支撑，如果支撑柱下层着力点是楼面板，下支撑点亦应设置水平支撑。

7.4.4 板安装铺放前，在砌体或梁上先用 1：2.5 水泥砂浆（体积比）找平；安装时采取边坐浆边安装，砂浆要坐满垫实，使板与支座间粘结牢固。

7.4.7 灌缝材料宜采用细石混凝土，石子粒径不宜大于 10mm，且宜采用膨胀混凝土。

7.5 叠合层混凝土施工

7.5.4 预制带肋底板铺设完成后，在底板上还要继续各种施工作业，难免留下各种杂物，浇筑混凝土前必须清理干净，避免对叠合面的粘结性能造成不利影响。

7.5.6 为保证人员安全，严禁在预制带肋底板跨中（临时支撑作为支座）部位倾倒混凝土。应严格控制布料堆积高度，防止因为集中荷载过大而造成预制带肋底板破坏、施工人员受伤。

8 工 程 验 收

8.1 一 般 规 定

8.1.3 叠合楼盖的验收综合性强、牵涉面广，不仅有原材料方面的内容，尚有半成品、成品方面的内容，与施工技术和质量标准密切相关。因此，凡本规程有规定者，应遵照执行；凡本规程无规定者，应符合现行国家标准《混凝土结构工程施工质量验收规范》GB 50204 的规定。

当承包合同和设计文件对施工质量的要求高于本规程的规定时，验收时应以承包合同和设计文件为准。

8.2 预制带肋底板

8.2.1 对预制带肋底板外观质量的验收，采用检查缺陷，并对缺陷的性质和数量加以限制的方法进行。本条给出了确定预制带肋底板外观质量严重缺陷、一般缺陷的一般原则。当外观质量缺陷的严重程度超过本条规定的一般缺陷时，可按严重缺陷处理。在具体

实施中，外观质量缺陷对结构性能和使用功能等的影响程度，应由监理（建设）单位、施工单位等各方共同确定。

8.2.2 预制带肋底板的结构性能检验应执行国家标准《混凝土结构工程施工质量验收规范》GB 50204 的规定。

8.2.3 外观质量的严重缺陷通常会影响到结构性能、使用功能或耐久性。对已经出现的严重缺陷，应由施工单位根据缺陷的具体情况提出技术处理方案，经监理（建设）单位认可后进行处理，并重新检查验收。

8.2.4 预制带肋底板应在明显部位标明生产单位，以利于确定质量负责单位；标明构件型号以利于现场安装时能准确快速就位；标明生产日期以利于辨认构件是否达到强度要求；质量验收标志表示该构件各项质量指标到达规定要求。胡子筋连接着预制带肋底板与现浇梁或墙，在结构中很重要，应对其规格、位置和数量进行检查。

本规程中，凡规定全数检查的项目，通常均采用观察检查的方法，但对观察难以判定的部位，应辅以量测观测或其他辅助观测。

8.2.5 外观质量的一般缺陷通常不会影响到结构性能、使用功能，但有碍观瞻。故对已经出现的一般缺陷，也应及时处理，并重新检查验收。

8.2.6 为了保证预制带肋底板可靠地搭设在梁或墙上，实心平板的长度允许正偏差稍大，允许负偏差稍小。

本规程中，尺寸偏差的检验除可采用条文中给出的方法外，也可采用其他方法和相应的检测工具。

8.3 预制带肋底板安装

8.3.1 本条规定了预制带肋底板安装后尺寸的允许偏差和检验方法。实际应用时，尺寸偏差除应符合本条规定外，尚应满足设计要求。

8.3.2 预制带肋底板胡子筋的伸出长度，关系到预制带肋底板与现浇梁或墙的可靠连接，应细致检查。

8.5 叠合楼板

8.5.1 具体的检验方法应根据现行国家标准《混凝土结构工程施工质量验收规范》GB 50204 有关结构实体检验的规定进行。

8.5.3 根据现行国家标准《建筑工程施工质量验收统一标准》GB 50300 的规定，给出了叠合楼板子分部工程质量的合格条件。其中，观感质量验收应按现行国家标准《混凝土结构工程施工质量验收规范》GB 50204 有关混凝土结构外观质量的规定检查。

8.5.4 当施工质量不符合要求时，可以根据国家标准《建筑工程施工质量验收统一标准》GB 50300 给出了的处理方法进行处理。

中华人民共和国行业标准

住宅厨房模数协调标准

Standard for modular coordination of residential kitchen

JGJ/T 262—2012

批准部门：中华人民共和国住房和城乡建设部
施行日期：2 0 1 2 年 5 月 1 日

中华人民共和国住房和城乡建设部
公　　告

第1245号

关于发布行业标准《住宅厨房模数协调标准》的公告

现批准《住宅厨房模数协调标准》为行业标准，编号为JGJ/T 262－2012，自2012年5月1日起实施。

本标准由我部标准定额研究所组织中国建筑工业出版社出版发行。

中华人民共和国住房和城乡建设部

2012年1月11日

前　　言

根据原建设部《关于印发一九九八年工程建设城建、建工行业标准制订、修订项目计划的通知》（建标［1998］59号）的要求，标准编制组经广泛调查研究，认真总结实践经验，参考有关国际标准和国内外先进标准，并在广泛征求意见的基础上，编制了本标准。

本标准的主要技术内容是：1. 总则；2. 术语；3. 厨房空间尺寸；4. 厨房部件和公差；5. 厨房设备、设施及接口。

本标准由住房和城乡建设部负责管理，由国家住宅与居住环境工程技术研究中心负责具体技术内容的解释。执行过程中如有意见或建议，请寄送国家住宅与居住环境工程技术研究中心（地址：北京市西城区车公庄大街19号，邮编：100044）。

本标准主编单位：国家住宅与居住环境工程技术研究中心

本标准参编单位：中国建筑设计研究院
中国建筑标准设计研究院
深圳华森建筑与工程设计顾问有限公司
雅世置业（集团）有限公司
博洛尼家居用品北京有限公司

本标准主要起草人员：仲继寿　靳瑞冬　张　岳
王　羽　班　焯　曹　颖
李　婕　韩亚非　张兰英
林建平　胡　璧　师前进
王路成　刘　水　郑岭芬
谷再平　郭　景　马韵玉
张伟民　张锡虎　张晓泉

本标准主要审查人员：孙克放　左亚洲　王　鹏
业祖润　朱显泽　陆伟伟
胡荣国　秦　铮　潘锦云

目　次

Contents

1 总 则

1.0.1 为促进住宅产业化与设计建造技术发展，实现住宅厨房空间与相关家具、设备设施尺寸的协调，制定本标准。

1.0.2 本标准适用于住宅厨房及其相关家具、设备设施的设计和安装。

1.0.3 住宅厨房参数与相关尺寸应根据模数原理取得协调一致，相关家具、设备设施及其部件尺寸应符合工业化生产及安装的要求。

1.0.4 住宅厨房参数及相关尺寸协调，除应符合本标准外，尚应符合国家现行有关标准的规定。

2 术 语

2.0.1 厨房参数 kitchen parameter

住宅厨房空间的净尺寸及推荐使用的数列。

2.0.2 基本模数 basic module

模数协调中的基本尺寸单位，其数值为100mm，符号为M，即1M等于100mm。

2.0.3 分模数 infra-modular size

导出模数的一种，其数值是基本模数的分倍数，分别是M/10（10mm）、M/5（20mm）和M/2（50mm）。

2.0.4 厨房设施 kitchen facility

进行炊事活动所需的燃气、给水、排水、通风、电气等管路及附件。

2.0.5 厨房设备 kitchen equipment

炊事活动所需使用的燃气灶、洗涤池、排油烟机、冰箱等产品。

2.0.6 厨房家具 kitchen furniture

炊事活动所需的操作台和储存柜等产品。

2.0.7 厨房部件 kitchen element

组成厨房设备、设施或家具的基本单元。

2.0.8 公差 tolerance

厨房部件在制作、定位和安装时的允许偏差的绝对值。其值是正偏差和负偏差的绝对值之和。

3 厨房空间尺寸

3.0.1 住宅厨房内部空间净尺寸应是基本模数的倍数，宜根据表3.0.1选用，并应优先选用黑线范围内净面积对应的平面净尺寸。

3.0.2 当需要对厨房内部空间进行局部分割时，可插入分模数M/2（50mm）或M/5（20mm）。

3.0.3 厨房室内装修地面至室内吊顶的净高度不应小于2200mm。

3.0.4 对于厨房空间的墙体，其厚度宜符合模数，并宜按模数网格布置。

表3.0.1 厨房内部空间平面净尺寸（mm）和净面积（m^2）系列

进深方向净尺寸 \ 开间方向净尺寸	1500	1700	1800	2200	2500	2800	3100
2700	4.05 单排布置	4.59 L形布置	4.86 U形布置	5.94	6.75	7.56 U形布置 （有冰箱）	8.37
3000	4.50	5.10 L形布置 （有冰箱）	5.40 双排布置	6.60	7.50	8.40	9.30
3300	4.95 单排布置	5.61	5.94 双排布置 （有冰箱）； U形布置 （有冰箱）	7.26	8.25	9.34	10.23
3600	5.40	6.12	6.48	7.92	9.00	10.08	11.16
4100		6.97	7.38	9.02	10.25	11.48	12.71

3.0.5 厨房门窗位置、尺寸和开启方式不得妨碍厨房设施、设备和家具的安装与使用。

3.0.6 满足乘坐轮椅的特殊人群要求的厨房设计除应符合现行行业标准《城市道路和建筑物无障碍设计规范》JGJ 50的规定外，尚应符合下列规定：

1 厨房的净宽不应小于2000mm，且轮椅回转直径不应小于1500mm。

2 满足乘坐轮椅的特殊人群使用要求的厨房地柜台面下方空间净宽度不应小于600mm，高度不应小于650mm，深度不应小于350mm。

3 厨房的室内装修地面到吊柜底面的高度不应大于1200mm。

4 厨房部件和公差

4.1 厨房部件的尺寸

4.1.1 厨房部件的尺寸应是基本模数的倍数或是分模数的倍数，并应符合人体工程学的要求。

4.1.2 厨房部件高度尺寸应符合下列规定：

1 地柜（操作柜、洗涤柜、灶柜）高度应为750mm～900mm，地柜底座高度为100mm。当采用非嵌入灶具时，灶台台面的高度应减去灶具的高度。

2 在操作台面上的吊柜底面距室内装修地面的高度宜为1600mm。

4.1.3 厨房部件深度尺寸应符合下列规定：

1 地柜的深度可为600mm、650mm、700mm，

推荐尺寸宜为 600mm。地柜前缘踢脚板凹口深度不应小于 50mm。

2 吊柜的深度应为 300mm～400mm，推荐尺寸宜为 350mm。

4.1.4 厨房部件宽度尺寸应符合表 4.1.4 的规定。

表 4.1.4 厨房部件的宽度尺寸（mm）

厨房部件	宽度尺寸
操作柜	600、900、1200
洗涤柜	600、800、900
灶柜	600、750、800、900

4.2 厨房部件的公差

4.2.1 厨房部件应根据部件大小和产品要求确定部件安装的精度。厨房部件的公差宜符合表 4.2.1 规定。

表 4.2.1 厨房部件的公差（mm）

部件尺寸 / 公差级别	<50	≥50 且 <160	≥160 且 <500	≥500 且 <1600	≥1600 且 <5000
1 级	0.5	1.0	2.0	3.0	5.0
2 级	1.0	2.0	3.0	5.0	8.0
3 级	2.0	3.0	5.0	8.0	12.0

5 厨房设备、设施及接口

5.1 一 般 规 定

5.1.1 洗涤柜宜靠近竖向排水管布置，灶柜宜靠近排气道或排气口布置。

5.1.2 排气道及竖向管线的管井应沿着墙角布置。管线排列宜布置在厨房设备同一侧墙面或相邻墙面。

5.2 管道及接口

5.2.1 水平管道空间应位于橱柜及其他设备的背面，且应靠近地面处。管道空间的深度距墙面不宜大于 100mm，高度范围应在自装修地面至 700mm 之间。

5.2.2 燃气管线与墙面的距离应根据不同管径进行设计，与墙面最小净距不应小于 30mm。

5.2.3 厨房内的竖向排气道装修完成面外包尺寸宜为基本模数的倍数。进气口应朝向灶具方向。

5.2.4 以家具形式围合的洗涤柜、灶柜、操作柜，应预留相应接口。

5.3 照明及插座

5.3.1 厨房照明重点应在主要操作台面上。照明点宜在操作台区域、灶台和水池上方，厨房照明开关宜设置在厨房门外侧。

5.3.2 插座设置的高度应根据适用设备确定，且距室内装修地面的高度宜为 300mm、1200mm、2100mm。

本标准用词说明

1 为便于执行本标准条文时区别对待，对要求严格程度不同的用词说明如下：

1）表示很严格，非这样做不可的：
正面词采用“必须”，反面词采用“严禁”；

2）表示严格，在正常情况下均应这样做的：
正面词采用“应”，反面词采用“不应”或“不得”；

3）表示允许稍有选择，在条件许可时首先应这样做的：
正面词采用“宜”，反面词采用“不宜”；

4）表示有选择，在一定条件下可以这样做的，采用“可”。

2 条文中指定应按其他有关标准执行的写法为：“应符合……的规定”或“应按……执行”。

引用标准名录

1 《城市道路和建筑物无障碍设计规范》JGJ 50

中华人民共和国行业标准

住宅厨房模数协调标准

JGJ/T 262—2012

条 文 说 明

制 定 说 明

《住宅厨房模数协调标准》JGJ/T 262－2012，经住房和城乡建设部2012年1月11日以第1245号公告批准、发布。

本标准制定过程中，编制组进行了厨房空间、设备设施系统等方面的调查研究，总结了我国住宅厨房工程建设领域的实践经验，同时参考了国外先进技术法规、技术标准，取得了重要技术参数。

为便于广大设计、施工等单位有关人员在使用本标准时能正确理解和执行条文规定，《住宅厨房模数协调标准》编制组按章、节、条顺序编制了本标准的条文说明，对条文规定的目的、依据以及执行中需注意的有关事项进行了说明。但是，本条文说明不具备与标准正文同等的法律效力，仅供使用者作为理解和把握标准规定的参考。

目　次

1 总 则

1.0.1 制定本标准的目的是为了推进住宅工业化、产业化的发展，提高住宅的建造技术水平。住宅建筑的厨房空间是家具、设备设施及管道等较为集中的空间，遵循模数协调原则，实现尺寸配合，可保证厨房空间在功能、质量和经济效益方面获得优化，并使住宅的整个品质得到提升。

1.0.2 本标准主要适用于城市及村镇住宅厨房设计中的设计参数选取，厨房空间与各部件、部件与部件之间的模数尺寸的协调，以及厨房家具、设备、管线的设计和安装。

1.0.3 解决居住建筑建设领域的工业化问题，关键在于如何在建设的各个环节实现系统的尺寸协调。本标准通过对住宅厨房空间尺寸、部件及其接口尺寸的模数协调，使住宅厨房建造能够更好地满足住宅的工业化生产及安装要求，促使住宅建设从粗放型生产转化为集约型的社会化协作生产。

3 厨房空间尺寸

3.0.1 本条规定了厨房内部空间尺寸应是基本模数的倍数，这为推进厨房空间与家具、设施、设备尺寸的模数协调提供了条件。

表3.0.1中提出的是住宅厨房设计中常用的厨房内部空间净尺寸及净面积（指装修后的净尺寸）系列。

本表符合现行国家标准《住宅设计规范》GB 50096的规定：住宅厨房使用面积不应小于3.5m^2，但这个使用面积不包含管井和通风道面积，而本标准是包含了管井和通风道面积的。黑线范围内净面积所对应的尺寸为推荐尺寸系列，可以在单排、双排、L形以及U形四种布局中，提供较为舒适、经济的厨房空间（表1）。开间2200mm以上、进深3600mm～4100mm的厨房，面积较大，可容纳更多功能，适合于餐室型厨房、起居餐室型厨房及高档住宅厨房。

住宅厨房的平面布局应符合炊事活动的基本流程。本标准中所推荐的尺寸和净面积，是在住宅厨房设计经验总结的基础上提出的操作顺序合理、有利于提高空间使用率及操作效率的尺寸系列。

表1 住宅厨房典型平面布置图例（mm）

类 型	图 示	平面净尺寸
1 单排布置厨房（无冰箱）	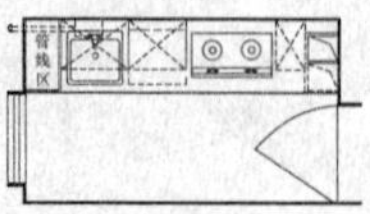	1500×2700
2 单排布置厨房（有冰箱）	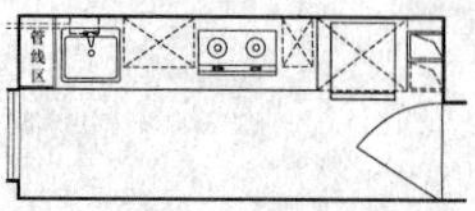	1500×3300
3 双排布置厨房（无冰箱）	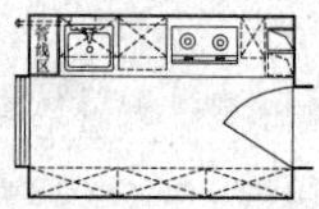	1800×3000
4 双排布置厨房（有冰箱）	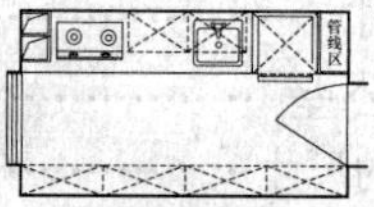	1800×3300
5 L形布置厨房（无冰箱）	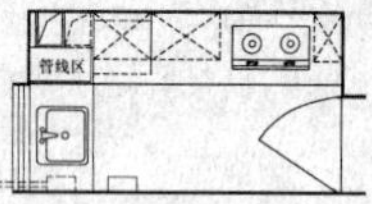	1700×2700
6 L形布置厨房（有冰箱）	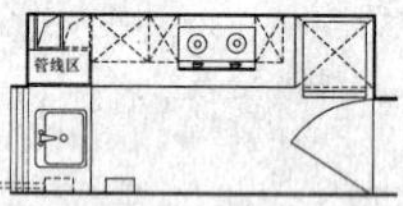	1700×3000
7 U形布置厨房（无冰箱）	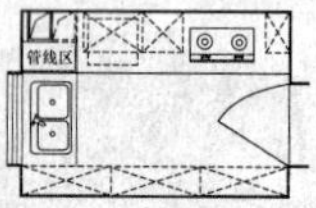	1800×2700
8 U形布置厨房（有冰箱）	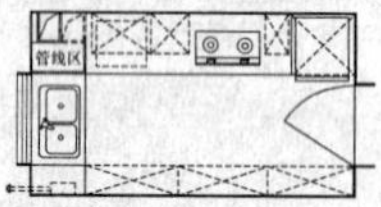	1800×3300
9 U形布置厨房（有冰箱），该厨房满足乘坐轮椅的特殊人群的使用要求	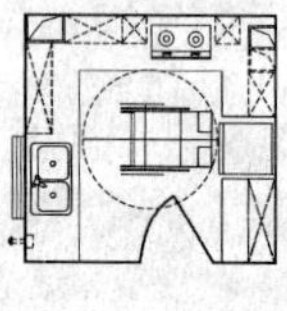	2800×2700

3.0.2 本条所规定的局部分割时插入的分模数，是指用户对厨房空间进一步划分时所采用的隔断宜符合模数。为了使划分后的空间仍然符合模数协调要求，不对设备设施等的安装产生影响，采用分模数对厨房内部空间隔断进行界定是十分必要的。

3.0.3 规定净高的最小值有利于厨房设备、家具的合理布局，保证良好的自然通风及人们在厨房操作过程中的舒适性。

3.0.4 按模数网格设置厨房的墙体，有利于促进实现厨房内部空间与家具、设备及管线的模数协调。但在实际操作过程中，也会出现墙体厚度为非模数的情况。当构成厨房空间的墙体厚度为非模数尺寸时，厨房空间与相邻空间之间可用中断区调整模数网格之间的关系，即可将墙体置于网格中断区内，以保证厨房内部空间及相邻空间符合模数尺寸要求（图 1）。

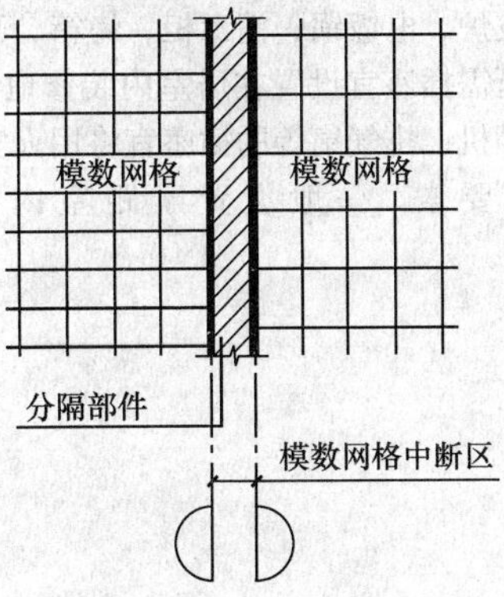
模数网格
模数网格
分隔部件
模数网格中断区

图 1　模数网格中断区

3.0.5　厨房的门窗位置、尺寸及开启方式，直接影响空间的使用效率及舒适性，因此应尽可能地考虑空间使用的自由度，保证充足的有效空间。

3.0.6　通常情况下，无障碍空间除应考虑使用者有肢体障碍的情况外，还应考虑到盲人或有智力障碍的人群，以及由于年龄的增长出现各类生活不便的情况。而本标准中仅针对乘坐轮椅的肢体残疾人群对厨房空间的需求作出规定。

厨房设计中应为轮椅使用者留出足够的轮椅回转空间。本条规定了轮椅原地回转时所需的空间大小。在具体设计时，可将灶台、操作台下方空间凹进一定尺寸，以满足轮椅使用者的操作需求，并提供轮椅回转空间（图 2）。

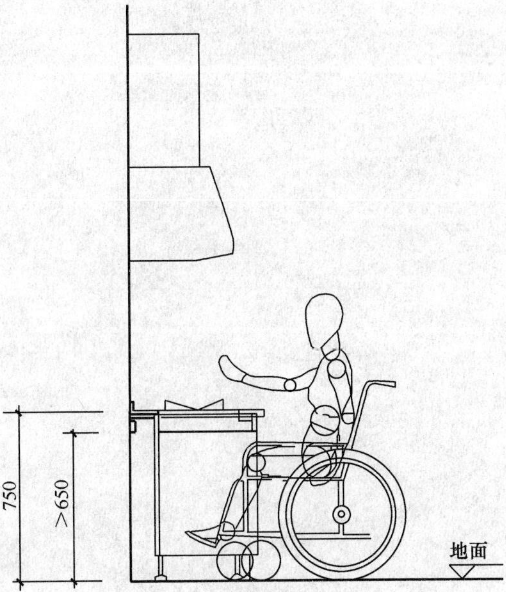
750
>650
地面
插入深度>350
600

图 2　满足轮椅使用要求的橱柜（单位：mm）

4　厨房部件和公差

4.1　厨房部件的尺寸

4.1.2、4.1.3　厨房家具、设备名称及尺寸如图 3 所示（包括操作台、洗涤台和灶台）。

4.1.3　本条所规定的厨房家具深度尺寸应包括台面板、灶具、烤箱等，只有手柄和开关可以凸出在外。

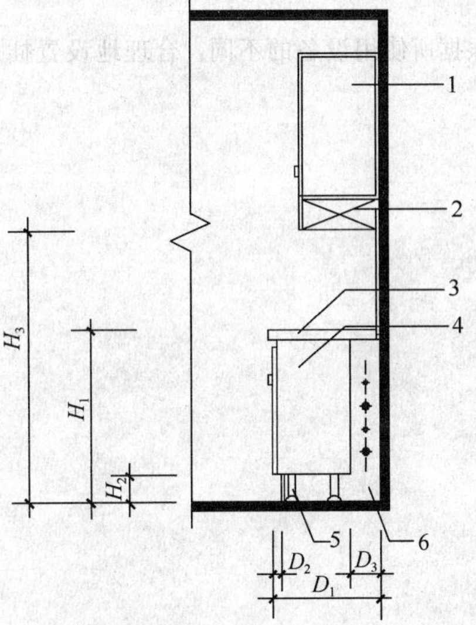
1
2
3
4
5
6
H_3
H_1
H_2
D_2
D_3
D_1

图 3　厨房家具、设备名称及尺寸

1—吊柜；2—建议用于照明设备的空间；3—操作台面；4—地柜；5—底座；6—水平管道空间；H_1—地柜（操作柜、洗涤柜、灶柜）高度；H_2—地柜底座高度；H_3—吊柜底面距室内装修地面的高度；D_1—地柜的深度；D_2—地柜前缘踢脚板凹口深度；D_3—水平管道空间距墙面的深度

4.2　厨房部件的公差

4.2.1　在设计中应考虑到公差的允许值，并处理在合理的范围中，以保证在安装接缝、加工制作、放线定位中的误差处于允许的范围内，满足接口的功能、质量和美观要求。表 4.2.1 参照日本《建筑部件的基本公差》A003-1963 编制，以供参考。表 4.2.1 中部件尺寸指与部件定位和安装相关的空间尺寸，与此无关的尺寸不需要满足表中的公差规定。同时，不同用户对美观、经济，以及不同的设备产品对安装精度要求的不同，在具体建设与安装中，公差级别高低的选择根据具体要求确定。

5　厨房设备、设施及接口

本章主要针对设施系统与设备、家具等的连接关系作出相应的规定。其基本原则是：

1 便于工业化生产。

2 节省空间，便于安装、维护和更新。

5.2 管道及接口

5.2.2 燃气管线与墙面的距离应根据不同管径进行设计，当燃气管径≤*DN*25时，与墙面净距不小于30mm；当燃气管径在*DN*25～*DN*40时，与墙面净距不小于50mm；当燃气管径＝*DN*50时，与墙面净距不应小于70mm。

5.3 照明及插座

根据所使用设备的不同，合理地设置插座的位置，可减少电线穿绕，方便使用。一般来说，用于洗碗机、电冰箱的插座宜设置在距装修地面300mm的位置；微波炉、电饭锅、消毒柜、烤箱、开水壶等厨房小家电所需插座宜设置在居室内装修地面1200mm处；排油烟机、排气扇等的插座宜将用火安全性作为重要考虑要素，一般设置于距室内装修地面2100mm处。

中华人民共和国行业标准

住宅卫生间模数协调标准

Standard for module coordination of residential bathroom

JGJ/T 263—2012

批准部门：中华人民共和国住房和城乡建设部
施行日期：2 0 1 2 年 5 月 1 日

中华人民共和国住房和城乡建设部
公　告

第1246号

关于发布行业标准《住宅卫生间模数协调标准》的公告

现批准《住宅卫生间模数协调标准》为行业标准，编号为JGJ/T 263－2012，自2012年5月1日起实施。

本标准由我部标准定额研究所组织中国建筑工业出版社出版发行。

中华人民共和国住房和城乡建设部

2012年1月11日

前　言

根据原建设部《关于印发一九九八年工程建设城建、建工行业标准制订、修订项目计划的通知》（建标［1998］59号）的要求，标准编制组经广泛调查研究，认真总结实践经验，参考有关国际和国内外先进标准，并在广泛征求意见的基础上，编制了本标准。

本标准的主要技术内容是：1. 总则；2. 术语；3. 卫生间空间尺寸；4. 卫生间部件和公差；5. 卫生间设备、设施及接口。

本标准由住房和城乡建设部负责管理，由国家住宅与居住环境工程技术研究中心负责具体技术内容的解释。执行过程中如有意见或建议，请寄送国家住宅与居住环境工程技术研究中心（地址：北京市西城区车公庄大街19号，邮编：100044）。

本标准主编单位：国家住宅与居住环境工程技术研究中心

本标准参编单位：中国建筑设计研究院
中国建筑标准设计研究院
深圳华森建筑与工程设计顾问有限公司
雅世置业（集团）有限公司
苏州有巢氏系统卫浴有限公司

本标准主要起草人员：靳瑞冬　仲继寿　王　羽
李　婕　张　岳　曹　颖
班　焯　张兰英　韩亚非
林建平　胡　璧　师前进
王路成　宫铁军　龙俊介
谷再平　郭　景　马韵玉
张伟民　张锡虎　张晓泉

本标准主要审查人员：孙克放　左亚洲　王　鹏
业祖润　朱显泽　陆伟伟
胡荣国　秦　铮　潘锦云

目　次

Contents

1 总 则

1.0.1 为促进住宅产业化与设计建造技术发展，实现住宅卫生间空间与相关家具、设备、设施尺寸的协调，制定本标准。

1.0.2 本标准适用于住宅卫生间及其相关家具、设备、设施的设计和安装。

1.0.3 住宅卫生间参数与相关尺寸应根据模数原理取得协调一致，相关家具、设备、设施及其部件尺寸应符合工业化生产及安装的要求。

1.0.4 住宅卫生间参数及相关尺寸协调，除应符合本标准外，尚应符合国家现行有关标准的规定。

2 术 语

2.0.1 卫生间参数 bathroom parameter

住宅卫生间空间的净尺寸及推荐使用的数列。

2.0.2 基本模数 basic module

模数协调中的基本尺寸单位，其数值为 100mm，符号为 M，即 1M 等于 100mm。

2.0.3 分模数 infra-modular size

导出模数的一种，其数值是基本模数的分倍数，分别是 M/10(10mm)、M/5(20mm)和 M/2(50mm)。

2.0.4 卫生间设备 bathroom equipment

卫生间内所需使用的坐便器、洗面器、浴盆、淋浴器等洁具及洗衣机等产品。

2.0.5 卫生间设施 bathroom facility

卫生间所需的给水、排水、通风、电气等管路及附件。

2.0.6 卫生间家具 bathroom furniture

卫生间所需使用的与洗面器结合的洗面台、放置和储存洗浴用品及化妆品的镜箱、陈设柜和储存柜等产品。

2.0.7 整体卫生间 entirety bathroom

在有限的空间内实现洗面、淋浴、如厕等多种功能的独立卫生单元，也称整体卫浴。

2.0.8 卫生间部件 bathroom element

组成卫生间设备、设施或家具的基本单元。

2.0.9 公差 tolerance

卫生间部件在制作、定位和安装时的允许偏差的绝对值。其值是正偏差和负偏差的绝对值之和。

3 卫生间空间尺寸

3.0.1 住宅卫生间内部空间净尺寸应是基本模数的倍数，宜根据表 3.0.1 选用，并优先选用黑线范围内净面积对应的平面净尺寸。

3.0.2 当需要对卫生间内部空间进行局部分割时，可插入分模数 M/2（50mm）或 M/5（20mm）。

表 3.0.1 卫生间内部空间平面净尺寸（mm）和净面积（m^2）系列

宽度 长度	900	1200	1300	1500	1800
1300	1.32	1.44	1.56 便器、洗面器		
1500	1.35 便器		1.95 便器、洗面器		
1800	1.76	1.92	2.06	2.40 便器、洗面器、淋浴器	
2100	1.98	2.16	2.34	2.70 便器、洗面器、浴盆	2.88
2200	2.31	2.52	2.73	3.15 便器、洗面器、浴盆	3.36 便器、洗面器、淋浴器、洗衣机
2400	2.42	2.54	2.86	3.30 便器、洗面器、浴盆	3.52 便器、洗面器、淋浴器、洗衣机
2700	2.64	2.88	3.12	3.60 便器、洗面器、淋浴器（分室）	3.84
3000	2.70	3.60	3.90	4.50	5.40 便器、洗面器、浴盆、洗衣机(分室)
3200	2.88	3.84	4.16	4.80 便器、洗面器、浴盆、洗衣机	5.76
3400	3.06	4.08	4.42	5.10 便器、洗面器、浴盆、洗衣机(分室)	6.12

3.0.3 卫生间自室内装修地面至室内吊顶的净高度不应小于 2200mm。

3.0.4 对于卫生间空间的墙体，其厚度宜符合模数，并应按模数网格布置。

3.0.5 卫生间门窗尺寸、位置和开启方式应方便使用，并应满足卫生间设备安装和使用的最小空间要求。

4 卫生间部件和公差

4.1 卫生间部件的尺寸

4.1.1 住宅卫生间部件的尺寸应是基本模数的倍数

或是分模数的倍数，并应符合人体工程学的要求。

4.1.2 整体卫生间应考虑产品尺寸与建筑空间尺寸的协调，其最小安装尺寸应符合下列规定：

1 整体卫生间有安装管道的侧面与墙面之间不应小于50mm；无安装管道的侧面与墙面之间不应小于30mm；

2 整体卫生间的底部与楼地面之间不应小于150mm；

3 整体卫生间的顶部与顶棚底部之间不应小于250mm。

4.1.3 满足乘坐轮椅的特殊人群要求的卫生间设计，除应符合现行行业标准《城市道路和建筑物无障碍设计规范》JGJ 50的规定外，尚应符合下列规定：

1 坐便器两侧应留有设置L形抓杆的空间，水平部分抓杆距室内装修地面高度应为650mm，垂直部分抓杆的顶端距室内装修地面高度应为1400mm。

2 洗面器下方应留出轮椅使用空间，净高度不应小于650mm，深度不应小于350mm，洗面器的挑出宽度不应小于600mm。距洗面器两侧和前缘50mm处宜设安全抓杆。洗面器前应留有1100mm×800mm的空间。

3 设备设施的开关应为低位式开关。

4 卫生间内应设求助呼叫按钮，安装高度距室内装修地面宜为400mm～500mm。

4.2 卫生间部件的公差

4.2.1 卫生间部件应根据其大小和产品要求确定精度。卫生间部件的公差宜符合表4.2.1规定。

表4.2.1 卫生间部件的公差（mm）

公差级别 \ 部件尺寸	<50	≥50且<160	≥160且<500	≥500且<1600	≥1600且<5000
1级	0.5	1.0	2.0	3.0	5.0
2级	1.0	2.0	3.0	5.0	8.0
3级	2.0	3.0	5.0	8.0	12.0

5 卫生间设备、设施及接口

5.1 一般规定

5.1.1 卫生间设备及设施设计、管道井设置，应符合模数协调要求。卫生间管道井设置应便于装配、检查和维修。

5.1.2 卫生间设备可用中心线定位。

5.2 排水与管道及接口

5.2.1 便器排水口设置应符合下列规定：

1 对于坐便器排水口中心与侧墙装修完成面之间的距离，无立管时不应小于400mm，有立管时不应小于450mm。

2 坐便器采用下排水时，排水口中心与后墙装修完成面之间的距离宜为305mm、400mm和200mm，推荐尺寸宜为305mm；坐便器采用后排水时，排水口中心距地面高度宜为100mm和180mm，推荐尺寸宜为180mm。

3 蹲便器中心线与侧墙装修完成面之间的距离，无立管时不应小于400mm，有立管时不应小于450mm。排水口设置应保证蹲便器后边缘距装修完成墙面不小于200mm。

5.2.2 洗面器排水口中心线与侧墙装修完成面之间的距离不应小于350mm。洗面器侧面距其他洁具不应小于100mm。

5.3 排气道及接口

5.3.1 竖向排气管道宜设置在卫生间的里侧，其外包尺寸宜符合模数协调的要求。

5.3.2 卫生间内排气道与竖向排气道的接口直径应大于ϕ80mm。

5.4 照明及插座

5.4.1 卫生间插座应配置防溅水型插座，安装高度应适应不同设备设施的高度要求，可为300mm、1500mm、1800mm。满足残疾人与老年人等特殊人群需求的卫生间插座距室内装修地面高度，宜根据插座所服务设备、设施而定，且应满足轮椅使用者的高度要求，可为300mm、600mm、1200mm。

本规范用词说明

1 为便于在执行本标准条文时区别对待，对要求严格程度不同的用词说明如下：

1）表示很严格，非这样做不可的：
正面词采用"必须"，反面词采用"严禁"；

2）表示严格，在正常情况下均应这样做的：
正面词采用"应"，反面词采用"不应"或"不得"；

3）表示允许稍有选择，在条件许可时首先应这样做的：
正面词采用"宜"，反面词采用"不宜"；

4）表示有选择，在一定条件下可以这样做的，采用"可"。

2 条文中指定应按其他有关标准执行的写法为："应符合……的规定"或"应按……执行"。

引用标准名录

1 《城市道路和建筑物无障碍设计规范》JGJ 50

中华人民共和国行业标准

住宅卫生间模数协调标准

JGJ/T 263—2012

条 文 说 明

制 定 说 明

《住宅卫生间模数协调标准》JGJ/T 263－2012，经住房和城乡建设部 2012 年 1 月 11 日以第 1246 号公告批准、发布。

本标准制定过程中，编制组进行了卫生间空间、设备、设施系统等方面的调查研究，总结了我国住宅卫生间工程建设领域的实践经验，同时参考了国外先进技术法规、技术标准，取得了重要技术参数。

为便于广大设计、施工等单位有关人员在使用本标准时能正确理解和执行条文规定，《住宅卫生间模数协调标准》编制组按章、节、条顺序编制了本标准的条文说明，对条文规定的目的、依据以及执行中需注意的有关事项进行了说明。但是，本条文说明不具备与标准正文同等的法律效力，仅供使用者作为理解和把握标准规定的参考。

目　次

1 总　　则

1.0.1 制定本标准的目的是为了推进住宅工业化、产业化的发展，提高住宅的建造技术水平。住宅建筑的卫生间空间是家具、设备、设施及管道等较为集中的空间，遵循模数协调准则，实现尺寸配合，可保证卫生间空间在功能、质量和经济效益方面获得优化，并使住宅的整个品质得到提升。

1.0.2 本标准主要适用于城市及村镇住宅卫生间设计中的设计参数选取，卫生间空间与家具、设备设施，家具、设备设施之间，以及各部件与部件之间的模数尺寸协调；同时适用于卫生间家具、设备、管线的设计和安装。

1.0.3 解决居住建筑建设领域的工业化问题，关键在于如何在建设的各个环节实现系统的尺寸协调。本标准通过对住宅卫生间空间尺寸、设备设施及其接口尺寸的模数协调，使住宅卫生间建造能够更好地满足住宅的工业化生产及安装要求，促使住宅建设从粗放型生产转化为集约型的社会化协作生产。

3　卫生间空间尺寸

3.0.1 本条规定了卫生间内部空间尺寸应是基本模数的倍数，这为推进卫生间空间与设备、家具尺寸的模数协调提供了条件。

表 3.0.1 总结了国家建筑标准设计图集《住宅卫生间》01 SJ 914 中的常用卫生间空间尺寸。按照一件到四件卫生设备集中配置的卫生间，给出不同尺寸的配置建议，力求保证使用功能和空间使用效率。黑线范围内净面积所对应的尺寸为推荐尺寸系列。

根据国家标准《住宅设计规范》GB 50096 的规定，三件卫生设备集中配置的卫生间，使用面积不小于 2.50m²；两件卫生设备集中配置的卫生间，使用面积分别不小于 1.80m²（便器和洗面器）和 2.00m²（便器和洗浴器或洗面器和洗浴器）；单设便器的不小于 1.10m²。同时，卫生间设备设施的配置，需符合国家标准《住宅卫生间功能及尺寸系列》GB/T 11977－2008 中 5.2“卫生间设施配置”的规定。表 3.0.1 的卫生间净面积是指装修后的净尺寸，含竖向排气道和管道井面积。

表 1　住宅卫生间典型平面布置图（mm）

类　型	图　　示	平面净尺寸
便器		1500×900
便器、洗面器	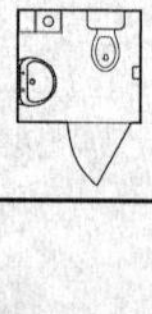	1500×1300
便器、洗面器、淋浴器	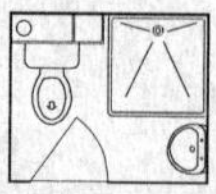	1800×1500
便器、洗面器、浴盆	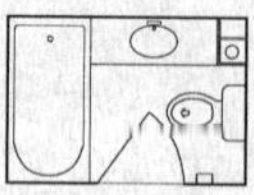	2100×1500
便器、洗面器、淋浴器、洗衣机	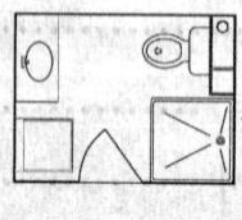	2400×1800
便器、洗面器、浴盆	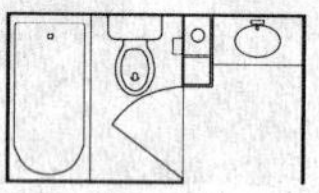	2700×1500
便器、洗面器、浴盆、洗衣机	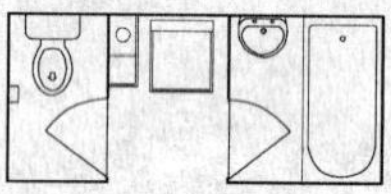	3400×1500

3.0.2 本条所规定的局部分割时插入的分模数，是指用户对卫生间空间进一步划分时所采用的隔断应符合的模数。为了使划分后的空间仍然符合模数协调要求，不对设备设施等的安装产生影响，采用分模数对卫生间内部空间隔断的进行界定是十分必要的。

3.0.3 规定净高的最小值有利于卫生间设备合理布局，保证良好的自然通风及卫生间使用的舒适性。

3.0.4 按模数网格设置卫生间的墙体，有利于促进实现卫生间内部空间与家具、设备及管线尺寸的模数协调。但在实际建设过程中，也会出现墙体厚度为非模数的情况。当构成卫生间空间的墙体厚度为非模数尺寸时，卫生间空间与相邻空间之间可用中断区调整模数网格之间的关系，即可将墙体置于网格中断区内，以保证卫生间内部空间及相邻空间符合模数尺寸要求。

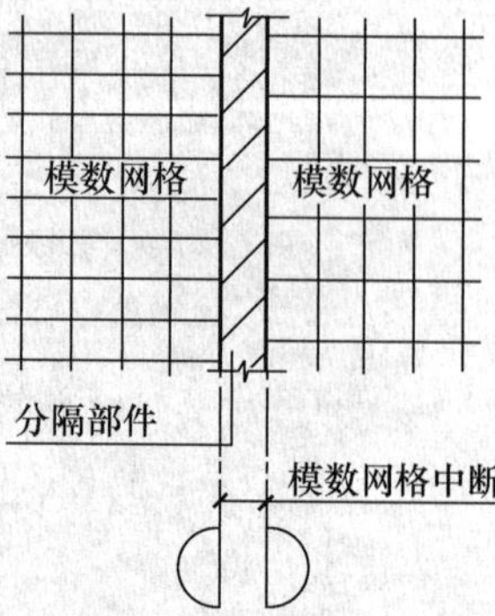
模数网格
模数网格
分隔部件
模数网格中断区

图 1　模数网格中断区

3.0.5 卫生间的门窗尺寸、位置及开启方式，直接影响空间的使用效率及舒适性，因此应尽可能地考虑空间使用的自由度，保证充足的有效空间。

4 卫生间部件和公差

4.1 卫生间部件的尺寸

4.1.2 整体卫生间是对一种新型工业化生产的卫浴间产品的类别统称，产品具有独立的框架结构及配套功能，一套成型的产品即是一个独立的功能单元。对于整体卫生间最小安装尺寸，本条提出相关的规定，目的是保证整体卫生间与安装空间有良好的定位和衔接。

4.1.3 通常情况下，无障碍空间除应考虑使用者有肢体障碍的情况外，还应考虑盲人或有智力障碍的人群，以及由于年龄的增长出现各类生活不便的情况。而标准中仅针对乘坐轮椅的肢体残疾人群对卫生间空间使用的需求作出规定。

条文中的1100mm×800mm是每个轮椅席位的最小尺寸，洗面器前设置空间尺寸不小于该尺寸是为了方便乘坐轮椅者的使用。

4.2 卫生间部件的公差

4.2.1 在设计中应当把公差的允许值考虑进去，并处理在合理的范围中，以保证在安装接缝、加工制作、放线定位中的误差处于可允许的范围内，满足接口的功能、质量和美观要求。

表4.2.1是参照日本《建筑部件的基本公差》A003－1963编制的，供选择应用。表中的部件尺寸指部件定位、安装时与其相关的空间尺寸，其他尺寸不需要满足表4.2.1的公差规定。公差级别由产品的档次和精度要求确定。

5 卫生间设备、设施及接口

本章主要对卫生间设备、设施的连接作出相应的规定。其基本原则是：

1 便于工业化生产。

2 节省空间，便于安装、维护和更替。

5.3 排气道及接口

本节相关内容仅针对设置统一的竖向排气道、各户安装独立的排气扇的住宅卫生间排气系统，不包括集中的机械排气送风系统或直排系统。竖向排气管道宜设置在卫生间的里侧，以便使卫生间外的新鲜空气能通过门扇下部的百叶或缝隙贯穿卫生间，更新室内空气。

5.4 照明及插座

本节主要对卫生间照明和插座作出规定。对于不同设备对插座高度的要求，防溅水型插座距室内装修地面高度有以下几类：洁身器宜为300mm，洗衣机宜为1500mm，剃须刀插座宜为1500mm，排气扇插座宜为1800mm等。同时，本节也对满足残疾人与老年人等特殊人群需求的卫生间插座作出了具体规定，根据设备对插座高度要求的不同作出不同的规定。

中华人民共和国行业标准

钢筋套筒灌浆连接应用技术规程

Technical specification for grout sleeve splicing of rebars

JGJ 355—2015

批准部门：中华人民共和国住房和城乡建设部

施行日期：2 0 1 5 年 9 月 1 日

中华人民共和国住房和城乡建设部
公　告

第695号

住房城乡建设部关于发布行业标准《钢筋套筒灌浆连接应用技术规程》的公告

现批准《钢筋套筒灌浆连接应用技术规程》为行业标准，编号为JGJ 355-2015，自2015年9月1日起实施。其中，第3.2.2、7.0.6条为强制性条文，必须严格执行。

本规程由我部标准定额研究所组织中国建筑工业出版社出版发行。

中华人民共和国住房和城乡建设部

2015年1月9日

前　言

根据住房和城乡建设部《关于印发〈2010年工程建设标准规范制订、修订计划〉的通知》（建标[2010] 43号）的要求，规程编制组经广泛调查研究，认真总结实践经验，参考有关国际标准和国外先进标准，并在广泛征求意见的基础上，编制了本规程。

本规程的主要技术内容是：1　总则；2　术语和符号；3　基本规定；4　设计；5　接头型式检验；6　施工；7　验收。

本规程中以黑体字标志的条文为强制性条文，必须严格执行。

本规程由住房和城乡建设部负责管理和对强制性条文的解释，由中国建筑科学研究院负责具体技术内容的解释。执行过程中如有意见或建议请寄送中国建筑科学研究院（地址：北京市北三环东路30号，邮编：100013）。

本规程主编单位：中国建筑科学研究院
云南建工第二建设有限公司

本规程参编单位：北京预制建筑工程研究院有限公司
同济大学
中冶建筑研究总院有限公司
润铸建筑工程（上海）有限公司
北京万科企业有限公司
北京市建筑工程研究院有限责任公司
北京市建筑设计研究院有限公司
清华大学建筑设计研究院有限公司
云南建工第四建设有限公司
郑州大学
北京中景恒基工程管理有限公司

本规程主要起草人员：沙　安　王晓锋　洪　洁　蒋勤俭　赵　勇　刘子金　钱冠龙　赖宜政　秦　珩　李晨光　苗启松　刘彦生　王天锋　管品武　吴晓星　肖厚志　陈定华　付艳梅　朱爱萍　高　迪　俞志明　许　毅　彭福定　拜继梅　刘　畅

本规程主要审查人员：吴月华　李晓明　沙志国　王自福　王桂玲　郭海山　杨思忠　朱永明　李本端　王剑非　李伟兴　孟宪宏

目 次

Contents

1 总　　则

1.0.1 为规范混凝土结构工程中钢筋套筒灌浆连接技术的应用，做到安全适用、经济合理、技术先进、确保质量，制定本规程。

1.0.2 本规程适用于非抗震设计及抗震设防烈度不大于8度地区的混凝土结构房屋与一般构筑物中钢筋套筒灌浆连接的设计、施工及验收。本规程不适用于作疲劳设计的构件。

1.0.3 钢筋套筒灌浆连接的设计、施工及验收除应符合本规程外，尚应符合国家现行有关标准的规定。

2 术语和符号

2.1 术　　语

2.1.1 钢筋套筒灌浆连接 grout sleeve splicing of rebars

在金属套筒中插入单根带肋钢筋并注入灌浆料拌合物，通过拌合物硬化形成整体并实现传力的钢筋对接连接，简称套筒灌浆连接。

2.1.2 钢筋连接用灌浆套筒 grout sleeve for rebar splicing

采用铸造工艺或机械加工工艺制造，用于钢筋套筒灌浆连接的金属套筒，简称灌浆套筒。灌浆套筒可分为全灌浆套筒和半灌浆套筒。

2.1.3 全灌浆套筒 whole grout sleeve

两端均采用套筒灌浆连接的灌浆套筒。

2.1.4 半灌浆套筒 grout sleeve with mechanical splicing end

一端采用套筒灌浆连接，另一端采用机械连接方式连接钢筋的灌浆套筒。

2.1.5 钢筋连接用套筒灌浆料 cementitious grout for rebar sleeve splicing

以水泥为基本材料，并配以细骨料、外加剂及其他材料混合而成的用于钢筋套筒灌浆连接的干混料，简称灌浆料。

2.1.6 灌浆料拌合物 mixed cementitious grout

灌浆料按规定比例加水搅拌后，具有规定流动性、早强、高强及硬化后微膨胀等性能的浆体。

2.2 符　　号

A_{sgt} ——接头试件的最大力下总伸长率；

d_s ——钢筋公称直径；

f_g ——灌浆料28d抗压强度合格指标；

f_{yk} ——钢筋屈服强度标准值；

L ——灌浆套筒长度；

L_g ——大变形反复拉压试验变形加载值计算长度；

u_0 ——接头试件加载至 $0.6f_{yk}$ 并卸载后在规定标距内的残余变形；

u_4 ——接头试件按规定加载制度经大变形反复拉压4次后的残余变形；

u_8 ——接头试件按规定加载制度经大变形反复拉压8次后的残余变形；

u_{20} ——接头试件按规定加载制度经高应力反复拉压20次后的残余变形；

ε_{yk} ——钢筋应力为屈服强度标准值时的应变。

3 基本规定

3.1 材　　料

3.1.1 套筒灌浆连接的钢筋应采用符合现行国家标准《钢筋混凝土用钢　第2部分：热轧带肋钢筋》GB 1499.2、《钢筋混凝土用余热处理钢筋》GB 13014要求的带肋钢筋；钢筋直径不宜小于12mm，且不宜大于40mm。

3.1.2 灌浆套筒应符合现行行业标准《钢筋连接用灌浆套筒》JG/T 398的有关规定。灌浆套筒灌浆端最小内径与连接钢筋公称直径的差值不宜小于表3.1.2规定的数值，用于钢筋锚固的深度不宜小于插入钢筋公称直径的8倍。

表3.1.2　灌浆套筒灌浆段最小内径尺寸要求

钢筋直径（mm）	套筒灌浆段最小内径与连接钢筋公称直径差最小值（mm）
12～25	10
28～40	15

3.1.3 灌浆料性能及试验方法应符合现行行业标准《钢筋连接用套筒灌浆料》JG/T 408的有关规定，并应符合下列规定：

1 灌浆料抗压强度应符合表3.1.3-1的要求，且不应低于接头设计要求的灌浆料抗压强度；灌浆料抗压强度试件尺寸应按40mm×40mm×160mm尺寸制作，其加水量应按灌浆料产品说明书确定，试件应按标准方法制作、养护；

2 灌浆料竖向膨胀率应符合表3.1.3-2的要求；

3 灌浆料拌合物的工作性能应符合表3.1.3-3的要求，泌水率试验方法应符合现行国家标准《普通混凝土拌合物性能试验方法标准》GB/T 50080的规定。

表 3.1.3-1 灌浆料抗压强度要求

时间（龄期）	抗压强度（N/mm^2）
1d	≥35
3d	≥60
28d	≥85

表 3.1.3-2 灌浆料竖向膨胀率要求

项目	竖向膨胀率（%）
3h	≥0.02
24h与3h差值	0.02～0.50

表 3.1.3-3 灌浆料拌合物的工作性能要求

项 目		工作性能要求
流动度（mm）	初始	≥300
	30min	≥260
泌水率（%）		0

3.2 接头性能要求

3.2.1 套筒灌浆连接接头应满足强度和变形性能要求。

3.2.2 钢筋套筒灌浆连接接头的抗拉强度不应小于连接钢筋抗拉强度标准值，且破坏时应断于接头外钢筋。

3.2.3 钢筋套筒灌浆连接接头的屈服强度不应小于连接钢筋屈服强度标准值。

3.2.4 套筒灌浆连接接头应能经受规定的高应力和大变形反复拉压循环检验，且在经历拉压循环后，其抗拉强度仍应符合本规程第3.2.2条的规定。

3.2.5 套筒灌浆连接接头单向拉伸、高应力反复拉压、大变形反复拉压试验加载过程中，当接头拉力达到连接钢筋抗拉荷载标准值的1.15倍而未发生破坏时，应判为抗拉强度合格，可停止试验。

3.2.6 套筒灌浆连接接头的变形性能应符合表3.2.6的规定。当频遇荷载组合下，构件中钢筋应力高于钢筋屈服强度标准值 f_{yk} 的0.6倍时，设计单位可对单向拉伸残余变形的加载峰值 u_0 提出调整要求。

表 3.2.6 套筒灌浆连接接头的变形性能

项目		变形性能要求
对中单向拉伸	残余变形（mm）	$u_0 \leqslant 0.10$ ($d \leqslant 32$) $u_0 \leqslant 0.14$ ($d > 32$)
	最大力下总伸长率（%）	$A_{sgt} \geqslant 6.0$
高应力反复拉压	残余变形（mm）	$u_{20} \leqslant 0.3$
大变形反复拉压	残余变形（mm）	$u_4 \leqslant 0.3$ 且 $u_8 \leqslant 0.6$

注：u_0 —接头试件加载至 $0.6f_{yk}$ 并卸载后在规定标距内的残余变形；A_{sgt} —接头试件的最大力下总伸长率；u_{20} —接头试件按规定加载制度经高应力反复拉压20次后的残余变形；u_4 —接头试件按规定加载制度经大变形反复拉压4次后的残余变形；u_8 —接头试件按规定加载制度经大变形反复拉压8次后的残余变形。

4 设 计

4.0.1 采用钢筋套筒灌浆连接的混凝土结构，设计应符合国家现行标准《混凝土结构设计规范》GB 50010、《建筑抗震设计规范》GB 50011、《装配式混凝土结构技术规程》JGJ 1的有关规定。

4.0.2 采用套筒灌浆连接的构件混凝土强度等级不宜低于C30。

4.0.3 当装配式混凝土结构采用符合本规程规定的套筒灌浆连接接头时，全部构件纵向受力钢筋可在同一截面上连接。

4.0.4 混凝土结构中全截面受拉构件同一截面不宜全部采用钢筋套筒灌浆连接。

4.0.5 采用套筒灌浆连接的混凝土构件设计应符合下列规定：

1 接头连接钢筋的强度等级不应高于灌浆套筒规定的连接钢筋强度等级；

2 接头连接钢筋的直径规格不应大于灌浆套筒规定的连接钢筋直径规格，且不宜小于灌浆套筒规定的连接钢筋直径规格一级以上；

3 构件配筋方案应根据灌浆套筒外径、长度及灌浆施工要求确定；

4 构件钢筋插入灌浆套筒的锚固长度应符合灌浆套筒参数要求；

5 竖向构件配筋设计应结合灌浆孔、出浆孔位置；

6 底部设置键槽的预制柱，应在键槽处设置排气孔。

4.0.6 混凝土构件中灌浆套筒的净距不应小于25mm。

4.0.7 混凝土构件的灌浆套筒长度范围内，预制混凝土柱箍筋的混凝土保护层厚度不应小于20mm，预制混凝土墙最外层钢筋的混凝土保护层厚度不应小于15mm。

5 接头型式检验

5.0.1 属于下列情况时，应进行接头型式检验：

1 确定接头性能时；

2 灌浆套筒材料、工艺、结构改动时；

3 灌浆料型号、成分改动时；

4 钢筋强度等级、肋形发生变化时；

5 型式检验报告超过4年。

5.0.2 用于型式检验的钢筋、灌浆套筒、灌浆料应符合国家现行标准《钢筋混凝土用钢 第2部分：热轧带肋钢筋》GB 1499.2、《钢筋混凝土用余热处理钢筋》GB 13014、《钢筋连接用灌浆套筒》JG/T 398、《钢筋连接用套筒灌浆料》JG/T 408的规定。

5.0.3 每种套筒灌浆连接接头型式检验的试件数量与检验项目应符合下列规定：

1 对中接头试件应为9个，其中3个做单向拉伸试验、3个做高应力反复拉压试验、3个做大变形反复拉压试验；

2 偏置接头试件应为3个，做单向拉伸试验；

3 钢筋试件应为3个，做单向拉伸试验；

4 全部试件的钢筋均应在同一炉（批）号的1根或2根钢筋上截取。

5.0.4 用于型式检验的套筒灌浆连接接头试件应在检验单位监督下由送检单位制作，并应符合下列规定：

1 3个偏置接头试件应保证一端钢筋插入灌浆套筒中心，一端钢筋偏置后钢筋横肋与套筒壁接触；9个对中接头试件的钢筋均应插入灌浆套筒中心；所有接头试件的钢筋应与灌浆套筒轴线重合或平行，钢筋在灌浆套筒插入深度应为灌浆套筒的设计锚固深度；

2 接头试件应按本规程第6.3.8条、第6.3.9条的有关规定进行灌浆；对于半灌浆套筒连接，机械连接端的加工应符合现行行业标准《钢筋机械连接技术规程》JGJ 107的有关规定；

3 采用灌浆料拌合物制作的40mm×40mm×160mm试件不应少于1组，并宜留设不少于2组；

4 接头试件及灌浆料试件应在标准养护条件下养护；

5 接头试件在试验前不应进行预拉。

5.0.5 型式检验试验时，灌浆料抗压强度不应小于80N/mm²，且不应大于95N/mm²；当灌浆料28d抗压强度合格指标（f_g）高于85N/mm²时，试验时的灌浆料抗压强度低于28d抗压强度合格指标（f_g）的数值不应大于5N/mm²，且超过28d抗压强度合格指标（f_g）的数值不应大于10N/mm²与$0.1f_g$二者的较大值；当型式检验试验时灌浆料抗压强度低于28d抗压强度合格指标（f_g）时，应增加检验灌浆料28d抗压强度。

5.0.6 型式检验的试验方法应符合现行行业标准《钢筋机械连接技术规程》JGJ 107的有关规定，并应符合下列规定：

1 接头试件的加载力应符合本规程第3.2.5条的规定；

2 偏置单向拉伸接头试件的抗拉强度试验应采用零到破坏的一次加载制度；

3 大变形反复拉压试验的前后反复4次变形加载值分别应取$2\varepsilon_{yk}L_g$和$5\varepsilon_{yk}L_g$，其中ε_{yk}是应力为屈服强度标准值时的钢筋应变，计算长度L_g应按下列公式计算：

全灌浆套筒连接

$$L_g = \frac{L}{4} + 4d_s \qquad (5.0.6\text{-}1)$$

半灌浆套筒连接

$$L_g = \frac{L}{2} + 4d_s \qquad (5.0.6\text{-}2)$$

式中：L——灌浆套筒长度（mm）；

d_s——钢筋公称直径（mm）。

5.0.7 当型式检验的灌浆料抗压强度符合本规程第5.0.5条的规定，且型式检验试验结果符合下列规定时，可评为合格：

1 强度检验：每个接头试件的抗拉强度实测值均应符合本规程第3.2.2条的强度要求；3个对中单向拉伸试件、3个偏置单向拉伸试件的屈服强度实测值均应符合本规程第3.2.3条的强度要求。

2 变形检验：对残余变形和最大力下总伸长率，相应项目的3个试件实测值的平均值应符合本规程第3.2.6条的规定。

5.0.8 型式检验应由专业检测机构进行，并应按本规程第A.0.1条规定的格式出具检验报告。

6 施　　工

6.1 一般规定

6.1.1 套筒灌浆连接应采用由接头型式检验确定的相匹配的灌浆套筒、灌浆料。

6.1.2 套筒灌浆连接施工应编制专项施工方案。

6.1.3 灌浆施工的操作人员应经专业培训后上岗。

6.1.4 对于首次施工，宜选择有代表性的单元或部位进行试制作、试安装、试灌浆。

6.1.5 施工现场灌浆料宜储存在室内，并应采取防雨、防潮、防晒措施。

6.2 构件制作

6.2.1 预制构件钢筋及灌浆套筒的安装应符合下列规定：

1 连接钢筋与全灌浆套筒安装时，应逐根插入灌浆套筒内，插入深度应满足设计锚固深度要求；

2 钢筋安装时，应将其固定在模具上，灌浆套筒与柱底、墙底模板应垂直，应采用橡胶环、螺杆等固定件避免混凝土浇筑、振捣时灌浆套筒和连接钢筋移位；

3 与灌浆套筒连接的灌浆管、出浆管应定位准确、安装稳固；

4 应采取防止混凝土浇筑时向灌浆套筒内漏浆的封堵措施。

6.2.2 对于半灌浆套筒连接，机械连接端的钢筋丝头加工、连接安装、质量检查应符合现行行业标准《钢筋机械连接技术规程》JGJ 107的有关规定。

6.2.3 浇筑混凝土之前，应进行钢筋隐蔽工程检查。隐蔽工程检查应包括下列内容：

1 纵向受力钢筋的牌号、规格、数量、位置；

2 灌浆套筒的型号、数量、位置及灌浆孔、出浆孔、排气孔的位置；

3 钢筋的连接方式、接头位置、接头质量、接头面积百分率、搭接长度、锚固方式及锚固长度；

4 箍筋、横向钢筋的牌号、规格、数量、间距、位置，箍筋弯钩的弯折角度及平直段长度；

5 预埋件的规格、数量和位置。

6.2.4 预制构件拆模后，灌浆套筒的位置及外露钢筋位置、长度偏差应符合表6.2.4的规定。

表6.2.4 预制构件灌浆套筒和外露钢筋的允许偏差及检验方法

项目		允许偏差（mm）	检验方法
灌浆套筒中心位置		+2 0	尺量
外露钢筋	中心位置	+2 0	
	外露长度	+10 0	

6.2.5 预制构件制作及运输过程中，应对外露钢筋、灌浆套筒分别采取包裹、封盖措施。

6.2.6 预制构件出厂前，应对灌浆套筒的灌浆孔和出浆孔进行透光检查，并清理灌浆套筒内的杂物。

6.3 安装与连接

6.3.1 连接部位现浇混凝土施工过程中，应采取设置定位架等措施保证外露钢筋的位置、长度和顺直度，并应避免污染钢筋。

6.3.2 预制构件吊装前，应检查构件的类型与编号。当灌浆套筒内有杂物时，应清理干净。

6.3.3 预制构件就位前，应按下列规定检查现浇结构施工质量：

1 现浇结构与预制构件的结合面应符合设计及现行行业标准《装配式混凝土结构技术规程》JGJ 1的有关规定；

2 现浇结构施工后外露连接钢筋的位置、尺寸偏差应符合表6.3.3的规定，超过允许偏差的应予以处理；

表6.3.3 现浇结构施工后外露连接钢筋的位置、尺寸允许偏差及检验方法

项目	允许偏差（mm）	检验方法
中心位置	+3 0	尺量
外露长度、顶点标高	+15 0	

3 外露连接钢筋的表面不应粘连混凝土、砂浆，不应发生锈蚀；

4 当外露连接钢筋倾斜时，应进行校正。

6.3.4 预制柱、墙安装前，应在预制构件及其支承构件间设置垫片，并应符合下列规定：

1 宜采用钢质垫片；

2 可通过垫片调整预制构件的底部标高，可通过在构件底部四角加塞垫片调整构件安装的垂直度；

3 垫片处的混凝土局部受压应按下式进行验算：

$$F_l \leqslant 2f'_c A_l \tag{6.3.4}$$

式中：F_l——作用在垫片上的压力值，可取1.5倍构件自重；

A_l——垫片的承压面积，可取所有垫片的面积和；

f'_c——预制构件安装时，预制构件及其支承构件的混凝土轴心抗压强度设计值较小值。

6.3.5 灌浆施工方式及构件安装应符合下列规定：

1 钢筋水平连接时，灌浆套筒应各自独立灌浆；

2 竖向构件宜采用连通腔灌浆，并应合理划分连通灌浆区域；每个区域除预留灌浆孔、出浆孔与排气孔外，应形成密闭空腔，不应漏浆；连通灌浆区域内任意两个灌浆套筒间距离不宜超过1.5m；

3 竖向预制构件不采用连通腔灌浆方式时，构件就位前应设置坐浆层。

6.3.6 预制柱、墙的安装应符合下列规定：

1 临时固定措施的设置应符合现行国家标准《混凝土结构工程施工规范》GB 50666的有关规定；

2 采用连通腔灌浆方式时，灌浆施工前应对各连通灌浆区域进行封堵，且封堵材料不应减小结合面的设计面积。

6.3.7 预制梁和既有结构改造现浇部分的水平钢筋采用套筒灌浆连接时，施工措施应符合下列规定：

1 连接钢筋的外表面应标记插入灌浆套筒最小锚固长度的标志，标志位置应准确、颜色应清晰；

2 对灌浆套筒与钢筋之间的缝隙应采取防止灌浆时灌浆料拌合物外漏的封堵措施；

3 预制梁的水平连接钢筋轴线偏差不应大于5mm，超过允许偏差的应予以处理；

4 与既有结构的水平钢筋相连接时，新连接钢筋的端部应设有保证连接钢筋同轴、稳固的装置；

5 灌浆套筒安装就位后，灌浆孔、出浆孔应在套筒水平轴正上方±45°的锥体范围内，并安装有孔口超过灌浆套筒外表面最高位置的连接管或连接头。

6.3.8 灌浆料使用前，应检查产品包装上的有效期和产品外观。灌浆料使用应符合下列规定：

1 拌合用水应符合现行行业标准《混凝土用水标准》JGJ 63的有关规定；

2 加水量应按灌浆料使用说明书的要求确定，并应按重量计量；

3 灌浆料拌合物应采用电动设备搅拌充分、均匀，并宜静置 2min 后使用；

4 搅拌完成后，不得再次加水；

5 每工作班应检查灌浆料拌合物初始流动度不少于 1 次，指标应符合本规程第 3.1.3 条的规定；

6 强度检验试件的留置数量应符合验收及施工控制要求。

6.3.9 灌浆施工应按施工方案执行，并应符合下列规定：

1 灌浆操作全过程应有专职检验人员负责现场监督并及时形成施工检查记录；

2 灌浆施工时，环境温度应符合灌浆料产品使用说明书要求；环境温度低于 5℃时不宜施工，低于 0℃时不得施工；当环境温度高于 30℃时，应采取降低灌浆料拌合物温度的措施；

3 对竖向钢筋套筒灌浆连接，灌浆作业应采用压浆法从灌浆套筒下灌浆孔注入，当灌浆料拌合物从构件其他灌浆孔、出浆孔流出后应及时封堵；

4 竖向钢筋套筒灌浆连接采用连通腔灌浆时，宜采用一点灌浆的方式；当一点灌浆遇到问题而需要改变灌浆点时，各灌浆套筒已封堵灌浆孔、出浆孔应重新打开，待灌浆料拌合物再次流出后进行封堵；

5 对水平钢筋套筒灌浆连接，灌浆作业应采用压浆法从灌浆套筒灌浆孔注入，当灌浆套筒灌浆孔、出浆孔的连接管或连接头处的灌浆料拌合物均高于灌浆套筒外表面最高点时应停止灌浆，并及时封堵灌浆孔、出浆孔；

6 灌浆料宜在加水后 30min 内用完；

7 散落的灌浆料拌合物不得二次使用；剩余的拌合物不得再次添加灌浆料、水后混合使用。

6.3.10 当灌浆施工出现无法出浆的情况时，应查明原因，采取的施工措施应符合下列规定：

1 对于未密实饱满的竖向连接灌浆套筒，当在灌浆料加水拌合 30min 内时，应首选在灌浆孔补灌；当灌浆料拌合物已无法流动时，可从出浆孔补灌，并应采用手动设备结合细管压力灌浆；

2 水平钢筋连接灌浆施工停止后 30s，当发现灌浆料拌合物下降，应检查灌浆套筒的密封或灌浆料拌合物排气情况，并及时补灌或采取其他措施；

3 补灌应在灌浆料拌合物达到设计规定的位置后停止，并应在灌浆料凝固后再次检查其位置符合设计要求。

6.3.11 灌浆料同条件养护试件抗压强度达到 35N/mm²后，方可进行对接头有扰动的后续施工；临时固定措施的拆除应在灌浆料抗压强度能确保结构达到后续施工承载要求后进行。

7 验　收

7.0.1 采用钢筋套筒灌浆连接的混凝土结构验收应符合现行国家标准《混凝土结构工程施工质量验收规范》GB 50204 的有关规定，可划入装配式结构分项工程。

7.0.2 工程应用套筒灌浆连接时，应由接头提供单位提交所有规格接头的有效型式检验报告。验收时应核查下列内容：

1 工程中应用的各种钢筋强度级别、直径对应的型式检验报告应齐全，报告应合格有效；

2 型式检验报告送检单位与现场接头提供单位应一致；

3 型式检验报告中的接头类型，灌浆套筒规格、级别、尺寸，灌浆料型号与现场使用的产品应一致；

4 型式检验报告应在 4 年有效期内，可按灌浆套筒进厂（场）验收日期确定；

5 报告内容应包括本规程附录 A 规定的所有内容。

7.0.3 灌浆套筒进厂（场）时，应抽取灌浆套筒检验外观质量、标识和尺寸偏差，检验结果应符合现行行业标准《钢筋连接用灌浆套筒》JG/T 398 及本规程第 3.1.2 条的有关规定。

检查数量：同一批号、同一类型、同一规格的灌浆套筒，不超过 1000 个为一批，每批随机抽取 10 个灌浆套筒。

检验方法：观察，尺量检查。

7.0.4 灌浆料进场时，应对灌浆料拌合物 30min 流动度、泌水率及 3d 抗压强度、28d 抗压强度、3h 竖向膨胀率、24h 与 3h 竖向膨胀率差值进行检验，检验结果应符合本规程第 3.1.3 条的有关规定。

检查数量：同一成分、同一批号的灌浆料，不超过 50t 为一批，每批按现行行业标准《钢筋连接用套筒灌浆料》JG/T 408 的有关规定随机抽取灌浆料制作试件。

检验方法：检查质量证明文件和抽样检验报告。

7.0.5 灌浆施工前，应对不同钢筋生产企业的进场钢筋进行接头工艺检验；施工过程中，当更换钢筋生产企业，或同生产企业生产的钢筋外形尺寸与已完成工艺检验的钢筋有较大差异时，应再次进行工艺检验。接头工艺检验应符合下列规定：

1 灌浆套筒埋入预制构件时，工艺检验应在预制构件生产前进行；当现场灌浆施工单位与工艺检验时的灌浆单位不同，灌浆前应再次进行工艺检验；

2 工艺检验应模拟施工条件制作接头试件，并应按接头提供单位提供的施工操作要求进行；

3 每种规格钢筋应制作 3 个对中套筒灌浆连接接头，并应检查灌浆质量；

4 采用灌浆料拌合物制作的 40mm×40mm×160mm 试件不应少于 1 组；

5 接头试件及灌浆料试件应在标准养护条件下

养护 28d；

6 每个接头试件的抗拉强度、屈服强度应符合本规程第 3.2.2 条、第 3.2.3 条的规定，3 个接头试件残余变形的平均值应符合本规程表 3.2.6 的规定；灌浆料抗压强度应符合本规程第 3.1.3 条规定的 28d 强度要求；

7 接头试件在量测残余变形后可再进行抗拉强度试验，并应按现行行业标准《钢筋机械连接技术规程》JGJ 107 规定的钢筋机械连接型式检验单向拉伸加载制度进行试验；

8 第一次工艺检验中 1 个试件抗拉强度或 3 个试件的残余变形平均值不合格时，可再抽 3 个试件进行复检，复检仍不合格判为工艺检验不合格；

9 工艺检验应由专业检测机构进行，并应按本规程附录 A 第 A.0.2 条规定的格式出具检验报告。

7.0.6 灌浆套筒进厂（场）时，应抽取灌浆套筒并采用与之匹配的灌浆料制作对中连接接头试件，并进行抗拉强度检验，检验结果均应符合本规程第 3.2.2 条的有关规定。

检查数量：同一批号、同一类型、同一规格的灌浆套筒，不超过 1000 个为一批，每批随机抽取 3 个灌浆套筒制作对中连接接头试件。

检验方法：检查质量证明文件和抽样检验报告。

7.0.7 本规程第 7.0.6 条规定的抗拉强度检验接头试件应模拟施工条件并按施工方案制作。接头试件应在标准养护条件下养护 28d。接头试件的抗拉强度试验应采用零到破坏或零到连接钢筋抗拉荷载标准值 1.15 倍的一次加载制度，并应符合现行行业标准《钢筋机械连接技术规程》JGJ 107 的有关规定。

7.0.8 预制混凝土构件进场验收应按现行国家标准《混凝土结构工程施工质量验收规范》GB 50204 的有关规定进行。

7.0.9 灌浆施工中，灌浆料的 28d 抗压强度应符合本规程第 3.1.3 条的有关规定。用于检验抗压强度的灌浆料试件应在施工现场制作。

检查数量：每工作班取样不得少于 1 次，每楼层取样不得少于 3 次。每次抽取 1 组 40mm×40mm×160mm 的试件，标准养护 28d 后进行抗压强度试验。

检验方法：检查灌浆施工记录及抗压强度试验报告。

7.0.10 灌浆应密实饱满，所有出浆口均应出浆。

检查数量：全数检查。

检验方法：观察，检查灌浆施工记录。

7.0.11 当施工过程中灌浆料抗压强度、灌浆质量不符合要求时，应由施工单位提出技术处理方案，经监理、设计单位认可后进行处理。经处理后的部位应重新验收。

检查数量：全数检查。

检验方法：检查处理记录。

附录 A 接头试件检验报告

A.0.1 接头试件型式检验报告应包括基本参数和试验结果两部分，并应按表 A.0.1-1～表 A.0.1-3 的格式记录。

表 A.0.1-1 钢筋套筒灌浆连接接头试件型式检验报告

（全灌浆套筒连接基本参数）

<table>
<tr><td>接头名称</td><td colspan="3"></td><td colspan="2">送检日期</td><td colspan="2"></td></tr>
<tr><td>送检单位</td><td colspan="3"></td><td colspan="2">试件制作地点/日期</td><td colspan="2"></td></tr>
<tr><td rowspan="6">接头
试件
基本
参数</td><td colspan="3" rowspan="6">连接件示意图（可附页）：</td><td colspan="2">钢筋牌号</td><td colspan="2"></td></tr>
<tr><td colspan="2">钢筋公称直径（mm）</td><td colspan="2"></td></tr>
<tr><td colspan="2">灌浆套筒品牌、型号</td><td colspan="2"></td></tr>
<tr><td colspan="2">灌浆套筒材料</td><td colspan="2"></td></tr>
<tr><td colspan="2">灌浆料品牌、型号</td><td colspan="2"></td></tr>
<tr><td colspan="2"></td><td colspan="2"></td></tr>
<tr><td colspan="8">灌浆套筒设计尺寸（mm）</td></tr>
<tr><td colspan="2">长度</td><td colspan="2">外径</td><td colspan="2">钢筋插入深度（短端）</td><td colspan="2">钢筋插入深度（长端）</td></tr>
<tr><td colspan="2"></td><td colspan="2"></td><td colspan="2"></td><td colspan="2"></td></tr>
<tr><td colspan="8">接头试件实测尺寸</td></tr>
<tr><td rowspan="2">试件编号</td><td colspan="2" rowspan="2">灌浆套筒外径（mm）</td><td rowspan="2">灌浆套筒
长度
（mm）</td><td colspan="3">钢筋插入深度（mm）</td><td rowspan="2">钢筋
对中/偏置</td></tr>
<tr><td colspan="2">短端</td><td>长端</td></tr>
<tr><td>No.1</td><td colspan="2"></td><td></td><td colspan="2"></td><td></td><td>偏置</td></tr>
</table>

续表 A.0.1-1

试件编号	灌浆套筒外径（mm）		灌浆套筒长度（mm）	钢筋插入深度（mm）		钢筋对中/偏置
				短端	长端	
No. 2						偏置
No. 3						偏置
No. 4						对中
No. 5						对中
No. 6						对中
No. 7						对中
No. 8						对中
No. 9						对中
No. 10						对中
No. 11						对中
No. 12						对中

灌浆料性能								
每 10kg 灌浆料加水量（kg）	试件抗压强度量测值（N/mm^2）							合格指标（N/mm^2）
	1	2	3	4	5	6	取值	
评定结论								

注：1 接头试件实测尺寸、灌浆料性能由检验单位负责检验与填写，其他信息应由送检单位如实申报；

2 接头试件实测尺寸中外径量测任意两个断面。

表 A.0.1-2 钢筋套筒灌浆连接接头试件型式检验报告

（半灌浆套筒连接基本参数）

接头名称		送检日期	
送检单位		试件制作地点/日期	
接头试件基本参数	连接件示意图（可附页）：	钢筋牌号	
		钢筋公称直径（mm）	
		灌浆套筒品牌、型号	
		灌浆套筒材料	
		灌浆料品牌、型号	

灌浆套筒设计参数			
长度（mm）	外径（mm）	灌浆端钢筋插入深度（mm）	机械连接端类型
机械连接端基本参数			

续表 A.0.1-2

接头试件实测尺寸					
试件编号	灌浆套筒外径（mm）		灌浆套筒长度（mm）	灌浆端钢筋插入深度（mm）	钢筋对中/偏置
No. 1					偏置
No. 2					偏置
No. 3					偏置
No. 4					对中
No. 5					对中
No. 6					对中
No. 7					对中
No. 8					对中
No. 9					对中
No. 10					对中
No. 11					对中
No. 12					对中

灌浆料性能								
每10kg灌浆料加水量（kg）	试件抗压强度量测值（N/mm²）							合格指标（N/mm²）
	1	2	3	4	5	6	取值	
评定结论								

注：1 接头试件实测尺寸、灌浆料性能由检验单位负责检验与填写，其他信息应由送检单位如实申报。
2 机械连接端类型按直螺纹、锥螺纹、挤压三类填写。
3 机械连接端基本参数：直螺纹为螺纹螺距、螺纹牙型角、螺纹公称直径和安装扭矩；锥螺纹为螺纹螺距、螺纹牙型角、螺纹锥度和安装扭矩；挤压为压痕道次与压痕总宽度。
4 接头试件实测尺寸中外径量测任意两个断面。

表 A.0.1-3 钢筋套筒灌浆连接接头试件型式检验报告

（试验结果）

接头名称			送检日期		
送检单位			钢筋牌号与公称直径（mm）		
钢筋母材试验结果	试件编号	No. 1	No. 2	No. 3	要求指标
	屈服强度（N/mm²）				
	抗拉强度（N/mm²）				

续表 A.0.1-3

试验结果	偏置单向拉伸	试件编号	No. 1	No. 2	No. 3	要求指标
		屈服强度（N/mm^2）				
		抗拉强度（N/mm^2）				
		破坏形式				钢筋拉断
	对中单向拉伸	试件编号	No. 4	No. 5	No. 6	要求指标
		屈服强度（N/mm^2）				
		抗拉强度（N/mm^2）				
		残余变形（mm）				
		最大力下总伸长率(%)				
		破坏形式				钢筋拉断
	高应力反复拉压	试件编号	No. 7	No. 8	No. 9	要求指标
		抗拉强度（N/mm^2）				
		残余变形（mm）				
		破坏形式				钢筋拉断
	大变形反复拉压	试件编号	No. 10	No. 11	No. 12	要求指标
		抗拉强度（N/mm^2）				
		残余变形（mm）				
		破坏形式				钢筋拉断
评定结论						
检验单位					试验日期	
试验员			试件制作监督人			
校核			负责人			

注：试件制作监督人应为检验单位人员。

A.0.2 接头试件工艺检验报告应按表 A.0.2 的格式记录。

表 A.0.2 钢筋套筒灌浆连接接头试件工艺检验报告

接头名称		送检日期	
送检单位		试件制作地点	
钢筋生产企业		钢筋牌号	
钢筋公称直径（mm）		灌浆套筒类型	
灌浆套筒品牌、型号		灌浆料品牌、型号	
灌浆施工人及所属单位			

续表 A.0.2

<table>
<tr><td rowspan="6">对中单向拉伸试验结果</td><td colspan="6">试件编号</td><td>No. 1</td><td>No. 2</td><td>No. 3</td><td>要求指标</td></tr>
<tr><td colspan="6">屈服强度（N/mm^2）</td><td></td><td></td><td></td><td></td></tr>
<tr><td colspan="6">抗拉强度（N/mm^2）</td><td></td><td></td><td></td><td></td></tr>
<tr><td colspan="6">残余变形（mm）</td><td></td><td></td><td></td><td></td></tr>
<tr><td colspan="6">最大力下总伸长率（%）</td><td></td><td></td><td></td><td></td></tr>
<tr><td colspan="6">破坏形式</td><td></td><td></td><td></td><td>钢筋拉断</td></tr>
<tr><td rowspan="3">灌浆料抗压强度试验结果</td><td colspan="9">试件抗压强度量测值（N/mm^2）</td><td rowspan="2">28d 合格指标（N/mm^2）</td></tr>
<tr><td>1</td><td>2</td><td>3</td><td>4</td><td>5</td><td>6</td><td colspan="3">取值</td></tr>
<tr><td></td><td></td><td></td><td></td><td></td><td></td><td colspan="3"></td><td></td></tr>
<tr><td>评定结论</td><td colspan="10"></td></tr>
<tr><td>检验单位</td><td colspan="10"></td></tr>
<tr><td>试验员</td><td colspan="4"></td><td colspan="4">校核</td><td colspan="2"></td></tr>
<tr><td>负责人</td><td colspan="4"></td><td colspan="4">试验日期</td><td colspan="2"></td></tr>
</table>

注：对中单向拉伸检验结果、灌浆料抗压强度试验结果、检验结论由检验单位负责检验与填写，其他信息应由送检单位如实申报。

本规程用词说明

1 为便于在执行本规程条文时区别对待，对要求严格程度不同的用词说明如下：

1）表示很严格，非这样做不可的：
正面词采用"必须"，反面词采用"严禁"；

2）表示严格，在正常情况下均应这样做的：
正面词采用"应"，反面词采用"不应"或"不得"；

3）表示允许稍有选择，在条件许可时首先这样做的：
正面词采用"宜"，反面词采用"不宜"；

4）表示有选择，在一定条件下可以这样做的，可采用"可"。

2 条文中指明应按其他有关标准执行的写法为："应符合……的规定"或"应按……执行"。

引用标准名录

1 《混凝土结构设计规范》GB 50010

2 《建筑抗震设计规范》GB 50011

3 《普通混凝土拌合物性能试验方法标准》GB/T 50080

4 《混凝土结构工程施工质量验收规范》GB 50204

5 《混凝土结构工程施工规范》GB 50666

6 《钢筋混凝土用钢　第 2 部分：热轧带肋钢筋》GB 1499.2

7 《钢筋混凝土用余热处理钢筋》GB 13014

8 《装配式混凝土结构技术规程》JGJ 1

9 《混凝土用水标准》JGJ 63

10 《钢筋机械连接技术规程》JGJ 107

11 《钢筋连接用灌浆套筒》JG/T 398

12 《钢筋连接用套筒灌浆料》JG/T 408

中华人民共和国行业标准

钢筋套筒灌浆连接应用技术规程

JGJ 355—2015

条 文 说 明

制 订 说 明

《钢筋套筒灌浆连接应用技术规程》JGJ 355－2015，经住房和城乡建设部2015年1月9日以第695号公告批准、发布。

本规程编制过程中，编制组进行了充分的调查研究，总结了近年来国内外钢筋套筒灌浆连接应用实践经验和相关研究成果，参考有关国际标准和国外先进标准，开展了专项研究，与国内相关标准进行协调，确定了相关指标参数。

为便于广大施工、监理、生产、检测、设计、科研、学校等单位有关人员在使用本规程时能正确理解和执行条文规定，《钢筋套筒灌浆连接应用技术规程》编制组按章、节、条顺序编制了本规程的条文说明，对条文规定的目的、依据以及执行中需注意的有关事项进行了说明，还着重对强制性条文的强制理由做了解释。但是，本条文说明不具备与规程正文同等的法律效力，仅供使用者作为理解和把握规程规定的参考。

目　次

1 总　　则

1.0.1～1.0.3　钢筋套筒灌浆连接主要应用于装配式混凝土结构中预制构件钢筋连接、现浇混凝土结构中钢筋笼整体对接以及既有建筑改造中新旧建筑钢筋连接，其从受力机理、施工操作、质量检验等方面均不同于传统的钢筋连接方式。

钢筋套筒灌浆连接应用于装配式混凝土结构中竖向构件钢筋对接时，金属灌浆套筒常为预埋在竖向预制混凝土构件底部，连接时在灌浆套筒中插入带肋钢筋后注入灌浆料拌合物；也有灌浆套筒预埋在竖向预制构件顶部的情况，连接时在灌浆套筒中倒入灌浆料拌合物后再插入带肋钢筋。钢筋套筒灌浆连接也可应用于预制构件及既有建筑与新建结构相连时的水平钢筋连接。

装配式混凝土结构中还有钢筋浆锚搭接连接的灌浆连接方式，一般不采用金属套筒，且具有单独的施工操作方法，本规程未包括此内容。对于其他采用金属熔融灌注的套筒连接，其应用应符合现行行业标准《钢筋机械连接技术规程》JGJ 107的有关规定。

本规程适用于非抗震设防及抗震设防烈度为6度至8度地区，主要原因为缺少9度区的工程应用经验。因缺少钢筋套筒灌浆连接接头疲劳试验数据，本规程未包括疲劳设计要求内容。对有疲劳设计要求的构件，在补充相关试验研究的情况下，可参考本规程的有关规定应用。

2 术语和符号

本章术语参考了行业标准《钢筋连接用灌浆套筒》JG/T 398－2012、《钢筋连接用套筒灌浆料》JG/T 408－2013。

本规程将钢筋套筒灌浆连接的接头称为套筒灌浆连接接头，简称接头。接头由灌浆套筒、硬化后的灌浆料、连接钢筋三者共同组成。接头为钢筋套筒灌浆连接的具体表达，在本规程中多次出现。在检验规定中多采用“接头试件”术语。

对预制构件生产时预先埋入的灌浆套筒，与预制构件内钢筋连接的部分为预制端，另一部分为现场灌浆端。半灌浆套筒为现场灌浆端采用灌浆方式连接，另预制端采用其他方式（通常为螺纹机械连接）连接。

本规程中对采用全灌浆套筒、半灌浆套筒的套筒灌浆连接，分别称为全灌浆套筒连接、半灌浆套筒连接。

钢筋连接用套筒灌浆料为干混料，加水搅拌后，其拌合物应具有规定的流动性、早强性、高强及硬化后微膨胀等性能。

3 基本规定

3.1 材　　料

3.1.1　用于套筒灌浆连接的带肋钢筋，其性能应符合现行国家标准《钢筋混凝土用钢　第2部分：热轧带肋钢筋》GB 1499.2、《钢筋混凝土用余热处理钢筋》GB 13014的要求。当采用不锈钢钢筋及其他进口钢筋，应符合相应产品标准要求。

3.1.2　灌浆套筒的材料及加工工艺主要分为两种：球墨铸铁铸造；采用优质碳素结构钢、低合金高强度结构钢、合金结构钢或其他符合要求的钢材加工。行业标准《钢筋连接用灌浆套筒》JG/T 398－2012中，灌浆套筒的材料性能见表1、表2，灌浆套筒的主要结构见图1。

表1　球墨铸铁灌浆套筒的材料性能

项目	性能指标
抗拉强度 σ_b（N/mm^2）	≥550
断后伸长率 δ_5（%）	≥5
球化率（%）	≥85
硬度（HBW）	180～250

表2　钢质机械加工灌浆套筒的材料性能

项目	性能指标
屈服强度 σ_s（N/mm^2）	≥355
抗拉强度 σ_b（N/mm^2）	≥600
断后伸长率 δ（%）	≥16

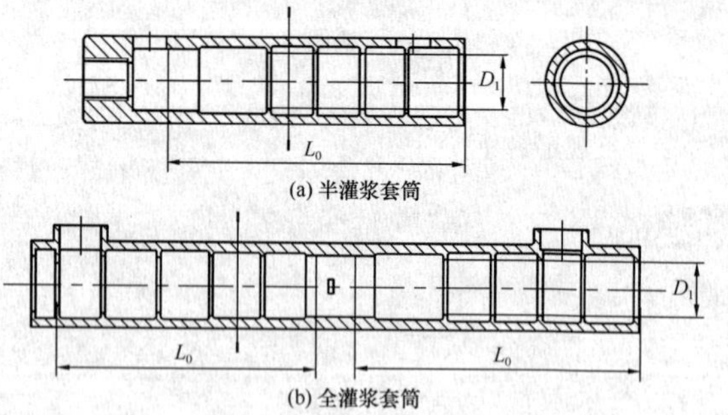

D1
L0
(a) 半灌浆套筒
D1
L0
L0
(b) 全灌浆套筒

图1　灌浆套筒示意

L_0—灌浆端用于钢筋锚固的深度；

D_1—锚固段环形突起部分的内径

考虑我国钢筋的外形尺寸及工程实际情况，规程提出了灌浆套筒灌浆端用于钢筋锚固的深度（如图1中的 L_0）及最小内径与连接钢筋公称直径差值的要求。全灌浆套筒的两个灌浆端均宜满足 $8d_s$ 的要求，半灌浆套筒的灌浆端宜满足 $8d_s$ 的要求，d_s 为连接钢筋公称直径。

3.1.3 本条提出的灌浆料抗压强度为最小强度。允许生产单位开发接头时考虑与灌浆套筒匹配而对灌浆料提出更高的强度要求，此时应按相应设计要求对灌浆料进行抗压强度验收，施工过程中应严格质量控制。

本条规定的检验指标中，灌浆料拌合物 30min 流动度、泌水率及 3d 抗压强度、28d 抗压强度、3h 竖向膨胀率、24h 与 3h 竖向膨胀率差值为本规程第 7.0.4 条规定的灌浆料进场检验项目，初始流动度为本规程第 6.3.8 条规定的施工过程检查项目，本规程第 7.0.9 条还提出了灌浆施工中按工作班检验 28d 抗压强度的要求。

灌浆料抗压强度、竖向膨胀率指其拌合物硬化后测得的性能。灌浆料抗压强度试件制作时，其加水量应按灌浆料产品说明书确定。根据行业标准《钢筋连接用套筒灌浆料》JG/T 408－2013 的规定，灌浆料抗压强度试验方法按现行行业标准《水泥胶砂强度检验方法》GB/T 17671 的有关规定执行，其中加水及搅拌规定除外。

目前现行的国家标准《水泥胶砂强度检验方法》GB/T 17671 为 1999 版，该标准规定：取 1 组 3 个 40mm×40mm×160mm 试件得到的 6 个抗压强度测定值的算术平均值为抗压强度试验结果；当 6 个测定值中有一个超出平均值的±10%时，应剔除这个结果，而以剩下 5 个的算术平均值为结果；当 5 个测定值中再有超过平均值的±10%，则此组结果作废。

3.2 接头性能要求

3.2.1 本条规定是套筒灌浆连接接头产品设计的依据。连接接头应能满足单向拉伸、高应力反复拉压、大变形反复拉压的检验项目要求。

3.2.2 本条为钢筋套筒灌浆连接受力性能的关键要求，涉及结构安全，故予以强制。

本条规定的钢筋套筒灌浆连接接头的抗拉强度为极限强度，按连接钢筋公称截面面积计算。

钢筋套筒灌浆连接目前主要用于装配式混凝土结构中墙、柱等重要竖向构件中的底部钢筋同截面 100%连接处，且在框架柱中多位于箍筋加密区部位。考虑到钢筋可靠连接的重要性，为防止采用套筒灌浆连接的混凝土构件发生不利破坏，本规程提出了连接接头抗拉试验应断于接头外钢筋的要求，即不允许发生断于接头或连接钢筋与灌浆套筒拉脱的现象。本条要求连接接头破坏时应断于接头外钢筋，接头抗拉强度与连接钢筋强度相关，故本条要求连接接头抗拉强度不应小于连接钢筋抗拉强度标准值。

本条规定确定了套筒灌浆连接接头的破坏模式。根据本规程第 3.2.5 条的规定，接头产品开发时应考虑钢筋抗拉荷载实测值为标准值 1.15 倍时不发生断于接头或连接钢筋与灌浆套筒拉脱。对于半灌浆套筒连接接头，机械连接端也应符合本条规定，即破坏形态为钢筋拉断，钢筋拉断的定义可按现行行业标准《钢筋机械连接技术规程》JGJ 107 确定。

3.2.3 考虑到灌浆套筒原材料的屈服强度可能低于连接钢筋屈服强度，为保证连接接头在混凝土构件中的受力性能不低于连接钢筋，本条对钢筋套筒灌浆连接接头的屈服强度提出了要求。本条规定的钢筋套筒灌浆连接接头的屈服强度按接头屈服力除以连接钢筋公称截面面积得到。考虑到检验方便，本规程仅对型式检验和工艺检验中的单向拉伸试验提出了屈服强度检验要求。

3.2.4 高应力和大变形反复拉压循环试验方法同行业标准《钢筋机械连接技术规程》JGJ 107，具体规定见本规程第 5 章。

3.2.5 考虑到钢筋可能超强，如不规定试验拉力上限值，则套筒灌浆连接接头产品开发缺乏依据。钢筋超强过多对建筑结构性能的贡献有限，甚至还可能产生不利影响。本条按超强 15%确定接头试验加载的上限，当接头拉力达到连接钢筋抗拉荷载标准值（钢筋抗拉强度标准值与公称面积的乘积）的 1.15 倍而未发生破坏时，应判为抗拉强度合格，并停止试验。当接头拉力不大于连接钢筋抗拉荷载标准值的 1.15 倍而发生破坏时，应按本规程第 3.2.2 条的规定判断抗拉强度是否合格。

3.2.6 高应力和大变形反复拉压循环试验加载制度同行业标准《钢筋机械连接技术规程》JGJ 107，具体规定见本规程第 5 章。

4 设　　计

4.0.1 本规程仅规定了钢筋套筒灌浆连接的接头设计及混凝土结构构件设计的一些基本规定。对于混凝土构件配筋构造、结构设计等规定尚应执行国家现行标准《混凝土结构设计规范》GB 50010、《建筑抗震设计规范》GB 50011、《装配式混凝土结构技术规程》JGJ 1 的有关规定。

4.0.2 根据国家现行相关标准的规定及工程实践经验，本条提出了采用套筒灌浆连接的构件的建议混凝土强度等级。

4.0.3 套筒灌浆连接主要应用于装配式混凝土结构中，其连接特点即为在同一截面上 100%连接。针对构件受力钢筋在同一截面 100%连接的特点与技术要求，本规程对套筒灌浆连接接头提出了比普通机械连接接头更高的性能要求。

4.0.4 本条规定的全截面受拉指地震设计状况下的构件受力情况，此种情况下缺乏研究基础与应用经验，故条文规定不宜采用。

4.0.5 应采用与连接钢筋牌号、直径配套的灌浆套筒。套筒灌浆连接常用的钢筋为 400MPa、500MPa，灌浆套筒一般也针对这两种钢筋牌号开发，可将500MPa钢筋的同直径套筒用于400MPa钢筋，反之则不允许。灌浆套筒的直径规格对应了连接钢筋的直径规格，在套筒产品说明书中均有注明。工程不得采用直径规格小于连接钢筋的套筒，但可采用直径规格大于连接钢筋的套筒，但相差不宜大于一级。

根据灌浆套筒的外径、长度参数，结合本规程及相关规范规定的构造要求可确定钢筋间距（纵筋数量）、箍筋加密区长度等关键参数，并最终确定混凝土构件中的配筋方案。

灌浆套筒的规格参数中还规定了灌浆端钢筋锚固的深度，构件设计中钢筋的留置长度应满足此规定。不同直径的钢筋连接时，按灌浆套筒灌浆端用于钢筋锚固的深度要求确定钢筋锚固长度，即用直径规格20mm的灌浆套筒连接直径18mm的钢筋时，如灌浆套筒的设计锚固深度为8倍钢筋直径，则直径18mm的钢筋应按160mm的锚固长度考虑，而不是144mm。

钢筋、灌浆套筒的布置还需考虑灌浆施工的可行性，使灌浆孔、出浆孔对外，以便为可靠灌浆提供施工条件。截面尺寸较大的竖向构件（一般为柱），考虑到灌浆施工的可靠性，应设置排气孔。

4.0.6 考虑到预制混凝土柱、墙多为水平生产，且灌浆套筒仅在预制构件中的局部存在，故本条参照水平浇筑的钢筋混凝土梁提出灌浆套筒最小间距要求。构件制作单位（施工单位）在确定混凝土配合比时要适当考虑骨料粒径，以确保灌浆套筒范围内混凝土浇筑密实。

4.0.7 本条提出了预制构件中灌浆套筒长度范围内最外层钢筋的最小保护层厚度最小要求。确定构件配筋时，还应考虑国家现行相关标准对于纵筋、箍筋的保护层厚度要求。

5 接头型式检验

5.0.1 灌浆套筒、灌浆料产品定型时，均应按相关产品标准的要求进行型式检验。灌浆套筒供应时，应在产品说明书中注明与之匹配检验合格的灌浆料。

当使用中灌浆套筒的材料、工艺、结构（包括形状、尺寸），或者灌浆料的型号、成分（指影响强度和膨胀性的主要成分）改动，可能会影响套筒灌浆连接接头的性能，应再次进行型式检验。现行国家标准《钢筋混凝土用钢 第2部分：热轧带肋钢筋》GB 1499.2、《钢筋混凝土用余热处理钢筋》GB 13014规定了我国热轧带肋钢筋的外形，进口钢筋的外形与我国不同，如采用进口钢筋应另行进行型式检验。

全灌浆接头与半灌浆接头，应分别进行型式检验，两种类型接头的型式检验报告不可互相替代。

对于匹配的灌浆套筒与灌浆料，型式检验报告的有效期为4年，超过时间后应重新进行。

5.0.2 钢筋、灌浆套筒、灌浆料三种主要材料均应采用合格产品。本规程第3.1.2条提出了“灌浆套筒灌浆端用于钢筋锚固的深度不宜小于插入钢筋公称直径的8倍”的要求，如灌浆套筒的单侧灌浆端用于钢筋锚固的深度无法满足8倍钢筋直径的要求，应采用与之对应的专用灌浆料进行套筒灌浆连接接头型式检验及其他相关检验。

5.0.3 每种套筒灌浆连接接头，其形式、级别、规格、材料等有所不同。考虑套筒灌浆连接的施工特点，在常规机械连接型式检验要求的基础上，本规程增加了3个偏置单向拉伸试件要求。

为保证制作型式检验试件的钢筋抗拉强度相当，本条要求全部试件应在同一炉（批）号的1根或2根钢筋上截取。实践中尽量在1根钢筋上截取；当在2根钢筋上截取时，取屈服强度、抗拉强度差值不超过30MPa的2根钢筋为好。

5.0.4 为保证型式检验试件真实可靠，且采用与实际应用相同的灌浆套筒、灌浆料，本条要求试件制作应在型式检验单位监督下由送检单位制作。对半灌浆套筒连接，机械连接端钢筋丝头可由送检单位先行加工，并在型式检验单位监督下制作接头试件。接头试件灌浆与制作40mm×40mm×160mm试件应采用相同的灌浆料拌合物，其加水量应为灌浆料产品说明书规定的固定值。1组为3个40mm×40mm×160mm试件。

对偏置单向拉伸接头试件，偏置钢筋的横肋中心与套筒壁接触（图2）。对于偏置单向拉伸接头试件的非偏置钢筋及其他接头试件的所有钢筋，均应插入灌浆套筒中心，并尽量减少误差。钢筋在灌浆套筒内的插入深度应为设计深度，不应过长或过小，设计深度示意见本规程第3.1.2条文说明图1。

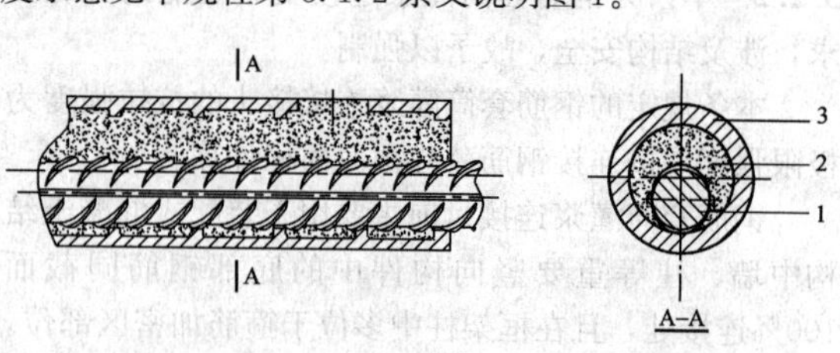
A
A
3
2
1
A–A

图2 偏置单向拉伸接头的钢筋偏置示意图

1—在套筒内偏置的连接钢筋；2—灌浆料；3—灌浆套筒

本条建议采用灌浆料拌合物制作不少于2组40mm×40mm×160mm的试件，主要是为了试验时的检查灌浆料抗压强度是否符合本规程第5.0.5的要求。考虑到预估灌浆料的抗压强度而提前试压、试验时达不到设计强度而要提供灌浆料28d抗压强度等因素，宜多留置一些试件。

5.0.5 本条规定了型式检验时的灌浆料的抗压强度范围。型式检验试验时灌浆料抗压强度应满足本条规定，否则为无效检验。

本条规定的灌浆料抗压强度试验方法同本规程第3.1.3条，即按标准方法制作、养护的40mm×40mm×160mm的试件抗压强度。检验报告中填写的灌浆料抗压强度应为接头拉伸试验当天完成灌浆料试件抗压试验结果。

本条规定的灌浆料抗压强度范围是基于接头试件所用灌浆料与工程实际相同的条件提出的。规定灌浆料抗压强度上限是为了避免灌浆料抗压强度过高而试验无法代表实际工程情况，规定下限是为了提出合理的灌浆料抗压强度区间（常规情况下为$15N/mm^2$），并便于检验操作。

本条允许检验试验时灌浆料抗压强度低于28d抗压强度合格指标（f_g）$5N/mm^2$以内，但考虑到本规范第5.0.2条要求采用合格的灌浆料进行试验，故尚应提供28d抗压强度合格检验报告。对于28d达不到抗压强度要求的灌浆料，试验为无效试验。

本条规定了试验时的灌浆料抗压强度，实际上也是规定了型式检验的时间。本条提出的试验时灌浆料抗压强度指标要求以28d抗压强度为依据，只要灌浆料抗压强度符合本条规定，试验时间可不受28d约束。但试验时间不宜超过28d过长，以免灌浆料抗压强度超过上限要求。如在不到28d时进行试验，可通过预压提前多留置的灌浆料试件确认28d可达到强度要求。

5.0.6 除本规程的规定外，关于套筒灌浆连接接头型式检验试验方法均按现行行业标准《钢筋机械连接技术规程》JGJ 107的有关规定执行，具体包括仪表布置、测量标距、测量方法、加载制度、加载速度等。

考虑到偏置单向拉伸接头试件的特点，规程规定仅量测抗拉强度，故采用零到破坏的一次加载制度即可。对于小直径钢筋，偏置单向拉伸接头试件可直接在试验机上拉伸；对于大直径钢筋，宜采用专用夹具保证试验机夹头对中。除偏置单向拉伸接头试件之外的其他试件，应按现行行业标准《钢筋机械连接技术规程》JGJ 107规定确定加载制度。

套筒灌浆连接接头体积较大，且为金属、水泥基材料、钢筋的结合体，其变形能力较差。根据编制组完成的大量拉伸试验，在测量标距L_1（$L+4d_s$）范围内的变形中，灌浆套筒长度范围内变形所占比例不超过10%。在大变形反复拉压试验中，如仍按L_1确定反复拉压的变形加载值，则变形主要将由$4d_s$长度的钢筋段"承担"，会造成钢筋应变较大而实际试验拉力变大，检验要求超过常规机械连接接头很多。

在考虑套筒灌浆连接接头变形特性的情况下，本条提出更为合理的大变形反复拉压试验变形加载值确定方法，灌浆套筒范围内的计算长度对全灌浆套筒连接取套筒长度的1/4，对半灌浆套筒连接取套筒长度1/2。按本条规定的计算长度L_g，检验要求仍高于常规机械连接。

行业标准《钢筋机械连接技术规程》JGJ 107-2010附录A中大变形反复拉压的加载制度为$0\rightarrow(2\varepsilon_{yk}\rightarrow-0.5f_{yk})_{反复4次}\rightarrow(5\varepsilon_{yk}\rightarrow-0.5f_{yk})_{反复4次}\rightarrow$破坏，前后反复4次变形加载值分别取$2\varepsilon_{yk}L_1$和$5\varepsilon_{yk}L_1$。按本条规定，套筒灌浆连接接头型式检验的前后反复4次变形加载值分别取$2\varepsilon_{yk}L_g$和$5\varepsilon_{yk}L_g$。

本条第3款规定的仅是大变形反复拉压试验的变形加载值规定，变形量测标距仍取现行行业标准《钢筋机械连接技术规程》JGJ 107中规定的L_1($L+4d_s$)。

5.0.7 根据本规程第3章的有关规定，本条考虑接头型式检验试验的特点提出了检验及合格要求。对所有检验项目均提出了接头试件抗拉强度要求；接头试件屈服强度要求仅针对对中单向拉伸、偏置单向拉伸；变形性能检验仅针对对中单向拉伸、高应力反复拉压、大变形反复拉压（仅对中单向拉伸要求最大力下总伸长率指标，三项检验均要求残余变形指标），对偏置单向拉伸无此要求。

5.0.8 应按本规程附录A所给出的接头试件型式检验报告出具检验报告，并应包括评定结论。检验报告中的内容要符合附录A表格的规定，具体形式可改变。

6 施　工

6.1 一般规定

6.1.1 本条要求采用由接头型式检验确定的相匹配的灌浆套筒、灌浆料，并经检验合格后使用。施工过程中不宜更换灌浆套筒或灌浆料，如确需更换，应按更换后的灌浆套筒、灌浆料提供接头型式检验报告，并重新进行工艺检验及材料进场检验，具体可见本规程第7章。

6.1.2 本条规定的专项施工方案不是强调单独编制，而是强调应在相应施工方案中包括套筒灌浆连接施工的相应内容。施工方案应包括灌浆套筒在预制生产中的定位、构件安装定位与支撑、灌浆料拌合、灌浆施工、检查与修补等内容。施工方案编制应以接头提供单位的相关技术资料、操作规程为基础。

6.1.3 现场灌浆施工是影响套筒灌浆连接施工质量的最关键因素。灌浆施工操作人员上岗前，应经专业培训，培训一般宜由接头提供单位的专业技术人员组织。灌浆施工应由专人完成，施工单位应根据工程量配备足够的合格操作工人。

6.1.4 本条规定的"首次施工"包括施工单位或施工队伍没有钢筋套筒灌浆连接施工经验，或对某种灌浆施工类型（剪力墙、柱、水平等）没有经验，此时为保证工程质量，宜在正式施工前通过试制作、试安装、试灌浆验证施工方案、施工措施的可性能。

6.1.5 灌浆料以水泥为基本材料，对温度、湿度均具有一定敏感性，因此在储存中应注意干燥、通风并采取防晒措施，防止其性态发生改变。灌浆料最好存储在室内。

6.2 构 件 制 作

6.2.1 本条规定了预制构件钢筋、灌浆套筒的安装要求。安装工作应在接头工艺检验合格后进行。将灌浆套筒固定在模具（或模板）的方式可为采用橡胶环、螺杆等固定件。为防止混凝土浇筑时向灌浆套筒内漏浆，应对灌浆套筒可靠封堵。

6.2.2 行业标准《钢筋机械连接技术规程》JGJ 107对机械连接接头钢筋丝头加工、连接安装、质量检查均提出了要求，半灌浆套筒连接的机械连接端钢筋丝头加工可参照执行。

半灌浆套筒连接的机械连接端也应符合本规程第3.2.2条的要求，即抗拉试验不允许发生断于接头或连接钢筋与灌浆套筒拉脱现象。第3.2.2条的要求高于传统机械连接Ⅰ级接头要求，为达到此要求机械连接端的丝头加工可能需要在传统工艺基础上适当改进。

6.2.3 隐蔽工程反映构件制作的综合质量，在浇筑混凝土之前检查是为了确保受力钢筋、灌浆套筒等的加工、连接和安装满足设计要求和本规程的有关规定。

6.2.4 预制构件中灌浆套筒、外露钢筋的位置、尺寸的偏差直接影响构件安装及灌浆施工，本条根据施工安装精度需要提出了比一般预制构件更高的允许偏差要求。

6.2.5 对外露钢筋、灌浆套筒分别采取包裹、封盖措施可保护外露钢筋、避免污染，并防止套筒内部进入杂物。

6.2.6 透光检查和清理杂物可保证灌浆套筒内部通畅。

6.3 安装与连接

6.3.1 采用套筒灌浆连接的混凝土结构往往是预制与后浇混凝土相结合，为保证后续灌浆施工质量，在连接部位的现浇混凝土施工过程中应采取设置定位架等措施保证外露钢筋的位置、长度和顺直度，并避免污染钢筋。

6.3.2 预制构件的吊装顺序应符合设计要求，故吊装前应检查构件的类型与编号。

6.3.3 现浇结构的施工质量直接影响后续灌浆施工。本条提出了预制构件就位前对现浇结构施工质量的检查内容。

结合面质量包括类型及尺寸（粗糙面、键槽尺寸）。外露连接钢筋的位置、尺寸允许偏差是与本规程第6.2.4条协调后提出的，仍高于传统现浇结构的相关要求。外露连接钢筋的表面不应粘连混凝土、砂浆，可通过水洗予以清除；不应发生锈蚀主要指表面严重锈斑，应采取措施予以清除。

6.3.4 考虑到预制构件与其支承构件不平整，直接接触会出现集中受力的现象。设置垫片有利于均匀受力，也可在一定范围内调整构件的底部标高。对于灌浆套筒连接的预制构件，其垫片一般采用钢质垫片。

垫片处混凝土局部受压验算公式是参考现行国家标准《混凝土结构设计规范》GB 50010中的素混凝土局部受压承载力计算公式提出的。在确定作用在垫板上的压力值时，考虑一定动力作用后取为自重的1.5倍。

6.3.5 预制构件安装前应确定灌浆施工方式，并根据不同方式采取不同的施工措施。

竖向构件采用连通腔灌浆时，连通灌浆区域为由一组灌浆套筒与安装就位后构件间空隙共同形成的一个封闭区域，除灌浆孔、出浆孔、排气孔外，应采用密封件或座浆料封闭此灌浆区域。考虑灌浆施工的持续时间及可靠性，连通灌浆区域不宜过大，每个连通灌浆区域内任意两个灌浆套筒最大距离不宜超过1.5m。常规尺寸的预制柱多分为一个连通灌浆区域，而预制墙一般按1.5m范围划分连通灌浆区域。

竖向预制构件不采用连通腔灌浆方式时，为保证每个灌浆套筒独立可靠灌浆，构件就位前应设置坐浆层，坐浆材料的强度应满足设计要求。

6.3.6 本条提出了预制构件安装过程中临时固定措施、连通灌浆区域封堵的要求。

采用连通腔灌浆方式时，应对每个连通灌浆区域进行封堵，确保不漏浆。封堵材料应符合设计及现行相关标准的要求。

本条提出封堵材料不应减小结合面的设计面积，即封堵材料覆盖的总面积和不应大于设计的允许面积。按本条规定，设计核算结合面受力时应扣除相应的封堵材料面积，并将设计扣除的面积在设计文件中注明。如设计文件中没有相关规定，施工单位应与设计单位协调沟通。

6.3.7 水平钢筋套筒灌浆连接主要用于预制梁和既有结构改造现浇部分。本条从连接钢筋标记、灌浆套筒封堵、预制梁水平连接钢筋偏差、灌浆孔与出浆孔位置等方面提出了施工措施要求。

6.3.8 本条规定了灌浆料施工过程中的注意事项。用水量应按说明书规定比例确定灌浆料拌合用水量，并按重量计量。用水量直接影响灌浆料抗压强度等性能指标，用水应精确称量，并不得再次加水。灌浆料搅拌应采用电动设备，即具备一定的搅拌力，不应手工搅拌。本条规定的浆料拌合物初始流动度检查为施工过程控制指标，应在现场温度条件下量测。

6.3.9 考虑到灌浆施工的重要性，并根据北京等地区的实际工程经验，要求应有专职检验人员负责现场监督并及时形成施工检查记录，施工检查记录包括可以证明灌浆施工质量的照片、录像资料。

灌浆料产品使用说明书均会规定灌浆施工的操作温度区间。常规情况下，本条规定的环境温度可为施工现场实测温度或当地天气预报的日平均温度。当在灌浆施工时的气温较低时，也可采取加热保温措施，使结构构件灌浆套筒内的温度达到产品使用书要求，此时可按此温度确定"环境温度"。

当环境温度过高时，会造成灌浆料拌合物流动度降低并加快凝结硬化，可采用降低水温甚至加冰块搅拌等措施。

压浆法灌浆有机械、手工两种常用方式，分别应采用专用机器、专用设备，具体的灌浆压力、灌浆速度可根据现场施工条件确定。

竖向连接灌浆施工的封堵顺序及时间尤为重要。封堵时间应以出浆孔流出圆柱体灌浆料拌合物为准。采用连通腔灌浆时，宜以一个灌浆孔灌浆，其他灌浆孔、出浆孔流出的方式；但当灌浆中遇到问题，可更换另一个灌浆孔灌浆，此时各灌浆套筒已封闭灌浆孔、出浆孔应重新打开，以防止已灌浆套筒内的灌浆料拌合物在更换灌浆孔过程中下落，待灌浆料拌合物再次流出后再进行封堵。

水平连接灌浆施工的要点在于灌浆料拌合物的流动的最低点要高于灌浆套筒外表面最高点，此时可停止灌浆并及时封堵灌浆孔、出浆孔。

灌浆料拌合物的流动度指标随时间会逐渐下降，为保证灌浆施工，本条规定灌浆料宜在加水后30min内用完。灌浆料拌合物不得再次添加灌浆料、水后混合使用，超过规定时间后的灌浆料及使用剩余的灌浆料只能丢弃。

6.3.10 灌浆过程中及灌浆施工后应在灌浆孔、出浆孔及时检查，其上表面没有达到规定位置或灌浆料拌合物灌入量小于规定要求，即可确定为灌浆不饱满。对灌浆施工中的问题，应及时发现、查明原因并采取措施。

对于灌浆套筒完全没有充满的情况，当在灌浆料加水拌合30min内，应首选在灌浆孔补灌；当在30min外，灌浆料拌合物可能已无法流动，此时可从出浆孔补灌，应采用手动设备压力灌浆，并采用比出浆孔小的细管灌浆以保证排气。

对竖向连接灌浆施工，当灌浆料拌合物未凝固并具备条件时，宜将构件吊起后冲洗灌浆套筒、连接面与连接钢筋，并重新安装、灌浆。

6.3.11 灌浆料同条件养护试件应保存在构件周边，并采取适当的防护措施。当有可靠经验时，灌浆料抗压强度也可根据考虑环境温度因素的抗压强度增长曲线由经验确定。

本条规定主要适用于后续施工可能对接头有扰动的情况，包括构件就位后立即进行灌浆作业的先灌浆工艺，及所有装配式框架柱的竖向钢筋连接。对先浇筑边缘构件与叠合楼板后浇层，后进行灌浆施工的装配式剪力墙结构，可不执行本条规定；但此种施工工艺无法再次吊起墙板，且拆除构件的代价很大，故应采取更加可靠的灌浆及质量检查措施。

7 验　　收

针对套筒灌浆连接的技术特点，本章规定工程验收的前提是有效的型式检验报告，且型式检验报告的内容与施工过程的各项材料一致（第7.0.2条）。本规程规定的各项具体验收内容的顺序为：首先，灌浆套筒进厂（场）外观质量、标识和尺寸偏差检验（第7.0.3条）；其次，灌浆料进场流动度、泌水率、抗压强度、膨胀率检验（第7.0.4条）；第三，接头工艺检验，应在第一批灌浆料进场检验合格后进行（第7.0.5条）；第四，灌浆套筒进厂（场）接头力学性能检验，部分检验可与工艺检验合并进行（第7.0.6条）；第五，预制构件进场验收（第7.0.8条）；第六，灌浆施工中灌浆料抗压强度检验（第7.0.9条）；第七，灌浆质量检验（第7.0.10条）。

以上7项为套筒灌浆连接施工的主要验收内容。对于装配式混凝土结构，当灌浆套筒埋入预制构件时，前4项检验应在预制构件生产前或生产过程中进行（其中第7.0.4条规定的灌浆料进场为第一批），此时安装施工单位、监理单位应将部分监督及检验工作向前延伸到构件生产单位。第3、4项检验的接头试件可在预制构件生产地点制作，也可在灌浆施工现场制作，并宜由现场灌浆施工单位（队伍）完成。如工艺检验的接头不是由现场灌浆施工单位（队伍）制作完成，则在现场灌浆前应再次进行一次工艺检验。

7.0.1 本章主要针对钢筋套筒灌浆连接施工涉及的主要技术环节提出了验收规定，采用钢筋套筒灌浆连接的混凝土结构验收应按相关规范执行。根据现行国家标准《混凝土结构工程施工质量验收规范》GB 50204的有关规定，本章规定的各项验收内容可划入装配式结构分项工程进行验收；对于装配式混凝土结构之外的其他工程中应用钢筋套筒灌浆连接，也可根据工程实际情况划入钢筋分项工程验收。本节第7.0.2条～第7.0.10条按主控项目进行验收。

7.0.2 套筒灌浆连接工程应用时，如匹配使用生产单位提供的灌浆套筒与灌浆料，则可将接头提供单位的有效型式检验报告作为验收依据。对于未获得有效型式检验报告的灌浆套筒与灌浆料，不得用于工程，以免造成不必要的损失。

各种钢筋强度级别、直径对应的型式检验报告应齐全。变径接头可由接头提供单位提交专用型式检验报告，也可采用两种直径钢筋的同类型型式检验报告代替。

本条规定的接头提供单位为提供技术并销售灌浆套筒、灌浆料的单位。如由施工单位独立采购灌浆套筒、灌浆料进行工程应用，此时施工单位即为接头提供单位，施工前应按本规程要求完成所有型式检验。

施工中不得更换灌浆套筒、灌浆料，否则应重新进行接头型式检验及本章规定的灌浆套筒、灌浆料进场检验与工艺检验。

本条规定的核查内容在施工前及工程验收时均应进行。有效的型式检验报告可为接头提供单位盖章的报告复印件。

7.0.3 考虑灌浆套筒大多预埋在预制混凝土构件中，故本条规定为构件生产企业进厂为主，施工现场进场为辅。同一批号按原材料、炉（批）号为划分依据。对型式检验报告及企业标准中的灌浆套筒单侧灌浆端锚固深度小于插入钢筋直径8倍的情况，可采用此规定作为验收依据。

7.0.4 对装配式结构，灌浆料主要在装配现场使用，但考虑在构件生产前要进行本规程第7.0.5条规定的接头工艺检验和第7.0.6条规定的接头抗拉强度检验，本条规定的灌浆料进场验收也应在构件生产前完成第一批；对于用量不超过50t的工程，则仅进行一次检验即可。

7.0.5 不同企业生产钢筋的外形有所不同，可能会影响接头性能，故应分别进行工艺检验。

灌浆套筒埋入预制构件时，应在构件生产前通过工艺检验确定现场灌浆施工的可行性，以便于通过检验发现问题；工艺检验接头制作宜选择与现场灌浆施工相同的灌浆单位（队伍），如二者不同，施工现场灌浆前应再次进行工艺检验。

工艺检验应完全模拟现场施工条件，并通过工艺检验摸索灌浆料拌合物搅拌、灌浆速度等技术参数。

根据行业标准《钢筋机械连接技术规程》JGJ 107的有关规定，工艺检验接头残余变形的仪表布置、量测标距和加载速度同型式检验要求。工艺检验中，按相关加载制度进行接头残余变形检验时，可采用不大于$0.012A_s f_{stk}$的拉力作为名义上的零荷载，其中A_s为钢筋面积，f_{stk}为钢筋抗拉强度标准值。

应按本规程附录A所给出的接头试件工艺检验报告出具检验报告，并应包括评定结论。检验报告中的内容应符合附录表A.0.2的规定，不能漏项，但表格形式可改变。

7.0.6 本条是检验灌浆套筒质量及接头质量的关键检验，涉及结构安全，故予以强制。

对于埋入预制构件的灌浆套筒，无法在灌浆施工现场截取接头试件，本条规定的检验应在构件生产过程中进行，预制构件混凝土浇筑前应确认接头试件检验合格；此种情况下，在灌浆施工过程中可不再检验接头性能，按本规程第7.0.9条按批检验灌浆料28d抗压强度即可。

对于不埋入预制构件的灌浆套筒，可在灌浆施工过程中制作平行加工试件，构件混凝土浇筑前应确认接头试件检验合格；为考虑施工周期，宜适当提前制作平行加工试件并完成检验。

第一批检验可与第7.0.5条规定的工艺检验合并进行，工艺检验合格后可免除此批灌浆套筒的接头抽检。

本条规定检验的接头试件制作、养护及试验方法应符合本规程第7.0.7条的规定，合格判断以接头力学性能检验报告为准，所有试件的检验结果均应符合本规程第3.2.2条的有关规定。灌浆套筒质量证明文件包括产品合格证、产品说明书、出厂检验报告（含材料性能合格报告）。

考虑到套筒灌浆连接接头试件需要标准养护28d，本条未对复检作出规定，即应一次检验合格。为方便接头力学性能不合格时的处理，可根据工程情况留置灌浆料抗压强度试件，并与接头试件同样养护；如接头力学性能合格，灌浆料试件可不进行试验。

制作对中连接接头试件应采用工程中实际应用的钢筋，且应在钢筋进场检验合格后进行。对于断于钢筋而抗拉强度小于连接钢筋抗拉强度标准值的接头试件，不应判为不合格，应核查该批钢筋质量、加载过程是否存在问题，并按本条规定再次制作3个对中连接接头试件并重新检验。

7.0.7 本条规定了套筒灌浆连接接头试件制作方法、养护方法及试验加载制度。根据行业标准《钢筋机械连接技术规程》JGJ 107的有关规定，按批抽取接头试件的抗拉强度试验应采用零到破坏的一次加载制度，根据本规程第3.2.5条的相关规定，本条提出一次加载制度应为零到破坏或零到连接钢筋抗拉荷载标准值1.15倍两种情况。

7.0.8 根据国家标准《混凝土结构工程施工质量验收规范》GB 50204的有关规定，预制混凝土构件进场验收的主要项目为检查质量证明文件、外观质量、标识、尺寸偏差等。质量证明文件主要包括产品合格证明书、混凝土强度检验报告及其他重要检验报告等；如灌浆套筒进场检验、接头工艺检验在预制构件生产单位完成，质量证明文件尚应包括这些项目的合格报告。对于埋入灌浆套筒的预制构件，外观质量、尺寸偏差检查应包括钢筋位置与尺寸、灌浆套筒内杂物等项目。

7.0.9 灌浆料强度是影响接头受力性能的关键。本规程规定的灌浆施工过程质量控制的最主要方式就是检验灌浆料抗压强度和灌浆施工质量。本条规定是在第7.0.4条规定的灌浆料按批进场检验合格基础上提出的，要求按工作班进行，且每楼层取样不得少于

3次。

7.0.10 灌浆质量是钢筋套筒灌浆连接施工的决定性因素。灌浆施工应符合本规程第6.3节的有关规定，并通过检查灌浆施工记录进行验收。

7.0.11 灌浆施工质量直接影响套筒灌浆连接接头受力，当施工过程中灌浆料抗压强度、灌浆质量不符合要求时，可采取试验检验、设计核算等方式处理。技术处理方案应由施工单位提出，经监理、设计单位认可后进行。

对于无法处理的灌浆质量问题，应切除或拆除构件，并保留连接钢筋，重新安装新构件并灌浆施工。

附录A 接头试件检验报告

本附录给出了钢筋套筒灌浆连接接头试件型式检验报告、工艺检验报告的表格样式，实际检验报告的内容应符合本附录的要求，不能漏项，但表格形式可改变。

型式检验报告的基本参数表中：每10kg灌浆料加水量（kg）填写接头试件制作的实际值；灌浆料抗压强度合格要求应按本规程第5.0.5条的规定确定，一般情况为$80N/mm^2$～$95N/mm^2$。

工艺检验报告中灌浆料抗压强度28d合格指标应按本规程第3.1.3条的规定确定，一般情况为$85N/mm^2$。

接头试件拉伸试验的破坏形式可分钢筋拉断、灌浆套筒破坏、钢筋与灌浆套筒拉脱等情况，型式检验、工艺检验中只有钢筋拉断为合格，其他均为不合格。